Produktmanagement

Produktinnovation – Markenpolitik – Programmplanung – Prozessorganisation

von

Prof. Werner Pepels

6., überarbeitete und erweiterte Auflage

Oldenbourg Verlag München

Bibliografische Information der Deutschen Nationalbibliothek

Die Deutsche Nationalbibliothek verzeichnet diese Publikation in der Deutschen Nationalbibliografie; detaillierte bibliografische Daten sind im Internet über http://dnb.d-nb.de abrufbar.

Rosenheimer Straße 145, D-81671 München
Telefon: (089) 45051-0
www.oldenbourg-verlag.de

Lektorat: Thomas Ammon
Herstellung: Tina Bonertz
Titelbild: thinkstockphotos.de
Einbandgestaltung: hauser lacour
Gesamtherstellung: Beltz Bad Langensalza GmbH, Bad Langensalza

Dieses Papier ist alterungsbeständig nach DIN/ISO 9706.

ISBN 978-3-486-70523-2
eISBN 978-3-486-73569-7

Seite

Seite

AFG	Alkoholfreie Getränke
AHP	Analytic hierarchy process
AIO	Attitudes, Interests, Opinions
AV	Audiovision
B-t-b	Business to business (Firmenkundengeschäft)
B-t-c	Business to consumer (Privatkundengeschäft)
BGB	Bürgerliches Gesetzbuch
BPR	Business process reengineering
BSC	Balanced scorecard
CAD	Computer aided design
CBA	Control group before and afterwards
CF	Cash-flow
CFROI	Cash-flow Return on investment
CI	Corporate identity
CIM	Computer integrated manufacturing
c.p.	ceteris paribus
Cw	Luftwiderstandsbeiwert
DCF	Discounted cash-flow
DIN	Deutsche Industrie Norm
DoE	Design of sxperiments
DSD	Duales System Deutschland
DSS	Decision support system
EAN	Europäische Artikel Nummerierung
EBA	Experimental group before and afterwards
EIS	Executive information system
EN	Europäische Norm
ESS	Executive support system
E-V	Einstellung-Verhalten
FFF	Film Funk Fernsehen
FMCG	Fast moving consumer good
FuE	Forschung und Entwicklung
GE	Geldeinheit
GWB	Gesetz gegen Wettbewerbsbeschränkungen
Hrsg.	Herausgeber
IHK	Industrie- und Handelskammer
ISO	International organisation for standardization
J-i-T	Just in time

KKP	Kundenkontaktprogramm
KKV	Komparativer Konkurrenz-Vorteil
KMU	Klein- und Mittelunternehmen
KVP	Kontinuierlicher Verbesserungs-Prozess
LEH	Lebensmitteleinzelhandel
LNK	Lohnnebenkosten
LSP	Leitsätze zur Selbstkosten-Preisermittlung
MAIS	Marketing-Informations-System
MRS	Management reporting system
OEM	Original equipment manufacturer (Erstausstatter)
OLAP	Online analytical processing
OTC	Over the counter (nicht rezeptpflichtige Arzneimittel)
PIMS	Profit impact of market strategies
PLQ	Preis-Leistungs-Quotient
PM	Produktmanager
POS	Point of sale
PR	Public relations
ProdSG	Produktsicherungsgesetz
QFD	Quality function deployment
ROI	Return on investment
ROS	Return on sales
SGE	Strategische Geschäftseinheit
SGF	Strategisches Geschäftsfeld
SPC	Statistical process control
SWOT	Strengths, Weaknesses, Opportunities, Threats
TQM	Total quality management
UE	Unterhaltungselektronik
USP	Unique selling proposition
UWG	Gesetz gegen den unlauteren Wettbewerb
VO	Verpackungsverordnung
VOB	Verdingungsordnung für Bauleistungen
VPöA	Verordnung zur Preisermittlung bei öffentlichen Aufträgen
XPS	Expertensystem

Ein **Produkt** ist allgemein eine Sach- oder Dienstleistung, die Träger von Nutzeninhalten ist und daher Gegenstand eines Wertaustauschs am Markt sein kann.

Als **Programm** bezeichnet man die Summe aller Produkte, die eine Wirtschafteinheit am Markt anbietet. Es kann nach dem Umfang verschiedenartige Produkte und nach der Anzahl unterschiedliche Versionen jedes Produkts enthalten.

Die **Produkt- und Programmpolitik** umfasst daher alle Maßnahmen, bei denen eine Wirtschaftseinheit eines oder mehrere dieser Nutzenangebote als absatzpolitische Instrumente einsetzen will.

Am Markt werden jedoch nicht Produkte (Realebene), sondern augmentierte, also zu Marken angereicherte Produkte, wahrgenommen. Diese werden im Rahmen der **Markenpolitik** geführt.

Jegliche Leistungserstellung vollzieht sich zudem im Zuge einer **Prozessorganisation**, in der ein Input planmäßig in einen Output umgewandelt wird. Sofern der Output einen höheren Wert als der Input und die zu seiner Umwandlung eingesetzten Prozessleistungen hat, entsteht Wertschöpfung.

Das Produktmanagement als betriebliche Strukturierungsform betrifft somit die Planung, Organisation, Durchführung und Kontrolle aller Aktivitäten, welche die Einführung, die Pflege, die Ablösung oder die Einstellung von Produkten betreffen. Sowie den Aufbau und Ausbau von Markenartikeln als Produktpersönlichkeiten, die Gestaltung des Programms aller Produkte in Breite und Tiefe sowie die Steuerung der, vornehmlich internen, Prozesse bis zu deren Marktreifung und Markterfolg.

A. Produktinnovation

Die Produktinnovation steht am Anfang absatzwirtschaftlicher Aktivitäten. Ohne ein objektiv oder subjektiv neues Angebot fehlt es an der Basis zur Vermarktung. Zugleich bewegt sich die Produktinnovation an der Schnittstelle zwischen betriebswirtschaftlicher und technischer Sichtweise.

Im Folgenden werden nunmehr die betriebswirtschaftlichen Aspekte näher beleuchtet. Zunächst geht es um den Begriff der Innovation (1.1). Dabei werden die Innovationsarten und die Innovationsneigung in ihren Ausprägungen dargestellt. Danach wird die Ideenfindung beleuchtet (1.2). Dabei geht es um Ideenquellen und Techniken zur Kreativitätssteigerung sowie die Ideenauswertung. Es folgt ein kurzer Ausblick auf die Forschung und Entwicklung (1.3). Vor der Einführung eines neuen Angebots sind die Markterwartungen sorgfältig abzuwägen (1.4). Dazu eignen sich sowohl Testverfahren als auch intuitive und systematische Methoden der Absatzprognose. Dann erst kann der eigentliche Einführungsprozess des Neuprodukts erfolgen (1.5). Für die effektive Pflege des Marktangebots ist eine geeignete Organisationsspezialisierung (2.1) in Form des Produktmanagement entscheidend. Dieses ist jedoch im Einzelnen zu konfigurieren und zu koordinieren. Der Markterfolg kann aber letztlich nur nachhaltig sein, wenn eine Erfolg versprechende Bestimmung des Marktfelds (2.2) stattgefunden hat. Dazu bieten sich in Anlehnung an die strategische Lücke die Marktdurchdringung, die Markterweiterung und die Produkterweiterung mit ihren zahlreichen Optionen an. Wichtige Hinweise auf Erfolgspositionen geben auch die Erkenntnisse der PIMS-Studie (2.3). Anschließend wird nicht nur das Produktangebot im Kern, sondern auch die Packung diskutiert (3.1). Bedeutsam sind unter strategischen Aspekten vor allem die Gewerblichen Schutzrechte (3.2), also der Patent-, Gebrauchs-/Geschmacksmuster- und Ausstattungs-/ Urheberrechtsschutz sowie die Lizenzierung und Produzentenhaftung. Produkt muss dabei nicht, wie nahe liegend, eine Sachleistung implizieren, sondern kann durchaus auch eine Dienstleistung darstellen (4.1). Weiterhin kann es sich auch um Industriegüter (4.2) handeln. Auffällig ist, dass es im Rahmen der Marketingliteratur durchaus vielfältige Abhandlungen über die Produktinnovation gibt, erst recht, wenn man dies mit Abhandlungen über die anderen Elemente der Produktpolitik vergleicht. Dies deutet darauf hin, dass in dieser Thematik eine besondere Wichtigkeit und/oder Attraktivität gesehen wird, wenngleich real die Produktinnovation, trotz immensen technischen Fortschritts, zu den eher selteneren Vorkommnissen im Produktmanagement gehört. Dies gilt vor allem, wenn man sich angesichts internationalen Marketing vor Augen führt, dass zentral „erfundene" Neuprodukte immer häufiger dezentralisiert gleichartig in einer mehr oder minder großen Vielzahl von Ländern eingeführt werden, dem Produktmanagement dort also überwiegend nur eine adaptive Funktion zukommt. Dies verkürzt aber den Aktionsspielraum im Innovations-Management entscheidend. Dennoch lohnt sich ein ausführlicher Blick auf diese Thematik.

1. Neuproduktkonzept

1.1 Innovation

Innovation ist allgemein die Durchsetzung neuer technischer, wirtschaftlicher, organisatorischer und sozialer Problemlösungen in Unternehmen und Markt, im Unterschied zur Invention als erstmaliger technischer Realisierung einer neuen Problemlösung und zur Technologie als Durchführung von (technischen) Prozessen. Im Folgenden werden die Innovationsarten und die Innovationsneigung näher betrachtet.

1.1.1 Innovationsarten

Es gibt vielfältige Möglichkeiten zur Rubrizierung von Arten der Innovation. (Technische) Innovation umfasst dabei im Zeitablauf die nachstehende **Stufenfolge**.

Innovationen brauchen einen langen Atem. Dazu das Beispiel der Xerographie (Trockenfotokopieren) und seine Historie:

- *1944: Weiterentwicklung einer vordem abgelehnten Erfindung durch das Batelle-Institut*
- *1945: Lizenzvereinbarung mit Haloid über Trockenkopierer*
- *1948: Xerographie wird als Begriff erfunden (lateinisch für „trocken schreiben“)*
- *1950: Prototyp eines Trockenkopierers (Betrieb ist nur mit Maschinistenbedienung möglich, 39 Arbeitsschritte für eine Kopie)*
- *1957: Gemeinsame Vermarktung der Xerographie durch Haloid und Rank (das aus Finanzmittelmangel hinzugeholt wird), es geht um die Verdrängung chemischer (Nass-)Kopiersysteme*
- *1959 entsteht die Firmierung Rank Xerox, ab 1967 nur Xerox*
- *1960: Vermarktung von Trockenkopierer im Leasingverfahren, die Leasinggebühr richtet sich nach der Anzahl der Kopien (nutzungsabhängig)*
- *ab 1968: Entwicklung von Derivaten wie Mikrofilm-Kopierer, medizinische Kopiergeräte, Drucksysteme, Farbkopierer, Telekopierer (Fax), Laserdrucker etc. auf Basis der Xerographie.*

In solche Innovationen sind oft auch verschiedene Unternehmen eingeschaltet. Ein Beispiel ist die Datenverarbeitung:

- *1965 stellt Nixdorf mit dem 820 den ersten Desktop-Computer, noch ohne Bildschirm und mit elektrischer Schreibmaschine als Drucker, vor. 1968 folgt mit Nova von Data General der erste Minicomputer, ebenfalls noch ohne Monitor. Das erste PC-System wird von Rank Xerox 1974 vorgestellt. Der erste am Consumer-Markt verfügbare PC ist ein Bausatz von Altair (8080), Ausgangsbasis für fast alle Computer-Bastler. 1978 entwickelt Epson einen Nadeldrucker als Peripheriegerät. 1981 kommt MS-DOS als Betriebssystem von Microsoft hinzu. Mit dem Commodore 64 erscheint 1982 der erste Spielecomputer am Markt.*

1984 revolutioniert Apple den Computermarkt mit der grafischen Benutzeroberfläche des Macintosh-OS. 1985 stellt dann Atari seinen Homecomputer ST vor. 1991 wird das Betriebssystem Windows von Microsoft als Version 3.0 eingeführt. Der erste Laptop-Computer folgt 1992 von Toshiba mit dem T 6400. Zur nächsten Generation von Betriebssystemen gehört der i-Mac von Apple.

Nach den **Dimensionen** der Innovation kann man folgende unterscheiden. Nach dem **Ausmaß** der Innovation (wo ist es neu?) gibt es die:
- **Marktinnovation,** d.h., ein entsprechendes Angebot ist erstmals überhaupt am Markt verfügbar (absolute Innovation),
- **Unternehmensinnovation,** d.h., ein Angebot ist nur für das betreffende Unternehmen selbst neuartig, nicht aber für den Markt als solchen (relative Innovation),
- **Bracheninnovation**, d.h. ein Angebot ist für die gesamte Branche neuartig und wird erstmalig real ausprobiert.

Nach der **Art** der Innovation (was ist neu?) gibt es die
- **Produktinnovation,** d.h., es handelt sich um ein neues, vermarktungsfähiges Angebot, das am Markt absolut oder relativ neu ist,
- **Verfahrensinnovation,** d.h., es handelt sich um eine neue Methode zur Erstellung eines marktfähigen Angebots, die selbst nicht marktfähig ist.
- **Geschäftsmodellinnovation**, d.h., es wird eine neuartige Kombination aus Input- und Throughput-Faktoren gebildet, wie etwa im Blue ocean-Konzept.

Das Blue ocean-Konzept beschäftigt sich mit der relativen Leistungsfähigkeit eines Unternehmens innerhalb der Branche in Abhängigkeit von seinen Schlüsselerfolgsfaktoren und dem umgebenden Leistungsniveau („Wertkurve"). Absicht ist es, das Branchenumfeld mittels einer Durchbruchsinnovation zu verändern. Dies soll erreicht werden durch die Schaffung eines noch nicht besetzten Marktes, die Marginalisierung des Wettbewerbs dort und die Generierung neuer Nachfrage dafür. Der Akzent liegt dabei auf der Kombination aus simultanen Kosten- oder Nutzenvorteilen. Dazu bedarf es der Ermittlung der neuen Wertkurve und der adäquate Rekonstruktion der Wertkette zur systematischen Übertragung auf andere Branchen (z.B. Apple Hardware), auf branchenübergreifende Angebote (z.B. Apple Software), auf neue Zielgruppen (z.B. Swatch), auf Systemlösungen aus komplementären Produkten/Diensten (z.B. IBM), auf Produktwandel durch funktionale/ emotionale Veränderung (z.B. Modelleisenbahn für wohlhabende Rentner) oder Veränderung im Zeitablauf durch Innovation (z.B. Philips/Douwe Egberts mit Senseo). Allerdings gibt es verbreitete Kritik an diesem Konzept (bloße Modeströmung, hohe Floprate bei Innovationen, Frühe Folger sind oft erfolgreicher als Innovatoren, Kundennutzen bleibt unabhängig vom Timing zentral, risikoreiche Implementierung etc.).

Nach dem **Stellenwert** der Innovation (wie neu ist es?) wird unterschieden in die:
- **Elementarinnovation** der Grundlagenforschung anhand wissenschaftlicher Erkenntnisse. Sie ist gekennzeichnet durch hohen Ressourcenaufwand, langfristige

Amortisation, hohes Risiko, aber auch überproportionale Steigerung der Wettbewerbsfähigkeit.

- **Anwendungsinnovation** der Forschung anhand von Prototypen. Sie ist gekennzeichnet durch mittelhohen Ressourcenaufwand, mittelfristige Amortisation, mittleres Risiko und immerhin eine nennenswerte Wettbewerbsverbesserung.
- **Routineinnovation** der Anwendungstechnik anhand von Detailänderungen. Sie ist gekennzeichnet durch geringen Ressourcenaufwand, kurzfristige Amortisation, geringes Risiko und allenfalls hinreichende Wettbewerbssteigerung.

Unterscheidet man schließlich bei den Dimensionen der **Technik** und der **Anwendung** jeweils nach „vorhanden“ und „neu“, so ergeben sich folgende Kombinationen der Innovation:

- Sind sowohl Anwendung als auch Technik schon vorhanden, liegt eine (Verfeinerungs- oder) **Verbesserungsinnovation** vor.
- Ist die Anwendung zwar vorhanden, die Technik hingegen neu, liegt eine (Ablösungs- oder) **Potenzialinnovation** vor.
- Ist die Technik zwar vorhanden, die Anwendung hingegen neu, liegt eine (Inkremental- oder) **Umsetzungsinnovation** vor.
- Sind sowohl Anwendung als auch Technik neu, liegt eine (Durchbruchs- oder) **Lateralinnovation** vor.

Was nun als Neuheit im Programm zu betrachten ist, ist letztlich ein Messproblem und abhängig davon, aus wessen Sicht man urteilt und welchen Anforderungsgrad man anlegt. Allgemeine Erfolgsindikatoren sind vor allem der relative, wahrgenommene Vorteil, den eine Innovation im Vergleich zu herkömmlichen Situationen oder Problemlösungen bietet, die Kompatibilität mit Wertvorstellungen, Erfahrungen und Bedürfnissen potenzieller Nutzer, die Komplexität zum Verständnis und Einsatz der Innovation sowie die Möglichkeit zum Test vor dem Kauf bzw. zur Beobachtung bei Anderen.

Je nach Anlass unterscheidet man den **Technology Push** als proaktive Suche nach Anwendungen vorhandenen technischen Wissens und den **Demand Pull** als Forderung des Marktes nach Problemlösungen durch Technik. Die Innovation kann auf Faktenebene oder auf Wahrnehmungsebene erfolgen und hat jeweils eine (zumindest zeitweise) Alleinstellung (Out of Category-Position/USP) zum Ziel. Innovationsmarketing besteht dabei immer aus den beiden Komponenten der eigentlichen Erfindung (Invention) und deren Auswertung (Exploitation).

1.1.2 Innovationsneigung

Die Innovationsneigung drückt die Strategie eines adaptiven oder innovativen Vorgehens bei der Innovation aus. Zumeist werden zwei Typologien zu Grunde gelegt, die aber viele Überschneidungen aufweisen, wie z.B. diejenigen von Ansoff/Stewart (First to the market, Application engineering, Me too) und von Maidique/Patch (First to market, Second to market, Late to market). In ähnlicher

Weise kann nach aktivem und passivem Strategieverhalten in der zeitlichen Abfolge bzw. Strukturverhalten in der Art der Übernahme unterschieden werden. Es ergeben sich je nach Kombination, verschiedene, prototypisch charakterisierbare Innovationsneigungen, so der Pionier, der frühe Folger, der Modifikator und der Nachzügler. Die Verweilzeit am Markt hängt dann dem Eintritts-Timing auch vom Austritts-Timing ab, sie ist sukzessiv abnehmend bei frühem Eintritt und spätem Austritt, spätem Eintritt und spätem Austritt, frühem Eintritt und frühem Austritt sowie spätem Eintritt und frühem Austritt *(siehe Abb. Innovationsneigung)*.

1.1.2.1 Pionier

Der Innovationsführer im Original hält unablässig nach neuen Märkten und Produkten Ausschau und nimmt Chancen entschlossen wahr. Zur Philosophie dieser Unternehmen gehört es, Ansätze technischen Fortschritts unvermittelt im Programm umzusetzen und daraus Chancen für Wettbewerbsvorsprünge abzuleiten. Sie sind gekennzeichnet durch umfangreiche FuE, hohe Finanzstärke und Risikofreudigkeit.

Als Beispiel mag der Launch des Walkman durch Sony dienen. Dieser Gerätetyp schien zunächst keine Marktberechtigung zu haben, da er im Unterschied zu traditionellen Cassettenrecordern keine Aufnahmefunktion hatte und im Unterschied zur herkömmlichen Stereoanlage keine Lautsprecher. Sein Vorteil lag jedoch in den kompakten Abmessungen und der Portabilität. Getragen von aktiven Freizeittrends (Jogging, Power walking, Cycling, Work out) ist das Risiko der Investition zwischenzeitlich durch millionenfache Absatz belohnt worden.

Als Marktpioniere sind u.a. zu nennen:

- *Anita Roddick (Body Shop), Fred Smith (Federal Express), Steve Jobs (Apple Computer), Bill Gates (Microsoft), Michael Dell (Dell Computer), Ray Kroc (McDonald`s), Walt Disney (Disney Corp.), Sam Walton (Wal-Mart), Tom Monaghan (Domino´s Pizza), Akio Morita (Sony), Nicholas Hayek (Swatch), Gilbert Trigano (Club Mediterranée), Ted Turner (CNN), Richard Branson (Virgin), Simon Marks (Marks&Spencer), Luciano Benetton (Benetton), Charles Lazarus (Toys R Us), Colonel Sanders (Kentucky Fried Chicken), Ingvar Kamprad (Ikea), Phil Knight (Nike), Otto Beisheim (Metro), Reinhard Mohn (Bertelsmann).*
- *Eines der innovativsten Unternehmen in Deutschland ist die Robert Bosch GmbH. Von ihr stammen allein im Bereich der Automobiltechnik so bahnbrechende Erfindungen wie elektrische Zündkernen, Starterautomatik, Scheinwerfer, Benzineinspritzung, Blei-Cadnium-Batterie, Hydraulik-Bremse, Airbag, Anti-Blockier-System, Antriebs-Schlupf-Regelung etc. Entsprechend ist Bosch der größte unabhängige Autozulieferer der Welt.*
- *In gleicher Reihe mit Robert Bosch stehen Persönlichkeiten wie Carl Zeiss (Erfinder des Mikroskops), Werner von Siemens (Starkstromtechnik), Nikolaus August Otto (Viertaktbenzinmotor), Gottlieb Daimler (Motorrad), Ferdinand von Zeppelin (Luftschiff), Emil Rathenau (Elektrogeräte/AEG), August Thyssen*

Innovationsneigung

	Basierung	Differenzierung
Vorstoß	Pionier	Früher Folger
Verfolgung	Nachzügler	Modifikator

(Stahlproduktion), Carl Friedrich Benz (Zweitaktbenzinmotor), Wilhelm Maybach (Spritzdüsenvergaser), Otto Lilienthal (Tragflügel), Rudolf Diesel (Selbstzündermotor), Carl Duisberg (chemische Farbstoffe), Carl Bosch (Ammoniaksynthese), Willy Messerschmidt (Düsenflugzeug) oder Wernher von Braun (Weltraumrakete).

- *Pioniere machen oft die vielbeschriebene „Tellerwäscher“-Karrieren. So gründete Steve Jobs Apple Computer in der Garage seiner Eltern in Los Altos. Bill Hewlett und David Packard gründeten HP ihrerseits in einer Garage in Palo Alto. Der Servergigant Cisco startete im Wohnzimmer des Gründerehepaars. Und Jerry Wang und David Flo entwickelten die Suchmaschine Yahoo in ihrer Studentenbude.*
- *Hewlett Packard, eine der Ikonen der Elektronik, kann etwa auf folgende Innovationen zurückblicken:*
  - *1939: Erster Tonfrequenzgenerator*
  - *1951: Erster Hochgeschwindigkeits-Frequenzzähler*
  - *1964: Erste transportable Atomuhr*
  - *1968: Erster wissenschaftlicher Tischrechner*
  - *1972: Erster wissenschaftlicher Taschenrechner*
  - *1975: HP-Interface wird Industriestandard (IEE 488)*
  - *1984: Erster Tintenstrahldrucker*
  - *1986: Erster kommerzieller Rechner mit RISC-Architektur*
  - *1991: Erster Palmtop (95 LX)*
  - *1992: HP Open View-Netzwerk und System Management Software*
  - *1993: Erstes Subnotebook (OmniBook 300)*

- 1994: Superhelle Leuchtdioden
- 1995: Erster Farbtintenstrahldrucker mit Kopierfunktion
- 1996: Datenverschlüsselungssystem.

- *Audi-Innovationen betreffen u.a. den permanenten Allrad-Antrieb (1980 im Audi quattro), die Cw-Wert-Optimierung in der Klasse (1982 im Audi 100), das Pro-conTen-Aufprallschutz-System für Fahrer (1985), die vollverzinkte Karosserie (1986 mit Zehnjahresgarantie gegen Durchrostung), den Turbo-Diesel-Motor mit Direkteinspritzung (1989 als TDI), die Aluminiumkarosserie-Leichtbauweise (1994 im Audi A 8 Spaceframe), das Sechs-Gang-Getriebe (1997), das Direktschaltgetriebe (2001 als DSG).*
- *Mercedes-Benz-Innovationen betreffen u.a. die Einzelradaufhängung (1931), die Sicherheitsfahrgastzelle (1959 durch Bela Barenyi), die Sicherheitslenkung (1967), das Anti-Blockier-System (1978 als ABS), den Airbag (1981), den Überrollbügen bei Cabrios (1989), das elektronische Stabilitäts-Programm (1995 als ESP), die aktive Fahrwerks-Steuerung (1999 als ASC), die Abstandsregulierung (2005), den Bremsassistenten (2005).*

Die **Chancen** des Pioniers sind vor allem die Folgenden:

- Am Anfang eines Innovationszyklus besteht noch kein direkter Konkurrenzeinfluss. Insofern bleibt der Innovator zumindest vorübergehend von den unliebsamen Konsequenzen des Wettbewerbs verschont.
- Daraus resultieren preispolitische Spielräume, die sich meist als Abschöpfungspreispolitik materialisieren, die vorübergehend überdurchschnittliche Spannen (Produzentenrente) und schnellen Return on Investment ermöglichen.
- Es besteht die Möglichkeit zur Etablierung eines dominanten Standards, für den jedoch eine rasche Diffusion von Neuerungen Voraussetzung ist. Zu denken ist etwa an die, technisch unterlegene, VHS-Systemnorm bei Video. Dies wirkt als Markteintrittsschranke für Nachfolger. Hinzu treten Gewerbliche Schutzrechte als Marktbarriere.
- Die Mengensteigerung wiederum schafft durch einen Vorsprung auf der Erfahrungskurve langfristige Kostenvorteile. Dem liegt der bekannte, jedoch nicht unumstrittene, Boston-Effekt zu Grunde (dynamische Größendegression). Hinzu kommen aber auch statische Größeneffekte.
- Der frühe Eintritt in einem Markt schafft dort die längste Verweildauer und damit, zumindest potenziell, die Möglichkeit zum höchsten kumulierten Gewinn. Dieser resultiert aus dem Aufbau von Markt-Know-how und Kundenkontakten. Dadurch ist eine attraktive Produkt-/Marktposition einzunehmen.
- Der Innovator hat oft Imagevorteile durch einen generellen Goodwill (Ruf als Pionier) in der Öffentlichkeit, weil, zumal bequemlichkeitsfördernde, Neuigkeiten emotional positiv besetzt sind.
- Es gibt die Möglichkeit der Wahl des potenzialstärksten Absatzkanals und die Möglichkeit zu dessen Belegung.

Die **Risiken** des Pioniers sind hingegen folgende:

- Er trägt als Schrittmacher immer die größte Ungewissheit über die weitere Marktentwicklung. Insofern bedarf es einer ausgeprägt hohen Risikoaffinität zur

Einnahme dieser Rolle. Man kann keine fremden Vorbilder nutzen, etwa hinsichtlich der Abschätzung der Nachfragebedingungen.

- Es besteht kontinuierlich die Gefahr von Technologieschüben, die Innovationsvorsprünge, und alle damit verbundenen hohen Aufwendungen, entwerten. Und dies wird angesichts zunehmend sprunghaften technischen Fortschritts immer wahrscheinlicher.
- Um seine Vorteile zu nutzen, muss der Innovator eine vorübergehende Marktmonopolisierung durchsetzen. Dies sicherzustellen, hat hohe Markterschließungskosten zur Folge, da keine „Infrastruktur" vorhanden ist. Die dabei entstehenden Kosten lassen die Gefahr des Überholens durch Niedrigkosten-Imitatoren, die sich die geschaffenen Rahmenbedingungen zu Nutze machen, entstehen.
- Neuerungen sind definitionsgemäß mit höheren Risiken für Abnehmer verbunden als bestehende Angebote, insofern ist ein hoher Überzeugungsaufwand bei Kunden zu leisten, und zwar umso mehr, als je bedeutsamer die Neuerung von Abnehmern wahrgenommen wird. Dazu ist die Weckung latenter Bedürfnisse erforderlich.
- Zur Marktreifung von Neuerungen ist die Mobilisierung hoher FuE-Aufwendungen erforderlich. Da zugleich der Payback ungewiss bleibt, hängt die Existenz des Innovators nicht selten vom Erfolg jeder einzelnen neuen Produktgeneration ab. Zudem besteht die Gefahr der Überalterung von Erstinvestitionen.
- Das Auftreten von „Kinderkrankheiten" am neuen Produkt/Prozess ist wahrscheinlich. Hinzu kommen Pionierkosten für Produktionserlaubnis, Auflagen, Kundenschulung, Infrastrukturaufbau, Ressourcenerschließung, Komplementärproduktentwicklung etc.

Die Markthistorie kennt zahlreiche Beispiele sowohl von erfolgreichen wie erfolglosen Pionieren. Erfolgreich waren u.a. Minolta (mit der Autofocus-SLR-Kamera), Sony (mit der CD-Technologie), Searle (mit dem Süßstoff Nutrasweet), DuPont (mit der Teflon-Beschichtung), P&G (mit den Fertigwindeln Pampers), Nintendo (mit dem Game Boy), Brita (mit Wasserfiltern). Erfolglos waren u.a. Philips (mit dem Videorecorder-System 2000 aus 1972), Xerox (mit Personal computers), Hell (mit dem Telefaxgerät), EMI (mit der Computertomografie), De Havilland (mit Düsen getriebenen Flugzeugen).

Aber auch die Marktnachzügler sind sowohl durch Erfolg wie Misserfolg gekennzeichnet. Erfolgreich waren u.a. IBM (mit dem Personal Computer), Intel (mit dem Mikroprozessorchip), Seiko (mit der Quarzuhr), Matsushita (mit dem Videorecorder-System VHS aus 1975). Erfolglos waren u.a. Kodak (in der Sofortbildfotografie), DEC (mit Personal Computer), Sega (mit Computerspielen).

Man darf aber auch nicht zu früh am Markt sein. Beredtes Beispiel dafür ist Siemens. So bringt Siemens 1997 das erste Handy mit Farb-Display auf den Markt, was vom Markt aber offensichtlich nicht als Vorteil erkannt wurde. Es folgte das erste Handy mit eingebautem MP3-Player (Typ SL 45), das allerdings auf wenig Nachfrage traf, da MP3 noch nicht verbreitet ist. 2001 präsentierte Siemens das erste Handy, das in eine Armbanduhr eingebaut ist, dieses wird aber gar nicht erst eingeführt. Auch das erste Handy mit Schiebemechanik für die Tastatur (Typ SL 10) wurde vom Markt noch nicht als Vorteil erkannt.

Ein erfolgreiches Beispiel einer Innovation ist der Energydrink Red Bull. Diese Produktkategorie wurde von Dietrich Mateschitz „erfunden", der als Marketingmanager für P&G Zahnpflegeprodukte in Österreich in den 1980er Jahren viel in Asien unterwegs war. Dabei fiel ihm auf, dass seine Verhandlungspartner auch nach schier endlosen Sitzungen nicht zu ermüden schienen und eine enorme Konzentrationsspanne aufwiesen. Mateschitz erkannte, dass die in Asien weit verbreiteten Erfrischungsgetränke nicht nur der Durstlöschung dienten, sondern einen zusätzlichen Nutzen boten, der auch außerhalb Asiens einen großen Markt haben dürfte. 1984 erwarb er vom thailändischen Getränkehersteller TC Pharmaceuticals die Lizenzrechte für die Vermarktung des Energy Drinks Krating Daeng (Roter Bulle auf thailändisch). 1987 wurde Red Bull nach Anpassung der Rezeptur und Entwicklung eines Vermarktungskonzepts in Österreich erfolgreich eingeführt. 1992 wurde als erster Auslandsmarkt Ungarn erschlossen. Heute ist Red Bull in 115 Ländern aktiv und hat 70 % Marktanteil bei Energy Drinks. Der Umsatz beträgt ca. 3,3 Mrd. €, das Marketingbudget macht knapp ein Drittel davon aus. Die Positionierung verspricht Belebung für Körper und Geist (Slogan: Red Bull verleiht Flüüügel).

1.1.2.2 Früher Folger

Der Innovationsfolger durch Modifikation sucht formalistisch agierend systematisch nach der Adaptation von Neuerungen, ohne aber den ersten Schritt zur Umsetzung zu wagen. Möglicherweise auch, weil diese Anbieter selbst nicht forschungsintensiv genug sind, wohl aber entwicklungsstark. Sofern sich jedoch ein Innovator gefunden hat, beobachten sie dessen Markterfolg genau und übernehmen die Neuheit mit dem Ziel der optimierenden Veränderung. Dies ist für Unternehmen typisch, die visionären Neuerern zwar an Genialität unterlegen, jedoch an Kapitalkraft überlegen sind. Weil es darauf letztlich ankommt, haben es innovative Klein- und Mittelständler immer schwerer zu überleben.

Allerdings ist die Frühe Folger-Position nicht nur eine Erfolgsposition. So ist Xerox der eigentliche Erfinder einer komfortablen und funktionalen PC-Bedienung. Heute unerlässliche Features wie Mausführung, Druckeransteuerung, grafische Benutzeroberfläche und Netzwerkfähigkeit gehen eindeutig auf Entwicklungen von Xerox zurück. Allerdings zögerte das Unternehmen angesichts des zur damaligen Zeit (1973) unabsehbaren Siegeszugs des PC mit der nachdrücklichen Marktreifmachung dieser Ideen. So schlummerten diese Ansätze im Konzern, ohne konsequent zur Umsetzung zu gelangen. 1982 erfolgte dann eine Präsentation dieser Ideen vor Steve Jobs, einem der Gründer von Apple. Er erkannte das riesige Potenzial dieser Ideen sofort und setzte sie rasch im ersten modernen Apple Computer 1984 um. Daraus wurde eine wegweisende Produktlinie, die schließlich auch die Entwicklung in der „Wintel"-Gruppe stark beeinflusste. Als Xerox sich zur Umsetzung seiner Ideen entschloss, war der damals noch überschaubare Markt für PC's aber bereits abgeschöpft. Die Produktion wurde eingestellt, bevor ihre Tragfähigkeit gesichert war. Heute ist Xerox im Bereich der Personal computer nicht mehr präsent.

Die **Chancen** des frühen Folgers sind vor allem folgende:
- Er trägt ein weitaus geringeres Risiko als der Innovator, weil bereits Erkenntnisse aus dessen Marktpräsenz und ein erster Überblick über die Marktentwicklung vorliegen. Die Erfahrungen des Pioniers können insoweit genutzt werden.
- Unter Umständen besteht noch die Möglichkeit zur Etablierung eines eigenen Standards, wenn die vorgestellten Standards nicht überzeugen und noch keine ausreichende Marktbreite erreicht haben (Beispiel VHS von Panasonic/Matsushita nach Betamax/U-matic von Sony).
- Die Marktpositionen sind noch nicht verteilt, insofern ist gegenüber dem Pionier noch kein entscheidender Boden verloren, und die Karten können neu gemischt werden. Allerdings arbeitet die Zeit gegen den frühen Folger.
- Der Lebenszyklus des Marktes steht noch am Anfang, das bedeutet (bei Erfolg) stark steigende Wachstumsraten, geringe Wettbewerbsintensität und die Durchsetzung von Prämienpreisen, also ein insgesamt angebotsförderndes Umfeld.

Die **Risiken** des frühen Folgers sind hingegen folgende:
- Möglicherweise bestehen Markteintrittsbarrieren des Innovators, etwa durch Gewerbliche Schutzrechte, Etablierung eines Systemstandards oder rasche Kostendegressionseffekte. Dann müssen Umgehungsmöglichkeiten gefunden werden.
- Es ist eine Strategieausrichtung am Innovator erforderlich, sodass nicht mehr unbedingt freie strategische Wahl im marketingpolitischen Mix besteht, sondern eine mehr oder minder große Abhängigkeit von diesem.
- Es besteht die Notwendigkeit der Herausarbeitung eines eigenen komparativen Konkurrenzvorteils, da Nachfragern ansonsten kein Argument für die Angebotswahl offeriert werden kann, es sei denn, ein niedrigerer Preis. Dafür sollten günstigere Produktionsverfahren als beim Pionier vorliegen, die vor allem aus Synergieeffekten resultieren können.
- Auf den Vorstoß des Innovators ist eine schnelle Reaktion erforderlich, da die Zeit für ihn arbeitet und eine Nachfolge durch andere Wettbewerber immer wahrscheinlicher wird, sodass die Position des frühen Folgers vergeben ist.
- Schließlich ist auch von einem baldigen Markteintritt weiterer Konkurrenten auszugehen, sodass die Zeitspanne zur Materialisierung von Marktvorteilen eng begrenzt bleibt. Insofern entsteht eine Zeitfalle, d.h., womöglich reicht die Zeit nicht, durch eine Produzentenrente die Aufwendungen der Marktreifmachung ausreichend zu alimentieren.

1.1.2.3 Modifikator

Der Innovationsführer durch Modifikation (Modifikator) kapriziert sich auf hohes Fachwissen und laufende Detailverbesserungen von Lösungen. Hierbei steht die kundenspezifische Umsetzung allgemeinen technischen Fortschritts im Fokus. Hohe Produktqualität erlaubt Marktsegmentierung und strenge Kostenkontrolle auskömmliche Rendite auch bei kleinen Stückzahlen.

Als Beispiel für eine erfolgreiche Modifikation können ViewCams, Camcorder mit großem Sucherdisplay, Anfang der 1990er Jahre dienen. Camcorder stießen vorher vor allem bei älteren Personen, wegen mangelnder Sehschärfe infolge der sehr kleinen Sucheroptik, und bei Frauen, wegen der Make up-Gefahr beim engen Anliegen der Suchermanschette am Auge, auf Ablehnung. Sharp, ein Anbieter mit damals sehr kleinem Marktanteil, suchte nach einer erfolgversprechenden Möglichkeit der Modifikation bisheriger Camcorder, welche die genannten Nachteile vermeidet und damit neue Zielgruppen für die Marke erschließt. Dies gelang durch den erstmaligen Einbau eines großen LCD-Bildschirms bei ansonsten unveränderten Camcorderfunktionen, der vom Gerät abgeklappt werden kann. Dies ermöglicht etwa älteren Personen eine große und klare Bildschirmdarstellung der Aufnahmeobjekte und Frauen die Aufnahmekontrolle auf Distanz zum Auge. Da außerdem auch allen anderen Zielgruppen ein Bequemlichkeitsnutzen geboten werden konnte, entwickelte sich der Marktanteil von Sharp rapide nach oben. Allerdings haben zwischenzeitlich alle Camcorder-Hersteller derartige ViewCams im Programm.

Die **Chancen** des Modifikators sind vor allem die Folgenden:

- Durch die Identifizierung und Besetzung von Marktnischen findet der Modifikator Schutz im hart umkämpften Markt, verbunden mit relativer Alleinstellung und der Möglichkeit zur Durchsetzung einer Preisprämie oder sonstigen Spielräumen bei der Preisgestaltung.
- Im Regelfall entstehen nur relativ geringe Entwicklungskosten, da viele Aufwendungen, vor allem solche der Grundlagenforschung, erspart werden können. Angewandte Forschung weist demgegenüber eine weitaus höhere Rentabilitätschance auf.
- Der Modifikator geht weniger Risiko ein, weil er keine Durchbruchsinnovation vollzieht, sondern nur eine Inkrementalinnovation. Dadurch ist ein guter Kompromiss zwischen Innovationsnutzung und Begrenzung des Geschäftsrisikos erreichbar.
- Es besteht die Chance, durch frühzeitiges Reagieren dem immer rascher einsetzenden Preisverfall an den Märkten zu entgehen. Denn wenn dieser einsetzt, kann der Modifikator sich schon wieder auf die nächste Neuerung stürzen.

Die **Risiken** des Modifikators sind hingegen folgende:

- Zunächst sind die Markteintrittsbarrieren etablierter Anbieter zu überwinden. Dazu gehören vor allem Gewerbliche Schutzrechte mit Ausschlussfristen, die erst einmal zu umgehen sind.
- Vor Kunden ist meist viel Überzeugungsaufwand notwendig, um Zusatznutzen zu verdeutlichen, die erst auf den zweiten Blick erkennbar und nutzenrelevant sind. Dafür aber gleich auf den ersten Blick einen nennenswerten Mehrpreis implizieren.

- Es besteht die Gefahr, sich bei vielen Einzellösungen zu verzetteln, weil das Kernfeld des Markts durch den Innovator besetzt oder sogar geschützt ist. Die Effektivität dieser Strategie ist dann sehr in Zweifel zu ziehen.
- Weiterhin besteht die Gefahr, Großanbieter anzulocken, die ein größeres als das seither ausgeschöpfte Potenzial hinter der Marktnische vermuten und Märkte, selbst bei Fehlschlag, mit ihrem Programm verstopfen.

1.1.2.4 Nachzügler

Der Innovationsfolger im (Original-)Nachbau (Kopist) reagiert nur auf Grund von der Umwelt mehr oder minder unausweichlich vorgegebener Änderungen nach bewährtem Muster. Diese Nachzügler machen sich den Input von Innovatoren zueigen und beuten diesen aus. Das traf etwa in den Anfängen des japanischen Wirtschaftswunders zu und gilt heute für andere fernöstliche Anbieter (Take off Markets). Dies beginnt mit dem simplen Abkupfern von Produktideen und der konsequenten Wertanalyse zur Einsparung von Gestehungskosten an verdeckten Stellen mit nicht sofort feststellbaren Folgen. Kommen kostengünstige Arbeitsbedingungen hinzu, ist der Anbieter in der Lage, auf den ersten Blick verwechslungsfähige Produkte gegenüber anderen signifikant billiger anzubieten. Dies endet in sklavischer Nachahmung, die, oft Gewerbliche Schutzrechte missachtend, Me too-Angebote präsentiert. In vielen Fällen geringen sozialen, persönlichen oder finanziellen Risikos reicht die gebotene Leistung tatsächlich auch aus.

Als Beispiel kann die Benutzeroberfläche Windows gelten. Sie imitiert die Ikonensteuerung des Apple-Betriebssystems und bietet damit auf MS-DOS-Rechnern annähernd dessen Bedienungskomfort, freilich erst mit erheblichem Time lag, dafür aber auch erheblich preisgünstiger.

Die **Chancen** des Nachzüglers sind vor allem folgende:
- Dem Nachzügler entstehen erheblich niedrige FuE-Aufwendungen, wenn es nicht sogar zu einer reinrassigen Kopie des Originals kommt. Die ersparten Kosten können voll im Preisvorteil weitergegeben werden.
- Die Anlehnung an Standards schafft Sicherheit für die Vermarktung durch ausgereifte Technik und hohen Verbreitungsgrad. Insofern ist die Gefahr von Fehlinvestitionen vergleichsweise geringer.
- Das erforderliche Know-how kann ggfs. zugekauft werden, sodass es letztlich weniger eine Frage des Erfindungsreichtums, sondern eher der Finanzkraft ist, ob ein Markt bearbeitet werden kann oder nicht.
- Infolge des bereits fortgeschrittenen Lebenszyklus besteht eine geringere Unsicherheit über die weitere Marktentwicklung, da von einer üblicherweise vorzufindenden Projektion auszugehen ist.
- Da bereits fortgeschrittene Produktversionen vermarktet werden, können Standardisierungspotenziale weitgehend ausgenutzt werden. Dies ermöglicht niedrigere Gestehungskosten.

Die **Risiken** des Nachzüglers sind hingegen folgende:

- Späte Folger haben es mit bereits etablierten Konkurrenten zu tun, die darauf angewiesen sind, nach der risiko- und aufwandsreichen Startphase eines Marktes dort auch weiterhin erfolgreich zu bleiben, um einen angemessenen Return on investment zu erreichen.
- Es besteht die Notwendigkeit des Aufbrechens von Geschäftsbeziehungen, die sich im Zeitablauf zwischen bereits vorher Markt präsenten Unternehmen und ihren Kunden etabliert haben und zu Kauftreue und Markenloyalität führten.
- Es besteht die Gefahr von Preiskämpfen, denn der Nachzügler wird, und kann, beinahe nurmehr durch niedrigere Preise zum Erfolg kommen, den aber auch die bestehenden Anbieter für ihren Absatz brauchen und deshalb ihrerseits mit Preisunterbietungen darauf reagieren.
- Durch die bloße Imitation innovativer Lösungen kann es nicht zur Entstehung eigenen technischen Know-how kommen, das wiederum Voraussetzung ist, eines Tages als Innovator aufzutreten.
- Für den Fall, dass der Lebenszyklus schon zu weit fortgeschritten ist und die verbleibende Marktpräsenz nicht mehr ausreicht, einen genügenden Mittelrückfluss zu erwirtschaften, bleiben Fehlinvestitionen in Fertigungsanlagen.
- Regelmäßig ergeben sich Imagenachteile, die aus minderer Bewertung der Leistung im Publikum resultieren. Inwieweit dies ausschlaggebend für Kaufentscheide ist, hängt von der jeweilig betroffenen Produktart ab.

1.2 Ideenfindung

Das Neuprodukt-Management setzt notwendigerweise die Findung neuer Produktideen voraus. Dafür bestehen vielfältige Ideenquellen. Insbesondere können Kreativitätstechniken eingesetzt werden, um Ideen zu generieren, die dann anschließend ausgewertet werden.

1.2.1 Ideenquellen

Bereits **betriebsintern** können hervorragende Anregungen für Neuproduktideen generiert werden. Als Quellen dafür sind primär zu nennen:

- Außendienst-/Kundendienstinfos, Geschäfts-/Vertriebsleitung, ehemalige Mitarbeiter von Marktbegleitern, Einkauf, Forschung und Entwicklung, Personalabteilung, Finanz-, Kosten- und Rechnungswesen, Produktion, Intranet, Reports, Kundendatenbanken, Lieferanten, Vertriebspartner, Kooperationspartner, Wertschöpfungspartner, betriebliches Vorschlagswesen, Absatz-/Kundenstatistiken, Markt-/Konkurrenzanalysen, Verwendungsanalysen.

Sekundär kommen hinzu:

- Handelsvertreterberichte, Branchenstudien, Konkurrenzdateien, Marktanalysen, Marktforschungsdaten.

Es kommt nur darauf an, diese und andere betriebsinterne Quellen sinnvoll und konstruktiv zu nutzen, was oft allerdings nur unzureichend geschieht.

Darüber hinaus gibt es auch aus **betriebsexternen** Quellen manche Anregung. In diesem Zusammenhang sind als primäre Quellen zu nennen:

- Mitarbeiter von Marktbegleitern, Banken, Handelspartner, Marktforschungsinstitute, Branchenverbände, Werbeagenturen, Unternehmensberater, Kunden/Verwender, Marktstudien, Panels, Branchenreports, Freunde/Bekannte, Geschäftspartner, Fachjournalisten, Tiefeninterviews, Testmarktstudien, Fokusgruppen, Open Innovation, Kundenbefragung, Scouts, Feedbacksysteme (Beschwerden etc.).

Sekundär kommen hinzu:

- Tagespresse/Firmenberichte/Anzeigen/Stellenanzeigen, Fach- und Wirtschaftspresse, Konkurrenzpublikationen (Hauszeitschriften, Geschäftsberichte, Aktionärsbriefe etc.), Gebrauchsanweisungen, Prospekte/Kataloge, Preislisten, Internetauftritte, Hochschulen (Vorträge/Dissertationen), Messe-/Ausstellungskataloge, Bank- und Börsenpublikationen, Veröffentlichungen von Kammern/Verbänden, Berichte wirtschaftswissenschaftlicher Institute, Bundesanzeiger, handelsgerichtliche Eintragungen, Branchenhandbücher, Patentanmeldungen, Hörfunk/ Fernsehen, Presse, Vereine, Service-Clubs, Branchenverbände, Interessenverbände, Trendbücher, Szenarienstudien, Delphistudien, Zukunftsforscher, Unternehmensberater, Fachexperten/Wissenschaftler, Internetsuchdienste, Themen-Plattformen (Blogs), Communities, Forschungsinstitute, technische Institute, soziokulturelle Institute, Newsletters, Ministerien, öffentliche Register, statistische Ämter, Nachrichtendienste, Branchendienste, Patentamt, Geschäftsverzeichnisse, Fachdatenbanken, Archive, Rating-Agenturen, Nachrichtendienste, Seminare, Kongresse, Symposien, Messen/Ausstellungen, Tagungen, Ideenbörsen, Foren, Gewerkschaften, Informationsdienste,

Allerdings bedarf es auch hierbei der Initiative zur Recherche und vor allem der Auswertung dieser Quellen, wobei für Information investiertes Geld durchweg gut angelegt ist. Jedoch reichen die daraus generierten Anregungen im Allgemeinen nicht aus, vielmehr ist die Anwendung spezieller Kreativitätstechniken zur Förderung der Ideenfindung erforderlich.

1.2.2 Kreativitätstechniken

1.2.2.1 Anforderungen

Kreativität ist allgemein die menschliche Fähigkeit, Produkte oder Ideen hervorzubringen, die in wesentlichen Merkmalen neu sind, und zwar im Einzelnen als vorstellungshaftes Denken, im Zusammenfügen von Gedanken, als Aufsummieren von bereits Bekanntem, durch Bilden neuer Muster und Kombinationen aus Erfahrungswissen, Übertragen bekannter Zusammenhänge auf neue Situationen und Entdecken neuer Beziehungen. Basis dafür ist das laterale Denken, das gewohnte Rahmen verlässt, um neue Problemlösungen zu erreichen, herkömmliche Gedankenmuster mittels intuitiver Einfälle verändert und dadurch neue Möglichkeiten erkennt sowie viele Ideen in vielen Richtungen erzeugt, indem Intuition bewusst eingesetzt wird. Dabei wird die Ideensuche auch dann fortgesetzt, wenn schon vielversprechende Lösungsmöglichkeiten vorliegen. Auch zunächst abwegig erscheinende Lösungswege werden weiter verfolgt, um durch Analogien zu guten Lösungen zu kommen. Typisch sind in dieser Hinsicht ein sprunghaftes Vorgehen zur Bildung neuer Denkmuster und ein provokatives Vorgehen zur Generierung neuer Problemlösungen. Laterales (Quer-)Denken ist jedoch oftmals verpönt, weil logisches (vertikales) Denken in der Gesellschaft höher eingeschätzt wird.

Kreativität im Marketing soll nützliche und zielorientierte Ergebnisse liefern. Ohne perfekt und vollständig sein zu müssen, kann sie künstlerischer, wissenschaftlicher, prozesshafter oder methodischer Natur sein. Die Kreativität erfordert im Einzelnen Problemsensitivität, Gedächtnisaktivierung, geistige Beweglichkeit, Originalität, Neudefinitionsfähigkeit und Ausarbeitungsvermögen.

Weitere Merkmale kreativer Persönlichkeiten sind folgende:
- offene und kritische Haltung gegenüber der Umwelt, Loslösung von konventionellen und traditionellen Anschauungen, Vorliebe für Neues, Fähigkeit, das Wahrnehmungsfeld verschieden zu sehen, Fähigkeit, Konflikte aus Wahrnehmungen ertragen zu können, Fähigkeit, ausdauernd an einer Lösung zu arbeiten, Zentrierung auf die Lösung einer Aufgabe, geringe Bedeutung von Ruhm und Anerkennung, Energie, Initiative, Erfolgsmotivierung, Mut, Autonomie, soziale Introversion, sich selbst genügend, emotionale Stabilität, Dominanz, Neigung

zur Aggressivität, hohes Verantwortungsgefühl, wenig ausgeprägte soziale und religiöse Werthaltungen, sensibles und differenziertes Reagieren auf die Umwelt, Humor.

Hindernisse für Kreativität sind hingegen Blockaden vielfältiger Art, sie liegen vor allem im (unnötig eingeengten) Suchfeld, im Verständnis (Problemwahrnehmung), in eingeübten Mustern (Schubladendenken), in Gewohnheit (Vernunftsbetonung) und Logik (invariate Deutung). Weitere Sperren sind Auffassungs-, emotionale, kulturelle und intellektuelle Sperren, Umwelt-, Ausdrucks- und Fantasiesperren. Bremsend wirken auch Gewohnheiten, Expertentum, Scheu und vorschnelle Bewertung. Diese kommen für gewöhnlich in den altbekannten „Killerphrasen“ zum Ausdruck wie:

- Das mag zwar theoretisch richtig sein, aber ..
- So haben wir das noch nie gemacht.
- Das ist unmodern so (oder modern, je nach Lage der Dinge).
- Damit kommen Sie bei mir (im Haus) nicht durch.
- Wollen Sie dafür die volle Verantwortung übernehmen?
- Das ist doch seit langem bekannt (das hat sich über Jahrzehnte hinweg bewährt).
- Dafür sind wir zu klein (dafür haben wir nicht genügend Personal).
- Lassen Sie uns ein andermal darüber reden (dafür ist die Zeit noch nicht reif).
- Das muss zunächst ein Ausschuss klären.
- Die Kunden wollen das nicht (oder anders).
- Das ist technisch nicht durchführbar (wenn das wirklich so einfach wäre, dann...
- Warten wir erst einmal ab, was Andere dazu sagen.
- Dafür sind wir nicht zuständig (das bringt uns doch nicht voran).
- Wenn es wirklich so gut wäre, warum hat es denn noch kein Anderer gemacht?
- Sie wissen immer alles besser.
- Ich als Experte kann Ihnen sagen, dass ...
- Dafür haben wir kein Geld übrig.
- Seien Sie erst einmal ein paar Jahre hier, dann ...
- Derzeit laufen schon genug Projekte.

Zur Stimulierung kreativer Prozesse zur Ideenfindung für Neuprodukte wird eine Vielzahl verschiedenartiger Techniken vorgeschlagen. Es handelt sich insbesondere um logisch-diskursive, intuitiv-laterale und systematische Verfahren. Zunächst zu den logisch-diskursiven Verfahren.

1.2.2.2 Logisch-diskursive Verfahren

Logisch-diskursive Verfahren zeichnen sich durch einen kombinatorischen Ansatz aus. Es handelt sich im Wesentlichen um den morphologischen Kasten, die Funktional-Analyse und sonstige Verfahren.

1.2.2.2.1 Morphologischer Kasten

Morphologischer Kasten (Beispiel)

	Problemstellung: Kriminalroman-Skript					
Titelfigur	Flugzeugkapitän	Frauenarzt	Werbeagentur-Chef	Privatdetektiv	Filmstar	Schriftsteller
Ort der Handlung	Flughafen	Segeljacht	Spielkasino	Spukschloss	Harlem	Golfclub
Mörder	Profikiller	CIA-Agent	Junky	Mafia-Mörder	Ex-Ehepartner	Gärtner
Opfer	Ehepartner	Spion	Politiker	Bankier	Erbtante	Filmregisseur
Tatmotiv	Rache	Eifersucht	Geldgier	Erpressung	Lustmord	Verrat
Todesursache	Ertrinken	Erschießen	Erwürgen	Erstechen	Vergiften	Pseudo-Autounfall
Zeugen	Nachbarin	Spanner	Indizien	Schäferhund	viele Zuschauer	Kollege
Aufklärung	FBI	Kriminalpolizei	Reporter	Zufall	unaufgeklärt	Geständnis
Ende	Versöhnung	Hinrichtung	Haftstrafe	Selbstmord	Abschied	Verfolgungsjagd

Die Morphologie ist die Aufgliederung eines Problems hinsichtlich aller Parameter und die Suche nach neuen Kombinationen vorhandener Teillösungen (Was!). Das Problem wird dabei in seine Problembestandteile zerlegt, die grafisch in einem Kasten untereinander angeordnet werden. Neben jedes Problemelement werden dann möglichst viele Lösungsmöglichkeiten geschrieben, deren Kombination verschiedene Lösungen des Gesamtproblems ergibt. Allerdings ist es oft schwierig, aus der großen Zahl der Kombinationsmöglichkeiten die Beste auszuwählen *(siehe Abb. Morphologischer Kasten (Beispiel))*.

Die Methode ist zur Lösung nahezu aller Probleme geeignet. Die einzelnen Phasen lauten:
- Genaue Beschreibung und Definition des Problems mit zweckmäßiger Verallgemeinerung,
- Ermittlung der Parameter des Problems, der Aufgabenstellung, diese Faktoren werden in die Kopfspalte einer Matrix eingetragen,
- Aufstellung des morphologischen Kastens mit Eintragung aller Lösungsvorschläge für Problemparameter jeder Zeile der Matrix,
- Auswahl und Bewertung aller möglichen Lösungen auf Grundlage eines geeigneten Bewertungsverfahrens,
- Auswahl und Realisierung der besten Lösung.

Als organisatorische Voraussetzung soll dafür ein interdisziplinärer Arbeitskreis gelten, dessen Sitzungsdauer maximal eine Stunde beträgt, wobei die Gruppengröße maximal zehn Personen umfasst. Die Verallgemeinerung des Problems und die Kombinationen der Lösungsparameter führen zu überraschenden Ergebnissen. Die Suche wird auch nach der ersten befriedigenden Lösung fortgesetzt. Die Methode liefert zumindest eine große Anzahl von Lösungen durch die Kombinationsmöglichkeiten. Dadurch besteht eine hohe Wahrscheinlichkeit, dass alle wesentlichen Aspekte des Problems erfasst werden. Zugleich ist damit aber auch ein hoher Zeit- und Kostenaufwand zur Durchführung verbunden (fünf Parameter mit je zehn Ausprägungen ergeben ca. 100.000 Lösungsalternativen).

Das Problem darf nicht zu eng abgesteckt werden. Auch ist die Bestimmung der Parameter oft schwierig (Hilfen sind Ablaufreihenfolge, „W"-Fragen, Systematik, Visualisierung etc.). Sie dürfen jedoch nicht korrelieren oder redundant sein.

Im Folgenden das Beispiel eines morphologischen Kastens für eine Leseleuchte:
- *Bedarf (Parameter): Blendfreies Leuchten, Flexibilität, bequeme Bedienung, Abschaltautomatik, modernes Design*
- *Bedarfserfüllung (Ausprägungen):*
  blendfreies Leuchten durch Mattglasumhüllung, Vorsatzdiffusor, Streusieb etc.,
  Flexibilität durch Teleskoparm, Metallfeder, Scherengelenk, biegsamen Kunststoff etc.,
  bequeme Bedienung durch Infrarotsensor, Spracherkennung etc.,
  modernes Design durch Chromausführung, Stabkonstruktion etc.,
  Abschaltautomatik durch Timer, feste Abschaltzeit etc.

Über alle Parameter werden nun geeignet erscheinende Optionen kombiniert und zu einer Produktidee ausgeführt. So ist eine neue Leseleuchte etwa wie folgt denkbar:

- *Stabkonstruktion aus biegsamem Kunststoff, mit Streusieb, Infrarotsensor und Timer.*

Durch multiple Kombination entstehen so zahlreiche Ideen. Die Lösungsvorschläge werden anschließend durch Experten geprüft und bewertet. Die Sitzungsteilnehmer werden danach über das Ergebnis informiert.

Varianten des morphologischen Kastens sind die:
- **Problemfeld-Darstellung.** Dabei wird, um ein Problem in seiner ganzen Ausdehnung untersuchen zu können, ohne die Übersicht zu verlieren, die Darstellung auf einzelne Problemfelder beschränkt.
- **Sequenzielle Morphologie.** Dabei wird zunächst für jeden Parameter eine Problemlösung ausgewählt, bevor man sich dem nächsten Parameter und der Auswahl einer Lösung für diesen zuwendet. Auch dadurch steigt die Übersichtlichkeit.

1.2.2.2.2 Funktional-Analyse

Die Funktional-Analyse betrifft die Aufgliederung eines Problems in Einzelfunktionen und die Suche nach denkbaren Alternativen jeder Funktionserfüllung (Wie!). Für jede einzelne Funktion werden dann Listen mit allen denkbaren und bekannten Funktionsträgern in einer Matrix zusammengestellt und für eine optimale Lösung kombiniert.

Im Folgenden das Beispiel einer Funktional-Analyse für einen neuen Baustellenbagger:
- *Funktionen: Leistungserzeugung, Leistungsübertragung, Drehmomentwandlung, Ortsveränderung, Manipulationswerkzeug, Manipulationsbewegung.*
- *Funktionselemente:*
  Leistungserzeugung durch Elektromotor, Ottomotor, Dieselmotor, Turbine, Hybridantrieb etc.,
  Leistungsübertragung durch Kupplung, Riementransmission, Hebel etc.,
  Drehmomentwandlung durch mechanisches Getriebe, hydraulisches Getriebe, elektrisches Getriebe etc.,
  Ortsveränderung durch Schienenräder, pneumatische Reifen, Raupen, Luftkissen etc.,
  Manipulationswerkzeug durch Löffel, Greifer, Haken etc.,
  Manipulationsbewegung durch Seilzug, Gestänge, Gewichte etc.

Über alle Funktionen werden nunmehr geeignet erscheinende Elemente zu einer Produktidee kombiniert. So kann ein neuer Baustellenbagger durch folgende Elemente gekennzeichnet werden:
- *Turbinenantrieb mit Riementransmission und elektrischem Getriebe, Fortbewegung durch Luftkissen, Manipulation über Seilzug auf Greifer.*

Durch multiple Kombination ergeben sich wiederum zahlreiche Ideen. Diese werden nachher durch Experten selektiert und evaluiert.

1.2.2.2.3 Sonstige Verfahren

Von den zahlreichen weiteren Varianten logisch-diskursiver Verfahren seien an dieser Stelle noch folgende genannt:

- **Heuristik.** Dabei handelt es sich um die systematische Auswertung bereits zur Verfügung stehender Erfahrungen. So können durch Analogien aus bestehenden Problemlösungen wichtige Hinweise auf neue und ungewöhnliche Umsetzungen abgeleitet werden, die zudem einfach verfügbar sind.
- **Progressive Abstraktion.** Hierbei wird ein Problem in immer größeren Zusammenhängen betrachtet und auf die eigentliche Kernfrage bezogen (Fragestellung: Worum geht es eigentlich?). Mit jeder Stufe entfernt man sich zwar vom Ausgangsproblem, gewinnt aber zugleich auch neue Einsichten und damit Lösungsansätze.
- **KJ-** bzw. **NM-Methode**. Hier werden zu einer komplexen, bewusst ungenauen Problemstellung Anregungen gesammelt und auf Kärtchen geschrieben, die dann zu Oberbegriffen gruppiert werden. Zu diesen werden Analogien gesucht. Dies wird solange fortgesetzt, bis sich ein Problem deutlich abzeichnet, zu dem aus den bereits vorhandenen Anregungen oder durch Kombination zu neuen Anregungen eine Lösung gefunden werden kann.
- **Relevanzbaum.** Hier erfolgt die sukzessive Zerlegung eines Problems mit daran anschließender Alternativensuche zur Schwachstellenbeseitigung auf jeder Stufe der Beeinflussbarkeit. Dabei werden die Lösungsalternativen in geordneter Weise hierarchisch als Baumstruktur dargestellt, wobei vom übergeordneten Lösungsaspekt zu den jeweiligen untergeordneten Aspekten logisch fortgeschritten wird.
- **Ablaufanalyse.** Für ein Problem werden speziell die Verfahrensabläufe und der Informationsfluss analysiert, um Lösungen für Schwachstellen und Mängel in der vorgegebenen Aufgabenstellung entwickeln zu können.
- **Hypothesenmatrix.** Um Aussagen über Gemeinsamkeiten von ähnlichen Problemstellungen machen zu können, werden Fakten und Hypothesen über diese Problembereiche in einer Matrix gemeinsam ausgewertet. So kommt es zu einem ungewöhnlichen Transfer von Wissen.

1.2.2.3 Intuitiv-laterale Verfahren

Intuitiv-laterale Verfahren entsprechen gemeinhin als „typisch“ angesehenen Kreativitätstechniken. Es handelt sich im Wesentlichen um das Brainstorming, die Methode 6 3 5, die Synektik und die Bionik.

1.2.2.3.1 Brainstorming

Das Klassische Brainstorming ist die spezielle Form einer Gruppensitzung, in der durch ungehemmte Diskussion mit fantasievollen Einfällen kreative Leistungen erbracht werden. Sie ist damit die wohl bekannteste Kreativitätstechnik und arbeitet nach dem Prinzip freier Assoziation. Menschen werden ermutigt, spontan eine große Anzahl von Ideen zu produzieren. Insofern kommen dafür eher Problemstellungen infrage, die wenig komplex und klar definierbar sind. Dabei sind allerdings einige wenige Regeln zwingend einzuhalten:

- Die Teilnehmer können und sollen ihrer Fantasie freien Lauf lassen. Jede Anregung ist willkommen. Ideen sollen originell und neuartig sein (Freewheeling is welcomed!).
- Ideenmenge geht vor Ideengüte. Es sollen möglichst viele Ideen erzeugt werden, auf die Qualität kommt es zunächst nicht an (Quantity is wanted!).
- Es gibt keinerlei Urheberrechte. Die Ideen anderer Teilnehmer können und sollen aufgegriffen und weiterentwickelt werden. So kommt es zu Assoziationsketten (Combinations and improvements are sought!).
- Kritik oder Wertung sind während des Brainstorming streng verboten. Es kommt auf eine positive Einstellung gegenüber eigenen und fremden, selbst abstrus erscheinenden Ideen an (Criticism ruled out!).

Das Wissen mehrerer Personen wird damit zur Lösung eines Problems genutzt. Denkpsychologische Blockaden werden ausgeschaltet. Die Aufhebung gedanklich restriktiver Grenzen zum Problem erweitert die Lösungsvielfalt, und das Kommunikationsverhalten der Beteiligten wird gestrafft und demokratisiert. Unnötige Diskussionen werden vermieden.

Als organisatorische Voraussetzungen gelten die Folgenden. Die optimale Teilnehmerzahl liegt erfahrungsgemäß zwischen fünf und acht Personen. Die Zusammensetzung der Gruppe sollte möglichst homogen hinsichtlich der hierarchischen Stufe und möglichst heterogen hinsichtlich Kenntnissen und Erfahrungen sein. Erforderlich ist die Auswahl eines Moderators, der die Gruppe an das Problem heranführt, auf die Einhaltung der Regeln achtet, stille Teilnehmer aktiviert, die Konzentration fördert, aber ansonsten sachlich zurückhaltend bleibt. Die Sitzungsdauer sollte 20 Minuten nicht unter- und 40 Minuten nicht überschreiten. Vor Beginn sind alle Gruppenmitglieder mit den Regeln vertraut zu machen. Die Aufzeichnung erfolgt durch Protokollant oder Tonband. Auftraggeber und Auswerter sollen nicht in der Gruppe mitarbeiten. Zu einzelnen Lösungsvorschlägen werden ggf. später (fern-)mündliche Erläuterungen eingeholt. Die Lösungsvorschläge werden am Ende bewertet und klassifiziert. Das Ergebnis wird den Sitzungsteilnehmern mitgeteilt.

Wichtige Vorteile sind die geringen Kosten, die Kommunikationsforcierung, die motivierende Wirkung auf Teilnehmer, die Nutzung des Wissens mehrerer Personen, die Überwindung denkpsychologischer Blockaden, die große Lösungsvielfalt, die einfachen Regeln und die kurzfristige und einfache Durchführbarkeit. Wichtige Nachteile sind die evtl. Aufforderung zu überdrehten Ideen, die Risikoscheu in Gruppen, die Dominanz einzelner Teilnehmer, die Provozierung von Fachdiskussionen, der eher in gewohnten Bahnen verlaufende Inhalt, die Überwindung eines frühen „toten Punkts", evtl. überlange Beiträge einzelner Teilnehmer und die schwierige Protollierung.

Die bekanntesten Varianten des Brainstorming sind:

- **Anonymes Brainstorming**. Dies betrifft das Sammeln von Lösungsansätzen bereits vor der eigentlichen Problemlösungskonferenz. Dabei entfallen allerdings die wichtigen gruppendynamischen Prozesse der gegenseitigen Ideenanregung. Die Teilnehmer sollen dabei alle Einfälle auf Zettel aufschreiben. Der Sitzungsleiter trägt dann eine Idee nach der anderen vor und versucht mit der Gruppe, die Lösungsansätze zu brauchbaren Vorschlägen weiter zu entwickeln. Es können entsprechend mehr Personen teilnehmen, die Dauer der Sitzung kann länger sein.
- **Solo-Brainstorming**. Diese Technik ist auch in Einzelarbeit durchführbar, indem die Ideenanregung durch Situationen, Bilder, Stimmungen, Aktionen oder Reizwörter erzeugt wird. Dadurch ist ein weitaus höheres Maß an Flexibilität gegeben, allerdings auch eine womöglich geringere Effektivität.
- **Destruktiv-konstruktives Brainstorming**. In der ersten Phase werden zunächst alle Schwächen eines Problems zusammengetragen (destruktive Komponente), in der zweiten Phase werden dann für alle Schwächen Verbesserungsvorschläge gesucht (konstruktive Komponente). Allerdings besteht die Gefahr, sich unnötig früh auf bestimmte Lösungsansätze festzulegen.
- **Didaktisches Brainstorming**. Nur der Sitzungsleiter kennt die Problemstellung, nicht jedoch die Teilnehmer. Er führt diese schrittweise an das Problem heran, indem er in mehreren Brainstorming-Sitzungen sukzessiv mehr Informationen mitteilt. Dadurch soll verhindert werden, dass die Teilnehmer sich voreilig auf Lösungen festlegen, allerdings steigt auch der Zeitaufwand. Dies eignet sich eher nur für nicht so eindeutig definierte Probleme.
- **Creative collaboration technique.** Hier gehen die Teilnehmer nach kurzem Brainstorming auseinander, um allein weiter zu denken und Ideen aufzuschreiben. Dadurch ist eine Nutzung sowohl der gruppendynamischen Effekte als auch die Stimulierung des individuellen Bewusstseinsraums möglich. Anschließend finden bei Bedarf weitere Sitzungsrunden statt.
- **Imaginäres Brainstorming**. Es vermittelt überraschende, neue Einsichten durch Aufheben von Restriktionen im Merkmalsobjekt (z.B. Schwerkraft). Einige Bedingungen des zu lösenden Problems werden radikal geändert, um die Teilnehmer von festgefahrenen Vorstellungen freizumachen. Zunächst werden dadurch irreale Zustände erzeugt (Utopien/1. Phase), die dann in Lösungen umgesetzt (2. Phase) und auf das reale, vorgegebene Problem angewendet werden (3. Phase).
- **SIL** (Sukzessive Integration von Lösungselementen). Die Gruppenmitglieder notieren zunächst eine Zeit lang einzeln ihre Lösungsansätze. Ein Teilnehmer beginnt mit dem Vortrag seiner Lösungsidee. Dann erläutert der Nächste seine Lösung. Aus beiden Lösungen wird in der Gruppe eine neue Version entwickelt, die möglichst die Vorzüge von beiden enthält. Mit dem Lösungsvorschlag des dritten Teilnehmers wird ebenso verfahren. Eine nachfolgende Lösung braucht nicht integriert zu werden, wenn sie nach Ansicht der Teilnehmer in allen Punkten

schlechter ist. Ist eine Lösung in allen Punkten besser, dann wird sie voll übernommen.

- **And also-Methode** (PMI-Methode). Dabei wird jede neue Idee zunächst gründlich von den Gruppenmitgliedern diskutiert, bevor weitere neue Ideen vorgebracht werden. Damit werden jedoch wichtige Grundregeln des Brainstorming verletzt. So wird zunächst besprochen, was für einen Vorschlag spricht, dann, was gegen ihn spricht, um die Elemente herauszufinden, die interessant erscheinen, was für eine Weiterverfolgung spricht. Dazu sind allerdings vorab entsprechende Entscheidungskriterien zu bestimmen. Diese werden dann weiterverfolgt.
- **Buzz Session** (Diskussion 66). Wenn größere Gruppen bestehen, werden diese in 6er Gruppen aufgeteilt. Jede einzelne führt dann ein kurzes Brainstorming durch und präsentiert nach sechs Minuten ihre Lösungsvorschläge im Plenum. Für verschiedene Problemaspekte können 6 x 6-Sitzungen durchgeführt werden.
- **Reverse Brainstorming**. Dabei ist es zunächst die Aufgabe, anstelle positiver Lösungen und Ideen mögliche Beschränkungen, Fehler, Gefahren etc. einer bestimmten Idee oder gefundenen Lösung zu ermitteln. Diese Limitationen können dann positiv aufgelöst werden und führen so zu neuen Produktansätzen.

1.2.2.3.2 Methode 6 3 5

Die Methode 6 3 5 arbeitet mit sechs Gruppenmitgliedern, die jeweils drei Lösungsvorschläge nach neuer Problemdefinition innerhalb von mindestens fünf Minuten in ein Formblatt eintragen und dieses jeweils (insgesamt fünf Mal) im Uhrzeigersinn an ihren Nachbarn weiterreichen, der seinerseits drei neue Vorschläge hinzufügt (also 108 Vorschläge insgesamt) *(siehe Abb. Methode 6 3 5 (Beispiel))*. Dabei gelten folgende Regeln:

- die Problemvorstellung wird zunächst durch den Auftraggeber vorgetragen,
- die Teammitglieder versuchen, das Problem in verschiedener Hinsicht neu zu formulieren, und der Auftraggeber wählt die ihm am interessantesten erscheinende Neuformulierung aus,
- Eintragung der Neuformulierung in ein Formblatt (von nun an herrscht in der Gruppe absolutes Stillschweigen),
- jedes Teammitglied trägt in sein Formblatt drei Ideen zur Problemlösung ein (die dafür zur Verfügung stehende Zeitspanne wird oft kontinuierlich verlängert),
- die Formblätter werden an den jeweiligen Nachbarn weiter gegeben, und jedes Teammitglied ergänzt die Ideen des Vorgängers um drei neue oder weiter entwickelte eigene Ideen,
- die Formblätter werden danach wiederum weiter gegeben, bis jeder Teilnehmer jedes Formblatt bearbeitet hat.

Nachfolgend ein Beispiel der Methode 6 3 5 zum Problem „Ferien auf Grönland“:

- *1. Teilnehmer, 1. Idee: im Iglu schlafen, 2. Idee: Eisbären-Fotosafari, 3. Idee: Fische-Fress-Fest,*
- *2. Teilnehmer: 4. Idee aus der 1. Idee abgeleitet: Iglu selber bauen, 5. Idee aus*

Methode 6 3 5 (Beispiel)

Problemstellung: Wie besteht man eine schwierige Klausur?

1. Teilnehmer	2. Teilnehmer	3. Teilnehmer	4. Teilnehmer	5. Teilnehmer	6. Teilnehmer
fleißig Repetieren	gute Synopse erstellen	mentales Training einsetzen	Vitamintabletten einnehmen	viel Schlafen	gut frühstücken
Prüfungsaufgaben eruieren	Übungsaufgaben durcharbeiten	Meditieren	Entspannungsübungen	Fitness-Studio besuchen	autogenes Training
Prüfungsangst überwinden	auswendig lernen	Dozenten bestechen	gesundes Essen	Yogaübungen	Autosuggestion

der 2. Idee abgeleitet: Fotolabor zum Entwickeln vor Ort, 6. Idee aus der 3. Idee abgeleitet: Fischrezept-Wettbewerb,

- *3. Teilnehmer: 7. Idee aus der 4. Idee abgeleitet: Iglubau-Wettbewerb, 8. Idee neu: Eisbär aus Schnee modellieren, 9. Idee aus der 6. Idee abgeleitet: Fischestechen im arktischen Eis, etc.*

Vorteile dieser Technik sind, dass innerhalb kurzer Zeit eine große Zahl von Lösungsvorschlägen zuwege gebracht wird, die durch Bildung paralleler Gruppen noch erhöht werden kann. Spannungen/Konflikte zwischen Teilnehmern werden vermindert, und einzelne Teilnehmer können die Gruppe nicht dominieren. Die Moderation ist unproblematisch. Das Lösungsformular ist zugleich das Protokoll. Nachteile sind die Gefahr von Missverständnissen bei vorgegebenen Problemen und die eingeschränkte Sichtweise. Auch kann der enge Zeitintervall zu Stress und damit Ideenblockade führen (Leerfelder/Doppelnennungen). Zudem sind einige Handschriften gewöhnungsbedürftig.

Die bekanntesten Varianten der Methode 6 3 5 sind folgende:

- **Brainwriting-Pool**. Dabei wird in der ersten Runde je Mitglied und Idee ein Formular ausgefüllt und in einen Pool gegeben. In der zweiten Runde entnimmt jedes Mitglied diesem Pool Formulare und ergänzt die dort aufgeschriebene Idee um eine weitere. Dann wandern die Formulare wieder in den Pool. Jedes Formular, das 18 Vorschläge enthält, scheidet aus dem Pool aus. Die Sitzung geht so lange weiter, bis jedes Formular komplett ist. Von Vorteil ist dabei, dass die Teilnehmer die Ideenproduktion ihren Möglichkeiten anpassen können, durch häufigen Formularaustausch jeder fast alle Ideen der anderen Teilnehmer erfährt und die Ideenproduktion ohne unmittelbaren Zeitdruck stattfinden kann.
- **Collective notebook.** Dies ist der jederzeitige Aufschrieb von Ideen in ein Notizbuch, um alle Einfälle festzuhalten. Das hat den Vorteil, allein und völlig unorganisiert arbeiten zu können. Dazu werden allen Teilnehmern Ideen-Bücher ausgehändigt, die eine genaue Beschreibung des Problems enthalten. Jeder wird aufgefordert, täglich alle Einfälle zum Problem sofort in sein Notizbuch einzutragen.
- **Triggertechnik**. Jedes der fünf bis acht Gruppenmitglieder hat einige Minuten Zeit, um seine Problemlösung in Stichworten aufzulisten. Dabei tragen die Teilnehmer der Reihe nach ihre Listen mit Ideen vor. Gleiche Ideen dürfen nicht zwei Mal vorgetragen werden. Die Teilnehmer notieren sich neue Lösungsvorschläge, die ihnen während der Verlesung der Ideen einfallen und tragen sie in der nächsten Runde vor. Die zweite Runde der Ideenlesung beginnt, nachdem die Vorschläge der ersten Liste bekannt gegeben wurden. Bis zu fünf solcher Durchgänge sind realistisch (Dauer 60 Min.). Dadurch wird die Assoziationsfähigkeit des Brainstorming mit der Konzentration des Brainwriting kombiniert.
- **Kärtchen-Befragung.** Die Teilnehmer notieren Ideen zum Problem auf Kärtchen. Die Niederschriften bleiben anonym. Die Kärtchen werden nach der Befragung zunächst grob nach den verschiedenen Grundideen und dann innerhalb der einzelnen Gruppen nach Zusammenhängen geordnet. Sinnvoll sind vier bis zehn Teilnehmer, die Dauer beträgt 40 Minuten.
- **Batelle-Bildmappen-Brainwriting** (BBB). Den Teilnehmern werden Mappen mit Bildmotiven vorgelegt, durch die sie sich zur Lösungsfindung anregen lassen sollen. Folgender Ablauf hat sich bewährt: 15 Minuten Brainstorming, in dem die bekannten und nahe liegenden Lösungsideen vorgebracht werden. 30 Minuten Brainwriting, bei dem jeder Teilnehmer (vier bis sechs) für sich der ihm vorliegenden Bildmappe Anregungen entnimmt. 45 Minuten Diskussion, wobei jeder Teilnehmer der Reihe nach seine Vorschläge vorliest.
- **Idea engineering.** Hierbei wird das Hauptproblem zunächst in einer mündlichen Phase in verursachende Teilprobleme zerlegt. Für diese werden in einer anschließenden schriftlichen Phase Lösungsansätze entwickelt. So können die Vorteile schriftlicher und mündlicher Bearbeitung kombiniert werden.
- **Ideen-Delphi.** Die Prinzipien der Delphi-Prognosemethode werden hierbei auf das Finden von Lösungsansätzen übertragen. Dabei werden drei Phasen durchlaufen: 1. Spontane Lösungsansätze zur Bewältigung des vorgegebenen Problems. 2. Durchsicht einer Liste mit den entstandenen Lösungsansätzen und Er-

gänzung um weitere Vorschläge. 3. Auswahl der bestgeeigneten Lösungsvorschläge aus der nunmehr vervollständigten Liste.

1.2.2.3.3 Synektik

Die Synektik hat die gesteuerte Verfremdung einer Aufgabenstellung durch Bildung zielgerichteter natürlicher, persönlicher, symbolischer und direkter Analogieketten sowie deren erzwungener Rückbezug auf das definierte Ausgangsproblem zum Ziel.

Im methodischen Ablauf wird dabei versucht, den eher unbewusst ablaufenden kreativen Prozess zu simulieren, also nicht sofort Lösungen zu suchen, sondern zunächst Gesichtspunkte zu sammeln und möglichst großen Abstand von Bekanntem zu gewinnen, vergleichbar einer natürlichen Inkubationszeit. Dazu werden die folgenden, für die Kreativität bedeutsamen psychischen Zustände bewusst herbeigeführt:

- Trennung, d.h., die Sache aus der Distanz betrachten wie sie wirklich ist,
- Beteiligung, d.h., sie aus der Nähe betrachten, sich mit ihr eng verbinden,
- Aufschub, d.h., sich gegen verfrühte Lösungsversuche stemmen,
- Spekulation, d.h., den Gedanken freien Lauf lassen,
- Autonomie, d.h., die Lösung selbstständig losgelöst betrachten.

Synektik bedeutet Zusammenfügen von scheinbar unzusammenhängenden Tatbeständen. Das Problem wird zunächst verfremdet, um dann durch Konfrontation unabhängiger Strukturen eine Verknüpfung zu finden, die neuartig ist. Die Ablaufphasen sind allerdings einigermaßen kompliziert und verlangen ein spezielles Training *(siehe Abb. Ablauf einer Synektiksitzung)*. Sie lauten im Einzelnen:

- Problemdarstellung und -analyse, d.h., Darlegung des Problems und Vertiefung dessen Verständnisses durch Hilfe eines Experten, der (auch im Detail) erklärt, worauf es ankommt (30 Min.),
- Spontanreaktionen festhalten, um übliche Lösungen zu nennen, zu bewerten und zu rechtfertigen, dies schafft eine Atmosphäre, in der außergewöhnliche Ideen gedeihen können (10 Min.),
- neudefiniertes Problem, d.h., nach einer gründlichen Erforschung wird eine Wiederholung der Problemstellung oder auch einer Zielvorstellung des Problems vorgenommen (15 Min.),
- direkte Analogien bilden und auswählen, wenn dabei schon eine Erfolg versprechende Lösung gefunden wird, ist der Kreativitätsprozess hier bereits beendet, ansonsten folgen weitere Phasen (20 Min.),
- natürliche Analogien bilden und auswählen (20 Min.),
- persönliche Analogien bilden und auswählen (20 Min.),
- symbolische Analogien bilden und auswählen (10 Min.),
- direkte (problemlösungsbezogene) Analogien bilden und gezielt auswählen (20 Min.),
- Analyse der ausgewählten Analogie und deren Erklärung bzw. Beschreibung (20 Min.),

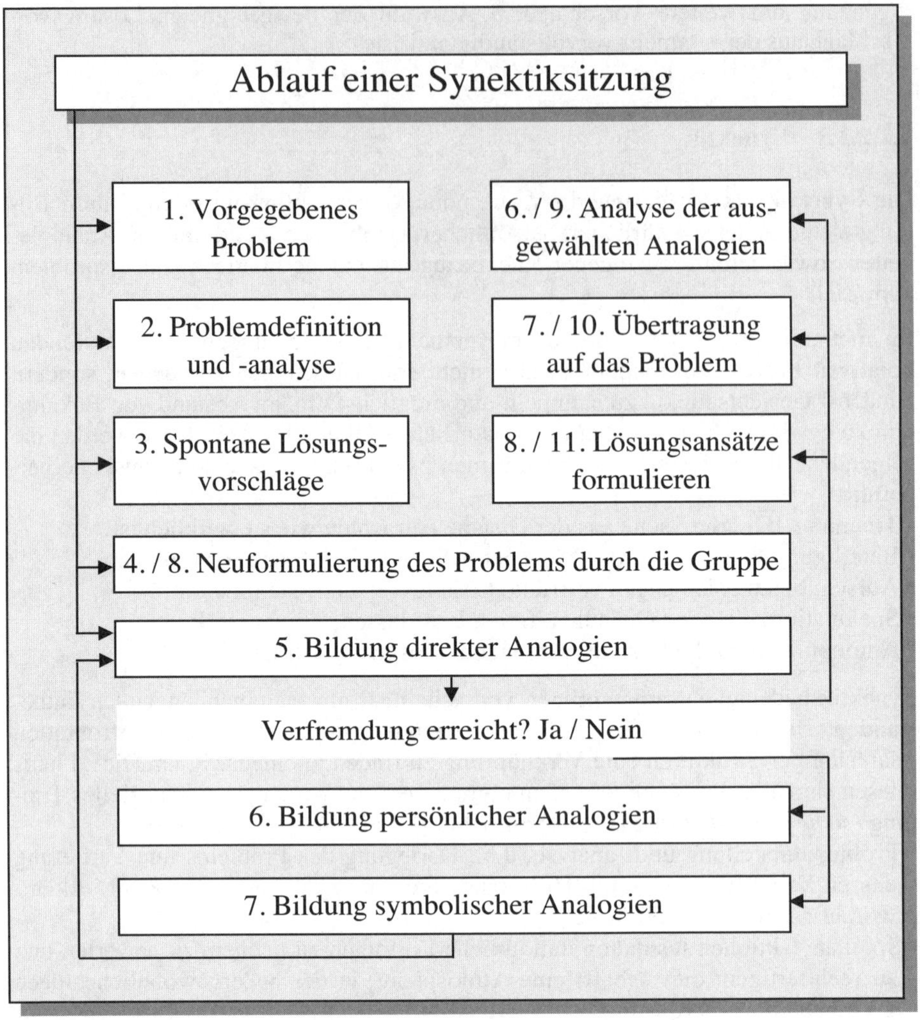

- Projektion auf das Ausgangsproblem (20 Min.),
- Lösungsbezug herstellen, d.h., es werden neue Gesichtspunkte entwickelt, aus denen verschiedene Problemlösungen resultieren (10 Min.).

Als Regeln sind dabei zu beachten:
- keine Kritik und Bewertung während des Kreativprozesses,
- möglichst stichwortartige Vorschläge bringen,
- andere Teilnehmer in ihrem Vortrag nicht unterbrechen,
- Antipathien, Statusprobleme und Aggressionen vermeiden,
- Moderatorfunktion von verschiedenen Teilnehmern ausüben lassen,
- Status im Phasenablauf allen Teilnehmern jederzeit sichtbar machen,
- Lösungsvorschläge visualisieren.

An organisatorischen Voraussetzungen sind zu schaffen:
• interdisziplinärer Teilnehmerkreis verschiedener hierarchischer Ebenen,
• maximal sieben Teilnehmer,
• Bekanntheit und Vertrautheit der Synektikregeln,
• Zeitbedarf von 90 Minuten bis zu mehreren Stunden reichend,
• Einsatz von Hilfsmitteln (Tafel, Stimulanz, Ruhe).

Ein Teamleiter trägt dafür Sorge, dass keine Konkurrenz zwischen den Teilnehmern entsteht, niemand in die Defensive gedrängt wird und Experten nicht dominieren, dass volle Konzentration auf die Problemlösung herrscht und eine hohe Energiestufe gehalten wird. Die Gruppenleitung rotiert während der Synektiksitzung.

Vorteile des Verfahrens sind die erreichte starke Verfremdung des Problems, die Zerlegung auch komplexer Probleme und die Findung außergewöhnlicher Ideen. Nachteile sind die hohe Zeitintensität, die schwierige Ablaufsteuerung und die Erfordernis eines speziell geschulten Moderators.

Im Folgenden ein Beispiel der Synektik für das Problem der zu kurzen Leitern zur Rettung von Personen in den oberen Stockwerken von Wolkenkratzern. Die Synektik geht, verkürzt dargestellt, etwa wie folgt vor:
• *Analyse: Die Leitern reichen nicht zu den oberen Stockwerken, daher kann eine Verbindung zur rettenden „Erde" nicht hergestellt werden.*
• *Spontane Reaktion: Längere Leitern (ausziehbar) oder niedrigere Gebäude (in die Breite gebaut).*
• *Neuformulierung: Vom höher gelegenen Punkt aus zum tiefer gelegenen mit einer bestimmten Geschwindigkeit (nicht zu schnell) gelangen.*
• *Erste direkte Analogie: a) Fluss, Wasserfall, b) Verdauungstrakt.*
• *Persönliche Analogie: a) Gedämpfter Fall, b) enge, drängende Leere.*
• *Zweite direkte Analogie: a) Bachbett, b) Wurst, c) Rohrpost.*
• *Beschreibung der Analogie: a) Stufenweises Fallen des Wasser, b) gepresst und gebunden in einer Pelle, c) angesaugt bzw. gestoßen.*
• *Idee: Schlauch mit eingebauten Bremsen, den man von oben herunterlassen kann.*

Ein weiteres Beispiel befasst sich mit der Frage: Wie kann verhindert werden, dass Autoscheinwerfer während der Fahrt verschmutzen?
• *Zunächst wird der Gruppe das zu lösende Problem vorgestellt.*
• *Dann wird das zu lösende Problem definiert und analysiert.*
• *Spontanreaktionen werden abgerufen, hier: Spritzdüsen um das Scheinwerferglas herum, spezielle Scheinwerferglasscheibenwischer, schmutzabweisender Belag auf den Scheinwerfern.*
• *Das zu lösende Problem wird verfremdet und durch eine Neuformulierung wie folgt abstrahiert: Kontinuierliche Belagentfernung auf Flächen.*
• *Direkte Analogien: durch das Augenlid am Auge, eine Katze leckt sich das Fell, Regen, Wind, Verdampfung.*

- *Ausgewählt wird „Wind". Persönliche Analogien: Ich bin sehr launisch, manchmal bin ich gewalttätig, dann wieder sanft, ich schmiege mich an die Erdoberfläche an, ich halte alles eng umschlungen, Hindernisse bereiten mir Schmerz, ich fühle mich mutig, mächtig, ungebunden, ich bin gefürchtet, Zerstören macht mir Spaß.*
- *Ausgewählt wird „umschlungen halten". Symbolische Analogien: begrenzte Freiheit, erlösende Fessel, freiheitliche Gefangenschaft, sanfter Zwang, haltlose Festigkeit, weite Enge.*
- *Ausgewählt wird „sanfter Zwang". Direkte Analogien: Rolltreppe, Bremsen, Rasierklinge, Fallschirm, Segelflugzeug, Windmühle.*
- *Ausgewählt wird „Fallschirm". Beschreibung der Analogie: wie Flügel eines Vogels, Tuch steht unter Spannung, nutzt Luftwiderstand, spannt sich plötzlich auf.*
- *Verbindung zum zu lösenden Problem: Rund um den Scheinwerfer angeordnete Druckluftdüsen, die ein halbkugelförmiges Luftpolster vor dem Scheinwerfer erzeugen, sodass Schmutz sich dort nicht ablagern kann.*
  Ein kugelförmiger Scheinwerfer, der so schnell rotiert, dass sich kein Schmutz darauf festsetzen kann.
  Bewegliche Scheibe vor dem Scheinwerfer, die sich aufbläst und wieder zusammenzieht und so den Schmzt absprengt.

Ein Beispiel (in Anlehnung an Schlicksupp) befasst sich mit der Problemstellung, wie Bilder möglichst einfach gerahmt werden können, wobei eine Deckplatte aus Glas auf einem flachen Bildträger befestigt werden soll:

- *spontane Lösungen: Klammern, transparente Klebefolien, Saugnäpfchen am Bildträger etc.*
- *Neudefinition des Problems: Die Glasplatte soll nicht nur befestigt, sondern auch wieder einfach abgenommen werden können.*
- *direkte Analogie: Wechsel von Bedeckungen: Schneedecke schmilzt, Schlange streift sich ihre Haut ab, Wolken ziehen vorbei, Geweih wird abgestoßen etc.*
- *ausgewählte Analogie: Schlange streift ihre Haut ab.*
- *persönliche Analogie: Wie fühle ich mich als sich häutende Schlange? Es juckt mich am ganzen Körper, die alte Haut engt mich ein, bin neugierig, wie ich jetzt wohl aussehe, endlich frische Luft, am liebsten hätte ich Hände, lückenlose Fessel etc.*
- *ausgewählte Analogie: lückenlose Fessel.*
- *Direkte Analogie: z.B. aus der Technik: Leitplanken der Autobahn, Druckbehälter, Schienenstrang, Stierkampfarena, Radar-Warnsystem etc.*
- *Ableitung der Ideen:*
  - Leitplanke: Blechprofil, auf beiden Seiten der Autobahn, verformbar:
  Bildträger und Glasplatte werden in einem Profilrahmen verklemmt, Halterungen (gleich welcher Art) werden nur an zwei Seiten angebracht, knetartige Kugeln werden auf die Ecken von Bildträger und Glas gedrückt.
  - Druckbehälter: geschlossenes Volumen, Ein- und Auslassöffnung:
  Träger und Glas werden in eine genau passende Tasche aus Kunststofffolie gesteckt, Träger und Platte haben an den Ecken Löcher und werden durch Druckknopf verbunden.

Neue Ideenansätze werden zur technischen Ausarbeitung, Prüfung und Bewertung an Experten geleitet, welche die Sitzungsteilnehmer zum Ergebnis informieren.

1.2.2.3.4 Bionik

Bei der Bionik erfolgt die Verknüpfung von Bedeutungsinhalten, indem für gesellschaftliche oder technische Probleme Lösungsansätze in der Natur gesucht werden. Die Ableitung dieser Lösungshypothesen erfolgt durch Analogien. Dazu werden Konstruktions-, Verfahrens- und Entwicklungsprinzipien biologischer Systeme systematisch untersucht und geeignet erscheinende Prinzipien auf menschlich-technische Probleme übertragen. Klassische Beispiele ohne Bionik-Anwendung sind folgende:

- Stacheldraht wurde in Anlehnung an Dornensträucher entwickelt, Flugapparate werden seit Menschengedenken entlang des Vogelflugs konstruiert (z.B. senkrechte Flügel an den Tragflächenenden), das Wabenprinzip des Bienenbaus wird zur Flächenstabilisierung eingesetzt, Netzkonstruktionen zur Festigkeit sind an Spinnennetze angelehnt, der Klettverschluss ist bei den Klettenfrüchten abgeschaut.

Das Verfahren geht dabei in folgenden Schritten vor:

- Identifizierung des Zwecks, den eine Struktur, eine Form oder ein Prinzip in der Technik erfüllen soll,
- Identifizierung des Zwecks, den eine Struktur, eine Form oder ein Prinzip in der Biologie erfüllen soll,
- Ableitung von Ähnlichkeiten zwischen beiden,
- Randbedingungen, denen das Objekt technisch unterliegt (wie Belastung, Wellenlänge etc.),
- Randbedingungen, denen das Objekt biologisch unterliegt (umweltbedingte Größen),
- Ableitung von Ähnlichkeiten zwischen beiden,
- Eigenschaften, welche die Leistung des technischen Objekts beeinflussen (wie Widerstand, Energieverbrauch etc.),
- Eigenschaften, welche die Überlebenschancen eines Organismus in der Natur beeinflussen (wie Nahrungsbedarf etc.),
- Ableitung von Ähnlichkeiten zwischen beiden,
- technische Nachahmung des biologischen Vorbilds.

Bekannte Beispiele mit Bionik-Anwendung sind folgende:

- Glaskonstruktion mit stabilisierender Gitterwerksstruktur für Großgebäudedächer analog zu Riesenseerosen, Dachkonstruktion des Olympiastadiums in München analog zu Seifenblasen (für minimalen Luftwiderstand), Autoreifen, die sich beim Abbremsen verformen analog zu Katzenpfoten, Außenhaut von Flugzeugen und Rennbooten für geringen Strömungswiderstand analog zur Haifischhaut (auch für Schwimm-/Tauchanzüge), Fassadenfarben mit Selbstreinigungseffekt analog zu Lotusblumenblättern (auch für Dachziegel, Gläser, Keramik etc.).

1.2.2.3.5 Sonstige Verfahren

Weitere Varianten intuitiv-lateraler Verfahren sind folgende:
- **Visuelle Synektik**. Der Verfremdungsprozess wird durch Bildvorlagen unterstützt. Dadurch kann der Assoziationsrahmen gemeinsam beschrieben und analysiert werden. Den Teilnehmern werden dazu beliebige Dias vorgeführt. Jedes Bild wird zuerst von der Gruppe gemeinsam beschrieben und analysiert (Verfremdung). Dann werden aus Elementen des betrachteten Bildes (z.B. im Force Fit) Lösungsideen abgeleitet.
- **Synektische Konferenz.** Im freien Gespräch wird ein Diskussionsstil praktiziert, der die Lösungsfindung über Analogien besonders betont. Dies ist jedoch schwierig zu praktizieren.
- **Force fit**. Hier entsteht eine Blockbildung unter den Teilnehmern. Jeweils zwei bis acht Personen bilden zwei Mannschaften, ein Teilnehmer fungiert als Schiedsrichter und Protokollant. Ein Block nennt einen gegenständlichen Begriff als Reizwort, das möglichst weit vom Ausgangsproblem entfernt ist. Der andere Block versucht, daraus unter Einhaltung einer Zeitvorgabe (meist zwei Minuten) eine Lösung zu entwickeln. Gelingt eine Lösungsentwicklung aus dem genannten Reizwort, so erhält die Gruppe einen Punkt und darf selbst einen vom Problem weit entfernten Begriff nennen. Wird in der vorgegebenen Zeit kein Lösungsvorschlag gefunden, erhält die fragende Mannschaft einen Punkt und setzt das Spiel mit einem neuen Reizwort fort.
- **Suchfeldauflockerung.** Möglichkeiten zu neuen Lösungsansätzen ergeben sich dabei, indem der Fragesteller das Problem semantisch oder syntaktisch umformuliert, synonyme Ausdrücke sucht, von einer Person in eine fremde Sprache übersetzen und rückinterpretieren lässt, fachfremden Personen darlegt und es von ihnen wiedererzählen lässt, bewusst aus der Sicht verschiedener Funktionsbereiche betrachtet, symbolisch oder grafisch darstellt etc.
- **Problemfeld-Veränderung.** Hier wird davon ausgegangen, dass Probleme meist zu eng oder zu weit gesehen werden (Fixierung der Erstansicht, Fixierung auf erlernte Perspektiven etc.). Daher wird eine bewusste Ausweitung oder Einengung der Problemsicht angestrebt, um auf diese Weise zu neuen Einsichten zu kommen.
- **Nebenfeld-Integration.** Die Methode geht davon aus, dass die Struktur des Umfelds sowohl das Problem als auch dessen Lösung beeinflusst. Sie umfasst folgende Schritte: Zunächst geht es um die Bestimmung der Nebenfelder des Problems, also Gegebenheiten, die in Wechselwirkung zum Problem stehen. Dann erfolgt die Suche einer beliebigen Zahl von Elementen aus den Nebenfeldern durch freie Assoziation. Von diesen frei assoziierten Elementen wird dann auf die Gestaltung der Lösung rückgeschlossen.
- **Semantische Intuition.** Die semantische Intuition kehrt den Ablauf „Erfindung einen Namen geben“ um. Zuerst wird ein Name gesucht und daraus eine Erfin-

dung abgeleitet. Die Namen werden durch Kombination typischer Elemente des Problembereichs beschreibend generiert (benötigt fünf bis sieben Teilnehmer und 40 Min. Dauer).

- **Forced relationship.** Dabei werden technisch ähnliche Produkte für eine Problemlösung aufgelistet und dann beliebig kombiniert. Die zwangsweise Kombination wird als Ansatzpunkt für neuartige Produktideen betrachtet.
- **Katalog-Technik.** Aus einem Versandhauskatalog werden dabei zufällig zwei oder mehr Objekte ausgewählt und auf ihre Gemeinsamkeiten hin untersucht. Die gefundenen Beziehungen werden dann zum Ausgangspunkt für die Entwicklung neuer Ideen.
- **Reizwort-Analyse.** Die Gruppe produziert etwa zehn konkrete Begriffe, die als Reizworte für eine schöpferische Konfrontation dienen. Nacheinander werden sie im Zusammenhang mit dem Problem diskutiert und konkretisiert, indem zwischen Reizwörtern und Problem eine neue Beziehung hergestellt wird. Dadurch bleibt allerdings das Verfremdungspotenzial begrenzt.
- **Tilmag-Methode.** Es wird der Versuch unternommen, Elemente einer Lösung schon während des synektischen Verfremdungsprozesses festzuhalten. Die Anwendung der Methode erfolgt nach einem komplizierten Ablaufschema, bei dem mit verschiedenen Matrix-Formen gearbeitet wird. Zunächst wird dazu eine idealtypische Lösung formuliert. Danach erfolgt eine Aufzählung der dafür notwendigen Funktionen und Elemente. Diese werden sinnvoll geordnet und von kleineren Gruppen in Matrizen bearbeitet, die aus Reizwörtern und zugeordneten Assoziationsbegriffen bestehen, die auf das Ausgangsproblem übertragen werden.

1.2.2.4 Systematische Verfahren

Die systematischen Verfahren gehen anhand von Ordnungsschemata vor, scheinen also zunächst eher untypisch für Kreativitätstechniken. Es handelt sich dabei im Wesentlichen um die Verfahren Eigenschaftsliste, den Fragenkatalog und das Mind mapping.

1.2.2.4.1 Eigenschaftsliste

Ausgehend von einer bekannten, bestehenden Problemlösung werden hier alle bzw. deren wichtigsten Eigenschaften aufgelistet. Dann erfolgt eine schrittweise Modifikation zur Leistungsverbesserung. Der Ablauf ist dabei der Folgende. Zunächst werden alle Merkmale des zu verbessernden Gegenstands (Produkt, Verfahren) systematisch aufgeführt. Diese werden danach hinsichtlich ihrer Eigenschaften beschrieben. Dann wird nach alternativen Gestaltungsmöglichkeiten dazu gesucht. Dies erfolgt durch eine Gruppe von vier bis acht Personen. Darauf folgt die Auswahl und Realisierung der präferierten Lösung.

Im Folgenden ein Beispiel der Eigenschaftsliste (Attribute listing) für einen Sonnenschirm:

- *Ausgangspunkt ist eine vorhandene Lösung mit den Merkmalen:*
  Form des Schirms (derzeit rund),
  Kante der Bespannung (derzeit eingenäht glatt),
  Material des Gestells (derzeit Stahlrohr lackiert),
  Art der Bespannung (derzeit undurchsichtiges Gewebe).
- *Mögliche Merkmalsvarianten sind:*
  Form des Schirms: oval, vier-/dreieckig, unregelmäßig etc.,
  Kante der Bespannung: gefranst, gezackt etc.,
  Material des Gestells: Aluminium, Stahlrohr (chrom), Kunststoff etc.,
  Art der Bespannung: transparent, getönt, perforiert, netzförmig etc.

Diese Eigenschaften lassen sich nun beliebig kombinieren. So kann die Produktidee eines neuen Sonnenschirms folgendermaßen lauten:

- *Verchromtes Stahlrohrgestell mit unregelmäßigem Schirm, Bespannung netzförmig mit gezackter Kante.*

Ein Vorteil der Methode liegt in der Vielzahl möglicher Ideenansätze, die aus der partiellen (evolutionären) Veränderung eines bereits bestehenden Produkts folgen. Zugleich ist damit jedoch der Weg für revolutionäre Neuerungen womöglich verbaut, d.h., es kommt eher zu marginalen Neuerungen.

1.2.2.4.2 Fragenkatalog

Der Fragenkatalog gehört zu den heuristischen Prinzipien und impliziert die gedankliche Modifikation eines Ausgangsproblems durch systematische Infragestellung von Eigenschaften. Ansatzpunkte zur Modifikation sind dabei folgende Überlegungen:

- Vergrößern: Was soll hinzugefügt werden? In welcher Dimension? Stärke? Dicke? Länge? Höhe? Zusatznutzen? Mehr Bestandteile? Verdoppeln? Vervielfachen? Übertreiben? Muss man mehr Zeit aufwenden? Die Frequenz erhöhen? Das Objekt widerstandsfähiger machen?
- Verkleinern: Was soll wegfallen? Komprimierter? Miniaturisiert? Niedriger? Kürzer? Weglassen? Aufspalten? Abschwächen? Aerodynamischer? Ist das Objekt in Einzelteile zerlegbar?
- Verändern: Neue persönliche Note? Bedeutung? Farbe? Bewegung? Klang? Geruch? Form? Sind weitere Veränderungsmöglichkeiten denkbar?
- Anders verwenden: Neue Verwendungsmöglichkeiten bei bestehender Form? Andere Verwendungsmöglichkeiten bei Abänderung des Objekts? Neue Anwendungsmöglichkeiten für andere Personen?
- Adaptieren: Wem ähnelt der Gegenstand? Welche andere Idee lässt sich daraus ableiten? Gibt es Parallelen in der Vergangenheit? Kann man etwas übernehmen? Wer kann übertroffen werden?
- Ersetzen: Ersatzperson/-sache? Anderer Bestandteil? Anderes Material? Anderes Verfahren? Andere Kraftquelle? Anderer Platz? Anderer Zugang? Anderer Klang?
- Kombinieren: Mischung? Legierung? Sortiment? Set? Einheiten kombinieren?

Zwecke kombinieren? Ideen verbinden? Verschmelzen? Mehrere Anwendungsbereiche?
- Umkehren: Positiv/negativ vertauschen? Was bedeutet das Gegenteil? Untere Seite nach oben kehren? Rollen austauschen? Kopfseite umdrehen? Seitenflächen umdrehen? Was geschieht, wenn man die Reihenfolge des Ablaufs umkehrt?
- Neu anordnen: Komponenten austauschen? Neue Bauart? Anderes Layout? Ursache und Wirkung umkehren? Anderes Tempo? Anderer Zeitplan?
- Autonomes Objekt: Eigenleben/Verselbstständigung des Problems möglich? Nähe/Abstand wechseln? Metaphern anwenden?

Das Potenzial des Fragenkatalog-Verfahrens ist insgesamt eher zurückhaltend einzuschätzen. Dennoch ist eine solche Checklist generell hilfreich und für manche Anregung gut. Auf Grund fehlender Unterstützung im Verfremdungsprozess dürften jedoch eher nahe liegende Lösungen daraus resultieren.

1.2.2.4.3 Mind mapping

Mind maps wollen ihre Anwender verpflichten, mit lieb gewordenen Gewohnheiten aufzuräumen und stattdessen ein Ideenfeuerwerk abzufackeln. Zu Beginn wird dazu ein Leitmotiv/Thema in die Mitte eines Blattes/einer Tafel gestellt. Da dabei die rechte Gehirnhälfte angesprochen wird, soll das Bild etwas detaillierter ausgemalt werden. Dann werden Schlüsselwörter gesucht, die als Grundlage für das Erinnerungsvermögen und freie Assoziationen dienen. Sie sollen Vorstellungsbilder auslösen. Diese Schlüsselwörter werden strahlenförmig mit dem Leitmotiv verbunden. Pro Linie gibt es nur ein Schlüsselwort, damit genügend Platz für alle kreativen Assoziationen bleibt. Daraus wird ein Netzwerk angelegt, indem von den Linien zum Leitmotiv Abzweigungen in mehreren Ebenen ausgehen, die mit einzelnen Begriffen versehen werden. In der Assoziationsphase werden so viele Ideen wie möglich gesammelt. Die Gedanken schweifen umher und die größtmögliche Zahl von Schlüsselwörtern wird jeweils passend zu den Zweigen notiert. In der zweiten Phase werden die Schlüsselwörter dann strukturiert und noch treffender formuliert. Alles Überflüssige wird gestrichen, eine noch bessere Zuordnung wird versucht.

Zu Beginn sollten nur prägnant formulierte Substantive verwendet werden. Während der Erstellung wird das Chart mehrfach gedreht, deshalb sind Blockbuchstaben besser lesbar. Als Arbeitsmittel genügen ein einfacher Papierbogen, Bleistift, Radiergummi und für geübte Anwender Farben. Korrekturen sind Teil des schöpferischen Prozesses. Geübte Anwender können an beliebigen Stellen Symbole und Bilder verwenden.

Ein ähnliches Verfahren ist die **Metaplan-Technik.** Sie hat zum Grundgedanken, Problemlösungskonferenzen durch planmäßige Visualisierung aller Arbeitsschritte zu strukturieren. Dies erfolgt durch Arbeitsmittel wie Hefttafeln, Filzstifte und

Pappkärtchen in verschiedenen Formen, Farben und Größen. Die Ideenstimulierung erfolgt durch spezielle Gruppenfragen. Alle Diskussionsbeiträge werden schriftlich festgehalten, jeder Teilnehmer notiert dazu seine Aussagen kurz auf eine Karte. Die Karten werden eingesammelt, vorgelesen und an einer Pinnwand nach ähnlichen Inhalten in Sparten gleicher Thematik sortiert. Die Sparten können nach dem Willen der Teilnehmer gewichtet werden. Dafür bestehen zwei Regeln: Die Butler-Regel besagt, dass jeder Sitzungsteilnehmer genauso Mitdenker ist wie Helfer. Die 30-Sekunden-Regel besagt, dass kein Redebeitrag länger als 30 Sekunden dauern darf.

Der Moderator nennt der Gruppe zunächst das Problem und teilt das Arbeitsmaterial aus. Die Teilnehmer schreiben in Schlagworten ihre Ideen, Kritiken, Vorschläge, Meinungen etc. auf mehrere Karten. Nach dieser anonymen Ideensammlung werden alle Kärtchen ungeordnet an eine Tafel geheftet. Dann werden für diese Oberbegriffe gesucht und die Kärtchen entsprechend angeordnet. Diese Themenschwerpunkte werden anschließend in kleineren Gruppen bearbeitet und präsentiert. Dabei kann auch eine Gewichtung der Sparten durch die Teilnehmer vorgenommen werden.

Wichtig ist, dabei nur Substantive zu verwenden, die prägnant formuliert sind. Hinzu kommen verbreitete Symbole und Bilder. Sie werden gut leserlich in Blockbuchstaben auf Papierbögen geschrieben, und zwar mit Bleistift, denn Korrekturen sind erwünscht.

Vorteile sind die gleichberechtigte Beteiligung aller Teilnehmer, das einfache Handling bei der Neuanordnung, die motivatorische Wirkung in der Gruppe, die gute Dokumentation der Vorschläge und der geringe Zeitaufwand. Ein Nachteil ist die Notwendigkeit zu geschulter Moderation.

1.2.3 Ideenauswertung

Wichtig ist, dass bei allen Verfahren die Phase der Ideengenerierung von jener der Auswertung der Ergebnisse getrennt wird. Nur auf diese Weise kann man vorurteilsfrei und im positiven Sinne naiv an eine Problemlösung herangehen.

Erst nach Abschluss des Kreativprozesses erfolgt also mit der **Ideensichtung** (Screening) eine erste Analyse der Ergebnisse. Nunmehr werden alle erarbeiteten Ideen grob auf ihre Realisierbarkeit hin geprüft. Die Anzahl der für eine feinere Analyse in Betracht kommenden Ideen wird dadurch drastisch reduziert. Es besteht jedoch die große Gefahr, dass in diesem ersten Filter bereits Ideen hängen bleiben (Drop), die, weil sie spontan unrealistisch scheinen, ausgesondert werden, obgleich sie sich bei näherer Prüfung als sehr potenzialstark erweisen würden. Oder zunächst Erfolg versprechend erscheinende Ideen (Go) sich als verfehlt herausstellen.

So stammt der Kleber auf den Post it-Notes von 3M (1980 eingeführt) aus einem FuE-Projekt, das, gemessen an seiner Zielvorgabe, völlig erfolglos war. Es galt nämlich, einen neuartigen Kleber bereitzustellen. Dem Arbeitsergebnis fehlte jedoch eine erwünschte Eigenschaft aller, bis dato vorhandenen Kleber, nämlich die Fähigkeit zum dauerhaften Kleben. Statt diese Aktivität jedoch als Misserfolg abzuhaken, machte ein Mitarbeiter (Frey) sie im Rahmen der unternehmenseinmaligen 15 % Regelung (Mitarbeiter dürfen bei 3M 15 % ihrer Arbeitszeit in Projekte eigener Wahl investieren) zur Basis einer Innovation, bei der es gerade darauf ankam, dass der Kleber nicht dauerhaft hielt. Aus diesem Ansatz resultierten die Post it-Zettel, eine erhebliche Umsatzquelle von 3M. Man hätte hier auch vorschnell zu dem Ergebnis der Unwirtschaftlichkeit in Forschung und Entwicklung kommen können.

Ebenso ist das Erkältungspräparat Wick Medinait (P&G) das Ergebnis einer verunglückten Aktivität. Die Chemiker hatten zwar ein hoch wirksames Mittel gegen Erkältung und die typischen Begleiterscheinungen (Halsweh, Kopf- und Gliederschmerzen etc.) entwickelt, bei Anwendungstests stellte sich jedoch heraus, dass dieser Mix zu starken Einschlaferscheinungen bei Patienten führte. Damit hätte man zu dem Ergebnis kommen können, dass dieses Projekt misslungen war. Statt dessen machte man aus dem Nachteil einen Vorteil am Markt. Denn wenn man die empfohlene Einnahme des Präparats auf die Abendstunden verlegte, führte die schlaffördernde Wirkung sowohl zur Einleitung eines Heilschlafs mit tiefer Erholung als auch zur Überwindung erkältungstypischer Einschlafstörungen. Dem wurde durch den Namenszusatz Medinait entsprochen, sodass ein hoch erfolgreiches Produkt entstand, das auf der Packung ausdrücklich nur zur Anwendung vor dem Einschlafen ausgelobt wird.

Ein anderes Beispiel sind in diesem Zusammenhang die Breathe right-Pflasterstrips von 3M, einem Unternehmen, das ca. 30 % seines Umsatzes mit Produkten macht, die jünger als drei Jahre sind. Diese waren ursprünglich zur Verringerung des Schnarchens entwickelt worden, indem sie auf die Nasenflügel aufgeklebt diese dehnen und damit die Luftzufuhr durch die Nase erhöhen, sodass im Schlaf keine Mundatmung mehr erforderlich ist, und damit auch kein Schnarchen entstehen kann. Auf diesem Markt waren sie aber erfolglos. Stattdessen entdeckten Ausdauersportler, wie z.B. Profifußballer, die positive Wirkung der Atmungsaktivierung als natürliche Leistungssteigerung. Deren Verhalten wurde von Breitensportlern nachgeahmt, sodass eine hohe Nachfrage nach Breathe right entstand.

Interessant ist in diesem Zusammenhang auch der Hintergrund der Indikation von Viagra (Pfizer) als Erektionshilfsmittel. Denn Viagra war ursprünglich als Mittel gegen Angina Pectoris entwickelt worden. In der Endphase der Entwicklung wird ein neues Arzneimittel generell auch an freiwilligen Versuchspersonen ausprobiert, um Risiken der Anwendung bei späteren Patienten zu vermindern. Dazu erhielten Männer und Frauen wie üblich auch von Viagra ein Ration Pillen zur Selbstanwendung. Über ihre Beobachtungen in der Versuchsreihe führen diese Personen Buch und geben nach Ende der Versuchsreihe ihre Aufzeichnungen und die etwaig überschüssigen Pillen wieder zurück. Bei Viagra stellte man aber fest, dass die männlichen Versuchspersonen entgegen der sonstigen Übung keine Pillen zurückgaben. Dies veranlasste Pfizer zur Nachfrage nach den Gründen bei diesen Personen. Sie schilderten daraufhin ihre Erlebnisse nach Einnahme der Pillen. Und erst dadurch kam Pfizer auf die monetär weitaus werthaltigere, jetzt bekannte Indikation, denn der Inhaltsstoff Sildenafil stellte sich unerwartet als ausgesprochen potenzfördernd heraus.

Die wenigen Ideen, die diese Vorselektion überstanden haben, werden dann einem Auswahlverfahren (Scoring) der **Ideenbewertung** unterzogen. Denkbar sind etwa Punktwerte, Punktwertindex, Bewertungstafeln, Wertskalaverfahren, Produktbewertungsprofile, Polaritätenprofile, Nutzwertanalyse etc. Die Beurteilung der einzelnen Objekte geschieht dabei meist anhand von Faktoren, deren Ausprägungen für die einzelnen Objekte hinreichend verlässlich festgestellt werden können. Die Faktoren, die der Einzelbeurteilung zu Grunde gelegt werden, erfassen die Gesamtheit der auf den Erfolg des Objekts einwirkenden relevanten Einflussgrößen. Bei solchen Faktoren handelt es sich z.B. um Nachfragepotenzial, Markteintrittsmöglichkeit, Marktstellung, Rohstofferfordernisse, Personalvoraussetzungen, Produktionsanlagen, Exklusivität, Saisoneinflüsse, Nachhaltigkeit, Konkurrenzfähigkeit etc.

Alle Ideen werden für alle Faktoren mittels einer einheitlichen Skala beurteilt. Die Beurteilung auf nummerischen Skalen kann über Wahrscheinlichkeitsangaben vorgenommen werden. Die Urteile aller Einzelfaktoren werden aggregiert. Dabei können für alle Faktoren Gewichte festgelegt werden, die zum Ausdruck bringen, welchen Anteil der einzelne Faktor zur Erfolgsträchtigkeit hat. Dabei werden für gewöhnlich zunächst die Gewichte der Hyperfaktoren fixiert und dann die Gewichte der Faktoren je Hyperfaktor. Die Summe der Produkte der Skalenwerte eines Faktors mit den faktorspezifischen Wahrscheinlichkeitsangaben ergibt dann die Beurteilung dieses Faktors, die Summe der gewichteten Urteilswerte aller Faktoren das Gesamturteil. Dabei kann von einem vorgegebenen Lastenheft hinsichtlich der Erfüllung relevanter Leistungsdimensionen ausgegangen werden (Produktpass), es kann aber auch frei oder gewichtet bewertet werden. Dazu werden meist Kriterienkataloge angelegt. Der Pflichtenkatalog beschreibt demgegenüber die Realisierung aller Anforderungen des Lastenhefts (also das Wie).

Die Produktidee mit der höchsten Punktzahl wird als Erste zur Umsetzung vorgesehen. Danach folgen dann die übrigen Produktideen in absteigender Reihenfolge ihrer Priorität. Sofern man es sich leisten kann, werden mehrere Ideen parallel weiterverfolgt.

Legendär sind die Irrtümer über die Erfolgsträchtigkeit neuer Produktideen. Dazu einige Bespiele:

- *„Gut informierte Menschen wissen, dass es unmöglich ist, die menschliche Stimme via Kabel zu übertragen. Und wenn es möglich wäre, so hätte das Ganze keinen praktischen Wert.“ (Boston Post 1876)*

„Ich denke, es gibt weltweit einen Markt für vielleicht fünf Computer." (Thomas Watson, IBM-Vorsitzender 1943)

„Es gibt keinen Grund, warum irgendjemand einen Computer in seinem Haus wollen würde." (Ken Olson, Gründer DEC 1977)

„640 Kilobyte sind genug." (Bill Gates, Microsoft-Gründer 1981)

„Alles, was erfunden werden kann, ist erfunden." (James Duell, Direktor des US-Patentamtes 1899)

„Wer zur Hölle will Schauspieler reden hören?" (H.M. Warner, Gründer Warner Brothers 1927)

„Die Erfindung (das Telefon, d.V.) hat so viele Mängel, dass es nicht ernsthaft als Kommunikationsmittel taugt. Das Ding hat für uns an sich keinen Wert." (Western Union Financial Services)

„Wir haben 60 Jahre ohne Fernsehen gelebt und wir werden auch noch weitere 60 Jahre ohne Fernsehen auskommen." (Avery Brundage, IOC-Präsident 1960)

„Der Fernseher wird sich auf dem Markt nicht durchsetzen. Die Menschen werden sehr bald müde sein, jeden Abend auf eine Sperrholzkiste zu starren." (Darryl Zanuck, Direkter 20th Century Fox 1946)

„Die weltweite Nachfrage nach Kraftfahrzeugen wird eine Million nicht überschreiten - allein schon aus Mangel an verfügbaren Chauffeuren." (Gottlieb Daimler)

„Der Fernseher wird sich auf dem Markt nicht durchsetzen. Die Menschen werden sehr bald müde sein, jeden Abend auf eine Sperrholzkiste zu starren." (Darryl F. Zanuch, Twentieth Century Fox)

„Es gibt nicht die geringsten Anzeichen, dass wir jemals Atomenergie entwickeln können." (Albert Einstein)

„Der Mensch wird es in den nächsten 50 Jahren nicht schaffen, sich mit einem Metallflugzeug in die Luft zu erheben." (Wilbur Wright 1901)

„Rauchen ist für die allermeisten Menschen eine durchaus gesunde Angelegenheit." (Ian McDonald, Chirurg)

„Diese Strahlen des Herrn Röntgen werden sich als Betrug herausstellen." (Lord William Thompson Kelvin)

„Trotz allen kommenden wissenschaftlichen Fortschritts wird der Mensch nie einen Fuß auf den Mond setzen." (Lee De Forest, Erfinder)

1.3 Forschung und Entwicklung

Unter Forschung und Entwicklung (FuE) sind alle Aktivitäten und Prozesse zu verstehen, die zu neuen materiellen und/oder immateriellen Gegenständen führen sollen. Sie ermöglichen damit neues natur- und ingenieurswissenschaftliches Wissen und eröffnen neue Anwendungsmöglichkeiten für vorhandenes Wissen, indem sie auf entsprechende Theorien zurückgreifen.

Das Management der Forschung und Entwicklung wird unter drei Teilbegriffe Innovationsmanagement, eigentliches FuE-Management und Technologiemanagement gefasst, die allerdings nicht immer überschneidungsfrei gehandhabt werden. Unter **Innovationsmanagement** versteht man alle Aktivitäten des Produktentstehungs- und Markteinführungsablaufs. Das **FuE-Management** ist diejenige Untermenge des Innovationsmanagement, die sich mit Grundlagenforschung, angewandter Forschung (Technologieentwicklung) und Entwicklung (Vorentwicklung und Erprobung) befasst. Das **Technologiemanagement** ist wiederum diejenige Teilmenge des FuE-Management, die sich mit angewandter Forschung und Entwicklung auf Basis naturwissenschaftlich-technischer Erkenntnisse und Fähigkeiten befasst, die zur Lösung technischer Probleme notwendig sind.

Als problematisch erweist sich in diesem Zusammenhang vor allem die Tatsache, dass dabei zukünftig erst verfügbares und nur potenziell relevantes Wissen zweckrational gesteuert werden soll. Insofern verlangt Forschungs- und Entwicklungs-Management ein hohes Maß an Feinfühligkeit, um zukünftig nutzbringendes Wissen nicht schon im Vorfeld zu vereiteln.

1.3.1 Technischer Fortschritt

Zur Forschung und Entwicklung gehören, wie erwähnt, im Einzelnen die Teilbereiche der Grundlagenforschung, der angewandten Forschung und der Entwicklung.

Grundlagenforschung ist auf die Gewinnung neuer wissenschaftlicher oder technischer Erkenntnisse und Erfahrungen ausgerichtet, ohne überwiegend an deren unmittelbarer praktischer Anwendbarkeit orientiert zu sein. Zum Zeitpunkt der Aufgabenstellung steht das mögliche spätere Anwendungsgebiet somit noch nicht fest. Steht jedoch bereits die praktische Bedeutung des Themas im Vordergrund, wird statt dessen von **anwendungsorientierter** Grundlagenforschung gesprochen. Die Übergänge zwischen beiden sind freilich fließend.

Da die Ergebnisse der Grundlagenforschung nur recht selten juristisch schützbar sind, haben Unternehmen daran im Allgemeinen nur insofern ein Interesse, als diese Erkenntnisse für darauf folgende anwendungsorientierte Arbeiten Voraussetzung sind (z.B. Bioforschung zur Identifizierung einzelner Gene). Teilweise besteht die Meinung, dass aus diesen Gründen bevorzugt Großunternehmen für Grundlagenforschung infrage kämen, was als wichtiges, jedoch umstrittenes, Argument zu Gunsten der Unternehmenskonzentration angeführt wird. Ansonsten wird sie vorwiegend von privaten und öffentlichen (Non profit-)Instituten betrieben (wie Hochschulinstitute, Max-Planck-Gesellschaft, Batelle-Institut, Fraunhofer-Gesellschaft etc.).

Unter **angewandter Forschung** (auch Zweckforschung) sind alle Aktivitäten zur Gewinnung und Weiterentwicklung von Wissen und Fähigkeiten zu verstehen, die der Lösung praktischer Probleme in der Technik dienen sollen. Sie stützt sich dabei auf Ergebnisse der Grundlagenforschung, auf anwendungsorientiertes Wissen und praktische Erfahrungen. Als Zweck dienen neue Fähigkeiten mit praktischer Anwendbarkeit.

Sie ist in ihrer Themenstellung bereits mehr oder minder stark durch die Umsetzbarkeit des Themas beeinflusst. Ergebnis sind oftmals Erfindungen als Grundlage neuer oder verbesserter Produkte. Ist sie hingegen auf die Gewinnung neuer wissenschaftlicher oder technischer Erkenntnisse gerichtet und vornehmlich am Ziel einer praktischen Anwendbarkeit ihrer Ergebnisse orientiert, handelt es sich um den Bereich der **Technologieentwicklung.** Diese ist im betriebswirtschaftlichen Zusammenhang dominant.

Die (Neu- oder Weiter-)**Entwicklung** hat die Nutzung dieser Erkenntnisse und Erfahrungen mit dem Ziel, zu neuen oder verbesserten Produkten oder Prozessen zu gelangen, die marktfähig sind, zum Inhalt. Dabei unterscheidet man noch genauer die experimentelle Entwicklung, die konstruktive/rezepturbezogene Entwicklung und die Routineentwicklung. Eine andere Unterteilung geht von der Neuentwicklung (bei neuen Erkenntnissen und Erfahrungen) oder der Weiterentwicklung aus (bei modifizierten Erkenntnissen und Erfahrungen).

Entwicklung ist also auf die Anwendungsorientierung von Technologien, die Prüfung ihrer technischen Umsetzbarkeit, die Fassung von Produkt-/ Prozesskonzepten und die Voraussetzungen für den Prototypenbau gerichtet. Sie bezieht sich auf die nächste bzw. übernächste Generation gegenüber der gegenwärtig im Markt befindlichen und hat dabei die Anforderungen der produktionstechnischen Umsetzung zu berücksichtigen.

Die Entwicklung kann wiederum unterteilt werden in die Phasen der **Vorentwicklung,** die mit der Erbringung von Funktionsnachweisen endet, was etwa im Zuliefergeschäft von entscheidender Bedeutung ist, sowie die **Produkt- bzw. Prozessentwicklung,** die eine konkret vermarktungsfähige Umsetzung auf Basis des vorhanden Wissens anstrebt. Produktentwicklung bezieht sich auf die Einführung eines neuen Produkts in den Markt, Prozessentwicklung auf das Anfahren eines neuen Prozesses im Unternehmen. Beides wird auch als **Erprobung** bezeichnet.

Die Erprobung von Erzeugnissen dient der Umsetzung funktionsfähiger Erstmuster, der Fertigungsfreigabe bis zur Vorserie und deren Optimierung in einer Nullserie als Vorläufer der eigentlichen Auflage. Dazu gehören noch nicht Handmuster/Dummies, Versuchsanlagen, Entwürfe und Konstruktionen, wohl aber die Versuchsproduktion, Werkzeugausrüstung, probeweise Inbetriebnahme und Störungsbeseitigung, Patent- und Lizenzarbeiten sowie Routineuntersuchungen. Ziel ist die Herstellung der Marktreife.

Die einzelnen Arbeitsschritte sind folgende:
- Erstellung eines Lastenhefts, das aus der Innovationsidee abgeleitet ist,
- Erstellung eines Pflichtenkatalogs, der aus dem Lastenheft abgeleitet ist,
- Freigabe des Pflichtenkatalogs durch Entscheider,
- Entwicklung und Entwurf des Neuprodukts und der grundsätzlichen Prozesse,
- Erstellung eines Musters, das in allen funktionellen und messtechnischen Anforderungen dem Pflichtenkatalog entspricht und dem Funktionsnachweis dient,
- Erprobung des Musters und technischer Test mit evtl. Veränderungen,
- Erstellung eines Prototyps, der in Funktionen, Verhalten, Aufbau und Erscheinungsbild dem fertigen, späteren Serienprodukt entspricht,
- Verifizierung und Freigabe der Nullserie, die durch Fertigung unter Serienbedingungen entsteht und der Überprüfung aller Produktionsmittel bzw. der Erprobung neuer Fertigungstechniken dient,
- Herstellung einer geringen Menge unter Serienbedingungen,
- Validierung der Qualitätsfähigkeit und Freigabe der Serie bzw. Nachsteuerung,
- Herstellung unter Serienbedingungen und Beobachtung der Reliabilitätbeherrschung.

In der Pharmabranche gilt als Erfahrungssatz, dass aus 10.000 zum Patent angemeldeten Substanzen, die synthetisiert und geprüft werden, 20 Substanzen in die klinische Entwicklung zum Präparat gelangen. Von diesen überstehen 10 Präparate die klinische Phase I (Verträglichkeitsstudie), 5 Präparate die klinische Phase II (Patientenstudien)) und 2 Präparate die klinische Phase III (Wirksamkeitsnachweis/Doppelblind). Davon wird dann ein Präparat tatsächlich marktzugelassen.

Das **Lastenheft** (Requirement document) enthält genauer Anforderungen in Bezug auf das Ziel der Innovation (Was/Wofür) also Teilmarkt, Anforderungen von Kunden, wesentliche Leistungsdaten, zeitlicher Realisierungsrahmen, Berücksichtigung von Normen und/oder Standards, Kostenschätzung etc. Das Lastenheft ist eine Zusammenstellung aller Anforderungen aus Sicht des Auftraggebers incl. aller Randbedingungen und beschreibt die Gesamtheit der Forderungen an die Lieferungen und Leistungen eines Auftragnehmers. Es wird vom Kunden erstellt,
Dazu ein Beispiel aus der Automatisierung:
- *Einführung in das Projekt: Veranlassung, Zielsetzung des Automatisierungsvorhabens, Projektumfeld (Benutzerumfeld), wesentliche Aufgaben, Eckdaten für das Projekt,*
- *Beschreibung der Ausgangssituation (Istzustand): Technischer Prozess, Automatisierungssystem, Organisation, Datendarstellung und Mengengerüst,*
- *Aufgabenstellung (Sollzustand): Kurzbeschreibung der Aufgabenstellung, Gliederung und Beschreibung der Aufgabenstellung, Ablaufbeschreibung, Datendarstellung und Mengengerüst, Zukunftsaspekte,*

- *Schnittstellen: Schnittstellenübersicht, Technischer Prozess-Rechner, Mensch-Rechner, Rechner-Rechner, Anwendungsprogramm-Rechner, Anwendungsprogramm-Anwendungsprogramm,*
- *Anforderungen an die Systemtechnik: Datenverarbeitung, Datenhaltung, Software, Hardware, Hardwareumgebung, Technische Merkmale des Gesamtsystems,*
- *Anforderungen für die Inbetriebnahme und den Einsatz: Dokumentation, Montage, Inbetriebnahme, Probebetrieb/Abnahme, Schulung, Betriebsablauf, Instandhaltung und Softwarepflege,*
- *Anforderungen an die Qualität: Softwarequalität, Hardwarequalität,*
- *Anforderungen an die Projektabwicklung: Projektorganisation, Projektdurchführung, Konfigurationsmanagement.*

Der **Pflichtenkatalog** (Specification) konkretisiert die Umsetzung (Wie/Womit) durch Anforderungen an Funktion und Aufbau, detaillierte Leistungsdaten, Toleranzbereiche für Produktion und Qualitätssicherung, Termine/Meilensteine, Anforderungen an zu beschaffende Teile, Vorgabe von Normen und Prüfvorschriften, Gliederung des Produkts in Baugruppen und Einzelteile, konkurrenzbezogene Daten. Der Pflichtenkatalog wird vom Auftragnehmer erstellt und definiert die ausführliche Beschreibung der Leistungen, die erforderlich sind oder gefordert werden, damit formulierte Ziele erreicht werden.
Dazu wiederum ein Beispiel aus der Automatisierung:

- *Kurzbeschreibung*
- *Gliederung und Beschreibung der technischen Lösung und deren Umsetzung in Entwicklungs- und Produktionsparameter unter Beachtung aller Randbedingungen und äußeren Einflusse,*
- *Beschreibung des Normalbetriebs, des Anlaufs/Wiederanlaufs und des irregulären Betriebs (Störung/Notfall),*
- *Datenverarbeitungssystem, Datenverwaltungs-/Datenbankensysteme, Software, Gerätetechnik, technische Daten der Geräte, technische Angaben für das Gesamtsystem,*
- *Einhaltung von Vorschriften, Verordnungen, Gesetzen, Normen, Gewerblichen Schutzrechten.*

Wie rasant der technische Fortschritt vorangeht, zeigt eindrucksvoll die Innovationsabfolge bei Mikroprozessoren:

- *1972: Intel stellt den ersten 8-bit-Mikroprozessor vor,*
- *1976: 16-bit-Mikroprozessor von Texas Instruments,*
- *1978: 8086-Generation,*
- *1982: 80286-Generation (16-bit-Intel-Chip),*
- *1984: 32-bit-Prozessor von Motorola für Apple-Mac,*
- *1985: 80386-Generation (32-bit-Prozessor von Intel),*
- *1989: 80486-Generation,*
- *1991: 64-bit-Prozessor von Mips für Supercomputer,*
- *1993: Pentium-Prozessor,*
- *1995: Pentium-Pro-Prozessor,*

- *1999: Pentium III-Prozessor,*
- *2001: Pentium 4 Prozessor (64-bit-Prozessor von Intel sowie AMD),*
- *2003: Pentium 4-M-Centrino, 64-bit-Chip Athlon, 64-bit-Chip G5 von IBM für Apple-Mac.*

Jeder neue Technologiezyklus bedingt dabei immer auch eine Verschiebung der Wettbewerbspositionen. Dazu das Ranking der größten Halbleiterhersteller im Zeitablauf:

- *Technologiegeneration Vakuumröhren (ab 1945);*
  RCA, Sylvania, General Electric, Raytheon, Westinghouse, Amperex, National Video, Rawland, Elmac, Lansdale,
- *Technologiegeneration Transistoren (ab 1955):*
  Hughes, Transitron, Philco, Sylvania, Texas Instruments, General Electric, RCA, Westinghouse, Motorola, Clevite,
- *Technologiegeneration Halbleiter (ab 1965):*
  Texas Instruments, Fairchild, Motorola, GI, General Electric, RCA, Sprague, Philco, Transitron, Raytheon,
- *Technologiegeneration Integrierte Schaltkreise (ab 1975):*
  Texas Instruments, Fairchild, National, Intel, Motorola, Rockwell, GI, RCA, Philips, AMD,
- *Technologiegeneration Very large scale integration (ab 1985):*
  Motorola, Texas Instruments, NEC, Hitachi, National, Toshiba, Intel, Philips, Fujitsu, Fairchild,
- *Technologiegeneration Submicron-Prozessoren (ab 1995):*
  Intel, NEC, Toshiba, Hitachi, Motorola, Samsung, Texas Instruments, Fujitsu, Mitsubishi, Philips.

Ähnliche Umwälzungen ergeben sich in der Mobilfunk-Branche:

- *1958: A-Netz als analoges Netz, 1977 abgeschaltet, 10.000 Teilnehmer, koffergroße Autotelefone, 15.000 DM Anschaffungskosten,*
- *1972: B-Netz als analoges Netz für Selbstwählgespräche, der Standort des Angerufenen muss grob bekannt sein, 270.000 Teilnehmer, 1994 abgeschaltet,*
- *1986: C-Netz als analoges Netz mit Fax-Übertragung, beim Funkzellenwechsel brechen die Gespräche nicht mehr ab, handtaschengroße Endgeräte, 2000 abgeschaltet,*
- *1992: D-Netz als digitales Netz nach GSM-Standard, auch im Ausland einsatzfähig, Sprach- und Datenkommunikation (SMS),*
- *1994: E-Netz als Alternative zur D-Netz mit gleicher Technik,*
- *2001: GPRS-Netz: Erhöhung der Datenübertragungsgeschwindigkeit, z.B. für Fotos/MMS (ISDN-Geschwindigkeit, 60.000.000 Teilnehmer),*
- *2003: UMTS-Netz, zunächst in Ballungsräumen, vielfache ISDN-Geschwindigkeit, z.B. für Videos,*
- *2003: Wireless LAN fixiert in Hot Spots, keine mobile Nutzung.*
- *2009: Long Term Evolution (LTE), datenübertragende Paketvermittlung, Trennung von Datenverkehr und Unterstützungsdiensten.*

Eine bekannte deutsche Erfindung ist das MP3-Datenreduktionsverfahren. Es wurde 1987 am Fraunhofer-Institut der Universität Erlangen entwickelt und beruht im Wesentlichen auf der Unterdrückung von Signalen, die keinen Mindestfrequenzunterschied aufweisen bzw. durch gleichzeitige, lautere Signale verdeckt werden. Damit war es zur Audiocodierung für Echtzeitübertragungen (Internet) geeignet. 1995 kam es unter der Bezeichnung MP3 für MPEG-1 im RIO-Player erstmals zum Einsatz. Es ist ein Beleg für die Forschungsstärke des deutschen Standorts und zugleich für dessen Entwicklungsschwäche. Ganz ähnliche Verläufe hatte es bereits bei Telefax- und Scanner-Geräten (beide Rudolf Heil) gegeben.

1.3.2 Bereiche des FuE-Management

Innerhalb der FuE können verschiedene Elemente unterschieden werden. Die **FuE-Planung** betrifft die systematische gedankliche Vorwegnahme zukünftiger Aktivitäten und Ereignisse im Rahmen der Forschung und Entwicklung:

- Auf **strategischer** Ebene befasst man sich dabei mit der Grundsatz- und Rahmenplanung sowie den langfristig wirksamen Handlungsparametern. Sinnvollerweise werden dabei grundsätzliche Leitbilder für die FuE-Politik im Unternehmen zu Grunde gelegt. Diese betreffen etwa die generelle Orientierung der FuE-Aktivitäten, die Lösung von Personal- und Finanzierungsfragen, Gewerbliche Schutzrechte und Prioritäten im Unternehmen. So ist zu entscheiden, wie viel Budgetmittel für FuE insgesamt während einer Abrechnungsperiode zur Verfügung gestellt werden sollen. Außerdem ist zu klären, welche Entscheidungsebene im Unternehmen jeweils über FuE-Projekte zu befinden hat. Weiterhin stellt sich die Frage nach dem Timing der Umsetzung von FuE-Erkenntnissen am Markt. Ebenso sind die Forschungs- und Entwicklungsfelder des Unternehmens zu bestimmen. Daraus leitet sich die Entscheidung über Investitionsvorhaben ab. Schließlich ist zu bestimmen, welche internen und externen Wissensquellen für Forschung und Entwicklung genutzt werden sollen.
- Auf der **taktischen** Ebene geht es um die mittelfristige, detaillierte Ausfüllung dieser Planung. Dazu gehören aufbau- und ablauforganisatorische Regelungen zur Forschung und Entwicklung, die Gestaltung eines FuE-bezogenen Planungs- und Kontrollsystems, mögliche Schnittstellen zwischen funktionalen Bereichen im Unternehmen, der Führungsstil in Bezug auf FuE-Mitarbeiter und Motivations- und Honorierungsprogramme.
- Auf der **operativen** Ebene werden diese Aspekte weiter detailliert und in kurzfristige Maßnahmen umgesetzt. Dazu gehört etwa die Klärung von Fragen der räumlichen, zeitlichen, personellen und sachlichen Budgetaufteilungen, des Personalbedarfs nach Quantität und Qualität, der Projekt- bzw. Risikenbewertung, der Reihenfolge in der Projektabwicklung und der effektiven Projektablaufplanung.

Dabei ist es unerlässlich, stufenweise von der strategischen auf die taktische und dann auf die operative Ebene herunter zu planen. Weiterhin ist es sinnvoll, eine zeitliche Unterteilung der Zielerreichung, etwa durch gestaffelte Freigabeentscheide auf Grundlage von Projektfortschrittskontrollen, vorzusehen. Dies erlaubt zugleich eine Kontrolle des wirtschaftlichen Güter- und Diensteeinsatzes in Relation zum FuE-Output (FuE-Effizienz) sowie eine Überprüfung der prinzipiellen Eignung eingesetzter Mittel zur Zielerreichung (FuE-Effektivität). Dazu wiederum dient u.a. die Sicherstellung bestmöglicher Informationsversorgung von und aus FuE-Vorhaben, die Genehmigung von eingereichten, Erfolg versprechenden FuE-Anträgen, die Initiierung und Forcierung von interdisziplinärer Zusammenarbeit in- und außerhalb des Unternehmens (etwa im Rahmen von Simultaneous engineering), die Auslastungsgrad- und Ergebnisoptimierung sowie die Steuerung anhand von FuE-Kennzahlen.

Man unterscheidet zwei unterschiedliche **FuE-Strategien**. Die eine von ihnen besagt, dass FuE-Aktivitäten unternehmensintern auf Grundlage von Stimuli aus den potenziellen Absatzmärkten eingeleitet werden (**Market driven/Demand pull**). Die andere besagt, dass sie primär auf der technischen Kompetenz aufbauen, um entsprechende Marktreaktionen ihrerseits mit Marktwirksamwerdung erst auszulösen (**Technology driven/Supply push**). Unter Technology push versteht man also eine Strategie, bei der ein latent vorhandenes Bedürfnis potenzieller Kunden mit der Entwicklung neuer Technologien geweckt wird und damit einen neuen Markt schafft. Unter Market pull versteht man hingegen eine Strategie, bei der Entwicklungskapazitäten durch Kundennachfrage induziert und an deren Anforderungen ausgerichtet werden. Je nach Anlass kann es sich insofern um die proaktive Suche nach Anwendungen vorhandenen technischen Wissens handeln (ausgehend von der definierten Kernkompetenz/Inside out) oder um die Forderung des Marktes nach Problemlösungen durch technische Umsetzungen (ausgehend von Nachfragererwartungen/Outside in).

Eine lediglich reaktive Sichtweise der FuE-Aktivitäten dürfte allerdings früher oder später existenzielle Probleme aufwerfen, nur die aktive Sichtweise der FuE-Aktivitäten ist in der Lage, komparative Konkurrenzvorteile aufzubauen bzw. zu halten oder auszubauen. Damit wird auch klar, dass die Ausrichtung an geäußerten Bedürfnissen von Nachfragern keiner zeitgemäßen Sichtweise des Marketing entspricht. Vielmehr geht es, ausgehend von unternehmenseigenen Fähigkeiten und Fertigkeiten, um die Identifizierung von Marktsegmenten, bei denen entsprechende Bedürfnisse geweckt werden können.

In Bezug auf die **FuE-Budgetierung** ist der vorzufindende Anteil am Gesamtbudget je nach Branche und Unternehmensgröße sehr verschieden. Der Durchschnitt liegt in Deutschland bei 3,5 %. Deutschland hat damit innerhalb der EU die höchsten absoluten FuE-Investitionen. Sog. High tech-Branchen liegen noch deutlich über diesem Wert. Dazu gehören die Pharma-, Elektronikbauelemente-, Computer-, Telekommunikations-, Luft- und Raumfahrtindustrien sowie die Laborgeräte-, chemische, Rohöl verarbeitende, Maschinenbau-, Elektronik- und Medizinindustrien. Die Budgetierung erfolgt real zumeist durch Fortschreibung aus vorangegangenen Perioden, was systematisch nicht gerade als unanfechtbar gilt.

Die FuE-Budgetierung erfolgt entweder durch isolierte Budgetplanung ohne Interdependenzen mit anderen Unternehmensbereichen, durch integrierte Budgetplanung in Abstimmung mit anderen Unternehmensbereichen, durch finanzierungsorientierte Budgets inkl. Folgebudgets auf Basis von Erfahrungswerten oder durch Ziel-Lücken-orientierte (Gap-)Budgets. Die Effizienzmessung betrifft dabei z.B. Durchführungskontrollen (Milestones), Projektfortschrittskontrollen sowie Kosten- und Zeitüberwachungen. Teilweise stammen die Budgetmittel aus staatlich oder privat getragener FuE-Förderung (Drittmittelprogramme). Dabei ist allerdings darauf zu achten, dass es nicht zu einem Resultat kommt, bei dem die Erträge infolge von FuE-Projekten anderen zugute kommen als denen, welche die Aufwendungen dazu getragen haben.

Die **FuE-Organisation** betrifft die längerfristig konstante, auf vorgegebenen FuE-Zielen aufbauende und grundlegende Struktur- und Prozessorganisation. Im Rahmen der **Prozessorganisation** geht es vor allem um die Gestaltung der Arbeitsbeziehungen untereinander, um die sinnvolle Reihenfolge der Arbeitsvorgänge und eine optimale Kapazitätsauslastung. Dazu werden häufig formale Ablaufhilfen wie Gantt-Diagramme, Netzpläne o.A. eingesetzt. Hinsichtlich der **Strukturorganisation** stellen sich die Aufgaben zur Bestimmung des (primären/sekundären) Organisationsaufbaus sowie der Beziehungen innerhalb der FuE-Abteilung sowie zwischen dieser und anderen funktionalen/Objekt orientierten Abteilungen des Unternehmens. Häufig ist dabei eine Gestaltung als Stabsabteilung anzutreffen. Innerhalb einer Linienorganisation ist vorwiegend die Objekt orientierte Ausrichtung anzutreffen, diese kann zentral oder dezentral ausgerichtet sein. Dabei spielen u.a. Fragen der Geheimhaltung bzw. der Wahrung von Betriebs- und Geschäftsgeheimnissen eine bedeutsame Rolle, die eher für eine zentrale Ausrichtung der Aktivitäten sprechen.

Dominant ist in diesem Zusammenhang jedoch die Form der Projektorganisation. Dabei gibt es drei Unterformen. Bei der reinen Projektorganisation liegen Entscheidungs- und Weisungsbefugnisse hinsichtlich des Projekts beim Projektmanagement, beim Matrix-Projektmanagement ist darüber eine (praktisch oftmals schwierige) Abstimmung zwischen Projekt- und Linienmanagement erforderlich und beim Einfluss-Projektmanagement liegen diesbezügliche Weisungen und Entscheidungen allein bei der Linie (Stabsstelle), was der Projektunterstützung meist nicht gerade dienlich ist.

Hinsichtlich der **FuE-Trägerschaft** stellen sich die Optionen der Eigen-FuE, der Vertrags-/Auftrags-FuE und der Gemeinschafts-FuE.

Die **Eigen-FuE** ist mit relativ hohen fixen Kosten und relativ großem Finanz- und Personalbedarf verbunden. Zudem geht das FuE-Risiko voll zu Lasten des eigenen Unternehmens. Dafür kann das gewonnene Wissen aber auch komplett allein genutzt werden. Auch ist eine bessere Integration im Gesamtunternehmen darstellbar, etwa wenn es um die Berücksichtigung spezifischer Wissensanliegen geht. Schließlich kommt es dabei zu einer Wissensakkumulation innerhalb der eigenen

Ressourcen, und es kann auf unternehmensspezifische Anforderungen besser Rücksicht genommen werden.

Die **Vertrags-/Auftrags-FuE** wird häufig von privaten oder öffentlichen Institutionen übernommen, die sich auf die Lösung von FuE-Problemen spezialisiert haben. Dies bietet sich eher an, wenn es um die Bearbeitung einmaliger Problemstellungen auf fremden Forschungsgebieten geht, eine spezielle technische oder personelle Ausstattung erforderlich ist, zweckdienliches Vorwissen bei diesen Externen bereits vorhanden ist, auf dem aufgebaut werden kann, Kapazitätsengpässe im Unternehmen bestehen, Fixkosten- bzw. Investitionsbelastungen gesenkt oder neuer kreativer Input genutzt werden soll. Dafür besteht die Gefahr der mangelnden Berücksichtigung unternehmenspezifischer Aspekte, der geringen Einflussnahmemöglichkeit auf die FuE-Arbeiten im Einzelnen, fehlender Synergieeffekte zu anderen, zeitlich vor- oder gleich gelagerten FuE-Arbeiten, des unvollständigen Wissenstransfers und letztlich des Verbleibs des gewonnenen Wissens bei diesen Dritten.

Im Rahmen der **Gemeinschafts-FuE** werden mehrere Unternehmen, Wirtschaftsverbände oder sonstige Zusammenschlüsse gemeinsam für die Erreichung eines FuE-Ziels aktiv. Häufig erfolgt dies wegen der grundsätzlichen Bedeutung im Rahmen Strategischer Allianzen. Meist bezieht sie sich jedoch auf allgemeine, eher anwendungsferne Fragestellungen. Darauf setzen dann die einzelnen Unternehmen ihre Einzel-FuE, um zu anwendungsbezogenen Resultaten zu gelangen. Hinsichtlich des FuE-Ziels müssen dabei allerdings häufig Kompromisse eingegangen werden, dafür können dann auch Ziele verfolgt werden, welche die Ressourcen eines einzelnen der beteiligten Unternehmen ansonsten überfordern.

Denkbar ist auch der **Kauf** von FuE-Ergebnissen bzw. die Übernahme in **Lizenz.** Ziele sind dabei die Erreichung und Sicherung von Wettbewerbsvorteilen durch innovative Produkte und Prozesse, kurze FuE-Zeiten, um einen frühzeitigen Markteintritt zu ermöglichen, und die Besetzung von Spitzentechnologien mit hohen Wachstumschancen. Wichtig ist auch die Schaffung einer innovationsfördernden Unternehmenskultur.

Hinsichtlich des **FuE-Risikos** sind verschiedene Arten von Risiken zu unterscheiden. Charakteristisch für FuE-Aktivitäten ist ihre hohe Ergebnisunsicherheit, die sich aus der unvollkommenen Informationslage ergibt. Die Ausfallrate sinkt zwar mit fortschreitenden Aktivitäten bis hin zur Markteinführung, zugleich steigt aber das Verlustrisiko durch die immer höheren involvierten Beträge stark an:

- Das **technische** Risiko betrifft einerseits die Problemlösbarkeit, also die Gefahr, dass begonnene Projekte zu keinem Ergebnis führen, das technisch umsetzbar ist, sowie andererseits die Verwertungsmöglichkeit, also die Gefahr, dass Projekte andere als die gewünschten Ergebnisse zeitigen und damit nicht wirtschaftlich nutzbar sind.
- Das **Kostenrisiko** liegt in der Gefahr, dass die tatsächlichen FuE-Kosten die geplanten erheblich übersteigen. Dies ist nicht unwahrscheinlich, handelt es sich

doch um Aktivitäten, bei denen am Anfang, also zum Zeitpunkt der Kostenplanung, notwendigerweise nicht bekannt ist, wann und ob überhaupt sie zu einem Ergebnis führen.

- Das **Zeitrisiko** betrifft die Gefahr, dass die Aktivitäten nicht innerhalb des geplanten, vielleicht sogar erforderlichen Zeithorizonts zu brauchbaren Ergebnissen führen. Auch dies ergibt sich aus der Ungewissheit über den Ausgang von Arbeiten. Dabei sind vor allem immer kürzere Produktlebenszyklen zur Marktverwertung bedrohlich.
- Das **wirtschaftliche Risiko** resultiert aus der Gefahr, dass die FuE-Ergebnisse nicht den Anforderungen der Anwender entsprechen und daher nicht erfolgreich vermarktbar sind, sowie der Gefahr, dass die ökonomischen Ziele der Innovation nicht erreicht werden können, sie also zwar erfolgreich, aber nicht hinreichend rentabel vermarktbar ist.

Diese Risiken sind allgemein um so größer, je höher der Neuheitsgrad der FuE-Ergebnisse ist, je stärker unvorhergesehene Marktveränderungen während der FuE-Frist einwirken, je weniger exakt die Vermarktungsverhältnisse eingeschätzt worden sind und je eher finanzielle und rechtliche Restriktionen greifen.

Solche Risiken können vermindert werden, indem eine systematische, integrierte Technologieplanung vorgenommen, ein interdisziplinäres Projektmanagement eingesetzt, eine Risikostreuung bzw. -kompensation vorgenommen wird, Erkenntnisse im Unternehmen informatorisch distribuiert und Kooperationen eingegangen werden sowie auf Flexibilität gesetzt und Risikobewusstsein sensibilisiert wird. Weitere Maßnahmen betreffen Parallelforschung, umfassende Dokumentationen der Zwischenergebnisse und flexible Planänderung bzw. Einrechnung von Planreserven.

1.3.3 Technologieentwicklung

Technologie ist allgemein die Anwendung naturwissenschaftlicher und technischer Kenntnisse, um ein praktisches Ergebnis (Produkt/Prozess) zu realisieren (Technik ist demgegenüber das tatsächlich realisierte Element einer Technologie). Die Technologieentwicklung impliziert insofern einen erhöhten Schwierigkeitsgrad, weil es keinen unmittelbaren Bedarf an Technologien gibt, sondern nur einen solchen an Produkten (extern) bzw. Prozessen (intern), die mithilfe dieser Technologien bewerkstelligt werden. Ein und derselbe Bedarf kann zudem unter Anwendung ganz verschiedenartiger Technologien befriedigt werden bzw. ein und dieselbe Technologie kann zu ganz verschiedenartigen Problemlösungen beitragen. Neue Technologien können im Einzelnen bedarfsweckend wirken, bedarfsverändernd oder, leider nicht selten, am Bedarf vorbei entwickelt worden sein.

Hinsichtlich der Arten der Technologie unterscheidet man mit wachsender Gegenwartsferne:

- **Basistechnologien,** über deren Know-how alle Anbieter am Markt mehr oder

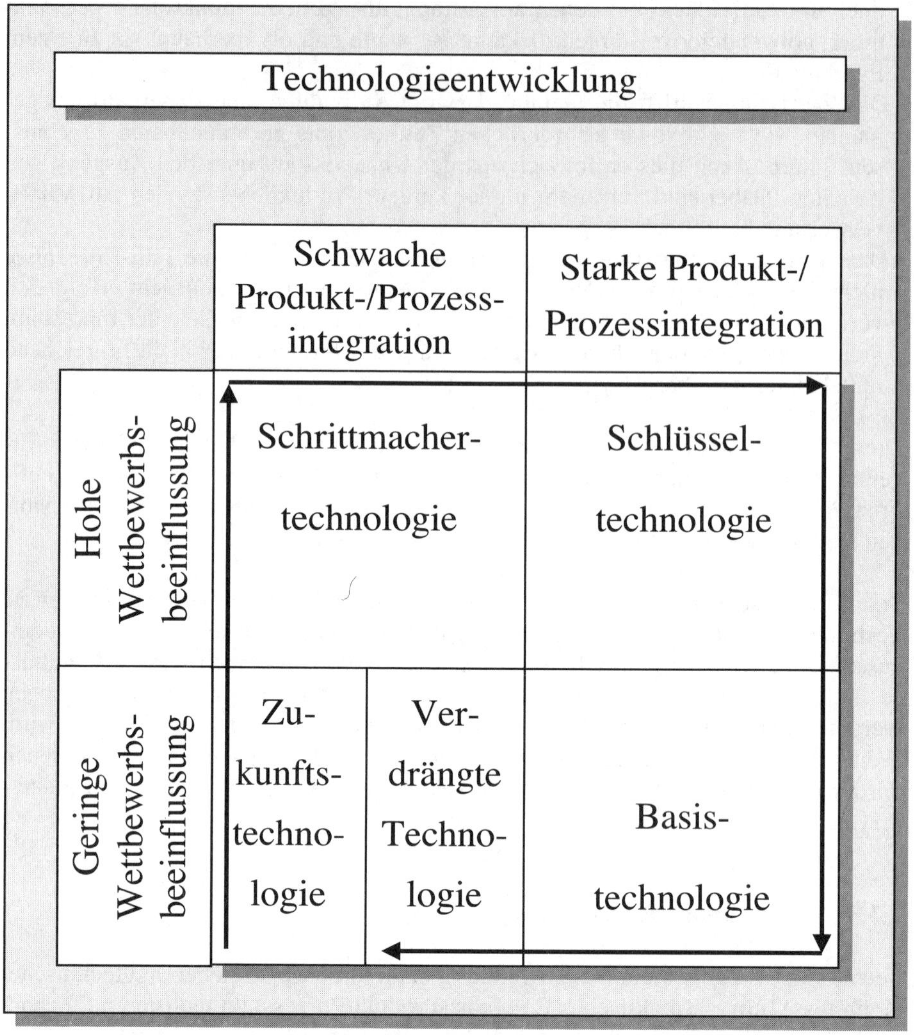

minder bereits gleichermaßen verfügen. Hier geht es meist um Detailverbesserungen, die dem derzeitigen Stand des technischen Wissens entsprechen und im Wesentlichen der Vervollkommnung vorhandener Angebote dienen. Es bestehen nur geringe Differenzierungsmöglichkeiten, technische Wettbewerbsvorteile sind hingegen kaum möglich. Basistechnologien stellen damit tragende technische Prinzipien dar, sind aber kaum als innovativ zu bezeichnen.

- **Schlüsseltechnologien,** deren Know-how zentrale Bedeutung für den Markterfolg zukommt. Es handelt sich um neu zur Verfügung gestelltes technisches Wissen, das einen spürbaren Fortschritt gegenüber dem Status quo der Erkenntnisse repräsentiert. Ein hohes Innovationspotenzial und eine relativ schnelle Umsetzung in marktfähige Leistungen sind dabei möglich. Dies sichert einen Wettbewerbsvorsprung durch Leistungs- und Kostendifferenzierung. Schlüsseltechnologien haben also schon weite Verbreitung gefunden und bieten darüber hinaus noch weiteres Differenzierungspotenzial.

- **Schrittmachertechnologien,** deren Know-how sich potenzialstark und Konkurrenz relevant darstellt. Sie können dem Markt erst zukünftig zugänglich gemacht werden. Einsatzgebiete lassen sich dabei noch kaum konkret abschätzen. Es werden jedoch große Auswirkungen auf Produkte und Verfahren erwartet. Für Schrittmachertechnologien existieren immerhin bereits Pilot-/Testanwendungen, deren Entwicklung aber nicht hinlänglich genau vorhersagbar ist.
- **Zukunftstechnologien,** deren Know-how neu und auf dem Markt in dieser Form noch in keiner Weise verfügbar ist. Zwar sind bereits theoretische Ansätze für Probleme gegeben, deren faktische Umsetzung am Markt hat aber noch gar nicht statt gefunden, ist jedoch mit einer gewissen Wahrscheinlichkeit zu erwarten. Die Verwertungsfähigkeit dieser Technologie ist allerdings ungewiss oder zumindest sehr langfristig angelegt. Für Zukunftstechnologien wird bislang lediglich Grundlagenforschung betrieben, die in diesem Stadium noch kaum vermarktbar ist *(siehe Abb. Technologieentwicklung).*

Die Notwendigkeit der Technologieentwicklung ist unbestritten. Dies resultiert aus der zunehmenden Automatisierung der Produktion und der immer rascheren Veralterung von Technologiegenerationen. Technologieentwicklung ist damit als ein zentraler Wettbewerbsparameter anzusehen.

1.3.4 Vorentwicklung

Die Bedeutung der Vorentwicklung wird, vor allem für die Zulieferindustrie, immer größer. Ein Zulieferer ist letztlich für einen Endproduktehersteller nur dann interessant, wenn er sich durch immer wieder marktneue, serienreife Vorschläge für Teilsysteme, Module und Komponenten profiliert.

Im Vorentwicklungsprojekt wird der Funktionsnachweis einer technischen Problemlösung erbracht. In der Realisierungsphase kommt es danach zum Prototypenbau. Gerade bei komplexen Problemlösungen ist der Prototyp oft die einzige Chance, einen verlässlichen, praktischen Funktionsnachweis zu erhalten. Durch Rapid prototyping können Bauteile direkt aus dem CAD-System erzeugt werden. In steigendem Umfang werden auch Computersimulationen anstelle von Prototypen eingesetzt.

Ziel ist die Bildung von Modellen und Prototypen der beabsichtigten Produkte oder Prozesse auf Basis des aktuellen Wissens- und Entscheidungsstands der Entwicklung, um den zu erwartenden Zielerreichungsgrad bisheriger Gestaltungsmaßnahmen abzuschätzen. So kommt es zu einem Design-Build-Test-Zyklus.

Nicht nur das resultierende Produkt muss einem Prototyping unterworfen werden, sondern auch die Produktionswerkzeuge, sofern, was der Regelfall ist, ein neues Produkt nicht mit bestehenden Werkzeugen hergestellt werden kann.

Schließlich wird beides einzeln optimiert und gemeinsam erneut getestet (Probelauf). Dabei muss die Qualität des Produktergebnisses vom Serienanlauf an „total" (TQM) sein. Anlaufbedingte Qualitätsminderungen werden von Nachfragern nicht mehr hingenommen (siehe Elchtest/Mercedes-Benz A-Klasse, Unfallserie MCC Smart).

Zur Verkürzung der Vorentwicklungszeiten wird versucht, das Prototyping soweit wie möglich in die Technologieentwicklung zu integrieren, damit sich keine „Schleifen" (wiederholte Arbeitsgänge) mehr bilden, wenn am Prototyp Unzulänglichkeiten festgestellt worden sind, die zu einer Überarbeitung der Technologieentwicklung zwingen, und damit zu einem zweiten Durchlauf bereits durchgeführter Arbeitsphasen. Kennzeichen des integrierten Prototyping sind die Verantwortung interdisziplinärer Teams, die simultane Berücksichtigung von Kunden- und Produktionsanforderungen, die Reduzierung von Prototyp-Zyklen, der dominante Einsatz Computer gestützter Verfahren (CAD) und die ständige Verbesserung des Qualitätsniveaus.

1.3.5 Technologielebenszyklus

Es wird unterstellt, dass im Verlauf der Entwicklung einer Technologie Regelmäßigkeiten auftreten, die dem Verlaufsmuster biologischer Entstehungs-, Wachstums-, Sättigungs- und Degenerationszyklen entsprechen. Daher wird angestrebt, einen gesetzmäßigen Zusammenhang zwischen dem Zeitablauf und der Technologieentwicklung zu finden. Dafür sind unterschiedliche Ansätze vorhanden:

- Das **Ansoff-Modell** unterstellt zwischen Nachfrage-, Technologie- und Produktlebenszyklus Zusammenhänge (Verschränkung). Der Nachfragelebenszyklus ist dabei ein langlaufender, er beschreibt das sich ändernde Bedürfnisniveau der Käufer. Dieses wird im Zeitablauf seinerseits durch verschiedene Technologien bzw. Technologielebenszyklen realisiert, die daher kürzer verlaufen. Jede Technologie wird wiederum durch verschiedene Produktgenerationen dokumentiert, die dementsprechend nochmals kürzer laufen.
- Im **Technologielebenszyklusmodell** von Ford/Ryan gibt es die Phasen der Technologieentwicklung, der Entwicklung zur Anwendungsreife, des Anwendungsbeginns, des Anwendungswachstums, der Technologiereife und der Technologiedegeneration. Während der Technologieentwicklung ist das Ergebnis noch nicht marktpräsent, aber ab Anwendungsbeginn verläuft die Marktausbreitung dann in einem lang gestreckten, flachen Verlauf bei stabiler Technologieentwicklung, einem steilen, gestauchten Verlauf bei dynamischer Technologieentwicklung und einem unruhigen Verlauf bei turbulenter Technologieentwicklung. Ein Marktzyklus besteht dann jeweils aus verschiedenen, einander ablösenden Technologiezyklen.
- Im **Technologielebenszykluskonzept** von A.D. Little gibt es die Phasen der Entstehung, des Wachstums, und der Reife, analog dominieren die Technologien als Schrittmacher- (zur Marktöffnung), Schlüssel- (zur Marktdurchdringung) und

Basis- bzw. Auslauftechnologien (zur Marktkonsolidierung). Dabei wird das Wettbewerbspotenzial mit zunehmendem Zeithorizont immer stärker ausgeschöpft, bis es an die Sättigungsgrenze gelangt. Der Verlauf ist dementsprechend progressiv steigend (in Phase 1), linear steigend (in Phase 2) und degressiv steigend (in Phase 3).

- Im **S-Kurven-Konzept** von McKinsey kann eine bestehende Technologie bei Einführung einer neuen zwar bis zu einem gewissen Grad ausgereizt werden, ab einer Leistungsgrenze ist die neue Technologie jedoch uneinholbar überlegen. Damit kommt es auf den rechtzeitigen Technologiewechsel an, ohne unnötig lang an veralteter Technologie zu hängen (kein „schlechtes“ Geld gutem hinterherwerfen), wobei der Sprung zur neuen Technologie zumeist mit erheblichen Investitionen (und daraus folgender Unsicherheit) verbunden ist.
- Das **Industrieentwicklungsmodell** geht davon aus, dass die Produktinnovationsraten zunächst hoch, im Zeitablauf dann aber sinkend sind, die Prozessinnovationsraten hingegen zunächst ansteigen und dann abfallen (infolge der Kapitalintensität der Produktion).
- Bei der **Substitutionszeitkurve** wird idealtypisch eine logistische Funktion für die Verdrängung unterstellt (s-förmig). Bei Markteintritt wächst der Marktanteil nur langsam an, die bestehende Problemlösung ist noch beherrschend. Bei Marktpenetration wächst der Marktanteil der neuen Lösung (bei Erfolg) zunächst exponenziell bis zum Wendepunkt, danach degressiv, an. Bei Marktsättigung vollzieht sich die endgültige Ablösung der bisherigen Lösung durch die neue. Eine marginale Verbreitung der alten Lösung bleibt allerdings bestehen (Versteinerung/Petrification).

Die gemeinsamen Probleme dieser Lebenszyklusansätze sind die mangelnde Definition und Abgrenzung der abzubildenden Technologie, die schwer prognostizierbare Form der Technologieentwicklung, die fragliche Ermittlung des konkreten (grafischen) Kurvenverlaufs, die indeterminierte Phasenabgrenzung und die schwierige Bestimmung der aktuellen Position im Ablauf sowie die Analyse der Einflussfaktoren auf den Kurvenverlauf. Insofern bleibt die Aussagefähigkeit solcher Modelle letztlich eng begrenzt.

1.3.6 Technologie-Assessment

Zur Bestimmung des Suchraums für neue Technologien bieten sich verschiedene Ansatzpunkte. Häufig werden die Verfahren der **Patentanalyse** und der **Bibliometrie** eingesetzt. Erstere recherchiert die Datensätze in- und ausländischer Patentämter als Erhebungsgrundlage, allerdings sind die Veröffentlichungen zeitlich erheblich verzögert (rd. 1,5 Jahre), und nicht alle Erfindungen werden überhaupt zum Patent angemeldet. Letztere bedient sich der Auswertung der Fachliteratur mithilfe von Datenbanken für Literaturstatistiken durch Publikationsanalyse, Zitationsanalyse, Co-Zitationsanalyse (zur Erfassung von Verflechtungen zwischen vorhandenen Themen).

Ziel der **Technologiefrüherkennung** ist es allgemein, schneller als Wettbewerber auf die Attraktivität neuer Technologien, den Niedergang bestehender sowie sich abzeichnende Strukturbrüche (Diskontinuitäten) aufmerksam zu werden und damit mehr Zeit zur besseren Reaktion darauf zu haben.

Ansätze zur praktischen Früherkennung sind vielfältig vorhanden. Dazu müssen alle Mitarbeiter für dieses Anliegen sensibilisiert werden. Außerdem sind permanent alle relevanten Geschäftsfelder zu beobachten (Scanning). Die Entwicklung als kritisch anzusehender Faktoren ist besonders intensiv zu beachten (Monitoring). Im Zuge immer stärker zusammen wachsender Märkte sind auch benachbarte Geschäftsfelder zu beobachten (Business migration). Stetiger Austausch mit wichtigen Kunden bereitet dabei auf Wandlungen vor. Ebenfalls können Kontakte zu wichtigen Lieferanten genutzt werden. Vielfältig stellen auch öffentliche oder halbprivate Institutionen ihre Erkenntnisse der Fachöffentlichkeit zur Verfügung. Entsprechende Informationen müssen jedoch initiativ recherchiert werden.

Ein zunehmend wichtiger Steuerungsbereich wird auch die Technologiefolgen-Abschätzung, d.h. die Beurteilung der Auswirkungen von Technologien auf die Gesellschaft und ihre natürliche Umwelt. Dabei sind besonders unbeabsichtigte Sekundär- und Tertiäreffekte zu berücksichtigen sowie erst mit mehr oder minder großem zeitlichen Abstand einsetzende Wirkungen. Problematisch ist dabei, dass immer nur mit dem gegenwärtig verfügbaren Wissensstand beurteilt werden kann, in der Zukunft liegende Folgen also falsch eingeschätzt, nämlich unter- oder überschätzt, werden dürften.

Die **Technologiefolgenabschätzung** betrifft die Schnittmenge zwischen Technologiefolgenforschung als wissenschaftlicher und Technikbewertung als entscheidungsorientierter Sichtweise. Es handelt sich genauer um das planmäßige, systematische, organisierte Vorgehen, das den Stand einer Technik und ihre Entwicklungsmöglichkeiten analysiert, unmittelbare und mittelbare technische, wirtschaftliche, gesundheitliche, ökologische, humane, soziale und andere Folgen dieser Technik und möglicher Alternativen abschätzt, auf Grund definierter Ziele und Werte diese Folgen beurteilt oder auch weitere wünschenswerte Entwicklungen fordert, Handlungs- und Gestaltungsmöglichkeiten daraus herleitet und ausarbeitet, sodass begründete Entscheidungen ermöglicht und ggfs. durch geeignete Institutionen getroffen und verwirklicht werden können (verkürzt nach VDI-Richtlinie 3780,2). Insofern ist es wichtig, solche Technik- und Produktfolgen zu berücksichtigen. Unternehmen stehen dabei nicht selten in einem Konflikt zwischen ökonomischer Rationalität und gesellschaftlicher Verantwortung.

Für einzelne Auswirkungsbereiche werden spezielle Folgenanalysen vorgenommen. Vorbildliches Verhalten erbringt hier eindeutige Imagevorteile, allerdings folgen daraus nicht selten eine wirtschaftliche Benachteiligung und eine gewisse Technologiefeindlichkeit, da jede Innovation unvermeidbar mit gewissen Risiken behaftet ist. Elemente einer ökologischen Produktentwicklung betreffen etwa folgende Parameter:

- Produktion: Geringer Materialeinsatz, möglichst Verkleinerung (Down sizing), niedrige Ausschussrate, geringe Werkstoffvielfalt, niedrige Verpackungsintensität, geringer Energieeinsatz, niedriger Flächenbedarf, geringe Schadstoffverursachung,
- Logistik: Umweltfreundliche Transportträger, geringe Transportentfernungen, wenig Transportverpackung,
- Gebrauch und Verbrauch: Niedriger Betriebsmittel- und Energieverbrauch, geringer Flächenbedarf, hohe Ergiebigkeit, niedriger Reinigungsaufwand, Multifunktionalität, möglichst Mehrfach- bzw. Gemeinschaftsnutzung, geringe Schadstoffemission, möglichst Variabilität, hohe Langlebigkeit, zeitlose Gestaltung, hohe Korrosionsbeständigkeit, geringe Reparaturanfälligkeit, möglichst Zerlegbarkeit, modularer Aufbau, hohe Robustheit,
- Rückführung und Entsorgung: Einheitliche Materialzusammensetzung, gute Trennbarkeit, umfassende Materialkennzeichnung, möglichst Wiederverwertbarkeit bzw. Kompostierbarkeit, Umwelt schonende Verbrennungseigenschaften, problemloses Deponieverhalten.

Vor allem die Rückführung und Entsorgung ist also zu planen. So bestimmt die IT-Altgeräteverordnung (Verordnung über die Entsorgung von Geräten der Informations-, Büro- und Kommunikationstechnik) eine unentgeltliche Rücknahmepflicht des Herstellers bzw. Vertreibers und eine Gemeinwohl verträgliche Beseitigung der IT-Altgeräte. Nutzer werden dabei verpflichtet, gebrauchte IT-Geräte an Rücknahmestellen oder Sammlungen der öffentlich-rechtlichen Entsorgungsträger abzugeben. Diese erfassen die Geräte und stellen sie an besonderen Übergabestellen für die Abholung durch Hersteller/Vertreiber bereit. Ebenso gibt es ein Gesetz zur geregelten Altautoentsorgung.

1.3.7 FuE-Portfolio-Analysen

Zur Verknüpfung von Unternehmen und Umwelt sind vor allem das Technologieportfolio (von Pfeiffer u.a.) und das Innovationsportfolio (von Michel, Ewald, Specht) geeignet. Dabei handelt es sich um eine Übertragung der ursprünglich aus dem Finanzmanagement bekannten Zusammenhänge.

Die Achsen des **Technologieportfolios** werden durch die Dimensionen Technologieattraktivität und Ressourcenstärke gebildet. Erstere stellt die Summe der wirtschaftlichen und technischen Vorteile dar, die durch die Realisierung der im Analysegebiet implizierten Weiterentwicklungspotenziale wirksam werden, Letztere beschreibt die eigene technische und wirtschaftliche Beherrschung der Technologien relativ zum stärksten Wettbewerber. Die im Portfolio dargestellten Positionen der angewandten Technologien werden mit möglichen Positionen zukünftiger Substitutions- und Komplementärtechnologien verglichen *(siehe Abb. Technologie-Portfolio)*. Die Vorgehensweise ist im Einzelnen wie folgt:
- Zunächst werden die vorhandenen Produkt- und Prozesstechnologien identifiziert.

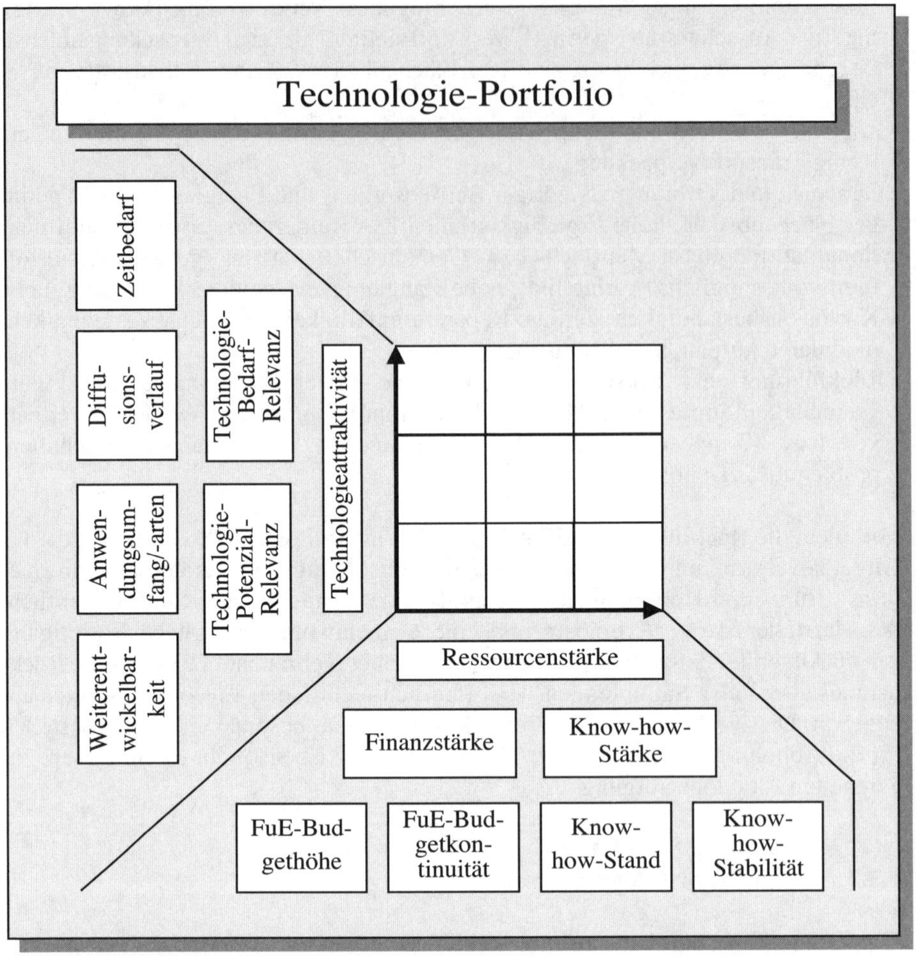

- Danach wird jede Technologie hinsichtlich ihrer **Technologieattraktivität** bewertet. Dazu dienen im Einzelnen Technologie- und Bedarfspotenziale. Die Technologieattraktivität besteht ihrerseits aus den Größen:
  Akzeptanz (Werden die in diesem Bereich erwarteten technischen Entwicklungen intern und vom Umfeld akzeptiert?),
  Weiterentwicklungspotenzial (In welchem Umfang ist auf diesem Gebiet eine technische Weiterentwicklung und eine damit verbundene Kostensenkung/Leistungssteigerung möglich?),
  Anwendungsbreite (Wie ist die Ausbreitung der möglichen technischen Weiterentwicklungen hinsichtlich der Anzahl der Einsatzbereiche und der Mengen je Einsatzbereich zu beurteilen?),
  Kompatibilität (Ist durch die möglichen technischen Weiterentwicklungen mit positiven und/oder negativen Auswirkungen auf andere vom Unternehmen angewandte Technologien zu rechnen?).
- Danach wird die **Ressourcenstärke** anhand der Faktoren Finanz- und Know-

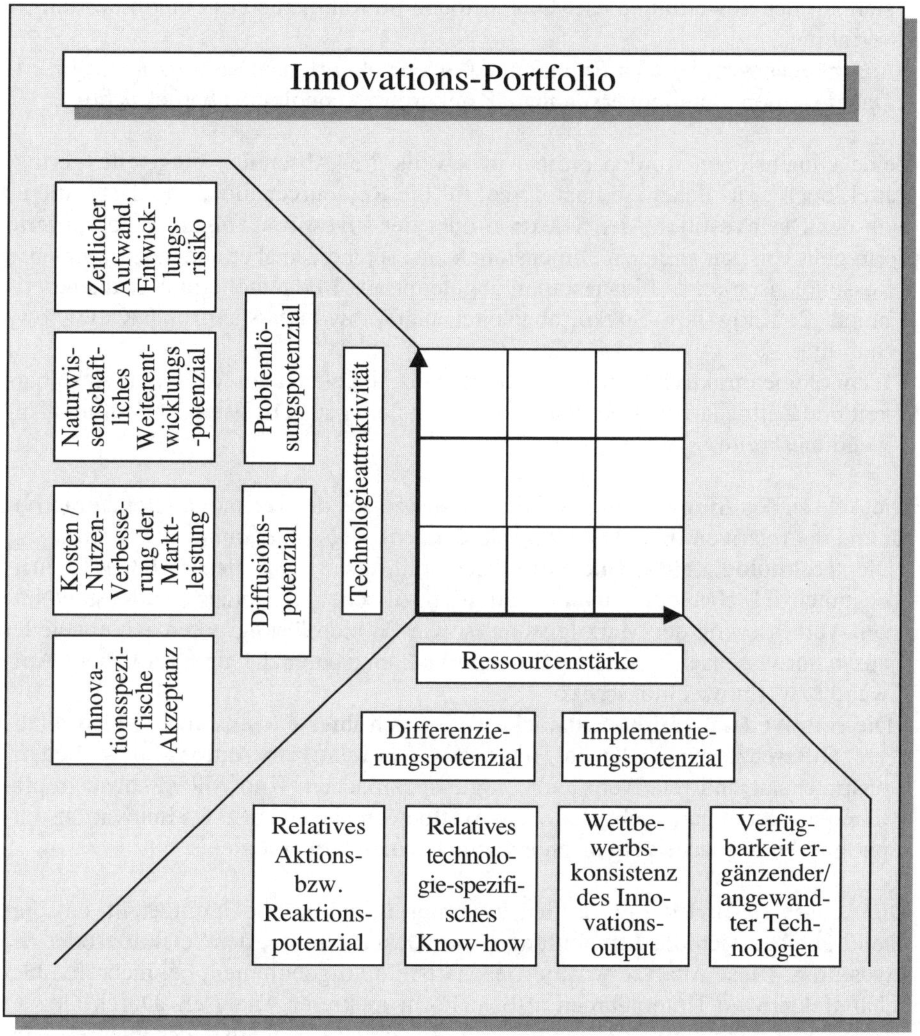

how-Stärke bewertet. Die Ressourcenstärke besteht aus den Größen:
technisch-qualitativer Beherrschungsgrad (Wie ist die Leistung in technisch-wirtschaftlicher Hinsicht im Verhältnis zur wichtigsten Konkurrenzlösung einzuschätzen?),
Potenziale (Stehen finanzielle, personelle, sachliche und rechtliche Ressourcen zur Ausschöpfung der in diesem Bereich noch bestehenden Weiterentwicklungsreserven zur Verfügung?),
(Re-)Aktionsgeschwindigkeit (Wie schnell kann ein Unternehmen im Vergleich zur Konkurrenz evtl. technische Weiterentwicklungsmöglichkeiten ausschöpfen?),
Patente/Lizenzen (Ist ein Vorsprung oder Rückstand rechtlich abgesichert?).

- Die Position der einzelnen Produkt- und Prozesstechnologie im Portfolio ergibt

sich aus der Bewertung dieser Dimensionen im Rahmen eines Punktbewertungsverfahrens.
- Anschließend wird die Ist-Situation auf einen zukünftigen Zeithorizont projiziert. Dabei werden vor allem erkennbare Konkurrenztechnologien berücksichtigt.

Beide Dimensionen werden ordinal in jeweils drei Abschnitte eingeteilt (gering, mittel, hoch), aus denen, je nach Lage, für die Ressourcenallokation die Empfehlung der Desinvestition, der Selektion oder der Investition folgen. Eine variierte Form geht von den gleichen Dimensionen aus, setzt diese aber anders zusammen:
- Ressourcenstärke: 1. Finanzstärke, abgeleitet aus Budgethöhe und Budgetkontinuität, 2. Know-how-Stärke, abgeleitet aus Know-how-Stand und Know-how-Stabilität.
- Technologieattraktivität: 1. Potenzialrelevanz, abgeleitet aus Weiterentwickelbarkeit und Zeitbedarf, 2. Bedarfsrelevanz, abgeleitet aus Diffusionsverlauf und Anwendungsbreite.

Die Achsen des **Innovationsportfolios** bestehen aus der Technologiefeldattraktivität und der relativen Innovationsfeldstärke *(siehe Abb. Innovations-Portfolio)*:
- Die **Technologiefeldattraktivität** besteht ihrerseits aus den Größen Diffusionspotenzial, abgeleitet aus innovationsspezifischer Akzeptanz und Kosten/Nutzen-Verbesserung der Marktleistung, sowie Problemlösungspotenzial, abgeleitet aus naturwissenschaftlichem Weiterentwicklungspotenzial und zeitlichem Aufwand bzw. Entwicklungsrisiko.
- Die **relative Innovationsfeldstärke** ergibt sich ihrerseits aus den Größen relatives Differenzierungspotenzial, abgeleitet aus relativem Aktions- bzw. Reaktionspotenzial und relativem technologie-spezifischem Know-how, sowie Implementierungspotenzial, abgeleitet aus Wettbewerbskonsistenz des Innovationsoutput und Verfügbarkeit ergänzender/angewandter Technologien.

Die Achsen sind wiederum ordinal in gering, mittel und hoch eingeteilt, entsprechend ergeben sich die Empfehlungen der Desinvestition, der Selektion oder der Investition. Diese Analyse wird je Geschäftsfeld vorgenommen, bei mehreren Geschäftsfeldern im Unternehmen also in Form mehrerer Analysen. Durch Gegenüberstellung der relativen Bewertung der einzelnen Geschäftsfelder kann eine rationale Auswahl von Innovationsprojekten vorgenommen werden.

1.3.8 Innovations-Positionen

Intensive FuE-Arbeit und sinnvolle Implementierung der Ergebnisse am Markt führt im Zeitablauf zur Technologieführerschaft. **Vorteile** einer Technologieführerschaft sind u.a. dabei die Folgenden:
- Es kann ein Image fördernder Ruf als Pionierunternehmen erworben werden, wobei die Produktnutzung auf die Anwender abstrahlt.
- Der Vorerwerb einer attraktiven Produkt-/Marktposition wird ermöglicht, die andere Anbieter erst einmal erodieren müssen.

- Es kommt zu einer Verlagerung der Umstellkosten zum Anwender (etwa bei Investition in neue Systeme).
- Zu Beginn ist noch die Wahl des besten Vertriebskanals darstellbar, um den Markt zügig durchdringen zu können.
- Die Lernkurveneffekte infolge der Erstrealisierung mit Ausnutzung von Größenvorteilen sind bei Zeitvorsprung am größten.
- Der rasche Aufbau von Produktionserfahrungen zur baldigen Kostensenkung wird möglich.
- Ein bevorzugter Zugang zu Anlagen, Inputs und anderen knappen Ressourcen ist realisierbar, zumal diese womöglich monopolisiert werden können.
- Es ergibt sich die Chance zur Bestimmung von Standards/Normen, evtl. auch als Produktgattungsbegriff wie Nylon (wobei jedoch umstritten ist, ob dies vorteilhaft ist).
- Die Ausnutzung einer zeitweise monopolistischen Angebotssituation zur Erwirtschaftung hoher Produzentenrenten ist möglich.
- Ebenso wird die Errichtung von Markteintrittsschranken durch Imagetransfer und Erlangung institutionellen Schutzes gegen Imitatoren (z.B. Patent) möglich.

Dem stehen jedoch **Nachteile** einer Technologieführerschaft gegenüber:

- Es entstehen nicht unerhebliche Pionierkosten durch erstmalige Produktionserlaubnis oder präventive Auflagen.
- Die Erfordernis von Kundenschulung und anderweitigem Infrastrukturaufbau bei neuen Angebotssystemen ist unumgänglich.
- Die erstmalige Ressourcenerschließung bzw. -veränderung ist aufwändiger als die eines Folgers.
- Evtl. ist die risikoreiche und aufwändige Entwicklung von Komplementärprodukten für Systeme (z.B. Software) notwendig.
- Es besteht Nachfrageunsicherheit und Kaufzurückhaltung bei Kunden infolge der Neuheit des Angebots.
- Erforderliche Änderungen im Kundenverhalten sind nur äußerst schwierig zu bewirken.
- Es besteht durch die Spezifität ein hohes Risiko zur raschen Entwertung von Erstinvestitionen (kurze Produktgeneration).
- Die Gefahr technologischer Diskontinuität (Normenwechsel) entsteht, sodass die Führerschaft im Zeitablauf wechselt.
- Gefahren ergeben sich auch durch Niedrigkosten-Imitatoren, die einen angemessenen ROI erschweren.
- Es ergeben sich manifeste Schwierigkeiten bei der zutreffenden, erstmaligen Abschätzung der Nachfragebedingungen.
- Möglicherweise ist zunächst einmal die Weckung latenter Bedürfnisse notwendig.
- Es kommt zum Auftreten von „Kinderkrankheiten“ am neuen Produkt (Bananentaktik: „Reifen des Produkts beim Kunden“, z.B. bei IT-Software).
- Die Nutzung von Verwendererfahrungen und fremder Vorbilder zur Senkung eigener Entwicklungsaufwendungen ist kaum möglich bzw. unmöglich.

1.4 Markterwartungen

Nun besteht ein großes Problem für das Neuprodukt-Management darin, dass Nachfrage nicht kreativ ist, also nicht durch direkte Erhebung ermittelt werden kann, ob und welche neuen Produkte Nachfragerbedürfnisse befriedigen. Vielmehr kann Nachfrage immer nur als Reflex auf Neuprodukte reagieren und diese kaufen oder ablehnen. Daher ist es eine wesentliche Aufgabe der Marketingforschung, herauszufinden, wie neue Programmelemente beschaffen sein müssen, damit sie nennenswerte Erfolgschancen haben. Das bedeutet, die rein technokratische Erhebung von Fakten und Zahlen verliert selbst bei deren kreativer Interpretation immer mehr an Bedeutung, vielmehr geht es um die prognostische Eignung von Forschungsergebnissen. Dafür kommen vor allem verschiedenste Testverfahren zum Einsatz.

1.4.1 Testverfahren

Ein Test ist eine experimentelle Erhebung von Daten zwecks empirischer Überprüfung einer Kausalhypothese, wobei (Produkt-)Variable planmäßig bei gleichzeitiger Kontrolle aller anderen Einflussgrößen isoliert variiert werden, um die Wirkung einer oder mehrerer unabhängiger auf die abhängige(n) Variable(n) messen zu können. Dadurch sollen Ursache-Wirkungs-Beziehungen aufgedeckt werden. Störfaktoren, die Ergebnisse verzerren, sind nach Möglichkeit auszuschalten, sofern dies nicht gelingt, wenigstens aber auszuweisen (etwa durch Vergleich mit einer Kontrollgruppe). Es gibt eine ganze Reihe von experimentellen Verfahren, von denen einige wichtige dargestellt werden.

Das **Befragungs-Experiment** geht von einem Testmarkt aus, auf dem mindestens zwei Gruppen von Zielpersonen hinsichtlich ihres marktrelevanten Verhaltens erhoben werden, eine Gruppe (die Experimentalgruppe), für die das in seinem Erfolg zu messenden Produkt erhältlich ist, und eine zweite (die Kontrollgruppe), für die dieses Produkt nicht erhältlich ist. Sind alle relevanten anderen Merkmale in beiden Gruppen identisch, können Unterschiede im Verhalten, also Kauf oder Nichtkauf bzw. Kaufintensität/-frequenz, nur auf die Erhältlichkeit dieses Produkts zurückgeführt werden. Dafür können mehrere Experimentaldesigns eingesetzt werden, das häufigste ist wohl das EBA-CBA-Design. Dabei werden sowohl die Experimentalgruppe (E) als auch die Kontrollgruppe (C) zeitlich jeweils zu Beginn des Tests (B für Before), also vor der Produktkonfrontation in der Experimentalgruppe, und zum Ende des Tests (A für Afterwards) hinsichtlich ihres jeweiligen Kaufverhaltens gemessen. Dadurch sind Abweichungen in der Ausgangssituation (Gruppeneffekte) wie auch durch Außenfaktoren (Spill over-Effekte) und Lernwirkungen (Entwicklungseffekte) zwar nicht vermeidbar, aber doch erkennbar. So ergibt sich der prospektive Markterfolg. Allerdings beeinflussen diese Störfaktoren nicht nur die Ausgangsgrößen, sondern führen auch untereinander zu Verzerrungen (Interaktionseffekte), welche die Aussagefähigkeit des Ergebnisses in Zweifel ziehen lassen. Abhilfe schaffen nur formale Experimentaldesigns, die aber wegen ihrer wirklichkeitsfremden Prämissen praktisch schwer durchführbar sind.

Testmarktauswertung (Beispiel)

Teilmarkt	Umsatz vor Stimulus	Umsatz nach Stimulus
1	2.200	2.400
2	1.800	1.980
3	1.600	1.850
	5.600 (EB)	6.230 (EA)
4	2.000	2.050
5	1.700	1.700
6	1.650	1.700
	5.350 (CB)	5.450 (CA)

(EA - EB) - (CA - CB)
(6.230 - 5.600) - (5.450 - 5.350)
630 - 100 = 530

Der **Gebietsverkaufstest** betrifft den probeweisen Verkauf eines neuen Produkts in je einem gut abgegrenzten Marktgebiet, alternativ im anderen den Verkauf des alten (Vorgänger-)Produkts, mit Messung der jeweiligen Absatzergebnisse. Sofern das Produkt bereits distribuiert und beworben ist, aber in Bezug auf eine Änderung der Bewerbung getestet werden soll, reicht auch nur ein Marktgebiet. Bevorzugte Testgebiete sind Bremen, Saarland, Großraum Stuttgart, Hessen, Rheinland-Pfalz und Berlin. Voraussetzung ist die Einhaltung der Isomorphiebedingung, d.h., die Gleichartigkeit von Nachfrage (Soziodemographie, Bedarf etc.), von Handel (Struktur, Sortiment etc.), von Wettbewerb (Art, Größe etc.) und von Medien (Verfügbarkeit, Nutzung etc.) sowohl zwischen den Testgebieten als auch zum zur eigentlichen Distribution beabsichtigten Gesamtmarkt. Dann, allerdings auch nur dann, kann auf Absätze/Preise geschlossen werden, die sich bei Einführung des neuen Produkts im Vergleich zum alten, in seinem Erfolg bekannten, ergeben. In der Praxis ist vor allem die Isomorphie-Bedingung kaum zu erfüllen. Zudem bedingt die Größe vieler Testmärkte erhebliche Kosten (Produktvorrat, Logistik etc.), und eine Geheimhaltung gegenüber der Konkurrenz ist nicht mehr gewährleistet. Auch besteht die Gefahr der Übertestung und der fehlenden Stabilisierung der Wiederkaufrate bei längeren Kaufintervallen. Daher werden zunehmend Testmarkt-Ersatzverfahren eingesetzt.

Testmarkt-Ersatzverfahren verzichten auf den hohen, ohnehin kaum einzulösenden Anspruch der Gebietsverkaufstests und suchen stattdessen praktikablere Wege. Die **Testmarkt-Simulation** ist die wirklichkeitsgetreue Nachbildung der Marktrealität in Modellform (z.B. durch im Studio nachempfundene Einkaufssituationen) und dessen Durchspielen in realitätsnaher Weise (z.B. mit Einkaufsgutscheinen für Testpersonen). Nach Anwerbung der Testpersonen erfolgt dazu zunächst ein Erstinterview zu produktbezogenen Einstellungen und Verhaltensweisen. Danach kommt es zur Konfrontation mit dem Produkt. Darauf folgt die eigentliche Kaufsimulation im Konkurrenzumfeld. Dabei gekaufte Produkte müssen, unter Anrechnung der Gutscheine, mit eigenem Geld zu realen Preisen bezahlt werden. Im Nachkauf-Interview werden Kauf- bzw. Nichtkaufgründe erhoben. Nichtkäufer erhalten das Produkt gratis dazu. Die Testpersonen sollen die Produkte dann im privaten Umfeld praktisch einsetzen. Im Schlussinterview wird die Produktbeurteilung abgefragt. Eine zweite Kaufsimulation stellt die Wiederkaufneigung fest. Aus den Erst- und Wiederkaufraten kann auf den mutmaßlichen Markterfolg hochgerechnet werden.

Beim **Storetest** handelt es sich um den probeweisen Verkauf von Produkten unter weitgehend kontrollierten Bedingungen, allerdings in (30 - 50) realen Geschäften, die zu diesem Zweck eigens angeworben und distribuiert werden. Der Ablauf umfasst die Bevorratung der Geschäfte mit dem Testprodukt und die Ermittlung des Kaufumfangs dort. Häufig wird dabei ein Design aus zwei Testgebieten (Handelspanels) mit Geschäften angewendet, die ansonsten vergleichbar sind, und in zwei Zeiträumen abwechselnd mit altem und neuem Produkt abgedeckt werden (Latin Square-Design).

Beim **Mini-Markttest** wird neben der Abverkaufsseite auch die Reaktion der Abnehmer durch Einbeziehung von Haushaltspanels realistisch erfasst (Single source). Dazu weisen sich die Stammkäufer in den Testgeschäften bei Einkauf mit einer ihnen zugewiesenen Identifikationskarte aus, sodass die getätigten Verkäufe einzelnen Abnehmern verursachungsgerecht zugerechnet werden können. Die anderen Elemente, wie Handelsbevorratung, Platzierung etc. bleiben unverändert. Ein solcher Ansatz bietet den großen Vorteil, dass aus einer Quelle geschöpft wird, d.h., die im Panel erfassten Händler verkaufen genau jene Waren, die in im Panel ebenfalls erfassten Haushalten ge-/verbraucht werden. Damit erfährt man nicht mehr nur globale Werte, sondern spezifische Aussagen. Allerdings nur auf der Outputseite, d.h., der, vor allem werbliche, Input ist nur ungenügend steuerbar. Daher ist der Wunsch nach weiterer Einflussnahme auf das Testdesign entstanden.

Beim **Elektronischen Mikromarkttest** handelt es sich um eine Kombination von Haushaltspanel zur Erfassung des Konsumverhaltens, Handelspanel mit Scannerkasse zur Abverkaufserfassung in Geschäften (über EAN-Strichcode und Haushaltsidentitätskarte), örtlich gesteuertem TV- und Print-Werbemitteleinsatz sowie unterstützender Proben- und Handzettelverteilung in ausgewählten Orten (derzeit Haßloch/BehaviorScan, Bad Kreuznach und Buxtehude/Telerim zwischenzeitlich eingestellt). Die Ergebnisse werden in einem Managementreport präsentiert. Wichtig ist dabei, dass es sich bei den zu Grunde liegenden Daten nicht um Testergebnisse handelt, sondern um reales Kaufverhalten zur Deckung des Lebensbedarfs. In Haßloch ist zudem eine gezielte Ansprache jedes einzelnen verkabelten Haushalts mit TV-Werbung möglich, sogar nach Experimental- und Kontrollgruppen getrennt. Das Marktgebiet ist gut eingegrenzt, wirtschaftlich zu bearbeiten und in seiner Bevölkerungsstruktur und Kaufkraft hinreichend repräsentativ. Die Mitwirkung des Handels ist vertraglich gesichert. Damit handelt es sich wiederum um einen Single source-Ansatz und insgesamt durch die High tech-Anlage um das elaborierteste Testverfahren. Die Kosten betragen jedoch ca. 100.000 €, was angesichts anstehender Verluste bei Einsatz suboptimaler Produkte für größere Unternehmen leicht verkraftbar ist. Allerdings können nur Massengüter des täglichen Bedarfs (Fast moving consumer goods) mit kurzer Wiederkaufrate im Lebensmitteleinzelhandel getestet werden. Für Nischenprodukte ist die absolute Fallzahl der Zielpersonen zu gering. Regionale Besonderheiten (z.B. NBL) können ebenso wenig nachgebildet werden wie die Listungsakzeptanz des Handels. Zudem besteht die Gefahr der Übertestung des Gebiets, nicht zuletzt durch werbliche Overspendings. Auch werden keine qualitativen Aussagen (z.B. Likes/Dislikes) zum Produkt getroffen.

Für die Einführung von Nivea Beauté wurde etwa folgendes Stufenkonzept eingehalten:

- *Analyse der Konkurrenzwerbung (wahrnehmbare Positionierung der Wettbewerbsprodukte im Markt dekorativer Kosmetikprodukte)*
- *Tiefeninterviews zur Beziehung zwischen Make up und Körperpflege (eigentliche Nivea-Kernkompetenz)*
- *Gruppendiskussion zu Produkteinstellungen bei Make up (Einstellung und Verhalten)*
- *Einzelinterviews zu Produkteinstellungen und Verbrauchsverhalten*
- *Entwicklung alternativer Positionierungen für Nivea Beauté*
- *Einzelinterviews zu alternativen Produktkonzepten*
- *Gruppendiskussion zu Make up-Produkten mit besonderer Pflegekompetenz (mutmaßliche Nivea-Positionierung)*
- *Konzentration auf zwei Erfolg versprechende Produktkonzepte (Nivea Beauté und Liliane)*
- *Gruppendiskussion zu dekorativen Kosmetikprodukten allgemein und Nivea Beauté speziell*
- *Gruppendiskussion zu dekorativen Kosmetikprodukten allgemein und Liliane speziell (Produkt ohne Markennamen Nivea)*
- *Monadische Präsentation der alternativen Konzepte*
- *Gruppendiskussion zur Akzeptanz von Nivea Beauté*
- *Entscheidung zugunsten der Einführung von Nivea Beauté*
- *Testverfahren zur Erfassung qualitativer Markterwartungen*
- *Testmarktsimulation zur Erfassung quantitativer Markterwartungen*
- *Gruppendiskussion zu landesspezifisch adaptierten Positionierungskonzepten*
- *Markteinführung in Lead countries (Frankreich, Deutschland, Italien)*

- *Tracking der Imagewirkungen und des Markterfolgs der Einführung*
- *Feinjustierung der konzeptionellen Umsetzung*
- *Markteinführung in Non lead countries*

Die Einführungsaktivitäten gehen aber noch weiter (hier am Beispiel Nivea Vital):
- *Ankündigung der Neueinführung in Fachzeitschriften,*
- *Einschaltung der Handelspresse zur Information der professionellen Meinungsbildner auf den Ebenen Geschäftsführung, Handels-Marktleiter und Abteilungsverantwortliche*
- *Pressemeldung an die Wirtschafts- und Finanzpresse zur Information der Shareholder und zur Relevanzsteigerung*
- *Aufbau der notwendigen Distributionsdichte zur Vermeidung von Out of Stocks zu Beginn der Nachfrage*
- *Beginn der Medien-(TV- und Print-)werbung*
- *Endverbraucherorientierte Meldungen in Tages- und Wochenpresse sowie in TV*
- *Meldungen an Publikums- und Frauenpresse*
- *Platzierung von Einzelthemen, vertiefende Berichte aus der Markenwelt und über den Erfolg des neuen Produkts*
- *Evaluierung der erreichten Kontakte.*

1.4.2 Absatzprognose

Unter Absatzprognose versteht man allgemein systematische und auf Empirie begründete Vorhersagen über das zukünftige Eintreffen von absatzrelevanten Situationen und Ereignissen am Markt für Produkte oder Dienste bei ausgewählten Käuferschichten in einem bestimmten Zeitabschnitt und unter einer bestimmten absatzpolitischen Instrumentalkombination. Die Absatzprognose ist der logisch nächste Schritt im Anschluss an die Testverfahren. Im Folgenden werden wichtige Verfahren der Absatzprognose dargestellt.

1.4.2.1 Intuitive Prognoseverfahren

Zu den intuitiven Prognoseverfahren gehören alle zweckmäßigen, jedoch ohne schematisches Modell erarbeiteten Prognosen. Sie zeichnen sich dadurch aus, dass die ihnen zu Grunde liegende Theorie nur schwach ausgebildet ist und viele subjektive, d.h., intersubjektiv nicht nachprüfbare, Elemente enthält. Man spricht auch von heuristischen Prognosen. Oft stellen diese Verfahren die einzige Möglichkeit dar, wenn keine ausreichende quantitative Basis gegeben ist. Meist handelt es sich um explorative, z.B. Befragung, normative, z.B. Delphi-Methode, oder projizierende, z.B. Szenario-Technik, Verfahren *(siehe Abb. Intuitive Prognose).*

Weitere, naive, Verfahren sind die **historische Analogie,** bei der unterstellt wird, dass die Entwicklung von Produkten und Technologien auf einem Markt analog der Entwicklung auf einem anderen, zeitlich vorgelagerten Markt vonstatten geht. Die Logik besteht darin, dass man annimmt, die zu prognostizierende Größe wer-

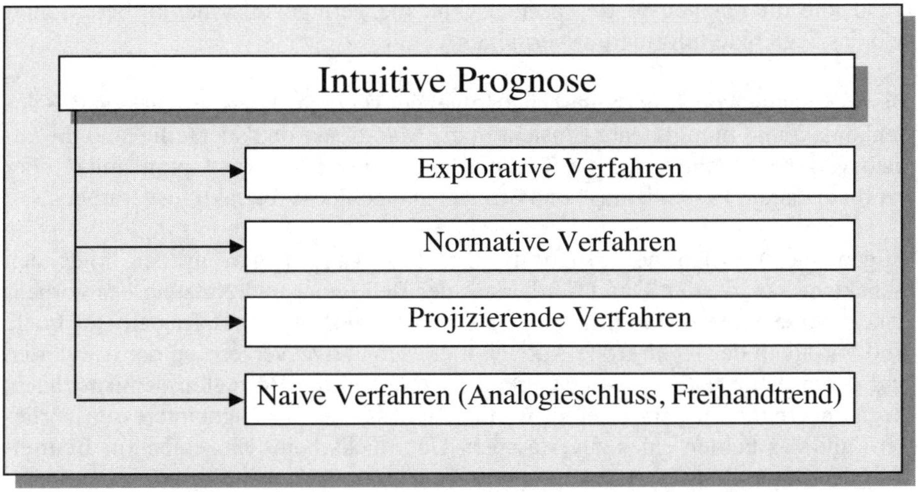

de wegen der ansonsten vergleichbaren Ausgangs- und Rahmenbedingungen zukünftig einen ähnlichen Verlauf nehmen wie die in Analogie dazu gesehene gegenwärtig. Es erfolgt also ein Analogieschluss zu vergangenen Entwicklungen ähnlich strukturierter Probleme. Der prognostische Wert dieser Vorgehensweise ist heftig umstritten.

Ein anderes naives Verfahren ist der **Freihandtrend,** der die Prognose anhand einer zeichnerischen Vorlage vornimmt. Dabei handelt es sich um ein Koordinatensystem, in dem die interessierende Größe auf der Abszisse und die Zeit auf der Ordinate abgetragen ist, mit den Beobachtungswerten der Vergangenheit und Gegenwart als Punktwolke, durch die per Freihandtrend eine Kurve derart gelegt wird, dass diese möglichst gut repräsentiert werden. Die Verlängerung dieser Kurve in die Zukunft ergibt dann die entsprechenden Prognosewerte.

Die **Prognostische Befragung** erfolgt meist unter Geschäftsleitungsmitgliedern, Mitarbeitern, Außendienstlern oder Endkunden. Die Befragung der Geschäftsleitung hat folgende Vorzüge. Sie ist schnell in der Durchführung, einfach in der Auswertung, nutzt Fachwissen und hohes Urteilsvermögen und verursacht geringe Kosten. Nachteilig ist das Ressortdenken und das fehlende Hintergrundwissen bei im operativen Bereich Fachfremden.

Die Befragung des Außendienstes hat folgende Vorzüge. Sie ist schnell in der Durchführung, einfach in der Auswertung, nutzt originäre Marktkenntnisse, gleicht Einzelfehler durch größere Kopfzahl aus und verursacht nur geringe Kosten. Nachteilig sind die Antizipation von Sollvorgaben, die mangelnde Übersicht über Tendenzen und Einsatz von Marketinginstrumenten sowie Akzeptanzprobleme bei wiederholter Befragung.

Die Befragung von Endkunden hat folgende Vorzüge: Direkte Marktinformation und Erfassung der Stimmung. Nachteilig sind die hohen Kosten, der hohe Zeitaufwand, die oft mangelnde Repräsentativität, die geringe Informationsbereitschaft und das begrenzte Informationsvermögen.

Die Befragung von Mitarbeitern hat folgende Vorzüge. Hier besteht enger Kundenkontakt und unmittelbare Einsicht in die Marktreaktion. Nachteilig sind die betriebsverzerrte Sichtweise, die Tendenz zu „vorauseilendem Optimismus“ oder „vorbeugendem Pessimismus“ und oftmals mangelndes Abstraktionsvermögen.

Allgemeine Vorzüge der prognostischen Befragung liegen in den folgenden Aspekten: Kurzfristige Durchführbarkeit der Befragung und Nutzung des vorhandenen Wissens, der Erfahrung und des Urteilsvermögens der Befragten. Nachteile sind vor allem der recht große Aufwand, die subjektive Verzerrung der Antworten und deren mehrdeutige Auswertbarkeit (so müssen die Befragten damit rechnen, an ihren Prognosen gemessen zu werden, sodass massive Eigeninteressen vorliegen) und das Fehlen eines zuverlässigen Überblicks beim Einzelnen zur Beurteilung der Gesamtlage.

Unter **Delphi-Methode** versteht man die schriftliche Befragung mehrerer Informanten, die untereinander anonym bleiben, dies selbst nach Abschluss des Verfahrens. Die Abfrage erfolgt durch Fragebögen mit möglichst nicht mehr als 50 üblicherweise geschlossenen Fragen, die von Runde zu Runde verändert werden. Befragt werden zwischen 20 und 100 Experten und Persönlichkeiten. Diese Befragung wird von einem Moderator geleitet, durchgeführt und ausgewertet. Er entscheidet auch über den kontrollierten Rückfluss von Informationen mit Argumenten und Gegenargumenten im Zuge mehrerer Befragungszyklen. Die Einzelangaben können dabei noch entsprechend der vermuteten Kompetenz der Befragten gewichtet werden. Nach jeder Runde werden die Teilnehmer aufgefordert, ihre Angaben entsprechend des gemeinsamen, höheren Informationsstands zu überprüfen und ggf. zu korrigieren. Dadurch entsteht eine positive Informationsrückkopplung. Nach drei bis vier Runden ist meist ein abgerundetes Ergebnis erreicht. Für den Erfolg entscheidend sind letztlich die Erfahrung des Moderators und das Engagement der Teilnehmer.

Der Ablauf ist dabei im Einzelnen wie folgt *(siehe Abb. Delphi-Methode)*:

- Zunächst erfolgen die Definition des Prognoseproblems, die Ermittlung von Experten, deren Anfrage zur Mitarbeit und die Einrichtung der Delphi-Befragungsinstanz.
- Die Experten erhalten Informationen über Prognosegebiet und Vorgehensweise und werden nach möglichen zukünftigen Ereignissen im relevanten Bereich befragt.
- Den Teilnehmern wird die in der ersten Runde ermittelte Liste denkbarer Entwicklungen übersandt, die sie daraufhin abschätzen, innerhalb welcher Zeit diese eintreten können.
- Die sich ergebenden Individualschätzungen werden allen Beteiligten zugänglich gemacht, die ihre eigenen Schätzungen unter diesem Eindruck korrigieren oder abweichend begründen können.

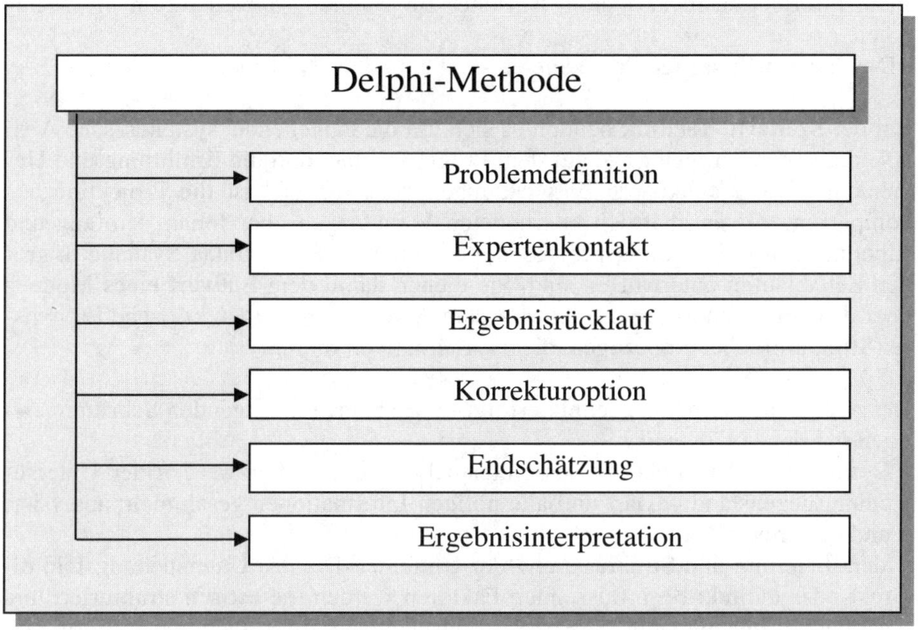

- Die Teilnehmer erhalten wiederum die neuen Daten und Begründungen, auf deren Basis sie eine abschließende Schätzung abgeben sollen.
- Daraus folgen Interpretation der Ergebnisse und Darstellung der Prognose.

Das Ausmaß der Übereinstimmung der Experten erfolgt durch Ausweis des Medians. Zusätzlich werden das erste und das dritte Quartil errechnet (= 50 % der Werte liegen zwischen Median und den Quartilen). Experten, deren Schätzungen außerhalb der Quartile liegen, werden um eine Begründung gebeten. Dadurch wird eine Konvergenz der Ergebnisse angestrebt. Liegt der „wahre" Wert außerhalb der Quartile, führen zusätzliche Befragungsrunden allerdings zu einer Verschlechterung der Ergebnisse.

Als wichtigste Vorteile des Verfahrens gelten dabei die Folgenden:
- Durch die Anonymität der Befragung unterbleibt jeglicher Gruppendruck auf die Teilnehmer.
- Die erstellten Prognosen werden iterativ durch die Gruppe selbst überprüft und erhärtet oder verworfen und führen so zur Konvergenz der Meinungen.
- Zusätzliche Begründungen für Schätzungen geben weiteren Aufschluss über abweichende Sichtweisen.

Von Nachteil sind hingegen folgende Aspekte:
- Durch die Anonymität der Befragung kann unter den Teilnehmern kein direkter Lernprozess stattfinden.
- Das starre Befragungsschema lässt nur wenig Raum für problemindividuelle Entwicklungen.

- Die Informationsrückkopplung verleitet zur Meinungsanpassung an die Mehrheit.
- Durch das mehrstufige Procedere entsteht ein hoher Zeitbedarf.

Bei der **Szenario-Technik** handelt es sich um die eingehende, systematische Analyse der gegenwärtigen Lage auf dem Prognosegebiet und die Ermittlung und Untersuchung aller denkbaren Entwicklungen dort. Ihr Ziel ist die Projektion aus komplexen, wissenschaftlich begründeten Voraussagen über Inhalt, Umfang und Richtung von Entwicklungsprozessen, denen reale oder abstrakte Systeme in großen Zeitabläufen unterworfen sind. Sie dienen damit dem Entwurf eines Modells über den künftigen Zustand solcher Systeme. Vor allem werden kritische Ereignisse (Strukturbrüche) einbezogen, die zu Alternativen führen.

Der Ablauf der Szenario-Technik erfolgt im Einzelnen in folgenden Schritten *(siehe Abb. Szenario-Technik)*:
- Definition und Gliederung des Untersuchungsfelds. Hier werden der Untersuchungsgegenstand geklärt und alle nötigen Informationen gesammelt, analysiert und bewertet.
- Identifizierung und Strukturierung der Umfelder. Die das Untersuchungsfeld direkt oder indirekt beeinflussenden Faktoren werden thematisch strukturiert und gebündelt. Für die weitere Arbeit ist entscheidend, diese Faktoren in Form von Kenngrößen, Variablen oder Merkmalen so zu charakterisieren, dass ihnen Entwicklungsrichtungen zugeordnet werden können (Deskriptoren).
- Projektion von Entwicklungsrichtungen. Die Deskriptoren werden mit Eintrittswahrscheinlichkeiten belegt. So werden unkritische von kritischen Deskriptoren unterschieden.
- Bildung konsistenter Annahmebündel. Aus den ermittelten Deskriptoren werden in sich konsistente Annahmebündel gebildet, die als Gerüst für die nun zu formulierenden Zukunftsbilder dienen.
- Ausarbeitung und Interpretation der Szenarien. Es werden anschauliche Zukunftsbilder gestaltet. Der Blick in die Zukunft sollte dabei weder zu blumig, noch zu nüchtern ausfallen, in jedem Fall aber anschaulich.
- Prüfung von Störereignissen. Diese Zukunftsbilder werden daraufhin geprüft, wie stabil oder labil sie gegenüber möglichen Störeinflüssen sind. Zu diesem Zweck werden überraschende Ereignisse formuliert (Diskontinuitäten).
- Ableitung von Konsequenzen für das Untersuchungsfeld. Aus den Szenarien werden Risiken und Chancen für das Untersuchungsfeld abgeleitet. Die möglichen zukünftigen Situationen werden anschaulich beschrieben, evtl. durch Bilder unterstützt.
- Meist werden ein Best case-Szenario und ein Worst case-Szenario entwickelt, Ersteres enthält alle Chancen, Letzteres alle Risiken. Damit sind die Extremwerte bestimmt. Der realistische Wert liegt dann zwischen dieser Bandbreite (Medium case-Szenario).
- Ausarbeitung von Maßnahmen und Erstellung von Plänen. Nun können diese Erkenntnisse in praktische Handlungsanweisungen umgesetzt werden.

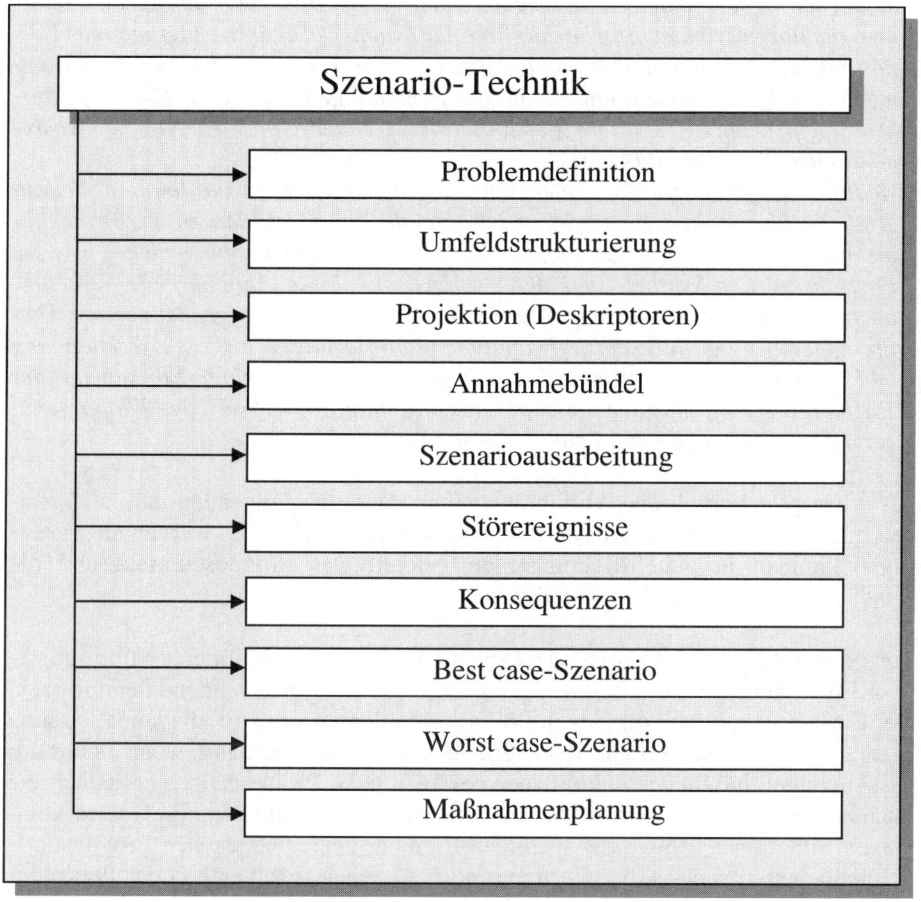

Zur Szenario-Technik im Folgenden ein Beispiel aus dem Bereich Luftverkehr:

- *Best case-Szenario: Zunehmende Verbesserung der politischen und wirtschaftlichen Zusammenarbeit, Abnahme der politischen Spannungen, langsame Abnahme der wirtschaftlichen Schwierigkeiten, der Bevölkerungszunahme und der Energieversorgungslücke, große Fortschritte der Synfuel- und der Fusionstechnologie, langsam zunehmende Verkehrsnachfrage, merkliches Ansteigen des betrieblichen Wirkungsgrads, mäßige Umflottungen bei hohen Finanzierungskosten, allgemein genügende Treibstoffversorgung mit nur zeitweiligen Störungen, zunehmende Verbesserung der Tarifkoordination und der multilateralen Ordnung der Verkehrsrechte, Betriebserträge allgemein gut, bei gut geführten Unternehmen, deutlich höher als die steigenden Betriebskosten.*
- *Worst case-Szenario: Zusammenbruch des internationalen Systems, zunehmende politische Spannungen und regionale Kriege, zunehmender Protektionismus, ungebremste Bevölkerungszunahme, kritische Verschlechterung der Wirtschaftslage in den Entwicklungsländern, weit greifende Energieversorgungskrisen, verzögerte Fortschritte der Synfuel-, keine Fortschritte der Fusionstechnologie, ab-*

nehmende Verkehrsnachfrage, stagnierender betrieblicher Wirkungsgrad, vielerorts andauernd schlechte Nutzung des Luftraums, praktisch stagnierende Umflottungen, ausgreifende Verknappung und Rationierung des Treibstoffs, Zusammenbruch der Tarifkoordination und der Bemühungen um eine multilaterale Verkehrsrechtsordnung, schwere Betriebsverluste vieler Unternehmen, Betriebsreduktionen und -einstellungen.

- *Medium case-Szenario: Mäßig erfolgreiche internationale Koordination, andauernde politische Spannungen, wenig regionale Kriege, Andauern des Protektionismus, der Bevölkerungszunahme und der Energieversorgungslücke, gewisse Fortschritte der Synfuel- und der Fusionstechnologie, stagnierende Verkehrsnachfrage, langsames Ansteigen des betrieblichen Wirkungsgrads, geringe Umflottungen bei zum Teil sehr aufwändiger Finanzierung, zeitweilige Verknappung und Rationierung des Treibstoffs in einigen Regionen, geringe Fortschritte der Tarifkoordination und der Verkehrsrechtsordnung, Betriebserträge knapp genügend zur Deckung der stark zunehmenden Betriebskosten.*

Als wichtigste Vorteile des Verfahrens gelten dabei die Folgenden. Die allgemeinen Interdependenzen der Einflussfaktoren werden beachtet. Es werden alternative Entwicklungen in viele Richtungen ausgelotet. Das Prognoseumfeld und die Randbedingungen sind Bestandteil dieser Technik.

Von Nachteil sind jedoch folgende Aspekte. Es handelt sich um eine Fülle subjektiver Einschätzungen, die das Vorhersageergebnis ganz entscheidend beeinflussen. Der Einsatz ist nur bei komplexen Prognoseproblemen sinnvoll, die keine Fassung in mathematisch exakte Funktionen erlauben, sowie immer dann, wenn es nur um das Aufzeigen möglicher Zukunftsperspektiven geht. Problematisch ist jedoch die Abgrenzung der jeweils zu berücksichtigenden Umfeldeinflüsse (gerade in komplexen Situationen) sowie die fachliche Eignung der einbezogenen Prognostiker. Schließlich sind auch verbreitet immer noch Akzeptanzprobleme in der Praxis gegeben.

Eine weitere qualitative Methoden zur Prognose ist der **Relevanzbaum.** Er ist von einem definierten Ziel oder Programm ausgehend als retrograde Ableitung von Lösungsmöglichkeiten und detaillierten Lösungsprogrammen über mehrere Stufen hinweg angelegt. Einzelne Pfade innerhalb des Baumes ermöglichen dabei ein „Durchspielen“ der Relevanz von Maßnahmen im Hinblick auf die Zielsetzung. Auf diese Weise wird eine Prognose der Zielrealistik und Maßnahmenrelevanz möglich.

1.4.2.2 Systematische Prognoseverfahren

1.4.2.2.1 Grundlagen

Die Durchführung einer systematischen (quantitativen) Prognose geht wie folgt vor *(siehe Abb. Systematische Prognose)*:

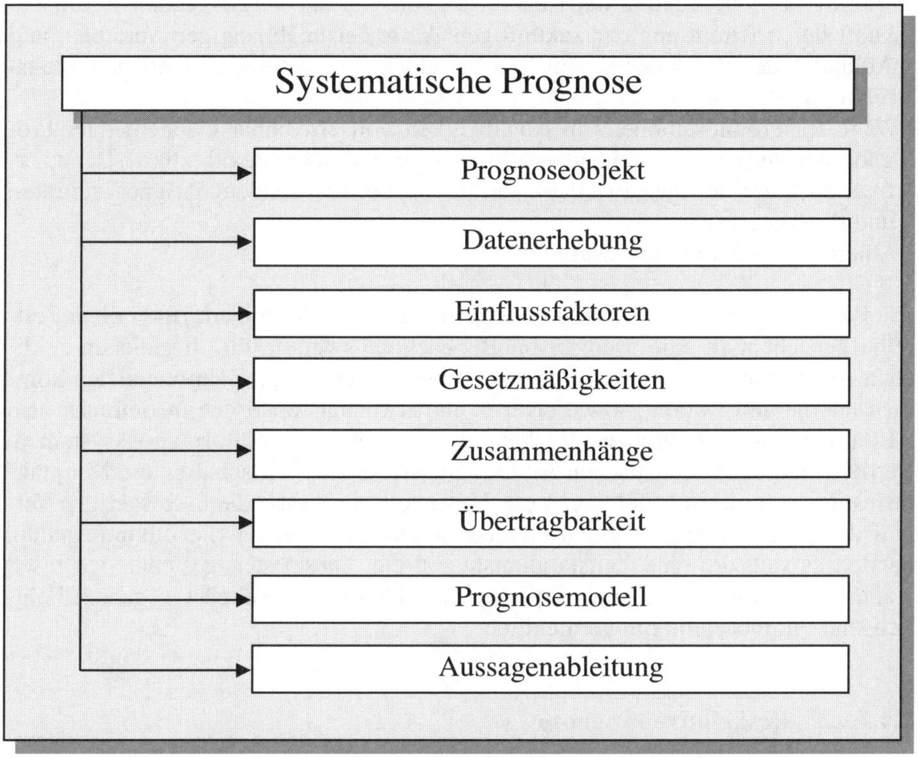

- Definition des Objekts, das Gegenstand der Untersuchung ist.
- Erhebung der Daten aus sekundär- oder primärstatistischen Quellen durch Auflistung der Vergangenheitswerte der Prognosegröße.
- Untersuchung der Einflussfaktoren auf die Prognosegröße, z.B. Nachfrage durch Art und Zahl der Kunden, Merkmale dieser Kunden, gesamtwirtschaftliche Faktoren, Marktstruktur, Produkt, Preis, Distribution, Kommunikation, exogene Einflüsse wie Demographie, Politik, Gesetz, Technik, Natur, endogene Einflüsse wie Absatz, Beschaffung, Finanzierung, Personal etc.
- Datenanalyse zur Ermittlung von Gesetzmäßigkeiten in der Absatzentwicklung. Dabei werden vier Komponenten unterschieden. Die Trendkomponente ist die unabhängig von Schwankungen beobachtete Grundrichtung einer Zeitreihe. Die Konjunkturkomponente ist die gesamtwirtschaftliche, mehr oder minder zyklische, langfristige Änderung einer Zeitreihe. Die Saisonkomponente ist die branchenbedingte, kurzfristige Änderung einer Zeitreihe. Die Zufallskomponente ist die unsystematische Änderung einer Zeitreihe.
- Datenanalyse zur Ermittlung von Zusammenhängen zwischen Absatz und seinen Einflussgrößen durch Wahl des Funktionstyps, der die empirische Entwicklung und die darin liegende Gesetzmäßigkeit am Besten wiedergibt. Schätzung seiner Strukturparameter sowie Messung der Stärke der Korrelation und Überprüfung des statistischen und kausalen Zusammenhangs und Beurteilung der Eignung der errechneten Funktion zur Prognoseerstellung.

- Prüfung der Übertragung der Regelmäßigkeit von der Vergangenheit in die Zukunft durch Ermittlung der zukünftigen Werte der unabhängigen Variablen und Ableitung des Werts der abhängigen Variablen nach festgelegter Abhängigkeitsrelation.
- Wahl des Prognosemodells in Abhängigkeit von erreichbar erscheinender Prognosegenauigkeit, entstehenden Prognosekosten, Komplexität bzw. Benutzerfreundlichkeit des ausgewählten Verfahrens, abzudeckendem Prognosezeitraum und Prognosedatenbasis.
- Ableitung der Prognoseaussage.

Als Basis systematischer Prognosen dienen allgemein Zeitreihen. Unter einer Zeitreihe versteht man eine Menge von Beobachtungswerten, die in gleichen zeitlichen Abständen aufeinander folgen. Als Quellen für solche Zeitreihendaten kommen interne und externe, sowie primär- und sekundärstatistische in Betracht, also z.B. Daten aus betrieblichem Rechnungswesen, Marketinginformationssystemen, Betriebsstatistiken, statistischen Ämtern und Behörden, Wirtschafts- und Konjunkturinstituten, eigenen Erhebungen etc. Unterstellt man, dass die im bisherigen Verlauf der Zeitreihe aufgedeckten Gesetzmäßigkeiten auch für die Zukunft gelten, handelt es sich um eine Zeitstabilitätshypothese. Diese ist angesichts sich rasch wandelnder Umfeldbedingungen praktisch jedoch immer seltener gegeben. Folglich sind Prognosefehler unvermeidlich.

1.4.2.2.2 Deskriptive Prognose

Deskriptive Prognoseverfahren versuchen, den künftigen Wert einer Zeitreihe aus den Vergangenheitswerten derselben Zeitreihe abzuleiten und sehen keine weiteren Einflussfaktoren als die Zeit. Innerhalb der deskriptiven Verfahren gibt es wiederum solche, die in der Zeitreihe keinen Trend unterstellen (kurzfristige Prognosesicht) und solche, die eine trendmäßige Entwicklung unterstellen (langfristige Prognosesicht).

Bei der **kurzfristigen Prognose** wird jeweils nur der Prognosewert für die folgende Periode berechnet *(siehe Abb. Kurzfristige Prognose)*.

Durchschnittsberechnungen beruhen auf der Annahme, dass die zu prognostizierende Größe ein funktionaler Wert bzw. eine gesetzmäßige Konstante ist, und die in der Vergangenheit festgestellte Wirkung auch für die Zukunft unterstellt werden kann. Abweichungen davon beruhen somit auf Zufallsschwankungen. Die Beobachtungswerte werden damit als nur von der Zeit abhängig betrachtet und fortgeschrieben (extrapoliert). Angestrebt wird eine minimale Abweichung der Funktion bzw. Konstante von den tatsächlichen Werten der Vergangenheit. Gleiche Bedingungen für die Zukunft unterstellt, kann damit ein minimal abweichender, also möglichst genauer Prognosewert ermittelt werden. Dies erfolgt durch die Berechnung des (einfachen) arithmetischen Mittels.

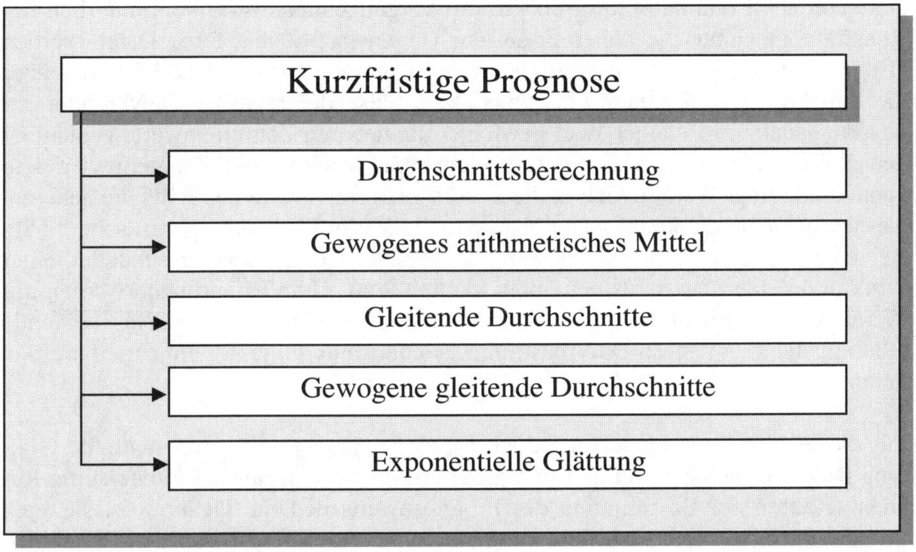

Die Vergangenheitswerte können auch gewichtet werden. Dann ist der repräsentative Wert der Prognosegröße in der Vergangenheit das gewogene arithmetische Mittel aller Daten, das durch Einsetzen zukünftiger Perioden in die Zukunft fortgeschrieben werden kann.

Gleitende Durchschnitte ergeben sich, wenn jeweils nach Vorliegen eines neuen Wertes der älteste Wert der Rechenreihe ausgeschaltet und mit der gleichen Anzahl von Ursprungswerten, nun aber aktueller, die Berechnung fortgesetzt wird. Der Mittelwert gleitet damit von Periode zu Periode. Im Einzelnen wird aus einer möglichst langen Zeitreihe, für die entsprechende Werte vorliegen, der Durchschnitt für einen festgelegten Zeitraum berechnet. Aus dieser Gruppe wird dann im Folgenden sukzessiv immer der jeweils älteste Wert der letzten Periode durch den jüngsten Wert der Folgeperiode ersetzt.

Beim **gewogenen gleitenden Durchschnitt** werden jüngere Daten wegen ihrer größeren prognostischen Relevanz stärker gewichtet als ältere Daten. Der Gewichtungskoeffizient bestimmt, in welchem Ausmaß diese Umgewichtung erfolgt. Darin liegt zugleich eine Verzerrungsgefahr. Ziel dieses Verfahrens ist die Ausschaltung zufallsbedingter Unregelmäßigkeiten im Verlauf der Zeitreihe. Durch den Wechsel der Berechnungsbasis wird so etwas wie ein Filtereffekt hervorgerufen. Voraussetzung ist, dass der Gleitzeitraum so gewählt wird, dass durch Saison- oder Konjunkturzyklen keine Verzerrungen entstehen und dass die Werte über die Zeit hinweg eine bestimmte Struktur aufweisen.

Ein weit verbreitetes Prognoseverfahren der Glättungsberechnung ist die **exponentielle Glättung.** Bei ihr wird unterstellt, dass eine unendliche Reihe von Vergangenheitswerten vorliegt, deren Daten sich mit zunehmendem Gegenwartsabstand immer geringer auf die Prognosegröße auswirken. Daher werden, im Übrigen auch aus Praktikabilitätsgründen, die Vergangenheitswerte kontinuierlich um so stärker gewichtet, je näher sie an der Gegenwart liegen, ferne Daten werden also auf die Gegenwart „diskontiert". Von Bedeutung ist dabei die Wahl des über die Zeit hinweg konstanten Glättungsfaktors, also der relativen Gewichtung der Ursprungsdaten. Ein hoher Wert gewichtet die neueren Zeitreihenwerte gegenüber den älteren sehr stark, was bei Auftreten eines Strukturbruchs angemessen sein kann, ein kleiner Wert gewichtet die älteren Zeitreihenwerte höher als die neueren, was angebracht sein kann, wenn man aktuelle Werte für einen „Ausrutscher" hält. Bei einem hohen Wert passen sich die geglätteten Mittelwerte schneller einer Strukturveränderung an als bei einem kleinen Wert. Gute Erfahrungen werden mit Werten um 0,2 gemacht. Es ist allerdings unbefriedigend, dass der entscheidende Glättungsfaktor nicht objektiv bestimmt, sondern nur subjektiv einjustiert werden kann.

Für dieses Verfahren sprechen jedoch folgende Aspekte. Die exponentielle Glättung ist leicht verständlich und durchführbar, da sie sich nur der elementaren Rechenverfahren zur Bestimmung des Prognosewerts bedient. Dadurch ist sie auch gut auf PC´s zu bearbeiten. Die Prognose wird durch einen einzigen Parameter, der zudem dynamisch anpassbar ist, bestimmt und ist damit willkürlichen Eingriffen entzogen. Die Verfahrensschritte sind leicht durchschaubar und plausibel, sodass die Prognoseergebnisse und ihre Begründung gut kommunizierbar sind.

Allgemeine Nachteile der kurzfristigen, zeitreihenbezogenen Prognose liegen in folgenden Aspekten. Es wird ein gleich bleibender Strukturverlauf unterstellt (kein Trend). Außerdem werden ausschließlich Vergangenheitsdaten einbezogen, also keine kausalen Einflussfaktoren auf die Zeitreihe berücksichtigt, sondern nur die Zeit selbst. Dies ist aber problematisch, da andere Faktoren als die Zeit auf die Vergangenheitswerte eingewirkt haben und auch in Zukunft wirksam werden können. Die Minimierung der exponentiell gewogenen quadratischen Abweichungen ist zudem womöglich sinnlos, wenn diese Schätzfehler auf reinen Zufallsschwankungen beruhen, denn dann werden sie auch für die Zukunft bestehen bleiben, brauchen also nicht minimiert zu werden, oder, wenn diese Schätzfehler systematisch verursacht sind, dann wäre es richtig, diese systematische Einflussgröße als unabhängige Variable einer funktionalen Abhängigkeit zu wählen, anstelle der Zeit, die dann offensichtlich keinen bestimmenden Einfluss hat.

Bei **langfristigen Prognosen** wird die zeitliche Abfolge unterschiedlicher Prognosewerte berechnet. Dabei wird die allgemeine Richtung der Zeitreihe, d.h., ihr langfristig zu Grunde liegender Trend ungeachtet kurzfristiger Schwankungen, prognostiziert. Die Zeit repräsentiert hierbei die zusammengefassten, nicht näher untersuchten Ursachenkomplexe der Vergangenheit *(siehe Abb. Langfristige Prognose)*.

Zu den **Trendberechnungen** gehören mehrere Verfahren. Bei der linearen Trendextrapolation wird eine lineare Konstante derart gewählt, dass die positiven wie negativen Abweichungen der Vergangenheitswerte von dieser Geraden, d.h., die

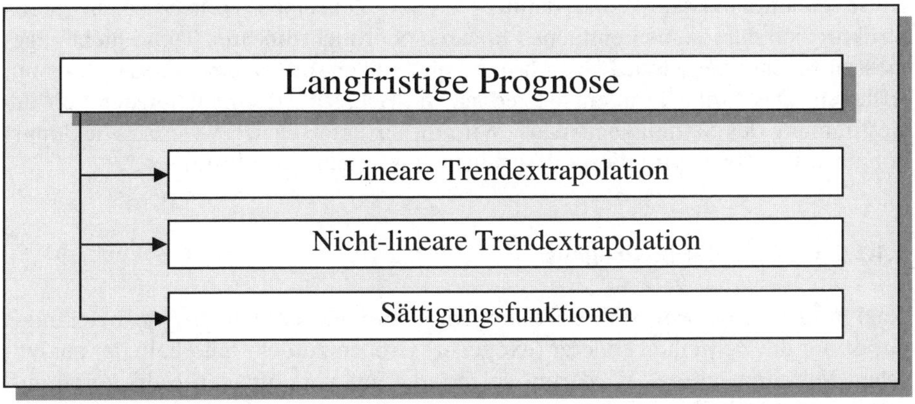

grafischen Abstände aller Punkte, die sich oberhalb und unterhalb der Trendgeraden befinden, erstens insgesamt gleich groß sind, und zweitens die Summe der Quadrate (zur Vermeidung von Saldierungen bei negativen Werten) ihrer Abweichungen minimal ist. Dieses Verfahren nennt man daher Kleinstquadratabweichung. Dabei können die einzelnen Perioden gewichtet oder ungewichtet in das Ergebnis eingehen. Der lineare Trend ist durch gleich bleibende absolute Zu- oder Abnahmen pro Zeiteinheit definiert.

Aber es gibt auch nicht-lineare Trendverläufe. Dabei kommen **exponentielle, logarithmische** und **parabolische** Funktionstypen in Betracht. Beim exponentiellen Trend ist die relative Zuwachsrate pro Zeiteinheit bei der Prognosegröße konstant. Er lässt sich durch Logarithmieren linearisieren, um eine Rechenvereinfachung zu erreichen. Beim parabolischen Trend ist eine gekrümmte Funktion (Polynom 2. Grads) gegeben. Auch dabei liegt jeweils das Verfahren der Kleinstquadratabweichung zu Grunde.

Handelt es sich um Prognosegrößen mit vermutetem **Sättigungsniveau,** werden dem Funktionsverlauf drei Parameter zu Grunde gelegt. Dies beruht auf der Annahme, dass die Prognosegröße der folgenden Periode erstens abhängig ist vom Ausmaß deren Größe in den vergangenen Perioden und zweitens der Verlauf gleichmäßig erfolgt. Das heißt, der Verlauf einer Zeitreihe ist proportional zum jeweils erreichten Niveau und zum Abstand zwischen dem bereits erreichten Niveau und dem absoluten Sättigungsniveau. Es gibt also je eine fördernde Wachstumskomponente und eine hemmende.

Dabei können zwei Kurvenverläufe unterschieden werden. Die **logistische Kurve** verläuft vom Beginn bis zum Wendepunkt progressiv steigend und danach bis zum Endpunkt degressiv steigend. Dabei wird eine lineare Differenz zu Grunde gelegt. Sie ist beiderseits des Wendepunkts symmetrisch. Die **Gompertz-Kurve** verläuft zunächst steiler, nähert sich später der Sättigungsgrenze und weist einen früheren Wendepunkt auf. Dabei wird eine logarithmische Differenz zu Grunde gelegt.

Diese Funktionsverläufe sind damit geeignet, Zeitreihen vorherzusagen, deren Struktur sich durch einen einfachen linearen oder nicht-linearen Trend nicht angemessen beschreiben lässt. Dies gilt etwa für Größen, die einem Lebenszyklus unterliegen. Das große Problem ist jedoch die Schätzunsicherheit hinsichtlich der Bestimmung des Sättigungsniveaus. Wird dieses unterschätzt, wird Entwicklungspotenzial vergeben, wird dieses überschätzt, läuft man in Verluste.

1.4.2.2.3 Analytische Prognose

Analytische Prognoseverfahren führen die Zeitreihe der zu prognostizierenden Größe auf die Zeitreihen anderer (exogener) Größen zurück. Innerhalb der analytischen Verfahren gibt es wiederum solche, die auf vorlaufenden Indikatoren aufbauen und solche, die eine Kausalbeziehung unterstellen (= Wirkungsprognosen).

Die analytischen Verfahren unterstellen einen Beziehung, zu deren Analyse statistische Verfahren zur Ermittlung von Zusammenhängen (mithilfe der Korrelationsanalyse) und von Abhängigkeiten (mithilfe der Regressionsanalyse) eingesetzt werden. Die Statistik stellt jedoch nur die formalen Beziehungen fest, ob sie wirklich vorhanden und zulässig sind, kann sie nicht aufdecken. Vor allem die Bestimmung von abhängiger und unabhängiger Variabler (Kausalität) beruht nur auf logischer Entscheidung.

Als **Indikatorberechnungen** werden Entwicklungsprognosen bezeichnet, bei denen die Vorhersage aus einer statistisch gut gesicherten Beziehung zwischen der Prognosegröße und einer oder mehrerer beeinflussenden Variablen (Indikatoren) abgeleitet wird, die nicht Zeitreihen sind. Indikatoren sind Variable, auf die der Betrieb selbst keinen Einfluss hat, von denen die Entwicklung des Absatzes jedoch wesentlich bestimmt ist. Voraussetzungen sind dabei ein enger Zusammenhang zwischen der Entwicklung der Indikatoren und der zu prognostizierenden Variablen sowie eine leichte und sichere Vorausschätzung der Indikatoren. Als Indikatoren sind makroökonomische, institutionelle, technologische, soziodemographische oder sozioökonomische Größen denkbar. Mögliche Indikatoren sind etwa Bruttoinlandsprodukt, Geschäftsklima, Einkommen, Komplementärgüter, Bevölkerungszahl, Altersaufbau, Haushaltsstruktur, Konsumstimmung etc.

Voraussetzungen sind jeweils, dass diese der zu prognostizierenden Größe zeitlich vorauseilen, dass diese eng miteinander korrelieren, dass es gelingt, den Funktionsverlauf aus den Daten richtig zu spezifizieren und dass die zukünftigen Werte der unabhängigen Variablen rechtzeitig für eine Prognose ermittelt werden können.

Dann ist die Indikatorprognose der Trendextrapolation vorzuziehen, weil die Probleme entfallen, die aus der subjektiven Schätzung von Funktionsverlauf und Sättigungsniveau resultieren. Außerdem ist eine intersubjektiv nachvollziehbare, sachlogische Beziehung gegeben. Die Qualität der Prognose hängt von der Qualität des zu Grunde gelegten Indikators ab. Dadurch baut sich allerdings gleich ein doppeltes Prognoseproblem auf, nämlich erstens die Hochrechnung des Indikators und zweitens darauf aufbauend die Hochrechnung der Prognosegröße. Die damit verbundenen Unsicherheiten sind offensichtlich.

Zur Durchführung der Indikatorprognose werden häufig Korrelationsanalysen eingesetzt. Eine **Korrelationsanalyse** dient zur Messung der Stärke des Zusammenhangs zwischen zwei oder mehr einander zugeordneten Merkmalsausprägungen, ausgewiesen durch den Korrelationskoeffizienten. Eine hohe Korrelation ist dann gegeben, wenn der Koeffizient nahe bei + 1 (= gleichläufiger Zusammenhang) oder - 1 (= gegenläufiger Zusammenhang) liegt, ein geringer Zusammenhang, wenn er nahe 0 liegt. Daraus kann jedoch noch keine Kausalität abgeleitet werden. Es kann sich vielmehr auch um zufällige Umstände, um einen Scheinzusammenhang sowie um verdeckte oder gegenseitig beeinflussende Zusammenhänge handeln.

Bei der **Wirkungsprognose** handelt es sich, im Gegensatz zu den bisher dargestellten Verfahren darum, dass die Prognosegröße in ihrer Entwicklung als von in Auswahl und Intensität beeinflussbaren Marketing-Aktionsparametern abhängig angesehen wird. Wirkbedingte Verfahren zeigen somit den Verlauf quantitativer und qualitativer Zielvariablen in Abhängigkeit von den jeweils veränderten Aktionsparametern bzw. Aktivitätsniveaus der Marketingmaßnahmen auf. Daraus leiten sich konkrete Anhaltspunkte für einen optimalen Marketing-Mix ab. Die Vorgehensweise ist wie folgt:

- Aufstellung verschiedener Ausprägungen der Marketinginstrumente im Rahmen geplanter unterschiedlicher Maßnahmen,
- Wahl eines Funktionstyps, der die Beziehungen zwischen den Marketinginstrumenten und deren Wirkung auf die zu prognostizierende Größe (= Marktreaktion) mathematisch beschreibt,
- Schätzung der Parameterwerte der Funktion durch statistische Verfahren oder Expertenurteil,
- Errechnung der Prognosegröße auf Grundlage der geplanten Marketingmaßnahmen.

Als statistisches Mittel wird dabei die **Regressionsanalyse** eingesetzt. Sie ist das leistungsfähigste Verfahren zur Messung von kausalen Beziehungen zwischen Variablen und besitzt ein solides theoretisches Fundament. Probleme des Mehrfachzusammenhangs bei abhängigen (Autokorrelation) und unabhängigen Variablen (Multikollinearität) sind logisch erkennbar und daher lösbar. Allerdings stellt dieses Verfahren hohe Ansprüche an das Verständnis der Nutzer und Entscheider. Zudem ist die Festlegung der Funktionsform problematisch und kann, bei falscher Wahl, zu verzerrten Ergebnissen führen.

Allgemein dient eine Regression der Ermittlung von Strukturparametern, welche die funktionale Abhängigkeit zwischen erklärender (unabhängiger) Variabler, die nicht die Zeit ist, und einer oder mehreren zu erklärenden (abhängigen) Variablen

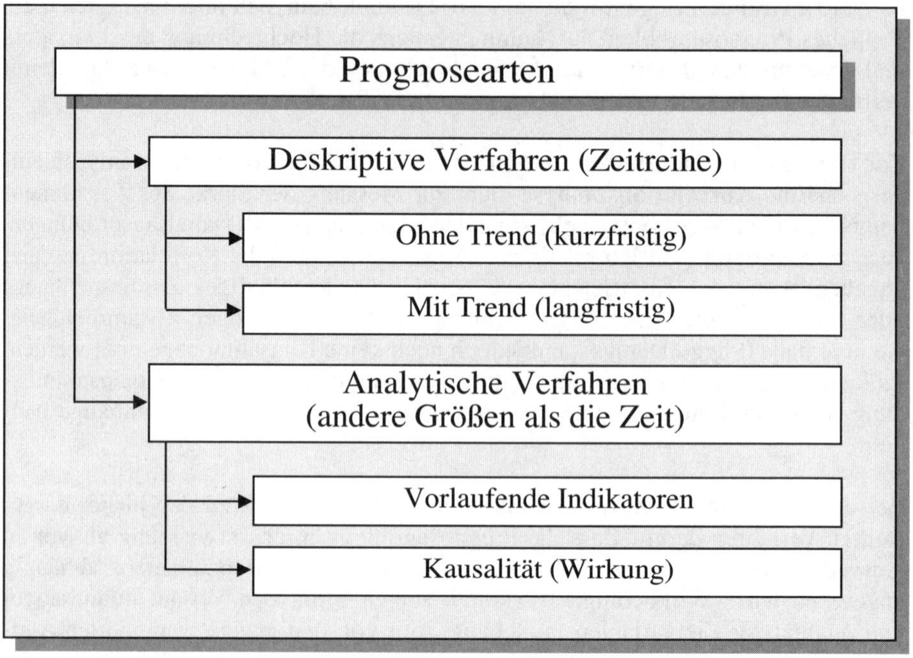

angeben. Es gibt mehrere Arten der Regressionsanalyse:

- Von einer univariaten linearen Regression ist auszugehen, wenn die abhängige Prognosegröße als nur von einer unabhängigen Variablen beeinflusst angesehen und angenommen wird, dass diese Abhängigkeit konstant ist.
- Eine univariate nicht-lineare Regression liegt vor, wenn die abhängige Prognosegröße zwar als nur von einer unabhängigen Variablen beeinflusst angesehen, aber angenommen wird, dass diese Abhängigkeit nicht stetig ist. Nicht-lineare Funktionen können innerhalb einer gewissen Variationsbreite linear angenähert werden, wodurch sich der damit verbundene Rechenaufwand vermindert.
- Bei der stufenweisen Regression werden mehrere unabhängige Variable nicht direkt zur Bestimmung der Prognosegröße herangezogen, sondern über Bildung von Kausalketten, wobei jeweils eine unabhängige Variable durch eine andere erklärt wird. So entsteht wiederum eine univariate (lineare oder nicht-lineare) Regression.
- Bei der multiplen Regression wird davon ausgegangen, dass die Prognosegröße von mehr als einer unabhängigen Variablen beeinflusst wird. Die Variablen können dabei additiv oder multiplikativ verknüpft sein.

Hinzu kommen auf mikroökonomischer Ebene Modelle der Entwicklungsprognose, vor allem für die Markenwahl (Markoff-Ketten, Kaufneigungsmodelle und Lineare Lernmodelle) sowie die Marktdurchdringung (Parfitt-Collins-Ansatz). Sowie Modelle der Wirkungsprognose, vor allem nach Lavington (markenwahlbezogen im variablen Kaufneigungsmodell), Klenger-Krautter (markenwahlbezogen im psychologischen Marktmodell) und Amstutz (markenwahlbezogen für komplexe Kaufentscheidungsprozesse) bis hin zu Totalmodellen des Käuferverhaltens. Auf makroökonomischer Ebene werden **Marktreaktionsfunktionen** genutzt. Einfache Modelle beschränken sich dabei auf die Untersuchung des Einflusses eines Marketinginstruments (= monoinstrumental), komplexe Modelle versuchen eine schrittweise Annäherung der zu Grunde gelegten Reaktionsannahmen an die Realität durch Einbezug mehrerer Marketinginstrumente (= polyinstrumental). Denkbar sind linear-additive Modelle ohne Wirkverbund der Parameter und daher eher unrealistisch sowie multiplikative Modelle mit linearem oder nicht-linearem Wirkverbund, wobei jedes Instrument aktiviert sein muss, da sonst das ganze Produkt = 0 ist, und gemischt-verknüpfte Modelle mit partiellem linear-additiven oder multiplikativen Wirkverbund, wobei die Identifikation dieser Abhängigkeiten schwierig ist. Dynamische Modelle berücksichtigen außerdem zeitliche Wirkverzögerungen des Instrumentaleinsatzes oder dessen Nachwirkung auf zukünftige Perioden.

1.5 Einführungsprozess

Nunmehr schließt sich chronologisch die Einführung des Neuprodukts am Markt an. Dabei sind drei Trends vordergründig. Zunächst ist zu beobachten, dass die Zeitspanne zwischen Ideenfindung und Vermarktungsreife zunehmend kürzer wird. Der hohe Wettbewerbsdruck zwingt zur Forcierung der Arbeiten, um Know-how als Erster am Markt anbieten zu können oder den Vorsprung anderer nicht zu groß werden zu lassen. Daraus resultieren immer kürzere Lebenszyklen und die periodisch fortschreitende Entwertung bestehender Techniken. Als Beispiel konnten sich die Schellack- und danach die Vinyl-Schallplatten relativ lange am Markt behaupten. Die Compact Disc hat angesichts neuer Techniken weniger Bestand. ROM-Festspeicher sind in fortgeschrittenem Einsatz, DVD's bereits am Markt etabliert. Gleichzeitig kommt es zu einer Fraktionierung der Formate durch Streaming, Online-Radio/TV, Digital-Radio (DAB), SACD, Downloads, MMS etc.

Die Investitionsmittel zur Umsetzung technischen Fortschritts steigen zunehmend. Dies hängt zum Teil mit der Forcierung des Umsetzungstempos zusammen, zum Teil aber auch mit der steigenden Komplexität der FuE-Inhalte, die sich meist auf derartig hohem Niveau bewegen, dass erhebliche Anstrengungen zur Schaffung adäquater Voraussetzungen notwendig sind. Oft ist auch erst eine fortgeschrittene Generation der Technik marktfähig, weil vorherige Stufen infolge hoher Obsoleszenz kaum die Chance auf ausreichenden Mittelrückfluss geboten oder Gefahren der Imagebeeinträchtigung durch allzu hektische Produktwechsel oder unausgereifte Funktionen bestanden hätten. Gelegentlich werden neue Techniken auch bewusst zurückgehalten, um mit dem bestehenden technologischen Standard zuerst den Markt abzuschöpfen. Dies war z.B. bei der wiederbespielbaren CD zu beobachten, die den DAT-Markt negativ tangiert. Dass während dieser Zeit unvermindert weiterentwickelt wird, ist am höheren Integrationsgrad der Elektronik, an Miniaturisierung und Wertanalysemaßnahmen bei CD-Recorder-Modellen deutlich erkennbar.

Der FuE-Output konzentriert sich zunehmend auf Großunternehmen. Dies hängt sicherlich mit der hohen Kapitalintensität dieser Arbeiten zusammen. Nun ist es aber durchaus umstritten, inwieweit der FuE-Output von der Unternehmensgröße determiniert ist, oder ob es sich nicht nur so verhält, dass Großunternehmen Erfolg versprechende FuE-Ansätze absorbieren, weil private Erfinder und Entwickler ab einem gewissen Reifestadium finanziell, organisatorisch und juristisch nicht mehr mithalten können. Andererseits geht die Sage, dass unbequeme Erfindungen von marktmächtigen Unternehmen nach Belieben auch unterdrückt werden.

Die Einführungssituation bietet zahlreiche Vorteile am Markt, vor allem in Bezug auf die Preissetzung. Die Preisbereitschaft der Nachfrager ist vor allem deshalb höher, weil zu Beginn eines Marktlebenszyklus zunächst vorwiegend Innovatoren als Käufer in Betracht kommen. Dabei handelt es sich entweder um ernsthafte Hobbyisten (Freaks), für die nicht die rationale Preis-Leistungs-Sichtweise zutrifft, sondern ein emotional ausgeprägter Spannungszustand, im Zuge des Hobbys in den Besitz der jeweils neuesten Produkte des Interessenbereichs zu gelangen. Oder um Neophile, die nur und um fast jeden Preis das Neueste haben müssen. Dabei kommt diesen Produkten oft Spielzeug- oder Prestigecharakter zu. Beides trägt dazu bei, dass Preis-Leistungs-Erwägungen in den Hintergrund treten. Nicht selten handelt es sich auch um Personen, die aus einem neuen Produktangebot beruflich, gewerblich oder privat Nutzen ziehen und diesen Nutzen höher schätzen als das davon ausgehende Preisopfer. Im Zeitablauf werden diese Nachfragergruppen durch „Normalverbraucher“ abgelöst, für die Preis-Leistungs-Aspekte von eher nüchterner Bedeutung im Vordergrund stehen. Die Preisreagibilität nimmt damit zu.

Tatsächlich wird in verstärktem Maße auch auf die Ausnutzung von Preisvorstellungen für neu in das Programm aufgenommene Produkte verzichtet, die den Einbehalt einer Produzentenrente ermöglichen (Skimming-Preise). Denn hohe Preise signalisieren potenziellen Konkurrenten, dass auf diesem Markt offensichtlich auskömmliche Spannen zu realisieren sind, und locken diese damit an. Infolge des großen FuE-Potenzials vieler Konkurrenten ist die Kluft zwischen dieser Motivation und deren Umsetzung in der Tat oft gefährlich gering. Im Übrigen erschweren hohe Einführungspreise die zügige Diffusion von Neuerungen im Markt, sodass Auflagendegressionseffekte erst spät zum Tragen kommen. Umgekehrt indizieren moderate Einführungspreise auf einem neuen Markt potenziellen Wettbewerbern, dass dort auch nur moderate Gewinnspannen anfallen dürften, sodass die Prioritäten zu dessen Bearbeitung relativ gering ausfallen. Damit kann dann evtl. auf Dauer eine höhere Produzentenrente einbehalten werden als durch die kurzsichtige Ausnutzung jedes Preisspielraums. Außerdem forcieren günstige Preise die Marktdurchdringung und schaffen damit ihrerseits Produktionskostenvorteile.

Es ist für jeden Anbieter bedeutsam, den Zeitabstand zwischen der Initiierung einer Produktinnovation und dem tatsächlichen Einführungsprozess möglichst gering zu halten. Dafür bieten sich vor allem drei Techniken an.

Im Zuge des **Simultaneous engineering** wird die Phase der Entwicklung und Konstruktion zu verkürzen gesucht, indem zwischen den einzelnen Abteilungen, die daran beteiligt sind, der Informationsfluss transparenter gemacht und dadurch ein frühzeitiger Informationsaustausch forciert wird (s.u.).

Eine andere Möglichkeit ist das bewusste und freiwillige Überspringen einer Produktgeneration zwischen der gegenwärtig bereits vermarkteten und der nächsten zur Vermarktung geplanten Produktgeneration. Dies bietet sich immer dann an, wenn absehbar ist, dass eine Produktinnovation vom Unternehmen nicht mehr so rechtzeitig am Markt eingeführt werden kann, dass von Pioniervorteilen profitiert werden kann. Wird ein Produkt aber zu spät an den Markt gebracht, gerät es bereits in die Phasen erhöhter Wettbewerbsintensität und Preisverfalls. Daher kann es sinnvoll sein, auf die Vermarktung dieser Produktgeneration ganz zu verzichten und die dadurch eingesparten Ressourcen in die Forcierung der Entwicklung und Konstruktion der nächsten Produktgeneration zu investieren, um mit dieser als

Pionier am Markt auftreten zu können (z.B. Wettrennen um die Speicherkapazität von Mikrochips). Dies erspart dem Unternehmen zwar nicht den marktfähigen Ausbau der anstehenden Produktgeneration, wohl aber die Verzettelung in einer von vornherein wenig chancenreichen Marktsituation. Dies ist analog dem von der Nachfrageseite her bekannten **Leapfrogging-Verhalten** zu sehen.

Verbreitet ist neuerdings auch das **Prämarketing** als zielgerichtete, im zeitlichen Verlauf vor der tatsächlichen Neuprodukteinführung stattfindende und mit dieser inhaltlich verbundene Marketingaktivitäten eines Unternehmens, die einen auf den Markt gerichteten oder dialogischen Informationsfluss bedingen und steuern (z.B. Mercedes-Benz A-Klasse). Dies bewirkt ein vorzeitiges Anstoßen von Adoptionsprozessen, die Erhöhung des Marktpotenzials, eine Reduzierung von Kommunikationskosten, aber auch eine Kannibalisierung der bestehenden Produkte, die Erzeugung kognitiver Dissonanzen, ein frühzeitiges Einfrieren von Verbesserungen, die Erschwerung von Fehlerelimination und aussagefähigen Pretests ebenso wie die Verursachung zusätzlicher Kosten.

Gegenüber den Mitarbeitern erfolgen die Konkretisierung einer Vision, aber auch die Erhöhung des unternehmerischen Risikos, Frustration bei einem Misserfolg und Demotivierung der Entwickler.

Gegenüber den Kunden erfolgen die Demonstration von Commitment, Zuwachs an Goodwill, Schaffung von Shareholder value, Vertrauensbildung bei Stakeholders, aber auch Badwill bei Nichteinhaltung des angekündigten Einführungstermins, der versprochenen Leistung, der beabsichtigten Menge (woraus sich juristische Probleme ergeben).

Gegenüber dem Handel erfolgen eine Erhöhung der Distributionsquote, eine Reduktion von Listungs- und Regalgeldern, Ausstrahlungseffekte auf die bereits bestehende Produktlinie und Anregung von Handelswerbung.

Gegenüber der Konkurrenz erfolgen ein Aufbau von Markteintrittsbarrieren, die Demonstration von Entschlossenheit (Pre-empting), das Pipeline filling im Absatzkanal, ein Abziehen von Nachfrage von der Konkurrenz, die Durchsetzung eines De facto-Standards, aber auch Imitations- und Interventionsgefahren durch Konkurrenten.

2. Realisierungsbasis

2.1 Organisationsspezialisierung

In der Organisation geht es um die auf Dauer angelegte, methodische Zuordnung von Menschen und Sachmitteln, für deren bestmögliches Zusammenwirken zur Erreichung von Zielen unter günstigen Bedingungen. Organisation verfolgt damit generelle, langfristig geltende Regelungen. Sie ist damit abzugrenzen von Improvisation, die nur kurzfristig angelegt ist, und von Disposition, die immer einzelfallbezogen (kasuistisch) ist. Organisationen sind demgegenüber soziale Gebilde, die dauerhaft ein Ziel verfolgen und eine formale Struktur aufweisen, um die Aktivitäten der Mitglieder auf das verfolgte Ziel auszurichten.

2.1.1 Elemente der Organisation

Organisation lässt sich definieren als organisatorische Gestaltungshandlung, die darin besteht, Struktur, Prozesse und systembezogene Ordnung zu schaffen, als Gestaltungsrahmen, der für die Mitglieder den Zustand eines Systems in Form des Gestaltungsergebnisses darstellt und vor allem als Struktur und Kultur in Erscheinung tritt, sowie als soziale Institution in Form eines strukturierten Gebildes. **Organisation umfasst damit alles, was innerhalb eines soziotechnischen oder sozialen Systems Ordnung schafft.** Diese Ordnung setzt eine ziel- und zweckorientierte Ausrichtung des Systems, einen verhaltensorientierten Bezugsrahmen, eine spezifische Systemidentität und eine eigene, auf sich selbst bezogene interne Funktionsweise voraus.

Zentrale Absicht jeder Organisation ist immer die **Komplexitätsreduktion** bzw. möglichst die Komplexitätsbeherrschung. Marktkomplexitäten entstehen durch Kundenvielfalt, Programmbreite, Auftragsvielfalt etc., Produktkomplexitäten durch Komponenten-, Materialien- und Teileanzahl, fehlenden Standardisierungsgrad und nicht fertigungsgerechtes Produktdesign etc., Produktionskomplexitäten durch eine Vielzahl von Standorten, verschiedene eingesetzte Technologien und Fertigungsschritte, überzogene Fertigungstiefe etc., und Organisationskomplexitäten durch die Varietät der Aktivitäten, hohen Abstimmungsaufwand, Systementwicklung und -anpassung etc.

Die Organisation ist strukturell durch die Aufbau- und die Ablauforganisation gekennzeichnet und prozessual durch Methoden und Techniken der Organisation. Ziel ist die Minimierung der Durchlaufzeiten und die Maximierung der Kapazitäten. Dies erfolgt durch Erfassung der Arbeitsabläufe, Feststellung der Häufigkeiten, Bearbeitungszeiten sowie Arbeitsmittel und Kosten mit deren effektiver Gestaltung. Am Beginn steht immer eine Aufgabenanalyse nach:
- Verrichtung, d.h., der Art der erledigten Tätigkeit,
- Objekt, d.h., dem Gegenstand, an dem eine Tätigkeit erledigt wird,
- Rang, d.h., der Entscheidung oder Ausführung von Arbeit,
- Phase, d.h., die Planung, Durchführung, Organisation oder Kontrolle betreffend,

- Raum, d.h., dem Ort, an dem verrichtet wird,
- Zeit, d.h., der dauerhaften oder fallweisen Anlage der Arbeit,
- Sachmittel, d.h., den Arbeitsgeräten, mit deren Hilfe eine Leistung erbracht wird.

Danach erfolgt die Zusammenfassung von Aufgaben durch Zentralisation in der Aufgabensynthese, überwiegend in Funktions- und verschiedene Formen der Objektorganisation.

Die Aufbauorganisation dient der Gliederung des Unternehmens in arbeitsfähige Untereinheiten sowie deren Koordination zur Regelung der Zusammenfassung und Zuordnung von Absatzaufgaben an interne und externe Absatzorgane. Dabei lassen sich vor allem drei Dimensionen unterscheiden:

- **Spezialisierung** als segmentierte Zuweisung von verteilungsfähigen Aufgaben an Aufgabenträger. Sie führt zu funktions- oder objektorientiertem Aufbau, letzterer je nach Objekt als Kunden-, Gebiets- oder Produktorganisation.
- **Konfiguration** als hierarchische Beziehungszusammenhänge zwischen Organisationseinheiten. Sie führt zu dauerhaften Formen der Aufbauorganisation, umfassend Einlinien-, Mehrlinien-, Stablinien- und Kreuzlinienaufbau.
- **Koordination** als Abstimmung der Aufgabenträger im Hinblick auf die Aufgabenerfüllung. Sie führt zu dauerhaft systemorientierten (Team) oder temporären Formen (Projekt) sowie zu horizontalen (traversierend) und vertikalen Mischformen (hybrid).

Hinsichtlich der Spezialisierung kann demnach zwischen funktionaler und objektorientierter Organisation unterschieden werden. Das Produktmanagement ist, neben dem Gebietsmanagement (Area management) und dem Kundenmanagement (Key account management) eine Form der objektorientierten Organisation. Die Vor- und Nachteile der **funktionsorientierten** Organisation sind allgemein folgende:

- Vorteile: leichte Abgrenzbarkeit der individuellen Kompetenzen durch einfache, überschaubare Struktur, direkter Zugang zu kompetenten Mitarbeitern, die mit einem bestimmten Problem befasst sind, leichte Kontaktaufnahme und Kommunikation, einheitliche Information, hohe Transparenz, leichte Koordination und Kontrolle durch in sich geschlossene, klar abgegrenzte Funktionsbereiche, entspricht dem Prinzip der Arbeitsteilung, strukturiert nach beruflicher Spezialisierung, begrenzter Bedarf an Führungskräften, weil keine parallelen funktionalen Abteilungen bestehen, klar definiertes Aktionsfeld, hohes Ansehen der Hauptfunktionen, klare Unterstellungsverhältnisse.
- Nachteile: Mögliche Prioritätenkonflikte unter den Spezialisten, mangelnder Gesamtüberblick über das Unternehmen und seine Situation, Bedarf an zahlreichen Führungskräften der gleichen Rangordnung, unklare Machtverhältnisse, Verunsicherung, Zeitverlust bei exogenen Veränderungen durch schleppende Entscheidungsfindung, Konzentration der Leitungsaufgaben auf die Unternehmensspitze (Überlastung), fehlende Sensibilisierung für Belange des Markts, mangelnder Überblick über Markt- und Kundenprobleme, geringe Laufbahndiversität und eingeschränkte Möglichkeiten der Personalentwicklung, Vielzahl an Schnittstel-

len und Interdependenzen mit Koordinationsproblemen, Gefahr von Abteilungsegoismus und Suboptimierung, Überbetonung des Spezialistentums, Verantwortlichkeit nur im Rahmen der funktionalen Zuständigkeit, nur geeignet für homogene Produktprogramme, Lern- und Innovationsrate haben nur sekundäre Bedeutung, ab einer bestimmten Unternehmensgröße nicht mehr voll funktionsfähig.

Die **objektorientierte** Gliederung hat demgegenüber folgende wichtige Vor- und Nachteile:
- Vorteile: Anpassungs- und Reaktionsorientierung, kurze Entscheidungswege, volle Verantwortlichkeit der Manager für alle operativen, administrativen und politischen Entscheidungen, erfolgsorientiertes Karrieresystem, geeignet auch für heterogene Produktprogramme, Lern- und Innovationsprozesse stehen im Vordergrund, an die geschäftliche Entwicklung des Unternehmens flexibel anpassbar, Entlastung des Top-Management durch Dezentralisation.
- Nachteile: Hoher Personalaufwand durch funktionale Mehrfacharbeit, komplexes System mit Wettbewerb untereinander, uneinheitlicher Entscheidung, häufiger Kommunikationserfordernis.

Innerhalb der Objektorganisation ist hier (im Vorgriff) das Produktmanagement relevant (s.u.):
- Vorteile: Entlastung der Geschäftsleitung von der Koordination zwischen Funktionen, die dasselbe Produkt betreffen, geringer Zeitaufwand für die Koordination unter verschiedenen Produktbereichen, Verantwortlichkeiten und Gewinnerzielung lassen sich produktbezogen trennen, gute Kenntnis der spezifischen Umwelt eines jeden Produkts, produktnahe Entscheidungen, mehr Autonomie und Entwicklungsmöglichkeiten für die verschiedenen Produktbereiche, hohe Flexibilität und Anpassungsfähigkeit, Begünstigung der Kaderentwicklung durch Aufgabenvielfalt und hohen Verantwortungsgrad, Motivation durch Ergebnisverantwortung.
- Nachteile: Bedarf an zahlreichen qualifizierten Führungskräften, Notwendigkeit von Stellen zur Koordination der verschiedenen Produktbereiche, mehrfache Ausbildung tragender Funktionen des Unternehmens, Gefahr der Suboptimierung bestimmter Funktionen, Parzellierung des Unternehmens, möglicher Verlust der einheitlichen Führungsgrundsätze sowie Identitätsverlust, Koordination zwischen Produkten und Nutzung von Synergieeffekten sehr schwerfällig, Gefahr der Überschneidung und Redundanz.

„Gesunde“ Organisationen zeichnen sich durch großes Vertrauen in und hohe Wertschätzung für ihre Organisationsmitglieder aus. Sie haben ein offenes, problemorientiertes Organisationsklima. Zielerreichung und nicht Machterhaltung stehen dabei im Vordergrund. Die formale und die funktionale (Experten-)Autorität dekken sich weitgehend. Organisationsmitglieder verfügen über Handlungsspielräume, und die Entscheidungen werden dort getroffen, wo die besten Informationen zur Verfügung stehen. Einzelmotivationen und Ideen werden gefördert. Das Entlohnungssystem ist sowohl leistungs- als auch persönlichkeits-entwicklungsorientiert ausgestaltet. Die Organisationsmitglieder kontrollieren sich in großem Umfang selbst. Sie interessieren sich für ihre Arbeit und identifizieren sich mit der Aufgabe der Organisation. Konflikte entstehen aus sachlichen Kontroversen über Problemlösungen, sie zielen auf eine Verbesserung der Aufgabenvollzüge. Die Organisation ist proaktiv, d.h., sie versucht, Probleme so früh wie möglich zu antizipieren, um rechtzeitig Lösungsmöglichkeiten zu suchen und Maßnahmen in die Wege zu leiten.

2.1.2 Konfiguration des Produktmanagement

Die Organisationsdimension der Konfiguration befasst sich mit dem Einlinienaufbau, Mehrlinienaufbau, Stablinienaufbau oder Kreuzlinienaufbau in Bezug auf das Produktmanagement *(siehe Abb. Organisations-Konfiguration)*.

2.1.2.1 Einlinienaufbau

Die Einlinienorganisation hat die größte Bedeutung und ist dadurch charakterisiert, dass die Weisungsbefugnis der jeweils vorgesetzten Stelle in einer Person gebündelt ist. Es besteht demnach Einheit der Leitung und Einheit des Auftragsempfängers. Die Linie ist der Dienstweg für Anordnungen, Anrufungen, Beschwerden und Informationen. Sie ist auch der Delegationsweg. Der Einlinienaufbau bietet sich für klar definierte, relativ gleich bleibende, sich wiederholende Aufgaben mit vergleichsweise geringer Interaktion an. Er kommt damit Unternehmen mit festen Verhaltensregeln, die auf funktionaler Autorität und vertikaler Gliederung beruhen, entgegen. Es herrscht also ein streng hierarchisches Denken vor, das keine Spezialisierung bei der Leitungsfunktion vorsieht. Praktisch besteht jedoch die Tendenz zur Angliederung von Stäben und Komitees, die zur Verwässerung führen *(siehe Abb. Einlinienorganisation)*.

Wesentliche **Vorteile** der Einlinienorganisation sind die Folgenden:
- Auf diese Weise kommt es zu einer klaren Kompetenz- und Verantwortungszuweisung bei eindeutigen Anordnungs- und Folgeverhältnissen für Entscheidungsbefugnis und Aufgabenverteilung. Damit ist dies die übersichtlichste Form der Konfiguration einer Aufbauorganisation.
- Eine einfache Koordination und Kontrolle wird möglich, da überschaubare Leitungseinheiten vorhanden und gut nachvollziehbare Entscheidungswege gegeben sind. Dies ist unmittelbare Folge der erwähnten Übersichtlichkeit.
- Die hierarchische Einordnung schafft organisatorische Sicherheit sowohl bei Vorgesetzten als auch bei Mitarbeitern durch eindeutige Abgrenzung der Kompetenzen. Diese Orientierung ist in hohem Maße verhaltenssteuernd.
- Sie bietet zugleich eine hohe motivatorische Wirkung durch das Vorbild Vorgesetzter und von Aufstiegsperspektiven durch Anerkennung und Alleinverantwortung. Dieser Antrieb kommt der täglichen Arbeitsleistung zugute.
- Sie ermöglicht durch Alleinentscheid eine klare dispositive Regelung und konsistente Leitung. Dies erübrigt die, bei anderen Konfigurationen erforderliche,

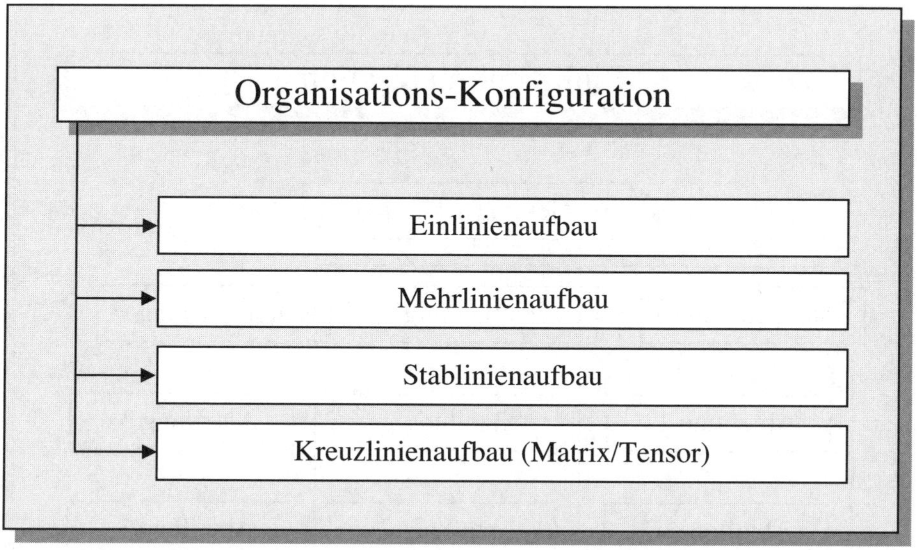

meist aufwändige Vermittlung bei Interessendivergenzen.
- Kurze Kommunikationswege schaffen die Möglichkeit schneller Entscheidungsfindung und Weisungserteilung. Damit werden Abläufe im Unternehmen gestrafft und die Kohärenz der Managemententscheidungen steigt.

Dem stehen folgende **Nachteile** gegenüber:
- Der Grundsatz der Spezialisierung wird konterkariert, indem Hierarchie vor Fachwissen gesetzt wird, insofern haben die am Meisten spezialisierten Mitarbeiter (an der Basis) die geringste Weisungsbefugnis. Es kommt damit zu einer übermäßigen Zentralisierung der Macht mit Motivationsverlusten und geringem Engagement der Mitarbeiter.
- Dem System ist eine Schwerfälligkeit und Bürokratisierungstendenz mit Zeitverlust und Überbetonung der positionsspezifischen Autorität immanent, vor allem bei tiefen Organisationen, die allerdings zunehmend umgestellt werden (auf flache Hierarchiestrukturen).
- Durch umständliche Kommunikationswege und langwierigen Informationsfluss besteht die Gefahr der Informationsfilterung auf den einzelnen Stufen des Linienwegs, die zu Verzerrungen der ursprünglichen Intention führt. Man kennt die verheerende Wirkung solcher Filterungen aus dem „Stille Post"-Spiel.
- Die Zwischenstufen (Middle management) sind dabei als „Relaisstationen" besonders belastet, sowohl durch den Informationsfluss von oben nach unten als auch umgekehrt. Darunter leidet inakzeptabel ihre eigentlich wertschöpfende Tätigkeit.
- Auf der gleichen Stufe ist der direkte Kontakt zwischen Stellen verschiedener Linien eher gering ausgeprägt, da vertikale Strukturen vorherrschen. Dies dürfte der Effektivität dieser Struktur nicht gerade zuträglich sein. Um diese zu vermeiden, sind gesonderte Verbindungen zwischen Abteilungen erforderlich (Passerellen).

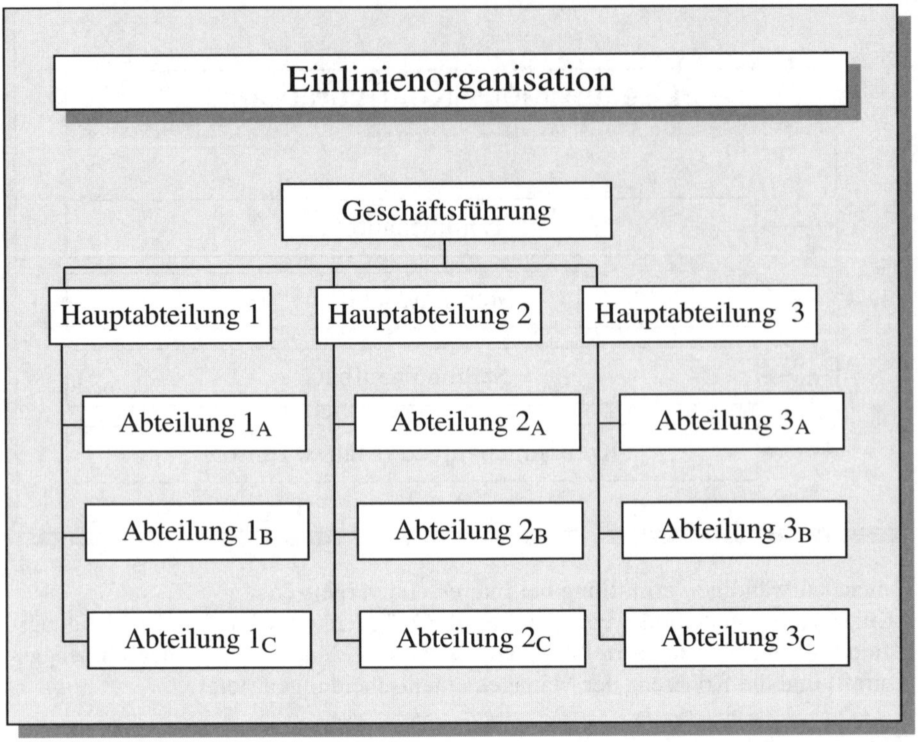

- Die Zusammenarbeit und Koordination wird allgemein durch eine Tendenz zur Segmentierung operativer Aktivitäten erschwert. Zugleich führt die übermäßige Zentralisierung dispositiver Entscheidungsbefugnisse zu Motivationsverlust bei Mitarbeitern mit der Folge nur mehr geringen Engagements.

2.1.2.2 Mehrlinienaufbau

Bei Mehrlinienorganisationen kommt als Besonderheit hinzu, dass Weisungs- und Folgebeziehungen untereinander vielfältig vernetzt sind, d.h., jeder Mitarbeiter hat mehrere Vorgesetzte. Insofern kommt es zu einer besseren Übereinstimmung von Fachkompetenz durch Spezialisierung bei gleichzeitiger Entscheidungsfähigkeit durch direkte Wege. Dabei ist jeweils eine Mehrfachunterstellung gegeben. Praktisch besteht jedoch die Tendenz zur unechten Funktionalisierung über Zentralabteilungen *(siehe Abb. Mehrlinienorganisation)*.

Wesentliche **Vorteile** der Mehrlinienorganisation sind die Folgenden:

- Sachgerechte Entscheidungen, getragen von hoher Kompetenz anstelle hierarchischer Position, stehen im Vordergrund. Für eine Entscheidung müssen nicht mehr unbedingt alle Organisationsstufen durchlaufen werden, sondern jeder Mitarbeiter kann sich direkt mit dem vorgesetzten Spezialisten kurzschließen und abstimmen.

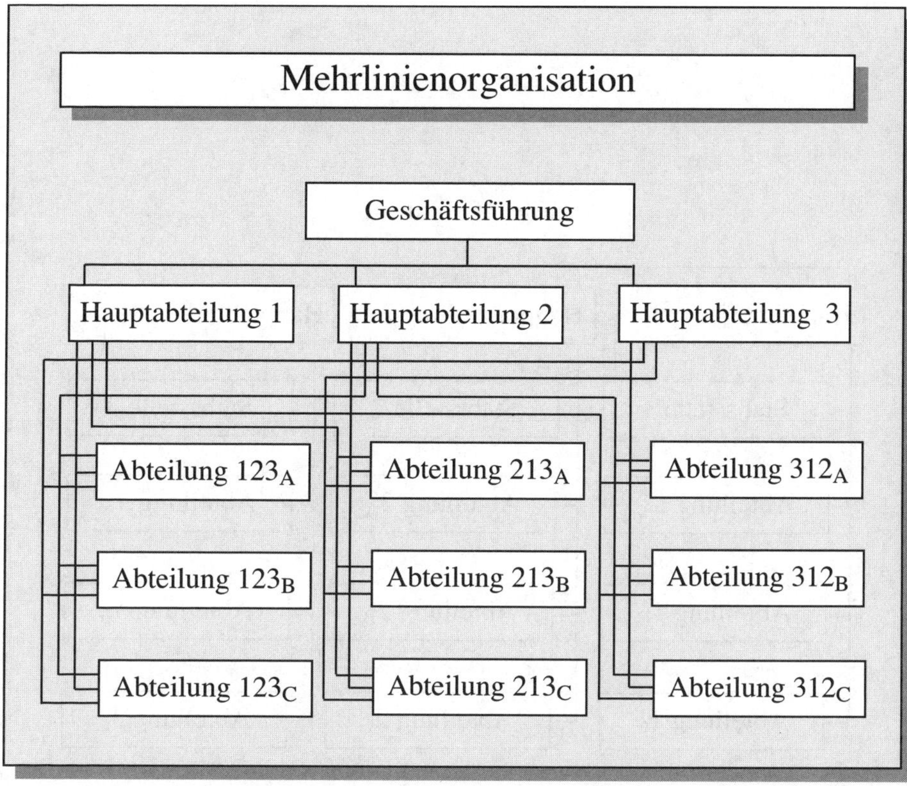

- Die engmaschige Vernetzung führt zu sorgfältiger Abstimmung und effektiver Koordination. Dieses Netzwerk verbessert das Informationsniveau und die direkte, schnelle Kommunikation und optimiert damit den Maßnahmen-Mix.
- Die kurzen Informationswege schaffen eine weitgehende Entbürokratisierung der Organisation, vor allem machen Querverbindungen innerhalb der Organisation eine rasche Anpassung an dynamische Marktbewegungen möglich.
- Sinnvollerweise dominiert die funktionale Autorität gegenüber der formalen Verankerung, denn fachliche Kompetenz ist leichter zu „ertragen" als formale, wodurch Auseinandersetzungen versachlicht werden und konstruktiv wirken.

Dem stehen folgende **Nachteile** gegenüber:
- Es kommt nahezu unvermeidlich zu Kompetenzkonflikten zwischen einzelnen Stellen innerhalb einer Ebene, denn durch die vielfachen Verbindungen besteht immer Anlass, sich übergangen zu fühlen, woraus Schlichtungsbedarf entsteht, bis für die eigentliche Arbeit nurmehr wenig Zeit bleibt.
- Die vielfache Vernetzung führt zu einem erhöhten Abstimmungs- und Kontrollaufwand, um unübersichtliche und inkonsistente Aktivitäten zu vermeiden. Damit wird jedoch ein mehr oder minder großer Anteil des Effizienzvorsprungs wieder eingebüßt.
- Daraus resultiert eine komplizierte Kommunikationsstruktur mit schwieriger Ko-

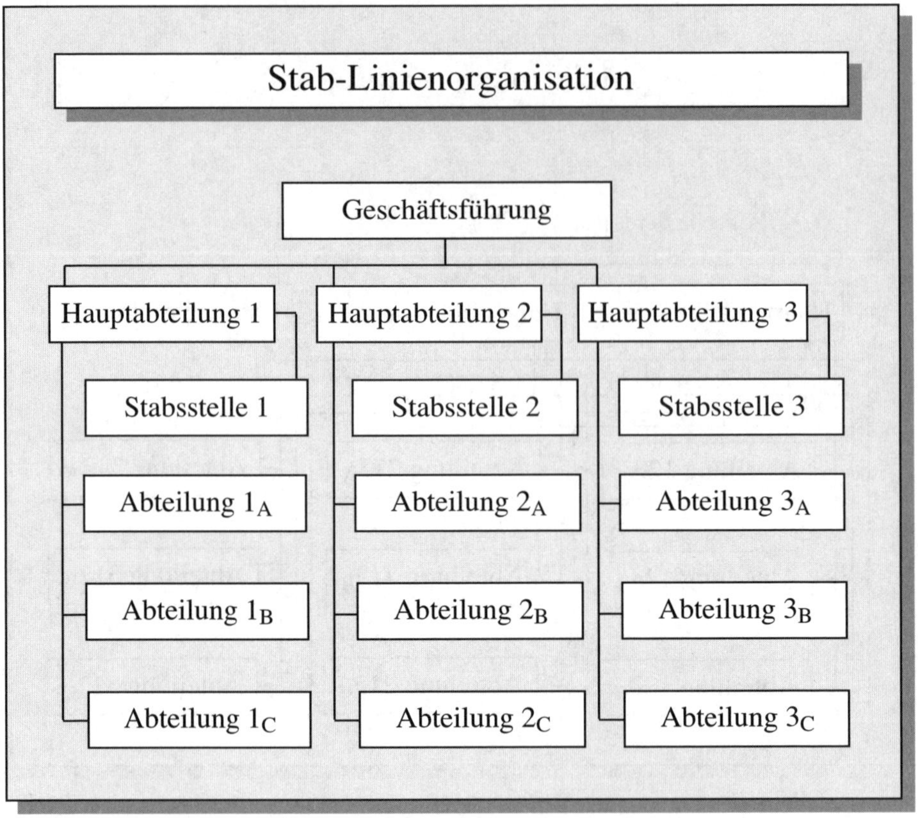

ordination und Kontrolle von Aktivitäten gerade in großen Systemen, in der die Übersicht verloren zu gehen droht. Insofern wird auch eine Zurechnung von Erfolgen erschwert.

- Zudem werden Ressortdenken und die Überbewertung der eigenen Aufgabe gefördert, denn der Blick für das Ganze fehlt und die Gefahr von Konkurrenz statt Kooperation zwischen Stellen mit der Folge erzwungener Kompromisse besteht.
- Die Transparenz der Entscheidungsprozesse geht verloren, denn an jedem Vorgang haben schwer nachvollziehbar und kaum dokumentierbar mehrere Stellen/ Personen in unterschiedlichem Umfang mitgewirkt.

2.1.2.3 Stablinienaufbau

Stablinienorganisationen sind dadurch gekennzeichnet, dass es neben dem direkten Linienweg noch Stellen ohne Weisungsbefugnis gibt. Diese haben beratende Aufgaben und können nur durch überzeugende Arbeit wirksam werden oder, und das ist in der Praxis überwiegend der Fall, durch enge Zuordnung zu einer weisungsbefugten Stelle, die als Instanz den Empfehlungen der Stabsstelle zur Durchsetzung verhilft. Es kommt damit zu einer Trennung von Entscheidungs- und Fachkompetenzen bei Einheit der Auftragserteilung durch Spezialisierung der Stäbe auf Leitungshilfsfunktionen ohne Kompetenz gegenüber der Linie. Außerdem ergibt sich eine Aufteilung des Willensbildungsprozesses durch systematische Entscheidungsvorbereitung und Leitungseinheit. Praktisch besteht jedoch die Tendenz zur Ausbildung eigener Stabshierarchien sowie zur Etablierung zentraler Dienststellen *(siehe Abb. Stab-Linienorganisation)*.

Wesentliche **Vorteile** der Stablinienorganisation sind die Folgenden:

- Die Einheit der Leitung bleibt trotz Spezialisierung durchgängig erhalten, weil der Spezialist dem Entscheider nur zuarbeitet, ihn aber nicht ersetzen wollen darf, weshalb Stabsstelleninhaber Vertrauensleute der entsprechenden Linienpositionen sind.
- Entscheidungen werden durch kompetente Vorbereitung qualitativ besser getroffen als ohne diese Hilfsfunktion, denn teilweise hoch spezialisierte Mitarbeiter wenden sich ohne Blick auf die kurzfristige Ergebnisverantwortung relevanten Themen zu und schaffen damit eine kompetente Entscheidungsvorbereitung.
- Es kommt zu einem sinnvollen Ausgleich zwischen Spezialisten- und Generalistendenken in Stab und Linie, denn die generelle Sicht der Leistungsstellen wird durch die fachegoistische Sicht der Stäbe korrigiert. Zudem kommt es zu einem bereichernden Gedankenaustausch, der Stabsmitarbeitern gute Schulungsmöglichkeiten bietet.
- Die fehlende operative Verantwortung erleichtert es, frühzeitig auf Probleme hinzuweisen, die in der Linie infolge Scheuklappen oder auch aus Risikoscheu und Karriereinteressen eher übersehen werden.
- Die Stabstätigkeit bietet sehr vorteilhafte Schulungs- und Trainingsmöglichkeiten, indem sie individuelle Potenziale und Erwartungshaltungen offenlegt und nutzt.

Dem stehen folgende **Nachteile** gegenüber:

- Stabsorganisationen wuchern nicht selten zu einem eigenständigen „Wasserkopf“ und lassen damit die ursprüngliche Idee entarten, die fehlende aktuelle Leitungsspanne wird dabei oft durch eine Nebenhierarchie der Stabsstellen ersetzt, so entsteht ein „Küchenkabinett“, das leicht kontraproduktiv wirken kann, weil dies Entscheidungen manipuliert.
- Mangels ausreichender Delegation kommt es auch zu einer Fehlleitung von Stäben in Zielen und Aufgaben, sofern operative Belange berührt sind, die eine unnötige Konkurrenz zur Linie schaffen und bei dieser zur bewussten Missachtung der Stabsempfehlungen führen.
- Die Auswertung der Arbeitsergebnisse von Stäben in der Linie ist eher zweifelhaft zu beurteilen, Gründe dafür sind der Wust produzierten Papiers, der es bei steigendem operativen Druck beinahe unmöglich macht, alles zu verarbeiten, sowie eine gewisse Marktferne infolge mangelnder Praxisrelevanz.
- Außerdem besteht ein impliziter Statuskonflikt zwischen einerseits hoher Fach- und andererseits geringer Formalkompetenz, weshalb Stabsstellen meist nur Durchgangspositionen ins Topmanagement und insofern nicht mehr fähig sind, die kurzfristige Sicht der Linie zu korrigieren.

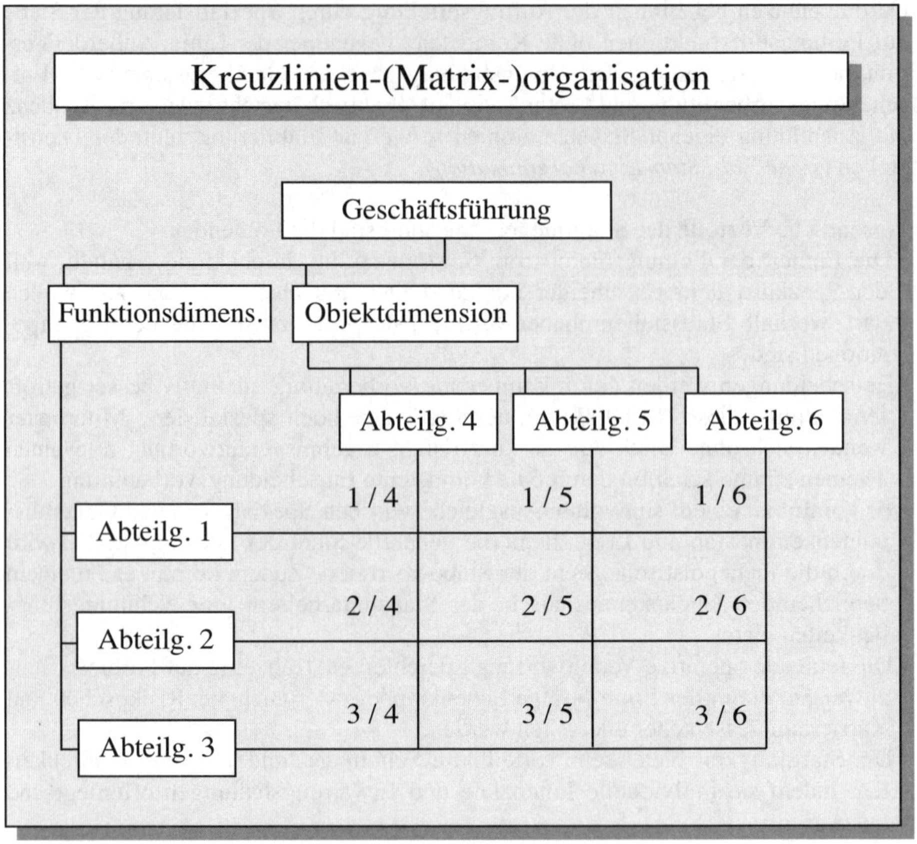

- Die Transparenz der Entscheidungsprozesse geht verloren, weil eine Fülle von Interaktionen zwischen Linie und Stab ablaufen.

2.1.2.4 Kreuzlinienaufbau

Bei der Kreuzlinienorganisation handelt es sich um die Spezialisierung nach Organisationsdimensionen und die Gleichberechtigung dieser Dimensionen innerhalb der Organisation. Liegen zwei Dimensionen zu Grunde, spricht man von Matrixorganisation, bei drei Dimensionen von Tensororganisation. Meist werden eine Funktions- und eine Objektebene innerhalb der Organisation verkreuzt, denkbar ist aber auch nur eine Matrix innerhalb einer Funktion (z.B. Marketing). Der Unterschied zur Mehrlinienorganisation liegt darin, dass bei dieser die Fäden für zwei und mehr Sachgebiete bei einer Person zusammenlaufen, hier jedoch zwei und mehr Personen für ein Sachgebiet zusammenarbeiten. Dabei kommt es zu gewollten Konflikten mit einer systematischen Regelung von Kompetenzkreuzungen und der Pflicht zur Teamarbeit der Dimensionsleiter. Aus praktischer Erfahrung heraus besteht jedoch die Tendenz zur prinzipwidrigen Gewichtung eines einzelnen Dimensionsleiters als Primus inter pares *(siehe Abb. Kreuzlinien-((Matrix-))organisation).*

Wesentliche **Vorteile** der Kreuzlinienorganisation sind die Folgenden:

- Es besteht der Zwang zu interessenausgleichenden, sachgerechten Entscheidungen in der Organisation, denn keine Maßnahme ist a priori gegen den Willen komplementärer Stellen durchsetzbar, daher sind Aussprachen (konstruktives Konfliktmanagement) erforderlich.
- Diese erfolgen auf Grundlage einer klaren formalen Koordination mit hoher Transparenz, d.h., Konflikte werden nicht auf „Nebenkriegsschauplätzen" ausgetragen, sondern die implizite Veranlagung zur Konsensfindung führt zu kooperativer Unternehmenskultur.
- Die Fachkompetenz der jeweiligen Mitarbeiter wird vollauf genutzt, hierarchische Aspekte sind weitgehend neutralisiert und treten in den Hintergrund, wodurch zugleich das innerbetriebliche Leistungsdenken forciert wird.
- Die Leitungsspitze wird entlastet und braucht nur in Konfliktfällen zwischen den Dimensionen einzugreifen. Teile deren dispositiver Tätigkeit werden auf Zwischeninstanzen mit unmittelbar operativer Verantwortung verlagert. Dadurch entstehen auch kürzere Kommunikationswege.
- Durch die implizite Tendenz zur Gruppenarbeit werden einerseits die spezifischen Kompetenzen der Beteiligten gebündelt und andererseits gruppendynamische Effekte freigesetzt. Dies begünstigt auch die Persönlichkeitsentfaltung der Beteiligten durch Teamarbeit und Konsensfindung.
- Die Behandlung von Problemen von unterschiedlichen Standpunkten aus macht auch komplexe Situationen beherrschbar. Dadurch steigt die Flexibilität.

Dem stehen folgende **Nachteile** gegenüber:

- Die Kompetenzabgrenzung ist in der Praxis aufwändig und heftig umstritten, daher bedarf es zumeist eines „Schiedsrichters", um Machtkämpfe um Ressourcen (vor allem Finanzmittel) zu vermeiden. In Großunternehmen ist dies meist nur durch Divisionalisierung überhaupt realisierbar.
- Es besteht die Notwendigkeit zu intensiver Kommunikation mit langen Verhandlungszeiten für Transparenz und Interessenausgleich zwischen den Stellen, die aber zu schwerfälligen Abläufen und schleppender Entscheidung führt und Zeit schluckt, die möglicherweise für sachorientierte Aufgaben effizienter eingesetzt ist.
- Es kommt zu schleppender Entscheidungsfindung mit hohem Kommunikationsbedarf, langen Verhandlungszeiten, erheblicher Fülle von Kompetenzregelungen und vielen Meetings. Dies wirkt kostentreibend.
- Am Ende resultieren daraus kaum mehr eindeutig nachvollziehbare Entscheidungsprozesse, die eine Ergebniszurechnung der Dimensionsleiter wie der Beteiligten erschweren und immer eine Exkulpationsmöglichkeit durch Abstimmungszwang bieten. Damit geht die Transparenz verloren.
- Zudem besteht die Gefahr ständiger, unbefriedigender Kompromisse mit Einigung auf den für alle gerade noch vertretbaren kleinsten gemeinsamen Nenner, der im Sinne des Unternehmens gewiss nicht immer die beste Lösung darstellt.

- Es besteht ein großer Bedarf an qualifizierten Mitarbeitern, die Führungsaufgaben wahrnehmen, denn alle Positionen der Matrix müssen erstklassig und ohne abgestufte Qualifikation besetzt sein.
- Es entsteht eine latente Unsicherheit der Führungskräfte angesichts erheblicher Kompetenz- und Verhaltensregelungen mit der Gefahr des Verlusts der „Unité de doctrine“ und einheitlicher Führungsgrundsätze. Vielmehr kann eine Sekundärebene mit Koordinations-, Gestaltungs- und Konfliktlösungsaufgaben geschaffen werden.

2.1.3 Koordination des Produktmanagement

Die Koordinationsdimension der Organisation befasst sich mit der Teamausrichtung, Projektausrichtung, Zentralabteilungsausrichtung, Gremienausrichtung in Bezug auf das Produktmanagement *(siehe Abb. Organisations-Koordination)*.

2.1.3.1 Teamausrichtung

Die Teamorganisation ist eine bedingt-hierarchische, temporäre Organisationsform. Die Teammitglieder repräsentieren unterschiedliche hierarchische Ebenen, unterschiedliches Wissen und unterschiedliche Abteilungen (Unterschied zur Zentralabteilung). Sie arbeiten auf Dauer zusammen (Unterschied zum Projekt) und exekutieren ihre Arbeiten auch (Unterschied zum Gremium) *(siehe Abb. Teamorganisation)*.

Man unterscheidet:
- formale Teams, die bewusst so gebildet werden, und informale Teams,
- dauerhafte Teams und vorübergehende Teams,

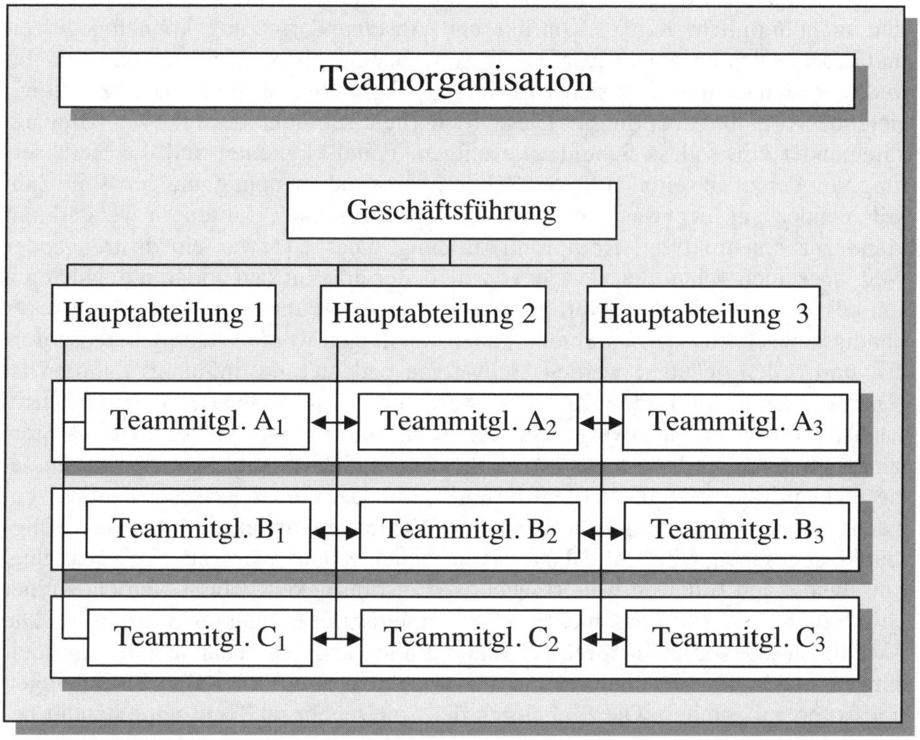

- vertikale Teams mit hierarchischer Über- und Unterstellung und horizontale Teams,
- homogene Teams mit Angehörigen einer Funktion, und diagonale (Cross functional)Teams.

Zu den wesentlichen Merkmalen eines Teams gehören die Folgenden. Ein Team besteht aus Mitarbeitern der von einer Aufgabe betroffenen Funktionen. Es hat ein genügend hohes Maß an Freiheit bzgl. Strukturen, Selbstorganisation, Selbststeuerung, Querinformation und Arbeitsstil. Die Mitglieder stimmen die Fähigkeiten und Interessen untereinander ab. Das Team kompensiert Schwächen, nutzt Stärken mehrfach und arbeitet rivalitätsarm. Prozessdenken hat eine hohe Bedeutung, Kästchendenken ist nicht gefragt. Fallweise vereinbarte Spielregeln steuern das Miteinander. Aufgabenentwicklung und Entwicklung der Arbeitsweise sind zielbezogen und methodisch vielfältig. Funktionen wie Kontrolle, Reflexion, Koordination und Arbeitsteilung werden ohne großen Arbeitsaufwand selbst gesteuert und integriert wahrgenommen. Ein Team kann Leistungen spontan erbringen. Das Bewusstsein, von den Anderen anerkannt zu werden, gibt Energie, die sich nicht in offenen oder verdeckten Kämpfen um Geltung verbraucht. Das Verhalten ist direkt, locker und partnerschaftlich. Die Arbeit ähnelt einem intensiven Gespräch, bei dem die Partner auf gleicher Wellenlänge liegen. Die Arbeit wird als produktiv, kreativ und innovativ empfunden und macht Spaß. Schranken und Barrieren, hinter denen sich der Einzelne als Positionsinhaber und Rollenträger verstecken kann, sind nicht möglich. Kritik, Konflikt und Auseinandersetzung können jederzeit stattfinden. Dies geschieht in einer Vertrauensatmosphäre, die Offenheit erlaubt, weil man sich der Fairness sicher ist und das Team eine ausgleichende bzw. korrigierende Aufgabe übernimmt. Diese Sicherheit schränkt destruktiven Umgang miteinander ein, sodass Schuldzuweisungen, Feindseligkeiten und die Herabsetzung von Personen selten auftreten. Klare Interessenbenennung und der Wille zum Miteinander auf der Basis gegenseitiger Anerkennung, führen in verstärktem Maße zur konstruktiven Kompromissbildung. Dies ist zwar ein anstrengender Weg, aber auch genau der, den jeder will. Jeder erkennt den anderen unabhängig von dessen Rang als gleichwertigen Partner an. Die Führungsrolle wird entweder ständig gewechselt oder unterbleibt ganz. Meinungen werden ständig herausgefordert und sollen geäußert werden, Schweigen bedeutet Zustimmung. Zuhören ist genauso wichtig wie Reden. Konflikte werden nicht verschleiert, sondern offensiv ausdiskutiert. Meinungsdivergenzen gelten als Informationsquelle, nicht als Störfaktor. Im Team wird nur kritisiert, nicht aber getadelt. Es gibt keine Erkenntnisse, die nicht infrage gestellt werden dürfen. Lernbedarf muss jederzeit deutlich gemacht werden. Informationsdefizite sind abzubauen, indem Wissen als Bringschuld angesehen wird. Alle Unterlagen stehen jedem jederzeit zur Verfügung. Entscheidungen sollen in weitestgehender Einstimmigkeit gefasst werden. Keiner fängt etwas Neues an, das nicht vorher gemeinsam beschlossen worden ist. Die Aktivitäten jedes Einzelnen müssen ständig allen anderen bekannt sein. Entscheidungen sind laufend zu dokumentieren und sichtbar zu machen. Zielabweichungen sind sofort mitzuteilen. Die Einhaltung der Spielregeln im Team wird ständig beachtet.

Wesentliche **Vorteile** der Teamorganisation sind die Folgenden:

- Eine Bündelung des Wissens vieler Personen in einer Expertengruppe ist möglich. Auf diese Weise entstehen gruppensynergetische Effekte, die den Output eines Teams erfolgsträchtiger werden lassen als die kumulierten Arbeiten von „Einzelkämpfern".
- Es entstehen weniger Spannungen zwischen den Teammitgliedern durch geringe Bedeutung der Hierarchie. Dies ist geradezu Voraussetzung für eine konstruktive Zusammenarbeit.
- Ein hohes Maß an Abwechslung ist durch Kooperation mit verschiedenen Kollegen in verschiedenen Teams an verschiedenen Aufgaben darstellbar. Von daher wird Ermüdungseffekten (Wear out) vorgebeugt und ein Ideentransfer bewusst stimuliert.
- Auch können die jeweils bestgeeigneten Mitarbeiter individuell zu Arbeitsteams zusammengestellt werden. Dabei ist neben der fachlichen Eignung vor allem auch an die menschliche Chemie gedacht.

Dem stehen folgende **Nachteile** gegenüber:

- Ein erhöhter Koordinationsaufwand durch Überzeugungsarbeit und gegenseitige Information ist erforderlich. Autoritative Arbeitsformen sind demgegenüber einfacher, weil Anweisung und Befolgung klare Verhältnisse schafft.

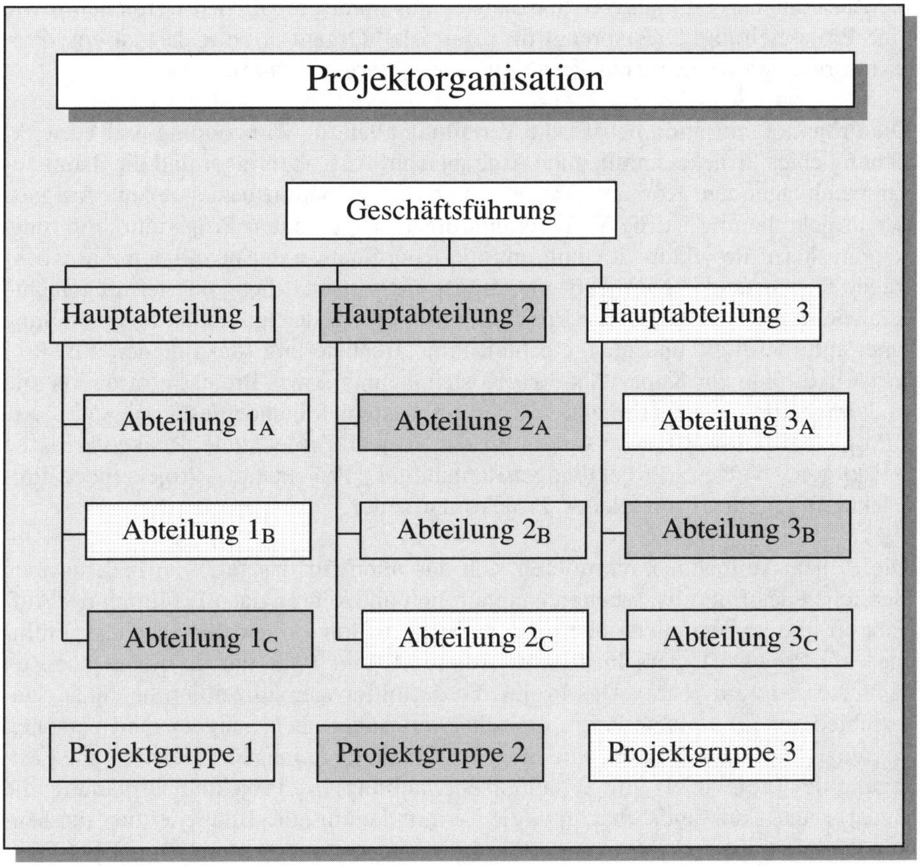

- Es kommt zur steten Konkurrenz der Aufgaben um die personalen Kapazitäten zwischen Teams. Insofern entsteht ein Konflikt zwischen der jeweiligen internen Erwartungshaltung an Teammitglieder und deren Arbeitskapazität.
- Durch die unverbundenen Arbeiten kann es leicht zu Belastungsspitzen und Leerzeiten kommen, nämlich dann, wenn Arbeiten für mehrere Aufgaben zeitgleich anfallen oder temporär ausbleiben.
- Die Leistung und Verantwortung des Einzelnen ist weniger offensichtlich. Da Teamarbeiten Ergebnis verbundener Leistungen sind, fällt eine differenzierte Leistungsbeurteilung vergleichsweise schwer.

2.1.3.2 Projektausrichtung

Als weitere Form stellt sich die Projektorganisation dar. Sie ist eine streng-hierarchische, temporäre Organisationsform. Projekte sind zeitlich, sachlich und u.U. räumlich begrenzte Vorhaben mit definierter Aufgaben- und Zielstellung und im Wesentlichen durch ihre Einmaligkeit der Bedingungen gekennzeichnet. Sie können in Teilprojekte untergliedert werden, sind mit einem Risiko behaftet, erfordern die Zusammenarbeit mehrerer Spezialisten aus unterschiedlichen Bereichen sowie eine Projektleitung. Dies sprengt die „normale" Organisation, daher ist eine Projektausrichtung zweckmäßig *(siehe Abb. Projektorganisation)*.

Die Projektorganisation betrifft die Verteilung aller zur Vorbereitung und Verwirklichung eines Projekts anfallenden Aufgaben auf Aufgabenträger und die damit zusammenhängenden Kommunikations- und Koordinationsbeziehungen. Aufgabe der Projektplanung ist die Vorbereitung einer zielgerechten Projektdurchführung, reibungslosen Projektabwicklung und die Koordination der beteiligten Aufgabenträger. Gegenstand der Projektsteuerung ist die wirtschaftliche und termingerechte Realisierung des Projekts, die Projektkontrolle dient der laufenden Sicherstellung einer anforderungs- und plangerechten Projektrealisierung (dazu dienen z.B. Projektstrukturplan zur Kapazitäts- und Kostenplanung sowie Projektinformation und -dokumentation). Jedes Projekt erfordert mindestens folgende Festlegungen:

- Projektdefinition, Ursache/Anlass für das Projekt, Projektziele, Risiken/kritische Faktoren, Nutzen, Projektbudget/Rentabilität, Projektstart, Projektende, Projektauftraggeber, Projektleiter, Projektmitarbeiter.

Die Projekt-Teilnehmer rekrutieren sich aus allen für das Problem bedeutsamen Bereichen des Betriebs, arbeiten hauptamtlich und kehren nach Erfüllung der Aufgabe in ihre ursprüngliche oder eine andere Position zurück. Sie arbeiten „Fulltime" am Projekt (Unterschied zum Gremium), und zwar nur an einem zur Zeit (Unterschied zum Team). Das Projekt ist definitionsgemäß zeitlich begrenzt (Unterschied zur Zentralabteilung), typischerweise aber auch budgetär und personell begrenzt. Die Arbeitsphasen sind nach der Ernennung eines Projektleiters die Festlegung des Projektziels, die Teilaufgabeneinteilung, die Projektablaufplanung, die Bedarfs- und Aufwandsschätzung, die Terminplanung, die Budgetierung, die Mitarbeiteranleitung und -motivation, die Ablaufüberwachung, der Eingriff bei Planabweichung, die Koordinierung und die Kontrolle des Projekts. Die Projektorganisation ist weit verbreitet in der Investitionsgüterbranche, dort wiederum im Anlagengeschäft, aber aktuell auch im Prozessmanagement aller anderen Marktarten.

Konstitutive Kennzeichen der Projektorganisation sind:

- ihre Zielorientierung mit anschließender Selbstauflösung der Gruppe,
- ihre Neuartigkeit, also keine Routinetätigkeiten betreffend,
- die Komplexität der Aufgabe, die eine Funktion/Person überfordert,
- eine interdisziplinäre Zusammenarbeit.

Die Projektausrichtung ist in der Praxis, neben der hier dargestellten reinen, in drei Mischformen möglich:

- als Stabsstelle im Einfluss-Projektmanagement, dabei ist allerdings keine Entscheidungs- oder Weisungsbefugnis gegeben,
- als Matrix-Projektmanagement, hier besteht eine Weisungsbefugnis des Projektmanagers und eine Entscheidungsbefugnis des Linienmanagers,
- als Task force im reinen Projektmanagement (Multiprojektorganisation), hier liegen Entscheidungs- und Weisungsbefugnis beim Projektmanager.

Wesentliche **Vorteile** sind die Folgenden:

- Bei interdisziplinären Projekten wird für alle Beteiligten eine zentrale Ansprechstelle geschaffen. Dies erleichtert die Koordination ganz ungemein, da damit jemand Bestimmtes verantwortlich ist und sich auch so zu fühlen hat.
- Eine koordinierte Ablaufplanung von komplexen Aufgaben wird geschaffen. Solche überfordern die eher auf routinisierte Abläufe ausgerichtete Aufbauorganisation ansonsten nur zu leicht.
- Die ineinander greifenden Einzelaktivitäten können dadurch besser geplant, gesteuert und kontrolliert werden. In vielen Fällen scheint überhaupt nur durch Projektmanagement eine solche Ausführung gewährleistet.
- Eine gesamtprojektbezogene Erfolgsrechnung (Profit center) wird möglich. Denn die für ein Projekt aufgewendeten Kosten sind nicht nur für Sachleistungen, sondern auch für den hohen Anteil von Personalleistungen abgrenzbar.
- Die weitgehende Autonomie der Projektleitung ermöglicht ein flexibles Eingehen auf Marktforderungen. So braucht nicht auf starre interne Erfordernisse Rücksicht genommen zu werden.

Dem stehen folgende **Nachteile** gegenüber:

- Das Zusammenspiel von begrenzter Projektorganisation und genereller Aufbauorganisation in der (häufigen) hybriden Auslegung schafft Probleme, wenn beide, was regelmäßig der Fall ist, zumindest partiell widerstrebende Anforderungen an Mitarbeiter stellen.
- Vor allem entstehen Kompetenzprobleme der Mitarbeiter durch doppelte Unterstellung bei Disziplinarvorgesetztem und Projektleiter. Daher müssen klare Prioritätsregeln gesetzt werden, die eigentlich nur zu Gunsten des Projekts ausfallen können, da es ansonsten ja nicht des Projektmanagement bedürfte.
- Bei der Zuteilung der Ressourcen macht sich deren begrenzte Teilbarkeit bemerkbar und erfordert Mindestprojektumfänge. Dies bezieht sich sowohl auf maschinelle als auch personelle Kapazitäten.
- Es gibt womöglich Reintegrationsprobleme der Projektmitarbeiter nach Beendigung eines Projekts. Denn deren Aufgaben sind zwischenzeitlich auf andere Weise ja auch gelöst worden, sodass eigentlich ein Folgeprojekt den besten Übergang bietet.

2.1.3.3 Zentralbereichsausrichtung

Der Zentralbereich hat sich aus der Mehrlinienorganisation entwickelt. Die Arbeit ist dauerhaft angelegt (Unterschied zum Projekt), betrifft auch die Exekutive (Unterschied zum Gremium) und bezieht sich nur auf eine Funktion (Unterschied zum Team). Zentralbereiche bieten sich vor allem für große Unternehmen an, in denen es möglich und sinnvoll ist, bestimmte Fähigkeiten ausgestattet mit eigener Fach-, Entscheidungs- und Anordnungskompetenz zu zentralisieren. Meist handelt es sich dabei um die Abtrennung von Verwaltungsaufgaben wie Finanzen, Personal, Steuern, Controlling etc. *(siehe Abb. Zentralbereichsorganisation)*.

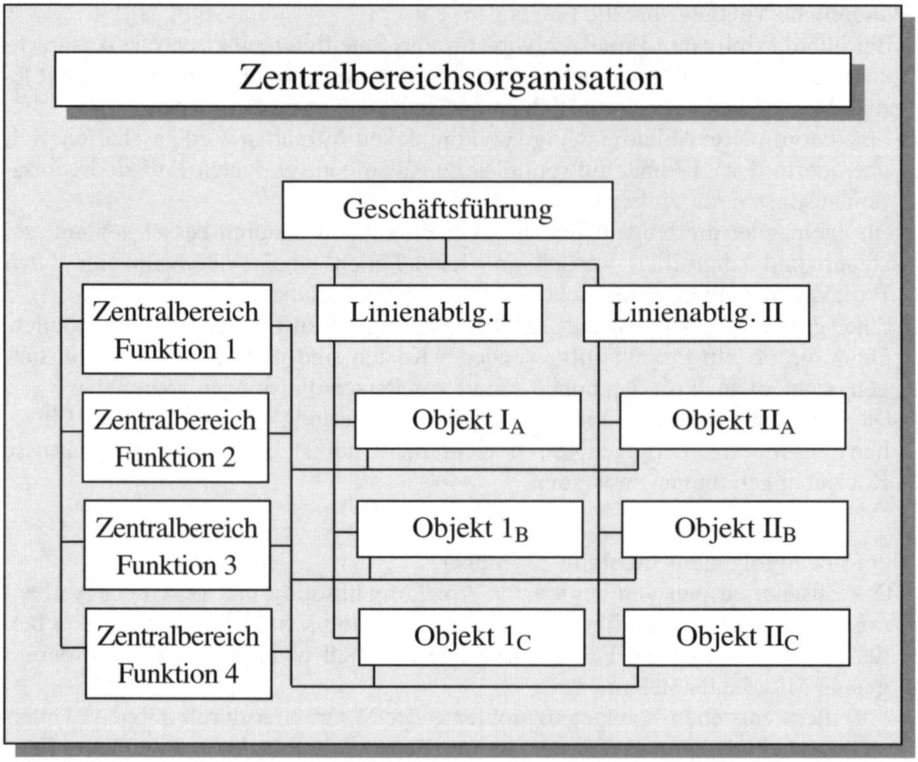

Erfolgt der funktionsorientierte Teil im Zentralbereich, sollen dadurch die komparativen Vorteile beider Ansätze genutzt und deren Nachteile weitgehend vermieden werden. In der Praxis ist häufig das Marketing produkt-, kunden- oder gebietsorientiert organisiert, während die marktfernen Aufgaben funktionsorientiert sind. Im Gegensatz zur echten Objektorganisation, die eine Divisionalisierung von Verantwortungsbereichen zulässt, handelt es sich bei Zentralbereichen um ein Schnittstellenmanagement, bei dem wesentliche Entscheidungen außerhalb der Objektorganisation fallen. Eine Ergebnisverantwortung liegt schon deshalb nicht vor, weil diese keinen Durchgriff auf die Zentralbereiche haben, sondern nur koordinieren. Dass sich daraus weiterer Konfliktstoff bei den vielfältigen Gelegenheiten ergibt, bei denen Objekt- und Funktionsinteressen aufeinander treffen, ist zumal offensichtlich.

Wesentliche **Vorteile** sind die Folgenden:

- Es erfolgt eine Entlastung und Unterstützung der Leitungsinstanzen auf allen Ebenen. Und zwar hinsichtlich derjenigen Aufgaben, die mutmaßlich von, meist funktionalen, Spezialisten besser erledigt werden können als innerhalb der Spartenorganisation.
- Es besteht eine gute Nutzbarmachung und Auslastung von kostenintensiven Fachspezialisten und Anlagen für das gesamte Unternehmen. Durch Zusammen-

legung der Aufgaben verschiedener Sparten trägt sich eine solche Zentralabteilung meist überhaupt erst.
- Eine wirksame Koordinierung bestimmter Aufgaben wird erleichtert. So wird die, in der Spartenorganisation tendenziell unterentwickelte Querabstimmung durch das Zusammenlaufen bestimmter Funktionen in der entsprechenden Zentralabteilung wesentlich verbessert.
- Die Organisation ist eher durch funktionale als hierarchische Autorität gekennzeichnet. Das heißt, der jeweils kompetenteste Mitarbeiter erfüllt die anstehenden Aufgaben, die eher marktnahen werden in der Sparte erledigt, die eher administrativen in der Zentralabteilung.

Dem stehen folgende **Nachteile** gegenüber:
- Die Organisation erfordert einen zunehmenden Spezialistenbedarf. Denn im funktionalen Anteil der Aufbauorganisation werden spezialisierte Mitarbeiter benötigt.
- Es besteht die Gefahr von Kompetenzstreitigkeiten, da die Belange von Sparte und Zentralabteilung ineinander greifen. Dabei wirkt sich vor allem die mangelnde Koordination zwischen beiden Bereichen negativ aus.
- Es besteht die Gefahr eines übermäßigen Ressortdenkens und ungenügender Berücksichtigung der Bedürfnisse der Sparte. Dies ist um so bedauerlicher, als in der Zentralabteilung eher marktferne Aufgaben erledigt werden, welche die Kundenorientierung des Unternehmens schmälern.
- Die operativen Einheiten erleiden einen Autonomieverlust und sind nur noch eingeschränkt verantwortlich zu machen. Dies gilt um so stärker, je mehr Entscheidungsfähigkeit aus der Sparte an die Zentralabteilung abwandert.

2.1.3.4 Gremienausrichtung

In der Praxis ist die Form der Gremienausrichtung weit verbreitet. Sie ist ebenfalls eine Kombination aus Funktions- und Objektorientierung, aber bedingt hierarchisch dauerhaft. Gremien sind Personenmehrheiten, denen bestimmte Aufgaben zur Lösung übertragen werden. Für gewöhnlich handelt es sich um Daueraufgaben, für die ein ständiges Gremium (Komitee, Kommission, Ausschuss) eingerichtet wird, das sich ohne Zeitbegrenzung in regelmäßigen Abständen berät (Unterschied zum Projekt). Die Teilnehmer sind für die Zeit der Gremienarbeit von ihrer hauptamtlichen Tätigkeit befreit (Unterschied zum Team). Das Gremium dient nur der Information, Beratung und Entscheidung, nicht jedoch der Ausführung (Unterschied zum Zentralbereich). Je nachdem, aus welchen Positionen der Hierarchie es sich zusammensetzt, kann es sich um gleichrangige Instanzen, hierarchisch verbundene oder unverbundene Stellen handeln. Es dient vor allem der Koordination von Plänen, verbesserter Informationierung und der Vermeidung von Mehrfacharbeiten bzw. der Nutzung von Synergieeffekten. Dies ist um so nötiger, je größer und unübersichtlicher ein Unternehmen geworden ist.

Konstitutive Merkmale von Gremien sind die:
- Personenmehrheit, wobei die Teilnehmerzahl unbestimmt, aber gleich bleibend ist,

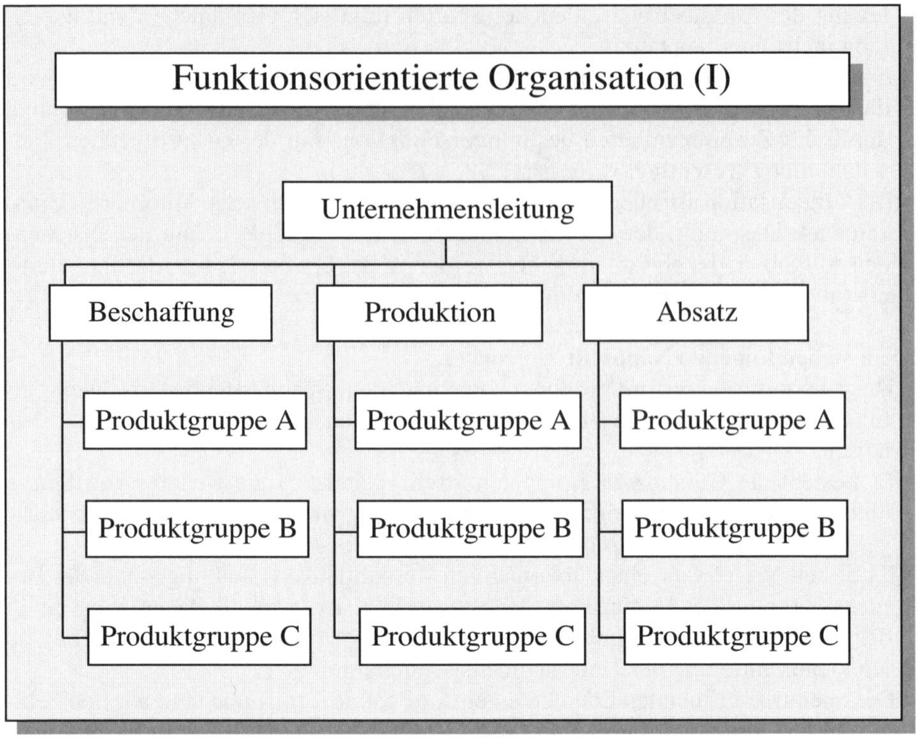
Funktionsorientierte Organisation (I)
Unternehmensleitung
Beschaffung
Produktion
Absatz
Produktgruppe A
Produktgruppe A
Produktgruppe A
Produktgruppe B
Produktgruppe B
Produktgruppe B
Produktgruppe C
Produktgruppe C
Produktgruppe C

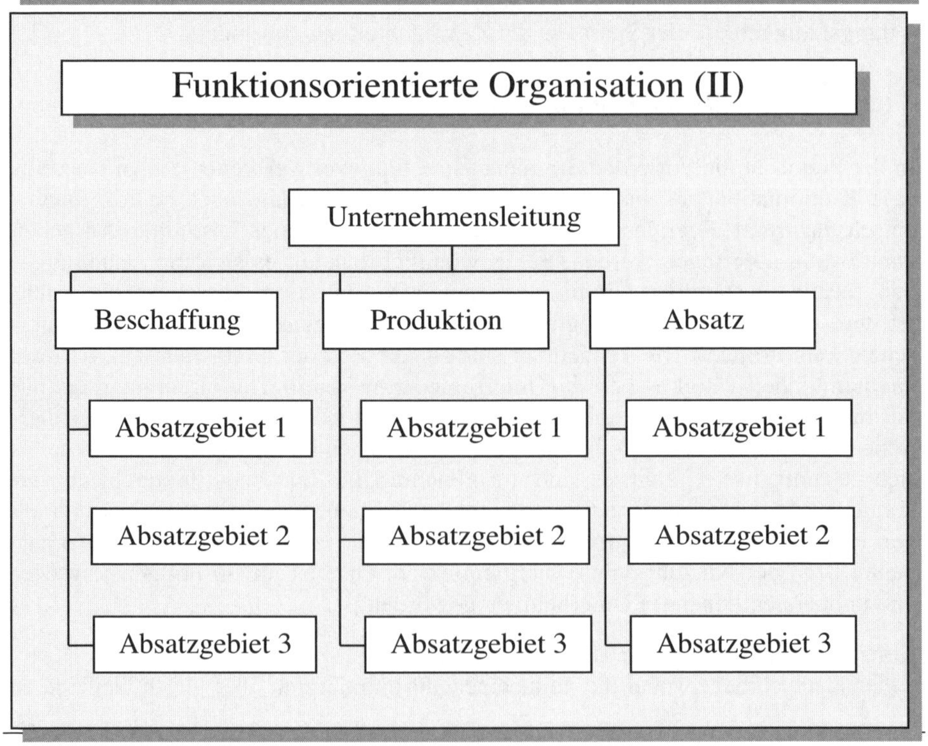
Funktionsorientierte Organisation (II)
Unternehmensleitung
Beschaffung
Produktion
Absatz
Absatzgebiet 1
Absatzgebiet 1
Absatzgebiet 1
Absatzgebiet 2
Absatzgebiet 2
Absatzgebiet 2
Absatzgebiet 3
Absatzgebiet 3
Absatzgebiet 3

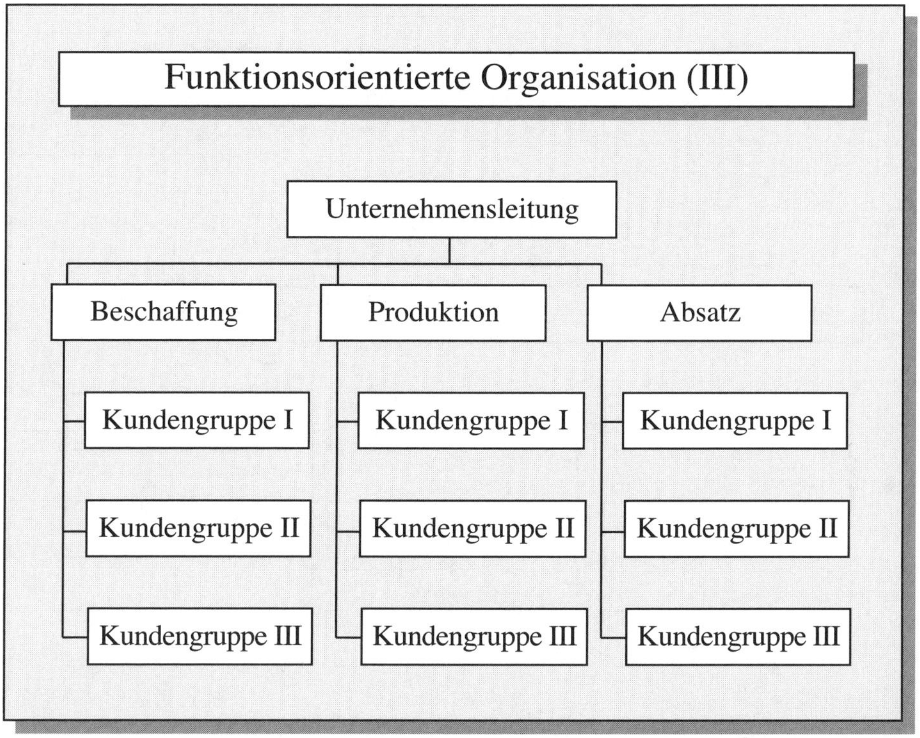
Funktionsorientierte Organisation (III)
Unternehmensleitung
Beschaffung
Produktion
Absatz
Kundengruppe I
Kundengruppe II
Kundengruppe III
Kundengruppe I
Kundengruppe II
Kundengruppe III
Kundengruppe I
Kundengruppe II
Kundengruppe III

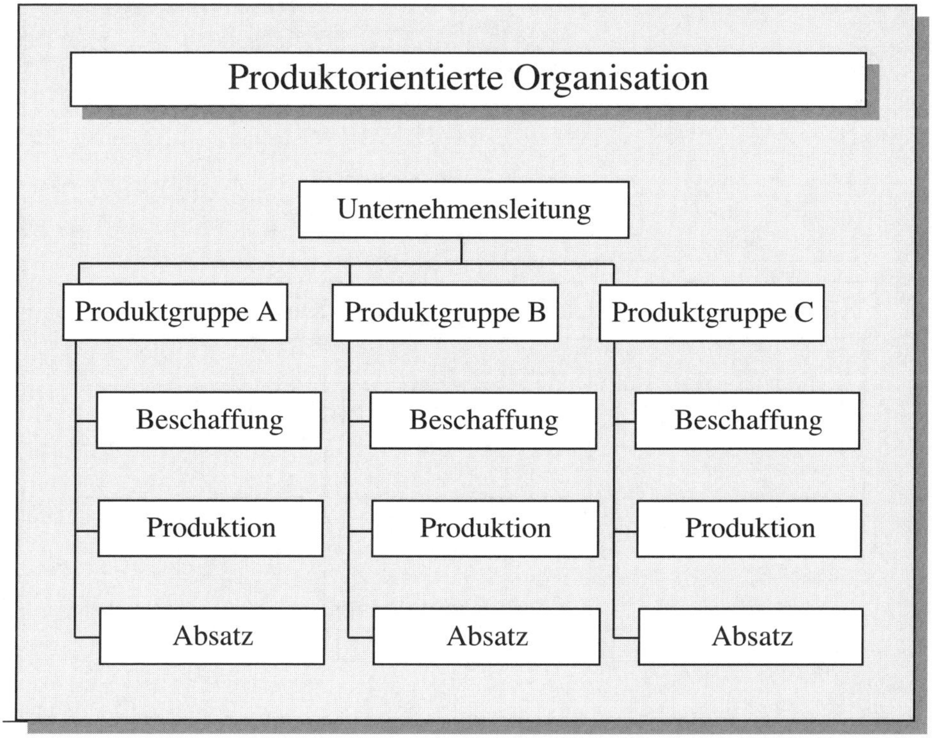
Produktorientierte Organisation
Unternehmensleitung
Produktgruppe A
Produktgruppe B
Produktgruppe C
Beschaffung
Produktion
Absatz
Beschaffung
Produktion
Absatz
Beschaffung
Produktion
Absatz

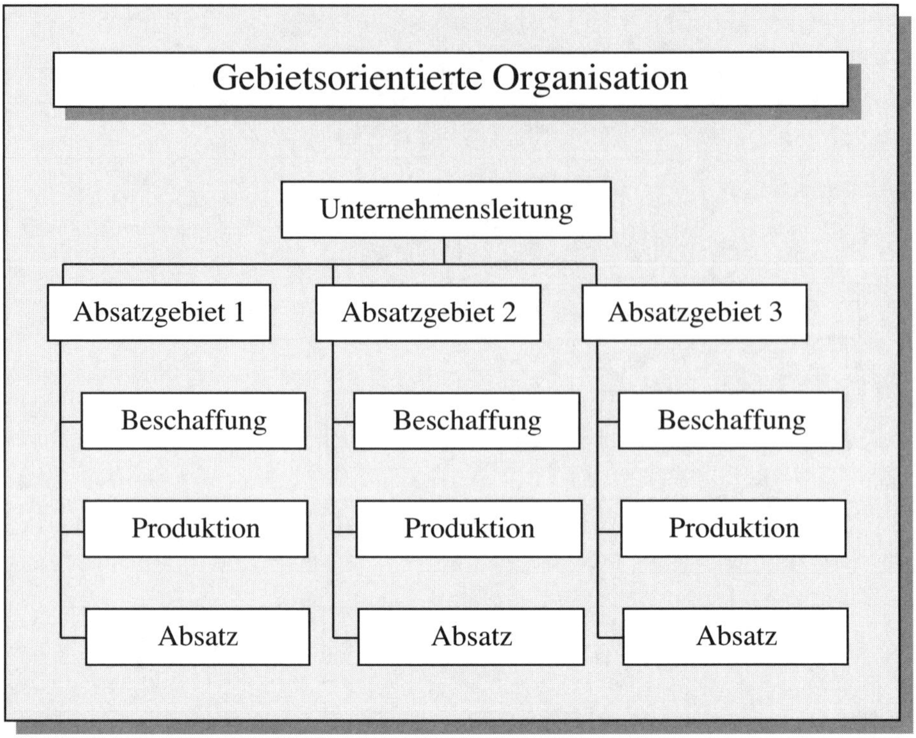
Gebietsorientierte Organisation
Unternehmensleitung
Absatzgebiet 1
Absatzgebiet 2
Absatzgebiet 3
Beschaffung
Produktion
Absatz
Beschaffung
Produktion
Absatz
Beschaffung
Produktion
Absatz

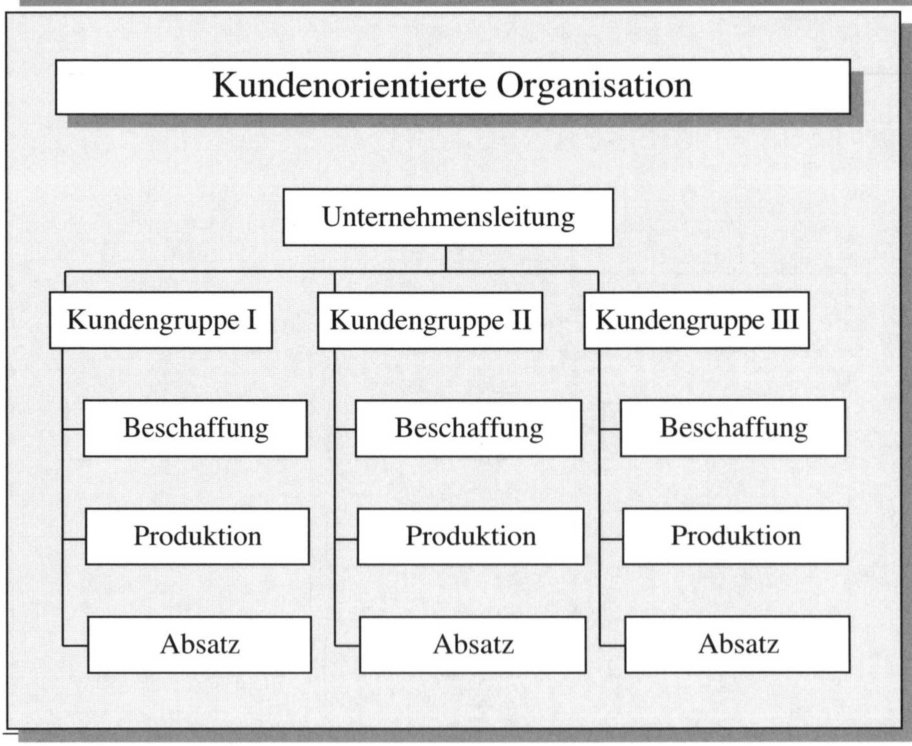
Kundenorientierte Organisation
Unternehmensleitung
Kundengruppe I
Kundengruppe II
Kundengruppe III
Beschaffung
Produktion
Absatz
Beschaffung
Produktion
Absatz
Beschaffung
Produktion
Absatz

- Beständigkeit, d.h., es handelt sich um eine längerfristig bestehende Gruppe,
- direkte Interaktion zwischen den einzelnen Mitgliedern der Gruppe,
- gemeinsamen Normen, die das Denken und Handeln bestimmen,
- Wir-Orientierung der Zusammengehörigkeit innerhalb der Gruppe,
- Rollendifferenzierung nach Hierarchie bzw. Fachkompetenz innerhalb der Gruppe.

Man unterscheidet Leitungsgruppen und integrierte Arbeitsgruppen (vollzeitlich tätig) sowie Ausschüsse und Problemlösungsgruppen (zeitanteilig tätig). Die Rechte und Pflichten sind nach Gesamtkollegialität (die Gruppe agiert immer gemeinsam) oder Ressortkollegialität (nur nach jeweiligen Verantwortungsbereichen) verteilt. Die Abstimmung kann dabei nach dem Direktorialprinzip erfolgen, d.h., der Gruppenleiter bestimmt allein (rein) oder zumindest mit einem Vetorecht (abgeschwächt) oder nach Kollegialprinzip, und zwar nach der Primatkollegialität mit doppelter Stimme des Leiters im Fall der Stimmengleichheit, nach der Abstimmungskollegialität mit einfacher oder qualifizierter Mehrheit oder nach der Kassationskollegialität ausschließlich mit Einstimmigkeit der Beschlussfassung. Daneben gibt es auch Formen beratender Gremien ohne Entscheidungsbefugnis, deren Effektivität jedoch stark anzuzweifeln ist.

2.1.3.5 Mischformen

Die reinen Formen der Spezialisierung sind in der Praxis durch zahlreiche Mischformen ersetzt, die tatsächlich Ergebnis von Kompromissen, politischen Lösungen und Erbhöfen sind, manchmal aber auch zu sachgerechteren Formen der Aufbauorganisation führen. Neben den horizontalen Formen des Zentralbereichs und der Gremien sind vor allem vertikale Ausrichtungen vorhanden.

Dabei kommt es weit überwiegend zur Kombination aus funktions- und spartenorientierten Einteilungen. Mögliche Kombinationen sind folgende:
- Funktionsorganisation und Produktorganisation *(siehe Abb. Funktionsorientierte Organisation ((I)) und Produktorientierte Organisation)*,
- Funktionsorganisation und Gebietsorganisation *(siehe Abb. Funktionsorientierte Organisation ((II)) und Gebietsorientierte Organisation)*,
- Funktionsorganisation und Kundenorganisation *(siehe Abb. Funktionsorientierte Organisation ((III)) und Kundenorientierte Organisation)*.

Denkbar, wenngleich praktisch wenig relevant, sind aber auch Kombinationen innerhalb der Spartenorganisation oder mit mehr als zwei Organisationsformen auf einer Ebene (*siehe Abb. Organisationskombinationen*).

Organisationskombinationen

Spezialisierung	Konfiguration	Koordination (Sekundärorganisation)
Funktionsorganisation -	Einlinienorganisation -	Teamorganisation
Funktionsorganisation -	Mehrlinienorganisation -	Teamorganisation
Funktionsorganisation -	Stablinienorganisation -	Teamorganisation
Funktionsorganisation -	Kreuzlinienorganisation -	Teamorganisation
Funktionsorganisation -	Einlinienorganisation -	Projektorganisation
Funktionsorganisation -	Mehrlinienorganisation -	Projektorganisation
Funktionsorganisation -	Stablinienorganisation -	Projektorganisation
Funktionsorganisation -	Kreuzlinienorganisation -	Projektorganisation
Funktionsorganisation -	Einlinienorganisation -	Gremienorgansation
Funktionsorganisation -	Mehrlinienorganisation -	Gremienorgansation
Funktionsorganisation -	Stablinienorganisation -	Gremienorgansation
Funktionsorganisation -	Kreuzlinienorganisation -	Gremienorgansation
Funktionsorganisation -	Einlinienorganisation -	Divisionsorganisation
Funktionsorganisation -	Mehrlinienorganisation -	Divisionsorganisation
Funktionsorganisation -	Stablinienorganisation -	Divisionsorganisation
Funktionsorganisation -	Kreuzlinienorganisation -	Divisionsorganisation
Produktorganisation -	Einlinienorganisation-	Teamorganisation
Produktorganisation -	Mehrlinienorganisation -	Teamorganisation
Produktorganisation -	Stablinienorganisation -	Teamorganisation
Produktorganisation -	Kreuzlinienorganisation -	Teamorganisation
Produktorganisation -	Einlinienorganisation -	Projektorganisation
Produktorganisation -	Mehrlinienorganisation -	Projektorganisation
Produktorganisation -	Stablinienorganisation -	Projektorganisation
Produktorganisation -	Kreuzlinienorganisation -	Projektorganisation
Produktorganisation -	Einlinienorganisation -	Gremienorgansation
Produktorganisation -	Mehrlinienorganisation -	Gremienorgansation
Produktorganisation -	Stablinienorganisation -	Gremienorgansation
Produktorganisation -	Kreuzlinienorganisation -	Gremienorgansation
Produktorganisation -	Einlinienorganisation -	Divisionsorganisation
Produktorganisation -	Mehrlinienorganisation -	Divisionsorganisation
Produktorganisation -	Stablinienorganisation -	Divisionsorganisation
Produktorganisation -	Kreuzlinienorganisation -	Divisionsorganisation
Gebietsorganisation -	Einlinienorganisation -	Teamorganisation
Gebietsorganisation -	Mehrlinienorganisation -	Teamorganisation
Gebietsorganisation -	Stablinienorganisation -	Teamorganisation
Gebietsorganisation -	Kreuzlinienorganisation -	Teamorganisation
Gebietsorganisation -	Einlinienorganisation -	Projektorganisation
Gebietsorganisation -	Mehrlinienorganisation -	Projektorganisation
Gebietsorganisation -	Stablinienorganisation -	Projektorganisation
Gebietsorganisation -	Kreuzlinienorganisation -	Projektorganisation
Gebietsorganisation -	Einlinienorganisation -	Gremienorgansation
Gebietsorganisation -	Mehrlinienorganisation -	Gremienorgansation
Gebietsorganisation -	Stablinienorganisation -	Gremienorgansation
Gebietsorganisation -	Kreuzlinienorganisation -	Gremienorgansation
Gebietsorganisation -	Einlinienorganisation -	Divisionsorganisation
Gebietsorganisation -	Mehrlinienorganisation -	Divisionsorganisation
Gebietsorganisation -	Stablinienorganisation -	Divisionsorganisation
Gebietsorganisation -	Kreuzlinienorganisation -	Divisionsorganisation
Kundenorganisation -	Einlinienorganisation -	Teamorganisation
Kundenorganisation -	Mehrlinienorganisation -	Teamorganisation
Kundenorganisation -	Stablinienorganisation -	Teamorganisation
Kundenorganisation -	Kreuzlinienorganisation -	Teamorganisation
Kundenorganisation -	Einlinienorganisation -	Projektorganisation
Kundenorganisation -	Mehrlinienorganisation -	Projektorganisation
Kundenorganisation -	Stablinienorganisation -	Projektorganisation
Kundenorganisation -	Kreuzlinienorganisation -	Projektorganisation
Kundenorganisation -	Einlinienorganisation -	Gremienorgansation
Kundenorganisation -	Mehrlinienorganisation -	Gremienorgansation
Kundenorganisation -	Stablinienorganisation -	Gremienorgansation
Kundenorganisation -	Kreuzlinienorganisation -	Gremienorgansation
Kundenorganisation -	Einlinienorganisation -	Divisionsorganisation
Kundenorganisation -	Mehrlinienorganisation -	Divisionsorganisation
Kundenorganisation -	Stablinienorganisation -	Divisionsorganisation
Kundenorganisation -	Kreuzlinienorganisation -	Divisionsorganisation

2.1.4 Center-Bildung

Die Center-Bildung als Form der Objektorganisation dient der Spezialisierung und Qualifizierung der Organisation und ihrer Mitglieder für die weitere Unternehmensentwicklung, unterstützt personelle Veränderungen in der Führungsspitze, macht bisher unklare Verantwortungsverhältnisse transparent, auch in Bezug auf die objektbezogene Erfolgstransparenz, bietet sich bei Zunahme des Geschäftsaufkommens sowie Erreichen organisatorischer Grenzen und sinnvoller Komplexität an, verbessert unklare Kostenzuordnungen und mangelndes Kostenbewusstsein, verhindert überlange Abstimmungs-/Kommunikationswege bei der Durchführung objektbezogener Aufgaben und lindert bestehende offensichtliche organisatorische Mängel der Führung, etwa durch Überbelastung der obersten Unternehmensleitung.

Man unterscheidet verschiedene Arten von Centers. **Cost centers** sind organisatorische Einheiten, die marktfähige, interne Leistungen erbringen und mittels der Höhe der durch sie verursachten Kosten (Kostendeckung) gesteuert werden. Es wird davon ausgegangen, dass die Leistungsmenge des Cost centers nicht von den verantwortlichen Entscheidungsträgern beeinflussbar ist. Als Abrechnungsergebnis für die Cost centers können die aggregierten Kostenstellenergebnisse verwendet werden. Dabei wird eine abgegrenzte Inanspruchnahme (Auftragslogik) der Cost center-Leistungen unterstellt. Zur Koordinierung und Steuerung der Leistungsbeziehungen eines Cost center mit anderen Centers innerhalb des Unternehmens ist es zweckmäßig, diese über eine Center-Erfolgsrechnung miteinander zu koordinieren und zu steuern. Die Steuerung über Kosteneinsparungsziele bzw. über eine andersartige Kostenverteilung im Rahmen von Ziel- und Leistungsvereinbarungen ist ebenso sinnvoll.

Service centers stellen eine besondere Form von Cost centers dar. Solche Unternehmensteilbereiche erbringen ausschließlich Dienstleistungen, um bestehende Bedürfnisse anderer Teilbereiche während deren Leistungserstellung zu befriedigen. Im Unterschied zum Cost center sind diese internen Leistungen jedoch nicht marktfähig. Wegen der oft nur schwer möglichen monetären Bewertung dieser Dienstleistungen werden die Service Center entsprechend der Cost center-Logik nur kostenverantwortlich geführt (wie Controlling, IT). Service center sind ebenfalls in den Prozess der innerbetrieblichen Ziel- und Leistungsvereinbarung zu integrieren. Ansonsten wird ein Großteil der Gemeinkosten innerhalb eines Unternehmens nicht transparent, und die im Rahmen einer Kostenumlage verteilten Gemeinkosten bleiben unaufgelöst. Ansatzpunkte zur Steuerung liefern z.B. Kennzahlen für die Dienstleistungsqualität.

Bei einem **Investment center** wird die Verantwortung der Center-Leitung um Investitionsentscheidungen erweitert. Damit dienen der Gewinn, die Kosten und der Investitionserfolg als Beurteilungsmaßstäbe für die jeweilige Organisationseinheit. Das bedeutet, dass die benötigten und somit nutzbaren Kapazitäten vom Investment center selbst geplant werden, und der ROI eine der zentralen Erfolgsbeurteilungsgrößen ist. Das Investment Center repräsentiert den höchsten Autonomiegrad der Verantwortungsbereiche und kann als ein wichtiger Schritt zur Bildung von

„echten Unternehmen im Unternehmen" (Intrapreneurship) bezeichnet werden. Zur tatsächlichen Bildung von Unternehmen, z.B. durch Ausgründung, Management-Buy out, und deren Eingliederung im Rahmen einer Holding-Organisation fehlt dann nurmehr die rechtliche Selbstständigkeit.

Profit centers sind organisatorische Einheiten, die mittels Kosten- und Leistungsvorgaben gesteuert werden. Sie sind Verantwortungs- und Abrechnungseinheiten, deren Beitrag zum Gesamtergebnis durch eine Kosten-Leistungs-Gegenüberstellung aufgezeigt wird. Grundvoraussetzung ist, dass sowohl die Kosten als auch die Leistung von den Verantwortungsträgern der Profit centers beeinflussbar sind. Nur so können die Basis für unternehmerisches Handeln der Verantwortlichen (Gewinnmaximierung) und die Motivation zur Eigeninitiative gesichert werden. Zur Beurteilung der Leistungsfähigkeit eines Profit center lassen sich zwei Formen der Erfolgsrechnung nutzen. Zum einen die Unternehmens-Erfolgsrechnung, die nach dem Umsatzkostenverfahren produktbezogen die Unternehmensleistung auf die vorhandenen Profit Centers abbildet und für diese den Anteil des Center-Erfolgsbeitrags am Gesamterfolg des Unternehmens aufzeigt. Zum anderen die Center-Erfolgsrechnung, die den Erfolg des jeweiligen Center aus der Input-Output-Verflechtung der Center-Einheiten innerhalb eines Unternehmens errechnet. Diese Form der Center-Erfolgsrechnung stellt ein Werkzeug sowohl für die Steuerung und Optimierung der innerbetrieblichen Leistungsverflechtungen dar als auch für die marktorientierte Ausrichtung des Gesamtunternehmens und seiner Teile (Marktpreisprinzipien).

Revenue centers sind organisatorische Einheiten, deren Erfolg am Umfang oder Volumen von Erlösen beurteilt und gesteuert werden. Dies impliziert, dass die verursachten Kosten sich nur schwach proportional zu den Erlösen verhalten und keine signifikante Steuerungsgröße darstellen. Eine Verfeinerung der Steuerung des Revenue center ermöglicht die Berücksichtigung der tatsächlich erzielten Preise nach Erlösschmälerungen (z.B. Listenpreis abzgl. gewährter Rabatte). Es ist allerdings zu beachten, dass die eingetretenen Erlösschmälerungen auch tatsächlich im Verantwortungsbereich des Revenue center begründet liegen.

Competence centers sind organisatorische Einheiten, die beispielgebend die Schlüsselfähigkeiten eines Unternehmens bündeln und demonstrieren. Es ist sinnvoll, Schlüsselfähigkeiten intern zu bündeln, um synergetische Effekte zu erzielen und den dauerhaften Wettbewerbsvorsprung weiter auszubauen. Außerdem beweisen Competence centers Kunden und Interessenten die überlegenen Eigenschaften eines Anbieters in Bezug auf eine relevante Problemlösung. Ihnen kommt daher Referenzcharakter für die Kundenakquisition und -bindung zu.

In **Value centers** finden die wertschöpfenden Prozesse eines Unternehmens organisatorisch zentralisiert statt. Ziel ist es dabei, von der Eingangslogistik bis zum Nachkaufbereich alle Aktivitäten ohne Schnittstelle zu anderen Organisationseinheiten durchzuführen. Denn Schnittstellen bedeuten immer Ineffizienzen durch Informationsverluste, Inkompatibilitäten, Blindleistungen etc. Daher weisen Value centers eine strikt prozessorientierte Organisation auf, die den Workflow von der Quelle bis zur Senke innerhalb einer einzigen Organisationseinheit bündelt.

2.2 Bestimmung des Marktfelds

Angesichts weithin gesättigter Märkte reicht es heute aber beileibe nicht mehr aus, ein neues Angebot ungezielt an den Markt zu geben und dort auf Erfolg zu hoffen. Dazu sind die Märkte auch viel zu dicht besetzt. Es sei denn, man hat ausnahmsweise einmal die bahnbrechende Neuheit an der Hand, die jeder immer schon haben wollte (aber wer hat das schon?). Vielmehr kommt es darauf an, für ein Angebot gezielt Marktfelder zu identifizieren, die Erfolg versprechend scheinen und daraus wiederum ein Marktfeld zu selektieren, auf dessen Eroberung sich alle Marketingaktivitäten fokussieren. Dafür gibt es nun prinzipiell verschiedene Möglichkeiten in Anlehnung an die Analyse der strategischen Lücke.

2.2.1 Strategische Lücke

Die Analyse der strategischen Lücke (auch Gap-Analyse genannt) hat eine Projektion der Erlös- bzw. Ertragsentwicklung und ihre Abweichung von Zielen im Zeitablauf zum Inhalt. Dazu wird im Planungszeitpunkt die mutmaßliche Entwicklung der Ergebnisse prognostiziert. Dies erfolgt in Abhängigkeit vom Status quo oder von marketingstrategischen Maßnahmen. Im Status quo, also ohne Einleitung marketingstrategischer Maßnahmen, dürften sich die Ergebniswerte monoton fallend entwickeln. Dies hängt vor allem damit zusammen, dass in einer dynamisch fortschreitenden Umwelt Stillstand Rückschritt bedeutet, ein passiver Anbieter also zwangsläufig an Boden verliert. Sofern bereits bekannte oder eingeleitete Maßnahmen dies verhindern können, handelt es sich um eine operative (geschlossene) Lücke. Offen bleibt hingegen eine strategische Lücke, die es zu schließen gilt. Die vier Maßnahmenalternativen bei aktiver Haltung leiten sich nach dem Gesetz abnehmender Synergiepotenziale (Ansoff) durch bestehende oder neue Produkt-Markt-Kombinationen ab.

2.2.1.1 Darstellung

Grundlage der Gap-Analyse ist also ein Vergleich der gewünschten Ergebnisentwicklung mit der prognostizierten und die Indikation von Maßnahmen zur Gegensteuerung von Abweichungen. Dafür gelten folgende Hypothesen im Zeitablauf:

- Ohne marketingstrategische Maßnahmen stagniert das Ergebnis. Die Abweichung zu den Zielwerten, wobei Wachstumsziele implizit unterstellt werden, nimmt dabei im Zeitablauf zu. Denn sehr wahrscheinlich stehen der eigenen Lethargie Aktivitäten des Mitbewerbs gegenüber, die den eigenen relativen Markterfolg beeinträchtigen.
- Mit zusätzlichen Maßnahmen der **Marktdurchdringung** dürfte zumindest eine Verringerung der negativen Abweichung erreichbar sein, wenngleich ein befriedigendes Ergebnis dadurch allein noch nicht gegeben ist. Es bleibt also weiterhin eine Ergebnislücke zurück.
- Mit zusätzlichen Maßnahmen der **Markterweiterung** dürfte eine weitere Situationsverbesserung realisierbar sein, ohne dass das Mindererergebnis wahrscheinlich schon dadurch allein in einem tolerablen Rahmen bleibt.

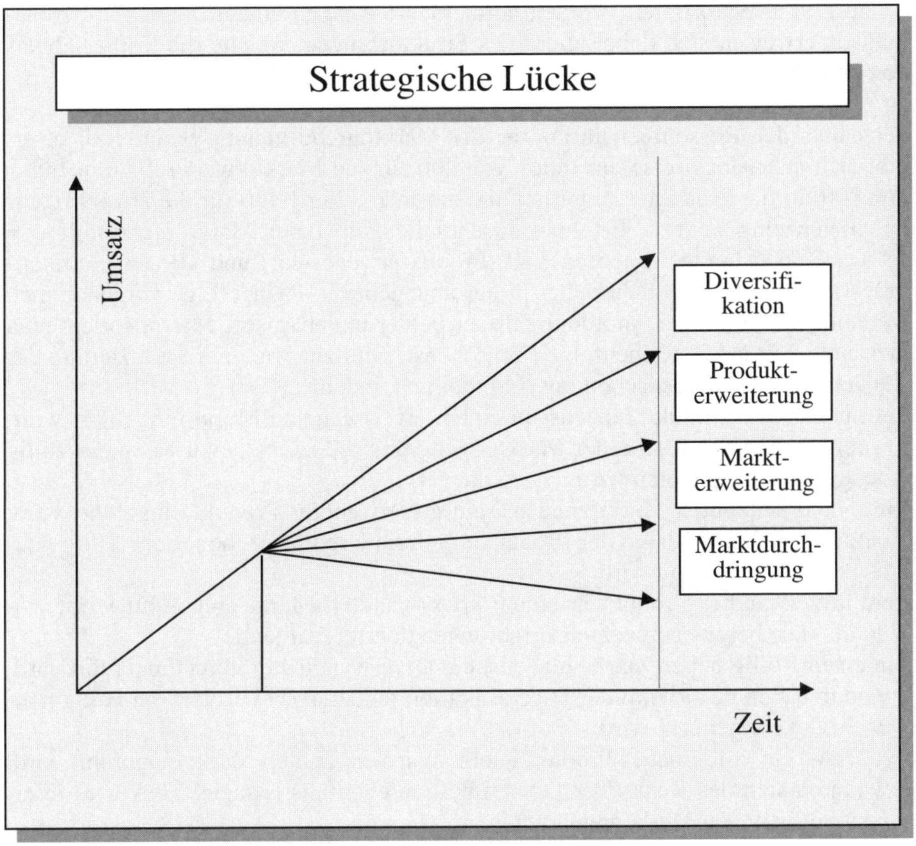

- Mit zusätzlichen Maßnahmen der **Produkterweiterung** kann eine gewisse Annäherung des mutmaßlichen Ist-Ergebnisses an die Zielvorstellung erreicht werden, wobei immer noch eine negative Abweichung besteht.
- Erst durch umfassende Maßnahmen der **Diversifizierung** (Produkt-Markt-Entwicklung) dürften ehrgeizige Zielsetzungen egalisiert werden (*siehe Abb. Strategische Lücke*).

Da mit diesen Aktivitäten steigende Risikolevels verbunden sind, wird man die jeweils risikobehafteteren Maßnahmen erst ergreifen, wenn vorgelagerte Maßnahmen zur Zielerreichung nicht ausreichen. Wie hoch der Aktivitätsbedarf aber letztlich ist, zeigt erst die Gap-Analyse an. Mit steigender Öffnung der Schere zwischen prognostiziertem Ist- und geplantem Soll-Ergebnis ist zum Abgleich die Aktivierung zunehmend risikobehafteter Maßnahmen erforderlich. Von besonderer Bedeutung ist dabei die Tatsache, dass mit wachsendem Zeithorizont Soll-Ist-Divergenzen eskalieren. Demnach sind möglichst frühzeitige Aktivitäten angezeigt, um Abweichungen zu korrigieren. Dazu werden Frühwarnsysteme installiert, denn wird die strategische Lücke als zu klein prognostiziert, folgt daraus ein posthum sich als unzureichend erweisendes Aktivitätsniveau, wird diese Lücke hingegen als zu groß prognostiziert, werden vermeidbare Risiken eingegangen. Als problematisch erweisen sich dabei allerdings Strukturbrüche, welche die Vorhersehbarkeit tatsächlich eng begrenzen.

Setzt man den Ressourceneinsatz bei der Marktdurchdringung gleich 100, so ergibt sich näherungsweise ein Index von 400 für die Markterweiterung, ein Index von 800 für die Produkterweiterung und ein Index von 1.400 für die Diversifikation. Gleichzeitig sinkt die Erfolgswahrscheinlichkeit (Index Marktdurchdringung = 100) auf 66 (Markterweiterung), 40 (Produkterweiterung) und 10 (Diversifikation). Aktivitäten sollen daher eher in der angegebenen Reihenfolge vorgenommen werden. Auf Grund der Anordnung dieser Felder in der Ansoff-Matrix spricht man hier auch von der Z-Reihenfolge. Zwischenschritte zur weiteren Reduzierung der Risiken und Ressourcenschonung sind möglich, indem

- ein bekanntes Produkt zunächst in einem artverwandten Markt eingeführt wird, wodurch sich das Risiko der Markterweiterung reduziert, bevor es einem völlig neuen Markt angeboten wird,
- in einem bekannten Markt zunächst ein artverwandtes Produkt eingeführt wird, wodurch sich das Risiko der Produkterweiterung reduziert, bevor ein völlig neues Produkt angeboten wird,
- ein artverwandtes Produkt in einem artverwandten Markt eingeführt wird, wodurch viele bereits gemachten Erfahrungen übertragbar sind,
- in einem völlig neuen Markt zunächst ein artverwandtes Produkt eingeführt wird, wodurch sich das Risiko der Diversifikation reduziert, bevor dort ein völlig neues Produkt angeboten wird,
- zunächst ein völlig neues Produkt in einem artverwandten Markt eingeführt wird, wodurch sich das Risiko der Diversifikation ebenfalls reduziert, bevor es in einem völlig neuen Markt angeboten wird.

2.2.1.2 Bewertung

Es sind jedoch einige Kritikpunkte an den Erkenntnissen der Gap-Analyse anzumerken. So ist die Analyse einseitig wachstumsorientiert. Was nicht verwundert, entstammt sie doch dem Denken der 1960er Jahre mit ihrer scheinbar unendlichen Wachstumshoffnung. In der heutigen Zeit, die vermehrt durch Stagnation oder gar Rückzug der Märkte gekennzeichnet ist, sind die Aussagen dieser Analyse jedoch wenig hilfreich. Sie bedarf dazu der Ergänzung um zwei neue Felder strategischer Alternativen:

- **Marktrückzug.** Märkte werden etwa verlassen, wenn die dort verbleibende Nachfrage als zu gering angesehen wird, sich die Konkurrenzintensität steigert, nicht-tarifäre Handelshemmnisse bzw. sonstiger Protektionismus gegeben sind oder dortige Handelspartner nicht sachgerecht „funktionieren“.
- **Produktaufgabe.** Dies gilt vor allem, weil in vielen Bereichen ein Wachstum nicht mehr nur nicht möglich, sondern auch überhaupt nicht mehr wünschenswert scheint. Dies betrifft vor allem sozial und ökologisch angreifbare Angebote, die im Wege des De- bzw. Countermarketing zu reduzieren sind.

Die Analyse ist ausschließlich zweidimensional angelegt. Verhaltensregeln werden nur aus den Größen Produkt und Markt abgeleitet. Dabei ist jedoch eine Vielzahl anderer Parameter entscheidend für die Unternehmensentwicklung. Namentlich sei hier der Bereich Finanzen genannt, denn alle Aktivitäten tangieren die Finanzsituation des Unternehmens. Die daraus sich ergebenden Zusammenhänge bleiben aber unberücksichtigt. Das Gleiche gilt für andere Unternehmensbereiche wie FuE, Logistik und Produktion.

Es erfolgt keine Berücksichtigung finanzieller Ressourcen, die erforderlich sind und vorhanden sein müssen, um die empfohlenen Expansionsschritte praktisch darstellen zu können. Bei dem hohen Aufwand, den eine professionelle Implementierung heute erfordert, sind aber solche Finanzmittel oftmals die entscheidende Limitation.

Des Weiteren wird der Konkurrenzeinfluss vernachlässigt. Denn natürlich ist die Entscheidung über die Marktstrategie zu einem großen Teil nicht nur von den internen Gegebenheiten abhängig, sondern auch von der Konkurrenzsituation. So wird das Eindringen in neue Produkt- oder Gebietsmärkte z.B. durch Marktschranken dort vorhandener Anbieter behindert, d.h., gewünschte Erweiterungsmaßnahmen sind nicht realisierbar oder mit einem unzulässig hohen Risiko behaftet.

Es erfolgt keine Berücksichtigung der unternehmerischen Stärken und Schwächen und der marktlichen Chancen und Risiken. Die Stärke eines Unternehmens kann gerade in ihrer Spezialisierung auf einen Produkt-Gebiets-Markt liegen und ihre Schwäche in der Zersplitterung der Aktivitäten auf zu viele Aktionsvariable im Programm. Andererseits lohnt eine Ausweitung in neue Produkt- oder Gebietsmärkte nur, sofern diese auch ein deutliches Erfolgspotenzial aufweisen, d.h., per saldo ihre Chancen über ihren Risiken liegen.

Somit bietet die Gap-Analyse letztlich keine konkreten Anhaltspunkte dafür, welcher Weg eingeschlagen werden sollte und wie dieser zu exekutieren ist. Zwar gibt es eine generelle Empfehlung zur Reihenfolge, aber diese ist viel zu allgemein, als dass sie den Besonderheiten spezifischer Unternehmenssituationen gerecht werden kann. Zudem werden schwache Signale nicht berücksichtigt.

2.2.2 Marktdurchdringung

Marktdurchdringung bedeutet das verstärkte Angebot bestehender Produkte auf bestehenden Märkten. Dafür kommen die Optionen der Dominanz, der Kundenbindung, der Intensitätssteigerung, der Strukturbeeinflussung, der Zusatzverkäufe und der Kundenrückgewinnung in Betracht *(siehe Abb. Marktdurchdringung ((Optionen))*.

Bei der **Dominanz** bestehenden Angebots entschließt man sich, in einem bereits

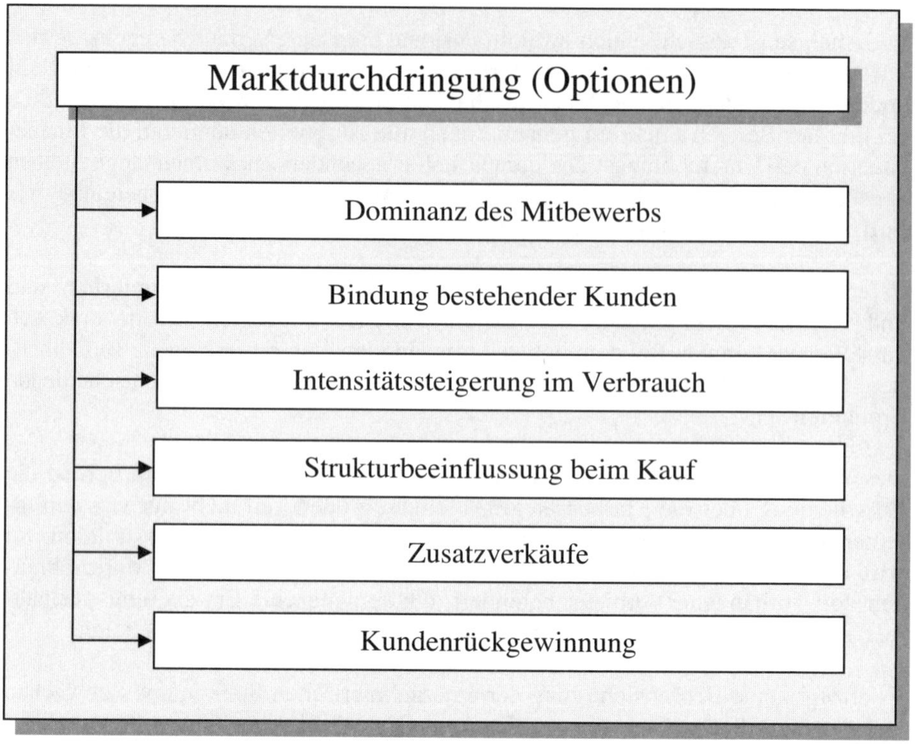

durch Mitbewerber belegten Segment anzubieten. Dabei spekuliert man darauf, diese durch quantitativ überlegenen Aktivitäteneinsatz oder bessere Angebotsleistung zu übertreffen. Dies setzt freilich Machtmittel voraus oder zumindest überlegenen Budgeteinsatz. Procter&Gamble hat hier bereits mehrfach Erfolge produziert, so mit Fairy ultra im besetzten Spülmittelmarkt oder Always im besetzten Monatshygienemarkt.

Ein Beispiel kann auch das Angebot der IBM-PC's bieten. Bis zu deren Einführung 1981 galt Nixdorf als der Pionier der arbeitsplatzorientierten Computerkapazität. Vordem hatten nämlich riesige Zentraleinheiten in klimatisierten Räumen fernab der operativen Arbeit ihren Dienst verrichtet. Nixdorf brachte kleine, hinreichend leistungsfähige Einheiten ins Büro und erhöhte durch schnellere Zugriffszeiten dort die Effizienz des Einsatzes. Häufig benutzte Daten wurden in dezentralen PC's abgelegt, für selten benutzte Daten griff dieser auf die Zentraleinheit zu. Dadurch wurde dort zugleich wertvolle Rechenzeit für komplexe Aufgaben frei. IBM überholte jedoch qua überlegener Kompetenz und Geldmittel. Nixdorf hatte dagegen keine Chance, was letztlich zum Niedergang des Unternehmens führte (zunächst Siemens-Nixdorf, dann SINIX, heute Fujitsu-Siemens). Ein Beispiel ist im Handel die Fielmann Optik-Kette. Sie drang in einen durch handwerklich-medizinische Struktur gekennzeichneten, weitgehend geschützten Markt ein und verdrängte so die dort etablierten Anbieter schnell und wirkungsvoll. Als Ansatz reichte dafür die Anwendung betriebswirtschaftlicher Grundprinzipien in der

Betriebsführung aus. Die Gegenwehr der tradierten Augenoptiker-Branche war zögerlich, ohne Nachdruck und damit ineffektiv. Konkurrenz droht heute allerdings von ebenfalls nachziehenden Großbetriebsformen (Apollo, Quelle etc.).

Kundenbindung drückt die Loyalität vorhandener Nachfrager zum eigenen Angebot aus. Entscheidend ist es, in der konkreten Wahlsituation präsent und profiliert zu sein (im Wesentlichen eine Aufgabe der Kommunikationspolitik im Marketing). Entscheidend ist dafür die Kundenzufriedenheit, die durch Herstellung einer Kontaktbrücke gefördert wird. Die eigenen Abnehmer werden dadurch hinsichtlich der Richtigkeit ihrer Nachfrageentscheidung bestärkt. Denn entscheidend für den Absatzerfolg ist nicht der erstmalige Kauf eines Produkts, sondern die Gewährleistung einer hohen Wiederkaufrate. Diese soll unabhängig von den Phasen des Kaufentscheidungsprozesses und den Einwendungen der Konkurrenz zum eigenen Angebot führen. So beschicken die großen Automobilhersteller ihre Kunden nach dem Kauf im Rahmen von Kundenkontaktprogrammen/KKP´s mit Aussendungen, die den Kontakt zum Absender erhalten. Als dieser fungiert sinnvollerweise der Verkäufer des Händlers, bei dem das Fahrzeug gekauft wurde. In dessen Namen und unter Kostenbeteiligung des Händlerpartners werden Anlässe gefunden, mit dem Kunden in Verbindung zu bleiben (z.B. Gratulation zum Kauf, Erinnerung an die erste Inspektion, Garantieablaufzeit, Wintercheck zur Sicherheit, Urlaubscheck, Erinnerung an die ASU). Kundenbindung wird in der Praxis aber häufig auch auf anderem Weg erreicht, nämlich durch bewusste Inkompatibilität von Systemen. So werden Nutzer gezwungen, systemtreu zu bleiben, sollen einmal getätigte Investitionen nicht entwertet werden.

Intensitätssteigerung beabsichtigt die Verkürzung der Kaufabstände. Dafür gibt es zwei Ansatzpunkte:
- Erstens eine engere zeitliche Abfolge der Verwendung mit der Konsequenz höheren Verbrauchs und früherer Ersatzbeschaffung. Man denke an das Postulat der Zahncremehersteller, drei Mal täglich die Zähne zu putzen. Gelingt es, diesen Anspruch durchzusetzen, zieht dies einen um 50 % steigenden Zahncremeverbrauch nach sich.
- Zweitens durch stärkeren Einsatz des Produkts, z.B. mittels direkten Auftrag des Flüssigwaschmittels auf verschmutzte Gewebestellen zusätzlich zur normalen Beigabedosierung in der Waschtrommel. Einmalige Effekte nutzen zudem das Gewohnheitsverhalten der Konsumenten. So wurde bei der amerikanischen Zahncreme Crest (von P&G) der Öffnungsquerschnitt der Tube vergrößert, worauf solange überschüssig viel Zahnpasta auf die Zahnbürste gelangte, bis sich die Verbraucher an eine vorsichtigere Dosierung gewöhnt hatten

Manipulative Intensitätssteigerung ist auch durch künstliche Veralterung (Planned obsolescense) nach objektivem oder subjektivem Maßstab möglich. Objektiv bedeutet den Einbau von Sollbruchstellen, die im Rahmen der Wertanalyse als Einsparpotenziale eingeplant werden und die gesamte Produktlebensdauer auf die kürzeste Teillebensdauer begrenzen. Subjektiv bedeutet, dass an sich noch völlig gebrauchsfähige Produkte durch Sozialtechniken (z.B. Modediktat) gesellschaftlich inakzeptabel gemacht und durch neue, zeitgemäße ersetzt werden. Aus den 1930er Jahren ist bekannt, dass sich die europäischen Glühbirnenhersteller hinsichtlich der Begrenzung der Lebensdauer der Glühfäden vertraglich vereinbarten. Denn neue Glühbirnen werden im Wesentlichen nur noch gekauft, wenn alte defekt sind. Heute darf vorausgesetzt werden, dass solche Praktiken, so sie denn stattfinden, wohl nicht mehr schriftlich vereinbart werden. Erstaunlich ist aber dennoch, dass ein Bügeleisen nach einem Fall aus Tischhöhe technisch noch einwandfrei funktioniert, das Plastikgehäuse aber zersprungen ist. Aus Sicherheitsgründen wagt man es nicht mehr, mit einem solchen Gerät zu hantieren, und kauft notgedrungen ein neues. Sicherlich wäre durch Versteifungsrippen im Gehäuse technisch problemlos eine höhere Festigkeit zu erreichen. Gelegentlich greifen jedoch tatsächlich Sicherheitsargumente, so bei Sollbruchstellen, die Verletzungen bei Unfall oder unsachgemäßer Handhabung vermeiden helfen.

Strukturbeeinflussung (Up selling) erfolgt durch Erhöhung des Werts je Kaufakt. Dies wird infolge Aufstieg zu einem höherwertigeren Angebot erreicht. On top werden etwa Premiummarken an die Spitze des Programms gesetzt. Dem liegt die Erfahrung des Cascading zu Grunde, d.h., Premiummarken werden im Laufe der Zeit popularisiert und verlieren ihre Klasse, wodurch an der Spitze wiederum Platz für eine noch hochwertigere Marke geschaffen wird. Doch auch diese wird popularisiert werden etc. Bottom off werden damit an der Basis der Pyramide Produkte verdrängt, weil sie keine angemessene Nachfrage mehr finden oder das Image der übrigen Marken beeinträchtigen. Hierbei liegt das primäre Ziel also nicht in einer Erhöhung der quantitativen Kaufrate, sondern in einer Steigerung des Umsatzes je Kaufakt. Wenn es gelingt, Kunden beim Kaufentscheid ein höherwertigeres Produkt anzudienen, resultiert daraus meist auch höherer Ertrag. Dadurch wird dem Kunden eine markentreue Produktkarriere ermöglicht. Dabei darf allerdings seine finanzielle Leistungsfähigkeit nicht überzogen werden (z.B. Automobilindustrie).

Zu denken ist beim Up selling auch an die Einführung von Kontoführungspaketen durch die Kreditinstitute. Hier wird von Sparkassen etwa in die Gruppen Giro-Konto, Giro-Konto EC, Giro-Konto Classic und Giro-Konto Gold unterteilt. Die einzelnen Pakete unterscheiden sich durch den Umfang der Serviceleistungen und dementsprechend auch den Preis. Es bleibt aber naturgemäß bei einem Giro-Konto je Auftraggeber. Nur wird angestrebt, aus diesem Giro-Konto ein Mehr an Umsatz herauszuholen. Gelingt es, Kunden vom Umsteigen auf das höherwertigere Paket zu überzeugen, kann damit als Folge ein höherer Betrag berechnet werden.

Ein anderes Beispiel sind die nicht zu übersehenden Bemühungen der Telekom, Kunden zur Umstellung ihres Anschlusses von Analog- auf Digitaltechnik im Rahmen von (T-)ISDN oder (T-)ADSL zu bewegen. Auch hierbei bleibt es bei einem Anschluss, der nunmehr jedoch für mehrere Mehrwertdienste parallel genutzt werden kann und/oder eine höhere Übertragungsgeschwindigkeit je Dienst bietet. Diese Zusatzleistung ist vielen Kunden eine deutlich höhere Grundgebühr Wert, sodass ihr Geldeinsatz steigt. Auf diese Weise kann je Abrechnung zusätzlicher Umsatz realisiert werden.

Zusatzverkäufe beabsichtigen eine Absatzsteigerung, indem das Ausgangsprodukt durch zahlreiche Aufwertungen in seinem Gebrauchswert gesteigert wird. Der dadurch mögliche, optisch attraktive Preis dient nur als Einstieg und ist oftmals intern subventioniert (Ausgleichsnehmer). Das Folgegeschäft jedoch wird zu Preisen abgewickelt, die nicht nur einen angemessenen Gewinn erwirtschaften, sondern darüber hinaus auch die entgangenen Deckungsbeiträge des Ausgangsprodukts (Ausgleichsgeber). Als Beispiel dient etwa der Markt für Videospiele. Die Gerätekonsole als Basis wird vergleichsweise preisgünstig offeriert und suggeriert ein lohnendes Angebot. Deren volle Leistungsfähigkeit ist jedoch erst nutzbar, wenn Spielemodule dazu gekauft werden. Da sich jedes Spiel schnell abnutzt, steigt im Zeitablauf die Nachfrage nach Spielemodulen, und deren Wert übertrifft schnell den Anschaffungspreis der Konsole. Ähnliches gilt für Sofortbildkameras. Die Hardware wird zu extrem niedrigen Preisen in den Markt gebracht. Schnell wird jedoch klar, dass sich die verbrauchten Filme zu erheblichen Kosten hoch addieren. Somit ist das Folgegeschäft das eigentlich interessante. Derzeit ist die Entwicklung auch bei Mobilfunk-Anbietern zu beobachten. Die Endgeräte (Handys) werden zu extrem niedrigen Preisen offeriert, weil die Netzbetreiber diese in Kombinationsangeboten über Einnahmen aus daran gekoppeltem Gesprächsaufkommen (Telefonie) subventionieren.

Angesichts stagnierender oder gar rückläufiger Märkte ist die einseitige Postulierung von Umsatzzuwächsen freilich umstritten. Nicht selten wären Anbieter bereits völlig zufrieden, gelänge es ihnen, ihren bestehenden Umsatz auch nur zu halten. Dabei ist es von zentraler Bedeutung, ehemalige Kunden, die zur Konkurrenz abgewandert sind oder nicht mehr kaufen, zurückzugewinnen. Zur **Kundenrückgewinnung** ist zunächst eine Analyse dahingehend notwendig, welche Gründe diese Kunden veranlasst haben, den Anbieter zu wechseln bzw. den Kauf einzustellen. Als problematisch erweist sich dabei die Tatsache, dass der Zugriff auf bestehende Kunden zwar hinlänglich vorhanden, der Zugriff auf ehemalige Kunden aber durchaus schwierig ist. Selbst wenn Kontaktmöglichkeiten bestehen, gilt es immer noch, einen plausiblen Anlass für die neuerliche Kontaktierung zu finden. Dies gilt besonders, wenn Unzufriedenheit zum Kundenverlust geführt hat. Denn dann sehen ehemalige Kunden subjektiv berechtigterweise wenig Anlass, sich erneut mit einem früheren Anbieter zu beschäftigen. Zumal sie wahrscheinlich anderweitig bestens bedient werden. Chancenreicher ist die Situation jedoch, wenn ein Kundenverlust auf den Wunsch nach Abwechslung (Variety seeking behavior) zurückzuführen ist. Diese ehemaligen Kunden können durch ein verändertes Angebot (Produktdifferenzierung) durchaus aus den gleichen Gründen wieder zurück gewonnen werden, aus denen sie ehemals verloren gegangen sind. Allerdings ist ihre Bindungsfähigkeit begrenzt. Unzufriedene Kunden sind allenfalls durch ein neuerliches Testangebot, evtl. versehen mit Garantiezusagen, zum Kauf zu bewegen. Ausnahmen bestehen in engen Märkten mit gleichartig sich verhaltenden Anbietern.

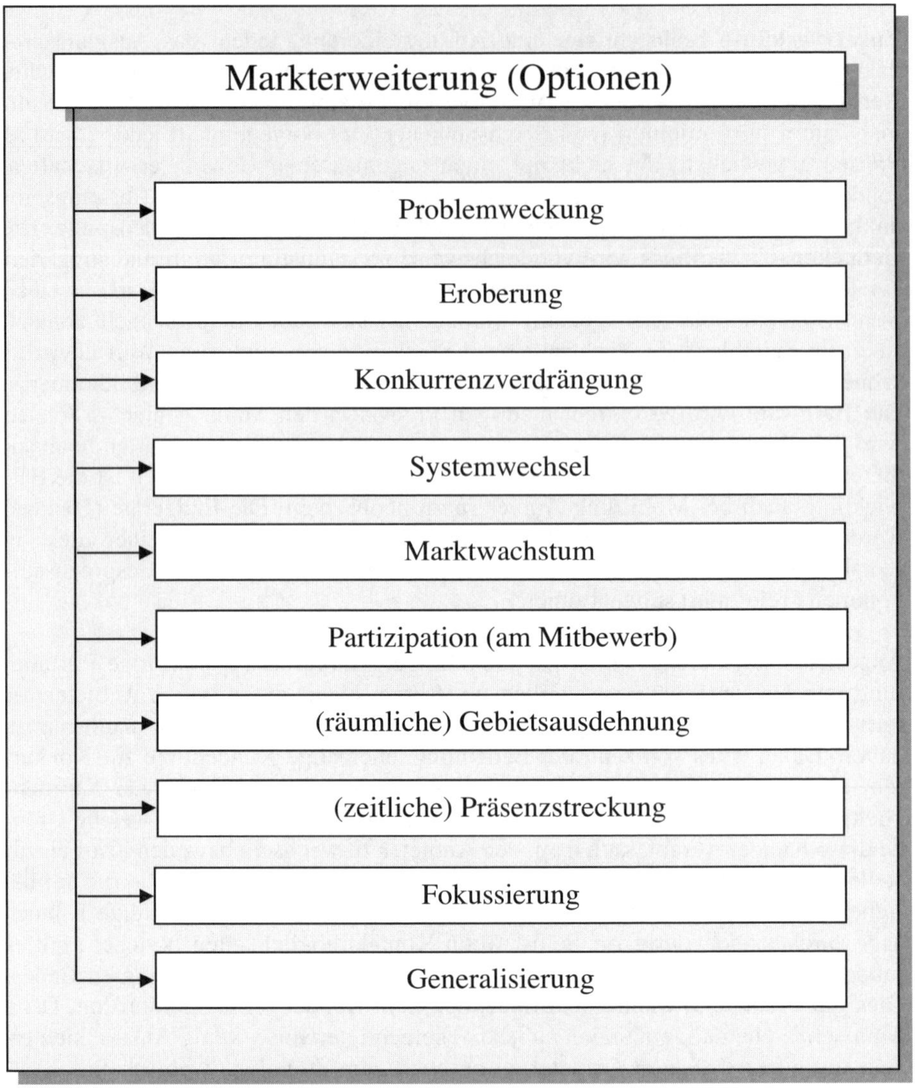

2.2.3 Markterweiterung

Unter Markterweiterung versteht man das Angebot bestehender Produkte auf neuen Märkten. Dafür können die Optionen der Problemweckung, der Eroberung, der Konkurrenzverdrängung, des Systemwechsels, des Marktwachstums, der Partizipation, der Gebietsausdehnung, der Präsenzstreckung, der Fokussierung und der Generalisierung aktiviert werden *(siehe Abb. Markterweiterung ((Optionen))*.

Die **Problemweckung** hat tatsächlich zwei Zielrichtungen:

- Sie zielt erstens auf potenzielle Nachfrager, die obwohl sie ihren objektiven Merkmalen nach als Käufer prädestiniert sind, ein Angebot nicht kennen und es deshalb auch nicht wahrnehmen können. Falls eine gewisse Anzahl von ihnen bei Kenntnis marktaktiv wird, stellt dies ein beträchtliches Nachfragepotenzial dar. Als Beispiel mag das Angebot von Softdrinks in Dosen gelten, die damit auch für den Unterwegsgebrauch tauglich werden. Man braucht nun nicht mehr mit Verschlüssen, die potenziell undicht sind, zu hantieren, mit ungünstigen Pakkungsproportionen (Standfläche zu Höhe) und hohem Taragewicht. Auch die Gebindegröße ist auf den Einmalkonsum ausgelegt, was den Convenience-Aspekt verstärkt. Zu denken ist hier weiterhin an Eierlikör, dem als Getränk, wohl unberechtigterweise, unterstellt wird, dass es eher von ältlichen Damen mit spitzen Fingern zum nachmittäglichen Nostalgieplausch eingenommen wird. All jenen, die sich nicht dazu zählen, eröffnet sich eine ganz neue Produktperspektive im Einsatz als exquisite Zugabe zu Desserts wie Gebäck, Pudding oder Eiscreme. Dadurch werden Modernität und Akzeptanz gefördert, was in Kaufneigung resultiert (ähnlich Klosterfrau Melissengeist).
- Sie zielt zweitens auf potenzielle Nachfrager, die ein Angebot zwar kennen, aber nicht als relevant empfinden, weil sie glauben, es nicht zu benötigen bzw. sie etwas brauchen, was das Angebot vorgeblich nicht zu leisten imstande ist. Diese sollen für ihr Problem und die sich ergebende Problemlösungsmöglichkeit sensibilisiert werden. Dies enthält zugleich einen ernst zu nehmenden Vorwurf gegen das Marketing, wonach dieses eine Komplizierung des Umfelds hervorruft, indem es Probleme überhaupt erst generiert oder zumindest bewusst macht, um sie dann durch in ihrem Absatz zu fördernde Produkte, deren Berechtigung ansonsten schwer einsehbar ist, aufzulösen. Bezeichnend sind in dieser Hinsicht so schwerwiegende Probleme wie, Schokodrops, die nicht in der Hand schmelzen (M & M´s), Männer, die nur domestizierte Abenteurer sind (Camel), und Boden und Möbel, die in der Küche frühlingsfrisch duften (Der General). Ähnliches gilt für das Tiefbrühen von Kaffee oder die Vermeidung von Gefrierbrand (beide Melitta).

Allerdings gelingt die Problemweckung nicht immer. So weiß man aus dem Filtertütenmarkt, dass Verbraucher diese Produkte mehrheitlich nach absoluter Preisgünstigkeit kaufen. Das kann einem Markenartikler wie Melitta nicht recht sein, der daraufhin versuchte, Zielpersonen von den Vorteilen der Aromaporen in Melitta Filtertüten zu überzeugen, freilich ohne durchschlagenden Erfolg. Krups als Hersteller von Kaffeemaschinen wollte aus den gleichen Gründen potenzielle Käufer vom Kauf irgendwelcher No name-Geräte mit dem Argument des Tiefbrühverfahrens abhalten. Auch dies gelang nicht, weil das Kaffeearoma weder Filtertüten noch Kaffeemaschinen zugeschrieben wird, sondern nur dem Kaffeepulver. Ebenso ist die Etablierung des Problem „Glaskorrosion“ (Calgonit) als gescheitert zu betrachten, da von der Zielgruppe als nicht relevant angesehen. Andererseits gelingt die Strategie sehr wohl bei Damenhygieneprodukten (Dry weave-Oberfläche, extra dünn, Seitenführung etc.), bei Toilettenpapier (dreilagig, extra weich etc.) oder Papiertaschentüchern (reißfest, Einhandentfaltung etc.).

Bei der Aktivierung seitheriger Nichtkäufer („**Eroberung**") handelt es sich um generische Maßnahmen an Abnehmer, die auf Grund ihrer objektiven Merkmale zwar als Käufer infrage kommen, ein entsprechendes Angebot aber dankend ablehnen, um ihnen die Attraktivität des Ge- oder Verbrauchs nahe zu bringen. Die Ablehnung kann im Mangel an Bekanntheit oder Interesse liegen. Gelingt es nun, dieses Nachfragepotenzial zu aktivieren, kann der Markt besser ausgeschöpft werden (Rationalisierung/Hebelwirkung). Als Beispiel kann das Produkt Milchschnitte/Ferrero dienen. Seit der Einführung war es als gesunde Aufbaunahrung für Kinder (z.B. in den Schulpausen) positioniert. Durch die geburtenschwachen Jahrgänge erodiert diese Zielgruppe jedoch. Daher war es erforderlich, neue Nachfrager für dieses Produkt zu interessieren. So wird Milchschnitte heute als moderne, gesunde Zwischenmahlzeit für junge, sportliche Erwachsene ausgelobt. Damit wird einerseits gewohnter Konsum fortgeschrieben, andererseits die stigmatisierende Aura des Kinderprodukts beseitigt (ähnlich Bébé Creme von Penaten).

Als Beispiel mag das Angebot von Duplo als „wahrscheinlich längste Praline der Welt" gelten. Ursprünglich war Duplo ein normaler Schokoriegel, vorwiegend zum Selbstverzehr und für Kinder gedacht. Die neue Einsatzmöglichkeit liegt im Anbietprodukt, was durch die Analogie zur Praline als ebenfalls typischem Anbietprodukt dramatisiert wird. Als Verbraucher werden dabei nunmehr sehr junge Erwachsene angepeilt. Das Gleiche gilt ebenso für andere Ferrero-Produkte wie Kinder-Schokolade oder Kinder-Country, die nun auch von Erwachsenen verzehrt werden sollen.

Die Eroberung erfolgt im Einzelnen nach persönlichen Merkmalen (z.B. Babynahrung auch für alte Leute/Alete), räumlichen Merkmalen (z.B. Laugenweck in Norddeutschland) und/oder zeitlichen Merkmalen (z.B. Speiseeis im Winter/Langnese).

Für die **Konkurrenzverdrängung** bestehen mehrere Möglichkeiten:
- relativ bei Marktexpansion durch schnelleres Wachstum als der Mitbewerb bzw. bei Marktkontraktion durch langsameres Schrumpfen als dieser,
- indirekt durch Wachstum des eigenen Marktanteils bei Marktstagnation gegen den Misserfolg des Mitbewerbs (dies ist für die heutigen Märkte charakteristisch),
- absolut bei Marktexpansion durch schnelleres Wachstum als der Markt, bei Marktkontraktion durch langsameres Schrumpfen als der Markt (auch dies geht nur zu Lasten des Mitbewerbs),
- direkt bei stagnierenden, wachsenden oder schrumpfenden Märkten zu Lasten eines bestimmten Mitbewerbers als frontaler Angriff auf einzelne Konkurrenten (Marketing warfare).

Dies erfordert die Aufweichung vorhandener Kundenbindung und Markenloyalität, was gewiss das schwierigste Unterfangen darstellt. Immerhin hält der Mitbewerb dagegen. Von daher ist diese an sich nahe liegendste Möglichkeit zwar die spannendste, aber auch die gefahrenträchtigste. Beim „Angriff" kann dann noch zwischen ausweichendem Vorgehen, z.B. durch Besetzung latenter Marktnischen, oder frontalem Vorgehen unterschieden werden.

Ein wesentliches Mittel zur Konkurrenzverdrängung ist die Preissenkung. Diese wird durch Kostensenkungen möglich, die aus mehreren Quellen resultieren. Zu nennen sind:
• erstens die Kostendegression, die mit steigender Nachfrage zu einer fortwährend günstigeren Umlage der Fixkosten je Stück führt, die im Preis weitergegeben werden kann.
• zweitens die Rationalisierung, die durch Anwendung moderner Management- und Produktionsmethoden selbst bei konstanter Menge die Kosten drückt und damit niedrigere Preise möglich macht (zu denken ist auch an OEM-Herstellung).
• drittens die Mischkalkulation bei Mehrproduktherstellern, wobei Ausgleichsgeber-Produkte, die überdurchschnittliche Renditen erwirtschaften, Ausgleichsnehmer-Produkte, die im Preis gesenkt werden sollen, intern derart subventionieren, dass zumindest vorübergehend die Gesamtrentabilität des Herstellers nicht infrage gestellt wird.

Als Beispiel kann der Erfolg der Dr. Best-Zahnbürsten (GSK) gelten. Der Zahnbürstenmarkt ist ausgesprochen gering involvierend, die Produkte waren weitgehend homogen, und der Wettbewerb wurde daher im Wesentlichen über den Preis geführt. Dr. Best gelang jedoch eine Konkurrenzverdrängung bis zur Erreichung der Marktführerschaft durch eine überlegene Leistungspositionierung. Dazu wurde die Bedeutung einer „intelligenten“ Zahnbürste für die Pflege von Zähnen und Zahnfleisch betont. Durch spezielle Ausstattungen wurde die Zahnbürste so verändert, dass diese Intelligenz im Produkt offensichtlich und nachvollziehbar wurde (rutschfester Griff, Schwingkopfelement zum Druckausgleich, unterschiedlich lange Borsten, verwindbarer Bürstenkopf, Sensorgelenk im Bürstenkopf etc.). Zugleich wurde dieser Anspruch durch ein überzeugendes Key Visual (Tomate und Zahnbürstendruck), durch ein glaubwürdiges Testimonial (Prof. Dr. James Best) und einen merkfähigen Slogan (Die klügere Zahnbürste gibt nach) penetriert. Im Ergebnis kam es zu einer Zweiteilung im Markt in gewöhnliche Zahnbürsten ohne Zusatzleistung einerseits und die intelligente Zahnbürste von Dr. Best andererseits. Dies führte zu einer erfolgreichen Konkurrenzverdrängung dieser Marke zulasten des Restmarktes.

Systemwechsel meint den Wechsel zwischen substitutiven Produktgruppen. Denn meist sind zwei oder mehr Systeme ähnlich gut zur Problemlösung geeignet. Vor der Markenentscheidung hat daher die Systementscheidung zu erfolgen. Wird hier die Weiche falsch gestellt, läuft die Nachfrage am eigenen Angebot vorbei.

Als Beispiel kann der Markt für Monatshygieneprodukte gelten. Hier konkurrieren die Systeme Binde und Tampon miteinander. Es schien bereits so, als gehe der Trend eindeutig in Richtung des Systems Tampon, das vor allem von jüngeren Frauen präferiert wird. Neuerdings sind jedoch wieder Binden dominant, nicht zu-

letzt durch gravierende Produktverbesserungen und die werbliche Penetration einzelner Produkte, namentlich Always/P&G. Die Tamponwerbung, vornehmlich o.b./J&J, hält mit der Auslobung ihrer Systemvorteile dagegen. Ansatzpunkte für einen Systemwechsel bieten also die Leistungsverbesserung des eigenen Systems oder eine Unternehmensinnovation.

Dies bietet sich vor allem an, wenn innerhalb eines gemeinsamen Marktes zwei qualitativ unterschiedliche Produktgruppen vorhanden sind und Kaufkraft von der einen in die andere Kategorie abgezogen werden soll. Dies kann aufwärts- oder abwärtsgerichtet erfolgen. Ein Beispiel dafür ist der Erfolg von Punica/P&G. Punica ist innerhalb der Kategorie Fruchtsäfte ein wegen seines geringen Fruchtanteils eher unterlegenes Produkt. Insofern kommt Konkurrenzverdrängung, trotz eines Preisvorteils, kaum in Betracht. Innerhalb des Marktes für alkoholfreie Erfrischungsgetränke (AFG) gibt es jedoch weitere Kategorien, vor allem Limonaden kommen der Nutzung von Fruchtsäften recht nahe. Die Idee von Punica bestand nun darin, statt Kaufkraft von überlegenen Fruchtsäften abzuziehen, was gerade wegen des gesundheitssensiblen Charakters schwierig ist, eher Kaufkraft von der unterlegenen Kategorie Limonade abzuziehen. Dies gelingt allerdings nur dann, wenn man den hohen Zuckeranteil von Limonaden als potenziellen Gefährdungsfaktor ausmacht. Dies gilt vor allem für Mütter, die latente Bedenken gegen den Genuss von Limonade durch ihre Kinder haben, diesen aber doch, vor allem mangels preisgünstiger Alternative, dulden. Im Vergleich zu diesen „bedenklichen" Limonaden ist aber selbst der einfachste Fruchtsaft das vorteilhaftere Produkt, bei vergleichbarem Preisniveau. Also kommt es zum Überwechseln von der Kategorie Limonaden in die Kategorie Fruchtsaft innerhalb des Erfrischungsgetränkemarkts. Die Marke Punica ist zwischenzeitlich an PepsiCo verkauft worden.

Bei **Marktwachstum** wird auf kompetitive Aktivitäten gegenüber dem direkten Mitbewerb verzichtet und stattdessen darauf gesetzt, am Zuwachs des Marktes mindestens proportional, möglichst aber überproportional zu partizipieren. Dies wird durch generische Aktivitäten erreicht, die für eine allgemeine Potenzialsteigerung sorgen. Damit müssen oft marktmächtige Mitbewerber nicht durch Frontalangriff provoziert werden. Nachteilig ist jedoch, dass Märkte mit originärem Wachstum kaum mehr anzutreffen sind. Vielmehr ist die Realität durch stagnierende oder gar schrumpfende Märkte gekennzeichnet. Daher bleibt der Einsatz dieser Alternative letztlich eng begrenzt.

Derartige Maßnahmen bieten sich vor allem in Monopolmärkten an. So versuchte die damalige Bundespost mit Erfolg jahrelang, die Anzahl der Telefonanschlüsse voranzutreiben. Und so unternehmen Bundesbahn und öffentliche Personennahverkehrsbetriebe (ÖPNV) bis zum heutigen Tag starke Anstrengungen, notorische Autofahrer zum Umsteigen auf ihre Kollektivverkehrsmittel zu bewegen, wobei sie die Ergebnisse ihrer Bemühungen allerdings durch erhebliche Unzulänglichkeiten in ihrem Leistungsangebot (Pünktlichkeit, Sauberkeit, Freundlichkeit etc.) wieder neutralisieren oder gar konterkarieren.

Partizipation am bestehenden Angebot liegt vor, wenn man versucht, an der Sogwirkung erfolgreicher, bestehender Angebote teilzuhaben, indem man ein modifiziertes Angebot der gleichen Gattung positioniert. Dabei geht es nicht um eine Kopie, sondern um die differenzierte Nachahmung. So kann man von der Pionierarbeit des Mitbewerbs profitieren, sich eigene Lernarbeit ebenso wie Investitionsmittel ersparen und die dadurch freiwerdenden Geldbeträge in die Markenprofilierung investieren.

Als Beispiel kann Dole gelten. Nachdem Chiquita dramatisierte, dass Banane nicht gleich Banane ist, und klarmachte, woran man bessere Bananen erkennen kann, nämlich am Chiquita-Label, zog Mitbewerber Dole nach. Die Identifizierung wurde ebenfalls durch Produktsticker gewährleistet. So konnte Dole an der Aufklärungsarbeit von Chiquita effektiv partizipieren. Ähnliches gilt für die Kombiprodukte aus Shampoo und Spülung im Kielwasser der P&G-Innovationen. So bietet Nivea/BDF eine Formel plus auf gleicher Leistungsbasis, jedoch zusätzlich mit Schutz des Haares gegen Umweltbelastungen an, Poly/Henkel ein 3 in 1, das zusätzlich noch einen Festigerwirkstoff enthält, L'Oréal ein Express mit Nachfüllmöglichkeit etc. Alle hängen sich, freilich jeweils differenziert, an die Pioniertaten an und partizipieren daran.

Gebietsausdehnung erfolgt durch Nutzung neuer Märkte im In- und Ausland. Dabei sind die Fragen der Marktwahl, des Marktzugangs und der Marktführung zu klären. Dabei geht es um das Bestreben, durch Ausweitung des Absatzgebiets einer größeren Zahl von Nachfragern einen Zugang zum Produkt zu verschaffen und dadurch zusätzliche Kaufkraft zu mobilisieren. Die Gebietsausdehnung vollzieht sich intranational oder supranational, Ersteres innerhalb des Hoheitsgebiets eines Staates, Letzteres Ländergrenzen übergreifend. Intranational kann die Gebietsausdehnung vor sich gehen, indem ein lokaler Anbieter seinen Absatzraum auf regionaler Ebene ausweitet oder ein regionaler Anbieter seinen Absatzraum auf nationaler Ebene vergrößert. Supranational geschieht die Gebietsausdehnung schließlich, wenn ein nationaler Anbieter seinen Absatzraum auf internationaler Ebene ausdehnt.

Als Beispiel einer Gebietsausdehnung kann das Eindringen des größten amerikanischen Handelskonzerns, Wal-Mart, in den europäischen Markt angeführt werden. Durch Übernahme der Wertkauf-Kette konnte so etwa auf dem hoch kompetitiven deutschen Markt ein Standbein geschaffen werden. Zugleich wird nunmehr die Walmart-typische Positionierung der totalen Kundenorientierung (Total customer care) dort umgesetzt. Dazu gehören z.B. der Greeter, meist ein pensionierter Mitarbeiter, der die Kunden am Eingang freundlich im Laden willkommen heißt, oder die 10-Feet-Regel, die besagt, dass jeder Mitarbeiter auf einen Kunden zugehen und ihn fragen soll, womit man ihm helfen kann, sobald er sich in weniger als 10 Fuß Entfernung (etwa drei Meter) befindet. Ob damit allerdings eine Kopie der Erfolgsgeschichte im Heimatmarkt bei abweichender Konsumkultur hierzulande möglich ist, bleibt abzuwarten.

Präsenzstreckung betrifft die zeitliche Streckung des Angebots und beabsichtigt, unterjährige, saisonale Märkte in ganzjährige zu überführen. Gelingt es, diese zeitliche Restriktion aufzulösen, öffnet sich de facto ein in der Dimension Zeit definierter neuer Markt.

So schaffen es die niederländischen Obst- und Gemüseproduzenten durch perfektionierte Treibhaustechnik, selbst im Winter frische Ware anzubieten. Das Osterei/ Kinderüberraschung von Ferrero ist zwischenzeitlich von einem Saisonartikel zu einem durchgängigen Angebot umgestellt worden. Die Speiseeishersteller propagieren den Verzehr von portioniertem Eis auch außerhalb der warmen Jahreszeit. Vor allem Langnese ist es mit Magnum gelungen, aus dem engen Korsett der zudem noch witterungsanfälligen Sommerzeit auszuscheren und Eis zum Selbstverzehr als Lebensstilmerkmal zu etablieren (was im Übrigen bei Eispackungen als Nachtisch schon vorher gelungen war). Zudem wurden bei Magnum erstmals ausschließlich Erwachsene als Zielgruppe definiert.

Bei der **Fokussierung** entschließt man sich, eine Marktnische zu besetzen. Dabei kann es sich um eine manifeste Nische handeln, d.h., die dort repräsentierten Nachfrager verweigern mangels geeigneter Kaufobjekte den Kauf, oder um eine latente Nische, d.h., Nachfrager dort weichen widerwillig auf andere Angebote aus, ohne dass diese ihren Anforderungen voll entsprechen. Durch das Nischenangebot hofft man, diese Kaufkraft aktivieren zu können.

BMW etwa entwickelte und baute ab Mitte der 1960er Jahre die Modelle 1600, 1800 (1963) und 2000, später 1602 (02 für Zweitürer/1966), 180 (90 PS, 1971) und 2002 (100 PS, auch als ti mit 120 PS/1968), 2002 tii (130 PS/1971) und 2002 turbo (170 PS/1973), alles Vorläufer der heutigen 3er-Reihe zur Besetzung einer solchen latenten Marktnische. Die Fahrzeuge waren kompakt, übersichtlich, kantig, dabei für damalige Verhältnisse muskelbepackt. Ihr geringes Gewicht verlieh ihnen für damalige Verhältnisse rasante Beschleunigungs- und Höchstgeschwindigkeitswerte. Der Preis war zwar hoch im Vergleich zur Karosseriegröße, aber angemessen im Vergleich zu den gebotenen Fahrleistungen. Die Modelle wurden auf Grund ihrer relativen Alleinstellung schnell ein Riesenerfolg. Sie waren zudem die unmittelbare Inspiration zu „Kraftzwergen" wie dem Golf GTI oder dem Peugeot 205 GTI.

Diese Position vertritt im Handel etwa der Aldi-Konzern. Konsequent werden nur schnelldrehende, verpackte markenlose Lebensmittel, nur ausnahmsweise auch Hartwaren, Frischwaren und Markenartikel, angeboten. Daher ist dort nur der Einkauf von Waren des täglichen oder täglich häufigen Bedarfs möglich. Auf die restlichen Umsätze wird bewusst zu Gunsten einer Fokussierung als Spezialist verzichtet. Als weiteres Beispiel kann Whiskas Senior gelten. Hier wird gezielt ein Tierfutter für ältere Katzen angeboten, da einleuchtend scheint, dass diese, ähnlich wie beim Menschen, spezifische Ernährungsbedarfe haben. Zugleich werden damit, obgleich keine Altersgrenze genannt wird, junge und mittelalte Katzen von dessen Genuss ausgeschlossen. Im Ergebnis wird dadurch jedoch ein prägnantes

Profil im Umfeld der vielfältigen, an sich austauschbaren Katzenfutter-Produkte erreicht.

Bei der **Generalisierung** entschließt man sich, ein Angebot von vornherein so breit anzulegen, dass es unterschiedlichste Bedarfe abzudecken vermag. Die Option besteht eigentlich darin, keine spezielle Position zu haben, sondern für alles und jeden omnipotent präsent zu sein. Dieses Konzept ist jedoch in den dicht besetzten Märkten von heute kaum mehr erfolgreich durchsetzbar. Aber es gibt Marken, die ihr Profil zu Zeiten geschaffen haben, als die Märkte noch hinreichend große Freiräume boten und dieses durch geschickte Vermarktung in die Gegenwart hinüberretten konnten. Interessant ist, dass diese Marken teilweise als Gattungsbegriffe verwendet werden. Dazu gehört etwa Uhu-Klebstoff. Ebenso wie Tesa-Film für Klebstreifen. Oder Tempo für Papiertaschentuch. Oder Brandt für Zwieback oder Maggi für Suppenwürze. Im Amerikanischen sind etwa die Ausdrücke „to xerox“ für fotokopieren oder „to fedex“ für Paketversand üblich. Wichtig ist dabei, dass das Produkt stetig aktualisiert wird und keine Patina ansetzt.

Die Entscheidung will dennoch gut überlegt sein. Überwiegt der Zugewinn an emotionaler Prägnanz einen Verlust an Zielgruppenbreite, ist eine Fokussierung sinnvoll. Kann die Einengung des Potenzials aber den Markterfolg beeinträchtigen, ist eine eher breite Fassung als Generalist sinnvoll. Die Generalisierung wird im Handel traditionell von Warenhäusern (Alles unter einem Dach) eingenommen. Allerdings gerät sie zunehmend in die Gefahr der Verdrängung durch fokussierte andere Betriebsformen. Eine Revitalisierung ist nur durch konsequente Angebotspflege erreichbar. Diese ist jedoch über Jahre hinweg vernachlässigt worden, als nur hohe Renditen eingefahren wurden, jedoch kein Re-Investment in das akquisitorische Potenzial erfolgt ist.

2.2.4 Produkterweiterung

Unter Produkterweiterung versteht man das Angebot neuer Produkte auf bestehenden Märkten. Dazu stehen die Optionen des Bundling/Unbundling, der Set-Alternative, der Marktschaffung, des Cross selling und des Produktwandels bereit *(siehe Abb. Produkterweiterung ((Optionen)).*

Bundling betrifft die Zusammenfügung von seither selbstständigen Angeboten zu einem neuen Gesamtangebot, das ein neuartiges Erlebnis hervorbringt. Der daraus resultierende Vorteil kann ein Leistungsnutzen sein, indem das synergetische Zusammenwirken von Einzelkomponenten zu mehr Leistung bei gleichem Preis führt, oder es stellt sich ein Preisnutzen ein, wo die insgesamt höhere Abnahmemenge eine Realisierung der gleichen Leistung zu einem geringeren Preis zeitigt. Dies betrifft sowohl Produkte als auch Produkt-Dienstleistungs-Kombinationen (Systems selling). Als Beispiel dient die Bündelung von Einzelgeräten als Paketangebot bei Computern, wobei PC, Drucker, Bildschirm(karte), Maussteuerung, Betriebssystem-/Anwendungs-Software etc. gemeinsam mit Preisersparnis

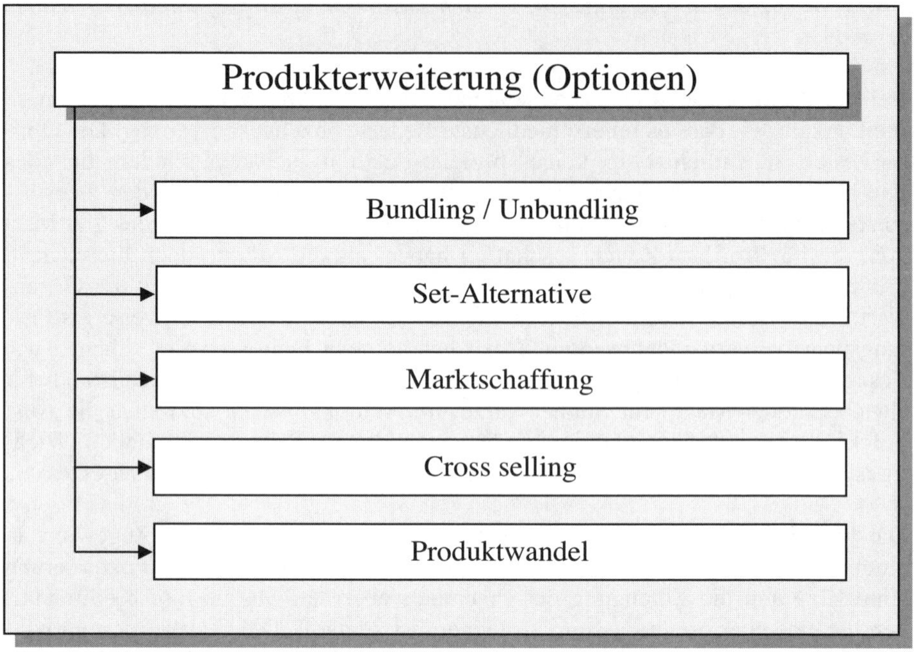

abgegeben werden. Weit verbreitet ist diese Anwendung auch bei Industriegütern. Hier geht es bei den Turn key projects vor allem darum, eine betriebsfertige Anlage zu erstellen, weshalb sich wegen der Verschiedenartigkeit der dazu benötigten Teile meist mehrere Hersteller in Konsortien zusammenschließen, um als Teillieferanten je ein individuelles Produkt abzuliefern. Dadurch lassen sich bedeutsame Wettbewerbsvorteile erzielen.

Das **Unbundling** bedeutet die Auftrennung von bisher gemeinsam angebotenen Produkten zu Einzelangeboten. So besteht nicht immer Bedarf nach einer Komplettlösung. Vielmehr reichen Teillösungen als Ersatz oder Einstieg völlig aus. Zerlegt man ein Komplettangebot nun in solche selbstständigen Teilangebote, kann dadurch neue Nachfrage generiert werden. Als Beispiel sei die Auftrennung eines HiFi-Turms in Einzelkomponenten und deren separates Angebot genannt. So besteht immer dann, wenn schon einzelne taugliche HiFi-Komponenten vorhanden sind, kein Bedarf nach einer anderen vollständigen Gerätelösung, sondern vielmehr eher nach deren Ergänzung. Damit kann ein Anbieter, der bisher nur HiFi-Türme angeboten hat, ein neues Programm attraktiver Angebote offerieren.

Set-Alternative meint, dass ein Angebot bei möglichst vielen Zielpersonen zu den präferierten Produkten seiner Kategorie gehört und damit zumindest im Wechsel oder auch anstelle anderer präferierter Produkte gekauft wird. Dem liegt die Erfahrungstatsache zu Grunde, dass es für jede Produktart einige wenige präferierte Anbieter/Angebote gibt, unter denen letztlich nur der Entscheid stattfindet. Anbieter/ Angebote, die nicht zu diesem Evoked set gehören, haben damit keine Chance, berücksichtigt zu werden. Innerhalb des Evoked set werden die Alternativen als mehr oder minder gleichwertig betrachtet, sodass ein Wechsel dazwischen aus Suche nach Abwechslung (Haltung eines optimalen Arousal level) oder zum Ausweichen bei Nichtverfügbarkeit des eigentlich priorisierten Produkts stattfindet. Denkbar ist auch, dass je nach Anlass mal das eine und mal das andere Produkt priorisiert wird. Immer jedoch wird nur innerhalb des Evoked set gewählt. Gelingt es, das eigene Produkt darin zu verankern, ist damit eine notwendige Voraussetzung für den Kaufentscheid zu eigenen Gunsten geschaffen.

Als klassisches Beispiel kann das alkoholfreie Clausthaler-Bier gelten. Da nicht zu erwarten ist, dass Konsumenten ausschließlich alkoholfreies Bier trinken, denn der Anreiz besteht zumeist gerade im Alkoholanteil des Bieres, wurde es als gute Lösung angesehen, Clausthaler als Alternative zu normalem (alkoholisiertem) Bier auszuloben, etwa, wenn man einen klaren Kopf behalten muss oder noch Autofahren will. Der Slogan (Angebotsanspruch) „Nicht immer, aber immer öfter" suggerierte gerade diesen Wechselkonsum und schaffte damit den Einbruch in den traditionellen Biermarkt. Dieser Slogan ist zwischenzeitlich sogar zum geflügelten Wort geworden.

Marktschaffung erfolgt durch das Angebot völlig neuartiger Problemlösungen. Dies ist allerdings äußerst selten der Fall. Denn meist ersetzen neue Produkte lediglich alte. Zum Beispiel CD-Player, die Analogplattenspieler ablösen, Camcorder, die an die Stelle von Super 8-Kameras treten, Telefaxtechnik, die Telextechnik folgt usw. Viel seltener gelingt es, originär neue Märkte zu etablieren, die Angebotsmerkmale aufweisen, die es bis dato noch nicht gab, beispielsweise PC's, Videorecorder oder portionierte Joghurts, aber auch Post it-Zettel (3 M). Nur im Hinblick auf derartige Produktkategorien liegt wirklich ein neuer Markt vor, der in der Lage ist, zusätzliche Kaufkraft hervorzubringen. Leider sind solche Quantensprünge recht selten. Als Zeiterscheinung gibt es derzeit den Trend, an den Schnittstellen vorhandener, aber besetzter Märkte durch Kombination von Angebotsmerkmalen neue Märkte zu schaffen. Damit vermeidet man einerseits, in vergleichsweise kleine Marktnischen abgedrängt zu werden, und andererseits, potenten Konkurrenten frontal entgegentreten zu müssen.

Beispiele dafür finden sich zunehmend häufiger. So entstand der Knusperriegelmarkt (Banjo, Raider, Lion etc.) aus der Kombination der Angebotsmerkmale Riegel und Keks. Feuchtriegel (Yes) entsprangen der Kombination der Angebotsmerkmale Riegel und Kuchen. Weitere Beispiele betreffen die Kombination aus Praline und Bonbon in Form von Rolo, die Kombination von Schokotafel und Praline in Form von Merci, oder die Kombination von Schokolade und Knabbergebäck in Form von Chocolait chips. Weitere Beispiele sind Bahlsen Petite (eine Gebäckpraline) und Onkiss/Onken (eine Quarkpraline). „Rinpoo"-Produkte (Vidal Sassoon, Shamtu two in one etc.) kamen durch die Kombination der Angebotsmerkmale Shampoo und Spülung zu Stande. Im Eiscrememarkt entstehen Kombinationsprodukte aus Riegel und portionierter Packung (Sky, Joker etc.). Im Kfz-Markt werden Großraumlimousinen als Kombination aus Kleinbus und Pkw offe-

riert. Auch Offroad-Fahrzeuge sind eine solche Kombination, nämlich aus Jeep und Pkw. Da die Nachfrage aber letztlich kaum wachsen wird, geht diese Marktschaffung zumeist zu Lasten der etablierten Märkte. Weitere Beispiele für Kombiprodukte sind Duschgel mit Haarshampoo, Seife mit Hautcreme (Dove), Zahncreme mit Mundwasser (Theramed), Waschmittel mit Weichspüler oder TV-Gerät mit eingebautem Videorecorder. Den vorläufigen Höhepunkt bildet sicherlich Blend-a-med als 5 in 1-Produkt (gegen Zahnstein, Parodontose, Karies, für Zahnweiß, Atemfrische). Weitere Beispiele sind Rasierapparate für Frauen (Lady Protector), Nivea Vital (für Best agers) und Bébé für Erwachsene (vom Babypuder).

Unter **Cross selling-Angebot** ist die Aktivierung von Kunden, die bereits ein anderes Produkt des eigenen Programms kaufen, zu verstehen. Dem liegt die Erkenntnis zu Grunde, wonach die Marktrealität durch Mehrproduktunternehmen geprägt ist. Insofern besteht ein mehrfacher Zugriff auf Nachfrager. Damit liegt es nahe, diese Zugriffsmöglichkeit zu nutzen, um diesen nachdrücklich gleich mehrere Angebote zu unterbreiten, wie das u.a. im Allfinanzangebot der Banken, Versicherungen, Bausparkassen zum Ausdruck kommt. Personen, die bereits in einem dieser Bereiche Kunden sind, sollen somit gleichfalls für die anderen gewonnen werden. Dabei können sich die einzelnen Angebote gegenseitig im Absatz wirkungsvoll unterstützen.

Weitere Beispiele sind die Gaststätte im Warenhaus, die als Frequenzbringer vor allem zur Mittagszeit zum längeren Verweilen animiert, oder die Tankstelle am Verbrauchermarkt, die ebenfalls als Traffic builder dient und Zeit sparende Bequemlichkeit bietet. Bei beiden kann im Wege der Mischkalkulation ein optimal akquisitorisch wirkendes Angebot erreicht werden.

Schließlich können auch neue Einsatzmöglichkeiten bei Gewinnung neuer Angebotsnutzer aufgezeigt werden (**Produktwandel**). Als Beispiel mag der Ausbau herkömmlicher Textverarbeitungsprogramme um DTP-Funktionen gelten. Dadurch werden neue Anwendungen erschlossen, wie etwa Seitengestaltung, die diese Software auch für Personen interessant macht, für die reines Word processing irrelevant ist. Dadurch werden neue Marktpotenziale erschlossen. Ein ähnliches Ziel verfolgte Jägermeister mit seiner Etablierung als Longdrink (Jägermeister Tonic), wie dies in Südeuropa vielfach üblich ist. An die Stelle des gesunden, aber doch betulichen Kräuterlikörs sollte damit das moderne, lifestylige Mixgetränk treten. Ein erster Anlauf zur Verhaltensänderung ist hier zu Lande allerdings kläglich gescheitert, was bei näherem Hinsehen auch nicht weiter verwundert. Weitere gescheiterte Beispiele sind z.B. Stofftiere zum Verschenken unter Erwachsenen/ Steiff und Kräuterjoghurt als Brotaufstrich/Lünebest.

Mit durchschlagendem Erfolg werden hingegen für gesundheits- und kalorienbewusste Konsumenten Light-Versionen aller möglichen Produkte lanciert (Zigaretten, Softdrinks, Kaffees, Wurstwaren etc.). Oft dient das Light-Argument auch als Alibi zur Überwindung kognitiver Dissonanzen beim Kaufentscheid. Derartige Maßnahmen bieten sich vor allem in Monopolmärkten an. So versuchte die dama-

lige Bundespost mit Erfolg jahrelang, die Anzahl der Telefonanschlüsse voranzutreiben. Und so unternehmen Bundesbahn und öffentliche Personennahverkehrsbetriebe starke Anstrengungen, notorische Autofahrer zum Umsteigen auf ihre Verkehrsmittel zu bewegen.

Ein mittlerweile klassisches Beispiel für Produktwandel ist das Fahrrad. War es früher nur Fortbewegungsmittel für sozial eher niedere Klassen, die sich kein Automobil leisten konnten, ist es heute weniger Fortbewegungsmittel als vielmehr Fitnessgerät für viel Freizeitspaß. Und durchaus nicht mehr ein „arme Leute"-Fahrzeug, sondern meist in aufgerüsteten Versionen anzutreffen. Etwas Ähnliches ist bei Kombi-Pkw zu beobachten. Waren sie früher noch als Kleintransporter für Handwerker und Kinderreiche verpönt, so sind sie heute Mittel für Freizeitspaß, etwa bei raumbedürftigen Hobbys. Moderne Kombis (wie BMW Touring, Audi Avant etc.) sind daher nicht nur edel ausgestattet und teuer in der Anschaffung, sondern auch hoch angesehen.

Ein weiteres prägnantes Beispiel sind Modelleisenbahnen. Sie sind von einem Kinderspielzeug längst zum Hobbyartikel für wohlhabende Rentner geworden. Denn erstens beschäftigen sich Kinder heute mit anderen Spielen als der harmlosen Modelleisenbahn und zweitens gibt es auch garnicht mehr genug Kinder, als dass eine Branche davon prosperieren könnte. Umgekehrt holen Rentner gern ihren unerfüllten Kindheitstraum nach oder holen sich zumindest die Unbeschwertheit der Kindheit nostalgisch durch die Anschaffung einer Modelleisenbahn-Anlage zurück. Entsprechend ist das Preisniveau aufgestellt.

2.3 Erkenntnisse der PIMS-Studie

Beim Neuprodukt-Management ist es hilfreich, aus Erfahrungen Anderer zu lernen, die unter vergleichbaren Unternehmens- und Vermarktungsbedingungen erfolgreich agieren. Akzeptiert man diesen Analogieansatz, bietet die PIMS-Studie ausgiebiges Informationsmaterial in dieser Richtung.

2.3.1 Untersuchungsanlage

In den 1950er Jahren begann General Electric (GE), damals eines der am stärksten diversifizierten Unternehmen, eine Datenbank mit Kennzahlen zur Charakterisierung der strategischen Positionen seiner einzelnen Geschäftseinheiten (SGE's) aufzubauen. Die SGE ist die kleinste Unternehmenseinheit, für die eine eigenständige Strategieempfehlung noch sinnvoll ist. Sie ist eindeutig abgegrenzt über Produkte, Kunden und Konkurrenten. Die Auswirkungen der einzelnen Kennzahlen auf den Erfolg der jeweiligen Geschäftsbereiche sollte interpretiert werden. Dabei sollten allgemeingültige Determinanten des Erfolgs („Marktgesetze") identifiziert werden. Diese Bemühungen führen 1965 zu PROM (Profit optimizing model), einem regressionsanalytischen Modell zur Erklärung der Rentabilität (ROI) einer SGE. Damit sollte es möglich werden, die Gewinneffekte einer Strategie zu beurteilen und Suboptimalitäten durch Wahl geeigneter Strategien in den Griff zu bekommen. 1972 wurde das PROM-Projekt von GE ausgegliedert und an die Harvard Business School (HBS) vergeben. Zugleich wurde es dadurch zu einem Mehrfirmenprogramm. Daraus entstand das PIMS-Projekt, das 1972 mit 620 SGE's von 57 US-Unternehmen startete. 1975 wurde das SPI gegründet, ein Institut an der HBS, 1978 die PIMS Associates, eine Unternehmensberatung, die auf den PIMS-Erkenntnissen aufsetzte. 1986 waren im PIMS-Projekt 200 Kennzahlen zu 2.600 verschiedenen Unternehmensteilen (SGE´s) aus 300 Unternehmen, darunter 60 % Investitionsgüter-, 30 % Konsumgüterindustrie und 10 % Dienstleister, aller Größenordnungen und Branchen verfügbar. Im Ausbaustadium waren über 3.500 SGE's, zu 60 % aus Nordamerika, 35 % aus Westeuropa (vor allem GB) und 5 % aus anderen Ländern, vertreten. Pro Geschäftseinheit wurden 400 Kennzahlen ermittelt. Forschungsschwerpunkte waren u.a. folgende: Untersuchung von Marktanteilen und Marktstrukturen mit der Bestimmung typischer Marktanteilsveränderungen, Verbindung von PIMS zu einschlägigen Portfolio-Modellen, Einfluss kontextueller Faktoren wie Lebenszyklusstadium sowie situativer Faktoren wie Marktbarrieren auf den Erfolg, Typologie von Strategien auf Basis multivariater Analyseverfahren, Erfolgsfaktoren von Start-ups.

Das Akronym PIMS steht für Profit impact of market strategies. Die Methode entstand bei General Electric und wurde von der Harvard Business School zu einer Multi company-Studie weiterentwickelt. Das Strategic planning institute organisiert als unabhängige, gemeinnützige Einrichtung die umfangreiche empirische Untersuchung eingeführter und neu angefangener Geschäfte (i.S.v. Strategischen Geschäftseinheiten), deren Absicht es ist, festzustellen, wie sich strategische Entscheidungen im Marketing auf die Rentabilität eines Unternehmens auswirken.

Empirisch beobachtbare dauerhafte Erfolgsunterschiede zwischen Unternehmen, auch innerhalb einer Branche, werden dabei in Form finanzieller Zielgrößen gemessen. Alle Daten aus den verschiedenen Branchen werden in einer Datenbank gesammelt, analysiert und strukturiert ausgegeben, sodass es den Teilnehmern dieses Programms möglich ist, die Erfahrung Aller zu nutzen und gültige Erfolgsprinzipien abzuleiten. Mithilfe statistischer Verfahren sollen so Zusammenhänge zwischen Umwelt-, SGE- und Ergebnisvariablen entdeckt und, darauf aufbauend, Handlungsempfehlungen für „gute“ strategische Entscheidungen formuliert werden. Diese funktionalen Abhängigkeiten erhalten den Rang von **Marktgesetzen** (Laws of the market place) und dienen als Grundlage für empirisch belegbare Handlungsempfehlungen.

Ziel ist also das Lernen durch Erfahrung über erfolgreiche bzw. erfolglose Geschäftsbereiche sowie über verschiedene Arten von Geschäften. Die Rentabilität (= Output) wird durch die zentrale Größe Return on investment (ROI) gemessen, als Quotient aus operativem Gewinndurchschnitt der letzten vier Jahre und Umlauf- plus Anlagevermögen (Working and fixed capital) einer SGE. Eine SGE ist hier eine Division, Produktlinie oder ein Profit center, das eine genau definierte Menge von verwandten Produkten und/oder Diensten herstellt und vermarktet, einen klar definierten Kreis von Kunden innerhalb eines abgegrenzten geographischen Bereichs bedient und mit einem genau definierten Kreis von Konkurrenten in Wettbewerb steht.

Grundannahmen der Studie sind dabei die Folgenden. Es existieren Marktgesetze, die bestimmen, wie stark sich der Output verändert, wenn der Input um eine bestimmte Einheit verändert wird. Diese Gesetze sind unabhängig von Ort und Zeit, also steckt hinter ihnen die Unterstellung, dass die ermittelten Wirkungszusammenhänge (unter gleichen Rahmenbedingungen) immer und überall gelten. Man geht davon aus, dass diese Marktgesetze erfassbar, also auch erlernbar sind. Erlernen bedeutet, dass man aus den Erfolgen und Fehlern der anderen Geschäftseinheiten Prämissen für das eigene Handeln ableiten kann. Außerdem wird unterstellt, dass die aufgedeckten Gesetzmäßigkeiten für alle Unternehmen gelten, unabhängig von deren Unterschieden.

2.3.2 Schlüsselfaktoren

Mithilfe von 37 Faktoren werden 75 - 80 % des Unterschieds im ROI zwischen zwei Geschäftseinheiten erklärt. Der verbliebene Rest kann bislang mithilfe der von PIMS genutzten Methoden jedoch nicht erklärt werden. Wesentliche Messgrößen der Studie sind folgende:

- kurz- und langfristiges Marktwachstum, Inflationsrate, Export-/Importrate, Konzentrationsgrade auf Anbieter- und Nachfragerseite, Auftragsgröße, Produktpräferenz, gewerkschaftlicher Organisationsgrad, absoluter/ relativer Marktanteil, relative Produktqualität, relatives Lohnniveau, Investitionsintensität, Wertschöpfung in Relation zum Umsatz, Umsatz pro Mitarbeiter, Kapazitätsausnutzung,

Marketingaufwand und Relation zum Umsatz, FuE-Aufwendungen in Relation zum Umsatz, Produktinnovationsrate, Betriebs- und Unternehmensgröße, Diversifikationsgrad, Verfügbarkeit/Nutzung von Absatzmittlern, Steigerungsrate der Verkaufspreise und Kosten, Anzahl/Größe der belieferten Zwischenabnehmer, Anzahl der Endabnehmer, Bestellungshäufigkeit/-umfang, relative Preishöhe, Kapitalintensität, Ausmaß der vertikalen Integration, Anlagen- und Personalproduktivität, Lagerbestände, Werbe-/VKF-Budgets, Vertriebsaufwand, sowie Veränderungen in den fünf Variablenklassen Marktanteilsänderung, vertikale Integrationsänderung, relative Preisänderung, Änderung der Produktqualität und Kapazitätsänderung.

Zentrale, und zugleich umstrittenste, Aussage der Studie ist ein überlinearer Zusammenhang zwischen Marktanteil und Return on Investment, begründet vor allem durch Economies of large scale (die Möglichkeiten der Massenproduktion lassen sich bei hohem Marktanteil besser realisieren), Erfahrungskurveneffekte (frühzeitige Nutzung der Lernrate durch hohen Marktanteil), Marktmacht (zur Durchsetzung gegen Konkurrenten) und Managementqualität (sie steigt mit steigender Unternehmensgröße).

Die sieben Haupteinflussgrößen sind im Einzelnen folgende:

- Die **Marktwachstumsrate.** Sie hat positiven Einfluss auf die Rentabilität (ROI/ROS), bei einer positiven Wachstumsrate über 10 % liegen die ROI-Werte um durchschnittlich 4 % höher als bei einer negativen Wachstumsrate von 5 %, die Rentabilität wird aber auch tendenziell durch die Lebenszyklusphase beeinflusst. Der ROI sinkt ab, je mehr sich das Produkt im Lebenszyklus weiterentwickelt. Ein positiver Einfluss des Marktwachstums auf den absoluten Gewinn und ein negativer Einfluss auf die Liquidität sind gegeben. Je attraktiver ein Markt, desto gefährdeter ist die kurzfristige Liquiditätssteuerung des Unternehmens und desto höher sind die absoluten Gewinne. In schnell wachsenden Märkten ist die Rentabilität am Höchsten, in schrumpfenden Märkten am Niedrigsten. Märkte mit hohen Wachstumsraten weisen hohe Bruttospannen, hohe Marketingkosten, niedrige Steigerungsraten bei Verkaufspreisen und Löhnen, steigende Produktivität, die Notwendigkeit zur Investitionsausdehnung und geringen oder negativen Cash-flow bei steigendem ROI auf.
- Die **Auftragsgröße.** Sie ist definiert als Größe der einzelnen Transaktion und hat negativen Einfluss auf den ROI. Dies lässt sich erklären, indem gewerbliche Kunden bei Einkäufen mit hohen Beträgen aggressiver verhandeln und verschiedene Vergleichsangebote einholen. Quantifiziert man die Bedeutung der Produkte/Dienste für Kunden (definiert als Anteil an den Gesamteinkäufen eines Kunden), so besteht ein negativer Einfluss auf die Rentabilität. Lieferantenkonzentration verbessert bei Geschäftseinheiten mit nur wenigen Lieferanten die Rentabilität. Die Auftragsgröße hat schmälernde Wirkung vor allem in Märkten für Industriegüter, Transaktionen mit hohen Auftragsgrößen stellen sich dort als nicht so rentabel dar.
- Der **Marktanteil** (Umsatz der SGE : Umsatzvolumen des bedienten Markts bzw. Umsatz der SGE : gemeinsamer Umsatz der drei Hauptwettbewerber). Ein hoher

Zusammenhang zwischen RMA und RPQ

		Relativer Marktanteil		
		niedrig	mittel	hoch
Relative Produktqualität	unterlegen	7 - 10	13 - 18	20 - 26
	mittel	14 - 16	20	29
	überlegen	18 - 21	26 - 27	37 - 38

(Werte beziehen sich auf Return on investment)

Marktanteil (relativ wie absolut) hat einen deutlich positiven Einfluss auf den Gewinn und Cash-flow. Gründe sind Größenvorteile, Risikoaversion der Kunden, Marktmacht und Managementqualität. Dabei unterscheidet man zwischen absolutem, relativem und effektivem Marktanteil. Er bezieht sich aber immer auf den relevanten Markt (also das Segment, das bedient wird und in dem eine Geschäftseinheit mit anderen Anbietern tatsächlich konkurriert). Marktanteil und Rentabilität korrelieren positiv, hoher Marktanteil bedeutet auch hohen finanziellen Erfolg. Durch den vergrößerten Marktanteil erzielt die Geschäftseinheit gegenüber der Konkurrenz Kostenvorteile. Geschäftseinheiten mit kleinem Marktanteil stehen vor dem Problem, eine notwendige effiziente Betriebsgröße zu erreichen. Hohe Qualität schafft zugleich die Voraussetzung für relativ hohe Preise und die Vergrößerung des Marktanteils. Gründe für die positive Korrelation zwischen ROI und Marktanteil können in den Größenvorteilen (Economies of large scale), in der Risikoaversion von Kunden, in der Marktmacht des Anbieters oder in der Qualität des Management liegen *(siehe Abb. Zusammenhang zwischen RMA und RPQ)*.

- Die (relative) **Produktqualität** (%-Anteil des Umsatzes der SGE mit qualitativ überlegenen Produkten abzgl. %-Anteil des Umsatzes der SGE mit qualitativ unterlegenen Produkten). Sie ist eine relativ wahrgenommene Größe, und zwar nicht aus interner, produktionsorientierter Sicht, sondern aus dem Blickwinkel des Kunden, sie hat eine besonders stark positive Beziehung zum ROI. Bessere Qualität führt zu stärkerer Kundentreue, zur Durchsetzung höherer Preise und zu Marktanteilserhöhungen. Die relative Produktqualität (im Konkurrenzvergleich) beeinflusst den relativen Preis (definiert als Preis einer Geschäftseinheit im Vergleich zu ihren wichtigsten Konkurrenten) positiv, mit zunehmendem Marktanteil sinken die relativen Kosten (definiert als Kosten einer Geschäftseinheit im Vergleich zu den wichtigsten Konkurrenten), höhere Preise und niedrigere Kosten führen dann zu hohem ROI. Die Qualität korreliert, wie auch die Produktinnovation, stark positiv mit ROI, ROS und Cash-flow, da bessere Qualität zu stärkerer Kundentreue, zur Durchsetzung höherer Preise und zu Marktanteilserhöhungen führt.

- Die **Investmentintensität** (Buchwert des Anlagevermögens korrigiert um das Ausmaß der Kapazitätsauslastung dividiert durch Umsatzerlöse bzw. Wertschöpfung). Sie wird gemessen als Investment im Verhältnis zum Umsatz und wirkt sich negativ auf den ROI aus. Gründe dafür sind Preiskämpfe auf Grund hoher Kapazitäten, erschwerter Austritt aus unwirtschaftlichen Geschäften und geringere Effizienz bei der Nutzung des Anlage- oder Umlaufvermögens. Gewinnvorgaben orientieren sich zudem nicht immer an den Investitionen. Das Verhältnis von durchschnittlich gebundenem Kapital zu Umsatz korreliert negativ mit dem ROI, weil internes Investment zu aggressivem Wettbewerb führt und hohe Anlageninvestitionen sich als unüberwindbare Marktaustrittsbarrieren erweisen. Hohe umsatzbezogene Marketingbudgets bei hohem relativen Marktanteil beeinflussen den ROI positiv. Unternehmen mit hoher Investitionsintensität weisen einen niedrigeren ROI, einen niedrigeren ROS und einen niedrigeren Cash-flow aus. Gründe sind, wie dargestellt, Preiskämpfe auf Grund hoher Investitionsintensität, der erschwerte Austritt aus unwirtschaftlichen Geschäften oder die geringere Effizienz bei der Nutzung des Anlagevermögens oder des Working capital. Auch orientieren sich Gewinnvorgaben nicht an Investitionen, so erreicht der durchschnittliche ROS nur ein Drittel der erforderlichen Höhe, um einen ROI von 20 % zu erwirtschaften.
- Die **vertikale Integration** ((Umsatz abzgl. Materialkosten) ÷ Umsatzerlöse). Hier besteht ein V-förmiger Zusammenhang zum ROI, der ROI ist also hoch bei niedriger und hoher vertikaler Integration. Vertikale Integration ist die Kombination mehrerer Produktions- oder Vertriebsstufen, die meist organisatorisch getrennt sind, als absolute Größe (Wertschöpfung zu Umsatz) oder relative Größe (im Konkurrenzvergleich) ermittelt. Unternehmensgröße und Grad der vertikalen Integration tragen entscheidend zur Erklärung des ROI bei. Geschäftseinheiten mit hohem Marktanteil und hohem vertikalen Integrationsgrad kommen auf einen hohen ROI. In Unternehmen in ausgereiften oder stabilen Märkten hat ein hoher Integrationsgrad positive Auswirkungen auf ROI, ROS und Cash-flow. In rasch wachsenden Märkten oder auch in schrumpfenden oder oszillierenden Märkten in das Gegenteil der Fall. Die Zunahme des ROI ab etwa 60 % hängt mit dem langsameren Ansteigen der Investmentintensität zusammen.
- Die **Produktivität**. Sie wird gemessen als Wertschöpfung pro Mitarbeiter und hat eine positive Wirkung auf den ROI, gegenläufig wirkt die Investitionsintensität als investiertes Kapital je Arbeitsplatz. Eine höhere Produktivität bei gleich bleibendem investierten Kapital pro Mitarbeiter führt zur Erhöhung des ROI, mehr investiertes Kapital pro Mitarbeiter bei gleich bleibender Produktivität führt zu niedrigerem ROI. Unternehmen mit höherer Wertschöpfung je Mitarbeiter haben einen höheren ROI, ROS und Cash-flow als diejenigen mit einer niedrigeren Kennzahl. Ist eine Erhöhung der Produktivität mit einer Erhöhung der Investitionsintensität verbunden, ist die negative Auswirkung der höheren Investitionsintensität auf ROI, ROS und Cash-flow größer als die positiven Auswir-

kungen der höheren Produktivität. Höhere Produktivität bei gleich bleibendem investierten Kapital pro Mitarbeiter führt zur Erhöhung des ROI, dagegen entsteht durch Erhöhung des investierten Kapitals pro Mitarbeiter bei gleich bleibender Produktivität ein niedrigerer ROI.

2.3.3 Haupterkenntnisse für bestehende Geschäftseinheiten

Die Haupterkenntnisse der Forschungsdatenbank speziell für bestehende Geschäftseinheiten lauten zusammenfassend wie folgt. Unternehmen mit hoher Investitionsintensität weisen regelmäßig einen niedrigeren ROI sowie einen niedrigeren Cash-flow auf als weniger investitionsintensive. Overengineering, d.h., übertriebene Herstellungstechnologien, und unverhältnismäßig hohe FuE-Ausgaben, tragen daher nicht zum Unternehmenserfolg bei, sind also zu unterlassen.

Mit zunehmender Wertschöpfung pro Beschäftigtem (= Produktivität) steigen ROI und Cash-flow einer Unternehmung. Hohe Produktivität ist unabdingbar bei hoher Investitionsintensität. Dies betrifft Verfahrensinnovationen, wie sie etwa in der japanischen Industrie beispielhaft sind, sowie generell die Substitution von Arbeit durch Kapital.

Mit einer starken Marktposition, d.h., einem hohen Marktanteil sowohl absolut als auch relativ zu den größten Konkurrenten, ist ein deutlich höherer ROI und Cashflow verbunden. Das wiederum bedeutet, dass der erreichte Marktanteil entscheidend für die Gewinnhöhe der SGE ist. Daher sind Marktanteilszugewinn- bzw. Marktführerschafts-Strategien anzuwenden und einmal erreichte Marktanteile mit allen Mitteln zu verteidigen (z.B. durch Serviceoptimierung, Qualitätserhöhung).

Das Marktwachstum wirkt positiv auf den absoluten Gewinn, neutral auf den relativen Gewinn, aber negativ auf den Cash-flow. Denn hohes Marktwachstum ist immer auch mit Investitionen verknüpft, die Finanzmittel binden und erst in späteren Phasen des Lebenszyklusses zu Rückflüssen führen.

Eine hohe Qualität aus Sicht der Kunden und in Relation zum Mitbewerb korreliert positiv zu ROI und Cash-flow. Hohe relative Qualität ist bei kleinem Marktanteil unabdingbar. Damit bestätigt sich die Erfahrungstatsache, dass Markterfolg ohne hohe Produktqualität überhaupt nicht denkbar ist. Dies trifft insb. auf Nischenanbieter zu, die nur auf diese Weise die für sie überlebensnotwendigen höheren Preise am Markt monetarisieren können.

Maßnahmen zur Stärkung von Innovation und Eigenständigkeit wirken nur dann positiv, wenn die Unternehmung über eine starke Marktposition verfügt. Hohe FuE-Ausgaben sind, sofern erfolgreich, im Stande, Marktanteile aufzubauen. Daher sind Produktinnovationsstrategien anwendbar, die allerdings strikt nach Erfolgswahrscheinlichkeit zu kontrollieren bleiben.

Niedrige Marktanteile verhindern die Finanzierung hoher FuE-Ausgaben mangels Tragfähigkeit. Es kommt auf die Umlage der FuE-Aufwendungen auf große Auflagenlose an, um deren Kostenanteil je Stück gering zu halten (Fixkostenblock).

Eine hohe vertikale Integration wirkt nur in ausgereiften, stabilen Märkten positiv, ansonsten negativ sowohl in rasch wachsenden als auch rasch schrumpfenden Märkten. Dies ist auf einen Mangel an Flexibilität zurückzuführen. Vertikale Integration verbessert zwar die Wertschöpfung, deren Anlagemittel wären jedoch besser in Großbetriebsformen auf einer Stufe angelegt.

Der Einfluss des Kostendrucks auf ROI und Cash-flow hängt von der Fähigkeit einer Geschäftseinheit ab, Kostensteigerungen auf die Kunden zu überwälzen bzw. intern zu absorbieren.

Marktzugang, Wettbewerbssituation und Marktstellung des eigenen Unternehmens machen für die Leistungsfähigkeit des Betriebs (gemessen in ROI) einen Erklärungsanteil von zusammen 65 % aus. Sie sind daher die dominanten Unternehmenserfolgsfaktoren.

Der wirtschaftliche Erfolg jeder SGE erklärt sich des Weiteren noch aus Marktwachstum, Produktdifferenzierung, Qualität, Service, Zuverlässigkeit, Marktanteil und Know-how als wichtigsten Einflussgrößen.

Eine eher kleine Kundenzahl (abhängig von Branchenmerkmalen) ist günstig zu beurteilen. Sie erhöht zwar die Abhängigkeit von Abnehmern, rationalisiert aber gleichzeitig die Distribution.

2.3.4 Haupterkenntnisse für neue Geschäftseinheiten

Im Rahmen des Neuprodukt-Management sind naturgemäß Erkenntnisse speziell für neue Geschäftseinheiten interessant. Sie stammen aus der Start up-Datenbank, die Daten von über 100 SGE´s während der ersten zwölf Jahre ihrer Marktpräsenz enthält. Dadurch lassen sich die Erfolgschancen geplanter Start ups realistisch und objektiv einschätzen und Strategieanhaltspunkte daraus gewinnen.

Die Startkosten eines Projekts werden erst nach einigen Jahren zurückverdient. Dabei werden Gewinnerwartungen zu Beginn meist überhöht eingeschätzt. Das heißt, der Zeitraum bis zum Break Even darf in der Planung nicht zu kurz bemessen sein, damit erfolgversprechenden Geschäften nicht vorzeitig die Luft ausgeht.

FuE-Anstrengungen sind auf applikationsnahe Märkte zu konzentrieren. Wissenschaft und Technik dürfen nicht als Selbstzweck eingesetzt werden. Dies können sich allenfalls große Unternehmen leisten, deren Mitteleinsatz durch Rückflüsse aus anderen FuE-Leistungen gut gespeist wird.

Marktführerschaft hat als primäres Ziel zu gelten. Um Erfahrungskurveneffekte nutzen zu können, müssen entsprechende Kapazitäten bereitgestellt werden. Erfahrung zeigt, dass Marktführerpositionen, so sie erst einmal erreicht sind, eine hohe Stabilität aufweisen. Wenn überhaupt, sind sie später nur mit erheblichen Wettbewerbsanstrengungen zu stürzen.

Der Eintritt in wachstumsstarke Märkte ist wegen niedrigerer Wettbewerbsintensität und weniger Marktteilnehmern zu bevorzugen. Die Chance der Partizipation am allgemeinen Marktwachstum lässt die Aktivitäten der Marktteilnehmer zunächst weniger auf direkte gegenseitige Verdrängung zusteuern als vielmehr auf überproportionalen Anteil am generischen Marktwachstum. Was im Ergebnis zwar auf das Gleiche hinausläuft, aber von der Wettbewerbseinstellung her grundverschieden zu beurteilen ist.

Produktnutzen ist wichtiger als Preis. Damit verbundene Qualitätsmaßnahmen gehen allerdings zu Lasten des ROI. Insofern ist weniger die absolute Preishöhe als vielmehr das relative Kosten-Nutzen-Verhältnis von kaufentscheidender Bedeutung. Bei einem entsprechenden Nutzenangebot ist es daher auch möglich, optisch hoch erscheinende Preise am Markt zu realisieren.

Eine breite Produktpalette erleichtert den Marktanteilszuwachs, kostet aber Gewinnbeitrag. Denn ein differenziertes Programm ermöglicht zwar die Abschöpfung größerer Teile der Nachfrage, die damit verbundenen Zusatzkosten kompensieren jedoch wieder Teile dieses Zugewinns.

Aggressives Marketing verbessert den Marktanteil, aber reduziert Gewinne. Denn ein offensiver Parametereinsatz führt durch stärkere Dotierung und umfangreichere Nutzung sowohl zu mehr Markterfolg als auch zu erhöhten Marketingkosten.

Die Break even-Phase ist möglichst kurz zu halten, um Risiken zu limitieren. Der Umkehrpunkt kann durch Preissteigerung und/oder Kostensenkung bei niedrigerer Menge sowie durch Absatzforcierung schneller erreicht werden.

Der Eintritt in kleine Märkte (Marktnischen) ist zu bevorzugen, da sie geringem Wettbewerb ausgesetzt sind. Dies erfordert differenzierte Produkte mit eindeutigem objektiven oder subjektiven Nutzenvorteil. Objektiv bedeutet hinsichtlich besserer Funktionserfüllung, subjektiv hinsichtlich höheren Aufforderungsgradienten bei Nachfragern.

Gewerbliche Schutzrechte helfen bei der Erreichung der Unternehmensziele, weil sie für eine gewisse Zeit eine wirksame Abwehr von Nachahmern ermöglichen, die ein Angebot unter Umgehung aufwändiger eigener FuE zu niedrigen Kosten anbieten können.

2.3.5 Haupterkenntnisse für Klein- und Mittelstand

Spezielle Erkenntnisse für klein- und mittelständische Unternehmen sind folgende:

- eine starke Marktposition ist auch bei Klein- und Mittelbetrieben mit besserer Rentabilität verbunden,
- die relative Qualität kann als positiver Einflussfaktor der Rentabilität identifiziert werden,
- eine hohe Innovationsrate wirkt sich negativ auf die gegenwärtige Rentabilität aus,
- die Marketingausgaben korrelieren negativ mit der Rentabilität,
- die FuE-Ausgaben korrelieren negativ mit der Rentabilität,
- eine hohe Investitionsintensität hat starken negativen Einfluss auf die Rentabilität,
- die vertikale Integration weist einen V-förmigen Zusammenhang mit der Rentabilität auf,
- die Produktivität korreliert stark positiv mit der Rentabilität,
- eine zunehmende Kapazitätsauslastung führt zu steigender Rentabilität,
- die Marktwachstumsrate korreliert positiv mit der Rentabilität,
- die Marktkonzentration hat schwach positiven Einfluss auf die Rentabilität,
- die Anzahl der Kunden, mit denen 50 % des Umsatzes erzielt werden, korreliert negativ mit der Rentabilität,
- mit zunehmender durchschnittlicher Auftragsgröße sinkt die durchschnittlich erzielte Rentabilität.

Weitere diesbezügliche Erkenntnisse sind folgende. Die Marktumwelt kann von der Geschäftseinheit kaum oder nicht beeinflusst werden, sie ist vielmehr als gegeben zu betrachten. Daher gewinnt die Marktselektion an Bedeutung, also die Auswahl erfolgversprechender Märkte. Nicht erfolgversprechende Märkte sollen verlassen, Erfolgversprechende dafür okkupiert werden. Langfristig ist die Produkt-/ Dienst-Qualität der wichtigste Wettbewerbsfaktor (für das Wachstum des Unternehmens und des Marktes), kurzfristig führt hohe Qualität zu Gewinnsteigerung über Premiumpreise. Dadurch ergeben sich Größenvorteile, höhere Kosten für Qualität werden also durch Mengensteigerung wieder ausgeglichen, denn Unternehmen mit höherer Qualität haben ein gleiches Kostenniveau wie Unternehmen mit geringerer. Der Zusammenhang zwischen relativem Marktanteil und ROI darf nicht überschätzt werden. Viele Poor dogs aus der Portfolio-Analyse sind tatsächlich Cash-Erzeuger, während viele Cash cows tatsächlich Cash-Verbraucher sind. Die Investitionsintensität wird durch Erhöhung der Anlagekapazität, durch Automatisation der Fertigungsprozesse und Liberalisierung der Kreditlaufzeiten oder Bestandslimits erzeugt. Oft sind die Kosten für Marktanteilszuwachs nicht realistisch zu finanzieren. Vertikale Integration bedeutet Vorsicht vor erhöhtem Investitionsbedarf und Berücksichtigung von Alternativen zum Kauf. Wichtig ist, dass keine „halbherzige“ Integration erfolgt und eine Optimierung der Größe auf jeder Stufe erreicht wird.

2.3.6 Sonderauswertungen

Neben dem Grundlagenreport liegen weitere ergänzende Reports auf Basis des gleichen Datenbestands als Sonderauswertungen vor.

Der **PAR-Report** gibt Auskunft über den durchschnittlichen ROI von vergleichbaren Geschäftseinheiten auf Grund ihrer Rahmenkonstellation. Auf Basis von 28 Strategievariablen und 200 Eingabedaten wird darin ein Erwartungswert für das Renditeergebnis einer SGE errechnet. Dies ermöglicht die aussagefähige relative Einordnung des Erfolgs der eigenen Unternehmensstrategie im Vergleich zu Erfolgen gleichartiger anderer Unternehmen. Abweichungen zwischen modellhafter Renditevorgabe und Ist-Rendite im negativen Bereich können deshalb a priori als Managementschwächen interpretiert werden.

Für Ad hoc-Analysen und Krisenmanagement ist ein spezielles **LIM-Modell** vorgesehen. Dieses beruht auf limitierten Eingabedaten (16 Größen) und ermöglicht daher eine schnellere Aussage in allerdings verringerter Güte, aber mit gleicher Absicht wie im PAR-Report. Der PAR-ROI ist die unter den gegebenen Bedingungen erreichbare, mit einer Bandbreite von +/- 3 %, mittlere Rendite der SGE. Diese Aussage wird durch Vergleich mit den erfolgreichsten SGE´s in der Datenbank gleicher Struktur erreicht (Strategy Peers). Allerdings handelt es sich dabei um einen durchschnittlichen (aus verschiedenen Branchen zusammengesetzten) fiktiven Wert.

Der **Strategy analysis-Report** ermöglicht die bessere Abschätzung von Auswirkungen geplanter Strategieänderungen auf das Unternehmensergebnis (ROI) über Strategie-Simulations-Modelle, und zwar, indem die sich ergebende Strategieposition gegen dann vergleichbare andere SGE´s gespiegelt wird. Als Inputdaten kommen dabei Umweltentwicklung, strategische Stoßrichtung und Position sowie operative Effektivität in Betracht. Den Output bilden drei Faktoren, die Gewinnsimulation für das erste Jahr nach der Anpassung, der Cash-flow für die nächsten zehn Jahre und der Marktwert der Geschäftseinheit in diesem Zeitraum. Der diskontierte Cash-flow und der diskontierte Marktwert bilden zusammen das Wertsteigerungspotenzial der betrachteten SGE.

Der **Optimum strategy-Report** als Simulationsvariante gibt Anhaltspunkte für die optimale Verbindung von Strategievariablen für maximalen ROI. Als Referenz dienen dabei besonders erfolgreich arbeitende Geschäftseinheiten, deren Instrumentalkombination aus der Datenbank als Referenz übernommen wird.

Der **Report on look alikes** (ROLA) erlaubt die Lokalisierung auf Grund ihrer Rahmenkonstellation ähnlicher, jedoch erfolgreicherer anonymisierter SGE´s im Datenbestand. Im ROLA werden zu der untersuchten SGE ähnliche SGE´s aus der Datenbank herausgesucht, die bereits zu einem früheren Zeitpunkt die Ziele erreicht haben, welche die betrachtete SGE erst noch anstrebt. Die Look alikes werden auf Grund identischer Strukturmerkmale ausgesucht. Dazu werden 200 Merkmale wie Marktanteil/Marktanteilsveränderung, Wettbewerbsstruktur, Kapitalintensität, vertikaler Integrationsgrad, relative Produktqualität, Programmstruktur, Preisverhältnis zum Mitbewerb, Anteil neuer Produkte, Werbebudget etc. herangezogen. Diese werden unter Diskriminationsgesichtspunkten nach Gewinnern, d.h., SGE´s mit erfolgreichen Strategien, und Verlierern, d.h., SGE´s mit nicht erfolgreichen Strategien, unterteilt. Damit besteht die Chance, die Unternehmensstrategie der Gewinner zu analysieren und ggf. zu adaptieren. Dazu erfolgen drei Schritte: Erstens werden strategisch ähnliche Geschäftseinheiten auf Grund frei bestimmbarer Kriterien in der Datenbank gesucht, zweitens wird die sich ergebende Stichprobe nach einem frei bestimmbaren Kriterium in zwei Gruppen aufgeteilt, in eine „Verlierer"-Gruppe und eine „Gewinner"-Gruppe, und drittens werden die signifikanten Unterschiede zwischen den beiden Gruppen festgestellt..

Darüber hinaus gibt es zahlreiche Sonderauswertungen, so den Qualitätsreport (über die relative Produktqualität), das Qualitätsanalyseprogramm (über das Preis-Leistungs-Verhältnis) oder den Strategy sensitivity report.

Diese Reports werden aus mehreren Datenbanken gespeist:

- Die **Start up-**Datenbank enthält Angaben von neu gegründeten, marktjungen Unternehmen.
- Die **Portfolio-**Datenbank enthält Informationen zum Aufspüren von Synergieeffekten bei verbundenen Geschäftseinheiten.
- Bei der **Qualitäts- und Differenzierungs-Datenbank** handelt es sich um eine systematische und kostengünstige Vorgehensweise zur sicheren Berechnung der relativen Produktqualität aus Kundensicht. In einem ersten Schritt erfolgt dazu die Bestimmung der Kriterien, die Kunden bei ihrer Kaufentscheidung beeinflussen (durch Quality workshops mit Führungskräften aus verschiedenen Funktionsbereichen eines Unternehmens) und die Gewichtung dieser Kriterien aus Kundensicht. Dann wird eine ordinale Skala zur Einstufung der eigenen Geschäftseinheit und der wichtigsten Konkurrenten konstruiert (auch nach Befragungen von Kunden und Kundenkontaktmitarbeitern). Schließlich wird die Qualitätskennziffer in Relation zum Preis gestellt, das Ergebnis ist eine Preis-Leistungs-Matrix. Erfolgsmaßstäbe allgemeiner Art sind dabei ROI und ROS (Return on Sales).
- Die **OASIS-Datenbank** (für Organization and strategy information service) enthält Daten zur Unterstützung von Unternehmensstrategien durch Analyse der Erfolgsfaktoren Organisation, Personalwesen, Unternehmenskultur, Wettbewerbsstrategie und Unternehmenserfolg, die deren Auswirkungen auf den Erfolg einer Geschäftseinheit zu quantifizieren sucht.
- Die **Global strategy-Datenbank** enthält Informationen zu Marktrahmenbedingungen, Kostenstrukturen und Kundenbedürfnissen zur Globalisierung oder Regionalisierung von Geschäftseinheiten. Im Kern handelt es sich bei allen diesen Aktivitäten um Betriebsvergleichs-Ansätze, Absicht ist der Vergleich mit Best practise-Kennzahlen.
- Die **SPIYR-Datenbank** (für Strategic planning institute yearly report) enthält

die jährlichen Beobachtungswerte regelmäßig erhobener SGE-Merkmale in der Längsschnittanalyse. Dies kann für die Generierung von Marktreaktionsfunktionen genutzt werden.
- Die **Micro-Benchmark-Datenbank** erlaubt die Abbildung einzelner Prozesse zum Vergleich zwischen Geschäftseinheiten. Auch damit wird die Herkunft des PIMS-Projekt aus dem Betriebsvergleich dokumentiert.

2.3.7 Bewertung

Das PIMS-Projekt, das 1999 eingestellt wurde, war zahlreicher Kritik unterworfen. Diese bezieht sich vor allem auf drei Aspekte:
- erstens die Datengrundlage (subjektive Bewertung einzelner Variabler, kurzfristige Betrachtungsperiode, mangelnde Repräsentanz der SGE's etc.),
- zweitens die Untersuchungsmethodik (Zusammenhänge statt Abhängigkeiten, Interdependenzen unabhängiger Variabler untereinander etc.),
- drittens die Strategieempfehlungen (einseitige Orientierung am ROI, Vernachlässigung von Synergieeffekten, branchenspezifische Besonderheiten etc.).

Man kann sicherlich sagen, dass die PIMS-Studie die Identifizierung der kritischen Erfolgsfaktoren erleichtert. Ausmaß und Richtung der Schlüsselfaktoren können ermittelt und Abweichungsursachen eingegrenzt werden. Die direkten Wettbewerbsdaten sind auf Grund der Anonymisierung jedoch nicht verfügbar. Sie unterstützt vor allem die Analyse bestehender Geschäftseinheiten und schärft die Sensibilisierung für die strategische Problemdiagnose. Bei Diskontinuitäten, wie sie heute Märkte weitgehend charakterisieren und Faktoren verändern, sind die Aussagen jedoch nur begrenzt nutzbar.

Somit gibt es eine umfangreiche Kritik an der Anlage der PIMS-Studie. Sie bezieht sich u.a. auf die Auswahl der beteiligten Unternehmen. Die Durchsicht zeigt, dass auffällig viele Marktführer im Datenstamm vertreten sind, sodass die Inputdaten nicht unbedingt auf einem als repräsentativ anzusehenden Querschnitt von Unternehmen beruhen, sondern auf eher marktstarken Anbietern. Folglich sind auch die Aussagen nicht unbedingt repräsentativ für alle Unternehmen, sondern eher nur für Marktführer. Die Ursache ist plausibel, wurden doch überwiegend diese zur Beteiligung an der Studie angesprochen.

Die PIMS-Studie stipuliert Marktgesetze derart, dass es einen Zusammenhang zwischen Marketingvariablen und eintretenden Erfolgen gibt. Dabei wird jedoch nicht versucht, die Black box hypothetischer Konstrukte aufzubrechen, die erklären, wie und warum es zu diesen Ergebnissen kommt, was allein in der Lage wäre, funktionale Zusammenhänge zwischen beiden zu bestimmen. Vielmehr begnügt sich die Studie mit der Beobachtung von Inputs und Outputs. Es wird nicht erklärt, sondern nur beschrieben, welche Inputs zu welchen Outputs führen. Wobei exemplarische Fälle als ausreichend angenommen werden.

Der ROI ist als ökonomische Zielgröße eindimensional und reflektiert allein keinesfalls den Erfolg einer Unternehmensstrategie. So kann ein Unternehmen durchaus erfolgreich im Rahmen seines Zielsystems sein, ohne dass sich dies in einem überdurchschnittlichen ROI ausdrückt. Zu denken ist nur an die Vielzahl außerökonomischer Zielgrößen, die im Rahmen zunehmender sozialer und ökologischer Verantwortung im Marketing (Deepening) an Bedeutung gewinnen. Diese senken sogar den ROI, statt ihn zu steigern, sind aber aus Sicht jener Unternehmen durchaus nicht als weniger erfolgreich zu interpretieren.

Eine genauere Analyse des Datenmaterials zeigt, dass Marktanteil, Produktqualität und Kapitalintensität zusammen gerade mal 20 % der ROI-Varianz erklären. Da aber die positive Korrelation zwischen Marktanteil und ROI zu den Kernaussagen der PIMS-Studie gezählt wird, sind Bedenken angebracht. Es ist häufig vielmehr so, dass relativ kleine SGE´s in Nischen ein auskömmlicheres Dasein finden als relativ große SGE´s im Blickpunkt des Interesses aller Marktteilnehmer. Es handelt sich also wohl keineswegs um einen eindimensionalen Zusammenhang, sondern um vielfältige, gegenseitige Verkettungen.

Der Erklärungs- und Prognosewert einzelner Variabler ist gering. Multiple interdependente Zusammenhänge belegen gerade, dass alles mit allem irgendwie zusammenhängt. Diese Erkenntnis ist aber keineswegs neu. Und der Aussagewert über Art, Richtung und Umfang der Zusammenhänge ist letztlich wenig zuverlässig. Als Beispiel kann gelten, dass die Investitionsintensität nicht eine unabhängige Variable ist, wie in der Studie unterstellt, sondern ihrerseits Bestandteil des ROI, also der abhängigen Variablen. Insofern ist eine mangelnde Aussagefähigkeit des Regressionskoeffizienten durch Multikollinearität zu vermuten. Ebenso bestehen Zweifel an der unterstellten Linearität und Einseitigkeit der Wirkungsabhängigkeit. Andererseits werden weitere Interdependenzen der Faktoren womöglich nicht berücksichtigt

Die Datenbasis ist keinesfalls repräsentativ. So dürften sich von allen angesprochenen nur für das Gebiet der strategischen Planung aufgeschlossene und an wissenschaftlicher Unternehmensführung interessierte Unternehmen an der PIMS-Studie beteiligen. Und das scheinen eben überproportional viele Marktführer zu sein (hoher Anteil von SGE und Produkten in der Reifephase). Dieses verzerrende Element führt aber dazu, dass auch nur über diesen Typ von Unternehmen Aussagen getroffen werden können. Die Erfolgsgeheimnisse eher intuitiv handelnder Unternehmer bleiben damit weiterhin verborgen.

In die Analyse gehen zahlreiche nur schwer quantifizierbare Daten ein. Dies betrifft etwa die Produktqualität, die Einschätzung der Umwelt und die Beschreibung der Unternehmenskultur, die im Übrigen auch schwer schätzbar bleiben und somit Unsicherheitsfaktoren darstellen. Dieser Quantifizierungsdruck führt auch zur Vernachlässigung von (qualitativen) Verhaltensvariablen, die als Soft factors immer bedeutsamer werden.

Außerdem werden auch außerwirtschaftliche Daten, die sehr wohl hohen Einfluss auf den operativen Erfolg und die Unternehmensplanung haben, nicht erfasst. Oft ist es gerade so, dass das wirtschaftliche Ergebnis nur aus diesen Daten erklärbar wird, etwa wenn es sich um Trends, Lifestyles oder Ökologie handelt. Die meisten dieser potenzialstarken Variablen sind durch das Management aber gar nicht oder nur unwesentlich beeinflussbar, entfallen also somit als Steuerungsgrößen.

Der Einfluss der Betriebsgröße auf den Erfolg der SGE wird in der PIMS-Studie negiert, da keine angemessene Gewichtung der Ergebnisse verschieden großer SGE´s beim Eingang in die Datenbank erfolgt. Eines der Kernergebnisse von PIMS ist jedoch gerade, dass die Betriebsgröße sehr wohl erheblichen Einfluss auf das Erfolgspotenzial einer SGE hat. Insofern entsteht der Vorbehalt, dass hier nicht einmal die eigenen Erkenntnisse beachtet werden. Vor allem ist der Marktanteil nicht allein wesentlich vom ROI (oder ROA/Return on assets) abhängig, sondern auch von Kostendegression, Erfahrungskurveneffekten, Marktmacht und Qualität des Management. Diese bewirken eine Scheinkorrelation, sodass die Marktanteilswirkung tatsächlich auf diese dritten, nicht aussagefähigen Variablen zurückzuführen sein kann.

Der Einfluss von Datenänderungen der Strategievariablen auf den ROI wird als (linear) proportional unterstellt. Die Erfahrung zeigt jedoch, dass sowohl über- als auch unterproportionale Wirkungen typisch sind (Wirkschwellen/Abnutzungserscheinungen), die proportionale Zusammenhänge als eher untypischen Sonderfall erscheinen lassen.

Die Auswirkungen (interindustriell) unterschiedlicher Strukturen von Branchen auf den ROI werden negiert. Tatsächlich aber bestehen große Branchenunterschiede hinsichtlich der Erfolgssituation bei gleichartiger Rahmenkonstellation von SGE´s. Zu denken ist hierbei etwa an einen historischen Kontext oder an Strukturbrüche, die vor allem die Aussagefähigkeit des ROLA betreffen. Im Übrigen handelt es sich um Durchschnittswerte mehrerer Branchen, die keinen Schluss auf Einzelfälle zulassen, sodass der normative Wert der Ergebnisse stark eingeschränkt ist.

Es handelt sich um zeitpunktbezogene Daten (Querschnittsanalyse). Die Veränderung von Ergebnissen im Zeitablauf (Längsschnittanalyse) unter Einfluss veränderter Parametersetzung, die gerade für die Beurteilung von hohem Interesse wäre, ist hingegen nicht nachvollziehbar. Es handelt sich damit um Vergangenheitsdaten, die beim allgemein zu unterstellenden raschen Wandel der Vermarktungsbedingungen (Ex post-Orientierung) erheblichen Änderungen unterliegen dürften. Ebenso ist eine mangelnde Langfristorientierung der abhängigen Variablen zu konstatieren.

Die PIMS-Ergebnisse mögen zudem ein trügerisches Gefühl der Sicherheit vermitteln, da der Eindruck erweckt werden kann, dass es sich bei ihnen um allgemein gültige Marktgesetze handelt. Dies ist allerdings nicht der Fall. Vielmehr ergeben sich von Branche zu Branche mehr oder minder erhebliche Unterschiede, die in die Studie nicht angemessen Eingang finden, sondern nur als Durchschnittswerte, deren Varianzen allerdings nicht gesondert ausgewiesen werden, sodass die Typik der Ergebnisse für die Datenbasis nicht nachvollzogen werden kann.

Es handelt sich um einen rein induktiven Ansatz, d.h., von Einzelergebnissen wird auf dahinter vermutete generelle Regeln geschlossen. Dabei darf statistische Signifikanz aber nicht mit Kausalität verwechselt werden. Denn tatsächlich wird nur aufgezeigt, dass eine bestimmte Merkmalskombination signifikant häufiger zu bestimmten Ergebnissen führt als andere Merkmalskombinationen. Daraus kann jedoch keineswegs auf Kausalität geschlossen werden, sondern nur auf die Wahrscheinlichkeit gemeinsamen Auftretens. Korrelationen zeigen aber eben keine Abhängigkeit an, sondern Zusammenhänge. Zudem besteht die Gefahr der Multikollinearität zwischen Variablen.

Es besteht die Vermutung systematischer Verzerrungen auf Grund standardisierter Befragung des Management. Die Daten sind zudem unternehmensspezifisch ermittelt. Damit ist anzunehmen, dass bereits bei der Erhebung Abweichungen in Inhalt und Aussage vorhanden sind. Wenn der Dateninput aber solchen Zweifeln unterliegt, gilt dies erst recht für den Datenoutput.

Bei Sonderauswertungen ergibt sich durch Kreuztabellierung rasch eine so geringe Fallzahl, dass die Validität der Aussagen angezweifelt werden muss. Die Schnittmenge mehrerer Selektionskriterien erreicht nämlich schnell eine Größe (oder besser Kleinheit), die für die Grundgesamtheit nicht mehr als repräsentativ betrachtet werden kann (= mangelnde externe Validität). Beim Report on Look Alikes kommt hinzu, dass es sich nur um Vergangenheitsdaten handelt, die strategische Orientierung also fehlt. Beim PAR-Modell werden zudem nur beobachtbare Variable einbezogen, nicht hingegen die womöglich dahinter stehenden verdeckten Variablen wie Kultur, Glück etc.

Es handelt sich mehrheitlich um US-amerikanische Daten, die Zweifel an der räumlichen Übertragbarkeit der Ergebnisse aufkommen lassen, was inzwischen allerdings auf Grund der Angleichung der Wirtschaftsräume (Triade) bei internationalen PIMS-Vergleichsstudien weitgehend ausgeräumt scheint. Dennoch bleiben Bedenken hinsichtlich der externen Validität der Ergebnisse.

Außerdem ist zweifelhaft, ob wirklich alle relevanten Erfolgsfaktoren in der Studie erfasst sind. So fehlt etwa der aus empirischen Erkenntnissen heraus für bedeutsam erachtete Faktor Kundennähe. Dies legt nahe, dass auch andere Erfolgsfaktoren nicht oder nicht vollständig erfasst sind. Zur mangelnden Vollständigkeit der unabhängigen Variablen gehören auch Umwelt, Organisationsstruktur, Kreativität etc. Viele Variable sind außerdem ohne theoretischen Bezug in den Variablen-Set aufgenommen worden, sie korrelieren daher womöglich nur zufällig und ohne signifikanten Einfluss.

Angesichts der Tatsache, dass der Dienstleistungssektor in entwickelten Volkswirtschaften längst den weitaus größten Bereich darstellt, ist es bedauerlich, dass die Dienstleistungsbranche immer noch mit einem viel zu geringen Anteil in der Datenbasis vertreten ist. Insofern lassen sich Aussagen über diesen bedeutsamen Sektor nur eingeschränkt treffen.

Die Ursprungsmerkmale werden unternehmensspezifisch abweichend ermittelt. Insofern entstehen für eine Vergleichbarkeit erhebliche Operationalisierungsprobleme, etwa durch uneinheitliche SGE-Abgrenzung, tautologische Variablenbeziehungen, uneinheitliche Rechnungslegungsvorschriften, Vernachlässigung von Carry over-Effekten etc. All dies hat naturgemäß Einfluss auf Daten und Analysen.

Die Möglichkeiten, Wettbewerbsvorteile außerhalb des angestammten Marktes zu erzielen, werden negiert. Ebenso wie Möglichkeiten, mit kleinen Marktanteilen bei geringen Kosten eine hohe Rentabilität zu erreichen. So kommt es im Ergebnis oftmals nur zum Kopieren vermeintlicher Erfolgsstrategien, nicht aber zu einem eigenständigen Vorstoß.

Plausibel scheint, dass eine Steigerung des Marktanteils bei bereits sehr hohem Marktanteil zu überproportionalem Akquisitionsaufwand führt und damit gerade zu einer Senkung des ROI (alle SGE's mit MA > 40 % sind in einem Stichprobensegment zusammengefasst, daher ist hier keine Aussagefähigkeit durch PIMS gegeben).

Gerechterweise muss man allerdings anmerken, dass viele dieser Probleme zwischenzeitlich behoben sind oder nur auf Vermutungen beruhen, die auf Grund der Geheimhaltungsvorschriften der Initiatoren nicht mit Fakten zu unterlegen sind.

3. Produkterfolgsfaktoren

Der Produkterfolg folgt aus dem Produktnutzen. Dieser ergibt sich aus dem primären Produktnutzen, erweitert um Added values. Diese Nutzensumme wird dem geforderten Preisopfer gegenübergestellt.

3.1 Packung

Für die Packung sind zwei Besonderheiten typisch. Der Begriff der Packung wird sehr verschiedenartig und oft unscharf verwendet. Und der Packung kommen vielfältige Funktionen zu, die weit über die rein ästhetische Gestaltung, die in diesem Zusammenhang meist zuerst genannt wird, hinausgehen. Im Folgenden werden die Begriffe der Packung, der Verpackung, der Umverpackung, der Ausstattung und der Aufmachung näher erläutert. **Die Funktionen der Packung beziehen sich auf die Rationalisierung, vor allem im Bereich der Logistik, der Dimensionsierung und der Information, auf die Kommunikation, vor allem im Bereich der Präsentation, der Verkaufserleichterung und der Qualitätsauslobung, sowie auf die Verwendungserleichterung.** Diese Funktionen werden im Folgenden ebenfalls näher erläutert. Vielfältige Anforderungen an die Packung stellen sich vor allem in Zusammenhang mit ihrer Rolle im Absatzkanal und bei deren **Entsorgung**. Eine hohe Bedeutung kommt Packungen etwa bei Süß- und Backwaren, Schokolade, Nahrungsmitteln, Tiefkühlkost, Pharmazeutika, Körperpflegemitteln, Zigaretten/Zigarren/Tabakwaren, Wasch- und Reinigungsmitteln, Kfz-Zubehör, Hausrat- und Elektroartikeln, Spirituosen/Getränken und Tiernahrung zu.

3.1.1 Begriffsabgrenzung

Im thematischen Zusammenhang werden mindestens fünf Begriffe teilweise synonym verwendet, die sich aber dennoch mehr oder minder deutlich gegeneinander absetzen. Die Packung hat als Kennzeichen, untrennbar mit dem Produkt verbunden zu sein, zu dem sie gehört. Beispiele sind die Shampooflasche, ohne die eine Lotion nicht verwendbar scheint, oder die Cola-Büchse, ohne die das Getränk nicht verfügbar wird, oder die Spraydose, ohne die der Haarlack nicht brauchbar ist. Insofern ist die Packung das Ergebnis der dauerhaften Vereinigung von Packgut (Produkt, das gepackt ist) und Packmittel. Die Packung umschließt das **Packgut** und wird von Abnehmern gemeinsam mit dieser als Verkaufseinheit gesehen.

Im Unterschied dazu ist die **Verpackung** dadurch gekennzeichnet, dass sie nur abtrennbar mit dem Produkt verbunden ist und vor dessen Ge- bzw. Verbrauch entfernt werden muss (kann). Beispiele sind das Einschlagpapier einer Schokoladentafel, die Stanniolhülle bei portioniertem Speiseeis oder die Cellophanierung bei abgepacktem Obst. Kombinationsverpackungen sind dabei aus verschiedenen Werkstoffen (Verbundstoffen) hergestellt.

Die **Umverpackung** ist die Bündelung von Einzelprodukten aus logistischen Gründen. Sie ist also nicht Bestandteil des Produkts, sondern dient der leichteren

Lagerung und dem besseren Transport bereits abgepackter Produkte sowie für Werbezwecke, aber auch zur Erschwerung von Diebstählen. Beispiele sind die Blisterhülle um mehrere kleine Schokoladenriegel, die ansonsten nur schwer zu handhaben sind, oder die Kartonage um den Sixpack Bierdosen, der dadurch mit einem Griff zu tragen ist, oder der Stangeneinschlag für zehn Zigarettenpackungen. Man spricht hier auch vom **Packstück,** das als solches lager- und versandfähig ist.

Die **Ausstattung** dient der werblichen Präsentation des Produkts durch Form, Farbe, Material, Oberfläche etc. Denn zweifellos kommt dem Produktäußeren eine hohe akquisitorische Wirkung zu. Beispiele sind die Etikettierung der Obststeige zur Absenderkennzeichnung, aber auch die Bauch-, Hals- und Kronkorkenetiketten bei Getränkeflaschen sowie die Aufkleber und Deckelbedruckungen auf Joghurtbechern.

Die **Aufmachung** ist die anlassbezogene Gestaltung eines Produkts. Darunter versteht man auch Produktzusätze, die auf Besonderes hinweisen. Beispiele sind Sticker zur Kennzeichnung eines Sondergebindes oder Neuprodukts oder spezielle Geschenkaufmachungen anlässlich Ostern, Muttertag oder Weihnachten sowie der Zusatzhinweis auf ein positives Testergebnis oder ein Neuprodukt bzw. verbessertes Produkt.

Als verwandte weitere, recht zahlreiche Begrifflichkeiten sind folgende zu unterscheiden:

- **Packstoff.** Dies ist der Werkstoff, aus dem Packmittel hergestellt werden, etwa Feinstblech, Glas, Holz, Karton, Kunststoff, Eisen, Aluminium etc.
- **Packmittel.** Dies ist das Ergebnis aus Packstoffen, das dazu dient, das Packgut zu umschließen oder zusammenzuhalten, damit es verkehrs-, lager- und verkaufsfähig wird (Umhüllung).
- **Packhilfsmittel.** Dies ist der Sammelbegriff für Hilfsstoffe, die zusammen mit Packmitteln zum Verpacken, Verschließen, Versandfertigmachen etc. eines Packstücks dienen, z.B. Klebstoff, Klebestreifen, Schnur, Nägel, Metallband, Seepapier, Klammern, Trockenmittel. Dazu zählen auch Zwischenverpackungen und Füllstoffe zum Auffüllen von Leerräumen in der Verpackung (wie Wellpappe, Holzwolle, Styropor, Chips, Seidenpapier etc.).
- **Lade-, Transport-, Lagereinheit.** Dies ist die Zusammenfassung von Einzelpackungen, Mehrstückpackungen, Kombinationspackungen, Sammelpackungen und/oder Versandpackungen zu größeren, maßlich genormten oder standardisierten Einheiten, etwa durch Palettieren, Paketieren, Einschrumpfen, Abfüllen in Behältern, Containern etc. Ergebnis ist dann ein (versandfertiges) Packstück.
- **Einwegverpackung.** Hier handelt es sich um Packmittel, die zum einmaligen Gebrauch bestimmt sind (wie Kartons, Einwegflaschen, Holzkisten, Verschläge, Papiersäcke, Tüten, Dosen, Tuben etc.).
- **Mehrwegverpackung.** Hier handelt es sich um Packmittel, die im Leih- und Rückgabeverkehr benutzt werden (Umlauf- oder Leihverpackung), wie Fässer aus Eisen, Kunststoff, Holz, Flaschen, Korbflaschen, Kübel, Eimer, Bahnbehälter, Collicos etc.

In der Praxis sind aber darüber hinaus noch weitere Begriffe üblich. So unterteilt man nach:

- **Transportverpackung.** Dies ist eine Verpackung, deren Ausführung von den spezifischen Anforderungen in der Logistikkette bestimmt wird. Sie bewahrt die Waren auf dem Weg vom Erzeuger zum Abnehmer vor Schäden. Sie erleichtert Handling und Sicherung des Transports sowie Lagerung und Platzierung in den Handelsstufen. Transportverpackungen sind Versandverpackungen, Ladungsträger und Ladungssicherungen. Dazu gehören Fässer, Kanister, Säcke, Paletten, Kartonagen, geschäumte Schalen, Schrumpffolien etc. Die Transportverpackung hat gleichgewichtig ökonomischen Anforderungen (Kosten-/Sicherheitsaspekte) und ökologischen Anforderungen (Schonung der Ressourcen) zu genügen. Packstoffe, Packmittel und Packhilfsmittel sind auf das statisch/dynamisch und sicherheitstechnisch erforderliche Minimum zu beschränken. Alle Transportverpackungen müssen entweder wiederverwendet (Mehrweg) oder stofflich wiederverwertet (Recycling) werden. Genormte bzw. vereinheitlichte Mehrwegsysteme sind vorzuziehen.
- **Versandverpackung.** Dies ist eine Transportverpackung, die mehrere Einzelverpackungen enthält und als Mehrweg oder Einweg ausgelegt sein kann. Für Einwegverpackungen gilt, dass
  - Verbundstoffe tunlichst zu vermeiden sind, stattdessen nur ein Packstoff,
  - sofern Verbundstoffe eingesetzt werden, diese leicht trennbar sein sollen,
  - Papier, Karton, Pappe oder Wellpappe vorrangig eingesetzt werden sollen,
  - Kunststoffe und Verbundstoffe gesondert zu kennzeichnen sind,
  - Packhilfsmittel (wie Bänder, Klebstoffe) die Wiederverwertung (Recycling) nicht behindern dürfen,
  - benutzte Druckfarben umweltverträglich sein sollen,
  - diese zur Präsentation geeignet und partiell gestaltet sein sollen (um Unterverpackungen zu vermeiden),
  - ausschließlich recycelbare Packstoffe und Packhilfsmittel eingesetzt werden sollen,
  - Verteiler und Hersteller für die Rückführung sorgen und für die stoffliche Verwertung garantieren müssen.

  Einweg-Versandverpackungen sollen folgenden logistischen Ansprüchen genügen:
  - Umverpackungen sind, wenn möglich, zu vermeiden. Die Versandverpackung sollte offen sein oder einen Stülpdeckel haben oder ein einfaches Öffnen ermöglichen, d.h., nicht vollständig verklebt, nicht verklammert oder ohne Hilfsmittel leicht und selbsterklärend zu öffnen sein. In der Versandverpackung sollte jede Einzelpackung mit dem Auszeichner erreichbar sein, und es sollte nur eine Lage gepackt sein. Eine Schmalseite der Versandverpackung sollte verkaufsfördernd als Front gestaltet sein. Mindesthaltbarkeitsdatum (MHD), EAN-Strichcode, evtl. Aerosol-Symbol und -Nummer sowie Anzahl von Einzelpackungen je Versandverpackung sollten auf einer Längsseite und einer Schmalseite notiert sein. Die Versandverpackung sollte bevorzugt aus Papier, Vollpappe oder Wellpappe bestehen. Der Inhalt der Versandverpackung sollte abverkaufsgerecht sein. Leere

Versandverpackungen sollen schnell und ohne Hilfsmittel flach zusammenlegbar sein.
Wesentliche Anforderungen des Handels sind folgende: Verwendung von 1/1-Euro-Paletten (800 x 1.200 mm Mehrwegpaletten bzw. 1.000 x 1.200 mm Industriepaletten) oder 1/2-Chep-Paletten (800 x 600 mm/Chep) bzw. 1/4-Paletten (400 x 600 mm) oder Rollbehältern (670 x 810 mm). Der Einsatz von Einwegpaletten ist zu vermeiden, da sie größere Verletzungsgefahren, erhöhte Handling- und Entsorgungskosten sowie zusätzliche Umweltprobleme schaffen. Bei Mehrwegpaletten ist vorrangig die 1/1-Palette zu verwenden. Dabei muss es sich um 4-Wege-Flachpaletten handeln. Die Ladungshöhe gilt entsprechend den CCG-Richtlinien für Ladungshöhen als 900 mm bzw. 1.450 - 1.800 mm. Als Ladungshöhe für die 1/2-Paletten gelten höchstens 1.500 mm. Palettenlänge und Palettenbreite dürfen nicht durch gepackte Ware überschritten werden. Maßunterschreitungen und Hohlräume in den Lagen sind zu vermeiden. Wechselnde Mengen von Versandverpackungen je Lage oder je Palette sind zu vermeiden. Jede 1/1-, 1/2- oder 1/4-Palette kann auch als Ladungsträger für Displays eingesetzt werden.

- **Umverpackungen**, wie Blister, Folien, Kartonagen etc., sind eine zusätzliche Verpackung um Verkaufsverpackungen und dazu vorgesehen, die Selbstbedienung zu erleichtern, möglichen Diebstahl zu erschweren oder für Werbezwecke genutzt zu werden. Sie sollen allerdings möglichst vermieden werden.
- **Ladungsträger.** Darunter versteht man Transportverpackungen, mit denen innerhalb der Logistikkette mehrere Versandverpackungen üblicherweise transportiert, gelagert und platziert werden, also etwa Container, Displaykartons und Europaletten. Hier ist Mehrwegeinsatz sowie die Einhaltung standardisierter Abmessungen/Füllungen wünschenswert.
  Ist produktspezifisch besonderes Sicherungsmaterial erforderlich, so sind nachrangig zu berücksichtigen wiederverwendbare Gummibänder oder Textilgurte, wiederverwendbare Hauben aus Pappe oder PE-Kunststoff, wiederverwertbarer Kantenschutz, wiederverwertbare Papier-, Pappe- oder PE-Folienumhüllungen. Sind produktspezifisch besondere Sicherungsmittel erforderlich, so sind nachrangig wiederverwertbare Bänder ohne Kleber oder mit umweltverträglichem Kleber zu berücksichtigen.
- **Ladungssicherung.** Dies sind alle Packmittel und Packhilfsmittel, die zur Sicherung der Versandverpackungen auf den Ladungsträgern verwendet werden. Diese sollen dabei auf ein Minimum beschränkt, wiederverwendbar oder wiederverwertbar ausgelegt sein sowie schnell und ohne Hilfsmittel entfernt werden können.
- Die **Einzelpackungen** selbst sollen schließlich
  - wiederverwendbar oder weiterverwertbar und gesondert gekennzeichnet sein,
  - ihren Raum optimal für das Packgut nutzen und flächen- bzw. raumoptimiert ausgelegt sein,
  - alle gesetzlichen und darüber hinaus auch die handelsrelevanten Deklarationen tragen,
  - die Verwendung von Nachfüllpacks ermöglichen und Doppelpackungsaufwand vermeiden,

- in ihrer Anzahl der Verbraucherpackungen pro Versandeinheit abverkaufsgerecht sein.

Im Folgenden wird der Einfachheit halber als Sammelbegriff Packung verwendet, sofern nicht spezielle Aspekte jeweils gesondert herausgestellt werden.

3.1.2 Packungsfunktionen

Der Packung kommen vielfältige Funktionen beim Warenweg zwischen Hersteller und Absatzmittler, beim Verkaufsvorgang im Handel und beim Ge- bzw. Verbrauch durch Endabnehmer zu. In der Summe ermöglichen bzw. steigern diese Funktionen die Verkehrsfähigkeit eines Produkts, sind also grundlegend für den Markterfolg *(siehe Abb. Packungsfunktionen)*.

3.1.2.1 Rationalisierung

Zur **Logistikfunktion** der Packung gehören folgende Aspekte. Die **Transportverbesserung** entsteht durch Erleichterung der Handhabung bzw. Reduktion der Handlungsvorgänge. Dies betrifft die Anforderungen der Stabilität, Greifbarkeit, Kippsicherheit etc. Da ein immer größerer Anteil der Produkte über immer weitere Entfernungen transportiert werden muss, gewinnt dieser Aspekt zunehmend an Bedeutung.

Die Verbesserung der **Lagerfähigkeit/Lagerkontrolle** entsteht durch Sicherheit vor versehentlicher Öffnung, vor Schwund und Diebstahl. Dies wird durch Öffnungssicherungen, durch Abschluss der Ware vom Umfeld oder durch Flächen-/ Volumenänderung erreicht. In diesem Zusammenhang ist auch die Scanningfähigkeit zu nennen. Dazu bedarf es einer glatten, gut zugänglichen Fläche zum Auftrag des EAN-Strichcode, möglichst am Boden der Verpackung.

Die **Robustheit** der Packung ist bedeutsam für den Schutz gegen Außeneinwirkungen wie Hitze, Kälte, Staub, Nässe, Verschmutzung etc. Aber auch in Bezug auf den mechanischen Schutz vor Beschädigung durch Stoß, Erschütterung, Druck etc. Der Rationalisierungszwang in der betrieblichen Logistik führt hier zuweilen zu wenig feinfühliger Handhabung der Ware. Dabei muss die Packung den Inhalt vor Schäden wirksam schützen.

Die **Stapelbarkeit** der Packung betrifft sowohl Lager als auch Verkaufsraum, da bei modernen Betriebstypen des Handels praktisch Verkaufsraum auch Lagerraum ist. Dies impliziert eine günstige Relation zwischen Standfläche und Packungshöhe, Materialverstärkungen an den Kanten und Ecken der Packung sowie eine dichte Füllung.

Zur **Dimensionierungsfunktion** der Packung gehören folgende Aspekte. Bei der **Mengeneinteilung** sorgen verschiedene Inhaltsgrößen für die bedarfsgerechte

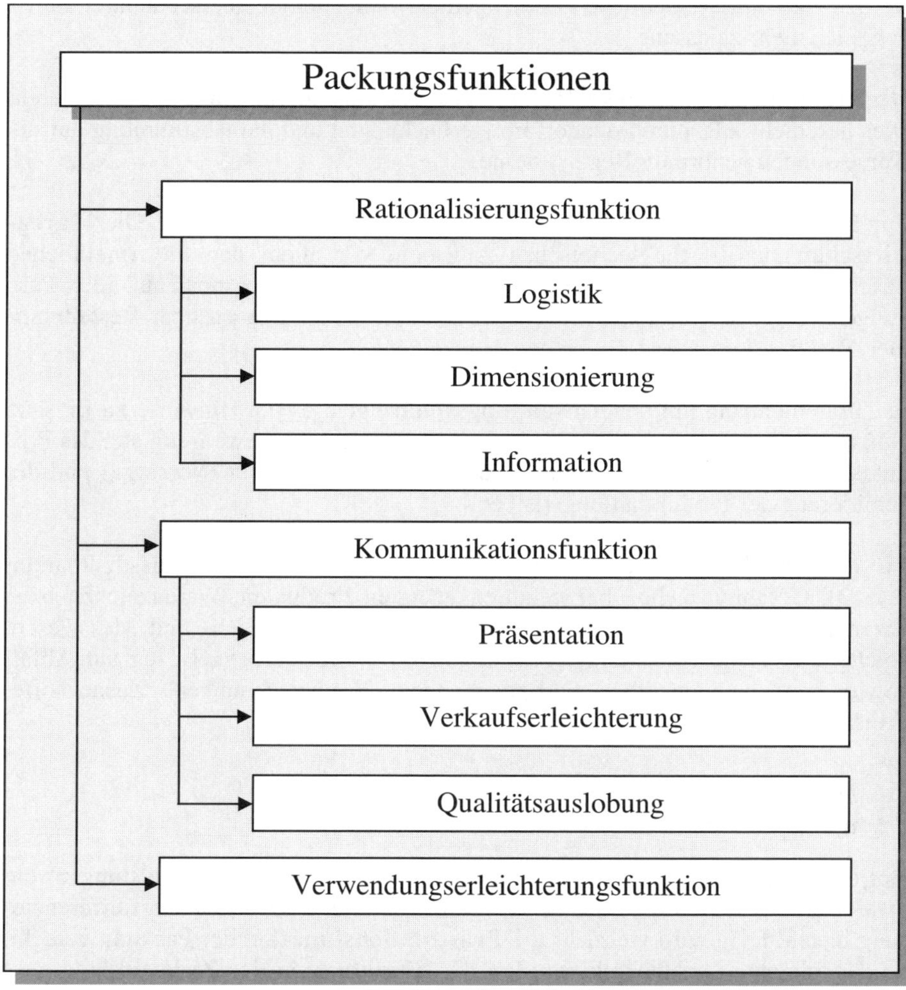

Portionierung von Produkten. Der Käufer kann die ihm jeweils sinnvoll erscheinende Menge wählen, wobei ein guter Kompromiss zwischen der Flexibilität von Kleinpackungen und dem mutmaßlichen Preisvorteil von Großpackungen zu suchen ist.

Die **Gebindegröße** betrifft Multipacks, die mehrere, selbstständige Einzelprodukte zu einer sachlogischen Einheit verbinden. Dies geschieht meist, um den Absatz zu forcieren, da gekaufte Produkte nun auch mal verbraucht werden, oder um den Eindruck von Ersparnis zu suggerieren. Problematisch ist allerdings dabei der meist auftretende Doppelpackungsaufwand.

Die **Abfüllungsnormierung** ergibt sich aus dem Eichgesetz, das einheitliche Abfüllgrößen bzw. die deutliche Kennzeichnung der Abfüllung auf der Packung vorschreibt. Damit soll der Gefahr der Irreführung des Publikums dadurch vorgebeugt werden, dass unterschiedliche Füllmengen/Gewichte keinen überschaubaren Preisvergleich mehr zulassen.

Die **Regalflächennutzung** soll den Engpass des knappen Regalplatzes optimieren. Dies geschieht z.B. durch quaderförmige Packungen und die Abstimmung auf die Abmessungen genormter Regalsysteme.

Zur **Informationsfunktion** der Packung gehören folgende Aspekte. Die **Warenwirtschaft** betrifft die technischen Angaben, vor allem den unvermeidlichen Strichcode für die Scanner-Einlesung. Entsprechender Platz muss auf allen Pakkungen vorgesehen werden. Außerdem gehören dazu Angaben über Bestellnummer, Packungskonsistenz, Recyclingfähigkeit etc.

In Zusammenhang mit der **Anwendungssphäre** geht es um Hinweise zu Einsatz, Nutzung, Mischung, Intensität, Vorbereitung, Zutaten, Aufbewahrung etc. des Produkts. Dies dient nicht zuletzt dem Schutz der Endabnehmer (Vorsorge) und der Limitierung der Produkthaftungsrisiken.

Zu den **Pflichtangaben** gehören Texte für Inhaltsstoffe, Mindesthaltbarkeit (MHD), Gefahrenzeichen bei gefahrengeneigten Produkten, Warenzeichen bzw. Lizenznehmer. Einfluss darauf nehmen u.a. Gesetze für Eich- und Messwesen, solche über Handelsklassen, gegen unlauteren Wettbewerb, in Bezug auf Abfall sowie Verordnungen über Fertigpackungen, Kennzeichnungen, Zusatzstoffe, Preisangaben, Zugaben etc.

3.1.2.2 Kommunikation

Bei den bisher genannten handelt es sich um originäre Packungsleistungen, die zwar vielfältige, letztlich aber begrenzte Möglichkeiten zur Leistungsdifferenzierung bieten. Dem wird vielmehr die **Präsentationsfunktion** der Packung gerecht, zu der folgende Aspekte gehören. Für die **Anmutung in der Zielgruppe** kommt der Packung eine besonders wichtige Funktion zu. Bei objektiv oder subjektiv neuen Produkten wird durch Assoziation von der Packung auf das darin befindliche Produkt geschlossen. Deshalb muss die Packung die Anmutung vermitteln, die mit dem Produkt gemeint ist, statt missverständliche oder gar falsche Signale zu senden. Dies führt nur zu Kaufverweigerung oder Produktenttäuschung.

Die **Differenzierung und Identifizierung** erfolgt durch Farbgebung, Schrifttyp, Oberfläche, Material etc. Neben dem adäquaten Wertausdruck muss die Packung eine Ware vor allem wiedererkennbar und damit wiederkaufbar machen. Teilweise bedingen technische Gegebenheiten aber gleiche Packungsformen (z.B. bei Mehrwegflaschen).

Zur **Verkaufserleichterungsfunktion** der Packung gehören folgende Aspekte. Die **Auffälligkeit** dient der Selbstverkäuflichkeit. Große Teile des Angebots werden heute über die Selbstwahl durch den Kunden entschieden. Von daher kommt der Packung eine extreme akquisitorische Bedeutung der Kaufaufforderung zu. Sie muss, salopp formuliert, praktisch aus dem Regal heraus „Kauf mich!" rufen und sich dabei nicht nur gegen alle anderen Packungen durchsetzen, sondern auch gegen vielfältige sonstige Ablenkungen.

Die **Werbeaussage** ist besonders wichtig bei Produkten, die durch Massenkommunikation beworben werden. Sie stellt die Verbindung zwischen gelernter Botschaft aus den Medien und dazugehörigem Produkt am POS her. Der Vorverkauf durch den Hersteller wird im Handel umgesetzt und führt für ihn zu erleichtertem Umsatz.

Zur **Qualitätsauslobungsfunktion** der Packung gehören folgende Aspekte. Die **Markierung** betrifft die deutliche Absenderkennzeichnung in Form eines Markenzeichens und -namens, dem überragende akquisitorische Wirkung zukommen kann, indem von der bekannten/vertrauten Marke auf die Qualität des entsprechenden Produktinhalts geschlossen wird. Gemeinsam mit der Geschäftsstättenmarke resultiert daraus Kaufsicherheit.

Die **Herstellerkennzeichnung** meint die technische Herstellerangabe mit Firmierung, Ort etc. Im Gegensatz zur Marke ist dies allerdings nur von untergeordneter Bedeutung. Die Herkunftsbezeichnung ist jedoch nach den Kennzeichnungsvorschriften erforderlich.

Mit der **Produktbezeichnung** wird die relative Position eines Produkts innerhalb einer Programmhierarchie bzw. -varietät des Absenders verdeutlicht. Zusätze differenzieren dabei verwandte Artikel wirksam gegeneinander bei segmentierten Zielgruppen.

3.1.2.3 Verwendungserleichterung

Zur Verwendungserleichterungsfunktion der Packung gehören folgende Aspekte. Die **Dosierung** betrifft Verbrauch oder Entnahme. So geben Packungen teilweise die Portionierung vor und vereinfachen damit die Nutzung bzw. das Öffnen und Verschließen. Zu denken ist etwa an Perforierung oder Ausstanzung einzelner Produkteinheiten, an Bruchstege oder Messbehältnisse. Dadurch wird der praktische Gebrauchsnutzen konkret gesteigert.

Die **Mehrfachnutzung** wird durch Schutz und Aufbewahrung ermöglicht. Dies gilt z.B. für alle Packungen, die wiederverschließbar sind und damit nach Entnahme eine leichte spätere Nutzung ermöglichen. Dazu dienen etwa Adhäsionsflächen, Schnappverschlüsse, Schraubkappen, aufklappbare Deckel etc. Dies gilt vor allem für Produkte, die nicht kurzfristig verbraucht, sondern über einen längeren Zeitraum hinweg gebraucht werden.

Die **Sichtbarkeit des Inhalts** ist hilfreich, wenn es um die Kontrolle des Füllstands und des Zustands im Packungsinneren geht. Daraus ergibt sich das Signal zur Ersatzbeschaffung oder zum forcierten bzw. verlangsamten Verbrauch bzw. zur Nachfüllung. Dies wird meist über transparente Folien, Sichtfenster oder durchscheinendes Material erreicht.

3.1.3 Packung im Absatzkanal

An die Packung werden vielfältige Ansprüche gestellt. Allgemeine Forderungen der **Hersteller** an die Packung betreffen vor allem die folgenden Aspekte:

- Packungsinnovation, Werbewirksamkeit, Vermittlung von Produktnutzen, Vermittlung integrierter Qualitäts- und Preisvorstellungen, mediengerechte Gestaltung, Unterstützung des Markenimages, Integration in die Gesamtkommunikation, Relaunch-Fähigkeit, produktadäquates Design, optimale Packstoffkombination, warenkundliche Adäquanz, günstiges Preis-Leistungs-Verhältnis.

Allgemeine Forderungen des **Handels** an die Packung betreffen folgende Aspekte:

- Displaystärke, verbrauchsgerechte Dosierung, Ausstattung, angemessene Versandeinheit, Werbewirksamkeit, optimale Regalflächennutzung, SB-adäquate Information, Promotionfähigkeit, Erfüllung gesetzlicher Auflagen, schnelle Identifikation des Inhalts des Umkartons, problemlose Entnahme aus der Versandeinheit, Stabilität, schnelle Etikettiermöglichkeit, EAN-Code, Stapelfähigkeit, rationelle Lagerung, Diebstahlerschwernis.

Allgemeine Forderung der **Verbraucher** an die Packung betreffen folgende Aspekte:

- Produktinformation, gute Lesbarkeit von Produktbeschreibungen, Anwendungshinweisen etc., produktadäquates Design, problemlose Handhabung, Convenience, Kindersicherung, Zweitnutzen, Anpassung an Portionierung, günstiger Preis, geringes Gewicht, Verlängerung der Haltbarkeit, Recycling-Eignung, SB-Eignung, Erfüllung gesetzgeberischer Auflagen.

Logistische Anforderungen an Versandverpackungen sind vor allem, dass diese leicht und ohne Hilfsmittel zu öffnen sein sollen, jede Einzelpackung durch Preisetikettenauszeichner erreichbar ist, alle technischen Angaben und Abmessungen (ISO-Modul 400 x 600 mm Grundfläche) eingehalten sowie diese nach Entnahme schnell und ohne Hilfsmittel zusammengelegt werden können. Weitere Ansprüche sind folgende: Die Produkte müssen in der Versandverpackung zu präsentieren sein, eine Gewichtsgrenze von 15 - 18 kg je Versandverpackung darf nicht überschritten werden, Versandverpackungen sollen farbig und werbeaktiv gestaltet sein, das Mindesthaltbarkeitsdatum (MHD) muss ohne Produktentnahme lesbar sein und eine hohe Material- und Statikqualität ist erforderlich, Weiterhin sollen sie einfach nach der Warenentnahme staubar sein (Falten, Zerlegen, etc.), einlagig gepackt sein, logistische und produktspezifische Informationen enthalten, mit ihrem Inhalt abverkaufsgerecht und leicht zu entsorgen sein.

Die zulässige Größe der Packung ist über die Mengenkennzeichnung und Füllmenge normiert. Sie darf keine größere Füllmenge vortäuschen als sie selbst enthält (Mogelpackung). Dazu führen etwa zu große Hohlböden, überdicke Wandungen, Verschlüsse, die eine randhohe Befüllung vortäuschen, Reduzierungen der Füllmenge bei Beibehaltung der Verpackungsgröße, zu große Lufträume, Unverhältnismäßigkeit von Füllmenge zu Verpackungsvolumen etc. Die Umhüllung hat alle Anforderungen des Gesetzgebers an das jeweilige Packgut zu erfüllen.

Die Verkaufsverpackung ist eine Verpackung, die in offener oder geschlossener Form ein Packgut umschließt und die vom Verbraucher als Verkaufseinheit angesehen wird. Sie kann als Einzelpackung oder als Mehrstückpackung auftreten. Die Verkaufsverpackung dient vorrangig dem Schutz der Ware. Sie erleichtert zudem den Transport auf dem Weg vom Handel zum Verbraucher und die Lagerung bis zum endgültigen Verbrauch. Packstoffe, Packmittel und Packhilfsmittel sind auf das statisch/dynamisch und sicherheitstechnisch erforderliche Minimum zu beschränken. Die Verpackung hat alle Anforderungen des Gesetzgebers an die Umhüllung des jeweiligen Packguts zu erfüllen. Zu den Verkaufsverpackungen gehören geschlossene und offene Behältnisse und Umhüllungen von Waren wie Becher, Beutel, Dosen, Eimer, Fässer, Flaschen, Kartonagen, Schachteln, Schalen, Tragetaschen etc. Dafür gibt es Erfassungs- und Sortierquoten sowie Anforderungen an die Wertstoffverwertung.

Für die Verkaufsverpackung wird der Einsatz nur eines Packstoffs empfohlen. Verbundstoffe sind, wenn möglich, zu vermeiden. Für die Verkaufsverpackung eingesetzte Packstoffe sollen vorrangig wiederverwendbar (Mehrweg) oder weiterverwertbar (Recycling) sein. Ist eine Verkaufsverpackung aus mehr als einem Packstoff erforderlich, so muss eine leichte Trennbarkeit für die stoffliche Wiederverwertung möglich sein. Packstoffe aus Kunststoff sowie Verbundstoffe sind gesondert zu kennzeichnen. Die für die Verkaufsverpackung eingesetzten Packhilfsmittel dürfen der Wiederverwertung nicht entgegenstehen.

Die Verkaufsverpackung sollte ihren Raum optimal mit dem Packgut ausfüllen. Sie sollte möglichst ein raum- bzw. flächenoptimiertes Teil-Vielfaches der ISO-Modulmaße sein. Die Verkaufsverpackung muss alle gesetzlich vorgeschriebenen Deklarationen enthalten. Sie muss alle handelsrelevanten Informationen wie MHD, EAN-Code, Grüner Punkt etc. enthalten und deswegen keine zusätzliche Verpackung verwenden. Sie soll, so möglich, als einfache Nachfüllpackung konzipiert sein. Die Verkaufsverpackung als Mehrstück-Packung sollte allen unnötigen Verpackungsaufwand vermeiden.

3.1.4 Entsorgung

Die ökologischen Schäden durch Siedlungsabfälle, also Hausmüll, hausmüllähnlicher Gewerbeabfall, Sperrmüll, Straßenkehricht, Marktabfall etc. und Gewerbemüll aus Industrie, Bergbau, Baugewerbe, Energie- und Wasserwirtschaft etc. sind immens. Ein genauer Ausweis wird durch die komplizierte Erfassung, Quantifizierung und Bewertung der Kosten sowie die unterschiedliche Einrechnung psychosozialer, volkswirtschaftlicher und gemeinwirtschaftlicher Kosten erschwert.

3.1.4.1 Kreislaufwirtschaft

Die Kreislaufwirtschaft erstreckt sich von der Rohstoffgewinnung über die Produktion, den Konsum bis hin zur Deponierung zunehmend knapper werdender Ressourcen. Dies ist im Kreislaufwirtschaftsgesetz (KrwG), ergänzt durch das Abfallgesetz (AbfG) verankert, wonach Produkte, Produktionsrückstände und Verpackungen möglichst lange im Wirtschaftskreislauf gehalten werden sollen. Für die Unterscheidung im Rahmen der Entsorgung sind folgende Silben kennzeichnend:

- „Wieder-" als nochmalige Nutzung eines Guts (neben der Packung gilt dies grundsätzlich immer auch für Produkte) zum selben Zweck, zu dem es auch ursprünglich genutzt wurde,
- „Weiter-" als Nutzung eines Guts zu einem anderen als dem ursprünglichen Zweck,
- „-verwendung" als Nutzung eines Guts in einer Form wie es aus dem vorhergehenden Prozess hervorgegangen ist,
- „-verwertung" als Nutzung eines Guts nach entsprechender Aufbereitung.

Daraus ergeben sich dann entsprechend die folgenden vier Kombinationen:

- **Wiederverwendung** als wiederholte Verwendung eines unveränderten Guts in dem schon für die Erstverwendung vorgesehenen Verwendungszweck (z.B. Pfandflaschen),
- **Weiterverwendung** als nochmalige Nutzung eines Guts für eine vom Erstzweck verschiedene Verwendung, für die es eigentlich nicht hergestellt worden ist (Zweitnutzen),
- **Wiederverwertung** als Wiedereinsatz eines Guts in bereits früher durchlaufenen Produktionsprozessen unter teilweiser oder völliger Formauflösung und -veränderung (z.B. Altglaseinschmelzung zu Neuglas, Recyclingpapier),
- **Weiterverwertung** als Einsatz eines Guts in noch nicht durchlaufenen Produktionsprozessen unter Umwandlung zu neuen Werkstoffen bei Verlust der Materialidentität oder bei Gestaltänderung (z.B. Joghurtbecher werden zu Parkbänken).

Da Marketing als Verursacher von ökologischen Produktbelastungen anzusehen ist, ist es nur konsequent, auch die Entsorgung dem Marketing-Mix zuzuweisen. Daraus ergibt sich eine durchgehende Produktverantwortung des Herstellers. Ökologisch orientiertes Marketing erwerbswirtschaftlicher Unternehmen ist damit die geplante Integration umweltschonender Aspekte in die Gestaltung von Produkten und Dienstleistungen zwischen Wirtschaftssubjekten.

Als Abfall gelten solche Stoffe, die anfallen, ohne dass der Zweck der jeweiligen Handlung hierauf gerichtet ist oder deren ursprüngliche Zweckbestimmung entfällt oder aufgegeben wird, ohne dass ein neuer Verwendungszweck unmittelbar an deren Stelle tritt. Abfall ist also, was nicht oder nicht mehr Produkt ist. Dabei gilt die Pflichtenhierarchie der Vermeidung (Verbraucherverhalten, Produktlebensdauer etc.) vor der Verwertung (stofflich oder energetisch) vor der Beseitigung. Die dabei anfallenden Kosten sollen nicht externalisiert werden. Insofern ist der Produktverantwortliche (wer Erzeugnisse entwickelt, herstellt, be- und verarbeitet oder vertreibt) für das Funktionieren der Kreislaufwirtschaft zuständig (Verursacherprinzip). Er muss diese bei Entwicklung, Herstellung, Vertrieb und Verbrauch beachten.

Marktregulierend greift hier die Verpackungsverordnung ein. Hinzu treten Altautoverordnung sowie Verordnungen für Elektronikschrott, Batterien, Altpapier und Baurestabfälle. Herstellern wird insoweit die Verantwortung nicht nur für die Packung, sondern für das ganze Produkt während des gesamten Lebenszyklus zugewiesen. Der Logistik kommt dabei eine zentrale Rolle zu. Sie schließt im Teilbereich der **Redistribution** den Stoffkreislauf zwischen Produktgebrauch/-verbrauch und Recycling durch Rückführung von Altprodukten bzw. deren Rückständen in die Produktion (Verwertung) oder den erneuten Gebrauch (Verwendung). Redistribution ist also die Ausgestaltung aller Tätigkeiten der Überbrückung von Konsumrückständen vom Anfallort bis zum Ort der erstmaligen Verarbeitung (Weiter-) oder Bearbeitung (Wieder-). Die Beseitigungskapazitäten sind jedoch weder quantitativ noch qualitativ ausreichend.

Die Entsorgungsfunktion der Packung rückt dramatisch in den Mittelpunkt der Diskussion. Entsorgt werden Packstoffe (Materialien), Packmittel (Behältnisse) und Packhilfsmittel (Hilfsstoffe). Der politisch gewollten Rangfolge entspricht die gänzliche Einsparung der Verpackung bei einigen Produkten, die Vermeidung von Abfall durch kleine Abfülleinheiten und Nachfüllpacks sowie die Vermeidung durch Umstellung auf Mehrwegpackungen.

3.1.4.2 Verpackungsverordnung

Die Verpackungsverordnung (VO) soll die Redistribution nach dem Verursacherprinzip anstelle des Gemeinlastprinzips durchsetzen (§ 1). Sie unterscheidet nach Maßgabe ihrer Funktion in Transport-, Verkaufs- und Umverpackungen. Alle drei Verpackungsarten sind einer Verwendung oder Verwertung außerhalb der öffentlichen Abfallentsorgung zuzuführen. Die Wiederverwendung von Verpackungen und damit die Einrichtung von Mehrwegsystemen wird priorisiert. Die Rücknahme der zu entsorgenden Verpackungen hat dort zu erfolgen, wo sie zuvor übergeben wurden. Wird ein flächendeckendes Sammelsystem installiert, können die Verpackungen auch direkt beim Endabnehmer entgegengenommen werden. In jedem Fall sind bestimmte Sammel-, Sortierungs- und Verwertungsquoten zu erreichen. Für die Einhaltung dieser Vorschriften sind die Hersteller der Verpackungen oder Verpackungsmaterialien, die Vertreiber sowie die Abfüller verantwortlich. Diese können sich zur Erfüllung dieser Verpflichtungen Dritter bedienen (DSD).

Verpackungen sind aus umweltverträglichen und die stoffliche Verwertung nicht belastenden Materialien herzustellen. Abfälle aus Verpackungen sind dadurch zu vermeiden, dass Verpackungen nach Volumen und Gewicht auf das zum Schutz des Füllguts und auf das zur Vermarktung unmittelbar notwendige Maß beschränkt werden, so beschaffen sind, dass sie wiederbefüllt werden können, soweit dies technisch möglich und zumutbar sowie vereinbar mit den auf das Füllgut bezogenen Vorschriften ist, oder stofflich verwertet werden, soweit die Voraussetzungen für eine Wiederbefüllung nicht vorliegen.

Die VO kennt drei Arten von Verpackungen (§ 3). Transportverpackungen dienen dazu, Waren auf dem Weg vom Hersteller zum Vertreiber vor Schäden zu bewahren. Verkaufsverpackungen werden vom Endverbraucher zum Transport oder bis zum Verbrauch der Ware verwendet. Umverpackungen sind zusätzliche Verpackungen um Verkaufsverpackungen herum, die dazu dienen, die Abgabe von Waren im Wege der Selbstbedienung zu ermöglichen, die Gefahr des Diebstahls zu verringern und überwiegend der Werbung dienen.

Für diese Verpackungsarten bestehen Rücknahmeverpflichtungen (§§ 4 - 6 VO). Transportverpackungen sind durch Hersteller und Vertreiber nach Gebrauch zurückzunehmen und einer erneuten Verwendung oder stofflichen Verwertung außerhalb der öffentlichen Abfallentsorgung zuzuführen. Bei vom Endverbraucher verbrauchten Verkaufsverpackungen ist der Vertreiber verpflichtet, diese kostenlos zurückzunehmen. Für den Fall, dass ein flächendeckendes Entsorgungssystem mit vorgegebenen Erfassungsquoten eingerichtet wird, werden die Vertreiber von dieser Pflicht befreit. Bei Umverpackungen sind diese anbietenden Vertreiber verpflichtet, sie bei der Abgabe der Waren an Endverbraucher zu entfernen oder dem Endverbraucher Gelegenheit zur Entfernung und kostenlosen Rückgabe zu geben.

Es bestehen Ausnahmeregelungen sowie Sondervereinbarungen für bestimmte Produkte (z.B. Getränke). Trends gehen in Richtung Materialverringerung, Verwendung von Recyclingmaterialien, Ersatz von Verbundmaterialien, Verzicht auf doppelte Umhüllung, Einsatz abbaubarer Materialien, Mehrwegverpackungen mit Rücknahme (Einkreissystem) oder Wiederbefüllung durch Verbraucher (Zweikreissystem), Standardisierung der Verpackung oder Selbstverpackung (selbstauflösend, verzehrbar etc.). Denkbar ist auch, die Verpackung mit Zusatznutzen auszustatten, damit eine Entsorgung entfällt.

Die gesetzlichen Bestimmungen sehen bei der Entsorgung vor, dass die Transportverpackung jeweils von dem „In-Verkehr-Bringenden“ zurückzunehmen und einer erneuten Verwendung für Verpackungszwecke zuzuführen ist, also regelmäßig vom Hersteller oder Importeur. Umverpackungen, die der Verkaufsförderung, Diebstahlbehinderung etc. dienen, sollen am Handelsplatz gesammelt werden. Dies gilt auch für die Rücknahme gebrauchter Verpackungen und kann nur durch ein flächendeckendes, haushaltsnahes, privatwirtschaftliches Erfassungssystem vermieden werden, dessen Kosten der Handel trägt und an die Endabnehmer weiterberechnet. Dies ist das Duale System Deutschland (DSD), zu dem sich Handel, Abfüller, Unternehmen der Konsumgüterindustrie, von Verpackungen, Rohmaterialen und für Entsorgung zusammengeschlossen haben. Eine solche Freistellung besteht für Transport- und Umverpackungen nicht. Das DSD stellt sicher, dass alle Verpackungen erfasst, sortiert und stofflich verwertet werden. Der Abdeckungsgrad beträgt mindestens 60 % bei Glas, 40 % bei Weißblech, 30 % bei Alu, Pappe, Karton, Papier und Kunststoff, 20 % bei Verbundstoff, für die Verpackungshersteller bzw. Vormateriallieferanten eine Verwertungsgarantie für ihren jeweiligen Bereich geben. Dazu ist eine Trennung in Haushaltsabfall- und Verpackungsentsorgung erforderlich. Die Abnahme erfolgt kostenfrei ab Sortierstelle, die Organisation arbeitet möglichst Kosten deckend, hat jedoch zumindest in der Vergangenheit hohe Verluste verursacht. Das DSD übernimmt die Ausschreibung und Vergabe von Aufträgen an Entsorgungsunternehmen, die Koordination und Überwachung der Arbeiten, die Vergabe der Kennzeichnung der in das System einbezogenen Verpackungen und die Verbraucheraufklärung.

Die Hersteller beauftragen das DSD mit der Entsorgung. Dieses vergibt dazu entsprechende Aufträge an Entsorger. Diese sammeln und sortieren den Verkaufsmüll und verarbeiten ihn zu Sekundärrohstoffen oder Verbrennen diesen. Die Sekundärrohstoffe gehen wieder in den Materialkreislauf, die Verwertung wird durch Quoten nachgewiesen. Die Kosten des DSD zahlen die Verbraucher über einen Aufpreis auf alle verpackten Produkte. Handelsbetriebe können ihre Verkaufsverpackungen allerdings auch selbst einsammeln und entsorgen. Um die Recyclingquoten zu erfüllen, kaufen sie Restmüll fremd zu. Verbraucher werden allerdings kaum alle Verpackungen zu den Händlern bringen, von denen sie jeweils stammen, sondern diese in ihrer gelben Tonne entsorgen. Dennoch melden sich die Handelsbetriebe beim DSD ab und sparen somit die Gebühren für den Grünen Punkt.

Der **Grüne Punkt** hat im Einzelnen vier Funktionen. Er ist ein Hinweis für den Verbraucher, die Verpackung nach Gebrauch einem gesonderten Erfassungssystem neben der öffentlichen Abfallentsorgung zuzuführen. Er ist eine Sortierungserleichterung im Haushalt für Abfall (nicht wiederverwertbar) und Wertstoff (wiederverwertbar) in getrennten Systemen („Gelbe Tonne"). Er ist ein innovativer Ausweis für die Anbieter, am umweltfreundlichen System teilzunehmen (mit Ausnahme von Mehrwegverpackungen natürlich). Zwischenzeitlich sind Hersteller ohne DSD-Anschluss vom Handel rigoros ausgelistet worden. Und er ist vor allem Finanzierungsträger des DSD für die organisierte Entsorgung. Denn die Kennzeichnung darf nur gegen Nutzungsentgelt auf die Verpackung aufgedruckt werden, woran sich aber offensichtlich nicht alle Mitglieder gehalten haben.

Die haushaltsnahe Sammlung erfolgt durch verschiedene Systeme:

- blaue Tonne für Zeitungen, Zeitschriften, Prospekte, Kataloge, Schreibpapier, Schulhefte, Verpackungen aus Papier oder Pappe wie Waschmittelkartons, Papiertüten, Versandkartons etc., nicht hinein gehören Getränkekartons, Kohle- und Durchschlagpapiere, beschichtete Papiere, fettige/verschmutzte Papiere,

- gelbe Tonne für Weißblech wie Getränke- und Konservendosen, Deckel von Gläsern, Kronkorken, Blechtuben, Schachteln aus Blech etc., für Aluminium wie Alufolien, Aluschalen von Fertiggerichten, Aludeckel von Joghurt, Alupapier von Schokolade, Alufolie etc. für Verbundstoffe wie Milch- und Saftkartons, Kakaodosen, Saucentüten, Pizzakartons mit Aluminium, Tiefkühlverpackungen, beschichtete Papiere etc. sowie für Kunststoffe wie Plastikfolien, -tüten, -flaschen, Joghurt-, Sahne-, Margarinebecher, Zahnpastatuben, Plastiktuben etc., nicht hinein gehören Verpackungen aus Papier, Pappe und Glas oder mit Schadstoffinhalten, Schuhe und Kleider, Schallplatten, CD's und Kassetten, Teppiche, Campingmöbel, Polster, Windeln, Staubsaugerbeutel, Medikamente, Spritzen, Plastikschüsseln, Kinderspielzeuge, Restabfälle,
- Glascontainer (für Grünglas, Weißglas, Braunglas) für Flaschen, Trinkgläser, Glasverpackungen, die nicht gegen Pfand zurückzubringen sind wie Marmelade- und Gurkengläser, Einwegsaft- und -weinflaschen, Glasflaschen für Speiseöl, Essig, Saucen, Glasverpackungen von Kosmetik- und Körperpflegeprodukten etc., nicht hinein gehören: Keramik-, Steingut- und Porzellanteile, Fenster- und Spiegelglas, Leuchtstoffröhren, Glühbirnen
- braune Tonne für Zweige, Astwerk, Laub, Grasschnitt, Pflanzenreste, Schnitt- und Topfblumen, Kartoffel- und Obstschalen, Gemüsereste, Kaffee- und Teefilter, Eierschalen etc., nicht hinein gehören Glas-, Porzellan-, Tongefäße, Plastiktöpfe, Plastikfolien, Plastiktüten, Zeitungen, Illustrierte, Asche, Straßenkehricht, Staubsaugerbeutel, gekochte Speisereste, Knochen.

Es bestehen zudem erhebliche Vorbehalte gegen diese Konzeption. Der Grüne Punkt wird für jedes recycelbare Verpackungsmaterial vergeben, unabhängig von dessen Recyclingfreundlichkeit. Mehrwegverpackungen sind vom Grünen Punkt ausgeschlossen, obgleich sie unter Abfallgesichtspunkten die Umweltverträglichsten sind. Messbasis für die beim Kauf zu entrichtende Gebühr ist das Verpackungsvolumen, nicht aber das Verpackungsgewicht. Kunststoffe erhalten den Grünen Punkt, obwohl ihre Verwertung, wenn überhaupt, nur durch aufwändige Sortieranlagen möglich ist. Die Zielhierarchie ist unbefriedigend, vor allem in Bezug auf fehlende Anreize zur Verringerung vor der Verwertung. Die Endabnehmer zahlen gleich doppelt für weniger Müll, nämlich ohnehin immer mehr an die Kommune für die öffentliche Müllentsorgung und zusätzlich für das DSD hinsichtlich Verpackungsmüll über die Weiterverrechnung im Verkaufspreis. Die Disziplin der Bürger zur Abfalltrennung ist außerordentlich groß. Daher ist das Abfall- und Wertstoffaufkommen wesentlich höher als vorher prognostiziert, woraus nicht zuletzt die wiederholten existenziellen finanziellen Probleme des DSD folgen. Die Erhebung eines zweckgebundenen Preisaufschlags beim Verkauf kann nicht verursachungsgerecht sein, weil er von allen Käufern zu tragen ist, auch von jenen, die auf die Mitwirkung im System verzichten (z.B. weil sie Produkte selbst entsorgen).

Weitere Kritik betrifft die Tatsache, dass der Grüne Punkt schneller eingeführt worden ist, als ein flächendeckendes Erfassungs- und Verwertungssystem aufgebaut werden konnte. Insofern hatten Verbraucher zu zahlen, ohne sofort eine Gegenleistung zu erhalten. Auch wird eine Übererfüllung der Quoten zum öffentlichen Anspruch, der so aber kaum realistisch finanzierbar ist. So nimmt es nicht Wunder, dass eine ganze Reihe „wilder“ Läger, Verwertungspannen und Betrügereien entdeckt wurden. Insgesamt wird damit der Primat der Verwertung infrage gestellt. Als Lösungen bieten sich eine Reihe von Möglichkeiten an, so die institutionalisierte Mitbestimmung der Bürger, statt ihrer Beschwichtigung, aus externen Kritikern können somit Mitverantwortliche gemacht werden. Auch hilft eine offensive Medienarbeit. Hilfreich wäre auch die Integration der kommunalen Sammelsysteme in das Duale System Deutschland, begleitet von der Integration der verantwortlichen Wirtschaftszweige. Denkbar ist weiterhin die neue Zuordnung von Verantwortlichkeiten für das besonders sensible Thema Kunststoff-Recycling.

Besondere Regelungen gelten für das **Dosenpfand**. Danach besteht eine Pfandpflicht für Einweg-Getränkeverpackungen, die Mineralwasser, Bier oder Erfrischungsgetränke mit Kohlensäure enthalten. Ein solches Einwegpfand wird für Einwegverpackungen aus Metall, Plastik und Glas erhoben, wobei differenzierte Ausnahmen bestehen. Kein Pfand ist etwa erforderlich für Getränkekartons, Wein-, Sekt- und Spirituosenflaschen, Schlauchbeutel für Milch, Beutel für Erfrischungsgetränke und Verpackungen diätetischer Lebensmittel. Allerdings fehlte es anfangs an einem bundesweit einheitliches Rücknahmesystem, was nicht akzeptabel ist. Der Einzelhandel fuhrt stattdessen „Insellösungen“ oder listet pfandbelegte Einwegverpackungen gleich aus dem Sortiment aus. Diese Umgehung musste durch eine Gesetzesnovelle gestoppt werden.

3.2 Gewerbliche Schutzrechte

Die Bestimmungen des gewerblichen Rechtsschutzes haben aus marktwirtschaftlicher Sicht vor allem die Funktion, eine optimale Abfolge von Vorstoß und Verfolgung (Challenge & response) zu gewährleisten. **Denn der Wettbewerb ist ein Entdeckungsprozess kreativer Zerstörung, der Innovation begünstigt (Schumpeter´scher Unternehmer).** Marktvorsprünge werden durch Vorpreschen dynamischer Anbieter herausgearbeitet. Diese sind jedoch nur bereit, die damit untrennbar verbundenen Risiken einzugehen, wenn sie davon ausgehen können, dass ihnen aus dem Vorstoß genügend Vorteile erwachsen, welche die eingegangenen Risiken überkompensieren. Ist dies nicht der Fall, etwa weil Nachahmer unter Umgehung dieser Risiken das gleiche Angebot schnell und unter Verzicht auf Einrechnung von Risikoprämien auch preisgünstiger verfügbar machen können, wird jeder Vorstoß unterbleiben. Insofern besteht ein Interesse daran, dem Innovator einen gewissen Schutz vor Nachahmern zu gewähren. Andererseits darf dieser Schutz aber auch nicht zur Sanktionierung einer monopolartigen Stellung ausarten. Denn dann besteht die Gefahr der missbräuchlichen Ausnutzung der Möglichkeit zur Marktbeherrschung. Insofern soll die Zeitdauer zwischen Vorstoß und Verfolgung weder zu kurz noch zu lang sein. Ein wichtiges Regulativ sind dabei die gewerblichen Schutzrechte. Diese betreffen den Schutz geistig-gewerblichen Schaffens als Institutionenschutz für die Freiheit im Wettbewerb (GWB) und die Lauterkeit im Wettbewerb (UWG, beide in Folge nicht relevant). Ein Immaterialschutz gilt für geistig-gewerbliche Schöpfungen (Gewerblicher Rechtsschutz) und geistig-kulturelle Schöpfungen (Urheberrechtsschutz). Inhalt ist die Zubilligung von Ausschließlichkeitsrechten oder die Normierung von Schutz- bzw. Verbotstatbeständen. Als Schutzrechte sind kodifiziert die Absicherung

- technischer Produkteigenschaften durch das Patent,
- funktionaler Produkteigenschaften durch das Gebrauchsmuster,
- ästhetischer Produkteigenschaften durch das Geschmacksmuster,
- symbolischer Produkteigenschaften durch das Markenzeichen,
- künstlerischer Produkteigenschaften durch das Urheberrecht.

Solche Schutzrechte dienen allgemein neben der Sicherung eines zeitlich befristeten Monopols infolge der ausschließlichen Nutzung des geschützten Rechts durch den Schutzrechtsinhaber noch der Umsatz- und damit Gewinnerhöhung für das Unternehmen durch Vergabe von Lizenzen, der Stärkung der Marktposition des Unternehmens, der Stärkung der technologischen Kompetenz und des Images des Unternehmens, die wiederum positiv auf die Umsatzentwicklung einwirken, der Förderung der Kreativität und Stärkung der Motivation der Mitarbeiter, der Anregung zur Suche nach Alternativlösungen und damit Beschleunigung der technischen Entwicklung sowie der Förderung der Verbreitung neuer Technologien.

3.2.1 Schutzrechtspolitik

Als Leitbild der marktwirtschaftlichen Wettbewerbspolitik gilt eine optimale Zeitspanne zwischen Vorsprung und Nachfolge. Denn bleibt diese Zeitspanne zu kurz, gehen nur wenige Anbieter das Risiko hohen FuE-Einsatzes ein, da ungewiss ist, ob der Zeitraum alleiniger Marktpräsenz ausreicht, alle investierten Finanzmittel zurückzuerhalten und darüber hinaus Gewinne einzuspielen, wenn Mitbewerber schnell nachfolgen. Ist die Zeitspanne hingegen zu lang, eröffnen sich damit Spielräume zur Monopolisierung der Märkte, denn Mitbewerber können erst mit einem erheblichem Zeitverzug nachfolgen. Die Optimalität der Ablösung soll in funktionsfähigen Marktwirtschaften als Rahmenbedingungen gesichert werden durch:

- Abbau von Marktzutrittsschranken, wobei es potenziellen Wettbewerbern faktisch möglich sein muss, in Märkte einzudringen, um damit temporäre Monopole aufzubrechen (Zielbild des Isopols),
- Gewerbliche Schutzrechte auf Produkte/Verfahren, die eine vorübergehende Exklusivnutzung von Entwicklungsvorsprüngen sichern und Verletzungen verfolgen.

Die Schutzrechtspolitik umfasst generell die Gesamtheit der dispositiven Maßnahmen zu technischen Schutzrechten, also eigenen oder fremden, bestehenden oder entstehenden Schutzrechten mit dem Ziel der Erringung von Vorteilen im Innovationswettbewerb.

Das Schutzrechtsmanagement hat die Planung, Organisation, Durchsetzung und Kontrolle der eigenen Schutzrechtsnutzung zum Inhalt. Dazu gehören die Schutzrechtsanalyse (Screening), die Schutzrechtsanmeldung (Problem: Zeit/Kosten), die Freigabe der Innovation (durch Veröffentlichung, um Priorisierung durch andere zu verhindern) oder alternativ die Geheimhaltung (bei kurzlebigen Innovationen). Hinsichtlich fremder Schutzrechte ergeben sich die Möglichkeiten des Angebots eines Lizenzerwerb, des Einspruchs (vornehmlich als Verzögerungstaktik) oder der Nichtigkeitsklage. Dazu im Folgenden Einzelheiten.

Schutzrechtspolitische Aktivitäten umfassen die gründliche Analyse und kontinuierliche Verfolgung der Schutzrechtssituation für die Kernprozesse/ -produkte bzw. FuE-Gebiete des Unternehmens, die Vorbereitung und Entscheidung über die Anmeldung von Schutzrechten bzw. den Abschluss von Lizenzverträgen, die Auswahl der Art des Schutzrechts bzw. der Lizenz, die Festlegung des Zeitpunkts der Anmeldung des Schutzrechts (wobei ein früher Anmeldezeitpunkt zwar Priorität schafft, aber die Gefahr von Gegenmaßnahmen der Konkurrenz bedingt) und die Festlegung des Gebiets, für das ein Schutzrecht gelten soll.

Jede neue technische Lösung muss daraufhin geprüft werden, ob damit Schutzrechte anderer verletzt werden. Sie ist im Hinblick auf die formale Möglichkeit und ökonomische Zweckmäßigkeit einer eigenen Schutzrechtsanmeldung zu untersuchen. Vorab sollte bereits geprüft worden sein, ob für bestimmte Teilaufgaben die Übernahme einer Lizenz günstiger ist als eigene Entwicklungsarbeit. Bei Erteilung wichtiger Schutzrechte ist zudem zu prüfen, ob damit eine Lizenzvergabe möglich und wirtschaftlich sinnvoll ist. Für die Ermittlung des neuesten Stands der Technik ist ein gründliches Studium einschlägiger Literatur unerlässlich.

Die aktive Schutzrechtspolitik hat die Erhaltung von Schutzrechten für unternehmenseigene Neuerungen bzw. die Nutzung fremder Schutzrechte zum Ziel, die reaktive Schutzrechtspolitik die Verhinderung des Entstehens von Schutzrechten anderer oder deren Einschränkung oder Vernichtung bzw. die Abwehr von Beeinträchtigungen des Erwerbs und der alleinigen Nutzung von Schutzrechten. Dies betrifft sowohl technische als auch wirtschaftliche Schutzrechte. Keine Wahl stellt sich bei Arbeitnehmererfindungen, diese müssen angemeldet werden, sofern nicht eine arbeitsvertragliche Abfindung vereinbart ist. Ansonsten ist alternativ auch die Geheimhaltung möglich (ca. 95 % aller Erfindungen werden allerdings angemeldet). Dies kommt vor allem wegen mangelnder Überprüfbarkeit der Einhaltung, aufwändiger Durchsetzung eigener Schutzrechte, administrativ-technischer Hemmnisse, eingebundener Kosten und unsicherer Ertragsaussichten in Betracht. Ansonsten ist eine Geheimhaltung heute kaum mehr möglich.

In der Praxis ist das Phänomen der Schutzrechtshäufung zur Blockade von Umgehungslösungen anzutreffen. Dabei lässt ein Schutzrechtshalter auch alle Problemlösungen schützen, die seiner Lösung ähnlich sind, um Nachahmern zuvorzukommen. Sofern dieses Schutzrecht nicht genutzt wird, handelt es sich um einen Schutzrechtsvorrat. Der Halter kann sein Schutzrecht auch verkaufen, womit dann alle Rechte an den Käufer übergehen, oder eine Lizenz auf sein Schutzrecht vergeben, womit er zwar weiter Halter bleibt, Dritten jedoch die Nutzung erlaubt.

Insofern stellen sich für den Schutzrechtshalter mehrere Optionen:
- Nutzung der Technologie im eigenen Unternehmen ohne Lizenzierung,
- Nutzung der Technologie im eigenen Unternehmen plus Lizenzierung,
- Lizenzierung der Technologie ohne Nutzung im eigenen Unternehmen, z.B. bei Abfall-Erfindungen (Spin offs).

Der Schutz im Ausland muss extra angemeldet werden. Eine möglichst späte Anmeldung erlaubt es, zwischenzeitlich bekannt gewordene Umgehungserfindungen mit einzubeziehen, allerdings geht währenddessen möglicherweise die Priorität verloren. Eine Anmeldung ist überall dort erforderlich, wo ein wichtiges Absatzland gegeben ist oder wo Konkurrenten ihre Produktionsstätten haben. Zur Behinderung der Konkurrenz ist auch ein vorübergehendes Ruhenlassen des Schutzrechts möglich, weiterhin auch der Erwerb eigener Sperr- oder Umzäunungsschutzrechte, evtl. auch Einspruch oder Nichtigkeitserklärung. Großunternehmen unterhalten zum Zweck des Schutzrechtsmanagement Spezialabteilungen.

Neben der Absicherung der Wissensnutzung durch Gewerbliche Schutzrechte kommt auch die faktische Verhinderung eines Wissenstransfers durch konstruktive Vorkehrungen wie Einbettung und Kapselung der Neuerung (Potting, z.B. bei Mikrochips), Selbstzerstörung der Neuerung bei Gewaltanwendung, Schutz gegen Nachkonstruktion oder durch Geheimhaltung von Prozessen/Formeln (z.B. bei Coke) in Betracht. Weiterhin die Verweigerung von Betriebsbesichtigungen, die Beschränkung des Mitwisserkreises (z.B. bei Underberg) und die Zugangsbeschränkung.

Neben dem korporierten Wissen in Produkten und Prozessen (durch Wettbewerbsbeobachtung), Anlagen (durch Erwerb) oder Personen (durch Abwerbung) gibt es auch nicht inkorporiertes Wissen, und zwar nicht geschützt (durch Literaturauswertung, Branchennachrichten, Vorträge/Vorführungen, informelle Kontakte in Wissenschaft und Technik) oder geschützt (Lizenztausch/Cross licensing, Wissenskompensation/Grant back).

Soll für eine eigene Innovation noch eine Normung erreicht werden, so sind die Veröffentlichung des Normvorhabens, die Erarbeitung eines Normenentwurfs durch Arbeitsausschüsse und die Veröffentlichung des Normentwurfs erforderlich. Wenn kein Einspruch innerhalb von vier Monaten erfolgt, wird die Norm als (in Deutschland) DIN-Norm veröffentlicht. Erfolgt jedoch ein fristgerechter Einspruch, kommt es zur erneuten Beratung unter Beteiligung des/der Einsprechenden. Bei Ablehnung des Einspruchs wird sodann die Norm als DIN-Norm veröffentlicht, bei Zulassung des Einspruchs kommt es zu einem Schlichtungs- oder Schiedsverfahren.

Normen können verschiedene Ausprägungen haben. Sind sie gesetzliche Pflicht, müssen Produkte ein entsprechendes Zulassungszeichen tragen. Ist ihre Anwendung freiwillig, handelt es sich um ein Sicherheitszeichen. Die Einhaltung von Normen wird durch Konformitätszeichen angezeigt. Gütezeichen hingegen weisen nur auf selbstgesetzte Qualitätsstandards hin.

3.2.2 Patentschutz

Das Patent ist das bei weitem wichtigste Schutzrecht. Es wird vom Patentamt nach Patentanmeldung erteilt, die an sachliche Voraussetzungen gebunden ist.

Als Patent können technische Erfindungen geschützt werden, die neu sind, d.h., nicht zum aktuellen Stand der Technik gehören, auf einer erfinderischen Tätigkeit beruhen, d.h., sich für den Fachmann auf dem jeweiligen Stand der Technik nicht in nahe liegender Weise ergeben, und gewerblich anwendbar sind, d.h., auf irgend einem gewerblichen Gebiet wiederholt hergestellt oder benutzt werden können. Der Stand der Technik umfasst alle Kenntnisse, die vor dem für den Zeitraum der Anmeldung maßgeblichen Tag durch schriftliche oder mündliche Beschreibung, durch Benutzung oder in sonstiger Weise der Öffentlichkeit zugänglich gemacht worden sind. Die Erfindungshöhe ergibt sich durch einen deutlichen Abstand vom bisherigen Stand der Technik. Nicht zu schützen sind Entdeckungen (Auffinden bereits vorhandener Gegenstände, Stoffe, Zustände oder Naturkräfte) sowie wissenschaftliche Theorien und mathematische Methoden, ästhetische Formschöpfungen, Pläne, Regeln und Verfahren für gedankliche Tätigkeiten, für Spiele und geschäftliche Tätigkeiten und Programme für Datenverarbeitungsanlagen sowie die Wiedergabe von Informationen und Konstruktionen bzw. Verfahren, die den Naturgesetzen widersprechen.

Erfinder können nur natürliche Personen sein. Wird eine Erfindung während der Dauer eines Arbeitsverhältnisses gemacht und beruht sie maßgeblich auf der dabei ausgeübten Tätigkeit und den betrieblichen Erfahrungen, so gilt sie als Diensterfindung und wird vom Arbeitgeber als Schutzrecht angemeldet oder genutzt, der Arbeitnehmer hat allerdings einen Anspruch auf Vergütung.

Ein Patent ist damit die einem Erfinder oder dessen Rechtsnachfolger vom Patentamt erteilte ausschließliche, zeitlich begrenzte Befugnis, eine Erfindung zu benutzen. Das Patent hat die Wirkung, dass allein der Patentinhaber befugt ist, die patentierte Erfindung zu benutzen. Jedem Dritten ist es hingegen verboten, ohne seine Zustimmung ein Erzeugnis, das Gegenstand des Patents ist, herzustellen, anzubieten, in Verkehr zu bringen oder zu gebrauchen oder zu den genannten Zwecken entweder einzuführen oder zu besitzen, ein Verfahren, das Gegenstand des Patents ist, anzuwenden oder zur Anwendung im Geltungsbereich des Gesetzes anzubieten, das durch ein Verfahren, das Gegenstand des Patents ist, unmittelbar hergestellte Erzeugnis anzubieten, in Verkehr zu bringen oder zu gebrauchen oder zu den genannten Zwecken entweder einzuführen oder zu besitzen. Gegenstand können einerseits Erzeugnispatente sein, wie Vorrichtungen (Maschinen, Geräte, Werkzeuge oder Teile davon, Stoffe, die in der Natur nicht vorkommen wie Kunststoffe, Arzneimittel, Legierungen etc.), unbewegliche Sachen (wie Brücken, Deiche, Kanäle etc.) oder elektrische Schaltungen und sonstige Anordnungen aus funktionell zusammenwirkenden Mitteln, oder andererseits Verfahrenspatente, wie Herstellungsverfahren zur Produktion von Erzeugnissen, Arbeitsverfahren, die nicht der Produktion eines bestimmten Erzeugnisses dienen (wie Messen, Reinigen etc.) oder neue Verwendungsmöglichkeiten in Bezug auf die Anwendung eines Erzeugnisses in einer bestimmten, bisher nicht bekannten Weise.

Das Patenterteilungsverfahren vollzieht sich in folgenden Schritten. Der Anmelder stellt beim Deutschen Patentamt einen Antrag auf Erteilung eines Patents. Dazu ist der beantragte Patentanspruch zu spezifizieren und eine Beschreibung einzureichen. Diese enthält Erklärungen über den Stand der Technik, Fundstellen dazu, Mängel bisheriger Ausführungen und Beispiele für Ausführungen des beantragten Patents. Die Beschreibung ist durch Zeichnungen zu ergänzen. Außerdem muss der Erfinder benannt werden. Das Patentamt prüft den Antrag auf die Einhaltung der Formvorschriften, offensichtliche Patentierungshindernisse und die materielle Patentfähigkeit. Dies dauert meist 18 Monate und endet mit der Offenlegung des Patents. Sind sämtliche Erfordernisse erfüllt, erfolgt die Erteilung des Patents binnen sieben Jahren nach Anmeldung und seine Veröffentlichung im Patentblatt. Daraus ergibt sich die alleinige Nutzungsbefugnis und das Recht auf Ausschluss Dritter von der Erfindung. Zuwiderhandeln bewirkt Unterlassungs-, Entschädigungs-, Schadensersatzansprüche und ggfs. Strafverfolgung.

Innerhalb von drei Monaten nach Veröffentlichung kann das Patent durch Einspruch angegriffen werden. Für die Gewährung eines Patents sind Gebühren in jährlich steigender Höhe zu zahlen.

Das Patent gilt also für den geistigen Gehalt von Ergebnissen erfinderischer Tätigkeit auf dem Gebiet der Technik, der sich in körperlichen Gegenständen, Stoffen oder Verfahren manifestiert und physikalische, chemische oder funktionale Eigenschaften des Produkts bzw. der Verpackung sowie die Produktfunktion betrifft. Voraussetzungen sind die Anleitung zu technischem Handeln, der Neuheitscharakter, die erfinderische Tätigkeit und die gewerbliche Verwertbarkeit. Patentschutz wird nur gewährt für technische Erfindungen (Gegenstände wie Maschinen, Chemiestoffe, Arzneimittel, und Verfahren), die neu sind, d.h., bisher nirgendwo realisiert, und einen beachtlichen Fortschritt hinsichtlich des bisherigen Stands der Technik aufweisen. Das Patenterteilungsverfahren kennt somit folgende Schritte:

- Patentanmeldung,
- Offensichtlichkeitsprüfung (formelle wie materielle Voraussetzungen),
- Prüfungsantrag binnen Siebenjahresfrist,
- Prüfung durch Prüfstelle,
- Zurückweisung oder Patenterteilungsbeschluss,
- im Erfolgsfall Ausgabe der Patentschrift,
- Einspruch ist innerhalb drei Monaten möglich,
- Prüfung des Einspruchs durch die Patentabteilung,
- Widerruf, Teilung oder Aufrechterhaltung des Patents,
- Beschwerde oder Nichtigkeitsklage,
- Aufhebung des Patentbeschlusses oder Verwerfung der Beschwerde.

Zur Information über bestehende Schutzrechte sind Patentinformationszentren eingerichtet. Sie bieten einen annähernd vollständigen Überblick (Offenlegungsschriften, Auslegeschriften, Patentschriften etc.). Die Daten befinden sich häufig auch auf elektronischen Datenträgern (offline) oder in Datenbanken (online). Die Information stammen vor allem vom Deutschen Patentamt und dezentralen Patentauslegestellen oder aus Datenbanken (Bertelsmann, Internationales Patentdokumentationszentrum, Dervent etc.). Diese enthalten Titelseiten deutscher Offenlegungs-, Patent- und Gebrauchsmusterschriften und Anmeldungen beim Europäischen Patentamt/PCT. Diese können nach ca. 60.000 Patentklassen, Aktualität und Zitierrate analysiert werden.

Patentberichterstatter sind jeweils spezialisiert nach Sachfeldern, z.B. Warenzeichen, Firmennamen, IR-Marken, Überwachungen, Übersetzungen, oder spezialisiert nach Fachbereichen, z.B. Grafik, Elektrotechnik, Heilmittel, sowie spezialisiert nach Ländern, Wirtschaftszonen, oder international. Als Quelle dient das Verzeichnis der Patentberichterstatter beim Deutschen Patentamt, München.

3.2.3 Gebrauchsmusterschutz

Als Gebrauchsmuster können technische Erfindungen geschützt werden, die neu sind, auf einem erfinderischen Schritt beruhen und gewerblich anwendbar sind. Die grundlegenden Kriterien sind damit die gleichen wie beim Pa-

tent. Das Gebrauchsmuster kommt jedoch auch für solche Erfindungen in Betracht, welche die strengen Anforderungen an Patente nicht erfüllen. Für sie wird hingegen nur gefordert, dass eine Erfindungsqualität gegeben ist, die nicht nur auf ein rein handwerkliches Können zurückzuführen ist. Für Patente wird hingegen gefordert, dass die Erfindung sich selbst für Experten auf dem technischen Gebiet nicht in nahe liegender Weise ergibt und somit das Können des Durchschnittsfachmanns übersteigt. Das Patentamt prüft die Kriterien der Neuheit, des erfinderischen Schritts und der gewerblichen Anwendbarkeit bei Anträgen erst dann eingehend, wenn es zu einem Widerspruch kommt. Bei einem Erfolg des Widerspruchs entfällt das Schutzrecht. Auch für Gebrauchsmuster fallen Gebühren an. Es wird zunächst auf drei Jahre erteilt. Nach zehn Jahren ist der Schutz beendet.

Das Gebrauchsmuster gilt also für den geistigen Gehalt erfinderischer Tätigkeit auf technischem Gebiet, der sich in beweglichen Arbeitsgeräten und Gebrauchsgegenständen manifestiert, die Produktfunktion, physikalische und funktionale Eigenschaften des Produkts bzw. der Verpackung betreffend. Dies gilt nicht für Verfahren, chemische Stoffe, Stoffe ohne feste Gestalt, Nahrungs-, Genuss- und Arzneimittel, elektrische Schaltungen und unbewegliche Sachen. Voraussetzung dafür ist eine Gestaltung, Anordnung oder Vorrichtung, die dem Arbeits- oder Gebrauchszweck dient, die neu ist, einen erfinderischen Schritt darstellt und gewerblich verwertbar ist. Der Gebrauchsmusterschutz ist einfacher und schneller zu erlangen als der Patentschutz. Daher werden meist Patent- und Gebrauchsmusterschutz gleichzeitig angemeldet. Während der Dauer des Patenterteilungsverfahrens ist die Erfindung dann zumindest durch Gebrauchsmuster geschützt. Die kürzere Schutzdauer fällt dann nicht mehr ins Gewicht. Gebrauchsmuster können bis zu sechs Monate vor Anmeldetag veröffentlicht werden, sie haben Ausstellungspriorität (schnellere Wirksamkeit) und hohe Rechtsbeständigkeit.

Die schriftliche Anmeldung erfolgt beim Patentamt (inkl. Modell, Beschreibung etc.). Die Eintragung des Musters wird nach Prüfung (nur) der formellen Schutzvoraussetzungen vorgenommen. Eine materielle Prüfung erfolgt nur bei Löschungsantrag eines Dritten, dem der Schutzrechtsinhaber binnen Monatsfrist widersprechen kann. Daraus ergibt sich die alleinige Nutzungsbefugnis und das Recht auf Ausschluss Dritter von der Erfindung. Zuwiderhandeln bewirkt Unterlassungs-, Entschädigungs- und Schadensersatzansprüche, ggfs. Strafverfolgung. Das Gebrauchsmustererteilungsverfahren kennt also folgende Schritte:

- Gebrauchsmusteranmeldung,
- ausschließlich formelle Prüfung durch die Gebrauchsmusterstelle,
- Zurückweisung oder Eintragung in die Gebrauchsmusterrolle,
- Löschungsantrag durch Dritte ist möglich,
- kein Widerspruch des Gebrauchsmusterinhabers bedeutet Löschung,
- Widerspruch führt zur Prüfung der materiellen Schutzvoraussetzungen,
- daraus folgt Zurückweisung oder Löschung,
- dagegen wirkt Beschwerde oder Nichtigkeitsklage,
- Aufhebung des Beschlusses oder Verwerfung der Beschwerde.

3.2.4 Geschmacksmusterschutz

Als Geschmacksmuster geschützt werden können Farb- und Formgestaltungen konkreter zwei- oder dreidimensionaler gewerblicher Gegenstände, die bestimmt und geeignet sind, den durch das Auge vermittelten ästhetischen Formensinn des Menschen anzuregen. Sie müssen zu einer Nachbildung geeignet sein. Für Schriftzeichen kann ein Geschmacksmusterschutz nach Maßgabe des Schriftzeichengesetzes gewährt werden. Ansonsten ist das Geschmacksmustergesetz Grundlage. Das zu schützende Muster oder Modell muss zum Zeitpunkt der Anmeldung neu sein, d.h., es darf den Fachkreisen weder bekannt sein noch bei zumutbarer Beachtung der bekannten Gestaltungen bekannt sein können. Dies setzt umfangreiche Recherchen voraus, z.B. in den Musterregisterauszügen oder dem Geschmacksmusterblatt des Patentamts. Auch muss das Muster oder Modell in seiner geschmacklichen Qualität über dem bekannten Bestand an Form- und Farbgestaltung, vor allem rein handwerklich-durchschnittlichen Gestaltungen, stehen. Zusätzlich gilt die gewerbliche Verwertbarkeit als Voraussetzung. Bei der Anmeldung prüft das Patentamt nur die formellen Voraussetzungen, nicht jedoch die Erfüllung der genannten Kriterien. Darüber wird erst vor Gericht entschieden, wenn es zu einem Streitfall kommt. Die Schutzdauer beträgt bis zu 20 Jahre.

Das Geschmacksmuster gilt also für den ästhetischen Gehalt individueller Leistungen, die auf überdurchschnittliche gestalterische Begabung zurückzuführen sind, mithin visuell erfassbare Eigenschaften des Produkts bzw. der Verpackung. Voraussetzungen sind eine äußere Formgebung, die sich in einer Raum- oder Flächenform manifestiert, deren gewerbliche Verwertbarkeit, Neuheitscharakter Unverwechselbarkeit und Eigentümlichkeit. Es muss eine eigenpersönliche Leistung verkörpern, dabei aber nicht den Rang eines Kunstwerks erreichen, sofern das Design gewerblich verwertbar, neu und eigentümlich ist. Die ästhetische Gestaltung betrifft technische Güter und Bekleidungs- und Einrichtungsgegenstände. Nach Eintragungsantrag (inkl. Foto, Muster etc.) erfolgt die Eintragung beim Patentamt ohne Neuheitsprüfung. Daraus ergibt sich die alleinige Nutzungsbefugnis und das Recht auf Ausschluss Dritter von der Nachbildung des Musters oder Modells. Einzelne Motive können frei benutzt werden. Zuwiderhandeln bewirkt dagegen Unterlassungs-, Entschädigungs- und Schadensersatzansprüche, ggf. Strafverfolgung. Das Verfahren zur Erlangung des Geschmacksmusterschutzes kennt zusammenfassend folgende Schritte:

- Anmeldung zur Eintragung des Musters/Modells,
- Bekanntmachung und Eintragung mit Abbildung oder ausschließliche Wortbekanntmachung unter vorläufigem Verzicht auf Bildbekanntmachung,
- Schutzwirkung,
- Löschung bei Ende der Schutzdauer, Antrag des Schutzinhabers oder Antrag eines Dritten mit Schutzverzicht oder Löschungseinwilligung durch den eingetragenen Inhaber (Nachweis durch beglaubigte Urkunde),
- bei Streitigkeiten Anrufung des Landgerichts.

3.2.5 Urheberrechtsschutz

Der Urheberrechtsschutz nach Urhebergesetz betrifft den Urheber und sein individuelles Geisteswerk auf dem Gebiet der Kultur. Voraussetzung ist die persönliche geistige Schöpfung und die künstlerische Gestaltungshöhe des konkreten Werks. Daraus leiten sich die Urheberpersönlichkeitsrechte und die ausschließliche Befugnis zur gewerblichen Nutzung des Werks ab. Zuwiderhandeln bewirkt Unterlassungs- und Schadensersatzansprüche. Geltungsgebiet ist die BRD, die Anmeldung erfolgt über Schutzorganisationen. Schutzfristen sind wie folgt:

- Schriften/Lichtbildwerke: 70 Jahre nach dem Tod des Urhebers, Lichtbilder: 50 Jahre nach dem Erscheinen des Lichtbilds bzw. nach dessen Herstellen, wenn es nicht veröffentlicht wurde, Darbietungen von Künstlern: 25 Jahre, Rechte von Sendeunternehmen: 25 Jahre, Rechte von Filmherstellern: 70 Jahre, Rechte an Tonträgern: 25 Jahre, Rechte an digitalen Präsentationen: 25 Jahre.

Firmennamen gehören nicht zu den Gewerblichen Schutzrechten, genießen aber dennoch einen Schutz. Durch Eintragung in das Handelsregister darf im selben Amtsgerichtsbezirk kein identischer Firmenname in der gleichen Branche vergeben werden. Da sich Markenrechte meist gegen Namensrechte durchsetzen, empfiehlt sich zusätzlich ein Markenschutz. Bei Eintragung prüft das Handelsregister lediglich regional auf Namensgleichheit, sodass eine zusätzliche Prüfung auf ältere eingetragene Marken erforderlich ist. Die Schutzdauer ist unbegrenzt bis zur Löschung des Firmennamens aus dem Handelsregister. Die Anmeldekosten ergeben sich aus der Eintragung in das Handelsregister und belaufen sich je nach Umfang der notwendigen Veröffentlichung auf 70 - 1.500 €.

Auch Internet-Domains sind keine Gewerblichen hutzrechte, obgleich sie einem Schutz unterliegen. Dieser wird für de-Domains durch die Registrierung bei der DENIC erlangt. Vor der Wahl der Registrierung eines Domain-Namens sollten bestehende Markenrechte geprüft werden, da ansonsten Abmahnungen drohen, denn Markenrecht bricht meist Namensrecht. Die Prüfung auf die Verfügbarkeit von Domain-Namen kann bei jedem beliebigen Provider oder bei der DENIC selbst erfolgen. Die Schutzdauer ist unbegrenzt bis zur Löschung der Domain. Die Anmeldekosten entsprechen der Registrierung und Pflege der Domain und variieren je nach Provider.

3.2.6 Produzentenhaftung

Dabei handelt es sich um die vertragliche Haftung allgemein nach BGB oder die Produkthaftung im Besonderen (deliktisch oder nach Produkthaftungsgesetz). Erstere setzt Verschulden zur Haftung voraus, wobei allerdings eine Beweislastumkehr greift. Letztere greift auch ohne Verschulden, außer bei Ausreißern.

3.2.6.1 Gewährleistungshaftung

Bei der **vertraglichen Haftung** haftet der Verkäufer dem Käufer grundsätzlich dafür, dass die verkaufte Sache im Zeitpunkt der Übergabe nicht mit Fehlern behaftet ist, die den Wert oder die Tauglichkeit aufheben oder erheblich mindern. Soweit bei Vertragsabschluss besondere Eigenschaften zugesichert werden, haftet der Verkäufer auch für diese. Und zwar jeweils ohne Rücksicht darauf, ob der Verkäufer diesen Mangel zu vertreten hat oder nicht. Wie diese Gewährleistung erfolgt, richtet sich nach den getroffenen Vereinbarungen, falls nichts Besonderes vereinbart worden ist, nach BGB. Danach kann der Käufer nach Wahl entweder den Kauf rückgängig machen (Rücktritt), die mangelhafte Kaufsache behalten, aber den vereinbarten Kaufpreis in Abstimmung herabsetzen (Minderung), eine Ersatzlieferung verlangen (Umtausch) oder, bei Fehlen zugesicherter Eigenschaften, Schadenersatz wegen Nichterfüllung verlangen (bei Einbehalt der Sache oder deren Rückgabe). Nachbesserung (Reparatur) ist nur auf Garantiebasis (AGB) vereinbarungsfähig. Die Verjährungsfrist beträgt 24 Monate, außer bei versteckten Mängeln.

Die Haftung wegen des **Fehlens zugesicherter Eigenschaften** ist verschuldensunabhängig und in der Höhe unbegrenzt. Fehlt der verkauften Sache zum Zeitpunkt des Kaufs eine zugesicherte Eigenschaft, so kann der Käufer statt der Wandelung oder Minderung Schadenersatz wegen Nichterfüllung verlangen. Allgemeine (keine speziellen) Werbeaussagen, Bezugnahme auf Industrienormen, Waren-, Prüf- oder Gütezeichen und bloße Warenbeschreibungen sind jedoch noch keine Eigenschaftszusicherungen. Haftungsvoraussetzungen sind der Kaufvertrag, das Fehlen einer Eigenschaft und die Zusicherung ebendieser Eigenschaft. Ersatzpflichtig sind Personen-, Sach- und Vermögensschäden im Schutzbereich der Zusicherung. Die Verjährung tritt nach 24 Monaten ein.

Wer die Pflichten aus einem Vertrag über die Lieferung eines Produkts schuldhaft verletzt, hat seinem Vertragspartner den dadurch entstehenden Folgeschaden wegen **schuldhafter (positiver) Vertragsverletzung** zu ersetzen. Beruht der Mangel des Werks auf einem Umstand, den der Unternehmer zu vertreten hat, so kann der Besteller Schadenersatz wegen Nichterfüllung verlangen. Hinzu tritt noch nach dem Gewohnheitsrecht die positive Vertragsverletzung (bei Kaufverträgen auch allein).

Geht es aber nicht um einen Fehler in der Sache, sondern um einen Folgeschaden, der aus diesem Fehler entstanden ist (z.B. an Gesundheit oder Eigentum), so haftet der Verkäufer nach Vertrag nur bei Verschulden, d.h., wenn er vorsätzlich oder fahrlässig gehandelt hat (positive Vertragsverletzung). Unabhängig vom Vertrag können einem Geschädigten jedoch aus Gesetz Schadenersatzansprüche gegen den Schädiger zustehen, vorausgesetzt, die gesetzlichen Bedingungen daran sind erfüllt. Damit soll die Allgemeinheit, also nicht nur der Vertragspartner, geschützt werden, es kommt demnach allein auf die Sicherheit an.

Schema der Produkthaftung

<table>
<tr><td>Anspruch</td><td colspan="3">aus Vertrag</td><td colspan="2">wegen Verschuldens</td><td>Produktfehler</td></tr>
<tr><td>Rechtsgrundlage</td><td>wegen Mangels</td><td colspan="2">wegen Fehlens einer zugesicherten Eigenschaft oder wegen arglistigen Fehlerverschweigens</td><td>aus unerlaubter Handlung</td><td>wegen Verletzens eines Schutzgesetzes</td><td>Produkthaftungsgesetz (ProdHaftG)</td></tr>
<tr><td>Situation</td><td colspan="3">verschuldensunabhängig, ausgenommen arglistige Täuschung</td><td colspan="2">bei Verschulden</td><td>verschuldensunabhängig</td></tr>
<tr><td>Grenze</td><td>Warenwert</td><td colspan="2">keine</td><td colspan="2">keine</td><td>diverse</td></tr>
<tr><td>Berechtigter</td><td colspan="3">Käufer</td><td colspan="2">jedermann</td><td>jedermann</td></tr>
<tr><td rowspan="2">Verjährung</td><td rowspan="2">24 Monate</td><td rowspan="2">24 Monate</td><td>30 Jahre,</td><td>30 Jahre</td><td>30 Jahre</td><td>10 Jahre</td></tr>
<tr><td colspan="4">jedoch spätestens drei Jahre nach Schadensentdeckung</td></tr>
</table>

3.2.6.2 Produkthaftung

Die **deliktische Haftung** nach BGB kommt in Betracht, wenn das fehlerhafte und deshalb schadensursächliche Produkt vor Inkrafttreten des Produkthaftungsgesetzes in den Verkehr gekommen ist, wenn Schmerzensgeld begehrt wird, wenn Schäden an betrieblichen, gewerblichen, beruflichen oder öffentlichen Sachen ersetzt werden sollen, wenn ein Schaden an privaten Sachen unter 575 € liegt, wenn der Schaden von einem unverarbeiteten landwirtschaftlichen Produkt oder Jagderzeugnis verursacht wurde, wenn ein Produkt zwar bei Inverkehrbringung dem Stand von Wissenschaft und Technik entsprach, der Hersteller aber danach seine Produktbeobachtungspflicht versäumt hat oder wenn Schadenersatzansprüche erloschen sind (zehn Jahre nach Inverkehrbringung) *(siehe Abb. Schema der Produkthaftung)*.

Wenn jemand schuldhaft, d.h., vorsätzlich oder fahrlässig, eine ihm obliegende Pflicht verletzt hat und dadurch ein fremdes Rechtsgut beeinträchtigt und deshalb beim Betroffenen ein Schaden hervorgerufen wurde, also bei schuldhafter Pflichtverletzung (anders als bei der Produkthaftung) und fehlerhaftem, d.h., mangelbehaftetem Produkt, kann Schadenersatz verlangt werden. Daraus ergeben sich folgende Pflichten für den Hersteller. Ein Produkt muss ordnungsgemäß, sach- und zweckgerecht konzipiert sein (Konstruktions- und Planungspflicht). Es muss fehlerfrei hergestellt sein und auf Fehler geprüft werden (Herstellungs- und Fabrikationspflicht). Der Hersteller muss die Zuverlässigkeit und Gewissenhaftigkeit seiner Zulieferer prüfen (Beteiligten- und Zulieferpflicht). Er muss vor etwaigen Gefahren, die von seinem Produkt ausgehen, warnen (Instruktionspflicht). Er muss einschreiten, wenn ihm Gefahren seines Produkts bekannt werden (Produktbeobachtungspflicht, z.B. Rückruf). Er muss eine ordnungsgemäße Geschäfts- und Betriebsführung gewährleisten (Betriebsorganisationspflicht). Und er muss seine Mitarbeiter sorgfältig auswählen, anleiten und überwachen (Personalpflicht).

Mitarbeiter haften auch persönlich für etwaige Schäden (meist durch Betriebshaftpflicht abgesichert). Ebenso haften Zulieferer für Fehler am Produkt, nicht hingegen Händler. Zu ersetzen sind im Allgemeinen alle Personen- und Sachschäden. Die Verjährung tritt nach drei Jahren ein, beginnend mit dem Zeitpunkt der Kenntnis von Schaden bzw. Schädiger. Eine Haftung ist weiterhin nach Schutzgesetzen in Verbindung mit dem BGB möglich. Haftungsvoraussetzungen sind eine Rechtsgutverletzung, der Nachweis eines Fehlers und die Ursächlichkeit dieses Fehlers für einen Schaden. Schadenersatzansprüche beziehen sich auf Personen- und Sachschäden sowie Schmerzensgeld. Vermögensschäden sind nur gedeckt, wenn zusätzlich ein Schutzgesetz verletzt wird. Die Verjährungsfrist beträgt 30 Jahre.

Bekannte Produkthaftungsfälle sind etwa folgende:

- *Zuckerhaltiger Tee der Firma Milupa hatte bei zahlreichen Kindern wegen des Dauernuckelns zu Karies geführt. Zwar hatte der Hersteller bei seinen Zubereitungshinweisen auch auf diese Gefahr aufmerksam gemacht, doch das schien dem BGH nicht ausreichend (VI ZR 7/91). Warnhinweise über drohende Produktgefahren müssen nach Meinung der Richter deutlich herausgestellt und dürfen nicht zwischen anderen Informationen versteckt werden. Außerdem sind bei drohenden erheblichen Gesundheitsschäden die Funktionszusammenhänge klar zu machen, sodass die Gefahren für den Verwender, auch ohne selbst Rückschlüsse ziehen zu müssen, plausibel ist.*
- *Für eine Büroeinrichtung waren Lacke eines bestimmten Produzenten verwendet worden, die später Schäden am Mobiliar verursachten. Der Möbelhersteller musste dem Käufer den Schaden ersetzen und verlangte nunmehr seinerseits Schadenersatz vom Lackproduzenten. Der BGH gab ihm Recht (VI ZR 202/95). Steht fest, dass ein objektiver Mangel eines Produkts zu einer Eigentumsverletzung geführt hat, ist der Geschädigte nicht nur vom Nachweis der Schuld des Herstellers befreit. Sondern ebenso wenig muss er nachweisen, dass die Ursache des Schadens im Betrieb und Verantwortungsbereich des Herstellers zu suchen ist.*
- *An den scharfen Kanten seiner Stallung verletzte sich ein wertvolles Turnierpferd. Dessen Besitzer verlangte vom Hersteller der Boxen Schadenersatz. Der BGH (VI ZR 258/88) entschied, dass bei typischen Gefahrensituationen, die zu erheblichen Schäden führen können, der Hersteller wegen seiner Verkehrssicherungspflicht vorbeugen muss, selbst wenn diese Situationen selten eintreten. Entscheidend ist, was ein durchschnittlicher Benutzer objektiv an Sicherheit erwartet oder erwarten kann.*

- *Durch eine platzende Mehrwegflasche war ein dreijähriges Kind schwer verletzt worden. Die Eltern verlangten vom Abfüllbetrieb Schadenersatz. Der BGH gab ihnen Recht (VI ZR 91/87). Ein Hersteller kann auch verpflichtet sein, ein Produkt auf seine einwandfreie Beschaffenheit hin zu überprüfen und den Befund zu sichern. In diesem Fall hatten Kratzer die Festigkeit der mehrfach benutzten Flaschen vermindert. Bei Verstößen gegen diese Pflicht kann es zur Umkehr der Beweislast kommen.*
- *Nach dem Verzehr des Essens waren mehrere Teilnehmer einer Hochzeitsfeier an Salmonellenvergiftung erkrankt und forderten Schadenersatz vom Wirt des Lokals. Der BGH entschied, dass die Umkehr der Beweislast im Produkthaftungsrecht auch für Kleinbetriebe gilt. Denn auch bei diesen hat der Geschädigte keinen Einblick in die Produktionsabläufe.*
- *Ein junger Mann war mit seiner Honda tödlich verunglückt. Ursache war ein instabiles Fahrverhalten wegen einer nicht von Honda produzierten Lenkerverkleidung. Der BGH (VI ZR 65/86) entschied, dass ein Hersteller, evtl. auch dessen Tochtergesellschaft (Importeur) eine Produktbeobachtungspflicht hat und sich deshalb informieren muss, ob durch den Gebrauch eines Produkts Gefahren entstehen. Das erstreckt sich auch auf Gefahren, die durch die Kombination des eigenen Produkts mit Produkten anderer Hersteller entstehen. Erfährt der Hersteller von solchen Gefahren, muss er vor ihnen warnen.*
- *Die Schlankheitspille FenPhen des US-Pharmakonzerns Wyeth (American Home Products) verursachte Herzschäden. 63.000 der Betroffenen klagten, es wurden Schadenersatzzahlungen von 21 Mrd. US-$ fällig, wobei immer noch Verfahren laufen. Damit zeichnet sich der größte Produkthaftungsfall der Wirtschaftsgeschichte ab.*
- *Der Blutfettsenker Lipobay von Bayer soll an die 100 Todesfälle verursacht haben. Es gab dazu über 3.000 Klagen. Bayer einigte sich mit den Klägern außergerichtlich ohne Anerkennung einer Rechtspflicht. Dafür wurden 1,1 Mrd. US-$ bereitgestellt, allerdings sind immer noch gleich viel Klagen offen und anhängig.*
- *Verunreinigte Knie- und Hüftgelenke brachten dem Schweizer Medizintechnik-Unternehmen Sulzer Medica Schadenersatzklagen von über 1 Mrd. US-$ ein. Über 4.000 Patienten, welche die mangelhaften Produkte bereits im Körper trugen, mussten ein zweites Mal operiert werden. Sulzer firmierte daraufhin um und wurde an den US-Konzern Zimmer verkauft.*

Das **Produkthaftungsgesetz** gilt neben den bestehenden Haftungsregelungen z.B. aus Vertrag und Delikt. Es stellt lediglich eine Vereinfachung dar, wenn ein Fehler im Produkt des Herstellers einen bestimmten Schaden verursacht hat. Während der Vertrag nicht gegen Dritte wirkt und das Delikt Verschulden bedingt, kommt es hier nicht auf Vertrag und nicht auf Verschulden an. Die Beweislast für das Vorliegen der Voraussetzungen (Fehler, Schaden, Ursächlichkeit) trägt jedoch der Geschädigte.

Produkte im Sinne des Gesetzes sind alle beweglichen Sachen, auch wenn sie Teil anderer beweglichen oder unbeweglichen Sachen sind (z.B. Energie). Ausgenommen sind (nicht verarbeitete) landwirtschaftliche Erzeugnisse und Jagderzeugnisse sowie Arzneimittel (für die weitaus strengere Regelungen gelten). In den Verkehr gebracht ist ein Produkt, wenn der Hersteller keine Möglichkeit mehr hat, auf das Produkt einzuwirken. Für Produkte, die vor dem 1.1.1990 in Verkehr gebracht worden sind, gilt das Produkthaftungsgesetz nicht. Fehler bedeutet einen Mangel an Sicherheit, inwieweit dieser gegeben ist, hängt von allen Umständen ab. Vor allem sind alle nach dem Stand von Wissenschaft und Technik verfügbaren Sachkenntnisse für Konstruktion, Herstellung und Darbietung des Produkts zu berücksichtigen. Vermeidbare Konstruktions-, Fabrikations- oder Instruktionsfehler konstituieren immer einen Fehler. Eine Entschuldigungsmöglichkeit besteht auch nicht für Ausreißer.

Die Haftung beträgt bei Personenschäden max. 80 Mio. €, bei Sachschäden bei gewöhnlich für den privaten Ge- und Verbrauch bestimmten und hauptsächlich verwendeten Produkten ohne Grenze nach oben. Nicht zu ersetzen sind immaterielle Schäden (Schmerzensgeld) und Sachschäden an gewerblichen, betrieblichen, beruflichen und öffentlichen Sachen sowie alle Schäden unter dem Selbstbehalt.

Es haftet jeder Hersteller eines Endprodukts, jeder Hersteller eines Grundstoffs, jeder Hersteller eines Teilprodukts (Zulieferer), jeder, der sich als Hersteller ausgibt (Quasi-Hersteller), jeder Importeur in ein EU-Land (auch Re-Importe) und jeder Lieferant oder Importeur, der innerhalb eines Monats nicht den Vorlieferanten/ Hersteller benennt. Besteht Anspruch gegen mehrere Schädiger, haften diese nach außen hin als Gesamtschuldner, d.h., der Geschädigte kann wahlweise gegen jeden von ihnen, allerdings nur ein Mal, vorgehen. Die Regelung im Innenverhältnis hängt von der Vereinbarung der Beteiligten ab.

Die Haftung ist ausgeschlossen, wenn der Hersteller das Produkt nicht in Verkehr gebracht hat (z.B. Diebstahl), der Fehler zum Zeitpunkt des Inverkehrbringens noch nicht bestanden hat, der Hersteller nicht wirtschaftlich/beruflich gehandelt hat (sondern eben privat), der Produktfehler auf zwingenden Rechtsvorschriften (Gesetze, Verordnungen) beruht, der Produktfehler zum Zeitpunkt des Inverkehrbringens nicht als solcher bekannt war oder bei einem Zulieferteil der Fehler erst in der Endmontage entstanden ist oder auf einer Spezifikation des Endmonteurs beruht.

Hat der Geschädigte den Schaden selbst mitverursacht, steht ihm nur ein Teilersatz zu. Hat ein Dritter den Schaden verursacht, kann der Hersteller im Innenverhältnis auf diesen zugreifen. Die Verjährungsfrist beträgt drei Jahre ab Kenntnis des Schadens, Kenntnis des Produktfehlers bzw. Kenntnis des Ersatzpflichtigen. Nach zehn Jahren gehen die Ansprüche unter. Die Produkthaftung kann vertraglich weder ausgeschlossen noch beschränkt werden. Es sind jedoch Vereinbarungen möglich (und auch üblich), die über das Gesetz hinausgehen.

Zwischen diesen Rechtsgrundlagen besteht **Anspruchskonkurrenz,** d.h., der Geschädigte kann wählen. Das Produkthaftungsgesetz greift unabhängig von einer

Pflichtverletzung, die deliktische Haftung nur bei Pflichtverletzung. Der Beweis wird durch Urkunden, Zeugen, Sachverständige, Inaugenscheinnahme oder Parteieinvernehmung angetreten. Die Beweislast liegt grundsätzlich beim Geschädigten. Im Produkthaftungsgesetz jedoch nur in Bezug auf die Voraussetzungen (Fehler, Schaden, Kausalität), bei deliktischer Haftung nur in Bezug auf den Sachverhalt (Fehler, Schaden), hinsichtlich Verschulden, Pflichtwidrigkeit und Kausalität gilt hingegen die Beweislastumkehr, d.h., der Pflichtverletzer muss beweisen, dass er schuldlos ist (Exculpation).

Dies geschieht vor allem durch die Dokumentation der Produktion, evtl. auch durch den Nachweis eines funktionsfähigen Qualitätsmanagementsystems. Eine Schadensbegrenzung erfolgt (im Innenverhältnis) praktisch meist durch eine entsprechende Vertragsgestaltung (Auftrags-/Lieferspezifikationen, Haftungsregelung mit AGB/Individualabreden, Organisationsverträge). Eine Schadensverlagerung erfolgt durch Versicherung, entweder als Betriebshaftpflicht, erweiterte Produkthaftpflicht, Sondervereinbarungen oder Rückversicherung (zum Schadenausgleich, zur Abwehr unberechtigter Ansprüche und zur vorbeugenden Schadensverhütung). Die vertragliche Haftung greift nur zwischen Käufer und Verkäufer, die unmittelbar Vertragspartner geworden sind, also nicht zwischen ursprünglichem Hersteller und Letztverwender.

3.2.7 Produktrückruf

3.2.7.1 Inhalte

Produktrückrufe gehören immer mehr zum täglichen Leben und gewinnen als Vorbeugemaßnahmen zur Schadensverhütung durch fehlerhafte Produkte immer mehr an Bedeutung. Sie stellen zugleich ein diffiziles Kommunikationsproblem dar, geht es doch darum, gutgläubigen Kunden zu vermitteln, dass ihr Produkt mängelbehaftet ist. Daher stellt der Produktrückruf eine erhebliche Herausforderung dar, um negative Beeinflussungen des Absenderimages und in Folge eine Verminderung von Absatz und Gewinn zu verhindern.

Haben die Produkte den Absatzkanal noch nicht verlassen, befinden sie sich also noch im Verfügungsbereich des Herstellers (Auslieferungslager, Filiale etc.), reicht eine interne Kommunikation aus. Problematischer wird es, wenn die Produkte sich bereits auf der Handelsstufe befinden, aber auch dies ist im Rahmen der B-t-B-Kommunikation noch gut darstellbar. Knifflig wird es hingegen, wenn die Produkte bereits an Endabnehmer ausgeliefert worden sind, besonders wenn es sich dabei um private Kunden handelt. Dann ist es das Hauptziel des Produktrückrufs, die Verfügung über die mit besonderen Risiken behafteten Produkte zur Eliminierung des Risikos wieder zurück zu erhalten. Um defekte Produkte aber vom Markt zu nehmen, sind Information und Kontakt der Produktbenutzer über den möglichen Fehler und die damit verbundenen Gefahren erforderlich.

Dabei sind die Freiheitsgrade der Hersteller stark eingeengt. Denn im Zuge steigenden Verbraucherschutzes bestimmt das **Produktsicherungsgesetz** (ProdSG), dass private Endverbraucher vor jedwedem unsicheren Produkt, das gewerbs- und geschäftsmäßig in Verkehr gebracht wurde, zu schützen sind. Dazu ist als öffentliches Druckmittel sogar eine staatliche Institution vorgesehen, die Rückrufe **zwingend** auch gegen den Herstellerwillen veranlassen, die Produkte sicherstellen und, soweit die Gefahr anderweitig nicht zu beseitigen ist, vernichten lassen kann (gesetzlich verpflichtender Rückruf).

Ein **freiwilliger** Rückruf liegt hingegen vor, wenn Unternehmen von sich aus nicht sichere Produkte vom Markt zurückrufen, um Schäden aus Sicherheitsgründen vorzubeugen. Dadurch können sie staatliche Eingriffe verhindern.

Über die Wirkung von Produktrückrufen ist aus empirischen Untersuchungen zu vermuten, dass der Zusammenhang zwischen

- Rückruf und Marktanteil bzw. Absatz leicht negativ ist,
- Rückruf und Wiederverkaufspreis einer Gebrauchtware, die Gegenstand eines Produktrückrufs war stark negativ ist,
- Rückruf und Unternehmenswert, gemessen am Börsenkurs, stark negativ ist
- Rückruf und Imagewahrnehmung beim einzelnen Verbraucher leicht negativ ist. Allerdings sind hierzu erstens nur wenige Studien durchgeführt worden und dies zweitens mit einander widersprechenden Ergebnissen.

Die Gefahreneingrenzung ist theoretisch dann als optimal zu bezeichnen, wenn ein daraufhin erfolgender Rückruf ausschließlich fehlerhafte Produkte erbringt. Es sollen möglichst wenige Verbraucher, die fehlerhafte Produkt besitzen, nicht erreicht werden und zugleich möglichst wenige Verbraucher, die tatsächlich fehlerfreie Produkte besitzen, im Rückruf beinhaltet sein. Dazu ist es erforderlich, die fehlerbehafteten Produkte zeitlich, räumlich und sachlich möglichst exakt einzugrenzen. Kann der Fehler nicht eingegrenzt werden, müssen alle Produkte einer Serie zurückbeordert werden.

Endkunden, die bereits im Besitz der schadhaften Produkte sind, können anhand von Garantie- oder Registrierkarten identifiziert werden, denkbar sind auch Adresslisten von Kunden oder Adressdaten aus Kundenclubs. Ist nicht gewährleistet, dass dadurch alle schadhaften Produkte im Markt zurückgerufen werden können, bleiben nur übergreifende Kommunikationsmaßnahmen.

Für die Entscheidungsfindung zu einem Produktrückruf sind im Einzelnen die Kausalität zwischen Wahrscheinlichkeit und Gefahrenklasse sowie die Relation zwischen Rückrufkosten und Haftungskosten zu berücksichtigen.

Die Gefahrenklasse gibt Auskunft über das mutmaßliche Ausmaß des Produktschadens oder -folgeschadens, die Fehlerwahrscheinlichkeit gibt Auskunft über die Eintrittswahrscheinlichkeit. Daraus ergibt sich, ob ein Rückruf zwingend erforderlich ist oder nicht.

Die Gefahrenklasse 1 liegt vor, wenn der Produktfehler möglicherweise zu einem Unfall führen kann und bei diesem Unfall möglicherweise Todesfälle, schwere Körperverletzungen und dauernde Gesundheitsschädigungen eintreten können. Es besteht kein Ermessensspielraum, da ansonsten staatlicherseits eingegriffen wird. Zugleich sollen durch massenmediale Kommunikationsmaßnahmen ausnahmslos alle fehlerhaften Produkte aufgespürt werden. Sofern die derzeitigen Eigentümer der in Frage stehenden Produkte nicht namentlich bekannt sind oder anderweitig identifiziert werden können, ist die Einschaltung der Massenmedien Presse, Fernsehen und Hörfunk zur Bekanntmachung unvermeidlich. Sofern die derzeitigen Eigentümer der in Frage stehenden Produkte nicht namentlich bekannt sind oder anderweitig identifiziert werden können, ist die Einschaltung der Massenmedien Presse, Fernsehen und Hörfunk zur Bekanntmachung unvermeidlich.

Bei Produktfehlern, die zu leichten bis mittleren Sachschäden führen können, ist ein Produktrückruf schnell und weitreichend durchzuführen (Gefahrenklasse 2). Die Gefährdung ist durch das mögliche Vorliegen leichter Körperverletzungen und vorübergehender Gesundheitsbeeinträchtigungen beschrieben. Er ist nur zu erübrigen, wenn die Eintrittswahrscheinlichkeit niedrig ist.

Produktfehler ohne Gefahr von Mangelfolgeschäden sind bei geringen Lebens- oder Gesundheitsrisiken gegeben. Darauf kann evtl. mit Auslaufen des Produkts oder Fehlerbehebung in der nächsten Produktgeneration reagiert werden (Gefahrenklasse 3). Von einem Rückruf kann nach Wahl abgesehen werden.

Liegt lediglich ein Verdacht auf Qualitätsprobleme vor, ist also eine geringe Eintrittswahrscheinlichkeit gegeben, die kein Sicherheitsrisiko für Leben und Gesundheit darstellt, ist der Hersteller frei in seiner Entscheidung.

In Gefahrenklasse 1 spricht man von einem **defensiven**, haftungsbedingten Rückruf. In den Gefahrenklassen 2 und 3 findet ein **offensiver**, marketingorientierter Rückruf statt, um der Gefahr des Vertrauens- bzw. Imageverlustes bei Verbrauchern vorzubeugen. Er erfolgt vor Eintritt eines Schadensereignisses, um die Reputation des Absenders zu retten. Dafür ergeben sich mehrere Optionen.

Für die Ermittlung der Rückrufkosten sind fünf Kostenarten relevant:

- Die Imagekosten resultieren aus negativen Einstellungsveränderungen der Kunden.
- Die Redistributionskosten entstehen aus der Notwendigkeit zur physischen Sammlung der schadhaften Produkte, wenn diese zurückgeführt werden sollen.
- Die Kommunikationskosten entstehen aus der Notwendigkeit zur medialen Kontaktaufnahme mit Produktbesitzern.
- Die internen Administrationskosten entstehen aus der Organisation des Produktrückrufs.
- Die eigentlichen Haftungskosten resultieren aus der Notwendigkeit zu Ersatzleistungen wie Nachbesserung, Umtausch oder Rücktritt. Hinzu kommen Vermö-

gensschäden der Kunden als Sachschäden, für entgangene Nutzungsmöglichkeit, auf entgangenen Gewinn, Verdienstausfall, technischen und/oder wirtschaftlichen Minderwert eines schadhaften Produkts etc. Es können auch Nicht-Vermögensschäden, also beklagenswerte Personenschäden, eintreten, die zur Leistung von Schmerzensgeld o.ä. verpflichten.

Ergibt eine ökonomische, wenngleich nicht ethische, Abwägung, dass die Haftungskosten überwiegen, kann, falls gesetzlich kein zwingender Rückruf erforderlich ist, von einem solchen abgesehen werden. Daraufhin ist Durchführung zu organisieren. Kommunikative Basisbotschaft ist eine Gebrauchswarnung. Dort werden die Gründe genannt, welche die Gebrauchsunterbrechung bewirken. Daraus ergibt sich, je nach Lage der Dinge, der Aufruf zur sofortigen Unterlassung der Produktverwendung, die vorübergehende Gebrauchseinschränkung (bzgl. der Nutzung einzelner Funktionen oder Einsatzarten) oder die Gebrauchsunterbrechung bis zur Fehlerbeseitigung.

Der Hersteller trägt meist die Kosten der Fehlerbeseitigung, der Endabnehmer die der Identifizierung und Zurverfügungstellung des fehlerhaften Produkts. Die eigentliche Sachleistung wird häufig von Absatzmittlern erbracht, die ihre Kosten dem Hersteller weiterberechnen. Ebenso wird eine Geldleistung häufig vom Absatzmittler erbracht und weiterberechnet.

Beim Hersteller ist zu festzulegen, wer über den Produktrückruf entscheidet, wer die zur Entscheidung benötigten Informationen bereitstellt und wer für die Durchführung der Rückrufaktion zuständig ist.

Wichtig ist es, den Druck von außen (Medien) auf das Unternehmen einzudämmen. Dazu können im Vorhinein Schubladenpläne entwickelt werden, die systematisch abgearbeitet werden. Interne und externe Daten, welche die Produktsicherheit betreffen erlauben ein Monitoring der Produkte. Dies hilft auch, die betroffenen Produkte so genau wie möglich einzugrenzen.

Ein Rückruf kann im Übrigen auch bei Urheberschutz- und Wettbewerbsverletzungen erforderlich werden (z.B. unlautere Werbemittel im Absatzkanal). Bei Beeinträchtigung der Rechte Dritter ist ein Rückruf ebenso denkbar (z.B. Umweltschäden durch Überschreiten der Emissionsgrenzwerte). Bei Nutzungsbeschränkung bzw. -aufhebung soll durch Rückruf der Konsequenz der Schadensersatzleistung für Folgeschäden (auch Imageschäden) zuvorgekommen werden.

3.2.7.2 Rückrufe speziell in der Automobilbranche

Besonders betroffen von Produktrückrufen ist in neuerer Zeit die Automobilbranche (die Zeitschrift Auto-Bild hat zwischenzeitlich eine eigene Rubrik für Rückrufe in jedem Heft eingerichtet). Und zu allem Überfluss ist der Trend steigend.

Dabei sind erhebliche Stückzahlen von Fahrzeugen betroffen. Dazu einige Beispiele:

- VW Lupo mit 300.000 betroffenen Fahrzeugen: Probleme mit der Unterdruckleitung im Bremskraftverstärker,
- Mercedes C- und E-Klasse mit 116.000 betroffenen Fahrzeugen: Austausch des Fahrerairbags wegen Fehler im Zündgerät des Luftsacks,
- Opel Corsa mit 890.000 betroffenen Einheiten: neue Gurtschlösser an den Vordersitzen, Sitzschienen der Vordersitze müssen verstärkt werden,
- Fiat Punto mit 112.000 betroffenen Einheiten: Korrosion der Bremsleitungen,
- Mercedes A-Klasse mit 28.000 betroffenen Einheiten: fehlerhafter Hauptbremszylinder,
- Audi TT, bei hohem Tempo droht das Heck auszubrechen, Audi lässt das Fahrwerk modifizieren, ESP und einen Heckspoiler einbauen,
- Renault Kangoo, es besteht die Gefahr von Fehlauslösungen des Fahrer-Airbags, das Steuergerät wird ausgetauscht,
- VW Passat, die Traglenker an der Vorderachse können brechen, der Dichtbalg wird geändert,
- BWM 5er-Reihe, das Lenkradschloss kann bei vollem Lenkeinschlag einrasten, BMW lässt die Schlösser austauschen,
- Nissan Qashquai und X-Trail: Gefahr, dass sich die Lenkspindel zum Lenkgetriebe löst, daher Montage eines zusätzlichen Halteflanschs.

Nach Schätzungen gehen die Kosten für solche Rückrufaktionen in die Millionen, allein der von der Stückzahl her relativ bescheidene BMW X 5-Rückruf (56.000 betroffene Fahrzeug) soll 2,4 Mio. € verschlungen haben (eine fehlende Federspange kann bewirken, dass sich eine Wellenlagerung im Pedalwerk löst). Darin sind stark zu vermutende Imageschäden nicht einmal eingerechnet. Das Vermögensrisiko hoher Kosten sichern Hersteller und Zulieferer durch Zusatzversicherungen ab. Personen- und Sachschäden sind nicht gedeckt, allerdings durch eine vorhandene Haftpflichtversicherung abgesichert.

Die Gründe für die steigende Zahl an Rückrufen sind vielfältig. Es wird immer mehr, immer diffizilere und komplexe Elektronik im Automobil anstelle vergleichsweise robuster Elektrik und Mechanik verbaut. Dies erhöht die Störanfälligkeit. Die nachfragemächtigen Autohersteller üben enormen Kostendruck auf ihre Zulieferer aus. Diese tendieren daher zum Sparen an versteckten, jedoch für die Langzeitqualität wichtigen Stellen. Immer kürzere Entwicklungs- und Konstruktionszeiten führen dazu, dass „unreife“ Produkte an den Markt gelangen, deren Fehler erst im Ge- und Verbrauch ersichtlich werden. Plattformstrategien, d.h., mehrere Modellreihen oder Typderivate basieren auf gleichen Baumodulen, bewirken, dass wenn eines dieser Module fehlerhaft ist, gleich mehrere Modellreihen betroffen sind (so führte ein fehlerhaftes Unterdruckventil am Bremskraftverstärker zu Rückrufen für gleich sechs Renault-, vier Peugeot- und drei Citroen-Modellreihen). Durch immer längere Inspektionsintervalle fallen Fehler erst später auf und entwickeln zugleich höhere Schäden. Wegen hoher Prozesskomplexität kommt es gehäuft zu „Flüchtigkeitsfehlern“.

Eine der größten Rückrufaktionen vollzog sich 2010 bei Toyota. Das Werk ruft am 22.1. Millionen Autos in den USA zurück, weil das Gaspedal klemmt. Ebenso werden 1,8 Millionen Autos in Europa in die Werkstätten zurückgeholt (29.1.). Potenziell sind acht Modellreihen davon betroffen. Am 30.1. entschuldigt sich Toyota-Chef Akio Toyoda öffentlich für die Mängel. Am 3.2. werden Probleme bei den Bremsen bekannt. Akio Toyoda entschuldigt sich erneut (5.2.). Am 7.2. kommen Berichte über Bremsprobleme beim Modell Prius hinzu, dieses wird daraufhin zurückgerufen (9.2.). Am Tag danach ergeht ein Produktionsstopp für mehrere Baureihen. Akio Toyoda entschuldigt sich am 14.2. bei den Unfallopfern. Am 1.3. wird bekannt, dass bei einer Million Autos eine Ölschlauch-Reparatur erforderlich ist. Hinzu kommen Probleme mit Corolla-Motoren (Motorstillstand, 18.3.). Am 14.4. stoppt Toyota den Verkauf des Lexus GX in USA. Am 17.4. ruft Toyota 870.000 Minivans Sienna in USA und Kanada wegen Korrosionsproblemen an der Reserveradaufhängung freiwillig zurück. Toyota akzeptiert schließlich am 19.4. 16,4 Mio. US-$ Strafzahlung ohne weiteres Schuldeingeständnis.

3.2.7.3 Sicherheitskommunikation

Der beste Rückruf ist der, der vermieden werden kann. Wichtiges Instrument dazu ist die Sicherheitskommunikation. Dabei geht es vor allem um Gebrauchsanleitungen, Sicherheitswerbung und Warnhinweise.

Die **Gebrauchsanleitung** muss einfach und verständlich in Wortlaut und Satzbau gehalten sein. Fachausdrücke müssen erklärt werden. Die Sätze sollen kurz gehalten sein, um eine gute Übersicht zu wahren. Wichtig ist auch eine strenge Gliederung der Inhalte. Hilfreich sind detaillierte Fotos, Visualisierungen, Piktogramme etc. In Gebrauchsanleitungen enthaltene Garantie- oder Registrierkarten sind wichtig, um im Rückruffall den betroffenen Kundenkreis leichter zu identifizieren. Hilfreich ist dann auch eine Hotline zum Kontakt mit Kunden.

Die **Sicherheitsaufklärung** bezeichnet die Beeinflussung des Sicherheitsverhaltens der Verbraucher durch Kommunikationsinstrumente. Offensive Sicherheitswerbung stellt die Sicherheitseigenschaften eines Produkts bewusst in den Vordergrund, um Wettbewerbsvorteile zu erreichen. Dadurch steigen jedoch zugleich die Sicherheitserwartungen bzw. sinkt die Verwendungssorgfalt der Nutzer. Insofern ist bei der Auslobung Vorsicht geboten. Defensive Sicherheitswerbung hat die Reduzierung der Sicherheitserwartung und damit eine größere Verwendungssorgfalt zum Ziel. Sie thematisiert das Produktrisiko und gibt Hinweise zur Reduzierung des Produktrisikos. Allerdings darf dabei keinerlei Abschreckungseffekt eintreten.

Warnhinweise finden z.B. durch Produktaufkleber mit Piktogrammen statt und wirken, bei geeigneter Vorsorge, neben der Vorkaufphase auch in der Nutzungsphase ein. Sie sind auffällig und leicht identifizierbar anzubringen. Dadurch werden auch Personen mit geringer Sicherheitsmotivation und unreflektiertem Verwendungsverhalten erreicht. Allerdings werden im Zuge dessen auch nicht wenige Kaufinteressenten vom Kauf abgehalten.

Der Verkauf fehlerhafter Produkte zu herabgesetzten Preisen ist sehr problematisch, sofern dabei nicht ausdrücklich auf deren Fehlerhaftigkeit hingewiesen wird. Auch dies entbindet Unternehmen nicht von den gesetzlichen Pflichten zum Produktrückruf. Obwohl hohe Preise evtl. für einen sorgfältigeren Umgang mit den Produkten sorgen, da man Schäden aufgrund des höheren Werts vermeiden will.

3.2.7.4 Rückrufdurchführung

Für die Durchführung ist wichtig zu entscheiden, um welche Art von Rückruf es sich handelt:

- Beim **offenen** Rückruf werden die betroffenen Kunden über den Rückruf und den Rückrufgrund informiert. Häufig bleibt dabei jedoch ein Gefühl des Unbehagens bei Kunden zurück, obwohl noch gar kein Schaden aufgetreten ist, oder es wird ein weitaus schwerwiegenderer Grund hinter einem freiwilligem Rückruf vermutet als er tatsächlich vorhanden ist.
- Praktisch sind aber meist **stille** Rückrufe gegeben, die von der Öffentlichkeit weitgehend unbemerkt erfolgen und sich nur auf die Bestände im Absatzkanal, nicht auf die bereits verkauften Produkte, beziehen.
- Beim **verdeckten** Rückruf werden die Betroffenen nicht über den Rückruf informiert, sondern der Rückrufgrund wird beim nächsten Kontakt mit dem Anbieter (z.B. Werkstattaufenthalt beim Auto) mit behoben.
- Beim **fingierten** Rückruf wird ein Rückrufgrund vorgeschoben, um den Kontakt zwischen Kunden und Anbieter zwecks Kundenbindung und Werkstattauslastung bei älteren Fahrzeugen zu provozieren (z.B. um Nachrüstung oder Ersatzanschaffung zu verkaufen). Er erfolgt, etwa bei Modellwechseln, unter einem Vorwand, der tatsächlich nicht unbedingt einen Rückruf erfordern würde. Dadurch entsteht jedoch die Gefahr der Dissonanzförderung mit entsprechender Beeinträchtigung der Wiederkaufneigung.

Daraufhin ist die Durchführung des Rückrufs zu organisieren. Kommunikative Basisbotschaft ist dabei eine **Gebrauchswarnung**, in der die Gründe genannt werden, welche die Gebrauchsunterbrechung bewirken. Daraus ergibt sich, je nach Sachlage, der Aufruf zur sofortigen Unterlassung der Produktverwendung, die vorübergehende Gebrauchseinschränkung (bzgl. der Nutzung einzelner Funktionen oder Einsatzarten) oder die Gebrauchsunterbrechung bis zur Schadensbehebung.

Als **Ersatzleistung** kommen vor allem die Reparatur/Nachbesserung des fehlerhaften Produkts, der Umtausch des fehlerhaften gegen ein fehlerfreies Produkt, die Erstattung des Kaufpreises gegen Rückgabe des fehlerhaften Produkts bzw. bei geringwertigen Produkten auch ohne Rückgabe des Produkts oder die Gewährung eines nachträglichen Preisnachlasses bzw. eine Gutschrift für einen Folgekauf in Betracht.

Fraglich ist der **Kostenanteil** von Hersteller, Absatzmittler und Endabnehmer am Rückruf bzw. die jeweils zu erbringenden Leistungen. Der Hersteller trägt meist die Kosten der Fehlerbeseitigung, der Endabnehmer die der Identifizierung und Zurverfügungstellung des fehlerhaften Produkts. Die eigentliche Sachleistung wird häufig vom Absatzmittler erbracht, der seine Kosten dem Hersteller weiterberechnet. Ebenso wird eine Geldleistung häufig vom Absatzmittler erbracht und weiterberechnet.

Beim Hersteller ist festzulegen, wer über den Produktrückruf entscheidet, wer die zur Entscheidung benötigten Informationen bereitstellt und wer für die Durchführung der Rückrufaktion zuständig ist. Um den Druck von außen (Medien) auf das Unternehmen einzudämmen, sollten im Vorhinein Schubladenpläne entwickelt werden, die dann systematisch abgearbeitet werden. Alle internen und externen Daten, welche die Produktsicherheit betreffen, sollten zudem zentral gesammelt werden. Dies erlaubt ein Monitoring der Produkte und ist auch für etwaige gerichtliche Auseinandersetzungen hilfreich.

Die Benachrichtigung der Kunden kann durch den Hersteller selbst oder im Falle von Kraftfahrzeugen durch das Kraftfahr-Bundesamt (KBA) erfolgen.

Das KBA führt Rückrufe in Zusammenarbeit mit den Autoherstellern (gleichgestellt sind hier jeweils Importeure) nur zur Beseitigung von erheblichen Mängeln für die Verkehrssicherheit oder für die Umwelt an bereits ausgelieferten Fahrzeugen auf Basis des Zentralen Fahrzeugregisters (ZFZR) durch, in dem alle Halteradressen der betroffenen Fahrzeuge aufgrund der Zulassung der Fahrzeuge vorliegen. Bei nicht-sicherheitsrelevanten Mängeln, welche die Hersteller durch Serviceaktionen beheben können, können die Hersteller nicht auf KBA-Unterstützung setzen.

Die Hersteller dürfen selbst keine Kundendatenbank mit Kundenname und dazugehöriger Adresse der verkauften Fahrzeuge aufbauen. Nur der einzelne Händler ist zum Aufbau einer solchen Kundendatenbank berechtigt und verwaltet diese als Eigentümer der Datenbank. Eine Weitergabe dieser händlereigenen Kundendatenbanken an die Hersteller darf aus Datenschutzgründen nicht erfolgen. Außerdem ist die Nutzung der händlereigenen Kundendatenbanken auch kritisch zu betrachten, da die Aktualität der Daten nicht gewährleistet ist. Denn eine Datenbankpflege bedeutet einen hohen Zeit- und damit Kostenaufwand. Auch erfolgt durch die Kunden normalerweise keine Rückmeldung beim Händler bei Umzug, Verkauf des Fahrzeugs, Todesfall etc. Um dennoch eine möglichst lückenlose Datei über die Halter der betroffenen Fahrzeuge zu erreichen, bleibt nur das KBA mit dem ZFZR, das gegen entsprechendes Entgelt, das bei umfangreicheren Aktionen durchaus Beträge bis 100.000 € ausmacht, unterstützend auf zwei Wegen einsetzt. Erstens verschickt das KBA ein ihm vom Autohersteller zur Verfügung gestelltes Kundenanschreiben an die Halter der betroffenen Fahrzeuge. Von der Bereitstellung des Anschreibens bis zu dessen Vorliegen bei den Haltern der betroffenen

Fahrzeuge vergehen etwa zehn Arbeitstage. Zweitens können die Hersteller die Adressen für die Anschreiben an die betroffenen Halter vom KBA beziehen und führen den Briefversand in Eigenregie durch. In diesem Fall vergehen von der Anfrage beim KBA zur Lieferung der Adressen bis zum Vorliegen bei den Haltern der betroffenen Fahrzeuge etwa 15 Arbeitstage. Mit der Lieferung der Adressen durch das KBA verpflichten sich die Hersteller, die Adressen nur für diesen einmaligen Zweck zu nutzen und im Anschluss an die Nutzung zu vernichten.

Bei einigen Fiat-Fahrzeugen der Modellreihe Punto der Baujahre 1993 - 1995 konnte es unter besonders aggressiven Umweltbedingungen und bei Verwendung bestimmter Streusalzarten und -mengen zu einer anomalen Oxydation der Bremsleitungen am Karosserieboden kommen. Die Folge konnte eine Undichtigkeit der Bremsleitungen sein, die zu einem Nachlassen der Bremskraft führt. Weiterhin konnte durch Undichtigkeit des Heizungskreislaufs das Airbag-Steuergerät beschädigt werden und den Airbag plötzlich aktivieren. Die Kunden wurden aufgefordert, sich unverzüglich an eine autorisierte Fiat-Werkstatt zu wenden. Eine Aktionskarte sollte zur Terminabsprache genutzt werden, die Nachbesserung erfolgte kostenlos. Der Rückruf erfolgte durch Anschreiben auf Grund der Weitergabe von Fahrzeughalteradressen durch das Kraftfahr-Bundesamt. Für den Fall der unentgeltlichen Weitergabe waren die Adressaten angehalten, Name und Anschrift des jetzigen Fahrers anzugeben. Die Formulierungen waren wenig kooperativ, eine Entschuldigung fehlte völlig.

3.2.7.5 Kommunikationsaktion

Es sind im Wesentlichen zwei Kommunikationsinhalte denkbar. Erstens die Vorbereitung der Risikoelimination durch eine Rückgabeaufforderung, um die anfallenden Haftungskosten zu senken, und zweitens die Sicherung der Reputation, um negative Auswirkungen auf das zukünftige Kaufverhalten zu minimieren.

Für Ersteres ist es erforderlich, dass die Rückrufinformation alle notwendigen Informationen enthält, d.h., welche Produkte sind betroffen, welche Schäden sind daran gegeben, wie sollen sich Verwender ab sofort mit dem Produkt verhalten, wohin können sie sich mit dem Produkt wenden, welche Regelung wird ihnen angeboten, soll das Produkt eigenständig vernichtet werden etc. Weiterhin gehören dazu der Produktname, die Seriennummer und die infragekommenden Verkaufsstellen. Produktabbildungen können unterstützend wirken, um Verwechslungen oder Unklarheiten zu beseitigen. Eine Fehlerbeschreibung dient der Erkennung, ob das identifizierte Produkt tatsächlich schadhaft ist. Durch Verhaltenshinweise sollen der Schadenseintritt oder weitere Schäden verhindert werden. Entsprechend deutliche Appelle unterstreichen die Ernsthaftigkeit des Anliegens, um keine Verwechslung mit anderen, im Zweifelsfall belangloseren Werbeinhalten zu riskieren. Dabei ist allerdings eine Aussteuerung der Aktivierung schwierig, denn aus Reputationsgründen zu schwach formulierte Appelle werden womöglich übersehen und erreichen daher die Zielpersonen nicht, zu stark formulierte Appelle führen hingegen zur Reaktanz. Daher ist eine mittlere Intensität auszusteuern, was jedoch im Einzelfall schwierig ist, weil der Aktivierungsgrad durch Appelle interpersonell stark schwankt. Wichtig ist auch, dass die Zielpersonen aus der Kommunikation erkennen können, dass die Befolgung des Rückrufs ihr Risiko für sie persönlich kontrollierbar macht (z.B. Formulierungen wie „Keine Gefahr besteht, wenn ..." oder „Ein Grund zur Beunruhigung ist nicht gegeben, sofern ...").

Letzteres versucht zusätzlich, das zukünftige Kaufverhalten der Zielpersonen positiv zu beeinflussen, um den Kundenlebenswert zu erhalten. Der Rückruf kann dabei offensiv als ein Signal zur sozialen Verantwortung des Herstellers und sein Interesse am Wohlergehen der Kunden ausgelobt werden. Dies kann durch eine freiwillige, schnelle und kulante Rückrufaktion betont werden, wodurch die Unternehmensreputation erhalten bleibt. Die Medien sind dabei so zu wählen, dass eine zumutbar hohe Anzahl von Zielpersonen kontaktiert werden kann bzw. bei einem gegebenen Budget eine maximale Kommunikationswirkung eintritt (bei freiwilligem Rückruf). Sind alle Produktbesitzer identifizierbar, können diese durch Direktkommunikation kontaktiert werden (Push). Sind die Produktbesitzer hingegen nicht oder nur unvollständig identifizierbar, müssen Massenmedien (Rückrufanzeigen, Rückrufspots) eingesetzt werden (Pull). Dabei ist jedoch nachteilig, dass aufgrund der Breitenstreuung wesentlich mehr Nicht-Zielpersonen kontaktiert werden als Zielpersonen.

Für die Auswahl der Medien kann auch die zur Verfügung stehende Zeit für die Produktion der Werbemittel von Bedeutung sein. Hinzu tritt die tatsächliche Buchungsverfügbarkeit der Medien. Parallel kann durch Öffentlichkeitsarbeit die Presse als Multiplikator genutzt werden (etwa durch Hinweise in der Tagespresse oder in Hörfunk und Fernsehen). Allerdings hat das Unternehmen dann kaum Einflussmöglichkeiten auf die Tonalität der Beiträge und ihre korrekte Wiedergabe. Gerade diese Sensibilität ist jedoch für den Produktrückruf von hoher Bedeutung. Bedeutsam für die Kommunikation sind die Glaubwürdigkeit der Informationsquelle (Source-Effekt) und des Mediums (Media-Effekt). Je glaubwürdiger Quelle und Medium, desto positivere Wirkungen sind erreichbar.

3.2.7.6 Rückrufkommunikation im Absatzkanal

Bevor, im Beispiel Kraftfahrzeug, die Halter der betroffenen Fahrzeuge durch das KBA bzw. den Hersteller über die Rückruf- bzw. Serviceaktion informiert werden, verschicken die Hersteller ein Informationsschreiben an das Händlernetz.

Eine allgemeine Information gibt darin Auskunft über den Sachverhalt der Aktion, die Auswirkungen des Fehlers und den Fahrgestellnummernkreis der betroffenen Fahrzeuge. In einer Argumentationshilfe wird versucht, dem Kundendienstmitarbeiter des Händlers Antworten auf zu erwartende Fragen der Kunden in Bezug auf die Entstehung, die Auswirkungen/Folgen und die Maßnahmen der Behebung des Fehlers zu geben. Die Abrechnung der Material- und Lohnkosten mit den Händlern erfolgt nach einem internen Verrechnungssatz, der sich aus den Garantierichtlinien und den Details des Händlervertrags ergibt. Im Regelfall erhält der Händler seine Kosten ersetzt, und es verbleibt ihm ein (allerdings unterproportionaler) Gewinn. Eine technische Arbeitsanweisung beschreibt dem Kundendiensttechniker anhand von Text und Bild, was im Einzelnen bei den betroffenen Fahrzeugen zu überprüfen und/oder zu reparieren ist.

Beispiel eines Aktionsanschreibens (anonymisiert) an Händler
An alle Vertragshändler: Geschäftsleitung, Verkauf, Kundendienst, Technik
Thema: Rückrufaktion bzgl. Hintere Radnabenträger
Anrede
mit dem vorliegenden Rundschreiben möchten wir Sie über eine bevorstehende Rückrufaktion informieren. Die Maßnahme erfolgt im Rahmen kontinuierlicher Bemühungen, ein Maximum an Produktqualität und Kundenzufriedenheit zu gewährleisten.
Nachfolgend erhalten Sie einen umfassenden Überblick der Aktionsinhalte anhand von Fragen und Antworten.
1. Worin liegen die Problematik bzw. die Ursache des Problems?
Umfangreiche Qualitätsuntersuchungen haben ergeben, dass die Befestigungsschrauben der hinteren Radnabenträger produktionsseitig nicht mit dem erforderlichen Drehmoment angezogen wurden.
Ursache hierfür war innerhalb des Produktionsprozesses eine zu große Toleranz beim verwendeten Werkzeug für die entsprechenden Schrauben. Daraus resultierend kann es zu einem nicht ausreichenden Anzugsdrehmoment an den Schrauben der Radnabenträger gekommen sein. Im Fahrbetrieb können sich daher die Befestigungsschrauben der hinteren Radnabenträger soweit lockern, dass es beim weiteren Betrieb zunächst zu ungewöhnlichen Geräuschen an der Hinterachse kommen kann. Sollten sich im Extremfall alle vier Schrauben eines Radnabenträgers lösen, könnte dies instabile Fahreigenschaften des Fahrzeuges zur Folge haben.
2. Welche Fahrzeuge sind betroffen?
Die betroffenen Fahrgestellnummern der von Ihnen verkauften Fahrzeuge sowie die dazugehörigen Produktionszeiträume sind aus der nachfolgenden Tabelle ersichtlich:
(es folgt Tabelle mit Fahrgestellnummer und Produktionszeitraum)
3. Wie erfährt der Kunde von der Qualitätssicherungsmaßnahme?
Die Halter der betroffenen Fahrzeuge werden schriftlich vom Kraftfahr-Bundesamt benachrichtigt. Das Kraftfahr-Bundesamt hat dafür die Fahrgestellnummern der betroffenen Fahrzeuge erhalten und wird alle Halter informieren. Ein Muster des Anschreibens, welches dem KBA zur Verfügung gestellt wird, ist diesem Rundschreiben beigefügt (Anlage).
4. In welchem Zeitraum werden die betroffenen Kunden angeschrieben?
Alle Kundenanschreiben werden zeitgleich verschickt. Sie müssen deshalb davon ausgehen, dass mehrere Kunden gleichzeitig um einen Reparaturtermin nachfragen, was in Ihrem Betrieb möglicherweise zu Terminengpässen führen kann. Wir empfehlen daher vorab Werkstatttermine offenzuhalten, falls Ihre Planung dies zulässt.

Darüber hinaus haben Sie ab heute die Möglichkeit, betroffene Fahrzeuge im Rahmen einer Inspektion oder einer Reparatur entsprechend der Rückrufaktion zu modifizieren. Entsprechende Vorkehrungen und Maßnahmen für eine reibungslose Abwicklung sind von uns bereits eingerichtet.
Beachten Sie auch, dass erfahrungsgemäß nicht alle Kunden informiert werden können. Befindet sich beispielsweise ein Fahrzeug zum Zeitpunkt der Adressenzuordnung in einer Besitzumschreibung, so kann der Halter nicht ermittelt werden. Gleiches gilt auch für abgemeldete Fahrzeuge. Prüfen Sie daher sorgfältig, ob wirklich alle Ihnen bekannten Fahrzeuge erfasst sind und kontrollieren Sie bitte die Radnabenträger-Befestigungsschrauben aller betroffenen Fahrzeuge, inklusive derer Ihres Gebraucht-/Neuwagenbestands.
5. Welche Abhilfemaßnahmen müssen Sie als Vertragshändler an den betroffenen Fahrzeugen durchführen?
Wie aus der beigefügten technischen Mitteilung ersichtlich, prüfen Sie bitte zuerst, ob das Fahrzeug in den betroffenen Fahrgestellnummernkreis fällt. Falls ja, überprüfen bzw. korrigieren Sie bitte das Anzugsdrehmoment der Befestigungsschrauben der hinteren Radnabenträger. Die korrekte Vorgehensweise ist in der technischen Mitteilung beschrieben.
6. Welche Ersatzteile werden benötigt?
Für die Maßnahme sind keine Ersatzteile vorgesehen.
7. Welche Werkzeuge werden benötigt?
Zur korrekten Einstellung des Anzugsdrehmoments empfehlen wir einen handelsüblichen Drehmomentschlüssel, welcher den Bereich von 10 bis 100 Nm abdeckt. Darüber hinaus benötigen Sie eine 12er-Nuss und eine mittlere Verlängerung
8. Wie erfolgen die Garantievergütung sowie die Beurteilung des Aktionsverlaufs?
Die Vergütung der von Ihnen durchgeführten Arbeiten erfolgt, nachdem Sie den Garantieantrag für das jeweilige Fahrzeug in das System eingegeben haben.
Da Rückrufaktionen immer eine hohe Relevanz haben, besteht die Verpflichtung zur Überprüfung bzw. Modifikation aller aufgeführten Fahrzeuge. Den Nachweis über die Vollständigkeit des Aktionsverlaufs führen wir in einer Garantiedatenbank.
Die Eingabe des Garantieantrags muss daher immer standardisiert erfolgen. Nur so kann das Fahrzeug der Rückrufaktion zugeordnet und als erledigt abgelegt werden. Hingegen werden die Besitzer noch offener Fahrgestellnummern nach einem gewissen Zeitraum erneut angeschrieben, was möglicherweise Kunden irritiert, wenn die Maßnahme in der Vergangenheit bereits durchgeführt wurde.
9. Welche zusätzlichen Fragen könnten von Kundenseite an Sie herangetragen werden?
Nachfolgend haben wir noch einige Fragen aufgelistet, die Ihnen möglicherweise von Kunden gestellt werden könnten. Damit wollen wir Ihnen die Argumentation erleichtern.
a) Wo liegt die Problematik?
Bei einer bestimmten Modellgeneration, zu der Ihr Fahrzeug zählt, sind möglicherweise die Befestigungsschrauben für die beiden hinteren Randnabenträger produktionsseitig nicht mit dem erforderlichen Anzugsmoment verschraubt worden. Im Fahrbetrieb können sich daher die Befestigungsschrauben der hinteren

Radnabenträger soweit lockern, dass es beim weiteren Betrieb zunächst zu ungewöhnlichen Geräuschen an der Hinterachse kommen kann. Sollten sich im Extremfall alle vier Schrauben eines Radnabenträgers lösen, könnte dies instabile Fahreigenschaften des Fahrzeugs zur Folge haben.
b) Was ist die Ursache?
Die Befestigungsschrauben, welche die hinteren Radnabenträger mit der Hinterachse verbinden, sind evtl. nicht mit dem erforderlichen Anzugsmoment verschraubt worden.
c) Welche und wieviele Fahrzeuge sind betroffen?
Insgesamt sind ca. (Anzahl) Fahrzeuge betroffen. In Deutschland sind hiervor (Anzahl) Fahrzeuge auf dem Markt.
d) Welcher Produktionszeitraum ist betroffen?
Fahrzeuge, die vom (Monat/Jahr) bis (Monat/Jahr) produziert wurden.
e) Ist es bereits zu Unfällen aufgrund der Problematik gekommen?
In diesem Zusammenhang ist es zu keinen Unfällen gekommen.
f) Ist bei allen betroffenen Fahrzeugen mit Problemen zu rechnen?
Nein.
g) Sind noch andere Modelle betroffen?
Nein, die Problematik betrifft nur Fahrzeuge im genannten Zeitraum.
h) Was unternimmt der Hersteller dagegen?
Halter von betroffenen Fahrzeugen werden schriftlich durch das KBA informiert. Die Vertragshändler werden die besagte Verschraubung auf das vorgeschriebene Anzugsmoment hin überprüfen und falls erforderlich, die Schrauben nachziehen. Selbstverständlich werden die notwendigen Arbeiten kostenlos durchgeführt.
i) Wieviel Zeit wird die Behebung in Anspruch nehmen?
ca. 10 - 15 Minuten.
Wir hoffen, Sie mit diesem Rundschreiben umfassend und praxisnah informiert zu haben. Für Fragen stehen Ihnen unsere oben genannten Ansprechpartner gerne zur Verfügung.
Grußformel/Unterschriften

Die Händler können durch Vernetzung im Computer beim Hersteller den Status für jedes Fahrzeug überprüfen. Dadurch lassen sich für jedes Fahrzeug frühere Garantie- und Gewährleistungsarbeiten sowie Rückruf- und Serviceaktionen belegen. Dies ist auch wichtig, damit ein Fahrzeug bei Wechsel des Händlers nicht von zwei Händlern auf den gleichen Fehler hin überprüft und repariert oder aber gar nicht untersucht wird. Außerdem kann der Hersteller den Stand und den Erfüllungsgrad der jeweiligen Aktion überprüfen.

Eine 100%ige Erfüllungsquote ist dennoch kaum je erreichbar. Gründe dafür sind gestohlene, direkt im Ausland gekaufte und reimportierte Fahrzeuge, deren Fahrgestellnummern nicht mit einer in Deutschland durchzuführenden Aktion in Verbindung gebracht werden können, sowie Besitzumschreibungen ins Ausland, wobei der Verbleib des betroffenen Fahrzeugs schwerlich nachzuweisen ist. Aber auch im Inland bewirken nicht gemeldete Wohnungswechsel bei Einwohnermeldeamt und Straßenverkehrsbehörden immer wieder zu unausgeschöpften Restquoten.

Ein besonders spektakulärer Fall von Produktrückruf bezog sich 1997 auf die gerade neu eingeführte Mercedes-Benz A-Klasse. Sowohl bei internen Tests als auch bei Tests einer Automobilzeitschrift in Dänemark entstanden, im Weiteren nicht ernst genommene, Probleme, da bei Kurvenfahrt mit 55 km/h die kurveninneren Räder abhoben und das Fahrzeug umkippte. Drei Tage nach der Markteinführung der A-Klasse, für die bereits 100.000 Vorbestellungen durch ein offensives Prämarketing hereingeholt worden waren und täglich 600 Neubestellungen eingingen, kippte das Fahrzeug auch bei dem sog. Elchtest einer schwedischen Automobilzeitschrift um. Daimler vermutete zunächst eine provozierte extreme Fahrsituation. Doch die Presse griff dieses Problem mit großer Schadenfreude auf. Es gab Berichte, wonach das Middle management zwar von den Fahrwerksproblemen gewusst, aber diese Information nicht voll weitergegeben haben soll. Daraufhin wurde eine Taskforce für das Krisenmanagement im Geschäftsbereich Pkw eingesetzt. Zu diesem Zeitpunkt befanden sich wesentliche Entscheidungsträger des Daimler-Konzerns auf der Tokyo Motorshow. Die A-Klasse wurde aus Sicht der Presse zur Chefsache im Vorstand, dieser gab sich zwei Wochen Zeit, das Problem technisch zu lösen. Es kam zu Krisensitzungen im Privathaus des Vorstandsvorsitzenden, der Einberufung eines Sounding board und einer außerordentlichen Vorstandssitzung. Zunächst wurde ein Auslieferungsstopp für die A-Klasse verhängt und zugleich die technische Lösung des Problems durch Presseinformation verkündet. Flankierend gab es einen Brief an die Daimler-Benz-Mitarbeiter, aufklärende Interviews im Fernsehen und den Start einer Anzeigenserie zum Auslieferungsstopp. Zur Lösung wurde die A-Klasse, renditeschädlich, serienmäßig zum gleichen Preis mit ESP und anderen Reifen ausgestattet.

Experten-Tests bestätigten daraufhin die Fahrsicherheit der A-Klasse. In der Tageszeitungswerbung wurden Anzeigenmotive zum nunmehr bestandenen Elchtest und zur ESP-Ausrüstung mit dem damaligen Testimonial Boris Becker geschaltet („Stark ist, wer keine Fehler macht. Stärker, wer aus seinen Fehlern lernt.“ / „Ich habe aus meinen Rückschlägen oft mehr gelernt als aus meinen Erfolgen.“). Umfragen zeigten, dass das Sicherheitsimage von Mercedes-Benz unbeschädigt geblieben war, das Markenimage von Mercedes-Benz war sogar, einer Leserumfrage der Zeitschrift AMS zufolge, gestiegen.

Es kam zur Wiederaufnahme der Auslieferungen der A-Klasse mit 250 Neubestellungen pro Tag. Die A-Klasse erhielt u.a. das Goldene Lenkrad verliehen sowie den Großen Automobilpreis in Gold in Österreich. Ein TÜV-Gutachten bestätigte zudem die Fahrsicherheit der A-Klasse. Fachjournalisten konnten sich in einem Fahr-Workshop von der Sicherheit des Fahrzeugs überzeugen, ein entsprechendes Videoband wurde an Mitarbeiter und Kunden versandt. Die A-Klasse entwickelte sich zur zweiterfolgreichsten Modellreihe im Daimler-Konzern und belegt in den Zulassungsstatistiken seither kontinuierlich Plätze unter den Top Ten.

Die interne Untersuchung des Krisenmanagement im Konzern führte zur Installation eines Frühwarnsystems (Krisenmonitoring) zur Prävention mit dem Ziel der forcierten Kenntnis über aufkommende schlechte Nachrichten. Dazu wurden systematische Internet-Recherchen zur Aktualisierung des Informationsstands sowie organisatorische Änderungen installiert. Eine wesentliche Erkenntnis war, dass zwar die interne Reaktion rasch und unbürokratisch erfolgt war, es aber zu lange gedauert hatte, bis die externe Information in der Organisation zu Konsequenzen führte.

Es ist nicht von der Hand zu weisen, dass bei Produktrückrufen das kommerzielle und das ethisch-moralische Anliegen oftmals konträr wirken. Es soll Fälle gegeben haben, bei denen das kommerzielle Anliegen die Oberhand behielt. Dies wird im sog. Pinto-Skandal vermutet.

Der Ford Pinto war ein amerikanischer Kleinwagen, der Ende der 1960er Jahre des letzten Jahrhunderts offensichtlich übereilt entwickelt und konstruiert worden war. So wurden die Werkzeugmaschinen zur Serienfertigung bereits gebaut, bevor es überhaupt auch nur Crash-Test-Ergebnisse gab, sodass auf deren Resultate in der Fertigung nicht mehr eingewirkt werden konnte.
Bei Auffahrunfällen von hinten wurde so häufig der Kraftstofftank des Fahrzeugs aufgerissen, was wegen des dadurch auslaufenden Benzins mit an Sicherheit grenzender Wahrscheinlichkeit zu einem Brand führen musste. Ford soll sich jedoch aus Kostengründen geweigert haben, eine Plastikpufferung (Kosten: 11 US-$) und eine Gummi-Innenverkleidung (Kosten: 5 US-$) einzubauen bzw. nachzurüsten, die in der Lage gewesen wären, diese Gefahr zumindest drastisch zu reduzieren.
Einer verbreiteten Legende nach soll eine interne Kosten-Nutzen-Analyse ergeben haben, dass die Kosten für Schadensbegleichungen und Schadenersatzprozesse bei Zugrundelegung einer (im Übrigen zu gering prognostizierten) Zahl an Toten und Brandverletzten weit unter den Kosten für die Umrüstung der Fahrzeuge lagen, die angesichts der scharfen Konkurrenzsituation (zu VW) ausgesprochen knapp kalkuliert waren.
Eine staatlich beabsichtigte Versicherungsverordnung zu Auffahrunfällen und deren externer Untersuchung soll über acht Jahre hinweg durch Lobbyarbeit verzögert worden sein. So wurden an die 20 Millionen der gefährlichen Kleinwagen ausgeliefert. Bis 1977 verunglückten damit knapp 900 Personen bei Auffahrunfällen tödlich.
Den Mitarbeitern der Herstellerfirma war die Gefährlichkeit womöglich durchaus bekannt, jedoch fürchteten sie bei entsprechenden Vorstößen um ihren Arbeitsplatz (Credo: Safety doesn't sell).

Weitere Beispiele sind folgende:
- *Die Einrichtungshäuser IKEA riefen in Deutschland im Dezember 1999 eine schwarze oder blaue Klemmlampe (Dinge) aus ihrem Sortiment zurück. Ein Bauteil der Lampe stellte sich als defekt heraus, da ein Produktionsfehler aufgetreten war. Die Kommunikation wurde durch eine Rückrufanzeige vorgenommen. Der Text begann mit der Rückgabeaufforderung und der Garantie der Kaufpreisrückerstattung. IKEA verzichtete aus Wertgründen des Produkts auf das Angebot einer Reparatur und bot stattdessen die Kaufpreisrückerstattung an. Außerdem wurde der Produktfehler eingestanden und eine Entschuldigung gegenüber den Kunden ausgesprochen. Weiterhin wurde explizit auf die nicht auszuschließende Folge lebensgefährlicher Verletzungen und die ansonsten üb-*

lichen strengen Sicherheitsstandards hingewiesen. Hinzu kam ein plakativer Appell, eine Abbildung des betroffenen Produkts zur Wiedererkennung und die ausdrückliche Rückgabeaufforderung. Aus Zeitgründen wurden Tageszeitungen als Medium gewählt.

- *Der Spielzeughersteller Fisher Price (Mattel) wies im Oktober 2000 auf ein defektes Baby-Trainingsgerät (Musikspiel Fitness Center) hin, das zwischen April und Oktober 2000 ausgeliefert wurde. Anstelle einer Rückgabe wurde zur Vernichtung des fehlerhaften Geräts aufgefordert und eine Rückerstattung des Kaufpreises angeboten. Es war jedoch keine hohe Gefahrenklasse gegeben. Besorgte Eltern konnten außerdem eine Hotline in Anspruch nehmen, um sich zu erkundigen. Außerdem wurde eine Entschuldigung für den Produktfehler ausgesprochen. Es wurde unmittelbar nach Fehlererkennung durch Tageszeitungsanzeigen reagiert.*
- *Der Lebensmitteldiscounter Lidl rief im April 2001 eine Arbeitslampe, die am 16. Oktober 2000 als Sonderartikel verkauft worden war, auf Grund von Sicherheitsmängeln zurück, die beim Öffnen der Lampe für einen Röhrenwechsel entstehen können. Als Medium wurde die Kundenzeitschrift „Lidl informiert" gewählt. Die Lampe sollte bei voller Kaufpreisrückerstattung zum Händler zurückgebracht werden. Der Rückruf erfolgte aus Gründen des vorbeugenden Verbraucherschutzes im Interesse der Kunden. Allerdings wurden keine Folgeschädenmöglichkeiten erwähnt.*
- *Die zur Radeberger-Gruppe gehörende Brauerei Schultheiss in Berlin hatte eine fehlerhafte Abfüllanlage für die Sorte Berliner Weisse mit Waldmeister. Dieses Bier konnte nachgären und die 0,33 l-Glasflasche zum Platzen bringen. Daher war ein Rückruf von 50.000 Flaschen erforderlich.*
- *Weil sich das Profil von Firestone-Reifen bei hoher Geschwindigkeit löste, starben 203 Menschen. Firestone musste 13 Mio. Reifen, speziell von Ford Explorer-Fahrzeugen, zurückrufen, dies kostete ca. 2 Mrd. US-$.*
- *Cadbury Schweppes holte den Schokoriegel Dairy Milk vom Markt zurück. Etwa 1 Mio. Stück waren hochgradig mit Salmonellen verseucht und hatten zu Erkrankungen geführt. Die Kosten dafür beliefen sich auf fast 30 Mio. US-$.*
- *Spuren der Chemikalie ITX waren in Getränkedosen mit Nestlé-Babymilch entdeckt worden. Verpackungshersteller Tetra Pak stellt das Verfahren um, die restlichen Packungen wollte Nestlé aber noch verkaufen. Daraufhin beschlagnahmte die italienische Polizei die Ware, 2 Mio. Liter wurden zudem aus Italien, Spanien und Frankreich zurückgeholt.*

4. Produktbesonderheiten

Die Betrachtungen im Produktmanagement gehen zumeist implizit von Konsumgütern aus, genauer von Verbrauchsgütern des täglichen Bedarfs (FMCG), da diese Produktart seinerzeit auch Ausgangspunkt des ganzen Themas war. Dienstleistungen und Industriegüter spielen hingegen weniger eine Rolle. Dies scheint jedoch nicht gerechtfertigt, da die Vermarktungsbedingungen für diese sich grundsätzlich immer mehr den Vermarktungsbedingungen für Konsumgütern angleichen. Alle Märkte sind durch ausgereiztes Wachstum, intensiven Wettbewerb, Internationalisierung, kritischerer Markttransparenz seitens der Nachfrager etc. gekennzeichnet, sodass die Überlegungen, die zum Produktmanagement geführt haben, auch für diese Märkte gelten und übertragbar sind.

4.1 Dienstleistungen

Schaut man sich die Aussagen des Produktmanagement im Marketing an, so fällt auf, dass sie, ohne dies freilich ausdrücklich auszuweisen, in weit überwiegendem Maße auf Sachleistungen zugeschnitten sind. Für Dienstleistungen fehlen solche Aussagen jedoch bis auf wenige Ausnahmen. Dies ist um so verwunderlicher, macht doch der tertiäre Sektor entwickelter Volkswirtschaften den weitaus größten Anteil der Wertschöpfung aus. Ja, der Anteil der Dienstleistungen an allen erstellten Leistungen einer Volkswirtschaft wird geradezu als Indikator für deren Entwicklungsstand angesehen. Das heißt, es steht zu vermuten, dass dessen Anteil zukünftig weiter steigt. Deutschland liegt dabei übrigens im internationalen Vergleich relativ weit hinten, dennoch macht der tertiäre Sektor auch hier zu Lande bereits über 55 % des Bruttoinlandsprodukts aus (d.h., aller im Inland erstellten Wertschöpfung). Ein wesentlicher Grund für diese Einengung ist sicherlich die Vielfalt und Unübersichtlichkeit der Dienstleistungen als wissenschaftlicher Untersuchungsgegenstand. So ist durchaus unklar, was Dienstleistung eigentlich ausmacht, was aber wiederum Voraussetzung ist, um ein einheitliches Verständnis der Inhalte zu erreichen. Dafür gibt es gleich mehrere Ansätze, die aber allesamt unbefriedigend bleiben.

4.1.1 Definition

Eine Möglichkeit besteht in der **negativen Abgrenzung** zu anderen Wirtschaftssektoren, also als all jene Produktion (und Dienstleistungen werden betriebswirtschaftlich genauso produziert wie Sachleistungen, nämlich durch Kombination der Produktionsfaktoren), die nicht agrarisch oder industriell erstellt wird. Dies ist aber schon deshalb fragwürdig, weil auch im primären und sekundären Sektor umfangreiche Dienstleistungen enthalten sind, die regelmäßig nicht getrennt als solche ausgewiesen werden, also auch nicht im o.g. Wert enthalten sind (z.B. sämtliche Formen von Kundendiensten).

Dann sind (enumerative) **Beispielnennungen** verbreitet. So unterscheidet das Statistische Bundesamt (gesamtwirtschaftlich) in Handel, Verkehr und Nachrichtenübermittlung, Kreditinstitute und Versicherungsgewerbe, Dienstleistungen von Unternehmen und freien Berufen, Organisationen ohne Erwerbscharakter, Gebietskörperschaften, Sozialversicherungen und private Haushalte. Dies ist aber ebenso wenig ergiebig, ergeben sich doch aus dieser Aufzählung keinerlei praktisch umsetzbare relevante Erkenntnisse.

Weit verbreitet ist eine **tätigkeitsorientierte** Definition. Danach sind Dienstleistungen Verrichtungen gegen Entgelt. Dies schließt allerdings unentgeltliche Services, etwa Sozialdienste wie Alten-/Kranken-/Kinderbetreuung und Hausarbeit etc., ungerechtfertigterweise aus, obwohl es sich dabei wohl unzweifelhaft um Dienstleistungen handelt. Insofern kann auch diese Abgrenzung nicht befriedigen. Allerdings wird hier bereits ein wichtiges Merkmal herausgearbeitet, nämlich der Prozesscharakter von Dienstleistungen, d.h., im Unterschied zu Sachleistungen, die Ergebnisse darstellen, handelt es sich bei ihnen nicht um Ergebnisse, sondern um Vorgänge.

Daraus leitet sich die **prozessorientierte** Definition ab. Danach entstehen Dienstleistungen aus der raum-zeitsynchronisierten Interaktion zwischen Dienstleister (Anbieter) und Kunde (Nachfrager). Dies schließt allerdings Services aus, die auch ohne raum-zeitliche Synchronität entstehen. So kann die Raumbegrenzung (online) durch Übertragung der Dienstleistung überwunden werden (z.B. Live-Sendung des Fußballspiels im Fernsehen). Und die Zeitbegrenzung kann (offline) durch Speicherung der Dienstleistung (z.B. Leih-DVD mit dem Fußballspiel) überwunden werden.

Eine **ergebnisorientierte** Definition stellt darauf ab, dass als Dienstleistungen erst die vermarktungsfähigen Resultate von Prozessen anzusehen sind. Dies schließt wiederum unzutreffenderweise nicht vermarktete Ergebnisse (z.B. die „gute" Erziehung von Kindern) ebenso aus wie reine Prozessleistungen, die ergebnisunabhängig sind. So werden (öffentlich-rechtliche) Hörfunk- und Fernseh-Programmleistungen unabhängig davon in Gebühren berechnet, ob die senderseitig angebotene Dienstleistung tatsächlich genutzt wird oder nicht. Insofern ist auch diese Abgrenzung nicht zweckmäßig. Zumal ein und dieselbe Dienstleistung (z.B. Restaurant) sowohl unter Ergebnisaspekten (Hunger stillen) als auch unter Prozessaspekten (Genuss erleben) betrachtet werden kann.

Schließlich gibt es eine **potenzialorientierte** Definition. Danach kommt es nicht auf das Leistungsergebnis an (z.B. den erwischten Einbrecher), sondern vielmehr auf das bereitgestellte Leistungspotenzial, das bei Bedarf abgerufen werden kann (z.B. die Gebäudeüberwachung), unabhängig davon, ob dieses tatsächlich zu Ergebnissen führt oder nicht. Dies schließt dann aber alle Dienstleistungen aus, die nur erfolgsabhängig nachgefragt werden (z.B. die Tätigkeit von Gewerbe- und Privatmaklern).

Insofern vermag keine dieser Abgrenzungen allein zu überzeugen, vielmehr kommt es auf eine Kombination an. Danach sind Dienstleistungen solche, die sich durch Bereitstellung und/oder Aktivierung von Leistungen an einem Diensteobjekt (dies kann eine Sache oder eine Person sein) vollziehen und dort als nutzenstiftender Prozess wirken, d.h., gewollte Wirkungen durch Veränderung oder Erhaltung von Zuständen erreichen. Einengend handelt es sich dabei nur um selbstständige, nicht produktbegleitende sowie marktfähige, nicht aber ideelle, Leistungen.

4.1.2 Besonderheiten

Dienstleistungen sind durch drei Besonderheiten gegenüber Sachleistungen gekennzeichnet, Immaterialität, Integration eines externen Faktors und Individualität.

4.1.2.1 Immateralität

Die Immaterialität bedingt eine Materialisierung (Tangibilisierung) der Dienstleistung, denn der Markt honoriert nur wahrnehmbare Leistungen, d.h., solche, die durch die Sinne nicht erfasst werden können, decken offensichtlich keinen Bedarf und haben damit auch keine Marktberechtigung. Dienste sind aber abstrakt, d.h., stofflich nicht fassbar. Daraus resultieren ganz erhebliche Probleme, zugleich aber auch Möglichkeiten zur willkommenen Abhebung vom Mitbewerb, wenn es gelingt, etwa über Symbole wie Markenzeichen (Logo), Dienstleistungen zu konkretisieren, also „anfassbar" zu machen. Die Tangibilisierung durch Markierung bezieht sich auf interne Kontaktsubjekte (die Mitarbeiter des Serviceunternehmens), interne Kontaktobjekte (die Arbeitsmittel im Corporate Design), externe Kontaktobjekte (bei akzidentellen Werbemitteln etc.) und externe Kontaktsubjekte (durch Character licensing, Labelling etc.).

Eine Honorierbarkeit ist wieder gegeben, sobald an sich intangible Leistungen tangibilisiert werden. Dies geschieht durch unterschiedlichste Formen von physischen Placebos, so etwa Kundenkarten, Arbeitsrechnungen, Hinweiszetteln etc. So demonstriert das in Cellophan eingeschweißte Besteck im Flieger Hygiene und das gefaltete Toilettenpapierblatt im Hotelbad die erfolgte Zimmerreinigung, obgleich beides im Zweifel rein sachlich auch verzichtbar wäre.

Daraus leitet sich die konkrete Empfehlung ab, möglichst viele der im Betrieb erstellten Leistungen kundensichtbar zu machen, sei es unmittelbar (z.B. Sicht auf Brauereikessel in der Gastwirtschaft, Sicht auf Werkstatthalle im Kfz-Handel) oder zumindest symbolisch. Bei Leistungen, für die dies nicht darstellbar ist, ist zu prüfen, ob sie wirklich notwendig sind, denn sie mindern die Wertschöpfung, wenn man wohl zutreffend davon ausgeht, dass Kunden nur für das zu zahlen bereit sind, was sie nachweisbar erleben oder wahrnehmen.

Die **Nichtlagerfähigkeit** als abgeleitetes Merkmal bedingt eine funktionsfähige Koordination zwischen Dienstleistungsproduktion und -konsumtion. Eigentlich werden Dienstleistungen sogar zweifach produziert, nämlich als Vorkombination bei Bereitstellung und als Endkombination der Produktionsfaktoren bei Inanspruchnahme der Dienstleistung. Nun bedeutet der zeitliche Zusammenfall von Angebotsproduktion und Nachfragekonsumtion (Uno actu-Prinzip) aber, dass die Leistungskapazität vom Diensteabruf gesteuert wird, weil man Dienstleistungen nicht, wie Sachgüter, auf Vorrat produzieren kann. Das ist etwa in der Gastronomie oder im Handel ein Problem, wo starke Besucherschwankungen im Tagesablauf vorliegen, die manchmal zur Kapazitätsüberauslastung und manchmal zur -unterauslastung führen. Der Arbeitsanfall ist also fremdbestimmt, deshalb muss eine stetige Leistungsbereitschaft vorgehalten werden, um Dienste jederzeit in vertretbarer Frist auf hohem Niveau anbieten zu können. Daraus ergibt sich eine starke Fixkostenbelastung, von der der Gehalts- und -nebenkostenblock für gewöhnlich den größten Anteil ausmacht.

Dem kann nur durch eine hohe sachliche, räumliche, zeitliche und personelle Flexibilität der Kapazitätsplanung begegnet werden, die jedoch angesichts menschlicher Arbeitsleistung durch vielfältige Restriktionen beschnitten wird (z.B. Gesetze, Verordnungen, Tarifverträge). So werden Arbeitnehmer zumeist nach ihrer Kapazitätsbereitstellung bezahlt und nicht nach ihrer Auslastung. Insofern ist eine schwierige Gratwanderung erforderlich, zwischen einer eher knapp dimensionierten Leistungskapazität, um Leerkosten (ungedeckte Fixkosten) zu vermeiden, und einer großzügig dimensionierten Leistungskapazität, um einen wettbewerbsfähigen Service zu bieten.

Daher ist es empfehlenswert zu versuchen, anstelle der Leistungsbereitstellung, also der Angebotskomponente, die Leistungsinanspruchnahme, also die Nachfragekomponente, zu steuern. Denn wenn es gelingt, die Nachfrage gemäß der jeweils vorhandenen Angebotskapazität zu beeinflussen, ist damit eine gleichmäßigere Auslastung gegeben, die sowohl ungedeckte Fixkosten durch Unterauslastung als auch kostentreibende Anpassungen bei temporärer Überauslastung vermeidet. Man spricht hier vom **Yield management** als preisgesteuerter Kapazität. Voraussetzungen sind dabei allerdings, dass ein Abschluss bereits vor Inanspruchnahme der Dienstleistung möglich ist (dies ist nur bei fungiblen Diensten der Fall, z.B. Flugreise), die Nachfrage auf Entgeltveränderungen elastisch reagiert und eine rechnergestützte Datenerfassung, -analyse und -ausgabe erfolgt.

Eine andere Empfehlung besteht in der **Veredelung** von Dienstleistungen, d.h., der Speicherung zur Überwindung der Nichtlagerfähigkeit und der Übertragung zur Überwindung der Nichttransportfähigkeit. Diese verlieren dadurch jedoch ihre Immaterialität und damit ein konstitutives Kennzeichen von Dienstleistungen. Es ist also durchaus fraglich, ob Datenträger, z.B. die Audio-CD mit dem Live-Konzert, oder Telekommunikation, z.B. die Fernsehsendung mit dem Live-Konzert, noch als Dienstleistungen anzusehen sind, zumal es ihnen (außer bei Pay-TV-Kanäle) auch an der Beteiligung des externen Faktors zur Honorierbarkeit fehlt, stattdessen liegt vielmehr physische Logistik als Distributionsweg vor. Es handelt sich zumindest um eine der verbreiteten Mischformen, wobei ein mehr (z.B. Handel) oder minder (z.B. Handwerk) großer Dienstleistungsanteil zu finden ist.

Die **Nichttransportfähigkeit** als weiteres abgeleitetes Merkmal bedingt eine Steuerung der Distributionsdichte gemäß der Nachfrageverteilung, also breit distribuiert für engmaschig verteilt nachgefragte und eng distribuiert für breitflächig verteilt nachgefragte Dienstleistungen. Ausschlaggebend dafür ist der relative Standort des Diensteangebots. Allgemein werden damit die Ziele der Präsenz und Erreichbarkeit von Diensten, deren kurzzeitige Verfügbarkeit, des problemlosen Zugangs zum externen Faktor, des hoch stehenden Images und der Kooperationsbereitschaft des Absatzkanals angestrebt. Diese sind für gewöhnlich nur durch Multiplizierung der Leistungserstellungsprozesse möglich, wobei die Verlagerung auf eigene oder fremde Einheiten erfolgt. Im letzten Fall werden Absatzmittler/-helfer eingeschaltet. Der indirekte Absatz erfolgt dann mit Dienstleistungsversprechen, die erst zu einem späteren Zeitpunkt in definierter Weise erfüllt werden und unabdingbar durch einen Anrechtsbeleg (Voucher) manifestiert sind (z.B. das Ticket für die Flugbuchung im Reisebüro) oder über Schutzrechtsnehmer unmittelbar (z.B. beim Franchising). Der direkte Absatz erfolgt durch Ausweitung des Einzugsgebiets mit oder ohne Strukturerweiterung (neue Standorte). Dies ist jedoch ein sehr kapitalaufwändiger Weg.

Daraus leitet sich die Empfehlung ab, eine bessere Marktdurchdringung über Lizenzierung von Dienstleistungen anzustreben. Da die Leistungen der Lizenznehmer von Kunden bereits als fester Bestandteil der Dienstleistung wahrgenommen werden, ist es erforderlich, auf die Qualität der Leistungserstellung dort möglichst großen Einfluss zu nehmen. Dies erfolgt in der Praxis durch je nach Marktmacht mehr oder minder rigide Überwachungs- und Überprüfungsmechanismen.

4.1.2.2 Externer Faktor

Die Integration des externen Faktors bedingt eine explizit marktorientierte Unternehmensführung bei Dienstleistungsbetrieben. Denn mehr noch als im Sachgüterbereich, wo die Produktion zumindest kurzfristig auch ohne Kunden erfolgen kann und deren Mangel erst beim Absatz, dann allerdings um so stärker, spürbar wird, ist im Dienstleistungsbereich nicht einmal eine Produktion ohne Kunden möglich. Dienste sind also personen- und kundenpräsenzgebunden, d.h., sie werden für und unter Beteiligung jedes einzelnen Kunden erbracht. Davon ausgenommen sind nur veredelte Dienstleistungen, die ohne externen Faktor auskommen, dafür aber eines Speicherungs- oder Übertragungsmediums bedürfen. Wo eine Veredelung nicht sinnvoll möglich ist, ist darüber hinaus zu prüfen, inwieweit es gelingt, den externen Faktor zu standardisieren, denn dadurch kann eine Rationalisierung der Leistungserstellung erreicht werden. Dies betrifft die inhaltliche Komponente der Dienstleistung, denn Veränderungen in der Leistungsart erfordern entsprechende Vorbereitungen (Rüstzeiten) und Durchführungen (Maßschneiderung). Beides erschwert die Einhaltung hoher Effizienz.

4.1.2.3 Individualität

Ein Problem der Dienstleistungsproduktion stellt jedoch die Individualität der Leistungserstellung dar. Mit Bezug darauf gibt es vier Ansätze. Erstens kann eine Standardisierung des **Potenzials** angestrebt werden. Dies bezieht sich sowohl auf das Anlage- als auch das Humanpotenzial. Bei ersterem gehört dazu etwa die Gewährleistung gleich bleibender Leistungsabgabe durch Wartung, Austausch oder Reparatur bei Defekt, Einhaltung von Toleranzen etc. Bei letzterem gehört dazu die Einhaltung von Mindestqualifikationen in Ausbildung und Erfahrung (Wissen), Motivation durch Anreize, Identifikation etc. (Wollen). Damit sind aber immer noch erhebliche Streuungen in der Leistungserstellung wahrscheinlich. Denn die hier zu Lande weit verbreitet geringe Bereitschaft zur Dienstleistung (Serviceability) lässt nicht unbedingt Mitarbeiter mit hohem Potenzial Zugang dazu finden, und die folglich häufig eher widerwillig erbrachten Leistungen führen angesichts anspruchsvoller Kunden rasch zur Frustration, die in mangelnder Dienstleistungsqualität mündet.

Daher ist zweitens eine Standardisierung der **Prozesse** sinnvoll. Dies betrifft die Art und Weise der Leistungserstellung, denn ausgehend vom gleichen Potenzial kann die Erbringung dennoch ganz unterschiedlich erfolgen. Dazu ist eine chronologische Dokumentation von Arbeitsabläufen erforderlich, die vorgibt, wie genau bestimmte Komponenten der Leistungserstellung kompetent zu erbringen sind. Anlagen müssen so eingestellt werden, dass sie diesen Prozessvorgaben entsprechen, und Menschen müssen so angewiesen werden, dass sie diese Prozessvorgaben einhalten. Als Anleitung dient ihnen die Dokumentation, wenn abgestufte Ergebnisse erreicht werden sollen. Aber auch damit sind noch Streuungen wahrscheinlich. Dennoch ist es durch straffe interne Organisation möglich, weitgehend konstante Qualitäten zu erreichen. Beispiele sind etwa McDonald´s in der Schnellgastronomie oder Aldi im Discounteinzelhandel. Allerdings ist dabei die Balance zur Motivation als Leistungsanreiz der Mitarbeiter schwierig zu halten. Ganz zu schweigen von sozialpolitischen Erwägungen.

Deshalb ist drittens eine Standardisierung der **Ergebnisse** wichtig. Dabei wird anhand eines Pflichtenhefts/Lastenkatalogs festgeschrieben, wie genau eine Leistung „auszusehen" hat, die den vom Anbieter selbst gestellten oder extern vorgegebenen Anforderungen entspricht. Solange die Ist- von der Soll-Leistung nach unten abweicht, gilt der Dienst als nicht hinreichend erbracht. Insofern sind konkrete Ansatzpunkte für Korrekturen gegeben. Allerdings ist es dann im Einzelfall regelmäßig bereits zu spät, sodass zeit- und damit kostenaufwändige Wiedergutmachung erforderlich wird. Problematisch ist dabei, dass die Ergebnisse so individuell betrachtet werden wie die Kunden, an denen (oder an deren Sachen) die Dienstleistung erbracht worden ist. Insofern ist eine Objektivierung von Ergebnisqualitäten schwierig.

Viertens kann eine Standardisierung des **externen Faktors** erfolgen. Dies gelingt jedoch ansatzweise nur über eine Normierung der Kundenerwartungen. Je feinteiliger Märkte differenziert sind, desto eher kommt es zu deren Homogenität, die eine Qualitätssicherung wahrscheinlich macht. Das bedeutet, dass nur eine möglichst trennscharfe Marktsegmentierung mit spitzer Positionierung des Angebots Querelen vermeiden hilft. So ist der Geschmacksanspruch von Gästen in Fastfood-Restaurants von vornherein so begrenzt, dass eher durchschnittliche Speise- und Getränke-Levels ohne Beanstandung durchgehen. Hingegen ist deren Zeitanspruch so hoch, dass jede verzögerte Leistungserstellung zu Beschwerden führen kann. Diese Homogenität des externen Faktors ist durch entsprechende Kommunikation erreicht worden. In Gourmet-Restaurants ist die diesbezogene Relation jedoch eher eine Gegenteilige.

Dienstleistungen gehorchen darüber hinaus noch besonderen Vermarktungsgesetzen. Sie sind etwa nicht wiederverkäuflich. Das heißt, Leistungen sind prinzipbedingt nur einmalig verfügbar, eine neuerliche Nutzung macht ihre erneute Bereitstellung notwendig. Damit gibt es auch keinen Zweitverwertungsmarkt. Sie verlieren also mit der Bereitstellung ihre Marktfähigkeit und erleiden einen sofortigen, völligen Wertverlust (außer sie sind durch Anrechtsbeleg verbrieft). Auch sind sie nicht rückgängig zu machen, daran scheitert nicht zuletzt die „Redistribution" von Dienstleistungen. So kann die Frisierleistung bei Nichtgefallen naturgemäß nicht umgetauscht werden, so wie das bei erstandenen Sachgütern selbstverständlich ist. Um so wichtiger ist der Grundsatz, alles bereits beim ersten Mal richtig zu machen (First time right).

4.1.3 Kundendienst

Kundendienste sind unselbstständiger (produktverbundener) Bestandteil eines Leistungsbündels aus Sach- und Dienstleistungen (Sekundärdienstleistungen). **Primärdienstleistungen** sind selbstständige Absatzobjekte und von materiellen Produkten unabhängig.

Man kann Kundendienste hinsichtlich unterschiedlicher Dimensionen einteilen *(siehe Abb. Kombinationsmöglichkeiten im Kundendienst)*. Nach der Verbindlichkeit von Kundendiensten kann man wie folgt unterscheiden:

- **Obligatorisch** sind Kundendienste, wenn sie für die Marktgängigkeit zwingend notwendig sind (Mussleistungen, z.B. kostenlose Reparatur innerhalb der Garantiezeit, Ersatzteilversorgung im Lebenszyklus),
- **präferenziell** sind Kundendienste, wenn sie aus zwei oder mehr Angeboten ausgewählt werden können (Sollleistungen, z.B. kostenlose Reparaturen außerhalb der Garantiezeit, Installation),
- **fakultativ** sind Kundendienste, wenn sie der Differenzierung des materiellen Angebotsbestandteils dienen (Kannleistungen, z.B. Kundenschulung, Wartungsvertrag, 24-Stunden-Service, Hotline).

Nach dem **Inhalt** der geleisteten Dienste kann es sich um kaufmännische oder technische Kundendienste handeln:

Kombinationsmöglichkeiten im Kundendienst

obligatorische KD	präferenzielle KD	fakultative KD
kaufmännische KD	technische KD	
konsumptive KD	produktive KD	
industrielle KD	investive KD	
spezielle KD	standardisierte KD	
personelle KD	maschinelle KD	
personenbezogene KD	sachbezogene KD	
selbsterstellte KD	outgesourcte KD	ingesourcte KD
produktbegleitend	dienstleistungsbegleit.	
hohe Affinität (At sales)	mittlere Affinität	niedr. Affinität (Non sales)
unentgeltlich	entgeltlich individuell	entgeltlich pauschaliert
zentral	dezentral unselbstst.	dezentral selbstständig

- Zu den **kaufmännischen** Kundendiensten gehören etwa Schulung, Beratung, Wirtschaftlichkeitsberechnung, Bestelldienst etc.
- Zu den **technischen** Kundendiensten gehören etwa Installation, Reparaturservice, Wartung, Entsorgung etc.

Nach dem **Zeitpunkt** der Diensteerbringung wird wie folgt unterschieden:
- Es kann sich, relativ zum Zeitpunkt der Transaktion, um **Vorkauf-Kundendienste** handeln (Pre sales services).

- Oder um **Nachkauf-Kundendienste** (After sales services).

Weiterhin nach den **Zielpersonen,** die Kundendienste in Anspruch nehmen:
- Dabei gibt es vorwiegend **konsumptive** (B-t-c-)Kundendienste an Private (Beispiele: Ersatzteilversorgung, Transportversicherung, Leihgerät).
- Oder **produktive** (B-t-b-)Kundendienste an Gewerbetreibende (Beispiele: Zeitstudien, Risikountersuchung, Durchführbarkeitsstudie, Dokumentationserstellung).

Nach dem **Absender** der Kundendienstleistung:
- Dabei unterscheidet man **industrielle** (herstellereigene) Kundendienste, die von den Sachleistungsanbietern erbracht werden, deren Sachleistung sie begleiten.
- Sowie **investive** (herstellerfremde) Kundendienste (Third party maintenance), die von Dritten, also nicht von Sachleistungsanbietern, sondern von spezialisierten Dienstleistungsanbietern, erbracht werden.

Nach dem **Individualisierungsgrad** der Kundendiensterbringung:
- Dafür unterscheidet man **spezielle** Kundendienste, die kunden-/unternehmensspezifisch erbracht werden, z.B. Anpassung eines EDV-Referenzmodells an die Geschäftsprozesse eines Unternehmens.
- Oder **standardisierte** Kundendienste, die einheitlich für Kunden-/Unternehmensgruppen erbracht werden, z.B. Reinigungsdienst für Büroräume.

Nach der **Leistungsart** des Kundendienstes:
- Danach kann es sich handeln um **personelle** Kundendienste, sie werden von Mitarbeitern des Kundendienstbetriebs erbracht.
- Oder um **maschinelle** Kundendienste, sie werden von Apparaten unter Bedienung oder auch nur Aufsicht von Menschen erbracht.

Nach der **Einheit,** an der Kundendienste erbracht werden:
- Danach handelt es sich um **personenbezogene** Dienste, sie werden an einzelnen Personen/Personenmehrheiten erbracht, und zwar unmittelbar subjektgerichtet (z.B. Beratung, Schulung) oder mittelbar Subjekt gerichtet (z.B. Finanzierung).
- Oder um **sachbezogene** Dienste, sie werden an Objekten im Besitz dieser Personen/-mehrheiten erbracht (z.B. Reparatur).

Eine weitere Unterscheidung erfolgt nach dem tatsächlichen **Träger** der Kundendienste. Diese kann vollständig selbst (also durch den Produktlieferanten) erbracht werden, von diesem aus dem Angebot anderer Anbieter (Service providers) hereingeholt (Insourcing) oder von diesem an andere Anbieter abgetreten werden (Outsourcing). Outsourcing ist verbreitet bei spezialisierten, für den Produktlieferanten eigentümlichen Dienstleistungen (z.B. Reinigungsdienst, Cateringservice, Rechenzentrumsnutzung) anzutreffen. Insourcing ist verbreitet, um die Kernkompetenz (Know-how, Effizienz) externer Anbieter zu nutzen (z.B. Inhouse-Schulung).

Im Übrigen können Kundendienste nicht nur Sachleistungen begleiten, sondern auch Dienstleistungen als **Produkte**. Bei diesen dienstleistungsbegleitenden Kundendiensten handelt es sich um solche, die außerhalb des Kernangebots des Anbieters offeriert werden (z.B. Fuhrparkmanagement durch Autovermieter, Friseur kommt zum Haareschneiden nach Hause). Hier liegt also gleich eine doppelte Serviceerbringung vor, zunächst in Kernangebot und weiterhin noch im Zusatzangebot.

Hinsichtlich des **Affinitätsgrads** zwischen Primär(-sach- oder dienst-)leistung und Sekundär(-kundendienst-)leistung lässt sich zwischen produktnah und produktfern abstufen in eine:
- hohe Affinität zwischen beiden, d.h., Primärleistung und Kundendienst hängen sachlich unmittelbar zusammen (z.B. bei Zugreisen: Reservierungsservice, telefonische Reisezugauskunft, Hilfe für mobilitätsbeschränkte Personen, Service-Point im Bahnhof, Fahrdatenabruf, Sonderabteile/-waggons im Zug, Fahrplan im Internet),
- mittlere Affinität zwischen beiden, d.h., der Kundendienst liegt zumindest im Umfeld der Primärleistung (z.B. bei Zugreisen: Reisepausengestaltung, Reisefrische-Accessoires, Bahnhofsgastronomie, Audio/Video-Bordprogramm, Fahrradmitnahme, Serviceruf, Park&rail, Parkmöglichkeiten, Park&check, Bahn-Taxi, Kurier-Gepäck, Post-Gepäck),
- niedrige Affinität zwischen beiden, d.h., der Kundendienst hat keinen unmittelbaren Bezug zur Primärleistung (z.B. bei Zugreisen: Fahrradabstelleinrichtungen, Reisebedarfsverkauf im Bahnhof, Telekommunikationsanlagen im Zug, Fax-Zeitung, Laptop-/CD-Geräteverleih, Kinderecke im Bahnhof/Zug, Nachrichtensäule).

Man spricht bei hoher Affinität häufig auch von kaufverbundenen (**At sales services**) und bei niedriger Affinität von nicht kaufverbundenen Kundendiensten (**Non sales services**) als Alternativen *(siehe Abb. Non sales services)*.

Die **Berechnung** von Kundendiensten kann unterschiedlich erfolgen. Sie können als **entgeltliche** Zusatzleistung oder unentgeltliche Nebenleistung eingesetzt werden. Im ersten Fall können die Kosten **individuell** kalkuliert und mit Gewinn oder zumindest zu Vollkosten berechnet werden. Der Gewinnaufschlag kann überproportional, unterproportional oder durchschnittlich kalkuliert sein, hinsichtlich der Vollkosten ergibt sich allerdings die übliche Zurechnungsproblematik. Vereinfachend kann **pauschaliert** als Vollpauschale (Flatrate) oder teilpauschaliert mit Selbstbeteiligung (Anreizsystem) abgerechnet werden. Im zweiten Fall werden die Kosten indirekt mit dem Produktpreis verrechnet und nicht offen ausgewiesen, sodass alle Nachfrager, auch wenn sie den Service nicht in Anspruch nehmen, diesen finanzieren.

Die Kundendienstorganisation kann je nach Bedarf **zentral** oder dezentral ausgelegt sein, d.h., über ein Servicezentrum oder über Kundendienststützpunkte. Dafür sind letztlich logistische Gesichtspunkte ausschlaggebend. Die Kundendienste

Non sales services	
Kinderhort	Wartung/Inspektion
Parkraumangebot	Entsorgung/Recycling
Verpackungsservice	Betreibervertrag
Lieferservice/Bestelldienst	Personalüberlassung
Kundenclubs/-karten	Absatzhilfen
Kundenzeitschrift	Ersatzteilvorhaltung/Ersatzgeräte
Feasibility study	Warenwirtschaftssystemeinbindung
Mitarbeiter-/Kundenschulung	Depothaltung/Just in time
Produktdemonstration	Gebrauchsgerätevermarktung
Projektierung	Werkstatteinrichtung
Wirtschaftlichkeitsanalyse	Handelsplatzausstattung
Montage/Installation	Reparaturschnelldienst/24 h

können weiterhin in einem eigenen oder eingegliederten Leistungsbereich erfolgen (**unselbstständig**) oder in einem **selbstständigen**, ausgegliederten Leistungsbereich. Denkbar ist auch eine Aufteilung der entsprechenden Leistungen zwischen Fremderstellung (durch Service provider) und Eigenerstellung.

Ein Beispiel für B-t-b-Kundendienste ist das „Fleetmanagement“ für Werkzeuge. Kundendienste betreffen dort etwa
- *die Optimierung und Transparenz der eingesetzten Werkzeuge,*
- *eine monatliche Gesamtrechnung anstelle vieler Teilrechnungen für einzelne Gerätebestellungen und Reparaturen,*
- *konstante und einfach budgetierbare Kosten/Monat,*
- *Vermeidung von nicht-wirtschaftlichen Reparaturen durch Kostenvoranschläge,*
- *transparente Preise mit planbaren Flottenkosten,*
- *produktive, moderne und sichere Geräte mit motivierender Wirkung auf die Mitarbeiter,*
- *attraktive Möglichkeiten der Flottenmodernisierung,*
- *geschonte Liquidität und Nutzung von Steuervorteilen durch Leasing,*
- *vereinfachte Verfolgung der Flottengeräte durch individuelle Kennzeichnung mit Kundenlogo, Inventarnummer etc.*
- *Rahmenvereinbarung mit attraktiven Flottenkonditionen anstelle ständiger Verhandlungen bei regelmäßigen Beschaffungsvorgängen.*

4.2 Industriegüter

Bei Industriegütern besteht ein nicht unerheblicher Marketing-Nachholbedarf. Dabei ist unzweifelhaft, dass es letztlich dieselben Menschen sind, die im ihrem privaten Bereich nach weitgehend irrationalen Gesichtspunkten kaufen, die auch im beruflichen Bereich Entscheidungen für oder gegen Industriegüter treffen. Es entspricht einer seltsamen Persönlichkeitssicht, wenn unterstellt wird, dass der Mensch, kaum dass er die Eingangshalle seines Unternehmens passiert, sich in einen streng rational handelnden Technokraten verwandelt, kaum dass er wieder draußen ist, aber ganz normal emotionale Käufe tätigt, zumal diese für seinen persönlichen Bedarf bestimmt sind und aus seinem persönlichen Einkommen finanziert werden, also noch viel eher eine strikte Objektivierung rechtfertigten. Viel wahrscheinlicher ist es, dass Menschen, sei es im Betrieb oder im Privatleben, gleichermaßen irrational entscheiden. Scheinbar objektivierte Anforderungen im beruflichen Bereich dienen dann verbreitet nur der rationalen Absicherung einer emotional gefällten Kaufentscheidung. Deshalb werden auch Entscheide für Industriegüter hochwahrscheinlich nach keinen grundsätzlich anderen Maßstäben getroffen als solche für Konsumgüter oder konsumtive Dienstleistungen. Allerdings werden die Entscheide, mehr noch als im privaten Bereich, hinter pseudo-rationalen Argumenten versteckt. Man darf jedoch nicht dem Irrtum erliegen, dass dies unbedingt die wahren Entscheidungsgründe sind, vielmehr handelt es sich oft um vorgeschobene Gründe, um eine gefühlsmäßig richtige Entscheidung zu verargumentieren. So ist wohl immer ein mehr oder minder großer irrationaler Entscheidungsanteil gegeben.

4.2.1 Begriffsabgrenzung

Als Industriegüter gelten alle Leistungen (Güter/Dienste), die von Organisationen (Produzenten) beschafft werden, um mit ihrem (direkten oder indirekten) Einsatz (Ge- oder Verbrauch) weitere Güter für die Fremdbedarfsdekkung zu erstellen. Ein und dieselbe Leistung kann dabei sowohl Konsumgut als auch Industriegut sein, je nachdem, wie sie verwendet wird. Entscheidend ist nicht die stoffliche oder technische Gütereigenschaft, sondern deren Einsatzzweck. Abnehmer können nicht nur Weiterverarbeiter und Nutzer sein, sondern auch Händler, die diese Leistungen weitgehend unverändert an andere Abnehmer veräußern. Kennzeichen ist immer eine derivative Nachfrage.

Bei Industriegütern sind die Aktivitäten der Anbieter auf das Beschaffungsverhalten der Abnehmer gerichtet, um gegenüber Mitbewerbern strategisch günstige Marktpositionen zu erreichen und Markttransaktionen erfolgreich abwickeln zu können (KKV). Marketingaktivitäten stoßen dort allerdings häufig auf Ablehnung, weil sie eher dem Konsumgüterbereich zugeschrieben werden. Außerdem ist das Umfeld dominant technisch geprägt, d.h., die Bereitschaft, Produktvorteile in komparative Konkurrenzvorteile zu übersetzen, muss oft erst noch geweckt werden. Dies erfordert Anstrengungen in emotionaler Richtung. Außerdem erschwert die Vielfalt der betroffenen Leistungen mit unterschiedlichen Problemstellungen die Bearbeitung. Schließlich stößt Marketing auch auf Ablehnung, weil ihm eher noch eine „Drücker"-Funktion (Hard selling) zugeschrieben wird.

Akteure auf dem Industriegütermarkt sind neben Herstellern, Abnehmern und Händlern auch Beschaffungshelfer, Ingenieursbüros, Consultants, Marktveranstalter u.a. Insgesamt handelt es sich um eine sehr heterogene Transaktionssituation, die daher eine Systematisierung der Vermarktungsobjekte erfordert.

Zweckmäßigerweise wird dabei in Produkte, Systeme und Anlagen unterschieden. Produkte sind vorgefertigt, oft in Mehrfachfertigung, und werden isoliert beim Nachfrager eingesetzt. Systeme werden sukzessiv gekauft, die Leistungsvernetzung erfolgt auf Basis einer Systemarchitektur, sodass ein enger Verbund zwischen langfristiger Architekturentscheidung und kurzfristiger Komponentenbeschaffung sowie z.T. sehr kurzfristige Lebenszyklen gegeben sind. Anlagen sind komplexe Projekte mit spezifischer Kaufentscheidung zu einem bestimmten Zeitpunkt, es erfolgt keine Leistungsvernetzung, d.h., es gibt keine systematischen Erweiterungs- und Ergänzungskäufe.

4.2.2 Marktkennzeichen

Der Industriegütermarkt ist der Markt für den gewerblichen Ge- und Verbrauch von Produktions- und Investitionsgütern. Kaufobjekte sind hier Betriebsmittel, Roh- bzw. Hilfsstoffe, Halbfabrikate, Teile, Zubehör etc. Einkaufsziele sind die Gewinnmaximierung sowie unternehmensspezifische Subziele.

Der Kaufentscheid erfolgt oft durch ein Kollektiv im Wege gruppendynamischer Prozesse mit organisiertem, meist kollektivem Kaufentscheid im Buying center. Dabei werden mehrere Beteiligte involviert (Buyer, User, Influencer, Decider, Gatekeeper). Es handelt sich meist um eine überschaubare Anzahl von Anbietern und eine begrenzte Zahl von Nachfragern mit der Folge eines nicht-anonymen Marktes. Oftmals bestehen bereits langjährige Geschäftsbeziehungen. Diese hohe Transparenz führt zweifellos zur Disziplinierung im Marktverhalten. Anders als in weitgehend anonymen Märkten besteht hier eine engere Bindung der Marktteilnehmer mit der Folge zur Selbstbeschränkung.

Charakteristisch ist, dass es sich um stabile Marktpartnerbeziehungen handelt. Dies liegt zum einen darin begründet, dass Ausweichmöglichkeiten auf weitere Anbieter bzw. Kunden oft eng begrenzt sind. Zum anderen aber auch darin, dass bei der Bedeutung des jeweils anstehenden Kaufentscheids die Erfahrung aus bereits erfolgreich abgewickelten Geschäftsbeziehungen der Vergangenheit angestrebte Sicherheit vermittelt. Überwiegend sind stark formalisierte Willensbildungsprozesse gegeben. Deshalb sind die Ergebnisse wohl abgewogen und werden unter mehreren Gesichtspunkten von verschiedenen Personen beleuchtet, allerdings spielen immer wieder auch irrationale Faktoren eine Rolle. Außerdem ist der Anteil der einzelnen Beteiligten am Endergebnis schwierig zu steuern oder nachzuvollziehen und wechselt von Fall zu Fall. Es sind lange, harte Entscheidungsprozesse mit ökonomischer Bewertung gegeben. Das heißt, das Angebot eines Industriegüterherstellers wird vom Abnehmer selten unverhandelt akzeptiert oder abgelehnt. Vielmehr liegt wegen der Komplexität der Materie meist das Erfordernis der Nachverhandlung und Erläuterung vor. Dazu treffen sich die Mitglieder des Buying center auf Abnehmer- und des korrespondierenden Selling center auf Lieferantenseite, um gemeinsam alle relevanten Details eines Angebots zu diskutieren.

Industriegüter sind für gewöhnlich erst nach relativ großen Zeitabständen (diskontinuierlicher Auftragseingang) erneuerungsbedürftig, sodass die Chance, demselben Kunden die gleiche Ware erneut zu verkaufen, von Erweiterungsinvestitionen einmal abgesehen, häufig gering ist. Dementsprechend wichtig ist es, einen Geschäftsabschluss jetzt zu erreichen. Gleichzeitig kommt jedem Kauf durch seinen bloßen Warenwert auch eine große Bedeutung zu, sodass nicht erreichte Kaufabschlüsse hart auf das Unternehmensergebnis durchschlagen. Gleichfalls repräsentiert das Kaufobjekt einen hohen Projektwert im Budget des Nachfragers. Damit lohnt sich für ihn eine umfangreiche Informationssuche, um Angebote gründlich zu vergleichen und sorgfältig das für ihn vorteilhafteste auszuwählen. Gleichzeitig ist damit eine hohe Bindungsdauer gegeben, d.h., die einmal festgelegte Entscheidung gilt für eine nennenswerte Zeitspanne und kann so schnell nicht revidiert werden. Damit ist häufig eine Unterstützung bei der finanziellen Gegenleistung erforderlich. Diese erfolgt im Rahmen des Financial engineering, d.h., maßgeschneiderter Finanzierungskonzepte, die den hohen Auftragswert oft erst in die finanzielle Reichweite von Abnehmern rücken.

Es ist meist ein kurzer Absatzweg vorhanden, überwiegend erfolgt der Absatz sogar im Direktvertrieb, also im unmittelbaren Kontakt zwischen Hersteller und Endabnehmer. Dies hat den Vorteil, dass der Hersteller seine Marketingaktivitäten ohne die Gefahr negativer Beeinflussung durch autonome Handelsstufen steuern kann. Andererseits benötigt er umfangreiche Kapazitäten im vor allem technischen Vertrieb zur Beratung und Betreuung seiner Kunden. Allerdings wird oftmals der Produktionsverbindungshandel als spezielle Form des Großhandels zwischengeschaltet, der Waren ohne wesentliche Be- oder Verarbeitung von Herstellern zu Weiterverarbeitern leitet. Unterliegen Primärmärkte konjunkturellen Schwankungen, so schlagen diese auf die Nachfrage nach Industriegütern durch. Können Betriebsmittel in mehreren Branchen gleichermaßen eingesetzt werden, kann es zur gegenseitigen Kompensation dieser Schwankungen, aber auch zu deren Aufschaukelung kommen. Die Nachfrage nach Industriegütern ist damit eine abgeleitete Größe aus konsumnäheren Märkten und verstärkt deren Zyklus. Es erfolgt regelmäßig eine kundenindividuelle, einmalige Leistungserstellung (Auftragsfertigung). Damit handelt es sich bei Industriegütern weniger um standardisierte, gleichartige Produkte als um Angebote, die gemäß jeweiliger Spezifikation speziell für diesen Einsatzzweck zusammengestellt oder zumindest daraufhin modifiziert werden.

Das Angebot besteht aus komplexen Hardware-Software-Kombinationen (Systems selling). Immer bedeutsamer wird es dabei, neben der reinen Gerätelösung, auch die notwendigen anwendungsbezogenen Hilfen zu geben, um im harten internationalen Wettbewerb zu bestehen. Darin drückt sich ganz konkret eine besonders kundenorientierte Denkweise dieses Sektors aus. Während es früher alles andere als selten vorkam, dass das Industriegut geliefert bzw. aufgestellt und dann der Abnehmer mit den üblichen Problemen der Inbetriebnahme allein gelassen wurde, gehört es heute zu den Selbstverständlichkeiten, auch die Inbetriebnahme zu übernehmen. Die endgültige Ausgestaltung der Anlage erfolgt oft unter Abnehmereinfluss. Spezifikationen sind nicht immer so eindeutig, dass sich daraus allein bereits ein befriedigend operationales Lastenheft ableiten lässt. Insofern kommt es zu einem engen Feedback mit dem Abnehmer. Umgekehrt ist sich der präsumptive Auftraggeber keineswegs immer so klar über Art, Umfang, Auslegung etc. des Projekts, dass sich auf dieser Basis schon ein verbindliches Angebot erstellen lässt. Hier wird dann das Know-how des Anbieters erforderlich, um zu einer praktikablen Lösung zu gelangen. Typisch sind auch Anbieterkoalitionen mit einem Generalunternehmer und Subkontraktoren. Dabei fungiert ein Unternehmen als zentraler Kontakt für das Projektteam aus selbstständigen Spezialisten. Dies bietet den Vorteil, dass der Abnehmer nur einen Ansprechpartner hat. Andererseits versorgt dieser sich mit dem jeweils notwendigen Know-how durch Vergabe von Unteraufträgen an weitere Unternehmen (Konsorten).

Ebenso typisch ist der Drittparteieneinfluss durch Architekten, Betriebsingenieure, Berater etc. Diese nehmen qua Fachkompetenz Einfluss auf die Entscheidung über Art, Umfang, Auslegung etc. des Industrieguts und damit auf die Anbieterwahl. Oft werden diese Berater auch erst genau zu jenem Zeitpunkt engagiert. Da sie über fremdes Geld befinden, bedürfen sie ihrerseits eines hohen Verantwortungsbewusstseins. Von großer Bedeutung als Vorqualifikation sind Referenzen. Diese beziehen sich auf bereits erfolgreich abgewickelte vergleichbare Projekte des Anbieters und bieten damit willkommene Risikoreduktion. Dadurch wird aber zugleich der Markteintritt neuer Anbieter erschwert, die an referenzfähige Projekte nicht herankommen, weil ihnen eben diese Referenzen fehlen. Der Zuschlag von öffentlichen Aufträgen erfolgt meist durch Ausschreibung mit Ausschlussfristen, nur ausnahmsweise auch durch freihändige Vergabe. Dies unterstreicht die formalisierte Anbahnung von Kaufabschlüssen und führt zu einer besseren Vergleichbarkeit der Offerten. Dabei muss das Lastenheft in jedem Fall erfüllt, davon abweichende Spezifikationen können nur zusätzlich angeboten werden.

Auf Grund dieser Umfeldbedingungen herrscht weitgehender Preiskonservatismus vor. Dies bezieht sich weniger auf die Preishöhe, denn diese gerät angesichts zunehmend internationaler Konkurrenz ohnehin erheblich unter Druck. Sondern vielmehr auf die Preis-und Konditionentaktik, die Nachlässe strikt von Gegenleistungen abhängig zu machen sucht. Dabei wirkt die Interaktion stabilisierend. Gleichzeitig hat das Industriegütergeschäft eher und in stärkerem Maße eine Internationalisierung erfahren als dies bei Konsumgütern und erst recht Dienstleistungen der Fall ist. Insofern sind Bestrebungen zur stärker grenzüberschreitenden Ausrichtung aller Marktaktivitäten, wie sie in anderen Geschäftsbereichen stattfinden, hier bereits lange Realität.

4.2.3 Kaufphasen-Referenzmodell

4.2.3.1 Initiierung

In der Initialphase erfolgt die eigentliche Problemwahrnehmung. Diese kann initiativ vom Nachfrager ausgehen oder, wie heute häufigst, durch den Anbieter induziert werden, d.h., der Anbieter macht auf ein Problem aufmerksam, das dem Nachfrager so gar nicht bewusst war (denkbar ist auch eine Initialisierung durch einen Externen). Hinsichtlich der Art des Problems werden gemeinhin vier Kaufklassen unterschieden.

Beim **Erstkauf** stehen die Beteiligten vor einer völlig neuen Problemstellung, bei der bisherige Erfahrungen wenig helfen. Wesentliche Merkmale des Erstkaufs sind daher folgende. Der Leistungsinhalt und -umfang des Kaufs muss jeweils neu und individuell festgelegt werden. Es sind ausführliche Entscheidungsprozesse gegeben. Es liegt regelmäßig ein vergleichsweise hoher Auftragswert vor. Und es erfolgt eine einzelfallabhängige Lieferantenbewertung. Der Bedarf ist oft nur unzureichend strukturiert. Der Anstoß zum Kauf kann von außerhalb des Unternehmens ausgehen oder auf interne Anregung hin. Es gibt ein hohes Maß an Informationsbedarf und die Notwendigkeit, alternative Problemlösungen und alternative Anbieter zu suchen. Erstkäufe treten unregelmäßig auf, sind aber von großer Bedeutung für nachgelagerte Entscheide, d.h., macht Wiederholungskäufe wahrscheinlich

Beim **modifizierten Wiederholungskauf** liegt eine Problemstellung vor, die ihrer Art nach zwar nicht völlig neu ist, jedoch von bisherigen Erkenntnissen abweicht. Daher müssen ergänzende Informationen eingeholt werden. Der Kaufentscheid ist nicht innovativ, wie beim Erstkauf, aber auch nicht routinisiert, wie beim reinen Wiederholungskauf. Man kann daher von einem adaptiven Verhalten sprechen. Es liegen bekannte Kaufalternativen vor, die sich aufgrund äußerer Ereignisse oder interner Einflüsse geändert haben, so dass ein zusätzlicher Informationsbedarf erforderlich wird. Der Kaufprozess wird dazu nur teilweise wieder aufgerollt. Insofern ist der Informationsbedarf auf die Unterschiede zu den bereits bekannten Produkten reduziert.

Der **reine Wiederholungskauf** tritt bei wiederkehrenden Problemstellungen mit völlig ausreichender Informationslage auf. Solche Routinetransaktionen sind durch Merkmale charakterisiert wie gewohnheitsmäßige Kaufprozesse, Nachfrage nach denselben, normierten Leistungen, vergleichsweise geringe Komplexität des Kaufobjekts, tendenziell geringer Auftragswert, weitgehender Verzicht auf die Neubewertung von Lieferanten, stattdessen Nachbestellungen sowie geringe Informationssuche durch Erfahrung. Der Lieferant stammt für gewöhnlich aus dem

Kreis von Anbietern, zu denen bereits Geschäftsbeziehungen unterhalten werden. Neue Anbieter haben daher kaum eine Chance, zum Zuge zu kommen. Das Kaufobjekt und seine Parameter können durchaus variieren, und zwar graduell solange, bis sich die Aufgabe so verändert, dass eine neue Lieferquelle in die Überlegungen aufgenommen wird.

Der **automatisierte Wiederholungskauf** liegt bei virtueller Transaktionseinleitung vor, d.h., dabei wird kein individueller Kaufentscheid mehr getroffen, sondern innerhalb vordefinierter Kriterien löst der Computer Käufe aus. Dies erfolgt etwa bei computerisierten Abrufaufträgen innerhalb eines vereinbarten Rahmenvertrags (Kommissionierung). Dies bedeutet, dass eine aktive Auseinandersetzung kaum mehr stattfindet. Dies gilt etwa für virtuelle Marktplätze bei normierten Produkten geringer Komplexität, bei denen individuelle Präferenzen keine Rolle spielen. Dazu durchsuchen Agentenprogramme auf Anbieter- oder Nachfragerseite automatisch Marktplätze nach Abschlusschancen und nehmen diese passiv durch bloße Freigabe vom Entscheider oder auch völlig selbstständig in Abhängigkeit vorgegebener Limits wahr.

Die Aktivitäten in der Initialphase sind vor allem davon abhängig, ob es sich beim zu beschaffenden Produkt oder Dienst um einen solchen mit hohem oder niedrigem **Kaufrisiko** und **Gewinneinfluss** handelt. Dies wird meist in Form eines Portfolios veranschaulicht, wobei folgende Produkte (hier synonym mit Dienstleistungen verwendet) unterschieden werden:

- Strategische Produkte weisen ein hohes Beschaffungsrisiko und einen hohen Gewinneinfluss auf. Daher bedarf es nachfragerseitig einer präzisen Bedarfsprognose und sicherer, langfristiger Lieferantenbeziehungen. Evtl. ist auch eine Entscheidung über Eigenfertigung oder Zukauf (Make or buy) erforderlich.
- Engpassprodukte weisen ein hohes Beschaffungsrisiko, aber einen niedrigen Gewinneinfluss auf. Hier geht es dem Abnehmer in erster Linie um die Mengensicherung des beschafften Produkts, flankiert von Ausweichplänen für den Notfall von Lieferausfällen.
- Schlüsselprodukte weisen einen hohen Gewinneinfluss, aber ein niedriges Beschaffungsrisiko auf. Hier gilt es, die Einkaufsmacht des Abnehmers für günstige Konditionen auszugleichen und zu den gezielt selektierten Lieferanten zu gehören.
- Normalprodukte weisen ein niedriges Beschaffungsrisiko und einen niedrigen Gewinneinfluss auf. Insofern wird nachfragerseitig eine Standardisierung der Produkte und eine Optimierung der Auftragsmengen angestrebt.

Daher muss man sich zunächst vergegenwärtigen, in welche Kaufklasse das angebotene Produkt fällt. Entsprechend sind Aussagen über die Nachfrageraktivitäten möglich. Neben der Produktklasse spielt auch der Lieferantenstatus beim Kunden eine wichtige Rolle. Dabei werden zumeist drei Klassen (**ABC-Analyse**) unterschieden:

- A-Lieferanten sind solche, für die aus Kundensicht anderweitig keine wirklich akzeptablen Alternativen am Markt zu finden sind. Insofern nimmt der Lieferant

hier eine starke Position ein. Ziel jedes Lieferanten sollte es daher sein, bei seinen Kunden ein A-Lieferant zu werden und zu bleiben.
- B-Lieferanten sind solche, für die aus Kundensicht immerhin Alternativen am Markt bereits vorhanden sind oder herangezogen werden können, auf die jedoch zumindest nicht unmittelbar ausgewichen werden kann. Hier besteht also eine Positionsbalance.
- C-Lieferanten sind solche, die aus Kundensicht in ihrer Leistung austauschbar zu vielfältigen Anderen sind. Daher befinden sich Lieferanten hier in einer ausgesprochen schwachen Position. Insofern werden Preise und Konditionen zu vordergründigen Absatzargumenten.

Daraus folgt unmittelbar, dass es das Ziel jedes Anbieters sein muss, ein wenig oder nicht austauschbares (uniques) Produkt zu offerieren.

4.2.3.2 Konzipierung

Dasjenige Angebot hat die größte Chance, zum Zuge zu kommen, das in seinen Merkmalen der Beschreibung von Lastenheft und/oder Pflichtenkatalog am Ehesten entspricht. Ziel muss es daher sein, bereits auf diese Beschreibung möglichst proaktiv derart Einfluss zu nehmen, dass die dort beschriebenen Angebotsmerkmale möglichst gut mit den tatsächlichen Merkmalen des eigenen Angebots übereinstimmen. Dies geschieht in der Regel, indem ein gewiefter Vertriebsbeauftragter den potenziellen Käufer in der Konzeption seines Kaufobjekts berät oder sogar einen entsprechend ausgearbeiteten Vorschlag unterbreitet. Im Grunde geht es dabei um den zentralen Hebel jeder Geschäftsbeziehung aus Lieferantensicht, nämlich die effektive Entlastung des Abnehmers von Arbeitslast, Risiko und Zeitaufwand.

Jedes Produkt hat immer alle drei Merkmalsausprägungen, jedoch in unterschiedlicher Intensität. Dabei heißt es, das wahrgenommene Risiko des Käufers zu senken, da dieses als Barriere zwischen Verkäufer und Abschluss steht. Dieses Risiko lässt sich im Einzelnen in mindestens fünf Teilrisiken aufspalten:
- Das **Qualitätsrisiko** beinhaltet die Ungewissheit, ob das angebotene Produkt den Erwartungen und Anforderungen im Hinblick auf seine objektive (meist technische) Problemlösungsfähigkeit entspricht. Hier muss Risikoreduktion wirken, indem aussagefähige Funktionsnachweise vorgelegt werden, welche die Zweckeignung der Problemlösung belegen.
- Das **Herstellerrisiko** beinhaltet die Unsicherheit des Abnehmers hinsichtlich der fachlichen Qualifikation und Zuverlässigkeit des Lieferanten. Hier muss Risikoreduktion wirken, indem vertrauenswürdige Informationen über den Hersteller geboten werden, z.B. seine Branchenstellung, seine Betriebserfahrung, seine Anerkennung im Markt.
- Das **Preisrisiko** beinhaltet die Unsicherheit des Abnehmers darüber, einen unangemessen hohen Preis für das ihm angebotene Produkt zu zahlen. Hier muss Risikoreduktion wirken, indem der Preis statt absolut relativ als Preis-Leistungs-

Verhältnis argumentiert und die tatsächliche Vergleichbarkeit der vom Nachfrager zum Vergleich herangezogener Alternativen erschüttert.
- Das **Informationsrisiko** beinhaltet die Unsicherheit des Abnehmers, nicht über das erforderliche Maß an Informationen zur Bewertung angebotener Lösungen zu verfügen. Hier muss Risikoreduktion wirken, indem Kaufinteressenten gerade soviel Information erhalten, wie funktional sinnvoll ist. Ein Übermaß an Information ist ebenso schädlich wie ein Zurückhalten relevanter Informationen.
- Das **Sozialrisiko** beinhaltet die Unsicherheit des Abnehmers darüber, wie der Kaufentscheid in seinem sozialen (privaten oder beruflichen) Umfeld aufgenommen wird. Hier muss risikoreduktion wirken, indem Referenzkunden angeführt werden, die als Vergleichsmaßstab für die Tauglichkeit der eigenen Entscheidung dienen.

Parallel dazu ergeben sich Risiken auch auf Verkäuferseite:
- Das Akquisitionsrisiko beinhaltet die Unsicherheit, ob eine Chance zum Auftragserhalt besteht oder die Bemühungen erfolglos verlaufen.
- Das Preisrisiko beinhaltet die Unsicherheit, für das Produkt die gewünschten/erforderlichenn Konditionen beim Abnehmer durchsetzen zu können.
- Das Kostenrisiko beinhaltet die Unsicherheit, ob unausweichliche Erlösschmälerungen eintreten, die den Deckungsbeitrag vermindern.
- Das Referenzrisiko beinhaltet die Unsicherheit, ob die Transaktion auch so abgewickelt werden kann, dass sie referenztaublich für andere Abschlüsse ist.

4.2.3.3 Sondierung

In der Sondierungsphase geht es dem Kaufinteressenten um die konkrete Lieferantensuche. Dazu werden nachfragerseitig verschiedene Beschaffungsstrategien eingesetzt:
- Mit **Single sourcing** ist gemeint, dass der Abnehmer sich in jeder Produktgruppe auf genau einen Lieferanten festlegt. Als ein solcher In supplier hat man im Wesentlichen die Aufgabe, den Kunden in der Richtigkeit seiner Partnerwahl zu bestätigen und irritierende Informationen, die ihn zu einem neuerlichen Angebotsvergleich motivieren könnten, zu neutralisieren.
- Mit **Dual sourcing** ist gemeint, dass der Abnehmer sich in einer Produktgruppe alternierend zweier Lieferanten bedient, meist im Mengenverhältnis ca. 2 : 1. Motiviert ist diese Sourcing-Strategie durch ein Sicherheitsdenken (Fallback Position). Hier muss es das Ziel des dominierenden Lieferanten sein, seinen Anteil zu verteidigen und nach Möglichkeit in Richtung Single sourcing auszubauen. Das Ziel des subordinaten Lieferanten muss es hingegen sein, seinen Anteil auszubauen und nach Möglichkeit mit dem des dominanten Lieferanten zu tauschen.
- Mit **Multiple sourcing** ist gemeint, dass der Kaufinteressent sich in jeder Produktgruppe mehrere Lieferanten hält, die er einem Angebotsvergleich unterzieht, um beim jeweils günstigsten von ihnen zu bestellen. In einer solchen Situation ist es sinnvoll, den Kreis der Mitbewerber zu verkleinern und den eigenen

Lieferanteil zu vergrößern, da ansonsten ein kontinuierliches Wettrennen um die besten Konditionen einsetzt, das kaum erfolgreich durchzuhalten ist.

- Mit **Sole sourcing** ist gemeint, dass der Kaufinteressent sich in jeder Produktgruppe nur einem Lieferanten gegenübersieht. Dadurch entsteht in den seltenen Fällen absoluter Monopole eine Angebotsmacht. Wird diese überzogen, können vom Kunden Alternativen bewusst entwickelt werden. Ziel des monopolistischen Anbieters muss es sein, keinesfalls die Schmerzgrenze der Akzeptanz des Kunden zu überziehen, da damit solche Alternativen (auch im eigenen Haus durch Rückwärtsintegration) geradezu provoziert werden.

Eine weitere Unterscheidung geht nicht von der Zahl der Anbieter, sondern vom räumlichen Gebiet, innerhalb dessen ein Kaufinteressent nach Lieferanten Ausschau hält, aus. Dabei kommt es zu drei Formen:

- Beim **Global sourcing** erfolgt eine räumlich unbegrenzte, internationale Lieferantensuche. Dies ist eine äußerst unangenehme Situation, wenn der eigene Standort unveränderliche Nachteile aufweist, welche die Wettbewerbsfähigkeit des eigenen Angebots in Mitleidenschaft ziehen.
- Beim **Local sourcing** erfolgt eine Betriebsstandort bezogene Lieferantensuche. Das heißt, jeder, auch internationale, Standort des Abnehmers bestimmt seine Lieferanten unter der Auswahl der im jeweiligen lokalen Umfeld ansässigen Lieferanten. Dies zwingt Anbieter, die globalisierte Unternehmen beliefern, zur Internationalisierung ihrer Aktivitäten, da sie ansonsten für einzelne Standorte nicht mehr als Lieferanten in Betracht gezogen werden.
- Beim **Domestic sourcing** werden nur inländische Lieferanten berücksichtigt. Dies ist häufig bei Local content-Vereinbarungen der Fall, die etwa im jeweiligen Ausland aus Protektionismusgründen vorgegeben werden. Dann ist es unvermeidlich, das Liefervolumen in eigene und fremde Anteile aufzusplitten. Zugleich ergeben sich Möglichkeiten zu Gegengeschäften.

In neuerer Vergangenheit ist eine zunehmende Integration der Wertschöpfungskette zwischen Lieferant und Abnehmer erfolgt (**Process sourcing**). Diese Wertschöpfungskettenverschränkung bezieht sich im Einzelnen auf mehrere Teilprozesse:

- Produktionsprozesse, d.h., die Kombination der Produktionsfaktoren in der Wertschöpfung (Stichworte sind hier Quality audits, Design to cost oder Wertanalyse),
- Logistikprozesse, d.h., die (Zwischen-)Lagerung und der (Zwischen-)Transport von Leistungen (Stichworte sind hier Kanban-Prinzip, Just in time-Prinzip oder Efficient consumer response),
- Know-how-Prozesse, d.h., Problemlösungen, die aus Produkten und begleitendem Wissen bestehen (Stichworte sind hier Lebenszeitvertrag, Simultaneous engineering oder Betreibermodell),
- Nachhaltigkeitsprozesse, d.h., die Sichtweise des gesamten Lebenszyklus, nicht nur der Anschaffung (Stichworte sind hier Öko-Audit, Total cost of ownership oder Redistribution).

Im Rahmen der Wertkettendenkweise hat sich etabliert, dass jeder Wertschöpfende sich auf denjenigen Ausschnitt der gesamtwirtschaftlichen Wertkette konzentrieren soll, die seiner Kernkompetenz entsprechen. Alles Andere unterfällt dem **Outsourcing** an Dritte, deren jeweilige Kernkompetenz dies ist. Von diesem Prozess des Outsourcing profitieren Anbieter im Rahmen des gesamtwirtschaftlichen Beschaffungsvolumens. Denkbar ist aber auch das **Insourcing** im eigenen Unternehmen, indem Kernkompetenz-Lieferanten ihren Wertschöpfungsanteil am Ort des Abnehmers erbringen. Dies geht von Industriepark-Modellen über verselbstständigte Arbeitsstationen bis zu Betreibermodellen, die faktisch, jedoch nicht rechtlich, einem Leasing gleichkommen.

Dies eröffnet enorme Absatzmöglichkeiten. Vor allem ist es dadurch Unternehmen, die noch nicht Lieferanten eines Abnehmers sind, möglich, den Status eines **Out supplier** gegen den eines **In supplier** einzutauschen bzw. von einem peripheren zu einem präferierten Lieferanten (Preferred supplier) zu werden. Out supplier sind generell an der Anbahnung bzw. Wiederaufnahme der Interaktion mit einem Kunden interessiert, wohingegen In Supplier vornehmlich am Ausbau ihres Lieferanteils (Share of wallet) interessiert sind.

Die gesamtwirtschaftliche Wertkette besteht somit aus den addierten einzelwirtschaftlichen Wertketten, die miteinander verschränkt sind. Um die Komplexität dieser Beziehungen einzelwirtschaftlich zu limitieren, wird eine Lieferantenhierarchie angestrebt (**Modular sourcing**). Dabei werden meist drei Stufen eingeteilt:

- Systemlieferanten (First tiers) sind solche, die dem Anbieter am Endkundenmarkt komplexe Funktionssysteme anliefern, von denen sie alle Anteile selbst gefertigt haben, die ihrer Kernkompetenz entsprechen, und von denen sie alle anderen Anteile fremd zugekauft haben.
- Komponentenlieferanten (Second tiers) sind solche, die dem Systemlieferanten abgegrenzte Funktionskomponenten anliefern, von denen sie alle Anteile selbst gefertigt haben, die ihrer Kernkompetenz entsprechen und den Rest ihrerseits fremd zukaufen.
- Teilelieferanten (Third tiers) sind solche, die dem Komponentenlieferanten einfache Funktionsteile anliefern, die sie selbst gefertigt haben (*siehe Abb. Lieferantenpyramide*).

Je nach Konzeption der Beschaffung sind auch weitere Stufen anzutreffen, in der Automobilindustrie z.B. bis zu sieben. Es ist unmittelbar einsichtig, dass es das Ziel sein muss, ein Unternehmen innerhalb der Lieferantenhierarchie als Systemlieferant zu positionieren. Denn erstens hat nur dieser noch unmittelbaren Kontakt zum Anbieter am Endkundenmarkt und zweitens bieten nur komplexe Systeme die Chance der Einbringung von Wissensvorteilen. Schon bei Komponentenlieferanten sind die Know-how-Anforderungen begrenzt, statt dessen spielen Preismomente eine große Rolle. Dies gilt erst recht für Teilelieferanten, die am Ende der Lieferantenhierarchie weitgehend austauschbar und einem stetigen Preiskampf ausgesetzt sind.

Die Beschaffung kann individuell oder kooperativ erfolgen. Für eine kooperative Auslegung (**Cooperative sourcing**) spricht vor allem die Möglichkeit zur Nutzung von Kostendegressionen. Wenn mehrere Abnehmer ihr jeweiliges Abnahmevolumen poolen, können sie potenziellen Lieferanten gegenüber ihre Einkaufsmacht erhöhen. Dies ist für alle Einkaufsobjekte möglich, die keinen strategischen Charakter haben, also komparative Konkurrenzvorteile (KKV's) begründen. Dies gilt in aller Regel für Objekte, die nicht kunden-wahrnehmbar sind (beim Pkw etwa das Meiste, was unter dem Blech und außerhalb des Innenraums stattfindet) oder nicht kunden-wichtig (beim Pkw etwa viele Funktionsausstattungen). Dies gilt weiterhin für Einkaufsobjekte, die nicht in das Endprodukt eingehen. Die kooperative Beschaffung erfolgt dann in zunehmenden Maße über Internet-Marktplätze (s.u.).

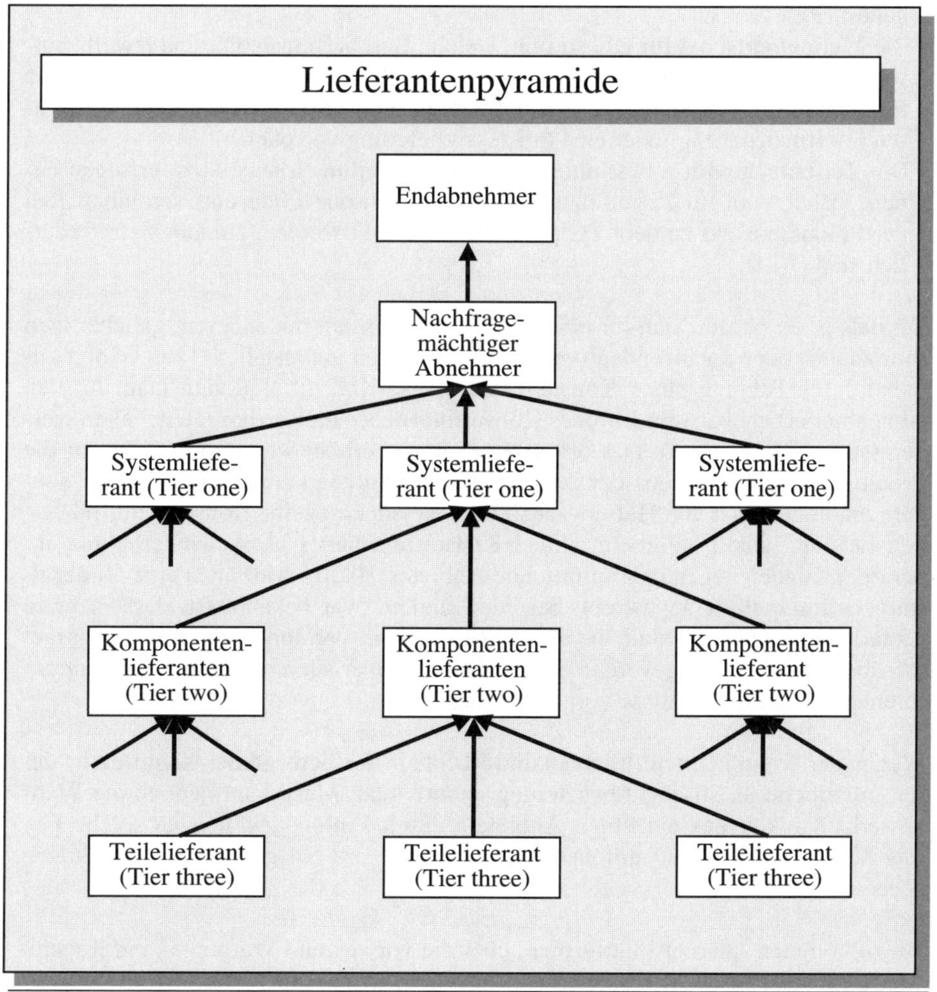

4.2.3.4 Anfrage

In der Anfragephase konkretisiert sich das Auftragsszenario weiter. Dabei sind auf Abnehmerseite mehrere Entscheidungen erforderlich:

- Die **Budgetentscheidung** bestimmt, welche Anschaffungen überhaupt finanzierbar sind. Dazu kann durch den Anbieter der Finanzierungsrahmen gezielt ausgeweitet werden. Daher gehören differenzierte Absatzfinanzierungsmaßnahmen (Financial engineering) zum Standardrepertoire.
- Die **Produktgruppenentscheidung** bestimmt, welche Anschaffungen am Dringlichsten durchzuführen sind. Hier kann anbieterseitig die Problemlösungsfähigkeit des eigenen Produkts dramatisiert werden, sodass die betreffende Gruppe zu dessen Anschaffung priorisiert wird.
- Die **Lieferantenentscheidung** bestimmt, welche Lieferanten für die jeweiligen Anschaffungen ins Auge gefasst werden. Hier muss darauf hingewirkt werden, dass das eigene Unternehmen zumindest zum Kreis der präferierten Lieferanten gehört (Relevant set).
- Die **Mengenentscheidung** bestimmt, welche Beschaffungsvolumina jeweils notwendig sind. Dabei wird aus Konditionengründen zumeist eine Regelung über Rahmenverträge gesucht, die eine lieferantenseitige Kommissionierung von Waren (Vorfinanzierung) oder eine Sukzessivlieferung vorsehen.
- Die **Zeitentscheidung** bestimmt, wann die Lieferungen jeweils zu erfolgen haben. Dabei wird im Regelfall eine bedarfssynchrone Lieferung vereinbart, bei der Produkte exakt zu dem Zeitpunkt bereitgestellt werden, zu dem sie erforderlich sind (J-i-t).

Oftmals ist es ratsam, sich für eine Anfrage gemeinsam mit anderen, gleichartigen (horizontal) oder ergänzenden (vertikal) Lieferanten aufzustellen. Dies erfolgt zumeist durch Bildung eines **Konsortiums**. Diese Konsortialbildung kann für den Abnehmer erkennbar sein (offenes Konsortium) oder ihm verborgen gehalten werden (stilles Konsortium). Das offene Konsortium erhöht womöglich nicht nur die Problemlösungskompetenz der Anbieter durch Poolung kompetenter Partner, sondern entbindet auch von Haftungsausfällen, da jeder einzelne Konsorte nur für seinen Leistungsanteil haftet. Im stillen Konsortium haftet im Außenverhältnis nur der dem Kunden gegenüber auftretende Anbieter. Häufig wird auch eine **Generalunternehmerschaft** angestrebt, bei der Kunden zwar bekannt ist, dass mehrere Lieferanten vorhanden sind, sie aber nur mit einem von ihnen, dem Pilot contractor, abschließen. Häufig werden dazu vom Abnehmer auch bestimmte Subkontraktoren als Leistungsbeteiligte vorgeschrieben.

Wegen der komplizierten Pflichten und Rechte in **Anbietergemeinschaften** ist deren gründliche juristische Absicherung unerlässlich. Meist kann jedoch die Wettbewerbsfähigkeit des einzelnen Anbieters durch Einbindung in eine solche Gemeinschaft entscheidend erhöht werden, sodass dies ein geschickter verkäuferischer Zug ist.

Hinzu kommen Internet-Plattformen, über die vorwiegend Wartungs- und Reparaturleistungen (Kundendienste) sowie Betriebsstoffe und indirekte Produkte gehandelt werden (MRO-Produkte), weiterhin C-Produkte (geringer Wertanteil im Beschaffungsbudget).

Man unterscheidet u.a.
- **horizontale** Marktplätze, auf denen branchenübergreifend Angebote einer Produktgruppe offeriert werden und **vertikale** Marktplätze, auf denen Angebote verschiedener Produktgruppen branchenspezifisch offeriert werden.
- **anbieterinitiierte** Marktplätze, die von Lieferanten zum Zwecke des Angebots ihrer Produkte installiert werden. Dort können sich potenzielle Nachfrager einen raschen Marktüberblick verschaffen. Und **nachfragerinitiierte** Marktplätze, die von Abnehmern zum Zwecke der Bedarfsdeckung installiert werden. Dort können sich potenzielle Lieferanten melden und ihren Lieferwunsch abgeben. Sowohl anbieter- wie auch nachfragerinitiierte Marktplätze dienen der direkten Transaktionsaufnahme.
- Daneben gibt es **von Mittlern organisierte** Marktplätze, auf denen Makler Angebote und Nachfragen sammeln und von der Provision zur Vermittlung des Kontakts zwischen beiden, von Werbeeinschaltungen auf der Website oder von Eintragungsgebühren für die Notierung profitieren. Dazu platzieren Anbieter und Nachfrager unabhängig voneinander Angebote bzw. Gebote. Oft kann auch die Zahlungsabwicklung über diese Marktplätze vorgenommen werden. Dabei kann der Kreis der Teilnehmer vorselektiert sein, etwa durch die Aufforderung zur Teilnahme, oder aber offen, d.h., für jeden Interessenten zugänglich.

Hinsichtlich der Abschlussgestaltung kann man virtuelle Marktplätze mit statischer oder dynamischer Preisbildung unterscheiden:
- Bei **statischer Preisbildung** handelt es sich im Wesentlichen um Web-Kataloge, in denen autorisierte Interessenten ortsunabhängig und permanent Informationen durch virtuelle Präsentation von Produkten und kundenspezifischen Problemlösungen erhalten. Diese Kataloge können Funktionalitäten zur direkten Bestellung oder nur zur Einsicht bieten, sie können nur die Angebote eines Anbieters oder die mehrerer Anbieter vereinen und Produktinhalte oder auch nur Adressinhalte (analog zu Gelben Seiten) enthalten. Die Preise sind feststehend, es erfolgt keine Individualisierung, außer über übliche Rahmenverträge, Rabattstaffeln o.Ä.
- Bei **dynamischer Preisbildung** handelt es sich um virtuelle Marktveranstaltungen, vor allem in Nachfragerkonkurrenz (Auktion, Einschreibung) und Anbieterkonkurrenz (Lizitation, Ausschreibung).

4.2.3.5 Angebotseinholung

Zwischenzeitlich geht es selbst bei Routinebeschaffungen nicht mehr ohne mindestens dreifache Ausschreibung (Triple pitch). Dies gilt erst recht bei öffentlichen Auftraggebern, zumal dabei formalisierte Vergabeverfahren hinzukommen (nach LSP, VPöA).

Bei der Angebotsabgabe kommt es auf vielfältige Angebotsbestandteile an, die berücksichtigt werden müssen:

- Der gesetzliche **Erfüllungsort** ist dort, wo der Schuldner seinen Wohnsitz oder gewerblichen Sitz hat, d.h., für die Warenlieferung der Ort des Verkäufers, für die Kaufpreiszahlung der Ort des Käufers. Vertraglich kann davon beliebig abgewichen werden. Meist einigt man sich auf einen gemeinsamen Erfüllungsort, normalerweise der Ort des Verkäufers für Lieferung und Zahlung. Der Gefahrenübergang ist durch Hol-, Schick- oder Bringschuld bestimmt. Gesetzlich sind Warenschulden Holschulden, es gilt also der Ort des Verkäufers als Übergabepunkt für Kosten und Risiken, es sei denn, die Übergabe der Waren kann ihrer Natur nach erst am Ort des Käufers erfolgen (z.B. Heizöleinfüllung in Tank) oder den Verkäufer trifft ein Verschulden an Warenuntergang oder -beschädigung. Geldschulden sind Schickschulden, es gilt also der Ort des Verkäufers als Übergabepunkt für Kosten und Risiken.
- Der **Gerichtsstand** ist der Ort, an dem sich bei Leistungsstörungen ergebende Streitigkeiten ausgetragen werden. Gesetzlicher Gerichtsstand ist der Wohn- bzw. Geschäftssitz des Schuldners, d.h., für die Warenschuld der des Verkäufers, für die Geldschuld der des Käufers. Vertraglich kann Abweichendes vereinbart werden, sofern es sich nicht um ein Geschäft mit Privaten handelt, ist dies meist der Ort des Verkäufers für Ware und Geld (analog Erfüllungsort).
- **Art, Güte und Beschaffenheit der Waren** dienen zur eindeutigen Spezifikation, meist anhand von Abbildungen und Beschreibungen (Konstruktionszeichnung), Muster (Entwurf) und Proben dieser Waren. Vielfach ist auch eine Standardisierung durch Güteklassen (Handelsklassen, Typen), Waren- und Gütezeichen möglich. Ersatzweise können auch Angaben zu Warenherkunft (Provenienz) oder Warenalter als Orientierung gelten. Häufig ist hingegen eine detaillierte Warenzusammensetzung angegeben (etwa bei Spezialitäten).
- Der **Preis pro Wareneinheit** basiert auf gesetzlichen Maßeinheiten, Stückzahlen oder auch handelsüblichen Mengenbezeichnungen. Außerdem muss außerhalb der EU die Abrechnungswährung bestimmt werden (also die lieferanteneigene, die kundeneigene oder eine dritte, neutrale Währung).
- Die **Lieferungsbedingungen** haben erheblichen Einfluss auf die Profitabilität eines Auftrags. Zu denken ist hier an Beförderungskosten, Verpackungskosten und Lieferzeitgestaltung. Die gesetzliche Regelung sieht vor, dass der Käufer die Ware beim Verkäufer abzuholen hat. Beim Platzkauf trägt der Käufer alle Beförderungskosten, beim Versendungskauf trägt der Verkäufer die Kosten bis zur Versandstation, alle weiteren Kosten trägt der Käufer. Abweichend davon können andere Regelungen vereinbart werden (z.B. international auf Grundlage der Incoterms). Die Verpackungskosten werden nach Gesetz vom Käufer getragen. Sie können aber auch im Preis eingerechnet sein. Bei der Lieferzeit gilt nach Gesetz, dass Waren sofort zu liefern sind. Abweichende Vereinbarungen betreffen verbreitet den Terminkauf, der die Lieferung zu einem exakt festgelegten Zeitpunkt vorsieht, den Fristkauf, der die Lieferung innerhalb einer vereinbarten Frist vorsieht, und den Kauf auf Abruf, wobei der Käufer Waren innerhalb einer bestimmten Frist anfordern kann (häufige Form als Rahmenvertrag).

- Die **Zahlungsbedingungen** haben erheblichen Einfluss auf die Profitabilität eines Auftrags. Zu denken ist vor allem an Zahlungszeitpunkt und Preisnachlässe. Die Zahlung kann vor der Lieferung (Anzahlung/Vorauszahlung), bei der Lieferung (Zug um Zug) oder nach der Lieferung (Zielkauf/Ratenkauf) vereinbart werden. Gesetzlich ist eine sofortige Bezahlung der Waren vorgesehen. Bei Lieferung mit Zahlungsziel kann vom Abnehmer bei vorzeitiger Zahlung ein Skontoabzug einbehalten werden. Dann erfolgt die Lieferung meist unter Eigentumsvorbehalt, d.h., die Ware bleibt bis zur vollständigen Kaufpreisbegleichung im Eigentum des Lieferanten.
- **Schiedsgerichtsabrede**. Dabei unterwerfen sich beide Seiten durch freie Vereinbarung dem Spruch eines oder mehrerer institutionalisierter Schiedsrichter (meist ICC London). Ein Beteiligter kann dann erst ein ordentliches Gericht anrufen, nachdem er den Schiedsspruch abgewartet hat (solange hat der andere Beteiligte das Recht der Einrede). Führt der Schiedsgerichtsspruch zu keiner Einigung, kann ein ordentliches Gericht angerufen werden. Ordentliche Gerichte können Beschlüsse von Schiedsgerichten jederzeit aufheben und durch eigene Urteile ersetzen.

4.2.3.6 Angebotsbewertung

Bei der Angebotsbewertung ist entscheidend, welche Beurteilungsregeln angelegt werden. Es lassen sich als wesentliche Beurteilungsregeln (Kaufheuristiken) solcher der Aussonderung, der Akzeptierung und der Kompensation unterscheiden:

- **Lexikographische** Regel: Die Objekte werden von Nachfragern schrittweise bewertet. Zunächst werden die Objektmerkmale nach ihrer Wichtigkeit sortiert. Dann erfolgt die Bewertung aller Alternativen nach dem wichtigsten Merkmal. Diejenigen Alternativen scheiden aus, die das wichtigste Merkmale nicht besitzen.
- **Konjunktive** Regel: Ein Objekt wird nur gewählt, wenn es bestimmte Merkmalsstandards erfüllt. Erfüllen mehrere Objekte diese Bedingungen, werden die Ansprüche erhöht oder zusätzliche Entscheidungsregeln eingeführt, bis nur noch eine Alternative übrig bleibt.
- **Eliminationsregel**: Nachfrager erstellen eine Rangfolge von Merkmalen, und die Alternativen werden nach dem wichtigsten Merkmal bewertet. Die Alternative mit der besten Merkmalsausprägung wird gewählt. Führt dieser erste Schritt zu keiner Lösung, wird das zweitwichtigste Merkmal herangezogen usw.
- **Disjunktive** Regel: Ein Objekt wird schon dann ausgewählt, wenn es einen hervorragenden Wert bei einer einzigen Merkmalsausprägung aufweist.
- **Ungewichtetes Linear**-Modell: Jedes Objekt im Set wird hinsichtlich der relevanten Eigenschaften bewertet. Diese Bewertungen werden additiv zu einem Gesamturteil über eine Alternative verknüpft. Dasjenige Objekt wird ausgewählt, das den höchsten Gesamtwert besitzt.
- **Gewichtetes Linear**-Modell: Nachfrager gewichten die Einzelbewertungen der Eigenschaften (nach subjektiver Wichtigkeit/Valenz/Involvement) und summieren dann auf. Das Objekt mit dem höchsten Summenwert wird gewählt.

Im Fall kooperativer Entwicklung ist auch die Fähigkeit eines Lieferanten zur Vorentwicklung von Bedeutung. Darunter versteht man den Funktionsnachweis einer technischen Problemlösung und die Umsetzung in Form eines Prototyps (**Prototyping**). Darüber hinaus ist auch die Prüfung der Produktionsverfahren wichtig. Nur so ist gewährleistet, dass die alles entscheidende unzweifelhaft hohe Qualität bereits auch im Serienanlauf eines Neuprodukts bzw. unmittelbar nach Lieferantenwechsel gewährleistet ist. Dies bedeutet zwar erhebliche Vorinvestitionen seitens des Lieferanten, dafür winkt jedoch bei erfolgreichem Abschluss ein Dauerliefervertrag (**Lifetime contract**) mit pauschaliert zugesicherten Abnahmemengen.

Zur Verfeinerung werden die einzelnen Angebotsattribute meist von potenziellen Kunden einem Punktbewertungsverfahren unterzogen. Werden dabei nur quantitative Kriterien zugrunde gelegt, handelt es sich um ein Scoring. Häufig sind es aber gerade die qualitativen Kriterien, die für eine Auftragserteilung ausschlaggebend sind. Dann ist es erforderlich, diese im Rahmen der Angebotsbewertung zu quantifizieren. Dies erfolgt über eine Nutzwertanalyse.

4.2.3.7 Anbieterauswahl

Von zentraler Bedeutung für die Anbieterauswahl ist heute die Logistik, weil logistische Prozesse die tatsächliche Kontaktaufnahme mit dem Markt limitieren. Nachfragerseitige Anforderungen, die in diesem Zusammenhang an die Lieferfähigkeit gestellt werden, beziehen sich auf folgende Aspekte:

- kurze **Lieferzeit** als vergangene Zeitspanne zwischen Auftragserteilung und Verfügbarkeit. Denn Zeitvorteile sind angesichts des Zeitwettbewerbs Wettbewerbsvorteile und daher von immenser Bedeutung.
- hohe **Lieferzuverlässigkeit** als Lieferung exakt der gewünschten Waren. Nur der Nachweis einer 100 %igen Bestellgenauigkeit wird von Abnehmern noch akzeptiert.
- hohe **Lieferflexibilität** als Berücksichtigung von Änderungen bis zur Lieferausführung. Dies stellt erhebliche Anforderungen an die betriebliche Flexibilität des Lieferanten.
- hohe **Lieferbereitschaft** als unmittelbare Verfügbarkeit gewünschter Waren. Dies steht im Konflikt zur Kapitalbindung beim Erhalt der Lieferfähigkeit.
- einwandfreie **Lieferbeschaffenheit** als Einhaltung vereinbarter Qualitätsanforderungen. Hier sind Reklamationen inakzeptabel und führen meist zu Retouren und Geschäftsabbruch bzw. Erlösschmälerungen.

Die Erteilung des Zuschlags wird häufig durch einen **Letter of intend** (LoI) erhärtet. Er ist informeller Natur und in seinem Inhalt noch unverbindlich. Zumeist dauert die Ausarbeitung vertraglicher Details noch so lange, dass dem Abnehmer zur Beschleunigung der Geschäftsprozesse daran gelegen ist, diese Absichtserklärung zu geben. Außerdem stellt der LoI dem Lieferanten sicher, dass ihm Aufwendungen, die er zur Vorbereitung der Geschäftsabwicklung ab Unterzeichnung eines LoI tätigt, von Kunden auch ersetzt werden, falls es nicht zum Geschäftsabschluss kommt.

Am Ende der Verhandlungen steht eine **Lieferantenvereinbarung**, die, im Unterschied zur Absichtserklärung, formal verbindlich und ausführlich ausgelegt ist. Darin werden über die rein juristischen Vertragsinhalte hinaus vor allem Anhaltspunkte zur prozessualen Zusammenarbeit zwischen Lieferant und Abnehmer fixiert. Dies ist für Abnehmer um so bedeutsamer, je mehr ihr eigener Markterfolg vom Funktionieren der Lieferanten abhängig ist, also bei geringer Fertigungstiefe und Single sourcing. Die Ausgestaltung der Inhalte hängt im Einzelnen von der relativen Verhandlungsmacht und dem Geschick der Beteiligten ab.

Von Bedeutung ist vor allem eine unvermeidliches Informationsasymmetrie zwischen Abnehmer und Lieferant, denn der Lieferant weiß zunächst sehr wohl, wie er zu leisten gedenkt, der Abnehmer aber kann nur hoffen, dass der Lieferant sich an seine Bekundungen hält (etwa durch Garantiezahlung besichert). Umgekehrt weiß der Abnehmer später sehr wohl, wie sein Zahlungsverhalten ausfällt, der Lieferant hingegen kann nur hoffen, dass seine Forderung nach Leistung auch beglichen wird (etwa durch Zahlungsbedingungen besichert). Beide Seiten haben daher ein Interesse daran, Sicherheit zu gewinnen. Dies geschieht vor allem durch Anreize, die jedem Partner in Aussicht gestellt werden, wenn er sich an seine Zusagen hält (z.B. Skonto bei vorzeitiger Zahlung) und Beiträge, die jeder Partner leisten muss, wenn er sich nicht an seine Zusagen hält (z.B. Fälligkeit von Vertragsstrafen). Nur wenn Anreize bzw. Beiträge größer sind als die Ausnutzung eines spezifischen Informationsvorsprungs (**opportunistisches Verhalten**), wird die Transaktion funktional ablaufen.

Letztlich geht es dem Nachfrager um die gleichzeitige Erfüllung von vier Anspruchsgrößen: Preis, Qualität, Zeit und Individualisierung. In Bezug auf den Preis ist es naturgemäß das Ziel des Abnehmers, den niedrigstmöglichen Preis für ein Einkaufsobjekt zu realisieren. Zugleich ist es sein Ziel, dafür die höchstmögliche Qualität zu erreichen. Die gleichzeitige Umsetzung beider Ziele führt zum günstigsten Preis-Qualitäts-Verhältnis. Dabei ist die Zeit als immer wichtigerer Leistungsparameter anzusehen, sodass Zeitvorteile ein bedeutsames Argument sind. Weiterhin ist es unerlässlich, mit einem Partner zusammen zu arbeiten, der in der Lage ist, individuell passende Problemlösungen maßzuschneidern (Customization).

4.2.3.8 Nachverhandlung

Nach der Anbieterauswahl geht es in der Nachverhandlungsphase darum, die Details eines Abschlusses festzuschreiben. Dabei ist von antinomischen Zielsetzungen auf Verkäufer- und Käuferseite auszugehen. Wer sich dabei durchsetzt, ist zumeist eine Frage von Macht und Taktik. Hinsichtlich Ersterem liegt häufig eine

Nachfragemacht vor, die den Spielraum im Verkauf erheblich einengt. Hinsichtlich Letzterem kann eine klügere **Verhandlungstaktik** eingesetzt werden.

Außerdem sind die Nachverhandlungen davon abhängig, ob schon Geschäftsbeziehungen zwischen den prospektiven Vertragspartnern bestehen oder bestanden haben, oder ob die Geschäftsbeziehung erstmals eingegangen wird. Bei Erstauftragserteilung sind naturgemäß umfangreichere Klärungen erforderlich als wenn es sich um „Running business" handelt.

Weiterhin sind die Nachverhandlungen vom Risikograd der Anschaffung für beide Seiten abhängig. Dieses Risiko wird gebildet aus Faktoren wie absoluter Kostenhöhe, voraussichtlicher Bindungsdauer, komparativer Bedeutung der Anschaffung, relativem Neuheitsgrad des Produkts etc.

Bei der Gestaltung der Interaktion zwischen Anbieter und Nachfrager helfen vergröbernde Typisierungen der Verhandlungspartner, etwa die Einteilung nach
- Charaktertypen (oft in Analogie zu Tiercharakteren gesetzt),
- Temperamentstypen,
- Gehirnstrukturtypen.

4.2.3.9 Kaufabwicklung

Für Verbrauchsgüter ist die Durchführung des Bestellverfahrens in der Kaufabwicklungsphase von zentraler Bedeutung. Darauf wirken vor allem die Größen der Beschaffungszeit, also die Zeitspanne zwischen erfolgter Auftragserteilung und tatsächlicher Verfügbarkeit bestellter Waren, und der Einhaltung optimaler Bestellmengen, also die Minimierung der Kapitalbindungskosten bei gegebenem Servicegrad, ein.

Das **Bestellpunktverfahren** ist eine Bestelldoktrin, bei der zu einem jeweils veränderlichen Liefertermin disponiert wird. Der Bestellpunkt ist diejenige Menge, bei der eine Beschaffung ausgelöst wird. Wird dabei jeweils bis zum Grundbestand aufgefüllt, ergeben sich folgende Techniken:
- Bei der s,q-Technik wird eine konstante Bestellmenge disponiert, die jeweils bei Mindestbestandsunterschreitung ausgelöst wird (Bestellpunkt-Bestellmengen-Verfahren).
- Bei der s,S-Technik wird eine veränderliche Bestellmenge disponiert, die jeweils bei Mindestbestandsunterschreitung ausgelöst wird (Bestellpunkt-Grundbestands-Verfahren).
- Bei der t,s,q-Technik wird eine konstante Bestellmenge disponiert, die bei intervallbezogener Prüfung des Mindestbestands ausgelöst wird (Bestellpunkt-Bestellmengen-Zeitintervall-Verfahren).
- Und bei der t,s,S-Technik wird eine veränderliche Bestellmenge disponiert, die bei intervallbezogener Prüfung des Mindestbestands ausgelöst wird (Bestellpunkt-Grundbestands-Zeitintervall-Verfahren).

Das **Bestellrhythmusverfahren** ist eine Bestelldoktrin, bei der zu einem festen Liefertermin disponiert wird. Der Bestellrhythmus ist derjenige Intervall, der zwischen den Bestellprüfungen bzw. -auslösungen liegt. Wird wiederum jeweils bis zum Grundbestand aufgefüllt, ergeben sich folgende Techniken:

- Bei der t,q-Technik wird zu einem festen Zeitpunkt eine konstante Bestellmenge bei Unterschreitung des Mindestbestands disponiert (Bestellrhythmus-Bestellmengen-Verfahren).
- Bei der t,S-Technik wird zu einem festen Zeitpunkt eine veränderliche Bestellmenge bei Unterschreitung des Mindestbestands disponiert (Bestellrhythmus-Grundbestands-Verfahren).

Ziel dieser Verfahren ist es jeweils, die Fehlmengenkosten, d.h., die Opportunitätskosten aufgrund nicht realisierter, abrechenbarer Leistungen, zu minimieren. Dabei entsteht allerdings ein Zielkonflikt derart, dass diese Minimierung zum Aufbau hoher Kapitalbindung im Umlaufvermögen führt. Gerade dieser ist aber zu Zeiten von Lean production nicht tolerierbar. Daher ist eine Optimierung beider Kostenverläufe im Gesamtkostenminimum erforderlich.

4.2.3.10 Nachkaufbewertung

In der Nachkaufphase tauchen wohl unvermeidlich Beschwerden auf, sei es, um nachträglich Preisbestandteile zurückzugewinnen, oder sei es aus tatsächlicher Berechtigung. Diese Beschwerden haben neben ihrer juristischen Komponente (als Reklamationen) vor allem eine interaktionsbezogene, ist doch die Nachkaufphase entscheidend für den empfundenen Zufriedenheitsgrad der Kunden. Dann erfolgt nämlich der kundenseitige Vergleich seiner Erwartungen vor der Transaktion mit seinem Erlebnis nach der Transaktion. Übertrifft die Erwartungskomponente die Erlebniskomponente, entsteht Unzufriedenheit mit der Gefahr des Anbieterwechsels. Dann besteht für den Verkäufer keine Chance mehr, den Kundenlebenszeitwert zu realisieren. Ebenso ist die Beschwerdebehandlung zur Erhaltung der Referenzfähigkeit einer Transaktion gegenüber potenziellen Kunden zentral bedeutsam.

In dieser Beschwerdebehandlung geht es vor allem um die Beschwerdeannahme bzw. -erfassung sowie die Beschwerdebearbeitung bzw. -reaktion. Dabei gilt die Maßgabe, dass alle Beschwerden, unabhängig von ihrer Berechtigung, von Kunden offengelegt werden sollen, denn Beschwerden sind kostenlose Verbesserungshinweise der Kunden auf Angebots-/Anbieterschwächen, die man unbedingt abstellen muss. Daher ist die Anbringung einer Beschwerde so unkompliziert wie möglich zu gestalten (Beschwerdestimulierung).

Bei dieser Lösung kann es sich um eine Einzelfallwiedergutmachung (monetär und/oder materiell) handeln oder um eine Kulanzlösung mit finanzieller Wiedergutmachung ohne Einzelfallrecherche. Angesichts der Notwendigkeit zur Erreichung von Kundenzufriedenheit ist es fraglich, ob der zusätzliche Aufwand von Einzelfalllösungen sich rechnet, oder ob nicht eine pauschale Anerkennung der Beschwerde zweckmäßiger ist. Denn kommt die Einzelfallrecherche zu dem Ergebnis, dass berechtigterweise Wiedergutmachung zu leisten ist, entsteht gleich ein doppelter Aufwand, kommt sie hingegen zu dem Ergebnis, dass keine Wiedergutmachung berechtigt ist, steht dem Aufwand immer noch die Verärgerung des Kunden gegenüber.

4.2.4 Vermarktungsobjekte

Als Vermarktungsobjekte im Industriegüterbereich kommen Rohstoffe, Systeme, Anlagen und Produkte in Betracht *(siehe Abb. Arten des Industriegütergeschäfts)*.

4.2.4.1 Rohstoffe

Rohstoffe sind solche Industriegüter, die Bestandteile von Folgeprodukten werden, die aber keiner weiteren Bearbeitung unterworfen werden als derjenigen, die erforderlich zu ihrer Verfügbarmachung, ihrem Schutz, ihrer Lagerung, ihrem Transport ist und/oder bei denen gewisse Manipulationen zur Erreichung der Vermarktungsfähigkeit vorgenommen wurden (wie Zerkleinerung, Klassifizierung, Konzentrierung etc.). Der Markt der Rohstoffe umfasst im Einzelnen Urprodukte und Einsatzstoffe.

Urprodukte sind Anbauwaren, die aus der Natur gewonnen werden (landwirtschaftliche Erzeugnisse) und Abbauwaren (meist nicht-regenerierbar, inkl. Energie). Rohstoffe sind Ausgangsstoffe für nachfolgende Verarbeitungsstufen und werden ohne weitere Umformungsprozesse erstmals einer wirtschaftlichen Verwendung zugeführt. Sie verändern sich in der Produktion (davon zu unterscheiden ist die Energie als Betriebsstoff). Einsatzstoffe sind ver- und bearbeitete Rohstoffe, die Ausgangspunkt und Basis weiterer Produktionsprozesse sind, in diesem Zusammenhang mehr oder minder starken Veränderungen unterworfen werden und über Halbfabrikate, die als Zwischenprodukte eine weitere Be- oder Verarbeitung erfahren und dabei ihre Identität verlieren, zu Fertigfabrikaten werden.

Urprodukte umfassen also land- und forstwirtschaftliche Erzeugnisse, Mineralien und fossile Träger. Diese werden zumeist als Commodities (z.B. Mineralöl, Steine, Erden, Eisen, Stahl, NE-Metallen, chemische Säuren, Granulate, Glas, Schnittholz, Papier, Rohtextilien) bezeichnet. Dazu gehören Soft commodities, d.h., börsenfähige Rohstoffe, die nicht-metallisch sind (Getreide, Zucker, Kakao etc.) und Hard commodities, die metallisch sind. Für deren Börsenfähigkeit sind Fungibilität sowie Standardisierung der Kontrakte Voraussetzung (als Soft commodities werden oft auch Rohstoffe bezeichnet, die nicht-börsenfähig sind).

Einsatzstoffe betreffen bei angepasster Verhaltensweise am Markt verarbeitete oder bearbeitete Rohstoffe (Unterschied zu Commodities), die den Ausgangspunkt

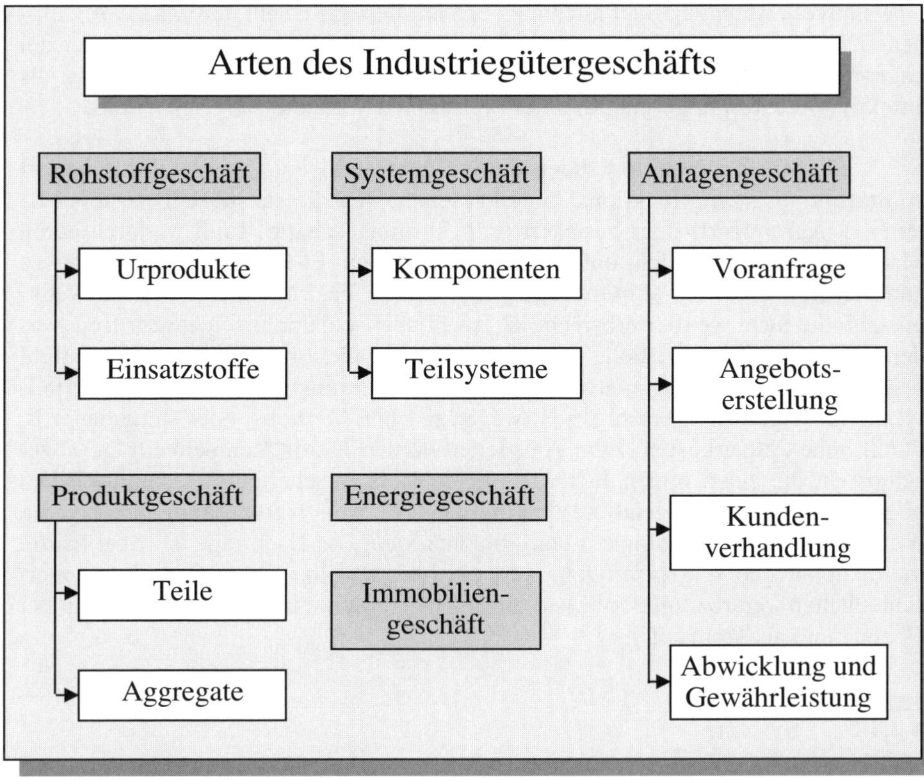

weiterer Produktionsprozesse bilden, in Folgeprodukte eingehen und Veränderungen unterliegen (Unterschied zu Teilen) und von Halb- zu Fertigfabrikaten werden. Ihre Produktion erfolgt durch Verarbeitung oder Rückgewinnung (Recycling). Dabei ist eine heterogene Nachfragerschaft, oft mit zwischengeschaltetem Produktionsverbindungshandel, bei niedrigem Verarbeitungsgrad und hoher Homogenisierung der Produkte gegeben. Zu den Hilfsstoffen gehören Rohstoffe, die als Nebenbestandteile in die Produktion eines Fertigprodukts eingehen. Betriebsstoffe dienen zur Aufrechterhaltung der Leistungsprozesse, gehen aber selbst nicht in das Produkt ein.

Wesentliche Kennzeichen von Urprodukten sind die Folgenden. Die Geschäftstätigkeit ist standortgebunden nur dort möglich, wo Urprodukte gewonnen bzw. geerntet werden können. Der Marktzugang ist also objektiv begrenzt. Sofern es sich um nicht-regenerierbare Rohstoffe/Energien handelt, ist ein wesentliches Anliegen die Sicherung ihrer Verfügbarkeit (z.B. durch Abbaulimitationen) sowie die Recyclierbarkeit der verwerteten Rohstoffe zur Rückgewinnung. Die Waren sind starken Quantitäts- und Qualitätsschwankungen unterworfen, die aus den Unwägbarkeiten natürlicher Bedingungen folgen, also z.B. Witterung, Fundstätte. Durch Bildung von Güteklassen soll deshalb eine Standardisierung erreicht werden. Dennoch wird versucht, eine Homogenität der Urprodukte herzustellen, da ansonsten eine sinnvolle Handelbarkeit nicht gegeben ist. Dies geschieht durch Klassifikationen (z.B. Güteklassen), denen Urprodukte innerhalb definierter Toleranzgrenzen zugeordnet werden. Diese sind dann auf Marktveranstaltungen (Warenbörsen als Effektiv- oder Termingeschäfte) unter bestimmten Voraussetzungen handelbar.

Die Märkte für Urprodukte werden infolge ihrer geringen Angebotselastizität, oft zu unrecht, als wenig funktionsfähig angesehen, weshalb sie speziell bewirtschaftet (z.B. Agrarmarkt) oder besichert (z.B. Termingeschäfte) sind, wodurch deren Marktergebnisse aber nicht unbedingt besser werden. Es kommt immer wieder zu natürlichen Monopolen auf Grund gegebener, nicht beeinflussbarer Betriebsbedingungen, die nicht wettbewerbsrechtlich, wohl aber sozialpolitisch angegriffen werden. Ökonomisch ist der hohe Konzentrationsgrad nicht zu beanstanden. Oft steht dem sogar eine Nachfragemacht entgegen. Das Aufkommen an Rohstoffen ist teilweise nur begrenzt lagerfähig, z.B. wegen raschen Verderbs, oder steuerbar, z.B. durch hohe Anlaufkosten. Zum Ausgleich werden häufig Rahmenverträge abgeschlossen, die einen hinlänglich verstetigten Umsatz schaffen und damit Risiken begrenzen. Da überwiegend die Bestimmung zur Weiterverarbeitung gegeben ist, besteht eine hohe Abhängigkeit von Folgemärkten. Die Nachfrage ist dabei häufig international und sehr heterogen, weil ein und derselbe Rohstoff zu sehr unterschiedlichen Verarbeitungszwecken eingesetzt werden kann (z.B. Mineralöl in der Chemie und als Treibstoff).

4.2.4.2 Systeme

Das Systemgeschäft betrifft den Kauf von Leistungen mit dem Ziel deren gemeinsamer Nutzung mit anderen kompatiblen Teilleistungen. Systembausteine sind dabei Systemkomponenten oder Teilsysteme. **Systemkomponenten** wiederum sind Güter, die ohne das Zusammenwirken mit anderen Systembausteinen keine sinnvolle Funktion erfüllen, **Teilsysteme** hingegen können auch isoliert genutzt werden. Außerdem werden oft Lead user mit Prototypen (Beta-Version) versorgt, um eine möglichst hohe Kundenwunschentsprechung eines Systems zu erreichen. Ein System kann damit als ein durch die Verkaufsfähigkeit abgegrenztes, von einem oder mehreren Anbietern in einem geschlossenen Angebot erstelltes Sachleistungs-Dienstleistungsbündel zur Befriedigung eines komplexen Bedarfs bezeichnet werden.

Das Systemgeschäft besteht aus systematischen Erweiterungs- und Ergänzungskäufen (Ggs.: Systems selling: Hardware-Software-Paket), wird also nicht in einem Zug abgeschlossen, sondern sukzessiv im Zeitablauf (auf Abruf oder nach eigenem Entscheid). Diese Aufträge gehen an einen Lieferanten (als Gesamtauftrag) oder an mehrere Lieferanten (als Komponentenkauf). Wesentliche Merkmale von Systemen sind der Bindungseffekt an den Systemstandard, ein Informationsdefizit bei Nachfragern, die problematische Wirtschaftlichkeitsberechnung, die hohe Komplexität und der daraus resultierende Vertrauensgutcharakter. Beim Abnehmer vorausgesetzt werden demnach Kompatibilität der Teilsysteme, eigenes Know-how oder zumindest Komplexitätsreduktion, bekannter Bedarf, hohe Markttransparenz und Risikofreude.

Durch die Entscheidung über die Art eines Systems wird womöglich auch eine Bindung zu einem bestimmten Anbieter hergestellt, bei Erweiterungen oder Modernisierungen dieses Systems muss daher über einen längeren Zeitraum hinweg auf diesen Anbieter zurückgegriffen werden. Dies ist ein Problem hinsichtlich immer kürzerer, untereinander selbst intern inkompatibler Produktlebenszyklen. So verleiten die bereits getätigten Investitionen in ein System selbst angesichts offensichtlich leistungsfähigerer anderer Systeme oft zur, betriebswirtschaftlich irrationalen, Aufrüstung, um die im System bereits investierten Geldmittel nicht untergehen zu lassen (Sunk costs). Letztlich wird dabei meist nur gutes Geld schlechtem hintergeworfen, denn die Abschreibung des bestehenden Systems und der anderweitige Einsatz der Geldmittel für ein überlegenes, neues System führt rasch auf ein weitaus höheres technisches Niveau und alimentiert die zusätzlichen Investitionen durch gesteigerte Wettbewerbsfähigkeit.

Die Besonderheiten des Systemgeschäfts beruhen auf sukzessiv gekauften, investiven Leistungen, die durch ein spezifisches Schnittstellenkonzept und eine Systemarchitektur bzw. -philosophie miteinander verknüpft sind. Erstkäufe führen insofern zu einer Festlegung, die den Käufer bei Folgekäufen an die einmal gewählte Architektur binden. Daher besteht ein enger Verbund zwischen einer langfristig wirkenden Architekturentscheidung und einer durch z.T. extrem kurzfristige Lebenszyklen gekennzeichneten Systemkomponentenbeschaffung. Dies setzt freilich voraus, dass das System, für das man sich entschieden hat, weiterentwickelt wird bzw. der Systemanbieter, für den man sich entschieden hat, weiterhin erfolgreich am Markt agiert. Dies ist nicht immer der Fall (z.B. Video 2000-System von Philips/Grundig). Deshalb betreffen Systemgeschäfte Vertrauensgüter, bei denen in Ermangelung anderer Anhaltspunkte meist die Anbieterreputation als Indikator für die Möglichkeit längerfristiger Geschäftsbeziehungen herhalten muss.

Weiterhin ist es erforderlich, die Systemarchitektur im Vorhinein festzulegen. Daraus resultiert eine meist längerfristige, sich verstärkende Lieferantenbindung. Denn je mehr vom Nachfrager bereits in ein bestehendes System investiert wurde, desto höher sind für ihn die Systemwechselkosten (Entwertung). Von großer Bedeutung ist daher die externe Kompatibilität, d.h., die Möglichkeit der Verbindung mit Teilsystemen anderer Lieferanten (Integralqualität), denn dadurch wird einerseits die Abhängigkeit von einem Anbieter reduziert und andererseits eine größere Flexibilität im Systemdesign erreicht. Ein Beispiel ist die Betriebssystemebene UNIX, welche die Integration unterschiedlicher Anwendungssoftware erlaubt. Ist Kompatibilität nicht gegeben, bedeuten Anfangsinvestitionen eine Bindungswirkung für Folgeabschlüsse, die Systemarchitektur legt den Anwender langfristig bei der Erweiterung seines Systems in der Auswahl der Erweiterungsbausteine fest. Geschlossene, nur intern kompatible, Systeme haben also keine Architekturschnittstellen. Ein solches geschlossenes System ist jedoch nur durch große Anbieter durchzusetzen (z.B. Matsushita/VHS, MS-DOS/Microsoft/IBM).

Für die Zukunftssicherheit ist es daher bedeutsam, dass die Weiterentwicklung des Systems nicht nur möglich ist, sondern auch tatsächlich betrieben wird, und zwar in einer Art und Weise, die dem Marktniveau entspricht. Daher ist es ein wesentliches Ziel der Anbieter, eine im Wahrnehmungsumfeld der Nachfrager verankerte bessere Beurteilung der Zukunftssicherheit zu erreichen als etwaige Konkurrenzanbieter.

Das Systemangebot kennt mehrere Beteiligte. Der Systemträger versucht, durch ein breites Produktprogramm sämtliche für die Systemrealisierung benötigten Komponenten und Teilsysteme anzubieten (evtl. gemeinsam mit Komponentenlieferanten als Handelsware). Komponentenanbieter liefern nur bestimmte Teilleistungen, zumeist mit technologischer Schrittmacherfunktion, um ihre Substituierbarkeit zu verringern. Der Integrator als Anbieter hat Problemlösungskompetenz, ist unabhängig in der Systemwahl und bietet die Software zur Anwendbarkeit. Weitere Beteiligte sind Teilelieferanten, Service provider (Systemdienste) und Infrastruktur-Provider.

Es lassen sich zwei horizontale und eine vertikale Variante von Systemen unterscheiden. Das Stand alone-System ist ein erweiterungsfähiges horizontales System mit eindeutiger Schnittstellendefinition, das auch unvernetzt genutzt werden kann. Das Kritische Masse-System ist ebenfalls ein horizontales System und abhängig von der (Mindest-)Menge gegenwärtiger oder zukünftiger Anwender, es verfügt über definierte Schnittstellen. Das Verkettungssystem ist ein vertikales System und hat eine flexible Systemarchitektur, welche die Integration verschiedenartiger Teilsysteme in einem interaktiven Gesamtsystem ermöglicht.

Abhilfe für die hohe Risikowahrnehmung kann auf mehrerlei Weise geschehen. Generell hilfreich sind der Aufbau und die Kommunikation von Kompetenz in Form eines bewussten Management der Geschäftsbeziehungen. Dabei spielt das Timing des Markteintritts eine zentrale Rolle. Sinnvoll ist auch das Angebot kundengewünschter Systemkonfigurationen. Ein breites Feld bietet sich für die Gestaltung des Dienstleistungsumfangs. Zu denken ist an schlüsselfertige Installationen, Folgeverkäufe, Up selling und Cross selling.

4.2.4.3 Anlagen

Anlagen sind Leistungsangebote, die ein durch die Vermarktungsfähigkeit abgegrenztes, von einem oder mehreren Anbietern in einem geschlossenen Angebot erstelltes, kundenindividuelles Hardware- oder Hardware-Software-Bündel zur Fertigung weiterer Güter darstellen. Sie werden meist in Einzel- oder Kleinserienfertigung hergestellt, regelmäßig erfolgt die funktionsfähige Montage erst beim Kunden (Raffinerien, Walzwerke, Flugsicherungen etc.). Im Anlagengeschäft werden komplexe Projekte vermarktet. Die Spezifikation der zu erstellenden Anlage wird zu einem bestimmten Zeitpunkt festgelegt. Die Kaufentscheidung fällt projektspezifisch erst zu einem späteren Zeitpunkt. Die Realisierung des Projekts erstreckt sich dann meist über einen längeren Zeitraum. Das Projekt ist damit in der Regel abgeschlossen, systematische Erweiterungs- und Ergänzungskäufe finden nicht statt.

Als bestimmende Merkmale des Anlagengeschäfts gelten folgende. Es erfolgt eine kundenindividuell ausgerichtete Produktion in Auftragsfertigung, also erst nach Erhalt des Auftrags. Dafür erfolgt die Anlagenausführung dann „tailormade". Es liegen lange Zeiträume zwischen Angebotsabgabe, Auftragsvergabe und Projektabschluss, und es ist ein hoher Wert des Einzelauftrags gegeben, sodass Referenzen und Garantien eine große Rolle spielen (Erfahrungsgüter). Der grenzüberschreitenden Auftragsvergabe kommt große Bedeutung zu, demnach ist eine internationale Ausrichtung unerlässlich. Wegen des hohen Auftragwerts ist auch die Absatzfinanzierung wichtig, z.B. wenn eine Exportfinanzierung erforderlich wird.

Es werden jeweils Einzelaufträge akquiriert, die diskontinuierlich eingehen, dann aber über lange Zeit die Beschäftigung sichern. Die Komplexität von Anlagen erfordert oft Personalschulung und Wartung durch den Ersteller als Dienstleistungsanteil. Veränderungen des Auftrags während der Abwicklung zwingen zur Anpassung der Ausführung an die im Verlauf der Realisierung gesammelten Erkenntnisse. Die komplexe Leistungserstellung erfordert meist die Zusammenarbeit verschiedener Spezialisten in kooperativen Anbieterorganisationen.

Für die Betrachtung des Anlagengeschäfts ist ein verkaufsphasen-spezifisches Vorgehen typisch. In der **Voranfragephase** sind Aktivität oder Passivität des Anbieters möglich. Passivität wird durch eine hohe Markttransparenz ermöglicht (wenige Anbieter, wenige Nachfrager, d.h., man wird angefragt), allerdings entsteht ein Bindungseffekt (Creeping commitment) zwischen Nachfrager und Anbieter, sodass eine möglichst frühe Einschaltung zur Akquisition sinnvoll ist. Aktivität wird meist durch gezielte Kommunikationspolitik zur Stimulierung des Bedarfs umgesetzt. Dieses Creeping commitment bezieht sich auf die fortschreitende Festlegung von Entscheidungsalternativen, z.B. in Bezug auf Lieferant, Produkt, Konditionen. Häufig wird im staatlichen Bereich das formalisierte Verfahren der Ausschreibung zur Auftragsvergabe eingesetzt, bei der entweder ein begrenzter Kreis von Anbietern oder die Gesamtheit aller am Markt auftretender Anbieter öffentlich zur Angebotsabgabe auf Basis eines detaillierten Leistungsverzeichnisses und ohne Nachverhandlungsmöglichkeit aufgefordert wird. Allerdings ist zu überlegen, neben diesem offiziellen Angebot ein zweites (Parallel-)Angebot mit veränderter Technologiebasis abzugeben, das den Empfehlungen des Anbieters zur Problemlösung entspricht. Im Unterschied dazu ist die freihändige Auftragsvergabe durch einen geringen Formalisierungsgrad gekennzeichnet. Häufig ist auf Nachfragerwunsch auch eine finanzielle Sicherheit zu hinterlegen, die Gewähr dafür bieten soll, dass ein Anbieter sein Gebot nicht nach Erhalt des Zuschlags zurückzieht. Eine weitere Sicherungsvorkehrung ist der positive Gewährleistungsnachweis, d.h., die Zusicherung des Anbieters, dass seine erstellte Anlage die vertraglich geforderte Leistung auch tatsächlich erbringen kann. Schließlich ist zumeist der Nachweis über die grundsätzliche Leistungsfähigkeit des Lieferanten als Präqualifikation erforderlich, die über Referenzen erbracht wird. Gelegentlich wird auch eine grob strukturierte, technisch-ökonomische Vorstudie (Scope of work) als Vorleistung angefordert.

Die Anfrage soll eine möglichst genaue Beschreibung der Art der geplanten Anlage bzw. des zur Lösung anstehenden Problems inkl. einzuhaltender Standards bieten. Dazu gehören möglichst konkrete Angaben über die gewünschte Kapazitätsauslegung und die erwarteten Durchsatzmengen einer Anlage, Hinweise auf den geplanten Rohstoffeinsatz sowie das notwendige Personal, außerdem Aussagen über absatzmarktbestimmte Anforderungen an die mit der Anlage zu erzeugenden Produkte insb. hinsichtlich ihrer Qualität. Weiterhin Angaben über Integrationsmöglichkeiten bzw. -notwendigkeiten mit anderen Anlagen des Auftraggebers, Vorstellungen über Restriktionen (z.B. Standort, Klima, Umweltauflagen, staatliche Vorschriften), Lieferzeitvorstellungen, Garantiewünsche (und evtl. Vertragsstrafen bei Nichteinhaltung), Vorstellungen des Auftraggebers über Eigenleistungen bei Erstellung und Betrieb der Anlage, vorgegebene Leistungen Dritter, Finanzierungsmöglichkeiten bzw. -grenzen und allgemeine Geschäftsbedingungen.

In der **Angebotserstellungsphase** werden bei der Anfragenanalyse zumeist Punktbewertungsmodelle eingesetzt. Hier geht es um das Erkennen von Projektrisiken. Sofern, was die Regel ist, die Anlage nicht komplett selbst erstellt werden kann, stellt sich die Frage der Bildung einer Angebotsgemeinschaft (Wahl der Partner, Wahl der Rechtsform). Kernpunkt des Angebots ist die preispolitische Entscheidung. Die Bestimmung des Angebotspreises bei Einzelprojektierung ist generell wegen des Individualcharakters des Projekts problematisch und erfolgt oft kostenorientiert. Außerdem ist eine Preissicherung wegen des langen Zeitraums zwischen Anbahnung und Abschluss des Projekts erforderlich (z.B. durch Festpreis, Preisvorbehalt, Preisgleitklausel). Oft erfolgen auch Submissionen (vor allem bei staatlichen Institutionen und anderen juristischen Personen des öffentlichen Rechts als Auftraggeber). Diese erfordern dann klar definierte Qualitäten und Quantitäten, sodass der Preis bei normierter Leistung zum ausschlaggebenden Auswahlkriterium wird. Dabei werden, sofern das anbietende Unternehmen nicht vom Auftragszuschlag abhängig ist, häufig Competitive bidding-Systeme eingesetzt. Diese ermitteln zu erwartende Deckungsbeiträge, indem für jeden möglichen eigenen Preis die mit dem jeweiligen Preis verbundenen Deckungsbeiträge mit der Wahrscheinlichkeit dafür, bei diesem Preis zum Zuge zu kommen, gewichtet werden. Häufig werden aber auch basale Ansätze wie Kilokostenpreise (auf Basis von Erfahrungswerten), Einflussgrößenkalkulation (nach multipler Regressionsanalyse), Modifikationspreise (orientiert an früheren, vergleichbaren Projekten) oder Grobprojektierungen (durch Schätzung der Kostenkomponenten) angewendet.

Wegen des hohen Projektwerts nimmt die Planung und Ausarbeitung von maßgeschneiderten Finanzierungskonzepten durch Erschließung und Kombination aller zweckadäquaten Alternativen große Bedeutung ein. Im internationalen Geschäft kommt noch das Erfordernis einer Exportkreditversicherung hinzu. Nicht selten verlangt der Abnehmer, vor allem, wenn es sich um einen staatlichen Auftrag handelt, auch die Errichtung lokaler Infrastrukturmaßnahmen. Üblich sind zudem An- und Zwischenzahlungen nach Projektfortschritt sowie langlaufende Zahlungsziele. Neuerdings werden verstärkt computergestützte Angebotssysteme mit dem Ziel der Abgabe korrekter und treffender Angebote, der Erweiterung der Dienstleistungskomponente, des aktualisierten Wissensstands aller Mitarbeiter, der sicheren Beurteilung des Kundenbedarfs, der zielgenauen Nutzung der eigenen Vertriebskapazität, der Abstimmung zwischen Vertrieb und Produktion sowie des Know-how-Transfers eingesetzt. Diese bestehen zumeist aus den Modulen Kundendatenbank, elektronischer Produktkatalog, Know-how-Datenbank, Zeichnungsdatenbank, rechnergeführte Bedarfserhebung, Konfigurator, Kalkulationsroutinen, Preisfindungsroutinen, Finanzberatung, Folgekostenabschätzung, Informationszuordnung, Angebotsausdruck und Angebotsverfolgung.

In der **Kundenverhandlungsphase** erfolgt zumeist eine technische Leistungsmodifikation. Hinsichtlich der Interaktionen ist anzunehmen, dass korrespondierende Erwartungen in Bezug auf den Verhandlungsrahmen und Verhandlungsinhalt dem Abschluss förderlich sind. Daher ist auf adäquate Funktions-, Hierarchie- und Entscheidungsstrukturen auf Käufer- und Verkäuferseite zu achten. Das Delegationsmodell geht dabei davon aus, dass der Anbieter Vorschläge macht, die der Abnehmer annimmt oder ablehnt, das Zusammenarbeitsmodell geht davon aus, dass Anbieter und Abnehmer gemeinsam tragfähige Lösungen erarbeiten. Vorläufiges Ergebnis der Verhandlungen ist oft ein Letter of intend als Willenserklärung des Anlagenabnehmers, den Auftrag zur Erstellung an den Adressaten zu vergeben, ohne dass daraus bereits rechtliche Ansprüche des Anbieters auf eine Auftragserteilung erwachsen.

Oftmals spielen bei den Verhandlungen Fragen der Generalunternehmerschaft eine zentrale Rolle. Diese zu übernehmen, ist für einen Anbieter nicht ungefährlich. Denn es entstehen vielfältige Problemfelder, so bei Lieferverzug eines einzelnen Sublieferanten oder bei zufälligem Untergang eines bereits vom Unterlieferanten erstellten Anlagenelements vor Gefahrenübergabe an den Kunden. Die Gewährleistungsfrist für Teilleistungen kann infolge lang laufender Projekte bereits abgelaufen sein, bevor die entsprechenden Fristen für die Gesamtanlage überhaupt beginnen. Probleme entstehen auch aus der Abstimmung der Zahlungen vonseiten des Abnehmers mit denen des Generalunternehmens an die Sublieferanten. Vereinbarungen über Schiedsgerichtsentscheidungen und andere Konfliktlösungsmechanismen (Mediation) sind daher unerlässlich. Auch die Abgrenzung und Zurechnung von Garantieverpflichtungen und Pönalen macht oft Schwierigkeiten. Werden von einem Sublieferanten bei der Erstellung seiner Teilleistung Schäden am Gesamtprojekt bewirkt, so haftet grundsätzlich zunächst der Generalunternehmer dem Kunden. Die Möglichkeit des Regresses ist für diesen oft durch die Unverhältnismäßigkeit von Schaden und Lieferung bzw. Finanzkraft des Sublieferanten kaum durchsetzbar. Der Generalunternehmer hat auch zusätzliche finanzielle Belastungen zu tragen, so etwa die Bevorschussung von Transportkosten, die Bankgarantiebeschaffung und -gebühren, die Zollauslagen, die Logistikkosten etc. Daher

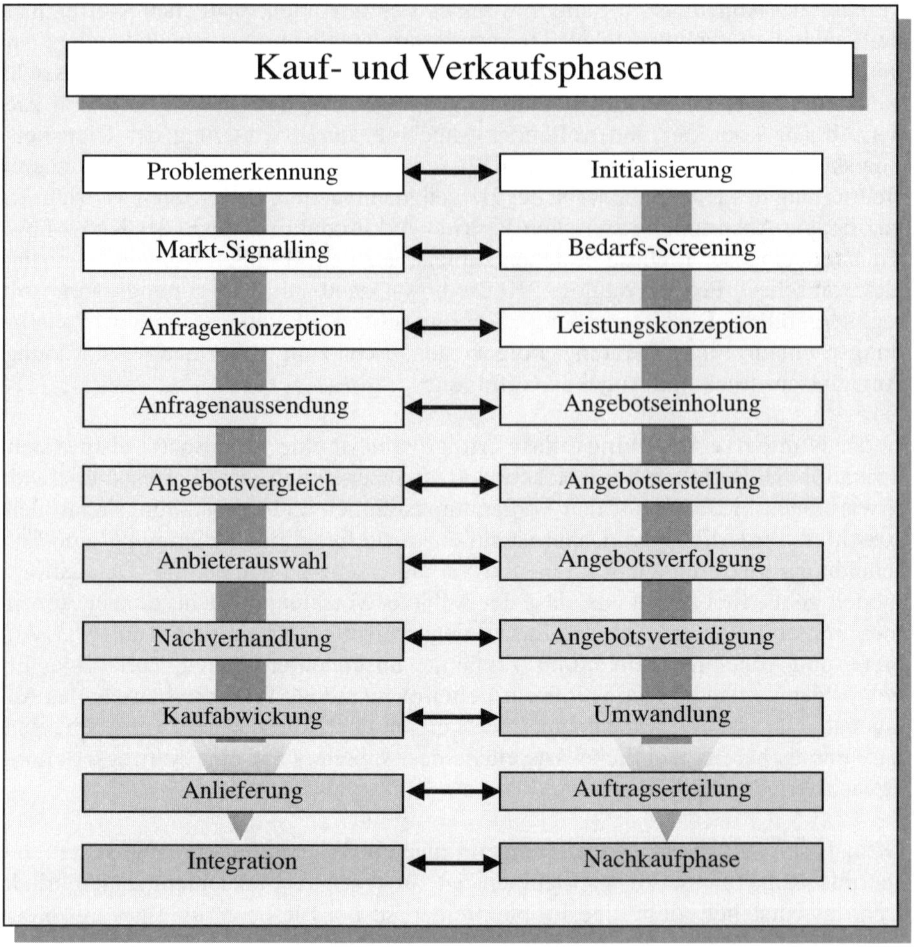

setzt die Durchführung der Generalunternehmerschaft ein qualifiziertes Projektmanagement voraus.

In der **Abwicklungs- und Gewährleistungsphase** schließlich geht es um die eigentliche Projektdurchführung. Dazu gehören zahlreiche Modalitäten wie im Einzelnen die Auftragserstellung, die Auftragsübermittlung, Informationen über Liefermodalitäten, die Prüfung der Kundenbonität, die Bestandsdisposition, die Produktionsplanung, die Ausstellung der Versandpapiere, die Kommissionierung bei Abrufaufträgen, die Transportmittelwahl, die Fakturierung etc.

Abgeschlossene Projekte sind immer wichtige Referenzanlagen für Folgeaufträge anderer Nachfrager, daher ist durchgängig Kulanz bei Abnahme bzw. Gewährleistung angezeigt. Eine Referenz ist wegen des hohen, vor allem finanziellen Risikos in der Akquisition hilfreich und ohnehin meist als Präqualifikation erforderlich. Die Referenz kann sich auf die gesamte Anlage, einzelne Komponenten, das

Know-how oder eine gegebene Anbietergemeinschaft beziehen. Weiterhin geht es im Nachkaufmarketing um die Dissonanzreduktion wie sie im Rahmen des Beschwerdemanagements zentraler Gegenstand ist.

4.2.4.4 Produkte

Das Produktgeschäft umfasst alle Gebrauchsgüter und die damit verknüpften Dienste, die von Unternehmen/Organisationen zum Zweck der Fremdbedarfsdeckung beschafft und eingesetzt werden, sofern sie nicht Anlagen und nicht Systeme sind. Typisch für Produkte ist die Produktion in Sorten-, Serien- oder Massenfertigung, auf jeden Fall aber in größeren Stückzahlen weitgehend unverändert über einen längeren Zeitraum hinweg. Abnehmer sind investive Verwender, daher erfolgt die Gestaltung im Produktgeschäft teilweise in Abstimmung mit diesen und in längerfristigen Rahmenverträgen eingebunden. Produktbegleitende Dienstleistungen haben dabei eine steigende Bedeutung. Kooperationen mit anderen Anbietern sind eher selten anzutreffen. Der Absatz erfolgt zumeist über den Produktionsverbindungshandel. Produkte werden von Abnehmern zum isolierten Einsatz nachgefragt.

Kaufentscheidung und Produktverwendung liegen hierbei eng beieinander. Beim Kauf standardisierter Produkte liegt nur eine kurze Zeitspanne zwischen dem Bestellvorgang und dem Einsatz des Produkts (d.h. Lieferung ab Lager). Erfahrungen mit dem Produkt bzw. Lieferanten können so ohne größere Verzögerung bei späteren Kaufentscheidungen eingebracht werden und zur Festigung der Lieferantenbeziehung (Stay-Entscheid) bzw. bei Unzufriedenheit zum Lieferantenwechsel (Exit-Entscheid) führen.

Das Produktgeschäft lässt sich in zwei Bereiche unterteilen, Teile und Aggregate. **Teile** sind Produkte, die ohne wesentliche Be- oder Verarbeitung unter Wahrung ihrer Identität in andere Erzeugnisse eingebaut bzw. zu solchen zusammengefügt werden. Sie werden jedoch nicht getrennt verkauft wie Handelsware. Dies ist möglich für Teile (Einzelelemente wie z.B. Mikroprozessoren) oder Baugruppen (Halbfabrikate wie z.B. Lenkservo-Einheit). Teile werden in die Erzeugnisse des Abnehmers eingebaut bzw. dort zu Fertigprodukten montiert und damit Teil eines größeren Ganzen (z.B. Lichtmaschine beim Pkw, DVD-Laufwerk beim PC, Elektromotor bei der E-Lok). Sie werden einzeln bestellt und vom Nachfrager zu größeren Einheiten zusammengefügt. Im Unterschied zu Halbfabrikaten unterliegen sie jedoch der Veränderung im Produktionsprozess durch Verarbeitung. Teile können im Einzelnen charakterisiert werden nach Produktart, Komplexität, Erklärungsbedürftigkeit, Grad der physischen Verbundenheit mit dem Folgeprodukt, Funktionalität, Lebensdauer, Wertdimension etc. Von besonderer Bedeutung ist ihre Integralqualität, d.h. die möglichst reibungslose Einfügung der Teile in das Endprodukt sowie in den Produktionsprozess des Abnehmers.

Aggregate sind allein funktionsfähig und erfüllen beim Nachfrager eine bestimmte Funktionsnotwendigkeit, ohne dass ihre Integration in größere Systeme bedeutsam ist (z.B. Fotokopierer, Hebekran). Sie sind ihrer Natur nach mehr oder minder komplex, isoliert einsetzbar und mit anderen Aggregaten zu verbinden. Im Unterschied zu Teilen sind Aggregate also sowohl im Verbund als auch eigenständig nutzbar (z.B. Büromaschinen, Nutzfahrzeuge). Sie werden oft in größerer Stückzahl und zu einem gemeinsamen Zeitpunkt beschafft. Kennzeichnende Merkmale sind ihr hoher Standardisierungsgrad, ihre technische Komplexität und ihr hoher Wert. Entscheidungsbedeutsam sind für Nachfrager vor allem Aspekte der Ersatzteillieferung, der Wartungs- und Reparaturleistungen sowie der technischen Weiterentwicklung der Aggregate und die Verfügbarkeit produktverbundener Dienstleistungen.

Das gleiche Produkt kann durchaus Aggregat (also selbstständig einsetzbar) oder Teil (also produktionsbezogen untergehend) sein, es kommt dabei auf seine Vermarktung an. Produkte unterscheiden sich im Übrigen in dieser Vermarktung nicht sehr stark von Konsumgütern. Sie werden für einen mehr oder minder anonymen Markt entwickelt, einheitlich vorgefertigt und unter Einsatz der üblichen Marketinginstrumente vermarktet. Handelt es sich zudem um weitgehend standardisierte (genormte) Produkte, entfällt ein großer Teil der Differenzierungsmöglichkeiten, und der Preis wird zentral. Bei nicht-standardisierten Produkten ist hingegen eine Differenzierung, etwa über objektiv nachgewiesene Qualitätssicherung oder Synchronisierung von Lieferservice und Produktionstakten des Abnehmers möglich. Darüber hinaus bietet sich die Wertschöpfungskettenverschränkung von Zulieferern und ihren Abnehmern bei FuE und technologischen Innovationen des Zulieferers an, die dem Abnehmer dieser Produkte eigenständige Wettbewerbsvorteile bei seinen Kunden verschaffen (z.B. Entwicklung von ABS durch Bosch zunächst für Daimler-Benz). Das Produktgeschäft erfolgt zur Erstausrüstung (Original equipment manufacturing/OEM), zur Nachrüstung (Erweiterung) oder als Ersatzteil. Die Vermarktung tangiert dabei weiterhin den Ursprungshersteller, die Endnutzer und den (Produktionsverbindungs-) Handel, der seinerseits produkt-, hersteller-, länder- oder verwenderorientiert arbeitet.

4.2.4.5 Sonstige Marktarten

Spezialitäten stellen einen weiteren Bereich der Industriegüter dar, der neue Werkstoffe oder veränderte Verarbeitungsbereiche betrifft (spezielle Klebstoffe, Spezialstähle, witterungsbeständige Farben, umweltfreundliche Schmiermittel, Spezialbohrer, Spezialschrauben etc.). Diese Spezialitäten erfordern teilweise erhebliche Beschaffungsanstrengungen. Nach Möglichkeit wird daher ein Ersatz durch, wenngleich überdimensionierte, Standardgüter zu erreichen gesucht.

Einen wegen der Kosteneinsparungsmöglichkeiten immer bedeutsameren Bereich stellen **indirekte Produkte** dar. Dies sind Waren, die nicht im Bereich der eigentlichen Wertschöpfung benötigt werden, sondern im Bereich der Stützleistungen der Administration. Dabei handelt es sich überwiegend um stark standardisierte

Artikel, die je Einheit eher von geringerem Wert sind (z.B. Schreibwaren, Büroartikel), deren Gesamtwert jedoch rasch relevante Höhen erreicht. Wegen der Normierung der Anforderungen sind indirekte Produkte einer Internet gestützten Beschaffung in Form elektronischer Marktplätze zugänglich, so dass von Nachfragern erhebliche Kostenvorteile genutzt werden können. Wegen ihrer Wettbewerbsneutralität schließen sich häufig auch direkte Konkurrenten zu deren gemeinsamer Beschaffung zusammen.

Die Nachfrage nach **Energie** ist eine abgeleitete aus der autonomen Produktion dieser Nachfrager. Die jahrezehntelange Kartellierung der Märkte ist zwar aufgebrochen, die Substitutionskonkurrenz zwischen Energien jedoch nach wie vor begrenzt. Die Kostenstrukturen sind durch einen überwältigenden Anteil von Fixkosten geprägt, der besonders anfällig für Auslastungsschwankungen macht. Energie wird oft auch von Nachfragern eigenerzeugt statt fremd zugekauft. Das Energiegeschäft ist dem Rohstoffgeschäft eng verwandt, weist jedoch im Unterschied zu diesem einen hohen Dienstleistungsanteil auf. Der Energiemarkt ist durch einige Besonderheiten gekennzeichnet wie enger Rechtsrahmen, weit überwiegend nicht regenerierbare Ressourcen, hohe Markteintrittsschranken, geringer Wirkungsgrad der Energiegewinnung und evtl. erforderliche flächendeckende Distribution.

Auch **Immobilien** sind durch eine Reihe marktlicher Besonderheiten gekennzeichnet. Dazu gehören vor allem ihre Standortgebundenheit, die große Heterogenität der einzelnen Objekte, die hohe Dauerhaftigkeit dieser Objekte, der starke Projekt- und Dienstleistungscharakter, der hohe Beratungsbedarf auf der Nachfrageseite, die hohen Transaktionskosten beim Eigentumsübergang, die Abhängigkeit der Marktentwicklung von anderen Märkten (z.B. Zinsen, Steuern, Subventionen, Gesetze). Insofern sind marktspezifische Anstrengungen notwendig. Man unterscheidet dabei die Phasen der Projektentwicklung in der Planung, des Projektmanagement während der Erstellung und des Objektmanagement bei der Bewirtschaftung der Immobilie.

B. Markenpolitik

Der Markenartikel ist von zentraler Bedeutung innerhalb der Marketingpolitik. Denn Ziel des Marketing ist im Allgemeinen, aus einem letztlich weitgehend austauschbaren Produkt eine alleinstellende Marke zu stilisieren. Nur dadurch ergibt sich für einen Anbieter die Chance auf Kundenbindung und Rentabilität. Insofern handelt es sich um eine der wichtigsten Marketingaktivitäten überhaupt.

Gemessen daran ist die Berücksichtigung von Thematiken des Markenartikels in der gängigen Marketingliteratur eher unterrepräsentiert. Dies lässt sich wohl nur durch die zu Grunde liegenden, äußerst komplexen Sachverhalte erklären. Es ist daher ein zentrales Anliegen, etwas mehr Licht in diese Thematik zu bringen und bestehende Erkenntnisse über den Markenartikel ebenso aufzuarbeiten wie einige neue Erkenntnisse hinzuzufügen.

Das Kapitel gliedert sich dazu in die fünf Abschnitte Markentechnik, Markentypen, Strategieraster für Markenerfolg, Markenführung und Markenschutz. Die Idee der Markentechnik (1.) stellt die bedeutsamen Grundlagen der Markenartikel-Denkweise dar, ohne die das Mysterium der Marke nicht zu verstehen ist. Die Markenarchitektur (2.) dient zur Systematisierung der strategischen Markenführung (in horizontale/2.1, vertikale/2.2 und absenderbezogene/2.3 Markentypen). Die Strategieraster für Markenerfolg (3.) stellen bewährte Konzepte zur Markenpositionierung vor, die branchenübergreifende Gültigkeit und „Lotsenfunktion" haben. Die Markenführung (4.) befasst sich mit der operativen Steuerung der Markenaktivitäten, vor allem in Bezug auf die Innovation, Pflege, Variation und Elimination von Marken. Der Markenschutz (5.) schließlich beschäftigt sich mit dem Markenwert, der Markenpiraterie und den Schutzrechten zu deren Monopolisierung.

1. Idee der Markentechnik

Im Folgenden wird zunächst das Phänomen der Marke vorgestellt und dann der Markenartikel definiert. Dazu werden die Markeninhalte und -eigenschaften herangezogen. Die „Markengesetze“ zeigen historische Postulate zur Markenführung auf und der Markenset erläutert den Prozess der Markenauswahl. Die Markenpersönlichkeit erschließt weiterhin das auf das Käuferverhalten zielende Profil der Marke. Doch zunächst zum Markenphänomen.

1.1 Darstellung

1.1.1 Markenphänomen

Wir leben in einer zunehmend anonymen Welt. Keiner kennt keinen so richtig, und an den allermeisten Menschen hat man womöglich auch gar kein gesteigertes Interesse. Dennoch hat jede Person ein Selbstkonzept im Kopf, d.h., ein Bild, wie sie Anderen gegenüber auftreten und von diesen eingeschätzt werden möchte. Dieses zu vermitteln, ist aber angesichts der zunehmend hektischen Lebensbedingungen gar nicht so einfach. Die Alternative, den Menschen seines Umfelds über die eigene Person, deren Einstellung und Verhalten zu berichten, stellt sich als unrealistisch heraus. Selbst, wenn man den Versuch dazu unternehmen wollte, käme man nicht weit damit. Wie viele Menschen kann man im Laufe eines Tages schon erreichen und ihnen über sich selbst berichten? Ganz abgesehen davon, dass die wenigsten Gesprächspartner über diesen Ansatz begeistert sein werden. Dennoch bleibt aber der Wunsch zur sozialen Profilierung erhalten.

Wir alle sind geneigt, Personen, die wir nicht näher kennen und von denen wir nichts näher wissen, anhand der Dinge zu beurteilen, mit denen sie sich umgeben, derer sie sich bedienen. Und wir alle haben so unsere Vorurteile, die ganz ungerechtfertigt sind, weil wir der Person, die wir da kategorisieren, erheblich Unrecht tun können. Aber ist sie nicht selber Schuld daran, wenn sie uns die falschen Signale zur Interpretation anbietet? Bei diesen Signalen handelt es sich zunächst natürlich um Körpersignale, wir sind geneigt, Dicke für gemütlich, Dünne für asketisch, Blondinen für erotisch und Junge für leistungsfähig zu halten. Ob diese Signale immer zutreffen, kann tatsächlich stark bezweifelt werden. Aber das Repertoire zur Selbstdefinition im sozialen Umfeld, das uns auf Grund unserer physischen Merkmale zur Verfügung steht, ist sehr begrenzt, und setzt eben oft genug falsche Signale.

Dann sind da aber noch die Produkte, mit denen man sich umgibt. Sie setzen ganz deutliche Signale. Man stelle sich nur einmal vor, ein und dieselbe Person steigt einmal aus einem Saab 9.3 und ein anderes Mal aus einem Opel Vectra aus, zwei Fahrzeuge also aus dem gleichen Konzern (GM) und in der gleichen Preisklasse. Und umstehende Personen, die diese beiden Szenen nacheinander sehen, werden jeweils dahingehend befragt, was sie glauben welchen Beruf der Fahrer ausübt, wie hoch sein Einkommen ist, welche Schulbildung er hat, wie seine Wohnungseinrichtung aussieht etc. Dann werden, trotz identischer Person, sehr wahrscheinlich zwei recht verschiedene Profile dabei herauskommen. Und dies nur, weil aus der Marke, in diesem Fall der Automobilmarke, die jemand nutzt, mangels besseren Wissens und nachhaltigerer Beschäftigung auf die Person geschlossen wird, die sich dieser bedient.

Und geradeso ist das bei allen Produkten, mit Uhrenmarken, die dem Kenner vermeintlich präzise Signale über ihren Träger geben, mit der Jeansmarke, die für Jugendliche ein ganz wichtiges Klassifikationsmerkmal ist, oder mit der Turnschuhmarke, die schon bei den Kids auf dem Schulhof deutlich differenziert. Geeignete Marken bieten so die Sicherheit, in einer gewünschten Art und Weise eingeschätzt zu werden und sind damit unentbehrliche Utensilien im sozialen Umfeld. Die Tatsache, dass bestimmte gewünschte Signale nur von bestimmten erwünschten Marken ausgehen, verschafft diesen wiederum eine weitgehende Alleinstellung. Das aber bedeutet, es entsteht ein quasimonopolistischer Preisspielraum. Ein Anbieter also, dem es gelingt, sein Produkt von einer anonymen Ware zu einem Markenartikel hochzustilisieren, hat es geschafft, er kann höhere Preise als der Mitbewerb für ein objektiv weitgehend vergleichbares Produkt durchsetzen, weil dieses eben subjektiv, und nur darauf kommt es ja im Marketing an, doch nicht vergleichbar ist. Das meinte Domizlaff schon vor fünf Jahrzehnten mit der Monopolisierung der Märkte durch Marken.

Vor allem bietet die Marke eine Sicherheitsfunktion, denn sie ist eine bekannte, vertraute Größe, berechenbar in ihren Dimensionen und reduziert in ihrem Risiko. Und genau dies ist die wichtigste Funktion der Marke: Risikoreduktion. Selbst bei Produkten, die nicht ohne weiteres der Einschätzung durch die Umwelt zugänglich sind, dominiert die Marke. Als Beispiel sei Mehl angeführt, wahrlich kein Produkt, das irgendwie profilierend wirkt. Mehl ist zudem in seiner Güte nach Typenklassen standardisiert, so kennzeichnet die Type 405 ein Mehl einer definierten Feinheit und Weiße. Und nur Mehl, das diese Anforderungen erfüllt, darf die Type 405-Bezeichnung tragen. Es spricht also nichts dafür, auch nur einen Pfennig zusätzlich auszugeben, um ein Marken-Mehl der Type 405 zu erstehen. Dennoch sind die erfolgreichsten Produkte in diesem Markt Marken, wie Aurora, Goldpuder, Diamant etc. Und Erfahrung zeigt, dass dies ganz besonders gilt, wenn wichtige „Backereignisse“ anstehen, z.B. Geburtstagskuchen oder Weihnachtsbäckerei. Obgleich also die Signalwirkung der Marke gleich Null ist, weil sie als Vorprodukt im Prozess verschwindet und die Qualität normiert wird, gibt es dennoch eine deutliche Markenpräferenz mit der Folge der Hinnahme eines Preisaufschlags gegenüber No Name-Mehl. In bestimmten, hoch profilierenden Produktbereichen haben sogar nurmehr Markenartikel eine Chance, z.B. Bier, Weinbrand, Zigaretten etc.

Da es an der Zeit zur intensiven Beschäftigung mit dem sozialen Umfeld mangelt, ist man zu einer Einordnung zwingend auf **Schlüsselsignale** (Information chunks) angewiesen, die vermeintlich eine genauere Beschäftigung ersparen. Wenn nun die Beurteilung der eigenen Person durch andere meist nur anhand solcher Schlüsselsignale erfolgt, kann, ja muss man dies bewusst nutzen, selektiv genau diejenigen Signale auszusenden, die geeignet sind, bei einer hinreichend großen Anzahl anderer Personen zu einer Rubrizierung zu führen, die dem eigenen Selbstkonzept entspricht.

Sender solcher Schlüsselsignale sind vor allem die Produkte, mit denen man sich umgibt. Denn neben der Physiognomie und der Raum-Zeit-Konstellation sind dies die wesentlichen Signalgeber im sozialen Umfeld. Umgibt man sich mit unzweckmäßigen Produkten, besteht daher die hinlängliche Gefahr, dass diese vom Umfeld in einer Art und Weise interpretiert werden, die nicht dem Selbstbild der eigenen Person entspricht, also zu einer falschen Rubrizierung führt. Für eine Korrektur dieser unzutreffenden Einschätzung besteht meist keine Möglichkeit, und zwar einerseits, weil man sie selbst nicht ohne Weiteres als eine solche erkennt, denn sie findet in den Köpfen anderer Personen statt, und andererseits, weil es einfach auch an der Gelegenheit zur Korrektur fehlt. Will man dieses Risiko vermeiden, ist es unbedingt zweckmäßig, sich nur solcher Produkte zu bedienen, die der eigenen Selbstsicht entsprechen und damit hochwahrscheinlich dazu führen, dass man von anderen gerade so eingeschätzt wird wie man es gerne hätte.

Dabei kann es durchaus zu einem Auseinanderfallen zwischen persönlicher Realität und kommunikativem Anschein kommen. Als Produkte, die derartig zuverlässige Schlüsselsignale aussenden, sind aber nicht einfach irgendwelche geeignet, denn bei diesen weiß man nicht so genau, was bei ihnen an Signalwirkung herauskommt, sondern nur solche, die im relevanten Umfeld hinreichend bekannt und vertraut sind. Davon wiederum kann man aber nur bei Marken ausgehen. Das bedeutet, Marken werden vom Publikum derart instrumentalisiert, dass ihr Profil bewusst genutzt wird, um von den Produkten, mit denen man sich umgibt, auf die dahinter stehende Persönlichkeit schließen zu lassen.

Der Markenartikel ist damit einer der zentralen Begriffe in der Vermarktung. Ohne Markenartikel gibt es schwerlich überhaupt Marketing, man kann sogar fast sagen: Marketing heißt, Marken machen. Oder: Marken machen Leute. Zentrales Anliegen der Markenpolitik ist es dabei, aus einem mehr oder minder austauschbaren Angebot eine Marke zu formen. Prominente Marken haben daher Charakterzüge, wie sie sonst allenfalls noch vertrauten Personen des Umfelds zugeschrieben werden. So sind sie kompetent, sympathisch, akzeptiert, vertraut, respektiert, wertvoll etc. Man spricht deshalb, nicht zu unrecht und sehr anschaulich, auch von **Markenpersönlichkeiten.** Marken übernehmen damit die Funktion von Visitenkarten ihrer Nutzer und weisen diese unabwendbar aus.

Montblanc und Bic beim Schreiben, Alfa und Ford beim Autofahren, 4711 und Chanel No.5 bei Parfüm, Mandarina Duck-Koffer und Jute-Beutel machen genau diese feinen Unterschiede aus. All das dient der gewünschten Profilierung der eigenen Persönlichkeit im sozialen Umfeld. Oder anders: Wenn man von Anderen als jung, dynamisch und aktiv angesehen werden möchte, weil man denkt, dass dies der eigenen Persönlichkeit entspricht oder auch nur sozial erwünscht ist, so hat man nicht die Chance, allen Personen im Umfeld diese Botschaft im persönlichen Kontakt zu vermitteln. Dazu fehlt diesen anderen auch die Bereitschaft oder Geduld. Sondern man hat nur die Alternative, sich bewusst solcher Produkte zu bedienen, von denen man weiß, dass sie im Allgemeinen solchen Personen zugeschrieben werden, die für jung, dynamisch und aktiv gehalten werden. Und dafür wiederum sind nur Markenartikel geeignet, die über ein entsprechendes Profil verfügen, das im Wesentlichen über Kommunikation zu Stande gekommen ist. Damit aber wird die Wahl und Nutzung von Produkten nicht mehr durch ihre funktionale Eignung (die Evidenzleistung) allein bestimmt, sondern darüber hinaus, hohe Qualität immer als notwendig vorausgesetzt, durch ihre soziale Wirkung (Surrogatleistung). Diese vollzieht sich ausschließlich im **Zusatznutzenbereich.** Das bedeutet, ein Angebot wird am Markt als Addition zweier Teilleistungen gesehen, erstens des Grundnutzens der Funktionserfüllung (allgemein als Qualität bezeichnet) und zweitens des Zusatznutzens der persönlichen Sozialprofilierung, die wiederum selbstbelohnend wirkt.

Nun ist das Marktangebot weitgehend austauschbar hinsichtlich des reinen Grundnutzens. Dabei ist ein durchgängig überaus hohes Niveau erreicht und alle minderqualitativen Angebote scheiden früher oder später, meist jedoch früher, ohnehin vom Markt aus. Darin kann also keine Profilierung mehr liegen, wie sie von Anbietern und Abnehmern angestrebt wird. Diese bietet vielmehr nur der Zusatznutzen. Er addiert sich als immaterieller, allerdings ungleich wichtigerer Faktor hinzu. Anders wäre auch nicht erklärbar, warum Produkte, die gleiche Grundnutzen bieten, aber verschiedene Zusatznutzen, am Markt eine unterschiedliche Preisbereitschaft erzeugen. So erfüllt ein Jinglers-Pullover (von C&A) zweifellos die Grundfunktion des Bekleidens und Warmhaltens. Auch ist er durchaus passgenau und von potenziell langer Lebensdauer, und man kann auch sicher sein, dass er beim Waschen weder ausfärbt noch einläuft. Das bedeutet, er erfüllt alle Anforderungen an einen Pullover. Dennoch gibt es mehr als genug Personen, die das Mehrfache des Preises eines Jinglers-Pullovers für einen solchen von Missoni, Marc O'Polo etc. ausgeben. Obgleich er nur die gleiche Grundfunktion erfüllt.

Der horrende Preisunterschied ist also daraus allein nicht erklärbar. Er erklärt sich erst, wenn man die immateriellen Zusatzfunktionen in die Beurteilung mit einbezieht. Denn mit Markenartikeln sendet ihr Besitzer spezifische Signale an die Umwelt, welche die von ihm intendierten Wirkungen, nämlich die gewünschte Imageeinordnung, wahrscheinlicher machen. Dabei kommt es keineswegs nur eindimensional auf den Preis an, sondern innerhalb einer Preisklasse geben verschiedene Marken durchaus abweichende Signale. Man denke nur an den Unterschied zwischen einer Armbanduhr von Rolex und einer solchen etwa von IWC. Doch bei beiden handelt es sich um mechanische Uhren (Chronometer), die hinsichtlich ihrer Ganggenauigkeit billigen Standard-Quarzuhrwerken sogar unterlegen sind. Und das Erfolgsgeheimnis der Swatch-Uhr ist, dass es bei ihr ganz und gar nicht auf die Zeitanzeige ankommt, sondern auf den Lebensstil, den ihr Träger damit zum Ausdruck bringt.

1.1.2 Markendefinitionen

Das Wort Marke leitet sich von Marc (mittelhochdeutsch für Grenze) oder Marque (französisch für Zeichen) ab. Die erste maßgebliche Definition der Marke stammt von Mellerowicz (1963): „Markenartikel sind die für den privaten Bedarf geschaffenen Fertigwaren, die in einem größeren Absatzraum unter einem besonderen, die Herkunft kennzeichnenden Merkmal (Marke) in einheitlicher Aufmachung, gleicher Menge sowie in gleich bleibender oder verbesserter Güte erhältlich sind und sich dadurch sowie durch die für sie betriebene Werbung die Anerkennung der beteiligten Wirtschaftskreise (Verbraucher, Händler und Hersteller) erworben haben (Verkehrsgeltung)."

Eine weitere, verbreitete Definition ist die des **Markenverbands**: Der Markenartikel gibt dem Verbraucher Sicherheit. Der Markenartikel bürgt für Qualität und schafft damit Vertrauen bei den Verwendern. Der Markenartikel passt sich den Verbraucherwünschen an und fördert durch Innovationen den Wettbewerb. Rationelle Fertigung garantiert bei höchstem Service-, Forschungs- und Kommunikationsniveau einen angemessenen Preis. Der Markenartikel ist seinen Preis wert. Der Markenartikel ist überall erhältlich und wird über ein produktadäquates Vertriebssystem distribuiert. Der Markenartikel ist langfristig konzipiert und steht auf Grund von Qualität, Markenbild, Preis und Kommunikation für Kontinuität. Das Markenartikelangebot orientiert sich an individuellen Verbraucherwünschen und bietet mit seiner Vielfalt Auswahlmöglichkeiten.

Weiterhin hat Gries den Markenartikel wie folgt sehr ausführlich definiert: „Der Markenartikel gibt dem Verwender Sicherheit beim Einkauf; er ist nicht anonym." ... „Der Markenartikel ist langfristig konzipiert. Er hat ein eigenständiges Produktprofil. In Bezug auf Qualität, Preis und Service hat er in seiner Gruppe eine Leitfunktion. Durch Leistung und kontinuierlichen Markenauftritt schafft er Vertrauen bei den Verwendern." ... „Der Markenartikel geht mit der Zeit. Denn Produktion und Forschung haben höchstes Niveau und können veränderte Verbraucherbedürfnisse jederzeit berücksichtigen. Der Markenartikel hat dadurch langfristigen Markterfolg und hohe Bekanntheit." ... „Der Markenartikel wird über ein produktadäquates Vertriebssystem distribuiert. Das garantiert gleich bleibende, überregionale Versorgung, bequemen Einkauf und fachkundigen Service." ... „Der Markenartikel fördert den Wettbewerb und dadurch Produktinnovationen. Er ist das beste Mittel gegen ein eintöniges Warenangebot. Markenartikel sprechen große Verbrauchergruppen an und garantieren durch rationelle Fertigung einen angemessenen Preis." ... „Der Markenartikel verhindert Produktenttäuschungen. Durch seine hohe Produktqualität verschafft er dem Käufer positive Erfahrungen und verdient sich dadurch höchste Wertschätzung. Durch Markenwerbung und Verkaufsförderung informiert der Hersteller Handel und Verbraucher." ... „Markenartikel setzen Maßstäbe für wirtschaftlichen und technologischen Fortschritt. Durch die Innovationskraft und Produktkompetenz der Hersteller prägen sie in hohem Maße die modernen Konsumgütermärkte."

Eine aktuelle Definition des Markenartikels wird von der GEM (Gesellschaft zur Entwicklung des Markenwesens) angeboten:

- Der Markenartikel ist eine Leistung, die neben einer unterscheidungsfähigen Markierung durch ein systematisches Absatzkonzept im Markt ein Qualitätsversprechen gibt, das eine dauerhaft werthaltige, nutzenstiftende Wirkung erzielt und bei der relevanten Zielgruppe in der Erfüllung der Kundenerwartungen einen nachhaltigen Erfolg im Markt realisiert bzw. realisieren kann.

Diese Definition basiert auf einer ausführlichen Definition von Bruhn:

- Als Marke werden solche Leistungen bezeichnet, die neben der unterscheidungskräftigen Markierung durch ein schutzfähiges Zeichen über ein systematisches Absatzkonzept verfügen, d.h., durch einen kombinierten und integrierten Einsatz verschiedener Instrumente der Marktbearbeitung durch den Anbieter wird im Markt ein Qualitätsversprechen gegeben, das eine dauerhaft werthaltige, nutzenstiftende Wirkung erzielt. Der integrierte Einsatz des marktpolitischen Instrumentariums erreicht bei den Nachfragern, dass bei der relevanten Zielgruppe in der Erfüllung der Kundenerwartungen nachhaltiger Erfolg im Markt realisiert wird bzw. realisiert werden kann, der sich ausdrückt in der Erzielung einen hohen Bekanntheitsgrads, eines positiven Images, eines klaren, eigenständigen Bildes von der Marke, einer hohen Wertschätzung, einer hohen Kundenzufriedenheit und -bindung sowie eines ökonomischen Erfolgs.

Für diesen Text wird jedoch die folgende, kürzere Definition zugrunde gelegt:

- **Die Marke (i.w.S.) ist eine Kennzeichnung für Unternehmen bzw. Sach- oder Dienstleistungen, die Verwendern deren Herkunft anzeigt, um sie bei ihnen hervorzuheben und von denjenigen anderer Herkunft abzugrenzen. Die Marke bildet zugleich die Persönlichkeit eines Produkts, die sich ergänzend bzw. verstärkend zur Entscheiderperson verhält und deren Werthaltungen in ihrem sozialen Umfeld erkennbar macht. Der Markenartikel (i.e.S.) ist ein markiertes Produkt (Sach-/Dienstleistung), das im relevanten Markt formal bekannt und inhaltlich vertraut ist.**

Von Bruhn stammt eine weitere Beschreibung der verschiedenen Funktionen des Markenartikels. Er betrachtet die Markenbeteiligten Hersteller, Handel und Konsument. **Funktionen** des Markenartikels aus **Herstellersicht** sind danach:

- Planungs- und Verkaufshilfe, Absatzförderungsfunktion, Unterstützungsfunktion im Hinblick auf andere absatzwirtschaftliche Aktivitäten, stabilisierende Wirkung im Rahmen langfristiger Absatzpläne, Profilierungsfunktion gegenüber der Konkurrenz, Innovationsfunktion, Instrument zum Aufbau eines Firmenimages, Verhandlungsposition für Hersteller-Handel-Beziehung, Stiftung psychologischen Zusatznutzens.

Funktionen des Markenartikels aus **Handelssicht** sind weiterhin:

- Minderung des Absatzrisikos durch Selbstverkäuflichkeit der Herstellermarken, Renditefunktion, verminderte Beanspruchung eigener Marketinginstrumente,

Kostenersparnis durch schnellen Produktumschlag, Profilierungsfunktion gegenüber Herstellern (bei Handelsmarken), Solidarisierungsfunktion im Handelsverbund.

Funktionen des Markenartikels aus **Konsumentensicht** sind schließlich folgende:

- Orientierungshilfe beim Einkauf, Informations- und Identifikationsfunktion, Entlastungsfunktion beim Einkauf durch hohen Distributionsgrad, Qualitätssicherungsfunktion, Minderung des Risikos einer Fehlentscheidung, Darstellung der individuellen Zusatznutzenbedürfnisse, Prestigefunktion (Exklusivitätssignal).

1.2 Bedeutung

1.2.1 Markeninhalte

Der Markenartikel, also das markierte Produkt, wird durch folgende Inhalte umfassend charakterisiert *(siehe Abb. Markeninhalte).*

Der Markenartikel hat eine **einheitliche Aufmachung,** obgleich diese im Zeitablauf beinahe unmerklich variiert. Dieser Inhalt meint also keinesfalls Starrheit im Auftritt, sondern ganz im Gegenteil kontinuierliche Flexibilität, die sich elegant Zeitströmungen anpasst, ohne ihre Unverwechselbarkeit dabei zu verlieren (z.B. Nivea, Persil). Denn zum Markenartikel gehört eine gewisse Verlässlichkeit und Konstanz. Dazu ein Beispiel. Wenn man zwei Schokoladenmarken herausgreift, Alpia und Milka, und beliebige Verbraucher danach fragt, welche Inhalte ihnen zu diesem beiden Marken einfallen, dann ist es ziemlich sicher so, dass ihnen zu Milka Dinge wie Alpen, Vollmilch, lila Kuh, Schweiz etc. einfallen. Zu Alpia aber allenfalls, dass sie preiswert ist. Der Grund ist ziemlich klar. Milka hat seit über zwei Jahrzehnten immer wieder seinen Markenauftritt mit den genannten Inhalten penetriert, und sich damit fest in Gedächtnis verankert, während Alpia alle Jahre wieder seinen Auftritt verändert hat und damit jede Penetrationsphase für sich gesehen zu kurz war, um einen bleibenden Eindruck zu hinterlassen.

Dann ist eine **gleich bleibende oder verbesserte Qualität, Quantität und Preisstellung** wichtig. Dies meint das Bemühen um eine stetig erhöhte Leistungsfähigkeit, eine nachfragegerechte Dimensionierung und damit ein günstiges Preis-Leistungs-Verhältnis für ein Angebot. Qualitätszweifel nagen verheerend unmittelbar am Vertrauen zur Marke (z.B. Iglo: Fund von Glassplittern in Packungen Schlemmer-Filet à la Bordelaise). Der Marke als Wettbewerbsform liegt damit eine Tendenz zur stetigen Verbesserung des Angebots zu Grunde, wovon die westlichen (Markt-)Wirtschaften bisher erheblich profitiert haben. Bei starkem Wettbewerb unter Marken fällt ein Angebot sofort zurück, wenn es nicht leistungsfähig ist. Umgekehrt kann sich ein Angebot signifikante Vorsprünge am Markt herausarbeiten, wenn es mehr Leistung bietet als andere, z.B. innovative Angebotskonzepte, die den Bedarfen von Nachfragern gerecht werden. Als Markenartikel exponiert sich ein Anbieter am Markt, er kann sich nicht mehr in der Anonymität verstecken. Insofern stellt der Entschluss zur Marke auch eine Verpflichtung dar, der man sich zu stellen hat. Und dies nicht nur vorübergehend, sondern über lange Zeit, denn es dauert erhebliche Zeiträume, bis eine Marke im Gedächtnis eines relevanten Teils der Zielgruppe verankert ist. Dies erfordert darüber hinaus auch einen gewissen Geschäftsumfang, um tatsächlich „ernst genommen“ zu werden. Daraus wiederum folgt die Erfordernis einer hohen Bekanntheit und Anerkennung im Markt.

Beispiele von Vertrauenskrisen sind folgende.

- *Coppenrath&Wiese: Im Januar 2003 starb ein 11-jähriges Mädchen, als Todesursache wurde zunächst der Verzehr einer Torte von Coppenrath&Wiese ange-*

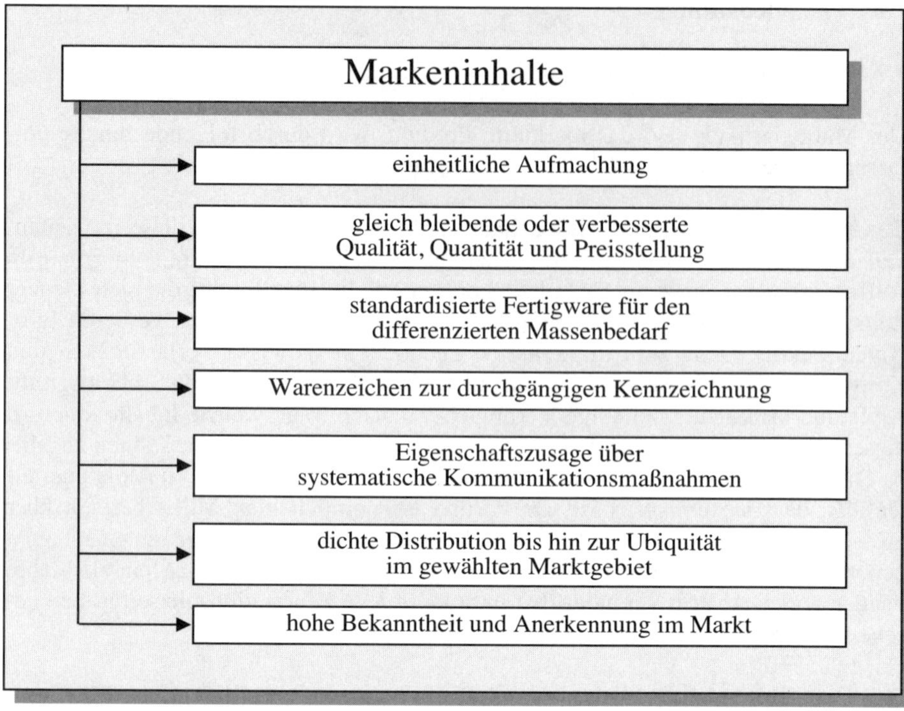

nommen, da auch weitere Familienmitglieder nach dem Verzehr über Beschwerden klagten. Am selben Wochenende hatten darüber hinaus zwei Familien nach dem Genuss der Torte Magen-Darm-Erkrankungen davongetragen. Eine erhebliche Gesundheitsgefährdung konnte nicht ausgeschlossen werden, z.B. durch bakterielle Verunreinigung. Das hessische Gesundheitsministerium warnte daher von dem Verzehr von C&W-Tiefkühltorte „Feine Conditor Auswahl". Vorsorglich zog C&W die betroffene Charge zurück und erklärte gleichzeitig, dass es die Vorwürfe für unbegründet halte. Sofort wurde eine Hotline eingerichtet, um besorgte Verbraucher zu informieren. Alle Meldungen wurden auch auf der Website des Unternehmens veröffentlicht. Außerdem wurde Pressegespräche geführt. Eine mikrobiologische Untersuchung an einem Reststück der verzehrten Torte ergab, dass keine bakteriellen Erreger gefunden werden konnten. Damit war „Feine Conditor Auswahl" nicht Ursache des Todesfalles und der Erkrankungen. Ein Imageschaden blieb dennoch.

- *Birkel: Der Nudelhersteller Birkel erhielt vom Land Baden-Württemberg Schadenersatz, weil er unberechtigterweise im Verdacht geraten war, neben anderen Ei-Produkten auch fünf Sorten von Birkel 7-Hühnchen-Nudeln mit mikrobakteriell verdorbenem Flüssigei produziert zu haben. Eine entsprechende Warnung war vom Stuttgarter Regierungspräsidium voreilig über die Medien herausgegeben worden (1985). Vor Gericht wurde dies als Amtspflichtverletzung gewertet. Es war weder bewiesen noch wahrscheinlich, dass die inkriminierten Teigwaren nicht verzehrbar waren. Der Geschäftsverlauf entwickelte sich jedoch weiterhin katastrophal. Klaus Birkel verkaufte schließlich 1990 seine Nudelfabrik an Ger-*

vais-Danone und züchtet heute Rinder in Texas. Und das alles wegen eines Behördenirrtums.

Der Inhalt als **standardisierte Fertigware für den differenzierten Massenbedarf** meint, dass es sich um ein prinzipiell gleichartiges Serienprodukt handelt, dessen Profil auf bestimmte Marktsegmente zugeschnitten ist. Dies engt Roh- und Halbstoffe sowie Dienstleistungen als markenfähig ein, weil es ihnen an konstitutiven Merkmalen des Markenartikels mangelt. Dieser Makel wird erst überwunden, wenn es gelingt, die fehlenden Merkmale zu substituieren. Dies geschieht vor allem durch „Labelling" bei Roh- und Halbstoffen, so Chiquita, die sich damit aus dem Einerlei von Bananen/Südfrüchten abheben (ähnlich Dole, Maroc etc.). Oder durch Ausweis der die Dienstleistung verkörpernden Mitarbeiter, etwa über Dienstkleidung (Corporate Fashion), Arbeitsmittel oder physische Arbeitsumgebung. In dem Maße wie dies gelingt, entsteht eine Standardisierung der Produkte und damit eine Erfüllung des genannten Merkmals.

Der Gesichtspunkt des **Warenzeichens zur durchgängigen Kennzeichnung** meint, dass alle Kommunikationsaktivitäten konsequent mit einem eigenständigen Markenzeichen versehen sind, gleich ob auf der Ausstattung, dem Produkt selbst oder den dazugehörigen Werbemitteln. Dies ist oft schwierig durchzusetzen (z.B. Reifen). Das Logo soll das besondere Merkmal einer Marke sein, es kann aus Buchstaben, Zahlen oder jeder Kombination daraus, aber auch aus Bildern, Zeichen und Symbolen bestehen. Auf jeden Fall hat die Darstellung so einzigartig und merkfähig zu sein, dass sie nach gegebener Lernzeit unverwechselbar mit dem Markenabsender identifiziert wird. Zu denken ist etwa an die besondere Schreibweise der Markennamen Nivea oder Coca Cola, oder an das Kreissegmentsymbol von BMW. Weitere Beispiele sind der verschnörkelte 4711-Schriftzug bei Duftwässern, der Motoranker bei Bosch, der Kranich bei der Lufthansa, die vier Punkte bei Beiersdorf, der Frosch bei Erdal etc. Damit ein solches Logo aber fest an einen Absender gekettet ist, muss es durchgängig verwendet werden. Dabei stellen sich eine ganze Reihe von Anforderungen, die über bloße Kunst weit hinausgehen. So ist zu klären, wie das Logo in verschiedenen Größen, etwa auf der Visitenkarte oder dem Großflächenplakat, aussieht, wie es in Farbe wirkt und wie in schwarzweiß, wo das Logo platziert wird, also wie weit von der Formatbegrenzung von Werbe- oder Arbeitsmitteln entfernt, in welchem Abstand zu anderen Texten, in welcher Größenrelation zu diesen etc. Das alles wird meist in einem CD-Handbuch (für Corporate design) definiert.

Der Inhalt der **Eigenschaftszusage über systematische Kommunikationsmaßnahmen** meint, dass durch substanzielle Werbeaktivitäten konsistente Botschaften über die spezifische Leistungsfähigkeit des Markenangebots verbreitet werden, die aus Publikumssicht als Garantieaussagen zu verstehen sind. Als Beispiele können die Aussagen der Automobilhersteller gelten, so Audis „Vorsprung durch Technik", Volkswagens „Da weiß man, was man hat" oder BMW's „Freude am Fahren". Diese Eigenschaftszusagen sind deutlich und profilieren. Audi verspricht Fahrzeuge, die nach fortschrittlichen Ingenieurskonzepten konstruiert sind. Volkswagen solche, die zuverlässig und bewährt sind. Und BMW solche, bei denen der Spaß am Autofahren im Vordergrund steht. Je nachdem, welche Auslobung dem Kaufinteressenten für ein Auto am wichtigsten erscheint, wird er sich bei der einen oder anderen Marke besser aufgehoben fühlen. Die Glaubwürdigkeit der Marke gebietet aber, dass die getroffene Aussage auch wirklich eingehalten wird. Fahrzeuge von Audi also wirklich technisch besonders fortschrittlich sind, diejenigen von Volkswagen besonders zuverlässig und die von BMW besonders fahraktiv. Wenn das nicht gelingt, geht der Schuss nach hinten los.

Dichte Distribution bis hin zur Ubiquität im gewählten Verbreitungsgebiet meint die nennenswerte Verbreitung des Markenartikels innerhalb eines definierten Absatzraumes und/oder -kanals. Dieses Kriterium ist extern eher schwierig zu beurteilen. Zum einen kann nur der realisierte Distributionsgrad gemessen werden, wobei unbekannt bleibt, ob dieser bereits dem intendierten entspricht oder ob, und ggf. wieweit, diese noch voneinander entfernt sind. Zum anderen ist es aber in neuerer Zeit ein konkretes Ziel von Markenartiklern, gerade keine breitestmögliche Verfügbarkeit, sondern Konzepte der selektiven bis exklusiven Distribution zu verfolgen. Ohne dass diesen Herstellern ihre Markenartikeleigenschaft abgesprochen werden kann, oftmals ist sogar die bewusst lückenhafte Distribution deren wesentliches Erfolgsmerkmal. Zu denken ist etwa an Depotkosmetik- oder Automobil-Anbieter. Insofern ist diese Anforderung derart zu relativieren, dass eine hinlängliche Verbreitung ausreicht, die aber nicht nur zufällig, sondern dauerhaft verankert sein muss.

Hohe Bekanntheit und Anerkennung im Markt meint einen hinreichenden formalen Bekanntheitsgrad der Marke verbunden mit inhaltlicher Aufladung in Bezug auf Angebotsanspruch, Nutzenversprechen und Imageausstrahlung. Wichtig ist dabei die zutreffende Zuordnung der Inhalte zur Marke. Bei der Bekanntheit unterscheidet man gemeinhin aktive und passive Bekanntheit. Aktiv bedeutet, dass Zielpersonen ungestützt, also ohne die Vorgabe von Markennamen, eine Marke angeben können. Dies ist ein extrem hoher Anspruch, denn auf Grund des Evoked set of brands ist nur ein Bruchteil der tatsächlich vorhandenen Marken aktiv bekannt. Passiv bedeutet, dass Zielpersonen gestützt, also unter Vorgabe von Markennamen, eine Marke als zur Branche gehörig angeben können. Dies ist offensichtlich die weitaus niedrigere Hürde. Bei der Vertrautheit kommt es darauf an, dass einer bekannten Marke auch die richtige Branche bzw. die zutreffende Markenaussage zugeordnet werden kann. Nur, wenn Bekanntheit und Vertrautheit gegeben sind, kann sich Markenwirkung entfalten. Dafür ist allerdings der relevante Markt abzugrenzen. Denn natürlich kann es einem lokalen Anbieter ziemlich gleichgültig sein, ob er außerhalb seines relevanten Markts bekannt und anerkannt ist oder nicht. Und einem High class-Anbieter, ob Zielpersonen mit geringem Haushaltseinkommen sein Angebot kennen oder nicht. Oder einem Damenhygieneprodukt-Hersteller, ob er bei Männern bekannt ist oder nicht. Im Gegenteil, wenn er außerhalb seines relevanten Markts bekannt und anerkannt ist, hat er höchstwahrscheinlich sogar etwas falsch gemacht (Fehlstreuung der Werbung).

1.2.2 Markeneigenschaften

Aus den Inhalten des Markenartikels resultieren wiederum wichtige Eigenschaften der Marke aus Absender- und Abnehmerperspektive *(siehe Abb. Markeneigenschaften)*. Zunächst zur Absenderperspektive:

- Die Marke schafft ein **Kommunikationsmittels vom Hersteller zum Zwischen- und Endabnehmer.** Das Vorhandensein einer Marke ermöglicht erst den Dialog des Anbieters mit seinen Abnehmern. Ohne diese Marke gäbe es kein Medium, das eigengesteuert verfügbar wäre, solche Kommunikationsleistungen vorzunehmen. Insofern ist die Marke Voraussetzung, wenn ein Hersteller mit seinen Abnehmern in akquisitorischen Kontakt treten will. Dies ist aber regelmäßig erforderlich, wenn man in seinem Markterfolg nicht von den Aktivitäten Dritter (z.B. Absatzmittler) abhängig sein will, was ein sehr riskantes Unterfangen ist.
- Weiterhin schafft die Marke eine **augenfällige Differenzierung zu Wettbewerbsangeboten.** Die Prägnanz einer Marke erlaubt somit die positive Abgren-

zung des eigenen Angebots zu denen der Konkurrenz. Damit ist schon einmal eine eindeutige Zuordnung von in der Wahrnehmung zunehmend austauschbar gleichartigen Produkten zum alleinstellenden Absender des Angebots gewährleistet. Produkte unterscheiden sich eben vornehmlich nicht durch ihre Physis, zumal diese oftmals in standardisierten Packungen verborgen ist (z.B. Fruchtsaftflaschen), sondern durch die Wahrnehmung ihrer Markierung.

- Damit kann es auch erst zu einer **Präferenzbildung** zu Gunsten des eigenen Angebots, damit zugleich zur Diskriminierung des Mitbewerbs im fairen Parallelwettbewerb, kommen. Dies erfolgt durch die mit der Marke gekoppelten Leistungsaussagen, denen garantieähnliche Wirkung zukommt. Will ein Hersteller solche Präferenzen für sein Produkt in der Zielgruppe bilden, so ist es zwingend erforderlich, dass diese an die Markierung gekoppelt werden, weil sie ansonsten nicht zweifelsfrei zuordnenbar und vom Mitbewerb womöglich missbräuchlich auszubeuten sind.
- Über den **Aufbau von Markenbindung und Markentreue** wird eine bewusste Loyalität zu einem Angebot bei Übereinstimmung zwischen den subjektiven Erwartungen und der Markenleistung ermöglicht. Bei Zufriedenheit mit einer Marke gibt es auch keinen erkennbaren Anlass, Risiken bei anderen Produkten einzugehen. Das heißt, erfüllt ein Markenprodukt die Erwartungen des Kunden, so kann dieser eine fortgesetzte Bedürfnisbefriedigung dadurch erreichen, dass er der von ihm präferierten Marke treu bleibt, was wiederum ohne die Markierung überhaupt nicht möglich wäre.
- Diese Bindung ermöglicht dem Anbieter die Nutzung der daraus resultierenden geringeren Preiselastizität der Nachfrage für die **Ausschöpfung eines Preissetzungsspielraums** im Markt, ohne dass Kunden gleich abwandern. Denn dann werden die gewünschten Leistungsmerkmale des Markenprodukts bewusst gesucht und dieses ist nicht mehr austauschbar zu beliebigen anderen Angeboten am Markt. Und dann kann der Preis des Markenprodukts auch über dem dieser offensichtlich weniger präferierten anderen Produkte angesiedelt werden, ohne dass Nachfrage verloren geht.
- Durch diese hohe Markenbindung und Marktausschöpfung ist die **Voraussetzung** gegeben, die **Absatzbasis** nachhaltig **zu sichern,** womöglich sogar **auszuweiten.** Denn es kann davon ausgegangen werden, dass in regelmäßigen zeitlichen Abständen immer wieder eine gewisse Anzahl von markentreuen Kunden zum Produkt greifen. Insofern ist der Absatz weniger gefährdet und instabil, sondern kann, durch sukzessiven Aufbau, sogar gesteigert werden. Dies stellt einen bedeutenden Vorteil für Anbieter dar.
- Außerdem werden **Marktplanbarkeit und Planerfüllungswahrscheinlichkeit** erreicht. Die hohen Aufwendungen zur Markenbildung werden erst vor dem Hintergrund der Planabsicherung durch die Marke tragbar. Denn eine Marke durchzusetzen, ist naturgemäß mit ganz erheblichen Vorinvestitionen verbunden, die nur bei hinreichender Aussicht auf Return on investment betriebswirtschaftlich gerechtfertigt sind. Eine solche Aussicht ist die Voraussetzung zur Sicherung bzw. Ausweitung der Absatzbasis.
- Die Marke bietet erst die **Möglichkeit zu Zielgruppenmarketing** durch Segmentierung des Gesamtmarkts über den Einsatz eines differenzierten Marketing-

Mix-Instrumentariums. Denn so verschieden wie Menschen sind, sind auch ihre Präferenzen hinsichtlich Produkten. Woran die Einen hartnäckig hängen, stößt andere eher ab. Damit daher bei dieser Divergenz der Wünsche jeder finden kann, was er sucht, bedarf es einer Orientierungshilfe, wie allein Marken sie darstellen.

Nunmehr zur Abnehmerperspektive:

- Durch die Ausbildung einer Rangordnung innerhalb objektiv gleichartiger Angebote wird Abnehmern eine **Orientierungshilfe in der zunehmenden Angebotsvielfalt** geboten. Bestimmte Marken können somit innerhalb eines Angebotsgesamt bewusst gesucht und gefunden werden. Wird ein Produkt mit einer bestimmten Leistungsausprägung gewünscht und ist aus der Kommunikation bekannt, welche Marke diese Leistungsausprägung verkörpert, so erleichtert diese Marke die bequeme und sichere Identifizierung innerhalb objektiv womöglich gleichartiger anderer Produkte.
- Diese Übersicht erzeugt **Sicherheit beim Kauf** insofern, als eine Marke anderen wegen ihres im Vorhinein bekannten Leistungsprofils vorgezogen wird. Sicherheit ist aber ein vitales Anliegen und unverzichtbares Äquivalent für das mit einem Kauf verbundene Preisopfer. Damit erhält man für sein gutes Geld nicht nur ein durchschnittlich faires Angebot, sondern genau das, was man an Leistungsmerkmalen wünscht. Der Marke kommt somit durchaus eine stark risikoreduzierende, akquisitorische Funktion zu.
- Die Markierung eines bestimmten Angebots ermöglicht die **Wiedererkennbarkeit** und bietet damit erst die **Wiederholungskaufchance**. Das heißt, bei Zufriedenheit mit einem Markenprodukt erlaubt nur die im Wesentlichen gleich bleibende Markierung dessen Identifizierung anlässlich eines neuen Kaufakts und damit den fortgesetzten Bestand von Zufriedenheit. Ohne Markierung wäre umgekehrt die Identität des gewählten Produkts zweifelhaft und damit auch seine spezifische Leistungsausprägung. Produkttreue wäre damit nicht möglich.
- Daraus folgt auf der Nachfrageseite die Möglichkeit zur **individuellen Bedarfsbefriedigung** durch gezielte Nutzenwahl, indem unter mehreren, prägnant und kompetent profilierten Marken genau diejenige wählbar wird, die den eigenen Zielvorstellungen am Besten entspricht. Marken erlauben damit eine systematische Bedürfnisbefriedigung von Kunden, sind also nicht nur von Vorteil für Anbieter, sondern durchaus auch für die Lebensqualität von Nachfragern.

1.2.3 „Markengesetze“

Als „Vater“ der Markentechnik gilt Hans Domizlaff. Selbst, wenn seine Postulate („Markengesetze“) auf die heutigen Vermarktungsbedingungen nicht mehr ohne Weiteres anwendbar sind, lohnt es sich dennoch, einen näheren Blick darauf zu werfen:

- **„Die Voraussetzung der natürlichen Markenbildung ist die Warenqualität.“** Das bedeutet, dass untadelige Produktleistung immer unverzichtbare Grundlage jedes Markenerfolgs ist. Dies gilt selbst für Billigmarken, bei denen absolut ein gewisses Mindestqualitätsniveau erfüllt sein muss und relativ ein würdiges Preis-Leistungs-Verhältnis.

- **„Nicht die Preisfrage entscheidet in erster Linie, sondern das Vertrauen in die Qualität."** Das bedeutet, dass die Preisbetrachtung bei der Kaufentscheidung als sekundär angesehen wird, die Markenentscheidung hingegen als primär, was, abgesehen von Low interest-Produkten, gerade heute noch völlig zutrifft.
- **„Zukunftssichere Markenwaren müssen im Konkurrenzkampf sehr scharf kalkuliert werden."** Das bedeutet, dass Abnehmer beides wollen, die Qualität des Markenartikels, aber auch eine günstige Preishöhe (Hyper competition). Wobei dieser Preis immer in Relation zur gebotenen Leistung bewertet wird (Preis-Leistungs-Quotient).
- **„In den Anfangszeiten einer natürlichen Markenbildung ist jede laute Reklame gefährlich. Dagegen sind sprachliche Begründungen der Qualität wertvoll, die es der öffentlichen Meinung ermöglichen, eine günstige Stellungnahme sich selbst und anderen gegenüber zu vertreten."** Dieser Aspekt darf heute infrage gestellt werden, denn das erhebliche Maß an allgemeinem Informationsüberschuss macht es notwendig, nachhaltig mit werblichen Maßnahmen präsent zu sein, um noch durchzudringen.
- **„Forcierter Verkauf an die Verbraucher wirkt bei der Einführung einer Markenware gefährlich."** Das bedeutet, dass auf Verkaufsförderungs-Aktivitäten zu Beginn der Marktpräsenz verzichtet werden soll. Allerdings ist es heute angesichts des Engpasses Absatzkanal erforderlich, von Beginn an für rege Umsatztätigkeit zu sorgen, was gerade durch Promotions zu erreichen ist (etwa um Probierkäufe zu generieren, die dann bei Zufriedenheit in Wiederkäufen münden).
- **„Der Stil der Markentechnik ist der Stil einer unaufdringlichen Vornehmheit und einer selbstsicheren Würde nach dem Maßstab des dazugehörigen Marktes."** Diesem Aspekt liegt ein implizites Werturteil von Domizlaff über den von ihm für richtig erachteten Stil der Werbung zu Grunde, das so nicht geteilt werden kann (man denke nur an Marken, die sich an junge Zielgruppen wenden).
- **„Strengste Gleichmäßigkeit der Beschaffenheit ist die Vorbedingung für die Lebenssicherheit einer Markenware."** Das bedeutet, es muss eine gleich bleibende Qualität auf (relativ) hohem Niveau geboten werden, weil sonst der Markenartikel seine Sicherheitsfunktion gegenüber Abnehmern einbüßt. Qualität ist damit notwendige Voraussetzung für jede Marke.
- **„Die Gleichförmigkeit der Verpackung oder Aufmachung bedeutet eine augenscheinliche Sicherheit bzgl. der unbedingt verlangten Gleichförmigkeit der Warenbeschaffenheit."** Das bedeutet, dass die Qualität eines Produkts, mangels anderer Parameter, zumeist von Abnehmern aus dessen Verpackung/ Aufmachung her abgeleitet wird. Ein anderer Auftritt legt daher bei ihnen die Vermutung einer anderen Produktleistung nahe. Damit aber werden Präferenzen womöglich zerstört.
- **„Die Verkaufseinheit ist ein wesentliches Merkmal einer Ware, die ein blindes Qualitätsvertrauen voraussetzen will. Je kleiner die Zahl der Verkauf-**

seinheiten, desto stärker die Unverkennbarkeit der Markenware.“ Das bedeutet, dass nicht nur die Qualität, sondern auch die Quantität der Ware gleich bleibend angelegt sein soll. Sie ist Bestandteil des Markenprofils. Der geäußerte Zusammenhang mit der Zahl der Verkaufseinheiten scheint jedoch durchaus fraglich.

- **„Die Unveränderlichkeit einer sachlich und psychologisch gewonnenen Preiseinheit ist ein wichtiger Bestandteil des Markenbegriffs.“** Das bedeutet, dass die Gestaltung eines Markenartikels nicht nur eigenständig, sondern im Zeitablauf auch konstant sein soll. Hier muss man einfügen, dass laufende Veränderungen unerlässlich sind, jedoch sukzessiv jeweils in so kleinen Schritten vorgenommen werden sollen, dass sie die Wahrnehmung der Marke nicht tangieren (außer bei einer gewünschten Umpositionierung).
- **„Das Vorrecht auf einen Markenartikel muss durch eine Bezeichnung geschützt werden, die nicht nachgeahmt werden kann. Bereits der Name eines Händlers wirkt sich als eine unverlierbare Qualitätsgarantie aus.“** Neben der Wortmarke ist entgegen der Ansicht von Domizlaff auch eine Bild- oder kombinierte Wort-Bild-Marke denkbar, die diese Anforderungen erfüllt. Domizlaff selbst hat diese Aussage daher ergänzt (s.u.). Im Übrigen ist schon hier der Hinweis auf Handelsmarken gegeben, die oftmals als „Erfindung“ der 1980er Jahre bezeichnet werden.
- **„Eine Markenware ist das Erzeugnis einer Persönlichkeit und wird am stärksten durch den Stempel einer Persönlichkeit geschützt.“** Hier wird allerdings eine Übereinstimmung zwischen Markenabsender und Markenprodukt unterstellt, die so nicht gegeben sein muss. Vielmehr kann die Marke auch völlig losgelöst vom Absender sein, sodass Abnehmer nicht einmal wissen, wer hinter der Marke steht (z.B. Procter&Gamble, Unilever, Beiersdorf).
- **„Die Verwendung eines Namens muss auf ein einziges Erzeugnis oder auf eine möglichst konzentrierte Idee beschränkt werden.“** Dies widerspricht den Möglichkeiten von Markenstrategien (z.B. der Lizenzmarke), gilt also heute so nicht mehr. Zumal die Abgrenzung des Begriffs Erzeugnis fraglich bleibt (z.B. im Hinblick auf die Transfermarke).
- **„Markenwaren sind schöpferische Leistungen eines kaufmännischen Unternehmertums, das sich die technischen Voraussetzungen zu sichern weiß.“** Heute müssen durchaus nicht mehr technische Schutzrechte bemüht werden, um eine Marke zu sichern (man denke nur an Dienstleistungsmarken). Auch muss nicht einmal ein kaufmännisches Unternehmen Absender sein (man denke an Non profit- oder Non business-Marken).
- **„Das Ziel der Markentechnik ist die Sicherung einer Monopolstellung in der Psyche der Verbraucher. Der Ausgangspunkt ist die markentechnische Erfindung, die auch, wie jede technische Erfindung, nur auf einer Besonderheit beruhen kann. Es handelt sich dabei, mehr oder weniger ergänzt durch technische Vervollkommnungen, um eine erhöhte psychologische Zweckerfüllung.“** Dem ist auch heute nichts hinzuzufügen.
- **„Ein geschriebener oder gedruckter Name bedarf einer optischen Ergänzung von besonderer Eindringlichkeit. Dies ist die Handelsmarke, die stets in Verbindung mit einem Namen gebracht werden muss. Ihre Formung soll,**

um dem Sinn der optischen Wirkung gerecht zu werden, würdig als Symbol, charakteristisch zur Vermeidung von Verwechslungen und leicht fasslich sein.“ „Handelsmarke“ ist hier nicht i.S.v. Absender der Marke, sondern als Verkehrsfähigkeit (Markenzeichen) gemeint. Allerdings kann eine Bild-Marke durchaus auch allein stehen.

- **„Der Markt beweist durch seine eigenen Wertprägungen eine Vorliebe für einfache, sachliche Bezeichnungen von Marken, die in einem sinnfälligen Zusammenhang mit der Ware stehen.“** Das bedeutet, dass eine gute Lernbarkeit des Markennamens gegeben sein soll. Allerdings unterschätzt Domizlaff hier die Penetrationsfähigkeit von Medien, selbst „sperrige“ Namen in das Gedächtnis einer hinreichend großen Anzahl von Zielpersonen zu vermitteln.
- **„Eine Firma hat eine Marke. Zwei Marken sind zwei Firmen.“** Dies widerspricht den Möglichkeiten der Markenstrategie, bei der eine Firma (Name eines Vollkaufmanns) durchaus zwei oder mehr Marken (Name eines Produkts) haben kann, oder auch zwei oder mehr Firmen eine gemeinsame Marke. Insofern ist diese Aussage unzutreffend.
- **„Markengesetze sind Naturgesetze.“** Das bedeutet, dass sie nicht beliebiger Manipulation unterliegen, sondern raum- und zeitübergreifend grundlegende Gültigkeit haben. Und in der Tat gelten sie auch branchenübergreifend, also für Industriegüter ebenso wie für Konsumgüter, für Dienstleistungen ebenso wie für ideelle Angebote.
- **„Eine Marke hat ein Gesicht wie ein Mensch.“** Hier steht der Begriff „Gesicht“ stellvertretend für Persönlichkeit/Charakter, sodass man heute in diesem Zusammenhang richtiger von Markenpersönlichkeit/Markencharakter spricht. Und zweifellos nennt jede Marke ein solch ausgeprägtes Profil ihr eigen.
- **„Starke Einführungsreklame wird zu einem untrennbaren Bestandteil des Markengesichts und kann deshalb auch später niemals eingespart werden.“** Das bedeutet, dass intensive Kommunikation, jedenfalls regelmäßig, eine unerlässliche Voraussetzung für Markenerfolg ist, um Bekanntheit und Vertrautheit in der Zielgruppe zu erreichen bzw. zu halten.
- **„Die Einführungsarbeit einer Markenware ist Sache des Verkaufsapparates. Dabei ist jedoch zu beachten, dass ebenso wie eigenwillige Reklame auch alle sonstigen erborgten Machtmittel außer der suggestiven Kraft der reinen Verkaufskunst Abwehrinstinkte des Marktes wachrufen können.“** Insofern sind Reaktanzwirkungen zu befürchten sind, wenn Abnehmer ein Übermaß an marketingmäßiger Beeinflussung ahnen. Dann schlägt das Ergebnis gerade ins Gegenteil um.

1.3 Markenpersönlichkeit

Markenartikel sind letztlich eine Konsequenz der Anonymisierung der Beziehungen zwischen Anbieter und Nachfrager. Früher, als es noch direkte Kontakte zwischen ihnen gab, waren die angebotenen Produkte anonym, als Marke galt der Anbieter. In dem Maße, wie sich Absatzmittler zwischen Anbieter und Nachfrager etablierten, drohte der Hersteller als Marke unterzugehen, d.h., die Angebote wurden austauschbar. Um dies zu verhindern, entwickelten Hersteller Markenartikel, die ihre Profilierung auch erhielten, wenn sie über selbstständige Absatzmittler angeboten wurden. Diese Notwendigkeit der Profilierung erhöhte sich umso mehr, je mehr Angebote am Markt präsent waren. Das heißt, der Markenartikel ist weiterhin Konsequenz der Angebotsproliferation. Neuerdings treten die Absatzmittler als eigene Marken in Konkurrenz zu diesen Herstellermarken. Man hat es also regelmäßig mit zwei Marken zu tun: der Herstellermarke als Symbolisierung des Angebots und der Marke des Absatzmittlers (nicht Handelsmarke) als Symbolisierung der Einkaufsquelle.

Häufig wird in Zusammenhang mit der Profilierung der Begriff der Markenpersönlichkeit verwendet, denn klassische Marken haben Eigenschaften, wie man sie sonst nur Menschen zuerkennt. Man spricht daher völlig zu Recht auch von Markenpersönlichkeiten, die Charakterzüge tragen, die nur mehr mit Begriffen zu umschreiben sind, mit denen man Personen seines sozialen Umfelds darzustellen sucht. Elemente der Markenpersönlichkeit sind, analog zum Menschen ihre:

- **Anatomie.** Darunter ist die Relevanz der Marke für die versprochene Problemlösung zu verstehen. Alle Maßnahmen, die zulasten der Problemlösungsfähigkeit des Markenprodukts gehen, schwächen seine Anatomie und damit einen Teil seiner einzigartigen Persönlichkeit.
- **Erziehung.** Darunter ist die auf Kompetenz gegründete Autorität der Marke für Abnehmer zu verstehen. Große Marken überzeugen durch ihre Integrität und üben damit einen starken Imageeinfluss beim Kaufentscheid aus, der zur Bevorzugung gegenüber anderen Produktangeboten führt.
- **Milieustruktur.** Darunter ist das Verkaufsumfeld der Marke zu verstehen. Hier ergibt sich ein Konflikt in dem Maße, wie selbstbewusste Handelsorganisationen Marken für ihre Zwecke instrumentalisieren (etwa durch Ladenwerbemittel oder in der Händlerwerbung) und dadurch ihren eigenen Auftritt dominierend herausstellen.

Anforderungen an die Markenpersönlichkeit bestehen in Bezug auf die:

- **Markenprägnanz,** d.h., die Markeneigenschaften müssen klar und unverwechselbar profiliert erscheinen,
- **Markenrelevanz,** d.h., die Markenaussagen müssen direkt problemlösungs- und nutzenbezogen sein,
- **Markenintegrität,** d.h., die Markenauftritte in der Vielzahl ihrer Erscheinungsformen müssen aufeinander abgestimmt sein,
- **Markenkontinuität,** d.h., auch im Zeitablauf muss sich die Markenentwicklung harmonisch und logisch gestalten,

- **Markenautorität,** d.h., die Marke muss mit Kompetenz und Leistungsfähigkeit aufgeladen sein.

Damit holt die Marke nunmehr die Produkte der Hersteller aus ihrer Anonymität, in die sie gerieten, als Absatzmittler, die vordem noch die Produktleistung personifiziert hatten, entweder zunehmend vom Markt verschwanden („Tante Emma-Läden") oder sich selbst immer mehr als Markenabsender gerierten und damit einer gegengewichtigen Marktmacht bedurften.

Käufern ist in der konkreten Entscheidungssituation immer nur ein Bruchteil der tatsächlich vorhandenen Marktangebote präsent. Und nur unter diesen präsenten Angeboten kann der konkrete Wahlentscheid fallen. Denn für Angebote, die man nicht kennt, kann man sich auch nicht entscheiden. Jeder stimmt wahrscheinlich der Meinung zu, es gäbe ohnehin zu viele Zahncreme-, Waschmittel- und Zigaretten-Marken? Aber wenn man einmal konkret nachdenkt, wie viele Zahncreme-Marken sind dann wirklich akzeptabel? Und wie viele Waschmittel- und wie viele Zigaretten-Marken? Hochwahrscheinlich sind es nicht mehr als drei oder vier von ihnen. Natürlich gibt es Dutzende von Zahncremes, Waschmitteln und Zigaretten, aber aktiv bekannt sind eben immer nur ganz wenige.

Denn unser Gedächtnis gibt sich wenig Mühe, unnötige Informationen abzuspeichern. Und für unser tägliches Leben reicht es völlig aus, wenn wir drei oder vier Marken einer Produktkategorie aktiv kennen. Jedes Mehr an Informationsspeicherung ist verzichtbar, also verzichtet unser Gehirn, im Zuge des Evolutionsprozesses konsequent auf Effektivität getrimmt, auch darauf. Die aktiv bekannten Marken sind der Extrakt aller Markenangebote, die wir uns nach Kontakt und Bewertung gemerkt haben. Man nennt ihn den Relevant set of brands. Ausgangspunkt ist dabei das Universum aller Angebote am Markt, der **Available set**.

Doch stellt dieser nicht die tatsächliche Auswahlgrundlage dar, denn natürlich kennt kaum jemand wirklich alle Angebote am Markt. Dazu sind die Märkte heutzutage viel zu unübersichtlich. Also teilt sich der Available Set auf in einen Teil der Angebote, die bekannt sind, den **Awareness set**, und einen Teil der Angebote, die unbekannt sind, den **Unawareness set**. Angebote, die unbekannt sind, können ohnehin schon nicht gewählt werden, fallen also aus dem Kaufentscheidungsprozess komplett heraus.

Allerdings sind nicht alle Angebote gleichermaßen deutlich bekannt. Einigen von ihnen kann man eindeutige Inhalte zuweisen, über die meisten anderen jedoch bestehen nur mehr oder minder verschwommene Mutmaßungen. Erstere fasst man als **Processed set** zusammen, letztere als **Foggy set**. Im Zweifel wird man sich gegen die Angebote mit verschwommenen Konturen wenden und sich für die klar profilierten entscheiden.

Nur unter diesen Angeboten fällt dann letztlich der Wahlentscheid (**Accept set**). Da gibt es einige Angebote, die man zwar sehr deutlich kennt, die man jedoch als für die persönliche Bedürfnisbefriedigung nicht geeignet zurückweist, den **Reject set**. Dann gibt es einige, die zwar schon ganz gut sind, aber so richtig eben doch nicht erste Wahl, den **Hold set**. Und einige wenige, die als wirklich taugliche Kaufobjekte in Betracht kommen.

Nur innerhalb dieses **Evoked set** fällt die Kaufentscheidung. Alle anderen Angebote haben letztlich keine Chance. Dieser Relevant set ist eng begrenzt. Weil nur die Angebote, die sich dort befinden, eine Chance haben, Marketingerfolg zu erzielen, ist es für Anbieter geradezu überlebensnotwendig, in diesem Relevant Set vertreten zu sein. Da aber dessen Kapazität weitaus geringer ist als das tatsächliche Marktangebot, wird immer nur ein vergleichsweise kleiner Ausschnitt des Marktgesamt abgespeichert, der Rest geht verloren. Demnach geht es für jeden Anbieter darum, zu diesen wenigen Markenartikeln zu gehören, die aktiv bekannt sind, um überhaupt die Chance auf einen Kaufabschluss zu haben.

Letztlich handelt es sich im Marketing also um einen Wettlauf der Anbieter um die Verankerung ihrer Marke im Gedächtnis der Zielpersonen. Neue Anbieter müssen kompromisslos versuchen, in diesen Relevant set einzudringen. Da dessen Kapazität aber eng begrenzt ist und nur durch die Tatsache, dass ein neuer Anbieter auftaucht, auch nicht erweitert wird, geht dies in aller Regel nur durch Verdrängung eines bestehenden Anbieters. Umgekehrt müssen bestehende Anbieter darauf abheben, im Relevant Set verankert zu bleiben und nicht durch Newcomer verdrängt zu werden. Das heißt, die Bemühungen neuer Anbieter laufen auf eine Verankerung im Relevant Set, damit auch auf eine Verdrängung bestehender Anbieter, die Bemühungen bestehender Anbieter auf einen Verbleib im Relevant Set, damit eine Verhinderung des Eindringens neuer Anbieter, hinaus.

Doch Informationen sind im Gedächtnis nur präsent, wenn sie regelmäßig aktualisiert werden. Daher heißt ein Mittel dafür umfangreiche Werbung. Und die Informationen sind um so leichter präsent, je beeindruckender (impactstärker) sie sind. Daher heißt ein anderes pointierte Werbeinhalte. Obwohl beides teuer und schwierig ist, gibt es dafür letztlich keinen Ersatz.

2. Markenarchitektur

Bei der Vielzahl an Markenbegriffen drängt sich der Versuch einer Rubrizierung auf. Analog zur Gliederung des Produktprogramms liegt es dabei nahe, die Markenbreite (im Folgenden horizontale Markentypen genannt) und die Markentiefe (im Folgenden vertikale Markentypen genannt) zu unterscheiden. Erstere gibt die Gliederung der verschiedenartigen, komplementären Marken innerhalb eines Programms an, Letztere die Gliederung der verschiedenartigen Ausprägungen substitutiver Marken. Damit können jedoch nicht alle Markenstrategien erfasst werden. Daher ist weiterhin eine Gliederung nach dem Markenabsender (im Folgenden absenderbezogene Markentypen genannt) erforderlich.

Bruhn unterscheidet nach:
- der institutionellen Stellung des Markenträgers: Herstellermarken und Handelsmarken,
- der geografischen Reichweite der Marke: regionale bzw. nationale und internationale Marken,
- der vertikalen Reichweite der Marke im Warenweg: Fertigproduktmarken und Subsidiärmarken (verschwindend, nicht verschwindend),
- der Anzahl der Markeneigner: Individualmarken und Kollektivmarken,
- der Zahl der markierten Güter: Einzelproduktmarken, Produktgruppenmarken und Dachmarken,
- den bearbeiteten Marktsegmenten: Erstmarken, Zweitmarken und Drittmarken,
- dem Herstellerbekenntnis: Eigenmarken, Fremdmarken und Lizenzmarken,
- dem Inhalt der Marke: Firmenmarken und Fantasiemarken,
- der Verwendung wahrnehmungsbezogener Markierungsmittel: optische Marken, akustische Marken, olfaktorische Marken und taktile Marken,
- der Art der Markierung: Wortmarken, Bildmarken und Wort-Bild-Marken.

Hinsichtlich der beiden letzten Unterteilungen (Markierungsmittel und Art der Markierung) folgt der Autor der obigen Einteilung jedoch nicht. Zum einen ist es ein konstitutives Merkmal des Markenartikels, durch ein Warenzeichen eindeutig markiert zu sein, und dieses kann nur als optisches Zeichen, allenfalls noch als akustisches Zeichen, gelingen. Dies ist dann im Einzelnen von der Umsetzung in der Kommunikation abhängig. Zum anderen ist es markenstrategisch unerheblich, ob die Markierung aus Wort, Bild oder Wort-Bild-Kombination besteht. Die Konsequenzen sind wiederum lediglich für die kommunikative Umsetzung von Belang. Alle anderen Markenbegriffe werden jedoch, teilweise leicht verändert, im Folgenden aufgegriffen.

Grundlegend kann zwischen drei Markentypen unterschieden werden: horizontalen, vertikalen und Absender bezogenen. Zunächst zu den horizontalen Markentypen (*siehe Abb. Markenstrategien*).

2.1 Horizontale Markentypen

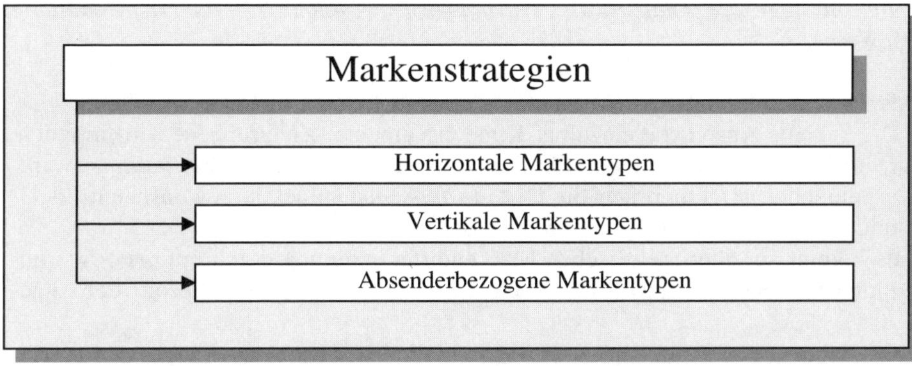

Zur weiteren Gliederung bietet es sich an, das Verhältnis von Marke einerseits zu den relevanten Größen bearbeitetes Segment des Marktes, Produktvarietät innerhalb der Marke, Programm des Unternehmens und Firma (Name des Unternehmens) andererseits zu untersuchen. Folglich wird im Folgenden eine Unterteilung der Marken in die Dimensionen Segmentierung, Differenzierung, Anzahl und Identität vorgenommen. Dabei wird jeweils noch danach unterschieden, ob bei einem Absender eine Marke allein oder mehrere Marken parallel vorhanden sind. Zunächst zur Dimension der Segmentierung *(siehe Abb. Horizontale Markentypen ((I)) und ((II))*.

2.1.1 Markensegmentierung

Bei der Markensegmentierung stellen sich zwei Optionen, die Einzelmarkenstrategie bei einer Marke je Segment und die Mehrmarkenstrategie bei mehreren Marken je Segment. Diese geben damit also das **Verhältnis von Marke und Segment des Marktes** wieder. Die Problematik der zutreffenden Abgrenzung von Marktsegmenten wird dabei hier vernachlässigt (siehe aber nächstes Kapitel).

2.1.1.1 Einzelmarke

Einzelmarkenstrategie (auch Individualmarke) bedeutet, dass je Teilmarkt von einem Anbieter nur eine Marke geführt wird. Diese wird zu einer eigenständigen Persönlichkeit aufgebaut und repräsentiert das Unternehmen auf dem entsprechenden Markt bzw. Marktausschnitt.

Ein Beispiel dafür findet sich im Conti-Reifen-Konzern. Die Konzernmarken Continental und Uniroyal werden, neben Spezialmarken wie Vergölst, getrennt geführt. Während die Marke Conti sich als Allround-Reifen profiliert und auf das Segment der anspruchsvollen, eher konventionellen und konservativen Autofahrer abzielt, ist Uniroyal sehr spitz als Regenreifen profiliert und wendet sich an das Segment der sicherheitsbewussten Autofahrer. Conti unterstreicht diese Zielrichtung durch gelegentliche Innovationen, wie den CTS-Zwillingsreifen, allerdings mit wechselhaftem Erfolg. Uniroyal setzte nach der aggressiven Werbung der 1970er Jahre mit Unfallszenen, geraume Zeit auf spaßige Affen- und Präsenter-

spots im Wege der Analogie des Nutzenbeweises, nämlich erstaunliche Haftung bei Nässe.

Als wesentliche **Vorteile** der Einzelmarkenstrategie sind folgende zu nennen:

- Die gezielte Ansprache einzelner Kundensegmente (Zielgruppen) wird möglich. Dem liegt die Erkenntnis zu Grunde, dass ein Geschäftsabschluss um so wahrscheinlicher ist, je geringer die Distanz zwischen subjektiv gewünschtem Ideal- und objektiv gegebenem Realprodukt ist.
- Es kommt zu einer spezifischen Markendifferenzierung durch optimale Abstimmung von Bedürfnisprofil der Nachfrager und Problemlösungsprofil der Ange-

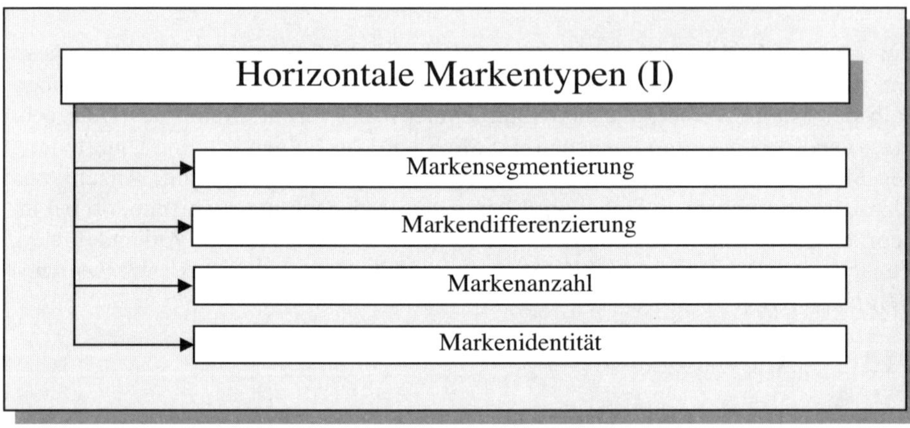

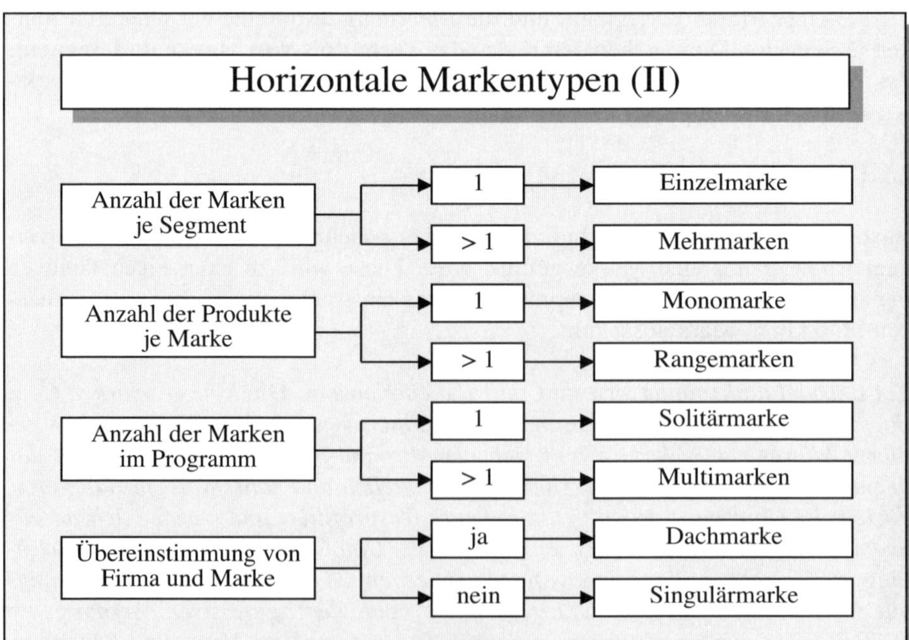

bots. Dieses Profil bietet eine Absetzung zum Mitbewerb und eine Hervorhebung gegenüber Nachfragern (Positionierung).
- Zumindest besteht die Chance, ein klares, unverwechselbares Produktimage/-profil aufzubauen. Inwieweit dies tatsächlich gelingt, hängt von Anlage und Umfang der dazu eingesetzten Marketingmaßnahmen ab.
- Die Gefahr negativer Ausstrahlungseffekte (Badwill) auf andere Marken des gleichen Absenders bzw. des Unternehmens selbst ist begrenzt. Auf diese Weise kann eine Schadensbegrenzung bei Flops erreicht werden, was die Risikoscheu senkt und innovationsfördernd wirkt.
- Der Koordinationsbedarf zwischen den einzelnen Markenstrategien ist gering, da nach außen hin kaum Gemeinsamkeiten bestehen. Insofern werden Managementressourcen effektiv genutzt.
- Es können Markenanteils- und Kostendegressionseffekte realisiert werden, wenn hinter der abweichenden Profilierung eine gemeinsame Produktbasis steht und gleiche Absatzkanäle genutzt werden können.
- Es bestehen gute Darstellungsmöglichkeiten des Innovationscharakters eines neuen Produkts und Profilierungs- und Positionierungsfreiheiten der Marke im Produktlebenszyklus der Marke. Dies erhöht deren Wettbewerbsfähigkeit.

Dem stehen jedoch folgende **Nachteile** gegenüber:
- Das hinter der Marke stehende Produkt trägt in allen Lebenszyklusphasen die Marketingkosten allein. Es kommt weder zu einer Alimentierung durch andere Marken (bei Einführung) noch zu einer solchen für andere Marken (bei Reife).
- Es kommt womöglich zu einer ungenügenden Amortisation der aufgewendeten Kosten bei zunehmend kurzer Lebensdauer der Einzelmarke, also dann, wenn deren Pay off-Periode länger ist als deren Marktpräsenz und der Break even-Punkt nicht erreicht wird.
- Es besteht ein Trend zur Bezeichnung der Produktgattung analog dem Markennamen und damit des Verlusts der differenzierenden Markenpersönlichkeit (z.B. Tempo/P&G, Tesa/Beiersdorf, Uhu/Uhu-Werke, Fön/AEG, Walkman/Sony, Weck-Gläser/Weck).
- Die Einzelmarke wird zudem nicht durch angrenzende Marken mitgestützt. Damit entfallen die synergetischen Effekte, die andere Formen der Markenstrategie ermöglichen und tatsächlich auch realisieren.
- Die Markenpersönlichkeit (Brand identity) kann nur langsam aufgebaut werden, dabei beeinträchtigt jedoch der Strukturwandel von Märkten die Überlebensfähigkeit produktspezifischer Marken. Dies gilt vor allem für Lifestyle-Marken, die zeitströmungsabhängig sind.
- Ein tragfähiges Absatzpotenzial ist Voraussetzung für den Erfolg. Ansonsten kann die im Zielmarkt vorhandene Kaufkraft nicht genügend aktiviert werden, und es wird Umsatz vergeben.
- Es kommt zu einer Markeninflation, will ein Anbieter zugleich in mehreren Marktsegmenten aktiv sein. Dies erschwert das Handling vor allem in der internen Organisation und gegenüber dem Handel. Bei Produktionsgütern kommt es zudem zur Kundenirritation bei gewerblichen Abnehmern.
- Bei mehreren Einzelmarken eines Herstellers kommt es zu einer Fraktionierung

des Marketingbudgets, sodass jedes Einzelbudget nicht mehr ausreicht, sich gegen Konkurrenten im jeweiligen Segment angemessen durchzusetzen.

Rein pragmatisch gibt es auch zunehmend größere Probleme, geeignete und schutzfähige Markennamen zu finden. Deren Generierung impliziert für jedes einzelne Produkt immer wieder neu hohen Zeit- und Kostenaufwand.

2.1.1.2 Mehrmarken

Mehrmarkenstrategie bedeutet, dass von einem Anbieter je Teilmarkt mehr als eine Marke parallel geführt wird. Voraussetzung ist freilich eine genügende Finanzkraft und ein entsprechendes Marketing-Know-how. Dabei wird zunächst davon ausgegangen, dass ein Segment mit zwei und mehr Marken besetzt wird, wobei die Abgrenzung zwischen Markt und Segment durchaus diskussionsfähig ist.

Ein Beispiel findet sich im Katzenfutter-Markt, wo Effem mit den Produkten Sheba, Kitekat, Whiskas, Katkins, Brekkies und Katzenschmaus praktisch alle Bedarfe von Katzen bzw. ihrer Besitzer gleich mehrfach abdeckt. Und zwar noch in verschiedenen Darreichungsformen (Konsistenz, Geschmack, Größe, Preislage etc.). Die einzelnen Produkte sind dabei fein gegeneinander abgegrenzt. So ist etwa Sheba für Katzenliebhaber gedacht, die ein verschmustes, gönnerhaftes Verhältnis zu ihrem Haustier haben, für welche die Katze also eher Kindersatz ist (daher primär Frauenansprache), während Kitekat sich an Katzenbesitzer wendet, die ein rationales, sachlich partnerschaftliches Verhältnis zu ihrem Haustier pflegen. Gleiches gilt für die anderen Produkte. Dadurch wird vermieden, dass die Produkte sich gegenseitig kannibalisieren, vielmehr wird der vorhandene Teilmarkt kumulativ besser ausgeschöpft.

Ebenfalls von Effem wird dies im Hundefuttermarkt etwa durch Cesar und Pal gezeigt. Bei beiden handelt es sich um Feuchtfutter für Hunde. Objektiv, also von der Konsistenz her, sind sie kaum zu unterscheiden. Subjektiv trennen sie jedoch Welten. Cesar ist für Hundeliebhaber, deren, typischerweise kleinwüchsiger, Hund plüschtierartig behandelt wird. Während Pal sich an Hundehalter wendet, die eine kumpelhafte Beziehung zu ihrem, typischerweise großen, Hund haben. Durch diese Spreizung der Konzepte für an sich gleichartige Produkte desselben Herstellers im selben Teilmarkt kann wiederum der Markt besser ausgeschöpft und eine gegenseitige Kannibalisierung vermieden werden.

Ein weiteres Beispiel ist das Vorgehen der Zeitschriftenverlage. So deckt der Bauer-Verlag das Marktsegment der Hörfunk- und Fernsehzeitschriften durch mehrere Titel ab (TV Hören, Sehen/Fernsehwoche, Auf einen Blick, TV 14, TV Movie), ebenso das Marktsegment Frauenzeitschriften (Neue Post, Das neue Blatt, Tina, Das Neue). Durch die Mehrfachbesetzung soll das vorhandene Leserpotenzial bestmöglich ausgeschöpft werden. Konzeptionelle Schwerpunkte innerhalb dieser Tandems sind hingegen kaum erkennbar.

Zu denken ist auch an z.B. Pampers und Luvs bei Babywindeln, Valensina und Punica bei Fruchtsäften oder Vidal Sassoon und Panthene Pro-V bei Shampoos (alle P&G). Ein weiteres Beispiel sind die differenzierten Marken des Eckes-Konzerns im Weinbrand-Bereich (Attaché, Chantré, Mariacron) oder die differenzierten Marken des UDLW-Konzern (Unilever) im Bereich der Streichfette (Rama, Flora Soft, SB, Sanella, Bonella, Du darfst, Becel, Lätta). Schließlich gehört auch Colgate (mit Dentagard, Mentadent C und Signal) zu dieser Kategorie, ebenso wie Mars mit Mars-Riegel, Snickers, Twix oder Bounty. Henkel führt im Kleber- und Bindemittelmarkt allein folgende Marken parallel: Ceresit, Power-Tape, Loctite, Metylan, Ovalit, Pattex, Ponal, Pritt, Sista, Tangit, Thomsit. Zu denken ist auch an die Konfett-Marken von Ferrero wie Rocher, Duplo, Milchschnitte, Kinderüberraschung, Hanuta, Giotto, Mon Cherie, Yogurette, Nutella, Raffaello, Ferrero Küsschen, Pocket Coffee, Kinderschokolade und TicTac.

Ein anderes Beispiel ist die Brau und Brunnen AG mit dem nachfolgendem Portfolio:
- *Jever, Wicküler, Berliner, Brinkhoff's No. 1, Siegel Pils, Pilsator, Schultheiss, Aecht Patzenhofer, Astra, Engelhardt, Iserlohner (Pils-Segment),*
- *Dortmunder Union, Sternberg, Ritter (Export-Segment),*
- *Schlösser, Gilden, Sester, Sion (Alt-Segment),*
- *Küppers (Kölsch), Einbecker (Bock), Valentins (Weizen), Jever Fun (alkoholfrei) Jever Light (alkoholreduziert), Maxi (Malz), Hamburger Alsterwasser (Mischgetränk) (Spezialitäten-Segment).*

Ähnlich ist die Lage bei den anderen in Deutschland präsenten Brauereien aus (Holsten: Holsten, König, Licher, Astra), Binding (Radeberger, Schöfferhöfer, Clausthaler), Heineken (Paulaner, Carlsberg, Heineken, Mixery, Kulmbacher, Tuborg, Hannen Alt), Interbrew (Beck's, Diebels, Stella Artois), Cramer (Warsteiner, Miller, Prinzregent Luitpold, Frankenheimer, Grolsch, Schlossbrauerei Kaltenberg), Bitburger (Bitburger, Wermesgrüner, Köstritzer), Krombacher (Krombacher, Rhenania, Bab), Veltins (Veltins, Maisel).

Ebenfalls bietet Diageo verschiedene Marken im Spirituosen-Markt an wie Smirnoff, Johnnie Walker Red, Baileys, J&B, Gordon's Gin, Johnnie Walker Black, Crown Royal, José Cuervo, Captain Morgan etc. Weitere Beispiele finden sich bei Unilever (Margarinen Rama, Lätta, Du darfst) und Henkel (Waschmittel Persil, Weißer Riese, Spee).

Als wesentliche **Vorteile** der Mehrmarkenstrategie sind zu nennen:
- Ein gegebener, segmentierter Markt kann insgesamt besser ausgeschöpft werden, indem mehreren oder allen Nachfragersegmenten ein für ihre Bedarfe spezialisiertes Angebot gemacht wird, wo ansonsten Nachfrage verloren geht.
- Markenwechsler können durch das parallele Angebot beim gleichen Absender gehalten werden. Unzufriedenheit (Dissatisfaction) oder auch einfach nur Abwechslung (Variety seeking behavior) führen so nicht zum Verlust des Kunden, sondern vielmehr zum Erhalt seiner Kaufkraft.

- Die breitere Regalflächenabdeckung erhöht die Markteintrittsbarrieren für Konkurrenzanbieter. Denn meist wird die Regalfläche nach Produktgruppen eingeteilt, sodass dann im Handel eine Konzentration auf wenige, möglichst breit abdeckende Anbieter erfolgt.
- Die Einführung von aggressiven Kampfpositionierungen schützt die übrigen Produkte vor Preiskämpfen. Gleichermaßen kann damit Übergriffen sowohl von Mitbewerbern wie auch Handelsmarken vorgebeugt werden.

Dem stehen jedoch folgende **Nachteile** gegenüber:
- Es müssen zusätzliche finanzielle und personelle Ressourcen bereitgestellt werden. Denn jede der zwei oder mehr Marken verlangt nach eigenständiger Führung und Pflege, um ihren Markterfolg abzusichern.
- Durch diese Aufsplittung der Aktivitäten kommt es womöglich zu einer suboptimalen Verwendung der finanziellen und personellen Unternehmensressourcen.
- Die Gefahr einer Übersegmentierung ist gegeben. Dann wird die hinter den einzelnen Segmenten stehende Kaufkraft zu gering als dass damit noch eine auskömmliche Kosten-Nutzen-Relation gewährleistet ist.
- Ebenso besteht die Gefahr der Kannibalisierung der einzelnen eigenen Marken untereinander durch Substitution ihrer Marktanteile. Was insofern unerquicklich ist, als einem einzelnen Kauf dann ein mehrfacher Vermarktungsaufwand gegenübersteht, der sich betriebswirtschaftlich nicht mehr rechnet.

2.1.2 Markendifferenzierung

Bei der Markendifferenzierung stellen sich zwei Optionen, die Monomarkenstrategie bei einer Marke mit nur einem repräsentierten Produkt und die Rangemarkenstrategie bei mehreren differenzierten Produkten nebeneinander. Diese geben damit also das **Verhältnis von Marke und Produktvarietät** wieder.

2.1.2.1 Monomarke

Monomarkenstrategie bedeutet, dass hinter der Marke ein Einzelprodukt steht, das zwar in verschiedenen Ausprägungen (vertikale Programmstruktur/substitutive Beziehung), nicht aber in verschiedenen Versionen (horizontale Programmstruktur/komplementäre Beziehung) vorhanden ist.

Ein Beispiel für eine derartige Anlage ist Ferrero Küßchen. Dabei handelt es sich um eine Mono-Praline, also mehrere gleiche Pralinen je Packungseinheit, im Gegensatz zu Pralinenmischungen. Diese besteht aus Haselnüssen, Nuss-Nougat und Schokolade, richtet sich also an eine ganz besondere Geschmackspräferenz. Vermarktet wird das Produkt als die nette Aufmerksamkeit für gute Freunde, also weniger für den Selbstverzehr. Innerhalb dieses limitierten Segments ist es trotz scharfen Wettbewerbs sehr erfolgreich. Ausweitungen auf andere Produkte oder Zielgruppen sind jedoch nicht vorhanden, nur in Form verschiedener Gebindegrößen und anlassbezogener Ausstattungen, etwa zu Weihnachten oder Muttertag.

Ebenfalls von Ferrero kommt Mon Cherie. Auch dabei handelt es sich um Monopralinen, diesmal aus Piemontkirsche, Likör und Schokolade. Dabei dominiert deutlich der Genusscharakter als niveauvolles Anbietprodukt oder köstliche Selbstbelohnung. Auch hier gibt es zwar verschiedene Gebindegrößen und, vor allem zu Geschenkanlässen, Sondergebinde, aber eben nur ein Mon Cherie.

Der Übergang zur Rangemarke ist jedoch fließend, wenn Line extenders eingesetzt werden, so bei Jacobs Kaffee (Jacobs Grün als Basisprodukt, Jacobs Krönung/Premium, Jacobs Mild + Fine/Schonkaffee, Jacobs Night + Day/entkoffeiniert, Jacobs Krönung Light/halbes Koffein, Jacobs Royal/ Großverbraucher etc.). Oder auch bei Persil (Color, Megaperls, Flüssig etc.) und Blend a med (Zahnstein, Gel, Karies etc.). Denn letztlich kommt es nur darauf an, wie ein Markt abgegrenzt wird.

Als wesentliche **Vorteile** der Monomarkenstrategie sind zu nennen:
- Die Konzentration aller Aktivitäten auf dieses Einzelprodukt ist möglich und verhindert eine Verzettelung in immer größeren, ausufernden Programmen. Dadurch kann das Erfolgspotenzial (Produktbegabung) bestmöglich ausgenutzt werden.
- Es besteht die Möglichkeit zur homogenen Darstellung des Angebots, denn es braucht auf keine Derivate Rücksicht genommen zu werden, die immer zu einem Kompromiss des kleinsten gemeinsamen Nenners zwingen oder aber einzelne Produkte ungestützt lassen.
- Eine sehr spitze Positionierung des Produkts auf einzelne Zielgruppen ist möglich. Dabei kann unterstellt werden, dass die Durchsetzung der Marke mit ihrer Prägnanz wächst, da sie deutlich aus dem „Grundrauschen" des Marktes hervorragt.
- Ein klares Profil bei Handelsentscheidern kann erreicht werden. Ihre Organisationskapazität und der Anspruch an ihre Regalplatzbereitstellung werden nicht überfordert, sodass eine leichtere Aufnahme in das Sortiment wahrscheinlich wird.

Dem stehen jedoch folgende **Nachteile** gegenüber:
- Ein Transfer der Markenbekanntheit und -vertrautheit auf andere Produkte ist nicht möglich. Damit wird akquisitorisches Potenzial verschenkt, weshalb es real immer mehr zu einer Ausweitung der Monomarke zur (unechten) Rangemarke kommt.
- Es erfolgt kein Ausgleich von Absatzschwankungen durch Saisons, gezielte Wettbewerbsangriffe etc. Diese Abhängigkeit kann allenfalls durch Produktversionen, die auf solche Anlässe taktisch reagieren, gemildert werden.
- Die Aufwendungen zu Markenaufbau und -unterhalt müssen vom Einzelprodukt dahinter allein getragen werden. Insofern besteht ein ungünstiges Aufwands-Ertrags-Verhältnis, sofern es sich nicht um ein umsatzstarkes, marktbreites Angebot handelt.
- Die Marke ist vom Lebenszyklus des sie ausmachenden Produkts abhängig.

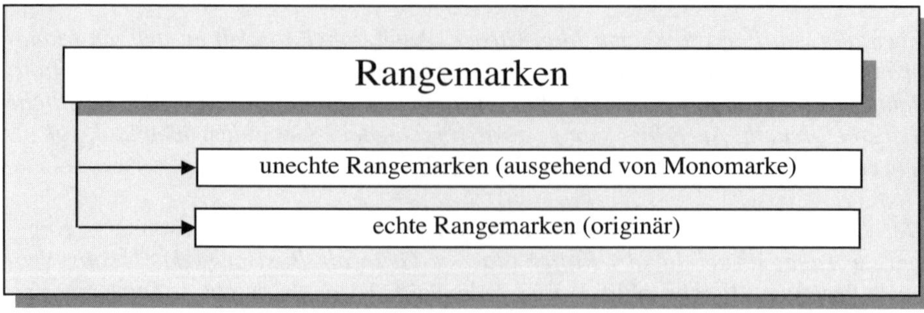

Neigt dieser sich dem Ende zu, etwa wegen externer Faktoren wie technischen Fortschritts oder Änderung gesetzlicher Rahmenbedingungen, geht auch die Marke und damit das kumuliert in sie investierte Budget unter.

2.1.2.2 Rangemarken

Die Rangemarkenstrategie (auch Familienmarken oder Produktgruppenmarke) bedeutet, dass hinter der Marke mehrere differenzierte Produkte stehen, die neben verschiedenen Ausprägungen auch in verschiedenen Versionen offeriert werden. Dies setzt die Sicherstellung von ähnlichen Marketing-Mix-Strategien, konstanter Qualität und Affinität der Produkte voraus. Dabei kann das Programm nur aus einer Range bestehen oder aus zwei oder mehr Ranges nebeneinander, jeweils mit einer oder mehreren weiteren oder ohne weitere Monomarken (siehe Multimarken).

Unter Range wird regelmäßig nur eine Familie verwandter Produkte verstanden, wobei diese emotionale (**konnotative**) Gemeinsamkeiten aufweisen, die auf hinkunfts-, herkunfts- oder betriebsbezogenen Elementen aufbauen. Man spricht hier auch von der Treueorientierung des Programms. Meist handelt es sich einerseits um **unechte** Rangemarken, die eine Monomarke als Ursprung haben und im Laufe der Zeit erst durch Produktdifferenzierung entstanden sind *(siehe Abb. Rangemarken).*

Echte Rangemarken sind hingegen sogleich als solche am Markt angetreten. Dies ist allerdings selten, vielmehr besteht eine Tendenz zur Ausweitung von Monomarken durch weitere Produkte zu Rangemarken. Diese erhalten nicht selten ihrerseits **Sub-Ranges** (Flankers) in verschiedenen Märkten (z.B. Odol mit Odol N'Ice), die dann wiederum aus verschiedenen **Produktlinien** (Extenders) bestehen (Odol N'Ice als Kaugummi oder Bonbon) oder die in verschiedenen **Versionen** angeboten werden (vertikale Produktdifferenzierung, z.B. durch Darreichungsform).

Typisch für eine unechte Rangemarke ist die Milka-Range von Kraft Jacobs Suchard (KJS). Gestartet ist sie mit der lila Tafelschokolade, die dann vertikal in verschiedenen Geschmacksrichtungen und Gebindegrößen (= Programmtiefe) und horizontal in verschiedenen Versionen (Riegel, Pralinen, Kuchen, Hohlfiguren, Schokotrunk etc.) gestaltet wurde (= Programmbreite). Dabei erfolgte der Rangeausbau Schlag auf Schlag: 1987 Milka Lila Pause, 1988: I love Milka, 1993: Milka Tender, Milka 300 gr.-Tafel, Leo-Riegel, Milkinis, 1994: Milka Fresh, Milka Happy Cows, 1995: Milka 300 gr.-Tafel Schoko+Keks, Milka Marzipan-Spezialitäten, 1996: Milka Alkohol-Eier, Milka Praliné-Nuss etc.

Ein weiteres Beispiel ist die S.Oliver-Range mit den Subranges Jeanswear, Know Out, S.Oliver Men, S.Oliver Women, Chaloc, QS, S.Oliver Socks, S.Oliver Underwear, S.Oliver Twist und S.Oliver Kids.

Die Entwicklung einer Rangemarke kann sehr gut anhand der Bild-Zeitung (1952) nachvollzogen werden:
- *Bild am Sonntag (1956)*
- *Bild der Frau (1983) / Pani Domu/Polen*
- *Bildwoche (1983)*
- *Auto-Bild (1986) / Auto Oggi/Italien / Auto Plus/Frankreich / Auto Express/Großbritannien / Auto Week/Niederlande / Auto Tip/Tcheschien / Auto Show/Türkei / Auto Nea/Griechenland / Auto Blic/Kroation / Auto Swiat/Polen / Auto Bild CH/Schweiz / Auto Bild A/Österreich*
- *Sport-Bild (1988)*
- *Bild Online (1996)*
- *Computer-Bild (1996)*
- *Computer-Bild Online (1997)*
- *Sport-Bild-Online (1997) / Computer Hoy/Spanien / Komputer Swiat/Polen / Computer Bild Taschenbücher (1997) / Bild Music (1998) / Computer Bild Spiele (1999) / Bild Buch (1999) / Bild Interactive (1999)*
- *Tier-Bild (2000).*

Auch die Zeitschrift Geo hat sich zu einer Rangemarke entwickelt, zu der
- *Geo-kompakt mit P.M.-Magazin, P.M.-Perspektive,*
- *Geo-Wissen mit Bild der Wissenschaft, Spektrum der Wissenschaft,*
- *Geo-Epoche mit Damals, G/Geschichte, P.M. History,*
- *Geo-Lino mit Micky Maus, Tiere-Freunde für's Leben, Wendy (für Kinder),*
- *Geo-Saison mit Feinschmecker, Reisen&Genießen,*
- *Geo-Special mit ADAC-Reisemagazin, Merian (für besondere Reisen) und*
- *Geo-Saison mit Abenteuer&Reisen (für allgemeine Reisen)*

gehören.

Ähnlich verhält es sich bei der Natreen-Range von Drugofa mit Sprühsahne, Fruchtquark, -eis, -joghurt, -saft, Zucker, Diätsüße (Ausgangsprodukt) etc. Alles unter dem Motto: Natreen macht das süße Leben leichter.

Oder bei Nivea von Beiersdorf mit allem, was der Körperpflege dient, außer Zahncreme, die, wie Marktforschung zeigt, unter der Marke Nivea nicht akzeptiert

wird. Im Einzelnen sind derzeit neun Kompetenzfelder gebildet worden, hinter denen sich wiederum vielfältige Produkte verbergen. Allen Produkten ist freilich ein identischer Markenkern gemein, der mit Begriffen wie Universalität (für jedermann von Nutzen), Urvertrauen (Bestandteil des täglichen Lebens), sensorische Schlüsselreize (Reinheit/Farbcode weiß), Werte (Pflegekompetenz) und Qualität (ohne Kompromisse) einheitlich umschrieben wird:
- *Nivea Beauté: Nails, Eyes, Lips, Face (jeweils mit mehreren Produkten)*
- *Nivea Body: Milk, Lotion, Firming lotion, Oil, Splash, Balm, Fresh gel, Peeling gel, Contouring cream, Anti-stretch marks, Anti-tired legs lotion*
- *Nivea Creme: Cream, Milk, Hand cream*
- *Nivea Deodorant: Deo spray, Pump spray, Pump spray lotion, Roll-on, Deo stick, Deo cream, Antiperspirant spray*
- *Nivea Hair Care: Shampoo, Rinse, 2in1 formula, Foam balm, Intensive hair pack, Restructuring hair pack, Styling spray, Styling foam, Styling gel, Volumen liquid*
- *Nivea Shower/Bath/Soap: Shower gel, Shower milk, Shampoo shower, Bath liquid gel, Bath milk, Oil bath, Cream soap, Liquid soap, Milk bar*
- *Nivea Sun: Tanning lotion, Tanning gel, Tanning oil, Self tan cream, Self tan lotion, Sun cream, Sun block ream, Sun lotion, Children lotion, Children block lotion, Children cream, Sensitive balm, Apres sensitive lotion, Sun sport lotion, Aftersun liposome cream, Aftersun vitamin lotion*
- *Nivea Visage: Moisturing daily care, Regeneration night care, Repairing antiwrinkle care, Triple performance care, Firming treatment, Eye perfection, Tinted moisturizing care, Cleansing milk, Moisturizing toner, Cream foaming cleansing gel, Eye make-up remover, Purifying cream mask, Vital daylight care, Vital cleansing milk/emulsion, Vital activating concentrate*
- *Nivea for Men: After shave balm, After shave lotion, After shave cream, Face care emulsion, Face care cream, Face care gel, Shaving foam, Shaving gel, Shaving cream*

Beispiele für Rangemarken im Industriegüterbereich sind u.a. Sinumerik (von Siemens), Trumatic (von Trumpf), Tigrip, Tecu, Wicu, Scotch-Brite (von 3M), Aidol, Teflon, Cordura, Silverstone (von DuPont).

Als **Vorteile** der Rangemarkenstrategie sind zu nennen:
- Die gegenseitige Unterstützung der Produkte sorgt für deren bessere Durchsetzung bei Handel und Endabnehmern. So tritt nicht ein einzelnes Produkt im Kampf um Anerkennung und Durchsetzung am Markt an, sondern eine ganze Familie, deren Einzelprodukte für gewöhnlich erkennbare Gemeinsamkeiten aufweisen.
- Die Kosten der Markenbildung und -pflege können durch Synergieeffekte geringer gehalten werden, d.h., die Summe der Einzelinvestitionen in Rangeprodukte ist niedriger zu bewerten als das Imageergebnis insgesamt (geschlossene Profilierung ganzer Produktlinien).
- Starke Marken lassen sich durch Imagetransfer auf neue Produkte „melken“. So kann um ein Flaggschiff herum eine ganze Serie von Derivaten positioniert wer-

den, die allein schon dadurch eine starke Starthilfe erhalten, dass sie den Markennamen mit diesem teilen (Goodwill).
- Auch eine Verjüngung des Images der Basismarke ist möglich, indem um ein Stammprodukt herum aktuelle, moderne und leistungsfähige neue Produktderivate unter gleicher Marke positioniert werden. Diese satellitenartig neu angesiedelten Produkte bewirken zugleich eine Positionsabsicherung.
- Die Ansprache neuer Zielgruppen führt zur Markterweiterung. Über das Ausgangsprodukt hinaus kann so ein Nachfragepotenzial sukzessiv erschlossen werden, zumal sich markentreue Mehrfachkäufe der beteiligten Rangeprodukte ergeben.
- Das Floprisiko für Produktinnovationen wird verringert. Der Familienverbund philosophiegerechter Produkte sorgt für einen Startanschub (Goodwill), der Risiken abfedert und Erfolge wahrscheinlicher werden lässt als bei vergleichbaren Produkten ohne diesen Verbund.
- Eigenständige Geschäftsfelder können auf diese Weise besetzt und organisatorisch verankert werden. So ist eine klare Zuweisung von Verantwortungen und Entscheidungen im Rahmen des Brand-Management möglich.
- Die Markenfamilie ermöglicht die Bildung eigenständiger Markenwelten mit spezifischer Profilierung, die dem Unternehmen willkommene Wachstumsreserven mobilisieren.

Dem stehen jedoch folgende **Nachteile** gegenüber:
- Die spitze Profilierung der Rangemarke gerät mit jedem Satelliten in Gefahr. Denn jedes weitere Derivat erhöht den Unschärfebereich der Kernpositionierung (Markenüberdehnung/-verwässerung). Selten bietet eine Produktgruppe allein aber ausreichende Möglichkeiten zur Kapitalisierung des Markenwerts.
- Die Markenkompetenz lässt nur mehr die Aufnahme verwandter Produktbereiche in die Familie zu. Fremde Produktbereiche etablieren so eine neue Range mit dem Problem der Zersplitterung der Aktivitäten bzw. des Flops. Die spätere Akzeptanz der Programmausweitung ist kaum hinreichend prognostizierbar.
- Außenstehende Monoprodukte sind nur schwer isoliert durchsetzbar. Denn sie profitieren nicht von der Aura der Range und verlangen daher nach überproportionaler Stützung. Werden sie dennoch für die Range vereinnahmt, stellen sie eine latente Gefahr für diese dar, wenn sie nicht in Qualität und Image affin sind.
- Es kann zu negativen Ausstrahlungseffekten zwischen den Produkten der Markenfamilie bei unterschiedlichen Marketingmixes, Qualitätsniveaus, Images und sonstigen Fehlern in der Strategie kommen (z.B. nicht philosophieadäquate Neuprodukte).
- Es entsteht ein höherer Abstimmungsbedarf zwischen den einzelnen Teilen der Markenfamilie. Denn über das einzelne Produkt hinaus ist immer auch die Tragweite von Entscheidungen für die gesamte Markenfamilie zu berücksichtigen.
- Es besteht die Gefahr von Substitutionsbeziehungen, vor allem, wenn die betroffenen Teilmärkte nicht klar voneinander getrennt werden können. Dann entsteht aber mehrfacher Aufwand für einfache Käufe, was ökonomisch nicht sein darf.
- Der Markenkern begrenzt die Innovationsmöglichkeiten ebenso wie die eines Relaunch. Insofern muss in jedem Einzelfall sehr genau bedacht werden, ob neu

aufgenommene Produkte durch die Kompetenz der Range (Basispositionierung) gedeckt sind (z.B. Kekskompetenz unter der Marke Milka).

- Bei nicht vollständiger Präsenz am Handelsplatz besteht die Gefahr, dass Angebotssysteme mit Nutzenklammern nicht durchgesetzt werden können. Einzelne Satellitenprodukte sehen sich dann ohne die Markenabstrahlung der Range dem Verdrängungswettbewerb ausgesetzt.
- Daraus folgt, dass eine Rangemarke nur dort sinnvoll einsetzbar ist, wo Abnehmer Angebotssysteme mit entsprechenden Nutzenklammern akzeptieren oder sogar erwarten. Anderweitig kommen die Synergieeffekte nicht zum Tragen.
- Wettbewerbsbedingte Restrukturierungsmaßnahmen sind begrenzt, etwa wenn einzelne Familienmitglieder in ihrer „Produktbegabung" verändert werden müssten, aber an den gemeinsamen Gedanken gebunden sind.

2.1.3 Markenanzahl

Bei der Markenanzahl stellen sich zwei Optionen, die Solitärmarkenstrategie bei einer Marke und die Multimarkenstrategie bei mehreren Marken im Programm. Diese geben damit also das **Verhältnis von Marke und Programm** des Unternehmens wieder.

2.1.3.1 Solitärmarke

Solitärmarkenstrategie bedeutet, dass im gesamten Unternehmensprogramm nur eine einzige Marke vorhanden ist.

Ein Beispiel sind die Fischer-Werke. Dieser Hersteller bearbeitet ganz unterschiedliche Märkte, alle jedoch unter einheitlichem Markennamen. Mit Fischertechnik wendet man sich an den Jugendmarkt mit einem Baukastenstecksystem. Mit Fischerbox wendet man sich an Autofahrer mit Aufbewahrungskästen für Compact discs etc. Und mit Fischerdübeln wendet man sich an Heim- und Handwerker mit einzigartigen Befestigungselementen. Die Verschiedenartigkeit der bedienten Märkte bedingt jeweils einen eigenständigen Marketing-Mix, dem jedoch als verbindende Klammer die gemeinsame Marke zu Grunde liegt.

Ein weiteres Beispiel ist die Marke Verpoorten, die aus dem Haus des gleichnamigen Eierlikörherstellers stammt. Neben dieser Marke werden dort keine weiteren Marken angeboten.

Als **Vorteile** der Solitärmarkenstrategie sind zu nennen:

- Die volle Konzentration aller Aktivitäten auf eine Produktmarke ist möglich, eine Zersplitterung der Budgets wird dadurch vermieden, und das Management kann sich voll auf ein Objekt konzentrieren. Dadurch steigen die Erfolgschancen, und die Effizienz der Marketingaktivitäten wird verbessert.
- Es entsteht ein klares Profil bei Absatzmittlern, da der Bauchladeneffekt von Multimarkenanbietern verhindert werden kann. Damit verbunden ist ein Zu-

wachs an Glaubwürdigkeit und Nachhaltigkeit bei Handelspartnern, die wohl zu Recht unterstellen, dass sich der Hersteller voll und ganz für seine Marke einsetzt.

- Eine gegenseitige Kannibalisierung differenzierter Produkte im Programm wird vermieden, stattdessen kommt es zur Nutzung der vollen Zentrifugalkraft der Solitärmarke mit hohem Aufforderungswert. Statt filigraner Positionierungen, die im Markt ohnehin zu verwässern drohen, ist also monolithische Durchsetzungskraft gegeben.

Als **Nachteile** haben hingegen zu gelten:

- Es besteht eine hohe Abhängigkeit des Unternehmenserfolgs vom Erfolg der Solitärmarke. Leidet deren Position im Markt aus welchen Gründen auch immer, und sei es nur zufällig, ist nurmehr eine geringe strategische Flexibilität vorhanden.
- Der Aufbau neuer Marken als Ersatz ist kaum mehr und schon gar nicht kurzfristig realisierbar. Daher kommt es verstärkt zum Übergang zur Multimarke (bei BMW etwa, wenngleich vergeblich, durch den Kauf von Rover/BL und die Kooperation mit Rolls Royce).
- Die Basis zum Ausgleich saisonaler oder räumlicher Disparitäten (wie Sommerloch, Nord-Süd-Gefälle etc.) fehlt ebenso wie die Möglichkeit des internen preispolitischen Ausgleichs. Damit ist eine hohe Anfälligkeit für Kapazitätsunterauslastung, Preisverfall etc. und damit zusammenhängend den Eintritt neuer Wettbewerber vorhanden.
- Eine potenzielle Erpressbarkeit durch Absatzmittler ist gegeben, wenn die Alleinstellung erodiert und das Produkt nicht mehr Pflichtmarke des Handels ist. Nachfragemächtige Händler wissen um die Anfälligkeit von Solitärmarken-Unternehmen und nutzen ihre daraus erwachsende Stärke taktisch klug aus.
- Es besteht nur eine eingeschränkte Möglichkeit, unterschiedliche Nachfragersegmente anzusprechen. Damit bleibt das Marktpotenzial von vornherein begrenzt. Da es gleichzeitig einen Trend zur Individualisierung mittels Markenartikeln im Publikum gibt, droht hier, Nachfragepotenzial ausgelassen zu werden.
- Es sind keine Synergieeffekte nutzbar, die aus Gemeinsamkeiten zwischen Produktangeboten resultieren. Allerdings sind Synergien real ohnehin nur recht selten nachvollziehbar. Zumindest im Absatzbereich aber scheinen sie gegeben (z.B. Verkaufsaußendienstorganisation).

2.1.3.2 Multimarken

Multimarkenstrategie bedeutet, dass im Unternehmensprogramm nebeneinander mehr als eine Marke vorhanden ist. Allen Marken ist gemein, dass sie nach außen hin nur mit einem technischen Absenderhinweis auf Nestlé, Unilever bzw. P&G gekennzeichnet sind, der übrigens gesetzlich vorgeschrieben ist, ansonsten aber keine Gemeinsamkeiten erkennen lassen, sondern als völlig unabhängige Angebote im Markt angesehen werden.

Ein Beispiel ist der Markenartikler Nestlé mit Marken wie Libby´s, Yes, After Eight, KitKat, Nuts, Smarties, Caro, Thomy, Alete, Glücksklee, Bärenmarke, Dallmayr, Herta, Maggi, Buitoni, Dörffler, Motta, Lünebest, LC 1, Yoco, Nescafé, Nesquick, Blaue Quellen, Aquarel, Vittel, Beba, Clusters, Lion, Choco Crossies etc.

Ganz ähnlich verhält es sich im Unilever-Konzern mit Marken wie Rama, Lätta, Knorr, Pfanni, Magnum, Dextro Energen, Slim Fast, Bifi, Du Darfst, Livio, Ben& Jerry's, Lipton, Domestos, Omo, Kuschelweich, Persil (GB/F), Viss, Coral, Dove, Lux, Mentadent, Signal, Rexona, Calvin Klein, Pond's etc.

Ein weiteres Beispiel ist Procter&Gamble. Zu diesem gehören so verschiedenartige Marken wie Lenor, Pampers, Valensina, Blend-a-med, Tempo, Wick etc.

Ein Branchenbeispiel bietet der Kosmetikmarkt mit folgenden Anbietern und deren Marken:
- *L'Oreal (F): Lancome Paris, Jade Maybelline, Ralph Lauren, HR Helena Rubinstein, Laboratoires Garnier, Vichy Laboratoires, Redken 5th Avenue N.Y., Giorgio Armani, L'Oréal Professionnel, Cacharel, Ralph Lauren, Guy Laroche, Biotherm, L'Oréal Paris,*
- *Procter&Gamble (USA): Giorgio Beverly Hills, Hugo Boss, Lacoste, Valentino, Max Factor, Pantene, Herbal Essences, Old Spice, Olay/Olaz,*
- *Unilever (GB/NL): Axe, Rexona, Dove, Lux, Pond's, Sunsilk, Organics, Timotei, Finesse, Calvin Klein, Cerruti, Lagerfeld, Chloé,*
- *Shiseido (J): Caria, Clé de Peau Beauté, Parfums Issey Miyake, Jean Paul Gaultier, Narciso Rodriguez, Sea Breeze, Za,*
- *Estee Lauder (USA): Prescriptives Stila, Clinique, Origins, MAC Cosmetics, La Mer, Tommy Hilfinger, Aveda, Donna Karan, Kate Spade,*
- *Avon Products (USA): Anew, Avon Color, Skin-So-Soft, BeComing, Avon Wellness, Mark,*
- *Johnson&Johnson: Neutrogena, Aveeno, RoC, Renova, Retin-A, ph5,5,*
- *Beiersdorf (D): Nivea, 8x4, Atrix, Labello, Hidrofugal, La Prairie, Juvena, Marlies Moeller, Florena, Eucerin,*
- *Wella/P&G (D/USA): Lifetex, Back to Basics, Viva, Crisan, Ultra Sheen, Anna Sui, Bogner, Escada, Gucci, Cindy Crawford, Strenesse, Naomi Campbell, Irish Moos, Tosca, 4711,*
- *Alberto-Culver (USA): Alberto VO 5, St.Ives Swiss Formula, Just for Me, Sally Beauty Company.*

Zahlreiche Beispiele finden sich auch bei den Verlagen (teilweise mit Mehrmarkenstrategie). Ein eindrucksvolles Beispiel bietet der Motorpresse-Verlag mit den Pressemarken: auto motor sport, AutoStraßenverkehr, mot, Auto Test Technik, sport auto, Autofocus, Modell Fahrzeug, Motorsport aktuell, Motor Klassik, promobil, Caravaning, lastauto omnibus, trans aktuell, Firmen Auto, Last+Kraft, Fernfahrer, KEP aktuell, Motorrad, PS Das Sport-Motorrad Magazin, Mopped, Roller Special, Motorrad Classic, aerokurier, Flug Revue, Mountain Bike, Run-

ner's World, outdoor, Kanumagazin, klettern, Audio, stereoplay, Audiophile, autohifi, video, video aktiv Digital, Color Foto, connect, Men's Health, Modern Living.

Zum Volkswagen-Konzern gehören die Pkw-Marken Seat (100 %), Audi (100 %), Skoda (100 %), Bugatti (100 %), Bentley (100 %), Lamborghini (100 % über Audi), Volkswagen, Porsche und Suzuki (20 %). Die Marken sind am Markt deutlich gespreizt: Volkswagen bildet den Maßstab für automobile Werte, Skoda steht für Qualität zu attraktiven Preisen, Bentley ist „The gentleman's sporting tourer", Audi verkörpert fortschrittliche Technologie, Seat ist „Auto emoción", Lamborghini stellt den ultimativen Sportwagen dar und VW Leichte Nutzfahrzeuge bieten individuelle Transportlösungen für jeden Kunden.

Bei zu großer Spreizung der Rangemarke kann es sinnvoll sein, diese in Multimarken aufzulösen. So geschehen bei der Marke Melitta.
Melitta ist eine traditionsreiche Marke für Kaffee und Filtertüten, dem Stammprogramm, sah jedoch Anfang der 80er Jahre des letzten Jahrhunderts bereits ein großes Potenzial im Bereich von Lebensmittelfolien zum Frischhalten, Einfrieren, Backen und Braten, im Bereich Entsorgung durch Staubsaugerbeutel, Müllbeutel und Dunstfilter und im Bereich elektrischer Luftreiniger und -befeuchter, dem Diversifikationsprogramm. Alle Produkte wurden seinerzeit unter der einheitlichen Dachmarke Melitta angeboten. Dies wurde jedoch verändert, indem sukzessiv vier + eins Rangemarken daraus entwickelt wurden. Der grundsätzliche Markenauftritt kann dabei auf drei Varianten rubriziert werden: Aligned branding mit unmittelbar sichtbarem Markenzeichen Melitta, Endorsed branding mit Unterstützung neu zu etablierender Marken durch das bestehende Markenzeichen Melitta und Non-endorsed branding mit neu zu etablierenden Marken ohne sichtbare Anbindung des Markenzeichens Melitta. Insofern ergibt sich nunmehr folgende Situation:

- *Melitta als Marke für Kaffeegenuss (Produkte: Kaffee, Filterpapier, Kaffeeautomaten, Kaffeefilter): In diesen Bereich gehören alle Produkte des Stammprogramms, also Getränke bzw. -zubereitung und hygienischer Haushaltsverbrauch. Es war nicht ratsam, gravierende Veränderungen im Markenauftritt der Produkte dieser Sparte zu riskieren. Das dort angesammelte „Kapital" ist nicht nur zu wertvoll, als dass es vernachlässigt werden darf, sondern auch so hoch, dass es wo immer vertretbar, eingesetzt werden muss.*
- *Melitta als Herstellerabsender: Die Marke Toppits von Melitta gilt für den Bereich Frische und Geschmack (Produkte: Lebensmittelfolien zum Frischhalten, Einfrieren, Backen und Braten), die Marke Cilia von Melitta für Teegenuss (Produkte: Teefilter, Teefiltersystem). Für diese Produkte des Diversifikationsprogramms, die einen tolerablen Grad an Hygieneassoziation haben, gilt, dass sie zwar unter selbstständiger Marke auftreten, jedoch das Markenzeichen versehen mit einem den Programmbereich kennzeichnenden Zusatz prominent tragen. Auftritt und Darstellung der Produkte lassen einen engen Verwandtschaftsgrad zum Melitta-Markenlook erkennen, um vom Potenzial der Marke zu profitieren.*
- *Melitta als technischer Herkunftshinweis: Die Marke Swirl für Praktische Sau-*

berkeit (Produkte: Staubsaugerbeutel, Müllbeutel, Dunstfilter), die Marke Aclimat für Bessere Wohnumwelt (Produkte: Luftreiniger, Luftbefeuchter). Hier treten Marke und Programmbezeichnung nicht prominent in Erscheinung, sodass man sich einem eigenständigen, klassischen Markenauftritt nähert. Ab einer bestimmten Mindestschwelle der Assoziation zu Unreinheit, Schmutz, Abfall etc. wird auf eine prominente Herausstellung der Marke verzichtet. Dies bedeutet die Zurücknahme des Markennamens auf die Funktion eines technischen Herkunftshinweises, der zwar Beachtung findet und als Legitimation des Kaufs oder der Aufnahme in das Handelssortiment dient, aber nicht direkt mit den Produkten in Verbindung gebracht werden.

Als **Vorteile** der Multimarkenstrategie sind zu nennen:

- Die gezielte Ansprache einzelner Kundensegmente wird durch individuelle Profilierung möglich. Das Produktimage kann in größtmögliche Übereinstimmung mit dem Bedürfnisprofil der Nachfrager gebracht werden. Dadurch werden mehrere Marktsegmente angezapft und der Markt, zumindest idealtypisch, vollständig ausgeschöpft.
- Es entsteht ein größerer Handlungsspielraum durch fehlende Verbundwirkungen der Marken untereinander. Damit können im Einzelfall sogar extreme Positionen abgedeckt werden, ohne dadurch eigene andere Produkte und die Glaubwürdigkeit einzelner Marken zu gefährden.
- Es besteht keine Gefahr negativer Ausstrahlungseffekte auf andere Marken des eigenen Unternehmens im Falle eines nicht auszuschließenden Flops einer Neueinführung, da die Verbundenheit nach außen in aller Regel nicht sichtbar ist. Infolgedessen ist auch das Innovationsrisiko geringer.
- Markenwechsler können durch die Produktvarietät gehalten werden, ohne sie an Wettbewerber zu verlieren. Vielmehr wechseln sie innerhalb des Markenportfolios. So können Ermüdungserscheinungen einer Marke durch eigene andere Marken aufgefangen und im Ergebnis mehr oder weniger kompensiert werden.
- Durch die Einführung einer eigenen Price off-Marke können die übrigen Marken vielleicht aus einem Preiskampf herausgehalten werden, der am Image kratzt. Dabei besteht auch die Möglichkeit zur internen Subventionierung und absatzkanalexklusiven Distribution solcher Marken.
- Jede Marke kann individuell auf das jeweilige Nachfragersegment positioniert werden. Dabei braucht weder Rücksicht auf die Positionierung anderer Marken im Programm noch insb. auf den Hersteller genommen zu werden.
- Auch ist die Möglichkeit zur Abdeckung durchaus gegensätzlicher Märkte gegeben, ohne dabei Gefahr zu laufen, Abnehmer zu irritieren, da die Verbindung der Marken untereinander und vor allem zum gemeinsamen Absender nach außen hin nicht sichtbar wird.

Dem stehen jedoch folgende **Nachteile** gegenüber:

- Die Gefahr von Kannibalisierungseffekten bei nicht ausreichender Trennung der Angebote voneinander ist gegeben. Dies trifft immer dann zu, wenn die Markenableger zu eng beieinander positioniert sind und somit intern in Konkurrenz um die gleiche Absatzquelle treten.

- Es besteht die Gefahr der Übersegmentierung, wodurch das zur Verfügung stehende Marktpotenzial quantitativ zu klein wird, um noch ertragreich zu sein. Bei kleinen Marktnischen, die zudem meist bereits mehrfach besetzt sind, lässt auch das Interesse des Handels mangels Masse nach.
- Es erfolgt keine Addition der Markenimages zu einem Dachmarkenimage, da die Verbindung nach außen hin nicht erkennbar und auch nicht gewünscht ist. Synergieeffekte können somit nicht genutzt werden, worunter die Effektivität der eingesetzten Mittel leidet.
- Jedes Produkt fordert für sich allein hohe Marketingaufwendungen. Insofern handelt es sich um eine äußerst kostspielige Strategie, die auf den Lebenszyklus der jeweiligen Marke begrenzt bleibt. Zudem erfolgt keine externe Unterstützung schwacher Marken durch starke.
- Es drohen Restriktionen im Regalplatz des Handels. Denn Absatzmittler denken wohl eher absenderorientiert und sind so nur gewillt, einem Hersteller eine bestimmte Regalplatzfläche (Facing) zur Verfügung zu stellen, die sich dessen Multimarken dann zu teilen haben.
- Der Marketingaufwand steigt durch die Notwendigkeit zur anderweitig ungestützten Etablierung am Markt. So kann die Marke nicht von der hohen Akzeptanz und Kompetenz des Herstellers profitieren, sondern muss singulär profiliert werden.
- Die Aufsplittung der Aktivitäten auf mehrere Märkte lässt eine geringere Effizienz vermuten. Es findet keine Bündelung der Kräfte statt, wobei vor allem die Rolle des Absenders in Bezug auf seine Marken interpretationsbedürftig ist.

2.1.4 Markenidentität

Bei der Markenidentität stellen sich zwei Optionen, die Dachmarkenstrategie bei einer Marke, die der Firma entspricht, und die Singulärmarkenstrategie bei einer oder mehreren Marken, die der Firma nicht entsprechen. Diese geben damit also das **Verhältnis von Marke und Firma** wieder.

2.1.4.1 Dachmarke

Dachmarkenstrategie (auch Unternehmensmarke) bedeutet, dass der Name des Produkts/der Produkte mit dem Namen des Unternehmens (Hersteller/Absender) übereinstimmt (oft werden diese auch als Firmenmarke bezeichnet). Dadurch wird dessen Kompetenzanspruch für alle Produkte der Dachmarke eingehalten.

Als Beispiel kann Siemens angeführt werden. Alle Produkte dieses Herstellers, so verschiedenartig sie auch sein mögen, werden unter einer gemeinsamen Marke angeboten. Dazu gehören Medizintechnik, Energieerzeugung, Energieverteilung, Industrieautomation, Bahntechnik, Gebäudetechnik, IT-Dienstleistungen, Handy-Geschäft, Festnetzsparte und Industrieservices (eigenständig sind nur Siemens-VDO, Osram und Infineon). Diese Strategie ist jedoch eher typisch für Anbieter, die überwiegend in marketingfernen Branchen aktiv oder von der Marketingdenk-

haltung noch nicht so durchdrungen sind wie vergleichsweise Konsumgüterhersteller.

Ein weiteres Beispiel ist Bahlsen, ein Genussmittelhersteller, der unter seiner Firma verschiedenartige Keks- und Gebäckspezialitäten herstellt, die durch entsprechende Markenzusätze kenntlich gemacht sind. Dr. Oetker hingegen ist differenzierter vorgegangen und hat sein Programm nach Kompetenzfeldern unterteilt, und zwar in die Bereiche Gutes Backen, Feine Desserts, Junge Küche, Moderne Kost, Perfektes Einmachen, Köstliches Eis.
Ein anderes Beispiel ist die Strategie des Internet-Content-Anbieters Scout 24, der Finanzierungsangebote (Finance Scout 24), Automobilangebote (Auto Scout 24) und Einkaufsangebote (Shopping Scout 24) unter einer gemeinsamen Dachmarke anbietet.
Unter dem Markendach der Allianz Group scharen sich die Angebote von Dresdner Bank, Allianz Versicherung, Advance Direktbank, Allianz+Dresdner Bausparen und DIT-Investmentfonds.

Auch Lego ist als Dachmarke aufgestellt. So gibt es Lego Primo mit Baby- und Kleinkinderspielzeugen, Lego Duplo für Kinder von 2 - 6 Jahren, Lego Scala für Mädchen von 5 - 12 Jahren, Lego System für Kinder von 3 - 16 Jahren und Lego Technic für Jungen von 7 - 16 Jahren.

Als **Vorteile** der Dachmarkenstrategie sind vor allem zu nennen:
- Der Profilierungsaufwand der Marke wird von allen Produkten gemeinsam getragen, d.h., die Vielfalt und Qualität aller Produkte geht in das Markenprofil ein und stärkt es. Umgekehrt profitiert auch jedes Produkt unterhalb des Markendachs von dessen hoher formaler Bekanntheit und inhaltlicher Vertrautheit.
- Eine schnelle Akzeptanz für Neueinführungen im Handel scheint sicher. Denn dieser leitet aus der für ihn erwiesenen Akzeptanz für die Übrigen, bereits bestehenden Produkte eines Herstellers eine höhere Erfolgswahrscheinlichkeit für neue Produkte unter dessen Markennamen ab.
- Das Gleiche gilt auch für private Endabnehmer, denn jedes neue Produkt unter dem Markendach partizipiert automatisch an dessen Goodwill und fördert Probierkäufe durch Cross selling.
- Eine Ausdehnung des Programms auf weitere Produkte ist möglich, weil das Vertrauen, das Verbraucher der Dachmarke entgegenbringen, auch auf diese Produkte übertragen wird und damit die Marktabdeckung verbessert. Auf diese Weise ist etwa auch die Etablierung neuer Technologien risikoloser.
- Die Markeninvestitionen sind nicht auf den (womöglich kurzen) Lebenszyklus einzelner Produkte beschränkt und gehen danach, wie bei Individualmarken, verloren. Vielmehr kann das Programm sukzessiv ausgetauscht, erweitert und aktualisiert werden, ohne an akquisitorischer Kraft einzubüßen.
- Für viele Produkte, deren geringes Marktvolumen nicht ausreicht, die mit einer Einzelmarkenführung verbundenen hohen Kosten zu decken, ist die Dachmarke im Übrigen die einzige Chance zur Ausschöpfung des Marktes. Damit können auch (z.B. modischen Trends unterliegende) Teilmärkte abgedeckt werden.

- Ein Konzept der integrierten Corporate communications wird möglich, da eine Identität zwischen Botschaftsabsender und -objekt besteht. Ist dies nicht der Fall, ist eine verzahnte Abstimmung der Kommunikation schwierig.
- Es ergeben sich Synergieeffekte zwischen Öffentlichkeitsarbeit für das Unternehmen und Werbung für das Produktmarketing. PR-Aktivitäten wirken insofern zugleich immer auch für das Produkt und umgekehrt.
- Gelingt es, diese horizontalen (zwischen verschiedenen Kommunikationsinstrumenten) und vertikalen Synergien (zwischen Markendach und Produkten) zu materialisieren, können in erheblichem Umfang Werbeaufwendungen eingespart bzw. effizienter eingesetzt werden.
- Die Markennamensfindung erübrigt sich teilweise. Angesichts der Tatsache, dass viele sinnvolle Markennamen bereits besetzt oder zumindest geschützt sind und international einsetzbare Markennamen umfangreicher, kostenaufwändiger Recherche bedürfen, stellt dies eine Komplexitätsreduktion dar.
- Es wurde empirisch ermittelt, dass Dachmarken-Unternehmen sich in Bezug auf ihren Shareholder value deutlich besser entwickeln als vergleichbare Unternehmen mit Singulärmarken.

Dem stehen jedoch folgende **Nachteile** gegenüber:
- Bei hohem Diversifikationsgrad verwässert die Markenkompetenz (Deprofilierung bei heterogenem Programm), d.h., je mehr und je unterschiedlichere Produkte ein Absender vertritt, desto eher entstehen Irritationen bei Abnehmern. Dies gilt vor allem dann, wenn es sich um divergierende Anwendungsbereiche handelt (deshalb wandelte sich Melitta von der Dach- zur Rangemarke).
- Entscheidungen für ein Produkt betreffen immer auch sämtliche anderen. So tangiert die Aufnahme/Streichung einer neuen Produktgruppe für das Programm zugleich erheblich die Dachmarke. Wird die Kompetenz dadurch ausgebaut, profitiert diese davon, wird die Profilierung jedoch geschwächt, ergeben sich Einschränkungen.
- Es besteht das Risiko negativer horizontaler Ausstrahlungseffekte (Badwill) innerhalb des bestehenden Programms. Die Schwäche eines der Produktangebote reicht bereits aus, das Unternehmen in Mitleidenschaft zu ziehen, auch wenn die anderen Produkte keinerlei Leistungsprobleme haben (z.B. Birkel). Das kann den Hersteller ins Kreuzfeuer der Kritik geraten lassen.
- Umgekehrt schlagen negative Unternehmensnachrichten unvermindert auf die Produkte durch (z.B. finanzielle Schieflage bei Nixdorf Computer oder AEG Hausgeräten, obgleich diese dann schon gar nicht mehr zum Daimler-Konzern gehörten). Von daher entsteht ein erhöhtes Risikopotenzial, das für die Produkte unabwendbar ist.
- Die einzelnen Produkte sind eher schwach profiliert, da das Markendach generalisierend wirkt. Es nimmt den Produkten die Besonderheit und addiert pauschal die Herstellerinhalte hinzu. Dadurch wird es für diese schwieriger, sich individuell im Konkurrenzumfeld durchzusetzen.
- Insofern ist auch eine Ausrichtung an einzelnen Zielgruppen/Anwendungen schwierig. Damit aber leidet die Wettbewerbsfähigkeit der Dachmarken-Angebote am jeweiligen Markt.

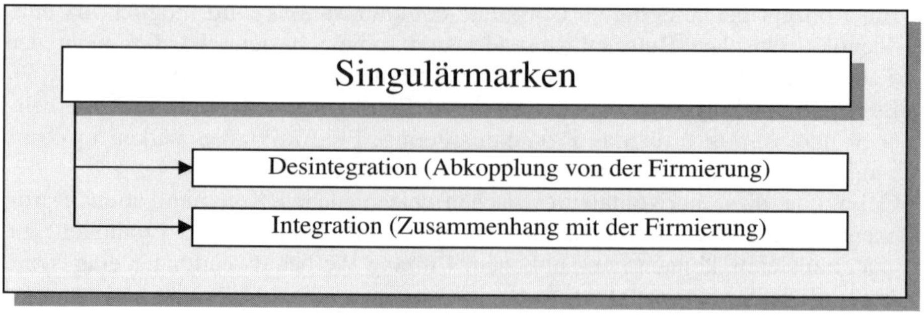

- Es besteht eine höherer Koordinationsaufwand innerhalb der Dachmarke. Wegen des engen Verbunds aller Produkte untereinander hat jede Aktivität für eines dieser Produkte immer auch Konsequenzen für die anderen, die bedacht werden müssen.
- Einzelne Programmteile können kaum in ihren Besonderheiten berücksichtigt werden. Innovationen lassen sich schwerlich spezifisch ausloben, und eine Konzentration auf einzelne Zielgruppen ist damit kaum möglich.
- Als Positionierung kann nur eine allgemeine, eher unspezifische gewählt werden, die keine Rücksicht auf die Besonderheiten einzelner Produkte unter dem Markendach zulässt, obwohl diese absatzfördernd wirken könnten. Gleichfalls sind Umpositionierungen problematisch.

2.1.4.2 Singulärmarken

Singulärmarkenstrategie bedeutet, dass der Name des Produkts/der Produkte verschieden vom Namen des Unternehmens (Hersteller/Absender) ist (oft werden diese unzulänglich auch als Fantasiemarke bezeichnet, obgleich die Marke durchaus einen konkreten sachlichen Hintergrund haben kann). Dabei sind zwei Ausprägungen beobachtbar. Zum einen handelt es sich um eine deutliche **Abkopplung** des Produkts vom Hersteller, d.h., beide haben erkennbar nichts miteinander zu tun.

Ein Beispiel ist Idee Kaffee von Darboven. Bei Idee Kaffee handelt es sich, von wenigen unbedeutenden Ausnahmen abgesehen, um die einzige Marke der Firma, die sich in einem hoch kompetitiven Markt wies dem für Kaffee halten kann. Ein weiteres Beispiel ist die Tiefkühlpizza-Marke Alberto Pizza, die einzige Marke des Unternehmens Freiberger Lebensmittel GmbH.

Zum anderen besteht zwischen beiden ein erkennbarer **Zusammenhang,** etwa derart, dass bei der Markennennung auf den Namen des Herstellers verwiesen wird *(siehe Abb. Singulärmarke)*. Man spricht hier auch von Endorsed branding.

Beispiele sind Persil von Henkel oder Aspirin von Bayer. Oft handelt es sich in diesem Fall um das Bedeutendste oder zumindest um das historisch gesehen erste bedeutende Produkt des Herstellers.

Im ersten Fall der **Desintegration** ergeben sich folgende **Vorteile:**

- Alle Marketingaktivitäten können auf eine Marke konzentriert werden. Der dahinter stehende Hersteller bleibt für die Kommunikation ohne Belang. Auch bedarf seine Relation zum Produkt keinerlei Erklärung.
- Die Separierung von Unternehmen und Produkt vermeidet negative vertikale Übertragungseffekte. So kann eine Schwäche des Herstellers zumindest auf der Endabnehmerebene nicht auf das Produkt durchschlagen und umgekehrt.

Als **Nachteile** stehen dem gegenüber:

- Es ist eine einseitige Abhängigkeit des Unternehmens vom dominanten Erfolg einer Marke gegeben. Es gibt weder die Möglichkeit des internen, horizontalen Ausgleichs mit anderen Marken noch die des vertikalen Ausgleichs mit dem Absendernamen.
- Synergiewirkungen zwischen Absender und Marke mit gegenseitiger Stützung bleiben aus. Ebenso wie keine Schwächen übertragen werden, werden allerdings auch keine Stärken übertragen, worunter die Effizienz von Marketingaktivitäten leidet.

Im zweiten Fall der **Integration** ergeben sich folgende **Vorteile**:

- Die Herstellerkompetenz wird voll in die Marke eingebracht. Da beide immer gemeinsam ausgelobt werden, erhält die Marke einen Vertrauensbonus am Markt, der sie gegenüber Mitbewerbern bevorteilt.
- Ein Markenlaunch profitiert von Anfang an vom dahinter stehenden Image des Herstellerabsenders. Die Marke tritt also mit dem akzeptierten Schutzschild des Herstellerabsenders an und verschafft sich damit einen Wettbewerbsvorsprung.

Als **Nachteile** stehen dem gegenüber:

- Die Notwendigkeit der doppelten Namensnennung befrachtet die Kommunikation und kompliziert diese. So vermindert die Berücksichtigung des Marken-Firmen-Tandems die Chance, andere spezifische Botschaften herüberzubringen.
- Hersteller und Produkt sind auf Gedeih und Verderb aneinandergekoppelt. Im gleichen Maße, wie es zu einer positiven Stützung kommt, kann es auch zu gegenseitiger Beeinträchtigung bei schon vorübergehender Schwäche von nur Hersteller oder nur Produkt kommen.

2.1.5 Kombinationen

Zwischen den dargestellten Strategien sind beinahe beliebige Kombinationen möglich:

- So können bei der Einzelmarkenstrategie mehrere Segmente nebeneinander bearbeitet werden (= Multimarke). Es kann sich dabei aber auch um die einzige Marke im Programm handeln (= Solitärmarke). Es kann sich um ein Einzelprodukt handeln (= Monomarke) oder um eine Range von Produkten (= Rangemarke). Sie kann mit der Firma identisch sein (= Dachmarke) oder von ihr verschieden (= Singulärmarke).

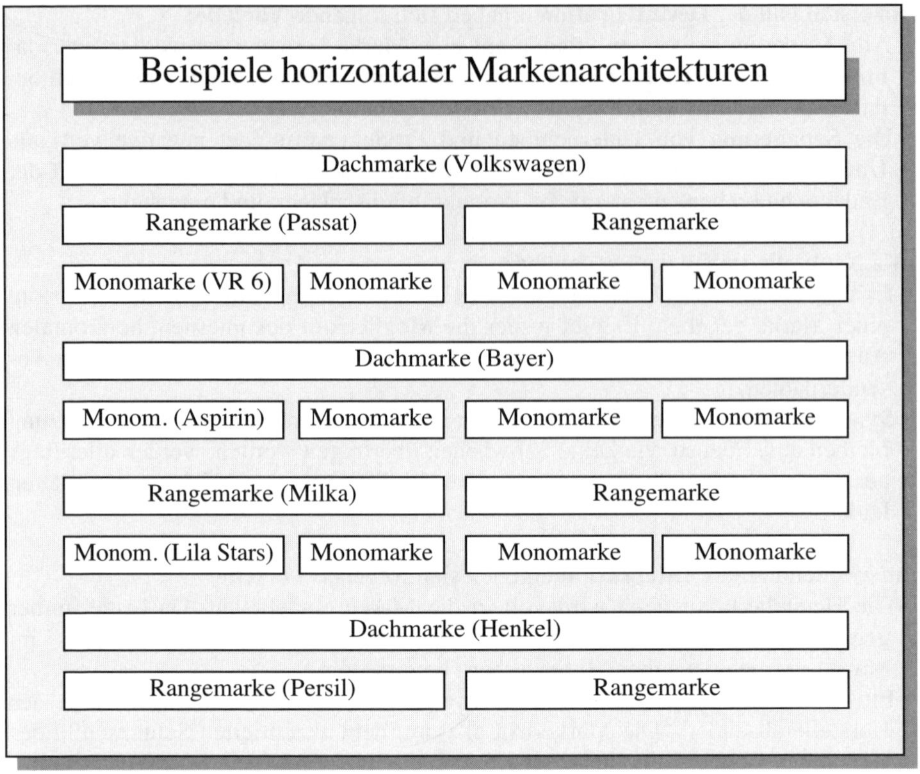

- Bei der Mehrmarkenstrategie kann jeweils ein Einzelprodukt dahinter stehen (= Monomarke) oder jeweils eine Range von Produkten (= Rangemarke). Eine der Marken kann mit der Firma identisch sein (= Dachmarke) oder von ihr verschieden (= Singulärmarke). Es handelt sich immer um eine Multimarke, keinesfalls um eine Solitärmarke.
- Die Monomarke kann je Segment einzeln auftreten (= Einzelmarke) oder parallel zu anderen Marken je Segment (= Mehrmarke). Sie kann als einzige Marke im Programm (= Solitärmarke) oder neben anderen (= Multimarke) dort vertreten sein. Sie kann mit der Firma identisch sein (= Dachmarke) oder von ihr verschieden (= Singulärmarke).
- Die Rangemarke kann je Segment einzeln auftreten (= Einzelmarke) oder parallel zu anderen Marken je Segment (= Mehrmarke). Sie kann als einzige Marke im Programm (= Solitärmarke) oder neben anderen (= Multimarke) dort vertreten sein. Sie kann mit der Firma identisch sein (= Dachmarke) oder von ihr verschieden (= Singulärmarke).
- Die Solitärmarke kann ein Einzelprodukt repräsentieren (= Monomarke) oder eine Range von Produkten (= Rangemarke). Sie kann mit der Firma identisch sein (= Dachmarke) oder von ihr verschieden (= Singulärmarke). Sie ist immer eine Einzelmarke, keinesfalls eine Mehrmarke.
- Die Multimarke kann je Segment einzeln auftreten (= Einzelmarke) oder parallel zu anderen Marken je Segment (= Mehrmarke). Es kann sich jeweils um ein

Einzelprodukt handeln (= Monomarke) oder eine Range von Produkten (= Rangemarke). Eine der Marken kann mit der Firma identisch sein (= Dachmarke) oder von ihr verschieden (= Singulärmarke).
- Die Dachmarke kann ein Einzelprodukt repräsentieren (= Monomarke) oder eine Familie von Produkten (= Rangemarke). Sie ist immer eine Einzelmarke und eine Solitärmarke, keinesfalls eine Mehrmarke und eine Multimarke.
- Die Individualmarke kann ein Einzelprodukt repräsentieren (= Monomarke) oder eine Range von Produkten (= Rangemarke). Sie kann je Segment einzeln auftreten (= Einzelmarke) oder parallel zu anderen Marken je Segment (= Mehrmarke). Sie kann sowohl eine Multimarke als auch eine Solitärmarke sein.

Diese Kombinationen zeigen sich auch in Beispielen realer Marken, so *(siehe Abb. Beispiele horizontaler Markenarchitekturen)*:
- VW Passat VR 6 (Dachmarke VW/Familienmarke Passat/Einzelmarke VR 6),
- Bayer Aspirin (Dachmarke Bayer/Einzelmarke Aspirin),
- Milka Lila Stars (Familienmarke Milka/Einzelmarke Lila Stars),
- Henkel Persil (Dachmarke Henkel/Familienmarke Persil).

2.2 Vertikale Markentypen

Bislang wurden die horizontalen Beziehungen von Marken zueinander betrachtet. Im Folgenden wird nun eine vertikale Unterteilung der Marken in die Ausprägungen Erst-, Premium-, Luxus-, Zweit- und Drittmarken sowie Gattungsware (wobei diese streng genommen der Gegenpol zur Marke darstellt) vorgenommen *(siehe Abb. Vertikale Markentypen ((I)))*.

Die **Verbindung** der vertikalen Markentypen ist asymmetrisch zu sehen. Nach oben, also ausgehend von der Erstmarke in Richtung Premium- bzw. Luxusmarke,

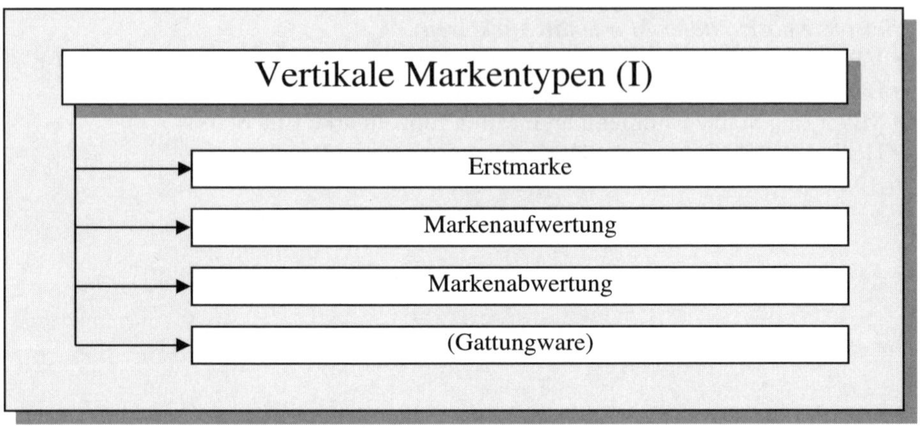

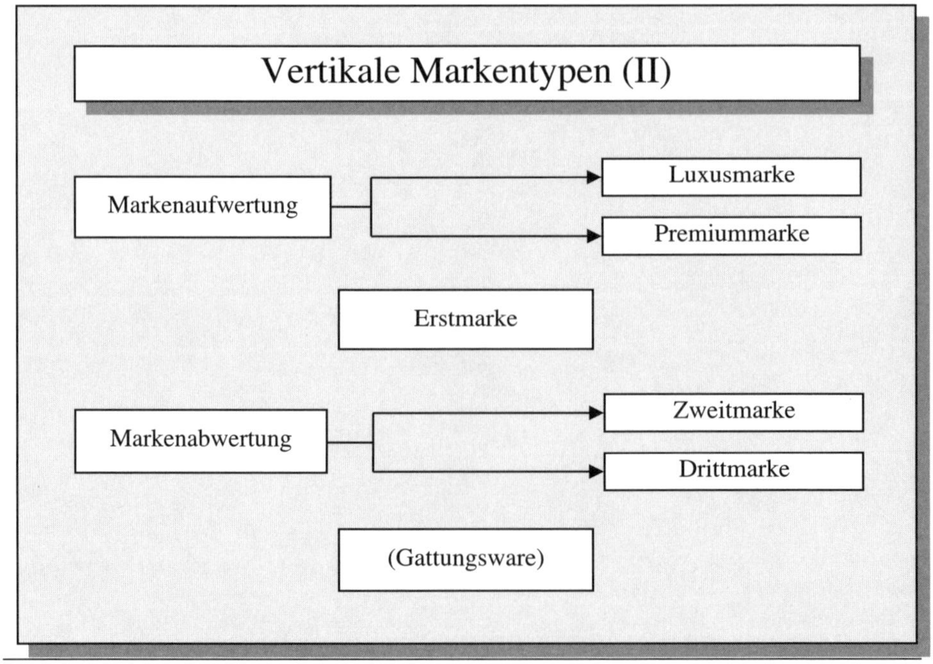

ist der Ausweis des gemeinsamen Herstellers in der Regel hilfreich und sinnvoll. Nach unten, also ausgehend von der Erstmarke in Richtung Zweit- bzw. Drittmarke, ist dieser Ausweis hingegen zumeist schädlich und daher nicht sinnvoll. Denn die in der Hierarchie darüber liegenden Marken wirken positiv auf das Image der darunter liegenden, sie werden von ihnen aufgewertet, die in der Hierarchie darunter liegenden Marken wirken jedoch negativ auf das Image der darüber liegenden, sie werden von ihnen abgewertet. Daher soll für gewöhnlich die herstellerseitige Verbindung zwischen Erst-, Premium- und Luxusmarke ausgewiesen werden, nicht jedoch die zwischen Erst-, Zweit- und Drittmarke *(siehe Abb. Vertikale Markentypen ((II))*.

2.2.1 Erstmarke

Die Erstmarke hat die zentrale Position innerhalb der Markenhierarchie. Ein Beispiel ist Henkell Trocken im Programm der Henkell Sektkellerei. Sie lässt Raum für Über- und Unterbietungen.

Die Erstmarke ist somit allgemein die Marke mit der größten Marktbedeutung innerhalb eines Programms und meist auch die mit der ausgeprägtesten Historie. Sie ist damit ein Eckpfeiler für den Unternehmenserfolg. Allerdings hat sich im Laufe der Entwicklung herausgestellt, dass diese Erstmarke nicht in der Lage ist, das gesamte Nachfragepotenzial abzudecken. Daher wird sie vertikal nach oben und/ oder nach unten ergänzt. Sie ist damit Ausgangspunkt für vertikale Markentypen.

2.2.2 Markenaufwertung

In Zusammenhang mit der Markenaufwertung werden die Premiummarke und als weitere Steigerung die Luxusmarke vorgestellt und bewertet. Sie bewegen sich von der Erstmarke nach oben weg in Richtung Spitze der Markenpyramide (Up scaling).

2.2.2.1 Premiummarke

Die Premiummarke ist oberhalb der Erstmarke positioniert. Ein Beispiel ist Fürst von Metternich-Sekt im Verhältnis zu Henkell Trocken (Erstmarke) bei der Henkell Sektkellerei, ein anderes Sheba im Verhältnis zu Whiskas (beide Masterfoods). Bei WoTUI sind Airtours und Robinson Premiummarken in Relation zur Erstmarke TUI.

Dabei wird eine Premiummarke an die Spitze der Leistungshierarchie platziert und repräsentiert diese auch im Preis. In dem Maße, wie sich daraus ein hochwertiges Image ableitet, nutzt der Handel dies jedoch zur Profilierung der eigenen Geschäftsstätte, was zumeist über Sonderangebote erfolgt. Dadurch wird das Produkt popularisiert. Da zudem generell ein steigendes Anspruchsniveau im Konsum zu verzeichnen ist, steigt die Nachfrage danach an. In gleichem Maße aber wird das

Produkt herunter gezogen. An der Spitze der Pyramide wird Platz frei für eine neue Premiummarke, welche die Stelle der alten einnimmt, bis auch diese eine vorher zwar nicht beabsichtigte, aber wohl unvermeidliche Marktbreite erhält und ihrerseits Platz für eine neue Premiummarke schafft. Diesen Prozess nennt man Cascading. Er war etwa im Pilsmarkt zu beobachten. Zunächst war König Pilsener als Premiummarke im Biermarkt unumstritten. In dem Maße wie „Köpi" jedoch in Getränkeabholmärkten etc. kastenweise im Sonderangebot offeriert wurde, wurde Platz für einen Nachfolger frei. Hier sind nun nacheinander Krombacher, Veltins, Bitburger und Warsteiner Pils mit Starterfolgen angetreten.

Es ergeben sich folgende **Vorteile** der Premiummarkenstrategie:
- Die Abschöpfung der höheren Preisbereitschaft sozial exponierter Zielgruppen wird möglich. Solche Personen sind sich für ihren besseren Lebensstil auch höhere Geldbeträge zur Erreichung dieser sozial attraktiven Produkte Wert.
- Es kann von sicherer Handelsunterstützung durch günstige Spannen ausgegangen werden. Evtl. kommt es dadurch zu einer Sogwirkung für das gesamte Programm, von der auch die unterhalb der Premiummarke angesiedelten Produkte profitieren.
- Solche anspruchsvollen Marken sind nicht selten Trendsetter mit Diffusionswirkung im Breitenpublikum, die durch „dekadentes" Verhalten hedonistischer Käufer und deren Signalfunktion in der Folgerschaft der Normalverbraucher einen Schneeballeffekt weit über das eigentliche Potenzial der Premiummarke hinaus bewirken.

Als **Nachteile** stehen dem gegenüber:
- Bei Ruchbarwerdung des Zusammenhangs der Premiummarke mit weiter unten in der Hierarchie angesiedelten Produkten besteht die Gefahr der Erosion des Markenimages. Da dieses aber konstitutiver Gegenwert für die höhere Preisforderung ist, wird auch diese nicht mehr akzeptiert und das Produkt droht zu floppen.
- Auf Grund der meist gegebenen normalen Preis-Absatz-Reaktion bedeutet ein hoher Preis zugleich immer auch eine kleine Zielgruppe. Daher stellt sich die Frage, ob die fixen, kostentreibenden Elemente deren wirtschaftliche Bearbeitung ermöglichen.
- Die Möglichkeit einer Premiummarke ergibt sich nicht für alle Branchen. So sind Low interest-Produkte oder Produkte des täglichen oder täglich häufigen Bedarfs schwerlich auf diese hohe Ebene zu heben, da dafür die Akzeptanzbasis fehlt.

2.2.2.2 Luxusmarke

Die Luxusmarke ist noch oberhalb der Premiummarke positioniert. Beispiele sind Adam Henkell-Champagner oder Söhnlein Rheingold-Champagner im Verhältnis zu Fürst von Metternich-Sekt (Premiummarke) bei der Henkell Sektkellerei.

Luxusmarken haben vor allem zwei Funktionen. Zum einen sollen sie überdurchschnittliche Deckungsbeiträge in der Spitze der Preisbereitschaft von Kunden abschöpfen, zum anderen haben sie Image leader-Aufgaben. Diese teilen sich wiederum in zwei Bereiche. Einmal geht es um die Abstrahlung der Luxusmarke auf die in der Markenpyramide darunter liegenden Marken, wodurch diese eine emotionale Aufwertung erfahren. Dann bietet die Luxusmarke aber auch die Aussicht auf eine Produktkarriere, d.h., den Aufstieg von der Erst- bzw. Premiummarke auf die höchste Stufe des Leistungsangebots eines Herstellers. Dadurch wird ein Markenwechsel bei steigendem Anspruchsniveau vermieden und ein markentreuer Aufstieg ermöglicht. Konstitutive Kennzeichen von Luxusmarken sind ihre Ästhetik (Kunst, Kultur), ihre herausragende Qualität, ihr hoher Preis, ihre Einzigartigkeit, ihre Historie (Heritage), ihre Nicht-Notwendigkeit, ihr hohes Ansehen in der Zielgruppe.

Das bekannteste Beispiel für einen Luxusmarken-Hersteller ist die französische LMVH, die sich auf Spirituosen, Kleidung, Accessoires und Duftwässer der obersten Qualitäts- und Preisklasse spezialisiert hat:

- *Mode: Louis Vuitton, Céline, Kenzo, Fendi, Emilio Pucci, Donna Karan,. Berluti, Loewe, Givenchy, Marc Jacobs, Christian Lacroix, Thomas Pink, StefanoBi, Newton, Dior,*
- *Parfüm/Kosmetik: Guerlain, Parfums Chistian Dior, Parfums Givenchy, Kenzo Parfums, BeneFit Cosmetic, Fresh, Laflachère, Make up for ever, Acqua di Parma, Perfumes Loewe,*
- *Weine/Spirituosen: Moet&Chandon, Veuve Cliquot, Dom Pérignon, Krug, Mercier, Ruinart, Chandon Estates, Chateau d'Yquem, Hennessy, Cloudy Bay, Cape Mentelle, Newton, Mount Adam, Pomméry, Davidoff,*
- *Uhren/Schmuck: Tag Heuer, Zenith, Chaumet, Fred, Omas, Dior Uhren/Benedom, Ebel,*
- *Handel: DFS, Sephora, Miami Cruiseline, Le Bon Marché, La Samaritaine.*

Ein anderes Beispiel ist der ebenfalls französische Luxuskonzern Richemont, zu dem folgende Marken gehören:

- *Juwelen/Schmuck: Cartier, Van Cleef/Arpels,*
- *Uhren: Piaget, A.Lange&Söhne, Vacheron Constantin, Jaeger-LeCoultre, Panerai, Baume&Mercier, IWC, Officine Panerai, Piaget,*
- *Schreibgeräte: Montblanc, Dunhill, Lancet,*
- *Mode: Chloé, Hackett, Old-England, Shanghai Tang,*
- *Accessoires: Lancel, Montegrappa, Purdey, Azzedine Alaia, Shanghai Tang, Roger Dubois, net-a-porter.com.*

Zur Swatchgroup gehören Luxusmarken wie Breguet, Blancpain, Glashütte Original, Jaquet Droz, Léon Hatori, Tiffany&Co., Omega, Longines, Rado, Union Glashütte, Tissot, sk watch&jewelry, Balmain, Certina, Mido, Hamilton etc.

Zum Luxuskonzern PPR gehören Luxusmarken wie McQueen, Balenciaga, Bottega, Veneta, Boucheron, Brioni, Girard-Perregaux, Jean Richard, Sergio Rossi, Stella McCartney, Yves Saint Laurent.

Eher unbekannte Beispiele aus diesem Bereich sind die deutsche Firma Eganogoldpfeil mit den Luxusmarken Goldpfeil, Mädler, Pierre Cardin, Mexx, Cerruti,

Junghans und Dugena sowie die französische Firma Pinault-Printemps-Redoute mit Luxusmarken wie Gucci, Yves Saint Laurent, Printemps.

Deutsche Luxusmarken sind folgende:
- *A. Lange & Söhne (Uhren), Glashütte Original (Uhren), Porsche (Automobil), Bulthaupt (Küchen), Poggenpohl (Küchen), Wiesmann Auto-Sport (Auto), Chronoswiss (Uhren), SieMatic (Küchen), Staatliche Porzellan-Manufactur Meissen (Glas, Porzellan), Escada (Damenmode), Jil Sander (Damenmode), Gaggenau (Küchen), Interlübcke (Wohnmöbel), Montblanc (Schreibgeräte), Robbe & Berking Silber (Besteck), Thonet (Wohnmöbel), Hotel Adlon (Hotellerie), Rena Lange (Damenmode), Rolf Benz (Wohnmöbel), Bogner (Sport), Comtesse (Lederwaren), Wellendorff (Schmuck), Dornbracht (Badarmaturen), Rosenthal (Glas, Porzellan), Wempe (Schmuck), Kempinski (Hotellerie), Schoeffel (Schmuck), Koch & Bergfeld (Besteck), Poggonpohl (Küchen), Chronoswiss (Uhren), Burmester (Hifi), Cor (Wohnmöbel), Baldessarini (Mode), Wunderkind (Mode), Rena Lange (Mode), Loewe (U-Elektronik),*

Das Paradebeispiel einer deutschen Luxusmarke ist aber wohl Boss. Dass dazu ein langer Weg zurückzulegen ist, zeigt ein kurzer Blick in die Anfänge der Markenhistorie:
- *1923: Unternehmensgründung durch Hugo Boss als Hersteller von Arbeitskleidung*
- *1948: Gründung der Hugo Boss GmbH*
- *1954: Produktion der ersten Boss-Herrenanzüge*
- *1967 - 70: Eintritt von Uwe und Jochen Holy, den Enkeln des Firmengründers, Umsatz 2 Mio. €*
- *1980: Umsatz 50 Mio. €*
- *1981: Programmerweiterung durch Aufnahme von Hemden*
- *1984: Umwandlung des Unternehmens in eine AG, erste Lizenzvergabe für Hugo Boss Düfte*
- *1987: Umsatz 250 Mio. €*
- *1989: Lizenzvertrag für Hugo Boss Brillen mit Charmant Inc. Japan*
- *1991: Marzotto Sp.A übernimmt Aktienmehrheit*
- *1993: drei Markenlinien: Hugo, Boss und Baldessarini:*
  - Boss steht für Erfolg, Internationalität, Dynamik, kosmopolitischen Lifestyle, ein Lebensgefühl, das Business mit Sportlichkeit verbindet. Die Kollektion richtet sich seit 2000 auch an Frauen und umfasst u.a. Sportswear- und Golfkleidung.
  - Hugo ist trendig, jung und unkonventioneller Lifestyle für Szenegänger. Die Kollektion besteht aus Hugo Man und Hugo Woman.
  - Baldessarini ist raffinierter Luxus, bietet Exklusivität für das Lebensgefühl zwischen St.Moritz, Portofino und Monaco. Es wird nur feinste Qualität für höchste Ansprüche geboten.
  Lizenzvertrag für Hugo Boss Bodywear mit Schiesser AG
- *1995: Lizenzvergabe für Hugo Boss Schuhe an MH Shoes & Accessories, Schweiz*

- *1996: Übernahme des Hemdenherstellers Della Croce Gruppe, CH, Lizenzvertrag für Hugo Boss Uhren mit Tempus Concept, Schweiz*
- *1997: Launch der Boss Gold Kollektion, Umsatz 500 Mio. €*
- *1998: Launch Boss Sport-Sportswear, Baldessarini wird Vorstandsvorsitzender*
- *1999: Lizenzvertrag für Lederaccessoires mit MH Shoes & Accessoiries, Schweiz*
- *2000: Launch Hugo Boss Woman Kollektion*
- *2001: Umsatz 1 Mrd. €.*

Es ergeben sich folgende **Vorteile** der Luxusmarkenstrategie:
- Eine Abschöpfung zusätzlicher Margen bei extrem hoher Preisbereitschaft ist möglich. Die Preis-Leistungs-Relation bezieht sich dabei keineswegs mehr nur auf die objektive Produktleistung, sondern wird erst durch weitere, subjektive Imageleistungen tragfähig.
- Die Nutzung von Modetrends durch exaltierte Produkte ermöglicht mit zeitlichem Nachhall auch positive Absatzeffekte im Breitenpublikum. Dem liegt die Orientierung der Trendfolger (Followers) an den Trendsettern (Leaders) zu Grunde.
- Sofern die Verbindung zwischen der Luxus- und den anderen Marken in der Pyramide bekannt ist, kommt es zu einer Imageabstrahlung von oben nach unten, die bei denjenigen Nachfragern profilierend wirkt, deren Preisbereitschaft nicht ausreicht, die Luxusmarke zu kaufen, wohl aber Marken desselben Absenders, die darunter angesiedelt sind.

Als **Nachteile** stehen dem gegenüber:
- Es bleiben nurmehr außerordentlich kleine Zielgruppen, welche die Berechtigung solcher Luxusmarken weniger aus ihrer absoluten wirtschaftlichen Bedeutung herleiten als vielmehr aus den außerökonomischen Sekundär- und Tertiärfolgeeffekten.
- Sehr hohe Qualitätsansprüche ergeben sich zwangsläufig, die durch das Produkt auch gehalten werden müssen. Bereits geringe Qualitätsschwankungen haben daher womöglich existenzbedrohende Folgen.
- Daraus folgen hohe Aufwendungen für Produktforschung und -entwicklung sowie -erprobung, da eine exzellente Marke immer nur Folge exzellenter Produktqualität ist, sodass die Preisprämie um diese zusätzlichen Kosten den Gewinn schmälert.

2.2.3 Markenabwertung

In Zusammenhang mit der Markenabwertung werden die Zweitmarke und als weitere Senkung die Drittmarke vorgestellt und bewertet (Down scaling). Sie bewegen sich von der Erstmarke nach unten weg in Richtung Basis der Markenpyramide. Eine Erstmarke hat typischerweise 90 - 100 % Distributionsgrad bei einem Preis oberhalb des Durchschnittsniveaus und intensiver Werbeunterstützung. Eine Zweitmarke hingegen eher 50 - 90 % Distributionsgrad bei einem Preis auf Durchschnittsniveau und mittlerer Werbeunterstützung. Eine Drittmarke schließlich hat eher unter 50 % Distributionsgrad bei einem um gut ein Drittel unter dem Durchschnitt liegenden Preis ohne Werbeunterstützung.

2.2.3.1 Zweitmarke

Die Zweitmarke ist unterhalb der Erstmarke positioniert. Beispiele sind Söhnlein Brillant (der auch schon einmal Söhnlein Trocken hieß) oder Carstens SC im Verhältnis zu Henkell Trocken (Erstmarke) bei der Henkell Sektkellerei, sowie Kitekat im Verhältnis zu Whiskas (beide Masterfoods)

Die Zweitmarke hat vor allem die Funktion der Absicherung der Erstmarke, um diese gegen einen Wechsel von Käufern zu preisaggressiven Konkurrenten zu immunisieren. Damit ist angesichts niedriger Deckungsbeiträge zumindest eine Unternehmensloyalität gegeben.

Bekannte Zweitmarken in der Hotellerie sind etwa Budget (Dorint), Cadett (Mövenpick), Esprix (Steigenberger) oder Fairfield (Mariott), bei Banken vergleichsweise Bank 24 (Deutsche Bank) oder Comdirect (Commerzbank). Bei G&J ist etwa Schöner Essen die Zweitmarke zur Erstmarke Essen und Trinken. Bei WoTUI ist 12fly die Zweitmarke zu TUI.

Die **Vorteile** der Zweitmarkenstrategie liegen in folgenden Aspekten:
- Es kommt zu einer besseren Ausschöpfung des Marktpotenzials über ein zweigleisiges Angebot in Abhängigkeit von der unterschiedlichen Preisbereitschaft der Nachfragersegmente. Gleichzeitig wirkt der Preis als Sperre, die eine gegenseitige Kannibalisierung weitgehend verhindert.
- Auch wird die Realisierung von Kostenvorteilen durch Rationalisierungs- und Erfahrungskurveneffekte möglich. So können durch Beschaffungs-, Produktions- und Absatzsynergien Stückkosteneinsparungen erreicht werden, die bei gleichem Preis eine höhere Spanne bzw. bei niedrigerem Preis einen besseren Wettbewerbsschutz bewirken.
- Die Zweitmarke kann taktisch als Gegenpol zu preisaktiven Wettbewerbsmarken eingesetzt werden, sodass die Erstmarke von solchen Turbulenzen unbehelligt bleibt. Insofern schirmt sie die für das Unternehmensergebnis bedeutsamere Erstmarke nach unten gegen Angriffe ab.

Als **Nachteile** ergeben sich daraus jedoch folgende:
- Es besteht die Gefahr des negativen Imagetransfers von der Zweit- auf die Erstmarke, wenn deren Zusammenhang im Publikum ruchbar wird. Dies kann etwa durch eine identische technische Herkunftsangabe provoziert werden oder durch Presseveröffentlichungen. Da die Erstmarke normalerweise höhere Deckungsbeiträge erwirtschaftet, kann dies die Rentabilität selbst bei gleich bleibendem Gesamtabsatz beeinträchtigen.
- Ebenso kommt es zur latenten Verdrängung schwacher Zweitmarken durch starke Handelsmarken, die von Absatzmittlerorganisationen bewusst forciert wer-

den, da sie bessere Spannen für diese realisieren. Zweitmarken befinden sich somit in der Zwickmühle und erfordern eine feinfühlige Führung.
• Ein erheblicher organisatorischer Mehraufwand ist durch die parallele Führung von Erst- und Zweitmarken in der internen Marketingorganisation gegeben. Dies kostet Zeit und Geld und erhöht die Komplexität der Markenführung, die gegen zusätzliche Erlöse gegen zu rechnen ist.

2.2.3.2 Drittmarke

Die Drittmarke ist noch unterhalb der Zweitmarke positioniert. Ein Beispiel ist Rüttgers Club im Verhältnis zu Söhnlein Brillant (Zweitmarke) bei der Henkell-Söhnlein Sektkellerei. Oft ist die Präsenz einer Drittmarke auch auf bestimmte große Absatzmittler begrenzt, so wird z.B. Schloß Königstein exklusiv über den Edeka-Handelskonzern distribuiert. Ihre Berechtigung leitet sich oftmals aus der Realisierung von Kostendegressionseffekten aus Kuppelproduktion ab, die mit anderen Marken verbundene Aktivitäten betreffen.

Innerhalb der Accor-Hotelkette sind Formule 1 und Etap die Drittmarken. Formule 1 hat null Sterne, mit Check-in am Automaten, 9 qm Zimmergröße und Dusche auf der Etage. Für Essen und Trinken stehen Snack- und Getränkeautomaten bereit. Etap ist in der Ein-Stern-Kategorie, mit Check-in am Automaten, 14 qm Zimmergröße incl. Dusche und WC sowie Snack- und Getränkeautomaten. Die Zweitmarke ist analog Ibis in der Zwei-Sterne-Kategorie mit persönlichem Check-in rund um die Uhr, 16,5 qm Zimmergröße incl. Bad sowie Bar und Restaurant. Als Erstmarken fungieren in dieser Hierarchie Mercure und Novotel mit 3 bzw. 4 Sternen, persönlichem Check-in rund um die Uhr, 24 qm Zimmergröße und Minibar sowie Roomservice, Bar und Restaurant.

Die **Vorteile** der Drittmarkenstrategie liegen in folgenden Aspekten:
• Hier werden zusätzlich vor allem auch die Nachfragersegmente mit geringster Preisbereitschaft abgeschöpft. Diese geringe finanzielle Leistungsfähigkeit ist angesichts zunehmender Sozialprobleme in der Bevölkerung notgedrungen weit verbreitet. Dann ist sie objektiv verursacht.
• Subjektive Verursachung kann durch allgemeine emotionale Geringschätzung der Produktgruppe bedingt sein. Daraus folgt dann, dass bereits eine Drittmarke die niedrigen Anforderungen an die Produktgruppe erfüllt bzw. nur diese hinsichtlich ihrer Preiswürdigkeit als angemessen angesehen wird.
• Die durch kontinuierliche Produktaufwertung an der Basis der Markenpyramide freiwerdende Position kann durch die Drittmarke effektiv besetzt werden. Zumal dort durch Kompetenzeinbringung im Allgemeinen ein überlegenes Angebot offeriert werden kann.

Die **Nachteile** überwiegen jedoch:
• So geraten Drittmarken in zunehmenden Verdrängungswettbewerb gegenüber Handelsmarken einerseits und Gattungsware andererseits. Denn sie bieten kaum

bessere Leistungen als erstere, dabei aber mutmaßlich schlechtere Spannen für den distribuierenden Handel, weshalb sie für diesen wenig lukrativ sind.

- Preissensitive Verbraucher wählen konsequenterweise gleich Letztere, weil dadurch ihrer Preispräferenz am Besten entsprochen wird. Zumal es auf qualitative Differenzen dann nicht mehr entscheidungswirksam ankommt.
- Drittmarken erwirtschaften äußerst geringe Deckungsbeiträge, sodass die Sinnhaftigkeit der Mitnahme marginaler Nachfrage bei hohen Organisationskosten und starkem Preisdruck durchaus fraglich ist. Viele Drittmarken würden wohl unter Gewinn- statt unter Umsatzgesichtspunkten eingestellt werden.

2.2.4 Gattungsware

Die Gattungsware gehört streng genommen nicht zu den Markenartikeln, denn ihr Kennzeichen ist gerade der Verzicht auf alle markenartikeltypischen Merkmale. Dadurch erhält sie aber ihrerseits wieder einen typbildenden, markenhaften Charakter. Es handelt sich um abgestrippte Angebote, die meist nur in preisaggressiven Handelsbetriebsformen vertreten sind. Die Qualität bewegt sich auf Mindest- bzw. Standardniveau, die Verkehrsgeltung ist hingegen meist stark begrenzt. Gattungsware wird oft von Markenartiklern auf identischen Anlagen mit nur unwesentlicher Qualitätsabstufung gefertigt. Man spricht dann von Original- oder OEM-Herstellern (für Original equipment manufacturer).

Die Warengruppen mit den höchsten Gattungswarenanteilen im LEH sind Mehl, Zucker, Pflanzenöl, Speisesalz, Margarine, Korn/Klarer Schnaps, Kekse, Fruchtsaft, abgepackte Frischwurst, Milch, Tiefkühlgemüse, Eis, Schlagrahm, Tiefkühlfisch, Dauerwurst, Wurstkonserven, Kondensmilch, Fertiggerichte, Fischkonserven, Haushaltstücher, Toilettenpapier, Papiertaschentücher, Weichspüler, Allzweckreiniger, Feinwaschmittel und Sanitärreiniger.

Beispiele für Gattungsware sind etwa Extra (Schaper), Die Sparsamen (Spar), AS (Reichelt) oder Ja/Die Weißen (Rewe).

Die wesentlichen **Kennzeichen** von Gattungsware sind die Folgenden:

- Einfache Verpackung, die nur die Produktbezeichnung trägt und Preisgünstigkeit signalisiert, nach der Einführung nur noch schwache Bewerbung, um die Marketingkosten niedrig zu halten, hohe und gleich bleibende Qualität, die für den Verbraucher klar erkennbar und gut einschätzbar ist sowie günstiger Preis, der alle Kostenvorteile aus der Rationalisierung an Endabnehmer weitergibt.

Die Erfolgsträchtigkeit von Gattungsware ist an **Voraussetzungen** gebunden:

- So darf es sich dabei weder um erklärungs- noch sicherheitsbedürftige Produktgruppen handeln. Auch sollen keine aufwändigen Ausstattungen (z.B. Verpackung) erforderlich sein. Hilfreich ist, wenn es sich um Produkte des häufigen oder täglich häufigen Bedarfs handelt, die kurze Einkaufszyklen haben. Typisch sind auch weitgehend gesättigte Märkte, bei denen eine Preissenkung die einzige

Chance zur Mengensteigerung darstellt. Meist handelt es sich um homogene Produktgruppen mit gleichen Produktleistungen, sodass der Kauf preisbestimmt ist. Außerdem sollen die Produktgruppen keinen Modeströmungen und Geschmackswandlungen unterworfen sein, die soziale Wirkung haben. Und schließlich sind absolut hohe Preisgünstigkeit und relativ hohe Preiswürdigkeit vorauszusetzen.

Ungeeignet ist Gattungsware für die Realisierung anspruchsvoller, prestigeträchtiger Produkte, bei schlechten Präsentationsbedingungen am Handelsplatz, mit unzureichender Kostenrationalisierung in der Produktion und Qualitätseinschränkungen in der Ware. Auch kann keine Alleinstellung erreicht werden.

Die **Vorteile** der Gattungswarenstrategie liegen in folgenden Aspekten:

- Es kommt zu einer gesteigerten Kostendegression für alle Erzeugnisse eines Auflagenloses durch Produktion in einheitlichen, großen Mengen, die separat distribuiert werden. Insofern bewirkt Gattungsware auch eine Kostenermäßigung für andere, im gleichen Fertigungsprozess hergestellte Markenartikel.
- Leerkapazitäten können auf diese Weise vermieden bzw. großzügig dimensionierte Fertigungskapazitäten, die anderweitig nicht genutzt werden, besser ausgelastet werden. Im Einzelfall ist jedoch der mögliche Rufschaden gegen den Betriebsnutzen (Vermeidung von Opportunitätskosten) abzuwägen.
- Durch die hohe Umschlaggeschwindigkeit der Gattungsware kommt es zu einer Ertragsverbesserung, da Potenzialfaktoren besser genutzt werden. Die Drehgeschwindigkeit ist dabei entscheidender Einflussfaktor auf die Rentabilität.
- Gattungsware kann im Handel als Magnetartikel und Frequenzbringer eingesetzt werden, die im Rahmen der Mischkalkulation beim One Stop Shopping zur Rentabilitätssteigerung beiträgt.

Nachteile sind in folgenden Punkten zu sehen:

- Es besteht die Gefahr der Substitution der Nachfrage für erlösträchtigere eigene Produkte in problemlosen Produktbereichen, wie z.B. Grundnahrungsmitteln, Papierwaren. Dort wird die Qualität als unkritisch angesehen, sodass der Kauf vorwiegend preisbestimmt erfolgt.
- Das Preisbewusstsein der Nachfrager wird allgemein geschärft. Denn die akquisitorische Wirkung der Gattungsware liegt eindeutig im Preis, der bei Markenartikeln hingegen nur ein Angebotsmerkmal unter mehreren gleichwertigen oder wichtigeren anderen ist.
- Es entsteht ein zusätzlicher Organisationsaufwand für den Handel, denn die Entwicklung, Umsetzung und Pflege von Produkten gehört nicht zu seinen originären Aufgaben.
- Qualitätsschwankungen bei Gattungswaren fallen auf den Handel als Absender zurück, daher ist eine strenge Selektion und Kontrolle der Lieferanten erforderlich, die in praxi auch erfolgen, aber wiederum Kosten verursachen.

Gattungsware spielt heute nur noch sehr eingeschränkt eine Rolle, da die meisten Generics sich zu Markenartikeln entwickelt haben. Dabei handelt es sich zumeist um Handelsmarken, die im Verlauf der Zeit ihrerseits eine weitere Profilschärfung erfahren haben, aber auch um profilierte Herstellermarken. Besonders deutlich wird diese Entwicklung im Bereich der medizinischen Generika (Ratiopharm, Stada etc.). Die entsprechenden Präparate bauen auf Wirkstoffen auf, die ursprünglich von Pharmaunternehmen entwickelt wurden, deren Rechtsschutz aber ausgelaufen ist, und nutzen diese zu preisgünstigen Angeboten (durchaus bis zu 10 % des Originalpräparatepreises). Vor allem die zwar freiverkäuflichen (d.h. apotheken-, aber nicht rezeptpflichtigen/OTC-) Arzneimittel nutzen alle Register der Markenpolitik.

2.3 Absenderbezogene Markentypen

Eine weitere Unterteilung ist die nach dem Absender der Marke. Dabei wird das Verhältnis der Marke zu ihrem Markenhalter (Herstellermarke/Handelsmarke), zum Umfang dieser Markenabsender (Individualmarke/Kollektivmarke), zu ihrer Reichweite im Warenweg (Fertigproduktmarke/Subsidiärmarke) und zu ihrer Diversifikation (Transfermarke/Lizenzmarke) untersucht. Sonderaspekte befassen sich noch mit der geografischen Reichweite der Marke (Markengebiet) und der Hersteller-Handels-Beziehung (Markenverbund) *(siehe Abb. Absenderbezogene Markentypen ((I)) und ((II))*.

2.3.1 Markenhalter

Hinsichtlich des Markenhalters kann es sich um eine Herstellermarke oder um eine Handelsmarke handeln. Bei Ersterer ist der Hersteller (oder Leistungserbringer bei Diensten) der Absender der Marke, bei Letzterer ist dies der Handel durch seine Hausmarke.

2.3.1.1 Herstellermarke

Die Herstellermarke ist traditionell die übliche Form des Markenartikels. Über Jahrzehnte hinweg war es selbstverständlich, dass es nicht zu den Aufgaben des Handels gehört, eigene Markenartikel zu lancieren. Erst mit der allgemeinen Erstarkung der Handelsstufe infolge unvermindert anhaltenden Konzentrationstrends und Verschiebung der Führerschaft im Absatzkanal von der Lieferanten- auf die Abnehmerseite (Nachfragemacht), entdeckte der Handel die Möglichkeit, selbst als Markenabsender zu fungieren und sich damit vom Warenangebot der Hersteller zu emanzipieren. Außer der Handelsmarke sind alle anderen dargestellten, absenderbezogenen Markentypen Herstellermarken.

2.3.1.2 Handelsmarke

Bei der Handelsmarke ist die Handelsstufe Absender der Marke, „Handelsmarken - auch als Händler- oder Eigenmarken bezeichnet - (sind, d.V.) Waren- oder Firmenkennzeichen, mit denen ein Handelsbetrieb oder eine Handelsorganisation Waren versieht bzw. versehen lässt.“ (Katalog E). Diese Produkte erwirtschaften durch clevere Nischenpositionierung hohe Deckungsspannen und erhalten daher vom Handel große Regalflächen eingeräumt, was das „Facing“ von Herstellermarken weiter erschwert, da der Regalplatz mit dem Angebot von Handelsmarken ja keineswegs zunimmt. Mit der Stärkung der Absatzmittler im Vermarktungsprozess sind sie vom Handel als neue Konzepte entwickelt worden, um als chancenreich erachtete Marktsegmente selbst zu bedienen.

Eine weitere Einflussgröße für den Erfolg von Handelsmarken ist die (Hersteller-)Markenorientierung bei unterschiedlichen Produktgruppen (BRD). Am Höch-

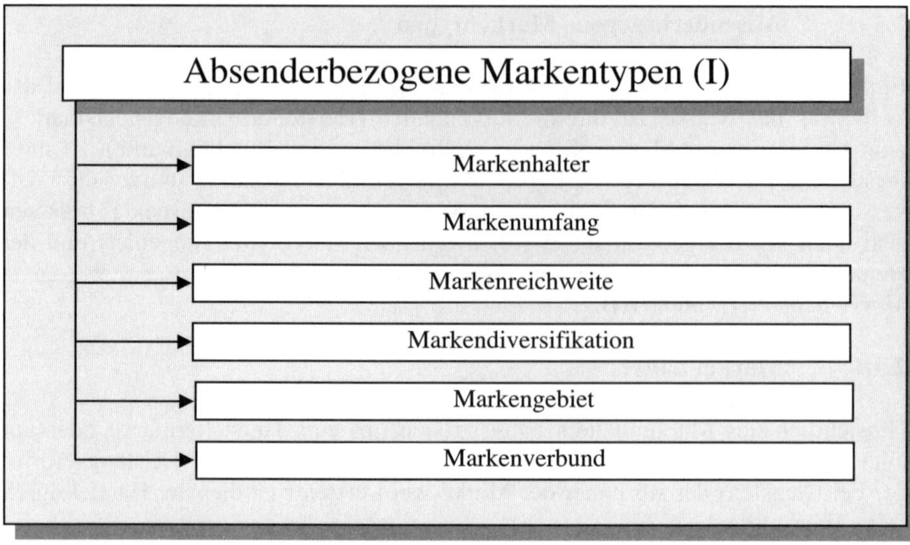
Absenderbezogene Markentypen (I)
Markenhalter
Markenumfang
Markenreichweite
Markendiversifikation
Markengebiet
Markenverbund

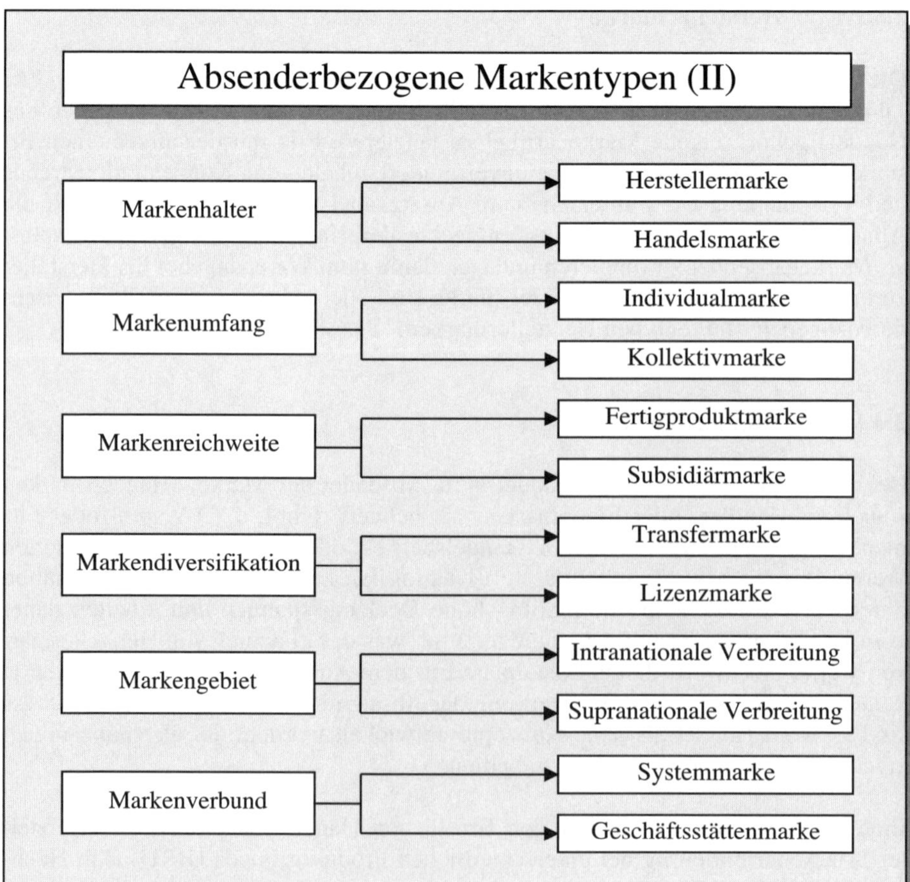
Absenderbezogene Markentypen (II)
Markenhalter
Herstellermarke
Handelsmarke
Markenumfang
Individualmarke
Kollektivmarke
Markenreichweite
Fertigproduktmarke
Subsidiärmarke
Markendiversifikation
Transfermarke
Lizenzmarke
Markengebiet
Intranationale Verbreitung
Supranationale Verbreitung
Markenverbund
Systemmarke
Geschäftsstättenmarke

sten ist sie im LEH bei Haushalts-/Hygienepapieren, Kondensmilch/H-Milch, tiefgekühlter Feinkost, Knabberartikel, Sauerkonserven, Eis, Spirituosen, Gebäck, Käse (portioniert), Marinaden/Fischkonserven, Obst- und Gemüsekonserven, Fertiggericht-Konserven, Konfitüren/Brotaufstrichen, Alkoholfreien Getränken/Bier, Haushaltsartikeln sowie Wasch-/Putz- und Reinungsmitteln.

Demgegenüber besteht eine hohe Markenorientierung bei folgenden LEH-Warengruppen: Limonade, Cola-Getränke, Fruchtsaft, Mineralwasser, Wein, Sekt, Bier, Kaffee, Tee, Süßwaren, Knabberartikel, portionierter Käse, Butter, Margarine, Speiseöl, Haarpflegemittel, Zahnpasta, Handcreme, Deodorants, Waschmittel.

Nicht selten sind es die Markenhersteller selbst, die zur Auslastung ihrer vorhandenen Kapazitäten und zur Nutzung von Kostendegressionseffekten neben ihrer Herstellermarke Produkte für Handelskonzerne produzieren. Da ihnen die gleichen Fertigungsprozesse zu Grunde liegen, ist deren Qualität praktisch nahezu identisch. Dies gilt umso mehr, als das allgemeine Qualitätsniveau am Markt einen ausgeglichen hohen Standard erreicht hat und viele Produktbereiche qualitätsindifferent sind (problemlose Produkte). In diesem Fall handelt es sich um **unechte** Handelsmarken *(siehe Abb. Handelsmarke)*.

Zu den handelsmarkenproduzierenden Herstellern gehören z.B. folgende:
- *Apetito: Eskimo Pfannengemüse/Aldi,*
- *Bahlsen Snacks: Chips Ibu/Aldi,*
- *Bauer Milch: Desira Joghurt/Aldi, GutundBillig Joghurt/Marktkauf, Mibell/Edeka,*
- *Campina: topfit Joghurt/Aldi, Milbona Biojoghurt/Lidl, Campus Joghurt/Penny,*
- *Dalli-Werke: Eldena Seife/Aldi,*
- *Deinhard/Dr.Oetker: Erlenbrunn/Aldi,*
- *Develey: Bavaria Senf/Aldi,*
- *Dickmanns's Moni Schoko Küsse/Aldi,*
- *Erasco: Primana Suppen/Aldi, Mama Pasta/Penny, Smart/Lidl,*
- *Friskies: Schnucki Katzenfutter/Aldi,*
- *Frosta: Eskimo TKK/Aldi,*
- *Griesson: Casablanca Gebäckmischung/Aldi, Marbello Kekse/Schlecker,*
- *Haribo: Big-Bumix Fruchtgummis/Aldi,*
- *Harry: Toastbrot/Aldi,*
- *Hengstenberg: Aceto Essig/Aldi,*
- *Hipp: Bebivita/Aldi,*
- *Hochland: Milbona Käse/Lidl,*
- *Hochwald: Milsana Saure Sahne/Plus,*
- *Kali+Salz: Heide-Jodsalz/Aldi,*
- *Karlsberg: Fink Bräu/Lidl,*
- *Karwendel: Milbona Käse/Lidl,*
- *Katjes: Sweetland Fruchtbonbons/Aldi,*
- *Krüger: Zitronentee/Aldi,*
- *Lambertz: Käse- und Salzgebäckstangen/Aldi,*

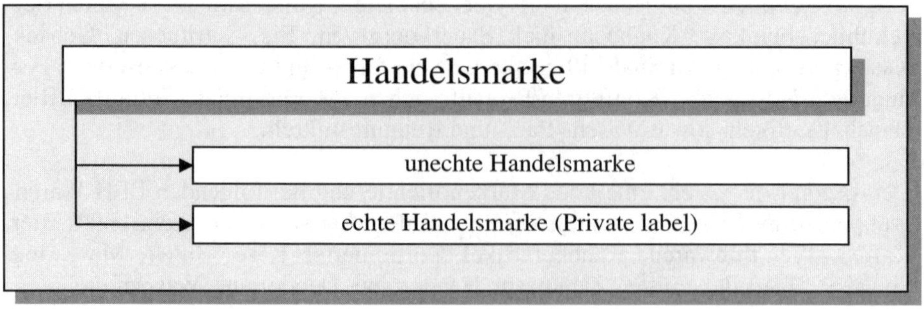

- *Müller Milch: Milsani Milch/Aldi, Ursi Desserts/Aldi, milfina Joghurt/Aldi, Pianola Joghurt/Aldi,*
- *Nestlé Motta: Classic/Lidl,*
- *Nordmilch: milfina Quark/Aldi, Schlagsahne/Spar,*
- *Onken: Haselnusscreme/Aldi,*
- *Procter&Gamble: Windeln/Lidl,*
- *Schneekoppe: Gletscherkron Müsli/Aldi,*
- *Schöller Eis: Grandessa/Aldi, Monarc/Aldi,*
- *Storck: Chateau Schokolade/Aldi, Choquer-Pralinen/Aldi,*
- *Strothmann: Gutlohne Joghurt/Aldi, Gutundbillig Joghurt/Marktkauf,*
- *Wella: After Shave Man/Aldi, Mildreen Shampoo/Aldi, Eldena Hautmilch/Aldi,*
- *Wiesengold: Tegut Bio-Eier/Tegut, Bio Wertkost/Edeka, Naturkind/Tengelmann,*
- *Zewa: Daunasoft/Norma,*
- *Zott: Milcesco Mozarella/Aldi.*

Bei **echten** Handelsmarken (Private labels) hingegen übernimmt es die Handelsorganisation selbst, die Konzeption und Produktion von Produkten im Wege der Rückwärtsintegration durchzuführen. Dabei werden Hersteller eingeschaltet, die anderweitig nicht mit einem eigenen Produkt konkurrierend tätig sind, zunehmend auch auf internationaler Ebene. Handelsmarken haben je nach Warengruppe unterschiedliche Bedeutung. Hoch ist ihr Anteil etwa bei Haushalts- und Hygienepapieren, Milchkonzentraten, Tiefkühlfeinkost, Knabberartikeln, Sauerkonserven, Eis, Spirituosen, Gebäck, Käse, Fischkonserven und Geschirrspülmittel.

Als Funktionen der Handelsmarke werden zumeist die im Folgenden genannten gesehen:

- vorteilhafte Preis-Leistung, ergänzende Sortimentierung, positive Profilierung, Polarisierung bei hybriden Verbrauchern, Spannensicherung bzw. Ertragsverbesserung, gewerbliches Schutzrecht, Solidarisierung mit Verbraucherinteressen und von der Industrie nicht geleistete Innovation.

Etwas differenzierter ergeben sich folgende Funktionen der Handelsmarke aus Herstellersicht:

- Auslastung verbleibender Überkapazitäten durch zusätzliche Produktion, möglicher Vertrieb über Discounter, mögliche Mehrproduktstrategie, Erweiterung des

Absatzpotenzials, Fixkostendegression, Realisierung von Erfahrungskurveneffekten, mögliche Portfolioergänzung.

Aus Handelssicht ergeben sich folgende Funktionen der Handelsmarke:
- Dokumentation der preislichen Leistungsfähigkeit (Preisleistungsfunktion), zusätzliches Argument im Wettbewerb am Markt (Profilierungsfunktion), Dokumentation eines eigenständigen Sortimentsprofils (Sortimentsleistungsfunktion), Bildung eines Gegenpols zu anderen eigenen oder fremden Betriebstypen (Polarisierungsfunktion), „gesunde" Kalkulation für eigene Marken (Spannensicherungs-/Ertragsverbesserungsfunktion), Inanspruchnahme des Warenzeichenschutzes (gewerbliche Schutzfunktion), Solidarisierung im Handelsverbund (Solidarisierungsfunktion), Möglichkeit für Innovationen bei Entwicklung neuartiger Produkte (Innovationsfunktion).

Funktionen der Handelsmarke aus Konsumentensicht sind schließlich folgende:
- Erwerb preisgünstiger Produkte, gleichbleibende Qualität der Produkte, Möglichkeit der Mehrproduktauswahl, Vereinfachung durch Einkaufsstättentreue, Substitutionsmöglichkeit für nicht vorhandene klassische Markenartikel, preisgünstige Risikoreduktion, Steigerung des Einkaufserlebnisses durch Angebotsvielfalt bei Produkten.

Als Voraussetzungen für den Erfolg von Handelsmarken werden meist genannt:
- eine gewisse Unternehmensgröße, die nötige Finanzkraft, eine geeignete Organisationsstruktur, ein bestimmtes Managementpotenzial, ein ausgebautes Verkaufsstellennetz, Harmonie mit den übrigen Maßnahmen des Retailing-Mix, Harmonie mit dem Firmenselbstbild, beschaffungswirtschaftliche Gegebenheiten und permanente kurzfristige Erfolgsrechnung.

Zu unterscheiden ist weiterhin hinsichtlich der Programmbreite. Hier gibt es Handelsmarken als:
- **Einzelangebotsmarken** für individuelle Produkte (z.B. das Waschmittel Tandil von Aldi oder Westbury, Jinglers, Palomino, Angelo Litrico, Canda, Yessica, Signe incognito, Clockhouse, Rodeo von C&A, Schloss Königstein von Edeka),
- **Warengruppenmarken** für einzelne Produktgruppen (z.B. Mibell, Rio Grande, Gutfleisch von Edeka), Grundnahrungsmittel/Erlenhof, Tiefkühlkostartikel/Salto oder Kosmetik- und Körperpflegeprodukte/Today, alle von Rewe,
- **Teilsortimentsmarken** für ganze Sortimentsbereiche (z.B. Privileg für Elektrogeräte, Universum für Unterhaltungselektronik, Matura oder Revue für Fotoartikel von Quelle, außerdem Hanseatic und Soundwave/Otto, Palladium, Lloyds und Presenta/Neckermann, Dual, Transair und Taurus/Karstadt, Elite und Blauring/Kaufhof, Highscreen, Alaska und Watson/Metro, Intersound, Intervision und Carena/Porst), Balea, Alana, Paradies/DM,
- umfassende **Sortimentsmarken** (z.B. A&P von Tengelmann, Tip von Metro).

Außerdem ist eine Veränderung hinsichtlich eines Up grading der Handelsmarke erkennbar:

- Die 1. Generation umfasste noch ausschließlich Basislebensmittel mit einfacher Technologie, die national distribuiert wurden. Meist handelte es sich noch um No names mit geringer Qualität, aber hohem, ausgelobtem Preisvorteil (30 - 50 % unter Durchschnitt).
- Die 2. Generation kannte schon großvolumige Einzelartikel mit einer Generation Entwicklungsrückstand gegenüber dem Marktführer, die national distribuiert wurden und gegen die Drittmarken der Hersteller gerichtet waren (20 - 40 % unter Durchschnittspreis). Es entstanden Quasi-Marken mittlerer Qualität und mittleren Preisvorteils.
- Die 3. Generation umfasste bereits große Produktkategorien („Schirmmarken") technisch nahe am Marktführer, die national distribuiert und beworben wurden und gegen die Zweitmarken der Hersteller gerichtet waren (z.B. Master Products). Qualität aber auch Preis waren vergleichbar zu Herstellermarken oder gering darunter angesiedelt (0 - 20 % unter Durchschnitt).
- Die 4. Generation besteht nunmehr aus segmentierten, imagebildenden Produkten innovativer Natur, die international distribuiert sind und bereits gegen die Erstmarken der Hersteller gerichtet werden (z.B. Naturkind, BioBio). Oftmals ist die Qualität sogar besser.

Die **Vorteile** der Handelsmarkenstrategie liegen vor allem in folgenden Bereichen:

- Mit Handelsmarken gelingt es, den preissensitiven Teil des Publikums mit einer ernst zu nehmenden Markenalternative anzusprechen. Denn der sparsamere Einsatz der Marketingaktivitäten ist eine plausible Erklärung für den gebotenen Preisvorteil und lässt nicht unbedingt Qualitätsabstriche dahinter vermuten.
- Die Verfügbarkeit eigener Marken macht den Handel weitgehend unabhängig von der Angebotsmacht der Hersteller. Diese ist zumindest für alle Hersteller zu unterstellen, die es durch massive Sprungwerbung geschafft haben, ihre Marken im Relevant set einer hinreichend großen Zahl von Nachfragern fest zu verankern.
- Sortimentslücken, die von Herstellern nicht oder nicht adäquat gefüllt werden können, werden durch Handelsmarken ausgeglichen. Dadurch kommt das Denken in Produktkategorien zum Ausdruck, das den Handel gegenüber Herstellern auszeichnet, die geneigt sind, in Einzelprodukten zu denken.
- Die handelskettenexklusive Führung von Marken führt zu einer verstärkten Bindung der Kunden an die Geschäftsstätte, da diese Marken eben anderweitig nicht erhältlich sind. Dies vermögen breit erhältliche Herstellermarken nicht zu leisten, es sei denn, über Sonderangebote oder Zusatzleistungen des Handels.
- Die eigene Initiative des Handels erlaubt eine passgenaue Konzipierung gemäß seinen Zielvorstellungen. Ansonsten ist der Handel vom Programm, zumal zunehmend weniger, Hersteller abhängig, das nur begrenzt seinen betriebsindividuellen Anforderungen entsprechen mag.
- Durch die Einsparung des Herstellergewinnaufschlags kommt es zu einer angemessenen Ertragssituation selbst auf niedrigem Preisniveau. Dazu wird der niedrigere Einstandspreis nur teilweise an Endabnehmer weitergegeben und zu einem anderen Anteil als Gewinn selbst einbehalten.

Dem stehen folgende **Nachteile** gegenüber:

- Handelsmarken stehen in direkter Verdrängungskonkurrenz zu werblich stark vorverkauften Herstellermarken und können sich nicht immer gegen diese durchsetzen. Sofern das angestrebt wird, fallen wiederum Marketingkosten an, welche die Rendite verschlechtern oder zu systembedingt nachteiligen Preisanhebungen zwingen.
- Dem Handel entstehen zusätzliche Kosten bei der Produktion, Logistik und Kontrolle dieser Waren. Denn er übernimmt je nach Anlage die Herstelleraufgaben der Wertschöpfung, auf die er in aller Regel nur begrenzt eingestellt ist. Dafür erweitert sich seine Kontrollspanne entsprechend.
- Handelsmarken lassen sich in höheren Qualitätssegmenten nur mit Preisnachlass gegenüber der Produktgruppe absetzen. Denn bei gleichem Preislevel wirkt die Magie der heftig vorverkauften Herstellermarke stärker und gibt dem Handelsmarkenprodukt das Nachsehen.
- Als Spielfeld bleiben meist nur die Nischen zwischen den Herstellerangeboten. Denn diese haben in aller Regel über intensive und lang laufende Marketingmaßnahmen eine derart hohe Käuferbindung generiert, dass es nur vereinzelt gelingt, Illoyalität zu provozieren.
- Zur erfolgreichen Vermarktung ist zusätzlicher Aufwand für Werbung und Absatzförderung erforderlich. Dies bindet Zeit und Geld, wohingegen diese Aufgaben bei Herstellermarken von den Absendern übernommen oder dem Handel zumindest entgolten werden.

2.3.2 Markenumfang

Nach dem Umfang der Markenabsender lässt sich die Individualmarke unterscheiden, deren Schutzrechte bei einem einzigen Anbieter liegen, und die Kollektivmarke, derer sich mehrere Anbieter parallel legitim bedienen. Erstere ist eindeutig der Regelfall der Markenstrategie, Letztere die Ausnahme, die aber dennoch in vielfältigen Formen auftreten kann.

2.3.2.1 Individualmarke

Ein Unternehmen ist Absender seiner Marke(n) und steht dabei im (positiven oder durchweg negativen) Verbund zu den Marken anderer Unternehmen. Dies ist der Regelfall des Markenumfangs, Kollektivmarken sind demgegenüber die krasse Ausnahme. Sie versuchen zusätzliche Effekte zu materialisieren, vor allem erstens eine Teilung der Kosten des Markenauftritts, zweitens Synergieeffekte durch das kollektive Handling und drittens die Stabilisierung von Anbieter- bzw. Lieferanten-Abnehmer-Beziehungen.

2.3.2.2 Kollektivmarke

Bei der Kollektivmarke handelt es sich im Gegensatz zum „Normalfall" der Ein-

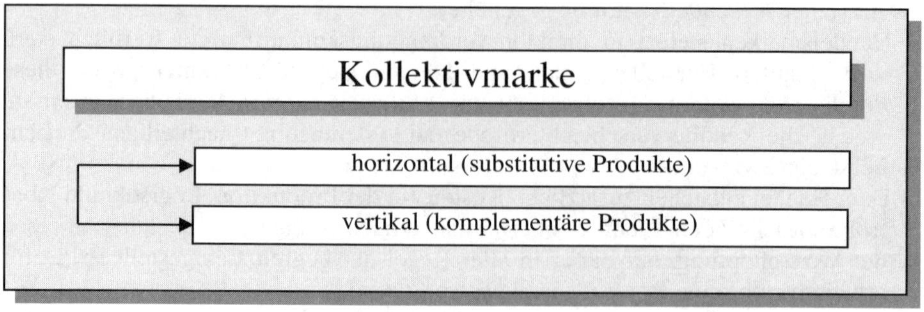

zelmarke um eine solche, derer sich mehrere Absender überbetrieblich zur Vermarktung ihrer Produkte gleichzeitig bedienen. Oft geschieht dies bei ansonsten nicht markenfähigen Urprodukten durch Zusatz eines Gütezeichens, das markenähnliche Funktionen übernimmt. Die Kollektivmarke kann **horizontal** oder **vertikal** ausgelegt sein *(siehe Abb. Kollektivmarke)*.

Zu denken ist im ersten Zusammenhang etwa an Agrarerzeugnisse, die durch das CMA(für Centraler Marketingausschuss der Agrarwirtschaft)-Zeichen „geadelt" werden, oder an Naturfasern aus Wolle, die durch das IWS(für Internationales Woll-Sekretariat)-Zeichen qualifiziert sind. Diese Zeichen sind nicht mit legal-definierten Gütezeichen zu verwechseln. Ein weiteres Beispiel war vor Jahren das „Hemd mit der schwarzen Rose", das von verschiedenen Herstellern mit einheitlicher Qualitätsmarkierung geliefert und auch gemeinsam beworben wurde. Ein aktuelles Beispiel ist Golden Toast für Toastbrote mehrerer regionaler Backbetriebe oder Fleurop als Lieferservice für Blumen verschiedener Händler. Dabei handelt es sich um **substitutive** Produkte, die der Kollektivmarke zu Grunde liegen.

Marken im zweiten Zusammenhang sind selten und treffen eher für standardisierte Fertigwaren zu. Es handelt sich um Kollektivmarken aus **komplementären** Produkten (Co-Branding). Zu denken ist an Fly & Drive von Lufthansa und Avis oder an Kreditkarten unter gemeinsamer Markierung von Kreditkartenorganisationen und Kreditinstituten (z.B. Master Card/Deutsche Bank). Weitere Beispiele sind Schöller-Mövenpick-Eis, Ritter-Sport-Smarties-Schokolade, Fruity Smarties/Nestlé und Haribo, Courtyard by Mariott-Hotels, Häagen-Dazs-Baileys-Speiseeis, Fujitsu-Siemens-Notebooks, Philips-Alessi-Kaffeemaschine, Obi@otto, McFlurry-McDonald's, Milka-Kellogg's. Im Unterschied zur Lizenzmarke treten dabei zwei (oder mehr) Marken nebeneinander auf.

Einteilungskriterien für ein Co-Branding sind folgende:
- nach der Anzahl der Marken: zwei oder mehr als zwei Partner, die miteinander agieren,
- nach dem Außenauftritt: gleich berechtigte oder nicht gleich berechtigte Öffentlichkeit (ein Partner dominiert),
- nach dem rechtlichen Eigentum: konzern-verbundene oder rechtlich selbstständige Partner,

- nach dem Fortbestand der Leistung ohne Partner: gegeben oder nicht gegeben (Leistung ist nur mit Partner möglich),
- nach der Art der Leistung: bereits vorhanden, nur neu markiert oder weiter- bzw. neu entwickelt,
- nach der Zeitdauer: befristeter oder unbefristeter Einsatz,
- nach der wirtschaftlichen Selbstständigkeit der Partner: gegeben oder nicht gegeben,
- nach der Richtung der Zusammenarbeit: vertikal (wirtschaftsstufenübergreifend in derselben Branche), horizontal (auf derselben Wirtschaftsstufe in verschiedenen Branchen), lateral (mit verschiedenen Wirtschaftsstufen und Branchen),
- nach dem Verhältnis der Markenstärke zueinander: ungleich (dominante und subordinate Marke) oder gleich,

Die **Vorteile** der Kollektivmarkenstrategie liegen in folgenden Aspekten:
- Auf diese Weise ergibt sich die Möglichkeit zum Markenauftritt auch für Anbieter, die ansonsten allein nicht markenfähig sind, weil auf jeden einzelnen von ihnen die Markeninhalte nicht zutreffen, wohl aber auf die Gemeinschaft.
- Es kommt zur Privilegierung der Kollektivmarkenverwender gegenüber gleichartigen anderen Anbietern der Branche ohne Kollektivmarkenverwendung. Daraus leiten sich manifeste Wettbewerbsvorteile ab.
- Die gemeinsame Markenführung erlaubt die Aufteilung der gesamten Kosten des Markenauftritts auf die Beteiligten. Dadurch können sich auch Mitglieder einbringen, deren Marketingbudget ansonsten keine aktive Markenpolitik zulässt.

Als **Nachteile** sind hingegen zu nennen:
- Ein eher diffuses Markenbild ist wahrscheinlich, da alle Aussagen immer für alle unter der Kollektivmarke zusammengefassten Anbieter gelten müssen. Insofern kann nicht so präzise argumentiert werden, wie dies bei Individualmarken möglich ist.
- Es ist kein individueller Vorsprung für einzelne Anbieter gegeben, sondern immer nur für das Kollektiv der Markenträger bzw. für die gesamte Branche gemeinsam, wenn denn die gesamte Branche sich an einer solchen Gruppenaktion beteiligt.
- Die gemeinsame Markenführung führt immer zum Zwang zu Kompromissen auf Basis des kleinsten gemeinsamen Nenners, der dann im Markt oftmals keinen kraftvollen, überzeugenden Auftritt mehr zulässt. Zumal mehr Beteiligte nicht unbedingt zu einer besseren Entscheidungsqualität führen.

Eine besondere Form von kollektiven Markierungen sind Gütezeichen wie etwa die Folgenden:
- *Blauer Engel für Umweltverträglichkeit, kennzeichnet die Qualität von Produkten ausschließlich unter ökologischen Gesichtspunkten, sagt jedoch nichts über deren Gebrauchstüchtigkeit aus.*
- *GS-Zeichen für Geprüfte Sicherheit, vergeben von Prüfstellen für die Einhaltung von Sicherheitsnormen, allerdings sind häufiger Missbrauch und nachlässige Vergabepraxis zu konstatieren.*

- *Umwelt-Blume für Umweltverträglichkeit, vergeben von der EU-Kommission, allerdings aufgrund weicher Kriterien, die hohen Gebühren lassen eher den Schluss zu einer Refinanzierung zu.*
- *RAL-Zeichen, Abk. für Reichsausschuss für Lieferbedingungen, heute Deutsches Institut für Gütesicherung und Kennzeichnung, kennzeichnet Produkte, die kontinuierlich kontrolliert werden und dabei die jeweiligen Prüfkriterien erfüllen, festgelegt werden diese von verschiedenen Gütegemeinschaften, zu denen die Hersteller der jeweiligen Branchen gehören.*
- *Wollsiegel für Wollmaterialien.*
- *Teppichsiegel für Bodenbeläge, gibt Aufschluss über die Strapazierfähigkeit und den Komfort von Teppichböden, wichtige Kriterien sind Antistatik-Ausrüstung, Eignung für Treppenstufen, für Feuchträume oder Fußbodenheizung, geprüft wird die Einhaltung von DIN-Normen, vergeben wird das Siegel von der Europäischen Teppichgemeinschaft.*
- *CE-Zeichen: Vergeben von Unternehmen oder Prüfstellen, Pflichtnachweis für die Einhaltung von EU-Richtlinien, hat jedoch keine Informationskraft für Käufer.*
- *Der grüne Punkt für Abfallentsorgung, vergeben vom Dualen System Deutschland (DSD) für die Rücknahme von Verpackungen, es erfolgt aber nur teilweise echtes Recycling, hingegen großenteils „thermische Entsorgung".*
- *VDE-Zeichen: signalisiert bei Elektrogeräten, dass von diesen bei richtiger Handhabung keine Gefahren für Leib und Leben ausgehen, vergeben wird das Prüfzeichen nach ausgiebigen Tests durch das VDE-Prüf- und Zertifizierungsinstitut.*
- *GuT-Siegel für Teppichböden: Gemeinschaft umweltfreundlicher Teppichboden, plakettenwürdige Teppichböden dürfen weder Pentachlorphenol noch Asbest enthalten, bei Pestiziden müssen Grenzwerte eingehalten werden, möglich ist aber die Verwendung jedweder anderer Chemikalien, die durch die Bestimmungen nicht erfasst sind.*
- *TÜV-Plakette: überprüft bei technischen Geräten die Sicherheit und den Qualitätsstandard.*
- *CMA-Prüfsiegel: Emblem der Agrarwirtschaft, steht meist nur für die Einhaltung von Gesetzen, soll vor allem den deutschen Fleischverzehr ankurbeln.*
- *sonstige wie Institut für Baubiologie (Wohnbereich), Öko-Tex (Textilien), Vollreinigung (Reinigungen), Spiel gut (Spielwaren), Exo-proof (Textilien), Demeter (Lebensmittel) etc.*

2.3.3 Markenreichweite

Nach der Reichweite der Marke im Warenweg handelt es sich bei der Fertigproduktmarke um eine solche, die Endabnehmern gegenüber als selbstständiger Angebotsbestandteil auftritt. Bei der Subsidiärmarke hingegen handelt es sich um eine solche, die auf dem Weg dorthin insofern untergeht, als sie integrativer Bestandteil einer Fertigproduktmarke wird, jedoch weiterhin einzeln identifizierbar bleibt.

2.3.3.1 Fertigproduktmarke

Regelmäßig handelt es sich bei der Marke um den Namen eines Fertigprodukts. Dies ist sogar eines der Definitionskriterien, wenn man die Endabnehmersicht anlegt. Dabei kommt es aber darauf an, welche Wertschöpfungsstufe man als Ausgangsbasis zu Grunde legt, denn auf der Weiterverarbeitungsstufe werden verarbeitete Teile als Fertigprodukte für die Fertigung angesehen, die ihrerseits wiederum Produkte als Subsidiärmarke enthalten können. Dennoch geht aus dem Kontext hervor, dass ursprünglich nur Fertigprodukte auf der (privaten) Endabnehmerstufe als markenfähig galten. Die Subsidiärmarke stellt insofern also eine konzeptionelle Weiterung dar.

2.3.3.2 Subsidiärmarke

Bei der Subsidiärmarke (Ingredient branding) handelt es um die Marke eines im Herstellungsprozess als Vorprodukt untergehenden, unselbstständigen Produktbestandteils. Dennoch kann darin von Nachfragern eine Qualitätszusage gesehen werden. Subsidiärmarken bleiben selbstständig im Endprodukt erhalten. Man spricht auch von begleitenden Marken *(siehe Abb. Subsidiärmarke)*.

Beispiele dafür sind

- *Styropor (Kunststoff), Hostalen (Kunststoff), Sympatex (wärmespeichernde Textilfaser), Trevira (Kunstfaser), Lycra (Kunstfaser), Nutrasweet, (Zuckerersatz/Süßstoff) Tetra Pak (Verpackung), Shimano (Rennradgangschaltung), Teflon (Antihaftbeschichtung), Enka Viscose (Kunstfaser), Stainmaster (nicht-rostendes Metall), Nirosta (nicht-rostendes Metall), Alcantara (Wildledersatz), Ceran (hitzefestes Glas), Dolby (Rauschunterdrückung/Raumakustik), Scotchlite (Klebebänder), Inbus (Schrauben), Comprex, Pentium, Celeron, Athlon (Mikroprocessor), Sanco, Cuproclima, Polscan, Power Point (DTP-Software), Optisafe.*

Recaro ist etwa als Erstausrüster für Autositze für Aston Martin, Audi, Chevrolet, Ferrari, Ford, Honda, Lamborghini, Mitsubishi, Opel, Porsche und Saturn tätig, aber auch im Nachausrüstungsgeschäft (Fertigproduktmarke).

Ein bekanntes Beispiel einer Subsidiärmarke ist Gore-Tex. Das Membranmaterial wurde ursprünglich für die Raumfahrt entwickelt, um kälteisolierende Kleidung zu schaffen. Amstrong und Aldrin nutzen bei der Mondlandung damit hergestellte Ausrüstungsteile. Besondere Eigenschaften sind Wind-, Wasser- und Kälteundurchlässigkeit sowie hohe Belastbarkeit. Der Einsatz erfolgt z.B. für Handschuhe, Hüte, Mützen, Schuhe, Socken, Gamaschen, z.B. beim Militär, bei der Polizei, bei der Feuerwehr, außerdem im Sport- und Freizeitbereich (wie Wander- und Skiausrüstung, Motor- und Radsport, Fußball).

Am bekanntesten ist aber sicherlich das Beispiel Intel. Intel war Anfang der 1990er Jahre bereits Marktführer für Mikroprozessoren, litt jedoch unter der er-

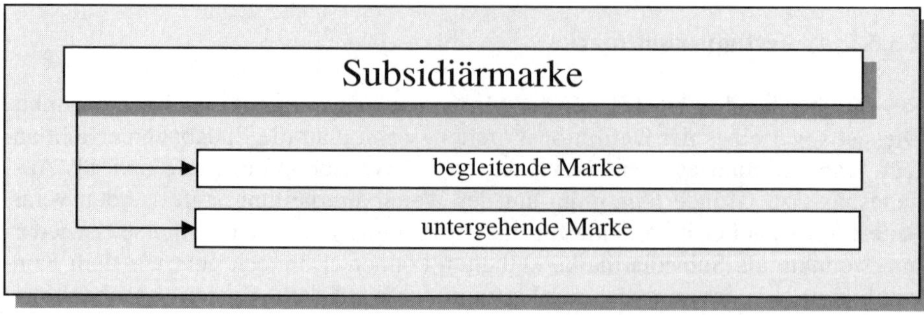

heblichen Nachfragemacht der großen PC-Hersteller, welche die Intel-Prozessoren in ihre Computer einbauten. Größte Wettbewerber waren AMD und Cyrix, die im Wesentlichen austauschbare Produkte zu niedrigeren Preisen anboten. Intel prüfte, wie man dieser Nachfagemacht entkommen könnte und entschied sich, aus dem „No Name" Intel eine Subsidiärmarke zu machen. Dazu wurde 1991 die Intel Inside-Kampagne als eigene Markenwerbung und auch als Kooperationswerbung mit den PC-Herstellern, die dafür einen 50%igen Werbekostenzuschuss erhielten, gestartet. Die PC-Hersteller setzten dafür in ihrer Werbung das Intel-Zeichen, visuell als Logo sowie akustisch als Indikativ, ein und druckten es auf Verpackungen und Labels am Gehäuse auf. Die PC-Hersteller hielten diesen WKZ angesichts des geringen geforderten Präsenzanteils von Intel für ein lohnendes Geschäft. Dadurch kam es jedoch zu einem Imagetransfer von den bekannten PC-Herstellern auf den weithin unbekannten Zulieferer Intel. Da zugleich die Präsenz von Intel bei Endabnehmern durch eigene Werbung wesentlich erhöht wurde, entstand am Markt der Eindruck, es komme bei einem PC sehr wohl darauf an, dass er einen Intel-Prozessor anstelle eines No name-Prozessors (tatsächlich aber auch Markenartikel) eingebaut hat. Erstens wurde damit der Prozessor als zentrales Qualitätsmerkmal in PC's etabliert und zweitens achteten Endabnehmer beim Kauf eines PC's nunmehr gezielt darauf, dass „Intel inside" war. Dies bedeutete, dass die Absatzmittler bessere Verkaufschancen für „Intel-Computer" als für „No name-Prozessor-Computer" sahen und bei den PC-Herstellern darauf drängten, Modelle mit Intel-Prozessor zu erhalten. Deshalb mussten die einstmals nachfragemächtigen PC-Hersteller nunmehr bei Intel um Kontingente knapper Mikroprozessoren anstehen, das Marktgewicht hatte sich zur Angebotsmacht umgekehrt. Und die PC-Hersteller konnten auch nicht mehr darauf verzichten, mit Intel zu kooperieren, da das Herausstellen von „Intel inside" zu einem wichtigen Qualitätsmerkmal geworden war. Natürlich bedingt eine solche Vorgehensweise die Investition allerhöchster Finanzmittel, sie sichert jedoch zugleich auskömmliche Margen und eine halbwegs sichere Unternehmensexistenz.

Die **Vorteile** der Subsidiärmarkenstrategie liegen in folgenden Aspekten:

- Darin besteht eine herausgehobene Möglichkeit, sich gegen die Nachfragemacht großer Abnehmer zu wehren. Denn in dem Maße, wie der Endproduktmarke eine Vorproduktmarke, mit der im Publikum qualitative Anmutungen verbunden werden, zur Seite gestellt werden kann, profitiert der Monteur (Screwdriver factory).

- Es entsteht eine Pull-Wirkung direkt auf Endabnehmer, hinsichtlich ihrer Endproduktwahl zu prüfen, ob das markierte Vorprodukt enthalten ist oder nicht. Dadurch wird ein Druck auf den Monteur ausgeübt, keine austauschbaren markenlosen Vorprodukte mehr zu verwenden. Dadurch wiederum entsteht eine weitaus bessere Verhandlungsposition für den Lieferanten.
- Die Subsidiärmarke wirkt eintrittsschrankenerhöhend auch für solche Märkte, die auf Grund der Anonymität ihrer Produkte ansonsten frei zugänglich sind, wenn nur die Konditionen stimmen. Es kommt somit zur Monopolisierung von Märkten.

Als **Nachteile** sind hingegen zu nennen:
- Die Einsichtigkeit einer Marke ist im Vorproduktbereich schwer argumentierbar. Daher gilt es als implizite Voraussetzung, dass überzeugende, meist technische Nutzen angeführt werden.
- Die Subsidiärmarke ist aufwändig zu kommunizieren und verursacht Kosten, die ansonsten erspart werden können. Insofern ist der Nutzenzuwachs aus der Marke gegen die von ihr verursachten Kommunikationskosten gegen zu rechnen. Nur der Saldo ist erfolgswirksam.
- Der implizit ausgeübte Druck auf Abnehmer zur Verwendung der Subsidiärmarken-Produkte durch Erzeugung von Nachfragesog führt bei diesen zum Bemühen um Ausweichen oder Gegendruckerzeugung. Dies kann kontraproduktiv für den Markenhalter wirken (z.B. AMD vs. Intel).

2.3.4 Markendiversifikation

Der Markendiversifikation liegt, wie auch der Programmdiversifikation, die Suche nach der Materialisierung von Synergieeffekten zu Grunde. Dies ist innerhalb des Programms eines Anbieters (Transfermarke) oder außerhalb (Lizenzmarke) möglich. Im ersten Fall werden zusätzliche Umsätze erzielt, im zweiten zusätzliche Lizenzeinnahmen (Royalties).

2.3.4.1 Transfermarke

2.3.4.1.1 Hauptnutzung

Bei der Transfermarke handelt es sich um die Übertragung einer Marke aus einem Produktbereich in einen verwandten anderen des gleichen Herstellers. Hinter dieser Technik steht das Bemühen, das Potenzial eines Markennamens voll auszuschöpfen. Notwendige Voraussetzung dafür ist allerdings eine starke, tragfähige Marke.

Der Transfer zielt auf eine Kapitalisierung des Markenpotenzials ab, denn dieses stellt das wahre Vermögen eines Unternehmens dar. Dies geschieht durch einen (internen) horizontalen Markentransfer. Darunter versteht man die Erweiterung eines vorhandenen Basisprodukts um Produktversionen, die unter demselben Markennamen in der gleichen Category andere Marktsegmente bedienen (Line extenders). Dafür gibt es zahlreiche Beispiele.

Zu denken ist an Mars Mandel und Mars Haselnuss als Ableger des Mars Weichriegels, oder an die Welle von Light-Produkten bei Softdrinks (Coca Cola Light, Pepsi Light), bei Kaffee (Jacobs Krönung Light), bei Zigaretten (West Light, Marlboro Light, Camel Lights), bei Fitnessnahrung (Isostar Light), bei Bier (Jever Light) oder Deodorants (Fa Light). Diese bedienen Nachfragergruppen, die an einem Softdrink der hohe Zuckeranteil mit Rücksicht auf ihre Gesundheit und Figur stört, die bei einem Kaffee geringere als die üblichen Koffein- und Reizstoffanteile erwarten, die bei Zigaretten einen Kompromiss aus Nikotin- bzw. Teerreduktion und Genuss bzw. Lebensfreude suchen etc., also Nachfragergruppen, denen zugleich eine Marke in hohem Maße bekannt und vertraut ist, wobei womöglich nur deren fehlende Differenzierung sie bislang vom Kauf abhält. Im Ergebnis führt dies jedoch parallel zu einer immer differenzierteren Gesellschaft (Multi options society) zur Proliferation der Programme, d.h., aus Einzelprodukten werden Familien. Beispiele sind die Ausweitung des Ritter-Tafelschokolade-Angebots auf rund ein Dutzend Geschmacksrichtungen. Gleiches gilt für Milka Lila Pause mit acht Geschmacksrichtungen. Da die Regalfläche des Handels nicht mehr wächst und noch weitere Handelsmarken hinzukommen, ergibt sich ein erbitterter Verdrängungswettbewerb um Platzierungen.

Es gibt aber auch (interne) vertikale Markentransfers, d.h., Ausweitungen des Gültigkeitsbereichs von Marken über den angestammten Bereich hinaus in (konnotativ) verbundene andere, category-übergreifende Bereiche (Flankers). Allerdings muss immer die Gefahr der Überdehnung der Markenkompetenz berücksichtigt werden.

Ein Beispiel für einen, erstaunlicherweise, erfolgreichen Flanker ist Mister Proper Waschmittel (P&G), das durch Markentransfer vom Allzweckreiniger entstanden ist. Ebenso gibt es Lenor Vollwaschmittel (P&G), das aus dem gleichnamigen Weichspüler abgeleitet ist. Tempo Toilettenpapier (SCA) kommt durch Übertragung von Papiertaschentüchern zustande.
Weitere Markentransfer-Beispiele sind folgende:
- *Bärenmarke: Milchcreme-Schnitte, Butter, Schlagsahne,*
- *Dr. Oetker: Big American Tiefkühlpizzas, Pizzateig Fertigmischung, Sahnepudding,*
- *Ehrmann: Almi-Drink (Trinkjoghurt), Fruchtsalat auf Joghurt, Vanille-Fruchtquark,*
- *Exquisa: Probiotischer Fruchtquark, Schoko-Brotaufstrich, Tiefkühltorten,*
- *Fa: After Shave, Deo Tücher, Flüssigseife,*
- *Granini: Gemüsesaft, Fruchtbonbons, Fruchtschorle,*
- *Hengstenberg: Apfelessig-Getränk, Salatsauce, Speiseöl,*
- *Hohes C/Eckes: Frühstückssaft, Frucht-Müsli-Riegel, plus Früchtetee,*
- *Iglo/Univlever: bratfertige Fischfilets, fertige Gemüsepfanne, Tiefkühlburger,*
- *Katjes-Fassin: Fruchtgummibären, Joghurt-Bonbons, Lakritz-Bonbons,*

- *Kühne: Dessertsauce, Essig-Wellness-Getränk, Krautsalat,*
- *Landliebe: Landkäse, Joghurt-Butter, Sahnepudding,*
- *Lindt: Feines Backen (Backzutaten), Choco-Knusper Gebäck, Nuss-Riegel,*
- *Maggi/Nestlé: Heißer Becher (Tütensuppe), Milchreisfertigmischung, Tomatenketchup,*
- *Milka/KJS: Luflée (Luftschokolade), Montelino (Schoko-Pralinen), Mousse au Chocolat (Fertigdessert aus dem Kühlregal),*
- *Milram: Fruchtmolkedrink, Gemüsedrink, Probiotischer Kräuterquark,*
- *Mondamin: Bratenfond, Milchreisfertigmischung, Puddingpulver,*
- *Müller: Frucht-Buttermilch, Grießbrei, ProCult (Joghurtgetränk),*
- *Nestlé: Frucht-Buttermilch, LC 1 Joghurt, Profiteroles (Windbeutel aus dem Kühlregal),*
- *Nivea: Deo-Tücher, Schaumfestiger, Sun Spray (Sonnenschutz),*
- *Pfanni: Kartoffel-Püree mit Gemüse, Kartoffel pur (Frischkartoffeln), Süße Schmankerln (Fertigmischung).*

Es gibt allerdings auch **Negativbeispiele**. Bekommt die „Lokomotive" Stammmarke nämlich so viele Anhänger, dass sie diese nicht mehr ohne Weiteres durchziehen kann, wird sie überfordert (Markenerosion).

So wollte Natreen seine Range um Diätnahrungsmittel erweitern, vor allem Wurstsorten, die ansonsten mit versteckten Fetten gespickt sind, wobei eine Kompetenz für kalorienreduzierte Ernährung vermutet wurde. Tatsächlich lag die Kompetenz jedoch bei Süßstoff, was ganz und gar nicht mit Wurstwaren harmonierte. Adidas wollte, ausgehend von vermuteter jugendlicher Kompetenz, sein Programm um legere Kleidungsstücke erweitern. Doch auch dies harmonierte nicht mit dem eher schwitzigen Sportschuhimage. Und Hipp wollte Fitnessnahrung anbieten, die ernährungsphysiologisch ganz ähnlich wie Babykost, die eindeutige Kompetenz, aufgebaut ist. Doch wieder vertrugen sich Stamm- und Transferprodukt in der Range nicht. In allen Fällen lag nur eine denotative, d.h., produktbegründete, Gemeinsamkeit in der Range vor, die allerdings keineswegs ausreicht. Zwingend erforderlich ist eine konnotative, wahrnehmungsbegründete Gemeinsamkeit. Und beide müssen durchaus nicht immer übereingehen.
Weitere gescheiterte Markentransfers beziehen sich auf Uhu Wäschestärke, wobei rein chemisch, also denotativ, eine durchaus enge Verwandtschaft zum Kernprodukt Klebstoff besteht. Aber darauf kommt es eben nicht an, sondern allein auf die konnotative Verwandtschaft. Ebenso scheiterte der Markentransfer von Einwegfeuerzeugen auf BIC Strumpfhosen. Hier war zwar eine konnotative Verwandtschaft als Convenience goods zu vermuten, allerdings sind die Ansprüche der Käuferinnen an ein Bekleidungsstück wie Strumpfhosen offensichtlich doch deutlich höher als an ein Wegwerfprodukt wie Feuerzeuge.

Als **Vorteile** der Transfermarkenstrategie sind zu nennen:
- Es können interessante strategische Geschäftsfelder zügig angegangen werden, denn der Markentransfer wirkt durch Bekanntheits- und Vertrautheitsvorsprung als Treibsatz für einen erfolgversprechenden Markteintritt.

- In diesen neuen Märkten werden bei Erfolg neue Zielgruppen angesprochen. Dies führt zu einer echten Ausweitung des Nachfragepotenzials zulasten indirekter Wettbewerber und nicht zur Gefahr der Kannibalisierung.
- Markteintrittsbarrieren können leichter überwunden werden, weil der Transfer als Unterstützung wirkt. So können selbst Teilmärkte bzw. strategische Geschäftsfelder bearbeitet werden, die sich ansonsten neuen Anbietern verschließen.
- Die Kosten der Markenbildung in neuen Märkten werden erheblich gesenkt, denn dem neuen Produkt kommt ja der Goodwill des oder der alten Produkte als Sockel zugute, auf dem aufgebaut werden kann.
- Das Assoziationsumfeld der Stammmarke wird erweitert und aktualisiert. So werden durch Transferprodukte auch die Stammprodukte in ihrer Attraktivität gesteigert und wiederbelebt. Es kommt zu einer Stärkung der Hauptmarke durch Rückfluss positiver Imagebestandteile.
- Werbebeschränkungen können zumindest bis zu einem gewissen Grad abgeschwächt bzw. antizipiert werden. Dies wird etwa bei Tabakwaren durch Satelliten im Sportswear-, Schuh-, Uhren- oder Reisebereich genutzt, solange dies jedenfalls noch erlaubt ist.

Als **Nachteile** sind zu nennen:

- Zu viele und zu schnell aufeinander folgende Markentransfers führen zur Markenerosion. Nachfrager brauchen Zeit, um die Transfers konstruktiv zu verarbeiten, bevor die Bereitschaft besteht, neue Transfers mitzumachen.
- Sofern Unzufriedenheit mit dem Transferprodukt bei Abnehmern aufkommt, besteht die Gefahr, dass diese sich auf das Stammprodukt überträgt und dieses in Mitleidenschaft zieht.
- Sofern unterschiedliche Zielgruppen angesprochen werden, besteht die Gefahr des Verlustes der Markenidentität. Denn eine zu große Varietät der Produkte führt leicht zu einem diffusen Eindrucksbild und zu imageabträglichem Bauchladeneffekt.
- Bei geringer Imageaffinität besteht die Gefahr negativer Ausstrahlungseffekte zwischen Stamm- und Transferprodukt. Dann wird sogar dem Stammprodukt geschadet, das damit seine Fähigkeit einbüßt, Katalysator für weitere Transfers zu sein.
- Der Koordinationsaufwand der Markenführung wächst infolge des Erfordernisses der Abstimmung zwischen Stamm- und Transferprodukt. Dies ist besonders dann zu berücksichtigen, wenn die Führung und Pflege der Transfermarke in eigenständigen Divisions erfolgt.
- Möglicherweise besteht eine zu schwache Hebelwirkung der Stammmarke aufgrund zu geringer Bekanntheit und/oder zu schwacher Vertrautheit, sodass eine mangelnde Relevanz oder Passform des Markenimages gegeben ist. Ebenso werden Synergieeffekte der Markenerweiterung häufig überschätzt.

2.3.4.1.2 Nebennutzung

Der Markentransfer eröffnet neben der Hauptnutzung auch Möglichkeiten zur eigenen Nebennutzung, d.h. zur verkaufsfördernden Liquidierung der Markenbekanntheit und -vertrautheit außerhalb des Kerngeschäftsbereichs. Dies wird als **Merchandising** bezeichnet. Es stellt somit den Verkauf von Produkten außerhalb des Kerngeschäfts/im Nebenverkauf bei Transfer des Absenders/Markennamens aus dem Kerngeschäft dar.

Ein Beispiel ist der legendäre„ Wackel-Elvis“ aus dem Audi-Multitronic-Spot, der bei Audi-Vertragshändlern verkauft wurde und sich Kultstatus erwarb. Er wurde im Auftrag von Audi über ein deutsches Werbemittler-Unternehmen in Fernost produziert.

Das Merchandising-Geschäft kann, trotz seiner Kennzeichnung als Nebenverkauf, erhebliche wirtschaftliche Dimensionen erreichen. Üblicherweise lassen sich dabei drei Phasen unterscheiden:

- Die Phase der Merchandising-Produkte als Self liquidator. Da Merchandising auf die Stützung des Kerngeschäfts zielt, wird zunächst nur auf eine kostendeckende Abgabe dieser Produkte abgestellt. Der Gewinn liegt in Imagevorteilen für das Kerngeschäft.
- In dem Maße, wie Merchandising-Produkte am Markt als attraktiv angesehen werden, werden diese in einer zweiten Phase zu höheren als nur kostendeckenden Preisen abgegeben, sodass sie zwar subventioniert, aber gewinnbringend kalkuliert werden können.
- In der dritten Phase können die Merchandising-Produkte sogar zu Hauptumsatz-, -deckungsbeitrags- und -gewinnträgern werden und damit ihrerseits das Kerngeschäft alimentieren.

In dieser dritten Merchandising-Phase ist neben den Lebensmittel-Discounters (Aldi, Netto etc.) sicherlich auch Tchibo angelangt. Angesichts erodierender Margen im Kerngeschäft erzielen Lebensmittel-Discounter heute höhere Stückspannen im Merchandising-Geschäft (Hartwaren) als in ihrem Kerngeschäft (Food/Nonfood). Gleichfalls stehen die Anbieter im stagnierenden Kaffeemarkt in einem harten Verdrängungswettbewerb, sodass beim Stammprodukt kaum noch positive Margen zu erzielen sind, ganz im Unterschied zum Merchandising-Geschäft. In beiden Fällen sind die Merchandising-Produkte ursprünglich als Self liquidators gestartet (z.B. Porsche-Armbanduhr Imitat).
In der zweiten Merchandising-Phase befinden sich die privaten Fernsehsender. Sie erzielen damit derzeit schon etwa 10 % ihres Betriebsergebnisses, sehen jedoch berechtigterweise noch erhebliche Steigerungspotenziale. Dies führt zu vermehrten On air promotions, in denen die Merchandising-Produkte innerhalb des Programms ausgelobt werden (z.B. Quiz-Spiele à la Wer wird Millionär, Computerspiele zur Formel 1 oder Sampler mit TV-Serien-Melodien/alle RTL).
In der ersten Merchandising-Phase befinden sich noch die meisten Fußball-Bundesliga-Klubs mit dem Angebot ihrer Fan-Artikel. Diese waren zunächst nur als Service für die Clubmitglieder gedacht. Mit zunehmender Attraktivität dieser Produkte wurden diese im Licensing-Geschäft an Dritte zur Vermarktung abgetreten.

Nunmehr erkennen die fortschrittlicheren unter den Klubs das hohe Ergebnispotenzial dieser Produkte und holen die Vermarktung wieder zu sich zurück. Dies geht bis zur einmal geplanten Verwertung der Übertragungsrechte der Spiele, an denen die Vereine beteiligt sind (statt durch UEFA oder FIFA).

So bedeutet also die eigene Vermarktung von Vereinsartikel Merchandising, die Vergabe von Rechten an Dritte zur Vermarktung dieser Artikel unter dem Vereinsnamen/-zeichen jedoch Licensing (s.u.). Es handelt sich damit nicht um Wechselvokabeln.

2.3.4.2 Lizenzmarke

2.3.4.2.1 Begriff

Unter einer Markenlizenzierung versteht man die Übertragung der Nutzungs-(nicht Eigentums-)rechte an immateriellen, populären Wirtschaftsgütern (sog. Properties) wie Zeiterscheinungen (z.B. Champions league), **realen** (Prominente) **und fiktiven Persönlichkeiten** (Characters), **Firmen** (z.B. Ferrari), **Marken** (z.B. Joop), **Musiktiteln** (z.B. Bacardi-Musik), **Abbildungen** (z.B. Logos oder Designs) **und anderen sinneswahrnehmbaren Modalitäten im Rahmen einer Rechtebeziehung zwischen originärem Inhaber (Lizenzgeber) und Erwerber (Lizenznehmer) für deren Sekundärvermarktung gegen Entgelt.** Ziel ist dabei die emotionale Aufladung durch kommerzielle Nutzung übertragbarer Popularitäten.

Die Vergabe einer Markenlizenz (Licensing) bedeutet damit die Vermarktung Lizenznehmer eigener Produkte unter einem Lizenznehmer fremden Absender/Markennamen, für die ein Nutzungsrecht verfügbar ist. Der Eigentümer dieses immateriellen Wirtschaftsguts wird **Licensor** genannt, der Erwerber der Nutzungsrechte an diesem immateriellen Wirtschaftsgut **Licensee**. Dabei ist es unerheblich, ob der Licensee die Produkte, die er mit dem fremden Absender versieht, selbst herstellt oder seinerseits durch Dritte herstellen lässt. Wichtig ist nur, dass er sie auf eigene Rechnung, ausgestattet mit dem Property, verkauft. Bei Licensing handelt sich immer um eine **fremde Zweitverwertung.** Ein solcher (externer) Imagetransfer kann jedoch nur unter eng begrenzten Voraussetzungen gelingen. Ausschlaggebend ist die Stärke der Stammmarke. Zwischen dieser und dem Lizenzprodukt muss eine kommunizierbare (konnotative) Klammer bestehen.

Beim Licensing ist im Unterschied zum **Markenverkauf** keine Eigentumsabtretung gegeben, sondern nur eine Nutzungsabtretung, d.h., das immaterielle Wirtschaftsgut bleibt eindeutig im Eigentum des Licensor, lediglich die Verwertungsrechte gehen, zeitlich, räumlich, formal und inhaltlich begrenzt, an den Licensee über. Beim Markenverkauf geht hingegen das Eigentum an einem bestimmten Markennamen von seitherigen Eigentümer gegen Entgelt an den nachfolgenden Eigentümer über.

Die Lizenzvergabe wird u.a. von der schweizerischen Gastronomie- und Hotelleriemarke Mövenpick praktiziert. So durch Mövenpick-Eis (1979), das ebenso von Schöller in Lizenz hergestellt wird wie Mövenpick-Tiefkühltorte (1985), Mövenpick-Kaffee (1980) in Lizenz an Darboven, Mövenpick-Konfitüre (1987) in Lizenz an Schwartau oder Mövenpick-Joghurt in Lizenz an Bauer, weiterhin Mövenpick-Salatsauce von Hengstenberg und Mövenpick Fruchtsaft von Underberg. Weitere Mövenpick-Lizenzprodukte betreffen Pralinen (Ludwig Schokolade/1988), Tee (Messmer/1987)) und Lachs.

Ebenso verbreitet ist die Lizenzvergabe durch Davidoff. So gibt es Davidoff-Cognac von Hennessy, Davidoff-Uhren von SMH, Davidoff-Parfüm von Lancaster, Davidoff-Brillen von Menrad, Davidoff-Zigaretten von Reemtsma, Davidoff-Lederaccessoires von Goldpfeil oder Davidoff-Kaffee von Tchibo.

Weitere Beispiele sind Jil Sander- oder Boss-Parfüms, die von Lancaster in Lizenz der Modemarken hergestellt werden, oder Camel Boots, die von Salamander in Lizenz des Zigarettenherstellers produziert werden. Jaguar hat entsprechende Lizenzen für Damen- und Herrenoberbekleidung, Brillen, Reisegepäck und Schreibgeräte vergeben. Menrad verkauft Brillen in Jil Sander-Lizenz. Mars hat eine Lizenz an Schöller zur Produktion von Mars Eisriegeln vergeben. Weitere Beispiele sind Michelin (für den Verlag Guide Michelin) oder Marlboro (für Bekleidung und Reisen) sowie Landliebe-Joghurt, der von Südmilch an Dr.Oetker abgetreten wird und Langnese Honig, der von Unilever (UDLW) an Dr.Oetker abgetreten wird.

Bekannte Lizenzgebermarken sind Etienne Aigner, Ambiente, Bruno Banani, Betty Barclay, Bernd Berger, Viventy, Willy Bogner, Escada, Toni Gard, Golfino, H.I.S., Home Boy, van Laack, Julius Lang, Mexx, Daniel Hechter, More&More, Mustang, Puma, S. Oliver, Strenesse, Tom Tailer, Windsor, Windsurfing Chiemsee, Zapa, MCM, Feinkost Käfer.

Alleine Joop vergibt Lizenzen für folgende Produktgruppen (branchentypisch englisch bezeichnet):

- *Womenwear, Hosiery, Jeans, Shoes, Socks, Swimwear, Menswear, Men's Bodywear, Femme-Parfüm, Homme-Parfüm, Eyewear, Jewellery, Time, Luggage.*

Die Lizenznehmer sind in der Öffentlichkeit naturgemäß meist deutlich weniger bekannt als die Lizenzgeber. Dazu einige Beispiele:

- *Adolf Ahlers: Pierre Cardin Jeans, Kenzo Strümpfe, Camel Strümpfe,*
- *Biberna: Tom Tailor Bettwäsche,*
- *Billerbeck Betten: Joop Living Bettwaren,*
- *Bravour: Marco Polo Unterwäsche&Beachwear,*
- *Charmant: Boss Brillen, Esprit Brillen,*
- *Egana: Pierre Cardin Uhren,*
- *Escada: Cerruti 1861,*

- *Eterna: Porsche Uhren,*
- *Falke: Socken von Joop, Esprit, Camel, Boss,*
- *Fossil: Emporio Armani Uhren, Diesel Uhren, Disney Uhren,*
- *Gabor: Camel Active Schuhe,*
- *Jebsen&Jessen: Head Textilien,*
- *Junghans: Joop Uhren,*
- *Kemper/Escada: Cerruti 1861 Mäntel und Jacken,*
- *Luxottica: Brillen von Ray Ban, Versace, Chanel, YSL, Moschino, Vogue, Bulgari,*
- *Marchon: Brillen von Calvin Klein, DKNY, Fendi, Nautica, Nike,*
- *Menrad: Brillen von Joop, Davidoff, Jaguar, Dupont,*
- *Metzler Int'l: Brillen von Aigner, Sisley, Benetton, Otto Kern, Kapa,*
- *Mustang: Joop Jeans, Joop Kids,*
- *Nigura: Brillen von Reebok,*
- *Rodenstock: Porsche Design Brillen,*
- *Rohde: Daniel Hechter Schuhe,*
- *Rösch: Louis Feraud Lingerie, Daniel Hechter Mode,*
- *Schiesser: Hugo Boss Unterwäsche,*
- *Seidensticker: Joop Hemden, Otto Kern Hemden, Bruno Banani Hemden,*
- *Gerry Weber: Aigner Jeans.*

Allerdings liegen diesen Beispielen durchaus verschiedene Arten von Markenlizenzierung zu Grunde, sodass eine nähere Betrachtung erforderlich ist.

2.3.4.2.2 Arten

Es lassen sich drei große Gruppen von Lizenzgebern unterscheiden: das Trademark licensing, das Personality Licensing und das Entertainment Licensing.

Das **Trademark licensing** unterteilt sich wiederum in
- Brand licensing (Marke) und
- Corporate licensing (Firma).

Unter **Brand licensing** versteht man die gewinnorientierte Nutzung einer Marke (Name eines Produkts) auf Basis einer Lizenzvergabe durch vollständige oder teilweise Abtretung eines Markenrechts an einen oder mehrere Lizenznehmer. Voraussetzung dafür ist, dass ein Imagetransfer auf Grund der hohen konnotativen Gemeinsamkeiten zwischen der lizenzierten Marke mit hohem Verkehrswert und dem vormalig austauschbaren No Name-Produkt möglich ist. Die Nutzung ist sowohl für Sachleistungen wie für Dienstleistungen möglich.

Ein Beispiel ist die Lizenzvergabe von Camel für Uhren (Dugena) oder Schuhe (Salamander). Inwieweit die Trademark Camel noch als leistungsfähiger Lizenzgeber gelten kann, muss allerdings in Zweifel gezogen werden. Immerhin verliert die Zigarettenmarke seit über 15 Jahren stetig an Marktanteil und damit auch an

Imagepotenzial. Weitere Beispiele sind Boss Socken als Lizenzprodukt von Falke, Bugatti-Hemden als Lizenzprodukt von Bosch-Textil oder Otto Kern-Socken als Lizenzprodukt von H&B Strumpf.

Unter **Corporate licensing** versteht man die gewinnorientierte Nutzung einer Firma (Name eines Unternehmens) durch Lizenzvergabe bzw. -nahme. Voraussetzung ist wiederum, dass ein positiver Wertetransfer von Licensor auf den Licensee möglich ist. Regelmäßig handelt es sich dabei um Dachmarken, d.h., das Unternehmen trägt den gleichen Namen wie seine Produkte.

Beispiel dafür finden sich in der Nutzung von Modeherstellern als Lizenzgeber, z.B. Esprit-Living bei Möbeln oder Esprit Toys bei Spielzeug, oder beim McDonald`s Happy Meal Girl von Hasbro.

Das **Personality licensing** unterteilt sich in die
- Lizenzierung für Prominente (Celebrity licensing) und die
- Lizenzierung von Kunstfiguren (Character licensing).

Unter **Celebrity licensing** versteht man die Nutzung real existierender Figuren, Namen und Abbildungen von Stars, z.B. zur Namensgebung von Produkten.

Beispiele finden sich bei Duftwässern, welche die Namen von Top-Models, so Naomi Campbell-Parfüm, oder von Spitzensportlern wie Gabriela Sabatini-Parfüm von Mühlens, tragen.

Unter **Character licensing** versteht man die Nutzung fiktiver Figuren, die populär sind. Der Ursprung dieser Lizenzen liegt für gewöhnlich im Bereich der medialen Artefakte, d.h., die Figuren sind in Zusammenhang mit Filmen, Fernsehserien, Romanen, Computerspielen etc. entstanden und aufgebaut worden. Ihr Imagepotenzial ist von Null zu erheblichen Lizenzwerten ausgeweitet worden, weil die Medien selbst ihre eigenen Artefakte pushen können.

Dafür finden sich vielfältige Beispiele wie Harry Potter (Ursprungsmedium: Buch), Sesamstraße (Ursprungsmedium: TV), Roger Rabbit (Ursprungsmedium: Film), Lara Croft (Ursprungsmedium: Internet). Die Anwendungen sind vielfältig, etwa durch Disney-Figuren auf der McDonald's Juniortüte, Garfield-Bleistifte oder Tom&Jerry-Figuren in Langnese-Eiscreme-Multipacks

Das **Entertainment licensing** unterteilt sich ebenfalls in zwei Bereiche:
- Event licensing und
- Media licensing.

Unter **Event licensing** versteht man die Verwertung von Ereignissen (nicht unbedingt Veranstaltungen). Dazu gehören:
- Wirtschaftsereignisse (**Business licensing**).
  Eine beispielhafte Anwendung waren etwa die Sammelbilder für die Expo 2000,

Hannover, in Nutella-Gläsern, wenngleich fraglich ist, ob dies die gewünschten Absatz- und Imageziele zu erreichen geholfen hat.

- Kulturereignisse (**Culture licensing**).
  Beispiele betreffen die Vermarktung von Künstlerpersönlichkeiten (z.B. Keith Haring/Grafittis), kulturellen Themen bzw. kulturellen Einrichtungen (z.B. Semperoper für Genussmittel wie Radeberger-Pils).
- Sozialereignisse (**Charity licensing**).
  Dabei geht es etwa um die Vermarktung wohltätiger Organisationen (z.B. Greenpeace) oder humanitär engagierter Persönlichkeiten (z.B. Prinzessin Diana).

Das **Media licensing** umfasst eine Vielzahl von Bereichen:

- Unter **Movie-Licensing** versteht man die Nutzung von Charakteren und von Titeln von Filmen, z.B. Batman oder James Bond. Diese können bei Produkten oder in der Werbung eingesetzt werden.
  Einige Beispiele für Harry Potter-Licensing-Produkte sind Heftpflaster (Beiersdorf), Zahnbürsten (Colgate-Palmolive), Uhren (Fossil), Computerspiele (Hasbro), Regenschirme (Knirps), Konstruktionsspielzeug (Lego), Spielwaren (Mattel) oder Kinderschuhe (Ricosta).
- Unter **TV-Licensing** versteht man die Nutzung von Fernsehthemen (wie Senderlogos, z.B. VIVA für Schulartikel, Moderatoren, z.B. Alfred Biolek, imaginäre Figuren, z.B. Ally McBeal, oder Programmformate, z.B. Big Brother).
- Unter **Toy-Licensing** versteht man als weiteren Spezialfall die Nutzung von erfolgreichen Spielzeugen, z.B. Pokémon, Lego Kidswear.
- Unter **Sport-Licensing** versteht man die Auswertung von Sportlern (z.B. Michael Schumacher), Sportarten (z.B. Fußballvereine) oder Sportveranstaltungen (z.B. Deutsche Basketball-Bundesliga/BBL).
- Unter **Music-Licensing** versteht man die Auswertung prominenter Musiker (z.B. Michael Jackson), großer Musik-Events (z.B. Tourneen) oder Musik-Trademarks (z.B. Kuschelrock-Sampler).

Hinsichtlich der Lizenznehmer lassen sich ebenfalls verschiedene Gruppen unterscheiden:

- **Publikationen und Schreibwaren:**
  Dazu gehören alle gedruckten Medien wie Bücher, Comics, Magazine, Kalender, Sticker, Sammelkarten, Schreib- und Papierwaren.
  Beispiele sind die vom Künstler James Rizzi veredelten Enzyklopädien des Brockhaus-Verlags, das „Blubb"-Kochbuch von Verona Feldbusch (Iglo) oder die Magazine zu Fernsehformaten (GZSZ, Big Brother).
- **Textilien und Accessoires:**
  Dazu gehören alle Bekleidungsgegenstände wie Gürtel, Schuhe, Taschen etc.
  Ein Beispiel ist der Hersteller Bugatti, dessen Namen in vielfältiger Weise für Bekleidung, Brillen etc. zweitverwertet wird.
- **Spiele und Spielzeuge:**
  Dazu gehören Plüschtiere, Puzzles etc.
  Ein Beispiel sind Kommissar Rex-Figuren, die in Zweitverwertung der bekannten Kriminalserie von SAT 1 vermarktet werden.

- **Nahrungs- und Genussmittel:**
  Dazu gehören alle Arten von Food-Produkten.
  Beispiele sind Erfrischungsgetränke (z.B. Fit for Fun-Drink von der Zeitschrift Fit for Fun), Milchprodukte (z.B. Feuerstein-Joghurt von Bauer) oder Süßwaren (z.B. Mickey Mousse von Nestlé).
- **Haus und Leben:**
  Dazu gehören alle Produkte aus dem Wohnbereich wie Bettwäsche, Kochutensilien, Badezimmerzubehör etc.
  Ein Beispiel sind die Lizenzprodukte aus der RTL II-Container-Serie Big Brother für den Wohnbereich, z.B. die Big Brother-Couch Gaudi.
- **Audio und Video:**
  Dazu gehören Bild- und Tonträgerprodukte.
  Beispiele finden sich bei CD's (z.B. Kuschelrock von Sony), Videocassetten (Leben und Wirken von Prinzessin Diana) und DVD's (z.B. mit Folgen der TV-Kindersendung Sesamstraße).

Grundsätzlich kann noch danach unterschieden werden, ob das Property **zusätzlich** zu einer bereits existierenden Marke eingesetzt wird (z.B. Donald Duck-Nestlé-Dessert) oder aber **anstelle** einer Marke. Im ersten Fall dient es als Verstärker bzw. Aktualisierer im Markenauftritt, im zweiten Fall verleiht es einem No Name-Produkt erst die Markenzüge, indem es einen mehr oder minder blutleeren Produktkern zu einer Produktpersönlichkeit augmentiert.

2.3.4.2.3 Formen

Unter einer Lizenz versteht man allgemein den Rechteerwerb durch einen Lizenznehmer von einem Lizenzgeber, um dieses Recht gewinnorientiert zu nutzen. Bei solchen Rechten handelt es sich für gewöhnlich um Gewerbliche Schutzrechte wie Urheberrechte, Patent- und Gebrauchsmusterschutzrechte, Geschmacksmusterrechte, Markenzeichenrechte sowie Persönlichkeitsrechte. Voraussetzung für die Nutzung dieser Rechte ist immer ein Lizenzvertrag.

Gegenstand des Vertrags ist die Lizenz als Erlaubnis zur vertraglich abgesicherten Nutzung durch gewerbliche Schutzrechte anderweitig geschützter Wirtschaftsgüter. Dafür gibt es einen großen Gestaltungsspielraum.

Die Nutzungserlaubnis kann vollständig, also unbegrenzt, oder nur eingeschränkt erfolgen, d.h. sachlich, formal, räumlich oder zeitlich begrenzt sein (**Lizenzumfang**). Dem Rechteeigentümer wird an einer umfassenden Begrenzung der Lizenzierung gelegen sein, dem Rechtenutzer wird umgekehrt an einer weitgehenden Freiheit in seiner Lizenznutzung gelegen sein. Wer sich durchsetzt, ist Verhandlungssache. Das Ergebnis drückt sich im Ausmaß der sachlichen, formalen, räumlichen und zeitlichen Begrenzung der Lizenzierung aus. Die sachliche Begrenzung bezieht sich auf das, was der Lizenznehmer mit dem Recht unternehmen kann. Die formale Begrenzung bezieht sich darauf, wie er dies tun kann (formale Vorgaben).

Die räumliche und zeitliche Begrenzung bezieht sich darauf, wo (geografische Vorgaben) und wann (zeitraumbezogene Vorgaben) der Lizenznehmer das Gewünschte mit dem Recht unternehmen kann.

Die Nutzungserlaubnis kann ausschließlich, also exklusiv, oder einfach sein, d.h., es gibt mehr als einen Lizenznehmer parallel (**Lizenznutzung**). Der Lizenzgeber wird daran interessiert sein, Nutzungsrechte so zu vergeben, dass eine möglichst umfassende Marktausschöpfung möglich ist. Dies ist ihm durch Vergabe an zwei oder mehr Lizenznehmer parallel mit oder ohne sachliche, räumliche und zeitliche Begrenzung besser möglich als durch exklusive Vergabe an nur einen Lizenznehmer, von dem außerdem ein größeres Abhängigkeitsverhältnis hinsichtlich der Erlöse besteht. Der Lizenznehmer wird genau entgegen gesetzte Interessen haben, also das Nutzungsrecht möglichst exklusiv erlangen wollen. Wer sich durchsetzt, hängt wiederum von den Verhandlungen ab.

Die Nutzungserlaubnis kann nur vom Rechteeigentümer ausgehen oder die Vergabe von Unterlizenzen durch den Rechtenutzer einschließen (**Lizenzreichweite**). Der Rechteeigentümer kann umso besser die Verwertung seines Eigentums kontrollieren, je unmittelbarer seine Beziehung zum Lizenznehmer ist. Daher wird eine mittelbare Lizenzweitergabe für ihn nur ausnahmsweise in Betracht kommen. Wenn doch, wird er darauf achten, dass er möglichst weit reichenden Einfluss auf die Auswahl dieser mittelbaren Lizenznehmer hat, indem z.B. Mindestkriterien für die Weitergabe der Nutzungsrechte festgelegt werden oder er deren Auswahl mitbestimmen kann. Der Lizenznehmer kann hingegen daran interessiert sein, seinerseits möglichst freizügig mit dem Nutzungsrecht zu verfahren, u.a. auch dadurch, dass er es ganz (anstelle eigener Nutzung) oder mehr oder minder begrenzt (zusätzlich zur eigenen Nutzung) an Dritte weiterreicht.

Eine Lizenz kann sich in diesem Zusammenhang auf verschiedene **Wertschöpfungsstufen** beziehen:

- Die **Produktionslizenz** erlaubt dem Lizenznehmer, Produkte des Lizenzgebers nach vorgegebenen Spezifikationen zu produzieren, jedoch mit der Maßgabe, sie nicht selber zu vertreiben, sondern an diesen zum Vertrieb zurückzugeben (Veredelung).
  So produziert Schöller in Lizenz für Masterfoods deren Eisriegelprodukte (Mars, Milky Way, Bounty, Twix), die dann jedoch von Masterfoods unter eigenem Namen verkauft werden.
- Die **Vertriebslizenz** bezieht sich auf das Recht des Lizenznehmers, Produkte, die vom Lizenzgeber oder durch von ihm beauftragten Dritten produziert worden sind, unter dessen Absender zu verkaufen. Dies wird verbreitet zur Erschließung von Auslandsmärkten eingesetzt. Hier wird dem Lizenzgeber an Einflussnahme auf die Art und Weise des Vertriebs gelegen sein.
  Ein Beispiel ist die Ausgestaltung im Vertragshändlersystem der Automobilindustrie, bei dem die Produkte des Automobilherstellers, freilich versehen mit händlereigenem Service und ohne Entrichtung einer Lizenzgebühr, durch Vertragshändler vertrieben werden.

- Die **Produktions- und Vertriebslizenz** bezieht sich auf das Recht des Lizenznehmers, Produkte, die unter dem Absender des Lizenzgebers verkauft werden, selbst zu produzieren. Dem Lizenzgeber wird dabei an weit reichenden Einflussnahmen auf diese Produktion, insb. die Qualität, gelegen sein. Dies wird er durch Kontrollbefugnisse durchzusetzen versuchen.
  Ein Beispiel ist die Lizenz von Franchising-Betrieben (Franchisees), Produktions- und Vertriebssysteme, die durch den Franchiseinitiator (Franchisor) geschützt sind, unter dessen Namen nutzen, insb. Produkte fertigen und verkaufen zu dürfen.
- Die **Know-how-Lizenz** bezieht sich auf das Recht des Lizenznehmers, geschützte immaterielle Wirtschaftsgüter des Lizenzgebers für eigene Zwecke zu nutzen. Der Wissensschutz erfolgt in aller Regel durch Haltung gewerblicher Schutzrechte. Diese stellen Ausschließlichkeitsrechte dar und verhindern jedem Dritten die Nutzung dieses Wissens ohne Genehmigung des Schutzrechtehalters.

Das Licensing gehört typischerweise zur Gruppe der Know-how-Lizenzen. Innerhalb der Know-how-Lizenzen verkörpern Wirtschaftsgüter gewöhnlich technisches oder kaufmännisches Wissen.

Technisches Wissen bezieht sich im Wesentlichen auf Patente, Gebrauchs- und Geschmacksmuster. Dieses technische Wissen ist nicht Gegenstand des Licensing.

Ein weiterer Bereich der Know-how-Lizenzen ist das **kaufmännische** Wissen. Dieses wird etwa in Form von Betreiber-Geschäftsmodellen eingesetzt. Dabei gibt der Lizenzgeber dem Lizenznehmer Prozess-Know-how weiter und wird dafür von diesem alimentiert. Dieses kaufmännische Wissen ist ebenfalls nicht Gegenstand des Licensing.

Ein dritter Bereich der Know-how-Lizenzen betrifft die **Marktgeltung** eines Absenders. Dies wird in Form der Markenlizenz genutzt. Denn eine Markenlizenz liegt vor, wenn der Eigentümer einer Marke einem unternehmensfremden Dritten das begrenzte Recht einräumt, seine Produkte mit dieser Marke versehen zu vermarkten. Dies ist eindeutig Gegenstand des Licensing.

Die Nutzungsüberlassung im Rahmen des Lizenzgeschäfts erfolgt für gewöhnlich gegen **Entgelt.** Für ein solches Entgelt kommen mehrere Formen in Betracht:
- Bei einer Pauschalgebühr wird die Rechtsnutzung dem Lizenzgeber in einem festen Betrag je Zeiteinheit abgegolten.
- Bei einer umsatz-/absatzabhängigen Gebühr ist das Entgelt vom Umsatz/Absatz des Lizenznehmers, den dieser mithilfe dieses Schutzrechts erzielt, abhängig.
- Am Häufigsten sind Mischformen aus fixen und variablen Entgeltbestandteilen, z.B. einer einmaligen Pauschalgebühr und laufenden umsatz-/absatzabhängigen Gebühren. Meist werden dabei zur Eingrenzung der beiderseitigen Risiken Ober- und Untergrenzen der Gesamtgebühr festgeschrieben (Garantiebeträge).
- Die am Häufigsten anzutreffende Form der Vergütung ist die der einmaligen Entrichtung einer, meist am erwarteten Absatz innerhalb des Vertragszeitraums be-

messenen, Garantiesumme (Lump Sum), meist zwischen 50 und 75 % des geschätzten Lizenzaufkommens. Dies dient der Kompensierung etwaiger Opportunitätskosten seitens des Licensor durch blockierte eigene Verwertungsmöglichkeiten. Dadurch werden zugleich solche Licensees abgeschreckt, die nur ein Mitnahmegeschäft beabsichtigen. Diese Garantiesumme wird für gewöhnlich gegen die absatzabhängigen Lizenzgebühren (Royalties) aufgerechnet. Diese betragen verbreitet 7 bis 15 % des Fabrikabgabepreises.

Um dem Licensee die zulässigen Gestaltungsoptionen seiner Produkte innerhalb dieses Vergütungsrahmens zu verdeutlichen, wird meist ein Style guide angelegt. Dies ist eine verbindliche formale Corporate Design-Richtlinie, an die der Licensee bei seinen Verwertungsmöglichkeiten gebunden ist. Wie weitgehend diese Richtlinien gehen können, hängt im Einzelfall von der Machtbalance zwischen Licensor und Licensee ab.

2.3.4.2.4 Bewertung

Die **Vorteile** des Licensing für den **Lizenznehmer** sind vielfältig. Vor allem sind folgende zu nennen:

- Der Lizenznehmer kann schneller und leichter, somit kostengünstiger, ein neues Produkt lancieren als es ohne das lizenzierte Recht möglich wäre (Ersparnis an Markenentwicklung, allerdings dafür Lizenzentgeltzahlung). Damit sind die Marktrisiken für ihn geringer. Sofern der Lizenznehmer selbst über lizenzfähige Wirtschaftsgüter verfügt, ist auch ein finanzmittelschonender Lizenztausch (Cross licensing) mit einem Partner möglich. Durch die Partizipation am Image des Lizenzgebers erhält das damit ausgestattete Produkt eine gesteigerte Wettbewerbsfähigkeit bei zugleich beschleunigter Markteinführung. Dies hebt ein ansonsten unbekanntes und austauschbares Produkt aus der Masse des Marktangebots heraus.

Dem stehen folgende **Nachteile** aufseiten des Lizenznehmers gegenüber:

- Bei nicht-exklusiver Lizenznahme besteht die Gefahr, dass Konkurrenten unter gleichem Absender am Markt auftauchen. Restriktive Regularien im Lizenzvertrag schränken die eigene unternehmerische Handlungsfreiheit in Bezug auf das lizenzierte Produkt ein. Im Extremfall besteht sogar die Gefahr der Abhängigkeit vom Lizenzgeber. Es besteht jedenfalls eine Abhängigkeit vom Fortüne des Lizenzgebers, denn dessen Markenwert beeinflusst unmittelbar die Marktchancen des Lizenzprodukts. Auf Grund der Markenidentität schlagen negative Nachrichten vollends durch. Es entstehen Kosten und evtl. sonstige Verpflichtungen aus der Lizenzübernahme. Diese können sowohl Fixkosten- als auch variable Kostencharakter haben, je nach Aushandlung der Konditionen mit mehr oder minder hoher oder auch ohne eine Erfolgsbeteiligung.

Aufseiten des **Lizenzgebers** ergeben sich ebenfalls vielfältige **Vorteile** des Licensing. Zu nennen sind vor allem folgende:

- Die Lizenzgebühren bedeuten laufende Zusatzeinnahmen neben den aus dem originären Produkt resultierenden Erlösen der Erstverwertung. Durch Lizenzierung ist eine Expansion trotz Kapitalmangels möglich, zumal die Lizenzierung erst die Möglichkeit zur umfassenden Kapitalisierung des Markenwerts schafft. Es kommt zu einer mehrfachen Liquidation eines einmal aufgebauten Markenimages. Marketinginvestitionen erhalten damit eine größere Rentabilität. Neben der Liquidierung mittels der eigenen Produkte erfolgt die zusätzliche Liquidierung in fremden Produkten. Bei geeigneter Auswahl kann es zudem zu einer gegenseitigen Aktualisierung der Angebotsinhalte zwischen Stamm- und Lizenzprodukt kommen. Es ist nicht nur eine Abstrahlung von der Stammmarke möglich, sondern auch eine Umkehrung durch Rückstrahlung auf die Stammmarke.

Dem stehen folgende **Nachteile** aufseiten des Lizenznehmers gegenüber:

- Es ist fraglich, ob die notwendigen Steuerungs- und Kontrollmechanismen im Vertrag durchgesetzt und in der praktischen Übung ausreichend kontrolliert und ggf. korrigiert werden können. Gelingt dies nicht, besteht die Gefahr eines ungewollten, negativen Imagetransfers (Bumerangeffekt) vom Lizenznehmer auf das eigene Unternehmen. Möglicherweise kann ein Lizenznehmer die Lizenzierungsphase auch nur zur Markterkundung nutzen, um sich anschließend mit eigenen Produkten als Konkurrent dort selbstständig zu machen. Fast unvermeidlich kommt es zu einem ungewollten Know-how-Abfluss während der Dauer der Geschäftsbeziehung. Bei unzweckmäßiger Auswahl kann es zu Markenstress kommen, und zwar immer dann, wenn Stammprodukt und Lizenzprodukt nicht zueinander passen. Wobei es nicht auf die sachliche (denotative) Harmonie ankommt, sondern auf die emotionale (konnotative).

2.3.4.2.5 Lizenzmittler

Häufig sind zwischen Lizenzgeber und Lizenznehmer Mittler (Lizenzagenturen oder Lizenzbroker) zwischengeschaltet. **Lizenzagenturen** vertreten entweder den Lizenzgeber und suchen in dessen Namen und für dessen Rechnung potenzielle Lizenznehmer, die für das Nutzungsrecht geeignet und willens sind, dafür zu zahlen, oder sie vertreten Lizenznehmer und suchen für diesen potenzielle Lizenzgeber, die Nutzungsrechte gegen Bezahlung abtreten.

Lizenzbroker sind als Makler zwischen rechtesuchenden und rechteanbietenden Einheiten tätig und stellen den Kontakt zwischen ihnen her. Dabei handelt es sich für gewöhnlich um Einzelkämpfer oft schillernder Couleur.

Beide Mittler finanzieren sich aus, großenteils erfolgsabhängigen, Provisionen. Dafür stellen sie einen Interessenausgleich zwischen den Beteiligten her und übernehmen operative Tätigkeiten in der Betreuung und Umsetzung. Teilweise vermarkten sie daneben gemietete Rechte auch in eigenem Namen und auf eigene Rechnung.

Der Wert eines Property hängt unmittelbar von seiner medialen Präsenz ab. Insofern ist ein Hauptansatzpunkt der Lizenzmittler für die Förderung dieser immateriellen Güter die Einflussnahme auf die redaktionelle Berichterstattung in Medien. Dabei haben sich Fernsehen, Publikumszeitschriften, Film und Musik als die wichtigsten Kanäle erwiesen.

Eines solcher Medienphänomene ist das Moorhuhn, das für Johnnie Walker ursprünglich nur als Promotion-Gag lanciert wurde, in den Medien aber soviel Aufmerksamkeit erlangte, dass es Kultcharakter erhielt. Weitere Wellen wurden durch Jurassic Park, Harry Potter oder 101 Dalmatiner ausgelöst. Diese Wellen sind jedoch extrem schnelllebig, sodass eine rasche Reaktion in der Lizenzierung erforderlich ist.

Als besonders affin für Lizenzierungen haben sich junge und gehobene Zielgruppen herausgestellt. Diese sind nahe an neuen Trends und stellen neben einem erheblichen eigenen Kaufkraftpotenzial auch ein beachtliches Beeinflusserpotenzial dar.

Als rechtsrelevante Inhalte eines **Lizenzvertrags** sind typischerweise folgende seitens des Licensor zu nennen:

- Übertragung eines gesetzlich oder faktisch geschützten immateriellen Guts,
- Zusicherung des Lizenzgebers, der rechtmäßige Rechteinhaber dieses Properties zu sein,
- Recht der Gestaltungsreglementierung produzierbarer Güter,
- Festlegung des räumlichen Vertragsgebiets,
- Festlegung der Vertragsdauer mit einem eingeräumten „Ausverkaufsrecht“ nach Vertragsende,
- **Persönlichkeitsrechte** betreffen den Namensschutz (Schutz gegen Namensanmaßung) und den Bildnisschutz (Recht am eigenen Bild).
- **Urheberrechte** räumen dem Urheber einer geistigen Schöpfung das unveräußerliche Recht ein, sein Werk in jedweder Form auszuwerten.

Seitens des Licensee sind folgende Vertragsinhalte zu nennen:

- Zahlung einer einmaligen Garantiesumme, die im Laufe der Vertragsdauer gegen die absatzabhängigen Lizenzgebühren aufgerechnet wird, sowie Regelungen der Abrechnung und Zahlung,
- Entrichtung einer Lizenzgebühr in Abhängigkeit von der verkauften Stückzahl,
- Verpflichtung der Genehmigung des Produkts vor Aufnahme der Serienfertigung bzw. Produktion einer Mindestauflage an Lizenzprodukten,
- Unterlassung jeglicher rufschädigender und vor allem rechtswidriger Handlungen,
- Verpflichtung der Vorlage konzipierter Werbematerialien zur Freigabe seitens des Licensor,
- Einforderung der Zustimmung des Lizenzgebers bei der Drittverwertung von Nutzungsrechten bzw. Verhinderung missbräuchlicher Rechteverwertung seitens seiner Kunden durch den Licensee,

- Verpflichtung zur Ausweisung des Urheberrechtvermerks und ggf. Benennung der vermittelnden Agentur,
- Verpflichtung zur Aufnahme des Vertriebs zu einem festgelegten Vermarktungsdatum unter Benennung einer Konventionalstrafe bei Zuwiderhandeln,
- Einholung der schriftlichen Zustimmung des Licensor für die selbstständige Eintragung von Geschmacksmustern, Markenzeichen etc. zum Schutz lizenznehmereigener Produkte, vor dem Hintergrund weit reichender Lizenzverwertungsmöglichkeiten.

2.3.5 Markengebiet

Das Markengebiet bestimmt die räumliche Ausdehnung der Markengeltung. Dabei kommt es zu den Alternativen der intranationalen und der supranationalen Verbreitung.

2.3.5.1 Intranationale Verbreitung

Die intranationale Verbreitung gliedert sich in ein lokales (Lokalmarke), regionales (Regionalmarke) und nationales Angebot (Nationalmarke).

Die **Lokalmarke** wird in enger räumlicher Begrenzung angeboten. Dies gilt z.B. für Handels- und Handwerksbetriebe, die ihr Angebot nur in einem überschaubaren räumlichen Umfeld (Hausmarke) verfügbar machen können. Die Marktabgrenzung ergibt sich dabei durch den Saldo des Vorteils aus der Wahrnehmung des eigenen Angebots durch Nachfrager einerseits und des Nachteils aus anderweitigem Beschaffungsaufwand durch Nachfrager andererseits. Je stärker die eigenen Vorteile bei Abnehmern erlebt werden, desto weiter ist das lokale Einzugsgebiet der Marke, et vice versa.

Eine **Regionalmarke** wird mit weiterer räumlicher Ausdehnung angeboten, jedoch nicht national. Meist liegt der Grund der Begrenzung im Wert der Transportkosten des Produkts in Relation zu dessen Warenwert (z.B. Mineralwasser). Überregionale Verbreitung können sich daher nur Markenartikel erlauben (z.B. Apollinaris, Pelligrino, Perrier), deren höhere Anmutung sich in Preisen niederschlägt, die trotz höheren Logistikaufwands noch hinreichende Gewinne zulassen.

Eine **Nationalmarke** wird (zumindest im Wesentlichen) nur innerhalb der Grenzen eines Landes angeboten. Beispiele sind der Duden als Nachschlagewerk zur Vereinheitlichung der deutschen Rechtschreibung oder die Programm-Zeitschriften. Im Rahmen des Zusammenwachsens der Märkte werden rein nationale Angebote jedoch immer seltener. Die starken Außenwirtschaftsverflechtungen führen vielmehr dazu, dass die gegenseitigen Absatzgebiete ineinander greifen und in der Markenpolitik grenzüberschreitend agiert werden muss.

2.3.5.2 Supranationale Verbreitung

Bei der supranationalen Verbreitung wird zumeist in ethnozentral, polyzentral, regiozentral und geozentral unterschieden (in Anlehnung an Perlmutter).

Ethnozentralität kennzeichnet eine Markenstrategie, bei der eine Fokussierung auf den Heimatmarkt erfolgt. Das Ursprungsland wird als geografischer Mittelpunkt der Unternehmenstätigkeit angesehen. Alle anderen Märkte werden gleichartig dazu bearbeitet. Dies ist z.B. bei Siemens oder E.on zu beobachten. Der deutsche Binnenmarkt ist trotz hohen Auslandsanteils noch so dominant, dass die Auslandsmärkte eher summarisch analog der deutschen Markenpolitik bearbeitet werden. Angesichts der Größe des Binnenmarkts liegt darin nicht einmal ein Makel, vor allem wenn man bedenkt, dass durch die politische Lage ein enormes Wachstumspotenzial, wie nur auf wenigen Auslandsmärkten, vorhanden ist. Dennoch wird diese Einstellung nicht lange durchhaltbar sein.

Polyzentralität kennzeichnet denn auch eine Markenstrategie, bei der eine Fokussierung auf die Gastmärkte erfolgt. Das Unternehmen wählt seine Ausrichtung in Abhängigkeit von den Gegebenheiten des jeweiligen Auslandsmarkts. Das führt zu einer multiplen Anpassung. Ein Beispiel ist Volkswagen. Dies ist nicht verwunderlich, bedenkt man, dass die Marke zwar in Deutschland der traditionelle Marktführer, im Ausland hingegen ein mehr oder minder „exotischer“ Importeur ist. Dadurch ergibt sich naturgemäß eine ganz andere Sicht der Marke in den Zielgruppen, woraus die Notwendigkeit zu abweichender Markenpolitik entsteht, obgleich daraus grenzüberschreitend nennenswerte Irritationen folgen können. Weitere Beispiele sind (zumindest bis vor Kurzem) McDonald´s oder IBM, die trotz weitgehender Homogenität ihrer Produkte länderspezifische Marktstrategien fahren und sich unterschiedlich profilieren.

Regiozentralität kennzeichnet eine Markenpolitik, bei der eine Fokussierung auf geschlossene Wirtschaftsregionen erfolgt. Häufig wird dabei von der Triade (Ohmae) ausgegangen. Als Beispiel kann die Marke Sony dienen, die in den Triaderegionen Nordamerika, Europa und Fernost deutlich unterschiedliche Markenpolitiken verfolgt, innerhalb dieser Gebiete jedoch weitgehend vereinheitlicht. Dies ist bereits der erste Schritt zu einer globalisierten Markenpolitik. In Fernost ist die Profilierung vielleicht am wenigsten gegeben, da der Hersteller dort einer unter vergleichbaren anderen ist. Im Übrigen folgt man dem kulturell üblichen Auftritt. In Nordamerika werden vor allem die hohe Leistungsfähigkeit und die spielerische Handhabung der Geräte betont. Die Positionierung erfolgt zudem eher kompetitiv und vorteilsorientiert. In Europa hingegen nimmt die Designkomponente einen großen Stellenwert ein. Die Abgrenzung von fernöstlicher Massenware erfolgt gerade auch über die Ästhetik. Erst so konnte Sony seinerzeit zu einem Prestigeobjekt mutieren.

Geozentralität kennzeichnet eine Markenstrategie, bei der eine Fokussierung auf den Weltmarkt erfolgt. Dabei wird der Geschäftstätigkeit ohne räumliche Fixierung global nachgegangen. Im Ergebnis entsteht so ein einheitlicher Markenauftritt weltweit. Als Standardbeispiele gelten Coke, Marlboro oder Levi´s. Allerdings ist weiterhin zu unterscheiden, ob eine Marke im Zeitablauf sukzessiv internationalisiert wird, wie bei diesen Beispielen, oder ob sie von vornherein international angelegt wird. Dafür sind wohl am ehesten die Sportswear-Marken Nike, L.A. Gear und Reebok als Beispiele geeignet.

2.3.6 Markenverbund

2.3.6.1 Systemmarke

Eine Systemmarke liegt vor, wenn die Markenleistung von Hersteller und Händlern erst gemeinsam durch systematischen Verbund als Absender manifestiert wird. Typischerweise erfolgt dabei eine Arbeitsteilung derart, dass der Hersteller vornehmlich die Pre sales-Aktivitäten übernimmt, die Händler vornehmlich die At sales-Aktivitäten übernehmen und beide gemeinsam die After sales-Aktivitäten. Abnehmer erleben diese Leistungen jedoch als das System einer gemeinsamen Marke.

Beispiele finden sich im Bereich des Vertragshändlersystems und des Franchising-Systems. Das Vertragshändlersystem ist vornehmlich in der Automobilwirtschaft verbreitet. Hier tritt der Hersteller gemeinsam mit seinen Markenhändlern am Markt auf und vermittelt Autofahrern und -interessenten dadurch eine geschlossene Markenleistung. Beide Partner bleiben dabei zumindest rechtlich selbstständig und agieren in eigenem Namen und auf eigene Rechnung, sind jedoch durch Dauerverträge mit weit reichenden Sanktionen miteinander verbunden. Ebenso ist die Situation im Franchising-System. Auch hier treten der Franchisegeber und die einzelnen Franchisenehmer am Markt gemeinsam und geschlossen auf und machen dadurch die Systemmarke erst erlebbar (z.B. McDonald's).

Weitere Beispiele stellen Kommissionärs- und Agentur-Kontraktmarketingsysteme zwischen Hersteller und Handel dar. Im Kommissionärssystem verkauft ein Händler Waren zwar in eigenem Namen, aber auf fremde Rechnung (z.B. Kaffeenebengeschäft der Bäckereien). Die Markenleistung kommt somit am Markt aus dem Verbund zwischen Hersteller-Sachleistung und Handels-Dienstleistung als System zu Stande. Durch den Verbleib des Eigentums beim Kommissionsgeber behält dieser einen weit reichenden Einfluss auf die Vermarktung. Im Agentursystem verkauft ein Händler Waren sowohl in fremdem Namen als auch auf fremde Rechnung (z.B. Kraftstoffverkauf der Markentankstellen). Die Markenleistung kommt hier ebenfalls durch den Verbund zwischen Hersteller und Handel in der Vermarktung zu Stande. Der Agent agiert nur als Handelsvertreter und ist deshalb hinsichtlich aller Parameter an Weisungen gebunden. In beiden Fällen partizipiert die Handelsstufe durch Einbehalt einer Provision am gemeinsamen Geschäftserfolg.

2.3.6.2 Geschäftsstättenmarke

Eine Geschäftsstättenmarke in Form einer **Händlermarke** (Retail brand) liegt vor, wenn die Dachmarke eines Handelsbetriebs (Konzern/Kette) im Markt als Absender der Markenleistung erlebt wird. Ebenso wie die Firmierung eines Herstellers als Markenabsender taugt, hat sich in neuerer Zeit partiell die Firmierung eines Händlers als Markenabsender durchgesetzt. Unter dieser Retail brand werden dann alle im Sortiment vorhandenen Artikel angeboten, oder zumindest dominiert diese Retail brand im Sortiment anderweitig angebotene Herstellermarken. Die Geschäftsstättenmarke bildet eine Übergangsstufe zwischen einer Sachleistungs- und einer Dienstleistungsmarke.

Als Beispiele werden u.a. Douglas, C&A, The Body Shop, The Gap, Tesco, Sainsbury und P&C angeführt. Beide Kaufhäuser bieten ihr gesamtes Sortiment z.T. markenlos unter dem Absender ihrer Händlermarke an. Sie stellen damit aus Nachfragersicht eine direkte Kaufalternative zu Herstellermarken dar. Voraussetzung ist, dass diese Händlermarken marktwirksam positioniert werden, wie dies ansonsten mit Herstellermarken geschieht. Als weitere erfolgreiche Die hierzulande wohl ausgeprägteste Geschäftsstättenmarke ist sicherlich der Lebensmittel-Discounter Aldi.

Dazu ein kurzer Blick auf die Genese der Händlermarke Aldi:
- *1946: Kurz nach dem Krieg übernehmen Theodor und Karl Albrecht den Krämerladen ihrer Mutter Anna in Essen,*
- *1950: Die Brüder Albrecht übernehmen weitere Läden im gesamten Ruhrgebiet,*
- *1961: Die Albrecht-Brüder teilen ihre mittlerweile 300 Geschäfte auf und gehen fortan getrennte Wege, Karl erhält die Läden südlich des Ruhrgebiets, Theo die nördlichen,*
- *1962: Theo Albrecht eröffnet in Dortmund den ersten Albrecht-Discounter (Aldi), das Geschäftsmodell wird geboren,*
- *1967: Aldi beginnt mit der Expansion im Ausland, Karl übernimmt die Ladenkette Hofer in Österreich,*
- *1976: Aldi Süd expandiert in die USA und übernimmt dort die 50 Läden von Benner Tea of Iowa,*
- *1980: Aldi Nord steigt mit 6,2 % bei der US-Kette Albertson's Inc. in Boise (Idaho) ein,*
- *1984: Mit Ulrich Wolters übernimmt der erste familienfremde Manager bei Aldi Süd das Amt des Verwaltungsratschefs,*
- *1996: Aldi startet mit dem Verkauf von Personalcomputern,*
- *2000: Aldi Süd grenzt sich deutlich von Nord ab, die Mülheimer fügen dem Firmenlogo den Zusatz „Süd“ hinzu,*
- *2000: Aldi Süd rüstet alle Filialen mit Scannerkassen aus, Markteintritt in Australien,*
- *2003: Aldi Nord führt Scannerkassen und integrierte Obst- und Gemüsewaagen ein.*

Schwierig ist allerdings die Abgrenzung der Bedeutung der Händlermarke für den Kauf. So gibt es durchaus auch ein Nebeneinander von im Sortiment geführten Herstellermarken, deren Image zur Auslobung der eigenen Geschäftsstätte genutzt wird und starken Händlermarken, die eine eigene Einkaufsfaszination auf ihre Zielgruppe ausüben (z.B. Media-Markt oder Saturn). Erstaunlicherweise ist es bisher jedoch nur wenigen Geschäftsstätten gelungen, sich als Markenabsender zu profilieren. Vielmehr liegt trotz hoher Werbeaufwendungen eine einseitige Betonung des Preises vor. Der Preis ist jedoch ein schwaches Markenargument, da es immer einen Händler geben wird, welcher die gleiche oder eine vergleichbare Ware noch billiger anbieten kann und vornehmlich der preissensible Anteil der Nachfrager angezogen wird, die ohnehin eine geringere Markentreue auszeichnet, was zu gegenseitiger Preisunterbietung führt. Die Folge sind erodierende Margen, die Ursache dafür dürfte in einer tradierten, primären Einkaufsorientierung der Händler liegen, die wichtige Vermarktungsaspekte vernachlässigt.

Eine Geschäftsstättenmarke in Form einer **Filialistenmarke** (Store brand) liegt vor, wenn die Dachmarke eines filialisierte, im Direktabsatz distribuierenden Herstellerbetriebs im Markt als Absender der Markenleistung erlebt wird. Als Beispiele dafür werden zumeist IKEA und Hennes&Mauritz (H&M) angeführt, und zwar bei IKEA in Richtung Individualität und Unkonventionalität, bei H&M in Richtung Jugendlichkeit und Lifestyle. Markenartikel werden dort kettenexklusiv distribuiert.

Die Händlermarke steht damit am Endpunkt eines Kontinuums. Zunächst gab es nur Händler ohne eigene Marke, dann kamen Händler mit mehr oder minder großem Eigenmarkenanteil hinzu, daraus entwickelten sich Händler nur mit Waren eigener Marke (Geschäftsstättenmarke). Den Gegenpol bilden Herstellerfilialen als Store brands (Verticals).

3. Strategieraster für Markenerfolg

Ziel dieses Abschnitts ist es, theoretisch fundierte, allgemeine Konzepte zur Markenpositionierung darzustellen. Dazu wird zunächst eine Klärung des Strategiebegriffs herbeigeführt. Daran schließen sich als vorgestellte Konzepte die angestrebte Marktstellung der Marke (Führer, Herausforderer, Mitläufer oder Nischenanbieter), das Markenverhalten, die Marktstimulierung durch die Pole der Leistungs- oder Kostendominanz, die Abgrenzung des strategischen Geschäftsfelds sowie die Konkurrenzposition und der herauszuarbeitende komparative Konkurrenzvorteil (nach einfacher und komplexer Einteilung) an. Zunächst zu den Strategieinhalten.

3.1 Strategieinhalte

Zunächst ist festzustellen, dass erstaunlich unklar bleibt, was Strategie eigentlich bedeutet. Unterschieden werden grob etwa der konstruktivistische Ansatz (Strategie als Ist-Soll-Weg), der systematische Ansatz (Unternehmensumfeld) und der deskriptive Ansatz (durch empirische Forschung). Weiterhin das synoptische Vorgehen (Zieldominanz, also konzeptionell) oder das inkrementale Vorgehen (Machbarkeit, also „Durchwurschteln"). Dann gibt es Totalmodelle der Strategie (alle Variablen einbeziehend) oder Partialmodelle (nur ausgewählte Variable einbeziehend). Schließlich ein analytisches Vorgehen oder ein anwendungsbezogenes Vorgehen.

Dieser Gedanke wird an dieser Stelle aufgenommen, wenn von der Strategie als der **Entscheidung zur Vorgehensweise über die Transformation eines angetroffenen Ist-Zustands in einen prospektiv gewünschten Soll-Zustand** ausgegangen wird. Strategien stellen damit die Brücke zwischen dem Ist-Zustand und den definierten Zielen der Unternehmung her, sie geben an, auf welche Art man diesen Weg zurückzulegen plant. Im Marketing gibt es dazu einen umfangreichen Katalog möglicher Strategiedeterminanten. Denkbar ist, dass das Leistungsprofil eines Anbieters mittels einer geeigneten Strategie dem Anforderungsprofil des Markts angenähert werden soll (= passive Fassung), oder besser noch, dass die Vermarktungsbedingungen in Richtung der individuellen betrieblichen Gegebenheiten verändert werden sollen (= aktive Fassung).

Die Entwicklung einer Strategie zur Sicherung des langfristigen Erfolgs unterliegt drei Phasen. Zunächst bedarf sie der Analyse der Ist-Situation, einerseits, um diese überhaupt zu bestimmen, andererseits, um daraus deren Relation zum Soll-Zustand erkennen zu können. Da die **Strategie den Weg vom Ist zum Soll** vorgibt, erfordert sie außerdem die Definition der Ziele, damit der gewünschte Soll-Zustand operationalisiert werden kann. Die Relation zwischen beiden kann durch den Vektor der einzuschlagenden Richtung, sofern nicht Umweglösungen angestrebt werden, und den perspektivischen Abstand zwischen ihnen gekennzeichnet werden. Jede Strategie kennt eine Reihe von Elementen zu ihrer Umsetzung in konkretes Marketinghandeln. Jedes dieser Elemente kennt wiederum unterschiedliche Stellgrößen, die für eigene Zwecke aktiviert werden können. Aus der Anzahl der

Elemente und deren Stellgrößen ergibt sich eine immense Vielzahl von Strategiekombinationen. Diese bilden das Universum aller Möglichkeiten im Marketing. Die große Kunst nun besteht darin, die im Einzelfall optimale Strategievariante zu finden und geschickt umzusetzen.

Der Begriff der Strategie hat gemeinhin mindestens vier Bedeutungen:

- Strategie als **Entscheidungsregel.** Strategie ist eine Regel, nach der Entscheidungen getroffen werden können, wenn ein Informationszustand der rationalen Unbestimmtheit besteht, d.h., wenn die Resultate der Handlungsalternativen nicht abgeschätzt werden können, da sie von den Entscheidungen anderer Akteure abhängen (z.B. Ansoff, im Unterschied dazu gibt es weiterhin Richtlinien, Programme und Abläufe). Strategische Entscheide sind auf die Ressourcenzuordnung von Produkt-Markt-Kombinationen gerichtet. Sie betreffen die Ebene der Gesamtunternehmung.
- Strategie als **Unternehmenskonzeption.** Strategie ist das Ergebnis der strategischen Planung als Prozess, durch den die langfristigen Unternehmensziele fixiert und die zu deren Erreichung notwendigen Ressourcen, Mittel und Verfahren bestimmt werden. Eine rationale Analyse der gegenwärtigen Situation und der zukünftigen Möglichkeiten und Gefahren führt zur Formulierung von Absichten, Strategien, Maßnahmen und Zielen.
- Strategie als **grundsätzliche Verhaltensweise**. Strategien sind Vorgehensweisen, welche die Richtung der Unternehmensentwicklung, das Verhalten gegenüber dem Wettbewerb, die Struktur und den Umgang mit den Ressourcen regeln und als Rahmenbedingung für die Entscheidungen nachgeordneter Führungskräfte gelten (z.B. Albach und Hahn). Ziel ist die Schließung einer Lücke zwischen fortgeschriebenem Ist-Zustand und geplantem Soll-Zustand.
- Strategie als **Maßnahmenbündel.** Strategie ist eine spezifische Aktion, gewöhnlich, wenn auch nicht immer, der Einsatz von Ressourcen zur Erreichung eines in der strategischen Planung festgelegten Ziels. Strategie ist die Umsetzung eines Plans (z.B. Steiner), als umweltbezogene Maßnahmenkombination, die das Gesamtverhalten des Systems Unternehmung charakterisiert. Der Einsatz erfolgt auf hoch aggregierter Ebene.

Allgemein lassen sich strategische Entscheidungen generell durch folgende Merkmale charakterisieren:

- oberste Führungsebene als hierarchische Einordnung,
- geringe Delegierbarkeit an untergeordnete Stellen,
- gesamtes Unternehmen als Geltungsbereich,
- geringe Wiederholungshäufigkeit der Aufgaben,
- generelle Gültigkeit getroffener Entscheidungen,
- langfristiger Orientierungshorizont,
- geringe, falls doch, dann aufwändige Revidierbarkeit,
- hoher Komplexitätsgrad des Entscheidungsumfelds,
- eher unsichere Prognosebasis,
- schlecht strukturierte Problemstellungen,
- hohes Risikoausmaß der Konsequenzen,

- geringer Detaillierungsgrad der Entscheidung,
- häufig neuartige Situationen,
- großer Freiheitsgrad bei der Lösungsfindung,
- hoher Anteil individueller Wertprämissen,
- ganzheitliche Denkart, eher intuitiver Ansatz,
- innovative, kreative Lösungsprozesse,
- hoher Flexibilitätsgrad in der Plananpassung.

Im Folgenden werden wesentliche Elemente zur Bestimmung einer geeigneten Markenstrategie dargestellt und bewertet.

3.2 Strategische Konzepte

Strategische Bedingungen sind damit vergleichsweise wenig differenziert, beziehen sich auf globale Größen, basieren auf grober Information, sind langfristig angelegt, stellen schlecht definierte Probleme dar und haben dennoch eine große Bedeutung für das Unternehmen. Im Vergleich dazu sind operative Bedingungen stark differenziert, beziehen sich auf detaillierte Größen, basieren auf exakter Information, sind kurzfristig angelegt, stellen wohl definierte Probleme dar, aber haben eher geringe Bedeutung für das Unternehmen.

Im Zeitablauf haben sich nunmehr eine ganze Reihe verschiedener strategischer Ansätze herausgebildet. Die Wichtigsten werden im Folgenden kurz dargestellt.

Ansoff postuliert eine Orientierung des Unternehmens an schwachen Signalen, die Umfeldveränderungen ankündigen. Daraus folgen Anleitungen zum Umgang mit diesen Umfeldveränderungen. Der Schwerpunkt liegt also auf der Analyse der Vermarktungsbedingungen. Das Konzept fördert die Flexibilität und untersucht die Rahmenbedingungen zur Durchsetzung der Strategie. Es bedarf jedoch einer großen Aufgeschlossenheit des Management. Implizit besteht auch die Gefahr einer Überreaktion.

Drucker konzentriert sich auf die Aufgaben des Management durch Umfeld- und Unternehmensanalysen. Daraus folgt das Aufzeigen strategischer Alternativen. Der Schwerpunkt liegt in der Strategieauswahl und im Innovationsmanagement. Sowohl eine leichte Verständlichkeit der Vorgehensweise als auch die Dominanz der Umfeldorientierung sind gegeben. Allerdings fehlen Hilfsmittel und Instrumente, vor allem für die Strategieauswahl, völlig.

Gälweiler unternimmt die Darstellung einer Grundsystematik strategischen Management unter Einbeziehung strategischer Einflussgrößen. Zentraler Bestandteil des Systems ist dabei das Konzept der Vorsteuergrößen. Außerdem werden Zusammenhänge zwischen strategischen Einflussgrößen, Strategie und Operation genauer untersucht. Es erfolgt die Integration eines Gesamtmodells, und es werden Zusammenhänge zwischen den Vorsteuergrößen aufgezeigt. Die einbezogenen Orientierungsgrößen sind aber umstritten.

Hax/Majluf erarbeiten ein 12-Stufen-Konzept der Strategieentwicklung unter Verwendung bekannter strategischer Instrumente wie Szenariotechnik, Portfolio etc. Im Mittelpunkt steht dabei der Prozessablauf der Strategieplanung. Es handelt sich um einen leicht verständlichen Ansatz, und die Einbeziehung aller Unternehmensebenen ist gegeben. Eine bürokratische Vorgehensweise wirkt jedoch unangemessen, und die Zukunftsorientierung ist eher gering ausgeprägt.

Hinterhuber stellt Struktur und Ablaufprozess des strategischen Management, von Vision und Unternehmenskultur dar. Diese Größen stehen denn auch im Mittelpunkt des Ansatzes. Dabei ist eine klare Struktur gegeben. Auch die Implementierung der Strategie wird ausführlich behandelt. Die Abgrenzung der Konzeptbestandteile ist aber teilweise unklar.

Malik befasst sich mit der Darstellung der Möglichkeiten der Komplexitätsbewältigung im lebensfähigen System, genauer der Lenkung des Unternehmens im Metasystem. Im Mittelpunkt steht die Problemlösungsfähigkeit. Dem liegt eine interdisziplinäre Betrachtung zu Grunde. Der Begriff der Lebensfähigkeit wird neu definiert. Der Ansatz ist allerdings normativ und hat ein sehr hohes Abstraktionsniveau.

Bei Mann werden die Instrumente des strategischen Controlling in ein System des ganzheitlichen Management integriert. Vision und Erfolgspotenziale bilden dabei die Grundlage des strategischen Handelns. Insofern kommt es zu einem Konzept des visionären, ganzheitlichen Management. Sowohl die Operationalität der Anwendung als auch eine Unterstützung durch zahlreiche Instrumente sind gegeben. Der Ansatz ist insgesamt anschaulich und praxisorientiert. Es herrscht aber eine normative Sichtweise vor.

Mintzberg zeigt unterschiedliche Formen der Strategiefindung und deren Zusammenhang mit der Organisationsstruktur auf. Im Mittelpunkt steht die Analyse des Zusammenhang zwischen Strategie und Struktur. Es handelt sich um eine empirisch geleitete, praxisorientierte Analyse der strategischen Entscheidungsfindung, jedoch nicht um ein in sich geschlossenes Gesamtkonzept, das direkt einsetzbar wäre.

Porter hebt auf die Erarbeitung von Wettbewerbsstrategien auf der Geschäftsfeldebene ab. Es wird eine Systematik zur Erklärung und Gestaltung von Wettbewerbsvorteilen geliefert. Schwerpunkte sind die Branchenanalyse, das Wertketten-Management und die Strategieauswahl. Dabei besteht sowohl eine theoretische als auch eine empirische Fundierung. Der Ansatz ist recht anschaulich, die Quantifizierbarkeit der Ergebnisse allerdings fraglich.

Probst/Gomez übernehmen die Darstellung eines geschlossenen Prozesses des systemorientierten Management. Es geht ihnen um die Erkennung von Zusammenhängen und geeigneten Steuerungsgrößen. Eine leichte Verständlichkeit ist ebenso gegeben wie eine in sich geschlossene Methodik. Auch besteht Kompatibilität zu den klassischen Instrumenten. Aber die Gefahr der Simplifizierung der Zusammenhänge ist vorhanden.

Pümpin verbindet Systemansatz und Erfolgsfaktorenkonzept, zentral geprägt durch den Aufbau strategischer Erfolgspositionen. Durch Dynamik im Unternehmen soll der Umgang mit Komplexität ermöglicht werden. Checklisten und Praxisbeispiele weisen einen hohen Praxisbezug aus, und der Implementierung wird breiter Raum gewidmet. Die Umfeldorientierung ist jedoch eher unterrepräsentiert.

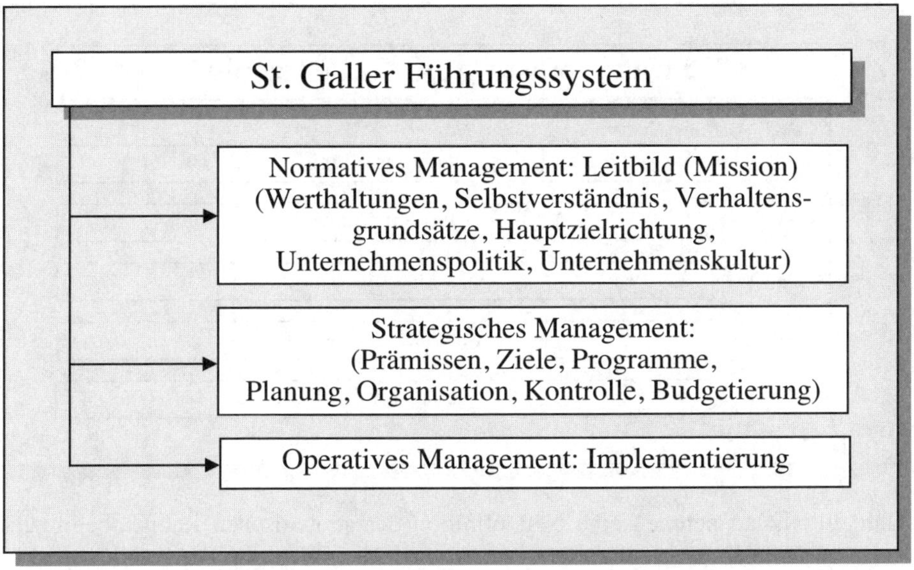

Turnheim verbindet Systemansatz und Chaostheorie. Neue Denkweisen und Managementmethoden sollen ausprobiert werden. Als Versinnbildlichung dafür dienen Unternehmensspiele. Ein Schwerpunkt liegt auf Sanierungsstrategien. Die Bedeutung des strategischen Informationssystems wird betont und die Chaostheorie eingearbeitet. Zudem werden konkrete Hilfestellungen für die Praxis geboten. Weitgehend beschränkt sich der Ansatz allerdings auf Großunternehmen, auch werden keine konkreten strategischen Handlungsempfehlungen gegeben.

Ulrich schafft eine Beschreibung des Wesens des Management auf Grundlage der Darstellung eines systemorientierten Managementmodells (St. Gallener Schule). Die Dimensionen des Unternehmensgeschehens werden erfasst und in Leitbild und Unternehmenskonzept umgearbeitet. Es handelt sich um einen interdisziplinären Ansatz mit umfassender Betrachtung aller Unternehmensbereiche. Die Umsetzung ist aber schwierig. Auch werden keine konkreten Hilfen bei der Strategiefindung gegeben (*siehe Abb. St. Galler Führungssystem*).

Ghemawat erklärt die strategische Wahl (d.h., das Festhalten an strategischen Entscheidungen oder deren Flexibilität) aus der Vergangenheit bzw. früheren strategischen Weichenstellungen. Als zentraler Gedanke gilt ihm dabei das Commitment. Positiv ist dabei die Beachtung der spezifischen Unternehmensgeschichte zu bewerten, negativ sind die rein wissenschaftliche Orientierung (Theorielastigkeit) und die schwierige praktische Umsetzbarkeit dieser Erkenntnisse zu sehen.

Hahn stellt als zentrales Element ein Planungs- und Kontrollsystem des strategischen Management vor und verknüpft dieses mit dem operativen Management. Dadurch gelingt eine Verbindung von der operativen mit der strategischen Ebene. Allerdings um den Preis einer eher doch recht technokratischen Sichtweise.

Hamel/Prahalad nehmen eine Neudefinition der strategischen Rahmenbedingungen vor dem Hintergrund zukünftiger strategischer Wettbewerbsvorteile vor. Für sie sind Kernkompetenzen des Unternehmens und sein Strategic intent (also die strategische Absicht) zentral. Dadurch gelingt zweifellos ein Anstoß zu strategischen Herausforderungen, allerdings liegt dem eine stark normative Sichtweise zu Grunde.

Itami geht es um die Darstellung unsichtbarer Vermögenswerte als Grundlage von Wettbewerbsvorteilen sowie um die Darstellung interner und externer strategischer Stimmigkeit. Er orientiert sich dabei am Menschen, legt allerdings nur Beispiele aus der fernöstlichen Sphäre vor, deren Bedingungen jedoch nur eingeschränkt interkulturell übertragbar sind.

Im **marktorientierten** Ansatz (Market based view/Outside-in) werden Unternehmen als Portfolio von Geschäften verstanden, es dominiert die Abfolge Marktstruktur determiniert Marktverhalten und resultiert im Marktergebnis. Wachstum entsteht durch eine Cash-flow-Balance im Laufe des SGF-Lebenszyklus. Die Geschäftseinheiten sind dabei Träger des Wettbewerbs und werden als Profit centers geführt. Produkte etablieren Kosten- und Differenzierungsvorteile, diese sind zeitlich befristet, geschäftsspezifisch und marktwahrnehmbar. Der Fokus liegt auf dem Ausbau und der Verteidigung bestehender Geschäfte. Die Strategie wird dabei mit kurz- bis mittelfristigem Planungshorizont an die Wettbewerbskräfte angepasst. Auf dieser Basis erfolgt die Zuweisung von finanziellen Ressourcen an die SGE's. Ausgangspunkt ist die Nutzung von Unvollkommenheiten auf dem Absatzmarkt. Dabei wird angenommen, dass die Ressourcen einer Branchen homogen und mobil sind. Das Ziel besteht in der Wahl von attraktiven Branchen und Produkten.

Im **ressourcenorientierten** Ansatz (Resource based view/Inside out) werden Unternehmen als Reservoir von Fähigkeiten und Ressourcen verstanden. Ein nachhaltiges Wachstum entsteht durch Entwicklung, Nutzung und Transfer von Kernkompetenzen. Die Unternehmung ist Träger des Wettbewerbs und nutzt unternehmensweite Fähigkeiten, die dauerhaft, schwer angreifbar, transferierbar und marktverborgen sind, durch Kompetenztransfer. Durch Beeinflussung der Wettbewerbskräfte kommt es zur Weiterentwicklung alter und zum Aufbau neuer Märkte. Es herrscht ein langfristiger Planungshorizont vor, wobei die Geschäftseinheiten als Speicher von Ressourcen und Fähigkeiten dienen. Diese werden in einem inhaltlichen Gesamtkonzept integriert. Ausgangspunkt ist demnach die Ausnutzung der Einzigartigkeit von Ressourcen. Dabei wird angenommen, dass diese in einer Branche heterogen und immobil sind. Ziel ist die Schaffung von einzigartigen Kernkompetenzen.

Im Folgenden werden strategische Stellgrößen erläutert, die unabhängig von bestimmten Konzepten einzeln oder kombiniert in der Lage sind, den Markenerfolg herbeizuführen, zu sichern und auszubauen.

Dabei handelt es sich um im Einzelnen um Aspekte der Markenstellung, des Markenverhaltens, der Marktstimulierung, des Strategische Spielbretts und des Konkurrenzvorteils. Zunächst zum Aspekt der Markenstellung.

3.3 Markenstellung

Hier geht es um die relative Rolle des Unternehmens bzw. seiner Marken im Marktumfeld (also auf der gleichen Marktseite). Als Alternativen bieten sich die Folgenden an:
- Markenführerschaft, dies ist freilich letztlich nur eine Frage der zweckmäßigen, oder genügend engen, Abgrenzung des relevanten Marktes.
- Markenfolgerschaft. Diese wiederum lässt sich, in Analogie, unterteilen in die Möglichkeiten von Markenherausforderer, Markenmitläufer und Markennischenanbieter (*siehe Abb. Markenstellung*).

3.3.1 Markenführer

Als Markenführer wird gemeinhin der vom Umsatz her größte Markenanbieter auf einem Markt bezeichnet. Dabei kommt es darauf an, wie der relevante Markt abgegrenzt wird. Durch kumulative Einschränkung des relevanten Markts ist es beinahe jedem Anbieter möglich, sich als Markenführer zu definieren. Die damit mutmaßlich verbundene positive Anmutung wird in der werblichen Kommunikation vielfach genutzt. Die dem Markenführer im Folgenden zugesprochenen Chancen und Risiken betreffen gelegentlich aber auch andere Anbieter. So gibt es Meinungsführer am Markt, d.h., Anbieter, deren Marken zwar nicht unbedingt die größten sind, denen aber auf Grund ihres herausgehobenen Images marktführergleiche Eigenschaften zukommen. Oder Anbieter, die auf anderen als dem betrachteten Markt führend sind, und deren Potenzial auf diesen ausstrahlt. Oder Anbieter, denen in veröffentlichter Meinung Markenführereigenschaft beigemessen wird, ohne dass die entsprechende Substanz vorhanden ist.

Markenführerschaft ist auch deshalb entscheidend, weil man sich im Markt meist nur an die Nummer Eins einer Kategorie erinnert. Dies gilt nicht nur im Marketing. So weiß wohl jeder, wer als erster den Atlantik in West-Ost-Richtung im Flugzeug überquerte (Charles Lindbergh), aber wer kennt schon den zweiten oder dritten, dem dies gelang? (Chamberlin, Levine) Und wer waren die ersten, die den Atlantik später in Ost-West-Richtung überflogen? (Köhl, Fitzmaurice, von Hünefeld). Wer erinnert nicht den ersten Menschen auf dem Mond 1969 (Neil Amstrong), aber wer kennt schon den zweiten, der nur Minuten später die Mondoberfläche betrat? (Buzz Aldrin)

Wie dem auch sei, mit der Markenführerschaft geht eine Reihe von besonderen Chancen und Risiken einher. Zu den **Chancen** gehören vor allem folgende:
- Möglichkeit zur **Preisführerschaft.** Eine dominante Preisführerschaft ist gegeben, wenn immer ein Unternehmen mit seiner Preissetzung die übrigen Anbieter determiniert, barometrische Preisführerschaft liegt vor, wenn mehrere Anbieter wechselseitig mit der Preissetzung vorangehen (dies ist oft bei oligopolistischen Märkten gegeben), kolludierende Preisführerschaft ist hingegen die stillschweigende Abstimmung über den Preis in gut funktionierenden Oligopolmärkten. Wenngleich durch die Internationalisierung der Märkte eine Preisführerschaft

Markenstellung

		Führungsanspruch	
		ja	nein
Konkurrenzeinstellung	autonom	Markenführer	Markenmitläufer
	konjektural	Markenherausforderer	Markennischenanbieter

immer schwieriger durchzusetzen ist, gibt sie im Falle des Gelingens die Möglichkeit, überdurchschnittliche Gewinne mit einer Marke einzufahren oder aggressive Konkurrenzverdrängung zu betreiben.

- Breiter **Kompetenzvorsprung**. Er ist in der Kundschaft durch das kategorische Vertrauen in die Leistungsfähigkeit und das Know-how des Markenführers gegeben. Dies führt potenziell zu einer weniger kritischen Kaufeinstellung und zur Chance, selbst partiell wettbewerbsunterlegene Produkte erfolgreich zu vermarkten. Dieser Vorsprung ist damit unbezahlbar. Als Beispiel kann IBM gelten, deren Computer, obgleich gewiss nicht leistungsführend, sich dennoch bestens verkauften, wohingegen andere Anbieter mit durchaus überlegenen Geräten durch Mangel an Kompetenz und Vertrauen bei den Abnehmern selbst zu niedrigeren Preisen Absatzprobleme hatten.
- **Marktmacht** gegenüber Partnern. Und zwar auf der gleichen wie auf der gegenüberliegenden Marktseite. Diese erleichtert die Durchsetzung eigener Vorstellungen ungemein, wodurch der Aktionsspielraum und die Zahl vorteilhafter Verhaltensalternativen wachsen. Dadurch werden zugleich Stabilität und Kontinuität des Unternehmens begünstigt. Widerstrebende werden in ihrem antagonistischen Verhalten gemäßigt oder gehen ein hohes Risiko des Misserfolgs ein, wenn sie die Marke des Marktführers angreifen.
- **Beeinflussung der Gesamtmarktentwicklung**. Und zwar im Sinne eigener Vorteilhaftigkeit. Geschickt eingesetzt, kann die Marktstellung gefestigt und gegen Konkurrenten abgesichert werden, indem von mehreren strategischen Handlungsalternativen jeweils diejenige eingesetzt wird, die der Mitbewerb am Wenigsten nachvollziehen kann. So können die eigenen Stärken ausgebaut und die Schwächen der Mitbewerber genutzt werden.

Allerdings gibt es auch nicht zu verkennende **Risiken** der Markenführerschaft. Dazu gehören folgende:

- Gravierende Folgen bei **Produktenttäuschung.** Ein festes Wertgefüge, das gewachsen ist und absichernd wirkt, wird damit erschüttert. Wenn Vertrauen missbraucht wird, ist dies nur sehr schwer bis gar nicht wieder gutzumachen. Denn es dauert sehr lange, bis ein Vertrauensschaden auch nur halbwegs in der Zielgruppe wieder repariert ist.
- **Angriffsfläche** für Kritik. Die öffentliche Meinung hält Größe an sich schon für suspekt. Deshalb ist starke Zurückhaltung und freiwillige Selbstbeschränkung in den Aktionen erforderlich. Das führt dazu, dass Markenführer sich Aktivitäten „verkneifen" müssen, die für Markenfolger problemlos umsetzbar sind, weil sie eine gesamtwirtschaftliche Verantwortung tragen und nicht nur, wie diese, eine einzelwirtschaftliche.
- Konflikt mit der **Wettbewerbsgesetzgebung.** Dies gilt für die Missbrauchsaufsicht über marktbeherrschende Unternehmen ebenso wie für die Fusionskontrolle im GWB. Der Fokus der Kontrollorgane liegt besonders auf marktführenden Anbietern, weil bekannt ist, dass diese objektiv über die Möglichkeit zur Marktbeeinflussung verfügen und die Versuchung nahe liegt, diese Option auch zu nutzen.
- **Inflexibilität.** Markenführerschaft erfordert höchste Wachsamkeit und Vorausschau, damit Manövrierunfähigkeit nicht zu Schieflagen führt. Denn hochrationelle Fertigung führt zu einem hohen Fixkostenblock infolge Standardisierung und damit zur Programmverengung und Anfälligkeit gegen Marktänderungen.
- **Innovationshemmung.** Innovationen führen immer auch zumindest zur teilweisen Entwertung des Anlagekapitals. Deshalb sind Markenführer selten Innovationsvorreiter, sondern dies sind vielmehr erfolgshungrige Newcomer, die wenig zu verlieren und dafür alles zu gewinnen haben. Für Markenführer bedeutet Innovation jedoch immer auch Existenzgefährdung ihrer Position.
- Begünstigung **latenter Marktnischen**. Spezialisten haben die Chance, die vom Markenführer überlassenen Marktnischen erfolgreich zu füllen und Nachfrage von diesem abzuziehen. Der Markenführer wird damit zur willkommenen Absatzquelle für Nischenanbieter. Gleichzeitig kann er diese in ihren Nischen nicht effizient angreifen, weil er sich verzettelt und seine Kernmärkte so bedroht sind.

Ein Beispiel, wie man die Markenführerschaft erringt, ist das Vitamin C-Präparat Cetebe von GSK. Der Vitamin C-Markt ist der zweitgrößte innerhalb des OTC-Bereichs (freiverkäufliche Arzneimittel). Als Darreichungsformen dominieren Pulver und Brausetabletten. Cetebe ist ein hoch dosiertes Vitamin C-Präparat mit Langzeitwirkung, das apothekenexklusiv angeboten wird. Die Cetebe-Kapseln enthalten „Zeitperlen", die das Vitamin C durch eine besondere Galenik über den Tag verteilt abgeben und so den Körper von morgens bis abends gleichmäßig mit Vitamin C versorgen. Denn überschüssiges Vitamin C wird vom Körper sofort über die Nieren wieder ausgeschieden. Die „Zeitperlen" haben verschieden dicke Ummantelungen, sodass die Magensäure sie zeitversetzt durchbricht und den darin enthaltenen Wirkstoff freisetzt (retardierendes Präparat). Cetebe wurde zu einen gegenüber No name-Brausetabletten knapp zehnfach höheren Preis eingeführt.
Seit Mitte der 1990er Jahre erfuhr der gesamte Markt keine Steigerung mehr, so stagnierte auch das Cetebe-Geschäft. Die ungestützte Markenbekanntheit bei Vita-

minpräparateverwendern betrug 10 % (1997). Die Distribution lag bei 97 % der Apotheken, sodass von daher keine nennenswerte Steigerung mehr möglich war.
Da eine Verdrängung der Niedrigpreispräparate kaum möglich war, wurde eine Zweiteilung des Marktes angestrebt, in (Billig-)Präparate ohne Langzeitwirkung und Cetebe mit Langzeitwirkung. Insofern lag der Argumentationsschwerpunkt nicht auf der Zweckmäßigkeit konzentrierter Vitamin-C-Zufuhr, dies kann als hinlänglich bekannt unterstellt werden, sondern auf der Tatsache, dass der Körper ein Vitamin-C-Sättigungsniveau aufweist und überschüssig zugeführtes Vitamin C daher sofort wieder ausscheidet. Nur ein Präparat mit Langzeitwirkung, wie Cetebe, ist daher in der Lage, dem Körper wirklich eine Höherdosierung von Vitamin C zuzuführen, indem die Dosis über den ganzen Tag verteilt in kleinen Schüben abgegeben wird. So bleibt die Zufuhr kontinuierlich unterhalb des Sättigungsniveaus und kommt dem Körper damit tatsächlich zugute. Zugleich handelt es sich um ein typisches Convenience-Produkt, da die Einnahme nur einmal für 24 Stunden erforderlich ist.
Diese Produktleistung wurde durch eine grafische Leistungskurve im Zeitablauf, Side by side zwischen Cetebe und einem herkömmlichen Vitamin-C-Präparat (ohne Langzeitwirkung) dargestellt. Versinnbildlicht wurde dieser Produktvorteil durch die „Kapseluhr“, d.h., einer Analogie der Zeiger einer Uhr durch die Cetebe-Kapsel, welche die „Zeitperlen“ enthält, und eines umlaufenden Ziffernblatts.
Zielgruppe waren bestehende Vitamin-C-Präparate-Verwender, die von der überlegenen Produktleistung von Cetebe gegenüber dem von ihnen seither verwendeten Präparat überzeugt werden sollten. Hauptwerbemittel war ein 21-Sekunden-Spot (plus 4 Sek. Pflichttext) zu Pre Primetime- und Primetime-Zeiten auf verschiedenen Sendern (Reichweitenpriorität).
Die Umsätze konnten dadurch signifikant gesteigert werden, der Marktanteil stieg auf über 50 %, die gestützte Markenbekanntheit stieg auf annähernd 70 %. Zugleich stieg die gewünschte Empfehlerrate durch Ärzte und Apotheker.

Wie beschwerlich der Weg zur Erringung der Markenführerschaft aber auch sein kann, zeigt ein Beispiel von Langnese-Iglo. Dort hatte man sich vorgenommen, die Markenführerschaft von Mövenpick/Schöller bei Haushaltseis im Premiumbereich zu brechen. Dazu wurde bereits 1980 die Marke Langnese Superbe gelauncht, die sang- und klanglos scheiterte. Nicht anders erging es dem 1989 mit großem Werbeaufwand eingeführten Carte D'Or und dem nachfolgenden, nicht minder stark beworbenen Produkt I'Cestelli. Erst der Launch von Cremessimo erreichte das gewünschte Ziel, die Markenführerschaft bei Premium-Haushaltseispackungen. Dass ein Unternehmen vier Anläufe zur Zielerreichung finanzieren kann, ist jedoch sehr ungewöhnlich, da selbst große Anbieter mit den dabei auflaufenden Finanzmitteln rasch überfordert sind, sodass zumeist bereits der erste Anlauf passen muss, da für weitere Anläufe keine Budgets mehr freigegeben werden.

Deutsche Weltmarktführer sind u.a. folgende Unternehmen:
- *Daimler (Nutzfahrzeuge), Bosch (Kfz-Zulieferungen), Continental (Kfz-Zulieferungen), ZF Friedrichshafen (Nutzfahrzeug-Zulieferungen), Hochtief (Infrastrukturbau), Knauf (Gips), Schüco International (Fenster), Pfleiderer (Laminat-*

fußböden), Grohe (Sanitärarmaturen), BASF (Grundstoffchemie), Bayer-Schering (Pharmazeutika), Linde (Industriegase), Degussa (Spezialchemie), Lanxness (Spezialchemie), Epcos (Keramische Bauelemente), Rohde & Schwarz (Messtechnik), Kathrein (Mobilfunksendeanlagen), Hager (Elektroinstallationstechnik), Phoenix Contact (Verbindungstechnik), Salzgitter (Großrohre), Norddeutsche Affinerie (Kupferrecycling), Schmolz + Bickenbach (Rostfreie Stähle), Wieland-Gruppe (Kupferlegierungen), Dillinger Hüttenwerke (Stahlerzeugnisse), Infineon Technologies (Halbleiter), Carl Zeiss (Opto-elektronische Systeme), Schott (Spezialglas), Trumpf (Lasersysteme), Leica Microsystems (Optische Präzisionsgeräte), Siemens (Elektrosysteme), ThyssenKrupp (Flachstähle), Heraeus Holding (Industrieausrüstung), Freudenberg (Technikausrüstung), Voith (Industrieausrüstung), Henkel (Chemische Produkte), Beiersdorf (Hautpflegeprodukte), Miele (Hausgeräte), Wella (Friseurprodukte), Hugo Boss (Herrenbekleidung), INA Schaeffler (Wälzlager), GEA Group (Anlagenbau), Heidelberger Druckmaschinen (Drucksysteme), SMS Demag (Anlagenbau), Stihl (Motorsägen), Fresenius (Dialysesysteme), Siemens Medical Solutions (Gesundheitstechnik), B. Braun Melsungen (Medizintechnik), Drägerwerk (Notfallmedizin).

3.3.2 Markenherausforderer

Markenherausforderer ist ein Anbieter, der innerhalb der Markenfolgerschaft dem Markenführer seine, faktische oder kommunikative, Stellung streitig machen will. Dies ist nur durch aggressiven Einsatz aller Marketingparameter möglich. Typisch sind dafür der Einsatz niedriger Preise, das Angebot komparativ besserer Qualität bzw. Service, Line extensions zur Nachfrageausschöpfung, Innovationen in Produkte und Prozesse, intensive Werbung etc.

Für die Vorgehensweise sind zwei Dimensionen von Bedeutung, und zwar die **Ressourcenrelation,** d.h., das Verhältnis der aktivierbaren eigenen Ressourcen im Vergleich zu denen der Konkurrenz, diese ergibt sich zu eigenem Vorteil oder zu fremdem Vorteil, sowie der **Konfrontationsschwerpunkt,** d.h., Art und Ausmaß der Angriffsfläche, die der Angreifer gegenüber der Konkurrenz bietet, dieser ist direkt oder indirekt. Aus der Kombination dieser Ausprägungen entstehen vier Handlungsmöglichkeiten *(siehe Abb. Markenherausforderer)*:

- Direkte Konfrontation bei eigenem Ressourcenvorteil ergibt den **Frontalangriff.** Hier werden Konkurrenzhindernisse durch Nutzung eines Wettbewerbsvorsprungs überwunden. Es handelt sich also um eine Strategie der Stärke.
  Diese Strategie wendeten z.B. die Großbanken beim Eintritt in das Privatkundengeschäft an. Bis Ende der 1960er Jahre war dieses eine Domäne der Sparkassenorganisationen gewesen. Erst als sich die Deutsche Bank zur Kleinkreditvergabe entschloss, trat sie in diesen Markt ein und konnte durch ihre straffere Organisation die Sparkassen überflügeln. Ähnliches wurde kürzlich durch das Angebot von Versicherungsleistungen probiert, die über Cross selling die überlegene Distribution der Großbanken zusätzlich kapitalisieren sollen. Al-

Markenherausforderer

		Eigener Ressourcenvorteil	
		ja	nein
Konfrontationsschwerpunkt	offen	Frontalangriff	Guerillaangriff
	verdeckt	Flankenangriff	Überraschungsangriff

lerdings ergeben sich dabei zumindest vorläufig noch organisatorische Hemmnisse.

- Indirekte Konfrontation bei Ressourcenvorteil ergibt den **Flankenangriff.** Hier werden Konkurrenzhindernisse durch Veränderung der Marktstrukturen umgangen. Es handelt sich also um eine Strategie der Ausnutzung von Wettbewerbsschwächen.
  Als Beispiel sei die Autovermietung Sixt genannt. Auf Grund der Distributionsstruktur war Sixt eigentlich ohne Chance gegen die etablierten Autovermieter. Deren partieller Nachteil war jedoch, dass sie durch Flottenverträge im Wesentlichen an bestimmte Automarken gebunden waren. Hier setzte Sixt den Hebel an und bot interessante Modelle (z.B. Mercedes-Benz CLS, Porsche 911 Cabrio) zu interessanten Konditionen an. Dort konnte der Wettbewerb nicht folgen, und Sixt gehört mittlerweile zu den Topanbietern am Markt.
- Direkte Konfrontation bei eigenem Ressourcennachteil ergibt den **Guerillaüberfall.** Hier werden Konkurrenzhindernisse durch sukzessive Reduktion der Zugangsbeschränkungen und Unterminierung der Marktstruktur überwunden.
  Als Beispiel mag Eurocard gelten, die sich für das Angebot von Credit cards über einen neuen Weg (Kooperation mit Großbanken) entschloss. Dadurch wurde dieser Markt für alle Nachfrager geöffnet, die zwar mit ihrem Kreditinstitut, nicht aber mit Credit card-Anbietern Kontakt hatten. Durch diese Innovation im Distributionsweg wurden nicht nur die Marktstrukturen, sondern auch die Marktanteile verändert. Es kam zu einer raschen Sättigung des Nachfragepotenzials, und der langjährige Marktführer Amexco geriet in Zugzwang.
- Indirekte Konfrontation bei eigenem Ressourcennachteil ergibt den **Überraschungsangriff.** Hier soll die Reaktionsverzögerung zur Überwindung von Konkurrenzhindernissen verhelfen.
  Als Beispiel kann die Einführung des iPad durch Apple gelten. Am Markt gab es damals (2010) einen starken Trend in Richtung Mini-Laptops (z.B. Asus). In der

Apple-Gemeinde wurden dementsprechend Wünsche nach einem solchen Computer auch von Apple laut. Apple reagierte aber mit einer völlig neuen Generation von Mini-Laptops, dem Tablet-PC, dessen wichtigste Neuerung der berührungsempfindliche Bildschirm war. Die Konkurrenz war von diesem Produkt total überrascht und musste hektisch, teils wohl sogar unter Verletzung Gewerblicher Schutzrechte (Samsung), vergleichbare Produkte marktreif machen.

3.3.3 Markenmitläufer

Markenmitläufer sind weitere Anbieter innerhalb der Markenfolgerschaft am Markt, die im Windschatten des Markenführers und -herausforderers prosperieren. Sie sind daran interessiert, weitgehend unbehelligt zu bleiben. Ihre Position ist deshalb defensiv ausgerichtet. Sie befinden sich allerdings in stetiger Verdrängungsgefahr. Denn die für moderne Produktionsbedingungen typischen hohen Ausbringungsmengen zur Erzielung von Kostendegressionseffekten fehlen bei ihnen oft und verhindern kompetitive Preise. Umgekehrt ist die Profilierung des Angebots gegenüber der Nachfrageseite aber auch nicht so ausgeprägt, dass sie die Abschöpfung fortgeschrittenen Preisniveaus erlaubt. Damit befinden sich Markenmitläufer in der gefährlichen Mittelposition des Markts, die im Rahmen der Polarisierung der Angebotsstellungen auszudünnen droht. Die Chance für Markenmitläufer liegt in der Kooperation mit marktmächtigen Anbietern. Dies ist derzeit in der Automobilbranche zu beobachten, wo schwache Marken strategische Allianzen mit starken suchen. Dadurch sichern sie zumindest zeitweilig ihre Marktpräsenz. Andere Alternativen sind, wie anhand des histsorischen Fallbeispiels von Agfa Audio-Cassetten zu zeigen, problematisch:

- **Positionsverteidigung.** Markenmitläufer sehen sich kontinuierlich der Gefahr ausgesetzt, am Markt zwischen Markenführer und -herausforderer zerrieben zu werden. Deshalb gilt es, zunächst die erreichte Position zu verteidigen. Bei Agfa Audio-Cassetten vollzog sich dies vor allem gegenüber den japanischen Anbietern, besonders gegenüber TDK.
- **Flankenpositionsverteidigung**. Dies bedeutet, dass periphere Marktfelder verstärkt bearbeitet werden. Dadurch hofft man, Verluste im zentralen Marktfeld ohne größeren Widerstand kompensieren zu können. Dies geschah bei Agfa Audio-Cassetten durch Betonung der Non Chrome-Klassen (IEC I, III, IV), da in der Chrome-Klasse (IEC II) die Japaner besonders überlegen waren.
- **Bewegliche Verteidigung**. Dies impliziert das Ausweichen auf Angebotsparameter, die sich einer direkten Vergleichbarkeit entziehen. So wurde die Laufzeit bei Agfa Audio-Cassetten zeitweise um sechs Minuten verlängert, um einer nachteiligen Qualitätsdiskussion zu entgehen. Außerdem gab es Sonderausführungen als Segmentangebote (z.B. Auto-Cassette/Carsette).
- **Vorbeugender Angriff**. Dies entspricht dem Motto, dass Angriff die beste Verteidigung ist. Im Erfolgsfall kann damit wieder eine offensive Markenposition eingenommen werden. Bei Agfa Audio-Cassetten erfolgte dies durch Aktualisierung der Produkte im Rahmen eines Relaunch („Die neue Generation") mit aufgewerteten Leistungsmerkmalen.

- **Gegenangriff**. Hier wird auf einen konkreten Wettbewerbsvorstoß hin mit Aktivitäten geantwortet, um wieder einen Einstand zu erreichen. Dies geschah bei Agfa durch das Angebot einer völlig neuen Range von Audio-Cassetten, die einen Neuanfang signalisieren sollte. Dafür wurde ein umfangreiches Einführungsbudget bereitgestellt.
- **Strategischer Rückzug**. Damit wird eine gefährdete Position aufgegeben, um Verluste zu limitieren und Kräfte für andere Marktfelder zu sammeln. Im Falle Agfa bedeutete dies den Verkauf der Magnetbandaktivitäten an den früheren Marktführer BASF (der die Markenrechte zwischenzeitlich seinerseits weiterverkaufte) und die Konzentration auf den nicht minder hart umkämpften Bildfotobereich.

3.3.4 Markennischenanbieter

Markennischenanbieter sind Unternehmen, die sich in der Markenfolgerschaft freiwillig mit einem kleinen Marktanteil begnügen und keinen Anspruch auf breite Markenpräsenz hegen. Im Gegensatz zum offensiven Markenherausforderer und zu defensiven Markenmitläufern verhalten sich Markennischenanbieter neutral, solange ihre Geschäftsbasis unangetastet bleibt. Vielmehr zeichnen sie sich durch überragende Qualität und/oder Gestaltung aus. Beides vermag aus der Sicht bestimmter Zielgruppen ein höheres Preisniveau und eine geringere Erhältlichkeit zu rechtfertigen. Dazu gehören am Lifestyle orientierte Hedonisten, aber auch gewerbliche Einkäufer. Eine Gefahr entsteht dann nur aus der ausufernden Popularisierung dieser Angebote. So hat Lacoste in dem Maße an Attraktivität verloren, wie die Marke in immer breiteren Kreisen der Bevölkerung Zuspruch fand. Dies machte neue Nischen für profilierte Anbieter frei, denen sich ehemalige Lacoste-Verwender zuwenden. Im gleichen Maße geht aber die Referenzfunktion der Marke verloren, die wiederum für zugewanderte Nachfrager von hoher Bedeutung war. Am Ende stimmt die Akzeptanz dann weder bei den alten noch bei den neuen Kunden.

Als Beispiel für erfolgreiche Markenstrategien können im UE-Markt Bang&Olufsen und Loewe Opta gelten. Beide sind in einer hoch kompetitiven, von vorwiegend fernöstlichen Anbietern dominierten Branche tätig, die üblicherweise keine Überlebenschance für Unternehmen unterhalb einer hohen, kritischen Größe und mit komparativen Standortnachteilen lässt. Dennoch prosperieren beide recht gut, weil sie sich auf die Nischenkombination Topdesign und High tech kapriziert haben. Außergewöhnliche technische Lösungen abseits des Mainstream, gepaart mit hochästhetischer Produktformgebung, schaffen eine relative Alleinstellung, die es ermöglicht, höhere als die allgemein gängigen Marktpreise zu erlösen. Diese wiederum decken die höheren FuE- bzw. Fertigungskosten ab. Dieser Ansatz wird von anderen Anbietern zwischenzeitlich übernommen, z.B. Tivoli, einem amerikanischen Hersteller von Audioprodukten mit eigenständigem Design, einfacher Bedienung und hoher Wiedergabequalität zu einem angemessenen Preis.

Innerhalb der Marktnischen gibt es zahlreiche Unternehmen, die in ihrem abgegrenzten Segment hervorragend prosperieren (Hidden champions). Dazu einige Beispiele deutscher Unternehmen:

- *Abeking&Rasmussen: Schiffsbau, Arnold & Richter: Arri Profikameras, 3B Scientifics: Weltmarktführer für anatomische Lehrmittel, Baader: 90 % Weltmarktanteil bei Fischverarbeitungsmaschinen, Barth: Marktführer für Hopfen und Hopfenprodukte, Belfor: Sanierung von Brand-, Wasser- und Sturmschäden, Böwe Systec: Kuvertiersysteme, Bosch Rexroth: Hydraulik, BPW Bergische Achsen: Fahrzeugbau, Brita: 85 % Weltmarktanteil bei Haushalts-Wasserfiltern, Brüchner: Marktführer für biaxiale Folien-Reckmaschinen, Carl Zeiss: Operationsmikroskope, CEAG: Ladegeräte (Friwo), Cerobear: Weltmarktführer für Keramikwälzlager, Claas: Feldhäcksler, Dorma: Türschließsysteme und Glasbeschläge, Duravit: Sanitärkeramik, EBM Papst: Ventilatoren/Motoren, Ekato: Rührwerke/Mischanlagen, Enercon: marktführend bei Windanlagen zur Stromerzeugung, Eppendorf: Weltmarktführer für Laborausrüstungen, Flexi: Hunderolllaufleinen, Fuchs Petrolub: Schmierstoffe, Harting: Rechteck-Steckverbinder für Elektro, Herrenknecht: Tunnelbohrmaschinen, Kässbohrer: Pistenfahrzeuge/Strandreinigungsgeräte, Karl Mayer: Kettwirkmaschinen, Karl Storz: Medizintechnik, Karmann: Autodächer, Knorr Bremse: Bremssysteme für Schienen- und Nutzfahrzeuge, Kurt Faustig: marktführend bei Kristall-Leuchten, Kurtz: Schaumstoffmaschinen, Gartner: Hochhausfassaden, Gemets: Theater- und Bühnenausstattungen, Grimme: Landmaschinen, Groz-Beckert: Weltmarktführer für Nadeln, Hanse Chemie: Monopolist für Nanoprodukte in Großserie, Hasenkamp: Kunsttransporte, Haribo: Marktführer bei Gummibärchen in Europa und USA, Hauni: 90 % Weltmarktanteil bei Zigarettenmaschinen, Heidelberger-Druckmaschinen: Weltmarktführer für Offset-Druckmaschinen, Herrenknecht: Tunnelvortriebsmaschinen, Hillebrand: 60 % Weltmarktanteil bei Weintransport, Hoppe: Marktführer für Tür- und Fensterbeschläge, Kaeser: Kompressoren, Kirow: Bahnkräne, Klais: Orgelhersteller, KWS: Saatzüchter, Merck: Flüssigkristalldisplays, Lapp: Kabel, Lürssen: Schiffsbau, Orthovox: Lawinensicherheitsprodukte, Otto Bock: Prothesen, Peri: Bautechnik/Schalungen, Putzmeister: Betonpumpen, Rational: Großküchenautomaten, Rudolf Wild: Lebensmitteltechnik/Aromen, Sachtler: Kamerastative, Scherdel: Ventil- und Kolbenfilter, Schuler: Pressen, Schwanhäuser: Textmarker/Kosmetikstifte, SMA: Wechselrichter für Solaranlagen, Stabilus: Gasdruckfreder/Dämpfer, R. Stahl: Elektrischer Explosionsschutz, Renolit: Kunststofffolien, Stengel: Achterbahnplanung, Sto: Baustoffe, Target Systemelectronic: marktführend bei Messgeräten für Radioaktivität, Tetra: 50 % Weltmarktanteil bei Zierfischfutter, Wanzl: Einkaufswagen und Gepäckkarren, Webasto: Marktführer bei Autoschiebedächern und Fahrzeugzusatzheizungen, Weidenhammer: Kombiverpackungsdosen, W.E.T.: Standheizungen, Wilo: Pumpen, Winterhalter: Weltmarktführer bei Spülmaschinen für Hotels und Restaurants, Wirtgen: Marktführer bei Kaltfräsen zum Abtragen von Straßenbelägen und bei Asphaltrecyclinggeräten, Wilhelm Wissner: Weltmarktführer für Qualitätskorsettschließen, Würth: Marktführer für Montageprodukte.*

3.4 Markenverhalten

Markenverhalten meint die Festlegung des Agierens eines Unternehmens mit seiner Marke auf dem Markt. Dabei ergeben sich immer zwei Alternativen. In Bezug auf die gleiche Marktseite (Mitbewerb) gibt es **Begegnung,** d.h., vollständige oder überwiegende Übernahme des Marketing-Mix eines nachzueifernden Anbieters, oder **Absetzung,** d.h., bewusste Eigenständigkeit des Marketing-Mix im Verhältnis zu allen vergleichbaren Anbietern am Markt.

In Bezug auf die andere Marktseite (Abnehmer) gibt es **Aktivität,** d.h., initiative Einwirkung auf die Marktsituation i.S.d. Veränderung zu eigenen Gunsten, oder **Passivität,** d.h., adaptive Reaktion auf eine gegebene Marktsituation, um diese für sich zu nutzen. Aus den Alternativen des Markenverhaltens ergeben sich somit vier Kombinationen: aktive Absetzung oder aktive Begegnung bzw. passive Absetzung oder passive Begegnung *(siehe Abb. Markenverhalten)*:

- Bei der **aktiven Absetzung** erfolgt eine Absetzung in Bezug auf die gleiche Marktseite und eine Aktivität in Bezug auf die andere Marktseite.
  Als Beispiel dazu kann die Marke Apple gelten. Dieser Computerhersteller hat erstmals PC-Leistung für Anwender wirklich nutzbar gemacht, und zwar durch einfache Bedienung, klare Bildschirmdarstellung, effektive Arbeitshilfen etc. Gleichzeitig ist diese Leistung auch als Philosophie geschickt vermarktet worden und hat weltweit begeisterte Anhänger gefunden. Die Philosophie, die da lautet, Menschen produktiver zu machen, ist also ganz vom Produkt entrückt. Die Ausstrahlung wurde im Wesentlichen durch den charismatischen Gründer Steve Jobs getragen. Dadurch konnten im Ergebnis lange Zeit Premiumpreise realisiert werden. Erst in neuerer Zeit ist in der PC-Welt mit der Bildschirmoberfläche Windows eine Alternative erhältlich.
- Bei der **aktiven Begegnung** erfolgt eine Begegnung in Bezug auf die gleiche Marktseite und eine Aktivität in Bezug auf die andere Marktseite (= Konflikt).
  Als Beispiel dazu kann die Marke Pepsi gelten. Dieser Softdrink ist jahrzehntelang im Schatten des überragenden Marktführers Coke gesegelt und hat ein im Grunde verwechslungsfähiges Angebot gemacht, das auf Grund aktiven Marketingeinsatzes hohe Verbreitung findet und zum Markenführer immer mehr aufschließt, aber wegen der generischen Annäherung trotz Herausforderung nicht ausreicht, Coke auszuhebeln. Zwar wurde der Markenführer kurzfristig so verunsichert, dass er sogar die bewährte Rezeptur von Coke änderte, aber die erlebte Differenz beider Angebote reichte letztlich nicht aus, ihn auf Dauer zu überwinden. Vergnüglich sind dennoch die Werbekampagnen beider Wettbewerber anzusehen.
- Bei der **passiven Absetzung** erfolgt eine Absetzung in Bezug auf die gleiche Marktseite und eine Passivität in Bezug auf die andere Marktseite.
  Als Beispiel dafür kann die Marke Porsche gelten. Dieser Sportwagenhersteller baut eine Legende auf Rädern in Form des 911er. Obgleich unstreitig ist, dass dessen technisches Konzept hinter den aktuellen Kategoriemöglichkeiten deutlich zurückbleibt, ist er dennoch ein Klassiker, nach dem die Kunden verlangen.

Markenverhalten

		Gleiche Marktseite	
		Begegnung	Absetzung
Andere Marktseite	Aktivität	Aktive Begegnung	Aktive Absetzung
	Passivität	Passive Begegnung	Passive Absetzung

Auch die hohen Gebrauchtwagenpreise sind ein Indiz für seine unverminderte Attraktivität und Alleinstellung. Insofern wurde lange Zeit nicht ernsthaft versucht, weitere Modellstandbeine im Programm zu schaffen. Die Folge dieser Passivität schlägt sich, wie nicht anders zu erwarten, in heftigen Unternehmensproblemen nieder, deren Ausgang durchaus ungewiss ist.

- Bei der **passiven Begegnung** erfolgt eine Begegnung in Bezug auf die gleiche Marktseite und eine Passivität in Bezug auf die andere Marktseite.
  Als Beispiele können die fernöstlichen Hersteller außerhalb Japans dienen. Sie bieten verwechslungsfähige Produkte durchaus hohen Leistungsstandards an, die sich aber durch nichts Wesentliches von durchschnittlichen anderen Angeboten der Gattung unterscheiden, außer im deutlich niedrigeren Preis, der als hauptsächliches Verkaufsargument dient. Auf eigenständiges Marketing und sonderliche technische Innovation wird konsequent zu Gunsten der Nachahmung verzichtet. Erst in dem Maße, wie die Produktionsbedingungen am Standort höhere Gestehungskosten verursacht, wird die Notwendigkeit einer Differenzierung kommen.

Die Einstellung eines Unternehmens gegenüber dem Mitbewerb um die Marktbearbeitung kann weiterhin geprägt sein durch Konsolidierung (Defensive, Eingrenzung), Autonomie (Neutralität, Ignoranz) oder Aggression (Offensive, Kampf):

- **Konsolidierung** bedeutet, dass grundsätzlich vermieden werden soll, Konkurrenten durch eigene Aktionen negativ zu tangieren. Dies ist ein probates Mittel für Kleinanbieter, für die eine Auseinandersetzung mit marktüberlegenen Unternehmen hochgradig existenzgefährdend sein kann. Im Zuge zunehmender Konglomeration trifft diese Einstellung jedoch verstärkt sogar auf Großunternehmen zu, die auf unterschiedlichsten Märkten tätig sind und dort auf verschiedene Unternehmen treffen, die ihnen fallweise überlegen sind. Um keine Reaktion auf einem Markt zu provozieren, auf dem ein Unternehmen selbst unterlegen ist, wird es auch auf solchen Märkten, auf denen es überlegen ist, darauf verzichten, Aktionen durchzuführen, die Konkurrenten massiv beeinträchtigen. Da dies reihum geschieht, erklärt sich die wirtschaftsfriedliche Situation vieler Branchen.

- **Autonomie** bedeutet, dass die eigenen Aktionen unabhängig von einem möglichen Konkurrenzverbund vollzogen werden. Dies ist zwar insofern sinnvoll, als damit am ehesten den eigenen Zielen entsprochen werden kann, jedoch nicht ganz ungefährlich, da sich Mitbewerber durch diese Einstellung herausgefordert fühlen können, obgleich dies gar nicht beabsichtigt gewesen ist. De facto kann es sich somit kein Anbieter mehr leisten, ohne Berücksichtigung des Wettbewerbsumfelds zu agieren.
- **Aggression** setzt sich mit Konfrontationsstrategien auseinander. Meist beschränkt sich die Antinomie auf einzelne Parameter oder Zeitphasen. So ist die Werbung in vielen Branchen eines der letzten offensiv eingesetzten Marketinginstrumente. Gelegentlich kommt es auch zum Wirtschaftskampf (Hyper competition), der allerdings zeitlich eng limitiert stattfindet, da ausgeprägte Kampfsituationen das Sicherheitsbedürfnis der Unternehmen negieren.

3.5 Marktstimulierung

Die Marktstimulierung betrifft die Entscheidung, ob der Markt durch Einsatz von Markenartikeln angereizt werden soll, dies entspricht der Präferenz-Position, oder durch Einsatz von viel Menge zu wenig Preis, dies entspricht der Preis-Mengen-Position. Daraus resultiert eine Polarisierung des Marktes, deren beiden Pole im Folgenden dargestellt und bewertet werden *(siehe Abb. Porter-(U-)Kurve und Abb. Marktstimulierung).*

3.5.1 Marktpolarisierung durch Marken

Es gibt einen gut fundierten Zusammenhang zwischen Betriebserfolg (Gewinn/ROI) und Mengenoutput (Absatz/relativer Marktanteil) derart, dass der Unternehmenserfolg hoch ist, wenn der Mengenoutput entweder sehr niedrig ist (= Nischenangebot), weil auch der Betriebsaufwand in engen Grenzen gehalten werden kann, oder sehr hoch ist (= Volumenangebot), weil Degressionseffekte genutzt werden können. Und niedrig, wenn der Mengenoutput nur ein mittleres Niveau erreicht. Danach muss ein Unternehmen entweder anstreben, mit seiner Marke einen hohen Grad an Exklusivität zu erreichen oder eine extrem hohe Verbreitung. Ersteres ist auf Grund des geringen Geschäftsvolumens zwar mit höheren Stückmargen, aber absolut mit geringeren Gewinnen verbunden als Letzteres. Man nennt diesen Zusammenhang Porter-U-Kurve.

Zum anderen gibt es einen Zusammenhang zwischen Leistungs- und Preislevel

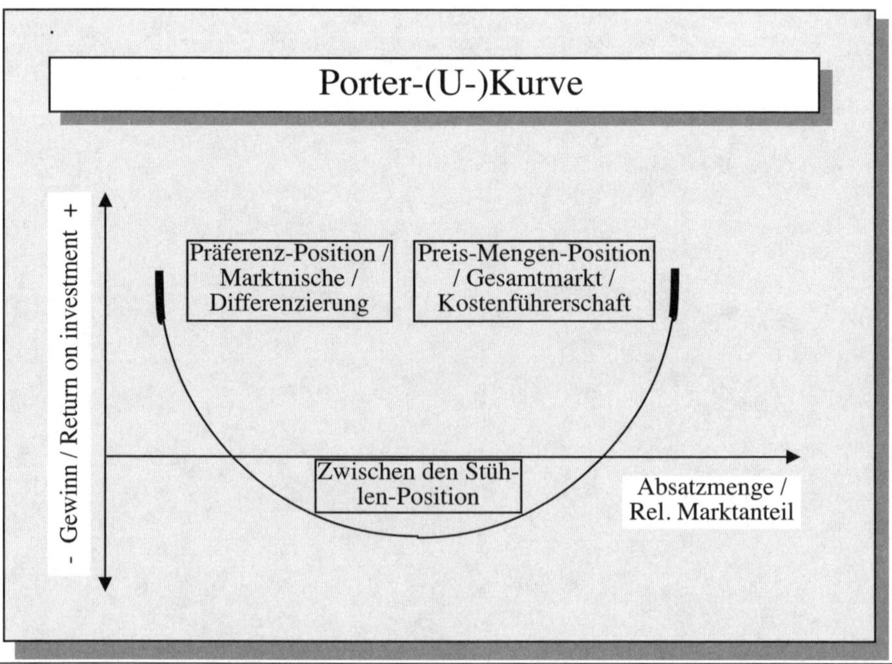

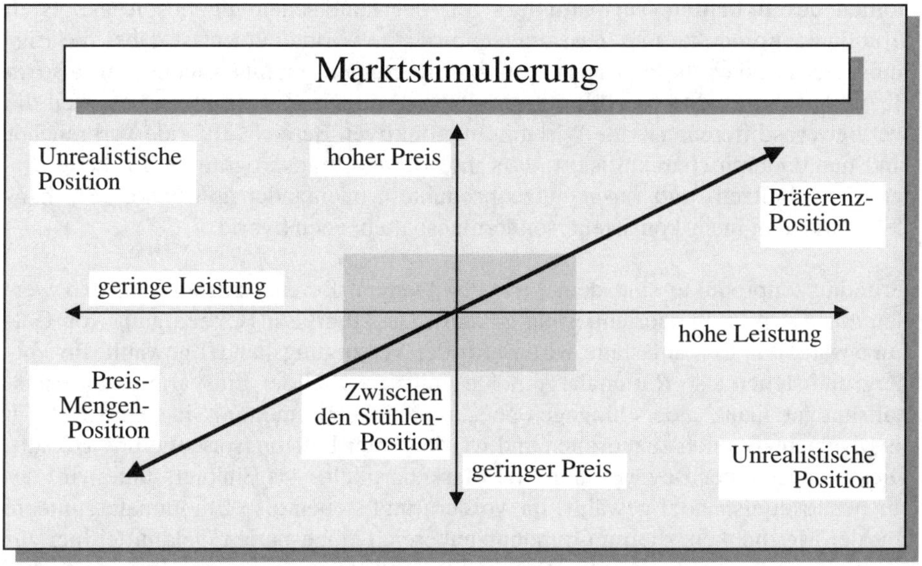

derart, dass als realistisch nur die Kombinationen aus hoher Qualität und hohem Preis (= Betonung der Leistungskomponente) oder niedriger Qualität und niedrigem Preis (= Betonung der Preiskomponente) einzuschätzen sind, nicht jedoch eine unentschiedene Kombination dazwischen. Man nennt dies Trade off-Relation. Diese Polarisierung führt nur noch durch Leistungsführerschaft oder Kostenführerschaft zu einer Überlebensfähigkeit, während der Bereich dazwischen profilschwach bleibt.

Die Marktstimulierung betrachtet nun die Kombination aus Nischenangebot und Leistungskomponente einerseits sowie Volumenangebot und Preiskomponente andererseits. Erstere bezeichnet man als Präferenz-Position und bedeutet damit Qualitätswettbewerb mit konsequentem Einsatz aller nichtpreislichen Marketinginstrumente zur Beeinflussung des Markts. Es handelt sich allerdings um eine Langsamstrategie, die kontinuierlichen Aufbau erfordert. Die dadurch gewonnenen Käufer dürften jedoch bei geschickter Produktpflege zum Kundenstamm gerechnet werden und Anfechtungen der Konkurrenz in hohem Maße widerstehen.

Letztere bezeichnet man als Preis-Mengen-Position, die den Preis als zentrales Marketinginstrument zur Marktbeeinflussung in den Mittelpunkt stellt. Dabei handelt es sich um eine Schnellstrategie, die eine Marktposition kurzfristig aufbaut, allerdings kaum reversibel ist, zumal sie sich an Käufer wendet, die ein Angebot nicht in erster Linie aus emotionaler Zuwendung heraus bevorzugen, sondern bei noch preisgünstigeren Angeboten leicht zum Mitbewerb abwandern. Sie repräsentieren damit in hohem Maße vagabundierende Kaufkraft.

Bei beiden Positionen handelt es sich um Erfolgspositionen, d.h., beide können parallel am Markt gleichermaßen erfolgreich sein. Der Grund dafür liegt im Phänomen des **hybriden Verbrauchers** mit der Unterscheidung des Angebots in Grundnutzenprodukte und Zusatznutzenprodukte. Grundnutzen ist dabei die Eignung eines Angebots, den gestellten Anforderungen gebrauchstechnisch, also in Bezug auf die Funktionserfüllung, gerecht zu werden. Zusatznutzen betreffen die wettbewerbsdifferenzierende Wirkung im affektiven Bereich. Hybride Verbraucher sind nun dadurch charakterisiert, dass ihre Beschaffungsprogramme für beide Arten, Grundnutzen- und Zusatznutzenprodukte, voneinander abweichen. Sie handeln also nicht mehr konsistent, sondern gespalten, eben hybrid.

Grundnutzenprodukte sind dem Low involvement-Bereich zuzuordnen und werden unter strikter Preisorientierung gekauft. Dies führt zur Bevorzugung von Gattungsware. Als Einkaufsstätte wird dafür der Versorgungshandel gewählt. Im Vordergrund stehen also Rationalargumente, mit dem Ziel der Einsparung von Haushaltsbudget. Ganz anders hingegen bei Zusatznutzenprodukten. Sie sind dem High involvement-Bereich zuzuordnen und werden unter Leistungsorientierung gekauft. Dies führt zu einer Bevorzugung von Markenartikeln. Als Einkaufsstätte wird dafür der Erlebnishandel gewählt. Im Vordergrund stehen also Emotionalargumente mit der Möglichkeit, die im Grundnutzenbereich eingesparten Geldmittel hier zusatznutzenstiftend einzusetzen. Das heißt, die Einsparungen im Grundnutzenbereich werden nicht gehortet, sondern in diesen emotional viel wichtigeren Bereich investiert.

Daneben gibt es aber auch eine eindeutige Misserfolgsposition. Diese ist bei Unentschiedenheit zwischen den beiden Polen zu sehen. Man nennt dies **Stuck in the middle.** Ein Beispiel dafür stellen die Warenhaus-Marken dar. Sie werden von ihren Kunden weder als hochwertig genug erlebt, als dass sie gleichwertig zu Fachgeschäften angesehen werden noch als preisgünstig genug, als dass sie mit Verbrauchermärkten konkurrieren können. Insofern sitzen sie tatsächlich zwischen den Stühlen. Daran ändern auch moderne Fachabteilungskonzepte (z.B. Galeria/Kaufhof, KaDeWe/Karstadt) nichts. Denn die bloße Ansammlung von fachgeschäftsähnlichen Abteilungen unter Beibehaltung der warenhaustypischen Kriterien wie Großflächigkeit, Massenpublikum, Teilselbstbedienung etc. führt nicht dazu, die Einkaufsstätte anders einzuschätzen. Diese wird nach wie vor als Warenhaus erlebt, und damit bleibt die Preisbereitschaft unverändert. Umgekehrt führen auch preisaggressive Konzepte (z.B. Kaufhalle/Kaufhof, Bilka/Karstadt) nicht dazu, dass man diese Warenhäuser nun als preisaggressiv erlebt, zumal deren Kostenniveau auf Grund der betriebstypischen Faktoren wie Fachpersonal, aufwändige Ausstattung, zentrale Lage etc. auch gar nicht mit der von Einkaufsstätten am Stadtrand konkurrieren kann. Damit zieht es den preissensiblen Teil der Kundschaft aber nach wie vor dorthin. Von daher scheint kein Ausweg in Sicht, weil auch die Diversifikationsbestrebungen in Fachmärkte, Versandhandlungen, Spezialgeschäfte etc. nicht reibungslos verlaufen. In Bezug auf die Exklusivität fehlt es Warenhäusern an Beratungsniveau, Individualität und Ausstattung. Kunden, für die diese Parameter von kaufentscheidender Bedeutung sind, nehmen ein höheres Preisniveau zur besseren Befriedigung ihrer Bedürfnisse gern in Kauf. Umgekehrt fehlt die Kostengünstigkeit, weil Discounter in Stadtrandlagen bei Minimierung kaufbegleitender Services ihren Kostenvorsprung im Preis weitergeben können. Verbraucher, für die dies kaufentscheidend ist, akzeptieren bereitwillig das fehlende Einkaufserlebnis und nehmen selbst weite Wege auf sich.

Das Gleiche gilt für schwache Produktmarken. Diese drohen zwischen Gattungswaren bzw. Handelsmarken einerseits und starken Premium- und Erstmarken andererseits aufgerieben zu werden. Erstere üben Druck über Preisvorteile aus, die bei bestimmten Produktgruppen (Low involvement) bedeutsam sind. Letztere üben Anziehungskraft über Sozialprestige (High involvement) und Hedonismus aus. Schwache Marken haben in diesem Umfeld keine Marktberechtigung. Sie können nur entweder als Drittmarken exklusiv an Handelsketten abgetreten oder zu Markenartikeln promoviert werden, um ein höheres Maß an Eigenständigkeit zu erlangen. Dies ist jedoch ein schwieriger, langwieriger Prozess.

Es gibt allerdings auch bedeutsame Kritik an den Grundlagen der Porter-U-Kurve. So hängt die Position am linken oder rechten Ast u.a. von der Marktabgrenzung ab. So ist Rover sicherlich innerhalb des Markt der Pkw als Nischenanbieter anzusehen (linker Ast), betrachtet man jedoch nicht den gesamten Pkw-Markt, sondern nur den Ausschnitt der Geländefahrzeuge, dann ist Rover ein Großanbieter in diesem Markt, also auf dem rechten Ast angesiedelt. Wenn diese Unsicherheit besteht, ist es aber letztlich eine Frage der Willkür, welche Aussagen der Porter-U-Kurve man für gültig erklärt.

3.5.2 Präferenz-Position

Folgt man hingegen der Hypothese, wonach es zu dieser Polarisierung am Markt kommt, die eine Überlebensfähigkeit nur noch durch Qualitäts- oder Kostenbetonung ermöglicht, während der Bereich dazwischen durch den Wettbewerb aufgerieben wird, dann besteht für die Strategie also nurmehr die Wahl zwischen Präferenz-Position, d.h., Leistungsführerschaft durch Aufbau akquisitorischen Potenzials, Spezialisierung, Differenzierung und Nichtpreiswettbewerb einerseits, sowie Preis-Mengen-Position, d.h., Kostenführerschaft durch Aufwands-Leistungs-Minimierung in Wertanalyse, Standardisierung und Marketingeinsparung. Zunächst zu den Merkmalen der Präferenz-Position, bei welcher der Markenartikel konstitutiv ist. Dabei handelt es sich um:

- **Markenartikel.** Eine Marke ist durch die Inhalte einheitliche Aufmachung, gleich bleibende oder verbesserte Qualität, standardisierte Fertigware, durchgängiges Warenzeichen, Eigenschaftszusage, dichte Distribution und hohe Bekanntheit im Markt charakterisiert. Ihre Persönlichkeit hebt sie aus der Masse des Angebots hervor. Die damit verbundenen Präferenzen führen zur Markenbindung und damit wiederum zur Planbarkeit des Umsatzes des Markenabsenders, die notwendig ist, um die positions-immanent höheren Kosten bei reduziertem Risiko eingehen zu können.
- **Gewinnpriorität.** Die Maxime Gewinn vor Umsatz/Absatz impliziert ein Wertanstelle eines Mengendenkens. Dies mag selbstverständlich klingen, ist aber in

einer vordergründig immer noch auf Wachstum fixierten Wirtschaftsordnung eher außergewöhnlich. Zudem wird oftmals fälschlich unterstellt, dass mit steigendem Um-/Absatz Gewinne parallel oder gar überproportional steigen. Dem steht jedoch wachsende Komplexität mit Zunahme organisatorischer, nicht direkt wertschöpfender Aktivitäten entgegen, welche die Rentabilität belasten. Moderne Budgetierungs- und Kalkulationsverfahren sind nunmehr in der Lage, diese Zusammenhänge aufzudecken und Unwirtschaftlichkeiten vorzubeugen.

- **Hochpreislevel.** Deren Durchsetzung wird erst über Präferenzaufbau in der Nachfragerschaft möglich. Prämienpreissetzung bedeutet, dass der Preis eines Produkts durchgängig über dem durchschnittlichen Preis des Mitbewerbs angesetzt ist. Dadurch wird die Preisbereitschaft der Nachfrager ausgereizt, und es können hohe Stückgewinnspannen erzielt werden. Diese Preisforderung engt den Kreis der Nachfrager ein und führt zur angestrebten Exklusivität. So ist eine schnelle Amortisation des eingesetzten Kapitals erreichbar. Außerdem dient der Preis oft als Qualitätsindikator. Allerdings höhlen preisaggressive Mitbewerber die Marktstellung leicht aus, und es besteht die Gefahr, dass Nachfrager sich übervorteilt fühlen. Schließlich ist die Umsetzung nur bei optimiertem Marketing-Mix darstellbar.
- **Monopolistischer Preisspielraum.** Hierbei geht es um die Erarbeitung eines Bereichs mit geringerer Preiselastizität der Nachfrage. Dem liegt das gedankliche Modell einer zweifach-geknickten Preisabsatzfunktion zu Grunde. Sie stellt damit eine Kombination aus linear-negativ geneigter Preisabsatzfunktion des Monopols und voll-elastischer Gerade des Polypols dar und führt zu einem Verlauf, der, negativ geneigt, in drei Abschnitte unterteilt werden kann: einen Abschnitt mit relativ geringer negativer Neigung, ähnlich der Situation im Polypol, einen Abschnitt mit großer negativer Neigung, ähnlich der Situation im Polypol und einen weiteren Abschnitt mit relativ geringer negativer Neigung. Dadurch entstehen zwei Knickstellen in der Preisabsatzfunktion, innerhalb derer ein monopolistischer Bereich liegt. Typisch für viele Märkte ist eine große Anzahl von Anbietern bei hoher Unvollkommenheit jedes Markts. Diese fehlende Homogenität führt dazu, dass jeder dieser Anbieter eine quasimonopolistische Stellung einnimmt. Die Grenzen werden durch einen oberen und unteren Grenzpreis (Knickstellen) markiert. Innerhalb dieser Grenzpreise ist jeder Anbieter relativ frei in der Setzung seiner individuellen Preis-Mengen-Kombination. Die Nachfrager ziehen einen bestimmten Anbieter anderen vor und sind deshalb bereit, einen höheren Preis zu akzeptieren. Das Marketing hat nun zum einen zum Ziel, den monopolistischen Bereich möglichst steil zu gestalten, denn je steiler der Verlauf, desto geringer fällt ein Nachfragerückgang bei einer Preisanhebung aus. Die Steilheit der Kurve ist unmittelbar abhängig vom Ausmaß der Präferenzen. Je größer diese sind, desto inflexibler reagiert die Nachfrage. Zum anderen hat das Marketing zum Ziel, die Grenzpreise soweit wie möglich zu spreizen. Dies gilt besonders für den oberen Grenzpreis, der den Preissetzungsspielraum des Anbieters limitiert. Darüber hinaus führen Preisanhebungen zu umfangreichem Absatzrückgang, weil dann die Preisbereitschaft der Nachfrager überstrapaziert wird. Der untere Grenzpreis ist demgegenüber wegen der sich dort ergebenden niedrigen Erlöse weniger interessant.

- **Produktqualität.** Ihre Gewährleistung ist unerlässliche Voraussetzung jedes Präferenzaufbaus. Total quality management steht damit an erster Stelle. Als vorbildlich können hierbei japanische Hersteller gelten. Durch ausgefuchste Prozesssysteme gelingt ihnen eine dramatische Senkung der Fehlerrate. Dabei ist der Mensch der Engpass, erst seine Ambition setzt Ansprüche in Realität um. Insofern kommt es auf die Fähigkeit und Willigkeit der Mitarbeiter an, Qualität zu produzieren. Die Fähigkeit kann durch Schulung und Training verbessert werden, die Willigkeit muss durch Motivationsmaßnahmen angestrebt werden, wie die Verlagerung der Verantwortung für die Arbeit an die Ausführenden selbst, denn sie wissen schließlich am Besten, wie das Qualitätsziel erreicht werden kann.
- **Attraktive Packung**. Die Packung hat wichtige Aufgaben zu erfüllen. Dazu gehören die adäquate Anmutung in der Zielgruppe, die wirksame Differenzierung und Identifizierung, eine hohe Auffälligkeit zur Selbstverkäuflichkeit, die Auslobung am Produkt durch Werbeaussage, die qualitätssichernde Markierung, Herkunftskennzeichnung und Produktbezeichnung. Anstelle der Packung kann auch Design oder Styling treten (zu denken ist etwa an Gebrauchsgegenstände, vornehmlich solche, die sozial auffällig sind).
- **Mediawerbung.** Diese dient zur Erreichung hoher Bekanntheit und Vertrautheit in der Zielgruppe, und zwar sowohl über klassische als auch nichtklassische Medien. Dies stößt insofern auf nicht geringe Schwierigkeiten, als das allgemeine „Grundrauschen" der Werbung bereits so hoch ist, dass es schon besonderer Aufwendungen bedarf, sich daraus noch hervorzuheben. Ansonsten unterliegt man der Neutralisierungswirkung. Dies ist aber nur eine Seite der Medaille. Die Andere ist, dass dort, wo eine solche Penetration gelingt, die Zielpersonen nicht selten mit Reaktanz reagieren, da sie Manipulation wittern. Von daher sind die Erfolge heutzutage eher fraglich. Die einzige Alternative dazu liegt in der Substitution von Menge durch schlagkräftige Ideen, bei denen die Rezipienten bereit sind, sich damit auseinander zu setzen. So gibt es immer wieder Beispiele dafür, dass exzellent umgesetzte, limitierte Kampagnen sogar in marktlichen Materialschlachten überlegen sind (z.B. Lucky Strike). Tatsächlich aber ist der Leistungsbeitrag der Werbung am wirtschaftlichen Erfolg eines Angebots nur sehr schwer feststellbar.
- **Selektive Distribution.** Sie unterstützt die Sicherung eines angebotsadäquaten Verkaufsumfelds als wesentliche Erfolgsvoraussetzung. Dabei wird nur ein Absatzkanal, möglicherweise innerhalb dessen noch mit ausgewählten Akteuren, eingeschaltet. Dies entspricht zwar einer eher geringen Erhältlichkeit im gewählten Absatzgebiet, führt aber zur homogenen Struktur der Abnehmer (z.B. nur Fachhandel).

3.5.3 Preis-Mengen-Position

Die Preis-Mengen-Position ist durch gänzlich andere, geradezu gegensätzliche Merkmale charakterisiert, bei denen der Markenartikel keine bzw. nur eine untergeordnete Rolle spielt. Die wesentlichen sind folgende:

- **Preiswettbewerb.** Dies bedeutet eine aggressive, kompetitive Preissetzung durchgängig unter dem durchschnittlichen Preis des Mitbewerbs. Dabei handelt es sich um die wirksamste und zugleich auch sensibelste Waffe. Bestehende Mitbewerber können dadurch verdrängt, neue vom Markteintritt abgeschreckt werden. Preisbrecher können zudem auf Goodwill und Sympathie in der Öffentlichkeit rechnen. Dadurch kommt ein Angebot in die engere Auswahl eines breiten Publikums. Allerdings sind große Mengen Voraussetzung, da ein Gewinn bringendes Angebot nur bei Nutzung der Stückkostendegression darstellbar ist. Außerdem ist das Risiko höher.
- **Umsatz-/Absatzpriorität.** Um-/Absatz vor Gewinn ist hier als primäres Ziel zu nennen. In der Marktform des Monopols wird dies grafisch auf halbem Weg zwischen Prohibitivpreis und Sättigungsmenge erreicht, in der Marktform des Polypols an der Kapazitätsgrenze des Betriebs. Diese kann durch zeitliche und intensitätsmäßige Anpassung kurzfristig ausgedehnt werden. Dem liegt die Vermutung zu Grunde, dass es einfacher ist, am Markt einen Zielgewinn durch eine große Menge bei niedrigem Preis/Stückgewinn zu erreichen als durch eine geringe Menge bei hohem Preis/Stückgewinn. Gefährlich ist dabei, dass zuwachsende Um-/Absätze dann mit unterdurchschnittlicher Rendite erkauft werden, wodurch ein Zwang zum Marktanteilsausbau und zur Kapazitätsauslastung aufgebaut wird.
- **Hohe Preisgünstigkeit.** Hierzu ist eine interne Kostenorientierung bei mittlerer Produktqualität hilfreich. Denn Marken werden nicht allein anhand ihrer Preiswürdigkeit (Preis-Leistungs-Quotient) beurteilt, sondern bei geringem subjektiven Interesse zusätzlich nach ihrer Preisgünstigkeit. Notwendige Bedingung ist also ein gutes Preis-Leistungs-Verhältnis, hinreichende jedoch erst ein absolut niedriger Preis. Damit ist die Preis-Mengen-Position in bestimmten Marktbereichen hohen Interesses chancenlos oder vermag nur anspruchslose Nachfragersegmente zu erreichen.
- **Absatzrationalisierung.** Diese erfolgt durch Effizienzsteigerung bei Akquisition und Logistik. Während Ersteres im Wesentlichen den Verzicht auf Formen des persönlichen Verkaufs und stattdessen die Nutzung medialer Formen der Direktansprache impliziert, betrifft Letzteres die Optimierung von Transport und Lagerung. Einflussgrößen darauf sind Eigen- oder Fremdbetrieb sowie die Wahl des Transportmittels und des Lagerstandorts.
- **Grundnutzenargumentation.** Dies meint den Verzicht auf profilierende Zusatznutzen. Grundnutzen ist dabei die Eignung eines Angebots, den gestellten Anforderungen gebrauchstechnisch, d.h., in Bezug auf die Funktionserfüllung, gerecht zu werden. Diese Grundnutzen sind bei der heute allgemein vorauszusetzenden hohen Qualität des Marktangebots allerdings weit überwiegend gegeben.
- **Marketing-Mix-Einsparung.** Die damit erzielte Kostenreduktion soll im Preis weitergegeben werden. Denn Marketingkosten gehen durch die weit verbreitete Mark up-Kalkulation in den Angebotspreis ein. Als Beispiel kann Aldi gelten. Dort wird sparsames Profilmarketing mit Erfolg demonstriert. Beim Standort werden Cityrandlagen bevorzugt, die niedrige Mieten ermöglichen. Beim Programm wird eine strikte Reduktion auf schnelldrehende und selbstverkäuferische Produkte durchgehalten. Die Preisgestaltung vollzieht sich auf Dauernied-

rigpreisniveau. Der Vorgang des Verkaufsabschlusses ist auf das unerlässliche Mindestmaß reduziert. Gleiches gilt für das Ausmaß des Kundenservices. Auf Händlereigenwerbung wird jedoch nicht verzichtet, denn sie ist wesentliche Voraussetzung für hohe Umschlaggeschwindigkeit.

- **Akzeptanz von Risiken.** Dieses Merkmal ergibt sich aus der Tatsache des Preises als gefährlichstem Wettbewerbsinstrument. Dies betrifft vor allem die Preisuntergrenze, da es bei geringer Gewinnspanne durch Preisnachgiebigkeit, etwa infolge falsch verstandener Deckungsbeitragsrechnung, rasch zu Verlusten kommt. Dabei ergeben sich mehrere Preisuntergrenzen, einmal diejenige, die nicht nur die Deckung aller Kosten, sondern auch die Erzielung eines Mindestgewinns zulässt, dann diejenige, die zwar die Deckung aller Kostenelemente erlaubt, jedoch nicht mehr die Erzielung eines Gewinns, und schließlich diejenige (kurzfristige), die zwar keine Gewinnerzielung mehr erlaubt, aber wenigstens alle ausgabewirksamen (i.d.R. variablen) Kosten abdeckt.
- **Breite Distribution.** Im Extrem wird dabei die Überallerhältlichkeit angestrebt, um ein Maximum von Kontaktchancen zu erzeugen. Dabei sollen möglichst viele, im Grenzfall alle, mit vertretbarem Aufwand zu erfassende Akteure in den Absatzkanal einbezogen werden. Dadurch ergeben sich die Voraussetzungen für eine vollständige Marktausschöpfung mit umfassender Kapitalisierung des Aufwands zur Absatzvorbereitung und Initiierung ungeplanter Käufe.

3.6 Strategisches Spielbrett

Die Wettbewerbsorientierung wurde erforderlich, weil ein hohes Maß an Kundenorientierung bereits weiterhin gegeben und damit immer weniger in der Lage ist, aus sich heraus noch Marktvorsprünge zu erzeugen. Deshalb erfolgt im strategischen Spielbrett von McKinsey die Identifizierung von kompetitiven Haupterfolgsfaktoren. Dazu wird das gesamte Geschäftssystem durchleuchtet, vor allem die Abfolge der Schritte, in denen ein Unternehmen seine Güter und Dienste erstellt und vertreibt, sowie dessen geschäftliches Umfeld. Haupterfolgsfaktoren kann das Unternehmen einsetzen, um seine Wettbewerbsstellung zu verbessern. Sie konzentrieren sich auf zwei Fragen:
- **Wie konkurrieren?**
- **Wo konkurrieren?**

Variable sind dabei Funktionsbereiche, Produktkategorien, Regionen, Ressourcen etc., aus denen der strategische Handlungsspielraum resultiert. Danach ist die eigene Markenstrategie abhängig vom **Wettbewerbsverhalten** etablierter Unternehmen sowie von der **Bedrohung** durch neue Konkurrenten.

Das Markenverhalten etablierter Unternehmen bestimmt sich aus den Größen Wettbewerbsstruktur und Strategien der Wettbewerber. Die **Wettbewerbsstruktur** wiederum ist abhängig von zahlreichen Faktoren wie aktuellem und potenziellem Rivalitätsgrad unter Wettbewerbern, relativer Marktstellung der Wettbewerber, Bildung strategischer Gruppen innerhalb der Anbieter, Erfolgsfaktoren der Wettbewerber in Form von Preis-Leistungs-Verhältnis ihrer Produkte, deren Ressourcen und Fähigkeiten bzw. deren Stärken und Schwächen. Die **Strategien** der Wettbewerber sind u.a. abhängig von Inhalt und Erfolg ihrer gegenwärtigen und mutmaßlichen zukünftigen Marktstrategien, tatsächlichen und mutmaßlichen Reaktionen auf Strategien anderer Anbieter sowie in Markt und Umfeld.

Die Bedrohung durch potenzielle Konkurrenz ist abhängig von der Höhe der Eintrittsbarrieren in den Markt, der hypothetischen Reaktion etablierter Anbieter und der Existenz und Schaffung von Substitutionsprodukten.

Das Kriterium „Wie konkurrieren?“ unterteilt sich in die Alternativen:
- **bekannte Regeln** (Anpassung an das Old game) oder
- **neue Regeln** (Veränderung durch New game).

Das Kriterium „Wo konkurrieren?“ unterteilt sich in die Alternativen:
- **Zentralmarkt** (auf breiter Front als Head on) oder
- **Marktnische** (durch Ausweichen als Avoid).

Die Wettbewerbsverhältnisse bestimmen die individuellen Spielregeln an jedem Markt. Durch Änderung der Spielregeln werden die Grundlagen der Wettbewerbs verändert. Dies kann sich auf die intensivere Bearbeitung des Kernmarkts erstrecken oder auf Versuche in Teilmärkten beschränkt bleiben (dazu im Folgenden Bei-

Strategisches Spielbrett

		Regeln der Markenführung	
		alt	neu
Ort der Konkurrenz	Zentralmarkt	auf bestehende Erfolgsfaktoren bauen	Grundlagen des Wettbewerbs ändern
	Teilmarkt	kreative Segmentierung des Markts	initiative Innovation in Marktnische

spiele aus dem Computermarkt). Daraus ergeben sich dann vier **Kombinationen,** die das Strategische Spielbrett bilden und aus denen strategische Optionen folgen *(siehe Abb. Strategisches Spielbrett)*.

Wird die Anwendung bekannter Regeln auf dem Zentralmarkt durch überlegene Marktabdeckung auf breiter Front versucht, so wird auf bestehende **Haupterfolgsfaktoren** gebaut. Dies ist die Kombination aus Old game und Head on. Ein Beispiel dafür war im Software-Markt das Angebot des Betriebssystems DOS durch Microsoft für IBM- bzw. kompatible PC's. Es folgte einer reinen Technikorientierung, welche die Eingabe kryptischer Befehlsfolgen vom Benutzer verlangte, um gewünschte Operationen abzurufen. Es stand damit ganz in der Tradition von Betriebssystemen für Großcomputer, die allerdings im Unterschied dazu von Computerspezialisten (Operators) bedient wurden.

Werden bekannte Regeln auf einem Teilmarkt durch Konzentration auf eine Erfolg versprechende Marktnische angewendet, so herrscht eine kreative **Segmentierung** vor. Dies ist die Kombination aus Old game und Avoid. Beispiele dafür boten die Nachahmungen des DOS-Betriebssystems durch andere Software-Hersteller, die vor allem eine Erweiterung der Funktionen oder eine Unterbietung des Preises zum Ziel hatten, um DOS damit Marktanteile abzugewinnen (z.B. Digital Research).

Die Anwendung neuer Regeln auf einem Teilmarkt durch Ergreifen der Initiative dort entspricht der **Innovation** in einer Marktnische. Dies ist die Kombination aus New game und Avoid. Ein Beispiel dafür ist das Apple-Betriebssystem. Es folgt in seinem Aufbau einer strikten Anwenderorientierung und entlastet den Benutzer folgerichtig von allem technischen Ballast (den dafür der Mac übernimmt), sodass er sich voll auf seine eigentliche Aufgabe konzentrieren kann (entsprechend dem

Hersteller-Credo, Menschen durch Computer produktiver zu machen). Daraus folgen alle Produktmerkmale wie grafische Benutzeroberfläche, Maussteuerung, Steckerkompatibilität etc., allerdings auch höherer Preis, anfangs geringere Arbeitsgeschwindigkeit etc.

Die Anwendung neuer Regeln auf dem Zentralmarkt entspricht der Änderung der Grundlagen des Wettbewerbs durch **Differenzierung** zum eigenen Vorteil. Dies ist die Kombination aus New game und Head on. Ein Beispiel dafür ist die Einführung von Micro-Laptops durch Asus, die zwischen Organizers und Laptops positioniert sind. Damit kann ein Mehr an Übersichtlichkeit gegenüber Organizers und ein Mehr an Kompaktheit gegenüber herkömmlichen Laptops bei geringeren technischen Ansprüchen (= niedrigerem Preis) gewonnen werden. Dieser Ansatz wird als „Blue ocean strategy" immer populärer.

Erfolgreiche Beispiele für die Anwendung neuer Spielregeln bei Markenartikeln finden sich zur Genüge. So verkauft Avon Kosmetika im Bringprinzip, ganz im Gegensatz zum traditionellen Holprinzip der Branche. McDonald´s geriert sich als Schnellrestaurant, ganz im Gegensatz zur traditionellen Bedien-Gastronomie. UPS bietet Schnelligkeit und Service beim Pakettransport, ganz im Gegensatz zur eher betulichen Briefpost. Body Shop propagiert tierversuchsfreie Naturkosmetik, ganz im Gegensatz zu etablierten Beauty-Marken, die immer artifiziellere Rezepturen anbieten. BIC macht Wegwerffeuerzeuge und Einwegkugelschreiber populär, wo diese Produktgattungen ansonsten eher prestigeträchtige Objekte darstellen. Swatch lobt, im Gegensatz zu anderen, die Armbanduhr als Modeobjekt und Lifestyle-Element aus, was viel mehr aussagt als nur Zeit anzeigen und oder soziale Arriviertheit.

In einem ganz anderen Bereich ist ein New game durch den Roncalli-Zirkus eingeleitet worden. Deren Gründer, Bernard Paul, fragte sich, wie er denn die Sensationen, die andere Zirkusveranstalter geradezu am laufenden Band boten, noch toppen könnte, um für seinen Zirkus eine Marktberechtigung zu erhalten. Aber noch mehr Todesspiralen und noch mehr wilde Tiere, die durch wagemutige Dompteure kunstvoll vorgeführt wurden, waren sachlich, ethisch und auch finanziell kaum mehr möglich. Also beschloss er, die Spielregeln des Wettbewerbs zu ändern, eben ein New game einzuleiten. Statt auf immer spektakulärere Sensationen zu setzen, besann er sich auf die ursprüngliche Faszination des Zirkus, seine einzigartige Atmosphäre. Und er schuf eine dichte Erlebniswelt, die ganz ohne Todesspiralen und wagemutige Dompteure auskam, und stattdessen auf die Faszination der Kindertage und das Staunen über das Phänomen Artistenwelt setzte. Dies stellte sich als weitaus tragfähiger heraus als weitere Sensationen, die durch immer neue Sensationen noch getoppt werden konnten. Damit vermochte Roncalli es, im restriktiven Markt der Zirkusveranstalter einer der erfolgreichsten zu werden. Er setzte auf Illusionen, lustige Clowns, simple Seifenblasen, Lichtspiele und ähnliche, vergleichsweise harmlose Gags, die jedoch von den Zuschauern mit ihren eigenen Erinnerungen zu bleibenden Erlebnissen angereichert wurden. Wie hier, stammen viele New games letztlich aus einer Notsituation heraus, weil die

Akteure mit den Best in class-Konkurrenten nicht mehr mithalten konnten und daher darauf angewiesen waren, sich dem direkten Vergleich zu entziehen.

Ein weiterer Ansatz zu einem New game kommt aus der Smart-Kleinstwagen-Idee. Hier ist durch mehrere Ansätze eine Innovation gelungen. Es handelt sich um ein völlig neues Produktkonzept (Tricon-Träger mit Beplankung, Baumodule, reiner Zweisitzer, Unterflurmotor etc.), ein neues Fertigungskonzept (Smart-Fabrik mit sequenzgenauer Montagetaktung, Industriepark etc.), ein neues Vertriebskonzept (Smart-Satelliten im Franchisesystem mit Schauturm, Umrüstung vor Ort etc.) und ein neues Mobilitätskonzept (das allerdings auf Grund bürokratischer Hemmnisse in den Anfängen stecken geblieben ist, z.B. quer einparken, Fahrerlaubnis ab 16 Jahren).

Ein Beispiel ist auch die Entwicklung des Tintenstrahldruckers durch Hewlett-Packard. Im Druckermarkt war die Generation der Nadeldrucker (Epson) durch die der Laserdrucker (Epson) abgelöst worden. In dieser Generation war auch HP tätig, allerdings unter hartem preislichen Verdrängungswettbewerb der japanischen Druckerhersteller. HP überlegte, wie ein nachhaltiger Wettbewerbsvorsprung erreicht werden könnte. Klar wurde, dass dazu ein technologischer Sprung erforderlich war. Marktforschung zeigte, dass Nachfrager Akzeptanz für einen zwar relativ langsamen, aber klar druckenden Printer hatten, wenn dieser ungefähr zum halben Preis eines konventionellen Laserdruckers angeboten würde. Tintenstrahldrucker waren zu diesem Zeitpunkt bereits für Laborzwecke (Plotter) eingesetzt worden. Diese Technologie wurde daher aufgegriffen und in Form eines Prototypen, und dann eines Vorserienmusters aufgebaut und als Handmuster hergestellt. Diese Geräte wurden Beta-Users zur Erprobung überlassen, die zahlreiche Verbesserungsvorschläge einbrachten. Das erste Serienprodukt konnte dann 1988, 26 Monate nach Projektstart, auf den Markt gebracht werden. Heute sind Tintenstrahldrucker der Standard im Home Office/Small Office-Bereich.

Wie grundlegend ein New game wirken kann, mag ein Beispiel aus dem Sport illustrieren, genauer aus dem Hochsprung in der Leichtathletik. Bis in die 1930er Jahre des letzten Jahrhundert waren die Sportler noch im Scherenschlag (aufrechter Anlauf und nacheinander Anheben der Beine zum Überqueren der Latte) angetreten. Damit schaffte man in der Spitze etwa 1,60 m Höhe. Bis in die 1960er Jahre galt der Straddle als State of the art (Querlegen in der Luft und Überqueren der Latte in der Bauchlage). Die erreichten Höhen waren respektabel und lagen bei ca. 2 m. Ein bis dato unbekannter amerikanischer Sportler, Dick Fossbury, hatte sich das verwegene Ziel gesetzt, 1968 Olympiasieger in Mexiko zu werden. Er war durchaus talentiert und schaffte, allerdings wie Andere auch, die 2 m Höhe zufrieden stellend. Ihm wurde aber klar, dass er auf diese Weise sein Ziel nur schwer würde erreichen können. Daher überlegte er, wie man die Latte noch anders überqueren könnte als bisher, ohne gegen die Regeln zu verstoßen (die vorsahen: keine Hilfsmittel und kein Absprung mit beiden Füßen). Er kam auf die verwegene Idee, ein Überqueren der Latte in der Rückenlage zu versuchen. Das sah einigermaßen ungewohnt aus. Bei Leichtathletiksportfesten, bei denen der Hochsprung nicht ge-

rade zu den faszinierendsten Disziplinen gehört, war es augenblicklich spannungsvoll still im Stadion, sobald der Ansager einen Versuch von Dick Fossbury ankündigte. Anfangs waren die Lacher noch in der Überzahl, bis er Weltrekordhöhe sprang, Weltmeister und Olympiasieger wurde. Spätestens da verstummten die Lacher, und heute gibt es überhaupt keinen Hochspringer mehr, der anders als im Fossbury-Flop versuchen würde, die Latte zu überqueren. Aus dem New game ist ein Old game geworden, das immerhin bis ca. 2,40 m Höhe reicht.
Ein ganz ähnliches New game ist dem Norweger Jan Boklöv beim Skispringen gelungen, indem er die gespreizte Haltung der Ski, die früher zum Punktabzug in der Haltungsnote geführt hatte, einführte. Durch die v-förmige Richtung der Ski wird gemeinsam mit dem weit vorgebeugten Körper eine bessere aerodynamische Gleitfähigkeit und damit eine größere Sprungweite erreicht.

3.7 Konkurrenzvorteil

Die Analyse des Konkurrenzvorteils kann zwei- oder dreidimensional dargestellt werden. Dementsprechend ergibt sich die einfache Einteilung der Wettbewerbsvorteilsmatrix oder die komplexe Einteilung der erweiterten Wettbewerbsvorteilsmatrix.

3.7.1 Einfache Einteilung

Nach der **Wettbewerbsvorteilsmatrix** der Boston Consulting Group werden Angebote, hier konkret Marken, dahingehend beurteilt, ob der durch sie erzielbare Wettbewerbsvorteil groß oder klein ist und ob zur Erringung dieses Vorteils viele oder wenige Alternativen gegeben sind. Also konkret:

- Wie viele Wettbewerbsvorteile können erzielt werden? Bestehen viele oder wenige Alternativen zur Umsetzung von Vorteilen am Markt? Für die Anzahl möglicher Vorteile gilt, je heterogener die im Geschäft relevanten Entscheidungsvariablen (Marken) sind, Wettbewerbsvorteile zu erreichen, desto geringer ist der Überschneidungsgrad und somit die Konkurrenzintensität aller Wettbewerber. Autonomie bedeutet eine sicherere Ertragsbasis.
- Wie hoch sind jeweils erzielbare Wettbewerbsvorteile? Sind am Markt hohe oder geringe mögliche Vorteile erreichbar? Die Größe des Vorteils ergibt sich als Differenz des maximal möglichen Wettbewerbsvorteils der Wettbewerber zum gerade noch lebensfähigen marginalen Anbieter. Haben alle Anbieter ähnliche Voraussetzungen, ist für alle das Gewinnpotenzial gleichartig.

Beide Dimensionen werden jeweils ordinal in viel/wenig unterteilt. Daraus ergeben sich dann vier **Kombinationen** für die kompetitive Markenstrategie. Erforderlich ist nun ein Fit zwischen den Wettbewerbsumfeldern und den Strategiemerkmalen, daraus folgen dann Strategieempfehlungen. Die Wettbewerbsvorteilsmatrix erlaubt also eine Analyse struktureller Merkmale von Märkten und ihrer Einflüsse auf das Wettbewerbsverhalten von Unternehmen. Es ergeben sich vier Ausprägungen *(siehe Abb. Konkurrenzvorteil: Einfache Einteilung)*:

- Wenige Vorteile in hohem Ausmaß führen zum Massengeschäft durch Standardisierungsvorteil (**Volume**). In Volumengeschäften bestehen nur wenige relevante Entscheidungsvariablen und Differenzierungsmöglichkeiten für Anbieter, diese sind jedoch stark ausgeprägt und führen zu erheblichen Ertragsdifferenzen. Daher ist für eine von ihnen Kosten- bzw. durch Weitergabe Preisführerschaft anzustreben. Der Kosten-/Preisführer ist relativ autark, die Markteintrittsbarrieren sind hoch. Daraus folgt betriebswirtschaftlich eine große Mindestmengenerfordernis mit der Notwendigkeit zu hohen Absatzinvestitionen, außerdem zu Volumenexpansion, Imagepflege etc. Kleine Anbieter müssen sich zurückziehen oder in Marktlücken ausweichen. Es verbleiben wenige Anbieter, von denen nur einzelne auskömmliche Gewinne erzielen.
  Beispiele dafür sind Branchen wie Großcomputer, Passagierflugzeuge und LKW´s. Normstrategien sind dabei Kapazitätserweiterung, Erhöhung des Marktanteils und möglichst Erreichung der Markenführerschaft. Meist kommt es zur

Konkurrenzvorteil: Einfache Einteilung

		Absolute Bedeutung des Volumens	
		Volumen führt zu großen Vorteilen	Volumen führt zu kleinen/keinen Vorteilen/Nachteilen
Relative Bedeutung des Volumens	Volumen hat hohe Bedeutung (Kunden kaufen nach Preis, es gibt kaum Segmentierungsmöglichkeiten)	Standardisierung (Volume) daher: Kostensenkung	Patt-Situation (Stalemate) daher: optimale Betriebsgröße, Kostensenkung
	Volumen hat niedrige Bedeutung (Kunden kaufen nach Leistung, Segmentfokussierung ist möglich)	Differenzierung (Specialised) daher: Konzentration auf spezifische Leistungsmerkmale	Insel-Situation (Fragmented) daher: Gemeinkostensenkung

Bildung strategischer Gruppen.

- Viele Vorteile in hohem Ausmaß führen zur Alleinstellung über den Differenzierungsvorteil spezifischer Leistungsmerkmale (**Specialised**). Dies ist die einfachste Konstellation, da sie Entscheidungsfreiräume für die Marktwahl lassen und kompetitive Nachteile dabei nicht zu befürchten sind. Sie führt durch Marktnischenpolitik zur Segmentführerschaft mit meist hohen Erträgen. Allerdings ist die Varianz möglicher Erträge recht groß. Hier hilft die Ausrichtung an Erfolgsfaktoren (= Marktgesetzen). Charakteristisch ist ein ausgeprägtes Angebotsprofil. Spezialisierungsgeschäfte zeichnen sich also durch viele verschiedene Möglichkeiten aus, Wettbewerbsvorteile und damit hohe Rentabilitäten zu erreichen. Die Anbieter versuchen, durch Differenzierungsstrategien eine einzigartige, sie auszeichnende und abhebende Kompetenz zu erreichen. Zentral ist dabei der Markenartikel. Es gibt mehrere, strategisch bedeutsame Entscheidungsvariablen und mehrere strategische Gruppen, damit verbunden geringe wettbewerbliche Überschneidungen und große Ertragschancen durch hohe Kundenloyalität. Die Markteintrittsbarrieren sind hoch. Kostennachteile werden dabei von wenigen, aber wirkungsvollen Differenzierungsvorteilen überwogen.
Beispiele bieten Branchen wie Kosmetika, Modeartikel, Unterhaltungselektronik, Software. Normstrategien sind Preis- und Produktdifferenzierung.
- Viele Vorteile in geringem Ausmaß führen zur Inselsituation (**Fragmented**). Hier bestehen erhebliche Gewinnchancen für spezialisierte, kaum miteinander kon-

kurrierende Unternehmen, indem jedes von ihnen ein Quasi-Monopol aufbaut und den reaktionsarmen Raum für Premiumpreise nutzt. Bei fragmentierten Geschäften ist der maximal mögliche Wettbewerbsvorteil nur gering, dennoch sind die Wege, diese Vorteile zu erreichen, vielfältig. Die Märkte sind zersplittert, es besteht eine Vielzahl unterschiedlicher Leistungsanforderungen. Es gibt allerdings auch kaum Markteintrittsschranken. Erfordernisse sind daher Innovation, Dezentralisation, Kostenbewusstsein etc. Risiken bestehen bei Investitionen zur Umsetzung von Expansionsplänen. Die Rentabilität steigt mit sinkender Unternehmensgröße, anderweitig überkompensieren Komplexitätskosten etwaige Degressionsvorteile. Erfolgreich ist, wer klein bleibt und sich auf bestimmte Kunden spezialisiert. Durch die Marktintransparenz können viele Anbieter gut leben und relativ zu ihrer Größenordnung gute Gewinne erzielen.
Beispiele sind Branchen wie Getränkeabfüllung, Restaurants oder Hotels, lokaler Handel. Normstrategien sind hierbei nicht vorhanden, da prinzipiell alle Alternativen, je nach Absatzzielen, offen stehen.

- Wenige Vorteile in geringem Ausmaß führen zu einer Patt-Situation (**Stalemate**). In Pattgeschäften ist sowohl das Differenzierungspotenzial als auch der maximal mögliche Wettbewerbsvorteil nur sehr gering, dies wegen verschärfter Konkurrenzintensität. Die Anbieter arbeiten unter weitgehend ähnlichen Bedingungen, kein Anbieter kann einen maßgeblichen Wettbewerbsvorteil erringen. Dies ist typisch für Märkte mit relativ alter, ausgereizter, allgemein zugänglicher Technologie. Dabei zwingen geringe Erträge zur Erreichung optimaler Betriebsgrößen für die Realisierung von Erfahrungskurveneffekten. Es gibt kaum mehr technischen Fortschritt und Innovation. Daraus folgt die Notwendigkeit zur Bewegung im Gleichschritt. Kein Unternehmen dominiert den Markt, alle Wettbewerber haben vergleichbare Kosten und Gewinne. Die Kapazitätsauslastung ist gering. Die Rentabilität bleibt bei steigendem Umsatz/Marktanteil unverändert. Der Frontalwettbewerb gleich starker Konkurrenten führt so zu Kollusion oder Kampf. Kein Anbieter hat einen nachhaltigen Vorteil.
  Beispiele sind Grundstoffindustrien aber auch Montanindustrie, Grundchemie, Weiße Ware (Elektro), Textilien, Grundnahrungsmittel. Als Normstrategien gelten der Umstieg auf neue Technologien und die Fokussierung auf Marktnischen.

Daraus lassen sich folgende Schlussfolgerungen ziehen:

- Bei hoher Anzahl von Vorteilen (gleich, ob im geringen oder hohen Ausmaß) hat das Volumen untergeordnete Bedeutung, die Kunden kaufen vielmehr nach Leistung. Dabei bieten segmentspezifische Kosten gute Fokussierungsmöglichkeiten, zentral ist der Leistungsnutzen.
- Bei niedriger Anzahl von Vorteilen (gleich, ob im geringen oder hohen Ausmaß) hat das Volumen hingegen übergeordnete Bedeutung, Kunden kaufen nach Preis, und die geringen segmentspezifischen Kosten bieten kaum Fokussierungsmöglichkeiten. Zentral ist daher der Preisnutzen.
- Bei geringem Ausmaß von Vorteilen (gleich, ob in hoher oder niedriger Anzahl) führt das Geschäftsvolumen nur zu kleinen oder gar keinen Vorteilen bzw. sogar zu Nachteilen. Dies bietet dann besondere Chancen für Klein- und Mittelunternehmen.

- Bei hohem Ausmaß von Vorteilen (gleich, ob in hoher oder niedriger Anzahl) hingegen führt das Volumen zu großen Vorteilen, die typischerweise in Großunternehmen genutzt werden.

Eine Bewertung muss Folgendes berücksichtigen. Im Rahmen der Analyse ist eine dynamische Sichtweise möglich, d.h., eine Transformation durch Veränderung der Vorteile, die dann das Wettbewerbsgefüge verändern. So entwickelt sich ein ursprüngliches Volumengeschäft auf Grund allgemeinen Know-how-Transfers, Verringerung des Marktwachstums, Aufbau von Überkapazitäten etc. zu einem Pattgeschäft, in dem wiederum einige Anbieter, z.B. durch Produktdifferenzierung, originäre Vertriebswege etc., eine Transformation in ein Spezialisierungsgeschäft anstreben. Falls dies nur geringe Erfolgsaussichten bietet, ist ein Wechsel in eine andere strategische Gruppe sinnvoll. Außerdem erfolgt dadurch eine Rückbesinnung auf kritische Erfolgsfaktoren als Grundlage des Wettbewerbs, es werden unmittelbare Ansatzpunkte zur Marktpositionsverbesserung gegeben und die Geschäftseinheiten individuell analysiert. Probleme ergeben sich daraus, dass diese Einteilung nicht eindeutig und stabil ist. Stets muss daher versucht werden, abstrakte Wettbewerbspositionen in tatsächliche Vorteilsmuster zu überführen. Dies ist zudem bei den real vorhandenen Mehrprodukt-Anbietern nur für einzelne Geschäftseinheiten (Marken) möglich, nicht jedoch für das gesamte Unternehmen.

3.7.2 Komplexe Einteilung

Hier treffen gleich drei Wettbewerbsdimensionen der Markenstrategie zusammen, nämlich:

- „Wie konkurrieren?“ als Regeln des Wettbewerbs (bekannte Regeln/neue Regeln),
- „Wo konkurrieren?“ als Ort des Wettbewerbs (Kernmarkt/Marktnische) und
- „Worauf aufbauen?“ als Schwerpunkt des Wettbewerbs.

Dieser ist unterteilt nach den Alternativen:

- Kostenführerschaft (Standardisierung) und
- Leistungsführerschaft (Differenzierung).

Die **Erweiterte Wettbewerbsvorteilsmatrix** stellt damit eine Kombination der zweidimensionalen Ansätze „Strategisches Spielbrett“ mit den Dimensionen „Bekannte Regeln/Old game“ oder „Neue Regeln/New game“ einerseits und „Kernmarkt/Head on“ oder „Marktnische/Avoid“ andererseits dar sowie der „Wettbewerbspositionsmatrix“ mit den Dimensionen „Gesamtmarkt“ oder „Teilmarkt“ im Ausmaß der Marktabdeckung und „Leistungsführerschaft“ oder „Kostenführerschaft“ im kompetitiven Vorteil. Aus der flächigen Matrix ergibt sich damit eine Würfelform mit acht Feldern für jede **Kombinationsmöglichkeit** *(siehe Abb. Konkurrenzvorteil: Komplexe Einteilung)*.

Als Beispiel für die **Anpassung** (Old game) in einer **Marktnische** (Avoid) bei

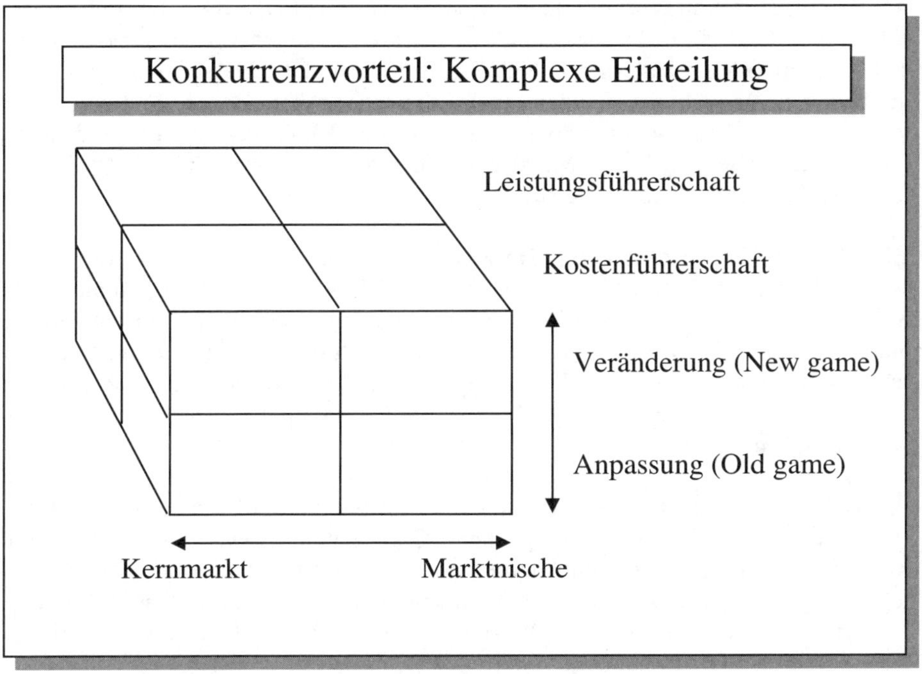

Kostenführerschaft (Standardisierung) können Goldstar/LG, Orion, Gericom, Medion etc. gelten. Diese Unternehmen stellen ein limitiertes Programm eher anspruchsloser Unterhaltungselektronikgeräte her, offerieren diese dafür aber auf Discountpreislevel. Es wird jedoch (zumindest derzeit noch) nicht versucht, ein Full line-Angebot zu machen und in elaboriertere Produktausführungen zu expandieren.

Als Beispiel für **Anpassung** (Old game) im **Kernmarkt** (Head on) bei **Kostenführerschaft** (Standardisierung) können Hyundai, Daewoo, Kia etc. gelten. Diese Unternehmen vertreten Automobile im Volumenbereich der unteren, mittleren und oberen Mittelklasse, indem bewährte technische Lösungen übernommen werden. Der Anreiz liegt auch hier im Angebot auf Discountpreislevel, sogar noch unterhalb dem japanischer Hersteller. Es wird jedoch (zumindest derzeit noch) nicht versucht, Oberklassemodelle zu bauen oder sich an raffinierte Problemlösungen zu wagen, wenngleich dies hochwahrscheinlich so kommen wird.

Als Beispiel für **Anpassung** (Old game) in einer **Marktnische** (Avoid) bei **Leistungsführerschaft** (Differenzierung) kann Loewe Opta gelten. Dieses Unternehmen stellt ein limitiertes Programm fortschrittlicher UE-Geräte mit teilweise neuartigen Problemlösungen her. Das Angebot ist zudem extrem Design-, New media- und High tech-orientiert. Dafür soll als Gegenleistung am Markt ein Premiumpreislevel erreicht werden. Dies gelingt auch innerhalb einer avantgardistischen Zielgruppe.

Als Beispiel für Anpassung (Old game) im **Kernmarkt** (Head on) bei **Leistungsführerschaft** (Differenzierung) kann Mercedes-Benz gelten. Dieses Unternehmen stellt Automobile im Volumenbereich der Mittel- und Oberklasse sowie im prestigeträchtigen Bereich der Spitzen- und Luxusklasse her. Durch kontinuierliche technische Weiterentwicklung konnte dabei stets eine Führungsposition eingenommen werden. Dies wird vom Markt auch entsprechend durch Premiumpreislevel honoriert, wenngleich der Widerstand wächst.

Als Beispiel für Veränderung (New game) in einer **Marktnische** (Avoid) bei **Kostenführerschaft** (Standardisierung) kann IKEA gelten. Dieses unmögliche Möbelhaus aus Schweden offeriert preisgünstige, stilsichere Möbel für eine junge, aufstrebende Zielgruppe. Im Gegensatz zur traditionellen Einrichtungsbranche müssen die Möbelstücke jedoch selbst kommissioniert, transportiert und montiert werden. Der daraus entstehende Kostenvorteil wird im Preis an die Abnehmer weitergegeben.

Als Beispiel für **Veränderung** (New game) im **Kernmarkt** (Head on) bei **Kostenführerschaft** (Standardisierung) kann Sixt gelten. Dieser Dienstleister für Mietwagenverleih spannt dominant die Attraktivität der zu buchenden Automodelle für sich ein und deckt alle Individualverkehrsmittel ab, inkl. Transporter und Motorrad. Das Ganze wird auf Discountpreislevel abgewickelt und ist werblich äußerst spektakulär aufgemacht.

Als Beispiel für Veränderung (New game) in einer **Marktnische** (Avoid) bei **Leistungsführerschaft** (Differenzierung) kann Apple gelten. Dieser Computerhersteller hat die Nutzen elektronischer Datenverarbeitung erstmals auch Nichttechnikkennern in großem Stil verfügbar gemacht, und zwar durch ein mächtiges Betriebsprogramm, durch die nutzerfreundliche Bedieneroberfläche und eine leichte Maussteuerung des Cursors. Für diese Leistungen wird ein Premiumpreisniveau durchgesetzt, allerdings auf durchgängig sinkendem Niveau.

Als Beispiel für Veränderung (New Game) im **Kernmarkt** (Head on) bei **Leistungsführerschaft** (Differenzierung) kann Audi gelten. Dieses Unternehmen stellt Automobile im Volumenbereich der Mittel-, Ober- und Spitzenklasse her. Diese werden auf Premiumpreislevel angeboten. Denn Audi stellt einige konstruktive Besonderheiten in seinen Modellen bereit, die nur bei wenigen anderen Herstellern anzutreffen sind.

4. Markenführung

Die operative Markenführung beschäftigt sich mit den entscheidenden Aufgaben der Markeneinführung, also der Etablierung neuer Markenprodukte am Markt, der Markenpflege, also der kontinuierlichen Betreuung von Marken, der Markenablösung, also der Nachfolge einer bestehenden Marke durch eine neue, und der Markeneinstellung, also der Streichung von Marken aus dem Programm *(siehe Abb. Markenführung)*. Zunächst zur Markeninnovation.

Besonders erfolgreiche Markenführung wird jedes Jahr von der Deutschen Marketing-Vereinigung mit dem Marketing-Preis ausgezeichnet. Preisträger waren:

- *1973: Klaus Esser, 1974: fz Frischdienst-Zentrale, 1975: Pfanni, 1976: Falke, 1977: Daimler-Benz, 1978: Nixdorf, 1979: Ikea, 1980: Erco, 1981: Beiersdorf, 1982: Otto, 1983: Stihl, 1984: Schott, 1985: Adidas, 1986: Hussel, 1987: Schleswig-Holstein Musik-Festival, 1988: BMW, 1989: Würth, 1990: AEG-Hausgeräte, 1991: Henkel.*
- *1992: Wilkhahn. Der niedersächsische Büromöbelhersteller erobert mit erstklassigen Produkten und umfassendem Marketing als mittelständiges Unternehmen zahlreiche Auslandsmärkte in aller Welt.*
- *1993: Junghans. Dem deutschen Traditionshersteller von Uhren gelingt der Turnaround gegen starke internationale Konkurrenz. Junghans positioniert seine Marken erfolgreich neu, setzt Akzente bei Technik, Design und Marketing.*
- *1994:KJS/Milka. Der Schokoladenproduzent KJS setzt innerhalb von zehn Jahren sein Dachmarken-Konzept in einem umkämpften Markt beeindruckend durch. Milka sichert sich mit neuen Produkten und Line extensions ertragsstarke Marktsegmente.*
- *1995: OBI. Der Erfolg der Bau- und Heimwerkermärkte beruht auf einem partnerschaftlichen Franchise-System, auf Beratungskompetenz, hoher Servicequalität und auf dem Konzept der zwölf Fachgeschäfte unter einem Dach.*
- *1996: Grohe. Die Friedrich Grohe AG überzeugt mit konsequenter Markenführung, erfolgreicher Internationalisierung und dem Wandel vom Armaturenhersteller zum Systemanbieter von Sanitärtechink.*
- *1997: Kärcher. Der Hersteller von Reinigungsgeräten für kommerzielle Anwendungen erschließt sich durch Produktinnovation neue Märkte. Als Produzent von Hochdruckreinigern entwickelt er erstmals Geräte für die Anwendung im Privathaushalt, führt diese erfolgreich ein und etabliert sich als Marktführer.*
- *1998: SmithKline-Beecham. Mit konsequentem Marketing konzentriert die deutsche Tochter des Konzerns (heute GSK) alle Ressourcen auf das Kompetenzfeld Consumer Healthcare und erkämpft die Marktführerschaft für die Marken Odol und Dr.Best.*
- *1999: Volkswagen. Von der eindimensionalen Allerweltsmarke zur weltweit erfolgreichen Dachmarke: Mit einer ausgefeilten Mehrmarken-Strategie bearbeitet der Volkswagen-Konzern alle Segmente des Automarkts.*
- *2000: Miele. Mit einer konsequenten Premium-Strategie und einer beharrlichen Monomarken-Philosophie trotzt Westeuropas größte Haushaltsgerätemarke dem negativen Markttrend und wächst auch im 101. Jahr des Bestehens.*

- *2001: Red Bull. Das Red-Bull-Marketing hat den neu entwickelten Energy-Drink zu einer der großen Erfolgs-Storys des internationalen Marketing gemacht. Event- und Grassroot-Marketing etablierten Red Bull binnen einer Dekade im Massenmarkt.*
- *2002: Loewe Opta. Im durch vor allem fernöstliche Massenhersteller geprägten Marktkampf entwickelt Loewe Opta ein Premiumsegment mit Design- und High tech-Dominanz.*
- *2003: Bild-Zeitung. Aus einer meinungsbildenden Zeitung wurde mit den Jahren eine Familie marktführender Titel entwickelt, die in vielen Ländern jeden Tag und jede Woche Volksnähe in Themen und Aufmachung beweisen.*
- *2004: Porsche. Als Autohersteller eigentlich zu klein, um erfolgreich existieren zu können, tatsächlich aber der rentabelste Autohersteller weltweit, mit einem spitz positionierten, alleinstellenden, ausdifferenzierten Modellangebot.*
- *2005: Tchibo. Der Kaffeeröster hat sich besonders durch seine gelungene Multi channel-Absatzkonzeption hervorgetan (Bäckereien, eigene Filialen, Shop in the shop-Systeme, Online-Versand, Katalogversand).*
- *2006: Hugo Boss. Der Modehersteller wurde für seine Premiumpositionierung ausgezeichnet, verbunden mit einem Markentransfer in den Freizeit- und Damenmodebereich und gleichzeitigem Store- und Showroom-Aufbau.*
- *2007: Bosch Power Tools. Der Geschäftsbereich Power Tools der Bosch-Gruppe ist Weltmarktführer bei Elektrowerkzeugen, Elektrowerkzeug-Zubehör und Messtechnik, wesentlich durch Innovationskraft und Innovationstempo.*
- *2008: Deutsche Lufthansa. Die Fluglinie konzentriert sich auf die Kernkompetenzen Passage Airline, Logistik, Technik und Catering. Dabei stehen Qualität, Innovation, Sicherheit und Zuverlässigkeit im Vordergrund.*
- *2009: Schwarzkopf. Schwarzkopf von Henkel steht für Vertrauen in Haarkosmetik und gehört zu den weltweit führenden Marken dieses Bereichs. Erfolgreiche Markteinführungen wie bei der Syoss-Pflegerange unterstreichen dies.*
- *2010: Deutsche Telekom. „Erleben, was verbindet", heißt der Slogan der Deutschen Telekom. Dieses Markenversprechen wird in einem dynamischen, herausfordernden Umfeld seit vielen Jahren bestätigt.*
- *2011: Schüco. Schüco ist einer der weltweit führenden Anbieter von zukunftswei-*

senden Gebäudehüllen mit Solarlösungen, Fenstern, Türen und Fassaden. Und einer der Hidden champions der deutschen Industrie.

4.1 Markeneinführung

Die Markeneinführung ist gemeinhin gekoppelt an die Produktinnovation, d.h., ein neues Produkt wird am Markt eingeführt und erhält einen neuen Namen, seine Marke. Es ist jedoch auch denkbar, dass ein bisher markenloses Produkt nunmehr als Marke etabliert werden soll. Dazu ist eine nähere Betrachtung der Ausprägungen von Markierungen und zur Findung neuer Namen erforderlich.

4.1.1 Markierung von Produkten

Die Marke ist ein Zeichen. Zeichen ist alles, was auf Grund einer vorher festgelegten Konvention als etwas aufgefasst werden kann, das für etwas Anderes steht. Die Marke existiert allein in der und durch die Wahrnehmung ihrer Käufer. Der Markenname ist das eindeutigste und wichtigste Erkennungsmerkmal, durch das Produkte ihre Individualität erhalten. Er bleibt dem Produkt sein Leben lang erhalten. Damit ist der Markenname von zentraler Bedeutung für das Marketing. Der Markenname dient auch der interpersonellen Verständigung. Daher ist er gezielt zu planen. Insofern werden dafür psychologisch bedingte Ziele definiert wie Aktivierung, Wahrnehmung, Gedächtniswirkung, Emotionsauslösung, Assoziationen etc. Es bedarf aber auch der rechtlichen Zielfestlegung in Bezug auf räumliches Geltungsgebiet, sachlichen Anspruch und zeitliche Schutzwirkung. Und schließlich der Festlegung von pragmatischen Handhabungszielen wie die Umsetzbarkeit in Sprache oder die Integrierbarkeit in Grafik.

Im einfachsten Fall kann auf den **Firmennamen** zurückgegriffen werden. Dabei kann dieser komplett für alle Produkte übernommen werden (z.B. Bahlsen) oder mit zusätzlichen Produkthinweisen versehen sein (z.B. Eckes Edelkirsch). Der Produktname kann aus dem Firmennamen abgeleitet sein (z.B. Nestea von Nestlé) oder Produkt- und Firmenname werden gemeinsam benutzt (z.B. Bayer Aspirin). Außerdem kann durch Bildung von Produktgruppen auf Programmnamen durch Transfer zurückgegriffen werden (z.B. Milka Lila Pause). Schwierig wird es hingegen, soll ein neuer Markenname gefunden werden. Dafür gibt es verschiedene Strategien.

Ihrer Art nach kann man drei Gruppen von Markennamen unterscheiden:

- **Deskriptive** Markennamen treffen eine konkrete Aussage über das Produkt, sind aber wenig eigenständig und originell. Sie waren daher früher schutzunfähig. Auf Grund sprachlicher Barrieren sind sie zudem im fremdsprachigen Ausland kaum einsetzbar (Beispiel: Sahnejoghurt/Zott, Salatkrönung/Knorr, Kinderschokolade/Ferrero, Fruchtzwerge/Danone, Obstgarten/Danone, Badedas/Sara Lee, Klare Brühe/Maggi).
  Markennamen mit vorwiegend **semantisch** bedingter Aussagekraft können produktbeschreibend oder symbolisch gemeint sein. Die Produktbeschreibung er-

leichtert durch ihre Sinnhaftigkeit die Zuordnung und Erinnerung (z.B. Zewa wisch & weg). Die Symbolik schafft hingegen vor allem Vertrauen in die Produktleistung (z.B. Dr. Best). Solche Markennamen entstehen zumeist durch Verfremdung oder Spielen mit produktbezogenen Inhalten.

- **Assoziative** Markennamen rufen bestimmte Anmutungen hervor, die sich auf das Produkt beziehen. Sie sind gut schützbar und international einsetzbar, wenn sie keine länderspezifisch unerwünschten Assoziationen hervorrufen, was gründlich zu prüfen ist, um Fehlinvestitionen zu vermeiden (Beispiel: Schauma/Henkel, Brekkies/Effem, Meister Proper/P&G, Whiskas/Effem, Visa, Vectra/Opel).
  Phonetisch aussagekräftige Markennamen sind zwar artifiziell, stehen aber in einem klanglich bedingten Produktbezug (z.B. Coral Waschmittel für farbige Wäsche). Wenn diese so gewählt sind, dass sie in unterschiedlichen Sprachräumen funktionieren, eignen sie sich gut für den internationalen Einsatz. Hier wird auf Erkenntnissen der Psycholinguistik aufgebaut, die Ausdrucksqualitäten von Konsonanten und Vokalen analysiert. Dabei kommt es auch auf die Aussprechbarkeit an, die durchaus von Land zu Land abweichen kann (z.B. Sensodyne).
- **Artifizielle** Markennamen sind in der Regel reine Kunstworte, die zunächst ohne konkreten Bedeutungsinhalt sind und über das Produkt nichts aussagen, sie müssen erst noch aufgeladen werden. Sie sind sehr gut schützbar und unter Berücksichtigung aller sprachlichen, kulturellen und sonstigen Erfordernisse bei der Entwicklung in unterschiedlichen Ländern gut einsetzbar (Beispiel: Nivea/Beiersdorf, Kodak/Kodak, Timotei/Unilever, Ariel/P&G, Persil/Henkel, Twingo/Renault).
  Relativ **neutrale** Markennamen zeichnen sich dadurch aus, dass sie weder semantisch noch phonetisch einen erkennbaren Sinnzusammenhang zum Produkt ergeben. Dies erleichtert zwar die Schützbarkeit, erfordert jedoch eine Konditionierung durch Kommunikation (z.B. Pril). Das heißt, der an sich bedeutungslose Name muss erst mit im Sinne des Absenders bedeutungsvollen Inhalten konditioniert werden (Kelts, Vectra, Xedos, Twingo), damit er seine akquisitorische Wirkung entfalten kann (Hoba-Beispiel von Kroeber-Riel). Dies geschieht über verschiedene Kommunikationsmaßnahmen. Wohingegen bereits aussagekräftige Namen diese Aufladung erübrigen, was, je nachdem, vorteilhaft oder hinderlich sein kann.

Markennamen entstehen u.a. durch folgende Stilmittel:

- **akustisch** durch Alliteration (also Wiederholung betonter Stammsilben, wie Coca Cola), durch Assonanz (Wiederholung von Vokalen wie Omo, Uhu, Ata) und durch Konsonanz (Wiederholung von Konsonanten mit wechselnden Vokalen wie Weight Watchers),
- **orthografisch** durch eine nicht korrekte Schreibweise (wie X-tra), durch Abkürzungen/Symbole (wie 7 Up, 4711) und durch Akronyme (aus Anfangsbuchstaben von Wörtern gebildete Namen wie VW, HP, GM),
- **morphologisch** durch Apposition (Beiordnung eines erläuternden Satzgliedes wie Tipp-Ex) und durch, allerdings sperrige, zusammengesetzte Worte (wie La Vache-qui-rit),
- **semantisch** durch Metaphern (wie Slim Fast, Head&Shoulders), durch Synek-

doche (Spezialfall anstelle eines übergeordneten Begriffs wie Red Lobster) und durch Paranomasia (Wortspiele oder humorvolle Wortschöpfungen wie Meister Proper, Yes Torty, After Eight).

Markennamen verfremden weiterhin durch:
- lexikalische Wörter mit exotischen Endungen (Schauma, Spüli),
- mischen von Wörtern aus verschiedenen Sprachen (Kleenex, Pepsodent, Softlan),
- verschlüsseln der Produktinformation durch Anspielungen (Milka, Metabo), Assoziationen (Mustang, West) oder Allegorien (Pelikan, Apple),
- verwenden von Prestigewörtern (wie Lord, Commodore, Olympia, Gourmet, Royal),
- das Erfinden von Wortgags (wie Fa, Badedas).

Markennamen lassen sich nach vielfältigen weiteren Merkmalen rubrizieren:
- Eigennamen wie Hugo, Boss, Knorr,
- Namenskürzel wie Hertie (Herbert Tietz), Eduscho (Eduard Scholz),
- Herstellerhinweise wie Duschdas, Badedas, Cremedas (Sara Lee),
- Abkürzungen wie BMW, RWE, AEG,
- Vornamen wie Mercedes, Melitta,
- Titel wie Der General, Konsul,
- Götternamen wie Apollo, Juno, Nike,
- Namen aus Märchen und Sagen wie Rotkäppchen, Ajax, Ariel,
- Astronomische Namen wie Jupiter, Milky Way,
- Alchemistische Namen wie Mercury,
- Namen aus Übersetzungen wie Audi (lat. Horch), Vim (lat. Kraft)
- Eigenschaftsnamen wie Wisch&Weg,
- Städtenamen wie Clausthaler, Schwartau,
- Geografische Namen wie Montblanc, Nordsee,
- Tiernamen wie Salamander, Pelikan, Uhu.

Markennamen stehen in enger Verbindung zum Produkt und ergeben sich in Zusammenhang mit dessen:
- Aktualität (z.B. Die Aktuelle), Alter (z.B. Asbach Uralt), Anlass (z.B. Barcelona Chair), Auftraggeber (z.B. Kurland Porzellan), Designer (z.B. Gropius Stuhl), Exklusivität (z.B. S-Klasse von Mercedes-Benz), Farbe (z.B. Signal Zahncreme), Form (z.B. Eve Slimline-Zigarette), Gattung (z.B. Nescafé), Geschmack (z.B. Mildessa), Gewicht (z.B. Handycam), Größe (z.B. Knirps), Haltbarkeit (z.B. Nirosta-Stahl), Herkunft (z.B. Bad Reichenhaller Spezialsalz), Hersteller (z.B. Ferrari), Ingredienzen (z.B. Nuts), Konsistenz (z.B. Flora Soft), Nutzen (z.B. Wisch und Weg), Qualität (z.B. Lord Extra), Produktlinienzugehörigkeit (z.B. 3er-, 5er-, 7er-BMW), Verwender (z.B. Kinderschokolade), Verwendungsbereich (z.B. Spüli), Verwendungsdauer (z.B. Wipp Express), Verwendungsort (z.B. Walkman), Verwendungszeit (z.B. Night & Day-Kaffee), Vielseitigkeit (z.B. Universal).

Die Markennamen bestehen dabei im Wesentlichen als:
- **Wortmarke,** die allein schon durch die Typo zum Ausdruck kommt (z.B. Coca Cola, 4711, Mustang),
- **Bildmarke,** die durch ein Symbol zum Ausdruck kommt (z.B. Mercedes-Stern, Teekanne)
- **kombinierte Wort- und Bildmarke.**

Dem Einfallsreichtum sind dabei keine Grenzen gesetzt. Wichtig ist jedoch, dass ein Markenzeichen auch bei Veränderung (z.B. Vergrößerung, Verkleinerung, Negativ-/Positivabbildung, Ein-/Mehrfarbigkeit) wirksam bleibt. Als Elemente des klassischen Markenzeichens kommen dabei alle Corporate design-Elemente in Betracht wie:
- Farbklima, d.h., vornehmlich verwendete Farbe(n),
- Fotostil, d.h., charakteristische Bildinszenierung im Logo,
- Layoutraster, d.h., Ordnungskriterien des Auftritts,
- Logo, d.h., Markenzeichen selbst,
- Symbole, d.h., Sinnbilder für markeneigene Inhalte,
- Schrifttyp, d.h., vornehmlich verwendete Schrift(en),
- Tonalität, d.h., Duktus der Ansprache (bei akustischem Markenzeichen).

4.1.2 Namensfindung

Die Marke ist der Name eines Produkts, so wie die Firma der Name eines Unternehmens ist. Insofern werden vielfältige Anforderungen an Markennamen gestellt, so u.a. dass er
- einprägsam, eindeutig, leicht erkennbar, unverwechselbar, sprachbezogen, produkt- und leistungsbezogen identifizierbar, kurzsilbig, wohlklingend, positiv anmutend, suggestiv, aufmerksamkeitsstark und aktivierend, dauerhaft, überregional, weiterentwickelbar und juristisch unanfechtbar ist.

Da, pointiert dargestellt, alles am Produkt geändert werden kann, nur dessen Name nicht, weil dann das Produkt seine Identität und das Unternehmen seine Investitionen verliert, wird die Namensgebung heute nicht mehr dem Zufall überlassen. Vielmehr erhalten Branding-Spezialisten den Auftrag, neue Markennamen zu erfinden, durchzutesten und rechtlich zu prüfen. Die Kosten betragen zwischen 40.000 - 75.000 €, gemessen am Wert, den eine erfolgreiche Marke im Laufe der Zeit erlangen kann, sind das wahrlich „Peanuts“.

In früheren Zeiten war die Markennamensfindung da noch sehr viel einfacher:
- *Adidas steht für den Namen des Firmengründers Adolf Dassler,*
- *AEG ist die Abkürzung für Allgemeine Electricitäts-Gesellschaft,*
- *AGFA ist die Abkürzung für Aktien Gesellschaft für Anilin-Fabrikation,*
- *Aldi steht für Albrecht Discount,*
- *Alfa Romeo geht auf Nicola Romeo, Manager der Anonima Lombarda Fabbrica Automobili, zurück,*

- *ARAL steht für Aromate und Aliphate,*
- *Aspirin bedeutet Acetylsalicylsäure, gewonnen aus dem pflanzlichen Wirkstoff des Wiesenspier (Spiracea-Staude),*
- *BASF ist die Abkürzung für Badische Anilin- & Sodafabrik AG,*
- *C&A setzt sich aus den Namen der Firmengründer Clemens und August Brenninkmeyer zusammen,*
- *Chio ist ein Akronym für Carl, Heinz und Irmgard von Opel, die Angehörigen der Gründerfamilie,*
- *Coca-Cola ist aus den Zutaten Kokablättern und Colanüssen abgeleitet,*
- *Compaq (HP) steht für Compatibility und Quality,*
- *DEA ist die Abkürzung für Deutsche-Erdöl-Aktiengesellschaft,*
- *Eduscho steht für den Namen des Firmengründers Eduard Schopf,*
- *Em-Eukal bedeutet Menthol und Eukalytus, die Grundzutaten des Produkts,*
- *Erasco ist ein Akronym für Erasmi & Co Conservenfabrik,*
- *Esso ist von der Aussprache der Abkürzung der Standard Oil Corporation (S.O.) abgeleitet,*
- *H&M steht für Hennes, schwedisch „für Sie" und Mauritz schwedisch für Herrenmode,*
- *H.I.S. ist die Abkürzung von Henry I. Siegel, dem Firmengründer,*
- *Hagenuk bedeutet Hanseatische Apparatebaugesellschaft Neufeldt und Kuhnke,*
- *Hakle ist aus dem Namen des Firmengründers Hans Klenk abgeleitet,*
- *Hanuta bedeutet Hasel-Nuss-Tafel,*
- *Haribo steht für den Firmengründer Hans Riegel und den Ort Bonn,*
- *IBM ist die Abkürzung für International Business Machines,*
- *IKEA ist ein Akronym für Ingvar Kamprad (Firmengründer), Elmtaryd (Hofname) Agunnaryd (Ortsname),*
- *Katjes bedeutet niederländisch kleines Kätzchen*
- *Labello ist aus labes (lateinisch für Lippe) und bello (italienisch für schön) zusammengesetzt,*
- *Maggi hat seinen Namen vom Erfinder der Suppenwürze, Julius Maggi,*
- *Melitta war der Vorname der Tochter des Firmengründers Bentz,*
- *Mercedes stammt vom Vornamen einer der Töchter der Gründer von Daimler-Benz ab,*
- *Milka besteht aus den Namen der Zutaten Milch und Kakao,*
- *Nivea bedeutet auf lateinisch „die Schneeweiße" (nivis),*
- *ODOL ist aus Odous (griechisch für Zahn) und Oleum (lateinisch für Öl) zusammengesetzt,*
- *Osram steht für Osmium und Wolfram, die Metalle der Glühfäden,*
- *Persil ist aus den wesentlichen Grundstoffen des Waschmittels, Perborat und Silikat, zusammengesetzt,*
- *Recaro ist ein Akronym für Reutter Carosserien,*
- *Rowenta besteht aus Silben des Namens des Firmengründers Robert Weintraud,*
- *SAP ist die Abkürzung für Systemanalyse und Programmentwicklung,*
- *Tesa kommt von Elsa Tesner, einer Abteilungssekretärin bei Beiersdorf, deren Spitzname Tesa war,*
- *TUI ist die Abkürzung für Touristik Union International,*

Ablauf einer Namensentwicklung

- Studie zur Festlegung der zugrunde gelegten Markenstrategie
- Analyse des Markenportfolios auf Übertragbarkeit
- Marketingstudie zur Positionierung der Marke
- Entwicklungsstrategie und Kreationsrichtlinien (Corporate wording)
- Kreative Gruppenarbeit, unterstützt von Markennamens-Datenbank
- Linguistische Überprüfung in den gewünschten Sprachen
- Zeichenrechtliche Kurzrecherche mittels Computerprogramm
- Präsentation der vorausgewählten Markennamen
- Test und Detailrecherche der Zeichenrechte
- Anmeldung und Verwendung der Marke

- *UFA ist die Abkürzung für Universum Film AG.*
- *Vivil ist aus den Begriffen vivere (lateinisch für leben) und Oil zusammengesetzt,*
- *WMF ist die Abkürzung für Württembergische Metall Fabrik,*
- *Zewa ist die Abkürzung für Zellstoff Fabrik Waldhof/Mannheim.*
- *4711 ist aus der Markierung 4. Bezirk, 7. Straße, 11. Haus im Zuge der französischen Besetzung des Rheinlandes abgeleitet (Ferdinand Mühlens-Stammhaus).*

Die Namensfindung geschieht meist durch computergestützte, kombinatorische Verfahren, die Wortstämme, Silben oder Buchstabengruppen als Ausgangspunkte haben und anschließend bewerten. Allerdings führen bereits vier Vokale zu über 450.000 möglichen Kombinationen. Daher werden zumeist Restriktionen eingegeben. Der Ablauf stellt sich dann im Einzelnen wie folgt dar (*siehe Abb. Ablauf einer Namensentwicklung*).

Zunächst erfolgt, wie bei konzeptionellen Arbeit üblich, ein Briefing über das zu benennende Produkt (Sachgut oder Dienstleistung), das anbietende Unternehmen und seine Philosophie. Vor allem wird die beabsichtigte Markenstrategie (Absatzquelle, Zielpersonengruppe, Positionierung) im Detail vorgestellt. Ebenso werden die Eckdaten über Markt, Wettbewerb, Abnehmer etc. skizziert. Dazu gehört auch ein Abriss über die Markenzeichenpolitik, d.h., verfügbare Zeichen, geplante Eintragungen etc.

Danach erst beginnt die eigentliche Namensentwicklung, regelmäßig in Teamarbeit. Diese Teams bestehen fallweise aus landessprachlich sensiblen Menschen, Mitarbeitern des Unternehmens, Fokusgruppen potenzieller Abnehmer etc. Sie entwickeln in Kreativsitzungen eine Longlist möglicher Markennamen. Erfolgversprechende Ausschnitte davon werden durch Computer-Permutation nach vorgegebenen Ausgangsmerkmalen weiterentwickelt. Zugleich erfolgt eine markenrechtliche Vorrecherche und eine erste Sprachüberprüfung.

Die Präsentation umfasst dann eine Shortlist präferierter Namen. Diese werden zumeist durch unterstützende Visualisierung des Markenschriftzugs oder durch simulierten Auftritt als Bestandteil von Packung, Werbemitteln etc. konkretisiert. Die Namensvorschläge werden begründet und mit einer Empfehlung versehen. Auf dieser Basis erfolgt der Entscheid über das weitere Vorgehen.

Daraufhin erfolgt für eine Auswahl verbleibender Alternativen die umfangreiche zeichenrechtliche Prüfung in Bezug auf formale Eintragungsfähigkeit, Verwechslungsgefahr mit bereits eingetragenen identischen Markenzeichen, Verwechslungsgefahr bei identischem Markenverzeichnis und internationaler Eintragungsfähigkeit im geplanten Absatzgebiet. Dazu wird eine Expertise beim zuständigen Patentamt eingeholt.

Daran schließt sich dann ein Namenstest an, der wichtige Markennamenseigenschaften, vor allem sprachliches Verständnis, leichte Erinnerbarkeit, gewünschte Assoziation etc., überprüft. Die übrig bleibenden Vorschläge sind damit sowohl in ihrer Phonetik (d.h., Aussprechbarkeit, Verständlichkeit, Einprägsamkeit, Eigenständigkeit und Unverwechselbarkeit) als auch ihrer Bedeutung (kultureller Hintergrund) und ihrer Schützbarkeit geprüft. Die Sichtung bestehender Namen unterstützen Markendatenbanken wie Data-Star (Imsmarq), Dialog (Trademark Scan), Questel, Orbit etc.

Nur Namensvorschläge, die alle diese Hürden überwunden haben, haben die Chance, genutzt zu werden (so z.B. Corrado von Volkswagen, Vectra von Opel, Tiptronic von Porsche, Plantareen/Pril von Henkel, Kelts von der König-Brauerei, Scall und Skyper von der Deutschen Telekom, Megaperls von Henkel, Twingo von Renault).

4.1.3 Branding-Probleme

Gerade die Internationalisierung von Marken birgt dabei gravierende Probleme. Beispiele sind die gescheiterte Einführung des im Ursprungsland erfolgreichen irischen Whiskeys Irish Mist im deutschsprachigen Raum (hier als Tullamore Dew im Regal). Ähnliches gilt für den Rolls-Royce Silver Mist (der in Silver Shadow umbenannt wurde) und für den Flop des führenden finnischen Scheibenreinigers Super Piss, für die (unanständige) Doppelbedeutung des Modellnamens Pinto für ein Automobil aus dem Hause Ford im Spanischen, oder ebenfalls im Spanischen, das Scheitern des neuen Gillette Rasierers Nova (= No va, spanisch für geht nicht). Schließlich bedeutet Uno (von Fiat) im Finnischen Trottel, und wer fährt schon gern ein Trottelauto, oder eines, das den Namen mit einer führenden Damenbinde teilt (Nissan Serena). Ritmo (von Fiat) erinnert im Englischen an eine Empfängnisverhütungsmethode. Und Regata (ebenfalls von Fiat) bedeutet im Schwedischen streitsüchtige Frau. Dedra, das Mittelklassemobil von Lancia, hat im Englischen die Alliteration von Dead (tot), Nike ist in arabisch ein vulgäres Schimpfwort. Lada bedeutet auf ungarisch Kiste und auf arabisch Hölle (was wenigstens halbwegs stimmt). Evasion (von Citroen) bedeutet im Englischen Steuerflucht und Corsa (von Opel) ungehobelt. Espero (von Daewoo) heißt im Spanischen „Ich warte“, Matador (von AMC) Killer und Pajero (von Mitsubishi) „Wichser“. Jetta (von VW) bedeutet auf italienisch wegwerfen. VW Passat klingt auf französisch nach „pas ca“ wie „das nicht“ und Puta (Nahrungsmittel) bedeutet auf spanisch Hure. Martini (Spirituosen) meint auf chinesisch „dich hat ein Pferd getreten“, Phanodorm (Schlafmittel) auf italienisch „lässt dich nicht einschlafen“. Das Parfüm Rockford ist im französischen lautgleich mit dem Käse Roquefort, die Fluggesellschaft Misair mit Misere. Und McDonald's heißt in Japan wegen der Aussprechbarkeit gleich Makudonaldo. Esso schließlich bedeutet auf japanisch „den Motor durch Abwürgen zum Stillstand bringen“. Die Colgate-Zahncreme „Cue“ teilt in Frankreich den Namen mit einem berüchtigten Pornomagazin.

Oft bestehen auch schlicht Ausspracheprobleme (z.B. Worcester Sauce). In Frankreich etwa sind Bahlsen Kipferl schlichtweg unaussprechlich (und heißen deshalb Croissant de Luna). Dann gibt es weiterhin Rechtsprobleme. So gehört in Großbritannien der Markenname Persil nicht zu Henkel, sondern zum Konkurrenten Unilever, eine Folge der Nachkriegswirren, heißt Persil in Frankreich aus ähnlichen Gründen Le Chat, gehört die Marke Aspirin in Nordamerika erst seit Neuestem wieder zu Bayer (dazu musste gleich die hochdefizitäre Block Drug-Sparte vom Konkurrenten Sterling Drug miterworben werden). Verbreitet sind auch international abweichende Markennamen. Oil of Olaz (Unilever) etwa heißt in anderen Ländern Oil of Ulay, Oil of Ulan oder Oil of Olay. Kuschelweich heißt in den USA Snuggle, in Australien Huggie, in Italien Coccolino, in Frankreich Cajoline, in Benelux Robijn, in Dänemark Bamseline, in Spanien Mimosin, in der Türkei Yumos, in Brasilien Fofo, in Japan Fafa, in Südkorea Pomi und in Taiwan Baubau. Und Perwoll heißt je nach Land Fewa, Perlona, Perlan oder Mir. Und Lätta heißt in Belgien und Frankreich Effi, in der Schweiz Linea. Abweichungen entstehen auch aus der Übersetzung von Markennamen in die jeweilige Landessprache (z.B. Meister Proper, Monsieur Propre, Maestro Lindo oder La vache qui rit, The laughing Cow, Die lachende Kuh).

4.2 Markenpflege

Gemein stehen die spektakulären Ereignisse der Innovation, Variation und Elimination von Marken im Mittelpunkt der Betrachtung. Doch mindestens genauso wichtig für den Markenerfolg ist die kontinuierliche Betreuung der Marke. Dazu werden leider verbreitete Maßnahmen aufgezeigt, die geeignet sind, der Marke Schaden zuzufügen. Weiterhin wird eine geeignete Organisationsform zur Markenpflege beschrieben.

4.2.1 Abwendung von Markenschaden

Die Markenpflege umfasst die Fortführung von Angeboten und macht in der Praxis den überwiegenden Arbeitsanteil aus. Dabei werden meist die Anforderungen der 6 C´s vorgebracht:

- **Competence** (Markenkompetenz), d.h., die Angebote müssen konsequent an den Verbraucherbedürfnissen ausrichtet sein, das Preis-Leistungs-Verhältnis ist Kunden orientiert zu gestalten,
- **Continuity** (Markenkontinuität), d.h., Aktionismus ist zu vermeiden, dem dient die Entwicklung einprägsamer Markennamen und -symboliken sowie deren stetige Pflege, dies bietet Orientierungshilfe bei der Markenwahl,
- **Concentration** (Markenfokussierung), d.h., sich auf wenige starke Marken zu konzentrieren, Line extensions nur bei Tragfähigkeit und Synergien durchzuführen und Produkteinführungen durch intensive Kommunikation zu unterstützen,
- **Credibility** (Markenglaubwürdigkeit), d.h., durch gleich bleibende Qualität Vertrauen schaffen, Sicherheit vor Überraschungen bieten und eine breite Verfügbarkeit der Marke sicherstellen,
- **Commitment** (Markenverpflichtung), d.h., die Markenpositionierung konsequent verfolgen und umsetzen, der Marke Zeit zum Reifen geben sowie in Innovation und Markenfortschritt investieren,
- **Cooperation** (Markenabstimmung), d.h., die Zusammenarbeit mit dem Handel vertiefen (z.B. Category management, ECR), Ganzheitlichkeit der Maßnahmen sicherstellen, Marketing und Vertrieb aufeinander abgestimmt organisieren.

Im Rahmen der Forschung und Entwicklung (FuE) geht es um die proaktive Sicherung des Marktbestands. Auf Grund der langen Vorlaufzeiten muss bereits dann, wenn bestehende Produkte noch in voller Blüte stehen, mit Hochdruck an Nachfolgeprodukten gearbeitet werden. Die Arbeitsstufen umfassen dabei Pflichten- und Lastenheft (z.B. Qualität, Design), Erstmuster (Funktionsmuster, Handmuster), Entwicklungsmuster (mit Prüfprogrammen), Fertigungsfreigabe, Vorserie (Produktionskonzept), Nullserie (Praxiserprobung) und Auflage. Begleitend erfolgt auf allen Stufen Marketingforschung zur Absicherung des Erfolgs.

Eine weitere Aufgabe ist die stete Qualitätsprüfung durch Festlegung von Qualitätsmerkmalen, Maßnahmen zur Realisierung der geplanten Qualität und Überwachung dieser Qualität. Dies hat entscheidenden Einfluss auf den Markterfolg, ist aber auch aus Produkthaftungsgründen unerlässlich.

Dann bedarf es der steten Markt- und Umweltbeobachtung, um Einflussfaktoren auf den Markenerfolg aufzuspüren, deren Auswirkungen zu klären und entsprechende Gegenmaßnahmen einzuleiten. Hier ist etwa an Produktpiraterie zu denken. Dabei handelt es sich um die Fälschung von Markenzeichen, die Markenzeichenanlehnung und die sklavische Nachahmung von Produkten. Dann müssen dringend weit reichende rechtliche Konsequenzen eingeleitet werden.

Weiterhin muss der Marketing-Mix stetig auf seine Eignung im aktuellen Vermarktungsumfeld hin überprüft werden. Beständig werden neue Kombinationen ausgetestet, um die bestehende Vermarktungssituation zu optimieren. Da diese sich wiederum aber ständig verändert, ist dieser Prozess nicht abzuschließen, sondern bedarf der permanenten Anpassung der Markenstrategie im Trial&error-Verfahren.

Die Produktleistung darf nicht durch qualitätssenkende Einsparungen von Material- und Produktionskosten, wie sie im Rahmen des Controlling und der Wertanalyse propagiert werden, gemindert werden. Dies ist existenzbedrohend für jeden Markenartikel, denn mit einer Marginalleistung in Sachen Produktqualität ist noch keine Marke entstanden oder lange im Markt verblieben, erst recht nicht erfolgreich.

Der FuE-Etat darf nicht zu Gunsten der Imitation von Konkurrenzmarken im Zuge von Sparmaßnahmen gemindert werden. Dies scheint zwar verlockend, führt aber zum Verlust der Originalität. Und Me too-Produkte haben am Markt, wenn überhaupt, nur über exorbitante Werbebudgets eine Chance, als Marke angesehen zu werden, Mittel, die besser in FuE angelegt sein sollten, weil damit eine Marktposition nicht nur verteidigt, sondern auch strategisch aufgewertet werden kann.

Ebenso schafft eine starke und schnelle Anpassung an erfolgreiche Konkurrenzaktivitäten keinen kompetitiven Vorsprung, sondern ist allenfalls geeignet, reaktiv dem Mitbewerb zu folgen. Dann aber determiniert dieser die eigene Marktanteilsentwicklung, was risikobeladene Konsequenzen impliziert.

Die Durchführung dauerhafter Price off-Aktivitäten, die den Qualitätsanspruch jedes Markenartikels beeinträchtigen, muss vermieden werden. Allerdings liegt diese Entscheidung weitgehend in der Hand autonomer Absatzmittler. Diese profilieren sich gegenüber ihrem Publikum vornehmlich durch Sonderangebotsaktionen, die sie mit bekannten Markenartikeln fahren. Denn nur das preisaggressive Angebot renommierter Marken wird ihnen von der Kundschaft als eigene Leistungsfähigkeit angerechnet. Die Preiseinschätzung einer Marke leidet jedoch zwangsläufig, wenn sich kontinuierlich und überall Sonderangebotspreise in das Bewusstsein der Verbraucher einprägen, die zum realen Preisniveau in keiner vernünftigen Beziehung mehr stehen. Da vom Preis zudem oft auf die Qualität eines Produkts geschlossen wird, ist damit ein fatales Down grading verbunden, dem der Hersteller nur bedingt Einhalt gebieten kann.

Das indirekte Verschenken durch Anbieten von mehr Inhalt zum gleichen Preis entwertet die Marke und führt zur Verstopfung der Pipeline. Dies geschieht etwa im Rahmen von Onpack-Promotions, bei denen ein größerer Mengeninhalt an Ware zum gleichen Preis angeboten wird, um bereits herstellerseitig die Preis-Leistungs-Relation zu verbessern. Entsprechendes gilt für Aktionen mit produktfremden Onpacks oder mit Zugaben, sofern diese nicht in einem engen, konzeptionellen Zusammenhang mit der Markenbotschaft stehen. Sie mögen zwar Probierkäufe provozieren, führen aber letztlich nur dann zur Markentreue, wenn über die reine Gimmick-Ebene hinaus emotionale Bindungen zwischen Klient und Angebotsprofil aufgebaut werden können.

Der Versuchung, sich gedanklich auf vertraute Zielgruppen zurückzuziehen, statt den unbedingten Willen zu haben, proaktiv unbekannte Segmente am Markt zu erobern, muss widerstanden werden. Viele saturierte Marken drohen so, mit ihren Verwendern im Laufe der Zeit buchstäblich auszusterben. Nur die stete Erneuerung des Absatzpotenzials durch Ausschöpfung und Erweiterung der Nachfragequellen bietet Gewähr für eine auf Sicht positive Umsatzentwicklung.

Die Kürzung von Werbeausgaben zur Realisierung von Spotgewinnen ist arg verlockend. Und so steht bei Kosteneinsparungen als einer der ersten Titel meist der Werbeetat zur Disposition. Hier scheinen Ausgabenkürzungen leicht möglich, ohne dass sofort Umsatzeinbußen hingenommen werden müssen. Dies ist jedoch äußerst kurzsichtig, denn es muss später versucht werden, dadurch verlorene Marktanteile mit überproportionalen Aufwendungen zurückzugewinnen (wobei der Erfolg zweifelhaft bleibt). Die Spotgewinne aus Investitionsverlagerungen zulasten der Werbebudgets werden daher meist mittelfristig durch in Zukunft zu erwartende Umsatzausfälle überkompensiert.

Der freizügigen Vergabe von Werbekostenzuschüssen und anderen versteckten Rabatten an den Handel, um sich dessen Kooperation zu erkaufen, muss ebenso widerstanden werden. Hier unterbleiben gleichermaßen markenaufbauende, strategische Investitionen zu Gunsten aktionaler Bestechungsgelder, denen gewiss keine Markenwirkung zukommt.

Wenn solche Absatzmittlerzuwendungen überhaupt Sinn machen, dann nur gekoppelt an markenfördernde Aktionen und Platzierungen. Dabei bleibt allerdings der Markenauftritt im Handel praktisch schwer durchsetzbar, da die großen Handelsorganisationen in ihren Werbemitteln zwischenzeitlich eine eigene Corporate Identity verfolgen, welche die des Markenabsenders nur allzu leicht dominiert. Andererseits bleiben wenig andere Möglichkeiten, sich aus der Nachfragemacht des Handels zu befreien, es sei denn, durch Sprungwerbung zur Markenprofilierung direkt bei Endabnehmern.

Im Zuge zunehmender Diversifikationsbemühungen der Hersteller drohen Flankers eher den Markenkern zu verwässern als ihn zu stärken. Ein Rangeausbau bleibt nur insoweit markenunschädlich, als er der erlebten Markenwelt entspricht. Geht es allerdings lediglich darum, Nischenumsätze durch Einsatz von Positionierungskompetenz abzuschöpfen, leidet darunter das Markenprofil. Eine solche Milking policy gefährdet damit die Basisumsatzinteressen durch Beeinträchtigung der Konturierung des gemeinsamen Markenschirms.

Verkaufspromotions und Gewinnspiele, die von der Produktleistung ablenken, sollten unterbleiben. Sie unterliegen starken Abnutzungserscheinungen und lenken, sofern sie nicht zur intensiven Auseinandersetzung mit der Markenkernaussage führen, eher von dieser ab. Vor allem generieren solche Maßnahmen weniger Käufer, die der Marke aus Überzeugung nahe stehen, als vielmehr solche, die auf Gewinnspielchancen spekulieren.

Angesichts stagnierender Verkaufszahlen besteht die Neigung, durch Angstappelle oder durch starke Incentives einen überzogenen Erfolgsdruck auf die Verkaufsmannschaft auszuüben. Diese Maßnahmen unterliegen bedauerlicherweise ertragsgesetzlichen Effekten, d.h., der Leistungszuwachs wird mit jedem weiteren Einsatz geringer, sodass solche Initiativen bald verpuffen.

Budgetziele, die sich im Zeitablauf als unrealistisch erweisen, sollten revidiert werden, statt verbissen an ihnen festzuhalten. Dies bedarf allerdings bei den heute meist international geführten Unternehmensgruppen eines Headquarter, das für derartige Einsichten Verständnis aufbringt.

Es ist ebenfalls zu vermeiden, in kritischen Situationen von einem zum anderen externen Berater hektisch zu wechseln (bezogen vor allem auf die Werbeagentur), weil damit stets eine Know-how-Vernichtung größeren Ausmaßes verbunden ist. Das führt mit neuen Beratern erst einmal zu Reibungsverlusten und neutralisiert positive Leistungseffekte auf geraume Zeit.

4.2.2 Brand management

Bedeutsam ist hier in erster Linie der Marketingcharakter der Organisation. Dem wird Rechnung getragen durch die Zerlegung der absatzwirtschaftlichen Bereiche aus allen Organisationseinheiten und deren Zusammenfassung in einer Marketingeinheit. Der Komplexität des Markenmanagements versucht man durch das Brand Management zu entsprechen.

Das Brand Management ist eine nach dem Objektprinzip gestaltete, zeitlich nicht von vornherein befristete Form der Aufbauorganisation, bei der eine markenbezogene Querschnittskoordination verschiedener Tätigkeitsbereiche erfolgt. Der Brand-Manager ist somit so etwas wie der Pate seines Produkts und hat sich für dessen Durchsetzungsfähigkeit und Wohlergehen im Markt verantwortlich zu fühlen.

Als wesentliche Eigenschaften des Brand-Managers sind vor allem zu nennen:

- Überzeugungskraft, die zur Motivation und Identifikation der Mitarbeiter führt, Integrität, die sich als Zuverlässigkeit in den Entscheidungen und als Gleichbehandlung etwaig unterstellter Mitarbeiter erweist, Sachverstand, d.h., die Fähigkeit, komplexe Aufgaben richtig zu bewerten und entsprechend zu planen, Problembewusstsein, was die Fähigkeit zur sozialen Interaktion und Kreativität einschließt, um auch außergewöhnliche Situationen zu lösen, Entscheidungsfähigkeit, d.h., die Übernahme von Risiken einer Entscheidung und die Realisierung komplexer Entscheidungsprozesse, weiterhin Planungs- und Koordinationsfähigkeit, um eine Vielzahl abhängiger Aufgaben integriert lösen zu können sowie Risikobereitschaft zur Übernahme von Verantwortung und zur Wahrnehmung von Chancen.

Bei guter Markenpflege kann das Lebensalter von Marken grundsätzlich gegen unendlich gehen. Beispiele sind folgende:

- *Coca Cola seit 1886, Maggi Suppenwürze 1887, Dr.Oetker-Backin 1892, Leibnitz-Keks 1892, Odol Mundwasser 1893, Bayer Aspirin 1899, Erdal Rex 1901, Leukoplast (Beiersdorf) 1901, Milka Suchard 1901, Vivil 1902, Ovomaltine 1904, Kaffee Hag 1906, Kellogg`s Cornflakes 1906, Asbach-Uralt 1907, Henkel Persil 1907, Tesa (Beiersdorf) 1907, Melitta Filtertüten 1908, Toblerone Suchard 1908, Palmolive 1911, Bärenmarke 1912, Nivea Creme 1912.*

4.3 Markenablösung

Bei der Markenablösung handelt es sich um die Regelung der Nachfolge einer bestehenden Marke durch eine neue. Da die Markierung notwendige Bedingung für jeden Markenartikel ist, will eine solche Variation gut überlegt sein. Relevante Aspekte betreffen dabei den Marken-Lebenszyklus, die Lebenszyklus-Verlängerung, das Timing der Ablösung, die Vorgehensweise bei der Umbenennung und die Veränderungsrichtung des Markenprodukts. Zunächst zu Überlegungen des Marken-Lebenszyklus.

4.3.1 Marken-Lebenszyklus

Wer Markenartikel anbietet, hat den Zugang zum Markt. Viel mehr noch als alle anderen Unternehmensaktivitäten ist die Marke die Voraussetzung für aktive Nachfrage, hohe Preisdisziplin und angemessene Gewinnmarge. Eine Marke aufzubauen, bedarf umfangreicher Investitionen und umsichtiger Planung. Doch selbst dann ist im Wege der Markenpflege nachhaltig sicherzustellen, dass latente Gefahren von der Marke fern gehalten werden. Und diese lauern in vielfältiger Weise an allen Ecken und Ende des Markts. Markenartikel bedürfen daher der kontinuierlichen Pflege, um ihre Wettbewerbsfähigkeit und ihre Attraktivität zu erhalten und zu sichern. Die Marke durchläuft während ihrer Karriere mehrere Phasen im Lebenszyklus. Es handelt sich dabei im Einzelnen um:

- **Etablierung/Aufbau.** Hier wird die Marke eingeführt. Die Präsenz im Handel ist dafür insoweit gewährleistet, als erkennbar ein neuer Bedarf geweckt wird, was jedoch angesichts weithin gesättigter Märkte nur mehr selten der Fall ist. Die Marke beginnt, Orientierungsfunktion im Publikum zu erhalten. Kommunikative Maßnahmen gegenüber der Zielgruppe helfen bei der Bekanntmachung. Dazu gehören sowohl Endabnehmer durch massenmediale Ansprache als auch Absatzmittler durch Fach- und Direktansprache sowie auch die eigene Vertriebsmannschaft. Vor allem sollen in dieser Phase die Position des Produkts und sein die bloße Daseinsberechtigung übersteigendes Erfolgspotenzial aufgezeigt werden.
- **Absicherung/Stabilisierung.** Hier wird die Grundlage für Markentreue durch eine Marketing-Mix-Optimierung gelegt. Eine breite Distribution ermöglicht die Durchsetzung am Markt. Zugleich setzt der Wettlauf um die Marktführerschaft ein. Dies erfordert eine Optimierung des Marketing-Mix. Denn auf Grund der Vorteile, die ein Marktführer genießt, ist seine Position fast unumstößlich. Mit größerer Ausbringung verbundene Erfahrungskurveneffekte führen zu einer gesteigerten Gewinnmarge oder zu einem Preissenkungsspielraum.
- **Differenzierung/Eigenständigkeit.** Hier wird mithilfe von Produktmodifikation Abstand zu aufkommenden Marktfolgern und Handelsmarken gesucht. Die unerlässliche Markenpflege im Absatzkanal setzt ein, die aus einem Schnellstarter (Star) erst einen Dauerläufer (Cash cow) macht. Die Marke erreicht in der Folge ihr charakteristisches Profil gegenüber potenziellen Abnehmern und ihre diskriminierende Absetzung gegen unvermeidliche Wettbewerber, die in den Markt kommen und erfolgreiche Produkte mehr oder minder plagiieren. Hier kann

durch Produktvariation Abstand zu Marktfolgern gehalten werden. Dies gilt vor allem auch für Handelsmarken, welche die Priorität der Absatzmittler genießen.

- **Imitation/Me too**. Hier wird die Beeinträchtigung durch Gattungswaren relevant, die erfolgreiche, ausgereifte Marken nachahmen und sich als vergleichbar darstellen. Denn gelingt die Profilierung der Marke nicht eindeutig, kommen Gattungswaren gefährlich auf. Marktanteilsverluste sind die Folge. Dagegen hilft im Allgemeinen nur eine noch stärkere Profilierung in Richtung Leistungsführerschaft, wobei die Gefahr besteht, dass sich dabei zugleich das Zielgruppenpotenzial einengt und die stärkere Profilierung zulasten der Markttragfähigkeit geht. Up grading bietet also, vor allem in Zeiten restriktiver Wirtschaftsbedingungen, nur einen risikobehafteten Ausweg.
- **Spaltung/Aufgabe.** Hier wird die Gruppe schwacher Marken zum Marktaustritt gezwungen, da sie ihre Positionierung nicht erfolgreich durchsetzen konnten. Intensiver Preiswettbewerb setzt ein, Rationalisierung und Kostenmanagement sind primär. Dies überleben nur ausgeprägte Angebote, die ihren Marken-Goodwill am Markt in einem höheren Preis umzusetzen vermögen. Die Markenführerposition zahlt sich nun ebenso aus wie die hohen Marketinginvestitionen, welche die Überlebenskraft des Angebots steigern.
- **Polarisierung/Versteinerung.** Hier wird die Marktmitte ausgedünnt. Starke Markenartikel überleben, Anbieter mit Qualitäts- oder Kostennachteilen haben jedoch keine Chance. Die Gewinnspannen steigen wieder infolge der Wettbewerbsberuhigung. Da gleichzeitig neue Märkte und Markenlebenszyklen starten, lässt das Engagement spürbar nach.

Nur starke Marken durchlaufen alle Phasen dieses Marken-Lebenszyklus. Flopangebote scheitern bereits in der Etablierung, imitierende Anbieter warten hingegen ab, ob ein Angebot reüssiert, und entscheiden sich erst danach zum Markteintritt. Schwache Marken scheiden dann bereits vom Markt aus, weil sie in der Dichotomie zwischen hoher Qualität und niedrigem Preis keine eindeutige Position beziehen können.

4.3.2 Timing zur Ablösung

Zur zeitlichen Veränderung des Phasenablaufs im Marken-Lebenszyklus ergeben sich verschiedene Ansatzpunkte für Aktivitäten im Marketing, so vor allem die Folgenden:

- Steilerer Anstieg der Verteilungskurve zur Forcierung des Umsatzerfolgs durch Maßnahmen profilierender Art (Produktneuheit) oder generischer Art (Marktneuheit). Dazu zählt vor allem die rasche Bekanntmachung des neuen Angebots und dessen frühe Übernahme durch aktive Personengruppen.
- Gestreckter Verlauf der Verteilungskurve (Stretching), vor allem in der Penetrations- und Saturationsphase. Daraus resultiert ein positiver Cash-flow, weil die Umsätze noch ansehnlich, gleichzeitig die Produktionsanlagen vorzeitig abgeschrieben und weitere Investitionen auf Grund des absehbaren Lebensendes eng begrenzt sind.

- Verzögerter Abfall der Verteilungskurve durch Maßnahmen der laufenden Angebotsaktualisierung zur kontinuierlichen Produktpflege (Product care).
- Höheres Niveau der Verteilungskurve durch Maßnahmen zur produktlichen Aufwertung in Leistung bzw. Nutzen. Dazu gehören Facelifts, die dem Markt immer wieder verhaltene Wachstumsschübe geben (Leveraging).
- Relaunch bei Umkehr der Wachstumsdynamik durch Produktmodifikationen in Form von Up bzw. Down gradings. Dabei wird das bestehende zu Gunsten eines variierten Produkts vom Markt genommen.

Die **Substitutionszeitkurve** soll eine Prognose über die zeitliche Ablösung eines Produkts durch ein anderes erlauben, das dem gleichen Zweck dient. Hierbei liegt die Erfahrung zu Grunde, dass die durch eine Innovation bewirkte Substitution bestimmten gleichförmigen Verhaltensmustern folgt. Insofern kann bereits aus wenigen frühen Daten, welche die Bedingungen der jeweiligen Substitution enthalten, formal der zukünftige Substitutionsprozess prognostiziert werden. Für die Substitutionszeitkurve wird typischerweise ein s-förmiger Verlauf unterstellt (logistische Funktion), also zunächst exponentielles Wachstum bis zum Wendepunkt (bei 50 % Marktsättigung), dann degressives Wachstum und schließlich Sättigung. Der Gesamtmarkt ist durch die Anwenderprobleme definiert, für die ein neues Produkt eine bessere Lösung bringt als das alte. Selbst intensive Marketinganstrengungen zur Verlängerung von Lebenszyklen oder zum Marktwachstum können demnach den vorgegebenen Substitutionszeitverlauf nicht wesentlich beeinflussen. Es gibt drei typische Phasen:

- Bei Markteintritt wächst der Marktanteil nur langsam, da das alte Produkt noch beherrschend ist. Meist wird diese Zeitphase zur Bewusstmachung eines neuen Angebots unterschätzt. Es braucht verhältnismäßig lange, bis gewohnte Verhaltensweisen aufgebrochen und neue durchgesetzt werden, selbst wenn Vorteile offensichtlich sind.
- Bei Marktpenetration erfolgt der eigentliche Substitutionsprozess. Dies erfordert eine entsprechende Kapazitätsbereitstellung beim neuen Produkt. Dessen Ablösung bricht oft schlagartig herein, weil sich Prozesse im Vorfeld aufschaukeln und im Wege hoher Eigendynamik überraschend kulminieren.
- Bei Marktsättigung vollzieht sich die endgültige Verdrängung der bisherigen Lösung bis auf einen remanenten Nischenmarkt. Es ist selten der Fall, dass ein Angebot gänzlich vom Markt verschwindet. Es gibt immer noch marginale Verwendung bei Nachzüglern, deren Umsatz liquidiert werden kann.

Problematisch ist, dass Trendbrüche zu Fehlprognosen führen. Außerdem ist die Unterstellung bestimmter Substitutionsbedingungen problematisch.

4.3.3 Umbenennung

Eine Markenvariation als Änderung des Markennamens ist immer mit erheblichen Aufwendungen verbunden. Im Zuge der Globalisierung von Marken ist jedoch ein einheitlicher Produktname weithin unerlässliche Voraussetzung für den rationellen

Marketing-Mix-Einsatz (z.B. in Bezug auf Packung, Verkaufsliteratur, Werbekampagne).

Dabei sind verschiedene Strategien denkbar. Die erste Möglichkeit ist die abrupte Umbenennung ohne Ankündigung an die Zielgruppe (z.B. M&M´s statt Treets wegen Internationalisierung, New Mag statt Lui wegen Lizenzablaufs, Dr.Oetker-Tiefkühl statt Frosti wegen Misserfolgs). Dabei wird eine Marke schlagartig und überraschend vom Markt genommen und durch die ihr nachfolgende ersetzt, was für Zielpersonen aber nicht als Nachfolger erkennbar ist, sondern als Markeninnovation erlebt wird. Dies bietet einige Vor- aber auch Nachteile. Zunächst zu den Vorteilen:

- Diese Vorgehensweise bietet die Chance, sich anderweitig kaum abwendbaren Imageballasts zu entledigen. Die neue Marke kann sich dann befreit dem Wettbewerb stellen.
- Der Bruch macht eine völlige Umpositionierung möglich. So wurde Treets als Kindernaschwerk zu M&M´s als Trendsnack umpositioniert, was ansonsten wohl kaum gelungen wäre.
- Die Distribution und Platzierung bleibt bei Aufklärung des Handels und ausreichender Marktstellung erhalten, sodass von einer praktisch unveränderten Verfügbarkeitsbasis aus agiert werden kann.

Als Nachteile sind jedoch zu nennen:

- Die durch hohe Investitionen aufgebaute Kundenbindung geht verloren, da die ehemaligen Käufer der Marke ihr Produkt nicht wiedererkennen können. Sie wechseln daher ohne Not zur Konkurrenz, wenn sie nicht durch Zufall auf die neue Marke stoßen.
- Folglich ist ein völliger Neuaufbau der Marktgeltung erforderlich. Dies impliziert hohe Investitionen mit einem langen Amortisationszeitraum.
- Im Ergebnis muss gleich doppelt in die Marktpräsenz eines Produkts investiert werden, nämlich zum ursprünglichen Aufbau der nunmehr abgelösten Marke und zum Aufbau der ablösenden Marke.

Die zweite Möglichkeit ist die abrupte Umbenennung mit Ankündigung an die Zielgruppe (z.B. Citibank statt KKB, DEA statt Texaco oder Europcar statt Interrent, Nissan statt Datsun, Twix statt Raider, Wal-Mart statt Wertkauf, Vodafone statt D2, Thomas Cook statt Condor). Häufig spielen dabei auch Fusionen eine Rolle, so bei Ergo (entstanden aus Victoria, DAS, Hamburg-Mannheimer und DKV), Aventis (entstanden aus Hoechst und Rhone Poulenc) oder Novartis (entstanden aus Ciba Geigy und Sandoz). Dabei wird eine Marke schlagartig, aber nicht überraschend vom Markt genommen und durch die ihr nachfolgende ersetzt, was von Zielpersonen dementsprechend auch als Markenvariation erlebt wird. Als Anlass dienen meist Aspekte der internationalen Markenführung. Dies bietet einige Vor- und Nachteile.

Zunächst zu den Vorteilen:

- Die einmal erreichte Kundenbindung bleibt wohl vollständig erhalten. Getätigte

Investitionen gehen damit nicht verloren, sondern kommen vielmehr dem Neustart zugute.

- Die aufgebaute Marktgeltung kann genutzt werden, um von diesem Fundament aus zusätzliche Käufer von der Vorteilhaftigkeit der Marke zu überzeugen.
- Die Distribution/Platzierung im Handel bleibt erhalten, dazu muss lediglich die Umstellung der Organisationsmittel zur Disposition subventioniert werden.

Als Nachteile sind jedoch zu nennen:

- Die Variation kann nur begrenzt als Chance zur Imageverbesserung genutzt werden, weil die neue Marke nicht nur den Goodwill, sondern auch mögliche Imagehypotheken der alten Marke weiterträgt.
- Es ist kaum eine Umpositionierung möglich, da der materielle Hintergrund der Marke unverändert bleibt, insofern ist im Publikum kein Vorteil gegenüber der Einführung einer originär neuen Marke gegeben.
- Aus Anlass der Bekanntmachung der Umbenennung entstehen erhebliche Kommunikationskosten, ohne dass dadurch, jedenfalls ad hoc, nennenswerte Vorteile erreicht werden. Ob diese im Zeitablauf eintreten, bleibt abzuwarten.

Und die dritte Möglichkeit ist die gleitende Umbenennung ohne Ankündigung an die Zielgruppe. Dies kann durch sukzessive Überblendung oder progressive Verschmelzung erfolgen. Dabei wird eine Marke schrittweise überraschend (z.B. Kukident - Kukident 2 Phasen - Blend a med 2 Phasen, Pimm's De Beukelaer - Pimm's, Lu, Pal - Pedigree Pal - Pedigree) am Markt durch die ihr nachfolgende ersetzt, was Zielpersonen dann je nach Aufklärungsgrad als Markeninnovation oder Markenvariation erleben.

Ziel ist die Nutzung der Vorteile der Umbenennung, ohne deren Nachteile hinnehmen zu müssen, d.h., jeweils ein Teil der Verkehrsgeltung wird übernommen, aber um einen neuen Anteil ergänzt, der eine Veränderung des Profils zulässt.

4.4 Markeneinstellung

Die Markenelimination bedeutet die dauerhafte Streichung einer Marke aus dem Angebot. Dabei kann es sich um eine Kürzung handeln, d.h., eine bewusste Reduktion in der horizontalen oder in der vertikalen Ausprägung der Markenstrategien, oder um eine Bereinigung, d.h., eine Reduktion der horizontalen Ausprägung bei Ausweitung der vertikalen et vice versa. Die Eliminierung kann fließend und unmerklich oder abrupt und vernehmlich erfolgen (z.B. Last Edition/Braun, Final Edition/Mercedes Benz S-Klasse Cabrio, DEA durch Übergang zu Shell). Zur Eliminierung sollte eine Kriterienliste zu Grunde gelegt werden (etwa als Punktbewertungsverfahren), anhand derer jede einzelne Marke in regelmäßigen Zeitabständen, oder auch anlassbezogen, beurteilt wird (Brand audit). Sofern Marken dabei bestimmte Punktsummen nicht erreichen, sind sie eliminierungsverdächtig. Die Bewertung wird sinnvollerweise durch Experten vorgenommen, die Auswahl und Anzahl der Kriterien ist markt- und unternehmensabhängig. Die Kriterien sind individuell zu bestimmen.

Beispiel 1:
- *Marktfähigkeit: erforderlicher Absatzweg, Beziehung zu bestehenden eigenen Marken, Preis-Leistungs-Verhältnis, Konkurrenzfähigkeit, Einfluss auf Umsatz der verbleibenden Produkte, Kundennutzen, Öffentlichkeitsreaktion auf die Streichung,*
- *Lebensdauer: Haltbarkeit, Marktbreite, Saisoneinfluss, Alleinstellung, Gewerblicher Rechtsschutz,*
- *Produktionsmöglichkeiten: benötigte Einsatzfaktoren an Material, Personal, Kapitalbedarf, laufende Kosten, Maschinen, Werkstoffe,*
- *Wachstumspotenzial: Marktstellung, Markteintritt von Konkurrenten, Nachfragerzahl, Amortisationszeit.*

Beispiel 2:
- *Interne Bewertungskriterien:*
  - *Strategie: Passt die Marke noch zur Zielsetzung des Unternehmens? Passt die Marke noch in das Verkaufsprogramm? Passt die Marke noch in das Produktions- und Beschaffungsprogramm? Ist entsprechende Weiterentwicklung erforderlich? Sind Produktionskapazitäten, Verfahren, Fachkräfte weiterhin verfügbar? Gibt es gewerbliche Schutzrechtsmöglichkeiten? Gibt es rechtliche Probleme? Welche Zeitspanne wird zur Realisierung von Verbesserungen benötigt? Wie hoch sind die Entwicklungskosten dafür?*
  - *Beschaffung/Produktion: Sind Rohmaterialien und Teile weiterhin adäquat zu besorgen? In welcher Größenordnung ist eine zusätzliche Kapitalbereitstellung erforderlich? Ist genügend qualifiziertes Personal vorhanden? Sind die erforderliche Präzision und die notwendige Qualität zu realisieren? Wie sind Energie- und Umweltfreundlichkeit einzuschätzen?*
  - *Vertrieb: Ist die benötigte Kompetenz vorhanden? Ist der erforderliche Kundendienst realisierbar? Ist die Marke auch für den Export geeignet? Wie konjunkturabhängig ist die Marke? Welche eigenen Marken werden kannibalisiert?*

- *Externe Bewertungskriterien:*
  - *Markt: Hat die Marke eine faszinierende Wirkung auf die Zielgruppe ausgeübt? Welche Auswirkungen ergeben sich für das Image des Unternehmens und des Programms? Ist der Markt noch tragfähig genug? Welches Wachstumspotenzial hat der Markt? Welche Kunden- bzw. Verbraucherwünsche erfüllt die Marke? Konnte eine Marktpräferenz aufgebaut werden? Wie wird sich der Lebenszyklus entwickeln? Wurde die Marke schon vom Wettbewerb angegriffen? Welche Störmöglichkeiten hat der Wettbewerb? Wie hoch ist der Innovationsvorsprung, und wie schnell kann der Wettbewerb nachziehen? Welche Lebensdauer wird erwartet? Inwieweit bestehen Mode-, Konjunktur- Substitutionsgefährdung? Wie ist die Preis-Nutzen-Relation einzuschätzen?*
  - *Ziel: Werden die Umsatz- und Deckungsbeitragserwartungen erfüllt? Wurde der Break even-Punkt erreicht? Wie lange ist die Amortisationszeit der Investitionen? Wie ist die Distributions- und Marktanteilserwartung? Welches Marktvolumen und welches -potenzial können noch erreicht werden? Wie reagiert das Umfeld auf die Streichung? Welche Fördermittel können in Anspruch genommen werden?*

Ein Problem bei der Markeneliminierung sind immer auch Verbundeffekte. Dabei handelt es sich um Sekundärwirkungen, die aus der Elimination einer Marke bei anderen Marken herrühren. Diese Verbundeffekt sind a priori oft unbekannt und machen sich nicht bei der eliminierten Marke bemerkbar, sondern durch Absatzeinbußen bei anderen im Programm verbleibenden Marken, dann etwa, wenn diese in Nachfrageverbund zueinander stehen, aber auch, wenn Systemgedanken eine Rolle spielen, also die Integration von Komponenten in ein Netzwerk. Wenn anstelle des eliminierten Produkts ein Wettbewerbsangebot tritt, besteht die Gefahr, dass Nachfrager auch ihren übrigen Bedarf aus diesen Quellen decken. Bei einigen von ihnen stellt sich zudem eine mögliche Verärgerung bei mangelnder Lieferfähigkeit solcher Markenprodukte ein, die zwischenzeitlich aus dem Programm genommen worden sind (s.u.).

5. Markenschutz

Im Folgenden werden die Tatbestände des Markenwerts (seiner Bemessungskriterien, Darlegungsanlässe und Ermittlungsmodelle), der Markenangriffe und der Schutzrechte für Marken diskutiert *(siehe Abb. Markenschutz)*.

5.1 Markenwert

In neuerer Zeit haben verstärkt einige große Unternehmen den Eigentümer gewechselt. Die Summen, die dabei über den Tisch gegangen sind, waren selten durch die materiellen Anlagen allein gerechtfertigt. Vielmehr ging es häufig darum, Marktanteile zu kaufen. Das heißt, der Kaufpreis ist nicht aus dem Anlage- und Umlaufvermögen eines Unternehmens allein, sondern erst durch den substanziellen Wert der Marke zu erklären.

Die Marke stellt also einen immateriellen, nach HGB-Rechnungslegung vom Halter nicht, wohl aber vom Erwerber, bilanzierbaren Wert dar. Aufgrund der Immaterialität besteht jedoch ein erhebliches Problem in der Quantifizierung dieses Markenwerts. Seit geraumer Zeit wird daher versucht, diesen Markenwert genauer zu quantifizieren, was wiederum Voraussetzung für ein Markenwert-Controlling ist. Als Kriterien zur Bemessung des Markenwerts sind jedoch ganz unterschiedliche denkbar. Die Bedeutung der Markenwertmessung steigt in dem Maße wie nach IAS- oder US-GAAP-Rechnungslegung bilanziert wird. Danach ist eine Marke getrennt aktivierungsfähig, und zwar mit dem Marktwert (Fair price) bei Fusion (Merger) oder mit den Anschaffungskosten bei Beteiligung (Acquisition). Bei Eigenerstellung besteht zwar ein Aktivierungsverbot, jedoch kann der Markenwert in Zusatzberichte aufgenommen werden. Dazu ist einmal jährlich eine Wertermittlung erforderlich. Der Wert wird nicht planmäßig abgeschrieben.

Die Bedeutung des Markenwerts wird am Beispiel des Kaufs von Rolls-Royce durch Volkswagen deutlich. Volkswagen hatte zwar die Produktionsstätten von Rolls-Royce, und dazugehörig Bentley, gekauft, nicht aber die Markenrechte. Diese hatte sich vorher BMW gesichert, d.h., Volkswagen verfügte über die Assets, BMW über die Markenwerte. Damit hätte Volkswagen zwar Rolls Royce- und Bentley-Fahrzeuge produzieren, sie jedoch nicht unter diesen Namen verkaufen dürfen. Umgekehrt hätte BMW, allerdings wenig glaubhaft, eigene Fahrzeugmodelle unter diesen Marken anbieten können. Damit eine Patt-Situation. Am Ende einigten sich Volkswagen und BMW sinnvollerweise darauf, dass die Produktionsstätten für Rolls Royce an BMW gingen und Volkswagen dafür im Gegenzug die Markenrechte an der allerdings weit weniger spektakulären Zweitmarke Bentley erhielt. Ausschlaggebend für diesen Erfolg von BMW war also nicht das Eigentum an den Assets, sondern an den Brands. Dies beweist, welche erheblichen Konsequenzen Markenwerte haben können.

5.1.1 Begriffsbestimmungen

Der Begriff Markenwert (Brand equity) wird in Literatur und Anwendung nicht einheitlich gehandhabt. Im Einzelnen werden darunter drei verschiedene Begriffsbestimmungen geführt.

Unter Markenwert versteht man die Fähigkeit eines markierten Artikels, seither und zukünftig zusätzliche Erlöse am Markt gegenüber einem gleichartigen nicht-markierten Artikel zu erwirtschaften. Dies ist der Markenwert i.e.S. Markenwertmodelle stellen Denkraster dar, anhand derer dieser Markenwert operational quantifiziert werden kann.

Markenwertmodelle i.e.S. sind damit immer finanzorientiert. Sie nehmen die Sicht des Markenabsenders ein und zielen auf die Ermittlung eines zu berechnenden monetären Werts ab. Dabei werden zumeist Analogien zur Investitionsrechnung, insb. zur Kapitalwertmethode, gezogen. Die Ansätze unterscheiden vor allem danach, ob der Fokus der Betrachtung eher auf den (aufgezinsten) Einzahlungen in die Marke in der Vergangenheit oder den möglichen (abgezinsten) Auszahlungen aus der Marke in der Zukunft liegt. Auf eine Erklärung des Zustandekommens des Markenwerts oder seiner bestimmenden Elemente außerhalb dieses Geldmittelflusses wird dabei wegen mangelnder Zurechenbarkeit weitgehend verzichtet. Weitere Rechenansätze geben demgegenüber von Kostenrechnungswerten, Preiseinflussgrößen (hedonische Theorie) oder auch von Kapitalmarktverfahren aus.

In einer anderen Fassung wird Markenwert als Markenstärke o.ä. (s.u.) verwendet. **Unter Markenstärke versteht man das Ausmaß des akquisitorischen Potenzials zugunsten einer Marke in ihren Zielgruppen gegenüber anderen Marken mit den gleichen Zielgruppen.** Markenstärkemodelle stellen Denkraster dar, anhand derer dieser Markenwert vergleichbar gemessen werden kann.

Markenstärkemodelle sind immer verhaltensorientiert. Sie nehmen die Sicht des Markenadressaten ein. Dabei werden meist sozialwissenschaftliche Ansätze zugrunde gelegt. Zur Abgrenzung von finanziellen Aspekten wird verbreitet anstelle des Begriffs Markenwert Markenstärke (Strength of brand) oder Markenkraft (Branding power) verwendet. Insofern wird auf qualitative Größen abgestellt,

Markenwert-Rankings

Nach Millward Brown:		Nach Interbrand	
Apple	153,29	Coca-Cola	71,86
Google	111,50	IBM	69,91
IBM	100,85	Microsoft	59,09
McDonald's	81,02	Google	55,31
Microsoft	78,24	General Electric	42,81
Coca-Cola	73,75	McDonald's	35,59
AT&T	69,92	Intel	35,22
Marlboro	67,52	Apple	33,49
China Mobile	57,33	Disney	29,02
General Electric	50,32	Hewlett-Packard	28,48

(alle Angaben in Mrd. US-$ 2011)

die nicht unbedingt eine Transformation in monetäre Ergebnisse beabsichtigen. Dabei werden verschiedene, im Einzelnen definierbare und abgrenzbare Einflussfaktoren unterstellt.

Außerdem wird in **Kombinationsmodellen** auch versucht, finanz- und verhaltensorientierte Ansätze zusammen zu führen oder neben anderen relevanten Größen u.a. auch den Markenwert zu ermitteln.

Schließlich gibt es noch eine weiter entfernte Fassung des Markenwerts als Markenkern. **Unter Markenkern versteht man die Art der Präferenzen zugunsten einer Marke in ihrer Zielgruppe. Er spiegelt den ausgeprägten Charakter einer Marke.** Markenkernmodelle stellen Denkraster dar, anhand derer dieser Markenwert beschrieben werden kann. Sie kommen klassischen Positionierungsmodellen sehr nahe, in denen es darum geht, den erreichten oder gewünschten Charakter einer Marke zu beschreiben. In dieser Beschreibung erschöpft sich aber regelmäßig bereits das Modell.

Markenwertmodelle i.e.S. finden auf ratio-skaliertem Niveau statt, ihr Ergebnis ist ein substanziierter Geldwert (€) einer bestimmten Marke. Markenstärkemodelle finden auf intervall-skaliertem Niveau statt, ihr Ergebnis ist eine Punktbewertung der Marke (Scoring). Und Markenkernmodelle finden auf ordinal-skaliertem Niveau statt, sie liefern also keinen Wertausweis, sondern eine fachliche Kommentierung eines Markenprofils.

Wesentliche **Anforderungen** an die Markenbewertung sind folgende:
- Operationalisierbarkeit, d.h., die Bewertungsmethode soll einfach anwendbar sein,

- theoretische Fundierung,
- Transparenz, dies ist wichtig für die Akzeptanz des Modells,
- Wirtschaftlichkeit, d.h., der Ermittlungsaufwand muss in angemessenem Verhältnis zum gestifteten Nutzen stehen,
- gut verfügbare Datenbasis, also auf gängigen Daten aus Marktstatistik und Rechnungswesen beruhend,
- Trennung von Marke und anderen produkt- oder marketingpolitischen Einflussgrößen,
- Zukunftsorientierung und Mehrperiodigkeit, jedenfalls nicht vergangenheitsorientiert,
- Vollständigkeit, dies bevorzugt Modelle, die sowohl finanz- als auch verhaltensbasiert sind,
- Objektivität, d.h. Ausschluss subjektiver Einflüsse des Bewerters.

Es gibt zwar vielfältige Einteilungen zur Ermittlung eines Markenwerts. So unterscheidet man nach:
- dem Analyseverfahren einerseits kompositionelle und andererseits dekompositionelle Verfahren,
- der Herkunft wissenschaftliche (theoretische) oder kommerzielle Verfahren (praktische),
- der Vorgehensweise einstufige (direkte) oder aber mehrstufige (indirekte) Verfahren,
- dem Zahlungsstrom isolierende oder prognostizierende markenspezifische Verfahren,
- dem Aggregationsgrad globale (ganzheitliche) oder indikative Verfahren.

Praktisch hat sich jedoch am ehesten die o.g. Unterscheidung in finanzorientierte oder verhaltensorientierte Verfahren durchgesetzt (wobei es häufig Kombinationen zwischen beiden gibt).

Ziel der Verfahren ist es, durch die substanziierte Ermittlung des Markenwerts eine Objektivierung der Bewertung herbei zu führen und abweichende Wertvorstellungen zwischen Markenhalter und Interessenten zeitsparend anzugleichen. Darüber hinaus ist der Markenwert für die Markenführung des Marken haltenden Unternehmens von Bedeutung, um sachgerecht über die Investitionen zur Verteilung knapper Budgetmittel auf die werthaltigsten Marken zu entscheiden.

5.1.2 Messkriterien

Die Ermittlung des wie auch immer verstandenen Markenwerts setzt zunächst die Anlage geeigneter Bemessungskriterien dafür voraus. Dafür gibt es eine ganze Reihe von Vorschlägen.

Der bisherige Markterfolg wird durch die **kumulierten Nettogewinne** einer Marke seit Markteinführung repräsentiert. Allerdings ist unklar, inwieweit diese Gewinne wirklich nur auf die Marke zurückzuführen sind oder aus anderen Quellen stammen. Insofern ist zunächst der operative Gewinn abzugrenzen, und darin wiederum der Gewinn, der auf Marken-/Marketingaktivitäten zurückzuführen ist. Dies muss als schwieriges Unterfangen angesehen werden.

Ein weiterer Anhaltspunkt ist eine **Preisprämie** als Summe der gezahlten Preisaufschläge einer Marke gegenüber markenlosen Konkurrenzprodukten. Dies ist allerdings nur aussagefähig, wenn marktweit gleiche Produktqualitäten und Verfügbarkeiten vorliegen. Ansonsten kann ein akzeptierter Mehrpreis auch auf ganz andere als die Markenfaktoren zurückzuführen sein.

Zur statistischen Bestimmung des Markenwerts dient die Schätzung desjenigen **Preisanteils** am Gesamtpreis, den Verbraucher für die Marke zu zahlen bereit sind, meist mittels Conjoint measurement oder hedonischer Preisfunktion. Dabei handelt es sich um eine sehr aussagefähige Ermittlungsbasis, die auch als Element in diverse Markenwert-Modelle eingegangen ist.

Die **Kosten der Markenentwicklung** ergeben sich als Summe der Kosten, die seit ihrer Einführung für Aufbau und Entwicklung der Marke aufgewendet wurden. Auch hier ist eine Abgrenzung schwierig. Zudem ist zur Wertermittlung eine Diskontierung der Kosten auf einen gemeinsamen Zeitpunkt erforderlich.

Die **Gewinnsteigerung** durch Marken spezifische Maßnahmen ergibt sich aus der Beobachtung der Gewinnveränderungen, die im Zusammenhang mit Maßnahmen auftreten, die auf den Markenwert zurückzuführen sind. Dies setzt allerdings die, praktisch weitgehend ungelöst bleibende, Zurechnung von Gewinnen auf spezifische Maßnahmen voraus.

Die Beurteilung des Markenwerts kann auch anhand einer Vielzahl von Faktoren durch **Expertenschätzung** erfolgen (und die Verarbeitung durch entsprechende Scoring-Modelle). Fraglich ist jedoch, wer hier als Experte zu gelten hat. Letztlich wird dabei womöglich die Unsicherheit über den Markenwert nur ersetzt durch die Unsicherheit über die jeweilige Experteneignung.

Der **Bekanntheitsgrad** der Marke ergibt sich aus beauftragten (forensischen) Befragungen. Dabei wird jedoch einseitig nur die psychografische Dimension des Markenwerts erfasst. Dessen Verbindung zur ökonomischen Dimension ist insofern locker, als Marken hoher Bekanntheit (z.B. Porsche) dennoch zu keinem Umsatzerfolg führen können (etwa weil die Kaufkraft fehlt), umgekehrt aber unbekannte Marken (z.B. Impulskauf) dennoch gewählt werden.

Ebenso ergeben sich **Einstellungen** zur/**Kaufabsichten** der Marke aus eigenen oder beauftragten Befragungen (Markenimage-Erhebungen). Dabei geht es um die Wahrnehmung der Marke durch Zielpersonen im Vergleich zur Konkurrenz (komparative Konkurrenzvorteile). Doch auch dabei bleiben die ökonomischen Dimensionen des Markenwerts unberücksichtigt.

Aus der **Positionierungsanalyse** wird die Nähe einer Marke zu Ideal- und Konkurrenzprodukten ersichtlich. Fraglich ist jedoch immer, inwieweit Angaben zu Idealprodukten aussagefähig sind. Denn, erstens ist Nachfrage nicht kreativ, kann also aus sich heraus kaum ein Ideal beschreiben, und zweitens wird dieses Ideal seinerseits stetig durch reale Produkte beeinflusst.

Beim Kriterium **Distribution** geht es um die Abdeckung der Verfügbarkeitsmöglichkeiten am Markt. Der Markenwert wird dabei als um so höher angesehen, je größer die Abdeckung im Absatzkanal ist. Dies ist zwar immerhin eine notwendige, nicht hingegen eine hinreichende Voraussetzung für Markenerfolg. Insofern wird hier eine unzulängliche Größe gemessen.

Ein Anhaltspunkt ist auch die **Markentreue** als Anteil der Wiederkäufe/Wiederkaufbereitschaft. Innerhalb einer latenten Marktnische, also wenn Nachfrager ein Markenprodukt nur kaufen, weil kein akzeptables anderes am Markt verfügbar ist, kann sich der Markenwert jedoch exogen (durch neue, bessere Angebote) dramatisch verschlechtern.

Die **Produktqualität** wird durch Expertenschätzungen/Testergebnisse nachvollziehbar. Dabei handelt es sich allerdings nur um eine Einzelfall abhängige, subjektive Einschätzung. Denn Qualität ist die immer individuell abhängige Eignung eines Angebots, dem jeweils intendierten Zweck zu genügen. Aufgrund dieser subjektiven Basis kann es immer auch nur zu einer subjektiven Wertbestimmung kommen.

Das Vorhandensein im **Relevant set** der Zielgruppe, d.h., die wahrgenommene Relevanz der Marke für die Kaufentscheidung, wird als weiteres Kriterium diskutiert. Dies ist sicherlich ein wichtiger Indikator, wenngleich schwierig zu ermitteln. Jedoch wird damit dem zentralen Anliegen der Markenpolitik Rechnung getragen, nämlich in diesen Relevant Set von Zielpersonen einzudringen bzw. dort zu verbleiben.

Ebenso ist der Grad der **Zufriedenheit** der Käufer mit der Marke schwer zu operationalisieren. Obgleich diese Angabe von zentraler Bedeutung für den Markenwert ist (denn ein Markenwert ergibt sich erst im Zeitablauf als Produkt aus durchschnittlicher Auftragsgröße, Kaufhäufigkeit pro Person und Bindungsdauer in Perioden). Letztlich stehen dem jedoch nach wie vor ungelöste Messprobleme der Zufriedenheit gegenüber.

Weiterhin ist der **Markenschutz** durch vorhandene Gewerbliche Schutzrechte im aktuellen oder potenziellen Verbreitungsgebiet der Marke von Bedeutung. Er dient der Nachhaltigkeit des Bestands der Marke bzw. der Möglichkeit zur Ausschöpfung des Potenzials des Markenwerts, sagt aber wenig bis gar nichts über dessen aktuelle Höhe aus.

Insofern besteht über geeignete Bemessungskriterien noch weitgehend Unklarheit, obgleich sich parallel dazu die Anlässe für die Ermittlung des Markenwerts häufen.

5.1.3 Darlegungsanlässe

Die Ermittlung des Markenwerts spielt allgemein etwa bei folgenden Anlässen eine große Rolle.

Eine Bilanzierung der Marke ermöglicht einen vollständigen Überblick über das Vermögen zur **Unternehmensbewertung** zur Fusion/Akquisition oder Veräußerung von Unternehmensteilen. Eine evtl. Unterbewertung (z.B. in niedrigen Aktienkursen) wird ausgeglichen, gleichzeitig wird die Übernahme durch einen potenziellen Aufkäufer (Raider/Unfriendly takeover) erschwert. Erworbene Markenrechte als Teil des Betriebsvermögens sind im Kaufpreis enthalten und können in der Bilanz aktiviert werden, eigene hingegen nicht bei HGB-Rechnungslegung. Zu denken ist sowohl an die interne Berichterstattung innerhalb des Jahresabschlusses (Revision) als auch die externe Berichterstattung außerhalb dessen (Shareholder value).

Bei **Markenpiraterie** steht der Ersatz des Schadens gegen den Verletzer bei missbräuchlicher Markennutzung im Vordergrund. Die durch solche Wirtschaftskriminalität hervorgerufenen Schäden erreichen zwischenzeitlich extreme Höhen. Hier hilft der Markenwert bei der Quantifizierung der Schadenersatzforderung beim Schutzrechtsverletzten.

Beim **Kauf/Verkauf einzelner Marken** bzw. Marken führenden Unternehmen steht meist die Absicht dahinter, keine Eigenentwicklung neuer Marken mehr vornehmen zu müssen, sondern durch eingeführte Marken gleich von deren Wirkungen zu profitieren. Dadurch kann der Käufer Zeit und Geld sparen. Zudem ist das Risiko deutlich geringer als bei Neuentwicklungen. Für den Verkäufer bietet sich die Chance zur Kapitalisierung seines aufgebauten Marken-Goodwill. Ist der Markenwert nicht aus der Bilanz ersichtlich oder unrealistisch, bedarf er einer separaten Ermittlung.

Bei **Erwerb/Vergabe von Markennutzungsrechten** geht es auch um die Bestimmung der Lizenzgebühren. Dies gilt vor allem für Marken, die per externem Markentransfer in anderen Produktbereichen „gemolken" werden. In Franchiseverträgen kann die Systemgebühr um so höher angesetzt werden, je höher die relative Bedeutung des Markennamens für den Geschäftserfolg ist. Gelegentlich müssen sogar eigene Markennutzungsrechte zurück erworben werden (z.B. Nivea/Beiersdorf in Übersee, Aspirin/Bayer in USA). In gleicher Weise ist eine Bedeutung bei internen Markentransfers oder markenbezogenen Unternehmenskooperationen (Co-Branding) gegeben.

Im Rahmen des laufenden **Markenmanagement** besteht eine zentrale Aufgabe in der Aufrechterhaltung bzw. Steigerung des Markenwerts durch die Ausnutzung aller Potenziale. Dabei wird, ausgehend vom Ist-Zustand, untersucht, wie der Markenwert forciert werden kann, etwa durch Übertrag auf neue Produkte und/oder Märkte (Markentransfer). Hier geht es um die Basis einer unternehmensinternen, laufenden Berichterstattung, aber auch um die Steuerung von Marken, Markenportfolios und Strategischen Geschäftseinheiten sowie die Kontrolle der markenverantwortlichen Führungskräfte.

Bei Dachmarken, zu denen mehrere Produkte gehören, dient der Markenwert auch der **Marketing-Erfolgskontrolle**. Wegen des längerfristigen Zeitraums kann der Markenwert dabei zur strategischen Budgetaufteilung bzw. -zuweisung eingesetzt werden. Allerdings bereitet praktisch die korrekte Zurechnung von Erträgen und Aufwendungen für eine Marke große Probleme.

Ein hoher Markenwert wirkt auch als **Markteintrittsbarriere** gegen eindringende Wettbewerber. Zumal es heute nurmehr mit extremem Marketingaufwand möglich ist, starke Marken neu zu etablieren. Neuen Anbietern bleibt daher häufig nur die Möglichkeit, im Markt bestehende Marken aufzukaufen, wobei sie dann bereit sein müssen, ein Preisopfer hinzunehmen.

Handelsunternehmen weisen wertvollen Marken tendenziell eher **Listung** und angemessene Platzierung zu. Denn mit einem hohen Markenwert gehen auch eine größere Markentreue und ein größerer Kundenstamm einher. Zugleich wird damit seitens des Herstellers seine Verhandlungsposition beim Handel verbessert.

Denkbar ist auch der Nachweis als **Vermögenswert** im Rahmen der Kreditakquisition bzw. -absicherung und der Kompensation von Gläubigern bei Zahlungsausfällen oder -unfähigkeit.

5.1.4 Markenwertmodelle

Die zahlreichen Verfahren zur Markenwertermittlung lassen sich im Wesentlichen in wissenschaftliche Ansätze einerseits und kommerzielle Messprodukte andererseits unterscheiden. Kommerzielle Messprodukte stammen von Marktforschungsinstituten, Werbeagenturen und Unternehmensberatungen, mit denen diese Neukunden akquirieren. Sie bauen regelmäßig auf wissenschaftlichen Ansätzen auf, indem sie diese operationalisieren und vereinfachen (*siehe Abb. Übersicht Markenwertmodelle*).

5.1.4.1 Kommerzielle Messprodukte

Wenn es nun um den konkreten Ausweis des Markenwerts geht, bieten sich für das Marketing-Controlling am ehesten finanzorientierte Verfahren zur Messung an. Daher zunächst zu den kommerziellen Messprodukten. Die am weitesten ver-

Übersicht Markenwertmodelle

finanzorientiert ratio-skaliert (Markenwert i.s.S.)	verhaltensorientiert intervall-skaliert (Markenstärke)	kombiniert finanz- und verhaltensorientiert	beschreibend ordinal-skaliert (Markenkern)	Markenwert-Modelle
Brand Equity Evaluation System Brand Valuation Model	Aaker-Modell Brand Asset Valuator	Interbrand-Modell Nielsen Markenbilanz ACNielsen Brand Performancer Brand Status Model Markenwertmodell Brand Rating Model Brand Value Added Brand Evaluation Brand Assessment System	Adcepts, APIA, Brand Equity Builder, Brand Profiler, Brand Trust Index, Brand Wheel, BrandScore-Card, CAPO, Conversion Model, Facett, Gap-Analyse, GIM-Values, InteGraal , Image Planner , Message Tuning Concept, Mind Discovery, Psychodrama, Qual, Qualitative Markenkern-Analyse, Semiometrie, Sigma-Modell, Target Positioning	Messprodukt
Kern-Ansatz Herp-Ansatz Kapitalwertmethode Börsenwertmodell Real Option Premium	Andresen-Ansatz Blackston-Ansatz Edmunds-Ansatz Brand Equity-Modellrahmen	Multiplikator-Modell Brand Valuation Method		Wissenschaftliche Ansätze

breiteten Produkte sind dabei die Folgenden:

- **Brand Equity Evaluation System** (BEES) von BBDO. Dieses basiert auf acht Markenwertindikatoren:
  - Umsatzentwicklungspotenzial der Marke (operationalisiert durch die prognostizierte zukünftige Entwicklung der Marke),
  - Umsatzprofitabilität der Marke (operationalisiert durch die Umsätze der letzten drei Jahre),
  - Entwicklungsperspektiven der Marke (operationalisiert durch Meinungen von Experten),
  - Internationale Ausrichtung der Marke (operationalisiert durch den Anteil des Auslandsumsatzes am Gesamtumsatz),
  - werbliche Unterstützung der Marke (operationalisiert durch das Werbebudget absolut und als Share of advertising),
  - Stärke der Marke innerhalb der eigenen Branche (operationalisiert durch den Marktanteil absolut und relativ zum Marktführer),
  - Image der Marke (operationalisiert durch die Anziehungskraft aus Imagewerten auf alle Stakeholder),
  - Vorsteuergewinn der Marke (operationalisiert durch Earnings before interest, tax, depreciation and amortisation/EBITDA der letzten drei Jahre).

  Um den Markenwert zu errechnen, werden diese Faktorwerte mit dem gewichteten Mittel der Vorsteuergewinne der letzten drei Jahre fusioniert (neuere Wert gehen stärker ein als ältere). Der Markenwert besteht also aus zwei Größen, der Summe der Faktorwerte sowie der Summe der Vorsteuergewinne.

  Problematisch ist dabei, dass die Positionen von Nachfrager und anderen Stakeholdern vernachlässigt werden und die berücksichtigten Einflussgrößen unvollständig oder redundant sind.
- **Brand Valuation Model** von Semion Brand Broker. Dieses basiert auf vier Kriterien:
  - Finanzwert des Unternehmens: Als Indikatoren dafür dienen Vorsteuergewinn, Gewinnentwicklung, Zukunftsperspektiven, Gewinn-Umsatz-Relation (insg. 10 Faktoren),
  - Markenschutz: Als Indikatoren dafür dienen Eintrag in Waren-/Dienstleistungsverzeichnis, Markenumfeld, internationaler Schutzbereich (insg. 20 Faktoren),
  - Markenstärke: Als Indikatoren dafür dienen Marktanteil, Markteinfluss, Marketingaktivitäten, Distributionsgrad, Bekanntheitsgrad, Markenpotenzial (insg. 48 Faktoren),
  - Markenimage: Als Indikatoren dafür dienen Konsumentenassoziationen, Imageposition im Markt und zum Konsumenten, Akzeptanz, Kompetenz, Influenz (insg. 16 Faktoren).

  Jedes Kriterium ergibt einen Faktorwert, diese werden zu einem Gesamtfaktorwert aufaddiert (dabei erfolgt noch eine Gewichtung), der Gesamtfaktorwert wird mit dem Vorsteuergewinn der letzten drei Jahre multipliziert. Die Beurteilung der Kriterien erfolgt im Einzelnen durch Expertenschätzung.

  Problematisch ist, dass die Indikatoren nicht vollständig oder redundant sind und „weiche" Faktoren schwer operationalisierbar bleiben. Zudem ist nur eine schwache Zukunftsbezogenheit gegeben.

5.1.4.2 Wissenschaftliche Ansätze

Wissenschaftliche Ansätze werden an Lehrstühlen im Rahmen von Forschungs- und Lehrprojekten entwickelt. Die am meisten diskutierten Verfahren sind dabei die Folgenden (wobei de facto nur eine schwerpunktmäßige Zuordnung möglich ist):

- Der Ansatz von **Kern** ist global, hat eine Bewertungsstufe, ist in Geld ausgedrückt und Ertragswert gerichtet und begreift den Markenwert als Umsätze, die durch die Markierung der Produkte erzielt werden können. Es wird also nicht der Gewinn zugrunde gelegt, weil dieser durch Faktoren beeinflusst wird, die nicht in ursächlichem Zusammenhang mit der Verwendung der Marke stehen, sondern der Umsatz, den eine Marke erzielt, um zu vermeiden, dass Kosten in die Markenbewertung einfließen, die ursächlich nicht auf die Marke zurückzuführen sind. Die durchschnittliche Umsatzerwartung pro Jahr wird für die geschätzte Lebensdauer der Marke auf den Beobachtungszeitraum abgezinst, wobei der Markenwert bei zunehmenden Umsätzen nur degressiv anwächst, weil mit steigendem Umsatz andere Aspekte als die Marke für Umsatzausweitungen verantwortlich sind. Bei dem Modell muss der Anwender jedoch zahlreiche Annahmen treffen, z.B. über die Restlebenszeit der Marke und den Diskontierungszinssatz, wodurch verschiedene Anwender bei der gleichen Marke hochwahrscheinlich zu unterschiedlichen Ergebnissen kommen.
- Der Ansatz von **Herp** ist global, hat eine Bewertungsstufe, ist in Geld ausgedrückt und ebenfalls Ertragswert gerichtet und begreift den Markenwert als zusätzliche Umsätze, die durch die Markierung der Produkte erzielt werden können. Die Zerlegung des realisierten Preises der Marke in die Anteile, die der Marke zu- bzw. nicht zurechenbar sind, erfolgt mittels Conjoint measurement und die Berechnung des Markenwerts durch Multiplikation des markenbezogenen Preisanteils mit der Absatzmenge der Marke. Dazu werden Preise und Eigenschaften einzelner Markenprodukte in Beziehung zueinander gesetzt, zu diesen Eigenschaften gehört dann auch der Produktname (= Marke). Das Modell kann jedoch nur angewendet werden, wenn die untersuchten Marken alle zu einer Produktkategorie gehören und sich hinsichtlich der objektiven Produktkriterien kaum unterscheiden, damit ist es in seiner Geltung stark begrenzt.
- Bei der **Kapitalwertmethode** (Dry/Fahey) handelt es sich um einen globalen Ansatz, der am Bruttoertragswert ausgerichtet ist. Der Ansatz ist monetär und zukunftsgerichtet, er basiert auf der Investitionstheorie und stellt eine finanzielle Bewertung dar. Vorteile dieses Ansatzes liegen in der relativen Einfachheit der Berechnung, der guten Datenverfügbarkeit und der Übertragbarkeit auf andere Markenkonzepte. Nachteile liegen hingegen in seinem geringen Erklärungsgrad und der mangelnden Vollständigkeit der Erhebungsgrundlage. Insofern handelt es sich eigentlich um kein Markenbewertungsverfahren, zumal auch keine Ursachenanalyse möglich ist. Es ist jedoch als Teilmodell und Ergänzung anderer Modelle einsetzbar.
- Beim **Börsenwertmodell** (Simon/Sullivan) handelt es sich um einen globalen,

integrierten Ansatz, der den Markenwert monetär und zukunftsgerichtet mit einer Bewertungsstufe ermittelt. Er basiert theoretisch auf der Kapitalmarkttheorie und der Industrieökonomik und berücksichtigt sowohl Konsumenten und Konkurrenz als auch den Einsatz der Marketinginstrumente. Im Mittelpunkt steht eine finanzielle, Substanzwert gerichtete Bewertung (Markenwert = zusätzliche Umsätze, die durch die Markierung der Produkte erzielt werden). Die Berechnung des Markenwerts erfolgt als Differenz des Gesamtwerts des Unternehmens und aller nicht-markenbezogener Wertpositionen des Unternehmens mittels Regressionsanalyse. Als vorteilhaft sind die Geschlossenheit des Konzepts, die Übertragbarkeit durch direkte monetäre Transformation und die Berücksichtigung des Marketing-Mix zu nennen. Dagegen stehen der hohe Analyse- und Erhebungsaufwand sowie die Eignung nur für börsennotierte, größere Unternehmen. Immerhin handelt es sich um ein Markenbewertungskonzept i.e.S., das zugleich theoretisch fundiert ist. Allerdings führen die modellspezifischen Annahmen zu einer mangelnden Praxisnähe.

• Beim **Real option premium** (Chou) handelt es sich um einen globalen, integrierten Ansatz, der den Kapitalwert monetär und zukunftsgerichtet ermittelt. Dabei werden im Einzelnen die Elemente Konsumenten, Werbung und Preis berücksichtigt. Es handelt sich vorteilhaft um ein kompaktes Modell mit hoher Objektivität, das eine direkte monetäre Transformation und zukunftsorientierte finanzielle Bewertung ermöglicht. Dabei ist es weitgehend selbsterklärend. Allerdings besteht eine geringe Managementkompatibilität, darüber hinaus besitzt es eine komplexe Modellstruktur. Es handelt sich ebenfalls um ein Markenbewertungskonzept i.e.S., jedoch führen die modellspezifischen Annahmen zu einer geringen Praxisnähe.

5.1.5 Markenstärkemodelle

5.1.5.1 Kommerzielle Messprodukte

Auch bei den verhaltensorientierten Verfahren der Markenstärkemodelle können kommerzielle Messprodukte und wissenschaftliche Ansätze unterschieden werden. Zunächst zu kommerziellen Messprodukten:

• Das **Aaker-Modell** basiert auf folgenden qualitativen Faktoren:
- Markentreue, denn treue Kunden sind billiger als Investitionen in Neukundengewinnung, und treue Kunden sind kaum anfällig für Abwertungsaktionen der Konkurrenz,
- Bekanntheit des Markennamens, denn bekannte Markennamen bedeuten Vertrauen, die Bekanntheit des Markennamens beeinflusst somit die Kaufentscheidung,
- angenommene Qualität, denn diese beeinflusst die Kaufentscheidung und Markentreue der Konsumenten, sie rechtfertigt höhere Preise, die zusätzliche Gewinne erzeugen, die wiederum in Markenwertsteigerung investiert werden können, diese kann Ausgangspunkt für Markenerweiterungen sein (Extenders/Flankers),
- weitere Markenassoziationen, die ein positives Image der Marke bewirken,

- andere Markenvorzüge wie Patente, eingetragene Markenzeichen, „geschützte" Absatzwege.

Wie aus den Faktoren letztlich Markenwert wird, wird von Aaker nicht erläutert, dazu muss vielmehr seine Beratungsfirma Prophet engagiert werden. Daher ist dieses Modell extern nicht nachvollziehbar.

- Der **Brand Asset Valuator** (Young&Rubicam) arbeitet auf Grundlage von Daten aus der Befragung von 30.000 Konsumenten in 24 Ländern über 6.000 Marken, davon 450 globale, hinsichtlich Bekanntheit, Verwendung, Einstellung und Image. Absicht ist die grafische Anordnung jeder Marke in einer Matrix hinsichtlich Markenstärke (für Entwicklungsfähigkeit/Vitalität der Marke) und Markenstatus (für aktuelle Markenpräsenz/Statur). Die Größe Markenstärke setzt sich ihrerseits aus den Teilgrößen Differenzierung und Relevanz zusammen, die Größe Markenstatus aus den Teilgrößen Wissen und Ansehen. Differenzierung („measures how distinctive the brand is in the market place") steht für die wahrgenommene Unterscheidungskraft der Marke, Relevanz („measures whether a brand has personal relevance for the respondent") für die persönliche Verwendbarkeit für Nachfrager. Ansehen („esteem/measures whether a brand is held in high regard and considered the best in class") drückt die persönliche Wertschätzung der Marke aus, und Wissen („measures the understanding as to what a brand stands for") steht für das Verständnis der Marke. Neue Marken sind zunächst wenig differenziert. Mit zunehmender Differenzierung entsteht jedoch Relevanz für Abnehmer. Ihre Vitalität steigt. Damit erreicht die Marke ein hohes Ansehen. In dem Maße, wie dies gelingt, steigt auch das Wissen um die Marke, der Status der Marke wächst demnach. „Obsolete" Marken nehmen genau den entgegengesetzten Weg. Die Felder der Matrix sind entsprechend:
  - Sowohl niedriger Markenstatus als auch niedrige Markenstärke: New/Unfocused brands
  - niedriger Markenstatus bei hoher Markenstärke: Emerging potential brands
  - hoher Markenstatus bei niedriger Markenstärke: Eroding potential brands
  - sowohl hoher Markenstatus als auch hohe Markenstärke: Leadership brands.

5.1.5.2 Wissenschaftliche Ansätze

Innerhalb der wissenschaftlichen Ansätze werden vor allem folgende Modelle näher diskutiert:

- Der Ansatz von **Andresen** ist Indikator gesteuert und hat eine Bewertungsstufe, der (innere) Markenwert ergibt sich als Summe aus (innerem) Markenbild und Markenguthaben. Die Messung des Markenguthabens erfolgt durch experimentelle Abfrage des Markenvertrauens bzw. der Markensympathie, die Messung des inneren Markenbildes durch Indikatoren, welche die Dimensionen Klarheit, Anziehungskraft und Reichhaltigkeit abbilden, deren Einflussgewichtung faktorenanalytisch bestimmt wird. Das Modell basiert auf der Imagery-Forschung, misst also keine monetären Werte, insofern sind die Ergebnisse zwar hochrelevant zur Beurteilung von Markenimages, zur Messung des monetären Markenwerts jedoch eher illustrativ.

- Der Ansatz von **Blackston** untersucht die Fähigkeit der Marke, ihre aktuellen Umsätze bzw. Gewinne zu maximieren. Er ist global und hat eine Bewertungsstufe als Stärkemaß in Relation zu Konkurrenzmarken. Die Bestimmung der Stärke einer Marke erfolgt in einem Versuchsaufbau, gemessen wird die Fähigkeit der Marke, sich zu behaupten, wenn der Preisabstand zu den Konkurrenzmarken nach oben vergrößert wird (Preisreagibilität). Es wird also gemessen, wie stark der Preis steigen darf, ohne dass der Absatz zu stark sinkt. Damit wird aber eigentlich nicht der Markenwert, sondern die Fähigkeit der Marke, einen hohen Preis zu realisieren, gemessen. Insofern liegt der Schwerpunkt auf Entscheidungen der Preispolitik, der Markenwert wird eher beiläufig berücksichtigt.
- Der Ansatz von **Edmunds** untersucht die Fähigkeit der Marke, sich auf neuen Märkten behaupten zu können. Er ist Indikator orientiert und hat eine Bewertungsstufe. Die Beurteilung der Marke erfolgt auf zehn Dimensionen jeweils mit Ratingskalen, die untereinander nicht gewichtet sind, die Einschätzung des Markenwerts erfolgt anhand der Anzahl hoch bewerteter Dimensionen. Eine irgendwie geartete Möglichkeit, monetäre Werte zu berechnen, ergibt sich dabei allerdings nicht. Zudem besteht eine leichte Manipulierbarkeit durch Schätzung und uneinheitliche Auswertung, daher handelt es sich letztlich um keine valide Messvorschrift.
- Beim **Brand Equity-Modellrahmen** (Srivastava/Shocker) handelt es sich um einen integrierten Ansatz über Indikatoren zum Ausweis der Markenstärke. Das Modell ist nicht-monetär basiert, jedoch zukunftsgerichtet monetär ausgelegt. Es baut auf der Industrieökonomik und der strategischen Unternehmensplanung auf, wobei Konsumenten, Konkurrenz und Handel berücksichtigt werden. Von Vorteil ist, dass es sich um ein geschlossenes theoretisches Konzept handelt, das für Extensionsentscheidungen nutzbar und auf andere Markentypen übertragbar ist. Nachteilig sind jedoch seine geringe Managementkompatibilität und der hohe Anwendungsaufwand. Es handelt sich um kein Markenbewertungsmodell i.e.S., weil die finanzielle Bewertung fehlt. Außerdem ist eine mangelnde Ursachenermittlung gegeben. Dafür handelt es sich um ein theorienahes Konzept.

5.1.6 Kombinationsmodelle

5.1.6.1 Kommerzielle Messprodukte

Weit verbreitet sind Kombinationsmodelle aus finanzorientierten Kriterien einerseits und verhaltensorientierten Kriterien andererseits. Dabei handelt es sich im Wesentlichen um folgende kommerzielle und wissenschaftliche Verfahren. Zunächst zu den kommerziellen Messprodukten:

- Dem **Interbrand-Modell** liegen folgende Kriterien zugrunde:
  - Marktführerschaft der Marke (25 % Ergebnisanteil), Unternehmensstabilität (15 %), Gegebenheiten auf dem relevanten Markt (10 %), Internationalität der Marke (25 %), Markentrend (10 %) Marketingunterstützung (10 %) und Gewerbliche Schutzrechte (5 %). Insgesamt gibt es dafür über 80 Indikatoren.

  Die Markenstärke wird zunächst aus finanz- und marktorientierten Faktoren er-

mittelt und dann in einen Markenwertfaktor überführt, der aus einer empirisch ermittelten S-Funktion abgelesen werden soll. Die S-Kurve spiegelt das Verhältnis von Markenstärke (0 - 100 Pkt.) und diesem Markenwertfaktor (0- 20 Pkt.) wider. Dem liegt die Annahme zugrunde, dass die Markenstärke zunächst überproportional wächst, danach linear steigt und schließlich unterproportional wachsend verläuft.
Der Markenwertfaktor wird mit dem nur markenbezogenen Durchschnittsgewinn der letzten drei Perioden multipliziert (1. Jahr 3-fach, 2. Jahr 2-fach, 3. Jahr 1-fach). Daraus ergibt sich der Markenwert. Das Interbrand-Modell ist eines der ältesten Messprodukte am Markt.

- Der **Nielsen Markenbilanz** liegen folgende Kriterien zugrunde:
  - Relevanter Markt und Marktentwicklung, Marktanteil und Marktanteilsentwicklung der Marke, Handelsituation und Handelsakzeptanz, Herstellersituation und Markenrendite, Konsumentensituation und Konsumentenbindung, Internationalität und Geltungsbereich.

  Die finanz- und marktorientierten Kriterien werden gewichtet, max. sind bei der Bewertung 500 Punkte erreichbar. Der Ertragswert aus diesen Kriterien multipliziert mit dem Diskontierungsfaktor ergibt dabei den Markenwert. Der Diskontierungsfaktor resultiert aus den Kapitalkosten verbunden mit einem Risikozuschlag. Die Nielsen-Markenbilanz ist eines der ältesten Messprodukte am Markt und wird zwischenzeitlich durch den Brand Performancer abgelöst.
- Der **Brand Performancer** (ACNielsen) besteht im Einzelnen aus vier Modulen: Brand Steering System, Brand Control System, Brand Value System und Brand Monitor.

  Der Brand Monitor nimmt eine Markenbewertung aufgrund von handels-, markt- und konsumenten bezogenen Daten nach einem statistisch validierten Verfahren vor. Es handelt sich um ein Scoring-Modell mit den Kriterien:
  - Marktattraktivität (Marktvolumen, Marktwachstum) 15 % Gewichtung,
  - Durchsetzungsstärke im Markt (Marktanteil/Menge und Wert, Wachstum des Marktanteils) 35 % Gewichtung,
  - Verbreitungsgrad der Marke (nummerische Distribution, gewichtete Distribution), 10 % Gewichtung,
  - Nachfragerakzeptanz (gestützte Markenbekanntheit, Relevant set-Repräsentanz) 40 % Gewichtung.

  Das Ergebnis ist ein Markenstärke-Index (max. 1.000 Punkte).
  Im Brand Value System erfolgt die Umrechnung dieses Indexes in einen monetären Wert relativ zum Wettbewerb durch Multiplikation der durchschnittlichen Umsatzrendite (ROS) mit der Markenstärke und deren Abdiskontierung unter der Annahme einer unendlichen Lebensdauer der Marke.
  Das Brand Control System nimmt auf dieser Basis eine Kosten-Nutzen-Analyse bzgl. Markeninvestitionen und mutmaßlich daraus resultierendem Markenerfolg vor.
  Und das Brand Steering System bezieht zusätzlich Wettbewerber in die Untersuchung ein. Es erfolgt ein Abgleich der derzeitigen Position der Marke mit den strategischen Zielvorstellungen des Unternehmens im Rahmen einer Stärken-Schwächen-Analyse.

- Beim **Brand Status-Modell** (Eisbergmodell) (Icon) wird auf den monetären Ausweis des Markenwerts verzichtet. Der Markenwert spielt allerdings im Rahmen der Markenerfolgsforschung eine Rolle. Zentrale Merkmale des Brand Status sind seine verhaltenswissenschaftliche Ausrichtung, die detaillierte Analyse der Markeniconografie (d.h. Unterscheidung in abstrakte und konkrete Markenelemente), die Identifikation der zentralen Erfolgsfaktoren einer Marke und die Darstellung von Abhängigkeiten und Relationen innerhalb von Markenarchitekturen (Markenstrukturen).
  Der Markenwert setzt sich danach aus den Komponenten Markenbild und Markenguthaben zusammen. Das Markenbild setzt sich seinerseits aus den Elementen Markenbekanntheit, Werbeimpact, Eigenständigkeit, subjektiv empfundener Werbedruck sowie Klarheit und Attraktivität des inneren Markenbilds zusammen. Das Markenguthaben setzt sich dabei wiederum aus den Elementen Markensympathie, Markenvertrauen und Markenloyalität zusammen. Jedes dieser Elemente wird auf Basis von Marktforschungsdaten (vor allem Verwenderbefragungen) quantifiziert. Dadurch ergibt sich eine Bewertung der zu untersuchenden Marke relativ zu ihren Konkurrenten und zu Produktgruppen bezogenen Normwerten (Benchmarks). Der aktuelle Markenauftritt ist dabei nur die Spitze des Eisbergs, das Markenguthaben hingegen bietet die Ansatzpunkte zur einer Beeinflussung des Markenerfolgs, die sich im Rahmen einer Markendiagnose heraus arbeiten lassen.
- Das **Markenwertmodell** (GfK) besteht aus fünf Einzelmodellen:
  - Das Markenisolierungsmodell zerlegt den Gesamtumsatz sowohl wie die Gesamtkosten in jeweils markenspezifische und nicht-markenspezifische Anteile (mittels CJM bzw. Expertenschätzung).
  - Das Markenprognosemodell schätzt auf Expertenbasis die Umsätze der nächsten fünf Jahre ab.
  - Das Markenrisikomodell diskontiert die zukünftig erwarteten markenspezifischen Erträge mit einem Kalkulationszinssatz. Die Risiken ergeben sich dabei aus einem Index für die Markenstärke, der historischen Entwicklung der markenspezifischen Umsätze, der Markenbekanntheit und den Markenerfolgsfaktoren.
  - Das markenstrategische Optionsmodell erfasst Potenziale auf Auslandsmärkten und für Linienerweiterungen zusätzlich zum laufenden Geschäft.
  - Die Ergebnisse dieser vier Teilmodelle werden schließlich in einem fünften Teilmodell, dem Markensimulationsmodell, zur Ermittlung des Markenwerts zusammengefasst.
- Das **Brand Rating Model** (Icon) umfasst drei Komponenten:
  - das Icon-Eisbergmodell (für die Messung der qualitativen Markenstärke, des Markenguthabens und des Markenbildes),
  - den diskontierten Preisabstand (als Indiz für den quantitativen Markenbonus),
  - den Brand Future Score (als Ausweis des spezifischen Markenpotenzials bezogen auf Entwicklungstrend der Marke, d.h., Preisentwicklung, Absatzentwicklung, zukünftige Bedeutung der Marke, das Dehnungspotenzial der Marke, d.h., Linienerweiterung, regionale Erweiterung, Distributionsausweitung, Zielgruppenerweiterung, sowie den Markenschutz, d.h., Krisenanfälligkeit der Marke).

Unabhängig von unternehmensinternen Daten basiert die Bewertung gleichermaßen auf finanzorientierten und verhaltenswissenschaftlichen Aspekten.

- Der **Brand Value Added** (BVA/BCG) berechnet den Markenwert aus unternehmensinterner Sicht im Vergleich zur Konkurrenz. Er wird Bottom up aus dem gegenwärtigen Wert (Preis- und Volumenprämie) und dem Optionswert der Marke durch Ausbau in neue Produkt- und Dienstleistungsbereiche ermittelt. Ebenfalls zu berücksichtigen ist der Flagship value, der sich aus der gesteigerten Attraktivität einer Marke für verschiedene Interessengruppen berechnet.
- Bei der **Brand Evaluation** (Semion) handelt es sich um ein Verfahren zur Berechnung des Markenwertes, das alle quantitativen und qualitativen Faktoren, die den Wert einer Marke bestimmen, berücksichtigt, Finanzwert, Markenschutz, Markenstärke und Markenimage.
- Das **Brand Assessment System** (BASS/GfK) führt Markenbewertungen auf Basis je einer erlös- und einer konsumentenorientierten Komponente durch. Die in einem Panel gemessene erlösorientierte Komponente umfasst Marktanteile, Käuferreichweite und -bindung sowie das Preispremium, die konsumentenorientierte Komponente misst die psychologische Markenstärke. Integriert geben die Komponenten ein aussagekräftiges Bild über die Stärke einer Marke im Wettbewerbsvergleich wieder.

5.1.6.2 Wissenschaftliche Ansätze

Innerhalb der wissenschaftlichen Kombinationsmodelle werden vor allem folgende näher diskutiert:

- Beim **Multiplikator-Modell** (Murphy) handelt es sich um einen detailorientierten, integrierten Ansatz zum Ausweis der Markenkraft. Es ist nicht-monetär, aber gegenwartsgerichtet und hebt auf die zukünftige Gewinnrate ab. Zur Quantifizierung basiert es auf der Unternehmensbewertungstheorie und berücksichtigt dabei die Elemente Konsument, Konkurrenz, Handel und Marketinginstrumente. Von Vorteil sind die hohe Managementkompatibilität, der hohe Erklärungsgrad, die finanzielle Bewertung und die Übertragbarkeit. Nachteilig wirken hingegen der hohe Erhebungsaufwand, die Notwendigkeit zur subjektiven Gewichtung der Einflussfaktoren und das nur z.T. nachvollziehbare Bewertungsverfahren. Insgesamt handelt es sich um ein professionelles Markenbewertungsmodell, das ausgereift und mehrfach verprobt ist. Damit liegt ein Markenbewertungskonzept i.e.S. vor. Allerdings gibt es nicht zu übersehende methodische Schwächen, im externen Einsatz sind z.B. Vertrauensprobleme zu berücksichtigen.
- Bei der **Brand Valuation Method** (Ourusoff) handelt es sich um einen detailorientierten, integrierten Ansatz zum Ausweis der Markenkraft. Er ist nicht-monetär und vergangenheitsgerichtet, wird dafür aber zukunftsgerichtet monetär ermittelt. Es basiert auf der Unternehmensbewertungstheorie und berücksichtigt dabei die Elemente Konsument, Konkurrenz, Handel und Marketinginstrumente. Vorteilhaft ist die Übertragbarkeit des Modells und die finanzielle Bewertung des Ergebnisses. Allerdings ist die Datenbeschaffung schwierig. Außerdem erfordern die Einflussfaktoren eine subjektive Gewichtung, so dass das Bewer-

tungsverfahren z.T. nicht nachvollziehbar ist. Insgesamt handelt es sich um ein professionelles Markenbewertungsmodell als Me too-Produkt des Interbrand-Modells, das mit Schwerpunkt auf die Bewertung von Marken aus der Sicht von Kapitalanlegern am geeignetsten eingesetzt ist. Trotz methodischer Schwächen handelt es sich um ein Markenbewertungskonzept i.e.S.

Darüber hinaus sind zahlreiche weitere wissenschaftliche Ansätze vorhanden, so von:
- Sander (Bestimmung des finanziellen Markenwerts mittels hedonischer Theorie), Kamakura/Russel (Modell mit Nutzen theoretischer ((subjektiver)) Fundierung), Swait et al (Modell mit Nutzen theoretischer ((subjektiver)) Fundierung), Keller (Kombination aus Konsumentenbefragung, Blindtest und Conjoint measurement-Analyse) oder Crimmins (Modell auf Basis experimenteller Kundenbefragung).

5.1.7 Markenkernprodukte

Der Ergebnis dieser kommerziellen Produkte ist regelmäßig kein monetärer oder anderweitig quantifizierter Wert, sondern vielmehr eine qualitativ-bewertende Einstufung. Sie sind damit im Controlling nur am Rande einsetzbar, da es ihnen an den Voraussetzungen der Objektivität, Reliabilität und Validität ihrer Ergebnisse mangelt. Die Anzahl dieser Messprodukte ist unüberschaubar. Ohne jeden Anspruch auf Vollständigkeit bleibt daher der folgende Überblick:
- **Adcepts** (Advertising + Concepts) (Bates Werbeagentur) stellen allgemein Hypothesen, prototypische Ideen, Claims bzw. Fakten über das, was für den Nachfrager relevant und einzigartig ist, dar. Diese Adcepts werden den Zielpersonen zur Diskussion und Evaluation vorgelegt. Adcepts bilden die Basis für die Formulierung des Kampagnen-USP.
- **Advanced Brand Valuation** (PwC) ist ein integriertes Modell auf Basis betriebswirtschaftlicher und verhaltenswissenschaftlicher Daten. Hierbei werden die markenspezifischen Ergebnisbeiträge und Risiken unter Anwendung eines kapitalmarktorientierten Ansatzes ermittelt. Es eignet sich für sämtliche Bewertungsanlässe, insb. zur Markenbilanzierung und Markenführung sowie für die Ermittlung von Kaufpreisen und Lizenzraten
- **APIA** (Analyse Projektiver InterAktion) (&Equity) basiert als qualitativer, gruppendynamischer Forschungsansatz auf projektiven, expressiven und kreativen Techniken. APIA untersucht die emotionale Bedeutung und symbolische Funktion von Marken und Medien, Unternehmen und Institutionen. Es geht um die Gefühle und Bilder, die unbewusst mit einem Erkenntnisobjekt verbunden sind. APIA ist Basis für die psychologisch fundierte Kommunikationsarbeit.
- **Brand Equity Builder** (Ipsos) nimmt die Perspektive des Nachfragers im Rahmen eines quantitativen Testinstruments ein. Vor dem Hintergrund einer strategisch ausgerichteten Forschung ermöglicht das Instrument eine eindeutige Bewertung der „In Market Performance" von Marken.
- **Brand Navigation Manual** (Icon) ist ein Dokumentations- und Arbeitstool für

markentechniches Denken und Handeln. Ziel ist die Schaffung und Etablierung einer markenpflegenden Struktur und Kultur in der Unternehmensorganisation. Als Instrument zur verbindlichen internen und externen Führung einer Marke dienen drei Modelle: History, Identity/Vision/Action, Scoring/Indicators.

- **Brand Personality Gameboard** (McKinsey Comp.) ist ein Instrument zur Steuerung der emotionalen Attribute einer Marke. Neben der Ableitung einer strategischen Zielpositionierung für Product und Corporate brands identifiziert es geeignete Celebrities und Co-Branding-Partner für die operative und effiziente Markensteuerung.
- **Brand Trust Index** (Roland Berger) bezieht den Wert einer Marke aus dem gewonnenen Kundenvertrauen. Im Gegensatz zu Bekanntheit und Kundenzufriedenheit weist das Kundenvertrauen einen hohen statistischen Einfluss auf die Kundenbindung auf. Der Index operationalisiert die Messung von Kundenvertrauen in Hersteller-, Händler- und Dienstleistungsmarken.
- **Brand Value Added** (BVA (Boston Consulting Group) berechnet den Markenwert aus unternehmensinterner Sicht im Vergleich zur Konkurrenz, und zwar Bottom up aus dem gegenwärtigen Wert (Preis- und Volumenprämie) und dem Optionswert der Marke durch Ausbau in neue Produkt- und Dienstleistungsbereiche. Ebenfalls zu berücksichtigen ist der Flagship Value, der sich aus der gesteigerten Attraktivität für verschiedene Interessengruppen berechnet.
- **Brand Value Screen** (Grey) ist ein Analyse-Modell in zwei Schritten: eine erste Untersuchung überprüft, ob die Werbung durch unverwechselbare Markenwert-Signale die Einmaligkeit der Marke demonstriert. Eine zweite Befragung ermittelt, ob diese Brand Value Signals Überlegenheit der Marke ausdrücken, die ein höheres Wertschöpfungspotenzial im Vergleich zu Handelsmarken garantieren.
- **Brand Wheel** (Bates Werbeagentur) hilft, Marken zu definieren. Es besteht aus fünf Ebenen, den Attributes, den Benefits, den Values, der Personality und der Brand Essence. Es zeigt auf, wofür eine Marke beim Verbraucher langfristig steht bzw. stehen soll und welche Markenaspekte kaufrelevant sind.
- **BrandScoreCard** (Linxweiler) ist ein ganzheitliches Konzeptions- und Controlling-Instrument für die Markenführung. Sie arbeitet in Anlehnung an die Balanced ScoreCard-Logik und kann statt für die Marke auch für die Firma eingesetzt werden.
- **CAPO** (Computer Aided Psychological Observation) (&Equity) ermöglicht den Einsatz tiefenpsychologischer Techniken in Kombination mit großen Fallzahlen. Mathematische Algorithmen verdichten und visualisieren die emotionale Anmutung, die gefühlte Positionierung und das semantische Territorium von Marken und ihrer Kommunikationsdramaturgie. CAPO erhebt den Status quo einer Marke ebenso wie die Zielparameter für ihre Weiterentwicklung.
- **Conversion Model** (TNS Emnid) beruht auf der Messung der Kundenbindung und entwickelt daraus eine optimale Strategie für das Bindungs- und Gewinnungsmarketing. TNS ist das Basisinstrument zur Kundenwertermittlung, es kann mit anderen Modellen zur Markenführung wie Buy Test, Semiometrie etc. kombiniert werden.
- **Excellence in Branding** (McKinsey Comp.) stellt eine mit dem MCM Münster weiterentwickelte Toolbox zur potenzialorientierten Markensteuerung dar und

verknüpft qualitative Markenelemente mit ökonomischen Steuerungsgrößen (sowohl im B-t-c- als auch im B-t-b-Bereich einsetzbar). Integrale Bestandteile sind der Brand Relevance Calculator, die potenzialorientierte Markenführung sowie das Kennzahlensystem Brand-Cockpit.

- **Facett** (PDC) sieht die klassische Betrachtungsweise von Marken als statisch an. Das Urteil über eine Marke aber hängt von sehr vielen Facetten ab: Zweck, Ziel, Umstände der Verwendung etc. Facett ist eine Methode, die Testdesign und Messmethoden insb. inhaltlich der Fragestellung anpasst.
- **Gap-Analyse** (Konzept&Analyse) ist ein Testansatz, der die Vorteile einer Markenstatus- und Image-Analyse, einer Marktsegmentation, eines Konzepttests und einer klassischen Marktlückenanalyse kombiniert. Die Analyse zeigt, in welche Zielrichtung eine bestehende Marke erfolgreich weiterentwickelt werden soll.
- **GIM-Values** (GIM) sieht Konsumentenverhalten als schwer vorhersehbar, da es sich aus den engen Grenzen soziodemografischer Variabler löst. Um direkte Aussagen der Zielgruppen über Marken zu erfassen, wird die Beschaffenheit der Wertebeziehung zwischen Mensch und Marke erforscht und die langfristige Markenbindung und deren Qualität ermittelt.
- **IfaRES** (IRES/IRES-Faszinations-Research) dient zur Bestimmung des Faszinationspotenzials von Marken und Unternehmen. Es handelt sich um ein dreistufiges qualitatives Forschungsprogramm: erste Stufe ist die Analyse der aktuellen Faszinationsposition, zweite Stufe ist das Aufbrechen des Marken-/Unternehmensprofils, dritte Stufe die Potenzialanalyse neuer Faszinationsmöglichkeiten.
- **InteGraal** (A.C.Nielsen) bietet eine Datenbanklösung, die eine integrierte Sicht der Marken-Performance ermöglicht. Dabei werden Handelsinformationen (Marken-Track) mit Verbraucherinformationen (Homescan Consumer-Panel) vereint. Dadurch entsteht ein schneller und einfacher Zugang zu den Daten sowie die integrierte Bewertung der Märkte und Marken.
- **Image Planner** (A.C.Nielsen) ermittelt auf Basis von Kaufdaten (Homescan-Panel) durch Clusteranalyse typische Verbrauchergruppen. Die bei den Haushalten erfragten Einstellungen werden durch eine Diskriminanzanalyse für die Bestimmung der marktspezifischen Einstellungen und damit für die Positionierungen von Marken verwendet.
- **Loyalty Builder** (Icon) ist ein Modell zur Kundenbindung, das zusätzlich zu den bewährten Elementen klassischer Kundenzufriedenheitsstudien den verhaltensrelevanten Beitrag der Unternehmensmarke bzw. von Einzelmarken misst. Damit wird sichtbar, wie man durch positive Differenzierung vom Wettbewerb Kunden binden kann.
- **Message Tuning Concept** (Rheingold) ist ein qualitativ-psychologischer Ansatz auf wissenschaftlicher Grundlage der morphologischen Psychologie. Es ermöglicht Wirkungsanalysen der Kommunikationsleistung von Werbung durch Wirkung, Tiefenwirkung, Sinnbilder und geheime Botschaften mit detaillierter Wirkungsdiagnostik und Erfolgsprognostik.
- **Mind Discovery** (BCG) verbindet qualitative Marktforschung mit strategiebasierter Markenentwicklung, indem Kundenmotivation erforscht und daraus Positionierungsoptionen abgeleitet werden. Auf Grundlage von Sekundär- und Pri-

märforschung sowie Benchmarking, Segmentierung und Hypothesenbildung wird mit tiefenpsychologischen Techniken Käuferverhalten untersucht.

- **NFO TRI*M** ist ein Stakeholder Management System, mit dem u.a. die Reputation eines Unternehmens bew. der Unternehmensmarke gemessen werden kann. Auch Kunden- und Mitarbeiterzufriedenheit können ermittelt werden. NFO TRI*M verfügt über eine Wissensbasis von 4.500 Studien mit 500 Unternehmen, darunter einem Drittel der europäischen Top-Tausend.
- **Preisstruktur-Modell** (A.C.Nielsen) beantwortet die Frage: Welches ist der Preis für eine einzelne Eigenschaft eines Produkts? Dabei werden Preise für Produkteigenschaften, Marken und deren Kombinationen ermittelt. Das Modell stellt die mittlere Struktur der Angebots- und Nachfragepreise am Markt und deren Entwicklung über einen bestimmten Zeitraum dar. Die Analyse bietet Ansatzpunkte für Target pricing, Relaunch, Line extensions etc.
- **Profiler** (Roland Berger) ist ein Instrument zur psychographischen Analyse und Positionierung von Marken. Es ermöglicht die quantifizierte Analyse multioptionalen Käuferverhaltens und visualisiert die Wahrnehmung der Marken in den Köpfen der Nachfrager. Es eignet sich als gemeinsame Diskussionsbasis für alle an der Markenführung Beteiligten.
- **Psychodrama** (Konzept&Analyse) basiert auf Rollenspielen und integriert die wichtigsten Datenerhebungsmethoden Befragung, Beobachtung und Experiment in einem Forschungsinstrument. Es entsteht ein ganzheitlicher, zuverlässiger Ansatz zum Verständnis des Konsumenten. Die wirklichen emotionalen und rationalen Verhaltensmodelle und Hemmschwellen werden dadurch nachvollziehbar.
- **Qual** (PDC) kann langfristige Markenstrategien aufbauen. Es besteht aus zwei Teilen, einer Analyse kultureller Trends, in denen Marken sich bewegen, und einer qualitativen Datenerhebung zur Sicherung der Hypothesen von Markenentwicklungen.
- **Qualitative Markenkern-Analyse** (Rheingold) zielt auf die tiefenpsychologische Durchdringung der Markenpersönlichkeit, die spezifische Funktion der Marke für den Verbraucher und den Kompetenzbereich bzw. das Markenterritorium ab.
- **Semiometrie** (TNS) erlaubt die optimierte Markenführung und Mediaplanung auf Basis soziokultureller Werthaltungen von Zielgruppen und ist mit Conversion Model, BuyTest und weiteren TNS-Markenführungsinstrumenten kombinierbar.
- **Sigma-Modell** (Semion) basiert auf der Imagekartografie als Methode, die es ermöglicht, Akzeptanz, Einfluss und Kompetenz einer Marke zu prognostizieren.
- **Target Positioning** (GfK) gibt Markenartiklern handlungsoptimierte Empfehlungen für die künftige Positionierung von Marken. Das Tool umfasst Module zur Markendiagnose, -bewertung und -therapie. Es zeigt Erfolg versprechende Positionierungsfelder, vernetzte Wettbewerbsbeziehungen sowie Synergieeffekte im Markenportfolio auf.

Hinzu kommen unzählige weitere Modelle z.B. von:

- GfK (Markensimulator mit Regressionsanalyse auf Basis von Panel- und Marktdaten), G&I (TESI-Preismodell auf Basis einer Preissimulation), Modelle von

Arthur Andersen, Copat-Data, KPMG, PwC, System Repenn, Consor, A.C.Nielsen (Markensensor auf Basis der Portfolio-Theorie), Millward Brown (Brand Dynamics), McCann-Erickson (Brand Footprint), BBDO/Brand Link (Brand Potential Analysis), Ogilvy&Mather (Brand Stewardship), Institut für Markentechnik (Genetische Code-Analyse), Konzepte&Analyse (MarkenMonopole), Grey (Marken-Potenzial-Ausschöpfung), Infratest Burke (IMPSYS) oder TBWA (Winning Strategic Process).

Diese Liste ließe sich noch beinahe beliebig fortführen und zeigt die inflationierende Beliebtheit der Markenwertberechnung mit den dabei involvierten Risiken.

5.1.8 Kritische Würdigung

Nach Durchsicht der zahlreichen Markenwertmodelle stellt sich allerdings erhebliche Ernüchterung ein. So ist bei den meisten Modellen zweifelhaft, warum gerade die darin behaupteten Kriterien und Zusammenhänge für den Markenwert ausschlaggebend sein sollen und nicht andere, im Einzelfall nicht berücksichtigte Kriterien. Zudem ist fraglich, ob nicht mehrere Kriterien dieselbe Dimension des Markenwerts abbilden und insoweit überrepräsentiert sind. Gänzlich indeterminiert wird es, wenn diese Kriterien noch gewichtet oder ihrerseits erst durch mehrere Unterkriterien erklärbar sind.

Weiterhin bleibt das Zustandekommen des eigentlichen monetären Ergebnisses bei der finanzorientierten Markenwertberechnung weitgehend im Dunkeln. Aus Wettbewerbsgründen halten die Urheber die tatsächliche Transformationsmechanik, die erst dafür sorgt, dass aus einem wie immer auch ermittelten realen Ergebnis ein monetärer Wert wird, geheim. Insofern bleibt nicht nur das Zustandekommen unklar, sondern auch, inwieweit es den oft erheblichen Aufwand zur Quantifizierung rechtfertigt.

Verhaltensorientierte Modelle verzichten gar auf den Ausweis eines monetären Markenwerts, sondern bleiben auf der Stufe einer qualitativen Größe, etwa Markenstärke oder Markenkraft geheißen, stehen. Dann ergeben sich nurmehr relative Aussagen, die aber nur wenig mehr erhellend sein dürften als der gesunde Menschenverstand des Marken-Managers das auch erreicht.

Vor allem bleibt weitgehend spekulativ, welcher Anteil an einem wie auch immer zustande gekommenen Markenwert tatsächlich auf die Marke, und welcher auf andere Verursacher, zurückzuführen ist. Eine solche Isolierbarkeit von Erfolgsbeiträgen wäre aber erforderlich, um nicht den Wert irgendwelcher betrieblicher Größen, sondern exakt den einer Marke zu messen. Hinzu kommt, dass dies, wenn überhaupt, nur für die Vergangenheit nachvollziehbar ausweisbar ist. Interessant für die Planung wäre aber im Gegenteil der zukünftig zu erwartende Markenwert. Aufgrund des immanenten Prognoseproblems stehen alle Modelle hier auf ausgesprochen schwachen Füßen.

So ist es nicht verwunderlich, dass die konkreten Ergebnisse verschiedener Wertmodelle für ein und dieselbe Marke denn auch erheblich auseinander driften. Dies ist im Zuge der finanziellen Bewertung einer Marke nicht hilfreich, verschärft es doch Interessengegensätze zwischen Markenhalter und -interessent. Insofern können solche Markenwerte wohl nur als Ausgangspunkt für Verhandlungen angesehen werden, wobei jede Seite ein solches Modell wählen wird, das ihren Intensionen entgegenkommt. Zwar lässt sich nicht generell sagen, welche Modelle zu höheren und welche zu niedrigeren Bewertungen führen, da dies immer von der Erfüllung der jeweils zugrunde liegenden Messkriterien abhängt, aber es gibt durchaus Tendenzaussagen.

Am Entscheidendsten aber ist vielleicht die Tatsache, dass der Begriff Wert sui generis diskutabel ist. Denn letztlich ist der Wert einer Marke nicht aus sich selbst heraus zu beurteilen, nach welchem Verfahren auch immer, sondern erklärt sich ausschließlich aus der Sicht von Interessenten. Der sich daraus ergebende äußere Markenwert (z.B. aus der Sicht eines potenziellen Käufers) kann durchaus erheblich über oder unter dem inneren (durch Modellrechnungen ermittelten) Markenwert liegen.

In diesem Zusammenhang ist auch fraglich, ob durch die einschlägigen Verfahren wirklich der Markenwert gemessen wird oder nicht doch eher der immaterielle Firmenwert. Bei Dachmarken also solchen, bei denen der Name des Produkts (Marke) gleich dem Namen des Unternehmens (Firma) ist, sind beide ohnehin kaum auseinander zu halten. Aber auch bei anderen Marken-Firmen-Konstellationen ist unklar, wie beide Größen miteinander interagieren.

Insofern bleibt der Verdacht, dass es sich bei der Flut von Markenwertmodellen um eine der beliebten Wellen in der Wissenschaft handelt, die, ausgehend von der Erfindung eines neuen Themas, zu proliferierenden Betrachtungen führen, deren Erkenntniswert im Zeitablauf jedoch stark degressiv verläuft und schließlich zu einer Zurückstufung des Themas auf seinen tatsächlichen, weitaus geringeren Stellenwert führt (solche Wellen wurden z.B. schon beim Thema Sponsoring beobachtet, oder aktuell beim Thema Kundenbegeisterung).

Letztlich verhält es sich mit dem Wert einer Marke wie mit jedem anderen Wert auch, er bemisst sich nach dem Nutzen, den ein konkreter Interessent ihr beimisst. Die verschiedenen Modelle können somit allenfalls zur Werteingrenzung hilfreich sein. Wegen der auseinander laufenden Ergebnisse und der damit verbundenen Verwirrung auf höherer Stufe vermögen sie aber auch dies nur begrenzt.

Auch die Hilfestellung für das Controlling ist fraglich, ergibt sich doch bei der Planung und Kontrolle der zugewiesenen Ressourcen die Unklarheit, ob Marken mit hohem Wert zu forcieren sind, um ihren hohen Wert zu erhalten und ein Abrutschen zu verhindern oder hingegen Marken mit niedrigem Wert, um sie auf einen höheren Level zu bringen. Daher ist gut zu überlegen, ob man viel Geld für eine

Markenwertermittlung ausgeben will, wenn die Ergebnisse letztlich ausgesprochen diskutabel bleiben.

5.2 Markenangriffe

5.2.1 Piraterie

Markenpiraterie ist neben der Verletzung gewerblicher Schutzrechte, Urheberrechte sowie sklavischer Nachahmung ein Bereich der Produktpiraterie. Sie betrifft alle Fälle der gezielten Imitation von Waren, für die oder für deren Kennzeichnung ein gewerbliches Schutzrecht oder ein sonstiges Schutzrecht besteht, oder für die zwar kein Schutzrecht besteht, wohl aber Marktgeltung. Die Markenpiraterie ist also derjenige Teilbereich, der den Markenschutz betrifft, daneben gibt es evtl. noch das Schmarotzen am Image der Marke oder die Übernahme von Marketingideen von Konkurrenten. Bei gleichwertiger Qualität ist daher ein Wettbewerberschutz, bei minderwertiger Qualität ein Nachfragerschutz erforderlich. Unter Markenpiraterie versteht man im Einzelnen:

- gleiche Marke und gleiches Produkt (Plagiat), d.h., die unerlaubte Kennzeichnung von Waren, die auch der Zeicheninhaber unter diesem oder einem verwechselbar ähnlichen Zeichen vertreibt. Ziel ist damit die Irreführung der Abnehmer über die betriebliche Herkunft der Waren.
- andere Marke und gleiches Produkt (Produktpiraterie/Piracy), d.h., Kennzeichnung von Waren mit einem fremden oder verwechselbar ähnlichen Zeichen, die nicht unter den Schutzbereich des widerrechtlich verwendeten Zeichens fallen, Ziel ist auch hier der Imageabzug.
- gleiche Marke und anderes Produkt (Markenpiraterie i.e.S./Counterfeiting), d.h., unerlaubte Verwendung von fremden oder verwechselbar ähnlichen Produkten, die zwar unter den Schutzbereich fallen, vom Zeicheninhaber aber nicht unter dieser Marke vertrieben werden. Ziel ist dabei die beitragsfreie Partizipation am Image der bekannten Marke durch Versehen der Produkte mit einem geschützten oder zu diesem verwechslungsfähigen Zeichen.

Markenpiraterie ist an sich nichts Neues, die Besonderheit liegt vielmehr in der Qualität der Nachahmung, also in planmäßiger, gezielter und massenhafter professionell angelegter Verletzung. Mit verbesserten technischen Möglichkeiten ist ein immer besseres Imitat möglich. Dadurch entstehen enorme (praktisch schwer zu beziffernde) gesamtwirtschaftliche Schäden, z.B. Verlust von Arbeitsplätzen in entwickelten Hochlohnländern zu Gunsten von Billiglohnländern, Hemmung von Innovationen, wenn der Originalhersteller damit rechnen muss, kopiert zu werden. Daher sind mehrere rechtliche Instrumente in Kraft getreten, z.B. das Gatt-Abkommen, das WIPO (World intellectual property organization)-Abkommen, die EU-Anti-Piraterie-Verordnung.

Ziel der EU ist es, Waren, die rechtswidrig mit einem Markenzeichen versehen sind, das mit einem fremden Zeichen identisch oder verwechselbar ist, vom gemeinsamen Markt fern zu halten.

Es geht also im Wesentlichen um Markenzeichenfälschungen, -anlehnungen und um die Nachahmung von Produkten ohne gleichzeitige Markenzeichenfälschung.

Dominante Gründe liegen jeweils in der Ersparnis von Aufwand und Zeit zum Aufbau der eigenen Marke. Daher bestehen zur Abwehr ungewöhnlich umfangreiche Rechte. Insbesondere darf verdächtige Ware an den Außengrenzen der EU, auf gebührenpflichtigen Antrag des Markenhalters hin, angehalten werden. Der Rechtsinhaber kann dann Einzelheiten zur Identifizierung der Ware liefern. Innerhalb von zehn Tagen entscheidet die Zollbehörde, ob eine Schutzrechtsverletzung vorliegt oder ob sie die Ware freigibt. Piratenware kann dann vernichtet werden. Über diesen Vernichtungsanspruch der Piratenware hinaus sind weitere Rechte ein verschuldensunabhängiger Folgenbeseitigungsanspruch sowie ein verschuldensabhängiger Schadensersatzanspruch. Weiterhin ein Auskunftsanspruch über Herkunft und Vertriebsweg der Ware, die Anwendung einschlägiger Strafvorschriften, die Grenzbeschlagnahme, ja sogar die Vernichtung der Geräte zur Fertigung der Piratenware, sofern der Pirat auch deren Eigentümer ist (nicht etwa nur Leasingnehmer).

In Deutschland greift das Gesetz zur Stärkung des Schutzes des geistigen Eigentums und zur Bekämpfung der Produktpiraterie (PrPG), das einen Vernichtungs- und einen Auskunftsanspruch enthält:

- Das BGB sieht nur eine Entfernung widerrechtlicher Kennzeichnungen vor, das MarG gibt dem Verletzten das Recht, die Vernichtung der im Besitz oder Eigentum des Verletzers befindlichen Piratenware und der im Eigentum des Verletzers stehenden Gegenstände zur Fertigung der Piratenware zu verlangen. Voraussetzungen sind, dass eine Markenzeichenrechtsverletzung vorliegt, der durch die Rechtsverletzung verursachte Zustand der Gegenstände nicht auf andere Weise beseitigt werden kann und die Vernichtung für den Verletzten oder Eigentümer nicht unverhältnismäßig sein darf.
- Über die Herkunft und den Vertriebsweg der Ware ist nach MarG, sofern dies nicht unverhältnismäßig ist, hinsichtlich Name, Anschrift von Herstellern, Lieferanten und sonstigen Vorbesitzern, Auskunft zu geben. Dies kann auch per einstweiliger Verfügung erwirkt werden. Im Strafverfahren besteht ein Verwertungsverbot für solche Auskünfte, es sei denn, der Auskunftsgeber stimmt einer Verwertung zu. Das PrPG sieht Freiheitsstrafen bis zu fünf Jahren oder Geldstrafen vor, schon der Versuch ist strafbar.

Nationale und internationale Maßnahmen zur Bekämpfung reichen jedoch allein nicht mehr aus. Die betroffenen Unternehmen müssen eigene Überwachungs- und Kontrollmaßnahmen im Rahmen eines Schutzrechtsmanagement ergreifen. Dazu gehören die systematische Beobachtung aller Absatzmärkte, die fortlaufende Erhebung von Schutzrechtsanmeldungen, die Sicherung von Beweismitteln und Belegen auch im Umfeld der Rechtsschutzverletzer sowie die Auskunftseinholung über Herkunft und Vertriebsweg widerrechtlich benutzter Muster. Vorbeugend wirkt die Verwendung fälschungssicherer Kennzeichen (z.B. Hologramme), ergänzend die schnelle Produktvariation (die allerdings kontraproduktiv wirken kann). Als letzte Möglichkeit bleibt die Einstellung der Produktion der gefälschten Produkte, um den Markenartikel durch deren Qualitätsbeeinträchtigung nicht irreparabel zu schädigen.

Wenn Fälschungen im Handel auftauchen, kann die Ware beschlagnahmt werden, wenn ein Antrag zur Sicherstellung von einem Bevollmächtigten des Markeninhabers (belegt durch beglaubigte Vollmacht) vorliegt. Zuständig sind dabei Polizei oder, vorzugsweise, Zollfahndung oder Oberfinanzdirektion. Der Antrag kann formlos, auch telefonisch, gestellt werden. Es kann auch ein Strafantrag nebst Vollmacht und Kopie der Markeneintragung sowie kurzer Stellungnahme hinsichtlich der Fälschungsmerkmale übermittelt werden. Vor Einschaltung der Behörden empfiehlt sich jedoch unbedingt ein Testkauf mit Quittung. Das testgekaufte Produkt dient sowohl für die Erstellung des Fälschungsgutachtens zur Vorlage bei den Strafverfolgungs-/ Zollbehörden als auch zur Vorlage bei Gericht im Rahmen eines zivilrechtlichen Verfahrens als Beweisstück. War dem Besitzer gefälschter Ware die Tatsache der Fälschung glaubhaft nicht bewusst, kann es zu einer geringeren Strafzumessung oder auch zur Verfahrenseinstellung kommen. Eine Durchsuchung bzw. Beschlagnahme kann im Eilverfahren erreicht werden.

Üblicherweise werden gefälschte Waren durch die Zoll- oder Polizeibehörden nach Abschluss des Ermittlungsverfahrens vernichtet. Werden die gefälschten Produkte jedoch freigegeben, sobald sie nicht mehr Beweiszwecken dienen, kann vom Markeninhaber auch ein zivilrechtlicher Vernichtungsanspruch geltend gemacht werden.

Der Markeninhaber (bzw. sein Rechtsvertreter) hat auch das Recht auf Einsicht in die Ermittlungsakten der Behörden, aus denen sich Lieferanten, Abnehmer, Absatzwege, Preise etc. ergeben. Sinnvoll ist wegen der langen Fristen ein Antrag auf vorgezogene Akteneinsicht sowie eine Teilnahme am Verhör des Verletzers bzw. bei der Durchsuchung seiner Geschäftsräume (ohne Rechtsanspruch, aber evtl. durch einstweilige Verfügung zu erwirken). Die Kosten der Durchsuchung und Beschlagnahme übernimmt grundsätzlich die Staatskasse (Offizialdelikt). Allerdings kann eine Kostenbeteiligung für Lagerung und Vernichtung sinnvoll sein, auch um sich die Kooperation der Behörden in Folgefällen zu sichern.

Die Behörden sind jedoch nicht verpflichtet, von sich aus gegen Fälschungen zu ermitteln. Es liegt vielmehr im freien Ermessen von Polizei und Zoll, einzuschreiten. Zum Beispiel können auf diese Weise „fliegende Schieber" festgesetzt und befragt werden, gegen die ohne festen Wohnsitz kaum zivilrechtlich vorgegangen werden kann.

Produktfälschungen, die an einer EU-Außengrenze auftauchen, können durch Antrag auf Grenzbeschlagnahme von den Zollbehörden sichergestellt werden. Dann werden die Zollstellen von Amts wegen tätig und führen Beschlagnahmen auch durch, ohne jeweils vom Markeninhaber einzeln dazu aufgefordert worden zu sein. Dabei sind vor allem alle im Zusammenhang mit der Fälschung bekannt werdenden Tatbestände (wie Spediteure, Mengen, Adressen etc.) wichtig (entsprechende Akteneinsicht wird dem Rechtsbeistand des Markeninhaber gewährt). Beschlagnahmte Produkte werden üblicherweise vernichtet. Die Beschlagnahme kostet ca. 150 € plus Lager- und Vernichtungskosten. Einschlägige Einfuhrländer sind etwa die Türkei, Tschechien, Slowakei, Ungarn etc. Die Aufklärungsquote liegt bei unter 5 %.

Abhilfe gegen diese Bedrohungen ist auf vielfältige Weise möglich. So kann der Absatzkanal von solchen Distributoren bereinigt bzw. für solche gesperrt werden, bei denen Spionageverdacht besteht. Wichtig ist auch der branchenübergreifende Erfahrungsaustausch unter Betriebsspionageabwehrexperten. Zur Verfolgung können die Fahndungsbehörden, aber immer häufiger auch unternehmenseigene private Ermittler eingesetzt werden. Von Endabnehmern aus kann, teilweise unter Einsatz von Incentives, versucht werden, den Weg der Ware im Absatzkanal zurückzuverfolgen. Sind die Täter ermittelt, kann Strafanzeige erstattet und Nebenklage eingereicht werden. Über die Erwirkung einer einstweiligen Verfügung kann eine Schutzrechtsverletzung schnell gestoppt werden. Parallel dazu ist die Aufklärung der Öffentlichkeit über Markenpiraterie sowie die Lobbyarbeit bei nationalen und internationalen Behörden erforderlich, um die Gesetze und Durchgriffsmöglichkeiten zu verschärfen.

Weitere Maßnahmen gegen Falsifikate sind folgende:

- Information der Vertriebspartner über Fälscheraktivitäten und darauf bezogene Abwehrmaßnahmen des Unternehmens,
- selektive Wahl neuer, zuverlässig erscheinender Absatzmittler, regelmäßige Kontrolle der Vertriebswege, auch bei zweistufiger Distribution,
- Ausstattung der Produkte mit temporär oder dauerhaft fälschungssicheren Produktmerkmalen wie Etikettennummern, Microtaggets (RFID), Echtheitszertifikaten mit Wasserzeichen, Magnetetiketten o.ä., dabei ist eine häufigere Anpassung an den Stand der Technik erforderlich, weil Fälscherorganisationen diese Ausstattungen rasch adaptieren,
- Sicherheitsmerkmale im Druck wie Longlasting economical anticopy device (metallisch glänzender Sicherheitsfaden wie bei Banknoten), Printed and embossed anticopy key (dreidimensionales Hologramm, das je nach Betrachtungswinkel und Lichteinfall anders aussieht), Shimmery twin effect protection (Druckfarbe, die je nach Betrachtungswinkel in zwei Farben wechselt), Fine Intaglio Technology (hochauflösende Gravur, um feinste Linien abzubilden),
- intelligente Verpackungen, die erkennen lassen, ob sie schon geöffnet worden sind,
- biotechnische Lösungen wie Marker, die auf Antikörper in Analysegeräten reagieren, Sicherheitstinten und oberflächenbeschichtete Spezialpapiere, mikroskopische Markierungen aus Farbpartikeln,
- branchenübergreifender Informationstransfer zu allen Aspekten der Produkt- und Markenpiraterie, Foren dafür sind häufig Verbandsausschüsse und Fachvereine, diese bieten darüber hinaus Dienstleistungen wie Rechtsrat, Öffentlichkeitsarbeit, Lobbying an,
- Zusammenarbeit mit in- und ausländischen Fahndungsbehörden, Unterweisung in Produktsicherungs- und Fälschungsmerkmalen, Rückverfolgung der Vertriebswege von sichergestellten Falsifikaten,

- Einsatz eigener und/oder privater Ermittler, Kundenanreize zur Identifikation von Fälschungen,
- Aufklärung über den volkswirtschaftlichen und verbraucherbezogenen Schaden, Hinweise auf Sicherheits- und Gesundheitsgefährdungen, Beteiligung an Informationsveranstaltungen und Ausstellungen, Kooperation mit betroffenen Herstellern innerhalb und außerhalb der Branche, aktive Zusammenarbeit mit den Medien,
- Vereinheitlichung der gesetzlichen EU-Rahmenbedingungen, Optimierung der gewerblichen Schutzrechte,
- Verbesserung der Zollkontrollen an den EU-Außengrenzen, Mitgliedschaft und Mitarbeit in den entsprechenden Verbänden und Arbeitskreisen.

5.2.2 Spionage

Außer durch Markenpiraterie kann einer Marke auch durch Markenspionage von interessierter Seite schwerer Schaden zugefügt werden. Dazu dienen vielfältige Möglichkeiten der Competitive intelligence.

Ein verbreitet eingeschlagener Weg ist das Anzapfen von Testmärken, auf denen neue Produkte einer bestehenden Marke oder neue Marken pre-getestet werden. Zwar besteht mehr Bedarf an solchen Pretests denn je, aufgrund der Spionageaktivitäten werden jedoch zunehmend Testmarktersatzverfahren, vor allem Testmarktsimulationen, eingesetzt.

Reynold's Tobacco (heute JTI) verfügte in Deutschland neben der Marke Camel nur über unbedeutende Marken wie Overstolz. Im Heimatland USA hingegen ist die Marke Winston von hoher Marktbedeutung. Also bestand Mitte der 1980er Jahre ein starkes Interesse daran, ein zweites Standbein im deutschen Markt mit Hilfe von Winston zu erreichen. Folglich wurde Winston auf dem Testmarkt Großraum Frankfurt a.M. eingeführt. Die Abverkäufe entwickelten sich während des durch Marketingmaßnahmen unterstützten Einführungszeitraums auch sehr erfreulich, sodass national auf einen Marktanteil von ca. 0,5 % hochgerechnet werden konnte. Dies entsprach ca. einer halben Mrd. Zigaretten p.a., was absolut ein ganz erhebliches Volumen darstellt. Daher wurde die nationale Einführung von Winston beschlossen und mit erheblichem Verkaufsförderungsdruck durchgeführt. Jedoch erwies sich dieser Launch als einer der größten Flops im Zigarettenmarkt, sodass Winston bis zum heutigen Tag keinerlei Marktbedeutung hat. Eine Recherche hinsichtlich der Ursachen für eine solch gravierende Fehlindikation der Testmarktergebnisse erbrachte nachhaltige Anhaltspunkte dafür, dass Philip Morris (Hauptmarke: Marlboro) aktiv geworden war. Es steht zu vermuten, dass die Außendienstmitarbeiter von Philip Morris ihrer Zentrale vom Auftauchen einer neuen Reynold's-Marke im Großraum Frankfurt berichteten und daraufhin angehalten wurden, gezielte Aufkäufe von Winston zu tätigen, für deren Ausgaben sie refinanziert wurden. Auf diese Weise spiegelte das Testergebnis nicht die tatsächliche Marktakzeptanz, obgleich diese Spekulation nicht bewiesen werden konnte. Den-

noch waren damit rare Ressourcen des Hauptmitbewerbers über lange Zeit hinweg gebunden.

Eine weitere Möglichkeit ist die Auswertung der Entsorgungsabfälle von Konkurrenten, blumig Waste archeology, Dumpser diving oder Trash trawling genannt, was durchaus legal ist, solange der Müll auf öffentlich zugänglichem Gelände deponiert ist (ein entsprechender Rechtsstreit zwischen P&G und Unilever endete daher mit einem außergerichtlichen Vergleich).

Weiterhin können durch vorgetäuschtes Interesse, z.B. an einem wissenschaftlichen Projekt, über Mittelsleute, wie getarnte Studierende oder Doktoranden, relevante Informationen hervorgelockt werden. Denkbar ist dafür auch die Teilnahme an Betriebsbesichtigungen oder Besucherführungen (Drop-in spying). Teilweise wird auch Servicepersonal gezielt zur Spionage eingeschleust (Putzleute, Postboten, Telefonzentrale, Aushilfskräfte etc.). Durch ein solches Shilling erlangte z.B. WestJet Airlines Zugang zu den Daten im Intranet des Konkurrenten Air Canada.

Verbreitet ist weiterhin das Hervorlocken vertraulicher Informationen bei Konkurrenzmitarbeitern in Headhunter-Gesprächen oder bei Verwicklung in Telefonanrufe in den zuständigen Abteilungen. Vielfach geben die angezapften Personen in der Konversation (Elicitation) naiverweise wichtige Informationen preis. So geschehen bei fingierten Einstellungsgesprächen von Intel-Mitarbeitern bei Broadcom.

Ein schon lange eingesetztes Mittel ist das Screening von Konkurrenzständen auf Messen und Ausstellungen sowie die gezielte Mitarbeiterabwerbung, um an das inkorporierte Wissen zu einem Projekt zu kommen. Moderne Mittel betreffen demgegenüber das gezielte Stehlen von Laptops bzw. das „Melken“ deren Festplatte sowie die Anzapfung von Telefonnetzen und insb. drahtlosen Intranets/ LAN‘s.

Außerdem kann durch entsprechende Auswertung von Reden, Interviews etc. von Führungskräften der Konkurrenzunternehmen versucht werden, ein Entscheidungsprofil zu erstellen, um daraus abzuleiten, wie diese Personen in simulierten Situationen reagieren dürften. Daraus können War Games abgeleitet werden. Denkbar sind auch gezielte Desinformationskampagnen, um Konkurrenten auf falsche Fährten zu locken.

Zur Abwehr dieser Aktivitäten empfiehlt sich die Etablierung einer Stelle „Brand protection“ in der Organisation.

5.2.3 Erpressung

Markenerpressung liegt vor, wenn Kriminelle sich zu Lasten eines Markenherstellers bereichern wollen, indem sie mit Schädigungen für Dritte (Kunden) drohen, die aus von ihnen nachträglich vorgenommenen, nachteiligen Manipulationen seiner Markenwaren resultieren. Erpressung weist eine hohe Dunkelziffer aus. Betroffene Unternehmen waren aber u.a.

- Ahrens, Tengelmann, Milupa, Aldi, Alete, Müllermilch, Coca-Cola, Rewe, Ekkes, Philip Morris, Lidl, Nestlé, AVA, Kaufland, Maggi, Edeka, Gilde-Brauerei, Schwartau, Real, Daimler-Benz, Beiersdorf, Kaufhof, Knorr, Karstadt etc.

Ca. 60 % der Erpressungsfälle sind zwar nicht ernst zu nehmen, aber 10 % hochgradig kriminell. Die Aufklärungsquote ist glücklicherweise ausgesprochen hoch. Bei diesen Erpressung drohen Personen/Organisationen Unternehmen an, in der Regel deren Produkte so zu manipulieren, dass Käufer geschädigt und das Markenimage in Mitleidenschaft gezogen wird, sofern nicht ein gewünschtes Verhalten, in der Regel die Zahlung eines Erpressungsgelds, eingehalten wird. Markenerpressung hat vielfältige Formen.

Dazu einige Beispiele aus den 1980er und 1990er Jahren, die bekannt geworden sind:

- *1982: Das Schmerzmittel Tylenol (Johnson&Johnson) wird in USA mit Zyanid vergiftet, die Täter werden nicht gefasst. Sieben Menschen starben. Das Produkt musste vorübergehend vom Markt genommen werden.*
- *1982: Bei der Pfanni KG wird die Vergiftung von Produkten angekündigt, aber letztlich nicht realisiert. Der Erpresser wollte sich für die Entlassung von Mitarbeitern rächen.*
- *1984: Die US-amerikanische Animal Liberation Front droht Mars mit der Versetzung von Produkten mit Rattengift, diese Drohung wird jedoch nicht realisiert. Die Initiatoren werden nicht gefasst.*
- *1989: Babynahrung von Heinz wird in Großbritannien mit Glassplittern und Rasierklingen versetzt. Der Täter wird verhaftet.*
- *1990: Ein Unbekannter vergiftet Sauerkirschmarmelade des Discounthändlers Aldi mit dem Pflanzenschutzmittel E 605, der Täter bleibt unbekannt.*
- *1992: Der Erpresser „Dagobert" agiert zulasten des Warenhauses Karstadt mit Bombendrohungen und wird 1994 nach etlichen gescheiterten Geldübergaben verhaftet und später verurteilt. Der Täter genießt erhebliche Sympathie in der Bevölkerung.*
- *1993: Nestlé wird mit der Vergiftung von Produkten erpresst, es geht um 2 Mio. DM Lösegeld, die Täter werden gefasst.*
- *1994: Coca-Cola wird in Deutschland angedroht, 100 Dosen Limonade zu vergiften, die Erpressung wird jedoch nicht realisiert, der Täter (ein Schreiner) überführt.*
- *1995: Erpresser drohen den Magenbitterproduzenten Kümmerling und Underberg, deren Produkte mit LSD bzw. E 605 zu vergiften, die Drohung wird nicht realisiert, die Täter werden gefasst.*
- *1996: Die Nestlé-Tochter Thomy startet eine Rückrufaktion ihrer Senf- und Mayonnaise-Tuben aus dem Handel, nachdem ein Unbekannter einzelne Produkte mit Zyanid vergiftet hatte.*
- *1996: Ein Brieftaubenzüchter will 1 Mio. DM von einer Supermarkt-Kette im*

Raum Hannover erpressen. Die Geldübergabe sollte durch Brieftauben erfolgen, die jedoch von Polizeihubschraubern verfolgt wurden. Der Züchter konnte verhaftet werden.

- *1997: Maggi wird gegen 1 Mio. DM mit der Drohung erpresst, Suppen mit BSE-Erregern zu versetzen, die Täter werden gefasst.*
- *1997: Marmelade von Schwartau wird mit Warfasin versetzt, die Täter werden gefasst.*
- *1997: Ein Gastwirt droht der Gilde Brauerei, deren Bier mit Kolibakterien zu versetzen, der Täter wird gefasst.*
- *1998: Birnenbrei von Alete wird mit E 605 versetzt, als Lösegeld werden 800.000 DM gefordert. Der Täter wurde überführt.*
- *1998: Zwei Männer versetzen Nivea-Produkte mit Terpentin und verlangen von Beiersdorf 835.000 DM, die Täter werden gefasst.*
- *1998: Es besteht die Drohung gegenüber Daimler, Gullydeckel von Autobahnbrücken gezielt auf Mercedes-Fahrzeuge zu werfen, diese Drohung ist mit einer 10 Mio. DM Forderung versehen. Der Täter wird nicht gefasst.*

Dennoch verbleiben selbst bei Ausbleiben eines objektiven Schadensfalls meist erhebliche subjektive Probleme aufseiten des Unternehmens wie nachwirkender Imageschaden, proaktive Auslistung im Einzelhandel, dauerhafter Marktanteilsverlust etc.

Wichtig ist es im Erpressungsfall daher, schnell und konsequent zu handeln und nach einem vorabgestimmten Notfallplan vorzugehen. Auf keinen Fall darf eine Gefährdung von Kunden riskiert werden. Außerdem sollte versucht werden, die Medien einzubinden, statt sich einzuigeln. Das Unternehmen muss immer mit einer Stimme sprechen, außerdem muss der Fall im Ausmaß eingegrenzt werden. Dazu ist die Arbeitsteilung in der Krise klar zu regeln, wichtig ist vor allem die jederzeitige Erreichbarkeit der Entscheider. Bei aller funktionierenden Kommunikation ist zugleich Geheimhaltung zu gewährleisten. Die Lage sollte ohne Emotion beurteilt werden, vielmehr sind kritische Entscheidungen planvoll zu treffen. Die unternehmerische Verantwortung sollte jederzeit beim Unternehmen verbleiben und nicht an die Polizei verloren werden.

Je nach Gefährdung des Unternehmens sollte frühzeitig der Kontakt zu Polizei und privaten Sicherheitsberatern gesucht werden. Auch sollte ein Krisenstab eingesetzt werden, der einen Notfallplan aufstellt oder systematisch abarbeitet. Die Kontakte zu Medien, Handel und Verbänden sind zu pflegen. Möglichst ist ein Rückrufplan aufzustellen. Zweckmäßig ist auch ein Krisenraum, von dem aus die Aktivitäten zentral koordiniert werden. Zur finanziellen Absicherung dient zudem eine Produktschutz- und Erpressungsgeldversicherung.

5.3 Schutzrechte an Marken

Als Marke können alle Zeichen, insb. Wörter einschließlich Personennamen, Abbildungen, Buchstaben, Zahlen, Hörzeichen, dreidimensionale Gestaltungen einschließlich der Form einer Ware oder ihrer Verpackung sowie die Aufmachung einschließlich Farben und Farbzusammenstellungen geschützt werden, die geeignet sind, Waren oder Dienstleistungen eines Unternehmens von denjenigen anderer Unternehmen zu unterscheiden.

Inhaber von Marken können natürliche und juristische Personen sein. Dies ist nicht, wie vordem, an das Vorliegen eines die Marke deckenden Geschäftsbetriebs gebunden. Durch die Eintragung einer Marke erhält der Inhaber ein Verbietungsrecht gegenüber jedem, der mit ähnlichen oder gleichen Kennzeichnungen auf ähnlichen oder gleichen Waren operiert. Die Marke schützt traditionell die Kennzeichnung und ggf. auch die Form der Ware, das Geschmacksmuster schützt hingegen nur die Form der Ware. Anders als beim Patent kommt es nicht darauf an, ob das Produkt neu ist. Auch unterliegt der Markenschutz keiner zeitlichen Begrenzung.

5.3.1 Entstehung

Marken bestehen aus Wörtern, Bildern (Logos) oder Wort-Bild-Kombinationen, auch dreidimensionalen Gestaltungen und Tonfolgen, ja sogar Düften. Voraussetzung ist allerdings, dass sich das Zeichen visualisieren lässt, z.B. bei einer Melodie in Form von Noten, bei Düften als chemische Formel. Der Markenschutz entsteht durch Eintragung in das Markenregister. Dazu meldet der Inhaber ein eintragungsfähiges Zeichen beim Patentamt an. Dieses prüft von Amts wegen, ob ein absolutes Schutzhindernis vorliegt, dann muss der Antrag zurückgewiesen werden. Solche absoluten Schutzhindernisse sind etwa, wenn dem Zeichen jede Unterscheidungskraft fehlt, wenn es nur zur Bezeichnung der Ware nach Art und Menge dient oder allgemein zur Bezeichnung von Waren/Diensten üblich ist. Dann besteht ein Freihaltebedürfnis, d.h., diese Kennzeichen sollen nicht durch einzelne monopolisiert, sondern der Allgemeinheit zugänglich werden. Es sei denn, die Marke hat sich in den beteiligten Verkehrskreisen bundesweit durchgesetzt. Weitere absolute Schutzhindernisse sind die unzulässige Verwendung staatlicher Kennzeichen oder von Kennzeichen internationaler Organisationen, die Verwendung amtlicher Prüfzeichen, irreführende Angaben und Angaben, die gegen die öffentliche Ordnung verstoßen. Das Patentamt prüft, ob das angemeldete Zeichen mit einer international schon bekannten Marke mit zeitlichem Vorrang kollidiert, dann ist eine Eintragung ebenfalls nicht möglich. Gegen die Eintragung eines Zeichens kann ein älterer Markeninhaber Widerspruch oder Klage auf Löschung der Marke erheben, wenn relative Schutzhindernisse vorliegen. Dazu gehören die Identität der einzutragenden Marke mit einer älteren Marke und die Verwechslungsgefahr. Dazu reicht aus, dass das Zeichen mit einer älteren Marke gedanklich in Verbindung gebracht wird. Und der Schutz der bekannten Marke vor Verwässerung, wodurch ein unberechtigter Imagetransfer unterbunden werden soll. Bekannt ist eine

Marke, wenn sie nicht nur innerhalb der beteiligten Verkehrskreise, sondern in der Allgemeinheit bekannt ist. Schutz außerhalb des Markenregisters wird insofern gewährt, wenn ein Zeichen, das innerhalb der beteiligten Verkehrskreise Verkehrsgeltung erworben hat, tatsächlich genutzt wird, sowie bei notorisch bekannten Zeichen i.S.d. internationalen Vereinbarungen. Das Markenrecht wirkt unmittelbar gegenüber jedermann. Dazu gehört das Eigentum, die übrigen Gewerblichen Schutzrechte, Persönlichkeitsrecht, Freiheit etc. Der Markeninhaber erhält dadurch eine geschützte Rechtsposition und kann diese in jeder Hinsicht nutzen, also auch übertragen oder gegen Entgelt zur Nutzung gestatten. Das Markenrecht kann verpfändet und zwangsvollstreckt werden. Mit Veräußerung geht es auf den Erwerber über. Jedem anderen ist es aber untersagt, ohne Zustimmung des Inhabers die Marke zu gebrauchen, also identische Zeichen für identische Waren bzw. ähnliche Zeichen oder verwechslungsfähige ähnliche Waren. Als Sanktionen kommen Ansprüche auf Unterlassung und Schadenersatz, auf Vernichtung unberechtigt gekennzeichneter Gegenstände (Markenpiraterie), auf Erteilung von Auskunft über Hersteller und Vertriebswege in Betracht, sowie Strafvorschriften und Bußgelder. Der Markenschutz erlischt u.a. auf Antrag Dritter, wenn der Inhaber die eingetragene Marke in den letzten fünf Jahren nicht mehr benutzt hat. Er ist auf zehn Jahre, vom Tag der Anmeldung an gerechnet, begrenzt, aber um jeweils zehn Jahre gegen Entrichtung von Verlängerungs- und zusätzlichen Klassengebühren beliebig oft verlängerbar. Eine eingetragene Marke ist während dieser fünf Jahre auch ohne Nutzung geschützt, kann also die Einführung einer konkurrierenden Marke in derselben Klasse blockieren oder das Nutzungsrecht daran versilbern.

Die Markenanmeldung wird sofort eingetragen und im Markenblatt bekannt gegeben. Die Eintragung erfolgt in eine oder mehrere der Waren- und Dienstleistungsklassen. Nach Anmeldung vergehen etwa zwei bis vier Monate bis zur Veröffentlichung. Erfolgt kein Widerspruch, wird die Marke nach weiteren drei Monaten im Markenregister registriert. Für die internationale Registrierung muss dann noch einmal ein Jahr eingeplant werden. Doch damit ist die Marke immer noch nicht überall geschützt, sondern nur in den Ländern, die das Madrider Abkommen unterzeichnet haben:

- Ägypten, Albanien, Algerien, Armenien, Aserbaidschan, Belgien, Bosnien-Herzegowina, Bulgarien, China, Dänemark, Deutschland, Finnland, Frankreich, Großbritannien, Italien, Jugoslawien, Kasachstan, Kirgisistan, Kroatien, Kuba, Lettland, Libyen, Liechtenstein, Luxemburg, Marokko, Mazedonien, Monaco, Mongolei, Niederlande, Nordkorea, Norwegen, Österreich, Polen, Portugal, Russland, Rumänien, San Marino, Schweden, Schweiz, Slowakei, Slowenien, Spanien, Sudan, Tadschikistan, Tschechien, Ukraine, Ungarn, Usbekistan, Vietnam, Weißrussland.

Die Anmeldung ist schriftlich und in deutscher Sprache unter Angabe des Anmelders, ggf. aber nicht zwingend seines Geschäftsbetriebs, und einem Verzeichnis von Waren/Dienstleistungen, für die es bestimmt ist, einzureichen. Hinzu kommt eine deutliche Darstellung und Beschreibung des Zeichens. Nach Entrichtung von Anmelde- und Klassengebühren ist damit ein priorisiertes Anwartschaftsrecht begründet. Die Anmeldung kann nachträglich berichtigt und im Schutzumfang eingeschränkt, jedoch nicht mehr geändert werden. Das Patentamt prüft dann die Einhaltung der formellen und materiellen Erfordernisse und die Abwesenheit von absoluten (jedoch nicht relativen) Eintragungshindernissen. Sind alle Anforderungen erfüllt, erfolgt die Bekanntmachung im Markenblatt. Ein Widerspruch ist fristgerecht, schriftlich und mit Gebühr versehen einzulegen. Das Patentamt prüft dann die behauptete Übereinstimmung der kollidierenden Zeichen und versagt ggf. die Eintragung, wogegen der Anmelder binnen einem Jahr vor einem ordentlichen Gericht klagen kann (Eintragungsklage). Andernfalls erfolgen die Eintragung in das Markenregister und die Veröffentlichung im Markenblatt. Bei berechtigtem Interesse des Anmelders kann eine beschleunigte Eintragung (ohne vorherige Bekanntmachung der Anmeldung) mit vorläufiger Wirkung erfolgen. Dagegen können wiederum Erinnerung und Beschwerde eingelegt werden.

Die Eintragung hat konstitutive Wirkung, d.h., durch sie erhält das Markenzeichen als absolutes Recht den vollen Schutz des Gesetzes, der bis zur Löschung des Zeichens anhält. Bei Löschung gilt das Zeichen dann als von Anfang an (also auch rückwirkend) nicht eingetragen. Die Löschung erfolgt auf Antrag des Markenhalters, bei erfolgreicher Klage von Dritten, bei Störung oder aus Vertrag. Derzeit sind in Deutschland ca. 400.000 Markenzeichen eingetragen. Schutzrechte im Ausland, vor allem im EU-Gebiet, müssen extra erworben werden.

Bei Verletzung des Schutzrechts kann der Markenhalter auf Unterlassung und bei Verschulden (Vorsatz/Fahrlässigkeit) auf Schadensersatz klagen. Die Schutzrechte sind jedoch durch ältere Rechte Dritter, die auch nach Ablauf der Widerspruchsfrist zur Löschung führen können, latent gefährdet.

5.3.2 Markengesetz

Das Markengesetz verfolgt im Einzelnen zwei Ziele, die Umsetzung der EU-Markenrichtlinie in nationales Recht und die Zusammenfassung mehrerer Rechtsquellen. Schutzgegenstand sind Marken (Waren und Dienstleistungen), geschäftliche Bezeichnungen (Firmierung und Werktitel) und geografische Herkunftsangaben. Diese müssen geeignet sein, Waren oder Dienstleistungen eines Unternehmens von denjenigen anderer zu unterscheiden. Weiterhin muss das Zeichen eine selbstständige geistige Leistung neben der eigentlichen Ware darstellen. Nicht schutzfähig sind damit Zeichen, die ausschließlich aus einer Form bestehen, die durch die Art der Ware selbst bedingt ist, zur Erreichung einer technischen Wirkung erforderlich ist oder der Ware einen wesentlichen Wert verleiht.

Der Schutz kann auf drei Wegen erlangt werden, durch Eintragung in das beim Patentamt geführte Markenregister (präventiv), durch Benutzung und Erlangung von Verkehrsgeltung (reaktiv) und durch notorische Bekanntheit (reaktiv). Dabei gilt das Grundprinzip der Priorität, d.h., ältere Schutzrechte genießen Vorrang vor jüngeren.

Bei einer eingetragenen Marke beginnt der Schutz gegen unlautere Verwässerung oder Rufausbeutung mit der Eintragung oder bei mehr als 33 % Bekanntheitsgrad im Markt. Bei der nicht-eingetragenen Marke beginnt der Schutz bei mehr als 30 % Verkehrsgeltung, ab über 50 % Verkehrsgeltung ist auch eine an sich schutzunfähige Marke gegen unlautere Verwässerung oder Rufausbeutung geschützt, bei mehr als 80 % Bekanntheitsgrad besteht darüber hinaus Schutz gegen objektive Verwässerung. Nicht-eingetragene und (im Inland) auch nicht benutzte, aber notorisch bekannte Marken sind ab 60 % Bekanntheitsgrad im Markt geschützt.

Die Eintragung der Marke ist nicht an das Vorhandensein eines Benutzungswillens und eines Gewerbebetriebs gebunden. Das heißt, nicht nur Betriebsinhaber, sondern auch Privatpersonen können jedes Zeichen schützen lassen. Regelmäßig ist aber wohl ein kaufmännischer Bezug Voraussetzung (keine Spekulationsmarken wie E-Klasse von Mercedes-Benz oder Oktoberfest in München). Es gibt **absolute** und **relative** Eintragungshindernisse. Erstere betreffen Marken,
- denen für die Waren und Dienstleistungen jegliche Unterscheidungskraft fehlt (dies ist jedoch durch Verkehrsgeltung überwindbar),
- die ausschließlich aus Zeichen oder Angaben bestehen, die im Verkehr zur Bezeichnung der Art, Beschaffenheit, Menge, Bestimmung, Bewertung, geografischen Herkunft, Herstellungszeit oder sonstigen Merkmalen von Waren oder Dienstleistungen dienen (dies ist überwindbar durch Verkehrsgeltung),
- die ausschließlich aus Zeichen oder Angaben bestehen, die im allgemeinen Sprachgebrauch oder in Verkehrsgepflogenheiten üblich geworden sind (überwindbar durch Verkehrsgeltung),
- die geeignet sind, das Publikum über die Art, Beschaffenheit oder geografische Herkunft der Waren oder Dienstleistungen zu täuschen,
- die gegen die öffentliche Ordnung oder die guten Sitten verstoßen,
- die Staatswappen, Staatsflaggen oder andere Hoheitszeichen enthalten und
- die amtliche Prüf- und Gewährzeichen enthalten.

Letztere betreffen Marken,
- die mit früher angemeldeten oder eingetragenen Marken für identische Waren oder Dienstleistungen identisch sind,
- bei denen die Gefahr von Verwechslungen oder gedanklichen Verbindungen mit früher angemeldeten oder eingetragenen identischen Marken für identische Waren oder Dienstleistungen besteht oder
- die zwar nicht ähnliche Waren oder Dienstleistungen umfassen, aber im Inland notorisch bekannt sind und deren Benutzung ihre Unterscheidungskraft oder Wertschätzung ohne dies rechtfertigenden Grund in unlauterer Weise ausnutzen (Rufausbeutung) oder beeinträchtigen würden (Verwässerung).

Diese Hindernisse können nur überwunden werden, wenn die Marke eine Verkehrsdurchsetzung erlangt hat (mind. 50 % Bekanntheitsgrad). Drei Monate nach Veröffentlichung der Eintragung im Markenblatt kann von Besitzern identischer oder verwechselbaren Zeichen Widerspruch erhoben werden, die Darlegungslast liegt bei absoluten Eintragungshindernissen beim Deutschen Patentamt, München. Durch die Anmeldung wird der potenzielle Benutzungsumfang erklärt. Es gibt insgesamt 32 Klassen für Waren und zehn für Dienstleistungen. Zusätzliche Klassegebühren sind für die Zahl der Warenklassen fällig, für die Schutzrechte beansprucht werden. Die Schutzrechte haben eine Laufzeit von zehn Jahren, sind aber beliebig häufig um weitere zehn Jahre verlängerbar.

Markenschutz entsteht neben der Eintragung aber auch durch die Benutzung im geschäftlichen Verkehr innerhalb der beteiligten Verkehrskreise, die der Marke Verkehrsgeltung gibt. Die Unterscheidungskraft braucht nicht originär gegeben zu sein, sie ist jedoch um so höher anzusetzen, je alltäglicher die zum Schutz beanspruchte Kennzeichnung ist.

Damit sind dann auch Marken mit absoluten Eintragungshindernissen schutzfähig. Die Klärung eines Verstoßes ist jedoch nicht per se, sondern erst durch Gerichtsentscheid möglich.

Geschützt sind aber auch solche Marken, die in einem Land zwar nicht eingetragen, in einem anderen Land, das der Pariser Verbandsübereinkunft beigetreten ist, aber notorisch bekannt sind. Dabei wird ein Bekanntheitsgrad von über 60 % vorausgesetzt.

Der Markenschutz untersagt es Dritten, ohne Zustimmung des Inhabers der Marke im geschäftlichen Verkehr ein Zeichen für Waren oder Dienstleistungen zu benutzen, das mit demjenigen identisch ist, das geschützt ist, ein Zeichen zu benutzen, wenn wegen der Identität oder Ähnlichkeit des Zeichens für das Publikum die Gefahr von Verwechslungen oder gedanklichen Verbindung besteht und ein mit der Marke identisches/ähnliches Zeichen für andere Waren oder Dienstleistungen zu benutzen, wenn es sich bei der Marke um eine im Inland bekannte handelt und die Benutzung des Zeichens diese unlauter ausnutzt oder beeinträchtigt. Das heißt, bekannte Marken genießen auch außerhalb des Ähnlichkeitsbereichs Schutz, incl. Vernichtungs- und Auskunftsansprüche. Nicht zu verhindern ist die Benutzung für originäre Marken (die unter dieser Bezeichnung in den Verkehr gebracht worden sind) oder bei Zustimmung des Markenhalters. Die Markennutzung darf jedoch aus berechtigten Gründen versagt werden (etwa bei Verschlechterung der Markenware, fraglich ist, ob dies für „Schweinebauch-Anzeigen" des Handels zutrifft).

Geschützt sind neben Waren und Dienstleistungen auch Unternehmenskennzeichen und Werktitel zur Individualisierung. Ebenso erhalten geografische Herkunftsbezeichnungen einen unmittelbaren kennzeichenrechtlichen Schutz. Herkunftsangaben sind Namen von Orten, Gegenden, Gebieten oder Ländern, die im geschäftlichen Verkehr zur Kennzeichnung der geografischen Herkunft von Waren und Dienstleistungen benutzt werden. Dies setzt Ortsansässigkeit voraus, ansonsten besteht Irreführungsgefahr. Geschützt sind auch geografische Angaben und Ursprungsbezeichnungen, die besondere Eigenschaften (Qualität) oder besonderen Ruf anzeigen.

Berühmte Marken werden nicht nach Markengesetz, sondern nach BGB geschützt. Voraussetzungen sind eine überragende Verkehrsgeltung, die auf hohem Bekanntheitsgrad basiert (über 85 %), die Alleinstellung des betreffenden Zeichens, eine gewisse Eigenart des Zeichens i.S.v. Originalität und eine besondere Wertschätzung beim Publikum.

Die Klasseneinteilung sieht wie folgt aus (1 - 34: Sachleistungen, 35 - 45: Dienstleistungen):

- *Klasse 1: Chemische Erzeugnisse für gewerbliche, wissenschaftliche, fotografische, land-, garten- und forstwirtschaftliche Zwecke, Kunstharze im Rohzustand, Kunststoffe im Rohzustand, Düngemittel, Feuerlöschmittel, Mittel zum Härten und Löten von Metallen, chemische Erzeugnisse zum Frischhalten und Haltbarmachen von Lebensmitteln, Gerbmittel, Klebstoffe für gewerbliche Zwecke,*
- *Klasse 2: Farben, Firnisse, Lacke, Rostschutzmittel, Holzkonservierungsmittel, Färbemittel, Beizen, Naturharze im Rohzustand, Blattmetalle und Metalle in Pulverform für Maler, Dekorateure, Drucker und Künstler,*
- *Klasse 3: Wasch- und Bleichmittel, Putz-, Polier-, Fettentfernungs- und Schleifmittel, Seifen, Parfümerien, ätherische Öle, Mittel zur Körper- und Schönheitspflege, Haarwässer, Zahnputzmittel,*
- *Klasse 4: Technische Öle und Fette, Schmiermittel, Staubabsorbierungs-, Staubbenetzungs- und Staubbindemittel, Brennstoffe (incl. Motorentreibstoffe) und Leuchtstoffe, Kerzen, Dochte,*
- *Klasse 5: Pharmazeutische und veterinärmedizinische Erzeugnisse sowie Präparate für die Gesundheitspflege, diätetische Erzeugnisse für medizinische Zwecke, Babykost, Pflaster, Verbandmaterial, Zahnfüllmittel und Abdruckmassen für zahnärztliche Zwecke, Desinfektionsmittel, Mittel zur Vertilgung von schädlichen Tieren, Fungizide, Herbizide,*
- *Klasse 6: Unedle Metalle und deren Legierungen, Baumaterialien aus Metall, transportable Bauten aus Metall, Schienenbaumaterial aus Metall, Kabel und Drähte aus Metall (nicht für elektrische Zwecke), Schlosserwaren und Kleineisenwaren, Metallrohre, Geldschränke, Waren aus Metall, soweit sie nicht in anderen Klassen enthalten sind, Erze,*
- *Klasse 7: Maschinen und Werkzeugmaschinen, Motoren (ausgenommen Motoren für Landfahrzeuge), Kupplungen und Treibriemen (ausgenommen solche für Landfahrzeuge), landwirtschaftliche Geräte, Brutapparate für Eier,*
- *Klasse 8: Handbetätigte Werkzeuge und Geräte, Messerschmiedewaren, Gabeln und Löffel, Hieb- und Stichwaffen, Rasierapparate,*
- *Klasse 9: Wissenschaftliche Schifffahrts-, Vermessungs-, elektrische, photographische, Film-, optische, Wäge-, Mess-, Signal-, Kontroll-, Rettungs- und Unterrichtsapparaturen und -instrumente, Geräte zur Aufzeichnung, Übertragung und Wiedergabe von Ton und Bild, Magnetaufzeichnungsträger, Schallplatten, Verkaufsautomaten und Mechaniken für geldbetätigte Apparate, Registrierkassen, Rechenmaschinen und Datenverarbeitungsgeräte, Feuerlöschgeräte,*
- *Klasse 10: Chirurgische, ärztliche, zahn- und tierärztliche Instrumente und Apparate, künstliche Gliedmaßen, künstliche Augen und Zähne, orthopädische Artikel, chirurgisches Nahtmaterial,*

- *Klasse 11: Beleuchtungs-, Heizungs-, Dampferzeugungs-, Koch-, Kühl-, Trocken-, Lüftungs- und Wasserleitungsgeräte sowie sanitäre Anlagen,*
- *Klasse 12: Fahrzeuge, Apparate zur Beförderung auf dem Lande, in der Luft oder auf dem Wasser,*
- *Klasse 13: Schusswaffen, Munition und Geschosse, Sprengstoffe, Feuerwerkskörper,*
- *Klasse 14: Edelmetalle und deren Legierungen sowie daraus hergestellte oder damit plattierte Waren, soweit sie nicht in anderen Klassen enthalten sind, Juwelierwaren, Schmuckwaren, Edelsteine, Uhren und Zeitmessinstrumente,*
- *Klasse 15: Musikinstrumente,*
- *Klasse 16: Papier, Pappe (Karton) und Waren aus diesen Materialien, soweit sie nicht in anderen Klassen enthalten sind, Druckereierzeugnisse, Buchbinderartikel, Fotografien, Schreibwaren, Klebstoffe für Papier- und Schreibwaren oder für Haushaltszwecke, Künstlerbedarfsartikel, Pinsel, Schreibmaschinen und Büroartikel (ausgenommen Möbel), Lehr- und Unterrichtsmittel (ausgenommen Apparate), Verpackungsmaterial aus Kunststoff, soweit es nicht in anderen Klassen enthalten ist, Spielkarten, Drucklettern, Druckstöcke,*
- *Klasse 17: Kautschuk, Guttapercha, Gummi, Asbest, Glimmer und Waren daraus, soweit sie nicht in anderen Klassen enthalten sind, Waren aus Kunststoffen (Halbfabrikate), Dichtungs-, Packungs- und Isoliermaterial, Schläuche (nicht aus Metall),*
- *Klasse 18: Leder und Lederimitationen sowie Waren daraus, soweit sie nicht in anderen Klassen enthalten sind, Häute und Felle, Reise- und Handkoffer, Regenschirme, Sonnenschirme und Spazierstöcke, Peitschen, Pferdegeschirre und Sattlerwaren,*
- *Klasse 19: Baumaterialien (nicht aus Metall), Rohre (nicht aus Metall) für Bauzwecke, Asphalt, Pech und Bitumen, transportable Bauten (nicht aus Metall), Denkmäler (nicht aus Metall),*
- *Klasse 20: Möbel, Spiegel, Rahmen, Waren, soweit sie nicht in anderen Klassen enthalten sind, aus Holz, Kork, Rohr, Binsen, Weide, Horn, Knochen, Elfenbein, Fischbein, Schildpatt, Bernstein, Perlmutter, Meerschaum und deren Ersatzstoffen oder aus Kunststoffen,*
- *Klasse 21: Geräte und Behälter für Haushalt und Küche (nicht aus Edelmetall oder plattiert), Kämme und Schwämme, Bürsten (mit Ausnahme von Pinseln), Bürstenmachermaterial, Putzzeug, Stahlspäne, rohes oder teilweise bearbeitetes Glas (mit Ausnahme von Bauglas), Glaswaren, Porzellan und Steingut, soweit sie nicht in anderen Klassen enthalten sind,*
- *Klasse 22: Seile, Bindfaden, Netze, Zelte, Planen, Segel, Säcke (soweit sie nicht in anderen Klassen enthalten sind), Polsterfüllstoffe (außer aus Kautschuk oder Kunststoffen), rohe Gespinstfasern,*
- *Klasse 23: Garne und Fäden für textile Zwecke,*
- *Klasse 24: Webstoffe und Textilwaren, soweit sie nicht in anderen Klassen enthalten sind, Bett- und Tischdecken,*
- *Klasse 25: Bekleidungsstücke, Schuhwaren, Kopfbedeckungen,*
- *Klasse 26: Spitzen und Stickereien, Bänder und Schnürbänder, Knöpfe, Haken und Ösen, Nadeln, künstliche Blumen,*

- *Klasse 27: Teppiche, Fußmatten, Matten, Linoleum und andere Bodenbeläge, Tapeten (ausgenommen aus textilem Material),*
- *Klasse 28: Spiele, Spielzeug, Turn- und Sportartikel, soweit sie nicht in anderen Klassen enthalten sind, Christbaumschmuck,*
- *Klasse 29: Fleisch, Fisch, Geflügel und Wild, Fleischextrakte, konserviertes, getrocknetes und gekochtes Obst und Gemüse, Gallerten (Gelees), Konfitüren, Eier, Milch und Milchprodukte, Speiseöle und -fette, Salatsaucen, Konserven,*
- *Klasse 30: Kaffee, Tee, Kakao, Zucker, Reis, Tapioka, Sago, Kaffee-Ersatzmittel, Mehle und Getreidepräparate, Brot, feine Backwaren und Konditorwaren, Speiseeis, Honig, Melassesirup, Hefe, Backpulver, Salz, Senf, Essig, Saucen (ausgenommen Salatsaucen), Würzmittel, Gewürze, Kühleis,*
- *Klasse 31: Land-, garten- und forstwirtschaftliche Erzeugnisse sowie Samenkörner, soweit sie nicht in anderen Klassen enthalten sind, lebende Tiere, frisches Obst und Gemüse, Sämereien, lebende Pflanzen und natürliche Blumen, Futtermittel, Malz,*
- *Klasse 32: Biere, Mineralwässer und kohlensäurehaltige Wässer und andere alkoholfreie Getränke, Fruchtgetränke und Fruchtsäfte, Sirupe und anderen Präparate für die Zubereitung von Getränken,*
- *Klasse 33: Alkoholische Getränke (ausgenommen Biere),*
- *Klasse 34: Tabak, Raucherartikel, Streichhölzer,*
- *Klasse 35: Werbung und Geschäftswesen,*
- *Klasse 36: Versicherungs-, Finanz- und Immobilienwesen,*
- *Klasse 37: Bau- und Reparaturwesen,*
- *Klasse 38: Telekommunikation/Nachrichtenwesen,*
- *Klasse 39: Transport- und Lagerwesen,*
- *Klasse 40: Materialbearbeitung,*
- *Klasse 41: Erziehung, Ausbildung und Unterhaltung,*
- *Klasse 42: Wissenschaftliche und technische Dienstleistungen bzw. Forschungsarbeiten,*
- *Klasse 43: Dienstleistungen zur Verpflegung und Beherbergung von Gästen,*
- *Klasse 44: Medizinische und veterinärmedizinische Dienstleistungen,*
- *Klasse 45: Persönliche und soziale Dienstleistungen.*

5.3.3 Schutzrechtsmanagement

Zum Management des Markenschutzes sind umfangreiche rechtliche Recherchen erforderlich:

- Die Nachsuchung als Regelform vor Anmeldung und Benutzung eines Wort-/Bild- oder Sloganzeichens überprüft die mögliche Verwechselbarkeit und erstreckt sich auf identische oder verwechslungsfähige veröffentlichte, gültige Zeichen.
- Die Schutzumfangrecherche beschafft Material zur Verteidigung im Widerspruchsverfahren, sie erstreckt sich auf veröffentlichte, gültige Zeichen, die geeignet scheinen, das/die Widerspruchszeichen zu schwächen.

- Die Ermittlung bestimmter Zeichen erstreckt sich auf bestimmt gemeinte, nur absolut identische, veröffentlichte gültige Wort- oder Bildzeichen.
- Die Zusammenstellung von Zeichen mit bestimmten Zeichenbestandteilen erstreckt sich auf veröffentlichte, gültige Wortzeichen mit bestimmtem Wort oder Wortbestandteil (Silbe) an bestimmter oder beliebiger Stelle eines Markenzeichens, bei Bildzeichen auf bestimmte Bildmotive.
- Die Firmenrecherche nach veröffentlichten, gültigen Zeichen einer bestimmten Firma (bei Firmenmarken) erstreckt sich auf einzelne gefragte oder alle Zeichenregistrierungen einer namentlich benannten Firma aus gewünschten Markenzeichenrollen.
- Die Firmennamenrecherche vor beabsichtigter Firmengründung oder Firmenumbenennung erstreckt sich auf identische Firmennamen, die einer beabsichtigten Firmengründung oder Firmenumbenennung entgegenstehen können.
- Die Prüfung auf absolute Eintragungshindernisse, erstreckt sich auf Kennzeichnungen oder Bilddarstellungen, die zu Freizeichen oder als nicht eintragungsfähige Wortzeichen erklärt und veröffentlicht worden sind.
- Die Zeichenprüfung gibt den gültigen Rechtszustand eines Zeichens wieder.
- Die Markenzeichenkollisionsüberwachung gibt Hinweise auf neu veröffentlichte Zeichen bei phonetischer oder bildlicher Übereinstimmung mit in Überwachung befindlichen Marken.

Solche Recherchen werden von darauf spezialisierten Dienstleistern angeboten. Datenbanken als Informationsquellen sind auf online-recherchierbare Länder begrenzt. Außerdem sind Bildzeichenrecherchen ausgeschlossen (sie machen aber ca. 30 % aller Zeichen aus). Teilweise ist auch eine Suche nach Schreibweise und Klang identischer oder verwechslungsfähiger Zeichen möglich. Wichtige „Nachschlagewerke“ sind das Warenzeichen-Lexikon als Verzeichnis aller in Deutschland veröffentlichten gültigen Anmeldungen und IR-Marken (erscheint jährlich getrennt nach Warengruppen), das CompuMarkt Marken-Compendium als alphabetisches Markenverzeichnis für Deutschland (erscheint jährlich, getrennt nach Klassen und Buchstaben) oder der Warenzeichen-Index als Verzeichnis der von der Eintragung ausgeschlossenen Markenzeichenanmeldungen (nur Wortzeichen) und Freizeichen in Deutschland, aufgeführt in alphabetischer Ordnung.

Der Zusatz „registered“ darf vor oder hinter einer Marke nur dann angebracht werden, wenn die Marke tatsächlich eingetragen ist. TM/SM zeigen an, dass die Marke zwar angemeldet, aber noch nicht registriert ist.

Innerhalb der **Europäischen Union** bricht europäisches Recht nationales. Das Instrumentarium besteht dabei aus Richtlinien und Verordnungen. Eine Richtlinie wirkt nicht unmittelbar in einem Mitgliedsstaat, sondern bedarf erst der Umsetzung durch das nationale Rechtssystem. Bei Nichtumsetzung innerhalb einer Frist droht allerdings eine Klage. Entspricht ein Produkt den Anforderungen einer Richtlinie, kann es von keinem Mitgliedsstaat mehr unter Hinweis auf seine besonderen nationalen Vorschriften vom Vertrieb in diesem Land ausgeschlossen werden. Es dürfen auch keine Mengen für eingeführte Produkte beschränkt werden. Es sei denn, eine europäische Richtlinie sieht ausdrücklich vor, dass bestimmte Einzelaspekte anders bzw. auf nationale Bedürfnisse angepasst geregelt werden sollen. Im Unterschied zu einer Richtlinie ist eine Verordnung ohne nationale Umsetzung unmittelbar und direkt in jedem EU-Mitgliedsstaat wirksam.

Daher ist zunächst zu prüfen, ob für ein Produkt einschlägige Richtlinien oder Verordnungen bestehen. Bestehen solche, ist im Inhalt zu prüfen, ob und welche Abweichungen für nationale Anforderungen erlaubt sind. Ansonsten ist allein die nationale Ausgestaltung maßgeblich. Diese Recherchen sind im Allgemeinen recht zeitaufwändig. Als Informationsquelle dient u.a. das Amtsblatt der europäischen Gemeinschaften, das Richtlinien und Verordnungen veröffentlicht.

Eine Markenrichtlinie hat die Angleichung der vormaligen Unterschiede der nationalen Markenrechte und damit die Gewährleistung eines freien Waren- und Dienstleistungsverkehrs zum Inhalt. Ein Markenschutz ist dabei auf zweierlei Weise möglich. Einmal durch Eintragung einer Marke in jedem Land, in dem das Produkt vertrieben werden soll (Paralleleintragung). Zum anderen durch Eintragung einer IR-Marke. Dabei handelt es sich um ein internationales Abkommen, dessen Mitgliedsstaaten sich verpflichtet haben, die Marken aus anderen Mitgliedsstaaten des Abkommens grundsätzlich anzuerkennen und wie nationale Marken zu behandeln. Nachteile des IR-Abkommens sind, dass wichtige Industrieländer nicht Mitglieder sind und dass der internationale Schutz abhängig ist vom nationalen Schutz, d.h., sobald jener, aus welchem Grund auch immer, verfällt, verfällt auch dieser. Von Vorteil sind die wesentlich niedrigeren Kosten als bei einer Paralleleintragung. Darüber hinaus gibt es eine Gemeinschaftsmarke, die EU-weiten Schutz bietet. Unter bestimmten, engen Voraussetzungen kann auch das Umweltzeichen der EU für ein Produkt verwendet werden.

C. Programmplanung

Die Programmpolitik ist das zentrale Element innerhalb des Produkt-Submix im Marketing, das wiederum als zentrales Element der 4 P's angesehen wird. Gemessen an dessen Stellenwert ist die Durchdringung dieser Thematik in der Marketing-Literatur eher gering ausgeprägt. Dieses Kapitel hat sich daher zum Ziel gesetzt, die Gestaltung der Programmpolitik des Unternehmens zu untersuchen *(siehe Abb. Marketing-Mix)*.

Dazu wird zunächst die Programmstruktur untersucht (1.). Daran schließt sich die Untersuchung von Programmgestaltungszielen an (2.). Um zu strategierelevanten Aussagen zu gelangen, ist zudem eine Darstellung verschiedener Methoden zur Programmanalyse erforderlich (3.). Dazu wird zunächst die Marktfeld-Abgrenzung untersucht. Danach werden einfache und komplexe Analyseverfahren dargestellt. Besonderer Raum wird der Programm-Analyse mittels Portfolios sowie der Branchen-Analyse eingeräumt. Die eigentliche Programmstrategie unterteilt sich dann nach dem Dimensionen der Programmbreite (Programmpolitik i.e.S., 4.1), der Programmtiefe (Produktlinienpolitik, 4.2) und der Programmbereinigung (4.3). Die Programmbreite kann sowohl vergrößert (Diversifizierung) als auch verkleinert werden (Unifizierung). Gleichfalls kann die Programmtiefe vergrößert (Differenzierung) oder verkleinert werden (Standardisierung). Im Rahmen der Programmbereinigung bei unveränderter Breite und/oder Tiefe werden Austausch (Innovation und Elimination), Variation und Konstanz näher untersucht. Es folgt die Strategiebewertung (4.4). Zum Abschluss wird die Formulierung strategischer Programme (5.) versucht. Dabei werden einerseits die traditionellen Konzepte der Wettbewerbsposition und der strategischen Gruppen entwickelt, andererseits ein in dieser Form neuartiges Konzept der Produkt-Markt-Strategie bzw. der Marktmechanik vorgestellt.

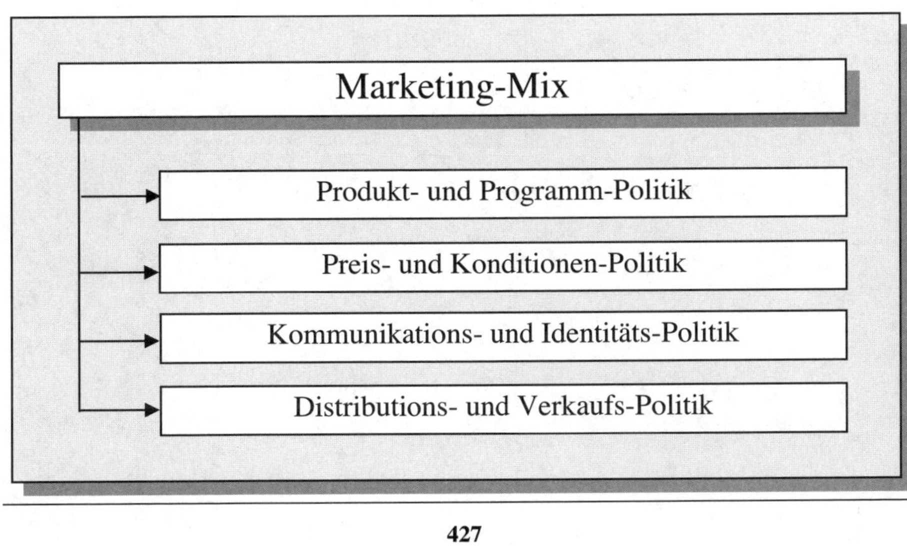

Die Produkt-, Produkt- und Programm- oder Sortimentspolitik (auch Service-, Leistungs-, Angebotspolitik o.Ä.) ist bei allen Instrumentalgliederungen im Marketing vertreten, gleich welcher Einteilung sie folgen. Sie wird übereinstimmend als der Kern des Marketing-Mix bezeichnet. Insofern lohnt sich ein näherer Blick auf die, hier verkürzt benannte, Programmpolitik.

1. Programmstruktur

Die Programmpolitik umfasst alle Entscheidungen, Realisierungen und Kontrollen in Bezug auf die Konzeption, Ausgestaltung und Veränderung des Absatz- und/ oder Produktionsprogramms, in dem ein Unternehmen die Produkte und deren Versionen zusammenfasst, die es also herstellen und/oder anbieten will (im Bereich der Handelsware spricht man genauer vom Sortiment).

Das Programm eines Unternehmens besteht seiner Struktur nach aus:
- Produktsparten, d.h., Divisions, die das Programm bilden,
- Produktgruppen, d.h., Categories, die eine Sparte bilden,
- Produktuntergruppen, d.h. Segments, die eine Produktgruppe bilden,
- Einzelprodukten, d.h., Brands, die eine Produktgruppe bilden.

Beispielsweise teilt sich die Sparte Alkoholfreie Getränke/AfG in die Gruppen Fruchtgetränke, Erfrischungsgetränke, Wasser und neue Segmente auf. Diese bestehen wiederum aus den Untergruppen Fruchtsaft, Fruchtnektar, Fruchtsaftgetränk, Tea&Fruit, Cola-Getränke, Limonaden, Bittergetränke, Tafelwasser, Mineralwasser mit/ohne CO2, Heilwasser, Flavoured Water, fruchthaltige Erfrischungsgetränke, Eistee, Energy-Drinks, Sportgetränke, Sirup, Zitronensäfte, Gemüsesäfte, Instantgetränke. In diesen Segmenten sind dann die Einzelprodukte.

Vier Beispiele mögen die Zusammenhänge verdeutlichen:
- Das Produktprogramm von Beiersdorf besteht aus den Produktsparten Kosmetik, Medizin, Pharmazie und Klebstoff. Die Division Kosmetik wiederum besteht aus mehreren Produktgruppen, nämlich Körperpflege, Duft, Zahncreme etc. Die Range Körperpflege besteht ihrerseits aus mehreren Einzelprodukten, etwa Nivea-Creme, -Milk, -Seife, -Shampoo, -Sonnenschutz. Diese Brands werden als Einzelartikel mit unterschiedlichen Größen, Duftrichtungen, Lichtschutzfaktoren etc. angeboten.
- Das Produktprogramm von Procter&Gamble impliziert mehrere Sparten, so auch die Sparte Blendax. Blendax wiederum stellt mehrere Produktgruppen her, vor allem Dentalmedizin, Körperpflege und Zahnpflege. Die Produktgruppe Zahnpflege besteht ihrerseits u.a. aus der Produktfamilien blend-a-med. Die b-a-m-Range umfasst mehrere Einzelprodukte, so auch b-a-m-Mundwasser. Dieses nun hat mehrere Einzelartikel, so b-a-m-Mundwasser mint.
- Das Produktprogramm von Kraft-Jacobs-Suchard besteht aus den Produktsparten Nahrungsmittel, Kaffee und Schokolade. Die Division Schokolade wiederum besteht aus zwei Produktgruppen, nämlich Milka und Toblerone. Die Range Milka ihrerseits besteht aus mehreren Einzelprodukten, so etwa Tafelschokolade, Schokoriegel, Praline, Kuchen etc. Diese Brands werden als Einzelartikel in unterschiedlichen Geschmacksrichtungen, Größen, Wertigkeiten etc. angeboten.
- Schließlich das Beispiel Mars-Effem. Das Produktprogramm besteht im Wesentlichen aus den Produktsparten Süßwaren und Tierfutter. Die Division Tierfutter wiederum besteht im Wesentlichen aus den Produktgruppen Hundefutter, Katzenfutter und Vogelfutter. Die Range Katzenfutter wiederum besteht aus den

Programmstruktur (I)

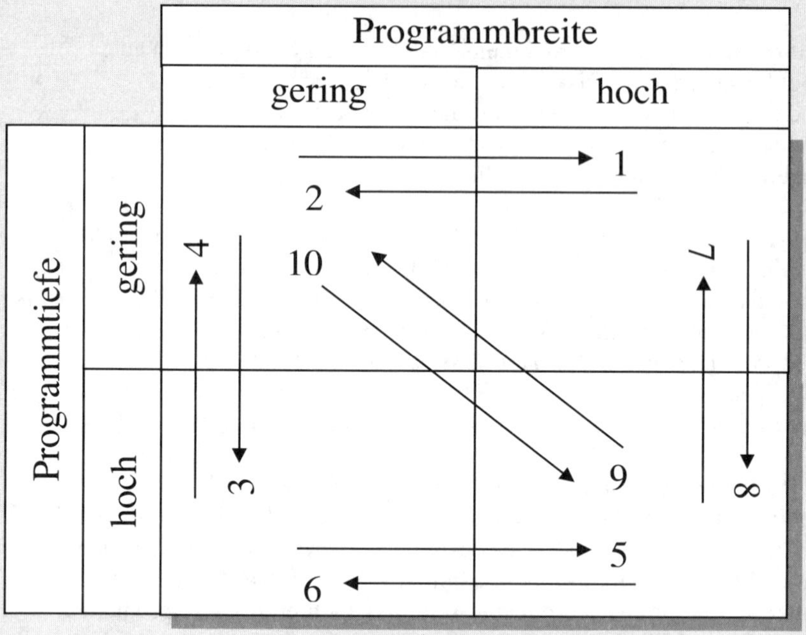

1 + 5: Programmdiversifizierung
2 + 6: Programmunifizierung
3 + 8: Programmdifferenzierung
4 + 7: Programmstandardisierung
9: Programmdiversifizierung und -differenzierung
10: Programmunifizierung und - standardisierung

Einzelprodukten Whiskas, Sheba, Kitekat, Brekkies etc. Diese Brands werden als Einzelartikel mit unterschiedlichen Ingredienzen, Größen, Darreichungsformen etc. angeboten.

Die Programmpolitik befasst sich nun mit der:

- Gestaltung der Programmbreite (**Programmdiversifizierung** als Verbreiterung des Programms bzw. **Programmunifizierung** als Einengung des Programms), Ersteres soll vor allem die Marktabdeckung verbessern und damit über mehr Kontaktchancen zu Nachfragern die Wahrscheinlichkeit der Umsatzerzielung

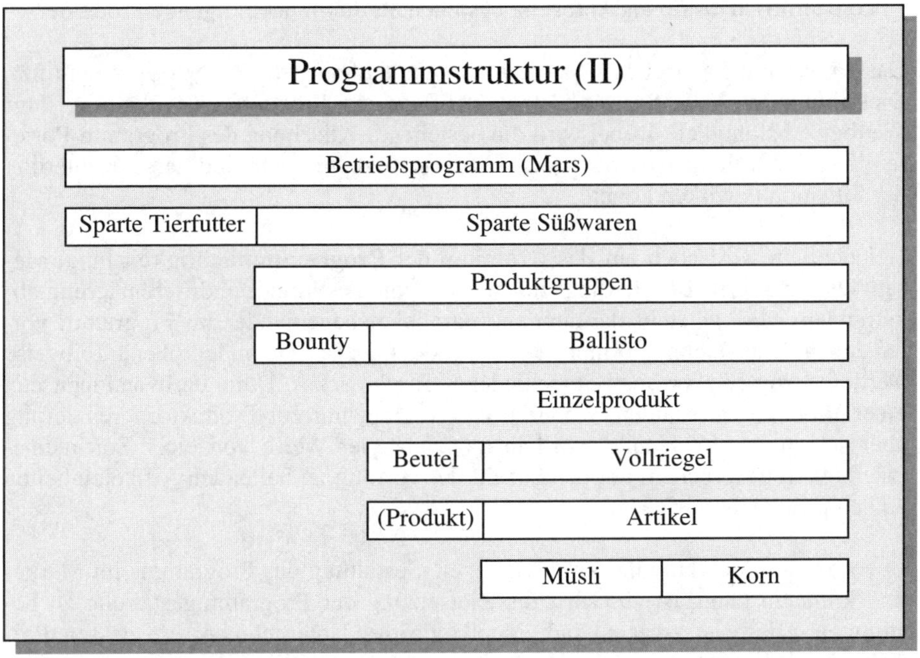

mit diesen erhöhen, Letzteres soll vor allem durch eine bessere Konzentration auf das verbleibende Angebot und dessen höhere Übereinstimmung mit den Markterfordernissen die Umsatzchancen stärker steigern als es dem ausfallenden Umsatz der nicht mehr angebotenen Produkte entspricht.
- Gestaltung der Programmtiefe (**Programmdifferenzierung** als Ausweitung des Programms bzw. **Programmstandardisierung** als Abflachung des Programms) *(siehe Abb. Programmstruktur (I))*.

Inhalt der Programmbreite sind jeweils Produkte (= Programmelemente), z.B. nach verschiedenen Funktionen unterschieden. Inhalt der Programmtiefe (Produktlinie) sind hingegen Einzelartikel (Products, die eine Brand bilden), d.h., die Anzahl verschiedenartiger Ausprägungen eines Programmelements, z.B. nach Gestaltung einer Präsentation (z.B. Light, Luxus) oder einer Konsistenz (z.B. Geschmack, Ingredienzen) *(siehe Abb. Programmstruktur (II))*.

Das Programm kann aber nicht nur in Breite und Tiefe verändert, sondern auch bereinigt werden (= **Programmbereinigung**). Dies erfolgt durch:
- **Programmaustausch** als Innovation und Elimination von Produkten (auch Einzelartikeln). Eine erhöhte Programmbreite/-tiefe ergibt sich, wenn mehr neue Produkte/Einzelartikel hinzukommen als bestehende wegfallen, eine verringerte Programmbreite/-tiefe, wenn mehr bestehende Produkte/Einzelartikel wegfallen als neue hinzukommen, eine gleich bleibende Programmbreite/-tiefe ergibt sich, wenn gleichviel neue Produkte/Einzelartikel hinzukommen wie bestehende wegfallen.

- **Programmvariation** als Ablösung bestehender durch nachfolgende Produkte.

Das Programm kann ebenso auch unverändert bleiben (= **Programmkonstanz**). Dies impliziert Aktivitäten zur stetigen Pflege der Produkte zur Erhaltung ihrer Wettbewerbsfähigkeit. Dabei wird die bestehende Mischung des Programm-Portefeuilles als optimal angesehen, sodass jede Veränderung nur eine Verschlechterung der Situation bewirken könnte.

Gelegentlich wird noch auf das Kriterium der **Programmmächtigkeit** hingewiesen. Dieser Begriff ist allerdings nur schwer von der Programmdifferenzierung abzutrennen. Man versteht darunter die parallel nebeneinander im Programm vorhandenen Darreichungsformen eines Produkts, also Gebindegrößen. Teilweise werden darunter aber auch verschiedene Geschmacks-, Duft, Farbversionen etc. eines Produkts verstanden, wodurch die Abgrenzung zur Produktdifferenzierung aber schwindet. Im Handel wird in abweichender Weise von einer Sortimentsmächtigkeit gesprochen, um die Anzahl der vorrätig zu haltenden Artikeleinheiten zu kennzeichnen.

Bevor man jedoch zu einer zweckmäßigen Gestaltung des Programms im Marketing kommen kann, ist zunächst die Zielsetzung der Programmgestaltung zu bestimmen. Diese ist zwar so individuell wie das Unternehmen, um dessen Programm es geht, es lassen sich jedoch einige formale Leitlinien ausmachen.

2. Programmgestaltungsziel

Ziele sind, ganz allgemein definiert, gewünschte Zustände der Zukunft. Sie verbinden die Ergebnisse der Analyse zur Ist-Situation mit den Strategien zur geplanten Erreichung der Ziel-Situation. Das Programmziel ist dabei die Destination, die Programmstrategie die Route zur Zielerreichung, und die Programminhalte sind das Beförderungsmittel auf diesem Weg. Alle gemeinsam bilden die Programmgestaltung. Deren strategische Ebene bedeutet dabei: Die richtigen Dinge tun (= Effektivität), die operative Ebene hingegen bedeutet: Dinge richtig tun (= Effizienz).

2.1 Formale Zieldimensionen

Bei den formalen Zieldimensionen können allgemein die Größen Zielobjekt, Zieleinheit, vertikale Zielbeziehung, horizontale Zielbeziehung, Zeitbezug, Raumerstreckung, Zielausmaß, Inhalt, Zielrichtung und Gewichtung unterschieden werden. Diese werden im Folgenden behandelt *(siehe Abb. Definition von Zielen)*.

Zunächst ist das **Zielobjekt** zu bestimmen, d.h., die Erfolgsgröße, die Gegenstand der weiteren Zieldimensionen ist. Dabei kann es sich allgemein um Input-, Throughput- oder Outputgrößen handeln. Im Marketing kommen als Inputgrößen vor allem Produkte, Gebiete und Kunden in Betracht. Als Throughputgrößen treten Prozesse zunehmend in den Mittelpunkt des Interesses, also solche der Leistungsvorbereitung, -erstellung und -verwertung. Als Outputgrößen kommen finanzielle und ideelle betriebswirtschaftliche Größen in Betracht. Dabei verlagert sich die Sichtweise immer mehr von den Output- in Richtung der Inputgrößen, wobei der Marketingimpetus erhalten bleibt, weil schon diese abnehmergerichtet zu definieren sind. Im konkreten Fall ist das Programm als Zielobjekt zu definieren.

Eine weitere Größe betrifft die der **Zieleinheit.** Damit ist die Stelle innerhalb der Organisation, oder konkreter die Person oder Personengruppe, die diese Stelle besetzt, gemeint, für die das definierte Ziel gelten soll. Dabei ist darauf zu achten, dass die Zieleinheit auch von ihrer Mittelverfügbarkeit her adäquat ausgestattet ist. Dies betrifft sowohl die Dotierung mit Geldmitteln und die Disposition über alle erforderlichen Hilfsmitteln als auch die intellektuelle Fähigkeit des/der Stelleninhaber(s) und die Weisungsbefugnis zur Durchsetzung der Zielvorgaben in umzusetzende Maßnahmen. Für das Programm ist überwiegend das Produktgruppen- oder Marketing-Management im Unternehmen zuständig.

Ziele sind **vertikal** eingebettet in ein Zielsystem, das sich mit abnehmender Disposition und zunehmender Exekution hierarchisch aufbaut durch Oberziele des Betriebs, dazu gehören Organisationsphilosophie, -identität und -grundsätze, Bereichsziele einzelner Funktions-(Haupt-)abteilungen, z.B. eben Marketing, Aktionsziele einzelner Produkt-Markt-Kombinationen (SGE´s) und Unterziele einzelner Instrumente des Marketing-Mix (hier Programm). Dabei sind Marketingziele nicht unabhängig zu betrachten, sondern leiten sich ihrerseits als Unterziele aus

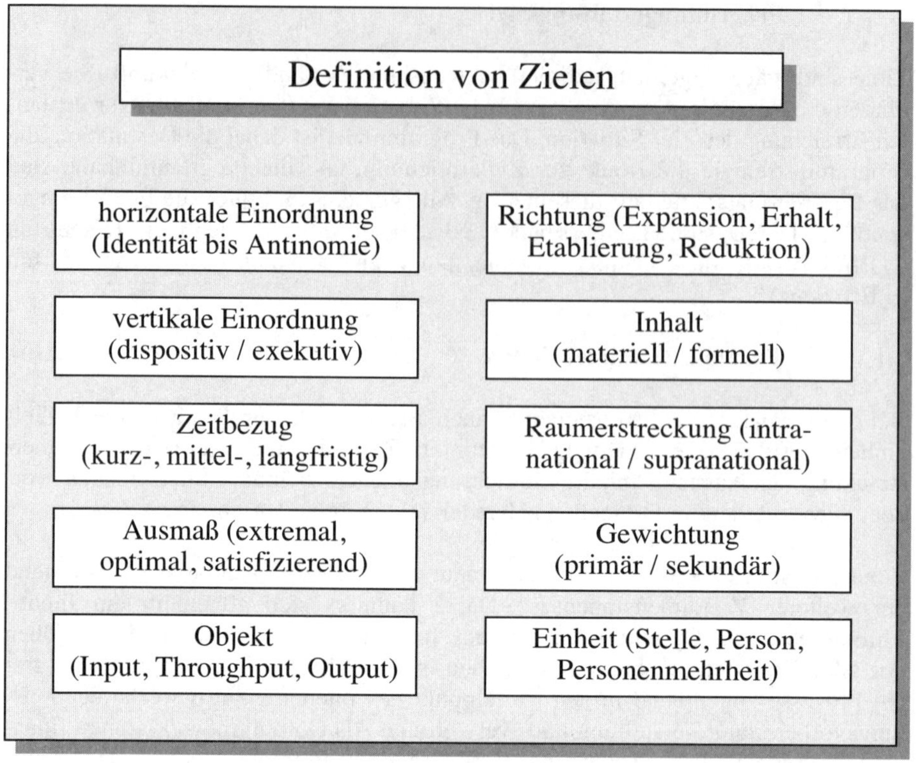

übergeordneten Zielsetzungen ab. Umgekehrt dient ihre Erfüllung auch der Erreichung der übergeordneten Ziele des Betriebs. Diese betreffen etwa Angebotsleistung, Marktstellung, Rentabilität, Finanzwirtschaft, Sozialverantwortung, Prestigeförderung etc.

Hinsichtlich der **horizontalen** Beziehung von Zielen ergeben sich folgende Möglichkeiten. Zielidentität bedeutet, dass zwei oder mehr Ziele gemeinsam das gleiche Ergebnis verfolgen. Zielharmonie bedeutet, dass zwei oder mehr Ziele unterschiedliche Ergebnisse verfolgen, die zueinander jedoch in komplementärem Verhältnis stehen. Zielneutralität bedeutet, dass zwei oder mehr Ziele Ergebnisse verfolgen, die voneinander völlig unabhängig sind. Zielindifferenz bedeutet, dass zwei oder mehr Ziele zwar zueinander in Beziehung stehen, einander jedoch weder begünstigen noch beeinträchtigen. Zielkonflikt bedeutet, dass zwei oder mehr Ziele Ergebnisse verfolgen, die in substitutivem Verhältnis zueinander stehen und zwischen denen ein Kompromiss angestrebt werden soll. Zielantinomie bedeutet, dass zwei oder mehr Ziele einander vom Ergebnis her gegenseitig ausschließen und als Alternativen anzusehen sind. Marketing steht hinsichtlich der Zielerreichung intern in Konkurrenz zu anderen betrieblichen Teilfunktionen. Allerdings haben viele marktorientierte Betriebe sich für einen Primat des Marketing als Engpass des Organisationserfolgs entschieden und räumen daher Marketingzielen Priorität ein. Zielkonkurrenz kann zudem, wenn sie sich konstruktiv-funktional auswirkt, durchaus förderlich sein. Innerhalb der Programmpolitik sind vor allem die horizontalen Zielbeziehungen zwischen den verschiedenen Programmelementen (Produkten) zu klären.

Nach dem **Zeitbezug** lassen sich Ziele unterscheiden in kurzfristige, operative Ziele mit einer Laufzeit von bis zu einem Jahr, mittelfristige, taktische Ziele mit einer Laufzeit von einem bis zu drei bzw. fünf Jahren und langfristige, strategische Ziele mit einer Laufzeit von drei bzw. fünf bis zu 30 Jahren. Operative Ziele betreffen regelmäßig die optimale Nutzung vorhandener Leistungspotenziale, taktische Ziele die Veränderung dieser Leistungspotenziale und strategische Ziele die Schaffung neuer Leistungspotenziale. Mehrere verträgliche Ziele können dabei parallel, d.h., zeitgleich nebeneinander, sukzessiv, d.h., zeitlich versetzt nacheinander, intermittierend, d.h., zeitlich voneinander abweichend, und alternierend, d.h., zeitlich einander ablösend, verfolgt werden. Dies ist vor allem deshalb von Belang, weil die Kapazitäten regelmäßig nicht ausreichen, alle Programmelemente gleichzeitig zu führen.

Hinsichtlich ihrer **Raumerstreckung** sind Ziele zweckmäßigerweise zunächst in intranationale und supranationale zu unterscheiden. Intranationale Ziele gelten nur innerhalb der Landesgrenzen des Betriebsstandorts, supranationale gelten über diese hinaus. Nach dem Geltungsgebiet kann man dabei weiter verfeinert unterteilen in lokale, regionale und nationale Gebiete bei der intranationalen Raumerstreckung, sowie in ethnozentrale, polyzentrale, regiozentrale und geozentrale Gebiete bei der supranationalen Raumerstreckung.

Nach dem **Ausmaß** von Zielen lassen sich folgende unterscheiden. Extremalziele haben die Form von Maximierung oder Minimierung. Hierzu gehören auch die in der Theorie immer wieder angeführten Ziele der Gewinnmaximierung und Kostenminimierung. Die dazu erforderlichen Grenzbetrachtungen entbehren jedoch eines gewissen Realitätssinns. Optimalziele haben die Form von Maximierung oder Minimierung unter Nebenbedingungen. Dies ist die praktikable Ausprägung, die sich jedoch auf stark formalisierte Entscheidungssituationen beschränkt. Satisfaktionsziele haben die Form eines zufrieden stellenden Grads der Zielerreichung. Dies ist die in der Realität wohl am weitesten verbreitete Zielausprägung. Es geht zwar um ein auskömmliches Sicherheitspolster für den Bestand, jedoch soll der Bogen dabei auch nicht überspannt werden. Fixationsziele haben die Form konkreter Zielwerte. Dabei geht es also darum, bestimmte Zielvorgaben möglichst genau einzuhalten.

Ziele lassen sich nach dem materiellen **Inhalt** einteilen in ökonomische Ziele für quantifizierbare, materielle Größen und psychografische Ziele für qualitative, immaterielle Größen. Psychografische Ziele sind ökonomischen sachlich vorgelagert (prämissiv). Erstere sind damit Mittel zur Erreichung Letzterer und dienen nicht als Selbstzweck, sondern als Mittel zum Zweck. Nach dem formellen Inhalt wird weiter unterteilt in Sachziele, die sich auf das faktische Handlungsprogramm eines Betriebs beziehen und einen Endzustand definieren (Was soll erreicht werden?), sowie Formalziele, die rein monetäre Metavorgaben betreffen und eine Prozessbeschreibung darstellen (Wie soll es erreicht werden?).

Nach der **Zielrichtung** kann ebenfalls mehrfach unterteilt werden. Expansion ist die traditionelle Zielsetzung der Betriebswirtschaft und damit auch des Marketing noch aus den Zeiten des scheinbar endlosen Wirtschaftswachstums. Erhaltung ist die Festschreibung des erreichten Zustands, sofern eine zufrieden stellende Position erreicht ist oder Wachstumsgrenzen eine weitere Expansion verhindern. Etablierung ist die Erreichung von Marktpräsenz. Hier geht es also darum, mit einem Angebotsprogramm überhaupt erst einmal am Markt Erfolg zu haben. Reduktion ist die selektive Zurücknahme des Aktivitätenniveaus. Dies repräsentiert zunehmend den Zielhorizont von Betrieben oder Teilen davon, die mehr oder minder angreifbare Angebote vom Markt nehmen und die Nachfrage auf deren Nachfolger im Programm umlenken wollen, bevor Imagebeeinträchtigungen auftreten.

Nach ihrer **Gewichtung** lassen sich Ziele unterscheiden in Hauptziele, denen höhere Priorität zukommt, und Nebenziele, denen geringere Priorität zukommt. Dies ist nötig, um bei knappen Budgetmitteln zur Umsetzung der Zielvorgaben zu einer sachgerechten Zuteilung mehrerer Ziele auf ein und derselben Ebene zu gelangen. Hauptziele werden zuerst mit Budget dotiert, Nebenziele nur insoweit, wie die Budgetgrenze reicht. Dies setzt eine hierarchische Aufteilung des Budgets voraus, d.h., Mittel werden entsprechend der vertikalen Zieleinordnung zugeteilt. Jedoch ist fraglich, inwieweit das Nebenziel einer höheren Ebene vom Hauptziel einer niedrigeren bereits dominiert wird oder nicht. Dieses Dilemma suchen moderne Budgetierungsformen (z.B. Zero base budgeting) sachgerecht zu klären.

Typische Unternehmensziele sind etwa folgende:

- Marktleistungsziele: Produktqualität, Produktinnovation, Kundenservice, Programm,
- Marktstellungsziele: Umsatz, Marktanteil, Marktgeltung, neue Märkte,
- Rentabilitätsziele: Gewinn, Umsatzrentabilität, Rentabilität des Gesamtkapitals, Rentabilität des Eigenkapitals,
- Finanzwirtschaftliche Ziele: Kreditwürdigkeit, Liquidität, Selbstfinanzierung, Kapitalstruktur,
- Macht- und Prestigeziele: Unabhängigkeit, Image und Ansehen, politischer Einfluss, gesellschaftlicher Einfluss,
- Soziale Ziele (in Bezug auf die Mitarbeiter): Einkommen und soziale Sicherheit, Arbeitszufriedenheit, soziale Integration, persönliche Entwicklung,
- Gesellschaftsbezogene Ziele: Umweltschutz und Vermeidung sozialer Kosten der unternehmerischen Tätigkeit, nicht-kommerzielle Leistungen für externe Anspruchsgruppen des Unternehmens, Beiträge an die volkswirtschaftliche Infrastruktur.

Materiell sind empirisch folgende Unternehmensziele, jeweils als Ranking, anzutreffen:

- Töpfer, Basis: 196 Unternehmen: Sicherung der Wettbewerbsfähigkeit, angemessener Gewinn, Verbesserung der Marktposition, Benutzerfreundlichkeit der Produkte, Erhaltung der Marktposition, Erhaltung der Arbeitsplätze, Umweltfreundlichkeit der Produkte.

- Fritz/Förster/Raffée/Silberer, Basis: 43 Unternehmen: Sicherung des Unternehmensbestands, Qualität des Angebots, Gewinn, Deckungsbeitrag, soziale Verantwortung, Ansehen in der Öffentlichkeit, Unternehmenswachstum, Verbraucherversorgung, Marktanteil, Macht und Einfluss auf den Markt, Umweltschutz.
- Raffée/Förster/Krupp, Basis: 53 Unternehmen: Wettbewerbsfähigkeit, Qualität des Angebots, Sicherung des Unternehmensbestands, qualitatives Wachstum, Ansehen in der Öffentlichkeit, Verbraucherversorgung, Deckungsbeitrag, Gewinn, soziale Verantwortung, Umweltschutz, Verbraucherversorgung mit umweltfreundlichen Produkten, Unabhängigkeit, Umsatz, Marktanteil, quantitatives Wachstum, Macht und Einfluss auf den Markt.
- Raffée/Fritz, Basis: 144 Unternehmen: Kundenzufriedenheit, Sicherheit des Unternehmensbestands, Wettbewerbsfähigkeit, Qualität des Angebots, langfristige Gewinnerzielung, Gewinnerzielung insgesamt, Kosteneinsparungen, gesundes Liquiditätspolster, Kundenloyalität, Kapazitätsauslastung, Rentabilität des Gesamtkapitals, Produktivitätssteigerungen, finanzielle Unabhängigkeit, Mitarbeiterzufriedenheit, Umsatz, Erhaltung und Schaffung von Arbeitsplätzen, Wachstum des Unternehmens, Marktanteil, Umweltschutz, soziale Verantwortung, Ansehen in der Öffentlichkeit, kurzfristige Gewinnerzielung, Macht und Einfluss auf dem Markt, Verbraucherversorgung.

Ziele sollen allgemein die Anforderung erfüllen, SMART zu sein, dies als Akronym für die Anforderungen:

- Specific, also eindeutig,
- Measurable, also messbar,
- Ambitious, also ehrgeizig,
- Realistic, also machbar,
- Time-based, also terminiert.

2.2 Materielle Zieldimensionen

2.2.1 Vision

Die Ziele leiten sich im Rahmen einer konsistenten Zielpyramide ab, an deren Spitze die Vision steht. Sie ist die übergeordnete und wirtschaftlich noch nicht konkretisierte Vorstellung von der Gestaltung der Zukunft, die der/die Unternehmer/in hat. Die Vision ist immer ideell, d.h., es geht nicht allein um das Geldverdienen, sondern um die Erreichung allgemeinerer Zwecke. Allerdings geht diese Vision häufig bei Ausscheiden der Gründer aus dem Unternehmen verloren und wird durch rein pragmatische Orientierungen nachfolgender Manager ersetzt und sinnentleert. Dadurch mangelt es häufig an der sinnstiftenden Orientierung für die Mitarbeiter, welche diese im Austausch zu ihrem Arbeitsengagement erwarten dürfen.

Welche außerordentliche Stärke von einer nachhaltigen Vision ausgehen kann, zeigen einige Beispiele:

- *Henry Ford hatte die Vision, dass seine Arbeiter in der Ford-Fabrik ihre eigenen Autos fahren sollten, statt nur der „oberen Zehntausend", wie bis dahin. Dazu war es seiner Ansicht nach erforderlich, sowohl die Kosten der Produktion eines Automobils drastisch zu senken als auch die Einkommen der Arbeitnehmer nennenswert zu erhöhen („Democratize the automobile").*
- *Ferdinand Porsche hatte die Vision, die Finanzierung einer Autoanschaffung für jedermann erreichbar zu machen, statt nur für die reiche Oberschicht. Auch ihm ging es um eine Senkung der Kosten der Produktion durch eine anspruchslose technische Konstruktion und die Finanzierbarkeit des Anschaffungswunsches für breite Kreise der arbeitenden Bevölkerung.*
- *Heinz Nixdorf hatte die Vision, jeden Arbeitsplatz mit zugehöriger Computerintelligenz auszustatten, als es noch ausschließlich gigantische Mainframes in den Unternehmen gab. Die prosperierenden Nixdorf-Werke wurden in dem Moment von IBM mit deren PC-Idee (XT) überholt, als Heinz Nixdorf überraschend verstorben war und sich keiner fand, seine Vision kraftvoll voranzutreiben. Die Nixdorf-Werke wurden bald von* Siemens *übernommen (Siemens-Nixdorf), zu Sinix verschmolzen und gingen schließlich in Siemens auf, welche die Werke in ein Joint venture mit* Fujitsu *einbrachten. Heute sind PC nicht nur in der Wirtschaft selbstverständlich und Mainframes ausgestorben.*
- *Steve Jobs hatte die Vision, Menschen mithilfe seiner Computer produktiver zu machen, als Computer noch diffizile Black boxes waren. Als es Apple vorübergehend wirtschaftlich schlechter ging, wurde der Gründer Steve Jobs entlassen und durch einen Pepsi-Top-Manager (John Scully) ersetzt. Die Folgen waren katastrophal, dem Unternehmen fehlte jede Orientierung am Gründer und seiner Idee. Als die Insolvenz nahte, holte man verzweifelt Steve Jobs für das symbolische Gehalt von einem Dollar zurück. Er schaffte auf Anhieb den Turn around und führte das Unternehmen in eine zweite Prosperitätsphase. Allerdings war schon soviel Boden verloren, dass der Verdrängungswettbewerb enormen Druck ausüben konnte.*

- *Die Vision von Coca-Cola lautet: „A Coke in everybody's reach.". Das heißt, es soll eine ubiquitäre Distribution erreicht werden, und das weltweit. Der Begriff „Reach" wird übrigens mit ca. 50 m Umkreis definiert, d.h., ganz gleich, an welchem Ort der Zivilisation man sich befindet, es soll in einer Entfernung von ca. 50 Metern möglich sein, seinen Durst mit Coke zu stillen. Eine Vision, die beinahe schon Realität geworden ist.*
- *Die Vision des Kaugummi-Herstellers Wrigley lautet: „Wrigley's is where ever money changes hands." Auch hierbei geht es um eine ubiquitäre Distribution, nur dass sie anders definiert ist, nämlich als Verfügbarkeit an allen Orten, an denen (Spontan-)Kaufakte stattfinden. Und in der Tat, Wrigley's hat dies erreicht.*

Weitere Visionen richtungsweisende, ansporngebende, ambitionierte und prägnante Visionen stammen von General Electric (Number one or two in every industry we serve), Philip Morris (Knock off R.J. Reynolds), McDonald's (To be the world's best quick-service restaurant), Stanford University (Become the Harvard of the West) oder Walt Disney (Make people happy).

Wie wirklich bewegend Visionen sein können, beweist die Reaktion der USA auf den Sputnik-Schock 1957. Die UdSSR hatte damals die ersten Satelliten (leer, später mit Hündin Laika) ins All befördert, und kurze Zeit danach auch die erste bemannte Rakete (mit Kommandant Jury Gagarin) zur Erdumrundung gebracht. Dies erschütterte schlagartig den Glauben der USA daran, die führende Technologienation der Erde zu sein (die zu dieser Zeit nur ihren Schimpansen Hanson ins all schießen konnten). Stattdessen hatte der damalige Erzfeind einen bahnbrechenden Erfolg erzielt, der später durch den ersten Weltraumspaziergang (Leonow) und die erste Frau im All (Tereshkowa) untermauert wurde. John F. Kennedy hielt daraufhin 1961 eine historische Rede vor dem amerikanischen Kongress, welche die Kernbotschaft enthielt: „Der erste Mensch wird noch in diesem Jahrzehnt auf dem Mond landen. Und es wird ein Amerikaner sein." Dies führte in Folge zu einer enormen Konzentration aller Kräfte des Landes. Und in der Tat, 1969 landete der erste Mensch auf dem Mond, und es war ein Amerikaner (Neil Amstrong).
Andere Vision übergreifender Art betreffen die Erkundung des Seewegs nach Indien (Christopher Columbus), die friedliche Überwindung des britischen Kolonialismus (Mahatma Gandhi), die Verdrängung von Pferden durch motorbetriebene Landfahrzeuge (Gottlieb Daimler) oder die gesellschaftliche Gleichberechtigung jeder Hautfarbe (Martin Luther King: „I have a dream that my four children will one day live in a nation where they will not be judged by the color of their skin but by the content of their character.").

2.2.2 Business mission

Die Business Mission unterscheidet sich von der Vision dadurch, dass sie die konkrete betriebswirtschaftliche Aufgabe beschreibt, die aus der Umsetzung der Vision abfolgt (Unternehmenszweck). Die Vision allein reicht nicht aus, es muss zu ihrer Implementierung kommen. Von der Definition eines gemeinsamen Mission statement geht eine ungeheure Sogwirkung für den Unternehmenserfolg aus. Sie führt zu einer Bündelung der Kräfte und setzt Energien frei, die in der Lage sind, selbst wirtschaftlich an sich überlegene Wettbewerber zu übertreffen.

Die Business mission sieht in der Praxis vielgestaltig aus:
- *So richtete Henry Ford die gesamte Produktion so aus, dass sie auf äußerste Kostengünstigkeit getrimmt war. Dies bedeutete u.a. die Konstruktion eines einfachen Fahrzeugs (T-Modell), die Produktion durch die in den Chicagoer Schlachthöfen abgeschaute Fließbandfertigung und die Reduktion der Ausstattungs- und Modellvarianten (z.B. lieferbar nur in schwarz). Durch Weitergabe der Kostenersparnisse im Preis konnte zum ersten Mal der Massenmarkt für ein Automobil geöffnet werden. Die daraus resultierenden Erlöse spülten dann den materiellen Erfolg in das Unternehmen und legten die Basis für eines der größten Automobilunternehmen. Den Preis setzte er auf max. 500 $ fest, während Konkurrenzmodelle nicht unter 1.000 $ zu haben waren.*
- *Ferdinand Porsche überlegte, wie er potenzielle Käufer bei der Finanzierung ihres Autos unterstützen könnte. Er erfand ein Teilzahlungssystem für sein Modell Volkswagen, wodurch breite Schichten der Arbeiterbevölkerung sich ein Auto anschaffen konnten, das sie in Raten „abstottern" konnten. Die Preisobergrenze wurde auf 1.000 RM festgesetzt, wohingegen Pkw damals erst oberhalb 2.000 RM losgingen. Der Volkswagen Käfer erhielt auf diese Weise den Anschub zum zeitweise weltweit meistgebauten Pkw.*
- *Heinz Nixdorf hatte zu Zeiten, als Mainframes von der Größe von Lkw's noch in klimatisierten Räumen zentralisiert in Unternehmen installiert waren (1973), die Vision vom Desktop-PC. Dies schien damals undenkbar. Er jedoch machte sich daran, vernetzte PC's zu entwickeln, die für ihre Arbeitsplatzaufgaben ausreichend ausgestattet waren und bei übergreifenden Aufgaben auf den zentralen Mainframe oder die Intelligenz anderer Workstations zugreifen konnten.*

Die Mission von Google wurde von den Gründern wie folgt formuliert: Unsere Mission war es, das Wissen der Welt zu ordnen und es allgemein zugänglich und nützlich zu machen.

Wie sehr eine Business mission aber auch einschränkend wirken kann, zeigt historisch der Fall Rank Xerox.

Anfang der 1970er Jahre war deren Unternehmenszweck auf Fotokopierer, bestenfalls auf Kopierlösungen, festgelegt. Quasi als Abfallprodukt hatten die Techniker 1974 jedoch den ersten modernen Personal Computer (Alto) entwickelt, der im Grunde bereits alle Funktionalitäten aufwies wie sie PC's auch heute noch zueigen sind (Monitor, Tastatur, Zentraleinheit, Arbeitsspeicher, internes Laufwerk etc.). Zwar gab es schon Mikrocomputer ohne Monitor (1965: Modul 820 von Nixdorf, mit elektrischer Schreibmaschine als Drucker, 1968: Nova von Data General), aber kein PC-System. Durch die Festlegung des Unternehmenszwecks auf Fotokopierer, und wohl auch durch eine dramatische Fehleinschätzung des Markt-

potenzials, sah das Management jedoch keinerlei Möglichkeiten zur Gewinn bringenden Umsetzung dieser Entwicklung im eigenen Hause. Daher wurden Vertreter einiger Computerunternehmen, die damals ausschließlich im professionellen Mainframe-Bereich tätig waren, eingeladen, um ihnen die Entwicklung vorzustellen. Doch auch diese sahen darin keine Verwendungsmöglichkeiten für ihre Unternehmen. Als die Alternativen zur Verwertung der Produktidee langsam ausgingen, lud man schließlich Steve Jobs, einen jungen Computerentwickler, ein und stellte ihm die Idee vor. Auch Jobs winkte dankend ab, hatte aber bei dieser Präsentation augenblicklich das gigantische Potenzial der Idee erkannt und entwickelte diese mit seinem Partner, Steven Wozniak, zum ersten Apple Computer weiter, der bereits alle komforttypischen Merkmale von PC's hatte (z.B. Plug&Play, Mouse-Cursor). IBM, Intel und Bill Gates, der Microsoft-Gründer, übernahmen wiederum diese Ausstattungsmerkmale von Apple und entwickelten sie ab 1981 zum DOS-/Wintel-Systemstandard weiter. Rank Xerox vermarktete seine Idee nur erfolglos über Lizenznehmer als Altair 8080-PC-Bausatz. Die weitere Entwicklung war rasant: 1982 kam der Commodore 64 als Home Computer auf den Breitenmarkt, 1984 der Apple Macintosh mit grafischer Benutzeroberfläche und 1985 der Atari ST Homecomputer speziell für Spiele. 1991 wurde Windows 3.0 als grafische Benutzeroberfläche von Microsoft eingeführt, 1992 kam der erste moderne Laptop auf den Markt (Toshiba T 6400), 1998 der Apple i-Mac (One Box Computer) und 2002 der neue Apple i-Mac. Alle diese Entwicklungen aber gingen wirtschaftlich an Rank Xerox vorbei.

2.2.3 Kulturelle Werte

2.2.3.1 Konstrukterklärung

Von großer Bedeutung für den Geschäftserfolg gerade in von menschlicher Leistungsfähigkeit und -willigkeit abhängigen Branchen ist die Unternehmenskultur. Sie stellt das Ergebnis von Interaktionen dar und schafft einheitliche Reaktionsmuster. Sie ist gleichsam die gelebte Geschichte einer Organisation, auf dem Humus einer Mission und Persönlichkeit gewachsen und schafft als „unsichtbare Hand" verlässliche Orientierungsmuster für alle Personen innerhalb der Organisation und alle, die außerhalb mit ihr zu tun haben. **Die Unternehmenskultur drückt somit gemeinsame Werte- und Normenvorstellungen und geteilte Denk- und Überzeugungsmuster aus, die das Unternehmen und seine Prozesse leiten.** Dies dient vornehmlich der Erklärung von Markterfolgsunterschieden zwischen Unternehmen, die nicht allein durch objektive Tatbestände (Hard factors) erklärt werden können, aber zweifelsfrei vorhanden sind. Die Unternehmenskultur ist ein Vorstellungsmuster und das Ergebnis von Interaktionen, die eine gemeinsame Orientierung bieten. Je turbulenter die Umwelt und je weniger prognostizierbar ihre Entwicklung, desto notwendiger ist eine gezielte Gestaltung der Unternehmenskultur. Pluralismus, Differenzen und Widersprüche in den Werthaltungen bei Führungskräften erschweren jedoch die einheitliche Willensbildung und Führung. Werthaltungen sind zudem im Fluss und erfahren einen beschleunigten Wandel.

Unternehmenskultur ist durch die Geschichte des Unternehmens und seiner Umwelt geprägt. Dabei sind es vielfach herausragende Persönlichkeiten, die Wahrnehmungs- und Handlungsmuster der Unternehmensangehörigen grundlegend beeinflussen. Diese Personen waren sich oft nicht einmal bewusst, dass ihr Handeln einmal zur handlungsbegleitenden Norm erhoben wird. Die Ausprägungen sind somit als das Ergebnis des Zusammenspiels der Handlungen Vieler anzusehen. Auch wenn Einzelne prägend gewirkt haben, konnten ihre Werthaltungen doch nur deshalb zum Kern der Unternehmenskultur werden, weil die Gemeinschaft der Unternehmensangehörigen sie als gut und handlungsbegleitend akzeptiert hat. Kultur ist individuell, sie ist in ihrer Komplexität so einzigartig wie Personen und die Handlungskontexte, in denen Unternehmen tätig sind. Jedes Unternehmen hat also eine eigenständige, typische charakteristische Kultur, die erlernbar ist. Die Mitarbeiter übernehmen im Laufe der Zeit ihrer Unternehmensangehörigkeit mehr oder weniger die in der Unternehmenskultur zusammen gefassten Werte (oder scheiden aus). Dabei liegen Muster des Vorbildlernens zugrunde, sowie unterbewusst ablaufende Lernprozesse über längere Zeiträume. Die Regelungen sind häufig impliziter Natur. Die im Unternehmen gültigen Werte werden trotz des zunehmenden Verbreitungsgrads von Unternehmensgrundsätzen, Leitbildern etc. mehrheitlich informell und inoffiziell vermittelt. Oft sind es auch scheinbare Nebensächlichkeiten, in denen sich Kultur manifestiert. Sie zeigt und materialisiert sich in vielfältigen Ausdrucksformen, verbal (also auf sprachlicher Basis), interaktional (also durch Verfahrensregeln zum gegenseitigen Umgang) oder artifiziell (Symbole).

Nur der Teil von Verhalten, Ausstattung und Kommunikation der Organisation ist tatsächlich sichtbar (Corporate behaviour, Corporate design), er drückt sich durch Artefakte/Schöpfungen aus wie Technologie, Kunst sowie sicht- und hörbare Verhaltensmuster. Der Teil der Basisannahmen und des Weltbilds (Corporate mission) ist gänzlich unsichtbar, hierbei handelt es sich um grundlegende Annahmen über die Beziehungen zur Umwelt, das Wesen der Realität, die Vorstellungen von Zeit und Raum, die menschliche Natur oder soziale Handlungen und Beziehungen. Der Teil der Normen und Standards (Corporate culture) bleibt zumindest halb verborgen, er ist zwar nur teilweise bewusst, aber zumindest anhand der Realität überprüfbar und intersubjektiv nachvollziehbar.

Apple hat etwa folgende Unternehmensgrundsätze in Bezug auf den Computerbau:

- *Computer müssen dem Menschen entsprechend arbeiten und dürfen ihn nicht zwingen, zu arbeiten wie ein Computer.*
- *Computer müssen mit einheitlicher, einfach zu bedienender Software laufen, so dass keine kostspieligen Schulungen erforderlich sind.*
- *Computer müssen dem Benutzer Freude bereiten und ihn dadurch kreativer und produktiver machen.*
- *Computer müssen nach einem einheitlichen System arbeiten und zugleich für andere Systeme offen sein.*

- *Computer müssen das Arbeiten in Gruppen ermöglichen und daher netzwerkfähig sein.*
- *Computer müssen so gebaut sein, dass sie immer wieder auf den neuesten Seand der Technik gebracht werden können.*

Die verborgen bleibenden Anteile der Kultur müssen als Soft factors anhand hypothetischer Konstrukte dokumentiert werden wie:

- **Weltbild/Philosophie.** Diese hoch aggregierte, ansonsten völlig verborgen bleibende Ebene zeigt sich pragmatisch in Dimensionen wie der Aufnahme Außenstehender, dem Zusammenleben, der Architektur/Präsentation, dem Zeigen von Emotion etc. Dazu gehören aber auch Anzahl, Art, Umfang und Ausgestaltung der Führungssysteme sowie die Redundanz dieser Systeme („Heilige Kühe", Stolz).
- **Standards und Normen**. Diese Ebene drückt sich in formalen und informellen Verhaltensvorgaben aus. Informelle Vorgaben (Standards) bleiben verborgen, haben jedoch implizit eine erheblich sanktionierende Wirkung. Formale Vorgaben (Normen) werden häufig als Leitsätze sichtbar, auf die sich die Organisation und ihre Mitglieder freiwillig, aber ausdrücklich verpflichten. Darauf aufbauend materialisieren sich etwa Symbole, Helden und Rituale im „sichtbaren" Bereich.
- **Symbole** sind Objekte mit bestimmter Bedeutung, die nur von denjenigen als solche erkannt werden, die der gleichen Kultur angehören (z.B. Worte, Gesten, Bilder, Kleidung, Haartracht, Status). Eine besondere Rolle spielen dabei Sprachsystem und Jargon. Häufig anzutreffende Prinzipien sind die der offenen Tür oder des runden Tischs. Dazu gehört aber auch der Zustand und die Ausstattung der Gebäude, das Firmenlogo, die Anordnung, Gestaltung und Lage von Büros, die Art der Firmenwagen und die Parkplatzordnung, aber auch Kleidungsnormen (Fashion code).
- **Helden** sind Personen, tot oder lebendig, echt oder fiktiv, die Eigenschaften besitzen, die in einer Kultur hoch angesehen werden. Um sie ranken sich Geschichten, Legenden, Witze. Sie dienen als Verhaltensvorbilder (auch im äußeren Erscheinungsbild). Zu denken ist etwa an die Auszeichnung des Mitarbeiters des Monats. Um Helden ranken sich häufig Legenden, wie z.B. die Entstehung der Geschäftsidee durch den Gründer.
- **Rituale** sind kollektive Tätigkeiten, die für die Zielerreichung eigentlich überflüssig sind, innerhalb der Kultur aber um ihrer selbst willen als sozial motivierend gelten (z.B. Grüßen, Zeremonien, Traditionen). Häufig werden z.B. Mittagessen (als Leistungsauszeichnung) oder Meetings (zur Kommunikationspflege) in diesem Sinne ritualisiert. Dazu gehört auch die Beförderungspraxis, die Nachwuchs- und Kaderselektion, das Entscheidungs- und Beziehungsverhalten oder Bezugspersonen mit Vorbildfunktionen. Aber auch die Art des Besucherempfangs, die Begrüßung von Gästen, der Umgang mit Reklamationen als Ausdruck der Wertschätzung von Kunden.

Hinsichtlich der Möglichkeit und der Sinnhaftigkeit der Beeinflussung von Unternehmenskultur sind drei verschiedene Ansichten verbreitet:

- Eine Ansicht ist, dass sie vom Management nicht gestaltet werden kann, es ist zwar leicht, äußerliche Veränderungen im Verhalten der Unternehmensmitglieder zu erreichen, jedoch ist es sehr schwer bis unmöglich, tiefergreifende Veränderungen ihrer Einstellungen zu bewirken.
- Eine zweite Ansicht ist, dass Unternehmenskultur vom Management zwar gestaltbar ist, derartige Eingriffe aber unterlassen werden sollen, weil sie unethisch und dysfunktional wirken. Dies bedeutet eine Instrumentalisierung der Mitarbeiter, außerdem ist unklar, welche Eingriffe letztlich welche Wirkungen zeitigen.
- Eine dritte Ansicht ist, dass Unternehmenskultur sehr wohl gestaltet werden kann und soll, pragmatisch wird dabei Kultur als Mittel zur Verbesserung der Unternehmenssituation angesehen.

Wenn es darum geht, die Unternehmenskultur zu identifizieren, können verschiedene Ansatzpunkte genutzt werden, z.B. folgende Indikatoren:
- Persönlichkeitsprofile der Führungskräfte, determiniert durch deren Lebensläufe (soziale Herkunft, beruflicher Werdegang, Dienstalter, Verweildauer in Funktionen etc.) und Mentalitäten (Ideale, Visionen, Innovationsbereitschaft, Beharrungskraft, Durchsetzungs- und Durchhaltevermögen, Lernbereitschaft, Frustrationstoleranz etc.),
- Rituale und Symbole, determiniert durch
  - rituelles Verhalten der Führungskräfte (Beförderungspraxis, Nachwuchs- und Kaderselektion, Sitzungsverhalten, Entscheidungsverhalten, Beziehungsstruktur, Bezugspersonen, Vorbildfunktion etc.),
  - rituelles Verhalten der Mitarbeiter (Besucherempfang, Telefonverhalten, Reklamationsbehandlung, Wertschätzung der Kunden etc.),
  - räumliche und gestalterische Symbole (Erscheinungsbild, Zustand und Ausstattung des Gebäudes, Bürologik, Berufskleidung, Firmenfahrzeuge etc.),
  - institutionalisierte Gebräuche und Konventionen (Empfang von Gästen, Kleidungsnormen, Parkplatzordnung etc.),
- Kommunikation, determiniert durch Stil (Konsens- und Kompromissbereitschaft, Informationsverhalten etc.) und Richtung nach innen und außen (Vorschlagswesen, Qualitätszirkel, Dienstwege etc.),
- Strategien, determiniert durch Strategiedokumente (Art, Umfang, Konkretisierungsgrad etc.), strategische Leitideen (Erfolgspositionen, Ressourcenzuordnung, Konkurrenz- und Selbsteinschätzung etc.), Strategiedurchsetzung (Bekanntheit der Ziele, Bedeutung der Ziele etc.),
- Strukturen und Prozesse, determiniert durch Organisationsdokumente (Anzahl, Umfang, Gestaltung etc.), Organisationsphilosophie (Zentralisierungsgrad, Leitungsspanne, Stellenbildung etc.), informale Strukturen und Prozesse (betriebliches Kontakt- und Kommunikationsnetz, informale Führer etc.),
- Umfeldfaktoren, determiniert durch wirtschaftliche, technologische und ökologische Rahmenbedingungen (Konkurrenzsituation, Branchenkonjunktur etc.), sowie gesellschaftliche und kulturelle Rahmenbedingungen (Wertewandel, Sozialindikatoren etc.).

2.2.3.2 Kritische Bewertung

Die **Vorteile** starker Unternehmenskulturen liegen in folgenden Aspekten:

- Es besteht ein geringer formaler Regelungsbedarf in der Organisation, da alle Beteiligten in ihrer Einstellung und ihrem Verhalten gleichen, einheitlichen Mustern folgen. Auf diese Weise wird ein kohärentes Verhalten weitaus eher erreichbar als durch noch so ausgefeilte Company procedures.
- Es kommt zu einer raschen Entscheidungsfindung, da hohe gegenseitige Akzeptanz und mehr oder minder blindes Verständnis füreinander herrschen. Es kann sogleich in die Spezialistenebene eingetaucht werden, ohne sich durch mühsame Grundsatzdiskussionen zu verschleißen.
- Eine schnelle Entscheidungsumsetzung ist darstellbar, da alle Beteiligten sich in Konsens mit der getroffenen und von ihnen auszuführenden Entscheidung befinden. Insofern sind weniger Widerstände in der Durchsetzung von Entscheidungen in der Organisation zu vermuten.
- Eine hohe Motivation ist gegeben, da alle Beteiligten sinnstiftenden Nutzen in ihrer Organisationszugehörigkeit sehen und das gemeinsame Leitbild eine hohe Prägnanz hat. Dabei kommt der Betonung des Wir-Gefühls, etwa durch Firmenkleidung, eine hohe formale Bedeutung zu.
- Das stabile Gerüst der Normen und Werte schafft willkommene Sicherheit und Vertrauen in eine erfolgreiche Zukunft. Auf dieser Basis können weitaus offensivere, selbstbewusstere Entscheidungen getroffen und ausgeführt werden als bei latenter Unsicherheit und Misstrauen.
- Ein hohes Maß an Identifikation mit dem Organisationszweck ist gegeben, das aus tiefer Überzeugung für die Sache ungeahnte Kräfte freisetzt. Diese mentale Ebene vermag bei gleichen sachlichen Startbedingungen durchaus erhebliche Ergebnisvorteile zu erreichen.
- Starke Unternehmenskulturen vermitteln über Handlungsorientierung durch Komplexitätsreduktion ein klar strukturiertes Weltbild und machen die Realität leicht kategorisierbar. Sie schaffen damit Orientierung und Handlungsanweisung. Dies ist extrem bedeutsam, weil Procedures nicht alle Einzelfälle formal regeln können, aber dennoch ein Interesse an konsistenten Entscheidungen besteht.
- Die Abstimmungsprozesse vereinfachen sich. Signale werden zuverlässig vom Empfänger so interpretiert, wie der Sender sie meint. Verzerrungen werden damit vermindert. Es entsteht ein effizientes Kommunikationsnetzwerk.
- Rasche Informationsverarbeitung und Entscheidungsfindung werden möglich. Gemeinsame Sprache, konsistentes Präferenzsystem und akzeptierte Vision lassen rasche Einigung oder zumindest tragfähige Kompromisse erreichen.
- Eine beschleunigte Implementierung von Plänen und Projekten, die auf gemeinsamen Überzeugungen beruhen und schnell und wirkungsvoll umgesetzt werden können, ist darstellbar. Bei Mehrdeutigkeiten gibt zudem die Unternehmenskultur eine eindeutige Orientierungshilfe.
- Ein geringer Kontrollaufwand ist erforderlich. Da Verhaltensmuster verinnerlicht sind, besteht wenig Anlass zu externer Kontrolle. Dadurch wird vermieden, unnötig Kapazitäten dafür zu binden.

- Kulturelle Muster und gegenseitig fortwährend bekräftigende Verpflichtung auf die zentralen Werte (Vision) des Unternehmens lassen eine hohe Bereitschaft entstehen, sich für das Unternehmen zu engagieren und sich nach außen hin mit ihm loyal zu identifizieren.
- Gemeinsame Orientierungsmuster reduzieren Angst und geben Sicherheit und Selbstvertrauen. Dementsprechend besteht weniger Neigung, ein solches stabiles und zuverlässiges „Nest“ zu verlassen und gegen die Unwägbarkeiten der „freien Wildnis“ einzutauschen.

Nachteile starker Unternehmenskulturen sind hingegen die Folgenden:

- Unterliegende Wertsysteme erhalten leicht eine alles beherrschende Tendenz, Kritik und Warnsignale, die in Widerspruch zu ihr stehen, zu verdrängen oder zu überhören. Eingeschliffene Traditionen werden damit zum Selbstzweck, der nicht weiter zu hinterfragen ist.
- Neue Orientierungen werden blockiert. Innovationen, die in Widerspruch zum herrschenden Weltbild stehen, stoßen auf vehemente Ablehnung, unangenehme Vorschläge werden erst gar nicht registriert. Ein hoher Konformitätszwang führt zur Verdrängung für die Kulturharmonie unangenehmer Problemfälle, die eine kritische Auseinandersetzung mit den kulturellen Gegebenheiten bedingen.
- Implementationsbarrieren bewirken, dass selbst, wenn neue Ideen Eingang finden, Probleme entstehen. Eine willkommene Sicherheit gerät in Gefahr, mit der Folge der Abwehr. Der Umgang mit dem Neuen ist nicht geübt. Alle Beteiligten haben vielmehr ein Interesse daran, dass Alles in etwa so weitergeht wie bisher.
- Es besteht eine Fixierung auf traditionelle Erfolgsmotive. Starke Kulturen schaffen emotionale Bindungen an bestimmte gewachsene und durch Erfolg bekräftigte Vorgehensweisen und Denktraditionen. Neue Pläne werden damit oft gar nicht erst verstanden.
- Die Aufnahme neuer Ideen setzt ein hohes Maß an Offenheit, Kritikbereitschaft und Unbefangenheit voraus. Diese laufen jedoch in Unternehmenskulturen emotionalen Bindungen entgegen. Kritische Argumentation wird auf subtile Weise für illegitim erklärt, es herrscht eine Konfliktvermeidungshaltung.
- Starke Kulturen neigen dazu, Konformität zu erzwingen, indem die kollektiven Werte in den Vordergrund gestellt werden. Der Wille zum Erhalt des kulturellen Rahmens übertrifft damit die Bereitschaft zu dessen Infragestellung.
- Es entsteht ein hohes Maß an Betriebsblindheit, das zu einer verhängnisvollen Einseitigkeit in Entscheidungen führen kann. Dadurch bleiben Chancen unentdeckt, und Bedrohungen können unvermindert durchschlagen.
- Das System immanente Festhalten an Traditionen bedeutet zugleich eine gefährliche Blockade gegen alles Neue. Dadurch werden Innovationen gehemmt, weil keine neuen Impulse gesetzt und erkannt werden.
- Starke Kulturen sind in sich geschlossene Systeme, die aufgrund ihrer Beharrungstendenzen zu mangelndem Anpassungsvermögen bei sich immer rascher verändernden Umfeldbedingungen führen können. Es kommt zu Starrheit und unzureichender Anpassungsflexibilität. Damit ist eine Umstellung als Antwort auf diskontinuierliche Änderungen im Umfeld in Frage gestellt.
- Der Widerstand gegen Unternehmenszusammenschlüsse, der mit dem Zwang zur

Assimilation einer anderen Kultur verbunden ist, steht Marktführerschaftszielen im Weg und hat schon zum Scheitern so mancher auf dem Papier ideal synergetisch wirkender Konzentrationen geführt.

- Die bewusst in Kauf genommene Einseitigkeit und das begrenzte Suchfeld führen womöglich zu einer grob vereinfachenden Verzerrung der Realität. Diese stellt sich vielmehr immer komplexer dar, erfordert also gerade Differenzierung statt Vereinheitlichung.

Eine ausgeprägte Unternehmenskultur hat wichtige Koordinations-, Integrations- und Motivationsfunktionen. Von ihr geht eine hohe Koordinierungswirkung ebenso aus wie eine hohe Motivation und Loyalität der Mitarbeiter. Sie sorgt für Stabilität und Zuverlässigkeit in turbulenten Zeiten sowie effiziente interne Kommunikation. Und sie trägt zur raschen Entscheidungsfindung bei, schafft sogar häufig eine antizipative Problemlösung.

Jedoch wohnt ihr auch eine Tendenz zur Abschließung und zur Blockierung von neuen, wichtigen Orientierungen inne. Sie fördert damit tendenziell eine kollektive Abwehrhaltung gegen Neuerungen durch den Aufbau emotionaler Barrieren und einen Mangel an Flexibilität zur Anpassung an ungewohnte Situationen. Daher ist ein kultureller Wandel erforderlich, der in „starken" Unternehmenskulturen schwieriger ist als in weniger ausgeprägten.

2.2.3.3 Kultureller Wandel

Ein Kulturwandel vollzieht sich meist in folgendem Ablauf. Die herkömmlichen Interpretations- und Handlungsmuster der Kultur führen in die Krise. Es tritt Verunsicherung ein. Überkommene Symbole und Riten verlieren an Glaubwürdigkeit, werden kritisiert. „Schattenkulturen" treten hervor, oder eine neue Führungsmannschaft versucht, neue Orientierungsmuster aufzubauen. Alte und neue Kulturen kommen in Konflikt zueinander. Wenn es den neuen Orientierungen gelingt, die Krise zu meistern, werden sie akzeptiert. Eine neue Kultur entfaltet sich mit neuen Symbolen, Riten etc.

Die planmäßige Gestaltung des Veränderungsprozesses in der Kultur erfordert ein Management des organisatorischen Wandels (Change management). Das Handling setzt den Abbau von Angst und Verunsicherung voraus, das Aufbrechen alter Seilschaften, die Anregung neuer Orientierungsmuster, deren Vorleben in Führungsverhalten (schriftliche Anweisungen sind dazu untauglich) sowie die Veränderung durch Interaktion und Überzeugung der Mitarbeiter.

Eine solcher geplanter Wandel zielt also auf die mittel- bis langfristig wirksame Veränderung der Verhaltensmuster, Einstellungen und Fähigkeiten von Organisationsmitgliedern, Organisations- und Kommunikationsstrukturen sowie der strukturellen Regelungen ab, um Problemlösungs- und Erneuerungsprozesse einer Organisation zu verbessern.

Dabei sind allerdings vielfältige Widerstände des Individuums zu überwinden. Zu den wichtigsten gehören die Gewohnheit (das Bekannte wird bevorzugt), das Übergewicht der Primärerfahrung (wie man beim ersten Mal eine Sache erfolgreich bewältigt hat), selektive Wahrnehmungen (Vorurteile, Stereotypen), Abhängigkeiten (Wertvorstellungen, Einstellungen, Über-Ich), Selbstzweifel (wer den Status quo akzeptiert, ist ein „Guter", wer ihn verändert, ein Rebell), Unsicherheiten und Regression (Sicherheit wird im Bewährten und Erprobten gesucht). Hinzu kommen noch Widerstände auf der Organisationsebene. So vor allem Konformität mit Normen, Interdependenz von Subsystemen (Änderungen erfassen meist die gesamte Organisation und nicht nur einzelne Einheiten), Abbau von Privilegien, Tabus und Eingebungen Externer (Berater).

Im Zuge des organisationalen Wandels können folgende Prototypen unterschieden werden:
- Enthusiastische Befürworter initiieren Neuerungen bzw. unterstützen sie, betonen die Vorteile des Neuen und vermitteln dabei eine optimistische, zuweilen gar euphorische Grundhaltung.
- Neutrale Anpasser machen auf leichten Druck des Vorgesetzten hin mit, aber ohne große Begeisterung, sie zeigen indifferentes Verhalten und häufig nur begrenzte Anpassungsfähigkeit.
- Stille Resignierer schicken sich in die neue Lage, allerdings oft um den Preis des Verlusts ihres Interesses an der Arbeit und der inneren Kündigung.
- Passive Widerständler machen zunehmend Dienst nach Vorschrift, neigen daher zu Ersatzhandlungen, Gereiztheit und Nervosität, sie vergiften damit das Arbeitsklima.
- Politische Intriganten hemmen durch Verzögerungstaktiken, blockieren Änderungsprozesse, akzeptieren nur vordergründig, um dann aber wieder zum alten Verhalten zurück zu kehren.
- Aktive Systemzersetzer entwickeln offenen Widerstand und fügen dem Unternehmen oft direkten Schaden damit zu (z.B. durch Indiskretion, Sabotage).
- Flexible Um- und Aufsteiger wechseln die Abteilung bzw. das Unternehmen, kündigen (wobei es oft gerade die besten Mitarbeiter sind, die als Erste gehen).

Ebenso wie Schmerz ein Warnsignal im menschlichen Organismus ist, so sind solche Widerstände in Organisationen Warnsignale, die es zu beheben gilt, bevor der Erfolg (Heilung) eintreten kann. Zur Abhilfe ist die UCR-Vorgehensweise probat:
- Als Erstes gilt ein Auftauen (**Unfreezing**) verfestigter Strukturen, die aus einem quasi-stationären Gleichgewicht gebracht werden, als erforderlich. Dazu ist zunächst eine Datensammlung über Einstellungen und Wertestrukturen der Organisationsmitglieder notwendig. Dies betrifft Entscheidungsfindungsprozesse, Entscheidungskompetenzen, Art und Umfang der Entscheidungsvorbereitung etc. Durch die Präsentation dieser Fakten werden Betroffene zu Beteiligten gemacht. Dann erfolgt die gemeinsame Diagnose, Interpretation und Bewertung der Fakten.
- Danach wird rasch ein neuer Gleichgewichtszustand angestrebt. In dieser Phase

des Veränderns (**Change/Moving**) ist es wichtig, dass die fördernde Wirkung genutzt wird, die von den Erwartungen der Betroffenen für den Veränderungsprozess ausgeht. Dazu ist eine klare Zieldefinition erforderlich, meist in Form eines Leitbilds. Daraus folgt der Entwurf des neuen Systems in Zusammenarbeit mit den Mitarbeitern. Darüber wird ein Konsens hergestellt. Dieser muss sowohl Ziele als auch Mittel umfassen. Dabei hat sich die Einschaltung eines externen Moderators (Change agent) bewährt. Dann kommt es zur schrittweisen Implementierung in die Organisation. Eine Zwischenkontrolle beurteilt die Effektivität der eingeleiteten Veränderungen.
- Die dritte Phase des Stabilisierens (**Refreezing**) des neuen Gleichgewichts muss unterstützt werden, indem die Bewertung der neuen Situation positiv und routinisiert gehalten wird. Ein festes Einhalten der neuen Systemregeln führt zur Konsolidierung und Verfestigung der neuen Organisationsform und Verhaltensmuster. Dies muss aktiv gestaltet werden, dazu ist eine unvermeidliche und notwendige Eingewöhnungszeit in neue Rollen und Rollenverständnisse erforderlich.

Es ist verschiedentlich versucht worden, Unternehmenskulturen zu typisieren. Am weitesten verbreitet ist folgende Einteilung nach Risikotragung und Feedbackgeschwindigkeit:
- Macho-Kultur: In diesem Kulturtyp sind Individuen gefragt, die ein hohes persönliches Risiko eingehen. Sie zeichnen sich durch faszinierende Ideen, draufgängerisches Handeln und extravagante Erscheinung aus. Das Ansehen wird durch Erfolg, Einkommen und Macht bestimmt. Große Erfolge werden überschwenglich gefeiert, Misserfolge führen zum persönlichen Absturz. Beispiele finden sich bei Werbeagenturen, Filmproduktionen, Modedesignern, New economy-Unternehmen etc.
- Brot-und-Spiele-Kultur: Dieser Kulturtyp ist dadurch gekennzeichnet, dass deren Mitglieder nur relativ kleine Risiken zu tragen haben, aber einen raschen Informationsrückfluss bzgl. des Ergebnisses der getroffenen Entscheidungen erhalten. Im Vordergrund steht die Umwelt, die viele Chancen bietet, die es zu nutzen gilt. Gepflegtes Auftreten nach außen und unkomplizierte Zusammenarbeit im Team sind charakteristisch. Es gibt viele ungezwungene Feste, bei denen oft Auszeichnungen vergeben werden. Beispiele finden sich bei Computerherstellern, Verkaufsabteilungen, Autohändlern etc.
- Risiko-Kultur: Bei diesem Kulturtyp müssen Entscheidungen von großer Tragweite getroffen werden, deren Ergebnis erst nach langer Zeit feststellbar wird. Es handelt sich zumeist um Projekte, die hohe Investitionen erfordern. Die Mitarbeiter zeichnen sich durch ruhige, analytische Arbeitsweise aus und sind treten unauffällig, aber stets korrekt auf. Es finden häufige Sitzungen mit strikter Sitz- und Redeordnung statt. Beispiele finden bei Flugzeugbau, Anlagenindustrie, FuE-Abteilungen etc.
- Prozess-Kultur: Dieser Kulturtyp vereint geringes Risiko und langsamen Informationsrückfluss. Die Dinge richtig zu tun ist wichtiger als die richtigen Dinge zu tun. Die Mitarbeiter versuchen, sich gegen mögliche Vorhaltungen abzusichern. Eine streng hierarchische Ordnung bestimmt Einkommen, Arbeitsplatz-

Infrastruktur, Kleidung, Umgangsformen und Sprachstil. Dienstjubiläen sind wichtig, spontane Feste werden ebenso wie Emotionen gemieden. Beispiele finden sich bei Versicherern, öffentlichen Verwaltungen, Elektrizitätswerken etc.

Exkurs: Leitsätze

Leitsätze konkretisieren die Unternehmenskultur. Sie sind auf wesentliche Zielsetzungen und Aussagen konzentriert. Die Ausarbeitung erfolgt möglichst als ein in sich geschlossenes System mit widerspruchsfreien Aussagen und Begriffen. Die Formulierung soll wirklichkeitsnah und praktikabel sein. Sie informieren und unterrichten die Zielöffentlichkeiten damit über die Grundprinzipien der Unternehmensführung. Sie schaffen klare, einheitliche Grundlagen für das Führungsverhalten auf allen betrieblichen Ebenen. Führungsunsicherheiten können dadurch behoben werden, und der Führungsprozess wird bewusst gestaltbar.

Die Leitsätze sollen leitbildhafte Kraft haben. Sie müssen praxisnah, allgemein verständlich und widerspruchsfrei gehalten sein, um ihre Wirkung entfalten zu können. Die Unternehmensleitung muss voll hinter diesen Leitsätzen stehen und diese müssen verbindlich für alle Ebenen im Unternehmen gelten. Sie müssen gezielt eingeführt und vorgelebt werden, damit sie überzeugen. Dabei gibt es zwei Ansätze. Der eine Ansatz propagiert die gemeinsame Entwicklung solcher Leitsätze aus der Organisation heraus, sodass sich die Organisation quasi selbst ihre Leitsätze gibt. Dies ist ein demokratischer Entwicklungsprozess mit hohem Identifikationspotenzial. Der andere Ansatz propagiert ein Top down-Vorgehen, d.h., die Unternehmensleitung bestimmt verbindliche Inhalte, mit denen sich Mitarbeiter dann identifizieren können oder auch nicht. Dies führt zweifellos zu fokussierteren Inhalten.

Unternehmensleitsätze umfassen allgemein folgende Inhalte:
- Stellung in der Gesellschaft: Position zum Staat, Bekenntnis zum Wirtschaftssystem, Position zur Wettbewerbsordnung, Position zur Mitbestimmung, gesellschaftliche Funktion des Unternehmens,
- Einstellung gegenüber Mitarbeitern: Führungsstil, Kommunikation, Humanisierung der Arbeit, Grad der Arbeitsteilung, Motivation, Gestaltung des Arbeitsplatzes, Gestaltung der Arbeitszeit, Förderung der Aus- und Weiterbildung, Förderung der persönlichen Bindungen, Förderung der Identifizierung mit dem Unternehmen,
- Verhalten gegenüber Kunden: Art der Kommunikation, Vertragsgestaltung, Preispolitik, Nutzensstiftung
- Verhalten gegenüber Lieferanten: Art der Kommunikation, Einfluss auf die Organisation, Vertragsgestaltung,
- Umweltgrundsätze: Maßnahmen, die über die gesetzlichen Normen hinausgehen, gesellschaftsfreundliches Verhalten,
- Einstellung gegenüber der Konkurrenz: akzeptierte Spielregeln und Verhaltensnormen im Wirtschaftsprozess,

- Entscheidungsgrundsätze: führungspolitische Grundsätze, Wachstumsgrundsätze, bereichsbezogene Grundsätze, Konfliktlösungsgrundsätze.

Weitere Inhalte betreffen die wirtschaftliche Funktion des Unternehmens, seine Einstellung zu Wachstum, Wettbewerb und technischem Fortschritt, seine angestrebte Marktstellung, die Rolle des Gewinns für das Unternehmen und die Atmosphäre der innerbetrieblichen Zusammenarbeit.

Sie nehmen daher zu folgenden Aspekten verbindlich Stellung:
- Welche Bedürfnisse sollen mit den Marktleistungen (Produkten, Dienstleistungen) befriedigt werden?
- Welchen grundlegenden Anforderungen sollen die Marktleistungen entsprechen (Qualität, Preis, Neuheit etc.)?
- Welche geografische Reichweite soll das Unternehmen haben (lokal, international)?
- Welche Marktstellung soll erreicht werden?
- Welche Grundsätze sollen das Verhalten gegenüber den Marktpartnern (Kunden, Lieferanten, Konkurrenten) bestimmen?
- Wie lauten die grundsätzlichen Zielvorstellungen bzgl. Gewinnerzielung und Gewinnverwendung?
- Wie lautet die grundsätzliche Haltung gegenüber Staat bzw. staatlichen Stellen?
- Wie lautet die Einstellung gegenüber wesentlichen gesellschaftlichen Anliegen (Umweltschutz, Gesundheitspflege, Armutsbekämpfung, Entwicklungshilfe, Kunstförderung etc.)?
- Welches dominante wirtschaftliche Handlungsprinzip liegt zu Grunde?
- Wie ist das grundsätzliche Verhältnis zu Anliegen der Mitarbeiter (Entlohnung, persönliche Entwicklung, soziale Sicherung, Mitbestimmung, finanzielle Mitbeteiligung etc.)?
- Wie lauten die wesentlichen Grundsätze der Mitarbeiterführung, die im Unternehmen gelten sollen?
- Wie lautet die technologische Leitvorstellung?

Beispiel Unternehmensleitsätze Henkel:
Henkel ist der Spezialist für angewandte Chemie. Wir lösen die Probleme unserer Kunden mit Produkten und Systemen auf der Grundlage von Chemie. Dabei gehen wir strikt anwendungsorientiert vor.
Henkel ist in allen Bereichen kunden- und marktorientiert. Wir spüren frühzeitig Kunden- und Marktbedürfnisse auf. Wir entwickeln und vermarkten Produkte und Systeme, die unseren Kunden einen besonderen Nutzen bieten. Wir wollen dauerhafte Wettbewerbsvorteile erreichen.
Henkel nutzt seine Marktpotenziale weltweit. Henkel versteht sich als internationales Unternehmen. Zur Ausschöpfung aller Marktpotenziale fördern wir internationalen Know-how-Austausch und gehen, wenn nötig, strategische Partnerschaften ein.
Henkel ist durch Innovationen im Markt erfolgreich. Wir sichern unsere Wettbewerbsposition durch permanente Innovation bei Produkten und Systemen. Dazu fördern wir die Kreativität aller Mitarbeiter.

Henkel will für tüchtige Mitarbeiter attraktiv sein. Henkel sieht die Mitarbeiter als Träger aller Unternehmensleistungen. Wir wollen eine Vertrauens- statt einer Kontrollorganisation. Wir respektieren die persönlichen Ziele und Überzeugungen unserer Mitarbeiter. Wir sorgen für ein leistungsförderndes Klima und unterstützen die berufliche und persönliche Entwicklung unserer Mitarbeiter.
Henkel ist das ökologisch führende Unternehmen. Wir verstehen unter Leistungsführerschaft nicht nur beste Produktleistung, sondern auch jeweils beste Umweltverträglichkeit. Dies gilt für unser gesamtes Sortiment. Unsere Produktionsprozesse sollen für Mitarbeiter und Nachbarn sicher sein und die Umwelt nicht beeinträchtigen.
Henkel achtet die gesellschaftlichen Werte und Normen aller Länder. Wir beziehen gesellschaftliche Wertvorstellungen verantwortungsbewusst in unsere Unternehmenspolitik ein, folgen staatlichen Vorschriften und gehen darüber hinaus.
Henkel gibt sich eine Struktur, die schnelle Anpassungen an Veränderungen ermöglicht. Wir wissen, dass wir nur durch die Bereitschaft zu ständiger Veränderung auf Dauer wettbewerbsfähig sein können und handeln entsprechend.
Henkel richtet alle Entscheidungen danach aus, seinen langfristigen Bestand zu sichern. Wir wollen unser Wachstum aus eigener Kraft erwirtschaften. Dazu sind ausreichende Gewinne und eine hohe Kapitalverzinsung notwendig. Unser Risikoausgleich nach Produkten und Regionen sichert den langfristigen Bestand des Unternehmens, seine Eigenständigkeit und Unabhängigkeit.
Henkel pflegt die Tradition der offenen Familiengesellschaft. Kontinuität, Offenheit, gegenseitiges Vertrauen sowie unternehmerisches Denken sind die Merkmale dieser Tradition. Sie bestimmen das Verhältnis zwischen dem Unternehmen und der Eigentümerfamilie, sie prägen aber auch unsere Beziehungen zu Aktionären, Mitarbeitern und Kunden.

Beispiel Unternehmensleitsätze Beiersdorf:
Vielfältiger Wandel auf sozialen, ökologischen und gesellschaftlichen Gebieten, sich verändernde Märkte und neue Technologien kennzeichnen die Herausforderung unserer Zeit. Wir wollen sie mit Flexibilität und Eigenständigkeit als Chance für die weitere Entwicklung unseres Unternehmens nutzen. Im Sinne dieser Entwicklung wollen wir Lern- und Wandlungsprozesse aktiv unterstützen. Beiersdorf ist international in unterschiedlichen Geschäftsfeldern und Märkten tätig. Funktions- und länderübergreifendes Denken und Handeln im Sinne des gesamten Unternehmens ist daher besonders wichtig. Dem tragen unsere Grundsätze Rechnung. Sie sind ein Bekenntnis zu unserer gewachsenen Unternehmenskultur und stellen zugleich einen Orientierungsrahmen für die weitere Entwicklung des Unternehmens dar. Die Unternehmensgrundsätze bilden die Basis der Zielvereinbarungen für alle Mitarbeiter und bestimmen sowohl die tägliche Arbeit als auch alle strategischen Überlegungen im Unternehmen. Die dauerhafte Umsetzung unserer Grundsätze wird nur durch den persönlichen Einsatz aller Beiersdorfer erreicht.
Wir richten die Arbeit aller Unternehmensbereiche in allen Teilen der Welt auf die Bedürfnisse unserer Kunden und die Anforderungen der Märkte aus.

Wir entwickeln, produzieren und vertreiben Markenartikel von zuverlässiger Qualität und hohem Nutzen für die Verwender.
Wir treten international einheitlich auf, tragen dabei aber den Bedingungen der unterschiedlichen Märkte Rechnung.
Wir konzentrieren alle Aktivitäten auf Bereiche, in denen wir über eine gewachsene Kompetenz verfügen mit dem Ziel, hier zu den weltweit führenden Anbietern zu zählen.
Wir bekennen uns zu einem fairen, offensiven Wettbewerb.
Wir wollen dauerhaft gute Gewinne erwirtschaften, weil dies eine Voraussetzung für die langfristig erfolgreiche Entwicklung des Unternehmens ist.
Wir betrachten eine bedarfsorientierte kreative Forschung und Entwicklung als wichtiges Element für die Zukunftssicherung unseres Unternehmens.
Wir handeln ökologisch verantwortlich zum Schutz der Umwelt und unserer natürlichen Lebensgrundlagen.
Wir pflegen eine offene Kommunikation und eine verlässliche, langfristige Zusammenarbeit mit unseren Geschäftspartnern und anderen gesellschaftlichen Gruppen.
Wir halten die Qualifikation, das Engagement und die Leistung unserer Mitarbeiter für die entscheidenden Erfolgsfaktoren von Beiersdorf. Dieser Bedeutung entsprechend sind wir unseren Mitarbeitern verpflichtet.

Beispiel Unternehmensleitsätze Hipp:
Hipp ist ein Familienunternehmen, das auf lautere Weise Erfolg haben will. Christliche Verantwortung soll unser Handeln prägen.
Hipp ist einer der führenden Hersteller von wohlschmeckenden und gesunden Lebensmitteln. Babys und Kinder sind unsere wichtigsten Verbrauchergruppen. Die Qualität und Sicherheit der Rohstoffe sind für uns von entscheidender Bedeutung. Deshalb setzen wir konsequent unsere Pioniertätigkeit im kontrollierten biologischen Landbau fort.
Das ständige Streben nach kundengerechter Spitzenqualität prägt das Handeln von Hipp. Qualität heißt für uns: beste Rohstoffe, höchste Sorgfalt und schonendste Herstellungsverfahren. Für ein Höchstmaß an Produktsicherheit sorgt ein umfassendes Qualitätssicherungssystem.
Hipp ist international tätig. Von unserer Basis in Deutschland und Österreich streben wir eine verstärkte Internationalisierung an.
Unsere Zusammenarbeit mit leistungsfähigen Kunden soll partnerschaftlich, solide und langfristig sein.
Unsere Lieferanten beeinflussen mit ihrer Leistungsfähigkeit, Zuverlässigkeit und Sorgfalt die Qualität unserer Produkte. Ihre Leistungen honorieren wir mit konsequenter, fairer Einkaufspolitik und langfristiger Zusammenarbeit.
Eine gesunde Umwelt ist auch in Zukunft Voraussetzung für die Herstellung gesunder Lebensmittel. Wir gehen deshalb beim Umweltschutz in allen Bereichen bewusst weit über die gesetzlichen Auflagen hinaus.
Wir bejahen den Wettbewerb und treten unseren Konkurrenten fair entgegen.
Wir bekennen uns zur Sozialen Marktwirtschaft und bemühen uns aktiv um die Erhaltung und sinnvolle Ausgestaltung unternehmerischer Freiräume. Aus dieser

Verantwortung pflegen wir eine konstruktive Zusammenarbeit mit staatlichen Institutionen auf allen Ebenen, den Interessenverbänden und der Öffentlichkeit. Soziales und kulturelles Engagement ist für uns dort eine Verpflichtung, wo auch der bestorganisierte Sozialstaat nicht ausreicht.
Alle Mitarbeiter tragen mit ihrem Können, ihrem Einsatz und ihrer Sorgfalt entscheidend zum Erreichen unserer Unternehmensziele bei. Die Verbesserung der Qualifikation und eine leistungsgerechte Beurteilung und Entlohnung sind uns deshalb wichtige Anliegen. Das gezielte Training unserer Führungskräfte und Nachwuchskräfte hat einen hohen Stellenwert.
Unsere Führungsprinzipien beruhen auf zielorientiertem Handeln und Entscheiden. Wir erwarten auf allen Ebenen ein professionelles, wirtschaftliches Handeln, sparsamen Umgang mit den anvertrauten Gütern und eine unternehmerische Einstellung, die eine nur abteilungsbezogene oder egoistische Haltung verhindert.
Hipp strebt nach guter Ertragskraft, um Existenz und Wachstum als ein selbstständiges Familienunternehmen dauerhaft zu sichern.

Beispiel Unternehmensleitsätze Coop Schweiz:
Die Coop-Gruppe gehört den Genossenschaften. Sie bestimmen durch die Institutionen der Genossenschaftsdemokratie letztlich das Leitbild der Coop-Gruppe.
Das Unternehmensleitbild dient als Grundlage aller Aktivitäten sämtlicher Unternehmungen der Coop-Gruppe.
Die im Leitbild umschriebenen leistungswirtschaftlichen, sozialen und finanzwirtschaftlichen Verhaltensgrundsätze setzen den Bezugsrahmen für unsere Entscheidungen in der Praxis.
Wir sind eine kooperative Einheit von Produktions-, Handels- und Dienstleistungsunternehmen, die durch Beschaffen und Verteilen von Waren bzw. Erstellen von Dienstleistungen möglichst viel zur guten Lebensqualität der Konsumenten beitragen will.
Wir sind als Gruppe eine Einheit und treten als solche gemeinsam auf.
Unsere Marktleistungen richten sich nach den Bedürfnissen und Wünschen der Konsumenten. Unsere Struktur soll einfach und klar sein.
Unter Nutzung von Fortschritt und Technik wollen wir die günstigste Warenbeschaffung, einschließlich rationelle Produktion, und eine zeitgemäße, fortschrittliche Verteilung unserer Waren und Dienstleistungen gewährleisten.
Wir informieren sachlich und offen über Preise, Eigenschaften und Verwendung unserer Waren bzw. Dienstleistungen.
Wir wollen wachsen, um unsere Leistungsfähigkeit zu Gunsten der Konsumenten zu verbessern. Daher verfolgen wir im fairen und transparenten Wettbewerb anspruchsvolle Marktanteilsziele. Von der Konkurrenz wollen wir uns klar abgrenzen, in Fragen, welche die Branche als Ganzes betreffen, sind wir zur Zusammenarbeit bereit.
Wir sind für die Erhaltung und Entwicklung unserer liberalen und sozialen Gesellschaftsordnung mitverantwortlich. Im Rahmen unserer Möglichkeiten arbeiten wir an der Lösung wirtschaftlicher, sozialer und ökologischer Probleme mit. Wir sind parteipolitisch unabhängig, nehmen jedoch an der politischen Entscheidungsfindung im Rahmen unserer unternehmenspolitischen Grundsätze teil.

Institutionen, die sich loyal für die Belange des Konsumenten einsetzen, stehen wir positiv gegenüber.
Unsere Zielsetzungen können wir nur durch den vollen Einsatz all unserer Mitarbeiter realisieren. Wir arbeiten ziel- und teamorientiert und richten uns nach dem Leistungsprinzip. Von den Führungskräften aller Stufen verlangen wir Einfallsreichtum und Dynamik in der Zielerreichung.
Berufliche Aus- und Weiterbildung, Förderung sozialer Sicherheit, Entfaltung der Persönlichkeit und leistungsgerechte Entlohnung charakterisieren unsere Personalpolitik. Unser Führungsstil ist durch Mitwirkung und Mitverantwortung unserer Mitarbeiter und durch die Grundsätze der Führung durch Zielsetzung geprägt.
Wir unterstützen als Mitglied des internationalen Genossenschaftsbundes den Erfahrungs- und Güteraustausch mit in- und ausländischen Genossenschaftsorganisationen.
Wir wollen langfristig unsere Marktstellung und Leistungskraft ausbauen. Deshalb wollen wir Erneuerung, Expansion und Diversifikation zu einem angemessenen Teil aus dem erarbeiteten Cash-flow finanzieren.
Unsere Unabhängigkeit und wirtschaftliche Sicherheit wahren wir mit einer möglichst breiten und gesunden Finanzierungsbasis.
Wir streben eine finanzwirtschaftliche Einheit an und setzen unsere selbstarbeitenden Mittel zur Stärkung unserer Leistungsfähigkeit im Dienste der Konsumenten und unserer Mitarbeiter ein.

Beispiel Unternehmensleitsätze Viessmann:
Wir produzieren Geräte, die das Leben des modernen Menschen erleichtern und angenehmer gestalten.
Wir wissen, dass die Technik keine herrschende, sondern eine dienende Funktion hat. Technik ist nicht Selbstzweck, sondern Mittel zum Zweck. Der Käufer soll sie auf einfache Weise nutzen.
Wir arbeiten ständig an technischen Lösungen, die von der Praxis erwartet werden.
Wir haben als Partner Heizungsfachfirmen, Ingenieurbüros und Architekten. So ist sichergestellt, dass unsere Erzeugnisse jederzeit fachgerecht geplant und montiert werden.
Wir halten die Preise konstant. Wir sind gegen ungerechtfertigte Preiserhöhungen und gegen Rabattmanipulation. Das Heizungsfach braucht Sicherheit bei der Kalkulation durch klare Konditionen.
Wir liefern unsere Heizkessel sicher und schnell mit eigenen Lastwagen. Jeder hat eine Abladevorrichtung. Große Kessel fahren wir mit schweren Kranwagen an.
Wir verstehen unter Kundendienst technische Hilfestellung, überall und schnell. Viessmann-Erzeugnisse sind so konstruiert, dass die Wartung durch die Heizungsfirma durchgeführt werden kann.
Wir pflegen mit unseren Geschäftsfreunden einen engen Gedanken- und Erfahrungsaustausch. Die Zusammenarbeit führt zum beiderseitigen Erfolg.
Wir verstehen unter Werbung nicht „Anpreisen und Versprechen", sondern eines von mehreren Mitteln, den Markt einfach und klar über unsere Leistungen zu informieren.

Wir sind ein unabhängiges Privat-Unternehmen und haben den Ehrgeiz, unsere führende Stellung im Markt täglich aufs Neue zu festigen.

Dass es durchaus auch kürzer geht, zeigen folgende Formulierungen von Leitsätzen:

Beispiel Unternehmensleitsätze Mars:
Der Verbraucher ist König. Qualität und „Value for money" sind unsere Zielsetzung.
Als Einzelne verlangen wir die volle Eigenverantwortung, als Mitarbeiter unterstützen wir die Verantwortung der anderen.
Ein gegenseitiger Nutzen ist gemeinsamer Nutzen, ein gemeinsamer Nutzen hat Dauer.
Wir schöpfen alle Möglichkeiten voll aus, verschwenden nichts und beschränken uns auf unsere Stärken.
Wir brauchen Freiheit, um unsere Zukunft selbst gestalten zu können, wir brauchen Gewinne, um unsere Freiheit zu bewahren.

Beispiel Unternehmensleitsätze Schöller:
Ob Kunde, Kollege oder Mitarbeiter, der Mensch steht für uns im Mittelpunkt aller unserer Überlegungen und unseres gesamten Handelns.
Nur mit der Bereitschaft zur Veränderung bewältigen wir die Zukunft.
Nur gemeinsam können wir unsere Ziele erreichen.
Führen heißt Vorbild sein und Verantwortung übernehmen.
Niemand von uns ist unfehlbar, Fehler geben wir zu und verschleiern sie nicht.
Wir lösen Probleme, statt Schuldige zu suchen.
Wir müssen in jeder Beziehung kompetent und verlässlich sein.
Bei Qualität kennen wir keine Kompromisse.
Wir verkaufen nicht nur Produkte, sondern bieten Problemlösungen an.
Fair, fortschrittlich, fröhlich und freundlich, das sind wir.

Beispiel Unternehmensleitsätze Siemens:
Wir wollen auf dem Gebiet der Elektrotechnik und Elektronik zu den wettbewerbsstärksten Unternehmen der Welt gehören und Schrittmacher des technischen Fortschritts sein.
Unser Ziel ist, unseren Kunden in aller Welt Produkte und Leistungen von höchstem Nutzen zu bieten.
Kreativität und Leistungswille unserer Mitarbeiter sind die Basis für den Unternehmenserfolg.
Wir wollen nachhaltig hohe Erträge als Voraussetzung für die Sicherung der Zukunft unseres Unternehmens erwirtschaften und den Wert des Investments unserer Aktionäre erhöhen.
Mit unseren Partnern in aller Welt wollen wir konstruktive, langfristige und vertrauensvolle Beziehungen pflegen.
Wir sehen uns als integrierten Bestandteil der nationalen Volkswirtschaftlichen und fühlen uns der Gesellschaft und der Umwelt verpflichtet.

Beispiel Unternehmensleitsätze United Parcel Service:
Wir befolgen festgelegte Policies.
Wir arbeiten auf einer persönlichen Basis.
Wir dezentralisieren die Operationen.
Wir arbeiten effizient.
Wir wenden objektive, gewissenhafte Personaleinstellungsmethoden an.
Wir fördern und unterstützen die Entwicklung von Mitarbeitern.
Wir sind an dem Wohl all unserer Mitarbeiter interessiert.
Wir behandeln unsere Mitarbeiter unparteiisch.
Wir bieten zuverlässigen Service.
Wir stehen den Bedürfnissen unserer Kunden aufmerksam gegenüber.
Wir halten einen hohen Standard aufrecht.
Wir halten freundliche Beziehungen aufrecht.
Wir unterstützen Wohlfahrtseinrichtungen und andere ehrbare Organisationen.
Wir bestehen auf einem hohen Standard im Verhalten und im Erscheinungsbild.
Wir halten effektive Kommunikation mit verschiedenen öffentlichen Zielgruppen.
Wir erhalten unser Kapital.
Wir führen genaue Unterlagen.
Wir fördern, dass das Unternehmen im Besitz seiner Manager bleibt.

Beispiel Unternehmensleitsätze Avis (die in Bezug auf Kunden- und Marktorientierung als vorbildlich gelten):
Unsere Kunden sind für uns die wichtigsten Personen, keine Außenstehenden, sondern Teil unseres Geschäfts.
Unsere Kunden hängen nicht von uns ab. Wir hängen von ihnen ab.
Unsere Kunden stören nicht bei unserer Arbeit, sie sind der Inhalt unserer Arbeit.
Wir erweisen ihnen keinen Gefallen, indem wir sie bedienen. Sie geben uns die Gelegenheit, sie bedienen zu dürfen.
Unsere Kunden sind keine EDV-gespeicherten Größen. Sie sind menschliche Wesen aus Fleisch und Blut mit Meinungen und Gefühlen wie wir selbst.
Mit unseren Kunden streiten wir nicht. Niemand hat jemals einen Streit mit einem Kunden gewonnen.
Unsere Kunden kommen mit ihren Wünschen und Bedürfnissen zu uns. Es ist unsere Aufgabe, diese Wünsche zu erfüllen zum Nutzen unserer Kunden sowie zum Nutzen unseres Unternehmens und zu unserer eigenen beruflichen Zufriedenheit.

2.3 Zielbildungsverfahren

Damit ist die Problematik der Zielbildung angesprochen. Für den komplexen Prozess der endgültigen Zielbildung stehen eine Reihe von Verfahren zur Verfügung, von denen drei häufig angewandte im Folgenden charakterisiert werden, die Nutzwert-Analyse, die AHP-Analyse und die Netzwerk-Analyse.

2.3.1 Nutzwert-Analyse

Die Nutzwert-Analyse beabsichtigt, mehrere nicht quantifizierbare, auf subjektiver Bewertung beruhende Größen zweckmäßig in die Zielbildung einzubeziehen. Sie ermittelt damit den in Zahlen ausgedrückten subjektiven Wert von Ausgangsdaten im Hinblick auf Zielvorgaben. Anhand einer analytischen Bewertungstechnik von Zielen auf Grund der subjektiven Nutzwerte der einzelnen Funktionen bzw. Eigenschaften und deren Verwirklichung in bestimmten Lösungen sollen diese operationalisiert werden. Es geht mithin darum, den Gesamtnutzen, den ein Ziel verspricht und der aus einer Summe voneinander unabhängigen Teilnutzen besteht, für die jeweils eine Idealerfüllung und ein angemessener Erfüllungsgrad bekannt sind, ganzheitlich zu betrachten. Es handelt sich um ein Scoring-Modell. Für jede Handlungsalternative werden pro Ziel die für den Fall der Realisierung der Handlungsalternative erwarteten Zielwirkungen beschrieben und in einen Punktwert überführt. Dieser Punktwert wird mit einem Faktor multipliziert, der das Gewicht des Ziels im Verhältnis zu den anderen Zielen darstellt. Die Summe aller gewichteten Punktwerte bildet den erwarteten Gesamtnutzen (Nutzwert) der Alternative. Seine Höhe bestimmt den Rangplatz der Alternative im Vergleich zu den anderen Handlungsmöglichkeiten. Die Rangordnung soll die Entscheidung zwischen den Alternativen unterstützen. Dabei werden folgende Schritte vorgenommen *(siehe Abb. Nutzwert-Analyse)*:

- 1. Zielkriterienbestimmung:
  Bestimmung des Zielsystems durch Aufstellung möglicher Nutzenkriterien und Fixierung der Rahmenbedingungen, meist wirtschaftliche, technische, rechtliche oder soziale, jedoch nutzenunabhängige, Kriterien. Diese werden zweckmäßigerweise hierarchisch als Zielbaum strukturiert (Gesamtziel/Gruppenziele/Elementarziele). Die jeweiligen Endglieder der Zielketten sind für die Bewertung maßgebend und werden entsprechend konkretisiert. Dabei dürfen gleiche Eigenschaften nicht mehrfach erfasst werden.
- 2. Zielkriteriengewichtung:
  Abbildung der Präferenzen des Entscheiders in Form einer Aggregationsfunktion zur Bildung einer Ergebnismatrix und Festlegung der Beitragsanteile dieser Nutzenkriterien im Rahmen aller Gewichte anhand einer Skalierung, d.h., die Alternativen werden mit ihren voraussichtlichen Auswirkungen bzgl. aller Kriterien durch Angabe ihrer Zielerträge beschrieben, indem das Ergebnis in einer Zielmatrix dargestellt wird, deren Elemente numerisch oder verbal gefasst sein können.
- 3. Teilnutzenbestimmung:
  Berechnung des Nutzens durch Umformung dieser Beiträge in Nutzen entspre-

Nutzwert-Analyse

Ergebnisbeitrag zum Oberziel (qualitative und quantitative, gemischte Größen, abgestuft)	Ergebnisbeitrag A	Ergebnisbeitrag B	Ergebnisbeitrag C	Ergebnisbeitrag D
Teilziel 1				
Teilziel 2				
Teilziel 3				

Transformation der Nominal-/Ordinal- in Ratio-Werte	(Punktzahl) Wert 1	(Punktzahl) Wert 2	(Punktzahl) Wert 3	(Punktzahl) Wert 4	(Punktzahl) Wert 5
Ergebnisbeitrag A					
Ergebnisbeitrag B					
Ergebnisbeitrag C					
Ergebnisbeitrag D					

Ergebnisbeitrag zum Oberziel nunmehr nur in quantitativen Größen (damit aggregierbar)	Ergebnisbeitrag A	Ergebnisbeitrag B	Ergebnisbeitrag C	Ergebnisbeitrag D
Teilziel 1				
Teilziel 2				
Teilziel 3				

chend den subjektiven Präferenzen der Entscheider (Transformationsmatrix). Dazu werden die Zielerreichungsgrade der Alternativen vergleichend mit Nutzen bewertet, welche die Position jeder Alternative in der Präferenzordnung des Entscheiders in Bezug auf das jeweilige Kriterium angeben. Diese ordnen jeder (nominalen) Zielerreichungsklasse genaue Teilnutzenwerte zu, eine intervallkonstante Transformationsfunktion ordnet festgelegten Intervallen von Zielerreichungsgraden konstante Teilnutzen zu. Daraus ergibt sich die Zielwertmatrix.

- 4. Nutzwertermittlung:
  Auswahl der besten Alternative durch Ermittlung der Teilnutzenwerte, gewichtet nach Nutzenvorstellungen, denn die Zielkriterien sind mutmaßlich von unterschiedlicher Bedeutung. Den Zielkriterien werden daher relative Gewichte entsprechend der Präferenzordnung der Entscheider zugewiesen. Die Teilnutzen werden zum Gesamtnutzen verdichtet.
- 5. Vorteilhaftigkeitsbewertung:
  Sensitivitätsanalyse mittels Zusammenfassung der Teilnutzenwerte zu einem Gesamtnutzenwert durch Addition (Wertsynthese). Der Nutzwert jeder Alternative gibt deren relative Position in der Präferenzordnung des Entscheiders bzgl. aller Kriterien an. Dazu sind Entscheidungsregeln erforderlich. Bei unterschiedlichen Entscheidern ergeben sich zwangsläufig abweichende Vorteilhaftigkeitsbewertungen.

Wichtig ist, Folgendes dabei zu berücksichtigen. Die Punkteskala muss für alle Kriterien gleich sein. Sie sollte nicht bei Null beginnen, damit auch extrem niedrige Punktwerte noch berücksichtigt werden können. Die Bewertungsrichtung muss bei allen Kriterien gleich sein. Die Skala muss eine ausreichende Differenzierung ermöglichen, am Besten in Prozentwerten umgewandelt, um die Anschaulichkeit zu verbessern. Die Punktvergabe soll anhand festgelegter Maßstäbe erfolgen. Die Entscheidungsträger besitzen, praktisch durchaus selten anzutreffende, konsistente Präferenzen. Das Entscheidungsproblem sowie die zu beurteilenden Alternativen sind vollständig vorhanden. Die Beurteilungskriterien sollen voneinander unabhängig sein, sodass eine einfache Aggregation der einzelnen Teilergebnisse möglich ist.

Auf diese Weise können also unterschiedliche Teilnutzen von Ausgangsdaten zu einem Gesamtnutzen kompositionell zusammengefasst und miteinander vergleichbar gemacht werden. Auch werden die Relationen zwischen den Teilnutzen offen gelegt. Die Methode ist universell verwendbar, bei praktisch häufigst auftretenden Mehrfachzielsetzungen hilfreich, flexibel hinsichtlich der Inputdaten (also hinsichtlich des jeweiligen Informationsstands) und zwingt zur Transparentmachung und zum Durchdenken von Entscheidungssituationen im Sinne einer gewissen Vollständigkeit.

Allerdings wird auch eine Scheingenauigkeit produziert (subjektive Verzerrungen). Ebenso besteht die Gefahr subtiler Manipulation. Der Zeit- und Arbeitsaufwand, der mit einer seriösen Handhabung des Verfahrens verbunden ist, ist nicht zu unterschätzen. Insofern entsteht ein Dilemma zwischen Einfachheit einerseits und logisch-sachlicher Richtigkeit andererseits. Vor allem können schlechte Zielerreichungsgrade bzgl. eines Ziels durch gute bzgl. eines anderen kompensiert werden. Die Zielkriterien sind aus den Oberzielen der Unternehmung abzuleiten und daher in sich nicht widerspruchsfrei. Auch ist die Umsetzung in Punktwerte immer subjektiv.

Arbeitsschritte des AHP

- Problemdefinition und angestrebte Lösung (oberstes Ziel).
- Erstellung der Hierarchie (Top down), bei der kompletten Hierarchie ist jedes Element einer Ebene mit jedem Element der nächsthöheren Ebene verbunden, bei einer nicht-kompletten Hierarchie ist ein Element einer Ebene nicht mit allen Elementen der nächsttieferen oder -höheren Ebene verbunden.
- Auf der obersten Ebene steht stets das übergeordnete Ziel, die alternativen Problemlösungen sind auf der untersten Ebene eingeordnet, die dazwischen liegenden Ebenen können frei gestaltet werden.
- Erstellung der Bewertungsmatrizen zur Verknüpfung untereinander.
- Ermittlung der Vergleichsurteile.
- Berechnung der Eigenvektoren und der Konsistenzmaße, problematisch sind allerdings Inkonsistenzen, wobei dann Näherungsverfahren eingesetzt werden.
- Überprüfung der Konsistenzmaße, falls unbefriedigende Ergebnisse entstehen, ist der vorherige Schritt zu wiederholen.
- Berechnung von Prioritätsvektoren über die gesamte Hierarchie, die Eigenvektoren einer Ebene der Matrix werden zusammengefasst und mit den Gewichten der übergeordneten Elemente multipliziert.
- Interpretation und Verwendung des Ergebnisses, der Prioritätenvektor auf der untersten Ebene gibt dann an, welches subjektive Gewicht der Entscheider dieser Alternative zumisst, d.h. inwiefern ein Lösungsansatz zur Erreichung des obersten Ziels beiträgt.
- Denkbar ist nur die Berücksichtigung des Ergebnisses mit dem größten Gewicht oder die Berücksichtigung der Alternativen in der Höhe ihrer jeweiligen Gewichte oder die Berücksichtigung innerhalb einer Spanne von Mindest- bzw. Höchstgewicht (Ressourcenbegrenzung).

2.3.2 AHP-Analyse

Bei der AHP-(Analytic hierarchy process-)Analyse geht es um eine Ordnung der Beziehungen von Zielelementen derart, dass diese hierarchisiert, also Über- bzw. Unterordnungsverhältnisse hergestellt werden. Dies erfolgt über Durchlauf der einzelnen Phasen Aufstellung der Hierarchie, Bewertung der Hierarchieelemente im Paarvergleich, Berechnung der Gewichte der Elemente einer Ebene sowie Überprüfung der Konsistenz der Bewertungen und Berechnung der Gewichte für die gesamte Hierarchie. Die Idee ist, Einflussgrößen und mögliche Lösungsalternativen in einer hierarchischen Struktur zu erfassen und zu gliedern. Daran schließt sich eine Bewertung aller Einflussgrößen und Alternativen in Form einfacher Paarvergleichsurteile an. Durch eine (mathematische) Eigenwertberechnung werden diese zu aussagefähigen Urteilen verdichtet. Durch Konsistenzmaße können die Paarvergleichsurteile auf ihre Widerspruchsfreiheit hin überprüft werden.

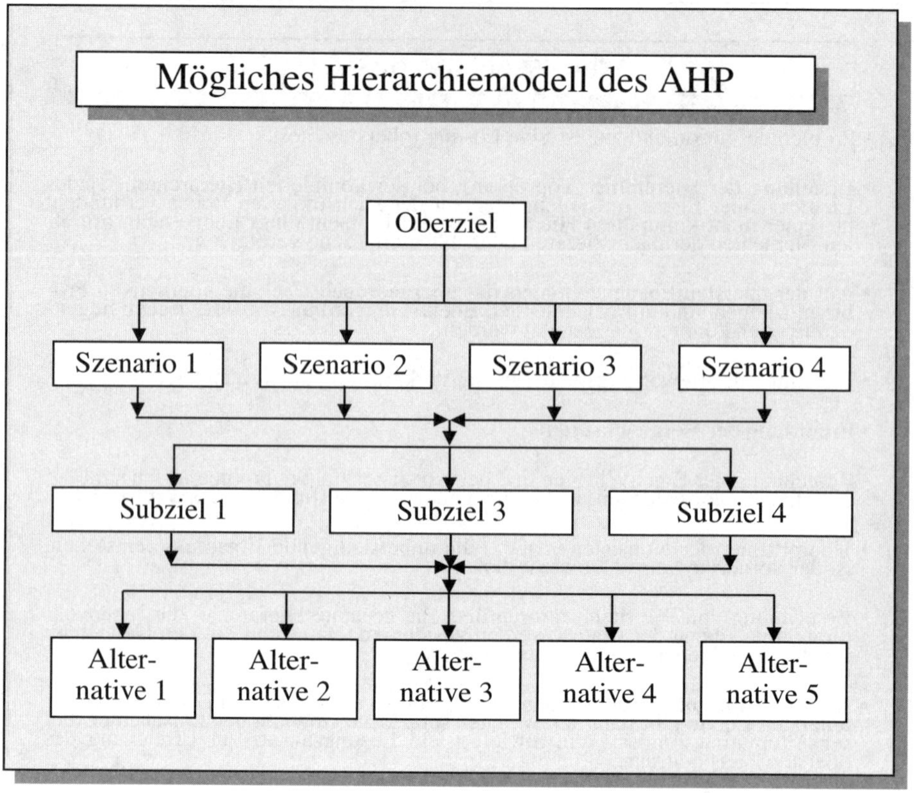

Das generelle Problem der Zielbildung besteht im komplexen System interdependenter Eigenschaften der zur Beurteilung stehenden Elemente. Dieser Schwierigkeit soll begegnet werden, indem eine Hierarchisierung notwendige Ordnung schafft *(siehe Abb. Arbeitsschritte des AHP und Abb. Mögliches Hierarchiemodell des AHP)*.

Die Aufstellung der Hierarchie bedingt eine hierarchische Strukturierung des Entscheidungsproblems. Dabei sind, zumindest theoretisch, beliebig viele Ebenen mit beliebig vielen Elementen je Ebene möglich. Grenzen setzt hier letztlich nur die Übersichtlichkeit. Welche Ziele welcher Ebene zugeordnet werden, ist Aufgabe von Experten, sofern nicht funktionale Abhängigkeiten gegeben sind. Vorausgesetzt wird dabei, dass übergeordnete Elemente mehrere untergeordnete beeinflussen, wobei nachgeordnete Elemente einer Ebene voneinander unabhängig sind.

Zur Zurechnung der relativen Bedeutung der Elemente aufeinander folgender Ebenen wird ein paarweiser Vergleich von je zwei Elementen niederer Ebene hinsichtlich ihrer Bedeutung für ein Element höherer Ebene anhand einer Ordinalskala vorgenommen. Die Ergebnisse werden in Form einer Paarvergleichsmatrix dargestellt. Dabei geht es um die Analyse der Interdependenzen von Einflussfaktoren. Allerdings sind auf Grund des Ordinalniveaus Beschränkungen in der statistischen

Rechenbarkeit der Ergebnisse vorhanden, denkbar ist daher etwa eine Magnitude-Skalierung.

Mithilfe der Vektorenrechnung wird daraus ein Gewichtungsvektor für jedes einzelne Element errechnet (Division der Spaltenwerte durch die jeweilige Spaltensumme eines Elements und Bildung von Zeilendurchschnitten über alle Zeilenwerte dieses Elements hinweg). Dadurch wird die direkte Bedeutung jedes Elements niederer Ebene auf ein Element höherer Ebene quantifiziert.

Das Ergebnis wird dann durch eine Expertenbewertung hinsichtlich seiner Konsistenz beurteilt. Inkonsistenzen führen dazu, dass die Bewertung der Hierarchieelemente wiederholt werden muss. Eine solche Inkonsistenz liegt dann vor, wenn der berechnete Eigenwert größer als die Spur der Paarvergleichsmatrix ist. Je größer die Abweichung, desto größer die Inkonsistenz. Hier sind Toleranzgrenzen sinnvoll, da völlige Konsistenz auf Grund menschlicher Denkweise kaum erreichbar ist. Obgleich nur Paarvergleiche vorgenommen werden, ist es insofern dennoch möglich, alle Elemente der Hierarchie zueinander in Beziehung zu setzen.

Anschließend wird dann die Bedeutung jedes Elements nicht mehr nur auf die nächsthöhere Ebene, sondern auch auf das/die Element(e) der höchsten Hierarchieebene durchgerechnet. Dazu erfolgt eine Kombination der Gewichtungsvektoren über die gesamte Hierarchie hinweg. Dabei wird von der Eintrittswahrscheinlichkeit der obersten Ebene auf die darunter liegenden fortgerechnet, d.h., die Matrix der Gewichtungsvektoren einer Ebene wird mit dem Gewichtungsvektor der übergeordneten Ebene multipliziert.

Damit man zu sinnvollen Ergebnisse kommt, wird unterstellt, dass der Entscheidungsträger in der Lage ist, sein komplexes Problem auch richtig wiederzugeben. Dies ist allerdings anzuzweifeln, wenn Betriebsblindheit und Voreingenommenheit den Blick verstellen. Heilsam ist jedoch der Zwang, die Situation zu reflektieren und zu durchdringen sowie sich die Interdependenzen der Elemente zu vergegenwärtigen.

Vorteile des Verfahrens sind folgende. Die Implementierbarkeit auf Computer ist gegeben, da eine einfache, mathematische Methode zu Grunde liegt. Es können qualitative und quantitative Faktoren in einem Modell kombiniert werden, dadurch ist AHP auf vielfältige Entscheidungssituationen anwendbar. Allerdings wird das Verfahren oft als „sperrig“ empfunden.

2.3.3 Netzwerk-Analyse

Netzwerke sind komplexe Darstellungen von Zusammenhängen. Sie sind erforderlich, weil bei der Komplexitätsbewältigung großer Programme wesentliche Denkfehler entstehen. Denn Probleme sind keineswegs objektiv gegeben und müssen nur noch klar formuliert werden, vielmehr nimmt jeder Beteiligte sie anders wahr,

Netzwerk-Analyse (I)

	Beeinflussung von Ziel A durch ...	Beeinflussung von Ziel B durch ...	Beeinflussung von Ziel C durch ...	Beeinflussung von Ziel D durch ...
Einfluss von Ziel A auf ...				
Einfluss von Ziel B auf ...				
Einfluss von Ziel C auf ...				
Einfluss von Ziel D auf ...				

woraus Konflikte entstehen. Jedes Problem ist nicht die direkte Konsequenz einer einzigen Ursache, sondern eine solche einfache (lineare) Ursache-Wirkungs-Ebene ist sehr selten. Um eine Situation zu verstehen, genügt es nicht, nur eine Fotografie des Ist-Zustands zu machen, vielmehr haben im Zeitablauf vielfältige Faktoren auf die Entwicklung eingewirkt und werden dies auch in Zukunft tun. Verhalten ist nicht prognostizierbar, selbst wenn ausnahmsweise einmal eine ausreichende Informationsbasis vorhanden ist, denn Unsicherheiten lassen sich nicht ausschließen. Und Problemsituationen lassen sich nicht beherrschen, selbst wenn dazu ein hoher Aufwand getrieben wird, denn Systeme entwickeln Eigendynamik, Selbstorganisation und Disruption. Das Management kann keineswegs jede Problemlösung in der Praxis durchsetzen, meist werden tatsächlich nur die Symptome behandelt, während die Ursachen unangetastet bleiben. Mit der Einführung einer Lösung kann das Problem weiterhin keineswegs ad acta gelegt werden, weil Systeme nicht starr, unsensibel und geschlossen sind, sondern sich in unvorhersehbarer Weise verändern. So sind Zusammenhänge vielfältig, jeder Einflussfaktor hängt wiederum von verschiedenen anderen ab und beeinflusst sie selbst auch. Eben solche Zusammenhänge werden in Form von Netzwerken dargestellt. Dabei wird meist mit der Beziehung zwischen zwei Faktoren begonnen, im Laufe der gedanklichen Auseinandersetzung ergeben sich dann immer größere Weiterungen, wodurch die Analyse schnell unübersichtlich wird *(siehe Abb. Netzwerk-Analyse (I) und Netzwerk-Analyse (II))*.

Netzwerk-Analyse (II)

	von Ziel A	von Ziel B	von Ziel C	von Ziel D	Zeilensumme/ Aktivsumme (Einflussnahme)	Quotient aus Aktivsumme und Passivsumme
Ziel A auf ...						
Ziel B auf ...						
Ziel C auf ...						
Ziel D auf ...						
Spaltensumme/Passivsumme (Beeinflussbarkeit)						
Produkt aus Passivsumme und Aktivsumme						

Bei der Netzwerk-Analyse handelt es sich um ein formalisiertes, quantitativ gestütztes Verfahren zur Analyse von Richtung und Stärke des Zusammenhangs von Größen. Bei Begrenzung auf wenige Einflussgrößen lässt sich jedoch die Struktur des Netzwerks durch einen „Papiercomputer“ (Verflechtungsanalyse) dahingehend lösen, dass aktive und kritische Elemente identifiziert werden. Die Richtung ergibt sich durch die beiden Dimensionen dieser Matrix (Einfluss einer Größe auf eine andere/aktiv bzw. Beeinflussung einer Größe durch eine andere/ passiv), die Stärke wird durch Klassen (z.B. 0 - 4 Punkte) angegeben. Dabei werden die Elemente der Matrix jeweils in Paarvergleichen untersucht. Problematisch ist dabei die Festlegung dieser Punktwerte, weil es sich dabei um die immer anfechtbare Quantifizierung qualitativer Sachverhalte handelt. In der Praxis wird dazu eine Expertenschätzung herangezogen. Dies können unternehmensinterne oder -externe Experten sein. In einzelnen Fälle stehen aber womöglich auch objektivierte (statistische) Daten zur Verfügung. Andernfalls werden Einzelurteile zu einem Gesamtwert zusammengezogen oder in Form eines mehrstufigen Verfahrens zu einem konsensualen Wert konvergiert.

Die Punktwerte sind deshalb von besonderer Bedeutung, weil sie in Zeilen und Spalten aufaddiert und in Beziehung zur Anzahl der beteiligten Elemente gesetzt werden.

Jedes Vermarktungselement wird dabei nach seiner (aktiven) Einflussnahme auf andere (niedrig/hoch) beurteilt, sowie nach seiner (passiven) Beeinflussung durch andere (niedrig/hoch). Es ergibt sich somit eine Matrix mit vier Feldern:

- Sowohl niedrige Einflussnahme als auch Beeinflussung charakterisiert träge Elemente. Ihre Aktiv- sowohl als auch Passivsumme ist kleiner als der Wert für den durchschnittlichen, mittleren Zusammenhang. Es handelt sich also um vernachlässigbare Elemente, die für die Analyse weniger von Belang sind.
- Sowohl hohe Einflussnahme als auch Beeinflussung charakterisiert kritische Elemente. Ihre Aktiv- sowohl als auch Passivsumme ist größer als der Wert für den durchschnittlichen, mittleren Zusammenhang. Es handelt sich also um Schlüsselelemente, die im Zentrum der Aufmerksamkeit stehen sollen.
- Bei niedriger Einflussnahme, aber hoher Beeinflussung handelt es sich um passive Elemente. Ihre Aktivsumme ist kleiner, zugleich ihre Passivsumme aber größer als der Wert für den durchschnittlichen, mittleren Zusammenhang. Es handelt sich also um dominierte Elemente, denen für die Analyse eher nur beiläufige Aufmerksamkeit zu widmen ist.
- Bei niedriger Beeinflussung, aber hoher Einflussnahme handelt es sich um aktive Elemente. Ihre Aktivsumme ist größer, zugleich ihre Passivsumme aber kleiner als der Wert für den durchschnittlichen, mittleren Zusammenhang. Es handelt sich also um dominierende Elemente, denen für die Analyse ein hoher Aufmerksamkeitsgrad zu widmen ist.

Legt man dazu z.B. vier Elemente, etwa Preis, Absatz, Kosten und Liquidität zu Grunde, so ergibt sich eine 4 x 4 -Matrix. Für jedes Element wird untersucht, welche Einflussnahme es auf die anderen ausübt und in welcher Weise es von den anderen beeinflusst wird. Dabei wird meist in vier Stufen unterteilt:

- 3 bedeutet sehr starke Wirkung, 2 starke Wirkung, 1 schwache Wirkung und 0 keine Wirkung.

Die zeilenweise Addition führt dann zur Aktivsumme, d.h., zur Wirkung eines Elements auf alle anderen in der Matrix. Der höchste Wert in der Summenspalte indiziert die höchste Einflussnahme. Die spaltenweise Addition führt dann zur Passivsumme, d.h., zur Wirkung aller anderen Elemente auf ein Element in der Matrix. Der höchste Wert in der Summenzeile indiziert die höchste Beeinflussung. Multipliziert man die Aktivsumme (Einflussnahme) mit der Passivsumme (Beeinflussung), so entsteht der P-Wert. Der höchste P-Wert ergibt sich für das Element, das sowohl einen starken Einfluss auf die anderen nimmt als auch von diesen anderen stark beeinflusst wird, mithin handelt es sich um das kritische Element. Der niedrigste P-Wert ergibt sich für das Element, das weder einen starken Einfluss auf die anderen nimmt, noch von diesen anderen stark beeinflusst wird, mithin handelt es sich um das träge Element. Dividiert man die Aktivsumme (Einflussnahme) durch die Passivsumme (Beeinflussung), so entsteht der Q-Wert. Der höchste Q-

Wert ergibt sich für das Element, das zwar starken Einfluss auf die anderen nimmt, aber selbst durch diese anderen nur gering beeinflusst wird, mithin handelt es sich um das aktive Element. Der niedrigste Q-Wert ergibt sich für das Element, das nur gering auf die anderen Einfluss nimmt, selbst aber stark von diesen beeinflusst wird, mithin handelt es sich um das passive Element. Dividiert man die kumulierten Aktiv- bzw. Passivsummen durch die Anzahl der Elemente, so ergibt sich ein Wert für den durchschnittlichen, mittleren Zusammenhang.

Das kritische Element verlangt die höchste Aufmerksamkeit, da bei ihm praktisch alle Fäden zusammenfließen, und es am schwierigsten zu beherrschen ist. Das träge Element kann am ehesten vernachlässigt werden, da ihm in jeder Beziehung nur geringe Hebelwirkung zukommt. Das aktive Element kann relativ autonom gestaltet, darf jedoch keinesfalls überbetont werden. Das passive Element ist aufmerksam zu beobachten und mit Frühaufklärung zu führen, außerdem sind Möglichkeiten verstärkten Einflusses zu prüfen.

3. Programmanalyse

Den Ausgangspunkt programmpolitischer Überlegungen bildet die Programmanalyse. Sie ist eine Istbestands-Aufnahme der Programmsituation und erfolgt mithilfe einfacher und/oder komplexer Analyseverfahren. Vorab ist jedoch eine Abgrenzung des mit dem Programm zu bearbeitenden, externen wie internen Marktfelds erforderlich.

3.1 Marktfeld-Abgrenzung

Für jedwede geschäftliche Tätigkeit ist es zunächst von essenzieller Bedeutung zu definieren, auf welchem relevanten Markt man diese angesiedelt sieht. Denn Aktivitäten sind, zumindest bei marketingorientierter Unternehmensführung, nicht autonom, sondern marktdeterminiert. Dementsprechend variieren diese auch mit der Abgrenzung des strategischen Geschäftsfelds (Außenabgrenzung, Ggs.: SGE als Innenabgrenzung). Man spricht hier auch von der Bestimmung der Arena für betriebswirtschaftliche Aktivitäten.

3.1.1 Kernkompetenz

Eine Kernkompetenz ist eine Kombination mehrerer materieller und immaterieller Ressourcen, durch die sich ein Unternehmen langfristig vom Wettbewerb absetzt und durch deren Transfer auf eine Vielzahl von Anwendungen, Produkten und Märkten den heutigen und zukünftigen Kunden ein erheblicher Nutzen angeboten werden kann.

Charakteristisch für diese Kernkompetenzorientierung ist ihre **Inside out-Perspektive,** welche die **Outside in-Perspektive** der traditionellen Marktorientierung ergänzt. Der marktorientierte Ansatz von Porter ging seinerzeit davon aus, dass Unternehmen durch den Aufbau von Geschäftsbereichen Branchenmärkte und Strategische Gruppen auswählen, in denen sie aktiv werden wollen. Die Struktur dieser Märkte und Gruppen definiert damit die Möglichkeit ihrer Erfolgserzielung. Die Unternehmen nutzen diese Möglichkeiten durch die Wahl einer geeigneten Wettbewerbsstrategie und den Aufbau der nötigen Ressourcen. Langfristige Erfolgsunterschiede zwischen ansonsten gleichartigen Unternehmen erklären sich demnach auf Grund der Attraktivität der gewählten Branchenmärkte und Strategischen Gruppen sowie der eingeschlagenen Wettbewerbsstrategie. Strategische Marktpositionen in bisher bearbeiteten Märkten führen zu strategischen Angebotsvorteilen bei der Bearbeitung dieser Märkte, und diese führen damit wiederum zu Wettbewerbsvorteilen *(siehe Abb. Marktorientierung vs. Ressourcenorientierung und Abb. Wettbewerbsvorteil-Kundennutzen-Matrix).*

Nach dem neueren Ressourcen orientierten Ansatz von Hamel/Prahalad gelangen Unternehmen auf Grund ihrer Entwicklung, durch glückliche Fügungen oder möglichst auch durch gezieltes Vorgehen zu einzigartigen, nicht mit der Konkurrenz geteilten Ressourcen. Die Nutzung dieser Ressourcen zur Gestaltung Bedürfnis

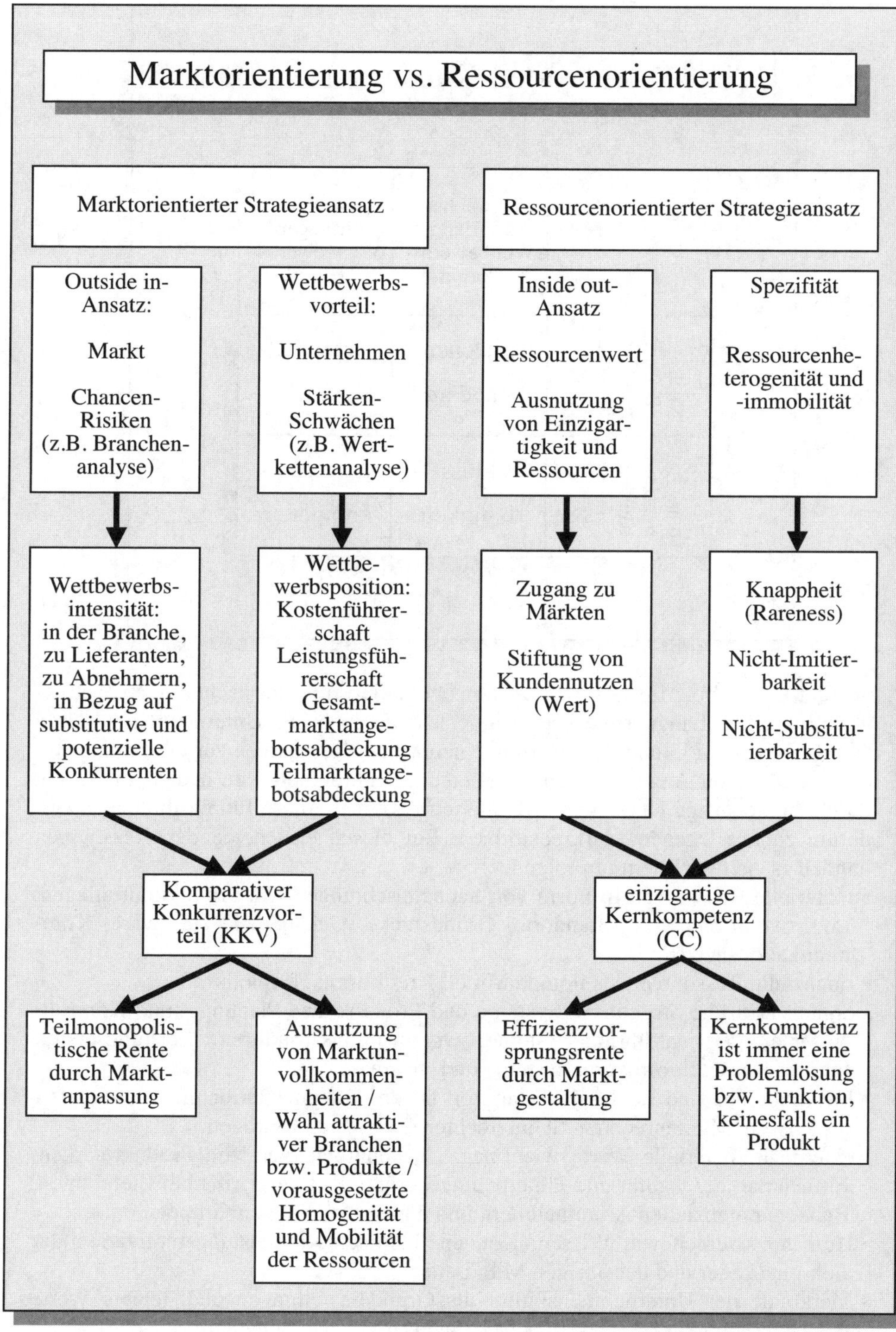
Marktorientierung vs. Ressourcenorientierung
Marktorientierter Strategieansatz
Ressourcenorientierter Strategieansatz
Outside in-Ansatz: Markt Chancen-Risiken (z.B. Branchenanalyse)
Wettbewerbsvorteil: Unternehmen Stärken-Schwächen (z.B. Wertkettenanalyse)
Inside out-Ansatz Ressourcenwert Ausnutzung von Einzigartigkeit und Ressourcen
Spezifität Ressourcenheterogenität und -immobilität
Wettbewerbsintensität: in der Branche, zu Lieferanten, zu Abnehmern, in Bezug auf substitutive und potenzielle Konkurrenten
Wettbewerbsposition: Kostenführerschaft Leistungsführerschaft Gesamtmarktangebotsabdeckung Teilmarktangebotsabdeckung
Zugang zu Märkten Stiftung von Kundennutzen (Wert)
Knappheit (Rareness) Nicht-Imitierbarkeit Nicht-Substituierbarkeit
Komparativer Konkurrenzvorteil (KKV)
einzigartige Kernkompetenz (CC)
Teilmonopolistische Rente durch Marktanpassung
Ausnutzung von Marktunvollkommenheiten / Wahl attraktiver Branchen bzw. Produkte / vorausgesetzte Homogenität und Mobilität der Ressourcen
Effizienzvorsprungsrente durch Marktgestaltung
Kernkompetenz ist immer eine Problemlösung bzw. Funktion, keinesfalls ein Produkt

Wettbewerbsvorteil-Kundennutzen-Matrix

	Schwacher / kurzfristiger Wettbewerbsvorteil	Starker / langfristiger Wettbewerbsvorteil
Niedriger Beitrag zum Kundennutzen	Branchenstandard	Potenzialfaktor
Hoher Beitrag zum Kundennutzen	Schlüsselfähigkeit	Kernkompetenz

gerechter Angebote für bestimmte Branchenmärkte führt zu nachhaltigen Wettbewerbsvorteilen. Langfristige Erfolgsunterschiede zwischen Unternehmen erklären sich demnach auf Grund der Nutzung einzigartiger Ressourcen zur Gestaltung Bedürfnis gerechter Angebote. Kernkompetenzen führen somit zu neuen Angeboten durch die neuartige Nutzung der Schlüsselressourcen, diese führen ihrerseits wiederum zu überlegenen Marktpositionen. Bei diesen entscheidenden Ressourcen handelt es sich vor allem um folgende:

- materielle Ressourcen in Form von Sacheinrichtungen wie Produktionsanlagen, Logistikeinrichtungen, Standorte, Grundstücke, Gebäude, IT-Hardware, Kommunikationsnetze,
- finanzielle Ressourcen als liquide Mittel, Kreditlimits, Kapitalkraft,
- organisatorische Strukturen, Systeme und Prozesse wie Planungs- und Kontrollsysteme, Personalführungssysteme, Organisationsstrukturen, Leistungserstellungsprozesse, Informationssysteme und -prozesse,
- Informationen und Rechte in Form von Daten, Dokumentationen, dokumentiertes Wissen, Markenrechten, Schutzrechten, Lizenzen, Verträgen,
- externe immaterielle Werte wie Image, Bekanntheitsgrad von Produktmarken, Firmenmarke, Qualität und Unternehmensgröße, Ruf der Firma bei Lieferanten, Banken, potenziellen Arbeitnehmern und anderen relevanten Gruppen,
- Humanressourcen wie Wissen, Können, Fähigkeiten, Leistungsmotivation der Führungskader und der übrigen Mitarbeiter,
- Merkmale der Unternehmenskultur als Grundeinstellungen und gelebte Werte des Unternehmens oder spezifischer organisatorischer Einheiten,

- Fähigkeiten des Unternehmens als Ganzes in Bezug auf Qualität, Beschaffung, Vermarktung, Kosteneffizienz, Auslandsmarktbearbeitung, Weltmarktbearbeitung,
- Metakompetenzen wie Innovationsfähigkeit, Kooperationsfähigkeit, Umsetzungsfähigkeit, Flexibilität.

Solche Kernkompetenzen entstehen durch ein komplexes und dynamisches Interaktionsmuster aus Routinen, Ressourcen und Fähigkeiten. Fähigkeiten sind in diesem Zusammenhang immaterielle, d.h. stofflich nicht fassbare, Personen gebundene Ressourcen (Wissensbasis). Ressourcen sind ihrerseits materielle, Personen unabhängige Routinen. Nicht-kodifiziertes Wissen ist dabei nicht dokumentiert und damit für Andere auch nicht zugänglich, kodifiziertes Wissen ist in Form von Anweisungen dokumentiert und damit für Andere grundsätzlich zugänglich.

Kernkompetenzen werden durch zahlreiche Kriterien zu umschreiben gesucht, so:
- Valuable, Rare, Imperfect imitable, Non substitutional
- Value, Rareness, Imperfect Imitability, Organizational orientation (VRIO)
- Scarce, Durable, Not easily traded, Difficult to imitate, Firm specific
- Netzwerkeinbindung, Nicht-Ersetzbarkeit, Nicht-Kompensierbarkeit
- Nicht-Nachahmbarkeit, Dauerhaftigkeit, Nutznießung, Nicht-Substituierbarkeit, Wettbewerbsüberlegenheit.

Allgemein können daraus vier Kriterien abgeleitet werden: Relevanz, Alleinstellung, Hebelwirkung und Nachhaltigkeit (R.A.H.N.), die kumulativ gegeben sein müssen, damit eine Kernkompetenzfähigkeit besteht. Ob diese dann auch vom Markt tatsächlich als Kernkompetenz gesehen wird, zeigt sich erst am Markt.

Die **Relevanz** besagt, dass im Ergebnis der Kernkompetenz die Fähigkeit zur Befriedigung eines am Markt relevanten Bedarf steht (Value). Eine Ressource muss die Endleistung, die am Absatzmarkt angeboten wird, für Kunden einzigartig und damit werthaltig machen. Kernkompetenzen müssen strategischen Wert haben, indem sie die Wettbewerbsposition und Effizienz des Unternehmens nachhaltig verbessern. Sie schaffen für Kunden einen einzigartigen Wert, werden zu einem späteren Zeitpunkt für die Bedienung der Märkte wichtig oder bereits derzeit auf neuen Märkten genutzt. Sie können zudem geschäftsfeldübergreifend genutzt werden und verfügen über ein hohes Potenzial zur Weiterentwicklung.

Die **Alleinstellung** besagt, dass eine Problemlösung nicht anderweitig erreicht werden kann (Rareness). Eine solche Substitutionsgefahr kann aus zwei Quellen resultieren. Konkurrenten können alternative Wege zur Realisierung der Wettbewerbsposition einschlagen oder der technologische Fortschritt erodiert die Nicht-Substituierbarkeit. Kernkompetenzen müssen zudem knapp und einzigartig sein, weil sie sonst kaum Differenzierungsvorteile bieten dürften. Nicht-Substituierbarkeit bedeutet, dass andere Unternehmen sich die betreffenden Fähigkeiten nicht durch Zukauf aneignen können und diese auch nicht bloß auf bilanziellen Aktiva beruhen.

Die **Hebelwirkung** besagt, dass die Ressourcen hochgradig in ein unternehmensspezifisches Umfeld eingebunden sein sollen (Organizational specificy). Je spezifischer Ressourcen ausgestaltet sind, desto schwieriger (risikoreicher, Kosten aufwändiger) ist ihr Transfer in ein anderes Unternehmen. Allerdings führt eine steigende Spezifität auch zur Gefahr der Abhängigkeit von Nachfragern, weil das Unternehmen an Anpassungsflexibilität einbüßt. Spezifität kann aber auch zu Quasi-Monopolstellungen führen. Kernkompetenzen sind nur relevant, wenn die internen Unternehmensstrukturen so angelegt sind, dass diese sich in marktfähigen Produkten konkretisieren. Unternehmenspezifität liegt vor, wenn Konkurrenten im Falle eines Zugriffs auf die Fähigkeiten darauf nicht den gleichen Nutzen ziehen können wie das eigene Unternehmen. Zudem bedarf es genauester Kenntnisse und hohem Management-Know-how, um diese Fähigkeiten effektiv wirken zu lassen.

Die **Nachhaltigkeit** besagt, dass eine nur geringe Möglichkeit zur Imitation der die Kernkompetenz begründenden Fähigkeiten durch andere gegeben ist (Imperfect imitability). Der Grad der Imitierbarkeit hängt seinerseits im Einzelnen ab von:

- der unternehmensindividuellen Historie. Die Ressourcenbasis entsteht im Laufe einer historischen Entwicklung, diese ist in sich einzigartig und damit auch nicht imitierbar. Gleichzeitig determinieren in der Vergangenheit getroffene Investitionsentscheidungen den Handlungsspielraum des Unternehmens in der Gegenwart und Zukunft. Je stärker der Imitationsschutz einer Ressource, desto geringer ist damit zugleich auch ihre Flexibilität.
- dem Ausmaß der Interdependenzen zwischen Ressourcen. Eine solche Interdependenz liegt immer dann vor, wenn Ressourcen nur bei ihrem Zusammenwirken einen Wettbewerbsvorteil entstehen lassen. Vor allem wirken dabei sowohl harte als auch weiche Faktoren zusammen. Vor allem die weichen Faktoren sind von Konkurrenten nur schwer imitierbar.
- der Unklarheit über Kausalzusammenhänge, d.h., wenn Wettbewerbsvorteile auf die kombinierte Nutzung mehrerer Ressourcen zurückzuführen sind und der Anteil jeder Ressource am Erfolg von außen nicht einsehbar ist. Wenn Ressourcenkombinationen nicht eindeutig identifizierbar sind, können sie auch nicht nachgeahmt werden.
- Zeitbasierten Kriterien. So können (kumulierte) Erfahrungsvorteile nicht ohne weiteres unter Zeitdruck nachgeholt werden. Ein Vorsprung auf der Erfahrungskurve bietet aber die Basis für weitere Erfahrungseffekte. Auch ist der Wert der Ressourcen durch das Vorhandensein von Erfahrungseffekten leichter schützbar.

Nicht-Imitierbarkeit ist gegeben, wenn Dritte die Fähigkeiten weder durch Produktanalyse, noch durch Befragung unternehmensinterner oder -externer Wissensträger entschlüsseln können. Und wenn auf absehbare Zeit die Entwicklung dieser Fähigkeiten bei anderen nicht kompetenzrelevant möglich ist. Auch dürfen keine anderen Anbieter vorhanden sein, die mit ähnlich gelagerten Fähigkeiten für Kunden einen vergleichbaren Wert schaffen können.

Wichtig ist dabei zu bedenken, dass Inhalt der Kernkompetenz immer nur eine **Problemlösung** sein kann, keinesfalls jedoch ein Produkt. Denn Produkte unterliegen Lebenszyklen, und Kernkompetenzen, die an Produktarten festmachen, drohen mit dem Ende des Lebenszyklus der betreffenden Produktart unterzugehen. Doch Unternehmen müssen länger leben können, als eine Produktart. Daher ist nur eine funktionale Bestimmung der Kernkompetenz akzeptabel, denn die wirtschaftsrelevanten Funktionen bleiben immer dieselben, lediglich die Produkte, die diese Funktionen erfüllen, wechseln im Lauf der Zeit. So wird es immer den Problemlösungsbedarf Raumüberbrückung geben, durch welche Produkte diese Funktion aber erfüllt wird, hat sich dauernd verändert und wird sich wohl auch zukünftig ändern.

Dem Hersteller Brother war eine produktzentrierte Kernkompetenz in Form von Schreibmaschinen zueigen, in dem Maße, wie diese jedoch durch Textverarbeitung obsolet wurden, war auch die Kernkompetenz von Brother nicht mehr gefragt. Brother ist nunmehr im Wesentlichen ein mehr oder minder austauschbarer Anbieter von Computerdruckern. Xerox war ebenfalls eine produktzentrierte Kernkompetenz zueigen, nämlich in Form von Fotokopierern. Als diese jedoch nach Xerographie-Patentablauf unter heftigen Preis- und Leistungsdruck gerieten, rettete sich Xerox auf eine funktionszentrierte Kernkompetenz, nämlich die des Dokumentenmanagement. Dort kann man die fehlende Kernkompetenz der Auftraggeber kompensieren.

Die Konzentration auf die Kernkompetenz hat konsequenterweise zu erheblichen Desinvestitionen geführt. Dazu einige Beispiele verschiedener Unternehmen:
- *Verkauf von Stinnes durch Veba, Verkauf von Halbleiter-Produktion, Schienenfahrzeug- und Nachrichtenkabel-Aktivitäten durch Siemens, Verkauf von Adler-Bekleidungsmärkte, Vobis-Computershops, Kaufhalle und einzelnen Kaufhof-Filialen durch Metro, Verkauf von Celenase, Trevira und Herberts Lacke durch Hoechst, Verkauf von Agfa durch Bayer, Verkauf der Stahlaktivitäten durch Preussag, Verkauf von Haniel Logistic durch Thyssen-Krupp.*

Die wohl umfangreichste Rekonzentration durch Desinvestitionen und Investition hat der Daimler-Konzern bewerkstelligt:
- *Desinvestitionen:*
  - *Verkauf der Anlagen- und Automatisierungstechnik wegen nicht erreichbarer Konzernverzinsung,*
  - *Verkauf der Anlagen- und Antriebssystem wegen mangelnder Profitabilität,*
  - *Verkauf von AEG Schneider Automation, die nicht profitabel führbar ist,*
  - *Verkauf der Opto- und Vakuumtechnik, die nicht profitabel führbar ist,*
  - *Verkauf der Fertigung für Elektrische Maschinen und Niederspannungstechnik wegen mangelnder Profitabilität,*
  - *Verkauf von Debis Marketing, weil eine führende Marktposition nicht erreichbar scheint,*
  - *Verkauf der Fertigung von Regiojets (Fokker), die nicht dauerhaft profitabel führbar ist,*

- Verkauf von Regioprops (Dornier), die nicht dauerhaft profitabel führbar ist,
- Verkauf der Medizintechnik wegen geringer strategischer Bedeutung,
- Verkauf der Energieverteilung wegen geringer strategischer Bedeutung.

- *Investition:*
  Die größte Investition war sicherlich die Übernahme (oder Fusion mit, je nach Sichtweise) von Chrysler und Mitsubishi. Sie vollzog sich in folgenden Schritten:
  - 1996: Jürgen Schrempp, Daimler-Chef, stellt die finanzielle Unterstützung für den niederländischen Flugzeughersteller Fokker ein und löst AEG auf.
  - 1/98: Schrempp nimmt anlässlich der North American International Auto Show in Detroit, mit Bob Eaton, Chrysler-Chef, Kontakt auf und schlägt einen Zusammenschluss vor. Bereits 1988 war Daimler-Benz eine Übernahme des Chrysler-Anteils an Mitsubishi-Motors angeboten, jedoch abgelehnt worden. Seit 1990 realisieren Daimler-Benz und Mitsubishi kleinere Projekte miteinander.
  - 2/98: Erste Gespräche über eine mögliche Fusion finden in kleinstem Kreise mit Vertretern und Beratern beider Unternehmen statt.
  - 3/98: Eaton und Schrempp beraten in Lausanne über Organisations- und Führungsstrukturen eines möglichen Mergers.
  - 4/98: Die Ausarbeitung der Einzelheiten des Zusammenschlusses erfolgt. Arbeitsgruppen handeln das Business combination agreement und die dazugehörigen Verträge aus.
  - 5/98: Die Unterzeichnung des Fusionsvertrags erfolgt in London. Daimler und Chrysler schließen sich zu einem weltführenden Automobil-, Transport- und Dienstleistungsunternehmen zusammen. Der Daimler-Benz-Aufsichtsrat stimmt den Plänen zum Zusammenschluss zu.
  - 6/98: Der Daimler-Benz-Vorstand besucht Auburn Hills, die Firmenzentrale von Chrysler. Der Chrysler-Vorstand besucht Stuttgart, die Firmenzentrale von Daimler.
  - 7/98: Die Europäische Kommission genehmigt die Fusion von Daimler und Chrysler ebenso wie die US-Kartellbehörde.
  - 8/98: DaimlerChrysler-Aktien sollen weltweit einheitlich als Global Stock (Weltaktie) gehandelt werden. Der Versand von Vollmachtserklärungen und Prospekten für Daimler und Chrysler erfolgt. Management-Teams von Daimler und Chrysler planen Strategien für das fusionierte Unternehmen in Greenbier (West Virginia).
  - 9/98: Die Chrysler-Aktionäre stimmen dem Zusammenschluss zu 97,5 % zu. Die Daimler-Aktionäre stimmen dem Zusammenschluss zu 99,9 % zu.
  - 11/98: Chrysler emittiert 23,5 Mio. neue Aktien, sodass die Rechnungslegung nach der vorteilhafteren Methode des Pooling of interests erfolgen kann. Rund 98 % der Daimler-Aktien sind getauscht. Die DaimlerChrysler-Fusion ist mit Vollzug des Aktientauschs formal abgeschlossen. DaimlerChrysler-Aktien werden weltweit unter dem Tickersymbol DCX an den Börsen gehandelt.
  - 1999: DaimlerChrysler stellt die Verhandlungen über eine Kooperation mit Nissan Motors ein. Renault beteiligt sich in Folge sehr erfolgreich an diesem Unternehmen.
  - 2000: DaimlerChrysler übernimmt 34 % des Kapitals von Mitsubishi.
  - 2001: DaimlerChrysler kauft weitere 3,3 % an Mitsubishi von Volvo hinzu.

- 2003: Mitsubishi gliedert seine Nutzfahrzeugsparte an Fuso aus, DaimlerChrysler beteiligt sich daran mit 43 %. Das Unternehmen kommt wegen verschleppter Qualitätsmängel ins Gerede.
- 2004: DaimlerChrysler stellt die Finanzhilfe für Mitsubishi ein, der 10 %-ige Anteil an Hyundai wird verkauft. Mitsubishi stellt sich als Sanierungsfall heraus.

Beispiele für die extreme Bedeutung der Konzentration auf die Kernkompetenz finden sich immer wieder im Leistungssport. So trainiert Roberto Carlos, der langjährige brasilianische Spitzenklasse-Außenverteidiger von Real Madrid, nach Ende des regulären Trainings Freistöße. Dazu muss man wissen, dass Carlos ohnehin als der beste Freistoßschütze ligaweit gilt, aber statt an seinen zweifellos auch vorhandenen Schwächen zu arbeiten, schärft er seine Stärken. Auch von Oliver Kahn, langjähriger Torwart von Bayern München, ist bekannt, dass er über das normale Torwarttraining hinaus spezielle Trainingseinheiten absolviert, um noch besser zu werden. Obgleich er ohnehin bereits als der beste Torwart gilt. Manfred Burgsmüller spielte als 50jähriger in der Europaliga American Football, ein körperlich äußerst anstrengendes Kampfspiel. Allerdings konzentrierte er sich als ehemaliger Bundesliga-Torschützenkönig auf die Ausführung der wichtigen Freekicks, und auch dort nur die in der kurzen Distanz, und gilt darin immer noch als der beste Scorer der Europa-Liga, obwohl seine Konkurrenten dort vom Alter her gut seine Söhne sein könnten.

3.1.2 Strategisches Geschäftsfeld

An sich richtig gedachte Maßnahmen können dennoch inadäquat sein, weil die Abgrenzung des strategischen Geschäftsfelds (relevanten Markts) unzweckmäßig erfolgt, diese Maßnahmen sich jedoch bei zweckmäßiger Abgrenzung anders darstellen. Levitt nennt als Beispiel die Sichtweise der amerikanischen Eisenbahngesellschaften Anfang des Jahrhunderts, die ihren relevanten Markt mit Transport auf Schienen umschrieben und dementsprechend alle ihre Maßnahmen darauf ausrichteten. Dabei übersahen sie völlig die aufkommende Konkurrenz des Fluggesellschaften, die, vor allem bei niedrigem Gewicht, für geringfügig höhere Kosten einen großen Zeitvorteil boten. Folglich hat die Bedeutung des Lufttransports im inneramerikanischen Verkehrswesen stetig zu- und die des Bahntransport stetig abgenommen. Eine zutreffende Marktabgrenzung hätte sich nicht auf den Transportweg Schiene beschränken dürfen, sondern hätte umfassender Transport als Serviceleistung definieren müssen. Dann wäre sowohl die Konkurrenz der Fluggesellschaften rechtzeitig erkannt als auch der Lufttransport für eigene Zwecke entsprechend genutzt worden.

Allerdings ist die **Abgrenzung des relevanten Markts** eine der schwierigsten Aufgaben überhaupt. Dafür gibt es gleich mehrere Konzepte *(siehe Abb. Ausgewählte Konzepte zur Abgrenzung des relevanten Markts).*

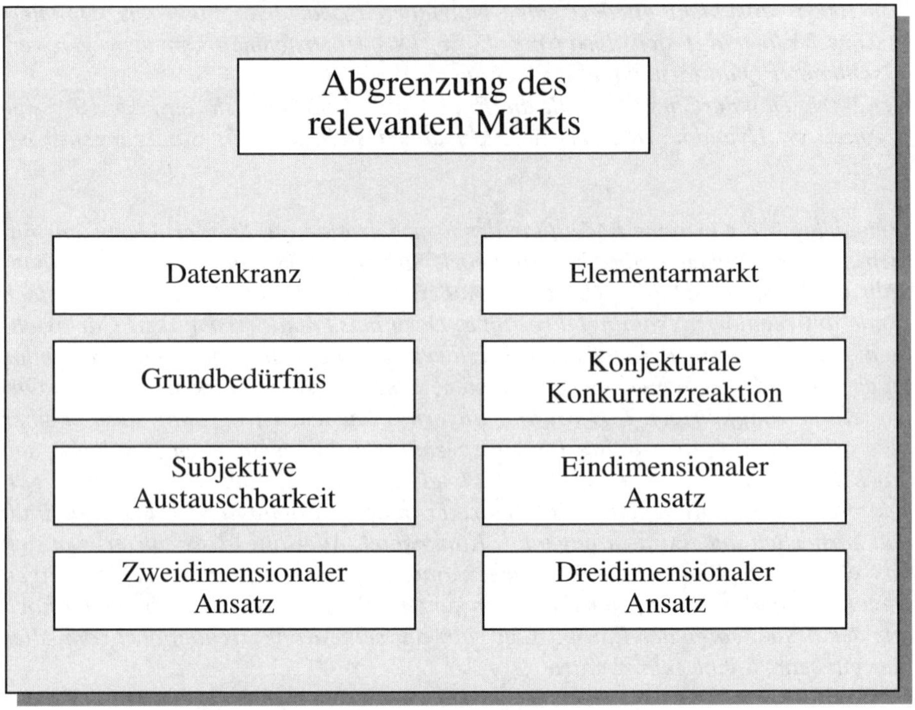

Das **Datenkranzkonzept.** Hierbei ist eine bestimmte Preisabsatzfunktion Ausgangspunkt, das Geschäftsfeld mithin eine vorgegebene, exogene Größe (Cournot). Abgesehen davon, dass die Ermittlung von Marktreaktionsfunktionen in der Praxis ausgesprochen problematisch ist, erfolgt auch nur eine rein formale Erklärung.

Das **Elementarmarktkonzept.** Hier begründet jede Leistung einen eigenständigen Markt, damit also auch ein Geschäftsfeld (alternativ auch alle homogenen, gleich präferierten Güter). Homogene Güter werden jedoch, wo gegeben, durch Marketing heterogenisiert, wobei die Präferenzhöhe allerdings eher gering bleibt. Weiterhin wird der Tatsache Rechnung getragen, dass die Substitution kein kategoriales, sondern ein kontinuierliches Phänomen ist, d.h., die Präferenzhöhe durch Heterogenisierung von Produkten sich gleitend darstellt.

In ähnlicher Weise geht auch das Konzept der totalen Konkurrenz vor (Stackelberg). Alle Güter, die zum Bedarf einer global definierten Nachfragerschaft (Haushalte, Produktionswirtschaften) gehören, stehen im Wettbewerb um die Kaufkraft dieser Nachfrager und bilden damit einen gemeinsamen Markt. Dieses Konzept reicht am Weitesten und geht davon aus, dass die Kaufkraft der Wirtschaftssubjekte absolut limitiert ist. Kaufkraft wird dabei definiert als Summe aus verfügbarem Einkommen, Vermögensverzehr und Kreditaufnahme abzüglich der Summe aus Kreditrückzahlung und Sparanlage. Dieses frei disponible Einkommen ist immer kleiner als der gesamte Bedarf. Daher treten auch Angebote, die gänzlich unterschiedlichen Märkten angehören, in kompetitive Beziehung zueinander (z.B. Urlaubsreise und Autokauf, Küchenmöbel und Schmuckwaren). Damit ist die Aussagefähigkeit aber wieder limitiert. Weiterhin hat jeder Nachfrager andere Bedarfe und deshalb auch einen anderen Totalmarkt. Im Ergebnis führt dies zudem zu einer sehr weiten, damit unpraktikablen Abgrenzung. Jedoch handelt es sich um ein nachfragerspezifisches Vorgehen, das zudem für die Abgrenzung von Branchenmärkten hilfreich ist.

Das **Grundbedürfniskonzept.** Dabei wird ein Geschäftsfeld durch alle Leistungen manifestiert, die ein gleiches Grundbedürfnis abdecken. Es handelt sich also um ein verwenderorientiertes Konzept, das der Bedürfniskonkurrenz entspricht (Abbott). Allerdings sind Bedürfnisse letztlich individuell, komplex und damit schwer messbar.

Dabei sind zahlreiche Abwandlungen denkbar. So können zu einem Markt gehörig alle Güter definiert werden, die einen auf relativ hoher Abstraktionsebene definierten **gesellschaftlichen Grundbedarf** decken. Dagegen spricht, dass Güter häufig mehrere Verwendungszwecke haben und diese nicht ohne weiteres auf Gleichheit zu überprüfen sind (z.B. Fahrrad als Sportgerät, Fahrrad als Verkehrsmittel). Zur Erfassung von Substitutionsintensitäten sind daher Verwendungszwecktypologien notwendig.

Das Konzept der konjekturalen **Konkurrenzreaktion.** Hier umfasst ein Geschäftsfeld alle Leistungen, die ein Anbieter bei seiner Marketingplanung berücksichtigt. Es handelt sich also um eine anbieterorientierte Sichtweise (Schneider). Ähnlich werden nach dem Produktionsflexibilitätskonzept von Narver Angebotsräume definiert, welche die aktuellen und potenziellen Tätigkeitsgebiete von Unternehmen umfassen. Messwert ist deshalb die Kreuzmengenelastizität des Angebots. Hohe Werte bedeuten enge Konkurrenzbeziehungen und damit Zugehörigkeit zum gleichen Angebotsraum. Per Saldo bedeutet dies wieder eine Annäherung an das Industriekonzept (s.u.).

Das Konzept der **subjektiven Austauschbarkeit.** Danach manifestieren alle Leistungen, die vom Nachfrager subjektiv als austauschbar angesehen werden, ein gemeinsames Geschäftsfeld (Dichtl). Das Problem liegt darin, dass diese Austauschbarkeit interindividuell stark abweicht, d.h., der relevante Markt für jeden Nachfrager ein anderer und Operativität dadurch eingeschränkt ist.

Ähnlich definiert der **Nutzenverbund von Gütern** zwei Güter dann als substitutiv, wenn der Grenznutzen eines Gutes bei gleichzeitigem Mehrverbrauch des anderen Guts sinkt. Allerdings ist diese Form nur für Güter möglich, die als „Nutzenproduktion“ gleichzeitig verbraucht werden. Zudem geht es nicht um die Erfüllung eines konkreten Nutzens, sondern um die gegenseitige Förderung/Behinderung bei Erfüllung eines abstrakten Nutzen durch gemeinsamen Einsatz zweier Güter (z.B. Kakaopulver und Milch).

Die Konsumtechnologie der Haushalte definiert Güter dann als substitutiv, wenn sie wenigstens teilweise die gleichen nutzenstiftenden Merkmale für Haushalte aufweisen. Dabei entsteht jedoch das Problem der Auswahl einzubeziehender Güter und Merkmale, weil nur subjektive Wahrnehmungen relevant sind, nicht jedoch objektive Ausprägungen.

Der **eindimensionale Ansatz.** Hier wird der relevante Markt physisch-technisch nach der angebotenen Leistung hin abgegrenzt. Dies entspricht der Produktionskonkurrenz. Dafür wird die **Mengenelastizität des Angebots** zu Grunde gelegt, also die Veränderung des Angebotspreises bei Nachfragemengenveränderung (Marshall).

Nach diesem **Industriekonzept** von Marshall ist die technisch-physikalische Übereinstimmung der Produkte oder deren Verwendungsübereinstimmung ausschlaggebend. Man spricht hier auch von (horizontaler, also auf das gleiche Angebot gerichteter) Produktkonkurrenz, d.h., Unternehmen mit ökonomisch ähnlichen Produkten, Kostenstrukturen, Kunden etc. sind Wettbewerber. Dies ist jedoch problematisch, da einerseits Dienstleistungen so nur schwer fassbar sind und die prinzipielle, mehr oder minder ausgeprägte Substituierbarkeit der Mehrzahl der Angebote andererseits zu einer inoperational weiten Marktabgrenzung führt. Letztlich gibt dies nur Aufschluss über die Ähnlichkeit verwendeter Rohstoffe und Produktionstechnologien sowie der rein stofflichen Merkmale von Produkten. Das bedeutet aber keineswegs Austauschbarkeit der Produkte (z.B. Desktop-Videorecorder und Portable camcorder). Damit hängt der gemeinsame Markt auch von zahlreichen anderen Parametern ab.

Ähnlich definiert der **Ressourcen-Pool** alle Unternehmen, die durch Umstellung ihres Leistungsprozesses auf der Basis ihrer Ressourcen die gleichen Produkte erzeugen können, als zum gleichen Angebotsraum zugehörig. Tatsächlich hängt die Umstellbarkeit aber oft vor allem von Finanzmitteln ab. Zudem ist die Leistungsverwertung entscheidend, und nicht die Leistungserstellung.

Nach dem Konzept der Reaktionsverbundenheit von Anbietern gehören alle Unternehmen zu einem gemeinsamen Markt, die mit Wettbewerbsmaßnahmen aufeinander reagieren. Dies ist zwar zutreffend, was aber als Reaktion zu werten ist und was nicht, hängt davon ab, welches Kriterium man für die wettbewerbliche Verbundenheit unterstellt.

Der **zweidimensionale Ansatz.** Er setzt neben dem angebotenen Produkt den bearbeiteten Markt an. Dafür wird zusätzlich die **Kreuzpreiselastizität der Nachfrage zu Grunde gelegt,** also die Veränderung der Nachfrage nach einem Angebot bei Veränderung des Preises für ein anderes. Positive Werte indizieren die Zugehörigkeit zu einem gemeinsamen Markt (Triffin). Das heißt, Güter, die sich jeweils paarweise Nachfrager abziehen, wenn ihr Preis steigt (und umgekehrt) bilden danach einen gemeinsamen Markt. Allerdings ist das Wechselverhalten der Nachfrager ein komplexes Ergebnis mehrerer, häufig gegenläufig wirkender und interagie-

Markt-Netzwerk Schokoladeprodukte

	Tafel	Riegel	Bonbon	Praline
Schoko	Milka	Milka Lila Pause	Schoko-Bons	Merci
Joghurt		Yogurette		Onkiss
Gebäck		Tender/Yes		Bahlsen Petite
Waffel		Twix/ Banjo/Lion		
Karamel		Mars/Nuts	Rolo/ Storck	
Milch	Kinder-schokolade	Milch-schnitte	Kinder Schokobons	
Frucht				Mon Cheri

render Parameter der Anbieter beider Güter und nicht nur Folge bloßer Preisveränderungen. Nachfrageänderungen rühren auch von Maßnahmen anderer Wettbewerber her und nicht immer nur von denen des betrachteten Konkurrenten. Außerdem kann Substitution nur bei Aktivität gemessen werden und bedingt die Vorabbestimmung relevanter Güterpaare. Die Gründe der Austauschbarkeit werden dabei nicht sichtbar. Auch bedingt der Einkommenseffekt einer Preisänderung Verzerrungen.

Ähnlich bilden nach dem Substitutionslückenkonzept von Robinson einheitliche Märkte den Ausgangspunkt, deren Verbindungsdichte in Netzen durch Kreuzpreiselastizitäten der Nachfrage festgestellt werden soll. Hohe Werte indizieren dann wiederum die Zugehörigkeit zu einem gemeinsamen Markt, also verschieden großer Maschen im Netz. Man spricht in diesem Zusammenhang auch von (vertikaler, also auf den gleichen Bedarf gerichteter) Bedürfniskonkurrenz. Als Problem stellen sich jedoch hierbei die faktische Messung dieser gleichartigen Bedürfnisse und die ausschließlich nachfrageorientierte Sichtweise, die dem potenziellen, also noch nicht marktwirksamen, Wettbewerb nicht gerecht wird, dar. Zudem können Güter diesseits und jenseits einer Grenze zwischen zwei Märkten einander näher stehen als zu ihren jeweiligen Marktmitten (nichtlinear). Güter können zudem auf verschiedenen Abstraktionsebenen definiert werden, was die Marktgröße beeinflusst (*siehe Abb. Markt-Netzwerk Schokoladeprodukte*).

Der **dreidimensionale Ansatz.** Er berücksichtigt neben angebotener Leistung und bearbeitetem Markt noch die dafür verwendete Technologie. Dafür wird zusätzlich die Produktionselastizität zu Grunde gelegt, also die Möglichkeit zur Veränderung der Produktionserstellung. Insofern bestimmt sich ein strategisches Geschäftsfeld dann aus der Kombination von Technologie (Wie?, Alternative technologies), Funktionserfüllung (Was?, Customer functions) und Abnehmergruppe (Wer?, Customer groups). Dieser traditionellen Abfolge ist die marketingorientierte Abfolge (Wer?, Was? Wie?) gegenüberzustellen. Als Kritik zu diesem, häufig als beste Lösung angesehenen Konzept, ist jedoch zu äußern, dass es zu grob gegliedert ist. Zudem erscheinen auch Erweiterungen, bis zu fünf Dimensionen, willkürlich.

Ein einfaches Beispiel erläutert die Problematik der Ergebnisse. Legt man den dreidimensionalen Ansatz zur Marktabgrenzung zu Grunde, so gehören (normale) Handzahnbürsten und elektrische Zahnbürsten zu unterschiedlichen relevanten Märkten, denn sie unterscheiden sich zweifelsfrei hinsichtlich des Kriteriums Technologie (manuell bzw. elektrisch). Es dürfte jedoch ebenso zweifelsfrei sein, dass beide Produkte tatsächlich in substitutivem Verhältnis zueinander stehen, also tatsächlich dem gleichen Markt zuzurechnen sind, denn eine Zahnreinigung (Funktionserfüllung) einer Person (Abnehmergruppe) kann alternativ entweder manuell oder elektrisch erfolgen. Insofern kommt es zu einer unzutreffenden Marktabgrenzung.

Pragmatisch kann man sich dem komplexen Problem der Bestimmung des strategischen Geschäftsfelds hilfsweise wie folgt nähern. Ausgangspunkt ist die totale Konkurrenz, d.h., jedes Produkt steht mit allen anderen im Wettbewerb um Kaufkraft, dies ist aber zur Abgrenzung inoperational. Daher ist die Bildung von Bedarfsgruppen bei Nachfragern sinnvoll, jede Bedarfsgruppe wird von diesen zu einem jeweils gewünschten Minimum befriedigt, bei überstehender Kaufkraft erfolgt die Wahl innerhalb der Bedarfsgruppe. Dies ist dann die Obergrenze des Markts. Die Untergrenze sind alle objektiv gleichartigen Wettbewerbsangebote. Dazwischen liegt das von einem Unternehmen zu bearbeitende strategische Geschäftsfeld (SGF). Als generelle Empfehlung ergibt sich jedoch die Tendenz zu einer eher weiten Abgrenzung von Märkten (keine vermeidbare „Marketing myopia“/Levitt).

Der UE-Hersteller Bang&Olufsen beobachtet etwa vier spezifische Einflussfaktoren auf sein Strategisches Geschäftsfeld:
- *andere gehobene UE-Hersteller wie Sony, JVC, Kenwood etc.,*
- *Elektronikhändler wie Media-Markt, Saturn etc.,*
- *Luxusgütermarken wie Rolex, Porsche, Gucci etc.,*
- *Lifestylemarken wie Club Med, First Class-Hotels etc.*

Eine große Verschiedenheit der Geschäftsfelder im Unternehmen führt zur Diversität mit vielen Elementen im Programm, eine große Ähnlichkeit zur Konnektivität mit wenigen Elementen im Programm. Entsprechend variieren die Verbundeffekte im Programm als Bedarfsverbund (Komplementärprodukte), Auswahlverbund, Nachfrageverbund oder Kaufverbund.

Tatsächlich bestehen zudem Marktketten strategischer Geschäftsfelder, die zu strategischen Gruppen führen (s.u.).

3.1.3 Strategische Geschäftseinheit

Aus der außenbezogenen, konzeptionellen Abgrenzung der Produkt-Markt-Kombination (SGF´s) ist innerhalb des Unternehmens eine organisatorische Abgrenzung der strategischen Geschäftseinheit (SGE´s) abzuleiten. Die planerische Arbeit bedingt eine Zergliederung des Unternehmens in solche strategisch relevanten Planungseinheiten. Erst danach können gezielt Marktdaten erhoben und Strategien für Teilprogramme formuliert werden.

Abzugrenzen sind SGE´s von Profit centers, die Teilbereiche eines Unternehmens mit gesondertem Erfolgsausweis sind, von Cost centers, die nur für den wertmäßigen Ressourceneinsatz verantwortlich sind, von Investment centers, die auch für das in ihrem Zuständigkeitsbereich eingesetzte Kapital verantwortlich sind, und von Value centers, die sich auf die Wertschöpfung in einem bestimmten Betriebsbereich beziehen.

Strategische Überlegungen betreffen nur im Ausnahmefall des Einprodukt-Unternehmens das Unternehmen als Ganzes, ansonsten sind die Teilprogramme als strategische Geschäftseinheiten unterschiedlich betroffen. Dieser abstrakte Begriff wird gewählt, um deutlich zu machen, dass es sich dabei außerdem um durchaus verschiedenartige Größen handeln kann, etwa um Produkte oder Produktgruppen, Kunden oder Kundengruppen, Marktsegmente oder Teilmärkte, Gebiete oder Regionen, Betriebsteile oder Divisions. Praktisch handelt es sich meist um Produktgruppen. Um die Betrachtung aber nicht von vornherein zu verengen, wird hier die allgemeine Formulierung der SGE übernommen. Unter SGE´s sind demnach Produkt-Markt-Kombinationen zu verstehen, die im Wesentlichen folgenden Kriterien gehorchen:

- Die SGE muss eine eigenständige, strategische Marktaufgabe haben, die unabhängig von der Marktaufgabe anderer SGE´s ist, d.h., jede SGE bedient ein klar definiertes Abnehmerproblem und hat die Kompetenz, intern und extern relativ autonom zu agieren, um dessen Chancen durch Lösungsangebote auszunutzen.
- Es handelt sich um einen externen Markt, d.h., es geht um verkaufsbestimmte und nicht um innerbetriebliche Vorleistungen (also Absatz- und nicht Produktionsprogramm). Insofern sind interne Leistungsstellen nicht SGE-fähig, was zuweilen zu Problemen der Leistungsverrechnung bei vertikal stark integrierten Unternehmen führt, wo Leistungen von internen Stellen zu SGE´s fließen, aber

auch von SGE´s zu internen Stellen oder von SGE´s zu SGE´s. Dann sind u.a. Verrechnungspreise erforderlich.
- Die SGE muss auf einen Beitrag zur Lösung gesellschaftlich relevanter Probleme als Marktaufgabe ausgerichtet sein. Allerdings ist strittig, inwiefern Unternehmen überhaupt gesellschaftliche Aspekte abdecken können, oder sich nur auf ihren betriebswirtschaftlichen Verantwortungsbereich konzentrieren sollen. Dies wird etwa im Rahmen der Ethikdiskussion in der Betriebswirtschaftslehre kontrovers gesehen.
- Die SGE muss eine eindeutig identifizierbare Konstellation von Konkurrenzunternehmen haben, d.h., auf diesem Markt sind antinomische Zielsetzungen gegeben, die den eigenen Markterfolg beeinträchtigen, wobei sich die einzelne SGE deutlich von diesem Mitbewerb abhebt und gegenüber diesem auch wettbewerbsfähig ist.
- Die SGE muss ein effizienter Wettbewerber im betreffenden Marktsegment sein oder werden können. Das Potenzial der SGE muss es möglich und notwendig machen, für die Erreichung komparativer Wettbewerbsvorteile eigenständige Ziele, Strategien und Programme zu erarbeiten.
- Weiterhin besteht ein klar abgrenzbares, strategisches Erfolgspotenzial durch eigene Chancen, das sich nicht mit dem anderer SGE´s überschneidet, d.h., der Markterfolg muss durch strategische Marketingmaßnahmen steuerbar und damit einer SGE direkt zurechenbar sowie von rentabler Größe sein (= Profit Center-Charakter). Wird eine Organisationseinheit zu einer SGE, ist sie für die strategische Planung verantwortlich, wird eine Organisationseinheit Teil einer SGE, ist Erstere nur für die operative (Durchführungs-)Planung zuständig. Die strategische Planung obliegt dann der Organisationseinheit, die der SGE übergeordnet ist.
- Diese Abgrenzung ist während einer mehrperiodischen Analyse stabil und lässt die Unabhängigkeit der Entscheidung gegenüber anderen SGE´s und der Unternehmensleitung zu. Dies stößt angesichts immer kürzerer Marktzyklen allerdings auf Probleme. Daher empfiehlt es sich, SGE´s weniger von der Produkt- als von der Marktseite her zu definieren, also nicht hinsichtlich der Art der Produkte, die sie anbieten, sondern hinsichtlich der Bedürfnisse, die sie bei Abnehmern befriedigen. Denn diese sind wesentlich stabiler.
- Es gibt klar abgegrenzte, rechnungsmäßig direkt zurechenbare Kosten und Leistungseinheiten (Cost center-Charakter), denn wenn sowohl Aufwendungen als auch Erträge zurechenbar sind, handelt es sich um ein selbstständiges Teilunternehmen innerhalb eines Konzerns mit eigener Kostenverantwortung.
- Es bestehen heterogene Tätigkeitsfelder, d.h., es sollte nur eine SGE je Produkt-Markt-Kombination tätig werden, und zwar diejenige, die einerseits jeweils möglichst komparative Wettbewerbsvorteile genießt und andererseits intern eine hohe Homogenität der Angebote gewährleistet.
- Schließlich sind Führungseffizienz und organisatorische Durchsetzbarkeit gegeben, um als operative Einheit ein selbstständiges Planungsobjekt darstellen zu können. Dies bedingt eine hinreichende Größe und Stabilität der SGE´s, sodass relevante Entscheidungen durchgesetzt werden und sie intern und extern hinreichend autonom agieren können. Jede SGE muss von einer Führungskraft geleitet

werden, die in der Lage ist, die für den Erfolg ihrer Produkt-Markt-Kombination erforderlichen Entscheidungen zu treffen und Kontrollmaßnahmen einzuleiten. Sie muss über Technologie, Produktion, Marketing, Finanzen etc. im Rahmen genehmigter Pläne entscheiden und kurz- und langfristige Ziele ausbalancieren können.

SGE´s werden ohne Rücksicht auf die Organisationsstruktur festgelegt und stimmen daher nur zufällig mit einer Organisationseinheit überein. Sie gehorchen dabei nur dem Gesichtspunkt der Zweckmäßigkeit. Es ergibt sich somit eine sekundäre, duale Organisationsstruktur. Denkbar sind etwa eine Dimension nach Produktlinien und eine andere nach Marktregionen. Möglichkeiten sind dabei folgende:

- die Gliederung einer SGE deckt sich mit der Gliederung in organisatorische Einheiten,
- mehrere organisatorische Einheiten bilden zusammen eine gemeinsame SGE,
- eine organisatorische Einheit wird in mehrere SGE´s unterteilt,
- Teile mehrerer organisatorischer Einheiten bilden zusammen eine SGE.

Die Deutsche Bahn teilt in folgende Divisions ein:

- *DB Bahn Fernverkehr, DB Bahn Regio, DB Bahn Stadtverkehr, DB Schenker Rail, DB Schenker Logistics, DB Dienstleistungen.*

Die Deutsche Post teilt in die Divisions Express (Kurier- und Paketdienst), Spedition und Kontraktlogistik ein.

Der Bayer-Konzern ist mit folgenden Divisions und entsprechenden Strategischen Geschäftseinheiten aufgestellt:

- *Division Lanxess/SGE's: Chemikalien, Kunststoffe, Gummi (für industrielle Fertigung),*
- *Division Health care/SGE's: Tiergesundheit, biologische Produkte, Pflegeprodukte, Diagnostika, Pharma,*
- *Division CropScience/SGE's: Pflanzenschutz, Umwelt-Services, BioScience,*
- *Division MaterialScience/SGE's: Beschichtung, Klebstoffe, Polycarbonate, Cellulose-Chemie, Medizintechnik.*

Hinzu kommt eine interne Division Services für Business services, Technologie-Services, Industrie-Services.

Weitere Einteilungen Strategischer Geschäftseinheiten sind folgende:

- *Lufthansa in die SGE's Passage, Logistik, Technik, Catering, Touristik, IT-Services,*
- *Siemens in Information+Communications, Automation+Control, Power, Transportation, Medical, Lighting, Finanz- und Immobiliengeschäft,*
- *BASF in Pflanzenschutz und Ernährung, Öl und Gas, Veredelungsprodukte, Chemikalien, Kunststoffe und Fasern,*
- *Commerzbank in Private Kunden Asset Management und Firmenkunden Investment banking.*

Durch die Gliederung in SGE´s wird die ursprüngliche Organisationsstruktur nicht aufgehoben. Die Gliederung in SGE´s ist eine vorläufige, und die Abgrenzung ist als iterativer Prozess anzusehen, d.h., die Definition der SGE´s ist laufend zu überprüfen und dem Wandel der unternehmens- und umfeldbezogenen Faktoren anzupassen.

Gewisse Schwierigkeiten ergeben sich bei der Definition von SGE´s jedoch bei hoher vertikaler Integration von Unternehmen, da hier viele nicht marktfähige Leistungen anfallen, sowie bei hoher lateraler Integration, da sich hier das Problem der zutreffenden Marktabgrenzung stellt.

3.1.4 Branchen-Analyse

Angesichts stagnierender Märkte und ohnehin weit verbreitetem Marketingprimat reicht eine primär unternehmensbezogene Sichtweise jedoch längst nicht mehr aus, sondern das gesamte umgebende Marktumfeld muss zwingend in die Betrachtung mit einbezogen werden. Weit verbreitet unterscheidet man folgende **Bestimmungsfaktoren** des Wettbewerbs als Einflussgrößen auf die Geschäftspolitik im Umfeld, wobei jeweils deren Verhandlungsmacht besonders betrachtet wird: Lieferanten, potenzielle Konkurrenten, Abnehmer, Substitutionsgutanbieter, aktuelle Konkurrenten und sonstige. Zunächst zu den Lieferanten *(siehe Abb. Verhandlungsmacht).*

3.1.4.1 Lieferanten

Ein aggressives Verhalten gegenüber Lieferanten kann diese dazu veranlassen, ihren Positionsvorteil auszuspielen. Die Verhandlungsmacht der Lieferanten ist hoch, wenn *(siehe Abb. Lieferantenmacht / Abnehmermacht)*:

- der Konzentrationsgrad dort groß ist, die Bezugsbranche sich also nur aus wenigen Unternehmen zusammensetzt, von denen eine Leistung überhaupt bezogen werden kann,
- die Substitutionsgefahr gering ist, also keine oder nur schlechte Chancen bestehen, im Konfliktfall auf ein Ersatzprodukt auszuweichen,
- die Produktbedeutung groß ist, die bezogene Leistung also mit hohem qualitativen oder quantitativen Anteil in das eigene Angebot eingeht, vielleicht sogar für dieses bestimmend ist,
- die Umstellungskosten groß sind (Differenzierungsgrad), der Umstieg auf ein Ersatzprodukt also zwar objektiv möglich sein mag, subjektiv aber mit erheblichen Anpassungskosten verbunden ist,
- die Gefahr einer Vorwärtsintegration, mit der Lieferanten glaubhaft drohen können, also des Eindringens in die Abnehmerbranche, groß ist,
- die Wertschöpfung in der belieferten Branche gering ist, also zugelieferte Waren einen hohen Anteil des Verkaufswerts am Endprodukt ausmachen,
- die Auftragsvolumenbedeutung, die der einzelne Abnehmer innerhalb des Lieferantengeschäftsumfangs einnimmt, gering ist.

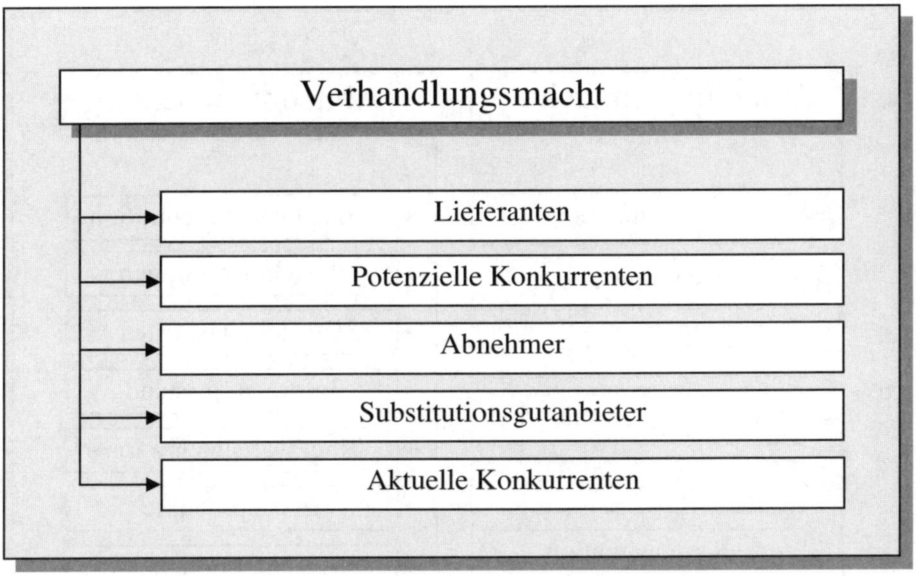

3.1.4.2 Abnehmer

Der Einfluss der Abnehmer durch Nutzung oder Verfügung ihrer Nachfragemacht ist um so größer, je konzentrierter sich die Marktanteilsverteilung dort darstellt und je weniger Ausweichmöglichkeiten sich einem Anbieter deshalb eröffnen. Die daraus resultierende Verhandlungsmacht ist abhängig von:

- dem Geschäftsumfang (Konzentrationsgrad), der mit einzelnen Kunden getätigt wird. Vereinen relativ wenige Kunden hohe Absatzvolumina auf sich, haben sie für den Unternehmenserfolg einen großen Stellenwert. Es handelt sich dann um Key accounts. Diese bedürfen der vordringlichen Bearbeitung, da Absatzausfälle hier das Periodenergebnis spürbar tangieren. De facto ist ein hoher Konzentrationsgrad auf Abnehmermärkten häufig gegeben.
- der Abweichung der eigenen Produkte von denen der Konkurrenz (Standardisierung). Dabei geht es nicht nur um objektive, sondern vor allem um subjektiv empfundene Unterschiede. Diese führen zu einer als geringer angesehenen Austauschbarkeit des Angebots und damit zur engeren Bindung der Abnehmer als bei standardisierten Produkten. Umgekehrt begünstigt Qualitätsindifferenz eine starke Austauschbarkeit und verbessert die Position des Abnehmers.
- den Kosten eines Lieferantenwechsels. Diese bestehen aus Kosten der Organisationsumstellung oder aus Einnahmeausfall (Opportunitätskosten). Sind beide hoch zu bewerten, so besteht eine enge Bindung der Kunden, sind beide niedrig, ergibt sich für diese eine bessere Verhandlungsposition, die zu günstigeren Konditionen beim vorherigen oder neuen Vertragspartner führt.
- der Ertragslage des Abnehmers. Ist diese als schlecht einzuschätzen, so sind seine Möglichkeiten zur Ausspielung evtl. vorhandener Marktmacht begrenzt. So

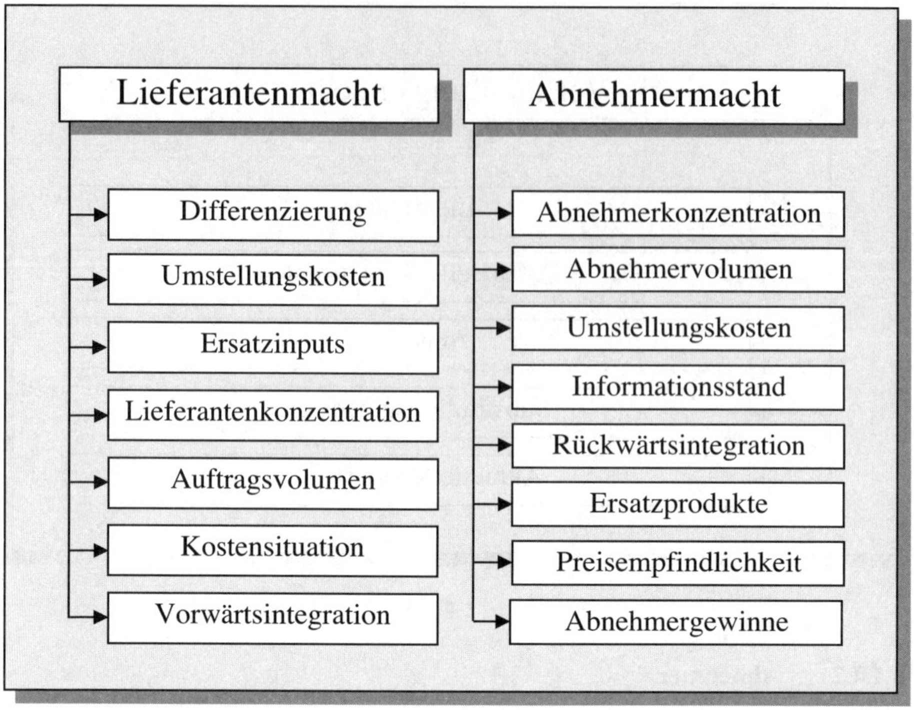

kann etwa leicht ein zeitlicher Zugzwang aus mangelnden Rücklagen herrühren und anstelle eines durchzustehenden Verhandlungsmarathons zu schnellen Zugeständnissen zwingen.

- der Transparenz am Markt über Kosten und Preise. Ist eine hohe Übersichtlichkeit vorhanden, fällt es leichter, alternative Lieferquellen ausfindig zu machen, zu denen gewechselt oder mit deren Aktivierung zumindest gedroht werden kann. Bei geringer Markttransparenz bleiben solche Ausweichmöglichkeiten eher verborgen.
- der Möglichkeit zur Eigenfertigung. Lohnt sich diese oberhalb eines bestimmten Preislevels und ist auch objektiv und subjektiv möglich, etwa bei fehlenden Gewerblichen Schutzrechten und vorhandenem Know-how, so entsteht daraus eine hohe Nachfragemacht. Dies gilt auch für die glaubwürdige Drohung der Rückwärtsintegration auf vorgelagerte Fertigungsstufen (z.B. Handelsmarken).
- dem Durchhaltevermögen des Abnehmers gegenüber den Lieferanten. Dieses ist wiederum abhängig von dessen Kapitalausstattung, Lagerbestand, Know-how etc. Je besser die Ausstattung, desto sicherer und hinhaltender ist sein Widerstand gegen nachteilige Veränderungen in der Kontrahierung zu erwarten.
- dem Ausmaß der Bedeutung der zugelieferten Produkte für die Qualität des weiterverarbeiteten Produkts. Je höher diese ist, desto günstiger wird die eigene Verhandlungsposition relativ zu der des Abnehmers.
- der Preisempfindlichkeit der Abnehmer, die wiederum abhängig ist von Faktoren wie Produktunterschieden, Markenbindung, Preis-Leistungs-Relation, Bezugsanreizen aus Menge, Wert, Zielbeitrag etc.

3.1.4.3 Substitutionsgutanbieter

Der Einfluss von Substitutionsgutanbietern als Bedrohung der eigenen Marktstellung bildet eine weitere Größe. Dabei kann es sich um aktuelle oder potenzielle Ersatzangebote handeln, die auf die Marktposition einwirken. Gewerbliche Schutzrechte versuchen, eine gewisse prozessuale Monopolstellung zu gewährleisten, um den technischen Fortschritt zu forcieren. Letztlich ist der Grad der Bedrohung oberhalb eines Mindesteignungsniveaus aber vor allem vom Preis-Leistungs-Verhältnis abhängig sowie von der Fähigkeit anderer Anbieter, in neue Märkte einzudringen. Die Substitutionsgefahr ist generell hoch einzuschätzen, wenn:

- die Produkte der Branche teuer in Relation zum Einkommen der Konsumenten bzw. zum Budget der Abnehmer sind. Denn dann werden eher intensive Bemühungen eingeleitet, alternative Produkte auf ihre Einsetzbarkeit hin zu prüfen. Stehen dabei leichte Leistungseinbußen hohen Kostenersparnissen gegenüber, werden selbst diese in Kauf genommen.
- diese Einkommen/Budgets stagnieren, was heute häufig der Fall ist. Desto dringlicher wird die Notwendigkeit der Nutzwert-Analyse und damit verbunden auch die Gefahr, selbst auf unterlegene Produktalternativen umzusteigen, wenn die damit verbundenen Einschränkungen verkraftbar scheinen.
- die Abnehmer nur einen geringen Grad an Produktloyalität/Markentreue aufweisen, sodass ihnen der Wechsel zu anderen Angeboten subjektiv leicht fällt. Je rationaler die Kaufentscheidung ausfällt, desto geringer ist der Anteil verkürzter Kaufentscheidungsprozesse, die zum eher unreflektierten Wiederholungskauf führen.
- das Lebenszyklusstadium schon weit fortgeschritten ist. Desto wahrscheinlicher wird eine Ablösung durch ein Produkt mit substitutivem Charakter. Dabei kann es sich um ein Neuprodukt handeln oder um die Weiterentwicklung eines vorhandenen Produkts, das im Wachstums- oder Reifestadium seines Lebenszyklus steht, wobei die Übergänge hier durchaus fließend sind.
- die Umstellungskosten vom einen auf das andere Produkt vergleichsweise gering ausfallen. Dies ist umso eher der Fall, je standardisierter Produkte sind, was infolge des Trends zu Gleichteilekonzepten in der Industrie, aus Lieferantensicht, leider zunehmend der Fall ist.

Theoretisch lassen sich Substitutionsangebote durch den Triffin´schen Koeffizienten messen (= Kreuzpreiselastizität der Nachfrage). Dieser erfasst als Quotient die Mengenänderung eines Guts bei Preisänderung eines anderen. Sind Zähler und Nenner gleichlaufend, d.h., steigt die abgesetzte Menge eines Guts, weil sich der Preis eines anderen erhöht und Nachfrage von diesem abwandert, ergibt sich ein positiver Wert, der auf ein substitutives Verhältnis beider Güter hinweist. Je höher der Wert, desto homogener sind die Güter. Praktisch ist die Austauschbarkeit der Marktangebote auf objektiver Ebene recht hoch, da sie untereinander immer mehr zu Me too-Waren werden. Zugleich wird die Austauschbarkeit auf subjektiver Ebene jedoch immer geringer, da Marketingmaßnahmen für eine künstliche Heterogenisierung der Angebote sorgen, mit dem Ergebnis, dass an sich austauschbare Angebote von Nachfragern als kaum mehr austauschbar angesehen werden und eine Vielzahl von Quasi-Monopolen entsteht.

3.1.4.4 Potenzielle Konkurrenten

Potenzielle Konkurrenten sind nach Anzahl, Größe und Einfluss sowie dem Grad der Wahrscheinlichkeit ihres Markteintritts bedeutsam. So kann die Abschöpfung der Preisbereitschaft auf einem Markt (Creaming) andere Unternehmen zur Annahme verleiten, dass dort noch relativ hohe Gewinnmargen zu erzielen sind und diese damit zum Markteintritt motivieren. Deshalb kann es sinnvoll sein, auf eine Ausnutzung vorhandener Preisspielräume zu verzichten. Die Bedrohung durch mögliche neue Wettbewerber ist abhängig von mehreren Faktoren, vor allem von der Intensität der zu erwartenden Reaktion und der Höhe der Eintrittsbarrieren. Die Intensität der erwarteten Reaktion der bisherigen Marktanbieter (i.S.v. Vergeltung) dürfte um so stärker sein, je:

- geringer das Marktwachstum ist, d.h., je zwangsläufiger die vorhandenen Marktanteile verteidigt werden müssen, da es wenig Chancen gibt, anderweitig am Markt zu prosperieren,
- höher die Austrittsbarrieren aus dem Markt sind, d.h., je größer die Notwendigkeit ist, im bestehenden Markt zu reüssieren, da ein Ausstieg hohe Vermögensverluste bedingt,
- größer die Kapitalkraft der bisherigen Anbieter ist, d.h., je umfangreicher deren Möglichkeiten scheinen, sich gegen unerwünschte Eindringlinge zur Wehr zu setzen,
- höher die Profitabilität der Branche in Gegenwart und Zukunft einzuschätzen ist, denn damit werden im Gegenzug selbst hohe Risiken akzeptabel.

Die Eintrittsbarrieren in den Markt sind als hoch zu bezeichnen und als schützend anzusehen, wenn:

- Größendegressionsvorteilen eine hohe Bedeutung zukommt, denn dies erfordert große Betriebsanlagen durch internes oder externes Wachstum, damit starken Kapitaleinsatz und hohes Risiko, das wiederum vor einem Markteintritt zurückschrecken lässt,
- hohe Umstellungskosten für Kunden bei Lieferantenwechsel gegeben sind, denn dies schafft eine unwillkürliche Bindung der Kunden an bestehende Geschäftsbeziehungen und verschließt dadurch die Absatzquelle für neue Anbieter,
- der Distributionszugang erschwert ist, denn gelingt es nicht, vorhandene Absatzwege zu erschließen, wie dies bei enger Bindung der Absatzmittler an ihre Lieferanten gegeben ist, oder neue aufzutun, fehlt der Zugang zur Abnehmerschaft.

Die Bedrohung durch neue Konkurrenten durch weitere Faktoren ist hoch, wenn:

- der Grad der Produktdifferenzierung durch Markennamen, Image, Qualität etc. wenig ausgeprägt ist, denn das reflektiert eine geringe Loyalität der Abnehmer und potenziell hohe Kundenfluktuation,

- die derzeitigen Wettbewerber keine bzw. nur geringe größenunabhängige Kostenvorteile aus Gewerblichen Schutzrechten, Standortvorteilen, Spezialisten-Know-how etc. haben, denn dann besteht kein uneinholbarer Vorsprung durch Monopoleffekte,
- sich die derzeitige Struktur der Branche in erster Linie aus klein- und mittelständischen Betrieben zusammensetzt, deren Sanktionspotenzial gegenüber okkupierenden Großunternehmen eher als begrenzt anzusehen ist,
- der Eintritt in die Branche nur einen vergleichsweise geringen Kapitaleinsatz verlangt, denn dann kann der versuchte Markteinstieg Externer infolge geringer Verlustgefahr bereits zu erheblicher Unruhe führen,
- die qualifiziert vermutete Gewinnhöhe in der Branche insgesamt hoch ist in Relation zu den für deren Erlangung einzugehenden kumulierten Risiken.

3.1.4.5 Aktuelle Konkurrenten

Für Anzahl, Größe und Einfluss aktueller Konkurrenten in Bezug auf die Wettbewerbsintensität eines Markts ist der Grad der Reaktionsverbundenheit von Bedeutung. Handelt es sich um wenige, etwa gleich große Anbieter, kommt es oft zur ausdrücklichen oder auch nur stillschweigenden Verhaltensabstimmung. Handelt es sich hingegen um zahlreiche Anbieter am Markt, darunter auch Importeure, ist diese Kollusion schon schwieriger. Einfacher stellt sich die Situation wieder dar, wenn ein einzelner Anbieter eine überragende Marktposition einnimmt. Die Rivalität unter den etablierten Wettbewerbern ist groß, wenn *(siehe Abb. Aktuelle Konkurrenzmacht / Potenzielle Konkurrenzmacht)*:

- nach Ansicht der Marktpartner nur geringe Unterschiede hinsichtlich Qualität, Image, Preis etc. zwischen den angebotenen Produkten gegeben sind (Differenzierung) und die Markenbindung niedrig ausfällt. Von daher ist ein stetiges Bemühen zur Sicherung der Nachfrage vonnöten.
- der durchschnittliche Kapazitätsauslastungsgrad in der Branche gering ist und eine hohe Belastung durch Leerkosten besteht. Dann sind die Anbieter eher bereit, bis zur Teilkostendeckung nachzugeben, um wenigstens Fixkostendeckungsbeiträge zu erzielen.
- zahlreiche, annähernd gleich ausgestattete Mitbewerber in der Branche konkurrieren, sodass das Leistungsgefälle zwischen ihnen gering bleibt. Je gleichwertiger die Konkurrenten sind, um so länger können antinomische Prozesse dauern.
- in der Branche hohe Austrittsbarrieren etwa durch Marketingabhängigkeiten, Sozialpläne oder spezialisierte Aktiva mit niedrigen Liquidationserlösen bestehen. Insofern sind alle Anbieter auf erfolgreiche Präsenz auf diesem Markt angewiesen und werden erreichte Marktpositionen deshalb entschlossen verteidigen.
- eine hohe Transparenz oder Intransparenz die Wettbewerbssituation der Branche kennzeichnet. In beiden Fällen besteht die Gefahr direkt konkurrenzverletzender Aktivitäten, zum einen, weil man weiß, wo man den Konkurrenten am Empfindlichsten treffen kann, zum anderen, weil Aktivitäten unbeabsichtigt als Affront gewertet werden und Gegenmaßnahmen induzieren können.
- das Wachstum der Branche gering ist. Denn Stagnation erfordert Konkurrenzverdrängung zur Erfüllung individueller Expansionsziele, d.h., der eigene Bedeutungszuwachs ist nur zulasten des direkten Mitbewerbs möglich.
- die Umstellungskosten zwischen den verschiedenen Angeboten eng begrenzt bleiben. Dann ist eine Marktanteilsverschiebung rasch möglich, weil es für Abnehmer leicht fällt, vom einen zum anderen Lieferanten zu wechseln.

Beispiel einer Branchen-Analyse für die Druckindustrie:

- *Lieferanten:*
  Hoher Konzentrationsgrad bei den Papierherstellern und Maschinenlieferanten, Preisdiktate der Papierlieferanten, hohe Lieferzeiten bei den Maschinenherstellern, rasch abfolgende Technologiestandards mit dem Zwang zu kontinuierlichen Investitionen,
- *Kunden:*
  Geringe Kundenbindung infolge niedriger Wechselkosten und austauschbarer Produkte, stark fragmentierte Nachfrage, rückläufiges Nachfragevolumen (papierloses Büro, Internet), verändertes Informations-/Kommunikationsverhalten (E-Mail, Mobiltelefon statt Briefen),

- *Potenzielle Konkurrenten:*
  Copyshops (Digitaldruck-Center) für Kleinauflagen, Internationalisierung durch Wettbewerber mit günstigeren Standortkosten,
- *Substitutive Konkurrenten:*
  Neue Medien, neue Verfahrenstechniken (Internet, elektronische Datenbanken statt Nachschlagewerken, Electronic publishing statt Druck)
- *Aktuelle Konkurrenten:*
  Stark fragmentierter Markt, wenig Differenzierungsmöglichkeiten bei Produkten, hohe Werbeabhängigkeit, höhere Kapitalbindung durch komplexe maschinelle Anlagen, Überkapazitäten, sinkende Renditen durch Preiskampf, zunehmender Verdrängungswettbewerb, steigender Konzentrationsgrad in der Branche.

Beispiel einer Branchen-Analyse für die Luftfahrtindustrie:

- *Lieferanten:*
  Duopol (Airbus, Boeing), Oligopol bei Treibstoffen, IT-Hersteller austauschbar (Check-in, Yield management), Catering austauschbar, Flughafenbetreiber weniger bedeutsam, dafür Slot-Inhaber (Start- und Landerechte) wichtig,
- *Kunden:*
  große Angebotsvielfalt, vor allem auf populären Strecken, keine oder geringe Opportunitätskosten bei Wechsel der Fluggesellschaft, hohe Markttransparenz durch Internet, schnelle Reaktion der Kunden auf Preisanpassungen (z.B. für Treibstoff, Steuern),
- *Potenzielle Konkurrenten:*
  hohe finanzielle Eintrittsbarrieren, Zugriff auf Start- und Landerechte als Engpass, Deregulierung des Luftverkehrs als Treiber, Einstieg der Low cost carrier in das Interkontinentalgeschäft,
- *Substitutive Konkurrenten:*
  Informations- und Kommunikationstechnologien (Video-Konferenzen etc.), Business Jets auf Mittel- und Langstrecken, Hochgeschwindigkeitszüge und Komfortbusse auf Kurzstrecken,
- *aktuelle Konkurrenten:*
  polypolistischer Markt, vor allem durch Low cost carrier, Überkapazitäten, geringes Gesamtmarktwachstum, intensiver Preis- und Servicewettbewerb, aktuell Verlustpositionen bei fast allen traditionellen Fluggesellschaften (Flag airlines).

Weitere Aspekte wirken auf die Wettbewerbsposition eines Unternehmens ein. Verfolgen die am Markt beteiligten Unternehmen sehr unterschiedliche Ziele, sind sie durch verschiedenartige kulturelle Hintergründe gekennzeichnet, setzen sie abweichende Strategien ein etc., so folgt daraus eine erhebliche Unruhe am Markt und eine aktuelle oder zumindest potenzielle Erhöhung der Wettbewerbsintensität. Ist nur ein geringes Branchenwachstum gegeben, so richten sich die Maßnahmen vermehrt gegen direkte Konkurrenten. Denn die hohen Wachstums- und Rentabilitätsziele der Akteure lassen sich nicht mehr aus bloßer Partizipation am Marktwachstum, sondern nur noch zulasten des Mitbewerbs erreichen. Das gilt vor allem für Märkte in der Saturations- oder Degenerationsphase ihres Lebenszyklus, denn von hoher Dynamik sind nur junge, wachstumsstarke Märkte gekennzeichnet. Ist das Marktangebot relativ homogen, erhöht dies die Wettbewerbsbeziehungen der Unternehmen, da Nachfrager leichter zwischen ihnen wechseln können, als dies bei heterogenen Produkten der Fall ist. Deshalb ist das zentrale Ziel im Marketing die positive Differenzierung des Angebots durch Profilierung gegenüber der anderen Marktseite und der Abgrenzung zur eigenen. Liegen hohe Austrittsbarrieren vor, ist eine höhere Bereitschaft zu kompetitivem Verhalten gegeben. Solche Schranken resultieren etwa aus spezialisierten, kapitalintensiven Anlagen, die hohe Stilllegungskosten verursachen, weil sie für andere Zwecke nur aufwändig umzurüsten oder überhaupt nicht geeignet sind. Auf Endabnehmerebene kommt hinzu, dass sich der Wettbewerb verstärkt, wenn die Produkte der Branche als teuer im Verhältnis zum Einkommen der Käufer anzusehen sind, die Einkommenslage der Käufer schlecht ist, der Informationsgrad der Käufer über die Produkte der Branche hoch ist und die Käufer sich nur zu einem geringen Grad mit den Produkten der Branche identifizieren.

Diese Einflussgrößen werden von anderen Autoren noch um das Verhalten der Arbeitnehmer und die Eingriffe des Staates erweitert. Diese sollen jedoch als relativ marketingfern im Folgenden außen vor gelassen werden.

Tendenziell kann festgestellt werden, dass kleine Märkte große Unternehmen bzw. neue Wettbewerber i.d.R. nicht so häufig anziehen. In große Märkte investieren neue Wettbewerber oft, indem sie vorhandene, dort erfolgreich positionierte Unternehmen aufkaufen. Hohe Wachstumsraten führen zum Eintritt neuer Wettbewerber, stagnierende Märkte heizen hingegen den Wettbewerb unter den bestehenden Konkurrenten an, führen zum Ausscheiden von Konkurrenten vom Markt bzw. zur Konsolidierung der Branchenstruktur. Hohe Gewinne wirken dabei wie ein Magnet, schlechte Renditen resultieren zumeist in Marktaustritten (Shareholder value). Hohe Marktbarrieren schützen die Branche und ihre Profitabilität, niedrige Schranken bewirken eine latente Gefahr durch Eindringlinge. Überkapazitäten führen zu Preiswettbewerb, Kapazitätsengpässe hingegen erlauben Preisspielräume bis die Erweiterungsinvestitionen die Kapazität angepasst haben. Kunden haben eine nachfragemächtige Position bei Standardprodukten, weil sie den Anbieter leicht wechseln können, ohne große Umstellungen vornehmen zu müssen. Große Risiken sind bei raschem technischen Fortschritt gegeben, weil Investitionen wegen technischer Veralterung nicht mehr aus Marktumsätzen finanziert werden können. Investitionen binden auch teures (Fremd-)Kapital für lange Zeit mit dem Risiko, dass sich die Rahmenbedingungen vielleicht nicht so entwickeln wie in den Kalkülen angenommen. Branchen, in denen sich durch die Vergrößerung der Produktions- und Absatzmenge signifikante Kostenvorteile erreichen lassen, sind vom Wettbewerb um Marktanteile, oft über den Preis, gekennzeichnet. Die Geschwindigkeit, mit der neue Produkte auf den Markt gebracht werden können, ist dabei ein strategischer Schlüsselfaktor.

3.2 Einfache Analyseverfahren

Zu den einfachen Analyseverfahren werden alle rein deskriptiven gezählt, also solche, die vorwiegend eine Beschreibung der vorgefundenen Ist-Situation beinhalten und nur eher am Rand Schlussfolgerungen als Handlungsempfehlungen daraus ableiten. Dazu gehören so verschiedenartige Ansätze wie die Struktur-Analyse, die Umfeld-Analyse, die Ressourcen-Analyse, die Potenzial-Analyse, die Abweichungs-Analyse und die Engpass-Analyse.

3.2.1 Struktur-Analyse

Die Analyse der Programmstruktur bezieht sich hierbei auf den Umsatzanteil, den einzelne Programmelemente auf sich vereinen, und die relative Altersverteilung dieser Programmelemente. Zunächst zum Umsatzanteil.

3.2.1.1 Umsatzanteil

Die Umsatzanteils-Analyse impliziert die Verteilung von Produkten nach ihrer relativen Umsatzbedeutung im Programm. Dazu werden alle im Programm befindlichen Produkte nach ihrer Umsatzbedeutung absteigend aufgeführt. Es entsteht eine Lorenz-Kurve, die ausweist, dass eine absolut kleine Anzahl von Produkten einen relativ großen Umsatzanteil ausmacht. Grob gilt hier von der 80 : 20-Regel (Pareto), d.h., 20 % der Produkte repräsentieren für gewöhnlich etwa kumulierte 80 % des Umsatzes. Alternativ können auch der Deckungsbeitrag, der ROI oder der Gewinn als Maßstab herangezogen werden. Die konkrete Vorgehensweise ist wie folgt:

- Für jedes Produkt im Programm wird der prozentuale Umsatzanteil festgestellt. Dabei kann es sich um Werte aus der letzten Abrechnungsperiode oder um Durchschnittswerte handeln. Die Produkte werden in absteigender Folge ihrer Umsatzbedeutung aufgeführt.
- Auf der Ordinate einer Matrix werden die Umsatzanteile in dieser Reihenfolge gewichtet abgetragen und kumuliert. Die Summe aller Umsätze ergibt 100 %.
- Auf der Abszisse einer Matrix werden diese Produkte mit ihrem nummerischen Anteilswert am Programm abgetragen, und zwar in der Reihenfolge ihres Umsatzanteils.
- Aus der Kombination des Programmanteils mit ihrem Umsatzanteil je Produkt ergeben sich Schnittpunkte in der Matrix. Diese werden sodann durch eine Linie verbunden. Es entsteht im Regelfall eine Konzentrationskurve.

Normalerweise werden nunmehr drei Gruppen von Produkten unterschieden:

- A-Produkte sind die absolut wenigen Produkte im Programm, die einen relativ großen Umsatzanteil auf sich vereinigen.
- C-Produkte sind die absolut vielen Produkte im Programm, die einen relativ kleinen Umsatzanteil auf sich vereinigen.
- B-Produkte liegen definitionsgemäß dazwischen *(siehe Abb. Umsatzanteils-Analyse)*.

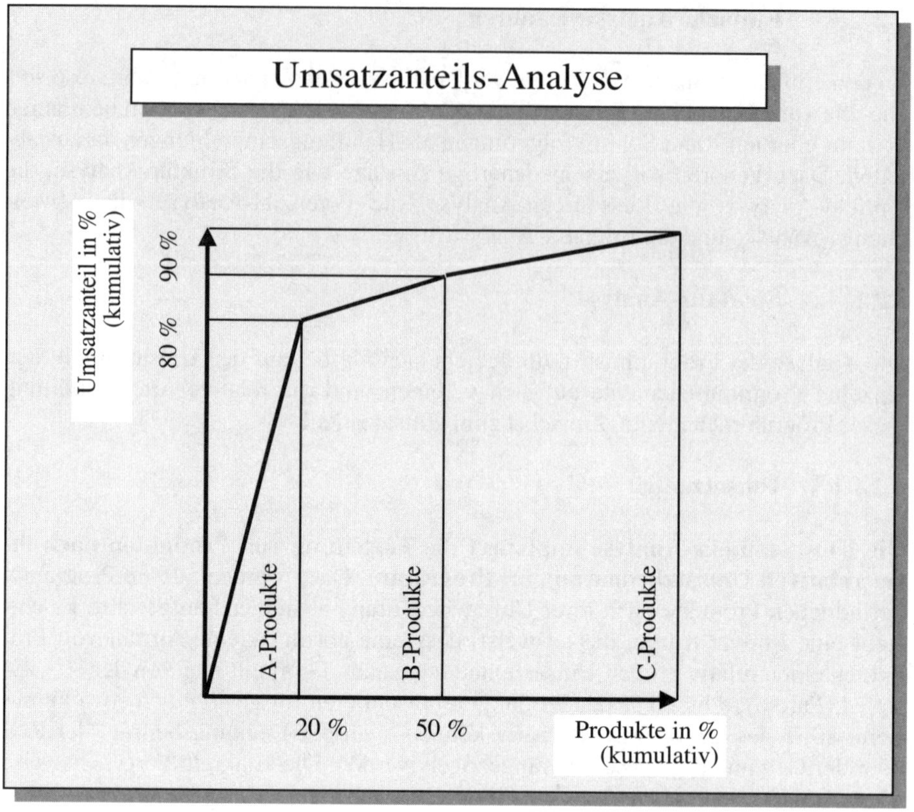

Wegen ihrer Geschäftsbedeutung wird den A-Produkten besonderes Augenmerk gewidmet. Sie rechtfertigen höhere Marketinganstrengungen. In gleicher Weise wird verfahren, wenn statt des Umsatzes andere Ergebnisgrößen zu Grunde gelegt werden.

Anstelle von Produkten können auch Kunden als Gegenstand der Analyse definiert werden. Bei wichtigen Kunden handelt es sich um Key accounts. Ihnen werden besondere Aktivitäten gewidmet. Das Key account management betreut z.B. in der Konsumgüterindustrie die wenigen ganz großen Handelskonzerne durch individuell zugeschnittene Marketingaktivitäten. Deren Erfordernis ergibt sich daraus, dass nachfragemächtige Absatzmittler immer weniger mit standardisierter Absatzförderung anfangen können, sondern ihr eigenes Geschäftsstättenimage bei ihren Abnehmern stärken wollen. Dabei hilft ihnen, nicht unbedingt freiwillig, die Industrie durch planvereinbartes Marketing (Tietz). Infolge dieser Nachfragemacht ist die Rentabilitätssituation bei A-Kunden oft schlechter als bei B- und C-Kunden.

Fraglich ist allerdings, woran die Kundenbedeutung gemessen werden soll. Dafür gibt es durchaus unterschiedliche Ansatzpunkte, entsprechend ergeben sich abweichende Aussagen aus der Analyse:

- Summe der für Kunden fakturierten Beträge pro Periode,

- Umsatz mit den Kunden pro Periode, Gesamtumsatz des Unternehmens pro Periode,
- Umsatz mit Kunden pro Periode/Gesamtbezüge der Kunden in einer Produktklasse,
- Umsatz mit Kunden pro Periode/Bezüge der Kunden in dieser Produktklasse beim stärksten Wettbewerber,
- Summe Umsatz pro Periode abzgl. Summe aller produktbezogenen, auftragsbezogenen und direkt kundenbezogenen Einzelkosten der Periode,
- Deckungsbeitrag von Kunden pro Periode, Gesamtdeckungsbeitrag pro Periode,
- Deckungsbeitrag von Kunden pro Periode,
- Umsatzeinzahlungen von Kunden pro Periode abzgl. Umsatzauszahlungen für Kunden pro Periode,
- Cash-flow von Kunden pro Periode, Gesamt-Cash-flow pro Periode,
- Ausgelieferte Menge pro Periode, Gesamtkapazität pro Periode.

3.2.1.2 Altersquerschnitt

Die Altersquerschnitts-Analyse impliziert die Verteilung des Umsatzes (analog Deckungsbeitrag, Umsatzrendite oder Gewinn) nach der mutmaßlichen Lebenserwartung der sie erbringenden Produkte im Programm. Dazu werden diese in Altersklassen eingeteilt und mit ihrem Umsatz gewichtet. Wird die Abfolge nun nach zunehmender Lebenserwartung der Produkte grafisch aufgebaut, kommt es darauf an, eine sich nach unten (längere Lebenserwartung) hin verbreiternde Pyramidenbasis zu erreichen *(siehe Abb. Altersquerschnitt-Analyse).* Ansonsten besteht Gefahr für die zukünftige Tragfähigkeit des Programms. Die konkrete Vorgehensweise ist wie folgt:

- Alle Produkte des Programms werden nach dem Zeitpunkt ihrer Markteinführung erfasst. Darauf aufbauend und in Abhängigkeit vom Lebenszyklus wird die mutmaßliche Lebenserwartung qualifiziert geschätzt. Dabei sind jedoch erhebliche Verzerrungen möglich.
- Auf der Ordinate zwischen dem ersten und dem vierten Quadranten einer Matrix werden die Produkte in absteigender Reihenfolge ihrer Lebenserwartung nach Zeiteinheiten abgetragen.
- Auf der Abszisse des vierten Quadranten der Matrix werden diese Produkte mit dem numerischen Anteilswert am Programm abgetragen. Auf der Abszisse des ersten Quadranten der Matrix werden korrespondierend die nummerischen Anteilswerte dieser Produkte am definierten Zielbeitrag abgetragen. Es ergibt sich ein zweiseitiges Balkendiagramm.
- Ein günstiger Altersquerschnitt weist wenige Produkte mit kurzer Lebenserwartung und niedrigem Zielbeitrag aus, hingegen viele Produkte mit langer Lebenserwartung und hohem Zielbeitrag.
- Bei einem ungünstigen Altersquerschnitt ist es genau umgekehrt, es ergibt sich tendenziell eine auf dem Kopf stehende Pyramide, es gibt also viele Produkte mit begrenzter Restlebensdauer.

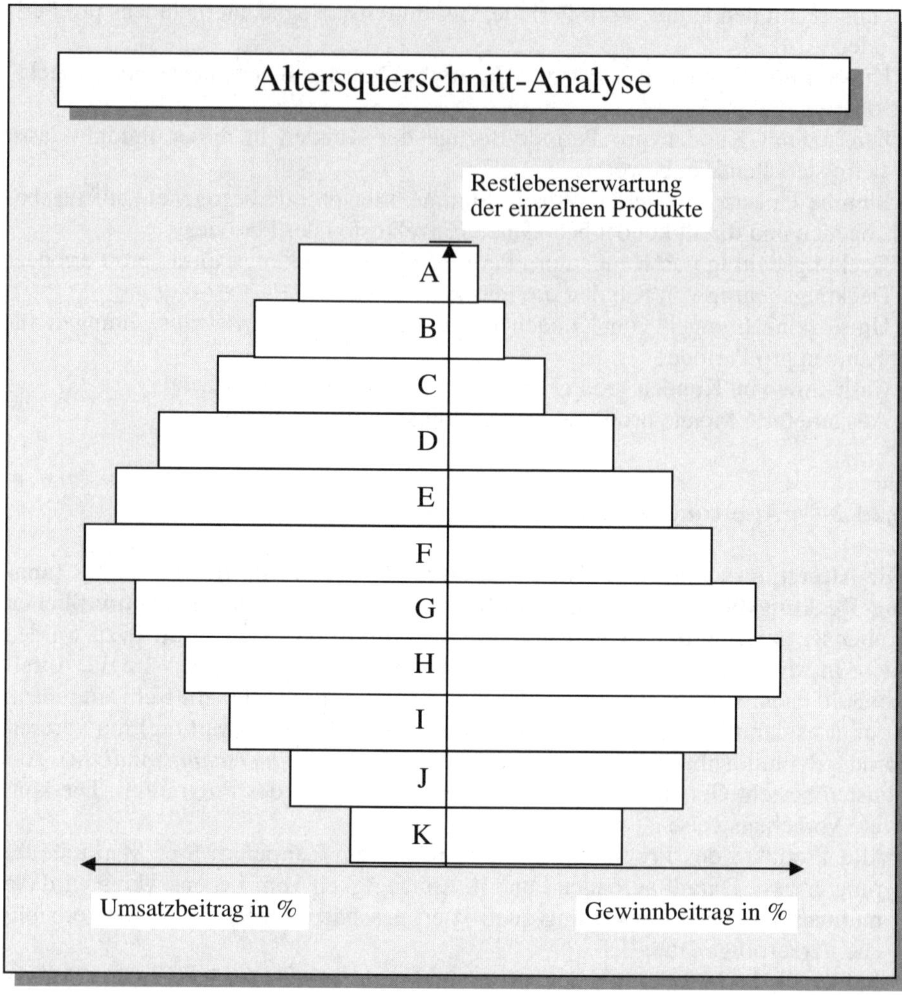

Dabei wird allerdings unterstellt, dass Produkte höheren Alters an Wettbewerbsfähigkeit verlieren. Jedoch bedeutet ein Programm mit vielen jungen Produkten auch ein hohes Risiko hinsichtlich deren Markterfolgs, denn es ist noch weitgehend ungewiss, ob und inwieweit sie sich an den Märkten durchzusetzen vermögen. Das heißt, die Erträge sind infolge höherer Preiselastizität der Nachfrage womöglich besser, aber zugleich auch unsicherer. Daher ist eine ausgewogene Altersstruktur anzustreben. Allerdings sind die obligatorischen Vorlaufzeiten für FuE bis zur Marktreife neuer Produkte in diese Überlegungen mit einzubeziehen. Dies erfolgt durch Verlängerung der Zeitachse in den negativen Bereich mit wachsender Vermarktungsferne. Die Lebenserwartung hängt unmittelbar mit der Lebenszyklusposition zusammen. Massieren sich Produkte an deren Ende, kommt es zu Ertragseinbrüchen.

3.2.2 Umfeld-Analyse

Zu Beginn der Analyse einer Programmsituation ist es in jedem Fall erforderlich, sich ein allgemeines Bild vom Umfeld der Vermarktungsbedingungen zu verschaffen. Dazu bedarf es der Einbeziehung der Positionen Absatzmarkt, eigenes Angebot und Randbedingungen.

- Zur Position **Absatzmarkt** gehören u.a. Größen wie das aktuelle Marktvolumen, die Angebotsbreite und -tiefe am Markt, die Charakterisierung des Gesamtmarkts und seiner Teilsegmente hinsichtlich Entwicklung, Eigenheiten, Schwerpunkten, der Einfluss von Konjunktur- und Saisonzyklen, Trends und Innovationen, die regionale Verteilung des Absatzes etc.
- Die Position des **eigenen Angebots** umfasst u.a. die Angebotsphysis nach Eigenschaften und Anwendungen, den Programmverbund innerhalb des Angebots, dessen Packung bzw. Ausstattung, die Produktbeurteilung in Tests, die komparativen Wettbewerbsvorteile, die Lebenszyklusphase, die Preis-Gegenwert-Relation, die nummerische und gewichtete Distribution, die Angebotskenntnis und -einstellung bei Abnehmern etc.
- Die Position **Randbedingungen** schließlich beinhaltet u.a. die Erkenntnisse aus Primär- und Sekundärforschung, die Vorgabe von Unternehmens- und Marketingwerten, den Gebiets- und Zeitrahmen, Corporate identity-Richtlinien etc. Vor allem aber gehören hierzu gesetzliche, sozio-kulturelle, technologische und ökologische Umfeldbedingungen.

Durch die Umfeld-Analyse wird die Ist-Situation allgemein deskriptiv dargestellt. Dies ist vor allem hilfreich bei der erstmaligen Auseinandersetzung mit Markt und Unternehmensprogramm. Eine Systematisierung der Umfeld-Analyse ist durch das Instrument der **STEPP-Analyse** (für Einflussfaktoren aus den Bereichen Socio-cultural, Technological, Economical, Political-legal, Physical) möglich. Für diese Kriterien ist eine Gliederung der Vermarktungsbedingungen und ihrer Kriterien möglich:

- sozio-kulturelle Komponenten wie Geburtenrate und Bevölkerungsstruktur, Arbeitsmentalität, Freizeitverhalten, Sparneigung, Sprache und Symbole, Religion und Ethik bzw. daraus resultierende Konflikte, Werte und Einstellungen, Lebensstil, Bildungsgrad, soziale und regionale Mobilität, Nationalismus, Arbeitsethos, Mobilitätsverhalten, Lifestyle,
- technologische Komponenten wie Produktionstechnologie, Produktinnovation, Verfahrensinnovation, Substitutionstechnologie, Recycling-Technologie, Telekommunikation/Internet, Logistik, Wissenstransfer, Energieversorgung, FuE-Ausgaben,
- ökonomische Komponenten wie Entwicklungstendenzen des Volkseinkommens, Höhe des Realzinssatzes, Konjunktur, Investitionsneigung, Wirtschaftssystem, Wirtschafts- und Außenwirtschaftspolitik, Zugehörigkeit zu Wirtschaftsgemeinschaften, Ausstattung mit Produktionsfaktoren, Infrastruktur, Pro-Kopf-Einkommen, Marktvolumen, Preisniveau- und Währungsstabilität, nationale Wettbewerbsfähigkeit, internationale Zahlungs- und Kreditwürdigkeit, Lohnniveau, Arbeitslosenrate,

- politisch-rechtliche Komponenten wie Gewerkschaftseinfluss, Sozialgesetzgebung, Arbeitsrecht, parteipolitische Entwicklungen, Investitionsanreize/Subventionen, tarifäre und nicht-tarifäre Handelshemmnisse, politisches System, Rechtssystem und Rechtspraxis (Steuerrecht, Patentrecht, Produzentenhaftung etc.), politische Stabilität, Regelungsintensität unternehmerischer Aktivitäten, Zentralisation der politischen Macht, Korruptionsniveau, Organisationsmitgliedschaften, terroristische Aktivitäten, Korruption,
- physische Komponenten wie Verfügbarkeit von Energie und Rohstoffen, Umweltbelastung, klimatische Faktoren, Infrastruktur, geographische Lage und Struktur, Bodenschätze, ökologische Bedingungen, Umweltstandards, Unweltschutzkosten, Umweltschäden, Umweltbewusstsein, ökologische Orientierung.

Dabei steht der jeweilig betrachtete Programmausschnitt im Mittelpunkt, z.B. in der Reifenindustrie die Situation der Altreifenentsorgung:

- *Socio-cultural: Weiter steigendes Umweltbewusstsein in der deutschen Bevölkerung, weniger Altreifenanfall durch verstärkte Nutzung öffentlicher Verkehrsmittel und Gütertransport per Bahn/Schiff,*
- *Technological: Neue Techniken zum kompletten Recycling von Altreifen werden entwickelt, Laufleistung von Reifen erhöht sich,*
- *Economical: Verstärkter Einsatz alternativer Brennstoffe, steigende Nachfrage für die in den Altreifen enthaltenen Rohstoffe,*
- *Political-legal: EU-weite Vorschriften und Erweiterung der EU erschweren Müllexport innerhalb Europas, neues Kreislaufwirtschaftsgesetz fordert Verwertungsbescheinigung von Werkstätten und Reifenhandel, Kreise und Kommunen lassen zunehmend wilde Altreifendeponien räumen.*
- *Physical: Kontinuierliche Verteuerung der Rohstoffe infolge natürlicher Knappheit, Transport und Verarbeitung zunehmend anspruchsvoller.*

3.2.3 Ressourcen-Analyse

Bei der Ressourcen-Analyse erfolgt die Beurteilung der maximalen Leistungsfähigkeit des Programms des eigenen Unternehmens in Relation zu dem/den maximalen Programmfähigkeiten der jeweils wichtigsten Konkurrenten anhand eines Kriterienkatalogs. Zu solchen Kriterien gehören etwa:

- Marketingressourcen und -fähigkeit: Art und Qualität der Produkte, Breite und Tiefe des Produktprogramms, Altersstruktur der Produkte (Lebenszyklus), Grad der Etablierung am Markt, Anteil der Neuproduktentwicklung, Qualität und Breite der Distribution, Kapazität und Effizienz des Vertriebs, Lieferfähigkeit, Qualität des Service/Kundendienst, Stabilität der Abnehmerbeziehungen, Qualität und Umfang von Werbung, Verkaufsförderung und PR, Effektivität und Effizienz der Marketingsysteme, Image des Unternehmens
- Produktionsressourcen und Forschungspotenzial: Auslastung und Flexibilität der Produktion, Ausmaß der Rationalisierungsanstrengungen, Synergieeffekte in der Produktion, Standardisierungsmaß der Erzeugnisse, Modernität und Automatisierungsgrad der Fertigung, Beherrschung bestimmter Verfahrensprozesse, Pro-

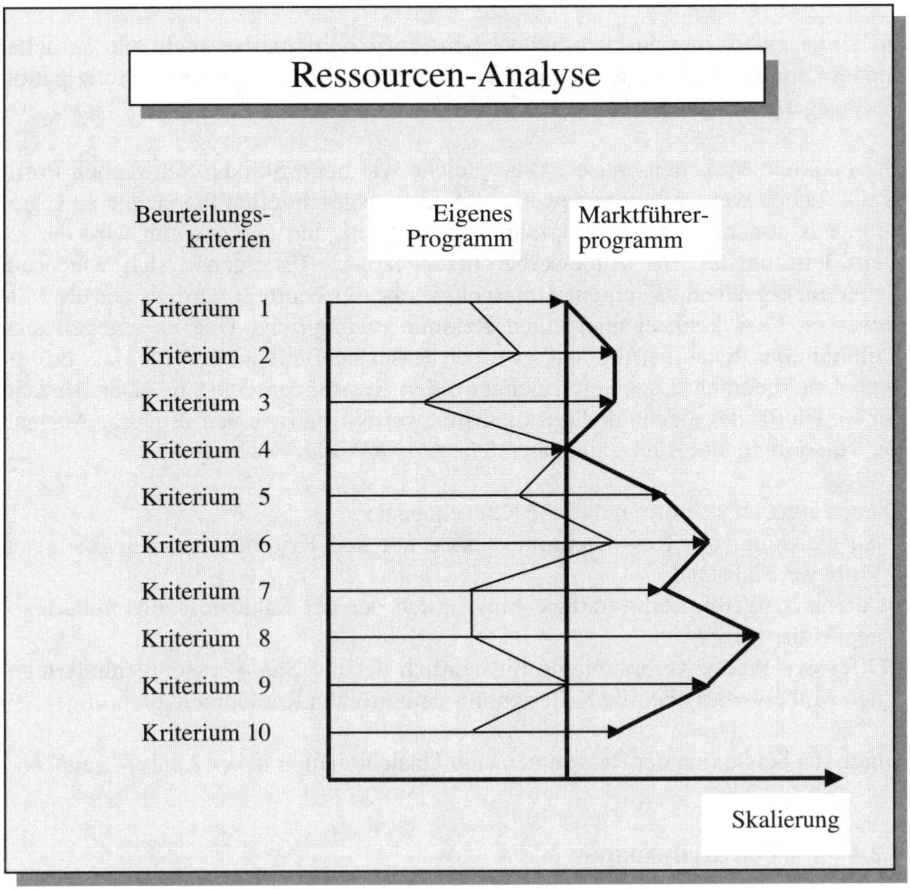

duktivität und Kostenposition, Grad der Rückwärtsintegration und Wertschöpfungsgrad, Kosten und Stabilität der Energie- und Rohstoffversorgung, Qualität der Produktionsplanungs- und -steuerungssysteme, Qualität und Innovationspotenzial der Forschung, Anzahl der Patentanmeldungen, Schutzfähigkeit des technischen Know-how und Lizenzbeziehungen, Effizienz der Führungs- und Kontrollsysteme, Standortvorteile oder -nachteile

- Finanzkraft und Rentabilität: Entwicklung der Bilanzen und ihrer Hauptposten, Verzinsung des investierten Kapitals und Cash-flows, Verschuldungsgrad und Kosten des Fremdkapitals, Möglichkeiten der Finanzierung des weiteren Wachstums, Gewinnsituation und Dividendenpolitik, Effizienz der Finanzplanung und Kostenkontrolle
- Managementpotenzial und -fähigkeiten: Qualität der Führungskräfte und Mitarbeiter, Stand und Qualität der Führungssysteme, Umsatz und Kosten je Mitarbeiter, Effektivität und Effizienz der Organisationsstruktur, Informationswege und Qualität der Informationssysteme, Umfang von Aus- und Weiterbildungssystemen.

Im Unterschied zum Stärken-Schwächen-Profil wird hierbei nicht die aktuelle, sondern nur die potenzielle Situation beurteilt. Dies ist wichtig für die Antizipation des Ausgangs möglicher Konflikte.

Die konkrete Vorgehensweise ist die gleiche wie beim Stärken-Schwächen-Profil (s.u.). Jedoch werden hierbei jeweils nicht die ausgeschöpften Potenziale zu Grunde gelegt, sondern die ausschöpfbaren Ressourcen, und je Kriterium wird der jeweils leistungsfähigste Mitbewerber herangezogen. Es ergeben sich wiederum Kriterien, bei denen das eigene Unternehmen besser beurteilt wird als der/die Mitbewerber. Dies kennzeichnet einen Ressourcenvorsprung. Und es ergeben sich Kriterien, bei denen der/die Mitbewerber besser beurteilt wird/werden als das eigene Unternehmen. Dies kennzeichnet einen Ressourcenrückstand. Der Abstand der Linien für das eigene und das/die Mitbewerbs-Unternehmen zeigt das Ausmaß der Vorsprünge und Rückstände an *(siehe Abb. Ressourcen-Analyse)*.

Daraus ergeben sich drei mögliche Konsequenzen:
- Ausgleichung der Ressourcenrückstände bei den Kriterien mit dem kleinsten Mitbewerbsabstand.
- Defensive Wettbewerbsstrategie hinsichtlich der per Saldo ressourcenüberlegenen Mitbewerber.
- Offensive Wettbewerbsstrategie hinsichtlich der per Saldo ressourcenunterlegenen Mitbewerber über die Kriterien mit dem größten Ressourcenvorsprung.

Durch die Schätzung der Ressourcen sind Unsicherheiten in der Analyse gegeben.

3.2.4 Potenzial-Analyse

Die Potenzial-Analyse impliziert die Gegenüberstellung der bereits genutzten und der insgesamt nutzbaren Reserven des eigenen Programms. Denkbare Beurteilungskriterien sind Markenstärke, Werbepräsenz, Distribution, Produktaufmachung, Lieferfähigkeit, Innovationskraft, Entscheidungsflexibilität, Mitarbeiterqualität, Investitionsattraktivität, Kostenattraktivität, Unternehmensmerkmale etc. Das Ergebnis zeigt an, welche dieser Programmparameter bereits weitgehend ausgeschöpft sind und welche noch Raum für Zuwachs lassen. Dort ist der relative Abstand zwischen genutztem und nutzbarem Potenzial am Höchsten *(siehe Abb. Potenzial-Analyse)*.

Die Vorgehensweise zur Ermittlung ist wie folgt:
- Es werden die für die Beurteilung des eigenen Programms relevanten Kriterien ausgewählt. Dazu wird ein Bewertungssystem für die Skalierung festgelegt, z.B. eine bipolare Skala.
- Für jedes Kriterium werden die für die Beurteilung relevanten Teilaspekte des Programms im genutzten Zustand ermittelt und bewertet. Dies erfolgt anhand von Fakten oder Expertenurteil (Letzteres kann allerdings subjektiv verzerrt

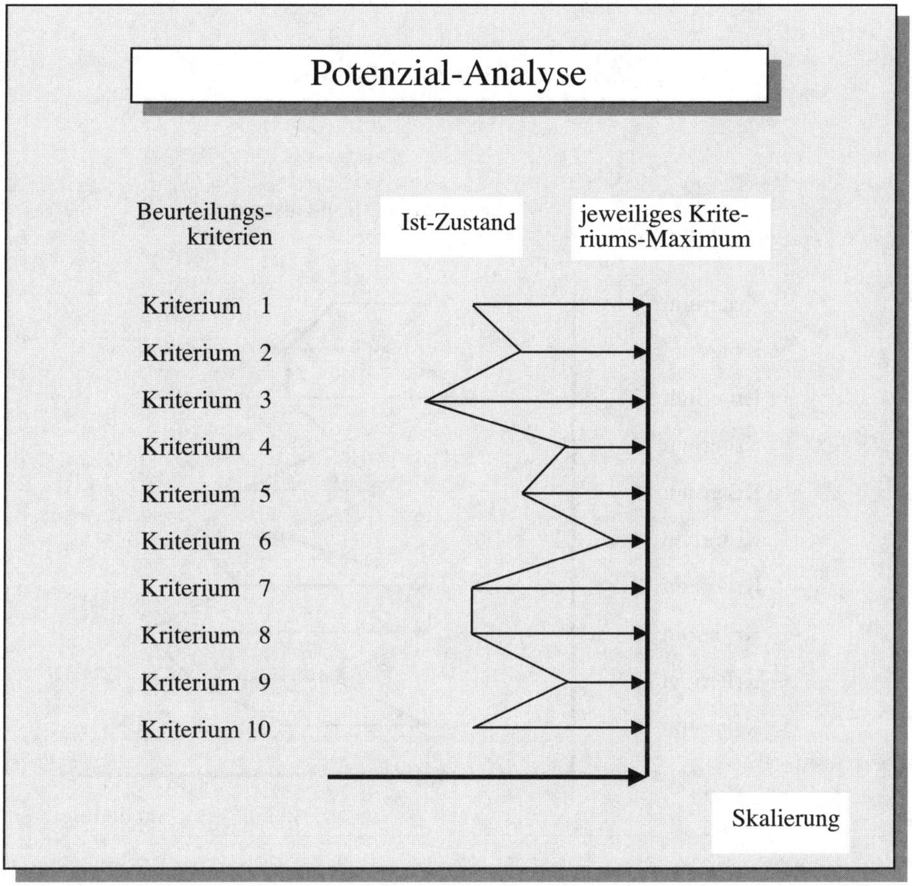

sein). Die Beurteilung für jedes Kriterium wird auf der Skalierung als Wert für das eigene Programm abgetragen.

- Für jedes Kriterium wird der vergleichbare Wert der nutzbaren Potenziale des Programms ermittelt, (subjektiv) bewertet und auch auf der Skala abgetragen.
- Für eine grafische Darstellung werden die Beurteilungen über alle Kriterien getrennt für den aktuellen und den potenziellen Zustand des Programms durch je eine Linie verbunden. Es ergeben sich Kriterien, bei denen die beiden Linien deckungsgleich sind. Dort werden alle vorhandenen Potenziale bereits voll ausgeschöpft.
- Und es ergeben sich Kriterien, bei denen im gegebenen Zustand das Potenzial noch nicht voll ausgeschöpft ist. Der Abstand der Linien für die ausgeschöpften und die ausschöpfbaren Potentiale gibt das Ausmaß des Potenzialspielraums an.

Vorhandene, aber noch nicht ausgeschöpfte Potenziale des Programms lassen sich ohne großen Zusatzaufwand zur Verbesserung der Marktsituation ausnutzen. Dort, wo das nicht der Fall ist, müssen Potenziale erst aufwändig aufgebaut werden, um sie damit nutzbar zu machen.

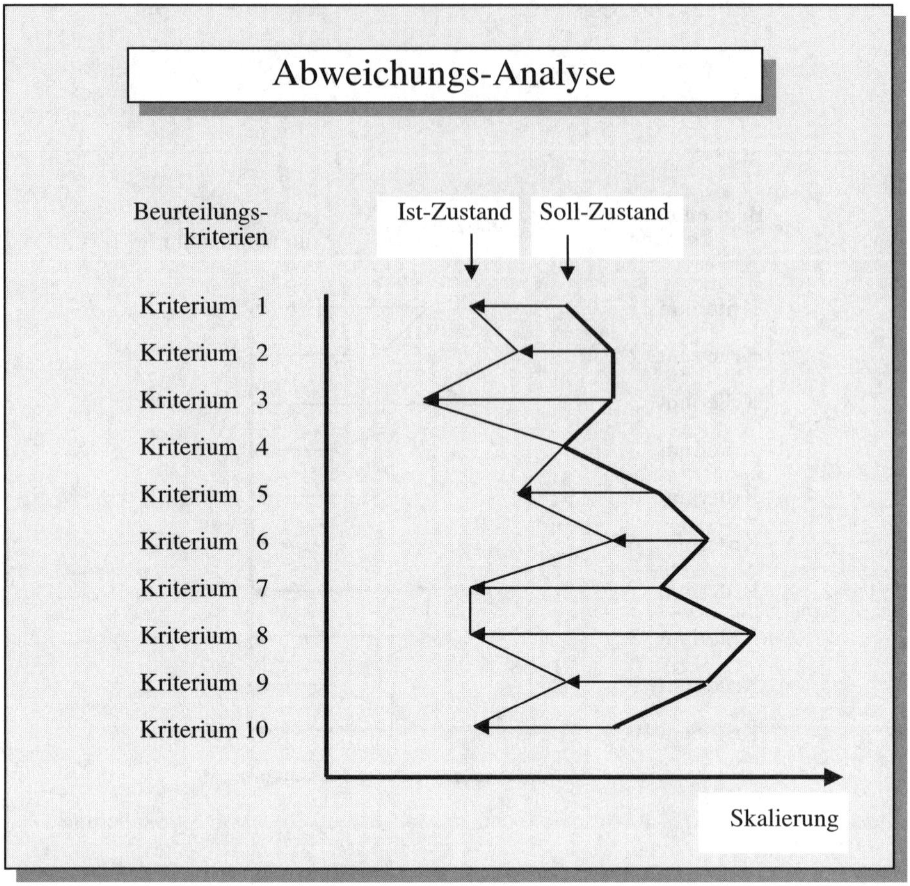

3.2.5 Abweichungs-Analyse

Die Abweichungs-Analyse betrifft ausschließlich eigene Werte in der Ziel-Zustands-Beziehung des Programms. Auch hierbei wird ein Kriterienkatalog angelegt, bei dem jedes Kriterium hinsichtlich seines Zielerreichungsgrads bewertet wird. Daraus entstehen wiederum zwei Polaritätenprofile, die Unterdeckungen ausweisen *(siehe Abb. Abweichungs-Analyse)*. Dort kann mit Maßnahmen angesetzt werden. Die konkrete Vorgehensweise ist wie folgt:

- Es werden die in der Zielvorgabe des Unternehmens festgelegten Steuergrößen konkretisiert. Für jede Steuergröße wird dabei der gewünschte Ausprägungsgrad festgelegt. Er dient im Folgenden als Maßstab.
- Es wird ein Bewertungssystem für die Skalierung festgelegt, z.B. Metrikskala. Für jede Steuergröße wird die Zielausprägung als Soll-Zustand auf dieser Skala abgetragen.
- Für jede Steuergröße werden relevante Teilaspekte ermittelt und hinsichtlich ihres Ist-Zustands bewertet. Dies erfolgt anhand von Fakten oder qualifizierter Schätzung (Letzteres kann jedoch subjektiv verzerrt sein).

- Die Beurteilung wird für jedes Kriterium als Ist-Zustand auf der Skalierung abgetragen. Für eine grafische Darstellung werden die Beurteilungen über alle Kriterien getrennt für den Soll- und den Ist-Zustand durch je eine Linie verbunden.
- Es ergeben sich Kriterien, bei denen der Ist-Zustand besser oder gleich dem Soll-Zustand ist. Dort sind die Programmgestaltungsziele voll erreicht. Und es ergeben sich Kriterien, bei denen der Ist-Zustand schlechter als der Soll-Zustand ist. Dort sind die Programmgestaltungsziele noch nicht erreicht.
- Aus dem Abstand zwischen Ist- und Solllinie kann das Ausmaß der Zielabweichung abgelesen werden.

Daraus ergeben sich zwei mögliche Konsequenzen:
- Überprüfung der objektiven Realisierbarkeit der Zielvorgaben (Marketing-Audit). Denn möglicherweise sind die Ziele ja zumindest mit den gegebenen Mitteln gar nicht zu realisieren.
- Ressourcenzuweisung in Abhängigkeit vom Grad der Zielabweichung bzw. gewichtet mit der Bedeutung der jeweiligen Zielvorgabe.

3.2.6 Engpass-Analyse

Die Engpass-Analyse, hier in Form der Strategischen Bilanz (auch Argumenten-Bilanz oder Risk tracking sheet genannt), **umfasst die Aufstellung der relevanten Aktiva und Passiva eines Unternehmens nach Rubriken analog zur Buchführung.** Statt Bilanzposten werden jedoch Funktionsbereiche, oder hier Teilprogramme, aufgeführt. Jeder Bereich wird hinsichtlich Vorteile und Nachteile in Form von Statements dargestellt und auf dieser Basis mit einem Wert zwischen 0 und 100 % bewertet. Der kleinste Saldo, d.h., der addierte Abstand zwischen Aktiva und invertierten Passiva, gibt den Engpass vor, an dem gearbeitet werden muss. Umgekehrt bilden Teilprogramme mit großem Saldo, d.h., addiertem Abstand zwischen Aktiva und invertierten Passiva, keinen Bottle neck. Im Unterschied zur Stärken-Schwächen-Analyse werden dabei also Werte saldiert, um zur Ermittlung des Engpasses zu gelangen *(siehe Abb. Engpass-Analyse)*. Die Vorgehensweise ist wie folgt:
- Die für den Unternehmenserfolg bedeutsamen Teilprogramme, werden definiert. Für jeden dieser Faktoren werden alle wichtigen Bestimmungselemente gesammelt, die für eine Bewertung relevant sein können.
- Jedes Bestimmungselement wird grob bewertet. Die Bestimmungselemente werden dann je Faktor in zwei Gruppen unterteilt, solche mit überwiegend positiver Bewertung, diese werden den Aktiva zugeteilt, und solche mit überwiegend negativer Bewertung, diese werden den Passiva zugeteilt.
- Für jeden Faktor werden die positiven und negativen Bestimmungselemente gesammelt und aufgelistet. Diese werden dann summarisch mit einer Prozentzahl bewertet, welche die Relation des Ist- zum Ideal-Zustand des Programms angibt.
- Je Faktor ergeben sich damit zwei Werte, je einer für die positiven und negativen Bestimmungselemente, entsprechend Soll und Haben in der Buchführung.
- Ein Tableau in Form einer zweiseitigen Bilanz wird aufgemacht, mit Aktiva und

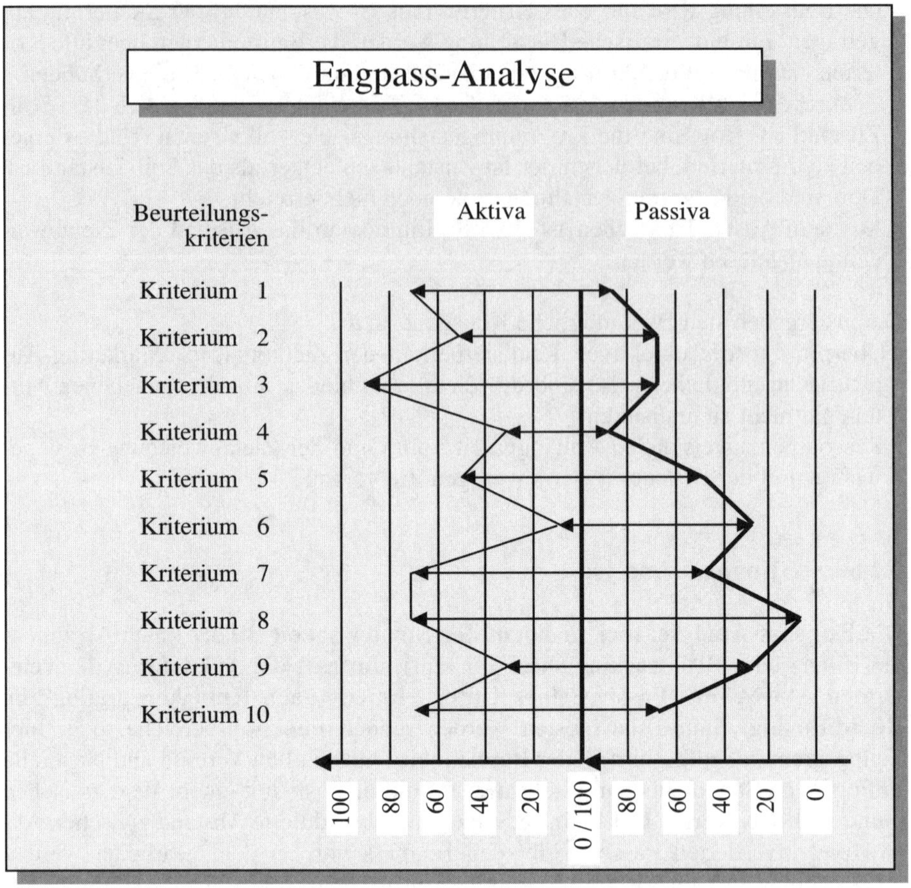

Passiva. Auf jeder Seite werden die jeweiligen Faktoren abgetragen. Auf der Aktiva- und Passiva-Seite werden jedem Faktor die jeweiligen Bestimmungselemente zugeordnet. Diese werden mit einem summarischen Wert versehen.

- Auf beiden Seiten werden die Werte von rechts nach links abgetragen, d.h., hohe positive/negative Ausprägungen bedeuten sowohl auf der Aktiva- wie auf der Passiva-Seite hohe Prozentzahlen.

Die Differenz zwischen Aktiva- und Passiva-Werten zeigt die Engpassbeurteilung je Faktor an, im Unterschied zu Ressourcen- und Potenzial-Analyse an nicht saldiert. Der Grad der Abhängigkeit liegt zwischen 0 und 100. Werte unter 100 zeigen dabei einen Engpass an, der kleinste Wert gibt den kritischen Engpass vor, an dem zuvörderst gearbeitet werden muss.

Die einzelnen Teilprogramme werden im Detail etwa hinsichtlich folgender Kriterien beurteilt:

- Kapitalanforderungen: Finanzierungsreserven, -lücken, Verschuldungsgrad, Kapazitätsreserven/Wachstumszwang, Unterbeschäftigungsgefahr, stille/liquidierbare Reserven/Belastungen durch Steuern und Immobilität, Abbau- und Auslastungsmöglichkeiten des Fixkostenblocks,

- Materialanforderungen: Qualitätsvor- und -nachteile gegenüber der Konkurrenz, Ausweichmöglichkeiten bei Rohstoffarten und Lieferanten, Umschlagsbeschleunigung/ -verlangsamung, Chancen der Sortimentsstraffung/Zwang zur Verbreiterung,
- Personalanforderungen: günstige/ungünstige Fluktuationsrate, Attraktivität für potenzielle Mitarbeiter, Schwierigkeiten bei der Personalbeschaffung, geregelte Nachwuchs- und Vertretungsregelungen/unentbehrliche Mitarbeiter, qualitative Personalreserven,
- Absatzanforderungen: Markenprofilierung, Solitärmarken, Produktimage, bessere Problemlösungen, Freiheit in der Preis- und Konditionengestaltung, Auftragsbestände/-eingänge,
- Know-how-Anforderungen: Vergabe/Inanspruchnahme von Patenten und Lizenzen, Projektcontrolling, Leistungsfähigkeit in FuE, Kenntnisse über die Zielgruppe, Innovationen, Krisenbewältigungspläne.

Einige Analysen lassen sich wie folgt systematisieren:

- Die **Ressourcen**-Analyse stellt die maximalen eigenen Leistungsfähigkeiten den maximal erreichbaren Leistungsfähigkeiten der Konkurrenz gegenüber (Max Anbieter A zu Max Anbieter B-Z).
- Die **Potenzial**-Analyse stellt die eigenen maximalen Leistungsfähigkeiten den eigenen bereits realisierten Leistungsfähigkeiten gegenüber (Ist Anbieter A zu Max Anbieter A).
- In gleicher Weise können **Konkurrenz-Potenzial**-Analysen vorgenommen werden, indem den maximalen Leistungsfähigkeiten der Konkurrenz deren bereits realisierte Leistungsfähigkeiten gegenüber gestellt werden (Ist Anbieter B-Z zu Max Anbieter B-Z).
- Weiterhin ist ein Vergleich der eigenen gegebenen Leistungsfähigkeiten zu den bereits realisierten Leistungsfähigkeiten der Konkurrenz möglich. Dies erfolgt im Rahmen der **Stärken-Schwächen**-Analyse (s.u.) (Ist Anbieter A zu Ist Anbieter B-Z).
- In nicht saldierter Form erfolgt dieser Vergleich im Zuge der **Engpass**-Analyse.

3.3 Komplexe Analyseverfahren

Als komplexe Analyseverfahren werden hier solche bezeichnet, aus denen neben der, allerdings viel dimensionalen, Zustandserhebung bereits explizite Handlungsempfehlungen abzuleiten sind. Zu nennen sind in diesem Zusammenhang die Space-Analyse, die Wertketten-Analyse und die Lebenszyklus-Analyse. Mit hierzu gehört eigentlich auch die Portfolio-Analyse, die wegen ihrer großen praktischen Bedeutung jedoch in einem getrennten Abschnitt behandelt wird.

3.3.1 Space-Analyse

Die Space-Analyse (Strategic position and action evaluation) **dient der Bestimmung der strategischen Grundhaltung von Unternehmen und der ihr zu Grunde liegenden Handlungsmuster innerhalb des strategischen Gestaltungsraums,** wobei die Analysierbarkeit der Unternehmensumwelt und der Informationszugang des Unternehmens zu seiner Umwelt das Interpretationsverhalten des Management bestimmen. Insofern wird eine im Hinblick auf die unternehmensinternen und -externen Faktoren passende strategische Grundhaltung entwickelt. Hinsichtlich der (internen) Unternehmensfaktoren wird die Wahl der strategischen Grundhaltung von den Wettbewerbsvorteilen des Unternehmens (Competitive advantage) und der Finanzkraft des Unternehmens (Financial strength) bestimmt. Wettbewerbsvorteile entstehen durch Marktanteil, Produktqualität, Kundenloyalität, Produktlebenszyklus, Innovationszyklus, technisches Know-how, vertikale Integration, Ausnutzung von Wettbewerbspotenzial etc. und führen zu höheren Gewinnraten. Die Finanzkraft des Unternehmens bestimmt den Verhaltenskorridor, der ihm als Bewegungsspielraum zur Verfügung steht. Sie wird bestimmt durch Faktoren wie ROI, Leverage, Liquidität, Kapitalbedarf/-bestand, Cash-flow, Marktaustrittsschranken, Geschäftsfeldrisiko etc.

Hinsichtlich der (externen) Umweltfaktoren sind die Turbulenz- und Branchenmerkmale relevant, operationalisiert durch die Stabilität der relevanten Umwelt (Environmental stability) und die Leistungsstärke der Branche (Industry strength). Die Umweltstabilität korreliert sehr eng mit der Finanzkraft eines Unternehmens, weshalb beide auf einer Dimension betrachtet werden können. Sie wird bestimmt durch technischen Wandel, Inflationsrate, Nachfrageverschiebungen, Preisniveau der Konkurrenzprodukte, Markteintrittsbarrieren, Wettbewerbsdruck, Preiselastizität der Nachfrage etc. Die Branchenstärke findet ihre Entsprechung in der Dimension der Wettbewerbsvorteile. Leistungsstarke Branchen ermöglichen es allen Anbietern, rentabel zu arbeiten, leistungsschwache Branchen verschlechtern die Position aller Anbieter. Sie wird beeinflusst durch Wachstumspotenzial, Gewinnpotenzial, finanzielle Stabilität, technisches Know-how, Ressourcennutzung, Kapitalintensität, Einfachheit der Markterschließung, Produktivität, Kapazitätsauslastung etc. *(siehe Abb. Schema der Space-Analyse)*.

Operationalisiert werden diese Schlüsselvariablen durch die von der PIMS-Studie ausgewiesenen Einflussgrößen, sie stellen damit eine Verdichtung der Ergebnisse

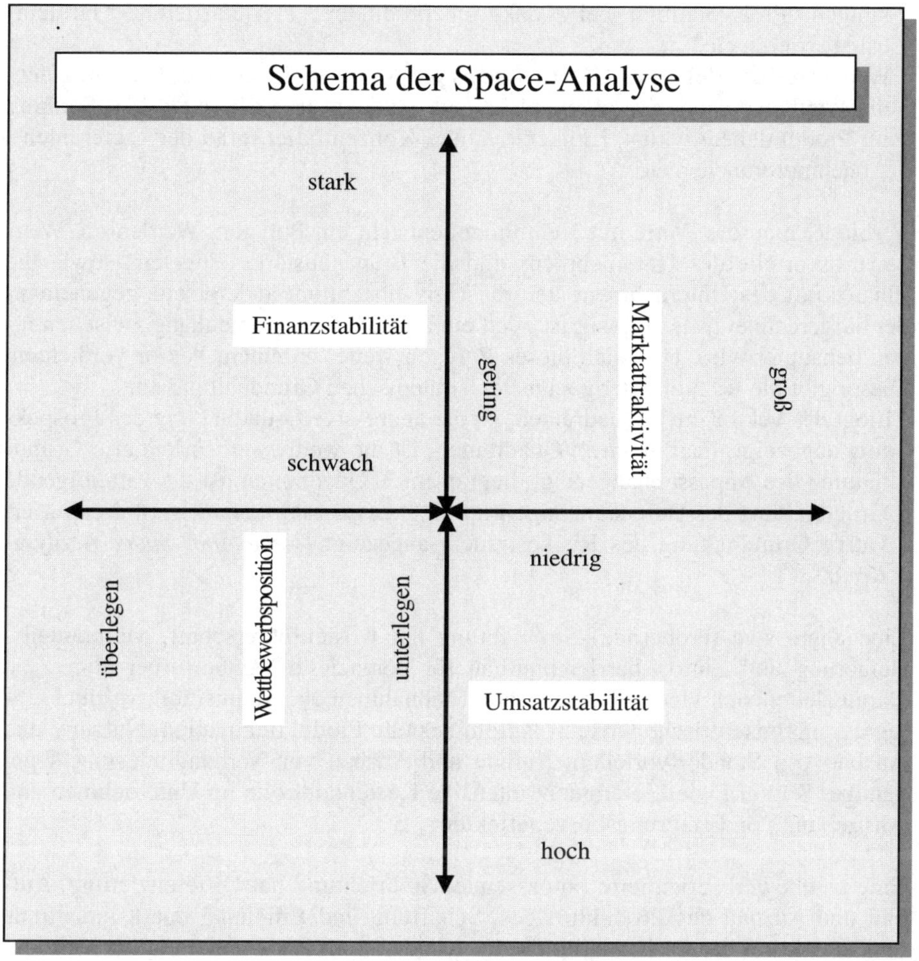

des PIMS-Programms dar. Die angemessene strategische Grundhaltung lässt sich aus den Relationen der vier Schlüsselvariablen Wettbewerbsvorteile, Finanzkraft, Umweltstabilität und Branchenstärke ermitteln. Dazu wird das Unternehmen im Hinblick auf die einzelnen Subfaktoren eingeschätzt, wobei diese untereinander gewichtet werden. Die sich ergebenden Werte werden in einer Matrix abgetragen, mit den Dimensionen

- Leistungsstärke der Branche als Abszisse des 1. und 2. Quadranten, die Branchenstärke ergibt sich aus Wachstums- und Gewinnpotenzial, finanzieller Stabilität, technischem Know-how, Ressourcenverwendung, Produktivität, Kapazitätsauslastung etc.
- Finanzkraft des Unternehmens als Ordinate des 1. und 4. Quadranten, die Finanzkraft ergibt sich aus Return on investment, Verschuldungsgrad, Working capital, Zugang zum Kapitalmarkt etc.,
- Umweltstabilität als Ordinate des 2. und 3. Quadranten, die Umweltstabilität ergibt sich aus technologischen Veränderungen, Inflationsrate, Nachfrageschwan-

kungen, Preisvolatilität bei Konkurrenzprodukten, Preiselastizität, Markteintrittsbarrieren etc.
- Wettbewerbsvorteile des Unternehmens als Abszisse des 3. und 4. Quadranten, die Wettbewerbsvorteile ergeben sich aus Markenstärke, Produktivität, Stellung im Produktlebenszyklus, Kundenloyalität, Konzentrationsgrad der Lieferanten-/ Abnehmerbranchen etc.

Verbindet man die Werte mit Kennlinien, entsteht ein Polygon. Werden die Wettbewerbsvorteile des Unternehmens und die Branchenstärke einerseits sowie die Finanzkraft des Unternehmens und die Umweltstabilität andererseits gegeneinander aufgerechnet, was zulässig ist, weil ein logischer Zusammenhang zwischen ihnen behauptet wird, lässt sich dieses Polygon weiter zu einem Vektor verdichten. Dieser gibt die Richtung der geeigneten strategischen Grundhaltung an:
- Liegt der Vektor im 1. Quadranten, ist die aggressive Grundhaltung des Prospektors angezeigt, liegt er im 2. Quadranten, ist die wettbewerbsorientierte Grundhaltung des Anpassers angezeigt, liegt er im 3. Quadranten, ist die verteidigende Grundhaltung des Defenders angezeigt, liegt er im 4. Quadranten, ist die konservative Grundhaltung des Risikostreuers angezeigt *(siehe Abb. Space-Analyse-Kreuz)*.

Eine aggressive (erobernde) Stoßrichtung hat Kostenführerschaft, Marktanteilssteigerung und Eintrittsbarrierenaufbau für potenzielle Wettbewerber zum Ziel. Daraus leiten sich tendenziell folgende Maßnahmen ab: Akquisition, vertikale Integration, konzentrische Diversifikation, gezielte Produktinnovation, Nutzung und Ausbau von Standortvorteilen, Aufbau und Ausbau von Verhandlungsmacht gegenüber Käufern wie Lieferanten, intensive Kostenkontrolle im Unternehmen und Anstrebung von Erfahrungskurveneffekten.

Eine wettbewerbsorientierte (anpassende) Stoßrichtung hat Differenzierung, Aufbau und Ausbau des Produktimages, Schaffung und Erhöhung der Kundentreue und Reduktion der Preisreagibilität der Kunden zum Ziel. Daraus leiten sich tendenziell folgende Maßnahmen ab: Intensivierung der Marketingaktivitäten, Produktverbesserung/-variation, Abgrenzung der Produkte zu Konkurrenzprodukten, Ausbau der Produktqualität, Stärkung des Vertriebs, Verbesserung der Unternehmenskoordination, engere Kooperation zwischen FuE, Vertrieb und Marketing sowie Verbesserung der finanziellen Position durch Kooperation.

Eine defensive (verteidigende) Stoßrichtung hat die Sicherung profitabler Positionen am Markt, die Melkung dieser Positionen und den selektiven Rückzug von anderen Märkten zum Ziel. Daraus leiten sich tendenziell folgende Maßnahmen ab: Elimination von Produkten mit marginaler Rendite, Reduktion des Kostenniveaus, Abbau von Kapazitäten, Minimierung von Investitionen und Pflege von Produkten in profitablen Positionen.

Eine konservative (risikostreuende) Stoßrichtung hat den Aufbau Segment spezifischer Wettbewerbsvorteile zum Ziel. Daraus leiten sich tendenziell folgende Maß-

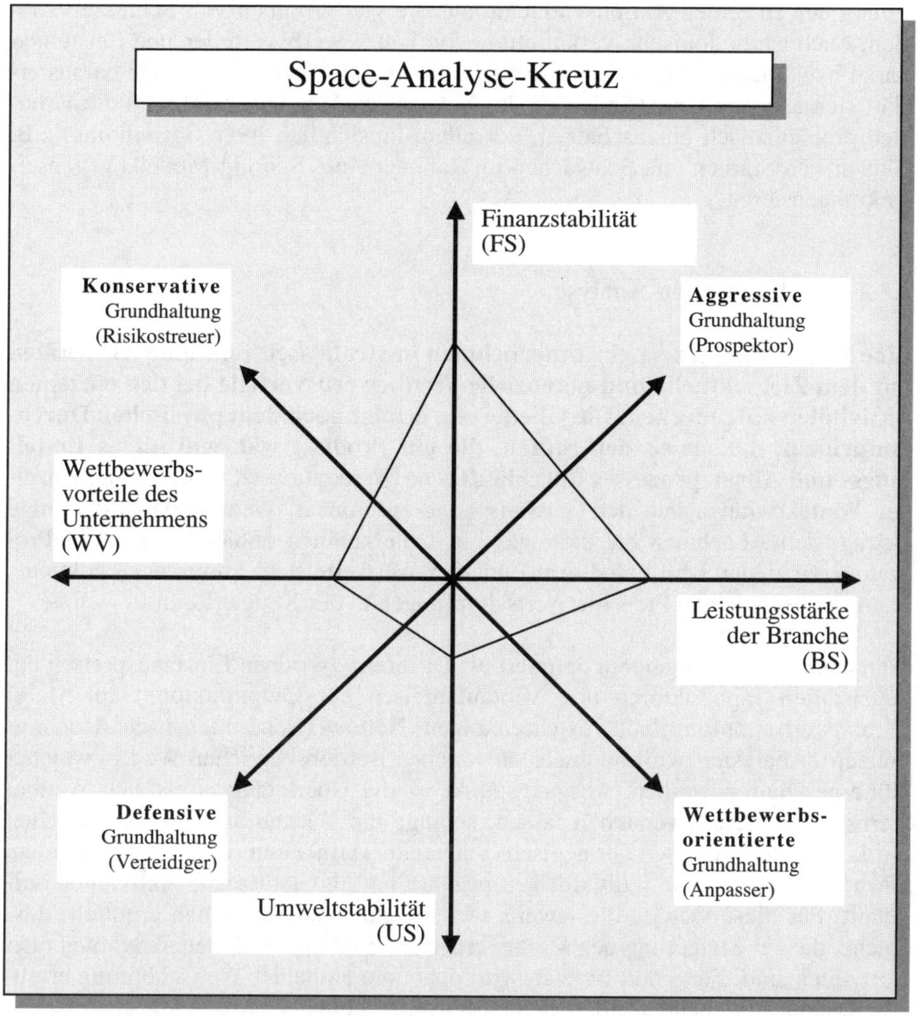

nahmen ab: Identifikation attraktiver Marktsegmente, Beschränkung auf einzelne Segmente, Entwicklung passender Produktversionen für attraktive Marktsegmente, Abflachung und Einengung des Programms, Konzentration der FuE-Aktivitäten.

Ebenso wie für das eigene Unternehmen kann auch eine Klassifizierung für Mitbewerber vorgenommen werden, sodass verschiedene Polygone bzw. Vektoren verglichen werden können.

Damit kann hier die strategische Grundhaltung klassifiziert und aus der konkreten Handlungssituation abgeleitet werden. Für die Operationalisierung bleibt dabei noch genügend Spielraum. Kritisch sind jedoch die Grundlagen zu beurteilen. Zum einen die impliziten Mängel der PIMS-Studie, zum anderen die unklare Aufteilung der einzelnen Aktionsvariablen auf die vier Gruppen von Schlüsselvariablen. Auch ist die logische Verknüpfung von Wettbewerbsvorteilen und Leistungsstärke bzw. Finanzkraft und Umweltstabilität noch ungesichert. Gerade daraus erklärt sich aber die Komprimierung des Vektors als Aussage. Auch sind die Variablen problematisch einzuschätzen, vor allem hinsichtlich ihrer Gewichtung, z.B. können sich Stärken und Schwächen im Rahmen eines Scoring-Modells gegenseitig kompensieren.

3.3.2 Wertketten-Analyse

Eine Wertkette gliedert ein Unternehmen in strategisch relevante Aktivitäten mit dem Ziel, aktuelle und potenzielle Wettbewerbsvorteile bei den einzelnen Aktivitäten aufzudecken. Die Gliederung erfolgt nach dem physischen Durchlaufprinzip, d.h., nach den Stufen, die ein Produkt während seines Erstellungs- und Absatzprozesses durchläuft. Die Wertkette setzt sich aus den einzelnen Wertaktivitäten und der Gewinnspanne zusammen. Wert ist dabei derjenige Betrag, den Abnehmer für das, was ein Unternehmen anbietet, also sein Programm, zu zahlen bereit sind. Am Ende der Wertkette steht immer der Endkunde. Er muss durch seinen Preis die Wertschöpfungen in der Kette erlösen.

Wertschöpfung ist allgemein definiert als Differenz zwischen Einstandspreisen der zugekauften Inputfaktoren und Verkaufspreisen der Outputfaktoren am Markt (Bruttowertschöpfung incl. Abschreibungen, Nettowertschöpfung nach Abschreibungen). Analysiert wird nunmehr, in welchen Betriebsbereichen Wert in welcher Höhe geschaffen werden. Ausgangspunkt ist die Überlegung, dass sich Wettbewerbsvorteile kaum verstehen lassen, solange ein Betrieb als Ganzes betrachtet wird. Vielmehr müssen strategisch relevante Tätigkeiten identifiziert werden. Dazu wird der Betrieb individuell in primäre und unterstützende Aktivitäten aufgeteilt. Für diese werden die jeweils wertschöpfenden Aktivitäten ermittelt, d.h., solche, die zur Steigerung des Marktwerts führen und nicht Scheinaktivitäten oder Leerzeiten sind. Für jeden Bereich wird dabei die Höhe der Wertschöpfung ermittelt. Davon ausgehend werden Steigerungsmöglichkeiten je Bereich identifiziert, d.h., Abbau von Scheinaktivitäten und Vermeidung von Leerzeiten. Dabei ist zu berücksichtigen, dass hohe Wertschöpfung nicht zwangsläufig hohe Rentabilität bedeutet, da mit der Leistungserstellung unweigerlich immer auch Kostenbelastungen verbunden sind, die dagegen zu saldieren sind. Daher rückt verstärkt die Analyse der Länge der Wertschöpfungskette in den Mittelpunkt, die den Anteil eigenerstellter Werte in Relation zu den zugekauften angibt (Fertigungstiefe). Dabei geht der Trend (von Ausnahmen abgesehen, z.B. Trigema/Grupp) eindeutig in Richtung geringerer Tiefe, also einer kürzeren (internen) Wertschöpfungskette.

3.3.2.1 Aufbau

Für die Analyse ist zunächst eine Ermittlung der unternehmensrelevanten Wertaktivitäten erforderlich, diese gliedern sich in primäre (Schlüsselprozesse) und unterstützende Tätigkeiten (Supportprozesse). Primäre Aktivitäten sind alle, die mit der physischen Herstellung und Vermarktung des Endprodukts zusammenhängen. Unterstützende Aktivitäten sind solche, durch die erforderliche Inputfaktoren bereitgestellt oder infrastrukturelle Bedingungen zur reibungslosen Abwicklung der primären Aktivitäten geschaffen werden *(siehe Abb. Schema der Wertschöpfungskette)*. Die Aktivitäten müssen nicht mit den jeweiligen Funktionsabteilungen identisch sein, sondern umfassen die Summe aller Aktivitäten im Zusammenhang mit der jeweiligen betrieblichen Basisfunktion, gleich wo sie im Einzelnen erbracht werden.

Die **primären** Aktivitäten der Wertkette sind folgende:
- Zur Eingangslogistik gehören der Empfang, die Bestandskontrolle, die Rückgabe von Betriebsmitteln und Werkstoffen, die Lagerhaltung dieser Betriebsmittel und Werkstoffe, der Materialtransport und die Verteilung von Betriebsmitteln und Werkstoffen.
- Zur Produktion gehören die Montage von Anlagen, der Betrieb dieser Anlagen, die Instandhaltung der Anlagen, die maschinelle Verarbeitung der Werkstoffe und die Verpackung.
- Zu Marketing/Vertrieb gehören die Angebotszusammenstellung, die Preisfestsetzung, die Vertriebswegewahl bzw. -pflege, die Werbung und die Außendienststeuerung.
- Zur Ausgangslogistik gehören die Lagerung der fertigen Erzeugnisse, die Auftragsabwicklung, die Terminplanung, der Materialtransport und der Einsatz von Auslieferungsfahrzeugen.
- Zum Kundendienst gehören die Einrichtung beim Kunden, die Ausbildung zur Bedienung, die Ersatzteillieferung, die Reparatur und die Produktanpassung.

Die **sekundäre** Aktivitäten der Wertkette sind folgende:
- Zur Beschaffung gehören die Auswahl der Lieferanten, die Einkaufsverhandlungen, und Bestimmung der Bestellmenge bzw. des -zeitpunkts.
- Zur Technologieentwicklung gehören die Forschung und Entwicklung, die Datenverarbeitung, die Wartung von Maschinen und die Marktforschung.
- Zur Personalwirtschaft gehören die Personalbeschaffung, -einstellung, -weiterbildung, -beurteilung und -entlohnung.
- Zur Unternehmensinfrastruktur gehören die Geschäftsführung, das Rechnungswesen, die Finanzwirtschaft und die Pflege der Außenkontakte.

Dann werden für jede Kategorie die konkreten Wertaktivitäten spezifiziert, die Unterteilung ist um so feinteiliger vorzunehmen, je wettbewerbsrelevanter diese sind. Dabei sind zwei Sichtweisen möglich. Nach der Kostenorientierung erfolgt die Zuordnung von Betriebs- und Anlagekosten zu den einzelnen Wertaktivitäten, die Feststellung der Kosteneinflussgrößen, die Gegenüberstellung mit der dabei erreichten Wertschöpfung und danach die Analyse zur besseren Verknüpfung der Wertaktivitäten für eine höhere Gesamtwertschöpfung (z.B. durch Outsourcing, wenn die verursachten Kosten höher sind als die zuwachsende Wertschöpfung).

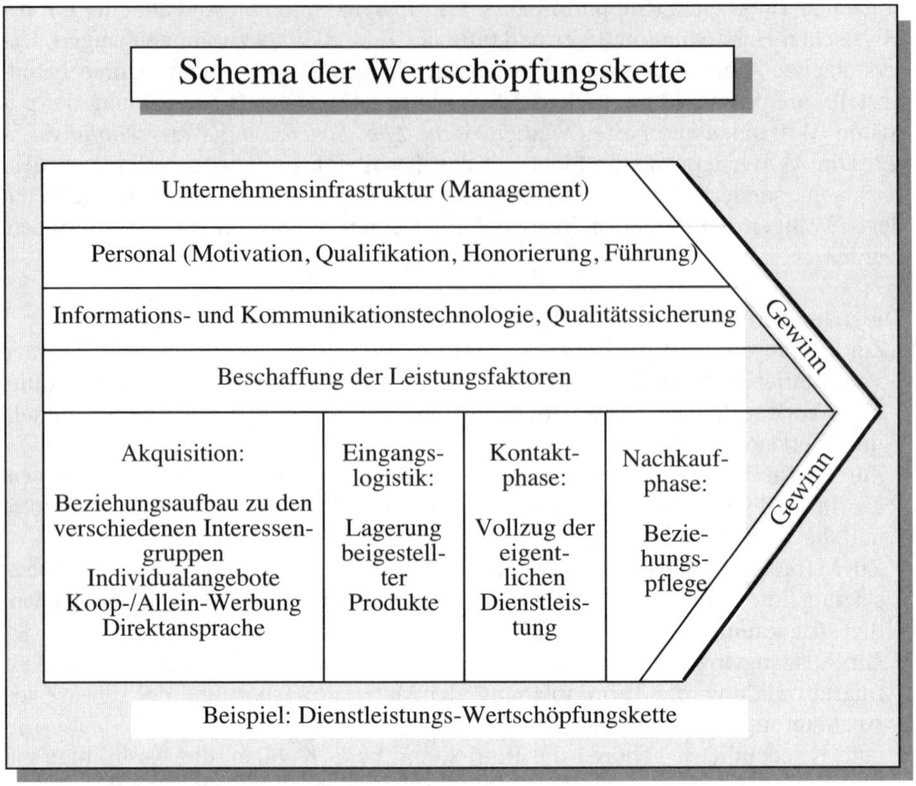

Beispiel: Dienstleistungs-Wertschöpfungskette

Die Leistungsorientierung erfordert oft eine andere Aufgliederung der Wertkette, Ziel ist dann die Suche nach der Einmaligkeit von Leistungen (Differenzierung). Diese bemisst sich an der Werteinschätzung durch Abnehmer, dazu sind die kaufentscheidenden Kriterien zu bestimmen, diesen werden Wertaktivitäten zugeordnet, danach erfolgt wieder die Analyse (z.B. Eliminierung nicht differenzierender Aktivitäten).

Für eine stimmige Analyse ist es erforderlich, Wertketten zu verknüpfen (vertikales Wertsystem), dadurch wird zugleich Einfluss auf die Wertgestaltung der Lieferanten (z.B. Entfall von Aktivitäten ohne Differenzierungswirkung) genommen. Gleiches gilt innerhalb vertikal integrierter oder diversifizierter Unternehmen (Synergieeffekte). Außerdem sind betriebswirtschaftliche Interdependenzen zwischen Wertaktivitäten innerhalb einer Wertkette, z.B. zwischen primären und unterstützenden Aktivitäten (etwa verbesserte Beschaffung für bessere Operations), zu berücksichtigen.

Wesentliche Probleme ergeben sich allerdings, weil die Kosteninformationen meist nicht in wertkettengerechter Form vorliegen, weil internes Konkurrenzdenken der Abteilungen kontraproduktiv wirkt und eine ausreichende Theoriefundierung der Wertkettenanalyse fehlt.

Die Wertschöpfungskette der Preussag AG, die im Tourismusmarkt tätig ist, sieht im primären Bereich etwa folgendermaßen aus:
- *Phase Reisebuchung: 3.510 Reisebüros (Budget Travel, First, Hapag-Lloyd, Lunn Poly, TUI Reise)*
- *Phase Reiseorganisation: 67 Veranstalter (1-2-Fly, Budget Travel, Fritidsresor, Thomson, TUI Operator)*
- *Phase Reisetransfer: 90 Flugzeuge (Britannia, Hapag-Lloyd)*
- *Phase Reisebetreuung: 36 Reiseagenturen (Airtours, Greece, Miltours, Ultramar)*
- *Phase Reiseunterbringung: 221 Hotels (Dorfhotel, Grecotel, Grupotel, Iberotel, Nordotel, Riu, Robinson).*

Die Wertschöpfungskette des Disney-Konzerns, der im Freizeit- und Unterhaltungsmarkt tätig ist, sieht folgendermaßen aus:
- *Film: Zeichentrickfilme, Fernsehshows, Kinofilme, Touchstone Pictures, Videos, Hollywood Pictures, Miramax (Kinos)*
- *Rundfunk: Disney Channel, KCAL-TV, ABC-TV Network*
- *Merchandising/Musik/Publikationen: Zeichentrickfiguren, Lizenzierung von Figuren, Musikveröffentlichungen, Buchveröffentlichungen, Disney-Ladenkette, Direct Mails, Hollywood Records, Software-Entwicklung für visuelle Effekte*
- *Live-Unterhaltung: Theater, Hockey-Mannschaft, Baseball-Mannschaft*
- *Themenparks: Disneyland, Walt Disney World, EPCOT, Tokyo Disneyland, MGM-Studios, Euro Disney Paris, Disney America*
- *Urlaubsreisen/Freizeit/Immobilien: Hotelkette, Ressorts, Urlaubsreisenveranstaltung, Kreuzfahrten, Urlaubsanlagen.*

Ähnlich sieht die Wertschöpfungskette bei Time Warner/AOL aus:
- *Inhalte und Services: Time Inc., Warner Bros., MGM United Artists, Warner Music, EMI etc.,*
- *Aggregation von Inhalten: Home Box Office (Pay-TV), CNN News Group, AOL Service, CompuServe, Netscape Netcenter,*
- *Mehrwertleistungen: Netscape, Home Box Office,*
- *Übertragung: Time Warner Cable, AOL Service,*
- *Navigation: AOL, Netscape.*

Ein anderer Medienkonzern, der Axel Springer-Verlag, ordnet seine diesbezüglichen Aktivitäten wie folgt an:
- *Zeitungen: Bild, Welt, Berliner Morgenpost, Ostsee-Zeitung, Kieler Nachrichten, Fakt,*
- *Zeitschriften: Auto-Bild, TV Digital, Hörzu, Popcorn, Yam, Jolie, Mädchen, Funkuhr,*
- *Hörfunk: Radio Hamburg, Antenne Bayern, Hit-Radio FFH,*
- *Buchverlage: Cora, Weltbild,*
- *TV-Sender: ProSieben, Sat 1, Kabel eins, N 24, 9 Live, Sonnenklar TV,*

Wertkettengestaltungsmatrix

	Reduktion der Wertkettenlänge	Expansion der Wertkettenlänge
Bezug zu vorgelagerten Wertketten	Eingangs-separation (upstreaming)	Rückwärts-integration (upstreaming)
Bezug zu nachgelagerten Wertketten	Ausgangs-separation (downstreaming)	Vorwärts-integration (downstreaming)

- *Internet: Wetter.com, Bild-T-Online, Stepstone.de, Oktoberfest.de,*
- *Postzustellung: PIN AG,*
- *Druck: Prinovis,*
- *Musiklabels: Starwatch Music,*
- *Mehrwertdienste: AS Interactive, CompuTel, AS Kontakt, Seven One Interactive,*
- *Filmproduktionen: Schwartzkopff TV,*
- *Merchandising: MM.*

Für jedes Unternehmen geht es letztlich um seine Positionierung innerhalb der gesamtwirtschaftlichen Wertkette. Denn man kann sich jegliche Produktion von der Entstehung (Quelle) bis zum Verbrauch bzw. zur Rückführung (Senke) als eine Aneinanderreihung einzelwirtschaftlicher Prozessaktivitäten vorstellen. Die Prozesse innerhalb der Wertschöpfung bleiben weitgehend gleich. Sie kommen zu Stande durch die kumulierten Prozessaktivitäten verschiedener daran beteiligter Unternehmen. Was sich jedoch verändert, ist der Anteil jedes Unternehmens an dieser Wertschöpfung. Naturgemäß geht es darum, die eigene Wertschöpfung zu steigern. Dies geschieht durch Definition einer optimierten Wertkette. Ob sich diese Definition durchsetzen lässt, hängt von den Marktverhältnissen ab. So ist eine Verlängerung der eigenen Wertkette nur möglich, wenn von Eignern vor- oder nachgelagerter Wertketten entsprechende Prozesse übernommen werden können, eine Verkürzung der eigenen Wertkette ist nur möglich, wenn Eigner vor- oder nachgelagerter Wertketten zur Übernahme gewonnen werden können. Da letztlich

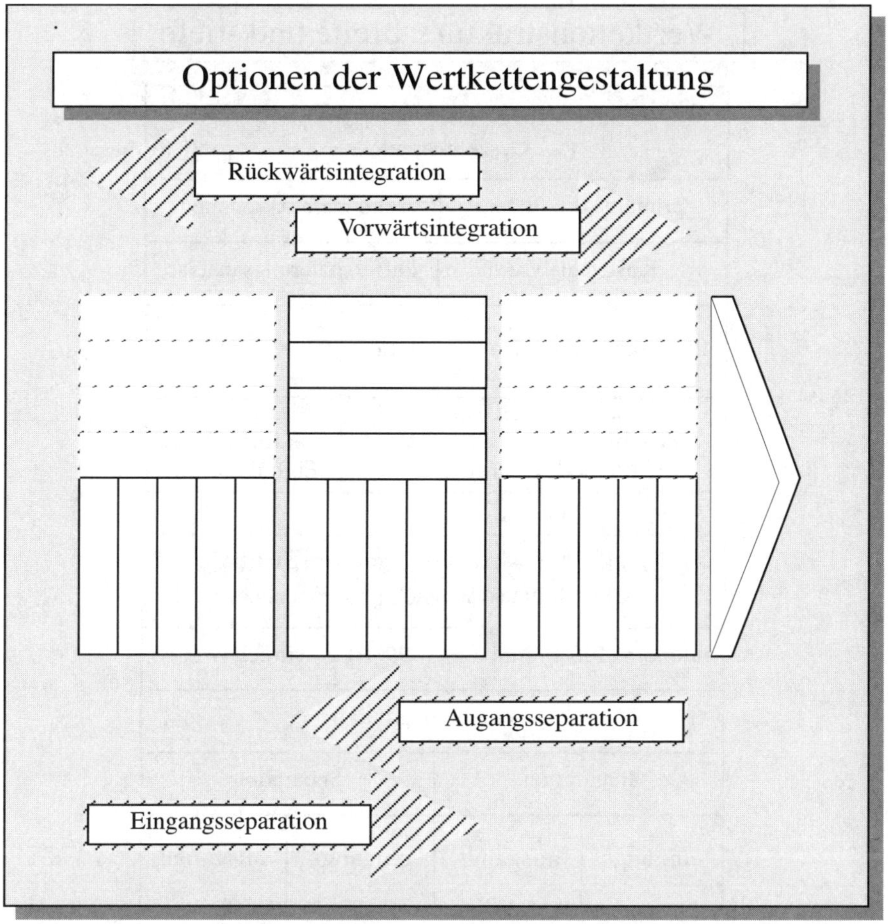

nur eine Verschränkung der einzelwirtschaftlichen Wertketten zu einer markthonorierten Leistung führt, kommt es zunehmend zu unternehmensübergreifenden Wertkettendefinitionen (Wertschöpfungspartnerschaften), von denen letztlich alle Beteiligten profitieren (Win-win-Situation) *(siehe Abb. Wertkettengestaltungsmatrix und Abb. Optionen der Wertkettengestaltung und Abb. Wertkettenstruktur, -breite und -tiefe)*.

Ein Beispiel einer solchen Wertkettenverschränkung ist der Internet-Markt. Dabei sind verschiedene Akteure beteiligt, die gemeinsam eine Mehrwertleistung im System darstellen:

- *Net provider stellen die Übertragungsleitungen zur Verfügung (wie Deutsche Telekom, Vodafone etc.),*
- *Access provider stellen die Zugänge bereit und erbringen Dienstleistungen für die Nutzung (wie 1&1, Arcor etc.)*
- *Online-Dienste, z.B. Nutzerregistrierung und -verwaltung, Kundenbetreuung und Abrechnung, Navigation (wie Debitel, Alice etc.),*

Wertkettenstruktur, -breite und -tiefe

<table>
<tr><th colspan="6">Wertschöpfungsstruktur: Gestaltung des individuellen Geschäftsmodells</th></tr>
<tr><td colspan="3">primäre Aktivitäten</td><td colspan="3">sekundäre Aktivitäten</td></tr>
<tr><td colspan="3">Kostenanalyse</td><td colspan="3">Differenzierungsanalyse</td></tr>
<tr><td colspan="2">Inputfaktoren</td><td colspan="2">Transformation</td><td colspan="2">Output</td></tr>
<tr><td colspan="2">Mensch,
Maschine,
Mittel, Methode</td><td colspan="2">Kosten, Zeit,
Qualität,
Information</td><td colspan="2">Marktpreis >
Zukaufkosten +
Eigenleistung</td></tr>
</table>

<table>
<tr><th colspan="12">Wertschöpfungsbreite: Gesamtwirtschaftliche Arbeitsteilung (Wertschöpfungsspanne)</th></tr>
<tr><td colspan="4">autonom (100%)</td><td colspan="4">mixed (1 -99 %)</td><td colspan="4">virtuell (0 %)</td></tr>
<tr><td colspan="12">Veränderung durch</td></tr>
<tr><td colspan="6">Integration</td><td colspan="6">Separation</td></tr>
<tr><td colspan="3">eingangs</td><td colspan="3">ausgangs</td><td colspan="3">eingangs</td><td colspan="3">ausgangs</td></tr>
</table>

<table>
<tr><th colspan="3">Wertschöpfungstiefe: Einzelwirtschaftliche Arbeitsteilung (Fertigungstiefe)</th></tr>
<tr><td>Make
(100 %)</td><td>Buy (nur primäre Aktivitäten)</td><td>Buy (prim. und sekundäre Akt.)</td></tr>
<tr><td>Eigenfertigung</td><td>Outsourcing</td><td>Business process outsourcing</td></tr>
<tr><td colspan="3">Charakteristikum</td></tr>
<tr><td>Insourcing</td><td>Betreibermodell</td><td>Netzwerk</td></tr>
</table>

- *Content provider stellen die Inhalte zur Verfügung und Pakettieren diese (wie Amazon, eBay, Yahoo etc.),*

- *Hardware-Hersteller sorgen für die Installation der Netztechnologie (Vermittlungstechnik bzw. Server) und Endgeräte (wie Motorola, Nokia, Philips, Samsung etc.),*
- *Service provider wie Techniklieferanten, Werbeagenturen, Systemhäuser, Consultants, Software-Häuser stellen ergänzende Dienstleistungen bereit.*

Die Analyse der Wertschöpfungskette (Value chain analysis) geht von sechs Grundannahmen aus:

- Der Gesamtwert eines Produkts im Programm ist derjenige Betrag, den Kunden dafür zu zahlen bereit sind. Um Gewinn zu erwirtschaften, müssen die zur Leistungserstellung notwendigen Aktivitäten also geringer sein als der Gesamtwert der Leistung.
- Für die Erzielung einer befriedigenden Gewinnspanne ist eine differenzierte Betrachtung und Ausgestaltung der Wertschöpfungsaktivitäten erforderlich. Diese stellen Module des gesamthaften Wettbewerbsvorteils dar.
- Um zu einem Bezugsrahmen zu gelangen, müssen die Teilaktivitäten entlang des Wertschöpfungsprozesses geordnet werden. Pauschale Fassungen reichen dazu nicht aus. Die Ordnung erfolgt in primäre Aktivitäten, die in unmittelbarem Zusammenhang mit der Marktversorgung stehen, und unterstützende Aktivitäten, die dazu dienen, die primären Aktivitäten aufrechtzuerhalten.
- Ausgangspunkt der Analyse ist nicht das Unternehmen allein, sondern die Einbettung seiner Wertschöpfungskette in die Branche. Insofern kommt es unternehmensübergreifend zu einer Verbindung mit vor- und nachgelagerten Aktivitäten (Wertkettenverknüpfung).
- Das Management muss seine Wertschöpfungskette im Vergleich zu denjenigen der Wettbewerber analysieren und ggf. im Hinblick auf die Branchenverhältnisse neu definieren. Dazu ist eine Auffächerung nach unterschiedlichen wirtschaftlichen Zusammenhängen, Differenzierungspotenzial und hohem/steigendem Kostenanteil notwendig.
- Wettbewerbsvorteile lassen sich nur ermitteln, wenn nicht nur einzelne Teilaktivitäten strukturiert und dokumentiert werden, sondern wenn auch die Art und Weise ihrer Erledigung überprüft wird. Das heißt, das „Wie“ ist entscheidend (New game).

Die konkrete Vorgehensweise ist wie folgt. Zunächst erfolgt die Definition der Wertkette. Der gesamte Betrieb wird in einzelne Leistungseinheiten unterteilt, die in sich geschlossene, nennenswerte Wertschöpfungen vornehmen. Dabei wird nach primären Einheiten, die direkt wertschöpfend wirken, und sekundären Einheiten, die dabei nur unterstützend wirken, unterschieden. Die einzelnen Stufen werden entsprechend ihrer chronologischen Reihenfolge bei der Wertschöpfung grafisch angeordnet. Dann werden die relevanten Wertaktivitäten innerhalb der Kette identifiziert und bedeutsame Verknüpfungen ermittelt. Nun kann jede Stufe daraufhin untersucht werden, welche Vorgänge und Umstände dort für die Wertschöpfung verantwortlich sind. Dazu werden die Kosten für die Durchführung der Wertaktivitäten ermittelt. Dann kann versucht werden, diese Faktoren einzeln zu optimieren, indem die Kostenantriebskräfte identifiziert und diagnostiziert werden.

Evtl. kann es dabei auch sinnvoll sein, bestimmte Aktivitäten auszulagern (Outsourcing).

3.3.2.2 Gliederung

Die Wertkettenanalyse kann unter Differenzierungs- oder Kostenaspekten erfolgen. In Bezug auf die Differenzierung liegen folgende Aufgaben an:
- Ermitteln, wer die tatsächlichen Käufer sind, denn Unternehmen, Institutionen oder Haushalte sind es nicht, sondern eine oder mehrere Personen innerhalb der beschaffenden Einheit, welche die Nutzungskriterien interpretieren sowie Signalkriterien bestimmen.
- Ermitteln, welchen Einfluss das Unternehmen auf die Abnehmerkette nehmen kann, indem die Rangfolge der Kaufkriterien der Abnehmer erhoben wird.
- Bewerten, welche bestehenden und potenziellen Quellen der Einmaligkeit in der Wertkette eines Unternehmens nutzbar sind.
- Ermitteln, welche Kosten vorhandener oder potenzieller Differenzierungsquellen entstehen.
- Eine Zusammenstellung von Wertaktivitäten wählen, die an den Differenzierungskosten gemessen die für Abnehmer wertvollste Differenzierung schafft.
- Prüfen, ob die präferierte Differenzierungsstrategie nachhaltig ist.
- Bei Aktivitäten, die sich auf die präferierte Differenzierungsform nicht auswirken, Kosten senken.

Bei Wertkettenanalyse in Bezug auf die Kosten liegen folgende Aufgaben an:
- Die richtige Wertkette ermitteln und ihre laufende Kosten und zugeordneten Anlagen feststellen.
- Die Kostenantriebskräfte jeder Wertaktivität und deren Wechselwirkungen diagnostizieren.
- Die Wertketten der Mitbewerber ermitteln und deren relative Kosten sowie die Quellen von Kostenunterschieden feststellen.
- Entwickeln, welche Strategie zur Verbesserung der relativen Kostenposition durch Kontrolle der Kostenantriebskräfte oder durch Neustrukturierung der Wertkette bzw. nachgelagerter Wertaktivitäten führt.
- Sicherstellen, dass Bemühungen um Kostensenkungen die Differenzierung nicht beeinträchtigen oder aber eine bewusste Entscheidung dazu treffen.
- Überprüfen, ob die Kostensenkung dauerhaft durchhaltbar ist.

Die Kostenstruktur innerhalb der Wertkette der Deutsche Post World Net für Briefsendungen stellt sich etwa wie folgt dar:
- *Einsammlung und Annahme von Poststücken: 10 % der Gesamtkosten,*
- *Transport der Poststücke zum Ausgangssortierzentrum: 7,7 %,*
- *Sortierung der Poststücke für den Versand: 11,1 %,*
- *Transport der Poststücke zum Zielsortierzentrum: 5,7 %,*
- *Sortierung der Poststücke für die Zustellung: 6,5 %,*
- *Transport der Poststücke zur Auslieferungsstelle: 1,9 %,*

- *Zustellung der Poststücke durch den Briefzusteller: 57,5 %.*

Ein prägnantes Wertkettenbeispiel bieten die Low cost carrier (LCC) wie Aer Lingus, Air Berlin, Easyjet, Germanwings, Ryanair, Southwest Airlines etc. Obwohl praktisch alle Flag-Airlines (die staatlichen Fluglinien) satte Verluste schreiben, können sie bei extremen Niedrigpreisen gewinnhaltig arbeiten. Die Gründe dafür liegen im Aufbau der Wertkette:

- *Es wird ein einheitlicher Flugzeugtyp verwendet, meist Airbus 319/320 oder Boeing 707, dadurch entstehen Einsparungen bei der Schulung der Crew (ein Pilot/ein speziell ausgebildeter Flugbegleiter/Purser), aber auch bei Wartungsmitarbeitern. Es kommt zu einer effizienten Wartung/Reparatur der Maschinen, Ersatzteile müssen nur für einen Typ vorgehalten werden. Die Maschinen können in ihrer Innenausstattung variiert werden (Sitzreihenanzahl, Reihenabstand, evtl. Stehplätze etc.), aber es gibt keine einstellbaren Rückenlehnen, keine Sitztaschen oder Unterhaltungssysteme an Bord. Die Sitzflächen sind aus Kunstleder und damit einfach zu reinigen. Das Durchschnittsalter der Maschinen ist niedrig (3 - 4 Jahre).*
- *Es werden nur Sekundärflughäfen angeflogen, dort gibt es niedrige Flughafengebühren (statt 20 - 25 € nur 2 - 3 € pro Flugbewegung), manche Flughäfen zahlen sogar für den Anflug, weil viel Infrastruktur daran hängt (hier macht sich die Nachfragemacht der LCC bemerkbar). Ebenso werden zusätzliche Einnahmen durch Shops, Parkhausgebühren etc. erzielt. Allerdings ist die Bezeichnung der Flughäfen irreführend, sie liegen häufig weit entfernt von dem Ort, den sie als Destination ausweisen.*
- *Die Zahl der Crewmitglieder ist niedrig (1 Flugbegleiter auf 50 Passagiere). Es werden großenteils Berufsanfänger mit niedrigem Gehalt eingesetzt, außerdem werden Personalüberlassungen (Zeitarbeiter) genutzt. Es gibt im Regelfall keine gewerkschaftliche Organisation (ausländisches Recht, wenige Urlaubstage, keine Lohnfortzahlung im Krankheitsfall, kein Streikrecht etc.).*
- *Auf dem Flugfeld kommt es zu einem schnellen Turnaround, also kurze Bodenzeiten und geringe Standdauer. Die Reinigungszeiten sind niedrig infolge fehlender kostenloser Bordnahrung, Getränke und Pressetitel (alles nur gegen angemessenes Entgelt). Es besteht freie Sitzplatzwahl, sodass keine aufwändigen Reservierungssysteme nötig sind. Bevorzugtes Boarding kostet extra. Auf verspätete Paxe wird nicht gewartet. Die Beförderung von Gepäck erfolgt nur gegen zusätzliches Entgelt, ab 10 kg Handgepäck ist ein Aufpreis fällig. Ebenso wird eine Toilettennutzungsgebühr erhoben. Es werden nur Direktflüge ohne Zwischenstopps (Hubs) angeboten. Es besteht die Pflicht zum Online-Check in (gegen Gebühr). Der Kundenservice ist gering ausgeprägt (kostenpflichtige Hotline, hohe Stornogebühren). Die Internet-Site dient oft als einzige Auskunftsquelle.*
- *Es gibt keine Vielfliegerprogramme. Durch Online-Verkauf der Tickets entfällt die Reisebüroprovision (Handelsvertreter). Alle Preise werden netto ausgewiesen, also ohne Gebühren, Steuern und Zuschläge. Es ergeben sich Affiliate-Einnahmen durch Kooperation mit Hotelketten, Mobilfunkanbietern, Autovermietern etc.*

- *Die Maschinen verfügen infolge der Einsparungen über ein geringeres Gewicht, was zu Kerosineinsparungen führt.*
- *Die Kosten für die Betankung, die Flugüberwachung und die Einhaltung der Sicherheitsstandards sind unverändert.*
- *Zukünftig ist statt eines Ticketpreises eine Bonuserstattung bei Nutzung von LCC möglich.*

Dies kann konsequenterweise bis zum Outsourcing aller wertschöpfenden Aktivitäten führen, wenn für keine von diesen Kernkompetenz besteht. Dann entsteht ein virtuelles Unternehmen (Brand net company) unter Führung eines vokalen Partners, der dieses gründet, koordiniert und integriert. **Virtuelle Unternehmen** stellen allgemein langfristig zielgerichtete Wertschöpfungspartnerschaften dar, bei denen sich Unternehmen auf Aktivitäten der Wertkette spezialisieren, um jedes für sich und insgesamt Wettbewerbsvorteile zu erlangen. Sie sind allgemein durch folgende Merkmale gekennzeichnet:

- Modularität: Die Aktivitäten sind in relativ kleine überschaubare Systeme mit dezentraler Entscheidungskompetenz und Ergebnisverantwortung aufgeteilt, diese sind rechtlich selbstständig und weisen klare Schnittstellen zu den anderen Aktivitäten auf.
- Heterogenität: Die Systeme weisen unterschiedliche Leistungsprofile und Fähigkeiten auf, im Rahmen des Netzwerks konzentrieren sie sich auf ihre jeweilige Kernkompetenz.
- Räumliche und zeitliche Verteiltheit: Die Aktivitäten sind räumlich verteilt und unterliegen einer ständigen Rekonfiguration durch Zugänge zum, Abgänge von sowie Repositionierung innerhalb des Netzwerks. Grundlage hierfür ist IuK-Technik, die auch die Grenzen definiert.
- Vertrauensorientierung: Es erfolgt ein geschlossenes Auftreten gegenüber dem Kunden am Markt bei gleichzeitiger innerer Offenheit und Dynamik durch eine nur lockere Institutionalisierung.
- Komplementaritätsprinzip: Die Aktivitäten ergänzen sich durch unterschiedliche Kernkompetenzen i.S.e. symbiotischen Organisationskonfiguration zur Erreichung von Wettbewerbsvorteilen.
- Transparenzprinzip: Trotz permanenter Rekonfiguration sieht der Endkunde das virtuelle Unternehmen als einheitliches Ganzes. Der konkrete Ort der Wertschöpfung im Inneren ist für ihn dabei irrelevant.
  Dies belegt auch die Marktforschung, wobei auf die Frage: „Welche Teile oder Komponenten Ihres Fahrzeugs sind Ihrer Ansicht nach auf jeden Fall vom Anbieter eigenständig hergestellt worden?“ Folgendes genannt wurde: Motor (78 %), Karosserie (66), Fahrgestell (26), Innenausstattung (18), Getriebe (16), Fahrzeugkonzeption (16), Rahmen (10), Sitze (8), Achsen (6), Lenkung (6), Bremsen (6), Fast alles (6), Fertigung (4), einzelne Karosserieteile (4), Kupplung (3), Radio (3).

Das Outsourcing kann sich aber nicht nur **horizontal** auf die Auslagerung bestimmter Wertschöpfungsstufen beziehen, sondern auch **vertikal** auf die Komplexitätsreduktion durch Auslagerung der kompletten Wertschöpfung teilweise von der Entwicklung bis Auslieferung nur für einzelne Marktangebote (z.B. Klein-

auflagen). Dies erfolgt regelmäßig durch Betreibermodelle (Contract manufacturing). Ein typischer Expansionpfad sieht dabei am Beispiel der Automobilzulieferung wie folgt aus:
- Lieferung von Farben und Lacken (Produktgeschäft),
- Kooperation mit einem Hersteller von Lackierstraßen zur Abstimmung von Anlage und Verbrauchsstoffen (Systemgeschäft),
- Lieferung der kompletten Lackierstraße an Autohersteller (Anlagengeschäft),
- Betrieb der Anlage in der Fließfertigung der Autohersteller mit Pay on production.

Beispiele dafür sind folgende:
- *Valmet baut für Porsche einen Großteil der Auflage des Sportcoupés Boxster und hat Erfahrung mit Saab 96, Saab 900 Cabrio, Chrysler Talbot, Opel Calibra und dem Lada Samara,*
- *Heuliez baut für Peugeot das Cabrio 206 CC, für Opel den Roadster und für Citroen den Kombi Xantia Break,*
- *Pininfarina baout für Ford das Cabrio Streetka, für Alfa Romeo den Spider und für Mitsubishi den Offroader Pajero,*
- *Binz baut für MCC die Sonderserie Smart Crossblade,*
- *Karmann baut für Volkswagen das Golf Cabrio, für Mercedes-Benz den Typ CLK, für Chrysler das Coupé Crossfire und für Audi das A 4 Cabrio,*
- *Medion baut für den Handelsdiscounter Aldi PC's,*
- *Sanmima-SCI baut für IBM PC's,*
- *Flextronics baut die Spielekonsole XBox für Microsoft,*
- *Magna-Steyr baut für DaimlerChrysler die Mercedes M- und G-Klasse für BMW den Typ X3 und für Saab das Cabrio.*

Probleme, die dabei entstehen können, beziehen sich vor allem auf die Qualitätsstandards, die Geheimhaltung, die Wahrung der Markenidentität und die Abhängigkeit von Zulieferern. Qualitätsstandards sind um so schwieriger einzuhalten, je geringer die Fertigungstiefe ist. Beim ehemaligen Smart Roadster beträgt der Anteil von DaimlerChrysler an der Wertschöpfung nur 10 %

Als Zulieferer für den Smart Roadster fungierten folgende Partner:
- *Scheibenwischer: Federal-Mogul, Frontscheinwerfer: Hella, Federung: Mubea, Automatikgetriebe: ZF, Bremsleitungen: Hutchinson, Bremssystem: Bosch, Leichtmetallfelgen: Borbet, Seitenleuchte: Sidler, Lenksäule: ThyssenKrupp-Presta, Türaufhängung: Dura, Türisolierung: Carcoustics, Fensterheber: Intier, Seitenwandverkleidung: Euroweld, Sitze: Faurecia, Gurte: TRW, Heckdeckelschloss: Kiekert, Reifen: Bridgestone, Motoraufhängung: Vibracoustics, Stoßdämpfer: ThyssenKrupp Bilstein, Hinterachse: ThyssenKrupp, Rückleuchte: Hella, Motorblock: Hydro, Zündkerzen: NGK, Hilfsrahmenaufhängung: CF Gomma, Achsmanschetten: Freudenberg, Auspuffanlage: Eberspächer, Pleuellager: KS Gleitlager, Keilriemen: Continental, Karosserieteile: Peguform, Turbolader: Garrett, Tank: TI Automotive, Heckscheibe: Freeglass, Innenraumbeleuchtung: Sli Miniature Lighting, Schiebedachmotor: Valeo, Verdeck: Edscha,*

Innenspiegel: Ficosa, Mittelkonsole: Johnson Controls, Armaturenbrett: Siemens VDO, Windschutzscheibe: Pilkington, Kühler: Behr, Stabilisierungsprogramm ESP: Bosch

Die Wahrung der Markenidentität ist vor allem bei Premiumprodukten umso schwieriger, je höher der Zulieferanteil ist.

Ein Beispiel dafür gibt Porsche als Autohersteller mit der geringsten Fertigungstiefe, weil ansonsten die porschetypische Preisprämie am Markt nicht mehr durchsetzbar scheint. So wird die Fertigung des Typs Boxster wieder in die Porsche-Werke (von Valmet) zurückgeholt. Warnendes Beispiel ist in diesem Kontext der Misserfolg des Typs 924/944, der wegen der bekannt gewordenen Zulieferung vom Audi 100 (Motorblock) zu keiner Zeit als „echter“ Porsche akzeptiert wurde. Beim Porsche Cayenne hingegen scheint die Absetzung vom fast baugleichen VW Touareg gut gelungen zu sein.

Die Abhängigkeit von Zulieferern steigt selbst bei ansonsten nachfragemächtigen Abnehmern mit rückläufiger Fertigungstiefe. Ein Beispiel dafür gibt die Beziehung Kiekert-Ford.

Kiekert ist ein mittelständischer Autozulieferer, der sich auf Türschließsysteme spezialisiert hat. Nun war es vor einigen Jahren durchaus selbstverständlich, dass man drei Schlüssel für sein Automobil hatte, einen Schlüssel für die Zündung, einen für die Türen und den Kofferraum und einen für das Handschuhfach oder den Tankverschluss. Kiekert war u.a. Türschlosslieferant für Ford in Köln und wollte seine Stellung als Lieferant dort festigen. Also überlegte man, wie man diese Stellung festigen könnte. Als konzeptioneller Ansatz wurde gesehen, wie man dazu beitragen könnte, dass Ford bei seinen Kunden, den Autofahrern, einen Wettbewerbsvorsprung mit Hilfe von Kiekert erreicht. Als Türschließspezialist überlegte Kiekert daher, wie ein Ein-Schlüssel-System machbar ist. Nach erfolgreicher Entwicklung eines solchen Systems wandte man sich an Ford mit dem Angebot, zunächst exklusiv das Ein-Schlüssel-System zu liefern. Ford erkannte den möglichen Wettbewerbsvorteil daraus und beauftragte Kiekert als Alleinlieferant für Türschließsysteme von Ford-Fahrzeugen in Deutschland. Durch das Denken in zweistufigem Absatzkanal, also an die Kunden des Kunden, konnte Kiekert sein Geschäft ausbauen.

3.3.3 Lebenszyklus-Analyse

Synthetische Systeme (Unternehmen) unterliegen ebenso wie natürliche Organismen dem Gesetz des Werdens und Vergehens. Analog zur Biologie wird dabei eine zwangsläufige Entwicklung unterstellt. **Daraus leitet sich ein deterministisches und zeitraumbezogenes Marktreaktionsmodell ab. Der Produktlebenszyklus betrachtet also die Ergebnisentwicklung in Abhängigkeit vom Zeitablauf, wobei idealtypisch eine Normalverteilung (= Gauß´che Glockenkurve) unter-**

stellt wird. Kumuliert ergeben die Werte eine logistische Funktion. Als Betrachtungsobjekte kommen infrage:

- ein Branchenmarkt in Bezug auf einen Warenbereich, z. B. Gummi, eine Warengruppe, z.B. Reifen, Sportgeräte, oder eine Warenart, z.B. Motorradreifen, Autoreifen, Lkw-Reifen,
- ein Produktlinienmarkt in Bezug auf einen Artikel, z.B. Sportreifen, Regenreifen, Winterreifen, Notradreifen, oder eine Sorte, z.B. Breitreifen verschiedener Formate,
- ein Produkt- oder Programmmarkt (hier betrachtet).

Irritationen bei der Diskussion über Aussagen des Lebenszyklusmodells rühren oft daher, dass Unklarheit über die Abgrenzung des Untersuchungsobjekts besteht. So kann etwa ein einzelnes Produkt am Beginn seines Lebenszyklus stehen, wohingegen sich die Produktlinie bereits in einem weit fortgeschrittenen Stadium befindet. Die Produktlinie kann hinsichtlich ihres Lebenszyklus wiederum anders eingeordnet sein als die Branche, deren Teil sie bildet.

3.3.3.1 Phasen

Für jeden Markt lauten die Stadien des Lebenszyklus Entwicklung, Einführung, Wachstum bzw. Reife, Sättigung, Verfall bzw. Absterben oder Wiederanstieg. Diese Phasen gehen gleitend ineinander über, sind jedoch typischerweise durch bestimmte Konstellationen gekennzeichnet. Die Charakterisierung der einzelnen Phasen erfolgt hinsichtlich mehrdimensionaler Inhalte *(siehe Abb. Produktlebenszyklus (I) und (II))*.

In der **Vorbereitungsphase** (= Entwicklung) wird das Angebot noch nicht marktwirksam. Vielmehr arbeiten Anbieter an der Marktreifung ihrer FuE-Vorhaben. Erste Ankündigungen werden in den Medien lanciert (Prä-Marketing), wobei für das Unternehmen hohe Vorkosten auflaufen.

In der **Innovationsphase** (= Einführung) ist das Marktwachstum sehr hoch, wenngleich auf kleiner Basis. Die Preiselastizität der Nachfrage ist niedrig und bietet die Chance zu Abschöpfungspreisen. Die Zahl der Konkurrenten bleibt gering, wenn es sich nicht sogar um ein temporäres Monopol handelt. Das Betriebsergebnis ist infolge der Vorkosten noch negativ. Hier erfolgt die Marktetablierung bzw. Produkteinführung. Zu Beginn jedoch gibt es kaum Wettbewerb. Die Nachfrager sind Innovatoren, die aus ihrem Selbstverständnis heraus immer das Neueste haben wollen. Andere Anbieter müssen den Marktzugang erzwingen. Das Preisniveau ist hoch, um die Konsumentenrente abzuschöpfen, obwohl es zum Teil auch niedrige Probierpreise (Penetrationsstrategie) gibt. Die Distribution ist selektiv, da Produktions- und Absatzkapazitäten erst noch sukzessiv aufgebaut werden. Die Werbung richtet sich an Meinungsbildner über Special interest-Pressetitel und den Handel zur Listungs- und Platzierungsunterstützung. Insgesamt sind die absatzpolitischen Aktivitäten eher hoch anzusetzen. Der Markt ist durch Übernachfrage gekennzeichnet. Noch sind hohe Produktionskosten bei niedrigerem Standardisie-

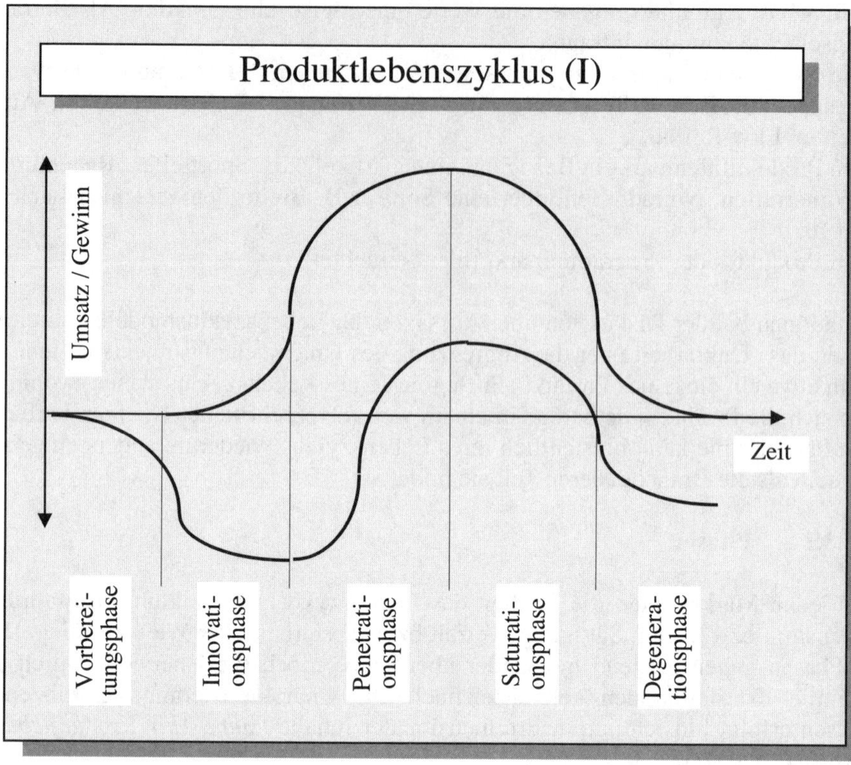

rungsgrad gegeben. Produkte werden erst noch in die Großserienreife überführt. Der Absatz erfolgt über spezialisierte Absatzkanäle. Es kommt zu intensiver Produktverbesserung durch Design- und Werkstoffwechsel mit der Folge hoher FuE-Kosten. Es besteht ein großes Innovationsrisiko. Trotz Abschöpfungspreispolitik bleiben kaum Gewinne. Die Strategie ist auf Marktanteilswachstum gerichtet.

In der **Penetrationsphase** (= Wachstum bzw. Reife) erfolgt eine bessere Marktdurchdringung. Die Wachstumsrate des Gesamtmarkts ist hoch, verläuft jedoch bald degressiv. Der Break even-Punkt wird erreicht. Die Gewinne steigen stark an, doch zugleich steigen auch die Preiselastizität der Nachfrage und die Zahl der Konkurrenten. Dennoch wird erstmalig ein positiver Cash-flow erreichbar. Der Wettbewerb ist noch nicht intensiv. Als Käufergruppen kommen nun die Frühadopter in Betracht. Ziel der am Markt vertretenen Unternehmen muss eine bessere Marktdurchdringung oder Marktausweitung sein. Das Preisniveau ist hoch, da ausreichend Nachfrage vorhanden ist. Die Frühadopter stellen schon ein weitaus größeres Potenzial dar als die Innovatoren. Die Distribution wird im Zuge des Produkterfolgs ausgeweitet. Die Kommunikation ist durch hohe Werbeanstrengungen gekennzeichnet. Durch eine Pull-Strategie wird Nachfrage in den Handel gezogen, durch eine Push-Strategie gleichzeitig Ware in den Absatzkanal gedrückt. Ziel ist es, ein Markenbewusstsein aufzubauen, um sich gegen spätere Mitbewerber zu profilieren. Die Kapazitäten werden infolge starker Nachfrage

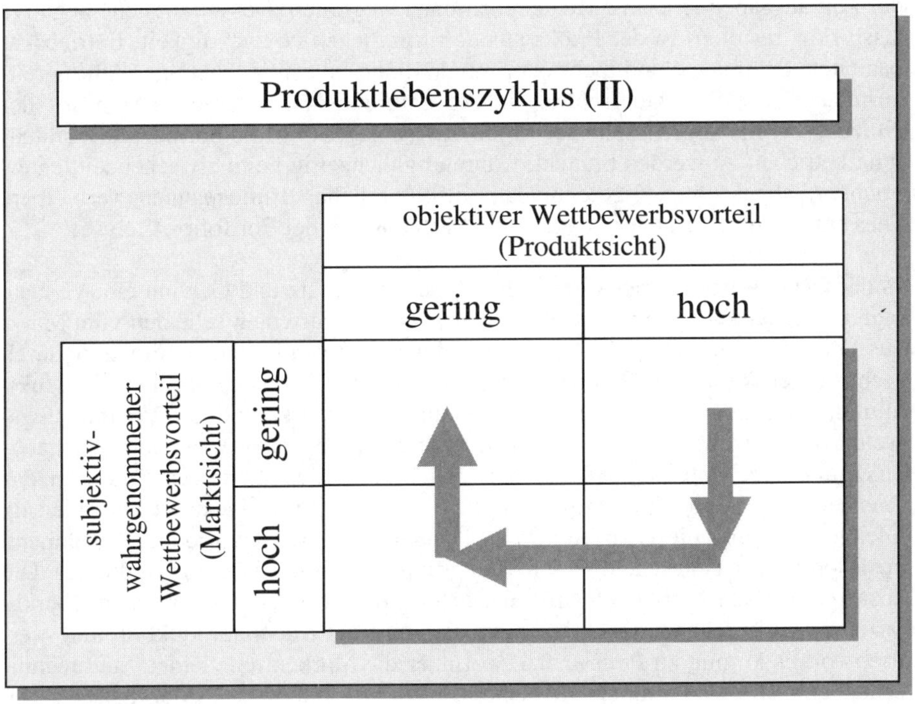

überbelastet. Es entstehen hohe Produktionskosten (z.B. durch Überstunden). Das Qualitätsniveau der Produkte ist latent gefährdet. Die Marketingkosten bleiben eher gering.

In der **Saturationsphase** (= Sättigung) normalisiert sich die Wachstumsrate und stagniert schließlich, die Gewinne erreichen ihr Maximum und verfallen danach infolge hoher Nachfrageelastizität und Wettbewerbsintensität, der Mittelrückfluss erreicht dabei sein Maximum. Es herrscht starker Wettbewerb. Als Käufer sind die frühe bzw. späte Mehrheit zu bezeichnen. Ziel ist die Durchsetzung gegenüber dem Mitbewerb und eine Marktanteilserhaltungsstrategie. Das Preisniveau sinkt. Es sind zunehmend Zugeständnisse an den Handel erforderlich, da Hersteller auf einen gewissen Distributionsgrad angewiesen sind. Die Werbeaufwendungen steigen, die Werbeaussagen sind implizit auf Diskriminierung des Mitbewerbs ausgerichtet. Hinzu kommen häufige Aktionen. Die absatzpolitischen Aktivitäten verstärken sich. Es herrschen Massenproduktion und -vertrieb vor, und die Standardisierung der Produkte ist hoch. Es kommt zu Preiskämpfen. Hohe Werbekosten werden in die Induzierung von Wiederholungskäufen und Marktsegmentierung gesteckt. Dies erfordert Produktdifferenzierung und hohen Distributionsaufwand. Es kommt zu Prozessinnovationen. Angesichts rückläufiger Margen/Gewinne werden Wettbewerbsvorteile somit aktiviert. Es herrscht Verdrängungswettbewerb. Importkonkurrenz aus Billiglohnländern verschärft diese Situation. Der Gewinnsaldo reagiert mit Time Lag auf die Umsatzentwicklung, weil zunächst die zu Beginn der Marktpräsenz angefallenen Anlaufverluste zu eskomptieren sind und im Laufe der Zeit ausgabenwirksame Kostenpositionen wegfallen. Der anfängliche negative Cash-flow resultiert in der Praxis aus der dringlichen Notwendigkeit, Betriebskapazitäten aufzubauen und mehr oder minder hohe Investitionsbeträge dafür bereitzustellen. Cash-flow-Überschüsse in der Saturationsphase ergeben sich aus der Nutzung bereits abgeschriebener Produktionsanlagen, für die nurmehr Instandhaltung betrieben zu werden braucht, während gleichzeitig beim zwischenzeitlich erreichten, abgesenkten Kostenniveau auskömmliche Bruttospannen verbleiben. Dies entspricht nahezu der Position der Cash cows in der Portfolio-Analyse.

In der **Degenerationsphase** schließlich brechen Umsatz und Gewinn ein. Verluste laufen auf, der Cash-flow sinkt schnell ab, und Konkurrenten scheiden vom Markt aus. Ziel des Marketing ist die Vermeidung dieser misslichen Situation durch rechtzeitigen Relaunch (Produktvariation), durch Rückzug des Produkts (Produkteliminierung) oder durch Life cycle stretching. Der Markt ist durch Verdrängungswettbewerb gekennzeichnet. Als Käufer kommen die Spätadopter bzw. Nachzügler zum Zuge. Unternehmen bereiten den Produktrückzug in Anschluss an das Ausmelken der Produkte (Milking policy) vor. Das Preisniveau ist eher niedrig. Gleichzeitig sinkt die Distribution, da Handelsgeschäfte das Produkt zunehmend auslisten bzw. austauschen. Aus Kostengründen wird die Werbung reduziert. Die absatzpolitischen Aktivitäten sind eher niedrig einzuordnen. Es herrschen Überkapazitäten und branchenweiter Umsatzrückgang trotz Massenproduktion und -vertrieb vor. Es kommt zu Preisverfall, worunter die Markentreue leidet. Statt technischen Fortschritts dominiert Kostenkontrolle. Es kommt zum Marktaustritt von Wettbewerbern, die sich auf die Entwicklung neuer Produkte konzentrieren. Als Ziel gilt allenfalls Marktbeherrschung.

Die verschiedenen Marktstadien sind durch folgende Kennzeichen charakterisiert:

- Junge Märkte sind allgemein gekennzeichnet durch Überkapazitäten, hohe Produktionskosten, niedrige Standardisierung, Überführung der Produkte in Serienreife, spezialisierte Absatzkanäle, intensive Produktverbesserung, hohe FuE-Kosten, hohes Innovationsrisiko, häufiger Design-/Werkstoffwechsel, Hochpreispolitik, niedrige Gewinne.
- Expandierende Märkte sind allgemein gekennzeichnet durch Überbelastung der Kapazität, hohe Produktionskosten (Überstunden etc.), latent gefährdetes Qualitätsniveau, geringe Vermarktungskosten.
- Gereifte Märkte sind allgemein gekennzeichnet durch Massenproduktion, Standardisierung, hohe Distributionskosten, Prozessinnovation, Produktdifferenzierung, Marktsegmentierung, produktbegleitende Services, rückläufige Gewinne, Importkonkurrenz (Billiglohnländer), Verdrängungswettbewerb.
- Schrumpfende Märkte sind allgemein gekennzeichnet durch Überkapazitäten, geringe Markentreue, Preisverfall, geringen technischen Fortschritt, Entwicklung von Nachfolgeprodukten, Marktaustritt von Anbietern, Marktbeherrschung als Zielsetzung.

Schließlich kommt es zum Phänomen der Versteinerung (Petrification) von Märkten (z.B. Schallplattenspieler). Dabei verharrt der Markt auf sehr niedrigem, aber stabilem Niveau infolge von produkttreuen Ersatzkäufen oder nostalgischen Anhängern an sich „überlebter" Produkte.

3.3.3.2 Bewertung

Zur Kritik am Lebenszyklus-Modell werden vor allem die nachfolgend erörterten Gesichtspunkte angeführt. Es gibt **keine Allgemeingültigkeit im Phasenablauf.** Vielmehr handelt es sich bei der postulierten um eine idealtypische Sichtweise, die modellhaft einen denkbaren Verlauf darstellt und analysiert. Unabhängig davon entspricht wohl kaum ein Lebenszyklus diesem Ideal. So gibt es Märkte mit verzögertem Anlauf des Umsatzerfolgs, deren Kurvenzug damit also eher rechtssteil verläuft (z.B. DVD-Recorder), oder Märkte, die zunächst explosionsartig expandieren und dann sukzessive in sich zusammenfallen, also eher einen linkssteilen Kurvenzug aufweisen (z.B. CD-Player). Schließlich gibt es Märkte, die einen besonders lang gezogenen Kurvenverlauf hervorbringen, also zwar als dauerhaft, jedoch wenig dynamisch zu bezeichnen sind (z.B. Produkte des täglichen Bedarfs), und solche, die zwar nur einen kurzlebigen, dafür aber sehr bewegten Kurvenverlauf zeigen (z.B. modische Trendprodukte). Insofern ist in jedem Zeitpunkt ungewiss, um welche Art von Kurvenzug es sich im konkreten Einzelfall handelt. Damit wiederum ist die planerische Aussagefähigkeit des Modells stark eingeschränkt. Hinzu kommt, dass Struktur- und Konjunkturbrüche zu einer diskontinuierlichen Entwicklung des Lebenszyklus führen können. Insofern fehlt ein ausreichender empirischer Beleg für die Gültigkeit. Ebenso ist die implizite Unterstellung der Marktformenveränderung vom Monopol zum Polypol zum Oligopol im Zeitablauf fraglich.

Der Phasenverlauf stellt **keine Gesetzmäßigkeit** dar, d.h., es gibt keine schicksalhafte Unabänderlichkeit in Abfolge und Ausmaß der einzelnen Phasen. Allenfalls handelt es sich um ein statistisches Phänomen. Insofern ist unbekannt, an welcher Stelle im Lebenszyklus man sich gerade befindet. So kann ein aktueller Zustand nach steilem Aufschwung bereits den Wendepunkt des Kurvenzugs markieren, aber auch nur ein Indikator für weiteren schnellen Aufschwung sein. Ebenso kann ein aktueller Zustand nach erfolgter Aufschwungverlangsamung bereits den Gipfel des Lebenszyklus markieren oder erst den Eintritt in die immer noch positive Phase degressiven Wachstums einläuten. Damit aber ist die Prognosefähigkeit fraglich, zumal eine unterschiedliche Zahl von Phasen angegeben wird. Denn wenn von einem aktuellen Umsatzzustand nicht bekannt ist, wo er innerhalb des gesamten Lebenszyklus einzuordnen ist, können davon auch keine Signale auf Marketingaktivitäten ausgehen. Letztlich kann immer nur retrospektiv erklärt werden, in welchem Zeitpunkt welche Phase erreicht worden ist.

Der Verlauf der Phasen kann vom Unternehmen **im Instrumentaleinsatz selbst beeinflusst** werden und unterliegt damit wiederum der Änderung. So bewirkt eine Aktivierung des Marketing-Mix sehr wahrscheinlich eine positive Beeinflussung der Erlös- und Ergebnissituation. Insb. kann ein Unternehmen einem Abfallen der

Marktdynamik zumindest vorübergehend durch verkaufsfördernde und allgemein aktivierende Maßnahmen entgegenwirken und bei absoluten Umsatzeinbußen versuchen, durch erneuernde Maßnahmen einen neuen Lebenszyklus zu etablieren, wobei allerdings ungewiss ist, in welchem Stadium dieser dann beginnt. Wird das Angebot am Markt als hinreichend neu empfunden, dürfte in einem vergleichsweise frühen Stadium begonnen werden, wird die Änderung hingegen als wenig oder gar nicht neuartig angesehen, mag sie nicht einmal in der Lage sein, einen neuen Lebenszyklus zu etablieren.

Von entscheidender Bedeutung ist dabei das **Timing,** denn wird zu früh mit einer Reaktivierung begonnen, wird unnötig Umsatz aus dem etablierten Marktangebot verschenkt und die Fähigkeit eines Produkts, Erlöse zu generieren, damit nicht voll ausgereizt. Wird hingegen zu lange mit einer Reaktivierung gewartet, mag die Produktattraktivität bereits so stark gelitten haben, dass kein Umsatzschub mehr von dem erneuerten Angebot ausgehen kann. Für dieses optimale Timing gibt die Lebenszyklus-Analyse allerdings keinerlei Hinweise. Auch fehlt die Berücksichtigung dynamischer und unsystematischer Entwicklungen, wie sie für die heutige Zeit viel wahrscheinlicher sind als gleichförmige, kontinuierliche Verläufe. Insofern kann es sich hier allenfalls um einen Inputfaktor für die Programmstrategie handeln.

Es kann auch zu beträchtlichen **Phasenverschiebungen** in den Zyklenstadien für das gleiche Produkt auf verschiedenen Märkten bei real anzutreffenden Mehrmarktunternehmen kommen. Das hat zur Konsequenz, dass bei der Analyse weiterhin nach den Angebotsmärkten differenziert werden muss. Bei nicht perfekt differenzierter Marktbearbeitung kann es zur gegenseitigen Beeinflussung der Lebenszyklen der Produkte auf den verschiedenen Märkten kommen, die zu einer Abweichung vom idealtypischen Verlauf führen, und damit wiederum zu verzerrten Aussagen.

Die **Abgrenzung der Phasen** gegeneinander ist fragwürdig. Gemeinhin endet die Einführungsphase mit der Erreichung der Gewinnschwelle, die Wachstumsphase reicht bis zum Umkehrpunkt der Umsatzkurve. Alle anderen Phasen sind weitgehend unbestimmt. Das bedeutet aber, dass es letztlich der subjektiven Interpretation überlassen bleibt zu definieren, welche Lebenszyklusphase gerade anliegt. Damit geht der normative Aussagewert des Modells jedoch verloren, und es wird womöglich zu einem willfährigen Instrument interessengeleiteter Argumentation. Gleichfalls ist die Anzahl der Phasen indeterminiert. Sie schwankt zwischen drei und sechs.

Es ist allenfalls eine didaktisch anschauliche, plausible Darstellung gegeben, damit aber Deskription und eingängige Logik anstelle von Analytik. Hingegen fehlt eine angemessene **theoretische Fundierung**. Insofern können nur denkbare Ausprägungen und mögliche Produktentwicklungen beschrieben werden, aus denen jedoch keine allgemeinen Empfehlungen ableitbar sind. Dabei besteht die Gefahr einer Self fulfilling prophecy derart, dass Verhalten entsprechend der vermuteten

Lebenszyklusphase zu Ergebnissen führt, wie sie eben für diese Phase als typisch angesehen werden.

Es handelt sich also eigentlich nur um eine **Zeitreihe** singulärer Ereignisse, da keine anderen Einflussfaktoren außer der Zeit zugelassen sind, die wiederum selbst erklärungsbedürftig sind. Solche Erklärungen leiten sich ab aus dem Nachfrageverhalten (Diffusionstheorie). Dieses ist auf Innovationsverhalten ausgerichtet, der Produktlebenszyklus hingegen auf Kaufentscheidungen. Allerdings werden dabei nur die Erstkontakte erfasst. Eine andere Erklärung ergibt sich aus dem Wettbewerbsverhalten (z.B. gering während der Einführung, hoch bei der Marktsättigung).

Allerdings hat die Lebenszyklusbetrachtung in neuerer Zeit eine Bedeutung aus einem anderen Blickwinkel erhalten. Im Ökologiemanagement werden Produkte und Programme nicht mehr zeitpunktbezogen, sondern im Rahmen von Lebenszyklen aus Invention, Implementierung, Nutzung und Entsorgung betrachtet. Der betriebliche und gesellschaftliche Wert wird anhand dieser kumulierten Betrachtung beurteilt. Vor allem werden die Nutzen der Vermarktung eines Produkts den dabei entstehenden Schäden in der Leistungsbeschaffung und -erstellung sowie der Produktentsorgung gegenübergestellt. Ziel ist es dabei, den Saldo dieser Werte zu maximieren und Produkte mit negativem Saldo zu eliminieren. Dabei ergibt sich allerdings eine erhebliche Abweichung zwischen einzel- und gesamtwirtschaftlicher Betrachtungsweise, denn von den Nutzen eines Produkts profitiert die Gemeinschaft nur begrenzt (z.B. über Steuern und Abgaben), bei den Schäden wird sie jedoch nicht selten über Gebühr beansprucht (externale Kosten). Das heißt, ein Produkt, das bei Lebenszyklusbetrachtung aus einzelwirtschaftlicher Sicht positiv zu beurteilen ist, kann bei gesamtwirtschaftlicher Sicht negativ zu beurteilen sein. Absicht ist daher die Internalisierung externer Effekte (durch entsprechende Berechnung) und öffentlicher Einfluss (durch Gesetzgebung oder Meinungsdruck) auf Entscheider im Sinne der Berücksichtigung gesellschaftlicher Folgen. Unternehmen kommen dem durch Technologiefolgen-Abschätzung und Aufstellung von Öko-Bilanzen für ihre Programme entgegen.

3.4 Programmanalyse mittels Portfolios

Am Häufigsten werden sicherlich Programm-Analysen auf Basis der Portfoliotechnik eingesetzt. Diese geht auf den Nobelpreisträger Markowitz zurück und ist allgemein eine Planungsmethode zur Optimierung der Investitionen in Wertpapiere derart, dass eine Gruppe von Vermögenswerten so kombiniert wird, dass bei einer gegebenen Risikohöhe der bewertete Gesamtgewinn aus dem Portefeuille maximiert bzw. für eine gegebene Gewinnrate das Risiko des Portefeuilles minimiert wird. Als Ergebnis entsteht ein Portefeuille, das nach bestimmten Kriterien optimal zusammengestellt ist. Als Kriterien dienen dabei neben zukünftig erwarteter Kapitalrendite und Risiko die Varianz der möglichen Abweichung davon. Im Ergebnis entsteht ein Portefeuille, bei dem Wertpapiere mit hohem Risiko aber hoher, zu erwartender Kapitalrendite ein Gleichgewicht halten mit Wertpapieren mit geringem Risiko, aber bescheidenen zu erwartenden Renditen. Optimalitätskriterium ist die Einhaltung der individuellen Risikopräferenz bei höchstmöglicher Verzinsung. Mit der Übertragung dieser Denkweise auf diversifizierte Unternehmen ist die Anwendung auf ganzheitliche betriebswirtschaftliche Problemstellungen möglich. Das Risiko ist dann abhängig vom Neuheitsgrad der Aktivitäten, die Rendite von den Gewinnerwartungen der Shareholder.

Der Risikoaspekt strategischer Entscheidungen ist also besonders zu berücksichtigen. Es sollte eine ausgewogene Balance zwischen risikoreichen und risikoarmen Programmelementen gehalten werden. Strategische Entscheidungen sind vielfach Investitionsentscheidungen bei unsicheren Rahmenbedingungen und begrenzten Ressourcen. Sie sind ganzheitliche Entscheidungen, die allerdings die Interdependenzen zwischen den einzelnen Erfolgspotenzialen (SGE´s) zu berücksichtigen haben. Und sie sind nicht zeitpunkt-, sondern zeitraumbezogen zu gestalten, d.h., im Zeitablauf sollen sich Erfolgsobjekte in finanz- wie auch erfolgswirtschaftlicher Hinsicht gegenseitig ausgleichen.

3.4.1 Portfolio-Vorläufer

Übertragen auf den Vermarktungsbereich nennt man jede Beziehung zwischen einer/mehreren unternehmensbezogenen und einer/mehreren marktbezogenen Größen in Form einer, meist zweidimensionalen, Matrix Portfolio. Die Portfolio-Analyse entstammt den Anfängen der strategischen Unternehmensführung Mitte der 1970er Jahre. Sie hatte einige Vorläufer zu ihrer Entwicklung und brachte in ihrer Ausbildung verschiedene Varianten hervor.

3.4.1.1 Programmerfolgs-Portfolio

Die einfachste Form des Portfolios ergibt sich aus der Gegenüberstellung der unternehmensbezogenen Größe Anteil jedes Produkts im Programm am gesamten Deckungsbeitrag und der marktbezogenen Größe Anteil jedes Produkts im Programm am gesamten Umsatz im **Deckungsbeitragsanteils-/Umsatzanteils-Portfolio** (Drucker), hier vereinfacht Programmerfolgs-Portfolio genannt. Unterteilt man beide Dimensionen jeweils in Hoch und Niedrig, so ergeben sich vier Kombinationen *(siehe Abb. Drucker-Portfolio)*:

- Deckungsbeitragsanteil und Umsatzanteil jeweils niedrig: Dies gilt typischerweise für anlaufende Produkte. Hier sollen begrenzte Ressourcen zugeteilt werden, um sie zu entwickeln, bereits erkennbare Fehlentwicklungen sollen hingegen eliminiert werden.
- Deckungsbeitragsanteil hoch, aber Umsatzanteil niedrig: Diese Produkte sollen unbedingt forciert werden, damit bei höherem Umsatz ein maßgeblicher Erfolgsbeitrag erwirtschaftet werden kann, evtl. ist auch ein Verharren in diesem Feld sinnvoll (z.B. Spezialprodukte).
- Deckungsbeitragsanteil und Umsatzanteil jeweils hoch: Diese Produkte bestimmen aktuell den Erfolg des Unternehmens, sie sind unbedingt zu halten und zu verteidigen, je höher der Anteil, desto besser ist die Situation.
- Deckungsbeitragsanteil niedrig, aber Umsatzanteil hoch: Dies ist häufig bei auslaufenden Produkten anzutreffen, die rechtzeitig durch Nachfolger zu ersetzen sind, junge Produkte sind als Fehlentwicklungen vom Markt zu nehmen.

Daraus weiterentwickelt und unter Hinzunahme einer weiteren Größe entsteht das **Umsatz-/Deckungsbeitragsanteils-Lebenszyklusphasen-Portfolio**. Es besteht als Matrix aus den beiden Achsen Umsatz- und Deckungsbeitragsanteil als Ordinate und Lebenszyklusphase als Abszisse. Erstere betrifft den relativen Anteil einer SGE hinsichtlich ihres eigenen Umsatzes und Deckungsbeitrags am gesamten Umsatz und Deckungsbeitrag eines zu analysierenden Unternehmens, jeweils mit den ordinalen Ausprägungen hoch und niedrig. Letztere betrifft die Phase des Lebenszyklusses, in der sich eine SGE befindet, jeweils mit den Ausprägungen Einführung, Wachstum, Reife, Sättigung. Daraus ergeben sich in der Kombination 16 Felder, die sich zu zehn strategischen Kategorien zusammenfassen lassen. Daraus resultieren Normstrategien hinsichtlich der Ressourcenzuweisung für die nächste Planungsperiode wie folgt:

- Umsatz- und Deckungsbeitrags-Anteil jeweils niedrig, Einführungsphase im Lebenszyklus: Entwicklungsprodukte mit begrenzter Ressourcenzuweisung (Development products),
- Umsatz- und Deckungsbeitrags-Anteil jeweils niedrig, Wachstums-/Reife-/Sättigungsphasen im Lebenszyklus: Flopprodukte als Liquidationskandidaten mit sofortigem Mittelentzug (Failures),
- Umsatzanteil niedrig, aber Deckungsbeitragsanteil hoch, Wachstumsphase im Lebenszyklus: Zukunftsprodukte mit verstärkter Ressourcenzuweisung (Tomorrow´s breadwinners),
- Umsatz- und Deckungsbeitrags-Anteil jeweils hoch, Reife-/Sättigungsphasen im Lebenszyklus: Gegenwartsprodukte mit konsolidierter Ressourcenzuweisung (Today´s breadwinners),
- Umsatzanteil hoch, aber Deckungsbeitragsanteil niedrig, Reife-/Sättigungsphasen im Lebenszyklus: Vergangenheitsprodukte ohne neue Ressourcenzuweisung (Yesterday´s breadwinners),
- Umsatzanteil niedrig, aber Deckungsbeitragsanteil hoch, Wachstums-/Reife-/Sättigungsphasen im Lebenszyklus: Marktführer in Marktnischen mit begrenzter

Drucker-Portfolio

Deckungsbeitragsanteil (Erfolg)		Umsatzanteil (Volumen): niedrig	Umsatzanteil (Volumen): hoch
	gering	Entwicklungsprodukte (Development Products) / Überraschungs-produkte (Cinderellas) Versagerprodukte (Failures) / unnötige Spezialitäten (Unjustified/Unnecessary specialities) / politische Produkte (Investment in managerial ego)	Vergangenheitsprodukte (Yesterday´s breadwinners) und Krisenprodukte (Repair jobs)
	groß	Spezialprodukte (Productive specialities)	Gegenwarts-produkte (Today´s breadwinners) und Zukunftsprodukte (Tomorrow´s breadwinners)

Ressourcenzuweisung (Product specialities),

- Umsatzanteil hoch, aber Deckungsbeitragsanteil niedrig, Wachstumsphase im Lebenszyklus: Spezialprodukte, deren Profitabilität wegen fehlender Standardisierbarkeit gering ist, daher Ressourcenzuweisung überprüfen (Unnecessary specialities),
- Umsatz- und Deckungsbeitrags-Anteil jeweils niedrig, Einführungs-/Wachstumsphasen im Lebenszyklus: Ergebnis künstlicher Produktdifferenzierung ohne Überlebenschance, daher sukzessiver Mittelentzug (Unjustified specialities),
- Umsatz- und Deckungsbeitrags-Anteil jeweils niedrig, Wachstums-/Reifephasen im Lebenszyklus: Investitionsruinen mit ungewissem Ausgang, Ressourcenzuweisung überprüfen (Investments in managerial ego),
- Umsatzanteil niedrig, aber Deckungsbeitragsanteil hoch, Wachstums-/Reifephasen im Lebenszyklus: Unterforderte Produkte mit Nachholpotenzial bei verstärkter Ressourcenzuweisung (Sleepers).

Probleme dieser frühen und selten genannten Portfoliotechniken liegen vor allem in dem Mangel fehlender Berücksichtigung externer Wettbewerbsbedingungen sowie in der gegenseitigen Abhängigkeit der Positionen der Geschäftseinheiten voneinander. Jedes Herausnehmen oder Hinzufügen einer SGE bewirkt eine Verschiebung aller anderen Positionen mit der Konsequenz neuer Strategieempfehlungen. Das Modell ist also ausgesprochen instabil.

3.4.1.2 Stärken-Schwächen-Chancen-Risiken-Portfolio

Ein weiterer Vorläufer der „klassischen" Portfolio-Modelle ist die SWOT-Analyse. Der Begriff **SWOT** entsteht als Akronym für die englischen Übersetzung von Stärken (Strengths), Schwächen (Weaknesses), Chancen (Opportunities) und Risiken (Threats) (auch als SOFT-, WOTS Up- oder TOWS-Analyse bezeichnet). Die Analyse stellt also eine Kombination aus einer Stärken-Schwächen-Analyse einerseits und einer Chancen-Risiken-Analyse andererseits dar. Im Folgenden werden diese beiden Teilanalysen zunächst erläutert und danach dann zusammengeführt.

Bei der **Stärken-Schwächen-Analyse** (SW-Analyse) handelt es sich um die **Gegenüberstellung der Ist-Position des Analyseobjekts (hier das Programm) im Vergleich zu Konkurrenzobjekten (Programme der stärksten Wettbewerber) anhand eines Kriterienkatalogs.** Aus diesem Konkurrenzvergleich ergibt sich bei entsprechender Anlage ein Polaritätenprofil ergibt, aus dem ersichtlich ist, wo gegenwärtige komparative Konkurrenz-Vor- und Nachteile liegen, die Notwendigkeit oder Anlass zu Aktivitäten anzeigen. Als Stärke wird dabei ein von Konkurrenten nur schwer einholbarer Vorsprung bezeichnet, als Schwäche ein nur schwer einholbarer Vorsprung der Konkurrenten. Die konkrete Ausformung geschieht wie folgt:

- Es werden die für die Beurteilung der relativen Situation des eigenen Programms relevanten Kriterien ausgewählt, dies bedarf bereits äußerster Umsicht, um keine relevanten Kriterien auszulassen bzw. irrelevante Kriterien einzubeziehen. Der/die stärkste(n) Wettbewerber wird/werden definiert.
- Dann wird ein Bewertungssystem für die Skalierung festgelegt, z.B. Schulnotenskala. Für jedes Kriterium werden die für die Beurteilung relevanten Teilaspekte für das eigene Analyseobjekt ermittelt und bewertet, dies erfolgt anhand von Fakten oder Expertenurteil, das allerdings subjektiv verzerrt sein kann.
- Die Beurteilung für jedes Kriterium wird auf der Skalierung als Wert für das eigene Programm abgetragen. Für jedes Kriterium werden die gleichen Teilaspekte für den/die ausgewählten Mitbewerber ermittelt und bewertet, dies erfolgt ebenfalls anhand von Fakten oder qualifizierter Schätzung, Letzteres kann wiederum verzerrt sein.
- Die Beurteilung für jedes Kriterium des/der ausgewählten Mitbewerber(s) wird ebenfalls als Wert auf der Skalierung abgetragen. Für eine grafische Darstellung werden die Beurteilungen über alle Kriterien getrennt für das eigene und das/die Mitbewerber durch je eine Linie verbunden.
- Es ergeben sich Kriterien, bei denen das eigene Programm besser beurteilt wird als der/die Mitbewerber. Dies ist eine Stärke. Und es ergeben sich Kriterien, bei denen der/die Mitbewerber besser beurteilt wird/werden als das eigene Pro-

gramm. Dies ist eine Schwäche. Der Abstand der Linien für das eigene Analyseobjekt und den/die Mitbewerber zeigt das Ausmaß der Stärken und Schwächen des Programms an.

Kriterien, die der Bewertung zu Grunde liegen, können etwa Management (Führungskräftequalität, Entscheidungsfindung, Planungseffizienz, Mitarbeitermotivation, Organisationsrahmen etc.), Entwicklung (Technologiestandard, Leistungsfähigkeit etc.), Beschaffung (Methodik, Lieferantenauswahl etc.), Produktion (Kapazitätsauslastung, maschinelle Ausstattung etc.), Finanzen (Mittelfristigkeit, Liquiditätsstand, Cash-flow, Kapitalquellen etc.) oder Absatz (Vertriebsmannschaft, Distributionsnetz, Marktforschungsdaten, Serviceumfang, Werbeaufwand, Preisniveau, Marktanteil, Imageprofil etc.) sein *(siehe Abb. Stärken-Schwächen-Analyse).*

Probleme liegen jedoch in der Auswahl dieser Kriterien, die je nach Branche und Strategie unterschiedlich zu erfolgen hat, mit dem Ergebnis, dass jeder Kriterienkatalog immer wieder neu ist, und die Ergebnisse untereinander nicht mehr vergleichbar sind. Weiterhin ist die mögliche Gewichtung dieser Kriterien problema-

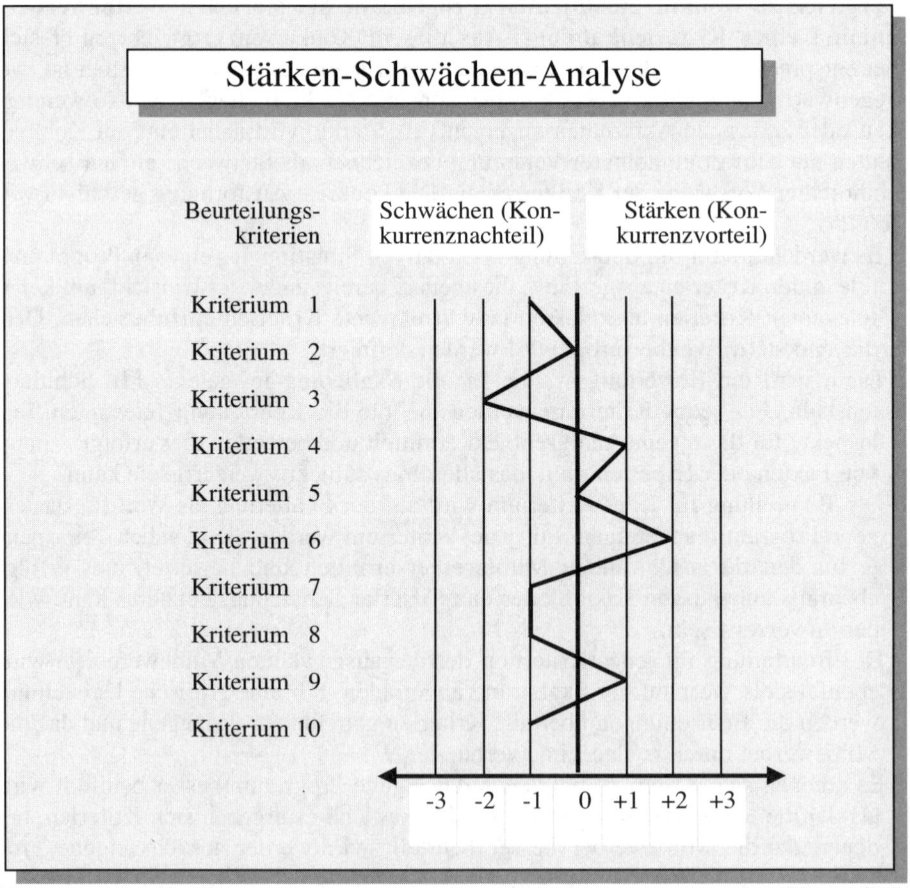

tisch. Denn natürlich sind nicht alle Kriterien immer von gleicher Bedeutung. Auch diese Gewichtung hat individuell zu erfolgen. Von Schwierigkeit ist die Feststellung der Werte (Scorings), sofern diese nicht allgemein zugänglich sind, was in den seltensten Fällen gegeben ist. Hierunter leidet die Gültigkeit und Zuverlässigkeit von Daten. Sofern objektive Daten nicht verfügbar sind, birgt die Bewertung durch Experten große Unwägbarkeiten. Ein Ausweg besteht darin, mehrere Experten unabhängig zur Bewertung heranzuziehen, möglichst solche, die aus unterschiedlichen Fachgebieten kommen und nicht betriebsblind sind. Trotz dieser Mängel bietet dieses Verfahren sehr gute Anhaltspunkte zur Einschätzung der Ist-Situation des Programms im Wettbewerb. Auch lassen sich daraus bereits zwei Normstrategien ableiten:

- bei eigenen, komparativen Schwächen: Prüfung auf Einhaltung eines als unverzichtbar angesehenen Mindestniveaus, ist dieses gegeben, sollen Schwächen akzeptiert werden, ist dieses nicht gegeben, sind die Schwächen durch vermehrte Anstrengungen unbedingt auszugleichen,
- bei eigenen, komparativen Stärken: Ausbau, um einen entscheidenden Vorsprung zu manifestieren und die größere Hebelwirkung der Stärken im Wettbewerbsprozess zu nutzen.

Eine Stärken-Schwächen-Analyse für Walmart Deutschland ergibt z.B. folgende Inhalte:

- *Stärken: ausgeprägte Unternehmenskultur, Erfahrung in Preiskriegen, innovativ und flexibel, extreme Serviceorientierung, bewährtes Vertriebs- und Logistiksystem,*
- *Schwächen: Mentalität deutscher Kunden und deutscher Mitarbeiten, aber amerikanische Firmenkultur, keine Erfahrung im Europageschäft, keine gewachsene Infrastruktur vor Ort.*

Bei der **Chancen-Risiken-Analyse** (OT-Analyse) handelt es sich um die **Beschreibung der zukünftigen Umfeldfaktoren bei der Vermarktung des Programms für die Zukunft.** Im Unterschied zur Stärken-Schwächen-Analyse wird also nicht die Situation des eigenen Unternehmens/Produkts o.Ä. relativ zur Konkurrenz untersucht, sondern dessen Situation relativ zur mutmaßlichen Marktentwicklung. Dabei wird die Gegenwart häufig durch Szenarios in die Zukunft fortgeschrieben. Als Chance wird eine Umweltsituation definiert, die ein Unternehmen positiv nutzen kann, als Risiko eine solche, die ein Unternehmen schädigen kann *(siehe Abb. Chancen-Analyse / Risiken-Analyse)*. Als Analysegröße gelten u.a. natürliche, gesamtwirtschaftliche, kulturelle, politische, rechtliche oder technologische Gegebenheiten. Die Vorgehensweise ist dabei wie folgt:

- Es werden die für den Unternehmenserfolg relevanten Umfeldfaktoren gesichtet und selektiert. Für jeden dieser Faktoren wird die voraussichtliche zukünftige Entwicklung zu bestimmen versucht. Diese Entwicklung wird auf den Markt/die Märkte zurückbezogen, auf dem/denen das Unternehmen tätig ist.
- Aus den generellen Entwicklungen werden hypothetische Auswirkungen auf das Marktumfeld abgeleitet. Dabei ergeben sich Entwicklungen, die positiv für das Marktumfeld sind, diese wirken verstärkend. Umgekehrt ergeben sich Entwick-

Chancen-Analyse

	niedrige Eintrittswahrscheinlichkeit	hohe Eintrittswahrscheinlichkeit
gering positive Auswirkungen		
stark positive Auswirkungen		

Risiken-Analyse

	niedrige Eintrittswahrscheinlichkeit	hohe Eintrittswahrscheinlichkeit
gering negative Auswirkungen		
stark negative Auswirkungen		

lungen, die negativ für das Marktumfeld sind, diese wirken hemmend. Verstärker und Hemmer werden katalogisiert.

- Sie können dabei mit Eintrittswahrscheinlichkeiten und Gewichtungen versehen werden. Die Unwägbarkeiten der Zukunft schlagen allerdings notwendigerweise voll auf die Aussagefähigkeit dieser Analyseform durch.

Eine Chancen-Risiken-Analyse für Walmart BRD ergibt z.B. folgende Inhalte:

- *Chancen: absolute Größe des europäischen Markts, Deutschland ist nicht serviceverwöhnt, das EDLP-Prinzip funktioniert weltweit, neue Konsumqualitäten durch Europäisierung,*

- *Risiken: weitgehend gesättigter Markt, stark regulierter Markt, große europäische Einzelhandelskonzerne als Konkurrenten, Fachgeschäfte sind beliebt, wenig Raum für große Marktflächen, hohes Lohnniveau, wenig Zahlungsbereitschaft im Publikum für Services.*

Für das eigentliche SWOT-Portfolio werden nunmehr die aus dem Konkurrenzvergleich herausgearbeiteten Stärken und Schwächen katalogisiert. Ebenso die aus der Prognose herausgearbeiteten Chancen und Risiken des Marktumfelds. Nun werden beide Merkmalskataloge in Beziehung zueinander gesetzt. Dazu werden Themenkomplexe gebildet, auf die sich sowohl Stärken bzw. Schwächen als auch Chancen bzw. Risiken beziehen. Für jeden Themenkomplex werden diese Größen in Form einer Matrix zugeordnet. Beide Analysen bilden so je eine Achse einer Matrix, die damit vier Felder umfasst. Mit jedem dieser Felder sind Normverhaltensweisen verbunden. Die Zuordnungen lauten *(siehe Abb. SWOT-Analyse)*:

- bei Angebotsstärken und Umfeldchancen, d.h., Marktchancen, die durch parallele Anbietervorteile am Besten zu nutzen sind: Ausbau des Angebots zur Nutzung aller Chancen,
- bei Angebotsstärken und Umfeldrisiken, d.h., Marktrisiken, die durch partielle Anbietervorteile kompensiert werden können: Absicherung der Position zur Vorbeugung gegen Rückschläge,
- bei Angebotsschwächen und Umfeldchancen, d.h., Marktchancen, deren volle Nutzung durch Anbieternachteile behindert wird: Aufholen von Rückständen, damit Chancen nicht entgehen,
- bei Angebotsschwächen und Umfeldrisiken, d.h., Marktrisiken, die durch Anbieternachteile dramatisiert werden: Abbau der Marktposition zur Abwehr von Gefahren.

Dazu ein Beispiel zur Programmpolitik. Ein Unternehmen ist im Gegensatz zum Mitbewerb in der Lage, sein technisches Know-how auf den Markt für Umweltschutzgüter zu übertragen und seinen Tätigkeitsbereich dorthin auszuweiten (Stärke/Chance: Ausbau). Das Unternehmen begegnet der verstärkten Einbeziehung ökologischer Kriterien in die Kaufentscheidung durch das vermehrte Angebot umweltfreundlicher Produkte (Stärke/Risiko: Absicherung). Neue Umweltschutzgesetze bieten durch rechtzeitigen Markteintritt eigentlich neue Absatzchancen, die jedoch durch fehlende Flexibilität im Management letztlich verhindert werden (Schwäche/Chance: Aufholen). Schließlich können neue wissenschaftliche Erkenntnisse über negative ökologische Wirkungen des Produktprogramms wegen fehlender finanzieller Mittel nicht sinnvoll umgesetzt werden (Schwäche/Risiko: Abbau) (*siehe Abb. Stärken-Schwächen-Chancen-Risiken-Matrix*).

3.4.2 Vier-Felder-Portfolio

Bei den absatzorientierten Portfolio-Modellen werden zumeist zwei, das eher standardisierte Vier-Felder-Portfolio und das eher maßgeschneiderte Neun-Felder-

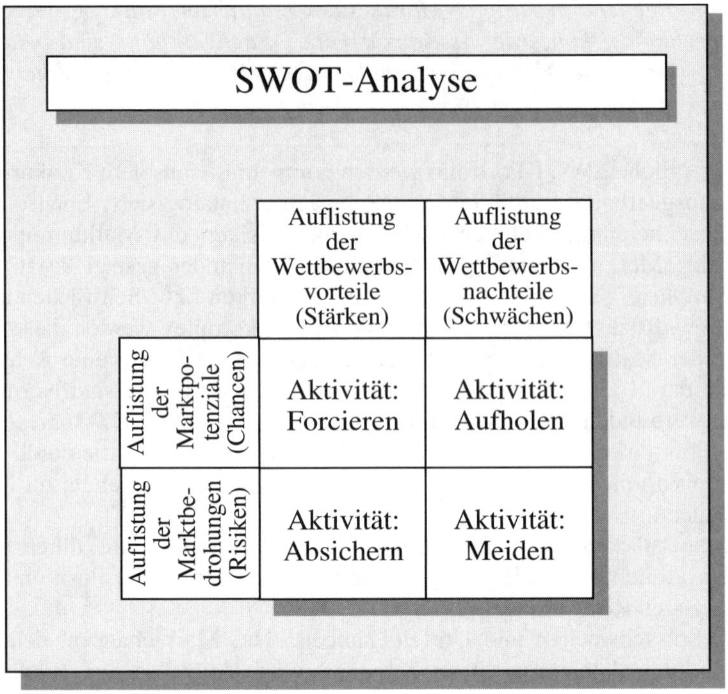

Portfolio, behandelt. Diese sollen auch hier vertieft dargestellt werden. Zunächst zum Vier-Felder-Portfolio.

3.4.2.1 Darstellung

Diese zweidimensionale Portfoliotechnik ist nach der Boston Consulting Group (BCG) benannt und beinhaltet die **ordinale Skalierung der Größen durchschnittliches Marktwachstum und relativer Marktanteil sowie Kreisgrößen analog dem Umsatzanteil am Unternehmen im Rahmen einer Matrix**. Über diese drei Basisdaten ist Folgendes anzumerken:

- Der **relative Marktanteil** ist der Quotient aus eigenem absoluten Marktanteil und der Summe der absoluten Marktanteile der/des größten Wettbewerber(s). Der relative Marktanteil ist also ein doppelt relativer Wert, der
  < 1 ist, wenn die Wettbewerbsposition schwach bleibt (Marktfolger),
  > 1 ist, wenn die Wettbewerbsposition stark ist (Marktführer).
  Entsprechend erfolgt der Eintrag für die SGE auf der horizontalen Skalierung (= Abszisse). Sie repräsentiert deren Cash-flow-Verbrauch.
- Das **durchschnittliche Marktwachstum** ist das Ergebnis der mittelfristigen Marktentwicklung in Prozent. Hierbei ist etwas Fingerspitzengefühl angebracht, um dem logistischen Verlauf (Sättigungsfunktion) der Marktentwicklung zu entsprechen. Analog dem jeweiligen Wert erfolgt der Eintrag der SGE auf der vertikalen Skalierung (= Ordinate). Sie repräsentiert deren Cash-flow-Generierung. Damit ist die Position der SGE innerhalb der Matrix eindeutig definiert.

Stärken-Schwächen-Chancen-Risiken-Matrix

	Chancen (Beispiel): • Luxustrend • Standortvorteile • Spezialisierungs-Know-how	Risiken (Beispiel): • Wechselkursrisiko • Wettbewerbs-intensität • Rohstoffknappheit
Stärken (Beispiel): • viel FuE • starker Außen-dienst • effiziente Produk-tion	Maßnahmen Ausbau: - Baukastenkonzept - Erstausstattung	Maßnahmen Absicherung: - Direktinvestition - Ressourcen-effizienz
Schwächen (Beispiel): • Produktabhängig-keit • Kostensteigerungen • keine Auslands-erfahrung	Maßnahmen Aufholen: - Direktinvestition - Mehrmarken-konzept	Maßnahmen Abbau: - Strategische Allianz - Joint venture

- Die **Kreisgröße** repräsentiert die relative Umsatzbedeutung der SGE innerhalb des eigenen Unternehmens. Dazu wird mit einem skalierten Radius ein Kreis um den vorher definierten Schnittpunkt gezogen. Bei allen Angaben handelt es sich jeweils um Zustandswerte. Damit ist die Matrix dann formal vollständig.

Teilt man nun die Abszisse (= relativer Marktanteil) und die Ordinate (= durchschnittliches Marktwachstum) jeweils in der Mitte der Extremwerte bzw. dort, wo der relative Marktanteil = 1 ist und die Marktwachstumsrate im Durchschnitt liegt (Cut off-Kriterien), ergeben sich vier Felder, in denen sich SGE´s befinden können. Gelegentlich werden auch ein relativer Marktanteil von 1,5 und eine Marktwachstumsrate von 10 % als Cut off-Kriterien angelegt. Die Besonderheit der Portfoliotechnik liegt nun darin, dass mit der Position der SGE´s in dieser Matrix bestimmte normative Schlussfolgerungen für die Strategie verbunden sind. Im Falle des BCG-Portfolios tragen die vier Felder auch anschauliche Namen *(siehe Abb. Vier-Felder-Portfolio (I) und (II))*:

- Die Kombination aus hohem Durchschnittsmarktwachstum und niedrigem Relativmarktanteil bilden **Question marks** (= Fragezeichen). Dies sind Nachwuchsprodukte in dynamischen Märkten. Gelegentlich werden diese auch als Wildcats oder Babies bezeichnet.
- Die Kombination aus sowohl hohem Durchschnittsmarktwachstum als auch hohem Relativmarktanteil bilden **Stars** (= Sterne). Dies sind marktführende Produkte in dynamischen Märkten.
- Die Kombination aus niedrigem Durchschnittsmarktwachstum und hohem Relativmarktanteil bilden **Cash cows** (= Melkkühe). Dies sind marktführende Produkte in stagnierenden Märkten.
- Die Kombination aus sowohl niedrigem Durchschnittsmarktwachstum als auch niedrigem Relativmarktanteil bilden **Poor dogs** (= Arme Hunde). Dies sind Problemprodukte in stagnierenden Märkten (auch Lame Ducks genannt).

Diese Reihenfolge entspricht dem normalen zeitlichen Ablauf des Produkterfolgs, wie in der Lebenszyklus-Analyse zu finden. Damit ist bereits die eine Determinante der Matrix festgelegt. Die Andere leitet sich aus der Erfahrungskurven-Analyse ab, denn die Marktstellung entspricht der relativen Kostensituation im Wettbewerb. Systematisch verknüpft spiegeln sich beide Determinanten im Portfolio.

3.4.2.2 Konsequenzen

Eine Besonderheit der Portfolios gegenüber anderen Methoden der Programm-Analyse ist es nun, dass nicht nur eine Analyse der Ist-Situation vorgenommen wird, die dann jedem Beurteiler freistellt, seinerseits daraus die richtigen Schlüsse zu ziehen. Sondern hier ist die Methode mit einer Art von Rezeptur verbunden, die nach Durchführung der Analyse die jeweils anzuwendenden Handlungsmaximen in Abhängigkeit von den Analyseergebnissen vorgibt. Das heißt, an jede Position einer SGE knüpfen sich nunmehr strategische Konsequenzen.

Bei **Nachwuchsproduktmärkten** heißt es, zu selektieren, welche von ihnen förderungswürdig sind (Cinderellas), denn um alle Programmelemente gleichermaßen zu fördern, reichen regelmäßig die Finanzmittel nicht aus, und welche besser nach einer Testphase aus dem Markt genommen werden (Trash). Dann muss spekulativ investiert und das damit verbundene Initialrisiko getragen werden. Hohem Einführungsaufwand steht dabei noch niedriger Marktanteil gegenüber. Daraus folgen eine zunächst fehlende Rendite und ein negativer Cash-flow. Mithilfe von Offensivstrategien sollen nun Erfahrungskurveneffekte genutzt werden. Stetiges Erfolgs-Monitoring hält Verluste in Grenzen. Ziel ist es dabei, das Marktwachstum

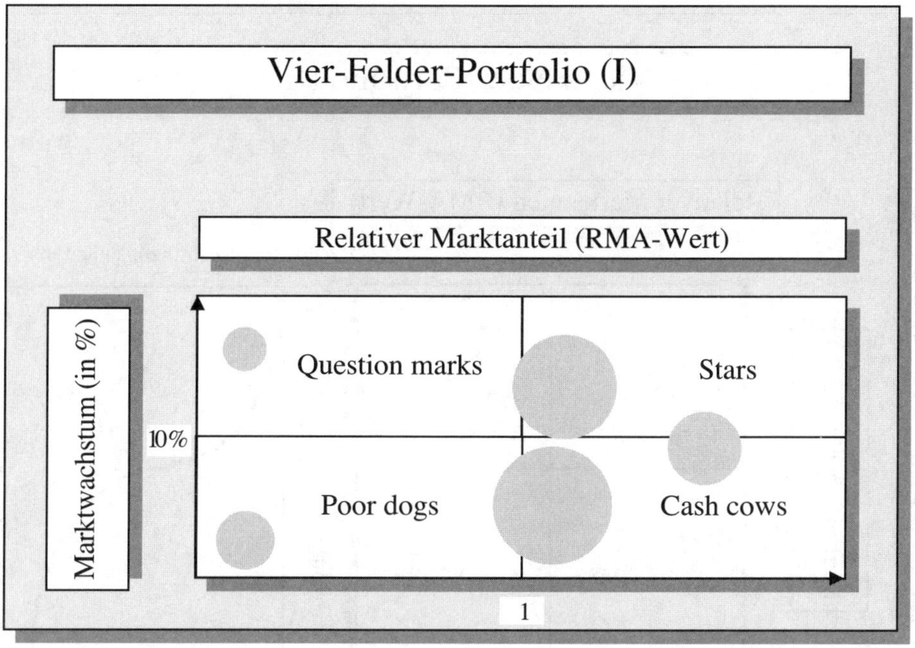

zu überholen. Der Instrumentaleinsatz erfolgt im Innovationsmanagement durch Produktspezialisierung, gezielte Vergrößerung der Abnehmermärkte, tendenzielle Niedrigpreissetzung und stark forcierte Vertriebspolitik. Damit verbundene Risiken werden akzeptiert und Erweiterungsinvestitionen vorgesehen. Der Liquiditätsverbrauch und die Unsicherheit der Marktentwicklung sind sehr hoch, deshalb kann sich ein Unternehmen nur eine begrenzte Zahl von Nachwuchsprodukten im Programm leisten. Dies ist auch erforderlich, um ein ausgeglichenes Portfolio zu bewahren. Daher greifen Maßnahmen wie Vertriebspolitik forcieren und Abnehmerkreise gezielt ausweiten.

Bei **Starproduktmärkten** ist angezeigt, diese zu fördern und durch Investitionen in Richtung Marktdominanz zu stützen. Das Risiko reduziert sich im Zeitablauf mit den ersten Mittelrückflüssen. Der Instrumentaleinsatz erfolgt im strategischen Management durch Aktivitäten wie Programm ausbauen bzw. diversifizieren, Abnehmerbasis verbreitern, Anstreben der Preisführerschaft und aktiver Einsatz von Absatzförderungsmaßnahmen. Damit verbundene Risiken werden akzeptiert und vertretbare Neu- sowie Reinvestitionen vorgesehen. Ist der Liquiditätsverbrauch hoch, stehen dem bis zur Reifephase des Markts allerdings keine nennenswerten Gewinne gegenüber. Aber eine hohe Marktwachstumsrate und ein hoher Marktanteil lassen erwarten, dass der Übergang zu den Cash cows geschafft wird. Die SGE´s erwirtschaften bereits Gewinne. Zur Erhaltung der Position erfordern sie jedoch hohe finanzielle Mittel, die den Netto-Cash-flow belasten. Allerdings steigt der Mittelrückfluss kontinuierlich an. Daher greifen Maßnahmen wie vertretbares Maximum an Erweiterungsinvestitionen tätigen, Risiken akzeptieren und Vertriebspolitik aktivieren.

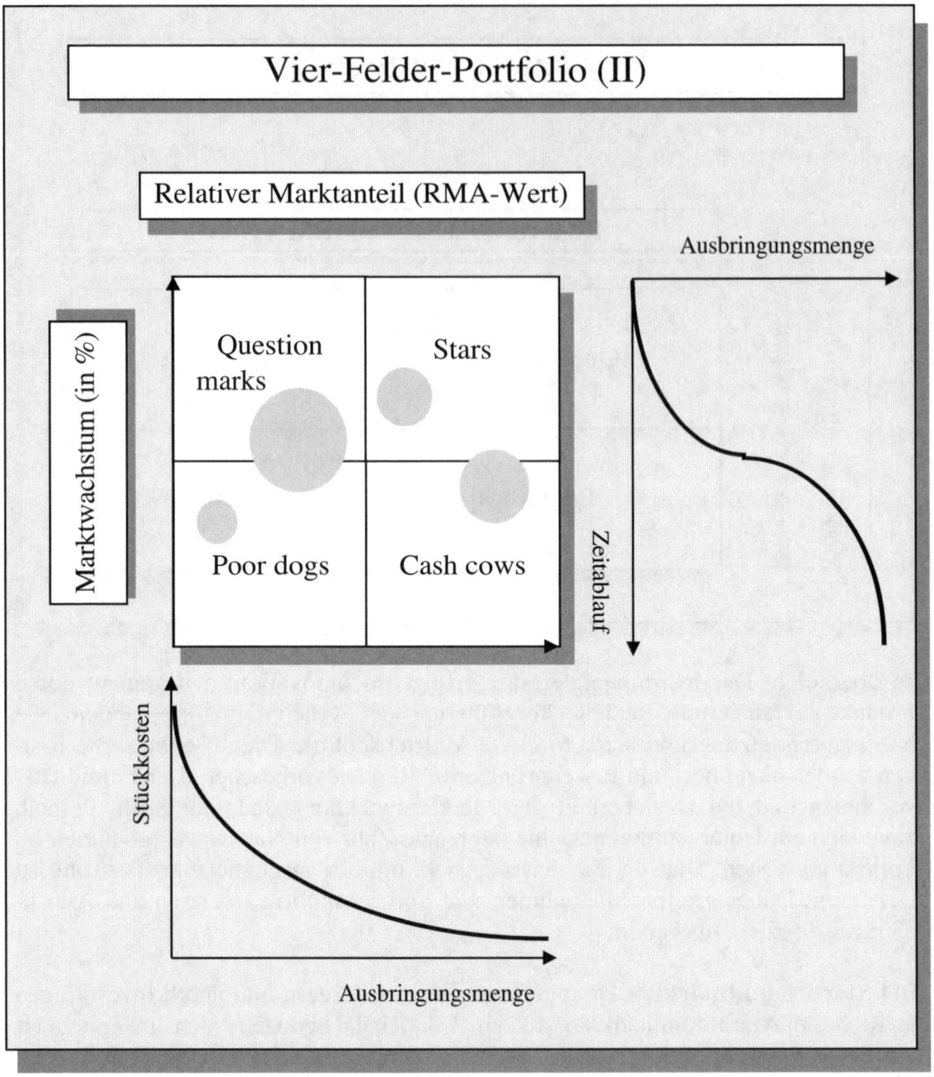

Bei **Melkproduktmärkten** heißt es, diese zu pflegen, aber keine zusätzlichen Investitionen darin zu tätigen. Ein hoher Marktanteil schafft Kostensenkungspotenzial, und da gleichzeitig Wachstumsaufwand fehlt, verbleibt ein hoher Cash-flow. Mit diesem wird das Wachstum anderer SGE`s finanziert. Risiken bleiben daher in engen Grenzen. Die Marktstellung ist unter allen Umständen zu halten, um die Abschöpfung hoher Gewinnmargen zu sichern. Der Instrumentaleinsatz erfolgt im administrativen Management etwa durch Imitation von Konkurrenzprodukten, Verteidigung der Marktposition bzw. Konkurrenzabwehr, Preisstabilisierung, Kundenbindung durch Nachverkaufsservices und gezielte Absatzförderung. Risiken sind zu begrenzen und limitierte Ersatzinvestitionen vorzusehen. Die Liquiditätserwirtschaftung ist hoch, denn außer zur Rationalisierung sind kaum noch Neuinvestitionen erforderlich. Daher können Liquidität und Gewinne maximiert („geerntet") werden (Harvesting). Melkproduktmärkte sind zahlreich und haben eine hohe Bedeutung im Unternehmen. Anzustreben ist ein Anteil von 50 % am Programm.

Bei **Problemproduktmärkten** ist angezeigt, Risiken zu minimieren, indem desinvestiert und das Angebot stufenweise oder ganz vom Markt genommen wird. Es sei denn, es wird die Chance zum Relaunch durch Produktvariation gesehen. Der Instrumentaleinsatz erfolgt im Krisenmanagement durch Programmbegrenzung, Aufgabe von Absatzmärkten zu Gunsten der Erträge, tendenzielle Hochpreissetzung, begrenzte Absatzförderung, limitierten Marketingeinsatz und Kostenreduktion. Risiken werden vermieden und keine Investitionen mehr vorgesehen. Die Programmstruktur wird bereinigt, indem Problemprodukte möglichst geräuschlos vom Markt genommen oder Operationen liquidiert werden. Diese Geschäftsfelder befinden sich in der Sättigungsphase. Die Wachstumsrate und der Marktanteil sinken. Es werden nur noch geringe Überschüsse erwirtschaftet. Dementsprechend kommt es zur Elimination der Produkte auf Grund geringen Mittelrückflusses oder zur Konzentration im Programm auf eine noch profitable Nische. Daher greifen Maßnahmen wie Kundenselektion fördern, räumliche Schwerpunkte bilden und selektiven Vertrieb prüfen.

Das Beispiel von SmithKline Beecham (GSK), einem Konzerngebilde, das durch mehrfache Fusionen aus dem Stamm von Lingner&Fischer zu Stande kam, beweist, dass Portfolio-Management auch aktuell noch durchaus tauglich ist. Dort sah sich Mitte der 1980er Jahre einem Markenportfolio gegenüber, das aus zwei mächtigen Cash cows, Uhu-Klebstoff und Odol Mundwasser (beide eindeutige Marktführer) bestand, sowie aus einer Reihe von Poor dogs wie Fissan, Badedas, Duschdas, Pitralon etc. Im Zuge einer notwendigen Konzentration der Aktivitäten auf Nr. 1 oder Nr. 2 Marken am Markt entschloss man sich dennoch, sich von Uhu zu trennen (Management Buy-out), um Mittel für eine Verjüngung von Odol Mundwasser freizubekommen. Der Relaunch (moderne Packung, schrille Werbung) misslang jedoch angesichts eines Durchschnittsverwenderalters von 63 Jahren gründlich. Dennoch wurde in der Marke ein immenses Potenzial gesehen, nicht jedoch allein für Mundwasser, sondern für Zahnhygiene. Insofern wurde aus der Monomarke eine Rangemarke mit einer Universal-Zahncreme (Odol med 3, heute Marktführer), modernem Mundspray (Convenience-Produkt) und Kauprodukten (Gum, Bonbon) aufgebaut, eindeutige Star- und Cash cow-Produkte. Zugleich wurden neue, erfolgsträchtige Marken im OTC-Bereich hinzugekauft (Cetebe, Eunova, Corsodyl, Abtei, Fagorutin, Granu Fink etc.), ebenfalls eindeutige Star-Produkte. Dafür wurden die notleidenden Marken Badedas und Duschdas verkauft. Schließlich wurde die Marke Dr. Best-Zahnbürsten zu einer neuen Cash Cow aufgebaut (Testimonial, Schwingkopf etc.). Das Markenportfolio weist nunmehr mit Odol Mundwasser, Odol Med 3 Zahncreme und Dr. Best-Zahnbürsten drei mächtige Cash cows auf, die OTC-Präparate sind sämtlichst Stars oder Cash cows, alle Produkte sind in ihren Segmenten die Nr. 1 oder Nr. 2 am Markt, Poor dogs hingegen sind nicht mehr vorhanden.

Ein weiteres Beispiel für die Anwendung der Portfolio-Technik bietet der ehemalige Mannesmann-Konzern. Sein Portfolio sah gegen Ende der 1960er Jahre des letzten Jahrhundert nur zwei riesengroße Cash cows, jedoch mit starker Poor dog-Tendenz vor, die Mannesmann Röhrenwerke und die Mannesmann Walzstahlprodukte. Allerdings war ohne großes hellseherisches Vermögen absehbar, dass die große Zeit der Stahlprodukte sich ihrem Ende zuneigte, erst erst wenn es sich um weithin unverarbeitete Stahlprodukte handelte. Entsprechend erweiterte der Mannesmann-Konzern sein Portfolio, vor allem um Unternehmen, die in den weiterverarbeitenden Bereichen des Marktes tätig waren. Das Portfolio sah dann Anfang der 1990er Jahren zwar immer noch eine Reihe von Cash cows und Poor dogs vor, zu Ersteren gehörte neben den Strategischen Geschäftseinheiten VDO, Rexroth, Hartmann&Braun, Fichtel&Sachs, Demag Fördertechnik u.a. auch die zwischenzeitlich etablierte Telekommunikationssparte, zu Letzteren gehörten Demag, Krauss-Maffei, MM Anlagenbau und MM Röhrenwerke. Doch war die Ertragskraft dieser Strategischen Geschäftseinheiten weitaus höher als vorher. Bis Ende der 90er Jahre hatte sich das Portfolio soweit bereinigt, dass nur noch vier Strategische Geschäftseinheiten übrig geblieben waren, allerdings nach wie vor überwiegend in der Cash cow-Position, nämlich vor allem MM Automobilzulieferung, MM Anlagenbau und MM Röhren. Als Star glänzte einzig die MM Telekommunikationssparte. Dennoch wirkte diese Portfolio-Bereinigung so attraktiv auf den Telekommunikationskonzern Vodafone, dass dieser in der größten feindlichen Übernahmeaktion der deutschen Geschichte den Mannesmann-Konzern schluckte. Entgegen anders lautenden Beteuerungen trennte sich der neue Eigentümer von allen Strategischen Geschäftseinheiten außer der Telekommunikationssparte. Die Erlöse aus diesem Asset stripping waren auch dringend erforderlich, um die zur Übernahme eingerichteten Kreditlinien für Fremdkapital zu bedienen. Zwischenzeitlich ist die Firma Mannesmann aus der deutschen Wirtschaftslandschaft verschwunden (aus Mannesmann D2 wurde D2 Mannesmann-Vodafone, daraus D2Vodafone und schließlich nur Vodafone).

3.4.2.3 Bewertung

Kritik entzündet sich beim Vier-Felder-Portfolio vor allem an der Tatsache, dass nur zwei Kriterien in die Beurteilung einbezogen werden, nämlich Marktwachstum und relativer Marktanteil. Diese Faktoren sind wohl nur unzureichend in der Lage, alle strategierelevanten Dimensionen zu repräsentieren. So fehlt die Berücksichtigung der verschiedenen funktionalen Bereiche im Unternehmen, wie Finanzen, Forschung und Entwicklung, Logistik etc. Zumindest aber sind Wachstumsrate und Relativmarktanteil nicht alleinige Indikatoren für die Fähigkeit von Programmen, Ertragspotenziale hervorzubringen. Ein weiterer Kritikpunkt liegt in der Ambivalenz bei der Einschätzung mittlerer Positionen im Portfolio. Letztlich bleibt es Willkür, welchem Feld diese zugeschlagen werden. In Anbetracht der daran geknüpften erheblichen Konsequenzen und der hohen Verbreitung von Mittelpositionen ist dies sicherlich ein unbefriedigendes Ergebnis. Damit scheint die

Portfolio-Analyse zu grob strukturiert, bleiben die Strategieempfehlungen demnach zu unspezifisch, um sie auf den Einzelfall zu übertragen. Ein weiteres Problem entsteht aus der Messung des Marktwachstums. Gerade bei dynamischer Marktentwicklung ist deren korrekte Bestimmung sehr schwierig. Sie hängt zu einem erheblichen Anteil von der Anzahl der Zeitperioden ab, die zur Durchschnittswertermittlung herangezogen werden, sowie von der Form des zu Grunde gelegten Trends (linear, progressiv, degressiv, logistisch etc.). Zugleich stellt sich die Frage, inwieweit neben oder statt Vergangenheits- auch Zukunftsentwicklungen mit einbezogen werden. Dann aber entsteht die übliche Prognoseunsicherheit auch bei der Portfoliotechnik. Schließlich sind weiterhin der Erfahrungskurveneffekt und das Lebenszykluskonzept, also die Grundlagen der Portfolio-Analyse, nicht unumstritten. Ersteres ist der Tautologiegefahr ausgesetzt, Letzteres kann nur idealtypischen Anspruch anmelden, und die Dimensionen der Messung sind durchaus unklar, wird also Umsatz, Gewinn, Deckungsbeitrag etc. zu Grunde gelegt.

Insgesamt handelt es sich damit um ein statisches, formalisiertes Konzept, bei dem erhebliche Konstruktionsmängel aus systematischer Sicht infolge simplifizierter Vorgehensweise sowie fehlender Eignung für schlecht strukturierte Fragestellungen bestehen. Das Postulat zur Erreichung hohen Marktanteils ist zudem zweischneidig. Denn dadurch gerät ein Unternehmen erst in den Fokus der öffentlichen Meinung. Dann sorgen gesetzliche Vorkehrungen zum Erhalt des Wettbewerbs dafür, dass marktbeherrschende Stellungen nicht missbraucht oder, wo solche noch nicht gegeben sind, diese zumindest durch externes Wachstum auch nicht erreicht werden. Außerdem führt die Fixierung auf die Erfolgsgröße Marktanteil zum Aufbau zusätzlicher Kapazitäten, für die am Markt Nachfrage entweder nicht besteht oder aufwändig generiert werden muss. In Stagnationsphasen belasten deren Leerkosten dann das Unternehmensergebnis.

Die einseitige Berücksichtigung des Marktwachstums entspricht nicht mehr der Realität weithin gesättigter, stagnierender Märkte. Dazu bedarf es vielmehr der Erweiterung der Matrix um zwei weitere Felder auf der Ordinate mit negativem Marktwachstum und entsprechender Strategieempfehlung. Diese Felder heißen **Underdogs** bei niedrigem relativem Marktanteil und Marktschrumpfung, auch Dodos, bzw. **Buckets** bei hohem relativem Marktanteil und Marktschrumpfung (auch War horses). Für diese sind ebenfalls Normstrategien auszuarbeiten und anzuwenden *(siehe Abb. Vier-Felder-Portfolio-Erweiterungen)*.

Erfahrung zeigt, dass gerade konservative Märkte mit gemäßigter Wettbewerbsintensität und geordneten Marktbedingungen die Chance auf auskömmliche Renditen bieten. Dennoch werden keine Hinweise auf zusätzliche Programmelemente gegeben, da nur bestehende SGE´s in die Analyse eingehen. Insofern fehlen Empfehlungen, wie sich ein Unternehmen über das derzeitig bestehende Programm hinaus auf die Markterfordernisse der Zukunft optimal einstellen kann. Damit aber stellen Portfolios keine echte Managementunterstützung dar, sondern sind allenfalls Administrationshilfen. Es werden nur aktuelle Wettbewerber berücksichtigt, nicht jedoch wichtige zukünftige Anbieter. So verändert sich die Beurteilung eines

Vier-Felder-Portfolio-Erweiterungen

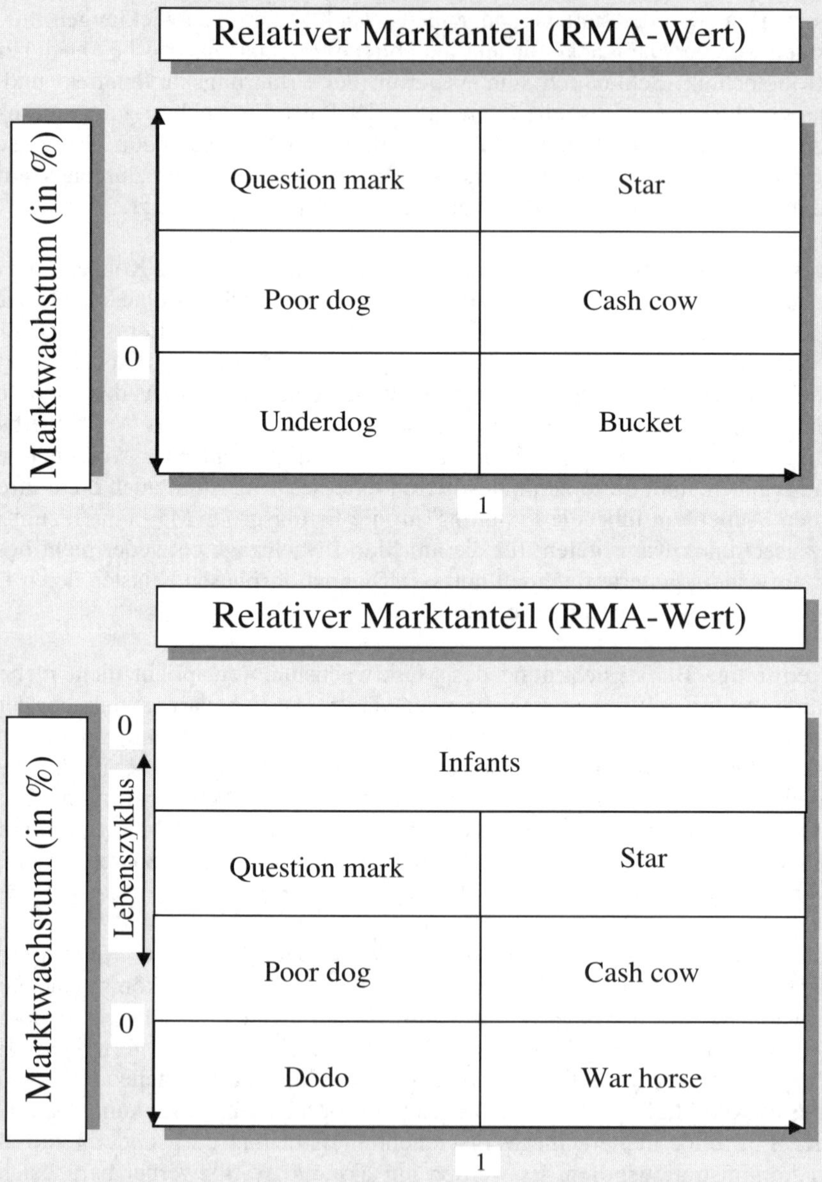

Portfolios fundamental, wenn potenzielle Konkurrenten, die auf Grund ihrer allgemeinen Marktmacht rasch in der Lage sind, Marktzutrittsschranken zu überwinden und nennenswerte Marktanteile zu okkupieren, in die Analyse einbezogen werden. Außerdem werden mögliche Synergieeffekte zwischen einzelnen SGE´s ignoriert. Abgesehen davon, dass solche Synergien nur Potenziale darstellen, die erst noch gezielt zu erschließen sind, mag es dennoch möglich sein, dass sich daraus eine andere Einschätzung eines Programms ergibt.

3.4.3 Neun-Felder-Portfolio

Grundsätzlich nach den gleichen Erwägungen wie das Vier-Felder- ist auch das Neun-Felder-Portfolio von McKinsey Comp. aufgebaut, jedoch werden im Einzelnen andere, vor allem mehr Kriterien zur Einteilung herangezogen und ein etwas anderer Aufbau gewählt. Dazu die folgenden Darstellungen.

3.4.3.1 Darstellung

Diese mehrdimensionale Portfoliotechnik der McKinsey Comp. impliziert die **ordinale Skalierung der Größen Marktattraktivität der Branche und relative Wettbewerbsstärke der Produkte sowie Kreisgrößen analog zur Branchenbedeutung mit Ausschnitten analog dem eigenen Marktanteil im Rahmen einer Matrix**. Zu diesen vier Basisdaten ist Folgendes anzumerken:

- Die **relative Wettbewerbsstärke** ist ebenfalls eine aggregierte Größe aus verschiedenen variablen, relativ zur Konkurrenz zu bewertenden Kriterien in Bezug auf das Programm. Zu nennen sind etwa:
  - Marktposition, ausgedrückt durch relativen Marktanteil, Finanzkraft der Anbieter, Wachstumsstärke des Unternehmens, Unternehmensimage, Preisvorteil, Produktqualität, Kunden-/Marktkenntnis, Rentabilität, Risikograd etc.,
  - Produktionspotenzial als Versorgungsbedingungen, Produktivität, Standortvorteil, größenbedingte Kostenvorteile, technisches Know-how, Lizenzen, technische Flexibilität, Potenzialausnutzung, Energie- und Rohstoffversorgung, Kapazität, Betriebsausstattung, Vertriebswege, Lieferbereitschaft etc.,
  - Forschungs- und Entwicklungspotenzial (Innovationsfähigkeit, Grundlagen- und angewandte Forschung etc.),
  - Führungskräftequalifikation (Professionalität, Urteilsfähigkeit, Arbeitsklima, Organisation etc.) *(siehe Abb. Relative Wettbewerbsstärke im Neun-Felder-Portfolio)*.
- Die **Marktattraktivität** ist eine aggregierte Größe aus verschiedenen Kriterien. Für diese gibt es keinen festgesetzten Katalog, vielmehr können jeweils für die Programm-Analyse relevant erscheinende Daten zusammengestellt werden. Ein Gliederungsvorschlag umfasst die Berücksichtigung von:
  - Marktgröße und Marktwachstum (Marktentwicklung in der Kundenbranche, Einfluss von Produktivitätssteigerungen, Ausdehnung des Marktraums, Substitution durch qualitative Veränderung des Funktionsbedarfs, Stadium im Nachfragezyklus),

Relative Wettbewerbsstärke im Neun-Felder-Portfolio

Kriterium (Beispiele)	Gewicht (1 - 10)	SGE1	SGE2	SGE3	SGE4
		(1 - 10 Punkte, ungewichtet/gewichtet)			
Relativer Marktanteil	8	7 / 56	5 / 40	6 / 48	3 / 24
Finanzkraft	6	3 / 18	7 / 42	4 / 24	3 / 18
Rentabilitätsposition	8	3 / 24	8 / 64	6 / 48	3 / 24
Risikostreuung	4	3 / 12	4 / 16	6 / 24	3 / 12
Markenpotenzial	8	4 / 32	6 / 48	5 / 40	3 / 24
Managementpotenzial	6	3 / 18	5 / 15	3 / 18	2 / 12
Kostenvorteile	6	3 / 18	6 / 36	6 / 36	5 / 30
Lizenzbasis	8	3 / 24	5 / 40	5 / 40	2 / 16
Standortvorteil	4	3 / 12	6 / 24	5 / 20	4 / 16
Produktivitätsvorsprung	3	5 / 15	5 / 15	4 / 12	6 / 18
Ökologieorientierung	8	5 / 40	5 / 25	3 / 15	2 / 10
Kundenfreundlichkeit	9	3 / 27	5 / 45	5 / 45	3 / 27
Rohstoffkosten	4	3 / 12	4 / 16	3 / 12	4 / 16
Rohstoffsicherheit	9	2 / 18	6 / 54	2 / 18	2 / 18
Qualitätssicherung	7	2 / 14	6 / 42	2 / 14	2 / 14
Kapazitätssituation	4	8 / 32	4 / 16	3 / 12	8 / 32
Summe (max.1.000)	100	371	538	426	311
Abszissenposition (in %)		37,1	53,8	42,6	31,1

- Marktqualität, ausgedrückt etwa durch Rentabilität der Branche, Stellung im Markt-Lebenszyklus, Spielraum der Preisgestaltung, Schutzfähigkeit und technisches Know-how, Investitionshöhe, Anzahl/Intensität aktueller/potenzieller Anbieter/Nachfrager, Markteintrittsbarrieren, Substitutionsgefährdung, saisonale Schwankungen, Innovationspotenzial, Anforderungen an Distribution/Service, Konkurrenz- und Nachfragesituation, Sozialattraktivität etc.,
- Rohstoff- und Energieversorgung (Sicherheit, Preisstabilität, Alternativen etc.),
- Umweltsituation (Konjunkturabhängigkeit, öffentliche Meinung, Gesetzgebung etc.) *(siehe Abb. Marktattraktivität im Neun-Felder-Portfolio)*.

Die Ermittlung erfolgt durch Punktbewertung. Dabei wird jedes Kriterium einzeln bewertet und geht in die Gesamtbeurteilung ein. Daraus wird ein Durchschnitt gebildet, der die Lage innerhalb der Skalierungen von Abszisse (relative Wettbewerbsstärke) und Ordinate (Marktattraktivität) definiert.

- Die **Kreisgröße** repräsentiert in diesem Fall die Branchengröße. Dazu wird mit einem skalierten Radius ein Kreis um den vorher definierten Schnittpunkt gezogen. Dieser verdeutlicht die absolute Bedeutung des betrachteten Markts, auf dem das jeweilige Teilprogramm angeboten wird.
- Innerhalb dieses Kreises markiert ein **Kreisausschnitt** den Anteil des eigenen Unternehmens an der Branche. Dies verdeutlicht die unternehmensindividuelle Bedeutung des Programms im betrachteten Markt.

Marktattraktivität im Neun-Felder-Portfolio

Kriterium (Beispiele)	Gewicht (1 - 10)	SGE1	SGE2	SGE3	SGE4
		(1 - 10 Punkte, ungewichtet/gewichtet)			
Marktwachstumschancen	8	5 / 40	2 / 16	3 / 24	2 / 16
Marktvolumen	6	7 / 42	2 / 12	3 / 18	4 / 24
Internationale Einflüsse	3	5 / 15	4 / 12	6 / 18	4 / 12
Nachfragemacht	4	4 / 16	3 / 12	4 / 16	3 / 12
Substitutionsmöglichkeiten	8	6 / 48	2 / 16	3 / 24	2 / 16
Markteintrittsbarrieren	6	6 / 36	3 / 18	5 / 30	3 / 18
Konjunkturabhängigkeit	4	6 / 24	2 / 10	4 / 16	4 / 16
Lebenszyklusstadium	9	5 / 45	2 / 18	3 / 27	5 / 45
Innovationspotenzial	9	6 / 54	2 / 18	2 / 18	2 / 18
Wertschöpfung der Kunden	6	5 / 15	3 / 18	2 / 12	2 / 12
Kundenloyalität	4	4 / 16	6 / 24	3 / 12	3 / 12
Preisspielraum	8	8 / 64	3 / 24	3 / 24	2 / 16
Folgeverkäufe	8	5 / 40	5 / 40	2 / 16	2 / 16
Distributionsmöglichkeiten	7	6 / 42	2 / 14	2 / 14	3 / 21
Inflationsauswirkungen	4	4 / 16	3 / 12	8 / 32	3 / 12
Gesetzgebungseinflüsse	8	5 / 25	3 / 15	2 / 10	4 / 32
Summe (max.1.000)	100	538	279	311	298
Ordinatenposition (in %)		53,8	27,9	31,1	29,8

Durch die Vielzahl einbezogener Einflussfaktoren ist die Neun-Felder-Matrix in der Lage, mehr Informationen zu berücksichtigen als in der zweidimensionalen Vier-Felder-Matrix. Dadurch verspricht man sich eine differenziertere Aussagefähigkeit. Ausgangsbasis der Analyse sind wiederum SGE´s.

3.4.3.2 Konsequenzen

Teilt man nun Abszisse und Ordinate jeweils in drei gleiche Abschnitte, die dem unteren, mittleren und oberen Ergebnisdrittel im Punktbewertungsverfahren entsprechen, so entstehen neun Felder, in denen sich SGE´s befinden können. Diese können wiederum in drei Zonen zusammengefasst und mit Normstrategien versehen werden. Dies entspricht dem General Electric-Ansatz. Der Shell-Ansatz kennt zudem Einzelstrategien für jedes der neun Felder. Zunächst zur Darstellung mit den drei Zonen grün, gelb und rot *(siehe Abb. Neun-Felder-Portfolio (I) und (II))*.

Die **grüne Zone** in die Zone von Investition und Wachstum. Hier geht es um Aufbau und Sicherung zukünftiger Erfolgspotenziale und damit um die Erschließung neuer Kundengruppen bzw. um Anwendungsmöglichkeiten für langfristigen Gewinn. Maßgaben umfassen u.a. die Akzeptierung bzw. Kontrolle von Risiken, den

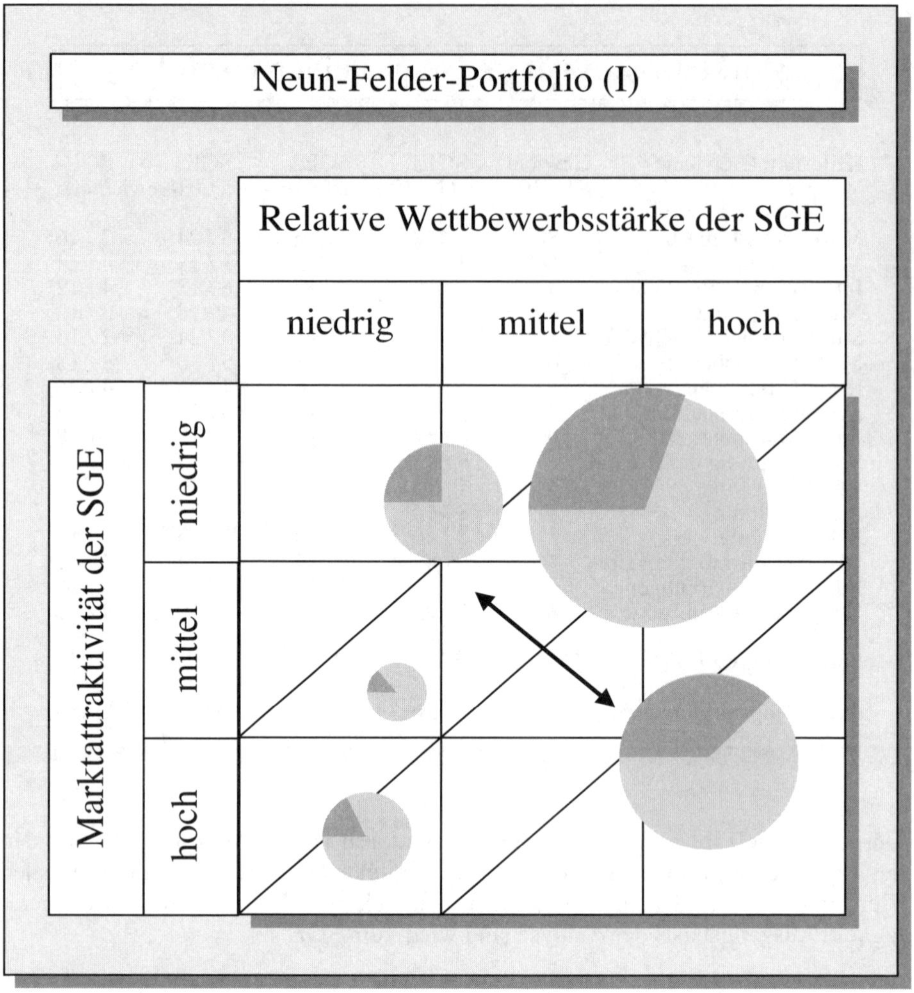

Aufbau von Marktanteilen bzw. Diversifikation sowie Programmausbau, den aktiven Marketing-Mix-Einsatz, ferner Personalförderung, Verlustbeseitigung sowie das Abhalten der Konkurrenz vom Eintritt ins Geschäftsfeld. Ziele sind die Entwicklung von Bekanntheit, die Suche nach neuen Märkten, die Übernahme von Unternehmen in eigenen oder verwandten Geschäftszweigen sowie ein hohes Preisniveau.

Die dort befindlichen SGE´s sind finanziell durch **Mittelbindung** gekennzeichnet. Die entsprechenden Normstrategien lauten daher: Energisch wachsen, Marktführerschaft anstreben, maximal investieren, Schwächen identifizieren und abbauen, Stärken ausbauen, mindestens das Potenzial halten, Risiken akzeptieren, Preisführerschaft anstreben, Preis und Programm differenzieren, Kostendegressionseffekte ausnützen, für hohen (Produkt-/Firmen-)Bekanntheitsgrad werben, Distributions-

Neun-Felder-Portfolio (II)

		Relative Wettbewerbsstärke der SGE		
		niedrig	mittel	hoch
Marktattraktivität der SGE	niedrig	Liquidieren (Des-investieren / Veräußern)	Phasen-weiser Rückzug	Selektives Vorgehen (Kapitalfreisetzung)
	mittel	Ernten / begrenzt expandieren	Selektives Vorgehen (Verwalten)	Investieren (Konkurrenz-abwehr)
	hoch	Selektives Vorgehen (Spezialisierung)	Investieren (Try harder)	Investieren (Marktführer-schaft)

quote steigern, kreative, dynamische Manager binden.

Die **rote Zone** ist die Zone der Abschöpfung und Desinvestition. Hier geht es um die Aufgabe bestehender Produkte und bisheriger Märkte, sofern diese keine zukünftigen Erfolgspositionen erwarten lassen und deren Umwandlung in Cash-flow wenig aussichtsreich scheint, oder deren Reduktion auf Randbedeutung. Maßgaben umfassen die Vermeidung von Risiken, ferner Programmbereinigung, reduzierten Marketing-Mix-Einsatz, Freigabe von Marktanteilen zu Gunsten außerordentlichen Ertrags sowie Rationalisierung, Risikobereitschaft etc. Denkbar sind dazu auch Verkauf, Fusion oder Abbau von Betriebsstätten, um Aktivitäten zu retten.

Die dort befindlichen SGE´s sind finanziell durch **Mittelfreisetzung** gekennzeichnet. Die entsprechenden Normstrategien lauten: Desinvestieren, konsolidieren, auf profitable Nischen spezialisieren, Potenziale ausreizen, Gewinn vor Umsatz anstreben, maximalen Cash-flow durch radikale Kostenreduktion erreichen, Managementkapazität abziehen, Programmbegrenzung durchziehen, Absatzwegeverkürzung anstreben.

Die **gelbe Zone** ist die Zone selektiver Strategien. Hier geht es je nach Konstellation um Verteidigung, Konsolidierung oder Expansion erreichter Positionen. Maßgaben umfassen die Begrenzung von Risiken, selektives Wachstum, Ertragsmaximierung, Nischenpolitik, Rationalisierung, Begrenzung des Mitteleinsatzes, Wechsel der Absatzkanäle, Nutzendifferenzierung, Serviceausweitung, Organisationsstraffung etc. Sinnvolle Ziele sind hier die Aktivierung bisheriger Nicht- oder Seltenkunden, die Anpassung der Produktionstechnik auf den neuesten Stand, die Förderung der Abnehmerloyalität sowie konservative Finanzierungsmethoden.

Die dort befindlichen SGE´s sind finanziell durch die eher inhomogene Situation der **Selektion** gekennzeichnet. Die entsprechenden Normstrategien lauten: Spezialisieren, extern wachsen, Instandhaltungsinvestitionen vornehmen, kurzfristigen Cash-flow anstreben, Programmränder bereinigen, segmentspezifische Preise bilden, Vertriebswege straffen, auf zielgruppenspezifische Kanäle spezialisieren, Produktimitation prüfen, gezieltes Wachstum, ansonsten Position absichern, stabiles Preisniveau anstreben, Mitarbeitermotivation sichern. Die Konsequenzen ist, von Fall zu Fall selektiv zu investieren.

Im weiter differenzierten **Shell-Ansatz** ergeben sich folgende Kombinationen:
- sowohl hohe Marktattraktivität als auch relative Wettbewerbsstärke: Anstreben der Marktführerschaft, Maximierung der Investitionen, Wachstum, Aufbau einer beherrschenden Stellung (Marktführerschaft),
- mittlere Marktattraktivität und hohe relative Wettbewerbsstärke: Identifikation von Wachstumsbereichen und starke Investitionen dort, ansonsten Halten der Position,
- hohe Marktattraktivität und mittlere relative Wettbewerbsstärke: Potenzial für Marktführung durch Segmentation abschätzen, Schwächen identifizieren und Stärken aufbauen, verstärkte Bemühungen in allen Bereichen,
- sowohl niedrige Marktattraktivität als auch relative Wettbewerbsstärke: Planung eines raschen Rückzugs, Desinvestition, Verkauf, Aufgeben mangels langfristiger Gewinnmöglichkeiten (Disinvest),
- mittlere Marktattraktivität und niedrige relative Wettbewerbsstärke: Spezialisierung, Aufsuchen von Nischen, Abwägung eines langsamen Rückzugs (alternativ Konsolidierung),
- niedrige Marktattraktivität und mittlere relative Wettbewerbsstärke: Abschöpfung des Geschäftszweigs, Abbau von Investitionen, Vorbereitung zur Desinvestition,
- hohe Marktattraktivität und niedrige relative Wettbewerbsstärke: Spezialisierung, Aufsuchen von Nischen, Prüfung von Akquisitionschancen, Steigerung der Anstrengungen oder Aufgabe,

- sowohl mittlere Marktattraktivität als auch relative Wettbewerbsstärke: Identifikation von Wachstumsbereichen, Spezialisierung, ausgewählte, fallweise Investition, Konsolidierung oder Wachstum,
- niedrige Marktattraktivität und hohe relative Wettbewerbsstärke: Halten der Gesamtposition, Cash-flow-Generierung, nur noch Instandhaltungsinvestitionen tätigen.

3.4.3.3 Bewertung

Als **Kritik** gegenüber dem Neun Felder-Portfolio wird vor allem geäußert, dass qualitative Sachverhalte zunächst subjektiv quantifiziert werden müssen, um in das Modell Eingang zu finden. Nun sind Programmentscheidungen insb. durch komplexe Strukturen, unübersehbare Interdependenzen, nichtlineare Wirkungsverläufe, Zielantinomien und Datenmangel gekennzeichnet. Insofern kann eine Einschätzung nur auf Basis von Erfahrungen erfolgen, und zwar mit allen dabei notwendigerweise implizierten Unsicherheiten. Darüber hinaus ist auch die Auswahl der Beurteilungskriterien subjektiven Wertungen unterworfen. Gleiches gilt für die Bewertung der einzelnen Kriterien. Diese Unwägbarkeiten kumulieren noch bei Gewichtung der Kriterien. Deren mutmaßliche Wirkzusammenhänge sind unbekannt, sodass es zu Saldierungen zwischen einzelnen Kriterien kommen kann, die nach Art und Umfang nicht ausgewiesen werden. So kann ein Vorteil dieses Verfahrens rasch in seinen Nachteil umschlagen, statt mehr Information wird letztendlich weniger verarbeitet. Zwar werden vielfältige Kriterien zur Beurteilung der strategischen Erfolgsposition herangezogen, doch damit sinkt gleichzeitig auch die Übersichtlichkeit der Analyse. Letztlich ist die Auswahl der Kriterien vom Einzelfall abhängig (z.B. von der betrachteten Branche), und es besteht die Gefahr, dass sich einzelne Kriterien aufschaukeln, weil die Beziehungen zwischen ihnen unbekannt sind. Die Stärke der individuellen Handhabbarkeit kann sich so ins Gegenteil verkehren. Falls Gewichtungen unter den einzelnen Kriterien eingeführt werden, erhöht dies nur die Gefahr subjektiver Verzerrung innerhalb der Bewertung. Der zuwachsende höhere Freiheitsgrad der Variablendefinition führt insofern womöglich zu mangelnder Determiniertheit der Analyseergebnisse. Der Übergang zwischen den Feldern ist fließend, und es fehlen klare Abgrenzungskriterien. Damit aber wird der Output der Analyse anfällig für Manipulationen. Die daran anknüpfenden Folgerungen sind insofern nicht validierbar und womöglich von nicht viel größerem Wert als persönliche Einschätzungen. Die Stärke differenzierter Positionierung gegenüber dem Vier-Felder-Portfolio, gerade auch bei den wichtigen Mittelpositionen, relativiert sich mithin. McKinsey hat auf diese Kritik mit einer neuen Portfoliostruktur reagiert,

Daraus entstand das **Branchenattraktivitäts-Unternehmenspositions-Portfolio.** Die Dimension Branchenattraktivität ergibt sich dabei aus einem Unterportfolio, das seinerseits aus den Dimensionen Nachfragestabilität (eingeteilt in hoch/niedrig) und Branchenflexibilität (eingeteilt in hoch/niedrig) besteht. Die Dimension Unternehmensposition ergibt sich ebenfalls aus einem Unterportfolio, diesmal aus

Wettbewerbsstärke (eingeteilt in hoch/niedrig) und Finanzstärke (eingeteilt in hoch/niedrig). Diese vier Größen gehen in das neue Portfolio (McKinsey II) ein. Im Mittelpunkt der Betrachtung steht dabei das Risiko des Geschäftsfelds. Es wird unterstellt, dass dieses gering ist bei stabiler Nachfrage, flexibler Branche, hohen Wettbewerbsvorteilen und großer Finanzstärke, und umgekehrt. Es handelt sich also wiederum um qualitative Daten, die ordinal skaliert und in neun Felder unterteilt werden. Damit bleiben aber die prinzipiell gleichen Vorbehalte bestehen. Zudem stellt sich die Frage, was gerade diese gewählten Dimensionen qualifiziert, allein aussagefähig hinsichtlich des Risikos zu sein. Darüber hinaus ist zwischenzeitlich eine unübersichtliche Vielzahl weiterer Portfoliotypen entwickelt worden, denen, sofern sie marketingrelevant sind, immer gemeinsam ist, dass sie jeweils eine unternehmens- und eine marktbezogene Größen zueinander in Beziehung setzen.

3.4.4 Sonstige Portfolio-Ansätze

Es gibt zahlreiche weitere Varianten zur Programm-Analyse neben diesen beiden, wohl verbreitetsten Formen. Zu nennen ist vor allem das **Marktstadien-Wettbewerbspositions-Portfolio** (20 Felder-Portfolio/ A.D. Little). Es besteht aus einer **Matrix mit den Achsen Lebenszyklusphase, die in vier Stufen unterteilt ist, nämlich Einführung, Wachstum/Reife, Sättigung, Alter/Verfall, sowie relative Wettbewerbsstellung, die in fünf Stufen unterteilt ist, nämlich dominant, stark, günstig, haltbar, schwach.** Diese erklären sich aus der Branchenposition nach Porter, also der Macht bei Kunden, Lieferanten, potenziellen, aktuellen und substitutiven Konkurrenten sowie Staat, Gewerkschaften etc. Beide Größen ergeben sich auf Grund qualifizierter Schätzung. Die Lebenszyklusphase beruht auf einer Kombination von Vergangenheits- und Prognosedaten, die Wettbewerbsposition auf der Bewertung einer Kriterienliste. Beide werden auf Abszisse und Ordinate nach vier (Lebenszyklusphase) bzw. fünf (relative Wettbewerbsstellung) Kategorien abgetragen. Es ergeben sich somit zwanzig Felder, in denen sich jeweils SGE´s befinden können. Die **Umsatzgröße der betreffenden SGE** wird durch deren **Kreisdurchmesser** repräsentiert. An die Position knüpfen sich wiederum Normstrategien bzw. Konsequenzen, die im Folgenden kurz dargestellt sind *(siehe Abb. 20-Felder-Portfolio)*:

- dominante Wettbewerbsstellung bei Einführung: Marktanteil hinzugewinnen, hohe Rentabilität, mit voller Kraft um Marktanteil kämpfen, schneller investieren als der Markt,
- dominante Wettbewerbsstellung bei Wachstum/Reife: Marktposition halten, Marktanteil halten, investieren, um Wettbewerber abzuschrecken, Rentabilität ist gegeben,
- dominante Wettbewerbsstellung bei Sättigung: Marktanteil und Position halten, hohe Rentabilität erreichen, nur so viel investieren wie nötig, mit der Branche wachsen, eher Kapitalfreisetzung,
- dominante Wettbewerbsstellung bei Alter/Verfall: Marktposition halten, so viel wie nötig reinvestieren, Kapitalfreisetzung,

20-Felder-Portfolio

		Lebenszyklusphase			
		Entstehung	Wachstum	Reife	Alter
Wettbewerbsposition	dominant	Marktanteile hinzugewinnen oder mindestens halten	Position und Anteil halten, Investieren, um Wachstumsrate zu halten	Position halten, Wachstum mit der Branche (reinvestieren)	Position halten (reinvestieren)
	stark	Investieren, um Position zu verbessern, Marktanteilsgewinnung	Investieren, um Position zu verbessern, Marktanteilsgewinnung	Position halten, Wachstum mit der Branche (reinvestieren)	Position halten oder Ernten (minimale Reinvestition)
	günstig	Selektive/volle Marktanteilsgewinnung, selektive Verbesserung der Wettbewerbsposition	versuchsweise Position verbessern, selektive Marktanteilsgewinnung	minimale Investition zur Instandhaltung, Aufsuchen einer Nische	Ernten oder stufenweise Reduzierung des Engagements (Veräußerung)
	hatlbar	selektive Verbesserung der Wettbewerbsposition	Aufsuchen und Erhaltung einer Nische, selektiv investieren	Aufsuchen einer Nische oder stufenweise Reduzierung des Engagements	stufenweise Reduzierung des Engagements oder liquidieren
	schwach	starke Verbesserung (investieren) oder aufhören (liquidieren)	starke Verbesserung oder Liquidation	stufenweise Reduzierung des Engagements	liquidieren

- starke Wettbewerbsstellung bei Einführung: Hoher Investitionsbedarf, um Position zu verbessern, auf Marktanteilszugewinn kraftvoll abzielen, Kapitalverbrauch,
- starke Wettbewerbsstellung bei Wachstum/Reife: Investieren, um Marktposition zu verbessern, Gewinnung von Marktanteilen, eher Kapitalverbrauch,
- starke Wettbewerbsstellung bei Sättigung: Position halten, „Ernten" von Erträ-

gen, hohen Mittelüberschuss erzielen, so viel wie nötig reinvestieren, mit der Branche wachsen, Kapitalfreisetzung,

- starke Wettbewerbsstellung bei Alter/Verfall: Marktposition halten oder „ernten", minimale Reinvestition, Kapitalfreisetzung,
- günstige Wettbewerbsstellung bei Einführung: Selektive Verbesserung der Wettbewerbsposition, evtl. mit voller Kraft um Marktanteil kämpfen, Kapitalverbrauch, allerdings niedrige Rentabilität,
- günstige Wettbewerbsstellung bei Wachstum/Reife: Versuch, die Marktposition zu verbessern, selektiv Marktanteile gewinnen,
- günstige Wettbewerbsstellung bei Sättigung: Minimale Investition zur Konsolidierung, Aufsuchen und Verteidigen von Nischen, allerdings niedrige Rentabilität, neutraler Cash-flow,
- günstige Wettbewerbsstellung bei Alter/Reife: „Ernten" und stufenweise Reduktion von Engagements, minimale Erhaltungsinvestitionen oder Veräußerung, Kapitalfreisetzung,
- haltbare Wettbewerbsstellung bei Einführung: Selektive Verbesserung der Wettbewerbsposition, Aufsuchen von Nischen und deren Verteidigung, hoher Investitionsbedarf, Kapitalverbrauch,
- haltbare Wettbewerbsstellung bei Wachstum/Reife: Marktnische suchen und erhalten, selektiv investieren, Kapitalverbrauch, evtl. auch neutraler Cash-flow,
- haltbare Wettbewerbsstellung bei Sättigung: Stufenweise Reduktion von Engagements, Liquidation, niedriger Investitionsbedarf, in Nischen ausharren, minimal reinvestieren oder veräußern, neutraler Cash-flow,
- haltbare Wettbewerbsstellung bei Alter/Verfall: Engagement stufenweise reduzieren oder veräußern, neutraler Cash-flow,
- schwache Wettbewerbsstellung bei Einführung: Durch starken Mitteleinsatz spürbare Verbesserung anstreben oder aufgeben, allerdings hohes Liquiditätsdefizit, investieren oder liquidieren, Kapitalverbrauch,
- schwache Wettbewerbsstellung bei Wachstum/Reife: Starke Verbesserung erreichen (Wende) oder liquidieren, investieren oder liquidieren, Kapitalverbrauch, evtl. auch neutraler Cash-flow,
- schwache Wettbewerbsstellung bei Sättigung: Stufenweise Reduktion von Engagements, Liquidation, Mittel zur Selbstfinanzierung, selektiv investieren oder liquidieren, Kapitalfreisetzung,
- schwache Wettbewerbsstellung bei Alter/Verfall: Liquidierung wegen mangelnder Rentabilität, evtl. Abschreiben.

Durch die Vielzahl der Felder wird zwar eine differenzierte Beurteilung der jeweiligen SGE-Position erreicht, die Übersichtlichkeit, eine der verbleibenden Stärken der Portfoliotechnik, geht jedoch weitgehend verloren. Deshalb werden in diesem Fall meist mehrere Felder zusammengezogen und mit gemeinsamen Maßnahmenempfehlungen versehen, wobei dies nicht immer „symmetrisch" erfolgt, sondern durch kompliziert-beeindruckende Felder (Arrays).

Das **Geschäftsfeld-Ressourcen-Portfolio** setzt sich aus der Dimension Geschäftsfeld, die ihrerseits aus einer Untermatrix mit den Dimensionen Verfügbarkeit und

Kostenentwicklung besteht, zusammen, sowie der Dimension Ressourcen, die aus einer Untermatrix mit den Dimensionen Produktlebenszyklus und Marktattraktivität besteht.

3.4.5 Gesamtbewertung

Die Portfoliotechniken haben trotz aller Vorbehalte zentrale Bedeutung für die Programm-Analyse. Von **Vorteil** ist vor allem, dass sie ein Instrument zur didaktisch einfachen Visualisierung strategischer Erfolgspositionen im Programm darstellen. Ihre Rastertechnik zwingt zu gedanklicher Strukturierung komplexer Situationen und bringt eine analytische Denkweise auch solchen Personen im Unternehmen nahe, die eher holistisch (analog) zu denken gewohnt sind (rechte Gehirnhälfte), wie dies im Marketingbereich eher typisch ist. Sie sind zudem Auslöser für umfassendere weitere Analysen und ermöglichen die zentrale Integration externer und interner Sichtweisen. Schließlich geben sie Anhaltspunkte für Controlling-, Auditing- und Treasuring-Funktionen im Unternehmen. Von daher eignen sie sich besonders für eine erste Grobsichtung und Prioritätensetzung, bevor weitergehende Analysen eingesetzt werden. Vorteile liegen weiterhin in ihrer Eignung als leicht verständliche Hilfsmittel. Trostlose Zahlenfriedhöfe werden damit in ein visuelles Medium transponiert, mit dem man sich lieber beschäftigt und das besser präsentierbar ist. Dabei geht zwangsläufig die Detailschärfe verloren, da eine erhebliche Datenreduktion erfolgt. Dem steht aber zweifellos ein Gewinn an Prägnanz gegenüber. Sie regen außerdem zur Beschäftigung mit strategischen Problemen an, auch bei Personen, die ansonsten eher pragmatisch veranlagt sind und Probleme kasuistisch lösen. Allerdings erfordert die Handhabung dieses Verfahrens hohes Verantwortungsbewusstsein, um nicht der Versuchung der Manipulation zu erliegen. Auch werden sowohl interne wie externe, quantitative wie qualitative Größen berücksichtigt. Insofern entsteht eine höhere Datenverdichtung als bei anderen Analyseverfahren. Der Einsatz bedarf jedoch hoher Sorgfalt, um aus der Vereinfachung keine Verzerrung entstehen zu lassen. Schließlich ist die Position der SGE´s ein wichtiges Argument bei der Zuteilung knapper Ressourcen. Dies betrifft etwa die Budgetierung, die als Voraussetzung Prioritäten als Rechengrundlage zur Steuerung von Investitionen und den Cash-flow auf Gesamtunternehmensebene benötigt.

Insgesamt überwiegen aber wohl die **Nachteile**. So ist die Theorie der Portfolio-Analysen doch recht grob gestrickt, weil eine Fülle relevanter Einflussfaktoren auf eine kleine Auswahl reduziert wird. Meinungsdivergenzen über Gewinnaussichten und Risikoausmaße drohen, sich im Ergebnis zu saldieren. Gerade die vermeintliche Einfachheit und Informationsverdichtung kann so in komplexen Situationen gefährlich sein. Die vorgegebenen Normstrategien verleiten zur generellen Übernahme, bedürfen aber der situativ modifizierten und konkretisierten Überarbeitung. Ihnen mangelt es an operationaler Fassung. Damit besteht ein immanenter Trend zu konservativen Strategien. Breakthrough-Erfolge werden so jedenfalls kaum erzielt. So sind Haarfestiger mit Aussterben der Dauerwelle sicherlich Poor dogs gewesen, die aufzugeben waren, und doch ist es einigen Herstellern gelungen, das Produktkonzept zu modernisieren und trendgemäß als Star zu repositionieren (2 in 1-Produkte von P&G, L`Oréal, Henkel, Beiersdorf). Es besteht eine Tendenz zur Nivellierung des Gesamtportfolios, d.h., zu einer Positionsanhäufung der beurteilten Geschäftseinheiten im Mittelfeld, dies mit steigender Zahl applizierter Beurteilungskriterien. Damit aber wird eine differenzierte Aussage, die gerade Ziel der Analyse ist, erschwert. Durch die weitgehend freie Trennung der Matrixfelder kann es daher leicht zur falschen Zuordnung von Normstrategien auf SGE´s kommen, was dann wahrscheinlich zu schlechteren Ergebnissen führt, als wenn auf eine Portfolio-Analyse gänzlich verzichtet wird. Diese unterliegt zudem einer statischen Sichtweise. Es handelt sich lediglich um eine Situations-, wenn nicht sogar eine Vergangenheitsaufnahme. Mutmaßliche Entwicklungen der Zukunft werden nur berücksichtigt, wenn dies bei der Kriterienbeurteilung und der Definition der SGE´s ausdrücklich vorgegeben wird. Die Möglichkeit sprunghafter (disruptiver) Entwicklungen wird dabei negiert. Die Abgrenzung der SGE´s ist zudem subjektiv und unterliegt einer gewissen Willkür, zumal die Forderung nach strategischer Eigenständigkeit nur schwer erfüllbar scheint. Dies führt in der Praxis zu ständig neuen Abgrenzungen. Da die Organisationsstruktur oft genug von der SGE-Struktur abweicht, ergeben sich Friktionen bei der Umsetzung von Konsequenzen im Unternehmen. Liegt bei der Definition der SGE´s das Kriterium der internen Gleichartigkeit und externen Verschiedenartigkeit zu Grunde, so stellt sich die Frage der Marktabgrenzung. Dies ist vor allem bei den weit verbreitet diversifizierten, vertikal integrierten Unternehmensstrukturen problematisch. Liegt die Priorität auf der Unabhängigkeit, führt dies zur Bildung weniger SGE´s mit hoher Relevanz für den Unternehmenserfolg, aber geringer interner Homogenität, da verschiedenartige Produktmärkte zusammengefasst werden müssen. So impliziert etwa die Videosparte eines UE-Herstellers so unterschiedliche Produkte wie Fernseher, Camcorder, DVD-Player und -Recorder, Zubehör und Personal Video, die auf unterschiedlichen Märkten angeboten werden. Liegt umgekehrt die Priorität auf der Verwandtschaft der Geschäftsfelder, führt dies zur Bildung einer Vielzahl von SGE´s mit enger Abgrenzung, aber geringer Marktrelevanz. So hängt der Bereich Camcorder mit Heimvideorecordern zusammen, auf denen die mobil aufgenommenen Cassetten auch stationär abgespielt werden können (dto. bei Personal Video). Im Ergebnis sind damit die Portfolio-Analysen womöglich ein willfähriges Instrument in der Hand des Planers, der sich damit je nach Erfordernis sein Portfolio „basteln“ kann. Es fehlt an genügend festen Eckgrößen, die eine solche Manipulation verhindern können. Im Einzelfall ist das Zustandekommen bestimmter Konstellationen kaum mehr nachvollziehbar. Dort, wo qualitative Daten eingehen, kann auch noch eine lähmende Diskussion über deren Quantifizierung entstehen. Das Konkurrenzverhalten wird zudem durch die Determinierung der Normstrategien bis zu einem gewissen Grad voraussehbar. Damit ist man zwar selbst vor Überraschungen gefeit, aber kann auch andere nicht mehr überraschen. Dieses Manko beheben erst weiterentwickelte Strategien (z.B. New game). Die Marktrealität zeigt, dass gerade solche, zunächst unverständlich erscheinenden Strategien noch in der Lage sind, entscheidende Wettbewerbsvorsprünge zu erzielen (z.B. Walkman/Sony, IKEA, Body Shop). Das Management, das für Halten- oder

Schrumpfen-Sektoren zuständig ist, wird instrumentalisiert. Denn folgt es den Handlungsanweisungen, muss es letztlich den eigenen Arbeitsplatz aufgeben. Das ist wenig motivierend, und es scheint fraglich, ob dieser Absicht auch mit letztem Nachdruck gefolgt wird. Die Konzentration auf Cash-flow-Ausgewogenheit im Portfolio vernachlässigt die immer zahlreicheren Möglichkeiten der externen Kapitalbeschaffung. Dadurch muss nicht mehr zeitgleich der Cash-flow im Unternehmen generiert werden, den aufstrebende Produkt-Markt-Kombinationen aufbrauchen (Innenfinanzierung), sondern Cash-flow-Generierung und -Aufbrauch können zeitlich auseinander fallen. So ist denkbar, dass Kredite für Investitionen in potenzialstarke SGE`s aufgenommen und erst später, wenn diese (oder zumindest einige von ihnen) etabliert sind, getilgt werden. Zwischenzeitlich braucht der Cash-flow nurmehr die regelmäßigen Zinszahlungen zu decken, was selbst dann realisierbar scheint, wenn nur vergleichsweise wenige Harvest-SGE´s vorhanden sind.

3.4.6 Ziel-Portfolio

Das Portfolio basiert normalerweise auf Ist-Daten, d.h., die Parameter sind bestenfalls gegenwartsbezogen. Nun ist es für die Programmplanung aber wichtig, zukunftsbezogene Daten zu Grunde zu legen. Dies erfolgt im Ziel-Portfolio. Dazu werden die Parameter nicht hinsichtlich des Ist-Zustands, sondern hinsichtlich des gewünschten Soll-Zustands bewertet. Bei den beiden wichtigsten Portfolio-Formen bedeutet dies folgendes.

Der relative Marktanteil einer SGE für die zukünftige Planungsperiode bestimmt sich aus der Relation des prognostizierten eigenen Marktanteils und des prognostizierten Marktanteils des/der wichtigsten Wettbewerber. Das durchschnittliche Wachstum auf diesem Markt für die zukünftige Planungsperiode bestimmt sich durch die Hochrechnung des gegenwärtigen Marktwachstums in die Zukunft. Die relative Umsatzbedeutung für die zukünftige Planungsperiode bestimmt sich aus der Relation des hochgerechneten Umsatzes jeder SGE und des hochgerechneten Gesamtumsatzes des Unternehmens.

Die relative Wettbewerbsstärke einer SGE für die zukünftige Planungsperiode bestimmt sich aus der Punktbewertung der jeweiligen zu ihrer Aggregation herangezogenen Kriterien innerhalb eines festgesetzten bzw. zukünftigen Erfordernissen angepassten Katalogs. Die relative Attraktivität auf diesem Markt für die zukünftige Planungsperiode bestimmt sich ebenfalls aus der Punktbewertung der jeweiligen zu ihrer Aggregation herangezogenen Kriterien innerhalb eines festgesetzten bzw. zukünftigen Erfordernissen angepassten Katalogs. Die Größe der betreffenden Branche für die zukünftige Planungsperiode bestimmt sich aus dem hochgerechneten Totalumsatz der Branche. Der Marktanteil der SGE für die zukünftige Planungsperiode bestimmt sich aus der Relation des prognostizierten eigenen Umsatzes und des prognostizierten Totalumsatzes der Branche.

Legt man diese Ausgangsdaten bei der jeweiligen Portfolio-Form zu Grunde, ergibt sich das Ziel-Portfolio. Dieses kann in mehrerlei Hinsicht vom Ist-Portfolio abweichen, so in Bezug auf die Abszissenposition, Ordinatenposition, Kreisgröße und Kreisausschnitte. Aus der Gegenüberstellung von Ist- und Ziel-Positionen der SGE´s ergeben sich dann wiederum konkrete Handlungserfordernisse für das Programm aus der:

- **Höhe der Abweichung** zwischen Ist- und Ziel-Position. Die räumliche Entfernung dieser Positionen innerhalb der Portfolio-Matrix indiziert erfahrungsgemäß einen proportionalen Umfang des Maßnahmeneinsatzes im Marketing. Dabei sind zwei Veränderungen denkbar, und zwar die Veränderung innerhalb eines Matrixfelds oder die von einem Matrixfeld zu einem anderen. Während sich innerhalb eines Felds an der Zuweisung von Normstrategien nichts ändert, ändern sich zwischen Feldern die zugewiesenen Normstrategien entsprechend der neuen Position. So kann also durchaus eine kleine räumliche Entfernung eine große Änderung des Maßnahmeneinsatzes im Marketing indizieren.
- **Richtung der Abweichung** zwischen Ist- und Ziel-Position. Der Vektor der Veränderung kann parallel zu einer der Matrixachsen zeigen oder aus beiden Matrixachsen kombiniert zusammengesetzt sein. Geht man davon aus, dass es einen typischen Weg durch das Portfolio gibt (was allerdings strittig ist), so kann die Richtung diesem Kreislauf entsprechen oder auch nicht. Gegenläufige Veränderungen sind vor allem bei Auslaufen der Marktpräsenz mit dem Ziel deren Verlängerung anzutreffen.
- **Bedeutung** der infrage stehenden SGE´s oder Branchen. Dies bezieht sich auf die Veränderung der absoluten Größe der einzelnen Untersuchungseinheiten. Dabei kann eine SGE zunehmen, abnehmen oder gleich bleiben. Sieht man einmal davon ab, dass der Umsatz als Steuerungsgröße zweifelhaft ist, ergibt sich daraus die Möglichkeit, knappe Finanzmittel zieladäquat zuzuteilen. Denn eine steigende gewünschte SGE-Größe bedeutet auch eine wachsende Mittelzuweisung, während eine sinkende gewünschte SGE-Größe einen Mittelentzug im Vergleich zur Vorperiode und eine konstante SGE-Größe eine unveränderte relative Zuweisung bedeutet.
- **Ausgewogenheit** innerhalb des Portfolios. Dies bezieht sich auf die Veränderung der relativen Größe der einzelnen Untersuchungseinheiten innerhalb des gesamten Portfolios. Denn Ziel ist die Erreichung einer gleichmäßigen Verteilung der SGE´s im Programm mit vielen aussichtsreichen Rennern, einigen starken Selbstgängern im Zenit ihrer Leistung und wenigen Pennern. Dies ist dort gegeben, wo eine Balance aus positivem Cash-flow und Liquidationserlös abzustoßender Einheiten einerseits sowie negativem Cash-flow und zu forcierender Einheiten andererseits erreicht wird.

Erst alle vier herangezogenen Größen machen es möglich, eine Aussagefähigkeit zu erreichen. Da Daten für die Zukunft allenfalls mit einer gewissen Wahrscheinlichkeit geschätzt werden können, und weil es sich teilweise um intersubjektiv unterschiedlich eingeschätzte qualitative Größen handelt, geht das **Unschärfe-(Bereichs-)Portfolio** zudem dazu über, nicht mehr exakte Matrix-Positionen zu definieren, sondern Positionsfelder, deren konzentrische Ausbreitungsgrenzen als optimistische und pessimistische Schätzwerte definiert werden (Bereichspositionierung statt Punktpositionierung). Dadurch wird vermieden, infolge einer nur scheinbaren Exaktheit der Positionsbestimmung daran formalistisch weit reichende Konsequenzen zu knüpfen, ohne dabei zu berücksichtigen, dass unvermeidliche Streubreiten vorhanden sind. Zugleich nimmt damit jedoch die Determiniertheit des Portfolio-Instruments ab, obgleich gerade in dieser mechanistischen Zuweisung von Normstrategien dessen großer Vorteil zu sehen ist.

4. Programmstrategie

Stellt das Programmgestaltungsziel den Wunschort des Unternehmens dar und ist in der Programm-Analyse dessen Realort ermittelt worden, so hat die Programmstrategie die Aufgabe der Überwindung der beinahe unvermeidlichen Distanz zwischen diesen beiden Orten, indem sie eine passierbare Route vom Ist zum Soll aufzeigt. Als Beförderungsmittel auf diesem Weg dienen die Marketinginstrumente.

Hinsichtlich der Programmstrategie werden die Dimensionen der Programmbreite und der Programmtiefe sowie des Programmtauschs, der Programmvariation und der Programmkonstanz, zusammengefasst in der Programmbereinigung, betrachtet.

Die Strategie gestaltet systematisch den Weg vom Ist zum Ziel. Dafür sind sowohl eine Ziel-Festlegung als auch eine Istzustands-Erhebung erforderlich. Sie erfolgt jeweils in Abhängigkeit von Unternehmensressourcen und Umfeldbedingungen und dient zur Erreichung von Wettbewerbsvorteilen bei Kunden. Zur Umsetzung dienen hoch aggregierte Maßnahmen, um diesen Weg unter mehreren Alternativen bestmöglich zurückzulegen und Erfolgspotenziale zu begründen, zu erhalten oder auszubauen.

Strategische Aufgaben zeichnen sich durch eine Kombination aus hoher **Aufgabenbedeutung** und weitem **Erledigungszeitrahmen** aus. Die Unterscheidung nach Wichtigkeit und Dringlichkeit von Aufgaben wird gemeinhin in der **Eisenhower-Matrix** dargestellt *(siehe Abb. Eisenhower-Matrix)*:

- Aufgaben mit hoher Wichtigkeit und engem Zeitrahmen sollten unmittelbar unter der verantwortlichen Leitung des Top-Management realisiert werden (Krisen).
- Aufgaben mit geringerer Wichtigkeit und engem Zeitrahmen können zur Not aufgeschoben werden (operative Aufgaben).
- Aufgaben mit geringer Wichtigkeit und weitem Zeitrahmen können zunächst vernachlässigt werden („Peanuts“).
- Aufgaben mit hoher Wichtigkeit und weitem Zeitrahmen sind eben diese strategischen Aufgaben, um die es im Folgenden geht.

4.1 Programmbreite

Die Programmbreite beschreibt die Anzahl verschiedenartiger Produkte im Programm und wird überwiegend extern determiniert, also weniger durch das Wollen des Unternehmens selbst als vielmehr durch das Vorhandensein von Marktbarrieren für die Verbreitung oder Einengung des Programms. Die Entscheidung ist insofern zwischen spezialisiertem (engem) und universellem (breitem) Engagement zu treffen. Dabei unterscheidet man zwei Erschwernisse: beim Markteintritt Markteintrittsschranken (Barriers to entry) und beim Marktaustritt Marktaustrittsschranken (Barriers to exit).

4.1.1 Programmdiversifizierung

4.1.1.1 Diversifizierungsbegriff

Diversifizierung bedeutet die Ausweitung des Unternehmensprogramms um neue Produkte auf neuen Märkten. Als Gründe für die Diversifizierung werden allgemein die Verminderung der Abhängigkeit von Märkten (Risikostreuung), die verbesserte Kapazitätsauslastung, die Erschließung von Synergiepotenzialen, die Anlage freier Finanzmittel, die Partizipation an Wachstumsmärkten, das Streben nach Prestige/Macht, persönliche Neigungen im Management und die Absehbarkeit von Wachstumsgrenzen in bestehenden Märkten angesehen.

Das Diversifikationsstreben kann im Extremfall bis zur Aufgabe der angestammten Geschäftsfelder führen. Man spricht dann von **Business migration,** d.h., vom Verschieben des Aktivitäten-Portfolios von dem einen in den anderen Bereich (z.B. Metallgesellschaft mit Migration von Metallhandel und Bautechnik zu Chemie, Pharma, Kunststoffen und Spezialitäten). Ziel der Business migration ist also

Eisenhower-Matrix

		Aufgabenbedeutung (Wichtigkeit)	
		gering	hoch
Aufgabenzeitrahmen (Dringlichkeit)	weit	„Peanuts“	strategische Aufgaben
	eng	operative Aufgaben	Krisen

nicht eine diversifikationstypische parallele Streuung der Aktivitäten, sondern vielmehr die gezielte Veränderung der bearbeiteten Strategischen Geschäftsfelder. Die Diversifikation ist damit nur ein Übergangsstadium, bei dem die angestammten Aktivitäten noch nicht ganz aufgegeben und die angepeilten Aktivitäten noch nicht ganz aufgebaut sind, sodass sich vorübergehend der Eindruck der Streuung der Aktivitäten ergibt. Dies bietet sich vor allem, wenn erkannt wird, dass die angestammten Aktivitäten nur unterdurchschnittliche Renditechancen aufweisen und zugleich andere Strategische Geschäftsfelder ausgemacht werden können, die überdurchschnittliche Renditechancen versprechen, die für individuell realisierbar gehalten werden. Meist erfolgt der Übergang durch Akquisition von Unternehmenseinheiten, die in diesen angepeilten Aktivitäten bereits aktiv sind. Dies wird durch den Verkauf bestehender Aktivitäten und/oder deren Stilllegung zur Ressourcenfreisetzung finanziert.

Auch Corning Glas hat eine solche Business migration vollzogen. War das Unternehmen früher noch ein führender Hersteller von Flach- und Hohlgläsern, so ist es heute in der Telekommunikation verhaftet. Die Verbindung zwischen beiden sehr unterschiedlichen Branchen ist das Know-how in der Glasverarbeitung. Die Beschäftigung mit weiteren, höherwertigeren Anwendungen von Glas führte zur Auseinandersetzung mit der Lichtwellenleiter-Technik und der Fähigkeit bestimmter Glasarten, extrem feinteilige optische Signale über sehr weite Entfernungen ohne jegliche Verzerrung transportieren zu können. Statt dieses Geschäft angestammten Anbietern der Telekommunikationsbranche zu überlassen, entschloss Corning Glas sich, Glasfaserkabel selbst zu vermarkten und vollzog damit einen Branchenwechsel.

Ein weiteres Beispiel ist der Mobilfunkmarkt. Dieses Angebot wird erstaunlicherweise nicht nur durch Telekommunikationsunternehmen vertreten, sondern auch von vordem völlig branchenfremden Anbietern wie dem Röhren- und Metallhandelskonzern Mannesmann. Dabei wurde das angestammte Geschäftsfeld völlig verlassen, indem das Unternehmen nach einer feindlichen Übernahme zwischenzeitlich aufgehört hat zu existieren, die Unternehmensteile firmieren unter dem Namen der jeweiligen neuen Eigentümer, die Telekommunikationssparte firmiert unter Vodafone, der Marke des Mehrheitsaktionärs Chris Gent.

Ein Beispiel bietet auch Microsoft. Ursprünglich von der PC-Software kommend ist Microsoft heute Anbieter von Großrechner-Software für Server und Datenbanken, Mobilfunk-Software für tragbare Computer, kaufmännischer/betriebswirtschaftlicher Standard-Software, Consulting- und IT-Services, Web-Services, Onlinezugangsdiensten, Computerspielen sowie TV und anderen elektronischen Medien.

Weitere Beispiele sind der Eon-Konzern, der aus dem Mischkonzern Veba und dem Energieversorger Viag hervorgegangen ist und sich nun als reinrassiger Energieanbieter positioniert. Eine migrative Entwicklung ist auch bei den Mineralölkonzernen im Tankstellengeschäft zu beobachten: von der Zapfsäule (um

Marktbearbeitungspriorität

		Marktbarrieren	
		niedrig	hoch
Marktattraktivität	gering	Gelegenheitsmärkte	Abstinenzmärkte
	hoch	Kernmärkte	Risikomärkte

1960), zur Zapfsäule mit Angebot von Impulssortiment (G-Shop, um 1980), zur Zapfsäule mit angeschlossenem Shop (um 1990) zum Shop mit angeschlossener Zapfsäule (um 2000) bis zum Shop ohne Zapfsäule, der bereit getestet wird. Ebenso hat sich Continental von einem reinen Reifenhersteller (Teilelieferant) zu einem Fahrwerksspezialisten entwickelt (Komponentenlieferant).

Einen der spektakulärsten Migrationsprozesse hat aber sicherlich Aventis (heute Sanofi) zu verzeichnen, vom Chemierohstoffhersteller zum Life science-Konzern (also verarbeitete Chemieprodukte mit Tendenz zu Pharmazeutika). Das vollzog sich in etwa wie folgt:

- *1995: Hoechst kauft das US-Pharma-Unternehmen Marion Merrell Dow. Zugleich Verkauf der Kosmetik-Consumermarken Marbert, Jade und Schwarzkopf. Börseneinführung des Graphitherstellers SGCarbon.*
- *1996: Verkauf des Spezialchemieherstellers an Clariant.*
- *1997: Vollständige Übernahme des französichen Pharma-Hersellers Roussel Uclaf.*
- *1998: Verkauf des Lackeherstellers Herbertz an DuPont sowie Verkauf der Polyesteraktivitäten an Koch/Saba.*
- *1999: Börseneinführung der Chemiesparte von Hoechst Celanese und vor allem Fusion mit französischen Konzern Rhone-Poulenc.*
- *2001: Verkauf der Beteiligung an Messer Griesheim an Finanzinvestoren sowie Verkauf der Beteiligung an Wacker-Chemie an die Gründerfamilie Wacker. Umbenennung des Konzerns in Aventis.*
- *2002: Verkauf der Agrochemiesparte Aventis Cropscience an Bayer sowie Ver-*

kauf des Tierernährungsgeschäfts Aventis Animal Nutrition an CVC Capital Partners.

Mindestens ebenso spektakulär verlief die Migration von Rohstoffkonzern Preussag zum Reiseunternehmen TUI:

- *1997: Der Rohstoffkonzern Preussag erwirbt die Hapag-Lloyd AG zum Markteinstieg.*
- *1998: Preussag Stahl-AG wird verkauft. Hapag-Lloyd erwirbt die Mehrheit an TUI Touristik Union International, die Aktivitäten werden unter dem Dach der HTU gebündelt. Einstieg beim britischen Touristik- und Finanzdienstleistungsunternehmen Thomas Cook.*
- *1999: Preussag verkauft seine letzte Beteiligung im Kohlebereich. HTU wird Mehrheitseigner der Reisebürokette First. Damit werden Touristik und Logistik die stärksten Geschäftsfelder im Konzern. HTU übernimmt die restlichen TUI-Anteile. Preussag wird Mehrheitseigner bei Thomas Cook. Die HTU wird in TUI Group umfirmiert.*
- *2000: Die TUI Group wird Mehrheitseigner von Gulet Touropa Touristik, dem größten Reiseveranstalter Österreichs. Außerdem wird die britische Thompson Travel Group übernommen. Einstieg beim französischen Marktführer Nouvelles Frontières. TUI Group ist damit weltgrößter Touristikkonzern.*
- *2001: Start des Desinvestitionsprogramms zur Schuldensenkung. Etablierung der Dachmarke World of TUI.*
- *2002: Wechsel der Firmierung von Preussag in TUI.*

Selbst Nokia ist im heutigen Geschäftsmodell Ergebnis einer Migration. Gestartet mit den Bereichen Tires, Footwear, Plastics, Power supply, Consumer electronics, Data, Telecommunications, Cables, Maschinery, Robotics, Engineering, Paper, Chemicals sind daraus heute die Bereiche Intelligent networks, Transmission systems, Fixed networks, Access networks, Wireless/Mobile data, TETRA Networks& Terminals, GSM Networks, Smart traffic Products, Multimedia, Internet, Digital exchanges, Mobile phones, Base stations geworden.

4.1.1.2 Markteintrittsschranken

Markteintrittsschranken, welche die Verbreitung des Programms beschränken, sind vielfältig bedingt. Zumeist handelt es sich um folgende:

- allgemeine Barrieren: natürliche und ökologische Umwelt, politische Umwelt, Parteien, rechtliche Umwelt, staatliche Umwelt, steuerliche Umwelt, makroökonomische Umwelt, technologische Umwelt, demographische Umwelt, ausbildungsbezogene Umwelt, kulturelle Umwelt, sprachliche Umwelt, religiöse Umwelt, sozio-psychologische Umwelt,
- branchen-/marktbezogene Barrieren: Nachfragefaktoren, Angebotsfaktoren, Handelsfaktoren, Wettbewerbsfaktoren,
- unternehmensbezogene Barrieren: Ziele des Unternehmens, Größe des Unternehmens, Alter des Unternehmens, Nationalität des Unternehmens, Rechtsform, Or-

ganisationsstruktur, Kultur, Produktivität, erreichter Diversifikationsgrad, bisherige Markteintrittsstrategien, bisherige Marktsegmentabdeckung, Wettbewerbsvorteile, Ressourcen,
- leistungsbezogene Barrieren: Standardisierung/Differenzierung, Produktkomplexität, Kapitalintensität, Technologieabhängigkeit, Bedeutung der Reputation, Serviceanforderungen,
- persönlichkeitsbezogene Barrieren: persönliche Ziele der Inhaber/Manager, Wissen der Entscheidungsträger, Motivation der Entscheidungsträger, Risikoneigung, Innovationsbereitschaft, Erfahrung, Engagement.

Spezifisch können folgende Markteintrittsbarrieren genannt werden. So gibt es zur Marktpräsenz mindestens erforderliche **Investitionsvolumina,** die oft eine Höhe erreichen, die es einem Anbieter unmöglich machen, am Markt zu agieren. Das führt dann de facto zu einer Marktschließung zu Gunsten der bestehenden Anbieter. Allerdings sind infolge fortschreitender Konzentrationstrends zunehmend Unternehmen in der Lage, selbst große Anlagesummen aufzubringen.

Das Vorhandensein von **Betriebsgrößenvorteilen** (Skaleneffekte) lässt bei kleinen Losgrößen noch kein konkurrenzfähiges Angebot zu. Auch dies wirkt marktschließend zu Gunsten etablierter Anbieter. Durch konglomerale Strukturen sind jedoch immer mehr Unternehmen fähig, im Wege der internen Subventionierung anlaufende Produktbereiche so lange zu alimentieren, bis diese eine rentable Größenordnung erreicht haben (= kritische Größe).

Oftmals besteht das Erfordernis hoher **Programmbreite** schon zu Beginn der Marktpräsenz. Dies ist immer dann der Fall, wenn Nachfrager, etwa im Business to business-Bereich, von vornherein eine große Programmvielfalt verlangen, die aus dem Stand heraus jedoch nur schwierig zu realisieren ist.

Käuferloyalität wirkt ebenso limitierend. In dem Maße, wie Märkte besetzt sind und Käufer durch hohe Marketingaufwendungen an Marken gebunden werden, ist es kaum möglich, Konkurrenzverdrängung zu betreiben. Nur darüber aber kann in weit verbreitet stagnierenden Märkten eine Präsenz erreicht werden.

Hohe **Umstellungskosten** entstehen, weil mit zunehmender Spezialisierung rentablere Einzweckproduktionsanlagen installiert werden, welche die Flexibilität zu Produktumstellungen nicht mehr implizieren. Damit kann ein Markteintritt dann nicht mehr aus vorhandenen Kapazitäten heraus gestartet werden, sondern bedarf eines Kapazitätswechsels, wodurch sich das Eintrittsrisiko aber erheblich vergrößert.

Standortlimitationen treffen in vielfältiger Weise etwa in der Ursprungsproduktion oder auch im Handel zu. Günstige Standorte sind nicht ohne Weiteres vermehrbar. In dem Maße, wie diese begrenzt und vergeben sind, haben neue Anbieter kaum mehr Durchsetzungschancen.

Fehlender **Zugang zu Vertriebskanälen,** etwa im LEH, machen es vielfach praktisch unmöglich, eine für die Abverkaufschance ausreichende Platzierung zu erlangen, weil der vorhandene Regalplatz auf bestehende Anbieter aufgeteilt ist. Aber nur die physische Konfrontation von potenziellen Käufern mit der Ware bietet die Chance auf Umsatzakte.

Vielfach bestehen auch **hoheitliche Beschränkungen.** So etwa beim Nachweis der Zulassung für Gaststätten, Privatkliniken, Versteigerer etc., dem Nachweis der Sachkunde, z.B. als Kaufmannsgehilfenprüfung, dem Nachweis der Befähigung bei Apotheken, Wirtschaftsprüfungen, Steuerberatungen etc. oder dem Nachweis der Kapitalbasis etwa bei Banken, Versicherungen, Bausparkassen etc. Weitere Restriktionen ergeben sich aus Bedarfsvolumina (z.B. bei Taxis) und Anbieterzahlen (z.B. bei Schornsteinfegern). Zudem achten Interessengruppen peinlich genau darauf, dass kein „Unbefugter" Zutritt zum Markt erhält.

Gewerbliche Schutzrechte wirken ebenfalls marktschließend. Dabei handelt es sich um Patente, Warenzeichen, Gebrauchs- und Geschmacksmuster, Urheberrechte und Ausstattungen, die allein Schutzrechtsinhaber befugt sind, zu nutzen und andere von der Nutzung auszuschließen.

Einer Verbreiterung des Programms stehen also tatsächlich vielfältige Hindernisse entgegen. Im Folgenden wird jedoch unterstellt, dass diese zu überwinden sind.

4.1.1.3 Homogene Diversifizierung

Innerhalb der Programmdiversifizierung bedeutet homogene (konzentrische) Diversifizierung die Zusammenfassung verwandter Elemente, d.h., **artähnlicher neuer Produkte und Märkte im Programm**. Der Unterschied zur Konzentration liegt in dieser Ähnlichkeit, nicht aber der Gleichartigkeit dieser Elemente. Sie kann dabei horizontal (also auf gleicher Wertschöpfungsstufe, z.B. TV-Senderfamilien) oder vertikal (also auf anderer Wertschöpfungsstufe, z.B. Medienverwertungskonzerne) oder heterogen (lateral, z.B. sog. TIME-Industries) ausgerichtet sein.

4.1.1.3.1 Horizontale Ausrichtung

Horizontale, konzentrische Diversifizierung bedeutet die Verbreiterung des Programms um ein verwandtes Tätigkeitsfeld auf gleicher Marktstufe. Sie erfolgt als Seitwärtsbewegung in verwandte Wirtschaftsbereiche. Dabei geht es um die Einbeziehung neuer Aktivitätsbereiche, um damit den Anforderungen des Marktes nach Leistungsbereitstellung und den internen Ergebnisvorgaben mutmaßlich besser Rechnung tragen zu können. Zugleich ist mit diesen Chancen jedoch immer auch ein erhöhtes Risiko verbunden *(siehe Abb. Horizontale Diversifikation (Beispiel Handel))*.

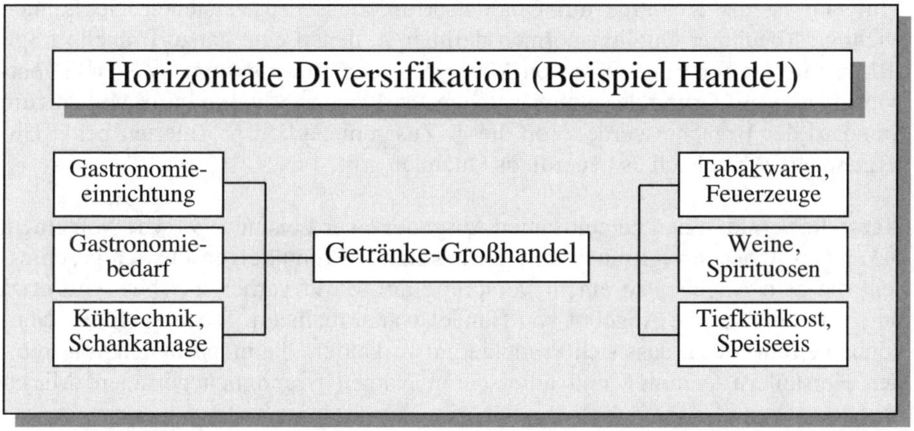

Ein Beispiel für homogene, horizontale Programmdiversifikation ist die Marke Milka. Dazu gehören u.a.:
- *Tafelschokolade (verschiedene Größen 100gr., 300 gr., 75 gr.),*
- *Schoko-Riegel wie Lila Pause, Nussini, Leo,*
- *Pralinen wie I love Milka, Fresh, Mona Lisa,*
- *Kinderprodukte wie Milkinis, Milkinis Crispy, Happy Cows,*
- *Saisonartikel wie Weihnachtsmänner, Osterhasen,*
- *Spezialitäten wie Lila Stars, Tender, Collection,*
- *Diätprodukte wie Tafelschokolade, Lila Pause, I love Milka,*
- *Sonstige Produkte wie Milka Eiscreme, Schokodrinks).*

Als Integrationshilfe für miteinander verwandte Tätigkeitsbereiche kann der gemeinsame Bezug in unterschiedlichen Programminhalten bestehen.

Materialtreue ist gegeben, wenn sich ein Unternehmen auf den Betrieb mit einem gleichen Grundstoff konzentriert. So kann das Unternehmen Müller im Allgäu aus dem Urprodukt Milch verschiedene Endprodukte herstellen, etwa Joghurt und Quark, Frischkäse, Kefir und Milchreis. Es nutzt dabei vor allem Synergieeffekte im Beschaffungsbereich. Als weiteres Beispiel mag Levi´s gelten. Hier liegt die Spezialisierung in der Verarbeitung von Jeansstoff. Sind daraus zunächst nur Hosen hergestellt worden, kamen später Jacken hinzu. Zwischenzeitlich gibt es Blousons, Westen, Shorts, Röcke etc. von Levi´s, aber immer unter der Materialkompetenz Jeansstoff. Durch den Setgedanken im Produkt und die Stilisierung zum Lebensgefühl junger Leute in der Werbung ergeben sich somit Zusatzumsätze.

Ursprung meint ein gemeinsam verarbeitetes Urprodukt. So können aus den Rohstoffen, Kakao, Milch und Zucker verschiedenste Produkte hergestellt und vermarktet werden. Synergieeffekte ergeben sich somit aus größeren Einkaufslosen infolge mehrfachen Bedarfs dieser Rohstoffe, aus der daraus resultierenden Einflussnahmemöglichkeit auf Qualitäten, aus gemeinsamer Logistik etc. Dies realisiert z.B. Nestlé durch Angebote bei Kakao, Dosenmilch, Schokoriegeln etc.

Material ist als Kenntnis um Qualitätserfordernisse zu verstehen. So können wichtige Abnehmer Qualitätsnormen definieren, denen eine ganze Branche folgt. IBM ließ etwa für seine PC's von Microsoft ein Betriebssystem (MS-DOS) entwickeln, das auf Grund der unumstrittenen Marktbeherrschung von IBM bald zum Standard der Branche wurde. Von dieser Zusammenarbeit profitierten beide Unternehmen, wenngleich es neuerdings Querelen gibt.

Hersteller umfasst den gemeinsamen Absender einer Leistung. So wird von einem bekannten Absender vertrauensvoll auf bestimmte Produkteigenschaften geschlossen, die dem Angebot zu einem Vorsprung am Markt verhelfen. Dies wird etwa durch das zusätzliche Angebot von Handelswaren realisiert. Der eingeführte Markenname führt dazu, dass sich Produkte gut verkaufen, die ursprünglich von fremden Herstellern stammen und unter deren Namen womöglich geringere Marktchancen hätten.

Land beschreibt ein gemeinsames Ursprungsgebiet. Dies betrifft z.B. Agrarprodukte, deren Provenienz gleichzeitig als Qualitätsmerkmal gilt. Zu denken ist an Wein aus Frankreich, Schokolade aus der Schweiz, Spargel aus Holland, Whiskey aus Irland etc. Dabei werden neue oder neuartige Produkte durch die Kompetenz der Stammprodukte getragen und profitieren von einem Vertrauensvorschuss.

Wissenstreue ist gegeben, wenn vorhandenes Know-how außer im angestammten in weiteren Sektoren genutzt wird. Dabei handelt es sich um Produktions-, Organisations-, Beschaffungs- oder Vertriebsbereiche. So kann ein Unternehmen sein Wissen um die Miniaturisierung elektronischer Bauteile in mannigfachen Produkten kapitalisieren, z.B. in Walkman, CD-Carplayer, schnurlosen Telefonen, in Hörgeräten, Quarzarmbanduhren, in Camcorders, Autofokusfotokameras etc. Etwaige Synergieeffekte werden dabei vor allem in der Produktion genutzt. Als Beispiel für Organisationswissen kann die Expansion der Warenhäuser in Fachmarktkonzepte gelten (Saturn, Vobis, Medialand, Reno, MacFash, Gemini etc. beim Kaufhof). Als Beispiel für Beschaffungswissen mag die Etablierung von Einkaufsagenturen in Fernost durch Versandhausunternehmen gelten, und als Beispiel für Vertriebswissen das Angebot von Versicherungs-, Bank- und Bausparkassenprodukten im Rahmen der Allfinanz durch Finanzdienstleister.

Funktion ist als gemeinsamer Verwendungszweck gemeint. Als Beispiel kann die Do-it-yourself-Branche angeführt werden. Hier erliegen Hobbybastler oft der Faszination geschmiedeter, polierter und glanzlackierter Gerätschaften fürs Basteln und kaufen deshalb Teile ein, für die sie danach gar keine adäquate Verwendung haben. Das Engagement legitimiert jedoch das Erfordernis perfekter Arbeitsmaterialien, auch wenn diese erheblich überdimensioniert sind.

Tradition versteht sich als Wurzel der Geschäftstätigkeit. Das gilt etwa im Modebereich, so für italienische Schuhe, die von hervorragender Verarbeitung sein sollen, für britische Hemden, die äußerst korrekt angepasst werden, für französische Anzüge, die mit besonderem Pfiff zugeschnitten sind etc. In anderen Bereichen sind schweizerische Uhren für ihre minutiöse Technik berühmt, oder schwedischer Stahl für seine große Härte und Belastbarkeit und deutsche Feinmaschinen, zumindest ehedem, für ihre hohe Zuverlässigkeit.

Problemlosigkeit betrifft den Grad der Erklärungsbedürftigkeit von Angeboten. So gibt es Hersteller und Händler, die ihr Programm bzw. Sortiment darauf ausrichten, eher problemlose (wenig erklärungsbedürftige) Produkte anzubieten, die ohne großen Aufwand in der Vermarktung erfolgreich sind.

Preis versteht sich als gemeinsame Qualitätseinstufung. Dem liegt die Erfahrungstatsache zu Grunde, dass vom Preis, vor allem mangels anderer Parameter, auf die Leistung eines Angebots geschlossen wird. Dies trifft sowohl auf Bereiche zu, die nach niedrigem Preis gewählt werden, etwa Grundnutzenprodukte, als auch auf solche, die zum Vorzeigekonsum gedacht sind (Conspicuous consumption), also zu höherem Preis eingekauft werden.

Problemtreue ist gegeben, wenn ein Programm nach Bedarfsbündeln der Nachfrager organisiert ist. So bieten Investitionsgüterhersteller Turn key-Projekte an, welche die komplette Fertigstellung einer Anlage inkl. aller Nebenleistungen implizieren und so einen gegebenen Bedarf vollständig befriedigen. Synergetische Effekte entstehen dabei vor allem in der Absatzfunktion. Als weiteres Beispiel kann das Sortiment eines Heimwerkermarkts gelten, das auf das Do-it-yourself-Problem bzw. dessen Lösung ausgerichtet ist und dabei sowohl Produkte verschiedener Materialien als auch Anwendungsbereiche umfasst. Brauereien etwa liefern die komplette Gaststättenausstattung vom Mobiliar über das Geschirr bis zur Zapftechnik, und natürlich auch das Bier.

Nachfrageverbund ergibt sich als Bedarf gemeinsamer Produktgruppen. Solche Komplementärprodukte werden häufig nicht nur gemeinsam genutzt, sondern auch eingekauft. Dies gilt z.B. für Schuhe. Hier besteht häufig der Bedarf nach Einlagesohlen aus Bequemlichkeits- und Hygienegründen und nach Glanzspray für das Aussehen. Wird nun das Angebot von Schuhen aufgegeben, z.B. aus Konkurrenzgründen, leidet darunter auch der Absatz von Einlagen und Spray (Bedarfssenkungseffekt). Andererseits profitiert der Verkauf von Laufschuhen vom Angebot von Jogginganzügen und Laufaccessoires, um eine komplette Ausstattung zu erreichen (Partizipationseffekt).

Bedarfsträger bezieht sich auf die persönliche Einsatzkumulation. Dabei liegt die Abhängigkeit in der Person des Nachfragers begründet. So impliziert etwa der Berufseinstieg gleich mehrfachen Bedarf nach Finanzdienstleistungen. Es wird ein Kontokorrentkonto für die Gehaltsüberweisung, eine Krankenversicherung für die Sicherheit gebraucht, ein Bausparvertrag zum späteren Immobilienerwerb oder ein Wertpapierdepot zur Geldanlage. Dies machen sich Allfinanzangebote zu Nutze.

Anlass versteht sich als gemeinsamer Bedarfsauslöser. Als Beispiel dient die Einrichtung einer Küche, etwa anlässlich eines Umzugs. So wissen Küchenanbieter aus der Praxis, dass die Anschaffung neuer Küchenmöbel meist auch mit dem Austausch der Einbauelektrogeräte (Kühlschrank, Gefrierschrank, Herd, Abzugshaube etc.) verbunden ist, obgleich diese noch durchaus funktionsfähig sind. Folglich werden eher Komplettangebote zu Paketpreisen offeriert.

Interesse ist als gemeinsame Erlebnisorientierung gegeben. Erfahrung zeigt hier, dass High interest-Bereiche zu einer überproportionalen Kauffreude führen. Zu denken ist nur an die Urlaubszeit, wenn sich die allgemeine Hochstimmung in Ausgabepositionen ausdrückt, die von Art und Umfang her unter alltäglichen Bedingungen normalerweise nicht vorgenommen würden, doch nun durch die schönsten Wochen des Jahres gerechtfertigt werden. Dies machen sich Reiseanbieter durch die Offerte begleitender Dienstleistungen zu Nutze.

Beispiele für eine Angebots-Ausweitung finden sich etwa bei der Firma Solomon, die ihr Programm mit Ski-Bindungen begann, dann die dazu passenden Ski hinzunahm und später auch Ski-Schuhe anbot. Damit konnte ein komplettes Teilprogramm zum Skifahren angeboten werden.

Die Firma Birkenstock startete zunächst mit dem Verkauf orthopädischer Schuheinlagen, die eine gesunde Fußstellung in häufig modisch-unbequemen Schuhen ermöglichten. Später entwickelte man um diese Schuheinlagen herum eine Sandale als gesundes Gehwerkzeug. Anschließend entstanden Alltagsschuhe mit „eingebauten" Schuheinlagen. Derzeit wird eine Kollektion modischer und dennoch „gesunder" Schuhe eingeführt.

4.1.1.3.2 Vertikale Ausrichtung

Die vertikale, konzentrische Diversifizierung bedeutet die Verbreiterung des Programms auf dem gleichen Tätigkeitsfeld und anderer Marktstufe. Dies betrifft die Integration vor- oder nachgelagerter Güterumwandlungsstufen in Richtung Endkonsum oder Rohstoff. Vertikale Diversifizierung liegt also immer dann vor, wenn die eigene Absatzstufe verlassen und die Wirtschaftstätigkeit auf konsum- oder rohstoffnähere Stufen ausgedehnt wird *(siehe Abb. Vertikale Diversifikation (Beispiel Handel))*. Das gilt etwa für Fertiggerätehersteller, die in die Komponentenfertigung diversifizieren. Dies stellt die verbreitete Vorgehensweise japanischer Unternehmen dar. Sie arbeiten auf eine geringe Fertigungstiefe an einer Produktionsstätte hin, d.h., auf möglichst weitgehenden Bezug vorgefertigter Komponenten (Outsourcing). Dazu entwickeln sie eine enge Zusammenarbeit mit wenigen (System-)Lieferanten, die sie weitgehend in das Betriebsgeschehen einbinden. Zur Festigung dieser Partnerschaft kommt es dann nicht selten zu einer Kapitalbeteiligung an diesen Lieferanten. Es entsteht eine vertikale Integration. Als anderes Beispiel können die großen deutschen Chemiekonzerne (Bayer, BASF, Hoechst) gelten, die sich aus der Verarbeitungsstufe für Chemikalien in die Vermarktungsstufe bewegten, um sich den zumindest indirekten Zugang zum Markt zu sichern. Dies gilt etwa für Produkte wie Arzneimittel, Kosmetika,

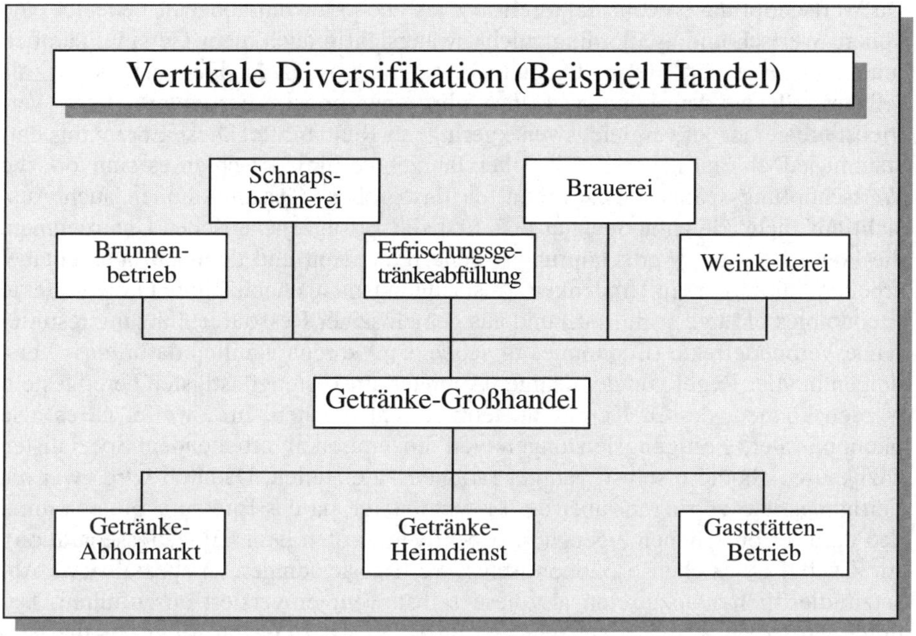

Magnetbänder etc. Zwischenzeitlich haben sie aber übereinstimmend wieder den Rückzug angetreten.

Die vertikale Ausrichtung der Diversifizierung bedeutet eine Erhöhung der Wertschöpfung. Unter **Wertschöpfung** versteht man allgemein die Differenz zwischen den Einstandspreisen aller extern eingekauften Leistungen und den Verkaufserlösen aller eigenen Marktleistungen. Bei den eingekauften Leistungen handelt es sich um Güter/Dienste, die fremderstellt sind, bei den verkauften Leistungen um Güter/Dienste, die aus diesen Vorleistungen und eigenen Leistungen zusammengesetzt sind. Die Wertschöpfung deckt also den eigenen Faktoreinsatz und den Gewinn ab. Bei virtuellen Unternehmen ist die Wertschöpfung gleich dem Gewinn. Decken die Markterlöse nicht das Zukaufvolumen und die eigene Leistung ab, verbleibt ein Verlust. Das Geschäftsmodell stellt dar, durch welche Kombination wertschöpfender Aktivitäten ein Unternehmen die Gewinnerzielung absichern, insb. die gewünschten Erlöse erzielen und die Kombination aus Eigen- und Fremdleistung ausbalancieren will.

Vordergründig scheint es nun durchaus einleuchtend, eine möglichst hohe Wertschöpfung anzustreben. Das bedeutet aber, den Anteil eingekaufter Leistungen am Umsatz zu verringern bzw. bei gleichem Zukaufvolumen den Marktwert der Leistungen zu erhöhen. Dies wiederum geht nur über zwei Wege, durch möglichst hohe Fertigungstiefe aus Rückwärtsintegration auf vorgelagerte Wirtschaftsstufen oder durch möglichst hohe Vertriebstiefe aus Vorwärtsintegration auf nachgelagerte Wirtschaftsstufen.

Da Wertschöpfung sowohl Faktoreinsatz als auch Gewinn abdeckt, bedeutet eine höhere Wertschöpfung allerdings nicht zwangsläufig auch mehr Gewinn, nämlich immer dann nicht, wenn Leistungen extern kostengünstiger eingekauft als selbsterstellt werden können. Dann führt eine höhere Fertigungs- bzw. Vertriebstiefe gerade zu vergleichsweise geringerer Rentabilität. Diese Erkenntnis entstammt jedoch erst neuerer Zeit. Über Jahrzehnte hinweg schien es sinnvoll, die Wertschöpfungsspanne auszuweiten, da das größere Gesamtvolumen auch Aussicht auf mehr Gewinnpotenzial bot. Erst die Erfolge japanischer Unternehmen, die konsequent die Wertschöpfungsspanne reduzieren und dennoch hochrentabel arbeiten, initiierten ein Umdenken. Ausbringungsmengenabhängige Größeneffekte (Economies of large scale, s.u.) und aus gemeinsamer Ressourcennutzung resultierende Verbundeffekte (Economies of scope, s.u.) sorgen nämlich dafür, dass Leistungen in aller Regel von demjenigen Anbieter am kostengünstigsten bereitgestellt werden können, dessen Kernkompetenz sie entsprechen. Im Zweifel ist es also ökonomischer, Fertigungsleistungen von hochrationell arbeitenden Spezialisten zuzukaufen als diese selbst weniger rationell zu erstellen. Dadurch wird zwar die Fertigungstiefe verringert, aber der Gewinn steigt, da das Einkaufsvolumen unter den dafür erforderlichen eigenen, prospektiven Kosten liegt (Eingangsseparation). Im Zweifel ist es ebenso ökonomischer, Vertriebsleistungen an spezialisierte Absatzmittler/-helfer abzutreten als diese selbst weniger versiert auszuführen. Dadurch wird zwar die Vertriebstiefe verringert, aber der Gewinn steigt, da die Umsatzeinbuße unter den zusätzlichen prospektiven Distributionskosten bleibt (Ausgangsseparation).

Diese Gründe sprechen deutlich für eine Kürzung der Wertschöpfungsspanne. Grundlage ist dabei eine Analyse der Wertschöpfungskette (Value chain analysis, s.o.). Auf jeder Stufe der Kette ist dabei zu überprüfen, ob Leistungen eingespart oder nach außen verlagert werden können. Dies bietet sich per se für betriebsfremde Aufgaben an (EDV-Anlage etc.). Bei den betriebstypischen Aufgaben kann im Bereich der Vorleistungen oder der Folgeleistungen gekürzt werden. Ersteres bedeutet, dass das Einkaufsvolumen reduziert wird, indem bisher selbst erstellte Leistungen an externe Zulieferer vergeben werden, Letzteres bedeutet, dass Vermarktungsaktivitäten reduziert werden, indem externe Distributoren eingeschaltet sind. In beiden Fällen wird dem Unternehmen daran gelegen sein, dennoch Einfluss in seinem Sinne auf Externe ausüben zu können. Das gelingt am ehesten durch Kooperation. Im Beschaffungsbereich bedeutet dies, dass Zulieferer möglichst wie eigene Abteilungen eingebunden werden (verlängerte Werkbank). Dabei sind alle Phasen der Planung (FuE, Design etc.), Organisation (Effizienz, Motivation etc.) und Kontrolle (Termin, Qualität etc.) einbezogen. Die Formulierung kundenspezifischer Anforderungen (Lastenheft) stellt eine reibungslose Integration der Zulieferteile in Endprodukte sicher. Sparappelle des Abnehmers, aber auch Audits vor Ort, sollen niedrigere Kosten und damit günstigere Einkaufspreise gewährleisten. Bei Bewährung wird meist ein längerfristiger Liefervertrag, oft auf Lebenszeit des produzierten Produkts, in Aussicht gestellt. Lagerlose Fertigung fordert geradezu die Ansiedlung in räumlicher Nähe zum Kunden, genormte Qualität, etwa durch engste Fehlertoleranzen, stellt sicher, dass Fehler in Fertigungsstufen nicht kumulieren. Im Absatzbereich bedeutet dies, dass die selbstständigen Zwischenabnehmer eng in Akquisition und Logistik eingebunden werden. Dies vollzieht sich im Rahmen des vertikalen Marketing vor allem über Privilegierung (wie Gebietsschutz, selektiver Vertrieb, Coop-Werbung) bei weit reichenden Einflussrechten.

Die Wertschöpfung ist nun Gegenstand strategischer Überlegungen. Wertschöpfungsketten-Verkürzung erfordert also Desinvestition bzw. Stilllegung und Verkauf von Beteiligungen, Betriebsteilen oder Verpachtung und Vermietung von Betrieben (Bandbreite einschränken), oder aber Outsourcing (Bandbreite halten). Wertschöpfungsketten-Verlängerung erfordert hingegen Investition bzw. Wiederanlauf und Kauf von Beteiligungen, Betriebsteilen oder Anpachtung und Anmietung von Betrieben (Bandbreite ausweiten), oder aber eine Netzwerkbildung (Bandbreite halten). Man nennt dies **Wertkettenverschränkung** (s.o.).

Für beides gibt es zwei Alternativen (s.o.). Diese **Kürzung** der Wertschöpfungsspanne wird durch **Eingangsseparation** erreicht, d.h., eine Vergabe von Operationen an vorgelagerte Wirtschaftsstufen. Zu denken ist vor allem an betriebsfremde Beschaffungshelfer für Akquisition und Logistik. Alternativ dazu ist die **Ausgangsseparation** möglich, d.h., eine Vergabe von Operationen an nachgelagerte Wirtschaftsstufen. Zu denken ist vor allem an betriebsfremde Aufgaben wie Catering, Reinigung, Instandhaltung etc. In beiden Fällen steigt das Einkaufsvolumen, gleichzeitig werden aber Teile des Beschaffungs- und Absatzprogramms ausgelagert.

Eine **Verlängerung** der Wertschöpfungsspanne erfolgt als **Rückwärtsintegration** auf vom Betrieb aus gesehen vorgelagerte Wirtschaftsstufen der gleichen Branche. Dies bezieht sich vor allem auf die Sicherung und Beeinflussung der Lieferquellen. Dabei ist bezeichnend, dass die Operationstiefe zunimmt, d.h., der Anteil der eigenerstellten Werte am Endprodukt. Damit steigt auch die Wertschöpfung des Betriebs. Oder als **Vorwärtsintegration.** Sie bezieht sich auf vom Betrieb aus gesehen nachgelagerte Wirtschaftsstufen der gleichen Branche. Dies gilt nicht für den Einzelhandel als Absatz an Endabnehmer. Sie richtet sich vor allem auf die Sicherung und Beeinflussung der Absatzstellen und bietet sich zwangsläufig an, wenn mit selbstständigen Absatzmittlern gearbeitet wird. Denn diese stellen zunehmend den Engpass in der Vermarktung dar. Vertikale Integration liegt also immer dann vor, wenn die eigene Absatzstufe verlassen und das Programm auf konsum- oder rohstoffnähere Stufen ausgedehnt wird. Dies war über Jahrzehnte hinweg die gegebene Lösung zur Eliminierung von Zwischengewinnen und zur Sicherung der Input- und Outputlogistik. Früher wurde sie zudem durch die Allphasen-Umsatzsteuer begünstigt.

4.1.1.4 Heterogene Diversifizierung

Heterogene, konglomerale Diversifizierung bedeutet die **Zusammenfassung**

nicht verwandter Produkt- und/oder Marktelemente im Programm zu einem Ganzen. Dabei sind drei Formen zu unterscheiden.

Mediale Diversifizierung bedeutet die Verbreiterung des Programms auf ein verwandtes Tätigkeitsfeld und eine andere (vor- oder nachgelagerte) Marktstufe. Hier kann die frühere Übernahme von Kentucky Fried Chicken (nach Pizza Hut) durch PepsiCo als Beispiel gelten. Das Fast-Food-Angebot ist zweifellos dem des Softdrink verwandt, da beide auf eine unkomplizierte Verzehrsituation abheben. Doch Kentucky Fried Chicken ist auf der Dienstleistungsstufe gegenüber Endabnehmern tätig, während PepsiCo Hersteller mit Vertrieb über Absatzmittler tätig ist. In diesem Fall kam erleichternd hinzu, dass durch die Übernahme der Cola-Absatz von Coke auf Pepsi umgestellt und damit ein nicht unerheblicher Mehrabsatz für die Marke erreicht werden konnte.

Diagonale Diversifizierung bedeutet die Verbreiterung des Programms auf ein anderes Tätigkeitsfeld auf gleicher Marktstufe. Dies ist der Fall, wenn sich Philip Morris, eingedenk der limitierten Zukunftsaussichten der Zigaretten-Branche, in den hoch entwickelten Marktgebieten Nahrungsmittelfabrikanten (Kraft, General Foods) und Kaffee- bzw. Süßwarenhersteller (Jacobs-Suchard) angliedert. Dabei handelt es sich erstens um andersartige Produkte und zweitens um Unternehmen, die gleichfalls als Produzenten, also auf der gleichen Marktstufe tätig sind (gleiches trifft auf Reynold´s Tobacco/JTI durch die Integration von Nabisco zu oder auf Mars und Effem). Doch während Philip Morris/Altria Zigarettenhersteller ist (Hauptmarke Marlboro), allerdings mit bereits vollzogenen Diversifikationen bei Lebensmitteln, stellt Jacobs-Suchard Kaffee und Süßwaren her. Die Zusammenlegung macht dennoch Sinn, da damit die Verhandlungsposition gegenüber nachfragemächtigen Händlern durch Kumulation der Auftragsvolumina gestärkt wird. Zudem ist absehbar, dass sich der Lebenszyklus von Zigaretten wegen zunehmender gesellschaftlicher Kritik seinem Ende zuneigt, sodass eine diagonale Diversifikation unausweichlich scheint, um das Geschäft abzusichern. Generell stellt sich das Problem, die optimale Abstimmung zwischen den Aktionssektoren zu finden. Denn je unterschiedlicher diese sind, desto eher können Diversifikationsvorteile genutzt, und je gleichartiger diese sind, desto eher Synergiepotenziale erschlossen werden. Insofern nimmt die diagonale eine gewisse Übergangsstellung zur lateralen Diversifikation ein, die zu Konglomeraten führt *(siehe Abb. Diagonale Diversifikation (Beispiel Handel))*.

Ein Beispiel bietet der Nestlé-Konzern. Dort gibt es folgende Aktivitäten:

- *Baby Food & Cereals: Säuglingsmilch, Breie, Früchte-Kompotte, Kinder-Cerealien, Frischmilchzusätze etc.,*
- *Milk and Diary: Milch, Milchpulver, Joghurts etc.,*
- *Breakfast Cereals*
- *Desserts, Snacks & Ice Cream*
- *Chocolate and Confectionary: Schokolade, Schoko-Riegel, Süßigkeiten etc.,*
- *What's Cooking: Pasta, Pasta-Saucen, Suppen, Fertigmahlzeiten, Bouillons etc.,*
- *Hot and Cold Beverages: Kaffee, Tee, Eistee, Kakao etc.,*

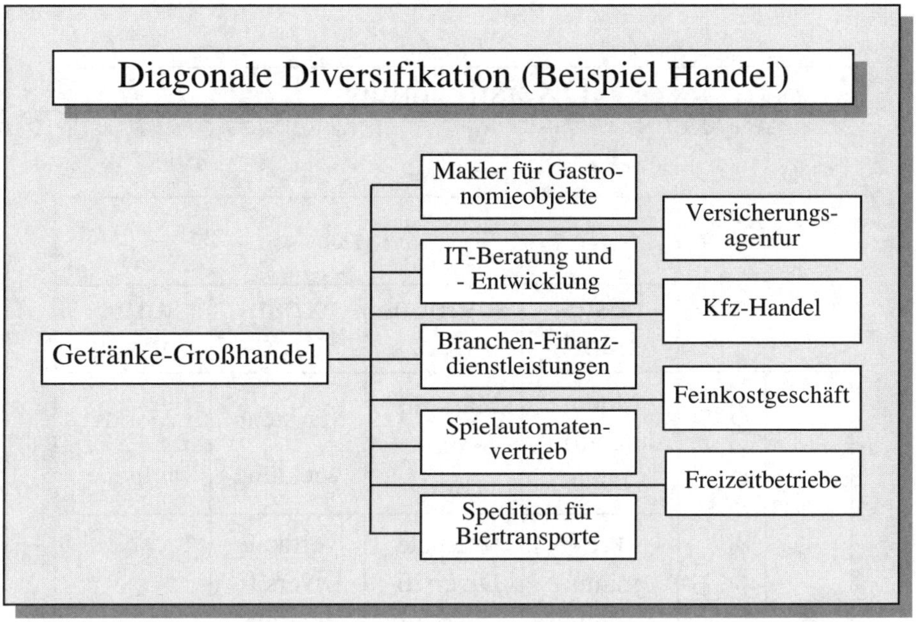

• Mineral Waters: Stilles Wasser, Mineralwasser etc.,
• Pet Care: Hundenahrung, Katzennahung etc.
Ein anderes Beispiel ist Procter&Gamble, das seine Aktivitäten strukturiert nach:
• Fabric and Home Care,
• Health and Beauty Care,
• Family Care,
• Snacks and Beverages.
Auch Miele hat einen weiten Weg vollzogen, vom Hersteller von Milchzentrifugen und Butterfässern zum Waschmaschinenhersteller und von dort zum Hersteller weißer Ware (elektrische Haushaltsgeräte). Milchzentrifugen nutzten übrigens schon früh die Schleudertechnik, und die Wäsche wurde zu Beginn des 20. Jahrhunderts in Holzbottichen gewaschen. Insofern gab es also durchaus eine Wissensbrücke, die, je nach Sicht, auch eine Einordnung in die konzentrische oder migrative Diversifizierung erlauben würde.

Laterale Diversifizierung, d.h., die Verbreiterung des Programms in ein anderes Tätigkeitsfeld und auf eine andere (entweder vor- oder aber nachgelagerte) Marktstufe.

Hier kann ITT als Beispiel angeführt werden. Zum Konzernprogramm gehörten u.a. so verschiedenartige Beteiligungen wie Hotels (Sheraton), Elektronik (SEL), Autoteile (Teves). Diese gehorchen nur dem Kriterium der Gewinnträchtigkeit und machten ITT zur Zielscheibe von Systemkritikern, zumal unverhohlen politischer Beeinflussungsdruck ausgeübt wurde.

Diversifizierung

		Markt			
		bestehend	segmentiert	expandiert	aufgegeben
Produkt	bestehend	Marktdurchdringung	Marktdifferenzierung	Marktentwicklung	Marktaufgabe
Produkt	verbessert	Programmvariation	mediale Diversifizierung	vertikale Diversifizierung	-
Produkt	neu	Programmentwicklung	horizontale Diversifizierung	laterale Diversifizierung	-
Produkt	eingestellt	Eliminierung	-	-	-

Ein weiteres Beispiel ist der Dr.Oetker-Konzern. Er umfasst ganz verschiedenartige Bereiche, so Nahrungsmittel (Dr.Oetker, Langnese-Honig, Ültje), Sekt/Wein/Spirituosen (Henkell mit Marken wie Fürst Metternich, Deinhard, Rüttgers, Carstens SC, Wodka Gorbatschow etc.), Schifffahrt (Hamburg Süd mit Marken wie Columbus, Furness, Withy etc.), Bier (Binding-Gruppe mit Marken wie Radeberger, Clausthaler, Berliner Kindl, Selters, Dortmunder Union etc.) und sonstige Bereiche wie Lebensmitteleinzelhandel (Meyer&Beck), Finanzdienstleistungen (Bankhaus Lampe, Condor Versicherung), Chemische Industrie, Hotellerie etc.

Ein weiteres Beispiel ist 3M, das sich als eine Ansammlung zahlreicher Unternehmen und Unternehmer (Intrapreneurship) versteht. Dabei wird die Programmstruktur kontinuierlich umgewälzt und durch Neuerungen ergänzt. Aktuell bestehen die Aktivitäten aus folgenden:

- *Automobil, Marine, Luftfahrt: Schleifmittel, Klebebänder und -filme, Klebstoffe, Dichtungsmassen, Abdecksysteme, Fahrzeug-Innenraumfilter,*
- *Bau- und Gebäudemanagement: Materialien für vorbeugenden Brandschutz, Sonnen- und Spezialschutzfilme, Lichtsysteme, Sanierungsmaterialien,*
- *Büro und Kommunikation: Büroklebebänder, Haftnotizen, Index-Heftstreifen, Konferenzraum-Technik, Multimedia-Projektoren, Folienprogramm,*
- *Elektronik und Elektrotechnik: Steckverbindungen, Kabelgarnituren und Zubehör, Elektroisolierbänder, Test- und Prüfsockel, Antistatik-Produkte,*
- *Grafik und Werbung: Werbefolien für Fuhrpark, öffentliche Verkehrsmittel, Gebäude, Handel, Messen/Ausstellungen,*
- *Heim und Freizeit: Haushaltsprodukte, Heimwerkerprodukte, Produkte für Büro- und Bastelarbeiten, Faserschutz, Produkte für Wärmeisolierung,*
- *Industrie und Handwerk: Schleifmittel, Klebebänder und -filme, Dichtungsmassen, Produkte zum Filtern und Absorbieren, Produkte zum Kühlen,*
- *Medizin und Gesundheit: Pflaster, Bandagen, Verbände, OP-Abdeckfolien, Stethoskope, chirurgische Instrumente, Dentalprodukte,*
- *Personenschutz und Verkehrssicherheit: Reflexfolien für Verkehrszeichen, Autokennzeichen und Arbeitskleidung, Sicherungssysteme für Bibliotheken,*
- *Telekommunikation und Versorgungsbetriebe: Verbindungssysteme für Fernmeldeeinrichtungen, Lichtwellenleiter-Produkte.*

Klassische Beispiele für lateral diversifizierte Programme finden sich in Japan bei Yamaha (Musikinstrumente, HiFi-Geräte, Motorräder, Motorboot-Motoren etc.) und Mitsubishi (Handel, Stahlerzeugung, Automobile, Banken, Unterhaltungselektronik etc.).

Die Diversifikation galt lange Zeit als hohe Kunst des Management. Unternehmen sind dabei auf verschiedenen Märkten tätig, deren einzige Gemeinsamkeit in Reinform darin besteht, dass sie profitabel zu sein versprechen. Ohne falsche Sentimentalität werden Aktionssektoren, die nicht die Erwartungen erfüllen, abgestoßen und durch neue ersetzt. Neuerdings jedoch relativiert sich die Euphorie stark, weil erkannt wird, dass mit Konglomeration nicht nur hohe Gewinnerwartungen, sondern auch respektable Verlustbefürchtungen verbunden sind. Und die Gefahren, auf fremden Aktionsfeldern zu scheitern, den Überblick zu verlieren und sich zu verzetteln, sind so gering nicht zu schätzen, zumal sich Synergieeffekte, wenn überhaupt, in eher bescheidenem Maße einstellen und zwischen verwandten Aktionssektoren generell wahrscheinlicher sind als zwischen verschiedenartigen. Lupenreine Konglomerate werden inzwischen oft als pure Finanzholdings geführt, die das operative Geschäft eher kontrollieren, selbst aber nicht mehr handelnd eingreifen (z.B. General Electric).

Zu General Electric gehören folgende Geschäftsbereiche:

- *Energie (14 % Anteil am Gesamtumsatz): Ausrüstung und Dienstleistungen für Kraftwerke, Turbinen zur Energieerzeugung (Gas, Wind, Wasser),*
- *Transport (10,2 %): Flugzeugtriebwerke, Lokomotiven, Schiffsantriebe,*
- *Konsum- und Industriegüter (9,2 %): Haushaltsgeräte, Beleuchtung, Motoren und elektrische Steuerungen,*

- *Medizintechnik (7,3 %): Systeme zur bildgebenden Diagnostik, medizinische Software,*
- *Werkstoffe (5,2 %): Materialien für die Auto- und Elektronikindustrie (Kunststoffe, Quarze, Keramik),*
- *Medien (5,0 %): HF- und TV-Sender, Filmstudios,*
- *Infrastruktur (2,2 %): Wassertechnologie, Sensorik, Automation, Sicherheitssysteme,*
- *Versicherungen (18,5 %): Lebensversicherung, Rückversicherung, Immobilienversicherung,*
- *Finanzdienstleistungen für Firmenkunden (15,4 %): Objektfinanzierungen, Fuhrparkmanagement, Absatzfinanzierung, Flugzeugfinanzierung,*
- *Finanzdienstleistungen für Privatkunden (9,6 %): Kreditkarten, Konsumentenkredite, Kreditversicherung,*
- *Objektmanagement (3,4 %): Vermietung oder Leasing von Lkw-Anhängern, Bahnwaggons und Baustellencontainern.*

4.1.2 Programmunifizierung

Diese beschreibt die genau gegenläufige Entwicklung zur Diversifizierung. Denn die Programmunifizierung kommt gerade zu Stande durch eine Verringerung der:
- Produktsparten (Divisions) im Programm,
- Produktgruppen (Categories) je Sparte,
- Produktuntergruppen (Segments) je Gruppe,
- Einzelprodukte (Brands) je Untergruppe.

Sie führt damit zu einer geringeren Programmbreite, also zu einem engen Programm, im Extrem zum Einproduktunternehmen. Dem liegen mehrere Ursachen zu Grunde.

Es gibt in den entwickelten westlichen Industriegesellschaften einen Trend zur Angleichung der Sozialstrukturen (Konvergenzthese). Dies bewirkt, dass die Bedarfe homogener werden. Sofern sich ein Angebot innerhalb eines einigermaßen klar umgrenzten Bedarfsumfelds bewegt, resultiert daraus eine hohe Ähnlichkeit der Erwartungsprofile der Nachfrager an ein Produkt. Die Porter-U-Kurve legt nahe, dass es zwei Erfolgspositionen gibt. Die eine davon betrifft die Ausbringung hoher Mengen zu niedrigen Stückkosten bei zufrieden stellender Rendite. Diese hohe Stückzahl ist aber nur bei hoher Spezialisierung zu erreichen. Das wiederum bedingt wenige Einzelprodukte.

Damit besteht nicht nur die Chance, sondern auch der Zwang, das Programm zu konzentrieren. Das führt tendenziell zur Fertigung nurmehr eines Einzelprodukts, das allenfalls geringfügig modifiziert wird. Die Vor- und Nachteile einer solchen Unifizierung liegen auf der Hand:
- Durch Programmunifizierung ergeben sich statische Größendegressionseffekte mit der Folge der Stückkostensenkung. In gleichem Maße können dynamische

Erfahrungskurveneffekte genutzt werden, die ein weiteres Rationalisierungspotenzial eröffnen. Durch die Unifizierung des Programms lassen sich alle Aktivitäten bündeln. Das bewirkt hohe Markttransparenz und Anerkennung als sichere Geschäftsbasis.

- Allerdings kann das Unternehmen die bearbeiteten Märkte nicht voll ausschöpfen, da das unifizierte Produkt immer nur mehr oder minder gut den Erwartungen der Nachfrager im Markt gerecht wird. Gleichzeitig besteht die Gefahr, dass sich Mitbewerber den Anforderungen der Nachfrager differenzierter anpassen und damit Kaufkraft abschöpfen. Die These der Konvergenz von Sozial- und Bedarfsstrukturen ist zudem heftig umstritten. Es gibt Meinungen, die eine immer größere Differenzierung der Bedarfe unterstellen (Multi options society), was der Unifizierung zuwiderläuft, zumal auch zumindest die dynamische Kostendegression zweifelhaft ist, da sie nur ein Rationalisierungspotenzial darstellt, also erst einmal erschlossen werden muss und sich nicht quasi automatisch auftut.

4.1.2.1 Marktaustrittsschranken

Der Wunsch eines Unternehmens zur Einengung des Programms wird durch zahlreiche Marktausstrittsschranken limitiert. Sie sind z.B. bedingt durch **technisch-wirtschaftliche Restriktionen.** Dies betrifft etwa spezialisierte Produktionsanlagen, die nicht oder nur mit erheblichem Aufwand umgerüstet werden können und daher eine Weiternutzung nahe legen. Hochrationell arbeitende Einzweckanlagen sind nicht ohne weiteres auf andere Produkte umrüstbar und zwingen entweder zur Betriebsaufgabe oder zum Weitermachen.

Remanente Kosten entstehen, weil bei Produktionsaufgabe oft eine weitere Versorgung mit Ersatzteilen sichergestellt werden muss, die so kostenaufwändig ist, dass die Aufrechterhaltung des Produktionsprogramms vorzuziehen bleibt. Dies gilt etwa für langlebige Gebrauchsgüter, bei denen vertraglich oder auf Kulanzbasis eine Verfügbarkeit von Wartungsleistungen und Ersatzteilen für einen bestimmten Zeitraum fixiert wird.

Konventionalstrafen werden nicht selten fällig, wenn laufende Projekte nicht zu Ende gebracht werden, so etwa bei lang laufenden Liefer-, Bezugs- und Produktionsvereinbarungen. Solche Strafen zu vermeiden, kann auflaufende Verluste oder anderweitig entgangene Gewinne leicht überkompensieren, sodass man sich zu einem Verbleib im Markt entschließt.

Imageprobleme entstehen, wenn ein Unternehmen Betriebsteile abstößt oder Teilprogramme mangels Erfolg aufgibt. Leicht wird von dieser Einstellung auf fehlendes Fortüne auch für andere Betriebsteile bzw. das gesamte Unternehmen geschlossen. Dies belastet Kunden- und Lieferantenbeziehungen.

Vielfach bestehen auch **gesellschaftlich-institutionelle Restriktionen.** So müssen bezogene Subventionen oder Steuervergünstigungen bei Ausstieg aus der Branche voll oder teilweise zurückgezahlt werden. Dadurch kann die Liquidität derartig belastet werden, dass ein Ausstieg nicht mehr darstellbar erscheint.

Sozialleistungen in Form von Abfindungen an Arbeitnehmer im Rahmen von Sozialplänen gegenüber Gewerkschaften oder einem Vergleich mit dem Management schlagen oft in nennenswerten Beträgen zu Buche. Da ist es oft sinnvoller zu versuchen, das Programm zu sanieren.

Sozial-emotionale Restriktionen spielen eine große Rolle. Dies gilt gerade auch für inhabergeführte Unternehmen. Dann kommen irrationale Gesichtspunkte (z.B. Tradition) ins Spiel. Man will sich nicht ohne Not von der angestammten Branche trennen, der man vielleicht schon seit Generationen mit seinem Programm verhaftet ist.

4.1.2.2 Größeneffekte der Produktion

Bei den folgenden Betrachtungen zur Programmstrategie wird unterstellt, dass das Produktionsprogramm dem Absatzprogramm entspricht, was durchaus nicht immer der Fall sein muss, ja sogar meist nicht der Fall ist (s.u.). Dies unterstellt, liegt als Hauptmotiv einer Programmunifizierung (im Absatz) die Realisierung von Skaleneffekten in der Produktion zu Grunde. Dabei werden statische und dynamische Größeneffekte unterschieden *(siehe Abb. Größeneffekte)*. Zunächst zum statischen Größeneffekt.

4.1.2.2.1 Statischer Größeneffekt

Die Ausprägungen der (statischen) Größendegression treten automatisch ein. Diese drückt sich ihrerseits in der Fixkostendegression und dem Betriebsgrößeneffekt aus. Bei der **Fixkostendegression** legen sich die Fixkosten auf eine höhere Stückzahl um und führen demzufolge zu sinkenden Gesamtstückkosten (= Bücher´sches Gesetz). Werden dabei Kapazitätsgrenzen überschritten, kommt es zu kurzfristigen Stückkostenerhöhungen infolge zusätzlicher sprungfixer Kosten, im Verlauf jedoch wiederum zur Degression innerhalb des gegebenen Kapazitätsintervalls.

Das Bücher´sche Gesetz resultiert aus der Tatsache, dass es sowohl beschäftigungsgradunabhängige (Fix-)Kosten gibt als auch solche, die beschäftigungsgradabhängig sind (variable Kosten). Erstere fallen an, gleich ob Ausbringung erfolgt oder nicht, Letztere fallen nur bei Ausbringung an. Bezogen auf Mengeneinheiten sind die variablen Kosten also starr, die fixen Kosten aber flexibel. Mit steigender Ausbringung legen sich die Fixkosten mit immer geringerem Betrag und Anteil auf das einzelne Stück um. Und zwar bis an die Kapazitätsgrenze. Dort entstehen zumeist einmalige zusätzliche Investitionskosten, z.B. für weitere maschinelle Anlagen, zusätzlichen Lagerraum, die zum vorübergehenden sprunghaften Stückfixkostenanstieg führen, der in der Folge jedoch durch weitere Degressionseffekte wieder kompensiert wird.

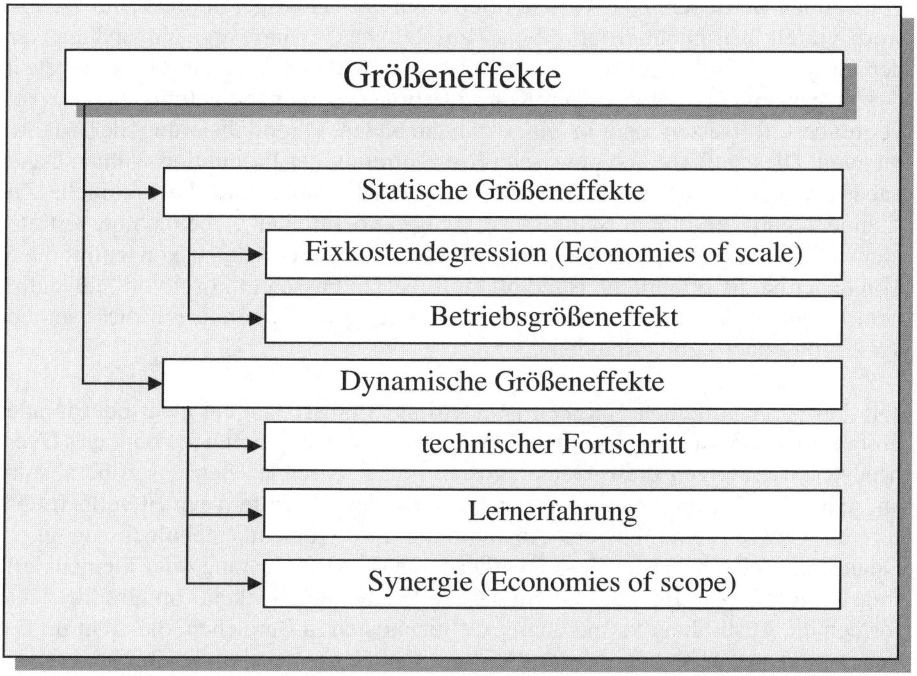

Neben dieser kapazitativen Anpassung besteht auch die Möglichkeit der intensitätsmäßigen und zeitlichen Anpassung, Erstere z.B. durch schnellere Tourenzahl, Letztere z.B. durch Überstunden. Damit bleiben zwar die fixen Kostenbestandteile unverändert, es erhöhen sich jedoch die variablen Kosten. Der Vorteil der zeitlichen Anpassung liegt in der besseren Abbaubarkeit dieser Kostenpositionen bei Beschäftigungsrückgang. Kapazitative Anpassung führt dagegen zu Unterauslastung und damit zu Leerkosten, die weitgehend remanent sind oder nur durch Sonderabschreibung (z.B. Verschrottung), außerordentlichen Verlust (z.B. Notverkauf) oder Zusatzkosten (z.B. Umrüstung, Sozialplan) vermieden werden können. Der Nachteil intensitätsmäßiger Anpassung liegt in der Gefahr erhöhter Reparaturanfälligkeit der Anlagen mit entsprechenden Ausfallzeiten und größerer Mängelquote der Produkte infolge erhöhter Beanspruchung. Der Nachteil zeitlicher Anpassung liegt in tarifvertraglicher Inflexibilität des Faktors Arbeit sowie in sozialpolitischen Erwägungen (Sonntagsarbeit, Neueinstellungen etc.).

Die andere Form der Ausprägung statischer Größeneffekte ist der **Betriebsgrößeneffekt.** Dieser begründet sich daraus, dass Großbetriebe potenziell insgesamt kostengünstiger zu produzieren in der Lage sind als kleinere. Man kann sich dies als multiple Aggregation von Fixkostendegressionseffekten bei Kapazitätsausweitung vorstellen. Die Fixkostendegression findet, wie gezeigt, an der Kapazitätsgrenze ihr Ende. Das heißt, je weiter diese Kapazitätsgrenze ausgedehnt ist, desto niedriger können die Stückfixkosten fallen. Dies führt dazu, dass Großbetriebsformen am Meisten von diesem Effekt profitieren. Das wiederum bedeutet, dass ein Großbetrieb kostengünstiger anbieten kann als eine entsprechend aggregierte Zahl von kleinen Betrieben. Der Kostenvorteil kann über niedrigeren Preis zum Wettbewerbsvorteil instrumentalisiert oder als zusätzliche Gewinnmarge einbehalten werden. In jedem Fall ergeben sich betriebswirtschaftliche Vorteile. Diese haben in der Vergangenheit zu gewaltigen Konzentrationsbewegungen geführt, die sich unvermindert fortsetzen und in einer zunehmenden Oligopolisierung der Märkte münden. Dies setzt freilich physische Konzentration der Produktion voraus. Daher haben Mergers meist die Stilllegung von Betriebsstätten und die räumliche Zusammenlegung an einem Standort zur Folge. So fürchten Arbeitnehmervertreter nicht zu Unrecht Entlassungen im Anschluss an Unternehmenskonzentrationen. Von daher ist die öffentliche Hand oft zu Zugeständnissen in Form von Subventionen, Infrastrukturmaßnahmen, Steuererleichterungen etc. bereit, um diese unliebsame Konsequenz zu vermeiden.

Mit der wirtschaftlichen Tätigkeit ist allerdings immer auch ein mehr oder minder großes Ausmaß an (unproduktiven) Administrationstätigkeiten verbunden (Overheads). Zwar steigen diese Gemeinkosten mit wachsender Betriebsgröße absolut an, jedoch verlaufen sie unterproportional zu dieser. Insofern wird Großbetriebsformen generell eine bessere Abstimmung des Gemeinkostenblocks möglich. Doch umgekehrt belasten diese Overheads bei Unterauslastung oder kleinen Auftragslosen auch die Rentabilität, zumal die Unübersichtlichkeit von Großbetriebsformen die Ausbildung vermeidbarer Gemeinkosten in Bereichen, die nicht im Fokus des Interesses stehen, fördert. Die mit den Kosten verbundenen Nutzen werden von Mitarbeitern leicht zu Besitzstand erklärt und sind dann nur unter Zugeständnissen oder auch gar nicht mehr abbaubar. Dem versucht man zu begegnen, indem zum einen der Großbetrieb in eine Vielzahl autonomer Einheiten aufgebrochen wird, die im gewissen Rahmen eigenverantwortlich arbeiten (Divisionalisierung), und zum anderen die Komplexität offen legende Budgetierungs- und Kalkulationsverfahren angewendet werden (Zero base budgeting, Gemeinkostenwertanalyse, Prozesskostenrechnung etc.). Aus den genannten Aspekten folgt jedoch die Empfehlung der Konzentration auf Produkte mit (Aussicht auf) hohe(n) Stückzahlen, der Investition in Produktionskapazitäten zu deren Herstellung und zu einer Preispolitik, die derartige Mengensteigerungen zulässt.

4.1.2.2.2 Dynamischer Größeneffekt

Die dynamischen Größeneffekte führen zum Phänomen der Erfahrungskurve (nach Henderson) mit weit reichenden strategischen Konsequenzen. Sie behauptet, dass eine Verdopplung der kumulierten Ausbringungsmenge eines Produkts über alle Perioden (seit Produktionsbeginn) die inflationsbereinigten Stückkosten um 20 - 30 % zusätzlich zur statischen Degression bezogen auf die eigene Wertschöpfung potenziell senkt. Die Verdopplungszeit ist um so kürzer, je höher die jährliche Wachstumsrate ist. Begünstigend wirken dabei hohe Ausbringungsmenge/hoher Marktanteil und hohes Marktwachstum zur schnellen Mengenausweitung (Verbindung zum Vier-Felder-Portfolio). Bei 30 % Degressionseffekt ist eine Verdopplung der Produktionsmenge zu 70 % der Ausgangskosten darstellbar, eine Vervierfa-

Statischer vs. dynamischer Größeneffekt

Menge	Fixkosten gesamt: 1.000 GE	Statischer Größeneffekt (gesamte Stückkosten) in GE	Dynamischer Größeneffekt (gesamte Stückkosten bei ca. 25 % Degression in GE)	Absolute Differenz in GE
1		1.010	1.010	0
10	variable Kosten:	110	82,5	275
20	10 GE (GE	60	45	300
40	=	35	26,5	350
80	Geld-	22,5	17	440
100	einheiten)	20	15	500
200		15	11,5	750
500		12	9	1.500
1.000		11	8,5	2.500

chung der Menge zu 49 % der Ausgangskosten, eine Verachtfachung zu 34,2 %, eine Versechzehnfachung zu 24 %, eine Verzweiunddreißigfachung zu 16,8 %, eine Vervierundsechzigfachung zu 11,8 % und eine Verhundertachtundzwanzigfachung zu 8,3 % der Ausgangskosten. Im Unterschied zu diesem Erfahrungskurveneffekt beziehen sich Economies of scale (Skaleneffekte) nur auf die aktuelle Ausbringungsmenge pro Zeiteinheit, d.h., Skaleneffekte sind allein mengenabhängig (statisch), Erfahrungskurveneffekte sind zeitabhängig (kumulierte Menge) (*siehe Abb. Statischer vs. dynamischer Größeneffekt*).

Die Bedeutung des Marktanteils als kritischer Erfolgsfaktor wird somit zentral. Nutzen alle Anbieter eines Produkts die Erfahrungskurve optimal aus, bestimmt der relative Marktanteil die relative Kostenposition eines Anbieters. Das Unternehmen mit dem größten relativen Marktanteil verfügt damit ständig über die größte potenzielle Gewinnspanne. Die Bedeutung einer Investition in wachsende Märkte wird betont, da dort Erfahrungseffekte schnell genutzt und Marktanteile leicht errungen werden können.

Dynamische Größeneffekte

Anbieter	IV	III	II	I
Marktanteil in %	48	24	12	6
Umsatz (in GE)	96.000	48.000	24.000	12.000
Absatz zu Marktpreis (= 4 GE)	24.000	12.000	6.000	3.000
pot. Stückkosten (Basis: 4 GE)	2,0	2,6	3,2	4,0
Ergebnis pro Stück	2,0	1,4	0,8	0
Ergebnis total	48.000	17.280	4.800	0
Umsatzrendite in %	50	36	20	0
Kapitalrendite in %	25	18	10	0

Die Erfahrungskurve führt somit zu besserem Verständnis der Kostenentwicklung und zur Abschätzung von Zukunftstrends sowohl für das eigene Unternehmen als auch im Rahmen der Konkurrenzbetrachtung für einzelne Wettbewerber oder die gesamte Branche. Einsparungspotenziale und Preisentwicklungen können formal errechnet werden (*siehe Abb. Dynamische Größeneffekte und Abb. Marktanteil und Größeneffekt*).

Dem liegen empirische Erkenntnisse zu Grunde, die auf drei Ursachenbereiche schließen lassen. Einer davon ist der **technische Fortschritt.** Für Unternehmen hoher Ausbringung lohnt sich der Umstieg auf eine leistungsfähigere Technologie bereits frühzeitig, wenn sich abzeichnet, dass vorhandene technische Potenziale begrenzt bleiben, während andere derartige Investitionsrisiken noch scheuen und versuchen, bestehende Technologien auszureizen. Spezialisierte Anlagen ermöglichen bei höherem Fixkostenblock geringere direkte Kostenanteile und damit stärker fallende Gesamtstückkosten. Typisch für solche Neuerungen ist, dass sie mit höheren Anschaffungskosten verbunden sind, dafür aber geringere laufende Kosten verursachen, sofern Vollauslastung gegeben ist. Denn die niedrigeren variablen Stückkosten werden durch größere Spezialisierung erkauft, wobei diese wiederum die Anpassungsflexibilität einengt. Demgegenüber sind Mehrzweckanlagen durch höhere variable Stückkosten gekennzeichnet, bieten aber die Chance, bei Auftragsfriktionen ohne oder durch nur leichte Umrüstungen für andere Produkte genutzt

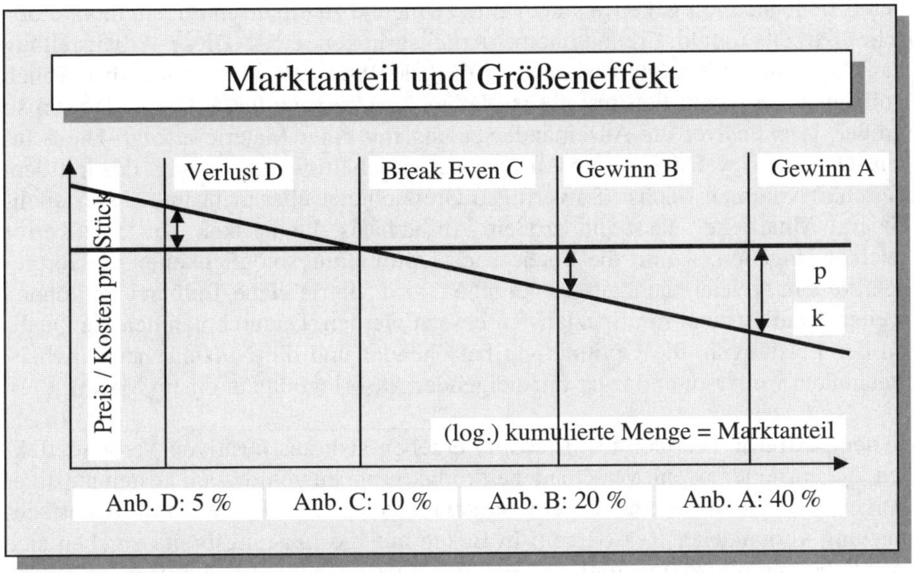

zu werden. Eine derartige Struktur ist jedoch kaum geeignet, Kostenvorteile auszuschöpfen, sodass der Erfolgstrend in Richtung Einzweckanlagen geht. Hier schafft technischer Fortschritt allerdings rasche Entwertung und damit Anlass zu Umstieg auf die jeweils neueste Technologie. Dieser erfordert wegen der höheren Fixkostenbelastung regelmäßig höhere Stückzahlen, um absolut kosteneffizienter zu bleiben (= mutative Betriebsgrößenerweiterung). Dies lohnt sich nur für Großbetriebsformen oder Unternehmen, die durch Programmunifizierung in einer Marktnische hohe Outputlevels erreichen. Selbst dann fällt es Großunternehmen leichter, die damit verbundenen Finanzierungsrisiken zu tragen, zumal dabei oft Innenfinanzierung gegeben ist. Wer also weder über die Auslastung hoher Stückzahlen noch über Finanzierungsquellen verfügt, bleibt vom Nutzen technischen Fortschritts in der Anwendung mehr oder minder ausgeschlossen.

Ein weiterer Nutzen ist der der **Lernerfahrung.** Er beruht auf der individuellen Ansammlung von Wissen bei Experten mittels Transparenz, Effizienz und Kompetenz. Denn es entspricht der Erfahrung, dass eine intensive Auseinandersetzung mit einem Markt im großen Stil Lerneffekte bewirkt, die einen Vorsprung vor anderen Anbietern gewähren. Vor allem ist es dadurch möglich, im Zeitablauf kontinuierlich oder bei Verschärfung der Wettbewerbsintensität fallweise Preissenkungen entlang der sinkenden Stückkostenkurve vorzunehmen und damit die Marktpräsenz zu sichern. Lernkurveneffekte beschränken sich jedoch im weitesten Sinne auf den Produktionsbereich bzw. die Fertigungskosten. Eine wesentliche Voraussetzung für Lernerfahrung ist Spezialisierung. So basiert das enorme Wachstum wirtschaftlicher Tätigkeit auf Arbeitsteilung. Durch die Aufsplittung komplexer Gesamtvorgänge in homogene, überschaubare Einzelvorgänge und deren Zuweisung auf Arbeitskräfte, oder allgemeiner Produktionsfaktoren, kann die Produktivität dramatisch gesteigert werden. Zumal wenn effiziente Produktionsbedingungen (Fließband etc.) gegeben sind, heute zwingend zu ergänzen um ein motivatorisches Arbeitsumfeld (Teilautonome Arbeitsgruppen etc.). Diese Arbeitsteilung kann sich nun zwischenbetrieblich (vertikale Wertketten) oder innerbetrieblich vollziehen. In jedem Fall resultieren daraus Lernkurveneffekte. Diese sind um so größer, je intensiver die Auseinandersetzung mit einer Materie erfolgt. Diese Intensität ist nun wiederum vom Ausmaß der Beschäftigung abhängig, das mit dem Geschäftsvolumen wächst. So verfügen Großanbieter über mehr und besser qualifizierte Mitarbeiter, lässt die größere Absatzbasis die Risiken von Trial&error leichter eingehen, womit die Suche nach Optimierungsmöglichkeiten auf fortgeschrittenem Niveau nachhaltiger betrieben wird. Betriebliche Teilbereiche können weiter detailliert und mit Spezialisten besetzt werden. Dadurch nehmen die Qualität der Leistungen, die Optimierung bestehender und die Nutzung neuer Arbeitstechniken weiter zu und zwar mit steigender Ausbringung auf einem Markt.

Synergieeffekte (Economies of scope) ergeben sich aus positiven Verbundeffekten, die entstehen, wenn verschiedene Produktgruppen gemeinsam kostengünstiger hergestellt werden können als getrennt voneinander. Grund dafür ist die Mehrfachnutzung vorhandener Ressourcen. In Bezug auf die Leistungsbreite ergeben sich sachliche, räumliche und zeitliche Synergieeffekte. Sachliche Synergieeffekte entstehen bei einer Kuppelproduktion, d.h. „Abfallprodukte" der Produktion können für eine weitere Produktion genutzt werden. Dies ist etwa bei einem Verlag gegeben, der redaktionellen Content in mehreren eigenen, geprinteten oder elektronischen Medien verwerten kann. Räumliche Synergieeffekte entstehen bei zentralisierten Betriebsstandorten. Diese können identische Infrastruktur (z.B. Energieversorgung, Telekommunikation, Sicherheit) nutzen und dadurch Kosten gegenüber räumlich verteilten Standorten einsparen. Zeitliche Synergieeffekte entstehen durch den gleichzeitigen Verkauf von zwei oder mehr Leistungen, denen dann nur ein gemeinsamer Zeitaufwand gegenüber steht. Ein Beispiel sind Paketlösungen, wie sie etwa bei Bauträgermaßnahmen anzutreffen sind. Diesen positiven Effekten stehen jedoch Diseconomies gegenüber, die vor allem auf Komplexität zurückzuführen sind. So laufen Kostendegressionen aus Größeneffekten auf, denen Kostenprogressionen aus Komplexitäten gegenüber stehen. Dies führt theoretisch zu einem Kostenminimum bei der optimalen Betriebsgröße. Praktisch stehen dem erhebliche Probleme entgegen.

Vorteile aus Größeneffekten können als zusätzlicher Gewinnbeitrag (= Unternehmensrente) einbehalten oder ganz bzw. teils als Preissenkungen weitergegeben werden. Im Einzelnen lassen sich folgende Quellen in Unternehmensbereichen ausmachen:

- Bei der Beschaffung handelt es sich u.a. um verbesserten Materialeinsatz, kostengünstigeren Einkauf durch höhere Markttransparenz und besseres Standing bei Verhandlungen, Senkung spezifischer Rohstoff- und Energieverbrauchszahlen, Mengenrabatte, Einflussnahme auf Spezifikationen, Möglichkeit der vertikalen Integration etc.
- Bei Entwicklung und Produktgestaltung handelt es sich u.a. um optimierte Produktauslegung in Bezug auf Bedarf, Herstellung und Beschaffung, wirtschaftli-

chere Produkttechnologie, höhere FuE-Reserven durch niedrigere relative Kostenbelastung, höhere Produkthomogenität durch Zuschnitt auf Massenmärkte.

- Bei der Produktion sind u.a. eine höhere Arbeitseffizienz, technische Vervollkommnung der Produktionsverfahren und -abläufe, Arbeitsspezialisierung, eine bessere Kapazitätsanpassung, größere Rationalisierung (Mechanisierung/Automatisierung) und höhere Arbeitsproduktivität sowie Übergang von Werkstatt- zu Fließfertigung gegeben (die Investitionskosten nehmen mit der Größe des Unternehmens nur unterproportional zu, gleiches gilt für Personalkosten, Ökonomie der Reservehaltung).
- Beim Absatz handelt es sich u.a. um bessere Kundenkontakte, durchsatzstärkere Absatzkanäle, größere Kenntnis der Kaufentscheidungsmerkmale, unterproportional steigende Marketingkosten zum Umsatz, größere Absatzmacht etc.
- Beim Management sind u.a. eine verbesserte Planung und Organisation, bessere Steuerungs- und Kontrollsystematik, bessere formale Qualifikation sowie die Umlage der beschäftigungsgradunabhängigen Kostenbestandteile (Führung) auf eine größere Einheitenzahl gegeben.
- Bei Kreativität und Information lassen sich Anerkennung der Innovationsleistung durch Prestige/Status, motivierendes Innovationsklima, Lerneffekte, soziale Absicherung und innovationsorientierte Berichtssysteme ausmachen.

Bisher konnten empirisch u.a. folgende Kostensenkungen bei einer Ausbringungsmengenverdopplung festgestellt werden:

- *Viskosefaser Rayon: 31,0 %, Integrierte Schaltkreise: 27,8 %, Silizium Transistoren: 27,7 %, Elektrorasierer: 23,0 %, Germanium Transistoren: 22,8 %, S/W-Fernsehgeräte: 22,3 %, Niederdruck-Polyäthylen: 21,4 %, Großklimaanlagen: 20,0 %, Gasherde: 17,2 %, Polypropylen: 14,7 %, Wäschetrockner: 12,5 %, Heimklimaanlagen: 12,3 %, Elektroherde: 11,7 %.*

Wesentliche Schlussfolgerungen dieser Erkenntnisse sind somit etwa folgende:

- Die Kosten verhalten sich reziprok zu den Marktanteilen von Programmelementen, ein hoher Marktanteil sollte sich dementsprechend in niedrigen Kosten niederschlagen.
- Wächst ein Unternehmen schneller als seine Konkurrenz, sollten auch seine Kosten relativ schneller fallen als die der Konkurrenz.
- Der Kostenrückgang bei einer bestimmten Ausdehnung der Produktionsmenge lässt sich vorausberechnen und kann die Grundlage für die Kostenkontrolle einerseits und die Beurteilung des Management andererseits bilden.
- Ob eine Investition zweckmäßig ist oder nicht, ergibt vor allem auch die Beurteilung des damit verbundenen Kostensenkungspotenzials.
- Bei zunehmendem Marktanteil, also bei überproportionalem Wachstum, lässt sich die Verschuldenskapazität ohne höheres Risiko schneller steigern als bei Konkurrenzunternehmen.
- Die Wahl zwischen eigener Herstellung oder externem Bezug (s.u.) sollte auch unter Berücksichtigung der Differenz zwischen der eigenen Erfahrung und der des Lieferanten getroffen werden.
- Die Wahl zwischen mehreren Bauelementen, die alternativ in ein Produkt einge-

hen können, hat unter Berücksichtigung der möglichen zusätzlichen Erfahrung bei Steigerung des Produktionsvolumens durch die Aufnahme der Bauelemente in das Produktionsprogramm zu erfolgen.

Die Erkenntnisse der Erfahrungskurve stehen im Übrigen nicht im Widerspruch zur Porter-Kurve. Die Aussagen der Erfahrungskurve beziehen sich auf das einzelne Marktsegment als relevanter Markt, die Porter-Kurve bezieht sich jedoch auf den Branchenmarkt als relevanten Markt. So ist etwa Rover innerhalb der Pkw-Branche ein kleiner Hersteller, befindet sich daher grafisch im linken Ast (Nische) der Porter-Kurve. Innerhalb des Segments Jeep ist Rover jedoch ein großer Anbieter, kann daher auf Größenvorteile bauen.

4.1.2.2.3 Bewertung

Als **Kritik** wird in diesem Zusammenhang immer wieder genannt, dass nur eine pauschale Kostendefinition zu Grunde liegt. Es wird nicht näher spezifiziert, welche Kostenbestandteile in welchem Ausmaß von Erfahrungskurveneffekten profitieren und welche nicht. Da auf die Stückkosten als ausschlaggebender Größe abgehoben wird, stellt sich automatisch die strittige Frage der Fixkostenaufteilung. Handelt es sich bei den Stückkosten um die Kosten des letzten produzierten Stücks (Grenzkosten), um die durchschnittlichen Kosten der in einer beliebigen Periode erzeugten Stücke oder um die Kosten der kumulierten Stücke im Durchschnitt?

Die Erkenntnisse des Erfahrungskurvenkonzepts führen konsequenterweise zur konzentrischen Auslegung von Kapazitäten. Dies hat zur Folge, dass das Unternehmen erheblich an Flexibilität auf Grund der hohen Kapitalbindung verliert (Einzweckmaschinen). Außerdem besteht die Gefahr der technischen Veralterung und damit Entwertung der Anlagen. Somit sind eine gewisse Anfälligkeit für Beschäftigungsschwankungen und fehlender Risikoausgleich zu konstatieren. Es entstehen womöglich Mammutbetriebe, die mangels Anpassungsfähigkeit in Bedrängnis geraten und dann oft nur noch durch massive Subventionen des Staates zum Erhalt von Arbeitsplätzen existieren.

Der mengenmäßige Marktanteil ist nur ein unzureichender Indikator für den Unternehmenserfolg, nämlich nur bei homogenen Produkten, gleichen Erfahrungsraten, einheitlichen Marktpreisen, gleichen Markteintrittszeitpunkten etc., alles Voraussetzungen, die in der Realität praktisch nicht vorhanden sind. Vielmehr zeigt es sich, dass marktführende Unternehmen gelegentlich wirtschaftlich angeschlagen sind, während findige Nischenanbieter sich hoher Prosperität erfreuen.

Bei Stagnation am Markt führen Kapazitätsüberhänge zu Leerkosten und ruinösem Preiswettbewerb bis an die kurzfristige Preisuntergrenze, um so Preisbestandteile als Deckungsbeitrag zur Abdeckung des Fixkostenblocks zu erreichen. Diese Situation ist für reife Branchen typisch, wie die Stahl- und Reifenindustrie. Überkapazitäten führen hier zur Konzentration mit Betriebsstilllegungskonsequenz oder der Tendenz zu quotierenden Absprachen.

Verbundwirkungen innerhalb des Programms finden keine Berücksichtigung. Denn typischerweise handelt es sich in der Praxis nicht um Einprodukt-, sondern Mehrproduktunternehmen, deren Angebote in ganz unterschiedlichem Maße von Degressionseffekten betroffen sind und sich intern alimentieren können. Diese Möglichkeit preispolitischen Ausgleichs schafft eine gewisse Unabhängigkeit von der Kostensituation spezifischer Produkte, und zwar auch bei kleineren Mengen.

Die bei solchen diversifizierten Unternehmen zunehmend anzutreffenden Synergieeffekte werden nicht berücksichtigt. Diese können durch gemeinsame Nutzung vorhandener Ressourcen ebenfalls zu Kostenvorteilen führen, ohne dass beim einzelnen Produkt große Ausbringungsmengen vorliegen müssen (geteilte Erfahrung ist doppelte Erfahrung). Allerdings ist zu konzidieren, dass Synergismen allenfalls Kosteneinsparungspotenziale darstellen, deren Materialisierung in der Praxis oft genug an Abteilungsegoismen scheitert.

Es erfolgt keine eindeutige längerfristige Produktabgrenzung, obgleich die Produkteinheit Basis der Verdopplung sein soll. Produktveränderungen im Zeitablauf, welche die Kostensituation tangieren (abweichende Produktionsprozesse) bzw. Degressionseffekte verhindern, werden nicht in Betracht gezogen. Tatsächlich aber bleibt ein Produkt typischerweise im Zeitablauf bei steigender Menge nicht unverändert, sondern wird differenziert, allein schon deshalb, um Mitbewerberaktivitäten, Marktausschöpfung oder technischem Fortschritt Rechnung zu tragen.

Wenn Größeneffekte für mehrere oder alle wesentlichen Unternehmen einer Branche zutreffen, alle oder wesentliche Anbieter also gleich erfahren sind, wird ein daraus resultierender Wettbewerbsvorsprung des einzelnen Anbieters letztlich wieder neutralisiert. Dies ist leider die Realität vieler Märkte, die von ganz wenigen Anbietern dominiert werden, welche die kritische Größe bereits weit überschritten haben und sich voneinander in Bezug auf Kostenvorteile wenig unterscheiden, also keine Alleinstellung bieten.

Zudem ist der Preis zwar ein wichtiger, aber längst nicht der einzige Wettbewerbs- und Markterfolgsparameter. Das heißt, Kostenvorteile führen nicht zwangsläufig zu Marktvorteilen, nämlich dann nicht, wenn niedrigere Preise am Markt durch Leistungsnachteile überkompensiert werden. Nichtpreis-Parameter wie Qualität, Image, Design etc. gewinnen sogar zunehmend an Bedeutung und relativieren den Preis zumindest im Bereich der High interest-Produkte. Ein Abheben nur auf Erfahrungseffekte und die Weitergabe der dabei erzielten Kosteneinsparungen im Preis sind also in ihrer Wirksamkeit stark gefährdet.

Ebenso kann technischer Fortschritt zu einer besseren Anbieterstellung führen, ohne dass damit notwendigerweise große Ausbringungsmengen verknüpft sind, denn rationellere oder bessere Verfahrenstechniken führen zur Etablierung vorteilhafter Marktpositionen. Die Aussagen des Erfahrungskurven-Konzepts gelten jedoch nur für den jeweils gegebenen Stand der Technik. Neue Technologie etabliert auch eine neue Stückkostenkurve auf typischerweise niedrigerem Niveau. Dieser Vorteil nivelliert sich in dem Maße, wie Mitbewerber technischen Fortschritt adaptieren.

Die Auswirkungen der Kostendegression sind je nach Anteil der fixen und variablen Kosten sehr verschiedenartig, und um so größer, je höher der Anteil der fixen an den gesamten Kosten ist. Daher profitieren anlage- oder overheadintensive Betriebe überproportional. Dementsprechend gibt es keine generelle Gültigkeit, sondern individuell sehr verschiedenartig verlaufende Erfahrungskurven. Durch den degressiven Kurvenverlauf nehmen Kostenvorteile zudem mit steigender Menge nur unterproportional zu, treten relativ also in ihrer Bedeutung gegenüber qualitativen Argumenten zurück.

Es wird eine Monokausalität zwischen Menge und Kosten propagiert. Empirische Analysen (z.B. PIMS-Studie) zeigen jedoch, dass es vielfältige gegenseitige Abhängigkeiten zwischen Unternehmensparametern gibt, die vermuten lassen, dass auch auf die Größe Kosten andere Faktoren als allein die Menge Einfluss ausüben.

Einsparungseffekte sind nicht nur mengen-, sondern zu einem mindestens ebenso großen Anteil auch zeitabhängig. Daher ist nicht nur die Ausbringung für die Wettbewerbsposition einschlägig, sondern gerade auch die Dauer erfolgreicher Marktpräsenz. Zudem diffundiert Erfahrung innerhalb einer Branche in Abhängigkeit von der Fluktuationsrate der Mitarbeiter mehr oder minder schnell und wird so für mehrere Anbieter verfügbar.

Vor allem steht das Erfahrungskurvenkonzept unter Immunisierungsverdacht. Denn es wird herausgestellt, dass das Kostensenkungspotenzial nicht quasi automatisch wirksam wird, sondern der bewussten Einwirkung durch das Management zu dessen Realisierung bedarf. Dies bedeutet aber weiter nichts anderes, als dass eine Kostensenkung das Vorhandensein von Erfahrungskurveneffekten beweist, eine Kostenstagnation aber nur, dass vorhandenes Kostensenkungspotenzial noch nicht ausreichend genutzt wird. Das ist dann aber eine komplette Tautologie.

Es werden zur Erreichung von Erfahrungseffekten gleiche Produkte über einen längeren Zeitraum unterstellt. Dies ist jedoch angesichts kürzerer Lebenszyklen reichlich unwahrscheinlich. Ergeben sich aber nennenswerte Abweichungen am Produkt oder seiner Produktion, sind kumulierte Erfahrungseffekte weitgehend hinfällig bzw. beginnen bei jedem variierten Produkt von vorn, nun aber mit höherer Einheitenzahl, sodass eine Verdopplung ungleich schwieriger wird.

Empirische Ergebnisse beruhen zumeist auf Preisdaten statt auf Kosten. Damit aber ist der Faktor Gewinn beinhaltet, der Effekte verzerrt. So kann eine längere Marktpräsenz etwa durch Nachziehen kopierender Wettbewerber oder zur proaktiven Verhinderung deren Markteintritts einen Gewinnverzicht beim anbietenden

Unternehmen selbst bei unverändertem Kostenniveau angezeigt erscheinen lassen. Preissenkungen wären dann aber eindeutig wettbewerbs- und nicht produktionskostendeterminiert.

Besonders ausgeprägt sind Kosteneinsparungen dann, wenn von einer weniger leistungsfähigeren auf eine leistungsfähigere Technologie umgestiegen wird. Um deren Potenzial jedoch nutzen zu können, ist zunächst die Beherrschung dieser neuen Technologien entscheidend, da ansonsten nur mehr oder minder teures Lehrgeld bezahlt wird.

Die Aussage bezieht sich nicht auf Fremdleistungen, gilt also eigentlich nur bei 100 % Eigenwertschöpfung. Eine solche Fertigungstiefe ist jedoch unrealistisch, vielmehr geht ein starker Trend hin zu Verkürzung der Fertigungstiefe, wo, etwa in der Automobilindustrie Werte unter 30 % erreicht sind, und das mit sinkender Tendenz. Dann aber sind Erfahrungseffekte weitaus geringer und fallen möglicherweise kaum mehr nennenswert ins Gewicht.

Es kommt zu einer Überbetonung der Kosten als Basis der Preisbildung, außer Betracht bleiben etwa Möglichkeiten wie Verbundpreisbildung, kalkulatorischer Ausgleich, Nachfrageelastizität etc., kurz alle anderen als die kostenorientierte Preisbildung. So kommt es zu einer Vernachlässigung von Qualität, Service, Innovation etc. Zugleich besteht die Gefahr einer Preis-Abwärtsspirale.

Bei der Erfahrungskurvenempfehlung wird ein problemloser Absatz des Programms vorausgesetzt, es stellt sich jedoch die Frage nach der Aufnahmefähigkeit der Märkte. Tatsächlich ist der Absatz natürlich nicht beliebig steigerbar, erst recht nicht in einer Größenordnung wie sie erforderlich ist, um in den Genuss erheblicher Skaleneffekte zu kommen. Erhöhte Absatzbemühungen überkompensieren dabei möglicherweise Kosteneinsparungen.

Ebenso wird eine problemlose Produktionsausweitung vorausgesetzt. Hierbei stellt sich jedoch die Frage nach den Einsatzstoffen und den erforderlichen Budgetmitteln, eine solche Expansion finanziell zu unterlegen. Die potenzielle Wirkung der Erfahrungskurve lässt mit wachsendem Umsatz jedoch immer stärker nach, weil eine Verdopplung der Menge immer länger dauert. Insofern sind allenfalls zu Beginn des Marktangebots Skaleneffekte von Bedeutung.

Die mit der Absatzexpansion verbundene Marktführerschaft bedeutet eine exponierte Stellung am Markt. Daraus folgen hohe Marktaustrittsschranken infolge gebundenen Kapitals und womöglich gesellschaftlicher Verantwortung. Dies erfordert wiederum den Aufbau von Markteintrittsschranken, evtl. auch über gesetzliche Restriktionen, um das Unternehmensrisiko zu begrenzen.

Eine exakte Kostendefinition fehlt, vor allem ist eine zutreffende Interpretation und verursachungsgerechte Zurechnung der Stückkosten schwierig. Die im Rechnungswesen normalerweise ausgewiesenen Kosten sind für die Konstruktion von

Erfahrungskurven problematisch, weil sie den Wertschöpfungsanteil eines Produkts verwässert abbilden (stattdessen werden andere Größen wie der Quotient aus kumuliertem Cash-flow und Veränderung der kumulierten Erfahrung eingesetzt).

Es fehlt an einem geeigneten Inflator zur Bereinigung von Preissteigerungsraten, um die nominalen Kostendaten in reale Werte zu transformieren. Problematisch ist dabei vor allem, dass die Erfahrungskurve eine Funktion der Zeit ist. Die Aussage stimmt daher nur, wenn alle Werte inflationsbereinigt, also zu konstanten Preisen, betrachtet werden. Ansonsten ist der Skaleneffekt jedoch weitaus geringer einzuschätzen.

Es wird ein fest vorgegebener isolierter Markt angenommen, der bedient werden soll. Dabei bleiben Abgrenzungsprobleme und abgeschnittene Verbundbeziehungen verschiedener Teilmärkte außer Acht.

Der Know-how-Transfer bleibt weitgehend außer Acht. Dieser tritt aber um so stärker auf, je häufiger Produkte gemeinsame Ressourcen beanspruchen, je intensiver Produkte aus einzelnen Komponenten zusammengesetzt sind und je stärker der Produktionsprozess differenziert ist, den ein Produkt durchlaufen muss.

4.1.2.3 Komplexität

Vor allem ist anzunehmen, dass es gegenläufig zur Größendegression von Kostenbestandteilen zugleich eine Größenprogression anderer Kostenbestandteile (Diseconomies) gibt. Bei diesen Kostenbestandteilen handelt es sich um **Komplexitätskosten**. Diese lassen sich wie folgt unterteilen:

- einmalige Komplexitätskosten z.B. durch FuE für neue Produkte, neue Versionsmerkmale, Entwicklung neuer Werkzeuge, Nullserienprüfung, komplexe Konstruktionsaufgaben, mehr Freigaben, umfangreiche Dokumentation, erhöhten Aufwand zur Bedarfsermittlung, komplizierte Fertigungsplanung etc.
- wiederholte Komplexitätskosten z.B. durch Qualitätssicherungsmaßnahmen, Produktpflege, versionsspezifische Lagerbestände, besondere Schulungen, steigende Einstandspreise infolge kleiner Stückzahlen, zunehmende Zahl von Sonderwerkzeugen, erhöhte Rüstkosten durch kleinere Losgrößen, geringe Wiederholhäufigkeiten, abnehmende Produktivität, erhöhter Beratungsaufwand, umfangreiche Kundendienst- und Ersatzteilauslegung etc.
- indirekte Komplexitätskosten (Opportunitätskosten) z.B. durch Kannibalisierung der Versionen, komplexe Logistikkette, höhere Bestände an Halbfertig- und Fertigerzeugnissen zur Bedarfsabfederung etc.

Komplexitätskosten entstehen auf den Produkt-, Prozess- und Ressourcenebenen. Sie fallen in Folge einer großen Vielfalt von Kunden, Produkten, Versionen, Baugruppen, Teilen, Materialien und auch Lieferanten an und entstehen in unterschiedlichem Ausmaß in den verschiedenen funktionalen Bereichen. Betroffen sind insb. die Bereiche Forschung und Entwicklung, Konstruktion, Arbeitsvorbereitung, Logistik, Einkauf und Vertrieb. Komplexitätskosten sind Kostenprogressionen, die z.B. bei Erhöhung der Produktzahl dadurch entstehen, dass sich Planungs-, Dispositions- und Koordinationsbedarfe mit jeder zusätzlichen Produktart erhöhen.

So verbaute Volkswagen Anfang der 1990er Jahre allein 12 verschiedene Sorten von Zigarettenanzündern in den VW-Modellen seiner Marke (heute: 3).

Komplexe Systeme reagieren allgemein auf einen bestimmten Impuls, indem sie verschiedene Zustände einnehmen können. Der Output ist daher schwer voraussagbar. Komplexe Systeme müssen nicht kompliziert sein. Denn komplizierte Systeme mögen zwar vielschichtg sein, zeigen jedoch genau berechenbare Reaktionen. Komplexe Systeme hingegen sind schwer durchschaubar. So ergeben sich folgende Kombinationen:

- komplex und kompliziert, d.h. schwer durchschaubar und vielschichtig strukturiert,
- komplex und unkompliziert, d.h. schwer durchschaubar, aber einfach strukturiert,
- wenig komplex und kompliziert, d.h. leicht durchschaubar, aber vielschichtig strukturiert,
- wenig komplex und unkompliziert, d.h. leicht durchschaubar und einfach strukturiert.

Letztere Systeme, deren Beziehung zwischen Input und Output funktional darstellbar ist, heißen trivial. Sie reagieren nach einfachen Wenn-Dann-Regeln auf Impulse.

Komplexität entsteht aus verschiedenen Komponenten. Im Einzelnen handelt es sich um:

- **Marktkomplexität** infolge Kundenvielfalt, der Bedienung auch von Kleinkunden, hoher Programmbreite/Typenvielfalt, großer Auftragsvielfalt etc. Hierzu gehört vor allem die Vielzahl und Heterogenität der Kunden, ihre hohe Veränderungsrate und Interdependenz.
- **Produktkomplexität** infolge hoher Komponentenzahl, mangelndem Standardisierungsgrad, ungünstigem, nicht Prozess optimalem Design etc. Hierzu gehört vor allem die Materialvielfalt, -heterogenität und hohe Veränderlichkeit im Zuge technischen Fortschritts. Gleiches gilt für die einzusetzende Technik und das angebotene Programm.
- **Produktionskomplexität** infolge mehrerer Standorte, zahlreicher Fertigungsschritte, verschiedener Technologien und eingesetzter Hardware und Software, hoher Fertigungstiefe etc. Dazu gehört vor allem die Standortvielzahl, -heterogenität und deren geringe Veränderlichkeit. Gleiches gilt für die Prozesse mit ihren oft unvorhersehbaren Veränderungen und Interdependenzen.
- **Organisationskomplexität** infolge unübersichtlicher Aktivitäten, großen Koordinationsaufwands, ständiger Systementwicklung und -anpassung etc. Dazu ge-

hört vor allem die Diversität der Mitarbeiter nach Vielzahl, Heterogenität, geringer Anpassungsflexibilität etc. Gleiches gilt für die Aufgabenvielzahl und -vielfalt mit hoher Veränderlichkeit und wahrgenommenem Schwierigkeitsgrad sowie starken Interdependenzen.

Vor allem fallen Komplexitätskosten in den nicht unmittelbar wertschöpfenden Unternehmensbereichen an, also vor allem in der Administration. Die Koordination eines immer unüberschaubareren Ressourceneinsatzes, die vielfältigen Abstimmungsprobleme, vermeidliche und unvermeidliche Doppelarbeiten und andere Effizienzverluste führen beinahe zwangsläufig zu steigenden Overheads. Da gleichzeitig in der eigentlichen Wertschöpfung Kostensenkungspotenziale bereits weitgehend ausgeschöpft sind, können diese zusätzlichen Kosten nur unvollkommen aufgefangen werden.

Zwar ist das Vorhandensein von Komplexitätskosten ausgesprochen plausibel, ihre Quantifizierung stellt sich jedoch als einigermaßen schwierig heraus, da eine Kostenoperationalisierung im Administrationsbereich an enge Grenzen stößt. Dennoch steht zu vermuten, dass es so etwas wie eine optimale Unternehmensgröße unter Einbeziehung aller, der wertschöpfenden wie der nicht-wertschöpfenden, Bereiche gibt. Diese ist dort gegeben, wo die weitere Kostendegression aus Größeneffekten die Kostenprogression dieser Größeneffekte nicht mehr kompensieren kann, die Gesamtkosten mit zunehmender Unternehmensgröße also wieder ansteigen. Es steht weiterhin zu vermuten, dass viele der Großkonzerne der Realität sich in ihrer Unternehmensgröße bereits jenseits ihrer **optimalen Betriebsgröße** befinden. Dass die Unternehmenskonzentration dennoch unvermindert anhält, dürfte dann eher durch emotionale Argumente (Macht, Ansehen) begründet sein als durch strikt betriebswirtschaftliche Überlegungen (Managerial ego).

Zur Reduktion der Komplexität sind eine Reihe von Ansatzpunkten vorhanden. Denkbar sind die Baugruppen-, Teile- und Materialvielfalt reduzierende Maßnahmen wie durch Standardisierung und Normung. Dabei helfen auch Ansätze für Plattform- und Gleichteileeinsatz bei Produktbestandteilen, die nicht-kundenwahrnehmbar sind. Möglich ist auch die Aufwertung von Produkten durch die Standard mäßige Integration von Zusatzausstattungen (soweit dadurch die Komplexitätskosteneinsparungen nicht überkompensiert werden) oder die Produktbündelung durch Modularisierung der Erzeugnisse (Baukasten) (wie man das z.B. im Chinarestaurant nachvollziehen kann, wo nahezu unbegrenzt verschiedene Gerichte aus Kombination immer derselben Zutaten entstehen und damit der Anschein von Vielfalt und Abwechslung hervorgerufen wird).

Eine weitere Option ist die Kombination solcherart von Produktkernstandardisierung durch kundenindividuelle Dienstleistungen. Technisch wird Customization rationell nur möglich durch möglichst späte Heterogenisierung der Halbfertigprodukte im Produktionsfluss (**Postponement**). Zum Beispiel werden Pullover zunächst mit farblosem Garn gewebt und danach erst in einer großen Varietät von Farben eingefärbt. Es kommt also zu einer im Produktionsfluss erst weit fortgeschrittenen Auflösung der standardisierten Fertigung (Kundenauftrags-Entkopplungspunkt/Order penetration point).

Dieser Gedanke hat sich in vielen Industrien besonders als Plattformkonzept durchgesetzt. Beispiele dafür sind folgende:

- *Sony brachte zwischen 1980 und 1990 knapp 250 verschiedene Walkman-Modelle auf den Markt, die alle auf nur drei Produktplattformen basierten: WM 2, WM DD und WM 20.*
- *Intel führte eine 486 Prozessorreihe ein, und zwar als 486 DX mit 25 MHz Taktfrequenz, mit 33 Mhz und 50, später mit 60 Mhz für Midrange-Computer, als 486 SX für Einsteiger mit 20 Mhz Taktfrequenz und als 486 SL für mobile Computer (mit 16, 20, 25, 33 Mhz Taktfrequenz).*
- *Die HP Produktplattform für Tintenstrahldrucker (Desk Jet, Desk Jet Plus, Desk Jet Writer, Desk Jet 500) gibt es mit Extension für Farbdruck (Desk Jet 500 C), mit Extension für zwei Patronen (schwarz und farbig, Desk Jet 550 C) und mit Extension für mobiles Drucken (Desk Jet 300 Portable).*
- *Swatch bringt jedes Jahr über 140 neue Uhrenmodelle auf den Markt,, neu müssen jedoch nur Ziffernblatt, Zeiger, Krone, Armband, Gehäuse etc. entwickelt werden, nicht aber das Laufwerk, denn alle Modelle haben das gleiche Laufwerk.*

Die gegenteilige Vorgehensweise wird **Speculation** genannt. Dabei werden aufgrund der prognostizierten Kundennachfrage frühzeitig individualisierte Produkte hergestellt.

4.1.2.4 Mass customization

Ziel ist zunehmend die Erreichung eines Kompromisses zwischen Standardisierung und Individualisierung als kundenindividuelle Massenproduktion. Diese wird möglich in der Programmbreite durch:

- Modularisierung wie über Anbauteile mit unterschiedlicher Funktion, aber einheitlicher Schnittstelle, die damit eine vielfältige Kombinierbarkeit und effiziente Vielfaltserzeugung ermöglichen,
- Baukastenbildung mit wenigen Grundteilen, die mit Anbauteilen zu unterschiedlichen Versionen kombiniert werden können (= Plattformkonzept), dazu ist vorab eine Stücklistenauflösung erforderlich (so ist es möglich, im Internet bei Nike ab einem Bestellwert von 100 $ einen individuell nach Modell, Farbe und Textbedruckung gestaltbaren Schuh zu erhalten).

sowie in der Programmtiefe durch:

- Paketierung mit festkombinierten Anbauteilen für verschiedene Ausstattungen und Funktionen des Produkts (= Built-in flexibility, z.B. bei Unterhaltungselektronikgeräten als Netzumschalter für verschiedene Spannungen oder Normanschlüsse ausgeführt in DIN und Cinch),
- Unifizierung als Konzentration auf eine einzige Version.

Individualisierung entspricht dabei einer Grundtendenz der postmodernen Gesellschaft. Durch Mass customization wird die Produktion für einen großen Absatzmarkt möglich, welche die unterschiedlichen Bedürfnisse jedes einzelnen Nachfragers trifft, und das zu Kosten, die nur geringfügig (akzeptiert sind 20 - 30 %) über denen einer massenhaften Fertigung von Standardgütern liegen. Dazu ist eine Interaktion mit einzelnen Kunden zwingend erforderlich, sodass auch eine Konvergenz von Sachleistungs- und Dienstleistungsmerkmalen erfolgt. Ziel ist in jedem Fall eine Massenmarktbearbeitung, nicht die Nischenbearbeitung. Kennzeichnende Merkmale sind die Kalkulation für viele Produkte, die eingeschränkte Flexibilität durch eine modularisierte Produktarchitektur sowie das Fehlen einer individuellen Planung durch dynamische, automatisch generierte Stücklisten und Arbeitspläne. Die Fertigung erfolgt nach tatsächlichem Kundenwunsch, der Kunde ist somit ein Element des Produktionsprozesses (Make to order, Build to order, Assemble to order, Match to order, Bundle to order).

Mass customization grenzt sich damit von der Einzelfertigung ab, die durch eine einzelauftragsbezogene Vorkalkulation, ein hohes Maß an Flexibilität in allen Fertigungsprozessen, die individuelle Planung des Produktionsprozesses und ein spezifisches Fertigungslayout gekennzeichnet ist (Develop to order, Engineer to order, Purchase to order).

Bei der Massenfertigung wird demgegenüber ohne Einbeziehung des Kunden und in großen Stückzahlen einheitlich auf Lager/Vorrat produziert, um Kostendegressionsvorteile zu erreichen. Die Abnehmer sind weitgehend unbekannt, es besteht kaum eine intensive Kundenbeziehung.

Die Abgrenzung zur Variantenproduktion ergibt sich daraus, dass diese eine rein anbieterseitiger Programmdifferenzierung darstellt, bei der die Kunden a priori unbekannt sind. Vorkonfigurierte Produkte beruhen auf Marktforschungserkenntnissen/Absatzprognosen, erfüllen aber nicht zwangsläufig die Kundenwünsche. Außerdem kommt es infolge Lagerhaltung zur Kapitalbindung im Umlaufvermögen (Make to stock).

Die Abgrenzung von Dienstleistungen, die ansonsten ähnlichen Kriterien gehorchen, ist durch die Materialität des Ergebnisses gegeben. Dennoch besteht aufgrund der Kundenintegration eine Ähnlichkeit zu Dienstleistungen. Die Abgrenzung zu Zusatzausstattungen ist darin zu sehen, dass kein Standardausgangsprodukt vorliegt, von dem dann erst individualisiert wird. In Abgrenzung zu Open innovation ist jedoch ein bereits vorgegebenes Leistungsspektrum vorhanden (*siehe Abb. Mass customization*).

Damit kann Mass customization als simultan hybride Wettbewerbsstrategie angesehen werden („vierte Option"), vergleichbar dem sequenziell hybriden Outpacing mit Wechsel zwischen Kosten- und Leistungsführerschaft, der polyzentrischen Internationalisierung je Markt abweichend fokussiert oder dem Simultaneitätskonzept.

Hinsichtlich der Prinzipien der Customization können zwei Alternativen unterschieden werden, Soft customization und Hard customization. Bei der **Soft customization** geschieht kein Eingriff in die Fertigung. Vielmehr erfolgt der Vollzug der Individualisierung außerhalb des Unternehmens durch:

- Selbstindividualisierung. d.h., Konstruktion und Fertigung standardisierter Produkte mit eingebauter Flexibilität, die vom Kunden in gewissen Grenzen selbst an seine Bedürfnisse angepasst werden können (z.B. MS-Office-Paket, My-SAP),
- individuelle Endfertigung im Absatzkanal, d.h., Auslieferung eines einheitlichen Halbfertigprodukts, das im Absatzkanal nach Kundenwunsch vollendet wird (Co-Design),
- Serviceindividualisierung, d.h., Ergänzung von Standardfertigprodukten um individuelle sekundäre Dienstleistungen (Kundendienste).

Bei der **Hard customization** basiert die Varietät auf Aktivitäten der Fertigung.

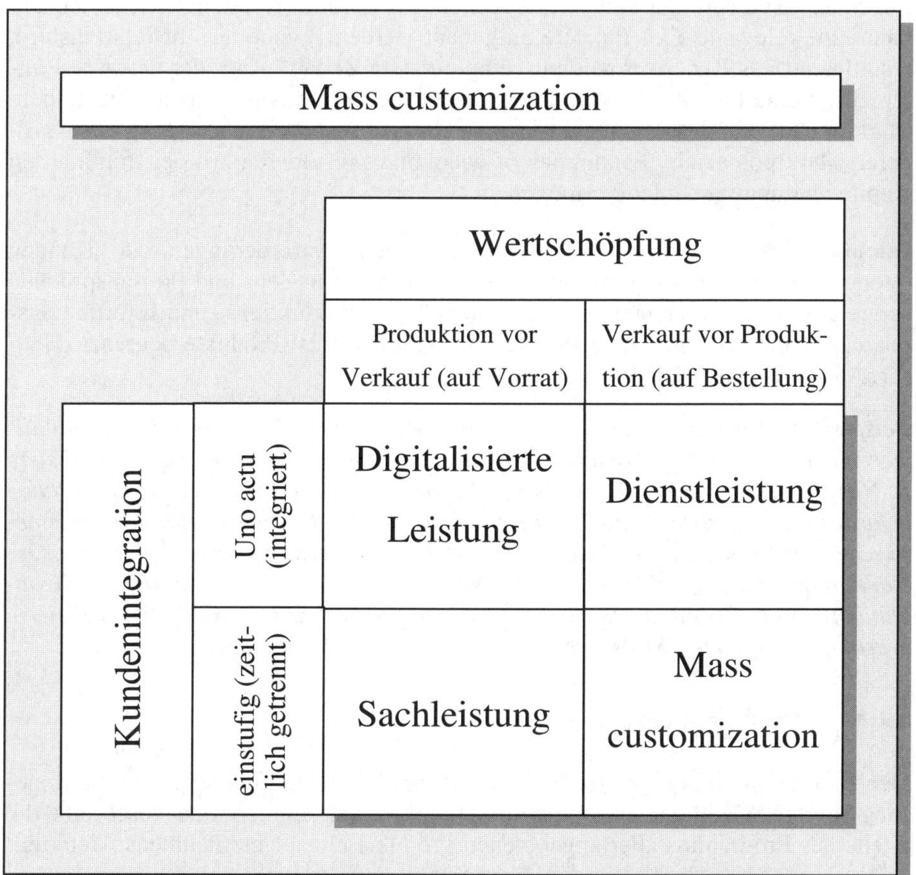

Diese machen eine Änderung der internen Funktionen notwendig, wie sie erreicht werden durch:

- individuelle Vorproduktion mit standardisierter Endfertigung, d.h., entweder die ersten (Materialverarbeitung) oder die letzten Wertschöpfungsschritte (Montage, Veredelung) werden kundenindividuell durchgeführt, alle anderen hingegen einheitlich (z.B. Dolzer, mymüsli.de),
- Modularisierung nach dem Baukastenprinzip, d.h., Erstellung kundenspezifischer Produkte aus standardisierten, untereinander kompatiblen Bauteilen (z.B. Dell Computer),
- massenhafte Fertigung von Unikaten, d.h., individuelle Leistungserstellung über die gesamte Wertkette durch vollstandardisierte Prozesse (z.B. Levi's Maß-Jeans, Einbauküche).

Die **Vorteile** der Mass customization sind vielfältig. So können Kostensenkungspotenziale gegenüber der Einzelfertigung erschlossen werden. Es entstehen Economies of scale, etwa durch Plattformkonzepte, sowohl als auch Economies of scope, etwa durch Nutzung von Mehrzweckanlagen, sowie Economies of interaction infolge Transaktionskostensenkung. Aus Economies of integration resultieren Informationsvorsprünge durch überlegenes Wissen über Kundenwünsche. Zudem kann eine relevante Exit-Barriere aufgebaut werden (Economies of relationship), resultierend aus Risikovermeidung, eingesetztem Zeitaufwand, der ansonsten untergeht, Reduktion kognitiver Dissonanzen etc. Außerdem folgen eine höhere Marktattraktivität des Anbieters (positives Image) und die Erschließung eines größeren Marktpotenzials. Economies of decoupling resultieren aus der minimierten Kapitalbindung im Umlaufvermögen.

Nachteile resultieren aus den intellektuellen Anforderungen an Kunden (Verständnis, keine Überforderung), aber auch höheren Zeit- und Preisansprüchen sowie aus der Beherrschung der Komplexität der Produktions- und Informationsprozesse. Auch ist die Anwendbarkeit auf High interest-Produkte begrenzt (Häuser, Autos, Möbel, Kleidung etc.).

Beispiele finden sich bei Dolzer Herrenbekleidung (Konfigurator mit individualisierenden Elementen wie Schnitt, Kragen, Material etc.), Factory (individualisierte Uhren nach Ziffernblatt, Armband, Farbe etc.), Lego (Sammelbestellung aller erforderlichen Bausteine für eigene Baukreationen), Reflect (persönliche Kosmetikserie für Frauen, je nach Hauttyp, Alter etc.), Sovital Life (individuelles Getränk, angemischt gemäß Vorgaben), Nestlé (individuelle Lebensmittel für Großkunden), Audi (Konfigurator für Wunschautomobil), DZ-Bank (individualisierte Wertpapierprodukte), Millstone (kundenindividuelle Kaffeemischungen).

4.1.3 Programmumfang

Der Programmumfang wird nun durch Programmdiversifizierung und -unifizierung infolge Marktein- und -austrittsschranken determiniert und beschreibt die Breite des Programms aller angebotenen Produkte eines Unternehmens. Unterteilt man die beiden Dimensionen jeweils in hoch/niedrig, entstehen vier Felder für mögliche Konsequenzen:

- „**Flohmarkt**" ist die Kombination aus sowohl niedrigen Marktein- als auch -austrittsschranken. Sie ist durch eine hohe Fluktuation der Anbieter charakterisiert, da die Marktchancen ohne allzu großes Risiko quasi unverbindlich getestet werden können und im Misserfolgsfall kein allzu großes Problem darin besteht, diesen Test wieder abzubrechen und den Markt zu verlassen. Als Beispiel können fast sämtliche Beratungsservices genannt werden, die nur ein Minimum an Investitionsmitteln erfordern, da der Kern der Leistung eher personen- denn sachanlagenabhängig ist. Besteht die erforderliche Qualifizierung, kann die Dienstleistung schnell und kostenschonend aufgenommen und, falls sich diese Entscheidung als Fehlgriff erweist, auch ebenso reibungslos wieder eingestellt werden.
- „**Goldener Käfig**" ist die Kombination aus sowohl hohen Marktein- als auch -austrittsschranken. Auf diesen Märkten ist es zwar schwer, sich zu etablieren, weil individuelle oder hoheitliche Zugangsbeschränkungen bestehen, zugleich kann aber auch ein etablierter Anbieter nicht mehr ohne weiteres diesen Markt verlassen. Als Beispiel sei der Versicherungsmarkt genannt. Per Gesetz/Verordnung werden hier hohe Anforderungen an die Qualität eines Anbieters gestellt, und wegen der Langfristigkeit der Anbieter-Kunden-Beziehung im sensiblen Bereich der Vermögensvorsorge ist auch ein Verlassen des Markts beschwerlich. Dafür winken, staatlich sanktioniert, hohe Prämieneinnahmen mit eingebautem Sicherheitspolster und hohen Gewinnspannen als massive Anreize.
- „**Mausefalle**" ist die Kombination aus niedrigen Marktein- und hohen -austrittsschranken. Diese Märkte stellen zwar insofern ein großes Risiko dar, als der Markteintritt erstaunlich leicht fällt, es im Misserfolgsfall aber schwierig wird, das Engagement wieder abzubauen und die dabei geleisteten Investitionen zu retten. Als Beispiel kann das Tonträgergeschäft angeführt werden, das den sukzessiven, kapitalschonenden Aufbau einer angemessenen Repertoirebreite ermöglicht, wodurch am Ende aber eine beträchtliche Kapitalbindung gegeben ist. Bei beabsichtigter Geschäftsaufgabe lässt sich für diesen Bestand jedoch kaum mehr ein Käufer finden, der bereit ist, den Einstandspreis zu erlösen, obwohl die Produkte noch ungebraucht, also neuwertig, sind.
- „**Goldgrube**" ist die Kombination aus hohen Marktein- und niedrigen -austrittsschranken. Hier werden die Anbieter, die sich einmal erfolgreich am Markt durchgesetzt haben, mit moderatem Konkurrenzdruck und Einbehalt einer Produzentenrente belohnt. Beides hat die Wirkung einer Risikoprämie. Als Beispiel dafür mag das Ölfördergeschäft gelten. Die mit den technischen Voraussetzungen verbundenen, immensen Investitionen sind nur von wenigen Unternehmen finanzierbar. Von daher bleibt die Anbieterzahl absolut gering. Bei erfolgreicher Bohrung fließen jedoch hohe Gewinne, welche die Einsatzkosten bei weitem übertreffen und ein Verlassen des Markts jederzeit erleichtern, wenn die Anfangsinvestitionen erst einmal amortisiert sind.

Wie sehr der Programmumfang im Zeitablauf ansteigen kann, zeigt eindrucksvoll die Marke Nivea. Gestartet mit der Nivea Seife (1906) und der Nivea Creme

(1911) war daraus bis zur Jahrtausendwende folgendes Produktprogramm (ca. 50 Produkte) geworden:

- *Haarmilch, Puder, Cremeseife (1912), Sport-Puder, Teint-Puder, Kinder-Puder, Schweiß-Puder (1914), Press-Puder, Soldatenpuder (1915), Rasierseife (1922), Goldcreme, Kindercreme, Teerseife (1923), Haarwasser, Creme fettfrei, Kamillenseife, Badeseife (1924), Stangenbrillantine, Sonnenbrandcreme (1929), Rasiercreme, Abschminke, Lippenpomade, Klettenwurzelöl (1930), Shampoo, Gesichtswasser, Hautfunktionsöl, Kabinett-Rasierseife (1931), Mundwasser (1932), Kristallöl, Zahnpasta (1933), Wasch-Eau-de-Cologne, Trockencreme, Sonnencreme Ultra Schutz (1936), Zahnpulver (1942), Zahnseife (1945), Kinderöl, Badeseife (1949), Hautfunktionsöl (1951), Sonnenschutz (1958), Babyfein-Seife, Babyfein-Hautöl, Babyfein-Wundcreme (1960), Sonnenöl (1962), Sonnenbad, Hautmilch (1963), Babyfein Wattestäbchen (1965), Sonnencreme, Babyfein Bad, Sonnenbad mit Mückenschutz (1966), Kinder-Shampoo, Pflegelotion (1971), Kinder-Cremebad (1972), Apres Lotion, Creme Seife (1973), Creme Bad (1976), Schaumbad (1977), Baby-Haut-Creme, Baby-Duschbad, Duschgel (1978), After Shave Balm, Baby-Waschlotion (1980), Wasserfeste Sonnenmilch, Tropic-Öl, Après-Creme (1981), Gesichtswasser (Nivea Visage), Gesichtsreinigungsmilch, Ölbad (1982), Fließend-Sanfte-Seite (1983), Haarpflege-Shampoo, Haarpflege-Spülung (1984), Tropic Sonnenmilch (1985), Lotion, After Shave Balsam (1986), Gesichtscreme (1990), Deodorant (1991), Spezielle Gesichtscremes, Männer-Gesichtspflege (1993), Soft Creme, Nivea Vital (für reife Haut) (1994), Lippenpflege, Babypflege (1995), Firming Body Lotion, Baby-Pflege-Programm, Haar-Styling (1996), Dekorative Kosmetik (1997), Handcreme, Gesichts-Reinigungs-Streifen (1998), Sun Sprays (1999).*

Ein Beispiel zur planmäßigen Steuerung des Programmumfangs gibt Unilever, einer der größten Markenartikelhersteller in den Bereichen Lebensmittel, Wasch-. und Reinigungsmittel, Körperpflegemittel und Parfüm. Unilever ist damit in ca. 150 Ländern präsent und beschäftigt ca. 250.000 Mitarbeiter (davon rund 10.000 in Deutschland). Umsatzschwerpunkt ist Europa (ca. 43 % Anteil).
1971 wurde die Deutsche Unilever GmbH als Holding des deutschen Teilkonzerns gegründet. Weitere Akquisitionen folgten. Im Zuge der Rekonzentration auf das Kerngeschäft wurden in den 1980er Jahren jedoch erhebliche Unternehmensteile aus den Bereichen Werbung, Marktforschung, Verpackung und Chemie verkauft. Der Fokus lag auf Nahrungs-, Wasch-, Reinigungs- und Körperpflegemitteln. In diesen Bereichen wurde gezielt zugekauft (z.B. Slim Fast, Ben&Jerry, Bestfoods, Elizabeth Arden, Calvin Klein).
Die beiden Zentralen sitzen in Rotterdam (Unilever N.V.), wo das Nahrungsmittelgeschäft konzentriert ist, und in London (Unilever PLC), wo die Haushalts-, Reinigungs- und Körperpflege- und Kosmetikaktivitäten konzentriert sind. Auf den Nahrungsmittelbereich entfallen ca. 56 % des Umsatzes.
Die deutsche Tochtergesellschaft gliedert sich in fünf Geschäftsbereiche: Unilever Bestfoods, Langnese-Iglo, Lever-Fabergé, Frozen Fish Int'l und Unilever Cosmetics. Unilever Bestfoods deckt damit die Bereiche Brotaufstriche und Käse (Bertolli, Brunch, Lätta, Rama), Kochen und Backen (Bertolli, Knorr, Livio, Mondamin,

Pfanni, Rama, Sanella, Unox), Gesundheit und Wellness (Becel, Dextro Energy, Du darfst), Getränke (Lipton), Snacks (Bifi, Slim Fast) und Out of Home-Service (Knorr Caterplan, Langnese Iglo Food&Service) ab.
Langnese Iglo ist auf die Bereiche Speiseeis und Tiefkühlkost spezialisiert. Zu Langnese gehören bei „Kleineis"-Marken wie Magnum, Happen, Cornetto, Solero etc. und bei Haushaltspackungen Marken wie Cremissimo, Royal, Viennetta etc. Außerdem wird unter Iglo Tiefkühlkost in Form von Fertiggerichten, Gemüse und Fisch angeboten.
Lever Fabergé beschäftigt sich mit Duschprodukten, Körperpflege- und Hauptpflegeprodukten, Gesichtsreinigung etc. Dafür stehen Marken wie Axe (Deodorant, Duschgel, Aftershave), CD (Duschgel, Feuchtigkeitslotion, Creme, Seife, Waschlotion, Deodorant), Rexona (Deospray, Roll on, Zerstäuber, Stick, Dry creme), Timotei (Shampoo, Spülung) und Dove (Duschprodukte, Haarpflege, Körperpflege, Deodorants). Weiterhin gehören Haushaltsprodukte in diesen Bereich wie Wasch-, Putz und Reinigungsmittel unter den Marken Viss (Scheuermilch, Glasreiniger, Badreiniger), Domestos (Bad-/WC-Reiniger, feuchte Allzwecktücher), Sunil (Waschmittel) und Coral (Feinwaschmittel).
Frozen Fish Int'l zählt zu den bedeutendsten Tiefkühlfischherstellern mit Produkten wie Fischstäbchen, Schlemmerfilets, veredelte Fischfilets, Brat- und Backfische, Fischkomplettgerichte, Fischportionen etc. Hinzu kommt ein umfangreiches Catering-Programm. Hauptabnehmer ist die Konzernschwester Iglo.
Unilever Cosmetics schließlich steht mit Marken wie Calvin Klein, Karl Lagerfeld, Cerruti, Nautica, Phoebe Philo etc. für Luxus und Sinnlichkeit. Zum Markenportfolio gehören u.a. Eternity, Obsession, Escape, CK be (Calvin Klein), Latitude, Longitude (Nautica), Cerruti 1881 (Cerruti), Lagerfeld photo, Lagerfeld jako, Lagerfeld woman (Karl Lagerfeld) und Chloé (Phoebe Philo).
Die Markennamen weichen international teilweise voneinander ab. So heißt Rama in den Niederlanden Blue band, Livio Calvé. Langnese-Eis heißt in den Niederlanden Ola, in Großbritannien Wall's und in Italien Algida.
Unilever hat sich zum Ziel gesetzt, Lebensqualitäten zu steigern, indem tägliche Bedürfnisse nach Ernährung, Hygiene und Körperpflege mit Marken bedient werden, die den Menschen dabei helfen, sich gut zu fühlen, gut auszusehen und mehr vom Leben zu haben.
Diese Vision läuft unter der Bezeichnung Vitality. Dazu wurde das traditionelle Unilever-Logo so überarbeitet, dass es die Vitality-Vision visualisiert, indem jedes der 25 Symbole im Logo im übertragenen Sinne für einen Unternehmensbereich steht. Zugleich werden alle Unilever-Produkte einheitlich markiert. Es besteht die Ansicht, dass der Name Unilever jedes einzelne der zahlreichen Produkte unterstützen kann.
Unilever verfolgt eine ausgeprägte Mehrmarkenstrategie. So bedienen die Marken Dove, CD, Lux und Axe den Körperreinigungsmarkt, die Marken Ponds, Vaseline, Vasenol, CD und Dove den Hautpflegemarkt, die Maken Bifi, Du darfst und Slim Fast den Snackmarkt, die Marken Calvin Klein, Nautica, Valentino, Karl Lagerfeld, Phoebe Philo den pflegenden und dekorativen Kosmetikmarkt sowie die Marken Coral, Domestos, Kuschelweich, Sunil und Viss den Haushaltsreinigungsmarkt.

Im Jahr 2000 wurde die Path to grow-Strategie ausgegeben. Diese sah vor, sich ausschließlich auf starke Marken zu konzentrieren und das Markenportfolio binnen fünf Jahren von 1.600 Marken auf 400 Power Brands zu reduzieren. Dadurch sollte eine Umsatzsteigerung von 5 - 6 % p.a. und eine Bruttomargenseigerung von mindestens 16 % erreicht werden. Durch Abbau von Komplexität und Kostensenkung sollte der Konzern schlanker und schneller werden. Dazu wurde das Programm in sechs Aktivitäten restrukturiert. „Brand focus" beinhaltet die Konzentration der Ressourcen und Innovationskapazitäten auf ausgewählte Power brands. „Reconnect with consumers" soll sich rasch ändernde Verbraucherwünsche frühzeitig erkennen und entsprechend behandeln. „Enterprise culture" soll das persönliche Engagement der Mitarbeiter und damit die Profitabilität des Unternehmens fördern. „Simplify" bezieht sich auf eine Reduzierung der Komplexität. „World class supply" chain zielt auf eine Optimierung der Wertschöpfungskette im Unternehmen und zu Zulieferern und Abnehmern ab. „Pioneer new channels" soll neue Ansprachekanäle für die Kommunikation erschließen.
Die Anzahl der Marken schrumpfte von 2000 mit 1.600 auf 900 in 2001, auf 745 in 2002 und auf 540 in 2003. Der Umsatzanteil der verbliebenen Marken stieg zugleich von 75 % (1999) auf 84 % (2001) und 93 % (2003). Die Rendite betrug 2002 15 und 2003 16 %. Dennoch gilt das Programm zwischenzeitlich als gescheitert.
Kriterien für die Eliminierung einer Marke aus dem Programm waren die Marktposition (nicht Nr. 1 oder Nr. 2 im Markt und keine Aussicht, diese Position zu erreichen), das Marktwachstum (unter 5 % p.a.) und der Markenfokus (außerhalb der Kernkompetenz). Dazu wurden die Marken in Core brands und Non core brands eingeteilt. Als Core brands wurden solche Marken bezeichnet, die das Herz der Unternehmensaktivitäten darstellen. Dazu gehören globale Marken wie Lipton, Bertoli, Knorr, Axe, Rexona und internationale Marken wie Langnese, Iglo, Rama sowie lokale „Jewels" wie Lätta, Brunch, Bifi, Pfanni, Mondamin, die über ein begrenztes Internationalisierungspotenzial verfügen. Non core brands wurden verkauft, eingestellt (z.B. Cortina) oder in die Core brands überführt (Migrate, z.B. Dante in Bertoli Olivenöl oder Yofresh in Lätta). Außerdem gibt es Marken, die ausnahmsweise beibehalten wurden (Harvest), obwohl sie eigentlich zu eliminieren wären, weil sie nicht in eine andere Marke zu überführen sind (z.B. Sanella), strategische Bedeutung haben (z.B. Biskin) oder aktuell kein Käufer zu finden ist (z.B. Livio).
Alle anderen Marken wurden verkauft oder eingestellt. Verkauft wurden u.a. Bressot, Milkana, Ramee, Edelweiß (jeweils an Bongrain Käse), Heiße Tasse (Suppe), Raguletto (Sauße), Mazola (Speiseöl), Nordsee (Restaurantkette), Pepsodent (Zahncreme). Die Kernbereiche sollen demgegenüber durch weitere Zukäufe gestärkt werden. Ebenso soll der Markt Asien gestärkt werden. Hinzu kommen verstärkt Lebensmittel mit gesundheitlichen Zusatznutzen (Functional food). Dort wo Marken einzustellen waren, wurden nach Möglichkeit neue Marken oder erweiterte bestehende Marken positioniert, um dem Wettbewerb kein Einfallstor zu bieten (z.B. durch Überführung unrentabler Monomarken unter ein vorhandenes Markendach).

Damit sind wichtige Überlegungen zur Gestaltung der Programmbreite in der Programmpolitik, also der Programmpolitik i.e.S., abgeschlossen. Daneben gibt es aber auch die Möglichkeit zur Gestaltung der Programmtiefe (Produktlinienpolitik), der die folgenden Ausführungen gewidmet sind.

4.2 Programmtiefe

Während sich die Programmbreite auf die Anzahl verschiedenartiger Produkte im Programm bezieht, bezieht sich die Programmtiefe auf die **zeitgleiche Anzahl voneinander abgehobener Versionen des gleichen Basisprodukts im Programm.** Die Bedeutung der Programmtiefe tritt im Rahmen der Programmpolitik allerdings hinter der der Programmbreite zurück. Dennoch können auch hierbei die beiden Aktivitäten der Ausweitung (Programmdifferenzierung) und Abflachung (Programmstandardisierung) unterschieden werden. Zunächst zur Programmdifferenzierung.

4.2.1 Programmdifferenzierung

Bei der Programmdifferenzierung **erhöht** sich die Programmtiefe, im Gegensatz zur Programmvariation (s.u.), bei der ein Nachfolge- ein Vorgängerprodukt ablöst. Oft sind damit auch eine Preisdifferenzierung oder Differenzierungen bei den anderen Marketing-Mix-Parametern Distribution und Kommunikation verbunden, sofern es gelingt, den Markt zu segmentieren. Dabei ist jedoch die Marktparzellierung von dieser Marktsegmentierung zu unterscheiden.

Beispiele für die Produktdifferenzierung sind im Lebensmittelbereich etwa Light-Produkte, Vollwert-Produkte, Gourmet-Produkte, Mini-Produkte oder Öko-Produkte.
Ein weiteres Beispiel findet sich im Luftverkehr. Hier wird nach Klassen in Economy, Business und First unterschieden. Kriterien zur Einteilung sind dabei folgende: Sitzabstand (in cm), Anzahl der Mahlzeiten, Unterhaltungsangebot (Audio/Video), Servicestandards, Lounge (Boden), Freigepäck (in kg), Check in-Priorität, Boarding-Priorität, Ausstiegs-Priorität.

Eine dramatische Entwicklung hat es in dieser Hinsicht bei den Karosserieformen der Automodelle gegeben:
- *In den 1960er Jahren gab es noch im Wesentlichen nur die Formen Limousine (Stufenheck), Sportwagen und Cabrio.*
- *In den 1970er Jahren kamen Fließheck, Kombi, Kurzversion (für Einsteiger) und Coupé hinzu.*
- *In den 1980er Jahren gab es zusätzlich Familien-Cabrio (Viersitzer) und Mehrzweckfahrzeug (MPV).*
- *In den 1990er Jahren schließlich kamen Pick up (offene Ladefläche), Off roader (SUV), Sportkombi, Minivan und Sport-Cabrio (Roadster) hinzu.*
- *Heute sind die Klassen Mini, Sub-compact, Compact, Medium-class, Upper medium-class, Luxury class, Cross country vehicles, Sports cars, Mini-VAN's, VAN's, Utilities.*

Die Programmtiefe bei Volkswagen stellt sich im Zeitablauf etwa wie folgt dar:
- *1950: Käfer,*
- *1975: Polo, Golf, Passat, Bus,*
- *1985: Polo, Polo Coupé, Golf, Golf Cabrio, Passat, Passat Variant, Jetta, Santana, Scirocco, Bus,*

- *2005: Lupo, Polo Classic, Polo Variant, Polo Limousine, Golf, Golf Cabriolet, Golf Variant, New Beetle, Bora, Bora Variant, Passat, Passat Variant, Sharan.*

Die Programmtiefe bei Mercedes-Benz beläuft sich auf mindestens 14 Modellreihen, die wiederum in vielfältigen Auslegungen erhältlich sind:

- *Minivan: A-Klasse (Limousine, Coupé), B-Klasse,*
- *Mittelklasse: C-Klasse, C-Klasse Sportcoupé, C-Klasse T-Modell,*
- *obere Mittelklasse: E-Klasse, E-Klasse-T-Modell,*
- *Oberklasse: S-Klasse, Langversion,*
- *Oberklassecoupé: CLK Coupé,*
- *Oberklasse-Cabrio: CLK Cabrio,*
- *Luxusklasse: SL, CL, SLR*
- *Roadster: SLK,*
- *SUV: ML, G-Klasse,*
- *Mittelklasse-Van: Vaneo,*
- *Limousinen-Coupé: CLS,*
- *R- Klasse*
- *GL-Klasse.*

Dies zeigt die extreme Ausdifferenzierung des Programms. Demgegenüber bestand das Programm 1980 noch aus nur vier Baureihen: 123 (heute E-Klasse) als Limousine, Kombi und Coupé, 126 (heute S-Klasse) als Limousine und Langversion, 107 (heute SL) als Roadster und Coupé sowie 460 (heute G-Klasse). 1990 gab es den Mercedes-Benz 190, die E-Klasse (W 124) mit Limousine, T-Modell und Coupé, die S-Klasse mit Limousine und Coupé, den SL und das G-Modell.

Dabei findet sich eine breite preisliche Spanne sogar innerhalb einzelner Produktlinien des Programms. So liegen innerhalb der 3-er Reihe von BMW ca. 30.000 € zwischen dem billigsten (316) und dem teuersten Modell (M 3).

Ein anderes Beispiel bietet Aspirin (Bayer). Dort gibt es die Versionen

- *Aspirin Effect als Granulat zur Einnahme ohne Wasser,*
- *Aspirin Migräne als Brausetablette,*
- *Aspirin Tablette als Schlucktablette mit Wasser,*
- *Aspirin Plus C als Brausetablette mit Vitamin C-Zusatz,*
- *Aspirin Direkt als Kautablette,*
- *Aspirin Protect zur Vorbeugung von Herzinfarkten (verschreibungspflichtig),*
- *Aspirin N zur Vorbeugung von Schlaganfällen (verschreibungspflichtig),*
- *Aspirin Forte gegen starke Schmerzen oder Entzündungen.*

4.2.1.1 Marktparzellierung

Die Marktparzellierung ergibt sich, wenn eine **Marktsegmentierung mit der Marktbearbeitung kombiniert** wird. Sie geht von der Hypothese aus, dass der Markterfolg eines Angebots um so größer ist, je eher es den Erwartungen der Zielpersonen entspricht. Nun haben Zielpersonen aber sehr verschiedenartige Erwartungen. Von daher ist es sinnvoll, das Angebot gemäß dieser Varietät zu differenzieren. Dies kann auf zwei verschiedene Arten erfolgen, durch:

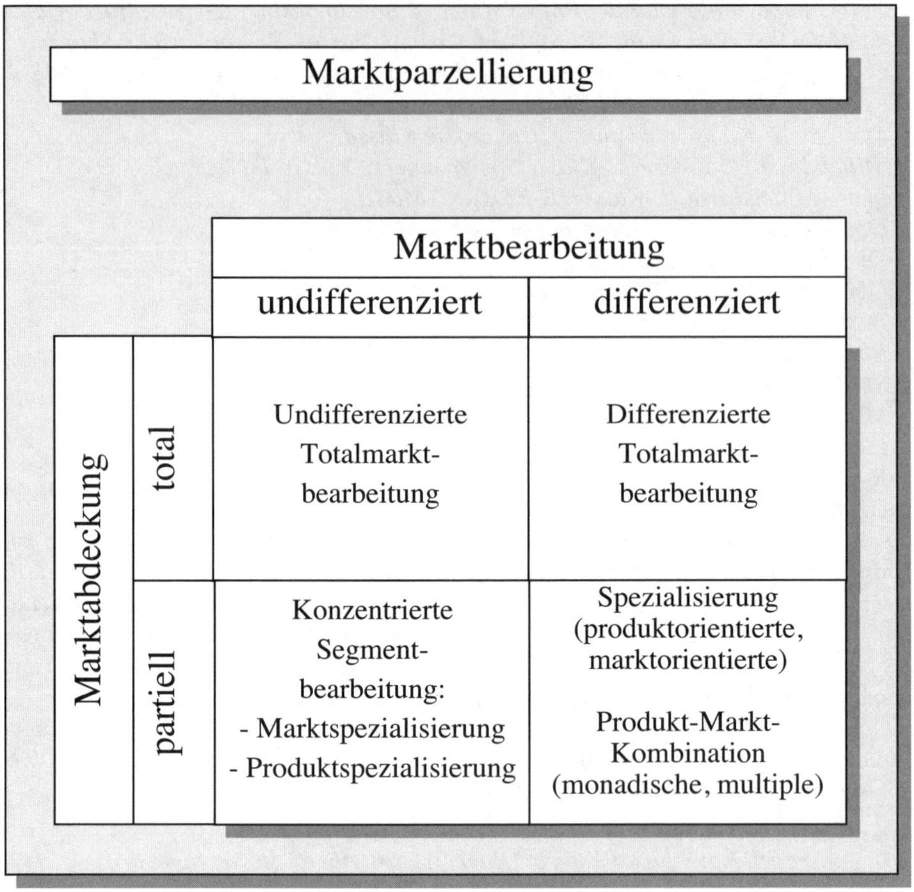

- objektive Differenzierung auf der Realebene, d.h., einer Produktveränderung, die sich in tatsächlichen physischen Änderungen ausdrückt,
- subjektive Differenzierung auf einer Metaebene, d.h., einer Auslobungsveränderung, wobei diese Ebene die ausschlaggebende im Marketing ist.

Für die Marktparzellierung werden zwei Dimensionen zu Grunde gelegt:
- Nach der Art der Marktansprache unterscheidet man undifferenziert, d.h., vorhandene Segmente werden einheitlich bearbeitet, oder differenziert, d.h., vorhandene oder gebildete Segmente werden verschiedenartig bearbeitet.
- Nach der Art der Marktabdeckung unterscheidet man total, d.h., Bearbeitung aller möglichen Segmente eines Gesamtmarkts, oder partiell, d.h., Bearbeitung nur einzelner Segmente des Gesamtmarkts.

4.2.1.1.1 Kombinationen

Daraus ergeben sich durch Kombination folgende Gruppen *(siehe Abb. Marktparzellierung)*:

- **Einheitliche Ansprache mit totaler Abdeckung.** Hier findet keine Marktparzellierung statt. Beispiele dafür bieten die eher auf Bedarfsdeckung ausgerichteten Dienste von Deutscher Post, Deutscher Bahn, Zeitungsverlagen, Elektrizitätsversorgungsunternehmen etc. Diese **undifferenzierte Totalmarktbearbeitung** bedeutet die Abdeckung eines Gesamtmarkts bzw. aller seiner vorhandenen Segmente mit einer einheitlichen Gesamtstrategie. Ein Beispiel dafür ist Nivea als Universalcreme mit omnipotentem Anspruch. Sie ist ideal für Mann und Frau, für Jung und Alt, für feuchte und trockene Haut, für Tag und Nacht etc. Sie wird als „Creme de la Creme" dem Gesamtmarkt einheitlich angeboten. Eine solche Position ist nur vor dem historischen Hintergrund erklärbar. Heute wäre sie gar nicht mehr aufzubauen und ist deshalb recht untypisch für modernes Marketing. Es bedarf allerdings großen Geschicks, sie gegen Anfechtungen durch leistungsoptimierte Spezialisten zu verteidigen.
- **Einheitliche Ansprache mit partieller Abdeckung** und zwar als Produktausdehnung oder Marktausdehnung. Hier wird also mit Bedacht nur ein Ausschnitt des Markts mit dem Programm bedient (z.B. Prothesenreiniger, Haarwuchsmittel, Altbier).

  Bei der **Produktspezialisierung** werden mehrere Märkte mit einem Produkt abgedeckt, wobei dieses einen einheitlichen Marketing-Mix aufweist. Dies ist etwa im Rahmen des Global Marketing gegeben. Aus Kosten- und Identitätsgründen wird dabei ein Produkt ländergrenzenübergreifend unter Einsatz identischer Marketingmaßnahmen vermarktet.

  Bei der **Marktspezialisierung** werden mehrere Produkte auf einem Markt angeboten, wobei für alle der gleiche Marketing-Mix gilt. Als Beispiel mögen die verschiedenen Produkte eines Parfümherstellers (z.B. Lancaster) dienen. Sie werden parallel zueinander durch dieselben Aktivitäten angeboten (Depotparfümerie, hoher Preis, elitäre Werbung, aufwändige Packung).
- **Differenzierte Ansprache mit totaler Abdeckung.** Hier wird der Markt in einzelne Segmente, die mit jeweils spezifischem Marketing-Mix abgedeckt werden, so aufgeteilt, dass der Gesamtmarkt bedient werden kann. Diese **differenzierte Totalmarktbearbeitung** bedeutet somit die Abdeckung aller vorhandenen oder gebildeten Segmente eines Gesamtmarkts mit jeweils verschiedenartigen Strategien. Als Beispiel kann der Volkswagen-Konzern angeführt werden, zu dem u.a. die Programme der Marken VW, Audi, Seat und Skoda gehören. Diese decken durch die breite Vielfalt ihres Angebots unterschiedlichste Bedarfe individuell ab, so für Kleinstautos, Kompaktwagen, Mittelklassefahrzeuge, Oberklasselimousinen, Sportcoupés, Cabrios, Transporter etc. Und das jeweils mit verschiedenen Karosserieformen, Motorisierungsklassen, Motorenkonzepten und Antriebstypen. Damit findet beinahe jeder Käufer ein relevantes Angebot innerhalb des Konzerns.
- **Differenzierte Ansprache mit partieller Abdeckung** und zwar als Produktspezialisierung, Marktspezialisierung oder selektive Produkt-Markt-Kombination. Hier wird der Markt ebenfalls in einzelne Parzellen aufgesplittet, die jeweils mit einem spezifischen Marketing-Mix bearbeitet werden.

  Bei der **Produktspezialisierung** werden mehrere Märkte mit einem Basisprodukt und dessen Produktversionen abgedeckt, wobei dieses durch ein differen-

ziertes Marketing-Mix angeboten wird. Als Beispiel kann der VW Golf dienen. In Deutschland ist er das klassenlose Jedermann-Automobil. In den meisten Exportmärkten hingegen ist er ein ausgefallenes Understatement-Auto, was durch die dort höheren Anschaffungskosten bedingt ist. Daraus resultiert die Notwendigkeit zur unterschiedlichen Vermarktung.
Bei der **Marktspezialisierung** werden mehrere Produkte auf einem Gesamtmarkt angeboten, wobei Parzellen durch ein differenziertes Marketing-Mix gebildet werden. Als Beispiel kann Porsche gelten. Es wird ausschließlich der Markt der Sportfahrzeuge bearbeitet, jedoch werden dort mehrere Modelle angeboten, früher 914/968 für Einsteiger, 928 für Arrivierte und 911 als Klassiker, heute Boxster und Cayman für Einsteiger, Panamera für Arrivierte und Cayenne als SUV. Die Vermarktung folgt jedoch einer einheitlichen Philosophie.
Bei der **monadischen Spezialisierung** wird nur eine Produkt-Markt-Kombination bedient, wobei deren Marketing-Mix so eingesetzt wird, dass es sich vom Restmarkt differenziert. Als Beispiel kann der Duden gelten. In dessen Programm werden ausschließlich Rechtschreiblexika angeboten, und dies auch nur im deutschsprachigen Raum, es erfolgt also sowohl eine produkt- als auch eine marktbezogene Konzentration.
Bei der **multiplen Spezialisierung** werden mehrere diskrete Produkt-Markt-Kombinationen bedient, wobei jede von ihnen einen separaten Marketing-Mix aufweist. Als Beispiel kann die Fischer Unternehmensgruppe gelten. Sie befasst sich mit so verschiedenartigen Produktbereichen wie Befestigungssystemen für Industrie und Handwerk, Innenraumausstattungen für die Automobilindustrie, Konstruktionsspielzeug in Baukästen und Prozessberatung für Fremdunternehmen.

4.2.1.1.2 Bewertung

Totale Abdeckung bedeutet also, dass der gesamte Markt bearbeitet wird, partielle Abdeckung, dass nur Teile des Markts bearbeitet werden. Die undifferenzierte Marktabdeckung kann auch als Massenmarktstrategie bezeichnet werden, die differenzierte als Marktsegmentierungsstrategie. Die **Vorteile** der Massenmarktstrategie liegen in folgenden Aspekten:

- Ersparnisse durch Kostendegression bei großen Mengen, die nur entstehen, wenn keine differenzierten Produktversionen im Programm angeboten werden, sondern nur vereinheitlichte.
- Potenzialausschöpfung durch Abdeckung des gesamten Grundmarkts, d.h., es erfolgt keine Verengung der Sichtweise auf konstruierte Marktnischen, die durch mangelndes Potenzial oft unwirtschaftlich sind.
- Vereinfachtes, durchschnittsorientiertes, damit weniger aufwändiges Marketing-Mix, denn es brauchen keine differenzierten Versionen parallel im Programm präsentiert und ausgelobt zu werden.
- Geringerer marketingorganisatorischer Aufwand durch einfache Abstimmung der Aktivitäten mit Nutzung der stärksten Argumente für den gesamten Markt.

Als **Nachteile** sind allerdings zu nennen:
- Eine Fehljustierung des Angebots ist durch nicht vollständige Entsprechung mit den Käuferwünschen möglich, was vor allem aus mangelnder Profilierung des Programms herrühren kann, die wiederum Folge der generalisierten Ansprache ist.
- Begrenzter Preisspielraum durch geringes akquisitorisches Potenzial, denn nur in dem Maße, wie ein Programm profilierend wirkt, lassen sich über die Honorierung des Grundnutzens hinausgehende Preisforderungen durchsetzen.
- Eingeschränkte Möglichkeiten der Marktsteuerung angesichts zunehmend fraktionierter Nachfragersegmente, deren Bedürfnisse nur durchschnittlich, von differenzierten Mitbewerbersangeboten hingegen womöglich überlegen befriedigt werden können.
- Gefahr der Dominanz des Preises als Wettbewerbsparameter mangels anderer durchschlagender Argumente in der Vermarktung.

Die **Vorteile** der Marktparzellierungsstrategie liegen demgegenüber in folgenden Aspekten:
- Erfüllung differenzierter Käuferwünsche durch große Bedarfsentsprechung des Programmangebots (= hoher Aufforderungsgradient), damit verbunden erhöhte Kaufwahrscheinlichkeit bei Nachfragern,
- Erarbeitung überdurchschnittlicher Preisspielräume durch die Bildung eines akquisitorischen Potenzials, das über die Grundnutzenbefriedigung hinaus in den Zusatznutzenbereich hineinreicht.
- Aktive Marktbearbeitung mit der Möglichkeit der Anpassung, während ansonsten nur die passive Anpassung an Markttrends bleibt, die von anderen Anbietern gesetzt werden.
- Substitution von Preis- durch Qualitätswettbewerb des Programms, die einem erhöhten Sicherheitsdenken in der Unternehmensleitung gerecht wird.

Als **Nachteile** sind allerdings zu nennen:
- Komplizierung und damit Verteuerung im Einsatz des Marketinginstrumentariums, denn statt eines durchschnittsorientierten, vereinfachten Marketing-Mix ist eine individuelle Anpassung der Programmelemente an Marktsegmente erforderlich.
- Eingeschränkte Nutzung von Massenproduktionsvorteilen, denn je stärker die einzelnen Angebote gegeneinander differenziert sind, desto weniger schlagen Losgrößenvorteile im Programm durch.
- Das Potenzial gegebener Märkte bei partieller Abdeckung wird, gerade bei Wandel durch mangelnde Stabilität, nur teilweise ausgeschöpft, dadurch besteht die Gefahr, dass Zusatzerlöse aus differenzierter Bearbeitung durch Auslassung ganzer Segmente überkompensiert werden.
- Hoher Bedarf an Marketing-Know-how, denn nur bei exakter Justierung auf die Marktspezifika können Segmentierungsvorteile überhaupt Gewinn bringend realisiert werden.

4.2.1.2 Marktsegmentierung

Für eine differenzierte (totale oder partielle) Marktbearbeitung sind jeweils segmentierte Märkte erforderlich. Der Marktsegmentierung liegt der Gedanke zu Grunde, dass es in der hoch kompetitiven Wirtschaft der meisten Branchen nicht mehr ausreicht, ein Angebot ungezielt der Nachfrage zur Entscheidung über die Akzeptanz anzudienen und im Übrigen mit dem Risiko der Ablehnung zu leben. Diese Sicht der Marktwirtschaft entspricht keineswegs der harten Realität der Märkte.

4.2.1.2.1 Inhalt

Kein Anbieter kann es sich leisten, per se mit dem Risiko großer Investitionen, langer Zeiten für Forschung und Entwicklung, immenser Fixkosten durch Anlagen und Personal sowie hoher Fremdkapitalverpflichtungen zu leben. Vielmehr muss eine realistische Aussicht auf annehmbaren Mittelrückfluss in absehbarer Zeit bestehen, um zu aktivem Wettbewerbsverhalten zu motivieren. Dazu ist es wichtig, und entspricht auch der Wettbewerberorientierung des Marketing seit den 1980er Jahren, strategische Nachfragerpotenziale zu bestimmen. Da in den meisten Fällen die endogene Wachstumsrate der Märkte nicht ausreicht, solche Potentiale in ausreichender Größe einigermaßen gesichert in Aussicht zu stellen, muss der Vermarktungserfolg auf anderem Weg zu erreichen gesucht werden. Kernmittel dazu ist die Marktsegmentierung als Voraussetzung jeder Produktdifferenzierung. Diese kann nach verschiedenen Kriterien erfolgen:

- **Einstufige** Marktsegmentierung bedeutet, dass nur ein Kriterium für die Programmdifferenzierung zu Grunde gelegt wird.
- **Mehrstufige (sukzessive)** Marktsegmentierung bedeutet, dass zwei oder mehr dieser Kriterien der Programmdifferenzierung zu Grunde gelegt werden, wobei die jeweils vorausgehende Stufe die Auswahl der nachfolgenden Stufen bestimmt. Bei Industriegütern ist etwa eine Makrosegmentierung (nach der Beschaffungsorganisation) und eine Mikrosegmentierung (nach den Mitgliedern der Organisation) üblich.
- **Mehrstufige (simultane)** Marktsegmentierung bedeutet, dass zwei oder mehr Kriterien gleichzeitig zur Abgrenzung des intendierten Marktsegments herangezogen werden. Bei Industriegütern handelt es sich etwa dreistufig um organisationsbezogene Kriterien, Buying center bezogene Kriterien und individualbezogene Kriterien zur Programmdifferenzierung, oder gar fünfstufig um demografische Merkmale der beschaffenden Organisation, Geschäftstätigkeit der beschaffenden Organisation, formelle/informelle Beschaffungsprozesse, Merkmale der Beschaffungssituation und persönliche Charakteristika der beschaffenden Personen.

Dies erfolgt durch Konstruktion von Segmenten hoher interner Homogenität bei gleichzeitiger externer Heterogenität. Wird ein Markt dabei künstlich in Teilmärkte aufgesplittet, handelt es sich um eine horizontale (deglomerative) Differenzierung, gibt es von vornherein unterschiedlich reagierende Märkte, handelt es sich um eine vertikale (agglomerative) Differenzierung. Das Optimum liegt zwischen der Mindestzahl von Segmenten, die erforderlich ist, um in jedem Segment eine möglichst hohe Deckung von Anforderungs- und Leistungsprofil zu erreichen, und der Höchstzahl von Segmenten, die eine Realisierung bei vertretbaren Mehrkosten gerade noch erlaubt.

Der Produktdifferenzierung liegen vor allem zwei Ziele zu Grunde:

- Die **Abschöpfung der Konsumentenrente bzw. der Einbehalt der Produzentenrente** soll erreicht werden, indem meist auch eine Preisdifferenzierung vorgenommen wird. Dadurch wird die unterschiedliche Preisbereitschaft und Leistungserwartung der Nachfragersegmente ausgenutzt. Beispiele bieten Premium-Versionen von Basisprodukten.
- Die **Kapitalisierung des Potenzials des Markennamens** soll umgesetzt werden, denn dieser stellt das wahre Vermögen eines Unternehmens dar. Damit werden Nachfrager erreicht, denen die Marke zwar in hohem Maße bekannt und auch vertraut ist, die jedoch durch eine fehlende Differenzierung vordem vom Kauf abgehalten worden sind. Beispiele sind Light-Versionen von Normalprodukten.

Im Ergebnis führt so eine immer differenziertere Gesellschaft zu einer Proliferation des Angebots, indem aus Monoprodukten Produktfamilien werden (z.B. Ritter Sport-Schokolade, Milka Lila Pause).

Unterstellt man im Folgenden, dass zwischen den Nachfragererwartungen krasse Abweichungen in einer Vielzahl von Einzelfällen bestehen und die Erfolgschance um so größer ist, je geringer die Abweichungen zwischen Angebot und Nachfrage sind, so steigt die Erfolgschance eines Angebots unmittelbar mit steigender Anzahl der Produktversionen. Denn je differenzierter das Angebot ist, desto eher findet jeder Nachfrager das für seine differenzierten Erwartungen gerade genau Passende. Dies führt in der Konsequenz zu einer Individualisierung des Angebots. Das heißt, jeder potenzielle oder aktuelle Nachfrager wird als sein eigenes Segment betrachtet, man spricht auch von einem **Segment of one approach.** Dies kollidiert freilich mit den Erfordernissen rationeller Produktion. Es wird versucht, dies in den Griff zu bekommen, indem auf einander abfolgenden Produktionsstufen erst eine möglichst späte Differenzierung im Produkt angestrebt wird. Dazu dienen Gleichteilekonzepte, die eine Modularisierung der Produktion zulassen. Alle Produktversionen basieren dabei auf einem gleichen Produktkern, der dann mit fortschreitender Reife um heterogenisierende Veränderungen ergänzt wird. Dies kann obligatorisch durch das Angebot verschiedener kompletter Produktversionen erfolgen, oder, neuerdings vermehrt (etwa in der Automobilindustrie) fakultativ, indem eine mehr oder minder „nackte" Basisversion um gewünschte Ausstattungspakete ergänzt wird. Dennoch ist man damit noch weit von einem Segment of one approach entfernt, man kann nur die empfundene Distanz zum Angebot seitens der Nachfrager verringern. Eher möglich wird ein solcher Ansatz dort, wo das Angebot vorwiegend aus Dienstleistung besteht, die ohnehin oftmals individuell durch Menschen erbracht wird. So bieten etwa die Freien Berufe (Anwälte, Ärzte, Architekten etc.) durch ihre arbeitsintensive Leistungserstellung eine nahezu perfekte Individualisierung. Doch dies impliziert erhebliche kostenwirtschaftliche Nachteile, wenn darauf erst nach Bedarfsbekundung des Nachfragers reagiert werden kann, denn alle Vorkehrungen für die Individualisierung sind immer durchgängig einsatzbereit vorzuhalten. Daher wird zunehmend versucht, eine Vorabeinordnung der Nachfrager hinsichtlich ihrer Bedarfe zu realisieren. Denn dann kann die jeweils erforderliche Leistungskombination gezielt aktiviert werden. Dies setzt allerdings eine Datenbank voraus, in der bekannte Geschäftsmerkmale individueller Nachfrager abgespeichert sind. Dabei kann wiederum Online oder Offline gearbeitet werden. In beiden Fällen kann ein dem Anforderungsprofil entsprechendes Angebot bereitgestellt werden. Freilich liegt der wahre Aufwand in der Gewährleistung von Aktualität und Vollständigkeit dieser Daten.

Im einfachsten Fall definiert sich ein Segment über ein einzelnes Kriterium. Häufiger jedoch definieren nur mehrere Kriterien gemeinsam als Schnittmenge die anvisierte Zielgruppe hinreichend exakt. Mit zunehmender Einengung nimmt dann zwar die Homogenität des verbleibenden Marktsegments zu, gleichzeitig sinkt jedoch sein Potenzial. Insofern ist ein Kompromiss anzustreben, der zwischen dem Nutzen zunehmender Feinteiligkeit und dem Schaden zunehmender Insuffizienz der Segmente optimiert.

Pragmatische Zwecke der Marktsegmentierung betreffen folgende:

- Die Marktidentifizierung erfolgt durch Abgrenzung relevanter und Auffinden vernachlässigter Teilmärkte, damit wird vermieden, Angebotsanstrengungen dort zu unternehmen, wo wenig Potenzial ist, stattdessen wird angesetzt, wo die größte Hebelwirkung vermutet werden kann.
- Eine bessere Bedürfnisbefriedigung entsteht, denn Konsumenten können differenzierte Bedürfnisse nur dann befriedigen, wenn es differenzierte Angebote gibt, die ihren Erwartungen entsprechen.
- Die Erzielung von Wettbewerbsvorteilen wird erreicht, dies gilt zumindest in dem jeweils bearbeiteten Marktsegment, fraglich ist allerdings, ob die von Konkurrenten bearbeiteten Segmente bessere Erfolgsvoraussetzungen bieten.
- Es kommt zur Vermeidung von Kannibalisierungseffekten im Programm, da die Angebote von Mehrproduktunternehmen, welche die Regel darstellen, durch Segmentierung gespreizt werden und sich nicht gegenseitig negativ tangieren.
- Die Positionierung von Konkurrenzangeboten kann beurteilt werden, denn das Vorhandensein der Segmentierung zwingt zur Auseinandersetzung mit den Positionierungen vergleichbarer anderer Angebote mit der Entscheidung, diesen auszuweichen oder ihnen bewusst zu begegnen.
- Daraus folgt die richtige Positionierung eigener Angebote, wobei im Zuge der Segmentierungsüberlegungen die Einschätzung der eigenen Position in Relation zur Nachfrage und zum Wettbewerb geprüft und ggf. revidiert werden kann.
- Es entsteht eine Präzisierung von Zielgruppen, denn Segmentierung bedeutet nichts anderes als die Anspitzung des Angebots auf die mutmaßlichen oder effektiven Bedarfe von Teilen der Zielgruppenpopulation.
- Die Prognose von Marktentwicklungen wird möglich, denn jede Segmentbestim-

mung erfordert eine Schätzung des aktuellen und des zukünftigen Potenzials an Kaufkraft allgemein und an eigen okkupierbarer Kaufkraft speziell.

- Die Ableitung von Marktreaktionsfunktionen zeigt auf, worin sich unterschiedliche Marktsegmente unterscheiden und macht damit auf diese Besonderheiten ausgerichtete Aktivitäten möglich.
- Ein gezielter Marketing-Mix-Einsatz ist darstellbar, denn je feinteiliger ein Gesamtmarkt in homogene Segmente unterteilt werden kann, desto besser können die Marketinginstrumente auf die individuellen Bedarfe ihnen zugehöriger Nachfrager abgestimmt werden.
- Die optimale Allokation des Marketingbudgets ist möglich, denn da es meist unmöglich ist, den gesamten Markt gleichermaßen mit Aktivitäten abzudecken, macht es Sinn, sich bei limitierten Finanzmitteln auf die chancenreichsten Segmente zu konzentrieren.

Daraus folgt die Erhöhung der Zielerreichungsgrade, wobei der Erfolg durch die Tatsache der Segmentierung um mindestens so viel mehr gesteigert werden soll, dass die zusätzlichen, dadurch verursachten Aufwendungen überkompensiert werden.

Das Ziel der besseren Marktausschöpfung durch Segmentierung kann nach der Feldtheorie von Lewin/Spiegel über folgende Maßnahmen zu erreichen gesucht werden:

- Information der Uninformierten durch intensive Bewerbung zur Wahrnehmung, damit ein Angebot im Relevant set von möglichst vielen von diesen gelangt,
- Leistungsveränderung in Richtung der Ablehner und Unentschlossenen durch Produktveränderung, um somit den Aufforderungsgradienten des Angebots gegenüber diesen zu erhöhen,
- Präferenzumwertung bei Zielpersonen durch Einflussnahme auf deren Einstellungen derart, dass sie dem eigenen Angebot eher entgegenkommen,
- Verdrängung von Konkurrenten aus dem Marktzentrum durch direkten Angriff auf Wettbewerbspotenziale, um zu einer Neuaufteilung des Angebotsraums mit größerer Nähe zu Kunden zu gelangen,
- Unterminierung von Konkurrenzangeboten durch unlautere und/oder irreführende Mittel, die in diesem Zusammenhang jedoch als unethisch/unmoralisch ausgeschlossen werden.

Die größtmögliche Segmentzahl liegt bei der Grenzzahl aller Nachfrager am Markt, die Untergrenze liegt bei zwei Teilmärkten. Ein theoretisches Optimum ist dort erreicht, wo die Nachfrageelastizität der Marketinginstrumente für jedes Segment gleich groß ist.

4.2.1.2.2 Segmentierungskriterien

Eine Marktsegmentierung ist nach durchaus verschiedenen Kriterien möglich, oft ist neben der Produkt- auch eine Preis-, Distributions- und/oder Kommunikationsdifferenzierung damit verbunden. Man kann objektiv-natürliche und subjektiv-natürliche Kriterien unterscheiden. Bei Ersteren handelt es sich um biologische, räumliche und soziale Kriterien, die im Folgenden näher erläutert werden:

- Nach dem **Geschlecht** wird z.B. in der Lebensversicherung differenziert, wobei die bei Frauen höhere Lebenserwartung berücksichtigt wird. Bei Krankenversicherungen ist es gerade umgekehrt, denn Frauen konsultieren regelmäßig häufiger den Arzt.
- Nach dem **Alter** wird z.B. bei vielen öffentlichen Einrichtungen differenziert. Das gilt sowohl für Seniorenangebote als auch Jugendangebote. Dem liegen vor allem soziale Erwägungen zu Grunde.
- Nach **Familienstand** wird z.B. bei Steuertarifen differenziert. Dort gelten für Verheiratete niedrigere Konditionen als für Alleinstehende, wobei wiederum soziale Erwägungen zu Grunde liegen.
- Nach **Kinderzahl/Haushaltsgröße** wird z.B. bei Freizeiteinrichtungen differenziert (Sportclub, Fitness-Center, Kino etc.), um die Attraktivität des Angebots, meist durch Vorzugsangebote für Kinderreiche, zu erhöhen.
- Nach dem **intranationalen Wirtschaftsgebiet** wird z.B. bei der Haftpflichtversicherung differenziert, wo in Ballungszentren höhere Tarife verlangt werden als außerhalb, weil dort die Unfallneigung auf Grund der höheren Verkehrsdichte größer ist.
- Nach dem **supranationalen Wirtschaftsgebiet** wird im Rahmen des Global Marketing differenziert, um kulturellen Landesunterschieden gerecht zu werden (z.B. andere Geschmacksausrichtung bei Cola, Hamburger).
- Nach der **Wohnortgröße** wird z.B. von den Energieversorgungsunternehmen differenziert. Hier liegen die Konditionen in ländlichen Gebieten unter denen der Großstädte, weil dort die Kaufkraft geringer ist.
- Nach der **Ausbildung** wird z.B. bei der Anschaffung ausbildungsnaher Gegenstände differenziert. Zu denken ist an Vorzugs-/Spezialangebote beim Computerkauf oder beim Zeitschriftenabonnement.
- Nach dem **Einkommen** wird z.B. im sozialen Wohnungsbau differenziert. Dort haben Bezieher niedrigerer Einkommen Zugriff auf besondere Wohnflächen, die durch staatliche Zuschüsse subventioniert sind.
- Nach dem **Beruf** wird z.B. bei Beamten differenziert. Sie profitieren von günstigeren Tarifen etwa bei der Kfz-Haftpflichtversicherung, weil sie mutmaßlich vorsichtiger fahren und damit weniger Unfälle verursachen.

Subjektiv-natürliche Kriterien wirken als weitere Einschränkung zu den objektiv-natürlichen. Dabei handelt es sich um folgende:

- Das **Preisverhalten** zur Differenzierung bezieht sich z.B. auf die Bevorzugung bestimmter Preisklassen beim Kauf. Oder auf den Kauf von Sonderangeboten nach Preis-Leistungs-Verhältnis. Dem kann durch down-gegradete Produktversionen Rechnung getragen werden.
- Die **Mediennutzung** zur Differenzierung bezieht sich z.B. auf die Art und Anzahl der für Produktwerbung genutzten Medien sowie auf die Intensität deren Nutzung. So segmentieren Werbekampagnen Märkte. Besser informierte Personen nutzen mehr und häufiger die Medien.

- Die **Einkaufsstättenwahl** zur Differenzierung bezieht sich z.B. auf die Präferenz für bestimmte Betriebstypen des Handels oder einzelne Geschäftsstätten. So erhöht die Produktpräsenz in hochwertigen Fachgeschäften die Angebotsanmutung durch ein erlebnisbezogenes Umfeld.
- Der **Einkaufszeitpunkt** zur Differenzierung bezieht sich z.B. auf Saisonschlussverkäufe als bevorzugte Termine für Modeartikel. Zu denken ist auch an die Wahl der Vorsaison für Urlaubsreisen oder Subskriptionen bei Verlagsprodukten.
- Die **Produktartenwahl** zur Differenzierung bezieht sich z.B. auf den Kauf bzw. Nichtkauf von Produktgruppen. So werden Cabrios von einer bestimmten Käufergruppe bevorzugt, Jeeps von einer anderen oder Großraumlimousinen von einer dritten.
- Das **Produktvolumen** zur Differenzierung bezieht sich z.B. auf das Kauf- und Verbrauchsvolumen von Produkten. So werden Großpackungen vorwiegend von größeren Familien oder Intensivverwendern gekauft, Kleinpackungen eher von Singles oder Extensivverwendern.
- Die **Verwendungsart** zur Differenzierung bezieht sich z.B. auf den Preisunterschied für das Produkt Strom zwischen Licht-(Haushalts-) und Kraft-(Industrie-)strom oder zwischen Dieselkraftstoff und Heizöl. Sowie zwischen Streu-, Speise- und Viehsalz.
- Der **Besitzstatus** zur Differenzierung bezieht sich z.B. auf Merkmale wie Immobilien, Automobile, Gärten, Haustiere etc. Daraus folgen dann spezifische Bedarfe ab, die mit zielgenauen Angeboten bedient werden.

Eine solche Segmentbeschreibung sieht für die Automarke Porsche etwa wie folgt aus:

- *Überwiegend Männer (911 sogar 95 % der Käufer, allerdings 911 Cabrio: 25 % Frauenanteil),*
- *Alter: Mitte 30 und Anfang 50,*
- *Familienlebenszyklus: drei Personen-Haushalt oder Singles (Junggesellen oder Geschiedene),*
- *Beruf: Unternehmer, Freiberufler, Topmanager,*
- *Arbeitsbelastung: hoch, wenig Freizeit,*
- *HHNE: 100.000 € und mehr p.a.,*
- *Lebensstil: Individualisten, sportlich aktiv, kulturinteressiert, hoher Informationsstand,*
- *Einstellung: sucht intensive Erlebnisse, Individualität und Exklusivität,*
- *Verhalten: rasche Verfügbarkeit, keine Formalitäten oder Pflichten rund um Konsum.*

4.2.1.2.3 Bewertung

Der Erfolg der Marktsegmentierung ist an mehrere, kumulativ erforderliche Voraussetzungen gebunden. Dazu gehören vor allem die Folgenden *(siehe Abb. Segmentationsvoraussetzungen)*.

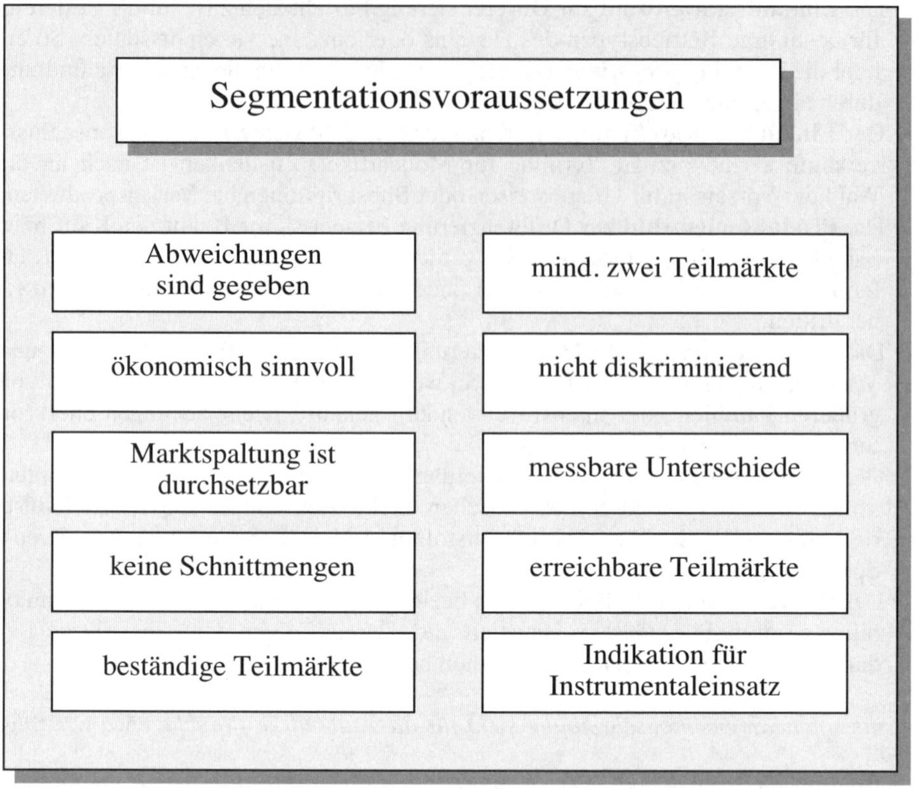

Als Basis müssen Abweichungen physikalisch-chemischer, funktional-reaktiver, ästhetischer, symbolischer oder servicegebundener Art des Produkts auf den verschiedenen Teilmärkten vorhanden sein, die objektiv gegeben oder subjektiv so empfunden werden. Damit sind nur differenzierbare Produkte segmentierungsfähig (Marktunvollkommenheiten).

Der Gesamtmarkt muss sich in mindestens zwei Teilmärkte ohne Arbitrage aufteilen lassen, d.h., es müssen Marktunvollkommenheiten herrschen, damit keine Trittbrettfahrer- oder Austauschgeschäfte möglich sind. Die Trennschärfe zielt auf Intra-Homogenität und Inter-Heterogenität der Segmente ab.

Die Differenzierung muss ökonomisch sinnvoll sein, d.h., die Kosten der Aufspaltung des Gesamtmarkts in Segmente dürfen nicht die zusätzlichen Erlöse aus einer damit verbundenen Preisdifferenzierung egalisieren. Dann sind die Segmente nicht tragfähig genug, um eine getrennte Bearbeitung zu erlauben.

Die Differenzierung darf nicht diskriminierend wirken, d.h., nicht zu einer dem Gerechtigkeitsempfinden des Marktes widersprechenden Angebotsstruktur führen. Dann greift die Wettbewerbsgesetzgebung korrigierend ein.

Außerdem muss die Marktspaltung durchsetzbar sein. Dazu gehört eine unterschiedliche Reaktion der Nachfrager auf produkt- und preispolitische Maßnahmen und eine Konkurrenzsituation, die diese Differenzierung zulässt, d.h., letztlich Marktmacht.

Reaktionsunterschiede zwischen Segmenten müssen messbar sein, damit eine gezielte, getrennte Bearbeitung überhaupt möglich wird. Ohne die ausreichende Feststellbarkeit oder Generierbarkeit solcher Segmente fehlt die Arbeitsbasis.

Das gewählte Segmentierungskriterium muss möglichst trennscharf sein, damit keine Schnittmengen zwischen bearbeiteten und nicht bearbeiteten (= Streuverlust) bzw. zwischen mehreren bearbeiteten Segmenten (= Kannibalisierung) entstehen.

Die einzelnen Segmente müssen erreichbar sein, damit die Segmentierung im Markt überhaupt greifen kann. Sind Segmente nicht zugänglich, können sie auch nicht ausgeschöpft werden. Das heißt, auch Nachfrager müssen in Gruppen zusammenfassbar sein.

Segmente müssen beständig sein, also im Zeitablauf einigermaßen stabil, da ansonsten die Gefahr besteht, dass eine Segmentierung nicht operational bzw. zu aufwändig wird.

Die Segmente müssen eine Indikation zum Instrumentaleinsatz haben, damit sie durch Marketing bewusst ansteuerbar sind und ihnen Kaufverhaltensrelevanz zukommen kann.

Die Marktsegmentierung führt unter diesen Voraussetzungen zu einer Reihe von Vor- und Nachteilen. Zunächst zu den **Vorteilen.** Differenzierte Käuferwünsche können durch hohe Entsprechung des Angebots mit dem Bedarf befriedigt werden. Damit steigt zugleich für einen Anbieter die Chance, am Markt präferiert zu werden. Für Nachfrager ergibt sich daraus die Möglichkeit der individuellen Bedarfsbefriedigung.

Die Differenzierung führt zur Bildung eines akquisitorischen Potenzials. Je spezifischer die Ausprägungen eines Angebots sind, desto eher ist es in der Lage, sich von der Masse des übrigen Marktangebots abzusetzen und in einer definierten Nachfragergruppe einen Konkurrenzvorsprung zu erreichen. Dies ist abhängig von Bindung der Käufer (Präferenzen), Substituierbarkeit der Erzeugnisse, akquisitorischem Potenzial der Konkurrenz und Reaktionsgeschwindigkeit der Käufer (Markttransparenz).

Die Marktstruktur kann durch die starke Angebotsstellung aktiv beeinflusst werden. Denn der Markt ist nichts Anderes als die Summe aller Angebote und Bedarfe und diese können durch Segmentierung geformt und in ihrer Zusammensetzung gemäß den eigenen Zielen verändert werden.

Der Preis als dominanter Angebotsparameter wird zunehmend durch die Leistung ersetzt. Preise sind meist nur in Ermangelung anderer relevanter Angebotsaspekte von Bedeutung. Wenn es gelingt, gegen den Preis spezifische Leistungen zu setzen, verliert dieser ganz schnell an Bedeutung.

Als **Nachteile** sind folgende zu nennen. Ersparnisse aus Massenproduktionsvorteilen können nur eingeschränkt genutzt werden. Denn die Segmentierung hat zumeist eine Produktdifferenzierung zur Grundlage, die wiederum eine Veränderung im Produktionsprozess bedingt, die nur kostenaufwändig zu realisieren ist.

Der Marketing-Mix-Einsatz wird kompliziert und letztendlich auch verteuert. So muss das differenzierte Angebot auch differenziert vermarktet werden. Dies erfordert einen feinfühligeren, bei mehreren bearbeiteten Segmenten zudem parallelen, Vermarktungsaufwand.

Das Potenzial gegebener Märkte wird bei partieller Abdeckung nur teilweise ausgeschöpft. Jede Segmentierung bedeutet zugleich immer auch eine Beschränkung der Marktabdeckung. Daher ist abzuwägen, ob der Zuwachs an Profilierung höher wiegt als der Verlust an Angebotsbreite.

Ein hoher marketingorganisatorischer Aufwand ist erforderlich, um sich wandelnden Segmenten anzupassen. Die Stabilität von Segmenten, im Übrigen auch deren absolute Größe, gibt nach, sodass eine kontinuierliche Feinsteuerung erforderlich ist, um stets punktgenau zu agieren.

4.2.1.3 Produktbündelung

Eine spezielle Form der Programmdifferenzierung stellt die Produktbündelung dar. Produktbündel sind fixierte Produktkombinationen, die am Markt angeboten werden. Von Produktbündeln begrifflich abzutrennen sind die oft verwechselten Begriffe:

- Systems selling, d.h., die Anlagengeschäft spezifische Bündelung von Produkt und Produkt begleitenden Dienstleistungen in einem Angebot,
- Zugabe, d.h., die Drein- oder Draufgabe von Ware zu einem Angebot ohne deren gesonderte Berechnung,
- Tie in sales, d.h., Merchandising-Artikel, die als Nebenwaren in Zusammenhang mit einer Hauptware, auch getrennt davon, verkauft werden.

Die Ziele der Produktbündelung sind vielfältig. Sie dient der Marktsegmentierung, der Senkung der Preiselastizität der Nachfrage, der Verschleierung der tatsächlichen Einzelpreise und damit der Verringerung der Preistransparenz, der Ausnutzung psychologischer Preiseffekte und der Forcierung der Nachfrage in absatzschwachen Zeiten. Im Einzelnen sind folgende Motive sicherlich am Häufigsten anzutreffen:

- Kostenaspekte. Hier sind die Erreichung von mengenbezogenen Größeneffekten (Economies of scale) und von kumulierten Erfahrungskurveneffekten zu nennen. Hinzu kommt die Nutzung von Spezialisierungseffekten (Economies of scope). Denkbar sind auch die Senkung der Komplexitätskosten im Unternehmen bzw. die Senkung der Transaktionskosten für Nachfrager.
- Absatzaspekte. Hierbei geht es vor allem um die Absatzsteigerung durch Erhöhung der Abnahmemenge oder des Erwerbs zusätzlicher Erzeugnisse. Außerdem sind die Absatzsteigerung durch Transaktionsnutzen sowie die Gewinnung von Neukunden durch Abwerben von Wettbewerbern zu nennen. Vor allem fällt hier die Entlastung der Kunden von der Notwendigkeit des Expertenwissens um die optimierte Zusammenstellung von Komponenten ins Gewicht.
- Qualitätsaspekte. Dabei spielen vor allem die Integralqualität, d.h., die Optimierung des Bündels aus Nachfragersicht durch Kompensierung der Schwächen einer Komponente durch die Stärken der anderen sowie die optimale Abstimmung von Schnittstellen zwischen den Komponenten eine wichtige Rolle. Ebenso ist die Modularqualität zu nennen, d.h., die Möglichkeit der Erweiterung des Bündels um Zusatzelemente, die den individuellen Bedürfnissen der Nachfrager entsprechen.
- Konkurrenzaspekte. Dabei geht es um die Stärkung der eigenen Marktstellung gegenüber Wettbewerbern, wobei die Realisierung von Wettbewerbsvorteilen durch eine besondere Form der Produktdifferenzierung, der Nischenstrategie und Alleinstellung zu erreichen gesucht wird. Darüber hinaus wird dadurch die Reduzierung der Wettbewerbsintensität durch Aufbau einer (teil-)monopolistischen Stellung sowie durch Erhöhung von Markteintrittsschranken gegen potenzielle Wettbewerber angestrebt.
- Programmaspekte. Durch diese Form der Produktdifferenzierung kann auch dem Drang der Nachfrager nach Abwechslung trotz Angebotszufriedenheit (VSB) entsprochen werden, ohne diese Nachfrager notwendigerweise an Wettbewerber zu verlieren. Bei Neuprodukteinführungen können Bundles das Innovationsrisiko merklich reduzieren sowie zu Kosten- und Zeitgewinnen führen. Schließlich profitiert auch der Markenwert durch die Stimulierung von Versuchskäufen und den Vertrauensaufbau.

In Bezug auf die Ausgestaltung der Produktbündelung unterscheidet man verschiedene Formen *(siehe Abb. Kombinationsmöglichkeiten der Produktbündelung).* Nach der **Anlage** gibt es mehrere Ausprägungen von Produktbündeln:

- Von **Pure bundles** spricht man, wenn die fixierte Produktkombination nur in einer vorgegebenen Kombination gekoppelt angeboten wird und auch nicht nach Kundenwünschen veränderbar/anpassbar ist. Hier liegt eine Optionsfixierung vor, bei der Nachfrager die Kombination wie vorgegeben akzeptieren oder auf den Kauf verzichten müssen.
- **Mixed bundles** sind der Sonderfall der Produktbündelung, bei dem die einzelnen Produkte sowohl im Bündel als auch separat, also entbündelt (Unbundling), angeboten werden. Kunden haben damit die Wahl, entweder das Bündel als Ganzes oder nur einzelne Produkte aus dem Bündel zu erwerben, wobei sich dabei die Frage der zweckmäßigen Preisstellung stellt.

Kombinationsmöglichkeiten der Produktbündelung

Pure bundles	Mixed bundles	
Pure components	Mixed components	
fixe Anzahl	nach oben limitiert	nach unten limitiert
Multiple bundles	Variety bundles	Multi product bundles
Complementary bundles	Substitutional bundles	Independent bundles
Intrafirm bundles	Interfirm bundles	
Producer bundles	Retailer bundles	
homogener Inhalt	heterogener Inhalt	
dauerhaftes Bündel	temporäres Bündel	
Brand bundles	Generic bundles	
Blind bundles	Sight bundles	
Additive bundles	Superadditive bundles	Subadditive bundles
Mixed leader bundle	Mixed joint bundle	

- Von **Pure components** spricht man bei einem Bündel, bei dem mindestens ein Produkt nur innerhalb des Bündels erhältlich ist, nicht jedoch außerhalb des Bündels allein. Dadurch kann eine zusätzliche Attraktivität seitens des Produktbündels auf Nachfrager ausgehen.
- Bei **Mixed components** handelt es sich um Bündel, die aus einem unveränder-

baren Kernangebot von einem oder mehreren Produkten bestehen, das aber so allein nicht angeboten wird, sondern nur in Kombination mit zwei oder mehr Randangeboten, die aus einer vorgegebenen Auswahl heraus optional zu einem Bündel verknüpft werden können. Damit kann den Bedarfen der Nachfrager individueller Rechnung getragen werden. Die Randangebote können nach Zahl und/oder nach Niveau vorgegeben sein.

Nach der **Auswahl** gibt es folgende Produktbündel:
- Denkbar ist die Vorwahl der Elemente eines Produktbündels, das jedoch im Übrigen nach individuellen Kundenwünschen verändert werden kann. Dabei kann die Anzahl der insgesamt einzubeziehenden Produkte fix vorgegeben sein, sodass nur ein Austausch von Randangeboten möglich ist. Damit kann innerhalb dieser Limitation ein weitgehend individuelles Angebot zusammengestellt werden. Oder die Anzahl der hinzu wählbaren Produkte kann nach oben oder unten limitiert sein, d.h., es sind mindestens x oder höchstens y Elemente im Bündel zu berücksichtigen.

Nach der **Verschiedenartigkeit** gibt es folgende Produktbündel:
- Von **Multiple bundles** spricht man, wenn mehrere gleiche Produkte als gemeinsames Gebinde angeboten werden. Solche Mehrfachpackungen suggerieren meist eine besondere (relative) Preisgünstigkeit, sie wenden sich damit vorwiegend an Intensivverwender oder Großverbraucher.
- Bei **Variety bundles** werden mehrere verschiedene Produkte als gemeinsames Gebinde angeboten. Die Absicht liegt dabei vor allem in der Generierung von Cross selling, d.h., Käufer eines Produkts sollen mit den Vorzügen eines anderen Produkts, das sie ansonsten nicht kennen gelernt oder gekauft hätten, bekannt gemacht werden.
- Bei **Multi product bundles** werden zwei oder mehr ungleiche, jedoch verwandte Produkte als gemeinsames Gebinde angeboten. Die Produkte können dabei in durchaus unterschiedlicher Beziehung zueinander stehen.

Nach dem **Verwendungszusammenhang** gibt es folgende Produktbündel:
- Von **Complementary bundles** spricht man, wenn die zusammengefassten Produkte sich in ihrem Einsatz gegenseitig ergänzen. Dadurch ist ein insgesamt verbessertes Nutzenangebot möglich (z.B. ein Produktbündel aus Zahncreme und Zahnbürste).
- Bei **Substitutional bundles** handelt es sich bei den zusammengefassten Produkten um solche, die jeweils den selben oder einen sehr ähnlichen Bedarf befriedigen. Dadurch kann die Varietät der Bedarfsbefriedigung erhöht werden (z.B. ein Produktbündel aus Schokoriegeln verschiedener Geschmacksrichtungen).
- Bei **Independent bundles** handelt es sich um Produkte, die in keinem Verwendungszusammenhang zueinander stehen, aber von den selben Personen zu unterschiedlichen Zwecken eingesetzt werden.

Nach der **Anbieterzahl** gibt es folgende Produktbündel:
- Von einem **Intrafirm bundle** spricht man, wenn alle in einem Bündel zusam-

mengefassten Produkte von einem Unternehmen stammen. Dies ist der Regelfall des Angebots.

- Bei einem **Interfirm bundle** handelt es sich um verschiedene Unternehmen, die ihre jeweiligen Produkte zu einem gemeinsamen Bündel zusammenfassen. Dies wird häufig auch als Co-Marketing o.Ä. bezeichnet (z.B. Service Provider und Endgeräteanbieter im Mobilfunkbereich).

Nach der **Anbieterart** gibt es folgende Produktbündel:

- Von einem **Producer bundle** spricht man, wenn die verschiedenen Produkte bereits durch den Hersteller zu einem Bündel zusammengefasst werden. Dabei kann es sich auch um Dienstleistungen handeln, die allein oder gemeinsam mit Sachleistungen gebündelt angeboten werden.
- Bei einem **Retailer bundle** nimmt die Handelsstufe die Bündelung dieser Produkte eigenständig und nach eigenem Ermessen vor. Dabei sind vor allem aktionale Aspekte für dieses Angebot ausschlaggebend.

Nach dem **Inhalt** gibt es folgende Produktbündel:

- Ein **homogenes** Produktbündel besteht entweder nur aus Sachleistungen, die zusammengefasst werden, oder nur aus Dienstleistungen. Dienstleistungen sind in diesem Sinne auch Produkte.
- Ein **heterogenes** Produktbündel besteht sowohl aus Sachleistungen als auch aus Dienstleistungen, wobei die Dienstleistungen für gewöhnlich (produktbegleitende) Kundendienste darstellen.

Nach der **Dauerhaftigkeit** gibt es folgende Produktbündel:

- Ein **dauerhaft** marktpräsentes Produktbündel wird als reguläres Angebot innerhalb eines Absatzprogramms geführt.
- Ein nur **vorübergehend** marktpräsentes Produktbündel dient aktionalen Zwecken, soll also punktuell Nachfrage aktivieren.

Denkbar ist auch die Aufnahme nur vorübergehend angebotener Produkte in ein Bündel, wodurch sich die spezifische Attraktivität des Angebots erhöht (z.B. als Limited edition).

Nach der **Markenbedeutung** gibt es folgende Produktbündel:

- Ein **Brand bundle** besteht aus zwei oder mehr Markenartikeln. Dabei kann es sich nur um Herstellermarken, nur um Handelsmarken oder um Hersteller- und Handelsmarken kombiniert handeln.
- Ein **Generic bundle** besteht aus zwei oder mehr markenlosen Artikeln (No names), die zu einem Bündel zusammengefasst werden.

Denkbar ist auch die Produktbündelung von mindestens einem Markenartikel und mindestens einem markenlosen Artikel.

Nach der **Zusammenstellung** gibt es folgende Produktbündel:

- Von einem **Blind bundle** spricht man, wenn im Vorhinein nur der Art nach, nicht aber exakt bekannt ist, aus welchen Produkten das jeweilige Bündel besteht. Diese werden vielmehr nach dem Zufalls- oder anderen Prinzipien für jeden Kaufakt einzeln zusammengestellt.

- Bei einem **Sight bundle** wird Nachfragern hingegen vom Anbieter im Vorhinein bekannt gemacht, aus welchen Produkten exakt das Bündel besteht. Dies ist der Regelfall.

Nach der **Preisgestaltung** gibt es folgende Produktbündel:
- Von einem **Additive bundle** spricht man, wenn die addierten Einzelpreise der im Bündel zusammengefassten Produkte exakt dem gemeinsamen Preis des Produktbündels entsprechen. Die Attraktivität des Produktbündels liegt dann zumeist in der Bequemlichkeit der Beschaffung.
- Bei einem **Superadditive bundle** liegt der gemeinsame Preis des Produktbündels über den addierten Einzelpreisen der im Bündel zusammengefassten Produkte. Dies ist nur möglich, wenn das Produktbündel durch synergetische Effekte Leistungen repräsentiert, die ansonsten nicht verfügbar sind.
- Bei einem **Subadditive bundle** liegt der gemeinsame Preis des Produktbündels unter den addierten Einzelpreisen der im Bündel zusammengefassten Produkte. Darin liegt zumeist eine ausgesprochen hohe Attraktivität.

Für den Fall, dass das Produktbündel Elemente enthält, die nicht allein am Markt, sondern nur im Bündel angeboten werden, ist eine Preisvergleichbarkeit weithin erschwert.

Nach der **Konditionengestaltung** gibt es folgende Produktbündel:
- Um ein **Mixed leader bundling** handelt es sich, wenn das Produktbündel aus mindestens einem Leit- und mindestens einem Ergänzungsprodukt besteht. Wird das Leitprodukt gekauft, so erhält der Kunde das Ergänzungsprodukt mit einem Preisnachlass.
- Um ein **Mixed joint bundling** handelt es sich, wenn Leit- und Ergänzungsprodukte gemeinsam zu einem Kombipreis abgegeben werden. So bestehen die Value meals bei McDonald's aus dem Leitprodukt Hamburger und Ergänzungsprodukten wie Pommes Frites, Cola, Eis etc., wobei diese besonders preisgünstig erscheinen. Meist sind diese Value meals durch den Cola-Hersteller subventioniert, um den Getränkeabsatz zu stimulieren.

Der Erfolg jeder Produktbündelung hängt entscheidend von der Preissetzung ab, sodass sie immer in Zusammenhang mit der Preisbündelung zu betrachten ist.

4.2.2 Programmstandardisierung

Die Programmstandardisierung **verringert** die Programmtiefe, wobei Produktion und Absatz entkoppelt sind. Denn das Absatzprogramm entspricht nur ausnahmsweise dem Produktionsprogramm, vielmehr ist es häufig tiefer (oder flacher) als dieses (von den marketingpolitischen Konsequenzen her gleichgestellt ist der häufige Fall, in dem das Produktionsprogramm breiter/enger ist als das Absatzprogramm, daher werden hier beide Aspekte in diesem Punkt zusammengefasst). Der Grund liegt darin, dass Produkte, die eigengefertigt sind, nicht selbst abgesetzt werden, sondern als OEM-Ware an andere, auch konkurrierende Anbieter, abgegeben werden. Das Absatzprogramm ist dann flacher als das Produktionsprogramm. Oder dass Produkte fremdbezogen sind, aber nicht selbst hergestellt werden. Das Absatzprogramm ist dann tiefer.

4.2.2.1 Baukastenprinzip

Eine angemessene Vielfalt kann dennoch durch Gleichteile-Produktion (Baukastenprinzip) dargestellt werden. Die Unterschiede werden deutlich, wenn man sich vor Augen führt, dass Ford Anfang der 1990er Jahre 20 Versionen des Fiesta anbot, Opel 34 Versionen des Corsa und Volkswagen gar 124 Versionen des Polo. Dem standen sieben Versionen des damaligen Micra bei Nissan, drei Versionen des 121 bei Mazda und gar nur eine Version des Starlet bei Toyota gegenüber. Volkswagen verwendete früher allein 20 verschiedene Sitze und 8 unterschiedliche Kabelbäume im Motorraum für seine Modellreihen. Die darin verursachte Unwirtschaftlichkeit ist offensichtlich und macht ein Baukastenprinzip erforderlich.

Seine Vorteile liegen in folgenden Punkten:
- Große Serien gleicher Teile führen zu schneller Kostendegression. Eine Aufwärts- und Abwärtskompatibilität in Aggregaten ist eher gewährleistet, weil die einzelnen Teile kompatibel sind. Es besteht eine hohe Servicefreundlichkeit durch einfaches Handling. Es kommt zur Vereinfachung des Kaufprozesses auf der Nachfragerseite. Die Dispositions-(Ersatzteile, Service etc.) und Distributionskosten bleiben geringer, da die Teilevielfalt geringer ist. Die Auslastung vorhandener Kapazitäten ist gleichmäßiger.

Nachteile hingegen sind vor allem folgende:
- Die Homogenisierung des Angebots fordert eher zu Preiskämpfen heraus. Dadurch entsteht ein erhöhter Wettbewerbsdruck. Es herrscht eine geringe Flexibilität auf Nachfrageänderungen (Differenzierung), und Präferenzen können nicht angemessen bedient werden. Es kommt zu einem Know-how-Zuwachs im Umfeld des Angebots und damit zu neuen potenziellen Konkurrenten. Absatzschwankungen schlagen voll durch, da ein Ausgleich fehlt.

Beispiele in der Automobilindustrie betreffen die baugleichen Vans von Fiat (Ulysse), Lancia (Phedra), Peugeot (807) und Citroen (C 8). Oder die Vans von Ford (Galaxy), VW (Sharan) und Seat (Alhambra). Im Sportwagenbereich sind Ford (Probe) und Mazda (MX-6) weitestgehend identisch. Und bei den Off roaders Nissan (Terrano II) und Ford (Maverick). Sowie bei den Limousinen der oberen Mittelklasse Peugeot (605) und Citroen (XM). Dies gilt auch für die untere Mittelklasse (Peugeot 306 und Citroen ZX) und die Kleinwagenklasse (Peugeot 106 und Citroen AX).
Weitere baugleiche Modelle sind/waren folgende:
- *Citroen Berlingo und Peugeot Partner, Citroen Jumpy und Fiat Scudo bzw. Peugeot Expert, Citroen Jumper und Fiat Ducato bzw. Peugeot Boxer, Ford Fiesta und Mazda 121, Honda Civic und Rover 400, Honda Accord und Rover 600,*

Mercedes-Benz Sprinter und VW LT, Seat Arosa und VW Lupo, Seat Cordoba und VW Polo Classic, Seat Inca und VW Caddy Kasten, Skoda Felicia Pick-Up und VW Caddy Pick-U, Subaru Justy und Suzuki Swift.

Eine solche Programmstandardisierung konnte zuerst bei japanischen Automobilherstellern beobachtet werden. Dort wurden zwar zahlreiche Modelllinien (Einzelprodukte = Programmbreite) hergestellt, diese jedoch jeweils nur in wenigen Versionen (Einzelartikel = Programmtiefe), die sich etwa durch verschiedene Motorisierungen unterschieden, angeboten. So konnten Rationalisierungsvorteile voll ausgeschöpft werden. Der Versuch, durch eine möglichst späte Heterogenisierung im fortschreitenden Produktionsprozess (Postponement) ein komplexitätsreduzierendes Modulsystem aufzubauen, impliziert auch die durchgängige Entscheidung für eine eher magere oder eher üppige Ausstattung. Dabei hat man sich in Japan für Letzteres entschieden, was in Verbindung mit dem durch niedrige Kosten (und lange Zeit unterbewerteter Währung) ermöglichten moderaten Preis zu einem bedeutsamen Wettbewerbsvorteil wurde. Im Übrigen bestand dazu auch ein faktischer Zwang, weil die Fahrzeuge wegen der langen Transportzeiten und der notwendigen hohen Fertigungseffizienz nicht auf Bestellung, wie anderswo noch heutzutage üblich, sondern auf Vorrat produziert werden mussten. Differenzierte Versionen verboten sich damit von selbst. So wurde aus dem Nachteil ein Vorteil gemacht, zum niedrigen Preis kam sogar noch die vollständige Ausstattung. Durch Angleichung des Kostenniveaus an den Westen, Paritätsverschiebung zulasten des Yen und hohe Lernfähigkeit der Konkurrenzunternehmen ist dieser Vorsprung jedoch zwischenzeitlich bereits wieder aufgeholt. Die Programmstandardisierung ist zwischenzeitlich auch außerhalb der fernöstlichen Produktion weit fortgeschritten.

Aber auch die Plattformstrategie ist in der Automobilindustrie weit fortgeschritten. Darunter versteht man eine Konstruktion derart, dass verschiedene Karosserieaufbauten mit ein und derselben Bodengruppe kombiniert werden können. Diese Bodengruppe, die Plattform, kann dann weitgehend standardisiert in großer Stückzahl und unter Nutzung von Kostendegressionseffekten hergestellt werden und lässt dennoch am Markt eine hohe Produktvielfalt zu, die erforderlich ist, um dem Bedarf der Nachfrager nach Individualisierung bei kompetitiven Preisen entsprechen zu können. Der Volkswagen-Konzern etwa arbeitet im Pkw-Bereich im Kerngeschäft mit nur fünf Plattformen (Aoo, Ao, B, D, extra), auf denen alle Fahrzeugtypen aufbauen, u.a.:

- Aoo-Plattform: Up, Polo, A2, Fabia, Felicia, Ibiza, Cordoba, Arosa,
- Ao-Plattform: Golf, Golf Plus, Bora (verlängerter Boden), New Beetle, Jetta, A3, TT (verkürzter Boden, größere Spurweite), Octavia (verlängerter Boden, andere Längsträger), Toledo (andere Federn und Dämpfer), León,
- B-Plattform: Passat, Passat Variant, Phaeton, A4, A 5, A6, A 7, Sharan, Alhambra, Passat CC
- D-Plattform: A8 (abgewandelt auch Bentley, Bugatti, Lamborghini),
- extra Plattform für leichte Nutzfahrzeuge/Transporter (T4).

4.2.2.2 Produktionsprogramm

Das Produktionsprogramm enthält neben den selbst verkauften Produkten auch solche, die nicht selbst abgesetzt werden. Dies ist etwa der Fall bei der Erstellung oder bei der Lohnfertigung für andere (OEM) sowie bei Vor-/Zwischenprodukten, die in fremde Endprodukte eingehen.

OEM sind standardisierte, vorproduzierte Komponenten, die als Bestandteile in ein fremdes Endprodukt eingehen. De facto handelt es sich dabei oft nur um den Einbau in ein Gehäuse mit dem Label des OEM-Beziehers, anzutreffen etwa in der UE-Branche, bei der die japanischen Originalhersteller dem Publikum gegenüber gar nicht mehr in Erscheinung treten. So finden sich in Videorecordern, Ähnliches gilt für CD-Player, TV-Geräte etc., fast aller Marken nur noch die Chassis weniger fernöstlicher OEM-Hersteller, die zur Nutzung von Größeneffekten Produktionsmengen auflegen, die sie unter eigenem Namen nicht mehr vermarkten können und deshalb an Wettbewerber abgeben. Da sich jedoch die Kostenersparnis auf das gesamte Fertigungslos bezieht, kommt der OEM-Hersteller schließlich auch für seine zum Eigenbedarf gedachten Produktionsmengen in den Genuss niedrigerer Stückkosten. Andererseits erhalten OEM-Bezieher Teile zu Konditionen, die für sie bei Eigenfertigung nicht darstellbar sind. Insofern können beide Seiten zufrieden sein (Win-win-Strategie).

Vor allem erklärt sich auf diese Weise, wieso es für OEM-Hersteller sinnvoll ist, direkte Konkurrenten mit Aggregaten zu beliefern, nämlich immer dann, wenn die Kostenersparnis für den unter eigener Flagge zu vermarktenden Losanteil auf Grund von Größeneffekten höher einzuschätzen ist als Marktanteilsverluste aus Absätzen von mit dem Restlos belieferten Mitbewerbern. Der OEM-Hersteller überträgt weiterhin das Vermarktungsrisiko an den OEM-Bezieher, der näher am Endmarkt ist. Diese Marktnähe ist ihm selbst nicht möglich, weil es ihm an Nachfragervertrauen mangelt oder weil Protektionspolitik in manchen Ländern den weiteren Marktzugang unmöglich macht. Außerdem liefert er hoch standardisierte Teile, die erst von seinen Markenartikelabnehmern für den Endmarkt relativ aufwändig individualisiert werden. Da außerdem auf Endnachfragerseite kaum bekannt ist, dass das ausgewählte Produkt tatsächlich wesentliche Teile eines anderen, wahrscheinlich weniger vertrauenserweckenden Produzenten enthält, ist das akquisitorische Potenzial der Absatzmarke voll nutzbar.

Dies kann dazu führen, dass ein Markenartikler mit OEM-Ware (z.B. Blaupunkt) bei identischer Leistung höhere Preise am Markt erzielt als der Originalhersteller (z.B. JVC). Außerdem profitiert der Markenartikler nicht nur von der mehr oder minder ausgiebigen Weitergabe der Kostenersparnis in seinem Einstandspreis, sondern auch vom gesammelten Know-how und vom hohen Qualitätsstandard seines Lieferanten. Vor allem werden Fixkosten vermieden, etwa aus FuE, Anlageinvestition, Sozialplan etc., und stattdessen weitgehend variable Kosten erreicht. Neue Technik ist sofort verfügbar, ohne endlose, risikoreiche Entwicklungszeiten eingehen zu müssen, und falls sich der gewünschte Markterfolg nicht einstellen will, wird, im Rahmen vereinbarter Lieferkontingente, der Bezug von Aggregaten eingestellt. Da die japanischen Hersteller OEM weltweit betreiben, findet sich dafür anderweitig sicherlich bei ihnen Ersatz, sodass sie einen internationalen Risikoausgleich betreiben und mit dem Restrisiko gut leben können.

4.2.2.3 Bewertung

Zur wesentlichen Entscheidung über Eigenfertigung oder Fremdbezug gibt es zahlreiche Bewertungskriterien, die noch für jeden anders gearteten Einzelfall gewichtet werden können. **Eigenfertigung** bietet sich danach generell an, wenn:

- ein fertigungstechnischer Zwang zur Selbstherstellung besteht, weil der gesamte Produktionsprozess geschlossen ablaufen muss und weil die bereitzustellenden Stoffe, Vor- und Zwischenprodukte nicht genügend lagerfähig bzw. nicht transportabel sind.
- diese kostengünstiger ist. Dies ist der Fall, weil die Bezugs- bzw. Transportkosten und der Gewinnzuschlag eines Lieferanten eingespart werden können, zumal wenn Selbstherstellung durch niedriges Lohnniveau oder steuerliche Vergünstigungen bevorteilt wird. Dies gilt auch, wenn durch langjährige Erfahrungen besonders rationelle Fertigungsverfahren entwickelt worden sind. Evtl. können dabei Abfälle oder andere Nebenprodukte verwendet werden. Besteht Unterbeschäftigung, kann immer noch ein Fixkostendeckungsbeitrag geleistet werden.
- dadurch eine spürbar höhere Qualität erreicht werden kann, weil die Fertigungsprozesse besser überwachbar oder beherrschbar sind oder geeignete Zulieferbetriebe überhaupt nicht gefunden werden können, weil für die Eigenfertigung langjährige Erfahrungen genutzt werden können, die andere Betriebe nicht haben oder weil das eigene Personal mit den spezifischen Anforderungen besser vertraut ist.
- damit geringere Materialbereitstellungsrisiken verbunden sind. Durch die Sicherung der Versorgung werden Lieferverzögerungen vermieden. Ebenso entgeht man der Gefahr, dass zu geringe Mengen oder schlechte Qualitäten geliefert werden. Außerdem sind die Lager- und Transportkosten geringer. Dann bietet sich eine größere Unabhängigkeit durch Anpassung an quantitative Bedarfsveränderungen, wird eine bessere Auslastung der eigenen Arbeitskräfte und Betriebsmittel ermöglicht sowie der wirtschaftliche Einflussbereich ausgeweitet.
- diese mit geringeren finanziellen Belastungen verbunden ist, weil die erforderlichen Stoffe und Teile bereits auf Lager liegen, weil im Falle des Fremdbezugs große Mengen auf einmal beschafft werden müssten, weil im Rahmen der Eingangslager geringere Sicherheitsbestände gehalten werden müssen oder weil die Vorlieferanten günstigere Zahlungsbedingungen einräumen.
- dafür ein spezielles Know-how erforderlich ist, das anderweitig nicht oder nicht ausreichend vorhanden ist. Dies gilt auch, wenn ein Produkt ansonsten nicht angeboten wird.
- dadurch vorhandene Kapazitäten besser ausgelastet werden können. Das heißt, Arbeitskräfte können gehalten, Maschinen brauchen nicht stillgelegt zu werden, Kurzarbeit wird vermeidbar.

- durch Angliederung oder Errichtung vorgelagerter Produktionsstufen eine rentable Verwendungsmöglichkeit für überschüssige Kapitalbeträge besteht.
- dadurch absatzwirtschaftliche Vorteile erzielt werden. Dies ist der Fall, wenn zusätzliche Mengen bereitgestellt werden können oder wenn Kunden Produkte aus selbst hergestellten Teilen bevorzugen und bereit sind, dafür einen höheren Preis zu zahlen bzw. wenn größere Mengen abgesetzt werden können. Außerdem wird vermieden, dass fremde Zulieferbetriebe zu unmittelbaren Konkurrenten werden und an Betriebsgeheimnissen partizipieren. Weiterhin wenn sich qualitative oder zeitliche Vorteile der Eigenfertigung unter absatzwirtschaftlichen Aspekten günstig auswirken, weil kostenmäßige Vorteile eine Preissenkung und somit eine Absatzsteigerung erlauben bzw. eine Programmausweitung ermöglichen oder weil bei der Eigenfertigung Nebenprodukte bzw. Überschussmengen anfallen, die verkauft werden können.
- dadurch eine höhere zeitliche Flexibilität erreicht wird, weil plötzlich auftretende Bedarfe schnell und unkompliziert befriedigt werden können. Dies bietet zeitliche Vorteile, weil die Termine eigenständig geplant werden können, weil keine langen Wartezeiten entstehen und unnötige Transportzeiten vermieden werden.

Fremdbezug bietet sich hingegen an, wenn:
- bestehende Patent-, Gebrauchsmuster-, Geschmacksmuster oder Markenrechte anderer Unternehmen dazu zwingen.
- dadurch Beschäftigungslücken dieser Betriebe ausgenutzt werden können. Zudem können eigene Lager- und Kapitalbindungskosten bei zeittaktgenauer Anlieferung (Just in time) eingespart bzw. Neuinvestitionen in teurere oder die aufwändige Überholung vorhandener Anlagen vermieden werden. Zulieferer müssen womöglich nur sehr niedrige Löhne zahlen oder kommen mit sehr geringen Verwaltungskosten aus, arbeiten mit gebrauchten Anlagen, deren Nutzung nur sehr niedrige Kosten verursacht, nutzen günstige Importmöglichkeiten oder können als spezialisierte Hersteller von Grundstoffen, Standardteilen etc. besonders rationell produzieren. Weiterhin, wenn sich dadurch Transportkosten einsparen lassen, die für die Selbsterstellung infrage kommenden Produktionsanlagen veraltet sind oder die eigenen Arbeitskräfte und Betriebsmittel voll- oder überbeschäftigt sind (Opportunitätskosten).
- dadurch eine bessere Qualität gewährleistet werden kann, weil der Zulieferer über langjährige Erfahrungen, leistungsfähigere Anlagen oder intensivere FuE verfügt, weil die Leistungsfähigkeit der eigenen Maschinen und Apparaturen sehr stark nachgelassen hat oder eine Generalüberholung nicht mehr lohnt.
- man aus den umfangreichen Erfahrungen spezialisierter Zulieferer für eine ins Auge gefasste spätere eigene Fertigung profitieren kann.
- dadurch bei Vollbeschäftigung eine Ausweitung des Produktions- und Absatzvolumens erreicht werden kann. Es brauchen keine zusätzlichen Arbeitskräfte eingestellt zu werden, und es sind keine Erweiterungsinvestitionen erforderlich. Saisonal verursachte Bedarfsspitzen können befriedigt und terminliche Engpässe überwunden werden.
- dadurch absatzwirtschaftliche Vorteile entstehen. Dies kann z.B. der Fall sein, wenn der Einbau von Teilen namhafter Vorproduzenten den Wert des Endpro-

dukts in den Augen der Abnehmer steigert oder wenn dadurch zusätzliche Mengen bereitgestellt werden können. Schließlich kann das eigene Programm dadurch abgerundet und das Absatzvolumen ohne Einstellung zusätzlicher Arbeitskräfte oder zusätzliche Investitionen erhöht werden. Weiterhin werden dadurch eigene Kapazitäten für andere Aufgaben freigemacht, qualitative oder zeitliche Vorteile des Fremdbezugs unter Absatzaspekten ermöglicht, kostenmäßige Vorteile in Form einer Preissenkung zur Absatzsteigerung genutzt, saisonale Bedarfsspitzen befriedigt und Terminschwierigkeiten überwunden.

- dies zu geringeren finanzwirtschaftlichen Belastungen führt, weil weniger Bedarf an eigen- und/oder fremdfinanziertem Anlage- und Umlaufvermögen bei Kapitalknappheit besteht, weil kein Kapitalbedarf für Zwischenlagerung entsteht, weil eine weitgehend fertigungssynchrone Bereitstellung gewährleistet wird, weil im Rahmen der Eingangslager geringere Sicherheitsbestände gehalten werden müssen oder weil die betreffenden Lieferanten günstigere Zahlungsbedingungen einräumen.
- dadurch Elastizitätsvorteile entstehen, indem am Markt eine bessere Anpassung an Bedarfsveränderungen ermöglicht wird. Grundlegende Änderungen im Programm bedürfen darüber hinaus lediglich des Lieferantenwechsels. Dies ist auch der Fall, wenn eine Eigenfertigung zu lange dauern würde.
- daraus geringere Produktionsrisiken folgen, denn bei einer grundsätzlichen Umorganisation des Programms brauchen nur die Lieferanten gewechselt zu werden. Zudem kann man von den Erfahrungen der Lieferanten lernen und auf diese Weise u.a. auch günstige Voraussetzungen für einen späteren Übergang zur Eigenfertigung schaffen.

4.3 Programmbereinigung

Zur Programmbereinigung gehören der Programmaustausch durch Innovation und Elimination von Programmelementen, die Programmvariation als Ablösung eines bestehenden Programmelements durch ein Nachfolgendes und die Programmkonstanz als kontinuierliche Pflege der Programminhalte. Sie unterscheidet sich von den vorherigen Strategien dadurch, dass hier nicht auf eine bewusste Veränderung der Programmbreite und/oder -tiefe als Ganzes hingearbeitet wird, sondern vielmehr die einzelnen Programmelemente betrachtet werden, deren Austausch dann erst in der Folge zu einer Breiten-/Tiefenveränderung führt bzw. deren Variation oder Konstanz wohl zu einer Strukturveränderung, aber bei gleich bleibender Breite/Tiefe, führt.

4.3.1 Programmaustausch

Beim Programmaustausch wird eine Veränderung in der Programmbreite und/oder -tiefe vorgenommen, d.h., es werden Programmelemente neu aufgenommen (Innovation) bzw. bestehende eingestellt (Elimination). Gemeinhin wird der Innovation die weitaus größere Aufmerksamkeit im Marketing gewidmet.

4.3.1.1 Innovation

Innovation ist allgemein die Durchsetzung neuer technischer, wirtschaftlicher, organisatorischer und sozialer Problemlösungen in Unternehmen, im Unterschied zur Invention als erstmaliger technischer Realisierung einer neuen Problemlösung und zur Technologie als Durchführung von (technischen) Prozessen.

4.3.1.1.1 Einführungsplanung

Planung ist ein willensbildender, informationsverarbeitender und prinzipiell systematischer Entscheidungsprozess mit dem Ziel, zukünftige Entscheidungs- und Handlungsspielräume problemorientiert einzugrenzen und zu strukturieren. Sie wird von dazu legitimierten Aktoren im Betrieb durchgeführt. Das intendierte Resultat ist ein ratifizierter Plan bzw. ein System ratifizierter Pläne.

Aufgabe der Planung ist es dabei, die generellen unternehmenspolitischen Zielsetzungen unter Berücksichtigung interner und externer Gegebenheiten und Entwicklungstrends zu konkretisieren, Teilziele für die Subsysteme festzulegen sowie die zur Zielerreichung notwendigen und geeigneten Maßnahmen und Mittel zu bestimmen. Es handelt sich also um den Entwurf einer Ordnung, nach der sich das betriebliche Geschehen der Zukunft vollziehen soll. Ziele dienen vor allem zur Handhabung der Komplexität, zur Verbesserung der Informationsversorgung, zur Vorgabe von Leistungsgrößen, zur Sicherung des Unternehmensbestands, zur Abstimmung von Einzelmaßnahmen mit übergeordneten Zielen und zur Gewährleistung zieladäquaten Verhaltens.

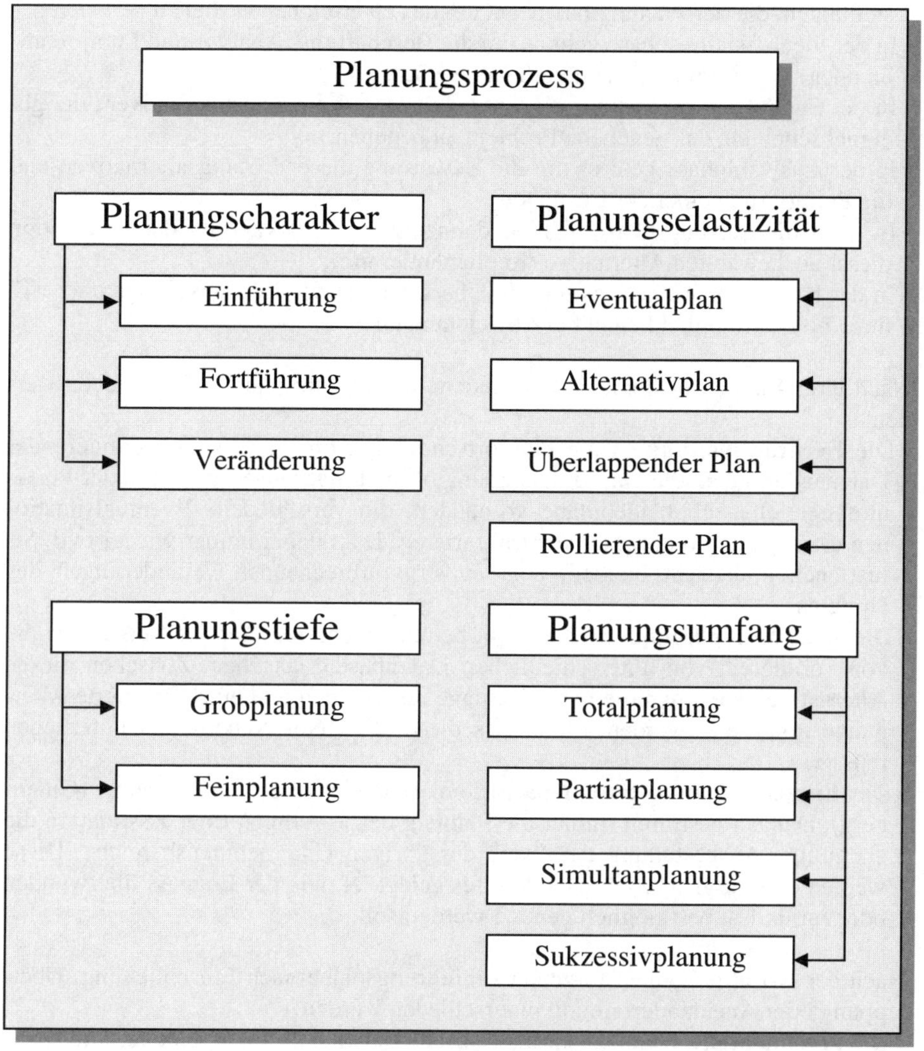

Planung ist also gegenwärtiges Entscheiden über zukünftiges Tun und Unterlassen. Sie ist abzugrenzen von Prognose als auf praktischer Erfahrung oder theoretischer Erkenntnis beruhenden Aussagen über die Zukunft, wobei jedoch das Zielsetzungselement fehlt, von Extrapolation als Projizierung eines Sachverhalts mithilfe statistischer Schätzmethoden, wobei aber das Gestaltungselement fehlt, und von Improvisation als Entscheidungen, die erst nach Eintritt von Datenkonstellationen getroffen werden, somit also der Zukunftsaspekt fehlt. Nach ihrer Tiefe unterscheidet man die Grob- und die Feinplanung sowie nach ihrer Anpassungsfähigkeit die starre und flexible Planung.

Die Einführungsplanung vollzieht sich in folgenden **Phasen:**

- In der Anregungsphase geht es um die Erkennung und Definition von Problem-

stellungen, die der Planung bedürfen, um das zu erreichende Ziel zu realisieren.
- In der Identifikationsphase geht es um die Beschaffung, Analyse und Interpretation aller für die Problemlösung relevanten Daten.
- In der Suchphase geht es um die Entwicklung von Lösungsalternativen, die geeignet scheinen, das gegebene Problem zu beheben.
- In der Auswahlphase geht es um die Bewertung dieser Lösungsalternativen und die Präferierung einer der Lösungen.
- In der Durchsetzungsphase geht es dann um die Projektierung der Realisation dieser ausgewählten Alternative (Implementierung).
- In der Kontrollphase geht es um die Überwachung des Lösungserfolgs und evtl. um Korrekturmöglichkeiten bei Abweichungen.

Nach ihrer **Elastizität** können verschiedene Einführungspläne unterschieden werden:
- Die **Eventualplanung** ist die Planfortschreibung für die Situation gravierender Datenänderungen, die eine Basisplanung obsolet machen. Hier sind in der Praxis umfangreiche Schubladenpläne vorhanden, die verschiedene Eventualsituationen erfassen und planerisch vorstrukturieren. Dass dabei immer wieder evtl. Situationen unbedacht bleiben, liegt an strukturbrechenden Veränderungen des Umfelds.
- Die **Alternativplanung** ist die Ausarbeitung mehrerer Planungsversionen, die von vornherein von unterschiedlichen Datenbasen ausgehen. Zwischen diesen Alternativen kann dann je nach Sachlage entschieden und eine präferierte Alternative umgesetzt werden, ohne dass diese ohne Not Änderungen unterliegen müsste.
- Die **Engpassplanung** erfolgt nach dem Ausgleichgesetz der Planung (Gutenberg). Danach bestimmt immer die Planung der jeweiligen Engpasssituation die endgültige Ausgestaltung der Pläne der übrigen Unternehmensbereiche. Diese werden erst ausgearbeitet, nachdem festgelegt ist, wie der Engpass überwunden oder zumindest bestmöglich genutzt werden soll.

Nach der **Abfolge** können folgende Einführungspläne nach Einschließung, Überlappung oder Aneinanderreihung unterschieden werden:
- Die **geschachtelte** Planung gilt als Sollfall. Dabei stellt die operative, kurzfristige Planung einen integrativen Bestandteil der taktischen, mittelfristigen Planung dar und diese ihrerseits einen integrativen Bestandteil der strategischen, langfristigen Planung. Die Überlappungen dieser Pläne sind dabei deckungsgleich bei gleichzeitiger Planüberarbeitung und Fortschreibung des Planhorizonts. Dies ist nur dann der Fall, wenn die gleiche Instanz alle Planperspektiven erstellt. In der Praxis ist es aber häufig so, dass verschiedene Stellen, etwa Zentrale, Niederlassungen, Abteilungen etc., ihre jeweiligen Pläne unter egoistischen Aspekten erstellen und daher Inkongruenzen entstehen. Die Plankoordination ergibt sich automatisch.
- Die **gestaffelte** Planung entsteht als Fortschreibung. Dies ist ein Verfahren der zeitlichen Überlappung der kurz-, mittel- und langfristigen Planabschnitte bei gleichzeitiger Planüberarbeitung und Fortschreibung des Planhorizonts. Dabei

wird, ausgehend vom Istzeitpunkt, die Planperspektive jeweils in die Zukunft fortgeschrieben. Neue Erkenntnisse zur Istsituation gehen somit immerzu als Modifikationen in aktualisierte Pläne ein. Dabei kann jeweils ein Planungszeitabschnitt (Jahr) oder mehrere (als Block) ausgetauscht werden. Nach der Plankoordination unterscheidet man hierbei nach überlappender Anordnung (einfacher Fortschreibung), revolvierender Anordnung (gleichmäßige Fortschreibung) oder rollierender Anordnung (ungleichmäßige Fortschreibung, jeweils mit Planrevision).

- Bei der **gereihten** Planung wird der gesamte Planungsabschnitt in der Regel nur einmal grob vorgeplant, und die Teilabschnitte werden dann schrittweise fein ausgearbeitet. Die Pläne folgen dabei als kurzfristiger Plan, mittelfristiger Plan und langfristiger Plan nahtlos aufeinander ab, ohne einander zu überlappen. Man spricht auch von anstoßender Planung oder serieller Plankoordination.

Nach dem **Umfang** können folgende Einführungspläne unterschieden werden:

- Die **Totalplanung** unternimmt den Versuch der Einbeziehung der Daten aller relevanten Unternehmensbereiche. Dabei stellt sich meist als Problem, dass eine entsprechend dichte Planungsbasis nicht gegeben ist, die gleichen Daten für verschiedene Bereiche durchaus unterschiedliche Auswirkungen haben und deren Interdependenz schwer durchschaubar ist.
- Die **Partialplanung** begnügt sich mit der Planung der einzelnen strategischen Geschäftseinheiten. Hierbei werden die Pläne dezentral erstellt und anschließend zentral abgestimmt. Dabei wird den Anforderungen jeder Einheit zunächst maximal Rechnung getragen. Das Problem ergibt sich jedoch unweigerlich bei der Integration der Einzelpläne, wenn scharfe Widersprüche auftreten, die aufwändig ausbalanciert werden müssen.

Nach dem **Bezug** können folgende Einführungspläne unterschieden werden:

- Die **Simultanplanung** gilt als Versuch, alle Unternehmensbereiche zeitgleich zu planen. Auf Grund der dabei auftretenden Datenmengen ist dies nur mithilfe computergestützter Marketing-Informations-Systeme darstellbar. Wegen der engen Vernetzung der Unternehmensbereiche ist jedoch bei jedem Planungsschritt ein umfangreicher Abgleich mit allen anderen Bereichen erforderlich. Einmal abgesehen davon, dass dabei Ausschlussbedingungen überschritten und längst nicht alle wirklich relevanten Vernetzungen berücksichtigt werden, überfordert die entstehende Komplexität bald alle Beteiligten.
- Die **Sukzessivplanung** begnügt sich mit der fortschreitenden Planung der Einzelbereiche. Meist erfolgt die Planung dabei Top down, d.h., von der übergeordneten Instanz an die untergeordneten. So werden per Saldo alle Unternehmensbereiche einbezogen. Da die Erstpläne dabei die Bedingungen der Folgepläne determinieren, ist Konsistenz im Plantotal erreichbar, das jedoch meist suboptimal bleibt. Zunehmend erfolgt die moderne Planung auch Bottom up, zumindest jedoch im Gegenstromprinzip mit bilateraler Abstimmung, d.h., die Belange der ausführenden Ebenen werden stärker in den Planungsprozess einbezogen und berücksichtigt.

Praktisch häufige Formen der grafischen Darstellung der Einführungsplanung betreffen Diagramme in Form von Balken, Flächen, Kreisen, Linien, Stäben, Polaren, Punkten, aber auch Lorenz-Kurven, Polygonzüge, Ogive-Kurven, Histogramme und Kartogramme. Die Ablaufplanung erfolgt zudem häufig mithilfe von Gantt-Diagrammen und Netzplantechnik.

4.3.1.1.2 Entscheidungssituation

Die Entscheidungssituation der Innovation lässt sich theoretisch vierfach unterteilen. Entscheidungsregeln helfen bei der Erkennung und Auswahl der jeweils optimalen Alternative. Dafür gibt es eine ganze Reihe von Vorschlägen.

Deterministisch ist eine Situation unter Entscheidungssicherheit, wenn dem Entscheider also jede Handlungsalternative der Umwelt bekannt ist. Die zur Verfügung stehenden Informationen sind so genau, dass eine Entscheidung mit an Sicherheit grenzender Wahrscheinlichkeit zum (einwertig) erwarteten Ergebnis führt. Die Entscheidung unter **Sicherheit** ist eine einfache, in der Marketingrealität allerdings bedauerlicherweise nur äußerst selten gegebene leicht beherrschbare Konstellation. Dann ist die Entscheidung gemäß der vorgegebenen Zielfunktion eindeutig, es wird das maximale Ergebnis gewählt. Es ist eine Unsicherheit 1. Ordnung gegben (z.B. Wechselkursschwankungen, Krankenstand der Mitarbeiter).

Subjektiv stochastisch ist die Situation bei Unterstellung von Erfahrungswerten. Über die Eintrittswahrscheinlichkeit von Ereignissen und Konsequenzen können somit keine definitiven Aussagen gemacht werden. Man kann nur von Glaubwürdigkeiten ausgehen. Hierbei wird vorausgesetzt, dass es auf Grund von Heuristiken möglich ist, (optimistische, realistische oder pessimistische) Eintrittswahrscheinlichkeiten für Situationen qualifiziert zu schätzen. Bei **Ungewissheit** i.e.S. (Unsicherheit 2. Ordnung, wie z.B. bei erwarteten Umsatzerlösen, Anlaufverlusten aus Investitionen) sind folgende Entscheidungsregeln denkbar:

- **Dominanzregel** (Fisher/Keynes). Die verschiedenen als glaubhaft angesehenen Alternativen werden auf die subjektiv wahrscheinlichste reduziert und jene Entscheidung getroffen, die bei der wahrscheinlichsten Alternative das beste Ergebnis abwirft.
- **Subjektive Wahrscheinlichkeit** (Hart). Der Gesamterwartungswert wird durch Multiplikation des Wahrscheinlichkeitsgrads des Eintritts der jeweiligen Alternative mit dem dabei erzielbaren Ergebnis ermittelt. Die Alternative mit dem höchsten Gesamterwartungswert wird gewählt.

Objektiv stochastisch (teils auch Ungewissheit genannt) ist eine Situation bei Vorliegen einer Wahrscheinlichkeitsverteilung, d.h. die zukünftigen Umweltzustände sind zumindest ihrer Art nach bekannt. Dabei wird unterstellt, dass es auf Grund statistischer Zusammenhänge möglich ist, Eintrittswahrscheinlichkeiten für Situationen zu bestimmen. Die Entscheidung wird also auf die messbare Unsicherheit der (einwertigen) Erwartungen gestützt. Bei der Entscheidung unter **Risiko**

(Unsicherheit 3. Ordnung, wie z.B. aus Grundlagenforschung oder Marktausweitung) sind folgende Regeln denkbar:

- **Modalwert**. Nach μ/s-Regel wird bei Risiko genau die Entscheidung gewählt, die bei gleichem Erwartungswert (μ) die geringere Standardabweichung (s) für die Streuung der Wahrscheinlichkeitsverteilung aufweist. Es erfolgt also ausschließlich die Berücksichtigung des Ergebnisses mit der höchsten Eintrittswahrscheinlichkeit. Daher wird zunächst der Umfeldzustand mit der höchsten Wahrscheinlichkeit ausgewählt. Problematisch sind mehrere Zustände mit gleich hoher Eintrittswahrscheinlichkeit oder mehr als eine Alternative bei diesem Zustand und wenn die Eintrittswahrscheinlichkeiten nur geringfügig voneinander abweichen.
- **Bayes-Regel.** Danach wird diejenige Alternative gewählt, die den bestmöglichen (minimalen bzw. maximalen) Erwartungswert repräsentiert (also die mit den zugehörigen Wahrscheinlichkeiten gewichteten Erwartungswerte). Es kommt also zur Gewichtung aller möglichen Ergebniswerte mit ihrer jeweiligen Eintrittswahrscheinlichkeit zum Erwartungswert, und es wird die Alternative mit dem höchsten Erwartungswert gewählt. Die Beurteilung ist risikoneutral, also weder risikoscheu noch risikogierig.
- **Bernoulli-Regel.** Bei Risiko wird jedem einzelnen Ergebniswert über eine Risikonutzenfunktion ein Nutzen zugeordnet und diejenige Alternative gewählt, die den größten Erwartungswert repräsentiert. Die subjektive Nutzenbewertung der Entscheidungsträger ist immer unterschiedlich. Der Erwartungswert ergibt sich durch Multiplikation der Nutzenfunktion mit den Eintrittswahrscheinlichkeiten der zugehörigen Umfeldzustände, je Alternative werden diese Werte über alle Zustände aufaddiert, die Wahl fällt auf die Alternative mit dem höchsten Gesamtnutzenwert.
- **Förstner-Regel.** Nach dieser Entscheidungsregel werden die Erwartungswerte korrigiert durch eine gewichtete Standardabweichung, welche die Risikopräferenz des Entscheiders repräsentiert. Bei einem Nutzen der Alternative ist der Gewichtungsfaktor bei Risikoscheu positiv, bei Risikofreude negativ, bei einem Schaden der Alternative ist der Gewichtungsfaktor bei Risikofreude positiv, bei Risikoscheu negativ, ein Wert = 0 ergibt sich bei Risikoneutralität.

Außerdem werden Verfahren der Unternehmensforschung (Operations research) eingesetzt.

Indeterministisch ist eine Situation bei völliger **Unsicherheit.** Dies ist eine Unsicherheit 4. Ordnung. In diesem Fall bestehen keinerlei Anhaltspunkte für eine zutreffende Charakterisierung der Einführungssituation. Es liegen also mehrwertige Erwartungen, aber keine Wahrscheinlichkeiten oder Erfahrungen vor (verteilungsfreier Fall). Hierfür gibt es zahlreiche Entscheidungsregeln:

- **Minimax-Kriterium** (Neumann/Morgenstern). Man versucht, die Gefahr der Enttäuschung über die gewählte Alternative dadurch auszuschließen, dass man die Alternative wählt, die den geringsten Gewinn maximiert, bei der also das minimale Ergebnis größer ist als die minimalen Ergebnisse aller anderen Alternativen (schlechteste unter den guten Alternativen, jede andere Konstellation würde ein besseres Ergebnis erbringen). Dies ist die Politik eines vorsichtigen Pessimisten.

- **Maximin-Kriterium** (Wald). Diese Regel bestimmt, den niedrigsten Wert des höchsten Gewinns aller Alternativen zu wählen (beste unter den schlechten Alternativen/Maximum minimorum). Dies unterstellt eher Skepsis und Risikoscheu („ängstlicher Geschäftsführer" oder „pathologischen" Pessimismus nach Krelle).
- **Minimax-regret-Kriterium** (Savage/Niehans). Dies ist eine Abwandlung der Minimax-Regel, die versucht, die maximale Enttäuschung zu minimieren. Bei Verfehlen des maximalen Zielkriteriums bei einer gegebenen Zukunftslage wird das Minimum der maximalen Opportunitätsverluste angestrebt (das kleinste Bedauern). Dies ist die Politik des ängstlichen Realisten. Sie wird durch Hinzufügen oder Weglassen von Aktionen allerdings verändert.
- **Kriterium des unzureichenden Grunds** (Laplace). Bei gleichen unterstellten Eintrittswahrscheinlichkeiten (Zukunftslagen) wird die Alternative mit dem höchsten Durchschnittsgewinn aus mehreren gewählt. Dazu wird die Summe der Gewinne durch die Anzahl der möglichen Konstellationen geteilt und die Alternative mit dem höchsten Quotienten gewählt. Dies setzt eine kardinale Nutzenmessung voraus. Durch die Hinzunahme einer Alternative ändern sich die Präferenzen.
- **Pessimismus-Optimismus-Kriterium** (Hurwicz). Hierbei wird die individuelle Risikofreudigkeit bzw. -scheu des Entscheiders für minimale und maximale Gewinne berücksichtigt (Mischung als Maximin- und Maximax-Regel). Es wird die Entscheidung gewählt, bei der die Summe der extremen Werte für die analysierten Zukunftslagen, bewertet im Maximum mit dem Optimismus-Koeffizienten, im Minimum mit dem Pessimismus-Koeffizienten (zusammen = 1) ein Maximum erreicht. Diese Maxime basiert auf Extremen, setzt eine kardinale Nutzenmessung voraus und kann so zu unzweckmäßigen Ergebnissen führen.
- **Krelle-Kriterium.** Die einzelnen Nutzwerte pro Alternative werden in eine Unsicherheitspräferenz-Funktion transformiert und danach addiert. Dazu ist eine kardinale Nutzenmessung erforderlich. Die praktische Ermittlung der Unsicherheitspräferenzfunktion ist jedoch schwierig.
- **Maximax-Kriterium** (Hasard). Die höchste Belohnung soll ohne Rücksicht auf evtl. Enttäuschungen erreicht werden. Es wird also diejenige Alternative gewählt, die bei Eintreten der jeweils günstigsten Umweltsituation zum besten Ergebnis führt (Maximum maximorum). Dies unterstellt freilich einen unbegrenzten Optimismus und eine extreme Risikofreude.
- **Minimin-Kriterium**. Als optimal wird diejenige Alternative bezeichnet, bei welcher der günstigste Fall im Vergleich zu allen anderen Alternativen den größtmöglichen Nutzen mit sich bringt. Dies setzt einen „pathologischen" Optimismus voraus.
- **Koch-Kriterium** (gilt auch für subjektive Unsicherheit). Dabei dienen Sekundärkomponenten als Restriktionen (Sicherungsmaßnahmen) jeder Variante. Es wird diejenige Variante gewählt, die unter Berücksichtigung dieser Restriktionen den größten Gewinn erwarten lässt, gleichzeitig ist aber ein anzustrebender Mindestzielerreichungsgrad gesichert. Bei objektiver Unsicherheit wird die Alterna-

tive gewählt, bei welcher der Gewinn unter Berücksichtigung der Gewinnminderung durch die Sekundärkomponenten am größten ist. Bei subjektiver Unsicherheit wird die wahrscheinlichste Datenkonstellation zu Grunde gelegt.
- **Hodges/Lehmann-Kriterium.** Dabei geht es darum, den Erwartungswert einer Entscheidung zu maximieren, der sich aus dem Bayes-Ziel, bewertet mit dem Vertrauenskoeffizienten zzgl. dem Minimum-Zielkriterium der Investition, bewertet mit seinem zugeordneten Misstrauenskoeffizienten, ergibt.

Die Entscheidungsregeln schaffen prinzipiell eine klare Darstellung und Strukturierung des Entscheidungsproblems. Sie zwingen zur Unterscheidung zwischen kontrollierten und unkontrollierten Variablen. Und machen die Entscheidungsfindung durch explizite Wahrscheinlichkeiten und Entscheidungsregeln transparent.

Die meisten Entscheidungsregeln basieren in Bezug auf Informationsbeschaffung und Entscheidungsverhalten jedoch auf zu einfachen Prämissen. Sie sind nicht in der Lage, die unterschiedlichen Risikopräferenzen der verschiedenen Entscheider/Unternehmen einzubeziehen. Und sie unterstellen nur einstufige Entscheidungsprozesse. Sie gehen zudem von einem einzigen Entscheidungsträger aus und setzen eine eindimensionale Zielfunktion (ohne Zielkonflikte) voraus. Die Ermittlung von Nutzenfunktion und Eintrittswahrscheinlichkeiten ist ebenfalls fraglich. Auch muss nicht immer eine konstante Zielsetzung gegeben sein.

Die bei jeder Innovation implizierten Entscheidungsrisiken werden nun durch Risikomanagement offen gelegt und zu reduzieren gesucht. Dieses impliziert die ursachen- und wirkungsbezogenen Maßnahmen der:
- **Risikoidentifikation** durch Verbesserung des (relativen) Informationsgrads und des (absoluten) Informationsstands,
- **Risikobewertung** durch Evaluierung der Handlungsalternativen nach deren jeweiligen Eintrittswahrscheinlichkeiten,
- **Risikoverhütung** durch Risikomeidung oder zumindest Risikoverminderung,
- **Risikobewältigung** durch Begrenzung von verlustbringenden Eintrittswahrscheinlichkeiten. Dies erfolgt durch Abwälzung, d.h., proaktive Eindämmung von Risiken, z.B. durch Streuung der Unternehmensinteressen (Diversifikation/Porfolio) oder durch Ausgleich, d.h., Begrenzung drohender Risiken, z.B. durch Risikoübertragung (Termingeschäft). Dann durch Kompensation, d.h., Überwälzung kaum zu verhindernder Risiken, z.B. durch Bildung ausreichender Rücklagen für den Notfall (Reserve) oder Versicherung unvermeidlicher Risiken. Weiterhin durch Teilung bzw. Gemeinschaft verschiedener Risikoträger (Geschäftspartner). Schließlich durch Selbsttragung von Risiken, was sich nur anbietet, wenn deren Eintrittswahrscheinlichkeit als so gering angesehen wird, dass die Chance groß ist, ohne negative Konsequenzen davonzukommen.

Hinsichtlich der Markterwartungen für Innovationen kann nach den Dimensionen der Markt- oder Unternehmenssicht sowie nach maximaler, latenter, manifester und minimaler Nachfrage unterschieden werden. Aus der Kombination dieser Kriterien ergeben sich folgende Planungsgrößen *(siehe Abb. Markterwartungen)*:

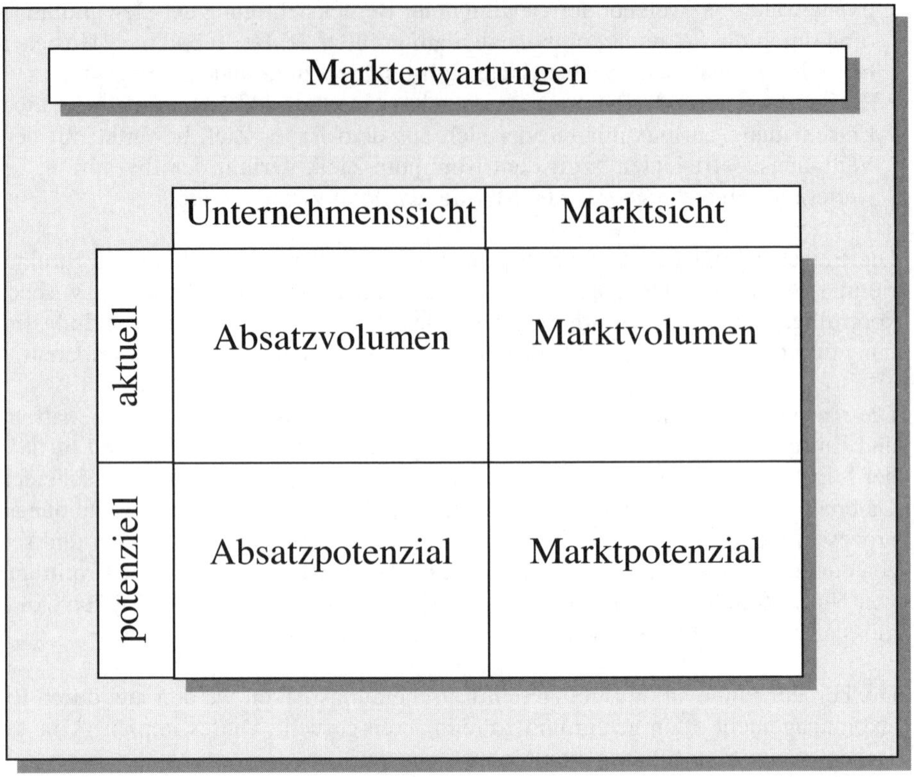

- Marktsicht/maximale Nachfrage = **Marktkapazität.** Dabei handelt es sich um die theoretische Obergrenze eines Markts, die nur erreicht wird, wenn alle potenziellen Bedarfsträger ihren Bedarf auch aktualisieren. Da dies praktisch keineswegs der Fall ist, bleibt diese maximale Größe hypothetisch.
- Marktsicht/latente Nachfrage = **Marktpotenzial** (nach Menge oder Wert definiert). Dieses entspricht der latenten (realistisch maximalen) Aufnahmefähigkeit eines Markts. Es ist davon auszugehen, dass die Marktkapazität nicht voll ausgeschöpft werden kann, sondern trotz aller Bemühungen ein Bodensatz von Kaufverweigerern verbleibt.
- Marktsicht/manifeste Nachfrage = **Marktvolumen.** Dieses repräsentiert die tatsächliche Größe eines Markts. Dabei können Wert oder Menge als Maßstab angesetzt werden. Entsprechende Daten sind aus der ökoskopischen Marktforschung vorhanden.
- Unternehmenssicht/latente Nachfrage = **Absatzpotenzial.** Dabei handelt es sich um die theoretische Obergrenze für den Absatz des eigenen Unternehmens. Sie wird nur erreicht, wenn sich die relative Wettbewerbsposition optimal entwikkelt, d.h., die Wettbewerbsfähigkeit des eigenen Unternehmens steigt und zugleich die anderer Unternehmen sinkt. Parallel dazu gibt das Umsatzpotenzial die realistische Obergrenze für den Umsatz des eigenen Unternehmens an.
- Unternehmenssicht/manifeste Nachfrage = **Absatzvolumen.** Dieses stellt den tatsächlichen Absatz des eigenen Unternehmens dar. Parallel dazu gibt das Um-

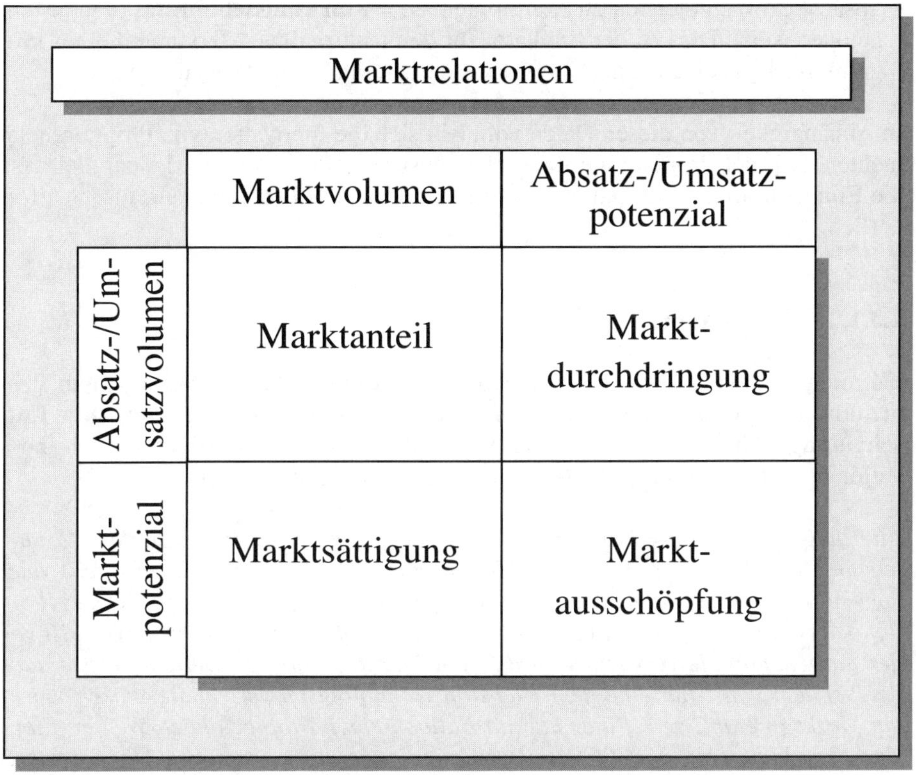

satzvolumen den tatsächlichen Umsatz des eigenen Unternehmens an. Diese Daten liegen aus dem internen Rechnungswesen vor.

- Unternehmenssicht/minimale Nachfrage = **Break even-Absatz.** Dies ist der Absatz, der mindestens erreicht sein muss, damit das Unternehmen am Markt verbleiben kann. Zu unterscheiden sind dabei mehrere Break even-Punkte, so für Liquidität, Teil- und Vollkostendeckung, Plangewinn etc.

Aus der Relation der genannten Werte lassen sich einige aussagefähige Maßzahlen ableiten *(siehe Abb. Marktrelationen)*:

- Absatz-/Umsatzvolumen zu Marktvolumen = (aktueller) **Marktanteil.** Dies ist der Anteil des eigenen Programms am (relevanten) Gesamtmarkt. Er kann in Menge oder Wert gemessen werden und zeigt an, welche Marktstellung ein Programm derzeit innehat.
- Marktvolumen zu Marktpotenzial = **Marktsättigung** (nach Menge oder Wert). Dadurch wird angezeigt, inwieweit das Potenzial eines Markts von allen Unternehmen gemeinsam bereits ausgeschöpft ist oder welche Reserven dort mutmaßlich noch vorhanden sind.
- Absatz-/Umsatzvolumen zu Absatz-/Umsatzpotenzial = **Marktdurchdringung.** Dieser Wert zeigt an, inwieweit ein Programm seine Möglichkeiten am Markt bereits ausreizt bzw. welche Steigerungsmöglichkeiten ggfs. dabei noch verbleiben.

- Absatz-/Umsatzpotenzial zu Marktpotenzial = **Marktausschöpfung** (nach Menge oder Wert). Dies ist der Indikator für den langfristigen Marktanteil eines Programms, zugleich auch als Obergrenze dessen Marktanteils anzusehen.

In Abhängigkeit von diesen Daten vollzieht sich die Innovation von Programmelementen. Soll der Programmumfang nicht ausufern (Proliferation), ist parallel dazu die Elimination von Programmelementen im Zuge des Programmaustauschs erforderlich.

4.3.1.2 Elimination

Elimination bedeutet die dauerhafte Streichung von Produkten aus dem Programm aus qualitativen oder quantitativen Gründen anhand relevanter Entscheidungskriterien. Gemessen an der wissenschaftlichen Behandlung von Innovationen im Programm ist die Elimination eher unterrepräsentiert.

Allerdings gibt es viele Flops, so Tob Job, ein Tuch zur Verstärkung der Wäscheleistung von Procter&Gamble (widerspricht eingeübtem Waschverhalten) oder vom selben Hersteller das Ariel Reinigungssäckchen (zu unbequem). Generell geflopped ist der Versuch, Männer-Deodorants zu etablieren (weil das Deo meist von der ganzen Familie verwendet wird). Vom Markt genommen werden musste auch der Versuch von Uhu, eine dem Klebstoff technologisch verwandte Wäschestärke am Markt zu etablieren. Ritter hat mit Balloon einen Flop gelandet. Weitere Flops sind das Videosystem 2000 (Philips/Grundig), trotz technischer Überlegenheit mangels rascher Verbreitung zur Erhebung zum technischen Standard, oder, zumindest in Deutschland, Cherry Coke, mangels Geschmacksaffinität einer genügend großen Anzahl von Verwendern. Eliminierungen am Ende des Lebenszyklusses von Automobilen sind etwa der Käfer (Volkswagen), der 2 CV (Citroen) oder der R 4 (Renault).

Trotz intensivster Marktforschung ist übrigens der Zigarettenmarkt von den meisten Flops heimgesucht, dies selbst trotz total stimmiger Konzepte (z.B. Morgan/Reemtsma). Weitere Flops sind DF 1 Pay-TV (Kirch-Gruppe), APS-Fotosystem (Kodak), Newton PC (Apple), DAT/DCC (verschiedene Unterhaltungselektronikhersteller), Ford Edsel, Sony Betamax oder die rauchfreie Zigarette (Reynolds Tobacco). Ebenso gescheitert sind das Doppelherz-Joghurt von Bauer und die Herrenanzugkollektion von Levi's.

Auch die erfolgreichsten Produkte müssen einmal aus dem Programm genommen werden. Dies widerfuhr auch dem Volkswagen Käfer:
- *1935: Erster Prototyp des Käfers, das Fahrzeug wird durch die Nazis an Volkswagen vergeben.*
- *1936: Drei Prototypen mit erfolgreichem 50.000 km-Test. Die ersten 30 Stück des Prototyps „KdF" werden gebaut, davon existieren nurmehr Fotos, alle Fahrzeuge werden 1942 zerstört.*

- *1938: Die Produktion des „Brezel-Fenster“-Käfer läuft an, wird 1939 wieder gestoppt, serienmäßige Fertigung ab 1941 bis Produktionsende 1953.*
- *1946: der 20.000. Käfer läuft vom Band.*
- *1948: Export in die USA beginnt.*
- *1950: der 100.000. Käfer läuft vom Band.*
- *1954: 30-PS-Motor löst 24,5 PS-Motor ab.*
- *1955: Eine Million verkaufter Käfer.*
- *1964: Der 1200 A mit vollsynchronisiertem Vierganggetriebe bildet die neue Generation Käfer.*
- *1967: Halb- und vollautomatisches Getriebe.*
- *1970: Typ 1302 erscheint.*
- *1972: Typ 1303 erscheint (gerundere Frontscheibe). Die Produktion des Käfers überholt die des bis dahin erfolgreichsten Autos, des Ford T (15.007.034 Einheiten).*
- *1974: Produktion des Käfers wird in Wolfsburg eingestellt*
- *1978: Produktionseinstellung der Käfer-Limousine in Deutschland,*
- *1980: Produktionseinstellung des beliebten Käfer-Cabrios in Deutschland.*
- *1981: 20 Mio. Käfer sind vom Band gelaufen, jetzt in Mexiko.*
- *1985: Sonderserie Käfer.*
- *1992: Käfer mit Einspritzmotor und Kat. Show-Car New Beetle.*
- *1996: Europa-Premiere New Beetle.*
- *2003: Endgültige Einstellung der Käfer-Produktion in Mexiko.*

Erfahrungsgemäß führt nur ein geringer Anteil der Neuprodukteinführungen tatsächlich zur erfolgreichen Marktpräsenz. Der Rest scheidet bereits vordem bei Vorauswahl, Wirtschaftlichkeitsanalyse, Entwicklung, Prototypenbau, Testmarkt etc. aus.

Insgesamt steigt die Wahrscheinlichkeit für Flops durch Preiserosion bereits in frühen Phasen der Marktpräsenz, durch stetig erhöhte Vorlaufinvestitionen, durch ständig kürzere Lebenszyklen, durch weiter entfernte Absatzmärkte sowie verbreitete Umweltdiskontinuitäten.

Gemäß ihrer Richtung kann zunächst unterschieden werden in:
- Kürzung, d.h., die bewusste Reduktion der Programmbreite (Produktsparten, -gruppen, -familien, Einzelprodukte) bei unveränderter Tiefe des Restprogramms bzw. die bewusste Reduktion der Programmtiefe (Einzelartikel) bei unveränderter Programmbreite,
- Formatierung, d.h., eine geringere Programmbreite (Produktsparten, -gruppen, -familien, Einzelprodukte) zu Gunsten steigender Tiefe des Restprogramms (Einzelartikel) bzw. geringere Programmtiefe zu Gunsten steigender Programmbreite.

4.3.1.2.1 Kriterien

Zur Elimination werden zumeist Kriterienlisten zu Grunde gelegt (etwa als Punktbewertungsverfahren), anhand derer jedes einzelne im Programm vorhandene Produkt in regelmäßigen Zeitabständen, oder auch anlassbezogen, beurteilt wird. Sofern Produkte dabei bestimmte Punktsummen nicht erreichen, sind sie eliminierungsverdächtig. Die Bewertung wird durch Experten vorgenommen, die Auswahl und Anzahl der Kriterien ist programm- und unternehmensabhängig. Insofern verbleiben erhebliche Imponderabilien. Die Notwendigkeit zur Produktelimination hat mehrfache Ursachen.

Bei weitem ohne Anspruch auf Vollständigkeit sei die folgende Aufzählung versucht:
- *unausgereiftes Produkt, technische Schwächen, Me too, falscher Einführungszeitpunkt, unzureichende Einführungsunterstützung (Werbung, Reinverkauf), fehlende Software, fehlender Kundendienst, falsche Einschätzung des Bedarfs (die bessere Mausefalle, die keiner brauchte), unzuträgliches Konkurrenz- bzw. allgemeines Marktumfeld, falsches Preislevel, schlechtes Preis-Leistungs-Verhältnis, Preiseinbruch, „unethisches" Produkt, Gesetzesänderung, Imagebeeinträchtigung, verbesserte Wettbewerbsprodukte, Erreichen der Erosionsphase des Lebenszyklus, ökonomische Indikatoren (Deckungsbeitrag, Kapitalumschlag, Rendite), störender Produktionsablauf, Bedarfsverschiebung.*

Weitere denkbare Kriterien sind etwa die Folgenden:
- *Marktvolumen, Marktpotenzial, Marktwachstum, Sättigungsgrad, Produktgruppenrentabilität, Lebenszyklusphase, Innovationspotenzial, Gewerbliche Schutzrechte, Investitionsintensität, Abnehmeranzahl und -struktur, Verhaltensstabilität der Branche, Marktaustrittsbarrieren, Distributions- und Serviceanforderungen, Stabilität der Wettbewerbsbedingungen, Substitutionsgefahr, Wettbewerbsintensität und -struktur, preispolitischer Spielraum, Nachfragemacht, Konjunkturabhängigkeit, Inflationsauswirkungen, Einfluss der Gesetzgebung und der öffentlichen Meinung, Risiko staatlicher Eingriffe, Umweltbelastung, Versorgungssicherheit für Roh- und Einsatzstoffe, Kundentreue etc.,*
- *Marktanteil und -anteilsentwicklung, Finanzbedarf der Produktgruppe, Wachstumsrate, Rentabilität, Risikograd bzw. Etablierung am Markt, Marketing- und Imagepotenzial, Mittelrückfluss, Kostenstruktur und -vorteile, Produktionsflexibilität, Standortnachteil, mögliche Produktivitätssteigerung, Energieversorgung, Wertschöpfung, Produktqualität, Forschungsstandard, Kontinuität der Marktpräsenz, technisches Know-how, Managementkapazität, Führungsqualität, Gewinnpotenzial, Synergieeffekte, Sozialverträglichkeit etc.*

Die Eliminierung wird dennoch weitgehend verzögert, weil irrationale Elemente eine Rolle spielen oder man gute Kunden nicht verprellen will. Auch sind etwaige Verbundeffekte schwer zu prognostizieren. Gelegentlich wird die Zahl der Produkte sogar mit der Leistungsfähigkeit deren Anbieters verwechselt. Verluste aus nicht oder zu spät eliminierten Produkten sind zudem meist nicht offensichtlich. Und schließlich ist der Begriff negativ besetzt bzw. wird bei Kunden daraus oft auf mangelndes Fortüne auch in anderen Bereichen geschlossen.

Die Elimination kann gleitend oder abrupt erfolgen sowie mit oder ohne Ankündigung (*siehe Abb. Optionen der Produktelimination*). Gleitend bedeutet, dass das zu eliminierende Produkt noch solange abverkauft wird, wie die Vorräte reichen. Danach wird es eingestellt. Abrupt bedeutet, dass das zu eliminierende Produkt punktuell eingestellt wird. Die Produktelimination kann so erfolgen, dass Kunden sich darauf einstellen können oder aber überraschend. Ersteres kann auch zu einer Inszenierung der Elimination genutzt werden (z.B. Braun Last Edition-UE-Geräte, die rückwärts bis zur Nr. 1 durchnummeriert waren), Letzteres kann unerwünschten Nachfragereaktionen vorbeugen (z.B. Einstellung des Tafelgeschäfts der Banken bei Wertpapieren zur Verhinderung von Kapitalertragssteuer-Verkürzungen).

4.3.1.2.2 Verbundeffekte

Ein Problem bei der Streichung von Programmelementen stellen Verbundeffekte dar. Dabei handelt es sich um Sekundäreffekte, die aus der Wegnahme eines Produkts und dem Verbleib der restlichen Produkte im Programm herrühren.

Optionen der Produktelimination

		Ankündigung der Produktelimination	
		ja	nein
Umsetzung der Produktelimination	abrupt	angekündigte Produkt-elimination mit abrupter Umsetzung	überraschende Produkt-elimination mit abrupter Umsetzung
	gleitend	angekündigte Produkt-elimination mit gleitender Umsetzung	überraschende Produkt-elimination mit gleitender Umsetzung

Man unterscheidet im Einzelnen nach seiner Art den:

- **Bedarfsverbund,** d.h., Produkte stehen in einem komplementären Ge- oder Verbrauchsverhältnis zueinander, hohe Programmbreite führt hier zu additiven Kaufmöglichkeiten,
- **Auswahlverbund,** d.h., Produkte einer Warengattung, die untereinander substituierbar sind, stehen in Verbund zueinander, dies führt bei hoher Programmtiefe zu alternativen Kaufmöglichkeiten,
- **Nachfrageverbund,** d.h., alle Produkte, die Kunden beim One stop shopping am Handelsplatz gemeinsam kaufen (alles unter einem Dach), stehen zueinander in Verbund,
- **Akquisitionsverbund,** d.h., Produkte, die Inhalt einer gemeinsamen Verkaufsförderung von Hersteller und/oder Handel sind oder eine gemeinsame Platzierung haben, stehen zueinander in Verbund.

Weitergehend lassen sich die Verbundbeziehungen der Produkte untereinander wie folgt unterteilen:

- Eine **reflexive** Verbundbeziehung bedeutet, dass mehrere Einheiten eines Produkts gleichzeitig gekauft werden.
- Eine **symmetrische** Verbundbeziehung bedeutet, dass die Verbundwirkung des ersten Produkts in Richtung des zweiten Produkts gleich der reziproken Verbundwirkung ist.
- Eine **asymmetrische** Verbundbeziehung bedeutet, dass ungleiche Verbundwirkungen zwischen den Produkten bestehen.
- Eine **transitive** Verbundbeziehungen bedeutet, dass die Verbindung zwischen den Produkten a und b einerseits und den Produkten b und c andererseits zu einer Verbundbeziehung auch zwischen den Produkten a und c führt.

Verbundeffekte können positive oder negative Wirkungen haben. Denkbar sind im Wesentlichen Effekte der:

- **Partizipation,** d.h., ein anderes eigenes Produkt wird nun nicht mehr oder nurmehr weniger nachgefragt, da es mit dem eliminierten im Nachfrageverbund stand. Der Verbund kann sich dabei auf gleichartige Produkte (z.B. Hemd/Krawatte) oder verschiedenartige Produkte beziehen (z.B. Fotokamera/Negativfilm).
- **Substitution,** d.h., anstelle des eliminierten Produkts wird ein anderes aus dem eigenen Programm nachgefragt oder, falls dieses nicht vorhanden ist, ein anderes aus einem fremden Programm durch Abwanderung von Nachfragern zur Konkurrenz,
- **Imageabstrahlung,** d.h., das Image und damit die Attraktivität des Programms steigt oder sinkt durch die Elimination des Produkts. Eine Steigerung ergibt sich durch Wegnahme gering angesehener Produkte, eine Senkung durch Wegnahme hoch angesehener Produkte (etwa infolge Lizenzauslaufs).

Weitere Probleme entstehen durch den Ausfall von Beiträgen zur Fixkostendeckung, den Verlust an Know-how, die Belastung der Kundenbeziehungen und die feste Verbindung durch Kuppelproduktion.

Zur Identifikation eliminationsverdächtiger Produkte ist extern eine kontinuierliche Marktbeobachtung erforderlich, aber auch intern eine stetige Wirtschaftlichkeitsanalyse. Als Beurteilungskriterien kommen dabei gleich mehrere in Betracht:

- Die **Make or buy-Entscheidung** (Preisobergrenze) betrifft nur das Produktions-, nicht hingegen das Absatzprogramm. Dabei geht es darum, durch Vergleich der Selbstkosten und der abbaubaren Fixkosten einerseits sowie des Einstandspreises für Fremdbezug andererseits zu prüfen, ob es sich lohnt, die Fertigungstiefe eines Unternehmens zu Gunsten der Erhöhung des Einkaufsvolumens (Beschaffungsprogramm) zu verringern. Zwischenzeitlich ist eine deutliche Tendenz in diese Richtung zu verzeichnen (Outsourcing).
- Der **Engpass-Deckungsbeitrag** je Zeiteinheit (= relative Deckungsspanne) dient als Entscheidungskriterium für den Fall von Auftragsüberhängen. Besteht ein Engpass bei der Leistungserstellung, so ist zwischen mehreren zur Auswahl stehenden Produkten bei Gewinnmaximierung dasjenige zu bevorzugen, das den höchsten Deckungsbeitrag je Zeiteinheit der Belastung des Engpasses erbringt. Die anderen Produkte sind entsprechend zu eliminieren. Der absolute Deckungsbeitrag dient als Entscheidungskriterium nur, wenn bei der Leistungserstellung noch freie Kapazitäten bestehen. Diese verursachen auf Grund der Unterauslastung Leerkosten, sodass es sinnvoll sein kann, einen Auftrag selbst dann noch anzunehmen, wenn damit zwar nicht die vollen, wohl aber zumindest die variablen Kosten gedeckt werden.
- Die **Preisuntergrenze** gibt an, wann bei Preisdruck vom Markt der Punkt gekommen ist, an dem ein Produkt nicht mehr rentabel ist. Dabei können fünf Preisuntergrenzen unterschieden werden (Deckung nur der variablen Kosten/ teilweise Deckung der Fixkosten/Deckung der variablen und fixen Kosten/Gewinnerzielung unterhalb Plan/Gewinnerzielung nach Plan). Je nach Unternehmenssituation werden dann Produkte, die eine der genannten Preisuntergrenzen nicht erreichen, aus dem Programm eliminiert.

4.3.2 Programmvariation

Programmvariation bedeutet die Ablösung eines Programmelements durch ein neues Nachfolgendes. Ausgangspunkt ist dafür die kontinuierliche Produktbetreuung, d.h., die Aktualisierung und Feinjustierung im Marketing-Mix.

4.3.2.1 Ausprägungen

Die Programmvariation ist vor dem Hintergrund des Produktlebenszyklus zu sehen. Produkte durchleben während ihrer Präsenz am Markt mehrere Stufen des Lebenszyklus. Idealtypisch bildet sich dabei die Form einer Glockenkurve, wobei zu Beginn und am Ende sehr niedrige, in der Mitte sehr hohe absolute Werte anfallen. Hinsichtlich der Veränderungsrate ist es genau umgekehrt. Sie ist sowohl zu Beginn hoch, nämlich steigend, als auch am Ende, allerdings fallend, hingegen in der Mitte niedrig. Ziel jedes Unternehmens ist es nun, seinem Angebot eine möglichst lange und erfolgreiche Marktpräsenz zu verschaffen, denn umso eher rentieren sich Investitionen in Forschung und Entwicklung sowie im Anlagenbau. Da viele Produkte künstlicher Veralterung durch Zeitströmungen und Innovationshektik unterliegen, wird die technische Lebensdauer getätigter Investitionen selten voll ausgeschöpft, es sei denn, es gelingt der Versuch einer Spreizung der modellhaften Glockenkurve über einen längeren Zeitraum.

Lebenszyklusverlängerung (Life cycle stretching) meint eine solche Spreizung des Lebenszyklusses durch Ausbau vor allem der Penetrations- und Saturationsphasen, die von hohen Mittelrückflüssen bei geringen Investitionen gekennzeichnet ist. Meist liegen nur geringe objektive Änderungen vor, sodass die Aufmerksamkeit durch werbliche Dramatisierung geweckt werden muss.

So wurde beim Waschmittel Persil von Henkel seit seiner Einführung 1907 als erstes selbstständiges Vollwaschmittel (mit Produktionsunterbrechung zwischen 1918 und 1920 wegen Sodamangels sowie zwischen 1939 und 1950) in schöner Regelmäßigkeit versucht, neue Impulse zu geben. Persil ´59 war das synthetische Waschmittel, das den chemischen Fortschritt (synthetische Tenside) repräsentierte, Persil ´65 ermöglichte eine temperaturabhängige Schaumregelung für automatische Waschmaschinen, Persil ´70 zeitigte durch Enzyme biologisch aktive Waschwirkung, vor allem bei eiweißhaltigen Flecken. Im Jahre 1975 wurde der Wert der Wäsche in der Waschtrommel zum Anlass genommen, um zu mahnen, nicht am falschen Ende, nämlich mit einem billigen Waschmittel, zu sparen. Im Jahre 1981 kam das energieverstärkte Persil in den Handel, 1986 folgte das erste ökologisch orientierte Vollwaschmittel mit Persil phosphatfrei (stattdessen mit Sasil), 1988 gab es Persil erstmals auch in nicht-fester Konsistenz als Persil flüssig. 1990 wurde Persil supra als erstes Kompaktwaschmittel eingeführt, Außerdem gab es Persil auch parfümfrei (Persil Sensitiv) speziell für empfindliche Haut. 1991 kam Persil Color als erstes Vollwaschmittel zum Schutz farbiger Wäsche hinzu. 1992 folgten Persil supra flüssig und Persil Color flüssig. 1993 wurde Persil mit Plantareen angeboten. 1994 fand ein großer Relaunch als Persil Megaperls für mehr Waschkraft statt, 1997 wurde Persil Kraftgel (hoch konzentrierte Form des Flüssigwaschmittels) für stark verschmutzte Wäsche eingeführt, 1998 wurden Persil Tabs als Convenience-Version des Vollwaschmittels vorgestellt. 2002 kamen Persil Liquits und Persil Color Liquits mit Vordosierung in der Waschtrommel hinzu. 2003 kam Persil Color zur Anwendung bis 40° hinzu. Ab 2004 gab es das besonders hautverträgliche Persil Sensitive Gel. 2009 schließlich der Launch von Persil Activ Power als superkonzentriertes Flüssigwaschmittel.
Aktuell werden elf verschiedene Versionen von Persil angeboten (Programmdifferenzierung): Persil, Persil Konzentrat, Persil Tabs, Persil Gel, Persil Sachets, Persil Color Konzentrat, Persil Color Tabs, Persil Color Gel, Persil Color Sachets, Persil Sensitiv Konzentrat, Persil Sensitiv Gel.

Wie dieses Beispiel zeigt, lässt sich selbst um ein wenig erklärungsbedürftiges Produkt viel Aufhebens machen. Gelegentlich wird die Umpositionierung auch auf Basis einer völligen Produktveränderung vollzogen (z.B. Opel Kadett E zu Opel

Astra A) oder bei völlig unverändertem Produkt (z.B. Skip: 1990 - Waschmittel im „Baukastensystem", 1992 - Weiß- und Buntwäsche mit einem Waschmittel, 1995 - Probierkäufe initiieren).

Offensichtlich sind die Produktvariationen auch in der Automobilindustrie, hier dargestellt am Beispiel Volkswagen Golf:

- *1974: Verkaufsstart VW Golf I*
- *1976: Verkaufsstart Golf GTI-Version*
- *1976: Produktionsstand: 1 Mio. Fahrzeuge*
- *1978: Produktaufwertung (Facelift)*
- *1979: Verkaufsstart Golf Cabrio*
- *1982: Produktionsstand: 2 Mio. Fahrzeuge*
- *1983: Verkaufsstart VW Golf II*
- *1987: Produktaufwertung*
- *1988: Produktionsstand: 10. Mio. Fahrzeuge*
- *1990: serienmäßig geregelter KAT*
- *1991: Verkaufsstart VW Golf III*
- *1993: Verkaufsstart Golf Cabrio Nachfolger*
- *1993: Verkaufsstart Golf III Variant*
- *1994: Produktionsstand: 15 Mio. Fahrzeuge*
- *1997: Verkaufsstart VW Golf IV*
- *1998: Verkaufsstart Golf Cabrio Nachfolger*
- *1999: Verkaufsstart Golf IV Variant*
- *2003: Verkaufsstart Golf V*
- *2008: Verkaufsstart Golf VI*
- *2012: Verkaufsstart Golf VII, im Hintergrund wird bereits am Golf VIII konstruiert und am Golf IX entwickelt.*

Ein weiteres Beispiel bieten Tempo-Papiertaschentücher (Einführung 1929):

- *1950: Verpackung mit Seitenperforierung und Aktualisierung des Logos,*
- *1953: quadratische 20-er-Verpackung (Brechpack),*
- *1963: Tempo-Griff zur Entfaltung mit einer Hand,*
- *1975: Z-Faltung des Taschentuchs,*
- *1988: wiederverschließbare Packung,*
- *1995: Tempo Classic-Differenzierung, Tempo Plus-Differenzierung, Tempo Aloe Vera, Tempo Atemfrei mit Menthol-Film,*
- *1996: Tempo Compact kleiner gefaltet,*
- *1998: Micro-Brücken zwischen den Fasern erhöhen die Durchschnupfsicherheit,*
- *2001: Tempo Designbox,*
- *2005: Tempo Aromathera mit ätherischen Ölen, Tempo Kids mit Tiermotiven, Tempo Plus mit Aloe Vera und Kamille,*
- *2008: Tempo mit Atemfrei Ölen und Verwöhnbalsam.*

Auch das Weichspülmittel Lenor von Unilever bildet eine Abfolge von Variationen:

- *1963: Lenor wird als erster Weichspüler auf dem deutschen Markt eingeführt, der Name ist von lenis (lateinisch für weich) abgeleitet,*

- *1977: Lenor wird mit dem Duftstoff „Aprilfrisch" versehen, später folgen weitere Duftstoffe,*
- *1982: Lenor Ultra wird als erstes Weichspülkonzentrat gelauncht,*
- *1987: Lenor-Tücher für die Wäsche im Trockner werden eingeführt,*
- *1987: Angebot des Produkts in einer Schlauchverpackung als Nachfüllpack,*
- *1992: Lenor-Inhaltsstoffe werden biologisch abbaubar,*
- *1998: Lenor Care wird mit Farbschutzformel für farbige Wäsche ausgestattet,*
- *1999: Downy Conditioner (Umbenennung nach internationalem Vorbild),*
- *2000: Lenor Natural Balance mit Ökologiekomponente wird gelauncht,*
- *2002: Lenor Frischeschutz wird eingeführt,*
- *2003: Lenor Sensitiv speziell für empfindliche Haut.*

Um zur gewünschten Nachfragebelebung zu gelangen, muss das Angebot als hinlänglich neu empfunden werden. Dies setzt immer eine Produktvariation voraus, die dann von einer neuen werblichen Auslobung begleitet wird. Ein solcher Relaunch darf dabei weder zu häufig angestrebt werden, sonst kommt es zu Abnutzungserscheinungen, die von Konsumenten nicht mehr als Durchstarten erkannt werden, noch zu spät einsetzen, denn in diesem Fall kommt dies der vergeblichen künstlichen Beatmung eines bereits klinisch toten Produktpatienten gleich. Nach Jahrzehnten von Up gradings scheint jetzt angesichts stagnierender Kaufkraft die Zeit der Down gradings angebrochen.

Ziel ist dabei die Verlängerung oder auch erst die nachhaltige Ermöglichung der Marktpräsenz. Dies erfolgt vor allem durch laufende Angebotsaktualisierung, die dem Markt immer wieder verhaltene Wachstumsschübe gibt. Weil dort die Umsätze ansehnlich sind, gleichzeitig Anlagen vorzeitig abgeschrieben werden und neue Investitionen weitgehend unterbleiben, resultiert daraus per Saldo ein positiver Cash-flow. Auf Grund der langen Vorlaufzeiten zur Reaktion ist es jedoch erforderlich, sich jederzeit den aktuellen Status des eigenen Angebots innerhalb des Lebenszyklus vor Augen zu halten. Denn etwaige Korrekturmaßnahmen müssen bereits zu Zeiten guten Markterfolgs eingeplant werden. Ansonsten kommt es leicht zu Panikreaktionen. Gegen dieses an sich selbstverständliche Postulat wird in der Praxis allerdings häufig verstoßen. Dafür sind zwei Gründe verantwortlich.

Die Fristen bis zur Marktreifung neuer Entwicklungen werden unterschätzt. Produktfortschritte sind heute mit sehr hohen Aufwendungen an Zeit und Geld verbunden, brauchen also vergleichsweise lange für ihre Umsetzung. Gleichzeitig beschleunigt sich aber das Tempo des technischen Fortschritts ungemein, sodass erreichte Teilleistungen zum geplanten Markteinführungszeitpunkt schon obsolet sein können. Dann muss nachgebessert werden, wobei wiederum Zeit und Geld verloren gehen, und es fraglich ist, ob das Wettrennen gegen den allgemeinen Trend diesmal gewonnen werden kann. Parallel schreitet die Lebensfrist des etablierten Produkts fort, und leicht wird dabei der richtige Ablösezeitpunkt verpasst.

In Zeiten erfolgreichen, aufstrebenden Geschäftsverlaufs fällt es schwer, sich gedanklich bereits mit der Ablösung verdienter Produkte im Programm zu beschäftigen, zum einen, weil es vordergründig angebracht erscheint, alle Kräfte auf den Ausbau des Erfolgs des aktuellen Angebots zu konzentrieren, statt eine Zersplitterung der Aktivitäten herbeizuführen, zum anderen, weil man der trügerischen Hoffnung erliegen mag, angesichts der überaus positiven Geschäftsentwicklung vielleicht von baldiger Rezession verschont zu bleiben. Wegen der langen FuE-Zeiten wird somit wiederum der optimale Termin zur Ablösung versäumt.

Bei der Umsetzung der Programmvariation sind in Bezug auf das einzelne Produkt drei Stufen unterscheidbar:

- **Product care** meint die kontinuierliche Analyse und Aktualisierung des Marketing-Mix für ein Produkt. Dies impliziert die Beobachtung der Vermarktungsbedingungen, also von Markt und Wettbewerb, von Handel und Nachfrage, daraufhin, ob der Mix neu anzupassen ist. Aber auch interne Informationen, etwa von der Vertriebsmannschaft, sind dabei zu erfassen, zu sichten, auszuwerten und zu berücksichtigen. Dies ist die Kernaufgabe des Produktgruppen-Management, wobei sie bei allen anderen Maßnahmen ihren Niederschlag findet, sozusagen als durchlaufende Aktivität. Sie drückt sich im Produkt allenfalls in eher unmerklicher Optimierung aus, die, obgleich objektiv vorhanden, für Außenstehende kaum spürbar und damit schwierig auslobbar ist. Die Umsetzung entspricht der des Side grading.
- **Facelifts** sind kleinere produktliche Änderungen. Sie sind häufig etwa in der Automobilindustrie anzutreffen. Da signifikante Modifikationen erhebliche investive Anforderungen stellen, denen selbst große Unternehmen nur in längeren Zeitabschnitten gewachsen sind, werden Detailänderungen vorgenommen, die aber schon ausreichen, ein Modell neuartig erscheinen zu lassen, so etwa Flankenschutz, Stoßfänger oder Scheinwerfereinheit, ohne dass sich substanziell etwas getan hätte. Dies ist besonders als vorläufige Antwort auf neue Konkurrenzmodelle üblich, auf die man erst mittelfristig reagieren kann. Ähnliches gilt für die HiFi-Branche. So werden neue DVD-Player etwa anlässlich Ausstellungsterminen (IFA) mit minimalen Ausstattungsveränderungen versehen (z.B. Titelsuchlauf, regelbare Kopfhörerlautstärke, vergoldete Anschlussbuchsen), die technisch leicht zu realisieren sind, oder erhalten einfach ein neues Gehäuse. Dafür gibt es dann eine neue Typen- oder Release-Bezeichnung.
- **Relaunches** betreffen die Modifikation der Positionierung. Sie bedeuten eine grundlegende Änderung auch des Produkts. Dabei wird der Versuch unternommen, die Überlebenschancen durch gebrauchstechnische Veränderungen, also in Bezug auf die Funktionserfüllung, durch affektive Veränderungen, als in Bezug auf das Gefallen, oder durch komparative Veränderungen, als in Bezug auf die Wettbewerbsposition, zu erhöhen. Zur Umsetzung sind zwei Richtungen denkbar. Up grading bedeutet eine generelle Verbesserung der Qualitätsdimension, Down grading bedeutet eine generelle Verbesserung der Preisdimension.

Gelingt ein solcher Relaunch, kann unter Vermeidung von Degenerationskonsequenzen ein neuer Lebenszyklus nahtlos an den bestehenden angeschlossen werden, der womöglich sogar auf ein höheres Niveau führt. Ist dies nicht möglich, muss ein Markt von Anbietern frühzeitig aufgegeben werden, um verlustreiche und imageschädigende Wirkungen zu vermeiden. Gleichzeitig sind jedoch Verbundeffekte (s.o.) mit anderen Produktgruppen zu beachten. Diese sind a priori oft unbekannt und machen sich nicht beim eliminierten Produkt bemerkbar, sondern durch Absatzeinbußen bei anderen im Programm verbleibenden Produkten, dann etwa, wenn diese Produkte in Nachfrageverbund zueinander stehen, aber auch, wenn Systemgedanken eine Rolle spielen, also die Integration von Komponenten in ein Netzwerk. Wenn anstelle des eliminierten Produkts ein Wettbewerbsangebot tritt, besteht die Gefahr, dass Nachfrager auch ihren übrigen Bedarf aus diesen Quellen decken. Bei einigen von ihnen stellt sich zudem eine mögliche Verärgerung bei fehlender Lieferfähigkeit solcher Komponenten ein, die zwischenzeitlich aus dem Programm genommen worden sind.

4.3.2.2 Veränderungsrichtung

Die mit der Programmvariation implizierte Veränderung kann nun in zwei Richtungen (plus einer dritten Variante) erfolgen. Sie kann zum einen zum Anlass genommen werden, einzelne Produkte aufzuwerten (**Up grading**). Diese Aufwertung kann auf mehrerlei Art erfolgen. Die Produktausstattung kann verbessert werden durch Verwendung eines wertigeren Materials oder durch besondere Zusätze, durch eine modernere Form, auch durch mehr Funktionen und eine höhere Leistung. So stellen neue Automobile für gewöhnlich eine Produktaufwertung gegenüber dem vorherigen Standard dar (z.B. VW Golf VI zu VW Golf V, Opel Astra zu Opel Kadett). Parallel ist damit meist eine Preiserhöhung verbunden, die durch die Produktaufwertung auch vertretbar erscheint. Einerseits sind dadurch Kosten involviert, andererseits ermöglicht das Mehrangebot eine Preiserhöhung bei gleich bleibendem Preis-Leistungs-Verhältnis. Die Produktvariation kann aber auch zum Anlass genommen werden, den Absatzkanal zu wechseln, vor allem eine selektivere Distribution zu betreiben. Diese bietet meist durch bessere Platzierung, kompetentere Beratung und attraktiveres Verkaufsumfeld die Chance, die Anmutung des Produkts und damit die Preisbereitschaft der Nachfrager zu steigern. Schließlich kann auch ein neuer Werbeauftritt gewählt werden. Dies ist einerseits notwendig, um den Neuigkeitscharakter des variierten Produkts zu dramatisieren, und andererseits, um dessen Wahrnehmung in der Zielgruppe zu aktualisieren und verbessern.

Durch kontinuierliches Up grading in weiten Bereichen der Herstellerprogramme entsteht dort jeweils an der Basis der Programmhierarchie Platz für neue Produkte, die geringfügig unter der Ausgangsposition der später upgegradeten angesiedelt werden und Käuferzuwanderungen (Eroberungen) bewirken.

Genau umgekehrt ist es beim **Down grading.** Das Nachfolgeprodukt ist gegenüber dem Vorgänger in Bezug auf Leistungsmerkmale abgewertet. Auch dies kann sich in mehrerlei Hinsicht vollziehen. Die Produktausstattung kann auf das notwendige Mindestmaß reduziert werden. Dies ist häufig bei Unterhaltungselektronik-Geräten anzutreffen. Durch systematischen Einsatz der Wertanalyse werden sparsamere Materialen genutzt. Die fortschreitende Integration elektronischer Bausteine wird nurmehr in den Spitzengeräten zugänglich gemacht, während sich dann aber die herkömmliche Technik in der Konsumklasse nicht mehr auf der Höhe der Zeit befindet und somit abgewertet wird. Diese relative Verschlechterung der Leistung mindert auch das Preis-Leistungs-Verhältnis, sodass Preissenkungen vorgenommen werden müssen. Ähnliches ist etwa bei PC's zu verzeichnen. Höhere Taktgeschwindigkeit, mehr Arbeitsspeicher, größere Festplattenkapazität etc. führen dazu, die bisher vorkommende Technik abzupreisen. Als besonderes Problem kommen hierbei die extrem kurzen Lebenszyklen und die damit verbundene rapide Veralterung hinzu.

Oft ist damit auch eine Verbreiterung des Absatzkanals verbunden, indem moderne Großbetriebsformen distribuiert werden. Dort werden Produkte angeboten, die aus dem fachspezifischen Umfeld herausgelöst sind und einem breiten Publikum offeriert werden. Meist handelt es sich zudem um preisaggressive Handelstypen. Damit wird zwar die Absatzbasis erweitert, aber die Produktaura leidet. Dem versucht man meist dadurch vorzubeugen, dass diese Aktivitäten auf bestimmte Teilprogramme beschränkt bleiben. Schließlich kann die Kommunikation von Klassischer Werbung auf Verkaufsförderung umgestellt werden. Dazu gehören dann Aktionsplatzierungen im Handel, Verbrauchergewinnspiele, temporäre Promotions etc. Oder die Kampagne wird auf ein niedrigeres Anspruchsniveau in der Ansprache justiert, um das Produkt „konsumiger" erscheinen zu lassen und damit breiteren (weniger kaufkräftigen, schlechter ausgebildeten) Nachfragerkreisen zu erschließen. Oft dienen downgegradete Produkte auch als Einstieg in das Herstellerprogramm. Da davon auszugehen ist, dass bei vorausgesetzter guter Produktqualität ein markentreuer Folgekauf nahe liegt, kann so über Herstellerbindung eine markentreue Produktkarriere induziert werden.

Beim **Side grading** handelt es sich weder um eine Auf- noch um eine Abwertung von Produkten im Zeitablauf. Daher ist eine Einordnung in die Systematik schwierig. Vielmehr löst ein neues Programm ein altes auf gleichem Niveau ab, ist jedoch dadurch ausgezeichnet, dass sich wesentliche Angebotsparameter verändert haben.

4.3.3 Programmkonstanz

Die Programmkonstanz bezieht sich auf Aktivitäten im Marketing zur kontinuierlichen Gestaltung der unveränderten Produktvariablen durch dafür verantwortliche Stellen im organisatorischen Aufbau des Unternehmens.

4.3.3.1 Produktvariable

Als wesentliche Produktvariable sind die Produktart, die Produktform, die Produktgrafik, der Produktgeruch und der Produktsound anzusehen. Diese werden im Folgenden näher betrachtet.

4.3.3.1.1 Produktart

Ein Produkt ist eine im Hinblick auf eine erwartete Bedürfnisbefriedigung beim bekannten oder unbekannten Verwender von einem Anbieter gebündelte Menge von Eigenschaften, die zum Gegenstand eines Tauschs werden soll, um mit der im Tausch erlangten Gegenleistung zur Erfüllung der Anbieterziele beizutragen. Das Produkt ist also eine absatzwirtschaftliche Leistung, deren Beurteilung anhand der Bedürfnisse und Nutzenerwartungen von Abnehmern vorgenommen wird. Es handelt sich um Sachgüter, Dienstleistungen, Personen, Orte, Organisationen, Ideen etc.

Betrachtet man die Gesamtheit aller Angebote, so können diese in freie (hier nicht interessierende) und knappe Güter unterschieden werden. Knappe Güter sind Nominalgüter (z.B. in Form von Geld, Darlehen, Beteiligung) oder Realgüter. Letztere unterteilen sich in immaterielle Güter und materielle Güter, diese sind nun wiederum das Ergebnis von Produktionsprozessen. Dabei handelt es sich um mobile oder immobile Sachleistungen in Form von Produktivgütern, d.h., gewerblich nachgefragten Investitions- und Produktionsgütern, sowie Konsumtivgütern, d.h., privat nachgefragten Gebrauchs- und Verbrauchsgütern. Werden diese anonym erstellt, handelt es sich um industrielle Produktion, werden sie persönlich erstellt, handelt es sich um handwerkliche Produktion. Immaterielle Güter sind Rechte und Dienstleistungen. Letztere treten als produktverbundene (unselbstständige) Kundendienste auf oder als produktunverbundene (selbstständige) Services.

Für das Marketing sind zahlreiche Gütertypen von Bedeutung, die im Folgenden charakterisiert werden. Nach den Gesichtspunkten des Anschaffungspreises, der Selbstbetroffenheit, des Einkaufsaufwands, des Kenntnisstands und der Information kann in Speciality, Shopping, Preference und Convenience goods unterschieden werden:

- **Speciality goods** weisen große finanzielle Mittelbindung, hohe soziale Sichtbarkeit, starke Informationsbedürftigkeit, viel Neuartigkeit, großes Involvement, geringe Kaufhäufigkeit, geringen Erfahrungsgrad und hohe Bedeutung im Konsumsystem auf.
- **Shopping goods** weisen mittlere finanzielle Mittelbindung, mittlere soziale Sichtbarkeit, durchschnittliche Informationsbedürftigkeit, mittleres Neuartigkeit, mittleres Involvement, mittlere Kaufhäufigkeit, mittleren Erfahrungsgrad und mittlere Bedeutung im Konsumsystem auf.
- **Convenience goods** weisen geringe finanzielle Mittelbindung, geringe soziale Sichtbarkeit, geringe Informationsbedürftigkeit, wenig Neuartigkeit, geringes Involvement, hohe Kaufhäufigkeit, hohen Erfahrungsgrad und geringe Bedeutung im Konsumsystem auf.
- **Preference goods** (auch Unsought goods) weisen geringen Anschaffungspreis, geringe Selbstbetroffenheit, geringen Einkaufsaufwand, geringen Kenntnisstand, wenig Information vor dem Kauf, hohe Risiken und dennoch begrenzte Kaufanstrengungen (ungeplant, zufällig gekauft) auf.

Nach dem Gesichtspunkt der Attraktivität wird weiterhin in High tech goods und High touch goods unterschieden. **High tech goods** sind solche Produktgruppen, die ein hohes technisches Niveau repräsentieren. Zu denken ist etwa an UE-Produkte, Automobile, Fotogeräte, Personal Computers etc. Von ihnen geht als Symbol technischen Fortschritts eine besondere Faszination aus, die von unterhaltend bis zu spielerisch oder gar infantil reichen kann.

Als **High touch goods** werden solche angesehen, die zur Profilierung des Individuums im sozialen Umfeld beitragen, also etwa Bekleidung, Schmuck, Uhren, aber auch Zigaretten, Spirituosen etc. Diesen kommt angesichts der zunehmenden Anonymisierung des sozialen Umfelds und dem Erfordernis zur Setzung zutreffender Signale durch Produkte, vor allem Marken, immense Bedeutung zu. Beide Produktgruppen scheinen von daher aus Sicht der Nachfrager hoch attraktiv. Zugleich will ihr Kaufentscheid gründlich überlegt sein, verpasst man doch sonst die Chance zur Nutzung des technischen Fortschritts oder gar der sozialen Profilierung zum eigenen Vorteil.

Eng damit zusammen hängen die Begriffe der **High interest goods** und der **Low interest goods**. Während die vorgenannten doch eindeutig dem High interest-Bereich zuzuordnen sind, für die gern ein großer Zeitaufwand in der Kauf- und vor allem der Vorkaufphase betrieben wird, gibt es andere Produktgruppen, die nur in weitaus geringerem Maße das Nachfragerinteresse zu fesseln vermögen. Zu denken ist hierbei etwa an Produkte des täglich häufigen Bedarfs, die wenig Produkterotik implizieren, so Grundnahrungsmittel, Papiertaschentücher, Streichhölzer, Toilettenreiniger etc. Mit dem Kauf derartiger Produkte beschäftigt man sich nur ungern und oberflächlich, was auf Grund der geringen dafür einzusetzenden Geldmittel auch akzeptabel scheint.

Letztere Produktgruppen werden gesamtwirtschaftlich oft auch als **inferior** bezeichnet. Gemessen an der durchschnittlichen Aufmerksamkeit, die ein Abnehmer dem Kauf widmet, sind sie nur von untergeordneter Bedeutung. Dementsprechend stellt sich die Preisakzeptanz als Problem dar. So gelang es über Jahrzehnte hinweg nicht, den Preis für Tafelschokolade über die damalige 1-Mark-Grenze zu hieven, wohingegen bei den beliebten Schokoriegeln im gleichen Zeitraum eine Verdreifachung von 40 Pfennig auf 1,20 Mark möglich war. Diese gehören auf Grund ihrer Eigenschaft zur Demonstration von Lifestyle allerdings auch in die Gruppe der superioren Güter, für deren Zusatznutzen man eher bereit ist, ein Preisopfer zu erbringen.

Eine weitere Unterteilung ist die in erklärungsbedürftige und problemlose Produkte. **Erklärungsbedürftige** sind eher komplizierte und komplexe Angebote, wobei sich die Erklärung auf Zusammensetzung (Wirkung, Komposition, Effekt), Prozess (Verfahren, Technologie, Know-how) und Inhalt (Material, Rohstoff, Güte) bezieht. Die dazu erforderliche Erklärung kann durch unpersönliche Medien oder im Persönlichen Verkauf erfolgen. **Problemlose Produkte** hingegen bedürfen zu

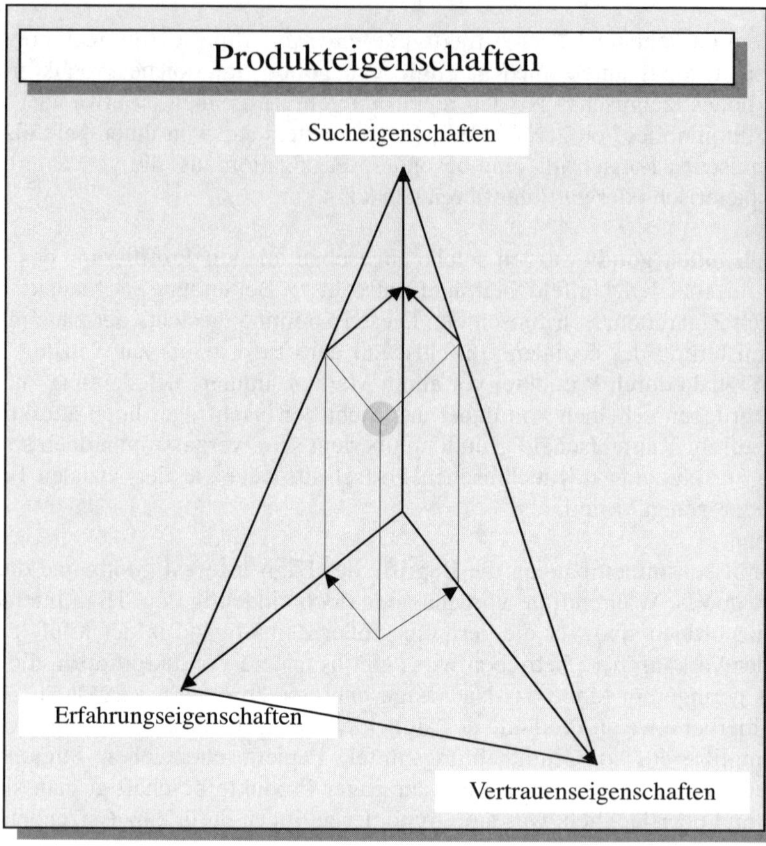

ihrer Marktfähigkeit keiner besonderen Erläuterung, weil ihre Leistung bekannt, vielleicht sogar standardisiert, zumindest aber unproblematisch ist. So signalisiert die Bezeichnung Type 405 bei Mehl ein Produkt einer definierten Zusammensetzung (Weiße, Körnigkeit), die bei allen Angeboten, die diese Typenbezeichnung tragen, gleichermaßen gegeben sein muss.

Dann kann man in Abhängigkeit von der Nutzungszeit nach langlebigen und kurzlebigen Gütern unterscheiden. Bei **langlebigen Produkten** ist die Kaufentscheidung diffiziler, weil man mit dem gekauften Produkt für eine längere Zeit auskommen („leben") muss. Das beim Kauf empfundene Risiko ist deshalb größer. Bei **kurzlebigen Produkten** stellt sich der Kaufentscheid leichter dar, weil das Risiko geringer ist, Fehlentscheidungen also schneller korrigierbar sind. Zur Verringerung des empfundenen Kaufrisikos bei langlebigen Gütern werden daher oft kaufabsichernde Elemente wie Garantie, Warentestergebnis, Anzahlung etc. vorgesehen.

Eine weitere Unterteilung betrifft folgende (*siehe Abb. Produkteigenschaften*). **Suchgüter** (Inspection goods) sind solche, deren Leistungsdaten bereits vor dem Kauf feststellbar (messbar) sind und die auf Grund ihrer guten Beurteilungsmöglichkeit nur eine geringe Wahrscheinlichkeit negativer Konsequenzen für den Käufer implizieren. Sie haben Sucheigenschaften. Beispiele sind die Form und Farbe eines Kleidungsstücks, die Raumausstattung eines Restaurants, der Maschinenpark eines Unternehmens. **Erfahrungsgüter** (Experience goods) sind solche, deren Qualitätsbeurteilung weder vor dem Kauf noch beim Kauf möglich ist, sondern erst nach Erfahrungssammlung durch Verwender, sei es aus Eigenerfahrung oder Erfahrungsberichten anderer Anwender, wobei die Beurteilungskriterien von der Art der Anwendung abhängig sind. Sie haben Erfahrungseigenschaften. Beispiele sind die Haltbarkeit eines Kleidungstücks, die Einhaltung eines Vertraulichkeitsversprechens beim Arzt, die Qualität eines Haarschnitts, die Leistungsfähigkeit eines Computerprogramms. **Vertrauensgüter** (Credence goods) sind solche, deren Qualität selbst nach dem Kauf nicht umfassend durch den Käufer zu beurteilen ist, sondern nur auf Anbietererfahrung und Vertrauen bauen kann, insofern sind hier Surrogate für objektive Leistungskriterien erforderlich. Sie haben Hoffnungseigenschaften. Beispiele sind die Qualität einer ärztlichen Behandlung, die Qualität des Strategiekonzepts einer Unternehmensberatung. Eine Erweiterung kann durch **Erlebnisgüter** vorgenommen werden, deren Qualität zwar vor dem Kauf nicht feststellbar ist, wohl aber beim Kauf (z.B. Dienstleistungen).

Dazu einige Beispiele für Such-, Erlebnis- und Vertrauenseigenschaften von Produkten:

- *Sucheigenschaften:*
  - *Hose: Passform, Schnitt, Farbe, Material,*
  - *Wein: Farbe, Weinkategorie, Rebsorte, Anbaugebiet, Jahrgang,*
  - *Arzneimittel: Inhaltsangaben, Geschmacksrichtung, Darreichungsform,*
  - *Haarschnitt: Meister-Zeugnis, Geschäftsausstattung, Werbmittel.*
- *Erlebniseigenschaften:*
  - *Hose: Tragekomfort, Farbechtheit, Materialabnutzung,*
  - *Wein: Geschmack, Geruch, Bekömmlichkeit,*
  - *Arzneimittel: Geschmack, Verträglichkeit,*
  - *Haarschnitt: Wassertemperatur, Freundlichkeit, Konversation.*
- *Vertrauenseigenschaften:*
  - *Hose: Schadstoffrückstände, Herstellungsbedingungen,*
  - *Wein: Schadstoffgehalt, Zusammensetzung, Anbaubedingungen,*
  - *Arzneimittel: Richtigkeit der Inhaltsangaben, Gesundheitsförderung, Langzeitwirkung,*
  - *Haarschnitt: typgerechter Schnitt, Pflegewirkung der verwendeten Produkte.*

Schließlich gibt es auch die Unterteilung in **Rote Güter,** die durch eine hohe Umschlaghäufigkeit, eine niedrige Spanne und geringe Such- und Konsumzeit gekennzeichnet sind (z.B. Lebensmittel), **Orange Güter,** die bei den genannten Kriterien mittlere Werte aufweisen, sowie **Gelbe Güter,** bei denen die Umschlaghäufigkeit niedrig, die Spanne hoch, die Such- und Konsumzeit lang sind und eine Endanpassung erfolgen muss (z.B. Möbel). Diese Unterscheidung bietet sich allerdings eher für die Handelssicht an.

4.3.3.1.2 Produktform

Unter Produktform, oder besser Styling/Design, versteht man die planvolle Gestaltung von Produkten, Produktelementen oder Packungen mit starken ästhetischen Bezügen. Dies kann als ganzheitliche Formgebung bzw. Gestaltung aller Qualitätsbestandteile eines Produkts aufgefasst werden. Hier wird Produktform als dreidimensionale Gestaltung verstanden (im Unterschied zur Produktgrafik als zweidimensionaler Gestaltung).

Design hat eine praktische Dimension als die Benutzbarkeit erleichternde ergonomische Gestaltung, eine ästhetische Dimension als wahrnehmungsbezogene individuelle Anmutung und eine symbolische Dimension als Kommunikationsfähigkeit (soziale Anmutung). Dabei können verschiedene Designrichtungen unterschieden werden, z.B. ästhetischer Funktionalismus, Technizismus, demonstrativer Ästhezismus, Luxus-Design. Design-Management dient der gesamtbetrieblichen Abstimmung der Design-Teilaktivitäten und der inhaltlichen Steuerung nachgelagerter Entscheidungsträger durch konzeptionelle Vorgaben, also als Schnittstellenmanagement und in strategischer Ausrichtung als Erfolgsfaktor.

Design betrifft dabei die Entwicklung neuer (Innovations-Design) und die Optimierung bestehender (Re-Design), industriell gefertigter bzw. zu fertigender Produkte/Produktsysteme für die physischen und psychischen Bedürfnisse der Benutzer auf Basis ästhetischer, wirtschaftlicher und ergonomischer Analysen mithilfe von Form, Farbe, Material und Zeichen. Die Ästhetik von Produkten ist im Rahmen der Lebensstil-Gesellschaft ein wichtiger Differenzierungsfaktor und bringt die eigenen kulturellen Ansprüche an das Umfeld zum Ausdruck. Es soll die effiziente Gestaltung von Aufwand und Nutzen erreichen.

Design betrifft die Bereiche Architektur, Grafik (Corporate design) und Industrie, zu Letzterem gehört auch das Produktdesign nach Funktion, Ästhetik und Symbolik. Es befasst sich mit der körperhaften, dreidimensionalen Gestaltung serieller Erzeugnisse. Die Anforderungen an die Ergonomie treten dabei zunehmend in den Vordergrund, seit nicht mehr die Form der Funktion folgt, sondern die Miniaturisierung und Beherrschung der Technik eine zunehmend eigenbestimmte Gestaltung von Produkten zulässt. Zur Produktgestaltung dienen originäre Gestaltungsmittel wie der Stoff, aus dem das Produkt besteht, die Form des Produkts oder die Farbe des Produkts. Derivative Gestaltungsmittel sind Markierung, Oberfläche etc. Es kommt aber auch auf die räumliche Anordnung der Elemente (Konstruktion) und die Firmenstilidentität (Corporate identity) an. Produktdesign bezieht sich auf Sach- und Anmutungsleistungen, es wirkt als additiver Qualitätsbestandteil und bezieht sich auf ästhetischen Zusatznutzen oder Kostenreduzierung.

Design bewegt sich im Spannungsfeld zwischen Modeerscheinungen als Form der Abwechslung und der Stilbildung als Form der Beharrung. Damit besteht wiederum eine Obsoleszenzgefahr. Vom Handwerk grenzt sich Design durch die Trennung von Entwurf und Ausführung sowie durch die Serienfähigkeit ab, von der Kunst durch die Funktionsorientierung. Durch die Umsetzung des fortschrittlichsten, gerade noch akzeptierten Design (MAYA) wird zudem eine Evolution des Geschmacksempfindens bewirkt.

Styling beinhaltet die geschmackliche und sachliche Warengestaltung als Pakkung, die untrennbar mit dem Produkt verbunden ist. Es ist durch Größe, Form, Material, Oberfläche, Farbe, Symbolik und deren Kombinationen gekennzeichnet. Es erhöht idealerweise den Gebrauchswert der Ware. Moderne Fertigung ermöglicht hier selbst kleine Sonderserien.

Wie wichtig Styling letztlich ist, zeigt sich am neuerlichen Erfolg der Automarke Alfa-Romeo. Die Modellreihen 156 und 147 wurden vom Markt sehr gut angenommen, obgleich der Marke hinsichtlich aller anderen Beurteilungskriterien durchweg schlechte Werte zugesprochen wurden. Offensichtlich war das Styling in der Lage, bei Käufern diese Nachteile zu überkompensieren. Einen ähnlichen Erfolg verbucht der koreanische Elektronikhersteller Samsung, seit er seine, vormals hausbackenen, aber billigen Geräte mit trendsetzendem Styling versieht. Samsung nimmt damit nunmehr die Position ein, die vordem Sony erfolgreich gemacht hatte.

Eine hohe Bedeutung kommt auch dem **Labelling** zu, das die Identifizierungs- und Differenzierungsfunktion von Produkten unterstützt (z.B. im Modebereich).

4.3.3.1.3 Produktgrafik

Produktgrafik fasst hier Typografie und Farbe als Variable zusammen. Dies ist vor allem für die Packungsgestaltung von Bedeutung. Dass die **Farbe** ein entscheidender Erfolgsfaktor des Produkts ist, ist unstreitig. Dabei sind vielfache Farbabstufungen denkbar, die von Kulturraum zu Kulturraum variieren. Dazu eine kurze Übersicht für Mitteleuropa:

- Schwarz gilt als dunkel, kompakt, stellt ein Symbol der Verzweiflung und des Todes dar, es ist die Farbe mit der geringsten Resonanz, Schwarz vermittelt den Eindruck von Vornehmheit, Feierlichkeit, Würde und Eleganz, aber auch Zwang, Ende, Nacht.
- Weiß suggeriert Reinheit, das Unerreichbare, Unschuld und Helligkeit, Weiß hat die Wirkung des Schweigens, ist erfrischend, antiseptisch und eine leichte Farbe, vor allem neben Blau (etwa für leichte Nahrungsmittel).
- Grau ist ein Symbol für Unschlüssigkeit und Mangel an Energie, die Mattheit von Grau reflektiert Furcht, hohes Alter und Todesnähe, die Beschwörung von Angst, Monotonie und Depression, Zwang, Hunger wächst, je dunkler das Grau wird, auch wirkt es leicht schmutzig.
- Grün ist die Ruhigste aller Farben, sie wirkt weitgehend neutral, gilt als Symbol der Hoffnung, der Natur, steht für Lebenskraft und Sauberkeit, Jugendlichkeit, Gelassenheit, Sicherheit, wird aber auch für ökologische Produkte eingesetzt.

Sie wird erfrischend, knospend, friedlich, kühl, bitter, fruchtig, salzig und frisch wahrgenommen.

- Rot bedeutet Wille, Lebhaftigkeit, Energie, Triebkraft, Leidenschaft, Liebe, Dynamik, es vermittelt sowohl den Eindruck von Strenge und Würde als auch den von Wohlwollen und Charme, rot ist eine besonders warme Farbe, voll feurigen Lebens, Rot zieht die Blicke auf sich, steht aber auch für Zorn, Rohheit, Gewalt, Gefahr und Krieg. Weitere Assoziationen sind herausfordernd, herrisch, stark, heiß, laut, süß und fest, aber auch würzig, knusprig, voll, mächtig.
- Scharlachrot ist streng, traditionsbewusst, schwer, reich, kraftvoll und ein Zeichen der Würde (etwa bei klassischen Duftwässern).
- Mittelrot verkörpert Kraft, Aktivität, Bewegung und Leidenschaft, es verwirrt und zieht an.
- Kirschrot hat einen sehr stark sinnlichen Charakter (eignet sich etwa für Genussprodukte).
- Hellrot bedeutet Kraft, Lebhaftigkeit, Energie, Freude und Triumph.
- Rosa wirkt schüchtern und von wohltuender, romantischer Sanftheit, mit seinem Mangel an Vitalität ist es das Sinnbild von Weiblichkeit und Liebe, es vermittelt den Eindruck von Liebenswürdigkeit, Anmut, Güte und Intimität, hat auch eine süßliche Anmutung (etwa bei Hygieneprodukten), wirkt leicht, zart und weich.
- Braun gibt einen Eindruck von Festigkeit und großem Nutzen, ist mütterlich, es ist die realistischste aller Farben und verkörpert ein gesundes Leben, je dunkler es ist, umso mehr nimmt es die Eigenschaft von Schwarz an, auch leicht bittere Anmutung.
- Orange steht für Energieausstrahlung und Kommunikation, hat den offenen, warmen und intimen Charakter eines Kaminfeuers, bedeutet auch Großzügigkeit und Gefühlsüberschwang, Süßanmutung (daher für Süßwaren geeignet). Weitere Assoziationen sind herzhaft, lebendig, heiter, anregend, freudig, trocken und mürbe.
- Blau ist eine tiefgründige und feminine Farbe, die eine ruhige, feste, entspannte Atmosphäre schafft, kalt und rational, ursprünglich und vernünftig, flüssig, steht auch für Gesetz, Glaube, Treue. Blau wirkt aber auch passiv, zurückgezogen, sicher, nass, glatt, fern, leise und leicht. Blau steht zudem für Autorität und Männlichkeit.
- Türkis beinhaltet große Kraft und die Vorstellung eines inneren, kalten Feuers, seine Frische ist dominant.
- Gelb ist die Grellste und Heiterste aller Farben, jung, sehr lebhaft, fröhlich, durch seine Leuchtkraft lässt es alle Gegenstände größer erscheinen, leicht, schwerelos, erleuchtend, steht für Licht, Luft, Sonne, aber auch für Bosheit, Aggressivität. Weitere Assoziationen sind sehnsüchtig, frei, hell, glatt, weich, süß und warm, aber auch Vorsicht, Feigheit, Neid.
- Violett ist die Geheimnisvollste, Rätselhafteste aller Farben, ist traurig, melancholisch und würdevoll, faulig-süß, verinnerlicht, enthaltsam und unruhig, steht für Tradition, Reichtum und Macht, Außerirdisches, aber auch Bitteranmutung, parfümiert. Sie steht weiterhin für Zwielicht, Unglück, Fäule, wirkt samtartig, narkotisch und düster.

Daneben kommt der **Schrift** (Typografie) Signalwirkung bei der Produkt- bzw. Packungsgestaltung zu. Auch dazu eine kurze Übersicht:

- Antiqua-Schriften sind bei kleinen Schriftgrößen leichter lesbar als Grotesk-Schriften. Fette Schriften sind schlechter lesbar als normal starke Schriften. Schmallaufende Schriften sind schlechter lesbar als Schriften mit normaler Weite. Kursive Schriften eignen sich nicht für längere Texte. Kleine Schriften sind schwerer lesbar als größere Schriftgrade.
- Falsche Buchstaben-Abstände schaffen unlogische Wortverbindungen oder zerstören Zusammenhänge. Schlecht gewählte Zeilenabstände ermüden den Leser vorzeitig. Die optimale Satzbreite ermöglicht es dem Leser, mühelos vom Ende einer Zeile zum Anfang der nächsten zu gelangen. Blocksatz und Flattersatz arbeiten gleich gut, vorausgesetzt, es wird linksbündig begonnen. Mittelachsensatz ist für lange Texte ungeeignet.
- Versalien werden schlechter gelesen als normale Groß- und Kleinbuchstaben-Schriften. Negative Schriften sind schlechter lesbar als positive, also schwarze Schrift auf weißem Grund. Texte auf Bilduntergründen werden weit weniger wahrgenommen als Texte, die schwarz auf weiß stehen. Farbige Schriften haben schlechtere Lesewerte und wirken leicht unseriös.
- Viele Schriftgrade verderben die Typografie. Lange, ungegliederte Texte schrekken den Leser ab. Abbildungen können einen Text interessanter machen oder aber sinnentstellend wirken. Schlagzeilen, die zu klein oder aber zu groß sind, werden ihrer Funktion nicht gerecht. Hinweise in Igeltechnik machen den Leser neugierig. Typografische Spielereien wirken unseriös und gehen meist ins Auge.

4.3.3.1.4 Produktgeruch

Der Produktgeruch bezieht sich zumeist auf Nahrungs- und Genussmittel, aber auch auf Nonfood (Hartwaren). Man denke nur an Geruchserwartungen bei Lederwaren. In extremer, ja produktkonstituierender, Weise ist der Geruch bei Duftwässern bedeutsam (aber auch bei Rasierwässern etc.). Ansonsten handelt es sich im Marketing um ein relativ neues und teilweise noch unbekanntes Phänomen sowohl für Konsumenten als auch für Produktgestalter. Dabei ist Duft eine der ältesten und elaboriertesten Formen der Produktgestaltung überhaupt. Man unterscheidet zehn Grundklassen von Gerüchen:

- frisch, stechend, ätherisch, faulig, balsamisch, brenzlig, betäubend, harzig, aromatisch und animalisch.

Bei Parfümen heißen die Familien vergleichbar: grün (z.B. Chanel No 19), blumig (z.B. Anais), adehydig (z.B. Tosca), chypre (z.B. Miss Dior), orientalisch (z.B. Opium), tabak/ledern (z.B. Tabac blond) und fouge´re (Royale). Dabei ist es äußerst schwierig, Gerüche zu messen und reproduzierbar zu beschreiben. Oft werden Farben, Genüsse oder Metaphorismen dazu verwendet.

Der Riechvorgang ist immer noch nicht vollständig erforscht. Tatsächlich ist der Geruchssinn beim Menschen nur relativ schwach ausgebildet (Mikrosomat), so bedient er sich oft Tieren als Makrosomaten zur Hilfe (wie Spürhunden, Trüffelschweinen etc.). Dennoch weiß man, dass Gerüche zu den wirksamsten Signalen überhaupt gehören, da der Riechnerv der einzige direkte Weg zwischen Sinnesorgan und Gehirn ist. Insofern ist auch die Steuerung oder Blockung olfaktorischer Reize unmöglich, wie ansonsten nur noch beim Hören.

Die Nase ist mit ca. zehn Mio. Rezeptoren (Riechzellen) ausgestattet, konzentriert auf fünf Quadratzentimenter Fläche. Die Identifizierung von Gerüchen erfolgt durch „Schlüssel", d.h., wenn ein riechbarer Stoff an mindestens drei Stellen (Zinken) durch entsprechende Akzeptortypen identifizierbar ist, wird er anhand derer im Gehirn mit bekannten, abgespeicherten Gerüchen verglichen und klassifiziert, wobei die Erinnerungsrate verglichen mit anderen Sinnesreizen enorm hoch ist. Dafür bleiben nur wenige Millisekunden. Man schätzt, dass neun Akzeptortypen, kombinatorisch angesprochen, ausreichen, tausende von Düften zu unterscheiden. Profis können 3.500 Düfte zuverlässig unterscheiden. Welche Assoziation ein Duft im Gehirn auslöst, hängt weitgehend von persönlichen Erfahrungen ab. Oder umgekehrt, durch Wahrnehmung von Düften werden persönliche Erfahrungen aktiviert (z.B. Weihnachtszeit, Kindheit, Backstube).

Gerüche sind heute zumeist synthetisch hergestellt, da Naturstoffe zu teuer sind und in ihrer Ausprägung streuen. Sie werden bereits vielfältig professionell eingesetzt. So haben Zahncremes meist einen frischen, leicht medizinischen oder minzigen Geruch. Fußbodenreiniger riechen nach Zitrone, weil damit Sauberkeit assoziiert wird. Waschmittel riechen „aprilfrisch", um Reinheit und Weiße zu assoziieren. Seifen riechen nach Parfüm und suggerieren so Luxus im Bad. Shampoos werden ebenso selbstverständlich mit Duftstoffen versetzt. Neuwagen riechen fabrikneu nach Politur (davon wird wiederum auf das Fertigstellungsdatum geschlossen). Plastik wird mit Lederduft benetzt, um so eine Produktaufwertung zu erreichen. Gebrauchtwagen werden zumeist mit diesem Duft besprüht, um Neuwageneigenschaften zu assoziieren. Entscheidend ist der Geruch auch bei Genussprodukten wie Kaffee, Tee, Zigaretten, Zigarren, Pfeifentabak. Selbst die Eignung von Tierfutter wird von Herrchen oder Frauchen nach Geruch geprüft und beurteilt. Vielfach wird auch mit Düften geworben (z.B. durch Rubbelpunkte in Printanzeigen oder Beduftung von Etiketten). Aktive Beduftung bedeutet, dass Produkte mit Gerüchen ausgestattet werden, die sie ursprünglich nicht hatten, passive Beduftung bedeutet, dass unerwünschte Eigengerüche der Produkte maskiert werden. Oft werden auch die Produktionsräume beduftet, etwa um das Arbeitsklima zu verbessern. Dabei ist ein Einsatz gerade unterhalb der bewussten Wahrnehmungsgrenze anzustreben. Dann manipulieren Gerüche eindeutig den Menschen. Dies gilt etwa auch für den Dufteinsatz in Gefängnissen (zur Aggressionsverminderung) oder Krankenhäusern (als Placebo-Effekt). Im Handel werden Gerüche eingesetzt, um etwa in der Backabteilung, die tatsächlich nur gefrostete Teigwaren aufwärmt oder fertig angelieferte Produkte abgibt, den olfaktorischen Eindruck frisch gebackener Waren und würziger Zutaten zu erzeugen. Schuhgeschäfte beduften ihre Geschäftsräume oft mit Lederdüften, Blumengeschäfte mit ökologisch riechenden Stoffen, Modehäuser mit coolem Design nach Meeresfrische. Umgekehrt wird in manchen Fischgeschäften der penetrante Frischfischgeruch durch appetitanregenden Räuchergeruch überlagert. Gaststätten lassen den Duft frischgezapften Biers verbreiten. Möbelhändler beduften ihre Läden oft mit Naturholz-Düften. Pizzerien nutzen ebenfalls Duftstoffe als Appetizer.

Packungen werden mit Duftstoffen in Überzügen gebunden lackiert, um bereits bei Annäherung an das Produkt Kaufreize auszulösen, etwa wenn die Schokoeispackung in der Tiefkühltruhe nach würzigem Kakao riecht, oder der Joghurtbecher nach frischen Früchten.

Insofern gibt es vielfältige Ansatzpunkte in der Vermarktung. Der Geruchssinn ist der Einzige, der Assoziationen nicht erst über intellektuelle Filter anstößt, sondern unmittelbar. Angenehme Düfte steigern das Wohlbefinden des Menschen. Sie steigern aber auch die Arbeitsleistung, vor allem bei eintönigen Aufgaben. Je nach Geruch sind differenzierte Botschaften kommunizierbar. Insofern dienen Gerüche auch der Produktpositionierung. Negative Produkteigengerüche können mittels Geruchsstoffen neutralisiert werden. Zusätzlich zu anderen Produktvariablen werden somit Anmutungen geschaffen oder verstärkt. Da Gerüche aber interindividuell abweichend definiert sind, können sie auch auf Ablehnung stoßen. Sie können sogar, produkthaftungsrelevante, Allergien, Hautreizungen oder Erkrankungen (Krebs) bei Abnehmern auslösen. Zudem wirkt eine Duftüberflutung leicht penetrant (man denke nur an das Erlebnis, wenn man aus Parfümerien ins Freie tritt).

4.3.3.1.5 Produktsound

Für Produkte, deren Geräuscherlebnis qualitätsbedeutsam ist, stellt auch der Produktsound eine wichtige Gestaltungsvariable dar. Als Beispiel gelten Automobile. So hat es in der Vergangenheit kontinuierlich steigende Komfortansprüche seitens der Nachfrager gegeben, die ein kontrolliertes Geräuschmanagement angezeigt erscheinen lassen. Hinzu kommen akusto-medizinische Erkenntnisse der Geräuschforschung, denn akustische Signale des Autos lösen Emotionen aus und beeinflussen insofern das Fahrverhalten und damit die Sicherheit. Windgeräusche etwa geben ein Bewusstsein über die erreichte Geschwindigkeit, Drehgeräusche des Motors geben einen Eindruck von dessen Leistungsreserven, Reifenquietschen in Kurven mahnt vor dem Überschreiten des Grenzbereichs. Aus dem Klang des Zuschlagens der Autotüren (Scheppern statt sattes Klacken) wird etwa auf die Verarbeitungsqualität des Fahrzeugs geschlossen. Und der Motorklang sagt etwas über die Beschleunigung des Autos. Als Geräuschquellen kommen vor allem das Ansauggeräusch des Motors, die Hilfsaggregate und der Antrieb, der Fahrtwind, der Auspuff und der Schalldämpfer sowie die Auspuffmündung in Frage. Der Produktsound kann sogar Corporate identity-Bestandteil sein (man denke nur an das unverkennbare Kreischen eines Porsche-Motors).

Sound-Design spielt denn auch in vielfältiger Weise bei Produkten eine Rolle. So sind in Staubsaugern kleine Lautsprecher eingebaut, die das Rasseln des aufgesaugten Staubs bei Sog in die Abfalltüte akustisch verstärken. Dies gibt einen Eindruck von der Saugstärke, bietet dem Nutzer aber auch eine Rückmeldung, wo noch nicht aufgesaugter Schmutz liegt. Waschmaschinen regulieren die Waschtrommelumdrehungen und den Wasserstand so, dass sie dem Plätschern eines Baches nahekommen, dadurch werden Frische und Sauberkeit assoziiert. Bei Rasierapparaten gibt das Prazzeln der abgeschnittenen Barthaare einen Eindruck von der Gründlichkeit der Rasur und zugleich eine Rückmeldung über noch nicht erreichte Bartstoppeln. Das laute Knacken von Cerealien und manchen Schokoriegeln beim Kauen oder Abbeißen ist wichtig, da dadurch dem Konsumenten Energie und Kraft signalisiert werden.

Die Messung erfolgt im Einzelnen durch Kunstköpfe mit Mikrofonen, die in nachgebildeten Ohrmuscheln angebracht sind. Laserblitze und Holografie können darüber hinaus Luftschwingungen sichtbar machen. Außen am Auto angebrachte Schalldämpfer erlauben die Herausfilterung von Einzelgeräuschen, die durch Computer (Active noise control) später mit genau gegenphasigen Geräuschen vermischt und so verstärkt, verändert oder vermindert werden können.

4.3.3.2 Organisationsform

4.3.3.2.1 Stellenplanung

Die kontinuierliche Pflege der Programmstruktur und die Entscheidung über deren Veränderung oder Beibehaltung erfordert eine Verankerung dieser Aufgaben in der Aufbauorganisation. Die Aufbauorganisation entsteht durch Zentralisation entweder von Funktionen, Kunden, Gebieten oder Produkten und gleichzeitige Dezentralisation hinsichtlich der jeweils anderen Größen *(siehe Abb. Gebietsorientierte Marketingorganisation, Abb. Kundenorientierte Marketingorganisation, Abb. Produktorientierte Marketingorganisation)*. Für die Programmpolitik eignet sich naturgemäß die produktorientierte Organisation als Zentralisation nach Produkten in Form des Produkt- oder besser Produktgruppen-Management am Besten. Die organisatorische Gliederung erfolgt dabei wie folgt:

- auf der ersten Ebene funktional, ab der zweiten Ebene dann objektorientiert (Divisionalisierung),
- als Stabsabteilung ohne Weisungsbefugnis oder als Projektmanagement,
- in einer Matrix aus Funktion oder Zentralabteilung einerseits und Produkt andererseits bzw. seltener Produkt einerseits und anderem Objekt (Gebiet oder Kunde) andererseits,
- von der ersten Ebene an durchgehend (reines Produktmanagement).

Das Produktgruppen-Management ist demnach eine nach dem Objektprinzip gestaltete, zeitlich nicht von vornherein befristete Organisationsform, bei der eine produktbezogene Querschnittskoordination verschiedener Tätigkeitsbereiche erfolgt. Es erweist sich als sinnvoll vorwiegend, wenn die Unternehmens- und Wettbewerbssituation durch heterogene und diversifizierte Produktprogramme

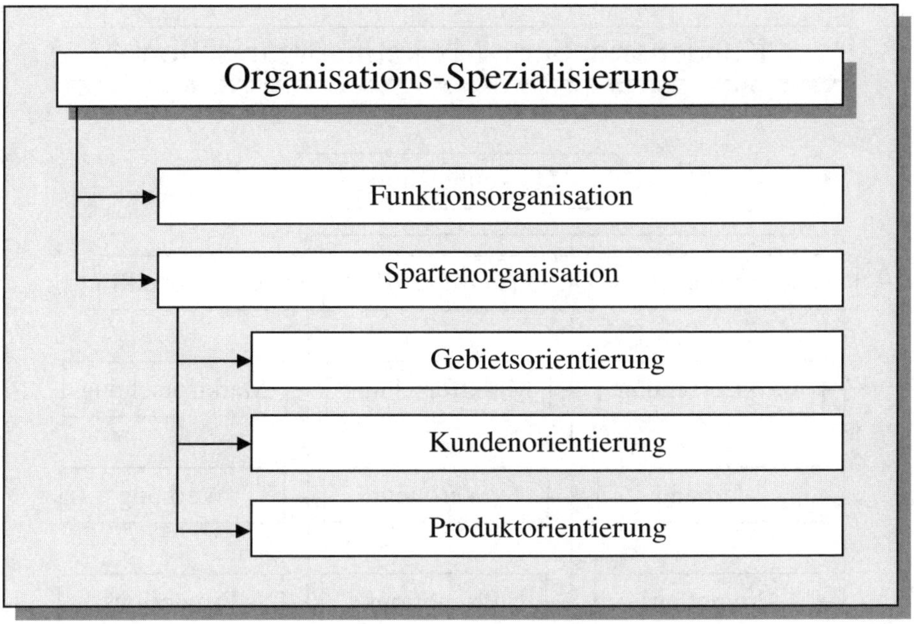
Organisations-Spezialisierung
Funktionsorganisation
Spartenorganisation
Gebietsorientierung
Kundenorientierung
Produktorientierung

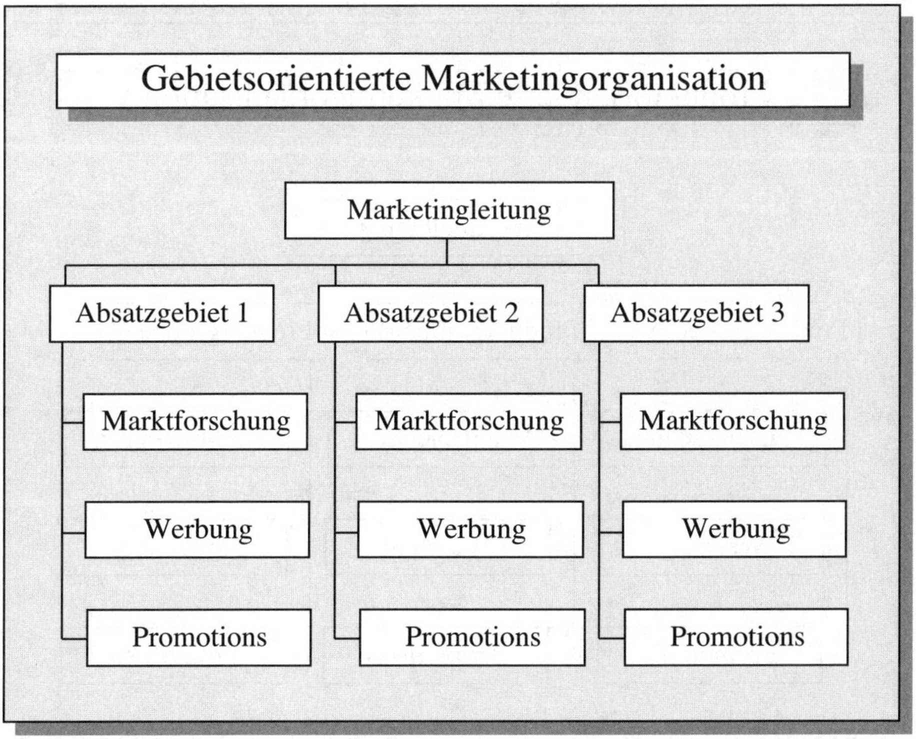
Gebietsorientierte Marketingorganisation
Marketingleitung
Absatzgebiet 1
Absatzgebiet 2
Absatzgebiet 3
Marktforschung
Werbung
Promotions
Marktforschung
Werbung
Promotions
Marktforschung
Werbung
Promotions

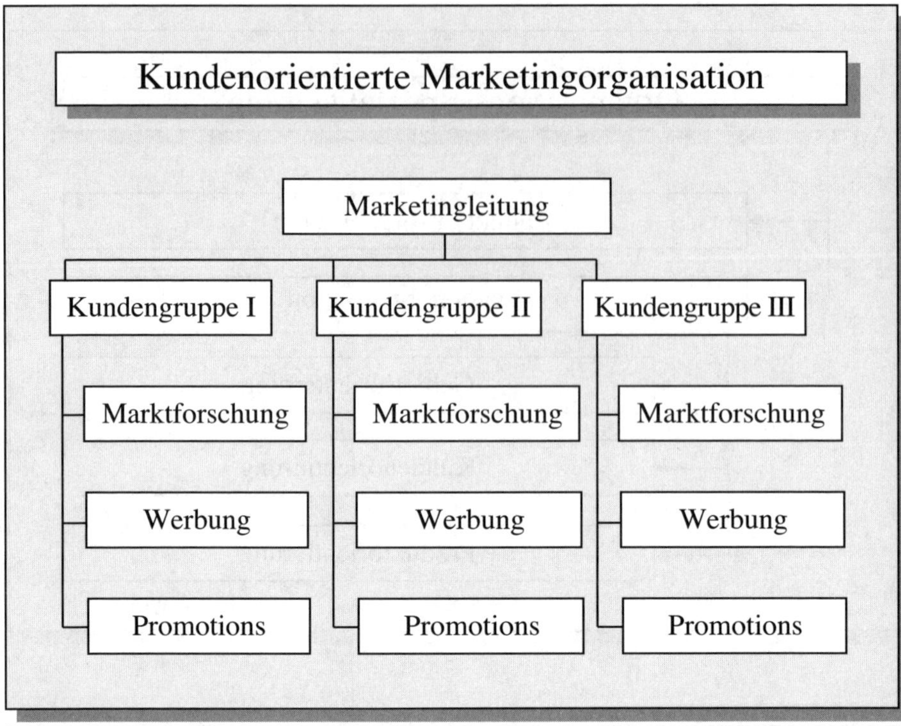
Kundenorientierte Marketingorganisation
Marketingleitung
Kundengruppe I
Kundengruppe II
Kundengruppe III
Marktforschung
Marktforschung
Marktforschung
Werbung
Werbung
Werbung
Promotions
Promotions
Promotions

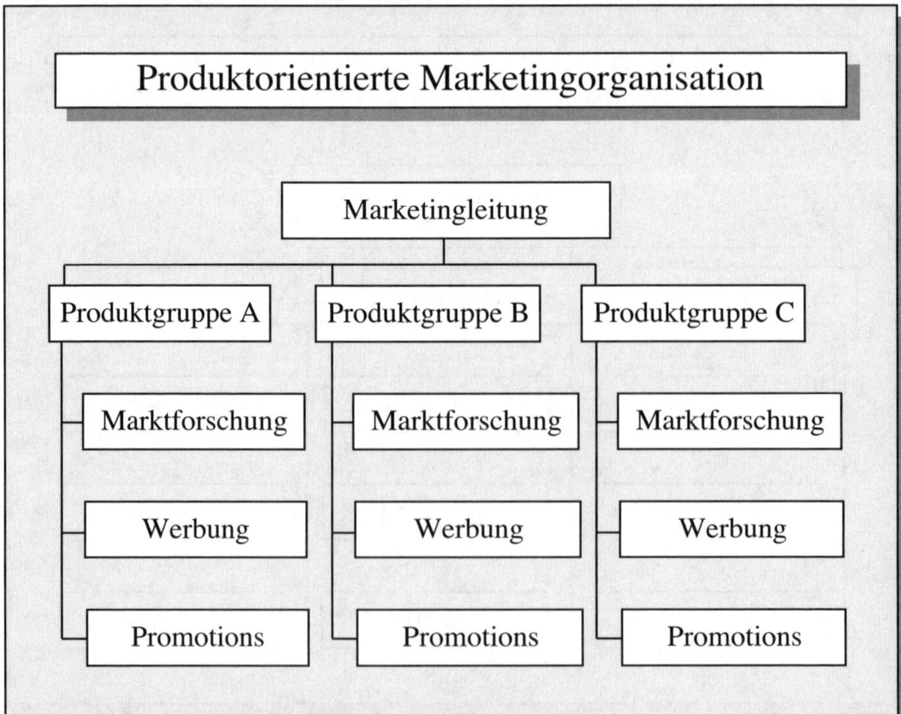
Produktorientierte Marketingorganisation
Marketingleitung
Produktgruppe A
Produktgruppe B
Produktgruppe C
Marktforschung
Marktforschung
Marktforschung
Werbung
Werbung
Werbung
Promotions
Promotions
Promotions

gekennzeichnet ist. Wesentliche **Vorteile** der Produktorganisation sind die Folgenden:

- Sie ermöglicht eine erfolgsobjektbezogene Zuständigkeit und Koordination in der Organisation, denn nur hier steht das Produktprogramm wirklich im Mittelpunkt aller Bemühungen. Der Produktgruppen-Manager soll seinem Teilprogramm ein guter Ziehvater sein und es gegen Kannibalismusgefahren anderer, externer aber auch interner, Ziehväter beschützen.
- Es kommt zu einer engen Verknüpfung aller Bereiche des Betriebs mit dem Markt, insofern ist eine hohe Marketingorientierung gegeben, die alle Aktivitäten auf die Marktleistung zentriert.
- Dadurch ist eine schnelle und flexible Marktanpassung bei sich rasch verändernden Vermarktungsbedingungen möglich. Der Produktgruppen-Manager hat „das Ohr am Markt", kann Entwicklungen evaluieren und darauf nach Inhalt, Form, Raum und Zeit angemessen reagieren.
- Chancen zur marktorientierten Innovation können entschlossen wahrgenommen werden, da sie umso eher am Markt reüssieren, je besser ihr Potenzial von Anfang an gepflegt wird. Dies ist angesichts der Zeit als Wettbewerbsfaktor ein erheblicher Flexibilitätsvorteil.
- Besonders bei heterogenem Programm, wie es heutzutage für in starkem Maße diversifizierte Unternehmen typisch ist, ist ein differenziertes Marketing praktizierbar. Diese Heterogenität erfordert oft Teilprogramm-spezialisierte Manager.

Dem stehen jedoch folgende **Nachteile** gegenüber:

- Es besteht die ständige Gefahr von Kompetenzkonflikten und Prioritätenstreit zwischen den Produktverantwortlichen, denn die Produkte treten in unmittelbare Konkurrenz nicht nur zu Fremdprodukten, sondern auch zu allen anderen unternehmenseigenen Produkten.
- Die starke Spezialisierung in der Organisation behindert die Nutzung von Synergieeffekten, insofern kommt es zu isolierten Produktfeldern und Mehrfacharbeiten in derselben Sache.
- Es entsteht eine Aufblähung der Absatzorganisation mit funktionaler Doppelarbeit, insofern bedarf es einer zusätzlichen Koordination innerhalb dieser Organisationsform. Damit verbunden sind Ineffizienzen, die gegen die spezifischen Vorzüge des Produktgruppen-Management aufzurechnen sind.
- Die Vorteile der Arbeitsteilung werden tendenziell nur unzureichend genutzt. Bekanntermaßen ist aber gerade diese für hohe Produktivität verantwortlich, daran ändern auch Gruppenstrukturen nichts, die das Prinzip der Arbeitsteilung über mehrere Personen rotieren lassen.
- Es besteht ein großer Bedarf an qualifizierten Mitarbeitern für alle Objekte und Ebenen, denn der Erfolg des Programms ist unmittelbar abhängig zu sehen von der Qualität der Betreuung.

4.3.3.2.2 Stellenbesetzung

Träger des Produktgruppen-Management ist der Produktmanager (geschlechtsneutral gemeint). Produktmanager sind Führungskräfte des Unternehmens, die in arbeitsteiliger Weise an der Zielerreichung der Organisation mitwirken. Sie sind mit unterschiedlichen Kompetenzen ausgestattet und nehmen spezielle Aufgaben wahr. Die Legitimation des Management erfolgt allgemein aus:

- der Verfügungsgewalt über Unternehmensobjekte (Sachmittel, Finanzen, Informationen) und über den Personaleinsatz,
- adäquater Entscheidungsbefugnis zur gezielten Beeinflussung von Tätigkeiten sowie des Arbeits- und Leistungsverhaltens,
- der Machtausübung auf rechtlicher Grundlage (z.B. Arbeitsvertrag), die sich in der Dispositionsgewalt gegenüber nachgeordneten Personen und Instanzen äußert,
- dem Respekt, der Akzeptanz, dem Vertrauen und der Kompetenz bei Mitarbeitern.

Weitere wünschenswerte Führungseigenschaften sind Innovationsfähigkeit, unternehmerisches Handeln, Vitalität und Aggressivität, professioneller Einsatz, Leadership, Rationalisierungsdenken, Sensibilität, interpersonelle und Gruppenbeziehungen, Dezidiertheit, Unabhängigkeit, Selbstkontrolle, Toleranzvermögen, Lernfähigkeit, Flexibilität, Initiative, Urteilsfähigkeit, Delegationsfähigkeit, Stresstoleranz etc.

Das Produktgruppen-Management in der heutigen Form ist, aus einer Notlage heraus, 1927 von Procter&Gamble (zunächst nur für die Seife Camay) erfunden worden. Es hat von dort aus eine sehr hohe Verbreitung in beinahe allen marktorientierten Unternehmen gefunden. In letzter Zeit liegt es allerdings nicht mehr im Trend, stattdessen treten Gebietsorganisation (Area management) im Zuge internationalisierter Unternehmen und Kundenorganisation (Key account management) im Zuge der Erkenntnis, dass Kunden die Quelle allen Markterfolgs sind, hervor. Als Aufgaben des Produktmanagers gelten vor allem folgende:

- Initiierung einer Situationsanalyse, Prognose, Ideenfindung und -auswahl, Erstellung von Produktkonzeptionen (Positionierung), Produktgestaltung, Verpackungsgestaltung, Einsatz der Marktforschung,
- Beratung bei der Festlegung der Marketingziele, Erarbeitung der Marketingstrategie, Erstellung von Marketing-Produkt-Plänen, Planung der Marketing-Mix-Aktivitäten,
- Mitsprache bei der Erarbeitung der Marketingziele, Preisfindung und Auswahl von Werbekampagnen.

Die Anforderungen und Leistungserwartungen an den jeweiligen Stelleninhaber sind in der Stellenbeschreibung festgehalten (*siehe Abb. Inhalte Stellenbeschreibung: Produktmanager*). Sie umfasst im Allgemeinen nachfolgende Punkte. Im formellen Teil geht es um:

- die Zuordnung von Bereich, Hauptabteilung, Abteilung, Gruppe und Ressort.

Im materiellen Teil kommen hinzu:

- die Bezeichnung der Stelle,

Inhalte Stellenbeschreibung: Produktmanager

Formale Inhalte:
Stellenbezeichnung, Produkt/Produktgruppe, direkter Vorgesetzter, aktiver/passiver Stellvertreter, Weiterbildung

Allgemeine Aufgaben:
- Aufstellung jährlicher Marketing-Produktpläne sowie mittelfristiger Produktpläne
- Erstellung der Absatzpläne für die betreuten Produkte
- Aufstellung und Verwaltung der Produktbudgets
- Erarbeitung der Marketingstrategie für die betreuten Produkten
- Planung und Durchführung von Produktvariationen
- Planung und Durchführung von Produktinnovationen
- Erarbeitung von Vorschlägen für Produkteliminierungen oder zur Programmbereinigung
- Koordination aller Produkt bezogenen Pläne und Maßnahmen mit den betroffenen Abteilungen.

Spezielle Aufgaben:
Zusammenarbeit mit den Abteilungen Marktforschung, Werbung, Verkaufsförderung, Verkauf, Einkauf, Forschung & Entwicklung, Produktion, Finanzen, Rechnungswesen, Recht, Controlling.

Verantwortung:
Ständige Beobachtung und Analyse der Umsatz- und Gewinnentwicklung der Produkte, Ausarbeitung von geeigneten Maßnahmen für eine Ergebnisverbesserung, Planung, Koordination und Kontrolle aller produktbezogenen Maßnahmen, unverzügliche Information des Vorgesetzten, wenn eine Stockung im Durchführungsprozess eintritt und dadurch Eckdaten gefährdet sind.

Kompetenzen:
Zumeist keine Weisungsbefugnis gegenüber betrieblichen Funktionsbereichen, unbestritten ist sein Recht auf Information, dazu kommen meist Kontrollrecht, Auftragsrecht, Einspruchs- und Genehmigungsrecht, Vortrags- und Beratungsrecht, Mitentscheidungsrecht.

- die organisatorische Einordnung dieser Stelle nach aktiver und passiver Vertretung hinsichtlich Art, Umfang und Häufigkeit sowie Über- und Unterstellungsverhältnissen (unmittelbarer Vorgesetzter, dessen Stellvertreter, dessen Vorgesetzter, Beiordnung, unmittelbare Unterstellung und aktive Stellvertretung),
- die Zielsetzung der Stelle (Haupt- und Nebenziele),
- die Aufgaben der Stelle mit allgemeinen Pflichten, Kompetenzen und Verantwortungen des Stelleninhabers (z.B. Erarbeitung von Materialien, Entscheidung über Sachverhalte, Durchführung von Maßnahmen, Kontrolle von Ergebnissen, Zeichnungsvollmachten) sowie spezielle Pflichten, Kompetenzen und Verantwortungen,

- die Kommunikationsbeziehungen der Stelle mit Informationspflichten, Kooperation mit anderen Stellen, Beratung in internen Gremien und besondere interne und externe Kontakte,
- das Anforderungsprofil an den Stelleninhaber nach Kenntnissen und Fertigkeiten (Muss- und Sollvoraussetzungen) sowie persönlichen Merkmalen,
- die Beurteilung des Stelleninhabers durch den unmittelbaren Vorgesetzten nach Fristen, Maßstäben, Besprechung sowie Aufstiegsmöglichkeiten.

Zum administrativen Teil gehören:
- Ort/Datum und Unterschriften zur Kenntnisnahme des Stelleninhabers, dessen Vorgesetzten, des Ausstellers, sowie Vermerke über den nächsten Überarbeitungstermin und sonstige Hinweise.

Personen mit entsprechendem Leistungsprofil sind im Rahmen der **Mitarbeiterbeschaffung** zu gewinnen. Dies erfolgt über Suchanzeige, Personalberatung, Leasing oder Arbeitsamt. Infrage kommen auch die Nutzung interner Stellenausschreibungen und die Auswertung vorliegender Blindbewerbungen. Darauf folgt die Auswahl der am Besten geeigneten Mitarbeiter, einmalig durch Test oder Assessment center sowie kontinuierlich durch Vorgesetztenbeurteilung sowie deren Qualifizierung für die speziellen Anforderungen des Unternehmens durch Training, Schulung oder Praxis (on the Job).

Die **Entlohnung** erfolgt durch Zeitlohn und Leistungslohnanteile (Prämie, Provision). Grundlage sollten Arbeitswertverfahren sein, die eine objektivierte Leistungsmessung erlauben. Dies ist jedoch bei verbreitet qualitativen Tätigkeiten im Marketing höchst schwierig. Leistungsbezogene Entlohnungsbestandteile sollen die Gewinn- oder Zielorientierung als Ausgangspunkt haben. Zusätzliche Motivation kann punktuell durch materielle oder ideelle Anreize geschaffen werden.

4.4 Strategiebewertung

Die Überlegungen zur Programmstrategie laufen zumeist nicht auf nur eine einzige intendierte Strategie hinaus, sondern kommen zu zwei oder mehr als tauglich erachteten Strategiealternativen. Selbst wenn sich nur eine Strategie ergibt, stellt sich immer noch die Frage, ob diese als leistungsfähiger anzusehen ist als die bisherige strategische Ausrichtung. Für den Fall, dass sich mehrere Strategiealternativen ergeben, stellt sich die Frage, welche von ihnen als die Leistungsfähigste zu betrachten ist. Zur Beantwortung dieser Fragen wird für gewöhnlich eine Strategiebewertung (Strategy assessment) durchgeführt.

Um einen kurzen Eindruck einer Marketingstrategie zu geben, wird im Folgenden die Marketingstrategie für den Smart zur Einführung in einigen Auszügen rekonstruiert:
a) Zielsystem
- Zielobjekt:
Smart-Modellreihe (Grundmodell plus Derivate)
- Zielsubjekt:
sowohl Kleinstwagenmarkt allein als auch Zweit-/Drittwagenmarkt, statt herkömmlicher Kleinwagen
- Zieleinheit:
Smart GmbH (Microcar Corporation)
- Zielbeziehung:
konfliktär zu Mercedes-Benz (möglicher negativer Imagetransfer), daher eigene Division/Marke
- Zielzeitbezug:
Break Even bis 2007 (lt. Planung)
- Zielausmaß:
satisfizierende Zielsetzung: 200.000 verkaufte Einheiten (damit Kapazitätsauslastung)
- Zielrichtung:
Wachstum durch Generierung eines neuen Marktes
- Zielinhalt:
Etablierung einer neuen Fahrzeugklasse (Microcar/Smart-Klasse)
- Zielraumerstreckung:
14 Länder, vorwiegend Europa, vorwiegend Deutschland
- Zielgewichtung:
höchste Priorität innerhalb der Smart GmbH/MCC

b) Zieldimensionen
- Vision für den Smart:
Kein Kleinwagen, sondern ein für seine Einsatzzwecke optimierter, geschrumpfter Mittelklassewagen mit genug Platz für „zwei Personen und zwei Kästen Bier". Zugleich Ausdruck eines fortschrittlichen Lebensstils und des verantwortungsvollen Umgangs mit der Umwelt.
- Mission für den Smart:

Wenn wir so weiterleben wollen wie bisher, müssen wir uns ändern. Die autogerechte Stadt zu bauen, ist misslungen, also muss man das stadtgerechte Auto bauen. Darum ist weniger Mehr (Reduce to the max)/Konzentriere Dich auf das wirklich Wichtige).

- Kernkompetenz des Smart:
Innovative Interpretation automobiler Mobilität (Kernkompetenz von Daimler), Smart als klassenloses Automobil, Tridion-Sicherheitszelle, Zwei-Material-Konzept (Stahl/Kunststoff), modulare Bauweise, innovatives Design, Ausdruck von Lebensfreude, Funktionalität, Nachhaltigkeit.

- Relevanter Markt
Abgrenzung des strategischen Geschäftsfelds (SGF):
Kleinstwagen (Aoo), da im Microcar-Markt keine Wettbewerber sind, somit z.B. VW Lupo, Ford Ka, Renault Twingo, Seat Arosa, im weiteren Sinne auch Opel Corsa, Nissan Micra, Peugeot 106, Opel Agila, Daewoo Matiz, Daihatsu Move, Daihatsu Cuore, Fiat Seicento, Hyundai Atos, Suzuki Wagen R etc.

- Abgrenzung der strategischen Gruppe:
Gründung einer neuen Strategischen Gruppe (Microcars)

- Abgrenzung der strategischen Geschäftseinheit (SGE):
Smart GmbH (zuvor MCC) Biel/CH (Smart - a brand of DaimlerChrysler)

c) Istsituations-Analyse

ca) Umfeld-Analyse

- Beschreibung des sozial-kulturellen Umfelds:
Auto verliert angesichts „egalitärer" Verkehrssituation seine Prestigefunktion, stattdessen intelligente Differenzierung in der Gesellschaft durch Understatement (z.B. Nobelchronometer)

- Beschreibung des technologischen Umfelds:
High Tech in allen Autoklassen, um gegen Restriktionen zu bestehen (Emission, Ressourcenverbrauch, Unfallgefahr etc.), Elektronik wird immer universeller und kostengünstiger verfügbar

- Beschreibung des ökonomischen Umfelds:
stagnierende Realeinkommen, Notwendigkeit zu intelligentem Sparen (z.B. Aldi, Smart Shopper), Mobilität bleibt wichtiger Ausgabeposten im Budget, wird jedoch stärker hinterfragt

- Beschreibung des politisch-rechtlichen Umfelds:
hoher Reglementierungsgrad, Steuern auf Kraftstoffverbrauch (Bürger) bzw. Flottenverbrauch (Hersteller), Tempolimits/Maut in Sicht, Forcierung des ÖPNV

cb) Branchenstruktur-Analyse

- Macht der Lieferanten:
Einbindung in das Produktionskonzept (sieben Systemlieferanten, Industriepark Smartville etc.)

- Macht der Abnehmer:
eigenständiges Vertriebskonzept (Franchising) bzw. Satelliten in Hersteller-Niederlassungen

- Macht der aktuellen Konkurrenten:
keine direkte Konkurrenz, aber andere Klein- und Kleinstwagenhersteller
- Macht der potenziellen Konkurrenten:
angekündigte Kleinstwagenmodelle des Mitbewerbs (z.B. Opel Maxx, Nissan Hypermini, Renault Zoom, Toyota Ecom)
- Macht der substitutiven Konkurrenten:
Öffentlicher Personen-Nah-Verkehr, BMW C 1

cc) Stärken-Schwächen-Analyse
- Stärken:
Kleinstwagen auf Mittelkasseniveau, nutzt jede Parklücke, niedrige Steuer- und Versicherungseinstufung, sehr hohe passive Sicherheit, solide Verarbeitung, hohe Zuverlässigkeit, anspruchsvolle Technik, geringer Kraftstoffverbrauch, kundenvariable Bauweise, Umweltverträglichkeit nicht nur im Produkt, sondern auch in der Produktion, hohes Markenbewusstsein durch Verbindung zu Daimler, Nachfragemacht im Konzern, Innovationskraft, hoher Werterhalt
- Schwächen:
Begrenzung des Raumangebots auf zwei Personen und sehr wenig Gepäck, relativ hoher Anschaffungspreis, mangelnder Fahrkomfort, nicht langstrecken-tauglich, spezielle Ausrüstung der smart-Werkstätten, hohe Entwicklungskosten, eingeschränkte Wintertauglichkeit, Smart-Türme nur für 2-Sitzer geeignet

cd) Chancen-Risiken-Analyse
- Chancen:
Erschließung neuer Märkte im Ausland, kaum „echte" Konkurrenzprodukte, Notwendigkeit zu immer sparsameren Fahrzeugen, auch bei Kleinwagen wird Sicherheit wichtig, Hebeleffekt durch Know-how aus anderen Fahrzeugklassen, stetige Zuwachsraten im Kleinwagensektor, wachsender Trend zu Nischenfahrzeugen, Anstieg der Unterhaltskosten, Zunahme des Verkehrsaufkommens, wachsendes Umweltbewusstsein, junge Menschen können sich früher ihr eigenes kleines Auto leisten, neues Marktsegment etablieren (First Mover Advantage), individuelle Mobilität, umweltfreundliche Produktionsverfahren, Parkplatzmangel steigt, Verjüngung im Konzern
- Risiken:
negative Imageabstrahlung im Konzernprogramm, Aufkommen von Konkurrenten, Kleinstfahrzeuge werden eher unter Preis- als Imageaspekten gekauft, Auto aber bleibt Imageobjekt, Gefahr der Übersegmentierung der Märkte (Aufwands-Nutzen-Verhältnis), steigendes Preisbewusstsein, hohes unternehmerisches Wagnis, 100 % Neuentwicklung, hohe Investitionen in Technik und Vertriebsnetz erforderlich, Kundenakzeptanz fraglich, keine Erfahrung mit kleinen Fahrzeugen im Konzern (mangelnde Kernkompetenz), Smart wird oft nur als teures Spielzeug betrachtet

ce) SWOT-Analyse
- Kombination aus Stärken und Chancen: Ausbauen,
Maßnahmen: Aufstockung des Programms (Crossblade, Fourfour, Roadster)

- *Kombination aus Stärken und Risiken: Absichern,*
  Maßnahmen: alleinstellende Position als neue automobile Lebensstil-Alternative
- *Kombination aus Schwächen und Chancen: Aufholen,*
  Maßnahmen: Konstruktion optimieren (Verbrauch, Automatik, Komfort etc.)
- *Kombination aus Schwächen und Risiken: Meiden,*
  Maßnahmen: Konkurrenzfähigkeit zu anspruchslosen Niedrigpreisangeboten

cf) Portfolio-Analysen
- *Vier-Felder-Portfolio (nach Boston Consulting Group):*
  Stern-Position, d.h. Investieren, um Marktposition weiter auszubauen und positiven Cash-flow zu erreichen
- *Neun-Felder-Portfolio (nach McKinsey Company):*
  Grüne Zone, d.h. Investieren, um Marktposition weiter auszubauen und positiven Cash-flow zu erhalten

d) Ableitung der Marketingstrategie
da) Bestimmung des zu bearbeitenden Marktfelds
Marktschaffung, d.h. völlig neue Fahrzeugklasse anspruchsvoller Kleinstwagen

db) Bestimmung der Marktwahl
- *Markteintrittsschranken in den gewählten Markt:*
  Erforderliche Mindestinvestitionsvolumina, Zugang zu Vertriebskanälen mit ausreichender Distributionsdichte, Verhaltensveränderung bei Autokäufern
- *Marktaustrittsschranken aus dem gewählten Markt:*
  Remanente Kosten durch spezialisierte Produktions- und Vertriebskapazitäten, Imageproblematik durch Eingeständnis des Scheiterns zur Einführung, Wartung/Service
- *Entscheidung über die Alternative der Marktabdeckung:*
  Partielle Marktbearbeitung, undifferenzierte Marktansprache in (zunächst) selektiver Spezialisierung
- *Entscheidung über die Alternative der Marktspielregeln:*
  Neues Spiel in einem Randmarkt (neuartige Interpretation des Automobil-Themas)

dc) Konkurrenzvorteilsbestimmung
- *Gewählte Alternative der Marktpolarisierung:*
  Präferenz-Position (Erlebnisorientierung)
- *Entscheid nach der alten Konkurrenzvorteils-Matrix:*
  Konzentrierte Leistungsführerschaft
- *Entscheid nach der neuen Konkurrenzvorteils-Matrix:*
  Specialised (Überlegenheit in Bezug auf andere Kleinwagen, aktive Absetzung von üblicher Kleinwagenpositionierung)

dd) Bestimmung des Rollenverhaltens
Marktherausforderer (gegenüber Kleinwagen als Kaufalternative)

de) Bestimmung der Zeitabfolge
- Entscheid nach dem statischen Zeitabfolge-Konzept:
Pionier (Innovationsführer durch Original)
- Entscheid nach dem dynamischen Zeitabfolge-Konzept:
Proaktives Outpacing, also zunächst Steigerung der Leistungswahrnehmung, danach Kostensenkung.

Hinsichtlich der Bewertung für solche oder ähnliche Strategien sind eine Reihe von Verfahren einsetzbar. Zu denken ist etwa an die Nutzwertanalyse (s.o.), den Analytic hierarchy process (AHP, s.o.), die Total cost of ownership (TCoO, s.u.), den Par-Report (PIMS-Auswertung, s.o.), Simulationsmodelle etc. Im Folgenden werden wichtige Verfahren der Strategiebewertung näher betrachtet.

4.4.1 Kriterienliste

Scoring-Verfahren legen zunächst die im konkreten Fall für relevant erachteten Bewertungskriterien der Strategiealternativen fest. Auf dieser Basis erfolgt die Schätzung der Erfüllungsgrade dieser Ziele auf Grund der jeweils zu bewertenden Strategie. Erforderlichenfalls können die Kriterien auch untereinander gewichtet werden, was jedoch die Transparenz der Ergebnisse verringert. Den einzelnen Erfüllungsgraden werden Punktewerte zugeordnet, die Punktwerte werden für jede Strategiealternative addiert und die Ergebnisse danach miteinander verglichen. Zu präferieren ist die Strategie mit der höchsten Punktzahl. Die Kriterienliste bezieht sich auf Größen wie

- Markt (mit Subkriterien wie u.a. Gesamtmarkt, Branchenmarkt, bearbeitete Teilmärkte),
- Marktakteure (mit Subkriterien wie u.a. Konkurrenten, Absatzmittler, Absatzhelfer, Endabnehmer),
- Instrumentaleinsatz (Produkt, Programm, Preis, Konditionen, Kommunikation, Identität, Distribution, Verkauf, Mix),
- Umfeld (mit Subkriterien wie u.a. Ökologie, Wirtschaft, Gesellschaft, Technologie, Recht, Politik) *(siehe Abb. Scoring-Verfahren auf Basis einer Risikoanalyse).*

Die Kriterienliste ist einfach und übersichtlich in der Handhabung, sie ist geeignet, verschiedene Strategien miteinander zu vergleichen und die Leistungsfähigste von ihnen auszuwählen. Allerdings ergeben sich Probleme hinsichtlich der Objektivierung der Bewertung und der Redundanz bzw. Vollständigkeit der dabei zu Grunde gelegten Kriterien. Die einzelnen Kriterien können gemäß ihrer Bedeutung untereinander gewichtet werden, dann ist die Strategie mit der höchsten gewichteten Punktsumme die beste.

Sind die Beurteilungskriterien qualitativer Natur, ist zunächst im Rahmen einer Nutzwertanalyse eine Transformation in Punktwerte erforderlich. Diese können dann, gewichtet oder ungewichtet, addiert werden.

Scoring-Verfahren auf Basis einer Risikoanalyse

Kriterium (Beispiele)	Strategie 1			Strategie 2		
	Wahrschein-lichkeit (1 - 10 Pkt.)	Aus-wirkung (1 - 10 P.)	Risiko (Prod.)	Wahrschein-lichkeit (1 - 10 Pkt.)	Aus-wirkung (1 - 10 P.)	Risiko (Prod.)
Markteintritt des Mitbewerb	5	9	45	3	8	24
Sinken des Marktpreises	4	8	32	4	6	24
Anstieg des Zinsniveaus	7	4	28	7	6	43
Engpass bei Mitarbeitern	5	2	10	4	3	12
Nachlassen der Nachfrage	2	7	14	2	6	12
Engpass bei Rohstoffen	4	8	32	4	8	32
Interner Widerstand	3	9	27	5	8	40
Restriktion durch Gesetze	8	5	40	8	4	32
Summe			228			218

Als Kriterien können im Detail etwa folgende herangezogen werden:

- *Besteht Vereinbarkeit mit behördlichen Auflagen und Gesetzen? Ist die operative Umsetzbarkeit der Strategien darstellbar? Ist die mutmaßliche Reaktion der Konkurrenz beherrschbar? Besteht ein gesundes Verhältnis von Chancen zu Risiken? Werden die Unternehmensgrundsätze eingehalten? Ist interne Konsistenz der Strategie gegeben? Ist die Versorgung mit den notwendigen Ressourcen gewährleistet? Werden die einzelnen Interessengruppen in- und außerhalb des Unternehmens berücksichtigt? Besteht Robustheit der Strategie gegenüber unterschiedlichen Umfeldentwicklungen? Werden Kooperationsmöglichkeiten genutzt? Sind Auswirkungen auf die ökologische Umwelt bedacht? Werden relevante gesellschaftspolitische und soziale Probleme berücksichtigt? Ist durch die Strategie ein Kundennutzen gewährleistet? Ist die Strategie geeignet, sich zu profilieren bzw. gewährleistet sie einen gravierenden Wettbewerbsvorteil? Trägt die Strategie zur Erreichung der Unternehmensziele bei? Baut die Strategie auf Stärken bzw. Erfahrungen auf? Ist eine Konzentration der Kräfte gewährleistet? Werden durch die Strategien eindeutige Marktchancen genutzt? Sind Synergien nutzbar? Können die Risiken der Strategien abgeschätzt und durch vorbeugende Maßnahmen reduziert werden? Kann die Strategie unter Kosten- und Marketingaspekten mittel- bis langfristig durchgestanden werden? Steht die Mehrzahl der Entscheidungsträger hinter diesen Strategien?*

4.4.2 Profilmethode

Die Profilmethode führt die jeweils präferierten Elemente der einzelnen Strategie

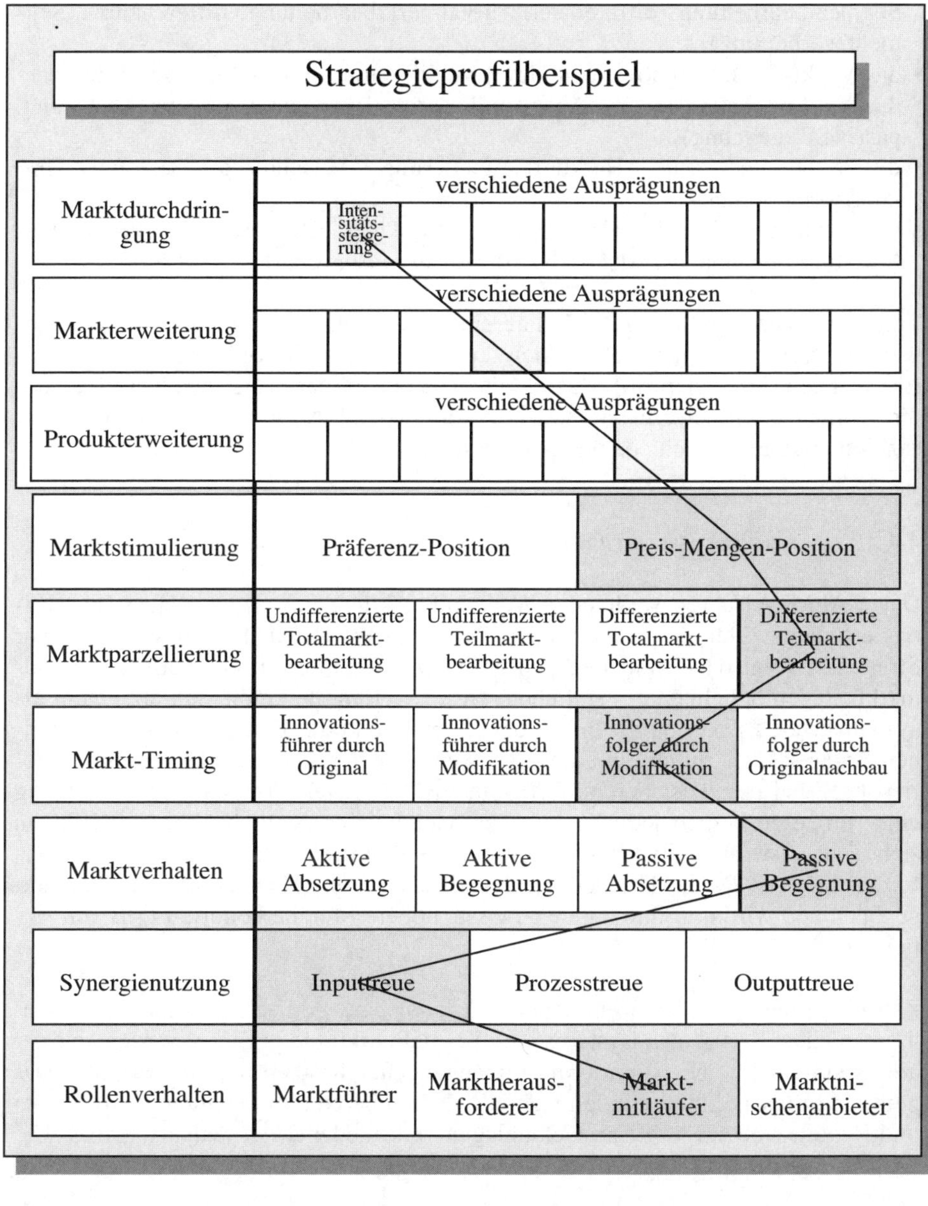

zusammen und erlaubt somit einen anschaulichen Vergleich mehrerer Alternativen, einen Vergleich der bisherigen mit einer geplanten Strategie oder den Vergleich der eigenen Strategie mit denen von Mitbewerbern. Die Elemente sind von Fall zu Fall verschiedene. Genannt werden u.a. folgende Größen:

- das Marktfeld (Marktdurchdringung, Marktausweitung, Produktausweitung, Kundenpartizipation),
- die Marktstimulierung (Präferenz-Position, Preis-Mengen-Position),
- die Marktparzellierung (undifferenzierte Totalmarktbearbeitung, konzentrierte

Segmentbearbeitung, differenzierte Totalmarktbearbeitung, differenzierte Segmentbearbeitung),
- das Markt-Timing (Innovationsführer, Modifikator, Innovationsfolger, Imitator)
- das Marktverhalten (aktive Absetzung, aktive Begegnung, passive Absetzung, passive Begegnung),
- die Synergienutzung (Herkunftsorientierung, Verfahrensorientierung, Hinkunftsorientierung),
- die Rollenverständnis (Marktführer, Marktherausforderer, Marktmitläufer, Marktnischenanbieter) *(siehe Abb. Strategieprofilbeispiel)*.

Trägt man diese Größen grafisch untereinander ab und kennzeichnet das dabei jeweils präferierte Element, ergibt sich durch senkrechte Verbindung der einzelnen Elemente ein Strategieprofil. Dazu können das Profil der bisherigen Strategie oder die Profile der Mitbewerberstrategien in Vergleich gesetzt werden, sodass Gemeinsamkeiten und Unterschiede deutlich werden.

4.4.3 Capital asset pricing model

Das CAPM-Verfahren stellt eine Weiterentwicklung des dynamischen Investitionsrechnungsverfahrens nach der Kapitalwertmethode dar. Die Bewertung einer Strategie erfolgt dabei, indem deren geschätzte Rendite mit alternativen Kapitalmarktanlagemöglichkeiten verglichen wird. Die Rendite ergibt sich allgemein als systematische Risikoprämie, indem der Kapitalmarkt das Eingehen eines allgemeinen Anlagerisikos durch eine gewisse, wenngleich meist niedrige Rendite honoriert (z.B. bei mündelsicheren Wertpapieren). Die Investitionen in die Umsetzung einer Strategie bergen jedoch ein mehr oder minder deutlich höheres Risiko in sich, sodass sie auch eine höhere spezifische Rendite zu ihrer Rechtfertigung erfordern. Dieses Risiko ist auch bei spezifischen Anlageformen am Kapitalmarkt gegeben und wird dort durch eine gewisse, höhere Rendite honoriert (z.B. am Aktienmarkt).

Zwischen diesen beiden Renditepunkten kann eine grafisch innerhalb des Quadranten eines Koordinatensystems eine Kapitalmarktlinie gezogen werden, auf der alle Renditen für die Honorierung eingegangener Risiken abgetragen sind. Das heißt, auf dieser Linie befinden sich alle darstellbaren Kombinationen aus Risiko und Rendite, die am Markt in Geldanlagen verschiedener Art realistisch sind *(siehe Abb. Prinzip des Capital asset pricing model)*.

Für die zu bewertende Strategie kann jetzt ebenfalls deren spezifisches Risiko und deren spezifische Renditeerwartung innerhalb des Quadranten abgetragen werden. Liegen das Risiko über bzw. die Rendite unter dieser Kapitalmarktlinie, ist die Strategie als insofern ungünstig anzusehen, als eine alternative Anlage am Kapitalmarkt bei gegebener Rendite ein niedrigeres Risiko bzw. bei gegebenem Risiko eine höhere Rendite bedeuten würde. Liegen das Risiko jedoch unter bzw. die Rendite über der Kapitalmarktlinie, ist die Strategie hingegen potenziell Erfolg

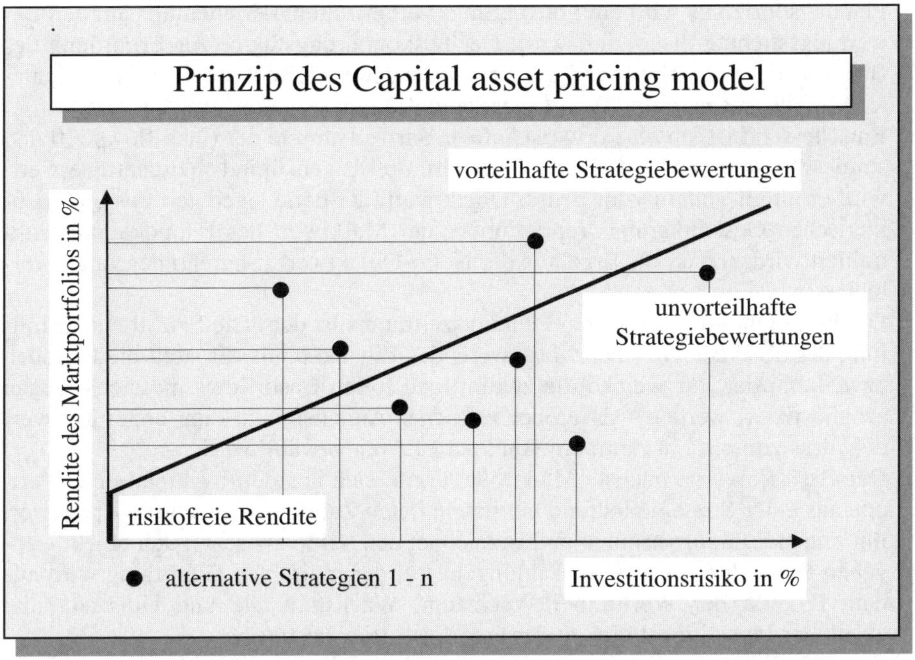

versprechender als eine alternative Anlage am Kapitalmarkt. Bei der Präferierung zwischen verschiedenen Strategien ist diejenige zu wählen, deren Risiko-Rendite-Kombination am Günstigsten ist.

Dabei werden freilich praktisch realitätsferne Prämissen vorausgesetzt, sodass dieses Verfahren eher als Denkmodell anzuerkennen ist.

4.4.4 Performance measurement

Bei der Bewertung finanzieller Kenngrößen handelt es sich um allgemeine Daten des Performance measurement. Häufig werden in diesem Zusammenhang folgende Kenngrößen genannt:

- Der **Discounted free Cash-flow** (DFCF nach Rappaport) basiert als Bewertungsverfahren auf dynamischer Investitionsrechnung und moderner Kapitalmarkttheorie. Es bestimmt den ökonomischen Wert eines Strategie nicht auf Grundlage der periodenbezogenen Aufwands- und Ertragsrechnung, vielmehr ist der periodenübergreifende freie Cash-flow Grundlage für die Bewertung. Zur Berechnung werden die zukünftig freien Cash-flows eines Objekts (hier Produkt-/Programmstrategie) prognostiziert und mit einem risikoadäquaten Kalkulationszinssatz auf den Bewertungsstichtag diskontiert. Der Diskontsatz entspricht den unternehmens- bzw. objektspezifischen Gesamtkapitalkosten. Die genaue Quantifizierung und Diskontierung periodenspezifischer Cash-flows erfolgt für einen festgelegten Planungshorizont. Für die Zeit nach Ablauf dieses

Planungshorizonts wird ein Fortführungswert ermittelt, der ebenfalls auf den Bewertungsstichtag diskontiert wird. Der Diskontierungsfaktor zur Ermittlung des Barwerts der Cash-flows und des Fortführungswerts errechnet sich als gewichteter Mittelwert aus Fremd- und Eigenkapitalkosten.
Entscheidend ist, ob eine erwirtschaftete Barwertsumme der Cash-flows > 0 und somit wertschaffend ist. Der Marktwert des Eigenkapitals (Eigentümerwert) wird ermittelt, indem vom Brutto-Objektwert, der den Gegenwert des unternehmerischen Gesamtkapitals repräsentiert, der Marktwert des Fremdkapitals subtrahiert wird, sodass als Ergebnis der Netto-Objektwert (Shareholder value) verbleibt.
Die Festlegung des konkreten Planungszeitraums ist der erste Schritt zur Ermittlung des objektspezifischen Marktwerts des Eigenkapitals. Er stellt die Perioden bzw. Jahre dar, für welche die zukünftigen freien Cash-flows möglichst genau prognostiziert werden. Als grober zeitlicher Anhaltspunkt kann angeführt werden, dass zumeist ein Zeitraum von 5 - 10 Jahren gewählt wird.
Der Cash-flow, die nächste Maßgröße, ergibt sich aus dem während einer Periode aus einer Strategie laufend erwirtschafteten Zahlungsüberschuss. Er operiert mit reinen Zahlungsströmen und bezeichnet den Saldo zwischen den objektbezogenen Einzahlungen und Auszahlungen. Bei der indirekten Ermittlung wird aus dem Produkt der Werttreiber Wachstum, Wachstumsrate und Umsatzrendite abzgl. der Investitionstätigkeit der Free Cash-flow bestimmt.
Zur Ermittlung des Fortführungswerts wird u.a. die Methode des ewigen, konstanten Cash-flow angewandt, die unterstellt, dass die Höhe des zuletzt de facto ermittelten freien Cash-flow der Prognoseperiode der Bewertung sämtlicher weiterer Cash-flows, die zukünftig dem Unternehmen zufließen, zugrunde gelegt bzw. korrigiert angesetzt werden kann. Der berechnete Fortführungswert muss anschließend mit dem Abzinsungsfaktor der letzten Periode des festgelegten Planungszeitraums auf den Betrachtungszeitpunkt abgezinst werden.
Durch eine Abzinsung (Diskontierung) der Cash-flow und des Fortführungswerts mit einem zu ermittelnden Kapitalkostensatz, der als Abzinsungsfaktor dient, erhält man den Gesamtwert des Objekts. Sowohl Fremd- als auch Eigenkapitalgeber erwarten, dass sie einen Ausgleich für ihr investiertes Kapital in Höhe ihrer Opportunitätskosten erhalten. Diese entstehen den Kapitalgebern durch den Verzicht auf Investitionen in andere Anlageformen. Die konkrete Höhe der Kapitalkosten bestimmen somit die einzelnen Teilnehmer am Kapitalmarkt. Zur Ermittlung der Gesamtkapitalkosten bedarf es zunächst der Berechnung der jeweiligen Fremd- und Eigenkapitalkosten. Die Fremdkapitalkosten ergeben sich aus dem gewichteten durchschnittlichen Zinssatz aller Fremdkapitalformen, die das Unternehmen zur Finanzierung des Objekts anwendet. Die Zinssätze ergeben sich z.B. aus Kreditverträgen. Die Kosten des Eigenkapitals entsprechen der Mindestrendite, die Investoren fordern, um sich am Objekt finanziell zu beteiligen. Für Unternehmen, die den Kapitalmarkt als Finanzierungsquelle nutzen und sich der permanenten Bewertung durch diesen unterziehen, können die Eigenkapitalkosten auf Grundlage des Capital asset pricing model ermittelt werden.
In die Gesamtkapitalkosten gehen die Fremdkapitalkosten und die Eigenkapital-

kosten mit einer durch das Verhältnis zwischen Fremd- und Eigenkapital bestimmten Gewichtung ein. Sie werden deshalb auch als Weighted average costs of capital (WACC) bezeichnet. Eigenkapitalquote bzw. Verschuldungsgrad ergeben sich aus der Zielkapitalstruktur des Objekts.
Nunmehr ist es mittels einer Formel möglich, den Barwert der freien Cash-flows für den konkreten Planungszeitraum und den Barwert des Fortführungswerts zu bestimmen und damit den Marktwert des in der Strategie gebundenen Gesamtkapitals zu berechnen.
Der Marktwert des Gesamtkapitals repräsentiert den umfassenden ökonomischen Wert des betrachteten Objekts. Auf diesen besitzen sowohl Eigen- als auch Fremdkapitalgeber einen Anspruch. Die Zielgröße einer wertorientierten Unternehmensführung ist jedoch der Marktwert des Eigenkapitals, d.h., der Eigentümerwert. Zur Bestimmung dieses Marktwerts des Eigenkapitals ist zunächst der Marktwert des Fremdkapitals vom Marktwert des Gesamtkapitals abzuziehen.

- Der **Economic value added** (EVA nach Stern/Steward) kann durch die Diskontierung einer modifizierten, rentabilitätsorientierten Buchwertgröße anstatt des finanzorientierten Cash-flow abgegrenzt werden. Als Kernstück ist damit die Definition und Ermittlung des EVA anzusehen. Dieser berechnet sich aus dem Produkt aus eingesetztem Kapital und Spread. Das Spread ist seinerseits die Differenz zwischen der erreichten und der geforderten Rendite. Dabei stellen die buchhalterische Gesamtkapitalrentabilität vor Steuern (ROCE) die bereits erreichte und die Gesamtkapitalkosten (WACC) die geforderte Rendite dar. Die Gesamtkapitalrentabilität vor Steuern ergibt sich aus dem Quotienten aus EBIT und Capital employed. EBIT steht für Earnings before interest and taxes, also das Ergebnis vor Steuern und Zinsen. Das eingesetzte Kapital ist das bei Periodenbeginn tatsächlich zu verzinsende Kapital, mit dem das entsprechende Objekt finanziert worden ist.
  Die Ermittlung des strategiebezogenen Shareholder value EVA vollzieht sich, indem zunächst die jeweiligen, objekt- und periodenbezogenen EVA's auf den Betrachtungszeitraum abgezinst werden. Als Diskontierungsfaktor dient der Gesamtkapitalkostensatz. Der diskontierte Fortführungswert und das am Anfang im Objekt gebundene Kapital werden zur barwertigen EVA-Summe addiert. Subtrahiert man von diesem Objektgesamtwert den Marktwert des Fremdkapitals, erhält man den Marktwert des Eigenkapitals bzw. den Shareholder value der betrachteten Strategie.
- Der **Market value added** (MVA) gibt allgemein an, welchen Wert ein Unternehmen über das eingesetzte Kapital hinaus geschaffen hat und errechnet sich aus der Differenz zwischen dem Marktwert des Unternehmens und dem Geschäftsvermögen. Der Marktwert des Unternehmens besteht z.B. aus dem Börsenwert einer AG abzgl. deren Finanzschulden. Zu den Schulden zählen Bankverbindlichkeiten, Hypotheken und Anleihen. Das Geschäftsvermögen entspricht dem von Eigen- und Fremdkapitalgebern investierten Kapital. Es besteht aus Anlagevermögen und Working capital (Umlaufvermögen ohne operative Verbindlichkeiten). Korrigierend wirken Zinsaufwendungen, operative Verbindlichkeiten, Firmenwertabschreibungen, außerordentliche Ergebnisse, latente Steuern, natio-

nale Rechnungslegungsvorschriften, FuE-Aufwendungen etc. Diese Kennzahl stellt somit den Wert dar, den ein Unternehmen seit seiner Gründung geschaffen hat. Der absolute MVA entspricht der Differenz zwischen Marktwert und Gesellschaftsvermögen. Aktionäre betrachten hierbei vor allem die jährlichen Veränderungen des MVA. Für die spezifische Strategiebewertung ist zentral, welchen Wert eine Strategie aus dem dafür eingesetzten Kapital zu schaffen verspricht. Auf Grund schwankender Börsenkurse ist der MVA als Entscheidungsgrundlage jedoch wenig zuverlässig. Häufig werden aber die Bezüge von leitenden Mitarbeitern daran gemessen.

4.4.5 Sonstige Verfahren

Auf Basis des **Kapitalwerts** wird jede Strategiealternative hinsichtlich ihres Erfolgs mit Geld bewertet. Diejenige Strategie, die den höchsten Geldwert repräsentiert, ist die beste. Dies folgt einer statischen Sicht.

Häufig tritt der Erfolg einer Strategie aber erst im Zeitablauf verteilt ein. Dann ist es wichtig, diese zeitliche Verteilung durch Diskontierung zu berücksichtigen. Dies folgt einer dynamischen Sicht. Dazu wird der Erfolg jeder Periode für jede Strategie monetär bewertet. Die Werte werden auf einen gemeinsamen Gegenwartszeitpunkt abgezinst. Diejenige Strategie, die den höchsten Kapitalwert repräsentiert, ist die zu bevorzugende. Dabei stellt sich vor allem das Problem der Wahl eines geeigneten Zinssatzes.

Auf Basis von **Szenarios** wird jede Strategie hinsichtlich ihres Erfolgs mit Geld bewertet. Dabei ist der Erfolg von der Einschätzung alternativer Zukunftsgegebenheiten abhängig. Daher wird der Erfolg jeder Strategie unter Best case szenario-, Medium case szenario- und Worst case szenario-Bedingungen bewertet.

Außerdem wird die Eintrittswahrscheinlichkeit jedes Szenarios gewichtet. Daraus ergibt sich der Erwartungswert jeder Strategie über alle drei Szenarien hinweg. Diejenige Strategie ist die beste, welche den höchsten Erwartungswert aufweist.

Bei nur zwei Beurteilungskriterien ist eine **Dominanzprüfung** in Form eines Koordinatensystems möglich. Jede Strategie wird hinsichtlich der beiden Beurteilungskriterien bewertet und in dem Quadranten abgetragen. Dann wird ein Vektor gelegt, dieser ist eine Winkelhalbierende, wenn beide Kriterien gleich gewichtet sind, bzw. verläuft in spitzem oder stumpfem Winkel, wenn die Kriterien verschieden gewichtet sind.

Diejenige Strategie ist die beste, die, wenn man das Lot von ihrer Position auf den Vektor fällt, am weitesten vom Ursprung entfernt liegt.

5. Strategische Programme

Die dargestellten strategischen Gestaltungsmöglichkeiten des Programms sind bislang sehr vielfältig, sodass der Versuch nahe liegt, diese Komplexität zu reduzieren, indem statt Einzelmaßnahmen Strategiepakete zu Grunde gelegt werden. Im Folgenden werden zwei Ansätze dazu dargestellt, zum einen der Ansatz der Wettbewerbsposition und zum anderen der der Produkt-Markt-Strategie. Zugleich wird deren statische Sichtweise durch dynamische Prozesse um strategische Gruppen einerseits bzw. Marktmechanik andererseits ergänzt. Zunächst jedoch zu den Wettbewerbspositionen.

5.1 Wettbewerbsposition

Die Betrachtung der Konsequenzen dieser Gestaltungserkenntnisse zur Programmstrategie kann nun in zwei Richtungen erfolgen, hinsichtlich der Wahl des primären kompetitiven Vorteils und des Ausmaßes der Marktabdeckung. Zunächst zur Wahl des primären **kompetitiven Vorteils.** Da ist zunächst der **Kostenvorteil** zu nennen. Ein Unternehmen nimmt hier mit seinem Programm eine führende Rolle in Bezug auf niedrige Gestehungskosten ein (z.B. Seat, Skoda, Hyundai, Daewoo, Toyo). Dieser Kostenvorteil wirkt sich besonders auf die Sicht der Preisuntergrenze aus, wohingegen die Preispolitik des Unternehmens ansonsten eher darauf gerichtet ist, die Preisobergrenze zu testen. Je nach Sichtweise unter Nachfrage- oder Konkurrenzgesichtspunkten gibt die Kostenorientierung Anhaltspunkte für die kurz- und langfristige Rentabilitätsgrenze.

Alternativ dazu ist der **Leistungsvorteil** zu nennen. Ein Unternehmen nimmt hier mit seinem Programm eine führende Rolle in Bezug auf die Leistungsdimension ein (z.B. BMW, Mercedes-Benz, IBM, Hewlett Packard, Boss, Siemens, Canon, Michelin, Minolta). Dieser Qualitätsvorteil wirkt sich besonders auf die Sicht der Nachfrager zu einem Angebot aus. Bietet dieses Angebot objektive, oder, da dies immer weniger möglich ist, subjektive Vorteile gegenüber anderen Angeboten, besteht ein höherer Grad der Nachfragerbindung. Diese schafft Sicherheit hinsichtlich des Nachfragevolumens und gewährt darüber hinaus die Chance zur Durchsetzung eines Premiumpreisniveaus.

Hinsichtlich des Ausmaßes der Marktabdeckung durch das Programm eines Anbieters kommen ebenfalls zwei Ausprägungen in Betracht. **Umfassende Marktabdeckung** bedeutet, dass ein Unternehmen beabsichtigt, mit der eingeschlagenen Strategie den Gesamtmarkt abzudecken. Damit ist weniger die räumliche Ausdehnung von Märkten gemeint, denn diese unterliegt angesichts von Global marketing-Tendenzen ohnehin raschen Wandlungen, sondern vielmehr der Grad der Differenzierung in der Marktbearbeitung. Von daher meint umfassende Marktabdeckung hier die undifferenzierte Bearbeitung eines beliebigen Gesamtmarkts mit Produkten.

Konzentrierte Marktabdeckung bedeutet, dass ein Unternehmen beabsichtigt, mit der eingeschlagenen Strategie nur einen Teilmarkt oder Teile des Gesamtmarkts abzudecken. Dieser Sichtweise geht voraus, dass dieser Gesamtmarkt nach definierten Kriterien in Segmente unterteilt wird. Solche Kriterien können etwa biologische, geografische, soziodemografische, psychologische, habituelle oder kommunikative Besonderheiten sein. Danach erfolgt eine Bewertung dieser Teilmärkte mit der Präferenz auf ein (oder mehrere) Segment(e). Marketingmaßnahmen werden dann speziell auf deren Situation maßgeschneidert.

Aus der Kombination dieser Faktoren ergeben sich vier strategische Möglichkeiten *(siehe Abb. Wettbewerbspositionsmatrix und Abb. Zusammenhang der Wettbewerbspositionsmatrix)*:

- Umfassende Kostenführerschaft, d.h., konsequenter Aufbau eines Kostenvorteils und dessen Nutzung im Gesamtmarkt. Dies führt zur **Generalisierung** in diesem Gesamtmarkt. Beispiele sind Daewoo (Auto), Casio (Uhren), Direktbanken, Aldi (LEH), Neckermann (Reisen), Medion (PC), Ryanair (Fluggesellschaft), Skoda, Swatch.
- Umfassende Leistungsführerschaft, d.h., konsequenter Aufbau eines Qualitätsvorteils und dessen Nutzung im Gesamtmarkt. Dies führt zur **Involvierung** in diesem Gesamtmarkt. Beispiele sind Mercedes-Benz, BWM, Audi (Auto), Rolex (Uhren), Geschäftsbanken, Edeka (LEH), Robinson-Club (Reisen), Toshiba (PC), Lufthansa (Fluggesellschaft).
- Konzentrierte Leistungsführerschaft, d.h., strategische Fokussierung auf eine leistungsorientierte Marktnische. Dies führt zur **Individualisierung** in diesem Teilmarkt. Beispiele sind Smart (Auto), Glashütte (Uhren), Privatbanken, Reformhäuser, Apple (PC), Augsburg Air, Lindt Schokolade, Black&Decker, Boss, KaDeWe, Meiers Weltreisen.
- Konzentrierte Kostenführerschaft, d.h., strategische Fokussierung auf eine kostenorientierte Marktnische. Dies führt zur **Spezialisierung** in diesem Teilmarkt. Beispiele sind Trumpf Schokolade, Kia, Daihatsu, Adler Bekleidungsmärkte, L'tur Reisen.

Im Folgenden werden diese Wettbewerbspositionen nun näher erläutert und bewertet.

5.1.1 Generalisierungsposition

Die Generalisierungsposition der **umfassenden Kostenführerschaft** wird angestrebt durch:

- die Erreichung eines hohen Marktanteils im Absatz, der dann Produktionsanlagen effizienter Größe ermöglicht. Die dabei zu Grunde liegende Annahme lautet, dass große Fertigungslose und Herstellungskapazitäten zu einer Kostendegression führen (s.o.), die Kostenvorteile erst entstehen lässt, die wiederum im Preis weitergegeben werden können.
- eine strenge Aufwandskontrolle und die Nutzung aller Kostensenkungsmöglichkeiten. Kostenvorteile ergeben sich nur, wenn vermeidbare Kosten, vor allem im

Wettbewerbspositionsmatrix

	Kostenvorteil	Leistungsvorteil
Konzentrierte Marktabdeckung	**Spezialisierung** (Konzentrierte Kostenführerschaft)	**Individualisierung** (Konzentrierte Leistungsführerschaft)
Umfassende Marktabdeckung	**Generalisierung** (Umfassende Kostenführerschaft)	**Involvierung** (Umfassende Leistungsführerschaft)

Gemeinkostenbereich, konsequent abgebaut werden und wirkungsvolles Controlling solche Einsparmöglichkeiten schnell und umfassend identifiziert. Dazu gehören die Optimierung der Produktionstiefe und der Prozessabläufe, aber auch die Reduktion der Beschaffungs- und Logistikkosten.

- ein Finanzmanagement in Bezug auf Cash-flow, Vorratsreduktion unter Beibehaltung hoher Lieferbereitschaft, Erhöhung des Debitorenumschlags, Rationalisierungsinvestitionen, hohe Anlagenbelegung, Senkung der Finanzierungskosten, Anpassung der Gesellschafts- und Kapitalstrukturen sowie systematische Bewirtschaftung von Risikopositionen, ferner durch Optimierung von Beschaffung, Kredithandling und Verkaufskonditionen.
- Verfahrensinnovationen und -verbesserungen, die im Hinblick auf die möglichst einfache Herstellung der Produkte gestaltet sind, um eine hohe Kostengünstig-

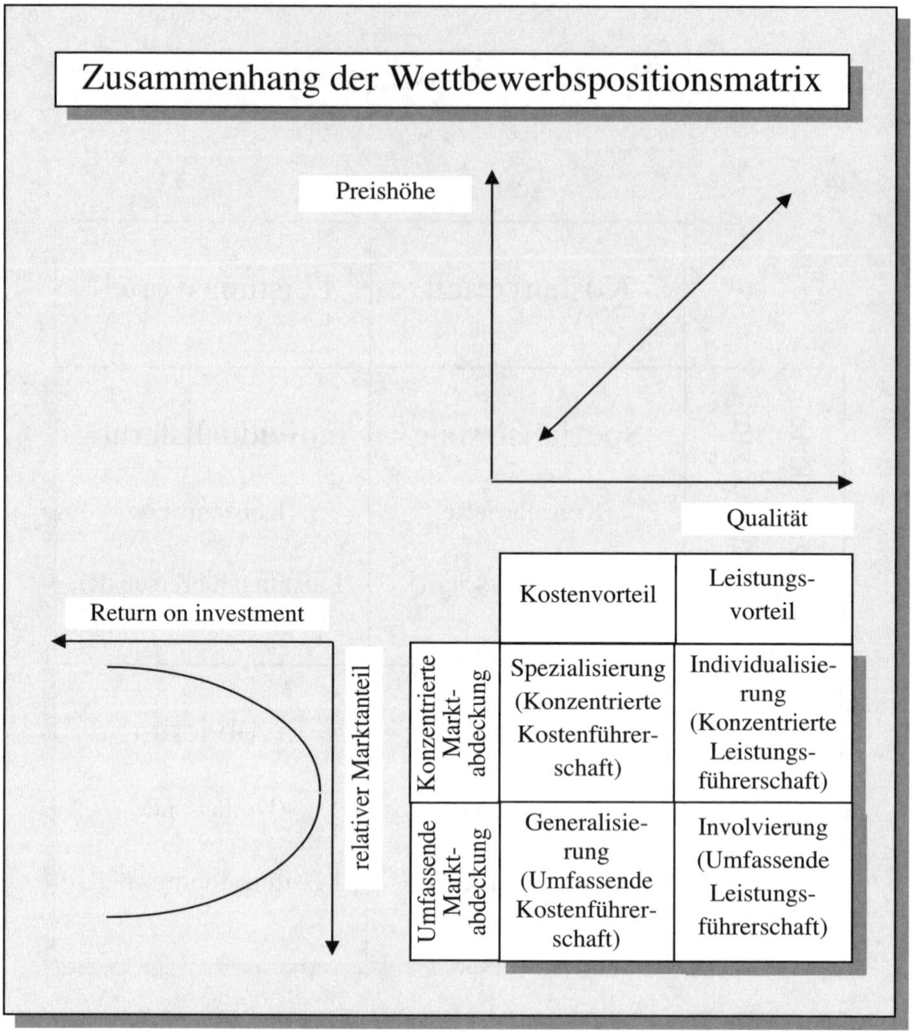

keit zu gewährleisten. Dazu können auch Anreizsysteme an Mitarbeiter/Abteilungen beitragen (Quality circle-Gedanke).

Aus der Standardisierung ergeben sich erhebliche **Positionsvorteile** im Wettbewerb. Denn das Unternehmen mit den niedrigsten Kosten einer Branche ist auch dann noch in der Lage, Gewinne zu erzielen, wenn die Marktkräfte (= Preisdruck) die Konkurrenten bereits in die Verlustzone bringen. Insofern bedeutet Kostenführerschaft immer auch Existenzsicherung. Gelegentlich motiviert dieser Zusammenhang solche Unternehmen zur Einleitung einer aggressiv-expansiven Marktpolitik. Unter Nutzung des Kostenvorsprungs werden dabei gegenseitige Preisunterbietungen provoziert, welche die ungünstiger produzierenden Anbieter zur Aufgabe zwingen und damit übersichtlichere Marktverhältnisse herbeiführen. Da allerdings viele Anbieter eine diversifizierte Programmstruktur aufweisen, sind sie womöglich in der Lage, Verlustphasen auf einem Markt ihres Aktivitäten-Portefeuilles durch Gewinne auf anderen Märkten für eine gewisse Zeitspanne hinweg intern zu subventionieren. Da sich Unternehmen damit wechselseitig auf verschiedenen Märkten in der jeweils ungünstigeren Situation gegenüberstehen, ist damit zweifelhaft, ob solche ruinösen Marktstrategien als sinnvoll zu erachten sind. Unter diesen Bedingungen sind auch Zweifel an der Wirksamkeit potenzieller Konkurrenz anzubringen, denn Unternehmen betrachten nicht isoliert nur einen einzigen Markt.

Es entsteht ein gewisser Schutz vor nachfragemächtigen Kunden, weil diese den Preis höchstens bis auf das Niveau des zweiteffizientesten Konkurrenten zu drükken vermögen. Dieser Zusammenhang ist z.B. im Konsumgütergeschäft mit dem Handel von Bedeutung. Auf Grund der marktbeherrschenden Position einiger weniger Handelsketten sind diese in der Lage, Verhandlungsdruck gegenüber ihren Lieferanten auf Zugeständnis günstigstmöglicher Konditionen auszuüben. Diese Pression findet erst dort ein Ende, wo Anbieter wegen einer entstehenden Verlustsituation auf Geschäftsabschlüsse verzichten. Dann ist ein gegenseitiges Ausspielen verschiedener Anbieter nicht mehr möglich. Das Gleiche gilt für den industriellen Beschaffungsbereich. Auch hier versuchen, wegen des aus geringer Fertigungstiefe resultierenden, überaus hohen Fremdleistungsvolumens, trickreiche Einkäufer, nur zu günstigstmöglichen Konditionen abzuschließen.

Der Verhandlungsspielraum mit mächtigen Lieferanten wächst, da Kostensteigerungen im Einkauf weniger zur Weitergabe im Preis veranlassen. Vielmehr können höhere Kosten durch Gewinnverzicht aufgefangen oder nur teilweise im Preis weiter gegeben werden. Dies erlaubt die Beibehaltung des Preisniveaus, wohingegen sich andere Anbieter auf Grund ihrer schlechteren Gewinnstruktur gezwungen sehen, ihren Preis anzuheben und damit Wettbewerbsnachteile in Kauf zu nehmen oder sich mit Lieferanten auf wenig erfolgversprechende Verhandlungsrunden einzulassen.

Es bestehen hohe Eintrittsbarrieren in den Markt, die einen relativen Schutz vor Mitbewerbern bieten. Das Potenzial zu Preissenkungen und damit zur Abwehr für neue Marktanbieter erhöht das Risiko eines Markteintritts erheblich. Besteht nicht die Möglichkeit, anfängliche Verlustphasen durch interne Subventionierung aus anderen Geschäftsbereichen zu eskomptieren, wird ein solches Vorhaben daher wahrscheinlich unterbleiben. Auch hierbei stellt sich allerdings für den Kostenführer auf einem Markt die Frage, ob es sich lohnt, diversifizierte Neuanbieter aus dem Markt zu kämpfen, da dies erstens ein sehr langwieriger Prozess sein kann, zweitens mit Vergeltungsmaßnahmen dieser Anbieter auf anderen Märkten, in die das Unternehmen einzutreten versucht, gerechnet werden muss und drittens das Preisbewusstsein der Nachfrager während solcher Kampfphasen nachhaltig geschärft wird. Allerdings müssen Abwehrmaßnahmen nicht zwangsläufig über den Preis geführt werden. Denkbar ist etwa auch die Sperrung von Regalplatz durch Sondervereinbarungen mit dem Handel über Platzierungen.

Substitutionsprodukte können eher abgewehrt werden, weil Kostenvorteile eine hohe Preisreagibilität bewirken. Da Substitutionsprodukte immer dann Erfolg haben, wenn sie ein besseres Preis-Leistungs-Verhältnis bieten, kann auf dieses eingewirkt werden, indem der eigene Preis bei gleicher Leistung unter den des Substitutionsprodukts gedrückt wird, bei besserer eigener Leistung der Preisabstand nach oben verringert oder bei schlechterer eigener Leistung der Preisabstand nach unten vergrößert wird. Insofern kann flexibel auf Herausforderungen reagiert werden, jedenfalls weitaus flexibler, als dies Anbieter mit weniger vorteilhafter Kostenstruktur zu tun vermögen.

Als **Risiken** der Standardisierung sind vor allem zu nennen, dass grundlegend neue Technologien diese Position schnell entwerten. Zu denken ist dabei in erster Linie an einen Technologiesprung, der durch frühzeitige Nutzung hocheffizienter technischer Prozesse zu eruptiver Kostenreduktion führen und damit bisherige Kostenvorteile ganz oder doch erheblich aufzehren kann. Diese neuen Technologien zeichnen sich meist dadurch aus, dass eine Substitution von Arbeit durch Kapital vorliegt und die variablen Kosten zulasten des Fixkostenanteils gesenkt werden. Deshalb involvieren sie erhebliche Investitionsvolumina, die wiederum nur von Großunternehmen einer Branche zu finanzieren sind. Das mit hohen Leerkosten verbundene Risiko zwingt zur Auslastung vorhandener Kapazitäten, im Zweifel auch durch aggressives Marketing. Deshalb ist eine kontinuierliche Kostensenkungsanalyse erforderlich, die auch vor hohem Kapitaleinsatz zur Finanzierung niedrigerer Stückkosten nicht zurückschreckt.

Nachahmer können durch Lerneffekte bald die gleiche Kostenstruktur wie der (dann ehemalige) Kostenführer erreichen. Solche Lerneffekte sind grundsätzlich jedem Anbieter zugänglich. Deshalb bietet die Kostenführerschaft keinen Schutz vor Mitbewerbern gleichen Erfindungsreichtums. De facto erfolgt die Anpassung meist durch abgeworbene Mitarbeiter, die ihr erlerntes Know-how in allen Betriebsbereichen bei ihrem neuen Arbeitgeber einbringen. Ebenso verbreitet ist die Übernahme bestehender Betriebe unter Nutzung aller dort gegebenen Fazilitäten.

Die Kostensicht entspricht in ihrem ursprünglichen Sinne nicht unbedingt der Marketingdenkweise. Statt auf internen Kostenaspekten beruht Marketing vielmehr auf dem Primat der Nachfrage. Die beste Kostenführerschaft hilft nichts, wenn dabei die Bedürfnisse des Markts außer Acht gelassen werden. Es ist geradezu so, dass bestimmte Produkte ungeachtet ihres niedrigeren Preises keine Nachfrage zu binden vermögen, wenn sie nicht Mindestanforderungen in der Qualität erfüllen. Zu denken ist an manche Waren aus der ehemaligen DDR, die trotz Billigpreisen kaum absetzbar sind, weil sie nicht dem gewohnten Produktleistungsstandard entsprechen. Im Konsumgüterbereich finden sich dafür oft nur noch Käufer in den unteren Sozialklassen.

Kostensteigerungen in hohem Ausmaß oder kumulierter Wirkung schwächen die Kostenführerschaft. Dies ist zu Zeiten eskalierender Rohstoff-, Kapital- und Arbeitskosten nicht unwahrscheinlich. Zwar treffen diese Kostensteigerungen alle Anbieter mehr oder minder gleichmäßig, aber da die Position des Kostenführers mehr auf diesem Vorteil aufbaut als die Strategien der Mitbewerber, trifft ihn eine Schwächung dort existenzieller. Dann rächt sich das Versäumnis des Aufbaus einer starken Imageposition, die eine Weitergabe von Kostenerhöhungen im Preis zuließe. Baut der Vorteil hingegen nur auf der bloßen Kostengünstigkeit auf, geht er vollends verloren, wenn diese nicht mehr gegeben ist.

Die Kostenführerschaftsposition ist früher vorwiegend von japanischen Unternehmen eingenommen worden, die durch hohen Arbeitseinsatz ihrer Belegschaft und ausgefeilte Organisationsmethoden (z.B. Ringi, Kanban, Kaizen) eine extrem hohe Effizienz erreicht haben. Neuerdings füllen allerdings eher die übrigen asiatischen Länder der „Little tigers" diese Position aus, da die japanische Industrie zunehmend einen Shift in Richtung der Leistungsführerschaft vollzieht. So werden Automobile heute nicht mehr nur über den Preisvorteil verkauft, sondern gerade auch über fortschrittliche Technik. Zudem führen Importrestriktionen in zahlreichen Ländern zu einem gewissen Nachfrageüberhang, der höhere Preise auch problemlos durchsetzbar macht. Bei Fotokameras haben die Preise nach weitestgehender Räumung der Märkte von europäischen und amerikanischen Anbietern, zwar untermauert von starkem technischen Fortschritt, doch wieder angezogen. Die gleiche Entwicklung ist bei Produkten der Unterhaltungselektronik zu beobachten. Hier setzen die japanischen Anbieter Leistungsmaßstäbe durch enorm kurze Innovationszyklen und vor allem Miniaturisierung. Andere fernöstliche Länder besetzen sukzessiv die dadurch freigewordenen Kostenführerschaftspositionen. Dies gilt in erster Linie für normierte Produkte, administrierte Anforderungen in Ausschreibungen (Lastenheft) und relativ leicht herzustellende Massenprodukte. Diese Teile finden zwischenzeitlich in den meisten Bereichen als OEM-Elemente Verwendung.

5.1.2 Involvierungsposition

Die Involvierungsposition der **umfassenden Leistungsführerschaft** wird angestrebt durch:

- Erschließung und Besetzung geeigneter Vertriebskanäle, Beschleunigung des Innovationsprozesses, Rekrutierung bestqualifizierter Mitarbeiter etc. Dabei helfen oft ein guter Ruf, eine lange Tradition am Markt oder eine einmalige Kombination von Fähigkeiten, alle Dimensionen nach vorn zu fahren, welche die Leistung betonen und damit zu einer positiven Absetzung vom Mitbewerb führen.
- Erzielung von Marktpreisen auf Premiumlevel durch die Abschöpfung ergiebiger Märkte und das Angebot von Zusatznutzen. Dies erfordert Kreativität und gutes Produkt-Engineering zur Erreichung einer technologischen Spitzenstellung. Dazu verhilft oft die Nutzung eines Leistungsvorsprungs bei Marktpartnern, die damit ein höheres Preisniveau rechtfertigen. Das gilt auch im privaten Bereich, wo leistungsprofilierte Marken zur adäquaten eigenen Profilierung im sozialen Umfeld verhelfen.

- Ausrichtung der Betriebskosten auf den Kundennutzen (z.B. Verkaufskonditionen, Lagerpolitik). Nur eine strikte Koordination aller Betriebsabteilungen ist in der Lage, ein herausragendes Ergebnis zu zeitigen. Doch das schaffen letztlich nur wenige, obwohl es sich fast alle vornehmen, aber es mangelt an der unerlässlichen Perfektion. Vor allem muss der Nutzwert aller Kosten hinterfragt werden.
- Investitionen in differenzierungsfördernde Produktionsanlagen, Verkauf schlecht genutzter Anlagen, strenge und kontinuierliche Qualitätskontrollen. Denn die Position ist schon für leichte Qualitätsschwankungen viel anfälliger als andere. Zahlen Nachfrager doch eine Preisprämie dafür, das beste Angebot zu erhalten und da schlagen bereits kleine Mängel unvermindert negativ durch.

Aus der Differenzierung ergeben sich mehrere relevante **Vorteile.** Gegenüber aktuellen Konkurrenten entsteht ein Vorsprung am Markt, den diese allerdings aufzuholen versuchen. Oft geschieht dies, indem die Maßnahmen des Leistungsführers in der Annahme übernommen werden, dass das, was gut für diesen ist, auch mindestens ebenso gut für andere sein muss. Sofern diese Nachahmung absehbar ist, können Gegenmaßnahmen nach dem Kriterium des größten relativen Vorsprungs ausgewählt werden, wodurch sich der Abstand im Zweifel dann noch vergrößert.

Substitutionsangebote sind nicht vergleichbar, wenn wirklich das Kriterium der Leistung dominant ist. Insofern lassen sich andere Lösungen leicht als Notbehelf diskriminieren und werden damit umso weniger als äquivalent angesehen. Allerdings darf der Preisabstand auch nicht überzogen werden. Gegenüber Abnehmern entsteht durch diese Alleinstellung eine äußerst starke Position. Denn wer es Leid ist, immer Kompromisse einzugehen, hat letztlich keine andere Wahl als früher oder später auf das Angebot des Leistungsführers zurückzukommen.

Gegenüber Lieferanten entstehen Vorteile nur insofern, als diese sich im Qualitätsniveau auf die hohen Ansprüche des Leistungsführers spezialisiert haben und anderweitig für ihre dann überteuerte Ware nicht genügend Absatz finden. Dabei ist zu berücksichtigen, dass sich die Qualität des abgesetzten Produkts hier vor allem durch zwei Komponenten erklärt, die Qualität der Einsatzstoffe einerseits und die Qualität der Herstellungsprozesse andererseits. Insofern ist strikte Qualitätsorientierung bereits durch selektive Lieferantenauswahl erforderlich.

Potenzielle Konkurrenten schließlich bleiben so lange ausgeschlossen, wie es diesen nicht gelingt, ein unter Leistungsaspekten akzeptables Angebot zu unterbreiten. Dies geht nicht aus dem Stand heraus, und oft schadet das unvermeidliche Lehrgeld, das sie zu Beginn bezahlen, noch lange dem Image. Dieser Gefahr wird verstärkt durch Mergers & acquisitions zu begegnen versucht, indem man sich der Unterstützung eines bereits am Markt erfahrenen Anbieters versichert und damit dort bereits realisierte Lerneffekte nutzen kann.

Als **Risiken** der Differenzierung sind vor allem zu nennen, dass ein Verlust der Führerschaftsposition in dem Maße droht, wie spitz positionierte Anbieter ihre Präsenz aufbauen. Denn es fällt immer schwerer, omnipotente Kompetenz aufrechtzuerhalten, wenn sich andere Anbieter in Marktnischen profilieren und akzeptiert werden. Apple etwa profilierte sich gegenüber dem Qualitätsführer IBM durch ein besonders bedienungsfreundliches, anwenderorientiertes Gerätekonzept. Commodore schöpfte ehedem den Home computer-Markt durch Abstrippen der Leistungsfeatures ab, und Nixdorf baute auf arbeitsplatzorientierte Systeme statt auf herkömmliche Mainframes. So ist an allen Ecken des Markts die umfassende Kompetenz bedroht.

Es besteht die Gefahr, dass tatsächlich wahrnehmbare Leistungsunterschiede nur noch durch Einsatz überdimensional aufwändiger Technik erreichbar sind. So bedarf es ausgefeilter Konstruktionsprinzipien wie etwa selektierter Regler, eng tolerierter Bauteile, gekapselter Motoren und massiver Anschlussbuchsen, um bei CD-Players noch hörbare Unterschiede zu produzieren. Dadurch verteuert sich aber das Angebot derart, dass es automatisch aus dem Markt herauszuwachsen droht. In vielen Fällen sind auch Leistungsunterschiede subjektiv kaum nachvollziehbar. So kann bei Reifen die Mehrleistung eines Leistungsführers nur geglaubt, aber kaum nachgeprüft werden. Bei Mineralwasser sind Inhaltsunterschiede, obgleich objektiv vorhanden, überwiegend nicht reproduzierbar. Bei Dienstleistungen ist die Verifikation der Führerschaftsposition dominant vom Personal abhängig und damit nur sehr begrenzt determinierbar.

Zur Sicherung der Leistungsführerschaft sind überproportionale FuE-Aufwendungen vonnöten. Weil gleichzeitig die Mitbewerber danach streben, die Führung zu nivellieren, resultiert dies in einem eskalierenden Aufwandswettstreit. Da der Qualitätsführer zur Erhaltung seines Vorsprungs mindestens den Leistungslevel des nächstbesten Anbieters übertreffen muss, entsteht ein enormer Leistungsdruck. Dabei sind weniger die Kosten ein Problem, da diese wohl im Preis weitergegeben werden können, sondern vielmehr die Humanressourcen qualifizierter Mitarbeiter und das steigende Risiko wegen der Fixkostenlastigkeit des Betriebs.

Als Beispiel einer Leistungsführerschaft mag IBM gelten. Dieses Unternehmen hat im IT-Bereich wenn schon nicht immer die überlegene Technologie, so doch überall das Durchsetzungsvermögen, seine Technologie zum Industriestandard zu machen, von dem sich Mitbewerber allenfalls durch Tuning oder Dumping abzusetzen vermögen. So wirkt die Implementierung bestimmter Processorchips (Intel) durch den Qualitätsführer IBM als Standard für alle anderen, wirkt die Auswahl eines bestimmten Betriebssystems (Microsoft) als Signal für dessen generelle Eignung und Anwendung. Durch diesen Referenzstatus werden Verhandlungsvorteile erreicht, denn der Lieferanten Zugeständnisse gegenüber IBM können durch die Vorreiterrolle gleich mehrfach bei nachfolgenden Anbietern monetarisiert werden.

5.1.3 Individualisierungsposition

Die Individualisierungsposition der **konzentrierten Leistungsführerschaft** wird vor allem angestrebt durch:

- Abwandlung und Verbesserung des Angebots über ausgedehnte Forschungs- und Entwicklungsarbeiten, die einen exklusiven Ruf begründen. Eine wichtige Variable stellt dabei das Produktdesign dar, das schon rein äußerlich zur wünschenswerten Absetzung vom Marktdurchschnitt führt. Dies gilt vor allem im Bereich der sozialen Profilierung durch Produkte. In einer immer anonymeren Umwelt, wo die Menschen immer weniger Zeit füreinander haben, ist jedermann zur Umsetzung seines Wunschimages auf die Nutzung differenzierter Produkte angewiesen, die den persönlichen Lebensstil, die eigene Wertvorstellung und die jeweilige Weltanschauung schnell und eindeutig erkennen lassen können. Unpassende, undifferenzierte Produkte setzen hier falsche Signale. Richtige Produkte profilieren in der gewünschten Art und bieten dadurch willkommenen Zusatznutzen. Attraktive Marktsegmente ermöglichen wiederum ein hohes Preisniveau.
- Hervorhebung infolge hoher, konstanter Qualität im Produktangebot selbst (= Hardware) sowie in der kaufbegleitenden Dienstleistung. Da solche Services bei zunehmender Austauschbarkeit der Angebote immer mehr an Bedeutung gewinnen, kann deren Stellenwert kaum hoch genug bewertet werden. Der Anteil des tertiären Sektors ist geradezu ein Indikator für den Entwicklungsstand einer Volkswirtschaft. In entwickelten Märkten kommt daher dieser Software eines Angebots verstärkte Bedeutung zu. Als großes Problem stellt sich dabei heraus, dass diese in Art und Inhalt kaum genügend determinierbar bleibt, da Dienstleistungen personengebunden sind und in Umfang und Qualität stark schwanken.

Aus der Profilierung ergeben sich mehrere **Vorteile.** Die Kunden werden an das eigene Produkt in hohem Maße gebunden. Es wird in ihren Augen, trotz möglicher objektiver Austauschbarkeit, einzigartig und verringert damit die Preiselastizität der Nachfrage, d.h., durch wirksame positive Differenzierung ergeben sich Preissetzungsspielräume, welche die durch die Differenzierung entstandenen höheren Kosten mehr als auffangen. Diese Honorierung gelingt jedoch nur bei konsequenter werblicher Positionierung über die Markentechnik. Denn Marken sind die Medien, die allein einen Ausdruck des eigenen Wunschimages im sozialen Umfeld erlauben. Wenn eine Marke etwa dahingehend bekannt ist, dass sie von aktiven, erfolgreichen, dynamischen Personen bevorzugt wird, und man selbst von seiner Umwelt gern als aktiv, erfolgreich, dynamisch angesehen werden möchte, dann bietet die Nutzung dieser Marke die einzige rationelle Möglichkeit dazu. Denn es besteht nicht die Chance, dies einer genügend großen Zahl von Mitmenschen persönlich mitzuteilen. Umgekehrt birgt dieser Effekt auch die Gefahr der Verbreitung eines subjektiv falschen Images, nämlich dann, wenn die Nutzung der falschen Marken dem sozialen Umfeld unzutreffende Signale übermittelt. Daher besteht eine geringe Austauschbarkeit des Markenartikels und für diesen die Möglichkeit zur Setzung von Premiumpreisen.

Die Marktzutrittsschranken erhöhen sich in dem Maß, wie die Kundenbindung ausgeprägt ist. Denn der Akquisitionserfolg neuer Anbieter hängt entscheidend davon ab, in welchem Maß es ihnen gelingt, Eroberungen zu tätigen, d.h., Kunden vom Markenwechsel zu überzeugen. Scheinen die Chancen dafür gering, erhöht sich zugleich das mit jedem Markteintritt verbundene Risiko und wird ab einer gewissen Grenze, in Abhängigkeit von der Risikoscheu eines Unternehmens, ganz unterbleiben. Je treffender ein Angebot das Anforderungsprofil eines Nutzers beschreibt, desto ausgeprägter ist die Bindung und desto schwieriger ist es, Illoyalität zu provozieren. Allerdings unterliegt das Image von Produkten im sozialen Umfeld Zeitströmungen. So entwerten sich etwa Produkte, sobald sie eine gewisse Marktbreite erhalten haben, da sie ihre Differenzierungswirkung nicht mehr erfüllen (Snobeffekt), die ihnen als Preisrechtfertigung zugeschrieben wird. Diese Position wird dann für andere Angebote geräumt, die in den Markt eintreten. Die Bindung vollzieht sich also weniger an eine Marke als vielmehr an Wertungen, die von Marken repräsentiert werden und mit denen man sich als Käufer identifizieren möchte.

Der mit der Differenzierung erreichte höhere Ertrag schafft mehr Verhandlungsspielraum mit Lieferanten. Denn höhere Gewinnmargen lassen Kostensteigerungen bei den Einsatzfaktoren besser verkraften, zumal durch die subjektive Alleinstellung eher die Möglichkeit zur Weitergabe von Kostensteigerungen im Preis besteht, wobei man allerdings dann auch berücksichtigen muss, dass der Preisbereitschaft der Nachfrager zunehmend enge Grenzen gesetzt sind. Das heißt, Anbieter müssen darauf bedacht sein, die Zahlungsfähigkeit ihrer Klientel nicht zu überfordern. Dies ist etwa im Automobilsektor zu beobachten, wo neue Modellgenerationen im Wege des Up grading größer und damit teurer ausfallen als ihre Vorgänger und dadurch immer mehr aus der ursprünglichen Zielgruppe herauswachsen. Dadurch entstehen Lücken für Mitbewerber, denen Kunden aus Gründen monetärer Restriktion zuwandern. Daher gibt es neuerdings verstärkt preisstabile Einstiegsmodelle (z.B. 114i von BMW oder C 160 Compact von Mercedes-Benz).

Die Nachfragemacht von Großkunden wird relativiert. Denn in dem Maße, wie die Austauschbarkeit eines Angebots abnimmt, kann ein Nachfrager auch immer weniger auf ein bestimmtes Angebot verzichten. Diese Situation hat z.B. zum Entstehen von Pflichtmarken des Handels geführt. Darunter versteht man solche Angebote, von denen ein durchschnittlicher Konsument erwartet, sie am Handelsplatz vorzufinden. Ist dies nicht der Fall, schließt er daraus auf eine mindere Leistungsfähigkeit des Händlers und erwägt womöglich, die Einkaufsstätte zu wechseln und auch seinen übrigen Bedarf woanders zu decken. Daraus resultiert für die einzelne Geschäftsstätte de facto der Zwang, diese Pflichtmarken vorzuhalten, um nicht auch anderweitige Nachfrage zu verlieren.

Die Substitutionskonkurrenz wird erschwert. Hierbei stellt sich die Frage nach der Abgrenzung von Märkten. Diese kann nicht nur unter Zugrundelegung objektiver Maßstäbe erfolgen, sondern auch aus subjektiver Sicht (s.o.). So mögen Angebote objektiv durchaus austauschbar sein, subjektiv stellen sie sich doch als ganz verschiedenartig dar. Je mehr sich ein Angebot von anderen subjektiv positiv abhebt, um so deutlicher ist der relevante Markt abgegrenzt und so weniger unterliegt es der Substitutionsgefahr.

Risiken einer Individualisierung sind etwa darin zu sehen, dass der auf Grund von

Kostenvorteilen mögliche Preisvorsprung des Kostenführers die Markenloyalität zum differenzierten Angebot doch arg strapazieren oder sogar überkompensieren kann. Das heißt, sobald die Preis-Leistungs-Relation einen Leistungsvorteil ausgleicht, lässt die Wirkung der Markenbindung nach und induziert Markenwechsel. Die Differenzierungsprämie darf um so höher sein, je größer die Markenbindung ist. Mit steigendem Aufschlag verkleinert sich jedoch zugleich die Zielgruppe, die für dieses Angebot noch infrage kommt. Diesem Effekt unterliegt Apple, da auch andere Computermodelle zwischenzeitlich nicht mehr so gravierend benutzerunfreundlich sind, dass man ihren niedrigeren Preis ohne Weiteres ignorieren kann. Im professionellen Grafikbereich hingegen sind die verbleibenden Unterschiede, zumindest derzeit noch, Zeit und Geld Wert und rechtfertigen insofern den Mehrpreis. Doch dieser Anwenderkreis ist eng limitiert, und die Zukunft liegt sicherlich im Publikumsmarkt (Home office).

Die gewählte Alleinstellung unterliegt einem Wertewandel im Zeitablauf. Nur solange der Angebotsnutzen psychologisch oder soziologisch attraktiv scheint, rechtfertigt er einen Preisaufschlag. Sofern dieses Äquivalent nicht mehr gegeben ist, wird die Position geschwächt. Angesichts raschen, tief greifenden Wandels der Lebensbedingungen und Einstellungen scheint dies nicht unwahrscheinlich. Das Beispiel Rolex zeigt, dass zu Zeiten des Understatement die protzende Nutzung einer Uhr als Wohlstandssymbol nur noch von einer gewissen Randgruppe der Bevölkerung betrieben wird, von der sich die restliche Zielgruppe eher durch Meidung dieser Marke und Wechsel zu dezenteren anderen absetzen will.

Nachahmer mindern das Differenzierungspotenzial. Sobald eine erfolgreiche Position am Markt eingenommen ist, zieht diese Nachahmer an, die durch Me too-Strategie an diesem Markterfolg partizipieren wollen. Dies geschieht regelmäßig durch partielle Preisunterbietung, gelegentlich sogar durch Markenpiraterie. Dann bleibt oft nur der Rückzug auf die Position des Originals. So diskriminierte Levi´s andere Designer-Jeans geschickt durch Rekurierung auf seine Pionierposition in den 1960er Jahren. Dies drückt sich in Zeitgeist-Werbung (mit Oldie-Hits als Musikuntermalung) aus. Außerdem können Mitbewerber vorhandene Nischen einer bestimmten Mindestgröße in neue Nischenmärkte aufteilen. So ist die Marktnische Sportschuhe von Adidas und Puma etabliert worden. In dem Maße, wie sich diese Position als profitabel herausstellte, haben andere Anbieter wie Nike, Reebok oder L.A.Gear sie untersegmentiert und sich damit neue Vorteilsquellen geschaffen. Die Originale haben sich zeitweilig in den Breitenmarkt abdrängen lassen, wo es allerdings an Preisakzeptanz fehlt. Die Absetzung von der Masse erfordert nun die Generierung eigener, solitärer Lösungskonzepte, wie der Rückbesinnung auf die Ursprünge der Sportmode.

Eine Individualisierungsstrategie ist vor allem bei High involvement-Produkten anzutreffen, so bei hochwertigen Konsumgütern wie Mode, Duftwässer, Spirituosen (= High touch) und erklärungsbedürftigen Produkten wie Autos, Unterhaltungselektronik, PC (= High tech). Je ausgeprägter deren Image ist, desto nachhaltiger lässt sich daraus eine Produzentenrente einstreichen.

5.1.4 Spezialisierungsposition

Die Spezialisierungsposition der **konzentrierten Kostenführerschaft** wird vor allem angestrebt durch:

- die Beschränkung auf ein (wenige) Marktsegment(e) zur Erreichung typischer Spezialisierungsvorteile. Diese liegen in hohen Lerneffekten, da der Anbieter auf einem zwar kleinen Sektor so doch ein überragendes Know-how erlangt. Wer als Spezialist auf einem Markt tätig ist und nichts weiter als sein Spezialprodukt vermarktet, wird darin eine höhere Expertise erreichen als andere und dies auch in Kostensenkungsmaßnahmen zu seinen Gunsten umsetzen. Zudem ist man geneigt, einem Spezialisten eher zu glauben, dass er mehr Zuwendung in sein Produkt legt als andere. Umgekehrt gerät der Bauchladenanbieter in Gefahr, von vielem etwas zu verstehen, aber von nichts wirklich alles und nur verkaufen zu wollen, was gerade zu passen scheint. Ob dies aber wirklich die optimale Problemlösung ist, bleibt unsicher. In vielen Fällen relativ unbedeutender Produkte oder Anwendungen kommt es aber auf eine solche Optimalität auch gar nicht an, sodass Convenience-Aspekte dominieren.
- die Vermarktung dieser Spezialisierung in großem Maßstab, um Erfahrungskurveneffekte in Anspruch nehmen zu können. Denn diese führen über hohe Stückzahlen und große Effizienz zu Kostenvorteilen gegenüber Generalisten. Damit ist trotz der Teilmarktabdeckung die Nutzung der Größendegression möglich. Größe ist relativ und kann nur in Abhängigkeit vom bearbeiteten Markt beurteilt werden. Je kleiner das Segment, umso mehr muss es jedoch ausgeschöpft werden, um zu nennenswerten Kostenvorteilen zu gelangen. So kann es sein, dass der kleinere Spezialist, der sein Segment breit abdeckt, in diesem kleinen Ausschnitt des Markts kostengünstiger arbeitet und somit seine Produkte preisgünstiger anbieten kann als der große Generalist, der einen breiteren Markt penetriert und das infrage stehende Segment damit weniger ausdeckt (= Economies of scope).

Aus der Fokussierung ergeben sich mehrere **Vorteile.** Spezialprodukte gehören oft zu den B- und C-Artikeln des Einkaufs, auf denen weniger Fokus liegt als auf den A-Artikeln. Typischerweise handelt es sich um Teile, Hilfs- oder Betriebsstoffe, deren Anteil am Einkaufsvolumen eher gering ist. Da Beschaffungsmarketing sich auf A-Artikel konzentriert, lassen sich anderweitig eher bessere Konditionen durchsetzen, wobei mit dem Spezialisierungsgrad auch die Austauschbarkeit abnimmt. So bleiben selbst bei konsequenter Kostensenkungspolitik auskömmliche Margen, zumal zugleich auch die Markttransparenz ansteigt und mehr vorteilhafte Vermarktungsmöglichkeiten in Form zahlungsbereiter und zugänglicher Marktsegmente gewahr werden lässt.

Diese Marktsegmente sind oft wegen ihres geringen Volumens unattraktiv für potente potenzielle Konkurrenten, sodass diese vom Markteintritt absehen. Die erzielbaren Gewinne scheinen zu gering in Relation zum Risiko, das mit dem

Markteintritt verbunden ist. Kleinere Anbieter, denen das Marktvolumen durchaus attraktiv erscheinen mag, nehmen auf Grund des Rationalisierungsvorsprungs des etablierten Anbieters oft Abstand von ihrem Vorhaben. So bieten Nischenangebote bis zu einem gewissen Grad Wettbewerbsschutz. Die andere Seite der Medaille ist allerdings eine hohe Anfälligkeit gegenüber Marktschwankungen. Spezialisierte Anbieter haben typischerweise insofern keine Chance, Strukturkrisen ihres Vermarktungsumfelds auszuweichen. Deshalb gewinnen Frühwarnsysteme an Bedeutung, die mithilfe vorlaufender Indikatoren Risiken rechtzeitig aufspüren, sodass entweder die Möglichkeit bleibt, auszuweichen, indem Aktivitäten auf andere Märkte verlagert werden, oder gegenzusteuern, indem das Angebot angepasst wird, oder auch vorzubeugen, indem man das Geschäftsniveau vorsorglich auf einen niedrigeren Level einjustiert. Gegenüber Lieferanten ergeben sich nur insofern Vorteile, wenn auch diese hoch spezialisiert sind. Dann führt das hohe Abnahmevolumen für diese zu geringer Austauschbarkeit des Abnehmers, die ihren Verhandlungsspielraum einengt. Sind Lieferanten jedoch nicht in gleichem Maße spezialisiert und ist die Austauschbarkeit der beschafften Waren gleichermaßen gering, kommt es zur umgekehrten Abhängigkeit.

Je spezialisierter ein Angebot ist, desto weniger hat es Substitutionskonkurrenz zu fürchten. Zwar gibt es intensive Bemühungen, im Wege der Wertanalyse immer bessere Möglichkeiten zu finden, die gleiche Qualitätswahrnehmung zu geringeren Gestehungskosten bzw. mehr Qualität zu gleichen Kosten zu erreichen. Diese finden aber dort ihre Grenze, wo vorhandene Ersatzprodukte weder besser noch billiger sind. Allerdings können Neuentwicklungen die spezialisierte Marktposition lebensbedrohlich angreifen. Oft ist jedoch der Know-how-Vorsprung so groß, dass neue Anbieter erst einmal umfangreiches Lehrgeld zahlen müssen, ehe sie konkurrenzfähig agieren können. Dies hält viele potenzielle Anbieter ab und zwingt nicht einmal zur Realisierung aller Kostenvorteile.

Hoch spezialisierte Anbieter sehen sich meist nur geringer Konkurrenz gegenüber. Dort, wo aktive Mitbewerber vorhanden sind, dulden diese oft Spezialisten, weil ihre Aufmerksamkeit auf Märkten liegt, die sie als wichtiger erachten. Andererseits werden Spezialisten von diesen sogar zunehmend als Sublieferanten bei Turn key projects einbezogen oder für strategische Allianzen ausgewählt, um das Angebot um Spezialitäten abzurunden. So ergänzen Systemlieferanten etwa im Anlagengeschäft ihr Angebot um Teile, die sie nicht selbst fertigen, sondern von Sublieferanten billig einkaufen, um eine komplette Hard- und Softwarepalette zu offerieren. Komplexe Angebote sind immer nur so gut wie ihre einzelnen Facetten. Daher kommt es darauf an, die leistungsfähigsten Teile zu integrieren und zu einem unschlagbaren Angebot zu kombinieren. Dies führt im Zuliefermarkt zu einer Vielzahl von Quasi-Monopolen.

Risiken der Spezialisierung liegen darin, dass die Vorzüge von Nischenangeboten durch Preisunterschiede zu billigeren Anbietern mit Standardwaren überkompensiert werden können. Diese Gefahr besteht etwa im Rahmen von Wertanalysen, bei denen vor allem unsichtbare Qualitätskomponenten rationalisiert werden. Da universelle Produkte in den Gestehungskosten regelmäßig unter denen spezieller liegen, besteht die latente Gefahr, dass Konstruktionen so weit vereinfacht werden, dass auf Einfachstbausteine (Module) zurückgegriffen werden kann. In der Unterhaltungselektronik werden etwa diskrete Schaltungen im Laufe der Modellgenerationen durch Universalchips verdrängt, die durch wenige Peripheriebauteile an Spezialanwendungen anpassbar sind.

Es besteht die Gefahr, dass der Gesamtmarkt Teilmarktbesonderheiten assimiliert. Im Rahmen immer größerer technischer Leistungsfähigkeit werden dann Ein-Verfahren-Methoden durch Mehr-Verfahren-Methoden absorbiert. So ist es heute auf den vollautomatisierten Fertigungsbändern der Automobilindustrie wieder möglich, zur Einzelfertigung zurückzukehren. Die Vielzahl von Ausstattungs- und Technikversionen, die bei einem bestimmten Fahrzeugtyp abrufbar sind, führt bereits dazu, dass kaum ein Fahrzeug dem nächsten gleicht. Die Hersteller nutzen dies zur Auflage von Sondermodellen in Kleinserien. Japanische Importeure allerdings haben auf Grund ihrer ungünstigen Transportvoraussetzungen zu den meisten Exportmärkten das Problem, möglichst gleichartige Fahrzeuge zu produzieren, die an beliebige Kunden ausgeliefert werden können. Dies hat sie dazu gezwungen, Komplettausstattungen zu liefern. Dieses Problem löst sich in dem Maße, wie Produktionsstätten in der Nähe der Abnehmermärkte (Transplants) hochgezogen werden.

Ein weiteres Problem liegt in der geografischen Ausweitung der für große Auftragslose zu bearbeitenden Märkte. Diese erfordern hohe Distributionskosten, welche die Einstandspreise der Kunden erhöhen. Damit besteht die Gefahr, dass lokale, weniger kostengünstig arbeitende Anbieter, ganz abgesehen von etwaigen nationalen Präferenzen, niedrigere Einstandspreise bieten und der Spezialisierungsvorteil damit verloren geht. Gleichartige Bedenken gelten für die Aufrechterhaltung von Nachverkaufservices. Diese sind aufwändig zu gewährleisten und bilden Selbstkostenbestandteile.

Spezialisierung liegt z.B. in vielen Bereichen dem Erfolg der ehemals weltweit führenden deutschen Maschinenbauindustrie zu Grunde. Im internationalen Maßstab eher kleine und mittlere Unternehmen können hier durch Know-how-Akkumulation exzellent fertigen. Durch die Ausweitung der Absatzmärkte wird wiederum Kostendegression möglich. Beides gemeinsam resultiert in einer äußerst starken, der Öffentlichkeit meist verborgen bleibenden Marktstellung (Hidden champions), die deshalb auch vor kartellrechtlichen und handelswirtschaftlichen Restriktionen weitgehend geschützt ist. Allerdings führten hohe Mindestbetriebsgrößenerfordernisse zwischenzeitlich zum Niedergang dieser Branche.

5.2 Wettbewerbsdynamik

5.2.1 Strategische Gruppen

5.2.1.1 Konzept

Nun lässt sich die Gesamtheit der Marktanbieter in Gruppen einteilen, die aus mehreren Unternehmen bestehen, die gleiche oder stark ähnliche Ausgangssituationen in Bezug auf wettbewerbsrelevante Programmfaktoren aufweisen. Man bezeichnet dies auch als Kohorte, d.h., Einheiten, die ein gleiches Schicksal im Zeitablauf teilen. **Eine strategische Gruppe ist dabei eine Mehrzahl von Unternehmen in einem gemeinsamen Markt, die untereinander homogener sind als von Gruppe zu Gruppe.**

Denn Wettbewerb herrscht nicht nur zwischen unterschiedlichen Branchen und Unternehmen, sondern auch zwischen unterschiedlichen strategischen Gruppen. Dabei existieren normalerweise mehrere strategische Gruppen nebeneinander an einem relevanten Markt, es können aber auch alle Wettbewerber einer gemeinsamen strategischen Gruppe angehören (homogene Konkurrenz), oder aber jeder Wettbewerber bildet seine eigene strategische Gruppe (monopolistische Konkurrenz). Die Ähnlichkeit der Angehörigen einer Gruppe ist abgeleitet aus relevanten Variablen wie der vertikalen Integration, der Kostenstruktur, der Produktpalette, den FuE-Aktivitäten, den Aktivitätsgebieten, den Vertriebskanälen etc. Über die Konsequenzen für die Konkurrenzintensität gibt es gegensätzliche Annahmen. Einerseits wird unterstellt, dass die Beteiligten einer Strategischen Gruppe wegen ihrer relativen Gleichartigkeit untereinander in einem stärkeren Wettbewerbsverhältnis stehen als zu Angehörigen anderer Strategischer Gruppen. Andererseits ist fraglich, ob dem wirklich so ist, weil ebenso vermutet werden kann, dass es gerade wegen der relativen Gleichartigkeit zur Kollusion kommt. So ist z.B. der Wettbewerb zwischen den Markentankstellen möglicherweise weniger intensiv als zwischen der Gesamtheit dieser Marktteilnehmer und den Freien Tankstellen, also einer davon getrennten Strategischen Gruppe.

Im Kfz-Markt handelt es sich in Bezug auf das automobile Programm z.B. um die:
- *deutschen Standardhersteller (Opel, Ford, Volkswagen),*
- *deutschen gehobenen Hersteller (Audi, BMW, Mercedes-Benz),*
- *europäischen Importeure (Fiat, Peugeot, Renault),*
- *japanischen Importeure (Nissan, Toyota, Mazda, Mitsubishi, Honda),*
- *„Exoten" (Alfa, Lancia, Saab, Volvo),*
- *Luxuskarossen-Hersteller (Lexus, Jaguar, Porsche),*
- *Unterklasse-Anbieter (Suzuki, Hyundai, Kia, Daewoo, Skoda, Seat).*

Das Konzept kann in drei Richtungen präzisiert werden. Zunächst hinsichtlich der **allgemeinen Branchenstruktur,** d.h., der Analyse branchenweiter Strukturelemente, welche die Stärke der fünf Wettbewerbskräfte (nach Porter) bestimmen und alle konkurrierenden Unternehmen betreffen, z.B. Wachstumsrate der Marktnachfrage, Potenzial zur Produktdifferenzierung, Struktur der Zulieferbranche. Weiter nach der **Analyse der einzelnen strategischen Gruppen,** die sich daraus ergeben und durch Merkmale wie Höhe der Markteintrittsbarrieren, welche eine strategische Gruppen schützen, Verhandlungsstärke der strategischen Gruppe gegenüber Kunden/Lieferanten, Verwundbarkeit der strategischen Gruppe für Ersatzprodukte und Ausmaß, in dem die strategische Gruppe der Rivalität durch andere ausgesetzt ist. Und schließlich nach der **Analyse der Position einzelner Unternehmen** innerhalb der strategischen Gruppe, die vom Wettbewerbsgrad innerhalb der Gruppe, von der Größe eines Unternehmens im Vergleich zu anderen innerhalb seiner Gruppe, von den Kosten des Eintritts in die Gruppe und der Umsetzbarkeit der Strategie in operative Ergebnisse abhängt.

Ähnlich wie es Marktbarrieren zwischen einzelnen Branchen gibt, die einen beliebigen Ein- und Ausstieg aus Märkten behindern, gibt es auch Mobilitätsbarrieren innerhalb einer Branche, die einen Wechsel von Gruppe zu Gruppe behindern, wenngleich nicht ganz verunmöglichen. Die Wettbewerbsintensität in einer Branche ist nun um so größer, je höher die Anzahl der Gruppen einer Branche und je geringer die Größenunterschiede der Anbieter innerhalb einer Gruppe sind. Gruppen sind nun in steter Entwicklung begriffen, ruhen also keineswegs passiv in sich, sondern bewegen sich aufeinander zu oder voneinander weg. Die Rentabilität eines Anbieters ist hoch bei starker Position innerhalb seiner Gruppe und hohen Mobilitätsbarrieren zwischen den Gruppen. Für beteiligte Unternehmen ergeben sich daraus die Optionen des Aufbaus einer neuen strategischen Gruppe, des Abbaus von Mobilitätsbarrieren zum Wechsel in eine günstigere strategische Gruppe oder des Aufbaus von Mobilitätsbarrieren zur Verhinderung des Zustoßens neuer Mitglieder zu einer günstigen strategischen Gruppe.

Die Ähnlichkeit der beteiligten Unternehmen wird aus Schlüsselvariablen abgeleitet wie vertikale Integration, Kostenstruktur, Produktpaletten, FuE-Aktivitäten, Raumgebiete, Vertriebskanäle etc. Dadurch lassen sich dann relevante (Angebots-)Märkte abgrenzen.

Stärkend für eine strategische Gruppe sind allgemein alle Faktoren, die Mobilitätsbarrieren aufbauen und dadurch die Gruppe schützen, weiterhin Faktoren, welche die Verhandlungsstärke der Gruppe gegenüber den Marktpartnern erhöhen und Faktoren, die eine Gruppe von der Rivalität anderer Unternehmen abschirmen. Für ein einzelnes Unternehmen ist eine überlegene Größe gegenüber den anderen Mitgliedern der Gruppe hilfreich, ebenso alle Faktoren, die es ihm erlauben, zu geringeren Kosten in die anvisierte Gruppe einzutreten als in andere. Dazu gehört auch die Fähigkeit, seine Strategie gegen Wettbewerber durchzusetzen und Mobilitätsbarrieren zu überwinden, um in eine noch attraktivere Gruppe einzutreten. Schwächend hingegen sind alle Faktoren, die Mobilitätsbarrieren abbauen und dadurch den Schutz der strategischen Gruppe verringern, weiterhin solche, welche die Verhandlungsstärke der Gruppe gegenüber Marktpartnern vermindern und eine Gruppe der Rivalität anderer Unternehmen aussetzen. Für ein einzelnes Unternehmen ist eine unterlegene Größe gegenüber den anderen Mitgliedern der Gruppe hinderlich, sowie alle Faktoren, die ihm den Eintritt in die anvisierte Gruppe nur zu höheren Kosten erlauben als anderen. Dazu gehört auch die mangelnde Durchsetzbarkeit seiner Strategie gegen Wettbewerber sowie der Mangel an Mitteln und Fähigkeiten zur Überwindung von Mobilitätsbarrieren, um in eine noch attraktivere strategische Gruppe eintreten zu können.

Der frühe Markteintritt in eine gewünschte strategische Gruppe wird durch folgende Vorkehrungen erleichtert:

- Die erforderlichen Economies of scale sind bereits realisiert. Mögliche Nachteile bei der Produktdifferenzierung können durch einen an einem anderen Markt gut eingeführten Markennamen wettgemacht werden. Es besteht bereits Zugriff auf vorhandene Arbeitskräfte oder Rohmaterialquellen und Vertriebsnetze, die im neuen Geschäft einsetzbar sind. Etablierte Unternehmen mögen auch weniger begierig auf Vergeltungsmaßnahmen gegen Neueintretende sein, wenn es sich bei diesen um Unternehmen mit hohen finanziellen Ressourcen oder mit einem Ruf als harte Wettbewerber handelt.

Aber selbst wenn ein früher Markteintritt nicht gelingt, gibt es Möglichkeiten für Späterkommende:

- Diese können die jeweils neueste Technologie verwenden, da die Etablierten noch an ihre bestehenden Investitionen gebunden sind. Sie können auch größere Economies of scale erreichen als diese, denn üblicherweise wächst die optimale Betriebsgröße kontinuierlich, während gleichzeitig die kumulierten Stückkosten sinken. Neueintretende können bessere Bedingungen von Lieferanten, Mitarbeitern oder Kunden erhalten oder zu niedrigeren Preise anbieten. Sie können eine Schwäche etablierter Unternehmen attackieren, da der derart Attackierte meist nicht ausreichend reagieren kann, ohne das Gruppensystem zu stören.

5.2.1.2 Dominanz innerhalb der eigenen Strategischen Gruppe

Scheinen die Strategischen Gruppen nicht oder nur schwer veränderbar, bleibt als Option die Anstrebung der komparativen Dominanz innerhalb der eigenen Strategischen Gruppe, um die Überlebensfähigkeit bestmöglich zu sichern.

Als erfolgreiches Beispiel für eine Dominanz bei der Autovermietung kann Sixt gelten. Sixt ist ehemals als kleiner Autovermieter im Großraum München gestartet. Um die etablierten, marktführenden Unternehmen der Branche zu überholen, war es unerlässlich, deren Achillesferse auszumachen, bevor man sich aus der Deckung wagt. Sixt machte die Konzerngebundenheit der internationalen Autovermieter als Achillesferse aus, Avis war mit General Motors verbandelt, Hertz mit Ford, Europcar mit Volkswagen etc. Dadurch war deren Angebotspalette stark eingeschränkt. Sixt bot daher Modelle verschiedener Hersteller an, und zwar jeweils diejenigen, die gerade besonders herausragend am Markt angesehen waren. Dadurch konnte in der Summe das bei weitem attraktivere Programm angeboten werden.

In dem Maße wie Sixt erfolgreich war, wurde der Anbieter auch zu einem immer größeren Neuwagenabnehmer der Autohersteller. Dementsprechend waren Rabattverhandlungen an der Tagesordnung. Je größer die abgenommenen Volumina, desto niedriger der Einkaufspreis je Einheit. Die Beschaffungskostenersparnisse wurden in niedrigeren Vermietpreisen an die Kunden weitergegeben.
Gleichzeitig wurde beim Einkauf auf überdurchschnittliche Ausstattungs- und Motorisierungsversionen geachtet, sodass die Fahrzeuge eine hohe Marktgängigkeit als Gebrauchtwagen hatten. Die Fahrzeuge wurden schon nach relativ kurzer Zeit (6 Monate, allerdings mit vergleichsweise hohen Laufleistungen von mindestens 20.000 km) an Private weiterverkauft. Die dabei erzielten Preise übertrafen häufig die gezahlten Neuwagenpreise, sodass sich kein Wertverlust, sondern ganz im Gegenteil sogar eine positive Differenz ergab.
Sixt trat ausgesprochen preisaggressiv auf, jedenfalls mehr oder minder deutlich unter den Preislevels der Mitbewerber. Dadurch wurden neue, breitere (private) Zielgruppen für das Vermietgeschäft erschlossen. Zugleich erwarb Sixt sich ein positives Image im Markt als Preisbrecher. Damit konnte im Relevant Set eine Spitzenposition besetzt werden (Top of mind), sodass die Nachfrage in starkem Maße auf Sixt zugetrieben wurde.
Der Werbeauftritt unterstützte den aggressiven Marktauftritt. Es wurde eine verkaufsstarke Kampagne mit konsequenter Identität (CI) gefahren. Jeweils war das angebotene Mietfahrzeug der Hero, immer schwarz lackiert, von tief unten fotografiert, mit harten Kontrasten zum schwarzen Hintergrund mit indirekter Aufhellung der Konturen sowie einer großen, negativ-weiß gesetzten Headline mit aggressiver Tonalität (z.B. „Neid und Missgunst für 99 Mark“ zum Porsche Cabrio Wochenend-Angebot).
Eine Distributionsausweitung wurde durch Eröffnung von Filialen in ganz Deutschland erreicht, ausgehend von den Zentren bis hin zu den Mittel- und Kleinstädten. Allerdings stieß die internationale Expansion zunächst auf Hindernisse. Daher wurde ein internationaler Kooperationspartner mit Budget gesucht, der den Roll out unterstützen sollte. Als dies gelungen war, trennte man sich allerdings im Streit von diesem.
Zugleich wurden für die Branche neue Absatzwege erschlossen. Zum Beispiel wurden an allen Flughäfen eigene Sixt-Stationen eröffnet, die Passagieren die Annahme und Abgabe von Mietfahrzeugen auf dem Weg zum oder vom Flughafen ermöglichten. Ebenso wurden Verleihstationen in den großen Hotels eröffnet.
Auch wurde der Absatzweg Internet erschlossen. So forciert Sixt e-Commerce (e-sixt) konsequent und bietet nochmalige Preisvorteile für über Internet gebuchte Fahrzeuge, indem die dadurch realisierten Prozesskostenvorteile in niedrigeren Mietraten weitergegeben werden.
Dies alles veränderte die bekannten Spielregeln im Autovermietmarkt derart, dass die etablierten Konkurrenten geradezu überrollt wurden, auch weil sie Sixt als Wettbewerber lange Zeit nicht wirklich ernst genommen hatten. Und als sie dies taten, war es bereits zu spät. Heute ist Sixt Marktführer nicht nur in Deutschland, sondern auch in Europa und hat die etablierte Konkurrenz deutlich hinter sich gelassen.

5.2.1.3 Wechsel der Strategischen Gruppe

Scheint eine Dominanz innerhalb der eigenen Strategischen Gruppe nicht oder nur schwer erreichbar, so ergibt sich die Option zum Wechsel aus der eigenen in eine als vorteilhafter angesehene andere Strategische Gruppe.

Die strategische Neuausrichtung der Douglas AG hatte 1969 aus einer Notlage heraus begonnen. Das Geschäft war wenig profitabel, und die Verluste drohten bis Ende der 1970er Jahre, das Eigenkapital des Unternehmens aufzuzehren. Man trennte sich vom seitherigen Hauptumsatzträger Lebensmittel. Die aus diesem Verkauf gewonnenen Geldmittel wurden in Branchen gelenkt, von denen eine langfristige Existenzsicherung eher zu erwarten war. Heute versteht die Douglas AG sich als „Lifestyle"-Gruppe im europäischen Einzelhandel und konzentriert sich auf die drei Kerngeschäftsfelder Parfümerie, Schmuck und Buch.
Wichtigstes Geschäftsfeld der Gruppe ist die Parfümeriekettte Douglas, die Nr. 1 unter den europäischen Parfümerien. Man hatte nach einer Branche gesucht, in der man schnell Marktführer werden konnte. Aufgrund des großen Erfolgs dieser Sparte wurde 1989 die gesamte Gruppe in Douglas Holding AG umfirmiert. Seit 1997 setzt Douglas in Deutschland verstärkt auf das Konzept großflächiger Parfümerien (House of beauty), das den Kunden/innen eine großzügigere Kaufatmosphäre bieten soll. Schwerpunkt der geschäftlichen Expansion ist das europäische Ausland. Der Auslandsumsatzanteil der Parfümerien beträgt über 35 %.
Lange Zeit waren die Drogeriemärkte das zweitstärkste Geschäftsfeld der Douglas Holding AG. 1974 als Drogeriemarkt Fuchs GmbH gegründet, erzielte der Geschäftsbereich Drogerie vor allem nach der Wiedervereinigung Anfang der 1990er Jahre enorme Umsatzzuwächse. Anfang 2000 wurde dieser Geschäftsbereich jedoch an die „Ihr Platz"-Gruppe von Schlecker verkauft.
1979 erwarb die Douglas-Gruppe eine 66 %-Beteiligung an der Uhren-Weiss GmbH und erschloss sich damit ein neues Geschäftsfeld: Schmuck. Douglas übernahm 1995 schrittweise die Christ Holding GmbH. Heute ist Christ nach Umsatz und Filialzahl der größte Juwelier in Deutschland. Zielgruppe ist die Kundschaft der gehobenen Mitte.
Ein weiteres wichtiges Geschäftsfeld ist der Bereich Bücher. In den Buchhandel war die damalige Hussel-Gruppe durch eine Beteiligung an Montanus eingestiegen. 2000 kam die renommierte Thalia-Buchhandelskette hinzu, wodurch dieser Geschäftsbereich der größte in Deutschland ist. Es folgte 2002 der Zusammenschluss der Phönix/Montanus- und Thalia-Buchhandlungen unter der Dachmarke Thalia (mit 4 % Marktanteil). Das Konzept sieht vor allem großflächige Buchhandlungen mit über 3.000 qm vor. Auch im Internet-Buchhandel ist die Douglas-Holding AG durch buch.de als zweitgrößter Anbieter im deutschsprachigen Raum (GAS/DACH) vertreten.
Schließlich ist auch das Segment Mode/Sport ein sehr wichtiges. Dieser Bereich expandiert seit 1990. Den größten Umsatzbeitrag liefert Appelrath-Cüpper, das in der Damenoberbekleidung tätig ist. 1998 kam eine 50 %ige Beteiligung an der Pohland GmbH hinzu. Dort sollen verstärkt Mega-Stores betrieben werden, in de-

nen mehrere Filialgeschäfte aus verschiedenen Geschäftsbereichen des Konzerns unter einem Dach zusammengefasst sind.
Die Douglas-Gruppe hat sich in den letzten Jahrzehnten so von einem mittelständischen Unternehmen zu einem internationalen Handelskonzern entwickelt. Dass dieser Wechsel trotz aller Veränderungen gelang, ist einem Fundament an gemeinsamer Unternehmenskultur zu verdanken, die den Beschäftigten eine verbindliche Richtschnur für ihr tägliches Handeln, aber auch darüber hinaus, gibt. Leitlinien dieses Verständnisses sind gemeinsame Unternehmenswerte, die sich auf Kunden, Mitarbeiter, Ziele, Zukunftsgestaltung und Leistung beziehen.
Die Gruppe besteht derzeit aus fünf Geschäftsbereichen. Die Douglas-Parfümerien haben ihre europäische Marktführerschaft in den letzten Jahren weiter ausgebaut. Durch ein hohes Service- und Kompetenzniveau versteht sich Douglas zudem als Qualitätsführer in Europa. Im Ergebnis ist ein Wechsel der Strategischen Gruppe gelungen.

5.2.1.4 Gründung einer neuen Strategischen Gruppe

Scheint weder eine Dominanz innerhalb der eigenen noch ein Wechsel in eine vorteilhaftere andere Strategische Gruppe realisierbar, bleibt immer noch die Option der Gründung einer neuen Strategischen Gruppe.

IKEA wurde in den 1950er Jahren als Versand- und dann Kaufhaus für Einrichtungsartikel in Schweden gegründet. Heute ist IKEA ist 30 Ländern mit über 150 Einrichtungshäusern vertreten und weltweiter Marktführer der Branche. Das Erfolgsgeheimnis von IKEA liegt in einer Neudefinition der Spielregeln am Möbeleinrichtungshandelsmarkt:
Traditionell erfolgt die Fertigung von Möbeln in großen Sortimenten mit kleinen Losen und damit hohen Stückkosten. IKEA hingegen führt ein begrenztes Sortiment in großen Losen gefertigter Möbel mit entsprechend niedrigen Stückkosten.
Traditionell ist die Montage von Möbeln kostenintensive Handarbeit aufseiten des Anbieters. IKEA überlässt diese Montage den Kunden, insofern entstehen dafür keine Kosten, und der Erwerber erlebt sogar einen „Werkstolz“ nach vollbrachter Tat.
Traditionell bedingt die Logistik von Möbeln ein großes Raumvolumen (im Wesentlichen Luft) bei Lagerung und Transport. IKEA stellt die Möbel in Elemente zerlegt und damit raumökonomisch am Handelsplatz zur Verfügung.
Traditionell übernimmt der Anbieter den Transport der Möbel zum Kunden. IKEA lässt die Kunden die Möbel selbst nach Hause transportieren oder bietet dafür Spediteure gegen Extraentgelt an.
Traditionell erfolgt die Präsentation von Möbeln in großen Geschäftsstätten in zentraler Innenstadtlage zu dementsprechend hohen Mietpreisen. IKEA siedelt seine Einrichtungshäuser auf der grünen Wiese in der Nähe von Autobahnkreuzen an, folglich mit geringen Flächenkosten.
Traditionell haben Möbel lange Lieferzeiten, da die Umschlaggeschwindigkeit niedrig ist und die Kapitalbindung im Lager gering gehalten werden soll. IKEA

bietet eine jederzeitige Verfügbarkeit mit hoher Lagerhaltung, die Kosten bleiben durch hohe Umschlaggeschwindigkeit und Raumökonomie dennoch niedrig.
Durch diese Marketing-Mix-Maßnahmen (Externalisierung der Dienstleistungsproduktion) konnte ein New game eröffnet werden.
Wesentliche Teile des Möbelprogramms von IKEA bestehen aus Kiefernholz. Dies hat einige praktische Vorteile. Erstens ist Kiefernholz, gerade im Heimatland des Herstellers Schweden, reichlich vorhanden und damit sehr preisgünstig verfügbar. Zweitens ist Kiefernholz ein Weichholz, das sich vorteilhaft bearbeitet lässt und ziemlich robust in seiner Struktur ist. Und drittens kann Kiefernholz durch zahlreiche Oberflächenbehandlungen individuell gestaltet werden (Lasur, Lack, Beschichtung etc.).
Da mit diesem relativ einfachen Material wohl kaum arrivierte Familien zu beeindrucken waren, wurde die jugendliche Zielgruppe als Käuferpublikum angepeilt. Ihr geht es noch weniger um Status und Prestige, als vielmehr um Zweckmäßigkeit und Pfiff. Daher war es wichtig, die IKEA-Möbel zwar einfach und billig zu halten, dabei aber nicht billig aussehen zu lassen. Zu diesem Zweck wurde ein pfiffiges Design für diese Möbelstücke angestrebt. Nun ist Skandinavien ohnehin berühmt für sein herausragendes Design. So lag es nahe, skandinavische Nachwuchsdesigner mit der Entwicklung solcher Möbelstücke zu betrauen. Das Ergebnis waren zahlreiche Klassiker, die ein hohes Maß an Praktikabilität mit großem Schick kombinierten. Gerade dies sprach die Zielgruppe perfekt an.
Die Philosophie von IKEA besteht dabei zum großen Teil darin, Möbelstücke als platzschaffend, anstelle von platzraubend zu begreifen. Insofern ist Multifunktionalität zur Einsparung von Stellraum wichtig (z.B. Tische und Hocker, die zugleich Stauraum bieten), ebenso Variabilität zur Anpassung der Möbelstücke an den jeweiligen Wohnraum (z.B. formatierbare Regalsysteme). Vor allem soll auf kleinem Raum ein Maximum an Unterbringungskapazität und ein Minimum an Platzbedarf erreicht werden (z.B. in der Diele oder im Bad). Dies entspricht wesentlichen Anforderungen junger Leute, die meist noch über kleine Wohnräume verfügen, dort aber große Mengen an Utensilien unterbringen wollen.
Mit diesem Konzept ist IKEA in den 1970er Jahren auch in Deutschland durchgestartet. Im Zuge der Etablierung junger Leute in der Gesellschaft wuchsen jedoch deren Ansprüche an das Mobiliar. Um diese Zielgruppen nicht zu verlieren, vollzog IKEA im Laufe der Zeit ein stetiges Up grading (Ko-Evolution mit der Zielgruppe), sodass das Programm heute im Wesentlichen zweigeteilt ist, einerseits hochwertig verarbeitete, mit anspruchsvollen Materialien versehene und dementsprechend teure Möbelstücke, welche die derzeitigen Bedürfnisse der früheren Zielgruppe befriedigen. Dabei haben die Prinzipien der Funktionalität, der Variabilität und der Pfiffigkeit überdauert. Da das IKEA-Angebot an einfachen und dennoch stilvollen Möbeln von anderen Anbietern zunehmend nachgeahmt wurde, erfolgte eine Absetzung in Richtung eines gediegeneren Design. Gleichzeitig wurde damit der Zielgruppenentwicklung, die mit IKEA in ihrem Teeny-Alter gestartet war, und zwischenzeitlich durch Ausbildung und Beruf zu Yuppies mutiert war, Rechnung getragen. Allerdings bewegen sich die Möbel innerhalb ihres Genres nach wie vor eher an deren unterer Preisgrenze, sodass eine hohe Preiswürdigkeit gegeben ist.

Andererseits aber auch weiterhin einfach verarbeitete, aus Kiefernholz hergestellte und preisgünstige Möbelstücke als Einsteigermodelle, um den Nachschub an Markeneinsteigern nicht versiegen zu lassen.
Die Anforderung der Preisgünstigkeit ist eine konstitutive, damit dieses Konzept aufgehen kann. Dazu entschloss IKEA sich zu einer Neudefinition der Wertschöpfungskette, d.h., alle Wertschöpfungsstufen wurden daraufhin untersucht, wo sich zusätzliche Kosten- und Rationalisierungspotenziale ergaben und erschließen ließen. Dies gelang vor allem durch Externalisierung der Dienstleistung, d.h., viele Teilleistungen, die im traditionellen Möbelhandel durch den Anbieter übernommen wurden, wurden von IKEA an die Kunden verlagert. Die damit erzielte Kostenersparnis wurde im niedrigeren Preis an diese Kunden weitergegeben.
Dazu gehört vor allem der Zusammenbau der Möbelstücke durch die Kunden. Während im traditionellen Möbelhandel entweder bereits zusammengebaute Möbelstücke ausgeliefert oder diese durch Mitarbeiter des Handels beim Kunden aufgebaut werden, wird IKEA-Kunden zugemutet, ihre Erwerbungen selbst zusammen zu bauen. Dies erspart nicht nur erhebliche Personalkosten für die Montage durch IKEA, sondern erlaubt auch eine äußerst platzsparende Lagerung und Transportierung. Denn zusammengebaute Möbelstücke bestehen im Wesentlichen aus umbauter Luft, die teurere(n) Fläche/Raum in Anspruch nimmt. Außerdem kommt durch den Zusammenbau ein gewisser Werkstolz aufseiten des Kunden hinzu, das Möbelstück hat einen höheren emotionalen Wert. Damit der Zusammenbau aber auch gelingt, muss er „narrensicher" sein. Dies ist Grundanforderung an alle IKEA-Möbel und wird durch einfache Scharnier- und Schraubmechanismen (Imbusschlüssel) erreicht. Hinzu kommt eine aussagefähige Montageanleitung und die Vorsortierung der Einzelteile. Teilweise werden fehlmontagesichere (Poka yoke-)Vorrichtungen eingesetzt.
Eine weitere Externalisierung der Leistung findet in Form des Transports der Möbelstücke durch die Kunden statt. Der traditionelle Möbelhandel arbeitet im Bringprinzip, d.h., der Kunde erhält seine Möbelstücke an seinen Wohnort, dies erfordert die Vorhaltung von Transportkapazitäten (LKW's) und Auslieferungsfahrern, somit hohe Fixkosten. Zudem ist der Liefertermin steter Anlass für Unzufriedenheiten auf Kundenseite. Auch ist der Transport sehr anfällig für Schäden, die dann zulasten des Absenders gehen. IKEA hingegen arbeitet im Holprinzip, d.h., der Kunde holt seine Möbelstücke am Geschäftsort von IKEA ab. Damit brauchen keine (bzw. weitaus weniger) eigene Lieferfahrzeuge incl. Personal vorgehalten zu werden. Auch gehen Transportschäden zulasten des Kunden (sind jedoch durch IKEA versicherbar). Die dadurch erreichte Kosteneinsparung wird im Preis weitergegeben.
Während der traditionelle Möbelhandel werblich sehr konventionell und eher bieder auftritt, hat IKEA von Anfang an versucht, sich davon abzuheben. Dies geschah in Deutschland durch die Kreierung des Elches als Logo. Der Elch wird weithin mit Skandinavien, vor allem Schweden, assoziiert und gilt zwar als etwas seltsam, zugleich aber auch als ausgefallen und eigenwillig. Charaktereigenschaften, die in gleicher Weise auf die Sicht der Marke IKEA zutreffen sollen.
Diese aus dem Rahmen des Üblichen fallende Positionierung wurde durch einen besonderen Slogan unterstrichen: IKEA. Das unmögliche Möbelhaus aus Schwe-

den. Unmöglich sollte dabei suggerieren, dass IKEA Interessenten Lösungen bieten konnte, die man vorher so für absolut unmöglich gehalten hatte und selbst, nachdem man sie gesehen hatte, immer noch nicht richtig verstehen konnte. Die Kombination aus IKEA-Elch und IKEA-Slogan sorgte für eine enorme Eigenständigkeit innerhalb der austauschbaren Werbung der Branche.

Nun ist der Möbelhandel Handel wie jeder andere auch und lebt von Aktionen und kurzfristiger Reaktion. Zugleich ist er, wie jeder Handel auch, lokal gebunden und auf das unmittelbare Einzugsgebiet begrenzt. Insofern kamen als Werbeträger zunächst nur die lokalen Tageszeitungen in Betracht. Um die Reagibilität zu gewährleisten, wurde am Anfang mit Schwarz-weiß-Zeichnungen und -Reprovorlagen gearbeitet, die beinahe tagesgenau nach Aktualität, Warenverfügbarkeit und Konkurrenzsituation zu einer Anzeigenkollage zusammengestellt wurden. Hinzu trat eine zugkräftige Headline (z.B. „Wo gibt's denn Sofas?" für eine Anzeige mit mehreren Sofa-Angeboten, oder „Watt Ihr Volt" für eine Anzeige für Leuchten). Damit war IKEA nicht nur eigenständig, sondern auch viel schneller als der Mitbewerb.

Eine wesentliches kommunikationspolitisches Instrument ist auch der IKEA-Kundenclub. Er dient der Kundenbindung und Kundenwertsteigerung und verfügt über vielfältige Aktivitäten auf verschiedenen Ebenen.

In der Kommunikation ist eine proaktive Ausrichtung an Lebensstilen unerlässlich. Daher wurde die zweifellos originelle, aber auch recht derbe IKEA-Kampagne später durch gediegene, Wohnraumatmosphäre ausstrahlende Sujets ersetzt, die aber durch Modernität weit von den doch hausbackenen Auftritten anderer Möbelhäuser entfernt liegen. Neuerdings werden auch schräge, sehr schrille Sujets geschaltet. Der Slogan ist in „Entdecke die Möglichkeiten" geändert und weist damit explizit auf die kreativen Gestaltungsmöglichkeiten der Nutzer im Rahmen der Innenarchitektur hin.

Auch hinsichtlich der Distribution hat IKEA eine Neuorientierung vorgenommen. Der traditionelle Möbelhandel verfügt über eigene Schauräume in den Innenstädten, also in hochfrequentierten, aber auch teuren Lagen. Doch gehören Möbel zu den Langsamdrehern, die ihre hohe Standmiete nur langsam erwirtschaften. Zudem sind Möbel ausgesprochen raumextensiv, sodass sie viel dieser teuren Fläche beanspruchen.

IKEA entschied sich daher für ein anderes Distributionskonzept. Es wurde ein Filialmodell verfolgt, d.h., der Hersteller betreibt eigene Verkaufsräume exklusiv für seine Marke. Allerdings ist das Aufziehen eines einigermaßen flächendeckenden Netzes von Filialen eine sehr kapitalintensive Angelegenheit. Da zu Beginn diese Finanzressourcen nicht vorhanden waren, gab es gar keine andere Möglichkeit als auf die teueren Innenstadtlagen zu verzichten und statt dessen vor die Städte, auf die grüne Wiese, auszuweichen. Zwar hat man dabei erhebliche Nachteile hinsichtlich der Erreichbarkeit hinzunehmen, und damit auch hinsichtlich der Kundenfrequenz und Drehgeschwindigkeit. IKEA setzte jedoch auf die Motorisierung breiter Teile der Bevölkerung, die allein schon wegen des Transports der Möbelstücke durch Kunden erforderlich war. Damit waren auch „grüne Wiese"-Lagen als gut erreichbar anzusehen, vor allem, wenn sie in der Nähe von Ballungszentren und unmittelbar an Autobahnanschlüssen gelegen waren. Dort konnten große Flächen zu niedrigen Kosten betrieben werden. Außerdem stimuliert die Anfahrt

zu einem IKEA-Markt den Einkaufsbon, denn wenn man sich schon einmal auf den Weg gemacht hat, soll es sich ja wenigstens auch lohnen.
Außerdem entschied sich IKEA für ein Selbstbedienungssystem. Dies war allein schon aus Kostenersparnisgründen notwendig. Allerdings gehören Möbel vielfach zu den erklärungsbedürftigen Produkten, die ohne entsprechende Beratung nachfragerseitig ein hohes Kaufrisiko involvieren, das wiederum kaufhemmend wirkt. Daher musste ein spezielles Selbstbedienungskonzept her, eine Variante des aus den USA importierten Catalogue showroom-Konzepts. Es sieht vor, dass als wesentliches Absatzvorbereitungsmittel ein Katalog eingesetzt wird, in dem alle Produkte des Programms dargestellt und aussagefähig ausgelobt werden. Diesen Katalog können Kunden zuhause oder auch vor Ort studieren und sich so für bestimmte Angebote entscheiden. Dazu werden am Handelsplatz in einer Ausstellung die Produkte des Programms als Muster aufgebaut und können somit besichtigt werden. Gleichzeitig wird in einem getrennten Teil der Verkaufsfläche der Lagervorrat gehalten. Dort können Kunden selbst oder über Bestellung beim Lagerpersonal die gewünschten Möbelstücke kollektionieren. Servicekräfte sind dann nur noch zur punktuellen Beratung, vor allem über Lagerplätze, notwendig. Zugleich geben die im Schauraum aufgebauten Musterstücke einen Eindruck der heimischen Wohnatmosphäre und erlauben auch eine „Hands on experience“. Am Verkaufsort greift eine stilorientierte Präsentation den jeweils aktuellen Zeitgeschmack auf. Die IKEA-Kaufhäuser zeigen in Dekoration und Aufmachung eine immer noch reduzierte, eigentümliche Atmosphäre, spiegeln jedoch zugleich den gehobenen Lebensstandard der Zielgruppe wider.
Um die sofortige Verfügbarkeit der ausgewählten Teile zu gewährleisten, ist allerdings ein weitaus höherer Warenvorrat als im traditionellen Möbelhandel vorzuhalten. Die daraus resultierende Kapitalbindung ist gefährlich. Sie wird durch mehrere Maßnahmen limitiert, durch die Beschränkung der Programmbreite und -tiefe, durch die rationelle Lagerhaltung (Hochregallager) und die Gewährleistung einer hohen Drehgeschwindigkeit durch Aufbau von viel Traffic über aggressive Werbung.

5.2.2 Outpacing-Konzept

Das Outpacing-Konzept versucht eine Aussage über den komparativen Erfolg einzelner strategischer Gruppen zu treffen. Es ist eine dynamisierte Form der Marktstimulierungssicht und besteht aus einer Matrix mit den Dimensionen
• wahrgenommener Produktwert (**Qualitätsvorteil**),
• effektive Prozesskosten (**Preisvorteil**)
eines Angebots am Markt. Beide Dimensionen sind jeweils ordinal in Hoch und Niedrig unterteilt. Es wird davon ausgegangen, dass zu Beginn der Marktpräsenz (= Ausgangssituation) der wahrgenommene Produktwert eines Angebots durch Zielpersonen für gewöhnlich mangels Kenntnis und Vertrauen eher gering ist, zugleich die entstehenden Prozesskosten mangels Größen- und Erfahrungsdegression aber eher hoch sind. Erreicht werden soll im Ergebnis aber genau das Gegenteil, nämlich ein hoher wahrgenommener Produktwert bei gleichzeitig niedrigen, dafür

anfallenden Prozesskosten (= Endsituation). Die verschiedenen, konkurrierenden Anbieter stehen nun in einem Wettlauf um den schnellstmöglichen Weg von der Ausgangs- zur Endsituation und versuchen dabei, einander zu überholen (= Outpacing). Dafür gibt es zwei grundsätzliche Wege *(siehe Abb. Outpacing-Konzept und Abb. Value map).*

Zum einen kann versucht werden, über Leistungsführerschaft bei akzeptierten hohen Prozesskosten zunächst den wahrgenommenen Produktwert zu steigern (= Proaktives Outpacing). Danach wird dann versucht, über Standardisierung (z.B. Gleichteilekonzepte) die Prozesskosten bei unverändert hohem Produktwert zu senken. Hat sich ein Angebot also eine relativ gesicherte Qualitätsposition erarbeitet, wird anschließend versucht, über Standardisierung zu einer erheblichen Senkung der Prozesskosten bei unverändert hohem Produktwert zu gelangen. Dieser Weg wird vornehmlich von westlichen Anbietern eingeschlagen. Sie haben mit allen Mitteln versucht, die Wertanmutung ihrer Produkte (z.B. im Automobilbereich) zu steigern und konnten dadurch Kostenerhöhungen im Preis weiterwälzen. Dies gelang solange, bis einerseits die preisliche Schmerzgrenze der Nachfrager erreicht war, die zu Kaufverzicht oder Abwanderung zu kostengünstigeren Angeboten führte, und bis andererseits diese kostengünstigeren Angebote in Form von Billigangeboten (z.B. aus Fernost) mit passablem Leistungsniveau in großer Vielzahl verfügbar wurden. Daher besteht für sie nun der Zwang, um jeden Preis zu rationalisieren, ohne dabei den Produktwert anzutasten.

Zum anderen kann versucht werden, über Kostenführerschaft bei akzeptiertem niedrigen Produktwert zunächst die entstehenden Prozesskosten zu senken (= Präventives Outpacing). Erst danach wird angestrebt, über Differenzierung (z.B. Design) den Produktwert bei unverändert niedrigen Prozesskosten zu steigern. Hat sich das Angebot also eine relativ gesicherte Niedrigpreisposition am Markt erarbeitet, wird anschließend versucht, über Differenzierung zu einer erheblichen Steigerung des wahrgenommenen Produktwerts bei unverändert niedrigen Prozesskosten zu gelangen. Dieser Weg wird vornehmlich von fernöstlichen Anbietern eingeschlagen. Zur Umsetzung der Prozesskostensenkung wurde ein ganzes Arsenal neuartiger Managementmethoden eingesetzt, die unter dem Begriff Lean management bekannt geworden sind. Restriktive Produktionsbedingungen im Heimatland und Zutrittsbeschränkungen auf vielen Exportmärkten haben nun zu einer Erlössteigerung über Preiserhöhung geführt. Diese wurde möglich durch innovative Problemlösungen bis hin zur Maßstabsetzung (= Benchmarking) in allen betrieblichen Bereichen.

Vorläufig sieht es so aus, als wenn der zweite Weg der weitaus bessere ist. Ein Mittelweg ist übrigens ungeeignet als Erfolgsstrategie, obgleich er rein zeitlich zunächst der vorteilhafteste scheint (= Diagonale in der Matrix). Doch eine solche Kombination aus jeweils mittlerem wahrgenommenen Produktwert und mittleren effektiven Prozesskosten (Hybridstrategie) führt zwangsläufig zu einem wenig ausgeprägten, diffusen Erscheinungsbild am Markt. Damit kann weder aus einer Profilierung über den Qualitätsvorteil noch einer solchen über den Preisvorteil

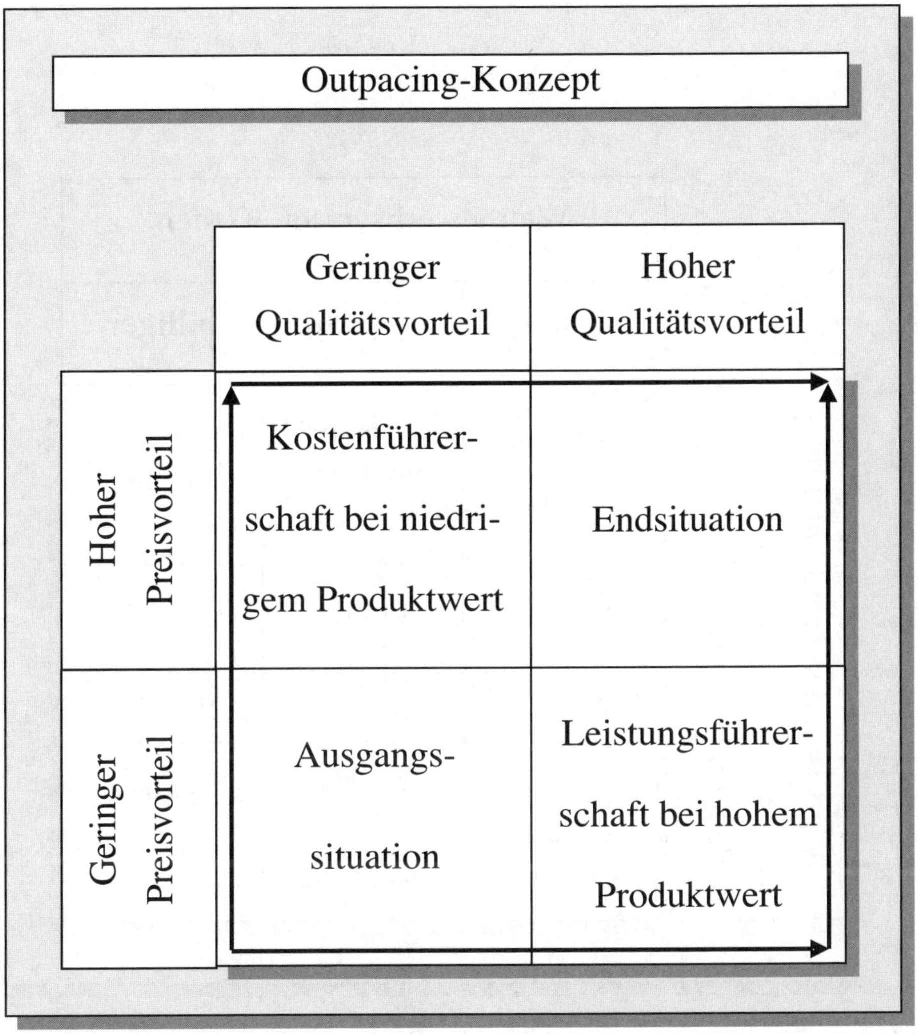

Nutzen gezogen werden. Dies bedeutet im Ergebnis aber, dass Anbieter bei einer solchen Strategie sowohl von Leistungsführern wegen deren Qualitätsvorteils, der von Teilen des Marktes hoch geschätzt wird, als auch von Kostenführern wegen deren Preisvorteils, der von anderen Teilen des Marktes hoch geschätzt wird, überholt werden. Insofern ist dies nicht der kürzeste, sondern der längste Weg. Allerdings kann von Staffel zu Staffel die Art der Marktstimulierung gewechselt werden.

Allgemein kann man mehrere **Quellen** für Wettbewerbsvorteile festmachen. Das Wissen um die Stärken und Schwächen der Mitbewerber ist fast so wichtig wie die Kundenkenntnis. Jeder Wettbewerbsparameter bietet grundsätzlich die Chance zur Schaffung eines Wettbewerbsvorteils. Überlegene Leistungen verlangen aber eine

Value map

		Wettbewerbsvorteil Kosten		
		teurer	gleich	billiger
Wettbewerbsvorteil Qualität	besser	Qualitätsführerschaft	Preis-Leistung (qualitätsbasiert)	Champion
	gleich	Problem (Kostenreduktion)	Patt-Situation	Preis-Leistung (preisbasiert)
	schlechter	Verlierer	Problem (Leistungssteigerung)	Kostenführerschaft

Konzentration aller Ressourcen auf wenige Vorteile. Häufig ist es daher besser, lediglich wenige Vorteile herauszuarbeiten, diese dann aber mit ganzer Kraft umzusetzen. Die Gefahr des Verzettelns besteht hingegen, wenn man zu viele Vorteile gleichzeitig verfolgen möchte. Für die Ausrichtung sind die kundenwichtigen Kaufentscheidungsfaktoren zentral. Wettbewerbsvorteile sind nur wirksam, wenn sie von Kunden auch wahrgenommen werden (daher Signaling). Möglichst soll ein Marktangriff beim Eintritt dort erfolgen, wo die bisherigen Anbieter strukturell nicht zurückschlagen können oder anderweitig schwach sind. In dynamischen Märkten werden etablierte Anbieter ihre Position nur dann erfolgreich verteidigen, wenn sie entweder schneller lernen als die Wettbewerber oder aber im Zeitablauf den Vorteilsparameter in Richtung des größten komparativen Vorsprungs ändern.

5.2.3 Hyper competition

Das Konzept des hypertrophierten Wettbewerbs geht auf D'Aveni zurück. Er behauptet vier wesentliche Basen für Wettbewerbsvorteile, und zwar Kosten- bzw. Leistungsvorteile, Zeit- bzw. Wissensvorteile, eine einzigartige Marktposition sowie hohe finanzielle Spielräume. Danach besteht eine Tendenz zu eskalierenden Wettbewerbskämpfen zwischen den am Markt verbliebenen Anbietern, wobei die jeweiligen Wettbewerbsvorteile rasch erodieren. Es kommt zu einer immer schnelleren Abfolge neuer Strategien, wobei traditionelle Markteintrittsbarrieren an Abschreckungskraft verlieren. Die Kette läuft wie folgt ab:

- Zunächst konkurrieren die im Wettbewerb beteiligten Unternehmen mit den Instrumenten Preis und Leistung. Unternehmen, die bei einem dieser beiden (oder beiden) Instrumenten Wettbewerbsnachteile haben, scheiden sukzessiv vom Markt aus (Outpacing).
- Die verbleibenden Unternehmen kämpfen mit den Instrumenten Zeit und Wissen, den härtesten Konkurrenzwaffen. Unternehmen, die Zeit- oder Wissensdefizite aufweisen, scheiden daraufhin ebenfalls vom Markt aus. Entscheidende Parameter sind Beschleunigung für zeitliche Wettbewerbsvorsprünge und Intelligenz für Einfluss.
- Die verbleibenden Unternehmen kämpfen um die Überwindung von Markteintrittsschranken, um neue Konkurrenten von der Beteiligung an einem profitablen Markt abzuhalten. Unternehmen, denen es nicht gelingt, diese Barrieren zu überwinden, bleiben von den Pfründen ausgeschlossen. Als Parameter dienen die Errichtung von Zugangssperren und der Aufbau von Drohpotenzial.
- Die verbleibenden Unternehmen wollen ihre Wettbewerber schlucken, um ihre Marktposition abzusichern. Dies ist in erster Linie von den verfügbaren finanziellen Ressourcen abhängig. Wer dabei nicht mithalten kann, wird übernommen. Insofern sind Finanzkraft und Monopolisierung ausschlaggebend *(siehe Abb. Hyper competition-Kette).*

Insofern wird nicht mit einem Wettbewerbsparameter, sondern nacheinander mit mehrfachen Wettbewerbsparametern am Markt gekämpft, eine Situation, die als Hyper competition bezeichnet wird. Dieser wohnen eine Tendenz zu eskalierenden Wettbewerbskämpfen zwischen großen Rivalen, die rasche Erosion ehemaliger Wettbewerbsvorteile, die rasche Abfolge immer wieder neuer Strategievorstöße und die gegenseitige Errichtung und Überwindung von Markteintrittsbarrieren inne.

Die nach diesen Phasen verbleibenden, wenigen und großen Unternehmen haben alle vier Wettbewerbsvorteile ausgenutzt, sie haben damit grundsätzlich die gleiche Ausgangsposition für das Endspiel, die letzten Runden im Marktwettbewerb.

In dieses Endspiel gelangen sie nur durch Nutzung „Strategischer Fenster“ (**Misfit-Analyse**), die vorliegen, wenn externe und interne Strukturen miteinander übereinstimmen. Dabei handelt es sich um begrenzte Perioden, während derer sich die Bedingungen eines Marktes und die Kompetenzen eines Unternehmens opti-

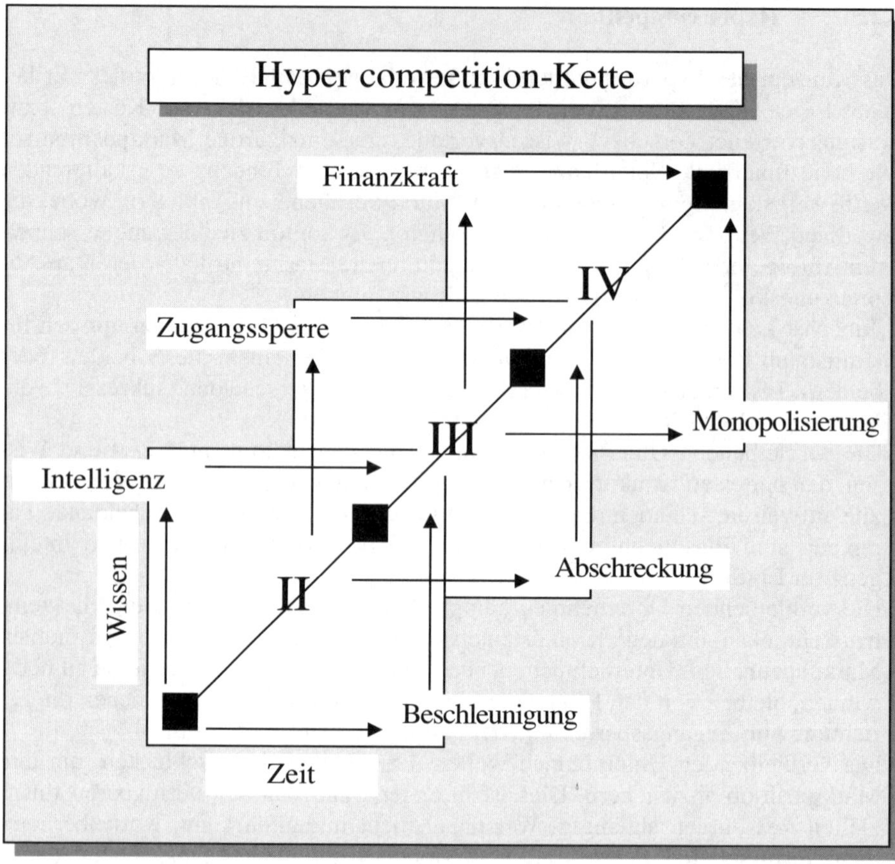

mal entsprechen. Dazu muss das Unternehmen seine Märkte aktiv gestalten, d.h., kontinuierlich die externen an die internen Bedingungen anzupassen versuchen (Kernkompetenz). Wo das aus Wettbewerbsgründen nicht möglich ist, helfen nur diskontinuierliche Sprünge, die neue Fenster öffnen und damit Erfolgsgrundlagen schaffen (New game). So bot der Übergang vom Heimcomputer- zum PC-Markt Einsteigern in diesen Markt ein Strategisches Fenster, zugleich wurden Anbieter, die diesen Sprung nicht mitmachten, vom Markt verdrängt (z.B. Commodore/Atari). Ein anderes Beispiel war die Osteuropa-Öffnung nach dem Fall des Kommunismus. Gründe für solche Diskontinuitäten sind allgemein erhebliche Umfeldveränderungen, starke Verschiebungen der Kundenpräferenzen, die Einführung grundlegend neuer Technologien etc.

5.3 Produkt-Markt-Strategie

Die Programmgestaltung kann sich allgemein in zwei verschiedenen Richtungen vollziehen, nämlich:

- räumlich, dafür werden im Folgenden die Begriffe National-, International- und Multinational-Unternehmen verwendet,
- funktional, dafür werden im Folgenden die Begriffe Einprodukt-, Mehrprodukt- und Multiprodukt-Unternehmen verwendet.

5.3.1 Begrifflichkeiten

Bei der räumlichen Programmgestaltung wird also offensichtlich nach Absatzgebieten (Märkten) unterschieden, bei der funktionalen nach Angebotsfeldern (Produkten). Das Programm umfasst die vollständige Angebotspalette, die ein Unternehmen am Markt vertritt und besteht aus Aktionssektoren. Diese Aktionssektoren sind dann Absatzgebiete und Angebotsfelder. Diese wiederum bestehen aus Aktionsvariablen, d.h., räumlichen Teilmärkten und funktionalen Artikeln.

Bei einer qualitativen Ausweitung handelt es sich um die Hinzunahme objektiv oder subjektiv neuer Aktionssektoren (Märkte/Produkte). Nicht darunter fällt die quantitative Hinzunahme neuer Aktionsvariabler (Teilmärkte/Artikel) innerhalb schon im bestehenden Programm vorhandener Aktionssektoren.

Diese Diversifizierung ist ein Unterfall der qualitativen Gestaltung der Programmbreite. Diese ist anderweitig auch möglich durch Unifizierung oder Bereinigung. Unter Programmunifizierung wird die qualitative Einschränkung des Programms um Aktionssektoren (Märkte/Produkte) verstanden, unter Programmbereinigung die Hinzunahme einer Anzahl von Aktionssektoren in das Programm bei gleichzeitigem Wegfall anderer Sektoren aus dem Programm.

Die Differenzierung ist hingegen ein Unterfall der quantitativen Gestaltung der Programmtiefe. Diese kann auch in Form von Standardisierung oder Verlagerung geschehen. Unter Programmstandardisierung wird der Wegfall von Aktionsvariablen (Teilmärkten/Artikeln) innerhalb mehrfach besetzter Aktionssektoren im Betriebsprogramm verstanden, unter Programmgewichtung der Wegfall von Aktionsvariablen in mehrfach besetzten Aktionssektoren bei gleichzeitiger Aufnahme neuer Variabler in anderen oder den gleichen Sektoren.

Bei der qualitativen (Breitendimension) und quantitativen (Tiefendimension) Gestaltung des Betriebsprogramms handelt es sich um eine Kernaufgabe der Unternehmensleitung. Diese Veränderungen können simultan oder sukzessiv vorgenommen werden. Daraus ergeben sich dann folgende Kombinationsmöglichkeiten:

- Programmdiversifizierung und Programmdifferenzierung: tendenziell positiver Programmausgleich (mehr Aktionssektoren) und positives Programmwachstum (mehr Aktionsvariable),
- Programmdiversifizierung und Programmbereinigung: tendenziell positiver Pro-

grammausgleich (mehr Aktionssektoren) und positives Programmwachstum (falls mehr bzw. gewichtigere Aktionsvariable hinzukommen als wegfallen),

- Programmdiversifizierung und Programmstandardisierung: tendenziell positiver Programmausgleich (mehr Aktionssektoren) und positives, neutrales oder negatives Programmwachstum (je nachdem, ob mehr bzw. gewichtigere Aktionsvariable wegfallen als hinzukommen),
- Programmbereinigung und Programmdifferenzierung: tendenziell neutraler Programmausgleich (falls hinzukommende und wegfallende Aktionssektoren in gleicher Anzahl/Gewichtung) und positives Programmwachstum (falls mehr Aktionsvariable hinzukommen als wegfallen),
- Programmbereinigung und Programmaustausch: tendenziell neutraler Programmausgleich (falls hinzukommende und wegfallende Aktionssektoren in gleicher Gewichtung) und positives, neutrales oder negatives Programmwachstum (je nachdem, ob mehr bzw. gewichtigere Aktionsvariable wegfallen oder hinzukommen),
- Programmbereinigung und Programmstandardisierung: tendenziell neutraler Programmausgleich (falls hinzukommende und wegfallende Aktionssektoren in gleicher Gewichtung) und negatives Programmwachstum (falls mehr Aktionsvariable wegfallen als hinzukommen),
- Programmunifizierung und Programmdifferenzierung: negativer Programmausgleich (weniger Aktionssektoren) und positives, neutrales oder negatives Programmwachstum (je nachdem, ob mehr bzw. gewichtigere Aktionsvariable wegfallen oder hinzukommen)
- Programmunifizierung und Programmaustausch: negativer Programmausgleich (weniger Aktionssektoren) und negatives Programmwachstum (falls mehr bzw. gewichtigere Aktionsvariable wegfallen als hinzukommen),
- Programmunifizierung und Programmstandardisierung: negativer Programmausgleich (weniger Aktionssektoren) und negatives Programmwachstum (weniger Aktionsvariable).

Der Programmausgleich wird also qualitativ ausgedrückt durch die Anzahl der Aktionssektoren innerhalb eines Betriebsprogramms. Das Programmwachstum ergibt sich quantitativ aus seiner Größenveränderung im Zeitablauf. Aus Praktikabilitätsgründen und in Anerkennung der Problematik der unterschiedlichen Messgrößen soll im Folgenden der Umsatz je Periode als Maß für Programmgröße bzw. -wachstum verwendet werden. Die daraus resultierende Unternehmensgröße bzw. das Unternehmenswachstum unterscheiden sich in statischer und dynamischer Betrachtung.

Aktionssektoren sind demnach Absatzgebiete und Angebotsfelder. Als Absatzgebiet werden dabei für gewöhnlich Nationalstaaten bezeichnet, die durch hoheitliche Grenzen eindeutig voneinander getrennt sind. Schwieriger wird die Abgrenzung der Angebotsfelder untereinander. Hier gilt theoretisch der Triffin'sche Koeffizient (= Kreuzpreiselastizität der Nachfrage) als ein Maßstab. Verschiedene Angebotsbereiche liegen danach dann vor, wenn die Kreuzpreiselastizität ~/= 0 ist. Eine Nachfragekonkurrenz (positiver Quotient/> 0) wird der Forderung nach Risi-

Produkt-Markt-Strategie

		Produkt	
		Stammprodukt	alle Produkte
Markt	Heimatmarkt	Konzentrisches Unternehmen	Angebots-arrondiertes Unternehmen
	alle Märkte	Internatio-nalisiertes Unternehmen	Multinationales Multiprodukt-Unternehmen

kominimierung, welche die Grundbedingung des Programmausgleichs darstellt, wie noch zu zeigen ist, nicht gerecht, da die betrachteten Produkte in substitutivem Verhältnis zueinander stehen (sie dienen jeweils dem gleichen Zweck). Ebenso gilt dies für den Nachfrageverbund (negativer Quotient/< 0), da diese Produkte sich komplementär zueinander verhalten (sie dienen gemeinsam dem gleichen Zweck). Insofern lassen sich zwei Gruppen von Angebotsfeldern unterscheiden:

- eines, dessen Produkte untereinander einen Quotienten ungleich 0 haben (positiv oder negativ),
- ein anderes, dessen Produkte zueinander einen Quotienten von ~/= 0 haben. Diese Produkte sind aus Nachfragesicht unverbunden und konstituieren deshalb jeweils ein eigenes Angebotsfeld.

Programmausgleich als Zustand kennzeichnet die Gestaltung eines Betriebsprogramms eines Unternehmens, das mindestens zwei Absatzgebiete und/oder Angebotsfelder umfasst.

Aktionsvariable sind Segmente innerhalb räumlich und funktional abgegrenzter Absatzgebiete und Angebotsfelder. Damit ist also der einzelne bearbeitete

Teilmarkt im Absatzgebiet und der einzelne Artikel im Angebotsfeld gemeint. Der Verwandtschaftsgrad der Aktionsvariablen beeinflusst, wie gezeigt, den Programmausgleich nicht. Unter Gesichtspunkten der Risikominimierung ist es für ein Unternehmen deshalb vorteilhaft, je Aktionssektor nur eine Aktionsvariable zu nutzen.

Bei neuen Aktionssektoren kann es sich um subjektiv oder objektiv neue handeln. Darunter versteht man in Bezug auf Absatzgebiete/Angebotsfelder die Aufnahme von Märkten/Produkten in das Programm, die vordem noch nicht Bestandteil des Programms irgendeines anderen Unternehmens waren (objektiv neu/Marktinnovation) oder vorher zumindest noch nicht Bestandteil des Programms des eigenen Unternehmens (subjektiv neu/Unternehmensinnovation).

Diese räumliche (Globalisierung) und funktionale (Konglomeralisierung) Gestaltung des Programms werden in Folge nur als zwei unterschiedliche Ausprägungen der gleichen Unternehmensstrategie gedeutet, während das Element der Unternehmensgröße deren Resultante ist. Globalisierung und Konglomeralisierung sind also die beiden Aktionsparameter der Unternehmensstrategie, die Unternehmensgröße ist deren Erwartungsparameter. Instrument dazu ist die Programmpolitik.

Die Gestaltung der Aktionsparameter unterliegt einem Entwicklungsprozess. Der Unternehmensstrategie als Konzeption der Mittel und Wege, durch die sich die Unternehmensleitung allen gegenwärtigen und zukünftigen Erfordernissen der Umwelt im Interesse der Erreichung des Plan(end)ziels anzupassen gedenkt, stehen dabei drei Möglichkeiten zur Programmausweitung offen, in jeder Richtung mit drei Entwicklungsstufen, sodass man zu neun Möglichkeitsbereichen gelangt, und zwar

- je ein Absatzgebiet und Angebotsfeld = konzentrisch organisiertes Betriebsprogramm (1.1),
- ein oder mehrere Absatzgebiete und ein oder mehrere Angebotsfelder = polyzentrisch organisiertes Betriebsprogramm.

Dabei wird unterschieden nach

- Diversifikation nur in Richtung mehrerer Absatzgebiete bei einem Angebotsfeld (2.1/3.1),
- Diversifikation nur in Richtung mehrerer Angebotsfelder bei einem Absatzgebiet (1.2/1.3),
- Diversifikation jeweils in beiden Richtungen (2.2/2.3/3.2)
- je mehrere Absatzgebiete und Angebotsfelder in einer ganz bestimmten, weiter unten erläuterten Art und Weise = lateral organisiertes Betriebsprogramm (3.3).

Daraus ergeben sich im Einzelnen folgende Beziehungen:

- 1.1 = nationales Einprodukt-Unternehmen (je ein Absatzgebiet und Angebotsfeld),
- 1.2 = nationales Mehrprodukt-Unternehmen (ein Absatzgebiet und mehrere Angebotsfelder),

- 1.3 = nationales Multiprodukt-Unternehmen (ein Absatzgebiet und mehrere Angebotsfelder einer bestimmten Art),
- 2.1 = internationales Einprodukt-Unternehmen (mehrere Absatzgebiete und ein Angebotsfeld),
- 2.2 = internationales Mehrprodukt-Unternehmen (mehrere Absatzgebiete und mehrere Angebotsfelder),
- 2.3 = internationales Multiprodukt-Unternehmen (mehrere Absatzgebiete und mehrere Angebotsfelder einer bestimmten Art),
- 3.1 = multinationales Einprodukt-Unternehmen (mehrere Absatzgebiete in einer bestimmten Weise und ein Angebotsfeld),
- 3.2 = multinationales Mehrprodukt-Unternehmen (mehrere Absatzgebiete in einer bestimmten Weise und mehrere Angebotsfelder),
- 3.3 = multinationales Multiprodukt-Unternehmen (mehrere Absatzgebiete in einer bestimmten Weise und zugleich mehrere Angebotsfelder einer bestimmten Art).

Die Felder 1.2, 1.3, 2.1, 2.2, 2.3, 3.1 und 3.2 werden zum Begriff des internationalen Mehrprodukt-Unternehmens zusammengefasst, sodass im Folgenden vor allem folgende drei Begriffe verwendet werden:

- nationales Einprodukt-Unternehmen (1.1),
- internationales Mehrprodukt-Unternehmen (1.2 bis 3.2),
- multinationales Multiprodukt-Unternehmen (3.3).

Unter National-Unternehmen hat man sich solche vorzustellen, deren Absatzgebiet nur ein Nationalstaat ist, während International- und Multinational-Unternehmen Absatzgebiete in zwei oder mehr Ländern haben. Einprodukt-Unternehmen sind solche, die nur über ein einziges Angebotsfeld verfügen, bei Mehrprodukt- und Multiprodukt-Unternehmen gibt es mindestens zwei Angebotsfelder im Programm.

5.3.2 Gewinn- vs. Sicherheits-Präferenz

Unternehmerisches Handeln ist, zumindest theoretisch, immer planvoll. Planmäßiges Handeln setzt aber das Vorhandensein eines Ziels, das durch eben dieses planvolle Handeln erreicht werden soll, voraus. In der Regel wird das Unternehmen jedoch nicht ein einziges Ziel verfolgen, sondern fallweise ein ganzes Zielbündel (Zieltrajektorie), innerhalb dessen es aber Zielprioritäten gibt, die eher dauerhafter Natur sind. Das oberste Ziel des Unternehmens ist zweifellos das Überleben. Ein Planendziel als solches existiert wohl nicht, sondern nur ein Ziel, nach dessen Erreichung sich als Folgeziel die Beibehaltung dieses Zustands, oder aber nach einer Zielkorrektur, die Erreichung eines neuen Ziels und sofort anschließt. Das Überlebensziel steht dabei dominant und nachhaltig an der Spitze der Zielhierarchie. Es kann zwar direkt nicht angesteuert werden, seine Einhaltung ist aber unbedingte Voraussetzung für jede unternehmerische Tätigkeit.

Das Überlebensziel konkretisiert sich im Willen zur Erhaltung eines Vermögensstands, der die materielle Existenz des Unternehmens (ungeachtet deren rechtlicher Eigentümerschaft) ermöglicht. Maßnahmen, welche die Existenz des Unternehmens gefährden, sind als mit dem Oberziel unvereinbar kategorisch abzulehnen, solche, die den Vermögensstand verschlechtern, ohne die materielle Existenz zu gefährden, aber nicht zwangsläufig. Der indirekten Erfüllung dieses konstitutiven Ziels dienen die Unterziele Gewinnoptimierung und Risikostreuung als mittelbare Ziele.

Gewinnoptimierung hat, ökonomisch-rationales Verhalten vorausgesetzt, nach dem erwerbswirtschaftlichen Prinzip stufenweise folgende Ausprägungen:

- mindestens Teilkostendeckung, d.h., Deckung der variablen oder pagatorischen Kosten (nur als kurzfristiges Ziel machbar),
- möglichst mindestens Vollkostendeckung, d.h., gewinn- aber auch verlustlose Situation (auch als langfristiges Ziel machbar, wenngleich wenig attraktiv),
- möglichst Gewinnerzielung, d.h., Überschuss der Erträge über die Kosten, möglich als Mindestgewinn, d.h., zur langfristigen Bestandssicherung als notwendig erachtet, als angemessener Gewinn, d.h., zur Bestandsverbesserung, oder als maximaler Gewinn, d.h., jeweils kurzfristig oder langfristig maximaler Gewinn. Inwieweit Gewinnmaximierung überhaupt möglich ist, ist für die Praxis allerdings strittig.

Die längerfristige Gewinnmaximierung kann als Gewinnoptimierung bezeichnet werden, da sie die bestmögliche Gewinnhöhe unter Einhaltung selbstgesetzter oder fremdgesetzter, ökonomischer oder außerökonomischer Restriktionen zu erreichen sucht.

Gewinnoptimierung besagt, dass Maßnahmen zur Ausnutzung kurzfristig sich bietender Gewinnchancen dann zu unterlassen sind, wenn der langfristig diskontierte, dadurch bedingte Gewinnentgang größer ist als der zuwachsende Spotgewinn (wobei Ersteres Operationalisierungsprobleme aufwirft). Gewinnoptimierung allein ist jedoch zu einseitig. Da sich nämlich das Unternehmensergebnis schon in der Vergangenheit aus eingetretenen Gewinnerwartungen und eingetroffenen Verlustbefürchtungen zusammengesetzt hat, ist auch für die Zukunft zu erwarten, dass Gewinnmöglichkeiten (= Chancen) Verlustgefahren (= Risiken) gegenüberstehen. Die Gewinnoptimierung jedoch ist, abgesehen von einer geforderten Mindestsicherheit der Ergebnisprognose, risikoblind. Daher muss im Sinne einer ausgeglichenen Führung neben die bestmögliche Chancenmehrung eine bestmögliche Risikenvermeidung treten. Diese Aufgabe nimmt die Risikostreuung wahr.

Risikostreuung bietet primär die Möglichkeit zur relativen Risikominderung und sekundär zur potenziellen Chancenmehrung. Relative Risikominderung deshalb, weil durch Ausweitung des Programms das absolute Risikogesamt zwar zunimmt (es sei denn, es werden nur risikoärmere Aktionssektoren hinzugenommen, was aber bedeutet, dass das Unternehmen seither unnötig risikoreich, also suboptimal, gearbeitet hat), die Folgen von Fehlentscheidungen aber gemildert werden, da der

Misserfolg in einem Teilbereich relativ immer mehr an Gewicht verliert. Solange jedoch ein und dieselbe Entscheidereinheit (Unternehmensleitung) über die jeweiligen Partialentscheidungen befindet, besteht die Gefahr eines systematischen Fehlers. Daher ist eine Dezentralisation der Entscheidungskompetenz durch Delegation notwendig (= Divisionalisierung).

Für die Ungewissheit über Datenkonstellationen der Zukunft gibt es zwei Ursachen, eine allgemeine Ungewissheit über die zukünftigen Datenänderungen der Umwelt und eine gesellschaftliche Ungewissheit, die sich aus den interdependenten Beziehungen voneinander unabhängiger Entscheidungen einzelner Entscheidungsträger ergibt. Zyklische Schwankungen können auch durch Planung und ohne Risikostreuung begrenzt werden. Das gilt für konjunkturelle Schwankungen, obgleich diese nur schwer oder mehrwertig vorherzusagen sind, sowohl wie für saisonale. Risikostreuung ist also die Absicherung gegen vergleichsweise kurzfristige, nicht vorhersehbare Datenänderungen. Auf langfristig sich anbahnende, ihrem Auftreten nach eher strukturelle Veränderungen kann sich auch ein konzentrisches Unternehmen vorbereiten, indem es seinen Tätigkeitsbereich verlegt, freilich mit dem Risiko der Fehlspekulation. Gleiches gilt für eindeutig vorhersehbare Datenänderungen.

Bei einer Vielzahl von Einzelengagements fällt nun das Einzelrisiko auf Grund des relativen Bedeutungsrückgangs hinter die Rentabilitätsspekulation zurück. Diversifizierte Unternehmen, die auf eine Vielzahl gesicherter Aktionssektoren vertrauen können, gehen demnach eher risikoreiche Aktionen ein als konzentrische Unternehmen. Gleichzeitig fallen aber dort auch die größeren Gewinne an, sodass die Einzelrendite im Verhältnis zum einzelnen Einsatz manchmal geradezu grotesk hoch ausfällt (z.B. bei Ölbohrungen).

Sicherheitsbedarf bedeutet darüber hinaus auch Gewinnnivellierung und Vermögensstabilisierung. Dem liegt die Erfahrungstatsache zu Grunde, dass mit den besten Chancen für Märkte/Produkte immer auch die größten Risiken verbunden sind. Gewinnoptimierende Unternehmen gehen also durch ihre Risikoblindheit mit der Auswahl des gewinngünstigsten Aktionssektors immer notwendigerweise auch das größte Risiko ein. Das Unternehmensrisiko ist dann gleich dem Marktrisiko dieses einen Aktionssektors. Dieses kann durch Hinzunahme weiterer, mit niedrigeren Risiken versehener Absatzgebiete und Angebotsfelder vermindert werden. Das Unternehmensrisiko fällt damit auf das durchschnittliche Markt-/Produktrisiko hinunter. Das Einzelrisiko verliert so gegenüber dem Unternehmensrisiko mit zunehmender Zahl der Aktionssektoren im Programm an Gewicht. Damit tritt zwar einerseits eine relative Risikominderung durch Risikoverteilung ein, andererseits aber fällt auch der einzelne Marktgewinn zunehmend geringer ins Gewicht. Das Unternehmensergebnis wird also nivelliert.

Außerdem nehmen durch die Ausweitung des Programms die Gesamtmarktchancen zu. Zwar sinkt dabei die durchschnittliche Gewinnerwartung durch Nivellierung, jedoch erhöht sich zugleich die Wahrscheinlichkeit zur Wahrnehmung außerordentlicher Gewinnmöglichkeiten auf den zahlreichen Aktionssektoren. Potenzielle Chancen entstehen nur bei diversifizierten Unternehmen und wachsen mit zunehmender Anzahl der Aktionssektoren im Programm. Die Vorteile der relativen Risikominderung und potenziellen Chancenmehrung können von konzentrischen Unternehmen nicht wahrgenommen werden, für sie entfällt die Möglichkeit der Vermögensstabilisierung als eines wichtigen Sicherheitsarguments innerhalb der konstitutiv „unsicheren" Wettbewerbswirtschaft.

5.3.3 Chancen- vs. Risiken-Präferenz

Gewinnoptimierung und Sicherheitsbedarf dienen nun gemeinsam der permanenten Erreichung des Oberziels jedes Unternehmens, dem Überleben. Die Existenz eines Unternehmens ist aber tendenziell um so gesicherter, je mehr seine Leistungsfähigkeit die des Grenzanbieters auf einem oder mehreren Märkten übertrifft. Dieser Hang zum Sicherheitsabstand vor dem Marktausschluss überträgt sich auch bei Eigentumswechsel immer mit auf den jeweiligen neuen Inhaber. Die ökonomische Leistungsfähigkeit jedoch, die den Gefährdungsgrad der Existenz ausdrückt, manifestiert sich gemeinhin in der Unternehmensgröße. Der Wachstumswille des Unternehmens hat subsidiären Charakter und besagt, dass bei mehreren, vom unternehmerischen Standpunkt aus gleich vorteilhaft erscheinenden Alternativen immer diejenige ausgewählt wird, die ein Wachstum ermöglicht, da dadurch gleichzeitig und zusätzlich die Existenzgefährdung verringert werden kann. Umsatz ist aber als Zielsetzung nicht Selbstzweck. Es kann erwartet werden, dass Großunternehmen ganz allgemein auf Grund ihrer Widerstandsfähigkeit gegen wirtschaftliche Rückschläge eine höhere Lebenserwartung und einen längeren Planungshorizont haben als kleine. Bloße Unternehmensgröße ist somit in gewisser Weise Schutz vor der Drohung der Geschäftsaufgabe. Die gesellschaftlichen Beharrungskräfte sind dann oft stärker als die Marktkräfte zur Verdrängung. Insofern nehmen Großunternehmen nur noch in eingeschränktem Maße an den negativen Konsequenzen des Wettbewerbs teil. Allerdings bieten sie dennoch keinesfalls eine absolute Sicherheit, sondern nur eine relative, denn die Gefahr der Auflösung des Unternehmens kann natürlich nicht ausgeschlossen werden.

Gewinnoptimierung und Sicherheitsbedarf dienen mittelbar dem unmittelbaren Unternehmensziel Überleben, allerdings sind ihre Zielrichtungen untereinander konfligent. Die Gewinnoptimierungsforderung will den im Rahmen bestimmter Restriktionen höchstmöglichen Gewinn, die Sicherheitsbedarfsforderung hingegen den sichersten. Jeder Unternehmensplan hat nun gemäß der Gewinnpräferenz oder Risikoscheu der Unternehmensleitung einen Kompromiss zwischen diesen beiden divergenten Zielsetzungen zu suchen. Der höchstmögliche Gewinn ist nämlich gleichzeitig der unsicherste, der sicherste aber der niedrigstmögliche. Dies wird im Folgenden näher erläutert.

Chancen (C) und Risiken (R) einer Anlage sind per Saldo immer gleich groß. Diese Behauptung beruht auf der Erfahrung, dass man dort, wo viel zu verdienen ist, auch viel aufs Spiel setzen muss. Außerdem ist auch rein wahrscheinlichkeitstheoretisch, Gleichverteilung vorausgesetzt, C = R oder C/R = 1. Dieser Ansatz trifft allerdings, wie alle folgenden auch, nur bei mehrperiodischer, langfristiger Betrachtung zu. Dadurch wird ein zeitweiliges Überwiegen der Chancen (etwa während Wachstums- und Reifephasen im Marktlebenszyklus) durch ein Überwiegen der Risiken in anderen Zeiträumen (etwa zu Beginn und am Ende des Marktlebenszyklus) ausgeglichen.

Chancen und Risiken sind Erwartungswerte, die sich auf Grund qualifizierter Schätzung der Eintrittswahrscheinlichkeiten (p, p') von Gewinnerwartungen (G) und Verlustbefürchtungen (V) ergeben, also $C = G * p$ bzw. $R = V * p'$. Die Summe der Eintrittswahrscheinlichkeiten von Gewinnerwartungen und Verlustbefürchtungen ist immer 1 ($p + p' = 1$). Nur Erwartungswerte für Chancen und Risiken geben korrekte Planungsgrößen ab. Durch die qualifizierte Schätzung unter Heranziehung aller verfügbaren Daten geschieht zudem eine Risikovorbeugung, da nur solche Marktchancen in den Unternehmensplan eingehen, die subjektiv auch wirklich erreichbar scheinen.

Da Unternehmen nach dem erwerbswirtschaftlichen Prinzip handeln, stellen die Gewinnerwartungen bei den einzelnen Artikeln/Teilmärkten die zu planenden Zielgrößen dar. Die Unternehmensleitung bewertet also alle schon im Programm vorhandenen Aktionsvariablen hinsichtlich des von ihnen auf lange Sicht zu erwartenden Zielbeitrags auf Grund qualifizierter Schätzung, ebenso aber auch alle wünschenswerten oder auch nur möglichen Aktionsvariablen. Zu Beginn jeder Planperiode sind der Unternehmensleitung damit also die Gewinnerwartungen und auch die Gewinnmöglichkeiten auf allen relevant erscheinenden Märkten auf Grund subjektiver Schätzung bekannt. Wegen der intersubjektiv abweichenden Bewertung dieser Größen weichen die Programme der Unternehmen notwendigerweise voneinander mehr oder minder stark ab.

Die Artikel/Teilmärkte lassen sich demnach in absteigender Reihenfolge individuell auflisten. Nach der Gewinnoptimierungsforderung darf nun im Extremfall nur die Aktionsvariable in das Programm der kommenden Planperiode aufgenommen werden, die den absolut höchsten Zielbeitrag zu liefern verspricht. Die Hinzunahme weiterer, notwendigerweise mit geringeren Zielbeiträgen versehener Aktionsvariabler auf Kosten der ersteren (also bei konstantem Aktivitätenumfang) schmälert den Gesamtgewinn (c.p.) und lässt sich daher mit ökonomischer Vorgehensweise nicht vereinbaren. Die Erfüllung der Gewinnoptimierungsforderung zwingt also zu konzentrischer Organisation des Programms und zu einem Verzicht auf die Diversifikationsvorteile. Das Unternehmensrisiko entspricht dabei dem Einzelrisiko des bearbeiteten Bereichs. Da dieser der gewinnstärkste ist, ist er zugleich auch der verlustgefährdetste.

Nach der Sicherheitsbedarfsforderung müssen jedoch im Extremfall möglichst viele Artikel/Teilmärkte in das Programm aufgenommen werden, um eine umfassende Vermögensstabilisierung zu gewährleisten. Das Programm setzt sich demnach aus denjenigen Aktionsvariablen zusammen, welche die geringsten Gewinnmöglichkeiten zu liefern scheinen, denn nur dadurch ist der Diversifikationsvorteil nutzbar, der in einem Minimum an durchschnittlichem Risiko und einem Maximum an potenziellen Chancen innerhalb eines gegebenen Zielbetrags begründet liegt. Dadurch kann also das Gesamtrisiko auf ein Minimum gesenkt werden, es ergibt sich eine optimale Risikoverteilung durch ein Maximum an bearbeiteten Bereichen, das zugleich aber auch einen niedrigstmöglichen durchschnittlichen Gewinn bedeutet.

Setzt man nun voraus, dass die Aktionsvariablen mit den höchsten Gewinnerwartungen nicht gleichzeitig diejenigen mit den niedrigsten Verlustbefürchtungen sind, so ergibt sich ein Zielkonflikt in der Auswahl der Variablen. Es besteht jedoch nicht nur ein Konflikt hinsichtlich der Art der Variablen, sondern auch hinsichtlich ihrer Anzahl im Programm. Denn mit zunehmender Zahl der Aktionsvariablen im Programm tritt ein Informationsverlust auf, d.h., der effektive Informationsgrad sinkt unter den subjektiven. Der subjektive Informationsgrad ist maximal, wenn umfassende Information im Sinne vollständigen Überblicks gegeben ist. Wie nahe jedoch dieser subjektive dem objektiven Informationsgrad kommt, hängt von Umfang und Güte der Marketingforschung des Unternehmens ab. Innerhalb eines Aktionssektors ist der Informationsgrad immer maximal, d.h., es treten keine vermeidbaren Informationsverluste auf, für konzentrische Unternehmen ist dieser daher irrelevant, er tritt nur bei diversifizierten Unternehmen auf und ist dort mehr oder minder groß.

Unter Informationsverlust werden dabei alle Kosten verursachenden und damit Gewinn mindernden Komplexitäten verstanden wie Parallelarbeit, lange Kommunikationswege etc., die sich letztlich auf mangelnde Information zurückführen lassen, die dem Unternehmen wohlgemerkt schon zur Verfügung standen, die aber irgendwo in der Organisation selbst verloren gegangen sind. Da der Informationsverlust positiv zur Zahl der Aktionssektoren im Programm korreliert, hebt er den Diversifikationsvorteil, der dazu ebenfalls positiv korreliert, teilweise wieder auf, d.h., dass der aus den einzelnen Gewinnerwartungen kumulierte Zielbetrag bei diversifizierten Unternehmen nicht die gleiche Höhe erreicht wie bei konzentrischen, wenn man einmal gleiche Unternehmenseffizienz und gleichen Aktivitäteneinsatz voraussetzt, da Informationsverluste als Abschlag vom Unternehmensergebnis wirken. Außerdem ist der relative Informationsgrad relevant, denn eine vergleichweise bessere Information über einen Bereich lässt dessen Erträge relativ sicherer erscheinen. Ein über dem Durchschnitt konkurrierender Anbieter liegendes Informationsniveau bietet somit die Möglichkeit zur Realisierung überdurchschnittlicher Gewinnchancen. Je geringer also der Informationsgrad eines Unternehmens ist, sei es auf Grund mangelnder Informationssammlung oder hoher Informationsverluste, desto höher steigt gleichzeitig das subjektive Marktrisiko über das objektive. Korrespondierend dazu sind die objektiven Marktchancen größer als die subjektiven. Die Grenze für den subjektiven Informationsgrad bilden die Kosten der Informationssammlung. Wo deren Kosten gleich hoch sind wie ihr erwarteter Nutzen, ist der optimale subjektive Informationsgrad erreicht. Es darf als

Erfahrungstatsache gelten, dass bei suboptimalem Informationsgrad die Gewinnerwartung und/oder deren Eintrittswahrscheinlichkeit in der Tat tendenziell überschätzt wird.

Konzentrische Unternehmen können die Gewinnoptimierungsforderung ohne Abschlag durch Informationsverluste realisieren, bei ihnen soll daher von vollkommener Gewinnoptimierung gesprochen werden. Gleichzeitig können sie aber das andere Unterziel Sicherheitsbedarf überhaupt nicht erfüllen. Das Oberziel des Unternehmens kann daher insgesamt nur suboptimal erfüllt werden.

Diversifizierte Unternehmen vermögen auf Grund des Informationsverlustes zwar die Gewinnoptimierungsforderung nur teilweise zu erfüllen. Gleichzeitig kann aber das andere Unterziel in Form des Sicherheitsbedarfs mehr oder weniger vollständig erfüllt werden. Bei diversifizierten Unternehmen steigert die Absicherung gegen Geschäftsrisiken in relativem Maße bei bestehenden Engagements die Bereitschaft zur Tätigung risikoreicherer Investitionen umso eher, je geringer die zusätzlichen Teilrisiken auf das durchschnittliche Unternehmensrisiko negativen Einfluss nehmen können. Dies ist umso weniger der Fall, je größer die Anzahl der Aktionssektoren im Programm bereits ist.

Dennoch kann dem Oberziel Überleben durch die Berücksichtigung des relevanten Faktors Risiko und dessen Ausgleich bei diversifizierten Unternehmen auf jeden Fall besser Rechnung getragen werden als bei konzentrischen. Unvollkommene Gewinnoptimierung und Sicherheitsmaximierung ergänzen sich im Idealfall zur optimalen Zielerreichung.

Die Unternehmensleitung hat gemäß ihrer Zielfunktion, die geprägt ist von Risikoscheu und Gewinnpräferenz, das Optimum der Kombinationen der Aktionsvariablen für ihren speziellen Einzelfall individuell nach Art und Anzahl festzulegen. Managementgeleiteten Unternehmen wird dabei oft eine größere Risikoscheu nachgesagt als eigentümergeleiteten Unternehmen, obgleich es nicht das eigene Vermögen ist, das eingesetzt wird, weil Erstere ihren Kapitalgebern gegenüber Rechenschaft schuldig sind und Entlastung benötigen, Letztere aber autonom in ihrem Entscheid sind.

Da vorausgesetzt wird, dass bei dem Ersteren, bei Großunternehmen weiter verbreitetem, Typ Risikoscheu die Gewinnpräferenz dominiert, wird die unternehmenssubjektiv beste Gestaltung des Programms tendenziell eher die Sicherheitsbedarfsforderung erfüllen als die Gewinnoptimierungsforderung. Der Sicherheitsbedarfsforderung entspricht es aber nicht, nur einen Aktionssektor in das Programm aufzunehmen. Damit wäre nur eine Komponente des Diversifikationsvorteils genutzt, denn die potenziellen Chancen steigen progressiv mit der Anzahl der Bereiche im Programm auf Grund von Aktivitätsgemeinsamkeiten und Verbundeffekten zwischen den Sektoren. Zudem bedeutet dies neben einer Risiko- zugleich auch eine Chancenminimierung. Dies aber lässt sich nicht mit der Prämisse der rationalökonomischen Handlungsweise vereinbaren. Da außerdem das Einzelrisiko mit wachsender Zahl der Produkte/Märkte relativ geringer ins Gewicht fällt und auch die Unternehmenschancen progressiv steigen, entfällt diese Spekulation aus dem Modell. Nach der Sicherheitsbedarfsforderung bedarf es vielmehr möglichst vieler, möglichst risikoarmer Märkte zur Erfüllung des Oberziels des Unternehmens. Dazu ist eine kontinuierliche Anpassung an Datenänderungen der Realität im Rahmen einer langfristigen Betrachtung erforderlich.

5.3.4 Multinationale Multiprodukt-Unternehmen

Damit ist Diversifikation eine vorteilhafte Unternehmensstrategie. Offensichtlich gibt es aber zwei Klassen diversifizierter Unternehmen:
- Mehrprodukt-Unternehmen bzw. International-Unternehmen einerseits,
- Multiprodukt-Unternehmen bzw. Multinational-Unternehmen andererseits.

Erstere unterscheiden sich von letzteren durch die unternehmerische Einstellung zu den Absatzgebieten und Angebotsfeldern. Bei International- und Mehrprodukt-Unternehmen steht mittelfristig dauerhaft ein Absatzgebiet und Angebotsfeld im Vordergrund des Managementinteresses. Die anderen Aktionssektoren treten demgegenüber in der unternehmerischen Zuwendung überproportional zurück. Bei Multinational- und Multiprodukt-Unternehmen hingegen steht kein Aktionssektor mehr dauerhaft im Vordergrund. Vielmehr stehen alle Bereiche relativ gleichwertig nebeneinander. Das bedeutet allerdings nicht, dass allen Produkten/Märkten gleich viel Aufmerksamkeit zugewendet wird. Denn natürlich spielen die Produkte/Märkte, die einen größeren Beitrag zum Gesamtgewinn leisten sollen, auch eine wichtigere Rolle im Programm. Relativ gleichwertig bedeutet vielmehr, dass die einzelnen Produkte/Märkte gemäß ihres Anteils am Gesamtgewinn (proportional) berücksichtigt werden, nicht mehr stärker oder schwächer. Bei multinationalen Multiprodukt-Unternehmen gibt es demnach keinen „Heimatmarkt" und kein „Stammprodukt" mehr, bei internationalen Mehrprodukt-Unternehmen jedoch sehr wohl. Ersteres ist nun vorteilhafter als Letzteres.

Denn alle vorhandenen, wünschenswerten oder auch nur möglichen Produkte/Märkte werden ja auf Grund qualifizierter Schätzung hinsichtlich ihrer Gewinnerwartung bewertet. Ebenso werden die unternehmerischen Aktivitäten in ihrer Gesamtheit für die kommende Periode in Kostenwerten erfasst. Als unternehmerische Aktivitäten sollen diejenigen Maßnahmen verstanden werden, die der Erreichung der Abnahme- bzw. Absatzreife dienen und dabei zwangsläufig mit einem Verzehr an Gütern und Diensten verbunden sind. Vorkosten werden über die Marktperiode gleichmäßig verteilt, Rückflüsse werden innerhalb der jeweiligen Planungsperiode erfasst.

Mittelfristig besteht daher ein konstantes Verhältnis von unternehmerischen Aktivitäten und Zielbeitrag über alle Absatzgebiete und Angebotsfelder. Dieses Verhältnis drückt die Effizienz des Unternehmens als eine Kennzahl aus, die angibt, wie viele Werteinheiten Kosten durchschnittlich aufgebracht werden müssen, um eine Werteinheit Gewinn zu erwirtschaften. Bei der Planung geht die Unternehmensleitung vom langfristig erreichbaren Zielbeitrag der betreffenden Produkte/Märkte aus. Auf Grund der bekannten Unternehmenseffizienz ergeben sich daraus Gewinnmöglichkeiten, die mit einer Mindesteintrittswahrscheinlichkeit gegeben sind, damit ein gewisses Sicherheitsniveau der Gewinne (Mindestgewinnhöhe) nicht unterschritten wird. Die Kosten sind den Bereichen überwiegend direkt zurechenbar, denn auf lange Sicht werden viele typischen Fixkosten, die als solche kaum exakt zurechenbar sind, zu variablen oder zumindest sprungfixen Kosten. Die Effizienzkennzahl gilt in einem Unternehmen über alle Märkte und Produkte, ist jedoch von Unternehmen zu Unternehmen unterschiedlich hoch. Je qualifizierter die Unternehmensleitung handelt, desto höher ist die Effizienz. Kurzfristige Abweichungen, etwa auf Grund von Lebenszyklen, Managementwechsel etc. nivellieren sich zu Durchschnittswerten für Zielbeiträge (Gewinne) und unternehmerische Aktivitäten (Kosten). Das bedeutet, dass es langfristig keine Absatzgebiete und Angebotsfelder im Programm gibt, die überdurchschnittliche Effizienz erbringen, da diese von unterdurchschnittlichen Märkten eskomptiert werden.

Die Effizienzkennzahl liegt zwischen Null und Unendlich. Der Zielbeitrag muss mindestens = 0 sein, da ein negativer Zielbeitrag bedeutet, dass die Erlöse nicht einmal die vollen Kosten decken können. Aber schon mittelfristig werden wohl keine Elemente im Programm belassen, die subventioniert werden müssen (Ausnahmen sind hier interne Mischkalkulation, Transferpreise oder Verbundeffekte).

5.3.5 Gestaltung des Programms

Die Effizienz wächst im Zeitablauf des Bestehens eines Unternehmens durch kumulierte Lerneffekte aus der Vergangenheit („geronnene Zeit"). Dabei ist anzunehmen, dass der Lernzuwachs mit zunehmendem Erfahrungsreservoir im Zeitablauf relativ abnimmt, also degressiv verläuft. Dadurch ist eine Verkettung der Planperioden möglich.

Diese Effizienz unternehmerischer Maßnahmen ist in der zu planenden Periode für alle sich dann im Programm befindenden Absatzgebiete und Angebotsfelder mittelfristig und durchschnittlich realisierbar, d.h., aus einer bestimmten Anzahl von Werteinheiten Aufwand ist eine bestimmte andere Anzahl von Werteinheiten Zielbeitrag auf Grund qualifizierter Schätzung erfahrungsgemäß auch tatsächlich erreichbar.

Aus diesen Zusammenhängen lässt sich nun die Unterscheidung zwischen diversifizierten und konglomeralen Unternehmen ableiten. Da die Effizienz über alle Produkte/Märkte mittelfristig gleich ist, stehen alle Aktionsvariablen relativ gleichwertig nebeneinander. Dieser Bedingung genügen aber nur Multinational- oder Multiprodukt-Unternehmen, nicht hingegen International- oder Mehrprodukt-Unternehmen. Bei Letzteren existieren nämlich, ökonomisch sinnwidrig, weiterhin Produkte/Märkte, für die diese Relation aus Zielbeitrag und Aufwand nicht gilt.

Dies sind nämlich die Heimatmärkte und Stammprodukte in Form von bevorzugten Absatzgebieten und Angebotsfeldern. Direktinvestitionen und externe Diversifikation lassen eher auf eine Lösung vom Heimatmarkt bzw. Stammprodukt schließlich. Internationale Unternehmen betreiben insofern eher Export vom Basisland aus, während multinationale Unternehmen eher Direktinvestitionen tätigen. Mehrprodukt-Unternehmen werden tendenziell eher internes Wachstum wählen, Multiprodukt-Unternehmen hingegen eher externes. Irrationale Präferenzen resultieren etwa aus dem Sitz der Unternehmenszentrale oder dem traditionellen Tätigkeitsbereich und führen dazu, dass dort mehr unternehmerische Aktivitäten aufgewendet werden als zur Erreichung des tatsächlichen Zielbeitrags durchschnittlich nötig ist. Dadurch liegt dann die Effizienz bei den bevorzugten Produkten/Märkten ungünstiger als die für das Unternehmen wirklich erreichbare. Da jedoch gleichzeitig Produkte/Märkte überdurchschnittlicher solche unterdurchschnittlicher Effizienz der unternehmerischen Maßnahmen auf den Durchschnitt kompensieren, gibt es schon mittelfristig keine Produkte/Märkte im Programm mehr mit überdurchschnittlicher Unternehmenseffizienz, die in der Lage sind, die Effizienzeinbußen bei den präferierten Produkten/Märkten auszugleichen. Daher geht diese voll zulasten der durchschnittlichen Effizienz des Gesamtunternehmens, die gegenüber dem Stand bei relativer Gleichwertigkeit der Variablen sinkt. Dadurch sinkt auch der Gesamtgewinn des Unternehmens unter die Gewinnhöhe, die sich bei Einhaltung dieser Bedingung einstellt.

Daher ist es ökonomisch-rational nicht nur vorteilhaft, den Entwicklungsschritt vom National- zum International- bzw. vom Einprodukt- zum Mehrprodukt-Unternehmen zu vollziehen, sondern darüber hinaus noch das bereits diversifizierte Programm langfristig gemäß der Bedingung der relativen Gleichwertigkeit der Aktionsvariablen zu organisieren, also als multinationales und/oder Multiprodukt-Unternehmen. Denn durch diese ganz spezifische Art der Organisation des Programms kann sich das Unternehmensergebnis höher einstellen als durch jede andere Organisationsart, da Gewinnoptimierungs- und Sicherheitsbedarfsforderung gemeinsam und bestmöglich erfüllt werden. Daraus folgt, dass für ein:

- konzentrisch organisiertes Programm vollkommene Gewinnoptimierung, jedoch kein Sicherheitsbedarf möglich ist, damit kommt es nur zu einer suboptimalen Erfüllung des Oberziels,
- polyzentrisch organisiertes Betriebsprogramm nur unvollkommene Gewinnoptimierung und unvollkommener Sicherheitsbedarf möglich sind, damit kommt es nur zur einer mittleren Erfüllung des Oberziels,
- lateral organisiertes Betriebsprogramm unvollkommene Gewinnoptimierung und vollkommener Sicherheitsbedarf möglich sind, damit kommt es zu einer optimalen Erfüllung des Oberziels.

Damit liegt die Ergebnishöhe eines lateralen über der eines polyzentrischen Unternehmens, aber unter der eines konzentrischen, die Ergebnisstabilität jedoch sowohl über der eines polyzentrischen als auch über der eines konzentrischen Unternehmens.

Die Aktionsparameter Globalisierung und Konglomeralisierung können nun sowohl alternativ als auch simultan eingesetzt werden. Es ist offensichtlich, dass die Diversifikationsvorteile akkumulieren, wenn das Programm nach Absatzgebieten und Angebotsfeldern gemeinsam qualitativ ausgeweitet wird. Deshalb ist das internationale Mehrprodukt-Unternehmen der logische Entwicklungsschritt des nationalen Einprodukt-Unternehmens. Zwar wird dadurch eine geringere Rentabilität bewirkt, jedoch ist der zuwachsende Nutzen einer weitaus größeren Stabilität der Gewinnquoten rational-ökonomisch höher einzuschätzen. Daran wird sich der Schritt zum multinationalen Multiprodukt-Unternehmen anschließen, indem die Strategie nach der relativen Gleichwertigkeit der Aktionsvariablen ausgerichtet wird. Dieser Unternehmenstyp stellt den logischen Endpunkt kapitalistischer Überlebensstrategie dar. Er ist daher typischerweise nur in reifen Industriegesellschaften anzutreffen. Durch geeignete Gestaltung der Produktionsbedingungen (vor allem Nutzung der Skaleneffekte) kann dann sogar trotz Sicherheitsbedarf ein höherer Gewinn als bei konzentrischen Unternehmen erreicht werden. Dies ist jedoch eine Frage der Implementierung der Strategie und bleibt daher an dieser Stelle außen vor.

Für die Unternehmensplanung bedeutet das Effizienzkriterium nun, dass innerhalb eines für die kommende Planperiode zur Disposition gestellten Budgets, das den Umfang der unternehmerischen Aktivitäten begrenzt, die Mittel den einzelnen Aktionsvariablen derart zugeteilt werden, dass sie im Verhältnis zum geplanten Zielbeitrag über alle Absatzgebiete und Angebotfelder mittelfristig konstant und gleichmäßig verteilt sind, nämlich entsprechend der Unternehmenseffizienz. Da der Quotient für alle Märkte gleich ist, kann für die Auswahl der Märkte, die in das Programm übernommen werden sollen, nur noch die absolute Höhe des Zielbeitrags ausschlaggebend sein. Die Aktionsvariablen werden deshalb in absteigender Reihenfolge der Höhe ihrer Zielbeiträge aufgelistet. Es können nun maximal so viele Aktionsvariable in das Programm aufgenommen werden, bis die kumulierten Kostensockel jedes Markts den Umfang des Budgets der Gesamtkosten der langfristigen Planperiode erreichen. Auf diese Weise erhält man das gewinn- aber auch das risikomaximale Programm, das tendenziell nur die Gewinnoptimierungsforderungen erfüllt.

Andererseits können die Aktionsvariablen auch in aufsteigender Reihenfolge ihrer Zielbeiträge aufgelistet werden. In das Programm werden nun ebenfalls alle Aktionsvariablen solange aufgenommen, bis deren Kostensockel die Budgetgrenze erreicht. Auf diese Weise erhält man jedoch das gewinnminimale, aber auch risikoärmste Programm, das nur die Sicherheitsbedarfsforderung erfüllt. Dazwischen liegen beliebig viele Kombinationen. Das Programm kann solange nach Art und Umfang variiert werden, bis die Unternehmensleitung eine ihrer individuellen Risikoscheu oder Gewinnpräferenz entsprechende Zusammensetzung gefunden hat. Ihre Grenze finden diese Bemühungen lediglich im Budget, andere Faktoren sind bereits berücksichtigt. Auf diese Weise wird der Zielbeitrag, also die Gewinnorientierung, zum Entscheidungskriterium. Die Unternehmensgröße ergibt sich als Resultante in Abhängigkeit vom gewählten Programm durch die jeweilige Unternehmenseffizienz, diese ist nur Erwartungsparameter der Unternehmensstrategie, d.h., Unternehmensgröße und Unternehmensstrategie sind voneinander unabhängig.

5.3.6 Programmoptimum

Eine hohe Effizienz der unternehmerischen Maßnahmen in der Vergangenheit drückt sich in einer hohen aktuellen Unternehmensgröße aus, eine solche der Gegenwart durch eine hohe aktuelle Wachstumsrate. Positiv darauf wirken Diversifikationsvorteile (Gewinnstabilisierung), negativ hingegen Informationsverluste (niedriger Informationsgrad) ein. Beide korrelieren positiv zur Anzahl der Aktionssektoren im Programm. Informationsverluste bedeuten Gewinnminderung und begrenzen damit die Zahl der Aktionssektoren nach oben. Der Diversifikationsvorteil begrenzt die Anzahl nach unten (= Mindeststabilität der Gewinnquote). Für konzentrische Unternehmen sind demgegenüber Marktchance bzw. -risiko gleich Unternehmenschance bzw. -risiko.

Bei diversifizierten Unternehmen wird die Ausweitung des Programms solange betrieben, bis sie einen von der Unternehmensleitung angesetzten Höchstwert erreicht. Dadurch ist die Zahl der Aktionssektoren nach oben begrenzt. Das jeweilige Unternehmensoptimum liegt nun zwischen der Mindestzahl der Sektoren, unterhalb derer eine mindestens gewünschte Gewinnstabilisierung nicht mehr möglich ist, und der Höchstzahl der Sektoren, oberhalb derer Informationsverluste den Diversifikationsvorteil überkompensieren.

Informationsverluste können zwar durch Dezentralisation der Entscheidungsbefugnis und Verbesserung der Kommunikation eingedämmt werden. Je mehr jedoch die Anzahl der selbstständigen Entscheidungsträger die Anzahl der Aktivitätenbereiche unterschreitet, desto größer ist die Gefahr subjektiver, systematischer Fehler. Informationsverluste streben gegen 0, wenn die einzelnen Divisions ihre Entscheidungen nach Art konzentrischer Unternehmen völlig selbstständig treffen. Dies ermöglicht sogar Gewinnoptimierung in den jeweiligen Divisions und zugleich Sicherheitsbedarf für das Gesamtunternehmen. Dies lässt sich am starken Trend zu Holding-Strukturen in Großunternehmen nachvollziehen.

Der Diversifikationsvorteil kann verbessert werden durch Ausweitung der Anzahl der Aktionssektoren und Auswahl risikoärmerer Märkte. Eine Einschränkung der Anzahl der Aktionssektoren im Programm ist nur dann sinnvoll, wenn der Zuwachs des Informationsgrads in seiner Wirkung auf die Unternehmenseffizienz den Verlust an Diversifikationsvorteil überwiegt und umgekehrt.

Der Sicherheitsbedarfsforderung entspricht es im Übrigen, wenn jeder Aktionssektor aus nur einem Teilmarkt bzw. Artikel gebildet wird (Aktionssektor = Aktionsvariable). Nur so ist mit einer gegebenen Anzahl von Aktionsvariablen ein maximaler Sicherheitsbedarf verbunden mit Chancenbildung möglich. Der Gewinnoptimierungsforderung dagegen entspricht es, das Programm aus nur einem Aktionssektor zu bilden (Aktionssektor = Programm). Das Optimum wird individuell zwischen diesen beiden Extremen liegen.

5.4 Marktmechanik

Im Folgenden wird von den drei eingangs genannten, grundlegenden Unternehmenstypenklassen ausgegangen, dem nationalen Einprodukt-Unternehmen, dem internationalen Mehrprodukt-Unternehmen und dem multinationalen Multiprodukt-Unternehmen. Dabei wird eine Hierarchiestruktur unterstellt, die besagt, dass die höher rangierende der niedriger rangierenden Typklasse regelmäßig marktstrategisch überlegen ist. Interessant sind dabei vor allem die Fälle, in denen das an sich überlegene Unternehmen aus einer marktspezifisch unterlegenen Position heraus agieren muss oder aus der Situation eines externen (potenziellen) Anbieters.

Insofern lassen sich folgende Normaussagen machen:
- Ein multinationales Multiprodukt-Unternehmen wird seine unternehmensindividuellen Zielsetzungen gegenüber internationalen Mehrprodukt-Unternehmen und nationalen Einprodukt-Unternehmen bei größerer oder mindestens gleicher Marktbedeutung wie diese bei einem konkreten Aktionssektor (Produkt/Markt) immer durchsetzen können.
- Gleiches gilt für ein internationales Mehrprodukt-Unternehmen gegenüber einem nationalen Einprodukt-Unternehmen.
- Ungewiss ist das Ergebnis lediglich für den Fall einer marktspezifisch unterlegenen Ausgangslage des multinationalen Multiprodukt-Unternehmens gegenüber dem internationalen Mehrprodukt-Unternehmen oder nationalen Einprodukt-Unternehmen bzw. des internationalen Mehrprodukt-Unternehmens gegenüber dem nationalen Einprodukt-Unternehmen.

Weiterhin werden drei Verhaltensweisen am Markt unterschieden:
- Unter wirtschaftsfriedlichem Verhalten wird eine Marktkonstellation verstanden, in der es für zwei oder mehr Unternehmen allseits rational nicht ratsam ist, rivalitätsaktive Maßnahmen zu ergreifen.
- Unter antagonistischem Verhalten ist eine Marktkonstellation zu verstehen, in der ein Unternehmen seinen individuellen Zielerreichungsgrad erhöhen oder halten kann, indem es gegenüber mindestens einem anderen Unternehmen eine offensive oder defensive Strategie betreibt (Überlegenheitsposition).
- Unter nicht-wettbewerblichem Verhalten wird eine Marktkonstellation verstanden, in der ein Unternehmen seinen Zielerreichungsgrad verringert, wenn es eine offensive oder defensive Strategie gegenüber mindestens einem anderen Unternehmen betreibt (Unterlegenheitsposition).

Ein aktueller Anbieter wird daran interessiert sein, wenigstens seine Marktbedeutung zu halten, sie aber möglichst auszuweiten und das Eindringen potenzieller Anbieter zu verhindern. Ein potenzieller Anbieter wird hingegen alles daran setzen, in den gewünschten Markt einzudringen.

Die offensive und die defensive Marktstrategie verhalten sich dementsprechend genau spiegelbildlich zueinander. Untersucht wird im Weiteren die offensive Strategie, deren Zielsetzung es ist, die Marktdurchdringung zu verbessern. Vorausgesetzt wird, dass alle aktuellen Anbieter am Markt sich solidarisch verhalten, wenn es darum geht, den Markteintritt eines neuen Anbieters abzuwehren (Außenverhältnis). Bei internem Markteintritt (Eigengründung) erhöht sich die Zahl der Anbieter am Markt, sofern nicht dadurch ein oder mehrere Grenzanbieter vom Markt ausscheiden. Bei externem Markteintritt (Übernahme) hingegen bleibt die Anbieterzahl gleich. Beides führt zu Marktbedeutungsverlusten bei aktuellen Anbietern. Dabei wird unterstellt, dass das übernommene Unternehmen immer von einem ihm marktstrategisch überlegenen Unternehmen abgelöst wird (dies gilt z.B. nicht bei feindlichen Übernahmen durch kleinere Konkurrenten mit Hilfe der Banken). Dieses wird sich aber kaum mit der für diesen unterwertigen Marktbedeutung zufrieden geben. Die Anbieter verhalten sich also untereinander antinomisch (Innenverhältnis). Denn auch bei internem Markteintritt droht die Verdrängung vom Markt.

Defensive Unternehmen sind also immer erfolglos, wenn bei Markteindringen eines potenziellen Anbieters dessen Erhöhung der Marktpräsenz über die Verringerung der Marktpräsenz beim (bei den) ausscheidenden Grenzanbieter(n) hinausgeht, da ihm dann die Marktbedeutung mindestens eines aktuellen Anbieters zufällt. Und weiterhin, wenn der Zuwachs an Marktbedeutung beim offensiven Unternehmen (durch aktive Übernahme) über den Abwachs durch den (die) ausscheidenden Grenzanbieter hinausgeht. Umgekehrt sind offensive Unternehmen in ihrer aktiven Strategie erfolglos, wenn es ihnen nicht gelingt, in den ins Auge gefassten Markt dauerhaft einzudringen bzw. ihre Marktbedeutung dauerhaft wie gewünscht zu erhöhen. Im Folgenden wird die Marktbedeutung durch Marktanteile (in Bezug auf Umsatz) operationalisiert, da diese als Indiz für die Fähigkeit zur Durchsetzung der eigenen Strategie auch gegen Widerstrebende am Markt vermutet werden können.

Solidargruppen bilden sich demnach ad hoc und bestehen fallweise aus reaktiven Unternehmen, deren gemeinsames Interesse in der Verhinderung einer Verschlechterung der eigenen Marktposition durch das aktive Unternehmen liegt. Diese Solidargruppen sind jedoch nicht interessenhomogen, da die marktanteilsstarken Unternehmen durch die offensive Strategie des aktiven Anbieters weniger bedroht sind, ihre Mittel zur Interessenwahrung aber gleichzeitig wirksamer greifen. Die marktanteilsschwachen Unternehmen sind jedoch stärker tangiert, da sie zu submarginalen Anbietern zu werden drohen. Ihr Engagement ist also intensiver, ihre Mittel sind aber weniger wirksam.

Da Marktanteilsausweitung und Markteintritt strategisch parallel verlaufen, wird im Folgenden nur Letztere betrachtet. Für Erstere gelten alle Ergebnisse analog.

Einem in der Hierarchie der Unternehmenstypklassen höher rangierenden Unternehmen wird es immer gelingen, in einen Markt mit ausschließlich niedriger rangierenden Unternehmen auf Grund seiner marktstrategischen Überlegenheit einzudringen (et vice versa). Bei typklassengleichen Unternehmen gibt die Programmstruktur den Ausschlag, also Anzahl und Umfang der Aktionssektoren, Erfüllungsgrad von Gewinnoptimierung und Sicherheitsbedarf etc. Besteht der Markt aus einer Mischung von Anbietern, was regelmäßig der Fall ist, wird der Durchschnitt aller aktuellen Anbieter gezogen, um zur Einordnung in einen bestimmten Typrang zu gelangen. Dieser wird dann mit dem Rang des eintretenden Unternehmens verglichen. Grundsätzlich wird dabei von einer Kampfeinstellung ausgegangen. Ein solcher Kampf wird um so länger dauern, je gleichwertiger die Unternehmen untereinander sein. Zugleich wird damit der Ausgang des Kampfes um so ungewisser. Unternehmen mit sehr unterschiedlich ausgeprägten marktstrategischen Qualitäten werden relativ schnell zu einem Ergebnis ihrer antinomischen Strategien gelangen. Die offensive Strategie bringt also eine mehr oder minder lange Phase erhöhter Wettbewerbsintensität mit sich. War bereits vorher eine optimale Wettbewerbsintensität am Markt festzustellen, so steigert sich diese während der Phase des versuchten Markteindringens zu einer überoptimalen (ruinöse Konkurrenz etc.), war vorher nur eine unteroptimale Wettbewerbsintensität vorzufinden, verbessert sich diese temporär in den optimalen Bereich. Nach gelungenem oder verhindertem Markteintritt senkt sich dann die Wettbewerbsintensität wieder auf den alten Stand. In attraktiven Aktionsbereichen, die vergleichsweise hohe Zielbeiträge erwarten lassen, herrscht daher schärferer Wettbewerb auch deshalb, weil aktive Anbieter in kürzerer Frequenz versuchen, ihre Marktdurchdringung zu erhöhen bzw. umgekehrt. Außerdem gibt es aber noch attraktive Märkte, die auf Grund der Anbieterstruktur so wenig Aussicht auf erfolgreiche Erhöhung der Marktdurchdringung für aktive Anbieter belassen, dass ein Vorstoß regelmäßig unterbleibt, was zu einer geringen Wettbewerbsintensität trotz hoher Attraktivität dort führt (z.B. infolge hoher Markteintrittsschranken). Andererseits unterbleibt auf Märkten mit ohnehin schon hoher Wettbewerbsintensität womöglich ein Markteintritt, wenn das Versuchsrisiko, das gebildet wird aus Kapitaleinsatz und Wahrscheinlichkeit des Scheiterns, im Verhältnis zum erwarteten Zielbeitrag zu groß ist. Das heißt, auf wettbewerbsintensiven und auf nicht wettbewerbsintensiven Märkten mit Markteintrittsschranken wird die absolute Höhe des Versuchsrisikos die meisten potenziellen Anbieter vom Markteintritt abhalten, während auf den wettbewerbsintensiven Märkten die absolute Höhe der Gewinnerwartung nicht ausreicht, einen Markteintrittsversuch zu initiieren.

Insofern darf man an die Nützlichkeit des potenziellen Wettbewerbs keine zu großen Erwartungen stellen. Tatsächlich nämlich wirkt er viel seltener als angenommen auf die Verhaltensweisen der aktuellen Anbieter ein. Gelingt es dennoch einem Unternehmen, seine Marktdurchdringung zu erhöhen, so geschieht dies regelmäßig zulasten der(des) marktstrategisch schwächsten Anbieter(s) am Markt. Wobei insb. nationale Einprodukt-Unternehmen die Phase erhöhter Wettbewerbsintensität oft nicht überstehen. Dies ist zwar zu begrüßen, da sich die leistungsfähigsten Unternehmen am Markt durchsetzen sollen, daraus folgt aber eine tendenzielle Vermachtung der Märkte.

Mit zunehmender Dauer des Kampfes und daraus folgender Indeterminiertheit des Ergebnisses tendieren die Unternehmen jedoch zu einer friedlichen Verhaltensweise. Sowohl aktive als auch passive Unternehmen erreichen nämlich dann ein Stadium, in dem die für möglich gehaltenen Kampfverluste die Einbußen bei friedlicher Einigung mit dem aktuellen oder potenziellen Konkurrenten übersteigen. Diese Alternative wird umso eher gewählt, je gleichwertiger die Unternehmen sind. Der Kampf findet dann bei gegenseitiger Respektierung der Interessensphären lediglich gegen die marktstrategisch schwächsten Anbieter statt. Auf diese Weise verkürzt sich die Phase erhöhter Wettbewerbsintensität entscheidend, da die Gegner nun stark ungleichgewichtig sind. Damit aber entfällt der gesamtwirtschaftliche Vorteil der offensiven Strategie, der in der willkommenen Belebung des Wettbewerbs auf den Märkten liegt.

Bisher fehlt allerdings noch der Vorteil eines reaktiven Unternehmens. Er besteht darin, dass es quasi als Gegenleistung darauf vertrauen darf, dass, sollte einmal die umgekehrte Konstellation auf einem anderen Markt gegeben sein, sein Partner sich genauso verhalten wird wie es jetzt. Dadurch wird also gleich doppelt die Phase erhöhter Wettbewerbsintensität, nämlich auf zwei Märkten, verwirkt. Da Globalisierung und Konglomeralisierung überlegene Unternehmensstrategien darstellen, wird die Anzahl diversifizierter Unternehmen ansteigen und daraus folgend die friedliche Verhaltensweise noch an Bedeutung gewinnen. Auch die immer vorhandene latente Antinomie zwischen relativ gleichwertigen Unternehmen am Markt kann nur selten in einen Kampf ausbrechen, da diese Verhaltensweise dem Oberziel Überleben auf Grund ihres hohen Risikogehalts widerspricht. Alle Aussagen gelten in gleichem Maße für die offensive Strategie der Marktanteilsausweitung und spiegelbildlich für die Fälle defensiver Strategien gegen Markteintritt bzw. -anteilsausweitung.

Sind die kumulierten erwünschten Marktanteile der offensiven Unternehmen größer als die kumulierten Marktanteile der gesamten unterlegenen Unternehmen, so vollzieht sich ein Kampf nicht nur zwischen defensiven und offensiven Anbietern, sondern auch innerhalb der offensiven Anbieter. Ist die Kampfzeit zur Abwehr des offensiven Unternehmens mit dem (den) größten überlegenen Unternehmen länger als diejenige mit dem (den) kleinsten unterlegenen Unternehmen, so ist die Okkupation dennoch erfolgreich. Ausschlaggebend sind also das (die) kleinste(n) unterlegene(n) bzw. für den Fall, dass die gewünschte Erhöhung der Marktdurchdringung über den (die) jeweiligen Marktanteil(e) des (der) kleinsten Unternehmen(s) am Markt hinausgeht, die nächstgrößeren unterlegenen Unternehmen, solange, bis die kumulierten Marktanteile dieser aktuellen Anbieter dem gewünschten Marktanteil des offensiven Unternehmens entsprechen. Dabei richtet sich die Kampfzeit nach dem größten der unterlegenen Unternehmen, dessen Marktanteil man gerade noch zur Zielerreichung benötigt. Sind nur unterlegene reaktive Unternehmen am Markt tätig, so ist die offensive Strategie immer erfolgreich (et vice versa). Verfolgen mehrere Unternehmen zur gleichen Zeit offensive Strategien, so gelten die obigen Normaussagen solange, wie sie ihre Absichten aus dem Reservoir marktstrategisch unterlegener Unternehmen befriedigen können, ist dies nicht oder nicht mehr der Fall, setzen sich die stärksten offensiven Anbieter gegen die schwächsten durch.

Im Kampf können unterlegene Unternehmen dabei völlig oder nur teilweise vom Markt ausgeschlossen werden. Ökonomisch ist es sinnvoll, das jeweils kleinste unterlegene Unternehmen total vom Markt auszuschließen statt die erwünschten Marktanteile durch partielle Verdrängung mehrerer Unternehmen erreichen zu wollen. Denn dies verlängert die Kampfzeit nur unnötig, da auch weniger unterlegene Unternehmen darunter sind, während im anderen Fall die Kampfzeit minimal bleibt.

Die Überlegenheitsposition auf einem Markt reicht für ein diversifiziertes Unternehmen aber nicht als Entscheidungskriterium aus, weil die Gefahr einer Revanche besteht. Denn internationale Mehrprodukt- und multinationale Multiprodukt-Unternehmen können sich für erlittene Einbußen auf einem Markt, auf dem sie eine schwache Position einnehmen, auf einem anderen Markt, auf dem sie stark sind, das offensive Unternehmen aber seinerseits schwach ist, revanchieren, indem sie ihm dort Verluste beibringen. Das heißt, zusätzlich zur eigenen Marktsituation müssen auch noch die Positionen der Unternehmen, gegen die sich die Verdrängung richtet, auf anderen Märkten als dem betrachteten in Rechnung gestellt werden. So wird der entgangene Gewinn durch Verzicht auf die offensive Strategie auf dem betrachteten Markt den ersparten Verlusten durch die Unterlassung von Revancheverhalten anderer Unternehmen auf diesen anderen Märkten gegenübergestellt. Ist Ersterer größer als die kumulierten Verlusteinsparungen, wird die offensive Strategie gefahren (et vice versa).

Die Frage, ob ein Unternehmen auf einem Markt wettbewerbliche Aktivitäten entfaltet, hängt also auch von der Analyse anderer als des betrachteten Marktes ab. Die Basis bilden qualifizierte Schätzungen der Eintrittswahrscheinlichkeit des antinomischen Verhaltens und der daraus resultierenden Verluste. Gleiches gilt für den vermuteten Gewinn aus der offensiven Strategie. Ist der Erwartungswert des Revancherisikos auf anderen aktuellen oder potenziellen Märkten höher als die Opportunitätskosten (entgangener Gewinn), wird die offensive Strategie unterbleiben. An deren Stelle rückt dann wirtschaftsfriedliches Verhalten.

Dies schränkt den Bereich, innerhalb dessen ein diversifiziertes Unternehmen gewillt ist, sich kompetitiv zu verhalten, nochmals ein. Eine überlegene Position auf einem Markt wird nämlich nur dann in eine antagonistische Strategie umgesetzt, wenn daraus auch auf anderen aktuellen oder potenziellen Märkten keine Nachteile entstehen können, die größer sind als die mutmaßlichen Vorteile der Aktion oder Reaktion auf einem Markt. Und diese Überlegungen gelten spiegelbildlich auch für reaktives wettbewerbliches Verhalten.

Setzt man voraus, dass Globalisierung und Konglomeralisierung fortschreiten, betreffen diese Überlegungen immer mehr Markt-Netzwerke. Damit ist dann erklärbar, dass es auf einem konkreten Markt unterlegenen diversifizierten Unternehmen dennoch gelingt, ihre beabsichtigte Erhöhung der Marktdurchdringung zu realisieren, obwohl überlegene diversifizierte Unternehmen dort vorhanden sind, dies eigentlich zu verhindern. Diese haben sich nämlich auf Grund des Revancherisikos ausgerechnet, dass eine wirtschaftsfriedliche Haltung mit Rücksicht auf die anderen Märkte des Programms für sie vorteilhafter ist als ein Wirtschaftskampf. Nur konzentrische Unternehmen sind zwangsläufig auf Kampf angewiesen, da ihnen der Ausgleich anderer Märkte fehlt. Doch diese werden immer seltener und haben auf Grund ihrer durchweg schwachen Position geringe Chancen, sich erfolgreich zu wehren.

Multinationale Multiprodukt-Unternehmen sind also objektiv besser in der Lage, Markteintrittsschranken zu überspringen als nicht oder weniger diversifizierte Unternehmen. Subjektiv bedeutet ihr Erscheinen oder Vorhandensein am Markt aber eine Markteintrittsschranke ganz eigener Art. Denn sie haben eine Marktverkettung im Programm aufgebaut, die auch dazu führt kann, dass sie jeweils Angriffen auf ihre Stellung auf einem Markt entschieden entgegentreten müssen, denn Zeichen eigener Schwäche auf einem Markt verleiten sogar strategisch unterlegene Unternehmen auf anderen Märkten zum Angriff. Durch mehrfache Kampfsituationen fällt aber ein Absatzgebiet bzw. Angebotsfeld nach dem anderen im Dominoeffekt. Dies erklärt dann auch auf den ersten Blick überzogen erscheinende Reaktionen auf einem Markt, die sich erst bei Betrachtung anderer, nicht unmittelbar tangierter Märkte als sinnvoll aufklären.

D. Prozessorganisation

Neben der Ausrichtung an Ergebnissen tritt in neuerer Zeit die Ausrichtung an Prozessen zum Zustandekommen von Ergebnissen in den Mittelpunkt. Dies betrifft auch das Produktmanagement zentral.

Zunächst geht es um die Prozessorientierung in der Wertschöpfung. Dabei werden vor allem die relevanten Inhalte der Geschäftsprozesse (1.1) und der Produktionsverschlankung (1.2) dargestellt. Beide basieren im Wesentlichen auf Erkenntnissen der japanischen Fertigungsphilosophie, die heute international allgemein der Produktionssteuerung zu Grunde liegt (1.3). Bei der Gestaltung der Prozesse wirkt die Ablauforganisation unterstützend (1.4).

Die Wirtschaftlichkeitsrechnung ist zentraler Bestandteil der Prozessorganisation. Darauf wirkt die Zuteilung der Ressourcen in der Budgetierung ein (2.1). Weiterhin ist für die Steuerung der Aktivitäten die Kostenrechnung bedeutsam (2.2). Hier sind in der Anwendung einerseits strukturorientierte, traditionelle Kostenrechnungsverfahren (2.2.1) und andererseits prozessorientierte, moderne Kostenrechnungsverfahren (2.2.2) zu unterscheiden. Die Break even-Analyse (2.3) gibt dabei speziell Auskunft über die gegenwärtige Risikosituation sowie die Investitions-Analyse (2.4) über die zukünftige Risikosituation. Angesichts begrenzter Budgets muss jedoch vor allem nach Maßnahmen zur Effizienzsteigerung gefahndet werden (2.5).

Qualität ist zu einem zentralen Erfolgsfaktor im Produktmanagement geworden. Sie kann nach übereinstimmender Ansicht nur durch eine Prozessorientierung gesichert werden. Daher werden, nach der Klärung der Begriffe Qualität (3.1) und Qualitätsproduktion (3.2), im Folgenden die Inhalte der Zertifizierung (3.3) und der Qualitätsauszeichnungen (3.4) näher beleuchtet.

Die Überwachung im Marketing geht es zunächst zum das Marketing-Controlling (4.1). Abschließend werden dann die Möglichkeiten zur proaktiven Gegensteuerung bei Krisen beleuchtet (4.2).

1. Prozessorientierung

Der Prozessansatz in der Betriebswirtschaftslehre beabsichtigt das Aufbrechen der Black box zwischen Input und Output (etwa beim Betriebsvergleich) und dessen Ersetzen durch erklärende Zusammenhänge (etwa beim Benchmarking). Dies entspricht einem Paradigmawechsel, weg von der Strukturoptimierung im Trial&error und hin zur Prozessorientierung des Verstehens.

1.1 Geschäftsprozesse

Ziel des Prozessmanagement ist die Prozessoptimierung unter Einbeziehung von direkten und indirekten Aktivitäten im Hinblick auf erhöhte Effektivität, gesteigerte Effizienz, schnellere Adaptationsfähigkeit und verbesserte Kostentransparenz. Als Prozess wird dabei eine Serie von Handlungen, Tätigkeiten oder Verrichtungen zur Schaffung von Produkten oder Dienstleistungen angesehen, die in einem direkten Beziehungszusammenhang miteinander stehen.

Die jeweiligen Kundenanforderungen bilden dabei den Ausgangspunkt, am Ende steht die Übergabe des Ergebnisses. Die Prozessverantwortung ist bereichsübergreifend und unter Beachtung gegenseitiger Abhängigkeiten angelegt. Sie sollte dauerhaft sein und eine partielle Zielmaximierung zu Gunsten einer die Interdependenzen berücksichtigenden umfassenden Verantwortung überwinden.

Dazu ist ein partizipatives Führungsverhalten sinnvoll, das ganzheitliches Denken und Handeln unterlegt, auf verstärkte Eigeninitiative setzt, zunehmende Verantwortungsbereitschaft fordert und ein striktes internes Kunden-Lieferanten-Denken befolgt.

1.1.1 Prozesssteuerung

Die Prozesssteuerung erfolgt im Einzelnen durch:

- Auswählen und Definieren des Prozesses, Festlegen der Prozessverantwortung und Vereinbaren eines Zeitplans,
- Ermitteln der kritischen Erfolgsfaktoren, Durchführen von Detailanalysen wie Prozesshierarchie und Arbeitsfolge, Definieren von Schnittstellen und Festlegen von Sollanforderungen,
- Verbessern der bestehenden Prozesse und Entwickeln neuer Abläufe, Bewerten der Alternativen zur Entscheidungsfindung,
- Festlegen eines Implementierungsplans, Vereinbaren von Kunden-Lieferanten-Beziehungen,
- Festlegen von Anforderungen an den Sollzustand, Dokumentieren des Prozesses, Definieren der Schlüsselindikatoren wie Durchlaufzeiten, Fehlerrate, Leistungsvorgabe/Ressourcen, Kundenzufriedenheit etc.,
- Durchführen eines Verfahrens-Audit, Auswerten auf Basis statistischer Daten, Analysieren und Steuern des Ergebnisses.

Prozesse sind eine Folge von Aktivitäten, die direkt oder indirekt zur Wertschöpfung des Unternehmens beitragen und eine integrative Betrachtung der an der Leistungserstellung beteiligten strategischen Zielgruppen unterstützen. Sie führen zu einem vom Markt bewertbaren Ergebnis und repräsentieren ergebnisorientierte Geschäftsvorfälle, die mehrere Analysebereiche und Betrachtungsebenen auf unterschiedlichem Aggregationsniveau miteinander verbinden. Sie erlauben eine ganzheitliche Betrachtung mehrerer Funktionsbereiche, sind modellierbar und quantitativ und qualitativ beschreibbar, indem Aktivitäten, Ziele, Organisationseinheiten und Ergebnisse dargestellt werden. Prozesse sind zweckmäßigerweise einfach abgrenzbar und wirken komplexitätsreduzierend, sie integrieren ein bereichsübergreifendes, vernetztes Denken und Handeln. Und sie bilden alle unternehmensspezifischen Eigenheiten ab und formen ein bidirektionales, fein abgestimmtes Steuerungsinstrument. Prozesse werden damit als eine Sammlung logisch verknüpfter Aufgaben definiert, die ein spezifisches Geschäftsresultat erzeugen. Kernprozesse sind von grundlegender Bedeutung für das Funktionieren des Unternehmens, Unterstützungsprozesse haben interne Kunden und sichern die Kernprozesse informationell ab.

Prozesse sind auf die Erreichung von Zielen gerichtet, d.h., das Ziel steht schon vor dem Tätigkeitsbeginn fest. Es gibt ein Ereignis zum Anstoßen eines Tätigwerdens (Anlass). Im Prozess wird ein Input in einen Output transformiert. Dies geschieht in Unternehmen für gewöhnlich in Prozessketten. Prozesse sind also Aktivitäten, für die Ressourcen bereitstehen müssen, damit sie funktionieren können. Dabei gibt es pauschal keine zeitlich befristete Durchlaufzeit.

Die Prozessoptimierung ergeben sich vielfältige Ansatzpunkte:

- Reduktion der Zahl der durchlaufenen Prozessschritte (Durchlaufzeitenverkürzung),
- Reduktion der Schnittstellen zwischen den Prozessen (Zusammenfassung von Tätigkeiten) durch Integration in eine/wenige Organisationseinheiten,
- Eliminierung von Schleifen innerhalb der Prozessabläufe,
- Parallele anstelle sequentieller Prozessabläufe,
- Eliminierung nicht wertschöpfender Aktivitäten im Prozessablauf (z.B. Transporte),
- Verbesserung jedes einzelnen Prozessschrittes (z.B. durch verschiedene Prozessversionen),
- Eliminierung von Engpässen/Wartezeiten (nicht wertschöpfende Prozesse) innerhalb des Prozessablaufs (z.B. durch bessere Betriebsmittelverfügbarkeit), dadurch kürzere Durchlaufzeit und höhere Effizienz,
- Schaffung klarer Verantwortlichkeiten für den Prozess und einzelne Prozessschritte (Selbst- statt Fremdkontrolle),
- Sicherstellung des direkten Feedback über jeden Prozessschritt,
- Reduktion der Quantitätsstruktur (Vermeidung von Überproduktion),
- Verbesserung der Arbeitsbedingungen,
- Verringerung der Bestände,

- Substituieren von Prozessen durch andere Prozesse,
- Automatisieren seither manueller Prozessschritte (Nutzung von IuK-Technologien),
- Standardisieren analog einem vorgegebenen Regelwerk,
- Flexibilisieren durch fallweise Regelung durch Mitarbeiter (Job enrichment),
- Outsourcen von Prozessschritten/Proizessen an Dritte (die nicht die eigene Kernkompetenz tangieren),
- Insourcing von Prozessschritten/Proizessen von Kunden oder Lieferanten,
- Modularisieren von Prozessschritten, die in unterschiedlichen Prozessen eingesetzt werden,
- Etablieren einer Qualitätssicherung,
- Vernetzen von Prozessen zwischen verschiedenen Unternehmen (Netzwerk),
- Entflechten von Prozessen zwischen verschiedenen Unternehmen (Komplexitätsreduktion),
- Dezentralisieren von Kompetenten/Aufgaben in der Frontline auf verschiedene Organisationseinheiten,
- Zentralisieren von Kompetenzen/Aufgaben im Back office in Zentralbereichen.

1.1.2 Geschäftsmodell

Ein Geschäftsmodell ist die gedankliche Abbildung der Wertschöpfungsprozesse in einem Unternehmen. Dabei werden Informationen, Produkte und/oder Services durch Integration von Strategiebasis, Wertkettenarchitektur und Markt-/Kundenzugang genutzt, um durch deren, meist innovative Konfiguration einen komparativen Konkurrenzvorteil zu erreichen, die Kernkompetenz auszuschöpfen und die Wissensbasis auszuweiten. Dementsprechend setzt sich ein Geschäftsmodell prototypisch aus drei Komponenten zusammen (nach Wirtz):

- Die konzeptionelle Komponente umfasst das Strategie-, das Ressourcen- und das Netzwerkmodell. Das Strategiemodell stellt dar, auf welcher Route ein Unternehmen den Weg zur gewünschten Sollsituation zurückzulegen gedenkt. Das Ressourcenmodell stellt dar, welche Inputfaktoren von außerhalb und innerhalb des Unternehmens dafür eingesetzt werden können. Und das Netzwerkmodell stellt dar, ob und ggfs. wie externe Partner in die Aktivitäten einbezogen werden sollen.
- Die wertschöpfende Komponente umfasst das Produktions-, das Beschaffungs- und das Finanzmodell. Das Produktionsmodell stellt dar, wie Betriebsmittel, Werkstoffe und dispositive bzw. exekutive Arbeit zur Wertbildung zusammenwirken sollen. Das Beschaffungsmodell stellt dar, ob und in welcher Weise Lieferanten für Sach- und Dienstleistungen, Humanressourcen und Rechte dabei einbezogen werden sollen. Und das Finanzmodell stellt dar, woher die Geldmittel zur Befeuerung dieser Aktivitäten stammen (Eigen-/Fremd-/Innen-/Außenfinanzierung).
- Die marktbezogene Komponente umfasst das Kunden-, das Marktangebots- und das Erlösmodell. Das Kundenmodell stellt dar, welche Zielgruppen mit der eigenen Leistung primär adressiert werden sollen. Das Marktangebotsmodell stellt

dar, welche Leistungen diesen exakt offeriert werden sollen, die so alleinstellend und profilierend sind, dass deren Nutzenwahrnehmung das zu ihrer Nutzung erforderliche Preisopfer übersteigt. Und das Erlösmodell stellt dar, welche Kaufkraftquelle(n) dafür aktiviert werden soll(en).

Im Einzelnen sind damit eine Kosten-, eine Erlös- und eine Prozesskomponente gegeben. Die Kostenkomponente bestimmt den Umfang des Einsatzes der Produktionsfaktoren und ob diese eigenerstellt oder fremdzugekauft einbezogen werden. Die Erlöskomponente bestimmt die Quellen der Einnahmen und die Art der Generierung dieser Einnahmen. Und die Prozesskomponente bestimmt Raum und Zeit der eigentlichen Wertschöpfung, also die Rahmenbedingungen der Leistungserstellung.

1.1.3 Implementierung

Erfolgsreiches Produktmanagement bedeutet in erster Linie, Kunden hinsichtlich ihrer Qualitätserwartungen aktiv zuzuhören. Das Gehörte muss im eigenen Unternehmen systematisch verwertet werden. Nervigen Querulanten muss man daher geradezu dankbar sein, dass sie Zeit und Mühe aufwenden, um auf betriebliche Schwachstellen hinzuweisen. Schließlich ist noch kaum bekannt, warum Kunden abwandern, und wie viele Kunden als Folge von Unzufriedenheit verloren gehen. Die Kundenmeinung ist dabei naturgemäß immer subjektiv, oft unfair, wahrscheinlich sogar ignorant. Aber sie ist die Meinung der Kunden, und die muss man ernst nehmen, will man Kunden binden und am Markt obsiegen. Denn Kundentreue kann eine dramatisch höhere Gewinnsituation bewirken. Eine Vertrauensbildung zwischen Unternehmen und Abnehmer wird daher immer wichtiger. Man rechnet hier überschlägig mit dem Faktor 10 (Rule of ten). Kostet die Mängelbehebung auf der eigenen Wertschöpfungsstufe noch 1 Geldeinheit (GE), kostet sie in der Eingangskontrolle der nachfolgenden Wertschöpfungsstufe schon 10 GE, in der Endprüfung des Lieferanten bereits 100 GE und beim Abnehmer schon 1.000 GE. Von daher ist internes Kundendenken unerlässlich.

Auch intern darf nur Total quality geliefert werden. Denn die internen Abnehmer sind ebenso Kunden von Leistungen, diesen muss daher die Chance gegeben werden, sich alternativ woanders (extern) zu versorgen. Stattdessen sind immer noch Rivalitäten zwischen aufeinander folgenden Wertschöpfungsstufen im Betrieb an der Tagesordnung. Um zu erfahren, was interne Kunden wirklich wollen, ist daher leistungsfähige Marketingforschung erforderlich.

Interne und externe Kunden sollen insoweit bereits in die Leistungsentwicklung mit einbezogen werden (Tailormade productions). Dies bedeutet die Nutzung von Know-how gerade dort, wo es am Besten verfügbar ist durch Einbeziehung von Lieferanten nicht nur als Zulieferer auf Abruf (Just in time) oder verlängerte Werkbank, sondern durch eine strategische Zusammenarbeit für langfristige Bindung und Partnerschaft, statt fallweisen Austausch. Zugleich lassen sich dabei Möglichkeiten dramatischer Zeitverkürzung nutzen (Simultaneous engineering/Kooperative Teams). Denn die Vermarktungszyklen werden infolge rascher Veralterung immer kürzer in Relation zu den sich infolge Komplexität verlängernden Entwicklungszyklen, sodass ein angemessener Return on investment immer schwieriger zu erreichen wird (Zeitfalle).

Ausgangsbasis der Prozessorientierung ist nun, dass jede betriebliche Aktivität als Prozess aufgefasst und entsprechend gestaltet und verbessert werden kann. Ein Prozess ist allgemein eine Folge von wiederholt ablaufenden Aktivitäten mit messbarer Eingabe (Input), messbarer Wertschöpfung (Throughput) und messbarer Ausgabe (Output) durch systematisches Zusammenwirken von Menschen, Maschinen, Material und Methoden entlang einer Wertschöpfungskette zur Erreichung eines Ziels (Produkt). Vom Projekt unterscheidet er sich durch seinen repetitiven Charakter. Dafür sind planerische, organisatorische und kontrollierende Maßnahmen zur zielorientierten Steuerung der Prozesse eines Unternehmens hinsichtlich Qualität, Zeitpräferenz, Kosten und Kundenzufriedenheit erforderlich. Die Wertschöpfungskette gibt dabei die Prozessnotwendigkeit vor. Letztlich handelt es sich um das neue magische Viereck des Markterfolgs. Von diesen Größen sind nur Qualität und Kundenzufriedenheit sowie Zeitpräferenz und Kundenzufriedenheit harmonisch. Alle anderen Beziehungen sind zumindest kurzfristig konfligent (nicht hingegen mittel- und langfristig).

Nachfrager stellen nun, aus ihrer Sicht berechtigterweise, die Forderung nach gleichzeitiger Erfüllung aller Kriterien. Sie wollen hohe Qualität zu einem günstigen Preis, die Erfüllung ihrer Zeitpräferenz und die Zufriedenstellung ihrer Erwartungen. Unzulänglichkeiten schon bei einem dieser Kriterien werden nicht mehr hingenommen und führen zum Abwandern zur Konkurrenz. Denn die Anbieter versuchen, einander in der Realisierung des Unmöglichen zu übertreffen. Man bezeichnet dies auch als Hyper competition, also eine hypertrophierte Form des Wettbewerbs. Überlebensnotwendig dafür ist eine Prozessorientierung.

Geschäftsprozesse umfassen Produktions- und Verwaltungsaktivitäten, wobei nicht die Arbeitsteilung betrachtet wird. Sie setzen sich aus mehreren Teil- oder Subprozessen zusammen, die wiederum aus einzelnen Aktivitäten bestehen. Schlüsselprozesse sind von entscheidender Bedeutung für das Unternehmen, weil diese die Kernkompetenzen abbilden.

Anforderungen an Prozesse sind allgemein ihre Effektivität (Wirksamkeit) im Hinblick auf vorgegebene Aufgaben und Ziele, ihre Effizienz (Wirtschaftlichkeit) im Hinblick auf die Ausführung, ihre Kontrollierbarkeit (Kenntnis) und Steuerbarkeit (Korrektur) durch die verantwortlichen Personen und ihre Anpassungsfähigkeit an Veränderungen der Prozessumgebung (Kundenanforderungen).

Zunächst ist die Verantwortlichkeit für Prozesse festzulegen (Process ownership). Dabei muss bereichsübergreifend der gesamte Prozess mit seinen komplexen Wirkzusammenhängen beurteilt werden können. Dazu gehört die Definition der

Prozesse und Teilprozesse, die Identifikation der Schnittstellen, die Spezifikation der Input-Output-Beziehungen, die Dokumentation der Prozesse, die Bestimmung von Anforderungen an den Prozess und die Abstimmung mit Kunden und Lieferanten sowie die Festlegung von Messgrößen und Messpunkten sowie Methoden der Erfolgsmessung. Dann ist auch die Zusammenstellung eines Koordinationsteams mit Beschreibung des Ist-Zustands notwendig.

Danach folgt die Schwachstellenanalyse (Fehler). Fehlerquellen sind ausfindig zu machen und Ursachen dafür zu benennen. Entsprechend ist der Prozess so zu verändern, dass Fehler nicht mehr auftreten. Dabei ist eine Aufwands-Nutzen-Analyse erforderlich, die im Zweifel besagt, den Prozess nicht zu verändern, sondern völlig neu zu definieren (Reengineering). Anschließend sind die neuen, veränderten Prozesse zu beobachten und erforderlichenfalls rechtzeitig zu korrigieren. Ziel ist ein gegenüber Störgrößen unempfindlicher Prozess (Robust design). Dazu dienen statistische Kennzahlen als Ausweis der Prozessbeherrschung und Prozessfähigkeit. Erstere ist durch die Stabilität der Niveau- und Mittenlage eines Prozesses gekennzeichnet (die Mittelwerte schwanken dann lediglich zufallsbedingt), Letzterer durch die Gleichförmigkeit funktionserfüllender Prozesse innerhalb vorgegebener Toleranzen. Die Stabilität kann in der Produktion beeinflusst und gesteuert werden, die Gleichförmigkeit hingegen normalerweise nicht. Toleranzeinhaltung bedeutet aber noch nicht Fehlerfreiheit.

1.1.4 Business process reengineering

Die Prozessorientierung wird im Konzept des Business process reengineering (BPR) manifestiert. Es hat drei Wortbestandteile, die den Begriff vollständig erklären. „Business" bedeutet, es geht um die geschäftliche Wertschöpfung und die Erzielung von Komparativen Konkurrenzvorteilen (KKV´s) darin. „Process" bedeutet, es geht um die Rückführung dieser Erfolge auf einzelne betriebliche Vorgänge (Prozesse) und Tätigkeiten (Subprozesse und Aktivitäten). „Reengineering" bedeutet, es ist eine revolutionäre Veränderung der Ablauforganisation beabsichtigt, an die sich dann erst eine evolutionäre Weiterentwicklung anschließt (also radikales Redesign statt ständiger Verbesserung). Ausgangspunkt ist dabei die Frage: Wenn dieses Unternehmen heute mit dem jetzigen Wissensstand und beim gegenwärtigen Stand der Technik neu gegründet würde, wie würde es dann aussehen? Reengineering bedingt damit das grundsätzliche Überdenken und radikale Neugestalten von Geschäftsprozessen (Prinzip des weißen Blatts). Ausgangspunkt ist die Erkenntnis, dass sich das Unternehmen in schnellem Wandel befindet (Change management), es geht nicht mehr um die bloße Verbesserung von Prozessen, sondern um die Frage, ob diese überhaupt so notwendig und wie sie ideal zu gestalten sind. Es werden also keine inkrementalen Verbesserungen (wie bei Kaizen) angestrebt, sondern radikale (disruptive). Zur Erreichung solcher „Quantensprünge" gehört eine Bestimmung/Auswahl und eine Aufzeichnung/Konzentration der maßgeblichen Kern-Geschäftsprozesse bzw. Prozessketten, die Einarbeitung zum Verständnis dieser Prozesse, die Festlegung der Prozessverantwortlichkeiten, die Berücksichtigung der Auswirkungen ganzheitlicher Veränderungen und die Beachtung der Wertvorstellungen der Mitarbeiter (obgleich ein einseitiger Top down-Ansatz typisch ist) bei der Einführung der neugestalteten Prozesse. Dabei sind vor allem Kunden-Lieferanten-Übergänge (Interfaces) hinsichtlich ihrer Anforderungen zu klären und die Prozessbeherrschung durch Prozessregelung herzustellen.

Ziele des BPR sind also ein radikales Redesign durch fundamentales Überdenken des gesamten Unternehmens statt einer kontinuierlichen Optimierung bestehender Prozesse (Kaizen). Dazu folgt das BPR im Einzelnen vier Stufen:

- **Reframing** bedeutet die Einstellungsveränderung im Selbstverständnis der Organisation und ihrer Mitarbeiter dahingehend, was sie heute ist und wohin sie sich zukünftig progressiv entwickeln muss. Dies bedingt die Mobilisierung aller Energien, den Entwurf einer tragfähigen Vision und deren Operationalisierung durch Ziele und Messgrößen.
- **Restructuring** bedeutet, die Organisation in stand zu setzen, ein wettbewerbsfähiges Niveau finanzieller Ressourcen zu erreichen. Dazu ist die Ermittlung aller Ressourcen und deren Einbindung in die betriebliche Infrastruktur erforderlich, die Wertschöpfungskette zu optimieren (z.B. durch Outsourcing) und der Ablauf der Geschäftsprozesse entsprechend umzugestalten.
- **Revitalizing** bedeutet die Einbettung des Unternehmens in sein Wettbewerbsumfeld durch Wachstum in existierenden Geschäftsfeldern und Innovation neuer Geschäftsfelder. Dies bedingt eine zentrale Kundenfokussierung, die Erschließung ertragreicher zukünftiger Geschäftsfelder und den konsequenten Einsatz leistungsfähigster IuK-Technologien.
- **Renewing** bedeutet das permanente Lernen und die Erneuerung von Unternehmen und Belegschaft. Einzelne Bereiche/Mitarbeiter werden dabei zu integralen Bestandteilen einer vernetzten und verantwortlichen betrieblichen Gemeinschaft. Dazu bedarf es der Nutzung von Anreizsystemen (z.B. Beteiligungsmodelle), kontinuierlichem individuellen Lernen und einer mentalen Auffrischung der gesamten Organisation.

Daraus leiten sich drei Erkenntnisse ab. Da es um die Erhöhung der Wertschöpfung geht, ist BPR erstens marktgerichtet, hat also einen expliziten Kundenbezug. Erst daraus folgen Zeitersparnis, Informationsverbesserung, Qualitätssteigerung und Kostensenkung, die auf den ersten Blick dominant zu sein scheinen. Der Markterfolg wird zweitens als von elementaren Prozessen im Betrieb abhängig gesehen, die daher konsequent hinsichtlich ihrer Zusammenhänge und Abhängigkeiten zu analysieren sind. Am Anfang steht also die Sezierung des Betriebs als reine Fleißarbeit. Die dabei vorgefundenen Strukturen werden drittens nicht, wie etwa erfolgreiche japanische Geschäftsphilosophien dies nahe legen, kontinuierlich verbessert, da dabei die Gefahr einer dauerhaften Suboptimierung besteht, sondern grundlegend infragegestellt und verändert. BPR bedeutet also eine unternehmensübergreifende, kundenbezogene Umorientierung und Umstrukturierung und eine Abkehr vom Taylorismus klassischer Prägung. Dort wurde der Mensch noch als potenzieller Störfaktor betrachtet, den es zu kontrollieren und nach Möglichkeit zu beschränken galt.

Entscheidend sind dabei drei Ansätze. Die **Prozess-Idee** bedeutet den Primat der Ablauforganisation vor der Aufbauorganisation. Es werden Kernprozesse definiert, die strategisch relevant sind, also dauerhaft, begrenzt substituierbar, nicht imitierbar, ressourcennutzend und einen Wertzuwachs für Kunden erzeugend. Diese werden zu Kernkompetenzen erhoben und in Value centers divisionalisiert. Daneben gibt es Supportprozesse, die begleitend notwendig sind, jedoch ohne Wertschöpfung ablaufen. Ziel ist es, vom Input in die Organisation bis zum Output an Kunden möglichst ohne organisatorische Schnittstellen auszukommen, also mit einem Mitarbeiter bzw. einem Team von Mitarbeitern (Operations). Dadurch sollen Komplexitäten reduziert und Synergien genutzt werden. Spezialisten sind weiterhin in Zentralabteilungen zusammengefasst und befassen sich mit Services (Absatzvorbereitung) und Controlling (Erfolgskontrolle) oder werden bei Bedarf von den Prozessverantwortlichen angefordert.

Die **Triage-Idee** dient zur Klassifizierung. Ausnahmefälle, die in Kosten, Zeit, Information und Qualität nur schwer beherrschbar sind, werden reduziert, indem alle Geschäftsvorfälle nach abgestufter Problemhaltigkeit bzw. Routinisierung in drei Kategorien eingeteilt werden: Hoch problemhaltige, daher wenig routinisierbare komplexe Fälle, wenig problemhaltige, daher hoch routinisierbare einfache Fälle sowie mittlere Fälle, die definitionsgemäß dazwischen liegen. Auf diese Weise können jeweils komplette Prozessabläufe für jede dieser drei Fallarten optimiert werden. Komplexe Fälle behindern damit nicht die Abwicklung einfacher Fälle und umgekehrt.

Die **informationelle Vernetzung** (virtuelle Organisation) fungiert als technische Voraussetzung. Unterschieden wird dabei in die interorganisationale Vernetzung zwischen Unternehmen, die interfunktionale Vernetzung innerhalb des Betriebs und die interpersonale Vernetzung im Arbeitsteam. Diese dienen vor allem der Steigerung der Prozesseffizienz bzw. der Verminderung von Leerzeiten als Differenz aus wertschöpfender Zeit und insgesamt vergangener Zeit.

Gerade in diesem letzten Aspekt liegt die wesentliche Erkenntnis. Es kommt in allen Betriebsbereichen zu einem systematischen „Reframing“, zu einer totalen Infragestellung vorhandener Strukturen, eben zur Frage, wie man das Geschäft heute neu aufziehen würde, gäbe es die bestehende Organisation nicht, wohl aber die gesammelten Erfahrungen daraus.

Zur Durchführung werden folgende Phasen vorgeschlagen:
- Auswahl eines Geschäftsprozesses und Identifikation von Kernkompetenzen. Ein Machtpromotor dient dafür als Initiator (Top down). Er ernennt einen Prozessverantwortlichen, dieser stellt ein Team von fünf bis zehn Mitarbeitern zusammen (auch Nicht-Prozessbetroffene). Dieses generiert Ideen und stellt Pläne auf.
- Einarbeitung zum Verständnis der Prozesse, z.B. Funktion, Ablauf, Ergebnis, Leistungskennzahl.
- Prozessredesign durch radikale Neugestaltung, innovativen Technologieeinsatz

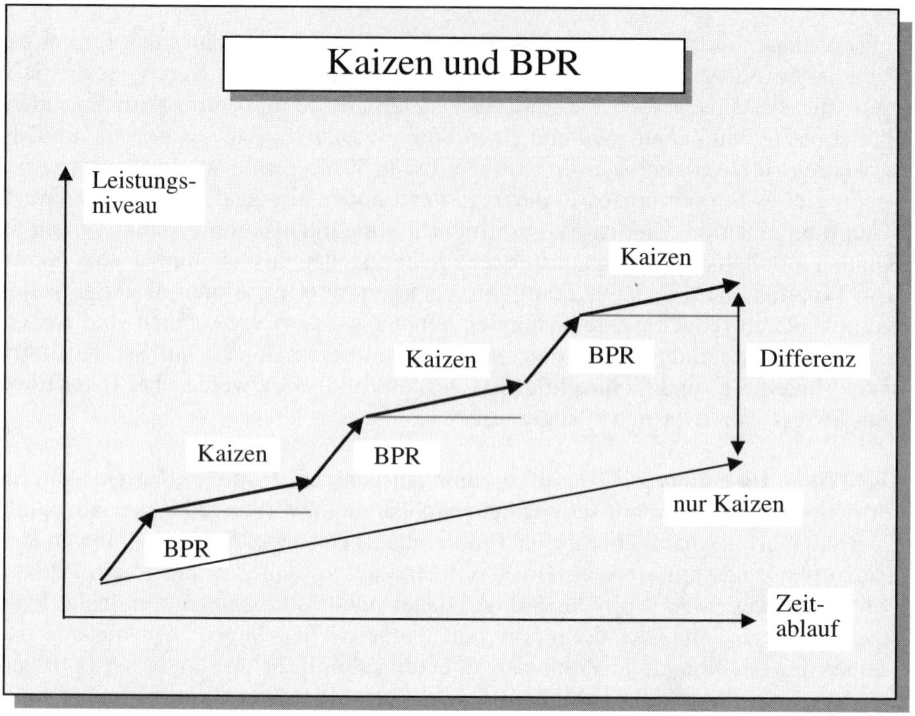

und induktives Denken. Dabei soll die Prozesskette in chronologischer Reihenfolge mit möglichst wenig Bearbeitungsschritten auskommen, hinzu kommt eine Unterscheidung in Normalfälle und Sonderfälle.

- Implementierung des neu gestalteten Prozesses, das größtes Problem ist erfahrungsgemäß dabei die widerstrebende, beharrende menschliche Komponente.

Pragmatisch wird häufig eine sequentielle Abfolge von BPR zur Erreichung eines schlagartig höheren Niveaus und Kaizen zur Ausschöpfung der dadurch entstehenden Potenziale vorgeschlagen (*siehe Abb. Kaizen und BPR*).

1.2 Produktionsverschlankung

Falls eine grundlegende Neugestaltung von Geschäftsprozessen nicht möglich oder wünschenswert ist, muss zumindest deren „Verschlankung" erreicht werden. Der Begriff Lean production kennzeichnet dabei ein logistikorientiertes, dezentrales Organisations- und Steuerungskonzept, das die Faktorver- und -entsorgung für eine Produktion auf Abruf zum Ziel hat und dies durch flexible Anpassung der Kapazitäts- und Einsatzmittelbedarfsplanung an die aktuelle Produktions- und Auftragssituation erreicht. Dazu erforderlich ist eine Harmonisierung der Kapazitäten durch ablauforientierte Fertigung, die Verstetigung der Produktion und die Aufgabe der Werkstattfertigung, stattdessen bei mehrstufigen Teilleistungen die Nutzung des Fließprinzips mit Anordnung der Arbeitsstationen und des Werkstattlayouts entsprechend der Abfolge des Arbeitsgangs (Continuous flow manufacturing/ CFM).

Lean production strebt ganzheitliche Lösungen bei der Gestaltung von Produktionssystemen anhand prozessbezogener (nicht funktionsorientierter) Gestaltungsmaßnahmen an, um durch objektbezogene Formen der Ablauf- und Aufbauorganisation zu einer Integration von Funktionen entlang des Stoff- und Informationsflusses (Wertkette) zu gelangen. Dies bedingt eine Erhöhung der Effektivität durch Übergang zu geringerer Arbeitsteilung, flacheren Hierarchien und einfacheren Kommunikations- und Kooperationsstrukturen. Dies sichert die Transparenz von Abläufen und ermöglicht dezentrale, selbststeuernde Produktionseinheiten (Gruppenarbeit) und Produktionsmodularisierung (Fertigungsinseln). Ein weiterer Aspekt ist die Verringerung der Fertigungstiefe sowie die Beteiligung von Zulieferern an der Produktentwicklung und Verringerung der Zahl der Zulieferer (Systemlieferanten). Dazu ist die Durchsetzung logischer Lösungen (Nullpuffer/Kanban/J-i-T) ebenso erforderlich wie eine durchgängige Kosten- und Qualitätssicherung (TQM). Dadurch kommt es zu einer Erhöhung der Wirtschaftlichkeit, zur Stärkung der Rolle des Menschen in der Produktion, zur umfassenden Information aller Mitarbeiter und zur Entwicklung ihrer Problemlösungsfähigkeit. Dazu ist es notwendig, ihnen Handlungsspielräume und Teilautonomie zu gewähren. Dies führt zu Formen fraktaler Produktion (mit Kennzeichen wie Belegschaft als Subunternehmer, einheitliche Organisationskultur, Selbstoptimierung und Selbstorganisation, durchgängige Zielorientierung und Eigendynamik). Weiterhin wird eine integrierte Produktentwicklung bei strikter Kundenorientierung in interdisziplinärer, bereichsübergreifender Arbeit angestrebt. Die Erstellung von verbindlichen Pflichtenheften und Simultaneous engineering tragen zu einer Verkürzung der Entwicklungszeiten bei.

Ein Beispiel schlanker Produktion ist die Assemblierung des Smart aus Zulieferungen von nur acht Systemlieferanten, die ihre Produktionsergebnisse an Ort und Stelle bereitstellen:

- *Magna schweißt die Pressteile und die Sicherheitszelle,*
- *Eisenmann lackiert die Rohkarosse gegen Korrosion,*
- *VDO liefert Cockpit, Instrumente, Lenkrad, Schalthebel und Inneneinrichtung,*

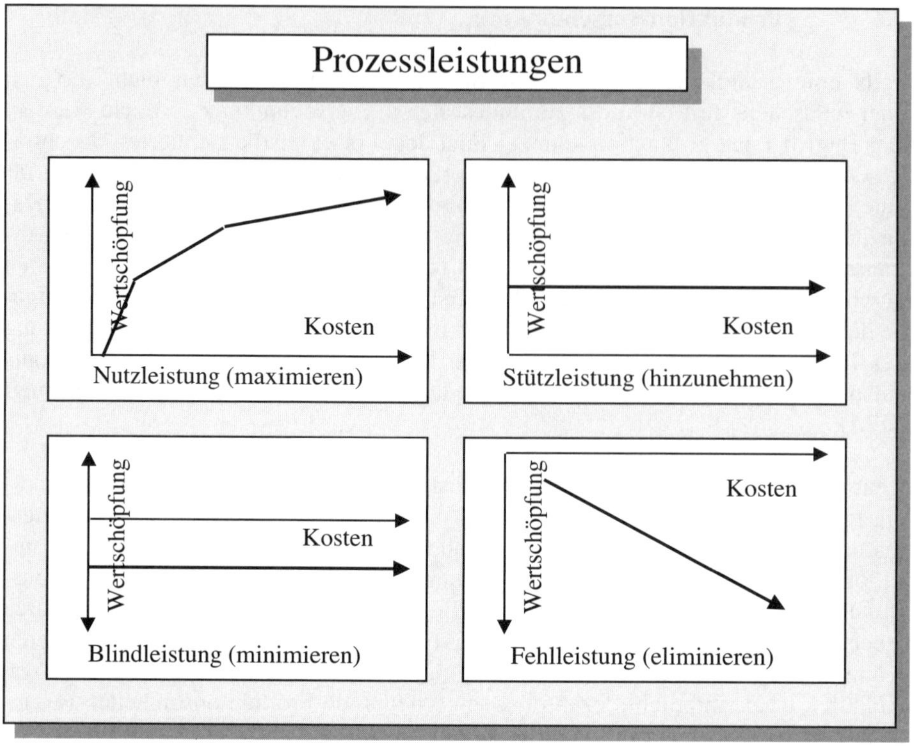

- *Krupp/Hoesch erstellt die Motor-Getriebe-Einheit zusammen mit der Hinterradaufhängung,*
- *Daimler fügt Motor und Vorderachse hinzu,*
- *Dynamit Nobel liefert alle Kunststoffteile wie Türverkleidung, Vorderfront, Kotflügel, Heckklappenverkleidung,*
- *Ymos produziert Türen, Heckklappe und leistet die Schloss- und Kunststoffteilmontage,*
- *Bosch liefert die Vorderfront mit Scheinwerfern, Blinkern, Kühler und Wärmetauscher der Klimaanlage.*

Dadurch ergeben sich kurze Transportwege/-zeiten, eine Tendenz zur Komplettbearbeitung, eine gleichmäßigere Kapazitätsauslastung und die Vermeidung von Warteschlangen, kurz ein höherer Wirkungsgrad.

Zur Ermittlung des **Wirkungsgrads** können die betrieblichen Teilleistungen in vier Gruppen unterteilt werden *(siehe Abb. Prozessleistungen und Abb. Wirkungsgrad)*:

- Die werterhöhende Leistung (**Nutzleistung**) ist geplant und wertverändernd (positiv). Sie betrifft die Hauptzeiten von Vorkombination, Endkombination, Entwicklung, Beschaffung, Marketing.
- Die zur Erstellung der Nutzleistung erforderliche Leistung (**Stützleistung**) ist geplant und wertneutral (notwendig), aber selbst nicht werterhöhend/kundennut-

Wirkungsgrad

	Wertsteigernde Leistung	Wertneutrale Leistung	Wertmindernde Leistung
Notwendiger Ressourcenverzehr	Nutzleistung		
Unerwünschter, aber unvermeidbarer Ressourcenverzehr		Stützleistung	
Vermeidbarer Ressourcenverzehr		Blindleistung	Fehlleistung

zensteigernd. Sie betrifft unvermeidliche Prozesse wie Transfer, Wareneingang, Zwischenprüfung, Rüsten, Arbeitsmittelwechsel etc.

- Die unnötige Leistung (**Blindleistung**/Verschwendung/Non value adding activities) ist ungeplant und wertneutral/nicht kundennutzensteigernd (nicht notwendig). Sie betrifft Zwischenlagerung, Sicherheitspuffer, Konstruktionsänderung, Transport zwischen Puffern, Materialmangel und jede andere Art von Verschwendung.
- Die wertmindernde Leistung (**Fehlleistung**) ist ungeplant und wertverändernd (Ressourcenverbrauch). Sie betrifft Ausschuss, Fehlerfolgen, Nacharbeit etc. Fehlleistungsaufwand ist damit der bewertete Verzehr von Leistungen und Gütern, der durch Fehlhandlungen und deren Auswirkungen entsteht, ohne dass daraus ein Kundennutzen folgt.

Der Wirkungsgrad von Prozessen ergibt sich dann als Quotient aus dem Anteil der werterhöhenden Leistung (nur Nutzleistung) durch die insgesamt aufgewendete Leistung (Nutzleistung, Stützleistung, Blindleistung und Fehlleistung) für Prozesse. Lean production (den Gemeinkostenbereich umfassend auch als **Lean management** bezeichnet) bedeutet nun im Kern, dass Fehlleistungen und Blindleistungen so weit wie eben möglich entfallen und praktisch nur noch Nutzleistungen und Stützleistungen in der Produktion verbleiben sollen. Man geht anfangs schätzungsweise von Anteilen für die Nutzleistung bei ca. 25 %, für die Stützleistung bei ca. 45 %, für die Blindleistung bei ca. 20 % und für die Fehlleistung von ca. 10 % am

Input aus, was ein Effektivitätssteigerungspotenzial von immerhin 30 % aller betrieblichen Tätigkeiten ausmacht, das es zu nutzen gilt.

Ein erfolgreiches Beispiel für Lean management ist das Angebot der Billig-Airlines (initiativ durch RyanAir oder Southwest Airlines). Ihre Rentabilität trotz signifikant niedrigerer Preise als bei etablierten Airlines beruht auf der Nutzung verschiedener Effizienztreiber. Die damit erreichbaren Einsparungen sind enorm:

- *bei den Bodendiensten 70 % Kosteneinsparung von 17 % gesamten Kostenanteils,*
- *bei der Crew 74 % von 15 %,*
- *beim Treibstoff: 0 % von 13 % (also unverändert),*
- *bei der Flughafengebühr: 70 % von 12 %,*
- *bei der Wartung 60 % von 11 %,*
- *bei Verpflegung/Zeitungen: 130 % von 8 % (Zusatzeinnahmen durch Verkauf an Bord),*
- *bei Werbung/Marketing: 84 % von 8 %,*
- *bei der Luftraumüberwachung: 0 % von 7 % (also unverändert),*
- *beim Vertrieb: 80 % von 6 %,*
- *sonstiges: 25 % von 3 %.*

Eine der Voraussetzungen zur Nutzung von Produktivitätsreserven ist die Bildung **teilautonomer Arbeitsgruppen** durch Einrichtung von Job enrichment/Job enlargement/Jop rotation innerhalb der Gruppe.

Job rotation ist der geplante (diskontinuierliche) Arbeitsplatzwechsel einzelner Mitarbeiter untereinander, wobei strukturell gleichartige Arbeitsplätze getauscht werden, ohne dass das Niveau des Arbeitsinhalts dabei wechselt. Damit kann der Einzelne seine Arbeit besser in einen kollektiven Bezugsrahmen einordnen, da er gleich mehrere Aspekte des Tätigkeitsbereichs kennt.

Job enlargement bezeichnet eine (quantitative/horizontale) Arbeitsvergrößerung, die strukturell gleichartige oder sehr ähnliche, vordem stark fragmentierte Tätigkeiten zusammenfasst. Der Einzelne integriert sein Handeln somit in einen übergeordneten Bezugsrahmen und sieht dadurch mehrere Teile des Ganzen.

Job enrichment beschreibt eine (qualitative/vertikale) Arbeitsanreicherung, durch welche die traditionelle Trennung von leitenden und ausführenden Tätigkeiten weitgehend aufgehoben und damit nicht nur die Aufgabenvielfalt, sondern auch der Planungs- und Kontrollspielraum der einzelnen Mitarbeiter ausgeweitet wird. Der Einzelne kann sein Handeln dadurch besser in seinen persönlichen Bezugsrahmen einordnen, da verschiedene Phasen in seinen Arbeitsbereich fallen.

Die teilautonome Arbeitsgruppe ist schließlich der (kontinuierliche) Aufgabenwechsel auf Gruppenbasis, wodurch größere, zusammenhängende Arbeiten gemeinsam eigenverantwortlich ausgeführt werden. Dies ist Bestandteil des **Empowerment,** das in den Stufen gegenseitiges Training, Instandhaltung und kleine Reparaturen, Qualitätsverantwortung, Arbeitsfeinplanung, kontinuierliche Verbesserung, Kontakt zu Zulieferern, Kundenkontakt, Einstellung neuer Team-Mitglieder, funktionsübergreifende Kooperation, Bestimmung des Team-Führers und Budgetverantwortung ablaufen kann. Empowerment zielt damit auf die Umgestaltung der Arbeitsanforderungen und die Entwicklung der Arbeitskräfte zu einer Flexibilisierung des Unternehmens und zu mehr Markterfolg ab und soll ein maximales, eigentümerähnliches Engagement der Mitarbeiter erreichen. Dieses Mehr an Engagement führt auch zu einem Mehr an Erfolgsbeteiligung durch das Unternehmen.

Fester Bestandteil sind weiterhin die absolute Qualitätssicherung durch selbststeuernde Fehlererkennung, wobei Fehlleistungen automatisch angezeigt werden, dann Maßnahmen zur Fehlerverhütung sowie Qualitätszirkel mit neuem Bewusstsein auf allen Hierarchieebenen. Eine Verkürzung weiterhin der Rüst- und Einrichtezeiten ermöglicht schnelle Variantenwechsel, kürzere Durchlaufzeiten und verringerte Lagerbestände (s.u.).

Produktbezogen wird dies begünstigt durch Designs wie Baukastensystem, Standardisierung, Typisierung, geringes Teilespektrum, produktionsgerechte Produktentwicklung (Design for manufacture/DfM) und faktorkombinationsgerechte Produktgestaltung (Design for assembly/DfA). Durch frühzeitiges Aufdecken von Fertigungsproblemen und überhöhten Kosten werden somit Änderungserfordernisse und Vermarktungsprobleme verringert. Prozessbezogen wird dies unterstützt durch weitestgehende Automatisierung sowie flexible Produktionszellen, -linien und -netze. Hinsichtlich der Organisation der Produktion sind Maßnahmen wie die Trennung von Rüst-/Einrichtevorbereitungen und eigentlichem Wechsel der Arbeitsmittel (ein externer Werkzeugwechsel erfolgt bei laufender Maschine, ein interner bei Maschinenstillstand), der Einsatz spezialisierter Rüstteams (parallele Handhabungen) und rüstoptimale Reihenfolgen erforderlich. Anzustreben ist generell die Umkehrung vom internen zum externen Werkzeugwechsel. Die Reihenfolgeproblematik kann durch funktionale Standardisierung (Mehrzweckwerkzeuge) behoben werden. Eine Beschleunigung ergibt sich auch durch den Einsatz funktionaler Spannklemmen (Schnellspanner wie z.B. Radnaben bei Rennrädern) und die Einführung von zwingend zentrierenden Spannvorrichtungen (zur automatischen Justierung in Systemträgern), sodass nur das Entfernen des alten und das Sichern des neuen Werkzeugs (Vormontage) erforderlich sind. Können konstante Anlagenparameter vorausgesetzt werden, entfallen zudem zeitaufwändige Nachregulierungen beim Werkzeugwechsel. Schließlich führt die Mechanisierung des Werkzeugwechsels zu einer dramatischen Verkürzung der Werkzeugwechselzeiten (One Touch). Diese Maßnahmen werden mit dem Begriff Single minute exchange of dye (SMED) bezeichnet, also Werkzeugwechsel im Minutenbereich.

Insgesamt kommt es dadurch zu einer Reduzierung der Durchlaufzeiten. Diese setzen sich neben den eigentlichen Bearbeitungszeiten und den Rüstzeiten auch aus Transportzeiten und Liegezeiten zusammen. Hinzu kommen eine überlappende Produktion (d.h., die Verschränkung bereits hergestellter Teile mit dem folgenden Teil), die Arbeitszerlegung in Teilaufträge und deren parallele Bearbeitung sowie die Optimierung der Auftragsreihenfolge. Sinnvoll sind dafür kleine Lose, denn mathematisch-optimale Losgrößen sind praktisch viel zu hoch gegriffen. Im Extremfall muss eine Losgröße von 1 als Ziel definiert werden (analog zur Marktsegmentierung). Eventuell ist auch eine Synchronproduktion sinnvoll, d.h., eine solche erst nach abgegebener Kundenbestellung oder festem Jahresprogramm.

Weiterhin führt **Simultaneous engineering** zur Zeiteinsparung bei Arbeitsfortschritt und bei Rücksprüngen (wobei es ein Ziel ist, diese Rücksprünge ganz zu vermeiden) durch simultane statt sequenzieller Bearbeitung. Es handelt sich damit um ein Organisationskonzept, das darauf abzielt, traditionell sequenziell erfolgende Abläufe der Produkt- und Produktionsmittelentwicklung, auch unter frühzeitiger Einbeziehung externer Kooperationspartner, zeitlich stärker zu parallelisieren. Dadurch werden Vorteile erreicht wie eine schnellere Auftragsabwicklung, transparente Abläufe mit kurzen Entscheidungswegen, geringere Reibungsverluste, höhere Qualität, die Zusammenführung von Fachwissen, kürzere Reaktionszeiten auf Kundenwünsche und produktionsorientierte Angebotsentwicklung.

Simultaneous engineering ist damit eine Methode der Arbeits-Ablauforganisation, bei der von Beginn der Produktentstehung an alle betroffenen Bereiche parallel in sich überlappenden Tätigkeiten an parallelisierten Aufgaben zusammenarbeiten und auf diese Weise frühzeitig ihr spezifisches Wissen einbringen (insofern besteht eine sukzessive Emanzipation von sequenziellen Abläufen über geplante überlappende Abläufe bis zum Simultaneous engineering). Die Zusammenarbeit erfolgt in interdisziplinären Teams unter Leitung von Projektmanagern. Simultaneous engineering i.e.S. ist die Festlegung der zeitlichen Abfolge dieser Arbeiten. Concurrent engineering ist die Festlegung der persönlichen Beteiligung an diesen Arbeiten, Systems engineering die Festlegung von Art und Inhalt der auszuführenden Arbeiten. Ziel ist in jedem Fall die drastische Verkürzung der Markteinführungszeit bei gleichzeitiger Steigerung der Entwicklungsqualität und Reduzierung der Kosten. Diese Methoden stammen, wie viele andere im erfolgreichen Produktionsmanagement, aus Japan.

1.3 Produktionssteuerung

Jahrzehntelang hat man in der westlichen Welt den erdrutschartigen Erfolg der japanischen Wirtschaft leichtfertig auf zwei für die abendländische Kultur eher nicht erstrebenswerte Faktoren geschoben, zum einen das vergleichsweise extrem niedrige Lohnniveau und zum anderen der ebenso extrem hohe Arbeitseinsatz der Japaner. Das war bequem so, konnte man es sich doch ersparen, sich näher mit den wahren Ursachen des fernöstlichen Aufschwungs auseinander zu setzen. Erst ganz allmählich, zunächst in der Automobilindustrie, wo die Sorgen und Nöte am drängendsten verspürt wurden, sah man sich veranlasst, die Produktionsbedingungen vor Ort zu besichtigen. Denn längst nicht alle Vorsprünge der japanischen Wirtschaft konnten auf diese beiden angenommenen Faktoren zurückgeführt werden. Allerdings war das japanische Management, durchaus verständlich, sehr zurückhaltend in der Offenlegung seiner besonderen Produktionsbedingungen. Gern waren sie aber noch Jahre zuvor durch die europäischen und nordamerikanischen Betriebe gepilgert, freilich ohne kundzutun, dass sie über manches, was sie dort zu Gesicht bekamen, so ihre eigene, ganz andere Meinung hatten, oder, wenn sie dies äußerten, ohne dass dies von ihren Gesprächspartnern angemessen gewürdigt wurde. So war das Erstaunen groß, als sich bei genauerer Analyse des japanischen Phänomens herausstellte, dass neben den beiden unbestreitbar vorhandenen, bekannten Phänomenen, noch eine ganze Reihe anderer Erkenntnisse hinter dem Japan-Wunder steckten. Nun kehrte sich der Besucherstrom um, europäische und nordamerikanische Manager pilgerten durch japanische Betriebe (vornehmlich die von Toyota) und vermerkten eilfertig, was ihnen auffiel. Und das war eine ganze Menge an Erkenntnissen.

Vieles scheint auf den ersten Blick simpel, war aber hoch effektiv, wie Demings 14 Punkte als Beispiel zeigen:

- *Machen Sie das Prinzip der ständigen Verbesserung von materiellen und immateriellen Leistungen zum Unternehmensziel. Dieses Prinzip muss auch am eigenen Führungsstil und der eigenen Führungstätigkeit erkennbar sein. Beziehen Sie untergebene Mitarbeiter in Ihre Entscheidungen ein. Machen Sie durch Verbesserungsprojekte in Ihrer eigenen Arbeit Ihren Willen zur Qualität für alle Mitarbeiter sichtbar. Qualitätsergebnisse müssen fester Bestandteil von Budget- und Ergebnisbesprechungen innerhalb der Unternehmensleitung und bei Stellungnahmen vor Betriebsversammlungen sein.*
- *Nehmen Sie die neuen Denkweisen an, statt an Altbekanntem und Vertrautem zu hängen.*
- *Beenden Sie die Abhängigkeit von Vollkontrolle und Qualitätsverbesserungen durch Prüfung. Diese Prüfwirtschaft dauert zu lange und ist unwirtschaftlich. Fördern Sie das Prozessdenken auf allen planerischen und operativen Ebenen.*
- *Beenden Sie die alleinige Abhängigkeit vom Preis der Produkte.*
- *Verbessern Sie ständig und für immer die Produktions- und Servicesysteme. Die Qualität der Produkte wird durch Teamarbeit in der Entwicklungs- und Konstruktionsphase geschaffen. Probleme sind daher primär dort zu suchen.*
- *Qualifizierte und motivierte Menschen sind die wichtigste Ressource eines Un-*

ternehmens. Dazu sind die erforderlichen Schulungsmöglichkeiten (Training on the job) zu schaffen.

- *Sorgen Sie für richtiges Führungsverhalten. Die meisten Menschen arbeiten in komplexen Systemen und haben nur einen begrenzten Handlungsspielraum. Helfen Sie ihnen, ihren Job besser zu tun. Vergrößern Sie den Entscheidungsspielraum. Schaffen Sie Freiräume für eigenständige Aktivitäten.*
- *Beseitigen Sie jede Atmosphäre von Angst. Niemand kann sich entfalten, wenn er sich nicht sicher fühlen kann. Schaffen Sie Vertrauen und Glaubwürdigkeit durch eigene Handlungen. Nehmen Sie Stellung in externen und internen Publikationen zu Problemen und Erfolgen von Qualitätsaktivitäten. Treffen Sie alle erkennbare Entscheidungen unter Qualitätsgesichtspunkten.*
- *Reißen Sie Barrieren zwischen Abteilungen ein. Schaffen Sie Teamstrukturen. Lassen Sie verstärkt horizontale und vertikale Kommunikation entstehen.*
- *Vermeiden Sie allgemeine Slogans, Ermahnungen und Zielsetzungen zur besseren Arbeit und zur höheren Produktivität. Wenn Sie keine entsprechenden Lösungen haben, hilft dies niemanden, seine Arbeit besser zu tun.*
- *Beseitigen Sie rein zahlenmäßige Leistungsvorgaben für das Management und die Mitarbeiter. Diese Vorgaben sind häufig willkürlich und berücksichtigen den durchschnittlichen Arbeiter, den es nicht gibt. Ungenutzte Reserven sind die Folge. Ersetzen Sie Leistungsvorgaben durch Qualitätsprämien. Sprechen Sie persönliche Anerkennung und Belobigung für geleistete Qualitätsarbeit aus und verleihen Sie entsprechende Qualitätspreise.*
- *Beseitigen Sie alle Barrieren, die Mitarbeiter behindern, stolz auf ihre Arbeit zu sein.*
- *Fördern Sie ein durchgehendes Weiterbildungsprogramm für alle Mitarbeiter incl. des Management in den neuen Methoden, im Teamwork und in statistischen Methoden.*
- *Sorgen Sie dafür, dass eine ausreichende Zahl von geeigneten Mitarbeitern dieses Programm durchläuft und weiterträgt.*

1.3.1 Fertigungsbegriffe

Diese Erkenntnisse werden konsequenterweise durch japanische Begriffe gekennzeichnet.

Andon ist ein optisches Informationssystem in der Produktion („Werkstatt") mit zentraler Anzeige des Problemorts bei einer Fehlerentdeckung. Mitarbeiter, die Fehler entdecken, betätigen den Andon-Knopf (oder eine Zugleine), die Meister und Kollegen benachrichtigt. Sodann eilen diese Kollegen oder eigene Springerkolonnen herbei, um den Fehler noch innerhalb desselben Produktionsabschnitts zu beheben. Ist dies nicht möglich, folgt sogar ein Anhalten des Produktionsflusses, aber nicht automatisch, sondern manuell ausgelöst. Dann stoppt der Produktionsfortschritt solange, bis der Fehler behoben ist, erst dann wird die Fließfertigung wieder in Gang gesetzt. Zugleich wird die Fehlerursache ermittelt und ein für alle Mal abzustellen versucht, damit derselbe Fehler nicht ein zweites Mal auftreten kann.

Gemba meint die Werkstatt als Ort der Wertschöpfung. Die Verwaltung wird dabei nur als Serviceabteilung gesehen. Insofern ist immer der Arbeitsplatz aufzusuchen, wenn ein Problem auftritt. Notwendig sind dann eine Überprüfung der Arbeitsumgebung (Menschen, Maschinen, Materialien, Mittel) sowie die Ursachenanalyse und Fehlerquellenbeseitigung zur Vorbeugung gegen ein Wiederauftreten desselben Fehlers. Dies widerspricht offensichtlich der tradierten westlichen Philosophie, in der die eigentlich wertschöpfenden Personen eher gering angesehen sind gegenüber der Verwaltung, welche die vermeintlich höherwertigeren (Management-)Verrichtungen erbringt, obgleich sie im Wortsinn nicht wertschöpfend ist, sondern bestenfalls Stützleistungen erbringt, also geplanten Ressourcenverbrauch als Voraussetzung für die eigentliche Wertschöpfung in der Produktion.

Unter **Heijunka** versteht man die Harmonisierung des Produktionsflusses durch mengenmäßigen Produktionsausgleich, der Warteschlangen vermeidet (Liege- und Transportzeiten). An die Stelle der Werkstatt- tritt die Fließfertigung mit kurzen Transportwegen und Komplettbearbeitung. Dies ist vor allem angesichts komplexer, mehrstufiger Produktionsprozesse von hoher Bedeutung. Jeweils der Engpasssektor wirkt hier limitierend auf den Unternehmenserfolg (Ausgleichsgesetz der Planung) und erzeugt zugleich bei allen anderen Teilleistungen Verschwendung. Dies setzt in erster Linie einen flexiblen Personaleinsatz voraus, der allerdings angesichts hier zu Lande strikt reglementierter Arbeitsbedingungen kaum mehr darstellbar ist. Insofern erfolgt ein Ausgleich oft über Teilzeitkräfte, denen es aber zumeist prinzipbedingt an Qualifikation und Motivation für eine exzellente Leistungserstellung fehlt.

Jidoka ist ein selbststeuerndes Fehlererkennungssystem mit Sensoren an Maschinen, die bei Fehlfunktion automatisch ansprechen. Sie halten Maschinen an, um zu unterbinden, dass Fehler sich im Produktionsfluss weitertransportieren. Dazu sind die Anlagen mit entsprechenden Vorrichtungen ausgerüstet, die Fehlleistungen verhindern. Zu denken ist etwa an den Karteneinzug nach dreimalig falscher Eingabe der PIN-Nummer am Geldautomat oder auch an die automatische Zuordnung der Bankleitzahl nach Eingabe des Kreditinstituts (und umgekehrt) am Überweisungsautomat.

Der übergeordnete Begriff **Kaizen** (wörtlich: Wandel zum Guten, auch fortschreitende Verbesserung oder Kontinuierlicher Verbesserungsprozess/KVP) meint das Streben nach ständiger Verbesserung, manifestiert durch allenthalben eingeführte Elemente wie Kundenorientierung, Total quality control, Qualitätszirkel, Vorschlagswesen, Automatisierung, Kanban, Just in time, Fehlervermeidung, Qualitätsverbesserung, Produktivitätssteigerung, Standardisierung, Policy deployment (Implementierung), Cross-functional management (interdisziplinär), Total quality management und Quality function deployment. Grundprinzipien von Kaizen sind die Bildung von Leistungsmodulen in der Fertigung, also weder fraktionierte Einzelteile noch ein werkstattähnliches Totalprodukt, sondern ein mittlerer Komplexitätsgrad, die Bildung von Teams aus Mitarbeitern mit multifunktionalen Einsatzmöglichkeiten, die als Eigner von Prozessen eigenverantwortlich denken und handeln, die Verringerung der Produktionstiefe durch konsequentes Outsourcing aller Aktivitäten (meist in Kooperation), denen nicht strategische Bedeutung zukommt sowie die vertikale Integration der Wertschöpfungskette durch Einbezug von Systempartnern, die exklusiv und langfristig in die Prozessgestaltung eingeplant werden (Interfusion). Kaizen-Programme haben vielfältige, betriebsspezifische Namen wie etwa Continuous improvement process (CIP/Bosch) oder KVP^2 (Volkswagen). Bei Siemens dient SUCCESS der Steigerung der Produktivität durch Senkung der Materialkosten und Reduzierung des Zeitaufwands in allen Phasen des Produktlebenszyklus bei Sicherstellung marktkonformer Qualität.

Es gilt, **Muda, Mura und Muri** unter allen Umständen zu vermeiden. Unter Muda versteht man alle Formen der Verschwendung, bedingt durch Überproduktion auf Vorstufen, Wartezeit, überflüssigen Transport, ungünstigen Produktionsprozess, überhöhte Lagerhaltung, unnötige Bewegungen und Erstellung fehlerhafter Teilleistungen. Mura betrifft die Unausgeglichenheit mit Verlusten aus nicht vollständiger Harmonisierung der Kapazitäten, bedingt durch Warteschlangenbildung vor Arbeitsstationen und Bildung von Zwischenlagern oder nicht optimal ausgelastete Kapazitäten/Leerkosten. Muri bedeutet Überlastung, bedingt durch Überbeanspruchung von Menschen bei der Handhabung (durch körperliche und geistige Überforderung, Übermüdung, Stresserscheinungen, erhöhte Fehlerhäufigkeit, Arbeitsunzufriedenheit) oder Maschinen (fehlerhafte Vorgabezeiten für Arbeitstakt und Arbeitsmittelwechsel oder mangelnde Harmonisierung im Produktionsfluss). Daher sind Handhabungs- und Rüsthilfen, konstruktive Maßnahmen oder Verfahrensänderungen zur Optimierung der Prozesse und Harmonisierung der Kapazitäten erforderlich.

Poka yoke bedeutet die permanente Qualitätsverbesserung durch Unterdrückung unbeabsichtigter, zufälliger Fehler, bei Maschinen bedingt durch Meantime between Failure (MTBF/Ausfallrate), bei Menschen durch Unaufmerksamkeit, Auslassen, Vertauschen, Vergessen, Falschablesen, Missinterpretieren infolge Lärmbelästigung, schlechter Beleuchtung, Ermüdung, Unaufmerksamkeit etc. Dabei gibt es Fehler, die während ihrer Entstehung von Mitarbeitern bemerkt werden und solche, die unbemerkt bleiben. Diese Fehler werden nicht als unvermeidbar hingenommen, sondern durch Inspektionsmethoden zur Fehlerquellenvermeidung bekämpft.

Dazu dienen einfache technische Mittel als **Warner**, diese geben Hinweis, wenn ein geplanter Arbeitsschritt risikobehaftet ist, die Warnung kann jedoch ignoriert werden, oder **Stopper**, dann kann ein Arbeitsschritt nicht ausgeführt werden, weil bestimmte Voraussetzungen fehlen. Geprüft werden dabei Kontakt, Festwert oder Sequenz:

- Ein Kontaktwarner ist z.B. gegeben, wenn der PC anzeigt, dass bei Verlassen einer Datei deren Daten nicht gesichert wurden. Der Bediener kann dann entscheiden, ob erst gesichert werden soll oder nicht.
- Ein Festwertwarner zählt Mindestelemente oder Vollständigkeit der Elemente,

ansonsten gibt er Signal. Dies ist häufig beim Ausfüllen von Eingabemasken am Computer gegeben.

- Ein Sequenzwarner prüft den Übergang von einem Prozessschritt zum nächsten, z.B. als Warnton, wenn beim Verlassen des Autos noch die Scheinwerfer eingeschaltet sind.
- Ein Kontaktstopper verhindert einen Prozess, wenn bestimmte Voraussetzungen nicht eingehalten werden, z.B. kann der Zapfhahn für Dieselkraftstoff nicht in den Tankstutzen vieler Ottomotor getriebenen Fahrzeuge eingeführt werden.
- Ein Festwertstopper verhindert den Abschluss eines Prozesses in Abhängigkeit von Voraussetzungen, wie z.B. der Angabe keiner oder einer falschen TAN beim Direct banking.
- Ein Sequenzstopper verhindert den nachfolgenden Prozessschritt, wenn ein vorlaufender nicht eingehalten wurde, z.B. kann Bargeld am Geldautomaten erst entnommen werden, nachdem die vorher eingesteckte Scheckkarte entnommen wurde.

Dabei helfen Vorkehrungen mit Grundelementen als Auslösemechanismen (z.B. Kontakt-Sensoren für Soll-Handhabungen, Zähleinrichtungen/Fixwerte, Schrittfolgenmessung für Standardbewegungsabläufe) und Reguliermechanismen (z.B. Abschalten bei Prozessunregelmäßigkeiten, Alarmieren als Hinweis auf entstehende/ entstandene Fehlleistung, Kontrollabfrage). Durch diese Vorkehrungen sollen vermeidbare Qualitätsmängel unterbunden werden, d.h., die Leistungserstellung ist so organisiert, dass falsche Prozesse verhindert oder zumindest angezeigt werden. Hinzu kommt eine Gestaltung des Orts der Leistungserstellung derart, dass mögliche Fehlhandlungen von vornherein ausgeschlossen bleiben. Für ordnungsgemäße Prozessabläufe sind auch Prüf- und Korrekturvorrichtungen bei Kundenbeteiligung hilfreich, die „falsche" Aktivitäten von Kunden bei Dienstleistungen logisch ausgleichen oder zumindest verhindern.

Ein interessanter Ansatz zur Qualitätsverbesserung ist das **Up streaming** durch Warum-Fragen. Auf diese Weise kann immer tiefer in ein Problemfeld eingedrungen werden, bis man die Ursache hinter der Ursache gefunden hat und abstellen kann. Denn häufig wird an Symptomen zu kurieren versucht.

Dazu ein Beispiel: Problem: Die Servicelevels in der Telefonzentrale werden nicht eingehalten. Daraus folgen Warum-Fragen:

- *Warum ist unsere telefonische Erreichbarkeit so schlecht? Das Personal ist überlastet.*
- *Warum ist das Personal überlastet? Die Produktivität ist zu gering.*
- *Warum ist die Produktivität zu gering? Weil die Fluktuation des Personals so hoch ist.*
- *Warum ist die Fluktuation des Personals so hoch? Die Arbeit gilt als unattraktiv.*
- *Warum gilt die Arbeit als unattraktiv? Sie ist mit viel Stress verbunden.*
- *Warum gibt es viel Stress? Weil die technische Ausstattung nicht mehr up to date ist.*

- *Warum ist die technische Ausstattung nicht mehr, wie eigentlich zu erwarten, up to date? ....*

1.3.2 Fertigungsabläufe

Da die Werkstatt als Ort wertschöpfender Prozesse angesehen wird, tragen die Mitarbeiter dort die Verantwortung für die Arbeitsausführung und den Arbeitsplatz und haben sich nach allen Kräften um die autonome Instandhaltung mit Wartung, periodischer Inspektion und Instandsetzung selbst zu bemühen (Total productive maintenance/TPM). Dabei geht es vorbeugend um die zeitbezogene Instandhaltung in starren Intervallen oder die zustandsbezogene Instandhaltung entsprechend der Inspektion bzw. wiederherstellend um die schadensbezogene Instandhaltung als Reparatur von defekten Komponenten. Im Mittelpunkt steht die optimale Nutzung der Produktionskapazitäten durch Beseitigung der sechs großen Verlustquellen bei Produktionsanlagen:

- Anlagenausfall, d.h., Produktionsstillstand durch fehlende Disposition über Arbeitsmittel, aber auch Hilfs- und Betriebsstoffe,
- Rüst-/Einrichtezeiten, d.h., unproduktive Phasen durch Wechsel und Justage von Arbeitsmitteln zwischen Teilleistungen,
- Leerlauf/Kurzstillstände, d.h., Produktionsunterbrechungen durch fehlende Aufträge oder Materialien zur Nutzung vorhandener Kapazitäten,
- verringerte Taktgeschwindigkeit, d.h., künstlich verlangsamte Produktion durch unzureichende Abstimmung in der Produktionslinie,
- Ausschuss/Nacharbeit, d.h., Verlust oder Zusatzaufwand durch mangelhafte Qualität, mit der Folge unproduktiver oder doppelter Arbeit,
- Anlaufschwierigkeiten, d.h., Verzögerungen bei der Produktion wechselnder Produkte durch Eingewöhnungszeiten oder unklare Standards.

Dies muss vermieden werden durch **Seiri,** d.h., Maßnahmen wie Ordnung schaffen, Notwendiges von Nichtnotwendigem trennen, alles Nichtnotwendige entfernen (wie überhöhte Umlaufbestände, unnötige Werkzeuge, fehlerhafte Teile, überflüssige Akten etc.) und sich auf das Wichtigste beschränken.

Autonome Instandhaltung (**Seiton**) bedeutet, dass die an einer Produktionsanlage arbeitenden Mitarbeiter für das reibungslose Funktionieren verantwortlich sind und Maßnahmen zur Aufrechterhaltung und Verbesserung des Anlagenzustands selbstständig durchführen (kontinuierliche Wartung, periodische Inspektion, Instandsetzung/Reparatur etc.). Seiton erfordert Ordnungsliebe und einwandfreien Zustand aller Arbeitsmittel, jeder Gegenstand soll dabei griffbereit am richtigen Platz aufbewahrt werden.

Grundlage ist ein geplantes Instandhaltungsprogramm, das turnusmäßig die maschinellen Produktionsvoraussetzungen überprüft (**Seiso**). Seiso bedingt Sauberkeit von Maschinen und Werkzeugen, der Arbeitsplatz ist nach jedem Arbeitsgang zu säubern.

Notwendig sind Schulungen und Trainings der Mitarbeiter in Bezug auf kompromisslose Qualität in der Produktion (**Seiketsu**). Seiketsu schärft so den persönlichen Ordnungssinn, Sauberkeit und Ordnungsliebe sollen dadurch zur persönlichen Gewohnheit werden.

Der Schwerpunkt liegt dabei eindeutig auf der Instandhaltungs-Prävention (**Shitsuke**), die Ausfälle oder Leistungsminderungen von vornherein verhindert (für hohe Prozesssicherheit). Shitsuke ist nur möglich, wenn Disziplin, Standards, Regeln und Vorschriften ausnahmslos eingehalten werden.

Hinsichtlich der Fertigungsabläufe lassen sich mehrere Generationen unterscheiden. Am Beginn stand das traditionelle **Push**-Prinzip (vorratsgesteuerte Produktion). Dieses wurde durch das **Pull**-Prinzip abgelöst (Kanban, s.u.). Als Verfeinerungen folgten die **Just in time**-Lieferung (s.u.) und die **Just in sequence**-Lieferung (mehrere Anlieferungen je Schicht). Moderne Formen sind das **Industriepark**-Konzept (Ansiedlung der Zulieferer in unmittelbarer Nähe des gewerblichen Abnehmerstandorts), das **Insourcing** (physische Integration von Zulieferern in den Produktionsprozess) und schließlich das **Betreiber**-Modell (Zulieferer als Subunernehmer am Ort der Produktion).

Kanban ist ein Materialfluss-Steuerungssystem auf Basis von Karten als Informationsträgern zur Reduzierung von Zwischenlägern mit verbrauchsorientierter Lieferung im Hol-Prinzip. Nachdem eine Losgröße von einer Stelle bearbeitet und abgeliefert wurde, geht ein Mitarbeiter mit einem leeren Standardbehälter und einem Verbrauchs-Kanban (Formularkarte) zum Zwischenlager. Aus diesem Zwischenlager wird ein Standardbehälter mit einem neuen Los an Teilen entnommen. Der mitgebrachte Verbrauchs-Kanban wird diesem neuen Material zugeordnet. Der ebenfalls mitgebrachte leere Standardbehälter und der dem neuen Material ursprünglich beiliegende Fertigungs-Kanban werden anstelle des entnommenen Materials im Zwischenlager hinterlassen. Dieser dient als Auftrag und weist die vorgelagerte, erzeugende Stelle an, das angeforderte Material bereitzustellen und in entsprechender Menge in einem standardisierten Behälter abzulegen. Dieses neue Material wird zusammen mit dem Fertigungs-Kanban in das Zwischenlager gebracht, wo es von der nachgelagerten Stufe mit dem Verbrauchs-Kanban wieder entnommen wird. Damit schließt sich der Kreislauf. Der ganze Betrieb wird so zu einem System vermaschter, selbststeuernder Regelkreise für die gesamte Wertschöpfungskette, auch über das eigene Unternehmen hinaus zu Zulieferern (Fertigungssignal) und Abnehmern (Verbrauchssignal). Die Kanban-Formularkarte dient als Informationsträger in diesem Regelkreis, sie kursiert immer nur innerhalb eines Teilsystems, also nur zwischen zuliefernder Stelle (Quelle) und Zwischenlager (Fertigungs-Kanban) oder nur zwischen verbrauchender Stelle (Senke) und Zwischenlager (Verbrauchs-Kanban). Sie enthält Name/Identnummer des Teils, Skizze des Teils, Behälterart und Anzahl der Teile pro Behälter, Herkunft der Teile (herstellende Stelle), Empfänger der Teile (verbrauchende Stelle), Registriernummer und laufende Kanban-Nummer, Abholbereitstellungszeitpunkt sowie Zusatzinformationen. Jeder Regelkreis besteht aus der Arbeitsstation und einem vorgelagerten Puffer.

Dabei dürfen immer nur Gut-Teile übergeben werden. Die Einsteuerung neuer Aufträge erfolgt zunächst konventionell (Bring-Prinzip) und wird dann erst nach Einpendeln der Daten auf das Pull-Prinzip umgestellt. Die notwendige Kartenanzahl berechnet sich aus dem Verbrauch pro Planungsperiode, der Anzahl der Teile pro Behälter, der Herstellzeit sowie den Transportzeiten für Material und Kartenrücklauf. Außerdem wird ein geringer Sicherheitsbestand vorgesehen. Extern begünstigen wenige Zulieferer in unmittelbarer Produktionsnähe das Kanban-System ebenso wie die Einbindung von IT-Stützung. Real gibt es Mindestbestandsgrenzen, um mehrere Einheiten nachzuliefern (wegen vermeidbarer Rüstkosten).

Wichtig ist dabei die Betrachtung der internen Kunden-Lieferanten-Beziehung, die als wichtigste Erkenntnis impliziert, dass eine Leistung nur erstellt werden kann, wenn sich ein Nachfrager findet (intern oder extern), der die Kosten dafür übernimmt, die letzte interne Stufe erlöst schließlich die Kosten und den Gewinn am Markt. Damit dies gelingt, ist es nur konsequent, dass Bedarfsmeldungen im Hol-Prinzip von dieser letzten Stufe (Endabnehmer) nach vorn gegeben werden.

Just in time ist ein logistikorientiertes, dezentrales Organisations- und Steuerungskonzept im Sinne einer Grundeinstellung bzw. Produktionsphilosophie, das die Materialver- und -entsorgung für eine Produktion auf Abruf zur kurzfristigen Anpassung der Kapazitäts- und Materialbedarfsplanung an die aktuelle Fertigungs- und Auftragssituation bedingt, also die richtigen Teile am richtigen Ort in der richtigen Menge zur richtigen Zeit und in der richtigen Qualität.

Auf eine Push-Strategie wird zu Gunsten einer Pull-Strategie im Bereich von Leistungen und Diensten verzichtet. Um die mit diesen Veränderungen verbundene Verunsicherung abzubauen, ist ein hoher Schulungsbedarf für neue operative Techniken gegeben. Zugleich erfolgt eine stärkere Einbindung mit kooperativen Lieferanten und Unterlieferanten. Der Produktionsprozess wird mit sehr niedriger Rentabilitätsschwelle gefahren. Dies ist nur möglich durch ein flexibles System computergestützter Planung und Organisation mit polyvalenten Mitarbeitern.

Vorteile sind die größere Flexibilität im Hinblick auf die Anpassung und Gestaltung des Prozessablaufs. Dies ermöglicht den Abbau von Vorräten und verringert die Anzahl der für die Abfolge von Aktivitäten zwingend vorgegebenen Arbeitsschritte. Weiterhin werden Warte- und Durchlaufzeiten erheblich verringert. Hinzu kommt eine motivierende Arbeitsgestaltung in Gruppen.

Nachteile sind hingegen die äußerst schwierige, langwierige Implementierung, die meist eine Reorganisation der betroffenen Abteilungen erfordert. Hinzu kommt ein zu Anfang hoher Investitionsbedarf.

1.4 Ablauforganisation

Zentraler Erfolgsfaktor im Prozessmanagement sind die Mitarbeiter, vor allem diejenigen in wertschöpfenden Unternehmensbereichen. Damit ihre Wertschöpfung erhalten bleibt und gesteigert werden kann, bedarf es ihrer sensiblen Führung. Dafür gibt es mehrere Ansätze.

1.4.1 Eindimensionale Führungsstile

Über die Notwendigkeit der Führung von Mitarbeitern bestehen durchaus kontroverse Vorstellungen. Pessimistische Menschenbilder halten sie für unerlässlich (Machiavelli, Hobbes, Smith, Darwin/Spencer, Freud, Taylor etc.). Optimistische Menschenbilder hingegen halten Führung an sich für minimierbar (Locke, Sullivan/Fromm/Horney, Mayo, Argyris/Bennis/Likert etc.). Für die konkrete Ausgestaltung der Mitarbeiterführung gibt es eine ganze Reihe von Führungsmodellen. Im Folgenden werden einige zentrale Führungsmodelle kurz charakterisiert.

In Bezug auf eindimensionale Ansätze des Führungsstils lassen sich zwei Grundmit jeweils vier Untertypen unterscheiden. Die **autoritäre Grundhaltung** ist dadurch gekennzeichnet, dass der Vorgesetzte entscheidet und anordnet:

- Beim **despotischen** Führungsstil handelt es sich um einen charismatischen Herr im Haus-Standpunkt, bei dem das Eigentum an Produktionsmitteln das zutage tretende Herrschaftsdenken legitimiert.
- Beim **patriarchalischen** Führungsstil entscheidet immer noch der Vorgesetzte allein, er ist aber bestrebt, seine Untergebenen zu überzeugen, bevor er anordnet.
- Auch beim **paternalischen** Führungsstil dominiert das autokratische Herrschen, jedoch besteht ein Verantwortungsgefühl für die persönlichen Belange der Mitarbeiter, ohne diese aber aktiv zu beteiligen.
- Beim **pädagogischen** Führungsstil wird die Selbstständigkeit der Mitarbeiter gefördert und entwickelt, indem Fragen gestattet werden, um die Akzeptanz von Entscheidungen zu erhöhen.

Die **demokratische Grundhaltung** ist dadurch gekennzeichnet, dass der Vorgesetzte lenkt und koordiniert:

- Beim **partnerschaftlichen** Führungsstil fordert der Vorgesetzte seine Mitarbeiter auf, an der Zielfindung mitzuwirken und informiert diese über anstehende Entscheidungen und ihre Implikationen.
- Beim **partizipativen** Führungsstil werden Entscheidungsvorlagen unter Einbeziehung von Wissen, Können und Interesse der Mitarbeiter gemeinsam erarbeitet, die der Vorgesetzte sanktioniert.
- Beim **kollektiven** Führungsstil zeigt der Vorgesetzte das Problem und den Handlungsspielraum auf und überlässt es seinen Mitarbeitern, unter seiner Anleitung selbstständig Lösungen dafür zu erarbeiten.
- Beim **autonomen** Führungsstil entscheidet die Gruppe selbst über die Problemlösung, und der Vorgesetzte vertritt diese Gruppenmeinung nach innen und außen mit formaler Kompetenz.

Führungsstile haben sich auch in Management by-Techniken etabliert, bei denen sich, neben zahlreichen exotischen und witzigen, folgende wichtigen Prinzipien finden:

- **Management by objectives** (MbO) meint die Ziel orientierte Unternehmensführung durch die Vereinbarung operationalisierter Ziele auf jeder Hierarchiestufe der Organisation auf Basis von Zielerreichungszusagen durch die beteiligten Manager und Mitarbeiter sowie ein System von Commitments, Budgetierungen und Kontrollen.
  - Vorteile: Konkrete Ergebnisverantwortung, Individualziele (persönliche Arbeitsziele), relativer Freiheitsgrad für die Realisierung und Planung,
  - Nachteile: Planungshektik, intensive Kontrollen, einseitig materielle Leistungsbetonung, Verwaltungsaufwand.
- **Management by delegation** (MbD) bedeutet die Übertragung von Aufgaben, Verantwortung und Kompetenz an nachfolgende Instanzen und Personen durch selbstständiges Arbeiten innerhalb des jeweiligen Kompetenzbereichs bei klarer Beschreibung der Stellung, ihrer Aufgaben und Zuständigkeiten.
  - Vorteile: Akzeptanz der Unternehmensziele durch die Mitarbeiter, Transparenz der Unternehmensprozesse,
  - Nachteile: Gefahr der unechten Delegation, Reduzierung auf Routinearbeiten, einseitige Verantwortungsdelegation.
- **Management by exception** (MbE) erlaubt Eingriffe in einen beliebigen Prozess durch das Management nur, sofern Abweichungen von den vereinbarten Toleranzgrenzen auftreten. Als Hilfsmittel dienen daher Abweichungsanalysen, Problemanalysen und Methoden zur Stabilisierung von Geschäftsprozessen. Unter Umständen erfolgen auch Korrekturen des Gesamtziels bzw. der Unternehmensplanung.
  - Vorteile: Entlastung des Management, hohe Selbstverantwortung der Mitarbeiter, Motivationspotenziale durch Ergebnisbeteiligung (Bonifikation),
  - Nachteile: Intensive Arbeitsbelastung durch Ziel- und Kontrollziffernanalyse, Gefahr des „Overcontrolling“ und der Übersteuerung.
- **Management by control** (MbCo) stellt Ergebnis-, Verhaltens- und Leistungskontrollen für die Überwachung aller Prozesse und der damit beauftragten Personen durch ein System der Kennziffern in den Mittelpunkt (meist als Teilsystem anderer Managementsysteme).
  - Vorteile: Ständige Ursachenanalysen, hoher Beeinflussungsgrad und schnelle Reaktion bei Zielabweichungen,
  - Nachteile: Kontrollmissbrauch, Gefahr von verdeckten Kontrollen, Angstsyndrome bei Mitarbeitern.
- **Management by coordination** (MbCoo) bedeutet die Zusammenfassung von Teilaktivitäten im Hinblick auf unternehmensweite Ziele mit einer Vielfalt der Koordinationsaufgaben in sachlicher, organisatorischer, personeller, finanzieller, informationeller und zeitlicher Hinsicht. Dazu bedarf es der Einschaltung von Koordinatoren bzw. Koordinationsteams (horizontal/vertikal).
  - Vorteile: Entlastung des Management, Arbeitsteilung zwischen personellen und fachlichen Aufgaben,

- Nachteile: Konzentration fachlicher Fähigkeiten bei den Koordinatoren mit Informationsvorsprung, doppelte Berichtswege bei den Mitarbeitern.

• **Management by communication** (MbCom) sieht eine funktionierende Kommunikation als Voraussetzung für jeden kooperativen Führungsstil. Es kommt zu einer starken Betonung der zwischenmenschlichen Beziehungen, vor allem bei Projekt und Team orientierten Arbeiten. Dadurch erfolgt der Übergang von der fachlichen Anweisung zur sozialen Interaktion mit hoher Anforderung an die Sozialkompetenz der Manager.
- Vorteile: Hohe Vertrauenspotenziale zwischen Mitarbeitern und Managern, Einbindung der Führungskraft in die Problemlösungsprozesse der Teams,
- Nachteile: Starke zeitliche Inanspruchnahme der Manager, besonders bei Moderationssitzungen und Problemlösungsprozessen.

• **Management by development** (MbD) bezieht sich auf Ausbildung und Training einzustellender und vorhandener Führungskräfte für neue Aufgaben zur Erzielung eines hohen Standards an Führungsqualität. Dazu werden moderne Methoden wie Assessment centers, Kommunikationstrainings und systematische Ausbildung an praktischen Aufgaben (Training on the job) genutzt, um Sozial-, Fach- und Methodenkompetenzen zu entwickeln.
- Vorteile: Qualifizierung des Management-Potenzials, langfristige Sicherung qualifizierter Mitarbeiter für sich ändernde Aufgaben,
- Nachteile: Überqualifizierung bei nicht ausreichend zur Verfügung stehenden Managementpositionen.

• **Management by motivation** (MbM) hebt auf die Erzielung einer größtmöglichen Leistungsbereitschaft der Mitarbeiter durch Anreize ab, die ihren Motiven entsprechen. Als Ziel gilt die Selbstverwirklichung des Menschen durch den Beruf. Die Anreizsysteme sollen die Identifikation der Mitarbeiter mit dem Unternehmen bewirken.
- Vorteile: Verhaltenssteuerung der Mitarbeiter unter Beachtung ihrer individuellen Motive und Fähigkeiten,
- Nachteile: Materielle Überbetonung, einseitige Anreize, persönliche Defizite bei Leistungsschwächeren, Vernachlässigung humaner Werte.

• **Management by systems** (MbS) hat eine Gesamtschau der Prozesse i.S.e. kybernetischen Regelkreises als modellartige Darstellung des Unternehmens im Fokus. Komplexität und Interdependenz werden funktional dargestellt und die prozessualen Zusammenhänge der wichtigsten Führungsaufgaben erläutert.
- Vorteile: Hoher didaktischer Wert, Umsetzungen für die Praxis bedarf zusätzlicher analytischer Erhebungen,
- Nachteile: Mechanistische Darstellung ohne Bezug auf Führungsmodelle und Führungsverhalten.

1.4.2 Zweidimensionale Führungsstile

Neben diese eindimensionalen Prinzipien, die den Spielraum von Führendem und Geführtem definieren, treten verstärkt mehrdimensionale, z.B. in Form des zweidimensionalen **Grid** mit den Matrixachsen Betonung der Menschen bzw. Betonung der Leistung, jeweils ordinal unterteilt in hoch/niedrig. Daraus ergeben sich dann wiederum mindestens fünf Kombinationen *(siehe Abb. Führungs-Grid)*:

- 1.1: Eine niedrige Einstufung in beiden Dimensionen führt zu einem Führungsverhalten mit geringstmöglicher Einwirkung auf Arbeitsleistung und Mitarbeiter. So besteht ein geringes Interesse an persönlichen Belangen und sachlichen Aufgabenerfüllungsaspekten. Ziele des Führenden sind vielmehr Überleben in der Organisation und Meidung von Kritik, die ansonsten eine Schwächung der eigenen Position bewirken kann und ihre Ursache oft in Resignation hat. Zu den Kennzeichen gehören folgende:
  - Organisationsgrad: tendenziell gering,
  - Aufgabenverteilung: ausgeprägte Entscheidungsdezentralisation,
  - Rolle des Vorgesetzten: zumeist nur „Fähnlein nach dem Wind hängen",
  - Unterstellungsverhältnisse: meist hierarchisch (nach Organigramm),
  - Art der Anordnung: unverbindliche Weiterleitung von Anregungen,
  - Arbeitsbeziehungen: wenig frequentierter Kontakt, Tendenz zur Isolation, keine kollegialen Formen,
  - Formalzielbezug: persönlichkeitsbezogen, es geht ums Überleben,
  - Förderung: weitgehend nicht vorhanden,
  - Konfliktfall: wird tunlichst vermieden,
  - Innovation: dient nur der Erhaltung des Status quo,
  - Motivation: reines Erhaltungsstreben, keine besondere Leistungsmotivation,
  - Mitarbeiterentwicklung: fehlt zumeist.
- 9.9: Eine hohe Einstufung in beiden Dimensionen führt zu hohem Arbeitsdruck auf begeisterungsfähige Mitarbeiter und zur Verfolgung gemeinsamer Ziele. Die gleichmäßige Betonung der persönlichen Probleme und der Aufgabenerfüllungsnotwendigkeiten ergibt ein Maximum an (formalem) Ergebnis. Die Arbeitsbedingungen entsprechen den Anforderungen geistig reifer Menschen. Unterstellungen sind dabei, dass Mitdenken und Einfluss positiv auf das Ergebnis wirken, Fehler nur durch Missverständnisse entstehen und durch Lernprozesse vermeidbar sind. Zu den Kennzeichen gehören folgende:
  - Organisationsgrad: gering,
  - Aufgabenverteilung: Entscheidungen i.d.R. dezentral in Gruppen oder einzeln,
  - Rolle des Vorgesetzten: als helfender Lehrer,
  - Unterstellungsverhältnisse: Vorgesetzter steht der Gruppe der Untergebenen gegenüber,
  - Art der Anordnung: gemeinsame Lösung und Überzeugung,
  - Arbeitsbeziehungen: kollegiale Formen werden betont, auch in Gremien,
  - Formalzielbezug: leistungsbezogen, Blick auf das Gruppenergebnis,
  - Förderung: menschliche Qualifikation und Problemlösungsfähigkeiten sind bei der Beförderung gleich bedeutend,
  - Konfliktfall: direkte Konfrontation, rationale Lösung,
  - Innovation: große Bereitschaft zu Neuerungen,
  - Motivation: sozialbezogene Leistung, hohe Gruppenmotivation, materielle und immaterielle Anreize sind harmonisch aufeinander abgestimmt,
  - Mitarbeiterentwicklung: starke Förderung, Vorbildcharakter der Führung.

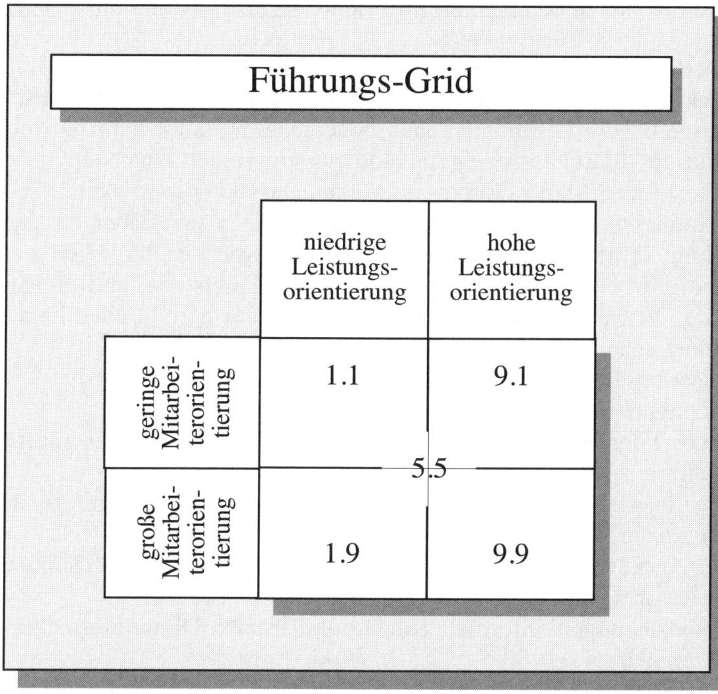

- 9.1: Eine hohe Einstufung bei der Betonung der Leistung und eine niedrige bei der des Menschen führt zur Erreichung hoher Arbeitsleistung, ohne dass dabei viel Rücksicht auf zwischenmenschliche Beziehungen genommen wird. Es besteht ein sachliches Interesse an der Aufgabenerfüllung. Humane Elemente bleiben weitgehend außer Betracht. Unterstellungen sind dabei, dass Mitarbeiter unselbstständig sind, eine Abneigung gegen Arbeit haben, Ordnung sich nur aus Uniformität ergibt und alternative Führungsformen nur Zweifel an der Autorität schaffen. Zu den Kennzeichen gehören folgende:
  - Organisationsgrad: hochgradige Konkretisierung der Aufgaben,
  - Aufgabenverteilung: weitestgehende Entscheidungszentralisation (Zwang),
  - Rolle des Vorgesetzten: Autoritätsperson, Subordination ist Pflicht,
  - Unterstellungsverhältnisse: streng hierarchisch, klare Kompetenzen,
  - Art der Anordnung: verbindliche Anordnung, keine Begründung, disziplinarische Drohung,
  - Arbeitsbeziehungen: Kommunikation folgt Instanzenweg, keine kollegialen Arbeitsbeziehungen,
  - Formalzielbezug: unmittelbar durch Mengen-, Zeit- und Geldstandards,
  - Förderung: gefördert wird die effizienteste Mitarbeit im Hinblick auf das Ergebnis,
  - Konfliktfall: nur Wahl zwischen persönlicher Ein-/Unterordnung oder Arbeitsplatzwechsel,
  - Innovation: Ideen kommen nur von oben (Management),

- Motivation: fast ausschließlich materielle Anreize, Zwang zur Erhaltung der ökonomischen Existenzgrundlage,
- Mitarbeiterentwicklung: gering, sachliche Leistung dominiert.

• 1.9: Umgekehrt führt eine hohe Einstufung bei der Betonung des Menschen und eine niedrige bei der Leistung zu einer bequemen, freundlichen Atmosphäre, deren sorgfältige Mitarbeiterbeachtung jedoch mit geringer Arbeitseffizienz erkauft wird. Es besteht ein starkes Interesse an humanen Elementen, weil diese als leistungsbestimmend angesehen werden. Unterstellungen sind dabei, dass Mitarbeiter Erfüllung in der Arbeit bei entsprechenden Arbeitsbedingungen finden, sie selbstständig arbeiten können und Ordnung und Leistungsstreben natürliches Resultat des Vertrauens sind, das dieser Führungsform zu Grunde liegt. Zu den Kennzeichen gehören folgende:
- Organisationsgrad: geringe Konkretisierung der Aufgabe,
- Aufgabenverteilung: starke Entscheidungsdezentralisation,
- Rolle des Vorgesetzten: sorgt für Arbeitsbedingungen, die den Leistungswillen anregen,
- Unterstellungsverhältnisse: formale Organisation wird durch informale Beziehungen ergänzt oder sogar substituiert,
- Art der Anordnung: Streben nach gemeinsamer Lösung, Überzeugung durch fachliche Autorität und zusätzliche Informationen,
- Arbeitsbeziehungen: informale Kanäle sind erlaubt, Direktinformation, Kollegialität dominiert,
- Formalzielbezug: kaum Standards, menschliche Erfüllung ist wichtig,
- Förderung: Teamarbeiter werden bevorzugt,
- Konfliktfall: wird durchweg geleugnet oder geglättet,
- Innovation: ist gering, da Atmosphäre von Spannung und Widerspruch fehlt,
- Motivation: hohe persönliche Motivation über Möglichkeit zur Selbstverwirklichung,
- Mitarbeiterentwicklung: gering, weil sachliche Förderung fehlt.

• 5.5: Mittlere Einstufungen bei beiden Dimensionen führen zu einem vertretbaren Kompromiss durch Ausbalancieren der Notwendigkeit zur Arbeitsleistung und zur Aufrechterhaltung der zu erfüllenden Aufgaben. Hier kommt es zur ausgeglichenen Berücksichtigung humaner und sachlicher Elemente. Bei beiden wird kein Maximum angestrebt. Unterstellungen sind dabei, dass beide Ziele nur im Idealfall zugleich erreichbar sind und daher ein Kompromiss anzustreben ist, der bei regelgerechtem Funktionieren quasi automatisch das Erreichen von Sach- und Formalzielen garantiert. Zu den Kennzeichen gehören folgende:
- Organisationsgrad: mittelmäßig,
- Aufgabenverteilung: mittlerer Grad an Entscheidungsdezentralisation,
- Rolle des Vorgesetzten: Funktionär, Repräsentant der Organisation,
- Unterstellungsverhältnisse: hierarchische Züge nach Organigramm,
- Art der Anordnung: verbindliche Anordnung mit aufklärender Background-Information,
- Arbeitsbeziehungen: formale und informale Kommunikation, Kollegien werden bevorzugt,
- Formalzielbezug: Funktionieren der Organisation,
- Förderung: bei organisationsgerechtem Verhalten,

- Konfliktfall: entspricht der Verletzung der Organisationsregeln,
- Innovation: nur sachliche Neuerungen,
- Motivation: Kompromiss zwischen Zielen des Einzelnen und der Organisation, materielle und immaterielle Anreize,
- Mitarbeiterentwicklung: organisierte Verfahren.

1.4.3 Dreidimensionale Führungsstile

Auf einer komplexeren Stufe ist weiterhin auf die Ansätze von **Reddin** und Hersey/Blanchard hinzuweisen. Reddin unterscheidet, aufbauend auf Blake/Mouton, bei der Aufgaben- bzw. Mitarbeiterorientierung jeweils nach ineffektiven und effektiven Führungsstilen. Entsprechend ergeben sich vier Positionen *(siehe Abb. Effektive und ineffektive Führungsstile)*:

- Der **Verfahrensstil** ist durch starre Regeln und Vorschriften geprägt und daher nicht auf Situationen mit hoher Dynamik anwendbar. Aus Angst vor Verantwortung flüchtet der Vorgesetzte entweder in Paragrafen und Dienstanweisungen (Kneifertyp) oder sorgt für ein reibungsloses Funktionieren des Unternehmens (Verwaltertyp).
- Der **Beziehungsstil** bemüht sich um ein gutes Verhältnis zu Mitarbeitern. Der Vorgesetzte geht dabei allen Unstimmigkeiten und Problemen aus dem Weg und vermeidet insofern Konflikte (Gefälligkeitstyp) bzw. sorgt für eine vertrauensvolle Atmosphäre und motiviert Mitarbeiter zu ihrer Selbstverwirklichung (Förderertyp).
- Der **Aufgabenstil** stellt Leistung und Arbeitsergebnis in den Vordergrund. Dies erfolgt entweder durch Druckausübung mit unvermeidlichen Reibungsverlusten (Autokrattyp) oder durch Erfahrung, Fleiß und Initiative mit Entscheidungsrecht in der Gruppe (Machertyp).
- Der **Integrationsstil** bedeutet Berücksichtigung sowohl der Aufgaben- als auch der Beziehungskomponente. Dies erfolgt durch Zwang zu Kompromissen mit langer Bearbeitungszeit von Problemen (Kompromisstyp) bzw. Akzeptierung der Persönlichkeit von Mitarbeitern unter Koordination ihrer Aktivitäten anhand hoher Maßstäbe (Integrierertyp).

Hersey/Blanchard versuchen weitergehend eine Synthese aus verschiedenen Führungsvorschlägen und einem eigenen Führungsansatz. Dieser Ansatz hat drei Dimensionen:

- den Reifegrad der Mitarbeiter durch seine Stellen bezogene Reife als technische Fähigkeit, eine Aufgabe zu erfüllen, und seine psychologische Reife als Selbstvertrauen und Motivation (jeweils skaliert nach niedrig/hoch) sowie
- die Aufgaben bezogene Dimension und
- die Mitarbeiter bezogene Dimension.

Entsprechend ergeben sich im Zeitablauf typischerweise vier situative Positionen. Beim **autoritären** Führungsstil (Telling/Reifegrad 1) sind eine niedrige Mitarbeiterorientierung, eine hohe Aufgabenorientierung und ein niedriger bis mittlerer

Reifegrad gegeben. Hier fixiert der Vorgesetzte eindeutig die Tätigkeiten der Untergebenen und gibt Zeitpunkte für ihre Aufgabenerfüllung vor (militärischer Kommandoton). Den Mitarbeitern mangelt es sowohl an Antrieb als auch an Motivation sowie an Qualifikation und Kompetenz, Aufgaben erfolgreich zu bewältigen. Demnach wird ein stark aufgabenbezogener Führungsstil als sinnvoll angesehen, der Vorgesetzte muss genau erklären, was Mitarbeiter zu tun haben und ihre Arbeit entsprechend überwachen.

Beim **integrierenden** Führungsstil (Selling/Reifegrad 2) sind eine hohe Mitarbeiterorientierung, eine hohe Aufgabenorientierung und ein niedriger bis mittlerer Reifegrad gegeben. Hier berücksichtigt der Vorgesetzte auch die Meinung seiner Mitarbeiter, aber entscheidet letztlich selbst, wobei er bemüht ist, diesen seine Entscheidung zu „verkaufen". Mitarbeiter haben zwar den Willen, Aufgaben zu erfüllen, es fehlt ihnen aber an den dazu nötigen Fähigkeiten. Der Vorgesetzte muss daher klare Anweisungen erteilen. Weil aber der gute Wille vorhanden ist, kann er auf Akzeptanz setzen, was einen Kompromiss zwischen Aufgaben und Mitarbeiter bezogenem Führungsstil erlaubt.

Beim **partizipativen** Führungsstil (Participating/Reifegrad 3) sind eine hohe Mitarbeiterorientierung, eine niedrige Aufgabenorientierung und ein mittlerer bis hoher Reifegrad gegeben. Der Mitarbeiter spielt bei der Entscheidungsfindung und Durchführung eine wichtige Rolle, wer entscheidet, ist dabei jedoch nicht eindeutig festgelegt. Mitarbeiter verfügen zwar über die erforderlichen Fähigkeiten, es fehlt ihnen jedoch am Willen, ihre Arbeit auch konsequent durchzuführen. Daher ist ein stark mitarbeiterbezogener Führungsstil erforderlich.

Beim **delegierenden** Führungsstil (Delegating/Reifegrad 4) sind eine niedrige Mitarbeiterorientierung, eine niedrige Aufgabenorientierung und ein mittlerer bis hoher Reifegrad gegeben. Es kommt letztlich zum Verzicht auf Führung, da Mitarbeiter über die Mittel und Wege zur Zielerreichung selbst entscheiden können. Mitarbeiter haben dabei sowohl den Willen als auch die Fähigkeiten, ihre Aufgaben zu erfüllen. Daher reicht ein Führungsstil, der sich auf die Setzung von Rahmenbedingungen konzentriert, in dieser Konstellation aus.

1.4.4 Willensbildung

Die Willensbildung in Organisationen kann auf verschiedenen Wegen erfolgen. Beim **Top down-Ansatz** erfolgt sie von der Geschäftsführung an die Basis gerichtet. Dies ist typisch für Unternehmen der westlichen Hemisphäre. Dies bietet den Vorteil der schnellen Entscheidungsfindung, da nur der relativ kleine Zirkel des Management darin einbezogen wird. Allerdings geht die dabei eingesparte Zeit auf dem Weg durch die Instanzen oft wieder verloren. Auf jeder Stufe kommt es zu Verzögerungen der Entscheidungsdurchsetzung. Hinzu kommt jeweils weiterhin eine unbewusste Verfälschung des Auftragsinhalts, die im Ergebnis zu argen Verzerrungen führen kann. Da zudem die von oben oktroyierte Entscheidung nicht

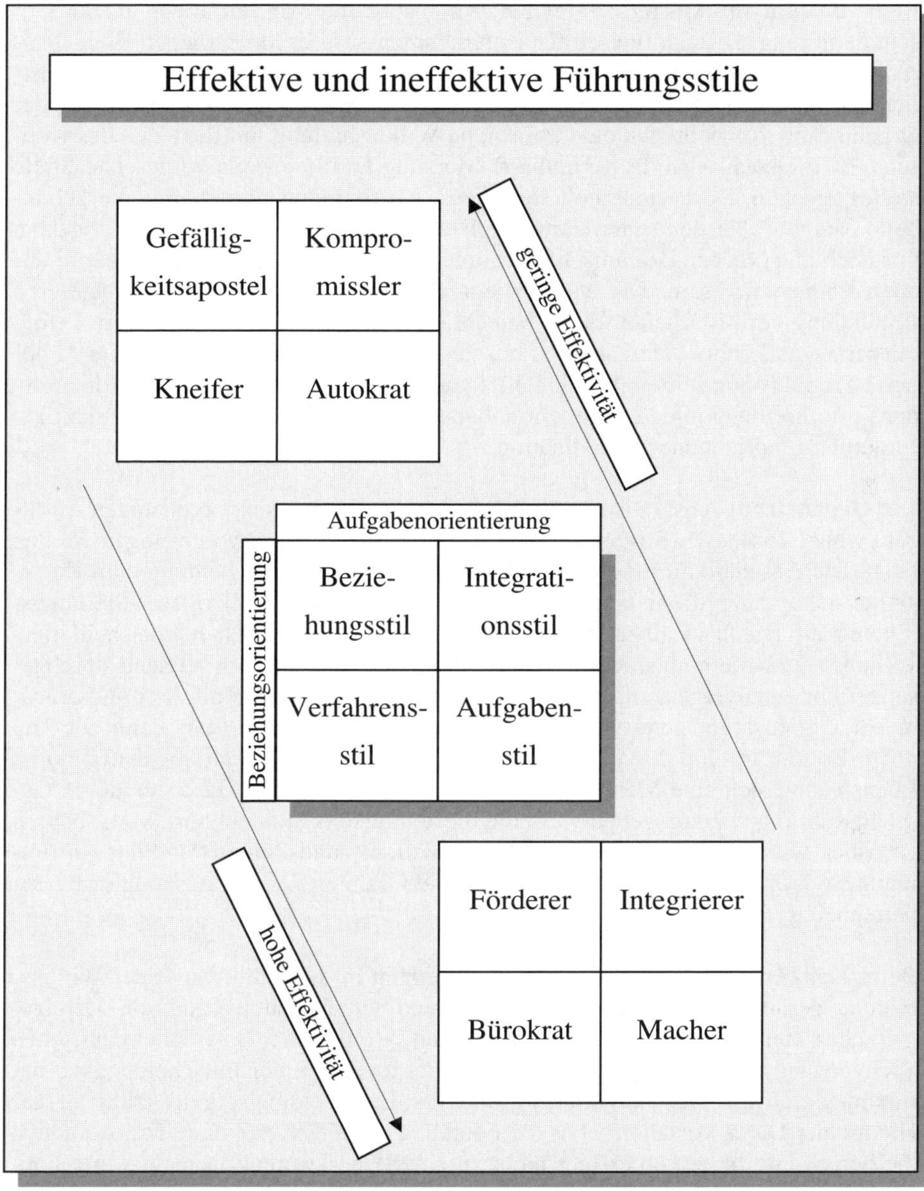

immer sachgerecht ist, kommt es zu Widerständen. So bleiben Entscheidungen letztlich oft Makulatur, und die Unternehmensspitze entfernt sich zunehmend von der Basis. Probleme liegen auch im Vorgabecharakter, welcher die Planungsmotivation beeinträchtigt, in mangelnder Koordination und Information, die häufig als relevante Problembereiche verborgen bleiben, und in der Gefahr der Suboptimierung

Beim **Bottom up-Ansatz** erfolgt die Willensbildung von der Basis an die Geschäftsführung. Dies ist typisch für Unternehmen aus der fernöstlichen Hemisphäre. Der Nachteil liegt in der langwierigen Entscheidungsfindung, die oft von westlichen Gesprächspartnern als entnervend kritisiert wird. Denn auf allen Ebenen der Organisation vollzieht sich eine informelle Willensbildung mit dem Ziel des Konsens. Erst danach wird die vereinbarte Meinung an die jeweils vorgesetzte Stelle weiter gegeben. Dort wiederholt sich dieser Abstimmungsprozess, bis die gebündelte Meinung bei der Unternehmensspitze angekommen ist. Diese braucht dann nur noch entsprechend zu entscheiden, und die Entscheidung wird schlagartig auf allen Ebenen wirksam. Der Vorteil liegt zum einen in der wesentlich stärkeren Einbindung der Mitarbeiter, die ja berechtigterweise das Gefühl haben, am Erfolg mitwirken zu können, zum anderen in sachgerechteren Entscheidungen, die zu höherer Produktivität führen. Probleme liegen allerdings in der Negativkoordination, der Fortschreibung alter Ziele, dem hohen Arbeits- und Zeitaufwand und dem Erfordernis zu horizontaler Koordination.

Der **Gegenstrom-Ansatz** ist ein Kompromiss aus den beiden vorgenannten Ansätzen, wobei Top down-Bottom up oder Bottom up-Top down vorgegangen werden kann. Die Geschäftsführung leitet dabei eine vorläufige Entscheidung zum Zwekke der Akzeptanzprüfung an die Basis, und diese gibt nach vollzogener Meinungsbildung ihr Feedback dazu. Besteht Übereinstimmung zwischen Entscheidungsvorhaben und Meinungsrückfluss, wird die Entscheidung entsprechend durchgesetzt. Gibt es Divergenzen, wird die Entscheidung solange modifiziert und erneut in der Organisation getestet, bis Konsens erzielt wird, dies führt dann zur Top down-Bottom up-Top down- oder Bottom up-Top down-Bottom up-Abstimmung. Ebenso kann sich eine Meinung an der Basis gebildet haben, die dann an die Geschäftsführung weitergegeben wird, die diese ihrerseits kommentiert. Von Nachteil ist dabei, wie zu erahnen, der hohe Koordinations- und Zeitaufwand der Abstimmung, sodass de facto meist nur ausgewählte Gremien der Organisation (z.B. Expertenbeirat, Betriebsrat) konsultiert werden.

Beim **Keil-Ansatz** wird das Middle management in den Mittelpunkt der Willensbildung gerückt, weil es einerseits auf Grund seiner Leitungsfunktion Managementcharakter einnimmt, andererseits aber auf Grund seiner Basisnähe praktischen Sachverstand einbringt. Es wird damit Mittler zwischen der Entscheidungsvorbereitung durch die Geschäftsführung und der Entscheidungsdurchsetzung in der Hierarchie. Da es vor allem aber die operative Arbeit zu erledigen hat, stellt sich die berechtigte Frage, ob es hier nicht zu einer Überlastung mit nicht-wertschöpfenden Aktivitäten kommt, zumal wenn zugleich Hierarchieebenen infolge Lean management wegrationalisiert werden.

Beim **Kerngruppen-Ansatz** wird davon ausgegangen, dass es erfahrungsgemäß mehrere dezentrale Stellen der Willensbildung in einem Betrieb gibt. Diese beruhen auf informellen Kontakten, auf großer Qualifikation und hohem Zusammengehörigkeitsgefühl. Diese Kerne wirken meinungsbeeinflussend auf ihr Umfeld und schaffen Lobbies, die geeignet sind, zuerst Themen auf die Agenda der Geschäftsführung zu bringen und später deren Implementierung in der Organisation als Problemlösungen zu forcieren. Allerdings spielen oft egoistische Interessen dieser Kerne eine verhängnisvolle Rolle zulasten der Gemeinschaft.

2. Wirtschaftlichkeitsrechnung

Im Produktmanagement ist sicherlich die kundenbezogene Sichtweise von alles überragender Bedeutung. Das bedeutet jedoch keineswegs, dass betriebliche Aspekte außer Acht gelassen werden könnten. Sie stellen vielmehr Restriktionen dar, innerhalb derer nachfragerorientierte Handlungen überhaupt nur tragfähig sind. Solche betrieblichen Aspekte betreffen im Einzelnen die Budgetierung, die Kostenrechnung in ihren vielfältigen Differenzierungsformen, die Break even- und die Investitions-Analyse sowie allgemein die Effizienzsteigerung.

2.1 Budgetierung

Budgetierung ist allgemein die Umsetzung von Plänen in eine Menge von Geldwerten für die nächsten Perioden durch Gegenüberstellung erwarteter Einnahmen und Ausgaben als kurzfristige, formalisierte Operationalisierung und Periodisierung strategischer Maßnahmen, die einem organisatorischen Verantwortungsbereich für einen bestimmten Zeitraum mit Verbindlichkeitsgrad zur Erfüllung der ihm übertragenen Aufgaben in eigener Verantwortung vorgegeben wird. Es geht um die Integration der Teilplanungen, die Integration der Planung nach Institutionen und die Integration der Planungen unterschiedlicher Fristigkeit. Das Budget ist ein Ziel und spezifiziert Ziele bzw. Schritte zur Zielerreichung und beschreibt den Zustand von Variablen in der Zielerreichung, es ist ein Katalog von Restriktionen, ein Plan, auf den Mitarbeiter ihr Verhalten einrichten sollen, es ist Koordinations- und Abstimmungsinstrument zur Überprüfung und Erreichung der Kompatibilität von Teilplänen, ein Kontroll- und Bewertungsinstrument durch Soll-Ist-Abgleich. Durch die Festschreibung im Budget hat der Verantwortungsträger detaillierte Informationen über seine Zielvorgaben und deren Beitrag zum Gesamtziel. Über das Budget erhält er zudem die Erlaubnis, die zur Zielerreichung erforderlichen Mittel in einem definierten Umfang eigenverantwortlich zu verwenden. Dadurch erfolgt eine hohe Motivation und Identifikation. Durch die Verteilung der knappen Geldmittel auf die einzelnen Bereiche werden diese auf die Gesamtzielsetzung hin ausgerichtet, spätere Konflikte verhindert und Kooperationen gefördert. Schließlich erlauben Budgets die laufende Kontrolle über den Stand der Zielerreichung bzw. der Mittelverwendung.

2.1.1 Budgetsystem

Die Summe aufeinander bezogener Budgets nennt man ein Budgetsystem. Das Budgetierungshandbuch gibt Anweisungen zur Budgetierung. Darin ist auch festgelegt, inwieweit Budgetreserven (Budget slack) erlaubt sind und wie Budgetverschwendung (Budget wasting/„Dezember-Fieber“) begegnet wird. Zu festen Zeitpunkten erfolgt zudem eine Budgetaktualisierung.

Das Budget hat eine Orientierungsfunktion. Durch die Festschreibung im Budget hat der Verantwortungsträger detaillierte Informationen über seine Zielvorgaben und deren Beitrag zum Gesamtziel. Das Budget hat aber auch eine Ermächtigungsfunktion. Denn der Verantwortungsträger erhält dadurch die Erlaubnis, die zur Zielerreichung erforderlichen Mittel in einem definierten Umfang zu verwenden. Dem Budget kommt eine Motivationsfunktion zu. Dies gilt für die eigenverantwortliche Verwendung bei Identifikation des Verantwortungsträgers mit den Organisationswerten. Das Budget hat eine Koordinationsfunktion durch die Verteilung der knappen Mittel auf die einzelnen Bereiche. Dadurch werden diese auf die Gesamtzielsetzung hin ausgerichtet, spätere Konflikte werden verhindert und Kooperationen gefördert. Schließlich hat das Budget auch eine Kontrollfunktion durch laufende Verfolgung des Stands der Zielerreichung bzw. Mittelverwendung.

Für die Budgetierung gelten einige Regeln. So muss ein Budget bei gegebenen Aufgaben auch wirklich erreichbar sein, für einen bestimmten Aufgabenbereich darf es nur ein Budget geben, und es ist zu vermeiden, dass Verantwortliche Schattenbudgets („Reptilienfonds") führen. Das Erreichen eines Budgets ist das vereinbarte Ziel, nicht die positive Abweichung von Budgetzahlen (aber auch nicht nach unten), sondern das möglichst exakte Einstellen des Budgetbetrags. Der Budgetverantwortliche soll an der Erarbeitung des Budgets beteiligt sein, denn das Budget ist Inhalt einer Vereinbarung zwischen Mitarbeiter und Unternehmen („A budget is a contract"/MbO). Ein Budget soll „von unten nach oben" (Bottom up) erarbeitet werden, d.h., im Anschluss an die Festlegung von Rahmenbedingungen muss auf Kostenstellenebene fortschreitend mit der Budgeterstellung begonnen werden. Ein Soll-Ist-Vergleich kann nur dann aussagefähig sein, wenn die Istzahlen so gegliedert sind wie die Planzahlen, das Budget darf daher keine anderen Abgrenzungen der Erfolgs- und Bestandsgrößen vornehmen als das Rechnungswesen. Ein Budget wird während der Budgetperiode nicht geändert, Konsequenzen aus nicht zu korrigierenden Abweichungen sollten durch eine Erwartungs- bzw. Vorschaurechnung berücksichtigt werden. Der Budgetverantwortliche soll als Erster den Soll-Ist-Vergleich seiner Budgeteinheit erhalten und daraus ersehen können, welche Kosten durch seinen Bereich verursacht worden und welche Abweichungen von ihm zu vertreten sind. Bei Überschreiten einer festgelegten Abweichungstoleranz ist durch den Controller der Vorgesetzte der betreffenden Budgeteinheit/die Unternehmensleitung zu informieren, stilvollerweise allerdings erst nach Rücksprache mit dem Budgetverantwortlichen. Budgetabweichungen stellen keine Schuldbeweise des Verantwortlichen dar, sondern sind Anlass für einen Lernprozess aller Beteiligten. Eine Budgetabweichung kann durch Mengen-, Preis- oder Verbrauchsabweichungen verursacht sein.

2.1.2 Analytische Verfahren

Die Budgetierung von Marketingaktivitäten bezieht sich auf Produkte (z.B. Entwicklung, Packung), Preise (z.B. Nachlass), Distribution und Kommunikation (z.B. Werbekampagne). Für das Produktbudget gibt es verschiedene Kriterien. Zunächst unterscheidet man nach der **Art** analytische und nicht-analytische Verfahren. Die analytischen Verfahren können einzelbetrieblich oder überbetrieblich ausgelegt sein.

Einzelbetriebliche Verfahren wiederum können nach **quantitativen** (konkrete Größen) oder **qualitativen** Zielen (abstrakte Größen) gewählt werden. Bei den quantitativen Größen kann es sich um unterschiedliche handeln. Denkbar sind etwa **Mengen** und **Werte,** absolut oder relativiert auf Bezugsgrößen.

Bei der **Mengenbudgetierung** erfolgt eine Orientierung am Absatz bzw. einem Betrag je Absatzmengeneinheit. Ein Vorteil liegt dabei in der einfachen Berechnung im Wege der Zuschlagskalkulation. Ein Nachteil ist jedoch die Kausalitätsumkehr, wobei der Output Absatz den Input Produktbudget bestimmt. Hinzu kommt immer noch die Ungewissheit über den angemessenen Marketingbetrag je Verkaufseinheit, der letztlich nur durch die Kostentragfähigkeit limitiert wird.

Bei der **Wertbudgetierung** wird ein Anteilssatz von Betriebserfolgsgrößen (Gewinn, Deckungsbeitrag, Cash-flow etc.) zu Grunde gelegt. Ein Vorteil liegt wiederum in der Einfachheit der Berechnung. Außerdem wird das Prinzip kaufmännischer Vorsicht beachtet. Ein Nachteil ist jedoch der prozyklische Verlauf. Eigentlich soll in der Rezession ein hohes Produktbudget absatzbelebend und im Boom ein niedriges nachfragedämpfend wirken. Dies scheitert allerdings meist an der Realität, bei der in der Rezession nicht genügend Finanzmittel vorhanden sind, die Vermarktung zu intensivieren, und bei der es im Boom leicht fällt, zusätzliche Finanzmittel für Marketingzwecke lockerzumachen. Außerdem wird die Kausalität umgekehrt, denn die Wertgröße ist erst Output der Marketingaktivitäten statt deren Input.

Bei den qualitativen Größen handelt es sich etwa um Kompetenz, Akzeptanz, Respekt oder Vertrauen für Produkte, also komplexe Einstellungsziele, die oft im Begriff Image zusammengefasst werden. Bei der **Ziel-Mittel-Budgetierung** erfolgt eine Ausrichtung an diesen Zielen. Ein Vorteil liegt im vordergründig plausiblen Bezug. Ein Nachteil ist aber, dass die zur Erreichung bestimmter Einstellungsziele notwendigen Mittel infolge mangelnder Zurechenbarkeit von Erfolgen und Misserfolgen auf Marketingaktivitäten nicht zuverlässig operationalisiert werden können.

Überbetriebliche Verfahren sind konkurrenzorientiert oder marktorientiert. **Konkurrenzorientierte** Größen beziehen sich auf den/die Hauptkonkurrenten, **marktorientierte** auf gesamtwirtschaftliche Größen, absolut oder relativiert auf Bezugsgrößen. Dafür gibt es mehrere Ansätze.

Bei der Wettbewerbsbudgetierung wird das eigene Produktbudget in Abhängigkeit von Konkurrenzbudgets definiert (absolute Bezugsgröße). Ein Vorteil ist, dass damit die Konkurrenzanstrengungen wirksam neutralisiert werden können. Zudem ist ein produktiver Mitteleinsatz ebenso gewährleistet wie eine sachgerechte Bezugsbasis. Ein Nachteil ist aber das Ermittlungsproblem der Konkurrenzbudgets sowie die Unklarheit über die Effizienz der jeweils eingesetzten Mittel.

Als relative Bezugsgröße kann das eigene Produktbudget auch in Abhängigkeit von der Summe der Konkurrenzbudgets und den eigenen und fremden Marktanteilen fixiert werden. Dabei weist ein Overspending auf einen höheren Budget- als Marktanteil hin, ein Underspending auf einen höheren Markt- als Budgetanteil. Im ersten Fall wird Marktanteil aggressiv zu kaufen versucht, im zweiten wird aus der Substanz gelebt.

Bei der **Makrobudgetierung** liegen überbetriebliche Bezüge wie Branchenwachstum, Inflationsrate, Bruttoinlandsproduktveränderung etc. zu Grunde. Ein Vorteil liegt in der einfachen Feststellung anhand statistischer Amtsdaten. Ein Nachteil ist, dass es sich nur um Vergangenheitswerte/Zukunftsschätzungen handelt. Außerdem findet keine Berücksichtigung der betriebsindividuellen Situation statt. So können Marktchancen leicht verpasst werden, wenn die aggregierten Größen Zurückhaltung indizieren, während aggressive Konkurrenten vorpreschen.

2.1.3 Nicht-analytische Verfahren

Die nicht-analytischen Verfahren sind auf heuristische Größen ausgerichtet. Zu denken ist an Restwert oder Festwert. Bei der **Restwertbudgetierung** wird nach Verplanung aller unabdingbaren anderweitigen Investitionen und Kosten ein dann noch evtl. verbleibender Restbetrag Produktaktivitäten gewidmet. Der Vorteil liegt in der Einfachheit der Bemessung. Ein Nachteil ist jedoch das Willkürelement, weil kein begründeter Zusammenhang zwischen den Marketingaktivitäten und dem Finanzmitteleinsatz besteht. Diese Form ist daher nur noch bei Betrieben anzutreffen, die in der Marketingdenkhaltung nicht verankert sind.

Bei der **Festwertbudgetierung** wird ein definierter Finanzmittelbetrag zur Verfügung gestellt, unabhängig davon, welche Investitionen und Kosten daraus im Einzelnen jeweils zu leisten sind. Der Vorteil liegt in der Einfachheit der Zuweisung. Ein Nachteil ist jedoch der sachlich kaum begründbare Zusammenhang zwischen Produktbudget und Bezugsgröße. Werden Zahlen nicht rechtzeitig infrage gestellt, verselbstständigen sie sich leicht, sobald sie im Budgetplan auftauchen. Zumal das Produktbudget im Zeitablauf schwankt, z.B. mit der Lebenszyklusphase oder dem Konkurrenzeinsatz.

2.1.4 Rechenrichtung und -höhe

Nach der Rechenrichtung kann es sich um eine progressive (vom einzelnen, meist dem Engpass-Teilbereich ausgehend) oder retrograde Budgetierung (von einer unternehmenspolitisch festgelegten Gesamtgröße ausgehend) handeln.

Bei Letzterer wird von einem wie auch immer zu Stande gekommenen, zur Verfügung stehenden Gesamtbudget ausgegangen, das dann sukzessiv aufgeteilt wird. Problematisch sind dabei die Festlegung dieser Ausgangsgröße und die mangelnde

Operationalität in der Zuweisung der Detailbudgets. Es handelt sich um eine **gesamtbetriebsbezogene** Budgetierung.

Bei Ersterem wird von jeweils für erforderlich gehaltenen Einzelbudgets ausgegangen, die dann sukzessiv zu einem Gesamtbudget kumuliert werden. Häufig ist auch eine Kombination im Gegenstromverfahren anzutreffen, das allerdings entsprechend langwieriger ist. Dabei werden die Einzelbudgets an die Geschäftsleitung gemeldet und von dort bestätigt oder von der Geschäftsleitung vorgeschlagen, von den Budgethaltern kommentiert und von der Geschäftsleitung wieder bestätigt. Es handelt sich in dieser Beziehung um eine **bereichsbezogene** Budgetierung.

Nach der Budgethöhe schließlich kann zwischen absoluter und marginalistischer Budgetierung unterschieden werden. Erstere bezieht sich auf die einseitige Betrachtung des Budgets als Kosten, denen komplexe Nutzen gegenüberstehen, Letztere auf den von Grenzkosten (praktisch diskontinuierlich) gestifteten Grenznutzen. Die Dotierung erfolgt dann solange, wie dieses Differenzial positiv ist, d.h., zusätzlich zugewiesene Budgetmittel einen Ertrag versprechen, der höher liegt als der notwendige Einsatz.

2.1.5 Zeitrichtung und -dauer

Nach der Zeitrichtung kann es sich um eine retrospektive oder prospektive Budgetierung handeln. Erstere bezieht das zugewiesene neue Budget auf das tatsächlich verbrauchte Budget der Vorperiode.

Bei der **Fortschreibungs-Budgetierung** wird somit ein wie auch immer zu Stande gekommener Budgetwert der Vorperiode weitergeführt. Dieser wird anhand einer Indexierung, z.B. projektierte Tonnage- oder Mitarbeiterentwicklung, angepasst. Der Vorteil liegt in der Einfachheit der Handhabung. Ein Nachteil ist jedoch die nicht verursachungsgerechte Zurechnung. Zudem werden überkommene Budgetverhältnisse zementiert und Unwirtschaftlichkeiten fortgeschrieben.

Eine prospektive Budgetierung ist etwa das **Zero base budgeting** (ZBB) als eine Form der analytischen Aufgabenplanung. Die Budgetierungsverantwortlichen müssen dafür alle notwendigen, sinnvollen und gewünschten Teilaufgaben benennen, Aussagen darüber treffen, wie weitgehend diese Teilaufgaben wahrgenommen werden müssen bzw. sollen und schließlich alle damit gebildeten Handlungsbausteine nach ihrem Kosten-Nutzen-Verhältnis beurteilen. Die daraus sich ergebende Wunschliste kann insoweit realisiert werden, wie Budgetmittel zur Verfügung stehen.

Die Budgetierung kann simultan oder sukzessiv erfolgen. **Simultan** erfolgt sie durch gleichzeitige und endgültige Festlegung der Aktionsvariablen der gegenseitig abhängigen Teilbudgets. **Sukzessiv** erfolgt die Festlegung der Teilbudgets, ausgehend vom Engpass, zeitlich nacheinander. Das jeweils fixierte Teilbudget ist dabei Datum für noch aufzustellende Teilbudgets.

Nach der Dauer handelt es sich einerseits um eine starre oder flexible (rollierende) Budgetierung, andererseits um eine kurzfristige oder langfristige Budgetierung. Die **starre** Budgetierung wird einmal pro Zeiteinheit (meist Kalenderjahr) festgelegt und ist während dieser Zeit auch nicht mehr veränderbar, d.h., es ist keine Anpassung der Werte an zwischenzeitlich eingetretene Veränderungen vorgesehen.

Die **flexible** Budgetierung sieht Eventualbudgets für alternative Entwicklungen vor, bei denen einerseits festgestellt wird, ob mit einer ausreichenden Verwendung zu rechnen ist und andererseits, ob Einflussfaktoren vorliegen, die eine andere als die ursprünglich vorgegebene Budgetierung erfordern. Dabei kann es sowohl zu Budgetkürzungen kommen, wenn sich die betriebliche Situation verschlechtert hat, als auch zu Budgeterhöhungen, etwa wenn es gilt, kurzfristig Marktchancen auszunutzen.

Die **kurzfristige** (taktische) Budgetierung bezieht sich meist auf ein Jahr, die **langfristige** (strategische) Budgetierung bezieht sich auf drei bis fünf Jahre. Dabei kann entweder von Ist- oder von Soll-Größen ausgegangen werden. Bei Soll-Größen wirkt sich jedoch die mit zunehmendem zeitlichen Abstand von der Gegenwart steigende Unsicherheit der Berechnungsbasis negativ aus. Daher kann bei langfristiger Budgetierung meist nur ein Budgetkanal, d.h., Ober- und Untergrenzen von Budgets, vorgegeben werden. Durch diese Schwankungsbreite leidet jedoch die Budgetierungsexaktheit.

2.2 Kostenverrechnung

2.2.1 Strukturorientierte Kostenrechnung

Die Aufgaben des Kostenmanagement sind vielfältig. Vor allem ist es ein Unternehmensführungsinstrument, das Kostenstrukturen und -verhalten darstellen soll. Dabei steht die Analyse der zeitlichen Disponierbarkeit (Fixkostenanalyse) im Vordergrund. Denn diese erstreckt sich bereits auf die Produktentstehung, die 70 - 90 % der späteren Kosten determiniert. Dabei wird zunehmend über die statische Betrachtung hinaus der Lebenszyklus von Produkten berücksichtigt. Dies erstreckt sich durchaus auch auf Produktfunktionsbetrachtungen über Kundennutzen (Wertanalyse) und Wertgestaltung (Zielkostenrechnung). Angesichts komplexer Produktionsstrukturen sind dabei die indirekten Kosten (Gemeinkostenwertanalyse, Zero base budgeting) von Bedeutung. Ebenso werden übergreifende Prozesse betrachtet (Prozesskostenrechnung). Verstärkt rücken die Qualitätskosten in den Mittelpunkt. Schließlich geht es auch um die prospektive Kostengestaltung, d.h., ihr Niveau durch Menge und Wert, ihren Verlauf durch Beschäftigungsabhängigkeit und ihre Struktur nach Flexibilität.

2.2.1.1 Begriffliche Grundlagen

Zunächst müssen die Begriffe der Kostenarten, Kostenstellen, Kostenträger, Kostenbasis und Kostenflexibilität näher erläutert werden (*siehe Abb. Kostenrechnungsstruktur*).

2.2.1.1.1 Kostenarten

In Bezug auf die Kostenarten kann in pagatorische, d.h., ausgabenwirksame, und kalkulatorische, d.h., nicht ausgabenwirksame, sondern nur verrechnete Kosten, unterschieden werden. Diese Unterscheidung ist wichtig für die Liquidität, das zweite überlebensnotwendige Erfordernis im Betrieb. Üblicherweise erfolgt die Erfassung der Kosten im Kontenrahmen. Dabei gibt es den Gemeinschaftskontenrahmen/GKR als Einkreissystem oder den Industriekontenrahmen/IKR als Zweikreissystem. Beim Einkreissystem werden alle Kosten in der Kontenklasse 4 erfasst. Beim Zweikreissystem werden Geschäfts- (Aktiva- und Passivabereich) und Betriebsbuchhaltung (Ertrags- und Kostenartenbereich) sauber getrennt geführt, letztere als Material- und Lohnkosten in der Kontenklasse 4, als kalkulatorische Kosten in der Kontenklasse 9 und bei allen anderen Kosten in der Kontenklasse 7 erfasst. Dort werden alle Kostenpositionen zunächst innerhalb der Buchhaltung nach Kostenarten getrennt verbucht. Soweit es sich um Gemeinkosten handelt, werden diese dann im Rahmen des Betriebsabrechnungsbogens/BAB auf Kostenstellen übertragen, um sie schließlich nach Schlüsselung auf Kostenträger zu verrechnen. Soweit es sich um Einzelkosten handelt, werden diese den Kostenträgern unmittelbar zugerechnet. In der Praxis hat sich dabei eine Aufteilung in Kosten der Absatzbereitschaft, der Auftragsakquisition, der Auftragsabwicklung und des Absatzmanagement bewährt.

Die Kostenartenrechnung betrifft also die Erfassung der tatsächlichen Kosten, die Auszahlungen bedingen, und der verrechneten Kosten, die nur buchhalterische Merkposten für Zusatzkosten sind. Abschreibungen werden zeitabhängig berechnet (linear, degressiv, progressiv) oder leistungsabhängig. Zinsen werden auf das betriebsnotwendige Kapital bezogen (Vermögen abzgl. Abzugskapital). Wagnisse sind soweit zu berücksichtigen, wie sie nicht versicherungstechnisch abgedeckt sind. Mieten ergeben sich für eigene, betrieblich genutzte Räume und Anlagen. Unternehmerlohn ergibt sich für die eigene Tätigkeit des Inhabers im Betrieb. Die Kostenartenrechnung führt im Ergebnis zur Gewinn- und Verlustrechnung, die ihrerseits wieder in den Jahresabschluss eingeht. Damit ist erst einmal sichergestellt, dass alle anfallenden Kosten geordnet, vollständig und periodengerecht erfasst werden. Interessant ist nun aber zu wissen, wo innerhalb des Betriebs diese Kosten anfallen. Dies beantwortet die Kostenstellenrechnung.

2.2.1.1.2 Kostenstellen

Die Bildung von Kostenstellen erfolgt für gewöhnlich nach Verantwortungsbereichen im Betrieb. Diese Kostenstellen bilden die Kopfspalte des BAB, die Kopfzeile bilden die Gemeinkostenarten. Ziel ist deren Verrechnung auf die Betriebskostenstellen. Oft werden zur Vorerfassung von Gemeinkosten bei komplexen Arbeitsvorgängen auch Hilfskostenstellen eingerichtet, deren (sekundäre) Gemeinkosten zunächst getrennt erfasst und erst dann auf Hauptkostenstellen geschlüsselt werden. Man spricht dann von einer mehrstufigen, im Gegensatz zur einstufigen, Betriebsabrechnung. Die Verrechnung erfolgt neben dem Blockverfahren bei Hilfs- und Hauptkostenstellen auch nach dem Treppenverfahren bei vor- und nachgelagerten Kostenstellen sowie nach dem Gleichungsverfahren auf Basis eines Systems linearer Gleichungen.

Die Bildung von Kostenstellen erfolgt nach Verantwortungsbereichen, Raumgesichtspunkten oder Funktionen. Oft wird hier nach Material, Fertigung, Verkauf und Verwaltung unterschieden, gelegentlich kommt noch eine Allgemeinkostenstelle hinzu. Jede Kostenstelle kann in beliebig viele Unterkostenstellen aufgeteilt werden. Kostenstelleneinzelkosten sind direkt einer Kostenstelle verursachungsgerecht zurechenbar, Kostenstellengemeinkosten betreffen mehrere Kostenstellen gemeinsam und sind vorher zu schlüsseln. Beide dürfen nicht mit der Verwendung der Begriffe Einzelkosten und Gemeinkosten verwechselt werden. Diese beziehen sich vielmehr auf Kostenträger, müssen also korrekt Kostenträgereinzelkosten heißen, wenn sie einem Kostenträger direkt verursachungsgerecht zurechenbar sind, oder Kostenträgergemeinkosten, wenn sie mehrere Kostenträger gemeinsam betreffen. Doch wird verkürzt nur von Einzelkosten und Gemeinkosten gesprochen. Die Schlüsselungsbasis wird je Kostenart nach Zweckmäßigkeit festgelegt, meist handelt es sich um Menge (Stück), Wert (Kosten) oder Menge und Wert kombiniert. Typische Umlagen erfolgen bei:

- Fertigungslöhnen nach Lohnschein,

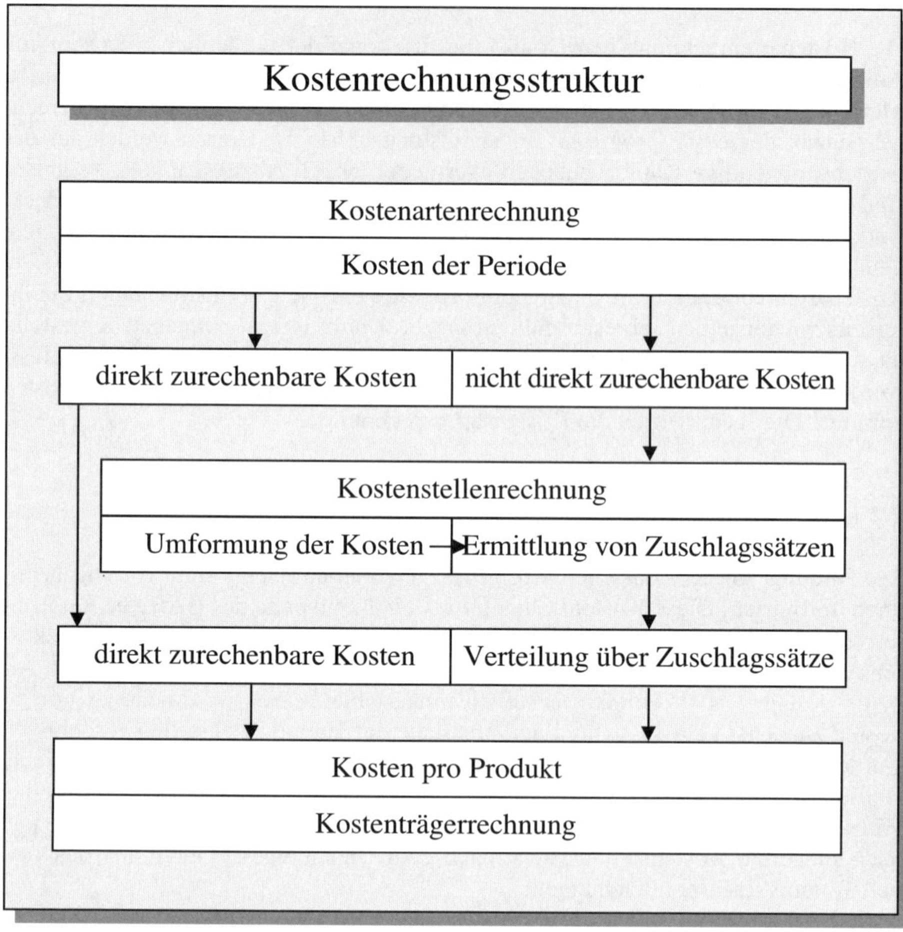

- Fertigungsmaterialien und Werkzeugen nach Entnahmeschein,
- Sondereinzelkosten nach Einzelbeleg,
- Gemeinkostenlöhnen nach Lohnaufschreibung,
- Gehältern und Sozialkosten nach Gehaltsliste,
- Energie- und Telekommunikationsaufwand nach Zählerstand,
- Hilfs- und Betriebsstoffen nach Verbrauchsbeleg,
- Reparaturen nach Rechnung,
- Steuern nach Finanzamtsbescheid,
- öffentlichen Abgaben nach Abgabenbescheid,
- Mieten und Versicherungen nach Beleg,
- Reisespesen und Beratungen nach Abrechnung,
- Werkstätten nach Reparaturauftrag,
- Schreibpool nach Schreibstunden,
- Sozialdiensten und Verwaltung nach Beschäftigtenzahl,
- Transporten nach Weg/Gewicht/Anforderung etc.

Einzelkosten gehen nicht in den BAB ein. Dabei handelt es sich um solche Kosten, die einer bestimmten Leistung, besser einem Kostenträger, unmittelbar zugerechnet werden können. Gemeinkosten sind hingegen solche Kosten, die nicht einer bestimmten Leistung, besser einem Kostenträger, unmittelbar zugerechnet werden können, sondern nur mehreren Leistungen gemeinsam. Unechte Gemeinkosten sind solche Posten, die zwar durchaus als Einzelkosten erfassbar sind, auf deren getrennte Erfassung aber aus Zweckmäßigkeitsgründen verzichtet wird und die daher ebenfalls (wie ansonsten nur echte Gemeinkosten) in den BAB eingehen. Unechte Einzelkosten sind solche Posten, die, obgleich sie Gemeinkostencharakter haben, dennoch Kostenträgern direkt zugerechnet werden und den BAB daher (wie echte Einzelkosten) umgehen. Die Summe der Gemeinkostenarten in Relation zu ihrer jeweiligen Bezugsgröße Einzelkosten ergibt die Gemeinkostenzuschläge in der weit verbreiteten Zuschlagskalkulation. Nun ist zwar bekannt, wo im Betrieb welche Kosten in welcher Höhe anfallen, doch ist das Hauptziel nach wie vor die Kalkulation.

2.2.1.1.3 Kostenträger

Die Kostenträgerrechnung ist diese eigentliche **Kalkulation**. Sie vollzieht sich als Vorkalkulation zur Selbstkosten- und Angebotspreisermittlung, als Nachkalkulation zum Vergleich zwischen Vorgabe- und Effektivkosten und als Zwischenkalkulation der laufenden Kostenüberwachung und -anpassung bei langen Projektlaufzeiten. Ist der Inhalt die Kalkulation für eine Leistungseinheit, so handelt es sich um die Kostenträgerstückrechnung. Dient hingegen eine Zeiteinheit als Bezugsgröße in der Erfolgs- und Ergebnisrechnung, so handelt es sich um die Kostenträgerzeitrechnung. Diese erfolgt wiederum im Gesamt- oder im Umsatzkostenverfahren. Ersteres stellt die gesamten Kosten der Periode den gesamten betrieblichen Erträgen dieser Periode gegenüber. Da aber nicht alle in einer Periode erstellten Leistungen auch in der gleichen Periode verkauft werden, ist darüber hinaus die Berücksichtigung von Bestandsveränderungen erforderlich. Letzteres stellt nur die Kosten der tatsächlich abgesetzten Angebote deren effektiven Erlösen gegenüber, sodass die Berücksichtigung von Bestandsveränderungen sich auf deren Saldo beschränkt. Es ist also aussagefähiger, weil bei seiner Anwendung nicht nur die Erlöse, sondern auch die Kosten der abgesetzten Produkte erkennbar werden.

Praktisch ergeben sich jedoch erhebliche Schwierigkeiten in der Erfassung (Mengengerüst) und Bewertung (Wertgerüst) von kostenverursachenden Größen. Die Erfassung erfolgt durch Einzelbeleg (Materialentnahmeschein, Verbrauchsaufschreibung etc.), stichtagsbezogen (als Inventur durch Summe aus Anfangsbestand und Zugängen abzgl. Endbestand einer Periode) oder als Rückrechnung aus erstellten Leistungseinheiten. Die Bewertung erfolgt zum Anschaffungswert (Einstandspreis), Tageswert (z.B. bei Rechnungserstellung), Wiederbeschaffungswert, Verrechnungspreis (als internem Transferpreis zwischen Konzerngesellschaften) oder nach der Sammelmethode (FiFo, LiFo, HiFo, LoFo etc.). Dabei sind noch Schwund und Verschnitt zu berücksichtigen.

2.2.1.1.4 Kostenbasis

Man unterscheidet außerdem hinsichtlich der Kostenbasis in Ist-, Normal- und Plankosten. **Istkosten** sind die gegenwärtigen, realen Kosten, die absichtsgemäß im Preis weitergewälzt werden sollen und sich aktuell aus der Kostenartenrechnung ergeben. Der Nachteil dieser Basis ist unmittelbar einsichtig. Da sich kaum etwas so schnell ändert wie die Kosten, ist zu jedem Kalkulationszeitpunkt eine andere Kostengrundlage gegeben. Die Kalkulationsergebnisse sind also instabil und bieten nur eine bescheidene Beurteilungsbasis. Dafür werden allerdings auch immer die tatsächlichen Kosten zu Grunde gelegt und nicht irgendwelche theoretisch errechneten. Dennoch geht der Trend in eben diese Richtung, da der Vorteil einer stabilen Kostengrundlage mit der Möglichkeit zur Analyse von Abweichungen meist höher eingeschätzt wird als deren Nachteil der theoretischen Errechnung.

Normalkosten sind aus den Erfahrungen der Vergangenheit fortgeschriebene, durchschnittliche Kosten. Sie bieten eine stabilere Kalkulationsbasis durch feste Verrechnungssätze und vereinfachen die Arbeit. Totalnormalisierte Kosten berücksichtigen dabei Durchschnittswerte für Preis sowohl als auch Menge, teilnormalisierte Kosten berücksichtigen hingegen alternativ nur Preis oder Menge. Die Werte können statisch festgelegt oder in Zeitabständen aktualisiert werden. Ziel ist jeweils eine relative Stabilität der Gemeinkostenzuschläge. Aus der **starren** Normalkostenrechnung ist nur eine summarische Über- bzw. Unterdeckung infolge fixen Auslastungsgrads ersichtlich.

Die **flexible** Normalkostenrechnung splittet hingegen zusätzlich Abweichungen in solche der Beschäftigung und des Verbrauchs auf, weil sie an unterschiedliche Auslastungsgrade anpassbar ist. Das bedeutet konkret, dass für den Fall der Überschreitung der durchschnittlichen (Normal-)Kosten durch die tatsächlichen (Ist-)Kosten erstens diese Abweichung überhaupt offen gelegt wird, was bei Fehlen einer solchen Vergleichsbasis ja nicht ohne weiteres der Fall ist, und zweitens diese Abweichung noch dahingehend analysiert werden kann, welcher Anteil darauf zurückzuführen ist, dass die tatsächliche Auslastung von der durchschnittlichen abweicht, und welcher darauf, dass Unwirtschaftlichkeiten im Verbrauch bei gegebener Auslastung vorliegen. Damit ist bereits eine wesentliche Erkenntnis gewonnen. Doch reicht diese noch nicht aus, denn selbst, wenn keine Abweichungen entstehen, bedeutet dies noch lange nicht, dass wirtschaftlich gearbeitet wird, denn auch beim Ausweis der durchschnittlichen Kosten können ja bereits Unwirtschaftlichen zu Grunde gelegen haben. Insofern ist die Aussage nur relativ, was fehlt ist ein objektivierter Vergleichsmaßstab, also nicht durchschnittliche Kosten, sondern analytisch geplante Kosten.

Plankosten sind solche auf Grund vorgegebener technischer Betriebsberechnungen und Verbrauchsmessungen prognostizierten, theoretischen Sollwerte. Sie erlauben neben ihrer Stabilität auch fundierte Aussagen über Unwirtschaftlichkeiten. Plankosten können sowohl auf einem festen Auslastungsgrad beruhen (starre Basis) oder auf wechselnden Auslastungsgraden (flexible Basis). Bei starrer Auslegung sind Über- bzw. Unterdeckungen der Plankosten allerdings nicht dahingehend analysierbar, welcher Teil der Abweichung auf Unwirtschaftlichkeiten (Verbrauchsabweichung) im Betrieb zurückzuführen ist und welcher auf Beschäftigungsschwankungen, die entstehen, wenn die Istauslastung vom geplanten Auslastungsgrad abweicht. Gerade dies wäre aber wichtig zu wissen, weshalb die flexible Auslegung bevorzugt wird. Ein Variator gibt dabei an, wie sich die Plankosten bei Auslastungsänderung verhalten. Dadurch ist eine Anpassung an verschiedene Auslastungsgrade möglich. Durch Vergleich der verrechneten Plankosten, auf Basis des geplanten Auslastungsgrads, und der Sollplankosten, auf Basis des effektiven Auslastungsgrads, können Abweichungen zu den Istkosten einerseits in einen Teil, der auslastungsgradabhängig ist, aufgesplittet werden und andererseits in einen Teil, der auf Unwirtschaftlichkeiten beruht. Bei der Variante der doppelt-flexiblen Plankostenrechnung werden darüber hinaus aus der globalen Abweichung sogar noch Auftrags- und Verfahrensabweichungen erfasst. Erstere ergeben sich aus der Differenz von Istmengen zu Istpreisen und Istmengen zu Planpreisen, beziehen sich also auf Faktorpreisabweichungen, Letztere aus der Differenz von Istmengen zu Planpreisen und Planmengen zu Planpreisen, jeweils bei Ist-Beschäftigungsgrad, beziehen sich also auf Verbrauchsabweichungen. Die Beschäftigungsabweichung ergibt sich dann entsprechend aus der Differenz von Planmengen zu Planpreisen, jeweils bei Ist- und Plan-Beschäftigungsgrad. Und zwar jeweils nicht im Vergleich zu wie immer auch zu Stande gekommenen, durchschnittlichen Vergangenheitswerten, sondern zu berechenbaren und nachvollziehbaren Planwerten. Prinzipbedingt ist die flexible Plan- bzw. Normalkostenrechnung ihren starren Varianten überlegen. Sie erfordert jedoch eine Aufteilung der gesamten Kosten in ihre fixen und variablen Bestandteile.

2.2.1.1.5 Kostenflexibilität

Fixe Kosten sind solche, die auslastungsgradunabhängig sind, also anfallen, ob nun verkauft wird oder nicht. **Variable Kosten** sind solche, die auslastungsgradabhängig sind, also nur anfallen, wenn verkauft wird. **Sprungfixe Kosten** sind innerhalb eines Betrachtungsintervalls fix, ändern sich aber von Intervall zu Intervall sprunghaft. Damit ist die Bezugsbasis nicht, wie im Falle der Einzel- und Gemeinkosten, deren unmittelbare oder nur mittelbare Zurechenbarkeit auf Kostenträger, sondern vielmehr deren zeitliche Flexibilität oder Starrheit. Bei Fixkosten ist zudem ihre Remanenz zu beachten, d.h., sie sind bei Beschäftigungsrückgang nur begrenzt abbaubar.

Die Aufteilung in fixe und variable Kosten ist in der Praxis allerdings nicht unproblematisch. Letztlich kommt es dabei nur auf die Wahl des Betrachtungszeitraums an, denn bei genügend großem Zeitabstand werden auch fixe Kosten variabel bzw. sprungfix. Umgekehrt sind die variablen Kosten je Kostenträger fix, nämlich immer gleich hoch je Ausbringungsmengeneinheit, wohingegen die fixen Kosten variabel sind, nämlich mit steigender Ausbringungsmenge je Stück sinken.

Dazu ist zunächst eine **Auflösung** der gesamten Kosten in fixe und variable Bestandteile erforderlich. Diese kann auf mehrerlei Weise erfolgen. Bei der buchtechnischen Methode werden Kosten statistisch daraufhin untersucht, wie sie sich bei Beschäftigungsgradschwankungen verhalten. Entsprechend ihres Reagibilitätsgrads können sie dann in fixe (ganz oder weitestgehend unveränderliche) und variable (veränderliche) Teile aufgelöst werden. Bei der analytischen Methode werden mathematisch die Differenzkosten zwischen zwei Beschäftigungsgraden ermittelt. Ausreichende Kapazität gegeben, stellt diese Differenz die variablen Kosten dar, während der Sockel der Fixkosten gleich bleibt. Bei der grafischen Methode wird das Minimum der Kleinstquadratabweichungen zwischen einer Auflösungsgeraden und den tatsächlichen Kosten als Punktwolke bei verschiedenen Beschäftigungsgraden mithilfe der Regressionsanalyse gesucht. Eine lineare Kostenfunktion unterstellt, ergibt sich daraus die Aufteilung in fixe und variable Kostenbestandteile am Schnittpunkt mit der Gesamtkostenachse. Am Exaktesten ist freilich die technisch-betriebswirtschaftliche Kostenauflösung auf Basis funktionaler Zusammenhänge, die analysiert, ausgewertet und berechnet werden. Leider ist dieser Weg in der Praxis wegen mangelnder Quantifizierbarkeit vieler Arbeiten meist versperrt. Wegen der impliziten Nachteile der Vollkostenrechnung geht der Trend seit einiger Zeit denn auch schon zur Teilkostenrechnung. Doch zunächst noch einmal zur Vollkostenrechnung.

2.2.1.2 Vollkostenrechnung

Die Kalkulationen erfolgen nach der **Richtung** vorwärts von den Kostenpositionen auf den Angebotspreis (progressive Kalkulation), rückwärts vom gegebenen Marktpreis auf dafür erforderliche Kostenstrukturen (retrograde Kalkulation) oder als Differenz aus Selbstkosten und Barverkaufspreis (intermediäre Kalkulation). Werden dabei alle Kosten in die Kalkulation aufgenommen, handelt es sich um eine Vollkostenrechnung. Werden nur die variablen Kosten in die Kalkulation aufgenommen, handelt es sich um eine Teilkostenrechnung (s.u.).

2.2.1.2.1 Darstellung

Es gibt mehrere bedeutende Kalkulationsverfahren auf Vollkostenbasis. Bei der **Divisionskalkulation** wird zur Stückkostenermittlung die Kostensumme durch die Zahl aller damit erstellten Leistungseinheiten dividiert. Dies bietet sich aber nur für Betriebe mit einheitlichem Angebotsprogramm an. Wird der Kostenblock zusätzlich aufgespalten (etwa in Material- und Lohnkostenanteile oder Einstands- und Handlingkosten) und durch die Anzahl der Rechnungseinheiten dividiert, handelt es sich um ein zwei- oder mehrstufiges Verfahren. Durch Gegenüberstellung der so ermittelten Durchschnittsstückkosten mit dem Durchschnittsverkaufspreis ergibt sich die Gewinnmarge pro Stück.

Bei der **Äquivalenzziffernkalkulation** dienen Rechnungseinheiten als interne gewichtete Multiplikatoren zum Ausdruck des Verhältnisses der Kostenverursachung bei Leistungseinheiten durch Material, Lohn etc. (mit denen dann im Übrigen wie in der Divisionskalkulation verfahren wird). Die Kostensumme wird durch die Zahl aller damit erstellten Leistungseinheiten dividiert und der sich ergebende Betrag mit dem Gewichtungsfaktor multipliziert. Auch hier kann eine zwei- oder mehrstufige Auslegung erfolgen, letztere ist auch aussagefähig bei wechselnden Kostenverhältnissen. Dies bietet sich für Betriebe mit Erzeugung artverwandter Produkte an (Sortenfertigung). Durch Gegenüberstellung der so ermittelten gewichteten Durchschnittsstückkosten mit dem jeweiligen Durchschnittsverkaufspreis ergibt sich die Gewinnmarge jeder Produktart pro Stück.

Bei der **Zuschlagskalkulation** werden die Gemeinkosten auf die Einzelkosten verrechnet und diesen als Prozentsätze zugeschlagen. Dies kann en bloc erfolgen (summarisch), also durch Aufschlag des Gemeinkostenblocks auf die Einzelkosten, oder nach Material-, Lohn-, Verkaufs- und Verwaltungskosten differenziert (elektiv). Einzelkosten sind Kosten, die direkt einem einzelnen Produkt zugewiesen werden können. Konkret addieren sich die Material-Einzelkosten und der Material-Gemeinkostenzuschlag aus dem BAB (bezogen auf die Material-Einzelkosten) zu den Material-Gesamtkosten und die Lohn-Einzelkosten und der Lohn-Gemeinkostenzuschlag aus dem BAB (bezogen auf die Lohn-Einzelkosten) zu den Lohn-Gesamtkosten, und beide wiederum zu den Herstellungskosten. Zu diesen werden jeweils die Verkaufs- und Verwaltungs-Gemeinkostenzuschläge aus dem BAB (bezogen auf die Herstellungskosten) hinzuaddiert, worauf sich die Selbstkosten ergeben. Anschließend werden Erlösschmälerungen, wie Skontoeinräumung, Gesamtumsatzbonus, Vermittlerprovision oder Rabattgewährung, und Gewinn hinzuaddiert, worauf sich dann der Angebotspreis ergibt. Falls diese relativ (also in Prozent) ausgewiesen werden, ist daran zu denken, dass die Rechnung in Hundert zu erfolgen hat. Gelegentlich werden noch Sondereinzelkosten von Fertigung und Vertrieb ausgewiesen. Auf Grund ihres einzelfallabhängigen Charakters werden diese weder in die Einzelkosten noch die Gemeinkostenzuschläge aufgenommen, da beide dadurch generell verfälscht werden.

Bei der **Maschinenstundensatzkalkulation** werden demgegenüber infolge fortschreitender Anlagenintensität der Produktion die Fertigungslöhne als Bezugsgröße durch kombinierte Anlagenplatz- und Personalkosten je Maschinenlaufzeiteinheit ersetzt. Damit wird dem weit verbreiteten Problem entgegengewirkt, dass innerhalb der Lohngesamtkosten der Anteil der Lohn-Einzelkosten immer geringer und die Lohn-Gemeinkostenzuschläge immer höher werden. Denn dabei besteht die große Gefahr, dass bereits kleine Ungenauigkeiten in der Einzelkostenerfassung auf Grund des überproportionalen Hebeleffekts der Gemeinkostenzuschläge zu unrichtigen Herstellungs- und Selbstkosten führen, damit also auch zu einem unrichtigen Angebotspreis. Die Vorgehensweise ist im Übrigen wie bei der Zuschlagskalkulation.

Die **Kuppelproduktionskalkulation** kommt in den relativ seltenen Fällen der simultanen Erzeugung verbundener Produkte (z.B. Brauerei, Gaserzeugung, Ölraffinerie) zum Einsatz. Bei einem Haupt- und mehreren Nebenprodukten wird dabei auf die Restwertmethode auf Basis von Schlüsselgrößen zurückgegriffen (= Subtraktionsverfahren). Dabei werden zunächst die direkt zurechenbaren Kosten jedes Kuppelprodukts von den Gesamtkosten abgezogen und dann nach Schlüsselung verteilt. Ansonsten wird die Verteilungsmethode (= Marktpreisverfahren) angewandt. Dabei erfolgt die Kostenverteilung auf Basis von Verkaufspreisen der Kuppelprodukte. Damit wird das Phänomen bewältigt, dass mit der Erstellung einer Leistung auf Grund der Kuppelung immer auch die Erstellung anderer Leistungen in vielfältiger Weise schwankt.

2.2.1.2.2 Bewertung

Die Vollkostenrechnung hat durchaus einige **Vorteile** zu bieten. Da ist zunächst ihre Einfachheit und Bequemlichkeit zu nennen, da einmal errechnete Zuschlagssätze über die gesamte Abrechnungsperiode hinweg aufrechterhalten werden können. Kosten sind zudem verglichen mit Preisen noch als relativ stabil und sicher anzusehen, bieten also eine bessere Basis als bei retrograden Verfahren, die vom realisierbar scheinenden Marktpreis auf die damit abdeckbaren Kosten zurückrechnen. Im Übrigen werden damit auch die Preisermittelungsvorschriften bei öffentlichen Aufträgen (VPöA/LSP) problemlos erfüllt.

Es gibt jedoch einige elementare **Nachteile.** So basiert die Vollkostenrechnung auf vorgegebenen Mengen, für welche die Fixkosten proportionalisiert werden. Diese Mengen sind aber ihrerseits wiederum entscheidend vom Angebotspreis abhängig, der sich ja erst als Ergebnis der Rechnung einstellt. Die Rechnung setzt auch Normalbeschäftigung voraus, da ansonsten atypische Leer- oder Überlastkosten auflaufen. Ob die dafür erforderlichen Mengen jedoch am Markt abgesetzt werden können, hängt wiederum vom Angebotspreis ab, dem Ergebnis der Rechnung. Auch wird der Stückgewinn nicht korrekt ausgewiesen, da eine willkürliche Gemeinkostenschlüsselung zu falscher Verrechnung der indirekten Kosten auf die Kostenträger führt. Damit werden suboptimale Entscheidungen provoziert.

Vor allem aber kommt es durch die Umlage der Fixkosten auf die Menge bei der Vollkostenrechnung zu deren Proportionalisierung. Bei sinkendem Absatz legen sich die Fixkosten so auf immer weniger Einheiten um und erhöhen damit den fixen Anteil an den Stückkosten, woraus wiederum die Notwendigkeit zur Erhöhung des Preises je Einheit abgeleitet wird. Dies führt aber gerade bei rückläufiger Nachfrage zum Herausrechnen aus dem Markt, das in weiterem Absatzrückgang resultiert, sodass ein selbstverstärkender (prozyklischer) Preiseffekt nach oben entsteht. Vielmehr ist stattdessen eine Preissenkung erforderlich, um noch einen akzeptablen Absatz zu gewährleisten. Umgekehrt legen sich die Fixkosten bei steigendem Absatz auf immer mehr Einheiten um, führen damit zu einer Senkung des fixen Anteils an den Stückkosten und dadurch zum Fehlsignal der Senkung des

Fehlindikation bei Vollkosten

Ausgangsperiode:

Absatz	1.000 Stück
Fixkosten	10.000 €
variable Stückkosten	10 €

Angebotspreis (ohne Gewinn) p

p = 10.000 + (10 x 1.000) : 1.000 = 20 €

Absatzrückgang in der Folgeperiode auf 500 Stück:

p = 10.000 + (10 x 500) : 500 = 30 €

Ergebnis: Preiserhöhung, die richtige Entscheidung wäre jedoch eine Preissenkung, um bei rückläufiger Nachfrage im Markt zu verbleiben

Absatzanstieg in der Folgeperiode auf 2.000 Stück:

p = 10.000 + (10 x 2.000) : 2.000 = 15 €

Ergebnis: Preissenkung, die richtige Entscheidung wäre jedoch eine Preisanhebung, da die steigende Nachfrage Spielraum dafür lässt

Preises je Einheit. Stattdessen böte aber gerade die steigende Nachfrage die Chance zur Durchsetzung von Preissteigerungen am Markt, die auf diese Weise vergeben wird und zu weiterem Preisverfall führt. In beiden Fällen kommt die Vollkostenrechnung somit zu falschen Entscheidungen *(siehe Abb. Fehlindikation bei Vollkosten)*. Daraus folgt jedoch zugleich, dass starre Verfahren, die fixe und variable Kosten undifferenziert bei der Entscheidung berücksichtigen (Vollkostenrechnung), im Gegensatz zu solchen (flexiblen), die nur variable Kostenbestandteile als entscheidensbedeutsam berücksichtigen (Teilkostenrechnung), prinzipbedingt zu Aussageverzerrungen führen.

Diese können nur vermieden werden, wenn die Proportionalisierung der Fixkosten entfällt. Dies gelingt wiederum nur, wenn auf die Berücksichtigung der fixen Kostenbestandteile bei der Entscheidung ganz verzichtet wird. Ebendies geschieht bei der Teilkostenrechnung. Allerdings darf dabei nicht aus den Augen verloren werden, dass es am Ende des Tages doch auf die Deckung der vollen Kosten ankommt.

2.2.1.3 Teilkostenrechnung

Es gibt mehrere bedeutende Kalkulationsverfahren auf Teilkostenbasis. Allen gemein ist, dass die Gesamtkosten in fixe und variable Bestandteile aufgetrennt und separat auf Kostenstellen umgelegt werden. Die variablen (Grenz-)Kosten werden dann direkt auf Kostenträger verrechnet und die fixen Kosten auf Hilfskostenstellen bis zum Periodenende „geparkt" und je nach Ausprägung en bloc oder in mehreren Stufen sukzessiv auf diese verrechnet.

2.2.1.3.1 Deckungsbeitragsrechnung

Die wichtigste Form ist hier sicherlich die Deckungsbeitragsrechnung, bei der die Kosten in fixe und variable Bestandteile unterteilt werden. Variable Kosten sind solche, die nur bei tatsächlicher Geschäftstätigkeit anfallen. Fixe Kosten sind solche, die auch unabhängig von einer tatsächlichen Geschäftstätigkeit anfallen. **Und Deckungsbeitrag ist ganz allgemein die Differenz aus Umsatz (Nettoerlös) und den gesamten variablen (Grenz-)Kosten, die zur Abdeckung der Fixkosten und eines gewünschten Betriebsgewinns dient.** Dabei muss dann dahingehend unterschieden werden, ob eine Gesamtbetrachtung (= kurzfristige Erfolgsrechnung) vorgenommen wird oder eine Einzelbetrachtung (= Stückkalkulation). In der **Einzelbetrachtung** werden nur die variablen Kosten (auf Ist-, Normal- oder Planbasis) entscheidungswirksam berücksichtigt, alle anderen Kostenbestandteile bleiben außen vor, in der **Gesamtbetrachtung** werden sowohl variable als auch fixe Kostenbestandteile berücksichtigt. Geht man von der Gesamt- auf die Einzelbetrachtungsebene, so heißt die Differenz aus Stückerlös und variablen Stückkosten absolute Deckungsspanne. Wird dieser Wert zudem auf eine Engpassleistungseinheit (z.B. Maschinenlaufzeit) bezogen, handelt es sich um die relative Deckungsspanne. Als Deckungsgrad wird der relative Abstand (in %) zwischen Preis und variablen (Grenz-)Kosten bezeichnet.

Bei der **einstufigen Deckungsbeitragsrechnung** (Direct costing) wird zunächst der Deckungsbeitrag durch Abzug der gesamten variablen Kosten vom Umsatz ermittelt, von dem dann die Fixkosten en bloc abgezogen werden, um zum Betriebsergebnis zu gelangen. Bei Stückbetrachtung werden nur die variablen Stückkosten vom Nettoverkaufspreis je Einheit abgesetzt. Der Umsatz versteht sich dabei als Nettoerlös nach Abzug aller Erlösschmälerungen, als variable Kosten gelten alle Kosten, die das vermarktungsfähige Produkt verbraucht, bis es (physisch) existiert bzw. bei Stückbetrachtung die zusätzlich entstehenden Kosten je zusätzlich bereitgestellter Produkteinheit.

Werden die Fixkosten hingegen nicht en bloc behandelt, sondern weiter nach Zurechenbarkeit in der Hierarchie aufgeteilt, handelt es sich um eine **mehrstufige Deckungsbeitragsrechnung.** Dementsprechend gibt es eine Hierarchie von Deckungsbeiträgen. Dazu werden die Fixkosten hierarchisch aufgebrochen und in mehreren Bezugsebenen sukzessiv abgezogen, bis sich das Betriebsergebnis (Gewinn oder Verlust) ergibt. Als Bezugsgrößen kommen dabei vor allem organisatorische Einheiten in Betracht, die in mehrere Stufen derart unterschieden werden, dass die nachfolgende alle vorausgehenden Stufen umfasst. Dadurch ergibt sich eine weitaus differenziertere Aussage als bei etwaigen anderen Kostenrechnungsverfahren.

Konkret werden in der Gesamtbetrachtung vom Umsatz zuerst die gesamten variablen Kosten, die überwiegend, aber nicht völlig mit den Einzelkosten identisch sind, abgezogen. Das verbleibende Ergebnis ist der Deckungsbeitrag I. Meist werden mindestens vier Stufen zur stufenweisen Fixkostendeckung unterschieden:
- Der Deckungsbeitrag II weist das Ergebnis nach Abzug der unmittelbar nur einem Kostenträger (z.B. Produkt) zurechenbaren Fixkosten vom Deckungsbeitrag I aus.
- Der Deckungsbeitrag III weist das Ergebnis nach Abzug der unmittelbar nur dem nächstkomplexeren Kostenträger (z.B. Produktgruppe) zurechenbaren Fixkosten vom Deckungsbeitrag II aus.
- Der Deckungsbeitrag IV weist das Ergebnis nach Abzug der unmittelbar nur dem nächstkomplexeren Kostenträger (z.B. Kategorie) zurechenbaren Fixkosten vom Deckungsbeitrag III aus.
- Der Deckungsbeitrag V weist das Ergebnis nach Abzug der unmittelbar nur dem nächstkomplexeren Kostenträger (z.B. Division) zurechenbaren Fixkosten vom Deckungsbeitrag IV aus.
- Der Gewinn (oder Verlust) ergibt sich schließlich nach Abzug der unmittelbar nur dem Betrieb als Ganzem zurechenbaren Fixkosten vom Deckungsbeitrag V.

Bei Stückbetrachtung werden nur die variablen Stückkosten vom Nettoverkaufspreis je Einheit abgesetzt. Zusammenfassend gibt es dabei folgende **Vorteile**:
- Die retrograde Kalkulation berücksichtigt explizit die Preisabhängigkeit des Absatzes und vermeidet deshalb den Zirkelschluss progressiv arbeitender Verfahren. Sie lässt sich bei verschiedenen Zielvariablen (Gewinn, Umsatz, Absatz, Beschäftigungsgrad, Deckungsbeitrag etc.) anwenden. Sie erlaubt durch Kostenspaltung und Deckungsbudgets eine größere Preisflexibilität und verhindert, dass sich das Unternehmen bei Unterbeschäftigung durch überhöhte Preise aus dem Markt kalkuliert. Sie erfordert teilweise nur geringen Informationsaufwand und verpflichtet das Management durch die Abgabe von Absatzschätzungen in einen objektivierten Entscheidungsprozess.

Dem stehen aber folgende **Nachteile** gegenüber:
- Die retrograde Kalkulation erlaubt keine analytisch exakte Bestimmung des absoluten Optimalpreises, vielmehr ist der gewählte Preis u.U. zu niedrig. Sie scheitert an den bzw. erfordert erhebliche Informationskosten zur Ermittlung der Absatzelastizität, wenn die Marktreaktionsfunktion unbekannt ist. Sie führt zu einer unnötigen Preisnachgiebigkeit, weil der langfristige Anspruch der Vollkostendeckung vernachlässigt wird. Sie führt auch zu erhöhtem Preiswiderstand bei versuchter späterer Preisanhebung und fördert damit die Tendenz zum Preisverfall am Markt.

Von entscheidender Bedeutung ist jedoch in jedem Fall, Deckungsbeitrag nicht mit Gewinn zu verwechseln, wie das in der Praxis leider immer wieder geschieht. Der Gewinn ergibt sich nach Abzug der gesamten (variablen und fixen) Kosten vom Umsatz bzw. der Stückgewinn nach Abzug der stückbezogenen (variablen und proportionalisierten fixen) Kosten vom Preis einer Einheit. Der Deckungsbeitrag ergibt sich hingegen nach Abzug nur der variablen Kosten vom Umsatz bzw. die Deckungsspanne nach Abzug nur der stückbezogenen variablen Kosten vom Preis einer Einheit. Der Unterschied ist leicht einsehbar. Der Deckungsbeitrag ist um die Fixkosten höher als der Gewinn. Er muss also neben dem Gewinn auch diese Kostenbestandteile abdecken. Ein Deckungsbeitrag von Null bedeutet daher keineswegs eine gewinnlose Situation, sondern bereits einen erheblichen Verlust, nämlich in Höhe der Fixkosten. Und alle Deckungsbeiträge, die niedriger sind als die Fixkosten, repräsentieren ebenso Verlustpreise. In der Praxis geht man daher zunehmend dazu über, verlustbringende Deckungsbeiträge deutlich zu kennzeichnen bzw. den Begriff Deckungsbeitrag wegen seiner gefährlichen Verwechslungsfähigkeit mit Gewinn ganz zu vermeiden. Im Übrigen wird in Verkaufsunterlagen vermieden, effektive Zahlen zu nennen. Stattdessen werden meist farbliche Kennzeichnungen für verschieden abgestufte Deckungsbeiträge verwendet. Dies ermöglicht auch bei deckungsbeitragsbezogener Entlohnung die Nachvollziehbarkeit seitens der Verkaufsmitarbeiter, ohne dass Einsicht in das exakte betriebswirtschaftliche Zahlenwerk gewährt werden muss.

2.2.1.3.2 Sonstige Teilkostenrechnungsverfahren

Ein weiteres Verfahren der Teilkostenrechnung ist die **Grenzplankostenrechnung.** Sie arbeitet analog der Deckungsbeitragsrechnung, berücksichtigt also nur die variablen Kostenbestandteile, jedoch, analog der flexiblen Plankostenrechnung, mit Kostenwerten auf Planbasis, verzichtet dadurch also auf die Ermittlung der Beschäftigungsabweichung, die bei Zugrundelegung der Durchschnittskosten inkl. der fixen Planbestandteile möglich ist. Eine Abweichung zwischen Ist- und Plankosten ist daher automatisch als Verbrauchsabweichung zu interpretieren. Dazu werden für jede Kostenposition Planpreise und -mengen festgelegt, basierend auf der Arbeitsbewertung unter Abzug von Ausfallquoten. Die so ermittelten theoretischen Sollwerte werden den Effektivwerten gegenübergestellt. Bei ungünstiger Abweichung wird die Verantwortlichkeit zu klären gesucht und mit allen Beteiligten besprochen. So kann eine Materialabweichung etwa auf nachträglichen Kundenwunsch oder Schwankungen in der Einsatzstoffqualität zurückzuführen sein oder eine Lohnabweichung auf unvorhersehbare Ausfallzeiten (z.B. Grippeepidemie) oder unrealistische Vorgabezeiten. Für die Gemeinkostenanalyse stehen moderne Verfahren der Kosten-Leistungsrechnung bereit, z.B. die Overhead value analysis (OVA/Gemeinkostenwertanalyse) von McKinsey. In der Gesamtbetrachtung werden die verbleibenden Planfixkosten danach en bloc (einstufig) oder differenziert (mehrstufig) abgezogen, um schließlich zum Planbetriebsergebnis zu gelangen.

Eine besondere Aussagefähigkeit liegt in der Gegenüberstellung von Effektiv- und Soll-Werten bei der Differenzierung der variablen Kosten in verschiedene Kostenarten. Dadurch kann eine weitergehende Prüfung der direkt zurechenbaren Kosten erfolgen, indem jeder Posten mit seinen Effektivkosten und seinen geplanten Sollkosten verglichen wird. Entsprechend ergeben sich Über- und Unterdeckungen, Überdeckung bedeutet, dass die Sollkosten über den Effektivkosten liegen, Unterdeckung, dass die Sollkosten unter den Effektivkosten liegen. In beiden Fällen sind Analysen sinnvoll, etwa dahingehend, ob Sollkosten nach unten oder oben anzupassen, vor allem auch wie Unterdeckungen zu rechtfertigen sind. Damit kann selektiv Unwirtschaftlichkeiten entgegengewirkt werden.

Der Weg dahin ist jedoch mühsam. So müssen die (Netto-)Planverbrauchsmenge ermittelt, meist anhand Stückliste, Rezeptur, Verbrauchsfunktion etc., und Quoten für Ausschuss, Schwund, Abfall etc. festgelegt werden. Daraus ergibt sich der Bruttoplanverbrauch. Multipliziert mit den Preisen ergeben sich daraus die Einzelmaterialkosten. Die Einzellohnkosten ergeben sich aus der Ermittlung der Planarbeitszeit mit den Lohnkosten (inkl. LNK) je Zeiteinheit. Zur Gemeinkostenplanung bedarf es der zweckmäßigen, meist kurzfristigen Aufteilung in Abrechnungsperioden (im Handel z.B. werktäglich), und der klar gegeneinander in Verantwortungsbereichen abgegrenzten Kostenstellengliederung mit Bestimmung exakter Messgrößen für die Kostenverursachung und -umlage. Dies ist vor allem im Vertriebs- und Verwaltungsbereich schwierig. Schließlich ist bei der Festlegung der Planbeschäftigung das Auftreten von Engpässen, Beschäftigungsschwankungen und Überkapazitäten abzuwägen. Mental ist zu berücksichtigen, dass dabei der rein formale Soll-Ist-Vergleich als einziger Beurteilungsmaßstab akzeptiert wird.

Die **Standardgrenzplankostenrechnung** stellt eine spezielle Variante auf Basis von Normalkosten anstelle von Istkosten dar. Die **Plankostenrechnung mit relativen Einzelkosten** funktioniert analog der Deckungsbeitragsrechnung mit relativen Einzelkosten, die im Folgenden dargestellt wird, nur dass die Basis dabei nicht Ist-, sondern Plankosten sind.

Bei der **Deckungsbeitragsrechnung mit relativen Einzelkosten** wird der Kostenblock hingegen nicht in fixe und variable Bestandteile aufgeteilt, sondern in Einzelkosten verschiedener Zurechnungsebenen. Ziel ist die Umgehung der Schlüsselung der Gemeinkosten, indem alle Kosten als Einzelkosten erfasst werden. Durch die Ablehnung von Abschreibungen (als Schlüsselung von Periodengemeinkosten) löst sich die relative Einzelkostenrechnung vom Periodenbezug. Es können mehrere Bezugsobjekte nebeneinander abgedeckt werden (nicht nur Kostenstellen und Kostenträger). Die üblichen Kostenarten-, -stellen- und -trägerrechnungen werden durch eine zweckneutrale Grundrechnung (in Form relationaler Datenbanken geführt) und eine Auswertungsrechnung nach Aufgabenstellung ersetzt.

Die Aufteilung erfolgt hierarchisch derart, dass immer die niedrigstmögliche Zurechnungsebene in der Organisation gewählt wird, bei der Kostenelemente gerade noch als Einzelkosten ausweisbar sind. Einzelkosten einer niedrigeren Ebene sind dabei Gemeinkosten einer höher aggregierten und umgekehrt. Auf diese Weise erfolgt eine möglichst vollständige Erfassung aller Kosten möglichst nahe bei den jeweiligen Kostenverursachern. Der Deckungsbeitrag wird also als Differenz aus Umsatz und fixen plus variablen, jeweils direkt zurechenbaren Einzelkosten aufgefasst, von dem fixe plus variable Gemeinkosten, die ihrerseits wiederum unechte Einzelkosten einer niedrigeren Stufe darstellen, sukzessiv abgezogen werden, bis sich am Ende wieder das Betriebsergebnis einstellt. Hier erfolgt also die Kostenaufteilung nicht nur nach Beschäftigungsgradabhängigkeit, sondern vor allem auch nach Zurechenbarkeit. Insofern handelt es sich um eine Kombination aus mehrstufiger Deckungsbeitragsrechnung (bzgl. des hierarchischen Aufbaus) und Vollkostenrechnung (bzgl. der Kostenzurechenbarkeit). Von daher ist es wichtig, sowohl die Vorgehensweise der Teil- als auch der Vollkostenkalkulation zu nutzen. In der Praxis wirken jedoch die hohe Komplexität und Anforderung an das Auswertungs-Know-how abschreckend. Der Fortschritt in der IT-Technik (leistungsstarke und dennoch übersichtliche relationale Datenbank-Software) führt aber zur Verminderung dieser Probleme.

2.2.1.4 Beurteilung der Deckungsbeitragsrechnung

Die Vorteile der Deckungsbeitragsrechnung sind gleich mehrfache. Zunächst unterstützt sie das zielorientierte Leitungsprinzip des **Management by objectives** (MbO). Weit überwiegend erfolgt die Steuerung in der betrieblichen Praxis anhand quantifizierter Erfolgsgrößen. Dies setzt aber voraus, dass den jeweiligen Ziel-Verantwortlichen nur solche Kosten und Erträge zugerechnet werden, die sie auch voll inhaltlich zu verantworten haben. Genau dies wird durch die differenzierte Erfolgszumessung der hierarchischen Deckungsbeiträge möglich. Denn jede Hierarchiestufe hat nur die zu ihrer Leitungsspanne gehörigen Kosten und Erträge zu vertreten, kann also anhand der Deckungsbeiträge in ihrer Leistung gerecht beurteilt werden. Außerhalb der jeweiligen Leitungsspanne beeinflusste Ergebnisse werden wirksam abgegrenzt und der nächsthöheren Hierarchiestufe zugemessen. Dies macht erst eine pretiale Lenkung anhand der Kosten- und Gewinnverantwortung auf allen Ebenen möglich.

Dann ist die Deckungsbeitragsrechnung **marktorientiert** konzipiert, weil sie retrograd von einem am Markt für realisierbar gehaltenen Verkaufspreis auf das bei gegebener Kostenstruktur verbleibende Ergebnis zurückrechnet. Denn der Markt honoriert keine Kosten, sondern ausschließlich Nutzen. Das heißt, die Selbstkosten einer Leistung können in Relation zu deren Angebotspreis lächerlich gering sein, wenn nur der Nachfragern damit gestiftete Nutzen ihnen diesen Preis wert ist. Allerdings werden nicht einmal die Selbstkosten am Markt realisiert, wenn der Angebotsnutzen zu gering erscheint. Damit aber sind die Kosten für die Ermittlung des Angebotspreises sekundär. Die in der Zuschlagskalkulation vorgenommene progressive Hochrechnung von einzelnen Kostenpositionen auf den Angebotspreis suggeriert hingegen eine Honorierung der Kosten am Markt, die aber keineswegs gegeben ist. Dieses fundamentale Missverständnis vermeidet die Deckungsbeitragsrechnung. Generell gilt daher, dass Entscheidungs- und Erwartungsparameter eindeutig getrennt werden. Der am Markt für erzielbar gehaltene Preis wird nicht als von den individuellen Kosten und Erträgen determiniert angesehen. Dennoch werden Preis und Kosten verbunden betrachtet, und erst die Differenz zwischen beiden dient der Beurteilung über die Vorteilhaftigkeit einer Aktivität. Der Interdependenz zwischen Preis und Menge wird dadurch Rechnung getragen, dass nur eine der beiden Größen, Preis oder Menge, fixiert wird. Dadurch kann bei gegebener Beschäftigung auf den mindesterforderlichen Preis geschlossen werden, oder von einem gegebenen Preis auf den dadurch kostenmäßig abdeckbaren Beschäftigungsgrad.

Mithilfe der Deckungsbeitragsrechnung ist auch ersichtlich, bei welchen Preisnachlässen auf welche eingeplanten Rendite- oder Kostenvorgaben verzichtet werden muss. Man kann dabei verschiedene **Preisuntergrenzen** unterscheiden. Die Erste ist die Preisuntergrenze, die nicht nur die Deckung aller (variablen und fixen) Kostenbestandteile, sondern auch die Erzielung eines Plangewinns zulässt. Die Zweite ist die Preisuntergrenze, die zwar die Deckung aller Kostenbestandteile erlaubt, nicht mehr jedoch die Erzielung eines Gewinns. Man spricht hier von der langfristigen Preisuntergrenze. Und die dritte Preisuntergrenze ist die, die zwar keine Vollkostendeckung erlaubt, aber zumindest noch alle ausgabewirksamen (pagatorischen) Kosten abdeckt. Es handelt sich um die kurzfristige Preisuntergrenze. Diese kann weiter differenziert werden in die:
- Preisuntergrenze bei Fixkostendeckung bis auf die Betriebs-Fixkosten,
- Preisuntergrenze bei Fixkostendeckung bis auf die Betriebs- und Divisions-Fixkosten,
- Preisuntergrenze bei Fixkostendeckung bis auf die Betriebs-, Divisions- und Kategorie-Fixkosten,
- Preisuntergrenze bei Fixkostendeckung bis auf die Betriebs-, Divisions-, Kategorie- und Produktgruppen-Fixkosten und
- Preisuntergrenze bei Abdeckung nur der variablen Kostenbestandteile (Deckungsbeitrag = 0).

Entscheidend ist dabei, dass nicht immer jede einzelne Leistung alle von ihr verursachten Kosten (plus Plangewinn) tragen muss, sofern es nur andere Leistungen gibt, die über die reine Kostendeckung (plus Plangewinn) hinaus Erträge erbringen. Dann ist nämlich ein Simultanausgleich möglich. Oder die Kosten (plus Plangewinn) nicht in derselben Periode voll abzudecken sind, in der die nicht-kostendeckenden Erlöse erzielt werden. Dann ist nämlich ein Sukzessivausgleich möglich. Beide Versionen werden im Rahmen der Mischkalkulation (preispolitischer Ausgleich) von Anbietern intensiv genutzt.

Dabei wird die Preisfindung nicht mehr für jedes Angebot isoliert, sondern für alle Angebote im Verbund vorgenommen, um für das gesamte Programm einen maximalen Nutzen zu erreichen. Einerseits gibt es Produkte, bei denen der Marktpreis unter dem Zielpreis liegt, der zum Break even erforderlich ist. Bei diesen muss das

Unternehmen, wenn keine Besserung in Sicht ist, auf das Angebot verzichten. Andererseits gibt es Produkte, bei denen der Marktpreis über dem Zielpreis liegt und Gewinnmarge verschenkt wird. Mit Blick auf das gesamte Programm kann es hier im Wege der internen Subventionierung zum Ausgleich kommen. Dabei sind zwei Prinzipien einsetzbar:

- Das Tragfähigkeitsprinzip unterscheidet in Produkte, bei denen der Marktpreis unter dem Zielpreis liegt (Ausgleichsnehmer 1. - 3. Grades). Und solche, bei denen es gerade umgekehrt ist (Ausgleichsgeber 1. - 3. Grades). Durch Mischkalkulation kann nun die zusätzliche Spanne des Ausgleichsgebers durch Ausnutzung seines Preisspielraums nach oben die fehlende Spanne beim Ausgleichsnehmer alimentieren. Ein den Zielbeitrag unterschreitender Preis eines Produkts wird so durch den überschüssigen Zielbeitrag eines anderen kompensiert und führt zu einem höheren Gesamterfolg als ohne diesen Ausgleich.
- Ein Ausgleich kann in der Dimension Programminhalt durch Diversifikation (Simultanausgleich) oder in der Dimension Zeitablauf (Sukzessivausgleich) angestrebt werden. Ersterer entspricht der beschriebenen Vorgehensweise, preisliche Über- bzw. Unterdeckungen zwischen verschiedenen Produkten im gleichen Abrechnungszeitraum zu kompensieren. Beim Letzteren werden zyklische Preisveränderungen des gleichen Produkts über mehrere Abrechnungsperioden zur Kompensation genutzt.

Naturgemäß können diese Prinzipien auch gemischt angewendet werden. Eine weitere Form ist der räumliche Ausgleich durch Transferpreise, die allerdings erheblichen systemkritischen Bedenken unterliegen.

Hinsichtlich der gewinnoptimalen **Programmstruktur** im Vertrieb stellt sich die Frage der Make or buy-Entscheidung. Dabei wird ein Kostenvergleich dahingehend durchgeführt, ob es kostengünstiger ist, eine anzubietende Leistung selbst zu erstellen oder diese fremd erstellen zu lassen (Outsourcing). Im Kern handelt es sich dabei regelmäßig um die Präferenz für entweder vorwiegend fixe Kosten bei Eigenerstellung oder vorwiegend variable Kosten bei Fremderstellung. Ebenso ist es sinnvoll, Leistungen im Programm zu belassen, selbst wenn diese verlustbringend sind, wenn dadurch nur ein Beitrag zur Deckung der anteiligen Fixkosten erreicht wird, die auch von anderen Leistungen zu vertreten sind. Dies ist solange der Fall, wie der Deckungsbeitrag positiv bleibt, weil dann über die variablen Kosten hinaus ein solcher Fixkostendeckungsanteil übrig bleibt. Dabei wird allerdings Fixkostenremanenz vorausgesetzt, d.h., die Unmöglichkeit der kurzfristigen Abbaubarkeit von Fixkostenelementen bei Angebotseliminierung. Dann ist es für einen Betrieb nachteilig, Verlustbringer aufzugeben, weil damit zwar deren Erlöse entfallen, nicht aber deren anteilige Fixkosten, die als Leerkosten nicht genutzter Kapazitäten das Ergebnis weiter belasten. Allerdings führt diese Betrachtung leicht zu einer Ausuferung (Proliferation) des Programms, die in einem schlechteren Ergebnis resultiert als die Konzentration auf wenige, hochrentierliche Leistungen. Ein solcher Rosinenpicker-Ansatz scheitert jedoch meist an den wachsenden Ansprüchen der Kunden.

Ebenso stützt die Deckungsbeitragsrechnung die Entscheidung über Angebotspräferenzen bei **Engpasssituation.** Besteht kein Engpass, ist der absolute Deckungsbeitrag ausschlaggebend. Bei einem Engpass kann eine operationale Auswahl nur auf Basis der Rangfolge von Deckungsbeiträgen, bezogen auf die Mengeneinheiten des Engpasssektors, getroffen werden. Man spricht dann von der relativen Deckungsspanne (Deckungsbeitrag je Einheit des Engpassfaktors). Diejenigen Leistungen, welche die höchsten relativen Deckungsspannen erwirtschaften, sind mit Priorität zu berücksichtigen. Soweit noch Kapazität zur Verfügung steht, werden dann nachrangig weniger ertragreiche Angebote berücksichtigt, zunächst in vollem Ausmaß und dann nur anteilig bis zur Erreichung der Kapazitätsgrenze. Bestehen mehrere Engpässe, wird eine Lösung durch lineare Programmierung möglich. Letztlich geht es bei dieser Optimierung darum, mit dem gegebenen Engpass ein Maximum an Ertrag zu erwirtschaften. Im Handel z.B. spielt die Aufteilung des Regalplatzes als erfolgslimitierender Faktor eine herausragende Rolle. Hier hilft die Kostenrechnung bei der Beantwortung der Frage, wie dieser Engpass am Besten genutzt werden kann. Ausschlaggebendes Kriterium ist dabei der Deckungsbeitrag je Zeit-Raum-Einheit (Direkte Produkt-Profitabilität). In gleichem Maße können in der Industrie bei Unterauslastung Aussagen über die Ablehnung oder Annahme von Zusatzaufträgen zur Ausnützung bestehender Kapazitäten oder deren Stilllegung getroffen werden. Damit erlaubt die Deckungsbeitragsrechnung eine Planungsverbesserung, indem sie die erfolgreichsten Umsätze identifiziert und die ergiebigsten Marktsegmente ausweist.

2.2.2 Prozessorientierte Kostenrechnung

Die Mängel der traditionellen Kostenrechnung sind angesichts veränderter Produktions- und Vermarktungsbedingungen offensichtlich. Dazu gehören vor allem der mangelnde Strategiebezug, die fehlende Marktorientierung, der zeitliche Verzug nach der Designentwicklung und die unzureichende Dynamik (auf Basis von Plankosten etc.). Dies führt zum falschen Ausweis von Kosten. Neuerdings gibt es daher verstärkte Bestrebungen, dieser falschen Kostenverrechnung dadurch zu begegnen, dass die Fixkosten nicht mehr nach Menge oder Hierarchie, sondern nach Arbeitsphasen aufgeteilt werden (Prozesskostenrechnung, ähnlich Activity based costing). Eng verwandte Ansätze sind Activity accounting, Transaction costing, Cost driver accounting system, Vorgangskostenrechnung etc.

2.2.2.1 Prozesskostenrechnung

Die Prozesskostenrechnung bietet eine Hilfe zur verbesserten Gemeinkostenschlüsselung bei der Vollkostenkalkulation durch Berücksichtigung der Produktionsstruktur. Dies erfolgt durch die Einbeziehung von indirekten (sekundären) Leistungsbereichen, die bisher prozentual als Gemeinkosten betrachtet werden, und die Analyse der Leistungen indirekter Bereiche sowie die Suche nach Abhängigkeiten oder Kostenverursachern (Cost drivers). Dabei erfolgt eine Orientierung an der gesamten betrieblichen Wertkette. Der Prozesskostenrechnung liegt eine

Unterscheidung in Einzelkosten (die direkt auf Kostenträger zurechenbar sind), direkte Gemeinkosten (die über Kostenstellen auf Kostenträger zugerechnet werden) und indirekten Gemeinkosten (die über Prozessstellen und Prozesse auf Kostenträger zugerechnet werden) zu Grunde (*siehe Abb. Vergleich Zuschlagskalkulation vs. Prozesskalkulation*).

2.2.2.1.1 Darstellung

Die Prozesskostenrechnung modifiziert damit die Ansätze traditioneller Vollkostenrechnungen. **Die zentrale Idee lautet, die unterschiedliche Inanspruchnahme von Leistungen der Kostenstellen durch Kostenträger nicht mittels Bildung von Durchschnittssätzen zu verwischen, sondern durch differenzierte Verrechnungssätze zu berücksichtigen.** Die Stellenkosten werden dazu in leistungsmengeninduzierte und leistungsmengenneutrale Kosten aufgespalten. **Leistungsmengeninduzierte Kosten** bezieht man auf kostentreibende Faktoren. **Leistungsmengenneutrale Kosten** werden meist anhand der zugeordneten leistungsmengeninduzierten Kosten zugeschlüsselt. Fraglich ist dabei immer, wie hoch dieser Anteil wirklich ist. So gelangt man zu Kostensätzen für einzelne Prozesse. Da solche Prozesse meist mehrere Stellen betreffen, erhält man den Prozesskostensatz aus der Addition stellenbezogener Teilprozesskostensätze. Damit wird eine differenziertere, verursachungsgerechte Zuordnung der Gemeinkosten erreicht. Man rechnet alle Periodenkosten auf die Kostenträger zu, d.h., beabsichtigt, die Kosten restlos auf die sie verursachenden Objekte zu verteilen. Allerdings bleibt die Abgrenzung entscheidungsrelevanter Größen zur Bewertung von Handlungsalternativen offen. Dies kann erreicht werden, wenn lediglich die leistungsmengeninduzierten Kosten zugerechnet werden, die mit dem Verzicht auf die Erstellung des Kostenträgers entfallen bzw. abbaubar sind.

Ausgangspunkt dieser Überlegungen ist die heute in Unternehmen meist vorhandene hohe Leistungsversionenzahl bei niedrigen variablen Kostenanteilen. Diese Konstellation erfordert eine genaue Fixkostenanalyse. Bei der klassischen Deckungsbeitragsrechnung werden die Fixkosten jedoch nach Hierarchie zugeordnet, nicht nach Verursachung. Das bedeutet, es gibt keine genaue Aussage über die Ursachen der Fixkosten. Da die variablen Kosten aber oft nur mit geringem Anteil an den Gesamtkosten vertreten sind, ist gerade dies von besonderem Interesse.

Die herkömmlichen Verfahren arbeiten daher nur so lange mit zufrieden stellenden Ergebnissen, wie die Gemeinkosten bzw. Fixkosten im Verhältnis zu den Einzelkosten bzw. variablen Kosten gering sind. Die Realität der Betriebsbedingungen ist jedoch heute sowohl durch ein hohes Ausmaß an Gemeinkosten (Overheads) als auch Fixkosten (infolge Anlagenintensität) gekennzeichnet. Damit wird der nicht erklärte Teil der Kosten unverhältnismäßig hoch im Vergleich zum erklärten. Deshalb muss versucht werden, eine genauere Analyse der Gemein- bzw. Fixkosten zu erreichen. Denn die Entscheidung über angebotene Produkte und Preise kann wohl kaum vom oftmals weitaus kleineren Kostenanteil abhängig gemacht werden. Um Fehlentscheidungen zu verhindern, müssen die Gemein- bzw.

Kalklationsvergleich

Zuschlagskalkulation

Einkaufspreis Teil A	10 €
eingekaufte Menge Teil A	10
Einkaufssumme Teil A	100 €
Einkaufspreis Teil B	50 €
eingekaufte Menge Teil B	10
Einkaufssumme Teil B	500 €
Einkaufssumme Teil A + B	600 €
Gemeinkosten (absolut)	1200 €
Gemeinkostenzuschlag	200 %
Gemeinkostenzuschlag Teil A	20 €/Stück
Gesamtkosten Teil A	30 €/Stück
Gemeinkostenzuschlag Teil B	100 €/Stück
Gesamtkosten Teil B	150 €/Stück

Prozesskalkulation

Einkaufspreis Teil A	10 €
Einkaufspreis Teil B	50 €
Kosten des Einkaufsprozesses (absolut: 1200 €: 20 St. =)	60 €/Stück
Gesamtkosten Teil A	70 €/Stück
Abweichung	+ 133 %
Gesamtkosten Teil B	110 €/Stück
Abweichung	- 27 %

Fixkosten also verursachungsgerecht zugerechnet werden. Hinsichtlich der Gemeinkosten ist eine Lösung durch die Deckungsbeitragsrechnung mit relativen Einzelkosten (nach Riebel) bereits gegeben. Hinsichtlich der Fixkosten greift nun die Prozesskostenrechnung. Kriterium der Zurechnung ist dabei nicht mehr die Hierarchie, sondern die Arbeitsphase. Die ganze Rechnung erfolgt demnach nicht mehr kostenstellenorientiert (also statisch), sondern vorgangsorientiert (also dynamisch). Eine hinreichende Zerlegung der Arbeitsphasen unterstellt, kann damit der Fixkostenblock exakt aufgespalten werden. Die entsprechenden Anteile werden zu direkten Kosten, die Entscheidungsobjekten nun variabel zugerechnet werden können. Die Gemeinkosten, die einen zunehmend größeren Block ausmachen, der nur ungenügend analysiert werden kann, werden dynamisch offen gelegt, so auch der nicht wertschöpfende Zusatzaufwand für eigenerstellte Teilleistungen, für Spezialausführungen und Kleinserien.

Insofern handelt es sich bei der Prozesskostenrechnung um kein neues Kostenrechnungssystem, sondern diese ist grundsätzlich mit allen bestehenden Kostenrechnungssystemen kompatibel. Das Neue liegt vielmehr in der Fokussierung auf Kosten- und Leistungsstrukturen, die über Kurzfristzeiträume hinausgehen. Ausgangspunkt sind dabei die traditionellen Mängel der Kostenrechnungssysteme. So etwa die Lohnzuschlagskalkulation der Vollkostenrechnung. Die Lohnkosten werden als schlechter Indikator für die produktbezogene Kostenverursachung angesehen, weil sie nurmehr einen geringen Anteil an der Leistungserstellung ausmachen. Ebenso ist die Behandlung der absatzvorbereitenden, -begleitenden und -nachbereitenden Tätigkeiten wie Bestelldisposition, Leistungsabrechnung etc. meist nur durch sehr grobe, pauschalierende Verrechnungsmodi (Umlagen) abgedeckt. Insofern wird der Gemeinkostenbereich in der analytischen Planung vernachlässigt, während die produktiven Bereiche sehr genau geplant sind, obgleich ihr Kostenanteil immer geringer wird.

Vor allem hat dies zu einem Aufbruch in der Praxis geführt, über lange Zeit erstarrte Kostenschemata prozessorientiert zu ändern. Die Gedanken der Prozesskostenrechnung bestehen bereits seit Schmalenbach (1899), doch wurde der mit der Erfassung verbundene hohe Aufwand bisher gescheut. Dies wird nunmehr anders, weil die Gemeinkosten einen immer größeren Anteil an allen Kosten ausmachen und die direkten Kostenbereiche bereits weitgehend transparent und durchrationalisiert sind. Vornehmliche Ziele der Prozesskostenrechnung sind also folgende:

- Schaffung einer Transparenz des Gemeinkostenbereichs in Bezug auf einzelne Tätigkeitsabläufe mit verursachungsgerechter Zuordnung und effizientem Ressourceneinsatz,
- Optimierung der Tätigkeiten in Bezug auf Qualität, Zeit und Effizienz, dazu ist über die reinen Kosten hinaus die Erfassung von Qualitätsmerkmalen und Bearbeitungszeiten erforderlich, ebenso die Vermeidung von Leerlauf, Doppelarbeit, Schleifen etc.,
- permanente Gemeinkostenkontrolle durch kontinuierliche Verfolgung der Kostenentwicklung, dies ermöglicht es etwa bei Änderung der Zahl der Tätigkeiten in einer Periode, entsprechende Kapazitätsentscheidungen zu treffen,
- Verbesserung der Kalkulation durch eine prozessorientierte Zurechnung von Gemeinkosten auf einzelne Absatzsegmente, einzelne Tätigkeiten können damit Verursachern zugeordnet werden,
- vorausschauende Kalkulation im Rahmen der Produktentwicklung, vor allem können die Auswirkungen von Entwicklungs- und Differenzierungsmaßnahmen auf die Produktkosten ermittelt werden.

2.2.2.1.2 Anwendung

Die **Schritte** zur Umsetzung sind allgemein die Folgenden. Pro Gemeinkostenbereich sind diejenigen Leistungen zu bestimmen, deren Erfüllung der Bereich dient. Dies sind Prozesse wie Auftragsdisposition, Lagerabruf, Fertigungsüberwachung etc. Hierbei kann man sich methodisch auf Verfahren der Gemeinkostenwertanalyse (GWA), des Zero base budgeting etc. stützen. Dabei werden Prozesse zu Grunde gelegt.

Jedem Prozess sind die von ihm verursachten Kosten zuzurechnen. Dabei ergeben sich letztlich allerdings erhebliche Schlüsselungsprobleme bei verbundenen Kosten, also solchen, die nicht nur einen kleinen, unmittelbar beeinflussten Anteil ausmachen, sondern übergreifend sind. Dann kommt es zur unzutreffenden Verteilung von Fixkosten.

Für die unterschiedlichen Prozesse werden die jeweiligen Kostentreiber ermittelt (Dekomposition), also die Faktoren, welche die Prozessinanspruchnahme bestimmen und den größten Einfluss darauf haben (z.B. Standardauftrag, Sonderauftrag, Teiletransport). Sofern sich solche Kostentreiber nicht identifizieren lassen, werden die Prozesse als leistungsmengenneutral bezeichnet.

Für die Kostentreiber sind die jeweiligen Mengenausprägungen zu bestimmen. Dazu bedarf es eines meist erheblichen Erfassungs- und Planungsaufwands, der vor allem mit Zeitaufnahmen gefüllt ist. Komplexe Aufgaben wie Auftragsproduktion, Kundenanfragen etc. werden durch Mannjahre bewertet. Diese Informationen sind meist zusätzlich erstmalig zu erheben.

Dann werden die Kosten je Prozessmengeneinheit ermittelt. Dabei gehen die Ansichten darüber auseinander, ob man in diese Prozesskosten pro Prozesseinheit auch die Kosten der leistungsmengenneutralen Prozesse einbeziehen soll oder nicht. Einerseits wird erst dadurch eine Vollkostenerfassung ermöglicht, was die Entscheidungslage prinzipiell verbessert, andererseits werden die leistungsmengenneutralen Kosten auf diese Weise geschlüsselt, was einer Verzerrung gleichkommt.

Dann werden die Prozesskosten im Rahmen der Kostenträgerrechnung den Leistungen belastet. Damit wird die Verrechnung von Vorkostenstellen auf Hauptkostenstellen und dann auf Kostenträger vermieden, vielmehr werden die Vorkosten unmittelbar auf die Kostenträger verrechnet. Dazu ist eine Ermittlung der Inanspruchnahme jeder Leistung von Prozessmengeneinheiten erforderlich, was sich als problematisch herausgestellt hat. Kosten der Vorkostenstelle sind solche, die für interne Leistungen entstehen und für mehrere Endkostenstellen anfallen. Der Informationsverlust der Schlüsselung wird dadurch vermieden.

Die leistungsmengenneutralen Kosten dividiert durch die (restlichen) leistungsmengeninduzierten Kosten ergeben den Multiplikator. Das Produkt aus Multiplikator und leistungsmengeninduziertem Kostensatz ergibt den leistungsmengenneutralen Umlagesatz. Die Summe aus leistungsmengeninduziertem Kostensatz und leistungsmengenneutralem Umlagesatz ergibt die Gesamtplanprozesskosten.

Typische Cost drivers sind vor allem folgende Prozesse:

- vorgenommene Kundenbesuche, verwaltete Kundenanzahl, vorgenommene Beratungen, entgegengenommene Reklamationen, geführte Auftragsverhandlungen, durchgeführte Preisvergleiche, vollzogene Wettbewerbsanalysen, durchgeführte Marktforschungsstudien, abgelaufene Promotions, verwaltete Variantenzahl, verwaltete Teile-/ Baugruppenzahl, technische Änderungen, durchlaufene Fertigungsstufen, hergestellte Fertigungslose, Entwicklungsvorhaben, Konstruktionszeichnungen, Berechnungen, Wertanalysen, erstellte Prototypen, durchgeführte Prüfungen, gesammelte Ausschussteile, Nacharbeitsvorgänge, verwaltete Bestandshöhe, Lagerbewegungen, Transportwege, bewegte Gewichtseinheiten, eingegangene Rücknahmen, vorgenommene Dispositionen, bewegte Verpackungseinheiten, bewegte Versandeinheiten, durchgeführte Kommissionen, entgegengenommene Bestellungen, verwaltete Lieferantenzahl, durchgeführte Buchungen, verwaltete Konten, geschriebene Mahnungen, vorgenommene Kontrollen, Besprechungen, Kalkulationen, Planungen, verfasste Berichte etc.

Beispiele für die Anwendung dieser Erkenntnisse sind vor allem folgende:

- **Eigen- oder Fremdfertigung.** Die Entscheidung für eine vermeintlich kostengünstiger eigenerstellte Teilleistung verkehrt sich womöglich ins Gegenteil, wenn die darauf entfallenden administrativen Kosten eingerechnet werden. Diese fallen in allen Funktionsbereichen des Unternehmens an. Insofern kann die Entscheidung über den Einsatz von Zulieferern anstelle der eigenen Leistungserstellung auf eine bessere Grundlage gestellt werden.
- **Spezialteile- oder Gleichteileentscheidung.** Die Entscheidung für die Verwendung eines exakt dimensionierten Spezialteils anstelle eines überdimensionierten Standardteils kann sich grundsätzlich ändern, wenn die darauf entfallenden administrativen Kosten eingerechnet werden. Diese legen sich bei Standardteilen günstiger auf die größere Stückzahl um und überkompensieren damit womöglich absolut höhere Teilekosten. Insofern ist zu prüfen, inwieweit ein Modulsystem durch Nutzung der gleichen Leistung in mehreren Endprodukten bzw. durch Kombination vorhandener Teilleistungen zu einem neuen Endprodukt darstellbar ist.
- **Kleinserienentscheidung.** Die Entscheidung für das Angebot von Kleinserien zur Bedienung von minimalen Marktsegmenten wird durch die Einbeziehung der dadurch verursachten indirekten Kosten, die normalerweise nicht offen ausgewiesen werden, erst auf die richtige Ebene gestellt. Insofern ist das Postulat der Segment of one-Bedienung durchaus in Frage zu stellen, sofern es nicht gelingt, die damit verursachten Kostenhöhen in Form höherer Preise am Markt zu erlösen.

Die Auswirkungen der Prozesskostenrechnung im Unternehmen sind vielfältig. Produkten mit geringen Auftragsstückzahlen und hoher Komplexität werden höhere Kosten zugeordnet als bei der traditionellen Kalkulation, dadurch werden Standardprodukte von Gemeinkosten entlastet. Gemeinkosten werden nicht nach Wert, sondern nach tatsächlicher Inanspruchnahme verrechnet (Allokationseffekt), komplexere Produkte erhalten gemeinkostenverursachende Aktivitäten zugerechnet (Komplexitätseffekt), und die Subventionierung von Kleinaufträgen durch Großaufträge wird offen gelegt (Degressionseffekt). Eine höhere Teilevielfalt resultiert konsequenterweise in höheren Bearbeitungskosten (daher Gleichteile einsetzen). Produkte mit einfachem Aufbau werden dadurch bevorzugt. Das Verantwortungsgefühl der Mitarbeiter wird durch korrekte Zurechnung von Kosten gestärkt, es kommt zu einer Konzentration auf Leistungs- und Kostendenken.

2.2.2.2 Zielkostenrechnung

Oftmals zeigt die Kalkulation aber auch, dass sich das Produktangebot auf einem Preisniveau ansiedelt, das am Markt als nicht mehr durchsetzbar angesehen wird. Für gewöhnlich stellt sich diese Erkenntnis jedoch erst ein, wenn das endgültige Produkt hinsichtlich aller Parameter bereits weitgehend konzipiert ist, also zu einem recht späten Zeitpunkt. Änderungen in Richtung niedrigerer Kosten und damit Preise müssen demnach angehängt werden. Dies verlängert wiederum die Zeitspanne zwischen Einführungsentscheidung und deren Marktwirksamwerdung empfindlich. Nun ist die Zeit jedoch angesichts einer immer schnelllebigeren Entwicklung der Märkte ein zunehmend wichtiger Wettbewerbsparameter geworden. Zeitverlust bedeutet damit zwangsläufig auch Konkurrenznachteil. Dieser kann nur vermieden werden, wenn bei der Einführungsentscheidung bereits ein Zielpreis festgelegt wird, der wahrscheinlich einen marktgerechten Erfolg zulässt („Am Anfang der Produktentwicklung steht die Entwicklung des Preisschilds.“/ IKEA).

2.2.2.2.1 Darstellung

Diese Idee verfolgt die Zielkostenrechnung (Target costing/Genka kikaku). Dies ist ein im japanischen Management entwickelter Ansatz für die marktorientierte strategische Festlegung von Produktionskosten nicht erst beim fertigen Produkt, sondern bereits bei der Produktplanung. **Unter Target costing versteht man also ein Bündel von Kostenplanungs-, -kontroll- und -managementinstrumenten, die in frühen Phasen der Produkt- und Prozessgestaltung einsetzen, um Kostenstrukturen im Hinblick auf Markterfordernisse zu gestalten.** Es handelt sich um eine wettbewerbsorientierte Kostenplanung, bei der ausgehend von den Kundenerwartungen und einer vom Unternehmen gewünschten Zielrendite die erlaubten Kosten auf die einzelnen Leistungskomponenten heruntergebrochen und den entsprechenden Prozessstufen zugeordnet werden. Der Ansatz ist nicht zu fragen, was wird das Produkt kosten („Cost plus“), sondern, was darf das Produkt kosten („Price minus“).

Target costs sind damit an Kundenanforderungen und Wettbewerbsbedingungen ausgerichtete Plankosten in Abhängigkeit marktnotwendiger Technologie- und Verfahrensanpassungen im Unternehmen und der erwarteten Marktentwicklung bezogen auf die Lebensdauer eines Produkts vorgegebener Qualität. Sie stellen die durchschnittlich geplanten Selbstkosten für eine Produkteinheit oder eine Produktgruppe dar, die vom Management als festgesetztes bzw. angestrebtes Kostenzwischenziel auf dem Weg zur Erreichung der Allowable costs (zulässigen Kosten) angesetzt werden. Allowable costs erlauben den erfolgreichen Markteintritt (oder -verbleib) und ergeben sich durch Reduktion des Zielpreises um einen geplanten Gewinnanteil. Ausgangspunkt dafür sind die prognostizierten bzw. derzeitigen Standardkosten auf Basis bestehender Verfahren und Technologien (Drifting costs) *(siehe Abb. Prinzip des Target costing).*

Es gibt drei Ansätze für die Zielkostenbestimmung, die Subtraktionsmethode, die Additionsmethode und die Gegenstrommethode. Dabei herrscht eine marktorientierte Sichtweise (Schließung der Lücke zwischen Standardkosten und Kostensenkungsbedarf), eine wettbewerbsorientierte (Kosten der Konkurrenz), eine ingenieursorientierte (ausgehend von Kostenschätzungen) oder eine produktfunktionsorientierte (Reverse engineerung). Jeweils geht es darum, die Kosten der Leistungserstellung den Marktgegebenheiten anzupassen, um somit wettbewerbsfähig zu bleiben.

Die **Subtraktionsmethode** erfolgt marktorientiert nach dem Prinzip **Market into company.** Dabei werden die Zielkosten aus den für erzielbar gehaltenen Marktpreisen abgeleitet. Dazu wird vom realistischen Preis (Target price) der Zielgewinn (Target profit) abgezogen. Der Rest ist der maximal verkraftbare Kostenblock (Target costs). Diese werden mit den Standardkosten des Unternehmens (bei vorhandenen Verfahren und Technologien) verglichen. Liegen die Standardkosten über den Target costs, entsteht ein Kostenreduktionsbedarf, der durch Maßnahmen der Zielkostensicherung und -realisierung darzustellen ist.

Die Subtraktionsmethode erfolgt aber auch wettbewerbsorientiert nach dem Prinzip **Out of competitor.** Die eigenen Zielkosten werden dabei aus den Standardkosten der Konkurrenz (Competitors' costs) abgeleitet. Durch Zuschlag des Zielgewinns (Target profit) ergibt sich der Verkaufspreis (Selling price). Hier stellt sich das Problem der Identifizierung der Kosten des Wettbewerbs. Dies ist meist nur über Instrumente wie Reverse engineering, Benchmarking, Veröffentlichungsauswertung etc. möglich. Allerdings handelt es sich dann oft um vergangenheitsorientierte Kostenwerte. Zudem reicht dieser Ansatz wohl allenfalls zum Gleichziehen mit der Konkurrenz aus, nicht jedoch dazu, diese zu überholen (Outpacing).

Die **Additionsmethode** als zweiter Ansatz zur Zielkostenbestimmung erfolgt nach dem Prinzip **Out of standard costs.** Hier werden die Kosten aus den eigenen Standards bezogen. Die Ableitung erfolgt aus den Istkosten bestehender Produkte

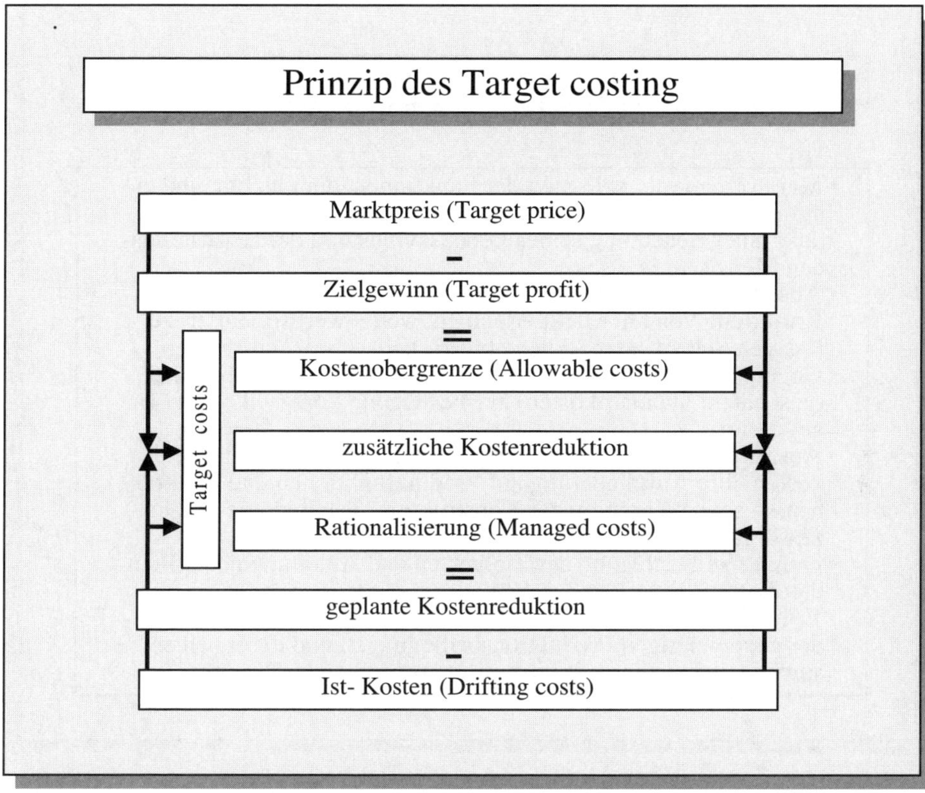

unter Beachtung von Konstruktionsänderungen und Kostensenkungspotenzialen im Produktionsprozess. Da hier der Marktbezug fehlt, kann dies nur als Hilfsform, vor allem für indirekte Leistungsbereiche, angewendet werden. Als Basis dienen Plankosten bestehender Prozesse bzw. neu zu bildende Plankosten neu zu schaffender, bekannter oder geplanter Prozesse. Zu diesen Kosten wird ein Zielgewinn addiert, sodass sich der anvisierte Marktpreis ergibt. Allerdings bleibt dessen Konkurrenzfähigkeit außer Acht. Denn diese ist nur dann gegeben, wenn bereits effiziente und effektive Prozesse gegeben sind, die von Mitbewerbern nicht wesentlich besser realisiert werden. Ansonsten führt dieser Ansatz zu Zielkosten, die zu hoch liegen als dass sie am Markt als wettbewerbsfähig gelten könnten.

Die Additionsmethode erfolgt auch nach dem Prinzip **Out of value chains.** Bei diesem Ansatz wird die Wertschöpfungskette zu Grunde gelegt. Diese lässt sich in primäre Aktivitäten des Kosten- und Leistungsflusses (vor allem Einkauf, Produktion, Absatz, Entsorgung) und sekundäre Aktivitäten, die ihrerseits Voraussetzung für primäre Aktivitäten sind (vor allem Informationsfluss) unterscheiden. Zerlegt man nun die Wertschöpfungsketten der Wettbewerber und bewertet die einzelnen Stufen mit Kosten bzw. Leistungen (nach qualifizierter Schätzung), so kann man diese Werte mit denen der eigenen Wertschöpfungskette vergleichen. Im Falle von Kostennachteilen wird ersichtlich, wo Kostenreduktionsbedarf im eigenen Betrieb

Ablauf des Target costing

- Marktorientierte Ableitung der Funktionen, der Qualität und eines entsprechenden Preises (Target price) für ein geplantes Produkt unter Beachtung seines Lebenszyklus und der herzustellenden Menge
- Ansatz eines geplanten Gewinns (Target profit)
- Ermittlung von am Markt erlaubten, wettbewerbsorientiert zulässigen Selbstkosten (Allowable costs)
- Gegenüberstellung der Allowable costs und der Drifting costs (geschätzte Standardkosten) zur Festlegung von Zielkosten (Target costs)
- Ausrichtung der Produktkonzeption und -planung an den Zielkosten, ihre Aufgliederung auf Produktfunktionen und -komponenten sowie Variation der Konstruktion, Technologie und Prozessorganisation
- endgültige Festlegung der Zielkosten und Ableitung neuer Standardkosten
- Ermittlung der Selbstkosten für das geplante Produkt auf Basis der gegenwärtigen Produktionsbedingungen und der ihnen entsprechenden bisherigen oder geschätzten Standardkosten

entsteht. Probleme ergeben sich hier vor allem aus der Datenerhebung und der kongruenten Zerlegung der Wertschöpfungsketten.

Die Additionsmethode erfolgt weiterhin nach dem Prinzip **Out of company.** Hier definieren die Produktverantwortlichen eigenständig einen Zielpreis, den sie am Markt für durchsetzbar erachten und der sich aus der Bewertung der design- und produktionstechnischen Faktoren ableitet. Die Zielkosten werden unter Beachtung gegebener Kapazitäten, konstruktions- und produktionstechnischer Potenziale sowie Erfahrungskurveneffekten bestimmt. Um Kostenreduktionen zu erreichen, sind jedoch immer Abschläge von den internen Standardkosten erforderlich. Damit ist aber noch nichts über die Marktfähigkeit der sich so ergebenden Preise (Target costs + Target profit) ausgesagt. Daher bietet sich dieses Verfahren nur an, wenn Marktpreise fehlen (also bei absoluten Neuprodukten), Märkte vermachtet sind (was häufig vorkommt) oder die Preiselastizität der Nachfrage sehr gering ist (was immer seltener gegeben ist).

Die Additionsmethode vollzieht sich schließlich nach dem Prinzip **Out of optimal costs.** Dies ist ebenfalls ein innenorientiertes Vorgehen, bei dem die Standardkosten auf Basis vorhandener Leistungsstrukturen mit denen von Plankosten bei optimalen Leistungsstrukturen verglichen werden. Ziel von Kostenreduktionsmaßnahmen ist es daher, die betrieblichen Prozesse so zu gestalten, dass die optimalen

Kosten realisierbar werden. Dazu ist die Ausnutzung des gesamten Verbesserungspotenzials im Kombinationsprozess der Produktion erforderlich. Die so entstehenden Kosten sind allerdings nur dann marktfähig, wenn kein anderer Anbieter bessere Prozesse nutzt. Im Übrigen ist die Abschätzung von Kosten bei Prozessen, die es noch nicht gibt, stark hypothetisch.

Schließlich gibt es noch die **Gegenstrommethode** nach dem Prinzip **Into and out of company**. Hierbei werden die tragbaren Kosten aus den Kosten der Konkurrenz abgeleitet. Dies stellt den Kompromiss zwischen Market into company und Out of company dar, dem ein zeitintensiver Zielvereinbarungsprozess zu Grunde liegt. Die Konkurrenzkosten sind entweder bekannt (z.B. aus Benchmarking, Verbandstätigkeit, informeller Information) oder können zuverlässig geschätzt werden. Liegen die eigenen Kosten unter denen der Konkurrenz, entsteht ein Gewinnspielraum, liegen die eigenen Kosten über denen der Konkurrenz, ist die Wertschöpfungskette dahingehend zu untersuchen, woraus deren Kostenvorteile resultieren können. Im ersten Fall kann der Kostenvorteil für mehr Gewinn instrumentalisiert oder in niedrigeren Preisen weitergegeben werden. Die Einhaltung der Vorgaben wird in jeder Phase kontrolliert und etwaige Überschreitungen sind sofort zu korrigieren.

Ausgehend vom für erzielbar gehaltenen Marktpreis werden somit alle Phasen der Arbeitsaktivitäten zurückgerechnet. Für jede Stufe der Leistungserstellung ergibt sich dabei eine Obergrenze der dort gerade noch akzeptablen Kosten. Werden diese Grenzen kumulativ auf allen Stufen eingehalten, ist gewährleistet, dass auch die Kostensumme der Zielvorgabe entspricht und nach angemessenem Gewinnaufschlag einen konkurrenzfähigen Preis zulässt. Aus den jeweiligen Zwischenkostenvorgaben wiederum ergibt sich, welcher produktive oder administrative Aufwand auf den einzelnen Stufen getrieben werden darf. So determinieren die Marktgegebenheiten die Produktionsbedingungen. Es handelt sich also um eine ausgesprochen marktorientierte Kalkulation. Aus beiden Größen ergeben sich die zulässigen Zielkosten.

Dennoch gibt es zahlreiche Umsetzungshürden für dieses an sich sehr stimmige Konzept in Unternehmen. Zu nennen sind vor allem Konflikte aus interdisziplinärer Teamorganisation mit einer bestehenden funktionalen Organisationsstruktur. Dann der häufige Einsatz in Form von Crash-Projekten mit dem Zwang zu kurzfristigen Ergebnisverbesserungen. Auch bestehen mangelnde Bereitschaft zu einem umfassenden Reengineering und weit verbreitet immer noch mangelnde Kostenkultur. Der Target costing-Prozess ist in seiner Durchgängigkeit komplex und akzessorisch zu Qualitäts- und Zeitzielen. Dabei sind die vom Markt erlaubten Kosten üblicherweise ausgesprochen anspruchsvoll. Erschwerend kommt eine mangelnde Transparenz interner Prozesse hinzu, etwa in Bezug auf eine adäquate Unternehmenskultur, die zutreffende Produktlebenszykluspositionierung und eine kohärente strategische Ausrichtung.

2.2.2.2.2 Anwendung

Die traditionelle Kalkulation sieht für die Preisfindung bzw. die Preisuntergrenzenermittlung die Bewertung detailliert erfasster bzw. geplanter Zeit- und Mengengerüste einzelner Leistungen mit Kostensätzen vor. Dies setzt freilich voraus, dass der Entwicklungs- und Designprozess bereits komplett abgeschlossen ist und in Form von Stücklisten und Arbeitsplänen vorliegt. Da jedoch ein Großteil der Einsatz- und Erstellungskosten dann bereits determiniert wird, besteht die Notwendigkeit, schon diese Kosten einzubeziehen. Insofern handelt es sich um einen durchgängigen Prozess. Dazu dienen designbegleitende Kalkulationen (Schätzkalkulationen), die auf Basis von Regressions- und Korrelationsanalysen einen Zusammenhang zwischen zahlenmäßig ausdrückbaren Merkmalen von Teilleistungen (Volumen, Zeit etc.) und deren Herstellungskosten ermitteln. Gibt es Realisierungsalternativen, sind entsprechende Variantenkalkulationen vorzunehmen. Evtl. sind weiterhin individuelle Auftragsvorkalkulationen oder zeitnahe, mitlaufende Kalkulationen erforderlich.

Ein bekanntes Beispiel der Anwendung des Target costing ist die Okkupation des, bis dato im Wesentlichen von deutschen Herstellern dominierten Marktes für hochwertige Fotokameras (SLR) durch japanische Anbieter in den 1980er Jahre des letzten Jahrhunderts. Spiegelreflexkameras wurden damals um die 1.000 DM angeboten und wendeten sich an ambitionierte Fotofreaks, für die Fotografieren Selbstzweck ist, d.h., welche bewusst die gestalterischen Möglichkeiten des SLR-Fotografierens suchen und nutzen. Diese betreffen höhere Lichtempfindlichkeit, kürzere Verschlusszeiten, vor allem aber die Verwendung von Objektivvorsätzen. Dementsprechend begrenzt war der Markt. Kleine Stückzahlen bedeuteten aber hohe Kosten und damit hohe Preise. Die japanischen Kamerahersteller hatten bis dahin vorwiegend Kompaktkameras (Pocket- und Kassetten-) hergestellt, die sich in großen Stückzahlen an anspruchslose „Knipser" absetzen ließen und daher einen günstigen Preis (ca. 200 - 400 DM) erlaubten. Die Überlegung war nun, welchen Preis eben diese Zielgruppe für eine höherwertigere Kamera in SLR-Technik (Sucher- und Objektausschnitt stimmen überein) zu zahlen bereit wäre. Entsprechende Marktforschung ergab, dass wegen der hohen emotionalen Bedeutung des Fotografierens als lebensbegleitendes Hobby große Teile der Pocket- und Kassettenkamera-Besitzer bereit wären, ca. 600 DM für eine, vielleicht nicht mit den letzten technischen Feinheiten versehene, aber doch SLR-Kamera auszugeben. Dadurch hätten ganz andere Stückzahlen als bis dato am Markt abgesetzt werden können. Entsprechend dieser Attraktivität erfolgte die Entwicklung von SLR-Kameras durch mehrere japanische Hersteller derart, dass sie zu Kosten dargestellt werden konnten, die einen Endverbraucherpreis von ca. 600 DM zuließen. Die so entstandenen Kameramodelle wurden am Markt angeboten und fanden reißenden Absatz, da die Zielpersonen nunmehr, wie gewünscht, eine SLR-Kamera mit angemessener Ausstattung zu einem akzeptablen Preis vorfanden. Die teuren, vorwiegend deutschen Modelle wurden vom Markt verdrängt und spielen bis heute international keine Rolle. Marktbeherrschend sind in dieser Klasse nach wie vor japanische Anbieter, und das Dank der Anwendung des Target costing-Prinzips, das freilich in der westlichen Welt damals noch völlig unbekannt war. Dessen Idee ist nicht, sich im Preis entlang der Kostendegressionskurve vorzutasten, sondern von vornherein die Abhängigkeit zwischen Preis und Absatzmenge zu berücksichtigen. Der Preis schafft sich damit den Absatz, den er zur Kostendeckung braucht.

In ganz ähnlicher Weise ist die deutsche Unterhaltungselektronik-Industrie untergegangen. Zu denken ist etwa an

- *Blaupunkt: heute nur noch Autoradio- und Navigationssystemfertigung,*
- *Braun: 1967 vom Gillette-Konzern übernommen, 1981 an DS verkauft, Ende der UE-Fertigung 1990,*
- *Dual: an Thomson-Gruppe verkauft, dann an Schneider Elektronik weiterverkauft, heute nur noch Handelsmarke im Karstadt-Konzern (für Promotionszwecke), außer für Analog-Plattenspieler,*
- *Grundig: 1979 an Philips verkauft, danach an Kathrein Elektronik weiterverkauft, dann insolvent, in Einzelteile zerlegt und verkauft,*
- *Klein+Hummel: an SABA verkauft, 1979 Consumergeschäft eingestellt,*
- *Loewe Opta: an Philips verkauft, dann an Matsushita, dann an Sharp, erfolgreich in kleiner Nische,*
- *Metz: nur erfolgreich durch Foto-Elektronik und TV-Geräte,*
- *Nordmende: Marke vom französischen Thomson-Konzern übernommen, nur noch OEM-Angebot,*
- *Revox: 1990 an Motor-Columbus verkauft, 1994 an Harman Int'l,*
- *RFT: ehemaliges DDR-Kombinat, insolvent,*
- *SABA (Schwarzwälder Apparate Bau Anstalt): an Thomson verkauft, heute nur noch OEM*
- *Schneider: Insolvenz 2002,*
- *Telefunken: Marke vom Thomson-Konzern übernommen, nur noch OEM-Angebot,*
- *Thorens: in kleiner Nische eigenständig geblieben,*
- *Uher: an Harman Int'l verkauft (für Hifi), an Otto-Versand verkauft (für Lofi),*
- *Wega: Marke vom Sony-Konzern übernommen (für Promotionszwecke).*

Ein wichtiges Instrument ist das **Reverse engineering.** Dabei werden, ausgehend von den Kosten des eigenen Produkts davon die von Kunden nicht wahrgenommenen Produktfunktionen, die von Kunden mutmaßlich nicht weiter honorierten Produktfunktionen sowie konstruktive Nachteile abgezogen, um zu den Kosten des Konkurrenzprodukts bei eigener Fertigung zu gelangen. Dann werden eigene Nachteile bei den Faktorpreisen und bei der Prozesseffizienz abgezogen, um bei den tatsächlichen Kosten des Konkurrenzprodukts dort zu enden. Weiterhin bleibt das Problem der Zurechnung von Kosten zu bestimmten Funktionen. Dieses wird im Rahmen der Zielkostenspaltung angegangen.

Die **Zielkostenspaltung** erfolgt nach der Komponenten- oder der Funktionsmethode. Bei der Komponentenmethode werden die Kosten direkt auf die Teile aufgeschlüsselt. Als Ausgangsbasis dient dabei das Vorgängerprodukt (und die bisherigen Kundenwünsche), das Reverse engineering (beim erfolgreichsten Wettbewerbsprodukt) oder ein internes Referenzprodukt (einer anderen Produktlinie, die Kundenwunsch-näher ist). Dies ist allerdings nur bei wenig innovativen Produktmodifikationen möglich, außerdem werden die Kosten nur fortgeschrieben. Bei der Funktionsmethode werden zunächst die kundengewünschten Produktfunktionen sowie deren Gewichtung und Klassifizierung festgestellt. Dann folgt die Gewichtung der Bauteile entsprechend ihrem Anteil an der Funktionserfüllung. Die Kosten werden entsprechend diesen wahrgenommenen Funktionen verteilt. Dies erlaubt die angemessene Kostenzurechnung auch bei innovativen Produkten.

Nunmehr ist zwar die betriebliche Seite der Kosten aufgeklärt. Es stellt sich jedoch die Frage, welche Wertschätzung Nachfrager den Produktfunktionen zumessen. Dabei hat in letzter Zeit die **Conjoint-Analyse** eine zentrale Rolle eingenommen. Dabei handelt es sich um ein Bündel von Verfahren, das dazu dient, von geäußerten Präferenzen für vergleichbare Produktkonzepte mit unterschiedlichen Eigenschaften auf die Relevanz der einzelnen Eigenschaften für die Entwicklung von Präferenzen gegenüber diesen Produktkonzepten zu schließen bzw. den Beitrag einzelner Produkteigenschaften zum wahrgenommenen Gesamtnutzen eines Produktkonzepts zu ermitteln.

Dies erfolgt vor allem, indem die Variablen des Produkts in ihren möglichen oder auch nur relevanten Eigenschaften beliebig (faktoriell), oder meist nur bewusst eingeschränkt (fraktionell), miteinander kombiniert werden, sodass aus ihnen jeweils eigenständige Produktkonzepte entstehen. Für jede dieser Variablen werden nun sinnvoll erscheinende Ausprägungen bestimmt und diese in, allerdings leicht ausufernder, kombinatorischer Form zu Produktganzheiten konstruiert. Dabei müssen nicht immer alle Variablen wirklich verändert werden, vielmehr können, und werden in der Praxis aus Vereinfachungsgründen auch, einzelne Variable konstant gehalten und nur die Übrigen verändert. Innerhalb der veränderten Variablen ist noch der Grad der Veränderung zu kalibrieren. Daraus entsteht eine bestimmte Anzahl von Produktkonzepten, die marktforscherischer Untersuchung im Rahmen der Conjoint-Analyse zugänglich sind. Dabei ist es bedeutsam, dass die Anzahl der Produktalternativen überschaubar klein bleibt, denn Probanden werden nun aufgefordert, die relative Vorziehenswürdigkeit aller einzelnen Produktkonzepte untereinander zu bestimmen. Das heißt, es wird ermittelt, welche Kombination von Eigenschaftsausprägungen in der Summe von ihnen wie hinsichtlich ihrer Produktbegabung eingeschätzt wird. Dabei wird zugleich erhoben, ob und inwieweit eine präferierte Kombination von Eigenschaftsausprägungen einen Mehrpreis gegenüber anderen Wert erscheint. Vor allem kann auch der wahrgenommene Nutzenbeitrag jedes einzelnen, variierten Elements in Bezug auf die Preisbereitschaft statistisch herausgefiltert werden. Spiegelt man diese Erkenntnisse wiederum mit den dafür entstehenden Kosten, kann festgestellt werden, ob herausgehobene Merkmale die bei ihrer Leistungserstellung meist auftretenden Mehrkosten im Mehrpreis tatsächlich erlösen können bzw. welche Merkmale den höchsten Renditebeitrag zu erreichen versprechen. Entsprechend diesen Erkenntnissen wird dann aus dem konstruierten Produkt eine mögliche Produktinnovation.

Die Gefahren dieser Anlage liegen auf der Hand. So kann nur die nutzenrelevanteste Kombination innerhalb der zur Messung bestimmten Kombinationen ermittelt werden, unklar bleibt jedoch, ob es nicht nutzenrelevantere Kombinationen gibt, die nicht im Testdesign erfasst worden sind, möglicherweise aber von der Konkurrenz angestrebt werden. Ebenso müssen die Abstufungen von Merkmalsausprägungen statt kontinuierlich, diskret angelegt sein, es ist jedoch möglich, dass zwischen zwei Stufen einer getesteten diskreten Ausprägung eine nutzenrelevantere, aber nicht erfasste Ausprägung gegeben ist, deren Chance verpasst wird. Um diese Risiken abzumildern, steht nicht eine ausgeweitete Kombination von Produktkonzepten zur Verfügung, da die Beurteilungsfähigkeit der Probanden mit steigender Alternativenzahl überproportional nachlässt. Daher werden in der Praxis meist aufgegliederte, reduzierte Designs angewendet. Ein weiteres Risiko liegt in der Repräsentanz dieser Probanden für die anvisierte Zielgruppe, da derartige Analysen immer nur qualitativ angelegt sein können. Außerdem mag es sein, dass relativ schlecht bewertete Alternativen nur deshalb abgewertet werden, weil ihre Merkmalsausprägung tatsächlich eine andere Zielgruppe anspricht, als sie in den Probanden repräsentiert ist. Bei gänzlich neuen Produktideen schließlich ist meist sogar unklar, welche Zielgruppe sich dadurch angesprochen fühlen dürfte. Zudem gibt es erhebliche Abweichungen zwischen geäußerter Meinung und tatsächlichem, späterem Verhalten. Viele Produkteigenschaften verschließen sich der spontanen oder zumindest äußeren Beurteilung, sondern bedürfen der intensiven Auseinandersetzung. Dies ist nur möglich, insofern die Produkteigenschaften tatsächlich geprüft werden können, d.h., hypothetische Ausprägungen, die real erhebliche Aufwendungen implizieren (z.B. 1:1-Mock ups), sind oft nicht zu erheben, sondern nur tatsächlich vorhandene.

Die prozentuale Wertbedeutung jeder Komponente wird dem durch die entwicklungsbegleitende Kalkulation ermittelten Kostenanteil gegenübergestellt, den die Herstellung der Komponente voraussichtlich verursacht. Die Division der relativen Bedeutung durch den Kostenanteil ergibt einen Zielkostenindex, der das Maß für die Abweichung zwischen Marktbedeutung und Kostenverursachung darstellt. Das **Value control chart** stellt die relative Bedeutung der Komponenten (Wert) und den relativen Kostenanteil der Komponenten grafisch einander gegenüber. Im Idealfall, d.h., bei einem Zielkostenindex von 1, entsprechen sich relative Bedeutung und tatsächlicher Kostenanteil. Es entsteht eine winkelhalbierende Gerade (45 °). Abweichungen beider Werte werden innerhalb einer gewissen Größenordnung akzeptiert, und zwar umso eher, je geringer Marktbedeutung und Kostenverursachung sind. Werte > 1 lassen Raum für qualitätsverbessernde Produktion, sie liegen grafisch unterhalb der Geraden, Werte < 1 erfordern hingegen kostensenkende oder wahrnehmungssteigernde Maßnahmen, sie liegen grafisch oberhalb der Geraden. Je höher die absoluten Kosten bzw. die absolute Bedeutung, desto enger wird der akzeptierte Zielkostenindex-Korridor in der Entwicklung von Produkten. Man nennt dies Wertgestaltung (Value engineering) für neue Produkte, analog zur Wertanalyse (Value snalysis) bei bestehenden Produkte *(siehe Abb. Value control chart)*.

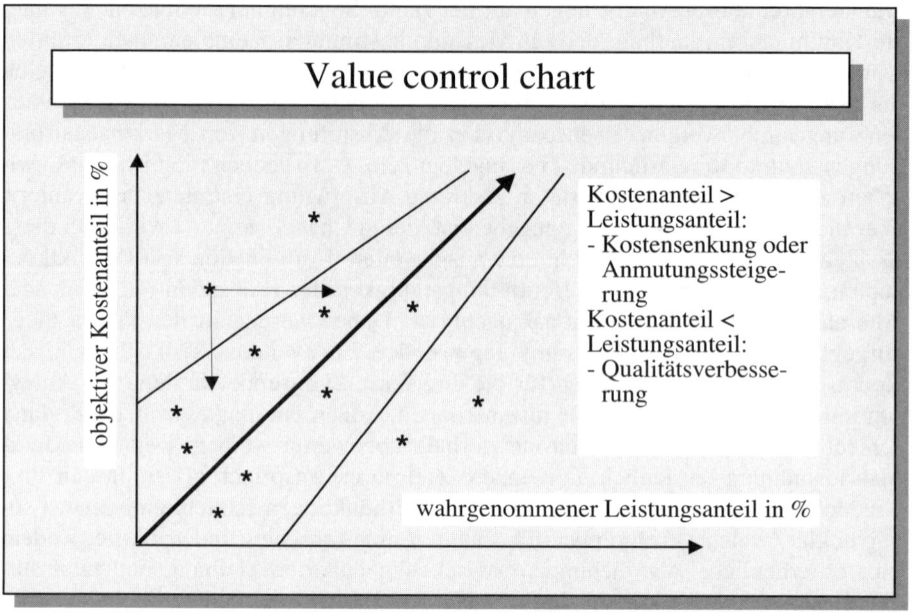

Ein verbreitetes Beispiel für eine solche Wertgestaltung findet sich bei den Lautstärkereglern von HiFi-Geräten. Hochwertige Geräte haben eine Lautstärkeregelung, die durch diskontinuierliche Ab- bzw. Zuschaltung einzelner Widerstände die Lautstärke in Stufen erhöht bzw. senkt. Dazu rastet der Lautstärkeregler zwischen den einzelnen Widerstandsstufen ein. Diese Stufenschaltung ist zu einem Qualitätsmerkmal höchstwertiger HiFi-Geräte geworden. Einfachere Geräte haben hingegen ein Potenziometer mit einer Gleitfolie, auf welcher der Strom kontinuierlich abgegriffen wird. Diese Lautstärkeregler sind daher stufenlos zu regeln. Um auch bei billigeren Verstärkern den Eindruck hochwertiger Geräte zu erwecken (niedrigere Kosten bei höherer Leistungswahrnehmung), nutzen Hersteller Potenziometer mit Skalenrasterungen, sodass die Lautstärke, obgleich eigentlich kontinuierlich einstellbar, nur in Stufen eingestellt werden kann. Durch diese Rasterung entsteht beim Nutzer der Eindruck, es handele sich nicht um ein Gleitpotenziometer, sondern um eine Stufenschaltung, also ein Indiz für ein höherwertigeres Gerät. Da vor dem Kauf praktisch alle Interessenten am Lautstärkeregler des Geräts drehen, einerseits eine Ersatzhandlung für das Inbesitznehmen des Geräts, andererseits als scheinbar nachvollziehbarer Qualitätsindikator für die anderweitig verborgen bleibende tatsächliche Qualität des Geräts, kann damit eine probate Wertgestaltung vorgenommen werden.

Oft sind es aber auch gerade offensichtlich unnütze Eigenschaften eines Produkts, die ihm Wert verleihen. Zu denken ist an Armbanduhren, die bis 100 m wasserdicht sind, Stoppfunktion bis hinunter zu 1/10 Sek. haben oder zwei Zeitzonen anzeigen. Dies ist im alltäglichen Gebrauch eher hinderlich, verschafft aber offensichtlich Prestige.

Dem Target costing liegt damit eine umfassende Marktorientierung durch marktadäquate Gestaltung und Erstellung von Leistungen zu Grunde. Es handelt sich zudem um einen geschlossenen Ansatz der Kostenrechnung, bei dem alle Produkte ihre Vollkosten und einen Gewinnanteil auch bei steigender Wettbewerbsintensität erwirtschaften sollen. Insofern ist es ein Instrument zur Erreichung eines langfristigen Zielgewinns.

Dass Target costing wiederum so neu auch nicht ist, zeigen zwei Beispiele. So lag die Preisvorgabe von Henry Ford für das berühmte T-Modell bei unter 500 $, das billigste Wettbewerbsmodell kostete damals rund 1.000 $. Und der VW Käfer sollte nach dem Willen von Ferdinand Porsche weniger als 1.000 RM kosten, das billigste Wettbewerbsmodell kostete damals rund 2.000 RM.

2.2.2.3 Lebenszykluskostenrechnung

Die Lebenszykluskostenrechnung macht sich eine den gesamten Lebenszyklus eines Produkts umfassende und damit die übliche Periodeneinteilung der Kostenrechnung überwindende Sichtweise von Kosten und Kostenantriebskräften zueigen, um zu einer vollständigen Erfassung sämtlicher während seiner gesamten Angebotsdauer anfallenden Kosten und Erlöse und ihrer verursachungsgerechten Zuordnung auf das Produkt zu gelangen. Sie ist durch eine ganzheitliche Sichtweise mit Langfrist- und Vollkostenbetrachtung gekennzeichnet, deckt Trade off-Beziehungen zwischen Vorlauf- und Folgekosten auf, fundiert damit Preisstrategien und berücksichtigt vor allem Umweltschutzaspekte. Der gesamte Lebenszyklus besteht also aus dem Marktlebenszyklus plus dem Entstehungszyklus vor der Vermarktung plus dem Entsorgungszyklus nach der Vermarktung.

Damit besteht eine Ähnlichkeit zur Investitionsrechnung, zusätzlich werden aber auch die laufenden Kosten dynamisch berücksichtigt. Denn die immer erheblicheren Vorlaufkosten legen sich immer ungünstiger auf die Marktpräsenz um. Ursachen dafür sind die rapide Verkürzung des Produktlebenszyklus, genauer die erhebliche Verkürzung des Marktzyklus im Vergleich zur gleichzeitigen Verlängerung des Entstehungszyklus. Man spricht auch von einer Zeitfalle, d.h., der Lebenszyklus eines Produkts reicht womöglich nicht mehr aus, seine Investitionskosten zu amortisieren. Damit kommt es zu einer Erhöhung des Anteils der Kosten, der in traditionellen Kostenrechnungssystemen nicht oder nur als Gemeinkostenblock erfasst, d.h., zwar periodengerecht, nicht aber produktbezogen ausgewiesen wird. Zusätzlich bleiben auch evtl. Vorlauferlöse und Folgekosten außer Ansatz. Auf Basis dieser unvollständigen Kostenerfassung können aber keine sachgerechten Entscheidungen getroffen werden. Daher ist es erforderlich, zu einer zutreffenden Kostenerfassung zu gelangen. Dazu gehören aber folgende Bereiche:

- **Vorlaufkosten** für z.B. Ideensuche, Grundlagenforschung, Produkt-/Verfahrensentwicklung, Marktforschung/Test, Markterschließung, Produktionsplanung, Schnittstellenentwicklung, Qualitätsverbesserung, Kostenreduktion, Vorserie,

Zuliefererauswahl, Vertriebsplanung, Training, technische Dokumentation, Organisation, Logistik, Projektmanagement, Bedarfsanalyse, Beschaffungsmarktanalyse, Lieferantenanalyse, Anbindung der Lieferanten, Lieferantenentwicklung, Verhandlungsprozess etc.,
- **Vorlauferlöse** aus z.B. Subventionen, Steuererleichterungen, Erlös von übertragenen FuE-Erkenntnissen etc.,
- **produktbegleitende, laufende Kosten** wie in der Kostenrechnung ohnehin erfasst, also Markteinführung, Relaunch und Pflege, Betriebskosten (Energie, Betriebsmittel, Personal, Versicherung etc.), Overheads, Angebotsbearbeitung, Transport, Zölle/Steuern, Rechnungsprüfung, Bezahlung, Qualitätsprüfung etc.,
- **produktbegleitende, laufende Erlöse** wie in der Erlösrechnung ohnehin erfasst, also Aktionen, laufender Umsatz, Ausverkauf, etc.,
- **Folgekosten** für z.B. Nachbetreuung, Produkthaftung, Entsorgung/Redistribution, Garantie/Gewährleistung, Wartung, Demontage, Sammlung/Sortierung/Zerkleinerung/ Deponie, Produktionsausfall, Ausschuss, etc.,
- **Folgeerlöse** aus z.B. Lizenzvergabe, Verkauf von Anlagen, Ersatzteilhandel, Reparatur, Beratung, Schulung, Betriebsmittelhandel etc.

So machen die reinen Anschaffungskosten eines Automobils bezogen auf die Laufzeit weniger als 30 % der gesamten Kosten aus. Die restlichen über 70 % sind Kosten für Finanzierung, Wartung, Reparatur, Versicherung, Zubehör, Steuern, Treib-/Schmierstoff, Reifen, Waschen, Zulassung/Abmeldung etc.

Der Anteil der Kosten, der über die reinen Entwicklungs- und Produktionskosten hinausgeht, steigt nun beständig an, zugleich wird der Vermarktungszeitraum immer kürzer. Dabei ist weiterhin zu unterscheiden in:
- entscheidungsrelevante Kosten, also solche, die durch eigene Handlungen bedingt sind, und irrelevante Kosten, also solche, die durch eigene Entscheide nicht beeinflusst werden können,
- Sunk costs, d.h., falsche Entscheide, die zwar selbst gefällt, nun aber nicht wieder rückgängig zu machen sind,
- einmalige Kosten (z.B. Investition) und Bindung durch regelmäßig oder häufig wiederkehrende Kosten (Folgekosten).

Durch die Anwendung der Lebenszykluskosten sollen also nicht nur die Initialinvestitionen eines Systems als Entscheidungskriterium berücksichtigt werden, sondern auch die Folgekosten während des gesamten voraussichtlichen Lebenszyklus möglichst vollständig in das Kalkül eingehen. Dies beinhaltet die Überlegung, in welchem Umfang durch eine Leistung Kosten aus der Beanspruchung betrieblicher Ressourcen verursacht und in welcher Form diese an Abnehmer weiterverrechnet werden können. Demzufolge wird die gesamte Produktionslebensdauer in einen Abschnitt der Erstellung und einen der Nutzung unterteilt. Dabei kann es zu einem kostentechnischen Ausgleich derart kommen, dass geringere Renditen oder gar partielle Verluste in der Erstellungsphase durch höhere Renditen in der Nutzungsphase alimentiert werden. Dies gilt etwa für After sales services (Kundenkontakt) oder Folgekäufe (Zubehör). Wichtig ist dann nicht mehr, dass der einzelne Verkaufsakt gewinnträchtig ist, sondern die kumulierten Kaufakte, die im Zeitablauf bei der Nutzung eines Systems anfallen, in der Summe gewinnträchtig sind. Dies impliziert allerdings, dass ein Unternehmen davon ausgehen kann, dass solche Zusatzverkäufe auch tatsächlich ihm zugute kommen und nicht Wettbewerbern oder auf Kundenkontakt oder Zubehör spezialisierten Service providers.

Die Vorteile der Lebenszykluskostenrechnung sind vor allem folgende. Es kommt zu einer ganzheitlichen, dynamischen Sichtweise, die dem Systemdenken entspricht. Im Zeitablauf abnehmende Freiheitsgrade durch Entscheidungsinterdependenzen werden berücksichtigt (so sinkt der Wert sukzessiv durch immer geringere Beeinflussbarkeit). Es erfolgt eine prozessuale Problemsichtweise. Verantwortungsvollere Entscheide erlauben eine Risikominderung und eine Erhöhung der Flexibilität. Durch Zunahme an Informationen entsteht ein Lernprozess mit abnehmendem Restrisiko. Und es werden verschiedene Organisationseinheiten einbezogen.

Dem stehen jedoch folgende Nachteile gegenüber. Es besteht prinzipbedingt ein Defizit an zweckorientiertem Wissen zu sachkundigen Entscheidungen wegen großer und wachsender Zukunftsunsicherheiten. So ist vor allem zu einem Zeitpunkt über die Systemkonfiguration zu entscheiden, zu dem der Informationsgrad gerade noch extrem niedrig ist, nämlich ganz zu Beginn des Lebenszyklus.

2.2.2.4 Differenzzahlungsrechnung

Bei der Differenzzahlungsrechnung handelt es sich um ein Konzept zur Bewertung strategischer Handlungsmöglichkeiten. Als entscheidungsrelevant werden dabei alle zukünftigen Tatbestände oder Änderungen von Tatbeständen angesehen, welche die Höhe des maßnahmenbezogenen wirtschaftlichen Erfolgs beeinflussen. Dazu erhält jede Handlungsmöglichkeit die durch sie ausgelösten künftigen Zahlungen zugerechnet. **Die Absicht ist dabei die Betrachtung der Zahlungen des Istzustands und des Planzustands, also der Situation vor und nach Durchführung der erwogenen strategischen Aktion. Die Differenz dieser Zahlungsströme bildet den zuzurechnenden Teil der Zahlungen.** Beim Marktaustritt erhält eine Geschäftseinheit also die Differenz zwischen den Zahlungen des Unternehmens bei Weiterexistenz der Geschäftseinheit und den Zahlungen bei gedanklicher Nicht-Existenz dieser Einheit zugerechnet. Im Fall des Markteintritts erhält die mögliche neue Geschäftseinheit die Differenz zwischen den Zahlungen der bisherigen Geschäftseinheiten und den Zahlungen bei gedanklicher Hinzunahme der neuen Einheit zugerechnet. Damit werden strategischen Handlungsmöglichkeiten die relevanten ökonomischen Wirkungen zugeordnet. Insoweit Anpassungen der Struktur und Kapazitäten des Unternehmens notwendig sind, umfasst das Handlungsergebnis daher Differenzzahlungen aus der Gegenüberstellung der laufenden Zahlungen in der Ist- und der hypothetischen Plan-Situation und einmalige Investitionsauszahlungen für die Transformation des Ist-Zustands in den Plan-Zustand.

Die Differenzzahlungsrechnung lässt sich aber nicht nur auf Marktein- und -austritt von Geschäftseinheiten (Produkten) anwenden, sondern auch dazu, Verbundeffekte zwischen Produkten bzw. Programmbestandteilen zu identifizieren. Solche Effekte entstehen aus Herstellungsverbünden (Kuppelproduktion etc.), Einkaufsverbünden (gemeinsame Lieferanten etc.) oder Absatzverbünden. Ein Einkaufsverbund resultiert aus der gemeinsamen Bestellung von Teilen und Arbeitsmitteln zur Nutzung von Konditionsermäßigungen. Ein Herstellungsverbund betrifft den überschneidenden Werteverzehr bei der Erstellung verwandter Produkte. Ein Absatzverbund liegt vor, wenn verschiedene Produkte zu gemeinsamer Zahlung führen (Angebotsbündel). Letzteren kann man weiter aufteilen nach Nachfrageverbund (Bedarf), Kaufverbund (Handlung) und Einsatzverbund (Nutzung). Dies ist vor allem bei Eliminierungsentscheidungen relevant, wenn durch die Einstellung eines Angebots Einkaufs-, Erstellungs- oder Absatzprozesse auch bei einem oder mehreren anderen Angeboten verändert werden. So kann es sinnvoller sein, ein eliminationsverdächtiges Produkt dennoch im Programm zu belassen, wenn dessen Mindererlöse/Verluste niedriger sind als die anderweitig eliminationsbedingt auflaufenden Mindererlöse/Verluste verbundener Produkte.

2.2.2.5 Transaktionskostenrechnung

Die Transaktionskostenrechnung ist eine projektorientierte Kostenrechnung, die vor allem die Kosten von Kundenbeziehungen identifiziert und zurechnet. Dazu gehören die Kosten für die Vorbereitung von Verhandlungen, für Rechtsberatung, für Schulungen, für Geschäftsreisen, für Qualitätsprüfung und -sicherung, Beschaffungskosten, FuE-Kosten, Kosten für Fertigungsanlagen etc. Als Kostenträger fungieren dann langfristige Geschäftsbeziehungen, sodass diese Rechnung überperiodisch konzipiert ist. Geschäftsbeziehung ist dabei jeder von ökonomischen Zielen zweier Organisationen geleitete Interaktionsprozess zwischen zwei oder mehr Personen ab dem ersten Geschäftsabschluss. Charakteristisch dafür sind die Interaktion zwischen Anbietern und Nachfragern, also nicht die einseitige Betrachtung von nur Anbieter- oder nur Nachfragerverhalten, die Entwicklung der Beziehungen im Zeitablauf, also nicht die Betrachtung der einzelnen Markttransaktion, die Verbindung von organisationalen und personenbezogenen Einflussfaktoren der Beziehung sowie die Betonung des Investitionscharakters von Maßnahmen zur zukünftigen Festigung und Entwicklung einer Geschäftsbeziehung.

Kosten und Erlöse sind Zahlungsströme, die bei Planungsrechnungen auf den Planungszeitpunkt und bei Kontrollrechnungen auf den Kontrollzeitpunkt ab- bzw. aufgezinst werden. Auf diese Weise erhält man den Kapitalwert einer Kundenbeziehung bzw. eines Projekts. Problematisch ist deren Transformation in Periodenerfolge. Stattdessen ist vielmehr ein Investitionsrechnungscharakter gegeben. Ebenso werden keine Einkaufs- und Absatzverbünde berücksichtigt, und nicht zurechenbare Kosten werden im Zweifel als nichttransaktionsbezogene Fixkosten des Unternehmens klassifiziert und damit nicht weiter differenziert ausgewiesen.

2.2.2.6 Deckungsbeitragsflussrechnung

Die Deckungsbeitragsflussrechnung erfolgt über mehrere Perioden und stellt auf diskontierte Beträge ab. Dies nimmt auf die abweichende zeitliche Verteilung von Deckungsbeiträgen Bezug. So reicht es nicht aus, den kurzfristigen Deckungsbeitrag einer Leistung zu betrachten, sondern es ist erforderlich, die kumulierten Deckungsbeiträge eines Produkts während seiner gesamten Lebensdauer, d.h., der Zeitspanne der Marktpräsenz, zu bewerten. Dies führt zu sachgerechteren Entscheidungen. Dabei ist jedoch zu berücksichtigen, dass die Deckungsbeitragsflüsse verschiedener Produkte zeitlich ungleichmäßig verteilt sein können. Der Wert eines Deckungsbeitrags ist aber bei latent inflationsgeschädigter Währung abhängig davon, wann dieser anfällt. Zeitnah anfallende Deckungsbeiträge sind damit werthaltiger als zeitfern anfallende. Um hier zu einer korrekten Beurteilungsbasis zu gelangen, werden die abweichenden Deckungsbeitragsflüsse verschiedener Produkte einheitlich auf den Entscheidungszeitpunkt abgezinst.

Dabei kann der Gesamteffekt des Deckungsbeitragsflusses in verschiedene Teileffekte zerlegt werden. Dabei handelt es sich um folgende:

- Der Preiseffekt ist die durch eine Preisvariation bedingte Umsatzänderung (Summe der mit der Preisdifferenz von Periode 1 auf Periode 2 multiplizierten Absatzmengen in Periode 1 über alle Produkte).
- Der Mengeneffekt ist der Teil der Umsatzänderung, der auf die Variation der Absatzmenge zurückzuführen ist (Gesamt-Mengendifferenz von Periode 1 auf Periode 2 multipliziert mit dem mengenmäßig gewichteten Durchschnittspreis der Periode 1).
- Der Preis-Mengen-Effekt (Interaktionseffekt) ist die durch gleichzeitige Variation von Absatzmenge und Verkaufspreis verursachte, über den Preis- und Mengeneffekt hinausgehende Umsatzänderung (Quotient aus Absatzmenge in Periode 2 und Periode 1 minus 1, multipliziert mit dem Preiseffekt).
- Der Umsatzstruktureffekt ist der Teil der Umsatzänderung, der durch Veränderung der Absatzstruktur determiniert wird (Differenz aus der Gesamt-Umsatzänderung, dem Preis-, dem Mengen- und dem Interaktions-Effekt).
- Der Stückkosteneffekt ist die durch Stückkostenvariation bedingte Umsatzänderung.
- Der Gesamtkosteneffekt ist der Teil der Kostenänderung, der auf die Variation der Produktionsmenge zurückzuführen ist.
- Der Kostenmengeneffekt ist die durch gleichzeitige Variation von Stückkosten und Produktionsmenge verursachte, über den Stückkosten- und Gesamtkosteneffekt hinausgehende Umsatzänderung.
- Der Absatzstruktureffekt ist der Teil der Kostenänderung, der durch Veränderung der Absatzstruktur determiniert wird.

2.3 Break even-Analyse

Jede Kostenrechnung ist jedoch nur so gut wie die ihr zugehörige Erlösrechnung. Denn naturgemäß ist es ein wichtiges Anliegen jedes Unternehmens zu wissen, bei welchem Niveau der Geschäftstätigkeit mindestens Kostendeckung durch die erzielten Erlöse erreicht wird. Das ist konstitutive Voraussetzung für eine nachhaltige Unternehmenstätigkeit.

2.3.1 Darstellung

Der Break even-Punkt ist definiert als die Absatzmenge, bei welcher der Umsatzwert zum ersten Mal die vollen Kosten deckt, also die Gewinnzone erreicht wird. Der Umsatz setzt sich aus den Größen Absatzmenge und Preis je Verkaufseinheit zusammen. Die Menge ist wiederum abhängig von der Absatzkapazität, d.h., der Break even-Punkt darf nicht außerhalb der Kapazitätsgrenze liegen. Der Preis ist seinerseits abhängig von Nachfrage-, Wettbewerbs-, Ziel- und Administrationsbedingungen.

Die Kosten setzen sich aus variablen und fixen Bestandteilen zusammen. Variable Kosten können sich proportional, über- oder unterproportional und regressiv zur Ausbringungsmenge verhalten. Proportional bedeutet, dass die variablen Kosten im Verhältnis und linear zur Absatzmenge steigen. Überproportional bedeutet, dass die Kosten schneller steigen als die sie verursachende Absatzmenge, man spricht von einem progressiven Kostenverlauf. Unterproportional bedeutet, dass die Kosten langsamer steigen als die Absatzmenge, man spricht von einem degressiven Kostenverlauf. Regressiv bedeutet, dass die Kosten mit steigender Menge absolut geringer werden, ein eher selten anzutreffender Tatbestand. Auch dabei kann der Kostenverlauf linear oder nicht-linear sein. Da die fixen Kosten auslastungsgradunabhängig sind, fallen sie pro Leistungseinheit mit steigender Menge. Bei jeder Kapazitätserweiterung steigen sie allerdings einmalig sprunghaft an. Solche sprungfixen Kosten sind innerhalb eines Kapazitätsintervalls fix, von Kapazitätsintervall zu Kapazitätsintervall jedoch variabel.

Der Break even-Punkt kann nun definiert werden als diejenige Preis-Mengen-Kombination, bei welcher der Deckungsbeitrag zum ersten Mal die Fixkosten übersteigt und sich ein Erlösüberschuss (Gewinn) ergibt. Ziel jedes Betriebs ist es nun, bei möglichst niedriger Menge „break even" zu sein. Dazu tragen ein höherer Preis je Einheit, die Kapazitätsgrenze, niedrigere Fixkosten und niedrigere variable Kosten bei. Die Zusammenhänge stellen sich im Einzelnen wie folgt dar *(siehe Abb. Break even-Analyse)*.

Ein höherer **Preis je Einheit** führt zum Break even bei niedrigerer Menge. Grafisch gesehen handelt es sich um einen größeren Steigungswinkel der Erlöskurve. Deshalb besteht eine Wunschalternative darin, den Verkaufspreis je Einheit zu erhöhen. Dies ist nach der Marktmechanik möglich, wenn die Nachfrage bei gleichem Angebot steigt, schneller steigt als das Angebot oder langsamer sinkt als die-

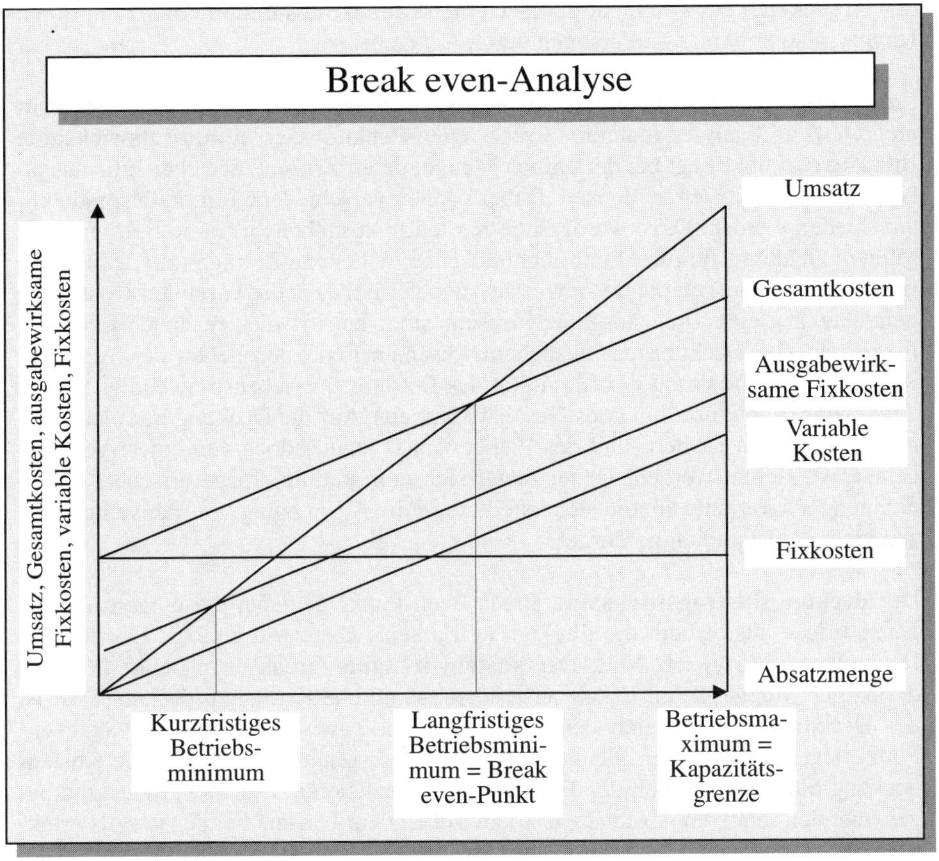

ses. Tatsächlich ist jedoch leider eher die Situation des Preisdrucks durch hohe Konkurrenzintensität oder stagnierenden Bedarf gegeben.

Liegt die Break even-Menge oberhalb der **Kapazitätsgrenze,** wird die Gewinnschwelle erst gar nicht erreicht. Dann ist zu überlegen, ob das Produkt eingestellt bzw. erst gar nicht in das Programm aufgenommen wird oder Kapazitäten gleich so dimensioniert werden, dass ein profitables Angebot möglich ist bzw. die Kosten entsprechend gesenkt und/oder die Preise erhöht werden.

Niedrigere **Fixkosten** führen zu niedrigerer Break even-Menge. Grafisch gesehen handelt es sich um eine Parallelverschiebung der Gesamtkostenkurve nach unten. Deshalb ist es ein Teilziel, die Summe der fixen Kosten zu minimieren. Dem steht allerdings die Anlagenintensität moderner, hochrationeller Betriebstätigkeit entgegen, die eher noch zu einer Fixkostenerhöhung führt.

Niedrigere **variable Kosten** (je Einheit) führen zu niedrigerer Break even-Menge. Grafisch gesehen handelt es sich um einen geringeren Steigungswinkel der Gesamtkostenkurve. Deshalb ist es ein weiteres Teilziel, die variablen Kosten je Einheit zu senken. Dies geschieht praktisch meist durch Substitution von Arbeit durch Kapital, also konkret von Personen durch Anlagen.

Entsprechend der Preisuntergrenzen ergeben sich bei einer solchen Kosten-Volumen-Gewinn-Analyse mehrere Break even-Punkte. Der **liquiditätswirksame** Break even-Punkt liegt bei derjenigen Menge, deren Erlöse ausreichen, alle ausgabenwirksamen Kosten zu decken. Dabei können verschiedene Liquiditätsgrade unterschieden werden. Dazu werden alle Kosten in ausgabenwirksame Beträge (z.B. Mieten, Gehälter, Beiträge) und nicht-ausgabenwirksame Beträge (z.B. kalkulatorische Kosten) aufgeteilt. Da davon auszugehen ist, dass die variablen Kosten regelmäßig zugleich auch ausgabenwirksam sind, betrifft dies in erster Linie die Fixkosten. Die Deckung der ausgabenwirksamen Fixkosten neben den variablen Kosten ist zur Erhaltung der Liquidität des Betriebs überlebensnotwendig. Illiquidität zwingt zur Einstellung des Geschäftsbetriebs. Auf die Deckung der nicht-ausgabenwirksamen Kosten (und des Plangewinns) kann jedoch zumindest vorübergehend verzichtet werden. Daher bietet sich eine parallele pagatorische Kostenrechnung als Variante an, die sicherstellt, dass die Ausnutzung von Preisuntergrenzen nicht die Liquidität gefährdet.

Der **deckungsbeitragswirksame** Break even-Punkt liegt bei derjenigen Menge, deren Erlöse ausreichen, die direkten (variablen) Kosten zu decken. Dort ist der Deckungsbeitrag gleich Null. Der **kostenwirksame** Break even-Punkt liegt bei derjenigen Menge, deren Erlöse ausreichen, sämtliche Kosten zu decken. Dort ist der Deckungsbeitrag gleich den Fixkosten. Der **gewinnwirksame** Break even-Punkt liegt bei derjenigen Menge, deren Erlöse ausreichen, über die volle Kostendeckung hinaus auch noch den Plangewinn zu realisieren. Der Sicherheitsgrad bezeichnet den relativen Abstand (in %) zwischen dem Umsatz bei der jeweils effektiv abgesetzten Menge und dem Break even-Punkt. Die Break even-Menge ergibt sich rechnerisch als Quotient aus den gesamten Fixkosten und der Deckungsspanne.

Für mehrstufige Fertigungsprozesse und mehrvariable Produktionsfunktionen werden auch dynamische, nicht-lineare, stochastische und simultane bzw. simulative Break even-Analysen eingesetzt.

2.3.2 Bewertung

Allerdings sind eine Reihe von **Kritikpunkten** zur Break even-Analyse anzuführen. Die Aufteilung in variable und fixe Kostenbestandteile ist problematisch. Dafür stehen mehrere Methoden bereit, und zwar die buchhalterische nach logischer Zahlenanalyse aus dem Rechnungswesen, die grafische auf Basis des Freihandtrends durch die Punktwolke von Kosten-Mengen-Kombinationen, die statistische durch Regressionsanalyse nach Kleinstquadratabweichung und die technische unter Berücksichtigung funktionaler Zusammenhänge.

Eine der Voraussetzungen sind konstante Preise, Kosten und Kapazitäten. Denn die Kurvenverläufe, und damit die Break even-Menge, unterliegt der Variation bei Veränderungen des Wertgerüsts. Steigen die Verkaufspreise schneller als die Gestehungskosten, verschiebt sich die Break Even-Menge hin zu einer kleineren Menge, lassen sich die Verkaufspreise nicht im gleichen Maße anheben wie die Gestehungskosten, verschiebt sich die Rentabilitätsschwelle hin zu einer größeren Menge.

Es erfolgt dabei keine dynamische Sichtweise. Denn der Break even-Punkt entfernt sich auch zeitlich mit zunehmender Menge wegen der längeren Fristen zu dessen Realisierung. Währenddessen laufen aber Fremdkapitalzinsen oder Opportunitätskosten (Gewinnentgang) auf, die in eine statische Analyse nicht eingehen. Das heißt, Kosten und Preise müssen entweder auf den Ursprungszeitpunkt abgezinst oder beide auf den Durchbruchszeitpunkt aufgezinst werden. Dabei ergeben sich weitere Unwägbarkeiten in der Wahl eines zutreffenden Ab- bzw. Aufzinsungsfaktors, für den es schon mittelfristig keine Änderungen geben darf.

Es erfolgt keine Berücksichtigung von Unsicherheitsfaktoren. Denn natürlich unterliegt eine höhere Break even-Menge einem höheren Risikograd als eine geringere. Ebenso unterliegt die Umsatz- und Kosteneinschätzung mit wachsendem Zeithorizont steigender Unsicherheit hinsichtlich ihrer Wertentwicklung. Man denke in diesem Zusammenhang nur an die sprunghaften Preisänderungen auf vielen Rohstoffmärkten.

Außerdem werden Wirkungen aus dem Einsatz von Marketinginstrumenten negiert. So können absatzpolitische Aktivitäten zur Durchsetzung höherer Preise am Markt führen, mit der Folge einer steiler verlaufenden Umsatzkurve und einer niedrigeren Break even-Menge, wobei ein Teil dieses Effekts durch einen Anstieg der Kostenkurve allerdings wieder kompensiert wird.

Kosten und Erlöse werden weiterhin als einzige Einflussfaktoren angesehen. Andere, z.B. Umweltfaktoren, finden keine Berücksichtigung. Solche externen Determinanten können dazu führen, dass sich ein Betrieb unvermittelt großen Problemen gegenübersieht, wie etwa Konkurrenz durch ein überlegenes Substitutionsprodukt, Nachfragesog durch einen Modetrend, Rohstoffverknappung durch eine politische Krise etc. Selbst, wenn nur Kosten und Erlöse betrachtet werden, bleibt festzuhalten, dass diese sich interdependent verhalten. Höhere Kosten bedingen oftmals höhere Preise, niedrigere erzielbare Preise zwingen zur Kostenreduktion. Kostenerhöhungen werden unter Beibehaltung eines zufrieden stellenden Gewinnaufschlags, wo immer möglich, im Preis weitergegeben, Kostensenkungen werden hingegen unter gleichen Bedingungen zur Verbesserung der Wettbewerbssituation genutzt, wenn sie nicht als vermehrter Gewinn einbehalten bleiben.

Kosten- und Erlösfunktionen zur rechnerischen oder grafischen Ermittlung des Break even-Punkts sind tatsächlich schwer oder gar nicht feststellbar. Für sie gelten uneingeschränkt die Vorbehalte gegen die klassische Preistheorie.

Vorkosten, vor allem im FuE-Bereich, werden ebenso nicht in die Ermittlung einbezogen. Damit kommt es aber zur falschen Angabe des Break even-Punkts, denn dort sind nur die laufenden Kosten abgedeckt. Die Rentabilitätsschwelle liegt unter Einbeziehung von Vorkosten jedoch erst bei einer größeren Menge bzw. einem höheren Preis.

Es wird unterstellt, dass sowohl Preise als auch Kosten mengenunabhängig sind, also mit steigender Menge keine Stückkostenermäßigung eintritt, wie sie die Erfahrungskurve behauptet, und diese damit auch nicht zu einer Weitergabe in niedrigeren Preis genutzt werden kann.

Es bestehen keine sprungfixen Kosten bei Kapazitätsausweitung. Dies widerspricht aber der betrieblichen Praxis, denn eine Anlage lässt keineswegs beliebig steigerbare Ausbringungsmengen zu, sondern muss kapazitativ angepasst werden, zumeist über multiple Betriebsgrößenvariation, damit also auch sprunghaft ansteigende Fixkosten.

Es wird unterstellt, dass alle innerhalb der Break even-Spanne produzierten Produkte auch zeitgleich abgesetzt werden können, also keine Lagerhaltung besteht (Produktion = Absatz). Nur dann können die erreichten Erlöse tatsächlich auch zur Deckung der entstandenen Kosten eingesetzt werden.

Eine weitere Prämisse ist, dass es sich nur um ein Einprodukt-Unternehmen handelt. Für ein Mehrproduktunternehmen, wie es hingegen der Regelfall ist, ist von produktspezifisch unterschiedlichen Deckungsbeiträgen bzw. Umsätzen auszugehen. Daher ist eine Modifikation erforderlich. Dafür wird eine bestimmte Verteilung der Stückzahlen und des Periodenumsatzes geplant, sodass sich ein gewogenes arithmetisches Mittel aus den Deckungsbeiträgen der einzelnen Produkte je Stück und je Umsatzgeldeinheit berechnen lässt. Unter der Prämisse dieser Konstanz der Produktstruktur kann der gemeinsame Break even-Punkt ermittelt werden. Ebenso lässt sich eine Sicherheitsspanne ausweisen. Dazu werden die Fixkosten durch den Deckungsbeitrag je Stück dividiert, um die Stückzahl für den Break even-Punkt zu ermitteln bzw. die Fixkosten durch den Deckungsbeitrag je Umsatzgeldeinheit, um den Umsatz für den Break even-Punkt zu ermitteln. Mit Veränderung der Stückzahl und/oder der Umsatzverteilung der Produkte verändern sich auch diese.

Die produktbezogene Break even-Analyse setzt eine Aufteilung der Fixkosten des Unternehmens auf die einzelnen Produkte voraus. Dies ist äußerst problematisch. Für die Analyse ist zudem eine Zuordnung aller Fixkosten erforderlich, also auch eine Schlüsselung der nicht verursachungsgerecht zurechenbaren Kosten. Daraus kann dann der Break even-Punkt je Produkt herkömmlich ermittelt werden. Allerdings bedeutet die Gewinnerzielung bei einzelnen Produkten keineswegs ein insgesamt positives Betriebsergebnis des Gesamtunternehmens, nämlich dann nicht, wenn anderweitig Fixkosten unbedeckt bleiben.

Die Break even-Analyse kann entscheidend erweitert werden für die mehrstufige Mehrproduktfertigung, mehrvariable Produktions- und Kostenfunktionen, als dynamische, nicht-lineare oder stochastische Break even-Analyse sowie für simultane Zielsetzungen.

2.4 Investitions-Analyse

2.4.1 Inhalt

Neben der Break even-Analyse ist die Investitions-Analyse zu beachten. Zwischen beiden gibt es einige Unterschiede. Erstere wird regelmäßig in bestimmten Abständen erstellt, Letztere hingegen wird von Fall zu Fall, also diskontinuierlich erstellt. Die Break even-Analyse wird für die jeweilige Planungsperiode durchgeführt (einperiodisch), die Investitions-Analyse hingegen wird für die gesamte Nutzungsdauer, meist mehrere Perioden, durchgeführt (mehrperiodisch). Die Break even-Analyse sieht den Betrieb als Ganzes (verbundene Leistungserstellung), die Investitionsrechnung nur einzelne Aggregate. Die Break even-Analyse betrifft nur die kurzfristige Kontrolle und Steuerung des Programms, die Investitions-Analyse die Bestimmung der absoluten oder relativen Vorteilhaftigkeit einer einzelnen Produktinvestition bzw. die Bestimmung des optimalen Ablösungszeitpunkts. Die Break even-Analyse besteht aus Kosten und Erlösen, die Investitions-Analyse hingegen aus Einzahlungen und Auszahlungen.

Unter Investition versteht man allgemein die Verwendung finanzieller Mittel zur Beschaffung von Gütern, die dem Unternehmenszweck dienen und somit einen spezifischen Beitrag zur Erreichung der Unternehmensziele leisten. Dabei wird meist nur auf längerfristig dem Unternehmenszweck dienende Vermögenspositionen abgehoben. Allgemein wird dadurch ein Zahlungsstrom ausgelöst, der zunächst mit Auszahlungen beginnt und später Einzahlungen erwarten lässt. Nach der Entscheidungsfreiheit unterscheidet man unvermeidliche Investitionen (etwa auf Grund gesetzlicher Erfordernisse) und solche, für die eine Wahlfreiheit besteht (hinsichtlich Vornahme, Art, Höhe und Zeitpunkt der Investition). Realinvestitionen erfolgen durch Sachmittel (z.B. Sacheinlagen bei der Unternehmensgründung, aber auch immaterielle Werte wie gewerbliche Schutzrechte), Finanzinvestitionen durch Geldmittel. Die Investition kann initiierend (Neuinvestition), fortführend (Reinvestition) oder ausbauend (Erweiterungsinvestition) erfolgen. Dabei können mehrere Investitionsobjekte parallel dotiert werden (z.B. bei Verbundeffekten) oder einander ausschließende Investitionen gegeben sein (z.B. bei Budgetrestriktion). Die Investitionsobjekte können voneinander unabhängig sein oder aber komplementär. Wichtige Voraussetzung ist dabei die jederzeitige Aufrechterhaltung der Zahlungsfähigkeit des Unternehmens während der gesamten Nutzungsdauer des Investitionsprojekts. Insofern sind mit jeder Investition immer auch Finanzierungsüberlegungen verbunden.

Für die Ermittlung der Vorteilhaftigkeit einer Investition ist es erforderlich, die Einzahlungen und Auszahlungen, die durch die Entscheidung für ein Investitionsobjekt ausgelöst werden, gegenüber zu stellen. Der Investitionsprozess unterteilt sich in die Phasen Planung und Entscheidung, Realisierung und Steuerung, Kontrolle und Korrektur. Dabei geht es um die Suche nach Investitionsmöglichkeiten, die Beurteilung einzelner Investitionsalternativen anhand geeigneter Kriterien und die Handlungsempfehlung. Projektbegleitend sind Abweichungsanalysen zur Korrektur (Ergebnisse und Verfahren) bis hin zum Projektabbruch erforderlich. Ziele sind vor allem die Beurteilung des Erfolgs der Investitionspolitik, das Erkennen von Fehlentwicklungen, die Verbesserung zukünftiger Planungen, die Verhinderung von Manipulationen und die Aufdeckung von Schwachstellen. Einflussgrößen sind vor allem das Auftreten verbesserter, funktionsgleicher Anlagen, erforderliche Großreparaturen, Produktionsprogrammumstellungen, der Ablauf von Garantiefristen, die Beschaffung von Zusatzaggregaten, das Auftreten neuer Konkurrenten etc.

Bei der Investitionsplanung treten immer wieder Schwachstellen auf, vor allem in Bezug auf Mängel im Organisationskonzept, Fehlen geschlossener Wirkungskreisläufe, Verwässerung des Bewilligungsverfahrens, Überlastung der Entscheidungsorgane, mangelnde Koordination mit anderen Betriebsbereichen, fehlende Alternativen, Über-/Untergewichtung steuerlicher Gesichtspunkte und ungeeignete **Investitionsrechnungsverfahren**. Unter Letzteren versteht man Rechenverfahren zur Bestimmung der Vorteilhaftigkeit von alternativ realisierbaren Investitionsprojekten nach Wirtschaftlichkeitskriterien.

Bei sukzessiv angelegten Kalkülen werden in einem ersten Schritt die verfügbaren finanziellen Mittel festgelegt und danach geprüft, welche von zwei oder mehr einander ausschließenden Projektalternativen der Zielsetzung des Unternehmens am Besten entspricht bzw. welche Kombination von Alternativen dem am Besten gerecht wird (Investitionsprogramm). Bei Ersteren werden wiederum statische und dynamische Kalküle unterschieden, Teilentscheide sind hier im Modell nicht mehr revidierbar. Bei simultanen Kalkülen wird immer eine gleichzeitige Optimierung des Investitionsprogramms mit dem Finanzierungs- und/oder Produktionsprogramm angestrebt.

Statische Kalküle haben eine einperiodische Betrachtung der Erfolgsgrößen Kosten und Gewinn zum Inhalt. Sie beurteilen diese Größen nur anhand eines repräsentativen Durchschnittjahres, ohne die unterschiedliche Bindung und Freisetzung von Kapital zu erfassen. Sie ermöglichen keinen vollständigen Vergleich, etwa durch Differenzinvestitionen zwischen verschieden hohen Anschaffungsauszahlungen oder Ausgleich unterschiedlicher Nutzungsfristen. Dynamische Kalküle beziehen demgegenüber die gesamte Nutzungsfrist in die Betrachtung ein. Sie erfassen Zins- und Zinseszinseffekte adäquat, allerdings unter der stark einschränkenden Prämisse des vollkommenen Kapitalmarkts (d.h., Kapital ist in beliebiger Menge verfügbar, der Habenzinssatz entspricht dem Sollzinssatz, der Zinssatz bleibt im Zeitablauf unverändert) (s.u.).

Statische Verfahren sind die Kostenvergleichs-, die Gewinnvergleichs- die Amortisations- und die Rentabilitätsvergleichsrechnung sowie das MAPI-Verfahren. Dynamische Verfahren sind die Kapitalwert-, die Annuitäten-, die Interne Zinsfuß-Methode und die dynamische Amortisationsrechnung sowie der Vollständige Finanzplan (VOFI).

2.4.2 Marketingbezug

Viele wichtige, langfristige Marketingentscheidungen lassen sich als Investitionsentscheidungen interpretieren. Denn Investition bedeutet nichts Anderes, als dass finanzielle Mittel über einen mehrperiodischen Zeitraum gebunden werden, meist verbunden mit Anfangsausgaben und laufenden Einnahmeüberschüssen. Marketing-Investitionen resultieren aus Maßnahmen, die zum Zweck der Schaffung bzw. Erschließung und Nutzung von Marktchancen ergriffen werden und dabei finanzielle Mittel für einen längeren Zeitraum binden. Dies schließt materielle Investitionen (Grundstücke, Gebäude, Maschinen, Geschäftsausstattung etc.) ebenso mit ein wie immaterielle Investitionen (Schutzrechte, Beteiligungen etc.), den Erwerb oder die Eigenschaffung. Zum Beispiel lässt sich jede Werbekampagne oder auch jeder Lizenzerwerb als Investitionsproblem interpretieren. Daher ist es gerechtfertigt, in der Neuproduktplanung auch diese Seite der Wirtschaftlichkeitsrechnung zu betrachten. Sie gibt Aufschluss über die ökonomischen Auswirkungen bei Investitionsentscheidungen, die mit der Programmstruktur verbunden sind. Dabei sind neben der Primär- immer auch die erforderlichen Sekundär-(Folge-)investitionen zu bedenken.

Bei Entscheidungssicherheit und einem Investitionsobjekt werden quantitative Verfahren (statische und dynamische) eingesetzt, auf die näher eingegangen wird. Sowie qualitative Verfahren der Nutzwertanalyse. Bei mehr als einem Investitionsobjekt gibt es Ansätze aus dem Dean-Modell, Simultanplanungsmodell, Marktzinsmodell, endogenen Grenzzinsfuß, vollständigen Finanzplan etc. Bei Entscheidungsunsicherheit und einem Investitionsobjekt werden Szenariotechnik, Korrekturverfahren, Sensitivitätsanalyse, Risikoanalyse, Bayes-Regel, Mittelwert-Standardabweichung, Bernoulli-Prinzip, Entscheidungsbaum etc. eingesetzt, bei mehr als einem Investitionsobjekt zudem Portfolio selection, Capital asset pricing model, flexible Investitionsprogrammplanung etc.

Vorausgesetzt werden bei einfachen Verfahren aber sichere Erwartungen, eindeutige Zielsetzungen, die Nichtbeachtung betrieblicher Interdependenzen, die Lösung aller Zurechnungsprobleme und der Bezug auf einzelne Investitionsobjekte. Dann gibt es statische und dynamische Verfahren. Für **statische** Verfahren gilt:

- Die zeitlichen Unterschiede beim Anfall der Umsatzerlöse und der Kosten werden nicht berücksichtigt. Es werden vielmehr nur jährliche Durchschnittswerte in Ansatz gebracht, in der Regel die Kostenersparnis oder der Gewinnzuwachs nach dem Einführungsjahr, die als repräsentativ für die gesamte Nutzungsdauer gelten. Schwankungen in den einzelnen Nutzungsjahren bleiben demzufolge unberücksichtigt. Auch die Kapitalbindung wird als Durchschnittswert angesetzt. Durch Einzelschätzung mit Durchschnittsbildung oder Ansatz einer Repräsentativmethode kann dieser Nachteil zum Teil ausgeglichen werden. Die Verfahren sind sinnvoll nur bei kurzfristigen Vorhaben oder bei unsicheren Ausgangsdaten anzuwenden. Sie sind jedoch übersichtlich, unkompliziert handhabbar und nutzen einfache Rechenmethoden.

Für **dynamische** Verfahren gilt:

- Die zeitlichen Unterschiede im Anfall von Einzahlungen (Erträge) und Auszahlungen (Kapitaleinsatz, Kosten) werden durch Aufzinsung und Abzinsung (Diskontierung) auf einen einheitlichen Bezugspunkt berücksichtigt. Die unterschiedliche Höhe von Ein- und Auszahlungen bzw. Rückflüssen während der gesamten Nutzungsdauer wird ebenso in Ansatz gebracht. Die Zahlungsreihen werden dadurch projektbezogen und für jedes Jahr der Nutzungsdauer relativ genau bestimmt. Problematisch sind jedoch die exakte Bestimmung der jährlichen Rückflüsse aus der Differenz von Ein- und Auszahlungen sowie die Schätzung der Nutzungsdauer, die richtige Festlegung des Kalkulationszinsfußes für die Diskontierung der Ein- und Auszahlungen sowie die Annahme eines vollkommenen Kapitalmarkts, der es Unternehmen erlaubt, zu jedem Zeitpunkt in beliebigem Umfang Kapital zu einem einheitlichen Fremdkapitalzinssatz zu beschaffen und anzulegen.

2.4.3 Statische Verfahren

Die Bezeichnung statisch rührt daher, dass der Zeitfaktor hier überhaupt nicht oder nur unvollkommen berücksichtigt wird. Es handelt sich also meist um eine einperiodische Betrachtung. Die Beurteilung bezieht sich lediglich auf Teilziele. Als wichtigste Verfahren sind die Folgenden zu nennen.

Die **Kostenvergleichsrechnung** hat als Grundausrichtung die Kostenminimierung. Als Zielkriterium dienen die durchschnittlichen periodenbezogenen Kosten (Gesamtkostenbetrachtung) oder die durchschnittlichen einheitenbezogenen Kosten (Stückkostenbetrachtung). Als Prämisse gilt bei Ersterem, dass zu vergleichende Investitionsalternativen gleiche Kapazitäten und Laufzeiten haben (ansonsten erfolgt der Kostenvergleich über Stückkosten). Dennoch kann es zu betriebswirtschaftlichen Abweichungen durch unterschiedlichen zeitlichen Anfall der zu Grunde liegenden Zahlungen kommen. Außerdem ergeben sich Schwierigkeiten bei der Kostenschätzung für die Zukunft, und es wird keine Aussage über die Rentabilität getroffen. Es handelt sich also um den Vergleich der in einer Periode bei gegebener Kapazität anfallenden Kosten der alten und neuen Investition oder mehrerer neuer Investitionen. Die Alternative mit den geringsten Kosten ist die Günstigste, d.h., das Kriterium der Vorteilhaftigkeit ist die Kostendifferenz zu den anderen Alternativen. Als Basis dient dabei der Vergleich pro Periode oder pro Leistungseinheit.

Mängel sind vor allem folgende. Es erfolgt keine Berücksichtigung der Erträge bzw. es werden gleiche Erträge für alle Alternativen unterstellt. Der Kostenvergleich erfolgt immer nur kurzfristig. Es findet keine Berücksichtigung von Veränderungen der Kosteneinflussgrößen und damit der Kosten statt, keine Berücksichtigung des Restwerts der alten Anlage und keine Aussage über die Rentabilität des eingesetzten Kapitals. Voraussetzung sind gleich hohe Leistungen der verglichenen Projekte sowie gleiche Erlöse und Laufzeiten aller Alternativen. Die Anwendung beschränkt sich auf Ersatz- und Rationalisierungsinvestitionen.

Die **Gewinnvergleichsrechnung** hat als Grundausrichtung die Gewinnmaximierung. Als Zielkriterium dienen ihr die durchschnittlichen periodenbezogenen Gewinne als Differenz aus zurechenbaren Erlösen und Kosten. Es kommt also zum Vergleich des Gewinnzuwachses aus der Gegenüberstellung der erwarteten Ergebnisse ohne und mit Durchführung der Investition. Dabei wird vorausgesetzt, dass alle zu vergleichenden Investitionsalternativen einen gleichen durchschnittlichen Kapitaleinsatz und gleiche Laufzeiten aufweisen. Hauptprobleme liegen wie im vorgenannten Fall in der Vernachlässigung von Zinswirkungen aus dem abweichenden zeitlichen Anfall von Zahlungen. Doch besteht eine Erweiterung des Kostenvergleichs, da auch die durch Investitionen erzielten Erlöse berücksichtigt und damit nun die zu erwartenden Jahresgewinne der Alternativen verglichen werden. Die Alternative mit dem im Durchschnitt höheren Jahresgewinn ist die günstigste. Voraussetzung sind ein gleicher durchschnittlicher Kapitaleinsatz und gleiche Laufzeiten aller Alternativen.

Mängel sind vor allem folgende. Die Gewinnzurechnung ist problematisch, da Erlöse häufig nicht einzelnen Investitionsobjekten zugerechnet werden können. Dann hilft nur der Gewinnvergleich für das gesamte Unternehmen durch Gesamterlöse und Gesamtkosten, die bei Verzicht und bei Ausführung einer Investition auftreten, wodurch die Aussage jedoch verwässert wird. Auch wird eine zutreffende Gewinnzurechnung auf einzelne Anlagen unterstellt. Es erfolgt keine Aussage über die Verzinsung des eingesetzten Kapitals. Die Gefahr der Fehlentscheidung durch Falscheinschätzung noch nicht realisierter Gewinn besteht. Es sind nur kurzfristige Vergleiche möglich, Aussagen über die Rentabilität erfolgen nicht. Eine Kostenauflösung ist nicht immer problemlos möglich.

Die **Amortisationsrechnung** hat als Grundausrichtung die Risikominimierung. Demgemäß gilt als Zielkriterium die Rücklaufzeit des eingesetzten Kapitals (Pay off period: Anschaffungswert dividiert durch Reingewinn und Abschreibungen). Die isolierte Betrachtung ermittelt, wann so viel Gewinn angefallen ist, dass der Anschaffungswert durch den Gewinn abgedeckt werden kann. Die vergleichende Betrachtung ermittelt, wann gegenüber einer anderen Alternative so viel Kostenersparnis erzielt wird, dass diese den Anschaffungswert abdeckt. Dabei werden allerdings gleiche Laufzeiten aller Alternativen unterstellt. Neben der auch weiterhin anzumerkenden Vernachlässigung von Zinswirkungen auf Grund unterschiedlichen zeitlichen Anfalls der zu Grunde liegenden Zahlungen kann es zur Präferierung von Entscheidungsalternativen kommen, die erfolgswirtschaftlich inferior sind. Außerdem bleiben Gewinnzurechnung und Liquidationserlös außer Acht, und es wird keine Aussage zur Rentabilität getroffen. Je kürzer der effektive Zeitraum, in dem das investierte Kapital über die Erlöse wieder in das Unternehmen zurückfließt, im Vergleich zu der als gerade noch zulässig angesehenen Amortisationszeit ist, als desto vorteilhafter ist die Investition anzusehen. Damit kommt diese Methode dem Sicherheitsdenken der Unternehmenspraxis entgegen. Sie kann sowohl als Gewinnzuwachs- wie auch Kostenersparnisversion durchgeführt werden.

Mängel sind vor allem folgende. Der Vergleich von Soll- und Ist-Amortisationszeit unterliegt subjektiver Schätzung, ist aber zugleich ausschlaggebendes Kriterium der Entscheidung. Ebenso wird nur der Zeitraum zur Kapitalrückgewinnung betrachtet. Es erfolgt keine Aussage über die Ertragskraft einer Investition während ihrer gesamten Laufzeit, da Restlebensdauer und Gewinnentwicklung nach dem Amortisationszeitpunkt außer Acht gelassen werden. Insofern können Alternativen präferiert werden, die erfolgswirtschaftlich inferior sind. Auch Erträge nach der Amortisationszeit bleiben unberücksichtigt. Es sind nur kurzfristige Kostenvergleiche möglich. Eine Erlöszurechnung ist nicht ohne weiteres machbar. Abweichende Nutzungsdauern erschweren einen Vergleich.

Der **Rentabilitätsvergleich** ermittelt die durchschnittliche jährliche Verzinsung eines Objekts und berücksichtigt damit erstmals die Relation von Kapitaleinsatz zum Ertrag. Probleme ergeben sich aus der Erlöszurechnung und der Notwendigkeit zu einer Differenzinvestition, welche die Aussage komplizieren. Hier erfolgt insofern eine Verbesserung, als nicht nur die absolute Gewinnhöhe, sondern auch das Verhältnis zwischen Gewinn und eingesetztem Kapital berücksichtigt wird. Der Return on Investment/ROI bezieht den erwarteten Jahresgewinn auf das investierte Kapital. Durch Einbeziehung des Umsatzes lassen sich Umsatzerfolg und Kapitalumschlag ermitteln. Die Alternative mit der größten Rentabilität ist die Günstigste. Dazu werden die durchschnittliche Periodenkostenersparnis bzw. der durchschnittliche Periodengewinnzuwachs dem durchschnittlichen Periodenkapitaleinsatz gegenübergestellt. Dies ist sinnvoll, weil damit die Ergebnisse direkt mit der geforderten Mindestverzinsung verglichen werden können und sowohl die Zweckmäßigkeit der einzelnen Kapitalanlage als auch ihre Vorteilhaftigkeit gegenüber alternativen Einsatzmöglichkeiten beurteilt werden kann.

Mängel sind vor allem folgende. Die Rentabilität wird nur für eine Periode berücksichtigt. Darüber hinausgehende Betrachtungshorizonte erfordern eine Schätzung der künftigen Werte mit entsprechenden Unsicherheiten. Eine zutreffende Gewinnzurechnung wird unterstellt. Auch muss es sich um vollständige Alternativen handeln. Abweichende Anschaffungskosten oder Nutzungsdauern erfordern den Ansatz von Differenzinvestitionen.

Das **MAPI-Verfahren** verbindet als komplexes Verfahren die Rentabilitätsrechnung mit der Bestimmung des Zeitpunkts für Ersatzinvestitionen. Dazu wird folgende Rechnung aufgemacht: Mehreinnahmen oder Minderausgaben für die alte Anlage gegenüber der neuen Anlage im ersten Nutzungsjahr plus dem vermiedenen Kapitalverzehr, d.h., Differenz aus Liquidationserlös der alten Anlage am Anfang und am Ende der Periode minus Kapitalverzehr bei Nutzung der neuen Anlage durch Abschreibungen, minus Ertragssteuern aus einem evtl. Einnahmeüberschuss und einem vermiedenen Kapitalverzehr, gesamt dividiert durch Nettokapitalbedarf, d.h., Anschaffungsausgabe der neuen Anlage minus Kapitalfreisetzung aus dem Liquidationserlös der alten Anlage plus vermiedene Reparaturkosten der alten Anlage.

2.4.4 Dynamische Verfahren

Diese Verfahren beziehen die Vorteilhaftigkeit einer Investition nicht nur auf eine Periode, sondern auf die gesamte Lebensdauer oder einen bestimmten Planungshorizont. Sie gehen von schwankenden Einnahmen- und Ausgabenströmen aus, wobei diese zu unterschiedlichen Zeiten anfallenden Geldströme einheitlich diskontiert werden. Als wichtigste Verfahren sind hierbei die Folgenden zu nennen.

Die **Kapitalwertmethode** hat die Gewinnmaximierung als Grundausrichtung. Zielkriterium ist dabei der Barwert bzw. die Annuität des Barwerts der Ein- und Auszahlungen der Entscheidungsalternativen. Hierbei wird der Kapitalwert einer Investition durch Diskontierung der Zahlungsreihen von Einnahmen und Ausgaben mit dem angenommenen Kalkulationszinsfuß auf einen gemeinsamen Bezugszeitpunkt ermittelt. Die Differenz zwischen den Summen der abgezinsten Einnahmen und Ausgaben ergibt den Kapitalwert. Ein positiver Kapitalwert spricht für eine empfehlenswerte Investition, bei mehreren Objekten entscheidet der vergleichsweise höchste Kapitalwert. Je größer dieser ist, d.h., je mehr der Barwert der Einnahmen den der Ausgaben übersteigt, desto vorteilhafter ist die Investition. Um die unterschiedlichen Investitionssummen und/oder Laufzeiten anzugleichen, sind daher Differenzinvestitionen anzusetzen. Probleme ergeben sich vor allem aus der mangelnden Prognostizierbarkeit aller Daten über den gesamten Entscheidungshorizont sowie aus evtl. erheblich abweichenden Zahlungsstrukturen der Entscheidungsalternativen bei Differenzinvestitionen.

Mängel sind vor allem folgende. Bei erheblich abweichenden Zahlungsstrukturen ist die Beurteilung dann aber problematisch. Außerdem setzt das Verfahren einen vollkommenen Kapitalmarkt voraus. Da dies allgemein nicht gegeben ist, ist auch der Kalkulationszinsfuß nicht festliegend, sondern unterliegt subjektiver Schätzung. Es wird vorausgesetzt, dass die zeitliche Verteilung und Zurechnung aller Ausgaben und Einnahmen bekannt ist. Ebenso muss es sich um vollständige Alternativen handeln. Zahlungsströme lassen sich nach ihrer Höhe und zeitlichen Verteilung nicht ohne weiteres zurechnen.

Die **Annuitätenmethode** hat Gewinnmaximierung anhand der Annuität des Barwerts aller auf den Anfangszeitpunkt abgezinsten Ein- und Auszahlungen zum Ziel. Bei Werten > 0 ist die Investition empfehlenswert, was zugleich bedeutet, dass die Summe der jährlichen Einnahmeannuitäten über jener der jährlichen Ausgabeannuitäten liegt. Die jährlichen Einzahlungsüberschüsse werden auf ihren Barwert abgezinst, anschließend erhält man durch Multiplikation mit dem Kapitalwiedergewinnungsfaktor die Annuität, d.h., die durchschnittlichen jährlichen Einzahlungsüberschüsse. Daneben ist der Kapitaldienst zu ermitteln, er errechnet sich analog durch Multiplikation des Kapitaleinsatzes (Investitionsausgabe abzgl. möglicher Liquidationserlös) mit dem Wiedergewinnungsfaktor. Es erfolgt ein Vergleich der durchschnittlichen jährlichen Auszahlungen der Investition mit den durchschnittlichen jährlichen Einzahlungen. Beide Zahlungsreihen werden in äquivalente, uniforme Reihen umgerechnet, aus denen sich dann die Höhe der durchschnittlichen Aus- und Einzahlungen für die Dauer der Investition ergibt. Bei gegebenem Kalkulationszinsfuß und mehreren Objekten ist dasjenige mit dem höchsten Barwert am vorteilhaftesten. Die Annuität ist dabei ein gleich bleibender Betrag, der neben Tilgung und Verzinsung in jeder Periode verfügbar ist. Eine Investition ist dann vorteilhaft, wenn die Annuität der Rückflüsse größer als der Kapitaldienst ist, dann liegt die Effektivverzinsung über dem angenommenen Kalkulationszinsfuß.

Mängel sind hier analog zur Kapitalwertmethode zu sehen. Vor allem muss die zeitliche Verteilung und Zurechnung aller Ausgaben und Einnahmen bekannt sein und es sich um vollständige Alternativen handeln.

Die **interne Zinsfußmethode** hat ebenfalls die Gewinnmaximierung als Maxime. Zum Zielkriterium wird dabei eben dieser interne Zinsfuß. Dabei wird unterstellt, dass sich aufgenommene und angelegte Gelder mit diesem internen Zinsfuß verzinsen, der mit dem Marktzins verglichen wird. Alternativ wird bei einem Kapitalwert = 0 die Verzinsung des angelegten Kapitals ermittelt. Ist der interne Zinsfuß höher als der Kalkulationszinsfuß, ist die Investition empfehlenswert, bei mehreren Objekten entscheidet der höchste interne Zinsfuß. Erhöhte Probleme ergeben sich wiederum aus unterschiedlichen Zahlungsstrukturen und einer evtl. Mehrdeutigkeit der Lösung sowie aus der Begrenzung auf Erweiterungs-, nicht jedoch Ersatzinvestitionen. Tatsächlich ergibt sich eine Umkehrung der Kapitalwertmethode, indem die Verzinsung des jeweils eingesetzten Kapitals ermittelt wird. Es wird also kein Zinssatz vorgegeben, zu dem sich der Kapitaleinsatz verzinsen soll, sondern es wird derjenige Diskontierungszinsfuß gesucht, der die Differenz zwischen Einnahmen- und Ausgabenreihe 0 werden lässt, d.h., bei dem die Barwerte der beiden Zahlungsreihen gleich groß sind. Liegt dieser interne Zinsfuß über dem für die Mindestrentabilität maßgeblichen Kalkulationszinsfuß, ist die Investition vorteilhaft.

Mängel sind vor allem folgende. Womöglich ergeben sich mehrdeutige Ergebnisse auf Grund der zu Grunde liegenden mathematischen Strukturen. Außerdem sind bei unterschiedlichen Anlagebeträgen Differenzinvestitionen erforderlich. Vorausgesetzt wird die bekannte zeitliche Verteilung und Zurechnung aller Ausgaben und Einnahmen. Auch muss es sich um vollständige Alternativen handeln. Es muss ein eindeutiges positives Ergebnis zustande kommen. Die Unterstellung, dass Überschüsse zum internen Zinsfuß angelegt werden können, ist unrealistisch.

Die **dynamische Amortisationsrechnung** hat die Risikominimierung zum Ziel. Als Entscheidungskriterium dient die Pay off-Periode. Prämisse ist dabei allerdings wiederum die gleiche Laufzeit aller Alternativen. Im Gegensatz zur statischen Amortisationsrechnung wird jedoch der Mangel fehlender Berücksichtigung der Zinswirkung bei unterschiedlicher zeitlicher Lage von Zahlungen behoben. So führt bei gleicher Summe ein früherer Mittelrückfluss zur Bevorzugung gegenüber einer Alternative mit späterem Mittelrückfluss, weil die Zinswirkungen mit eingerechnet werden.

Der **Vollständige Finanzplan (VOFI)** ermöglicht nicht nur die Auswahl des wirtschaftlichsten Projekts zusammen mit den günstigsten Finanzierungsmöglichkeiten, sondern auch die periodengenaue Nachvollziehbarkeit der Liquiditätssituation während der gesamten Nutzungsdauer des Projekts. Dazu werden die Aus- und Einzahlungsreihen, der Einsatz eigener liquider Mittel, Zins- und Tilgungsleistungen sowie Guthaben aus Geldanlage über die Anlagefrist hinweg erfasst und zwischen Real- und Finanzinvestition verglichen. Insofern werden also Investitions- und Finanzierungsrechnung in geeigneter Weise zusammengeführt.

2.5 Effizienzsteigerung

Im Rahmen der Überlegungen zur Effizienzsteigerung werden im Folgenden die Verfahren des Zero base budgeting (ZBB), der Wertanalyse, der Gemeinkosten-Wertanalyse und des Benchmarking näher dargestellt. Dabei handelt es sich um wichtige Ansätze zur Verbesserung der latent kritischen Kosten-Leistungs-Situation.

2.5.1 Zero base budgeting

Das Zero base budgeting (ZBB) ist eine Form der analytischen Aufgabenplanung. **Budgetierungsverantwortliche müssen dafür alle notwendigen, sinnvollen und gewünschten Teilaufgaben benennen, Aussagen darüber treffen, wie weitgehend diese Teilaufgaben wahrgenommen werden müssen bzw. sollen und schließlich alle damit gebildeten „Handlungsbausteine" nach ihrem Kosten-Nutzen-Verhältnis beurteilen. Die daraus sich ergebende „Wunschliste" kann nur insoweit realisiert werden, wie Budgetmittel zur Verfügung stehen.** ZBB erlaubt damit eine verbesserte Beurteilung von Ausgabenplänen und stellt einen wichtigen Baustein des Kostenmanagement dar. Bei der Budgetierung wird dabei nicht von der aktuellen Situation ausgegangen, sondern der Betrieb von Grund auf neu durchbudgetiert. Damit soll verhindert werden, dass Unwirtschaftlichkeiten der Vergangenheit fortgeschrieben werden. Dies erfolgt vor allem unter Opportunitätsgesichtspunkten, d.h., der Prüfung von Konsequenzen bei Nichtausführung bestimmter Aktivitäten. Erst wenn die eingesparten Kosten einer Maßnahme geringer sind als der dadurch verursachte Zielbeitragsentgang (also Gewinn, Deckungsbeitrag, Return on investment etc.), ist das mindesterforderliche Budgetniveau gegeben. Knappe Ressourcen sollen so auf bestehende und neue Bereiche aufgeteilt werden, dass langfristig ein möglichst großer Erfolg erzielt wird.

ZBB wird meist nicht auf das gesamte Unternehmen angewandt, sondern nur auf Gemeinkostenbereiche, vor allem Verwaltungsstellen, also solche, die vergangenheitsbezogen geplant werden können. Was Gemeinkosten sind und was nicht, ist allerdings im Einzelnen abhängig vom Bezugsobjekt (Kostenträger, Kostenstellen, Entscheidungen), vom Unternehmenszweck (z.B. nicht Schreibkräfte bei gewerblichem Schreibdienst) und von der Zurechnungsgenauigkeit (unechte Gemeinkosten).

Ziel ist die Umverteilung von Gemeinkosten, sie sollen in bisher bearbeiteten Aufgabenfeldern abgebaut werden, um damit Mittel freizumachen für neue, strategisch bedeutsame Bereiche (es geht also nicht unbedingt um eine Kostensenkung). Die betrachteten Leistungsniveaus sind auf drei begrenzt (niedrig, mittel und hoch). Der Nutzen der einzelnen Handlungsbausteine wird nicht absolut, sondern ordinal skaliert. Abstände zwischen den Rangpositionen werden damit vernachlässigt (was angesichts der schwierigen Bewertung von Verwaltungsleistungen ausreicht). Das ZBB geht nicht von einem vorgegebenen Budget aus, sondern simuliert verschiedene Budgethöhen.

ZBB geht also davon aus, alles Bestehende in Frage zu stellen und kritisch zu prüfen, ob es, zumindest im bestehenden Umfang, notwendig ist. Knappe Ressourcen sollen so auf bestehende und neue Bereiche aufgeteilt werden, dass langfristig ein möglichst großer Erfolg erzielt wird. Dabei helfen die Kriterien Aufgabe des Bereichs, Art der Leistungserstellung, andere Möglichkeiten der Realisierung, Kosten, erwarteter Nutzen und Abhängigkeiten von anderen Bereichen. Es kommt also zu einer Budgetplanung von Grund auf und damit zur völligen Infragestellung der bisherigen Budgetplanung. Dabei empfiehlt sich eine Beschränkung auf überschaubare Budgetbereiche, um den Komplexitätsgrad der Budgetierung gut beherrschbar zu belassen. Das ZBB ist ein Gegenstrom-Planungsverfahren, setzt also stark auf die Mitarbeit dezentraler Führungskräfte. Dadurch wird deren Engagement stimuliert.

Die Unternehmensleitung gibt zunächst strategische und operative Ziele vor, legt die verfügbaren Mittel fest und entscheidet über die ZBB-Bereiche. Die Abteilungsleiter bestimmen die Teilziele innerhalb des vorgegebenen Rahmens und teilen die ihnen übertragenen Aufgaben/Funktionen in Aktivitäts- bzw. Entscheidungseinheiten auf. Sie bestimmen dafür unterschiedliche Leistungsniveaus. Die Abteilungsleiter bestimmen weiterhin alternative Verfahren, die zur Erreichung dieser Leistungsniveaus möglich sind und ermitteln die zugehörigen Kosten. Sie setzen Prioritäten, wie aus ihrer Sicht die verfügbaren Mittel eingesetzt werden sollen und erstellen daraus eine Rangordnung der Entscheidungspakete. Die übergeordneten Hierarchieebenen fügen die ihnen jeweils zugeordneten Entscheidungspakete zusammen und verändern die Reihenfolge aus ihrer Sicht. Das Top-Management fasst alle Entscheidungspakete zusammen und entscheidet damit über Prioritäten, Leistungsniveaus und Mitteleinsatz. Daraus werden die entsprechenden Budgets als Vorgabe der künftigen Entscheidungen und Maßnahmen erarbeitet. Controlling überwacht die Einhaltung der Budgets und berichtet über wesentliche Abweichungen. Die dabei erforderlichen Schritte stellen sich im Einzelnen wie folgt dar:

- Die Unternehmensführung formuliert Unternehmens- und Unterziele und bestimmt die Gemeinkostenbereiche zur ZBB-Untersuchung. Es folgt die Festlegung der zu budgetierenden Einheiten (Kostenstellen, Kostenstellenbereiche) auf Basis der Unternehmensstrategie.
- Daran schließt sich die Bestimmung der Ziele der Budgetbereiche und der von diesen zu erfüllenden Teilfunktionen an. Die Ziele werden von den Verantwortlichen formuliert, mit wesentlichen Aktivitäten und Arbeitsergebnissen beschrieben, mit zuzuordnenden Personal- und Sachkosten versehen und mit Leistungsempfänger ausgewiesen.
- Dann erfolgt die Definition von Leistungsniveaus für jede Teilfunktion, meist werden drei Niveaus unterschieden, die für einen geordneten Geschäftsbetrieb zwingend erforderlichen Arbeitsergebnisse, die intern durch Richtlinien und Anweisungen geregelten Arbeitsabläufe und geforderten Arbeitsergebnisse sowie die wünschenswerten Leistungen für die kurz-, mittel- und langfristige Zukunftssicherung.

- Es folgt die Bestimmung des für jedes Leistungsniveau wirtschaftlichsten Herstellungsverfahrens, also z.B. zentral/dezentral, manuell/automatisiert, inhouse/ außer Haus, Implanting/Kooperation.
- Daraus resultiert die Aufstellung einer Prioritätenliste aller nach verschiedenen Leistungsniveaus differenzierter Teilfunktionen. Dazu werden die Leistungsniveaus beschrieben und zu Entscheidungspaketen je Einheit zusammengefasst, die mit Kosten und Nutzen der Arbeitsergebnisse bewertet werden.
- Wenn für alle in die Untersuchung einbezogenen Bereiche diese drei Leistungsstufen definiert sind, folgt die schwierige Aufgabe für die Entscheidungsträger, diese Entscheidungspakete nach ihrer Priorität zu ordnen. Es entsteht so unter Abwägung von Nutzen und Kosten eine Rangfolge der Entscheidungspakete, wobei der wichtigste Bereich an erster Stelle steht und das höchste Niveau des unwichtigsten Bereichs an der letzten Position erscheint. Auf diese Weise wird erkennbar, wie viel Ressourcen man einsetzen muss, um ein bestimmtes Nutzenniveau zu erreichen.
- Der Nutzen der einzelnen Handlungsbausteine wird nicht absolut, sondern relativ skaliert (Bildung einer Rangreihe). Die Unterschiede zwischen den einzelnen Rangpositionen werden vernachlässigt, damit wird die in Praxis schwierige Erfassung von Nutzen von Verwaltungsleistungen umgangen.
- Ein Entscheidungspaket umfasst die Benennung der Entscheidungseinheit, Ressourcen, die das Leistungsniveau erfordert, Aufgabenbeschreibung und Zielsetzung, Darlegung der wirtschaftlichen und alternativer Verfahren, Beschreibung der Vorteile und Konsequenzen sowie Wirkungen auf andere Entscheidungseinheiten/Leistungsempfänger.
- Es kommt zur Auswahl von Entscheidungspaketen (bei der höchsten Priorität der Prioritätenliste beginnend bis zur vollständigen Verwendung der zur Verfügung stehenden Mittel). Die Entscheidungspakete werden durch die Leitung der betreffenden Kostenstellen bzw. Bereiche in ihrer relativen Bedeutung für die Entscheidung geordnet.
- Die Unternehmensführung setzt endgültige Prioritäten fest, dotiert die verfügbaren Mittel, entscheidet über das Leistungsniveau aller Entscheidungseinheiten (Budgetschnitt) und erläutert die Entscheidungen den Betroffenen. Maßnahmen mit A-Priorität werden immer finanziert, solche mit B-Priorität werden bei Mittelkürzung als Erste gestrichen, ansonsten aber finanziert, solche mit C-Priorität werden bei Mittelausweitung als Erste ergänzt, ansonsten aber nicht finanziert, und solche mit D-Priorität werden auf keinen Fall finanziert.
- Mit dem Budgetschnitt durch die oberste Führungsebene des Unternehmens wird festgelegt, welche Bereiche mit welchem Leistungsniveau betrieben werden sollen. Dabei sich ergebende Veränderungen können resultieren aus Budgetschnitt selbst, Funktionsanalyse, Verbesserungsvorschlägen und veränderten Arbeitsabläufen. Daraus entstehen konkrete, nachvollziehbare Maßnahmenpakete. Dabei ist die Unterstützung der Mitarbeiter unerlässlich.
- Die im Maßnahmenplan zusammengefassten Einzelmaßnahmen berücksichtigen Realisierungszeiten, personelle Veränderungen, Details wirtschaftlicher Verfahren, Investitionsvorhaben und Umstellungskosten.
- Die veränderten Leistungsniveaus werden je Leistungseinheit nach zeitlicher

Durchführung, Kostenarten und Kostenstellen, Einmalkosten und Sondererlösen budgetiert. Das ZBB sieht auch eine Variation alternativer Gesamtbudgets vor, die hinsichtlich ihrer Konsequenzen auf die realisierten Aufgabenbündel beurteilt werden können.

Wesentliche **Vorteile** des Zero base budgeting sind folgende:

- Überflüssige Tätigkeiten und unwirtschaftliche Ressourcenverteilungen werden abgebaut, das Wirtschaftlichkeitsstreben wird konsequent auf Bereiche übertragen, die ansonsten keine unmittelbare Gewinnorientierung aufweisen, das komplexe Unternehmen wird für die oberen Führungsebenen besser transparent, alternative Wege zur Erreichung von Zielen werden systematisch untersucht, Führungskräfte und Mitarbeiter werden zur konstruktiven Kritik angeregt, damit wird die Kooperationsfähigkeit erhöht, individuelle und organisatorische Schwächen werden aufgezeigt, Eignung besteht sowohl für repetitive als auch für innovative Aufgaben, sämtliche Führungsebenen sind in den ZBB-Prozess eingebunden (Motivationswirkung).

Nachteile sind hingegen folgende:

- Es besteht ein hoher Zeit- und Mittelaufwand für die Durchführung der ZBB-Analyse, daher ist allenfalls strategische Relevanz gegeben, eine Eignung ist weniger zur Kostensenkung als vielmehr zur besseren Erfüllung der Ziele gegeben, die ZBB-Analyse fördert die Aufblähung des Berichtswesens (Papierflut), die Implementierung des ZBB ist ein mittel- bis langfristiger Prozess, daher ist das ZBB für Krisensituationen ungeeignet, es kann zu Frustrationen bei Bereichsleitern kommen, deren Entscheidungspakete nicht in voller Höhe realisiert werden, geringe Akzeptanz des ZBB-Verfahrens ist wahrscheinlich, da die an den Entscheidungen Beteiligten zugleich die Betroffenen sind.

ZBB wird meist nicht auf das gesamte Unternehmen angewandt, sondern lediglich auf Kostenträger-Gemeinkostenbereiche, gemeinhin Verwaltungsstellen (Overheads). Auf Grund der erheblichen Kosten beschränkt ZBB sich sinnvollerweise auf solche Funktionsbereiche, die wegen ihrer nur schwer quantifizierbaren Leistungen bislang fast ausschließlich vergangenheitsorientiert geplant wurden.

Im Unterschied zur Gemeinkostenwertanalyse (GWA) ist ein explizites Ziel von ZBB die Umverteilung von Gemeinkosten. Finanzielle Ressourcen in Form von Gemeinkosten sollen in den bisher bearbeiteten, weniger wichtig erachteten Aufgabenfeldern abgebaut werden, um damit Mittel freizumachen für neue, strategisch bedeutsame Funktionsbereiche. Das heißt, das Budgetniveau ist vorgegeben, primär ist nicht die Kosteneinsparung, sondern die effizientere Verteilung der Mittel, während GWA auf eine Reduktion der Kosten abzielt.

Weitere, ähnlich arbeitende Techniken sind folgende:

- **PPBS** (Planning programming budgeting system). Es stellt ebenfalls vorhandene Budgets infrage und beginnt in der Unternehmensplanung mit der Festlegung der Strategieprogramme. Diese werden dann einzeln budgetiert. Nur Maßnahmen, die in einem der Strategiepakete definiert sind, erhalten Finanzmittel zugewiesen. Alle anderen Maßnahmen werden nicht mehr unterstützt. Dadurch freiwerdende Budgetmittel werden eingezogen und neu zugeteilt bzw. als Anpassungsreserve behandelt. PPBS entspricht im öffentlichen Dienst dem ZBB und ist ansonsten sein Vorläufer.

- **OST** (Objectives strategies tactics). Dies ist ein Verfahren der Ziel-Mittel-orientierten Budgetierung. Zunächst werden die Unternehmensziele definiert. Daraus abgeleitet wird der Beitrag jeder Abteilung an deren Erreichung durch Strategien festgestellt. Hierarchisch leiten sich daraus wiederum die Handlungserfordernisse jeder einzelnen Stelle für die kommende Planperiode ab. Diese Maßnahmen stellen ein Mengengerüst dar, das mit Kosten bewertet werden kann. Die Summe der Kosten ergibt das Budget der Stelle, der Abteilung und des Unternehmens.
- **PRP** (Priorities resource planning). Es beruht auf einer Anordnung vorgegebener strategischer Programme nach Prioritäten. Die Zuweisung von Ressourcen erfolgt dann nach ihrem Nutzenbeitrag. Dazu werden alle für erforderlich gehaltenen Maßnahmen katalogisiert und hinsichtlich ihres Nutzenanteils nach Priorität aufgeführt. In dieser Reihenfolge werden die vorhandenen Finanzmittel zugeteilt. Damit ist sichergestellt, dass die Maßnahmen mit dem höchsten Nutzenbeitrag auch die höchsten bzw. zuerst Finanzmittel erhalten.

2.5.2 Wertanalyse

Unter Wertanalyse versteht man eine Problemlösungs- und Entscheidungsmethode zur Findung der günstigsten Relation von Funktionserfüllung eines Produkts und den damit verbundenen Kosten mithilfe eines Projekt- und Management-Instrumentariums. Sie bildet eine organisierte Anstrengung, die Funktionen eines Produkts für die niedrigsten Kosten zu erstellen, ohne dass dessen Qualität, Zuverlässigkeit und Marktfähigkeit negativ tangiert werden. Es geht dabei um ein systematisches, analytisches Durchdringen von Funktionsstrukturen mit dem Ziel einer abgestimmten Beeinflussung deren Elemente in Richtung einer Wertsteigerung oder Kostensenkung. Kennzeichnende Merkmale sind die Orientierung an quantifizierten Zielvorgaben, die funktionsorientierte Analyse und eine auf Methoden der Logik wie der Inspiration beruhende Lösungssuche, ferner die interdisziplinäre, nach Arbeitsplan ausgerichtete Gruppenarbeit sowie das auf menschliche Verhaltensweisen und Eigenarten zugeschnittene Vorgehen. Man unterscheidet dabei näher in Value engineering bei der Entwicklung, Value analysis (i.e.S.) beim Einkauf und Value control bei der Zielerreichungsprüfung.

Die Wertanalyse ist ein System zum Lösen komplexer Probleme, die nicht oder nicht vollständig algorithmierbar sind. Sie beinhaltet das gegenseitig beeinflussende Zusammenwirken von Methoden, Verhaltensweisen und Management mit dem Ziel der Ergebnisoptimierung. Der Wertanalyse-Arbeitsplan ist die Beschreibung der Arbeitsschritte bei der Bearbeitung eines Projekts. Wertverbesserung betrifft die wertanalytische Behandlung eines bereits bestehenden und Wertgestaltung die Anwendung beim Schaffen eines noch nicht bestehenden Wertanalyse-Objekts.

Dieses wiederum ist ein entstehender oder bestehender Funktionsträger, der mit Mitteln der Wertanalyse behandelt werden soll.

Ein Wertanalyse-Projekt ist das Anwenden der Wertanalyse auf ein Objekt. Ein Wertanalyse-Team entwickelt sich aus einer fach- und bereichsübergreifend (interdisziplinär) zusammengesetzten Gruppe von fünf bis sieben Personen, die in räumlicher Nähe durch unmittelbare Kommunikation mit dem gemeinsamen, von allen akzeptierten Ziel zusammenarbeiten, ein Wertanalyse-Projekt erfolgreich abzuwickeln. Die Teamentwicklung ist gekennzeichnet durch das Wirksamwerden gruppendynamischer Prozesse. Der Wertanalyse-Koordinator ist eine Person, welche die Wertanalyse-Aktivitäten unter Einbindung der hierfür relevanten Führungsebenen in einer Institution plant, organisiert und überwacht. Der Wertanalyse-Moderator ist die für die erfolgsorientierte Steuerung und Förderung der Arbeit beim einzelnen Wertanalyse-Projekt verantwortliche, qualifizierte Person.

Funktion im Sinne der Wertanalyse ist jede einzelne Wirkung des Wertanalyse-Objekts. Arten von Funktionen dienen zur Zuordnung von Funktionen zu zwei Nutzungsbereichen. Die Gebrauchsfunktion ist eine Funktion des Wertanalyse-Objekts, die zu dessen sachlicher Nutzung erforderlich ist. Sie ist meist quantifizierbar. Die Geltungsfunktion ist eine ausschließlich subjektiv wahrnehmbare, personenbezogene Wirkung eines Wertanalyse-Objekts, die nicht zu dessen unmittelbarer sachlicher Nutzung erforderlich ist.

Funktionsklassen dienen zum Aufstellen einer Rangordnung von Funktionen. Zur Klassifizierung nach Wichtigkeit dienen Haupt- und Nebenfunktionen. Hauptfunktion ist diejenige Funktion des Wertanalyse-Objekts, die dessen im Sinne der Nutzung besonders hoch gewichtete Wirkung beschreibt. Nebenfunktion ist jede im Sinne der Nutzung deutlich geringer als eine Hauptfunktion gewichtete Wirkung eines Wertanalyse-Objekts. Es kann mehrere Haupt- und mehrere Nebenfunktionen geben. Gesamtfunktion ist die Gesamtwirkung aller ihr in einer Funktionenstruktur untergeordneten Funktionen. Teilfunktionen sind diejenigen Funktionen einer Funktionenstruktur, deren Zusammenwirken die Gesamtfunktion ergibt.

Unerwünschte Funktion ist eine vermeidbare, also nicht der gewollten Nutzung dienende, oder eine aus unumgänglichen Gründen unvermeidbare, nicht gewünschte Wirkung des Wertanalyse-Objekts. Die Zuordnung von Funktionen zu Funktionenarten und -klassen nennt man Funktionengliederung. Die Funktionenstruktur ist eine Darstellung der im Sinne der Nutzung folgerichtigen Zusammenhänge von Funktionen miteinander. Funktionenträger sind Elemente, durch die Funktionen verwirklicht werden. Funktionenkosten sind die einer Funktion zugeordneten Anteile der Kosten von Funktionenträgern.

Die Anforderungen an das zukünftige Wertanalyse-Objekt, die durch Soll-Funktionen und Soll-Funktionenstrukturen nicht beschrieben werden, nennt man lösungsbedingte Vorgaben. Ziel der Wertanalyse ist ein nach objektspezifischen oder allgemein gültigen Bewertungskriterien beschriebenes Ergebnis.

Wertanalyse-Ziele beziehen sich auf Größen wie Kosten, Funktionen, Termine, Qualitäten, Leistungen etc., sie sind quantifizierbar und haben demnach einen Erfüllungsgrad. Bewertungskriterien sind objektspezifische und allgemeine Vorgaben, an denen beim Bewerten die Lösungsvorschläge gemessen werden.

Ein erfolgreicher Einsatz der Wertanalyse ist zu erwarten, wenn alle direkt und indirekt damit befassten Personen bereit sind, durch ihr Verhalten die Wertanalyse zu fördern. Dazu gehören Rahmenbedingungen wie Problemerkennung und Lösungsdarstellung, kooperatives Verhalten, Informationsaustausch, Akzeptanz ungewohnter Lösungen, Aufgeschlossenheit für Neuerungen, Delegation/Übernahme von Verantwortung, kreativitätsfördernde Arbeitsatmosphäre, Leistungsförderung, Profilierungsverzicht, Qualifikation etc.

Fraglich ist dabei allerdings bereits der Begriff **Wert** als Voraussetzung zur systematischen Untersuchung eines Produkts. Denkbar sind auf die Frage, wie viel ein Produkt wert ist, etwa der Wert als:
- Grad der Übereinstimmung von Zielen und Handlungen mit rechtlichen und moralischen Anforderungen (ethisch-moralischer Wert),
- in der Sache selbst liegende Anforderungseignung eines Objekts, der „Wert an sich" (objektiv-qualitativer Wert),
- überprüfbarer Grad der Wertschätzung/Präferenz von Alternativen auf Grund deren Angebots-Nachfrage-Verhältnisses (preislicher Wert),
- Summe der Kosten für den Produktionsfaktoreinsatz zur Herstellung einer Ware (ökonomischer Wert),
- persönliche, unbegründete Auffassung über einen Sachverhalt (subjektiv-nutzenbezogener Wert).

Bei der Wertanalyse geht es allgemein um die Kontrolle der günstigsten Relation von Funktionserfüllung eines Produkts zu den damit verbundenen Kosten. Dies ist dann Input für die Investitionsentscheidung. Leistungen/ Prozesse werden in ihre einzelnen Funktionen und Bestandteile zerlegt und dahingehend untersucht, wie durch Vereinfachung, Verbesserung und Änderung die gleiche oder eine nur unwesentlich schlechtere Qualität zu nennenswert geringeren Kosten realisiert oder bei unveränderten Kosten ein höherer Nutzen geboten werden kann.

Die Wertanalyse geht somit typischerweise von einer bestehenden Problemlösung aus und versucht, diese zu optimieren, statt völlig neuartige Lösungen finden zu wollen. Der Ablauf einer Wertanalyse ist weitgehend normiert und beinhaltet die folgenden **Schritte**:
- Vorbereitung:
  - Auswahl des Wertanalyse-Objekts,
  - Festlegung quantifizierter Einzelziele,
  - Bildung von Arbeitsgruppen und Ablaufplanung,
  - Benennung eines Moderators,
  - Auftrag an das Team mit Festlegung der Grobziele und Bedingungen,

- Abgrenzung des Untersuchungsrahmens,
- Festlegung der Projektorganisation und Planung des Projektablaufs.

• Ist-Zustands-Ermittlung:
- Informationsbeschaffung und Beschreibung des Wertanalyseobjekts,
- Beschreibung dessen Funktionen und Ermittlung der Funktionskosten,
- Beschaffung spezifischer Objekt- und Umfelddaten,
- Bereitstellung von Kosteninformationen,
- Zuordnung der Kosten zu einzelnen Funktionen,
- Ermittlung lösungsbedingter Vorgaben.

• Ist-Zustands-Prüfung:
- Auswertung der Daten und Prüfung des Ist-Zustands,
- Feststellung der bestehenden Funktionserfüllung und der Kosten,
- Festlegung von Sollfunktionen,
- Festlegung von Kostenzielen.

• Lösungsermittlung:
- Suche nach Alternativen mit besserer Kosten-Nutzen-Relation,
- Sammlung vorhandener Ideen und Entwicklung neuer Ideen,
- Einsatz von Kreativitätstechniken, Bildung von Kreativgruppen.

• Lösungsprüfung:
- Prüfung der Durchführbarkeit der Möglichkeiten (Feasability study),
- Prüfung der Wirtschaftlichkeit der Möglichkeiten (Efficiency study),
- Festlegung von Bewertungskriterien,
- Verdichtung von Lösungsansätzen, Darstellung und Bewertung,
- Ausarbeitung von Lösungen,
- Managementvorlage zur Entscheidung,
- Herbeiführung einer Entscheidung.

• Verwirklichung:
- Empfehlung der bestgeeigneten Lösung und deren Umsetzung,
- Detailplanung der Umsetzung der präferierten Lösung,
- Einleitung der Realisierung und deren Überwachung,
- Abschluss des Wertanalyse-Projekts.

Im Ergebnis stellen sich neben Hard savings zumeist auch Soft savings in der Organisation als Erfolg heraus, wie etwa bessere Zusammenarbeit, gestiegenes Kostenbewusstsein, Ablauftransparenz, offener Informationsfluss etc.

2.5.3 Gemeinkosten-Wertanalyse

Bei der Gemeinkosten-Wertanalyse (GWA/Overhead value analysis, andere Bezeichnungen sind Gemeinkosten-Aufwands-Nutzen-Analyse, Gemeinkosten-System-Engineering, Funktionswertanalyse, Funktionskosten-Optimierung, Produktivitätsanalyse, Gemeinkosten-Frühwarnsystem) handelt es sich um die Übertragung des Konzepts der Wertanalyse auf den Gemeinkostenbereich einer Unternehmung. **Man versteht darunter ein von internen und externen Beratern begleitetes systematisches Interventionsprogramm, das der Kostensenkung durch**

Abbau nicht zielgerechter Leistungen oder durch eine Rationalisierung der Aufgabenerfüllung im Verwaltungsbereich von Unternehmen dient. Es geht also um die Analyse der gemeinkostenverursachenden Tätigkeiten. Das erscheint insofern besonders lohnend, als in beinahe allen Branchen ein ständiges Anwachsen des Gemeinkostenblocks zu beobachten ist. Mittlerweile sind die Gemeinkosten deutlich höher als die Einzelkosten. Dabei fallen vor allem die Personalkosten ins Gewicht. Die Gemeinkosten-Wertanalyse soll nun von Zeit zu Zeit sicherstellen, dass dort auch tatsächlich alle Einsparpotenziale genutzt werden. Neben der Kostenersparnis ist die Organisationsvereinfachung und daraus folgend die Personalbedarfsplanung als Ziel von Bedeutung. Die GWA trägt der Tatsache Rechnung, dass der Produktionsbereich selbst bereits weitgehend durchrationalisiert ist, sodass dort nur noch ein geringes Kosteneinsparungspotenzial gegeben scheint. Anders sieht dies im gesamten (privaten und erst recht öffentlichen) Administrationsbereich aus. Hier sind auf Grund der qualitativen Anlage der Tätigkeiten noch weitgehende Rationalisierungsmöglichkeiten vorhanden. Das bedeutet meist, ähnlich wie in der Produktion, die Substitution von Arbeit durch Kapital und damit den Abbau von Arbeitsplätzen. Unternehmensberatungen, die sich dieser Technik bedienen (wie McKinsey), werden daher auch als „Arbeitsplatzkiller" gefürchtet.

Die GWA erfolgt in mehreren, standardisierten Schritten. Am Anfang steht die **Vorbereitungsphase.** Die Festlegung der Untersuchungseinheiten ist in Anlehnung an bestehende Abteilungen empfehlenswert, um vorhandene Verantwortlichkeiten und Kompetenzen zu nutzen. Eine vorteilhafte Größe der Einheit liegt bei ca. 20 Mitarbeitern. Die Bestimmung von GWA-Koordinatoren zur Ablaufsteuerung, Terminplanung, Schulung, Hilfestellung im Projektverlauf und als Träger von Einzelfallentscheidungen ist erforderlich. Sie berichten an den Lenkungsausschuss, werden intensiv geschult und in die methodischen Einzelheiten eingeführt. Ebenso erfolgt die Einrichtung eines Lenkungsausschusses als letzte Entscheidungsinstanz bei Einsparungsvorschlägen. Um die Bedeutung des Projekts anzuzeigen, ist er mit Mitgliedern der Geschäftsführung zu besetzen. Dann folgt die Benennung der Leiter der Untersuchungseinheiten, welche die gesamten Kosten für jede in ihrer Abteilung erbrachte Leistung abschätzen. Sie müssen deshalb mit der Abteilung vertraut sein und sind die eigentlichen Hauptakteure. Ein Hinterfragungsteam wird aufgestellt, um die Qualität und Seriosität der Ideen der Untersuchungseinheiten zu beurteilen. Dies ist zeitaufwändig und bindet meist mehrere Vollzeitkräfte. Ebenso ist die Vermittlung von Kritik- und Beurteilungsfähigkeit und die ausführliche Information der Führungskräfte und Mitarbeiter über den bevorstehenden GWA-Prozess durch Schulungs- und Informationsmaßnahmen notwendig.

Es folgt die **Analysephase.** Eine Auflistung der Leistungen und Bestimmung deren Kosten durch den Leiter der Untersuchungseinheit steht am Anfang. Dabei ist anzugeben, welche Leistung für wen erbracht wird. Problematisch ist dabei jedoch, dass für Gemeinkosten kein Mengengerüst darstellbar ist. Daraus wird ein Vergleich von Kosten und Nutzen und eine hypothetische Kostensenkung um 40

Prozent abgeleitet. Somit kommt es zur bewussten Gegenüberstellung von Ist-Kosten mit Ist-Beitrag und Antizipation eines bewusst unrealistischen Kostensenkungsziels, um die Suche nach Reduktionsmöglichkeiten zu intensivieren. Es folgt die Erarbeitung von Einsparungsvorschlägen sowie deren Überprüfung und Rangordnung in Arbeitsgruppen aus Repräsentanten liefernder und empfangender Einheiten. Experten können einbezogen werden. Daran schließt sich die Überprüfung der Verträge nach Wirtschaftlichkeits- und Risikokriterien mit Entscheidung durch die oberste Führungsebene an. Eine Aufstellung von Aktionsprogrammen für die akzeptierten Ideen mit Terminplan zur Realisierung steht am Ende dieser Phase. Die Verantwortlichen werden bestimmt und entsprechende Budgets veranlasst.

Daran schließt sich die **Realisierungsphase** an. Die faktische Umsetzung der Handlungsprogramme erfolgt. Die Verwirklichung der verabschiedeten Maßnahmen hat oberste Priorität gegenüber anderen Maßnahmen. Eine Kontrolle der Planerfüllung stellt den Erfolg sicher.

Den Prozess während der Analysephase führt jeder Abteilungsleiter für seine Abteilung selbst durch. Dabei unterstützen ihn das zuständige, ausgebildete Team, die Nutzer der in dieser Abteilung erstellten Leistungen, Fachabteilungen mit Kenntnis der Verbesserungsmöglichkeiten in spezifischen Abläufen, und bei besonderen Problemen, sein Vorgesetzter bzw. das zuständige Mitglied des Lenkungsausschusses. Auf diese Weise sollen Gemeinkostenreserven aufgespürt werden. Haben die Einsparungsvorschläge den Lenkungsausschuss und den Betriebsrat erst einmal passiert, sind die Maßnahmen meist binnen Jahresfrist umgesetzt. Fluktuation oder ein vorübergehender Einstellungsstopp können einen Teil der notwendigen Personalreduzierungen mittragen. Dadurch werden neue Freiheitsgrade für die Unternehmensführung erreicht, die zur nachhaltigen Sicherung der Wettbewerbsfähigkeit genutzt werden müssen. So können freigesetzte Mittel in neuen Projekten angelegt werden, die dann nicht selten mehr Arbeitsplätze schaffen, als vorher eingespart worden sind.

Für die Umsetzung der GWA können verschiedene Philosophien zu Grunde gelegt werden:

- Im Marktansatz stehen die Ausgliederung von Verwaltungsleistungen, das Verrechnungspreissystem und die Profit center-Konzeption im Vordergrund.
- Der Bürokratieansatz arbeitet mit Techniken wie Management by objectives, Stellenbeschreibungen, traditioneller Budgetierung unter neuen Budgetansätzen, Plankostenrechnung, Kennzahlenanalyse, administrativer Wertanalyse, Job rotation, Einstellungsstopp, Personalbewilligung, Anreizbewilligung etc.
- Beim Clan-Ansatz wird von Organisationsentwicklung, Qualitätszirkel, Personalauswahl/-entwicklung und Sozialisation ausgegangen.

Tatsächlich ist die GWA auch ein gutes Stück Kulturwandel und wie dieser zahlreichen Widerstände unterworfen. Dazu gehören vor allem fehlende Kenntnis über Methodik und Maßnahmen, fehlendes Verständnis für die Ziele und die Umsetzung der Technik in praktisches Handeln, Nichtverstehen von Begriffen und Bezeichnungen, fehlende Zeit neben der Erledigung des Tagesgeschäfts, mit dem Projekt kollidierende Termine, Abwesenheit während wichtiger Projektphasen, keine Klarstellung über die Konsequenzen der Innovation und Widerstand aus Erfahrung von missliebigen früheren Projekten. Außerdem werden Zielsetzung und gewähltes Aktionsprogramm als nicht kongruent angesehen, anzustrebende Ziele im Teilbereich und das Innovationsziel als antinomisch beurteilt und eigene Privilegien und Prestige negativ tangiert. Dann ist oft eine zu geringe Durchleuchtung fremder Teilbereiche gegeben, andere leisten auch Widerstand, und Hemmungen gegenüber Mitarbeitern bestehen. Zudem herrscht die Überzeugung, es selbst ohnehin am Besten zu wissen sowie die Angst, aus der Innovation als Verlierer hervorzugehen, der neuen Aufgabe nicht gewachsen zu sein, mit den neuen Kollegen nicht zurechtzukommen sowie vor einer grundsätzlichen Veränderung der vertrauten formalen und informalen Beziehungsmuster. Schließlich besteht eine generelle Skepsis gegenüber Neuem, Unbekanntem und Widerstand gegen Externe (Change agents), falsche Antizipation von Konsequenzen und kein Einverständnis mit den Zielen. Mitarbeiter sehen sich als Manipulationsobjekt der Unternehmensleitung, Selbstentfaltung und Arbeitszufriedenheit werden höher gewichtet als ökonomischer Erfolg und generelle Ressentiments gegenüber dem Unternehmen aus politischer Sicht geschürt.

2.5.4 Benchmarking

2.5.4.1 Konzept

Unter Benchmarking versteht man die Sammlung und Analyse von Outputs (Resultaten, Erfolgsfaktoren) der eigenen Geschäftseinheit im Vergleich zu den Besten innerhalb und außerhalb des Unternehmens und die Auswertung der Prozesse (Methoden, Praktiken), die diese positiv von der eigenen Geschäftseinheit unterscheiden. Benchmarking hat damit einen Mess- und einen Positionierungsaspekt. Die Benchmarks sind aus Erfahrung, von der Konkurrenz, vom eigenen Unternehmen, auf Basis von Hypothesen (z.B. Plankostenrechnung) etc. abgeleitet. Benchmarking hat seinen Ursprung im traditionellen Betriebsvergleich und stellt dessen Weiterentwicklung zu einer kontinuierlichen Messung, Beurteilung und Verbesserung von Leistungen, Prozessen und Funktionsbereichen im Vergleich zu direkten Wettbewerbern oder den anerkannten Trägern funktionaler Kernkompetenzen zur organisatorischen Verbesserung dar.

Ziel ist es dabei, den Wandel im Unternehmen (Organizational learning) anzustoßen. Dabei geht es über das reine Kopieren hinaus darum, Anregungen für kreative Weiterführungen zu entwickeln. Benchmarking setzt explizit bei einzelnen Unternehmensbereichen, nicht beim Unternehmen insgesamt an. Es ist ein dezentraler, alle Verantwortlichen umfassender Prozess, der verlangt, bei jeder einzelnen Teilleistung ein passendes Vorbild zu finden. Es steht also nicht der globale Betriebsvergleich, sondern der spezifische Einzelvergleich im Vordergrund.

Der Benchmarking-Prozess wird als Top management-Aufgabe gesteuert und nachgeordnet umgesetzt. Eine Kultur für Veränderungen erfordert auf allen Ebenen konstruktive Unzufriedenheit und ständige Überzeugungsarbeit. Die richtige Partnerwahl ermöglicht ein gegenseitiges Geben und Nehmen, also gemeinsam zu lernen und besser zu werden. Benchmarking ist damit eine Prozessanalyse erfolgsentscheidender Aktivitäten und Ergebnisse. Schon der Prozess der eigenen Istanalyse und das Erkennen von Ursache-Wirkungsketten bringen insofern einen hohen Informationsgewinn. Ziel ist es naturgemäß, nicht nur Spitzenklasse im Messen zu sein, um die Datenbasis für Benchmarks zu schaffen, sondern auch Spitzenklasse im Umsetzen. Das Lernen des Lernens und Besserwerdens hat sich auf das Beherrschen der Prozessschritte zu konzentrieren, um von Symptomen über Wirkungen zu Ursachen zu kommen. Benchmarking geht jeden im Unternehmen an und ist deshalb von allen im Team als kontinuierlicher Verbesserungsprozess umzusetzen. Dafür ist ein klares Commitment auf allen Ebenen des Unternehmens erforderlich. Es gibt keinen optimalen Zeitpunkt für Benchmarking, sondern nur die Chance, möglichst frühzeitig erfolgsentscheidende Defizite zu erkennen.

Benchmarking verschafft Glaubwürdigkeit und Akzeptanz für die Setzung selbst hoher Zielstandards, weil dem von anderen Unternehmen/-steilen bereits tatsächlich realisierte Leistungen zu Grunde liegen, womit der praktische Beweis dafür erbracht ist, dass sie erreicht werden können. Daraus folgt ein hohes Maß an Motivation zu herausragenden Leistungen, deren Beurteilung objektivierbar ist. Die Übernahme bewährter, erfolgreicher Prozesse ist zudem meist schneller und risikoärmer als deren eigene Entwicklung. Außerdem werden zusätzliche Ideen über das Benchmarking-Thema hinaus während der Auseinandersetzung damit generiert und der Neigung zu Selbstzufriedenheit und Bürokratisierung vorgebeugt.

Allerdings besteht auch die Gefahr, „Schlendrian mit Schlendrian" zu vergleichen, insofern darf man sich wirklich nur die jeweils Besten (Best of the best) als Benchmarking-Partner auswählen.

2.5.4.2 Umsetzung

Der Ablauf erfolgt dabei in aufeinander abfolgenden **Schritten** *(siehe Abb. Ablauf des Benchmarking)*. Zunächst zur Planungsphase:

- Festlegung und Abgrenzung des Benchmarking-Themas und ggf. Auswahl des Funktionsbereichs, hilfreich ist als Vorinformation eine entsprechende interne Analyse, die konkretisiert, was genau Ziel und Objekt des Benchmarking sein soll,
- Konzepterarbeitung und Teamzusammenstellung als grundlegende Bestimmungsgrößen,
- Identifizierung des Benchmarking-Vergleichspartners, meist horizontal in der gleichen Branche und anderer Funktion (Competitive benchmarking), vertikal in der gleichen Funktion einer anderen Branche (Functional benchmarking) oder lateral in einer anderen Branche und Funktion (Generic benchmarking),

Ablauf des Benchmarking

- Bestimmung, was genau einem Benchmarking-Prozess unterzogen werden soll
- Identifikation von vergleichbaren Organisationen/Prozessen
- Festlegung der Methode der Datenzusammenstellung und Datensammlung
- Bestimmung der aktuellen Leistungslücke
- Schätzung der zukünftigen Leistungsfähigkeit
- Kommunikation der Ergebnisse des Benchmarking und Akzeptanzgewinnung bei Mitarbeitern
- Definition von funktionalen Zielen
- Entwicklung von Aktionsplänen
- Durchführung gezielter Aktionen und Beobachtung der Fortschritte
- Vornahme von Anpassungen

- Bestimmung der Anzahl der Partner, deren Nationalität (Konferenzsprache), der betroffenen Unternehmensbereiche, der Organisation und Standorte dieser Bereiche,
- Bestimmung des Informationsbedarfs (Messgrößen, Priorisierung), Festlegung eines Fragenkatalogs und Fragenerläuterung, Rationalisierung der Erhebungsform, Fragenkatalog-Test, endgültige Fassung zur Erhebung.

In der Analysephase geht es dann um die:
- Erhebung der relevanten Daten und des Ist-Zustands bei vorab definierten Kriterien,
- Ermittlung der Unterschiede und die Identifizierung möglicher, zu Grunde liegender Leistungslücken und Probleme (Schwachstellen),
- Projektion der Ziele (zukünftige Leistungslücke) durch Ableitung realistischer, weil praktisch bewiesener Lösungswege daraus mit der erklärten Absicht, diese in der eigenen Ablauforganisation zu implementieren, daraus folgt die Festlegung zukünftiger Leistungsstandards.

Die Integrationsphase befasst sich mit der:
- Information und Vertrauensbildung bei den Betroffenen über notwendige Veränderungen im Zuge der Ergebnisbekanntmachung, hier geht es darum, Benchmarking-Ergebnisse zu kommunizieren und dafür Akzeptanz zu schaffen,
- Diskussion der Benchmarks, Zielvereinbarung und Entwicklung von Aktionsplänen auf Basis operationaler Zielvorgaben.

Die Umsetzungsphase besteht weiterhin aus der:

- Entwicklung der Implementierungsplanung, deren Durchführung und Überwachung,
- Überprüfung der Benchmarking-Ergebnisse regelmäßig in ihrem Fortschritt (Rekalibrierung).

In der Reifephase folgt schließlich die:

- Bewertung der Lösung und Feststellung der Zielerreichung bzw. Perfektionierung der Prozesse,
- permanente Durchführung von Benchmarking (Benchmark-Anpassung), ggfs. mit anderen Partnern.

Benchmarking kommt damit eine Sensibilisierungs-, Diagnose- und Orientierungsfunktion zu. Es handelt sich also um den ständigen oder fallweisen Vergleich von Prozessen, Produkten, Diensten und Praktiken mit den härtesten oder bekanntesten ähnlichen Aktivitäten, um diese zu identifizieren, zu analysieren, von ihnen zu lernen und sie schließlich selbst anzuwenden. Anschließend können herausfordernde, aber noch erreichbare Leistungsziele gesetzt und ein realistischer Aktionsplan implementiert werden, um effizient und in angemessener Zeit selbst zum Besten der Besten zu werden und diese Position zu halten. Man unterscheidet verschiedene Formen des Benchmarking.

Internes Benchmarking dient dem Vergleich und der Analyse von Prozessen zwischen verschiedenen Bereichen eines Unternehmens bzw. Konzernteilen, Abteilungen, Profit Centers etc. Es bietet die Vorteile der einfachen Datensammlung und liefert gute Ergebnisse für diversifizierte, bereits exzellente Unternehmen. Vor allem entstehen keinerlei Geheimhaltungsprobleme. Dagegen spricht, dass nur ein sehr begrenzter Ausschnitt der Wirtschaftswirklichkeit betrachtet wird und ein hohes Maß interner Befangenheit der unvoreingenommenen Beurteilung der Erkenntnisse entgegensteht. So kann letztlich doch „Schlendrian mit Schlendrian" verglichen werden.

Externes Benchmarking bietet den Vorteil der Vergleichbarkeit mit Praktiken/Technologien anderer Anbieter. Dies zunächst setzt die exakte Festlegung und Abgrenzung des Benchmarking-Themas und des dafür relevanten Informationsbedarfs voraus und funktioniert nur auf Basis der Gegenseitigkeit. Dagegen steht jedoch, dass es weitaus höhere Schwierigkeiten bei der Datensammlung gibt als bei internem Vorgehen. Vielmehr ist von einem antagonistischen Verhalten der beteiligten Unternehmen auszugehen. Es gibt mehrere Ansatzpunkte *(siehe Abb. Externes Benchmarking)*.

Funktionales Benchmarking hat den Vergleich mit Unternehmen/Organisationen außerhalb der angestammten Branche, aber gleicher Funktion zum Inhalt, und zwar jeweils mit dem Klassenbesten einer Funktion, unabhängig von dessen Branche. Es erschließt ein großes nutzbares Potenzial durch die Entwicklung professioneller Netzwerke/Datenbanken zwischen interessierten Unternehmen. Dazu ist es

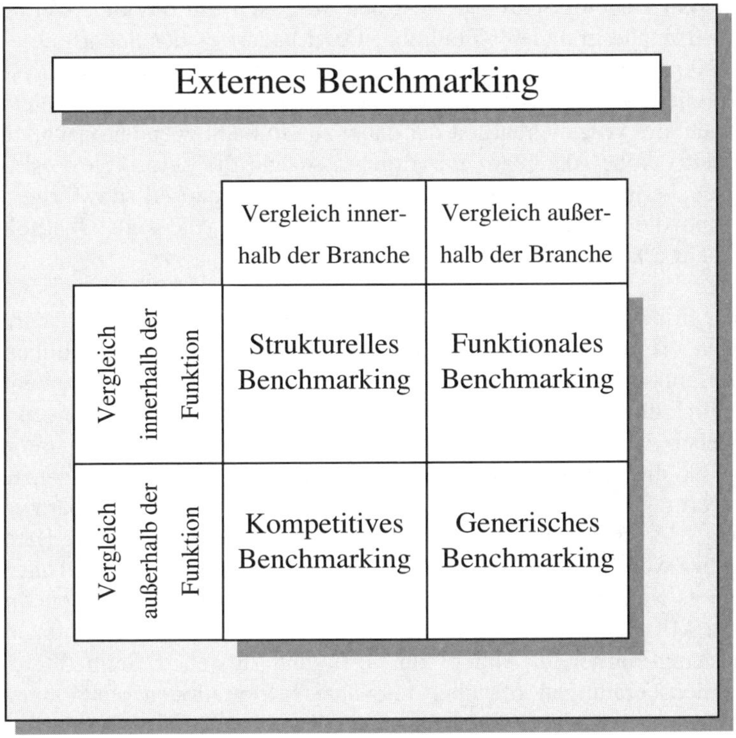

erforderlich, für jede einzelne Funktion ein passendes „Vorbild" zu finden. Dabei steht nicht der globale Betriebsvergleich, sondern der spezifische Einzelvergleich im Vordergrund.

Generisches Benchmarking umfasst alle Bereiche/Prozesse eines Unternehmens. Es erfolgt eine ganzheitliche Fokussierung auf betriebliche Funktionsbereiche, die in Bezug auf ihr Angebotsspektrum in einer Vielzahl unterschiedlicher Unternehmen anzutreffen sind, vorausgesetzt, es handelt sich bei ihnen um Best of the best. Gerade die Vielfalt der Unternehmensgrößen, Branchen und Märkte bietet gute Ansatzpunkte zur Effizienzsteigerung und Findung innovativer Lösungen für eine Vergrößerung des Ideenspektrums. Dagegen stehen jedoch Schwierigkeiten bei der Übertragung von Erkenntnissen zwischen den Beteiligten, die zeit- und kostenaufwändig sind.

Strukturelles Benchmarking betrifft den Vergleich innerhalb einer Branche und einer Funktion. Im Mittelpunkt des Interesses steht dabei nicht die operative Regelung der intrafunktionalen Prozesse, sondern die Zusammensetzung dieser Funktionen zu einer arbeitsfähigen strategischen Gesamtheit. Denn in einer Branche begründen nicht nur die Prozesse in der einzelnen Funktion einen Vorsprung, sondern vor allem deren interfunktionale Abstimmung zu einer ganzheitlichen Prozesskette.

Kompetitives Benchmarking betrifft den Vergleich mit direkten Wettbewerbern derselben Branche in anderer Funktion. Dazu bedarf es der Schaffung einer Vergleichsbasis, die angibt, wer worin genau als der Beste zu gelten hat. Diese ist aber immer fraglich. Wesentliche Vorteile sind die Gewinnung geschäftsrelevanter Informationen, die Vergleichbarkeit der dabei zu Grunde liegenden Produkte/Prozesse, die relativ hohe Akzeptanz der Ergebnisse und die eindeutige Positionierung im direkten Vergleich. Von Nachteil sind jedoch die partiell schwierige Datenerfassung und die Gefahr branchenorientierter Kopien, die kein Überholen (Outpacing) mehr erlauben.

Neben der Primärerhebung von Daten kommt jedoch auch eine Sekundärerhebung in Betracht. Als Informationsquellen dienen dabei einschlägige Publikationen zu den betreffenden Themen. Marktforschungsinstitute haben zumeist einen sehr guten Überblick über die Unternehmenslandschaft. Empirische Erhebungen und Fallstudien geben Aufschluss über Daten, die aus realen Unternehmen stammen (wenn möglich, ist die Betriebsbesichtigung vorbildlicher Unternehmen anzustreben). Zur Auswertung stehen auch Datenbanken mit internationalen Standardwerken zur Verfügung. Berufsverbände kommen als Auskunftsgeber ebenso in Betracht wie Herausgeber von Fachzeitschriften mit Artikeln über führende Unternehmen. Dann gibt es Benchmarking-Clubs mit Zugang für Mitglieder zu Benchmark-Daten, deren Mitgliedschaft aber zumeist jeden Teilnehmer verpflichtet, selbst als Benchmarking-Partner für Andere zur Verfügung zu stehen. Schließlich verfügen Unternehmensberatungen oft über relevante Informationen aus ihren globalen Netzwerken.

Jedes Unternehmen wird dabei in verschiedenen Bereichen der Wertschöpfungskette mit jeweils anderen Benchmarking-Partnern zusammenarbeiten. Rank Xerox, einer der Pioniere des Benchmarking, hat etwa folgende Partner:

- *Unternehmensinfrastruktur: American Express (Rechnungswesen), Texas Instruments (Strategieimplementierung), Deere and Comp. (IT-Infrastruktur)*
- *Personalwirtschaft: Milliken Carpet (Vorschlagswesen)*
- *Technologieentwicklung: Hewlett-Packard*
- *Eingangslogistik: L.L.Bean*
- *Fertigung: Fuji-Xerox, Toyota*
- *Marketing&Vertrieb: Procter&Gamble*
- *Ausgangslogistik: L.L.Bean.*

Als Benchmarks herangezogen werden häufig folgende Unternehmen:

- *Logistik: L.L.Bean, Hershey Foods, Wal Mart*
- *TQM: Toyota, Komatsu, Fuji, Xerox, Texas Instruments*
- *Globalisierung: Toyota, McDonald's*
- *Produktentwicklung: Motorola, Sony, 3M, Fanuc*
- *Branding: Philip Morris, Coca-Cola, Beiersdorf, Nestlé*
- *Marketing: Procter&Gamble, Mars, Microsoft, Nestlé*
- *Lagerung: Federal Express, Apple, L.L.Bean*
- *Prozessorientierung: IBM, Philips*

- *Rechnungserstellung: American Express, MCI*
- *Miniaturisierung: Sony*
- *Lieferantenbewertung: Komatsu*
- *Mitarbeiterführung: 3M, D2D*
- *Einkauf: Honda, Xerox, IBM*
- *Flachbaugruppen: Matsushita Elecdric, Sony*
- *Kundenzufriedenheitsmessung: Schwedische Telekom, Hilfi, Club Mediterranée, AT&T*
- *Kundenorientierte Technikeinführung: Citicorp.*

Es wird eine Brücke von der reinen Leistungsanalyse zu selbstständigen Lernprozessen und eigenständigen Veränderungen geschlagen. Zugleich werden die Prozesse Anderer und die eigenen Prozesse bzw. deren Mängel richtig erkannt und verstanden. Allerdings bedarf es einer genauen Absprache und Vorbereitung mit dem Benchmarking-Partner, was Analysethema ist und wie dieses voll ausgeschöpft werden kann. Dies ist naturgemäß bei internem Unternehmensverbund weitaus einfacher als extern. Außerdem ist zu unterscheiden, was wirklich 1 : 1 in den eigenen Prozess übernommen werden kann und was hinsichtlich individueller Gegebenheiten angepasst werden muss. Die Wirtschaft ist so zwischenzeitlich von Benchmarking-Networks überzogen. Wichtig ist die Einhaltung von Spielregeln bei der Durchführung. Dazu zählen die Prinzipien

- der Legalität, d.h., keine verbotene Informationsbeschaffung, die jeweiligen Betriebsgeheimnisse werden respektiert, das Wettbewerbsrecht und andere relevante Rechtsnormen werden beachtet.
- des gegenseitigen Austauschs, d.h., nur jene Informationen dürfen verlangt werden, die man auch selbst bereit ist, zu geben, dazu ist eine klare Artikulation der gewünschten Daten unerlässlich.
- der Vertraulichkeit, d.h., Informationen und Namen der Partner sind vertraulich zu behandeln bzw. dürfen nur nach deren ausdrücklicher Zustimmung weitergegeben werden.
- der ausschließlichen Nutzung, d.h., die durch Benchmarking gewonnenen Informationen sind ausschließlich für den internen Gebrauch bestimmt, sie sind kein Mittel der Verkaufsförderung nach außen hin.
- des unmittelbaren Kontakts der Partner, d.h., die Verbindung ist ohne Einbeziehung Dritter direkt mit dem für Benchmarking Zuständigen aufzubauen.
- des Kontakts zu Dritten, d.h., die Namen der Kontaktpersonen dürfen nicht ohne deren ausdrückliche Einwilligung weitergegeben werden.
- der guten Vorbereitung, d.h., die gute Präparierung der eigenen Arbeit, eine effektive Zeitausnutzung und die Vorbereitung des Partners sind selbstverständlich.
- der vollständigen Erfüllung, d.h., alle Projektschritte sind vollständig, zeitgerecht, im Konsens und zur Zufriedenheit aller Beteiligten durchzuführen (Zuverlässigkeit).
- des gegenseitigen Umgangs, d.h., es ist auf den Benchmarking-Partner Rücksicht zu nehmen, indem alle Informationen so behandelt werden, wie dieser es mit Recht erwarten darf.

Zur Gewährleistung der Einhaltung dieser Spielregeln wird meist eine Benchmarking-Vereinbarung abgeschlossen. Diese enthält zweckmäßigerweise folgende Inhalte:

- *Die Vertragspartner vereinbaren eine betriebliche Kooperation, welche die unternehmensübergreifende Erfassung und Auswertung von Daten umfasst. Die Vertragspartner verpflichten sich, gegenseitig Prozess bezogene Daten zu erfassen. Soweit unternehmensbezogene Besonderheiten zu beachten sind, sind diese gesondert aufzuführen (z.B. Definition des Deckungsbeitragswerts, Umfang des Serviceangebots).*
  Aus den Ergebnissen der einzelnen Perioden werden Durchschnittswerte und Trends ermittelt. Abweichungen zu den Durchschnittswerten von mehr als x % sind unter Beachtung der beeinflussenden Parameter zu erläutern (z.B. Personalkosten unterteilt in Ausbildungskosten, Arbeitszeiten, Bildungsstand). Die aufgeführten Daten sind für y Perioden zu ermitteln.
  Der Abgleich der Daten hat jeweils zu einem bestimmten Termin zu erfolgen. Zeigt sich bei einem der Vertragspartner in einem Erfassungszeitraum eine Abweichung von mehr als x %, so ist das Unternehmen berechtigt, innerhalb von y Tagen den Abgleich zu verlangen. So wird dem Unternehmen die Möglichkeit eingeräumt, frühzeitig auf evtl. Missstände reagieren zu können. Über die Daten- und Analyseauswertungen ist während und nach dem Vertragszeitraum Stillschweigen zu wahren.
  Jeder Vertragspartner verpflichtet sich, alle im Rahmen dieser Vereinbarung offenbarten Geschäfts- und Betriebsgeheimnisse geheim zu halten und notwendige Vorkehrungen zu treffen, sodass Unbefugte keine Einsicht in die Unterlagen nehmen können. Jeder Vertragspartner wird die Einsicht in die Unterlagen nur solchen Mitarbeitern gestatten, die entsprechend zur Geheimhaltung verpflichtet sind und die dem jeweils anderen Vertragspartner innerhalb von x Tagen nach Abschluss dieser Vereinbarung auf einer Liste namentlich benannt werden.
  Die Vertragspartner teilen den jeweils anderen Vertragspartnern innerhalb von x Tagen nach Unterzeichnung dieser Vereinbarung einen Ansprechpartner sowie dessen Stellvertreter mit. Der Vertrag läuft auf unbestimmte Zeit. Er kann mit einer Frist von drei Monaten zum Quartalsende aufgekündigt werden.
  Streitigkeiten aus diesem Vertrag werden unter Ausschluss des ordentlichen Rechtswegs vor einem Schiedsgericht beigelegt.

Im Rahmen von Benchmarking sind meist Betriebsbesichtigungen zentral. Dafür bedarf es der Beachtung einer Reihe von Richtlinien wie folgt:

- Bestimmung der geeigneten Kontaktperson/-engruppe beim Benchmarking-Partner,
- Entwicklung einer klaren Vorstellung über Zweck und Ziele der Besichtigung,
- Interesse an der Entdeckung der besten Praktiken in der Branche durch Kontakt zu Spezialisten im Wege des Informationsaustauschs,
- Vorbereitung einer Beschreibung der zu untersuchenden Themen als Leitlinie,
- Sichtung und Auswertung aller wichtigen, erhältlichen Daten vor der Besichtigung,

- Sicherstellung, dass die entsprechende interne Funktion dokumentiert und sowohl hinsichtlich der angewandten Methoden als auch der Leistungsmessung operational ist,
- Teamgröße am Besten zwei bis drei Personen, darunter Leiter und Interviewer,
- Vorbereitung einer Fragenliste (darin Erfassung der gegenwärtigen oder geplanten besten Methoden und Messgrößen, die eine Bestätigung für Bestleistungen sind),
- Durchführung der Betriebsbesichtigung und Sammlung aller benötigten Daten,
- Protokollierung bereits während oder besser unmittelbar nach der Besichtigung,
- Diskussionszeit, um Unklarheiten zu klären und Informationen zu ergänzen,
- Vorbereitung darauf, dass auch die entsprechenden eigenen Daten diskutiert werden,
- Systematische Erfassung der Beobachtung für ein klares Verständnis der erhaltenen Information,
- Angebot eines Gegenbesuchs,
- Auswertung der Daten unmittelbar nach Rückkehr durch die Gruppe,
- Formelle Danksagung an den Benchmarking-Partner für die Kooperation und Zeit,
- Schriftliche Dokumentation der Besichtigung in einem Bericht.

Probleme entstehen allerdings, wenn bloßer Benchmarking-Tourismus betrieben wird. Ebenso, wenn eine einwandfreie Umsetzung unterbleibt oder betroffene Mitarbeiter dabei übergangen werden. Problematisch sind auch eine zu breite Abgrenzung des Benchmarking-Objekts oder ein zu enger Blickwinkel bei der Wahl des Benchmarking-Partners.

3. Qualitätspolitik

3.1 Leitlinien

3.1.1 Qualitätsbegriff

Qualität dient der Befriedigung von Kundenwünschen, die zur Kundenbindung im Idealfall vollständig erfüllt werden. Qualität drückt sich aus in Dimensionen wie Gebrauchstauglichkeit, Ausstattung, Normgerechtigkeit, Haltbarkeit, Umweltverträglichkeit, Sicherheit, Güte, Design, Leistung, Brauchbarkeit, Zuverlässigkeit (Verfügbarkeit, Funktionsfähigkeit, Instandhaltung), Sicherheit, Umwelt (Gesellschaft), Wirtschaftlichkeit oder Ästhetik. Qualität bedeutet also weder einen bestimmten hohen Grad der Vortrefflichkeit der Leistung im vergleichenden Sinne, noch eine technische Bewertung, dann ist vielmehr von **relativer Qualität** oder **absoluter Qualitätslage** die Rede.

Sie ist wichtiger als kurzfristiger Gewinn, weil sie den mittel- und langfristigen Gewinn bestimmt. Qualität bedeutet aber auch Beschaffenheit, sie ist Technik plus Geisteshaltung und Querschnittsfunktion im Unternehmen. Da sie wesentlich vom subjektiven Eindruck geprägt wird, ist eine Operationalisierung erforderlich. Dazu gibt es fünf Sichtweisen des Qualitätsbegriffs:

- Die **transzendente** Sichtweise betrachtet Qualität als absolut und universell erkennbar, als Zeichen kompromisslos hoher Ansprüche und Leistungen, die nicht präzise zu definieren sind und nur durch Erfahrung empfunden werden (absolute, ästhetische Qualitätsdefinition).
- Die **produktbezogene** Sichtweise betrachtet Qualität als präzise und messbar, Qualitätsunterschiede werden durch bestimmte, meist technische Eigenschaften oder Bestandteile eines Produkts auch quantitativ widergespiegelt (objektive, problembezogene Qualitätsdefinition, z.B. nach Verwendungszweck).
- Die **anwenderbezogene** Sichtweise betrachtet Qualität mit dem Auge des Nutzers, individuelle Konsumenten haben dabei unterschiedliche Wünsche und Bedürfnisse, wobei diejenigen Güter, die diese Bedürfnisse am Besten befriedigen, die höchste Qualität repräsentieren (subjektive Qualitätsdefinition als „Fitness for use" gemäß individueller Bedürfnisse).
- Die **prozessbezogene** Sichtweise betrachtet Qualität als Einhaltung von Spezifikationen, jede Abweichung impliziert dabei eine Verminderung. Hohe Qualität entsteht demnach durch gut ausgeführte Arbeit, deren Ergebnis Anforderungen sicher erfüllt (funktionale ((produktionsbezogene)) Qualitätsdefinition z.B. durch kennzeichnende Teileigenschaften).
- Die **Preis-Nutzen-bezogene** Sichtweise betrachtet Qualität als durch Kosten und Leistungen ausgedrückt (Preis-Leistungs-Relation), ein Qualitätsprodukt erfüllt eine bestimmte Leistung zu einem akzeptablen Preis bzw. zu tragbaren Kosten (relative, wertbezogene Qualitätsdefinition).

Qualität ist in Kunden orientiert arbeitenden Unternehmen also die Erfüllung von Kundenanforderungen. Dabei sind wiederum externe und interne Kunden zu unterscheiden, externe Kunden sind auch alle potenziellen Kunden (in Bezug auf die gesellschaftliche Verantwortung), interne Kunden sind hingegen keine Käufer, wohl aber Empfänger von Leistungen. Wichtig ist, dass jedem Lieferanten die Erwartungen seiner Kunden bekannt sind. Es kommt zu einer Abfolge von Kunden-Lieferanten-Beziehungen im gesamten Unternehmen, Qualität für interne Kunden ist damit Voraussetzung der Qualität für externe Kunden. Dazu ist eine systematische Erfassung der Kundenwünsche und stetige Messung der Kundenzufriedenheit (Basisanforderungen wie Zusatzanforderungen) notwendig.

Kundenorientierung bedeutet daher auch Prozessorientierung, d.h., Qualitätspolitik hängt direkt von der Gestaltung des gesamten Leistungsentstehungsprozesses ab. Insofern kommt es zur Verwendung von Daten und Fakten mithilfe statistischer Methoden, zur Berücksichtigung humanitärer und sozialer Gesichtspunkte sowie zur Einbeziehung und Mitwirkung sämtlicher Mitarbeiter, vom Management bis hin zur Exekutive.

Für Qualität gibt es vielfältige Definitionen. Im Folgenden einige Beispiele:
- *Qualität ist das gleichzeitige Minimum der Verluste, die das Unternehmen (interne Verluste), der Kunde (externe Verluste) und die Gesellschaft durch ein Produkt erleiden (Bläsing).*
- *Qualität ist das Maß, in dem das Produkt Kundenanforderungen erfüllt (Clark/Fujimoto). Qualität ist die Übereinstimmung mit den Anforderungen des Kunden (Haist/Fromm).*
- *Qualität ist die Gesamtheit von Eigenschaften und Merkmalen eines Produkts oder einer Tätigkeit bzgl. ihrer Eignung, festgelegte und vorausgesetzte Erfordernisse zu erfüllen (DIN 55 350).*
- *Qualität ist die Eignung der Unternehmensgesamtleistung zur Erfüllung aller an sie gerichteten Anforderungen (Horváth/Urban).*
- *Unter Qualität versteht man die auf einem Gut-Schlecht-Kontinuum beurteilte Beschaffenheit einer Leistung (Hentschel).*
- *Qualität ist die Gesamtheit von Merkmalen einer Einheit bzgl. ihrer Eignung, festgelegte und vorausgesetzte Erfordernisse zu erfüllen (DIN ISO 8402).*
- *Qualität ist die vollständige Erfüllung der vereinbarten Spezifikationen bzgl. Ausführung, Menge und Termin, unter Berücksichtigung der Eignung für den vorgesehenen Verwendungszweck (Salvisberg).*

Für Qualität gibt es also zahlreiche Begriffsfassungen. Einleuchtend und knapp ist die Auffassung, dass Qualität die Eignung einer Leistung zur Erreichung eines bestimmungsgemäßen Nutzens ist. **Qualität ist das Maß, in dem ein Angebot Kundenanforderungen erfüllt, also erwarteten Anforderungen von Kunden entspricht.** Je mehr Leistung und Anforderungen übereinstimmen als desto höher wird die Qualität angesehen. Qualität ist also regelmäßig subjektiv im Urteil des Kunden.

Für den Fall, dass es festgelegte Anforderungen (etwa durch Normen, Gesetze etc.) gibt, ist Qualität ausnahmsweise auch objektiv bestimmbar. Qualität ist aber auch immer relativ, d.h., beurteilt sich im Vergleich zu den Qualitäten konkurrierender anderer Anbieter. Was als gute oder schlechte Qualität einzustufen ist, bemisst sich zumeist nach Erfahrungen mit gleichartigen Wettbewerbsleistungen oder für vergleichbar gehaltenen Leistungen des beurteilten oder anderer Anbieter. Was dabei als vergleichbar angesehen wird, ist der Willkür des Kunden überlassen, d.h., Qualitätserwartungen auf dieser Basis sind oftmals ungerecht, aber darauf kommt es eben nicht an, denn nicht die reale Leistungssituation ist ausschlaggebend, sondern das wahrgenommene Leistungsziel von Kunden.

Die Qualitätsforderung ergibt sich aus der Gesamtheit der betrachteten Einzelforderungen an die Beschaffenheit einer Einheit. Beschaffenheit wiederum ist die Gesamtheit der Merkmale und Merkmalswerte einer Einheit. Einheiten sind schließlich Produkte oder Dienste. Der objektive Qualitätsbegriff geht dabei von der Summe bzw. dem Niveau der vorhandenen Eigenschaften einer Leistung aus. Diese können aus der Güte der Leistung selbst abgeleitet werden oder aus der Erfüllung von anbieterseitig definierten Standards. Das reicht jedoch mitnichten aus. Der subjektive Qualitätsbegriff geht daher richtigerweise von der Kundenperspektive vor dem Hintergrund eines individuellen Urteils aus. Dieses basiert zumeist auf einer Preis-Leistungs-Relation.

Neben Qualitätsverbesserung infolge Konkurrenzdrucks ist auch gezielte **Qualitätsminderung** (Obsoleszenz) möglich, und zwar psychologisch durch Modediktat, also vorzeitigen Ersatz eines an sich noch brauchbaren Guts, oder funktional durch Sollbruchstelle, also vorzeitigen Ausfall eines an sich noch lebensfähigen Guts. Die Gesamtlebensdauer des Produkts wird dabei durch die kürzeste Teillebensdauer begrenzt. Forcierter technischer Fortschritt führt ebenfalls zur Obsoleszenz.

Strategien der künstlichen Veralterung sind nicht nur für die Vergangenheit nachgewiesen (z.B. europäisches Glühlampenkartell zur Begrenzung der Haltbarkeit des Glühfadens in den 1930er Jahren), sondern auch für die Gegenwart wahrscheinlich. Bei der zunehmenden Sättigung entwickelter Märkte mit Gebrauchsgütern stellt der Ersatzbedarf schließlich eine wesentliche Absatzquelle dar. Von daher liegt es nahe, deren Nutzungsdauer zulasten der Qualität zu limitieren. Gleiche Konsequenzen hat der Versuch, Einsparungen an unauffälligen Stellen eines Produkts zu erreichen, ohne dass dies aus Nachfragesicht nachvollziehbar ist. Darunter leidet ganz konkret dessen Lebensdauer, und Leistungsreserven für Eventualfälle und Extrembeanspruchungen gehen verloren. Da derartige Qualitätsminderungen zunächst verborgen bleiben, können damit beabsichtigte Kosteneinsparungen bei gleichem Preis meist als zusätzlicher Herstellergewinn einbehalten werden. Dennoch kann per Saldo festgehalten werden, dass das durchschnittliche Qualitätsniveau der Leistungen am Markt zumindest hier zu Lande überragend hoch ist. Der harte Nichtpreiswettbewerb, der zu großen Teilen über die Qualität geführt wird, hat bewirkt, dass qualitativ anfechtbaren Angeboten ein Markterfolg von vornherein versagt bleibt.

Ein Beispiel für gezielte Qualitätsminderung sind Hochdruckreiniger für den Amateurbereich. Hochdruckreiniger waren bis vor einigen Jahren eine reine Ausstattung für Profis und dienten dort für Hochleistungsreinigungsaufgaben. Kärcher schuf den Markt für Amateur-Hochdruckreiniger, wie sie z.B. zur Autoreinigung, zur Reinigung von Glasflächen, etwa im Wintergarten, zur Fassadenreinigung beim Einfamilien-Reihenhaus, eingesetzt werden können. Die Qualität dieser Amateur-Geräte, die zwischenzeitlich auch von vielen anderen Herstellern angeboten werden, wird bewusst begrenzt, und zwar in Form der technischen Auslegung der Verdichtungspumpe, die aus dem normalen Wasserdruck der Leitung erst den Hochdruck für die Reinigungswirkung macht. Diese Pumpe ist konstruktiv so ausgelegt, dass sie ca. 30 Std. Laufzeit übersteht. Dies reicht im Normalfall für ca. vier bis sechs Jahre Einsatzdauer, was im professionellen Bereich völlig inakzeptabel wäre, vom Amateurkunden aber nicht als negativ empfunden, sondern angesichts der Besitzdauer sogar als hinnehmbar angesehen wird. Danach ist dann eine Ersatzanschaffung fällig.
Ein anderes Beispiel ist die Begrenzung der Lebensdauer von Akkus in Mobiltelefonen. Diese stellen nach 20.000 Stunden planmäßig ihre Funktion ein. Dem betroffenen Nutzer bleibt dann die Wahl, entweder für vergleichsweise viel Geld einen Ersatzakku zu kaufen oder gleich ein neues Mobiltelefon anzuschaffen. Argumentiert wird die Lebensdauerbegrenzung mit Sicherheitsaspekten. Zumindest zusätzlich entsteht aber auch ein willkommener positiver Absatzeffekt auf mobile Endgeräte. Außerdem ist daraus ein florierender Altgeräte-Markt entstanden.

3.1.2 Total quality management

3.1.2.1 Konzept

Wenn Qualität von so überragender Bedeutung ist, stellt sich logisch die Frage, wie diese Qualität bewusst geplant, organisiert und kontrolliert werden kann. Dabei wurde ein langer Weg seit Ende des Weltkriegs II zurückgelegt, verbunden mit Namen wie Shewart, Juran, Deming, Crosby, Feigenbaum, Ishikawa, Taguchi, Deming, Shainin etc.

Qualitätsmanagement ist somit nicht nur ein moderner Begriff für Qualitätssicherung, sondern umfasst als Führungsaufgabe mehr *(siehe Abb. PDCA-Schema)*:

- **Plan** (Erarbeite einen Plan für eine Veränderung bzw. Verbesserung!). Hierunter versteht man die Herbeiführung von Übereinstimmung der Leistungen mit den Qualitätsforderungen ohne das übliche Aussortieren fehlerhafter Leistungen vor der Weiterverarbeitung und Auslieferung. Verbesserungen sind zu klären und festzulegen, Probleme einzugrenzen und zu beschreiben, Informationen zu sammeln und Ursachen herauszufinden, Verbesserungsziele zu formulieren und Maßnahmen festzulegen.
  Diese Phase umfasst
  - das Erkennen des Problems (z.B. Soll-Ist-Abweichung) durch Problembeschreibung,

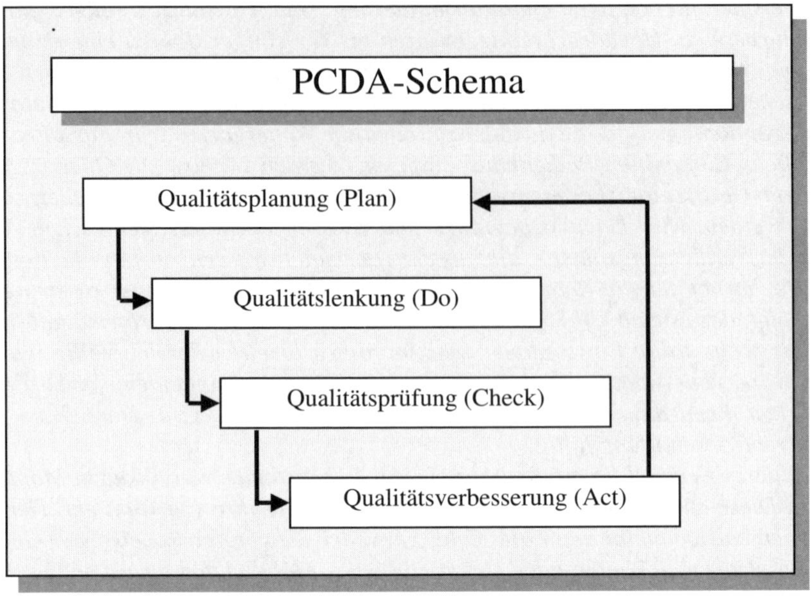

- das Verstehen der derzeitigen Situation durch Analyse der Zusammenhänge, Festlegung des Verbesserungsziels sowie des Vorgehens und Zeitrahmens zu dessen Erreichung,
- die Feststellung der Ursachen durch Zerlegung des Gesamtproblems in Teilprobleme, Identifizierung und Gewichtung dieser Ursachen, Ermittlung von Datenquellen sowie Erhebung, Darstellung, Analyse und Interpretation relevanter Daten,
- Planung der Verbesserung durch Konzentration auf die wesentlichen Problemursachen, Suche nach Lösungsalternativen, Festlegung der Beurteilungskriterien dafür, Bewertung und Auswahl der präferierten Lösungsalternative und Planung des Bestätigungsversuchs.

• **Do** (Führe den Plan aus - zunächst in kleinem Maßstab!). Hier steht die Prozessbeherrschung im Vordergrund, über interne Kunden-Lieferanten-Beziehungen wird die Vermeidung von Fehlern angestrebt. Die Beherrschung der Prozesse in allen Bereichen soll verhindern, dass fehlerhafte Leistungen überhaupt erst entstehen. Maßnahmen sind durchzuführen, Termine einzuhalten und Ergebnisse zu dokumentieren.
Diese Phase umfasst
- die Erprobung der Verbesserung durch Durchführung eines Bestätigungsversuchs, Beobachtung der sich einstellenden Ergebnisse und Einholung von Feedback in den betroffenen Unternehmensbereichen.

• **Check** (Wie erfolgreich waren die Maßnahmen, was ging schief?). Hierbei geht es um Aktivitäten zur Qualitätsgestaltung und vorbeugenden Fehlerverhütung durch Betonung der erforderlichen horizontalen und vertikalen Integrationsvorgänge zur Erzeugung von Qualität innerhalb zweckmäßiger Aufbau- und Ab-

laufstrukturen (Normenreihe). Ergebnisse sind zu kontrollieren, zu erfassen, zusammenzufassen und zu visualisieren.
Diese Phase umfasst
- die Analyse der Ergebnisse durch Sammlung und Darstellung der Daten zum Bestätigungsversuch, Vergleich dieser Daten mit den Ursprungsdaten sowie Beurteilung und Analyse des Zielerreichungsgrads.

- **Act** (Was haben wir gelernt, wie können die Verbesserungen selbst verbessert werden?). Hierbei geht es um die dynamische Weiterentwicklung der Unternehmensstrukturen zum Qualitätsmanagement, mit Betonung auf motivierten und qualifizierten Mitarbeitern auf allen Ebenen, Fehlervermeidung, Verbesserung von Abläufen/Prozessen und höherer Zufriedenheit im Rahmen des Qualitätsmanagementsystems. Ein Soll-Ist-Vergleich ist durchzuführen, bei Zielerreichung dieser Standard festzulegen bzw. bei Nichtzielerreichung die Probleme zu identifizieren.
  Diese Phase umfasst
  - die Einführung der Verbesserung durch Stabilisierung der Prozesse, Dokumentation des Vorgehens beim neuen Standard und Information anderer Unternehmensbereiche darüber,
  - die künftige Verbesserung durch Reflektion der Erfahrungen aus dem Projekt und Diskussion weiterer Verbesserungsprojekte.

Das Qualitätsmanagement soll entsprechend der besonderen Art der Geschäftstätigkeit des Unternehmens strukturiert und ihm angepasst sein und dabei die internationalen Normen berücksichtigen. Es muss sichergestellt sein, dass volles Vertrauen darin geschaffen wird, dass das System gut verstanden wird und wirksam ist, die Produkte und Dienste tatsächlich die Erwartungen der Kunden erfüllen und das Hauptaugenmerk mehr auf die proaktive Fehlervermeidung als auf deren Entdeckung nach dem Auftreten gelegt wird. Das Qualitätsmanagementsystem integriert damit im Unternehmen wahrscheinlich ohnehin vorhandene Insellösungen zu einem funktionierenden und wirksamen System. Es liegt in der Verantwortung der Unternehmensleitung und ist nicht delegierbar. Qualität muss dabei aktiv gefördert und darf nicht nur passiv verteidigt werden. Dies setzt die Schaffung eines Qualitätsbewusstseins bei allen Mitarbeitern voraus. Qualität muss daher in die obersten Betriebsziele aufgenommen werden und durch Qualifizierungsmaßnahmen der Mitarbeiter sowie Dokumentation des Qualitätsmanagement (i.S.d. Zertifizierung) etabliert werden. Voraussetzung dafür ist ein Vorleben der Qualitätsphilosophie durch die Führungskräfte selbst, um Glaubwürdigkeit zu verkörpern.

Weithin ist die Bedeutung der Qualität für den Geschäftserfolg bereits erkannt. Diese soll naturgemäß möglichst hoch und konstant ausgestaltet sein. Das bedeutet aber, dass außergewöhnliche Anstrengungen auf diesem Gebiet erforderlich sind. Hier wird nicht erst neuerdings der Begriff des Total quality management (TQM) genannt. TQM ist eine neue Sichtweise des Management in Bezug auf Mitarbeiter und Arbeit, Führungsstil, Einbeziehung der Mitarbeiter in Entscheidungen, Teamarbeit, ständiges Lernen und offenes Organisationsklima:

- „**Total**“ bedeutet, dass die Einbeziehung aller an der Leistung beteiligten Interessengruppen (Mitarbeiter, Zulieferer, Abnehmer etc.) erforderlich ist, also die partnerschaftliche Kommunikation mit Kunden unter Einschluss aller Unternehmensangehörigen, bereichs- und funktionsübergreifend, über alle Hierarchieebenen mittels Öffentlichkeitsarbeit, Gruppenarbeit und Netzwerk mit Lieferanten.

- „**Quality**" bedeutet, dass eine konsequente Orientierung aller betrieblichen Aktivitäten an den Qualitätsforderungen erforderlich ist, also Qualität des Unternehmens, der Prozesse, der Arbeit, der Produkte mit Kundenwünschen als Maßstab und Abbau nicht kundenrelevanter Aktivitäten. Wichtige Mittel sind dabei der Einsatz statistischer Verfahren und die vorbeugende Fehlervermeidung.
- „**Management**" bedeutet, dass Qualität als übergeordnetes Führungsprinzip im Betrieb verstanden wird (Unternehmenskultur), versehen mit Vorbildcharakter (Top down) durch mit Priorität versehene Qualitätsziele/-strategien. Wichtig sind dabei Team- und Lernfähigkeit, Beharrlichkeit, Qualifizierung der Mitarbeiter, Anerkennung guter Leistungen und allgemein die Berücksichtigung von Humanität.

TQM ist damit eine auf der Mitwirkung aller ihrer Mitglieder beruhende Führungsmethode eines Betriebs, die Qualität in den Mittelpunkt stellt und durch Zufriedenheit der Kunden auf langfristigen Geschäftserfolg sowie auf Nutzen für interne und externe Mitglieder abzielt. Wichtig ist dabei die Ausrichtung auf den Kunden und sein Qualitätsurteil (teleologische Qualität), nicht auf eine interne Qualitätssichtweise. Unerlässlich ist eine kontinuierliche Qualitätsverbesserung (Kaizen) oder die revolutionäre Qualitätsbetonung (Business reengineering). Ebenso ist die Forderung zu erheben, dass jeder Mitarbeiter sein eigener Qualitätsmanager ist.

Qualitätsmanagement betrifft mithin die Gesamtheit qualitätsbezogener Tätigkeiten und Zielsetzungen. Es umfasst die Aufbauorganisation, die Verantwortlichkeiten, Abläufe, Verfahren und Mittel zu seiner Verwirklichung und sollte nur so umfassend sein, wie dies zum Erreichen der Qualitätsziele notwendig ist (kein Bürokratismus). Es unterscheidet sich damit von Organisation zu Organisation. Das Qualitätsmanagementsystem ist darauf aufbauend die Gesamtheit der Aufbau und Ablauf organisatorischen Gestaltungen zur Verknüpfung der qualitätsbezogenen Aktivitäten untereinander und im Hinblick auf eine einheitliche, gezielte Planung, Umsetzung und Steuerung von Maßnahmen. Das System wird aus vernetzten Regelkreisen auf allen betrieblichen Ebenen mit Festlegung von Zielen, Strukturen, Verantwortlichkeiten, Verfahren, Prozessen und Durchführungsmitteln gebildet. Es besteht dabei im Einzelnen aus folgenden Bausteinen:

- Die Qualitätspolitik ist die umfassende Absicht und Zielsetzung einer Organisation zur Qualität, wie sie formell durch die oberste Leitung ausgedrückt wird.
- Die Aufbauorganisation ist die Festlegung der Verantwortungen, Befugnisse und gegenseitigen Beziehungen aller Mitarbeiter, die leitende, ausführende und überwachende Tätigkeiten ausüben, welche die Qualität beeinflussen.
- Die Ablauforganisation ist die Festlegung und Abstimmung aller Prozesse, welche die Qualität beeinflussen.
- Aufzeichnungen führen den Nachweis, dass die Qualitätsanforderungen erfüllt wurden und dass das Qualitätsmanagementsystem wirkungsvoll funktioniert.

- In Regelkreisen erfolgt immer wieder ein Soll-Ist-Vergleich mit Korrekturmaßnahmen bei Abweichungen.

Die Einführung eines umfassenden und unternehmensspezifischen Qualitätsmanagementsystems bedingt zunächst eine Grundsatzentscheidung der Geschäftsführung unter Hinzuziehung vorab formulierter Unternehmensziele (Vision). Dann ist die Einschwörung des engeren Führungskreises auf die Zielsetzung der Geschäftsführung notwendig. Dieser engere Führungskreis bekommt die Aufgabe, einen Projekt- und Terminplan zu erstellen. Danach erfolgt die Ankündigung der Zielsetzung „Einführung eines Qualitätsmanagementsystems" durch die Geschäftsführung mit dem Vorleben dieser Zielsetzung durch das Management und der Durchführung von Schulungen bis auf die untere Ebene. Für jedes Qualitätselement werden Arbeitsgruppen eingerichtet. Anschließend kommt es zur Durchsicht und kritischen Bewertung der Ergebnisse der Arbeitsgruppen durch den engeren Führungskreis und zur Freigabe der erarbeiteten Arbeits- und Prüfanweisungen sowie der Schnittstellenregelungen. Daraus folgt die Entscheidung des Projektmanagement zur Durchführung interner Audits (Probe-Audits).

3.1.2.2 Umsetzung

Auf dem Weg dorthin sind mehrere Schritte erforderlich. Die **Qualitätssteuerung** umfasst die Auswahl, Klassifizierung und Gewichtung der Qualitätsmerkmale sowie die schrittweise Konkretisierung aller Einzelforderungen an die Leistung unter Berücksichtigung der Erfordernisse, der Anspruchsklasse und der Realisationsmöglichkeiten. Alle Aktivitäten im Unternehmen müssen sich dabei wiederum an Kunden orientieren, da Qualität die Erfüllung von Kundenforderungen bedeutet. Strikte Kundenorientierung sorgt außerdem dafür, dass bei Überlegungen zu Qualitätsverbesserungen die richtigen Prioritäten gesetzt werden. Um Aufschluss darüber zu erhalten, ob das Resultat eines Arbeitsprozesses den Anforderungen der Kunden entspricht, sind Qualitätsmessungen erforderlich. Sie geben darüber hinaus Hinweise auf Veränderungen oder Fehler innerhalb eines Prozesses. Da Qualitätsleistungen das Ergebnis von Prozessen darstellen, müssen sich Bemühungen zur Verbesserung von Qualität auf die Verbesserung und Beherrschung eben dieser Prozesse konzentrieren. Das ist effektiv nur in interdisziplinärer Teamarbeit möglich. Mitarbeiter und Führungskräfte müssen trainiert werden, Probleme in bereichsübergreifender Zusammenarbeit zu lösen. Als Maßstab für Qualität gilt dabei immer „Null Fehler". Fehler dürfen daher nicht einfach nur hingenommen, sondern müssen als Indiz für ein Versagen im Arbeitsprozess angesehen werden, aber zugleich auch als Chance, die Ursachen dieses Versagens zu beseitigen. Das wirtschaftlichste Konzept zur Qualitätsverbesserung ist damit die Vorbeugung, d.h., Fehler erst gar nicht entstehen zu lassen. Das Engagement der Führungsspitze ist für die Einführung eines Qualitätsmanagementsystems unabdingbar.

Die **Qualitätslenkung** betrifft sämtliche vorbeugenden, überwachenden und korrigierenden Tätigkeiten bei der Realisierung. Unmittelbar geschieht dies durch Lenkung der Tätigkeiten während der Erstellung der Leistung, konkret z.B. durch Schulungs- und Trainingsmaßnahmen bei Mitarbeitern. Ein zentrales Instrument sind auch Quality circles, die bislang weitgehend ungenutztes Mitarbeiterpotenzial aktivieren.

Die **Qualitätsprüfung** dient der Feststellung, inwieweit ein Produkt die Qualitätsanforderungen der Kunden und des Anbieters erfüllt. Dies geschieht etwa durch Testläufe oder Beschwerdeerfassung. Daneben werden freilich verstärkt auch Prozesse zur Erstellung von Produkten geprüft. Eine effiziente Datensammlung bildet daher die Grundlage zum Erfolg. Wichtig ist zu beachten, warum, was, wann, wo, wer, wie und womit Merkmale in der Zeit gegeben sind.

Die **Qualitätsdokumentation** enthält alle geplanten und systematischen Tätigkeiten, die dargelegt werden, um angemessenes Vertrauen zu schaffen, dass angebotene Leistungen auch zukünftig alle Qualitätsforderungen erfüllen. Dies geschieht meist durch Qualitätshandbücher, die Ist-Zustände akzeptierter Prozesse festschreiben und Entwicklungsrichtlinien für neue Prozesse aufzeigen. Vor allem aber geht es um die interne Kommunizierung der, den Vertrauensaufbau zur und die Motivation für die Qualitätsfähigkeit. Extern sind sie eine der Basen zur Zertifizierung durch einen unparteiischen Dritten, die aufzeigt, dass angemessenes Zutrauen besteht, dass Qualitätsanforderungen zuverlässig erfüllt werden. Dadurch verfügt der Anbieter über einen europaweit anerkannten Nachweis seiner Fähigkeit, Qualitätsanforderungen konsistent zu erfüllen, was zwischenzeitlich eine der wichtigsten Voraussetzungen zur Auftragserteilung durch Dritte ist.

Für den praktischen Einsatz ist es erforderlich, sich zunächst durch Bücher, Seminare, Schulungen und andere Quellen über das Thema Qualitätsmanagement zu informieren. Dazu dient auch die Ansprache von Kammern, Verbänden, Zulieferern etc. und die Beachtung von vielfältigen Hinweisen in der Wirtschafts- und Branchenpresse. Die Einführung eines Qualitätsmanagementsystems ist für kleine und mittlere Unternehmen mit einem hohen organisatorischen Aufwand verbunden. Dieser lässt sich reduzieren, indem bestimmte Teile gemeinsam mit gleich gelagerten Unternehmen erarbeitet werden. Bei Kammern, Verbänden etc. gibt es dazu Qualitätszirkel. Auch ist es sinnvoll, einen erfahrenen Berater zu engagieren, um notwendige Qualitätsunterlagen und Handbücher auszuarbeiten und Maßnahmen zur Qualitätssicherung umzusetzen. Dabei sollen unbedingt die Qualitätswünsche der Kunden erforscht werden. Bei der Implementierung ist mit vielfältigen Widerständen in der Organisation zu rechnen. Daher ist es meist nicht möglich, alle als notwendig erkannten Qualitätssicherungsmaßnahmen zeitgleich durchzuführen. Sinnvoll ist es, mit solchen Maßnahmen zu beginnen, für die hohe Akzeptanz in der Organisation und große Verbesserungsbeiträge zu erwarten sind. Deren erfolgreiche Durchführung erleichtert dann die Abwicklung weiterer Projekte. Am Anfang steht dabei immer die Ermittlung des Ist-Zustands. Wird der Soll-Zustand erreicht, gilt es, diesen als Grundlage für die Beobachtung des Systems zu dokumentieren.

Die Grundidee des TQM ist also eng mit dem Prinzip der Unternehmensoptimierung verknüpft. Um profitabel arbeiten zu können, muss ein Unternehmen dazu eine Gratwanderung zwischen Gewähr der Kundenzufriedenheit mit angebotenen Leistungen und kostenwirtschaftlicher Optimierung vollziehen. Verbesserungen nur in Teilbereichen reichen dazu nicht aus, vielmehr muss eine vollständige Qualitätsorientierung eingesetzt werden. TQM baut damit auf Konzepten der Qualitätssicherung auf, wie sie bereits nach Ende des Zweiten Weltkriegs von Qualitätspionieren wie Deming, Feigenbaum oder Ishikawa entwickelt wurden.

Die Erreichung der Qualitätsziele ist ohne eine enge Verknüpfung mit der Unternehmenskultur nicht möglich. Dazu gehören zahlreiche Einzelinstrumente wie die Ziel orientierte Führung, die externe und interne Kundenorientierung des gesamten Unternehmens, die Einbeziehung aller Mitarbeiter, die verstärkte Teamarbeit, die ständige Schulung und Weiterbildung, die Arbeit in Prozessen, die verbesserte interne und externe Informationspolitik, die Qualität von Produkten und Prozessen, kontinuierliche Prüfungen und Verbesserungen, Null-Fehler-Programme, die Anwendung statistischer Verfahren und regelmäßige Management-Audits.

TQM vollzieht sich typischerweise in vier Phasen. Kennzeichen der ersten Sensibilisierungsphase ist ein Bewusstseinswandel im Unternehmen. Dies beginnt mit einer Unternehmensvision und mit dem Verständnis für die TQM-Philosophie. Dabei werden Inhalte des TQM innerhalb des Unternehmens publiziert und Voraussetzungen für deren Umsetzung geschaffen. Auch werden bereits erste Pilotprojekte durchgeführt und eine entsprechende Qualifizierung der Mitarbeiter eingeleitet.

Kennzeichen der zweiten Realisierungsphase ist ein Führungs- und Strukturwandel. Charakteristisch ist die unternehmensweite Einführung von TQM-Einzelmaßnahmen vertikal durch alle Hierarchieebenen hindurch und horizontal alle Unternehmensbereiche betreffend. Dabei müssen sowohl Produkte als auch Prozesse qualitätsausgerichtet optimiert werden. Meist bedingt dies die Veränderung traditioneller Arbeitsstrukturen.

Kennzeichen der dritten Stabilisierungsphase ist die Vernetzung von Einzelmaßnahmen. Es gilt zunächst, die in der Realisierungsphase entwickelten Ansätze zu standardisieren und im Unternehmen zu etablieren. Weiterhin müssen Überprüfungsroutinen eingesetzt werden, welche die Qualität dauerhaft stabilisieren. Ebenso ist eine Vernetzung der Einzelmaßnahmen zu einem qualitätsorientierten Gesamtkonzept notwendig.

Kennzeichen der vierten Exzellenzphase ist die Verfeinerung des TQM-Prozesses. Dabei ist das Qualitätsmanagement ganzheitlich im Unternehmen verankert. Dennoch gilt das Prinzip der ständigen Weiterentwicklung und Verbesserung, sodass der Zustand der „endgültigen" Qualität letztlich nicht erreicht wird. Verbesserungen beziehen sich nunmehr vor allem darauf, Fehlleistungen zu eliminieren und Innovationen zu generieren.

Durch die Anwendung von TQM können Leistungsreserven der Mitarbeiter aktiviert werden, denn die Qualitätsanstrengungen sind nicht mehr nur auf das Management begrenzt. TQM setzt in verstärktem Maße auf Teamarbeit und führt durch die verbesserte Kommunikation zu Ergebnisverbesserungen durch bereichsübergreifende Mitarbeit der Teammitglieder. Das TQM-Konzept bietet dazu eine Vielzahl konkreter Hilfestellungen bei der Entwicklung und Umsetzung, sodass ein hoher Grad an Systematisierung erreicht werden kann. TQM beinhaltet eine Vielzahl von Werkzeugen, die es durch quer über den gesamten Produktionsprozess hinweg ermöglichen, die Produktqualität nachhaltig zu verbessern. TQM trägt zu optimierter Produkt- und Prozessqualität bei und unterstützt damit eine Markt orientierte Unternehmensführung. Die Möglichkeit der Zertifizierung führt zu einer Objektivierung der Qualitätssicht und erlaubt externen Interessengruppen damit eine vorurteilsfreie Beurteilung der Leistung eines Unternehmens.

Die **Nutzen** des Qualitätsmanagementsystems sind weiterhin vielfältig. Die Sicherheit, dass alle Bereiche reibungslos funktionieren, gibt allen Beteiligten innere Ruhe und Motivation. Fehler müssen nicht mehr vertuscht, sondern können offensiv offen gelegt werden. Die meisten Leistungen setzen sich aus verschiedenen Komponenten zusammen, die Endqualität ist damit nur so gut, wie das schwächste Glied dieser Kette. Der Betrieb kann Forderungen der Produkthaftung, wie sie europaweit gilt, leichter begegnen. Die Wettbewerbsfähigkeit des Betriebs wird wesentlich gesteigert. Mit einer konsequenten Ausrichtung auf Qualität werden Kostensenkungspotenziale erschlossen. Die Probleme der Gewährleistung sind geringer. Jede Reklamation stört den normalen Geschäftsablauf, daher ist es wichtig, Störquellen bereits im Vorfeld zu erkennen und zu vermeiden. Eine der wesentlichen Aufgaben des Management ist es, das Qualitätsdenken in der Organisation zu verbreiten und mit gutem Beispiel voranzugehen. Nur dadurch ist zu erklären, wieso gleiche objektive Maßnahmen in verschiedenen Unternehmen ganz unterschiedliche Erfolge erbringen.

Probleme bei TQM resultieren vor allem daraus, dass Inhalte nicht richtig begriffen und Prinzipien von TQM nicht erkannt werden, weil eine entsprechende Orientierung fehlt. Oftmals fehlen auch die Voraussetzungen, oder TQM wird als bloßes Projekt statt als kontinuierliche Verpflichtung verstanden, was zu einem frühzeitigen Abbruch führt.

3.2 Qualitätsproduktion

Die Produktionssteuerung befasst sich allgemein mit den Aspekten der Qualitätssicherung und Fehlervermeidung sowie der Ablaufplanung. Für die Qualitätssicherung stehen vor allem die Instrumente des Qualitätszirkels, des Quality function deployment und der statistischen Mess- und Prüfverfahren zur Verfügung. Zur Fehlervermeidung dienen zahlreiche Analyseverfahren und „Werkzeuge" (Tools). Für die Ablaufplanung kommen vornehmlich quantitative Methoden zum Einsatz. Zunächst jedoch zum Teilaspekt der Qualitätssicherung und dort speziell zum Qualitätszirkel.

3.2.1 Qualitätszirkel

Qualitätszirkel sind moderatorengeleitete, ständige Gesprächsrunden in kleinen Gruppen möglichst gleicher Hierarchieebene und Erfahrungsgrundlage, die sich regelmäßig und freiwillig während der Arbeitszeit oder danach (bezahlt) treffen, um zu freigestellten Themen aus dem eigenen Arbeitsbereich Problemlösungen mithilfe geeigneter Methoden systematisch zu erarbeiten und einem Entscheidergremium vorzutragen, um sie möglichst auch selbst zu realisieren und sich danach aufzulösen oder andere Probleme anzugehen. Denn die Ausführenden der Arbeit wissen selbst am Besten, wie ihre Arbeitsumgebung effektiver und sozialer zu gestalten ist. Dadurch sollen Interesse und Bewusstsein für die Mitverantwortung der Mitarbeiter geweckt und diese veranlasst werden, nach Lösungen zu suchen, welche die Zusammenarbeit zwischen Abteilungen reibungsloser und hilfsbereiter gestalten, Arbeitsprozesse transparenter machen, erworbenes Wissen übertragen, Arbeits- und Führungsstil verbessern, die Kreativität anregen und eigene Entwicklungsmöglichkeiten erkennen. Durch Gruppenarbeit werden die Motivation des Einzelnen, das allgemeine Betriebsklima, die Arbeitsbedingungen und -abläufe und die Leistungsergebnisse verbessert. Mittelbare Qualitätslenkung geschieht durch Potenzialbeeinflussung, also die Herbeiführung oder Verbesserung der zur Realisierung der Leistung benötigten Qualitätsfähigkeit. Dazu gehören auch Informationstechnologien oder Produktpflegeprozesse.

Qualitätszirkel stellen eine Form der Kleingruppenarbeit im Betrieb dar. Das Ziel ist die Suche nach Verbesserungsmöglichkeiten der Arbeit der beteiligten Gruppenmitglieder bzw. die Verbesserung der Produktqualität, der Aufgabenerfüllung und der Humanisierung der Arbeit. Sie sind auf Dauer angelegt und bestehen aus Mitarbeitern einer hierarchischen Ebene mit gemeinsamer Erfahrungsgrundlage. Sie versuchen mithilfe von Problemlösungs- und Kreativitätstechniken Ursachen zu erkennen und Handlungsvorschläge zu erarbeiten. Die Qualitätszirkel eines Betriebs gehören zu einem Qualitätszirkel-System, das aus Steuerungskomitee, Koordinator, Moderatoren und den eigentlichen Qualitätszirkelmitgliedern besteht.

Ein Qualitätszirkel besteht idealerweise aus 5 - 12 Personen, die sich max. zwei Stunden wöchentlich zusammenfinden. Zur Gruppe gehören auch je ein Koordinator (für die Initiierung, Planung, Organisation, Umsetzung, Betreuung, Steuerung der Arbeit) und Moderator (für die Diskussionsleitung und Hilfestellungen). Die Gruppenmitglieder identifizieren Probleme selbst nach Dringlichkeit und wählen sie nach Lösungswahrscheinlichkeit aus, bearbeiten diese (nach Genehmigung), präsentieren das Ergebnis und implementieren Lösungen dafür (nach Genehmigung) sowie überwachen deren Erfolg durch Dokumentation und Transfer. Dabei gelten die Prinzipien des Respekts vor Menschen und der Mitarbeiterorientierung in Werkstatt und Verwaltung. Die Wirkungen sind meist mittelfristig, am Anfang gibt es wohl eher nur atmosphärische Verbesserungen. Als weitere Ziele sind zu nennen die:

- ständige Verbesserung der Qualität, aktive und vorausschauende Fehlervermeidung, Erhöhung der Zufriedenheit von internen und externen Kunden, Senkung der Reklamationsrate, Steigerung der Chancen im Wettbewerb,
- Steigerung der Produktivität, Kostensenkung, Berücksichtigung der Auswirkungen auf vor- und nachgelagerte Bereiche, Verbesserung der Koordination und Kommunikation, schnelle Erkennung und Beseitigung von innerbetrieblichen Störungen, Senkung der Anzahl fehlerhafter Teile,
- Steigerung der Arbeitsmotivation, Entfaltung der persönlichen Fähigkeiten und Bedürfnisse, Nutzung von Kreativität und geistigem Potenzial, Steigerung von Arbeitszufriedenheit und Selbstbewusstsein, Verbesserung der sozialen Beziehungen, Aus- und Weiterbildung, Vermittlung von Werkzeugen und Methoden zur Qualitätsproduktion.

In Bezug auf den Einsatz von Qualitätsmanagern kann abgestuft werden nach

- **Master black belts**: Sie sind die obersten Qualitätsmanager. Sie bilden aus, wählen Verbesserungsprojekte aus und coachen die Leiter dieser Projekte. Sie sind vollzeitig für die Optimierungsprozesse zuständig und werden intensiv in Six sigma trainiert.
- **Black belts**: Dies sind Mitarbeiter, die vollzeitlich im Qualitätsmanagement arbeiten. Es wird von ihnen erwartet, dass sie mehrere Verbesserungsprojekte koordinieren und die zuständigen Teams anleiten.
- **Green belts**: Dies sind Mitarbeiter, die nebenamtlich, also neben ihrer Linienverantwortung, einzelne Verbesserungsprojekte im Rahmen von Qualitätszirkeln führen.
- **White belts**: Sie kennen die Grundzüge der Methodik und sind an Verbesserungsprojekten beteiligt.

3.2.2 Quality function deployment

Das Quality function deployment (QFD/Hoshin-Planung) stellt ein funktionsübergreifendes, teamorientiertes Verfahren dar, mit dem qualitative Anforderungen des Marktes systematisch in Leistungen des Unternehmens umgesetzt werden sollen. Zentrum ist dabei die „Stimme des Kunden“ (Customer voice). Es dient zur kundenorientierten Produktentwicklung mithilfe einer Beziehungsmatrix von Kundenanforderungen und Konstruktionsmerkmalen.

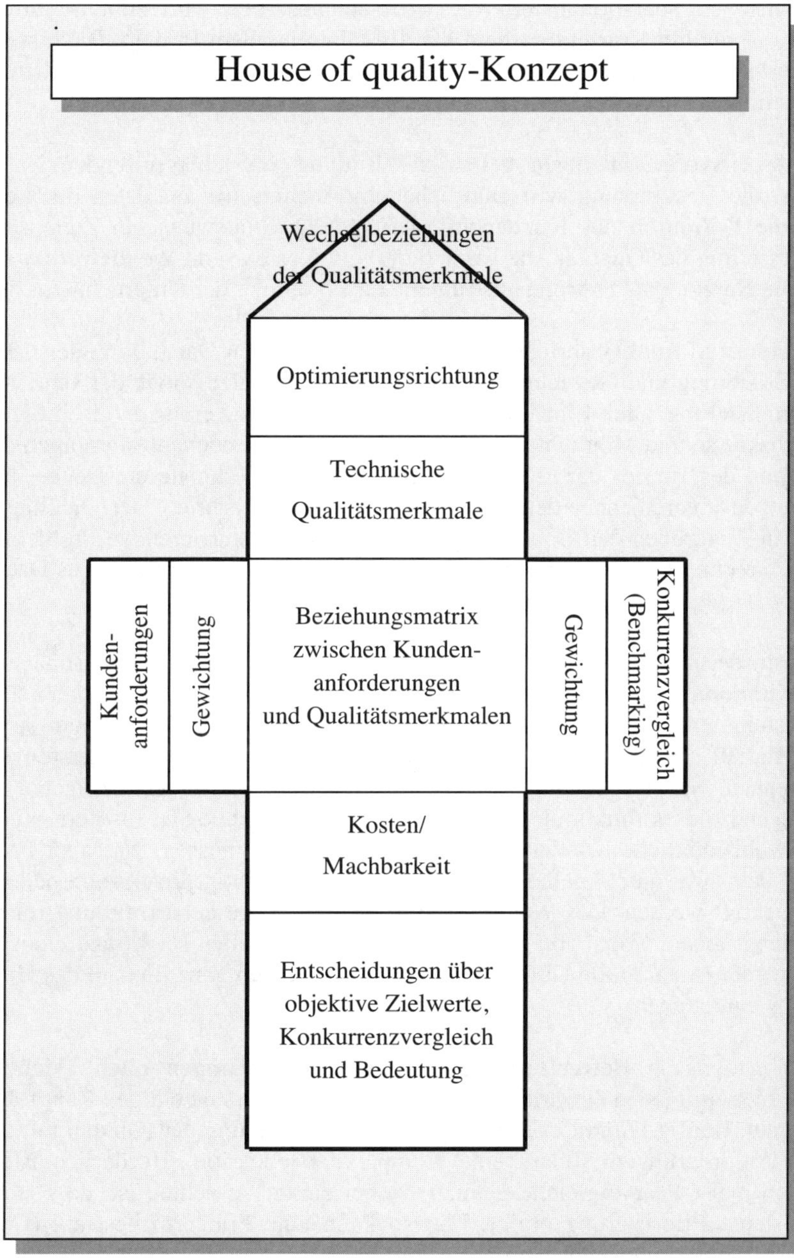

QFD ist also ein Kommunikations- und Planungsinstrument, das von der Produktentwicklung bis hin zur späteren Beobachtung der Produkte im Markt bei allen Fähigkeiten innerhalb eines Unternehmens konsequent die Anforderungen des Kunden in dessen Sprache berücksichtigt und in mehreren Planungsstufen für das

Unternehmen operationalisiert (die Übersetzungsarbeit wird zumeist durch das House of quality-Konzept dargestellt). Es folgt also dem Prinzip, Produkte so zu planen und zu produzieren, wie sie von Kunden gewünscht werden (damit dem Marketinggedanken).

Als Arbeitsvoraussetzungen gelten die Bildung von übergreifenden Expertenteams, die Bestimmung wirtschaftlicher und technischer Eckdaten der Leistung und die Definition der Kundenanforderungen/Qualitätswünsche. Ziele sind die Verbesserung der Qualität, die Erreichung von Kosten- und Wettbewerbsvorteilen und die Nutzung als Führungsinstrument zur Förderung der Unternehmensziele.

Von **House of quality** spricht man wegen der optischen Darstellung der Auswahl, Klassifizierung und Gewichtung von Qualitätsmerkmalen sowie der schrittweisen Konkretisierung aller Einzelforderungen an die Realisierung bzgl. Zweck, Anspruchsklasse und Möglichkeiten. Dabei stellen die Kundenanforderungen die linke Wand des Hauses dar, die abgeleiteten Qualitätsmerkmale die Decke, die Beziehungen untereinander den Innenraum, die Konkretisierung der Qualitätsmerkmale in Zielgrößen den Boden, der Vergleich mit konkurrierenden Problemlösungen die rechte Wand und Wechselwirkungen der Qualitätsmerkmale das Dach *(siehe Abb. House of quality-Konzept und Abb. Vier Phasen des QFD).*

Die erforderlichen Arbeitsschritte sind im Einzelnen die Folgenden. Zunächst sind die **Kundenanforderungen zu ermitteln.** Dabei stellt sich die Problematik der Auflistung und Strukturierung, weil Nachfrage nicht kreativ ist, man sich also nicht darauf verlassen kann, dass Kunden von sich aus realistische Leistungsfeatures nennen. Nachfrage kann vielmehr immer nur auf vorhandenes Angebot reflektieren und dieses sanktionieren (durch Kauf bzw. Nichtkauf). Insofern wird man also wohl mögliche Kundenanforderungen vorgeben müssen, was aber bedeuten kann, dass relevante Kundenwünsche nicht berücksichtigt, irrelevante jedoch berücksichtigt werden. Des Weiteren stellt sich die Frage der Ermittlung relevanter Kundengruppen, wobei von bestehenden oder potenziellen Nachfragern ausgegangen werden kann. Diese Kundenanforderungen werden ganz links in das House of quality eingetragen.

Dann erfolgt die **Bewertung der Kundenanforderungen nach Wichtigkeit.** Auch hier ergibt sich ein Erhebungsproblem, um zu aussagefähigen Rangfolgen zu kommen. Häufig kommt es dabei zu einer Überforderung der Kunden mit vielfältigen Anforderungen, sodass eine Komplexitätsreduktion erforderlich ist. Dazu werden meist Paarvergleiche genutzt, wobei darauf zu achten ist, dass sich eine konsistente Priorisierung ergibt. Ebenso kann eine Präferenzmessung (Conjoint measurement) angewandt werden. Allerdings erfordern diese Methoden praktisch eine Beschränkung der Betrachtung auf wenige, als relevant erachtete Anforderungen. Die Ergebnisse werden ebenfalls links ins House of quality eingetragen.

Ein **kritischer Leistungsvergleich aus Kundensicht mit Konkurrenzangeboten** ergibt den Grad der Erfüllung der Kundenanforderungen der eigenen Leistung im

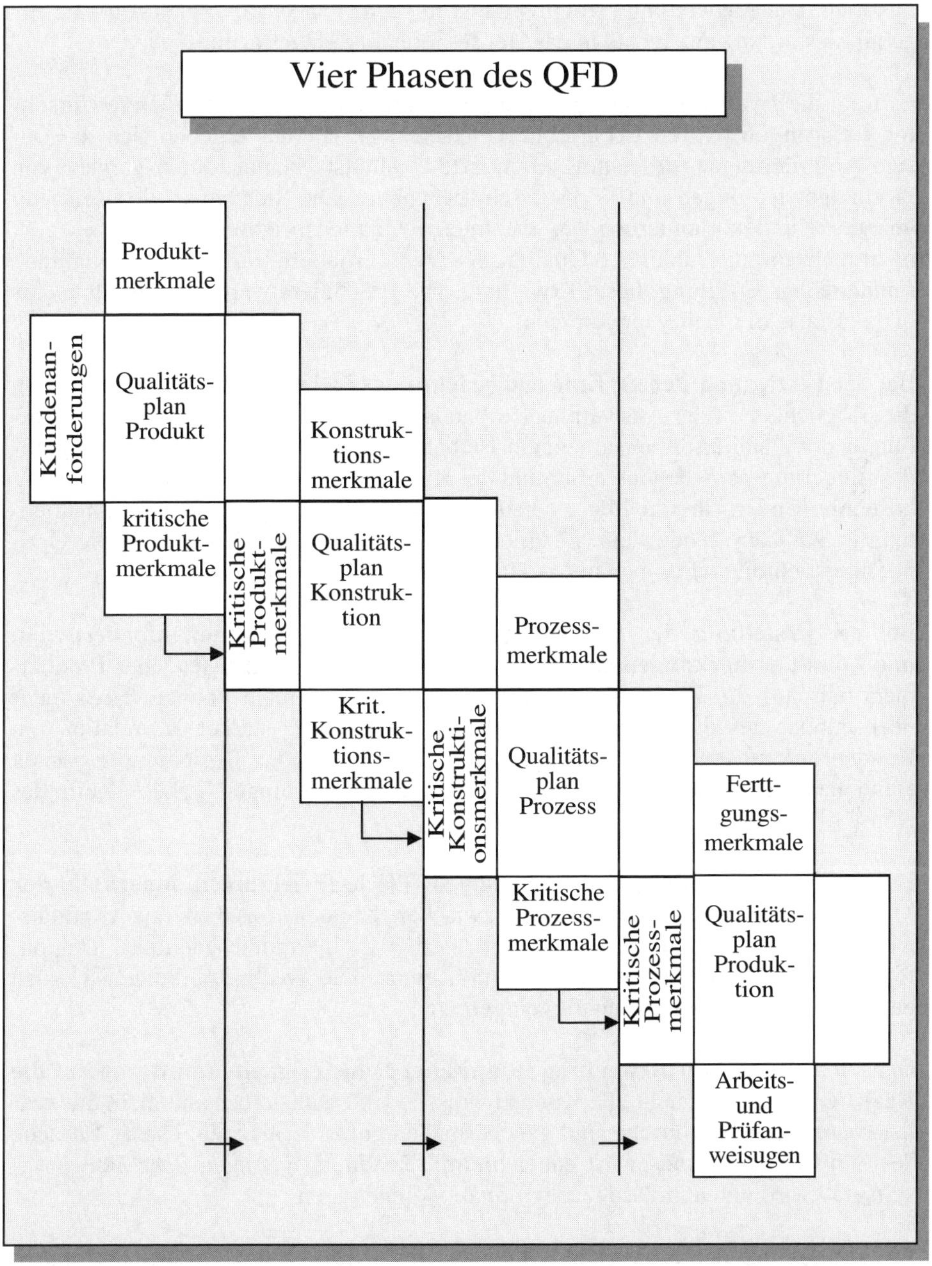

Verhältnis zu den Wettbewerbsleistungen. Als Problem stellt sich dabei die Bestimmung des Relevant Set der Wettbewerbsprodukte heraus, denn dieser bestimmt sich immer aus der subjektiven Sicht der Kunden. Werden relevante Konkurrenzangebote vernachlässigt, sind daher Verzerrungen der Erhebung unvermeidlich. Die Auswertung erfolgt zumeist in Form von Profilvergleichen. Die Ergebnisse werden ganz rechts in das House of quality eingetragen.

Es folgt die **Ermittlung der Qualitätsmerkmale, die zu den kundengewünschten Leistungen führen** (technische Übersetzung). Hieraus ergeben sich die Design-Anforderungen für leistungsorientierte Qualitätsmerkmale durch Vorgabe von Produktgewichtungen und Verkaufsschwerpunkten. Die Sichtweise wechselt jetzt von der Kundenorientierung auf die interne Qualitätsorientierung, d.h., es geht nicht mehr um die subjektive Qualitätserwartung, sondern um objektive Qualitätsstandards zur Erfüllung dieser Erwartung. Die Ergebnisse werden ebenfalls rechts in das House of Quality eingetragen.

Bei der **Festlegung der Optimierungsrichtung (Zielgrößen)** sind grundsätzlich die Möglichkeiten der Ausweitung vorhandener Qualitätsdimensionen, der Schaffung neuer Qualitätsdimensionen, der Beibehaltung von Qualität angesichts Qualitätsminderung beim Mitbewerber und der Reduktion von Qualität zur Vermeidung kostentreibender Überqualität zu nennen. Die Festlegung der Optimierungsrichtung ist zur zutreffenden Interpretation der Analyseinhalte erforderlich. Die Optimierungsrichtung wird oben in das House of quality eingetragen.

Bei der **Erstellung der Beziehungsmatrix zwischen Kundenanforderungen und Qualitätsmerkmalen** geht es um den Ausweis des Einflusses jedes Produktmerkmals auf die Kundenforderungen. Einzelne Merkmale können dabei mehr oder minder ausgeprägt (mit schwacher, mittlerer oder starker Korrelation) zu Kundenforderungen in Beziehung stehen. Die Stärke der Beziehung zwischen Kundenanforderungen und technischen Designanforderungen ist der Kern des House of quality.

Durch die **Bestimmung der technischen Wechselwirkungen innerhalb der Merkmale** werden Zielbeziehungen zwischen Kundenwünschen und Qualitätsmerkmalen offen gelegt. Denkbar sind hierbei Zielharmonie/-identität, Zielkonflikt/-ausschluss oder Zielneutralität/-indifferenz. Die Wechselwirkungen werden ganz oben in das House of quality eingetragen.

Danach kommt es zur **Bewertung technischer Schwierigkeiten in Bezug auf die Realisierung.** Denn nicht alle Kundenwünsche sind realisierbar und nicht alle realisierbaren Kundenwünsche sind gleichermaßen gut zu realisieren. Dieser Tatsache des Schwierigkeitsgrads wird daher hiermit Rechnung getragen. Der Schwierigkeitsgrad wird unten in das House of quality eingetragen.

Die **Festlegung der objektiven Zielwerte im Hinblick auf Qualität** erfolgt in Form von Einheiten, Maßgrößen etc. Der Erfüllungsgrad der Kundenanforderungen wird durch Kenngrößen als objektivem Zielmaßstab für die Realisierung kontrolliert. Dabei stellt sich das komplizierte Problem der Qualitätsmessung. Die Werte werden ebenfalls unten in das House of quality eingetragen.

In einem **kritischen Produktvergleich aus Ingenieurssicht mit Konkurrenzprodukten** wird festgestellt, ob das nunmehr qualitätspositionierte Produkt in Bezug auf kundengewünschte Merkmale objektiv konkurrenzüberlegen oder -unterlegen ist. Die Ergebnisse werden ebenfalls unten in das House of quality eingetragen.

Die **Bewertung der technischen Bedeutung** (Wichtigkeit) ergibt sich schließlich als Multiplikation der Gewichtung der Anforderung mit der Wertigkeit der Beziehung zwischen Kundenanforderung und Designanforderung, sowie durch spaltenweise Addition zur Ermittlung der Bedeutung der kritischen Designanforderungen. Dies wird ganz unten in das House of quality eingetragen.

3.2.3 Statistische Mess- und Prüfverfahren

Zu den Statistischen Mess- und Prüfverfahren gehören u.a. die Statistische Versuchsplanung, die Statistische Prozessregelung (SPC) und das Versuchsdesign (DoE).

3.2.3.1 Statistische Versuchsplanung

Die Statistische Versuchsplanung bezieht sich auf Systemfestlegung, Grundlagen der Konstruktion, Qualitätsmerkmale und Kundenanforderungen sowie die vorläufige Feststellung der Produkt- und Prozessparameter. Sie bedient sich nach Shainin verschiedener Verfahren. Diese können auch kombiniert eingesetzt werden. Shainin geht dabei vom Pareto-Prinzip aus, d.h., es gibt Haupteinfluss-, Sekundäreinfluss- und Tertiäreinflussgrößen auf die Produktion. **Ziel ist die sukzessive Reduzierung dieser anfangs schwer überschaubaren Einflussgrößen auf diejenigen, wenigen Haupteinflussgrößen, die gut „eingestellt" werden können.** Die Identifizierung der Haupteinflussgrößen führt zur Validierung der Ergebnisse und zur Optimierung der Zielgrößen *(siehe Abb. Versuchsmethodik, Abb. Zusammenwirken der Versuchsmethodik und Abb. Versuchsplanung nach Shainin).*

Beim **paarweisen Vergleich** wird versucht, die wesentlichen Störeinflüsse durch einen Vergleich von Gut- und Schlecht-Teilen einzugrenzen, indem jeweils eine gute und eine schlechte Einheit zufällig zu einem Paar zusammengestellt und hinsichtlich ihrer Abweichungen verglichen werden. Die Häufigkeitsanalyse von Unterschieden zwischen Gut- und Schlecht-Teilen führt zu wesentlichen Unterschieden, die Häufung von Unterschieden lässt dann Rückschlüsse auf Merkmale zu, wobei von einen statistisch nachweisbar relevanten Signifikanzniveau bei acht Paaren auszugehen ist.

Beim **Komponententausch** geht es um das wechselseitige Vertauschen der Komponenten von guten und schlechten Einheiten mit anschließender grafischer Auswertung der Veränderung. Dies setzt jedoch eine zerstörungsfreie Zerlegung je einer guten und einer schlechten Einheit voraus. Danach erfolgt die Re-Integration

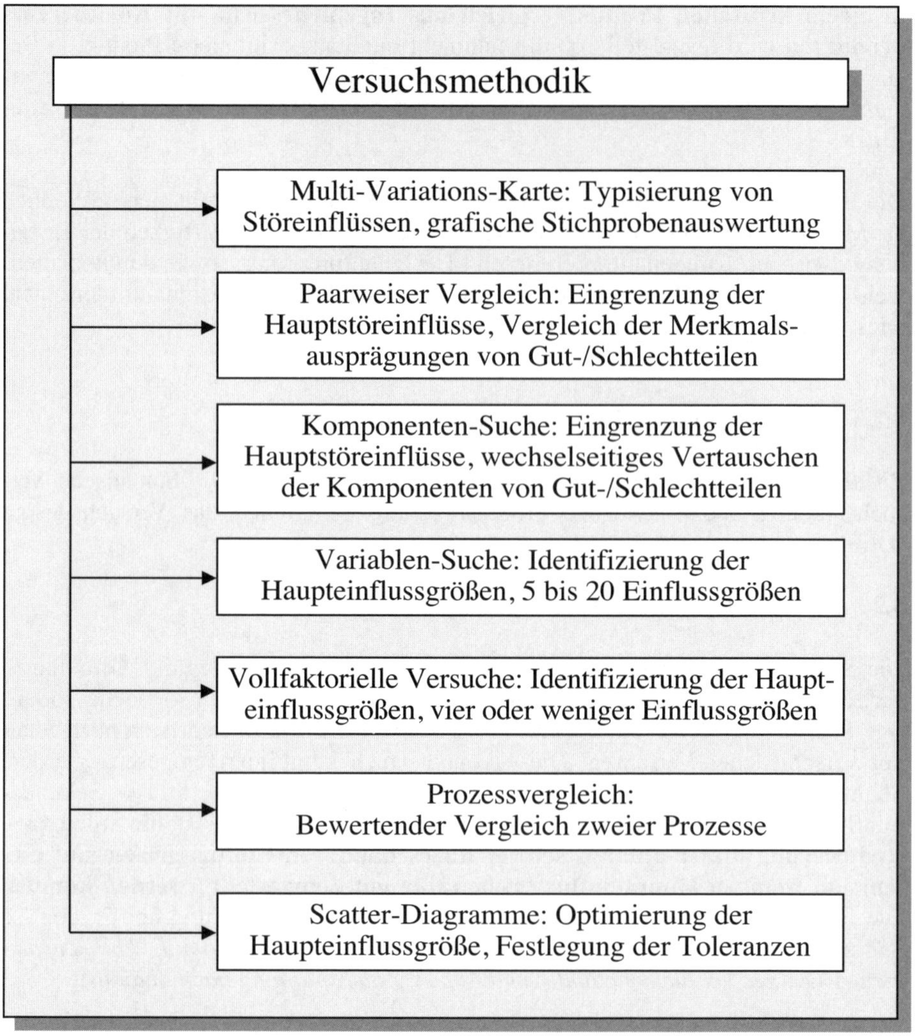

und erneute Messung. Gibt es einen Unterschied, liegt die Ursache für Abweichungen in dieser Re-Integration. Andernfalls werden die Teile nach der Wahrscheinlichkeit ihrer Verursachung absteigend gerangreiht, dann wird das wichtigste Teil der guten Einheit in die schlechte Einheit integriert und gemessen. Dann werden alle anderen Teile nacheinander einzeln ebenso integriert und gemessen. Wird die schlechte Einheit besser bzw. die gute Einheit schlechter, ist dieses Teil fehlerverursachend (Umkehr der Ergebnisse).

Mithilfe der **Multi-Variations-Karte** geht es um das Erkennen und Einstufen der Haupteinflussgrößen für Qualität. Dazu werden jeweils drei bis fünf Einheiten im Zeitablauf gemessen, um dadurch einen Ausweis der Lage der Qualitätswerte (wenige Fehler/viele Fehler), ihrer Abweichungen vom Mittelwert (große Abwei-

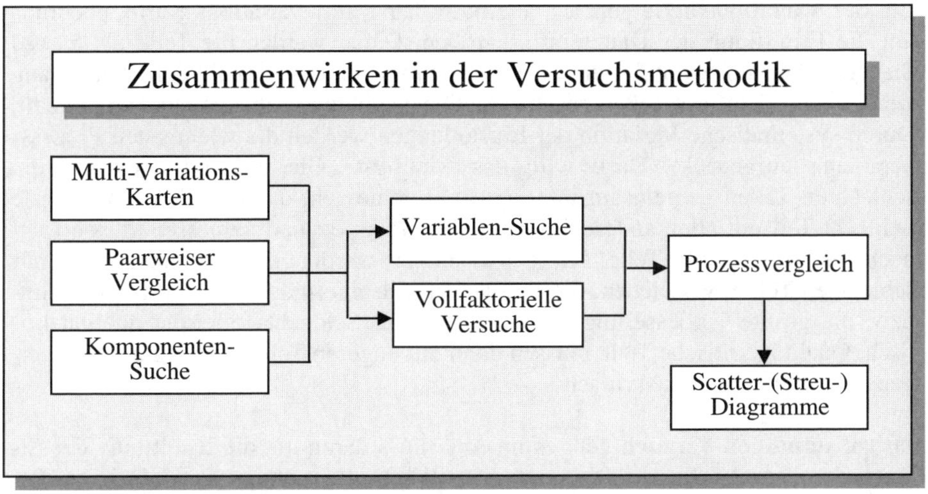

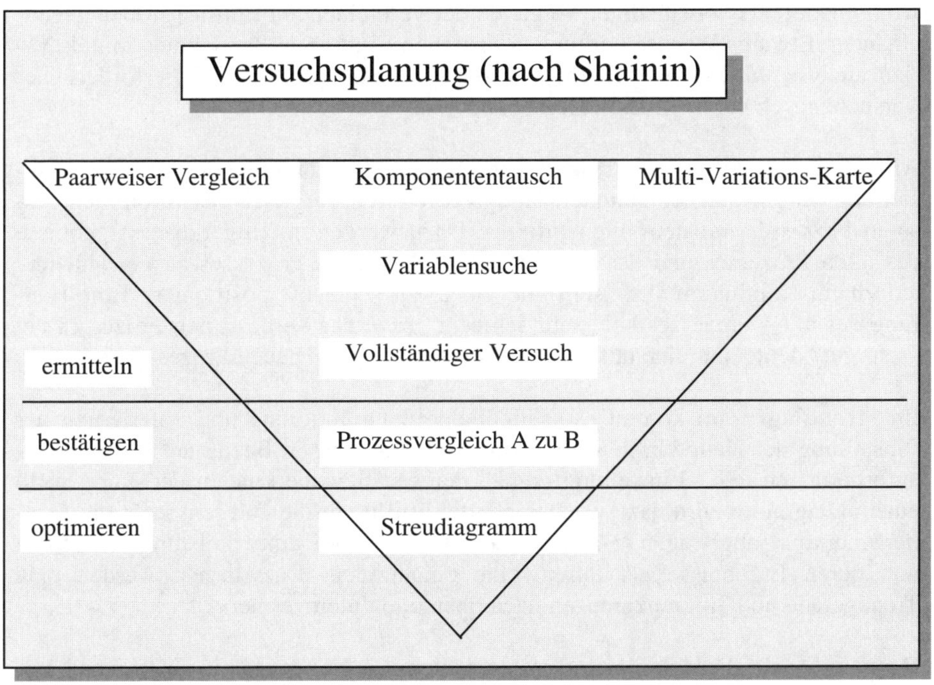

chung, geringe Abweichung) und ihrer Streuung im Zeitablauf (gleich bleibend, verbessert, verschlechtert) zu erhalten. Eine positionale Variation zeigt die Streuung der Messwerte eines Teils, eine zyklische Variation gibt die Streuung der Messwerte innerhalb der Stichprobe an, eine zeitliche Variation weist die Veränderung der Messwerte in größeren Zeitabständen aus.

Bei der **Variablensuche** geht es, alternativ zur Multi-Variations-Karte, ebenfalls um die Ermittlung der Haupteinflussgrößen. Dabei werden die Teile als 5 - 20 Steuergrößen auf zwei Stufen variiert und mit einem Vorlauf verglichen. Dann werden die Einflussgrößen nach Qualitätsbedeutung absteigend gerangreiht. Durch systematische Variation der Einstellungen werden die wichtigsten Prozessparameter aufgedeckt. Dazu wird das wichtigste Gut-Teil mit allen anderen schlechten Teilen gemeinsam integriert und gemessen, dann wird das wichtigste Schlecht-Teil mit allen anderen guten Teilen integriert und gemessen, dies erfolgt nacheinander für alle Teile. Diese Messungen werden mit nur guten bzw. nur schlechten Teilen verglichen, die größte Verschlechterung bei ansonsten nur Gut- bzw. die größte Verbesserung bei ansonsten nur Schlecht-Teilen ist qualitätskritisch. Qualitätskritische Teile müssen dann mit engeren Toleranzen eingestellt werden als weniger qualitätskritische.

Im **vollständigen Versuch** geht es im Anschluss daran um die Ermittlung der Effekte der Haupteinflussgrößen und ihrer Wechselwirkungen untereinander. Bei vier Größen mit zwei Stufen (gut/schlecht) ergeben sich somit 16 Versuche durch Kombination als vollständiger Vergleich der verbleibenden Einflussgrößen gegeneinander. Etwaige Wechselwirkungen zwischen Einflussgrößen können mittels Varianzanalyse untersucht werden. Allerdings inflationiert die Zahl erforderlicher Versuche rasch bei mehr Einflussgrößen.

Anschließend geht es im **Vergleich A zu B** um die Bestätigung der optimalen Einstellung der gefundenen Haupteinflussgrößen durch Vergleich des vermutlich besseren Prozesses mit dem alten Prozess. Dazu werden zufällig Prozessergebnisse des alten Prozesses und des mutmaßlich verbesserten Prozesses ausgewählt und auf einem Kontinuum von „sehr gut" bis „sehr schlecht" positioniert. Eine Häufung des alten Prozesses bei „sehr schlecht" bzw. des verbesserten Prozesses bei „sehr gut" deutet auf eine tatsächliche Verbesserung des neuen Prozessdesign hin.

Im **Streudiagramm** kommt es schließlich zur Optimierung und Tolerierung der Einstellung der Haupteinflussgröße zur Problemlösung in Bezug auf die Kundenanforderungen, d.h., Einstellung gemäß den Qualitätsmerkmalen der Kunden. In einem Diagramm wird dazu waagerecht die Einflussgröße und senkrecht das Qualitätsmerkmal abgetragen. Dann werden 30 Einheiten einer Leistung untersucht und deren Ergebnisse als Punktwolke eingetragen. Dazwischen werden eine Trendgerade und Toleranzgrenzen nach oben und unten vermerkt.

Damit sollte der Produktionsprozess, vor allem für Neuprodukte, hinreichend eingestellt sein.

3.2.3.2 Statistische Prozessregelung

Allen o.g. Verfahren ist jedoch als Nachteil gemein, dass sie erst nach Auftreten von Fehlern anzuwenden sind. Dies widerspricht der Anforderung zur Fehlerprävention. Daher wird eine prozessbegleitende Messung erforderlich, wie sie im Rahmen der Statistischen Prozessregelung (Statistic process control/SPC) erfolgt.

Darunter versteht man die Überprüfung, ob ein Prozess ein bestimmtes Qualitätsmerkmal eines Produkts sicher innerhalb der geforderten Toleranzen erzeugt. SPC dient also der kontinuierlichen Beobachtung und ggf. Korrektur eines laufenden Prozesses, der unter statistischer Beobachtung steht, somit der vorbeugenden Qualitätssicherung und Prozessstabilisierung. Dies ist eminent wichtig für eine Null-Fehler-Produktion. Dazu ist zunächst die Maschinenfähigkeit festzustellen (Schaffung konstanter Betriebsbedingungen) und dann die Prozessfähigkeit (konstante Produktionsbedingungen bei schwankenden Einflüssen). Dabei geht es um die Überwachung und Reduzierung der Streuung von Merkmalswerten im Prozess auf Basis von Stichproben.

Als **fähiger** Prozess wird ein solcher bezeichnet, der innerhalb der Toleranzgrenzen liegt, statistisch spricht man hier von hoher Validität, als **beherrschter** Prozess wird ein solcher bezeichnet, der wiederholbar ist, statistisch spricht man von hoher Reliabilität. Ein fähiger, aber nicht beherrschter Prozess liegt zwar innerhalb der Toleranzgrenzen, schwankt aber in seiner Qualität, ein nicht fähiger, aber beherrschter Prozess ist zwar verlässlich wiederholbar, liegt aber beständig außerhalb der Toleranzgrenzen. Nicht fähige, nicht beherrschte Prozesse sind überhaupt auszuschließen. Als Ziel stellen sich vielmehr fähige und beherrschte Prozesse, die nurmehr zufälligen Störeinflüssen unterliegen.

Systematische Einflüsse treten unregelmäßig auf und beruhen auf Ursachen, die gefunden und abgestellt werden können, zufällige Einflüsse hingegen sind natürliche Streuungen, die nicht beeinflussbar, weitgehend stabil und nur wahrscheinlichkeitstheoretisch vorhersagbar sind. Ihre Häufigkeit wird durch Lokalisationsparameter (vor allem Mittelwert/ Median) bzw. Dispersionsparameter (vor allem Standardabweichung/Spannweite) ausgewiesen *(siehe Abb. Prozessstabilisierung)*.

Zur eigentlichen Untersuchung ist zunächst eine Auswahl der zu erfassenden Produktmerkmale sowie eine Auswahl der Messverfahren erforderlich. Auf dieser Basis wird die Wiederholungsgenauigkeit bei der Leistungserstellung gemessen. Bei einfacher Qualitätsregelung liegen die Eingriffsgrenzen bei +/- 2 s (obere/untere Regellinie als Warngrenze, ca. 4,5 %) und +/- 3 s (obere/untere Toleranzlinie als Eingriffsgrenze, ca. 0,3 %), die auf einer Qualitätsregelkarte eingetragen werden *(siehe Abb. Prozessstreuung)*.

Die Streuung der Mittelwerte der Stichproben (über Mittelwertkarte o.Ä. Formulare) ist auf Grund der Komprimierung von oberen und unteren Ausreißern geringer als die Streuung der tatsächlichen Stichprobenwerte selbst (Urwertkarte). Mit wachsender Zahl der Stichproben nähert sich die Streuung dabei einer Normalverteilung an. Die Gesamtstreuung gibt über die tatsächliche und langfristige Leistungsfähigkeit eines Prozesses unter echten Produktionsbedingungen Auskunft. Sie kann zerlegt werden in eine innere Streuung, die wenig beeinflussbar und typi-

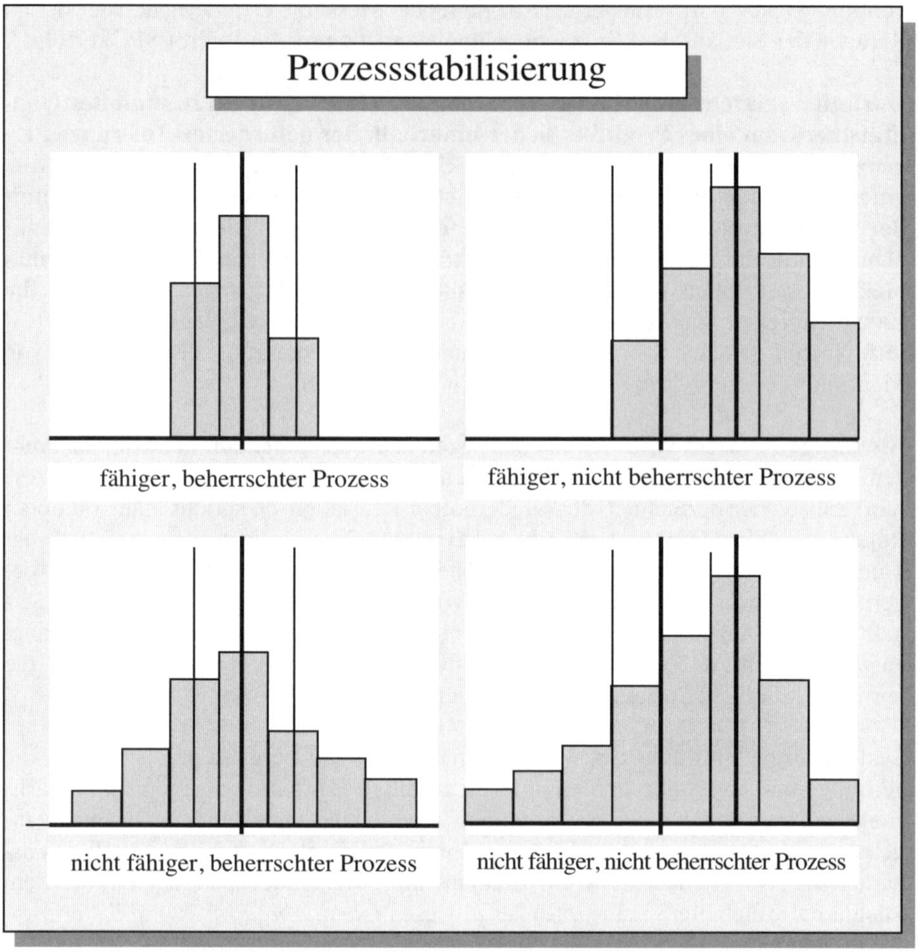

sches Kennzeichen des Prozesses ist, sowie eine äußere Streuung, die beeinflussbar und für diesen untypisch ist.

Die Schätzung der Werte der Grundgesamtheit erfolgt aus diesen Stichprobenwerten. Eine Folge von sieben Werten pro Zyklus aus direkt nacheinander gezogenen Teilstichproben unterhalb bzw. oberhalb des Mittelwertes wird als systematischer Einfluss angesehen, daher muss die Herstellung gestoppt bzw. (mithilfe statistischer Versuchsplanung) nachgeregelt werden. Dann beginnt eine neue Messung. Eine Trendanalyse kann erfolgen, sobald sechs aufeinander folgende Merkmalswerte in Sollbereich liegen. Chargen- bzw. Niveausprünge werden mit Zufallsstichproben je Charge erfasst, parallel anfallende Arbeitsergebnisse werden getrennt in Zufallsstichproben beurteilt. Evtl. ist dazu eine Schichtung der Stichprobe erforderlich. Bei enger Streuung um den Mittelwert liegen die Eingriffsgrenzen falsch (nämlich zu hoch).

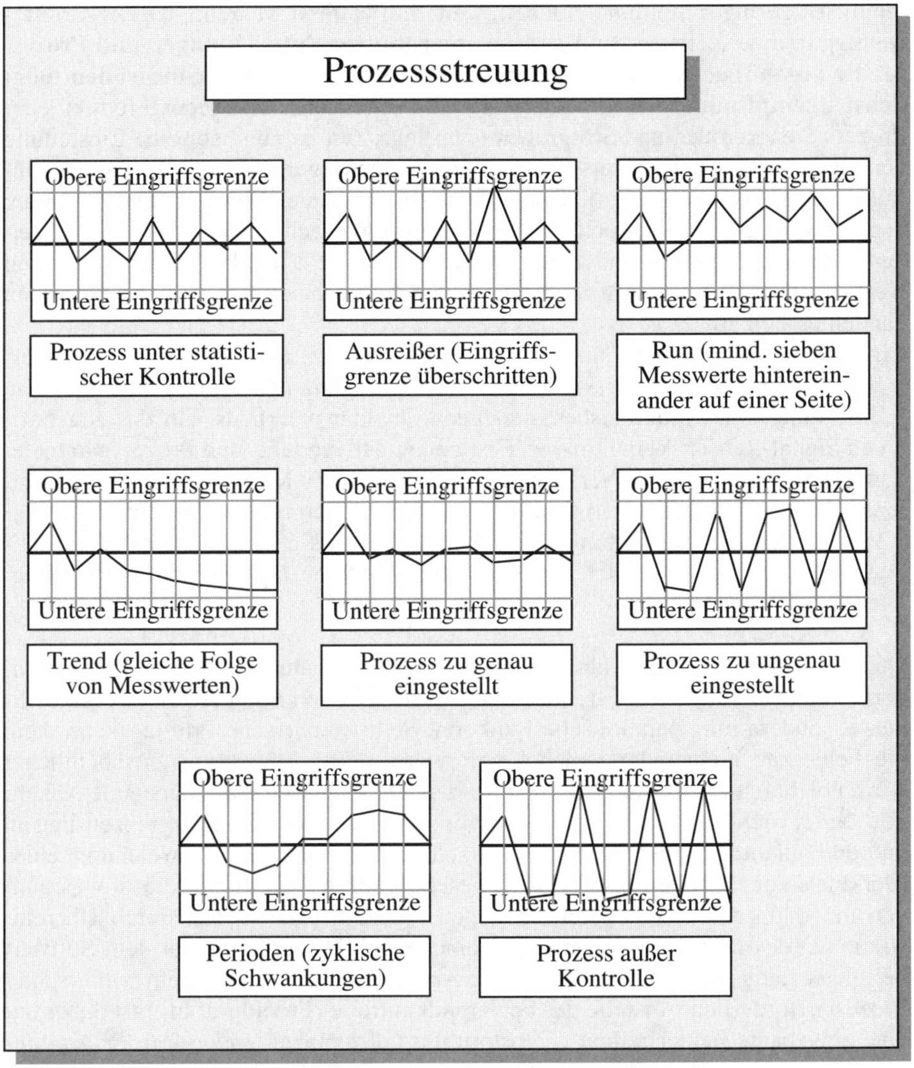

Probleme in der Anwendung der statistischen Prozessregelung entstehen vor allem durch fehlende Zielfestlegung, Unkenntnis der zu erfassenden Merkmale und ihrer Messmöglichkeiten, Vernachlässigung des Messfehlers, Fehlen geeigneter Messeinrichtungen, falscher Zusammensetzung der Daten und nicht-zufälliger Auswahl.

3.2.3.3 Versuchsanlage

Das **Design of experiments** (DoE) nach Taguchi ist eine anspruchsvollere statistische Versuchsplanung mit Einstellung der Kenngrößen eines Produkts oder Prozesses vor Beginn der Serie (offline) derart, dass sich optimale Ergebnisse bei möglichst geringer Streuung ergeben, weiterhin laufend während der Leistungserstellung (online). **Ziel ist die Realisierung robuster Entwicklungen und Prozesse, die gegenüber von außen auf den Prozess einwirkenden Störgrößen möglichst unempfindlich sind.** Dabei wird also unterstellt, dass jedes Produkt/jeder Prozess Steuergrößen und Störgrößen unterliegt. Ziel ist nunmehr eine Einstellung der Steuergrößen derart, dass Störgrößen nur einen geringen verbleibenden Einfluss haben (Robust design). Durch diese Methode der Planung, Durchführung und Auswertung von Versuchen können demnach Wechselwirkungen von einzelnen Prozessparametern und deren Wirkung auf die Produktparameter ermittelt werden. Dazu sind mehrere Stufen im Versuchsdesign erforderlich, im Einzelnen handelt es sich um die:

- Bestimmung der Hauptfunktion des Produktionsprozesses und möglicher Fehlerquellen, Bestimmung der Störgrößen und Festlegung der Versuchsbedingungen, Ermittlung eines funktionsbestimmenden Qualitätsmerkmals und des zugehörigen Signal-Rausch-Verhältnisses, Festlegung der Produkt- und Prozessparameter und ihrer Stufen für die Versuchsreihen, Planung des Matrixexperiments mit innerem Feld (Steuergrößen) und äußerem Feld (Störgrößen), Durchführung der Versuchsreihen, Auswertung der Versuchsergebnisse, experimentelle Bestätigung zur Verifizierung der Ergebnisse und weiteren Optimierung der Parametereinstellung.

Qualität entsteht demnach nicht allein durch die Einhaltung von Toleranzen, sondern durch eine minimale Streuung der Istwerte um den Sollwert, ist also keine lineare, sondern eine parabolische Funktion. Selbst mehrfache Prüfung kann dann die Fehlerrate nicht mehr beliebig verringern, da es immer unwahrscheinlicher wird, überhaupt noch einen Fehler zu finden. Dies stellt eine fundamentale Abkehr von der Ansicht dar, dass Ergebnisse, die innerhalb von Toleranzgrenzen liegen, gut und qualitativ gleichwertig sind, stattdessen wird jede Abweichung eines Merkmals vom Zielwert als Verlust angesehen, selbst dann, wenn die Abweichungen innerhalb der Toleranzgrenzen liegen. Qualität entsteht erst durch Übereinstimmung des Mittelwerts aller Werte eines Qualitätsmerkmals mit dem Sollwert bei gleichzeitig minimaler Streuung der Abweichungen. Dazu ist ein beherrschter Prozess erforderlich. Anstelle der Fehlerendkontrolle (Fremdprüfung) ist daher nur eine eingebaute Fehlerfreiheit (Selbstprüfung) akzeptabel (*siehe Abb. Prinzip der Qualitätsverlustfunktion*). Diese Anforderung gilt auch für die Zulieferung von Fremdleistungen. Hier werden Zero defect-Lieferungen verlangt, denn eine Voll- oder auch nur Stichprobenprüfung reicht keinesfalls mehr aus. Ausgangspunkt ist ein Acceptable quality level (AQL) auf Basis einer Kennlinie für den Annahme- bzw. Ablehnungsbereich. Anbieterrisiko ist es, wenn gefertigte Teile besser als die Annahmeforderung sind, Abnehmerrisiko hingegen ist es, wenn angenommene Teile schlechter als die Ablehnungsforderung sind. Der Fehleranteil wird in Parts per million (PPM) ausgewiesen.

Der gesamtwirtschaftliche Verlust durch jede Abweichung von Qualitäts-Sollwerten steigt mit zunehmenden Abstand des Qualitätsmerkmals vom Sollwert quadratisch an. Die Zielfunktion ergibt sich als Quotient aus Mittelwert (zum Quadrat)

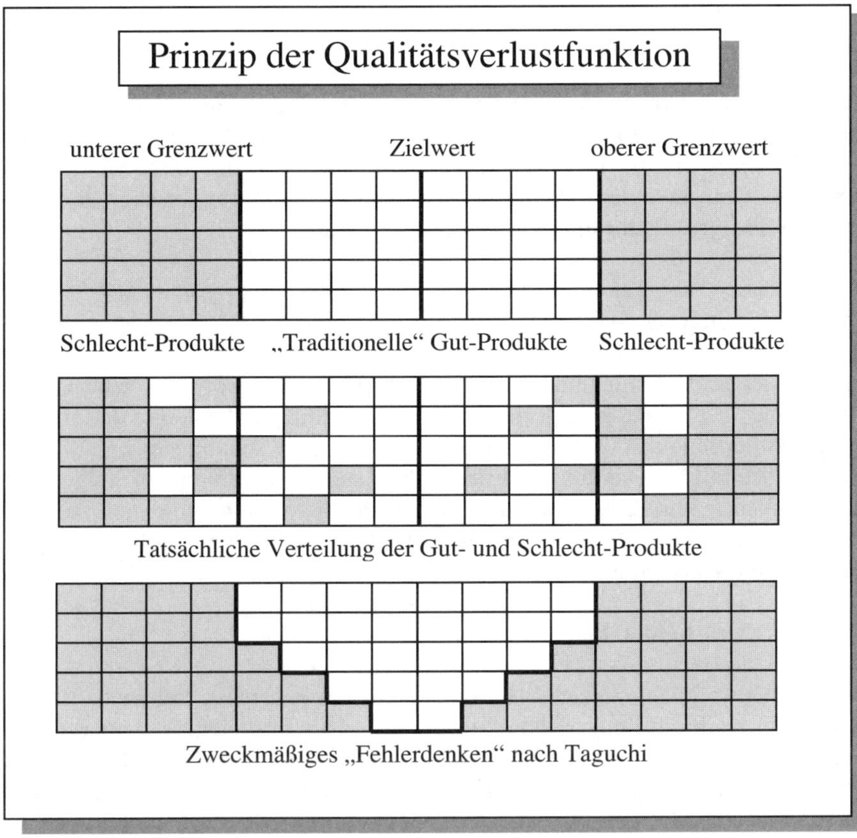

durch Varianz (Signal to noise ratio), sie ist umgekehrt proportional zur Qualitäts-Verlustfunktion. Eine Verbesserung ergibt sich durch Verschärfung bzw. Reduzierung der Toleranzen, durch Einsatz besserer Anlagen und Werkzeuge, durch Verwendung hochwertigerer Materialien etc. Ziel der Versuchsplanung ist nun die Bestimmung der Steuergrößen zur Erreichung eines optimalen Prozessergebnisses und einer minimalen Varianz, die Gestaltung von robusten Prozessen, ohne die Störgrößen ausschalten zu können, und eine Minimierung des Qualitätsverlusts ohne Kostenerhöhung.

Als Grundformen des Experiments stehen dafür der vollständige Zufallsplan, der zufällige Blockplan, das Lateinische Quadrat und der Faktorielle Plan zur Verfügung. Beim DoE ist die Bestimmung der Steuer- und Störgrößen auf Qualität durch ein vollständiges faktorielles Design notwendig, das allerdings extrem aufwändig ist (4 Kriterien mit je 3 Ausprägungen ergeben bereits 81 Kombinationen (3 x 3 x 3 x 3)). Daher werden praktisch gegen Störgrößen robuste Designs auf teilfaktorieller (fraktioneller) Basis eingesetzt. Diese bergen jedoch den Nachteil, dass Interaktionseffekte (Wechselwirkungen zwischen den Haupteffekten der Steuergrößen) nicht identifiziert werden können. Eine Varianzanalyse der Versuchsergebnisse identifiziert statistisch nicht-signifikante Einflussgrößen, der Rest der statistisch signifikanten Einflussgrößen bietet dann Ansatzpunkte für das größte Optimierungspotenzial.

Die gefundenen Verbesserungen werden nunmehr vorgenommen und in einem Bestätigungsexperiment überprüft. Ergeben sich keine oder weniger Verbesserungen, liegen Wechselwirkungen zwischen Einflussgrößen vor, das fraktionelle Experiment muss dann in anderer Anordnung erneut durchgeführt oder eben doch durch ein (vollständiges) faktorielles Design ersetzt werden.

3.2.4 Fehlervermeidung

Qualitätssichernde Maßnahmen parallel zum Herstellungsprozess setzen auf die Entdeckung von Leistungsfehlern direkt am Entstehungsort. Motive dafür sind die direkte Forderung nach Qualität seitens des Markts, die ständig steigende Komplexität und Vielfalt der Produkte, die immer kürzeren Lieferzeiten, der steigende Anteil an Zukaufteilen, der Zwang, die Lager- und Materialumlaufkosten zu senken, die immer kürzeren Produktlebenszyklen und die hohe Qualitätsfähigkeit der internationalen Konkurrenz.

3.2.4.1 Null-Fehler-Produktion

Pragmatisch stellt sich zunächst die Frage, was ein Fehler ist. **Fehler** bedeutet allgemein die Nichterfüllung (Nichtkonformität) einer festgelegten Forderung i.S.v. Qualitäts- und Zuverlässigkeitsmerkmalen (DIN EN ISO 8402/ Fault), er führt zur Fehlfunktion oder Funktionsunfähigkeit (Failure) eines Produkts. Davon zu unterscheiden ist ein **Mangel,** d.h., die Nichterfüllung einer beabsichtigten oder auch nur berechtigten, den Umständen angemessenen Erwartung für den Gebrauch einer Einheit (Defect). Ein Mangel beeinträchtigt also nicht die Verwendbarkeit der betrachteten Einheit, ein Fehler sehr wohl.

Rechtlich ist eine Einheit fehlerhaft, wenn sie von der vereinbarten Beschaffenheit abweicht und dadurch ihr Wert oder ihre Tauglichkeit zum normalerweise vorgesehenen oder vertraglich vereinbarten Gebrauch aufgehoben oder mehr als unerheblich gemindert wird. Man unterscheidet offene Fehler (diese sind durch dem Stand der Technik entsprechende Verfahren und bei Anwendung der üblichen Sorgfalt bei einer Prüfung erkennbar) und verdeckte Fehler (diese sind nicht ohne weiteres erkennbar). Werden offene Fehler von Leistungsempfängern abgenommen, gelten sie als genehmigt, bei verdeckten Fehlern können hingegen Gewährleistungsrechte aktiviert werden.

Null Fehler-Programm bedeutet nunmehr fehlerfreie Produktion ohne Ausschuss und Nacharbeit, denn nicht die Produktion von Qualität verursacht Kosten, sondern vielmehr die Behebung von Fehlern in der Produktion. Fehlervermeidung setzt daher bereits in der Entwicklungs- und Konstruktionsphase an. Ein Null Fehler-Programm ist jedoch nur erfolgreich, wenn es gelingt, die Verpflichtung des

Management zur Qualität klarzustellen. Die Durchführung von Qualitätsverbesserungsprogrammen bedingt, dass Qualitätsabweichungen erlebbar gemacht (Darstellungsform, z.B. durch Schautafeln am Arbeitsplatz mit geplanter und tatsächlicher Fehlerfreiheit) und Qualitätskosten definiert werden. Zudem gilt es, die Kontinuität des Programms zu verdeutlichen.

Früher galt ein Wert von ± 3 Sigma, d.h., 99,73 % Wahrscheinlichkeit für Fehlerfreiheit (gegenüber 95,5 % bei 2 Sigma und 68,3 % bei 1 s) als das höchste der Gefühle, heute werden von qualitätsbewussten Unternehmen ± 6 Sigma, d.h. 99,99966 % Wahrscheinlichkeit für Fehlerfreiheit realisiert. Das bedeutet aber, das die Fehlerrate (immer als Streubereich um den Mittelwert herum aufgefasst) mit 0,00034 % fast um den Faktor 1.000 niedriger ist (0,27 %, d.h., 2.700 Parts per Million/PPM mit Fehler bei ± 3 Sigma ehedem, gegenüber 3,4 PPM/Defekte pro million Fälle heute). Dabei wird immer eine Mittelwertverschiebung um ± 1,5 Sigma unterstellt. Dazu ist zu bedenken, dass jedes Produkt aus Dutzenden/Hunderten/Tausenden Teilen bestehen, und jedes Teil wird seinerseits wiederum in mehreren Prozessstufen hergestellt. Dies ist dramatisch, weil somit bereits kleinste Fehlerraten in einzelnen Prozessen/Prozessstufen beim Durchlauf im Unternehmen kumulieren.

Selbst eine Fehlerfreiheit von 99,9 % ist immer noch inakzeptabel, bedeutet sie doch immerhin zwei unkorrekte Starts und Landungen pro Großflughafen und Tag oder 500 unkorrekte Operationen pro Woche in allen Krankenhäusern. 99,7 % ist demgegenüber geradezu bedenklich und bedeuten:
- 30 Minuten verunreinigtes Trinkwasser pro Monat,
- 2.000 verlorene Packstücke bei der Post pro Stunde weltweit,
- 4 Minuten Telefon- und Elektrizitätsausfall pro Tag,
- 1.400 gestrichene Flüge täglich weltweit,
- 400.000 falsch ausgestellte Rezepte täglich weltweit,
- 2 Tippfehler in einem 1,5-seitigem Brief.

3.2.4.2 Fehlereintritts- und -einflussanalyse

Wie immer, gilt auch für Fehler das Pareto-Prinzip, d.h., 20 % der Ursachen („Vital few"/mögliche Fehlerursachen) verursachen 80 % der Fehler. Ein häufiges Verfahren, die „Vital few" zu identifizieren, ist die Fehlereintritts- und -einflussanalyse (FMEA für Failure mode and effect analysis oder Schwachstellenanalyse). Ihre Absicht ist es, mögliche Fehler bei der Produkt- und/oder Prozessinnovation sowie deren Risiken und Folgen bereits vor ihrer Entstehung systematisch und vollständig zu erfassen und zu vermeiden. Es geht also um die vorausschauende Analyse und Vermeidung potenzieller Risiken. Im Rahmen der FMEA wird daher versucht, alle denkbaren Fehler und Irrtumsmöglichkeiten bei einer Leistungserstellung systematisch aufzulisten und diese auf einem Kontinuum mit Eintrittswahrscheinlichkeiten für a) die Häufigkeit ihres Vorkommens und b) die Gefahr ihres Verborgenbleibens zu versehen. Beide sich ergebenden Werte werden dann dem c) Wert der

Bedeutung einer Fehlerfolge multipliziert. Je größer dieser Index, d.h., a) je häufiger Fehler auftreten, b) je bedeutender die Fehlerfolgen sind und c) je größer die Gefahr ist, dass sie verborgen bleiben, desto dringlicher ist es, sich ihnen im Sinne der Qualitätssicherung zu widmen. Ziele sind die Vermeidung von Fehlerursachen, die Reduzierung der Auftrittswahrscheinlichkeit, die Reduzierung der Fehlerbedeutung und die Erhöhung der Entdeckungswahrscheinlichkeit.

Ansatzpunkte dafür können Konstruktion, Herstellungsprozess oder Gesamtsystem sein. Die **System-FMEA** betrifft die Betrachtung übergeordneter Gesamtsysteme mit ihren Wechselwirkungen zwischen Einzelsystemen zum funktionsgerechten Zusammenwirken der einzelnen Komponenten des Systems zur Vermeidung von Fehlern bei der Systemauswahl/-gestaltung, vor allem in Bezug auf die Sicherheit und Zuverlässigkeit des geplanten Systems sowie die Einhaltung aller gesetzlichen Vorschriften.

Die **Prozess-FMEA** betrifft die zur Herstellung eines Produkts erforderlichen Prozessschritte, um potenzielle Fehler zu erkennen und zu verhüten (Produktionsplanungsphase), mithin die Konzeption, Erstellung, Prüfung, Ermittlung aller möglichen Faktoren und Zustände, die einen einwandfreien Prozessablauf erschweren können. Es geht um Fehlerursachen, Fehlerarten und Fehlerfolgen.

Die **Konstruktions-FMEA** gilt für ein Produkt in der Entwicklungs- und Designphase, also beim Entwurf zur Absicherung dieser Leistung gegen Schwachstellen aller Art (in Bezug auf Funktionalität, Zuverlässigkeit, Geometrie, Arbeitsmittelauswahl, Wirtschaftlichkeit der Herstellung etc.). Dazu erfolgt eine Zerlegung des Gesamtsystems in Teilsysteme, in Teilleistungsgruppen und schließlich in Einzelleistungen.

Ziele von FMEA´s sind vielfältig und betreffen die Ermittlung kritischer Komponenten und möglicher Schwachstellen, die Erkennung und Lokalisierung von Fehlerquellen, die Abschätzung und Bewertung von Risiken, die Anwendung und Weitergabe von Wissen bzw. Erfahrungen, die Verkürzung der Entwicklungszeiten bzw. Senkung der Entwicklungskosten und des Fehlleistungsaufwands, die Vermeidung von Doppelarbeit und Verringerung von Änderungen nach Serienanlauf, eine Prioritätenbildung bei der Fehlerbekämpfung, die Datenerhebung/-analyse/-speicherung, die Verbesserung von Systemen/Produkten/Prozessen sowie die Erfüllung unternehmenspolitischer Qualitätszielsetzungen.

Das Vorgehen sieht die Bildung von interdisziplinären Arbeitsgruppen mit Moderatoren in einem Team vor. Der Ablauf des Verfahrens ist dann folgendermaßen. **Orientierungsdaten** dienen zur Systemabgrenzung und -beschreibung. Dazu werden Teile und Merkmale bzw. Abläufe und einzelne Arbeitsfolgen erfasst.

In der **Fehleranalyse** werden mögliche Fehler nach Art und Ort gesammelt sowie nach ihren möglichen Folgen und möglichen Ursachen lokalisiert. Im Rahmen der Fehlerbeschreibung werden gemäß einer vollständigen Darstellung des Gesamt-

Prinzip der FMEA

RPZ = (A) Auftretenswahrscheinlichkeit einer Fehlerursache x
(B) Bedeutung einer Fehlerfolge x
(E) Entdeckungswahrscheinlichkeit einer Fehlerursache.

< 40 RPZ:	geringes Risiko, keine Maßnahmen
40 < RPZ < 100:	mäßiges Risiko, bei Sicherheitsteilen Maßnahmen erforderlich, einfach umzusetzende Maßnahmen immer durchführen
RPZ > 100:	Risiko nicht tolerierbar, Maßnahmen erforderlich

Auftretenswahrscheinlich von Fehlern:

10 - 9 Punkte:	Sehr häufiges Auftreten der Fehlerursache in größerem Umfang, unbrauchbares, ungeeignetes Konstruktionsprinzip, es ist nahezu sicher, dass Fehler in größerem Umfang auftreten werden
8 - 7 Punkte:	Fehlerursache tritt erfahrungsgemäß wiederholt auf, problematische, unausgereifte Konstruktion, das Design entspricht generell Entwürfen, die in der Vergangenheit immer wieder Schwierigkeiten verursachten
6, 5, 4 Punkte:	Gelegentlich, aber nicht in größerer Zahl auftretende Fehlerursache, geeignete, im Reifegrad fortgeschrittene Konstruktion, das Design entspricht im Wesentlichen früheren Entwürfen, bei denen gelegentlich, aber nicht in größerem Umfang Fehler auftraten
3 - 2 Punkte:	Auftreten der Fehlerursache ist sehr gering, bewährte konstruktive Auslegung, das Design entspricht im Wesentlichen früheren Entwürfen, für die geringe Fehlerzahlen gemeldet wurden
1 Punkt:	Auftreten der Fehlerursache ist unwahrscheinlich.

Bedeutung der Auswirkung von Fehlern:

10 - 9 Punkte:	Sicherheitsrisiko, Nichterfüllung gesetzlicher oder betrieblicher Vorschriften, Ausfälle, der Kunde wird aufgrund des Fehlers das Produkt/den Anbieter zukünftig meiden
8 - 7 Punkte:	Funktionsfähigkeit stark eingeschränkt, Sicherheit oder Gesetz werden aber eingehalten, sofortige Reparatur zwingend erforderlich, Funktionseinschränkung wichtiger Teilsysteme und nachfolgender Prozesse, Kundenunzufriedenheit
6, 5, 4 Punkte:	Funktionsfähigkeit spürbar eingeschränkt, Kunde bemerkt Beeinträchtigung und wird sich dadurch belästigt fühlen, sofortige Reparatur aber nicht zwingend erforderlich, Funktionseinschränkung von wichtigen Komponenten bzw. Störung nachfolgender Prozesse
3 - 2 Punkte:	Geringe Funktionsbeeinträchtigung der Leistung kundenwahrnehmbar, Beseitigung beim nächstem Wartungszyklus, Funktionseinschränkung von Komponenten
1 Punkt:	Sehr geringe Funktionsbeeinträchtigung, nur von Fachpersonal, aber kaum von Kunden erkennbar, praktisch keine Auswirkungen mit Schadensfolge.

Entdeckungswahrscheinlichkeit von Fehlern:

10 - 9 Punkte:	Entdeckung der aufgetretenen Fehlerursache ist unwahrscheinlich, Zuverlässigkeit der Konstruktionsauslegung wurde nicht oder kann nicht nachgewiesen werden, Nachweisverfahren sind unsicher
8 - 7 Punkte:	Entdeckung der aufgetretenen Fehlerursache ist weniger wahrscheinlich, Zuverlässigkeit der Konstruktionsauslegung kann wahrscheinlich nicht nachgewiesen werden, Nachweisverfahren sind unsicher (Sicht- oder Handprüfung)
6, 5, 4 Punkte:	Entdeckung der aufgetretenen Fehlerursache ist weniger wahrscheinlich, Zuverlässigkeit der Konstruktionsauslegung könnte vielleicht nachgewiesen werden, Nachweisverfahren sind relativ sicher, da Fehler gut erkennbar ist
3 - 2 Punkte:	Entdeckung der aufgetretenen Fehlerursache ist sehr wahrscheinlich, durch mehrere voneinander unabhängige Nachweisverfahren bestätigt, automatisierte Kontrollen
1 Punkt:	Aufgetretene Fehlerursache wird sicher sofort oder im Folgeprozess entdeckt.

systems, der Produktkomponenten und Prozesse alle potenziellen Fehlerquellen ermittelt und in ihren Ursachen und Folgen bewertet.

Danach kommt es zur **Risikobeurteilung** durch Kontrollmaßnahmen, die zur Entdeckung potenzieller Risiken führen oder deren Auswirkungen verringern können. Basis ist eine Punktbewertung jeder möglichen Fehlerursache nach ihrer Auftrittswahrscheinlichkeit, der Bedeutung ihrer Fehlerfolgen für den Betroffenen und der Wahrscheinlichkeit für die Fehlerentdeckung. Daraus ergibt sich eine Risikoprioritätszahl (RPZ) als Produkt aus Wahrscheinlichkeit des Auftretens, Bedeutung der Folgen und Wahrscheinlichkeit der Entdeckung (meist je 1 - 10 Punkte, macht multiplikativ 1 - 1.000 Punkte insgesamt). Dafür ist eine Quantifizierung qualitativer Werte erforderlich, etwa im Rahmen einer Nutzwertanalyse (*siehe Abb. Prinzip der FMEA*).

Lösungsmaßnahmen zur Durchführung setzen bei der Fehlervermeidung statt der Fehlerentdeckung an und erfolgen in ihrer Priorität nach der RPZ. Entsprechend wird die Zuständigkeit festgelegt und eine Entscheidung über Auswahl und Umsetzung von Maßnahmen getroffen. Sie steht für die Dringlichkeit von Maßnahmen, primär die Vermeidung der Fehlerursache, sekundär die Reduzierung der Auftrittswahrscheinlichkeit und Fehlerbedeutung und tertiär die Erhöhung der Entdeckungschance.

Danach erfolgt prozessbegleitend eine **Restrisikobetrachtung** durch erneute Risikobeurteilung und Entscheidung über Freigabe des Produkts/Prozesses oder erweiterte Lösungsmaßnahmen. Die Ergebnisbeurteilung und Dokumentation setzt beim Vergleich der RPZ´s vor und nach diesen Maßnahmen an, um den dazu erforderlichen Aufwand zu relativieren. Die Differenz aus alter und neuer RPZ ergibt also den Maßnahmenerfolg, evtl. sind allerdings mehrere FMEA-Durchgänge notwendig. Als Arbeitsmittel wird gemeinhin ein FMEA-Formular eingesetzt. Meist wird dieses Formblatt als Kalkulationsprogramm-Spreadsheet gestaltet.

Die Probleme dieses Verfahrens sind jedoch beachtlich. Sie liegen zunächst in der mangelnden Objektivität durch eine Quantifizierung subjektiver Größen (Fehlerbedeutung für Kunden). Dann in der mangelnden Genauigkeit der Werte, die sich bereits bei kleinen Abweichungen durch das Rechenverfahren hoch multiplizieren. Und schließlich im Verborgenbleiben von Fehlern, die schwer entdeckbar sind und gerade deshalb Schwachstellen darstellen. Problematisch ist auch die Ermittlung der Werte, denn Fehler, die häufig verborgen bleiben, treten wahrscheinlich häufiger auf als unterstellt, bleiben eben nur zumeist verborgen, während umgekehrt Fehler, die selten verborgen bleiben, in ihrer Häufigkeit überschätzt werden. In dem Maße, wie diese Ausgangsdaten aber verzerrt sind, ist auch das Ergebnis der Analyse notwendigerweise verzerrt.

Fehler bedeuten immer auch Fehlleistungsaufwand. Darunter versteht man den bewerteten Verzehr von Leistungen (Prozessen) und Gütern (Produktionsfaktoren), der durch Fehlhandlungen und deren Auswirkungen entsteht. Es kommt also zu keiner Werterhöhung am Produkt, der Kundennutzen wird nicht gesteigert, vielmehr treten eine Minderung von Effizienz und Ertrag ein, da dem Input ein um die Fehlleistungen geminderter Output gegenübersteht. Eine Quantifizierung dieser Kosten ist jedoch schwierig.

3.2.4.3 Fehlerkosten

Fehlerkosten entstehen allgemein durch alle Tätigkeiten der Fehlerverhütung bei planmäßigen Qualitätsprüfungen sowie Nachbesserung bei festgestellten Fehlern. Diese Kosten setzen sich aus Präventionskosten (zur Qualitätslenkung und -sicherung), Prüfkosten (zur Durchführung von Qualitätsanalysen und -kontrollen) sowie internen und externen Fehlerkosten (zur Wiedergutmachung bei Reklamation/Beschwerde) zusammen, wobei die praktische Unterscheidbarkeit dieser Kosten allerdings betriebswirtschaftlich umstritten ist.

Externe Fehler(-beseitigungs- oder Nachbesserungs-)**kosten** entstehen bei der Endkombination und erfordern insofern Wiedergutmachung bei Kunden, z.B. für Gewährleistungen, Ersatzlieferungen, Schadenersatz, Produkthaftung, Kulanz, Kundendienstkosten, Teillieferungen.

Prüfkosten fallen prozessbegleitend zur Sicherstellung des von Kunden erwarteten Qualitätsniveaus für Vor-, Zwischen- und Endprüfungen an, z.B. für Kontrollgeräte, Zertifikate, Wareneingangsprüfung, Fertigungsprüfung, Fertigungsendprüfung, Abnahmeprüfung, Prüfmittel, Instandhaltung von Prüfmitteln, Prüfdokumentation, Laboruntersuchungen,

Vorbeugungs-(Fehlerverhütungs-)**kosten** entstehen für Maßnahmen zur Konzeption und Erstellung marktgerechter Leistungen und zur Erforschung von Kundenbedürfnissen als Qualitätsmanagementkosten, z.B. für durchdachte Pläne, Ausbildung, Lieferantenprüfung, interne Revision, Sicherheitsplan, Leitung des Qualitätswesens, Qualitätslenkungen, Prüfplanungen, Qualitäts-Audit, Qualitätsberichterstattung, Qualitätsschulung/-förderprogramme, Qualitätsplanung, Lieferantenbeurteilung, Qualitätsvergleiche.

Interne Fehler(-beseitigungs-)**kosten** entstehen bei der Vorkombination der Produktionsfaktoren zur Abdeckung von Pannen, Leistungsmängeln, Verlusten, Planungsfehlern, Abwesenheit, Arbeitsunfällen, Streiks, Materialbruch, Ausschuss, Nacharbeit, Wertminderung, Mengenabweichung, Sortierprüfung, Wiederholungsprüfung, Ausfallzeiten etc. Sie sind daher korrigierbar.

Zur Kostenanalyse wird wie folgt vorgegangen. Zunächst werden relevante Fehler definiert. Für diese werden dann mögliche Fehlerfolgen festgestellt. Für jede Fehlerfolge werden die Kostenkonsequenzen ermittelt. Danach wird die Eintrittswahrscheinlichkeit dieser Konsequenzen bestimmt. Daraus können dann die zu erwartenden Kosten je Fehler überschlägig kalkuliert werden. Durch Addition über alle

Fehler ergeben sich die Gesamtkosten. Diese Kosten sind für ein angestrebtes Qualitätsniveau zu minimieren bzw. für gegebene Kosten ist das Qualitätsniveau zu maximieren. Sowohl Unter- als auch Überqualitäten sind zu vermeiden, Erstere verschrecken Kunden und lassen sie den Anbieter wegen mangelnder Zufriedenheit zukünftig meiden, Letztere werden von diesen nicht angemessen im Preis honoriert und belasten daher die Rentabilität.

Problematisch ist jedoch bei dynamischer Sichtweise, dass kostenverursachende, intertemporale und interpersonelle Ausstrahlungseffekte bestehen, z.B. durch Abwanderung von Kunden bei als unzureichend erlebter Produktqualität oder negativer Mund-zu-Mund-Propaganda, die kaum zuverlässig zu quantifizieren sind. Das heißt, die Kosten sind zwar auf diese Weise zumindest näherungsweise bekannt, aber Nutzen (Opportunitätskosten) bleiben unbekannt. Denkbar ist allenfalls die subjektive Quantifizierung von Kundentreue infolge guter Qualität, positiver Mund-zu-Mund-Propaganda dieser Kunden (Weiterempfehlung), Cross buying-Wirkung auf andere Programmelemente etc. Umgekehrt ist gegen Qualitätskosteneinsparungen der „Marktschaden“ aus Kundenabwanderung, negativer Mund-zu-Mund-Propaganda, fehlender Cross buying-Wirkung im Programm etc. zu stellen.

3.2.5 Qualitätswerkzeuge

Zur Erreichung bzw. Gewährleistung von Fehlervermeidung (oder spiegelbildlich Qualität) werden verschiedene Qualitätswerkzeuge eingesetzt. Sie dienen zur Feststellung von Problemen, der Eingrenzung von Problemgebieten, der Bewertung von Faktoren, die dafür ursächlich scheinen, der Feststellung der Ursächlichkeit, der Verhinderung von vermeidbaren Fehlern, der Wirkung von Verbesserungen und Feststellung von Ausreißern. Dazu im Folgenden veranschaulichende Einzelheiten *(siehe Abb. Qualitätswerkzeuge und Abb. Zusammenwirken der Qualitätswerkzeuge)*.

Die **Fehlersammelliste** ist die rationelle Erfassung und übersichtliche Darstellung von attributiven Daten (Fehlerkategorien) nach ihrer Art und Anzahl und wird vorwiegend für Routinearbeiten eingesetzt. Dazu ist eine exakte Kategorieabgrenzung und Datensammlung erforderlich. Die einfache Erfassung soll ohne Behinderung der Abläufe erfolgen und wahr sein. Dazu tragen eine unkomplizierte Erhebungsunterlage (Checklisten, Fehlerort-Darstellungen etc.) und eine Gebrauchsanweisung zur Erhebung sowie die Schulung des Erhebungspersonals und natürlich die eigentliche Ergebnisauswertung als übersichtliche Darstellung bei. Zur Erfassung dient eine Tabelle mit den bekannten oder vermuteten Fehlern sowie immer einem Merkmal „sonstiges“, die Anwendung der Fehlersammelliste und die Auswertung unter Beachtung neuer Fehler. Probleme dieses Verfahrens liegen jedoch darin, dass die zeitliche Abfolge der erfassten Daten verloren geht. Eine Trennung nach Herkunft erfordert zudem zusätzliche Aufzeichnungen, weshalb eine an sich unerlässliche Rückmeldung der Ergebnisse an die verursachende Stelle oft unterbleibt. Weiterhin werden nur vorgegebene Merkmale geprüft. Wichtig ist auch, dass dem

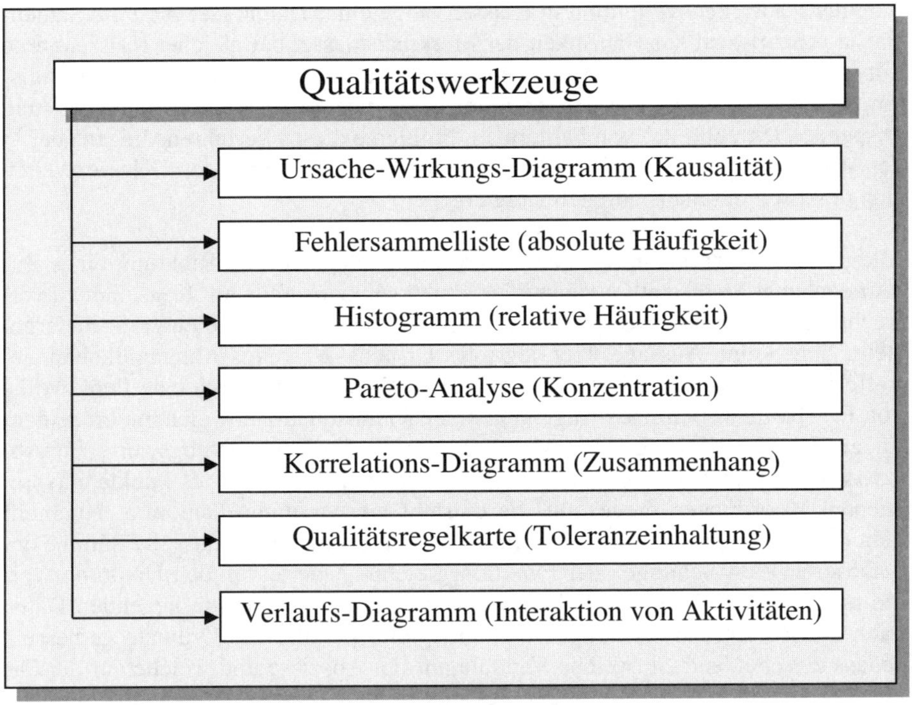

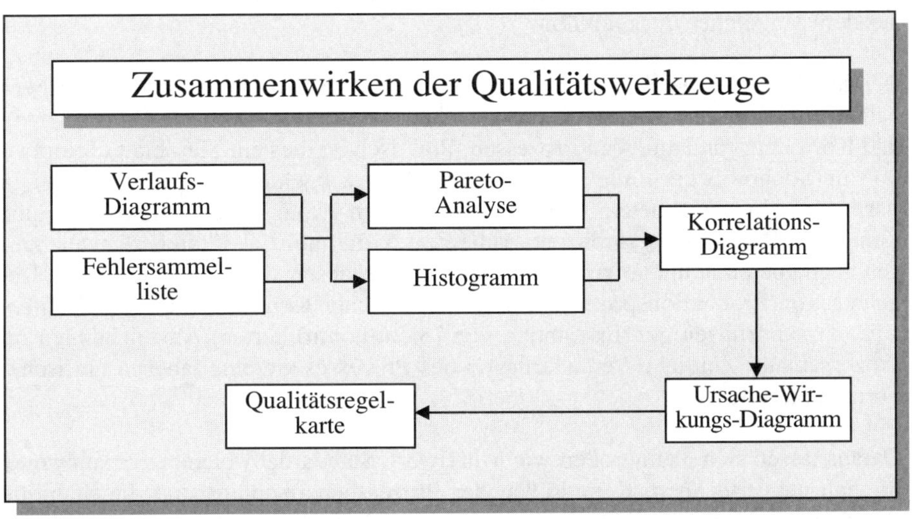

Mitarbeiter, der die Fehler sammelt, daraus keine nachteiligen Folgen entstehen dürfen.

Das **Histogramm** ist eine Auswertung der Häufigkeitsverteilung als Säulendiagramm (dabei ist auf die Klassenbreite zu achten). Es dient zur grafischen Darstellung der Häufigkeitsverteilung in Klassen eingeteilter Daten. Dabei ist die Säulenfläche proportional zur Häufigkeit der Merkmalsklasse, bei gleicher Klassenbreite gilt dies darüber hinaus auch für die Säulenhöhe. Zur Erfassung dienen Strichlisten und Häufigkeiten. Das Histogramm zeigt die Lokalisation (Mittenlage) und Dispersion (Streubreite) von Fehlern an. Probleme dieses Verfahrens liegen aber in der Wahl einer evtl. zu groben Klasseneinteilung und darin, dass Klassenweiten sich praktisch durchaus unregelmäßig ergeben.

Mithilfe des **Korrelationsdiagramms** können Intensität und Richtung eines Zusammenhangs festgestellt werden, dies ist jedoch keinesfalls mit Kausalität zu verwechseln. Es wird also nur die Beziehung zwischen zwei Variablen grafisch dargestellt, aber keine Aussage über logische Ursache-Wirkungs-Abhängigkeiten getroffen. Die Korrelationsfunktion wird zumeist als Gerade durch eine Punktwolke von Erhebungswerten nach Augenmaß oder Kleinstquadratabweichung etc. eingetragen. Bei der Kleinstquadrat-Methode werden die Beobachtungswerte auf Abszisse und Ordinate eines Koordinatensystems abgetragen und als Punkte entsprechender Koordinaten dargestellt. Es entsteht ein Streuungsdiagramm. Nunmehr geht es um die Formulierung einer Funktionsgleichung derart, dass die Summe der quadrierten Abweichungen der Funktionsgleichungswerte von den Ursprungswerten minimiert wird. Diese Funktion repräsentiert die zu Grunde liegenden Daten dann am Besten. Abweichungen werden immer parallel zur Ordinate gemessen, sodass entscheidend ist, welche Variable auf der Abszisse und welche auf der Ordinate abgetragen wird. Die Stärke des Zusammenhangs wird durch den Wert des Korrelationskoeffizienten gemessen, die Richtung des Zusammenhangs ergibt sich aus dem Vorzeichen der Funktion.

Bei der **Qualitätsregelkarte** handelt es sich um eine Dokumentation stichprobenhaft ermittelter, statistischer Kennwerte und Eingriffsgrenzen zur Überwachung und Korrektur von laufenden Prozessen. Praktisch ist dies ein Messblatt (Templaate) zur Stichprobenprüfung bei einfacher Prozessregelung mit Regelgrenzen in Form von eingezeichnetem Mittelwert und Warn- (rote Zone), Eingriffs- (gelbe Zone) und Beobachtungsgrenzen (grüne Zone), die meist als Standardabweichungen nach oben und unten vom Normalwert ausgewiesen sind. Sie dient bei der Regelung von Produktionsprozessen unter statistischer Kontrolle (bei beherrschtem Ablauf) zur frühzeitigen Erkennung von (nicht-kontrollierten) Abweichungen im Prozessablauf. Zeitliche Veränderungen des Prozesses werden dabei in grafischer Form dargestellt.

Daraus lassen sich Kenngrößen wie Mittelwert, Standardabweichung, Spannweite, Median etc. errechnen. Kenngrößen der Prozessbeherrschung sind die Stabilität der Niveau- oder Mittenlage eines Prozesses. Die Stabilität kann auf der Herstellungsebene beeinflusst und gesteuert werden, die Gleichförmigkeit der Prozessergebnisse kann hingegen i.A. dort nicht beeinflusst werden. Nunmehr werden identifizierbare Teillose gleichen Umfangs aus einem homogenen Produktionsabschnitt gebildet, um Verzerrungen durch Produktionsänderungen zu verhindern. Für die Datensammlung ist der Stichprobenumfang zu bestimmen. Dieser wird auf der Qualitätsregelkarte eingetragen und durch Auswerten/Zeichnen/Bestimmen der Eingriffsgrenzen beurteilt.

Probleme dieses Verfahrens liegen im oft kritiklosen Breiteneinsatz nach dem Gießkannenprinzip, in verletzten Voraussetzungen bei nicht beherrschten/nicht fähigen Prozessen, in fehlender Organisation der durchgängigen Teillos-Identifizierung, in der unterbleibenden Ergebnisauswertung (stattdessen nur Archivierung oder Problemanzeige ohne Abstellhinweis), in verzögertem Wirkungseinsatz wegen der erforderlichen Vorlauf-Stichprobe (zur Bestimmung der Toleranzgrenzen) und in hohem generellen Aufwand. Zudem ist keine ständige Verbesserung möglich. Daher besteht nur eine Eignung zur Feststellung von beherrschten und fähigen Prozessen und zur Anzeige zeitlicher Veränderungen sowie zur Steuerung der Serienproduktion auf Sollwert oder Toleranzeinhaltung für vorbeugende, fehlerverhütende Eingriffe. Diese sind bei einseitiger Verteilung von Werten, bei einer Trendlinie von Werten, bei zu großer Nähe am Mittelwert (Prozess zu genau eingestellt) und bei zu großer Nähe zu den Eingriffsgrenzen notwendig (jeweils auf Basis von sieben aufeinander folgenden Beobachtungen im Sollbereich) *(siehe Abb. Qualitätsregelkarte)*.

Das **Pareto-Diagramm** dient zur Prioritätensetzung auf die Vital few, es findet etwa Anwendung in der Organisation und Kundenbetreuung. Die Fehler werden dazu nach Häufigkeit als ein Säulendiagramm gerangreiht, das Ursachen von Problemen in der Reihenfolge ihrer Bedeutung grafisch darstellt. Eine Kategorisierung führt zur ABC-Analyse. Nur wenige Fehlerarten (A) rufen den größten Teil aller Fehler hervor. Daher erfolgt eine Sortierung der Fehlerarten nach absteigender Fehleranzahl, eine Kumulierung der Fehlerzahlen und eine Ermittlung der Fehlerhäufigkeiten (erstes Drittel A gilt für die am Häufigsten auftretenden Fehlerarten, letztes Drittel C gilt für die am seltensten auftretenden Fehlerarten, mittleres Drittel B liegt dazwischen). Die A-Fehler sind nun zuvörderst abzustellen. Erst wenn alle A-Fehler behoben sind, sollte man sich den B-Fehlerarten zuwenden. Probleme dieses Verfahrens entstehen oft daraus, dass im A-Bereich womöglich so viele Fehler liegen, dass die priorisierende Wirkung versagt.

Das **Ursache-Wirkungs-Diagramm** (Fischgrät-Analyse/Ishikawa-Diagramm) dient zur Ursache-Wirkungs-Erforschung von Inputfaktoren. Dabei geht es um die Problemformulierung, die Identifikation von Hauptursachen und Detailzuordnungen, die Überprüfung von Hypothesen und Ableitung einer Problemlösung. Es zerlegt mögliche bekannte Ursachen für ein Produktionsproblem in die Hauptursachen (Ursachen erster Ordnung) Mensch, Maschine, Material, Methode, evtl. Milieu (Umfeld) und Messung (6 M´s) sowie Nebenursachen (Ursachen weiterer Ordnung), die ihrerseits für die Hauptursachen ursächlich sind. Es ist grafisch in Form einer Baumverzweigung strukturiert. Dazu werden für ein gegebenes Produktionsproblem zunächst alle denkbaren Ursachen (zweiter und weiterer Ordnung) zusammengetragen und mindestens nach den Kriterien Mensch, Maschine, Material und Methode (als Ursachen erster Ordnung) geordnet. Aus diesen möglichen Ursachen werden die wahrscheinlichsten ausgewählt und auf ihr Potenzial

Qualitätsregelkarte

Prozessbezeichnung: *XWXWXW*

Stichprobenumfang:

456	328	783	648	200	853	490	421	302	249	589	575	483

Fehlerbeschreibung (evtl. nach Strichliste): *YZYZYZ*

Fehleranzahl abs.:

13	12	15	18	9	20	14	10	9	7	16	25	14

Fehlerrate in %:

2,9	3,7	1,9	2,8	4,5	2,3	2,8	2,4	3,0	2,8	2,7	4,3	3,0

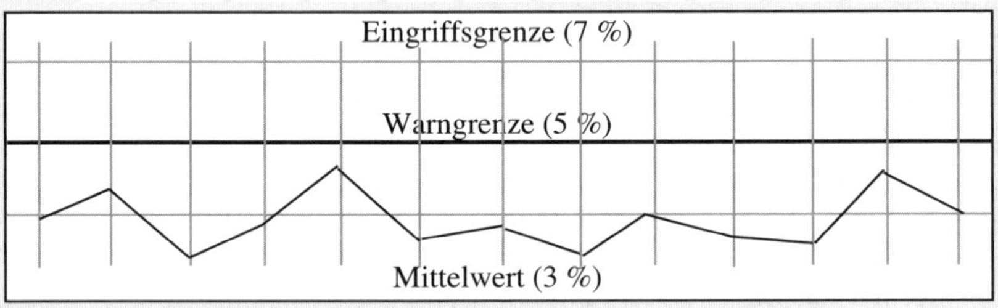

zur Behebung des gegebenen Qualitätsproblems hin untersucht. Stellt sich heraus, dass sie tatsächlich dafür ursächlich sind, werden zunächst alternative Lösungsmöglichkeiten zur Verbesserung entwickelt. Aus diesen wird dann die optimal geeignet erscheinende Lösung bestimmt und realisiert. Ist das Produktionsproblem damit immer noch nicht gelöst, wird die nächstwahrscheinliche Ursache ausgewählt und mit ihr in gleicher Weise verfahren, solange, bis das Problem gelöst ist. Dann wendet man sich in gleicher Weise dem nächsten Problem zu. Es besteht übrigens kein Zwang für die Anwendung der 4/6 M´s, denkbar ist auch ein Vorgehen nach Teilprozessen. Falls Verzweigungen zu zahlreich werden, sollte wegen des Erhalts der Übersichtlichkeit eine Aufteilung des Diagramms in Unterdiagramme vorgenommen werden *(siehe Abb. Ursache-Wirkungs-Diagramm)*.

Zum praktischen Vorgehen ist zunächst die Zusammenstellung einer sachverständigen Arbeitsgruppe erforderlich, der unbedingt Mitarbeiter „von der Basis" angehören sollen. In dieser Gruppe erfolgt die Vorklärung, ob ein in sich abgeschlossener Prozess oder eine Prozesskette analysiert werden muss. Darauf folgt die Tatsachensammlung, u.a. mit Hilfe von Kreativitätstechniken wie Brainstorming. Für diese Fakten wird ein Zusammenhang mit dem Ziel herzustellen gesucht, nämlich die Beherrschung der Prozesse. Dazu erfolgt eine Bewertung der als wesentlich er-

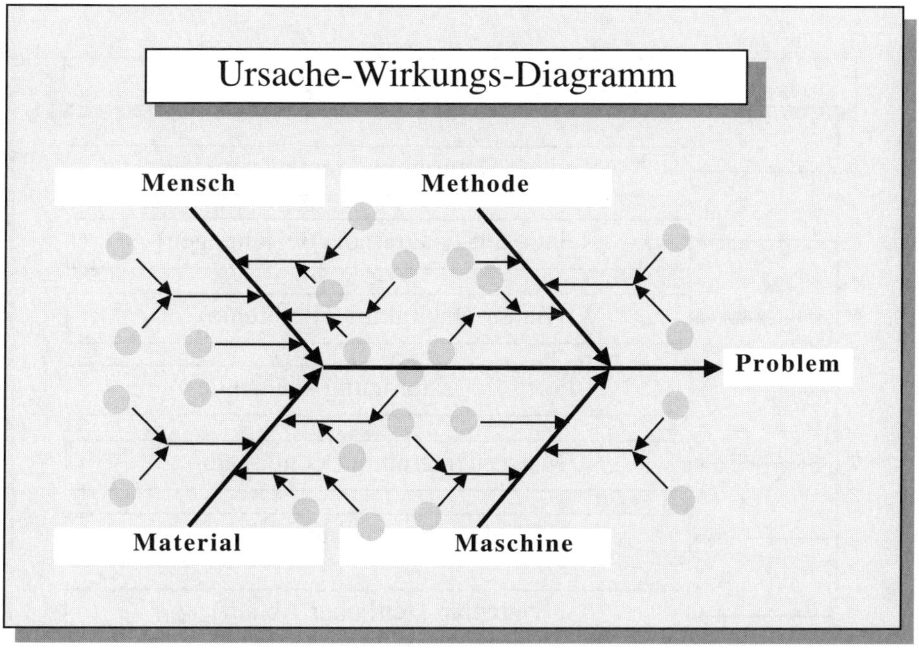

achteten Einflussgrößen, die dann einzeln untersucht werden. Die Durchführung erfolgt durch Aufschreibung der Ursachen auf Charts (ähnlich Mind map) oder, besser noch, Karten (ähnlich Meta-Plan), die flexibler einsetzbar sind und die Teilnehmer stärker aktivieren.

Problematisch ist dabei, dass diese Methode von Außenstehenden wegen ihrer Anschaulichkeit gern nur als Spielerei abgetan wird. Zudem führt die typischerweise hohe Komplexität von Problemen rasch zu unübersichtlichen Diagrammen. Auch gehen Wechselwirkungen zwischen Einflüssen verloren, da immer nur einseitige Abhängigkeiten betrachtet werden. Ebenso sind zeitliche Abfolgen von Problemursachen nicht darstellbar.

3.2.6 Managementwerkzeuge

Weiterhin stehen Managementwerkzeuge der Qualität, die logisch aufeinander aufbauen, aber durchaus auch einzeln einsetzbar sind, zur Verfügung. Dazu werden im Folgenden die jeweils beachtenswerte Einzelheiten näher erläutert *(siehe Abb. Managementwerkzeuge und Abb. Zusammenwirken der Managementwerkzeuge).*

Im **Affinitätsdiagramm** werden Ideen und Meinungen ermittelt, durch Zusammenfassung und Zuordnung zu einem Oberbegriff strukturiert und bewertet. Es geht also um die Subsumierung unter passende Oberbegriffe zur Schwerpunktbildung, Informationssammlung (Fakten, Schätzungen, Prognosen, Meinungen etc.)

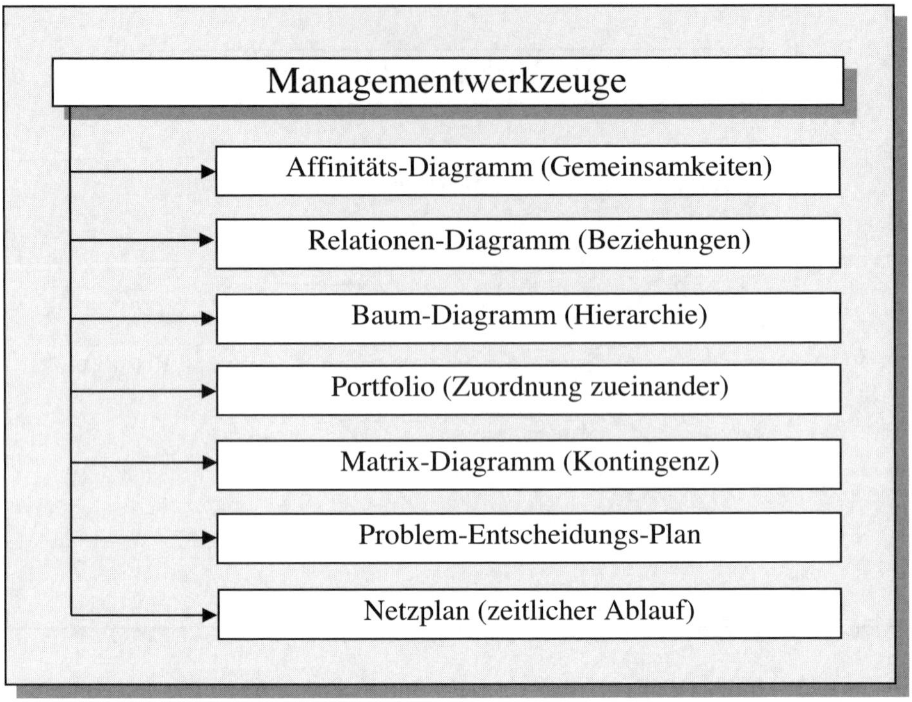

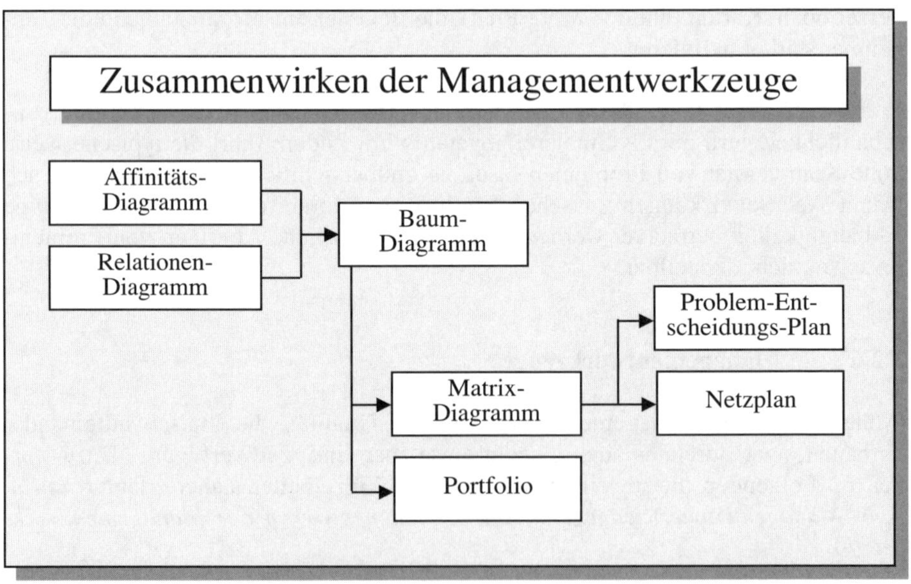

und Zuordnung zu Elementen (z.B. Produkten) mit Relevanz und Ordnung von Daten. Dies erfolgt zumeist auf Basis eines Brainstorming. Wichtig sind Hilfsmittel in der Durchführung (wie Meta-Plan), auf denen die einzelnen Stichworte notiert werden, und Pinnwände zur Sammlung der Karten.

Das **Relationendiagramm** erfasst die verschiedenen das Problem hervorrufenden Ursachen. Diese Ursachen werden entsprechend ihrer Bedeutung klassifiziert und Beziehungen zwischen den einzelnen Ursachen deutlich gemacht. Es kommt also ebenfalls zu einer Schwerpunktbildung, es erfasst aber vor allem Wechselwirkungen zwischen Elementen (Leistungen) für die strukturierte Darstellung und schafft damit Transparenz über ein Problem. Insofern geht es um Ursache-Wirkungs-Zusammenhänge eines zentralen Problems mit anderen Fakten durch Pfeile zur Darstellung von Wechselbeziehungen.

Das **Baumdiagramm** betrifft das Auffinden der zur Lösung eines Problems erforderlichen Mittel und Maßnahmen, die Operationalisierung der Schwerpunkte durch eine Ziel-Mittel-Darstellung und die Untergliederung von Themen. Dabei geht es um eine verkettete Ziel-Mittel-Folge, also die sequenzielle Darstellung. Es kommt somit zu einer systematischen Problemzerlegung in mögliche Ursachen (ähnlich Ishikawa-Diagramm, aber analytischer). Denn durch die Zerlegung des Problems und die Schaffung einer systematischen Übersicht über alle zur Problemlösung relevanten Mittel wird das Risiko, wichtige Lösungsansätze zu übersehen, vermindert. Oftmals werden auf diese Weise speziell fehlerbehaftete Ereignisabläufe beschrieben und bewertet.

Das **Matrixdiagramm** ermöglicht es, komplexe Wechselwirkungen zwischen Aspekten von Problemen in Spalten und Zeilen zu erkennen. So kann eine Ursache mehrere Auswirkungen haben wie auch eine Auswirkung durch verschiedene Ursachen hervorgerufen werden kann. Die Aspekte werden in Zeilen und Spalten notiert und die Zusammenhänge durch Symbole in den Schnittfeldern gekennzeichnet. Man unterscheidet L-Matrizen für den Zusammenhang von zwei Dimensionen untereinander (normale Matrix), T-Matrizen als Kombination aus zwei L-Matrizen (Zusammenhang von zwei Dimensionen einzeln mit einer dritten), Y-Matrizen mit drei Dimensionen untereinander und X-Matrizen als Kombination von vier L-Matrizen (vier Paare) bzw. zwei T-Matrizen.

Das **Matrix-Daten-Diagramm,** auch Portfolio genannte Verfahren, schafft die Reduktion großer Datenmengen auf eine zweidimensionale Darstellung im Koordinatensystem, dazu werden Betrachtungsdimensionen sowie Richtung und Stärke deren Ausprägung ausgewiesen. Insofern erlaubt es, eine große Anzahl von Daten unter Ausnutzung von Korrelationen auf die wesentlichen Zusammenhänge zu reduzieren und grafisch anschaulich darzustellen.

Der **Problem-Entscheidungsplan** soll bei der Umsetzung von Teilschritten auftretenden Schwierigkeiten entgegenwirken, indem potenzielle Störungen antizipiert und Gegenmaßnahmen für den Fall des Auftretens von Störungen geplant werden. Die Struktur des Baumdiagramms wird dazu systematisch auf Störungen hin untersucht und angestrebt, Schwierigkeiten bei der Umsetzung zu beherrschen. Der Plan kann grafisch oder textlich ausgelegt sein. Es geht also um die präventive

Untersuchung möglicher Probleme vor der Realisierung von Maßnahmen, Gegenmaßnahmen und Alternativen als Ergebnis.

Der **Netzplan** ist die übersichtliche Darstellung der zeitlichen Abfolge von Maßnahmen, die zum Erreichen eines Ziels geplant sind. Der Plan erleichtert das Erkennen gegenseitiger Abhängigkeiten einzelner Teilaktivitäten und somit die Planung und Kontrolle des gesamten Ablaufs. Es handelt sich also um Verfahren, mit denen Termine, Kosten und Kapazitäten für umfangreiche Projekte geplant, gesteuert und kontrolliert werden können (s.u.).

3.3 Zertifizierung

3.3.1 Intention der Qualitätsnormenreihe

Zertifikate sind ein Instrument zur Feststellung der Qualität in Kunden-Lieferanten-Beziehungen und können im Falle von gesetzlichen Vorschriften (Produkthaftung) als geeigneter Nachweis der Qualitätsfähigkeit eines Unternehmens dienen.

Zuerst wurden die Standards Nachfrage mächtiger Abnehmer zum Stand der Technik (State of the Art) in ihren Branchen. 1987 wurde dann eine internationale Vereinheitlichung als ISO 9000 - 9004 verabschiedet. Diese wurde in eine europäische Normung als EN 29000 - 29004 übernommen und zuletzt 2005 aktualisiert. Diese Leitfäden beschreiben einen Baukasten von Elementen, mit denen Qualitätsmanagementsysteme entwickelt werden können. Die Auswahl der geeigneten Elemente und der Umfang ihrer Übernahme und Anwendung hängt von den Bedingungen von Markt und Organisation ab. Die Normen legen Forderungen an das Qualitätsmanagementsystem für den Fall fest, dass ein entsprechender Nachweis für die Fähigkeit des Lieferanten verlangt wird. Diese ergänzen die Qualitätsanforderungen an das Produkt.

Das Ziel der DIN EN ISO 9000 ff. (DIN = Deutsche Industrie-Norm/EN = Europa-Norm/ISO = International organization for standardization) war die Sicherstellung der Erfüllung von Qualitätsanforderungen und die Schaffung einer gemeinsamen Basis für ein unabhängiges, transparentes, transferierbares Anbieter-Qualifikationssystem durch Abgleich betriebsindividueller Prozesse mit genau festgelegten Abläufen und deren sorgfältige Dokumentation. Die ISO wurde 1946 gegründet, um weltweite Normen für Produktion, Handel und Kommunikation einzuführen, 90 Länder sind zwischenzeitlich Mitglieder. Bei einer Norm handelt es sich um eine vom Gesetzgeber bzw. von einer Normungsinstitution definierte Spezifikation, im Gegensatz etwa zum Typ als hersteller- bzw. anwender-(gruppen-)bezogene Spezifikation oder Standard als von einer Vielzahl bzw. von allen Marktteilnehmern akzeptierte Spezifikation.

Normen sind im Übrigen in vielfältiger Form gebräuchlich, so als:

- Verständigungsnormen bzgl. Terminologie, Zeichen und Systemen (z.B. Definition von Kosten- und Qualitätsbegriffen, Korrekturzeichen, Symbolik in Konstruktionszeichnungen, Einteilung von Frequenzen),
- Sortierungsnormen bzgl. Einteilung von Größen und Qualitäten in Sorten und Klassen (z.B. Kohle, Koks),
- Typnormen bzgl. Abstufung bestimmter Produkte nach Art, Form, Größe etc., z.B. Arten von Elektromotoren, Kfz-Reifen, Batterien, Scheinwerfern,
- Planungsnormen bzgl. Baugrundsätzen für Entwurf, Berechnung, Ausführung und Betrieb von Anlagen, Bauwerken etc., z.B. statische Berechnungen und Ausführung von Betonbauten,
- Konstruktionsnormen bzgl. Gestaltung bestimmter Produktarten wie Guss- und Schmiedestücken,

- Abmessungsnormen bzgl. Abmaßen und zulässigen Toleranzen von Einzelteilen, z.B. Kopfform, Durchmesser, Schaft- und Gewindelänge, Gewindeart, Papierformate, Spurweiten von Bahnen,
- Stoffnormen bzgl. technischen, physikalischen und chemischen Eigenschaften von Produkten, z.B. Zugfestigkeit, Streckgrenze, Bruchdehnung, Kerbschlagzähigkeit von Baustählen,
- Gütenormen bzgl. qualitativen Eigenschaften von Sachgütern anhand objektiver Beurteilungskriterien, z.B. Güte von Zementsorten, HiFi-Norm,
- Verfahrensnormen bzgl. Herstellung und Behandlung von Erzeugnissen, z.B. Nitrieren und Galvanisieren von Stahl,
- Prüfnormen bzgl. bei Material- und Produktprüfungen anzuwendenden Methoden und einzuhaltenden Bedingungen, z.B. hinsichtlich Druck, Temperatur, Feuchtigkeit,
- Liefernormen bzgl. technischer Grundlagen für Vereinbarungen von Lieferungen (Incoterms),
- Sicherheitsnormen bzgl. einzuhaltender Schutzvorschriften, z.B. Schutzvorrichtungen bei elektrischen Einrichtungen, Anschlüsse von Gasflaschen.

Hinsichtlich der Normungsintensität wird nach Voll-, Teil- und Rahmennormen unterschieden, hinsichtlich des Geltungsbereichs nach betrieblichen oder überbetrieblichen Normen (verbandlich, national, international). Die Qualitätsnormen legen Standards und Kriterien für Qualitätsmanagementsysteme für den Fall fest, dass in einem Vertrag zwischen Anbieter und Abnehmer die Qualitätsfähigkeit des ersteren Partners, abgestuft nach dem Anteil der Eigenentwicklung, nachgewiesen werden muss.

Alle Normen sind einem ständigen Prozess der Anpassung und Erweiterung ausgesetzt, sodass im Zeitablauf einige Inkonsistenzen der Inhalte entstanden sind. Die Verantwortung für Qualität liegt dabei beim Management. Es bildet sich ein Qualitätskreis, der sich mit Fragen der Qualitätssicherung befasst und alle wesentlichen Abteilungen umfasst, evtl. ergänzt um Finanz- und Personalwesen. Die Ablauforganisation ist arbeitsfähig gegeben (Kommunikations- und Informationsmedien, Organigramme, Beschreibungen, Pläne, Anordnungen etc.). Die Mitarbeiter werden in geeigneter Form in das Qualitätskonzept eingebunden. In Audits werden die Strukturen des Qualitätsmanagement regelmäßig überprüft. Dabei ist die diesbezügliche Wirtschaftlichkeit von Entscheidungen und Maßnahmen sicherzustellen. Es gibt ein Pflichtenheft für qualitätsrelevante Prozesse. Alle Prozesse werden von Anfang an in die Planung integriert, dies beginnt bei den Einsatzfaktoren, setzt sich bei der Durchführung fort und endet mit den Verwertungsergebnissen und deren Nachbetreuung. Wahl und Anwendung von Messmitteln und Prüftechniken müssen dabei dem jeweilig aktuellen Wissensstand entsprechen. Die Bearbeitung von Fehlern und Mängeln ist so vorzunehmen, dass Erfahrungen daraus darauf verwendet werden können, derartige Vorkommnisse in Zukunft zu vermeiden. Möglichkeiten der Entsorgung, der sparsamen Ressourcenverwendung und des Umweltschutzes sollen jeweils prominent berücksichtigt werden.

Den Beschluss zur Einführung eines Qualitätsmanagementsystems muss die **oberste Unternehmensleitung** treffen, die zugleich einen Qualitätsmanagementbeauftragten ernennt, der für Einführung und Pflege des Qualitätsmanagementsystems zuständig ist. Weiterhin müssen die Ziele der Qualitätspolitik in Abstimmung mit den beteiligten Mitarbeitern formuliert und operationalisiert werden. Je konkreter und je individueller, desto besser, wobei die beteiligten Mitarbeiter das Fachwissen stellen. Das Top-Management hat dabei eine Vorbild-, Motivations- und Informationsfunktion, um organisationale Widerstände zu umgehen. Oftmals werden dafür auch externe Berater hinzugezogen.

3.3.2 Elemente der Zertifizierung

Zunächst werden alle Unterlagen gesammelt, die ausdrückliche Anforderungen an das Qualitätsmanagementsystem stellen, wie extern Gesetze, marktforscherisch erhobene Kundenerwartungen, eingegangene Kundenforderungen, Normen, Richtlinien etc. sowie intern Organigramme, Stellenbeschreibungen, Leistungsabläufe, Produktionsverfahren etc. Auf dieser Basis wird die tatsächliche betriebliche Praxis möglichst detailliert erfasst und dokumentiert. Durch Vergleich des tatsächlichen und des geforderten Zustands ergibt sich eine Schwachstellenanalyse für Fehlerquellen und -ursachen.

Die Prozesse und Schnittstellen werden anschließend dokumentiert. Dabei ist zu vermeiden, Prozesse unnötig eng zu definieren und unkritische Prozesse zu regeln. Dies führt nur zum häufig unterstellten, aber vermeidbaren Administrationswust der Qualitätsnormen. Man kann vier Ebenen der Dokumentation unterscheiden.

Das **Qualitätssicherungshandbuch** ist eine Dokumentation über die grundsätzliche Einstellung des Management sowie seine Absichten und Maßnahmen zur Sicherung und Verbesserung der Qualität im Unternehmen. Es enthält grundsätzliche Aussagen über die Qualitätspolitik des Unternehmens, Regelungen zur Verantwortung und Zuständigkeit sowie Einbeziehung der Mitarbeiter, die Festlegung der organisatorischen Ausgestaltung sowie Verfahren und Anweisungen zur Umsetzung einzelner Maßnahmen. Damit gibt es einen Überblick der Aufbau- und Ablauforganisation mit Verweisen zu mitgeltenden Unterlagen (wie Formblättern, Tabellen, Listen etc.). Es beinhaltet die Ziele und die Politik des Unternehmens, den Kompetenzbereich der Unternehmensleitung, die Verteilung der Kompetenzen und die Qualitätsstandards. Es bietet als ständige Referenz eine adäquate Beschreibung des Qualitätssystems. Inhalte sind Bezeichnung, Umfang und Gebiet der Anwendung, Inhaltsverzeichnis, einleitende Ausführungen über das Unternehmen, eigentlicher Handbuchinhalt inkl. identifizierter Überarbeitungen, Genehmigungen und Ergänzungen, Qualitätspolitik der Organisation, Regelungen über Verantwortungen und Zuständigkeiten, Beschreibung des Qualitätssystems, Definition, Index etc. Die Herausgabe erfolgt durch die Unternehmensleitung, zumeist in zwei Ausgaben, je eine für interne Zwecke (mit ständiger Aktualisierung und detailliertem Wissen) und für externe Zwecke (zur Selbstdarstellung). Die externe Ausgabe ist

Inhalte eines Qualitätssicherungshandbuchs

1. Vorwort und Verbindlichkeitserklärung der Geschäftsleitung
2. Hinweise zur Benutzung des Handbuchs
3. Firmenprofil der XYZ
4. Unternehmensphilosophie der XYZ
5. Organisationsstruktur und Verantwortung der Abteilungen in Bezug auf das Qualitätssicherungssystem
6. Aufbau des Qualitätssicherungssystems
7. Richtlinien zur Vertragsprüfung
8. Abläufe der Produktentwicklung
9. Umgang mit Dokumenten
10. Lieferantenauswahl und Beschaffung
11. Behandlung bereitgestellter Produkte
12. Rückverfolgbarkeit und Identifikation von Produkten und Bauteilen
13. Aufgaben der Fertigung
14. Qualitätsprüfungen
15. Prüfmittelüberwachung
16. Kennzeichnung des Prüfstandes von Fertigungsteilen und Produkten
17. Behandlung fehlerhafter Teile und Unterlagen
18. Korrekturmaßnahmen zur Beseitigung von Fehlerursachen
19. Handhabung, Lagerung, Verpackung und Versand von Bauteilen und Produkten
20. Erstellung von Qualitätsaufzeichnungen
21. Überprüfung des Qualitätssicherungssystems durch interne Audits
22. Kennzeichnung des Prüfstandes von Fertigteilen
23. Mitarbeiterschulungen
24. Aufgaben des Außendienstes
25. Statistische Verfahren bei den Prüfungen
26. Produktsicherheit und Haftung

oft Vertragsgrundlage zwischen Lieferant und Kunde. Das Handbuch besteht formal aus Deckblatt, Benutzerhinweisen, Liste der gültigen Abschnittsausgaben, Inhaltsverzeichnis, Vorwort, Hauptteil und Anhang *(siehe Abb. Inhalte des Qualitätssicherungshandbuchs)*.

Der **Qualitätsplan** legt die spezifische Reihenfolge der erforderlichen Abläufe und Kontrollen fest. Er enthält die Qualitätsziele des Unternehmens, die Verantwortung des Management und die Erfüllung der verschiedenen Anforderungen nach Normenreihe.

Die **Verfahrensanweisungen** zu den Qualitätsmanagementelementen legen den Grad der Verantwortung und der Entscheidungsfreiheit jeder Unternehmensfunktion sowie die notwendigen Schritte zur Realisierung des Qualitätssystems fest. Sie gelten bereichsübergreifend und stellen eine praktikable Arbeits- und Orientierungshilfe für Mitarbeiter dar. Sie sind Verfahrensinstruktionen, deren Nichtvorhandensein die Qualität der Leistung negativ beeinflussen würde. Die Aktivitäten umfassen die Erstellung, Implementierung und Durchführung. Inhalte sind Details der Dokumentationskontrolle, Zweck und Wirkungsrahmen, Verantwortung, Verfahren, Dokumente, Aufzeichnungen etc.

Die **Arbeits- und Prüfanweisungen** schließlich enthalten genaue Anweisungen für einzelne Tätigkeiten zum internen Gebrauch und sind damit Grundlage der individuellen Arbeit. Sie werden aus den relevanten Verfahrensrichtlinien abgeleitet und enthalten Angaben über Qualitätsziele, Kundenzufriedenheit, stetige Qualitätsverbesserung, Korrekturen, Sublieferantenauswahl, Mitarbeiterqualifikation etc. Dort wird in allen Einzelheiten beschrieben, wie die Mitarbeiter ihre jeweiligen Aufgaben auszuführen haben.

Um die Wirksamkeit der Umsetzung des Qualitätsmanagementsystems im Betrieb zu prüfen, werden Audits durchgeführt. Ein Audit ist die systematische, unabhängige Untersuchung einer Aktivität und deren Ergebnisse, durch die Vorhandensein und sachgerechte Anwendung spezifizierter Anforderungen beurteilt und dokumentiert werden. Audits sind moderne Informationssysteme über Wirksamkeit und Schwachstellen. Sie beziehen sich auf einzelne Produkte (Produkt-Audit/Ergebnisse) oder Verfahren (Verfahrens-Audit/Prozesse) oder komplexe Zusammenhänge (System-Audit/intern oder extern als Zertifizierung).

Audits können durch eigene Mitarbeiter, von Kunden oder von neutralen externen Stellen durchgeführt werden. Interne Audits sind fester Bestandteil von Qualitätsmanagementsystemen (Grundlage sind Checklisten, Formblätter o.Ä.). Jeweils ist dabei die Qualifikation der Auditoren/Mitarbeiter im Team entscheidend für die Aussagefähigkeit. Der Audit-Bericht ist die Grundlage für die Durchführung von angeregten Verbesserungen. Audits sollen regelmäßig durchgeführt werden, um eine stete Einhaltung der Anforderungen zu gewährleisten und Regelungen veränderten Umfeldbedingungen adäquat anzupassen. Entsprechend ist die Dokumentation zu aktualisieren.

Die Vorbereitung zur Zertifizierung umfasst im Einzelnen mehrere Elemente. Durch die **Bildung eines Lenkungsausschusses und Schulung seiner Mitglieder** werden zunächst Betroffene zu Beteiligten gemacht. Der sachverständige Umgang mit Qualitätsnormen erfordert allerdings eine gründliche Schulung. Die Aufgaben des Lenkungsausschusses sind im Einzelnen die Überprüfung eines evtl. bereits vorhandenen Qualitätssicherungshandbuchs, die Auswahl der Norm, nach der zu zertifizieren ist, die Feststellung anderer Normeninhalte, die damit verknüpft sind und die Herstellung eines Konsens zur weiteren Vorgehensweise.

Bei der **Suche nach einem Auditor** ist zu berücksichtigen, dass dabei eine lange Zusammenarbeit angestrebt wird, sodass die Wahl des Zertifizierers gut überlegt sein will, geht es doch nicht nur um eine einmalige Zusammenarbeit, sondern um eine kontinuierliche, konstruktive Kooperation im Rahmen von Überwachungs-, Wiederholungs-, Aufstockungs-Audits etc. Oftmals schreiben Nachfrage mächtige Abnehmer ihren Lieferanten auch bestimmte Zertifizierer vor. Der Auditor wird durch eine Akkreditierungsstelle ernannt, im Falle der Zertifizierung wird das zertifizierte Unternehmen in eine allgemein zugängliche Liste aufgenommen. Für die Auswahl des Auditors ist u.a. entscheidend, ob er über spezielle Kenntnisse in der Branche verfügt, ob er in den Ländern, in denen ein Unternehmen tätig ist oder sein will, akkreditiert ist, ob er Referenzen von Kunden vorlegen kann, ob seine Tarifstruktur transparent ist, ob eine unverzügliche Durchführung gewährleistet scheint, ob räumliche Nähe gegeben ist und eine differenzierte Beurteilung erfolgt. Weiterhin ist interessant, ob ein Wiederholungs-Audit bei erstmaligem Nichtbestehen möglich ist, ob Vertraulichkeitsvereinbarungen über Kenntnisse in Zusammenhang mit der Auditierung getroffen werden und ob das Personal des Auditors hinreichend geschult und erfahren ist.

Die **Zuweisung der Verantwortlichkeit** für Qualitätssicherung ist wichtig zur Verdeutlichung des Stellenwerts des Zertifizierungsprojekts. Für die Strukturierung der Durchführungsbestimmungen bietet sich eine hierarchische Struktur nach Gesamtunternehmensebene, Werks-/Gruppenebene und Abteilungsebene an. Die Erstellung der Qualitätssicherungshandbücher sollte durch die betroffenen Abteilungen selbst erfolgen. Das sichert das Engagement der Mitarbeiter, entspricht den tatsächlichen Bedürfnissen der Abteilungen und schafft ein hohes Maß an Konkretisierung. Die Anlage der umfangreichen Dokumentationen sollte von den unmittelbar Beteiligten festgelegt werden, die sich am Besten mit den behandelten Aufgaben auskennen.

Das **Qualitätssicherungshandbuch** entsteht durch Zusammenfassung der individuellen Verfahrensanweisungen und detaillierten Arbeitsanweisungen. An dessen Inhalte müssen sich alle Stellen gebunden fühlen. Unzureichende Dokumentationen sind oftmals Gründe für das Scheitern von Zertifizierungsverfahren. Evtl. müssen daher Korrekturen der Inhalte und Abläufe vorgesehen werden. Zu den Aufzeichnungen gehören im Einzelnen Protokolle, Qualitätspläne, Ausführungsskizzen, Kundenspezifikationen, Verträge, angewandte Normen, Lieferantenlisten, Prüfaufzeichnungen, Kundenbeschwerden, interne Audit-Berichte, Belege für Personalschulungen etc. Diese Dokumente sind mit Seite, Datum, Unterschrift etc. zu versehen und allen Betroffenen zugänglich zu machen. PC-Software erleichtert die Führung, Zurückverfolgung und Aktualisierung dieser Dokumente. Hinzu kommt die Möglichkeit der Fälschungssicherheit entsprechender Programme, die vor allem als Beweismittel in Produkthaftungsverfahren dienlich ist.

Damit das System funktioniert, müssen **alle Mitarbeiter es kennen und verstehen.** Vor allem geht es um die Mitarbeiterausbildung zur Implementierung der Normen am Arbeitsplatz. Hilfreich ist die Bildung eines Qualitätssicherungsteams für jeden Betriebsbereich. Ein System zur Weiterentwicklung von Qualitätsdokumenten gewährleistet, dass alle Veränderungen berücksichtigt werden bzw. Qualitätsdokumente für Mitarbeiter Anlass zu solchen Verfahrensänderungen sind. Einmal aufgetretene Fehler dürfen ein zweites Mal nicht mehr vorkommen. Daher müssen Fehler bis zur Quelle zurückverfolgt und dort Vorkehrungen getroffen werden, dass diese nicht mehr entstehen können.

Eine große Chance bietet die Nutzung **interner Audits.** Diese sollten auf möglichst kleiner Aggregationsebene an verschiedenen Stellen im Unternehmen vorgenommen werden. Dazu sind entsprechend geschulte bzw. zu schulende Mitarbeiter zu benennen, die diese Aufgaben übernehmen. Dadurch können Schwachstellen bereits im Ansatz erfasst und behoben werden, bevor es zum aufwändigen externen Audit kommt. Selbst, wenn ein solcher externer Audit nicht vorgesehen ist, geben interne Audits wichtige Anregungen für die Verbesserung der Qualitätsprozesse im Unternehmen.

3.3.3 Vorgehen der Zertifizierung

Die Qualitätsleistung unterliegt dabei gleich mehreren Prüfungen. Die **Erstprüfung** erfolgt durch den Anbieter selbst (First party audit), diese Angaben wirken jedoch als bloße Eigenwerbung, die **Zweitprüfung** erfolgt durch Kunden des Anbieters (z.B. als Referenzgeber/Second party audit), diese Aussagen können zur Akquisition verwendet werden, die **Drittprüfung** schließlich erfolgt durch unabhängige externe Prüfer (Zertifizierung/Third party audit) und hat daher den Charakter eines Gütesiegels. Zertifizierung ist dann die Prüfung des Anbieters durch einen unabhängigen Dritten zum Erhalt eines Zertifikats, das die Übereinstimmung (Konformität) der Leistungserstellung (Geschäftsprozesse, nicht hingegen der Leistungsergebnisse selbst) mit bestimmten Anforderungen und Normen ausdrückt. Als Prüfungsgrundlage dient die DIN EN ISO-Normenreihe. Die Zertifizierung ist Ziel des Qualitäts-Audit als systematische und unabhängige Untersuchung, um festzustellen, ob die qualitätsbezogenen Tätigkeiten und die damit zusammenhängenden Ergebnisse den geplanten Anordnungen entsprechen, und ob diese Anordnungen wirkungsvoll verwirklicht und geeignet sind, die gesetzten Ziele zu erreichen. Dem liegt die Annahme zu Grunde, dass geregelte und fehlerlose Prozesse die Wahrscheinlichkeit für hochqualitative Ergebnisse erhöhen, implizit also auch die Leistungsqualität erhöht bzw. gesichert wird (was explizit wegen der Subjektivität der Qualität nicht möglich ist).

Externe Zielsetzungen einer Zertifizierung sind u.a. der Nachweis der Erfüllung der Qualitätsanforderungen, die Transparenz für Kunden, die Förderung und Erleichterung der Geschäftsprozesse, der Aufbau effizienter Kunden-Lieferanten-Beziehungen, die Festigung und Verbesserung des Images, die Erweiterung des potenziellen Kundenkreises, die Verbesserung der Wettbewerbssituation etc. Hinzu kommen interne Zielsetzungen wie die Optimierung der Betriebsabläufe, die Dokumentation der Geschäftsprozesse, die Steigerung der Produktivität, die Motivation der Mitarbeiter, die Reduzierung der Kosten, der Abbau von Schwachstellen, die schnellere Einarbeitung neuer Mitarbeiter etc.

Die Zertifizierung erfolgt immer extern. Die Aussagefähigkeit des Zertifikats hängt von der Qualität der Prüfung ab. Diese wiederum ist von Ausbildung, Unabhängigkeit, Überwachung und Prüfungsstandards der Zertifizierer abhängig. Der Markt für Zertifizierer ist nicht reglementiert, die Besseren von ihnen sind jedoch

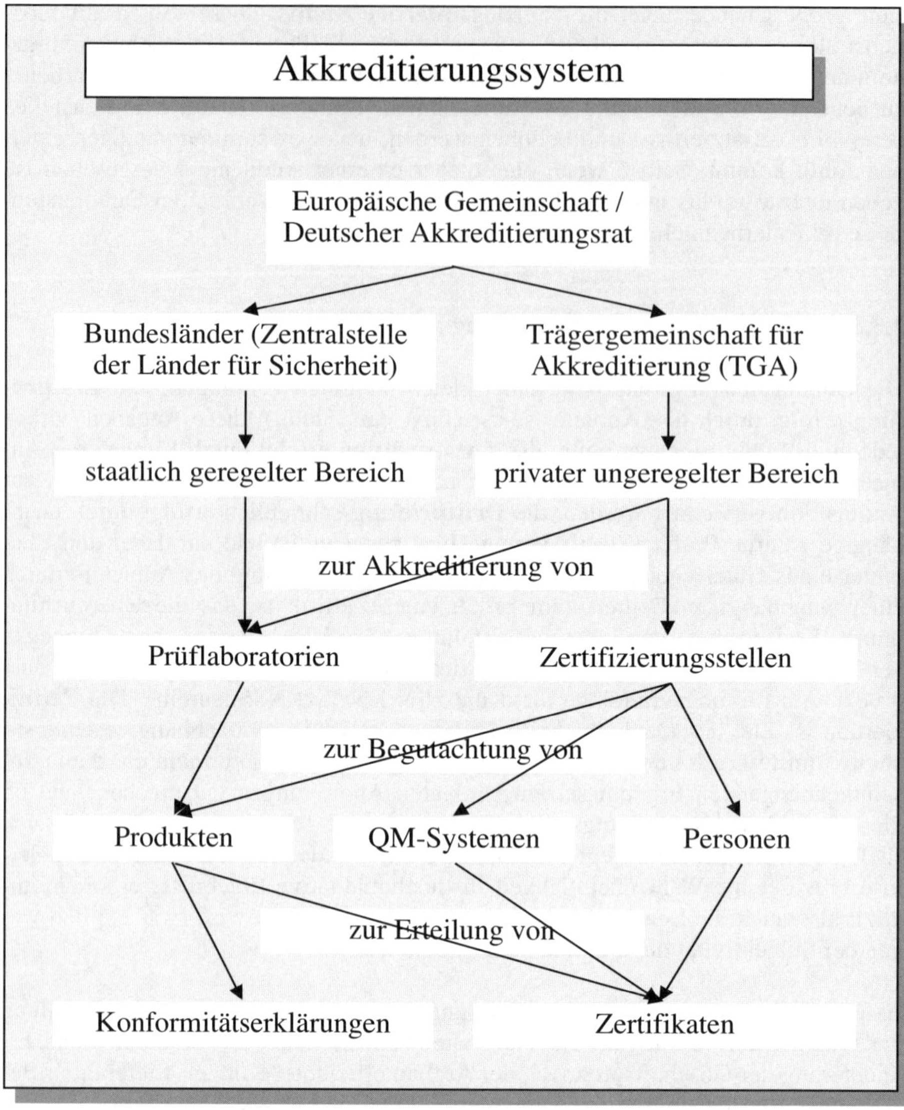

in der Trägergemeinschaft für Akkreditierung (TGA des Deutscher Akkreditierungsrats/DAR) zusammen geschlossen (dazu gehören die Organisationen Dekra, VdTÜV, GTÜ, KÜS, TFÜ, GTS, GÜK, VÜK). Diese hat sich hoch stehende Ziele auf die Fahnen geschrieben wie die Förderung der deutschen Wirtschaft und des Gemeinwohls, indem Qualitätsmanagementsysteme nach einheitlichen Regeln geprüft und zertifiziert werden. Sie gewährleistet die Kompetenz, Unabhängigkeit und Integrität der Zertifizierungsstellen, welche die Anforderungen nach DIN EN 45012 zu erfüllen haben. Innerhalb der EU werden Zertifizierungen durch nationale Stellen gegenseitig anerkannt. Außerdem ist eine Akkreditierung bei der European organization for testing and certification möglich.

Dabei sind nunmehr drei Begriffe zu unterscheiden. **Akkreditierung** bedeutet die formelle Anerkennung der Kompetenz eines Prüflaboratoriums, bestimmte Prüfungen oder Prüfungsarten auszuführen. Die Akkreditierungsstelle wendet ein Akkreditierungssystem an und verwaltet bzw. gewährt Akkreditierungen. Die Akkreditierung beruht auf einer (europaweit gültigen) Kompetenzprüfung (*siehe Abb. Akkreditierungssystem*).

Zertifizierung der Konformität ist diejenige Maßnahme durch einen unparteiischen Dritten, die aufzeigt, dass angemessenes Vertrauen besteht, dass ein ordnungsgemäß bezeichnetes Erzeugnis oder Verfahren sich in Übereinstimmung mit einer bestimmten Norm oder einem bestimmten anderen normativen Dokument befindet. Die Zertifizierungsstelle führt solche Zertifizierungen der Konformität durch.

Konformitätserklärung ist die Feststellung eines Anbieters, der unter seiner alleinigen Verantwortung erklärt, dass ein Erzeugnis oder Verfahren mit einer bestimmten Norm oder einem anderen normativen Dokument übereinstimmt. Entsprechend gekennzeichnete Produkte entsprechen den technischen Harmonisierungsrichtlinien der EU und dürfen daher im europäischen Binnenmarkt in den Verkehr gebracht werden. Hersteller, deren Erzeugnisse der Kennzeichnungspflicht unterliegen (z.B. Telekommunikationsendgeräte), erklären also mit der Anbringung des CE-Zeichens (für Communauté Européenne) gegenüber der Gewerbeaufsicht die Konformität mit allen für ihre Leistungen gültigen Forderungen einer europäischen Richtlinie (z.B. technische Sicherheit, Gesundheits-, Arbeits-, Umweltschutz).

Die CE-Kennzeichnung stellt kein Herkunftszeichen dar und ist auch kein Qualitäts- oder Gütezeichen, sondern eine „Freihandelserlaubnis". Ein Hersteller, dessen Erzeugnisse der Kennzeichnungspflicht unterliegen, erklärt mit der Anbringung des CE-Zeichens gegenüber der Gewerbeaufsicht dessen Konformität mit allen für sein Produkt gültigen Vorschriften. Für nach solchen Normen hergestellte Produkte gelten die Sicherheitsanforderungen der EU-Richtlinien als erfüllt. Sie können dann nicht mehr mit Hinweis auf mangelnde Qualitätsanforderungen oder unzureichende Sicherheit zurückgewiesen werden. Für nicht geregelte Bereiche gilt eine Prüfpflicht durch anerkannte Stellen. Es gibt insgesamt mehrere Module abgestuft nach Produktart bzw. Gefährdung zur Kennzeichnung:

- Modul A (interne Fertigungskontrolle): Der Hersteller erklärt ohne Zuhilfenahme Dritter in voller Eigenverantwortung die Konformität seines Produkts mit den grundlegenden Sicherheitsanforderungen der EU-Richtlinie. Dies gilt sowohl für die Entwurfs- wie auch für die Produktionsphase.
- Modul B (Baumusterprüfung): Der Hersteller unterzieht sich während der Entwicklungsphase einer Baumusterprüfung. Die Module C bis F, die für die Produktionsüberwachung stehen, müssen dabei zusätzlich angewendet werden.
- Modul C (Konformität mit Bauart): Der Hersteller gibt auf Grund der Baumusterprüfung eine Konformitätserklärung ab. In einzelnen Richtlinien überprüft

die Prüfstelle stichprobenartig an einzelnen der Produktion entnommenen Baumustern bestimmte Sicherheitsaspekte des Produkts.
- Modul H (QMS-Produktion): Der Hersteller gibt auf Grund der Baumusterprüfung eine Konformitätserklärung ab und unterhält ein ISO-zertifiziertes Qualitätsmanagementsystem. Die Konformitätserklärung berücksichtigt ggfs. die EU-Entwurfsmusterprüfbescheinigung.
- Modul F (Prüfung bei Produkten): Der Hersteller gibt auf Grund der Baumusterprüfung eine Konformitätserklärung ab. Er unterhält in seiner Fertigung jedoch kein zertifiziertes Qualitätsmanagementsystem. Die Prüfstelle überwacht und überprüft entweder vollständig oder stichprobenartig pro Fertigungslos die Übereinstimmung mit dem genehmigten Baumuster (Typprüfung).
- Modul G (Einzelprüfung): Dieses Modul ist im Wesentlichen für die Einzelfertigung vorgesehen. Die Prüfstelle überprüft bei den einzelnen hergestellten Produkten die Übereinstimmung mit den grundlegenden Sicherheitsanforderungen der EU-Richtlinie.

Die Durchführung einer Zertifizierung erfolgt in **Abschnitten** und wird meist durch ein Auditorenteam aus zwei qualifizierten Qualitätsmanagementfachleuten vorgenommen. Nach jedem Abschnitt besteht die Möglichkeit zu Abbruch (Drop) oder Weitermachen (Go).

Der erste Abschnitt besteht aus einer Fragenliste zur **Selbstbeurteilung** und zur **Wahl der Zertifizierungsnorm**. Hier kommt es auf die Vollständigkeit, die Relevanz, die Präzision und die Wirksamkeit der gewählten Norm an. Für diese Entscheidung kann zunächst Informationsmaterial vom Auditor angefordert werden. Die Fragenliste fordert Angaben zur Aufbauorganisation des Unternehmens und zu den wichtigsten Forderungen der DIN EN ISO-Normenreihe. Sie dient der Feststellung evtl. größerer Nichtkonformitäten mit den genormten Anforderungen. Darüber erfolgt ein Bericht an das Unternehmen. Oft werden diese Inhalte bereits durch interne (Teilzeit-)Auditoren abgedeckt (um Kosten zu sparen).

Im Anschluss an den Vertragsabschluss mit dem Zertifizierer informiert das Unternehmen ihn im Rahmen einer formalisierten Selbstauskunft, auf deren Basis die Zertifizierung eingeleitet wird. Die Ergebnisse werden in einem Auswertungsgespräch erläutert, auf Wunsch kann ein Voraudit als vertrauensbildende Maßnahme erstellt werden und die Chancen zur Zertifizierung sondieren. Daraus ergeben sich bereits Hinweise auf Anwendungsschwächen, ohne aber konkrete Vorgaben zur Änderung zu machen.

Der zweite Abschnitt besteht aus der **Prüfung des Qualitätssicherungshandbuchs** durch den benannten Audit-Leiter und einen unabhängigen zweiten Auditor. Damit ist nunmehr das Audit-Team festgelegt und genehmigt. Danach wird der genaue Prüfungsablauf festgelegt. Vom Audit-Leiter wird der Inhalt der Dokumentation auf die Einhaltung der Forderungen der gewählten ISO-Norm (Konformität) geprüft (*siehe Abb. Hierarchie des Qualitätsmanagement*).

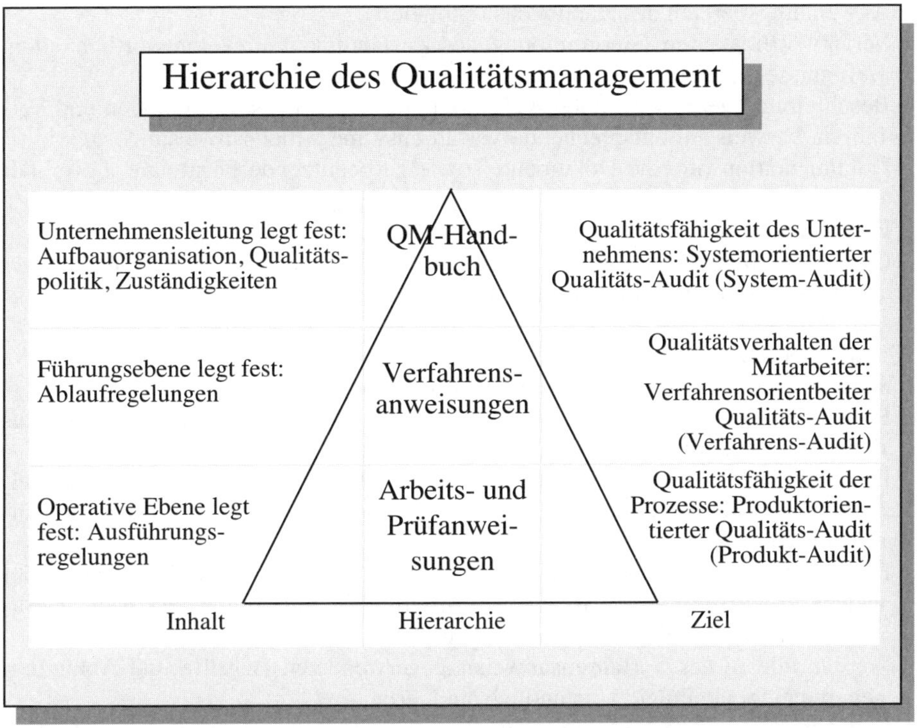

Das Qualitätssicherungshandbuch ist ein Dokument, das die Ausführungen zur Qualitätspolitik enthält und das Qualitätsmanagementsystem einer Organisation beschreibt sowie nur zum internen Gebrauch bestimmt ist. Es enthält die Darstellung der unternehmerischen Zielsetzungen in Bezug auf Qualität und die Darlegung des Stellenwerts der Qualität im Wertgefüge des Unternehmens, die Beschreibung der Aufbau- und der Ablauforganisation, die Festlegung von Verantwortlichkeiten und Zuständigkeiten und die Ausführungen zur Organisation von Einzeltätigkeiten und bereichsübergreifenden Arbeiten.

Eine abgestrippte Version wird auch für Externe zur Verfügung gestellt. Das Handbuch hat die Funktion eines Nachschlagewerks, es ist ein lebendes Dokument. Es ist möglichst als Loseblatt-Sammlung aufzubauen und mehrteilig aufgebaut (Teil I: Angaben zur Organisation, zum Gebrauch, zur Herausgabe und zur Pflege des Handbuchs, Teil 2: Ausführungen zu den Qualitätsmanagementelementen, Teil III: Anlagen wie Verfahrensanweisungen, Arbeitsanweisungen, Belege, Formblätter, mitgeltende Dokumente, Auflistung der zitierten Normen und Richtlinien). Teil I und II sind für Führungskräfte und Externe gedacht, Teil III wird an Mitarbeiter verteilt.

Als übliche Inhalte des Qualitätssicherungshandbuchs können folgende gelten:

- Zweck und Ziel des Qualitätsmanagement (Beschreibung der Ziele, Beschreibung der Motivation zur Verwirklichung dieser Ziele),

- Anwendungsbereich des Handbuchs (expliziert),
- Verantwortlichkeiten (Beschreibung der Zuständigkeiten, Verantwortlichkeiten, Befugnisse und Pflichten),
- Beschreibung der angewandten Verfahren (Ablauf, Prozesse, Methoden und Verfahren, Verweis auf entsprechende Verfahrens- und Arbeitsanweisungen),
- Dokumentation (interne Dokumente sowie zu benutzende Formulare, Formblätter),
- Referenzen (externe Dokumente, die nicht dem Änderungsdienst unterliegen),
- Qualitätsindikatoren (Kriterien, mit denen die Wirksamkeit des Qualitätsmanagementsystems kontinuierlich erfasst und dokumentiert wird.

Daneben bestehen zumeist weitere Verfahrensanweisungen. Anforderungen an die Inhalte von **Verfahrensanweisungen** sind vor allem folgende:

- Haben das Verfahren und die Verfahrensanweisung einen eindeutigen Titel, aus dem der Zweck klar hervorgeht?
- Das Verfahren wird zu einem bestimmten Zweck und mit einer bestimmten Zielsetzung verfolgt. Sind diese so beschrieben, dass diese für alle betroffenen Mitarbeiter verständlich sind?
- Für welche Bereiche des Unternehmens ist die Verfahrensanweisung gültig? Für welche Prozesse/Produkte ist die Verfahrensanweisung gültig? Für welche Mitarbeiter ist die Verfahrensanweisung gültig?
- Werden alle in der Verfahrensanweisung verwendeten Begriffe und Abkürzungen, die nicht allgemein verständlich sind, erläutert?
- Sind für das gesamte Verfahren und/oder alle Tätigkeiten des Verfahrens die Verantwortlichkeiten eindeutig festgelegt?
- Werden alle Tätigkeiten des Verfahrens eindeutig nachvollziehbar beschrieben? Wird der Ablauf des Verfahrens (logischer und zeitlicher Zusammenhang der Tätigkeiten) eindeutig beschrieben? Kann ein neuer Mitarbeiter anhand der Beschreibung das Verfahren ausführen?
- Welche Unterlagen (Formulare, Checklists, Literatur etc.) sind im Zusammenhang mit der Verfahrensanweisung gültig? Welche Qualitätsaufzeichnungen werden in dem Verfahren geführt? Zu welchen Teilen des Qualitätssicherungshandbuchs steht die Verfahrensanweisung in Beziehung? Müssen die Verfahrensanweisung und mitgeltende Unterlagen dokumentiert und archiviert werden? Wie lange werden alte Versionen dokumentiert/archiviert?
- Wer ist für Erstellung/Änderung/Freigabe zuständig? Sind Version und Ausgabedatum verzeichnet? Wodurch wird eine Änderung ausgelöst? Wie wird eine Änderung durchgeführt? Wie wird der Änderungsstand und seine Historie dokumentiert?
- Wer erhält die Verfahrensanweisung (bzw. deren neue Version) automatisch? Wer darf zusätzlich die Verfahrensanweisung einsehen/anfordern? Wie wird die Verteilung dokumentiert?
- Sind alle Hilfsmittel vorhanden, die für die korrekte Ausführung des Verfahrens benötigt werden (Diagramme, Formulare, Checklists, Computervorlagen, Anleitungen etc.)?

Qualitätssicherungshandbuch und Verfahrensanweisungen sind kontinuierlich zu pflegen. Der jeweilige Änderungsstand ist festzuhalten. Zur erstmaligen Erarbeitung dieser Unterlagen empfiehlt sich, wie üblich, die Bildung einer Arbeitsgruppe, die alle qualitätsrelevanten Unterlagen sammelt. Zuerst wird dann der organisatorische (formale) Teil erstellt, indem eine vorläufige Beschreibung der Aktivitäten erfolgt. Dieser Entwurf wird durchgesehen und geprüft sowie abschließend bearbeitet. Danach erfolgt die Freigabe und Verteilung der Dokumente, deren Inhalte bis zur nächsten Revision verbindlich einzuhalten sind.

Die Prüfungsergebnisse werden dem Unternehmen mündlich und schriftlich mitgeteilt. Bei positiver Bewertung wird das eigentliche Audit-Programm eingeleitet. Schwachstellen hingegen sind vor dem Zertifizierungs-Audit zu beheben. Scheint ein Ausgleich nicht möglich, ist also kein positives Ergebnis zu erwarten, endet der Vorgang hier.

Der dritte Abschnitt besteht dann aus der eigentlichen **Durchführung des Audit** im Unternehmen mit ausführlichem Bericht, und falls nicht zutreffend erfüllt, der Dokumentation von Nichtkonformitäten. Die Auditoren prüfen also das Qualitätsmanagementsystem anhand eines abgestimmten Audit-Plans, der dem Unternehmen auf Wunsch vorab zur Verfügung gestellt wird. Das heißt, es ist bekannt, welche Bereiche geprüft werden und welche nicht, was allerdings nahe legt, Qualitätsmaßnahmen nur auf solche Bereiche zu beschränken, von denen ein Unternehmen weiß, dass sie Gegenstand des Audit sind bzw. die Prüfung auf solche Bereiche zu beschränken, für die Konformität ohnehin zu erwarten ist.

Nunmehr wird die Umsetzung der in den Qualitätssicherungsdokumenten dargelegten Maßnahmen im Unternehmen geprüft und erhoben, ob diese Regeln in der Praxis der betrieblichen Abläufe auch tatsächlich befolgt und eingehalten werden. Das Procedere erstreckt sich meist über mehrere Tage. Der Zertifizierungs-Audit gliedert sich in ein Einführungsgespräch, die Prüfung der Umsetzung des Qualitätsmanagement anhand einer Checklist, die Begehung von Bereichen des Unternehmens, Mitarbeiterbefragungen/Prozessverfolgung und die Bewertung der Audit-Ergebnisse durch das Auditorenteam. Basis sind jeweils Stichprobenprüfungen, also keine Vollerhebung des Qualitätsmanagementsystems. Dabei festgestellte Schwachstellen werden im Abweichungsbericht festgehalten. Dabei wird zumeist eine Bewertung von 0 bis 8 Punkte angelegt:

- 0 Punkte: Systemelement nicht beschrieben und nicht angewandt,
- 2 Punkte: Systemelement unvollständig beschrieben und mangelhaft angewandt,
- 4 Punkte: Systemelement vollständig beschrieben, aber mangelhaft angewandt,
- 6 Punkte: Systemelement unvollständig beschrieben, aber lückenlos angewandt,
- 8 Punkte: Systemelement vollständig beschrieben und lückenlos angewandt.

Die **Beurteilung** mündet in der Addition in die abgestuften Ergebnisse „erfüllt", „teilweise erfüllt, noch akzeptabel", „teilweise erfüllt, nicht akzeptabel", „nicht erfüllt".

Auf dieser Grundlage wird das Audit-Protokoll erstellt, das die festgestellten Übereinstimmungen und Abweichungen des Unternehmens mit der gewählten Zertifizierungsnorm festhält und die objektiven Nachweise für die tatsächliche Ausführung der Anweisungen des Handbuchs enthält. Dies wird in einem Schlussgespräch bzw. -bericht näher erläutert, alle Unterlagen werden zurückgegeben.

Der vierte Abschnitt besteht aus der eigentlichen **Zertifikatserteilung** auf Antrag und nach erfolgreichem Abschluss des Audit mit positiver Beurteilung der Ergebnisse durch den Zertifizierer. Das Zertifikat dokumentiert, dass ein wirksames Qualitätsmanagementsystem nachgewiesen wurde. Dann wird das begehrte Zertifikat ausgestellt, das die Einzelheiten der Prüfung exakt dokumentiert.

Bei nicht zufrieden stellenden Ergebnissen sind Korrekturmaßnahmen innerhalb eines vorgegebenen Zeitrahmens (meist 30 Tage) erforderlich und werden vom Auditor geprüft. Werden Forderungen nicht erfüllt, wird das Zertifikat wieder aberkannt. Weit verbreitete Gründe für die Nichtanerkennung sind ein zwar gut dokumentiertes Qualitätssicherungssystem, das jedoch unzureichend implementiert ist, oder das Fehlen wesentlicher Elemente der Qualitätssicherung. Die bedingte Anerkennung erfolgt, wenn zwar alle Elemente der Norm berücksichtigt und die Systeme auch dokumentiert, jedoch nicht vollständig implementiert sind, oder eine Reihe von Abweichungen zur Norm festgestellt werden, die eine negative Entwicklung befürchten lassen. Dann ergeben sich folgende Möglichkeiten.

Kritische Abweichungen verhindern die Erteilung eines Zertifikats. Dabei handelt es sich um Abweichungen, von denen anzunehmen oder bekannt ist, dass sie voraussichtlich für Personen, welche die betreffenden Produkte benutzen, in Stand halten oder darauf angewiesen sind, gefährliche oder unsichere Situationen schaffen, oder voraussichtlich die Erfüllung der Funktion einer größeren Anlage verhindern.

Nebenabweichungen sind Fehler, welche die Beschreibung der erhobenen Prozesse betreffen, hier reicht eine Nachbesserungsverpflichtung ohne erneute Prüfung aus. Sie setzen voraussichtlich die Brauchbarkeit für den vorgesehenen Verwendungszweck nicht wesentlich herabsetzt oder bedeuten nur ein Abweichen von den geltenden Festlegungen, das den Gebrauch/Betrieb der Einheit nur geringfügig beeinflusst.

Unter **Hauptabweichungen** werden solche Fehler verstanden, die eine Nichterfüllung der genormten Forderungen erkennen lassen, sie sind auf jeden Fall vor Zertifizierung zu beheben (Folge-Audit). Es handelt sich um noch nicht kritische Abweichungen, die voraussichtlich zu einem Ausfall führen oder die Brauchbarkeit für den vorgesehenen Verwendungszweck wesentlich herabsetzen.

Sind die Korrekturen nicht-kritischer Abweichungen fristgemäß (meist sechs Monate) und zutreffend ausgeführt, wird der Audit-Bericht ergänzt und nochmals überprüft (Nach-Audit).

Falls im Zeitablauf erhebliche betriebliche Änderungen vorgenommen werden, die Einfluss auf das Qualitätsmanagement haben, ist der Zertifizierer zu informieren und prüft erneut deren Vereinbarkeit mit dem ausgestellten Zertifikat (Aktualisierungs-Audit).

Um sicherzustellen, dass das Qualitätsmanagementsystem auch während der Gültigkeit eines Zertifikats in vollem Umfang aufrechterhalten wird, werden mindestens einmal jährlich **Überwachungs-Audits** durchgeführt, die mit einem Kurzbericht abschließen.

Die **Gültigkeitsdauer** des Zertifikats ist begrenzt (meist auf drei Jahre), sofern mindestens einmal jährlich ein Überwachungs-Audit vorgenommen wird, der interne Audit-Ergebnisse, Änderungen im Qualitätsmanagementsystem und stichprobenartige Neuprüfungen enthält.

Bei Ablauf der Gültigkeitsdauer wird ein **Wiederholungs-Audit** fällig, der erneut stichprobenartige Neuprüfungen des Qualitätsmanagementsystems vorsieht und bei Erfolg die Gültigkeit um weitere drei Jahre verlängert, ansonsten verfällt das Zertifikat.

Für den Ablauf sind naturgemäß vor allem Zeit und Kosten des Zertifizierungsverfahrens von Belang. Die Zeitdauer ist von verschiedenen Faktoren abhängig, dazu gehören die Größe des Unternehmens/-teils, die Wahl der Zertifizierungsstelle, die Bestimmung der Prüfungsnormen, der Ausgangszustand des Qualitätssicherungssystems, die bereitgestellten Ressourcen etc. Das Verfahren dauert jeweils ca. zwei Monate, hängt allerdings vom Ausmaß der angebotenen Serviceleistungen und der Organisation des Zertifizierers ab. Die Komplexität des Verfahrens hängt von der Vielfalt der Leistungen und Verfahren, dem Automatisierungsgrad, der Zertifizierungsbasis, den gesetzlichen Anforderungen, der Standortverteilung etc. ab.

Die **Kosten** bestehen im Einzelnen aus den (pagatorischen) Kosten des Zertifizierers, die je nach Leistungsumfang und Komplexität jeweils zwischen 15.000 - 30.000 € plus Spesen liegen, und den internen Kosten zur Gewährleistung der Zertifizierung, die von den individuellen Gegebenheiten des Unternehmens abhängen und stark abweichend nach Betriebsgröße und Status der Vorarbeiten ausfallen und daher nur schwer quantifizierbar sind. Dabei laufen durchaus einmalig durchschnittlich weit über 125.000 € auf, dagegen stehen laufende Einsparungen etwas über 100.000 € (Durchschnitt) jährlich sowie weitere laufende Aktualisierungskosten des Qualitätsmanagementsystems (die schwer abschätzbar sind).

3.3.4 Beurteilung

Immer mehr Auftraggeber verlangen von ihren Lieferanten den Nachweis über ein funktionierendes Qualitätsmanagementsystem. Dieser Nachweis kann durch die

Kunden selbst durchgeführt werden oder durch unabhängige, staatlich zugelassene Stellen (Zertifizierer). Ein solches Zertifikat bietet mehrere Vorteile. So kann dem Druck Nachfrage mächtiger Kunden eher begegnet werden. Eine werbliche Auslobung der Zertifizierung schafft Vertrauen. Im Rahmen der Vorbereitung können organisatorische Schwachstellen kuriert werden. In Bezug auf die Produkthaftung hilft ein zertifiziertes Qualitätsmanagementsystem bei der Exkulpierung. Zusätzlichen Audits von Kunden kann evtl. zuvorgekommen werden (obgleich diese zumeist härtere Kriterien anlegen als die Normenreihe und daher selten vermeidbar sind, z.B. Automobilindustrie VDA 6.1). Bei konzernweitem Leistungsaustausch kann damit eine konstant hohe Eingangsqualität für die nachfolgende Wertschöpfungsstufe gesichert werden. Die bessere Kenntnis der Prozesse schafft Kostensenkungspotenziale (denen allerdings Qualitätssicherungskosten gegenüber stehen). Die Produktqualität wird, obwohl nicht Inhalt der Normenreihe, implizit verbessert. Denn die Norm bezieht sich nur auf die Sicherstellung von Randbedingungen (Prozessen), nicht auf die Qualität des Leistungsergebnisses (Produkt).

Weitere Vorteile der Zertifizierung liegen in der weltweiten Anerkennung als Lieferant hochwertiger Leistungen, in der Reduktion von Nacharbeiten infolge Minderqualität, in Einsparungen bei Garantieleistungen, Reparaturen, Ausschuss, Leerlauf etc. sowie in der Senkung von Arbeitsstress. Extern geht es um das Vertrauen der Kunden in den derart handelnden Lieferanten und intern um das Vertrauen des Management in die Mitarbeiter und umgekehrt. Dadurch kommt es zu einer gesteigerten Mitarbeitermotivation. Dann resultiert daraus ein Wettbewerbsvorteil, der im Absatz instrumentalisiert werden kann, zumindest solange nicht alle relevanten Anbieter gleichziehen. Weiterhin kommt es mutmaßlich zu steigenden Gewinnen durch Vermeidung von Kosten aus wiedergutzumachenden Reklamationen und erforderlichen Nacharbeiten, durch reibungslosere Information und Abstimmung. Im Sinne der Kundenzufriedenheit werden Kundenforderungen nach Präferenzen bei Qualität, Zeit und Kosten besser erfüllt. In jedem Fall sind ein steigendes Selbstvertrauen in die eigene Leistungen und kontinuierliche Verbesserungen der Produktqualität und der Erstellungsprozesse erreichbar. Dies bedeutet auch die Fähigkeit, Veränderungen zu beherrschen.

Die Novellierung der Qualitätsnormen reagiert auf umfangreiche Kritik an den vormaligen Regelungen. Als Schwächen wurden vor allem deren einseitige Auslegung auf Produktionsunternehmen (nicht Dienstleistungen) und die vage, zudem sehr bürokratisch anmutende Formulierung von Verfahrensregeln (wegen der Branchenneutralität) genannt. Auch wurde die Vernachlässigung wichtiger Unternehmensbereiche und die fehlende Einbeziehung von Mitarbeitern beklagt. Ebenso fehlte eine konsequente Kundenorientierung in allen Normen sowie eine zweckmäßige Beschränkung der Dokumentationspflichten. Der Zertifizierung wird allerdings immer noch eine einseitige Kommerzialisierung zugesprochen, so z.B. durch das Eigeninteresse der Zertifizierer am erfolgreichen Abschluss (wegen der Anschlussaufträge). Weiterhin sind der große subjektive Ermessensspielraum und die fehlende Trennung von Beratungs- und Zertifizierungsleistungen zu bemängeln.

Kritisch anzumerken bleibt weiterhin, dass die Qualitätsnormen statisch sind. Sie berücksichtigen weder kontinuierliche Verbesserungen noch erwähnen sie diese in irgendeiner Form. Es ist aber eine der wichtigsten Voraussetzungen, die Qualität der Produkte und der Arbeit ständig weiter zu verbessern. Die Normen geben keine Auskunft über die Art der Dokumentation, über die Form eines Qualitätssicherungshandbuchs, über den Qualitätsplan, die Qualitätspolitik etc. Die Einführung der Normenreihe erfordert einen relativ hohen, einmaligen Zeit- und Arbeitsaufwand, dagegen stehen allerdings der sehr viel geringere laufende Aufwand und die Vorteile der Ergebnisse. Die Qualitätssicherung degeneriert dabei leicht zu bürokratisch-technischen Systemen, wo Verwaltungsaufgaben anstelle von Management- und Gestaltungsaufgaben betont werden. Es wird hauptsächlich auf Betriebe mit Sorten- und Serienfertigung abgehoben, und hier wiederum hauptsächlich auf Investitionsgüter. Hinweise für Massen- oder Prozessfertigung bei Konsumgütern gibt es nicht, ebenso sind Dienstleistungsaspekte unterrepräsentiert. Die Ermittlung, Präzisierung, Umsetzung und Weiterverarbeitung von Kundenwünschen ist vernachlässigt. Die Normen beschränken sich weitgehend auf technische Abläufe.

Diesen Erkenntnissen wird im Rahmen einer kontinuierlichen Revision der Normen Rechnung getragen, die eine deutlichere Ausrichtung auf unmittelbar und mittelbar wirksame Qualitätsmanagementelemente beabsichtigt. Ebenso eine Anwendbarkeit auf alle Qualitätsmanagementsysteme, unabhängig von der Art des Angebots, der Anspruchsklasse und der Realisierungstechnologie. Dann eine Bereinigung der teilweise inkonsistenten Nomenklatur der Normenreihe. Auch soll eine beliebig, also eher auf den Einzelfall abgestellte, unterteilbare und zusammenfassbare Betrachtung erfolgen. Dabei sollen eigen erstellte und zugelieferte Produkte sowie unbeabsichtigte und unerwünschte Nebenwirkungen erfasst werden. Auch soll der Zeitablauf von Tätigkeiten stärker als Qualitätselement herausgestellt werden. Schließlich ist auch eine sprachliche Überarbeitung der Normentexte geplant.

3.3.5 Einteilung der DIN EN ISO-Normenreihe

Die Qualitätsnormenreihe besteht aus den Normen 9000:2005, 9001:2008 und 9004:2000. Die Norm 9000 betrifft Grundlagen und Begriffe, die Norm 9001 die Forderungen des Qualitätsmanagementsystems und die Norm 9004 den Leitfaden zur Leistungsverbesserung.

3.3.5.1 Qualitätsnorm 9000:2005

Die Norm 9000:2005 enthält die Begriffe zum Qualitätsmanagement und zur Qualitätssicherung (vordem 8402) sowie die Normen zum Qualitätsmanagement und zur Qualitätssicherung/Qualitätsmanagementdarlegung (Leitfaden zur Auswahl und Anwendung). Die Norm gründet sich dazu auf acht Managementprinzipien als Grundsätzen jedes Qualitätsmanagements:

- Kundenorientierte Ausrichtung der Organisation, d.h., Verstehen der Kundenerfordernisse sowie Erfüllen der Kundenanforderungen und deren Übertreffen,
- konsequente Führung in Bezug auf die Qualität, d.h., Schaffung und Erhalt eines internen Umfelds, in dem sich Mitarbeiter voll und ganz für die Erreichung der Organisationsziele einsetzen,
- frühzeitige und weitgehende Einbeziehung der Mitarbeiter, d.h., vollständige Integration aller beteiligten Personen, um deren Fähigkeiten in der Organisation zu nutzen,
- Prozessorientierter Ansatz des Qualitätsmanagement, d.h., Leiten und Lenken der Tätigkeiten und Ressourcen, um die gewünschten Ergebnisse effizient zu erreichen,
- Systemorientierte Managementprinzipien, d.h., Erkennen, Verstehen, Leiten und Lenken von miteinander in Wechselbeziehung stehenden Prozessen,
- kontinuierliche Verbesserung der Qualitätsstandards, d.h., ständige Verbesserung der Gesamtleistung der Organisation,
- rationaler Ansatz zur Entscheidungsfindung, d.h., sachbezogene Analyse von Daten und Informationen, um wirksame Entscheidungen treffen zu können,
- Gestaltung der Lieferantenbeziehungen zum gegenseitigen Nutzen, d.h., erhöhte Wertschöpfung auf beiden Seiten.

Außerdem werden der Ansatz der lernenden Organisation sowie die Notwendigkeit von Vorbeugungsmaßnahmen verfolgt. Die Norm enthält damit eine explizite Kundenorientierung. Als Kunde wird dabei der jeweilige Empfänger des Produkts bezeichnet, dies kann ein Endverbraucher, Endabnehmer, Wiederverkäufer, Nutznießer oder Käufer sein. Es kann sich um eine Privatperson oder den Angehörigen einer Organisation handeln.

Mit den Inhalten der Norm 9000:2005 werden eine Reihe von Zielen verfolgt:
- Bessere Kompatibilität des Qualitätsmanagementsystems mit anderen Managementsystemen (z.B. Umweltmanagement),
- bessere inhaltliche Abstimmung der Struktur der beiden Normen ISO 9001 und ISO 9004 aufeinander sowie gemeinsamer Aufbau auf der Grundlage eines Prozessmodells,
- Anpassung der Norm an individuelle Gegebenheiten im Unternehmen,
- Verpflichtung zur ständigen Verbesserung und Verhütung von Fehlern,
- bessere Anwendbarkeit für alle Branchen und Dienstleistungsorganisationen,
- zentrale Orientierung am Nutzen der Kunden, Eigentümer, Mitarbeiter, Lieferanten und Gesellschaft,
- einfacher Gebrauch, gute Verständlichkeit sowie klare Sprache und nutzerfreundliche Terminologie,
- bessere Handhabung für alle Größen von Wirtschaftseinheiten, auch für kleine und mittlere Unternehmen,
- Ermöglichung und Unterstützung von Bewertungsverfahren.

Zentral ist jedoch die prozessorientierte Konzeption. Als Prozess wird dabei allgemein ein System von Tätigkeiten (Wertschöpfung), das Eingaben (Quellen) in Ergebnisse (Senken) umwandelt, verstanden. **Der Zuwachs an markt-/kunden-wahrgenommenem Wert muss dabei größer sein als der in Zuge dessen anfallende Kostenzuwachs, soll der Prozess über den Erlös des Zukaufwerts der Einsatzstoffe hinaus gewinnbringend sein**. Dies erfordert eine prozessorientierte Überarbeitung von Qualitätssicherungshandbuch, Arbeits- und Verfahrensanweisungen, jedoch ohne dass dafür spezifische Vorgaben zur Dokumentation gegeben werden.

Wesentlich sind weiterhin die Betonung der Managementaufgaben, der detaillierte Zielsetzungs- und -bewertungsprozess für alle relevanten Mitarbeiter und Ebenen im Unternehmen, die umfassende Bewertung des Qualitätsmanagementsystems, z.B. anhand von Kennzahlen, die Verpflichtung zum kontinuierlichen Verbesserungsprozess, die Messung und Bewertung von Prozessleistungen, die Betonung der Kundenorientierung, z.B. durch Abfrage von Kundenzufriedenheit, und die generelle Kommunikation über Kundenanforderungen, Prozesse, Leistung des Qualitätsmanagementsystems etc.

Allerdings bleiben einige wesentliche Probleme erhalten:
- starre Rahmenbedingungen der Auslegung, fraglicher Qualitätsbegriff, der zugrunde gelegt wird, mangelnde Vollständigkeit, da nicht alle Unternehmensbereiche berücksichtigt werden, hohe Durchführungskosten, mangelnde Objektivität lässt Ermessensspielräume, Druck zur Zertifizierung kann zu Demotivierung der Mitarbeiter führen,

3.3.5.2 Qualitätsnorm 9001:2008

Die Norm 9001:2008 ist die einzige Darlegungsnorm und dient als verlässlicher Nachweis des Qualitätsmanagementsystems frei von selbstgesetzten Beschränkungen. Sie enthält das Modell zur Qualitätssicherung/Qualitätsmanagementdarlegung in Design, Entwicklung, Produktion, Montage und Wartung. Die Norm ist in neun Abschnitte unterteilt *(siehe Abb. Inhalte der DIN EN ISO 9001:2008 und Forts.)*:
- 0 = Einleitung, 1 = Anwendungsbereich, 2 = Verweisungen auf andere Normen, 3 = Begriffe, 4 = Anforderungen an ein Qualitätsmanagementsystem, 5 = Verantwortung der Leitung, 6 = Management der Ressourcen, 7 = Produktrealisation, 8 = Messung, Analyse, Verbesserung.

Die alleinige Darlegungsnorm 9001:2008 enthält in der Einleitung einige grundlegende Abgrenzungen (Allgemeines, Etablierung des prozessorientierten Ansatzes, Verträglichkeit mit anderen Managementsystemen). Danach wird der Anwendungsbereich allgemein und mit zulässigen Ausschlüssen dargestellt. Es folgen die Verweise auf andere mitgeltende Normen und die Definition der relevanten Qualitätsbegriffe. Das Qualitätsmanagementsystem enthält allgemeine Forderungen, speziell auch zu Möglichkeiten der Dokumentation. In dieser Norm ist die Fähigkeit zur ständigen Bereitstellung von Produkten darzulegen, welche die Anforderungen der Kunden und die zutreffenden behördlichen Forderungen erfüllen und

Inhalte der DIN EN ISO 9001:2008

0 = Einleitung
0.1 = Allgemeines
0.2 = Prozess orientierter Ansatz
0.3 = Beziehung zu 9004: 2000
0.4 = Verträglichkeit mit anderen Managementsystemen (z.B. Ökologie)

1 = Anwendungsbereich
1.1 = Allgemeines
1.2 = Zulässige Ausschlüsse

2 = Verweise auf andere Normen

3 = Begriffe

4 = Qualitätsmanagementsystem
4.1 = Allgemeine Forderungen
4.2 = Allgemeine Forderungen zur Dokumentation

5 = Verantwortung der Leitung
5.1 = Verpflichtung der Leitung (Normelemente 9001:1994: 1, 2, s.u.)
5.2 = Kundenorientierung (bisher Vertragsprüfung, s.u.)
5.3 = Qualitätspolitik (1)
5.4 = Planung
5.4.1 = Qualitätsziele (1, 2)
5.4.2 = Qualitätsplanung (2)
5.5 = Verwaltung
5.5.1 = Allgemeines
5.5.2 = Verantwortung und Befugnis (1, 2)
5.5.3 = Beauftragter der obersten Leitung (1)
5.5.4 = Interne Kommunikation
5.5.5 = Qualitätsmanagementhandbuch (2)
5.5.6 = Lenkung von Dokumenten (Lenkung der Dokumente und Daten)
5.5.7 = Lenkung von Qualitätsaufzeichnungen (dto.)
5.6 = Managementbewertung
5.6.1 Allgemeines (Qualitätsmanagementbewertung)
5.6.2 = Eingaben für die Bewertung
5.6.3 = Ergebnisse der Bewertung

6. Management der Mittel
6.1 = Bereitstellung von Mitteln (1)
6.2 = Personal
6.2.1 = Zuordnung von Personal (1)
6.2.2 = Schulung, Bewusstsein und Fähigkeit (Schulung)
6.3 = Einrichtungen (Prozesslenkung)
6.4 = Arbeitsumgebung (Prozesslenkung)

danach streben, die Kundenzufriedenheit durch wirksame Anwendung des Systems zu erhöhen. Dazu gehören auch Prozesse zur ständigen Verbesserung des Systems und zur Zusicherung der Einhaltung der Anforderungen von Kunden und zutreffenden behördlichen Anforderungen.

Die Qualitätsnorm 9001:2008 enthält folgende **allgemeine** Anforderungen. Die Unternehmensleitung muss verpflichtend ein Qualitätsmanagementsystem aufbauen, dokumentieren, implementieren, aufrechterhalten und kontinuierlich verbessern.

Inhalte der DIN EN ISO 9001:2008 (Forts.)

7. = Produktrealisierung
7.1 = Planung der Realisierungsprozesse (2, 9, 10, 15, 19)
7.2 = Kunden bezogene Prozesse
7.2.1 = Ermittlung der Kundenforderungen (Vertragsprüfung, Wartung)
7.2.2 = Bewertung der Produktforderungen (Prüfung, Vertragsänderung, Aufzeichnungen)
7.2.3 = Kommunikation mit dem Kunden
7.3 = Entwicklung (Designlenkung)
7.3.1 = Entwicklungsplanung (4)
7.3.2 = Entwicklungseingaben (4)
7.3.3 = Entwicklungsergebnisse (4)
7.3.4 = Entwicklungsbewertung (4)
7.3.5 = Entwicklungsverifizierung (4)
7.3.6 = Entwicklungsvalidierung (4)
7.3.7 = Lenkung von Entwicklungsänderungen (4)
7.4 = Beschaffung (dto.)
7.4.1 = Lenkung der Beschaffung (6)
7.4.2 = Beschaffungsangaben (6)
7.4.3 = Verifizierung von beschafften Produkten (6)
7.5 = Produktion und Dienstleistungserbringung
7.5.1 = Lenkung der Produktion und der Dienstleistungsergebnisse (Prozesslenkung, 10, 12, 19)
7.5.2 = Kennzeichnung und Rückverfolgbarkeit (dto., Prüfstatus)
7.5.3 = Eigentum des Kunden (Lenkung der von Kunden beigestellten Produkte)
7.5.4 = Produktkonservierung (Handhabung, Lagerung, Verpackung, Konservierung und Versand)
7.5.5 = Prozessvalidierung (Prozesslenkung)
7.6 = Prüfmittellenkung (Prüfmittelüberwachung)

8 = Messung, Analyse und Verbesserung
8.1 = Planung (Prüfungen, Statistische Methoden)
8.2 = Messung und Überwachung
8.2.1 = Kundenzufriedenheit
8.2.2 = Internes Audit (Interne Qualitätsaudits)
8.2.3 = Messung und Überwachung von Prozessen (Prozesslenkung, Statistische Methoden)
8.2.4 = Messung und Überwachung von Produkten (Prüfungen, Statistische Methoden)
8.3 = Lenkung von Fehlern (Prozesslenkung, Lenkung fehlerhafter Produkte)
8.4 = Datenanalyse (Korrektur- und Vorbeugungsmaßnahmen)
8.5 = Verbesserung
8.5.1 = Planung der ständigen Verbesserung (Korrektur- und Vorbeugungsmaßnahmen)
8.5.2 = Korrekturmaßnahmen (Korrekturmaßnahmen)
8.5.3 = Vorbeugungsmaßnahmen (Vorbeugungsmaßnahmen)

Das Prozessmanagement hat dabei zu umfassen: die Identifikation und das Management der Prozesse, die Bestimmung der Abfolge und der Wechselwirkung der Prozesse, die Bestimmung der Kriterien und der Methoden zur Effektivität und Lenkung der Prozesse, die Sicherstellung der Verfügbarkeit von Ressourcen zur Durchführung von Prozessen, die Messung, Überwachung und Analyse der Prozesse, Maßnahmen zur Zielerreichung und kontinuierlichen Verbesserung von Prozessen sowie die Lenkung von ausgegliederten Prozessen, welche die Produktqualität beeinflussen (Lohnarbeiten etc.).

Die Dokumentation zum Qualitätsmanagementsystem muss Aussagen zur Qualitätspolitik und zu Qualitätszielen beinhalten, ferner ein Qualitätsmanagementhandbuch mit dokumentierten Verfahren, die durch die Norm gefordert werden, Dokumente, welche die Organisation zur wirksamen Planung, Durchführung und Lenkung ihrer Prozesse benötigt sowie durch die Norm geforderte Qualitätsaufzeichnungen.

Der Umfang der Dokumentation richtet sich nach Größe und Art der Organisation, nach der Komplexität der Prozesse und den Fähigkeiten des Personals. Das Medium zur Dokumentation kann beliebig gewählt sein.

Das Qualitätsmanagementhandbuch muss den Anwendungsbereich des Qualitätsmanagementsystems beinhalten, ferner Begründungen für jegliche Ausschlüsse von Anforderungen dieser Norm, sowie die für das Qualitätsmanagementsystem erstellten dokumentierten Verfahren oder Verweise darauf und eine Beschreibung des Zusammenwirkens der Prozesse im Qualitätsmanagementsystem.

Ein Dokument ist dabei allgemein jede qualitätsrelevante Information in Form eines Trägermediums.

Es muss ein dokumentiertes Verfahren zur Festlegung der Lenkungsmaßnahmen von Dokumenten mit folgenden Inhalten durchgeführt werden: Prüfung und Genehmigung von Dokumenten bzgl. ihrer Angemessenheit vor Herausgabe, Bewertung, Aktualisierung, erneute Genehmigung nach Änderungen, Kennzeichnung des aktuellen Überarbeitungsstatus, Verfügbarkeit gültiger und zutreffender Dokumente an den Einsatzorten, Gewährleistung von Lesbarkeit und Erkennbarkeit, Verteilung und Kennzeichnung von Dokumenten externer Herkunft und Verhinderung der Verwendung veralteter Dokumente durch geeignete Aufbewahrung, Kennzeichnung und Lenkung.

Eine Aufzeichnung ist ein Dokument, das erreichte Ergebnisse angibt oder einen Nachweis ausgeführter Tätigkeiten bereitstellt.

Qualitätsaufzeichnungen dienen zum Nachweis der Konformität mit den Anforderungen und des wirksamen Funktionierens des Qualitätsmanagementsystems. Es muss ein Verfahren zur Lesbarkeit und Wiederauffindbarkeit, Kennzeichnung, Schützbarkeit und Festlegung der Aufbewahrungsfrist sowie Festlegung der Beseitigung von Qualitätsaufzeichnungen installiert werden.

3.3.5.2.1 Element Verantwortung der Leitung

Die Verantwortung der Leitung konkretisiert sich in folgenden **Anforderungen**. Zur Entwicklung, Verwirklichung und ständigen Verbesserung des Qualitätsmanagementsystems muss die Leitung der Wirtschaftseinheit die Bedeutung der Erfüllung der kundenseitigen, gesetzlichen und behördlichen Anforderungen vermitteln, die Qualitätspolitik festlegen, sicherstellen, dass Qualitätsziele festgelegt werden,

Managementbewertungen durchführen und die Verfügbarkeit der Ressourcen sicherstellen.

Durch die Unternehmensleitung muss sichergestellt werden, dass Kundenbedürfnisse und Erwartungen ermittelt, in Anforderungen umgewandelt und mit dem Ziel der Erhöhung der Kundenzufriedenheit erfüllt werden.

Die Unternehmensleitung muss sicherstellen, dass die Qualitätspolitik für den Unternehmenszweck geeignet und die Verpflichtung zur Erfüllung von Anforderungen und kontinuierlicher Verbesserung gegeben ist, sie einen Rahmen zur Festlegung und Bewertung der Qualitätsziele bietet, in der Organisation vermittelt und dort auch verstanden und auf ihre fortdauernde Angemessenheit hin bewertet wird.

Die Unternehmensleitung muss sicherstellen, dass Qualitätsziele auf allen Ebenen und in allen Funktionen festgelegt werden, mit der Qualitätspolitik übereinstimmen, messbar sind und die Erfüllung von Anforderungen an Produkte mit umfassen.

Die Unternehmensleitung muss sicherstellen, dass die Planung des Qualitätsmanagementsystems erfolgt, um die allgemeinen Anforderungen an Qualitätsmanagementsysteme zu erfüllen und die Integrität des Qualitätsmanagementsystems gewahrt bleibt, wenn Änderungen geplant und umgesetzt werden.

Verantwortung und Befugnisse und ihre Wechselbeziehungen innerhalb der Organisation müssen durch die Unternehmensleitung festgelegt und bekannt gemacht werden.

Ein von der Unternehmensleitung zu benennendes Leitungsmitglied hat folgende Aufgaben zu übernehmen: die Einführung, Verwirklichung und Aufrechterhaltung der für das Qualitätsmanagementsystem notwendigen Prozesse, die Berichterstattung über die Leistung und den Verbesserungsbedarf des Qualitätsmanagementsystems sowie die Förderung der Bewusstmachung von Kundenanforderungen.

Es müssen geeignete Prozesse zur Kommunikation innerhalb der Organisation eingeführt werden. Es muss eine Kommunikation zur Wirksamkeit des Qualitätsmanagementsystems stattfinden.

Das Qualitätsmanagementsystem ist in geplanten Abständen zu bewerten. Die Bewertung dient der Sicherstellung der Eignung, Angemessenheit und Wirksamkeit des Qualitätsmanagementsystems. Bei der Managementbewertung sind die Möglichkeiten für die Verbesserung bzw. den Änderungsbedarf des Qualitätsmanagementsystems, der Qualitätspolitik und der Qualitätsziele zu ermitteln. Die Aufzeichnungen über die Managementbewertung sind entsprechend zu lenken.

Eingaben für die Managementbewertung müssen folgende Informationen beinhalten: Ergebnisse von Audits, Rückmeldungen von Kunden, Prozessleistung und

Produktkonformität, Status von Vorbeugungs- und Korrekturmaßnahmen, Folgemaßnahmen vorangegangener Managementbewertungen, Änderungen, die das Qualitätsmanagementsystem beeinflussen können und Empfehlungen für Verbesserungen.

Ergebnisse der Managementbewertung müssen Maßnahmen zur Verbesserung der Wirksamkeit des Qualitätsmanagementsystems, zur Verbesserung der Prozesse, für Verbesserungen der Produkte in Bezug auf Kundenanforderungen sowie Verbesserungen des Umgangs mit Ressourcen enthalten.

3.3.5.2.2 Element Management der Ressourcen

Das Management der Ressourcen konkretisiert sich in folgenden **Anforderungen**. Ressourcen dienen zur Aufrechterhaltung und Verbesserung des Qualitätsmanagementsystems und zur Erfüllung der Kundenanforderungen. Daher sind die erforderlichen Ressourcen zu ermitteln und bereitzustellen.

Personal muss auf Grundlage von Ausbildung, Schulung, Fertigkeiten und Erfahrungen hinsichtlich Produkt beeinflussender Tätigkeiten qualifiziert sein.

Die Organisation muss notwendige Fähigkeiten bzgl. auszuübender Tätigkeiten ermitteln, Schulungen und andere geeignete Maßnahmen organisieren, die Wirksamkeit der Schulungen und Maßnahmen beurteilen und Aufzeichnungen zu Ausbildung, Schulung, Fertigkeit und Erfahrung führen und sicherstellen, dass ihre Mitarbeiter sich der Bedeutung und Wichtigkeit ihrer Tätigkeit bewusst sind sowie wissen, wie sie zur Erreichung der Qualitätsziele beitragen können.

Die Organisation muss den dazu erforderlichen Bedarf an Infrastruktur ermitteln, bereitstellen und aufrechterhalten. Zur Infrastruktur gehören Gebäude, Arbeitsort und angeschlossene Einrichtungen, Ausrüstung, Hardware, Software und unterstützende Dienstleistungen wie z.B. Transport und Kommunikation.

Die Organisation muss die Erfordernisse an die Arbeitsumgebung ermitteln, die Arbeitsumgebung in geeigneter Weise bereitstellen und aufrechterhalten.

3.3.5.2.3 Element Produktrealisation

Die Produktrealisation konkretisiert sich in folgenden **Anforderungen**. Die Organisation muss, soweit zutreffend, Folgendes festlegen: Qualitätsziele und Anforderungen für Produkte bzw. Prozesse, Dokumentationsumfang, Ressourcenbereitstellung, erforderliche produktspezifische Nachprüfbarkeits-, Gültigkeitserklärungs-, Überwachungs- und Prüftätigkeiten, Produktannahmekriterien sowie erforderliche Aufzeichnungen zum Nachweis fähiger Realisierungsprozesse. Als Qualitätsmanagementplan kann das Dokument bezeichnet werden, das die Prozesse des Qualitätsmanagementsystems und die Ressourcen festlegt, die auf ein bestimmtes Produkt, Projekt oder auf einen bestimmten Vertrag anzuwenden sind.

Die Organisation muss die Identifikation von Kundenanforderungen und Anforderungen zur Lieferung, Tätigkeiten nach der Lieferung, beabsichtigtem oder spezifiziertem Gebrauch, gesetzlichen und behördlichen Vorgaben und allen weiteren von der Organisation festgelegten Anforderungen sicherstellen.

Die Organisation muss, bevor es zu einer Lieferverpflichtung kommt (z.B. durch Abgabe von Angeboten, Annahme von Verträgen/Aufträgen bzw. deren Änderung), sicherstellen, dass die Produktanforderungen festgelegt sind, Widersprüchlichkeiten zwischen den Anforderungen im Vertrag bzw. Auftrag und früher niedergelegten Anforderungen ausgeräumt werden und die generelle Fähigkeit, diese Anforderungen zu erfüllen, gegeben ist. Wenn sich die Anforderungen ändern, muss die Organisation gewährleisten, dass die zutreffende Dokumentation geändert wird und das Personal sich über die geänderten Anforderungen bewusst ist.

Die Organisation muss für die Kommunikation mit dem Kunden wirksame Regelungen festlegen und verwirklichen. Das betrifft insb. Informationen über das Produkt, Anfragen, Verträge oder Auftragsbestätigung incl. Änderungen, Rückmeldung vom Kunden incl. Kundenbeschwerden.

Die Organisation muss incl. aller Entwicklungsphasen alle erforderlichen Bewertungs-, Nachprüfbarkeits- und Gültigkeitserklärungsmaßnahmen durchführen. Sie muss weiterhin alle Verantwortlichkeiten, Zuständigkeiten und Planungsaktivitäten festlegen. Die Schnittstellen zwischen den unterschiedlichen involvierten Gruppen müssen, um eine effektive Kommunikation und eindeutige Verantwortlichkeiten sicherzustellen, entsprechend organisiert werden. Die Planung muss entsprechend dem Entwicklungsfortschritt aktualisiert werden.

Entwicklungseingaben müssen bestimmt und dokumentiert werden. Diese Eingaben sind Funktions- und Leistungsanforderungen, zutreffende gesetzliche und behördliche Anforderungen, anwendbare Informationen von ähnlichen und früheren Entwicklungen und alle anderen Anforderungen, die für die Entwicklung wesentlich sind.

Die Eingaben müssen auf ihre Angemessenheit hin bewertet werden. Unvollständige, mehrdeutige oder einander widersprechende Anforderungen müssen ausgeschlossen werden.

Entwicklungsergebnisse müssen in einer Form bereitgestellt werden, dass eine Nachprüfbarkeit gegenüber den Entwicklungseingaben ermöglicht wird und vor der Freigabe genehmigt werden.

Entwicklungsergebnisse müssen die Entwicklungsvorgaben erfüllen, angemessene Informationen für die Beschaffung, Produktion und Dienstleistungserbringung bereitstellen, Produktannahmekriterien enthalten oder darauf verweisen und die Merkmale für Sicherheit und ordnungsgemäßen Gebrauch des Produkts bestimmen.

Um die Fähigkeit der Entwicklungsergebnisse zur Erfüllung von Anforderungen zu beurteilen und Probleme sowie mögliche Folgemaßnahmen zu identifizieren, müssen zu den Entwicklungsphasen systematische Bewertungen (Reviews) durchgeführt werden. An solchen Reviews sollen auch verantwortliche Vertreter jener Bereiche, welche die Entwicklung in der jeweiligen Entwicklungsphase betreffen, teilnehmen.

Die Entwicklungsnachprüfbarkeit dient der Feststellung, ob das Entwicklungsergebnis die Entwicklungsvorgaben erfüllt. Die Ergebnisse der Nachprüfbarkeit und Folgemaßnahmen sind zu dokumentieren.

Die Entwicklungsgültigkeitserklärung dient der Feststellung, ob das resultierende Produkt in der Lage ist, die Anforderungen für den festgelegten oder beabsichtigten Gebrauch zu erfüllen. Wenn möglich, muss diese Gültigkeitserklärung vor Auslieferung oder Einführung des Produkts abgeschlossen sein. Die Ergebnisse der Gültigkeitserklärung und entsprechender Folgemaßnahmen müssen dokumentiert werden.

Entwicklungsänderungen müssen identifiziert, dokumentiert und wenn möglich bewertet, verifiziert und validiert sowie vor ihrer Verwirklichung genehmigt werden. Die Beurteilung der Auswirkungen der Änderungen auf wesentliche Bestandteile und gelieferte Produkte muss in die Bewertung der Entwicklungsänderung mit einbezogen werden.

Die Organisation muss sicherstellen, dass die beschafften Produkte die Beschaffungsanforderungen erfüllen.

Dazu muss die Organisation Art und Umfang der Lenkungsmethoden von Beschaffungsprozessen in Abhängigkeit vom Einfluss des beschafften Produkts oder der Dienstleistung zur Erfüllung der organisationsspezifischen Anforderungen festlegen.

Lieferanten sind auf Grund ihrer Fähigkeiten, den Anforderungen entsprechende Produkte zu liefern, zu bewerten und auszuwählen. Es sind Kriterien für die laufende Bewertung, für die Neubewertung und die Auswahl von Lieferanten festzulegen.

Über die Ergebnisse von Beurteilungen und ggf. notwendige Folgemaßnahmen sind Aufzeichnungen zu führen.

Beschaffungsdokumente müssen Informationen enthalten, die das zu beschaffende Produkt beschreiben. Anforderungen beziehen sich im Allgemeinen auf die Genehmigung von Produkten, Verfahren, Prozessen und Ausrüstungen, an die Qualifikation des Personals und an das Qualitätsmanagementsystem.

Die Organisation muss vor der Freigabe der Beschaffungsdokumente deren Angemessenheit für die spezifizierten Anforderungen sicherstellen.

Die Organisation muss zur Nachprüfbarkeit der beschafften Produkte die notwendigen Maßnahmen festlegen und implementieren.

Wo die Organisation oder ihr Kunde Nachprüfbarkeitstätigkeiten beim Lieferanten vorschlägt, muss die Organisation die Nachprüfbarkeitsvereinbarungen und Methoden zur Freigabe der Produkte in den Beschaffungsangaben festlegen.

Die Organisation muss die Leistungserbringung unter beherrschten Bedingungen planen und durchführen. Beherrschte Bedingungen beinhalten die Verfügbarkeit von Informationen, welche die Merkmale des Produkts beschreiben, die Verfügbarkeit von Arbeitsanweisungen, die Anwendung geeigneter Ausrüstungen, die Verfügbarkeit und den Gebrauch von Prüfmitteln, die Verwirklichung von Überwachungen und Messungen sowie die Verwirklichung von Freigabe- und Liefertätigkeiten sowie Tätigkeiten nach der Lieferung.

Prozesse, deren Ergebnis nicht auf einfache bzw. wirtschaftliche Weise durch nachfolgende Überwachung oder Prüfung verifiziert werden kann oder bei denen sich Mängel erst bei Gebrauch des Produkts bzw. nach Erbringung der Dienstleistung zeigen, sind zu identifizieren und zu validieren. Für die Gültigkeitserklärung sind Kriterien für die Bewertung und Genehmigung der Prozesse, die Genehmigung der Ausrüstung, die Qualifizierung des Personals, die Anwendung spezieller Methoden, Verfahren und Aufzeichnungen sowie die erneute Gültigkeitserklärung festzulegen.

Das Produkt selbst ist während der gesamten Produktrealisierung mit geeigneten Mitteln zu kennzeichnen. Dies gilt auch für den Produktstatus in Bezug auf Überwachungs- und Messanforderungen (Prüfstatus). Wo Rückverfolgbarkeit gefordert ist, muss die Organisation die eindeutige Kennzeichnung des Produkts gewährleisten und aufzeichnen.

Bei Kundeneigentum kann es sich um materielle Produkte oder immaterielle Produkte (geistiges Eigentum, vertraulich übermittelte Informationen) handeln. Die Organisation muss sorgfältig mit dem Eigentum des Kunden umgehen, solange es sich unter der Aufsicht der Organisation befindet oder von ihr benutzt wird.

Für Kundeneigentum sind Kennzeichnung, Nachprüfbarkeit und Schutz sicherzustellen. Verloren gegangenes, beschädigtes oder anderweitig für unbrauchbar befundenes Kundeneigentum muss dem Kunden gemeldet und als solches dokumentiert werden.

Die Organisation muss die Konformität des Produkts während der internen Verarbeitung und der Auslieferung bis zum Bestimmungsort erhalten. Dies beinhaltet die Kennzeichnung, Handhabung, Verpackung, Lagerung und Schützung. Dies trifft auch für die Bestandteile des Produkts zu.

Die Organisation muss dazu erforderliche Überwachungen und Messungen sowie erforderliche Überwachungs- und Messmittel ermitteln. Die Organisation muss Prozesse einführen, damit Überwachungen und Messungen in geeigneter Weise durchgeführt werden.

Messmittel müssen in festgelegten Abständen kalibriert und verifiziert, bei der Kalibrierung auf internationale und nationale Normale zurückgeführt - über die verwendeten Grundlagen der Kalibrierung sind Aufzeichnungen zu erstellen -, in geeigneter Weise justiert/nachjustiert, mit dem Kalibrierstatus gekennzeichnet, gegen Verstellung gesichert, welche die Kalibrierung ungültig machen würde sowie vor Beschädigung und Beeinträchtigung während der Handhabung, Instandhaltung und Lagerung geschützt werden.

Wenn Messmittel die Anforderungen nicht erfüllen, muss die Gültigkeit früherer Messungen neu bewertet werden. Bei Einsatz von Rechnersoftware muss die Erfüllung festgelegter Anforderungen für die Anwendung bestätigt werden.

3.3.5.2.4 Element Messung, Analyse, Verbesserung

Die Messung, Analyse, Verbesserung konkretisiert sich in folgenden **Anforderungen**. Die Organisation muss die Überwachungs-, Prüf-, Analyse- und Verbesserungsprozesse planen und umsetzen, um die Konformität des Produkts dazulegen, die Konformität des Qualitätsmanagementsystems zu gewährleisten und dessen Wirksamkeit ständig zu verbessern. Das beinhaltet die Ermittlung des Bedarfs und den Gebrauch von anwendbaren statistischen und anderen Verfahren.

Die Organisation muss Informationen zur Kundenzufriedenheit als eine der Messgrößen für die Leistung des Qualitätsmanagementsystems überwachen. Die Methoden zu Erlangung und Gebrauch dieser Informationen müssen festgelegt sein.

Die Organisation muss periodisch geplante interne Audits durchführen, um zu ermitteln, ob das Qualitätsmanagementsystem die geplanten Regelungen, die Anforderungen dieser Norm und die von der Organisation festgelegten Anforderungen an das Qualitätsmanagementsystem erfüllt. Es muss ein Auditprogramm geplant werden, wobei Status und Bedeutung der zu auditierenden Prozesse und Bereiche sowie Ergebnisse früherer Audits zu berücksichtigen sind. Es müssen Auditkriterien, Auditumfang, Audithäufigkeit und Auditmethoden festgelegt und dokumentiert werden. Dies gilt auch für Verantwortlichkeiten und Anforderungen zur Planung, Durchführung, Berichterstattung und Führung von Aufzeichnungen.

Objektivität und Unparteilichkeit des Auditprozesses müssen durch geeignete Durchführung der Audits und geeignete Auswahl der Auditoren (Auditoren dürfen nicht ihre eigene Tätigkeit auditieren) sichergestellt werden.

Die Organisation muss geeignete Methoden für die Überwachung und Messung der Prozesse des Qualitätsmanagementsystems anwenden. Diese Methoden müssen die Fähigkeit der Prozesse, die geplanten Ergebnisse zu erreichen, darlegen. Wenn notwendig, müssen Korrekturmaßnahmen ergriffen werden.

Die Organisation muss die Merkmale des Produkts überwachen und messen, um zu verifizieren, dass die Anforderungen an das Produkt erfüllt werden. Dies muss in geeigneten Phasen des Produktrealisierungsprozesses und in Übereinstimmung mit den geplanten Tätigkeiten durchgeführt werden. Als Nachweis über die Konformität, in Verbindung mit den anzuwendenden Annahmekriterien, müssen Aufzeichnungen geführt werden. Diese müssen die für die Freigabe des Produkts zuständige Person angeben.

Die Organisation muss sicherstellen, dass ein Produkt, das die Anforderungen nicht erfüllt, gekennzeichnet und gelenkt wird, um unbeabsichtigten Gebrauch und Auslieferung zu verhindern. Dazu müssen Lenkungsmaßnahmen, Verantwortlichkeiten und Befugnisse geregelt sein. Die Regelungen sind zu dokumentieren.

Treten fehlerhafte Produkte auf, sind Maßnahmen zu ergreifen, um den festgestellten Fehler zu beseitigen, Genehmigungen zum Gebrauch, zur Freigabe oder Annahme nach Sonderfreigabe (ggfs. durch den Kunden) zu erteilen sowie Maßnahmen zu ergreifen, um den ursprünglich beabsichtigten Gebrauch/Einsatz auszuschließen. Auch sind Aufzeichnungen über die Art der Fehler sowie die Folgemaßnahmen und Sonderfreigaben zu erstellen.

Bei Nachbesserungen ist das Produkt erneut zu verifizieren. Werden fehlerhafte Produkte ausgeliefert, müssen angemessene Maßnahmen ergriffen werden.

Die Organisation muss geeignete Fakten und Daten zur Bestimmung der Wirksamkeit und der Eignung des Qualitätsmanagementsystems ermitteln, erfassen und analysieren.

Dies beinhaltet Daten, die durch Prüftätigkeiten und aus anderen relevanten Quellen gewonnen wurden. Die Datenanalyse muss Angaben über Kundenzufriedenheit, Einhaltung der Produktanforderungen, Prozess- und Produktmerkmale und Lieferanten liefern.

Die Organisation muss die Wirksamkeit des Qualitätsmanagementsystems ständig verbessern. Dazu müssen im Einzelnen Qualitätspolitik, Qualitätsziele, Auditergebnisse, Datenanalyse, Korrektur- und Vorbeugungsmaßnahmen und Managementbewertung beitragen.

Die Organisation muss Korrekturmaßnahmen zur Beseitigung von Fehlerursachen und zur Verhinderung erneuten Auftretens ergreifen.

Die Maßnahmen müssen den Auswirkungen eines auftretenden Fehlers angemessen sein. Ein dokumentiertes Verfahren muss die Fehlerbewertung incl. Kundenreklamation, die Ermittlung der Ursachen von Fehlern, die Beurteilung des Handlungsbedarfs, um das erneute Auftreten von Fehlern zu verhindern, die Aufzeichnung und Ergebnisse von ergriffenen Maßnahmen sowie die Bewertung der ergriffenen Maßnahmen festlegen.

Die Organisation muss Maßnahmen zur Beseitigung von Ursachen möglicher Fehler und zur Verhinderung des Auftretens von Fehlern festlegen und dokumentieren. Diese Maßnahmen müssen den Auswirkungen eines auftretenden Fehlers angemessen sein. Sie müssen Festlegungen über die Erkennung potenzieller Fehler und ihrer Ursachen, die Beurteilung des Handlungsbedarfs, um das Auftreten von Fehlern zu verhindern, die Festlegung und Verwirklichung der notwendigen Vorbeugungsmaßnahmen, die Aufzeichnungen der Ergebnisse der ergriffenen Vorbeugungsmaßnahmen sowie die Bewertung der ergriffenen Vorbeugungsmaßnahmen beinhalten.

3.3.5.3 Qualitätsnorm 9004:2000

Die Norm 9004:2000 ist ein Leitfaden für das Qualitätsmanagement und Elemente eines Qualitätsmanagementsystems, für Dienstleistungen, für verfahrenstechnische Produkte, für Qualitätsverbesserung, für Konfigurationsmanagement, für die Anwendung der Qualitätsnorm 9001 auf die Entwicklung, Lieferung und Wartung von Software, zur Anwendung der Darlegungsnorm und zum Management von Zuverlässigkeitsprogrammen. Das Qualitätsnormenwerk soll damit gleichermaßen für Produktionsbetriebe, Dienstleister, Software-Entwickler und verfahrenstechnische Betriebe geeignet sein. Die Norm betrachtet außerdem interessierte Parteien wie Kunden, Endabnehmer, Mitarbeiter des Unternehmens, Eigentümer und/oder Investoren, Lieferanten und Gesellschaft. Die Norm soll sowohl die Wirksamkeit als auch die Wirtschaftlichkeit eines Qualitätsmanagement-Systems verwirklichen.

Die Qualitätsnorm 9004:2000 enthält folgende **allgemeine** Verbesserungsanregungen.

Diese Norm fordert die Anwendung der acht Qualitätsmanagementgrundsätze zur systematischen, erfolgreichen Organisationsführung, nämlich Kundenorientierung, Führung, Einbeziehung der Mitarbeiter, Prozessansatz, Systemmanagement, ständige Verbesserung, sachliche Entscheidungsfindung und Lieferantenbeziehungen zum gegenseitigen Nutzen.

Das erfolgreiche Führen und Betreiben einer Organisation erfordert u.a. ein systematisches und wahrnehmbares Leiten, die Verwirklichung und Aufrechterhaltung eines Managementsystems, die ständige Verbesserung der Wirksamkeit und Effizienz der Leistung einer Organisation und die Berücksichtigung der Bedürfnisse interessierter Parteien.

Die Dokumentation sollte u.a. anhand folgender Kriterien beurteilt werden: Funktionstüchtigkeit (z.B. Verarbeitungsgeschwindigkeit), Benutzerfreundlichkeit, erforderliche Ressourcen, Maßnahmen und Ziele, aktuelle und künftige Anforderungen bzgl. der Lenkung des Wissens, Benchmarking von Dokumentationssystemen, von Kunden/Lieferanten/interessierten Parteien verwendete Schnittstellen und Zugriffsmöglichkeiten.

Art und Umfang der Qualitätsmanagementdokumentation müssen vertragliche, gesetzliche und behördliche Anforderungen, Erfordernisse und Erwartungen von Kunden und anderen interessierten Parteien erfüllen.

Dokumente können entsprechend dem Bedarf der Organisation in jeder Form oder Art von Medien realisiert sein. Um den Erfordernissen und Erwartungen interessierter Parteien zu entsprechen, sollte die Unternehmensleitung die Vertragsforderungen seitens der Kunden und anderer interessierter Parteien, die Übernahme von internationalen, nationalen, regionalen und sektorspezifischen Normen, die gesetzlichen und behördlichen Anforderungen, spezielle Entscheidungen der Organisation, für die Entwicklung der Fähigkeit der Organisation relevante externe Informationen sowie Informationen über die Erfordernisse und Erwartungen interessierter Parteien berücksichtigen.

3.3.5.3.1 Element Verantwortung der Leitung

Für die Verantwortung der Leitung werden folgende **Verbesserungsanregungen** gegeben. Um die Wirksamkeit und Effizienz des Qualitätsmanagementsystems und damit Vorteile für alle Interessenpartner zu gewährleisten, soll das Management Unternehmenspolitik und strategische Zielsetzungen definieren. Weiterhin umfasst die Managementverantwortung die Überwachung der bestehenden Leistung, die Erreichung kontinuierlicher Verbesserung und die Bereitstellung entsprechender Strukturen und Ressourcen. Die Messung der Organisationsleistung soll finanzielle Messgrößen, Prozessmessgrößen, externe Messungen (Benchmarking) und durch die Leitung festgelegte Erfolgsfaktoren beinhalten.

Die Messung der Leistung bzgl. der Zufriedenheit der Kunden und anderer interessierter Parteien sollte u.a. den Mehrwert für die Interessenpartner, die Erwartungen bzgl. der Produkte, die Erwartungen von Eigentümern und Investoren, den Aufbau von fortdauernden Partnerschaften sowie Beziehungen zur Gesellschaft und gesetzliche und behördliche Anforderungen berücksichtigen.

Die Unternehmensleitung sollte die Qualitätspolitik als Mittel zur Führung der Organisation im Zuge der Verbesserung ihrer Leistung einsetzen. Die Qualitätspolitik sollte ein gleichwertiger und konsistenter Bestandteil der Gesamtpolitik und -strategie der Organisation sein. Das Management soll bei ihrer Festlegung die erwartete oder gewünschte Kundenzufriedenheit, die Bedürfnislage aller Interessenpartner, Niveau und Art zukünftiger erforderlicher Verbesserungen sowie die benötigten Ressourcen und die potenziellen Beiträge von Lieferanten und Partnern berücksichtigen.

Die strategische Planung und die Qualitätspolitik bilden das Rahmenwerk für die Definition von Qualitätszielen. Die Unternehmensleitung soll Ziele festlegen, die zur Verbesserung der Leistung der Organisation führen. Die Ziele sollten bewertbar sein, um eine wirksame und effiziente Beurteilung zu ermöglichen. Eingangsgrößen sind u.a. relevante Ergebnisse aus Managementbewertungen, Produkt-/Prozessleistungen, Ergebnisse von Selbstbewertungen und Benchmarkings sowie für das Erreichen der Ziele notwendige Ressourcen.

Eingangsgrößen einer wirksamen und wirtschaftlichen Qualitätsplanung sind u.a. Kundenbedürfnisse und Erwartungen, Strategien und Ziele der Organisation, gesetzliche und behördliche Anforderungen, Leistungsdaten der Produkte, Leistungsdaten der Prozesse, Lernen aus gemachten Erfahrungen, erkannte Möglichkeiten zur Verbesserung, Risikoanalysen und Verbesserungspläne, erforderliche Ressourcen, Indikatoren zur Messung der Leistung und Bedarf an Dokumentation incl. Aufzeichnungen.

Den Personen in der gesamten Organisation sollten Verantwortung und Befugnisse übertragen werden, damit sie zur Erreichung der Qualitätsziele beitragen und ihre Mitwirkung, Motivation und Verpflichtung realisieren können.

Die Benennung des Beauftragten der Unternehmensleitung soll die wirksame und wirtschaftliche Arbeitsweise und Verbesserung des Qualitätsmanagementsystems fördern. Der/die Managementbeauftragte koordiniert die Handhabung, Überwachung, Beurteilung, Verbesserung des Qualitätsmanagementsystems, die Kommunikation mit Unternehmensleitung, Mitarbeitern aller Ebenen und Kunden sowie interessierten Parteien in Fragen der Qualitätsmanagementsysteme.

Die Unternehmensleitung sollte einen wirksamen und wirtschaftlichen Prozess für die Bekanntmachung der Qualitätspolitik, der Anforderungen, der Ziele und der Ergebnisse durchsetzen. Kommunikationswerkzeuge sind z.B. Besprechungen in den Arbeitsbereichen, Informationsmanagement (durch Aushänge, Info-Tafeln, Zeitschriften etc.), audiovisuelle und elektronische Medien sowie Mitarbeiterbefragungen und Vorschlagswesen.

Die Managementbewertung soll die Wirksamkeit und Wirtschaftlichkeit des Qualitätsmanagementsystems beurteilen und die Umsetzung der Qualitätspolitik und -ziele verifizieren. Darüber hinaus soll der Austausch neuer Ideen gefördert werden. Die Elemente einer Managementbewertung sind z.B. die Ergebnisse von internen Audits, Kunden-Audits und Zertifizierungs-Audits, die Erfüllung der Bedürfnisse und Erwartungen der Interessenpartner, die Analysen der Produktkonformität, die Leistung der Prozesse, der Status der Korrektur- und Vorbeugungsmaßnahmen, offene Aktionspunkte aus vorangegangenen Managementbewertungen, Veränderungen auf Grund von neuen Technologien, finanziellen und sozialen Bedingungen, Umwelteinflüsse und gesetzliche oder regulative Vorgaben, Status und Ergebnisse von Verbesserungsmaßnahmen, Marktbeurteilung und -strategien, Leistung der Lieferanten, Ergebnisse interner/externer Benchmarking-Tätigkeiten sowie finanzielle Auswirkungen qualitätsbezogener Tätigkeiten.

Die Ergebnisse der Bewertung sind als Eingaben für Verbesserungsprozesse zu nutzen. Ausgewählte Ergebnisse sollten den Personen der Organisation bekannt gemacht werden.

3.3.5.3.2 Element Management der Ressourcen

Für das Management der Ressourcen werden folgende **Verbesserungsanregungen** gegeben. Zur Leistungsverbesserung der Organisation sollte das Management u.a. die wirksame, effiziente und rechtzeitige Bereitstellung der Ressourcen in Beziehung zu Möglichkeiten und Auflagen, materielle Ressourcen z.B. verbesserte Realisierungs- und Unterstützungseinrichtungen, immaterielle Ressourcen z.B. geistiges Eigentum, Informationsmanagement und -technologie, Organisationsstrukturen unter Einbeziehung des Projekt- und Matrixmanagement sowie natürliche Ressourcen und Umweltauswirkungen von Ressourcen beachten.

Die Einbeziehung der Mitarbeiter sollte u.a. die berufsbegleitende Schulung und Karriereplanung, die Festlegung von Verantwortlichkeiten und Befugnissen, die Formulierung von Einzel- und Teamzielen, die Einbeziehung in die Zielfestlegung und Entscheidungsfindung sowie die Schaffung innovationsfördernder Bedingungen und die Mitarbeiterzufriedenheitsmessung beinhalten.

Bei der Planung von Training und Schulung sollten u.a. ruhende und anwendungsbereite Kenntnisse, Führungsverhalten und -fähigkeiten, Kommunikationsfähigkeiten, Kreativität/Innovationsfähigkeit, Wissen über Märkte und Kundenforderungen, Politik und Ziele für die Zukunftsvisionen der Organisation, organisatorische Veränderung und Entwicklung der Organisation, Einführungsprogramme für neue Mitarbeiter und periodische Weiterbildungsprogramme berücksichtigt werden.

Der Prozess zur Festlegung der für die Erreichung einer wirksamen und wirtschaftlichen Produktrealisierung notwendigen Infrastruktur sollte u.a. die Elemente der Leistung, Verfügbarkeit, Kosten, Sicherheit und Erneuerung, Entwicklung und Verwirklichung von Methoden der Instandhaltung unter Beachtung der Art und Häufigkeit von Maßnahmen, Beurteilung der Infrastruktur anhand der Erfordernisse und Erwartungen interessierter Parteien, Berücksichtigung der mit der Infrastruktur verbundenen Umweltauswirkungen und Risikomanagement für nicht steuerbare Ereignisse/Notfallpläne beinhalten.

Die Arbeitsumgebung ist eine Kombination aus menschlichen und physikalischen Faktoren. Bei der Planung sind Arbeitsmethoden, Sicherheitsbestimmungen, Ergonomie, Lage des Arbeitsorts, soziale Wechselwirkungen, Hitze, Lärm, Licht, Belüftung und Feuchtigkeit sowie Hygiene, Sauberkeit, Vibrationen und Verschmutzung zu berücksichtigen.

Daten sind als Grundlage von Informationen zu behandeln. Folgende Maßnahmen sollten umgesetzt werden, um Informationen wirksam zu leiten und zu lenken: Ermittlung des Informationsbedarfs, Identifizierung der internen und externen Informationsquellen, Verwendung von Informationen zur Festlegung von Strategien und Zielen, Vorkehrungen für angemessene Sicherheit und Vertraulichkeit von Informationen und Beurteilung und Verbesserung des Einsatzes von Informationen.

Gute Beziehungen zu Lieferanten und Partnern erhöhen die Wirksamkeit und Effizienz der wertschöpfenden Prozesse. Wertsteigerungen durch die Zusammenarbeit mit Lieferanten und Partnern lassen sich z.B. durch Optimierung der Lieferantenanzahl, Einrichtung geeigneter Informationskanäle, Kooperation mit Lieferanten bei der Gültigkeitserklärung von Prozessen, Vermeidung unnötiger Nachprüfungen, Motivation von Lieferanten hinsichtlich Leistungsverbesserung ihres Qualitätsmanagementsystems sowie Einbeziehung von Lieferanten in den Entwicklungs- und Produktrealisationsprozess erzielen.

Natürliche Ressourcen können durch wechselnde Verfügbarkeit die Leistung einer Organisation in beträchtlicher Weise beeinflussen. Daher sollte eine Organisation Überlegungen hinsichtlich der Lagerung und der Austauschbarkeit dieser Ressourcen anstellen.

Die Unternehmensleitung sollte die finanziellen Ressourcen zur Verwirklichung und Aufrechterhaltung eines wirksamen und wirtschaftlichen Qualitätsmanagementsystems planen, bereitstellen und lenken. Dadurch lässt sich der Ertrag der Organisation steigern, intern durch Verringerung von Prozessstörungen, Fehlern am Produkt, Vergeudung von Material und Zeit sowie extern durch Verringerung von Fehlern am Produkt, Garantie- und Gewährleistungskosten, Kosten durch Verlust von Kunden und Marktanteilen. Die Berichterstattung über die finanziellen Ressourcen soll zur Entdeckung unwirksamer oder unwirtschaftlicher Tätigkeiten beitragen und Verbesserungsmaßnahmen auslösen.

3.3.5.3.3 Element Produktrealisation

Für die Produktrealisation werden folgende **Verbesserungsanregungen** gegeben. Die Unternehmensleitung sollte den wirksamen und wirtschaftlichen Ablauf der Realisierungs- und Unterstützungsprozesse und des zugehörigen Prozessnetzwerkes sicherstellen. Das Basiskonzept für Prozesse besteht aus den Elementen Eingaben (Prozess-Input), Aktivitäten (Prozess-Throughput) und Ergebnissen (Prozess-

Output). Es ist zu analysieren, welche Eingaben und Ergebnisse von Prozessen sich gegenseitig beeinflussen. Schlüsselprozesse sind die Realisierungsprozesse, sie schaffen Mehrwert für die Organisation (wertschöpfend). Unterstützende Prozesse sowie Managementprozesse sind für die Ausführung von Realisierungsprozessen notwendig.

Unter Einbeziehung von Kunden und anderen interessierten Parteien sollten die relevanten Informationen ermittelt und bewertet werden.

Relevante Prozessinformationen können Anforderungen von Kunden oder anderen interessierten Parteien, Marktforschung incl. Sektoren und Endabnehmerdaten, Vertragsanforderungen, Analyse der Wettbewerber, Benchmarking sowie gesetzliche oder behördliche Anforderungen beinhalten.

Die Leitung sollte gewährleisten, dass die Organisation gegenseitig akzeptable Prozesse für die wirksame und wirtschaftliche Kommunikation mit ihren Kunden und anderen interessierten Parteien festgelegt hat, um ein angemessenes Verständnis für deren Erfordernisse und Erwartungen sicherzustellen und sie in Anforderungen an die Organisation umzuwandeln.

Bei der Entwicklungsplanung sind Lebenszyklus, Sicherheit und Gesundheit, Testfähigkeit, Nutzbarkeit, Benutzerfreundlichkeit, Zuverlässigkeit, Ergonomie, Umweltaspekte, Entsorgung und erkannte Risiken zu berücksichtigen. Werkzeuge für die Risikoabschätzung sind Fehlermöglichkeits- und -einflussanalysen, Fehlerbaumanalysen, Zuverlässigkeitsprognosen, Beziehungsdiagramme und Simulationsverfahren.

Um die Erfordernisse und Erwartungen der Kunden und interessierten Parteien zu erfüllen, sollte die Organisation Prozesseingaben ermitteln, die sich auf die Produktentwicklung auswirken und eine wirtschaftliche Prozessleistung ermöglichen. Dazu gehören externe Eingaben wie Erfordernisse und Erwartungen der Kunden, des Marktes und anderer interessierter Parteien, Beiträge von Lieferanten, internationale/nationale Normen sowie interne Eingaben wie Qualitätspolitik und -ziele, technologische Entwicklungen, Ergebnisse aus anderen Prozessen und Eingaben, welche die Prozess-/Produktmerkmale festlegen wie Betrieb, Installation und Anwendung, Lagerung, Handhabung und Lieferung, physikalische Parameter, Umwelt und Produktentsorgungsanforderungen.

Die Ergebnisse sollten Informationen für die Nachprüfbarkeit und Gültigkeitserklärung anhand der Entwicklungseingaben beinhalten, z.B. Daten, die den Vergleich der Prozesseingaben mit den Prozessergebnissen darlegen, Produktspezifikationen incl. Annahmekriterien, Prozessspezifikationen, Materialspezifikationen, Prüfspezifikationen, Schulungsanforderungen, Nutzer- und Verbraucherinformationen, Beschaffungsanforderungen sowie Berichte über Eignungstests.

Entwicklungsbewertungen sollten die Angemessenheit der Eingaben für die

Durchführung der Entwicklungsaufgaben, den Fortschritt des geplanten Entwicklungsprozesses, die Erreichung der Nachprüfbarkeits- und Gültigkeitserklärungsziele, die Beurteilung evtl. Gefahren oder Ausfallmöglichkeiten bei der Verwendung der Produkte, die Lebenszyklusdaten zur Leistung des Produkts, die Lenkung von Änderungen und deren Folgen während des Entwicklungsprozesses, die Erkennung und Korrektur von Problemen sowie Gelegenheiten zur Verbesserung des Entwicklungsprozesses und potenzielle Umweltfolgen des Produkts enthalten.

Nachprüfbarkeitstätigkeiten bzgl. der Entwicklungsergebnisse schließen u.a. vergleichende Methoden ein wie z.B. alternative Entwicklungsberechnungen, Beurteilung anhand ähnlicher Produkte, Tests, Simulationen oder Versuche zur Prüfung der Erfüllung spezifischer Eingabeanforderungen sowie Beurteilungen anhand von Lehren aus der früheren Prozesserfahrung (Fehler und Mängel).

Die Beurteilung der Ergebnisse kann u.a. durch Gültigkeitserklärung technischer Entwicklungsergebnisse vor dem Bau, der Installation oder der Anwendung, Gültigkeitserklärung von Softwareergebnissen vor der Installation oder Anwendung oder Gültigkeitserklärung der Dienstleistung vor deren umfassender Einführung erfolgen. Um Vertrauen in die künftige Anwendung der Entwicklungsergebnisse herzustellen, können Teilgültigkeitserklärungen notwendig sein.

Durch Nachprüfbarkeits- und Gültigkeitserklärungstätigkeiten sollten genügend Daten für die Bewertung von Entwicklungsmethoden und -entscheidungen gewonnen werden. Die Bewertung von Methoden sollte Prozess- und Produktverbesserungen, die Verwendbarkeit der Ergebnisse, die Angemessenheit von Prozess- und Bewertungsaufzeichnungen, Fehleruntersuchungstätigkeiten und den künftigen Entwicklungsprozessbedarf einschließen.

Folgende Aspekte sollten im Beschaffungsprozess berücksichtigt werden: rechtzeitige, wirksame und genaue Ermittlung des Bedarfs und der Spezifikation beschaffter Produkte, Beurteilung der Kosten des beschafften Produkts unter Beachtung von Produktleistung, Preis und Lieferung, Erfordernisse und Kriterien der Organisation für die Nachprüfbarkeit beschaffter Produkte, Garantieaustausch im Falle fehlerhafter beschaffter Produkte, logistische Anforderungen, Produktkennzeichnung und Rückverfolgbarkeit, Produktkonservierung, Dokumentation incl. Aufzeichnungen, Lenkung der Abweichung beschaffter Produkte von den Anforderungen, Entwicklung des Lieferanten sowie Erkennung und Minimierung der mit dem beschafften Produkt verbundenen Risiken.

Bei der Überwachung von Lieferanten sollten die Leistung der Lieferanten im Vergleich zu Wettbewerbern, die Bewertung von Produktqualität, Preis, Lieferleistung und Eingehen auf Probleme, die Audits der Managementsysteme der Lieferanten und Beurteilung ihrer potenziellen Fähigkeit zur wirksamen, wirtschaftlichen und planmäßigen Lieferung der geforderten Produkte, die Prüfung von Lieferantenreferenzen und verfügbaren Daten zur Kundenzufriedenheit, die betriebswirtschaftliche Bewertung des Lieferanten, das Recht auf den Zugang zu Räumlichkeiten und

Informationen beim Lieferanten, die logistischen Fähigkeiten des Lieferanten incl. Standorten und Ressourcen, Status und Rolle des Lieferanten in der Gemeinschaft und Ansichten der Gesellschaft über ihn (Image) berücksichtigt werden.

Bei der Lenkung der Realisierungsprozesse sollten auch Anforderungen und Bedürfnisse weiterer Interessenpartner berücksichtigt werden. Dies lässt sich durch Verbesserung der Wirksamkeit und Wirtschaftlichkeit der Realisierungsprozesse und der zugehörigen Unterstützungsprozesse erreichen wie z.B. durch Abfallreduzierung, Schulung des Personals, Kommunikation und Aufzeichnung von Informationen, Entwicklung der Fähigkeiten der Lieferanten, Verbesserung der Infrastruktur, Problemvermeidung, Verarbeitungsmethoden und Prozessausbeute sowie Überwachungsmethoden.

Die Organisation kann die Kennzeichnung und Rückverfolgbarkeit hinsichtlich der Datengewinnung für Verbesserungen weiter optimieren. Der Bedarf an einer erweiterten Kennzeichnung und Rückverfolgbarkeit kann sich u.a. aus dem Stand und der Fähigkeit von Prozessen, der Kennzahlenermittlung zur Leistung, Vertragsanforderungen, wie z.B. Rückrufbarkeit von Produkten, zutreffenden gesetzlichen und behördlichen Anforderungen, der beabsichtigten Verwendung oder Anwendung sowie gefährlichen Materialien und der Minderung erkannter Risiken ergeben.

Um den Wert des in der Verfügungsgewalt der Organisation befindlichen Kundeneigentums zu sichern, sollte die Organisation diesbezügliche Verantwortlichkeiten festlegen. Beispiele für Kundeneigentum sind zur Einbindung in ein Produkt gelieferte Inhaltsstoffe oder Komponenten, für Reparatur, Instandhaltung oder Modernisierung gelieferte Produkte, direkt vom Kunden gelieferte Verpakkungsmaterialien, Kundenmaterial, das in Dienstleistungstätigkeiten, wie Lagerung, verwendet wird, im Namen des Kunden ausgeführte Dienstleistungen wie z.B. Transport von Kundeneigentum zu einem Dritten, geistiges Eigentum des Kunden incl. Spezifikationen, Zeichnungen sowie urheberrechtlich geschützte Informationen.

Folgende Elemente, die sich aus der Art des Produkts ergeben, sollten mit berücksichtigt werden: Vermeidung eines unbeabsichtigten Gebrauchs während des Produktlebenszyklus, spezielle Anforderungen von elektronischen Medien, Vermeidung von Gefahren für die Natur, notwendiges spezielles Personal für Dienstleistungen, notwendige Ressourcen während des gesamten Lebenszyklus, Produkte, die einzigartig oder irreparabel sind sowie gefährliche Materialien.

Dafür sind wirksame und wirtschaftliche Prüfprozesse incl. Methoden und Geräten festzulegen. Hierzu gehören auch Umfragen sowie Simulationen von Mess- und Überwachungstätigkeiten. Es sollten auch Untersuchungen über die Eignung von Mess- und Überwachungstätigkeiten erfolgen. Und es sollten Mittel zur Fehlervermeidung ergriffen werden, um den Bedarf an Überwachungen und Messungen zu minimieren.

3.3.5.3.4 Element Messung, Analyse, Verbesserung

Für die Messung, Analyse, Verbesserung werden folgende **Verbesserungsanregungen** gegeben. Folgende Elemente sollten berücksichtigt werden: Transformation von Messdaten in Informationen und Wissen, Prioritätenfestlegung der Organisation, Bewertung der angewandten Messmethoden, Nachprüfbarkeit der Daten hinsichtlich Genauigkeit und Vollständigkeit, Benchmarking von Prozessen, Messung der Kundenzufriedenheit, Nutzung von gewonnenen Informationen als Grundlage für die Leistungsverbesserung, Messung der Effektivität der Kommunikation, Einsatz geeigneter statistischer und anderer Verfahren zur Analyse von Prozess- und Messschwankungen sowie regelmäßige Selbstbewertungen als Grundlage der Leistungsverbesserung.

Die Organisation sollte Kunden- und Endabnehmerinformationen aus internen und externen Quellen ermitteln. Informationsquellen dafür sind im Einzelnen z.B. Kundenbeschwerden, direkte Kommunikation mit dem Kunden, Fragebögen und Umfragen, direkte Befragung von Kunden und Nutzern, Kundenanforderungen und Vertragsinformationen, Marktbedürfnisse, Kundendienstdaten, wettbewerbsbezogene Informationen, Berichte von Verbraucherorganisationen, Berichte in verschiedenen Medien sowie Branchenstudien.

Folgende Aspekte sollten tunlichst bei der internen Auditierung berücksichtigt werden: wirksame und wirtschaftliche Prozessverwirklichung, Möglichkeiten der ständigen Verbesserung, Fähigkeit von Prozessen, wirksamer und wirtschaftlicher Einsatz statistischer Verfahren, Einsatz von Informationstechnik, Analyse von Daten zu den Qualitätskosten, wirksamer und wirtschaftlicher Einsatz von Ressourcen, Ergebnissen und Erwartungen bzgl. der Produkt- und Prozessleistung, Leistungsergebnisse und Erwartungen, Angemessenheit und Genauigkeit der Leistungsmessung, Verbesserungstätigkeiten sowie Beziehungen zu interessierten Parteien.

Um die Vergleichbarkeit verschiedener Prozesse herzustellen, sollte die Unternehmensleitung die Umwandlung von Daten aus Prozessen in Finanzangaben erwägen. Empfehlenswerte Beispiele sind Ermittlungen von Kosten für Vorbeugung und Bewertung, Fehlerkosten, Kosten interner und externer Ausfälle sowie Lebenszykluskosten.

Die Organisation sollte die Einführung und Verwirklichung der Selbstbewertung erwägen. Dies ermöglicht die Beurteilung der Wirksamkeit und Wirtschaftlichkeit der Organisation, des erlangten Reifegrads des Qualitätsmanagementsystems, der Leistungsverbesserung der Organisation und der eigenen Leistung gegenüber externen Organisationen. Umfang und Tiefe der Selbstbewertung sollten unter Beachtung der Ziele und Prioritäten der Organisation geplant werden.

Zur Messung der Prozessleistung gehören z.B. Fähigkeit, Reaktionszeit, Zykluszeit oder Durchsatz, Ausbeute, Zuverlässigkeit, Wirksamkeit und Wirtschaftlichkeit der Organisation, Nutzung von Technologien, Abfallverringerung, Kostenzuteilung und -minderung.

Bei der Auswahl von Messmethoden zur Sicherstellung der Produktkonformität sollte beachtet werden: Zuordnung geeigneter Prüfmittel zu den Produktmerkmalen, erforderliche Ausrüstungen, Software und Werkzeuge, zu messende Merkmale in den einzelnen Prozessphasen, Dokumentationen und Annahmekriterien, von Kunden vorgegebene Punkte zur Bestätigung oder Nachprüfbarkeit ausgewählter Produktmerkmale, externe Prüfungen durch amtliche Stellen, Qualifikation der Personen, des Materials, der Produkte, der Prozesse und des Qualitätsmanagementsystems, Endprüfungen zur Bestätigung, dass die Nachprüfbarkeits- und Gültigkeitserklärungstätigkeiten vollständig und zufrieden stellend abgeschlossen wurden sowie Aufzeichnung der Ergebnisse der Produkt bezogenen Messungen (Prüfberichte, Materialfreigabescheine, Produktannahmeformulare, geforderte Konformitätsnachweise).

Die Organisation sollte weitere Überwachungen und Messungen planen und durchführen, die für die Erfüllung der Zufriedenheit anderer interessierter Parteien (keine Kunden) erforderlich sind. Dies betrifft die Messung in Bezug auf Personen und Organisationen, die Messung in Bezug auf Eigentümer und Investoren, die Messung in Bezug auf Lieferanten und Partner sowie die Messung in Bezug auf die Gesellschaft.

Die Organisation sollte Folgendes berücksichtigen bzw. festlegen: Befugnis zur Reaktion auf Fehler, Kennzeichnung und Aussonderung fehlerhafter Produkte, Aufzeichnung der Fehlerbehandlung, Aufzeichnung und Lenkung von Fehlern bei Produktrealisierungs- und Unterstützungsprozessen, Aufzeichnung von Fehlern, die im normalen Arbeitsablauf korrigiert werden, Fehlerbewertung mit dem Ziel, Tendenzen oder Auftretensmuster zu erkennen, Nutzung der gewonnenen Informationen als Eingabe für den Verbesserungsprozess sowie Bewertung und Behandlung von Fehlern durch qualifiziertes Personal. Die Zustimmung zur Fehlerbehandlung kann eine Vertragsforderung des Kunden/anderer interessierter Parteien darstellen.

Entscheidungen sollten auf der Analyse von Daten beruhen, die aus Messungen und Informationen zusammengetragen wurden. Auf Tatsachen beruhende Entscheidungen erfordern wirksame und wirtschaftliche Maßnahmen wie z.B. gültige Analysemethoden und geeignete statistische Verfahren.

Die Datenanalyse kann die Eingaben für eine Verbesserung notwendiger Korrektur- und Vorbeugungsmaßnahmen liefern. Die Ergebnisse können für die Ermittlung von Tendenzen, Kundenzufriedenheit, Zufriedenheitsgrad anderer interessierter Parteien, Wirksamkeit und Wirtschaftlichkeit der Prozesse der Organisation, Beitrag der Lieferanten, Informationen bzgl. Qualitäts-, Finanz- und Marktleistung sowie Benchmarking der Leistung und der Wettbewerbsfähigkeit verwendet werden.

Das kontinuierliche Streben nach Verbesserung kann von laufenden schrittweisen Tätigkeiten bis zu strategischen langfristigen Verbesserungsprojekten reichen. Die Organisation sollte über einen Prozess zur Festlegung und zur Handhabung von Verbesserungstätigkeiten verfügen. Diese Verbesserungen können zu Veränderungen von Produkten, Prozessen, Qualitätsmanagementsystem und Organisation führen.

Korrekturmaßnahmen können u.a. durch Fehlerberichte, interne Auditberichte, Ergebnisse der Managementbewertung, Ergebnisse der Datenanalyse, Ergebnisse von Zufriedenheitsmessungen, Prozessbeurteilungen und Ergebnisse der Selbstbewertung ausgelöst werden.

Die Verhinderung von Verlusten sollte in geplanter Form auf Realisierungs- und Unterstützungsprozesse, Tätigkeiten und Produkte angewandt werden. Die systematische Planung sollte auf der Grundlage von gesammelten Daten geschehen. Diese Daten können u.a. aus der Nutzung von Risikoanalysewerkzeugen, der Bewertung der Erfordernisse und Erwartungen von Kunden, Marktanalysen, Ergebnissen der Managementbewertung, Ergebnissen von Datenanalysen, Zufriedenheitsmessungen, Prozessmessungen, zutreffenden Aufzeichnungen des Qualitätsmanagementsystems und Ergebnissen der Selbstbewertung erzeugt werden.

3.4 Qualitätsauszeichnungen

Die Grenzen der Zertifizierung sind Prinzip bedingt eng gezogen. Insofern bedarf es anderer Beurteilungssysteme, um wirklich Höchstleistungen auszuweisen, die dynamisch Qualität zu steigern in der Lage sind und eine ganzheitliche, also nicht nur auf technische Standards verengte, Sichtweise aufweisen. Damit die Prinzipien des TQM handlungswirksam werden können, ist eine Konkretisierung erforderlich, ein konsistentes System von Kriterien und Handlungsansätzen, das als Grundlage für die Analyse des Ist-Zustands und die Entwicklung Ziel orientierter Verbesserungen dient. Diese Aufgabe erfüllen Qualitätsauszeichnungen. Darunter sind Preisvergaben (Awards) durch spezielle Institutionen zu verstehen, die für den Nachweis der Förderung der Qualität, des Qualitätsverständnisses im gesamten Unternehmen und dessen erfolgreicher interner wie externer Umsetzung vergeben werden. Solche Qualitätsauszeichnungen sind etwa der Finnish Quality Award, Australian Quality Award, Prix Francais de la Qualité, Swedish Quality Award, Norwegian Quality Award, United Kingdom Quality Award, European Quality Award/EQA, Malcolm Baldrige National Quality Award/MBNQA oder Deming Application Price (Letztere werden im Folgenden betrachtet). Der Deming Prize hat Qualitätszielplanung, Durchsetzung in der Hierarchie und statistischen Methodeneinsatz als Schwerpunkte, der MBNQA ist vor allem Management, Kunden und Prozess orientiert, und der EQA betont die gesellschaftliche Verantwortung. Hinzu kommen Branchen spezifische Standards, namentlich der Standard der Automobilindustrie, der weit über die Anforderungen der Qualitätsnormenreihe hinausgeht. Während diese vor allem entwickelt wurde, um Kunden-Lieferanten-Beziehungen zu vereinfachen und eine Vertrauensbasis für Abnehmer zu schaffen, werden Qualitätsauszeichnungen von Institutionen vergeben, um das Niveau der Wettbewerbsfähigkeit des Unternehmens insgesamt und die Leistung an Kunden zu verbessern. Damit werden Lerneffekte angestoßen.

Es sollen Gewinner identifiziert werden, die als Vorbildunternehmen in Bezug auf Total quality management gelten können. Tatsächlich liegt der Nutzen für Teilnehmer weniger in der wohl eher geringen Chance einer Preisverleihung, als bereits im gesamten Bewerbungsprozess. Durch die Umsetzung der den Preisen zu Grunde liegenden Bewertungskriterien im Unternehmen wird die Unternehmenskultur auf der genau definierten Basis der Preise zum TQM hingeführt. Diese Umsetzung erfordert Zeit. Es sind womöglich Jahre nötig, um überhaupt in die engere Auswahl der Bewerber um Preise zu gelangen und somit die Möglichkeit zu deren akquisitorischer Nutzung zu erlangen.

Qualitätsauszeichnungen umfassen eine ganze Reihe von Chancen, so die exakte Definition der Unternehmensziele, die Offenlegung und Transparenz der internen Strukturen, die Förderung des Qualitätsbewusstseins, die Verbesserung und Sicherung der internen und externen Prozesse, die Motivation der Mitarbeiter, die Schaffung eines Teamgeists, eine ausgeprägte Wettbewerbsorientierung, die Fokussierung auf Kundenpräferenzen, die Erhöhung der Kundenzufriedenheit, die Reduzierung der Kosten, die Verkürzung der Prozesszeiten und die Steigerung der

Marktanteile. Weitere potenzielle Erfolge sind die stärkere Nutzung des innerbetrieblichen Vorschlagswesen, sinkende Fluktuationsraten, weniger Ausfallzeiten, Reduktion von Irrtümern und Fehlern, Senkung der Qualitätskosten, Steigerung der Produktivität, Verringerung von Verschwendung und Erhöhung der Zulieferqualität. Als Folge steigt die unternehmerische Wettbewerbsfähigkeit.

Probleme liegen vor allem im Kosten- und Zeitaufwand der Bewerbung, der Ausführlichkeit des Bewerbungsprocederes, der Frustration bei nicht erfolgreicher Bewerbung und den fraglichen Beurteilungskriterien der Wettbewerbe bzw. deren subjektiver Bewertung.

3.4.1 Deming Application Prize

Der Deming Application Prize wurde erstmals 1951 von der Japanese Union of Scientists and Engineers (JUSE) verliehen. W. Edwards Deming gilt als einer der Begründer der Qualitätsbewegung in Japan. Der Deming Prize ist auf unternehmensweite Qualitätsanstrengungen insgesamt, auf die ständige Verbesserung und die Einführung von Qualitätszirkeln ausgerichtet. Dabei werden statistische Methoden verstärkt eingesetzt. Eine Bewerbung steht nicht nur japanischen (Groß- und Klein-)Unternehmen sowie Geschäftseinheiten und Einzelpersonen, sondern auch ausländischen Unternehmen sowie öffentlichen und gemeinnützigen Organisationen offen.

Dem Beurteilungsprozess liegt eine Checklist mit zehn gleichgewichtigen Hauptkriterien zu Grunde, die in insgesamt 63 Unterkriterien aufgeteilt sind. Alle Bewerber, die mindestens 70 von 100 maximal erreichbaren Punkten erzielen, werden ausgezeichnet. Nicht berücksichtigte Bewerber können sich im Folgejahr erneut bewerben und werden dann nur noch in den als vorher nicht ausreichend erachteten Kriterien geprüft.

Die Kriterien sind dabei im Einzelnen die Folgenden:

- **Unternehmenspolitik:** Sind Richtlinien und Ziele des Management auf TQM ausgerichtet? Werden Richtlinien und Ziele methodisch erarbeitet? Sind die Ziele geeignet und konsistent? Werden statistische Methoden angewandt? Hat man sich über die Ziele mit allen Mitarbeitern verständigt? Wird die Implementierung der Ziele überprüft? Werden die Beziehungen zwischen kurzfristigen und langfristigen Zielen berücksichtigt?
- **Organisation und Administration:** Sind Verantwortlichkeiten klar definiert? Sind die Methoden zur Delegation geeignet? Wird die Zusammenarbeit von Abteilungen unterstützt? Gibt es übergreifende Teamarbeit? Wie wirksam agiert das Management? Werden Qualitätszirkel erfolgreich eingesetzt? Werden Qualitätsziele wirksam auditiert?
- **Aus- und Weiterbildung:** Gibt es Ausbildungspläne und Durchführungsrichtlinien? Wird die Ausbildung gründlich durchgeführt? Orientiert sich die Ausbildung an statistischen Methoden? Wird die Interpretation von Auswirkungen vermittelt? Werden Lieferanten ausgebildet? Werden Mitarbeiter in der Qualitätszir-

kelarbeit ausgebildet? Ist ein System für Verbesserungsvorschläge implementiert?

- **Sammlung und Verbreitung von Information:** Sind externe Informationen verfügbar? Wie werden Informationen zwischen Bereichen/Werken weitergegeben? Wie regelmäßig werden Informationen verbreitet? Werden statistische Analysen über die Nutzung von Informationen erstellt?
- **Analyse:** Werden wichtige Probleme und Themen nach Priorität ausgewählt? Wird die Wirksamkeit der analytischen Methoden überwacht? Werden statistische Methoden eingesetzt? Basieren die Analysen auf eigener Technologie? Werden Qualitäts- und Prozessanalysen durchgeführt? Wie werden die Ergebnisse der Analysen weiterverwendet? Fließen die Ergebnisse in Verbesserungsmaßnahmen ein?
- **Standardisierung und Normung:** Ist ein Normensystem implementiert? Gibt es ein System zur Einführung, Pflege und Löschung von Normen? Sind die Normen verfügbar? Ist die Normenauswahl an modernen Technologien ausgerichtet? Sind die verwendeten Standards praktisch anwendbar?
- **Steuerung:** Sind Steuerungssysteme für Qualität, Kosten und Mengen implementiert? Gibt es Warn- und Eingriffsgrenzen? Werden statistische Methoden wie Qualitätsregelkarten verwendet, und gibt es eine hohe Akzeptanz für statistische Denkweisen? Werden die Bedingungen für die Steuerungssysteme aktuell gehalten? Entspricht das Steuerungssystem den aktuellen Anforderungen?
- **Qualitätssicherung:** Sind Verfahren zur Neuentwicklung von Produkten implementiert? Wird Qualitätssicherung in allen Phasen des Produktlebenszyklus betrieben? Sind Produktsicherheit und die Einhaltung gesetzlicher Bestimmungen garantiert? Werden Prozesse überwacht und wird an deren ständiger Verbesserung gearbeitet? Gibt es Untersuchungen zur Prozessfähigkeit? Sind Prüfungen und Messungen wirkungsvoll implementiert? Werden Fertigungseinrichtungen, Subunternehmer, Einkauf und Service wirkungsvoll überwacht? Wird das Qualitätsmanagementsystem regelmäßig auditiert? Werden statistische Methoden eingesetzt? Werden Qualitätsuntersuchungen und Audits durchgeführt? Sind die Bedingungen Praxis orientiert?
- **Ergebnisse:** Wie werden Erfolge gemessen? Wie wird die Wirksamkeit von Erfolgen hinsichtlich Qualität, Servicegrad, Liefertreue, Gewinn, Sicherheit, Umwelt etc. bewertet? Wie werden nicht direkt messbare Erfolge bewertet? Wie wird die Beziehung zwischen der Voraussage von Erfolgen und ihrem tatsächlichen Eintreffen bewertet?
- **Zukunftsplanung:** Wie werden Voraussetzungen für Neuerungen geschaffen? Wie werden Richtlinien an Unzulänglichkeiten angepasst? Wie werden Pläne für die Zukunft gefördert? Wie werden die Beziehungen zu langfristigen Plänen umgesetzt?

Gemessen an amerikanischen und europäischen Qualitätsauszeichnungen handelt es sich beim japanischen Deming Application Prize um ein relativ undifferenziertes Bewertungsschema. Allerdings darf man nicht vergessen, dass dies die älteste Qualitätsauszeichnung überhaupt ist und das Ursprungsland sich am Weitesten vorn auf dem Weg zum Total quality management befand.

3.4.2 Malcolm Baldrige National Quality Award

Der amerikanische TQM-Preis ist der vom ehemaligen US-Wirtschaftsminister Malcolm Baldrige gestiftete MBNQA, der beabsichtigt, das Bewusstsein für Qualität als entscheidenden Wettbewerbsfaktor zu stärken, die Notwendigkeit für hervorragende Qualität bewusst zu machen und Informationen über erfolgreiche Qualitätskonzepte und die Vorteile, die aus ihrer Einführung herrühren, publik zu machen. Der Preis wird in drei Kategorien vergeben, und zwar für Unternehmen bis zu 500 Mitarbeitern, für Industrieunternehmen mit mehr als 500 Mitarbeitern und Dienstleistungsunternehmen mit mehr als 500 Mitarbeitern. Je Kategorie werden max. zwei Preisträger pro Jahr benannt.

Historische MBNQA-Preisträger sind u.a. folgende Unternehmen/-steile:
- *1988: Motorola, Commercial Nuclear Fuel Division of Westinghouse, Electric Corporation, Globe Metallurgical,*
- *1989: Milliken&Comp., Xerox Business und Systems,*
- *1990: Cadillac Motor Car Comp., IBM Rochester, Federal Express Corp., Wallace Co.,*
- *1991: Solectron Corp., Zytec Corp., Marlow Industries,*
- *1992: AT&T Network Systems Group, Texas Instruments Inc. Defense Systems, AT&T Universal Card Services, Granite Rock&Comp., Ritz Carlton Hotel,*
- *1993: Ames Rubber Corp., Eastman Chemicals & Comp.,*
- *1994: AT&T Consumer Communication Service, GTE Directories Corp., Wainwright Ltd.,*
- *1995: Amstrong World Industries Building Products, Corning Telecommunications Products Division.*

Es gibt weniger als 200 Bewerbungen p.a. Grundsätzliche TQM-Prinzipien des MBNQA sind, dass die Qualität kundenbestimmt ist, in der Verantwortung der Unternehmensleitung steht, durch kontinuierliche Verbesserungen angestrebt wird, unter intensiver Mitarbeiterbeteiligung und -entwicklung zu Stande kommt, schnelle Reaktionen erlauben muss, Fehlerprävention nur durch Qualitätsplanung zu schaffen ist, eine langfristige Perspektive vorherrscht und ein Fakten orientiertes Management verlangt, die Bildung von Allianzen förderlich ist und hohe soziale Verantwortung als Rahmenbedingung gilt.

Explizite Ziele des MBNQA sind die Verbesserung der Wettbewerbsfähigkeit der Wirtschaft, eine erzieherische Wirkung durch Problemsensibilisierung, die Bereitstellung von permanent verbesserten Leistungen für Kunden, die systematische Verbesserung der gesamten Leistungsfähigkeit des Unternehmens und damit auch die Steigerung der Wettbewerbsfähigkeit der Volkswirtschaft. Weitere individuelle Ziele sind Kundenbindung und Marktanteilszugewinn. Fortschritte werden in Form von Produkt- und Servicequalität, Produktivitätsfortschritt, Reduzierung/ Vermeidung von Verschwendung/ Blindleistung, Qualität der Zulieferer und Finanzergebnissen gemessen. Es erfolgt eine starke Betonung von Kundenzufriedenheit, Benchmarking und Konkurrenzsicht.

Als die sieben Hauptkriterien gelten derzeit (nach mehrfachen Änderungen) die Größen

- Führung, Strategische Planung, Kunden- und Marktorientierung, Information und Analyse, Mitarbeiterorientierung, Prozessmanagement und Geschäftsergebnisse.

Diese werden in insgesamt 15 gewichtete Einzelkriterien untergliedert. Zwischen diesen Größen herrschen dynamische Zusammenhänge. Man kann grob zwischen Kriterien zu Ergebnissen und solchen zu Prozessen unterscheiden (*siehe Abb. MBNAQ-Bewertungsmatrix*).

Das Kriterium **Führung** macht 12 % von max. zu erreichenden 1.000 Punkten (= 120 Punkte) aus und besteht aus den Unterkriterien (Examination items, zu denen jeweils wieder Einzelpunkte gehören):

- Management (max. 80 Punkte) und Verantwortung für die Öffentlichkeit (max. 40 Punkte).
  Typische Fragen sind: Inwieweit ist die Unternehmensführung persönlich in den Qualitätsprozess eingebunden? In welcher Form wird die Kundenorientierung in den Führungsprozess integriert? Wie erfolgt die Entwicklung und Umsetzung langfristiger Werte und Leistungserwartungen? Wie wird die Kommunikation dieser langfristigen Vorgaben durch die Managementebenen vorgenommen? Welche Formen und Kriterien der Leistungskontrolle durch die Unternehmensleitung bestehen? Wie erfolgt die Umsetzung dieser Ergebnisse? Gibt es Kontrollen zur Einhaltung rechtlicher Rahmenbedingungen? Wird auf öffentliche Bedenken gegenüber eigenen (zukünftigen) Produkten eingegangen?

Das Kriterium **Strategische Planung** macht 8,5 % (= 85 Punkte) aus und besteht aus den Unterkriterien:

- Strategieentwicklung (max. 40 Punkte) und Strategieumsetzung (max. 45 Punkte).
  Typische Fragen sind: Inwieweit sind Qualitäts- und Kundenzufriedenheitsaspekte in der strategischen und operativen Planung des Unternehmens berücksichtigt? Wie lauten die Schritte und Zeithorizonte des strategischen Planungsprozesses? Erfolgt eine Berücksichtigung wichtiger Einflussbereiche in der strategischen Planung etwa in Bezug auf Kundenbedürfnisse, Wettbewerbsumfeld, technologischen Wandel, eigene Stärken und Schwächen, Stärken und Schwächen der Lieferanten und Partner, finanzielle und gesellschaftliche Risiken? Befinden sich die strategischen Ziele in Übereinstimmung mit den Bedürfnissen der Stakeholder (Interessengruppen wie Anteilseigner, Mitarbeiter, Kunden, öffentliche Einrichtungen)? Wie erfolgt die Umsetzung der strategischen Ziele in Aktionspläne? Welche Kriterien zur Messung des Fortschritts werden dabei angelegt?

MBNQA-Bewertungsmatrix

Je Kriterium:

0 %:	kein System/keine Methodik, nicht verbreitete/genutzte Entfaltung, keine Nachweise über Ergebnisse
10 - 40 %:	Anfänge eines auf Vorbeugung ausgerichteten Systems, einige bis viele wichtige Geschäftsbereiche umfassend, einige positive Trends in den betroffenen Bereichen umfassend
40 - 50 %:	Voll wirksames, auf Vorbeugung ausgerichtetes System, das Bewertungs- und Verbesserungszyklen beinhaltet, Ansätze einer Integration, die meisten Hauptgeschäftsbereiche umfassend, einige unterstützende Bereiche umfassend, positive Trends in den meisten Hauptbereichen, einige Nachweise, dass Ergebnisse aus der Vorgehensweise resultieren, sind vorhanden
60 - 90 %:	Voll wirksames, auf Vorbeugung ausgerichtetes System, teilweise weiterentwickelt durch Bewertungs- und Verbesserungszyklen, gute Integration, die Hauptgeschäftsbereiche umfassend, einige bis mehrere unterstützende Bereiche umfassend, gut bis ausgezeichnet in den Hauptbereichen, positive Trends in einigen bis mehreren unterstützenden Bereichen, Nachweise, dass Ergebnisse aus Vorgehensweise resultieren
90 - 100 %:	Voll wirksames, auf Vorbeugung ausgerichtetes System, voll weiterentwickelt durch Bewertungs- und Verbesserungszyklen, ausgezeichnete Integration, Hauptbereiche und unterstützende Bereiche sowie alle Operationen umfassend, ausgezeichnete Ergebnisse (Weltklasse) in Hauptbereichen, gute bis ausgezeichnete Ergebnisse in unterstützenden Bereichen, Kontinuität in den Ergebnissen, Ergebnisse resultieren eindeutig aus dieser Vorgehensweise.

Über alle Kriterien (Punkte):

0 - 125:	In keinem Kriterium sichtbare Anstrengungen, praktisch keine Berücksichtigung eines umfassenden Qualitätsverständnisses
126 - 250:	Nur wenige qualitätsbezogene Anstrengungen zu beobachten, Qualität ist deutlich untergeordnet
251 - 400:	In wenigen Kriterien sind einige Anstrengungen zu beobachten, die zur Anwendung kommenden Maßnahmen werden nur angewendet, wenn Probleme/Fehler auftreten, sie sind insgesamt im Unternehmen nicht integriert
401 - 600:	Anstrengungen sind in allen Kriterien zu beobachten, in einigen Kriterien handelt es sich sogar um hervorragende Maßnahmen, die präventiv ausgerichtet sind. Gleichwohl fehlt es in vielen Bereichen an einer stärkeren Integration und Anwendung für Aktivitäten. Ergebnisse sind nicht kausal auf die qualitätsorientierten Ansätze zurückzuführen
601 - 750:	Gute Ansätze sind in den meisten Kriterien zu beobachten, teilweise auf hervorragendem Niveau. Die Integration der Maßnahmen ist ebenfalls gut, könnte teilweise jedoch besser sein. Verbesserungsbedürftige Bereiche im Unternehmen sind deutlich zu erkennen, i.d.R. im administrativen Bereich
751 - 875:	Sehr gute Ansätze sind in sämtlichen Kriterien zu beobachten, gute Integration und Anwendung der Maßnahmen. Vereinzelt handelt es sich dabei um Weltklasseniveau. Gute bis sehr gute Ergebnisse. Das Unternehmen wird in seiner Branche als führend auf dem Gebiet der Qualität angesehen
876 - 1000:	Hervorragende Ansätze und Ergebnisse in sämtlichen Kriterien und Bereichen des Unternehmens. Vorbildliche Integration und Anwendung der Maßnahmen. Das Unternehmen handelt qualitätsorientiert auf Weltklasseniveau. Es ist dafür weithin bekannt, es fungiert als Vorbild.

Das Kriterium **Kunden- und Marktorientierung** macht 8,5 % (= 85 Punkte) aus und besteht aus den Unterkriterien:

- Wissen über Kunden und Märkte (max. 40 Punkte) und Kundenzufriedenheit und -beziehungen (max. 45 Punkte).
  Typische Fragen sind: Wie gelangt das Unternehmen an Informationen über zukünftige Kundenbedürfnisse? Mit welchen Methoden untersucht das Unternehmen die Kundenzufriedenheit? Welches Niveau an Kundenzufriedenheit erzielt das Unternehmen im Vergleich zur Konkurrenz? Wie wird die Definition von Zielkunden- und Marktsegmenten vorgenommen? Gibt es eine systematische Erhebung von Kundenanforderungen und deren Bewertung? Wie erfolgt die Nutzung kundenspezifischer Daten über Verkäufe, Wiedergewinnung verlorener Kunden, Reklamationen etc.? Kommt es zum Aufbau von Kundenbeziehungen mit dem Ziel der Steigerung der Zufriedenheit und der Wiederholungskäufe sowie zur Erlangung von Empfehlungen? Woraus erfolgt die Bestimmung von Kontaktformen mit Kunden? Wie ist der Beschwerdeprozess inkl. der Sicherstellung von Verbesserungsmaßnahmen organisiert? Erfolgt eine Definition der Kundenzufriedenheit und Nutzung der Zufriedenheitsdaten für Verbesserungen? Besteht eine Aufrechterhaltung des Kundenkontakts, um Rückmeldungen zu erzielen? Erfolgt eine stetige Anpassung der Zufriedenheitsermittlung an Veränderungen?

Das Kriterium **Information und Analyse** macht 9 % (= 90 Punkte) aus und besteht aus den Unterkriterien:

- Messung und Analyse der Organisationsleistung (max. 50 Punkte) und Informationsmanagement (max. 40 Punkte).
  Typische Fragen sind: Enthalten die Informationssysteme des Unternehmens aussagefähige Daten über Qualitätsaspekte? Vergleicht das Unternehmen sich regelmäßig mit den Leistungen seiner Konkurrenten? Bilden die vorhandenen qualitäts- und kundenbezogenen Daten die Grundlage wichtiger Entscheidungen? Wird eine Sammlung und Integration von Daten aller Quellen zur Unterstützung operativer Entscheidungen vorgenommen? Wonach erfolgen die Auswahl und der Einsatz von Vergleichsdaten? Wie wird das Leistungsmesssystem an Veränderungen angepasst? Werden Analysen zur Bestimmung des Geschäftserfolgs durchgeführt? Wie erfolgt die Kommunikation der Erfolgsdaten in die Arbeitsgruppen hinein? Wie wird für die Verfügbarmachung der benötigten Daten Sorge getragen? Wie wird die Zuverlässigkeit, Richtigkeit und Pünktlichkeit der Datenbereitstellung sichergestellt? Sind die Hardware- und Softwaresysteme nutzerfreundlich und angemessen?

Das Kriterium **Mitarbeiterorientierung** macht 8,5 % (= 85 Punkte) aus und besteht aus den Unterkriterien:

- Arbeitsabläufe (max. 35 Punkte), Mitarbeiterausbildung, -training und -entwicklung (max. 25 Punkte) sowie Mitarbeiterwohlbefinden und -zufriedenheit (max. 25 Punkte).
  Typische Fragen sind: Wie werden die Mitarbeiter in den Qualitätsprozess integriert? Fließen Qualitätsaspekte in Weiterbildungsmaßnahmen für die Mitarbei-

ter ein? Wie werden Beiträge einzelner Mitarbeiter zur Qualitätssteigerung honoriert? Wird die Mitarbeiterzufriedenheit gemessen und gemanagt? Wie erfolgt die Durchführung und Förderung der Kooperation und Innovation innerhalb der Organisation? Wie wird die Motivation der Mitarbeiter zur Entfaltung ihrer Potenziale gefördert? Besteht eine Förderung der Leistung und Kundenorientierung der Mitarbeiter durch das Leistungsmesssystem? Gibt es eine Nachfolgeplanung im Top-Management? Erfolgt eine Abstimmung der Personalentwicklung auf die Unternehmensziele? Erfolgt eine Anpassung der Personalentwicklungsmaßnahmen auf Veränderungen im Umfeld? Wie wird der Einsatz von Wissen und Fähigkeiten am Arbeitsplatz gesichert? Wie werden Verbesserungen der Arbeitsbedingungen erreicht? Gibt es eine Messung der Mitarbeiterzufriedenheit? Erfolgt ein Einsatz von Maßnahmen zur Unterstützung der Mitarbeiter inkl. sozialer Leistungen?

Das Kriterium **Prozessmanagement** macht 8,5 % (= 85 Punkte) aus und besteht aus den Unterkriterien:

- Produkt- und Dienstleistungsprozesse (max. 45 Punkte), Geschäftsprozesse (max. 25 Punkte) und unterstützende Prozesse (max. 15 Punkte).
  Typische Fragen sind: Wie werden Qualitätsaspekte bei der Entwicklung neuer Produkte und Dienstleistungen berücksichtigt? Wodurch wird sichergestellt, dass der Produktionsprozess den Qualitätsanforderungen entspricht und einem dauerhaften Verbesserungsprozess unterliegt? Wie werden die Lieferanten in den Qualitätssicherungsprozess einbezogen? Wie vollzieht sich der Prozess der Produktentwicklung? Wie werden Änderungen bei den Kundenanforderungen in der Produktentwicklung berücksichtigt? Wie gehen Qualität, Zykluszeiten und Erfahrungen vergangener Projekte in den Entwicklungsprozess ein? Wie sind die Produktions- und Logistiksysteme im Hinblick auf die Leistungsanforderungen gestaltet? Welche Kriterien dienen zur Leistungsmessung in den Bereichen Produktion und Logistik? Werden Tests und Prozessaudits zur Vermeidung von Garantie- und Nacharbeitskosten durchgeführt? Wie werden die Durchführung von Verbesserungsmaßnahmen und die Weitergabe der Erfahrungen an andere Einheiten gesichert? Wie sind Geschäftsprozesse im Hinblick auf die Erfüllung der Leistungsanforderungen gestaltet? Wie werden Leistungsmaßgrößen für die Kontrolle und Verbesserung der Prozesse verwendet? Wo setzen Maßnahmen zur Anpassung der Prozesse an Veränderungen im Umfeld an? Wie sind die Anforderungen an unterstützende Prozesse definiert?

Das Kriterium **Geschäftsergebnisse** macht 45 % (= 450 Punkte) aus und besteht aus den Unterkriterien:

- Kundenorientierte Ergebnisse (max. 125 Punkte), finanzielle und marktbezogene Ergebnisse (max. 125 Punkte), personalbezogene Ergebnisse (max. 80 Punkte) und Ergebnisse der organisatorischen Effektivität (max. 120 Punkte).
  Typische Fragen sind: Welche Produkt- und Dienstleistungsqualitäten erreicht das Unternehmen im Vergleich zu seiner Konkurrenz? Welche Produktivität erreicht das Unternehmen im Vergleich zu seiner Konkurrenz? Wie hoch ist das Qualitätsniveau der Lieferanten? Wie hoch ist die Kundenzufriedenheit - auch

im Wettbewerbsvergleich? Wie sind die Wertwahrnehmungen durch die Kunden gelagert? Wie hoch sind die Wiedergewinnungsraten verlorener Kunden? Wie ist das Empfehlungsverhalten der Kunden? Wie stellen sich die wesentlichen Produktleistungsmerkmale dar? Wie stellt sich das finanzielle Unternehmensergebnis dar? Welchen Marktanteil/welche Marktposition nimmt das Unternehmen ein? Wie stellen sich die Wachstumsraten des Unternehmens dar? Wie hoch ist die Zahl der neu bearbeiteten Märkte? Wie sind die Ergebnisse hinsichtlich Mitarbeiterzufriedenheit bzw. Mitarbeiterwohlbefinden einzuschätzen?

Der größte Wert des MBNQA wird in der von einer tatsächlichen Bewerbung unabhängigen Optimierung des TQM für die Identifikation von Stärken und Schwächen des Qualitätsmanagementsystems, für Trainingszwecke oder unternehmensinterne Qualitätswettbewerbe gesehen, was von den meisten Großunternehmen auch genutzt wird. Dies reicht von der Übernahme der Fragenkataloge über die interne Evaluation als Scheinbewerbung bis zur Evaluation durch externe Experten (Audit).

Die **Fragenkataloge** liegen als Fragebögen oder Computer-Software vor und werden dann von allen oder von einer Stichprobe von Mitarbeitern beantwortet. Dies ist zwar schnell und kostengünstig, aber nur von begrenzter Aussagekraft. Eine Verbesserung kann schon durch die unternehmensindividuelle Anpassung der Fragekataloge geschaffen werden.

Scheinbewerbungen erfordern eine größeren Aufwand. Zunächst ist die Einrichtung lateral zusammengesetzter Bewerbungsteams und eines fachlich ausgewiesenen Bewertungsteams erforderlich. Die Vorbereitung von Mitgliedern beider Teams erfolgt in einem Workshop. Die Bewerbungsteams schreiben für ihre Geschäftseinheiten Bewerbungsberichte, die durch das Bewertungsteam beurteilt und einmütig bewertet werden. Daran schließt sich eine Betriebsbesichtigung an, die über den endgültigen Punktwert entscheidet. Dazu wird ein Feedback-Bericht verfasst, der durch die Bewerbungsteams ausgewertet wird. Aus diesen Erkenntnissen entstehen Aktionspläne für Verbesserungen, deren Durchführung kontrolliert und in einer neuerlichen Scheinbewerbung evaluiert wird.

Der aufwändigste Weg ist der **externe Audit,** der durch sachverständige Dritte durchgeführt wird. Bei ihnen kann man davon ausgehen, dass sie ähnlich urteilen wie vergleichsweise die MBNQA-Kommission urteilen würde, sodass eine realitätsnahe Situation geschaffen wird.

3.4.3 European Quality Award

Der EQA ähnelt in seinen Bewertungskriterien weitgehend denen des MBNQA. Beiden Ansätzen liegt die Idee einer unternehmensweiten Qualitätskonzeption, eines umfassenden Qualitätsmanagement und eines ganz auf den Kunden ausgerichteten Unternehmens zu Grunde. Die Verwandtschaft zur Normenreihe ist geringer, weil diese mit dem Ziel entwickelt wurde, den nationalen und internationalen Handelaustausch zu erleichtern und für Kunden eine Vertrauensbasis dahingehend zu schaffen, dass ein Lieferant Qualitätsanforderungen konsistent erfüllt. Der MBNQA verlangt noch detailliertere Angaben (91 Einzelpunkte gegenüber 32 beim EFQM). Beim EFQM wird nicht nur auf Kunden, sondern auch auf Mitarbeiter, Gesellschaft und Kapitalgeber (Stakeholder-Ansatz) abgehoben.

Die European Foundation for Quality Management (EFQM) hat dazu ein Modell für unternehmerische Spitzenleistungen in Europa entwickelt (2010), das aus Befähigern (Enablers) besteht, die das Qualitätsmanagementsystem des Unternehmens und die Art und Weise wie die verschiedenen Aktivitäten ausgeführt werden (vier Kriterien), und Ergebnissen (Results), die auf die vier Hauptinteressentengruppen Kunden, Mitarbeiter, Gesellschaft und Financiers abstellen, und das Leistungsniveau (was) erfassen.

Unternehmen, die sich für den EFQM bewerben, reichen zunächst bei ein Bewerbungsdokument von max. 75 Seiten in 12 Kopien ein, das von einem Prüferteam aus Managern und Qualitätsspezialisten (in ca. 35 Teams parallel) binnen zwei Wochen einstimmig beurteilt und an ein Gremium von sieben herausragenden Persönlichkeiten als Juroren weitergeleitet wird. Diese wählen aus allen eingegangenen Bewerbungen die Finalisten aus, deren Betriebe dann besichtigt werden. Auf Basis dieser Eindrücke bestimmen die Juroren in einem zweiten Treffen die Gewinner von Qualitätsmedaillen (Quality Prize), die Qualitätsmanagement als einen fundamentalen Prozess für kontinuierliche Verbesserungen in hervorragender Art und Weise praktizieren. Unter den Medaillengewinnern wird dem besten Unternehmen wiederum die EFQM-Trophäe (Quality Award) als erfolgreichstem Vertreter des TQM in Europa für ein Jahr verliehen.

Die Berechtigung für die Bewerbung um den Award ist an einige Voraussetzungen gebunden. Der Bewerber muss eine wesentliche Bindung an Westeuropa nachweisen (mind. 50 % des Geschäftsumfangs der letzten fünf Jahre). Bei mehr als 500 Beschäftigten können sich auch Unternehmensteile bewerben, sofern ein eigener Firmenname/Warenzeichen geführt wird, eine eigenständige Geschäftseinheit besteht, mehr als 50 % des Umsatzes mit externen Kunden/Lieferanten getätigt wird und ein breites Spektrum betrieblicher Funktionen vorhanden ist. Nicht-berechtigt zur Teilnahme sind Regierungsbehörden, Non profit-Organisationen, Wirtschaftsverbände und Standesvereinigungen.

Die Bewerbungsmodalitäten gehen aus einer fünfsprachig aufgelegten Broschüre hervor. Die Bewerbung ist schriftlich, am Besten in Englisch, anzufertigen und hat auf jedes der neun Kriterien des EFQM Bezug zu nehmen. Hinzu kommt ein Überblick über die Firmengeschichte, die Aufbauorganisation, die wichtigsten Angebote (Sachgüter/Dienste) und das Wettbewerbsumfeld. Mit der Bewerbung ist eine Gebühr (1.000 bzw. 2.000 €) fällig. Bewerbungsschluss ist März eines jeden Jahres für die Verleihung im Oktober. Beurteilt werden Stärken und Verbesserungsbereiche, die in der Betriebsbesichtigung verifiziert werden. Auch geht es dabei um die Klärung von Unklarheiten und das unmittelbare Erleben der Arbeitsatmosphäre. Daraus folgt ein Abschlussbericht. Hinzu kommt ein Feedback-Bericht, der auf ca. 30 Seiten detaillierte Angaben über die Ergebnisse des Bewertungsteams und die jeweiligen Stärken und Verbesserungsbereiche enthält. Ebenso wird auf die Bewerbung und Betriebsbesichtigung Bezug genommen. Dieser Bericht soll zwar keine Empfehlungen enthalten, doch aus den Kommentaren gewinnt das Unternehmen wertvolle Hinweise auf Verbesserungen. In Folge wird empfohlen, Benchmarking-Aktivitäten anzuhängen.

EQA-Preisträger sind u.a. folgende Unternehmen/-steile:
- *1992: Rank Xerox Europe, BOC Industrial Gases, UBISA Industrial Del Ubiema,*
- *1993: Milliken European Division, ICL Manufacturing Division,*
- *1994: Ericsson SA/Spanien, IBM South Europe, D2D (Design to Distribution),*
- *1995: Texas Instruments Europe, TNT Express,*
- *1996: Brisa,*
- *1997: SGS Thompson Micorelectronics,*
- *1998: TNT UK, Schindlerhof, Beko Trading Co.*
- *1999: Yellow Pages, Volvo Cars Gent, Danish International Continuing Education, Servitique Network Services,*
- *2000: Nokia Mobile Phones, Inland Revenue UK, Burton-Alpha.*

Die **Selbstbewertung** des EFQM kann als Routinebestandteil des betrieblichen TQM übernommen werden. Dadurch werden die erreichten Fortschritte gegenüber einem Modell für Spitzenleistungen gemessen, die Mitarbeiter in die Pflicht genommen, kontinuierliche Verbesserung und Kundenzufriedenheit anzustreben, die Verbindung zwischen Befähigern und Ergebnissen bewusst gemacht, die Benchmarking-Aktivitäten gefördert und die Priorisierung von Verbesserungsmaßnahmen erreicht. Das Vorgehen ist analog einer echten Bewerbung. Die Geschäftseinheit erstellt zunächst eine Bewerbungsdokumentation gemäß den Vorgaben des EFQM. Ein internes Team in der Award-Bewertung geschulter Prüfer, möglichst aus einem anderen Unternehmensbereich, stellt sodann die Stärken und Verbesserungsbereiche fest und bewertet die Bewerbung. Hinzu kommen Besichtigungen vor Ort. Dazu können Standardformulare zu jedem der Unterkriterien erstellt werden, in die Stärken, Verbesserungsbereiche und Fakten eingetragen werden. Ein Moderator erläutert dazu das EFQM-Modell und die einzelnen Unterkriterien. Später bewertet das interne Award-Team die Vorlagen anhand von Fragen-Checklists. Daraus sich ergebende Verbesserungen werden eingeleitet und gehen in den verbesserten Status des nächsten Jahres ein. Solange, bis das Unternehmen fit scheint, sich tatsächlich für den EFQM zu bewerben.

Der EFQM besteht aus den Kriterien Führung, Ressourcen, Politik und Strategie, Mitarbeiterführung, Mitarbeiterzufriedenheit, Prozessmanagement, Geschäftsergebnisse, Kundenzufriedenheit und Auswirkungen auf die Gesellschaft. Insgesamt werden 1.000 Punkte vergeben. Davon gehen 50 % (500 Punkte) auf das Konto Befähiger und 50 % (500 Punkte) auf das Konto der Ergebnisse (*siehe Abb. Krite-*

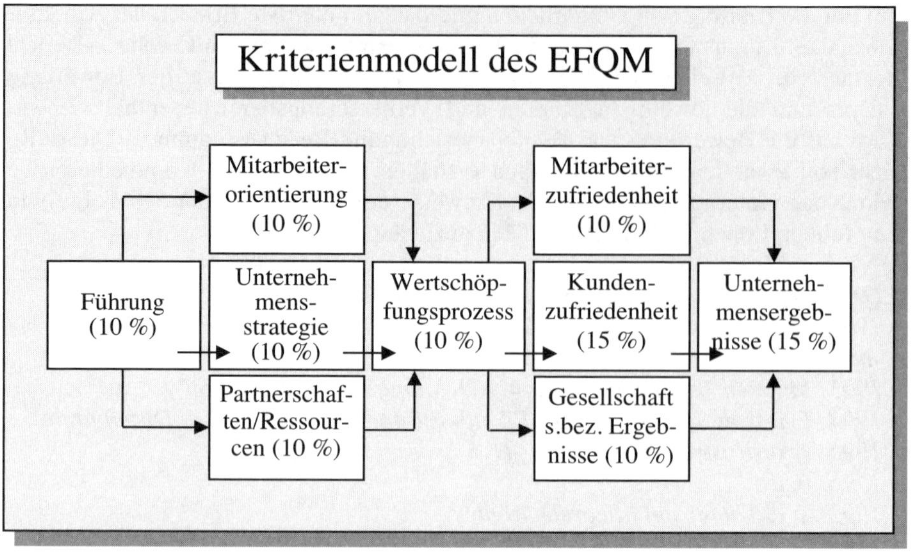

rienmodell des EFQM).

Im Einzelnen handelt es sich um die Kriterien:

- Führung: Hier geht es um das Verhalten der Führungskräfte bei der Förderung von Qualität, der Motivation von Mitarbeitern, dem Bemühen um Kunden und dem Engagement für eine Qualitätskultur.
- Partnerschaften und Ressourcen: Bewertet wird hier der Einsatz von Ressourcen für die Unterstützung der Unternehmensstrategie. Es geht dabei um Finanzen, Informationen, Lieferantenbeziehungen, Anlagevermögen, Technologien und Wissen.
- Politik und Strategie: Die Unternehmensstrategie muss auf den Erwartungen der Interessengruppen aufgebaut sein, sie muss Informationen aus dem Umfeld nutzen, sich Veränderungen anpassen und kommuniziert werden.
- Mitarbeiterorientierung: Die Beteiligung der Mitarbeiter, die Anerkennung ihrer Leistungen, ihre Weiterentwicklung, die Definition von Zielen und die Kommunikation mit ihnen sind von zentraler Bedeutung.
- Prozessmanagement: Zu einer herausragenden Qualitätsleistung gehören die Definition und das Management von Prozessen, ihre Anpassung mit dem Ziel der Steigerung der Kundenzufriedenheit und die laufende Kontrolle.
- Mitarbeiterzufriedenheit: Sie wird als Beitrag zum Gesamterfolg gesehen. Es wird ermittelt, wie die Mitarbeiter die Organisation beurteilen und welche weiteren Kriterien zur Erfassung der Zufriedenheit eingesetzt werden.
- Kundenzufriedenheit: Sie gibt zentralen Aufschluss über die Bewertung der Produkte und Leistungen durch die Kunden sowie die eingesetzten Kriterien zur frühzeitigen Erfassung von Veränderungen bei der Zufriedenheit.
- Gesellschaftliche Verantwortung: Hier wird geht es darum, wie sich das Unternehmen in der Gesellschaft darstellt und wie diese Wahrnehmung/ Zufriedenheit gemessen wird.

- Geschäftsergebnisse: Dabei geht es im Einzelnen um den finanziellen Erfolg des Unternehmens und nicht-finanzielle Messgrößen, die ergänzend herangezogen werden können.

Das Kriterium der **Führung** macht 10 % (= max. 100 Punkte) aus und besteht aus den Unterkriterien (die jeweils gleichgewichtig sind):
- Sichtbares Engagement bei der Führung von umfassender Qualität (Ansatzpunkte sind Kommunikation mit der Belegschaft, Vorbildverhalten, Mitarbeiterschulung unterstützen, Quality-Training etc.), eine beständige umfassende Qualitätskultur (Methoden sind die Überprüfung des TQM-Fortschritts, Beurteilung und Beförderung von Mitarbeitern bei Engagement und Leistung bzgl. TQM etc.), rechtzeitiges Anerkennen und Würdigen der Anstrengungen und Erfolge von Einzelpersonen und Teams, Kunden und Lieferanten (materiell und ideell), Förderung von Total quality durch Bereitstellung geeigneter Ressourcen und Unterstützung in Ausbildung, Finanzierung von Unterstützungs- und Verbesserungsmaßnahmen, immaterielle Ressourcen (Organisation, Vorbildverhalten etc.), Engagement bei Kunden und Lieferanten (Partnership-Beziehungen, gemeinsame Verbesserungsteams etc.), aktive Förderung von umfassender Qualität außerhalb des Unternehmens (z.B. durch Mitgliedschaften, Veröffentlichungen/Broschüren/Artikel, Vorträge/Konferenzen/Seminare). Es geht also um das Verhalten des Führungsteams und aller anderen Führungskräfte, umfassende Qualität als grundlegenden Prozess des Unternehmens für eine kontinuierliche Verbesserung zu initiieren und durchzusetzen.

Das Kriterium der **Partnerschaften und Ressourcen** macht 10 % (= 100 Punkte) aus und besteht aus den Unterkriterien:
- finanzielle Ressourcen, Informationsressourcen, materielle Ressourcen und Sachanlagen, Umgang mit Lieferanten, Materialien, Gebäuden und Ausrüstungsgütern, Nutzung von Technologie. Es geht also um Management, Einsatz und Erhaltung von Potenzialen zur Unterstützung der Politik und der Strategie. Dabei ist nachzuweisen, wie ständige Unternehmensverbesserungen im Einzelnen erzielt werden.

Das Kriterium der **Politik und Strategie** macht 10 % (= 100 Punkte) aus und besteht aus den Unterkriterien:
- Wie Politik und Strategie auf dem Konzept der umfassenden Qualität beruhen, wie sie auf Grund von Informationen festgelegt werden, die für umfassende Qualität relevant sind, wie sie die Grundlage von Unternehmensplänen bilden, wie sie bekannt gemacht sowie regelmäßig überprüft und verbessert werden. Es geht also um Zweck, Werte, Leitbild und strategische Ausrichtung des Unternehmens sowie die Art und Weise ihrer Rationalisierung durch das Unternehmen und darum, wie die Politik und Strategie des Unternehmens den Begriff der umfassenden Qualität widerspiegelt und dessen Grundsätze bei der Festlegung, Verwirklichung, Überprüfung und Verbesserung angewandt werden.

Das Kriterium der **Mitarbeiterorientierung** macht 10 % (= 100 Punkte) aus und

besteht aus den Unterkriterien:
- Wie eine ständige Verbesserung der Mitarbeiterführung erzielt wird, wie die Kenntnisse und Fähigkeiten der Mitarbeiter bei der Einstellung, Schulung und Karriereplanung aufrechterhalten und weiterentwickelt werden, wie Mitarbeiter und Teams Ziele vereinbaren und ständig den Fortschritt überprüfen, wie die Beteiligung aller Mitarbeiter an der ständigen Verbesserung gefördert wird und wie Mitarbeiter autorisiert werden zu handeln und eine wirksame Kommunikation über Hierarchien hinweg erzielt wird. Es geht also darum, wie das Unternehmen das gesamte Potenzial seiner Mitarbeiter freisetzt, um seine Geschäftsfähigkeit ständig zu verbessern. Dazu ist nachzuweisen, wie Mitarbeiterressourcen geplant und verbessert werden.

Das Kriterium des **Prozessmanagement** macht 10 % (= 100 Punkte) aus und besteht aus den Unterkriterien:
- wie die für den Unternehmenserfolg wesentlichen Prozesse identifiziert werden, wie das Unternehmen seine Prozesse systematisch führt, wie Leistungsmessungen von Prozessen neben allem relevanten Feedback verwendet werden, um Prozesse zu überprüfen und Ziele für Verbesserungen zu setzen, wie das Unternehmen Innovation und Kreativität bei der Prozessverbesserung anregt und wie es Prozessänderungen einführt und den Nutzen bewertet. Es geht also um das Management aller wertschöpfenden Tätigkeiten im Unternehmen, um eine kontinuierliche Verbesserung der Geschäftstätigkeit zu gewährleisten.

Das Kriterium der **Mitarbeiterzufriedenheit** macht 10 % (= 100 Punkte) aus und besteht aus den Unterkriterien:
- wie die Mitarbeiter ihr Unternehmen empfinden. Ein umfassender Qualitätsansatz soll die Bedürfnisse und Erwartungen der Mitarbeiter befriedigen. Dazu sind die Beurteilung des Unternehmens durch die Mitarbeiter und die Entwicklung zusätzlicher Messgrößen, welche die Zufriedenheit der Mitarbeiter des Unternehmens beschreiben, aufzuzeigen.

Das Kriterium **Kundenzufriedenheit** macht 15 % (= 150 Punkte) aus und besteht aus den Unterkriterien:
- Welchen Eindruck externe Kunden vom Unternehmen und dessen Produkten und Dienstleistungen haben. Ein umfassender Qualitätsansatz führt dazu, dass die Bedürfnisse und Erwartungen der Kunden befriedigt werden. Dazu sind die Beurteilung der Produkte, Dienstleistungen und Kundenbeziehungen des Unternehmens durch Kunden und die Entwicklung zusätzlicher Messgrößen, welche die Zufriedenheit der Kunden des Unternehmens beschreiben, aufzuzeigen.

Das Kriterium der **gesellschaftlichen Verantwortung** macht 10 % (= 100 Punkte) aus und besteht aus den Unterkriterien:
- welchen Eindruck hat die Öffentlichkeit vom Unternehmen insgesamt. Dazu gehören Meinungen über die Einstellung des Unternehmens zur Lebensqualität, zur Umwelt und zur Erhaltung der globalen Ressourcen. Denn ein umfassender Qualitätsansatz befriedigt in zunehmendem Maße die Bedürfnisse und Erwar-

tungen der gesamten Öffentlichkeit. Dazu ist nachzuweisen, wie die Gesellschaft als Ganzes die Auswirkungen des Unternehmens auf das Umfeld wahrnimmt. Hinzu kommt die Entwicklung zusätzlicher Messgrößen, welche die Zufriedenheit der Gesellschaft mit dem Unternehmen beschreibt.

Das Kriterium der **Geschäftsergebnisse** macht 15 % (= 150 Punkte) aus und besteht aus den Unterkriterien:
- Was hat das Unternehmen in Bezug auf seine geplante betriebliche Leistung erreicht? Ein umfassender Qualitätsansatz beinhaltet sowohl finanzielle als auch nichtfinanzielle Ziele und Vorgaben und befriedigt die Bedürfnisse und Erwartungen der Personen, die ein finanzielles Interesse an der Unternehmung haben.

Jedes dieser Kriterien wird einzeln hinsichtlich seiner Erfüllung bewertet. Dem liegt ein Punktbewertungsmodell zu Grunde. Für die Befähiger ist dies prototypisch in fünf Stufen unterteilt, wobei für die realen Beurteilungen zu interpolieren ist. Dabei werden Ansatz, Review und Integration beurteilt:
- 0 % der Punkte = Die Kriterienerfüllung ist eher anekdotisch, auf jeden Fall aber ohne Wertschöpfung.
- 25 % der Punkte = Es gibt Anzeichen für fundierte Ansätze eines Total quality management mit zumindest gelegentlicher Überprüfung und teilweiser Integration in die normale Geschäftstätigkeit.
- 50 % der Punkte = Der Nachweis für ein fundiertes, systematisches Vorgehen ist gegeben. Eine regelmäßige Überprüfung auf Effektivität und eine gute Integration in die normale Geschäftstätigkeit sind vorhanden.
- 75 % der Punkte = Es ist ein klarer Nachweis für ein fundiertes, systematisches Vorgehen sowie die kontinuierliche Verfeinerung und verbesserte Effektivität durch Überprüfungszyklen gegeben. Es besteht eine gute Integration in die normale Geschäftstätigkeit.
- 100 % der Punkte = Es ist ein klarer Nachweis für ein fundiertes, systematisches Vorgehen sowie die kontinuierliche Verfeinerung und umfassend verbesserte Effektivität durch Überprüfungszyklen gegeben. Es besteht eine vollkommene Integration in die normalen Arbeitsabläufe. Der Eindruck ist als vorbildlich anzusehen.

Ebenso gilt für die Ergebnisse ein Punktbewertungsmodell. Es umfasst Trends, Vergleich mit eigenen Zielen, Vergleich mit anderen Unternehmen und Ursächlichkeit des Vorgehens:
- 0 % der Punkte = Die Kriterienerfüllung ist eher anekdotisch, es gibt keine Vergleiche und Zusammenhänge.
- 25 % der Punkte = Einige Ergebnisse zeigen zwar positive Trends, es ist aber nur eine teilweise Übereinstimmung mit den eigenen Zielen gegeben. Es bestehen weder Vergleiche noch Zusammenhänge oder diese sind anekdotisch.
- 50 % der Punkte = Einige Ergebnisse zeigen seit mindestens drei Jahren positive Trends. Zudem sind in vielen Bereichen Übereinstimmungen mit eigenen Zielen und Vergleiche mit anderen Unternehmen gegeben, wobei die Ergebnisse auf das Vorgehen zurückzuführen sind.

- 75 % der Punkte = Die meisten Ergebnisse zeigen deutliche positive Trends seit mindestens drei Jahren. Das Unternehmen steht günstig in Bezug auf eigene Ziele und im Vergleich zu anderen Unternehmen da, wobei viele Ergebnisse auf das beurteilte Vorgehen zurückzuführen sind.
- 100 % der Punkte = Es gibt deutliche positive Trends in allen Bereichen seit mindestens fünf Jahren, und es besteht Übereinstimmung mit den eigenen Zielen. Das Unternehmen ist Klassenbester im Vergleich, diese Ergebnisse sind eindeutig auf das beurteilte Vorgehen zurückzuführen und lassen erwarten, dass diese Spitzenposition gehalten werden kann.

Die EFQM-Bewertungskriterien sind im Einzelnen wie folgt abgestuft:
Kriterium Führung:

- *Das Führungsteam unterhält einen Prozess zur Entwicklung seines eigenen Bewusstseins für Konzepte, die mit umfassender Qualität verbunden sind (1).*
- *Es besteht ein Verfahren zur Schaffung und kontinuierlichen Ausweitung eines breiten Bewusstseins für grundlegende geschäftliche Fragen innerhalb der Einheit (2).*
- *Es besteht ein Verfahren, um ein gemeinsames Verständnis wichtiger geschäftlicher Fragen durch Zweiweg-Kommunikation auf vertikaler und horizontaler Ebene innerhalb der Einheit zu gewährleisten (3).*
- *Es besteht ein Verfahren, um sicherzustellen, dass sich die Führungskräfte aktiv als Leitbilder an der Verbesserung der Tätigkeiten der Einheit engagieren. Die Wirksamkeit des Verfahrens wird überprüft (4).*
- *Es besteht ein Verfahren, um sicherzustellen, dass die Führungskräfte mit Kunden und Lieferanten zusammenarbeiten. Die Wirksamkeit dieses Verfahrens kann nachgewiesen werden (5).*
- *Die Führungskräfte beteiligen sich sichtbar an der Entwicklung und Unterstützung von Verbesserungsteams und fungieren als Leitbilder (6).*
- *Das Führungsteam spielt eine aktive Rolle bei der Würdigung, Anerkennung und Belohnung aller Mitarbeiter für kontinuierliche Verbesserungen (7).*
- *Die Führungskräfte verfolgen einen konsequenten Ansatz für einen kontinuierlichen Verbesserungsprozess innerhalb der gesamten Einheit (8).*
- *Die Führungskräfte sind in der Lage, den Nachweis ihres Engagements für die Förderung von umfassender Qualität als Unternehmens-Philosophie auf der Grundlage ihrer eigenen Erfahrungen zu erbringen (9).*
- *Alle Führungskräfte engagieren sich aktiv für die Durchführung eines kontinuierlichen Verbesserungsprozesses (10).*

Kriterium Ressourcen:

- *Es besteht ein Verfahren zur Identifizierung der verfügbaren Ressourcen und Feststellung der Art ihrer Nutzung (1).*
- *Es besteht ein Verfahren zur Identifizierung der Lieferanten für wichtige Ressourcen (2).*
- *Partnerschaften mit Lieferanten werden entwickelt, um die Qualität der Lieferungen und Leistungen gemeinsam zu verbessern (3).*
- *Es besteht ein Verfahren zur Weitergabe relevanter Informationen an Kunden, Lieferanten und Mitarbeiter (4).*

- *Es bestehen Systeme für Aufzeichnung, Überwachung und Review ausgewählter Bereiche zur Verringerung von Materialverschwendung (5).*
- *Es bestehen Systeme für Aufzeichnung, Überwachung und Review ausgewählter Bereiche zum Abbau von Verschwendung, incl. Zeitverschwendung und Nacharbeit (6).*
- *Es besteht ein Verfahren zur Identifizierung, Beurteilung und Bewertung neuer Technologien und ihrer Folgen für das Unternehmen (7).*
- *Es besteht ein Verfahren zur Überprüfung und Modifizierung der Zuteilung von Ressourcen auf der Grundlage sich verändernder Unternehmensbedürfnisse (8).*
- *Es besteht ein Verfahren zur Identifizierung zusätzlicher Ressourcen, die genutzt werden können, um den Wettbewerbsvorteil auszubauen (9).*
- *Die Ressourcen des Unternehmens werden effektiv eingesetzt, um die Zielsetzungen von Politik und Strategie zu verwirklichen (10).*

Kriterium Politik und Strategie:

- *Das Führungsteam hat Unternehmensziele entwickelt und Erfolgsfaktoren definiert (1).*
- *Es besteht ein Verfahren zur Erhebung aller relevanten internen Informationen, die eine Überprüfung der wesentlichen Erfolgsfaktoren und der Unternehmenspläne ermöglichen (2).*
- *Es besteht ein Verfahren zur Erhebung aller relevanten externen Informationen, die eine Überprüfung der wesentlichen Erfolgsfaktoren und der Unternehmenspläne ermöglichen (3).*
- *Es besteht ein regelmäßig überprüftes Verfahren, welches das Verständnis für den Zweck des Unternehmens/der Einheit, für die wesentlichen Erfolgsfaktoren und für die Aussagen zur Politik fördert, damit alle Mitarbeiter sie kennen und verstehen. (4).*
- *Die Einheit verfügt über Aussagen zu Politik und Strategie, die alle Elemente der Unternehmens-Verbesserungsmatrix abdecken (5).*
- *Es besteht ein Verfahren zur Bewertung der Relevanz von Plänen auf Basis von Unternehmens- und Betriebsdaten (6).*
- *Es besteht ein Verfahren zur Modifizierung von Politik und Strategie auf Basis von Unternehmens- und Betriebsdaten (7).*
- *Die mit Politik und Strategie verbundenen Prozesse werden einem Benchmarking unterzogen (8).*
- *Es besteht ein Verfahren zur Analyse der Unternehmensstrategie der Konkurrenz und zur entsprechenden Anpassung der Pläne der Unternehmenseinheit, um einen Wettbewerbsvorteil zu erzielen und zu wahren (9).*
- *Unternehmenszweck und Aussagen zur Unternehmenspolitik erstrecken sich auf das gesamte Unternehmen und werden von allen verstanden (10).*

Kriterium Mitarbeiterorientierung:

- *Es besteht ein Verfahren zur Erhebung und Sondierung der Meinungen der Mitarbeiter (1).*
- *Eine öffentliche Verpflichtung zur Entfaltung der Fähigkeiten aller Mitarbeiter zur Verwirklichung der Geschäftsziele ist eingegangen worden (2).*
- *Es besteht ein Verfahren für die Zweiweg-Kommunikation geschäftlicher Informationen innerhalb der Einheit (3).*

- *Es besteht für alle Mitarbeiter ein wirksames Beurteilungssystem (4).*
- *Der Schulungs- und Weiterbildungsbedarf wird regelmäßig für alle Mitarbeiter und Teams überprüft. Kompetenzmängel, die für die persönliche Entwicklung und die Unternehmensbedürfnisse relevant sind, werden identifiziert (5).*
- *Verbesserungsteams sind eingerichtet worden und erhalten Unterstützung (6).*
- *Es besteht ein Verfahren zur Förderung von Kreativität und Innovativität der Mitarbeiter (7).*
- *Die Personalplanung unterstützt die Politik und Strategie des Unternehmens hinsichtlich des kontinuierlichen Verbesserungsprozesses (8).*
- *Die Mitarbeiter sind autorisiert, ihre Geschäftsprozesse selbst zu lenken (9).*
- *Sämtliche Maßnahmen sind auf die Entfaltung des vollen Potenzials sämtlicher Mitarbeiter ausgerichtet (10).*

Kriterium Mitarbeiterzufriedenheit:

- *Auf Beschwerden von Mitarbeitern wird auf Ad hoc-Basis eingegangen (1).*
- *Wichtige Messgrößen der Mitarbeiterzufriedenheit sind identifiziert worden (2).*
- *Angaben werden verwendet, um Trends der Mitarbeiterzufriedenheit festzustellen (3).*
- *Die Wirksamkeit der internen Zweiweg-Kommunikation wird gemessen (4).*
- *Trends werden festgestellt. Positive und negative Trends werden verstanden. Die gemessenen Parameter sind für die Mitarbeiter von Relevanz (5).*
- *In wichtigen Verbesserungsbereichen werden Ziele gesetzt und kommuniziert (6).*
- *Die Ergebnisse lassen erkennen, dass die Mitarbeiter ihre Gefühle vertrauensvoll und offen äußern können (7).*
- *Die Ergebnisse lassen erkennen, dass die Mitarbeiter das Gefühl haben, dass ihr Beitrag am Arbeitsplatz geschätzt wird (8).*
- *Die Ergebnisse zeigen, dass die Mitarbeiter und ihre Familien sich in das Arbeitsumfeld integriert fühlen (9).*
- *Regelmäßige Vergleiche mit anderen Unternehmen belegen, dass die Mitarbeiterzufriedenheit mit der anderer Unternehmen vergleichbar und der Trend weiterhin positiv ist (10).*

Kriterium Prozessmanagement:

- *Die Hauptprozesse innerhalb der Einheit sind identifiziert (1).*
- *Schlüsselprozesse sind identifiziert, als Flussdiagramm dargestellt und/oder dokumentiert. Die Zuständigkeit ist bestimmt (2).*
- *Die Wirksamkeit bestehender Schlüsselprozesse ist beurteilt (3).*
- *Ein Verbesserungsmechanismus ist identifiziert worden. Ziele für Verbesserungen sind gesetzt (4).*
- *Ein Verbesserungsmechanismus für Schlüsselprozesse ist eingeführt (5).*
- *Die Prozessergebnisse werden überprüft und fließen in den Verbesserungszyklus ein (6).*
- *Es gibt einen Mechanismus zur Entwicklung und Verwendung entsprechender Messgrößen zur Bewertung von Schlüsselprozessen (7).*
- *Die Leistungen der Prozesse stehen nachweislich in Bezug zu den Kundenanforderungen (8).*
- *Die Existenz eines formellen Qualitätsmanagementsystems lässt sich nachweisen (9).*

- *Die Schlüsselprozesse werden verstanden, formell geführt und kontinuierlich verbessert (10).*

Kriterium Kundenzufriedenheit:

- *Kundenbeschwerden werden registriert und auf Ad hoc-Basis bearbeitet (1).*
- *Daten hinsichtlich Kundenbeschwerden werden dargestellt (2).*
- *Verbesserungsziele werden gesetzt (3).*
- *Die Relevanz der Ziele für die Kundenzufriedenheit lässt sich nachweisen (4).*
- *Kundenzufriedenheitsniveaus innerhalb des Unternehmens werden verglichen. Die Ergebnisse weisen einen positiven Trend auf und erfüllen teilweise die Zielsetzungen (5).*
- *Die Faktoren der Kundenzufriedenheit sind identifiziert und werden zur Modifizierung der Ziele herangezogen (6).*
- *Alle Mitarbeiter verstehen die Ziele, die sich auf Kundenzufriedenheit beziehen (7).*
- *50 % der Ziele im Hinblick auf Kundenzufriedenheit werden erfüllt (8).*
- *75 % der Ziele im Hinblick auf Kundenzufriedenheit werden erfüllt (9).*
- *Die Kundenzufriedenheit weist einen positiven Trend auf. Ziele werden erfüllt. Es gibt eine Reihe branchenweiter Benchmarking-Ziele (10).*

Kriterium Gesellschaftliche Verantwortung:

- *Die Ergebnisbereiche sind identifiziert worden (1).*
- *Trends werden festgestellt. Es gibt ein Verfahren zur Feststellung von Fortschritten (2).*
- *Das Bewusstsein der Mitarbeiter im Hinblick auf relevante Ergebnisbereiche wird gemessen (3).*
- *Die Wahrnehmungen und Bedürfnisse der lokalen Gemeinschaft werden erforscht. Verbesserungsziele werden gesetzt (4).*
- *Konsequent ansteigende Trends in den relevanten Ergebnisbereichen lassen sich nachweisen (5).*
- *Es gibt ein wachsendes öffentliches Bewusstsein der Politik (6).*
- *Die Ergebnisse werden mit der Umwelt- und Sozialpolitik in Verbindung gebracht. Die Politik wird überprüft (7).*
- *50 % der Ziele hinsichtlich der gesellschaftlichen Verantwortung werden erfüllt (8).*
- *25 % der Ziele hinsichtlich der gesellschaftlichen Verantwortung werden einem Benchmarking unterzogen (9).*
- *Die Meinungen des örtlichen Gemeinwesens werden aktiv sondiert. Die Ergebnisse werden in die Unternehmenspolitik einbezogen (10).*

Kriterium Geschäftsergebnisse:

- *Die wichtigsten finanziellen und nicht-finanziellen Ziele der Einheit sind identifiziert worden (1).*
- *Es gibt ein System zur Messung und Überwachung der wichtigsten Ergebnisbereiche (2).*
- *Relevante Ergebnisse werden allen Mitarbeitern bekanntgegeben. Wichtige Ergebnisse werden regelmäßig veröffentlicht (3).*
- *Trends werden mit den Zielsetzungen und Finanzzielen verglichen (4).*
- *50 % der internen Zielsetzungen sind erfüllt worden (5).*

- *Positive und negative Trends sind identifiziert, verstanden und mit den Befähiger-Kriterien in Verbindung gesetzt worden (6).*
- *Die Leistungen werden mit denen anderer Unternehmen in der Branche verglichen. Ziele werden neu gesetzt (7).*
- *75 % der Ziele sind erfüllt worden. Die Relevanz der wichtigsten Ergebnisbereiche für die Geschäftstätigkeit lässt sich nachweisen (8).*
- *Alle Ziele werden erfüllt. 25 % der Trends weisen kontinuierliche Verbesserungen auf (9).*
- *Konsequente Verbesserungstrends lassen sich in 50 % der wichtigsten Ergebnisbereiche nachweisen. Einige der Ergebnisse sind klar auf das Vorgehen zurückzuführen (10).*

Vorteile des EFQM liegen gleich in mehreren Faktoren. Zunächst ist die Möglichkeit des internationalen Vergleichs zu nennen, dann die externe Beurteilung. Gleichzeitig wird eine konkrete Struktur für TQM vorgegeben. Der Qualitätsregelkreis ist intern gut anwendbar und hat eine hohe Motivation. Das Verfahren gibt einen guten Gesamtüberblick und ist durch nur 75 Seiten Umfang realistisch darstellbar. Wertvolle Hinweise ergeben sich bei entsprechender Interpretation zudem aus dem Feedback-Report.

Allerdings sind auch erhebliche Nachteile zu nennen. Da ist zunächst die natürliche Hemmschwelle gegen jede Art externer Beurteilung. Auch muss das Dokument erst einmal aussagefähig erstellt werden, und das möglichst in Englisch. Der Qualitätsregelkreis stellt von seinem Approach her auf Resultate ab und ist stark geschäftsleitungsorientiert. Bislang ist vergleichsweise wenig PR für den EFQM getrieben worden, sodass dessen Bekanntheits- und Vertrautheitsgrad zu wünschen übrig lässt. Schließlich ist auch seine mittel- bis langfristige Perspektive eher ungewiss.

3.4.4 Ludwig Erhard-Preis

In Deutschland ist seit 1997 auf Initiative der Deutschen Gesellschaft für Qualität und des Vereins Deutscher Ingenieure der Ludwig Erhard-Preis als nationaler Qualitätspreis etabliert. Er fördert die Auseinandersetzung mit Ideen des umfassenden Qualitätsmanagement und wird für Spitzenleistungen im Wettbewerb vergeben. Er ist von den Wirtschaftsverbänden Deutschlands (BDA, BDI, DGB, DIHT etc.), die auch im Kuratorium zur Preisverleihung sitzen, ins Leben gerufen worden, die Geschäftsführung liegt bei DGQ (Deutsche Gesellschaft für Qualität) und VDI (Verein Deutscher Ingenieure). Der Preis soll Unternehmen und Organisationen dazu anreizen, die eigene Position im Wettbewerb zu bestimmen und durch Eigeninitiative zu verbessern. Es soll ein Qualitätsbewusstsein geschaffen und Deutschland dadurch wieder an die Spitze geführt werden.

Der LEP prämiert als Auszeichnung durch die deutsche Öffentlichkeit die Auseinandersetzung mit den Ideen des TQM und deren Umsetzung zur Zukunftssicherung. Der Preis wird in allen Branchen und in verschiedenen Stufen vergeben (kleine, mittlere, große Unternehmen/Organisationen, Handel, Behörden, Dienstleister, Handwerk etc.). Er ist aus dem ehemaligen Bayerischen Qualitätspreis fortentwickelt.

Vorteile für die Teilnehmer sind vor allem folgende: Schwachstellen und Verbesserungspotenziale werden bereits im Self assessment erkannt. Die Einbindung aller Mitarbeiter in den Wettbewerb fördert die Unternehmensidentität. Das Management wird sich der Standortvorteile bewusst. Es entsteht eine positive Außenwirkung, auch wenn man nicht zu den Preisträgern gehört. Image und Wettbewerbsfähigkeit werden gestärkt. Gegenüber Kunden und Partnern wird die Zusammenarbeit durch Objektivierung verbessert.

Die Bewertung geht analog dem EQA vor, hat also max. 1.000 Punkte zu vergeben, die sich aus 50 % Befähigern und 50 % Ergebnissen zusammensetzen. Zunächst erfolgt eine Selbstbewertung des Bewerbers, danach eine Vor-Ort-Bewertung durch eine unabhängige Jury, die auch die Gewinnerauswahl vornimmt. Die Bewerbung kann in deutscher Sprache erfolgen und zielt vor allem auf klein- und mittelständische Unternehmen ab.

Als Kriterien gelten folgende:
- Führungsverhalten: Anregung, Unterstützung und Förderung einer Kultur umfassender Qualität durch die Führungskräfte (100 Punkte = 10 %),
- Mitarbeiterorientierung: Erschließung der Mitarbeiterpotenziale (90 Punkte = 9 %),
- Unternehmenspolitik/-strategie: Definition und Umsetzung von Zielen, Wertsystemen und strategischer Ausrichtung (80 Punkte = 8 %),
- Ressourceneinsatz: Effektiver und effizienter Einsatz von Ressourcen im Umgang mit Lieferanten, Technologien, Materialien, Informationen und Finanzen (90 Punkte = 9 %),
- Prozesse: Management der wertschöpfenden Tätigkeiten sowie Definition, Steuerung und Veränderung der Prozesse, vor allem in Bezug auf Innovation und Kreativität (140 Punkte = 14 %),
- Kundenzufriedenheit: Wahrnehmung der Organisation durch externe Kunden und Erfüllungsgrad deren Bedürfnissen und Erwartungen (200 Punkte = 20 %),
- Mitarbeiterzufriedenheit: Erfüllung der Bedürfnisse und Erwartungen der Mitarbeiter (90 Punkte = 9 %),
- Auswirkungen auf die Gesellschaft: Bewertung der Organisation durch die Öffentlichkeit bzgl. Aspekten wie Beitrag zur Lebensqualität, Umweltschutz, Erhaltung globaler Ressourcen etc. (60 Punkte = 6 %),
- Geschäftserfolge: Erreichung der geplanten Geschäftsziele bei Schlüsselleistungen und Erfüllung der Bedürfnisse und Erwartungen aller finanziell Beteiligten (150 Punkte = 15 %).

Preisträger des LEP sind u.a.
- *Schindlerhof Hotel (1998, 2003), Vaillant (1999), AUBI (2000), T-Systems*

(2004), BMW (2005), Busch-Jaeger Elektro (2006), Kautex (2007), domino-world (2008), Robert Bosch (2009), Ricoh (2010).

Weitere Qualitätspreise auf Bundesländer-Ebene sind der Bayerische Qualitätspreis (seit 1993), der Qualitätspreis Nordrhein-Westfalen (seit 1996), der Sächsische Staatspreis für Qualität (seit 1998), der Thüringer Staatspreis für Qualität (seit 1998) und der Qualitätspreis Schleswig-Holstein (seit 2000).

4. Überwachung im Produktmanagement

Überwachungsinhalte im Produktmanagement können allgemein Verrichtungen (Funktionen), relativ selbstständige Einheiten (Kategorien), Absatzgebiete (Regionen) oder begrenzte Aktivitäten (Projekte) sein. Die Überwachung kann operativ, d.h., die Durchführung betreffend, oder strategisch, d.h., die Planung betreffend, angelegt sein. Ziel ist meist die Optimierung des magischen Dreiecks aus Rentabilität, Liquidität und Sicherheit. Denn diese Größen stehen in permanentem Zielkonflikt zueinander. Die Kontrollgrößen können dabei ökonomischer oder außerökonomischer Natur sein.

4.1 Marketing-Controlling

Die Zuordnung von Marketing-Controlling kann in zweifacher Weise gesehen werden. Innerhalb der Funktion Marketing ist Marketing-Controlling weder der Informationsbasis noch den Mix-Instrumenten zuzuordnen, sondern dem Management (häufig auch Marketing-Koordination genannt). Im Zuge des Kreislaufs Zielsetzung und Istanalyse (Planung), Strategie und Struktur (Organisation), Prozesse und Maßnahmen (Umsetzung), Prüfung und Überwachung (Kontrolle) besetzt Marketing-Controlling die Ausschnitte der Planung und Kontrolle.

Im Zuge der Querschnittaufgabe Controlling ist Marketing-Controlling eine funktionale Besonderheit, neben den Formen des prozess-, objekt-, institutions- und funktionsorientierten Controlling.

Marketing-Controlling kann sowohl als controllingorientierte Absatzpolitik verstanden werden wie auch als absatzorientierte Controllingpolitik. Im ersten Fall wird es als Teilmenge des Marketingmanagement betrachtet, im zweiten Fall als Teilmenge des Controllingmanagement. Letztlich sind diese Teilmengen jedoch identische Schnittmengen und nur zwei Seiten einer Medaille.

Dennoch sind Friktionen weit verbreitet. Dies mag in der abweichenden beruflichen Sozialisation von Marketingmanagern einerseits und Controllingmanagern andererseits verursacht sein. Marketingmanager (sowie immer auch -managerinnen) werden eher darauf trainiert, die Marktchancen von Maßnahmen zu sehen, überschaubare Risiken einzugehen und kreatives Neuland zu betreten. Die betriebswirtschaftlichen Konsequenzen ihres Tuns ziehen sie zwar in Betracht, jedoch dominieren Wagnisfreude und Initiative. Controllingmanager werden hingegen eher darauf trainiert, die Rationalität der betriebswirtschaftlichen Führung zu gewährleisten, Sicherheiten für Wagnisse einzufordern und Risiken zu vermeiden. Die Opportunitätskosten dieser Einstellung ziehen sie zwar in Betracht, jedoch dominieren eher Bestandswahrung und Rendite.

Diese abweichende Sozialisation beginnt häufig schon während der Ausbildung der angehenden Manager, die einen werden eher auf qualitative, psychografische Ziele hin geeicht, die finanziellen Konsequenzen werden als daraus abfolgend betrachtet, die anderen eher auf quantitative, ökonomische Ziele, die Nachfragekonsequenzen werden als nachrangig betrachtet. Diese unterschiedlichen Sichtweisen setzen sich dann im Management fort. Marketing und Controlling finden da selten auf Anhieb einen gemeinsamen Nenner.

Während Marketing-Controlling zunächst als erweiterte Form des Accounting angesehen wurde, proliferierte es zu immer weiteren Funktionen bis hin zum umfassenden Konzept der Unternehmensführung.

4.1.1 Inhalt

Zunächst ist daher die Beziehung zwischen Planung, Kontrolle und Controlling zu klären. Die **Planung** (Willensbildung) verbindet den gegenwärtigen Status mit dem Ziel der nächsten Planungsperiode. Daran schließt sich die Implementierung (Willensdurchsetzung) an. Die **Kontrolle** (Willensrevision) stellt einmalig oder begleitend fest, ob Abweichungen zwischen Planung und Umsetzung vorhanden sind und steuert dann gegen. Dies hat man sich als Regelkreis vorzustellen, d.h., der neue Status wird in der Planung zur Basis für die Zielprojektion, die dann wiederum kontrolliert wird und so fort. Kontrolle ist somit, allgemein gesehen, das notwendige Komplement zur Planung. Soll-Ist-Abweichungen rühren aus Planungs- und/oder Ausführungsfehlern her. Ursachen können die Fehlverwertung richtiger Informationen, Falschinformationen, das Übersehen von Fakten sowie Verfahrensmängel sein. Geschlossene Planungs- und Kontrollsysteme sorgen für einen automatischen Abgleich bei Abweichungen, während bei offenen Planungs- und Kontrollsystemen der aktive Eingriff durch das Management notwendig ist.

Abzugrenzen sind beide Begriffe von Controlling, einer Steuerungsfunktion für das Management, welche die Elemente der Planung, der Kontrolle, der Überprüfung und der Informationsversorgung enthält. Marketingkontrolle umfasst nur den Teilbereich der Überwachung der Marketingergebnisse, ist also wesentlich enger gefasst als Controlling, das zunehmend als übergreifende Querschnittfunktion im Unternehmen betrachtet wird. Es bestehen aber auch gegenteilige Auffassungen, wonach Controlling der Oberbegriff und Planung und Kontrolle die Unterbegriffe sind. Bei einer solch weiten Fassung besteht jedoch die Gefahr, dass damit Funktionen des Management präjudiziert werden. Dies geschieht nur dann nicht, wenn die Servicefunktion des Controlling mit einbezogen wird.

Zum Marketing-Controlling gehört weiterhin das Auditing. Es hat im Wesentlichen die **Überprüfung** der Marketingprozesse zum Inhalt und stellt fest, auf welche Weise Marktresultate zu Stande gekommen sind. Ein Teil des Marketingcontrolling ist also die Überwachung der Ergebnisse als Resultatskontrolle, der andere Bereich, der unter Marketing-Auditing gefasst wird, betrifft die Prüfung des Zustandekommens eben dieser Marketingergebnisse als Verfahrenskontrolle.

Wesentliche Elemente der Marketingkontrolle sind die Erfolgskontrolle (Soll-Ist-Vergleich), die Effizienzkontrolle (durch Kennwerte, Planzeiten, Betriebsvergleiche etc.), die Budgetkontrolle und die Zeitkontrolle (Timing). Wesentliche Elemente des Marketing-Auditing sind hingegen Überprüfungen der Effektivität hinsichtlich Position (Markt, Wettbewerber, Rahmenbedingungen etc.), Strategie, Prämissen und Organisation. Die Steuerungsgrößen können dabei im Einzelnen ökonomischer oder außerökonomischer Natur sein, sind aber überwiegend quantitativ ausgelegt.

Controlling kann parallel oder ex post erfolgen und wird im internen Berichtswesen niedergelegt. Es betrifft einerseits den Aufbau eines Systems, das die Funktionen Planung, Information, Kontrolle und Prüfung integriert und andererseits die Institutionalisierung eines Systems von Zielen, das allen verantwortlichen Einheiten im Unternehmen die Selbststeuerung ermöglicht. Bei Abweichungen werden die erforderlichen Gegensteuerungsmaßnahmen eingeleitet. Dazu gehört das rechtzeitige Erkennen von langfristigen Trends, welche die zukünftige Entwicklung des Unternehmens gefährden können, ohne dass sie sich heute schon in Ergebnissen niederschlagen. Dazu gehört auch ein System der operativen und strategischen Planung, nach dem koordiniert vorgegangen wird. Dies erfordert ein Zielsystem, das zeitnah die Entwicklung aufzeigt und Korrekturansätze liefert. Die Entscheidungsvorlagen werden nach einheitlichen betriebswirtschaftlichen Kriterien beurteilt. Entsprechend werden organisatorische Strukturveränderungsmaßnahmen initiiert, wenn dies für die zukünftige Entwicklung des Unternehmens erforderlich ist. Die Auswirkungen langfristiger Trends und Entscheidungen für die Existenzsicherung des Unternehmens werden dabei aufgezeigt und die funktionalen Eigeninteressen auf das Unternehmensziel hin koordiniert und gesteuert.

Dazu bedarf es Informationsrechten gegenüber anderen Stellen im Unternehmen. Im Rahmen einer laufenden Berichterstattung werden alle relevanten Einheiten im Unternehmen mit den für deren Steuerung erforderlichen **Informationen** versorgt. Vor allem wird in regelmäßigen Abständen über die Konsequenzen von Entwicklungen informiert, soweit diese über das normale Zahlenwerk hinausgehen.

Nahe liegend ist festzuhalten, dass Controlling weder eine reine Servicefunktion darstellt, die nicht obligatorisch in Entscheidungen einzubeziehen ist, noch Unternehmensführung, denn dafür gibt es das Management, sondern dass Controlling das Management in seinen Entscheidungen unterstützt. Dazu gibt es von Weber einen interessanten Ansatz, der, stark verknappt, lautet: Controlling stellt die Rationalität der Unternehmensführung sicher. Dieser Ansatz scheint sehr vielversprechend, ist er doch von frappierender Einfachheit und greift dennoch umfassend die Inhalte des Controlling ab. Übertragen auf Marketing-Controlling bedeutet dies (in Anlehnung an Weber): **Marketing-Controlling stellt die Rationalität von Entscheidungen im Marketing-Management sicher.** Eine Aufgabe, die angesichts der überwiegend qualitativen, „weichen“ Entscheidungssituationen von höchster Bedeutung ist.

Daraus folgt, dass Markt bezogene Entscheidungen nach wie vor allein im Marketing-Management zu fallen haben. Marketing-Controlling zeigt jedoch vor einer

Entscheidung im Zuge der Planung an, ob diese Entscheidung den Grundsätzen rationaler Unternehmensführung entspricht oder nicht. Das Marketing-Management ist dann nach wie vor frei in der Wahl seiner Entscheidung, d.h., es kann sich bewusst für eine Alternative entscheiden, die in diesem Sinne als suboptimal zu bezeichnen ist, nur muss es dann auch die Konsequenzen dieser Entscheidung hinnehmen.

Marketing-Controlling zeigt weiterhin nach einer Entscheidung im Zuge der Kontrolle und der Überprüfung an, ob eine Markt bezogene Entscheidung effizient (in Bezug auf die Wirtschaftlichkeit) und effektiv (in Bezug auf die Zielerreichung) in ihren Konsequenzen gewesen ist. Dabei wird, von verzerrenden situativen Umständen abstrahiert, unterstellt, dass als ineffizient und/oder ineffektiv sich herausstellende Entscheidungen in vergleichbaren zukünftigen Situationen als suboptimal zu gelten haben. Insofern entsteht ein kontinuierlicher Lernprozess, der auf ein immer höheres Niveau der Entscheidungsqualität führt.

Um diese Erkenntnisse in das Entscheidungsumfeld einzubringen, bedient sich Marketing-Controlling der Informationsversorgung, und zwar durch Bündelung aller relevanten Detailinformationen zum Marketing-Management hin. Ob Controlling dabei vom Charakter her näher an der Unternehmensführungs- oder näher an der Servicefunktion liegt, hängt von der Installierung dieser Funktion im Organisationsaufbau ab. Je zwingender die Rationalität der Marketingentscheidungen als Führungsprinzip durchzuhalten ist, desto größeren Einfluss hat Controlling auf die Markt bezogene Unternehmensführung, je freier das Marketingmanagement darin sind, bewusst auch unter Rationalitätsgesichtspunkten suboptimale Entscheidungen zu treffen, desto mehr reduziert sich Controlling auf eine reine Servicefunktion.

4.1.2 Element Planung

Im Rahmen der Planung stellt vor allem diese Netzplantechnik ein wichtiges Hilfsmittel dar. Hinzu kommen aber auch weitere Planungstechniken, die im Produktmanagement anwendbar sind.

4.1.2.1 Netzplantechnik

Die Netzplantechnik hat die Aufgabe, die Maßnahmenplanung möglichst übersichtlich zu gestalten. **Sie stellt den zeitlichen Ablauf einzelner Aktivitäten dar, verdeutlicht deren sachlichen Gesamtzusammenhang, lässt kritische Vorgänge als Aktivitäten ohne Zeitreserve erkennen und weist Zeitreserven bei anderen Vorgängen aus.** Die Netzplantechnik ermöglicht die Koordination komplexer Arbeitsabläufe, wie sie im Produktmanagement typisch sind. Das Planungsproblem entsteht dadurch, dass aus Gründen der Zeitersparnis und der besseren Ausnutzung von Kapazitäten verschiedene Tätigkeiten parallel ausgeführt werden sollen. Es gilt dann zu bestimmen, wann welche Tätigkeiten begonnen bzw. beendet sein müssen, um einen reibungslosen Ablauf des gesamten Prozesses zu gewährleisten.

Netzpläne sind weiterhin in der Lage, den zeitlichen Ablauf einzelner Planungsschritte und ganzer Pläne übersichtlich darzustellen, den zeitlichen Zusammenhang der einzelnen Planungsschritte und einzelnen Pläne im Gesamtzusammenhang der Planung zu verdeutlichen und die vorhandenen Reserven in Plänen darzustellen. Vorzüge liegen dabei in der universellen Einsatzmöglichkeit bei der Planung, dem Zwang zum gedanklichen Durchdringen komplexer Pläne, der übersichtlichen, anschaulichen Darstellung eines Gesamtobjekts und seiner einzelnen Aktivitäten, der guten Erkennbarkeit von Planabweichungen und der leichten Möglichkeit des IT-Einsatzes. Damit sind sie geeignet für die Überwachung sowohl des Projektfortschritts als auch von Kosten- und anderen Kapazitätsaspekten.

Netzpläne basieren auf der Graphentheorie. Unter einem Graph versteht man eine Menge von Knoten, die durch eine Menge von Kanten verbunden sind. Ordnet man nun den Kanten eine Richtung zu, so entsteht ein gerichteter Graph, die Kanten können als Pfeile bezeichnet werden. Sind alle Knoten direkt oder über andere Knoten indirekt durch Pfeile miteinander verbunden, handelt es sich um einen zusammenhängenden Graphen. Ist jeder Pfeil mit einem Wert versehen, entsteht ein bewerteter Graph. Unter den vielen möglichen Wegen, die man in einem Graphen finden kann, wenn man vom Anfangsknoten zum Endknoten fortschreitet, ist mindestens ein längster Weg, diesen gilt es zu finden. Vorher werden die Vorgänge den Knoten oder Pfeilen (je nach System) zugeordnet. Ergebnis dieser Zuordnung ist eine Erweiterung der linearen Ablaufstruktur der Vorgänge zu einer Netzstruktur, also eine Menge von Knoten und Kanten.

Bei der Netzplantechnik handelt es sich nicht um ein bestimmtes Verfahren, sondern um eine Vielzahl von Planungsansätzen, denen gemein ist, dass sie die Form des Netzplans zur Visualisierung nutzen. Dominierend sind CPM/MPM (Kanten und Knoten deterministisch), PERT (Kanten stochastisch und Knoten deterministisch) und GERT (Kanten und Knoten stochastisch) *(siehe Abb. Netzplantechniken)*.

Die Idee ist jeweils, aus Gründen der Zeitersparnis und Kapazitätsnutzung verschiedene Tätigkeiten parallel auszuführen, ohne dass dadurch Friktionen entstehen. Dies bedingt aber, dass bestimmt wird, welche Tätigkeiten wann begonnen bzw. beendet werden müssen, um einen vorgegebenen Zeitplan einzuhalten bzw. minimale Verfahrenszeiten zu realisieren. Das Grundkonzept der (Vorgangs-)Netzplantechnik sieht die Darstellung der logischen Struktur eines Vorgangs und dessen Zeitplanung und -kontrolle durch Berechnung frühester (FAZ) und spätester (SAZ) Anfangszeitpunkte sowie frühester (FEZ) und spätester (SEZ) Endzeitpunkte vor. Erweiterungen berücksichtigen auch Kosten- und Kapazitätsaspekte (GERT). Am Beginn steht eine Strukturanalyse, die alle Tätigkeiten des Vorgangs erfasst. Diese Ablaufstruktur wird in einem Netzwerk abgebildet.

Netzplantechniken

		Erwartungen	
		einwertig	mehrwertig
Aktivitäten	teilweise	GAN (stochastisch, deterministisch)	GERT (rein stochastisch)
	alle	CPM, MPM (rein deterministisch)	PERT (deterministisch, stochastisch)

Die **Strukturanalyse** umfasst die Erstellung der Vorgangsliste, den Entwurf des Netzplans und die Nummerierung der Knoten. Die Strukturliste beinhaltet damit alle Vorgänge und stellt fest, welche vor dem betrachteten Vorgang abzuschließen sind und welche danach erst beginnen können. Beim Netzplanentwurf sind einige Regeln zu beachten. Jeder Vorgang beginnt und endet mit einem Ereignis. Sind mehrere Vorgänge zu beenden, bevor ein weiterer beginnen kann, so enden alle im Anfangsereignis des folgenden Vorgangs. Können mehrere Vorgänge erst beginnen, nachdem ein vorausgegangener beendet ist, beginnen alle im Endereignis des vorausgegangenen Vorgangs. Wenn in einem Ereignis mehrere Vorgänge gemeinsam beginnen oder enden, die nicht voneinander abhängig sind, bedarf es Scheinaktivitäten zum Ausgleich. Es dürfen keine Schleifen auftreten, und es gibt nur je einen Anfangs- und Endknoten. Deren Nummerierung erfolgt in aufsteigender Reihenfolge.

Die **Zeitanalyse** umfasst die Bestimmung jeder Vorgangsdauer, die progressive und retrograde Zeitberechnung des Netzplans sowie die Ermittlung des kritischen Wegs und der Zeitreserven. Der kritische Weg ist der zeitlängste Weg durch den Netzplan. Für ihn gilt, dass der frühestmögliche gleich dem spätesterlaubten Anfangszeitpunkt eines Vorgangs ist und der frühestmögliche gleich dem spätesterlaubten Endzeitpunkt. Verzögerungen auf diesem Weg verschieben damit den Endzeitpunkt des gesamten Projekts.

Die **Kostenanalyse** führt über die Kostenplanung zur Optimierung der Gesamtkosten, und die **Kapazitätsanalyse** führt zur Feststellung der erforderlichen Kapazitäten *(siehe Abb. Netzplan ((Beispiel)).*

Tätigkeit	1	2	3	4	5	6	7	8	9	10	11
Zeit (t)	1	8	4	0	1	12	16	4	4	10	0
FAZ/Tag	1	2	2	10	10	12	24	10	24	28	40
FEZ/Tag	2	10	6	10	12	24	40	14	28	38	40
SAZ/Tag	1	2	6	10	10	12	24	22	26	30	40
SEZ/Tag	2	10	10	10	12	24	40	26	30	40	40
Puffer	2	10	10	10	12	24	40	26	30	40	40

FAZ: Frühester Anfangszeitpunkt SAZ: Spätester Anfangszeitpunkt
FEZ: Frühester Endzeitpunkt SEZ: Spätester Endzeitpunkt

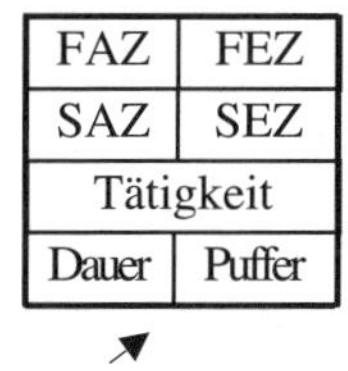

Netzplan (Beispiel)

—— Kritischer Weg

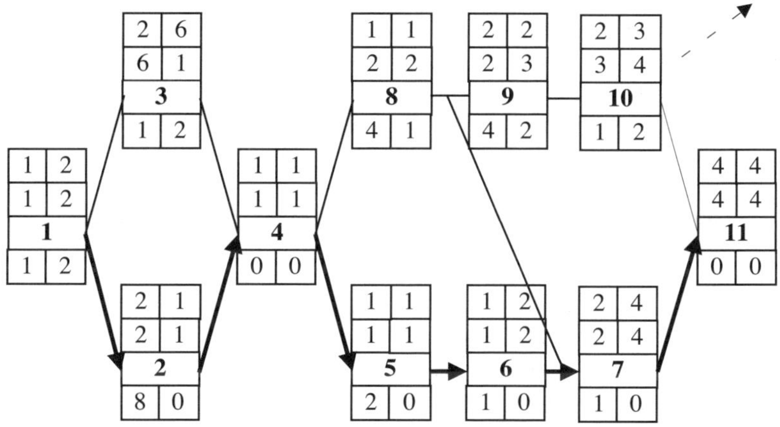

Im **Vorgangspfeilnetzplan** werden Vorgänge durch Pfeile und Anfangs- und Endergebnisse durch Knoten darstellt (z.B. Critical path method/CPM). Er dient vor allem der Feinplanung zur Steuerung und Kontrolle von Teilaufgaben, wenn Richtwerte für die benötigte Arbeitszeit vorliegen. Die Ablaufplanung ist determiniert, ebenso ist die Zeitdauer auf Grundlage von Richtwerten determiniert. Jeder Vorgang ist mit seinen frühestmöglichen und spätesterlaubten Anfangs- und Endterminen ausgewiesen. Zeitreserven werden durch Vorgangspuffer dargestellt. Die Anwendung bietet sich bei Feinplanungen zur Steuerung und Kontrolle von Teilaufgaben an.

Hat ein Vorgang A nur einen einzigen Nachfolger B und umgekehrt, so werden die beiden unmittelbar aufeinander folgenden Vorgangspfeile durch ein dazwischen liegendes Ereignis miteinander verbunden. Können mehrere Vorgänge erst beginnen, nachdem ein gemeinsamer Vorgänger abgeschlossen ist, ist das Endereignis des vorhergehenden Ereignisses für alle folgenden das Anfangsereignis. Müssen mehrere Vorgänge beendet sein, bevor ein gemeinsamer Nachfolger beginnen kann, so ist das nachfolgende Anfangsereignis zugleich das gemeinsame Endereignis aller vorhergehenden Vorgänge. Zwei Ereignisse dürfen nur durch einen Vorgangspfeil miteinander verbunden werden, parallele Pfeile sind nicht erlaubt. Verlaufen zwei Vorgänge parallel, so müssen ein Scheinvorgang mit der Ausführungsdauer 0 und ein weiteres Ereignis eingeführt werden. Der Netzplan darf keine Zyklen, d.h., geschlossene Schleifen, enthalten, da andernfalls eine widersinnige Ablaufstruktur entsteht, die sich nicht terminieren lässt.

Im **Vorgangsknotennetzplan** werden Vorgänge durch Knoten dargestellt und deren Abhängigkeiten untereinander (d.h., ein Vorgang muss abgeschlossen sein, bevor der Nächste einsetzen kann) durch Pfeile (z.B. Metra potential method/MPM). Er bietet sich vor allem bei Projekten mit vielen Überlappungen und Parallelität zwischen den Teilaufgaben an. Die Ablaufplanung ist determiniert, Überlappungen und Wartezeiten werden durch den Koppelabstand ausgedrückt. Ebenso ist die Zeitdauer determiniert. Jeder Vorgang ist mit seinen frühestmöglichen und spätesterlaubten Anfangs- und Endterminen unter Beachtung des Koppelabstands ausgewiesen. Vorgangspuffer ergeben sich ebenfalls unter Beachtung des Koppelabstands. Durch den Verzicht auf Scheintätigkeiten wird eine größere Übersichtlichkeit und Anschaulichkeit erreicht. Die Anwendung bietet sich bei vielen Überlappungen und Parallelität zwischen Teilaufgaben an. Eine Verfahrensvariante ist PDM (Precedence diagramming method).

Im **Ereignisknotennetzplan** werden Ereignisse ohne Zeitdauer als Beginn oder Abschluss einer Tätigkeit inhaltlich festgelegt und den Knoten zugeordnet, die Pfeile zeigen die Zeitabstände zum nächsten Ereignis auf (z.B. Programme evaluation and review technique/PERT). Er wird bei langfristigen Projekten mit hohem Neuheitsgrad und großem schöpferischen Anteil sowie bei notwendiger Risikobeurteilung eingesetzt. Die Ablaufplanung ist determiniert, die Zeitdauer jedoch stochastisch auf Grundlage von drei Zeitschätzungen (optimistisch, wahrscheinlich, pessimistisch), d.h., die Determiniertheit der Zeitdaten wird durch Zufallsvariable ersetzt, um die Wahrscheinlichkeiten der Termineinhaltung abzuschätzen. Daraus ergeben sich der Zeitbereich für den frühesten und spätesten Ereignis- und Endtermin, die Erwartungswerte und Varianzen für die Einhaltung eines vorgegebenen Termins und für das Auftreten von Ereignispuffer. Die Anwendung bietet sich bei langfristigen Projekten mit hohem Neuheitsgrad und hohem schöpferischen Anteil an sowie bei notwendiger Risikobeurteilung.

Im **kombinierten Vorgangspfeil-/Vorgangsknotennetz** bilden wahrscheinliche Termine und wahrscheinliche Zeitreserven die Grundlage. Die Ablaufplanung ist damit stochastisch. Ein solcher stochastischer Netzplan ist GERT (Graphical evaluation and review technique) mit der Einführung von besonderen Knotensymbolen, die Alternativen, Rückkopplungen und Schleifen zulassen. Als Bedingungen gelten dabei, dass alle zum Knoten hinführenden oder von ihm wegführenden Vorgänge zu realisieren sind. Oder mindestens ein zum Knoten hinführender oder von ihm wegführender Vorgang zu realisieren ist. Oder genau ein zum Knoten hinführender oder von ihm wegführender Vorgang. Aus diesen Kombinationen ergeben sich grafische Symbole. Die Anwendung bietet sich für Projekte an, die schwer präzisierbar sind und mehrfache Zwischenentscheide erfordern. Die Zeitdauer wird hierbei stochastisch geschätzt. Dazu werden besondere Knotensymbole eingeführt, die Alternativen, Rückkopplungen und Schleifen zulassen.

Der Ablauf der Netzplanung stellt sich allgemein, unabhängig vom Verfahren, wie folgt dar:

- vorbereitende Maßnahmen, Projektstruktur erstellen, Vorgänge erfassen und Vorgangsliste erstellen, Netzplan umsetzen, Dauer der Vorgänge und Zeitabstände ermitteln, Zeitpunkte, Pufferzeiten und kritischen Weg ermitteln, Gesamtkosten optimieren und Kostenplanung durchführen, erforderliche Kapazitäten planen und Vorgangstermine und Projektstarttermin bestimmen.

Weil der kritische Weg die längste Zeitdauer aller Vorgänge bedeutet, wird dessen Verkürzung angestrebt, bis ein neuer kritischer Weg als längste Zeitdauer entsteht, der dann wiederum verkürzt wird, bis der entstehende neue kritische Weg nicht mehr verkürzt werden kann. Maßnahmen zur Zeitverkürzung sind dabei vor allem folgende:

- kapazitative Anpassung der Produktion (multiple durch Aufbau gleicher Aggregate, selektiv durch Aufbau verschiedener Aggregate, mutativ durch Verfahrensumstellung),
- intensitätsmäßige Anpassung (durch Variation des Leistungsgrads),
- zeitliche Ausweitung der Produktion (ohne Überstunden im Rahmen der Normalschicht, mit Überstunden oder im Aufbau zum Mehrschichtbetrieb, soweit zulässig und durchsetzbar),
- Automatisierung (IT-Einsatz etc.),
- Know-how-Nutzung (Mitarbeiterqualifikation, Spezialisierung),
- Routinisierung durch Übung (was Konstanz des Objekts voraussetzt),
- Eliminierung von „toten“ Phasen (Lagerung, Puffer),
- Überlappung durch Vorziehen folgender Aktivitäten,
- Simultanbearbeitung (ein Lösungsweg) statt sequenzieller Bearbeitung,
- Vorbereiten (unter Annahmen über die Zukunft),
- Wertanalyse (zweitbeste Lösung wählen),
- Portionierung von Neuerungsschritten,
- Vorsorge für Ausfälle,
- Vorziehen problematischer Aktivitäten (solchen, die sich verlängern können),
- Parallelbearbeitung mehrerer Lösungswege,
- bessere Planung (Prioritäten festlegen),
- verbindliche Deadline setzen,
- Funktionen unterteilen.

Alle am Projekt beteiligten Personen müssen dazu dessen Verlauf genauestens durchdenken und frühzeitig Absprachen und Entscheidungen treffen. Durch die grafische Darstellung wird eine ausgezeichnete Projektübersicht vermittelt und der geplante Projektablauf für alle Beteiligten anschaulich fixiert. Die Kontrolle über die Vollständigkeit der Planung wird erleichtert. Die Ergebnisse der Terminberechnungen bieten gute Entscheidungsgrundlagen für das Projekt durch Gewichtung der Teilarbeiten nach ihrer Bedeutung für den rechtzeitigen Abschluss. Während der Abwicklung wird frühzeitig erkannt, wie sich Abweichungen vom ursprünglichen Plan auf die Termine auswirken, und die Unternehmensleitung braucht nur dann in den Projektablauf einzugreifen, wenn Planziele gefährdet sind. Grenzen der Anwendbarkeit liegen darin, dass der Projektablauf eindeutig fixierbar sein muss, die Gefahr der Vernachlässigung unkritischer Wege gegeben ist und gewisse Methoden- und Projektkenntnisse erforderlich sind.

4.1.2.2 Sonstige Planungstechniken

Neben der Netzplantechnik gibt es weitere Planungstechniken, die im Produktmanagement angewendet werden oder angewendet werden können.

Ablaufdiagramme zeigen grafisch die Folge von Tätigkeiten auf. Dadurch wird zwar eine sehr analytische Aufgabenzerlegung erreicht, jedoch fehlt der Zeitfaktor, dem eine immer größere Bedeutung zukommt. Solche Blockdiagramme werden vor allem als schaubildliche Darstellung informationeller Abläufe, als Datenflussdiagramm zur Darstellung des Wegs der Daten durch ein informationsverarbeitendes System oder als Programmablaufplan zur Information über die logische Struktur des Programms eingesetzt. Arbeitsmittel ist die Ablaufkarte. Sie enthält Arbeitsträger- und Buchstabensymbole für die Phasen, zumeist O für Operation, I für Inspektion, T für Transport, S für Stillstand. Die verwandte Methode nach Jordt-Gscheidle ist für die schnelle und anschauliche Abbildung von Verwaltungsabläufen gedacht. Dazu wird allerdings eine umfangreiche Symbolsprache verwendet, die für Nicht-Eingeweihte nur schwer verständlich ist.

Balkendiagramme (Gantt-Diagramme) stellen eine einfache Form der Ablaufplanung dar. Ihre Aufgabe ist es, aufeinander folgende und miteinander verbundene Aktivitäten in Bezug auf die Zeitlänge darzustellen und eine zeitoptimale Planung zu ermöglichen. Sie verknüpfen die Folge der Tätigkeiten mit dem Zeitfaktor und der Festlegung von Verantwortlichkeiten. Sie bieten sich allerdings nur für Planungen an, deren Vorgänge wenig miteinander verknüpft sind. Zu den Angaben über Ziel, Grund, Status und Priorität können Manpower und Maschinenbelegung ergänzt werden. Balkendiagramme eignen sich vor allem für länger laufende Aktivitätenfolgen und sich wiederholende Vorgänge. Sie fördern zudem die Teamarbeit und zeigen die erreichten Istwerte im Zeitablauf gegenüber der Planung an. Das Balkendiagramm zeigt einzelne Aufgaben und Vorgänge in ihrer zeitlichen Länge auf, meist sind auf der horizontalen Achse die Zeit und auf der vertikalen Achse die Arbeitsvorgänge/Arbeitsträger abgetragen, die Länge wird durch Balken eingetragen. Die Lage der Balken ergibt sich durch Anfangs- und Endtermine der Tätigkeiten. Als Auftragsfortschrittsplan zeigt es die Reihenfolge der einzelnen Arbeitsvorgänge und deren jeweiligen Zeitverbrauch an, als Belegungsplan veranschaulicht es die Auslastung der Kapazitäten einzelner Arbeitsträger *(siehe Abb. Gantt-Diagramm (Balkendiagramm))*.

Gantt-Diagramm (Balkendiagramm)

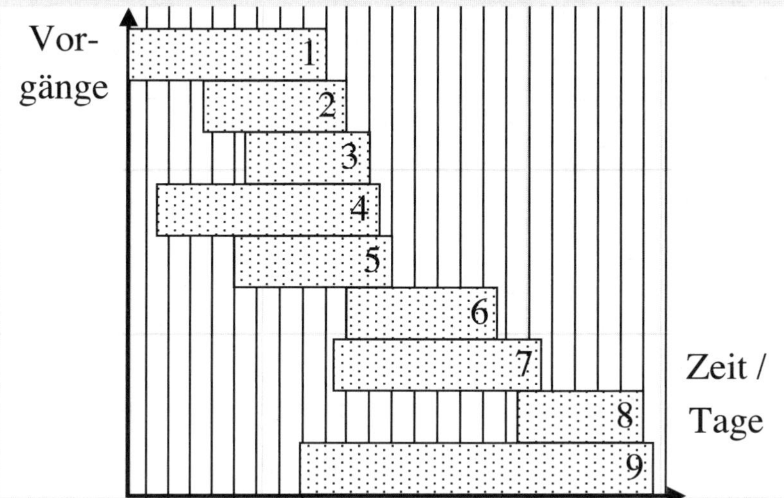

1.Erdarbei. /Bag-gern	9 Tage	4. Fenster / Türen	10 Tage	7. Elektro	9,5 Tage
2. Mauer-werk	6,5 Tage	5. Estrich / Boden	7 Tage	8. Putz / Tapeten	5,5 Tage
3. Dach / -stuhl	5,5 Tage	6. Sanitär/ Heizung	6,5 Tage	9. Garten / Vorplatz	15,5 Tage

Der **Meilensteinplan** stellt eine verfeinerte Form des Gantt-Diagramms dar, er gibt Aufschluss über den Fortschritt der einzelnen Arbeitsvorgänge, dazu werden in jeden Balken vorgegebene Zwischentermine, die eingehalten werden müssen, eingetragen und chronologisch (also nicht nach Aufgaben) durchnummeriert. Dies ist immer dann sinnvoll, wenn die hohe Anzahl der Tätigkeiten ansonsten die Übersichtlichkeit beeinträchtigt. Dann werden aus den Teilablaufplänen besonders wichtige Ereignisse in einen übergeordneten Ablaufplan übernommen. Durch diese Blockbildung wird das Projektmanagement überschaubarer. Dabei erfolgt also die Festlegung wichtiger Eckpunkte (Milestones) für jeden Arbeitsgang, sodass die Einhaltung von Teilabschnitten einer Tätigkeit leichter kontrollierbar wird.

Der **Projektplan** ist eine vereinfachte Form des Netzplans in Form einer Matrix. In der Kopfspalte werden alle vorzunehmenden Tätigkeiten aufgeführt. In der Kopfzeile befindet sich eine Kalenderleiste. In Abhängigkeit von der Dauer der Tätigkeiten werden nun Markierungen (Linien, Kästchen, Kreuze etc.) für die Zeit der Durchführung in das Kalendarium (Tage, Wochen, Monate) eingetragen. Ist

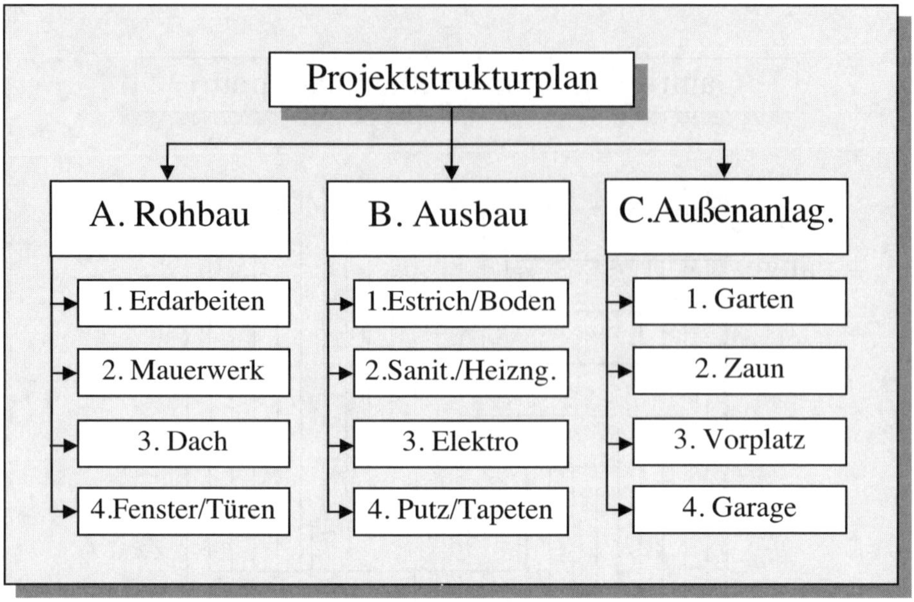

eine Folgeaktivität von einer Vorabaktivität abhängig, so kann deren Markierung erst an deren Ende beginnen, sind Aktivitäten unabhängig, können sie einander überlappen. Wichtig ist auch hier, sich zunächst über die logische Abfolge der Tätigkeiten Klarheit zu verschaffen. Zur Verkürzung von Verfahrenszeiten bleiben die Möglichkeiten, Vorgänge in ihrer Zeitdauer zu kürzen, Puffer für vorgezogene Aktivitäten zu nutzen oder Abfolgen umzustellen *(siehe Abb. Projektstrukturplan und Abb. Projektablaufplan).*

Ein ähnliches Verfahren ist der **Line of balance-Plan** (LOB), der eine retrograde Terminberechnung vom Projektabschluss zurück bis zu den ersten Analyseschritten vornimmt. Dabei werden zunächst die erforderlichen Arbeitsschritte aufgeführt und mit ihrem jeweiligen Zeitbedarf bestimmt. Dann wird, ausgehend von einem vereinbarten Endtermin der Leistungsübergabe, über jeden der Arbeitsschritte zurückgerechnet bis zum Starttermin. Meist stellt sich dabei allerdings heraus, dass dieser bereits überschritten ist. Aus dieser Gewissheit heraus kann nun geprüft werden, wo Zeiteinsparungen möglich sind, oder, wenn diese nicht möglich sind, ob die Projektausführung deshalb abgelehnt werden muss.

Das **Entscheidungsbaum-Verfahren** besteht im Einzelnen aus den drei Schritten der Darstellung des Strukturmodells, der Quantifizierung dieses Strukturmodells und einer Rollback-Analyse. Es ist eine dynamische Planungsrechnung, die mehrperiodische oder komplexe Planungsprobleme durch ein Baumdiagramm visualisiert, dessen Äste die Handlungsalternativen bzw. Umweltkonstellationen und dessen Verzweigungsknoten die Handlungsergebnisse repräsentieren, denen jeweils Eintrittswahrscheinlichkeiten zugeordnet werden. Es handelt sich also nicht um deterministische, sondern um stochastische Situationen. Entscheidungsknoten

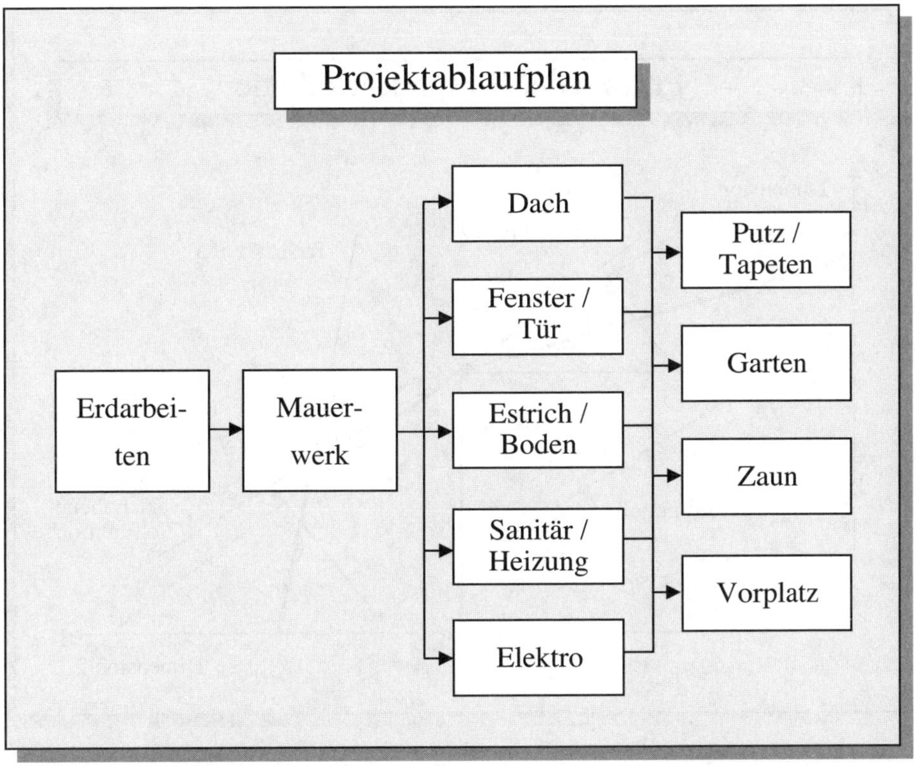

werden als Kästchen, Erwartungsknoten als Kreise dargestellt. Den Erwartungsknoten werden Eintrittswahrscheinlichkeiten für ihnen zugeordnete alternative Umweltsituationen beigegeben. Den einzelnen Aktionen werden die jeweiligen Periodenkosten zugeordnet. Dem Ende des Baumes werden die erwarteten Erträge des gesamten Pfads zugerechnet. Ein Entscheidungsbaum ist demnach ein zusammenhängender kreisloser Graph mit Entscheidungsknoten, bei denen der Entscheidungsträger über Alternativen befindet, Zufallsknoten für Zufallsereignisse bzw. Endknoten und Ästen für in Betracht gezogene Alternativen und Zufallsäste. Die Quantifizierung betrifft die Zuordnung von Wahrscheinlichkeiten und anderen Daten (Kosten, Erlösen etc.) zu den Substrukturen des Modells. Die Rollback-Analyse betrifft die Berechnung der insgesamt optimalen Entscheidung, von den Endknoten her auf den einzelnen Ästen des Strukturmodells für gewöhnlich von rechts nach links gerechnet. Bei Zufallsknoten wird der Erwartungswert der sich gegenseitig ausschließenden Möglichkeiten errechnet, denn die Ereignisse treten nur mit einer bestimmten Wahrscheinlichkeit ein. Bei Entscheidungsknoten wird der Erwartungswert maximiert, d.h., die Realisierung der weglaufenden Äste ist nur vom Willen des Entscheidungsträgers abhängig.

Checklisten sind Sammlungen von relevant erscheinenden Kriterien, die dichotom oder multichom ausgelegt werden können. Für den Fall, dass Kriterien gleichgewichtet sind, lassen sich Ergebnisalternativen skalieren (Scoring) und als Profile

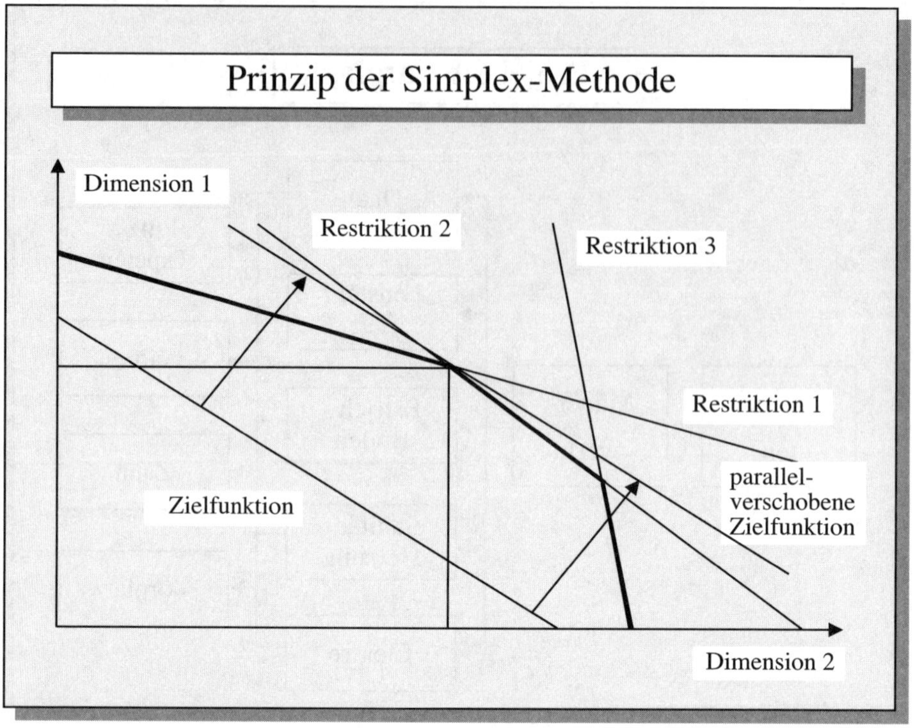

für verschiedene Planungsobjekte über alle Kriterien erstellen und vergleichen. Sind die Kriterien ungleich gewichtet, können sie entweder in eine Rangfolge gebracht oder als Gesamtpunktzahl addiert werden.

Ein weiteres Verfahren ist die **Sensitivitätsanalyse.** Dabei handelt es sich um den Ansatz, Outputveränderungen in Abhängigkeit von Inputveränderungen im Systemzusammenhang zu betrachten. Dabei gibt es Systeme, deren Output wenig auf Inputveränderungen reagiert, man spricht dabei von robusten Systemen, und solche, deren Output stark auf Inputveränderungen reagiert, man spricht dabei von sensiblen Systemen. Für die Ablaufplanung sind letztere von größerem Interesse.

4.1.2.3 Optimierungsverfahren

Sie haben zum Ziel nicht nur gute Lösungen, sondern die Beste. Dafür werden als Verfahren zumeist die lineare und nichtlineare Programmierung, die dynamische, parametrische und stochastische Programmierung, die heuristische Programmierung und die Simulation eingesetzt.

Die **lineare Programmierung** ist ein Verfahren der Unternehmensrechnung, das mathematisch oder grafisch zu Optimallösungen beitragen soll, indem eine lineare Zielfunktion unter einer Vielzahl von ebenfalls linearen Nebenbedingungen (Restriktionen) extremiert wird. Mathematisch wird für diese Probleme am Häufigsten die Simplex-Methode eingesetzt, grafisch die Darstellung der Nebenbedingungen in einem Koordinatensystem (Polyeder), wobei die Zielfunktion an die am Weitesten vom Ursprung zulässige Position verschoben wird. Die lineare Programmierung bietet sich besonders dann an, wenn Zuweisungsprobleme optimal zu lösen sind (z.B. Arbeitskräfte, Kapazitäten, Material, Kapital) *(siehe Abb. Prinzip der Simplex-Methode)*.

Die **nicht-lineare Programmierung** ist mathematisch relativ wenig ausgebaut, ein eindeutiges methodisches Rechenverfahren fehlt. Zielfunktion und Nebenbedingungen bestehen aus nicht-linearen Beziehungen. Alternativ dazu kann eine abschnittsweise Linearisierung auf der Basis von Näherungsverfahren durchgeführt werden.

Die **dynamische Programmierung** ist eine Rechentechnik zur Lösung komplexer mehrstufiger Programme, bei der die Optimierung nicht für alle Variablen gleichzeitig, sondern in mehreren aufeinander folgenden Schritten nacheinander vor sich geht.

Bei der **parametrischen und stochastischen Programmierung** werden entweder die in das Modell eingehenden Daten als Funktion eines Parameters oder aber als zufällige Variable erfasst. Die beiden Programmierungsverfahren gelten als Ergänzung der linearen Programmierung. Dadurch, dass die Größen im Modellfall nicht mehr eindeutig vorgegeben werden, sondern als Variable eingehen, ist eine Mehrfachrechnung notwendig, die dann nicht mehr zu einer Optimallösung, sondern zu optimalen Lösungsbereichen führt.

Die **heuristische Programmierung** ist empirisch orientiert und versucht, den enormen Rechenaufwand der mathematischen Programmierung durch eine detaillierte Analyse des Entscheidungssystems zu verkürzen. Dabei wird allerdings durch eine bewusste Beschränkung des Suchgebiets der möglichen Lösungen in Kauf genommen, dass mit hoher Wahrscheinlichkeit nicht die optimale, sondern nur eine sinnvolle Lösung des Problems erreicht wird (Näherungsregeln, Prioritätsregeln).

Die **Simulation** erfolgt mithilfe von Experimenten, indem reale Vorgänge an einem Abbild der Wirklichkeit (= Modell) durchgespielt werden. Durch dieses Probieren am Modell versucht man, darüber Anhaltspunkte zu gewinnen, wie sich alternative Modellkonstruktionen in der Wirklichkeit auswirken (typisch sind „Was wäre, wenn ...“-Fragestellungen). Dann kann die optimal erscheinende Verhaltensweise ausgewählt und angewendet werden.

4.1.3 Element Information

4.1.3.1 Informationsbasis

Hinsichtlich der Informationsbasis werden verschiedene Anliegen unterschieden. Datenbasierte Informationssysteme betreffen die computerbasierte Bereitstellung von Daten, zeigen aber Probleme bei der Implementierung. Wissensbasierte Expertensysteme bieten hingegen umfassende Hilfe für Entscheidungsträger bei unterschiedlichen Managementaufgaben, die Integration einer aufgabenbezogenen Informations- und Entscheidungsunterstützung, die Repräsentation von Expertenwissen und Schlussfolgerungsmechanismen.

Im Einzelnen werden verschiedene Grundtypen von Informationssystemen unterschieden und zum **Data warehouse** zusammengefasst. Dabei handelt es sich um ein unternehmensweites Konzept, dessen Ziel es ist, eine logisch zentrale, einheitliche und konsistente Datenbasis für vielfältige Anwendungen zur Unterstützung analytischer Aufgaben von Fach- und Führungskräften aufzubauen, die losgelöst von den operativen Datenbanken betrieben wird. Dort werden subjektorientierte, integrierte, nicht-volatile, zeitbezogene Daten aus verschiedenen operativen Systemen des Unternehmens gesammelt und entscheidungsorientiert systematisch aufbereitet und verdichtet. Benutzer können Auswertungen aufgrund anwenderspezifischer Struktur erstellen. Dabei wird aus Schnelligkeits- und Bequemlichkeitsgründen kein direkter Zugriff auf Datenbanken genommen, sondern auf zwischen geschaltete redundante Speicher.

Jedes Data warehouse besteht aus fünf Schichten:
- Als Datenquellen fungieren Datenbanken, die aus internen und externen Quellen gespeist werden.
- Die Vereinheitlichung der Datenstrukturen und die Aktualisierung der Daten erfolgt durch Extraktion, Transformation und Loading.
- Die zentrale Komponente ist der Data mart.
- In den Analyseschichten erfolgen Segmentierungen, Klassifizierungen und Assoziierungen.
- Die Präsentationsschicht ist das Front end zum Nutzer.

Man unterscheidet im Einzelnen fünf Kategorien:
- **Berichtssysteme** (Management reporting systems/MRS, ab ca, 1960) dienen der regelmäßigen oder fallweisen Bereitstellung potenziell wichtiger Dokumentations-, -analyse- und Kontrollinformationen, die bei Auftreten eines entsprechenden Bedarfs jederzeit abgerufen werden können. Diese Informationen sind zumeist qualitativer Natur, d.h., haben die Form von Texten und Bildern. Dies wirft große Probleme bei der Speicherorganisation auf, da es an Formatierungsschlüsseln fehlt. Vielmehr müssen umfassende Deskriptoren- und Indexierungssysteme installiert werden. Dies ist zeit- und kostenaufwändig. Außerdem ist dies oft ungenau, sodass sich Probleme beim Wiederauffinden ergeben. Auf Grund großer Suchgeschwindigkeiten in Computern ist dieses Problem jedoch lösbar. Allerdings ergibt sich ein Wirtschaftlichkeitsproblem, d.h., die Aufbereitung und Pflege der Datenbestände erscheint oft aufwändiger als der Nutzenentgang ohne MAIS. Globale Datennetze erlauben es zudem jedem Interessenten,

externe Informationsbanken anzuzapfen. Dabei ist eine einmalige, retrospektive Recherche, in der alle bis zu diesem Zeitpunkt abgespeicherten Informationen zu einer eingegebenen Fragestellung durchsucht werden, möglich. Aber auch ein Recherche-Dauerauftrag, bei dem zu einem bestimmten Thema periodisch alle neu zugegangenen Informationen verfügbar sind. Berichtssysteme enthalten interne und externe Daten zu:
- Stammdaten der Kunden, Lieferanten und Absatzmittler, Stammdaten der Erzeugnisse, freie und gebundene Faktorkapazitäten, Lagerbestände, Ergebnisse technischer Versuche, Umsätze, aufgegliedert nach Regionen, Absatzwegen, Absatzmittlern und anderen Kriterien, Außendienstberichte,
- Institutsberichte, Pressemitteilungen, Gutachten, volkswirtschaftliche Stammdaten, Patente, Lizenzen, Konkurrenzverhalten, politische, rechtliche, kulturelle, geographische und technische Umwelt des Unternehmens, Auslandsmärkte.

• **Planungssysteme** (Decision support systems/DSS, ab ca. 1970) haben demgegenüber eine stärkere Ausrichtung auf die spezifischen Informationsbedürfnisse der beteiligten Organisationsmitglieder. Wichtig ist dabei eine Flexibilität des Systems derart, dass dem Planungsträger ihm selbst relevant erscheinende Informationen in der von ihm gewünschten Form möglichst kurzfristig verfügbar gemacht, in der von ihm als notwendig erachteten Form aufgegliedert und miteinander verknüpft werden. Weiterhin kommt es auf die Dialogfähigkeit des Systems an, d.h., die unmittelbare Mensch-Maschine-Kommunikation. Dies ist vor allem wichtig, wenn kreative Prozesse initiiert werden sollen, die am Anfang noch nicht voll strukturiert sind. Dabei muss sichergestellt sein, dass jeder Anwender nur auf den für ihn relevanten Datenbestand zurückgreifen und auch nur diesen verändern kann. Statistische, analytische und simulative Funktionen dienen der direkten Unterstützung von Aufgabenträgern. Planungssysteme enthalten Daten zu:
- Absatzergebnissen und Vertriebskosten mit besonderer Betonung der Planabweichungen sowie der zeitlichen Entwicklung während der vergangenen Perioden,
- Stammdaten der Kunden und Absatzmittler (Anzahl, Größe, Zahlungsverhalten etc.),
- Stammdaten der Erzeugnisse (Artikelübersicht, Umsatzanteile etc.),
- Konkurrenzdaten (wie Werbeaufwendungen, Marktanteile, neue Produkte, Preise, Promotions etc.),
- Paneldaten (Haushalts-, Einzelhandels- oder Sonderpanels etc.),
- Sonstige quantitative Daten der Marktforschung (Testmarktberichte, Sonderanalysen, Marktprognosen, Ergebnisse von Marktsegmentierungsstudien, Marktpotenzialstudien etc.),
- Zeitreihen makroökonomischer Größen (Bruttosozialprodukt, Preisindex, Export, Sparquote etc.),
- Freie und gebundene Faktorkapazität, Lagerbestand, Auftragsbestand etc.,
- Marketingaktionen.

• **Kontrollsysteme** (Executive information systems/EIS, ab ca. 1985) dienen der aktuellen Berichterstattung über interessierende Bereiche. Sie sind als **Dokumentensystem** ausgestaltet, wenn der Computer dem Anwender automatisch Informationen zur Verfügung stellt. Dies kann wiederum zeitbezogen erfolgen, d.h., als Standardberichte in periodischen Abständen, oder ereignisbezogen, d.h., als anlassorientierte Ausnahmeberichte. Letzteres erfolgt vor allem dann, wenn Abweichungen zwischen Ist- und Normalergebnissen (Meldebericht) oder zwischen Ist- und Sollergebnissen vorliegen (Warnbericht). Das heißt, **Meldesysteme** reagieren auf Abweichungen zwischen tatsächlichen und vorgegebenen Größen, **Warnsysteme** reagieren auf Abweichungen zwischen tatsächlichen und prognostizierten Größen. Außerdem gibt es **Abrufsysteme,** bei denen der Abrufzeitpunkt selbst gewählt wird. Bei Ausgestaltung als **Auskunftssystem** geht die Initiative zur Berichterstattung vom Anwender aus. Bei einer freien Abfrage kann der individuelle Informationsbedarf spezifiziert werden, bei einer starren Abfrage werden vorspezifizierte Informationen geliefert. Wichtig sind die Elimination irrelevanter Berichte, die Ausmerzung von Doppelarbeit und die formal aufnahmefreundliche Berichtsgestaltung. Kontrollsysteme enthalten Daten zu

- Absatzergebnissen (wie Auftragseingang, Menge, Umsatz, Deckungsbeitrag, Marktanteil, Distributionsquote, Bekanntheitsgrad) im Soll-Ist-Vergleich, aufgegliedert nach Artikeln, Kundengruppen, Absatzregionen, Vertriebsbereichen, Absatzmittlern, Marktsegmenten, Preisklassen etc.,
- Vertriebskosten im Soll-Ist-Vergleich, aufgegliedert nach den vorgenannten Kriterien,
- Vom Marketing getroffene Aktivitäten (wie Anzahl der Kundenbesuche, Werbe- und Verkaufsförderungsmaßnahmen, Auslieferung etc.).

• **Entscheidungssysteme** (Executive support systems/ESS, ab ca. 1990) stellen ein sinnvolles Informationsangebot her, das in Abhängigkeit von der Hierarchie, vor allem aber zugeschnitten auf den Informationsbedarf von Führungskräften, jeweils angemessen aggregierte oder selektierte Informationseinheiten bereitstellt. Eine Verdichtung ist bei einer quantitativen Datenbasis über Kennziffern/Kennzahlensysteme wesentlich einfacher als bei einer qualitativen. Bei Bedarf sollten daher stärker detaillierte Informationen bereitgestellt werden. Selektion weist Informationen bei Überschreiten vorgegebener Toleranzen aus. Dies entspricht dem Führungskonzept des Management by exception. Wichtig ist dabei die Ursachenforschung für Abweichungen, die im System zwar möglich ist, aber persönlich validiert werden sollte.

• **Data mining-Systeme** (ab ca. 2000) haben ein selbstständiges Durchsuchen von Datenbeständen zum Ziel, um mittels multivariater statistischer Analyseverfahren bisher unbekannte Zusammenhänge signifikanter Muster oder zukünftiger Trends wirtschaftlicher Zusammenhänge zu erkennen und Daten aufzudecken bzw. zu schätzen, zu klassifizieren bzw. zu segmentieren und daraus u.a. Vorhersagen zu generieren. In großen Datenbeständen können solche nicht-trivialen Verbundbeziehungen existieren, ohne weiter aufzufallen. Die Schlussfolgerung erfolgt durch Deduktion oder Induktion.

Zunächst werden dazu relevante Daten gezielt gesammelt und für die Analyse ausgewählt (Data collection/Data selection). Falls vorhanden, sollten dazu Daten verschiedener Datenbanken miteinander integriert werden (Data integration). Die Daten müssen bereinigt werden (Data cleaning), d.h., als falsch erkannte oder inkonsistente Daten müssen entfernt oder korrigiert werden. Eine Teilmenge aus dem Datenpool (Subsample) wird für Testzwecke und aus Gründen geringer Zugriffszeiten ausgewählt. Die Daten werden einander angepasst (Transformation), um inhaltlichen (Dateityp, Feldlänge etc.) oder das Analyseprogramm betreffenden Anforderungen zu genügen. Die für die Analyse adäquatesten Parameter werden ausgewählt (Parameter selection). Anschließend beginnt der eigentliche Data mining-Prozess, der als Ergebnistypen die genannten Muster und Ursache-Wirkungszusammenhänge transparent macht (Data analysis). Mit der Interpretation und Visualisierung der Ergebnisse wird der Prozess abgeschlossen, es sei denn, die Ergebnisse sind nicht kompatibel mit dem erwarteten Muster (Visualisation). Dann kehrt man wieder zu einem der früheren Schritte zurück.

Im Einzelnen werden dazu verschiedene Methoden eingesetzt. **Neuronale Netze** sind komplexe informationsverarbeitende Systeme, die aus einer großen Anzahl einfacher Einheiten (Neuronen) bestehen, die sich untereinander Informationen in Form der Aktivierung der Neuronen über gerichtete Verbindungen zusenden. Damit weisen sie teilweise gehirnähnliche Strukturen auf, setzen darüber hinaus aber massiv parallele Algorithmen ein und sind zur Selbstorganisation und Lernfähigkeit nach Beispielen fähig.

Entscheidungsbäume entsprechen dem induktiven maschinellen Lernen. Dabei werden aus gegebenen Datenmengen, bei denen die Klassen der Elemente vorgegeben sind, Regeln abgeleitet, um bis dato noch unbekannte Objekte adäquat zu klassifizieren. Sie sind leicht verständlich, jedoch auf Grund von Missing values und Inkonsistenzen innerhalb der Daten problematisch in ihrer Aussagefähigkeit.

Assoziationsverfahren stellen Mittel dar, um häufig gemeinsam auftretende Objektpaare (Assoziationen) aus einem Datenbestand zu extrahieren, meist durch Häufigkeitsanalyse von Attributskombinationen. Dabei müssen Schwellenwerte vorgeben, ab wann Assoziationen als interessant anzusehen sind und näher untersucht werden sollen.

Clusterverfahren arbeiten auf Basis der Gruppenbildung, die unter Einbeziehung aller vorliegenden Eigenschaften aus einer insgesamt heterogenen Gesamtheit möglichst homogene Teilmengen (Cluster) bildet. Dazu werden im Einzelnen partitionierende oder hierarchische Verfahren eingesetzt. Die Cluster sind also Ergebnis des Rechenvorgangs und werden nicht vorgegeben.

Online analytical processing (OLAP) hat interaktive, komplexe Analysen in Form einer mehrdimensionalen Sicht auf vorhandene Datenbestände zum Inhalt. Es handelt sich um ein mehrdimensionales Analysewerkzeug für Zugriff, Speicherung, Abfrage und Manipulation von Daten und Dateien, die auch multidimensional oder relational angelegt sein können. Symbolisch wird dazu der Datenraum zunächst in Schichten zerteilt und anschließend das Ergebnis jedes Schichtenschnitts analysiert.

Das Grundprinzip von OLAP (Abwandlungen bestehen als Rolap-, Molap-Systeme etc.) basiert auf der Betrachtung von Daten aus verschiedenen betriebswirtschaftlichen Blickwinkeln/Dimensionen, die eine rasche und flexible Analyse erlauben, sodass auch große Datenmengen gut beherrschbar sind. Zum Beispiel können die Dimensionen Umsatz pro Jahr, Umsatz pro Produkt und Umsatz pro Region in verschiedenen Kombinationen betrachtet werden. So interessiert den Produktmanager typischerweise der Umsatz seines Produkts in Zeitablauf und nach Regionen gesplittet, den Vertriebsmanager interessiert der Umsatz seiner Region nach Produkten gesplittet und im Zeitablauf, den Controller interessiert vielleicht der Umsatz im Zeitablauf, differenziert nach Produkten und Regionen. Alle drei Informationsbedarfe können durch das OLAP-Konzept befriedigt werden, indem einmal erfasste Daten nach verschiedenen Dimensionen hin auswertbar sind. Gleichzeitig ist eine abgestufte Differenzierung der Betrachtungsebenen darstellbar, etwa in der Dimension Produkt unterteilt nach verschiedenen Artikeln, Farben, Größen, Ausführungen etc., in der Dimension Region unterteilt nach verschiedenen Untergebieten und in der Dimension Zeit nach verschiedenen Zeitperioden heruntergebrochen.

Ein arbeitsfähiges OLAP-System sollte dabei folgenden Anforderungen genügen:
- Es soll Anfragen schnell bedienen, unabhängig davon, wie komplex der jeweilige Abfragewunsch ist.
- Es soll statistische Analyseverfahren einbeziehen, die auch eine Datenpräsentation erlauben.
- Es soll abgestufte Zugriffsmöglichkeiten für Nutzer nach definierten Sicherheitsstandards vorsehen.
- Es soll multidimensionale Daten aufbereiten und darstellen können (meist als relationale Datenbank).
- Es soll eine ausreichende Verarbeitungskapazität auch für komplexe Fragestellungen aufweisen.

4.1.3.2 Datenbasierte Systeme

Datenbasierte Systeme entstammen der traditionellen Denkweise des Decision calculus, welche die Benutzerfreundlichkeit von Modellen in den Vordergrund stellt. Danach sollen Modelle:
- einfache Informationsverarbeitungsregeln haben, damit sie leicht verständlich sind, obgleich dabei unwesentliche Aspekte vernachlässigt werden,
- vollständig sein und die Integration von Erfahrungen des Modellbenutzers in den Entscheidungsprozess ermöglichen,
- anpassungsfähig sein, damit sie sich ohne Schwierigkeiten neuen Informationen und Denkmustern anpassen lassen,
- möglichst robust gegen Grenzfälle und Missbrauch sein, dürfen also keine offensichtlich unsinnigen Lösungen vorschlagen,
- eine Überprüfung des Zustandekommens von Modellbefunden zulassen, um das Vertrauen in die Ergebnisse zu stärken,

- kommunikationsfähig sein, also den Benutzer in die Lage versetzen, möglichst unmittelbar und rasch zu interagieren.

Die Entscheidungsvorbereitung wird durch vollständige und präzise Formulierung eines Entscheidungsproblems, transparente Prämissen, die kontrollierbar und dokumentierbar sind, ausgewiesene Chancen und Risiken einer Entscheidung und reduzierte Probleme aus komplexen Aufgabenstellungen verbessert. Diese Voraussetzungen fördern allgemein die Modellakzeptanz.

Das **Marketing-Informations-System** (MAIS) ist eine spezielle Form eines Informationssystems, d.h. einer planvoll entwickelten und geordneten Gesamtheit von organisatorischen Regelungen über Träger informatorischer Aufgaben, Informationswegen zwischen ihnen, Informationsrechten und -pflichten und Methoden der Informationsbearbeitung zur Befriedigung des Informationsbedarfs. Es ist erforderlich, um die Informationsflut zu kanalisieren, die Aktualität der Informationen zu sichern und die tatsächliche Nutzung verfügbarer Informationen zu fördern. Voraussetzungen sind dabei eine hinreichend auf den Informationsbedarf abgestimmte Datenbasis, ein flexibles System der elektronischen Datenaufbereitung für unterschiedliche Fragestellungen, z.B. mit hierarchischer Verdichtung und flexibler Disaggregation, ein hinreichendes Reservoire an Methoden und Modellen zur Datenverknüpfung und eine leistungsfähige Computer-Hardware mit kurzen Zugriffszeiten und benutzerfreundlicher Oberfläche.

Ein solches Marketing-Informations-System besteht aus vier Komponenten. Die interne **Datenbank** enthält IT-gestützt organisierte Datenbestände, hier werden in strukturierter Form die für Marketingentscheidungen notwendigen inner- und außerbetrieblichen Informationen gesammelt. Eine Marketing-Datenbank ist eine strukturierte Sammlung von Daten, aus der sich entscheidungsrelevante Informationen gewinnen lassen. Sie muss zwei Voraussetzungen erfüllen: Redundanzfreiheit, d.h., jede Marketing-Information in der Datenbank ist nur einmal abgespeichert. Dadurch wird der Speicherplatz rationell genutzt. Dateninkonsistenzen können vermieden werden, die Datenaktualisierung wird vereinfacht. Allerdings werden dadurch auch lange Zugriffszeiten bedingt. Und Strukturflexibilität, d.h., Informationen lassen sich in beliebiger Weise verknüpfen. Dies verlangt eine vorausschauende Datenorganisation. Die Abhängigkeit von Daten und Anwenderprogrammen wird überwunden, indem Daten nur inhaltlich spezifiziert sein, nicht aber formatiert werden müssen. Es muss den Informationsbedürfnissen verschiedener Zielgruppen im Unternehmen entsprochen werden.

Die **Modellbank** enthält bekannte Modelle zur Beschreibung und Lösung von Marketingproblemen. Hier sind quantifizierbare Sachzusammenhänge abgebildet. Die Anwendung der Modellbank bedingt allerdings zur seriösen Nutzung die Kenntnis der Zusammenhänge und Hintergründe der dort implementierten Modelle. Je komplexer diese aufgebaut und je mehr Randbedingungen einzuhalten sind, desto behutsamer sind sie einzusetzen.

Die **Methodenbank** enthält statistische Verfahren zur Aufbereitung und Analyse von Daten, hier erfolgt also die Weiterverarbeitung der Informationen in einfachen und komplexen Verfahren. Wichtig ist auch die Erweiterbarkeit um neue, evtl. eigenentwickelte Methoden. Die Unterstützung betrifft die Methodendokumentation in systematischer Abstufung. Information retrieval systems erschließen verfügbare Methoden auf Grund von Stichwörtern. Außerdem soll Hilfe bei der Methodenauswahl gegeben werden. Dabei werden dem weniger fachkundigen Nutzer auf Grund seines Datenabrufs geeignet erscheinende Methoden vorgeschlagen bzw. ungeeignete gesperrt. Außerdem ist eine Methodenablaufsteuerung notwendig, welche die Vollständigkeit und Richtigkeit der Eingaben prüft (z.B. Parameter) oder durch Standardwerte ersetzt. Schließlich sollen auch Interpretationshilfen gegeben werden. Diese Anforderungen werden aber derzeit immer noch nur unvollkommen erfüllt.

Durch die **Dialogbank** kann der Entscheider mit dem System in Dialog treten. Hierbei geht es um benutzerfreundliche Datenein- und -ausgaben. Die Eingaben erfolgen meist durch Tastatur, durch Datenträger, auch als Spracheingabe, die Ausgaben erfolgen als Ausdruck, auf Bildschirm oder Datenträger, auch als Sprachausgabe.

Der Aufbau eines MAIS bedarf erheblicher Investitionen. Sofern diese nicht aufgebracht oder bereitgestellt werden können, ist die Nutzung ausgeschlossen. Weiterhin ist mit Akzeptanzproblemen und Anpassungswiderständen in der Organisation zu rechnen, vor allem bei der Einführung. Der Aufbau kann Bottom up oder Top down erfolgen.

4.1.3.3 Wissensbasierte Systeme

Solche Expertensysteme (XPS) gehören zur künstlichen Intelligenz und haben zum Ziel, das Fachwissen, die Erfahrungen und die Problemlösungsstrategien von Experten auf einem eng gefassten Gebiet zu kodifizieren und durch Software einem breiten Anwenderkreis als geballte Intelligenz verfügbar zu machen. Sie haben damit Bündelungs- und Multiplikationsfunktion. Dabei stehen eher Heuristiken im Vordergrund, die auf Aufgaben Anwendung finden, für die keine Lösungsalgorithmen bekannt sind (= schlecht strukturierte Probleme). Das heißt, Expertensysteme lösen komplexe Probleme aus eng abgegrenzten Bereichen und simulieren dabei das Problemlösungsverhalten von Fachleuten des jeweiligen Wissensgebiets. Sie sind interaktiv modelliert und generieren Handlungsvorschläge für Aufgabenträger in fachspezifischen Entscheidungssituationen.

Komponenten eines solchen **Expertensystems** sind:

- die **Wissensbasis**, bestehend aus Fakten und Regeln, die allgemein zugängliches Fachwissen und Erfahrungen von Experten repräsentieren. Dort ist das Expertenwissen abgelegt, das von den Fachleuten selbst oder von qualifizierten Programmierern eingegeben wird.

- das **Interferenzmodul**, das den zu Grunde gelegten Problemlösungsmechanismus beinhaltet und aus der Wissensbasis und den vom Benutzer eingegebenen fallspezifischen Daten schrittweise Schlussfolgerungen bis hin zur Lösung ableitet. Hier wird das gespeicherte Wissen auf die vom Benutzer spezifizierte Problemstellung angewendet.
- das **Wissenserwerbsmodul**, das die Eingabe, Ergänzung und Aktualisierung von Wissen im System steuert. Sie ermöglicht es dem Experten, die Wissensbasis zu erweitern, ohne selbst Programmierkenntnisse haben zu müssen.
- das **Erklärungsmodul**, das die Vorgehensweise des Expertensystems bei der Problemlösung dokumentiert. Es beantwortet Fragen des Nutzers hinsichtlich der Gründe für die getroffene Entscheidung.
- das **Dialogmodul**, das die Interaktion des Benutzers mit dem System sicherstellt. Sie bildet die Schnittstelle zwischen Benutzer, Experten, Programmierer und dem System.

Probleme betreffen hierbei in erster Linie die Wissensakquisition, also die vollständige Erfassung von Hintergrundwissen, die Wissensstrukturierung, also die Operationalisierung dieses Wissens, und die Benutzeroberfläche, also die Akzeptanz und Aufbereitung des Wissens.

Datenbasierte und Wissensbasierte Systeme werden neuerdings verstärkt zu integrierten entscheidungsunterstützenden Systemen verbunden. Dabei kann sowohl eine Anbindung der Funktionen des Expertensystems an die einzelnen Komponenten eines Informationssystems vorgenommen werden als auch eine Einbindung des Expertensystems als weiteres Modul im Informationssystem. So kann z.B. das Expertensystem im ersten Fall Vorschläge für die Auswahl statistischer Verfahren im Rahmen der Methodenbank machen oder im zweiten Fall erst die Eingabedaten für die Verarbeitung in der Methodenbank liefern.

4.1.4 Element Prüfung

Die Prüfung **(Marketing-Auditing)** ist allgemein die systematische, unabhängige Untersuchung einer Aktivität und deren Ergebnisse, durch die Vorhandensein und sachgerechte Anwendung spezifizierter Anforderungen beurteilt und dokumentiert werden. Denn korrekte Ergebnisse implizieren nicht die Freiheit von Informations- und Korrekturbedarf in den Prozessen.

Auditing bedeutet Revision. Die Abgrenzung zur Kontrolle ergibt sich, indem diese eine in das System eingebaute, kontinuierliche oder intermittierend erfolgende Überwachung ist, die automatisch oder durch Personen durchgeführt wird, die für den jeweils kontrollierten Arbeitsbereich verantwortlich sind. Revision hingegen ist eine vom laufenden Arbeitsprozess losgelöste Prüfung, die durch Personen durchgeführt wird, die unabhängig vom jeweiligen Arbeitsbereich sind. Auditing ist eine geplante und dokumentierte Prüfung von Sachverhalten und soll in erster Linie Systemfehler aufdecken. Die objektivierte Bewertung erlaubt Aussagen über die Qualität des Systems. Auditing ist somit ein taugliches Instrument zur Beseitigung von Schwachstellen.

Marketing-Auditing setzt auf einer Meta-Ebene an und wird als weitgehend zukunftsorientierte Überwachung des gesamten Führungssystems verstanden. Wegen des qualitativen Charakters liegen allerdings keine eindeutigen Sollwerte zu Grunde. Welche Objekte im Einzelfall als bedeutsam angesehen werden, hängt von der Auffassung der jeweiligen Autoren ab. Und hier gehen die Meinungen weit auseinander. So gibt ves erschiedene Ansätze zur Systematisierung der einem Audit zu unterwerfenden Marketingbereiche. Im Folgenden einige wichtige von ihnen.

Kotler/Gregor/Rogers schlagen folgende Einteilung und Inhalte vor:
- Umwelt-Audit: Er dient der Identifizierung und Interpretation der wichtigsten Chancen und Bedrohungen, denen ein Unternehmen sich gegenüber sieht, auf Basis der Analyse der gesamtwirtschaftlichen Fakten und Trends.
- Strategie-Audit: Er dient der Überprüfung der Kompatibilität der langfristigen Unternehmenszielsetzungen mit der Umfeldkonstellation.
- Organisations-Audit: Er dient der Überprüfung der Angemessenheit organisatorischer Regelungen im Hinblick auf die Erfordernisse des Umfelds und der Strategie.
- Planungs-Audit: Er dient der Überprüfung der Organisation und Effizienz des Marketing-Informations-Systems, der Marketingplanungs-, -kontroll- und Neuproduktentwicklungsschemata.
- Wirtschaftlichkeits- und Instrumental-Audit: Er dient der Analyse der marketingpolitischen Maßnahmen hinsichtlich Rentabilitäts- und Kostendeckungsgesichtspunkten.

Köhler schlägt folgende Einteilung und Inhalte vor:
- Verfahrens-Audit: Er dient der Überprüfung der Informationsversorgung sowie der Planungs- und Kontrolltechniken.
- Strategien-Audit: Er dient der Überprüfung der Systematik der Entwicklung von Strategien, der Sinnhaftigkeit ihrer wesentlichen Annahmen sowie der Konsistenz, Vollständigkeit und Operationalität des Zielsystems.
- Marketing-Mix-Audit: Er dient der Analyse der Vereinbarkeit mit der strategischen Grundkonzeption und der wechselseitigen Abstimmung der marketingpolitischen Maßnahmen.
- Organisations-Audit: Er dient der Kontrolle der Absicherung der integrierten, Markt orientierten Unternehmensführung durch adäquate organisatorische Regelungen wie aufgabenentsprechender Organisationsaufbau und Koordination.

Nieschlag/Dicht/Hörschgen schlagen folgende Einteilung und Inhalte vor:
- Prämissen-Audit: Er dient der Kontrolle der vielfältigen Annahmen über Gesetzmäßigkeiten und Strukturen des Umsystems eines Unternehmens.
- Ziele- und Strategien-Audit: Er dient der Kontrolle der grundsätzlichen Ausrichtung eines Unternehmens, wobei zum einen die Adäquanz des Zielsystems und zum anderen die Ziel- und Umweltadäquanz der Strategien zu untersuchen sind.

- Maßnahmen-Audit: Er dient der Überprüfung der Zusammensetzung des Marketing-Mix und der einzelnen Budgets im Hinblick auf die zeitliche Konstanz in der Praxis.
- Prozess- und Organisations-Audit: Er dient der Überprüfung der Ordnungsmäßigkeit und Zweckmäßigkeit der Informationsversorgung sowie der organisationellen Regelungen.

Böcker unterscheidet vier Kontrollobjekte:
- Beobachtung der strategischen Marktposition mit Diagnose der Position der Kunden, der Position der Absatzmittler und der Position gegenüber Mitbewerbern,
- Prüfung der strategischen Marketingpläne,
- Prüfung der Planungsprämissen in Bezug auf die Entwicklung des Unternehmens, die Entwicklung der Marktteilnehmer und die Entwicklung des Unternehmensumfelds,
- Prüfung der Marketingorganisation.

Zur Erfüllung dieser Anforderungen ist eine umfassende Informationssammlung erforderlich. Diese umfasst mindestens folgende Größen:
- Demographisches Umfeld: Welche Trends und Entwicklungsprozesse sind von Bedeutung und bringen Chancen und Gefahren für das Unternehmen? Welche Maßnahmen hat das Unternehmen im Hinblick auf diese Entwicklungen und Trends getroffen?
- Wirtschaftliches Umfeld: Welche Entwicklungen der Löhne und Gehälter, der Sparrate, der Zinsen und der Preise haben wesentliche Auswirkungen auf das Unternehmen?
- Ökologisches Umfeld: Welche Auswirkungen auf Kosten und Leistungen hat der Ökologietrend? Um welche Problemstellungen im Hinblick auf Umweltbelastungen sollte sich das Unternehmen kümmern und Lösungen dafür finden? Welche Schritte wurden bereits unternommen?
- Technologisches Umfeld: Welche wesentlichen Veränderungen finden in der Produkttechnologie statt und welche in der Prozesstechnologie? Welche Stellung hat das Unternehmen bei diesen Technologien inne? Welche generischen Substitutionsprodukte könnten die Produkte des Unternehmens verdrängen?
- Politisches Umfeld: An welchen Gesetzesvorhaben wird gearbeitet, die Auswirkungen auf die Marketingstrategie und -taktik haben? Was geschieht insb. auf den Gebieten der Umweltauflagen, Beschäftigungspolitik, Produktsicherheitsvorschriften, Werbung, Preisregulierung etc., das Auswirkungen auf die Marketingstrategie hat?
- Kulturelles Umfeld: Welche Kultur bedingten Einstellungen zeigt die Öffentlichkeit gegenüber der Geschäftswelt und gegenüber den Produkten des Unternehmens? Welche Veränderungen im Lebensstil und Wertesystem der Verbraucher und der Geschäftswelt sind von Bedeutung für das Unternehmen?
- Märkte: Welche Entwicklungen sind bei Marktgröße, Marktwachstum, geografischer Verteilung und Gewinnpotenzial zu verzeichnen? Welches sind die wesentlichen Marktsegmente?

- Kunden: Worin bestehen die Kundenbedürfnisse, und wie sehen die Kaufprozesse aus? Wie schätzen gegenwärtige und potenzielle Kunden den Ruf, die Produktqualität, den Kundendienst, die Verkaufsmitarbeiter und die Preisgünstigkeit des Unternehmens im Vergleich zu seinen Wettbewerbern ein? Wie treffen Kunden verschiedener Segmente ihre Kaufentscheidungen?
- Wettbewerber: Welches sind die wesentlichen Wettbewerber und ihre Charakteristika wie Unternehmensgröße und Marktanteile, Stärken und Schwächen, Ziele und Strategien? Welche Trends werden den Wettbewerb bei diesen Produkten (incl. der Substitutionsprodukte) für die Zukunft prägen?
- Distribution/Handelspartner: Über welche wesentlichen Absatzkanäle gelangt das Produkt zum Endnutzer? Mit welcher Effizienz und mit welchem Wachstumspotenzial arbeiten die verschiedenen Absatzkanäle?
- Lieferanten: Welchen Zugang hat das Unternehmen jetzt und in Zukunft zu den wichtigsten Ressourcen? Welche Veränderungen zeichnen sich bei den Lieferanten und ihren Lieferbedingungen ab?
- Servicers: Wie entwickeln sich Kosten und Angebot bei Transportdiensten? Wie entwickeln sich Kosten und Angebot bei Lagermöglichkeiten? Wie entwickeln sich Kosten und Angebot bei Finanzierungsmöglichkeiten? Wie gut sind die Werbeagenturen und Marktforschungsinstitute, mit denen das Unternehmen zusammen arbeitet?
- Interessengruppen: Welche Interessengruppen bringen besondere Chancen oder bergen Probleme für das Unternehmen? Welche Vorbereitungen trifft das Unternehmen, um mit jeder dieser Interessengruppen angemessen umgehen zu können?
- Grundauftrag des Unternehmens: Ist der Grundauftrag (Mission) klar und auf Markt bezogene Art und Weise zum Ausdruck gebracht worden? Ist der Grundauftrag den Verhältnissen angemessen?
- Marketingziele und -zielgrößen: Sind die Unternehmensziele und die Zielgrößen für das Marketing ausreichend klar definiert, sodass sich Marketingplanung und Leistungsmessung daran orientieren können? Sind die Zielgrößen der Wettbewerbsposition den Ressourcen und Chancen des Unternehmens angemessen?
- Strategie: Ist das Management in der Lage, eine klare Marketingstrategie zur Erreichung der gesetzten Zielgrößen zu entwickeln? Hat diese Strategie Überzeugungskraft? Ist diese Strategie auf den Produktlebenszyklus, die Strategien der Wettbewerber und die Wirtschaftslage zugeschnitten? Segmentiert das Unternehmen seine Märkte angemessen? Sind die Kriterien zur Bewertung und Auswahl der Segmente zuverlässig? Hat das Unternehmen für jeden Zielmarkt ein zutreffendes Marktprofil erarbeitet? Hat das Unternehmen für jeden Zielmarkt eine solide Positionierung und einen tragfähigen Marketing-Mix erarbeitet? Werden die Marketingmittel optimal auf die wesentlichen Elemente des Marketing-Mix verteilt? Wurden ausreichende Marketingmittel zur Erreichung der Marketingziele budgetiert?
- Organisation: Hat die Marketingleitung genügend Befugnisse und Verantwortung für die Aktivitäten des Unternehmens, die sich auf die Zufriedenheit der Kunden auswirken? Sind die Marketingverantwortungsbereiche optimal nach Funktionen, Produktgruppen, Endabnehmern und Raumgebieten strukturiert?

Auditing zielt also eher auf tief greifende Änderungen langfristiger Art ab als auf routinemäßige Überwachungsvorgänge, deren Korrekturen kurzfristig angelegt sind. Ein Auditing-Anlass besteht immer dann, wenn bereits Probleme erkannt bzw. erahnt werden, die einzelne Bereiche des Marketingsystems tangieren.

Beim Audit kann es sich um Selbstüberwachung, Überwachung auf der gleichen Ebene, Überwachung auf höherer Ebene, Überwachung durch ein Komitee, Überwachung durch unternehmenseigene oder unternehmensfremde Funktionsspezialisten handeln. Die Arbeitsstufen lauten jeweils wie folgt:
- Bei der **Bestandsaufnahme** als Ist-Erhebung erfolgt eine möglichst umfassende und aussagefähige Darstellung des Vermarktungsumfelds, wozu unternehmensexterne wie -interne Daten herangezogen werden. Die Effizienz zukunftsorientierter Entscheidungen wird bereits hier determiniert.
- Bei der **Bewertung** i.S.d. Zielsetzung werden die einzelnen Prüfobjekte einer kritischen Beurteilung unterzogen. Die Komplexität des Marketing erlaubt jedoch keine generalisierenden Aussagen. Gesicherte empirische Erkenntnisse können nur als Entscheidungshilfen angesehen werden. Von daher sind allenfalls Plausibilitäts- und Konsistenzurteile möglich.
- Nach genauer Prüfung des Einzelfalls und Herausfilterung derjenigen Marketingerkenntnisse, die für den spezifischen Einzelfall einschlägig erscheinen, können **Lösungsalternativen** als Empfehlung für Verbesserungen aufgezeigt werden. Diese haben allerdings nicht den Rang konkreter Maßnahmen, sondern bilden Rahmenaussagen aus Analyse und Diagnose.

4.1.5 Element Kontrolle

Gegenstand des Marketing-Kontrolle sind der Ablauf und die Resultate von Maßnahmen. Es handelt sich also um eine eher ergebnisorientierte, d.h., vergangenheitsorientierte Sichtweise. Charakteristisch ist der durchzuführende Vergleichsvorgang. Kontrolle ist damit wesentlich enger als Controlling gefasst.

4.1.5.1 Formen von Kennzahlen

Es gibt verschiedene Formen betriebswirtschaftlicher Kennzahlen, nach der:
- Art der Verknüpfung der Elemente unterscheidet man Rechensysteme als quantifizierte Elemente und Elementebeziehungen sowie Ordnungssysteme als quantifizierte Elemente und unquantifizierte Elementebeziehungen,
- Stellung im betrieblichen Sozialsystem unterscheidet man Kennzahlen als Zielsysteme, Entscheidungshierarchien, Kommunikationssysteme und Kontrollsysteme,
- Methode der Entwicklung unterscheidet man induktiv abgeleitete und deduktiv abgeleitete Kennzahlensysteme,
- Art des zu messenden Sachverhalts unterscheidet man Kennzahlensysteme zur Messung von Strukturen und solche zur Messung von Prozessen,

- zeitlichen Dimension unterscheidet man Kennzahlensysteme mit Soll-Zahlen zur Planung und mit Ist-Zahlen zur Kontrolle,
- Zugehörigkeit zu einer betrieblichen Funktion unterscheidet man Kennzahlensysteme verschiedener betrieblicher Bereiche, hier des Marketing bzw. Produktmanagement,
- Verwendung unterscheidet man Kennzahlensysteme zur Analyse und zur Steuerung,
- statistischen Methode unterscheidet man Absolutzahlen (Einzelzahlen, Summen, Differenzen, Mittelwerte) und Verhältniszahlen (Beziehung, Gliederung, Index),
- quantitativen Struktur unterscheidet man Gesamt- und Teilgrößen,
- zeitlichen Struktur unterscheidet man Zeitpunkt- und Zeitraumgrößen,
- inhaltlichen Struktur unterscheidet man Wert- und Mengengrößen,
- Reichweite unterscheidet man gesamt- und teilbetriebliche Kennzahlen,
- Basis unterscheidet man standardisierte und betriebsindividuelle Kennzahlen.

Kennzahlen erfüllen dabei folgende **Funktionen**. Die Operationalisierungsfunktion betrifft die Bildung von Kennzahlen zur Operationalisierung von Zielen und deren Zielerreichung. Die Anregungsfunktion betrifft die laufende Erfassung von Kennzahlen zur Erkennung von Auffälligkeiten und Veränderungen. Die Vorgabefunktion betrifft die Ermittlung kritischer Kennzahlenwerte als Zielgrößen für unternehmerische Teilbereiche. Die Steuerungsfunktion betrifft die Verwendung von Kennzahlen zur Vereinfachung von Steuerungsprozessen. Die Kontrollfunktion betrifft die laufende Erfassung von Kennzahlen zur Erkennung von Soll-Ist-Abweichungen.

Bei der Bildung von Kennzahlen ergeben sich verschiedene Formen, zunächst Grundzahlen und Verhältniszahlen. **Grundzahlen** sind absolute Zahlen (Einzelzahlen, Summen, Differenzen, Mittelwerte). Sie erfüllen den Anspruch der Datenreduktion nur eingeschränkt und sind daher eher atypisch.

Typische Kennzahlen sind hingegen **Verhältniszahlen**. Sie unterteilen sich als relative Zahlen ihrerseits in drei Zusatzformen:
- **Gliederungszahlen** stellen den Anteil einer Teilmasse an der Gesamtmasse dar. Die Gesamtmasse wird dabei gleich 100 gesetzt und entsprechend gegliedert. Die Teilmengen sind echte Untermengen der jeweiligen Gesamtmenge, daher ist dies nur bei größeren Datenmengen hilfreich. Die Ausrechnung erfolgt im traditionellen Dreisatz.
- **Beziehungszahlen** setzen unterschiedliche, allerdings zeitidentische Zahlengruppen, zwischen denen sachliche Zusammenhänge bestehen, in Beziehung zueinander. Das Ergebnis ist ein Quotient, dessen Wert um so näher bei Null liegt, je enger die Beziehung zwischen den Mengen ist. Der Kehrwert wird Bezeichnungszahl genannt.
- **Indexzahlen** ermöglichen die Darstellung von Veränderungen im Zeitablauf. Dabei wird das Ausgangsjahr gleich Index 100 gesetzt. Alle Werte werden auf diesen gemeinsamen Ausgangspunkt bezogen, weshalb dessen bedachte Wahl von großer Bedeutung ist, weil sich sonst ein verzerrtes Bild ergeben kann.

Den Kennzahlen können **Bestandsmassen** zugrunde liegen, deren Elemente eine Verweildauer aufweisen, sodass zu einem beliebigen Beobachtungszeitpunkt stets eine größere Anzahl von ihnen gleichbleibend vorhanden ist, oder **Bewegungsmassen**, bei denen Zu- und Abgänge Bestandsveränderungen bewirken, die Zeitpunkt bezogen sind.

Kennzahlen haben im Allgemeinen folgende Aufgaben:
- Kontrolle durch Erfassung zur Erkennung von Abweichungen (laufend oder punktuell angelegt), Steuerung durch Nutzung der Vereinfachung von Informationen (und damit verbundenen Planungsprozessen), Vorgabe zur Ermittlung kritischer Werte als Ergebnisgrößen (für verschiedene betriebliche Teilbereiche), Anregung durch Erkennung von Auffälligkeiten und Veränderungen (kontinuierliche Erfassung von Ausprägungen), Operationalisierung für betriebliche Ziele (zur Abbildung des Grads der Zielerreichung).

Die isolierte Betrachtung einzelner Kennzahlen führt nur eingeschränkt zu einer aussagefähigen Beurteilung der betrieblichen Situation. Vielmehr müssen zusätzliche sachliche und zeitliche Zusammenhänge entwickelt werden. Der zeitliche Zusammenhang ergibt sich, wenn die Entwicklung dieser Kennzahlen in einer Längsschnittbetrachtung im Zeitablauf vorgenommen wird (**Zeitvergleich**). Dabei ist zunächst an den Vergleich aktueller mit vergangenen Daten zu denken. Dabei können Veränderungen festgestellt und näher analysiert werden. So kann etwa erhärtet werden, ob es sich bei einer aktuell anfallenden Kennzahl um ein zufällig bedingtes Ergebnis handelt oder ob diese bereits in der Vergangenheit in ähnlicher Weise aufgetreten ist. Ebenso können systematische Entwicklungen ermittelt werden.

Dennoch handelt es sich dabei eher um Erkenntnisse mit historischem Wert, interessanter ist die planerische Gestaltung der Zukunft mit Hilfe von Kennzahlen (**Soll-Ist-Vergleich**). Dieser Vergleich kann nur aussagefähig sein, wenn die Ist-Zahlen gleich gegliedert sind wie die Plan-Zahlen. Soll-Ist-Abweichungen können sich aus mehreren Gründen ergeben. So kann das zugrunde gelegte Zahlenmaterial im Hinblick auf die Aufgaben der Kennzahlen ungeeignet sein. Ebenso können die der Aufstellung zugrunde liegenden gedanklichen Überlegungen falsch sein. Auch kann die Aufstellungsmethode falsch oder falsch angewendet sein (z.B. bei Verwendung von indirekten Maßstäben zur Messbarmachung von nicht quantifizierbaren Tatbeständen). Eine Kennzahl kann aber auch schlicht nicht mehr aktuell oder unzutreffend interpretiert sein.

Die Arbeitsstufen zur Ermittlung verlaufen im Einzelnen wie folgt:
- Bestandsaufnahme als Ist-Erhebung. Hierbei erfolgt eine möglichst umfassende und aussagefähige Darstellung des Entscheidungsumfelds, wozu unternehmensexterne wie -interne Daten herangezogen werden. Die Effektivität zukunftsorientierter Entscheidungen wird bereits hier determiniert.
- Bewertung im Sinne der Zielsetzung. Hierbei werden die Leistungen einer kritischen Beurteilung unterzogen. Gesicherte empirische Erkenntnisse können je-

doch nur als Entscheidungshilfen angesehen werden. Von daher sind immer Plausibilitäts- und Konsistenzurteile vorzunehmen.
- Empfehlungen für Verbesserungen. Nach genauer Prüfung des Einzelfalls und Herausfilterung derjenigen Erkenntnisse, die für den spezifischen Anwendungsfall einschlägig erscheinen, können Lösungsalternativen aufgezeigt werden. Dies erfolgt zumeist in Form von Berichten.

Berichte beinhalten nach bestimmten Gesichtspunkten geordnete Daten und richten sich an interne Empfänger (z.B. Geschäftsleitung) zur Stützung der Arbeit in Planung und Kontrolle. Man kann verschiedene Arten von Berichten unterscheiden:
- Planungsberichte sind bereichs- oder unternehmensumfassende, kurzfristige Vorhersagen, kurzfristige Planstudien für Leistungsobjekte, Langfristplanungen etc.
- Kontrollberichte sind zusammenfassende Finanz- und Ergebnisberichte, laufende kurzfristige Berichte verschiedenen Inhalts etc.
- Sonderberichte zu wichtigen unternehmenspolitischen Daten sind etwa analytische Berichte, Trendberichte etc.

Das Berichtswesen soll empfängerorientiert sein, d.h., in sachlich-inhaltlicher Hinsicht (Aufgaben- und Verantwortungsbereich des Empfängers sowie Zielorientierung des Bereichs beachtend) Informationen in logischer Folge aufbauen (z.B. Gesamtwirtschaft, Unternehmensgruppe, Einzelunternehmen, Unternehmensteile, Bereiche) sowie Übersichten und Kurzkommentare (Management summary) vorsehen. Es soll in sprachlicher Hinsicht Begriffe, die betriebsintern üblich und dem Empfänger verständlich sind, verwenden sowie durch verbale und tabellarische Darstellungen Zahlenwerte anschaulich machen. Und es soll im Zeitablauf nach standardisierter Struktur abfolgen (d.h. mit gleich bleibender formaler und inhaltlicher Gestaltung, Terminsicherheit, Regelmäßigkeit etc.).

Schließlich können Kennzahlen nicht mehr nur isoliert auf das eigene Unternehmen gerichtet analysiert werden, sondern auch im Vergleich zu anderen Einheiten (**Betriebsvergleich**). Diese Form ist in neuerer Zeit zum Benchmarking (s.o.) ausgeweitet worden.

Nachteilig ist bei alledem, dass Zielkonflikte im Betrieb in Kennzahlen nur unvollkommen abgebildet werden können. Auch sind nur quantitative Größen kennzahlenfähig. Für den Fall, dass es sich um die immer wichtiger werdenden qualitativen Größen handelt, ist es erforderlich, diese zu quantifizieren, was allerdings an enge Grenzen stößt. Zudem ist die Analyse der Kennzahlen oft mehrdeutig, d.h., verschiedene Personen interpretieren dieselbe Kennzahl unterschiedlich und kommen daher zu abweichenden Schlussfolgerungen. Dies widerspricht aber der gerade beabsichtigten Objektivierung betrieblicher Sachverhalte.

Für die Arbeit mit Kennzahlen ist es wichtig, dass nicht willkürlich beliebige Werte aus allen erdenklichen betrieblichen Bereichen ermittelt werden, für die kein sachgerechter Bezug festgestellt werden kann, sondern dass Kennzahlen sachgerecht

ausgewiesen und genutzt werden. Als Anhaltspunkte dafür lassen sich folgende Anforderungen formulieren:
- Eindeutigkeit der erkennbaren Zielsetzung, klare Abbildung und Interpretierbarkeit von dahinterstehenden Tatbeständen, Aktualität der Ermittlung, Prognosefähigkeit, funktionsübergreifende Betrachtung, überschaubare Anzahl, einfache Struktur, vertretbarer Erhebungsaufwand.

4.1.5.2 Balanced scorecard

Im Controlling hat das Konzept der Balanced scorecard (BSC) an Bedeutung gewonnen. Dabei handelt es sich um ein Managementkonzept, das unter Beachtung der gebotenen Mehrdimensionalität der Führungsperspektive eine strategische und operative Steuerung ermöglichen soll, die sich am Kundennutzen orientiert und profitables Wachstum (Wertmanagement) fördert. Die aus der Unternehmensstrategie abzuleitenden Ziele werden über Ursache-Wirkungs-Ketten auf der Grundlage geeigneter Kennzahlen zu einer integrativen Sichtweise verknüpft. Ausgangspunkt sind dabei operationalisierte Erfolgstreiber.

Ziel der BSC ist es, einerseits ein Informationssystem als Grundlage für die Planung und Steuerung des Unternehmens darzustellen, um so dem Management einen schnellen, sinnvollen Überblick über den Geschäftsablauf zu vermitteln. Andererseits sichert die Vorgehensweise im Rahmen der Erstellung einer BSC, dass von der Unternehmensleitung formulierte Strategien auf allen hierarchischen Ebenen mit dem jeweils erforderlichen Konkretisierungsgrad umgesetzt werden. Das Besondere an der BSC ist die Zuordnung von Zielen, Kennzahlen, Vorgaben und Maßnahmen zur jeweiligen Perspektive. Hierdurch soll ein einseitiges Denken bei der Ableitung und Verfolgung von Zielen verhindert werden, zugleich wird ein Ausgleich zwischen quantitativen und qualitativen Daten angestrebt. Die wesentlichen Zusammenhänge der Strategieumsetzung werden dokumentiert und schaffen ein realistisches Abbild der Unternehmenssituation.

Dabei werden im Einzelnen vier Perspektiven eingenommen:
- die finanzielle Perspektive,
- die Kundenperspektive,
- die Perspektive der internen Geschäftsprozesse,
- die Lernperspektive.

Zunächst werden für jede dieser vier Perspektiven einzelne strategische Ziele aus der Unternehmensstrategie abgeleitet. Diese weisen, je nach Organisationseinheit, für welche die BSC erstellt wird, einen unterschiedlichen Konkretisierungsgrad auf, Dann werden diese Ziele operationalisiert (Zielgröße) und in messbare Kennzahlen übersetzt (Key performance indicators/KPI's). Daraufhin erfolgt die Festlegung des Zielwerts, der angibt, wann das Ziel als erreicht zu gelten hat. Zuletzt werden daraus die Maßnahmen abgeleitet, mit denen das Ziel erreicht werden kann.

Dieser Ablauf vollzieht sich für alle vier Perspektiven. Dabei ist eine Aktualisierung aller Stellgrößen erforderlich, denkbar ist auch die Ergänzung um weitere Perspektiven (z.B. Ökologie).

Die Vorteile der BSC können in folgenden Aspekten zusammengefasst werden. Es werden simultan vier Perspektiven eingehalten, was zu differenzierteren Aussagen führt als nur ein einziges Oberziel (z.B. ROI). Es werden Ansatzpunkte zur Verbindung von strategischem und operativem Management geboten. Es besteht ein Zwang zu faktenorientiertem Vorgehen (Kennzahlen als Benchmarks) sowie zur Definition und Messung wert- und erfolgskritischer Faktoren. Die Integration interner wie externer Faktoren ist darstellbar. Durch ein umfassendes Kennzahlensystem wird ein horizontaler wie vertikaler Vergleich im Unternehmen möglich. Die Übernahme in bestehende Steuerungssysteme im Unternehmen ist darstellbar. Und es besteht eine explizite Verpflichtung des Management zu wertorientierter Unternehmensführung.

Dem stehen folgende Nachteile der BSC gegenüber. Es liegt eine dominante Steuerung durch „harte“ Kennzahlen vor, damit werden entscheidende „weiche“ Faktoren vernachlässigt. Eine theoriegestützte Begründung für die postulierte Balance zwischen den vier Perspektiven fehlt, damit werden tatsächlich stattfindende Konflikte negiert. Es werden deterministische Zusammenhänge im Unternehmen unterstellt, die real wohl kaum gegeben sind. Es handelt sich letztlich um ein vergangenheitsorientiertes Konzept. Das propagierte Top down-Vorgehen lässt keine Beteiligung der „Basis“ zu. Die Komplexität vernetzten Denkens wird mehr oder minder willkürlich auf vier Dimensionen reduziert.

Die Operationalisierung der Erfolgsgrößen durch Kennzahlen erlaubt eine quantitative Kontrolle. Für jede Zielgröße werden Leistungsmaßstäbe definiert, deren positive Veränderung durch eine Strategie zur Bewertung für diese führt. Von daher haben Kennzahlen neuerdings wieder an Bedeutung gewonnen.

4.1.5.3 Kennzahlenbeispiele

Kennzahlen sind für interne wie externe Zwecke einsetzbar und informieren in konzentrierter Form auf relativ einfache Weise schnell über quantifizierbare Vorgänge und betriebliche Tatbestände. Praktisch besteht das Problem weniger darin, alle relevanten Kennzahlen auszuweisen, als vielmehr, aus diesen gewinnbringende Schlussfolgerungen zu ziehen. Für das Produktmanagement wesentliche Kennzahlen erstrecken sich über den gesamten betriebswirtschaftlichen Bereich mit Schwerpunkt auf dem kundenwirtschaftlichen Bereich, aber auch den realwirtschaftlichen und vermögenswirtschaftlichen Bereichen. Dazu im Folgenden einige Beispiele.

Kundenwirtschaftliche Kennzahlen

- *Break even-Absatz in Stück = Fixe Kosten : Deckungsbeitrag in % des Umsatzes. Der Break even-Absatz ist jene abgesetzte Produktmenge, bei der die Umsätze zum ersten Mal ausreichen, die gesamten Kosten zu decken. Jede Menge darunter bedeutet Verluste, jede darüber Gewinne. Der Deckungsbeitrag ergibt sich nach Abzug der variablen Kosten vom Umsatz. Er muss seinerseits sowohl die fixen Kosten als auch einen gewünschten Gewinn abdecken. Beim Break even-Absatz ist der Deckungsbeitrag zum ersten Mal höher als die Fixkosten, es verbleibt also über die Deckung der Fixkosten hinaus erstmals ein Gewinn.*
- *Out of pocket-Punkt in Stück = Ausgabewirksame fixe Kosten : Deckungsbeitrag in % des Umsatzes.*
  Es ist nicht immer möglich, Preise durchzusetzen, die Vollkostendeckung und gar Gewinnerzielung erlauben. Vielmehr ist es durchaus üblich, vorübergehend auf Gewinnerzielung ganz oder teilweise zu verzichten, etwa um Arbeitsplätze durch Hereinnahme selbst gering profitabler Aufträge zu sichern. Darüber hinaus kann sogar temporär auf die Deckung aller Kosten verzichtet werden, allerdings um den Preis von Verlusten, die betriebswirtschaftlich gefährlich sind, wenn dabei die Liquidität, also die Abdeckung ausgabewirksamer Positionen, gefährdet wird. Aber nicht alle Kosten sind zwangsläufig ausgabewirksam. Dies trifft vielmehr nur für die variablen Kosten zu und für denjenigen Teil der Fixkosten, der zu Auszahlungen führt. Diese Kosten müssen zur Sicherung des Betriebsbestands immer gedeckt bleiben. Der Out of pocket-Punkt gibt an, bei welcher Menge der Deckungsbeitrag nicht mehr ausreicht, alle ausgabewirksamen fixen Kosten abzudecken. Dort ist das absolute Betriebsminimum.
  Verwandte Kennzahlen betreffen den
- *Mindestumsatz zur Substanzerhaltung (Fixe Kosten ((x 100)) : Deckungsbeitrag in % des Umsatzes) und den*
- *Mindestumsatz der Plangewinnerzielung ((Fixe Kosten x Plangewinn)) ((x 100)) : Deckungsbeitrag je % des Umsatzes).*
  Ersterer betrifft die Menge, bei welcher der Deckungsbeitrag gerade ausreicht, die gesamten fixen Kosten zu decken und damit die Substanz zu erhalten, aber noch keine Gewinnerzielung zulässt, Letzterer betrifft die Menge, bei welcher der Deckungsbeitrag ausreicht, über die Deckung der gesamten Fixkosten hinaus auch den gewünschten Gewinn zu erzielen.
- *Fixkostenstruktur in % = Fixe Kosten (x 100) : Umsatz.*
  Dieser Wert zeigt an, inwieweit die Flexibilität des Unternehmens zur Reaktion auf Beschäftigungsgradschwankungen bereits gelitten hat. In der Praxis ist typischerweise eine hohe, im Zeitablauf noch steigende Fixkostenabhängigkeit festzustellen. Dies ist vor allem durch den Produktionsfaktor Arbeit und fortschreitende maschinelle Ausstattung bedingt. Das bedeutet zugleich, dass Entscheidungen auf Basis von Deckungsbeiträgen immer problematischer werden, weil sie vom weitaus kleineren Kostenbestandteil (variable Kosten) ausgehen. Statt dessen sind moderne Kostenrechnungsverfahren (z.B. Prozesskostenrechnung) einzusetzen. Der Kehrwert wird Mindestspanne genannt (Umsatz ((x 100)) : Fixe Kosten).
- *Relativer Marktanteil in % = Eigener Marktanteil (x 100) : Marktanteil des nächstgrößten Konkurrenten.*

Der Marktanteil ist an sich schon eine Relativzahl (Eigener Umsatz/Absatz : Marktvolumen/Absatzvolumen). Der relative Marktanteil ist also eine doppelt relative Zahl. Sie sagt etwas über die Wettbewerbsstärke des Unternehmens aus und damit über seine Möglichkeit zur Nachfragebeeinflussung. Der Begriff Markt versteht sich dabei immer als relevanter Markt, d.h. in Abhängigkeit vom Einzugsgebiet der eigenen Aktivitäten. Der Konkurrenz-Marktanteil kann meist zuverlässig aus Erfahrung geschätzt werden, falls keine objektiven Daten verfügbar sind.

- *Marktwachstum in % = Zusätzliches reales Marktvolumen im Betrachtungszeitraum (x 100) : Marktvolumen in der Vorperiode.*
  Wichtig ist es hierbei, nicht das nominale, durch etwaige Inflation entwertete, sondern das reale Marktvolumen zugrunde zu legen. Ansonsten erliegt man der Täuschung des Pseudowachstums durch inflationäre Effekte. Märkte mit hohem Wachstum sind wegen ihres Potenzials, der höheren Preisbereitschaft der Nachfrager, der geringeren Wettbewerbsintensität etc. interessant. Sie bergen jedoch auch Risiken, etwa durch rasche technische Veralterung (Obsoleszenz), hohes Bestandsrisiko und Markteintrittsschranken.
- *Exportmarktanteil in % = Exportumsatz (x 100) : Gesamtumsatz.*
  Ein hoher Wert dieser Kennzahl ist zwar erstrebenswert, verheißt jedoch zugleich ein erhöhtes Risiko, da ausländische Märkte per se weniger gut überschaubar sind als inländische. Dennoch bedeutet dies nicht, auf Exportumsätze zu verzichten, sondern vielmehr, diese besonders zu besichern und nach Möglichkeiten der Kooperation auf den Auslandsmärkten zu suchen.
- *Konzentrationsgrad in % = Anzahl einzelner Produkte oder Kunden (x 100) : Gesamtumsatz/-deckungsbeitrag/-gewinn.*
  Es entspricht einer Erfahrungstatsache, dass in der betrieblichen Praxis zumeist absolut wenige Produkte relativ viel Ergebnisanteil, gemessen je nach Zweckmäßigkeit in Umsatz, Deckungsbeitrag oder Gewinn, auf sich vereinen. Man spricht von der 20 : 80-Regel (Pareto-Optimum), d.h., 20 % der Produkte machen 80 % des Ergebnisse aus, sodass es sich lohnt, die Aktivitäten auf diese erfolgsentscheidenden Einheiten zu konzentrieren. Diese Produkte nennt man A-Produkte, im Gegensatz zu den als weniger bedeutsam angesehenen B- und C-Produkten.
  Gleichermaßen ergibt sich eine Konzentration des Ergebnisses auf wenige Kunden, d.h., 20 % der Kunden stehen idealtypisch für 80 % des Ergebnisses. Auch hier ist es hoch interessant, diese Kunden zu kennen, denn naturgemäß ist es lohnend, sich in seinen Anstrengungen auf diese zu konzentrieren. Diese Kunden nennt man Key accounts. Sie werden von den besten Mitarbeitern betreut. Kundenkontaktprogramme und Geschäftsbeziehungsmanagement sichern die eigene Position bei diesen ab.
- *Kundenbetreuungsintensität = Zahl der Kundenbesuche : Zahl der Kunden.*
  Hier ist grundsätzlich ein hoher Wert anzustreben. Jedoch kommt es darauf an, nicht undifferenziert alle möglichen Kunden zu besuchen, sondern gezielt diejenigen, die von besonderer Bedeutung für das Unternehmen sind. In allen anderen Fällen muss geprüft werden, inwieweit Medien (wie Telekommunikation, Internet) den persönlichen Besuch voll oder doch zumindest teilweise ersetzen können.

- *Angebotserfolg = Erteilte Aufträge : abgegebene Angebote.*
  Dies ist eine entscheidende Erfolgskennzahl. Niedrige Werte zeigen hier ein verbesserungswürdiges Angebotsverhalten an. Eine Ursachenanalyse ist dann unbedingt erforderlich. Dies bezieht sich auf die Attrahierung von Anfragen, die inhaltliche Angebotserstellung und, ein weit verbreitetes Manko, den Nachfass für abgegebene Angebote. Denn dieser entscheidende Filter mindert mehr als alles andere den betrieblichen Erfolg.
- *Reklamationsrate = Zahl der Reklamationen : Zahl der Leistungserstellungen.*
  Dies ist eine entscheidende Kennzahl für die Qualität der erbrachten Leistungen. Zu bedenken ist allerdings, dass nicht alle mangelbehafteten Leistungen auch wirklich reklamiert werden. Insofern darf aus einer niedrigen Reklamationsrate nicht unbedarft auf qualitätshaltige Produktion geschlossen werden. Insofern ist es auch falsch, die Reklamationsrate zu einem Maßstab für die Leistung von Mitarbeitern zu machen. Dies wirkt kontraproduktiv, weil Mitarbeiter dann angereizt werden, Reklamationen zu unterdrücken. Genau das Gegenteil ist richtig, nämlich die Stimulierung berechtigter Reklamationen, weil jede Reklamation ein kostenloser Verbesserungsvorschlag von Kunden ist und weil jede zur Zufriedenheit des Kunden behandelte Reklamation seine Treue potenziell steigert.
- *Werbekostenanteil in % = Werbebudget (x 100) : Umsatz.*
  Diese Kennzahl wird oft zur Bestimmung des Werbebudgets herangezogen. Dabei ist allerdings zu berücksichtigen, dass schon rein logisch eine Kausalitätsumkehr vorliegt, denn das eingesetzte Werbebudget soll ja erst den zugrunde liegenden Umsatz erzeugen, das Werbebudget ist also Ausgangsgröße und der Umsatz Ergebnisgröße. Außerdem schwankt der Werbekostenanteil von Branche zu Branche sehr stark in Abhängigkeit von der Wettbewerbsintensität.

Realwirtschaftliche Kennzahlen

- *Personalaufwandsanteil am Umsatz in % = Personalaufwand (x 100) : Umsatz.*
  Diese Kennzahl gibt einen Anhaltspunkt für die Arbeitsintensität der am Markt erreichten Umsätze. Je geringer dieser Wert ist, desto geringer ist der Personalaufwand im Verhältnis zum Umsatz. Im Dienstleistungsbereich etwa ist der Wert erfahrungsgemäß hoch, wenngleich durch Automatisierung (Einsatz von Apparaturen) und Externalisierung (Verlagerung von Teilleistungen auf Kunden) eine günstigere Gestaltung angestrebt wird, da der Faktor Arbeit immer teurer wird und vergleichsweise viele Qualitätsprobleme aufwirft. Der Kehrwert weist die Arbeitsintensität aus (Umsatz : Personalaufwand).
- *Fluktuationsrate in % = Anzahl der freiwilligen Abgänge (x 100) : durchschnittliche Beschäftigtenzahl.*
  Ein hoher Wert dieser Kennzahl kann als Alarmzeichen gelten. Denn zumeist handelt es sich um hoch qualifizierte Mitarbeiter, die ein starkes Kundenbindungspotenzial darstellen und große Schulungs- und Trainingsaufwendungen verkörpern. Diese Mitarbeiter auszutauschen, führt zu erneutem Aufwand für Personalwerbung, -auswahl, -qualifizierung und -motivierung. Insofern ist es immer ratsam zu versuchen, wechselwillige, gute Mitarbeiter durch verbesserte

Arbeitskonditionen zu halten. Die dadurch vermiedenen Opportunitätskosten überwiegen auf Jahre hinaus den zugestandenen Mehraufwand an Lohn, Gehalt und Lohnnebenkosten.

- *Vorratsanteil am Umsatz in % = Vorräte (x 100) : Umsatz.*
  Ein geringer Wert dieser Kennzahl gibt an, dass im Vergleich zu getätigten Umsätzen niedrige Vorräte gehalten werden. Dies ist unbedingt anzustreben.
- *Abschreibungsanteil am Umsatz in % = Abschreibungen auf Sachanlagen (x 100) : Umsatz.*
  Je geringer dieser Wert, desto weniger leistungsfähig ist die Anlagenausstattung und desto gefährdeter sind die Voraussetzungen für zukünftige Umsätze.
- *Lagerhaltungsgrad in % = Vorräte (x 100) : Umlaufvermögen.*
  Diese Kennzahl gibt an, welche Anteile des Umlaufvermögens im Lager gebunden sind. Dabei ist ein möglichst geringer Lagerhaltungsgrad anzustreben. Denn Umlaufvermögen, das sich im Lager befindet, bindet Kapital, entweder weil die Produktion unter Ausnutzung von Kreditlinien erfolgt ist, für die Sollzinsen zu zahlen sind, oder weil darin eigene Mittel gebunden sind, die am Markt nicht in Preisen erlöst werden können. Die Reduzierung des Lagerhaltungsgrads birgt erhebliches Rationalisierungspotenzial. Man kann sogar sagen, dass eines der Erfolgsgeheimnisse moderner Unternehmensführung im Abbau von Umlaufvermögen im Lager liegt. Dabei ist allerdings stets zu berücksichtigen, dass ein anderer Erfolgsfaktor, nämlich die jederzeitige und rechtzeitige Leistungsbereitschaft, dadurch nicht gefährdet werden darf.
- *Umschlagdauer der Vorräte in Tagen = Vorräte (x 360) : Umsatz.*
  Je weniger Zeit vergeht, bis sich das Lager einmal umgeschlagen hat, desto besser ist dies für die Ertragskraft des Unternehmens, denn desto geringer ist die Kapitalbindung. Dabei ist zu berücksichtigen, dass ein Abbau der Vorräte auf das Mindestmaß auch Ersparnisse bei Raumkosten (Miete, Abschreibung), Energiekosten (Licht, Heizung) und Inventurdifferenzen erbringt. Allerdings darf dieser Abbau keineswegs soweit gehen, dass die Lieferbereitschaft dadurch negativ tangiert wird.
- *Umschlaghäufigkeit der Vorräte = Umsatz : Vorräte.*
  Diese Kennzahl hat die gleiche Aussagekraft wie die Umschlagdauer, jedoch ist hier eine höhere Zahl vorteilhaft. Dann sind nämlich Vorräte bei gegebenem Umsatz gering bzw. bei gegebenen Vorräten ist der Umsatz hoch. In gleicher Weise können Umschlaghäufigkeiten in Bezug auf Kapitaleinsatz (Umsatz : Kapitaleinsatz), Anlagevermögen (Umsatz : Anlagevermögen) oder Umlaufvermögen (Umsatz : Umlaufvermögen) ermittelt werden.
- *Auftragsbestandsreichweite in Tagen = Anfangsbestand der Aufträge zu Ultimo (x 360) : Umsatz der davor liegenden zwölf Monate (Zeitjahr bzw. Vorjahresvergleichszeitraum).*
  Je höher die Reichweite des Auftragsbestands, desto gesicherter ist die Beschäftigung. Besonders interessant sind unter diesem Gesichtspunkt länger laufende Aufträge, wie etwa zur Wartung technischer Geräte. Sie bieten darüber hinaus die Chance, mit Kunden stetig in Kontakt zu bleiben und erhöhen damit die Akquisitionswahrscheinlichkeit.
- *Wertschöpfungsquote in % = Wertschöpfung (x 100) : Umsatz.*

Unter Wertschöpfung versteht man den Wert der eigen erstellten Leistungen innerhalb des gesamten Verkaufswerts. Je höher die Wertschöpfung, desto geringer ist, bei gleichem Verkaufswert, der Anteil der fremd zugekauften Leistungen. Es besteht ein manifester Trend, bei gegebenem Verkaufswert möglichst viele Leistungen extern zuzukaufen. Man spricht dann von einer sinkenden Fertigungstiefe durch Outsourcing. Die Wertschöpfungsquote sinkt dementsprechend tendenziell, was sich eher gegenteilig auf die Gewinnentwicklung auswirkt.

- *Fehlzeitenquote in % = Fehlzeiten (in Zeiteinheiten) (x 100) : Soll-Arbeitszeit (in Zeiteinheiten).*
  Deutschland liegt im internationalen Vergleich in Bezug auf Fehlzeiten über dem Durchschnitt, besonders an Montagen und „Brückentagen" (zwischen Feiertagen und Wochenende). Wird statt der Fehlzeiten das Komplement dazu, die Menge der tatsächlich geleisteten Zeiteinheiten, in Relation zur Soll-Arbeitszeit gesetzt, so erhält man eine Aussage über die Produktivität des Unternehmens.
- *Pro Kopf-Leistung = Netto-Betriebsleistung : Zahl der Beschäftigten.*
  Unter Netto-Betriebsleistung versteht man die Summe aller fakturierten Umsätze, bereinigt um Bestandsveränderungen an Halb- bzw. Fertigerzeugnissen abzgl. Erlösschmälerungen. Ein hoher Wert ist günstig, d.h., eine gegebene Netto-Betriebsleistung wird durch wenige Beschäftigte realisiert, bzw. eine gegebene Beschäftigtenzahl realisiert eine hohe Netto-Betriebsleistung. Zieht man von der Pro-Kopf-Leistung den Pro-Kopf-Materialverbrauch ab, so ergibt sich die Pro-Kopf-Wertschöpfung. Dies ist derjenige Betrag, den ein Mitarbeiter im Durchschnitt an Mehrwert bei verkaufsfähigen Leistungen gegenüber dem Faktor Einkauf erwirtschaftet.
- *Ausschussquote in % = Abfallmenge (x 100) : gesamter Materialverbrauch.*
  Dies ist eine Kennzahl, die Aufschluss über das Ausmaß an Verschwendung in der Leistungserstellung gibt. Naturgemäß soll dieser Wert so klein wie möglich sein. Dazu ist die gezielte Fahndung nach Verschwendungsquellen im Unternehmen erforderlich. Außerdem hat es sich bewährt, den Mitarbeitern an einer stark frequentierten Stelle im Betrieb exemplarisch physisch vor Augen zu führen, wie viel Ausschuss im Laufe einer Woche so zusammenkommt. Mancher erschrickt aufgrund der Masse und verhält sich zukünftig zumindest in dieser Beziehung bewusster als vorher.
- *Innovationsgrad in % = Umsatz-/Deckungsbeitrags-/Gewinnanteil mit neuen Produkten (x 100) : Gesamtleistungen.*
  Stete Innovation ist in dynamischen Märkten notwendige Voraussetzung für nachhaltigen Markterfolg. Dies gilt um so mehr, je kürzer die Lebenszyklen sich gestalten. Zugleich erfordert dies immense Anstrengungen im Bereich des Innovationsmanagement. Daran führt kein Weg vorbei, insofern muss diese Herausforderung als Chance offensiv genutzt werden.

Finanzwirtschaftliche Kennzahlen

- *Kundenziel in Tagen = Debitoren/Forderungen (x 360) : Umsatz.*
  Hier wird eine Aussage über die Zahlungsmoral der Kunden getroffen. Je kürzer das Kundenziel ist, desto geringer ist der Anteil der Außenstände am gesamten Umsatz. Dies hat wesentlichen Einfluss auf die Finanzierungskosten. Das Kun-

denziel kann verkürzt werden, indem den Kunden Skonto bei Einhaltung einer kurzen Zahlungsfrist eingeräumt wird. Denn die Erlösminderung durch Skonto ist, auf den skontierten Zeitraum bezogen, sehr viel geringer als etwaige Finanzierungskosten. Der Kehrwert (Umsatz : Forderungen) ergibt den Umschlag der Forderungen.

- *Lieferantenziel in Tagen = Verbindlichkeiten aus Lieferungen und Leistungen/ Kreditoren (x 360) : Aufwendungen für Roh-, Hilfs- und Betriebsstoffe sowie bezogene Waren.*
  Aus dieser Kennzahl in der Beschaffung ist erkennbar, nach wie viel Tagen im Durchschnitt die Lieferantenverbindlichkeiten bezahlt worden sind. Je kürzer diese Frist, desto besser. Leider ist die finanzielle Situation vieler Unternehmen derart angespannt, dass eine zügige Begleichung von Verbindlichkeiten immer schwieriger wird. Insofern ist eine Verschlechterung dieses Werts erkennbar.
- *Liquidität 1. Grades in % (Barliquidität) = Liquide Mittel (x 100) : kurzfristiges Fremdkapital.*
  Liquidität bedeutet die Zahlungsfähigkeit eines Unternehmens, indem dieses seinen laufenden Zahlungsverpflichtungen ohne Störungen des Betriebsablaufs nachkommen kann. Illiquidität ist ein unbedingter Konkursgrund. Es kommt also nicht allein darauf an, wie viel Vermögen ein Unternehmen hat, sondern ob dieses Vermögen so strukturiert ist, dass es in erforderlichem Ausmaß als liquide Mittel zur Verfügung steht. Zugleich bedeutet ein überhöhter Liquiditätsgrad einen Ausfall an Zinseinnahmen. Insofern kommt es auf eine Optimierung von flüssigen und angelegten Mitteln an, eine Aufgabe, die Großunternehmen in Form des Cash management institutionalisiert haben.
  Das kurzfristige Fremdkapital besteht aus kurzfristigen Verbindlichkeiten, kurzfristigen Rückstellungen und passiven Rechnungsabgrenzungsposten in der Bilanz. Allgemein wird in dabei eine 1 : 5-Regel unterstellt, d.h., dass mindestens 20 % des kurzfristigen Fremdkapitals durch liquide Mittel gedeckt sein müssen.
- *Liquidität 2. Grades in % (einzugsbedingte Liquidität) = Liquide Mittel und aktive Rechnungsabgrenzungsposten in der Bilanz (x 100) : kurzfristiges Fremdkapital.*
  Hier wird aus Erfahrung ein Wert zwischen 1 : 2 und 1 : 1 gefordert, d.h., die einzugsbedingte Liquidität soll 50 - 100 % des kurzfristigen Fremdkapitals betragen.
- *Liquidität 3. Grades in % (umsatzbedingte Liquidität) = Kurzfristig gebundenes Vermögen/Umlaufvermögen (x 100) : kurzfristiges Fremdkapital.*
  Hier wird ein Wert von 1 : 1 oder 1 : 2 gefordert, d.h., die umsatzbedingte Liquidität soll 100 - 200 % des kurzfristigen Fremdkapitals betragen.
- *Kreditanspannung in % = (Verbindlichkeiten aus Lieferungen und Leistungen + Schuldwechsel (x 100)) : Forderungen aus Warenlieferungen und Besitzwechseln.*
  Diese Kennzahl zeigt das Verhältnis von Verbindlichkeiten/Kreditoren und Forderungen/Debitoren zueinander an. Naturgemäß ist die Situation um so günstiger, je geringer dieser Wert ist, denn dann stehen mehr Forderungen aus, als eigene Verbindlichkeiten zu bedienen sind. Umgekehrt sind zur Sicherung der Liquidität entsprechende Vorkehrungen zu treffen.

- *Umschlagdauer der Sachanlagen aus Cash-flow in Jahren = Sachanlagevermögen : Cash-flow.*
  Zur Beurteilung dieser Kennzahl ist zunächst der Begriff des Cash-flow (Kassenrückfluss) zu klären. Cash-flow bedeutet finanzwirtschaftlicher Überschuss (im Unterschied zum Jahresüberschuss als erfolgswirtschaftlicher Größe). Er gibt Aufschluss über die Finanzkraft eines Unternehmens in Vergangenheit und Gegenwart (genauer seine Selbstfinanzierungskraft). Für die Ermittlung gibt es unterschiedliche Rechenschemata. Vereinfacht läuft dies auf die Summe aus Jahresüberschuss vor Steuern (im wesentlichen beeinflusst durch Umsätze bzw. Gewinne), Abschreibungen und Veränderungen der langfristigen Rückstellungen hinaus.
  Diese Kennzahl gibt dann an, in welcher Zeit das gesamte Sachanlagevermögen durch den Cash-flow zu finanzieren ist. Je kürzer diese Zeitspanne ist, desto höher ist die Fähigkeit des Unternehmens zur eigenständigen Regenerierung der Sachanlagen.
- *Umschlagdauer der Zugänge zu den Sachanlagen aus dem Cash-flow in Jahren = Zugänge Sachanlagevermögen : Cash-flow*
  Diese Kennzahl gibt an, in welcher Zeit die Zugänge zu den Sachanlagen aus dem Cash-flow finanziert werden können. Je kürzer die Zeitspanne, desto besser. Diese Aussage lässt sich auch als prozentualer Reinvestitionsindex treffen, nämlich als Quotient aus Zugängen Sachanlagevermögen (x 100) dividiert durch Cash-flow.
- *Umschlagdauer der Nettoschulden aus dem Cash-flow in Jahren = (Fremdkapital - liquide Mittel) : Cash-flow.*
  Die Differenz aus Fremdkapital und liquiden Mitteln wird auch Nettoschulden genannt. Diese Kennzahl zeigt an, in wieviel Jahren die Nettoschulden aus dem Cash-flow getilgt werden können. Je kürzer diese Zeitspanne, desto besser. Die Erfahrung legt hier Werte zwischen 3,5 und 5 Jahren zugrunde. Der Kehrwert, Cash-flow (x 100) : Nettoverschuldung, ergibt den Cash-flow-Entschuldungsgrad in %.
- *Umschlagdauer des Gesamtkapitals aus dem Cash-flow in Jahren = Bilanzsumme : Cash-flow.*
  Hiermit wird ausgewiesen, wie lange es dauert, bis die gesamte Bilanzsumme aus dem Cash-flow generiert werden kann. Je kürzer diese Zeitspanne, desto besser. Als Durchschnittswert gelten ca. zehn Jahre.
- *Cash-flow-Umsatzrendite (C.-f.-Rate) in % = Cash-flow (x 100) : Umsatz.*
  Diese Kennzahl ist ein Indikator für die Einträglichkeit der Umsätze. Je höher der Wert, desto gewinnhaltiger sind diese.
- *Cash-flow-Eigenkapitalrendite (C.f.-Kapitalrate) in % = Cash-flow (x 100) : durchschnittliches Eigenkapital.*
  Diese Kennzahl ist ein Indikator für die Einträglichkeit des eingesetzten Kapitals. Je höher der Wert, desto gewinnhaltiger ist diese (durchschnittliches Eigenkapital).

Vermögenswirtschaftliche Kennzahlen

- *Anlagenintensität in % = Anlagevermögen (x 100) : Bilanzsumme.*

Diese Kennzahl ist bedeutsam zur Abschätzung des betrieblichen Risikos. In dem Maße, wie die Anlagenintensität steigt (also der Anteil des Anlagevermögens am Gesamtvermögen zunimmt), steigt auch das Betriebsrisiko. Gleichzeitig nimmt die Flexibilität des Unternehmens ab, denn ein zunehmend größerer Anteil der Vermögenswerte ist langfristig gebunden, der Fixkostenanteil am gesamten Kostenblock steigt. Dies führt in Zeiten stagnierender Märkte und schwankender Kapazitätsauslastung schnell zu ungedeckten Fixkosten (Leerkosten). Daher bietet es sich an, innerhalb des Anlagevermögens nochmals den Anteil der Sachanlagen getrennt auszuweisen. Komplementär ergibt sich die Umlaufintensität als Quotient aus Umlaufvermögen (x 100) dividiert durch Bilanzsumme.

- *Investitionsquote in % = Zugänge Sachanlagen (x 100) : Abschreibungen auf Sachanlagen.*
  Abschreibungen sind Absetzungen für die Abnutzung von Anlagen, die bewirken, dass das ausgewiesene Betriebsergebnis jährlich um den entsprechenden Betrag verringert wird, also Geldmittel im Betrieb verbleiben, um die am Ende ihrer Nutzungszeit abgeschriebene Anlage aus den kumulierten Abschreibungen erneuern zu können. Die Investitionsquote gibt an, welcher Anteil der Sachanlagen in einer Rechnungsperiode erneuert worden ist. Je höher dieser Wert nachhaltig ist, desto moderner ist ein Unternehmen ausgestattet. Dies wiederum ist ein Anhaltspunkt für die wettbewerbsbezogene Leistungsfähigkeit.
- *Wachstumsrate in % = Endbestand Sachanlagen (x 100) : Anfangsbestand Sachanlagen.*
  Dieser Wert stellt das in Sachanlagen gebundene Vermögen am Anfang einer Rechnungsperiode und an dessen Ende in Relation zueinander. Ein Wert > 100 weist aus, dass das Sachanlagevermögen im fraglichen Zeitraum gestiegen ist. Das bedeutet, dass über die reinen Ersatzinvestitionen hinaus Erweiterungsinvestitionen getätigt worden sind. Damit ist also ein Kapazitätswachstum gegeben, das einerseits die Leistungsfähigkeit des Unternehmens steigert, andererseits aber nach adäquater Auslastung mit Aufträgen verlangt.
- *Durchschnittliche Abschreibungsdauer der Sachanlagen in Jahren = (Anfangsbestand Sachanlagen + Saldo aus Zu- und Abgängen) : Abschreibungen auf Sachanlagen.*
  Diese Kennzahl zeigt das Ausmaß der Auflösung bzw. Bildung stiller Reserven an. Steigt die durchschnittliche Abschreibungsdauer im Zeitablauf, bedeutet dies, dass stille Reserven aufgelöst worden sind. Sinkt die durchschnittliche Abschreibungsdauer hingegen, bedeutet dies, dass stille Reserven zu Lasten des Gewinns gebildet worden sind. Der Bildung solcher stillen Reserven sind durch handels- und steuerrechtliche Bestimmungen enge Grenzen gesetzt. Sie können dennoch bei legaler Ausschöpfung der Grenzen über Jahre hinweg beachtliche Werte erreichen.
- *Eigenkapitalrentabilität in % = Jahresüberschuss (x 100) : durchschnittliches Eigenkapital.*
  Hier ist zunächst der Begriff des durchschnittlichen Eigenkapitals zu klären. Da die meisten bisher genannten Kennzahlen Zeitpunkt bezogen sind, die betriebliche Tätigkeit jedoch Zeitraum bezogen stattfindet, führen Analysen auf Basis von Zeitpunktwerten oft zu verzerrten Ergebnissen. Insofern wird anstelle des

(statischen) Eigenkapitals die Summe aus halbem Eigenkapital zu Jahresanfang und halbem Eigenkapital zu Jahresende zugrunde gelegt. Als Anhaltspunkt kann dabei gelten, dass die Eigenkapitalrendite mindestens doppelt so hoch sein soll wie der Zinssatz für langfristiges Fremdkapital.

- *Jahresüberschuss je Beschäftigter = Jahresüberschuss : Anzahl Beschäftigte.*
  Diese Kennzahl gibt Aufschluss über den Erfolg von Rationalisierungsmaßnahmen. Dafür vergleicht man den Jahresüberschuss je Beschäftigtem vor Durchführung von Rationalisierungsmaßnahmen (als Substitution von Arbeit durch Kapital) und danach. Der Erfolg bemisst sich in dem Maße, wie diese Kennzahl sich verbessert. Allerdings stehen diesem einzelwirtschaftlichen Gewinn gesamtwirtschaftliche Verluste aus ausbleibenden Steuer- und Abgabenzahlungen sowie zu leistenden Transferzahlungen gegenüber.
- *Abschreibungsfinanzierungsgrad in % = Abschreibungen auf Sachanlagen (x 100) : Zugänge Sachanlagen.*
  Aus dieser Kennzahl ist ersichtlich, inwieweit die Sachanlageinvestitionen aus den Abschreibungen finanziert worden sind. Bei Erweiterungsinvestitionen liegt der Wert < 100, d.h., über die Mittel aus Abschreibungen hinaus sind Gewinnmittel zur Finanzierung der Anlagen investiert worden. Werte > 100 weisen auf eine Desinvestition hin, also einen Kapazitätsabbau, wie er im Rahmen eines freiwilligen „Gesundschrumpfens“, etwa infolge unausweichlichen Marktdrucks, durchaus üblich ist.
- *Sachmitteleinsatz je Arbeitsplatz in T€ = Sachanlagen : Beschäftigtenzahl.*
  Hier wird erkennbar, wieweit die Rationalisierung im Unternehmen bereits fortgeschritten ist. Denn je höher dieser Wert ist, desto Kapital intensiver ist die Produktion. Der Wert schwankt von Branche zu Branche sehr stark, nämlich in Abhängigkeit von der Sachmittelintensität. Steigende Werte im Zeitablauf indizieren Rationalisierungsmaßnahmen, d.h., arbeitssparenden technischen Fortschritt durch Substitution von Arbeit durch Kapital.
- *Umschlagdauer der Sachanlagen in Jahren = Sachanlagen : Umsatz.*
  Je schneller sich die Sachanlagen umschlagen, d.h., je kürzer die Frist in Monaten/Wochen/Tagen ist, desto besser stellt sich die Kapazitätsauslastung dar. Bei hohem Durchsatz reicht bereits ein kurzer Zeitraum, bei geringem Durchsatz ist dieser Zeitraum entsprechend länger. Daraus ist unmittelbar ersichtlich, dass eine rasche Auftragsausführung zu steigender Effizienz im Unternehmen führt, weil die Sachanlagen entsprechend besser genutzt werden.
- *Eigenkapitalanteil in % = Eigenkapital (x 100) : Bilanzsumme.*
  Diese Kennzahl weist den Anteil des Eigenkapitals an der Bilanzsumme aus. Je höher dieser Wert ist, desto weniger abhängig ist das Unternehmen von Kreditgebern, vor allem Banken. Deutschland gilt allerdings international als Land unterkapitalisierter Unternehmen, was nicht zuletzt auf die in der Vergangenheit ungünstige Besteuerungsstruktur zurückzuführen ist. Gleichzeitig resultiert daraus die vielfach negativ diskutierte Macht der Anteilseigner, die durch die Einschätzung, vor allem bilanzieller Kennzahlen, über das Wohl und Wehe eines Betriebs bestimmen können.
- *Fremdkapitalanteil in % = Fremdkapital (x 100) : Bilanzsumme.*
  Hier wird umgekehrt der Anteil des Fremdkapitals an der Bilanzsumme ange-

zeigt. Je geringer dieser Wert ist, desto weniger abhängig ist das Unternehmen von Kreditgebern.

- *Verschuldungskoeffizient in % = Eigenkapital (x 100) : Fremdkapital.*
  Dieser Wert wird als statischer Verschuldungsgrad bezeichnet. Er ist um so größer, je höher der Anteil des Eigenkapitals im Verhältnis zum Fremdkapital an der Bilanzsumme ist. Aus Erfahrung ist hier ein Wert von um die 67 % anzustreben, d.h., das Eigenkapital macht an der Bilanzsumme ca. 40 % aus. Der Kehrwert heißt Verschuldungsgrad (Fremdkapital ((x 100)) : Eigenkapital).
- *Anlagendeckung in % = Eigenkapital (x 100) : Anlagevermögen.*
  Dabei wird ausgewiesen, welcher Anteil des Anlagevermögens durch Eigenkapital gedeckt ist. Ist für die Finanzierung des Anlagevermögens kein Fremdkapital in Anspruch genommen worden, ist dieser Wert 100 %. Je niedriger der Wert, desto höher ist der Fremdfinanzierungsanteil. Üblich sind hier Werte von ca. 50 %.
- *Finanzregel in % = Langfristiges Kapital (x 100) : Anlagevermögen.*
  In der Praxis ist es nicht gleichgültig, wie das Anlagevermögen finanziert ist. Zur Erhaltung der Liquidität ist vielmehr eine Fristenkongruenz anzustreben, d.h., langfristig gebundene Anlagen sollen auch nur durch langfristig bereitgestellte Finanzmittel finanziert sein. Zu Letzteren gehören das Eigenkapital und das langfristige Fremdkapital. Diese sog. Goldene Finanzregel wird insb. von Banken bei der Prüfung der Kreditwürdigkeit von Unternehmen angewandt. Der Mindestwert dieser Kennzahl beträgt demnach 100 %, je höher der Wert, desto besser.

Weitere, spezielle Marketingkennzahlen sind etwa folgende:

- *Absatzstruktur als Kundengruppenabsatz zu Gesamtabsatz,*
- *Umsatzstruktur als Produktgruppenumsatz zu Gesamtumsatz,*
- *Umsatzschwerpunkt als Produktgruppenumsatz zu Gesamtumsatz der Kundengruppe,*
- *Beschäftigtenumsatz als Gesamtumsatz zu Anzahl der Vertriebsbeschäftigten,*
- *Kundenumsatz als Gesamtumsatz zu Anzahl der Kunden,*
- *Stammkundenanteil als alter Kundenbestand zu gesamtem Kundenbestand,*
- *Exportanteil als Exportumsatz zu Gesamtumsatz,*
- *Flächenumsatz als Gesamtumsatz zu Fläche/Raum je Produkteinheit,*
- *Werbekosteneffizienz als Werbebudget zu Umsatz bzw. Werbeanteil zu Marktanteil,*
- *Medienreichweite als medienerreichte Zielpersonen zu Zielgruppenpotenzial,*
- *Deckungsbeitragsintensität als Deckungsbeitrag zu Umsatz,*
- *Deckungsbeitrag je Vertriebsbeschäftigtem als Gesamtdeckungsbeitrag zu Anzahl Vertriebsbeschäftigter,*
- *Deckungsbeitrag je Verkaufsflächeneinheit als Gesamtdeckungsbeitrag zu Verkaufsflächeneinheiten bzw. Vertriebsbezirken,*
- *Vertreterleistungsgrad als Auftragseingang zu Periodenumsatz-Soll,*
- *Kundenbetreuung als Kundenbesuchszahl zu Kundenzahl,*
- *Out of pocket-punkt als ausgabenwirksame Fixkosten zu Deckungsspanne,*
- *Auftragsbestandsreichweite als erteilte Aufträge zu abgegebenen Angeboten,*

- *Reklamationsrate als Reklamationszahl zu Auslieferungen,*
- *Garantierate als stattgegebene Reklamationen zu Umsatz.*

Vor allem der Bereich des Kennzahlenvergleichs ist in den Mittelpunkt gerückt. Ein solcher Betriebsvergleich bezieht sich auf Struktur oder Ablauf, auf Beurteilung oder Ursachenforschung, auf Zeitpunkte oder Zeiträume sowie vergangenheits- oder zukunftsorientierte Werte. Als Primärquellen kommen dafür in Betracht:
- nicht-experimentelle Verfahren wie Dokumentenanalyse, Beobachtungen, Befragungen, Soziometrie, Feldforschung,
- experimentelle Verfahren wie Laborexperiment, Feldexperiment.

Als Sekundärquellen kommen interne Quellen, genauer:
- internes Rechnungswesen, z.B. Kostenrechnung, kurzfristige Erfolgsrechnung, Planungsrechnung, Betriebsstatistik, Bilanz etc.,
- externes Rechnungswesen, z.B. Finanzbuchhaltung, Jahresabschluss,
- Organisationshilfsmittel, z.B. Arbeitspläne, Anlagenkartei, Personalkartei, Soziometrie,

oder externe Quellen in Betracht wie:
- Bilanzstatistik, Fachmedien, Gesetze/Verordnungen, Verbandsmitteilungen etc.

in Betracht.

4.1.5.4 Kennzahlensystem

Einzelne Kennzahlen haben zwangsläufig nur eine begrenzte Aussagefähigkeit. Ein Nebeneinander mehrerer derartiger Größen ist daher zur Erhöhung der Aussagefähigkeit sinnvoll. Dies erfolgt im Rahmen von Kennzahlensystemen. Dabei handelt es sich um die geordnete Gesamtheit von Kennzahlen, die zueinander in Beziehung stehen, wobei häufig erst diese Gesamtheit in der Lage ist, vollständig über Sachverhalte zu informieren. Dabei gibt es zwei Arten. Ordnungssysteme enthalten Kennzahlen definierter Sachverhalte, betreffen also spezifizierte Aspekte im Unternehmen, Rechensysteme sind durch arithmetische Zerlegung der Kennzahlen in Pyramidenform charakterisiert. Letztere sind die verbreitetste Form.

Ein Kennzahlensystem ist nur in dem Maße erfolgreich, wie die Spitzenkennzahl richtig ausgewählt wird. Als besonders geeignet haben sich in diesem Zusammenhang erwiesen:
- Return on investment (ROI, z.B. im DuPont-System),
- Eigenkapitalrentabilität (z.B. im ZVEI- und im RL-System),
- Gewinn und Liquidität (z.B. im PuK-System).

Im **DuPont-System** setzt sich der Return on investment als Spitzenkennzahl aus dem Produkt aus Umsatzrentabilität und Kapitalumschlaghäufigkeit zusammen. Die Umsatzrentabilität wiederum ergibt sich als Quotient aus Gewinn und Umsatz. Der Gewinn ergibt sich als Summe aus Fremdkapitalzinsen, Betriebsergebnis und

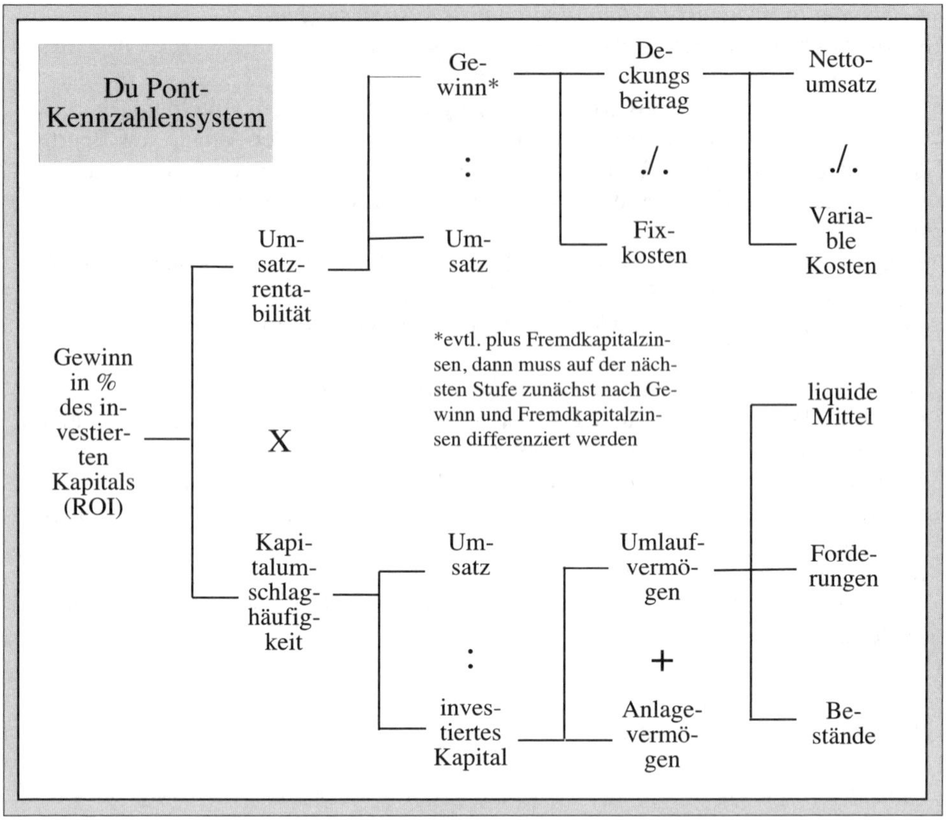

neutralem Ergebnis. Das Betriebsergebnis ist die Differenz aus Umsatz und Kosten, alternativ als Differenz aus Deckungsbeitrag und Fixkosten definiert. Die Kosten ihrerseits können im Wesentlichen im Material-, Lohn-/Gehalts-, Verwaltungs- oder Vertriebsbereich (jeweils als Einzel- oder Gemeinkosten) entstanden sein. Alternativ ergeben sich der Deckungsbeitrag als Differenz aus Umsatzerlösen und Summe der variablen Kosten sowie die Fixkosten als Summe aller Fixkosten der verschiedenen Zurechnungsebenen der stufenweisen Fixkostendeckungsrechnung *(siehe Abb. Du Pont-Kennzahlensystem)*.

Der Umsatz ergibt sich logischerweise als Produkt aus Absatzmenge und Verkaufspreis je Einheit. Dieser Umsatz kann noch um Erlösschmälerungen, Bestandsveränderungen und andere aktive Eigenleistungen korrigiert werden. Die Summe der variablen Kosten ergibt sich als Produkt aus Absatzmenge und variablen Kosten je Einheit. Die Kapitalumschlaghäufigkeit ergibt sich als Quotient aus Umsatz und Gesamtvermögen (investiertes Kapital). Das Gesamtvermögen wiederum ist die Summe aus Anlage- und Umlaufvermögen (arbeitendes Kapital und laufende Investitionen). Das Umlaufvermögen setzt sich aus Vorräten (Halb- und Fertigerzeugnisse, Roh-, Hilfs- und Betriebsstoffe), Forderungen und liquiden

Mitteln zusammen. Davon wird das Abzugskapital (sonstige zinslose Verbindlichkeiten und erhaltene Anzahlungen) abgezogen.

Entspricht der Wert des ROI nicht den betriebsindividuellen Vorstellungen, kann durch die Hierarchie der Teil-Kennzahlen, aus denen er zusammengesetzt ist, die Verursachung ermittelt werden. Dazu wird jede dieser Teil-Kennzahlen hinsichtlich des Grads ihrer Zielerfüllung betrachtet und dort angesetzt, wo Abweichungen auszumachen sind. Dadurch werden die komplexen Ursachen transparent gemacht. Zum Beispiel können Mängel bei der Kapitalumschlaghäufigkeit durch Maßnahmen wie schnellere Auftragsabwicklung, Rationalisierung, Umverteilung der Marktverantwortungsbereiche, Reduktion der Lagerhaltung, beschleunigtes Inkasso etc. wettgemacht werden.

Der ROI schließt jedoch andere betriebliche Ziele als den Gewinn, wie z.B. Umweltschutz, soziale Verpflichtung, Mitarbeiterwohlfahrt, aus. Auch ist es möglich, dass dadurch eine kurzfristige Sichtweise provoziert wird, die in Widerspruch zu

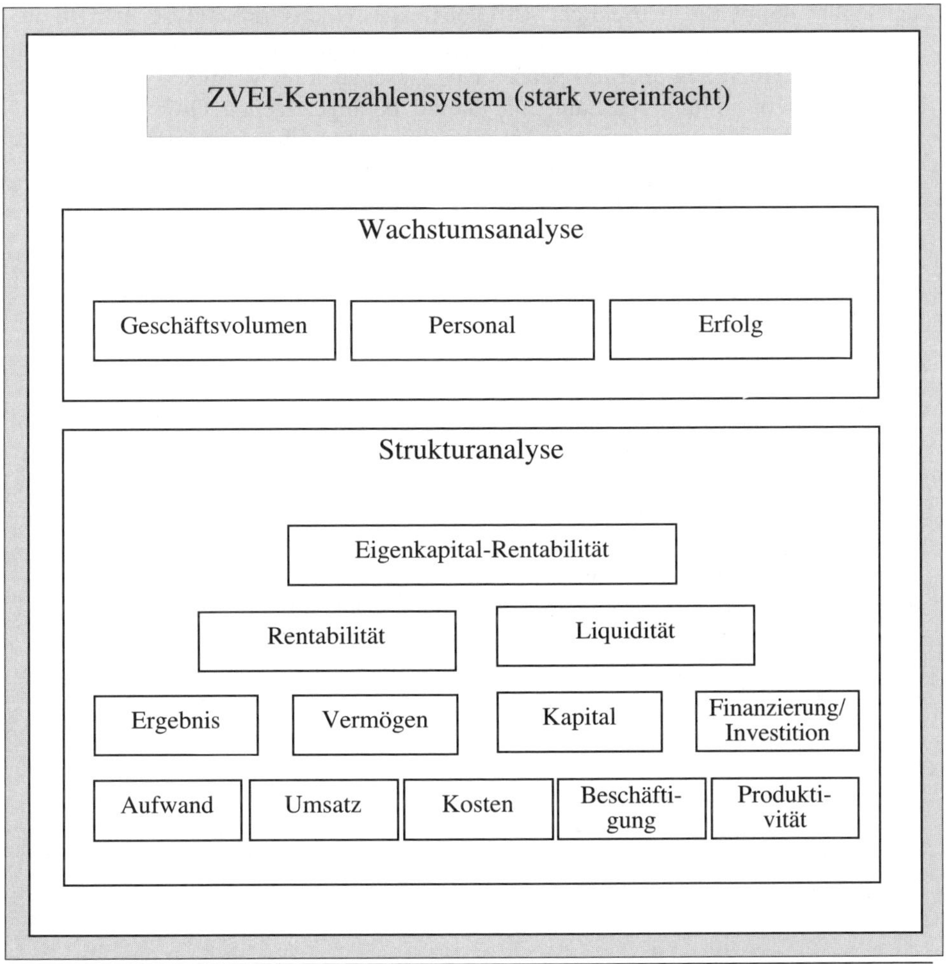

langfristigeren Zielen steht. Zudem ist entscheidend, dass jede Aggregation die Vergleichbarkeit der zu systematisierenden Kennzahlen voraussetzt.

Im **ZVEI-System** setzt sich die Eigenkapitalrentabilität als Spitzenkennzahl aus dem Quotienten aus Return on investment und Eigenkapitalanteil zusammen. Dabei werden jedoch keine rechnerischen, sondern nur logische Verknüpfungen angestrebt. Der ROI wiederum ergibt sich aus den Größen Periodenergebnis und Cash-flow. Dies führt zu einer Analyse von Umsatzrentabilität, Betriebsergebnis und Aufwandsarten. Das Periodenergebnis entsteht aus den Größen Kapitalumschlag und Umsatzrentabilität. Die Eigenkapitalrentabilität ergibt sich aus den Größen Anlagendeckung und Liquidität. Dies führt zur Analyse von Beschäftigung und Umsatz *(siehe Abb. ZVEI-Kennzahlensystem).*

Aufgrund dieser Struktur sind zwei Grundsatzanalysen möglich, eine Wachstums- und eine Strukturanalyse. Die Strukturanalyse betrifft die Größen Ertragskraft (Rentabilität, Ergebnisbildung) und Risiko (Kapitalstruktur, Kapitalbindung). Sie untersucht damit die betriebliche Effizienz. Die Wachstumsanalyse betrifft die Größen Vertriebstätigkeit, Ergebnis, Kapitalbindung und Wertschöpfung. Sie gibt einen ersten Überblick über das betriebliche Geschehen im Vergleich zum vorhergehenden Beobachtungszeitraum. Die hierzu herangezogenen Größen sind Geschäftsvolumen (Auftragsbestand, Umsatzerlöse, Wertschöpfung), Personal (Personalaufwand, Mitarbeiter) und Erfolg (Umsatz bezogenes Ergebnis vor Zinsen und Steuern, Ergebnis der gewöhnlichen Geschäftstätigkeit, Jahresüberschuss, Cash-flow).

Beim Rentabilitäts-Liquiditäts-Kennzahlensystem (**RL-System**) steht ebenfalls die Eigenkapitalrentabilität an der Spitze einer Kennzahlenhierarchie, jedoch geht es nicht vorrangig um die Kontrolle der betrieblichen Effizienz, sondern um die laufende Betriebssteuerung durch die Entscheidungsträger. Das heißt, das RL-System soll der Geschäftsleitung jederzeit einen gesamtbetrieblichen Überblick ermöglichen, um bei erkennbaren Abweichungen zu reagieren. Dadurch soll eine optimale Anpassung an wirtschaftliche Wechsellagen erreicht und die Wirtschaftlichkeit laufend untersucht werden. Dazu gibt es einen Beschaffungsplan, in dem die einzukaufenden Güter mit ihrer Qualität, Menge, Lieferzeit und Ziellokation festgelegt sind, einen Produktionsplan, in dem das Leistungsprogramm und der Leistungserstellungsprozess festgelegt sind, einen Logistikplan, der Lagerung und Transport regelt, und einen Absatzplan, der die absatzpolitischen Instrumente festlegt. Diese Daten werden zu Umsatz-, Kosten- und Erfolgsplänen und den daraus abzuleitenden Einzahlungs-, Auszahlungs- und Finanzplänen verdichte *.(siehe Abb. RL-Kennzahlensystem).*

Das Planungs- und Kontrollrechnungs-Kennzahlensystem (**PuK-System**) geht von Gewinn und Liquidität aus und unterteilt diese in Mengen-, Zeit- und Wertinformationen einerseits sowie Zahlungsstrominformationen andererseits. Dadurch kann sowohl die Finanz- als auch die Erfolgsplanung und -steuerung abgedeckt werden.

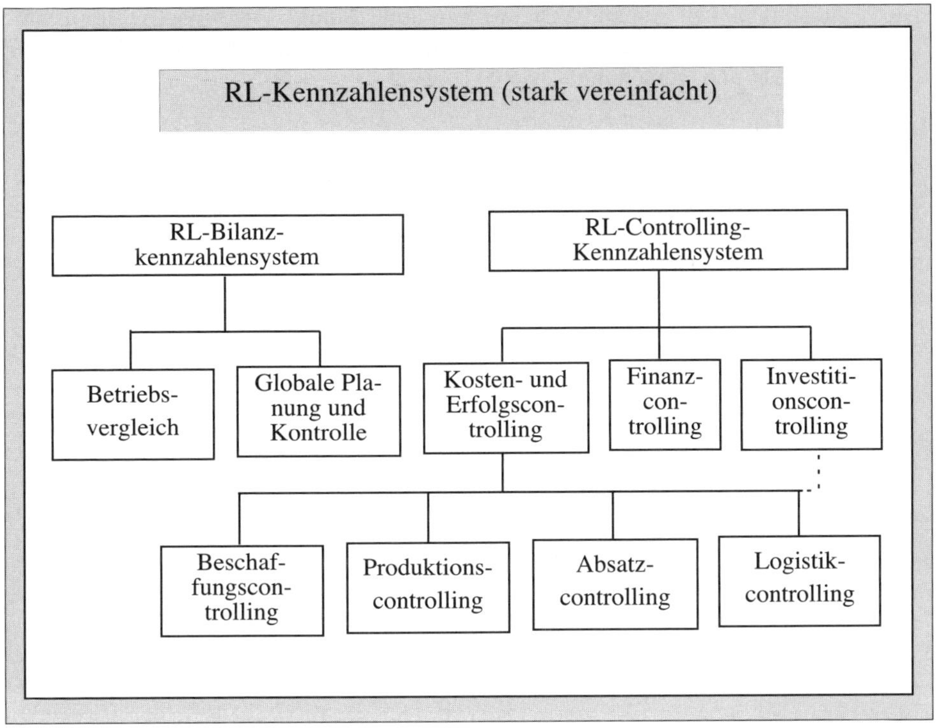

Häufig wird auch die finanzielle Kennzahl des Cash-flow verwendet. Diese ist definiert als der Nettozufluss an Finanzmitteln in einer Periode. Der Cash-flow I ergibt sich als Summe aus Bilanzgewinn, Saldo der Rücklagenzuführung und Abschreibung. Der Cash-flow II ergibt sich als Summe aus CF I und dem Saldo der langfristigen Rückstellungen. Der Cash-flow III ergibt sich als Summe aus CF II und dem Saldo außerordentlicher Aufwendungen und Erträge.

Im Produktmanagement ist als Spitzenkennzahl der Marketingergebnisbeitrag sinnvoll. Dieser ergibt sich als Differenz aus Marketingdeckungsbeitrag und fixen Marketingkosten. Der Marketingdeckungsbeitrag stellt die Differenz aus Nettoumsatz und variablen Marketingkosten dar. Der Nettoumsatz ergibt sich als Differenz aus Bruttoumsatz und Erlösschmälerungen aller Produkte. Der Bruttoumsatz ergibt sich als Produkt aus Preis je Einheit und Absatzmenge. Der Preis wiederum ist abhängig von Bruttopreis abzgl. Rabatt. Die Absatzmenge wird bestimmt durch Marktvolumen, abhängig von Kundenpotenzial und Einzelkundenumsatz, sowie Marktanteil, der sich aus Distributionsdichte und -anteil ergibt. Die variablen Marketingkosten ergeben sich aus Gewährleistungen, Provisionen und Frachtgebühren. Hinzu kommen noch die Herstellkosten und die Sondereinzelkosten des Vertriebs. Die fixen Marketingkosten setzen sich aus der Summe von Verkaufs- und Marketingservicekosten zusammen. Hinzu kommen Opportunitätskosten, die aus Zinsdienst und Kapitalbindung resultieren. Die Verkaufskosten umfassen Personalkosten (Innen- und Außendienst, Auftragsabwicklung) sowie Sachkosten (Fertigwarenlager und Versand). Die Marketingservicekosten umfassen Marketingkommunikation und -forschung.

Als Kritik an Kennwerten ist zu äußern, dass sie nur quantitative Größen zu erfassen in der Lage sind, dass ihnen ein starres Zielsystem zu Grunde liegt, was bei sich rasch wandelnden Vermarktungsbedingungen nicht ausreichend scheint, dass Zielkonflikte innerhalb des Systems nicht offen gelegt werden und die Gewinnfixierung zu einseitig ist. Ihr wichtigster Vorteil liegt hingegen in der großen Übersichtlichkeit.

4.2 Proaktive Gegensteuerung

4.2.1 Krisenbewusstsein

Krisen sind allgemein durch eine nachhaltige, nicht absehbare, ungewollte Existenzgefährdung, einen ambivalenten, nicht vorhersehbaren Ausgang, die Gefährdung dominanter Unternehmensziele, die nur teilweise Beeinflussbarkeit des Ablaufs, ihre zeitliche Begrenzung mit hohem situativen Zeit- und Entscheidungsdruck sowie die Veränderung der Umwelt gekennzeichnet. Damit sind sie abzugrenzen vom Konflikt, der keine Existenzgefährdung impliziert, von der Störung, die keine dominanten Unternehmensziele tangiert, und von der Katastrophe, die immer einen negativen Ausgang hat.

Proaktive Handlungen sollen daher angesichts rascher Umweltänderungen frühzeitig über Erfolgs- und Ertragslage des Unternehmens, deren Gefährdung, aber auch deren Potenziale, informieren und dadurch dessen Überlebensfähigkeit sichern. Dies betrifft frühe Hinweise auf mögliche Änderungen vor allem im Konsumverhalten, Anzeichen technologischer Neuerungen und Bedrohungen unternehmerischer Freiheiten durch Reglementierung sowie Änderungen im Konsum- und Investitionsklima.

Krisen lassen sich meist auf wenige **Gründe** zurückführen. Es handelt sich um

- Person des Unternehmers: Ein-Mann-Regiment, starres Festhalten an früher erfolgreichen Konzepten, unangemessener patriarchalischer Führungsstil, Unkündbarkeit, Krankheit, unvorbereiteter Tod.
- Führungsfehler: zentralisierter Führungsstil, mangelnde Delegation, Koordinationsmängel, fehlende Kontrolle, Konfliktscheu, Entscheidungsschwäche, Politik der vollendeten Tatsachen, Fluktuation im Management.
- Organisation/Konstitution: unübersichtliche Organisation, Fehlen organisatorischer Anpassung, zu großspurige Umstrukturierungen, Rechtsformnachteile, Konflikte mit Arbeitnehmern.
- Überhastete Expansion: Streben nach Umsatzerhöhung/Marktanteilsausweitung, Aufbau von Leerkapazitäten, unkritisches, externes Wachstum, zu früher Start mit nicht marktreif entwickelten Produkten.
- Mängel im Absatzbereich: unzeitgemäße Produkteigenschaften, zu hohe/niedrige Qualität, zu breites/schmales Programm, kein bewusstes Portfoliomanagement, falsche Hochpreis-/ Niedrigpreispolitik, keine Wertsicherung, keine Preisgleitklauseln, Mängel im Vertriebsweg.
- Mängel im Produktbereich: veraltete/noch unerprobte Technologie, hoher Produktionsausschuss, mangelhafte Fertigungssteuerung bei fraktionierter Produktion, zu starre Bindung an eine einzige Produktfamilie, sprunghafter Wechsel der Produktion, unwirtschaftliche Eigenfertigung statt Fremdbezug.
- Mängel in Beschaffung und Logistik: starre Bindung an Lieferanten und Rohstoffquellen, politische und monetäre Krisen bei Import, Großlager am falschen Standort, Kauf statt Miete, Verquickung von Beschaffung mit Gewinnverwendung.

- Mängel im Personalwesen: fehlende Personalplanung, schnelle Entlassung unbequemer Mitarbeiter, Scheu vor Belegschaftsabbau, Konfliktscheu und mangelnde Härte bei Verhandlungen über Löhne, Gehälter, Sozialleistungen, Sozialpläne, Sachbezüge etc., unsachgemäße Sparsamkeit bei leistungsfähigen Mitarbeitern.
- Mängel im Investitionssektor: fehlendes Investitionskalkül, Fehleinschätzung des Investitionsvolumens, Koordinationsmängel bei der Investitionsabwicklung, Investitionsmüdigkeit, Investitionshektik.
- Mängel in der Forschung und Entwicklung: zu geringe FuE-Tätigkeit, FuE-Aktivitäten ohne Konzeption, übertriebene Detailbesessenheit, mangelnde Sachkontrolle, zu strenge Kontrollen, starres Budgetdenken.
- Mangel an Eigenkapital: hohe Zinsbelastung, niedrige Kreditwürdigkeit, keine Möglichkeit des Verlustausgleichs, Überschätzung der Rücklagen, mangelnde Fristenkongruenz der Geldmittel.
- Mängel in Planung und Kontrolle: Fehlen eines konsolidierten Abschlusses, Defekte in Kostenrechnung und Kalkulation, mangelhafte Erfolgsaufschlüsselung, fehlende Finanzplanung, mangelhafte Projektplanung.

Es gibt vielfältige **Anzeichen** für das Eintreten solcher Krisen:

- Inkompetenzkrise: intuitives Finanzmanagement bei der Gründung, Managementpannen, fehlende Firmentransparenz, offensichtliche Überforderung, ausgiebige Freizeitorientierung des Management.
- Fehlprognosekrise: Umsatzabweichungen, Unverkäuflichkeit, verspätete Produktlancierungen, erhöhte Kapitalintensität, stark überlegene Wettbewerber, Technologiegläubigkeit.
- Verzettelungskrise: Fehlprojekte, Übergewichtung von Neuprojekten, Streichung von Produkten, sinkender relativer Marktanteil.
- Überexpansionskrise: stark negativer Cash-flow, dynamischer Verschuldungsgrad, Margendruck, mindere Qualität des neu akquirierten Geschäfts, Lageraufbau, Fluktuation in der Finanzfunktion.
- Diversifikationskrise: sinkende Umsatzrendite, ausbleibende Synergien, starke Heterogenität, unprofessionelle Projektevaluation, Überheblichkeit gegenüber Drittmeinungen, Machtprobleme, kulturelle Konflikte.
- Identitätskrise: Altersstruktur des Produktprogramms, Altersstruktur der Produktionsanlagen, sinkende FuE-Produktivität, rückläufige Auftragseingänge, zu hohes Preisniveau der eigenen Produkte, Managementfluktuation, Demotivation.
- Nachfolgekrise: Altersstruktur der Führungsmannschaft, Fluktuationsrate, Drang nach Selbstbestätigung.
- Bürokratiekrise: Wachstum von Stäben, Ausbau der Hierarchie, Kompetenzstreitigkeiten, Repräsentationssucht, Personalexpansion, Unabhängigkeitsdrang der Tochterunternehmen, Aufwand für Schlichtungsbemühungen, Freizeitorientierung.
- Wendekrise: überaltertes Produktprogramm, ungünstige Altersstruktur der Produktionsanlagen, Schwergewicht auf Rationalisierung, Großprojekt, Reklamationen, Fluktuation.

4.2.2 Prävention

Die Bereitstellung zukunftsgerichteter Informationen zur Entscheidungsabsicherung setzt Methoden voraus, die künftigen, sich im bisherigen Entwicklungsverlauf nur schwach abzeichnenden Veränderungen Rechnung tragen. Gängige Diagnosemethoden sind aber stark vergangenheitsorientiert und zu statisch in der Beschreibung und Analyse von Märkten. Auch gängige Prognosemethoden sind zu stark in extrapolativem Denken verhaftet und schreiben bisherige Entwicklungsverläufe eher fort als künftige Veränderungen zu berücksichtigen. Dies birgt angesichts dynamischer Umfeldbedingungen die Gefahr von Fehleinschätzungen. Eher intuitive Prognoseverfahren werden dagegen strategischen Ansprüchen nicht gerecht, da sie einen hohen Grad an Subjektivität implizieren und eine häufig unsystematische Vergangenheitsanalyse enthalten.

Insofern bleiben notwendigerweise unkalkulierbare Unsicherheiten in schlecht strukturierten Entscheidungssituationen. Häufig wartet der Informationsnutzer daher, bis sich ein Problem besser strukturieren lässt, dann jedoch ist es oft zu spät, Fehlentwicklungen noch wirksam gegenzusteuern. Daher können nur quantitative und qualitative Verfahren parallel angewandt und mit dem subjektiven Risikoempfinden des Nutzer kombiniert werden. Klassischerweise geschieht dies im Rahmen von Präventionssystemen.

Aus nahe liegenden Gründen ist eine Prävention empfehlenswert. Dabei geht es darum, Veränderungen der Unternehmensumwelt und im Unternehmen selbst so frühzeitig aufzuzeigen, dass dem Unternehmen kein vermeidbares Risiko entsteht bzw. ihm keine mögliche Chance entgeht. Es gibt verschiedene Generationen von Präventionssystemen.

Bei der 1. Generation von **Frühwarnsystemen** (ab ca. 1975) geht man davon aus, dass es Ereignisse bzw. Entwicklungen im Umfeld des Unternehmens gibt, die dem laufenden Beobachtungsspektrum entgehen bzw. zu spät erfasst oder als irrelevant verworfen werden. Frühwarnsysteme sollen Veränderungen in den Rahmenbedingungen frühzeitig ausweisen, um den Reaktionsspielraum bei Entscheidungen zu erhöhen. Es handelt sich also um einen Before fact approach, etwa im Gegensatz zum Krisenmanagement als After fact approach. Prognosebasis sind Vorkopplungsinformationen zum permanenten Soll-Vergleich bei hochgerechneten Ist-Werten mit Ausweis über Kennzahlen. Es handelt sich also primär um die Zwecke der Planung, Realisation und Kontrolle.

Frühwarnsysteme basieren auf **Kennzahleninformationen** (Hochrechnung/Feedforward) als permanentem Vergleich von Soll- zu hochgerechneten Ist-Werten. Sie vergleichen damit die vorhergesagten Ist- und Soll-Werte der betrieblichen Planung und weisen Abweichungen aus. Damit haben diese Systeme aber eher eine kurzfristige (operative) Ausrichtung und genügen nicht strategischen Erwartungen. Sie erlauben allenfalls eine frühzeitige Ortung von Bedrohungen. Weitere Kritik bezieht sich auf die Vergangenheitsorientierung dieses Ansatzes sowie auf dessen Symptomorientierung. Außerdem werden nur Hard Facts berücksichtigt.

Früherkennungssysteme (praktisch die 2. Generation, ab ca. 1980) arbeiten auf Basis **vorlaufender Indikatoren,** die relevante Umweltbereiche repräsentieren, ständig und gerichtet verfolgt und zur Analyse, Diagnose und Prognose vernetzt werden. Es geht um die Bestimmung von Indikatoren, die Festlegung von Sollgrößen, Abhängigkeiten und Toleranzgrenzen je Indikator, die Aufgaben der Informationsverarbeitungsstellen und die Ausgestaltung der Informationskanäle. Probleme ergeben sich bei der Suche und Erfassung jeweils relevanter, ebenso zuverlässiger wie vorauslaufender Indikatoren.

Solche Indikatoren beziehen sich auf Unternehmen, Konkurrenz, Markt oder Umfeld, sind eigenorientiert oder fremdorientiert, einzelbetrieblich, zwischenbetrieblich, überbetrieblich/gesamtwirtschaftlich (z.B. in Verbänden) oder außerbetrieblich (z.B. Schufa) sowie gesamtunternehmensbezogen oder bereichsbezogen angelegt. Sie haben eine Analyse der Eintrittswahrscheinlichkeit, Stärke und Bedeutung für das Unternehmen zum Ziel. Diese sind jedoch immer seltener gegeben. Vielmehr sind diskontinuierliche Veränderungen für die komplexen Märkte der Gegenwart typisch. Außerdem handelt es sich weitgehend um quantitative Informationen, die eingehen. Die Ausrichtung ist eher operativ (kurzfristig) und auf einzelne Unternehmensbereiche beschränkt.

Die Vorgehensweise erfolgt durch die Definition relevanter Umweltbereiche, die Festlegung von Indikatoren dafür, die Verfolgung dieser Indikatoren und deren Vernetzung sowie die Identifikation der daraus resultierenden Aktionsanlässe. Kritik bezieht sich auf die vornehmlich quantitative Ausrichtung und die Selektivität des Ansatzes, die andere Bereiche als die durch die Indikatoren repräsentierten außer Acht lässt.

Frühaufklärungssysteme sind eindeutig strategisch, auf das Gesamtunternehmen und computergestützt ausgerichtet (3. Generation, ab ca. 1985). Sie sollen nicht nur Gefahren, sondern auch Chancen frühzeitig identifizieren. Als Basis dienen **schwache Signale** (Weak signals) als Anzeichen zur proaktiven Initiierung von Strategien und Handlungsprogrammen. Schwache Signale sind durch geringe Eintrittswahrscheinlichkeit bei gleichzeitig geringer Stärke und hoher Bedeutung für das Unternehmen gekennzeichnet. Gelingt es, diese frühzeitig zu erfassen, können Überraschungen vermieden werden. Problematisch ist daran allerdings, dass schwache Signale:
- hoch hypothetischen Charakter haben und einen breiten subjektiven Interpretationsspielraum zulassen,
- die Informationsquellen diffus und unvorhersehbar sind,
- in ihrer Konsequenz kaum abschätzbar bleiben.

Schwache Signale sind Informationen aus dem Unternehmensumfeld, deren Inhalt noch relativ unstrukturiert ist. Sie stellen Hinweise auf Innovationen, Diskontinuitäten bzw. Bedürfnisse dar und schlagen sich in „weichem“ Wissen und intuitiven Urteilen nieder. Sie sind in erster Linie qualitativer Natur und lassen noch keine Aussage hinsichtlich Fortentwicklung, Eintrittszeitpunkt oder kurz- oder langfristigen Konsequenzen zu.

Die Erfolgsaussichten sind durch das zu definierende Aufgabenspektrum des Systems und den Umfeldzustand determiniert. Je stabiler und besser strukturiert das Umfeld und je begrenzter der Aufgabenausschnitt, desto höher sind die Erfolgsaussichten, et vice versa. Dies ist allerdings immer seltener der Fall. Diskontinuitäten entstehen u.a. in Politik, z.B. ökonomisch induzierte Kriege, Revolutionen, Enteignungen, Staatsinterventionismus, Energie, z.B. Ölembargo, Wirtschaft, z.B. Zusammenbruch des Ostblocks, Währungsturbulenzen, Nachfrageeinbrüche, Technologie, z.B. Superchips. Als Informationsanlässe sind die plötzliche Häufung gleichartiger Ereignisse, die in strategisch relevanter Beziehung zum Unternehmen stehen, die Verbreitung von neuartigen Meinungen, z.B. in Medien, insb. Meinungen und Stellungnahmen von Schlüsselpersonen, Organisationen, Verbänden, sowie Tendenzen der Rechtsprechung und erkennbare Initiativen zur Veränderung oder Neugestaltung von Gesetzgebungen im In- und Ausland anzusehen.

Im Ergebnis sollen Frühwarn-, -erkennungs- und -aufklärungssysteme proaktiv Informationen über die Erfolgs- und Ertragslage der Produkte liefern, die Überlebensfähigkeit des Unternehmens sichern, mögliche Marktveränderungen aufzeigen, rechtzeitig technologische Neuerungen indizieren, Bedrohungen durch reglementierende Maßnahmen aufzeigen sowie Abweichungen in Konjunkturlage, Investitionsklima etc. rechtzeitig erfassen. Die Tätigkeiten umfassen das Forecasting als Feststellung von Richtung, Ausmaß und Intensität der Größen sowie das Assessment als Bewertung deren Ergebnisse.

Problematisch ist die organisatorische Verankerung zur Verwirklichung eines Präventionssystems. Eigentlich handelt es sich dabei um eine Kern-Managementaufgabe, die auf allen dispositiven Ebenen angesiedelt ist. Gerade dort aber sind die Gefahren hoch, durch Gewöhnung, Betriebsblindheit, Primat der operativen Tätigkeit etc. Entwicklungsanzeichen zu verpassen. Schließlich ist auch der Erfolgsnachweis von Präventionssystemen problematisch.

Die Signalstärke unterliegt einer subjektiven Wertung. Auch ist die Vergleichsbasis für Abweichungen umstritten. „Bauchgefühl“ wie Vermutungen, Erfahrungen, Sensibilitäten etc. sind schwer argumentierbar. Außerdem sind einzelne Unternehmen leicht überfordert, fehlt Verbänden, Instituten etc. aber oft die erforderliche Marktnähe.

4.2.3 Erfassung und Auswertung

Im Rahmen der Prävention werden mehrere Techniken eingesetzt. Das **Scanning** ist der Prozess der Rundum-Suche (360°-Radar) durch Abtasten nach schwachen

Signalen außerhalb (ungerichtet) oder innerhalb (gerichtet) der Domäne ohne festen (informal) oder mit festem (formal) Themenbezug. Es verlangt holistische, intuitive Fähigkeiten. Das Scanning erfasst etwa folgende Felder:

- Gesamtwirtschaft (Konjunktur, Auftragseingang, Auftragsbestand, Lagerbewertung, Geschäftsklima, Investitionsneigung, Kreditvolumen, Konsumstimmung, Sozialprodukt etc.), sozialer Bereich (Sozialindikatoren, Fruchtbarkeit, Sterblichkeit, Lebensdauer, Lebensqualität etc.), politischer Bereich (Politik, Wahlergebnis, Verbände, Lobbying), Technologie (Verfahrenstechnik, Produkttechnik, Verbrauchsgewohnheiten, Patente, Messen etc.), Kunden (Bestellverhalten, Zahlungsverhalten, Nachfragevolumen etc.), Konkurrenten (Preis, Programm, Investition etc.), Beschaffung (Rohstoffentwicklung, Jahresverbrauch, Termingeschäfte, Vorratshaltung, Termintreue, Qualitätsniveau, Konditionen etc.), Arbeitsmarkt (offene Stellen, Gewerkschaftsforderung, Lohn- und Gehaltsentwicklung etc.), Kapitalmarkt (Zinsniveau, Wechselkurs, Inflationsrate etc.).

Das **Monitoring** hingegen bedeutet die Beobachtung und vertiefende Suche nach Informationen außerhalb (ungerichtet) oder innerhalb (gerichtet) der Domäne mit speziellem Themenbezug eines bereits identifizierten Signals, wobei schwierig zu bestimmen ist, was nur unspezifisches Grundrauschen ist und was bereits schwaches Signal. Das Monitoring erfasst etwa folgende Felder:

- Produktprogramm (Altersstruktur, Programmbreite, Programmtiefe, Anteil Neuprodukte etc.), Mitarbeiter (Altersstruktur, Fluktuation, Krankenstand, Lohn-/Gehaltsniveau etc.), maschinelle Ausrüstung (Technologiestand, Energieverbrauch, Umweltbelastung, Instandhaltungskosten etc.), Ergebnis- und Finanzlage (operatives Ergebnis, bilanzielles, liquiditätsmäßiges und kalkulatorisches Ergebnis, Cash-flow, Liquidität, Kennzahlen, Konkurse und Vergleiche, etc.), Forschung und Entwicklung (Kapazität, Patente, Lizenzen, Investition, Änderungen in der Verfahrens- und Produkttechnologie, etc.), Absatz (Umsatz, Preis, Lagerbestand, Konditionen etc.), Produkt und Beschaffung (Ausstoß, Ausschuss, Lohnkosten, Beschaffungspreis, -frist etc.), Verwaltung (Overheads, Effizienz etc.), Großprojekte, Finanzen etc.,

Durch das **Clipping** von Fachveröffentlichungen können Trends pragmatisch extrahiert werden. Dabei werden schwache Signale (Vorboten, erste Hinweise) und Diskontinuitäten (Trendveränderungen) dadurch zu identifizieren gesucht, dass Themen, die jene Entwicklungen zum Inhalt haben, häufiger vorkommen und in der (Fach-)Öffentlichkeit stärker Beachtung finden (Aufsätze, Features, Vorträge), beobachtet werden.

Das Scouting befasst sich mit der frühzeitigen Erkennung von Markttrends. Aktuell sind dabei etwa folgende, teilweise bereits recht fortgeschrittene Trends zu nennen:

- *Cooconing, z.B. virtuelle Kaufhäuser, Teleshopping, private Sicherheitsdienste, Geheimnummern, Versicherungen,*
- *Clanning (Gruppen von Gleichgesinnten), z.B. Kundenclubs, Selbsthilfegruppen, Chat-Rooms,*

- *Fantasy-Abenteuer, z.B. Abenteuersportarten, Abenteuerurlaube, Computerspiele, abwaschbare Tatoos,*
- *Genießen/Hedonismus, z.B. As much as you can eat-Mahlzeiten, Jumbo-Produkte (z.B. Magnum-Eis),*
- *Kleine Belohnungen, z.B. Kurzurlaube, Freizeitparks, Delikatesslebensmittel, Luxusartikel, Body Shops,*
- *Halt und Sinn, z.B. esoterische, philosophische Literatur, anspruchsvolle Hobbies (Ahnenforschung etc.), gemeinnütziges Engagement,*
- *Ich bezogene-Wirtschaft, z.B. Personal Pair Jeans (tailermode), Pay-TV, individuell zusammengestellte CD (MP 3-Files), individuelle Zeitung nach Interessenschwerpunkten,*
- *Weibliches Denken, z.B. Teamwork, richtige Fragen stellen, mehrere Rollen haben, Suche nach Wandel, der Weg ist das Ziel, beziehungsorientierte Kommunikation,*
- *Männliche Emanzipation (Manzipation), z.B. Kosmetik für Männer, Unisex-Düfte, androgynes Aussehen,*
- *99 Leben auf einmal (aus Zeitmangel), z.B. Informationsbroker, Navigationssysteme, Fernabfragen, 24-Stunden-Dienste, Preisagenturen, Fertiggerichte, Fastfood, Mobiltelefonie, Selfscanning im Handel, SMS, Schnellinspektionen,*
- *Dosierter Ausstieg, z.B. Alternative Lebensweise, Teilzeitarbeit, Sabbatical,*
- *Gesundes und langes Leben, z.B. Reformhäuser, Biokost, Vitamine, Functional Food, Light-Produkte, Homöopathie, Wellness, Sport/Fitness,*
- *Länger jung bleiben, z.B. Mode, Seniorenreisen, Kosmetika, Beauty-Farm, ehemalige Kinderprodukte für Erwachsene,*
- *Der wehrhafte Verbraucher, z.B. Beschwerdemanagement, Verbraucherschutzorganisation, Rechtsschutz,*
- *Gegen die Großen, z.B. Tante Emma-Läden (oft ausländische Inhaber), Privatuniversitäten,*
- *Rettet unsere Gesellschaft, z.B. Spenden, Sponsoring, Recycling-Konzepte, Energiesparhäuser, Ökobilanz, Benefizveranstaltungen/-produkte,*
- *Atmos-Fear, z.B. naturbelassene Lebensmittel (keine genmanipulierten Produkte), Herkunftsnachweise für Lebensmittel.*

Präventionsindikatoren sollen folgenden Anforderungen genügen:

- Eindeutigkeit, Sicherheit, Zuverlässigkeit: Frühaufklärungsindikatoren sollen Entwicklungen/Erscheinungen in ihrem Beobachtungsbereich eindeutig sowie mit hoher Sicherheit und Zuverlässigkeit anzeigen, d.h., man soll möglichst eindeutig, sicher und zuverlässig von der Anzeige auf dahinter stehende, latente Chancen und Bedrohungen schließen können.
- Chancen-/Bedrohungsorientierung: Frühaufklärungsindikatoren sollen sowohl Chancen als auch Bedrohungen aus ihrem Beobachtungsbereich anzeigen. Diese Bedingung entfällt nur, wenn ein Indikator nur Chancen oder nur Bedrohungen anzeigen kann und sichergestellt ist, dass die jeweils fehlende Anzeigedimension durch andere Indikatoren abgedeckt ist.
- Vollständigkeit: Frühaufklärungsindikatoren sollen die von ihrem Beobachtungsbereich ausgehenden Bedrohungen und/oder Chancen vollständig erfassen, d.h.,

sie sollen alle relevanten Erscheinungen bzw. Veränderungen/Entwicklungen wahrnehmen bzw. signalisieren und sich nicht nur auf eine ausschnittsweise Beobachtung beschränken.

- Frühzeitigkeit/Vorlaufkonstanz: Informationen über Erscheinungen bzw. Veränderungen/Entwicklungen in jeweiligen Beobachtungsbereichen müssen so frühzeitig empfangen werden, dass noch hinreichend Zeit für das Planen und Realisieren von wirksamen Maßnahmen für den/die Benutzer des Systems verbleibt. In diesem Zusammenhang ist die Kenntnis der Vorlaufzeit von Bedeutung. Der Vorlauf soll möglichst konstant sein.
- Durchschaubarkeit/Erklärbarkeit: Die unterstellten Wirkzusammenhänge zwischen Frühaufklärungsindikatoren und aufzuklärenden Tatbeständen müssen möglichst leicht nachvollziehbar sein. Soweit Indikatoren intuitiv ermittelt wurden, soll der Wirkzusammenhang zumindest für den Benutzer subjektiv überzeugend erklärbar sein.
- Robustheit/Stabilität: Die dargestellten Wirkzusammenhänge sollen robust sein, d.h., sie sollen bis zu einem gewissen Grad durch hinreichende Stabilität auch diskontinuierliche Verläufe in ihre Erklärungsmuster integrieren können.
- Flexibilität/Anpassungsfähigkeit: Die zu fordernde Robustheit/Stabilität darf nicht zu einem Erstarren der Indikator/Indikandum-Relation führen. Es geht also um die schwierige Stabilität mit eingebauter Flexibilität.
- Sensibilität/Disaggregation: Zur Sicherung einer notwendigen, möglichst hohen Empfangssensibilität sind möglichst geringe Aggregationsstufen zu fordern. Hoch aggregierte Frühaufklärungsindikatoren verlieren tendenziell an Frühzeitigkeit und stehen in Gefahr, Sensibilität und Anpassungsfähigkeit aufzugeben.
- Wiederaufarbeitungsfähigkeit: Frühaufklärungsindikatoren sollen nach Ausfilterung von Indikatoren erneut in einem anderen Kontext einsatzfähig sein. Dies bedingt nicht nur Stabilität und Flexibilität, sondern auch eine starke Zukunftsorientierung, die gegenwärtige Ausfilterung übersteht.
- Standortfixierung: Bei Indikatoren muss deren Standort im Rahmen einer Indikatorkette oder eines Indikatornetzes bestimmbar sein. Am Besten ist der Standort stabil, wichtig sind nachvollziehbare Standortveränderungen.
- Ökonomizität: Die Anwendung jeweiliger Frühaufklärungsindikatoren muss unter ökonomischen Aspekten vertretbar sein, d.h., die Relation zwischen Informationsnutzen und Aufwand zur Informationsgewinnung muss sinnvoll bleiben.

Aaker, David A.: Strategisches Marktmanagement, Wiesbaden 1989
ders.: Building Strong Brands, New York et al 1996
ders.: Management des Markenwertes, Frankfurt a.M. 1992
ders./Joachimsthaler, E.: Brand Leadership, New York et al 2000
Abell, David F.: Defining the Business, The Starting Point of Strategic Planning, Englewood Cliffs 1980
ders.: Strategic Windows, in: Journal of Marketing, 42. Jg., No. 3/1978, S. 21 - 35
ders../Hammond, J.S.: Strategic Market Planning, Englewoods Cliff, N.Y. 1979
Adam, D.: Planung und Entscheidung, Modelle - Ziele - Methoden, 4. Auflage, Wiesbaden 1997
ders.: Komplexitätsmanagement, Wiesbaden 1998
ders./Rollberg, R.: Komplexitätskosten, in: Die Betriebswirtschaft, 56. Jg., Nr. 5/1996, S. 667 - 670
Adams, H.W./Rademacher, H. (Hrsg.): Qualitätsmanagement der Wertschöpfung, Frankfurt a.M. 1996
Ahlemeyer, H.W./Königswieser, R. (Hrsg.): Komplexität managen, Wiesbaden-Frankfurt a.M. 1998
Ahlert, Dieter: Grundzüge des Marketing, 4. Auflage, Düsseldorf 1992
ders.: Marketing-Rechts-Management, Köln u.a. 1988
ders./Schröder, Hendrik: Rechtliche Grundlagen des Marketing, 2. Auflage, Stuttgart-Berlin-Köln 1996
Ahsen, Anette v.: Total Quality Management, Frankfurt a.M. 1996
Akao, Y.: Quality Function Deployment, Landsberg a.L. 1992
Albach, H.: Das Management der Differenzierung, in: Zeitschrift für Betriebswirtschaft, Nr. 8/1990, S. 773 - 788
ders. (Hrsg.): Marketing, Wiesbaden 1997
ders./Kaluza, B./Kersten, W. (Hrsg.): Wertschöpfungsmanagement als Kernkompetenz, Wiesbaden 2002
Albers, Sönke./Hermann, Andreas (Hrsg.): Handbuch Produktmanagement, Wiesbaden 2000
Alewell, K.: Markenartikel, in: Tietz, B. (Hrsg.): Handwörterbuch der Absatzwirtschaft, Wiesbaden 1974, Sp. 1217 - 1227
Al-Laham, A.: Strategieprozesse in deutschen Unternehmungen, Wiesbaden 1997
Altobelli, C.F.: Wertkette, in: Tietz, Bruno/Köhler, Richard/Zentes, Joachim (Hrsg.): Handwörterbuch des Marketing, 2. Auflage, Stuttgart 1995, Sp. 2285 - 2293
Altwegg, R.: Strategiebewertung und Ermittlung des Synergiewertes bei Kooperationen, Basel 1995
Amann, Klaus: Unternehmensführung, Strategisches und operatives Management, Stuttgart-Berlin-Köln 1995
Andrews, K.: The Concept of Corporate Strategy, 3. Auflage, Homewood/Ill. 1980
Angehrn, Otto: Handelsmarken und Herstellermarken im Wettbewerb, Stuttgart 1969
Ansoff, H. Igor: Management-Strategie, München 1966
ders.: Strategic Management, London 1979
ders.: Corporate Strategy - An Analytical Approach to Business Policy for Growth and Expansion, New York 1965
ders.: Die Bewältigung von Überraschungen und Diskontinuitäten durch die Unterneh-

mensführung - Strategische Reaktionen auf schwache Signale, in: Steinmann, H. (Hrsg.): Planung und Kontrolle, München 1981, S. 233 - 264

ders.: Managing Surprise and Discontinuity - Strategic Response to wead Signals, in: Zeitschrift für betriebswirtschaftliche Forschung, Nr. 28/1976, S. 129 - 152

ders./McDonnell, E.: Implanting Strategic Management, 2. Ed, New York et al 1984

Ansoff, Roman: Management-Strategie, München 1966

Antoni, M./Riekhof, H.C.: Die Portfolio-Analyse als Instrument der Strategieentwickung, in: Riekhof, H.C. (Hrsg.): Praxis der Strategieentwicklung: Konzepte - Erfahrungen - Fallstudien, 2. Auflage, Stuttgart 1994, S. 109 - 128

Arndt, J.: Market Segmentation. Theoretical and empirical Dimensions, Bergen et al 1974

Arnold, D.: Modernes Markenmanagement, Wien 1992

Arnold, Ulli: Beschaffungsmanagement, Stuttgart 1995

Arnolds, Hans/Heege, Franz/Tussing, Werner: Materialwirtschaft und Einkauf, 8. Auflage, Wiesbaden 1993

Arthur D. Little (Hrsg.): Management erfolgreicher Produkte, Wiesbaden 1994

diess. (Hrsg.): Management der Hochleistungsorganisation, 2. Auflage, Wiesbaden 1991

Arthur, W.B.: Competing technologies, increasing returns and lock-in by historical events, in: Economic Journal, Vol. 99/1989, No. 394, S. 245 - 273

Assael, H.: Marketing - Principles and Strategy, Chicago et al 1990

Auerbach, H.: Internationales Marketing-Controlling. Eine systemorientierte Betrachtung unter besonderer Berücksichtigung strategischer Entscheidungsprobleme, Stuttgart 1994

Autorenkollektiv (Hrsg.: K. Schneider): Werbung in Theorie und Praxis, Waiblingen 1993

Avlonitis, G.J.: The Product-Elimination Decision and Strategies, in: Industrial Marketing Management, Vol. 12, No. 2/1983, S. 31 - 43

Backhaus, Klaus: Investitionsgütermarketing, 4. Auflage, München 1995

ders.: Relationship Marketing - Ein neues Paradigma im Marketing?, in: Bruhn, M./ Steffenhagen, H. (Hrsg.): Marktorientierte Unternehmensführung, Wiesbaden 1997, S. 19 - 35

ders. u.a. (Hrsg.): Marktleistung und Wettbewerb, Wiesbaden 1997

Back-Hock, Andrea: Lebenszyklusorientiertes Produktcontrolling, Berlin 1988

Bagozzi, R.P./Rosa, J.A./Celly, K.-S./Coronel, F.: Marketing-Management, München u.a. 2000

Bain, J.S.: Barriers to New Competition, Cambridge/Mass. 1956

Bänsch, Axel: Einführung in die Marketing-Lehre, 6. Auflage, München 1998

ders.: Käuferverhalten, 6. Auflage, München 1995

Bamberg, G./Coenenberg, A.G.: Betriebswirtschaftliche Entscheidungslehre, 6. Auflage, München 1991

Bamberger, I.: Theoretische Grundlagen strategischer Entscheidungen, in: WiSt Nr. 1/ 1981, S. 97 - 104

Barney, J.B.: Firm resources and sustained competitive advantage, in: Journal of Management, Vol. 17/1991, No. 1, S. 99 - 120

Barringer, B.R./Bluedorn, A.C.: The relationship between corporate entrepreneurship and strategic management, in: Strategic Management Journal, Vol. 20/1999, No. 5, S. 421 - 444

Barske, H. u.a. (Hrsg.): Das innovative Unternehmen, Wiesbaden 1998

Bartscher, Susanne/Bomke, Paul (Hrsg.): Einführung in die Unternehmenspolitik, Stuttgart 1993

Barzen, D.: Marketing-Budgetierung, Frankfurt a.M. u.a. 1990

Bauer, Hans H.: Marktabgrenzung, Berlin 1989

ders.: Markt-Segmentierung, Stuttgart 1987

ders.: Marktstagnation als Herausforderung für das Marketing, in: Zeitschrift für Betriebswirtschaft, Nr. 10/1988, S. 1052 - 1071

ders.: Marketing-Planung und -Kontrolle, in: Tietz, Bruno/Köhler, Richard/Zentes, Joachim (Hrsg.): Handwörterbuch des Marketing, 2. Auflage, Stuttgart 1995, Sp. 1653 - 1667

Baus, Josef: Controlling, Berlin 1996

Baum, H.G./Coenenberg, A.G./Günther, T.: Strategisches Controlling, 2. Auflage, Stuttgart 1999

Baumöl, U.: Informationsmanagement und Controlling, Wiesbaden 1998

Baumol, W.J.: Business behavior, value and growth, Houndsmills 1959

Bea, Franz Xaver/Haas, Jürgen: Strategisches Management, 3. Auflage, Stuttgart-Jena 2001

Becker, H.: Strategisches Controlling, Neuwied 1996

Becker, Jan: Marktorientierte Unternehmensführung, Wiesbaden 1999

Becker, Jochen: Marketing-Konzeption, Grundlagen des strategischen Marketing-Managements, 6. Auflage, München 1998

ders.: Typen von Markenstrategien, in: Bruhn, M. (Hrsg.): Handbuch Markenartikel, Band 1, Stuttgart 1994, S. 463 - 498

Beger, R.: Megatrends in der Automobilwirtschaft, in: Meinig, W. (Hrsg.): Wertschöpfungskette Automobilwirtschaft Zulieferer-Hersteller-Handel, internationaler Wettbewerb und globale Herausforderung, Wiesbaden 1994, S. 13 - 34

Behme, W.: Virtuelle Unternehmen, in: WISU, 25. Jg., Nr. 7/1996, S. 627

Behrens, Gerold: Konsumentenverhalten, 2. Auflage, Heidelberg 1991

Bekmeier, Sigrid: Markenwert, in: Tietz, Bruno/Köhler, Richard/Zentes, Joachim (Hrsg,): Handwörterbuch des Marketing, Stuttgart 1995, Sp. 1459 - 1471

dies.: Marktorientierte Markenbewertung, Wiesbaden 1998

Belz, Christian (Hrsg.): Dynamische Marktsegmentierung, St.Gallen 1995

ders. (Hrsg.): Management-Szenarien 2005, St.Gallen 1998

Belz, Otto: Luxusmarkenstrategien, in: Bruhn, Manfred (Hrsg.): Handbuch Markenartikel, Band 1, Stuttgart 1994, S. 645 - 652

Benkenstein, Martin: Grundlagen des Marketing, Wiesbaden 2000

ders.: F&E und Marketing, Wiesbaden 1987

ders.: Forschung, Entwicklung im Marketing, in: Meffert, H. (Hrsg.): Unternehmensführung und Marketing, Wiesbaden 1986, S. 186 - 203

ders.: Strategisches Marketing, 2. Auflage, Stuttgart u.a. 2002

Bentz, S.: Kennzahlensysteme zur Erfolgskontrolle des Verkaufs und der Marketinglogistik, Frankfurt a.M. u.a. 1983

Berekoven, Ludwig: Grundlagen der Absatzwirtschaft, 8. Auflage, Herne - Berlin 1999
Berg, H.: Markteintrittsbarrieren, potentielle Konkurrenz und wirksamer Wettbewerb, in: WISU, Nr. 3/1978, S. 282 - 287
Berger, R.: Marketing-Mix, in: Marketing-Enzyklopädie, Band 1, München 1974, S. 595 - 614
Berghai, M./Coley, S./White, D.: The alchemy of growth, Boulder/Col. 1999
Berndt, Ralph: Marketing 2, 3. Auflage, Berlin u.a. 1995
ders. (Hrsg.): Innovatives Management, Berlin u.a. 2000
ders. (Hrsg.): Business Reengineering, Berlin u.a. 1997
ders. (Hrsg.): Management Strategien 2000, Berlin u.a. 1999
Berschkin, Herbert H.: Handbuch Controlling, München 1989
Berktold, K.: Strategien zur Revitalisierung von strategischen Geschäftseinheiten, Frankfurt a.M. u.a. 1999
Bidlingmaier, Johannes: Marketing 1, 10. Auflage, Reinbek 1983
ders.: Marketing 2, 10. Auflage, Wiesbaden 1983
ders.: Marketingorganisation, in: Die Unternehmung, 27. Jg., Nr. 3/1973, S. 133 - 154
ders.: Zielkonflikte und Zielkompromisse im unternehmerischen Entscheidungsprozess, Wiesbaden 1968
ders.: Unternehmerziele und Unternehmerstrategien, Wiesbaden 1964
Bierfelder, Wilhelm: Innovationsmanagement, 3. Auflage, München u.a. 1994
Binner, H. F.: Organisations- und Unternehmensmanagement, München-Leipzig 1998
Birkelbach, R.: Strategische Geschäftsfeldplanung im Versicherungssektor, in: Marketing ZFP, 10 Jg., Nr. 8, S. 231 - 239
Birker, Klaus: Kosten- und Leistungsrechnung, Berlin 1996
Bismarck,, W.-B. v./Baumann, S.: Markenmythos, 2. Auflage, Frankfurt a.M. u.a. 1996
Blackburn, J.D.: Time-Based Competition. The next Battleground in American Manufacturing, Homewood/Ill. 1991
Bleeke, J./Ernst, D. (Hrsg.): Rivalen als Partner, Frankfurt a.M.-New York 1994
Bleicher, Kurt: Das Konzept Integriertes Management, 5. Auflage, Frankfurt a.M.-New York 1999
Bliemel, Friedhelm/Fassott, Georg: Produktmanagement, in: Tietz, Bruno/Köhler, Richard/ Zentes, Joachim (Hrsg.): Handwörterbuch des Marketing, Stuttgart 1995, Sp. 2120 - 2135
Bliss, Chr.: Management von Komplexität. Ein integrierter, systemtheoretischer Ansatz zur Komplexitätsreduktion, Wiesbaden 2000
Biesel, H.H.: Innovatives Key-Account-Management, München u.a. 2001
Bodenstein, G./Spiller, A.: Marketing, Landsberg a.L. 1998
Böcker, Franz: Marketing, 6. Auflage, Stuttgart 1996
ders.: Programmpolitik, in: Diller, Hermann (Hrsg.): Vahlens Großes Marketing Lexikon, München 1994, S. 973 - 975
ders.: Marketing-Kontrolle, Stuttgart u.a. 1988
ders./Dichtl, E. (Hrsg.): Erfolgskontrolle im Marketing, Berlin 1975
ders. u.a.: Grundzüge des Marketing, 3. Auflage, München 1976
Böhler, Heymo: Methoden und Modelle der Marktsegmentierung, Stuttgart 1977
Boehme, M.: Implementierung von Managementkonzepten, Wiesbaden 1998
Böhnke, R.: Diversifizierte Unternehmen, Berlin 1976Böll, Karin: Merchandising und Licensing, München 1999

dies.: Was ist Licensing? Was ist Merchandising?, in: dies. (Hrsg.): Handbuch Licensing, Frankfurt a.M. 2001, S. 19 - 26
Bösenberg, D./Metzen, H.: Lean-Management, 5. Auflage, Landsberg a.L. 1995
Bogaschewsky, R./Rollberg, R.: Prozeßorientiertes Management, Berlin u.a. 1998
Bolz, J.: Wettbewerbsorientierte Standardisierung der internationalen Marktbearbeitung, Darmstadt 1992
Bonoma, Th.V.: Managing Marketing, New York 1984
Both, M.: Computergestützte Entscheidungshilfen im Marketing, Frankfurt a.M. 1989
Botschen, M.: Marketingorientierung und Unternehmenserfolg, Wiesbaden 1999
Boyd, H.W./Walker, O.C./Larreche, J.-C.: Marketing-Management, 3. Ed., Boston et. al. 1998
Brecht, L./Hess, T./Österle, H.: Business Reengineering: Von einer Mode zur Methode, in: Harvard Business Manager, 17. Jg., Nr. 4/1995, S. 118 - 123
Bramsemann, Rainer: Handbuch Controlling, 3. Auflage, München-Wien 1993
Brauchlin, Emil/Heene, Robert: Problemlösungs- und Entscheidungsmethodik, 4. Auflage, Bern-Stuttgart 1995
ders./Wehrli, H.P.: Strategisches Management, 2. Auflage, München u.a. 1994
ders./Hauser, P. (Hrsg.): Mittelgroße industrielle Unternehmungen, Bern u.a. 2000
Brauer, Jörg-Peter/Kühme, Ernst Ulrich: DIN EN ISO 9000 - 9004 umsetzen, München-Wien 1996
Braukschulte, Ulrike: Die Produktelimination, Münster 1983
Brede, H.: Prozeßorientiertes Controlling, München 1998
Brehler, R.: Planungstechniken, Wiesbaden 1998
Brockhoff, Klaus: Forschung und Entwicklung, Planung und Kontrolle, 5. Auflage, München-Wien 1999
ders.: Management von Innovationen: Planung und Durchsetzung, Erfolge und Mißerfolge, Wiesbaden 1996
ders.: Produktpolitik, 4. Auflage, Stuttgart u.a. 1999
Brombacher, R.: Entscheidungsunterstützungssysteme für das Marketing-Management, Berlin-Heidelberg 1988
Bronder, C./Pritzl, R. (Hrsg.): Wegweiser für Strategische Allianzen, Wiesbaden 1992
Bronner, R.: Planung und Entscheidung, 3. Auflage, München u.a. 1999
Bruhn, Manfred: Qualitätsmanagement für Dienstleistungen - Grundlagen, Konzepte, Methoden, 2. Auflage, Berlin-Heidelberg-New York 1997
ders.: Marketing, 5. Auflage, Wiesbaden 2001
ders.: Integrierte Unternehmenskommunikation, 2. Auflage, Stuttgart 1995
ders.: Begriffsabgrenzungen und Erscheinungsformen von Marken, in: Bruhn, Manfred (Hrsg.): Handbuch Markenartikel, Band 1, Stuttgart 1994, S. 3 - 41
ders.: Das Konzept des Markentypenlebenszyklus, in: Bruhn, Manfred (Hrsg.): Handbuch Markenartikel, Band 1, Stuttgart 1994, S. 239 - 280
ders.: Handelsmarken als strategische Option im Wettbewerb, in: Beisheim, O. (Hrsg.): Distribution im Aufbruch, Bestandsaufnahme und Perspektive, München 1999, S. 787 - 802
ders.: Markenstrategien, in: Tietz, Bruno/Köhler, Richard/Zentes, Joachim (Hrsg.): Handwörterbuch des Marketing, 2. Auflage, Stuttgart 1995, Sp. 1445 - 1459ders. (Hrsg.): Handelsmarken im Wettbewerb, 3. Auflage, Stuttgart 2001

ders. (Hrsg.): Handbuch des Marketing, München 1989
ders. (Hrsg.): Handbuch Markenartikel, Band 1 , 2, 3, Stuttgart 1994
ders./Meffert, Heribert/Wehrle (Hrsg.): Marktorientierte Unternehmensführung im Umbruch, Stuttgart 1994
Buchholz, W.: Time-to-Market-Management. Zeitorientierte Gestaltung von Produktinnovationsprozessen, Stuttgart u.a. 1996
Bühner, R.: Betriebswirtschaftliche Organisationslehre, 8. Auflage, München u.a. 1996
ders.: Strategie und Organisation, 2. Auflage, Wiesbaden 1993
Bürgel, H.J./Haller, C./Binder, M.: F&E-Management, München 1996
Bugdahl, V.: Marken machen Märkte, München 1998
Bukhari, I.: Europäisches Brand Management, Wiesbaden 1999
Bullinger, H.J./Warnecke, H.J. (Hrsg.): Neue Organisationsformen im Unternehmen, Berlin u.a. 1996
Burger, Anton: Kostenmanagement, 3. Auflage, München u.a. 1999
Busch, Rainer/Dögl, Rudolf/Unger, Fritz: Integriertes Marketing, Strategie, Organisation, Instrumente, 2. Auflage, Wiesbaden 1997
Buzell, R.D./Gale, B.T.: Das PIMS-Programm. Strategien und Unternehmenserfolg, Wiesbaden 1989

Cafarelli, E.J.: Developing new Products and repositioning mature Brands, New York 1980
Call, G.: Entstehung und Markteinführung von Produktneuheiten, Wiesbaden 1997
Camp, R.C.: Benchmarking: the Search for Industry best Practices that lead to superior Performance, 2. Ed., New York 1992
Campbell, A./Devine, M./Young, D.: A sense of mission, London 1999
Cardozo, R.N.: Product Policy: Cases and Concepts, Reading/Mass. 1979
Caves, R.E./Ghemawat, P.: Identifying Mobility Barriers, in: Strategic Management Journal, 13. Jg., No. 1/1992, S. 1 - 12
Chandler, A.D.: Strategy and Structure, Cambridge/Mass. 1962
Chernatony, L. de/McDonald, M.: Creating powerful Brands in Consumer, Service and Industrial Markets, 2. Ed., Oxford 1998
Coase, R.: The nature of the firm, in: Economica, Vol. 4/1937, No. 16, S. 386 - 405
Coenenberg, A.G.: Kostenrechnung und Analyse, Landsberg a.L. 1992
ders./Braun, H.G.: Strategisches Controlling. Grundfragen der strategischen Planung und Kontrolle, Stuttgart 1987
Collins, J./Porras, J.: Built to last - successful habits of visionary companies, New York 1997
Cooper, R.G./Kleinschmidt, E.J.: New product process at leading industrial Firms, in: Industrial Marketing Management, Vol. 20, No. 2/1991, S. 137 - 148
Corsten, Hans: Dienstleistungsmanagement, 3. Auflage, München-Wien 1997
ders. (Hrsg.): Handbuch Produktionsmanagement, Wiesbaden 1994
ders./Reiß (Hrsg.): Handbuch Unternehmensführung, Wiesbaden 1995
Cravens, D.W.: Strategic Marketing, 6. Ed., Boston 2000
ders./Hills, G./Woodruff, R.B.: Marketing, Reading/Mass. et al 1986
Crawford, C.M.: Das Leitlinienkonzept in der Absatzplanung, in: Kroeber-Riel, W. (Hrsg.): Marketingtheorie, Köln 1972, S. 254 - 269

Cunha, C.J.: Ein Modell zur Unterstützung der Bewertung und Auswahl von Strategiealternativen, Aachen 1989

Däumler, K.-D./Grabe. J. (Hrsg.): Kostenrechnungs- und Controllinglexikon, 2. Auflage, Herne-Berlin 1997

D'Aveni, R.A.: Hyperwettbewerb, Frankfurt 1995

Davidow, W.H./Malone, M.S.: Das virtuelle Unternehmen - Der Kunde als Co-Produzent, 2. Auflage, Frankfurt 1997

Day, G./Fahey, L.: Valuing Market Strategies, in: Journal of Marketing, 52. Jg., No. 3/ 1988, S. 45 - 57

Deal, T.E./Kennedy, A.A.: Corporate Cultures - The Rites and Rituals of Corporate Life, Reading/Mass. 1982

DeBono, E.: Laterales Denken, Düsseldorf u.a. 1989

Dehr, Gunter/Biermann, Thomas: Marketing Management, München-Wien 1998

Deutscher Marketing-Verband: Internationales Marketing-Lexikon, Köln u.a. 1998

Dichtl, Erwin: Die Marktsegmentierung als Voraussetzung differenzierter Marktbearbeitung, in: WiSt, 3. Jg., Nr. 2/1974, S. 92 - 102

ders.: Strategische Optionen im Marketing, 3. Auflage, München 1994

ders./Eggers, Walter (Hrsg.): Marke und Markenartikel als Instrumente des Wettbewerbs, München 1992

ders./Kress, S.: Die Marketingfunktionen im Unternehmen, Möglichkeiten einer institutionellen Verankerung, in: Der Markenartikel, 33. Jg., Nr. 5/1971, S. 171 - 180

Diller, Hermann (Hrsg.): Vahlens Großes Marketing Lexikon, München 1994

ders.: Produktmanagement und Marketing-Informationssysteme, Berlin 1975

ders.: Nutzwertanalysen, in: Diller, Hermann (Hrsg.): Marketingplanung, München 1980, S. 44 - 59

ders. (Hrsg.): Marketingplanung, 2. Auflage, München 1998

ders.: Key Account Management: Alter Wein in neuen Schläuchen?, in: Thexis, 10. Jg., Nr. 3/1993, S. 6 - 16

ders.: Entwicklungstrends und Forschungsfelder der Marketingorganisation, in: Marketing - ZFP, 13. Jg., Nr. 3/1991, S. 156 - 163

Disch, Wolfgang K.A. (Hrsg.): Netzplantechnik im Marketing, Hamburg 1968

Dittrich, S. (Hrsg.): Marketingcontrolling, St.Gallen 1998

Döpke, Ulrich: Strategisches Marketing-Controllership, Frankfurt a.M. u.a. 1986

Domizlaff, Hans: Die Gewinnung des öffentlichen Vertrauens - Ein Lehrbuch der Markentechnik, Neuausgabe, Hamburg 1992

Dornieden, K.: Produktpolitik, in: Dornieden, K./Scheiber, A./Weihrauch, J. (Hrsg.): Studienhefte für operatives Marketing, Nr. 2, Wiesbaden 1976, S. 9 - 93

Droege, W.P.J.: Marketing-Audit - Darstellung einer Methodik zur Identifizierung von Erfolgsfaktoren und Beseitigung von Engpaßfaktoren im Marketing, in: Raffée, H./ Wiedmann, K.P. (Hrsg.): Strategisches Marketing, 2. Auflage, Stuttgart 1989, S. 169 - 184

Drucker, Peter F.: Praxis des Managements, Düsseldorf 1970

Dumke, S.: Handelsmarkenmanagement, Berlin u.a. 1996

Dunst, Klaus H.: Portfolio-Management, Konzeption für die strategische Unternehmensplanung, 2. Auflage, Berlin-New York 1983

Durö, R./Sandström, B.: The basic principles of marketing Warfare, Chichester et al 1988
Dyllick, T.: Management der Umweltbeziehungen, Wiesbaden 1989

Eastluck, J.O. (Ed.): New Product Development, New York 1968
Easton, G.: Competition and Marketing Strategy, in: European Journal of Marketing, No. 2/1987, S. 31 - 49
Ebel, B.: Qualitätsmanagement, Herne-Berlin 2000
Ebert, G./Koinecke, J./Peemöller, V.H.: Controlling, 6. Auflage, Landsberg a.L. 1996
Ehrenspiel, K.: Integrierte Produktentwicklung, München-Wien 1995
Ehrmann, H.: Unternehmensplanung, 3. Auflage, Ludwigshafen 1999
ders.: Marketing-Controlling, 3. Auflage, Ludwigshafen 1999
Eisenhardt, K.M./Brown, S.: Wie Sie Ihr Geschäftsportfolio flexibel gestalten, in: Harvard Business Manager, Nr. 6/1999, S. 72 - 85
Eisenmann, H./Reuthal, K.-P.: Lexikon Marketing-Recht, Landsberg a.L. 1998
Erfmann, M.: Wettbewerbsstrategien in reifen Märkten, Frankfurt a.M. 1988
Esch, F.-R. (Hrsg.): Moderne Markenführung, 2. Auflage, Wiesbaden 2000
Eschenbach, Rolf (Hrsg.): Controlling, 2. Auflage, Stuttgart 1996
ders./Kunesch, Hermann: Strategische Konzepte, 2. Auflage, Stuttgart 1995
Esser, W.M./Ringsletter, M.: Die Rolle der Wertschöpfungskette in der strategischen Planung, in: Kirsch, W. (Hrsg.): Beiträge zum Management strategischer Programme, München 1991, S. 511 - 539
Eversheim, W. (Hrsg.): Prozeßorientierte Unternehmensorganisation, 2. Auflage, Berlin u.a. 1996
ders. (Hrsg.): Prozeßorientiertes Qualitätscontrolling, Berlin u.a. 1997

Fank, Matthias: Einführung in das Informationsmanagement, München 1996
Fasnacht, R.: Der strategische Spielraum im Marketing, Bern 1993
Ferk, H.: Geschäfts-Prozeßmanagement, München 1996
Fey, A.: Diversifikation und Unternehmensstrategie, Frankfurt a.M. u.a. 2000
Fillip, S.: Marktorientierte Konzeption der Produktqualität, Wiesbaden 1997
Fink, D.H: Mass Customization, in: Albers, S./Clement, M./Peters, K. (Hrsg.): Marketing mit interaktiven Medien, Strategien zum Markterfolg, Frankfurt a.M. 1998, S. 137 - 150
Fischer, H.: Unternehmensplanung, München 1997
Fischer, T.M.: Kostenmanagement strategischer Erfolgsfaktoren, München 1993
ders. (Hrsg.): Kosten-Controlling, Stuttgart 2000
Fleck, A.: Hybride Wettbewerbsstrategien, Wiesbaden 1995
Florin, G.: Strategiebewertung auf der Ebene der strategischen Geschäftseinheiten, Frankfurt a.M. 1988
Foschiani, S.: Strategisches Produktionsmanagement - Ein Modellsystem zur Unterstützung produktionsstrategischer Entscheidungen, Frankfurt a.M. 1995
Foss, N.J./Knudsen, C./Montgomery, C.A.: An exploration of common ground: integrating evolutionary and strategic theories of the firm, in: Montgomery, C.A. (Ed.): Resource-based and evolutionary theories of the firm towards a synthesis, Homewood/Ill. 1994, S. 1 - 17

Frank, R.E./Massey, W.F./Wind, Y.: Market Segmentation, Englewood Cliffs/N.J. 1972
Franke, R./Zerres, M.P.: Planungstechniken, 5. Auflage, Frankfurt a.M. 1999
Franz, K.-P./Kajüter, P. (Hrsg.): Kostenmanagement, Frankfurt a.M. 1998
Freeman, R.E.: Strategic Management - a stakeholder approach, Boston et al 1984
Frehr, H.-U.: Total Quality Management, München-Wien 1993
Frese, E.: Grundlagen der Organisation, Konzept - Prinzipien - Strukturen, 7. Auflage, Wiesbaden 1998
Freter, Hermann: Marktsegmentierung, Stuttgart u.a. 1983
ders.: Marktsegmentierung, in: Diller, H. (Hrsg.): Vahlens Großes Marketing Lexikon, München 1992, S. 733 - 738
ders.: Markenpositionierung. Ein Beitrag zur Fundierung markenpolitischer Entscheidungen auf der Grundlage psychologischer und ökonomischer Modelle, Münster 1977
ders./Baumgarth, C.: Ingredient Branding - Begriff und theoretische Begründung, in: Esch, F.-R. (Hrsg.): Moderne Markenführung, 2. Auflage, Wiesbaden 2000, S. 289 - 315
Freudemann, H.: Planung neuer Produkte, Stuttgart 1965
Fricke, G./Lohse, G.: Entwicklungsmanagement, Berlin u.a. 1997
Friedl, B.: Grundlagen des Beschaffungs-Controlling, Berlin 1994
Fritz, Wolfgang: Marketing-Management und Unternehmenserfolg, 2. Auflage, Stuttgart 1995
ders.: Erfolgsursache Marketing, Stuttgart 1997
ders./von der Oelsnitz, Dietrich: Marketing, 3. Auflage, Stuttgart u.a. 2001
Fronhoff, B.: Die Gestaltung von Marketingstrategien, Bergisch-Gladbach 1986

Gälweiler, Aloys: Strategische Unternehmensführung (mit M. Schwaninger), 2. Auflage, Frankfurt a.M./New York 1987
ders.: Unternehmensplanung, 2. Auflage, Frankfurt-New York 1986
Gahl, A.: Die Konzeption strategischer Allianzen, Berlin 1991
Gaitanides, M./Scholz, R./Vrohlings, A./Raster, M.: Prozeßmanagement, München-Leipzig 1994
Gausemeier, J./Fink, A./Schlake, O.: Szenario-Management, 2. Auflage, München-Leipzig 1996
Ganz, M.: Diversifikationsstrategie, Stuttgart 1992
Garvin, D.A.: Die acht Dimensionen der Produktqualität, in: Harvard Manager, Nr. 3/ 1988, S. 66 - 74
Gassmann, O.: Internationales F&E-Management, München u.a. 1997
Gehrke, I.: Desinvestitionen erfolgreich planen und steuern, München 1999
Geisbüsch, Hans-Georg./Geml, Richard/Lauer, Hermann (Hrsg.): Marketing, 2. Auflage, München 1991
Geist, Manfred N.: Selektive Absatzpolitik auf der Grundlage der Absatzsegmentrechnung, 2. Auflage, Stuttgart 1974
ders./Köhler, Richard (Hrsg.): Die Führung des Betriebs, Stuttgart 1981
Geml, Richard: Stichwort Marketing-Controlling, in: Geml, Richard/Geisbüsch, Hans-Georg/Lauer, Hermann (Hrsg.): Das kleine Marketing-Lexikon, Düsseldorf 1995, S. 192 - 195

Gemünden, H.G.: Innovationsmarketing, Tübingen 1981
Gerhard, T.: Moderne Management-Konzepte, Wiesbaden 1997
Gerl, K./Roventa, P.: Strategische Geschäftseinheiten aus der Sicht des strategischen Managements, in: Kirsch, W./Roventa, P. (Hrsg.): Bausteine eines Strategischen Managements, Berlin u.a. 1983, S. 123 - 144
Gerpott, Torsten J.: Simultaneous Engineering, in: Die Betriebswirtschaft/DBW, Nr. 50/ 1990, S. 399
Geschka, H.: Wettbewerbsfaktor Zeit, Landsberg a.L. 1993
ders./Hammer, R.: Die Szenario-Technik in der strategischen Unternehmensplanung, in: Hahn, D./Taylor, B. (Hrsg.): Strategische Unternehmensplanung, Heidelberg 1990, S. 311 - 337
Giefers, H.-W.: Marken- und Firmenschutz, Planegg 1995
Gierl, Heribert: Marketing, Stuttgart - Berlin - Köln 1995
Ghemawat, P.: Dauerhafte Wettbewerbsvorteile aufbauen, in: Simon, H. (Hrsg.): Wettbewerbsvorteile und Wettbewerbsfähigkeit, Stuttgart 1988, S. 18 - 29
Gilbert, X./Strebel, P.: Strategies to outpace the Competition, in: The Journal of Business Strategy, No. 1/1987, S. 28 - 37
Gluchowski, P./Gabriel, R./Chamoni, R. (Hrsg.): Management Support Systeme, Berlin u.a. 1997
Gneisenau, A. von/Koth, H.: Strategische Allianzen - Liebesehen, Zweckbeziehungen oder Modetrend?, in: Booz, Allen & Hamilton (Hrsg.): Telekommunikation in der Welt von morgen, Frankfurt a.M. 1997, S. 227 - 245
Godefroid, Peter: Business to Business-Marketing, 3. Auflage, Ludwigshafen 2003
Göttgens, O.: Erfolgsfaktoren in stagnierenden und schrumpfenden Märkten. Instrumente einer erfolgreichen Unternehmenspolitik, Frankfurt a.M. 1996
Götze, M.: Szenario-Technik in der strategischen Unternehmensplanung, Wiesbaden 1991
Gomez, P.: Frühwarnung in der Unternehmung, Bern-Stuttgart 1983
Gomez, P.: Modelle und Methoden des systemorientierten Managements, Bern-Stuttgart 1981
ders. u.a.. (Hrsg.): Unternehmerischer Wandel, Wiesbaden 1994
ders./Zimmermann, T.: Unternehmensorganisation: Profile, Dynamik, Methodik, 2. Auflage, Frankfurt a.M.-New York 1993
Goold, M./Campbell, A./Alexander, M.: Corporate-level strategy: creating value in the multi-business company, New York 1994
Gordon, W.J.J.: Synectics. The Development of creative Capacity, New York et al 1961
Gottschalk, Matthias: Licensing und Recht, in: Böll, Karin (Hrsg.): Handbuch Licensing, Frankfurt a.M. 2001, S. 51 - 72
Grabowski, H./Geiger, K.: Neue Wege zur Produktentwicklung, Bonn 1997
Grahammer, D.: Anleitung und Checklisten zur Konkurrenz-Beobachtung und Konkurrenz-Analyse, Berlin 1984
Grant, R.: The resource-based theory of competitive advantage: implications for strategy formulation, in: California Management Review, Vol. 33/1991, S. 114 - 135
Gries, Gerhard: Markenpolitik, in: Geisbüsch, Hans-Georg/Weeser-Krell, Lothar M./ Geml, Richard (Hrsg.): Marketing, Landsberg 1987, S. 411 - 418
Gries, T.: Internationale Wettbewerbsfähigkeit, Wiesbaden 1998

Grimm, U.: Analyse strategischer Faktoren, Wiesbaden 1983
Grimmeisen, M.: Implementierungscontrolling: Wirtschaftliche Umsetzung von Changeprogrammen, Wiesbaden 1998
Grochla, Erwin: Unternehmensorganisation, Hamburg 1972
Größer, H.: Markenartikel und Industriedesign. Das Stereotypik-Konzept - Ursachen, Ausprägungen, Konsequenzen, München 1991
Grosche, K.: Das Produktprogramm, seine Änderungen und Ergänzungen, Berlin 1967
Große-Oetringhausen, W.F.: Strategische Identität, Berlin u.a. 1996
Grüneberg, N.: Das Produkt-Management, Wiesbaden 1973
Gruner, K.: Die Beschleunigung von Marktprozessen. Modellgestützte Analyse von Einflußfaktoren und Auswirkungen, Wiesbaden 1996
Grubb, A./Kanellakis, a./Lübbecke, M.: Profit im Internet, München 1995
Gussek, Friedrich: Erfolg in der strategischen Markenführung, Wiesbaden 1992
Gutenberg, Erich: Grundlagen der Betriebswirtschaftslehre, 2. Band: Der Absatz, 17. Auflage, Berlin-Heidelberg-New York 1984

Haag, Jürgen: Marketing-Controlling, in: Mayer, Elmar/Weber, Jürgen (Hrsg.): Handbuch Controlling, Stuttgart 1990, S. 175 - 209
Haedrich, Günter/Berger, R.: Angebotspolitik, Band 6 der Studienreihe Marketing Management, Berlin-New York 1982
Haedrich, G./Gussek, F./Tomczak, T.: Instrumentelle Strategiemodelle als Komponenten im Marketingplanungsprozess, in: Die Betriebswirtschaft, 50. Jg., Nr. 2/1990, S. 205 - 222
ders../Kuß, A./Kreilkamp, E.: Der Analytic Hierarchy Process, in: WiSt, 15. Jg./1986, Nr. 3, S. 120 - 126
ders./Tomczak, Torsten: Produktpolitik, Stuttgart-Berlin-Köln 1996
diess.: Strategische Markenführung, 2. Auflage, Bern-Stuttgart 1996
Hahn, B.: Erfolgsfaktor Managementpotential, Wiesbaden 1996
Hahn, D. (Hrsg.): PuK - Controllingkonzepte - Planung und Kontrolle, 5. Auflage, Wiesbaden 1996
ders./Taylor, B. (Hrsg.): Strategische Unternehmensplanung, 8. Auflage, Berlin u.a. 1999
Hallbauer, A.: Ansätze zur Verbesserung der Effizienz von Produktinnovationsprozessen, Zürich u.a. 1978
Hätty, Holger: Der Markentransfer, Heidelberg 1989
ders.: Markentransferstrategien, in: Bruhn, Manfred (Hrsg.): Handbuch Markenartikel, Band 1, Stuttgart 1994, S. 561 - 582
Hahn, D.: PuK. Planung und Kontrolle. Planungs- und Kontrollsysteme. Planungs- und Kontrollrechnung. Controllingkonzepte, 5. Auflage, Wiesbaden 1996
ders./Taylor, B. (Hrsg.): Strategische Unternehmensplanung. Strategische Unternehmensführung, 5. Auflage, Heidelberg 1990
Hamel, G.: Strategy as revolution, in: Harvard Business Review, Vol. 74/1996, No. 4, S. 69 - 82
ders./Heene, A. (Eds.): Competence-based competition, Chichester et al 1994
Hamel, G./Prahalad, C.K.: Wettlauf um die Zukunft, Wien 1995
diess.: The core competence and the corporation, in: Harvard Business Review, No. 3/ Vol. 68, S. 79 - 91

Hammann, R./Kroeber-Riel, W./Meyer. C. (Hrsg.): Neuere Ansätze der Marketingtheorie, Berlin 1974
Hammann, Peter: Der Wert einer Marke aus betriebswirtschaftlicher und rechtlicher Sicht, in: Dichtl, Erwin/Eggers, W. (Hrsg.): Marke und Markenartikel als Instrumente des Wettbewerbs, München 1992, S. 205 - 245
Hammer, Richard M.: Unternehmensplanung, 6. Auflage, München 1995
Hammer, M./Champy, J.: Business Reengineering. Die Radikalkur für das Unternehmen, 6. Auflage, Frankfurt a.M. u.a. 1996
Handlbauer, G./Matzler, K./Sauerwein, E./Stumpf, M. (Hrsg.): Perspektiven im strategischen Management, Berlin 1998
Hannen, Christoph/Lindemann, Thomas: Qualitätsmanagement für die Praxis, Berlin 1996
Hannig, U. (Hrsg.): Managementinformationssysteme in Marketing und Vertrieb, Stuttgart 1998
Hannen, Christoph/Lindemann, Thomas: Qualitätsmanagement für die Praxis, Berlin 1996
Hans, L./Warschburger, V.: Controlling, 2. Auflage, München u.a. 1999
Hansen, Ursula: Verpackung und Konsumentenverhalten, in: Marketing - ZFP, 8. Jg., Nr. 1/1986, S. 5 - 12
dies./Leitherer, Eugen: Produktpolitik, 2. Auflage, Stuttgart 1985
Harrigan, K.R.: Strategies for declining Businesses, Toronto 1980
Harms, Volker: Kundendienstmanagement - Dienstleistung, Kundendienst, Servicestrukturen und Serviceprodukte, Aufgabenbereiche und Organisation des Kundendienstes, Herne 1999
ter Haseborg, Fokko: Marketing-Controlling, in: Tietz, Bruno/Köhler, Richard/Zentes, Joachim (Hrsg.): Handwörterbuch des Marketing, 2. Auflage, Stuttgart 1995, Sp. 1542 - 1553
Haseloff, O.W.: Marketing für Innovationen, Savosa 1989
Haspeslagh, P.C./Jemison, D.B.: Akquisitionsmanagement: Wertschöpfung durch strategische Neuausrichtung des Unternehmens, Frankfurt a.M. 1992
Hasselberg, F.: Strategische Kontrolle im Rahmen strategischer Unternehmensführung, Frankfurt a.M. 1989
Hatten, K.J./Hatten, M.L.: Effective strategic management, Englewood Cliffs/N.J. 1988
Hauschildt, J.: Innovationsmanagement, 2. Auflage, München 1997
ders.: Innovationsmanagement, in: Frese, E. (Hrsg.): Handwörterbuch der Organisation, 3. Auflage, Stuttgart 1992, Sp. 1029 - 1041
Hax, Arnoldo/Majluf, Nicolas: Strategisches Management: Ein integratives Konzept aus dem M.I.T., Frankfurt a.M.-New York 1988
Hayek, F.W.: Der Wettbewerb als Entdeckungsverfahren, in: Kieler Vorträge, Nr. 56, Kiel 1986, S. 249 - 265
Heck, A.: Strategische Allianzen, Berlin u.a. 1999
Heeg, F.-J.: Projektmanagement, 2. Auflage, München-Leipzig 1993
Heinen, Edmund: Das Zielsystem der Unternehmung, 3. Auflage, Wiesbaden 1976
ders./Fank, M.: Unternehmenskultur, 2. Auflage, München u.a. 1997
Henderson, B.D.: Die Erfahrungskurve in der Unternehmensstrategie, 2. Auflage, Frankfurt-New York 1984

ders.: Construction of a business strategy (The Boston Consulting Group - Series on Corporate Strategy), Boston 1971
Henncböle, J.: Executive Information Systems für Unternehmensführung und Controlling. Strategie - Konzeption - Realisierung, Wiesbaden 1995
Hentze, Joachim/Brose, Peter/Kammel, Andreas: Unternehmensplanung, 2. Auflage, Stuttgart-Wien 1993
Henzler, H. (Hrsg.): Handbuch Strategische Führung, Wiesbaden 1988
Hermann, Andreas: Produktmanagement, München 1998
ders.: Nachfrageorientierte Produktgestaltung, Wiesbaden 1996
ders. u.a. (Hrsg.): Kundenorientierte Produktgestaltung, München 2000
Herrmann, Chr.: Die Zukunft der Marke, Frankfurt a.M. 1999
Herstatt, Joachim David: Entwicklung von Markennamen, in: Bruhn, Manfred (Hrsg.): Handbuch Markenartikel, Band 2, Stuttgart 1994, S. 753 - 772
ders.: Die Entwicklung von Markennamen im Rahmen der Neuproduktplanung, Frankfurt u.a. 1985
Hesse, Jürgen/Neu, Matthias/Theuner, Gabriele: Marketing, Berlin 1997
Heuskel, D.: Wettbewerb jenseits von Industriegrenzen, Frankfurt a.M.-New York 1999
Hilker, J.: Marketingimplementierung - Grundlagen und Umsetzung am Beispiel ostdeutscher Unternehmen, Wiesbaden 1993
Hill, Wilhelm: Marketing, Marketing 1, 5. Auflage, Bern-Stuttgart 1984
ders.: Unternehmensplanung, 2. Auflage, Stuttgart 1971
ders./Rieser, Ignaz: Marketing-Management, 2. Auflage, Bern-Stuttgart 1993
ders../Fehlbaum, R./Ulrich, P.: Organisationslehre: Ziele, Instrumente und Bedingungen der Organisation sozialer Systeme, 5. Auflage, Bern 1994
Hinder, W./Bartosch, S.: Strategisches Wettbewerbsverhalten in stagnierenden Märkten, Frankfurt a.M. u.a. 1987
Hinterhuber, Hans H.: Wettbewerbsstrategie, 2. Auflage, Berlin u.a. 1990
ders.: Strategische Unternehmensführung I, 4. Auflage, Berlin-New York 1989
ders.: Strategische Unternehmensführung II: Strategisch handeln, 6. Auflage, Berlin u.a. 1997
ders.: Innovationsdynamik und Unternehmensführung, Wien u.a. 1975
Hitt, M.A./Ireland, R./Hoskinsson, R.: Strategic Management - Competitiveness and Globalization, 5th Ed., Cincinnati 2003
Höft, U.: Lebenszykluskonzepte, Berlin u.a. 1992
Höhl-Seibel, Johanna: Zweitmarkenstrategien, in: Bruhn, Manfred (Hrsg.): Handbuch Markenartikel, Band 1, Stuttgart 1994, S. 583 - 602
Hörschgen, Hans u.a.: Marketing-Strategien, Konzepte zur Strategienbildung im Marketing, 2. Auflage, Berlin 1993
Hoffmann, Heinz J.: Wertanalyse - Die westliche Antwort auf Kaizen, Frankfurt a.M.-Berlin 1994
Hoffmann, Werner/Klien, Wolfgang/Unger, Martin: Strategieplanung, in: Eschenbach, R. (Hrsg.): Controlling, 2. Auflage, Stuttgart 1996, S. 211 - 314
Hohmeister, Frank: Grundzüge des Wirtschaftsprivatrechts, Lehr- und Studienbuch für Studierende der Rechts- und Wirtschaftswissenschaften, Stuttgart 1996
Holzbaur, Ulrich D.: Management, Ludwigshafen 2001

Homburg, Chr./Daum, D.: Marktorientiertes Kostenmanagement, Frankfurt a.M. 1997
Hopfenbeck, Waldemar: Allgemeine Betriebswirtschafts- und Managementlehre, 11. Auflage, München 1997
Horváth & Partner: Das Controllingkonzept, 4. Auflage, München 2000
ders. (Hrsg.): Target Costing. Marktorientierte Zielkosten in der deutschen Praxis, Stuttgart 1993
ders.: Controlling, 7. Auflage, München 1998
Hoskisson, R.E. et al: Theory and research in strategic management: swings of a pendulum, in: Journal of Management, Vol. 25/1999, No. 3, S. 417 - 456
Howaldt, J./Kopp, R./Winther, M. (Hrsg.): Kontinuierlicher Verbesserungsprozeß, Köln 1998
Hruschka, H.: Marketing-Entscheidungen, München 1996
Hub, Hanns: Unternehmensführung, 2. Auflage, Wiesbaden 1988
ders.: Aufbauorganisation - Ablauforganisation, Wiesbaden 1994
Hünerberg, Reinhard: Internationales Marketing, Landsberg/Lech 1994
ders.: Marketing, München 1984
Hüttel, Klaus: Produktpolitik, 3. Auflage, Ludwigshafen 1998
Hüttner, Manfred: Markt- und Absatzprognosen, Stuttgart u.a. 1982
ders./Pingel, Annette/Schwarting, Ulf: Marketing-Management, München 1994
Hummel, Thomas: Total-Quality-Management, München-Wien 1996
Hungenberg, H.: Strategisches Management in Unternehmen, 2. Auflage, Wiesbaden 2001
Hunger, D./Wheelen, T.L.: Strategic Management, 6th ed., New York 1998

Imai, M: Kaizen. Der Schlüssel zum Erfolg der Japaner im Wettbewerb, 4. Auflage, Berlin u.a. 1994
Irmscher, M.: Markenwertmanagement, Berlin u.a. 1997
Itami, H.: Mobilizing invisible assets, Boston 1987

Jacob, F.: Produktindividualisierung, Wiesbaden 1995
Jacobs, S.: Strategische Erfolgsfaktoren der Diversifikation, Wiesbaden 1992
Jary, M./Schneider, D./Wileman, A.: Marken-Power, Wiesbaden 1999
Jaspersen, Thomas: Controlling, 3. Auflage, München-Wien 1999
Jaspersen, T.: Produkt-Controlling, 2. Auflage, München-Wien 1995
ders.: Computergestütztes Marketing: controllingorientierte DV-Verfahren für Absatz und Vertrieb, 2. Auflage, München u.a. 1997
Jaspert, Friedhelm: Marketing, 7. Auflage, München-Wien 1995
Joas, A.: Konkurrenzforschung als Erfolgspotential im strategischen Marketing, Augsburg 1990
Jooss, C.: Konzeption und Einführung eines Qualitätsmanagementsystems, Wiesbaden 1996

Kähr, M.: Wettbewerbsvorteile durch eine gezielte Konkurrenzpositionierung, Aachen 1995
Kaiser, A.: Integriertes Variantenmanagement mit Hilfe der Prozeßkostenrechnung, Hallstadt 1995

ders.: Die Identifizierung von Marktsegmenten, Berlin 1978
Kamiske, Gerd F.: ABC des Qualitätsmanagements, München-Wien 1996
diess.: ABC des Qualitätsmanagements, München-Wien 1996
ders. (Hrsg.): Die Hohe Schule des Total Quality Management, Berlin u.a. 1994
ders./Brauer, Jörg Peter: Qualitätsmanagement von A - Z, 2. Auflage, München-Wien 1995
Kapferer, J.-N.: Die Marke- Kapital des Unternehmens, Landsberg a.L. 1992
ders.: Strategic Brand Management - Creating and sustaining Brand Equity long term, 2. Ed., London 1999
Karlöf, B.: Unternehmensstrategie, Frankfurt a.M. 1991
Karst, Klaus: Strategisches Management, Berlin 1998
Kaufer, E.: Die Bestimmung von Marktmacht - dargestellt am Beispiel des relevanten Marktes in der amerikanischen Antitrustpolitik, Bern 1967
Keegan, W.J.: Multinational Marketing Management, 2 Ed., Englewood Cliffs 1980
Keller, K.L.: Strategic Brand Management - building, measuring and managing Brand Equity, New Jersey 1998
Kemminer, J.: Lebenszyklusorientiertes Kosten- und Erlösmanagement, Wiesbaden 1999
Kemmner, G.-A./Gillessen, A.: Virtuelle Unternehmen, Heidelberg 2000
Kern, W./Schröder, H.-H.: Forschung und Entwicklung in der Unternehmung, Reinbek b.H. 1977
Kersten, R.: Innovationen durch eigene Mitarbeiter, in: Zeitschrift für Betriebswirtschaft, Nr. 6/1996, S. 651 - 674
Kiener, Joachim: Marketing-Controlling, Darmstadt 1980
Kieser, A.: Business Process Reengineering - neue Kleider für den Kaiser?, in: Zeitschrift für Organisation, Nr. 3/1996, S. 179 - 185
Kieser, A./Kubicek, H.: Organisation, 3. Auflage, Berlin-New York 1992
Kilger, Wolfgang: Industriebetriebslehre, Band 1, München 1989
Kim, W.C./Mauborgne, R.: Branchengrenzen sprengen und das Geschäft neu erfinden, in: Harvard Business Manager, Nr. 4/1999, S. 49 - 60
Kirsch, W.: Unternehmenspolitik und strategische Unternehmensführung, 2. Auflage, München 1991
Kleinaltenkamp, Michael: Ingredient Branding, in: GEM e.V. (Hrsg.): Markendialog - Marktdurchdringung durch Markenpolitik, Frankfurt a.M. 2000, S. 103 - 110
ders: Einführung in das Business-to-Business-Marketing, in: Kleinaltenkamp, Michael/ Plinke, Wulff (Hrsg.): Technischer Vertrieb, Grundlagen, Berlin-Heidelberg-New York 1995, S. 135 - 192
ders./Plinke, Wulff (Hrsg.): Technischer Vertrieb, Grundlagen, Berlin-Heidelberg-New York 1995
diess. (Hrsg.): Markt- und Produktmanagement, Berlin u.a. 1999
Kleinschmidt, E.J./Geschka, H./Cooper, R.G.: Erfolgsfaktor Markt, Berlin u.a. 1996
Kliche, M.: Industrielles Innovationsmarketing: eine ganzheitliche Betrachtung, Wiesbaden 1991
Knauth, P.: Sunk Costs. in: WiSt, Nr. 2/1992, S. 76 - 78
Knyphausen-Aufseß, D. zu: Theorie der strategischen Unternehmensführung, Wiesbaden 1995

Koch, H.: Integrierte Unternehmensplanung, Wiesbaden 1982
Koch, J.: Marketing, München-Wien 1999
Köhler, Richard: Stichwort Marketing-Controlling, in: Horváth, Péter/Reichmann, Thomas (Hrsg.): Vahlens Großes Controllinglexikon, München 1993, S. 431 f.
ders.: Marketing-Management, in: Tietz, B./Köhler, R./Zentes, J. (Hrsg.): Handwörterbuch der Absatzwirtschaft, 2. Auflage, Stuttgart 1995,. Sp. 1598 - 1614
ders.: Grundprobleme der strategischen Marketingplanung, in: Geist, M./Köhler, R. (Hrsg.): Die Führung des Betriebs, Stuttgart 1981, S. 261 - 291
ders.: Marketing - Controlling, in: Diller, Hermann (Hrsg.): Vahlens Großes Marketinglexikon, München 1992, S. 657 - 659
ders.: Beiträge zum Marketing-Management, 3. Auflage, Stuttgart 1993
ders./Görgen, W.: Schnittstellenmanagement, in: Die Betriebswirtschaft, 51. Jg., Nr. 4/1991, S. 527 - 529
Kohlbecker, S.: Förderung betrieblicher Innovationsprozesse, Wiesbaden 1997
Kolbe, C.: Eintrittsbarrieren und Eintrittsfähigkeit potentieller Konkurrenten, Göttingen 1991
Kollat, D.T./Blackwell, R.D./Robeson, I.E.: Strategic Marketing, New York et al 1972
Koppelmann, Udo: Design, in: Diller, Hermann (Hrsg.): Vahlens Großes Marketing Lexikon, München 1994, S. 187 - 188
ders.: Produktmarketing: Entscheidungsgrundlagen für Produktmanager, 6. Auflage, Berlin u.a. 2000
ders: Grundlagen der Verpackungsgestaltung, Herne u.a. 1971
ders: Marketing, 5. Auflage, Düsseldorf 1997
ders.: Beschaffungsmarketing, 2. Auflage, Heidelberg 1995
Kornobis, K.-J.: Die Entwicklung von Handelsmarken - Untersuchung und Zukunftsperspektiven im Verbrauchsgütermarketing, in: Bruhn, M. (Hrsg.): Handelsmarken, 2. Auflage, Stuttgart 1997, S. 237 - 264
Korte, C.: Customer Satisfaction Measurement. Kundenzufriedenheitsmessung als Informationsgrundlage des Hersteller- und Handelsmarketing am Beispiel der Automobilindustrie, Frankfurt a.M. 1995
Knieß, Michael: Kreatives Arbeiten - Methoden und Übungen zur Kreativitätssteigerung, München 1995
Koreimann, Dieter S.: Management, 7. Auflage, München u.a. 1999
Korndörfer, W.: Unternehmensführungslehre, 9. Auflage, Wiesbaden 1999
Kotler, Philip/Bliemel, Friedhelm: Marketing-Management, 8. Auflage, Stuttgart 1995
ders. u.a.: Grundlagen des Marketing, 2. Auflage, München u.a. 1999
ders.: Marketing Decision Making. A model building Approach, New York et al 1971
ders./Armstrong, G.: Principles of Marketing, 9. Ed., Englewood Cliffs/Ill. 2001
Kramer, Friedhelm: Innovative Produktpolitik, Berlin u.a. 1987
Krautter, J.: Marketing-Entscheidungsmodelle, Wiesbaden 1973
ders.: Zum Problem der optimalen Marktsegmentierung, in: Zeitschrift für Betriebswirtschaft, 45. Jg., Nr. 2/1975, S. 109 - 128
Kreikebaum, Hans: Strategische Unternehmensplanung, 4. Auflage, Stuttgart-Berlin-Köln 1991
Kreilkamp, Edgar: Strategisches Management und Marketing, Band 11 der Schriftenreihe Marketing Management, Berlin-New York 1987

Kroeber-Riel, Werner: Konsumentenverhalten, 5. Auflage, München 1992
Krüger, W./Homp, Chr: Kernkompetenz-Management: Steigerung der Flexibilität und Schlagkraft im Wettbewerb, Wiesbaden 1997
Krulis-Randa, J.S.: Theorie und Praxis des Marketing-Controlling, in: Siegwart, H. u.a. (Hrsg.): Management-Controlling, Stuttgart 1990, S. 257 - 272
Krystek, U./Müller-Stewens, G.: Frühaufklärung für Unternehmen: Identifikation und Handhabung zukünftiger Chancen und Bedrohungen, Stuttgart 1993
Kühn, R./Jenner, T.: Angebotspositionierung, Zürich 1998
Küpper, Hans-Ulrich: Controlling, 2. Auflage, Stuttgart 1997
ders.: Vertriebs-Controlling, in: Tietz, Bruno/Köhler, Richard/Zentes, Joachim (Hrsg.): Handwörterbuch des Marketing, 2. Auflage, Stuttgart 1995, Sp. 2623 - 2633
ders./Weber, Jürgen: Grundbegriffe des Controlling, Stuttgart 1995
Küthe, E./Venn, A.: Marketing mit Farben, Köln 1996
Kuhn, Alfred: Unternehmensführung, 2. Auflage, München 1990
Kupsch, P.: Unternehmensziele, Stuttgart - New York 1979
Kurfess, V.: Profitable Wachstumsstrategien für Unternehmen, Wiesbaden 1999
Kuß, Alfred: Käuferverhalten, Stuttgart 1991
ders./Tomczak, T.: Marketingplanung, 2. Auflage, Wiesbaden 2000

Lambin, Jean-Jacques: Grundlagen und Methoden des strategischen Marketing, Hamburg u.a. 1987
Latour, S.: Namen machen Marken, Frankfurt a.M.-New York 1996
Lazer, W.: Marketing Management, A Systems Perspective, New York-London 1971
Leder, M.: Innovationsmanagement - Ein Überblick, in: Zeitschrift für Betriebswirtschaft, Nr. 1/1989 (Ergänzungsheft), S. 1 - 54
Lehmann, Gabriele: Bestimmungsfaktoren und theoretische Konzepte eines Marketing-Controlling-Systems, Frankfurt a.M. 1998
Leibfried, Kathleen H.J./McNair, Carol Jean: Benchmarking, München 1995
Lehner, J.M.: Implementierung von Strategien, Konzeption unter Berücksichtigung von Unsicherheiten und Mehrdeutigkeiten, Wiesbaden 1996
Leitherer, Eugen: Absatzlehre, 3. Auflage, Stuttgart 1974
ders.: Betriebliche Marktlehre, 3. Auflage, Stuttgart 1989
Lembke, Peter M.: Strategisches Produktmanagement, Berlin 1980
Leske, Jürgen: Produkthaftung - Die neue Herausforderung, München 1990
Levitt, Theodore: Marketing Myopia, in: Harvard Business Review, Nr. 4, 1960, S. 45 - 56
Liebl, W.F.: Marketing-Controlling. Theorie - Praxis - Möglichkeiten, Wiesbaden 1989
Liebl, F.: Strategische Frühaufklärung, München u.a. 1996
Liebmann, H.-P./Foscht, T.: Strategisches Marketing-Management, München 1999
Liedtke, Arnd: Der Wechsel des Markennamens, in: Bruhn, Manfred (Hrsg.): Handbuch Markenartikel, Band 2, Stuttgart 1994, S. 791 - 812
Liessmann, Konrad: Gabler Lexikon Controlling und Kostenrechnung, Wiesbaden 1997
Lilien, G.I./Kotler, P./Moorthy, K.S.: Marketing Models, Englewood Cliffs/N.J. 1992
Lingnau, V.: Variantenmanagement: Produktionsplanung im Rahmen einer Produktdifferenzierungsstrategie, Berlin 1994
Link, Jörg/Gerth, Norbert/Voßbeck, Eckard: Marketing-Controlling, Systeme und Methoden für mehr Markt- und Unternehmenserfolg, München 2000

ders../Hildebrand, V.: Database Marketing und Computer Aided Selling, in: Marketing - ZFP, 16. Jg., Nr. 2/1994, S. 107 - 120
Link, U.: Strategische Konkurrenzanalyse im Konsumgütermarketing, Idstein 1988
Linnert, Peter: Product-Manager, Gersbach 1974
Little, A.D. (Hrsg.): Management erfolgreicher Produkte, Wiesbaden 1994
diess. (Hrsg.): Management von Innovation und Wachstum, Wiesbaden 1997
Löbler, H.: Diversifikation und Unternehmenserfolg, Wiesbaden 1988
Lötters, Christine: Grundlagen des Marketing, Köln 1998
dies./Kleinhückelskoten, Hans-Dieter/Pepels, Werner: Produkt- und Programmpolitik, Köln 1999
Lombriser, R./Abplanalp, P.A.: Strategisches Management, Zürich 1997
Luehrmann, T.A.: Strategy as a portfolio of real options, in: Harvard Business Review, Vol. 76/1998, No. 5, S. 89 - 99
Luger, Adolf E./Pflaum, Dieter: Marketing, München-Wien 1996
Lutz, V.: Horizontale strategische Allianzen, Berlin u.a. 1993

Macharzina, K.: Unternehmensführung, 3. Auflage, Wiesbaden 1999
Magyar, K.M.: Das Marketing Puzzle, 3. Auflage, Landsberg a.L. 1991
ders./Magyar, P.K.: Marketingpioniere, Zollikon 1987
Majer, W.: Programmbereinigung als unternehmenspolitisches Problem, Wiesbaden 1969
Malik, Fredmund: Strategie des Managements komplexer Systeme, Bern 1992
Malorny, Christian: TQM umsetzen, 2. Auflage, Stuttgart 1999
ders./Kassebohm, Kristian: Brennpunkt TQM - Rechtliche Anforderungen, Führung und Organisation, Auditierung und Zertifizierung nach DIN ISO 9000 ff., Stuttgart 1994
Mann, Rudolf: Praxis strategisches Controlling mit Checklisten und Arbeitsformularen, Landsberg 1987
Markenverband: Beschreibung des Markenartikels 1983
Markowitz, H.M.: Portfolio selection: efficient diversification of investments, New York 1959
Marks, U.G.: Neuproduktpositionierung in Wettbewerbsmärkten, Wiesbaden 1994
Marra, A.: Standardisierung und Individualisierung im Marktprozeß, Wiesbaden 1999
Martin, Albert/Bartscher, Susanne: Ergebnisse der Deskriptiven Entscheidungsforschung, in: Bartscher, Susanne/Bomke, Paul (Hrsg.): Einführung in die Unternehmenspolitik, Stuttgart 1993, S. 93 - 142
Masing, W. (Hrsg.): Handbuch Qualitätsmanagement, 3. Auflage, München-Leipzig 1994
Mason, R.H./Miller, R.R./Weigel, D.R.: International Business, 2 Ed., New York et al 1981
Mattmüller, R.: Integrativ-Prozessuales Marketing, Wiesbaden 2000
Mauthe, K.D./Roventa, P.: Versionen der Portfolio-Analyse auf dem Prüfstand, in: Kirsch, W./Roventa, P. (Hrsg.): Bausteine eines strategischen Managements: Dialoge zwischen Wissenschaft und Praxis, Berlin u.a. 1982, S. 109 - 139
Mayer, A./Mayer, R.U.: Imagetransfer (Spiegel Verlagsserie Fach & Wissen, 5. Band), Hamburg 1987

Mayer, E.: Controlling-Konzepte, 4. Auflage, Wiesbaden 1999
Mayer, H.: Werbewirkung und Kaufverhalten, Stuttgart 1990
Mayer, R.U.: Produktpositionierung, Köln 1984
Mazanec, J./Scheuch, F. (Hrsg.): Marktorientierte Unternehmungsführung, Wien 1984
McDonald, M./Dunbar, L.: Market Segmentation, Basingstoke/Hampshire 1995
Meffert, Heribert: Marketing, 9. Auflage, Wiesbaden 2000
ders.: Marketingforschung und Käuferverhalten, 2. Auflage, Wiesbaden 1992
ders.: Entscheidungsorientierter Ansatz der Marketingpolitik, in: Bruhn, Manfred (Hrsg.): Handbuch Markenartikel, Band 1, Stuttgart 1994, S. 173 - 198
ders.: Zum Problem des Marketing-Mix - Eine heuristische Vorauswahl absatzpolitischer Instrumente, in: Meffert, H. (Hrsg.): Marketing heute und morgen - Entwicklungstendenzen in Theorie und Praxis, Wiesbaden 1975, S. 257 - 275
ders.: Organisation des Kundenmanagements, in: Frese, H. (Hrsg.): Handwörterbuch der Organisation, Stuttgart 1992, Sp. 1215 - 1228
ders.: Interpretation und Aussagewert des Produktlebenszyklus-Konzeptes, in: Hammann, R./Kroeber-Riel, W./Meyer. C. (Hrsg.): Neuere Ansätze der Marketingtheorie, Berlin 1974, S. 85 - 134
ders.: Marketingstrategien in stagnierenden und schrumpfenden Märkten, in: Pack, L./ Börner, D. (Hrsg.): Betriebswirtschaftliche Entscheidungen bei Stagnation, Wiesbaden 1984, S. 37 - 72
ders.: Marketing-Management, Analyse - Strategie - Implementierung, Wiesbaden 1994
ders. (Hrsg.): Marketing heute und morgen - Entwicklungstendenzen in Theorie und Praxis, Wiesbaden 1975
ders. (Hrsg.): Marktorientierte Unternehmensführung im Wandel: Retrospektive und Perspektiven des Marketing, Wiesbaden 1999
ders.: Der Kundendienst als Marketinginstrument - Einführung in die Problemkreise des Kundendienst-Managements, in: Meffert, H. (Hrsg.): Kundendienst-Management, Frankfurt a.M.-Bern 1982, S. 1- 30
ders. (Hrsg.): Strategische Unternehmensführung und Marketing, Wiesbaden 1988
ders../Heinemann, G.: Operationalisierung des Imagetransfers, in: Marketing - ZFP, Nr. 1/1990, S. 5 - 10
ders./Steffenhagen, Hartwig: Marketingprognosemodelle, Stuttgart 1977
ders./Bruhn, Manfred: Markenstrategien im Wettbewerb, Wiesbaden 1984
diess.: Dienstleistungsmarketing, Grundlagen - Konzepte - Methoden, 2. Auflage, Wiesbaden 1997
Mehrmann, Elisabeth/Wirtz, Thomas: Controlling für die Praxis, 2. Auflage, Düsseldorf-Wien 1992
Meier, H.: Unternehmensführung, Herne-Berlin 1998
Meinig, W.: Lebenszyklen, in: Tietz, B./Köhler, R./Zentes, J. (Hrsg.): Handwörterbuch des Marketing, 2. Auflage, Stuttgart 1995, Sp. 1392 - 1405
ders.: Produktdifferenzierung durch Dienstleistung, in: Marktforschung & Management, Nr. 4/1984, S. 133 - 142
Meissner, Hans Günther: Internationale Markenstrategien, in: Bruhn, Manfred (Hrsg.): Handbuch Markenartikel, Band 1, Stuttgart 1994, S. 673 - 685
Mellerowicz, Karl: Markenartikel - Die ökonomischen Gesetze ihrer Preisbildung und Preisbindung, 2. Auflage, München - Berlin 1963

Melzer-Ridinger, Ruth: Materialwirtschaft und Einkauf, Band 2: Qualitätsmanagement, München 1995
Merbold, C.: Unternehmen als Marken, in: Bruhn, M. (Hrsg.): Handbuch Markenartikel, Band 1, Stuttgart 1994, S. 105 - 119
Mertins, K./Siebert, G./Kempf, S. (Hrsg.): Benchmarking - Praxis in deutschen Unternehmen, Berlin u.a. 1995
Meyer, A.: Produktdifferenzierung durch Dienstleistungen, in: Marketing - ZFP, Nr. 2/ 1985, S. 99 - 107
Meyer, J.: Qualität als strategische Wettbewerbswaffe, in: Simon, H. (Hrsg.): Wettbewerbsvorteile und Wettbewerbsfähigkeit, Stuttgart 1988, S. 73 - 88
Meyer, M.: Kundendienst, in: Tietz, B./Köhler, R./Zentes, J. (Hrsg.): Handwörterbuch des Marketing, 2. Auflage, Stuttgart 1995, Sp. 1351 - 1362
Meyer, Paul W. (Hrsg.): Integrierte Marketingfunktionen, 4. Auflage, Stuttgart-Berlin-Köln 1986
ders./Mattmüller, R. (Hrsg.): Strategische Marketingoptionen, Stuttgart u.a. 1993
Michel, K.: Technologie im strategischen Management, 2. Auflage, Berlin 1992
Minderlein, N.: Markteintrittsbarrieren und Unternehmensstrategie, Wiesbaden 1989
Mintzberg, Henry: The Rise and Fall of Strategic Management, New York 1994
Mirow, H.: Strategien zur Wertsteigerung in diversifizierten Unternehmen, in: Hinterhuber, H.H. u.a. (Hrsg.): Die Zukunft der diversifizierten Unternehmung, München 2000, S. 325 - 343
Müller, G.: Strategische Frühaufklärung, München 1981
Müller, G.: Das Image des Markenartikels, Opladen 1971
Müller, Götz-Michael: Dachmarkenstrategien, in: Bruhn, Manfred (Hrsg.): Handbuch Markenartikel, Band 1, Stuttgart 1994, S. 499 - 512
Müller, W.: Planung von Marketingstrategien, Frankfurt a.M. u.a. 1986
Müller-Hagedorn, Lothar: Das Konsumentenverhalten, Wiesbaden 1986
ders.: Einführung in das Marketing, 2. Auflage, Darmstadt 1996
Müller-Stewens, G.: Strategische Suchfeldanalyse, 2. Auflage, Wiesbaden 1990
Muser, V.: Der integrative Kundendienst. Grundlagen für ein marketingorientiertes Kundendienstmanagement, Augsburg 1988
ders./Lechner, C.: Strategische Prozessforschung - Grundlagen und Perspektiven, in: Ringlstetter, M./Henzler, H./Mirow, M. (Hrsg.): Perspektiven der Strategischen Unternehmensführung, Wiesbaden 2003, S. 43 - 71

Naisbitt, J./Aburdene, D.: Megatrends, 2. Auflage, Düsseldorf 1990
Nalebuff, B./Brandenburger, A.: Coopetition - kooperativ konkurrieren, Frankfurt - New York 1996
Neubauer, F.F.: Portfolio-Management, 3. Auflage, Neuwied 1989
ders.: Das PIMS-Programm und Portfolio-Management, in: Hahn, D./Taylor, B. (Hrsg.): Strategische Unternehmensplanung, Würzburg - Wien 1980, S. 283 - 310
Nieschlag, Robert/Dichtl, Erwin/Hörschgen, Hans: Marketing, 17. Auflage, Berlin 1994
Nommensen, J.M.: Die Prägnanz von Markenbildern, Heidelberg 1990
North, K.: Wissensorientierte Unternehmensführung, 2. Auflage, Wiesbaden 1999
Noss, Chr.: Zeit im Management, Wiesbaden 1997
Numrich, K.J.: Marketingmanagement, Marketing-Instrumente und Marketing-Mix, Berlin 1979

Oehme, Wolfgang: Handelsmarketing, 2. Auflage, München 1992
Oelsnitz, D.v.d.: Markteintritts-Management, Stuttgart 2000
Oess, Alfred: Total Quality Management, Eine ganzheitliche Qualitätsstrategie, 3. Auflage, Wiesbaden 1993
Oetinger, B.v.: Das Boston Consulting Group-Strategiebuch, 5. Auflage, Düsseldorf u.a. 1997
Ohno, T.: Das Toyota-Produktionssystem, Frankfurt a.M.-New York 1993
Olbrich, R.: Marketing, Berlin u.a. 2001
Olfert, Klaus: Kostenrechnung. 7. Auflage, Ludwigshafen 1987
Ortmann, G.: Formen der Produktion, Opladen 1995
Ossadnik, Wolfgang: Controlling, 2. Auflage, München-Wien 1998
Osterloh, M./Frost, J.: Prozeßmanagement als Kernkompetenz, 2. Auflage, Wiesbaden 2001
Ott, A.E.: Grundzüge der Preistheorie, Darmstadt 1978
o.V.: Interview mit Helmut Thoma, in: W&V Nr. 34/99, S. 26
o.V.: Marken - How much in Dollar, in: Absatzwirtschaft, Nr. 8, 1989, Sonderdruck
o.V.: Marketing-Enzyklopädie, Band 1, München 1974

Palloks, N.: Marketing-Controlling. Konzeption zur entscheidungsbezogenen Informationsversorgung des operativen und strategischen Marketing-Management, Frankfurt a.M. 1991
Panzar, J.C./Willig, R.D.: Economies of Scope, in: American Economic Review, Vol. 71, No. 2/1977, S. 268 - 272
Paprottka, S.: Unternehmenszusammenschlüsse - Synergiepotentiale und ihre Umsetzungsmöglichkeiten durch Integration, Wiesbaden 1996
Patterson, James G.: ISO 9000, Wien 1995
Pauls, S.: Business Migration, Wiesbaden 1998
Peemöller, V.H.: Controlling. Grundlagen und Einsatzgebiete, 3. Auflage, Herne 1997
Penrose, E.: The theory of the growth of the firm, Oxford 1959
Pepels, Werner: Handbuch Moderne Marketingpraxis, Band 2: Die Instrumente im Marketing, Düsseldorf 1993
ders.: Käuferverhalten und Marktforschung, Stuttgart 1995
ders.: Innovationsmanagement, Berlin 1999
ders.: Qualitätscontrolling bei Dienstleistungen, München 1996
ders.: Marketing, 2. Auflage, München-Wien 1998
ders.: Lexikon des Marketing, München 1996
ders.: Technischer Vertrieb, Berlin 1998
Perlitz, Manfred: Internationales Management, 2. Auflage, Stuttgart-Jena 1995
Perlitz, M./Offinger, A./Reinhardt, M./Schug, K. (Hrsg.): Strategien im Umbruch, Stuttgart 1997
Perrey, J.: Nutzenorientierte Marktsegmentierung, Wiesbaden 1998
Perillieux, R.: Der Zeitfaktor im strategischen Technologie-Management, Berlin 1987
Pesch, Jürgen: Grundzüge des Marketing, 4. Auflage, München 1988
Pessemier, E.A.: Product Management, Strategy and Organization, 2. Ed., New York et al 1982

Petermann, Günter: Absatzwirtschaft, Stuttgart-Berlin-Köln-Mainz 1979
Peters, Th.J./Waterman, R.H.: In Search of Excellence, New York 1982
Pfeifer, T.: Qualitätsmanagement, 2. Auflage, München-Leipzig 1996
ders.: Praxishandbuch Qualitätsmanagement, Leipzig 1996
Pfeiffer, W.: Zur Notwendigkeit strategischer Vorsteuerung von Innovationsprozessen, in: Franke, J. (Hrsg.): Betriebliche Innovation als interdisziplinäres Problem, Stuttgart 1985, S. 124 - 133
ders./Bischof, P.: Produktlebenszyklus - Instrument jeder strategischen Produktplanung, in: Steinmann, H. (Hrsg.): Planung und Kontrolle, München 1981, S. 133 - 166
Pfohl, H. Chr../Stölzle, W.: Planung und Kontrolle, 2. Auflage, München 1997
Picot, A./Reichwald, R./Wigand, R.T.: Die grenzenlose Unternehmung. Information, Organisation und Management, 4. Auflage, Wiesbaden 2000
Piller, F.T.: Kundenindividuelle Massenproduktion, München-Wien 1998
ders.: Kundenindividuelle Produkte - von der Stange, in: Harvard Business Manager, Nr. 3/1997, S. 15 - 26
Pinchot, G.: Intrapreneuring, New York et al 1985
Pine, B.J.: Mass Customization. The new Frontier in Business Competition, Boston 1993
Piontek, Jochem: Controlling, München-Wien 1996
Pleschak, F./Sabisch, H.: Innovationsmanagement, Stuttgart 1996
Porter, Michael E.: Wettbewerbsvorteile: Spitzenleistungen erreichen und behaupten, Frankfurt-New York 1986
ders.: Wettbewerbsstrategie: Methoden und Analyse von Branchen und Konkurrenten, 7. Auflage, Frankfurt a.M.-New York 1992
Poth, Ludwig G.: Grundlagen des Marketing, 2. Auflage, Neuwied-Frankfurt 1990
ders./Poth, Gudrun S.: Marketingfaktor Design, in: Poth, Ludwig G./Poth, Gudrun S. (Hrsg.): Marktfaktor Design, München 1986, S. 21 - 67
dies.: Gabler Marketingbegriffe von A - Z, Wiesbaden 1999
dies. (Hrsg.): Marktfaktor Design, München 1986
Powell, T.C.: Total Quality Management as Competitive Advantage: A Review and Empirical Study, in: Strategic Management Journal, Vol. 16, No. 1/1995, S. 15 - 37
Poirier, C.P./Reiter, S.E.: Die optimale Wertschöpfungskette, Frankfurt-New York 1997
Prahalad, C.K./Hamel, G.: The Core Competence of the Corporation, in: Harvard Business Review, 68. Jg., No. 3/1990, S. 79 - 91
Preißner, Andreas: Marketing-Controlling, 2. Auflage, München 1999
ders./Engel, Stefan: Marketing, 2. Auflage, München 1995
Priemer, V.: Bundling im Marketing, Frankfurt a.M. u.a. 2000
Priemer, W.: Produktvariation als Instrument des Marketing, Berlin 1970
Prillmann, M.: Management der Variantenvielfalt, Frankfurt a.M. 1996
Probst, Gilbert/Gomez, Peter: Vernetztes Denken, Wiesbaden 1989
Pümpin, C.: Langfristige Marketingplanung, 2. Auflage, Bern-Stuttgart 1970
ders.: Management strategischer Erfolgspositionen, 3. Auflage, Frankfurt-New York 1991

Radke, Magnus: Handbuch der Budgetierung, 2. Auflage, München 1991

Raffeé, Hans/Wiedmann, Klaus P. (Hrsg.): Strategisches Marketing, 2. Auflage, Stuttgart 1989

Rahders, R.: Verfahren und Probleme der Bestimmung des optimalen Werbebudgets, Idstein 1989

Ramme, I.: Marketing, Stuttgart 2000

Rasche, C.: Wettbewerbsvorteile durch Kernkompetenzen: ein ressourcenorientierter Ansatz, Wiesbaden 1994

Rat für Formgebung (Hrsg.): Design-Management, Düsseldorf u.a. 1990

Rathenow, P.: Integriertes Variantenmanagement. Bestimmung, Realisierung und Sicherung der optimalen Produktvielfalt, Göttingen 1994

Rau, B.: Der technische Kundendienst als absatzwirtschaftliches Entscheidungsproblem - eine theoretische und empirische Untersuchung, Berlin 1975

Rau, H.: Mit Benchmarking an die Spitze, Wiesbaden 1996

Rayport, J.F./Sviokla, J.J.: Die virtuelle Wertschöpfungskette - Kein fauler Zauber, in: Harvard Business Manager, Nr. 2/1996, S. 104 - 113

Reichert, R.: Entwurf und Bewertung von Strategien, München 1984

Reichmann, Thomas: Controlling mit Kennzahlen und Managementberichten, 5. Auflage, München 1997

Reichmann, T. (Hrsg.): Handbuch Kosten- und Erfolgs-Controlling, München 1995

ders./Palloks, M. (Hrsg.): Kostenmanagement und Controlling, Frankfurt a.M. u.a. 1998

Reichwald, R./Wildemann, H. (Hrsg.): Kreative Unternehmen - Spitzenleistungen durch Produkt- und Prozeßinnovation, Stuttgart 1995

Reinecke, Sven/Tomczak, Torsten/Geis, Gerold (Hrsg.): Handbuch Marketing-Controlling, Frankfurt-Wien 2001

ders./Tomczak, T./Dittrich, S. (Hrsg.): Marketingcontrolling, St.Gallen 1998

Reinertsen, D.G.: Die neuen Werkzeuge der Produktentwicklung, München-Wien 1998

Reinhart, Gunther/Lindemann, Udo/Henzl, Joachim: Qualitätsmanagement, Heidelberg u.a. 1996

Reinöhl, E.: Problem der Produkteliminierung, Diss., Bonn 1981

Reissner, S.: Synergiemanagement und Akquisitionserfolg, Wiesbaden 1992

Reiß, M.: Komplexitätsmanagement, in: WiSt, 22. Jg., Nr. 1/1993, S. 54 - 59

ders./Höge, R.: Kosten und Nutzen der Segmentierung, in: Kostenrechnungspraxis, Nr. 4/1993, S. 215 - 221

Remmersbach, K.U.: Markteintrittsentscheidungen, Wiesbaden 1988

Reuter, J.: Komplexität und Dynamik der Implementierung von Wettbewerbsstrategien, Wiesbaden 1998

Riebel, P.: Einzelkosten- und Deckungsbeitragsrechnung. Grundfragen einer markt- und entscheidungsorientierten Unternehmensrechnung, 7. Auflage, Wiesbaden 1994

ders.: Kosten und Preise, 2. Auflage, Opladen 1972

Riedel, F.: Die Markenwertmessung als Grundlage strategischer Markenführung, Heidelberg 1996

Riedel, Günther: Der Weg zur Deckungsbeitragsrechnung, Stuttgart 1973

Ries, A./Trout, J.: Positioning: die neue Werbestrategie, Hamburg 1986

Ries, A./Trout, J.: Marketing Warfare, New York et al 1986

Rieser, I.: Konkurrenzanalyse. Wettbewerbs- und Konkurrentenanalyse im Marketing, in: Die Unternehmung, Nr. 4/1989, S. 293 - 309

Riezler, S.: Lebenszyklusrechnung, Wiesbaden 1996
Risak, J./Deyhle, A.: Controlling. Strate of the Art und Entwicklungstendenzen, 2. Auflage, Wiesbaden 1992
Ritter, T.: Innovationserfolg durch Netzwerk-Kompetenz, Wiesbaden 1998
Robens, H.: Modell- und methodengestützte Entscheidungshilfen zur Planung von Produkt-Portfoliostrategien, Frankfurt a.M. u.a. 1986
Rodermann, M.: Strategisches Synergiemanagement, Wiesbaden 1999
Roeb, T.: Markenwert - Begriff, Berechnung, Bestimmungsfaktoren, Aachen - Mainz 1994
Röttger, W.-A.: Produktvariation als Marketing-Strategie zur Erhaltung des Angebotserfolges, Münster 1980
Rogge, Hans-Jürgen: Marktforschung, München-Wien 1981
Rohe, Chr. (Hrsg.): Werkzeuge für das Innovations-Management, Frankfurt a.M. 1999
Rohlmann, P.: Marketing in der Rezession, Wiesbaden 1977
Ropella, W.: Synergie als strategisches Ziel der Unternehmung, Berlin - New York 1989
Rosenbaum, M.C.: Chancen und Risiken von Nischenstrategien, Wiesbaden 1999
Rosenberg, L.J.: Marketing, Englewood Cliffs/N.J. 1977
Rosenkranz, F.: Unternehmensplanung, 3. Auflage, München u.a. 1999
Rotering, J.: Zwischenbetriebliche Kooperation als alternative Organisationsform, Stuttgart 1993
Roth, A./Behme, W. (Hrsg.): Organisation und Steuerung dezentraler Unternehmenseinheiten, Wiesbaden 1997
Roventa, P.: Portfolio-Analyse und Strategisches Management, 2. Auflage, München 1981
ders./Mauthe, K.D.: Versionen der Portfolio-Analyse auf dem Prüfstand, in: Zeitschrift für Organisation, Nr. 4/1982, S. 191 - 204
Rüggeberg, H.: Strategisches Markteintrittsverhalten junger Technologieunternehmen. Erfolgsfaktoren der Vermarktung von Produktinnovationen, Wiesbaden 1997
Rüttler, M.: Information als strategischer Erfolgsfaktor, Berlin u.a. 1991
Rumelt, R.: Strategy, Structure and Economic Performance, Boston/Mass. 1974
Rumler, A.: Konsumentenbezogenes Marktmanagement, Wiesbaden 1990
Runzheimer, Chr.: Planung und Kontrolle integrativer Produktentwicklungen, Wiesbaden 1999
Rupp, Manfred: Produkt-Markt-Strategien, 3. Auflage, Zürich 1988
Ruppert, R.: Individualisierung von Unternehmen, Wiesbaden 1995

Saatweber, J.: Kundenorientierung durch Quality Function Deployment, München-Wien 1997
Saaty, T.L.: The analytic hierarchy Process: Planning, Priority, Setting, Resource Allocation, New York 1980
ders./Alexander, J.M.: Conflict Resolution. The Analytic Hierarchy Approach, New York 1989
Sabel, H./Weiser, Chr.: Dynamik im Marketing, 2. Auflage, Wiesbaden 1998
Sabisch, Helmut: Produktinnovationen, Stuttgart 1991
Sabisch, H./Tintelnot, C. (Hrsg.): Benchmarking, Stuttgart 1997
Sanchez, R.: Strategic Product Creation: Managing new Interactions of Technology,

Markets and Organization, in: European Management Journal, Vol. 14, No. 2/1996, S. 121 - 138
Sander, Matthias: Die Bestimmung und Steuerung des Wertes von Marken, Heidelberg 1994
Sandler, G.: Herstellermarken, in: Bruhn, M. (Hrsg.): Handbuch Markenartikel, Band 1, Stuttgart 1994, S. 43 - 56
Sands, S.: Problems of Organising for effective new Product Development, in: European Journal of Marketing, Vol. 17, No. 4/1983, S. 18 - 33
Sattler, H: Markenpolitik, Stuttgart 2000
ders.: Monetäre Bewertung von Markenstrategien für neue Produkte, Stuttgart 1997
ders.: Markenstrategien für neue Produkte, in: Esch, F.-R. (Hrsg.): Moderne Markenführung, 2. Auflage, Wiesbaden 2000, S. 337 - 355
Schaible, J./Hönig, A.: High Tech-Marketing in der Praxis, München 1991
Scharf, Andreas/Schubert, Bernd: Marketing, 2. Auflage, Stuttgart 1997
Scharrer, E.: Qualität - ein betriebswirtschaftlicher Faktor, in: Zeitschrift für Betriebswirtschaft, Nr. 7/1991, S. 695 - 720
Schaude, G.: Kooperation, Joint Venture, Strategische Allianzen, 2. Auflage, Eschborn 1993
Schauenburg, J.: Kundennutzenanalyse, Frankfurt a.M. u.a. 1999
Schenk, Hans-Otto: Marktwirtschaftslehre des Handels, Wiesbaden 1991
ders.: Handels- und Gattungsmarken, in: Bruhn, M. (Hrsg.): Handelsmarken, 3. Auflage, Stuttgart 2001, S. 71 - 98
ders.: Handels- und Gattungsmarken, in: Bruhn, M. (Hrsg.): Handbuch Markenartikel, Band 1, Stuttgart 1994, S. 57 - 78
Scherer, F.M.: Industrial market structure and economic performance, Chicago 1980
Scheuch, Fritz: Marketing, 5. Auflage, München 1996
ders./Hasenauer, Rolf: Entscheidungen im Marketing, 2. Auflage, Wien 1981
Scheuing, Eduard E.: Das Marketing neuer Produkte, Wiesbaden 1970
Schewe, C.D./Smith, R.M.: Marketing. Concepts and Applications, Tokyo et al 1980
Schildknecht, R.: Total Quality Management, Frankfurt a.M. u.a. 1992
Schlegelmilch, G.: Management strategischer Innovationsfelder, Wiesbaden 1999
Schlicksupp, Helmut: Innovation, Kreativität und Ideenfindung, 4. Auflage, Würzburg 1992
ders.: Ideenfindung, 5. Auflage, Würzburg 1999
ders.: Kreativitätstechniken, in: Tietz, Bruno/Köhler, Richard/Zentes, Joachim (Hrsg.): Handwörterbuch des Marketing, 2. Auflage, Stuttgart 1995, Sp. 1289 - 1309
Schimank, C.: Komplexitätsreduktion und Prozeßoptimierung, in: Horvath, P. (Hrsg.): Marktnähe und Kosteneffizienz, Stuttgart 1993, S. 185 - 206
Schmalen, H./Lang, H./Pechtl, H.: Gattungsmarken als Profilierungsinstrument im Handel, in: Esch, F.-R. (Hrsg.): Moderne Markenführung, 2. Auflage, Wiesbaden 2000, S. 873 - 891
Schmalensee, R.: Inter-industry studies of structure and performance, in: Schmalensee, R./Willig, R. (Eds.): Handbook of Industrial Organization, Amsterdam et al 1989, S. 951 - 1009
Schmalzl, B./Schröder, J.: Managementkonzepte im Wettstreit, München 1998
Schmidt, Günther/Tautenhahn, Frank: Qualitätsmanagement - Eine projektorientierte Einführung, Braunschweig-Wiesbaden 1995

Schmidt, G.: Prozeßmanagement - Modelle und Methoden, Berlin u.a. 1997
ders.: Marktaustrittsstrategien, Frankfurt a.M. 1994
Schmidt, R.W.: Strategisches Marketing-Accounting, Wiesbaden 1997
Schmidt, T.B.: Die Bestimmung der optimalen Sortimentstiefe für einen Konsumgüterhersteller, Köln 1990
Schmidt-Sudhoff, U.: Unternehmerziele und unternehmerisches Zielsystem, Wiesbaden 1967
Schmitt-Grohé, J.: Produktinnovation - Verfahren und Organisation der Neuproduktplanung, Wiesbaden 1972
Schmitz, C.A. (Hrsg.): Managementfaktor Design, München 1994
Schnabel, U.G./Roos, A.W.: Business Reengineering in Mittelständischen Unternehmen, 2. Auflage, Frankfurt a.M. u.a. 1998
Schnäbele, P.: Mass Customized Marketing, Wiesbaden 1997
Schnedlitz, P.: Ein ganzheitlicher Ansatz zur Selektion von Produktinnovationen, in: Jahrbuch für Absatz- und Verbrauchsforschung, 31. Jg., Nr. 2/1985, S. 138 - 166
Schneider, D./Baur, C./Hopfmann, L.: Re-Design der Wertkette durch Make or Buy, Wiesbaden 1994
Schneider, M./Schwarz, E./Wikner, U.: Kooperation - der direkte Weg zum Erfolg, Frankfurt a.M.-New York 1999
Schneider, R.: Prozeßkostenrechnung in der Industrie, Wiesbaden 1996
Schobert, R.: Positionierungsmodelle, in: Diller, H. (Hrsg.): Marketingplanung, München 1980, S. 145 - 161
Schönert, O.: Frühaufklärung im internationalen Strategiekontext, Wiesbaden 1997
Schönrock, A.: Die Gestaltung des Leistungsmix im marktorientierten Kundendienst, in: Meffert, H. (Hrsg.): Kundendienst-Management, Frankfurt a.M.-Bern 1982, S. 81 - 112
Scholz, Chr.: Strategisches Management - ein integrativer Ansatz, Berlin-New York 1987
Schreyögg, Georg: Organisatorischer Wandel, Hagen 1993
Schreyögg, G.: Unternehmensstrategie: Grundlagen einer Theorie der strategischen Unternehmensführung, Berlin-New York 1984
Schreyögg, G.: Strategisches Management - Entwicklungstendenzen und Zukunftsperspektiven, in: Die Unternehmung, 53. Jg., Nr. 6/1999, S. 387 - 407
ders.: Organisation, 3. Auflage, Wiesbaden 1999
ders./Conrad, P. (Hrsg.): Organisatorischer Wandel und Transformation, Wiesbaden 2000
Schröder, A.: Management virtueller Unternehmen. Organisatorische Konzeption und informationstechnische Unterstützung flexibler Allianzen, Frankfurt a.M. u.a. 1996
Schröder, Ernst F.: Familienmarkenstrategien, in: Bruhn, Manfred (Hrsg.): Handbuch Markenartikel, Band 1, Stuttgart 1994, S. 513 - 526
ders.: Modernes Unternehmens-Controlling, 6. Auflage, Ludwigshafen 1996
Schüle, F.M.: Diversifikation und Unternehmenserfolg, Wiesbaden 1992
Schüller, A./Schlange, L.E. (Hrsg.): Komplexität und Managementpraxis, Stuttgart 1994
Schuh, G./Friedli, T.: Die virtuelle Fabrik: Konzepte, Erfahrungen, Grenzen, Produktionswirtschaft, Wiesbaden 1999

Schulz, Erika/Schulz, Werner: Ökomanagement, München 1994
Schulz, Roland: Kaufentscheidungsprozesse der Konsumenten, Wiesbaden 1972
ders./Brandmeyer, Klaus: Die Marken-Bilanz: Ein Instrument zur Bestimmung und Steuerung von Markenwerten, in: Markenartikel, 51. Jg./1989, Nr. 7, S. 364 - 370
Schumpeter, J.A.: Theorie der wirtschaftlichen Entwicklung, Gerlin 1934
Schwarting, U.: Institutionalisierung des Marketingkonzepts durch Produkt-Management, Frankfurt a.M. u.a. 1993
Schwarz, G.: Unternehmungskultur als Element des Strategischen Managements, Berlin 1989
Schweitzer, M./Troßmann, E.: Break Even-Analysen, 2. Auflage, Berlin 1998
Seghezzi, H.D.: Qualitätsmanagement, Stuttgart 1994
Seidenschwarz, W.: Target Costing. Marktorientiertes Zielkostenmanagement, 2. Auflage, München 2000
Serfling, K.: Controlling, 2. Auflage, Stuttgart 1992
Servatius, H.G.: Methodik des strategischen Technologie-Management, Berlin 1985
Shapiro, E.C.: Die Strategiefalle, Frankfurt a.M.-New York 1999
Sidow, H.D.: Key Account Management, 5. Auflage, Landsberg a.L. 1999
Siebert, G./Kempf, S.: Benchmarking, München-Leipzig 1998
Siegwart, H.: Produktentwicklung in der industriellen Unternehmung, Bern-Stuttgart 1974
Siegwart, H. u.a. (Hrsg.): Unternehmenspolitik und Unternehmensstrategie, Stuttgart 1995
ders./Senti, R.: Product Life Cycle Management, Stuttgart 1995
Sierke, B.R.A./Albe, F. (Hrsg.): Branchenübergreifende Erfolgsfaktoren, Wiesbaden 1995
Sikora, J.: Handbuch der Kreativ-Methoden, Heidelberg 1976
Silberer, Günter: Werteforschung und Wertorientierung im Unternehmen, Stuttgart 1991
Simanek, A.: Markt- und kompetenzorientierte Geschäftsfeldplanung, Wiesbaden 1998
Simon, C.: Qualitätsgerechte Simultane Produktentwicklung, Wiesbaden 1995
Simon, Hermann (Hrsg.): Industrielle Dienstleistungen, Stuttgart 1993
ders./Homburg, C. (Hrsg.): Kundenzufriedenheit. Konzepte - Modelle - Erfahrungen, 3. Auflage, Wiesbaden 1998
ders.: Die heimlichen Gewinner (Hidden Champions), Frankfurt a.M.-New York 1996
ders.: Management strategischer Wettbewerbsvorteile, in: Simon, H./Bohnenkamp, J. (Hrsg.): Wettbewerbsvorteile und Wettbewerbsfähigkeit, Stuttgart 1988, S. 1 - 17
ders.: Markteintrittsbarrieren, in: Macharzina, K./Welge, M.K. (Hrsg.): Handwörterbuch Export und internationale Unternehmung, Stuttgart 1989, Sp. 1441 - 1453
ders. (Hrsg.): Das große Handbuch der Strategiekonzepte, Frankfurt a.M.-New York 2000
ders. (Hrsg.): Unternehmenskultur und Strategie, Frankfurt a.M. 2001
ders./Bohnenkamp, J. (Hrsg.): Wettbewerbsvorteile und Wettbewerbsfähigkeit, Stuttgart 1988
Simon, H.A.: Die Architektur der Komplexität, in: Türk, K. (Hrsg.): Handlungssysteme, Opladen 1978, S. 94 - 112
Smoczok, M.: Baugleiche Produkte aus Konsumentensicht, Wiesbaden 1999

Sommer, R.: Psychologie der Marke, Frankfurt a.M. 1998
Sommerlatte, T./Wedekind, E.: Leistungsprozesse und Organisationsstruktur, in: Arthur D. Little (Hrsg.): Management der Hochleistungsorganisation, Wiesbaden 1990, S. 25 - 41
Spang, S.: Informationsmodellierung im Marketing. Wiesbaden 1992
Specht, Günter: Einführung in die Betriebswirtschaftslehre, 2. Auflage, Stuttgart 1997
ders.: Qualitätsmanagement im Innovationsprozeß unter besonderer Berücksichtigung der Schnittstellen zwischen F&E und Vertrieb, in: Specht, G./Silberer, G./Engelhardt, W.H. (Hrsg.): Marketing-Schnittstellen, Stuttgart 1989, S. 141 - 163
ders./Beckmann, Christoph: F&E-Management, Stuttgart 1996
ders./Michel, Klaus-Ulrich: Integrierte Technologie- und Marktplanung mit Innovationsfeldportfolios, in: ZfB, 5. Jg., Nr. 4/1988, S. 502 - 520
ders./Schmelzer, H.J.: Qualitätsmanagement in der Produktentwicklung, Stuttgart 1991
Specht, G./Silberer, G./Engelhardt, W.H. (Hrsg.): Marketing-Schnittstellen. Herausforderungen für das Management, Stuttgart 1989
Spiegel, B.: Die Struktur der Meinungsverteilung im sozialen Feld, Bern-Stuttgart 1961
Spremann, K.: Portfoliomanagement, München 2000
Spremann, K./Zur, E.: Controlling. Grundlagen - Informationssysteme - Anwendungen, Wiesbaden 1992
Stabernack, W. (Hrsg.): Verpackung, München 1998
Staehle, Wolfgang H. (u.M.v. Conrad, Peter/Sydow, Jörg): Management, 8. Auflage, München 1999
ders.: Kennzahlen und Kennzahlensysteme als Mittel der Organisation und Führung von Unternehmen, Wiesbaden 1969
Stanton, W.J./Etzel, M.J./Walker, B.J.: Fundamentals of Marketing, 9. Ed., New York et. al. 1991 Staudt, Th./Taylor, D.A.: A managerial Introduction to Marketing, Englewood Cliffs/N.J. 1970
ders.: Total Quality Management und Marketing, in: Marketing ZFP, Nr. 3/1994, S. 149 - 159
Stauss, Bernd (Hrsg.): Qualitätsmanagement und Zertifizierung, Wiesbaden 1994
ders./Schulze, H.S.: Internes Marketing, in: Marketing - ZFP, 12. Jg., Nr. 3/1990, S. 149 - 158
Steckler, Brunhilde: Wirtschaftsrecht, 3. Auflage, Ludwigshafen 1995
Steffenhagen, Hartwig: Marketing, 4. Auflage, Stuttgart u.a. 2000
Stein, H. G.: Kostenführerschaft als strategische Erfolgsposition, in: Henzler, H. (Hrsg.): Handbuch Strategische Führung, Wiesbaden 1988, S. 397 - 426
Steiner, G.: Top Management Planning, New York 1969
Steiner, W.J.: Optimale Neuproduktplanung, Wiesbaden 1999
Steinle, C./Bruch, H.: Controlling. Kompendium für Controller-innen und ihre Ausbildung. 2. Auflage, München 1998
Steinmann, H. (Hrsg.): Planung und Kontrolle, München 1981
ders./Schreyögg, G.: Management - Grundlagen der Unternehmensführung, 5. Auflage, Wiesbaden 2000
Stengel, R.: Gestaltung von Wertschöpfungsnetzwerken, Wiesbaden 1999
Stern, M.E.: Marketing-Planung - Eine System-Analyse, 2. Auflage, Berlin 1969
Sternagel, Eva-Marie: Handelsmarkenstrategien, in: Bruhn, Manfred (Hrsg.): Handbuch Markenartikel, Band 1, Stuttgart 1994, S. 543 - 560

Stockmann, J.: Vertriebs-Controlling unter besonderer Berücksichtigung der Zusammenarbeit zwischen Vertrieb und Logistik, in: Steinle, C./Eggers, B./Lawa, D. (Hrsg.): Zukunftsgerichtetes Controlling. Unterstützungs- und Steuerungssystem für das Management, Wiesbaden 1995, S. 137 - 157

Strasmann, J./Schüller, A. (Hrsg.): Kernkompetenzen, Stuttgart 1996

Strothmann, K.-H./Kliche, M.: Innovationsmarketing, Wiesbaden 1989

Sydow, J.: Strategische Netzwerke: Evolution und Organisation, 2. Auflage, Wiesbaden 1999

Szyperski, Norbert/Winand, Udo: Grundbegriffe der Unternehmensplanung, Stuttgart 1980

Teece, D./Pisano, C./Shuen, A.: Dynamic capabilities and strategic management, in: Strategic Management Journal, Vol. 18/1997, No. 7, S. 509 - 533

Tennhagen, U.: Produktrelaunch in der Konsumgüterindustrie, Wiesbaden 1993

Texeraud, M.: Marketingorganisation internationaler Unternehmungen in Europa, Wiesbaden 1999

Theden, Philipp/Colsman, Hubertus: Qualitätstechniken, München-Wien 1996

Thiele, M.: Kernkompetenzorientierte Unternehmensstrukturen, Wiesbaden 1997

Thomas, Fritz: Praxis der Betriebsorganisation, München 1993

Thomas, U.: Die Substitutionskonkurrenz als Herausforderung für das Marketing, Berlin 1989

Thommen, J.-P. (Hrsg.): Management-Kompetenz, Wiesbaden 1995

Thompson, J.: Strategic Management, 4th ed., Australia et al 2001

Tietz, Bruno: Marketing, 3. Auflage, Tübingen-Düsseldorf 1995

ders. (Hrsg.): Handwörterbuch der Absatzwirtschaft, Band 1 - 4, Stuttgart 1974

ders./Köhler, Richard/Zentes, Joachim (Hrsg.): Handwörterbuch des Marketing, 2. Auflage, Stuttgart 1995

Tintelnot, C./Meissner, D./Steinmeier, I. (Hrsg.): Innovationsmanagement, Berlin u.a. 1999

Töpfer, A..: Ein Paradigmenwechsel in der marktorientierten Unternehmensführung?, in: Blum, U. u.a. (Hrsg.): Wettbewerb und Unternehmensführung, Stuttgart 1994, S. 42 - 63

ders.. (Hrsg.): Geschäftsprozesse analysiert und optimiert, Neuwied 1996

ders. (Hrsg.): Das Management der Werttreiber, Frankfurt a.M. 2000

ders./Afheldt, H. (Hrsg.): Praxis der strategischen Unternehmensplanung, Frankfurt a.M. 1983

ders../Mann, A.: Benchmarking - Lernen von den Besten, in: Töpfer, A. (Hrsg.): Benchmarking. Der Weg zu Best Practice, Berlin u.a. 1997, S. 31 - 75

ders./Mehdorn, H.: Total Quality Management, 5. Auflage, Neuwied 1999

ders./Sommerlatte, T. (Hrsg.): Technologie-Marketing, Landsberg a.L. 1991

Tolle, Elsabeth/Steffenhagen, Hartwig: Kategorien des Markenerfolges und einschlägige Meßmethoden, in: Bruhn, Manfred (Hrsg.): Handbuch Markenartikel, Band 2, Stuttgart 1994, S. 1283 - 1304

Tomczak, Torsten/Rudolph, Th./Roosdorp, A. (Hrsg.): Positionierung: Kernentscheidung des Marketing, St.Gallen 1996

ders./Belz, Chr. (Hrsg.): Kundennähe realisieren, St.Gallen 1994
ders./Reinecke, S. (Hrsg.): Best Practise in Marketing, St.Gallen-Wien 1998
diess.: Best Practice in Marketing: Auf der Suche nach Marketing-Spitzenleistungen, in: Tomczak, T./Reinecke, S. (Hrsg.): Best Practice in Marketing - Erfolgsbeispiele zu den vier Kernaufgaben im Marketing, Wien 1998, S. 9 - 34
Trommsdorff, Volker: Konsumentenverhalten, 2. Auflage, Stuttgart u.a. 1993
ders.: Wettbewerbsorientierte Image-Positionierung, in: Markenartikel Nr. 10/1992, S. 458 - 463
ders.: Innovationsmanagement in kleinen und mittleren Unternehmen, München 1990
ders.: Innovationsmarketing. Querfunktion der Unternehmensführung, in: Marketing - ZFP, 13. Jg., Nr. 3/1991, S. 178 - 185
ders./Zellerhoff, Claudia: Produkt- und Markenpositionierung, in: Bruhn, Manfred (Hrsg.): Handbuch Markenartikel, Band 1, Stuttgart 1994, S. 349 - 373
Trux, Walter/Müller, Günter/Kirsch, Werner: Das Management strategischer Programme, 2. Auflage, München 1985
ders./Kirsch, W.: Strategisches Marketing oder die Möglichkeit einer "wissenschaftlichen" Unternehmensführung, in: Die Betriebswirtschaft, Nr. 9/1979, S. 215 - 235
Tscheulin, D.K.: Optimale Produktgestaltung, Wiesbaden 1992
Turnheim, Georg: Sanierungsstrategien: Mit strategischer Planung aus der Unternehmenskrise, Wien 1988

Unger, Fritz: Taschenbuch für Marketing, 2. Auflage, Heidelberg 1994
Ulrich, Peter: Unternehmenspolitik, Bern-Stuttgart 1990
ders./Krieg, W.: St.Galler Management-Modell, 3. Auflage, Bern 1974
ders./Fluri, E.: Management, 6. Auflage, Bern-Stuttgart 1993
Upshaw, L.B.: Building Brand Identity, New York 1995
Urban, G.J./Hauser, J.R.: Design and Marketing of new Products, 2. Ed., Englewood Cliffs/N.J. 1993

Vahs, Dietmar: Organisation - Einführung in die Organisationstheorie und -praxis, Stuttgart 1997
ders./Burmester, Ralf: Innovationsmanagement, Stuttgart 1999
Varadarajan, P.R.: Produkt Diversity and Firm Performance. An empirical Investigation, in: Journal of Marketing, No. 1/1986, S. 43 - 57
Venrohr, B.: „Marktgesetze“ und strategische Unternehmensführung. Eine kritische Analyse des PIMS-Programms, Hamburg 1993
VDI: Systematische Produktplanung - Leitfaden und Arbeitshilfen, Düsseldorf 1983
ders.: Marketing und Produktplanung, Düsseldorf 1982
Voigt, K.J.: Strategische Unternehmensplanung. Grundlagen - Konzepte - Anwendung, Wiesbaden 1993
Voss, W.D.: Modellgestützte Markenpolitik. Planung und Kontrolle markenpolitischer Entscheidungen auf der Grundlage computergestützter Informationssysteme, Wiesbaden 1983

Waehlert, A.: Einsatzpotentiale von Virtueller Realität im Marketing, Wiesbaden 1997
Wahl, H.: Marketing von Innovationen, Wiesbaden 1998

Waltermann, B.: Internationale Markenpolitik und Produktpositionierung: markenpolitische Entscheidungen im europäischen Automobilmarkt, Wien 1989
Walters, M.: Marktwiderstände und Marketingplanung, Wiesbaden 1984
Warnecke, H.-J.: Revolution der Unternehmenskultur, 2. Auflage, Berlin 1993
Weber, Jürgen: Einführung in das Controlling, 8. Auflage, Stuttgart 1999
Weber, P.W./Polaschewski, E.: Marktorientierte Unternehmensführung mit Leistungs- und Erlebniszentren, Berlin u.a. 1992
Weber, S.-M.: Netzwerkartige Wertschöpfungssysteme, Wiesbaden 1999
Weeser-Krell, L.: Marketing, 4. Auflage, München u.a. 1994
Weis, Hans Christian: Marketing, 11. Auflage, Ludwigshafen 1999
Welge, W.K./Al-Laham, A.: Strategische Management, 3. Auflage, Wiesbaden 2001
diess./Kajüter, P. (Hrsg.): Praxis des Strategischen Managements, Wiesbaden 2000
Wehrle, F.: Strategische Marketingplanung in Warenhäusern, Frankfurt a.M. u.a. 1981
Weinberg, P./Behrens, G./Kaas, K.P. (Hrsg.): Marketingentscheidungen, Köln 1974
Weinhold-Stünzi, H. (Hrsg.): Unternehmen und Markt. Systemtheoretische und prognostische Betrachtung zu Marketing und Distribution, Zürich 1978
ders./Reinecke, S./Schögel, M. (Hrsg.): Marketingdynamik, St.Gallen 1997
Wermeyer, F.: Marketing und Produktion, Schnittstellenmanagement aus unternehmensstrategischer Sicht, Wiesbaden 1994
Werner, H.: Strategisches Forschungs- und Entwicklungs-Controlling, Wiesbaden 1997
Wesner, E.: Die Planung von Marketingstrategien auf der Grundlage des Modells des Produktlebenszyklus, Berlin 1972
Whiteley, R.C.: The Customer-driven Company, Boston 1991
Wieder, B.: Kosten- und Erlösrechnung im Marketing-Accounting, Wiesbaden 1999
Wiedmann, K.P.: Markenpolitik und Corporate Identity, in: Bruhn, H. (Hrsg.): Handbuch Markenartikel, Band 2, Stuttgart 1994, S. 1033 - 1054
Wieselhuber, Norbert: Erschließung von neuen Wachstumsquellen durch Diversifikation, in: Wieselhuber, H./Töpfer, A. (Hrsg.): Handbuch Strategisches Marketing, Landsberg a.L. 1984, S. 426 - 440
ders./Töpfer, Arnim (Hrsg.): Handbuch des strategischen Marketing, Landsberg 1984
ders./Gottinger, J.M.: Die Marke als Erfolgsfaktor, München 1991
Wild, Jürgen: Product Management, 2. Auflage, München 1973
Wilde, K.D.: Bewertung von Produkt-Markt-Strategien. Theorie und Methoden, Berlin 1989
Wildemann, H.: Total Quality Management, München 1998
ders. (Hrsg.): Lean Management, Frankfurt a.M. 1993
ders. (Hrsg.): Qualität und Produktivität, Frankfurt a.M. 1994
ders. (Hrsg.): Strategien zur Marktführerschaft, Frankfurt a.M. 1998
Williamson, O.E.: Market and hierarchies: analysis and antitrust implications, New York 1975
Winand, U./Nathusius, K. (Hrsg.): Unternehmensnetzwerke und virtuelle Organisationen, Stuttgart 1998
Wind, Y.J.: Product Policy: Concepts, Methods and Strategy, Reading/Mass. 1982
Winkelmann, Peter: Marketing und Vertrieb, 2. Auflage, München-Wien 2000
Winkler, T.: Entwicklung eines Instrumentariums zur Erfolgsanalyse von Innovationsprojekten, Frankfurt a.M. u.a. 1999

Winter, S.: Prinzipien der Gestaltung von Managementanreizsystemen, Wiesbaden 1996
Wirtz, B.W.: Neue Medien, Unternehmensstrategien und Wettbewerb im Medienmarkt, Frankfurt a.M. 1994
ders.: Business Process Reengineering - Erfolgsdeterminanten, Probleme und Auswirkungen eines neuen Reorganisationsansatzes, in: Zeitschrift für betriebswirtschaftliche Forschung, 48. Jg., Nr. 11/1983, S. 1023 - 1036
Wirtz, Thomas/Mehrmann, Elisabeth: Effizientes Projektmanagement, Düsseldorf - Wien 1992
Witt, Frank-Jürgen: Lexikon des Controlling, München 1997
ders.: Deckungsbeitragsmanagement, München 1991
Witt, Jürgen (Hrsg.): Produktinnovation, München 1996
Witte, E.: Organisation von Innovationsentscheidungen, Göttingen 1973
Wittek, B.F.: Strategische Unternehmensführung bei Diversifikation, Berlin-New York 1980
ders.: Strategie auf Kundennutzen aufbauen, in: Simon, H./Bonenkamp, J. (Hrsg.): Wettbewerbsvorteile und Wettbewerbsfähigkeit, Stuttgart 1998, S. 66 - 72
Wittlage, Helmut: Unternehmensorganisation, Einführung und Grundlegung mit Fallstudien, 5. Auflage, Herne-Berlin 1993
Wölfer, U.: Produktlinienerweiterung, in: Bruhn, M. (Hrsg.): Handbuch Markenartikel, Band 1, Stuttgart 1994, S. 527 - 541
Wöller, Rolf: Grundlagen für Entscheidungen im Marketing, Obertshausen 1980
ders.: Absatzprognosen, Obertshausen 1980
Wölm, Dieter: Kreatives Marketing, Stuttgart-Berlin-Köln 1998
Wolf, J.: Kennzahlensysteme als betriebliche Führungsinstrumente, München 1977
Wohlgemuth-Schöller, E.: Modulare Produktsysteme, Frankfurt a.M. u.a. 1999
Wolfrum, B.: Strategisches Technologiemanagement, 2. Auflage, Wiesbaden 1994
Womack, J.P./Jones, D.T./Roos, D.: The Machine that changed the World, New York 1990
Wonigeit, J.: Total Quality Management, 2. Auflage, Wiesbaden 1996

Würgler, A.: Unternehmen im multimedialen Umfeld, Frankfurt a.M. 1997
Wunderer, R.: Führung und Zusammenarbeit, 4. Auflage, Neuwied-Kriftel 2001
Wurche, S.: Strategische Kooperationen für mittelständische Unternehmen, Köln 1994

Yip, G.S.: Barriers to Entry, Lexington 1982

Zahn, E. (Hrsg.): Marketing- und Vertriebscontrolling, 3. Auflage, Landsberg a.L. 1991
Zangemeister, A.: Entwicklungsorientiertes Controlling im Total Quality Management, Wiesbaden 1999
Zdrowomyslaw, N./Dürig, W.: Managementwissen für Klein- und Mittelunternehmen, München-Wien 1999
Zehbold, C.: Lebenszykluskostenrechnung, Wiesbaden 1996
Zeitler, F.: Design als Qualität - Qualität von Design, Berlin u.a. 1994
Zentes, Joachim: Taschenlexikon Marketing, Stuttgart 1997
ders.: Grundbegriffe des Marketing, 4. Auflage, Stuttgart 1996

Zentgraf, Chr.: High Tech-Marketing in kleinen und mittleren Unternehmen, Wiesbaden 1999
Zerres, Michael P.: Marketingstrategie und Rechtsrahmen, Köln 1999
ders. (Hrsg.): Unternehmensplanung, Frankfurt a.M. 1998
ders. (Hrsg.): Handbuch Marketing-Controlling, Berlin-Heidelberg-New York 2000
ders./Zerres, I. (Hrsg.): Handbuch Marketing-Controlling, Berlin u.a. 2000
Ziegenbein, Klaus: Controlling, 6. Auflage, Ludwigshafen 1998
Zimmer, Reinhard: Qualitätsmanagement, Berlin 1998
Zimmermann, V.: Objektorientiertes Geschäftsprozeßmanagement, Wiesbaden 1999
Zink, K.J.: Total Quality Management as a Holistic Management Concept, Berlin et al 1998
Zwicky, F.: Entdecken, Erfinden, Forschen im morphologischen Weltbild, München 1966

Über den Autor

Werner Pepels studierte nach kaufmännischer Berufsausbildung Wirtschaft und Wirtschaftswissenschaften mit den Abschlüssen Diplom-Betriebswirt und Diplom-Kaufmann. Anschließend war er zwölf Jahre als Key Account-Berater tätig, davon drei Jahre als Geschäftsführender Gesellschafter (Partner) in einem der größten deutschen Werbeberatungsunternehmen. 1989 wurde er zum Professor für Betriebswirtschaftlehre ernannt und ist seither im Studienschwerpunkt Marketing tätig. Er hat zahlreiche Beiträge zu Themen aus Marketing und Management in Monografie-, Sammelwerk-, Lexikon- und Aufsatzform veröffentlicht und zählt mit über 160.000 Auflage zu den meistverkauften Fachautoren in diesem Bereich im deutschsprachigen Raum.